TRAITÉ DE

PHYSIQUE BIOLOGIQUE

PUBLIÉ SOUS LA DIRECTION DE MM.

D'ARSONVAL
Professeur au Collège de France
Membre de l'Institut et de l'Académie de médecine.

CHAUVEAU
Professeur au Muséum d'histoire naturelle
Membre de l'Institut et de l'Académie de médecine.

GARIEL
Ingénieur en chef des Ponts et Chaussées
Professeur à la Faculté de médecine de Paris
Membre de l'Académie de médecine.

MAREY
Professeur au Collège de France
Membre de l'Institut et de l'Académie de médecine.

SECRÉTAIRE DE LA RÉDACTION

M. WEISS
Ingénieur des Ponts et Chaussées.
Professeur agrégé à la Faculté de médecine de Paris.

TOME DEUXIÈME

PAR MM.

BERTIN-SANS, ANDRÉ BROCA, CHARPENTIER, R. DUBOIS,
GARIEL, GUILLOZ, HÉNOCQUE, IMBERT, A. LONDE, MALOSSE, MANGIN,
A. PETTIT, SIGALAS, SULZER, TSCHERNING, WEISS.

PARIS

MASSON ET Cie, ÉDITEURS
LIBRAIRES DE L'ACADÉMIE DE MÉDECINE
120, BOULEVARD SAINT-GERMAIN, 120

1903

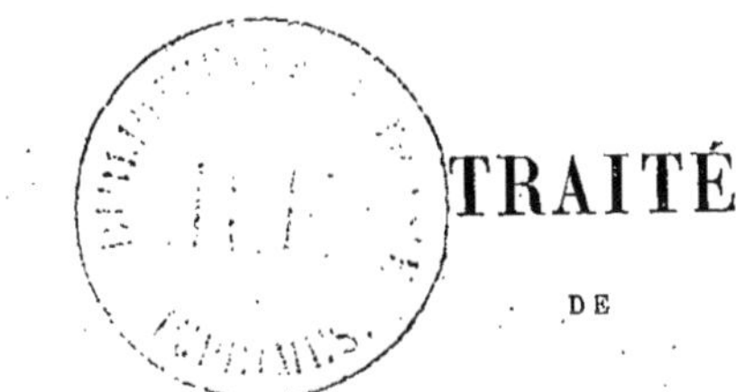

TRAITÉ

DE

PHYSIQUE BIOLOGIQUE

—

TOME DEUXIÈME

Le **Traité de Physique biologique** est publié en 3 volumes :

Chaque volume est vendu séparément.

Tome I. — Mécanique. — Actions moléculaires et chaleur. 1 volume gr. in 8 de 1150 pages avec 591 figures dans le texte.. **25 fr.**

Tome II. — Radiations. — Optique. 1 volume gr. in-8 de 1144 pages avec 665 fig. dans le texte et 3 planches en noir et en couleurs.................... **25 fr.**

Tome III. — Électricité. — Acoustique *(Sous presse)*.

On souscrit à l'ouvrage complet au prix de **70** francs ; ce prix restera tel jusqu'à la publication du tome III.

455-08. — Corbeil. Imprimerie Éd. Crété.

TRAITÉ

DE

PHYSIQUE BIOLOGIQUE

PUBLIÉ SOUS LA DIRECTION DE MM.

D'ARSONVAL
Professeur au Collège de France
Membre de l'Institut et de l'Académie de médecine.

CHAUVEAU
Professeur au Muséum d'histoire naturelle
Membre de l'Institut et de l'Académie de médecine.

GARIEL
Ingénieur en chef des Ponts et Chaussées
Professeur à la Faculté de médecine de Paris
Membre de l'Académie de médecine.

MAREY
Professeur au Collège de France
Membre de l'Institut et de l'Académie de médecine.

SECRÉTAIRE DE LA RÉDACTION

M. WEISS

Ingénieur des Ponts et Chaussées.
Professeur agrégé à la Faculté de médecine de Paris.

TOME DEUXIÈME

PAR MM.

BERTIN-SANS, ANDRÉ BROCA, CHARPENTIER, R. DUBOIS,

GARIEL, GUILLOZ, HÉNOCQUE, IMBERT, A. LONDE, MALOSSE, MANGIN,

A. PETTIT, SIGALAS, SULZER, TSCHERNING, WEISS.

PARIS

MASSON ET Cie, ÉDITEURS

LIBRAIRES DE L'ACADÉMIE DE MÉDECINE

120, BOULEVARD SAINT-GERMAIN, 120

1903

TRAITÉ

DE

PHYSIQUE BIOLOGIQUE

TOME II

PRINCIPES GÉNÉRAUX D'OPTIQUE GÉOMÉTRIQUE

Par M. WEISS.

Au point de vue de la propagation de la lumière, on peut diviser les corps en deux classes, les corps transparents et les corps opaques.

Dans un milieu transparent, la lumière se propage en ligne droite, aussi longtemps qu'elle ne rencontre pas la surface d'un corps opaque qui l'arrête ou la surface d'un corps transparent qui la fait changer de direction. Nous verrons plus loin que, dans bien des cas, l'arrêt de la lumière causé par un corps opaque n'est qu'apparent et qu'il n'y a eu en réalité qu'un changement de direction.

Prenons un point lumineux A et un écran BB, toute la surface de cet écran sera éclairée; mais plaçons entre le point A et l'écran BB un corps opaque C, une partie de l'écran cessera d'être lumineuse par suite de la présence de ce que l'on appelle une ombre.

Si l'on tire des lignes droites partant du point lumineux A et passant par les bords du corps opaque C, on constate que ces lignes droites déterminent, par leur intersection avec l'écran BB, la séparation de l'ombre et de la lumière. Tout point M de l'écran, tel que la droite qui le joint à A rencontre le corps opaque, sera un point obscur. Tout point N, tel que la droite qui le joint à A ne rencontre pas le corps opaque, sera un point lumineux. C'est pour cela que l'on dit que la lumière se propage en ligne droite, tout se passant comme s'il partait de A des rayons lumineux. Suivant que ces rayons lumineux peuvent aller jusqu'à l'écran ou sont interceptés en route, ils éclairent cet écran ou le laissent dans l'ombre.

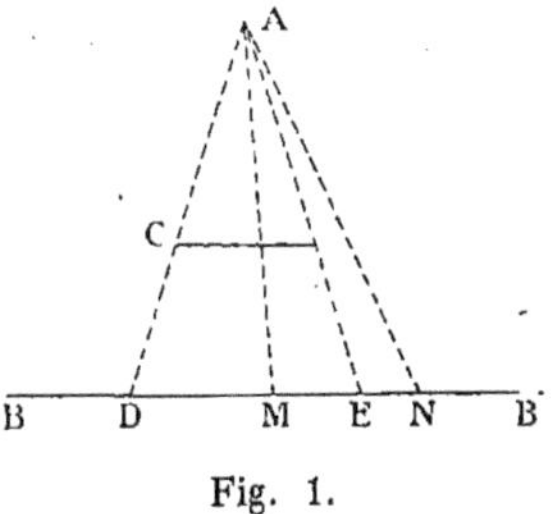

Fig. 1.

L'expérience est généralement difficile à réaliser sous cette forme simple; les sources lumineuses dont nous disposons ne sont pas réduites à un point, mais ont une certaine dimension, comme celle figurée en A (fig. 2). La lumière se propage en ligne droite, les rayons lumineux partent de la source A et, passant par le bord C du corps opaque, se trouvent tous compris entre CM et CO. De même, les rayons passant par le bord D sont tous entre DP et DN. Il résulte de la simple inspection de la figure qu'un point de l'écran situé sur la plaque OP ne reçoit de lumière d'aucun point de la source lumineuse, il est dans l'ombre absolue. Un point situé à gauche de M ou à droite de N est en pleine lumière, aucun des rayons qui lui arrivent de A n'est arrêté par le corps opaque. Mais un point tel que R situé dans la plage MO ou dans PN ne reçoit de lumière que d'une partie de la source lumineuse. Dans le cas de R, tous les rayons qui partent de la partie droite de la source A sont arrêtés. Il est aisé de voir que les points de la zone MO reçoivent d'autant moins de rayons de la source lumineuse qu'ils sont plus voisins de O. Sur l'écran BB on voit donc, non plus une ombre nettement séparée de la lumière, mais une ombre passant sur ses bords par gradation à la lumière. Cette zone MO, par laquelle on passe insensiblement de l'ombre à la lumière, s'appelle la pénombre.

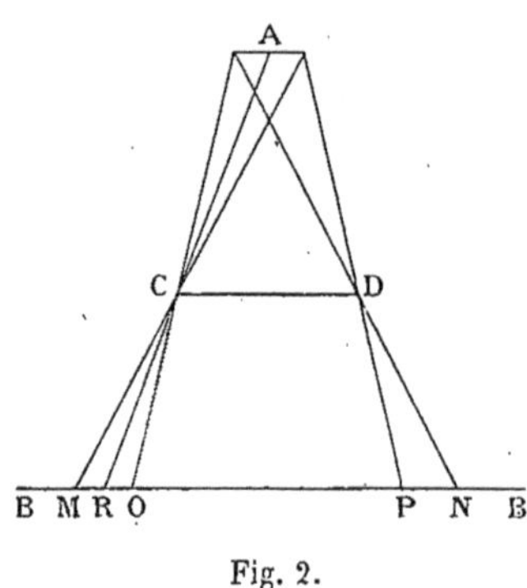

Fig. 2.

Lorsque des rayons lumineux rencontrent la surface d'un corps, ils peuvent subir différents sorts :

1° Ils s'absorbent ;
2° Ils se diffusent ;
3° Ils se réfléchissent ;
4° Ils se réfractent.

1° Prenons un objet parfaitement noir : il est difficile de réaliser cette condition d'une façon absolue ; cependant, en exposant la surface d'un corps à une flamme fumeuse on obtient un dépôt de noir de fumée assez satisfaisant. Lorsque nous regardons ce dépôt, même à la bonne lumière du jour, il nous paraîtra toujours noir. Quoique recevant des rayons lumineux, il n'en émettra jamais : il les absorbe tous.

2° Faisons la même expérience avec un morceau de craie ou de papier blanc ; nous constaterons que, quelle que soit la position dans laquelle nous nous placions par rapport au morceau de craie, nous le verrons toujours bien blanc : la surface de ce morceau de craie envoie donc des rayons lumineux dans toutes les directions. Il n'est pas nécessaire pour cela que la lumière tombant sur la surface de la craie arrive dans des directions très variées. Plaçons-nous, par exemple, dans une chambre obscure ne laissant passer par un trou pratiqué dans le mur qu'un petit faisceau de

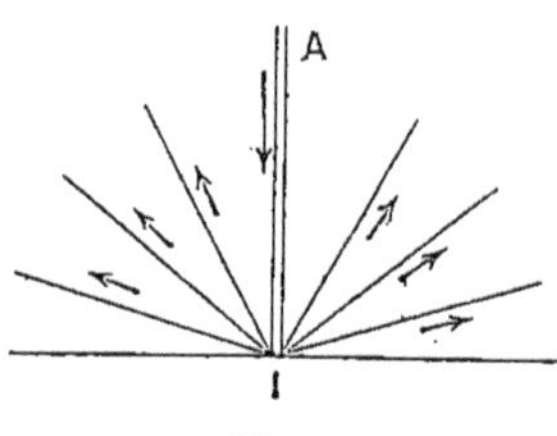

Fig. 3.

rayons solaires parallèles : un morceau de craie placé dans ce faisceau paraîtra lumineux quelle que soit la position de l'espace où se trouve l'œil. Il en résulte que le morceau de craie envoie des rayons émergents dans toutes les directions. On dit que la lumière a été diffusée par la surface du morceau de craie.

3° Faisons la même expérience avec une surface plane bien polie MN, celle d'un morceau de métal, par exemple. Nous constaterons que la surface ne paraît pas lumineuse de tous les points de l'espace, mais qu'il n'y a qu'une petite région où l'on puisse percevoir la lumière. Nous pourrons, à l'aide d'un morceau de papier blanc tenu à la main et en utilisant la diffusion décrite dans le cas précédent, explorer l'espace autour de MN pour rechercher où se trouve de la lumière.

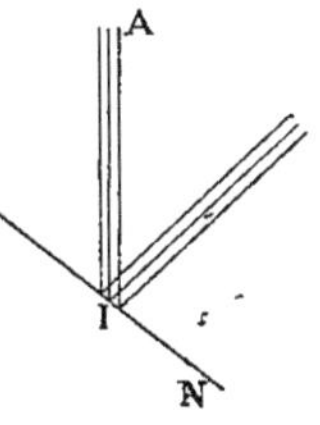

Fig. 4.

Nous constaterons ainsi que le faisceau lumineux AI a été renvoyé dans une autre direction après sa rencontre avec la surface polie MN, comme l'indique la figure 4. On dit qu'il y a eu réflexion.

Cette réflexion se fait suivant des lois très simples.

Au lieu de prendre tout un faisceau lumineux, ne considérons qu'un seul rayon idéal tombant en S sur une surface réfléchissante. En S menons une perpendiculaire SN à cette surface réfléchissante; c'est ce que l'on appelle la normale. Par cette normale et le rayon incident IS, on peut faire passer un plan; ce plan s'appelle le plan d'incidence.

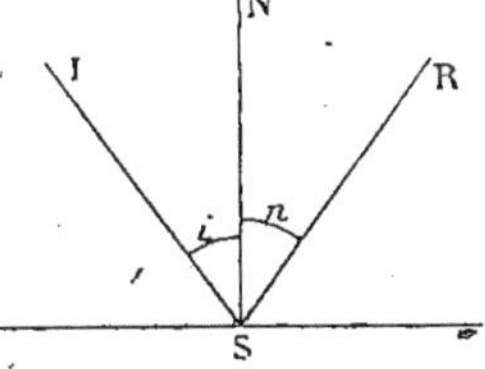

Fig. 5.

La première loi de la réflexion dit que le rayon réfléchi SR reste dans le plan d'incidence.

D'après la deuxième loi, l'angle i que fait le rayon incident avec la normale, et appelé angle d'incidence, est égal à l'angle de réflexion r que le rayon réfléchi fait avec la normale.

4° Considérons enfin le cas où le rayon, ou bien le faisceau lumineux, frappe la surface polie d'un corps transparent, d'un morceau de verre, par exemple. Le rayon traversera cette surface et se propagera à l'intérieur du corps. Mais, au moment où il effectuera son passage d'un milieu à l'autre, il ne continuera pas son chemin en ligne droite : il y aura un changement de direction dû à ce que l'on appelle la réfraction.

Les lois de la réfraction sont au nombre de deux.

La première correspond absolument à la première loi de la réflexion; elle dit que le rayon réfracté reste dans le plan d'incidence. Ce plan d'incidence est défini comme dans le cas de la réflexion.

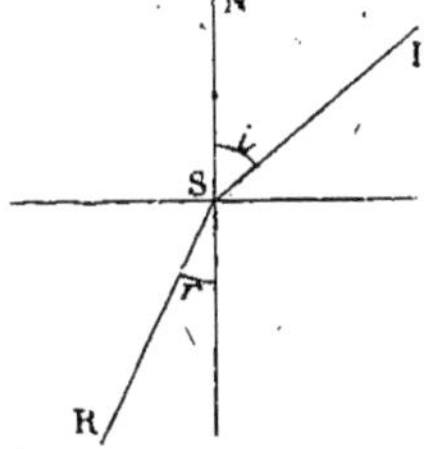

Fig. 6.

La deuxième loi relie l'angle de réfraction r à l'angle d'incidence i. Elle s'exprime par la formule

$$\frac{\sin i}{\sin r} = n.$$

C'est-à-dire que le rapport du sinus de l'angle d'incidence au sinus de l'angle de réfraction est un nombre constant n. Ce nombre est ce que l'on appelle l'indice de réfraction du second milieu par rapport au premier. Lorsque n est plus grand que l'unité, on dit que le second milieu est plus réfringent que le premier : $\sin i$ est plus grand que $\sin r$ et, par suite, i est plus grand que r; le rayon lumineux, en se réfractant, se rapproche de la normale. Si, au contraire, n est plus petit que l'unité, le second milieu est moins réfringent que le premier et le rayon lumineux s'écarte de la normale par la réfraction.

Les quatre phénomènes que nous venons de décrire, absorption, diffusion, réflexion et réfraction des rayons lumineux, se rencontrent rarement isolés. Quand un faisceau lumineux tombe à la surface d'un corps transparent poli, une partie des rayons se réfracte, l'autre se réfléchit, une troisième donne lieu à un peu de diffusion, et il est rare que, dans le passage du rayon réfracté à travers le corps et l'air, il n'y ait pas un peu d'absorption.

Si le corps est opaque et poli, la réfraction manque, mais les trois autres phénomènes subsistent. Enfin, si le corps est opaque et mat, il y a seulement absorption et diffusion.

Un rayon lumineux peut parcourir dans l'espace un trajet extrêmement compliqué par une suite de réflexions et de réfractions. Parmi les divers phénomènes qui se rencontrent dans l'étude de l'optique géométrique, il en est un des plus remarquables et dont la connaissance facilite beaucoup la solution de divers problèmes. Ce phénomène est connu sous le nom de principe du retour inverse des rayons. Voici en quoi il consiste :

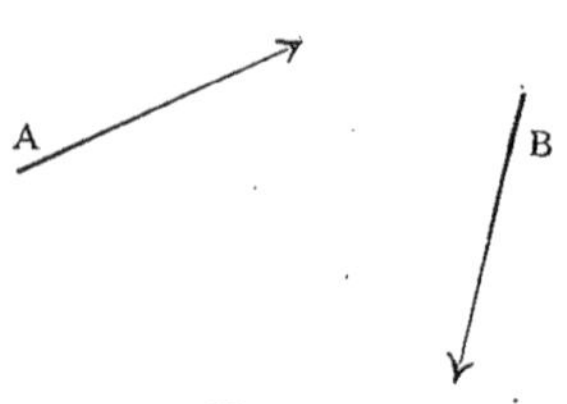

Fig. 7.

Considérons un rayon lumineux qui se propage suivant la direction indiquée par la flèche A (fig. 7). Après un nombre quelconque de réflexions et de réfractions, ce rayon prendra la direction de la flèche B.

Supposons maintenant qu'un rayon soit dirigé suivant la flèche B, mais en sens contraire; nous pouvons affirmer que ce rayon suivra en sens inverse dans toutes ses sinuosités le trajet du rayon précédent et qu'il finira par se superposer au rayon A dans la direction contraire à celle indiquée par la flèche.

Ce principe s'applique entre autres à une seule réflexion ou une seule réfraction.

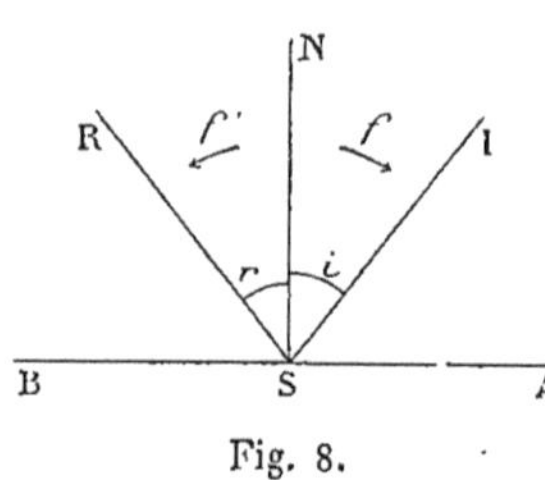

Fig. 8.

Quand un rayon lumineux IS se réfléchit en un point S, nous savons que l'angle de réflexion est égal à l'angle d'incidence.

Par conséquent, si un rayon lumineux d'abord voisin de la normale SN tourne autour du point S dans le sens de la flèche f, le rayon réfléchi tournera lui-même dans le sens de la flèche f', il coïncidera d'abord avec le rayon incident suivant SN, et, quand ce rayon incident rasera la surface suivant AS, le rayon réfléchi s'échappera suivant SB. Inversement, si le rayon incident vient suivant RS, le rayon réfléchi sera dirigé suivant SI.

Examinons maintenant ce qui se passe pour la réfraction.

Lorsque le rayon incident IS rencontre la surface réfringente en S, au lieu de continuer son chemin en ligne droite, il se brise et, si le second milieu est plus réfringent que le premier, il se rapproche de la normale SN. Quand le rayon incident est très rapproché de la normale NS, le rayon réfracté est sensiblement dans le prolongement de cette normale.

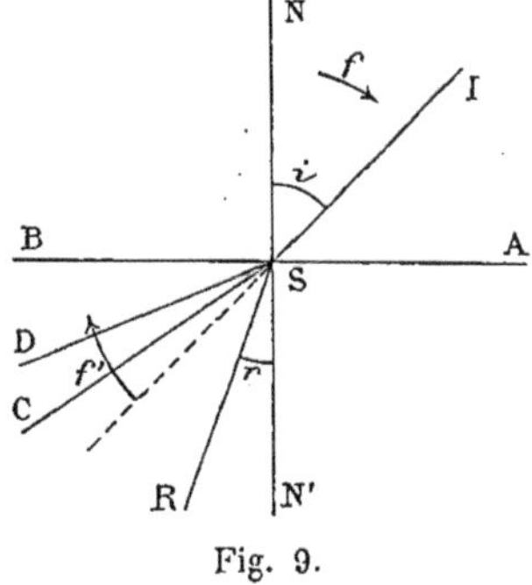

Fig. 9.

A mesure que le rayon incident tourne dans le sens f, le rayon réfracté tourne dans le sens f', mais il tourne plus lentement que le rayon incident. Il en résulte que, lorsque le rayon incident arrive suivant la direction AS, le rayon réfracté est dirigé suivant SC, par exemple. Il en résulte que tous les rayons incidents situés entre SN et SA ont leurs rayons réfractés dans l'angle N'SC. Il n'y a pas de rayon réfracté dans l'angle CSB, l'angle N'SC est ce que l'on appelle l'angle limite.

Renversons maintenant le sens de propagation de la lumière. Quand un rayon vient suivant N'S, il se réfracte suivant SN. Quand le rayon incident tourne dans le sens de la flèche f', le rayon réfracté tourne dans le sens de la flèche f, et quand le rayon incident arrive suivant CS, le rayon réfracté sort en rasant la surface suivant SA. En continuant la rotation du rayon incident, il est évident que l'on ne peut plus trouver dans la partie supérieure de rayon réfracté. Les rayons tels que DS, situés dans l'angle CSB, n'ont pas de rayon réfracté; il y a lieu de se demander ce que devient la lumière dans ce cas.

En réalité, ainsi que nous l'avons dit plus haut, quand un rayon lumineux touche au point S, il ne se réfracte pas en entier, il se divise en une portion réfractée et une portion réfléchie. L'expérience prouve que la portion réfléchie devient d'autant plus importante que l'on s'éloigne davantage de la normale. Lorsque la lumière vient suivant N'S, il s'en réfléchit peu; mais, plus la direction des rayons incidents se rapproche de CS, plus il se réfléchit de lumière et moins il s'en réfracte. Quand le rayon incident est dirigé suivant CS, il n'y a plus de rayon réfracté, toute la lumière se trouve dans le faisceau réfléchi, on dit qu'il y a réflexion totale.

Quand un point lumineux se trouve dans l'espace, un œil placé dans les environs a la notion de ce point lumineux par un mécanisme qui sera étudié plus loin. Il suffit pour cela, bien entendu, qu'il n'y ait pas de corps opaque interposé entre le point lumineux et l'œil. Dans ce cas, un faisceau lumineux conique part du point lumineux P et se propage jusqu'à l'œil, et cet œil pourra se déplacer tout autour du point P, il aura toujours la même sensation.

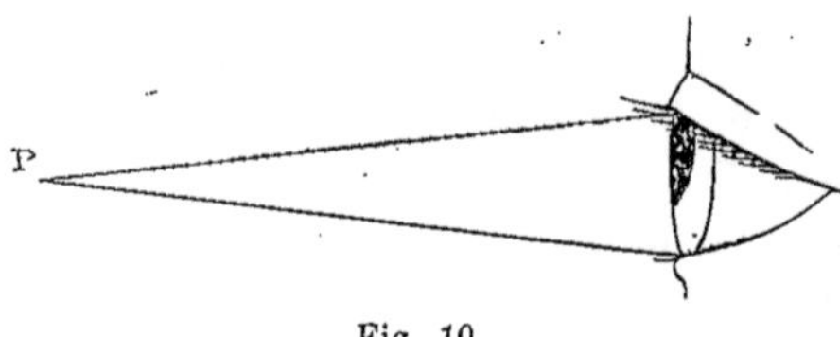

Fig. 10.

Mais il peut arriver que l'œil reçoive un faisceau lumineux n'émanant pas directement d'un point P, mais ayant cependant au voisinage de cet œil la même constitution géométrique que le faisceau précédent. Par exemple, on conçoit qu'une série de réfractions ou de réflexions aient donné un faisceau lumineux convergent en un point P. Après s'être rencontrés en P, ces rayons continuent leur chemin et donnent un faisceau divergent. L'œil placé dans ce faisceau divergent aura évidemment la même sensation que s'il y avait réellement un point lumineux en P. On dit alors qu'il y a en P une image réelle.

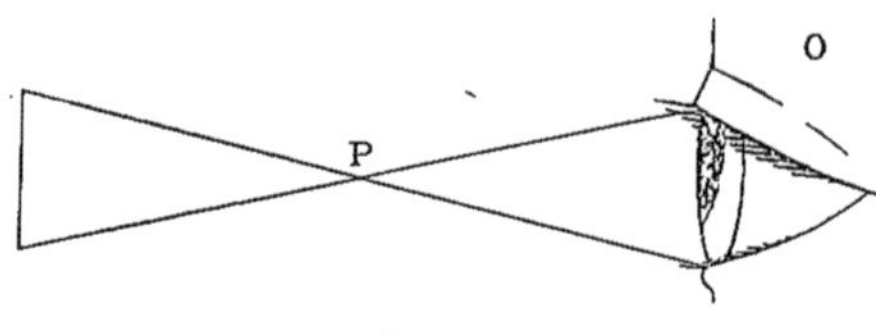

Fig. 11.

Il peut encore arriver qu'un faisceau lumineux quitte une surface réfléchissante ou réfringente en divergeant. Ces rayons ne se coupent plus en un point, mais leurs prolongements de l'autre côté de la surface AB peuvent se rencontrer en un point P. L'œil placé dans le faisceau émergent de AB aura encore la notion d'un point lumineux situé devant lui, comme si ce point existait réellement en P. On dit alors qu'il y a en P une image virtuelle. On voit, par conséquent, qu'il y a image d'un point chaque fois que les rayons lumineux ne viennent pas d'un point lumineux matériel, mais que la direction de chacun d'entre eux passe par un même point P qui est l'image.

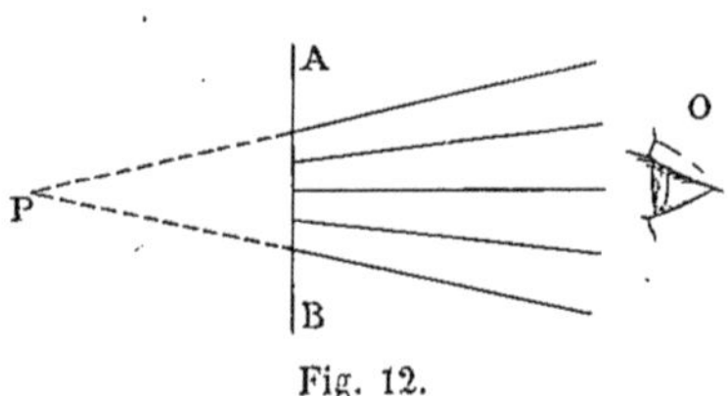

Fig. 12.

Cette image est réelle chaque fois que les rayons lumineux s'y couperont réellement avant d'arriver à l'œil. L'image sera virtuelle si les rayons lumineux ne se coupent pas, mais que leurs prolongements derrière la dernière surface réfléchissante ou réfringente passent par un même point qui sera l'image.

Il est aisé, lorsqu'on voit une image, de savoir si elle est virtuelle ou réelle, à la condition toutefois de voir en même temps la dernière surface traversée par les rayons lumineux. Il s'agit en effet de savoir si le point lumineux est entre cette surface et l'œil, ou s'il se trouve au delà de cette surface. Ce qui revient à dire qu'il faut chercher quel est le plus près de l'œil, de l'image ou de la dernière surface. Or, il y a un procédé général pour savoir, quand on voit deux objets, quel est le plus éloigné et quel est le plus rapproché de l'observateur. Il suffit pour cela de déplacer latéralement la tête; on voit les deux objets se déplacer l'un par rapport à l'autre ; celui qui se déplace dans le même sens que la tête est le plus éloigné. Il suffit, pour s'en convaincre, de se tenir dans un appartement à quelque distance de la fenêtre et de projeter un barreau vertical sur un objet extérieur : en déplaçant la tête, il semblera voir l'objet se déplacer dans le même sens par rapport au barreau de la fenêtre.

Nous avons dit plus haut qu'un point lumineux pouvait se voir de tout l'espace environnant, pourvu qu'il n'y ait pas de corps opaque interposé entre l'œil et le point lumineux. Il n'en est plus de même des images ; il faut, pour que l'image soit perçue, que l'œil soit placé dans le cône lumineux ; or ce cône n'occupe qu'une portion restreinte de l'espace ; sitôt que l'œil en sort, la sensation lumineuse disparaît. On peut cependant rendre une image réelle visible de tout l'espace environnant.

Les rayons lumineux qui forment cette image réelle se coupent en un point ; si l'on place un écran de papier blanc en cet endroit, la place où les rayons se coupent sera lumineuse, tous les environs restant obscurs, et, par suite de la diffusion, le point lumineux sera visible de tous les environs. On ne peut évidemment faire la même opération pour une image virtuelle.

Ce que nous avons dit pour un point lumineux s'applique, bien entendu, à un objet lumineux quelconque qui n'est en réalité composé que d'une série de points juxtaposés.

Nous allons passer en revue successivement la formation des images soit par réflexion, soit par réfraction d'abord à travers les surfaces planes, puis à travers les surfaces courbes. Dans tout ce qui suit, nous ne donnerons aucune démonstration, renvoyant pour cela aux traités élémentaires d'optique ; nous ne ferons qu'énoncer les résultats acquis.

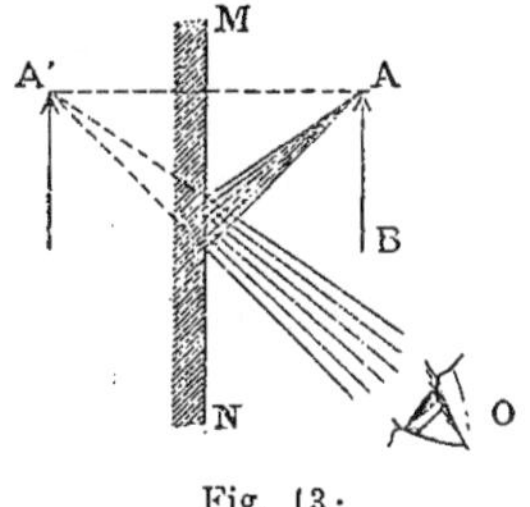

Fig. 13.

Miroir plan. — Quand un objet AB se trouve devant un miroir plan, chaque point A de l'objet forme son image en un point A′ symétrique par rapport à l'objet. La figure 13 indique comment se fait la marche des rayons lumineux et pourquoi l'œil perçoit une image en A′. L'image de AB est virtuelle. On dit aussi qu'elle est droite ou de même sens que l'objet, parce qu'un œil placé très loin et regardant à la fois l'objet et son image les voit tournées de la même façon.

La figure 14 représente un objet et son image renversée.

Dans le cas du miroir plan, l'image est égale à l'objet.

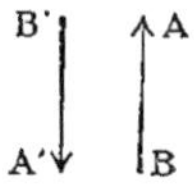

Fig. 14.

Surface réfringente plane. — Dans ce cas les divers rayons, tels que IR, réfractés d'un rayon AI partant du point lumineux A, ne passent plus tous par un même point A′. On dit que le faisceau réfracté n'est plus homocentrique. Il n'y a donc plus d'image à proprement parler. Mais, la pupille étant très petite, tous les rayons faisant partie du faisceau lumineux entrant dans l'œil passent sensiblement par un même point A′ et l'œil perçoit une image en ce point. Seulement, lorsque l'œil se déplace, l'image se déplace aussi. Plus l'œil se rapproche de la surface de l'eau pour regarder A obliquement, plus l'image A′ semble se faire près de la surface.

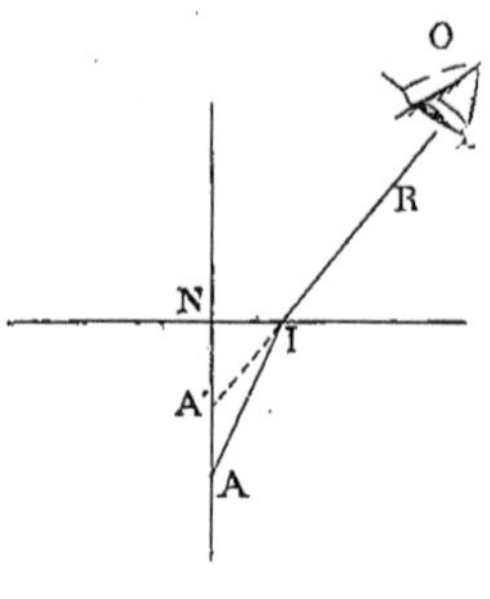

Fig. 15.

Réfraction à travers deux surfaces planes parallèles. — Quand un rayon AI tombe sur la surface de séparation de deux milieux, il se réfracte en se rapprochant de la normale, si le second milieu est plus réfringent que le premier. Ce rayon réfracté tombe ensuite sur la seconde surface et il est aisé de voir, d'après le principe du retour inverse des rayons, que le rayon émergent RB prendra une direction parallèle à AI.

Si nous avons un point lumineux A envoyant un faisceau divergent sur une lame à faces parallèles, tous les rayons après la réfraction seront parallèles aux rayons incidents qui leur auront donné naissance. Il n'en résulte pas qu'ils passent tous

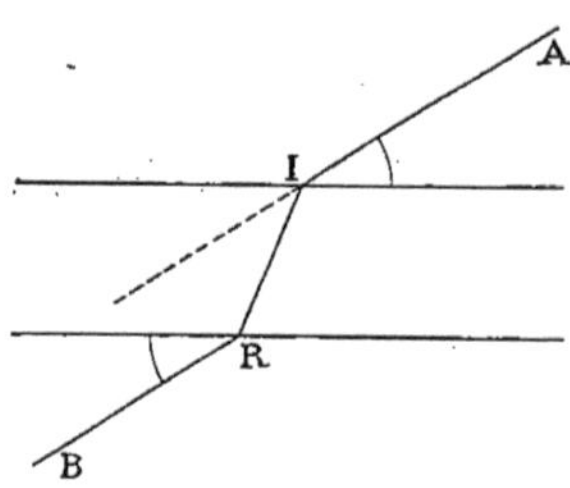

Fig. 16.

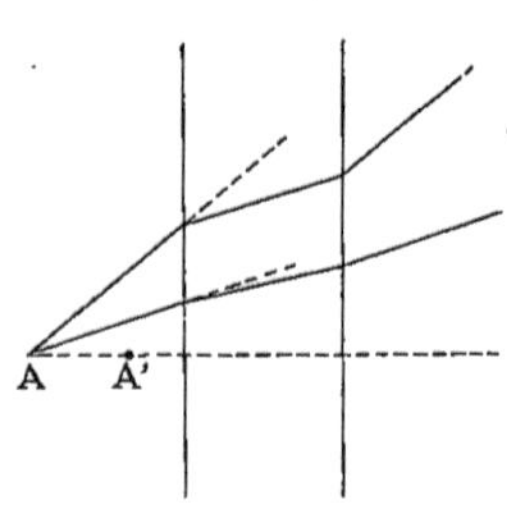

Fig. 17.

par un point A′. Le faisceau réfracté n'est plus homocentrique apres la réfraction.

Cependant, par suite des mêmes causes que dans le cas précédent, l'œil

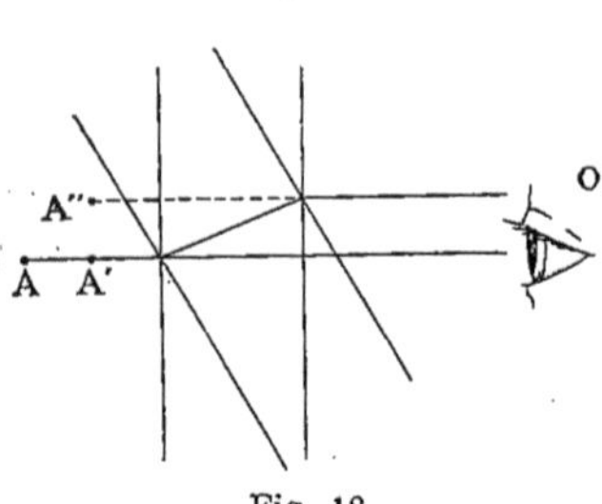

Fig. 18.

peut encore percevoir une image A′ de A. Cette image est d'autant moins nette que la lame transparente est plus épaisse. Elle se déplace lorsqu'on change l'inclinaison de cette lame sur le trajet des rayons lumineux ou que l'on change la position de l œil.

L'œil étant en O, le point lumineux en A, si la lame transparente est perpendiculaire à AO, l'image se fera en A′. Si, comme l'indique la figure 18, on incline la lame, cette image sera vue en A″.

Réflexion et réfraction à travers les surfaces sphériques. — *Miroirs.* — Les miroirs sphériques sont généralement enchâssés dans un cadre circulaire.

Les cadres carrés ou rectangulaires ne sont usités que dans certains cas spéciaux ; au point de vue optique, cette forme est irrationnelle.

Le point du miroir situé au milieu du cadre circulaire est le *sommet du miroir*.

La ligne droite qui joint le sommet au centre de courbure est l'*axe principal*.

Dioptres. — Lorsque deux milieux de réfringence différente sont séparés par une surface sphérique, cette surface sphérique constitue un dioptre.

Les dioptres sont généralement limités, comme les miroirs, par un cadre circulaire.

Le point du dioptre situé au milieu du cadre circulaire est le *sommet du dioptre*.

La ligne droite qui joint le sommet au centre de courbure est l'axe principal.

Lentilles. — Quand un corps est plongé dans un milieu d'indice de réfraction différent du sien et qu'il en est séparé par deux surfaces sphériques ou une surface sphérique et une surface plane, ce corps constitue une lentille.

La ligne droite qui joint le centre des deux sphères est l'*axe principal de la lentille*. Si la lentille est constituée par une sphère et un plan, l'axe principal passe par le centre de la sphère et est perpendiculaire au plan.

Systèmes centrés. — Si l'on place à la suite les uns des autres une série de dioptres et de miroirs dont les axes principaux coïncident, on a un *système centré*.

La ligne droite avec laquelle coïncident tous les axes principaux des dioptres et des miroirs est l'axe principal du système centré.

Foyers principaux. — Quand un faisceau de rayons tous parallèles entre eux tombe sur un système optique centré réfléchissant ou réfringent, après la réflexion ou la réfraction les rayons lumineux passent tous par un même point. Si le faisceau incident est parallèle à l'axe principal, le point par lequel passent les rayons après leur transformation est un *foyer principal*. Ce foyer principal est situé sur l'axe principal. Les rayons émergents peuvent se couper effectivement au foyer principal, qui est alors *réel* : le système est convergent. Ou bien les rayons émergents ne se coupent pas eux-mêmes au foyer principal, ce n'est que leur prolongement en arrière de la surface d'émergence qui le fait, le foyer principal est virtuel : le système est divergent.

Points nodaux et axes secondaires. — Dans tout système réfléchissant ou réfringent, il existe sur l'axe principal deux points appelés *points nodaux* jouissant de la propriété suivante : lorsqu'un rayon incident passe par le premier point nodal, le rayon émergent passe par le second et reste parallèle au rayon incident. Les deux points nodaux peuvent se confondre en un seul, le rayon émergent est alors le prolongement du rayon incident, il forme ce que l'on appelle un axe secondaire. On peut aussi considérer comme formant un axe secondaire la ligne brisée passant par les deux points nodaux et composée des rayons incident et émergent parallèles.

Foyers secondaires et plans focaux. — Quand on prend un faisceau de rayons parallèles entre eux, et parallèles à un axe secondaire déterminé, après la réflexion ou la réfraction tous ces rayons se coupent en un foyer secondaire situé sur l'axe secondaire correspondant.

Tous les foyers secondaires se trouvent dans un plan perpendiculaire à l'axe principal du système et passant par le foyer principal. On peut donc dire que le foyer secondaire d'un faisceau de lumière composé de rayons parallèles entre eux se trouve à l'intersection du plan focal et de l'axe secondaire correspondant.

Plans principaux directs et inverses. — Les plans principaux directs sont deux plans jouissant de la propriété suivante : lorsqu'un objet se trouve dans le premier plan principal direct, l'image est dans le second, de même grandeur et de même sens que l'objet.

Il en résulte que, lorsqu'un rayon incident coupe le premier plan principal direct à une certaine distance de l'axe, le rayon émergent coupe l'autre plan principal direct à la même distance de l'axe et du même côté, car le rayon incident peut toujours être considéré comme partant d'un certain point d'un objet situé dans le plan principal, et le rayon émergent devra passer par le point correspondant de l'image, c'est-à-dire situé dans l'autre plan principal à la même distance de l'axe.

Les plans principaux inverses sont deux plans jouissant de la propriété suivante : lorsqu'un objet se trouve dans le premier plan principal inverse, l'image est dans le second, de même grandeur et de sens inverse à l'objet.

Distance focale. — La distance focale est la distance d'un foyer au plan principal correspondant.

Nous allons passer en revue successivement les divers systèmes réfléchissants et réfringents sphériques, et indiquer comment sont placés ces divers foyers, points nodaux, plans principaux et plans antiprincipaux. Ces points et ces plans portent le nom de *points et plans cardinaux*.

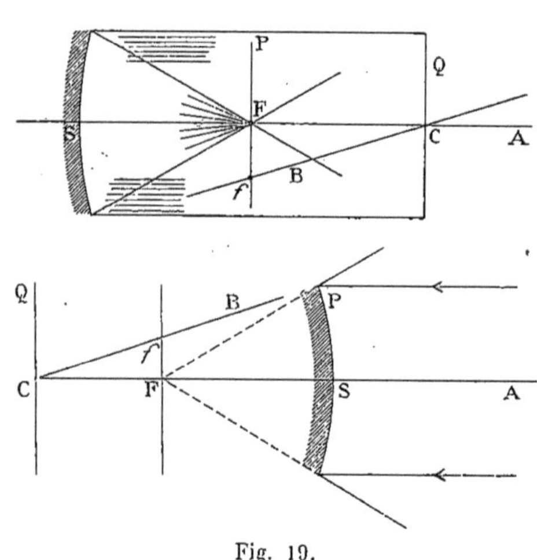

Miroirs. — La lumière vient de droite à gauche, les hachures indiquent la surface non réfléchissante du miroir.

AS est l'axe principal du miroir.

C'est le centre de courbure.

Les deux points nodaux sont confondus au point C.

Le foyer principal unique est en F, FS=FC.

Le foyer principal est réel pour le miroir convergent et virtuel pour le miroir divergent.

Fig. 19.

CB est un axe secondaire.

f est le foyer secondaire correspondant à l'axe CB ; il est à l'intersection de cet axe avec le plan focal perpendiculaire à l'axe principal en F.

Les plans principaux sont confondus en un seul et coïncident avec la surface du miroir.

Les plans antiprincipaux sont confondus en un seul et sont perpendiculaires à l'axe principal au point C.

Dioptres. — Les traits continus représentent la lumière venant de droite à gauche, les traits interrompus la lumière venant de gauche à droite. Les hachures indiquent le côté le plus réfringent.

AS est l'axe principal du dioptre.

C est le centre de courbure.

Les deux points nodaux sont confondus au point C.

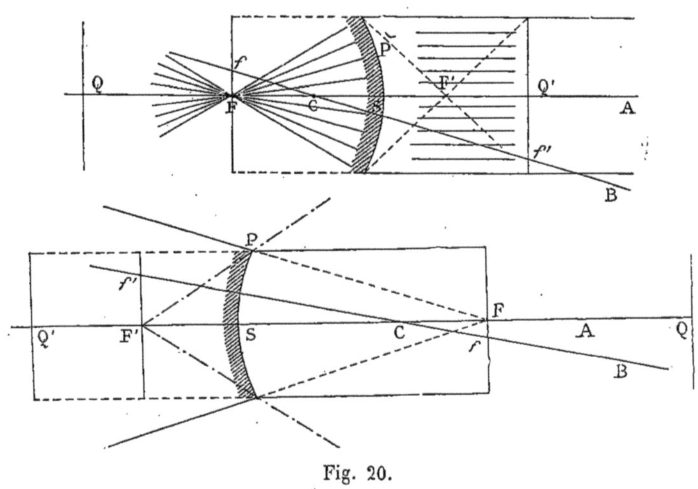

Fig. 20.

Le foyer principal pour la lumière venant de droite est en F. Le foyer principal pour la lumière venant de gauche est en F'.

On a $FC = F'S$ et $FS = nF'S$, n étant l'indice de réfraction du deuxième milieu par rapport au premier.

Les foyers principaux sont réels pour le dioptre convergent et virtuels pour le dioptre divergent.

CB est un axe secondaire.

f est un foyer secondaire correspondant à l'axe CB pour la lumière venant de droite, f' un foyer secondaire correspondant à l'axe CB pour la lumière venant de gauche. Ils sont à l'intersection de l'axe secondaire CB avec les plans focaux perpendiculaires à l'axe principal en F et F'.

Les plans principaux directs sont confondus en un seul et coïncident avec la surface du dioptre.

Les plans antiprincipaux sont en Q et en Q' perpendiculaires à l'axe principal. On a

$$QF = FS \qquad et \qquad Q'F' = F'S.$$

Lentilles. — Pour la plupart des usages les trois lentilles convergentes ou les trois lentilles divergentes se comportent de la même façon; il suffit donc d'examiner une lentille divergente et une lentille convergente. Nous dirons plus loin en quoi les trois lentilles d'un même groupe diffèrent entre elles au point de vue optique, et quelle est l'utilité de cette différence de forme.

Considérons actuellement les deux types suivants :

Les traits continus représentent la lumière venant de droite à gauche, les traits interrompus la lumière venant de gauche à droite. La lentille est sup-

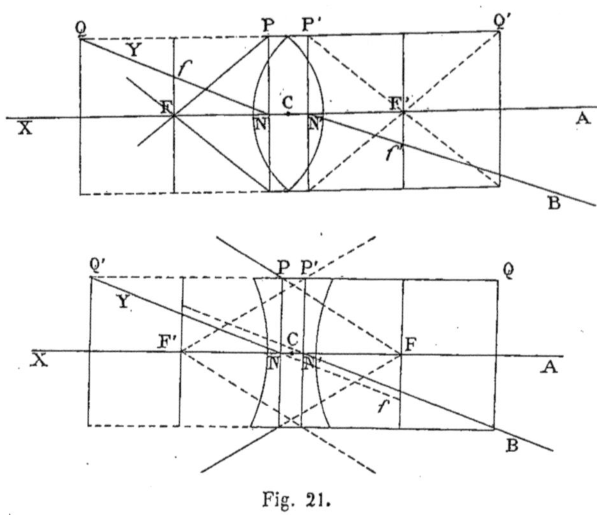

Fig. 21.

posée plus réfringente que le milieu dans lequel elle est plongée. Si la lentille était moins réfringente que le milieu ambiant, la lentille biconvexe deviendrait divergente, la lentille biconcave convergente, et il n'y aurait qu'à transporter les constructions d'une figure à l'autre.

AX est l'axe principal de la lentille.

Les points nodaux sont en N et N'. Ils sont également distants des faces de la lentille, si ces deux faces ont le même rayon de courbure; dans le cas contraire, celui qui est du côté de la face à plus petit rayon de courbure est plus rapproché de cette face.

Le foyer principal pour la lumière venant de droite est en F. Le foyer principal pour la lumière venant de gauche est en F'. On a NF = N'F'.

Les foyers principaux sont réels pour la lentille convergente et virtuels pour la lentille divergente.

BY est un axe secondaire. Il faut remarquer que BY se brise en passant à travers la lentille, N et N' ne se trouvent pas sur l'axe lui-même, mais sur ses prolongements. En joignant par une droite les points où BY coupe les deux surfaces de la lentille, on a le trajet de cet axe secondaire dans l'épaisseur même de la lentille. On voit alors qu'il passe par un point C situé entre N et N' et que l'on appelle centre optique de la lentille.

Lorsque les lentilles ont une très faible épaisseur, on peut, sans erreur appréciable, admettre que les deux points nodaux se confondent avec le centre optique.

L'axe secondaire devient alors une ligne droite.

f est un foyer secondaire correspondant à l'axe BY pour la lumière venant de droite, f' un foyer secondaire correspondant à BY pour la lumière venant de gauche. Ils sont à l'intersection de l'axe secondaire BY avec les plans focaux perpendiculaires à l'axe principal en F et F'.

Les plans principaux directs sont en P et P' passant par les points nodaux et perpendiculaires à l'axe principal.

Les plans antiprincipaux sont en Q et Q' et l'on a

$$QF = FP = P'F' = F'Q'.$$

Dans les diverses formes de lentille, les points nodaux sont disposés comme l'indique la figure ci-après. Tous les points et plans cardinaux se disposen comme précédemment par rapport à ces points nodaux.

Système centré quelconque. — Dans un système centré quelconque, c'est-à-dire composé d'un nombre quelconque de dioptres placés à la suite les uns des autres avec la seule condition d'avoir le même axe principal, le premier et le dernier milieu peuvent ne pas être les mêmes, comme cela se présente du reste aussi pour les dioptres.

Dans ce cas général, on a :

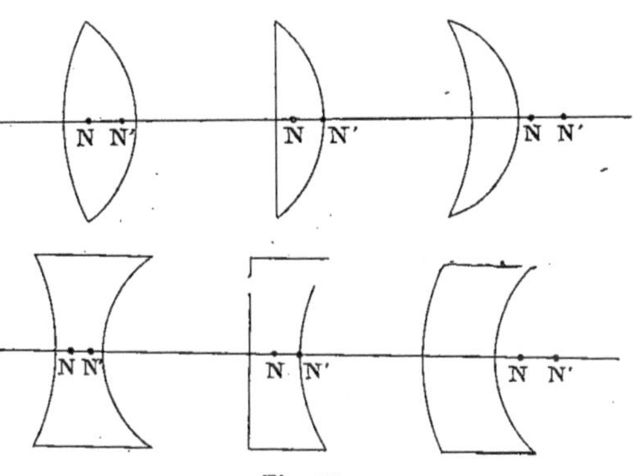

Fig. 22.

Deux points nodaux;

Deux foyers principaux et plans focaux correspondants, passant par ces foyers et perpendiculaires à l'axe principal;

Deux plans principaux directs ;

Deux plans antiprincipaux.

Tous ces points et plans cardinaux ont les mêmes propriétés que dans les cas que nous venons de passer en revue.

Ils sont, suivant les circonstances, distribués de façons différentes sur l'axe principal, mais satisfont toujours aux conditions suivantes :

Le plan principal P et le plan antiprincipal Q sont symétriques par rapport au plan focal F.

De même, le plan principal P' et le plan antiprincipal Q' sont symétriques par rapport au plan focal F'.

Les plans P et P' sont situés l'un à droite et l'autre à gauche du foyer correspondant F ou F'. Il en est, par suite, évidemment de même de Q et de Q'.

Les points nodaux sont situés du même côté que le plan principal par rapport au foyer correspondant.

La distance des plans principaux et des points nodaux au foyer correspondant est telle que

$$PF = N'F' \quad \text{et} \quad P'F' = NF.$$

Il en résulte que

$$NN' = PP'.$$

On a aussi

$$PF = P'F' \times n,$$

n étant l'indice de réfraction du dernier milieu par rapport au premier.

Propriété inverse des plans focaux. — Nous savons que lorsqu'un faisceau de rayons parallèles tombe sur un système réfléchissant ou réfringent quelconque, après la transformation tous les rayons passent par un même point du plan focal qui est le foyer correspondant à la direction des rayons donnés. Ce foyer est facile à trouver, car il est sur l'axe secondaire parallèle aux rayons incidents.

Par suite de la propriété du retour inverse des rayons, si nous avons un point lumineux dans un plan focal, ce point enverra sur le système optique un faisceau conique qui, après transformation, deviendra un faisceau de rayons parallèles entre eux.

Pour avoir la direction de ce faisceau, il suffit de chercher l'axe secondaire correspondant, c'est-à-dire de joindre le point lumineux du plan focal au point nodal correspondant.

La plupart des systèmes centrés dont sont formés les instruments d'optique sont composés de lentilles placées les unes à la suite des autres. Ces lentilles présentent des aberrations chromatiques et des aberrations de réfrangibilité. L'expérience et la théorie font voir que, pour réduire les aberrations du système centré total à leur minimum, il y a intérêt à employer, à distance focale égale, des lentilles de formes diverses. C'est pour cette raison que l'on fait usage de lentilles plan-convexes, plan-concaves et de ménisques convergents ou divergents.

Dans l'étude des systèmes réfléchissants et réfringents, il se présente deux espèces de problèmes :

1° Étant donné un rayon incident, construire le rayon convergent ;

2° Étant donné un objet, construire son image.

Nous allons examiner successivement ces deux problèmes.

Construire le rayon convergent correspondant à un rayon incident donné. — *Miroirs.* — Considérons un miroir convergent ou divergent avec son plan focal. Soit AI un rayon incident.

Pour avoir le rayon réfléchi, il suffit de connaître un point de ce rayon réfléchi et sa direction.

a. Le rayon donné peut être considéré comme faisant partie d'un faisceau de rayons parallèles ; menons l'axe secondaire correspondant à cette direction : cet axe secondaire Cf rencontre le plan focal en f qui est le foyer secondaire correspondant à la direction donnée ; f est donc un point du rayon réfléchi.

b. Le rayon AI peut être considéré comme émanant du point I du plan focal. Or tous les rayons émanant du point I sont, après la réflexion, parallèles entre eux. L'un d'eux, CI, est l'axe secondaire qui ne change pas de direction tion par la réflexion ; tous les rayons émanant de I sont donc, après la réflexion, parallèles à CI.

Pour avoir le rayon réfléchi correspondant au rayon incident donné, il faut donc mener par f une parallèle fR à CI.

Comme vérification, le rayon incident et le rayon réfléchi doivent se rencontrer au même point P du plan principal.

Cette construction est absolument générale ; elle va se répéter pour les dioptres, les lentilles et les systèmes centrés quelconques. Elle n'offre qu'une petite difficulté : il faut évi-

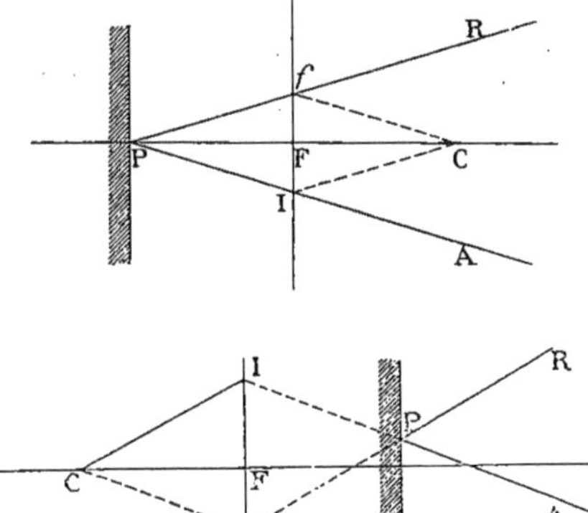

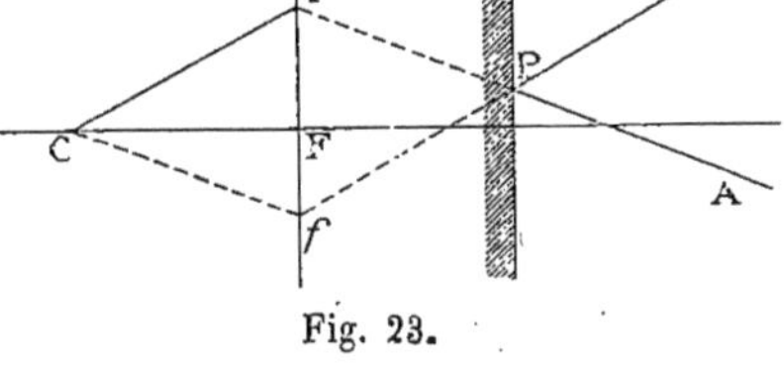

Fig. 23.

ter de se tromper en confondant les deux plans focaux ou les deux points nodaux. Cette confusion se produit surtout facilement avec les systèmes divergents, mais, avec un peu d'attention et de méthode, on évite ce genre d'erreur.

Nous allons simplement indiquer les constructions dans les divers cas, sans répéter le raisonnement, qui est identique à celui que nous venons de faire pour le cas des miroirs.

Dioptres. — Soit AI le rayon incident ; l'axe secondaire correspondant

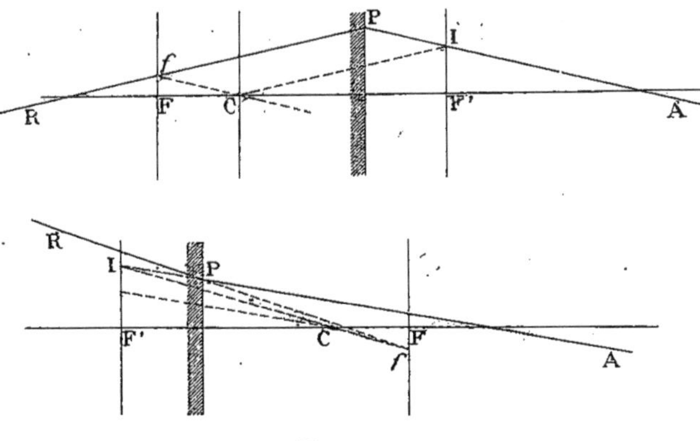

Fig. 24.

parallèle à AI et passant par C rencontre le plan focal F au point f, foyer secondaire correspondant à la direction AI.

f est un point du rayon réfracté.

Tous les rayons partant de I sont, après réfraction, parallèles à l'axe secondaire CI. Il suffit donc de mener par f une parallèle fR et CI pour avoir le rayon réfracté.

Comme vérification, AI et fR doivent se couper au même point P du plan principal.

Lentilles. — Soit encore AI le rayon incident, l'axe secondaire correspondant est BN'Nf; il rencontre le plan focal F en f, foyer secondaire correspondant à la direction AI; f est un point du rayon réfracté. Tous les rayons partant de I sont, après réfraction, parallèles à l'axe secondaire IN'NC. Il suffit donc de mener par f une parallèle fR à IN' pour avoir le rayon réfracté. Comme vérification, les rayons incident et réfracté doivent rencontrer les plans principaux en des points P et P' également distants de l'axe.

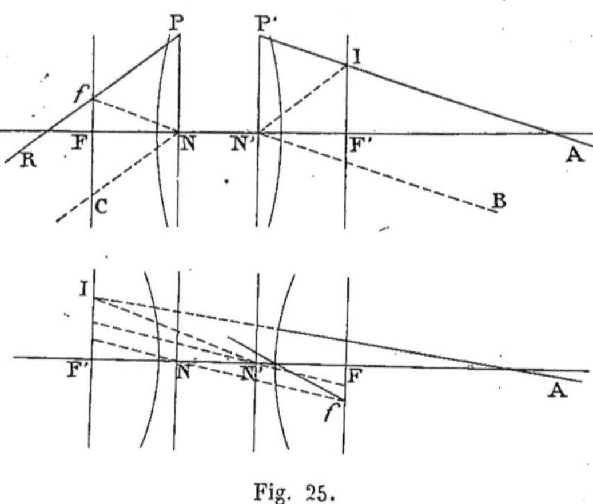

Fig. 25.

Remarquons que les lignes BN' et NC ne sont d'aucune utilité dans les constructions; nous les avons seulement menées pour compléter les axes secondaires; mais, dans la pratique, il suffit de tracer Nf parallèle à AI pour avoir f et de tirer IN' pour avoir la direction du rayon réfracté.

Système centré quelconque. — Supposons que, dans un système centré quelconque, nous soyons arrivés à déterminer les plans focaux F, F' et les points nodaux N, N'; nous savons que la connaissance de ces derniers est liée à celle des plans principaux, puisque NF = P'F' et N'F' = PF.

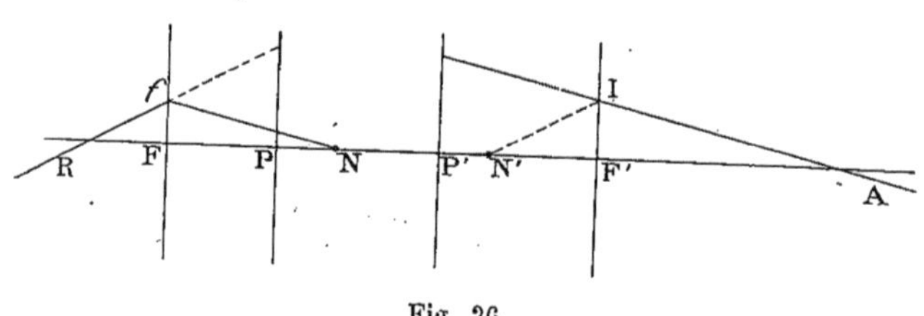

Fig. 26.

Nous pourrons, en nous servant des points nodaux et des plans focaux, tracer le rayon réfracté correspondant à un rayon incident quelconque.

Soit AI le rayon incident; en menant, par N, Nf parallèle à AI, on a dans le plan focal F un point du rayon réfracté. Ce rayon réfracté doit être parallèle à IN', c'est donc fR.

Comme vérification, le rayon incident AI et le rayon réfracté fR doivent rencontrer les plans principaux à la même distance de l'axe.

Détermination des points et des plans cardinaux. — Il faut maintenant voir comment, étant donné un système centré, on peut déterminer ses points et ses plans cardinaux. Le système centré se compose d'une série de dioptres placés à la suite les uns des autres. Prenons un rayon BY parallèle à l'axe principal AX, ce rayon se réfractera à travers les dioptres successifs ; après chaque réfraction, nous pourrons construire le rayon réfracté suivant par la construction indiquée plus haut dans le cas des dioptres. Finalement, nous aurons un rayon émergent CZ. Le point F où ce rayon CZ rencontre

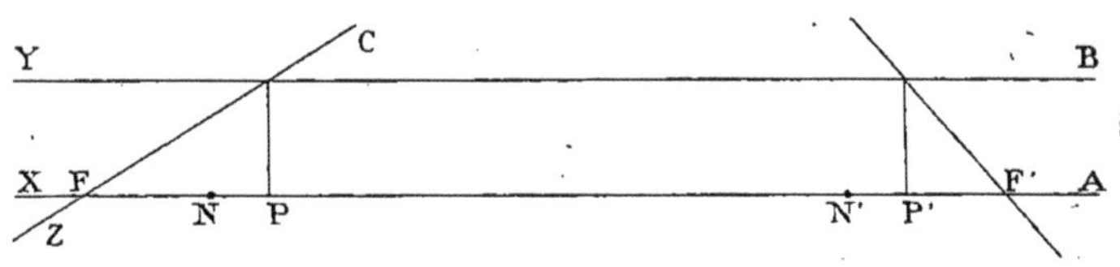

Fig. 27.

l'axe principal est le foyer principal du système. Nous savons que le rayon émergent CZ et le rayon incident BY doivent couper les plans principaux à la même hauteur ; le plan principal correspondant à F est donc forcément P.

Nous ferons la même opération en considérant la lumière venant de gauche à droite. Nous trouverons ainsi un foyer F' et un plan principal P'. D'après ce que nous avons dit plus haut sur la constitution des systèmes centrés, nous aurons les points nodaux en prenant FN = P'F' et F'N' = PF. Quant aux plans antiprincipaux, ils sont symétriques de P et P' par rapport à F et F'.

Construction de l'image d'un objet. — Lorsqu'un objet forme une image à travers un système réfléchissant ou réfringent, chaque point de cet objet envoie un faisceau lumineux divergent qui, après réflexion ou réfraction, est transformé en un autre faisceau homocentrique. Pour avoir l'image d'un point, il n'est pas nécessaire de connaître tous les rayons réfléchis ou réfractés, il suffit d'en posséder deux : l'image se trouve à leur intersection.

On peut donc, pour trouver l'image d'un point, prendre deux rayons quelconques issus de ce point, chercher les rayons transformés : l'image sera à leur intersection.

Mais, au lieu de prendre deux rayons quelconques, on simplifie beaucoup les constructions en choisissant deux rayons dont il est facile de trouver les rayons transformés.

Les rayons qui se trouvent dans ces conditions sont au nombre de trois :

1° Un rayon parallèle à l'axe ; le rayon transformé s'obtient immédiatement en joignant le foyer au point où le rayon incident rencontre le plan principal ;

2° Un rayon passant par le foyer principal ; le rayon transformé est parallèle à l'axe et passe par le point où le rayon incident coupe le plan principal ;

3° Un rayon dirigé suivant l'axe secondaire suit cet axe secondaire sur tout son parcours.

On peut employer, suivant les cas, deux quelconques de ces rayons pour construire l'image d'un point.

Quand on sait construire l'image d'un point, on peut aussi construire l'image d'un objet qui est composé d'une série de points.

Pour étudier comment varie l'image d'un objet dans les divers cas, nous allons, suivant l'usage, prendre pour objet une flèche perpendiculaire à l'axe principal; quand on aura trouvé l'image de la pointe, il suffira, pour avoir l'image de la flèche, d'abaisser une perpendiculaire sur l'axe principal.

Nous allons examiner successivement les différents systèmes réfléchissants et réfringents.

Miroirs. — Le rayon OA parallèle à l'axe rencontre le plan principal en A et se réfléchit suivant AF ; OB passant par le foyer rencontre le plan principal en B et se réfléchit parallèlement à l'axe principal suivant BI : I, point d'intersection des deux rayons réfléchis, est l'image du point O, et l'image de la flèche s'obtient en abaissant de I sur l'axe une petite perpendiculaire.

On a une image en I parce que O envoie sur le miroir un faisceau conique limité par le cadre de ce

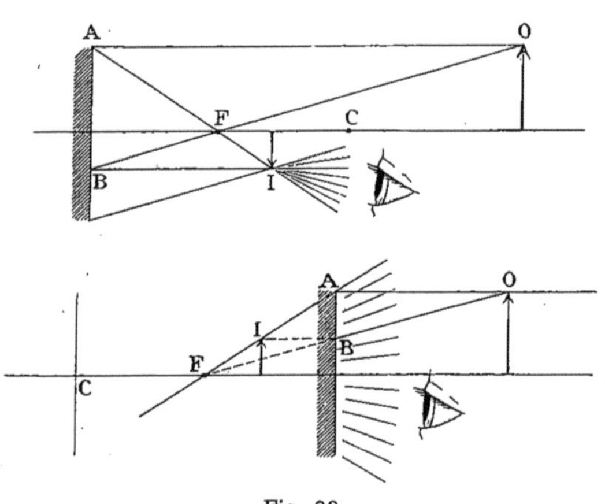

Fig. 28.

miroir, et transformé par réflexion en un autre faisceau conique. L'œil placé dans ce faisceau conique émergent perçoit une image.

Cette image est réelle, dans le cas de la figure, pour le miroir convergent, et virtuelle pour le miroir divergent; mais il ne faudrait pas en conclure qu'il en est toujours ainsi; cela dépend de la position de l'objet.

Lorsque l'objet se déplace le long de l'axe principal, son image varie de position, de grandeur, de sens, de réalité. Le sommet O de l'objet se trouve toujours sur la parallèle OA à l'axe principal, par conséquent l'image I se trouve toujours sur la droite AI. Cette droite AI est ce que l'on appelle la *caractéristique* de l'image de O.

Il n'y a pas lieu ici de faire la discussion complète des diverses positions que peut prendre l'image lorsque l'objet se déplace; nous allons résumer les résultats en une figure et un tableau.

AX est l'axe principal; l'objet se déplace de l'infini à droite à l'infini à gauche, son sommet O restant sur la droite OY. Le sommet I de l'image se déplace sur la caractéristique IZ passant par le foyer principal F.

Le plan focal F, le plan principal P et le plan antiprincipal Q passant par le centre, et symétrique du plan principal par rapport au foyer, divisent l'espace en quatre zones remarquables. Lorsque l'objet est dans une de ces zones marquée d'un chiffre romain placé au-dessus de l'axe, l'image est dans la zone marquée du même chiffre romain au-dessous de l'axe.

Il est important de remarquer que lorsque l'objet se déplace l'image se déplace en sens contraire ; cette règle est générale dans tous les cas de réflexion.

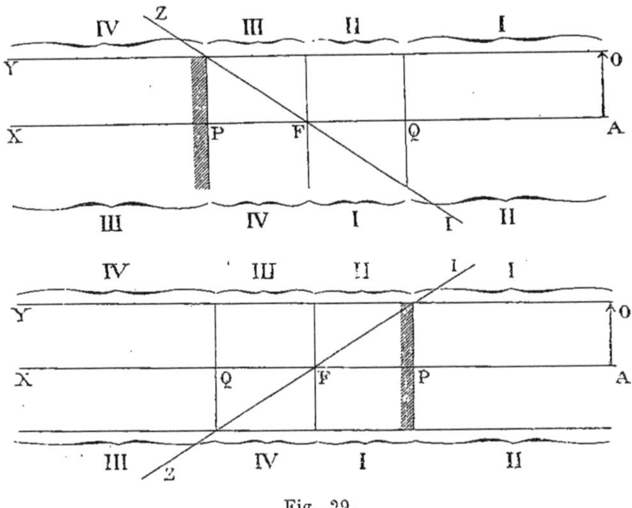

Fig. 29.

Certaines positions particulières de l'objet et de l'image sont à remarquer.

Lorsque l'objet est à l'infini, l'image est au foyer.

Lorsque l'objet est au plan antiprincipal, l'image y est aussi.

Lorsque l'objet est au foyer, l'image est à l'infini.

Lorsque l'objet est au plan principal, l'image y est aussi.

Ces règles suffisent pour trouver approximativement et d'une façon rapide la position de l'image correspondante à une position donnée de l'objet.

Une fois cette position trouvée, la caractéristique donne la grandeur de l'image et son sens. Cette image est réelle ou virtuelle suivant qu'elle est en avant ou en arrière de la surface du miroir, c'est-à-dire du plan principal.

On voit ainsi, pour le miroir convergent, que lorsque l'image est dans la zone

       I elle est renversée, réelle, plus petite que l'objet ;
      II elle est renversée, réelle, plus grande que l'objet ;
    III elle est droite, virtuelle, plus grande que l objet ;
    IV elle est droite, réelle, plus petite que l'objet.

Pour le miroir divergent, en

      I elle est droite, virtuelle, plus petite que l'objet ;
      II elle est droite, réelle, plus grande que l'objet ;
    III elle est renversée, virtuelle, plus grande que l'objet ;
    IV elle est renversée, virtuelle, plus petite que l'objet.

On voit de plus que l'image en F est de dimension nulle ; en P elle est égale à l'objet et droite, en Q égale à l'objet et renversée. A l'infini, elle a des dimensions infinies.

Il est aisé de saisir la nature de l'objet lorsque cet objet se trouve en avant du miroir et qu'il est réel ; mais derrière le miroir l'objet est virtuel. Voici à quoi cela correspond.

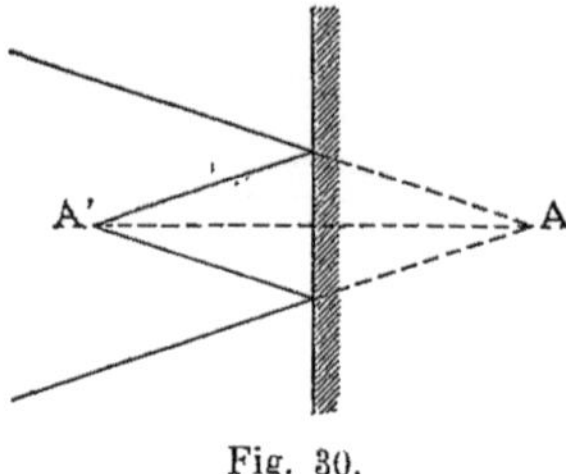

Fig. 30.

Considérons un faisceau convergent formant l'image d'un point lumineux en A, par exemple. Si nous plaçons un miroir sur le trajet des rayons avant leur intersection en A, ces rayons se réfléchiront et donneront une image en A' ; A' sera l'image de A, qui n'existe pas en réalité et que l'on appelle un objet virtuel par rapport au miroir.

Dioptres. — Nous n'avons qu'à reproduire ce que nous avons dit plus haut pour les miroirs.

Le rayon parallèle à l'axe rencontre le plan principal en A et se réfracte suivant AF.

Le rayon OF' passant par le foyer F' rencontre le plan principal en B et

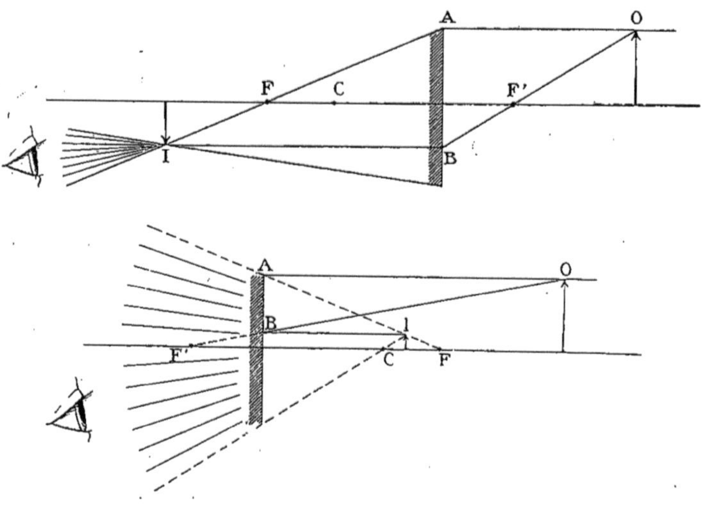

Fig. 31.

se réfracte parallèlement à l'axe principal suivant BI ; I, point d'intersection des deux rayons réfractés, est l'image du point O, et l'image de la flèche s'obtient en abaissant de I une petite perpendiculaire sur l'axe.

On a une image en I parce que O envoie sur le dioptre un faisceau conique limité par le cadre du dioptre et transformé par réfraction en un autre faisceau conique ayant son sommet en I. L'œil placé dans ce faisceau conique émergent perçoit une image.

Cette image est réelle, dans le cas de la figure, pour le dioptre convergent et virtuelle pour le dioptre divergent.

Lorsque l'objet se déplace le long de l'axe principal, nous allons retrouver, comme pour les miroirs, une série de variations de sens, de grandeur, de réalité. AI sera encore la caractéristique sur laquelle se déplacera l'image du point O.

Nous allons résumer, comme nous l'avons fait pour les miroirs, les résultats que l'on obtient en étudiant les variations de l'image dans les diverses positions de l'objet.

L'objet peut encore se trouver dans quatre zones remarquables déterminées par le premier plan antiprincipal rencontré par la lumière, le premier plan focal et le plan principal.

L'image se trouve alors successivement dans quatre autres zones déterminées par le plan principal, l'autre plan focal et l'autre plan antiprincipal.

Ces zones diffèrent de celles que nous avons trouvées pour les miroirs, en ce qu'elles empiètent les unes sur les autres. La figure suivante donne la cor-

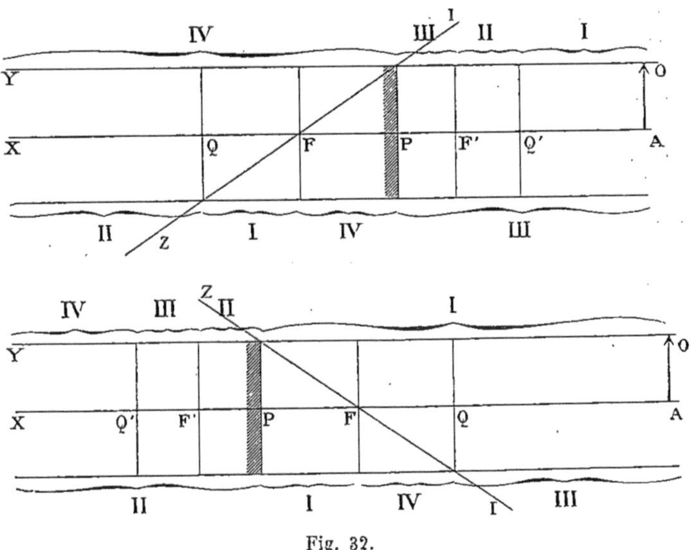

Fig. 32.

respondance de ces zones, le chiffre romain placé au-dessus de l'axe indiquant la zone dans laquelle se trouve l'objet, le chiffre romain placé au-dessus de la ligne donnant la zone correspondante de l'image.

Contrairement à ce qui se passe dans la formation des images par réflexion, lors du déplacement de l'objet l'image par réfraction se déplace toujours dans le même sens que l'objet.

Il est aisé de voir que lorsque l'objet est à l'infini l'image est au foyer.

Lorsque l'objet est au premier plan antiprincipal, l'image est dans l'autre.

Lorsque l'objet est au premier foyer, l'image est à l'infini.

Lorsque l'objet est au plan principal, l'image y est aussi.

Ces règles très simples permettent de trouver rapidement la position approximative de l'image pour une position donnée de l'objet.

Une fois cette position trouvée, la caractéristique donne la grandeur et le sens de l'image. Cette image est réelle ou virtuelle, suivant qu'elle est en avant ou en arrière de la surface du dioptre, c'est-à-dire du plan principal.

On voit ainsi que, pour le dioptre convergent, lorsque l'image est dans la zone

    I elle est renversée, réelle, plus petite que l'objet;
    II elle est renversée, réelle, plus grande que l'objet;
    III elle est droite, virtuelle, plus grande que l'objet;
    IV elle est droite, réelle, plus petite que l'objet.

Pour le dioptre divergent, en

    I elle est droite, virtuelle, plus petite que l'objet;
    II elle est droite, réelle, plus grande que l'objet;
    III elle est renversée, virtuelle, plus grande que l'objet;
    IV elle est renversée, virtuelle, plus petite que l'objet.

On voit de plus que l'image en F est de dimension nulle, en P elle est égale à l'objet et droite, en Q elle est égale à l'objet et renversée. A l'infini, elle a des dimensions infinies.

Pour l'interprétation de l'objet virtuel, il n'y a qu'à se reporter à ce que nous avons dit pour les miroirs.

Lentilles. — Ici encore il n'y a qu'à reproduire la construction donnée à propos des miroirs et des dioptres.

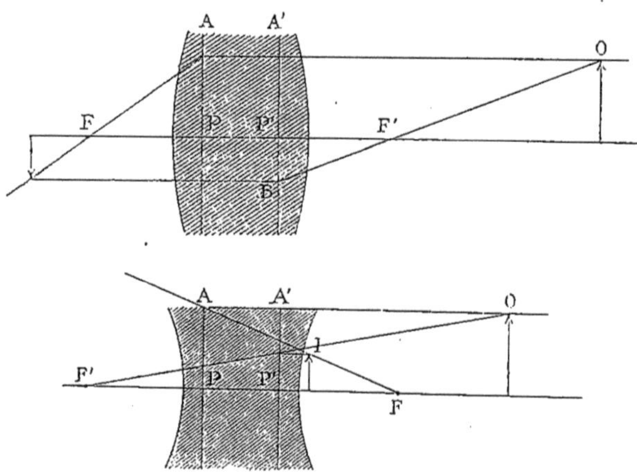

Fig. 33.

Le rayon parallèle à l'axe rencontre le plan principal en A′; le rayon réfracté doit passer dans l'autre plan principal à la même distance de l'axe que A' ; il suffit donc de prolonger le rayon parallèle à l'axe jusqu'en A : AF est le rayon réfracté.

Le rayon OF' passant par le foyer rencontre le plan principal en B et, de là, doit se propager parallèlement à l'axe principal suivant BI.

I, point d'intersection des deux rayons réfractés, est l'image du point O, et l'image de la flèche s'obtient en abaissant de I une perpendiculaire sur l'axe.

On a une image en I parce que O envoie sur la lentille un faisceau conique transformé, par la réfraction, en un autre faisceau unique ayant son sommet en I.

AI est encore la caractéristique suivant laquelle se déplace I, image du point O, lorsque l'objet O se déplace le long de l'axe.

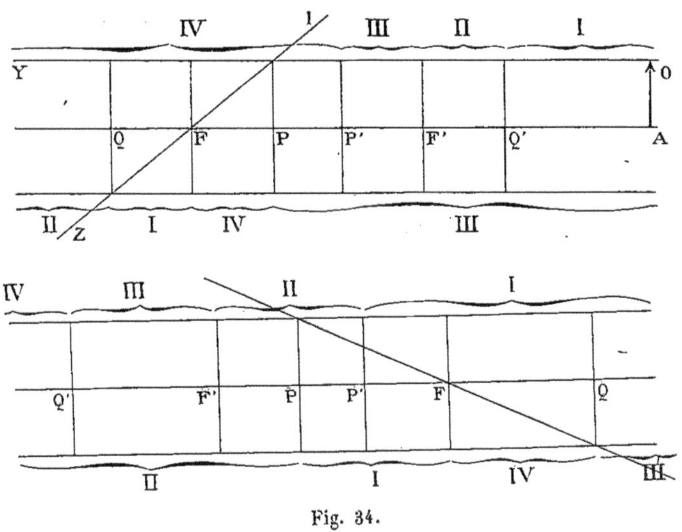

Fig. 34.

Pour les lentilles, il y a aussi une division en zones. Cette division est représentée sur la figure ; en se reportant à ce que nous avons dit pour les miroirs et pour les dioptres, il est facile de saisir la correspondance des images et des objets.

Lorsque l'objet est à l'infini, l'image est au foyer.

Lorsque l'objet est au premier plan antiprincipal, l'image est à l'autre.

Lorsque l'objet est au foyer, l'image est à l'infini.

Lorsque l'objet est au premier plan principal, l'image est à l'autre.

Avec ces règles très simples on peut, dans tous les cas, en se rappelant que l'image et l'objet se déplacent dans le même sens, trouver rapidement la position approximative de l'image pour une position donnée de l'objet.

Une fois cette position trouvée, la caractéristique donne la grandeur et le sens de l'image. Cette image est réelle ou virtuelle suivant qu'elle est en avant ou en arrière de la dernière surface réfringente traversée.

On voit ainsi que, pour la lentille convergente, lorsque l'objet est dans la zone

  I elle est renversée, réelle, plus petite que l'objet;
  II elle est renversée, réelle, plus grande que l'objet,
  III elle est droite, virtuelle, plus grande que l'objet:
  IV elle est droite, réelle, plus petite que l'objet.

Pour la lentille divergente, en

  I elle est droite, virtuelle, plus petite que l'objet;
  II elle est droite, réelle, plus grande que l'objet;
  III elle est renversée, virtuelle, plus grande que l'objet;
  IV elle est renversée, virtuelle, plus petite que l'objet.

On voit aussi que l'image est de dimension nulle en F, en P elle est égale à l'objet et droite, en Q elle est égale à l'objet et renversée.

CONSTITUTION DES RADIATIONS
Par M. WEISS.

On sait, depuis Newton, que la lumière émanant soit du soleil, soit d'un corps incandescent quelconque, n'est pas simple, mais qu'à l'aide de certains artifices on peut la décomposer en radiations de couleurs diverses.

Si, par exemple, on prend un faisceau lumineux composé de rayons parallèles venant du soleil, et que l'on fasse tomber ce faisceau sur un prisme, à l'émergence on aura une série de faisceaux diversement colorés, et si, sur leur trajet, on place un écran blanc, on n'aura plus une petite tache blanche comme celle qui serait formée par les rayons venant directement du soleil, mais une tache très allongée, rouge d'un côté, violette de l'autre et passant entre ces deux couleurs par une série de tons colorés. Cette tache se nomme un spectre. L'opération par laquelle on a séparé les diverses radiations est la dispersion. Newton a considéré que, dans le spectre solaire, il y avait à distinguer sept couleurs à la suite les unes des autres dans l'ordre suivant : rouge, orangé, jaune, vert, bleu, indigo, violet.

En réalité, ces couleurs apparaissent bien dans le spectre, mais on ne passe pas brusquement de l'une d'elles à la suivante. La partie rouge passe par gradations insensibles à l'orangé, qui passe de la même façon au jaune, et ainsi de suite sans que l'on puisse dire à quel endroit finit une couleur et commence la suivante. Il y a dans la lumière blanche du soleil, non pas sept radiations colorées simples, mais une infinité de radiations comprenant les couleurs indiquées par Newton et toutes les couleurs intermédiaires. Ces diverses radiations n'ont pas le même indice de réfraction par rapport à un même milieu. A de très rares exceptions près, l'indice de réfraction va en croissant du rouge au violet ; c'est par suite de la variabilité de cet indice de réfraction que les diverses radiations ne sont pas également déviées par le prisme et qu'elles se séparent les unes des autres en donnant le spectre. On peut, en limitant le faisceau coloré par un écran percé d'une très petite ouverture, choisir à volonté une radiation quelconque, et mesurer son indice de réfraction par rapport à un milieu déterminé ; on reconnaît alors l'exactitude de ce que nous venons de dire.

La lumière blanche s'est réellement décomposée en radiations colorées simples, car si, à l'aide d'un artifice quelconque, on vient à mélanger ces diverses radiations simples, on reconstitue de la lumière blanche.

Le spectre obtenu par le procédé que nous avons indiqué n'est jamais bien pur ; il se compose, en effet, d'une série de taches lumineuses placées les unes à côté des autres, chacune d'elles empiétant forcément sur les taches voisines. En aucun point l'écran ne reçoit une seule radiation simple.

Supposons, au contraire, que l'on pratique une fente verticale étroite dans le volet d'une chambre noire et que, à l'aide d'une lentille, on fasse une image nette de cette fente sur un écran; lorsque l'on placera un prisme à arête verticale sur le trajet des rayons lumineux formant l'image, la lumière sera décomposée en faisceaux colorés simples. Chacun de ces faisceaux donnera une image, ces diverses images se formeront les unes à côté des autres dans l'ordre des indices de réfraction, et leur ensemble constituera un spectre d'autant plus pur que le prisme aura dispersé davantage la lumière et que chaque image de la fente sera plus fine.

En opérant ainsi avec la lumière solaire ou celle des divers appareils d'éclairage artificiel, on obtient un spectre continu, c'est-à-dire un spectre ne présentant aucune lacune depuis ses radiations rouges jusqu'aux radiations violettes.

Ces différentes radiations n'ont pas les mêmes propriétés; en les étudiant, on constate qu'elles peuvent produire trois espèces d'effets.

En premier lieu, l'œil est impressionné par les radiations du spectre; cette impression, due aux propriétés lumineuses des radiations, semble avoir sa plus grande intensité vers le jaune et aller en diminuant aussi bien vers le rouge que vers le violet.

En second lieu, nous trouvons des propriétés calorifiques. Si l'on place dans un spectre un thermomètre dont la boule est couverte de noir de fumée, cet appareil indique une élévation de température. Le maximum de cette action se trouve du côté du rouge, mais en dehors du spectre, dans ce que l'on appelle la portion infra-rouge du spectre. De là elle va en diminuant de chaque côté, elle est très faible aussitôt que l'on atteint les radiations vertes.

Enfin, si l'on produit un spectre sensible sur une plaque photographique, on constate qu'il se produit une réduction du sel d'argent. Ce phénomène a son maximum d'intensité un peu au delà du violet, dans ce que l'on appelle la portion ultra-violette du spectre. De là l'action va en diminuant de chaque côté du maximum; nous savons que déjà dans la région verte du spectre elle est très affaiblie et qu'elle est presque nulle pour le rouge, puisque l'on peut exposer fort longtemps une plaque photographique, même très sensible, derrière un verre rouge sans qu'elle soit impressionnée.

Nous trouvons donc dans le spectre des propriétés lumineuses, calorifiques et chimiques ou actiniques. — Il est bon de remarquer que ces trois propriétés ne tiennent pas à des radiations différentes. — Chaque radiation simple les possède toutes les trois, mais à des degrés différents. Prenons une radiation du milieu du spectre, verte, par exemple; elle sera capable de provoquer dans notre œil des phénomènes lumineux, elle échauffera un thermomètre et décomposera un sel d'argent, et il ne nous est pas possible de la débarrasser d'une quelconque de ces propriétés sans supprimer toutes les autres. Nous pouvons même dire que si nous augmentons ou si nous diminuons dans un certain rapport l'une quelconque de ces propriétés, cette variation aura la même importance pour chacune des autres propriétés. Les phénomènes lumineux, calorifiques, chimiques sont des manifestations différentes d'une même radiation et ne sont pas dues à des radiations différentes.

Chacun de ces phénomènes sera étudié en détail dans un chapitre spécial.

La lumière blanche est donc constituée par un mélange de radiations simples ; il s'agit maintenant de savoir ce que sont ces radiations simples.

Pendant longtemps on s'est trouvé en présence de deux théories : celle de l'émission et celle des ondulations. La première n'a plus qu'un intérêt historique : elle supposait que le corps lumineux émettait de petites particules se propageant en ligne droite et traversant les milieux transparents pour pénétrer dans l'œil.

Dans la théorie des ondulations on suppose, au contraire, que la source lumineuse est le siège d'un mouvement vibratoire, que les vibrations ainsi produites se propagent de proche en proche par l'intermédiaire d'un milieu impondérable auquel on a donné le nom d'éther. On a assimilé les ondes ainsi produites à celles qui se forment à la surface de l'eau quand on vient à y jeter une pierre en un point.

Peu à peu cette théorie a non seulement permis d'expliquer tous les phénomènes de l'optique connus, mais même d'en prévoir d'autres nouveaux. Il n'y a pas lieu de rappeler ici ces phénomènes ; il vaut mieux, pour cela, renvoyer aux traités spéciaux ; mais il faut au moins décrire l'expérience classique à l'aide de laquelle Fresnel a établi sur des bases solides la théorie des ondulations.

Elle est connue sous le nom d'expérience des deux miroirs. Voici en quoi elle consiste :

Considérons deux points lumineux A et A'. Au milieu de AA' élevons une perpendiculaire à la droite qui les réunit, puis en un point C de cette droite menons un plan perpendiculaire à BC et, par suite, parallèle à AA'. Ce plan sera un écran EE'. Voyons d'abord ce qui se passe au point C. A un moment quelconque, il est frappé par un mouvement vibratoire partant de A et par un mouvement vibratoire partant de A'. Si, en A et en A', ces deux mouvements étaient identiques, comme pour aller de A en C et de A' en C ils parcourent des distances égales, ils arrivent en C dans les mêmes conditions et leurs effets doivent s'ajouter. Écartons-nous maintenant de C sur le plan EE'. Un point D ne sera pas également distant de A et A', il sera plus près

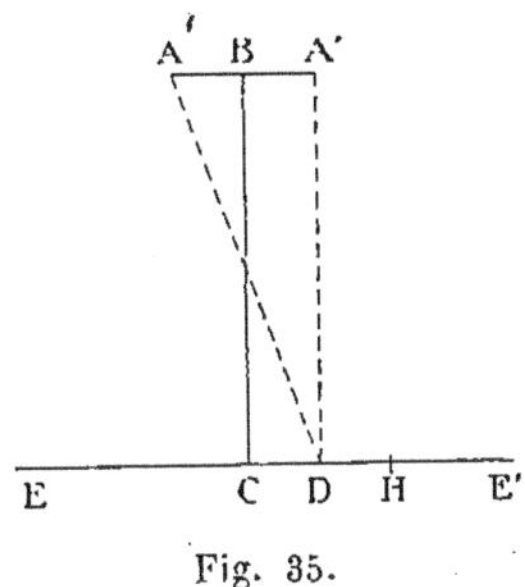

Fig. 35.

de A' que de A. Pour faire comprendre ce qui va s'y passer, je ferai une comparaison. Considérons deux pendules identiques, battant la seconde par exemple ; si ces deux pendules oscillent simultanément dans le même sens, on conçoit que les poussées qu'ils exercent sur un corps pourront s'ajouter. Si, au contraire, ils oscillent en sens contraire, leurs effets pourront se retrancher et l'on conçoit des dispositifs d'après lesquels des corps soumis à l'action de ces pendules pourraient rester au repos. Or, revenons à notre expérience ; à un moment donné, il arrive en D une oscillation venue de A' et destinée à produire un certain effet, il arrive aussi une oscillation venue de A ; mais ces deux oscillations n'ont pas mis le même temps pour venir de A et de A' en D, il a fallu plus longtemps pour celle qui part de A. Par conséquent, les mouvements qui arrivent en D ne sont pas concordants; il peut arriver qu'ils se produisent même exactement en sens contraire à chaque instant. Il en résultera une immobilité en D et, s'il s'agit de lumière, D sera sombre.

Si l'on s'éloigne davantage et que l'on passe de D en H, la différence de distance entre AH et A'H sera encore plus grande qu'entre AD et A'D et les mouvements seront de nouveau concordants. Ainsi de suite. On a en C du mouvement et de chaque côté, sur EE', une série de points alternativement en repos et en mouvement.

Si A et A' sont deux points lumineux identiques, on aura sur la ligne EE' de l'écran une série de points lumineux et obscurs. Il en sera de même pour chaque ligne parallèle à EE' et située sur l'écran, c'est-à-dire que l'on aura une série de franges alternativement lumineuses et sombres.

Pour obtenir deux points A et A' identiques, on se sert de deux miroirs en face desquels se trouve un point lumineux, et ce sont les deux images A et A' de ce point lumineux qui sont les deux sources donnant naissance aux franges.

C'est cette expérience, inexplicable dans la théorie de l'émission, qui est la base solide sur laquelle est fondée la théorie des ondulations.

Il est bien évident que, pour la réduire à cette forme simple, il faut prendre une lumière monochromatique, c'est-à-dire une radiation simple.

Une étude plus approfondie montre que les franges sont d'autant plus larges que la radiation servant à l'expérience a une longueur d'ondulation plus grande.

Si donc on prend une lumière complexe, la lumière blanche, par exemple, les diverses franges ne se superposent pas exactement et l'on voit apparaître des phénomènes chromatiques analogues à ceux que produit la dispersion par le prisme.

Une formule simple relie entre eux les divers éléments de l'expérience, c'est-à-dire la distance des points AA', la largeur des franges, la distance de l'écran aux points AA', la longueur d'ondulation de la radiation employée. On peut donc, en mesurant AA', BC et la largeur des franges, calculer la longueur d'onde correspondante. Cette détermination a été faite par Fresnel.

Nous donnerons simplement ici les longueurs d'onde correspondant aux sept raies principales de Frauenhoffer, c'est-à-dire à peu près aux sept couleurs de Newton; plus loin, nous donnerons un tableau plus complet.

B	0,000 6878
C	0,000 6556
D	0,000 5888
E	0,000 5268
F	0,000 4859
G	0,000 4296
H	0,000 3968

En résumé, la lumière blanche du soleil, la lumière de tous nos appareils d'éclairage est constituée par un mélange de radiations diversement colorées. Chacune de ces radiations consiste en un mouvement ondulatoire émanant de la source lumineuse et transmis par l'intermédiaire de l'éther. Étant donnée une lumière quelconque, il est aisé de déterminer les radiations simples qu'elle contient; nous verrons, dans un chapitre spécial, comment on s'y prend pour cela.

SPECTROSCOPIE BIOLOGIQUE

Par A. HÉNOCQUE,

DIRECTEUR ADJOINT DU LABORATOIRE DE PHYSIQUE BIOLOGIQUE DE L'ÉCOLE DES HAUTES ÉTUDES
AU COLLÈGE DE FRANCE.

PREMIÈRE PARTIE

§ 1. Définition. — *La spectroscopie biologique est l'étude des phénomènes spectroscopiques observés dans les corps organisés, l'organisme et les produits organiques.* — La spectroscopie biologique est une partie de la science, logiquement et naturellement délimitée : 1° parce qu'elle a son origine dans la science physique pure; 2° ses méthodes, ses procédés, ses lois, ses déductions présentent la plus grande précision, en même temps qu'une merveilleuse puissance de pénétration dans l'analyse infinitésimale; 3° ses objets d'étude s'étendent dans toutes les divisions des sciences biologiques; 4° enfin, ses applications pratiques offrent déjà une haute importance pour la médecine, la thérapeutique, la toxicologie, la médecine légale, la physiologie, la chimie biologique, l'analyse des falsifications, la botanique, l'agronomie et un grand nombre de recherches industrielles et scientifiques.

§ 2. Notions historiques. — C'est en 1860 que Kirchhoff et Bunsen ont inventé l'analyse spectroscopique appliquée aux substances chimiques; et, deux années plus tard, Hoppe-Seyler fit usage de cette découverte pour l'étude de la matière colorante du sang. Presque simultanément, des esprits d'une haute valeur scientifique comprirent toute l'importance de la nouvelle méthode d'analyse. Valentin, en 1862, publiait une sorte de manuel très concis de la spectroscopie appliquée à la physiologie, à la médecine et à la médecine légale. Preyer, en 1866, inventa l'analyse spectroscopique quantitative de l'hémoglobine. En Angleterre, Stokes (1864) découvre la réaction spectroscopique de l'hémoglobine réduite, et Mac-Munn publie le premier travail d'ensemble sur l'emploi du spectroscope en médecine (1880). En France, les leçons de Claude Bernard sur l'asphyxie et l'hémoglobine oxycarbonée, puis la thèse de Fumouze, sont les premiers essais de spectroscopie biologique.

De 1881 à 1890 parurent, en France, les thèses de Branly, de Lambling à Nancy, les articles du *Dictionnaire de Chimie* de Würtz par Salet,

Henninger, et enfin les publications de Coulier dans le *Journal de Pharmacie*.

A cette même époque, je poursuivais mes recherches dans le but de simplifier l'analyse spectroscopique du sang, de façon à pouvoir l'introduire dans les études physiologiques, dans l'observation clinique et même dans la pratique médicale.

Enfin, en 1885 j'ai décrit, sous le nom d'*hématoscopie*, une méthode nouvelle d'analyse du sang applicable à la clinique et à la physiologie, et de 1893 à 1898 j'ai réuni, en trois Aide-mémoire de Spectroscopie biologique, l'ensemble des connaissances qui résultent de travaux très nombreux et intéressants publiés en divers pays (1).

§ **3. *Indications techniques*.** — Le SPECTROSCOPE le plus simple, c'est-à-dire le spectroscope à vision directe, peut servir à toutes les études élémentaires de spectroscopie biologique, et même aux recherches les plus précises si l'on y ajoute certaines modifications peu compliquées. Il est indispensable d'être familiarisé avec la théorie et les indications techniques qui permettent l'usage de cet instrument, qui est *notre outil spécial*.

Le spectroscope à vision directe représenté figure 36 ressemble à une petite

Fig. 36. — Spectroscope à vision directe.

lunette astronomique : il est formé de deux tubes glissant l'un dans l'autre a frottement doux ; le tube extérieur C porte à sa partie inférieure un diaphragme F qui laisse passer la lumière en la réglant sous forme d'un

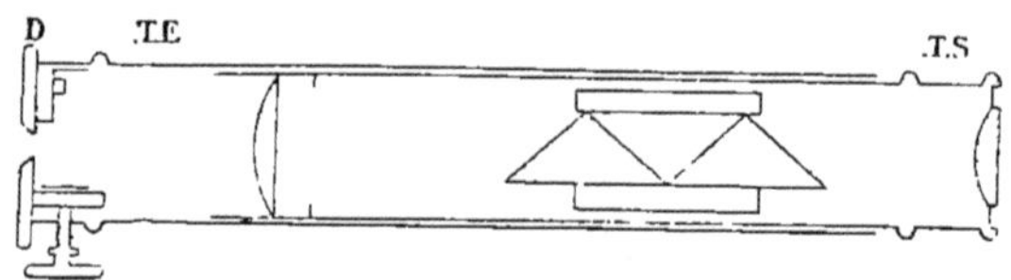

Fig. 37. — Coupe du spectroscope à vision directe.

faisceau lumineux traversant une fente très mince, mais d'une hauteur de plusieurs millimètres. Le tube intérieur ou supérieur TO renferme le système optique essentiel, c'est-à-dire le prisme composé. Tels sont les organes qu'il faut examiner successivement.

Le prisme que l'on emploie de préférence est composé de trois prismes : un prisme de flint au centre, un prisme de crown à chaque extrémité. La figure suivante montre la marche des rayons qui, entrant par un prisme de crown, ressortent parallèlement par le second, de façon que l'œil, regardant verticalement dans le prisme composé, perçoit directement à la surface

<hr>

(1) Pour compléter ces notions très succinctes, on pourra consulter mon Rapport sur les applications de la spectroscopie à la biologie, dans les *Comptes rendus du Congrès international de Physique* (t. III, Gauthier-Villars, Paris, 1900).

supérieure du prisme le rayon qui a traversé la surface inférieure, c'est-à-dire qu'il perçoit le spectre de la lumière dans la direction même de la source lumineuse observée. Le diaphragme collimateur est le correcteur ou le régu-

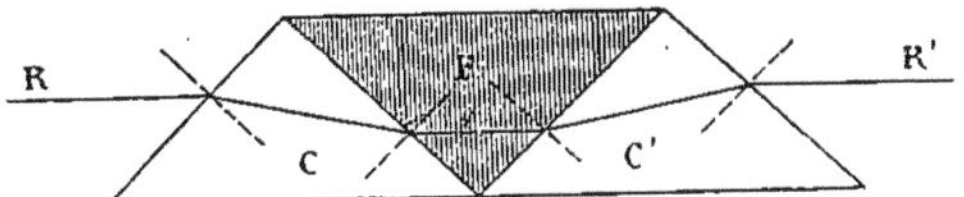

Fig. 38. — Marche des rayons dans le prisme composé, à vision directe.

lateur du faisceau lumineux qu'il traverse. C'est la fente de la chambre noire formée par le système optique du spectroscope. Toujours très étroite, car elle ne doit pas dépasser un quart de millimètre dans sa largeur, mais doit pou-voir être réduite à une fente presque imperceptible pour l'étude des plages rouge et orangé, elle doit, au contraire, être élargie dans l'examen des plages bleue et violette (Voy. fig. 38 et 39).

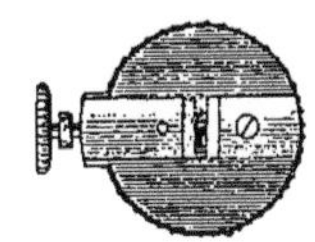

Fig. 39. — Dia-phragme.

Cette variation de largeur est obtenue par une vis de pres-sion latérale. Le tube oculaire est mobile, de façon à déter-miner la mise au point de l'image spectrale. Il est indispen-sable, avant tout examen, de régler le spectroscope, de le mettre au point, de façon que les raies de Frauenhofer soient nettement perçues lorsqu'on examine le ciel ou une surface bien éclairée par la lumière blanche diffuse. On cherchera d'abord la raie D dans le jaune, les raies E, *b*, dans le vert, la raie F à l'origine du bleu. A gauche de D, on trouve dans le rouge les raies C, B et même *a*.

Classification des spectres lumineux. — Les spectres observés avec le spectroscope composé de prismes sont dits *prismatiques*, par opposition aux *spectres de diffraction* que produisent les *réseaux*.

1° Si, avec le spectroscope à vision directe, vous examinez la lumière du gaz, celle d'une lampe Carcel ou d'une lampe à pétrole, vous verrez un spectre lumineux, sorte de ruban coloré, montrant, « comme l'écharpe d'Iris ou l'arc-en-ciel », des radiations intensivement colorées disposées dans l'ordre naturel de la décomposition de la lumière, *rouge, orangé, jaune, vert, bleu, indigo, violet*, ces couleurs primordiales étant réunies par une transition graduelle : c'est là ce qu'on appelle un *spectre continu*. On l'observe non seulement avec les sources lumineuses habituelles, l'huile d'éclairage, la bougie, le pétrole, le gaz, mais aussi avec les lumières inten-sives telles que les produisent l'éclairage oxhydrique, la lampe Edison, l'incandescence du platine, du fer en fusion, de la chaux, de la magnésie.

2° Examinons maintenant la flamme de plusieurs lampes à alcool sur la mèche desquelles auront été déposés quelques cristaux de chlorure de lithium, de sodium, de thallium, de cæsium : nous observons de fines raies lumineuses colorées se détachant dans le rouge, le jaune, le vert ou le bleu. Ce sont des spectres lumineux ou spectres d'émission, variant avec les différents métaux ou métalloïdes dont ils démontrent l'existence dans les astres ; ils sont aussi appelés *spectres de flammes*.

L'une des démonstrations les plus élégantes de ces spectres est obtenue par l'examen des flammes des feux de Bengale colorés, où se détachent sur des bandes sombres de multiples raies lumineuses et de couleurs variées.

3° Plaçons entre le spectroscope et une lumière quelconque le verre rouge des photographes : nous n'apercevrons que les plages rouge et orangé, une bande noire uniformément obscure masquant le reste du spectre. Avec un verre bleu de cobalt, nous voyons plusieurs bandes, dans le rouge, l'orangé, le vert, le violet. Avec des verres jaunes, verts, violets, le spectre sera obscurci en diverses parties plus ou moins séparées. Enfin, examinons une solution de carmin, ou bien de l'eau colorée par du sang : nous observerons, suivant le degré de concentration de la matière colorante, un aspect analogue à celui du verre rouge des photographes, c'est-à-dire la seule présence des rayons rouges pour les solutions les plus concentrées, ou bien deux bandes caractéristiques situées dans le jaune et dans le vert pour les dilutions de ces substances. Ce sont des *spectres de bandes* ou *spectres d'absorption*, les plus importants à étudier en spectroscopie biologique, ceux que nous pouvons constater, non seulement *par transparence* dans des solutions contenues dans des vases de verre tels que des tubes, des flacons à faces parallèles, ou représentant des prismes plus ou moins allongés, mais aussi par l'examen direct, c'est-à-dire *par réflexion*, condition bien facile à remplir, puisqu'il suffit d'observer à la lumière solaire diffuse, ou même directe, un papier coloré ou une étoffe teinte, ou encore la surface cutanée, pour reconnaître les spectres caractéristiques de la substance qui les colore.

Il existe des spectres composés avec des combinaisons variées : le plus important de tous est le spectre du soleil, dans lequel on observe à la fois les raies d'absorption de la matière qui compose cet astre et aussi celles de l'atmosphère. Ces dernières sont appelées *raies telluriques*. Ce sont les groupes A, *a*, B, C, puis des groupes à droite et à gauche de D, offrant par leur réunion l'aspect de bandes, et les raies du spectre de la vapeur d'eau, très apparentes au coucher et au lever du soleil ou lorsque la pluie est prochaine. Il y a des spectres continus et partiellement continus pour diverses matières colorantes. Enfin, il suffit d'examiner la lumière électrique produite, dans l'arc voltaïque, par la combustion du charbon, pour voir des spectres *cannelés* de toute beauté.

Les gaz, les vapeurs donnent des spectres d'absorption, sous forme de raies multiples, ainsi qu'on le voit dans la vapeur d'iode, où les plages orangées, jaunes et vertes sont sillonnées de raies.

Dans les vapeurs rutilantes de l'acide hypoazotique, Brewster a compté 2 000 raies du rouge au violet.

Enfin, les sels de didyme, d'erbium, examinés en solution ou à l'état cristallin, présentent des groupes de raies tellement rapprochées qu'elles ressemblent à des bandes d'absorption.

§ **4.** *Spectrographie. Spectrométrie. Spectres de diffraction.* — La *spectrographie* est l'ensemble des données qui permettent de définir un spectre, d'en représenter l'aspect, de mesurer l'étendue, la position et même l'intensité des bandes et des raies qui se présentent dans le spectre.

Empiriquement on peut, surtout pour les spectres d'absorption, décrire la position des bandes par rapport à la coloration des plages qu'elles occupent, et leur distance approximative par rapport aux raies solaires connues et toujours très faciles à déterminer soit par la lumière solaire, soit par la production de raies par des flammes colorées, telles que la raie double jaune orangé du sodium, la raie rouge du lithium ou de la potasse, etc. Mais une précision plus grande est nécessaire : elle constitue la *spectrométrie*, qui a pour base la mesure des longueurs d'onde des différentes radiations lumineuses et des raies du spectre solaire et d'un très grand nombre de substances. Nous devons en exposer les principes essentiels.

Spectres de diffraction. — Ce sont les spectres produits par l'interférence de la lumière sur une série de fentes parallèles équidistantes rapprochées les unes des autres. On les obtient au moyen des appareils dits *réseaux*.

Le réseau représente une sorte de micromètre, c'est-à-dire une plaque de verre ou un miroir métallique sur lequel sont gravés de fins traits parallèles qui produisent le phénomène de l'interférence. Le nombre des lignes doit être très grand sur un même espace ; elles sont tracées au diamant. Nobert a ainsi construit pour Angström des réseaux sur verre présentant 88 à 200 traits par millimètre sur une largeur de 7 centimètres, et Rowland, en Amérique, est arrivé à produire de magnifiques réseaux sur un miroir métallique concave de $2^m,44$ de rayon, offrant 570 traits par millimètre sur une surface rayée de 5 centimètres sur $7^{cm},5$.

Le phénomène d'interférence des réseaux se retrouve dans des corps organisés. En effet, les vives couleurs à éclat métallique des plumes des oiseaux-mouches sont dues à la régularité et à la finesse des stries parallèles qu'on y peut observer facilement au microscope ; il en est de même des élytres chatoyantes des scarabées et des écailles des ailes des papillons ; enfin, Ranvier a montré que l'on peut transformer en réseau les fibres musculaires, dont les stries transversales sont si régulièrement disposées, d'où le nom de *myospectroscope* donné à l'appareil qui sert à démontrer ce phénomène.

Dans les spectres obtenus par les réseaux, les *raies de Frauenhofer* sont placées à *distances rationnelles*, c'est-à-dire qu'elles sont en rapport constant avec le nombre des vibrations ou des longueurs d'onde, et aussi avec les indices de réfraction.

C'est en s'appuyant sur cette loi démontrée théoriquement et expérimentalement qu'Angström pratiqua ses recherches célèbres, dans lesquelles, après avoir établi que « les sinus des déviations correspondantes aux diverses couleurs sont directement proportionnels aux longueurs d'onde », il détermina la position précise de plus de 1000 raies du spectre solaire.

Il est donc toujours indispensable de donner la position et les limites des lignes et des bandes par la notation en longueurs d'onde, pour rendre les observations comparables. En effet, la représentation directe d'un spectre prismatique ne peut être utilisée dans les descriptions rigoureuses qu'à la condition de rétablir préalablement la concordance des distances que présentent les raies de Frauenhofer dans les spectres prismatiques et celles des mêmes raies dans les spectres de réseaux. Dans les premiers, ces distances sont irrationnelles et varient suivant la nature de la matière employée, d'où il résulte aussi des aspects fort différents dans l'étendue relative des plages colorées. C'est ainsi que dans les spectres prismatiques la dispersion des radiations augmente vers le bleu et le violet, tandis que dans les spectres de réseaux les plages rouges sont plus étendues.

L'étude des *longueurs d'onde des raies du spectre solaire* faite par Angström ne s'étendait que de la raie A à H, c'est-à-dire de 7 612 à 3 935 dix-millionièmes de millimètre dans la partie perceptible pour notre œil, mais les remarquables travaux de Mascart, de Cornu, ont défini dans le spectre ultra-violet des raies dont les longueurs d'onde sont bien moindres; c'est ainsi que R de Mascart n'a que 3 177 millionièmes de millimètre et V de Cornu 2 948.

L'étude des spectres métalliques ultra-violets étend bien plus loin le champ de l'observation, puisque la longueur de la raie 32 de l'aluminium est de 1 852, c'est-à-dire moindre que les deux tiers de la raie V, et l'on peut dire que l'observation des spectres métalliques double à peu près l'étendue du spectre ultra-violet.

Dans le spectre infra-rouge étudié par Becquerel et Langley, il a été possible de constater l'existence de bandes ayant une longueur d'onde bien plus grande que la raie A, puisque Langley place la limite des rayons du spectre solaire infra-rouge à 27 000 dix-millionièmes de millimètre, c'est-à-dire à une longueur d'onde près de quatre fois plus grande que la raie A.

Ces résultats ont été obtenus indirectement par des moyens plus compliqués que ceux qui sont employés en spectroscopie biologique : par la photographie pour les rayons ultra-violets, par la phosphorescence et au moyen du bolomètre pour le spectre infra-rouge; mais, pour les spectres d'absorption, notre champ d'investigation s'étend jusqu'à présent de A à H, c'est-à-dire du rouge au violet.

J'ai groupé dans le tableau ci-après l'indication des longueurs d'onde des principales raies de Frauenhofer, suivant les notations d'Angström, en y ajoutant les longueurs d'onde de la partie moyenne des plages colorées, suivant les chiffres donnés par Rood. J'ai inscrit parallèlement le nombre des vibrations calculé suivant la formule $n = \dfrac{V}{\lambda}$, dans laquelle n est le nombre des vibrations, V la vitesse de la lumière [300 330 kilomètres par seconde (suivant Cornu)] et λ la longueur d'onde en millionièmes de millimètre. (Depuis le Congrès international de physique de 1900, il est admis que l'on peut désigner les longueurs d'onde en microns, ou μ, dont l'unité représente 1 millième de millimètre. Par exemple, pour la raie A on remplacerait 761 λ par 0,761μ; pour G, 430 par 0,430 μ.)

Raies de Frauenhofer et milieu des plages colorées.	Longueurs d'onde en millionièmes de millimètre.	Nombre de vibrations par seconde en trillions.
A	761	394
a	718	418
Milieu du rouge	700	428
C	656	457
Milieu du rouge orangé	620	484
Milieu de l'orangé	597	503
D	589	509
Milieu du jaune orangé	588	510
Milieu du jaune	580	516
Milieu du vert franc	527	568
E	527	568
b	517	580
Milieu du vert bleu	508	591
Milieu du bleu cyané	496	605
F	486	617
Milieu du bleu	473	635
Milieu du bleu violet	438	685
G	430	698
h	410	732
Milieu du violet pur	405	742
H	397	756

Les indications de ce tableau doivent servir de base à toutes les notations ; elles permettent la construction des échelles nécessaires à la description des spectres et à leur figuration colorée, mais elles ne sont pas seulement techniques : elles démontrent l'étendue des radiations lumineuses que peut percevoir notre rétine, et la distinction qu'elle établit entre elles ; or, il est intéressant de comparer les résultats ainsi obtenus avec ceux qui circonscrivent la perception des ondes sonores par le nerf auditif. En effet, notre oreille peut percevoir des sons produits par 16 à 20 vibrations par seconde au moins et au plus par 40 000 à 50 000 vibrations, tandis que notre œil ne perçoit que les vibrations lumineuses de 400 trillions (rayons rouges sombres) à 758 trillions (rayons violets) ; la différence entre les deux chiffres n'atteint pas du simple au double, et l'on peut dire que la différence de vibrations lumineuses perceptibles ne représenterait pas tout à fait *une octave*, tandis que dans la série des vibrations sonores nous percevons *onze* octaves.

On remarquera aussi que les longueurs d'onde des vibrations perçues par l'oreille sont un million de fois plus grandes que les ondes lumineuses perçues par l'œil.

Pratiquement on obtient les mesures en longueurs d'onde au moyen d'une échelle latérale placée dans un petit tube articulé à angle droit avec le corps du spectroscope. L'échelle photographique représentant des divisions millimétriques est réfléchie par un petit prisme à angle droit et son image vient se superposer à celle du spectre ; des vis permettent de fixer les divisions en rapport avec les diverses raies. On obtient ainsi les distances, c'est-à-dire les largeurs des bandes en degrés de l'échelle ; mais il est indispensable de convertir ces mesures en longueurs d'onde, soit sur des échelles de concordance préparées d'avance, ainsi que je l'ai établi pour plusieurs de mes

appareils, soit en construisant par interpolation des courbes qui ramènent
les espaces des divisions aux espaces réguliers des spectres de diffraction,
c'est-à-dire des longueurs d'onde véritables. On trouvera dans Salet et dans
Lecocq de Bois-Baudran des exemples de construction de ces échelles.

Pour les spectres prismatiques d'absorption, il serait à désirer que tous les
observateurs admissent une échelle commune, par exemple celle de Abbe,
généralement employée en Allemagne. Nous l'avons adoptée pour notre part,
parce qu'elle répond assez exactement à la combinaison des prismes des
spectroscopes à vision directe de Pellin et de plusieurs autres fabricants.

Nous y avons fait quelques modifications typographiques qui ne changent
pas les distances des raies de Frauenhofer, et, dans le IVe Congrès international de chimie appliquée de 1900, la 8e section (Chimie médicale) a proposé l'adoption de l'échelle de Abbe, modification Hénocque, pour faciliter
l'unification de la représentation des spectres de bandes tels que les montre
le spectroscope à vision directe. (Toutes nos figures sont faites à cette
échelle.)

DEUXIÈME PARTIE

A. — HUMEURS.

La spectroscopie comme moyen d'analyse des humeurs présente une utilité
incontestable. En effet, cet examen des colorations des humeurs est non seulement un complément nécessaire de l'étude des colorations dues à la présence
de pigments, mais aussi un moyen de définition de ces principes qu'on ne
saurait séparer des études de chimie biologique et de cette partie de l'anatomie
générale qui porte le nom d'*hygrologie* ou *étude des humeurs*. C'est pourquoi
je ferai l'exposé des données spectroscopiques dans chacun des groupes
d'humeurs tels que les a établis Robin : les humeurs constituantes, les
humeurs sécrétées ou sécrétions, les humeurs excrémento-récrémentitielles et
les humeurs excrémentitielles ou excrétions. Il faut joindre à cette étude
celle des produits médiats, chyme, méconium et matières fécales.

Spectroscopie des humeurs constituantes. — Le sang est le type des humeurs constituantes. C'est pourquoi nous lui consacrons les chapitres les
plus importants de ce résumé.

B. — SANG.

§ 5. *Spectroscopie du sang.* — La matière colorante du sang est pour le
physiologiste et le médecin la plus importante de toutes les substances
organiques présentant des caractères spectroscopiques spécifiques. En effet,
la substance qui donne au sang sa coloration en constitue la partie la plus
essentielle, puisque c'est par son intermédiaire que se fait dans l'organisme la
distribution de l'oxygène de l'air. Malgré les recherches de la chimie, la nature
de la matière colorante du sang n'a été découverte qu'à la suite des études
spectroscopiques. Dès 1862, en effet, Hoppe-Seyler appela *hémoglobine* la

matière colorante du sang veineux qui, fixant de l'oxygène atmosphérique dans les poumons, se transforme en *oxyhémoglobine* ou *hémoglobine oxygénée*, à laquelle est due la rutilance du sang artériel. C'est ensuite Preyer qui, le premier, pratiqua l'analyse qualitative et quantitative de l'hémoglobine au moyen du spectroscope.

CARACTÈRES DE L'HÉMOGLOBINE. — On trouvera dans les traités de chimie biologique les divers modes de préparation de l'hémoglobine au moyen desquels on peut obtenir cette substance sous forme cristalline. Cependant, la formule rationnelle de l'hémoglobine n'a pu être établie. Nous n'en connaissons que des formules empiriques. Les principes les plus importants de l'oxyhémoglobine sont le fer, le soufre et l'oxygène. Celle-ci contient tout le fer du sang. On a admis longtemps qu'elle renfermait, chez les animaux, 0,42 p. 100 d'oxyde de fer et 0,65 p. 100 de soufre. Zinoffsky, qui a disposé de 250 grammes environ de cette matière colorante, a trouvé que la quantité de fer est de 0,335 p. 100 et celle du soufre 0,39 p. 100, d'où la formule suivante de l'oxyhémoglobine du cheval :

$$C^{12}H^{1130}Az^{214}S^{2}FeO^{215},$$

c'est-à-dire un atome de fer pour deux atomes de soufre. L'hémoglobine est entièrement contenue dans les globules rouges, dans lesquels elle fixe l'oxygène à l'état de combinaison faible, de sorte qu'elle cède facilement l'oxygène aux éléments des tissus, constituant ainsi le phénomène d'échanges d'oxygène entre le sang et les tissus.

§ 6. *Analyse qualitative et quantitative de l'oxyhémoglobine.* — L'emploi du spectroscope à vision directe rend très facile l'analyse qualitative de l'oxyhémoglobine, parce qu'il suffit de quelques gouttes de sang déposées dans un godet de porcelaine blanche ou sur une plaque de verre, soit même du sang étendu d'eau dans un tube, pour reconnaître les caractères de l'oxyhémoglobine. Lorsqu'on examine au spectroscope une solution d'oxyhémoglobine sous une grande épaisseur, ou, mieux, du sang des artères ou des capillaires, qui est une solution la plus concentrée qu'on puisse produire, il est facile de constater que tous les rayons colorés sont absorbés, à l'exception des radiations rouges ou rouge orangé. Si l'on dilue cette solution en ajoutant de l'eau, on voit peu à peu réapparaître le bleu; entre le bleu et le vert existe alors une large bande; en ajoutant encore de l'eau, celle-ci se divise en deux bandes qui sont situées entre le jaune et le vert cyané et séparées par un espace jaune vert. La première bande située à droite de la raie D est la bande α; celle qui est située près de la raie E est la bande β. (Voy. Planche chromolithographique, Sp. I.)

Ces deux bandes offrent une importance considérable, car elles sont, en fait, caractéristiques de l'oxyhémoglobine. Comme position précise, d'après Jaderholm, la partie moyenne de ces bandes correspond pour la bande α à 577,5 λ et pour la bande β à 539,5 λ ou millionièmes de millimètre. De mon côté j'ai établi que, lorsqu'on examine du sang contenant 14 p. 100 d'oxyhémoglobine, ces deux bandes presque également obscures s'étendent en longueurs d'onde, pour α de 588,8 λ à 570 λ et pour β de 550 λ à 530 λ, ou, dans la nouvelle notation, 0,5888 µ à 0,570 µ pour α et 0,550 µ à 0,530 µ pour β. Pour les parties moyennes, en chiffres ronds : pour α 0,580 µ, pour β 0,540 µ. Les deux bandes se retrouvent dans des solutions très faibles, à condition d'augmenter l'épaisseur de la couche liquide. Hoppe-Seyler a montré qu'on peut encore distinguer les deux bandes en examinant des solutions de un centième de milligramme pour 1 gramme d'eau, soit au cent-millième. J'ai constaté qu'on peut voir ces deux bandes en examinant des cristaux d'oxyhémoglobine en simple couche entre deux lames de verre. J'ai également démontré avec le microspectroscope qu'on peut reconnaître l'oxyhémoglobine sous une couche de trois ou quatre globules rouges superposés ou dans les globules disposés en pile de monnaie ; que, d'autre part, on peut reconnaître des différences de 6 millionièmes de milligramme d'oxyhémoglobine (1).

Le dosage de la quantité d'oxyhémoglobine dans des solutions ou dans le sang se fait par des méthodes et des procédés spectroscopiques divers, qui peuvent cependant se ramener à deux groupes principaux suivant qu'on emploie seulement l'examen spectroscopique ou bien que l'on se sert d'appareils spectrophotométriques.

Méthodes spectroscopiques. — Preyer a le premier utilisé l'analyse spectrale pour le dosage de l'oxyhémoglobine. Il mesurait le degré d'absorption en déterminant la dilution nécessaire pour faire apparaître dans le spectre du sang la bande située dans le vert foncé ; ces dissolutions étaient observées dans une cuvette hématinométrique, c'est-à-dire une cuvette de verre en forme de parallélipipède rectangulaire à faces parallèles écartées de 1 centimètre. Une formule permettait de déduire la quantité d'oxyhémoglobine suivant la quantité d'eau ajoutée à la solution pour produire l'apparition de la plage verte. Ce procédé, qui a donné entre les mains de l'auteur d'assez bons résultats, offre cet inconvénient qu'il est très difficile de vérifier exactement le moment de l'apparition du vert. Des procédés analogues ont été employés par Hermann et Lezer, qui se servaient de cuvettes prismatiques ; mais ils ont été généralement abandonnés pour les procédés plus exacts de la spectrophotométrie. (Voy. *Spectrophotométrie*, page 77.)

Procédé clinique. Hématospectroscopie. — Les procédés employés dans les laboratoires présentent des difficultés techniques et des manipulations compliquées ; mais, en suivant les méthodes et procédés que j'ai indiqués sous le nom d'*hématospectroscopie*, il est très facile de pratiquer l'analyse spectroscopique du sang, même au lit du malade. Prenant pour base de ma méthode ce principe général que le sang doit être examiné pur et non additionné d'eau, j'ai remplacé l'examen du sang dilué par celui d'une couche mince de ce liquide, dont l'épaisseur est rendue progressivement variable et peut être déterminée et notée en valeurs métriques. L'appareil de précision qui permet cette étude est désigné sous le nom d'*hématoscope d'Hénocque*. Il est essentiellement constitué par deux lames de verre d'inégale largeur ; maintenues en contact à l'une de leurs extrémités, elles s'écartent à l'autre

____

(1) Étude microspectroscopique du sang (*Arch. de physiol.*, n° 3, juillet 1891, planches chromolithographiques, et *C. R. de la Soc. de biol.*, 1891).

d'une distance de 300 millièmes de millimètre, limitant ainsi un espace prismatique capillaire.

Quelques gouttes de sang non dilué, tel qu'il est extrait d'une piqûre pratiquée avec un vaccinostyle ou une lancette à la pulpe du petit doigt, déposées

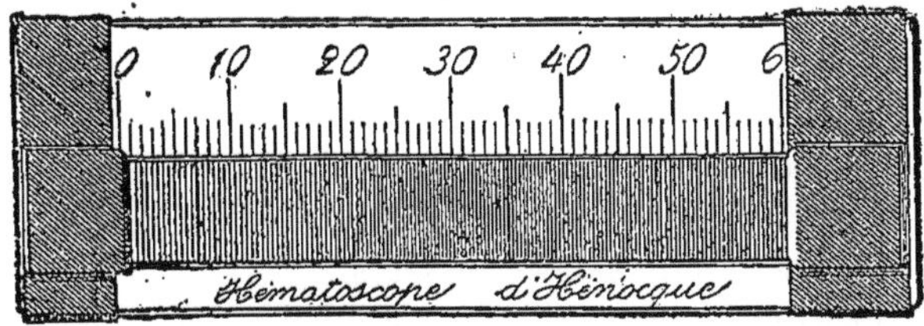

Fig. 40. — Hématoscope de verre ou cuve hématoscopique.

entre les deux lames, y forment une couche d'une épaisseur et d'une coloration graduellement progressives. Une échelle millimétrique gravée sur le verre permet de mesurer l'épaisseur de la couche observée. La capacité est de 90 millimètres cubes et peut être remplie avec six gouttes de sang.

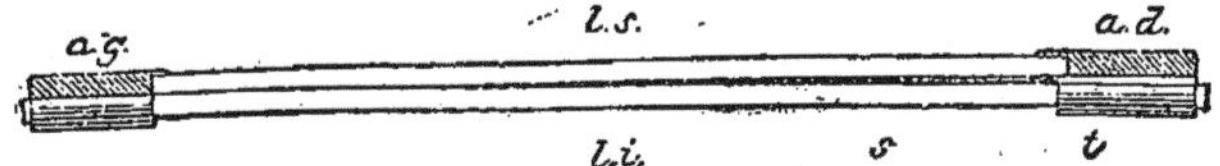

Fig. 41. — Coupe de l'hématoscope.

Déposé dans l'hématoscope, le sang forme une couche de coloration nulle à 0 millimètre, qui devient rougeâtre, rouge carminé de plus en plus intense vers 60 millimètres.

L'hématoscope ainsi rempli de sang peut déjà servir à apprécier la quantité d'oxyhémoglobine ou matière colorante du sang, par un *procédé diaphanométrique* basé sur la translucidité plus ou moins grande suivant l'épaisseur et en fonction aussi de la quantité de matière colorante ; pour cela, on

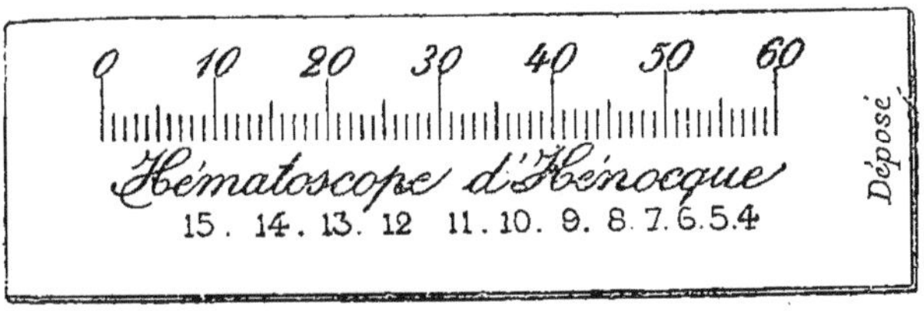

Fig. 42. — Plaque hématoscopique d'émail.

applique l'hématoscope sur une plaque d'émail qui porte une échelle millimétrique, puis des chiffres et enfin des lettres. En faisant coïncider le zéro de l'hématoscope et celui de la plaque d'émail, on observe que la partie peu épaisse de verre et peu colorée du sang laisse lire les lettres, les chiffres et les dimensions, mais les uns et les autres disparaissent dans la partie plus épaisse et plus colorée.

Les indications diaphanométriques sont en général d'accord avec les indications spectroscopiques, mais elles peuvent varier dans des conditions déterminées, telles que le mélange d'hémoglobine réduite, ou dans certains états du sang. Alors même ce procédé donne des renseignements utiles et, dans tous les cas, il sert de moyen de contrôle, simplement associé à la spectroscopie.

Emploi de l'hématoscope dans l'analyse spectroscopique. — L'hématoscope simplifie l'analyse spectrale de la matière colorante du sang et de ses diverses modifications.

En effet, si l'hématoscope chargé de sang pur est placé devant la fente d'un spectroscope, on peut étudier les bandes d'absorption que présente l'oxyhémoglobine sous différentes épaisseurs.

En faisant mouvoir lentement l'hématoscope de gauche à droite, on constatera successivement l'apparition de *deux bandes d'absorption caractéristiques de l'oxyhémoglobine*, puis leur élargissement, et enfin leur *confusion* en même temps que la disparition de l'espace vert qui les séparait; en d'autres termes, on observe le sang sous des épaisseurs variant entre 0 et 300 μ.

Dans cette expérience, nous avons étudié le sang sous diverses épaisseurs et par tranches perpendiculaires au grand axe de l'hématoscope, mais il est également fort important de l'examiner parallèlement au grand axe. A cet effet, on applique la fente du diaphragme sur l'hématoscope tenu verticalement, le 0 en haut et le 60 en bas, et l'on fait glisser lentement le spectroscope dans le même sens, de façon à examiner le sang de l'épaisseur 0 à l'épaisseur de 300 microns; on retrouvera les phénomènes précédents, mais avec un aspect encore plus saisissant, ainsi que le montre la figure 43.

Avec l'hématoscope, toute modification de la matière colorante est facilement étudiée : le mélange d'oxyhémoglobine et d'hémoglobine réduite, la présence de la méthémoglobine, de l'hémoglobine oxycarbonée et, en définitive, tous les dérivés de l'hémoglobine présentent dans l'hématoscope leurs réactions spectrales caractéristiques.

L'hématoscope peut servir non seulement à l'analyse qualitative de ces divers composés, mais encore à l'analyse quantitative du plus important d'entre eux, c'est-à-dire de l'oxyhémoglobine : c'est ce qui m'a conduit à instituer une méthode d'analyse spectroscopique du sang au moyen de l'hématoscope.

Principe de la méthode. — Lorsqu'on examine avec le spectroscope le sang contenu dans l'hématoscope et qu'on étudie l'espace intermédiaire entre le moment d'apparition des deux bandes caractéristiques de l'oxyhémoglobine et celui où les bandes sont confondues, c'est-à-dire la disparition du vert, on perçoit, à une certaine épaisseur du sang, un aspect caractéristique des bandes, que je désigne sous le nom de *phénomène des deux bandes également obscures et égales en longueur d'onde*, et qui peut être formulé comme suit :

Théorème. — Le sang contenant 14 p. 100 d'oxyhémoglobine, examiné à la lumière du jour sous une épaisseur de 70 microns avec un spectroscope à vision directe, à une distance ne dépassant pas 1 millimètre, présente les deux bandes caractéristiques de l'oxyhémoglobine, avec une teinte noire presque également obscure. Elles ont aussi une étendue égale dans le spectre si on les mesure en longueurs d'onde ; elles occupent les espaces de 0,530 μ à 0,550 μ et de 0,570 μ à 0,590 μ ou, pour préciser davantage, 0,570 à 0,588 μ. Ce phénomène est représenté dans la planche chromolithographique sur mon échelle spectroscopique à teintes plates (Sp. I).

La première bande de l'oxyhémoglobine (α) commence à droite de la raie D

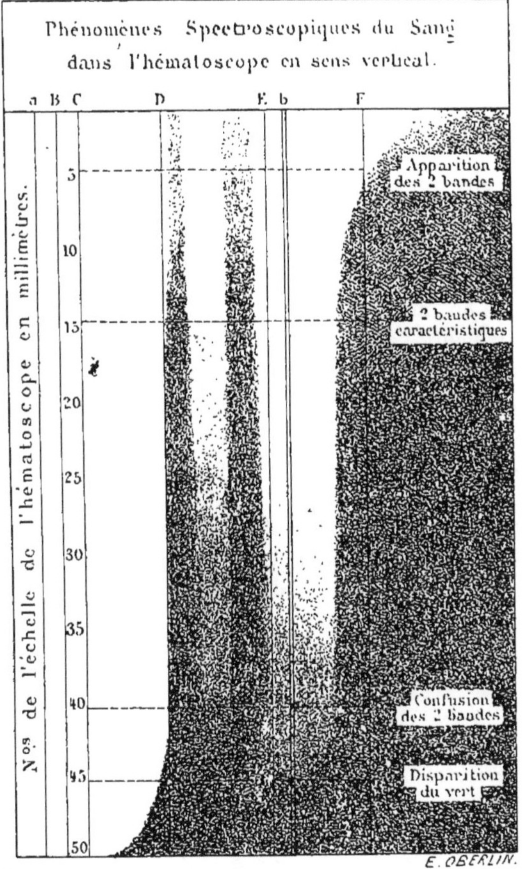

Fig. 43.

et s'étend sur la plage comprise entre 0,588 et 0,570 μ ; elle est séparée par un espace vert de la seconde bande (β), qui occupe l'étendue de 'plage comprise entre 0,550 μ et 0,530 μ, c'est-à-dire qu'elle approche de la raie E.

Les deux bandes ne paraissent pas égales en largeur sur la planche Sp. I et il en est de même à l'examen spectroscopique, parce que, dans l'image du spectre telle que nous la percevons dans nos instruments, les espaces occupés par une même quantité de longueurs d'onde vont en progressant du rouge vers le violet. (Voy. Planche chromolithographique, Sp. I.)

Il est facile de comprendre que le phénomène des deux bandes égales caractéristiques étant pris pour type se reproduira sous des épaisseurs différentes suivant que le sang est plus ou moins riche en matière colorante active ou oxyhémoglobine, et, lorsqu'on étudiera le sang dans un hématoscope, on percevra les *deux bandes caractéristiques* à une épaisseur d'autant plus grande que le sang sera plus anémique. C'est l'étude de la loi de ces variations qui permet de faire l'analyse quantitative de l'oxyhémoglobine avec l'hématoscope.

Procédés. — Tous les spectroscopes peuvent servir à examiner le sang dans l'hématoscope, à condition d'appliquer la plaque sur la fente ou à distance fixe, de l'éclairer convenablement et d'en présenter successivement les diverses divisions de 0 à 60 au-dessous de la fente.

J'ai décrit deux procédés : le premier, très simple, est applicable aux examens rapides que comportent la clinique et les expérimentations où les observations doivent être multipliées en un court espace de temps; le second est un procédé de démonstration réclamant une grande précision, au moyen de l'hématospectroscope grand modèle (p. 43 et 44).

Le *premier procédé* consiste à examiner le sang à l'aide d'un spectroscope à vision directe simple ou, de préférence, muni de l'échelle spectrométrique latérale telle que Ph. Pellin l'a établie suivant mes indications. Tenant l'hématoscope de la main gauche et verticalement, on se place devant une fenêtre de façon à recevoir la lumière blanche diffuse des nuages, d'un mur blanc, d'un carreau dépoli, ou d'un écran blanc, ou enfin d'un réflecteur de porcelaine blanche. La lumière du ciel bleu ou plus ou moins nuageux convient également.

Prenant le spectroscope de la main droite, on applique la fente à droite de l'agrafe gauche de l'hématoscope, près du 0, et l'on fait glisser l'instrument de façon à examiner successivement les diverses parties de la division 0 à la division 60.

On peut ainsi observer des phénomènes identiques à ceux que présente l'examen de solutions plus ou moins concentrées de sang. Les deux bandes apparaissent vers 3 à 4 millimètres; elles deviennent plus foncées, égales vers 14; puis elles s'élargissent en s'estompant vers leurs bords; l'espace intermédiaire vert se rétrécit, diminue, et enfin disparaît.

On note les divisions auxquelles ces trois phénomènes sont observés, de façon à pouvoir comparer les trois résultats.

Notation. Lecture de l'échelle. — L'échelle gravée sur la lame inférieure de l'hématoscope permet de lire à quelle division correspond la fente du spectroscope; mais il est plus facile de noter les divisions qui représentent les tangentes verticales parallèles au diaphragme ou disque supportant la fente, soit du côté gauche, soit du côté droit, et l'on prend la moyenne. Une seule notation suffit, à condition de déterminer d'avance la distance de la fente à l'un des bords, et de faire la correction nécessaire.

C'est ainsi qu'avec les hématoscopes à vision directe il faut ajouter, suivant les cas, 6, 7 ou 8 au nombre de millimètres qui correspond à la tangente gauche, pour exprimer le chiffre exact de la division à laquelle on observe les phénomènes optiques précédents.

Par exemple, avec les hématospectroscopes à vision directe que M. Pellin a construits, on trouvera, en examinant le sang type, que la tangente gauche correspond à sept divisions, et il faudra y ajouter le chiffre 7 pour avoir la position exactement correspondante à celle de la fente. C'est donc à 14 millimètres que celle-ci est placée.

Pour avoir l'épaisseur du sang, c'est-à-dire l'écartement des deux plaques à ce niveau, on multiplie 14 par 5 et l'on obtient 70 millièmes de millimètre ou 70 microns. (Les nouveaux spectroscopes de M. Pellin présentent un index ou viseur sur le disque inférieur, qui correspond à la position exacte de la fente sur l'échelle et remplace toute correction.)

Évaluation de l'oxyhémoglobine. Échelle. — J'ai établi une échelle de concordance qui représente la quantité d'oxyhémoglobine contenue dans le sang, sous les diverses épaisseurs auxquelles on observe le phénomène des *deux bandes caractéristiques*. Il est indispensable, si l'on veut pouvoir comparer et discuter les résultats obtenus, de les exprimer suivant cette notation, qui est basée sur des lois d'*absorption spectroscopique* et sur des examens répétés de sang pur, défibriné, de sang dont le fer a été dosé et dont la capacité respiratoire a été mesurée, enfin sur des solutions d'oxyhémoglobine cristallisée.

Échelle de l'hématoscope d'Hénocque.

Distance à laquelle on observe le phénomène des deux bandes.	Quantité d'oxyhémoglobine pour 100 parties de sang.	Distance à laquelle on observe le phénomène des deux bandes.	Quantité d'oxyhémoglobine pour 100 parties de sang.
13 millimètres...	15,0 p. 100	24 millimètres...	8,0 p. 100.
14 — ...	14,0 —	26 — ...	7,5 —
15 — ...	13,0 —	28 — ...	7,0 —
16 — ...	12,0 —	30 — ...	6,5 —
17 — ...	11,5 —	32 — ...	6,0 —
18 — ...	11,0 —	35 — ...	5,5 —
19 — ...	10,0 —	39 — ...	5,0 —
20 — ..	9,5 —	44 — ...	4,5 —
21 — ...	9,3 —	49 — ...	4,0 —
22 — ...	9,0 —	54 — ...	3,5 —
23 — ...	8,5 —	60 — ...	3,2 —

Lorsque la fente du spectroscope coïncide avec les divisions millimétriques indiquées ci-dessus (c'est-à-dire toute correction faite), le *phénomène des deux bandes* indique les quantités d'oxyhémoglobine correspondantes désignées dans cette *échelle* qu'il importe de consulter pour chaque examen.

Le phénomène des deux bandes caractéristiques étant la base de cette méthode d'opération, il importe d'en préciser le point d'apparition : à cet effet, des mouvements alternatifs de va-et-vient peuvent suffire; mais l'emploi des hématospectroscopes à échelle latérale, tels que le grand modèle que j'ai fait établir et qui est fabriqué par M. Pellin, permet de rechercher les deux bandes et d'en déterminer l'épaisseur par des mouvements mécaniques, avec précision, de sorte que l'opération revient à déterminer l'épaisseur à laquelle on voit, dans l'hématoscope, les deux bandes avec leurs dimensions. Une échelle micrométrique latérale et une échelle de concordance gravées sur l'instrument rendent facile la détermination des deux bandes. Nous figurons le principal de ces appareils.

Mais, dans la pratique ordinaire, on peut parfaitement déterminer ce phénomène en se conformant aux indications suivantes :

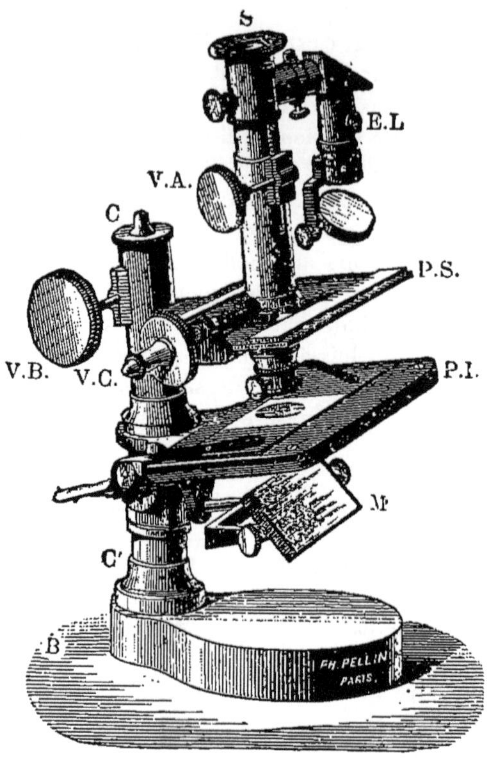

Fig. 44. — Hématospectroscope grand modèle complet. — Cet appareil est disposé pour les démonstrations et les mesures les plus précises. Tous les mouvements sont opérés mécaniquement. Il est constitué par une partie optique, le spectroscope S, et une monture ou stative à colonne articulée supportant deux platines PI, PS et un miroir M. Ce spectroscope S porte une échelle spectrométrique latérale, analogue à celle du précédent ; il est fixé à la partie supérieure de la platine PS, sur laquelle il se déplace latéralement dans les deux sens au moyen de la vis VC. Ce déplacement est mesuré sur une échelle placée à la face supérieure de la platine supérieure. La mise au point est obtenue par le pignon VA. Le pignon VB, actionnant une crémaillère, permet d'élever ou d'abaisser tout l'ensemble du spectroscope et d'introduire entre les platines PI, PS les cuves hématoscopiques. L'ensemble de l'appareil peut s'incliner de manière à permettre l'observation dans une position horizontale ou verticale.

1° La première bande, l'espace vert et la seconde bande forment trois plages progressivement plus larges : de la première bande à la seconde, l'espace vert est un peu plus étendu que la première bande, la seconde bande est un peu plus étendue que l'espace vert intermédiaire. Ces trois parties sont dans les rapports suivants : 5-6-7.

2° *L'espace vert doit être bien clair* et les bords des bandes nettement accusés. Lorsque cet espace intermédiaire est voilé ou obscur, que les bords des bandes sont estompés, il y a dans le sang mélange d'oxyhémoglobine et d'hémoglobine réduite, ce qui s'observe dans le sang veineux, dans le sang incomplètement oxygéné, ou dans certaines altérations pathologiques. L'œil s'habitue rapidement à saisir ces détails.

3° Il faut savoir que la bande de droite est toujours un peu moins obscure vers les bords, de sorte qu'on peut définir plus exactement le phénomène caractéristique en recherchant le point auquel on voit *les deux bandes le plus nettement noires, l'espace vert qui les sépare restant clair.*

§ 7. *Variations de la quantité d'oxyhémoglobine.* — La simplicité de cette méthode m'a permis de faire un nombre considérable d'observations; les résultats que j'en ai publiés comprennent plus de 3 800 examens sur un millier d'individus.

La quantité d'oxyhémoglobine contenue dans le sang de l'homme à l'état physiologique varie dans des conditions assez restreintes. La normale de l'homme de vingt à cinquante ans varie entre 13 et 14 p. 100 et chez la femme entre 12 et 13 p. 100. Les enfants nouveau-nés et dans les premières semaines présentent souvent une quantité qui s'élève à 15 p. 100 et même 16 p. 100. La plupart des habitants des villes ne présentent pas au delà de 13 p. 100. Chez les médecins, le chiffre de 12 p. 100 est presque généralement observé. Chez les habitants de la campagne, les cultivateurs, quand ils sont robustes, la moyenne peut dépasser 14 p. 100 et atteindre 14,5 p. 100. Sur les hauts plateaux du Mexique, à l'altitude de 4 000 mètres (San Luis de Potosi), la moyenne est 11 à 12 p. 100 avec un nombre de globules relativement plus élevé qu'il ne l'est en Europe pour cette même quantité (Monjarras). Dans la menstruation, un ou deux jours avant l'apparition des règles, il y a une augmentation de l'oxyhémoglobine de 1 p. 100, suivie d'une diminution de 1 à 2 pendant l'époque, et nouvelle augmentation avec retour à l'état normal. Les variations qu'on peut considérer comme physiologiques oscillent entre 11,5 et 14 p. 100, soit dans la proportion de 0,80 à 1 ou 1/5, de la quantité de 14 p. 100 considérée comme unité.

Les divers états pathologiques, les traumatismes produisent des variations plus importantes. La quantité d'oxyhémoglobine peut descendre au-dessous de 4 p. 100 et reste quelque temps à ce chiffre sans que la mort soit inéluctable, ainsi qu'on l'observe surtout dans les métrorragies, à la suite de l'accouchement, dans de longues suppurations osseuses des coxalgiques. Les anémies forment plusieurs groupes d'affections protopathiques ou symptomatiques qui présentent dans leur évolution des variations très étendues. En effet, si à 11 p. 100 l'anémie est au début et confirmée à 10 ou 9 p. 100, on observe dans l'anémie grave une diminution de 6 à 5 p. 100. Enfin 4 à 3 p. 100 dans l'anémie cachectique. Dans la chloro-anémie, l'oxyhémoglobine peut descendre jusqu'à 9 et même 5 p. 100, et dans les phases d'amélioration les chlorotiques peuvent présenter 10, 11, 12 p. 100. Les hémorragies n'amènent de changement que si les pertes de sang sont très abondantes. Dans la pléthore, on observe 14,5 à 15 p. 100. Dans la fièvre typhoïde, la marche des variations est en quelque sorte cyclique. La quantité d'oxyhémoglobine est constamment diminuée ; la fièvre, la diarrhée, les manifestations pulmonaires accentuent cette diminution ; la convalescence est annoncée par l'augmentation de l'oxyhémoglobine. Dans la tuberculose, les variations sont en rapport avec la localisation des manifestations ; la diminution est le plus considérable dans la tuberculose osseuse ; elle est moins prononcée dans les tuberculoses cutanées. La quantité de l'oxyhémoglobine est abaissée chez les cancéreux en dehors des hémorragies (Hénocque, Porge) (1). Dans la plupart des états constitutionnels, les modifications de l'hémoglobine sont importantes à étudier (diabète, myxœdème, purpura, etc.)

L'analyse spectroscopique du sang est nécessaire pour suivre l'influence des médicaments et des médications sur la matière colorante du sang et la quantité d'oxyhémoglobine, que cette influence s'effectue par une action directe sur les globules sanguins ou sur les organes et la fonction hématopoiétiques ou qu'elle se produise indirectement sur le système nerveux et plus particulièrement sur l'ensemble des centres nerveux trophiques présidant aux diverses fonctions de la nutrition.

C'est ainsi qu'au point de vue hématoscopique on peut distinguer les médicaments et les médications qui augmentent la quantité d'oxyhémoglobine (toniques, hydrothérapie, fer, ozone), — les médicaments qui la diminuent (antithermiques, acétanilide, etc.), — les médicaments régulateurs de l'hématose (alcalins, iodures, arsenic, électrothérapie).

§ **8. *Dérivés de l'oxyhémoglobine*. — *Hémoglobine réduite*. —** C'est la matière colorante du sang privée d'oxygène. Elle donne au sang veineux sa coloration pourpre foncé. Elle existe dans le sang veineux et, pendant la vie, elle y est mélangée avec une quantité presque égale d'oxyhémoglobine. On l'observe après la mort dans le sang des veines et des cavités cardiaques, dont elle constitue seule la matière colorante. Elle est contenue dans les corpuscules rouges comme l'oxyhémoglobine et elle représente dans l'économie un résultat direct de la réduction de l'oxyhémoglobine par la respiration interne, c'est-à-dire par les échanges gazeux entre les globules et les éléments des tissus. L'hémoglobine *réduite* est donc l'oxyhémoglobine privée d'oxygène, ainsi que le démontrent les procédés employés pour l'isoler. Quelques gouttes d'une solution de sulfhydrate de soude dans le sang pur ou dilué amènent la réduction de l'oxyhémoglobine. Elle se produit dans le sang par la putréfaction dans laquelle les bacilles agissent comme agents réducteurs.

Un procédé très simple pour obtenir immédiatement l'hémoglobine réduite consiste, sur le cobaye par exemple, à produire la mort par l'écrasement du bulbe : l'oxyhémoglobine est immédiatement transformée en hémoglobine réduite dans le sang de tous les organes. L'hémoglobine cristallise en cristaux rhombiques comme l'oxyhémoglobine.

Caractères spectroscopiques. — L'hémoglobine est caractérisée par une bande unique, large, un peu diffuse et moins obscure sur les bords qu'au centre, occupant les trois quarts de l'espace D E, dépassant un peu la ligne D vers C. Si l'on examine dans l'hématoscope du sang réduit qui contenait,

(1) Ponge, *De l'activité de la réduction de l'oxyhémoglobine dans les tissus vivants*, Steinheil, 1893. — *Thèse de doctorat, Fac. méd.*, Paris, 1893.

avant la réduction, 14 p. 100 d'oxyhémoglobine, la bande caractéristique de l'hémoglobine réduite s'étend entre 0,590 μ et 0,540 μ, le centre de la bande correspondant à 0,560 μ, lorsqu'on examine la tranche de sang placée sous la division 14 millimètres, c'est-à-dire sous une épaisseur de 70 millièmes de millimètre ; on peut d'ailleurs observer suivant l'épaisseur quatre phénomènes caractéristiques : l'apparition de la bande, le maximum d'intensité, la disparition du vert, enfin la disparition du bleu. On peut facilement reconnaître un mélange d'oxyhémoglobine et d'hémoglobine réduite dans l'hématoscope. En effet, dans ce cas on voit à la fois les deux bandes caractéristiques de l'oxyhémoglobine et l'espace intermédiaire occupé par la bande plus ou moins foncée de l'hémoglobine réduite. On étudiera, dans un chapitre ultérieur, la transformation de l'hémoglobine dans l'économie.

Les autres dérivés de l'hémoglobine ne se rencontrent pas à l'état normal dans le sang, mais ils peuvent être produits sous l'influence des empoisonnements ou dans certaines conditions pathologiques. Ils sont intéressants à étudier au point de vue médico-légal.

Méthémoglobine. — Elle se produit spontanément par la décomposition de l'oxyhémoglobine exposée à l'air pendant un certain temps. La coloration rouge disparaît peu à peu, est remplacée par une teinte d'abord rouge grenat, puis rouge brun, qui rappelle celle du sang traité par le nitrite d'amyle ou celle de liquides de l'économie contenant du sang épanché. La plupart des substances oxydantes transforment l'hémoglobine réduite et l'oxyhémoglobine en méthémoglobine. Cette transformation peut se faire dans l'organisme même, sous l'influence de certains poisons, les nitrites, le chlorate de potasse à doses toxiques. La méthémoglobine serait une combinaison de l'hémoglobine avec l'oxygène, intermédiaire entre l'oxyhémoglobine et l'hémoglobine réduite.

Réactions spectroscopiques. — Lorsqu'on examine le sang contenant de la méthémoglobine sous une faib e épaisseur (80 à 250 millièmes de millimètre), on aperçoit deux bandes semblables à celle de l'oxyhémoglobine et une troisième bande située entre C et D : par exemple, si les deux bandes β et α occupent les espaces 0,553 à 0,555 et 0,557 à 0,559 μ, la troisième bande caractéristique de la méthémoglobine occupe l'espace de 0,605 à 0,615 μ. En d'autres termes, outre les deux bandes placées dans le jaune et le jaune vert, il y a une troisième bande dans le rouge orangé.

Ces réactions spectroscopiques varient suivant qu'on examine la méthémoglobine dans une solution acide ou une solution alcaline. En solution aqueuse, légèrement acide au papier de tournesol, on observe une bande très nette dans le rouge entre C et D, un peu plus près de C ; à partir de D, tout le spectre est sombre ; mais, par la dilution, on voit apparaître une bande très peu foncée entre D et E, tout près de D ; puis, un peu avant E, l'intensité lumineuse commence de nouveau à décroître et atteint avant F un minimum limitant une large bande très foncée qui se détache assez bien sur le fond sombre du spectre ; vers la raie F, on observe une faible éclaircie bleue, les radiations indigo et violette étant totalement absorbées.

Les solutions de méthémoglobine rendues alcalines par une goutte de potasse présentent un spectre bien différent. La bande dans le rouge a disparu et, à sa place, on observe trois bandes, une pâle avant D et deux autres entre D et E qui pourraient être confondues avec les bandes β et α de l'oxyhémoglobine.

Les hématines.

<table>
<tr><td>L'oxyhémoglobine, traitée par les acides, se transforme en hématine acide (oxyhématine).</td><td>L'hémoglobine réduite, traitée par les alcalins, se transforme en hématine réduite (hémochromogène).</td></tr>
</table>

Les hématines acide ou réduite, traitées par les acides concentrés, se transforment en hématine privée de fer (hématoporphyrine).

(Voy. Planche chromolithographique.)

Ce tableau montre les relations des trois formes principales de l'hématine qui sont produites par les réactions chimiques et qui peuvent se rencontrer accidentellement, et sous des influences pathogéniques, dans l'économie, par exemple dans les anciens foyers hémorragiques, dans les kystes, certaines tumeurs, et plus souvent dans l'urine.

Le spectre de l'*oxyhématine* en solutions acides est caractérisé par l'existence de cinq bandes, dont deux dans le rouge, une plus faible dans le jaune et une plus large dans le vert et le bleu ; celles-ci se réunissent par une obscurité de la plage intermédiaire ; ce spectre serait difficile à distinguer de celui de la méthémoglobine, mais l'addition d'un agent réducteur (sulfure d'ammonium, potasse) transforme ce spectre en celui de l'hématine alcaline, qui diffère entièrement du spectre de l'hémoglobine réduite, obtenue par l'action des mêmes réactifs sur la méthémoglobine ; cette double réaction devient alors caractéristique ; elle est un nouvel exemple de la nécessité d'associer à la spectroscopie des épreuves chimiques précises.

Le spectre d'absorption de l'*hémochromogène* est caractérisé par une première bande noire entre D et E, plus rapprochée de E que de D, et une seconde bande un peu moins obscure, mais un peu plus large, commençant à gauche de E et s'étendant au delà de *b* dans le vert.

Le spectre de l'*hématoporphyrine* en solution acide est très caractéristique : il présente à gauche de D une première bande étroite et peu colorée et une seconde bande occupant le tiers moyen de la plage entre E et D ; elles sont séparées par un espace jaune presque aussi large que la première bande.

L'hématoporphyrine a été rencontrée dans l'urine à l'état pathologique unie à l'urobiline, constituant un état symptomatique de l'urine désigné sous le nom d'*urohématoporphyrinurie*.

Hémoglobine oxycarbonée. — Parmi les dérivés toxicohémiques de l'hémoglobine, le plus important est la combinaison de cette substance avec le gaz oxyde de carbone, dénommée *hémoglobine oxycarbonée*.

Elle se forme lorsqu'on traite les solutions d'hémoglobine par l'oxyde de carbone, et elle se produit accidentellement dans le sang des animaux asphyxiés par ce gaz. Claude Bernard, le premier, a démontré que l'oxyde de carbone chasse l'oxygène contenu dans des globules rouges, et cette découverte a été l'origine de méthodes très précises d'analyse des gaz du sang,

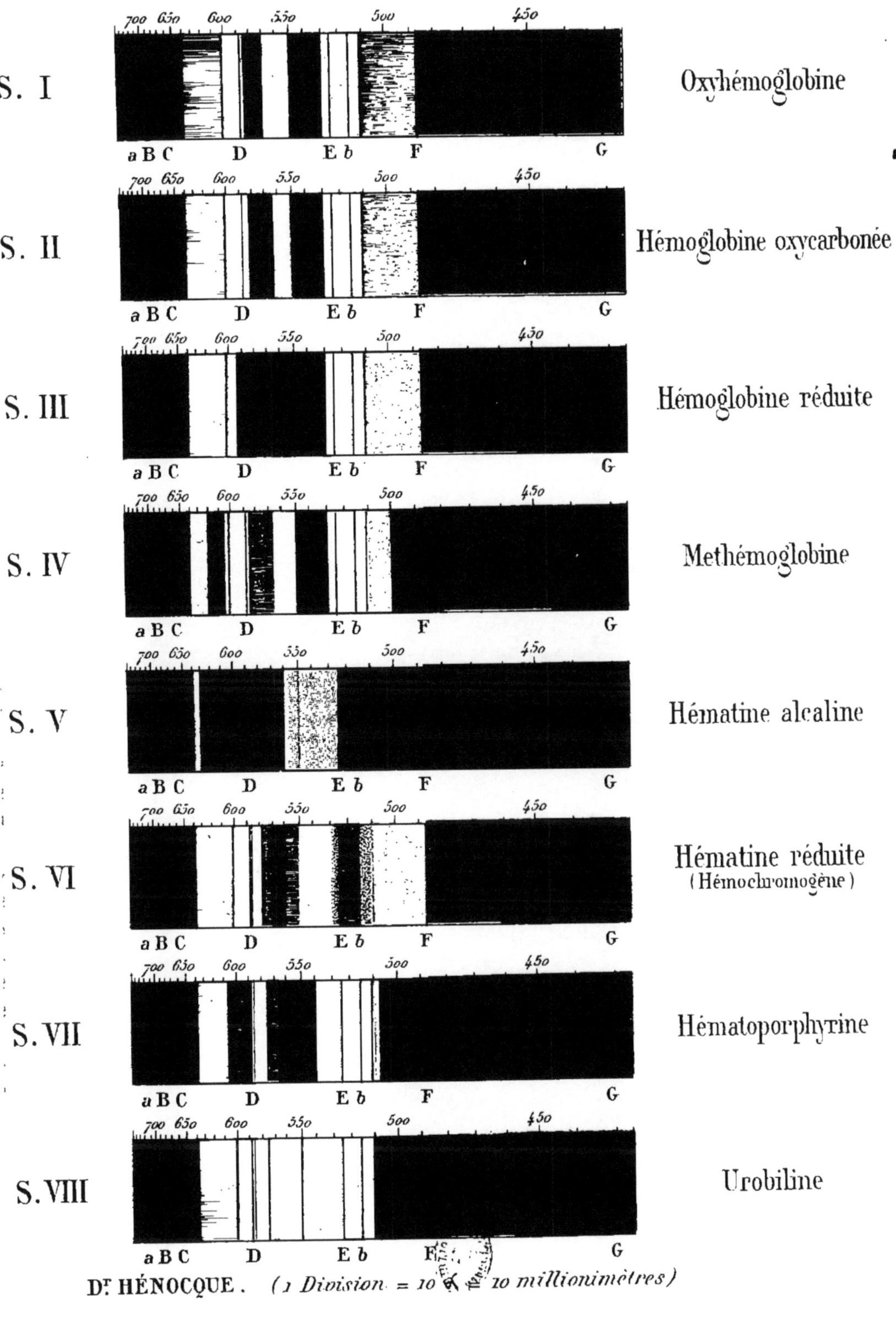

700 650 600 550 500 450
S. I
a B C D E b F G
Oxyhémoglobine
700 650 600 550 500 450
S. II
a B C D E b F G
Hémoglobine oxycarbonée
700 650 600 550 500 450
S. III
a B C D E b F G
Hémoglobine réduite
700 650 600 550 500 450
S. IV
a B C D E b F G
Methémoglobine
700 650 600 550 500 450
S. V
a B C D E b F G
Hématine alcaline
700 650 600 550 500 450
S. VI
a B C D E b F G
Hématine réduite
(Hémochromogène)
700 650 600 550 500 450
S. VII
a B C D E b F G
Hématoporphyrine
700 650 600 550 500 450
S. VIII
a B C D E b F G
Urobiline
Dr HÉNOCQUE . (1 Division = 10 x 10 millionimètres)

basées sur ce phénomène que l'oxyde de carbone remplace, dans l'oxyhémoglobine, l'oxygène molécule par molécule. Cette combinaison a été l'objet d'un grand nombre de travaux, parce que l'intoxication plus ou moins rapide, l'asphyxie par l'oxyde de carbone se présentent dans les conditions les plus variées, chez les mineurs à l'état chronique et dans les explosions de grisou, chez les victimes d'incendies de théâtre, etc. ; dans tous ces cas, l'étude du sang présente un intérêt des plus graves au point de vue toxicologique (1).

L'étude spectroscopique du sang oxycarboné donne des résultats absolument caractéristiques, que l'on peut retrouver dans ce liquide conservé pendant plusieurs mois et même pendant plusieurs années.

L'examen du sang oxycarboné avec l'hématospectroscope fait reconnaître, suivant l'épaisseur à laquelle on observe, des variations dans l'aspect des bandes d'absorption qui ressemblent à celles que présente le sang oxygéné dans les mêmes conditions d'observation ; c'est ainsi que l'on voit d'abord apparaître une faible bande à l'épaisseur de 20 millièmes de millimètre, ou microns, puis deux bandes estompées à l'épaisseur de 40 microns ; ces bandes sont nettes et également obscures, laissant entre elles un espace intermédiaire vert jaune, bien net, à l'épaisseur de 75 microns ; puis elles s'étendent, deviennent plus foncées ; elles se rapprochent et se réunissent ou se confondent en une large bande unique à l'épaisseur de 200 microns ; enfin la portion du vert et du bleu située à droite de cette large bande disparaît complètement à l'épaisseur de 300 microns, et l'on n'aperçoit plus que la partie rouge, orangée et jaune du spectre, c'est-à-dire qu'à la plus grande épaisseur du sang oxycarboné, dans l'hématoscope, on voit la partie du spectre située à gauche de 0,583 μ. (Voy. Planche chromolithographique, Sp. III.)

Ces phénomènes spectroscopiques diffèrent de ceux que présente l'hémoglobine oxygénée par ce fait général que *le bord gauche de la première bande est toujours situé à droite de la raie D, qu'elle laisse apercevoir nettement.*

La transformation de la matière colorante du sang en hémoglobine oxycarbonée a été utilisée par Hoppe-Seyler pour l'analyse quantitative du sang. A cet effet, il recueille une certaine quantité de sang sur lequel il fait agir de l'oxyde de carbone et, comparant la solution oxycarbonée ainsi obtenue avec des solutions types d'hémoglobine oxycarbonée dans deux pipettes accolées l'une à l'autre, il détermine alors la quantité d'eau qu'il faut ajouter à la solution étudiée pour donner un spectre identique à celui de la solution titrée ; il peut ainsi calculer, par une formule établie d'avance, la quantité d'hémoglobine oxycarbonée et, par suite, la quantité d'hémoglobine oxygénée que contenait la dilution du sang. Il a donné le nom de *double pipette* au dispositif qu'il a institué pour ces analyses.

§ 9. *Étude du sang dans les tissus vivants.* — Elle a été faite pour la première fois par Hoppe-Seyler qui, examinant par transparence l'oreille de l'homme, celle du lapin, ou la lumière diffuse transmise par la paume de la main, y reconnut le spectre de l'oxyhémoglobine ; après lui, Stroganof, Fumouze, Vierordt montrèrent que non seulement on pouvait

---

(1) Hénocque, Note sur l'étude hématoscopique du sang dans l'intoxication par l'oxyde de carbone, applications médico-légales (*C. R. de la Soc. de biol.*, 7 mai 1887).

reconnaître le spectre du sang à la surface cutanée de l'homme ou dans la patte de la grenouille, mais encore constater la réduction de l'oxyhémoglobine dans le sang des animaux asphyxiés ou simplement dans les doigts de la main dans lesquels la circulation est interrompue par une ligature ; ces observations ne présentaient alors qu'un intérêt de curiosité, mais j'ai, de 1883 à 1885, démontré l'importance de ce moyen d'étude en le méthodisant. J'en ai étendu les applications de façon qu'il est possible de constater dans les tissus vivants de divers animaux la présence de l'oxyhémoglobine, d'en apprécier la transformation en hémoglobine réduite, et enfin de déterminer, par l'examen spectroscopique des tissus vivants, non seulement la quantité d'oxyhémoglobine contenue dans le sang, mais aussi la durée de réduction de cette matière colorante dans les tissus, arrivant ainsi à mesurer l'activité des échanges entre le sang et les tissus.

Pour examiner le sang à la surface des téguments, le simple spectroscope à vision directe peut suffire.

En effet, si chez l'homme on examine à la lumière diffuse la surface de la paume de la main, l'oreille, les téguments du visage, la conjonctive palpébrale, les lèvres, on aperçoit une bande perpendiculaire légèrement obscure, en quelque sorte estompée, placée entre le rouge et le vert, plus exactement à droite de la raie D, dans la position de la bande α de l'oxyhémoglobine ; on peut même reconnaître la seconde bande β de l'oxyhémoglobine, située à droite de la précédente dans le vert et près de la raie E. Il faut une certaine habitude de l'usage du spectroscope pour voir ce phénomène d'emblée, mais, avec le spectroscope muni de l'analyseur chromatique, il est très facile de le reconnaître et de le démontrer.

Pour rendre les observations comparables entre elles, il faut procéder méthodiquement et suivre les préceptes techniques que j'ai donnés sur l'*Étude de la réduction de l'oxyhémoglobine à travers l'ongle du pouce.*

J'ai choisi le pouce de préférence à tout autre doigt, parce que, en outre de la facilité d'application instantanée de la ligature, il offre cet avantage de présenter une phalangette facile à isoler et une bande sous-unguéale plus développée que sur les autres doigts.

L'expérience suivante, que j'ai répétée maintes fois sur divers individus, prouve d'ailleurs qu'il faut tenir grand compte de la quantité de tissu, et surtout de tissu osseux, qui sépare la ligature de l'ongle observé. En effet, appliquant une ligature de caoutchouc au poignet, au-dessous des apophyses styloïdes radiale et cubitale, j'ai comparé pour chaque ongle la *durée de la réduction.* Or, j'ai trouvé toujours la durée la moindre au pouce, puis à l'auriculaire, la durée la plus grande au médius, et pour l'index et l'annulaire une durée intermédiaire.

Ce fait démontre la relation directe entre la durée de la réduction et la distance qui sépare la ligature de l'ongle ; c'est pourquoi il ne faut comparer entre elles que les observations prises sur le pouce.

Si l'on examine avec le spectroscope à vision directe la surface de l'ongle du pouce, on reconnaît nettement la première bande de l'oxyhémoglobine, faiblement la seconde ; si l'on applique rapidement une ligature avec un tube de caoutchouc enroulé autour de la phalange du pouce, et que l'on continue à observer avec le spectroscope les deux bandes caractéristiques, on voit la seconde bande pâlir rapidement et disparaître en quelques secondes, mais la première bande est encore visible, bien qu'elle soit moins nette ; en trente secondes, elle pâlit, s'amincit, laisse voir le jaune assez brusquement. C'est le phénomène du *virage* ; enfin elle disparaît au bout d'une minute environ, laissant le spectre solaire réfléchi par l'ongle : la réduction est accomplie.

J'appelle *virage* le moment d'apparition du jaune et de la raie D, et *durée de la réduction* le temps qui sépare l'application de la ligature et la disparition complète de la bande α.

Aussitôt qu'on enlève la ligature, on voit réapparaître cette bande, et elle offre même une intensité plus prononcée qu'avant la ligature.

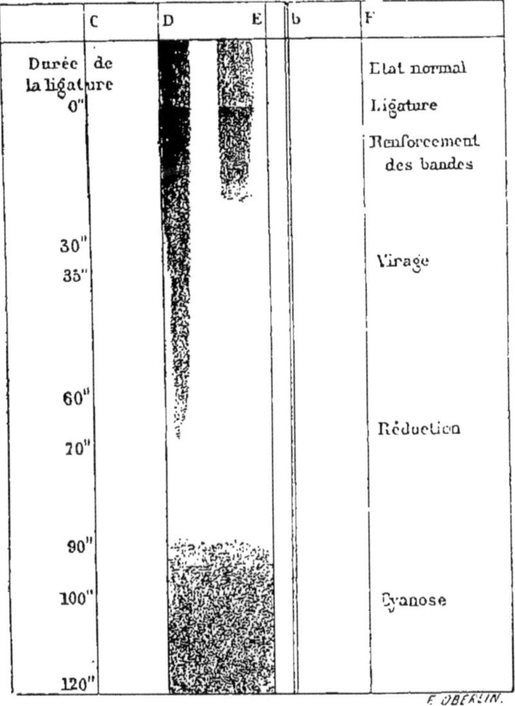

Fig. 45. — Phénomènes de la réduction de l'oxyhémoglobine observés à travers l'ongle du pouce.

Ces phénomènes étant définis, voici leur signification : la ligature dans la phalange interrompt la circulation dans l'extrémité du pouce, et l'on a ainsi isolé dans la région de la phalangette une certaine quantité de sang artériel et, par conséquent, d'hémoglobine oxygénée ou oxyhémoglobine. Ce sang échange de l'oxygène avec les tissus et devient veineux ; en d'autres termes, l'oxyhémoglobine a abandonné aux tissus l'oxygène qu'elle avait fixé par l'acte respiratoire ; elle est à l'état d'hémoglobine réduite.

Or, celle-ci ne présente pas la même bande caractéristique α de l'oxyhé-moglobine, aussi bien lorsqu'on la recherche dans les tissus que dans le sang examiné directement *in vitro*; c'est pourquoi l'on voit réapparaître le spectre continu au moment où l'oxyhémoglobine est réduite.

On assiste réellement à la consommation de l'oxygène du sang par les tissus, car si l'on examine, comme je l'ai fait, le sang du pouce avant la ligature et le sang du pouce après la réduction, le premier apparaît coloré en rouge vermeil par l'oxyhémoglobine qu'il contient, le second est rouge foncé et présente les réactions de l'hémoglobine réduite.

La durée de la consommation de l'oxygène dans la phalange du pouce dépend de deux conditions principales : elle varie suivant la quantité d'oxyhé-moglobine à réduire et aussi avec l'énergie des échanges dans les tissus. On peut dire que la durée de la réduction est en rapport avec l'abondance du combustible (l'oxyhémoglobine) et l'activité du foyer (les tissus du pouce).

Elle peut varier entre trente et cent secondes, dans des conditions qui ne sont pas nécessairement pathologiques.

Il faut donc réunir ces deux facteurs : la richesse du sang en oxyhémoglo-bine et la durée de la réduction, pour arriver à déterminer l'activité des échanges entre le sang et les tissus, ce qu'on peut désigner sous le nom d'*énergie métabolique*.

On conçoit facilement qu'il y aurait un intérêt considérable à étudier les modifications de la durée de réduction en rapport avec la quantité d'oxyhé-moglobine. Pour cela, il suffira de calculer la quantité d'oxyhémo-globine consommée en une seconde, ce qui s'obtiendra par la formule suivante :

La quantité d'oxyhémoglobine réduite en une seconde est égale au quotient de la quantité constatée dans le sang, divisée par le nombre de secondes de la durée. On aurait ainsi des résultats comparables entre eux; mais il y a mieux à faire : c'est de les ramener à une unité qui représente la quantité réduite en une seconde à l'état normal, c'est-à-dire à l'état physiolo-gique moyen.

En d'autres termes, ce qu'il importe de connaître est le rapport de l'acti-vité de la réduction observée chez l'individu plus ou moins sain, avec l'acti-vité qu'il devrait présenter à l'état normal, ou bien encore le rapport de la quantité d'oxyhémoglobine réduite en une seconde chez ce même individu, dans un état momentané, avec la quantité qu'il réduirait à l'état normal pour sa richesse en matière colorante du sang.

Or, l'expérience m'a démontré que chez l'homme vigoureux et bien portant, dont le sang contient 14 p. 100 d'*oxyhémoglobine*, la durée de réduction est de soixante-dix secondes; chez les individus dont le sang contient 13 p. 100 d'oxyhémoglobine, la durée de réduction est de soixante-cinq secondes. Si l'on admet que la réduction se fait uniformément, on conclura que le pre-mier en une seconde aurait consommé $\frac{14}{70}$ p. 100, le second $\frac{13}{65}$ p. 100, soit l'un et l'autre 0,2 de la quantité d'oxyhémoglobine du sang. C'est cette quan-tité qui est prise comme unité d'activité de réduction, et une formule très

simple permet de calculer l'activité correspondante à des durées de réduction
et à des quantités d'oxyhémoglobine déterminées.

L'activité de réduction est égale à :

$$\frac{\text{quantité d'oxyhémoglobine}}{\text{durée de réduction}} \times 5 ;$$

en d'autres termes, l'activité de réduction exprimée en unités d'activité est
égale à cinq fois le quotient du chiffre exprimant la quantité d'oxyhémoglobine pour 100 par le chiffre exprimant la durée de réduction.

Dans la pratique, cette formule peut être simplifiée de la manière suivante :
on divise par 2 le quotient de la quantité par la durée et l'on multiplie
par 10.

L'activité de réduction ainsi évaluée exprime l'activité des échanges entre
le sang et les tissus dans une partie de l'organisme, la phalange du pouce,
c'est-à-dire un organe comprenant la peau et son tissu sous-cutané, les vaisseaux épidermiques, en plus du tissu tendineux et un os : la phalangette.

On peut considérer les résultats obtenus comme exprimant les phénomènes
d'échanges respiratoires entre le sang et les tissus, ou les phénomènes de la
consommation de l'oxygène par les tissus avec les transformations aérobiques
des éléments cellulaires, c'est-à-dire excrétion d'acide carbonique, d'urée, de
pigments. Dans tous les cas c'est la réduction de l'oxyhémoglobine qui fournit
l'oxygène nécessaire aux mutations respiratoires, plus importantes encore
pour les fonctions de relation et de défense de l'organisme que pour les mutations nutritives proprement dites. Une série de recherches démontrant l'influence de l'apnée volontaire ou involontaire sur la durée de la réduction
démontre que l'activité de réduction mesurée par la ligature correspond bien
à l'activité de la réduction dans tout l'organisme.

C'est ainsi qu'on peut facilement étudier chez un même individu la durée
de la réduction mesurée par la ligature du pouce et la durée du même phénomène si l'on fait précéder la ligature d'une période déterminée d'apnée ou de
cessation volontaire de la respiration.

Si, par exemple, on ne fait la ligature qu'après avoir cessé de respirer
pendant vingt secondes, la durée de la réduction étant de soixante secondes
sans apnée, la durée après la ligature précédée de l'apnée est très souvent de
quarante secondes. La conclusion de cette expérience fondamentale variée
et répétée nombre de fois est que la durée de la réduction est sensiblement la
même dans le pouce ligaturé privé de renouvellement de l'oxygène et tout le
corps dans lequel on supprime par l'apnée le renouvellement de la masse du
sang. Pareil fait peut être produit expérimentalement sur des animaux où l'on
peut produire une apnée beaucoup plus prolongée. Il a été aussi observé dans
un fait unique de respiration rare (1). On peut donc considérer comme démontré que la mesure de durée de la réduction, par conséquent de l'activité

(1) Hénocque, Des rapports entre l'activité de la réduction de l'oxyhémoglobine produite dans
l'organisme par l'apnée et l'activité de la réduction dans le pouce ligaturé (*Volume jubilaire
du cinquantenaire de la Société de biologie*, 1899, p. 10(-114).

de la réduction faite au pouce, équivaut à la durée réelle de la réduction dans
la masse totale du sang de l'organisme entier.

§ *10. Modifications de l'activité de réduction*. — L'activité de réduction de l'oxyhémoglobine se modifie incessamment suivant les moments et
suivant les influences de milieux ; soumise aux mêmes fluctuations que le
pouls, la respiration, la température animale, la production de l'urée, elle
subit, comme ces diverses manifestations du fonctionnement de l'organisme,
l'action de ces mille causes qui influencent à tous les instants les conditions
de notre existence.

Les variations diurnes se présentent avec régularité. A l'état physiologique,
l'activité de réduction est plus faible le matin ; elle atteint son maximum au
moment des repas et dans les heures suivantes ; elle diminue vers six heures
et descend à son minimum pendant la nuit. Les agents physiques la modifient
par action locale et par action générale ; l'influence du froid et de la chaleur est
facilement appréciable par l'emploi des bains, des douches et de la réfrigération. Les expériences suivantes sont tout à fait démonstratives : le pouce était
maintenu trente secondes dans la glace, l'activité de la réduction est diminuée

des $\frac{2}{3}$ de ce qu'elle était auparavant. La ligature enlevée, le pouce laissé à

l'air à 22°, la réduction est quatre fois plus courte que dans la glace. C'est le
phénomène de la réaction locale. Mais il y a de plus une réaction générale,
car l'activité est également augmentée, à un degré moindre il est vrai, dans
le pouce du côté opposé. Les exercices modérés, les efforts augmentent l'activité de la réduction ; mais dans l'effort trop longtemps prolongé et l'exercice
violent, quand il y a essoufflement et sensation de fatigue, l'activité est
diminuée. Il est très important de tenir compte de ces deux phénomènes
dans l'étude physiologique des différentes sortes de sport et dans les divers
modes de locomotion.

L'*influence de l'altitude* sur l'activité de la réduction a été l'objet de
quelques recherches qui montrent l'intérêt de ce mode d'étude de l'action
des altitudes et du mal de montagne et des ascensions en ballon ; chez les
habitants de San Luis de Potosi (altitude 4000 mètres), Monjarras a observé que,
à quantité d'oxyhémoglobine égale, le nombre des globules rouges est toujours
plus grand que chez les Européens. M. Vallot, observant au mont Blanc, a vu
que la quantité d'oxyhémoglobine est moins influencée par le séjour à
3 000 mètres que l'activité de la réduction, qui est ordinairement fortement
augmentée, mais diminuée sitôt qu'il y a le moindre exercice qui amène
la fatigue et même un certain degré de cyanose.

Le Dr E. Reymond, à des altitudes de 3 000 à 4 600 m. en ballon (nov. 1901),
a constaté l'augmentation rapide de la quantité d'oxyhémoglobine, avec
diminution de la durée de réduction, en conséquence une activité des
échanges presque doublée.

Les ascensions à la Tour de 300 mètres m'ont démontré que, même dans
l'ascension passive par les ascenseurs, l'augmentation immédiate de l'activité
de la réduction est presque constamment observée.

Au point de vue de leur influence sur l'activité de la réduction, on peut diviser les *états morbides* en trois groupes, suivant qu'ils produisent la diminution ou l'augmentation de l'activité de la réduction, ou enfin qu'ils s'accompagnent d'alternatives d'augmentation ou de diminution en rapport avec la marche de la maladie ou les complications qui surviennent. La chlorose ou chloro-anémie est le type de la maladie avec ralentissement des échanges; en même temps que, chez ces malades, on constate la diminution de la quantité d'oxyhémoglobine, c'est-à-dire l'anémie, on observe en outre une diminution caractéristique de l'activité de la réduction, et celle-ci est toujours plus prononcée chez les chlorotiques que chez les anémiques simples pour une même diminution d'hémoglobine; d'où l'indication thérapeutique double : augmenter la quantité d'oxyhémoglobine par l'action directe de la médication ferrugineuse et l'activité des échanges au moyen des excitants généraux de la nutrition et du système nerveux trophique par des médicaments comme la strychnine, les agents physiques, hydrothérapie, médication thermale, etc.

La diminution de l'activité s'observe d'ailleurs comme manifestation symptomatique dans la plupart des affections qui amènent un trouble notable dans la nutrition, comme dans certaines anémies avec troubles du système hématopoiétique, tels que la lymphadénie, les suppurations osseuses; elle peut descendre au quart de la normale, soit dans les troubles de nutrition générale produits par l'obésité, l'anémie de croissance, les infections intestinales, la dysenterie, où l'activité descend à 0,50 et moins encore. Cette diminution peut dépendre aussi de troubles nerveux, et elle a été constatée chez les nécropathes, les neurasthéniques, les hystériques et constamment chez les épileptiques (Deny, Ferré, M. de Fleury).

Parmi les affections diathésiques, le cancer dans ses diverses formes détermine une diminution comparable à celle que présentent les chlorotiques (Hénocque et Porge). La fièvre typhoïde, qui représente le type des maladies zymotiques, offre aussi des variations cycliques dans l'activité de la réduction qui présente, d'ailleurs, des oscillations plus marquées que celle de la quantité d'oxyhémoglobine (Hénocque et Baudouin). La comparaison de la marche de la température avec celle de l'activité des échanges présente ce fait général et important qu'aux maxima de température correspondent les minima d'activité de réduction et réciproquement. Par conséquent, l'activité de la réduction ou l'énergie de la consommation de l'oxygène du sang par les tissus est en proportion inverse de l'élévation de la température.

Les agents thérapeutiques peuvent modifier l'activité de la réduction, soit en agissant directement sur le sang ou sur les organes hématopoiétiques et hématosiques, soit par action sur les centres nerveux trophiques et, conséquemment, sur les échanges intimes des tissus. On pourrait donc diviser les médicaments en trois groupes, suivant qu'ils augmentent l'activité de la réduction, qu'ils la diminuent ou bien que, agissant dans un sens ou dans l'autre, ils tendent à produire une régularisation de l'activité des échanges. Parmi les premiers, les uns agissent sur la reconstitution immédiate des globules comme le fer, la viande crue, l'alimentation tonique; les autres s'adressent directement au système nerveux pour en fortifier, exalter ou dynamogénier les fonctions : tels sont les amers, la strychnine, les douches. D'autres, tels que l'ozone pur en effluves, l'arsenic, la caféine, agissent en même temps sur le système nerveux de la nutrition générale et de l'hématose.

Les médicaments qui diminuent l'activité de la nutrition sont nombreux ; la plupart des antithermiques, la kairine, l'antipyrine, l'exalgine, l'acétanilide, la paraldéhyde, ralentissent l'activité. Les nitrites d'amyle et de sodium agissent par destruction d'un certain nombre de globules rouges et par réaction sur les centres thermiques. Le chloroforme employé comme anesthésique est le type des médicaments agissant sur le système nerveux trophique pour produire une diminution des échanges (Hénocque et Bazy).

Les médicaments qui produisent tantôt l'augmentation, tantôt la diminution de l'activité, suivant les conditions pathologiques individuelles, peuvent être considérés comme régulateurs de l'activité des échanges, c'est-à-dire qu'ils ont pour effet de ramener l'activité de réduction vers la normale. Les iodures alcalins représentent les types de ces médicaments ; c'est dans l'emphysème, dans les troubles de la circulation pulmonaire, la cyanose, que ces médicaments agissent le plus efficacement, soit sur la quantité d'oxyhémoglobine, soit sur l'activité des échanges. Les courants de haute fréquence ont une action régulatrice analogue (Tripet, Guillaume).

TROISIÈME PARTIE

SPECTROSCOPIE DES HUMEURS

§ *11*. — En dehors du sang, les *humeurs constituantes* n'offrent qu'une importance secondaire pour l'analyse spectroscopique. Cependant l'examen du sérum du sang a fait reconnaître la présence, dans ce liquide, d'une substance pigmentaire de l'ordre des lipochromes, qu'on appelle *lutéine* parce qu'elle est analogue ou probablement identique à la lutéine ou ovolutéine du jaune d'œuf.

La lutéine du sérum présente un spectre caractérisé par deux bandes d'absorption : la première dans le vert bleu entre *b* et F, et la seconde dans le

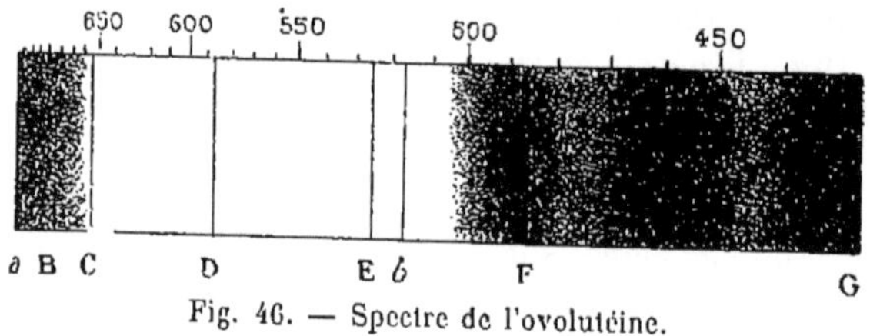

Fig. 46. — Spectre de l'ovolutéine.

bleu à droite de F. On peut retrouver dans le sérum, accidentellement, le pigment de la bile et quelquefois même l'urobiline. Enfin, dans l'hémoglobinurie paroxystique, on peut observer l'hémoglobine dans le sérum du sang et le sérum de la sérosité des vésicatoires ; il en est de même dans les empoisonnements qui transforment l'oxyhémoglobine en méthémoglobine (nitrites, thalline, chlorate de potasse).

Chez les invertébrés, on trouvera dans l'hémolymphe divers pigments respiratoires, soit l'hémoglobine chez certains crustacés et chez les annélides (lombric, sangsue, chironomus, apus, etc.), soit l'*hémocyanine* ou pigment bleu du sang des crustacés supérieurs. Chez ces animaux, en effet, le sang est d'une organisation très avancée ; l'hémocyanine remplit chez eux un rôle analogue à l'oxyhémoglobine. Elle s'oxygène dans les branchies, où elle est décolorée, et se réduit dans les lacunes vasculaires à l'intérieur des tissus, prenant une teinte bleue chez le homard et les langoustes, quelquefois verdâtre ou rosée chez les décapodes, bleue chez les gastéropodes (colimaçons). Elle renferme, au lieu du fer, une certaine quantité de cuivre. L'hémocyanine présente les caractères spectroscopiques suivants : sur une ombre générale du spectre (fig. 47) se détache une large bande très obscure commençant à peu près au milieu de l'espace D et E (vers 0,560 μ) et atteignant rapidement son maximum d'intensité vers E. Cette bande s'étend jusqu'à F, où elle s'affaisse très rapidement pour laisser le bleu seulement un peu obscur entre F et G, où l'absorption est complète dans l'indigo et le violet. D'autre part, le spectre, très obscur jusqu'à C, laisse entre C et D et au delà les plages rouge, orange et jaune, même le jaune verdâtre (de 0,550 μ à 0,557 μ), apparaître, bien qu'elles soient assombries.

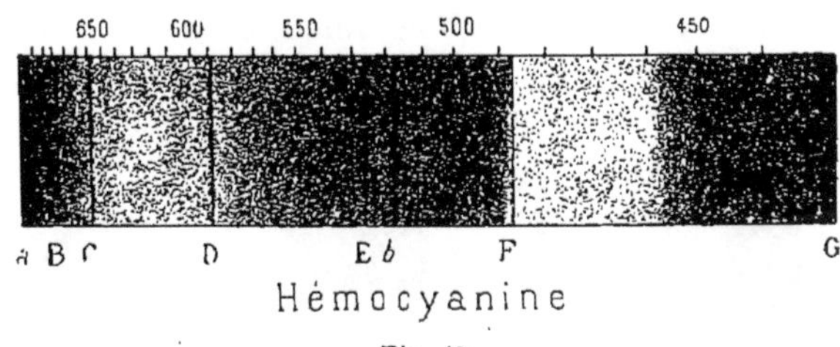

Fig. 47.

Dans la lymphe, le chyle, le sérum du lait, les sérosités naturelles ou accidentelles (kystes de l'ovaire), on retrouve la lutéine et, accidentellement, les pigments du sang et de la bile. Le beurre est coloré par la *lutéine* ou *lipochrome*. Le lait peut être accidentellement coloré en rouge par le *Bacillus prodigiosus* et le bactérium érythrogène ; en bleu par le B. cyanogène ; en jaune par le *B. synxanthium*. Ces pigments ont des réactions spectroscopiques particulières qui ont été l'objet de travaux récents (Thiry, Macé, etc.).

§ **12. Bile.** — La bile est colorée en jaune ou jaune orangé dans la vésicule biliaire chez l'homme et la plupart des vertébrés. Elle est quelquefois verdâtre dans des conditions pathologiques chez l'homme, mais habituellement chez les bovidés et les ovidés. Sa coloration est due à une substance pigmentaire fondamentale, la bilirubine, et à son dérivé principal, la biliverdine. Ces différentes substances ont été étudiées au spectroscope, soit à l'état isolé, soit dans la bile, ou encore dans les humeurs qui contiennent la bile accidentellement. On a également recherché les spectres caractéristiques produits par des réactions chimiques sur les pigments ou sur les acides biliaires.

La *bilirubine* est le pigment fondamental de la bile ; elle cristallise sous forme de cristaux rhomboïdaux ; c'est un acide faible qui n'existe qu'à l'état de bilirubinate alcalin ; elle verdit sous l'action de la lumière et des agents d'oxydation.

La *biliverdine* est le premier degré d'oxydation de la bilirubine ; on la prépare directement par l'exposition à l'air d'une solution alcaline de bilirubine. La putréfaction de la bile produit aussi la biliverdine par réduction.

Ces deux pigments ont une réaction caractéristique, dite *R. de Gmelin*, qui permet de les reconnaître dans les diverses humeurs. Elle a été bien étudiée au point de vue spectroscopique. Si l'on dépose, dans un verre conique ou dans une éprouvette, une solution chloropicrique de bilirubine sur laquelle on verse lentement de l'acide nitrique légèrement nitreux, celui-ci surnage et la réaction se fait de haut en bas dans la solution chloroformique. Au bout de quelques secondes on trouve, au contact de l'acide, la série des couches colorées caractéristiques vert, bleu, violet, rouge, jaune. Puis les couleurs disparaissent et il ne reste plus qu'une teinte jaune uniforme. Cette réaction est assez sensible pour se produire avec une solution de bile à 1 p. 80 000. Elle est produite par des degrés successifs d'oxydation de la bilirubine correspondant aux diverses colorations. Lorsqu'on examine au spectroscope ces diverses teintes, on trouve des différences notables dans les divers spectres, surtout prononcées pour la réaction bleue (bilicyanine) et la réaction jaune (cholétéline). Dans la coloration bleue, on distingue trois bandes, les deux premières à droite et à gauche de D, séparées par une plage jaune d'or étroite, dans

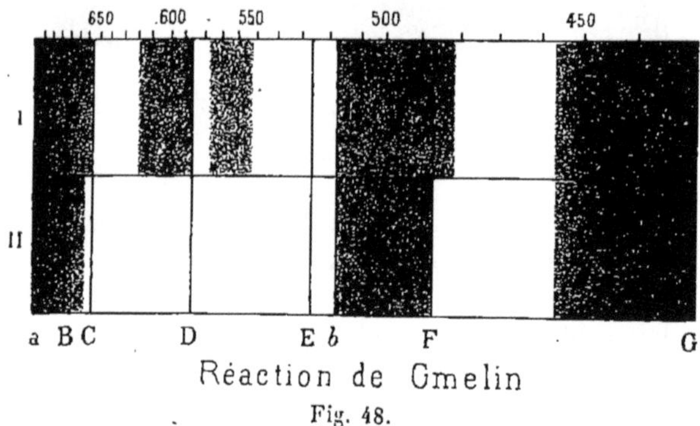

Réaction de Gmelin

Fig. 48.

laquelle on voit la raie D ; la troisième bande est située entre *b* et F, elle est plus foncée (fig. 48, I).

Lorsque la couleur vire au violet et au rouge, on constate la disparition de la première bande à droite de D, puis de la deuxième bande à gauche de D ; et enfin, lorsque la teinte est devenue jaune, on ne voit plus que la bande située près de F (fig. 48, II).

La figure 48 montre les deux aspects extrêmes du spectre de la réaction de Gmelin.

La biliverdine présente la réaction de Gmelin avec l'apparition nette du bleu, et la bilirubine la coloration rouge et jaune.

D'autres pigments se rencontrent encore dans la bile ; tels sont les pigments isolés par Dastre dans la bile de veau, et qui portent le nom de *pigments biliprasiniques* ; l'un est un pigment jaune (biliprasinate de soude), le second est un pigment vert (c'est la biliprasine). Ils se rencontrent dans la bile d'autres animaux (bœuf, lapin).

Le pigment jaune est un sel alcalin du pigment vert. Le spectre de la bile jaune du veau présente une absorption dans les régions rouge et violette, puis une bande large en D qui les rapproche d'un autre pigment décrit et dénommé par Mac-Munn la *cholohématine*. Celle-ci, qui se rencontre dans la bile du bœuf, du veau et du mouton, n'est pas en quantité constante ; elle présente un spectre caractéristique de quatre bandes quelquefois réduites à trois (fig. 49).

Première bande, centre à 649 λ dans l'orangé. Deuxième bande (centre) de 613 à 585 λ dans le jaune orangé et le jaune vert. Troisième bande de 577,5 λ à 561,5 λ. Quatrième bande de 537 λ à 521,5 λ.

La cholohématine présente cette propriété des plus remarquables de pou-

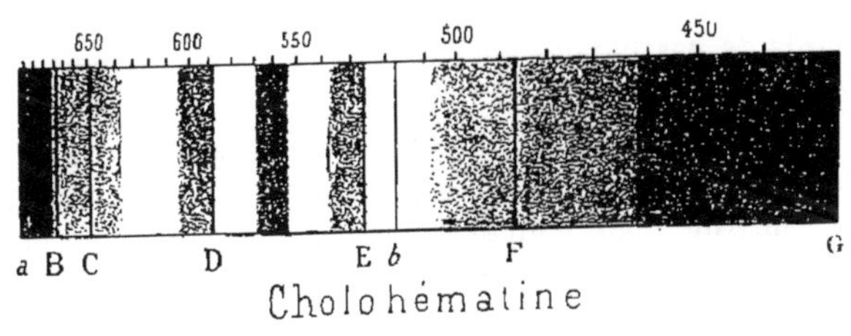

Fig. 49.

voir être transformée en hématoporphyrine par l'action de l'amalgame de sodium (Mac-Munn).

Une application physiologique fort ingénieuse des réactions de la cholohématine a été faite par MM. Wertheimer et Meyer, dans le but de vérifier la possibilité de l'excrétion, par le foie, des matières colorantes de la bile introduites dans le sang. Injectant de la bile de mouton dans la fémorale d'un chien, ils ont recueilli la bile du chien directement dans le canal cholédoque. Ils ont constaté, en effet, la présence du spectre caractéristique de la bile du mouton ayant passé du sang dans les voies biliaires du chien, dont la bile ne contient pas de cholohématine.

On trouve encore dans la bile de l'*hydrobilirubine* accidentellement, et quelquefois, dans certains cas d'empoisonnement, la matière colorante du sang (hémoglobinocholie), mise en liberté par l'action cytémolytique des poisons, tels que l'aniline, les toluidines.

La recherche de la bile chez les différents animaux est intéressante. On trouvera de nombreux documents sur ce sujet dans ma *Spectroscopie biologique* (t. II, chap. VII et VIII).

La recherche de la bile dans les différentes humeurs est rendue facile par la réaction de Gmelin, qui montre les pigments biliaires. On peut y joindre la réaction de Pettenkofer, qui est employée constamment dans les examens d'urologie médicale. Elle est constituée par une action simultanée d'une solution de sucre et de l'acide sulfurique sur des humeurs contenant de la bile. La coloration rouge pourpre de la réaction de Pettenkofer présente un spectre spécial qu'on voit bien dans les solutions étendues, qui ont une couleur dichromatique verte à la lumière réfléchie, rouge violet à la lumière transmise. Le spectre (fig. 50) présente quatre bandes d'absorption : la pre-

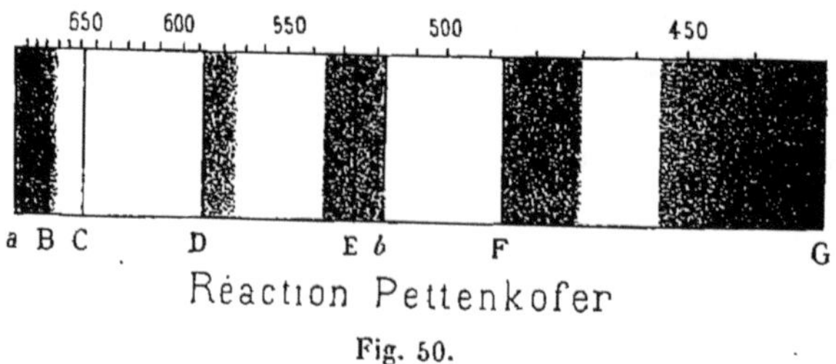

Fig. 50.

mière à gauche de D ; une seconde à droite de D ; une troisième en E recouvrant une partie de l'espace DE et tout l'espace E*b* ; une quatrième bande en F ; les bords de ces bandes sont un peu diffus et s'étendent un peu dans les régions voisines du spectre.

On peut encore examiner la bile directement avec le spectroscope, soit dans la vésicule, peu de temps après la mort (Létienne), soit dans les dilutions de bile. On trouve alors un spectre caractérisé par une large bande de faible intensité, diffusant de *b* jusque dans le vert bleu, et une obscurité presque complète dans le bleu, l'indigo et le violet, spectre, d'ailleurs, qui, à lui seul, n'est pas caractéristique.

§ *13. Spectroscopie de l'urine.* — L'urine, à l'état normal, présente une coloration variant du jaune au jaune-rouge, suivant des conditions physiologiques déterminées. Sous l'influence d'états pathologiques ou de certains médicaments, elle offre les teintes les plus variées dues à la présence de pigments très divers, les uns existant normalement dans l'urine, d'autres accidentels, dus à l'excrétion par les reins d'une substance colorante ou d'un chromogène. Les matières colorantes normales sont le pigment jaune (urobiline ou urochrome, urospectrine), pigment rouge (indican ou indogène, uroséine), pigments humiques (uromélanine).

Les matières colorantes d'origine pathologique sont : l'uroérythrine, les urobilines pathologiques, l'urohématoporphyrine, les pigments biliaires, les pigments du sang. Parmi les matières colorantes accidentelles, citons les pigments de la santonine, de l'indigo-alizarine, de la garance, etc.

L'*urobiline*, qu'il serait préférable de dénommer *urochrome*, a été l'objet d'un grand nombre d'études qui sont du domaine de la chimie biologique. Elle offre des réactions spectroscopiques caractéristiques. Les urines qui renferment de l'urobiline en forte proportion présentent une coloration brun rougeâtre qui ressemble à celle des urines ictériques. Mais l'urobiline existe à l'état de chromogène dans les urines normales. La simple action de l'air produit la formation de l'urobiline. Les réactions spectroscopiques de l'urobiline sont très nettes; celle qui domine est l'existence d'une bande d'absorption située dans le vert et le bleu cyané, entre la raie b et la raie F. Cette bande est située entre 0,510 μ et 0,485 μ, c'est-à-dire laisse un léger espace entre la raie b et son bord gauche, et elle peut dépasser la raie F à droite. Les bords du spectre sont un peu moins foncés que la partie centrale qui est située vers 0,500 μ, c'est-à-dire plus près de F que de b (Sp. VIII). Ce spectre s'observe dans l'urine acide et dans les solutions d'urobiline diluées acides, c'est-à-dire au deux-centième environ et même moins, tandis que dans les solutions très concentrées, par exemple au dixième, à une épaisseur de 1 centimètre, on ne voit dans le spectre que l'orangé et le jaune et le jaune vert; il y a de B à C obscurité moindre, et du milieu de la plage D à E jusqu'à E une demi-obscurité, mais les autres plages sont tout à fait obscures. (Voy. Planche chromolithographique, Sp. VIII.)

Lorsqu'on rend les solutions alcalines, et surtout en y ajoutant de l'ammoniaque et du chlorure de zinc, la bande est déplacée; elle se porte vers b et E, c'est-à-dire environ entre 0,510 et 0,517; cette bande a, d'ailleurs, une obscurité moindre que la précédente.

On peut encore constater ce phénomène dans les urines contenant une forte proportion d'urobiline, en y ajoutant de l'ammoniaque et du chlorure de zinc.

A côté de l'urobiline, on rencontre souvent une transformation de l'urobiline caractérisée par une disposition un peu différente des bandes et, en particulier, l'apparition d'une bande étroite et faiblement obscure à gauche de D, une bande plus large entre D et b, en outre de la bande ordinaire entre b et F. Cette urobiline pathologique accompagne très souvent l'urobiline ordinaire, principalement dans les cas d'exagération de la production d'urobiline, qui constitue l'*urobilinurie*, dont l'étude offre, ainsi que l'ont montré Hayem, Mac-Munn, Vigliezo, etc., un grand intérêt en physiologie pathologique. Il est possible de reconnaître non seulement la présence de l'urobiline, mais même d'en doser la quantité, soit qu'on isole le pigment dans une quantité déterminée d'urine et qu'on le dose par des procédés spectroscopiques, en y ajoutant la réaction chimique, comme l'a fait Vigliezo, ou bien qu'on sépare, dans l'urine même, l'urobiline des autres pigments, comme l'a fait Denigès, par un procédé qui permet l'examen spectrophotométrique.

L'exagération de la quantité d'urobiline s'observe, d'une part, dans les maladies fébriles aiguës, les maladies infectieuses; elle a, dans ces affections, pour origine principale l'hémolyse. Dans les hémorragies, les épanchements sanguins, infarctus pulmonaires, l'augmentation de l'urobiline est d'origine hématique directe par résorption de pigments formés dans les tissus, soit bilirubine, hématoporphyrine ou homochromogène. Enfin, l'urobiline est plus abondante dans tous les troubles des fonctions du foie. La quantité d'urobiline est diminuée dans les maladies avec ralentissement de la nutrition générale (chlorose, hystérie), en général quand l'activité fonctionnelle du foie ou de l'hématopoïèse s'est ralentie.

L'*indican* ou *indogène* est le pigment rouge de l'urine. Lorsqu'il est en excès dans les urines, il leur donne une teinte violacée, et l'on observe alors le spectre suivant :

Le spectre obscur de A à C présente une première bande foncée à gauche de D dans le rouge orangé, séparée de D par un espace clair très étroit, jaune orangé, et s'étendant à gauche jusqu'au milieu de l'espace, entre D et C. Une seconde bande à droite de D, située dans le jaune vert, dont elle occupe le tiers environ. Enfin, une troisième bande de *b* à F et l'obscurité du reste du spectre. L'augmentation de l'indican constitue un état symptomatique appelé *indicanurie*, rencontré surtout chez les enfants qui ont une alimentation exagérée, dans les affections du tube digestif, les affections rénales, et même les affections du système nerveux.

Parmi les autres pigments de l'urine, un des plus importants est l'uroérythrine, dont le spectre n'a pas été bien défini ; il se rencontre dans les sédiments d'urates dits *briquetés*, dans les calculs.

L'urohématoporphyrine est un pigment d'origine pathologique dont le spectre est une combinaison des bandes de l'urobiline et de l'hématoporphyrine.

L'urospectrine est un dérivé du chromogène de l'urine, très voisin de l'urobiline, dont les caractères ont été définis par Saillet, qui l'extrait de l'urine à l'abri de l'action de la lumière. Les réactions spectroscopiques en sont complexes.

D'une façon générale, l'analyse qualitative des pigments de l'urine peut se faire en y comprenant les colorations accidentelles, sur lesquelles nous ne pouvons insister, au moyen du spectroscope à vision directe et de tubes à essai gradués.

Pour examiner l'urine à des épaisseurs différentes et pratiquer l'analyse quantitative des pigments, on a imaginé de nombreux appareils désignés sous le nom d'*uroscopes* ; tels sont les uroscopes d'Yvon, de Moitessier, de Züne, d'Hénocque, etc. La plupart, cependant, ne peuvent donner d'indications précises que lorsque l'on isole préalablement les pigments.

§ *14. Spectroscopie des produits médiats et des pigments.* — Les produits médiats sont le méconium, le chyme et les excréments ou fèces. Le *chyme* n'a pas été étudié spectroscopiquement. Cependant, au point de vue médical, cette étude peut présenter un grand intérêt en permettant de reconnaître des pigments accidentels ingérés dans l'estomac.

Le *méconium* ne semble être que de la bile concentrée ; il renferme les pigments et les acides biliaires, mais on n'y trouve pas la stercobiline, l'hydrobilirubine et l'urobiline, qui se montrent dans les excréments des enfants dès qu'ils ont pris une petite quantité de lait.

La spectroscopie des excréments démontre des pigments dus aux substances ingérées ou à des hémorragies intestinales (melæna), dans quels cas on peut trouver de l'hématine et de la méthémoglobine ; mais les matières fécales renferment un pigment particulier, la *stercobiline*, qui représente l'excrétion des pigments biliaires avec les modifications que leur a fait subir l'intestin. On extrait facilement la stercobiline des selles des nourrissons.

Les descriptions qui ont été données du spectre de la stercobiline sont variables, parce que l'on n'a pas tenu compte de la concentration des solutions examinées. En effet, avec une solution très concentrée à forte épaisseur, ayant la couleur du vin de Porto, on observe trois plages d'absorption ou larges bandes d'absorption : la première dans le rouge jusqu'à B ; la seconde au niveau de D, commençant à gauche de D vers 0,630 μ et s'étendant dans le vert d'abord très peu foncé, puis progressivement plus accentuée au niveau de E, puis diminuant d'intensité et rejoignant une bande très noire s'étendant de b à F. Au delà de F, le bleu, l'indigo et le violet ne sont pas complètement éteints.

A une épaisseur moindre, c'est-à-dire avec une concentration dix fois moindre, on observe une bande foncée dans le rouge jusqu'à C ; la bande en D est divisée en deux parties : l'une à gauche, très peu foncée, vers 0,630 à 0,600 μ ; l'autre à droite, de 0,580 μ environ, très faiblement obscure, mais s'étendant jusqu'à 0,530 μ ; enfin, une bande noire très accentuée de b à F, 0,517 à 0,586 μ. Par l'action de l'ammoniaque, puis du chlorure de zinc, on

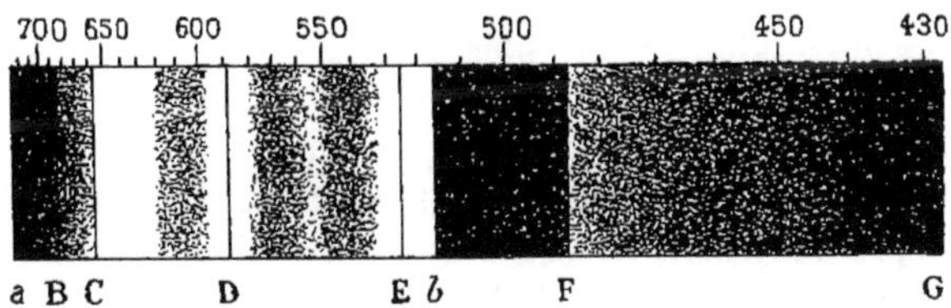

Fig. 51. — Spectre de la stercobiline.

observe aussi quatre bandes ou plages avec une concentration moyenne présentant une couleur vin de Madère. (Voy. fig. 51.)

Pigments. — Les pigments sont des substances colorées produites dans l'organisme et qui sont liées à toutes les fonctions. Les uns sont à proprement parler des agents de la respiration, tels que l'hémoglobine, l'hémocyanine, l'hémoérythrine, l'histo- ou myohématine, la chlorocruorine (Serpules et Sabella), déjà décrits en partie. Chez les animaux inférieurs, les pigments peuvent servir à la fois à la respiration interstitielle et à la respiration cutanée. Tels sont les lipochromes, qui forment un vaste groupe présentant des caractères chimiques bien circonscrits et qui servent d'intermédiaires entre les pigments d'origine animale et ceux d'origine végétale. Les pigments de téguments forment un groupe naturel dans lequel figurent la turacine, l'éléidine, les mélanines, le pigment violet de l'aplysie, la punicine ou pourpre de Tyr, et aussi le carmin (cochenille). Enfin la chlorophylle animale, qui a tous les caractères de la chlorophylle végétale et qui a été observée dans l'hydre verte, les élytres des cantharides, le sang des sauterelles (Mac-Munn, Hénocque).

La plupart de ces pigments ont des réactions spectroscopiques bien définies qui permettent de les étudier, de les reconnaître et de démontrer leurs rapports avec les diverses fonctions.

QUATRIÈME PARTIE

SPECTROSCOPIE DES TISSUS

§ 15. *Spectroscopie des organes des tissus et téguments*. — *Analyseur chromatique*. — On peut examiner directement au spectroscope les téguments, les muqueuses, la bouche, le pharynx, le vagin et l'œil chez l'homme ; et chez les animaux il est aisé d'examiner les parties minces ou translucides ou de mettre à nu chez eux les gros vaisseaux, le cœur, les muscles, pour les étudier avec le spectroscope. Le dispositif à employer, si l'on veut simplement rechercher les réactions spectroscopiques, consiste à bien éclairer la partie à examiner avec la lumière solaire, soit par transparence, soit par la lumière diffuse, ou bien avec la lumière électrique à incandescence. Il suffit de se servir d'un spectroscope à vision directe, que l'on rapproche plus ou moins de l'objet à étudier.

On peut alors faire une analyse spectrale qualitative, mais il est possible d'obtenir des observations d'une plus grande valeur, chez l'homme surtout, par l'analyse spectroscopique des téguments et des muqueuses en suivant mes procédés d'observation. En effet, j'ai réussi à résoudre le problème de déterminer le rapport qui existe entre la richesse du sang en oxyhémoglobine et le degré d'intensité de la bande d'absorption α de l'oxyhémoglobine, telle qu'on l'observe à la surface de l'ongle, des téguments et des muqueuses. Le dispositif que j'ai constitué est l'*analyseur chromatique*, avec lequel il est

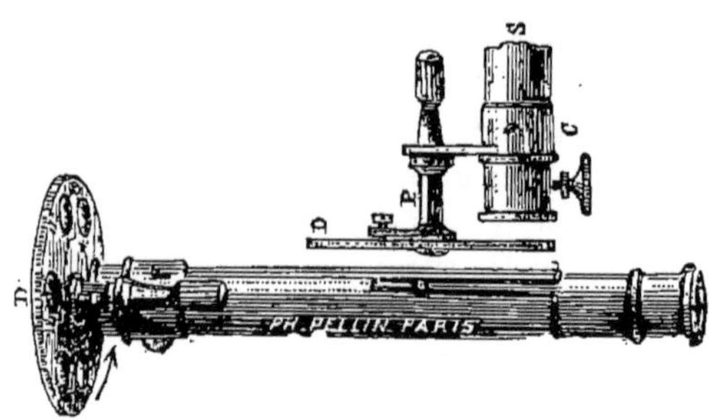

Fig. 52. — Analyseur chromatique.

possible de faire l'analyse quantitative de l'oxyhémoglobine du sang à travers l'ongle, la peau ou les tissus mis à nu sans extraire une goutte de sang.

Cet appareil est essentiellement composé d'un spectroscope à vision directe, devant la fente duquel se fixent successivement deux disques D percés d'ouvertures circulaires. L'un de ces disques porte des verres gradués de couleur jaune, un verre bleu urané et une ouverture libre ; l'autre des verres jaunes gradués. Ces disques s'adaptent à un collier fixé au spectroscope et sont maintenus par un bouton sur un axe P parallèle à celui du spectroscope.

Le disque se meut parallèlement à la fente du spectroscope, de sorte que chacun des verres gradués peut passer successivement devant cette fente. On peut ainsi étudier les spectres de chacun de ces verres et leur effet sur le spectre de la peau, de l'ongle ou de divers tissus.

Le maniement en est des plus simples : on commence à viser avec le spectroscope, dont la fente est mise au milieu de l'orifice libre, la paume de la main dont les doigts sont à demi fléchis et qui est exposée à la lumière diffuse du jour, devant une fenêtre, mais en évitant les rayons solaires intenses et directs. On voit alors se dessiner les deux bandes, la première, α, située dans le jaune à droite et contiguë à la raie D; elle est bien plus nette que la seconde, β, qui est située dans le vert; mais, afin de les reconnaître plus facilement et d'en déterminer les positions dans le spectre, on examine avec le verre bleu qui, placé devant la fente du spectroscope, agit comme condensateur en augmentant l'intensité des deux bandes. D'ailleurs, dans la pratique, on ne s'occupe que de la première bande, α.

Pour l'analyse de l'intensité de ces bandes et, par conséquent, l'appréciation de la quantité d'oxyhémoglobine contenue dans le sang circulant dans la peau, il faut faire passer successivement devant la fente les verres jaunes, en commençant par le plus clair pour arriver au plus foncé. On recherchera ainsi avec quel verre les deux bandes ne sont plus distinctes; le chiffre gravé sur le disque près du verre avec lequel on perçoit encore la bande indique la quantité d'oxyhémoglobine contenue dans le sang (Voy. fig. 53, p. 66).

Exemple : Si nous trouvons qu'avec le verre n° 12 on ne voit plus la bande α distincte, mais qu'on la perçoit encore avec le verre n° 11, on conclura que le sang renferme 11 p. 100 d'oxyhémoglobine.

Le premier disque s'étend de 9 à 12 p. 100, le second donne 6, 7, 8, 13 et 14 p. 100.

Lorsqu'il y a doute, on répète plusieurs fois l'examen, soit au pouce, soit aux lèvres. Les lèvres donnent un chiffre d'oxyhémoglobine supérieur de 1 à 1,5 p. 100 à celui qu'on observe à l'ongle du pouce. Chez le nouveau-né, les nourrissons, on examinera la peau du front et la main.

De même, chez la plupart des animaux on choisit la face interne de l'oreille, des paupières ou des lèvres. Chez le cobaye, c'est à la plante du pied qu'on peut le plus exactement mesurer la quantité d'oxyhémoglobine. Chez le lapin, la quantité indiquée par l'oreille est un peu faible et celle de la face interne des lèvres un peu forte; il faut prendre la moyenne entre ces deux examens.

Les applications de ce procédé d'analyse sont surtout utiles pour l'étude des modifications de coloration des téguments (érythèmes, exanthèmes, cyanoses, maladie bleue). Il a permis, chez les nouveau-nés débiles, d'étudier l'action des aspirations d'effluves d'ozone sur l'hématose dans la couveuse même et sans être obligé de répéter les prises de sang. En résumé, chez les animaux supérieurs, c'est surtout l'hémoglobine que l'on étudie dans les téguments; chez les animaux inférieurs (poissons, grenouilles, salamandres), on peut encore étudier le sang circulant dans les tissus.

Chez les insectes, tels que les larves de *chironomus*, les *daphnis*, les *cyclopes*, les *apus*, et, parmi les annélides, les *lombrics*, les *néréides*, on retrouve encore de l'hémoglobine dans l'hémolymphe et dans les tissus. Chez tous les animaux en général, l'étude des colorations tégumentaires et des nombreux pigments qui les déterminent offre des sujets d'observation les plus multiples et intéressants à divers points de vue.

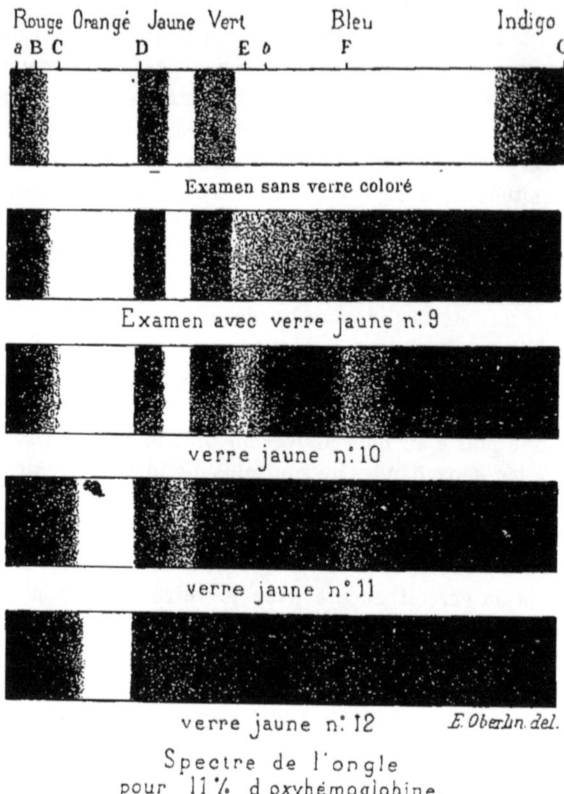

Fig. 53.

On retrouve aussi des colorations dues à des phénomènes d'interférence, ayant leur origine dans la constitution physique même des tissus et donnant lieu à ces couleurs irisées si variables et si vives (ailes de papillons, ailes d'oiseaux-mouches).

§ *16. Spectroscopie de l'œil.* — L'examen spectroscopique de l'œil peut être pratiqué sur l'homme et sur un grand nombre d'animaux. Les observations peuvent être faites avec un dispositif assez simple que j'ai décrit sous le nom d'*ophtalmospectroscope* (*Soc. de physique*, 1891). Il se compose, ainsi qu'on le voit dans la figure ci-après, d'une colonne verticale fixée sur un pied qui supporte une tige horizontale sur laquelle sont placés le miroir et la lentille ophtalmoscopiques, pouvant être rapprochés ou écartés l'un de l'autre au moyen d'une vis à crémaillère. Le spectroscope à vision directe est fixé sur cette même tige horizontale de façon à pouvoir être placé devant l'orifice du miroir ou à être rabattu de côté. Pour se servir de l'appareil, on cherche d'abord la position de l'image du fond de l'œil avec la partie ophtal-moscopique, et alors on amène la fente du spectroscope au niveau de l'orifice du miroir. Chez le cobaye et le lapin albinos, l'expérience est plus facile à faire. Mais chez l'homme elle nécessite un fort éclairage et un malade supportant facilement l'examen.

En procédant lentement et progressivement, on perçoit à la surface cutanée de la paupière la première bande de l'oxyhé-moglobine ; les deux bandes α et β sont plus nettement obser-vées à la surface conjonctivale des paupières ; mais, au niveau de la sclérotique, les bandes de l'oxyhémoglobine ne sont perceptibles que dans le cas de vascularisation intense ou d'hypérémie ; on peut encore distinguer les deux bandes de l'oxyhémoglobine dans l'iris, lorsque la dilatation n'est pas très considérable ; enfin, on retrouve dans le fond de l'œil les deux bandes de l'oxyhémo-

Fig. 54. — Ophtalmospectroscope perfectionné.

globine dues aux vaisseaux de la rétine et de la choroïde. Chez l'animal mort, on ne trouve dans toutes les parties constituantes de l'appareil de la vision que la bande unique de l'hémoglobine réduite, qui est un signe de la mort certaine à ajouter à celui de l'examen spectroscopique du sang.

En effet, à la surface conjonctivale de la paupière, on perçoit facilement la réduction de l'oxyhémoglobine avec un spectroscope à vision directe, et, avec l'ophtalmoscope, la réduction peut être observée dans le fond de l'œil. Il existe dans l'œil des pigments qu'on ne peut reconnaître pendant la vie à l'aide du spectroscope ; tels sont les pigments de l'urée, de la choroïde, qui se rapportent au groupe des pigments mélaniques.

La rétine présente une couleur particulière rouge qui n'est appréciable pen-dant la vie que dans les yeux d'albinos, mais qu'on peut isoler dans l'œil fraî-chement enlevé, en particulier chez la grenouille. Désigné sous les noms de *pourpre rétinien, érythropsine*, ce pigment a été l'objet, de la part de Kühn, de Köl et de ses élèves, de travaux d'une haute importance pour la physiologie de la perception des couleurs et des objets lumineux. Ce pigment existe exclusivement dans la couche externe des bâtonnets. Il a la propriété de se décolorer sous l'influence de la lumière et de se reformer dans l'obs-curité. Il peut être isolé et il offre les caractères spectroscopiques suivants :

Il n'existe pas de bande d'absorption caractéristique, mais l'absorption
continue, qui, pour le pourpre rétinien, commence à C, s'augmente très lentement jusqu'à D, devient très prononcée vers 0,550 µ et atteint son maximum de E à *b*, puis F. L'absorption se continue de F à G, pour diminuer rapidement vers *h* et devenir presque nulle à 0,400 µ.

On trouvera, dans la partie optique de ce livre, l'histoire complète du
pourpre rétinien, et l'on y consultera également les applications de la
spectroscopie à l'examen de la vision des couleurs, de la cécité pour le rouge
ou le *daltonisme* à ses divers degrés.

Les appareils de Parinaud et autres dispositifs analogues constituent des
applications de la spectroscopie à l'optique physiologique, que nous devons
seulement signaler.

§ 17. *Spectroscopie des muscles.* — Les muscles renferment une
grande quantité d'oxyhémoglobine par rapport aux autres organes : elle
représente 29 p. 100 de la quantité totale contenue dans le sang. Elle est
aussi l'origine principale de la coloration rouge des muscles. Un examen
spectroscopique des muscles mis à nu montre facilement la présence de deux
bandes caractéristiques de l'oxyhémoglobine, de même qu'après la mort on
trouve encore la bande unique de l'hémoglobine réduite, alors même que le
muscle a macéré plusieurs jours dans l'eau. Pour démontrer l'influence de
l'oxygénation de l'hémoglobine sur la coloration des muscles, on pourra,
comme je l'ai fait avec le Dr Tripet, étudier avec le spectroscope le muscle
que l'on fait contracter au moyen de l'appareil électro-faradique. Avant la
contraction, on constate facilement les bandes de l'oxyhémoglobine ; mais,
pendant la contraction, le muscle présente une coloration plus sombre et, au
bout de quelques secondes de contractions tétaniques, le spectroscope montre
la bande d'hémoglobine réduite. Chez le muscle rouge du lapin, la réduction
se produit en quatorze secondes, tandis que pour les muscles blancs la durée
de la réduction a varié entre cinq à dix secondes. D'autre part, le muscle
rouge avec l'analyseur donnait 14 p. 100 d'oxyhémoglobine, et les muscles
blancs 13 p. 100 seulement.

En dehors de la coloration due à l'hémoglobine, les muscles renferment un
pigment spécial décrit par Mac-Munn sous le nom de *myohématine*. Ce
pigment n'est caractérisé que par ses réactions spectrales, qui diffèrent pour
la myohématine acide et pour la myohématine réduite représentées dans les
spectres I (M. acide), et II (M. réduite) (fig. 55).

Le cœur du pigeon est plus particulièrement riche en myohématine. On
retrouve celle-ci chez certains invertébrés. Je l'ai constatée chez l'hydro-
phile et le lucane-cerf-volant, qui ne renferment pas d'hémoglobine.

Examen des muscles après la mort. — La *spectroscopie des viandes*
présente un certain intérêt au point de vue de l'hygiène. Les phénomènes
varient suivant qu'on observe des viandes fraîches ou tuées depuis longtemps, ou la viande de gibier et d'animaux surmenés.

L'examen spectroscopique des muscles après la mort donne un signe
certain de la mort en montrant la réduction absolue ; il permettra aussi de
reconnaître l'asphyxie par l'oxyde de carbone, car alors la réduction n'est

jamais complète, et il y a toujours mélange d'hémoglobine oxycarbonée. On retrouvera aussi la méthémoglobine dans les intoxications par les nitrates ou divers autres poisons.

L'étude des phénomènes spectroscopiques que présentent les muscles peut être pratiquée dans des conditions physiologiques très variées. Les muscles, mis à nu chez les animaux, conviennent très particulièrement à l'étude de la réduction de l'oxyhémoglobine dans l'arrêt de la circulation par la ligature ou dans l'asphyxie, quelles qu'en soient la nature et la cause. Par cette étude,

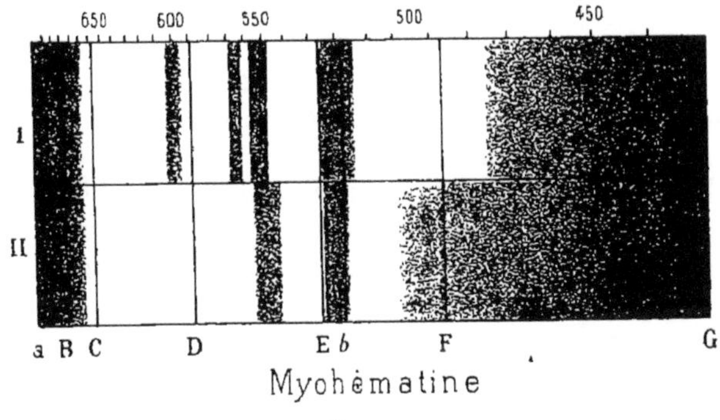

Fig. 55

j'ai pu établir l'influence remarquable de l'asphyxie bulbaire sur la réduction du sang. Ainsi que je l'ai fait connaître au Congrès de médecine de 1900 (sections de physiologie et de pathologie générale), lorsqu'on détermine la réduction presque immédiate du sang dans tout l'organisme par l'écrasement du bulbe, si l'on a par avance sectionné le nerf sciatique d'un des deux membres postérieurs, on observe que la réduction est beaucoup plus lente à se produire dans le membre privé de communication avec la moelle que dans les autres membres. De plus, la réduction est moins rapide dans un membre dont la circulation est arrêtée par la ligature que dans les autres membres, mais *la réduction reste plus lente à se produire dans le membre à nerf sciatique coupé* que dans le membre seulement ligaturé.

Ce phénomène remarquable démontre, avec une grande évidence, l'influence du système nerveux sur l'activité de la réduction, c'est-à-dire l'activité des échanges.

Myospectroscope. — Il faut rapprocher de la spectroscopie des muscles une application très ingénieuse, faite par Ranvier, de l'action de la fibre musculaire sur la lumière.

La disposition des disques de la fibre musculaire constitue une série de stries très rapprochées, qui forment une sorte d'appareil optique analogue aux *réseaux* et produisent des spectres de diffraction. Pour les mettre en évidence, il suffit de faire une préparation de fibres musculaires striées bien parallèles, que l'on dispose devant le diaphragme d'une chambre noire, de façon que l'axe longitudinal des fibres soit perpendiculaire à la fente du diaphragme. On voit alors des spectres symétriques produits par les stries transversales musculaires. Ranvier a construit un petit appareil, le *myospectroscope*, basé sur ce phénomène et qui permet de reconnaître les bandes de l'oxyhémoglobine comme avec les prismes ou avec les réseaux.

Le myospectroscope se compose essentiellement d'un tube cylindrique de 4 millimètres de diamètre et de 12 de longueur, et muni, à l'une de ses extrémités, d'un diaphragme percé d'une fente linéaire et verticale. A son autre extrémité, le cylindre creux présente une ouverture ronde pratiquée concentriquement à son axe de figure. Au-devant de cette ouverture est disposée une sorte de platine analogue à celle des microscopes, sur laquelle la préparation du muscle qui doit jouer le rôle de prisme ou, mieux, de réseau, peut être orientée convenablement et fixée dans sa position à l'aide de volets (1). Cette partie de l'appareil représente le tube et le diaphragme d'un spectroscope, mais la partie optique proprement dite, c'est-à-dire le prisme, est ici remplacée par du tissu musculaire qui est disposé sur la platine.

Si l'on place, devant la fente, un tube contenant une dilution de sang aéré, on constate les caractères spectroscopiques de l'hémoglobine, comme on le ferait avec un spectroscope à vision directe. L'une des applications les plus importantes de cet appareil est l'étude de la fibrille musculaire à l'état de repos ou de contraction ; en effet, Ranvier a démontré que les spectres ne sont point modifiés dans le muscle tendu quand il passe de l'état de repos à l'état de contraction. Le nombre des stries transversales, dans une longueur donnée du muscle, ne change donc point pendant l'activité dans le muscle tendu, car on sait que les spectres de diffraction sont d'autant plus étendus que le nombre de stries qui constituent un réseau est plus considérable dans une longueur donnée (2).

CINQUIÈME PARTIE

SPECTROSCOPIE APPLIQUÉE A LA BOTANIQUE

§ *18. Chlorophylle.* — Les applications de la spectroscopie à la botanique présentent une importance dont on peut se rendre compte en songeant à l'infinité des colorations observées dans toutes les parties des plantes, par conséquent à la multiplicité des pigments d'origine végétale qu'on peut analyser au spectroscope. Cette étude intéresse le pharmacien, l'hygiéniste, autant que le physiologiste ; elle pourrait comprendre aussi l'analyse spectrale de la plus grande partie des matières tinctoriales. Nous nous bornerons à prendre pour exemple de ces recherches le pigment le plus important des végétaux, puisqu'il est en quelque sorte l'équivalent des pigments respiratoires des animaux et qu'il correspond à la fonction de la respiration des plantes, à la *fonction* dite *chlorophyllienne*. On a donné le nom de *chlorophylle* à la substance colorée que l'on extrait des feuilles.

(1) RANVIER, *Leçons d'anatomie générale sur le système musculaire*, recueillies par J. Renaud. Delahaye, Paris, 1880, p. 142 et 144.

(2) RANVIER, Du spectre produit par les muscles striés (*Arch. de physiologie*, n° 6, 9 novembre 1874, p. 775).

La chlorophylle a son origine dans le protoplasma même, où elle est produite dans les leucites primordiaux résultant de la différenciation interne du protoplasma. Elle ne se constitue complètement que sous l'influence de la lumière ; elle est alors à l'état de *glomérule chlorophyllien* ou *granulation chlorophyllienne*. C'est par l'intermédiaire de cet élément organisé que la plante décompose les matériaux incombustibles dont elle dispose et produit en quelque sorte l'emmagasinement de la force vive des rayons solaires dont l'énergie lumineuse se transforme, dans ce petit organe élémentaire de la feuille, en action chimique essentiellement réductrice.

La chlorophylle extraite des feuilles vertes, et dissoute dans l'alcool, est une liqueur d'un beau vert foncé, qui présente une teinte dichroïque qui la fait paraître rouge dans l'obscurité et par transparence ; verte par réflexion, elle offre des caractères spectroscopiques remarquables.

Ce spectre est composé de quatre bandes, la première située dans le rouge entre B et C, c'est-à-dire entre 0,697 μ et 0,650 μ ; cette bande est la plus noire, la plus foncée. Une seconde bande est située entre C et D dans l'orangé, soit de 0,625 à 0,600 μ. La troisième bande, à droite de D, occupe la plage jaune de 0,585 à 0,576 μ. La quatrième, dans le jaune vert, vert jaune 0,560 à 0,549 μ, précède une large bande obscure de 0,490 à 0,460 μ dans le bleu, puis la réapparition du spectre bleu et, enfin, une plage obscure qui s'étend du milieu de l'espace F à G dans l'indigo 0,445 à 0,425 μ, laissant apercevoir la plage bleu violet vers 0,320 μ.

La chlorophylle présente des réactions chimiques très nombreuses qui ont montré que ce pigment n'est pas identique dans tous les végétaux ; parmi les substances analogues, on a distingué la *chlorophyllane*, la *chrysophylle* et l'*érythrophylle*, la *phylloxanthine*, la *phyllocyanine*, qui sont le résultat de l'action de l'acide carbonique. En outre de ces bandes d'absorption, les solutions de chlorophylle émettent une lumière fluorescente rouge. On peut observer le spectre de la chlorophylle en examinant les feuilles vivantes au spectroscope. On voit les bandes indiquées ci-dessus, et l'on peut ainsi constater que toute la lumière qui manque à ce spectre continu correspond aux rayons fluorescents absorbés par les éléments chlorophylliens de la feuille.

La fonction de la chlorophylle offre un exemple remarquable de la transformation de la lumière en énergie chimique, et l'on peut constater facilement sur une plante (feuille de bambou, par exemple) le dégagement de l'oxygène dû à l'action de la lumière solaire. L'acide carbonique contenu dans les feuilles est décomposé proportionnellement à l'extinction de la lumière. « La puissance qui, dans la feuille, décompose l'acide carbonique pour en dégager l'oxygène et en fixer le carbure, est empruntée à l'énergie lumineuse ou calorifique absorbée par le protoplasma chlorophyllien. » (A. Gautier.)

Une expérience très intéressante met en évidence les relations qui existent entre la décomposition de l'acide carbonique et le degré de réfrangibilité des radiations. Le maximum de décomposition a lieu entre B et C et aussi au niveau des bandes d'absorption de la chlorophylle. Si, dans une goutte d'eau, on place une feuille de mousse remplie de bactéries et que l'on projette un rayon solaire, les bactéries se rassemblent bientôt autour de la feuille pour absorber l'oxygène. Si l'on projette un spectre prismatique sur la feuille de mousse, les bactéries s'accumulent sur tous les points où l'oxygène se produit, c'est-à-dire qu'elles atteignent leur épaisseur maxima en deux plages principales où se fait la plus forte absorption de la chlorophylle, entre les raies B et C dans le rouge et aussi au delà de F dans le bleu. C'est ainsi que sont démontrées, par la présence des bactéries au niveau des bandes de l'absorption, la transformation chimique et la production d'oxygène de l'énergie lumineuse.

C'est la chlorophylle qui donne à un grand nombre de substances alimentaires ou pharmaceutiques des caractères utiles pour l'étude des falsifications. On a surtout étudié à ce point de vue les huiles. Doumer et Thibault ont montré les différences que présente le spectre de la chlorophylle dans les huiles comestibles (olives, noisettes, amandes, huile de ricin, etc.). D'une façon générale, les substances médicamenteuses colorées présentent également ment des spectres souvent caractéristiques qui permettent de distinguer leur coloration naturelle des matières colorantes ou tinctoriales naturelles ou artificielles qu'on aurait pu y ajouter. On reconnaîtra ainsi si les pastilles sont colorées à l'aniline, à l'éosine, au carmin, à la garance, etc. Cette étude des substances médicamenteuses au point de vue de l'analyse spectrale a été faite par Guyard. Nous citerons, parmi les substances médicamenteuses rouges qui donnent des bandes d'absorption : les teintures d'aconit, de cannelle, de valériane, de cantharide, de digitale, et le baume du Commandeur ; parmi les substances médicamenteuses jaunes : le safran ; parmi les vertes : les huiles de ciguë, de belladone, de jusquiame, le baume tranquille ; parmi les bleues : le sirop de violette et l'iodure d'amidon.

Ce sont encore les bandes de la chlorophylle qui ont permis de reconnaître l'ergotine à doses infinitésimales dans la farine.

Les matières colorantes du vin ont été bien étudiées par Vögel dans son *Traité d'analyse spectrale pratique* (2° éd., 1899), où l'on trouvera réunis tous les documents spectroscopiques concernant la coloration des vins d'origine naturelle et des colorants artificiels d'origine végétale ou industrielle. (Cz. Vögel, *Practische spectral Analyse...*)

Pour terminer, nous ajouterons que les différentes colorations des fleurs offrent des sujets d'étude spectroscopique dans lesquels on peut retrouver des combinaisons infinies dues à la matière colorante et qui peuvent représenter toutes les variétés des bandes d'absorption.

C'est ainsi que l'on trouvera dans les belles fleurs carminées du cattleya des bandes tout à fait semblables à celles de l'oxyhémoglobine examinées dans les tissus ; dans les roses, les pétunias, les capucines en général à colorations vives, des spectres qui rappellent l'hémoglobine réduite ou les dérivés de l'hémoglobine, ou enfin les spectres analogues à ceux des matières tinctoriales habituellement employées. C'est un moyen d'ajouter un intérêt nouveau à la contemplation des plus gracieux produits végétaux. De plus, les travaux d'Étard, de Magnin, ont démontré les rapports de ces colorations des fleurs avec les propriétés chimiques des sucs excrétés par les éléments cellulaires de la corolle et des autres parties du végétal : feuilles, tiges et racines.

L'étude des pigments d'origine végétale offre des considérations de l'ordre le plus élevé : c'est en comparant les lipochromes ou pigments jaunes si répandus dans les organismes végétaux et ceux des organismes animaux ; en étudiant la chlorophylle chez les insectes, chez les infusoires, les euglènes, que l'on peut comprendre l'intérêt que présentent ces recherches sur les phénomènes de la vie commune aux plantes et aux animaux, étude à peine ébauchée par Claude Bernard et par Dubois.

Les pigments microbiens méritent d'être analysés au point de vue spectroscopique ; quelques résultats ont déjà été obtenus dans cette voie encore peu explorée. On a cependant déterminé les caractères du pigment rouge du *Micrococcus prodigiosus*, du bacille érythrogène, du bacille du lait bleu, le chromogène du *Beggiatoa roseopersicina*, qui donne à la morue altérée la couleur rouge, enfin les chromogènes du bacille pyocyanique.

SIXIÈME PARTIE

MICROSPECTROSCOPIE

§ 19. *Microspectroscopes*. — Ce sont les instruments qui servent à observer, à l'aide du spectroscope, l'image d'un objet amplifié par l'objectif d'un microscope.

L'idée première qui a été l'origine de ce procédé d'analyse spectrale était en quelque sorte la proposition inverse, c'est-à-dire que les premiers observateurs ont cherché à exprimer, à l'aide du microscope, le spectre produit par un spectroscope, et, aussitôt que les premiers travaux de spectroscopie furent connus, Hoppe-Seyler (1862), puis Valentin (1863) étudièrent l'action des diverses parties du spectre sur des préparations microscopiques ; ils recevaient sur le miroir du microscope la lumière produite par une portion déterminée du spectre fournie par le spectroscope ; Preyer en 1866, à l'aide d'un dispositif analogue, put observer les bandes d'absorption de la matière colorante du sang ou des globules rouges du sang et l'action de l'acide carbonique sur ces éléments.

Ces procédés de recherches offraient de grandes difficultés, et ce n'est que depuis la découverte du spectroscope à vision directe que la microspectroscopie est devenue d'un emploi facile.

Le microspectroscope de Sorby et Browning peut être pris comme type des instruments de ce genre ; il se compose essentiellement de trois parties distinctes ainsi qu'il suit : 1° un tube supérieur qui est un spectroscope à vision directe, fermé par un oculaire qui permet la mise au point de l'image spectroscopique ; 2° un tambour métallique renfermant le diaphragme, le prisme de comparaison et une ouverture latérale ; 3° le tube inférieur, garni lui-même d'une lentille plan-convexe, s'introduit dans le tube du microscope. Les microspectroscopes de Nachet, Hartnack, Lutz, Zeiss sont analogues à ce type.

Il est possible de remplacer ces appareils compliqués par un simple spectroscope à vision directe ou même à échelle latérale qu'on introduit dans le microscope en enlevant l'oculaire, la préparation ayant été mise au point. J'emploie à cet effet un dispositif également très simple qui consiste à fixer

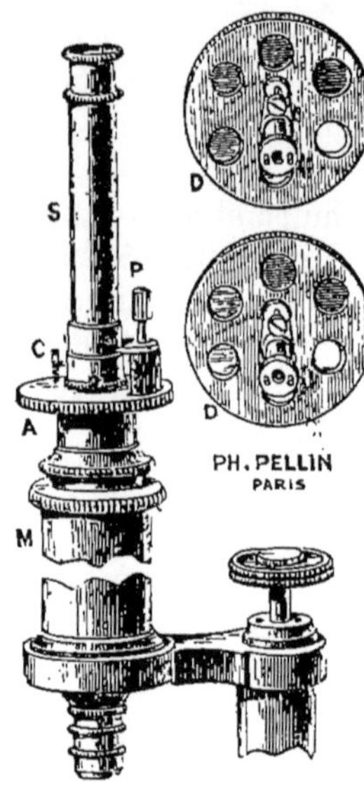

Fig. 56.

le spectroscope de l'analyseur chromatique sur un raccord que l'on place dans le tube du microscope (Voy. fig. 56).

Le raccord est formé d'un tube qui supporte un plateau A garni d'un pivot P. L'analyseur étant séparé de son disque, on le fixe à l'aide de la vis à pignon, sur le pivot P, comme on le ferait sur les disques D. Le tube supportant ainsi le spectroscope est introduit à la place de l'oculaire dans le microscope.

Enfin, pour combiner l'examen des globules, leur numération même avec le dosage de l'hémoglobine, j'ai fait établir un hématoscope dit *micrométrique*, qui ne diffère de l'hématoscope ordinaire que par la minceur de la lamelle supérieure et l'inclinaison moindre de cette lamelle, qui est telle que la pente est de 3/5 de millième de millimètre au lieu de 5/1 000 de millimètre par millimètre. J'ai pu, à l'aide de ces appareils, démontrer que l'hématie vue à plat ne forme pas une couche d'oxyhémoglobine reconnaissable au spectroscope, mais que, vues de champ ou disposées en piles, les hématies forment une couche d'oxyhémoglobine suffisante pour montrer les deux bandes de l'oxyhémoglobine, et j'ai pu établir qu'il est possible d'apprécier, par la différenciation spectroscopique d'une seule bande à deux bandes visibles, une quantité d'oxyhémoglobine égale à 6 millionièmes de milligramme ; enfin que, avec trois globules superposés, on peut observer deux bandes de l'oxyhémoglobine. J'ai appliqué la microspectroscopie à l'étude des cristaux du sang (1).

A l'aide du spectroscope, il est très facile de distinguer les cristaux de l'oxyhémoglobine, de l'hémoglobine réduite, de l'hémochromogène, de la méthémoglobine. Avec une simple couche de cristaux d'hémoglobine du lapin, on voit très nettement les deux bandes de l'oxyhémoglobine. Un seul cristal aciculaire d'hémoglobine du sang de l'homme m'a montré la première bande de l'hémoglobine. L'emploi de plus faibles grossissements ou même d'une forte loupe permet l'étude du sang circulant dans la patte, la langue et le mésentère de la grenouille. L'emploi combiné du spectroscope et de la loupe est utile pour l'étude des vers, des annélides à sang rouge en particulier, ou de certains crustacés dont l'hémolymphe renferme aussi de l'hémoglobine.

(1) Hénocque, Les cristaux du sang. — Étude microspectroscopique et microcristallographique (*Archives d'anatomie microscopique*, t. III, fasc. 17, p. 35 à 100, 2 planches chromolithographiques).

SEPTIÈME PARTIE

SPECTRES D'ÉMISSION. — SPECTROSCOPIE CHIMIQUE

§ 20. — L'étude des raies brillantes produites par les vapeurs incandescentes ou *spectres d'émission* appartient à la chimie, mais les applications qu'elle présente pour la médecine légale, la recherche de certains corps chimiques dans l'organisme, méritent d'être brièvement signalées.

L'instrument d'élection pour ces recherches est le spectroscope à un prisme tel que l'ont inventé Kirchhoff et Bunsen, auquel il n'a été fait que des modifications et des perfectionnements. Ce spectroscope est essentiellement constitué par un prisme placé au centre d'un plateau horizontal qui surmonte un trépied et autour duquel se trouvent disposées trois sortes de lunettes : la première est un collimateur à l'extrémité duquel se trouve une fente, le diaphragme, actionné par une vis micrométrique et qui est muni d'une lentille. La source lumineuse est placée devant ce collimateur et les rayons qui traversent la fente, transformés par cette lentille en faisceaux parallèles, passent sur le prisme. La seconde lunette est une petite lunette astronomique, mobile sur la plate-forme de façon qu'elle peut recevoir le rayon lumineux qui a traversé le prisme. La troisième lunette porte un micromètre en forme de lance de verre placé à l'extrémité d'un tube au foyer principal d'une lentille éclairée par un petit bec de gaz montant le long de la colonne. La marche des rayons lumineux est la suivante : le faisceau de rayons parallèles, à sa sortie du collimateur, pénètre dans le prisme qui est fixé dans la position correspondant à la déviation minimum des rayons jaunes. Il en sort, formant un spectre réel de la fente qui se forme au foyer de l'objectif de la lumière astronomique. En même temps, le faisceau de rayons parallèles qui sort du tube à micromètre se réfléchit sur la face du prisme, usé par la lunette astronomique, et se forme sur l'objectif de façon que l'image du micromètre est superposée au spectre. On a ajouté à ces éléments un petit prisme à réflexion totale qui, appliqué sur la partie supérieure de la fente, forme dans la lunette un spectre superposé au premier et éclairé lui-même par le gaz ; il sert à obtenir un spectre de comparaison.

Pour des observations délicates des raies brillantes et des spectres d'émission, et afin d'obtenir un spectre d'une diffusion plus grande, on a disposé sur la plate-forme, deux, trois prismes associés de façon à former un grand spectre.

Pour rechercher les raies brillantes ou les raies colorées particulièrement caractéristiques des corps simples, métaux, métalloïdes, il faut isoler ces substances dans les cendres des organes, des tumeurs ou des fluides pathologiques, des calculs. A cet effet, on les calcine dans un creuset de platine et on les traite par l'eau, l'acide chlorhydrique et enfin l'acide nitrique. On les examine alors en portant une goutte sur un fil de platine dans la flamme de Bunsen ou, mieux encore, on peut vaporiser la substance à l'aide de l'étincelle d'induction. Pour les sels en solution, on peut aussi observer au moyen de la pulvérisation, en projetant des gouttelettes de la solution dans une flamme de Bunsen. Lorsqu'on examine les cendres du corps humain dissoutes dans l'acide chlorhydrique, on aperçoit des raies lumineuses décrites par Thudicum. Ces raies correspondent aux six métaux qui entrent dans la constitution du corps humain : potassium, sodium, lithium, rubidium, cæsium et calcium, et, parmi les métaux toxiques, le thallium et l'iridium sont les seuls dont les spectres puissent être étudiés par ce simple procédé de la lampe de Bunsen. Quelquefois, enfin, on peut retrouver le baryum et le strontium. Valentin a montré que, si l'on brûle dans la flamme de l'hydrogène une petite portion du crâne d'un embryon de poulet de onze jours, on voit facilement les raies du sodium, et celle de la potasse dans l'infra-rouge, sous forme d'une ligne rouge brun. Si l'on ajoute de l'acide chlorhydrique, on voit les raies du calcium dans le rouge et dans le vert. On peut trouver les mêmes raies dans la coquille de l'œuf. Il est facile de retrouver ces éléments dans la plupart des tissus. Le rubidium se rencontre surtout dans le sang et dans les muscles, en particulier chez la marmotte (Valentin).

Une application très intéressante de l'analyse spectrale à la physiologie de l'absorption a été faite par Bence Jones et Dupré. Sous le titre de *Étude de la circulation chimique par le spectroscope*, ces observateurs ont cherché à démontrer qu'il existe chez les animaux supérieurs une circulation strictement chimique tout à fait semblable à ce que l'on observe dans les plantes et les divisions les plus inférieures du règne animal. Cette circulation présente à étudier plusieurs séries de problèmes, à savoir quelles sont les substances qui se diffusent, quelle est la durée de leur passage de l'estomac dans les tissus, quelle est la durée de leur séjour et quel est le moment où elles disparaissent dans les excrétions. Ils ont constaté qu'on peut, avec le spectroscope, déterminer dans un tissu les quantités minima suivantes : chlorate de soude, 2 dix-millionièmes de milligramme ; chlorure de lithium, 4 millionièmes de milligramme ; chlorure de rubidium, 3 millionièmes ; chlorure de cæsium, 4 dix-millionièmes de milligramme, etc. La rapidité d'absorption de trois grains de chlorure de lithium ingérés dans l'estomac d'un cobaye est d'un quart d'heure, temps au bout duquel on peut retrouver le lithium dans le cartilage coxo-fémoral, dans l'humeur aqueuse et, enfin, dans le cristallin. Appliquant ces recherches à l'homme, Bence Jones put examiner des cristallins chez des malades atteints de cataracte auxquels on donnait vingt grains de carbonate de lithium quelques minutes ou quelques heures avant l'extraction du cristallin ; le lithium fut retrouvé dans le cristallin trois heures et demie après l'absorption par l'estomac. D'autres recherches complétèrent ces observations, de sorte que Bence Jones a pu conclure que, chez l'homme comme chez les animaux, une dose de lithium est transportée en quelques minutes dans chaque tissu, dans les vaisseaux et canaux excréteurs et dans les parties les plus éloignées de l'activité circulatoire. L'élimination de cette substance n'est pas aussi rapide que l'absorption, puisqu'il faut trois ou quatre jours, et jusqu'à six ou huit suivant la dose, pour que le lithium disparaisse entièrement. Des expériences analogues ont été faites avec le chlorure de rubidium ou de cæsium.

Au point de vue de la médecine légale, la recherche de faibles traces de poisons métalliques est singulièrement facilitée par l'analyse spectrale. Dans ces cas, il est nécessaire d'employer une forte étincelle fournie par la bobine de Ruhmkorff, mais on obtient des résultats bien plus nets par la méthode de Hemerson Reynolds, qui donne, par l'électrolyse, un dépôt de la substance métallique sur un fil de platine. Les plus importants des poisons métalliques que l'on peut ainsi retrouver sont : l'antimoine, caractérisé par sa raie bleue pâle, et douze raies à droite de la raie du sodium ; le mercure, par sa raie à gauche de D, sa double ligne plus réfrangible que D et ses sept principales lignes s'étendant jusque dans le bleu ; le cuivre, par six raies faciles à distinguer dans le vert et le bleu et une à gauche de D ; le plomb, avec sept lignes bien marquées dans le rouge, dans le vert, le bleu et même le violet. Au point de vue expérimental, le thallium se reconnaîtra à sa raie dans le vert ; l'iridium est également caractérisé par l'absorption du bleu et une large raie au niveau de D. C'est au moyen de l'analyse spectrale que M. Demarçay (*C. R. de l'Acad. des Sc.*, 8 janvier 1900) a démontré dans divers végétaux la présence du vanadium, du molybdène et du chrome. Le fluor a été aussi trouvé par Lepierre et par Ferreira dans diverses eaux minérales du Portugal.

On a essayé également l'étude des gaz. Thudicum a proposé d'appliquer l'analyse spectrale à l'étude des gaz morbides, dans l'emphysème gangreneux, par exemple ; mais il ne paraît pas avoir obtenu de résultat à noter. Des recherches analogues ont été faites pour l'analyse des gaz d'égout. Bouchard et Troost ont signalé l'argon dans les eaux azotées des Pyrénées.

HUITIÈME PARTIE

SPECTROPHOTOMÉTRIE DES TISSUS

§ **21.** — Cette expression désigne l'étude de l'intensité des diverses radiations lumineuses, et plus particulièrement l'application au dosage des substances colorantes de la loi numérique qui régit l'absorption de la lumière dans un milieu homogène transparent.

Le principe sur lequel est basée toute méthode spectrophotométrique a été établi par Bunsen et Roscoe, puis démontré par Vierordt et appliqué par lui à l'examen des humeurs de l'organisme. Il peut être brièvement énoncé en disant que la diminution d'intensité que subit un faisceau lumineux par son passage à travers une solution colorée est fonction de la richesse de cette solution en matière colorante, et, pour préciser, on peut dire que l'intensité lumineuse restante après le passage d'un rayon lumineux à travers une substance colorée ne varie, pour un même liquide, qu'avec l'épaisseur de la solution ; elle est indépendante de la source lumineuse employée. Le pouvoir absorbant de deux solutions d'une même substance colorante peut être représenté pour chacune d'elles par les épaisseurs qui sont nécessaires pour réduire l'intensité d'un faisceau lumineux à une même fraction de sa valeur primitive.

Ainsi, soient plusieurs solutions d'une même substance colorée, qui, sous des épaisseurs respectivement égales à

$$I,\ \frac{1}{3},\ \frac{1}{4},\ ...,\ \frac{1}{n},$$

ramènent l'intensité d'un faisceau lumineux à la même fraction de sa valeur primitive, soit un dixième.

Les pouvoirs absorbants de ces solutions pourront être représentés par les inverses

$$1,\ 3,\ 4,\ ...,\ n.$$

En conséquence, Bunsen a appelé *coefficient d'extinction* d'une solution colorée l'inverse du nombre exprimant l'épaisseur sous laquelle il faut examiner cette solution pour qu'elle réduise ou diminue de un dixième de sa valeur primitive l'intensité lumineuse d'un faisceau incident.

Le coefficient d'extinction est donc inversement proportionnel à l'épaisseur qui produit une certaine absorption, et directement proportionnel à la concentration du liquide, c'est-à-dire au poids de la substance colorante contenue dans 1 centimètre cube de la solution observée (Vierordt).

Le coefficient E d'une solution examinée sous une épaisseur égale à l'unité se calcule en prenant le logarithme négatif de la fraction qui représente l'intensité lumineuse restante I', d'où la formule

$$E = -\log I'.$$

De plus, les coefficients d'extinction de diverses solutions d'une même substance sont directement proportionnels aux concentrations, ou à la richesse des solutions en substance colorante.

Ajoutons une dernière conséquence de ces lois. Désignant par c, c', c'' les concentrations successives d'une série de solutions, et par E, E', E'' les coefficients d'extinction correspondants, on peut établir l'équation suivante :

$$\frac{c}{E} = \frac{c'}{E'} = \frac{c''}{E''} = ... = A.$$

A est une grandeur constante pour chaque substance et pour une région spectrale déterminée ; Vierordt la dénomme *rapport d'absorption*.

Tout problème spectrophotométrique comprend donc la détermination de trois facteurs, la concentration C, le coefficient d'extinction E et le rapport d'absorption A, d'où les formules

$$A = \frac{C}{E} \qquad et \qquad C = AE,$$

qui permettent la détermination de la quantité de matière colorante contenue dans une solution d'un liquide coloré par la recherche du coefficient d'extinction, le rapport d'absorption étant donné d'avance.

Tel est le principe de l'analyse quantitative spectrophotométrique, qui peut se résumer en cette loi unique :

La richesse en matière colorante C d'une solution s'obtient en multipliant le rapport d'absorption A de cette substance, déterminé une fois pour toutes et pour une région spectrale donnée, par le coefficient d'extinction de la solution colorée E, mesuré dans cette même région spectrale :

$$C = AE.$$

Il est intéressant d'examiner succinctement la méthode employée par Vierordt pour résoudre les diverses parties du problème : elle nous servira de type pour exposer les modifications apportées ultérieurement dans sa méthode par les divers auteurs.

Le spectrophotomètre de Vierordt, outre la disposition spéciale du spectroscope à trois branches, présente les transformations suivantes : 1° la plus importante est la modification de la fente verticale du diaphragme, qui est divisée en deux parties distinctes pouvant être rétrécies ou élargies isolément d'une quantité déterminée par le mouvement de deux vis micrométriques ; 2° le liquide coloré à examiner est placé dans une cuve spéciale dite *cuve de Schultz*, qui est disposée de façon que la partie supérieure présente un écartement de 11 millimètres entre les deux parois, tandis que la moitié inférieure est remplie par un cube de 10 millimètres d'épaisseur qui réduit l'espace coloré à 1 millimètre d'épaisseur. Placée devant la fente, cette cuve donne deux spectres, l'un plus foncé que l'autre, correspondant aux deux épaisseurs de la cuve. Enfin, la lunette oculaire est pourvue d'un volet mobile qui permet d'isoler dans le spectre une plage étroite dans laquelle on peut observer une bande spéciale au liquide coloré.

On détermine l'absorption ou la quantité de lumière absorbée dans cette région du spectre, en rétrécissant la moitié inférieure de la fente correspondant à la couche de 1 millimètre de substance colorante circonscrite par le cube, jusqu'à ce que les deux spectres aient une égale intensité. A cet effet, les vis qui rétrécissent les fentes ont un pas de 1/5 de millimètre et chacune porte un tambour divisé en 100 parties égales permettant d'apprécier, à 1/500 de millimètre près, l'ouverture de chacune des moitiés de la fente.

Pour montrer, par un exemple simple, comment, avec le spectrophotomètre et la formule fondamentale, on arrive à déterminer la quantité de matière colorante contenue dans une solution, on peut prendre l'exemple de la solution d'alun de chrome, dont on recherche le coefficient d'extinction dans la partie du spectre située entre D 11 E et D 50 E', c'est-à-dire dans le jaune vert.

La valeur A sera calculée à l'aide d'une série de déterminations des intensités lumineuses, réduites après le passage à travers une épaisseur de liquide de 1 millimètre ; celles-ci seront, par exemple, de 0,198 pour une solution de 0^{gr},031 de concentration ; le coefficient d'extinction est de 0,703, le rapport

$$A = \frac{C}{E} = 0,044$$

et, réciproquement,

$$C = AE = 0{,}031.$$

D'autre part, connaissant A, il sera facile de calculer la concentration d'une solution si l'on en détermine le coefficient d'extinction : par exemple, pour une solution qui donnerait un coefficient d'extinction de 0,351, la concentration C est égale à AE ou $0{,}351 \times 0{,}044$:

$$C = AE = 0{,}044 \times 0{,}351 = 0{,}015 ;$$

la concentration est donc de $0^{gr}{,}015$.

Des tables de concordance établies d'avance facilitent ces calculs.

Il existe des spectrophotomètres basés sur des principes très différents. C'est ainsi que, au lieu d'employer la fente double pour calculer l'intensité de la lumière, on utilise la propriété, découverte par Bouguer, que les lentilles laissent traverser une quantité de lumière proportionnelle à la surface éclairée. Tels sont les spectrophotomètres de Cornu et Dupré, le spectrophotomètre différentiel de d'Arsonval. Dans tous ces spectrophotomètres, les deux spectres sont placés l'un au-dessus de l'autre. Dans les spectrophotomètres de Tranin, de Violle, les spectres peuvent se superposer plus ou moins complètement, ce qui donne une plus grande sensibilité. Ils peuvent même donner le phénomène de franges.

Enfin Glahn et, après lui, Hufner ont apporté un perfectionnement notable en appliquant la polarisation rotatoire à la spectrophotométrie pour déterminer l'intensité lumineuse et l'exprimer en chiffres correspondant à l'étendue de la rotation.

Le spectrophotomètre d'Hufner est celui qui a donné les résultats les plus importants en spectroscopie biologique. Il résulte de ses recherches comparatives, de celles de Lambling, du Dr Saint-Martin de Laplagne, sur cet instrument, qu'il est possible d'établir d'avance des tables concordantes qui établissent la mesure de la concentration en rapport avec le coefficient d'extinction et le rapport d'absorption.

Quels que soient les spectrophotomètres employés, il est possible non seulement de déterminer, par l'existence de constantes, dans une solution, la quantité d'une matière colorante isolée, mais Vierordt a montré que ce procédé d'analyse peut s'appliquer dans le cas où plusieurs substances colorantes sont mélangées, à condition que l'on connaisse d'avance le rapport d'absorption et le coefficient d'extinction de chacune de ces substances. L'examen sera d'autant plus facile que ces matières colorantes présentent des bandes plus variées et situées dans des plages différentes.

Il suffit de rappeler que l'analyse spectrophotométrique a été appliquée à l'analyse du permanganate de potasse par Vierordt, du pouvoir décolorant du noir animal, de l'alun de chrome (Vierordt), des chromates, du bichromate de potasse, du sulfate ammoniacal de cuivre, des cyanures de fer et, par suite, des sels de fer, de rhodane, de cobalt, d'indigo (Vierordt, Wolf, Kries). Parmi les substances colorantes, la purpurine, l'isopurpurine peuvent être distinguées l'une de l'autre ; il en est de même de la fluoropurpurine, enfin de certaines substances colorantes du vin. Toutes ces analyses, intéressantes au point de vue technique, sont moins importantes pour nous que les analyses de matières colorantes physiologiques. En premier lieu, l'oxyhémoglobine et l'hémoglobine réduite ont été particulièrement étudiées par Vierordt, Otto, Hufner et ses élèves, Branly, Lambling, Leichstestern, Wiskermann, de Saint-Martin, etc. L'étude des constantes de l'absorption de l'oxyhémoglobine a permis d'établir les coefficients d'extinction de cette substance. La plupart des auteurs ont choisi comme plage d'examen à peu près celle de Vierordt, c'est-à-dire que, en divisant l'espace du spectre compris entre les raies D et E en 100 parties, on étudie la bande α entre D 32 E et D 54 E, puis la bande β entre D 63 E et D 84 E, ce qui correspond, en microns, à 0,557 μ et 0,568 μ pour α, et 0,535 μ à 0,549 μ pour β.

En d'autres termes, on a choisi le milieu de la bande α et le milieu de la bande β, qui, du reste, possèdent l'absorption la plus vive. Les solutions employées sont en général au centième. Mais on s'est servi avec avantage (Dupré) des variations des épaisseurs remplaçant les solutions. Quoi qu'il en soit, on peut établir actuellement cette conclusion que, en désignant les rapports d'absorption de l'oxyhémoglobine par A_0 pour la bande α dans la région spectrale située entre 0,5572 μ et 0,5687 μ et par A_0' pour la bande β dans la région spectrale située entre 0,535 μ et 0,549 μ, on trouve, suivant les trois auteurs qui les ont établis avec le plus de précision (Cherbuliez, Hufner, de Saint-Martin), les chiffres de 0,00131 à 0,00133 pour A_0' et 0,0020 à 0,0021 pour A .

Un premier résultat intéressant de ces analyses est que le coefficient d'absorption est le même pour les différentes espèces d'hémoglobine (Lambling, Branly) chez l'homme, le chien, le bœuf, le cheval, le coq, la grenouille, l'anguille, le cyprin, le ver de terre, la carpe. On trouve une identité optique et un même coefficient, d'ailleurs, entre le sang humain et les solutions d'hémoglobine cristallisée. En outre, la spectrophotométrie a déterminé une fois de plus l'existence d'une seule et même matière colorante, l'hémoglobine, dans le sang de tous ces animaux. De plus, Vierordt, Hufner, etc., ont déterminé le coefficient de l'hémoglobine, de la méthémoglobine et de l'oxyde de carbone (Cherbuliez, de Saint-Martin).

Un résultat remarquable a été obtenu par Otto avec l'appareil d'Hufner dans la comparaison du sang artériel avec le sang veineux par le dosage simultané de l'hémoglobine réduite et de l'oxyhémoglobine. Otto a montré que le sang de l'artère crurale du chien contient toujours au minimum 1 p. 100 d'hémoglobine réduite ou, plus exactement, les chiffres suivants :

Artère crurale.

Oxyhémoglobine...... 14,310 p. 100.   Hémoglobine réduite...... 1,022 p. 100.

Veine crurale.

Oxyhémoglobine...... 9,955 p. 100.   Hémoglobine réduite...... 7,155 p. 100.

Sur le chien, la quantité présentée par le sang veineux de la crurale a varié entre 10,2 et 8,4 d'oxyhémoglobine pour 100, pour 3,9 à 6,2 d'hémoglobine réduite pour 100.

Les rapports d'absorption de l'hémoglobine réduite ont également été étudiés par d'autres auteurs.

Les plages choisies pour A_r et A'_r étaient respectivement dans les régions $0,649$ μ et $0,538$ μ.

Les chiffres obtenus sont :

	D'après Cherbuliez.	D'après Hufner.	D'après de Saint-Martin.
Pour A_r	0,001 521	0,001 354	0,001 540
Pour A'_r...............	0,001 867	0,001 778	0,001 756

Le rapport d'absorption de la méthémoglobine a été déterminé par Otto et Hufner.

Les régions spectrales choisies sont D 11 E à D 32 E pour la bande A_m et D 53 E à D 63 E' pour A'_m, c'est-à-dire qu'on a choisi les deux bandes moyennes dans le jaune vert et le vert. Les rapports d'absorption sont :

$$A_m = 0,002\,602,$$
$$A'_m = 0,001\,014.$$

Il a été ainsi possible de doser la méthémoglobine mélangée avec l'hémoglobine dans des humeurs. Bâchelier, Külz, Hufner, Cherbuliez et Saint-Martin ont démontré qu'on pouvait, à l'aide du spectrophotomètre, déterminer dans le sang la présence d'oxyde de carbone.

Les rapports d'absorption pour l'hémoglobine oxycarbonée sont : pour A_0 (bande α), 0,0015 (Cherbuliez), 0,00135 (Hufner) et 0,00152 (de Saint-Martin), et pour A'_0 (bande β), 0,00122, 0,00126, 0,00152.

Un mélange de 1/5 d'hémoglobine oxycarbonée dans le sang peut se reconnaître au spectrophotomètre, alors que le spectroscope ne permet pas encore d'y constater l'hémoglobine oxycarbonée. Le sang est donc un excellent réactif pour reconnaître la présence de faibles traces d'oxyde de carbone dans l'air. Il faut d'ailleurs reconnaître que Wolf a construit un appareil très simple, permettant de retrouver dans l'air l'oxyde de carbone à des doses de 1 p. 2000, au moyen d'une solution de sang boraté sur laquelle on fait passer une grande quantité de l'air à examiner.

Ajoutons que Vierordt a également appliqué sa méthode au dosage des matières colorantes de la bile, la bilirubine, l'hydrobiline, la tribrombilirubine, la biliverdine et la cholélétine. D'une façon générale, la spectrophotométrie est un moyen d'analyse très exact, d'une grande sensibilité, et, si elle n'a pas été encore vulgarisée davantage, c'est qu'elle a comporté, au début surtout, des obstacles résultant de la complexité des appareils et de la difficulté de comparer entre eux les résultats obtenus ; mais, actuellement, elle constitue une méthode et des procédés qui doivent être appliqués dans les laboratoires. Elle est d'ailleurs un moyen de contrôler les procédés plus simples réservés à la clinique (1).

(1) La bibliographie de la spectroscopie biologique est déjà très étendue, et je dois renvoyer à mes trois Aide-mémoire de Spectroscopie biologique (Collection Léauté) ceux qui voudraient la connaître.

MESURE ET UTILISATION DE LA LUMIÈRE

Par M. ANDRÉ BROCA.

PREMIÈRE PARTIE

MESURE DE LA LUMIÈRE

§ 1er. — DÉFINITION ET MESURE DES GRANDEURS PHOTOMÉTRIQUES.

Utilité de ces mesures pour le médecin. — L'optique physiologique
étudie les diverses fonctions de l'œil, et elle nous indique comment ces
fonctions varient avec la cause excitatrice. Il est donc indispensable, pour
l'étude de cette science, de connaître les procédés au moyen desquels on peut
mesurer la lumière objective qui agit sur notre rétine. A d'autres points de
vue encore, qui relèvent de l'hygiène, les radiations sont utiles à mesurer.
L'hygiène de la vue doit tout d'abord préoccuper le médecin, et il doit savoir
comment apprécier, sous ce rapport, l'installation des locaux habités et, surtout,
celle des locaux destinés à l'enseignement. Tout le monde connaît actuellement la nouvelle méthode de Finsen pour le traitement du lupus par les
radiations chimiques, et l'on sait aussi combien l'action directe de la lumière
semble utile dans les cures d'altitude.

Nous allons donner, dans ce qui va suivre, les indications nécessaires à
l'étude des radiations à ces divers points de vue. Nous dirons comment,
avec les actinomètres, on mesure la radiation totale du soleil; comment on
peut mesurer l'activité chimique de ses rayons. Nous entrerons ensuite dans
la partie la plus importante du sujet, en indiquant celles des propriétés de
l'œil utiles à connaître au point de vue de l'utilisation possible de la lumière.
Cela nous apprendra les conditions que le médecin doit exiger dans une
installation d'éclairage. Nous indiquerons aussi, en quelques mots, le côté
purement industriel du problème, afin qu'un hygiéniste appelé à juger une
installation puisse trouver ici les éléments nécessaires pour émettre un avis
complètement motivé. Mais, pour l'étude de ces divers problèmes, il faut savoir
mesurer la lumière, nous les traiterons donc après avoir décrit les méthodes et
les appareils au moyen desquels on peut effectuer les mesures nécessaires à
leur solution; ce sont les méthodes de photométrie et les photomètres. Avant
d'aborder ces divers côtés pratiques de la question, il nous faudra donc définir

les quantités à mesurer et leurs unités. C'est là une étude un peu aride, mais ce qui précède montre combien elle est indispensable à ceux qui cultivent, soit la biologie générale, soit l'hygiène, soit la médecine.

Classification des radiations. — Toutes les mesures possibles sont basées sur les indications d'un organe des sens par lequel nous savons qu'une cause extérieure d'excitation croît ou décroît. L'œil nous apprend à distinguer entre les divers *éclats intrinsèques* qu'un même corps éclairé prend suivant les conditions où il se trouve placé ; une feuille de papier blanc placée à 1 mètre d'une lampe quelconque a un éclat plus grand que lorsqu'elle en est placée à 2 mètres. Nous sentons immédiatement aussi qu'une lampe à huile a un éclat inférieur à un bec à acétylène et celui-ci un éclat inférieur à un arc électrique, mais, si nous voulons préciser cette notion physiologique, nous éprouvons une difficulté presque insurmontable. Nous savons que la lumière est produite par des ondulations transversales de l'éther, et la manière la plus rationnelle de la mesurer est, par conséquent, de mesurer l'énergie qui traverse chaque seconde 1 centimètre carré de surface normale à la direction du rayon lumineux. Si donc nous voulions définir mathématiquement l'éclat d'une surface, nous devrions le faire au moyen de la quantité totale d'énergie rayonnée dans toutes les directions par 1 centimètre carré de cette surface. Mais cette indication serait encore bien insuffisante ; car si l'énergie d'une radiation a une grande importance, sa longueur d'onde en a une plus grande encore ; pour les deux utilisations courantes des radiations, la vision et la photographie, ce ne sont pas les mêmes radiations qui sont utiles. Si nous voulions définir complètement l'éclat d'une surface, il faudrait indiquer, outre la quantité d'énergie mise en jeu, la répartition de cette énergie dans le spectre de la lumière émise. Cela est impossible à réaliser pratiquement ; aussi nous allons d'abord supposer que toutes les lumières utilisées ont la même répartition d'énergie dans leur spectre, et nous allons voir quelles sont les quantités à définir dans ce cas simple.

Définition des quantités à mesurer. — Quand une source lumineuse est de dimensions faibles, on peut, à partir d'une distance suffisante, la considérer comme un point lumineux. Dans ce cas, on peut *a priori* établir la loi

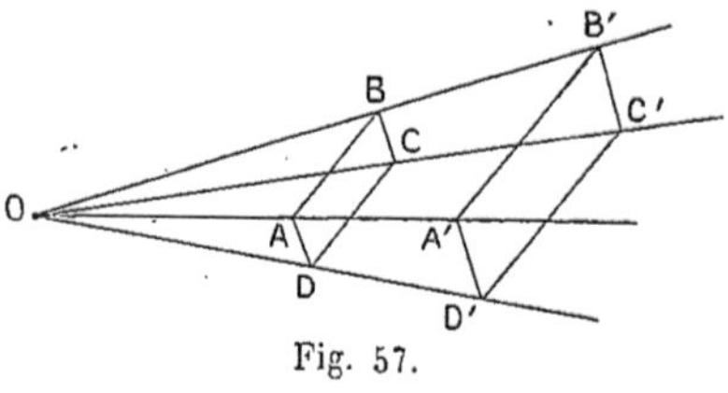

Fig. 57.

suivant laquelle variera l'éclat d'un papier blanc situé à diverses distances de la source lumineuse. L'énergie est uniformément rayonnée autour de la source O, suivant les rayons issus de O ; donc la simple inspection de la figure 57 montre que la quantité d'énergie qui traverse à chaque seconde la surface ABCD est la même que celle qui traverse A'B'C'D'. L'énergie utilisable par unité de surface est donc inversement proportionnelle aux surfaces ABCD et A'B'C'D'. Or

$$\frac{ABCD}{A'B'C'D'} = \frac{AB \times AD}{A'B' \times A'D'} = \frac{r^2}{r'^2}, \qquad car \qquad \frac{AB}{A'B'} = \frac{AD}{A'D'} = \frac{r}{r'}.$$

Donc l'éclat que prendra une feuille de papier blanc, par exemple, placée à une distance r de la source O est inversement proportionnel au carré de la distance r, dès que celle-ci atteint quelques décimètres, avec les sources usuelles. Il est bien entendu que c'est là une définition physique de l'éclat, et que la loi de la sensation elle-même est bien autrement complexe.

Prenons maintenant deux sources différentes et plaçons-les à des distances r et r' du même papier blanc, telles que chaque source individuellement lui donne le même éclat intrinsèque. Appelons E cet éclat; nous avons, en désignant par I et I' des constantes dépendant uniquement des sources lumineuses :

$$ E = K \frac{I}{r^2} = K \frac{I'}{r'^2}. $$

K est une constante qui dépend de la nature du papier et qui ne varie pas d'une expérience à l'autre.

Ces constantes I et I' sont ce qu'on appelle les *intensités lumineuses* des deux sources.

Une source lumineuse rayonne chaque seconde une certaine quantité d'énergie, qui sert à ébranler l'éther jusqu'à l'infini s'il n'y a pas d'obstacles, et qui, s'il y en a, est transformée en chaleur, en énergie chimique, en radiations d'autre espèce. C'est cette énergie rayonnée chaque seconde qui définit théoriquement l'intensité. Si donc nous considérons une surface déterminée dans l'espace autour d'une source lumineuse, elle est traversée par un flux d'énergie lumineuse, que nous appellerons un *flux de lumière* (1). En appelant I l'intensité de la source, s la surface considérée, r la distance à la source, le flux à travers cette surface est $\dfrac{I.s}{r^2}$.

C'est ce flux de lumière qui, lorsqu'il sera arrêté par un écran, lui communiquera son éclat intrinsèque. Cet éclat intrinsèque sera donc proportionnel au *flux de lumière qui tombe par unité de surface* de l'écran. Le flux de lumière par unité de surface est ce qu'on nomme l'*éclairement* de la surface considérée. L'*éclat intrinsèque* dépend des propriétés diffusives de la surface, du coefficient K de tout à l'heure.

Nous voyons en somme que ce que nous appelons l'*intensité* d'une source lumineuse est l'énergie qu'elle rayonne par unité de temps, à travers l'unité de surface placée à l'unité de distance. On comprend que, pour une même source, l'intensité peut ne pas être la même dans les diverses directions.

L'unité d'intensité s'appelle le *pyr*.

Le flux de lumière émis par une source idéale d'intensité uniforme dans toutes les directions est le produit de l'intensité dans une direction déterminée, par la surface de la sphère de rayon égal à l'unité, ayant la source pour centre, et à travers laquelle s'effectue le flux considéré. L'unité de flux de lumière s'appelle le *lumen*. L'éclairement en un point est le quotient du

(1) Ces définitions et ces unités ont été proposées par M. A. Blondel et adoptées par le Congrès des électriciens de Genève en 1896.

flux qui traverse un élément de surface placé en ce point par la surface de cet élément. L'unité est le *lux*, c'est-à-dire le *lumen par mètre carré*.

L'éclat intrinsèque est le quotient de l'intensité d'une source lumineuse (un écran diffuseur est une source lumineuse) par sa surface. L'unité est le *pyr par centimètre carré*.

Enfin, la *quantité de lumière* est le produit du flux de lumière par le temps pendant lequel il se produit. Son unité est le *rad*, ou *lumen-seconde*. On peut employer aussi, dans certains cas, le lumen-heure.

La considération de ces diverses grandeurs n'a été rendue utile que par l'introduction dans la pratique de la lumière électrique, dont les sources ont des intensités très différentes dans les diverses directions. Jusque-là la notion d'intensité et celle d'éclat intrinsèque avaient été suffisantes, sauf pour la radiation solaire, où d'ailleurs un raisonnement analogue était appliqué.

Photométrie calorimétrique. Actinométrie (Méthodes et résultats). — Telles sont les quantités que nous aurons à utiliser; nous les avons définies par le raisonnement pur, et nous avons vu que tout repose sur la notion d'énergie de la radiation, théoriquement mesurable par sa transformation en chaleur au moyen du noir de fumée. C'est ainsi qu'on procède pratiquement pour l'actinométrie, dont nous avons indiqué ci-dessus l'utilité.

Les études fondamentales ont été faites par Pouillet, qui mesurait par divers procédés l'échauffement d'une masse d'eau déterminée, enfermée dans un vase cylindrique en argent, dont une base enduite de noir de fumée était tournée du côté du soleil. Les appareils de Pouillet ont été perfectionnés par M. Violle, entre autres, et ces études absolues ont permis d'étalonner des appareils thermo-électriques, tels que l'actinomètre enregistreur de M. Crova. Celui-ci est rendu enregistreur par un galvanomètre à miroir dont on inscrit photographiquement la déviation. La soudure thermo-électrique exposée au soleil est d'ailleurs portée par un héliostat grâce auquel elle le suit constamment, ce qui permet d'enregistrer d'une manière constante, et pendant longtemps, la radiation solaire. Je ne veux pas insister davantage sur la description de ces instruments, qui mesurent la totalité de l'énergie envoyée par le soleil, et je veux maintenant indiquer comment on étudie les radiations actiniques qu'il nous envoie; elles ont en effet bien probablement l'action prépondérante dans les cures de lumière. Dans tous les cas, elles ont des propriétés bien différentes des autres radiations; l'énergie qu'elles renferment est négligeable vis-à-vis de celle des radiations infra-rouges et visibles, et ce sont elles cependant qui produisent, par exemple, le coup de soleil. Ce sont elles qui, dans la méthode de Finsen, ont l'action prépondérante pour la guérison du lupus. Il est donc intéressant de les mesurer par une méthode spéciale.

C'est ce qu'ont fait, en 1897, M. et Mme Vallot. Ils ont étudié, comme l'avait proposé M. Duclaux, la décomposition de l'acide oxalique, et s'en sont servis pour mesurer les radiations actives, qui sont très réfrangibles, par la quantité d'acide carbonique dégagée. Ils ont vu qu'entre Chamonix (1 095 mètres) et le Montanvert (1 925 mètres), il y avait toujours une grande différence dans la radiation. Le rapport varie de 1,5 à 2,9 suivant l'état de l'atmosphère. On peut dire qu'en moyenne les radiations très réfrangibles sont très absorbées par l'atmosphère, puisque 1 000 mètres d'atmosphère en absorbent environ la moitié. L'absorption des autres radiations est beaucoup plus faible. Toutes les fois donc qu'on voudra s'adresser aux radiations ultra-violettes issues du soleil pour mettre à profit leur action sur les phénomènes de la vie, il y aura avantage à s'établir sur un lieu élevé.

On emploie des procédés analogues à celui qui a donné le résultat ci-dessus toutes les fois qu'on veut comparer des lumières au point de vue actinique. M. de la Baume Pluvinel emploie la plaque photographique elle-même, et il dose l'argent au moyen du sulfocyanure d'ammonium ; on peut aussi mesurer l'opacité des clichés obtenus au moyen des mesures photométriques ordinaires. Enfin, on a déjà une indication parfois utilisable en employant du papier sensible et en observant la couleur qu'il prend par une exposition de durée connue à la radiation actinique. Outre l'intensité d'impression, il y a aussi des variations de coloration qui peuvent servir de guide. C'est ainsi qu'on peut se rendre compte de la valeur d'une source au point de vue de l'application de la méthode de Finsen.

Définition physiologique de la photométrie. — Cette étude résumée de la radiation solaire nous montre déjà la difficulté considérable qu'il y a dans les mesures de radiations. Par les méthodes calorimétriques ou par les méthodes chimiques, nous avons mesuré deux flux d'énergie émanés de la même source et qui sont indépendants l'un de l'autre. Pour employer les définitions précédentes, nous avons mesuré, d'une part, des lumens calorifiques, de l'autre des lumens actiniques. Si nous nous occupons maintenant de ce qui concerne l'œil, nous devons nous demander comment définir ce que nous devons mesurer. Ce ne sont, en effet, ni les radiations infra-rouges, ni les ultra-violettes qui nous intéressent, et ce sont elles qui ont donné respectivement les actions prépondérantes dans les mesures précédentes.

L'œil nous sert dans la pratique à voir l'éclat et les couleurs des corps, les variations qu'ils présentent d'un point à l'autre, et aussi à distinguer des détails de petites dimensions, mais dus à des traits sombres se détachant sur fond clair. Dans le premier cas, nous mettons en jeu le sens lumineux proprement dit, qui nous donne la notion de clarté ; dans le second, le sens des formes, dont la finesse plus ou moins grande est mesurée par la valeur de l'acuité visuelle. L'étude détaillée de ces notions physiologiques est faite ailleurs ; nous n'insisterons donc pas.

Nous pourrons définir l'égalité de deux éclairements soit parce qu'ils nous donnent la notion d'égale clarté, soit parce qu'ils nous donnent la notion d'égale acuité. Mais nous n'aurons pas pour cela défini toutes les propriétés utiles d'une lumière ; nous pouvons avoir la notion qu'une lumière rouge simple est de même clarté qu'une lumière bleue simple, mais la fatigue produite sur notre œil sera loin d'être la même dans les deux cas et, si nous éclairons un objet ayant une couleur propre avec l'une ou l'autre de ces lumières, nous aurons des résultats entièrement différents à tous les points de vue. Nous voyons donc que, si la sensation brute nous permet de faire de la photométrie par deux procédés différents, le problème sera loin d'être complètement résolu : toutes les lumières ne sont pas également bonnes pour tous les usages.

En somme, nous voyons que l'égalité de deux lumières, quand elles ne sont pas de même teinte, est quelque chose d'absolument variable et, pour donner une définition tout à fait générale, nous devons dire : *Deux lumières sont égales quand elles donnent toutes deux à l'œil observateur une certaine propriété au même degré.*

Mais ici se présente une difficulté nouvelle. Quand on égalise les clartés de teintes différentes, une rouge et une bleue, par exemple, l'égalité ne se maintient pas si l'on augmente ou si l'on diminue les deux éclairements dans le même rapport. C'est le phénomène de Purkinje. Il ne se produit d'ailleurs d'une manière sensible que pour les teintes très saturées.

MM. Macé de Lépinay et Nicati ont montré que le même phénomène se produisait si, au lieu d'opérer par l'égalisation des clartés, on opérait par l'égalisation des acuités. Ils ont montré que les deux méthodes d'égalisation donnaient les mêmes résultats dans la moitié la moins réfrangible du spectre, jusqu'à $\lambda = 0{,}540$ de micron (1) environ, mais que, dans les radiations plus réfrangibles, l'acuité visuelle devenait très petite par rapport à la clarté.

En somme, le phénomène de Purkinje et celui de MM. Macé de Lépinay et Nicati doivent être connus de ceux qui veulent faire de la photométrie hétérochrome, mais ils n'influencent pas d'une manière sensible les mesures faites avec les sources de lumière usuelles, pour lesquelles la saturation de la teinte est toujours très faible.

Unités et étalon. — Nous voyons donc que nous ne pouvons, en photométrie, définir une unité *a priori* et en déduire l'étalon de lumière, ou du moins que toute unité ainsi définie n'aurait aucune espèce de rapport avec ce qu'exige la pratique. Nous en sommes donc réduits à prendre comme étalon d'intensité lumineuse une source usuelle de lumière choisie parmi les plus constantes, et à comparer ensuite les éclairements produits par cette source dans des conditions définies avec ceux que produisent les autres sources utilisables. Nous aurons alors défini tout ce qui est nécessaire pour la pratique photométrique, l'unité d'intensité permettant de définir toutes les autres.

Nous ne pouvons d'ailleurs pas espérer voir un jour la photométrie unifier ses méthodes avec celles qui sont habituelles en physique, car la sensation est une fonction complexe de la composition de lumière. Si la répartition de l'énergie dans un spectre définit entièrement la sensation que donne la lumière complexe, l'inverse n'est pas vrai, et une sensation lumineuse non saturée peut être donnée par une infinité de compositions différentes de la lumière objective. Newton a, en effet, montré le premier qu'on pouvait avoir la sensation de blanc en combinant d'une manière convenable trois teintes dont chacune est variable dans de très larges limites. Nous voyons donc que toute définition physique basée sur l'étude énergétique d'une lumière sera forcément trop particulière, et cette étude très compliquée ne répondrait aucunement aux besoins de la pratique. Les couleurs simples, seules, sont

____

(1) On nomme *micron* le millième de millimètre.

susceptibles d'une définition physique bien nette, et, en pratique, elles ne sont d'aucune utilité, car aucune source intense ne les donne, et leur usage supprimerait entièrement la notion de couleur des corps. Nous nous priverions. par leur usage, d'un des éléments les plus utiles du jugement.

Il faut donc employer une source lumineuse déterminée comme étalon, et, pour pouvoir discuter les divers étalons en usage, il faut connaître au préalable les propriétés essentielles des corps incandescents. Nous renvoyons cette étude à plus tard, où nous étudierons les sources de lumière modernes au point de vue de l'hygiène et au point de vue des rendements ; nous aurons alors les données nécessaires pour étudier les divers étalons lumineux et apprécier leur valeur relative. Pour le moment, nous allons étudier les procédés photométriques et les photomètres dont l'emploi est indispensable pour l'étude des corps incandescents. Nous laisserons de côté, tout d'abord, la photométrie hétérochrome, pour ne nous occuper que de la comparaison de deux sources de couleur identique.

Les problèmes pratiques à résoudre sont nombreux :

1° Comparer les intensités de deux sources lumineuses ;

2° Comparer les éclats de deux sources lumineuses ;

3° Mesurer l'éclat d'une surface inaccessible, par exemple un plafond ;

4° Mesurer l'éclairement en un point ;

5° Mesurer le flux lumineux total issu d'une source de lumière ;

6° Étudier la composition de la lumière d'une source donnée en fonction de celle d'une source étalon : c'est la spectrophotométrie.

Il y a certaines propriétés physiques communes à tous les genres de mesure, que je vais exposer tout d'abord.

§ 2. — PRINCIPES DE PHOTOMÉTRIE GÉOMÉTRIQUE. — GRADUATION DE LA LUMIÈRE.

J'ai indiqué plus haut que l'éclairement produit sur une surface par une source varie en raison inverse du carré des distances. Pour être d'une exactitude absolue, cette loi suppose que la source est punctiforme. Si elle a un volume notable, ses divers points ne peuvent plus être tous à la même distance de la surface éclairée, et une erreur s'introduit de ce fait. En pratique, il ne faut comparer des intensités lumineuses de flammes que quand la plus grande dimension de la flamme ou du groupe de flammes n'atteint pas $\dfrac{1}{5,5}$ de la distance à l'écran photométrique (Crova).

Dans un cas plus simple, on a à considérer l'émission par une surface uniformément éclairée. Voyons d'abord la loi suivant laquelle cette émission se fait dans les diverses directions.

Diffusion. Loi de Lambert. — Un fait connu est qu'un boulet porté au rouge semble uniformément éclairé sur toute sa surface, il a partout le même éclat. Faisons la figure dans le cas d'un plan, ce qui donne les mêmes effets. Si l'on prend un élément 1 de surface σ sur la normale passant par la ligne de visée, et un élément 2 de même surface en un autre point, on voit immédiatement sur la figure que l'œil voit de ce dernier sa projection σ' sur la ligne de visée égale à $\sigma \cos \alpha$ seulement. Donc l'émission dans cette direction doit être $i_0 \sigma \cos \alpha$, en appelant i_0 l'émission par unité de surface dans une

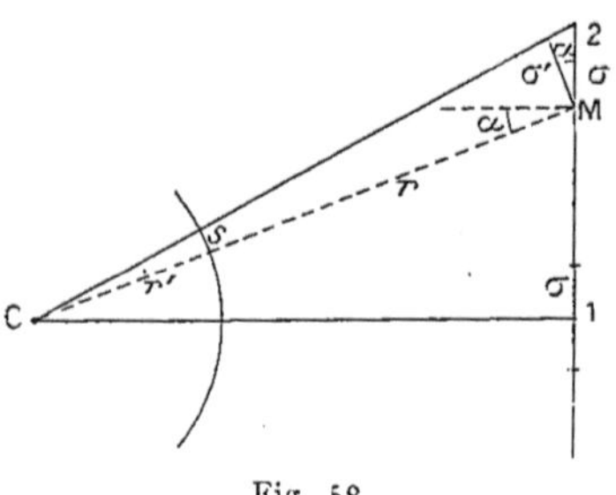

direction normale, pour que le rapport de l'émission à la surface apparente soit constant. C'est la *loi de Lambert*. Elle est, à très peu près, exacte pour les corps incandescents.

On a cherché à étendre cette loi de Lambert à toutes les sources de lumière, même dans le cas où l'origine en est la diffusion. Dans le cas d'une surface diffusive par réflexion, la loi se vérifie avec une assez grande approximation. Il n'en est

Fig. 58.

plus de même dans le cas de la diffusion par réfraction. Dans ce cas, on doit tracer ce qu'on nomme la *caractéristique de diffusion* des corps. C'est une courbe qui joint les points obtenus en portant, dans les diverses directions autour du point O, centre de l'élément diffusant EE', des longueurs proportionnelles à l'émission dans cette direction, c'est-à-dire à l'intensité mesurée dans cette direction au moyen d'un photomètre, c'est-à-dire encore au nombre de *lumens* envoyés dans cette direction à travers l'unité de surface. Dans le cas d'une surface suivant la loi théorique de Lambert, cette caractéristique est un cercle I tangent à la surface au point O. La courbe II donne cette caractéristique pour un verre dépoli (fig. 59).

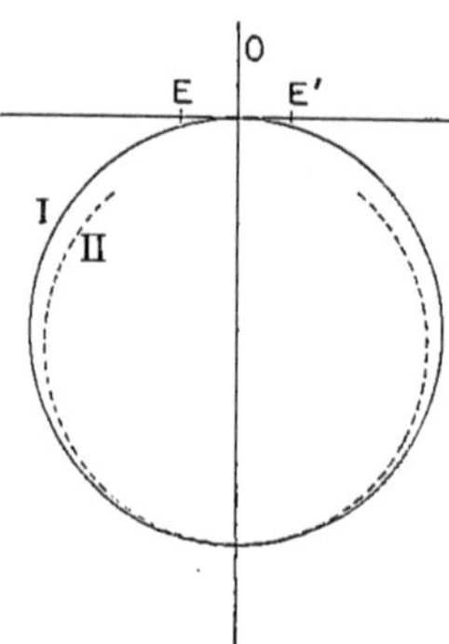

Fig. 59.

Si nous considérons (fig. 58) une surface émissive qui suit la loi de Lambert, et si nous cherchons l'éclairement qu'elle produit en un point C, nous voyons immédiatement qu'un élément σ enverra à travers l'unité de surface en C le flux lumineux $i_0 \dfrac{\sigma \cos \alpha}{r^2}$; $\sigma \cos \alpha$ est la projection σ' de l'élément sur la normale à la ligne MC ; i_0 est le flux lumineux envoyé dans les mêmes conditions normalement à σ par l'unité de surface en ce point : c'est l'éclat intrinsèque de la surface.

Si l'on considère maintenant un cône ayant pour sommet le point C et pour base l'élément σ, on voit que, en appelant s la surface d'une section normale à l'axe de ce cône menée à l'unité de distance du point C, on a $s = \dfrac{\sigma \cos \alpha}{r^2}$,

puisque $\dfrac{\sigma'}{s} = \dfrac{r^2}{r'^2}$ d'après la propriété connue des figures semblables, et que nous avons supposé r' égal à 1. On peut répéter ce raisonnement pour tous les éléments analogues à σ, et l'on voit immédiatement alors que les éléments analogues à s, assujettis à se trouver tous à l'unité de distance du point C, engendreront une portion de la surface de la sphère de rayon 1 décrite autour du point C comme centre. On voit donc que, dans ce cas, le flux envoyé par une surface uniformément éclairée à travers l'unité de surface en un point C, c'est-à-dire l'éclairement au point C, est égal au produit de l'éclat intrinsèque de la surface diffusive par la surface découpée sur une sphère de rayon 1 par le cône ayant le point C pour centre et la surface éclairante pour base.

Si l'on se limite à ce qui se passe pour une petite portion de surface diffusive ou émissive normale à la direction où se trouve le point éclairé C, on voit immédiatement que l'éclairement est proportionnel à la surface éclairante.

Ce principe a été appliqué par M. Crova dans un photomètre que nous décrirons, et par MM. Methven et Violle dans leurs étalons, dont nous dirons un mot plus tard.

Surface diaphragmée. — Il va nous servir maintenant à nous rendre compte de l'effet d'une lentille placée au-devant d'une large surface lumineuse. Supposons d'abord qu'en avant d'une large surface S, uniformément éclairée et suivant la loi de Lambert, nous placions un simple trou de surface S′, limité à la courbe AB, percé dans un diaphragme opaque. Nous aurons alors à considérer comme éclairante pour le point C la région de la surface S découpée par un cône de sommet C et de base AB. La

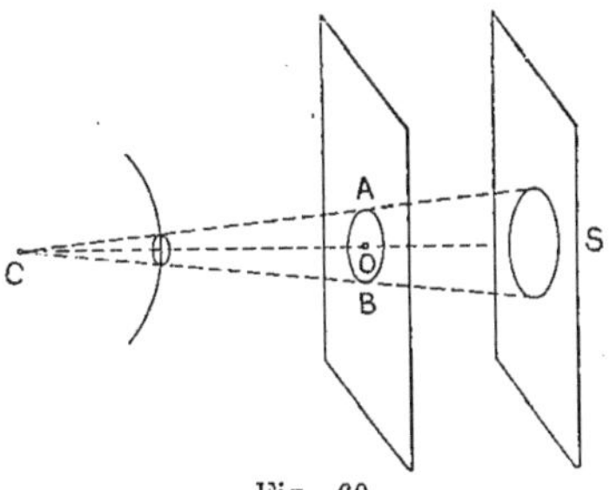

Fig. 60.

surface découpée par ce cône sur la sphère de rayon 1 tracée autour du point C dépend uniquement de la surface S′ limitée par la courbe AB, et de la distance OC, et l'éclairement en C sera $E = \dfrac{i_0 S'}{\overline{OC}^2}$. S′ est constant, donc E est inversement proportionnel au carré de cette distance OC. Donc : *Quand un objet est éclairé par une surface S indéfinie d'éclat uniforme et suivant la loi de Lambert, et qu'un diaphragme est placé à une certaine distance en avant de la surface S, l'éclairement de l'objet est inversement proportionnel au carré de sa distance au diaphragme et non à la surface diffusive. Le diaphragme devra être considéré comme ayant l'éclat même de la source.*

Si la surface S est limitée, le théorème commence à s'appliquer à partir du moment où le cône CAB n'aura aucune de ses parties en dehors de la surface S.

Lentille diaphragmée. — Si, maintenant, nous supposons une lentille L placée dans le diaphragme O′, tout se passera comme si la surface S était remplacée par son image dans L. Mais ce qui changera, ce sera le moment à partir duquel on aura le droit d'appliquer la loi du carré des distances à compter du diaphragme. En effet, soient (fig. 61) AB une section de la surface lumineuse par un plan normal à l'axe de la lentille, et α, β les bords de celle-ci.

tout se passera comme si la surface éclairante était A'B' image de AB ; celle-ci peut être réelle ou virtuelle, et la lumière qui l'éclaire est systématisée dans des cônes tels que αB'β et αA'β. On voit alors immédiatement que si le point

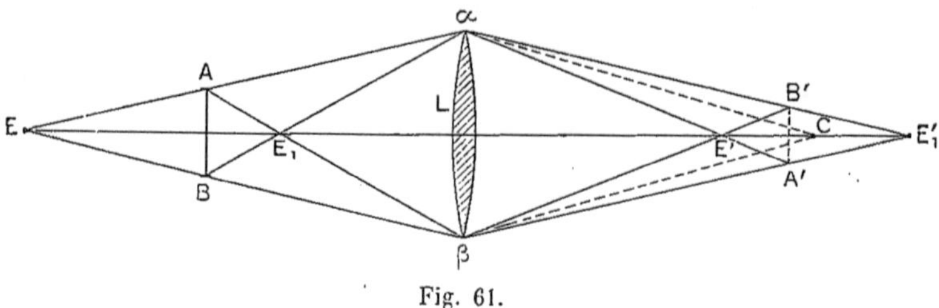

Fig. 61.

éclairé C est entre E' et E'₁, le cône αCβ coupera la surface éclairante sans en rencontrer les bords. Si, au contraire, le point éclairé est à gauche de E' ou à droite de E', la condition ne sera plus réalisée, et l'on n'aura plus le droit d'appliquer la loi du carré des distances.

La lentille devra être considérée dans ces limites comme possédant le même éclat que l'image A'B', exactement comme dans le cas du diaphragme.

Éclat d'une image. — On peut voir que *l'éclat intrinsèque d'une image est toujours égal à celui de l'objet.*

En effet, soient un objet O et son image I, situés respectivement aux distances r et r' de la lentille. Si l'objet a un éclat intrinsèque E et une surface s,

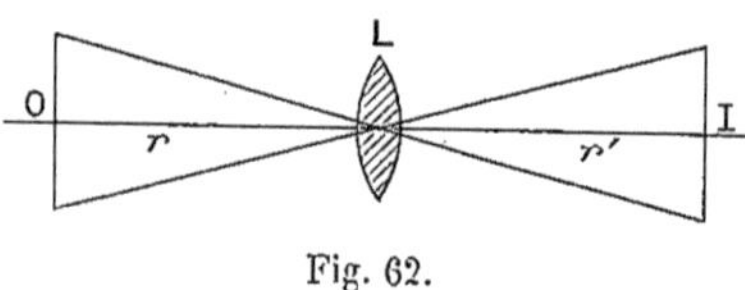

Fig. 62.

il a une intensité totale Es par définition. Il envoie donc à travers la lentille un flux lumineux $\dfrac{E\,s\,\sigma}{r^2}$, en appelant σ l'ouverture de celle-ci et r la distance de l'objet à la lentille, et ce flux se retrouve en totalité dans l'image. Mais, en vertu du retour inverse, on peut considérer l'image comme une source, et alors, par le même raisonnement, la lentille recevrait le flux lumineux $\dfrac{E's'\sigma}{r'^2}$, E' étant l'éclat de l'image ; c'est donc que ces deux quantités sont égales, et l'on a

$$\frac{E\,s\,\sigma}{r^2} = \frac{E's'\sigma}{r'^2}, \quad \text{d'où} \quad E = E', \quad \text{puisque} \quad \frac{s}{r^2} = \frac{s'}{r'^2}.$$

Au premier abord, il semble absurde que l'éclat de l'image soit indépendant de l'ouverture de la lentille. Je rappelle qu'on nomme *éclat intrinsèque d'une surface* le flux lumineux qu'en envoie l'unité de surface à travers l'unité de surface placée à l'unité de distance. L'énoncé précédent veut dire que si l'on place l'unité de surface à l'unité de distance de la source, et l'unité de surface à l'unité de distance de l'image, cette surface sera traversée, dans les deux cas, par le même flux lumineux. Mais il est bien évident qu'on sous-entend cette condition : L'ouverture de la lentille est suffisante pour que l'unité de surface, placée à l'unité de distance de l'image, soit complètement éclairée. S'il n'en est pas ainsi, le théorème précédent signifie que l'unité de surface placée à l'unité de distance de l'image ne sera que partiellement éclairée, mais que l'éclairement de la portion éclairée sera le même que si l'ouverture de la lentille était plus grande.

Si donc nous observons une image avec l'œil muni, par exemple, d'une pupille artificielle de dimensions fixes et de position fixe, nous aurons la notion que l'image a un éclat fixe et égal à celui de la source, tant que la surface utilisée de la lentille par la pupille sera tout entière contenue dans l'ouverture utile de celle-ci. S'il n'en est pas ainsi, la partie correspondante de l'image aura un éclat moindre.

Soient, par exemple, l'image I I′, la lentille limitée à A B, et la pupille α β (fig. 63). Le point I′ de l'image sera vu avec un éclat plus petit que celui de la source, parce que le cône α I′ β ne reçoit de lumière que dans la partie B D et pas dans la partie C B. Si, au contraire, la pupille était en α′ β′, elle serait éclairée grâce aux rayons issus de la zone D E de la lentille, et la diaphragmation de celle-ci serait sans effet tant que le bord du diaphragme n'atteindrait pas E.

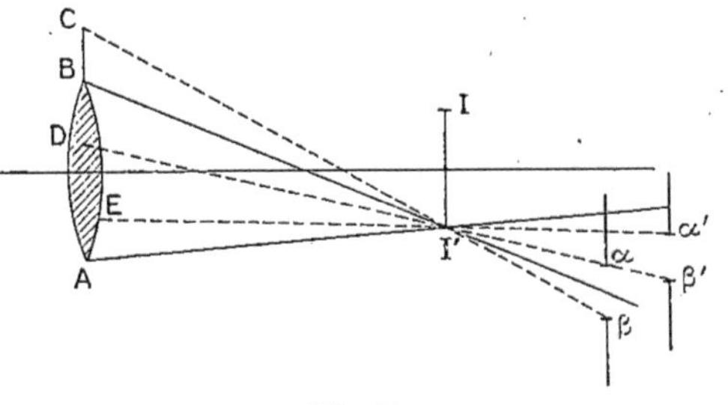

Fig. 63.

Ce qui précède s'applique à l'observation directe des images, mais il ne faut pas croire que cela s'applique à l'éclat pris par un écran diffusif au foyer conjugué d'une source lumineuse, par rapport à une lentille. Si l'image de la source est très petite et l'ouverture de la lentille très grande, les aberrations de celle-ci étant nulles, on peut en effet concentrer dans l'image une quantité d'énergie quelconque par unité de surface, et, la diffusion changeant complètement la répartition des rayons lumineux, l'éclat peut devenir quelconque.

Mais ne nous occupons plus de ce cas, et revenons à la réfraction simple et à l'éclairement d'un objet par une surface éclairante de surface S séparée de l'objet à éclairer par une lentille. Nous voyons en somme que, quand un objet est placé dans une région convenable, et que son étendue est assez faible, on peut graduer l'éclairement de cet objet en écartant plus ou moins l'objet de la lentille.

Variation du diaphragme d'une lentille. — On peut aussi graduer la lumière en augmentant ou diminuant la surface utile de la lentille au moyen d'un diaphragme, à condition aussi que la surface à éclairer soit située tout entière dans une région convenable.

Soient une surface A B uniformément éclairée (fig. 64), qui servira de source de lumière, et α β une lentille. Nous avons en A′ B′ l'image de la source. Comme nous venons de le voir, la lentille semblera, à un observateur qu'elle éclaire, avoir un éclat uniforme, égal à celui de la source, c'est-à-dire qu'elle se comporte, comme une source de cet éclat, suivant la loi de Lambert. Mais toute la surface de la lentille ne semblera pas éclairée. Le point α émet en effet la lumière dans le cône $A'\alpha B'$ et le point β l'émet dans le cône $A'\beta B'$. Donc, nous pouvons diminuer l'éclairement d'une surface diffusive donnée en diminuant l'ouverture $\alpha\beta$ de la lentille L, à condition que cette surface soit tout entière contenue dans la région $E'A'E'_{,}B'$. On voit donc que la région utilisable sera d'autant plus grande que la surface éclairante AB sera elle-même plus grande et que l'ouverture $\alpha\beta$ sera plus petite. La région utilisable est la même pour le cas de la diminution de surface de la lentille que pour le cas de la variation de l'éclairement par éloignement.

Variation d'éclat des images aériennes par diaphragmation. Lunettes photométriques. — Si, au lieu de considérer un écran diffusif, éclairé par la lentille L, nous considérons un œil regardant directement une image aérienne éclairée par celle-ci, cet œil aurait sur sa rétine une large tache de diffusion, image floue de la lentille, et la lumière issue de chacun de ses points se répartirait sur un certain cercle de diffusion. En supprimant par un diaphragme une portion de la lentille, on supprimerait le cercle de diffusion correspondant à ces points, sans changer l'éclat de la partie restante. On diminuerait donc le champ éclairé, sans changer son éclat.

Supposons maintenant qu'on n'emploie plus l'œil nu, mais qu'on regarde le plan focal d'une lentille au moyen d'une loupe ; le système de la lentille diaphragmée et de la loupe forme une lunette astronomique, et l'on peut, dans des conditions convenables, diminuer d'une manière calculable l'éclat d'une image aérienne d'un objet donnée par l'objectif, en diaphragmant celui-ci.

En effet, un point de l'image reçoit tous les rayons issus du conjugué et ayant traversé l'objectif. Il faut, pour que l'éclat de l'image rétinienne diminue proportionnellement à la surface de celui-ci, que tous les rayons qui en émanent viennent entrer dans l'œil de l'observateur. Or tous les rayons émanés de l'objectif viennent former l'image de celui-ci dans l'oculaire, c'est-à-dire l'anneau oculaire de la lunette. Il faut donc, pour qu'on puisse, en diaphragmant l'objectif, graduer l'éclairement de l'image donnée par la lunette astronomique, que l'anneau oculaire de l'instrument soit de diamètre plus petit que la pupille de l'œil observateur. Le rapport du diamètre de l'anneau oculaire à celui de l'objectif est égal au rapport des distances focales de l'oculaire et de l'objectif, c'est-à-dire au grossissement de la lunette. Si donc on admet 3 millimètres pour le diamètre de l'anneau oculaire admissible, ce qui est convenable, on aura le diamètre, en millimètres, de la partie de l'objectif utilisable pour la graduation de la lumière, par la formule

$$d = 3G.$$

En pratique, il faut employer pour les lunettes photométriques des grossissements considérables, si l'on ne veut pas avoir de mécomptes. L'application de ce principe constitue la méthode photométrique de M. Cornu.

Ce qui précède montre qu'on ne peut employer, comme lunette photométrique, la lunette de Galilée ; on ne peut employer que la lunette astronomique véritable. Dans la lunette de Galilée, en effet, l'anneau oculaire n'est pas réel, et l'on ne peut y placer l'œil.

Œil-de-chat Bouguer. — Pour opérer la graduation de la lumière par le diaphragme, Bouguer employait deux lames métalliques taillées suivant des angles droits, comme l'indique la figure 64, munies de deux crémaillères engrenées sur le même bouton. Dans ces conditions, on voit que l'ouverture comprise entre les deux lames est toujours un carré, dont la diagonale est parallèle au mouvement des crémaillères et dont le centre est fixe, puisque les mouvements des deux volets sont égaux et de sens contraires. Les ouvertures sont proportionnelles au

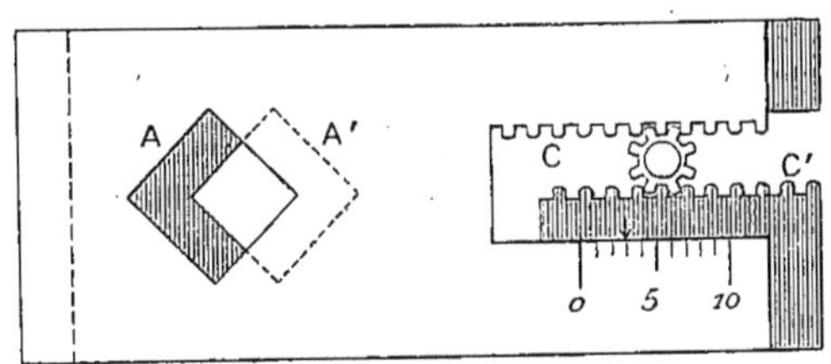

Fig. 64. — Œil-de-chat de Bouguer.

carré du déplacement des crémaillères, à partir du point pour lequel l'ouverture est nulle. Une des deux lames porte un trait de repère, et l'autre porte une graduation qui permet de lire l'ouverture.

Cet appareil a deux inconvénients : c'est que, pour les faibles ouvertures, on n'a plus aucune précision de lecture, et que la proportionnalité au carré n'est pas commode.

Œil-de-chat Mascart. — M. Mascart a employé alors, au lieu des lames découpées en angle droit et circonscrivant un carré, des lames à bord rectiligne qui circonscrivent un rectangle de largeur fixe et de hauteur variable. Ce procédé donne un affaiblissement directement proportionnel au déplacement des lames métalliques, mais on obtient moins aisément de petites ouvertures, et la précision de la lecture est encore mauvaise quand les ouvertures sont petites.

Œil-de-chat Blondel. — Dans cet œil-de-chat, les avantages des deux précédents sont réunis, et la précision de lecture est toujours bonne.

Il se compose de deux volets circonscrivant une ouverture rectangulaire, comme dans le précédent appareil, mais des diaphragmes à ouverture rectangulaire peuvent glisser contre les volets mobiles. Les grands côtés sont normaux aux côtés mobiles de ceux-ci, et leur hauteur est précisément égale à la plus grande distance de ces volets.

On peut avoir une série de ces diaphragmes, ayant des surfaces connues. On opère alors comme suit : On fait passer successivement les diaphragmes devant la lentille, les volets mobiles étant à toute ouverture, jusqu'à ce

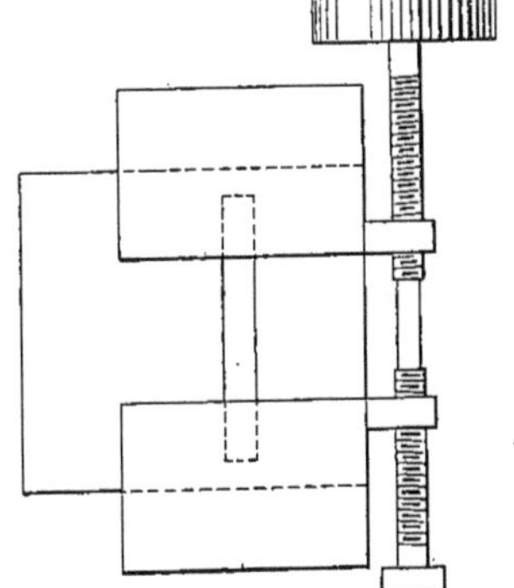

Fig. 65. — Œil-de-chat de Blondel.

qu'on comprenne l'éclat cherché entre ceux qui sont donnés par deux consécutifs de ces diaphragmes. On prend alors, parmi ces deux-là, celui qui donne l'éclat supérieur à l'éclat cherché et l'on obtient l'égalisation absolue par le mouvement des volets. On utilise donc toujours la graduation dans de bonnes conditions, puisque les diaphragmes fixes peuvent être choisis assez voisins l'un de l'autre. De plus, au lieu d'être mus par une crémaillère, les volets sont mus par une vis sans fin, avec un filetage à droite et un à gauche.

Cet appareil est excellent pour l'étude des seuils de la sensation, car on peut, avec un diaphragme fixe très fin, faire des mesures très précises.

Verres absorbants. — Pour graduer la lumière au moyen de l'absorption, on emploie parfois des verres fumés d'intensités différentes, qu'on fait passer successivement devant la source à diminuer. Ce procédé est discontinu; on peut l'adjoindre à un œil-de-chat rectangulaire, mais il vaut mieux employer le système précédent des diaphragmes, car l'absorption d'un verre est toujours un peu sélective, et l'on ne peut savoir exactement si les mesures prises ainsi sur des sources de lumière de teintes différentes sont comparables.

Cette méthode peut cependant être commode, car elle se prête à une graduation continue. M. Sabine a employé, en effet, un verre fumé taillé en prisme qu'on fait avancer plus ou moins devant la source à étudier. Il vaut mieux, au moyen de crémaillères analogues à celle de l'œil-de-chat, employer deux prismes, qui peuvent glisser l'un sur l'autre suivant la face hypoténuse (fig. 66). De la sorte, la partie utilisée forme une lame à faces parallèles, dont l'absorption est identique sur toute son étendue.

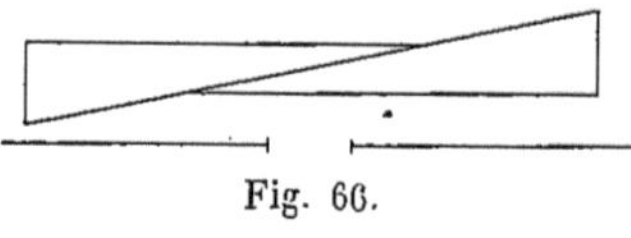

Fig. 66.

Il faut d'ailleurs avoir soin de placer un diaphragme devant l'appareil, de manière à limiter toujours de la même façon la surface utile.

Écrans diffuseurs graduateurs. — Considérons maintenant le cas d'un verre diffusif éclairé par une source de lumière et éclairant un objet. Appelons r la distance du verre diffusif E à la source S et r' sa distance au point éclairé A. Si nous admettons que r et r' sont grands par rapport aux dimensions de la source S et de l'écran E, l'éclat du diffuseur sera égal à $\dfrac{Ki}{r^2}$ et il y aura au point éclairé un éclairement égal à $\dfrac{Ki}{r^2 r'^2}$.

Cette formule est d'ailleurs impossible à appliquer dans la pratique. On peut se servir d'un écran mobile entre la source et la surface à éclairer pour graduer la lumière, mais la graduation devra être purement empirique.

En effet, il est bien entendu que cette formule suppose la surface du diffuseur assez petite pour que tous ses points soient à égale distance de la source. On ne pourrait donc plus l'appliquer pour un diffuseur extrêmement voisin de celle-ci, et cela est évident, car, dans ce cas, la formule donnerait un éclairement infini. Il en est d'ailleurs exactement de même pour le simple calcul de l'éclairement dû à une source d'intensité I. La formule $E = \dfrac{I}{r'^2}$ suppose que la source est infiniment petite, ce qui lui supposerait un éclat infini. Ce genre de formule ne peut donc s'appliquer qu'à partir d'une certaine distance de la source.

Polarisation. — Un autre procédé pour graduer la lumière consiste à s'adresser aux phénomènes de polarisation. Je renvoie à l'exposé de ces phénomènes pour la démonstration du fait suivant : Quand un polariseur et un analyseur ont des plans de polarisation faisant entre eux un angle α, l'intensité I est égale à $I_0 \cos^2 \alpha$, I_0 étant l'intensité de la lumière qui traverse quand $\alpha = 0$.

Nous voyons donc que la graduation de la lumière peut s'effectuer par divers procédés :

1° Par variation de la distance entre la source et l'objet éclairé (Bouguer);

2° Par l'emploi d'un diffuseur convenablement éloigné de l'objet à éclairer, dont on augmente ou diminue la surface au moyen d'un diaphragme (Crova);

3° Par l'emploi d'une large surface diffusive et d'une lentille munie d'un diaphragme (Bouguer, Cornu, Charpentier). L'emploi de ce procédé exige que l'objet à éclairer soit situé dans une certaine région, déterminée quand on connaît l'étendue de la surface diffusive;

4° Par l'absorption de la lumière par des corps tels que le verre noir:

5° Par l'emploi des phénomènes de polarisation.

§ 3. — PRINCIPES PHYSIOLOGIQUES DE PHOTOMÉTRIE.

Quand on veut mesurer une constante photométrique quelconque, on compare avec l'œil deux plages voisines éclairées, l'une au moyen de la source à mesurer, l'autre au moyen d'un étalon, et l'on gradue la lumière par un procédé quelconque, jusqu'à ce que les deux plages semblent également éclairées.

L'exactitude des mesures dépend donc essentiellement de la sensibilité de l'observateur pour l'appréciation d'une différence entre deux plages voisines.

Celle-ci varie suivant les conditions. Je ne reprends pas ici la discussion de cette question, traitée à l'*Optique physiologique*; je résumerai seulement ce qui est indispensable à connaître pour la pratique photométrique.

Quand on compare deux plages, on voit une différence entre elles quand le rapport $\dfrac{\delta I}{I}$ de la différence d'éclat à l'éclat commun des plages atteint les valeurs suivantes :

Suivant Bouguer	$\dfrac{1}{64}$
— Fechner	$\dfrac{1}{100}$
— Arago	$\dfrac{1}{131}$
— Masson (pour les mauvais yeux).	$\dfrac{1}{50}$
— — (pour les bons)	$\dfrac{1}{120}$
— Helmholtz (maximum)	$\dfrac{1}{150}$

Fechner avait remarqué que cette fraction différenciable dépendait de l'intensité; Charpentier a montré que cette variation était d'abord très rapide aux

 7*

intensités très basses, puis beaucoup plus lente. J'ai montré que la loi qui représente les variations de $\dfrac{\delta I}{I}$ en fonction de I était une hyperbole (fig. 67) exacte, dans les limites d'éclairement utilisables, aux erreurs d'expériences

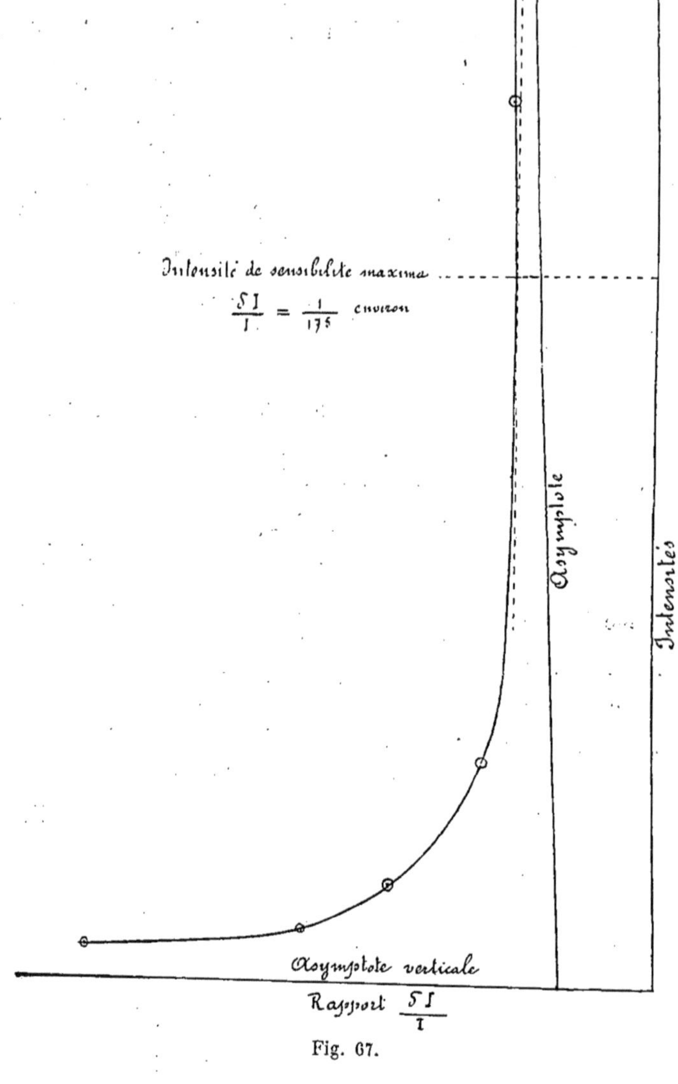

Fig. 67.

près. König a démontré que, pour les intensités très élevées, l'augmentation devenait extrêmement rapide.

Tout le monde est d'accord maintenant pour admettre que le meilleur éclat des sources à comparer est celui que donne à un papier blanc, par réflexion diffuse, un éclairement de 10 lux. D'ailleurs, il faut une variation d'éclat assez notable pour que la sensibilité devienne nettement plus faible. Il vaut mieux opérer avec un éclat supérieur à celui-là qu'avec un éclat inférieur.

Les nombres précédents sont trop discordants pour qu'on puisse attribuer cette discordance aux seules variations de l'éclairage. J'ai montré qu'en vision binoculaire la sensibilité était égale à la somme des sensibilités des deux yeux séparément. De là la variation du simple au double entre les observateurs. On aura donc toujours intérêt, pour faire de la photométrie de précision, à opérer par vision binoculaire.

Les chiffres de sensibilité ci-dessus ne s'appliquent que quand on compare les éclats dus à deux sources de teinte identique. La moindre différence de teinte entre les deux lumières à comparer diminue énormément ces nombres, et ces différences de teintes se présentent toujours quand on compare les lumières pratiques actuellement avec les étalons lumineux. Cependant, en s'entourant de toutes les précautions possibles et en prenant la moyenne d'un grand nombre de mesures, on effectue les comparaisons à 1/100 près. C'est là une précision largement suffisante dans la pratique, car les sources usuelles ont des variations d'au moins 3 à 4 p. 100 d'un moment à l'autre.

On sait que, quand l'éclat d'une plage diminue, la notion de couleur relative à cette plage diminue aussi. On a proposé alors d'effectuer la comparaison entre lumières de teintes différentes à une basse lumière. L'examen de la courbe précédente montre que c'est là un très mauvais procédé, car la valeur du rapport $\dfrac{\delta I}{I}$ croît extrêmement vite quand l'intensité I décroît. Le mieux est d'opérer à lumière moyenne, et de s'exercer soigneusement à ce genre de comparaisons.

Il est bien entendu que je ne m'occupe ici que des mesures pratiques, où les lumières ne sont jamais très saturées.

§ 4. — LES PHOTOMÈTRES.

1° Mesures d'intensité.

Nous allons d'abord nous occuper de la mesure des intensités. Le premier appareil en date est celui de Bouguer. Un écran diffusif AB est séparé en deux par une cloison normale CC'. Deux sources lumineuses L_1 et L_2 éclairent respectivement les plages AC et CB, l'écran CC' protégeant chaque plage contre la lumière issue de la source située de l'autre côté. On écarte une des lumières en laissant l'autre fixe jusqu'à ce que les deux plages AC et CB atteignent le même éclat. On obtient alors le rapport des intensités des deux plages par la loi de l'inverse du carré des distances.

Pour que la mesure soit bonne, il faut que l'œil soit placé dans les meilleures conditions possibles. Il faut pour cela que les deux plages à comparer soient juste au contact et que les plages vues ne présentent pas sur les bords de parties éclairées simultanément par les deux sources. Ces parties auraient un éclat double et diminueraient la sensibilité de l'œil par l'adaptation qu'elles lui donneraient. On voit donc tout d'abord que la source L_1 doit se

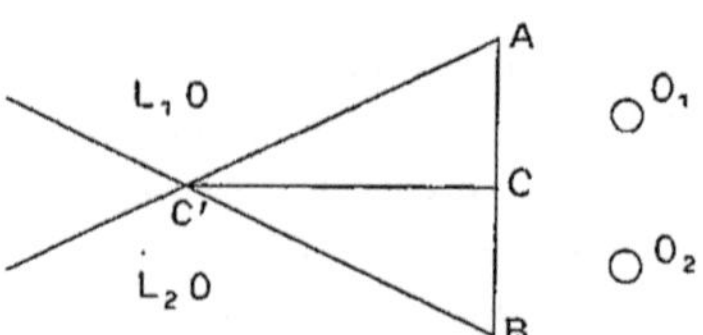

Fig. 68. — Schéma du photomètre de Bouguer.

trouver à gauche de BC' et L_2 à droite de AC'. Il faut aussi que la cloison CC', qui porte ombre sur l'écran diffusif, puisse s'écarter un peu, de manière que les deux ombres de CC', dues respectivement aux deux lumières, viennent exactement en contact.

Dans un premier essai, Rumford, d'une part, Lambert, de l'autre, réalisèrent le contact des plages à comparer de la façon suivante : Une tige A porte ombre sur un écran E. Les sources à comparer sont placées en L_1 et L_2.

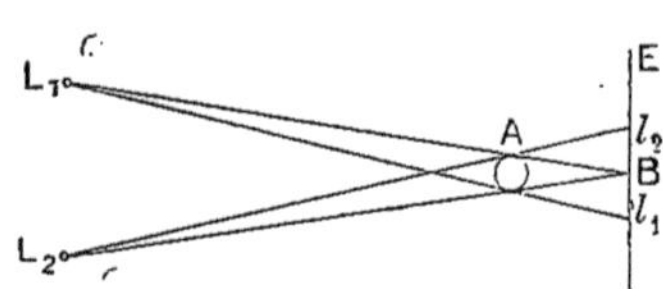

Fig. 69. — Photomètre de Rumford.

On voit alors que l'ombre l_1 est éclairée uniquement par L_2 et l'ombre l_2 par L_1. On peut amener ces deux plages au contact exact en variant la distance de l'écran à la tige A. Il doit être normal à la bissectrice de l'angle des rayons AL_1 et AL_2 et passer par le point B d'intersection des rayons menés tangents à A respectivement par L_1 et par L_2.

Sous cette forme, le photomètre de Rumford est d'une extrême simplicité, mais il est peu précis, car, autour des deux ombres l_1 et l_2, l'écran est illuminé par l'ensemble des deux sources ; mais on peut aisément obvier à cet inconvénient en limitant l'écran diffusif au moyen d'un écran noir percé d'un trou carré de 2 ou 3 centimètres de côté, sur lequel on fait former les ombres l_1 et l_2.

Sous cette forme, on voit que l'appareil est tout à fait identique comme principe au

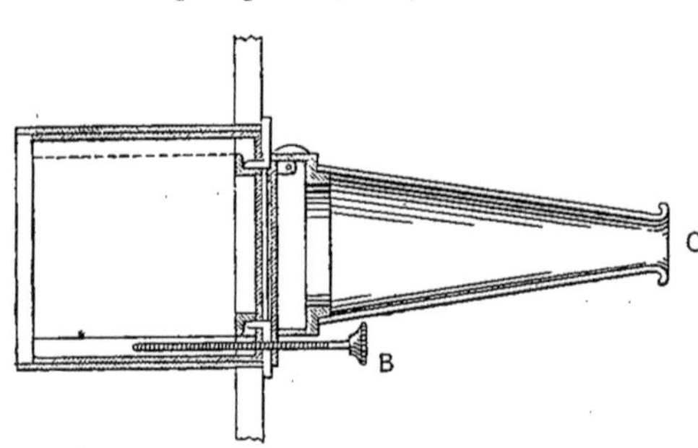

Fig. 70. — Photomètre de Foucault.

photomètre de Bouguer, mais on prend, pour porter ombre, une tige au lieu d'un écran longitudinal.

L'ensemble des deux conditions, réalisable sous la forme de Rumford, a été réalisé par Foucault en employant la forme de Bouguer, et cela a rendu cet appareil très sensible. Le perfectionnement de Foucault consiste à donner à la cloison C'C un déplacement longitudinal.

De ce qui précède il résulte que les deux sources éclairent l'écran diffusif sous deux angles différents. Dans ces conditions, on peut voir aisément que la condition d'égalité des plages dépend essentiellement de la position de l'œil en arrière de l'écran. L'expérience la plus simple le montre. Si l'on obtient l'égalité d'éclat dans une certaine position, on voit immédiatement cette égalité disparaître quand on déplace latéralement la tête. Aussi Foucault a-t-il adjoint à son photomètre un œilleton O fixant exactement la position de la tête de l'observateur.

Mais, comme je l'ai dit plus haut, il est bon, au point de vue de la sensibilité, d'opérer binoculairement. Or, il est rare que les deux yeux d'un observateur aient exactement la même adaptation rétinienne et la même ouverture pupillaire. Voyons dans quelles conditions on sera placé quand les deux yeux seront symétriques par rapport à la cloison CC' prolongée (fig. 68).

On dit qu'un corps diffusif est *orthotrope* quand la caractéristique de diffusion est indépendante de l'angle sous lequel tombent sur lui les rayons lumineux, c'est-à-dire quand la diffusion est toujours symétrique par rapport à la normale.

Les corps diffusants jouissent plus ou moins de cette propriété, mais on peut dire qu'ils ne l'atteignent d'une manière sensible que quand ils absorbent énormément la lumière.

Ainsi le verre opale, d'après Chwolson, est orthotrope, mais seulement quand il atteint une épaisseur de 2 millimètres. Au point de vue pratique, cela a peu d'importance, mais, au point de vue photométrique, cela en présente une notable, aucun des corps diffusifs connus n'étant assez orthotrope. Si les rayons lumineux tombent obliquement sur la lame diffusive, la caractéristique de diffusion s'incurve vers le prolongement du rayon incident, et un œil regardant dans cette direction recevra plus de lumière qu'un œil regardant dans toute autre direction.

Sur la figure 68, on comprend immédiatement que l'œil O_1 verra mieux la plage BC qui est éclairée par L_2 que l'autre, et, inversement, l'œil O_2 verra mieux la plage AC éclairée par L_1. On voit donc que, si les deux yeux ne sont pas identiques, il y a là une cause d'erreur. Elle peut atteindre 10 p. 100 dans certains cas ; elle est toujours notable. Pour l'éliminer complètement, il faut opérer par une méthode analogue à la double pesée, en ayant en L_1, par exemple, une lampe fixe, et en substituant en L_2 un étalon à la lumière à étudier. On peut encore opérer par renversement, en intervertissant la lumière et l'étalon. La moyenne des deux mesures donne la valeur exacte.

Mais il vaut mieux employer l'appareil à vision binoculaire que j'ai indiqué, composé du système de prismes à réflexion totale P_1, P_2, P_1', P_2'. De la sorte, on jouit des avantages de la vision binoculaire, et les mauvais effets de l'obliquité sont éliminés.

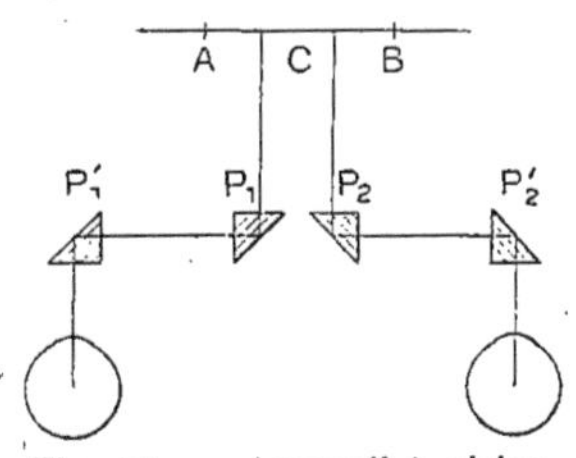

Fig. 71. — Appareil à vision binoculaire.

On voit donc que la construction de l'écran diffusif est très importante. Aussi Foucault opérait-il en déposant de l'amidon ou du lait desséché sur un verre, et en plaçant un autre verre au-dessus, séparé du premier par un papier mince, de manière à protéger la couche. M. Crova a étudié en détail la manière d'opérer ; je renvoie à son mémoire. Actuellement on fabrique à Baccarat un corps diffusif nommé *albatrine*, extrêmement dur et qui donne une excellente diffusion avec une absorption assez faible relativement.

Photomètres à banc d'optique. — Comme on le voit, le photomètre de Foucault exige un montage assez compliqué, pour que les sources lumineuses se déplacent toujours dans la même direction. Aussi est-il maintenant abandonné sous cette forme. On emploie toujours actuellement les photomètres à banc d'optique.

Ce système présente de précieux avantages. L'appareil quelconque au moyen duquel on produit une égalité d'éclat entre deux plages est porté par un pied à patin A qui glisse sur un banc d'optique B gradué en millimètres.

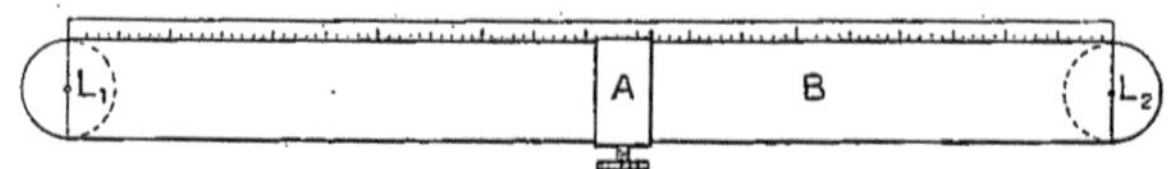

Fig. 72. — Photomètre à banc d'optique.

Aux deux extrémités du banc d'optique sont placées les deux sources L_1 et L_2 à comparer. On produit alors l'égalité d'éclat entre les sources en laissant celles-ci fixes, ce qui est de la plus haute importance au point de vue de leur constance lumineuse, et en déplaçant le long du banc l'appareil qui porte les plages à uniformiser.

Le pied du support des plages porte un trait de repère qui coïncide avec le zéro de la graduation du banc d'optique quand le plan de symétrie de l'appareil de lecture contient l'axe de l'une des sources de lumière, et avec le point extrême quand le même plan contient l'axe de la deuxième source.

De cette façon, la lecture directe au moment de l'égalité des plages donne la distance à la première source; la différence entre cette lecture et la longueur totale de la graduation donne la distance à la deuxième source. Le rapport des intensités est égal au carré de ce rapport. On peut calculer celui-ci d'avance et l'inscrire sur une table dont l'entrée sera la première lecture. On peut, mieux encore, inscrire le rapport des intensités sur la graduation elle-même.

Cette dernière simplification n'est d'ailleurs possible qu'avec les appareils à symétrie absolue. Tous les appareils à vision binoculaire ne pourront donc être employés avec la possibilité d'une graduation directe en rapports d'intensité que s'ils sont munis du système de prismes que j'ai décrit ci-dessus. Mais il est bien rare qu'on puisse compter exactement sur la symétrie d'un appareil. On peut dire que jamais les deux côtés d'un diffuseur ne sont absolument identiques : la moindre trace de saleté suffit pour changer notablement les conditions. Nous ne pouvons donc préconiser, pour les mesures de précision, l'emploi du banc gradué directement en rapports d'intensités. On aura ainsi une approximation souvent suffisante, mais imparfaite cependant.

Correction de la dissymétrie des appareils. Chiffraison de la graduation. — Voyons comment on peut, avec un diffuseur quelconque, obtenir une mesure juste en admettant que chacune des plages soit éclairée exclusivement par une des lumières. J'appelle K le coefficient d'éclat d'une des plages observées et K_1 celui de l'autre; ceci veut dire que, pour un éclairement de p lux, elles prendront respectivement des éclats Kp et K_1p. Supposons que l'égalité entre les plages 1 et 2 ait lieu pour les distances respectives r et r_1 de l'écran aux sources, et que, en retournant l'appareil de manière que chacune des plages soit éclairée par la source qui éclairait d'abord l'autre, on ait les distances r' et r_1. On aura, dans le premier cas, un éclairement de $\dfrac{i}{r^2}$ lux d'un côté et de $\dfrac{i_1}{r^2}$ de l'autre. L'égalité d'éclat entre les deux plages nous indique que

$$(1) \qquad \frac{Ki}{r^2} = \frac{K_1 i_1}{r_1^2} \cdot$$

Dans la seconde mesure, l'intensité i agira du côté ayant le coefficient d'éclat K_1 et i_1 sur le côté ayant le coefficient K ; on aura alors, au moment de l'égalité,

$$(2 \qquad \frac{Ki_1}{r_1'^2} = \frac{K_1 i}{r'^2} \cdot$$

Divisant (1) par (2), il vient

$$\frac{i}{r^2} : \frac{i_1}{r_1'^2} = \frac{i_1}{r_1^2} : \frac{i}{r'^2} \quad \text{ou} \quad \frac{i^2}{i_1^2} = \frac{r^2 r'^2}{r_1^2 r_1'^2} \quad \text{ou} \quad \frac{i}{i'} = \frac{r}{r_1} \cdot \frac{r'}{r_1'} \cdot$$

Dans ce cas, on voit qu'il suffit de faire le produit des rapports des distances aux sources mesurées dans les deux expériences pour avoir avec exactitude le rapport des intensités.

Pour pouvoir opérer ainsi, il faut que l'appareil soit disposé de manière qu'on puisse opérer le retournement, et que le banc d'optique soit abordable des deux côtés. On élimine, par le procédé du retournement, non seulement les différences propres aux écrans, mais aussi les différences dues aux inégalités des deux yeux.

On voit donc que, pour faciliter les mesures, un banc d'optique doit être muni d'une graduation et de trois chiffraisons : l'une en millimètres, l'autre en rapports $\left(\dfrac{r}{r_1}\right)^2$ et l'autre en rapports $\dfrac{r}{r_1}$. Cette dernière servira pour les mesures de précision par retournement ; l'opérateur aura seulement à faire le produit de deux lectures.

Écrans pour photomètre à banc. — Ce que nous venons de dire s'applique sans modification à tous les systèmes actuels de photomètres, sauf au photomètre Bunsen. Nous allons alors décrire successivement les photomètres auxquels cela s'applique ; quoique le premier en date soit l'écran Bunsen, nous décrirons celui-ci à la fin.

Ritchie eut l'idée d'employer l'écran Foucault en remplaçant la cloison mobile par deux miroirs M et M' à angle droit, comme l'indique la figure 73, On voit immédiatement alors que les deux sources lumineuses doivent être placées sur une même perpendiculaire au plan de symétrie des miroirs et que, par conséquent, l'appareil doit être placé sur un banc d'optique.

M. Violle emploie le dispositif de Ritchie, mais il rend les miroirs et l'écran mobiles autour d'un axe horizontal normal à l'axe du banc. De la sorte, il peut, en retournant l'appareil sans avoir à tourner autour du [banc, éli-

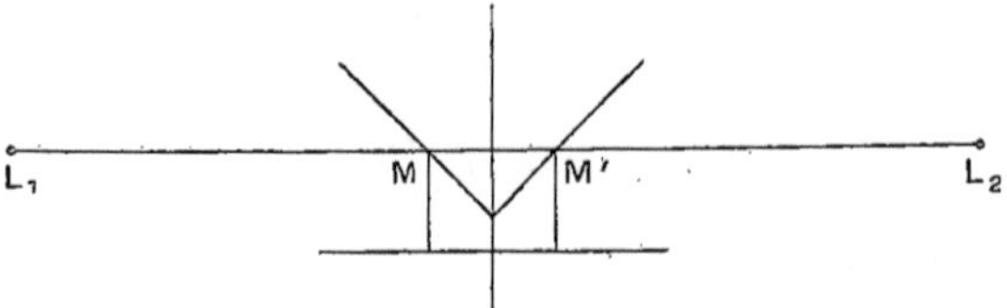

Fig. 73. — Miroirs de Ritchie.

miner les différences entre les deux miroirs et les deux écrans diffusifs. Il opère au moyen de l'œilleton de Foucault et par vision monoculaire. Il a donc une sensibilité moindre que par vision binoculaire, mais il élimine parfaitement les erreurs systématiques.

Le mieux serait de faire tourner la boîte à écrans et à miroirs autour d'un axe vertical, et de passer de l'autre côté du banc pour la deuxième observation ; on éliminerait ainsi toute cause d'erreur.

Villarceau proposa de monter sur le support mobile un prisme formé de deux lames blanches diffusives à 90° l'une sur l'autre et à 45° sur l'axe du banc. Les deux surfaces sont éclairées respectivement par les deux sources de lumière ; au moment de l'égalité des éclairements, l'arête centrale disparaît.

On a apporté de petites modifications de détail à ce système, mais qui n'ont pas grande importance.

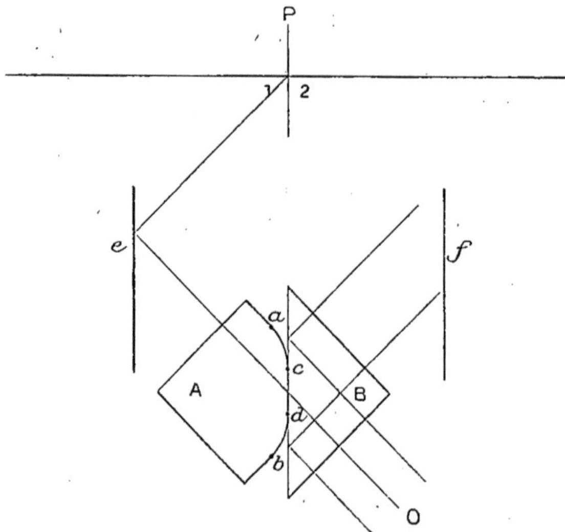

Fig. 74. — Écran photométrique Lummer et Brodhun.

Un autre système a été employé par MM. Lummer et Brodhun. Un papier blanc P (fig. 74) est éclairé sur ses deux faces par les deux sources à essayer.

Deux miroirs e et f renvoient respectivement la lumière venue des faces 1 et 2 de l'écran P vers le système de prismes AB. La face ab a la forme indiquée, et n'est en contact avec l'hypoténuse de B que suivant un petit cercle cd. Les deux faces sont collées l'une sur l'autre en ce point. Les rayons venus de e se réfléchissent totalement sur la partie sphérique. Au contraire, en cd ils traversent sans déviation, et un œil placé en O verra alors le cercle cd éclairé uniformément avec l'éclat de la face 1 de P.

Les rayons venus de droite qui rencontrent la face hypoténuse de B dans la région où elle est en contact avec l'air sont réfléchis totalement vers l'œil O et donnent à cette surface hypoténuse l'aspect d'une surface uniformément éclairée possédant l'éclat de la face 2. Les rayons, au contraire, qui rencontrent le cercle de contact cd traversent sans déviation. Donc le cercle cd est éclairé uniquement par la face 1 et le reste de la plage est éclairé uniquement par la face 2 de l'écran. On obtient de la sorte deux champs dont la limite est absolument impossible à saisir quand l'égalité d'éclairement et de teinte est réalisée.

L'appareil n'est pas absolument symétrique. On obtient donc une mesure exacte en opérant par retournement, comme cela a été indiqué plus haut.

Écran Bunsen. — Étudions maintenant l'écran photométrique Bunsen, qui est basé sur un principe un peu plus compliqué, mais dont la construction est des plus simples, et dont l'emploi est très commode.

Un papier blanc P (fig. 75) porte en son centre une tache T rendue translucide par une graisse ou de la paraffine. Ce papier est placé normalement à l'axe du banc d'optique sur le support déjà indiqué. On s'aperçoit que, quand on déplace l'écran entre les deux sources lumineuses, il y a un point où la tache translucide disparaît.

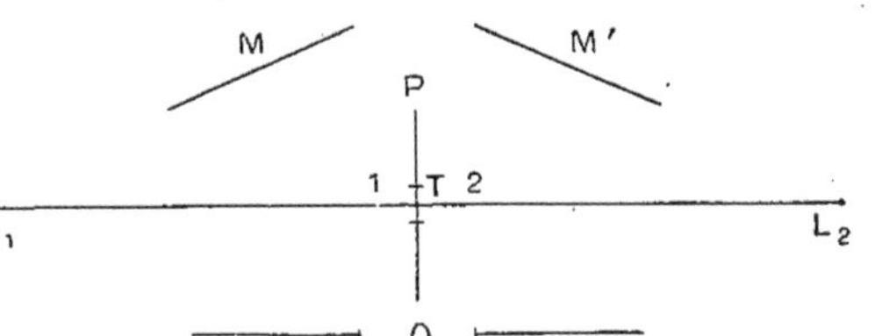

Fig. 75. — Écran Bunsen avec miroirs de Rüdorff.

Ce point varie d'ailleurs énormément avec la position de l'œil observateur. Aussi, pour rendre l'observation nette, Rüdorff a-t-il placé de part et d'autre deux miroirs M et M'. L'observateur place l'œil en O, et il voit alors les deux faces de l'écran respectivement dans chacun des miroirs.

On comprend de suite qu'avec la plupart des écrans, quand l'égalité est établie d'un côté, elle ne l'est pas de l'autre. On peut alors utiliser l'écran de diverses manières.

Supposons d'abord que l'appareil soit susceptible de retournement et qu'on ait obtenu, pour un même côté, l'égalité des éclats dans les deux positions, avec les distances r et r_1 aux sources i et i_1 dans une situation, et r', r'_1 aux mêmes sources dans l'autre situation.

Première position. — La face 1 du papier en dehors de la tache est éclairée : 1° par l'éclairement $\dfrac{i}{r'^2}$ venu de la source i et, si k est son coefficient de diffusion, son éclat de ce chef est $\dfrac{ki}{r^2}$; 2° par diffusion trans-

mise de l'éclairement $\dfrac{i_1}{r_1^2}$ venu de la source i_1. Soit k' le coefficient d'éclat

relatif à ce genre de diffusion, l'éclat de ce chef sera $\dfrac{k'i_1}{r_1^2}$.

Le côté 1 de la tache translucide sera caractérisé par deux coefficients, e et e', analogues à k et k'. On aura, au moment de l'égalité,

$$(1) \qquad \frac{ki}{r^2} + \frac{k'i_1}{r_1^2} = \frac{ei}{r^2} + \frac{e'i_1}{r_1^2} \qquad \text{ou} \qquad (k-e)\frac{i}{r^2} = (e'-k')\frac{i_1}{r_1^2}.$$

Deuxième position. — Après retournement, il faudra appliquer les coeffi-cients k et e au flux $\dfrac{i_1}{r_1'^2}$ et les coefficients e' et k' au flux $\dfrac{i}{r'^2}$; ce sera la seule modification de l'appareil. On aura donc l'équation

$$(2) \qquad (k-e)\frac{i_1}{r_1'^2} = (e'-k')\frac{i}{r'^2}.$$

Divisant (1) par (2), on élimine les coefficients $k-e$ et $e'-k'$, et il reste

$$\frac{i}{r^2} : \frac{i_1}{r_1'^2} = \frac{i_1}{r_1^2} : \frac{i}{r'^2}, \qquad \text{d'où} \qquad \frac{ir_1'^2}{i_1 r^2} = \frac{i_1 r'^2}{i' r_1^2},$$

ou encore

$$\frac{i^2}{i_1^2} = \frac{r'^2}{r_1'^2} \cdot \frac{r^2}{r_1^2} \qquad \text{ou} \qquad \frac{i}{i'} = \frac{r}{r_1} \cdot \frac{r'}{r_1'},$$

qui est l'équation générale des opérations par retournement.

Quand l'écran est bien propre et bien construit, les deux faces sont suffi-samment identiques pour qu'on puisse éviter le retournement et faire les deux mesures en regardant successivement les deux faces. On peut même former des écrans tels que l'égalité ait lieu simultanément pour les deux côtés. Dans ce cas, on évite la double mesure, au moins quand on n'a pas besoin de beaucoup de précision.

Enfin, on peut opérer en cherchant la position pour laquelle il y a le même contraste entre la tache et le champ de part et d'autre de l'écran. Il est évi-dent *a priori* que, dans ce cas, les deux sources donnent le même éclairement. Avec un peu d'habitude, le procédé est bon. L'inconvénient est que, dans le système de Rüdorff, les deux systèmes de plages sont éloignés l'un de l'autre.

Prisme de Krüss. — Nous terminerons la description des photomètres à banc en décrivant le dispositif de Krüss, qui paraît être le meilleur. Il se prête, en effet, au fonctionnement par contraste avec des plages juxtaposées, ou au fonctionnement analogue à celui de Foucault. Soient un écran E et un système de prismes analogue à celui qui est représenté sur la figure 76. On voit que, par trois réflexions totales sur les faces AB, BC et AD, on aura une image de la face 1 de l'écran, et par les réflexions symétriques on aura une image de la face 2 exactement juxtaposée à la première, et sans ligne de séparation. Si l'écran est muni d'une tache de Bunsen, on peut opérer par égalité des contrastes ; s'il n'en est pas muni, on opère par égalisation simple des plages.

Photomètre à diaphragme. — Les photomètres à banc ne se prêtent pas pratiquement à la comparaison de sources d'intensités très différentes, au moins sous la forme que nous avons décrite. Pour arriver à rendre pratique cette détermination, il faut affaiblir notablement la source la plus

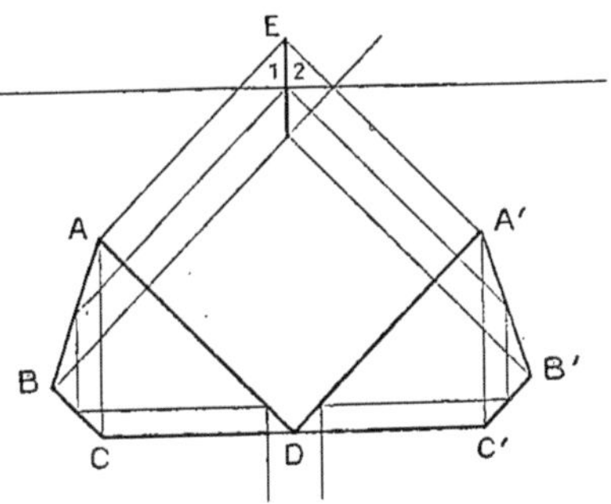

Fig. 76. — Prisme de Krüss.

intense. C'est pour arriver à ce résultat que M. Crova emploie un verre dépoli préalablement taré (1), et qu'il éclaire au moyen de la lampe puissante qu'il a à étudier. Il se sert de ce verre dépoli pour éclairer une des plages du photomètre, et il obtient l'égalité d'éclairement en laissant celui-ci fixe et en faisant varier la surface utilisée du verre diffusif. Nous avons indiqué ci-dessus les principes qui justifient l'emploi de cette méthode. On peut l'employer aussi avec un photomètre à banc, sans faire varier l'étendue du diffuseur.

Nous ne citerons que pour mémoire les photomètres à polarisation de Wild ou autres ; nous allons étudier les procédés qui peuvent servir à la mesure des éclats.

Microphotomètre de M. Cornu. — Cet appareil se compose de deux objectifs rectangulaires O et O_1, dont les foyers coïncident. On place au foyer commun un miroir M à 45°, qui reçoit l'image due à un des objectifs et la renvoie suivant l'axe optique de l'autre. On produit alors une image d'une source à étudier avec un des objectifs, et avec l'autre une image d'une autre source. Au moyen d'un microscope N, on étudie ces deux images. Les deux objectifs sont munis d'œils-de-chat, et l'on peut alors amener l'égalité d'éclat des deux images. On recommence en remplaçant la source à étudier par un étalon d'éclat, et l'on a le rapport des deux éclats par l'inverse du

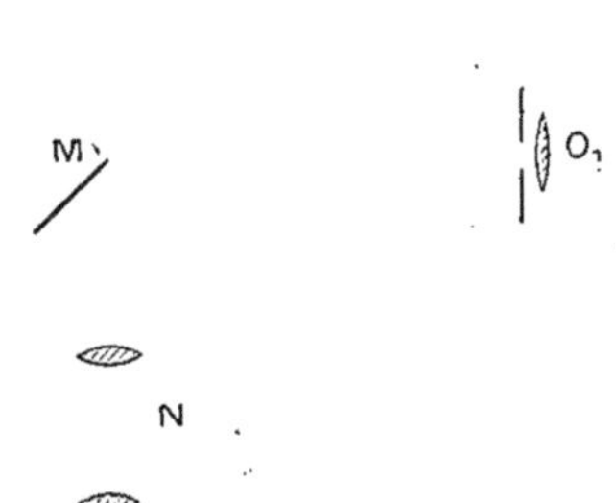

Fig. 77. — Microphotomètre de Cornu.

rapport des ouvertures de l'œil-de-chat qui ont amené la source à étudier et l'étalon à donner des images de même éclat que celle de la source de

(1) Voy., page 113, le tarage d'un diffuseur.

comparaison. On peut ainsi, en déplaçant un peu la source à comparer, étudier successivement l'éclat de ses diverses parties, d'où le nom de *microphotomètre* donné à l'appareil.

Méthode de M. Féry. — La source à étudier est placée dans une lanterne; on en forme une image réelle avec la lentille A sur un écran percé d'un trou. Celui-ci sert à éclairer une face d'un prisme P, dont l'autre face est éclairée par une lampe L_1 de comparaison. On vise l'arête de P au moyen d'une lunette B; on voit donc les deux faces éclairées comme dans le cas du prisme de Villarceau. On amène l'égalité en déplaçant la source L_1, puis on recommence en employant une lampe Carcel à la place de la source A.

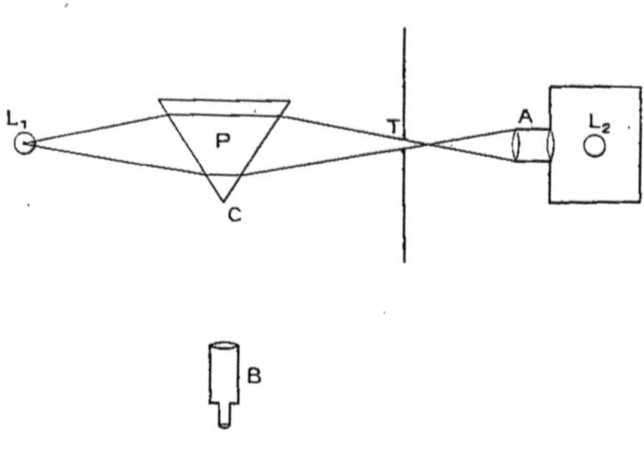

Fig. 78.

Soient s la surface du trou, d la distance de celui-ci à l'arête, d' et d'_1 les distances à la même arête de la source L_1, dont l'intensité est I dans les deux expériences; appelons x l'éclat de la lumière à mesurer et e celui de l'étalon, on a :

$$\text{Première expérience} \qquad \frac{I}{d'^2} = \frac{x.\,s}{d^2},$$

$$\text{Deuxième expérience} \qquad \frac{I}{d'^2_1} = \frac{e.\,s}{d^2},$$

d'où l'on déduit immédiatement

$$\left(\frac{d'^2_1}{d'^2}\right) = \frac{x}{e}.$$

et, si e est l'unité d'éclat, on a simplement

$$x = \left(\frac{d'_1}{d'}\right)^2.$$

Méthode de Blondel. — Elle supprime l'étalon d'éclat et le remplace par un simple étalon d'intensité. Supposons un écran de photomètre à banc éclairé d'un côté par un étalon d'intensité I situé à la distance l. De l'autre côté, plaçons la source à étudier, et interposons entre elle et l'écran de ce côté une lentille diaphragmée. Nous savons que celle-ci va éclairer l'écran comme si elle avait un éclat égal à celui de la source, sauf un coefficient d'absorption K, que nous allons apprendre à déterminer. Supposons-le connu. En appelant e l'éclat de la source à mesurer, l'intensité de la lentille considérée comme source éclairante sera donc Kse, s étant sa surface. Sa distance à l'écran étant p, si nous réglons s de manière que les deux plages du photomètre soient égales, nous voyons qu'on a

$$\frac{I}{l^2} = \frac{Kse}{p^2}, \quad \text{d'où} \quad e = \frac{I}{l^2} \cdot \frac{p^2}{ks}.$$

Si l et p sont mesurés avec la même unité, s en centimètres carrés et I en *pyrs* (ou bougies décimales), on aura e en pyrs par centimètre carré.

Mesure des coefficients d'absorption. — Pour mesurer K, c'est-à-dire pour mesurer le coefficient d'absorption d'une lentille, il suffit de faire une mesure analogue à la précédente avec une lentille auxiliaire ou un verre diffusif de pouvoir absorbant K', puis de la répéter en laissant la lentille auxiliaire ou le diffuseur, et ajoutant la lentille à tarer. Dans le premier cas, on mesure une surface s_1' de l'œil-de-chat, dans le second une surface s', et l'on aura

$$\frac{1}{l^2} = \frac{K's'e}{p^2} = \frac{K'Ks_1'e}{p^2}, \quad \text{d'où} \quad K = \frac{s_1'}{s_1}.$$

Cette méthode s'applique d'ailleurs à l'étude d'un diffuseur quelconque. C'est la méthode de choix, à laquelle nous avons renvoyé quand nous avons parlé de la méthode photométrique de M. Crova.

La méthode de Blondel s'applique, quelle que soit la distance de la source, à condition que son étendue soit soumise aux restrictions que j'ai indiquées ci-dessus dans les principes relatifs à la graduation de la lumière.

2° Mesures d'éclairement.

La mesure des éclairements en un point a une importance majeure au point de vue de l'hygiène; aussi nous allons décrire avec soin les appareils utilisables.

Principes des mesures d'éclairement. — Le principe de tous ces appareils est de placer un diffuseur au point où l'on veut mesurer l'éclairement et de mesurer l'éclat qu'il prend dans ces conditions par un procédé photométrique. Dans la plupart des appareils, on emploie un diffuseur qu'on étudie par transmission. Il est préférable d'étudier un diffuseur par réflexion. En effet, ce genre de mesures a pour but essentiel de se rendre compte de la facilité de la lecture en un point. Il est donc préférable d'opérer dans les conditions mêmes où l'on emploie la lumière pour lire.

Nous savons, en effet, qu'il n'y a pas de diffuseur parfait; par conséquent, l'effet d'une source lumineuse sur un diffuseur dépendra essentiellement de l'angle sous lequel celui-ci est frappé par la lumière émanée de cette source, et la caractéristique de diffusion sera variable et ne sera pas la même par réflexion ou par transmission.

Il faudrait donc, pour savoir vraiment ce que l'on fait, dans un local éclairé par des lumières multiples, placer un papier blanc dans une position déterminée et mesurer son éclat par réflexion. Cependant, les appareils à diffusion par transmission donnent des indications déjà très utiles.

Photomètre de Weber. — Il se compose de deux tubes rectangulaires. L'horizontal contient un étalon lumineux L et un écran diffuseur S dont l'éclat varie avec sa distance à la source étalon. Ce diffuseur éclaire une des plages d'un écran optique de Lummer et Brodhun. L'autre plage est éclairée par le diffuseur S′, qu'on place au point où l'on veut mesurer l'éclairement. On modifie l'intensité de la lumière que celui-ci envoie au moyen de deux prismes de Nicol N et N′. L'appareil est donc un photomètre à polarisation. On peut tourner le tube qui porte S′ pour étudier l'éclairement d'un plan horizontal ou celui d'un plan vertical. L'appareil est taré en déterminant quelles positions il faut donner au diffuseur S et aux nicols pour que les deux plages soient égales, lorsque le diffuseur S′ est éclairé par une carcel à 1 mètre.

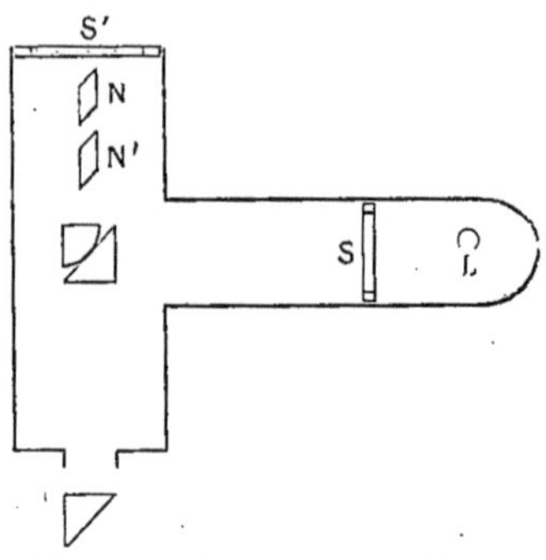

Fig. 79. — Photomètre de Weber.

Photomètre Mascart. — L'étalon lumineux S éclaire le diffuseur E′ fixe. En F′ est une lentille diaphragmée, en M et en P deux miroirs, derrière P un écran diffuseur. De la sorte, l'œil placé derrière l'oculaire O voit une moitié de

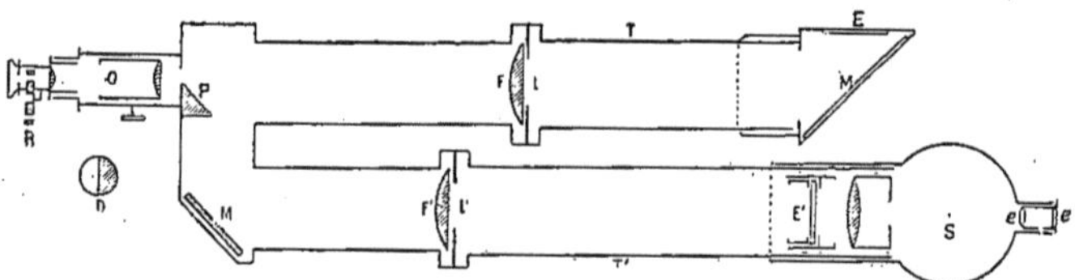

Fig. 80. — Photomètre de Mascart.

son plan focal éclairée par la source S. L'appareil porte un second tube muni également d'une lentille diaphragmée F. Un diffuseur E est porté par une bonnette qui peut tourner autour d'un collier, et le miroir M envoie sa lumière dans l'axe du tube. Cette lumière vient éclairer la deuxième plage de l'écran G. On peut alors, en réglant les œils-de-chat, amener l'égalité d'éclairement des deux plages. L'appareil s'étalonne comme nous l'avons dit pour le photomètre de Weber. L'usage en est beaucoup plus commode, car l'opérateur a toujours l'œil à l'oculaire sans avoir besoin de changer de place ; il étudie l'éclairement pour les diverses directions en un point, en tournant seulement la bonnette autour de son collier.

Photomètre universel Blondel et Broca. — Cet appareil se rapproche de celui de Mascart, mais quelques dispositions de détail le rendent plus sensible et permettent d'effectuer par son moyen toutes les mesures possibles. Il comporte deux tubes dans le prolongement l'un de l'autre et, au centre, un écran de photomètre à banc (fig. 81). Actuellement, l'appareil comprend deux écrans e, e', dont deux miroirs rectangulaires renvoient l'image dans un appareil binoculaire. Les deux tubes portent des lentilles E, E′ diaphragmées par l'œil-de-chat Blondel. D'un côté, il y a un étalon lumineux λ (fig. 82); de l'autre, une bonnette à diffuseur pour la mesure des éclairements. On peut donc opérer au moyen de cet appareil exactement comme avec l'appareil Mascart.

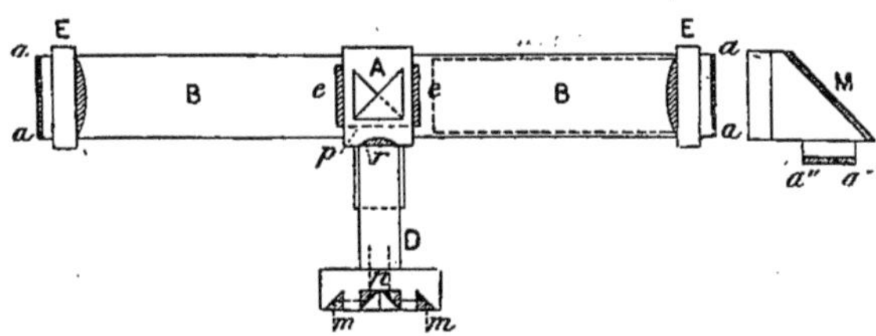

Fig. 81 — Photomètre universel Blondel et Broca. (On a supprimé l'étalon et les tubes porte-bonnettes.)

Nous allons voir maintenant comment on peut l'employer pour toutes les mesures possibles, grâce à ce que les tubes sont tous montés à tirage ou à baïonnette, de manière à s'enlever aisément.

1° MESURE DES INTENSITÉS. — *a*. On enlève le tube à bonnette de droite, on place en L d'abord l'étalon, puis la source à mesurer, et l'on égalise l'éclat de la plage *e*, dans les deux cas, avec celui que donne λ à *é* (fig. 82). Le rapport inverse des ouvertures des œils-de-chat donne le rapport cher-ché.

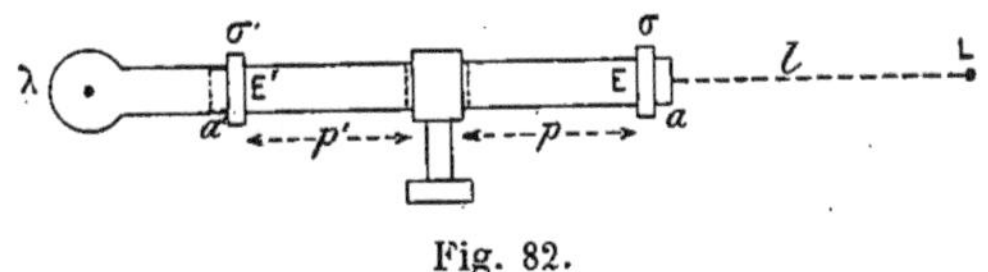

Fig. 82.

b. On enlève la bonnette à diffuseur et l'étalon λ (fig. 83). On a alors un appareil symétrique, et on le place sur une table, à égale distance de la source

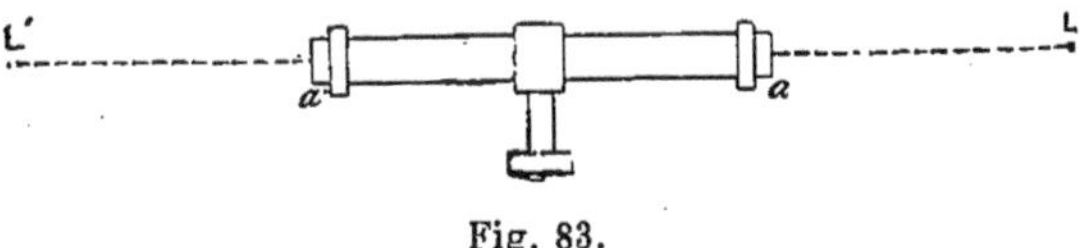

Fig. 83.

à mesurer et de l'étalon. On opère la mesure au moyen des œils-de-chat, et l'on élimine la dissymétrie en retournant l'appareil sur son pied, qui est dis-posé pour cela.

2° MESURE DES ÉCLATS. — *a*. On forme, au moyen de la lentille E (fig. 82), une image réelle de la surface à étudier sur l'écran *c*, en ajoutant, s'il le faut, le miroir M, et l'on égalise l'éclat apparent de cette image avec celui que donne à *é* l'étalon λ de l'appa-reil. On recommence en employant une source d'éclat déterminé, qui donne le tarage de l'appareil pour ce

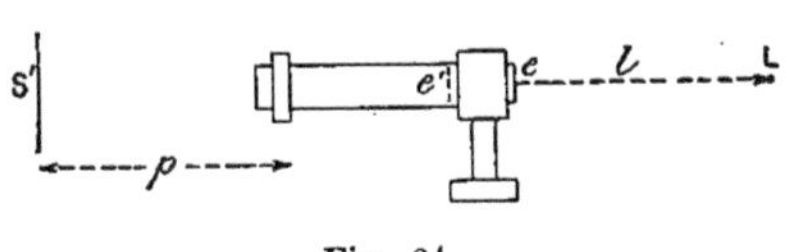

Fig. 84.

genre de mesures. On mesure ainsi l'éclat d'une surface même inaccessible, d'un plafond, par excellence.

b. Nous avons vu plus haut comment, par la méthode de Blondel, on mesure l'éclat d'une source en fonction de l'intensité d'un étalon. Il suffit d'enlever complètement les tubes d'un côté, en laissant seulement le diffuseur *e*, et de garder de l'autre côté la lentille diaphragmée (fig. 84).

c. Mesure des pouvoirs absorbants. — Nous avons vu, dans l'étude de la méthode de Blondel pour la mesure des éclats, comment on mesurait aisément cette constante avec l'appareil à œils-de-chat.

3° MESURE DES FLUX LUMINEUX TOTAUX. LUMEN-MÈTRES. — Quand on étudie les intensités d'une même source lumineuse dans diverses directions, on trouve des différences considérables. Or, comme nous le verrons à propos de l'éclairement des locaux habités, si l'on emploie des murs blancs, on utilise finalement la presque totalité de la lumière émise. Ce qui est donc intéressant, c'est de mesurer rapidement le flux lumineux total émis par une source donnée. Je ne puis décrire ici en détail les appareils que M. Blondel a réalisés pour ces mesures et leur mode d'emploi; j'en indiquerai seulement le principe.

Soit une sphère opaque dans laquelle on peut introduire la source à étudier, fendue suivant deux secteurs d'angle au centre déterminé et symétriques. On limite ainsi dans le flux lumineux de la source un angle solide connu.

On reçoit la lumière ainsi limitée sur une zone de miroir convenable, et l'on envoie le flux lumineux ainsi produit et rendu convergent sur un écran diffuseur, qu'on étudie par la méthode de M. Crova. Tous les mesureurs d'éclairement peuvent être employés pour cet usage.

Pour tarer l'appareil, il suffit de mesurer l'intensité horizontale d'une source par un des procédés connus, et de limiter le flux lumineux utilisé à celui qui est émis dans une zone mince, autour du plan horizontal. Si l'on nomme α l'angle solide sous lequel sont vues ces zones de la source, le flux qu'elles émettent est $I\alpha$, I étant l'intensité horizontale. On égalise, dans ces circonstances, les plages du photomètre, et l'on connaît alors l'éclat de son diffuseur qui correspond au flux $I\alpha$ venu de la source. Quand, dans la deuxième expérience, on aura un autre flux, l'éclat de l'écran du photomètre sera proportionnel à celui-ci, et l'on aura ce nouveau flux par simple proportionnalité.

Cet appareil permet donc de prendre immédiatement le flux lumineux moyen dans un fuseau vertical. Deux mesures, en faisant tourner la source à angle droit, suffisent pour avoir très exactement le flux lumineux total, en prenant la moyenne des deux mesures comme flux moyen.

§ 5. — SPECTROPHOTOMÉTRIE.

Emploi des milieux colorés. — La spectrophotométrie a pour but de comparer entre elles successivement les diverses couleurs simples issues de deux sources. Une première méthode consiste à employer un photomètre ordinaire, mais en interposant devant l'œil des milieux absorbants. Pour le rouge, on peut employer un verre rouge photographique, ou une solution de perchlorure de fer pur dans l'eau à 38° Baumé (Macé de Lépinay). Pour le vert, on emploie la solution de chlorure de nickel pur dans l'eau à 18° Baumé

(Macé de Lépinay). Ces deux solutions doivent être employées dans des cuves de 3 millimètres d'épaisseur.

Si l'on veut obtenir du vert jaune presque pur, il faut employer la solution de Crova :

Perchlorure de fer anhydré sublimé.................... 22^{gr},321
Chlorure de nickel cristallisé........................ 27^{gr},191

et dissoudre dans 100 centimètres cubes d'eau à 15° ; l'épaisseur à employer est de 7 millimètres. Le maximum d'intensité a lieu vers la longueur d'onde 0,580, et toute la lumière est comprise entre les longueurs d'onde 0,630 et 0,534 (1).

Mais, pour faire de la spectrophotométrie dans de bonnes conditions, il faut employer le spectroscope.

Spectrophotomètre de Govi. — Le premier appareil dans ce genre est celui de Govi. C'est un spectroscope ordinaire, dont la fente f est munie de deux prismes à réflexion totale, rectangulaires, superposés, qui éclairent chacun une moitié de cette fente. Comme ils sont rectangulaires, les sources de lumière doivent être placées sur une perpendiculaire au plan de symétrie. Les deux prismes doivent donc jouer le même rôle que l'écran d'un photomètre à banc d'optique. La comparaison des intensités des deux sources se fera en égalisant l'éclat du spectre successivement dans les diverses couleurs, au moyen du déplacement du spectroscope, rendu solidaire de ses prismes, le long du banc d'optique.

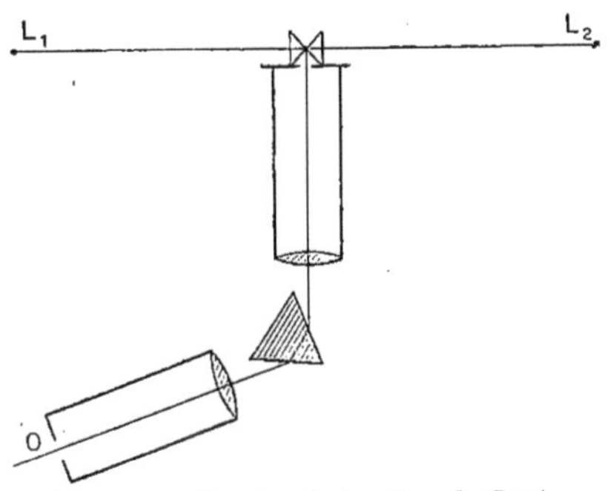

Fig. 85. — Spectrophotomètre de Govi.

Il faut placer, dans le plan focal de la lunette d'observation, une fente un peu large isolant la radiation sur laquelle on veut opérer, afin d'empêcher l'œil d'être ébloui par les radiations voisines.

Vierordt a combiné un appareil moins recommandable que celui de Govi. Il emploie une fente coupée en deux, de manière à pouvoir faire varier l'éclat de chaque spectre, non plus en déplaçant le spectroscope, mais en faisant varier l'ouverture des fentes. On obtient ainsi des spectres qui deviennent moins purs à mesure que la fente s'élargit. D'ailleurs, la construction de la fente est difficile.

Le spectrophotomètre de Govi est on ne peut plus simple et on ne peut meilleur. Chacun peut en construire un dans tout laboratoire où il y a un spectroscope, au moyen de deux prismes rectangulaires de 1 centimètre de côté, collés à la cire devant la fente. Au besoin, il suffit de placer les deux sources sur une table et de déplacer le spectroscope le long d'une ligne tracée sur celle-ci à la craie. On a déjà ainsi des renseignements précieux.

(1) L'unité pour la longueur d'onde est le micron, ou millième de millimètre.

Spectrophotomètre de Crova. — L'appareil comprend encore un spectroscope à vision directe, dont la fente est éclairée dans une de ses parties par la source à étudier, et dans l'autre par l'étalon. Mais, ici, l'égalisation des intensités se fait au moyen des phénomènes de polarisation. La lumière à étudier éclaire directement le bas de la fente du spectroscope. Le haut de celle-ci est éclairé au moyen de lumière polarisée rectilignement, issue de

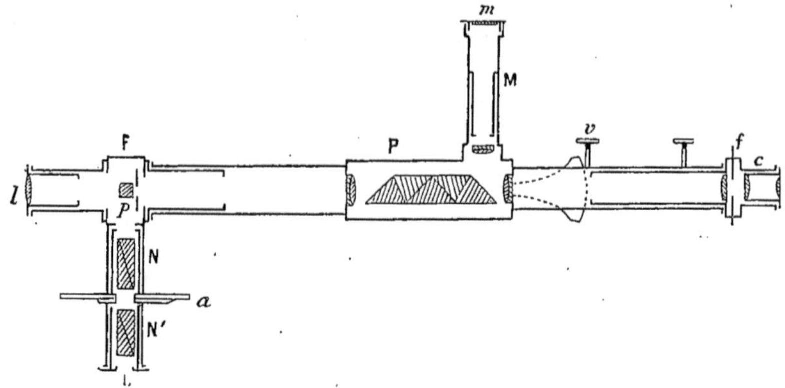

Fig. 86. — Spectrophotomètre de Crova.

l'étalon. Celui-ci étant en L, sa lumière est polarisée par un nicol N′, et elle est réfléchie totalement vers la fente par un prisme P. Un nicol N sert d'analyseur. En tournant le nicol N′, on peut augmenter ou diminuer l'éclat du spectre de l'étalon, dans une proportion connue.

Mais la réflexion totale donne à la lumière polarisée une polarisation légèrement elliptique, ce qui fausserait complètement les mesures. M. Crova est arrivé à éliminer cet inconvénient en employant un prisme à double réflexion totale, de manière que la deuxième réflexion totale détruise exactement l'ellipticité due à la première.

Cet appareil est d'un usage commode, mais il a le défaut d'être coûteux. Nous ne saurions trop recommander aux biologistes qui veulent faire de la spectrophotométrie d'employer le dispositif de Govi, qu'ils peuvent si aisément improviser.

§ 6. — PHOTOMÉTRIE HÉTÉROCHROME.

Tout ce que nous venons de dire s'applique au problème physique brutal de la comparaison de deux sources de même couleur. Mais quand les sources à comparer sont de couleurs différentes, et c'est là le cas général, on ne peut plus guère compter que sur une précision médiocre. De plus, deux lumières, égales sous le rapport de la *clarté*, ne le sont plus au point de vue de l'acuité visuelle ni de la fatigue de l'œil. Il faut donc opérer, soit directement, au moyen de test-objets convenables pour la mesure de l'acuité visuelle, soit par une des méthodes de M. Crova ou de M. Macé de Lépinay, dont nous dirons un mot tout à l'heure, mais qui ont l'inconvénient grave de ne s'adresser qu'à des sources dues à l'incandescence d'un corps noir. Le bec Auer doit donc être éliminé de ces méthodes, qui ont d'ailleurs été inventées avant qu'il fût connu.

L'emploi des test-objets pour l'acuité visuelle peut se faire avec n'importe quel photomètre. Mais, malheureusement, cette méthode ne présente pas de grande sensibilité. Elle n'est d'ailleurs applicable qu'au cas où les lumières à comparer sont faibles. La courbe de variation de l'acuité visuelle en fonction de l'intensité rend compte de ce fait, sa variation étant rapide pour les basses intensités, et lente pour les intensités plus fortes.

D'ailleurs, l'acuité visuelle dépend énormément, comme Klein l'a montré, de l'ouverture pupillaire. J'ai montré dernièrement qu'elle dépend aussi énormément de l'adaptation rétinienne ; on doit donc être circonspect dans l'emploi d'une méthode qui comporte des mesures absolues pour un organe aussi variable que l'œil. Les résultats ont été très bons entre les mains d'observateurs exercés, comme MM. Macé de Lépinay et Nicati ; ils sont beaucoup moins bons entre les mains d'un observateur quelconque et dans les conditions, toujours difficiles à rendre parfaites, d'une mesure d'éclairement pratique.

Méthode de M. Crova. — M. Crova a étudié un grand nombre de sources lumineuses dues à l'incandescence de corps noirs, et il a trouvé cette loi empirique : *Un observateur très exercé trouve que l'égalité d'éclat apparent des deux plages du photomètre éclairé par deux sources différentes a lieu en même temps que la même égalité quand on ne laisse arriver sur le photomètre que les radiations vert jaune de longueur d'onde* $\lambda = 0,582$.

Cette loi ayant été vérifiée, il suffit alors, dans la pratique, de faire les mesures photométriques en plaçant devant l'œil la cuve contenant la solution de M. Crova, dont nous avons tout à l'heure donné la formule. Les mesures sont alors très faciles.

Méthode de M. Macé de Lépinay. — Elle est basée sur la loi de Becquerel : *Quand un corps noir est chauffé, la composition de sa lumière est fonction uniquement de sa température.*

Si donc nous appelons I l'intensité de sa radiation totale, V et R les intensités respectives des radiations vertes et rouges, le rapport $\dfrac{\mathrm{I}}{\mathrm{R}}$ dépendra uniquement de la température, et il en sera de même du rapport $\dfrac{\mathrm{V}}{\mathrm{R}}$.

On peut donc relier au moyen d'une formule les quantités $\dfrac{\mathrm{I}}{\mathrm{R}}$ et $\dfrac{\mathrm{V}}{\mathrm{R}}$. Si cette formule est une fois établie, il suffira ultérieurement de déterminer R et V et de les remplacer dans la formule pour avoir la valeur de I. Cela revient encore, comme la méthode de M. Crova, à s'en rapporter, pour la comparaison difficile, à un observateur habile, et à ne laisser à l'observateur courant que des opérations simples à effectuer. M. Macé de Lépinay a trouvé pour la fonction cherchée la forme

$$\frac{\mathrm{R}}{\mathrm{I}} = 1 + 0,208 \left(1 - \frac{\mathrm{V}}{\mathrm{R}} \right).$$

Cette formule a été établie en employant les deux solutions de perchlorure de fer et de chlorure de nickel indiquées ci-dessus.

Telles sont les méthodes de photométrie hétérochrome pratique. Elles ont, au point de vue physiologique, un grave défaut : c'est de ne pas renseigner sur la fatigue de l'œil. C'est cependant le fond même du problème photométrique de donner à l'œil l'éclairement le plus favorable à l'acuité visuelle et au sens lumineux, au prix de la moindre fatigue de la rétine. Les expériences sur ce sujet sont encore à faire.

§ 7. — ÉTALONS LUMINEUX.

Nous verrons bientôt toutes les difficultés que présente la constitution d'un bon étalon lumineux, à cause de la haute température qui serait nécessaire, et des grandes variations que subit la radiation d'un corps à haute température lorsque celle-ci varie même très peu. Aucune solution n'est à la fois commode et scientifiquement satisfaisante. Nous allons passer en revue les principales au point de vue pratique, réservant l'étude des différents phénomènes pour le chapitre suivant.

Bouguer employait la bougie, sans précaution particulière, et jusqu'aux travaux de Dumas et Regnault c'est le seul étalon qu'on ait utilisé. Dumas et Regnault montrèrent qu'en montant minutieusement une lampe Carcel, on obtenait une intensité lumineuse très fixe et environ neuf à dix fois plus puissante qu'avec la bougie. Pendant longtemps, la lampe Carcel ainsi définie a été l'étalon universellement adopté. En 1881, M. Violle a proposé de prendre comme étalon absolu de lumière 1 centimètre carré de platine incandescent à la température de sa solidification.

En même temps, M. Hefner-Alteneck cherchait à faire adopter en Allemagne la lampe à acétate d'amyle comme étalon absolu. Il n'a pas réussi à ce point de vue, mais la lampe Hefner est employée comme étalon secondaire. Elle est très constante, mais elle a le grave inconvénient d'être très faible et très rouge.

M. Vernon-Harcourt a employé le gaz produit par la volatilisation du pentane, et a obtenu aussi des résultats satisfaisants.

M. Blondel a réalisé, il y a peu de temps, un étalon secondaire à peu près analogue, dont le liquide est un mélange de 10 p. 100 de benzine cristallisable et 84 p. 100 d'alcool absolu. Il a la même intensité que l'étalon Hefner.

On a employé aussi la flamme du gaz brûlant dans des conditions bien déterminées. M. Giroud, en France, a établi un appareil commode basé sur ce principe. M. Methven, en Angleterre, a opéré d'une manière analogue, en munissant la flamme d'un diaphragme iris.

Enfin, M. Schwendler a essayé d'établir un étalon basé sur l'incandescence d'une lame de platine sous l'action d'un courant électrique. Je ne cite cet étalon que pour indiquer que, malgré son principe séduisant, il n'a donné aucun résultat, à cause de l'impossibilité d'avoir une lame de platine homogène et assez mince pour être possible à rougir.

Mais si ce principe n'a pu être employé avec succès, on peut employer avec assez de confiance des lampes à incandescence convenablement étalonnées, à condition de prendre avec soin quelques précautions simples que j'indiquerai tout à l'heure.

Emploi des étalons. — Je ne donnerai pas ici les indications relatives à la carcel, qui sont beaucoup trop minutieuses. Je renvoie au *Traité de photométrie* de Palaz ceux que la question intéresse, ou aux mémoires de Dumas et Regnault.

En général, l'emploi d'un étalon Blondel ou d'un étalon à gaz suffit. Quand on opère dans un laboratoire où le gaz existe, l'étalon à gaz est très commode. Il comporte deux becs munis de régulateurs de débit. L'un, dit *bec carcel*, donne, avec le gaz de composition moyenne, l'intensité d'une carcel. Il est formé d'un brûleur Bengel à couronne de trous. A côté de ce bec en brûle un autre, formé d'un seul trou. La flamme à un seul jet et pointue qui sort de ce trou a une forme assez nette pour être mesurée. Les appareils sont construits de manière que, avec la composition moyenne des gaz d'éclairage ordinaires produits par la distillation de la houille, le gros bec donne une carcel quand la petite flamme a $67^{mm},5$ de haut. Pour des variations même très notables de hauteur autour de cette valeur, la variation d'intensité du bec carcel est de 0,02 de sa valeur par millimètre de flamme du bec bougie (1).

Enfin, un procédé qui est à préconiser dans les laboratoires qui ont l'électricité est l'emploi de la lampe à incandescence. On prend un certain nombre de lampes à incandescence et on les étalonne avec une carcel, ou un étalon Blondel, ou on les fait étalonner dans un laboratoire industriel, en notant exactement le voltage aux bornes de la lampe, ou, ce qui revient au même, l'ampérage débité. Si l'on a soin de ne pas pousser la lampe à une trop haute température, elle gardera une intensité parfaitement constante quand on l'excitera par le même courant, pendant un assez grand nombre d'heures de service. On peut alors employer une lampe d'une manière courante, en la comparant de temps à autre à une autre lampe étalonnée en même temps et qui, elle, fonctionnera rarement. On comprend qu'on peut ainsi savoir toujours avec exactitude ce que vaut la lampe qui sert d'étalon secondaire.

On peut dire qu'avec ces précautions la lampe à incandescence est l'étalon secondaire de choix pour les mesures courantes. Il est, en effet, très difficile d'établir dans de parfaites conditions un étalon quelconque à flamme. De la sorte, on évite de faire plus d'une fois dans une longue série de mesures cette opération délicate.

Un problème qui se pose parfois est de réaliser un étalon actinique, c'est-à-dire à très haute température. Il faut pour cela s'adresser à la combustion d'un gaz parfaitement défini. M. Violle a proposé l'emploi de la flamme d'acétylène, brûlant sous une pression déterminée et placée dans une enceinte fermée.

(1) *Mesure de la hauteur de flamme*. — Toutes les fois qu'on a à employer une flamme comme étalon, il faut mesurer sa hauteur. Le meilleur procédé consiste à en former une image réelle sur un écran diffusif muni d'une graduation en millimètres.

J'ai obtenu des résultats satisfaisants au moyen de la lampe à la naphtaline, connue dans le commerce sous le nom de *lampe à l'albo-carbon*, où du gaz d'éclairage entraîne des vapeurs de naphtaline fondue et volatilisée par la flamme elle-même. Le gaz ne donne qu'un pouvoir éclairant insignifiant, c'est la naphtaline qui produit tout l'effet. Il faut prendre quelques précautions pour que la température du récipient à naphtaline ne monte pas.

Étalon Violle. — Tous ces étalons ne sont point parfaits, ils ne sont pas physiquement définis. M. Violle a proposé de prendre comme étalon lumineux 1 centimètre carré de platine incandescent à sa température de solidification. Le seul défaut théorique est qu'on ne définit pas la température de l'enceinte, qui, comme nous le dirons, a un effet considérable. Mais, dans les conditions bien déterminées de construction de l'étalon Violle, cet effet semble constant.

Cet étalon est excellent au point de vue théorique, mais sa réalisation est très complexe, très coûteuse et l'emploi en est très difficile, puisqu'il faut saisir avec précision le point de solidification. Aussi ne peut-il être employé que comme étalon primaire. Il sert à définir exactement la valeur des étalons secondaires, qui seront alors mis en usage.

Cette comparaison a été effectuée par M. Violle, qui a donné le tableau suivant, à double entrée :

	Unité Violle.	Carcels.	Bougies			Lampe Hefner.
			de l'étoile.	allemandes.	anglaises.	
Unité Violle.........	1	2,08	16,1	16,4	18,5	18,9
Carcels.............	0,481	1	7,75	7,89	8,91	9,08
Bougies de l'étoile...	0,062	0,130	1	1,02	1,15	1,17
— allemandes..	0,061	0,127	0,984	1	1,13	1,15
— anglaises....	0,054	0,112	0,870	0,886	1	1,02
Lampe Hefner.......	0,053	0,114	0,853	0,869	0,98	1

Dans ce tableau, les chiffres représentent le nombre des unités d'une colonne verticale contenus dans une unité d'une ligne horizontale. Ainsi, l'unité Violle vaut 2,08 carcels et la bougie allemande vaut 1,15 lampe Hefner.

L'étalon Violle est absolu. Les autres subissent des variations plus ou moins grandes. On peut dire qu'en moyenne les bons étalons secondaires actuels ont des variations de 1 p. 100. Mais cela dépend essentiellement de l'habileté de l'observateur et de la pureté des produits employés.

§ 8. — PRÉCAUTIONS GÉNÉRALES A PRENDRE EN PHOTOMÉTRIE.

Quand on fait de la photométrie, on se trouve exposé à quelques causes d'erreur qu'il est bon de connaître.

La salle de photométrie doit être noire, la moindre lumière parasite faussant les mesures. On ne peut éviter cela dans la mesure des éclairements, mais, dans ce cas, l'appareil doit avoir été taré préalablement dans la chambre noire.

La salle de photométrie doit être grande, car, même quand les murs sont noirs, leur diffusion n'est pas négligeable aussitôt que leur rapprochement est notable.

La grandeur de la salle est encore nécessaire quand on utilise les étalons à flammes, car il faut pour ceux-ci que la composition de l'air soit bien constante. C'est une des raisons pour lesquelles il est bon d'employer la lampe à incandescence quand on le peut, et pour lesquelles les étalons à petit débit, comme l'étalon Hefner ou l'étalon Blondel, sont à préconiser. Quand on a besoin d'une source plus puissante, il faut la placer sous une hotte, et assurer un bon tirage.

Il faut éviter de faire une mesure quand on vient de regarder les flammes, l'œil fatigué est bien moins sensible que l'œil adapté à l'obscurité. Pour la même raison, il est bon d'opérer en fermant les yeux un certain temps avant de regarder les plages à comparer, surtout si elles sont intenses, et de toujours opérer en fermant les yeux de temps en temps pour un quart de minute environ.

<h1 style="text-align:center">DEUXIÈME PARTIE</h1>

<h2 style="text-align:center">ÉTUDE DES SOURCES DE LUMIÈRE ET DE LEUR EMPLOI</h2>

§ 1er. — PROPRIÉTÉS DES CORPS INCANDESCENTS.

Les sources de lumière actuellement employées sont de deux espèces, au point de vue de la composition de la lumière. Les unes, les seules connues et mises en pratique jusqu'à ces dernières années, ont pour corps incandescent le carbone; ce sont toutes les flammes et les foyers électriques. Les autres ont pour corps lumineux des oxydes rares avec lesquels on forme les capuchons à incandescence par le gaz. Nous ne citerons que pour mémoire les vapeurs métalliques rendues incandescentes par le bec Bunsen ou le gaz dont la luminescence est excitée électriquement dans les tubes à vide. Nous dirons seulement quelques mots de ce dernier cas, qui pourra peut-être un jour devenir pratique.

Quand un corps est chauffé progressivement, il commence à émettre de la lumière aux environs de 525°, ainsi que l'a montré Draper.

Des expériences plus récentes de Weber ont montré que, avant l'apparition du rouge, on pouvait distinguer un peu de lumière dans la région jaune vert du spectre, lumière qui est ainsi caractérisée par le spectroscope, mais qui donne à l'œil la sensation de gris. Je renvoie à l'*Optique physiologique* pour l'explication détaillée de ce fait (existence de l'intervalle photochromatique).

Il y a à cette loi des exceptions, certains corps, dans certaines conditions, émettant de la lumière à température beaucoup plus basse (phosphorescence par la chaleur). Mais ce sont là des faits sans intérêt pratique actuellement. Quand la température s'élève, l'émission croît très rapidement.

On peut le comprendre aisément. Les radiations émises par un corps déterminé sont en effet, ainsi que Becquerel l'a indiqué, fonction uniquement de sa température et de la température de l'enceinte qui les environne. Pour deux corps de pouvoirs émissifs différents, l'intensité de la lumière envoyée est différente, mais la composition de cette lumière est la même.

Corps noirs. — Ceci s'applique à tous les corps noirs, comme Kirchhoff l'a montré, mais ne s'applique plus aux corps qui ne le sont pas. M. Paschen a d'ailleurs vu expérimentalement que, pour la plupart des corps, l'écart entre l'expérience et cette loi était assez faible.

Nous voyons alors que, tant que nous nous adresserons à de pareils corps, nous ne pourrons produire de radiations lumineuses, utilisables par notre œil, qu'au prix de la production simultanée de tout un spectre infra-rouge, inutile pour la vision, nuisible, dans certains cas, au point de vue de l'hygiène.

Étudions de plus près ce qui se passe. Quand un corps est à température assez basse, il n'émet que des radiations obscures, et, au moyen des appareils thermo-électriques, on peut étudier cependant le spectre de leurs radiations, qui présente un maximum d'énergie pour une longueur d'onde d'autant plus courte que la température est plus élevée. Ce fait a été bien mis en évidence par Langley et Paschen. Quand la température atteint 525°, l'œil commence seulement à percevoir de la lumière rouge. Quand la température augmente, le spectre continue à s'étendre vers le violet. En même temps, toutes les radiations déjà émises augmentent d'intensité, mais en suivant toujours la loi énoncée, que le maximum d'énergie s'avance aussi vers le violet. Pour toutes ces raisons, la quantité d'énergie utilisable par l'œil sera d'autant plus grande que la température sera plus élevée. Nous pouvons même aller plus loin, et voir immédiatement que le rapport de l'énergie utilisable par l'œil à l'énergie totale émise par la source est d'autant plus grand que sa température est plus élevée. On exprime cette idée en disant que le rendement lumineux est d'autant plus grand que la température est plus élevée.

Des mesures photométriques ont été faites à ce sujet par M. Violle, qui a étudié l'intensité de quatre radiations émises par le platine à diverses températures, en les comparant aux radiations de même longueur d'onde émises par la lampe Carcel, l'étalon lumineux dont nous avons parlé ci-dessus :

Températures.	C $\lambda = 0,656.$	D $\lambda = 0,5892.$	E $\lambda = 0,536.$	F $\lambda = 0,482.$
775 degrés......	0,0030	0,00060	0,0003	»
954 —	0,0154	0,01105	0,007	»
1045 —	0,0500	0,0402	0,0265	0,0262
1500 —	2,3700	2,417	2,198	1,894
1775 —	7,8200	8,932	9,759	12,16

Des mesures de M. Crova montrent bien la différence de composition de la lumière pour les diverses sources. Cette étude a été faite en comparant les clartés des diverses couleurs au rouge de 0μ,676 de la même source prise pour unité :

	$0\mu,676.$	$0\mu,605.$	$0\mu,560.$	$0\mu,523.$	$0\mu,480.$	$0\mu,459.$
Arc voltaïque	1000	707	597	506	307	228
Lumière Drummond	1000	573	490	299	168	73
Lampe Carcel	1000	442	296	166	80	17

L'ensemble de ces mesures montre bien la marche des phénomènes : les sources à basse température sont rouges et d'un éclat peu considérable ; l'éclat croît d'autant plus vite, pour une différence de température déterminée, que la température est plus élevée.

Nous voyons donc que nous devons considérer dans une source lumineuse un véritable rendement optique défini par le rapport de l'énergie utilisée pour produire des radiations visibles à la totalité de l'énergie rayonnée. Tyndall, le premier, a indiqué le problème et l'a résolu expérimentalement. La méthode la plus simple, la seule qui s'applique à toutes les sources, consiste à étudier par la pile thermo-électrique la radiation totale d'une part et, de l'autre, la radiation après absorption de la partie obscure au moyen de l'alun ou de l'eau, qui produit à peu près le même effet.

Le tableau suivant donne les résultats principaux :

	Rendement en p. 100.
Lampe à huile	2,5
Brûleur à gaz	2,5
Lampe à incandescence au régime normal	5 à 6
Lampe à arc	10 à 15
Acétylène	10
Lampe au magnésium	12
Tube de Geissler	33

Ces résultats nous montrent combien est grande la perte d'énergie nécessitée par les lois de l'émission des substances actuellement employées pour constituer des sources lumineuses.

Si, maintenant, nous complétons ces données par la connaissance de la quantité d'énergie que l'on doit dépenser pour entretenir ces diverses sources, nous définirons leur véritable rendement industriel. Ceci est facile à établir pour les flammes d'après les chaleurs de combustion des corps brûlés, et pour les foyers électriques d'après la dépense indiquée par les instruments de mesure. On voit alors que la puissance en watts exigée pour la production d'une bougie (à peu près la valeur du pyr indiqué ci-dessus) est la suivante :

Bougie	86	watts.
Lampe à huile	57	—
— à pétrole	43	—
Bec de gaz papillon	93	—
— Argand	69	—
Brûleurs intensifs	45	— environ.
Bec Auer	10	—
Acétylène	6	— environ.
Manchon Auer avec bec Bandsept	5 à 7	—
Lampe à incandescence de 16 bougies	3,5	—
Lampe à arc en vase clos	2 à 3	—
Lampe à arc	0,8	—

Les chiffres que nous venons de donner pour les lampes à incandescence se rapportent au fonctionnement normal indiqué par le constructeur. Si on leur fait débiter moins, leur température baissant, on obtient un rendement optique et industriel beaucoup moins grand. Si on leur fait débiter plus, leur température peut s'élever beaucoup, leur éclat intrinsèque devient alors beaucoup plus grand et le rendement croît beaucoup. Voici un tableau qui indique la marche du rendement industriel quand l'intensité du courant croît. Dans ce cas, ce qu'il y a de mieux, c'est d'indiquer à quelle intensité lumineuse on pousse la lampe, car ces données peuvent s'appliquer à peu près quel que soit le voltage et, par conséquent, l'intensité de régime. Prenons pour type la lampe courante de 16 bougies :

Intensité totale où la lampe est amenée (en bougies).	Dépense par bougie (en watts).
4	5,8
8	4,6
16	3,5
28,6	2,4

L'intensité à laquelle il faut pousser une lampe à incandescence dépend donc du prix de l'énergie et du prix de la lampe et de son remplacement, car une lampe dure d'autant moins qu'elle est plus poussée. On peut dire qu'en général il y a intérêt à pousser les lampes au delà de ce qu'indiquent les constructeurs. Une lampe de 10 bougies à 103 volts placée sur un circuit à 110 volts donne 16 bougies à 2,6 watts. C'est dans ces limites qu'il est utile actuellement de se maintenir.

En même temps que le rendement augmente par l'augmentation de la température, l'éclat intrinsèque de la source lumineuse employée monte. Cela se comprend immédiatement. La quantité d'énergie dépensée pour entretenir l'incandescence d'un corps donné, dont la surface est fixe, augmente, et le rendement optique augmente en même temps, deux raisons pour que l'éclat intrinsèque de la surface du corps éclairant augmente. Nous donnons ci-dessous les éclats intrinsèques des diverses sources, en prenant pour unité d'éclat celui de la lampe Carcel, d'après M. Féry :

Bougie ordinaire	sommet de la flamme	0,54
	cône lumineux intérieur	1,59
	cône sombre près de la mèche	0,10
Lampe à pétrole à mèche plate	à plat	0,65
	à 45°	0,92
	de profil	4,72
Lampe à mèche ronde.	centre	1,55
	bord	3,18
Bec papillon	à plat	0,35
	de profil	7,2
Bec Bengel	centre	0,96
	bord	1,52
Manchon Auer		7 environ.
Lampe à incandescence		1,25
Arc électrique	charbon positif	20 000 environ
	— négatif	7 000
Lumière Drummond		91
Magnésium		51
Carcel		1
Acétylène (bec Manchester)	à plat	7,2
	tranche	33

Incandescence des oxydes rares. — Mais, comme je l'ai déjà indiqué, tous les corps n'ont pas la même loi d'émission, et le rendement optique des tubes à vide nous montre la possibilité d'avoir des lumières de bien meilleure qualité que celles que nous employons journellement. Ces idées ont été bien démontrées par Langley. Il a fait l'étude du spectre émis par le cucujo et le ver luisant. Ces animaux émettent uniquement une très mince bande de radiations située dans la région du vert, celle où l'organe visuel est le plus sensible. C'est là un phénomène d'adaptation des plus frappants.

Nous ne sommes point arrivés à une production de lumière aussi bonne théoriquement que celle-là avec nos foyers actuels. Mais c'est dans une voie analogue que les chercheurs sont lancés depuis l'emploi des manchons Auer et autres du même genre.

Ceux-ci présentent en effet une émission tout à fait différente des corps noirs ou de ceux qui se comportent comme tels au point de vue de l'émission lumineuse, que nous venons d'étudier. De nombreuses théories ont été émises à leur sujet ; la question semble vidée actuellement par le travail de MM. Lechatelier et Boudouard. Ils ont montré : 1° que la température du manchon Auer n'était pas beaucoup plus haute que celle des particules incandescentes de la flamme ordinaire, ce qui ruine les théories basées sur une action catalytique ; 2° que si un manchon de grandes dimensions peut prendre une pareille température avec une aussi faible dépense de gaz, cela tient à l'émission toute particulière de ces substances, qui n'émettent qu'en très petite quantité les radiations obscures. Dans ces conditions, leur refroidissement étant très affaibli, elles peuvent atteindre une haute température.

Dans ces derniers temps, M. Rubens a montré que le bec Auer émettait des radiations extrêmement peu réfrangibles, ayant des longueurs d'onde aux environs de 60 microns, chez lesquelles il a même pu vérifier des propriétés analogues à celles des ondulations électriques. Mais cela n'infirme pas les résultats de M. Lechatelier. En examinant les courbes de répartition de l'énergie dans le spectre des diverses sources, on voit, en effet, que l'émission est normalement très faible pour les radiations de très grande longueur d'onde. Elle est, au contraire, très considérable pour les radiations voisines du rouge. Ce sont donc celles-là qui rayonnent la plus grande quantité d'énergie, ce sont celles qui contribuent le plus à l'abaissement de température d'un corps chauffé.

L'existence, dans l'émission du bec Auer, des radiations découvertes par Rubens ne modifie donc pas la conclusion de M. Lechatelier.

L'émission toute spéciale de ces oxydes se voit d'ailleurs à la seule inspection de leur spectre visible ; ils émettent la lumière verte en quantité tout à fait prépondérante.

Grâce à ces propriétés remarquables, le rendement industriel du bec Auer est infiniment supérieur à celui des brûleurs ordinaires à gaz, car on dépense dans ce système une puissance de 10 watts par bougie seulement.

Cette puissance est encore bien supérieure à celle qu'exigent les lumières électriques. Mais le prix de l'énergie électrique est de beaucoup supérieur à celui de l'énergie calorifique par le gaz. Les becs à incandescence d'oxydes rares sont donc la solution la plus économique de l'éclairage au point de vue industriel.

Émission dans une enceinte fermée. — Au point de vue de l'établissement d'un étalon de lumière, dont nous avons parlé ci-dessus, il est une propriété de l'émission lumineuse qui est encore très importante à connaître. Elle ne l'est pas moins au point de vue du rendement lumineux.

Nous avons vu la différence énorme qu'il y avait dans l'émission lumineuse des divers corps. Ces lois sont exactes quand les corps sont placés au milieu d'une vaste enceinte à parois froides. Quand on considère un corps placé dans une enceinte fermée portée à une température uniforme. les lois se modifient considérablement. On peut, en pratiquant une petite ouverture dans la paroi de l'enceinte, étudier l'émission des divers corps ainsi échauffés. On voit alors que tous les corps deviennent identiques au point de vue de l'émission, on ne peut plus distinguer un morceau d'oxyde métallique d'un morceau de charbon : ils ont la même teinte.

Ce fait, établi théoriquement par Kirchhoff, fut vérifié pour la première fois par M. Violle, en examinant le rayonnement de corps réfractaires placés dans le four électrique.

Mais si, comme l'a fait M. Saint-John, on introduit brusquement dans l'enceinte un morceau de porcelaine à température notablement plus basse, on voit immédiatement se révéler des différences dans l'émission des divers corps. Tous ont une émission toujours inférieure à celle du corps noir, mais leur émission devient très différente. Nous avons expliqué plus haut comment, dans ces conditions, le rendement lumineux pouvait être modifié ; voyons maintenant quelle conséquence théorique tirer de là.

Un corps noir porté à une température déterminée donnera un rayonnement parfaitement déterminé. Mais le corps absolument noir est un être de raison, et nous venons de voir que les corps usuels voient la loi de leur rayonnement profondément modifiée par la température de l'enceinte dans laquelle ils sont placés. Si donc nous voulons avoir un étalon de lumière parfaitement bien déterminé, il faut employer une enceinte fermée percée d'un petit trou, et portée à une température bien déterminée. C'est par un procédé analogue que M. Lummer a réalisé un corps noir servant de type pour étudier la radiation normale aux diverses températures. On n'a pas encore réalisé d'étalon lumineux pratique basé sur ce principe, mais j'ai tenu à l'exposer ici, car c'est la tendance actuelle de chercher dans cette voie, et il est possible que, d'ici peu, l'étalon absolu soit constitué de cette façon.

C'est grâce à ce qu'ils sont au milieu d'une enceinte à basse température que les manchons à incandescence jouissent des propriétés remarquables que nous avons énoncées.

§ 2. — HYGIÈNE DE LA VUE. — RÉPARTITION DE LA LUMIÈRE.

Nous avons vu ci-dessus les propriétés des diverses sources lumineuses au point de vue physique pur et au point de vue industriel. Ces notions étaient indispensables à avoir pour pouvoir discuter en toute connaissance de cause une installation de lumière. La première question qui se pose est, en effet, toujours la question économique, et il serait ridicule pour un médecin d'exiger l'éclairage électrique, par exemple, dans des endroits où la force motrice est très chère. La meilleure solution, dans chaque cas particulier, dépend essentiellement du prix des diverses formes de l'énergie transformable en lumière.

Mais d'autres considérations, plus importantes au point de vue médical, doivent entrer en ligne de compte. Il faut connaître, d'une part, l'effet des diverses sources de lumière sur l'œil, et la manière de les utiliser rationnellement, en atténuant autant que possible la fatigue de cet organe. D'autre part, il faut connaître l'effet des diverses sources au point de vue de la viciation de l'air des locaux éclairés. Cette dernière étude sera rejetée au paragraphe suivant ; nous allons nous occuper dans celui-ci de l'hygiène de la vue.

Il nous faut donc passer en revue l'action sur l'œil des diverses radiations.

Fatigue de l'œil. Acuité visuelle et clarté. — La fatigue due au rouge, dans la lumière solaire, est beaucoup plus grande que celle due au bleu. Cela résulte des expériences de MM. Macé de Lépinay et Nicati. Ils ont montré que, en se plaçant dans une lumière faible, on ne distingue presque plus rien sur un tableau d'acuité regardé à travers un verre rouge, l'œil étant adapté à la lumière blanche normale. Au contraire, en le regardant à travers un verre bleu, on distingue assez bien. Puis, l'œil s'adaptant à l'obscurité relative, l'acuité dans le bleu ne varie presque pas, alors que dans le rouge elle croît rapidement. Il semble donc, d'après cette expérience, que les sources à très haute température, très riches en radiations réfrangibles, doivent être les meilleures. Mais la question n'est point aussi simple. Il faut pour cela étudier deux nouvelles propriétés des radiations réfrangibles. La première, trouvée encore par MM. Macé de Lépinay et Nicati, montre que, si les radiations très réfrangibles donnent une sensation très vive de clarté, elles contribuent fort peu à l'acuité visuelle. Celle-ci est produite essentiellement par les radiations moins réfrangibles que le vert. Cela résulte aussi des expériences de Langley, qui a montré que le minimum d'énergie nécessaire pour mettre en jeu l'acuité visuelle était infiniment moins élevé dans le vert que dans les autres couleurs.

Nous voyons donc que les radiations peu réfrangibles, fort utiles au point de vue de la lecture, sont fatigantes. On sait combien le travail à la lumière artificielle des anciennes lampes était dangereux pour les yeux délicats.

Ces anciennes lumières agissaient de deux manières : elles étaient trop rouges et trop faibles. Nous parlerons tout à l'heure de la quantité de lumière nécessaire ; retenons seulement pour l'instant qu'elle doit être assez grande.

Rappelons-nous le paragraphe précédent : nous voyons que, si nous voulons produire des radiations même peu réfrangibles en quantité notable et avec une économie qui rende possible le système employé, nous sommes obligés d'employer des sources à haute température qui donneront, en même temps que ces radiations peu réfrangibles, des radiations bleues et violettes.

Celles-ci ne seront d'ailleurs pas inutiles. Si elles servent peu à la lecture, elles ont, au contraire, une grande puissance pour donner de la clarté, pour permettre la distinction des couleurs (1).

Si donc nous voulons obtenir un éclairage artificiel convenable au point de vue de l'acuité visuelle, et qui permette de reconnaître la couleur des corps ou même l'existence des corps dans les points peu éclairés, nous emploierons encore les sources à haute température.

Mais nous ne devons pas aller trop loin dans cette voie sans prendre de précautions. Les radiations bleues, violettes et ultra-violettes ont, comme nous l'avons indiqué ci-dessus, la propriété de produire des érythèmes et des conjonctivites. Au début de l'emploi de l'arc électrique, les observations en furent fréquentes. Elles se présentent encore parfois chez les marins torpilleurs, qui ont à séjourner longtemps à petite distance d'arcs électriques puissants.

Cette source de lumière émet des radiations vertes et violettes en quantité plus grande que le soleil. Cela semble étonnant au premier abord, car il est probable que la température du soleil est plus élevée que celle de l'arc. Cela se comprend si l'on se souvient de l'absorption puissante de l'ultra-violet par l'atmosphère. Le soleil l'émet en quantité considérable, mais il ne nous arrive pas. Les stations d'altitude, comme nous l'avons déjà indiqué, permettent de soumettre les malades à des radiations ultra-violettes puissantes venues du soleil.

Fatigue de l'œil par les sources trop éclatantes. — Les sources à haute température et, par conséquent, à très grand éclat intrinsèque, présentent en outre un inconvénient.

Quand on contemple une surface éclairée moyennement pendant un temps convenable, on observe la production de l'image accidentelle sur fond clair. Dans les conditions ordinaires, cette image est très fugitive et ne gêne pas. Si, au contraire, l'éclat de la surface est considérable, on voit apparaître l'image accidentelle sur fond obscur, et l'image accidentelle sur fond clair devient persistante et gênante.

Cette image se produit toujours dans les dernières conditions quand on regarde directement les sources lumineuses. Elle se produit d'autant plus que leur éclat intrinsèque est plus grand et leur surface plus grande. La contemplation directe du soleil est dangereuse, celle des lampes à huile même donne des phénomènes désagréables. Celle des becs Auer, de l'acétylène, et surtout de l'arc électrique, est à éviter.

Constriction pupillaire. — Un autre phénomène entre encore en jeu : c'est la constriction pupillaire. Celle-ci est produite, non seulement par la lumière émanée du point fixé, mais encore par celle qui frappe les parties périphériques de la rétine. Si donc nous avons dans le champ visuel une source de lumière très intense, elle produit une constriction pupillaire considérable qui empêchera d'utiliser convenablement la lumière du point fixé, si celui-ci est lui-même peu éclairé. Si le point fixé est éclatant, la constric-

_____

(1) Voy., à l'*Optique physiologique*, la question des seuils d'excitation.

tion pupillaire n'a aucun inconvénient ; elle augmente, au contraire, l'acuité visuelle ; mais si l'objet à regarder est sombre, l'ouverture pupillaire peut varier, sous l'action d'une source intense placée à la périphérie du champ visuel, dans le rapport de 1 à 20 et l'acuité pour le faible éclairage diminue. Dans ces conditions, on peut avoir intérêt à employer un éclairage moins intense, mais produit par des sources moins *aveuglantes*. C'est ainsi que quand, dans l'éclairage des rues, on augmente la quantité de lumière seulement de 30 à 40 p. 100 en substituant l'arc électrique à l'éclairage au gaz par bec papillon, le public se plaint en général, trouvant que l'éclairage est moins bon.

Desideratum de l'éclairage artificiel. — Le meilleur éclairage, au point de vue de l'œil, serait donc celui qui, comme composition de lumière, correspondrait à une source de haute température et de grand éclat, à condition qu'on la débarrasse des radiations ultra-violettes nuisibles, et qui, comme distribution, serait émis par une très large surface avec un éclat intrinsèque faible. On ne peut obtenir ce résultat en employant des sources de lumière à feu nu ; nous allons voir comment on peut pallier ou éviter cet inconvénient.

Éclairage de famille. — Un premier procédé consiste à placer les sources lumineuses à une hauteur convenable. Dans ces conditions, on ne sera pas exposé, en regardant les objets usuels, à rencontrer une source lumineuse d'éclat gênant. Ce procédé est applicable pour l'éclairement des grands espaces. Il ne l'est pas pour l'éclairage économique de famille.

Dans ce cas, on emploie toujours l'abat-jour, généralement opaque et à intérieur blanc ou réfléchissant, qui a l'inconvénient de localiser la lumière à une très petite surface, ou le globe diffusif, qui n'a plus cet inconvénient, mais qui en présente un autre. La table de travail au-dessous d'un globe diffusif est moins éclairée que sous un abat-jour ; la lecture y est donc moins aisée, et la répartition de la lumière est toute différente dans les deux cas. De plus, la contemplation directe du globe diffusif est déjà fatigante pour l'œil. Donc, on doit recommander, pour le travail du soir des individus isolés ou peu nombreux, la source de lumière quelconque avec abat-jour. Au point de vue de l'éclairage le plus intense possible d'une surface limitée d'une table ou d'un tableau, le meilleur abat-jour est le réflecteur opaque. Au point de vue de la commodité la plus grande, en tenant compte de toutes les conditions, les meilleurs abat-jour sont ceux de porcelaine blanche translucide un peu réfléchissants et très diffusifs, qui éclairent bien la partie de la table située en dessous, et qui laissent traverser une quantité de lumière suffisante pour donner un éclairage général à la pièce, l'éclat intrinsèque de l'abat-jour étant insuffisant pour fatiguer l'œil.

Nous allons voir comment ces principes, si courants pour le cas qui vient de nous occuper, peuvent s'appliquer avec les diverses sources industrielles pour l'éclairage public.

Nous allons nous occuper ici de la question générale de la concentration de la lumière ou de sa répartition convenable.

Éclairage public. Répartition de la lumière. — Le problème que l'on cherche à résoudre dans l'éclairage public est en général de répartir uniformément de la lumière sur une surface horizontale, mais, en général aussi, que les ombres portées sur cette surface viennent dans une direction convenable. Nous ne nous occuperons pas ici de l'éclairage des rues, qui n'a rien à faire avec la physique biologique; nous indiquerons seulement ce qui est intéressant au point de vue de l'éclairage des ateliers, des écoles, des amphithéâtres.

Nous avons à distinguer deux cas : celui de l'éclairage diurne et celui de l'éclairage artificiel.

Éclairage diurne. — L'éclairage diurne ne peut être mesuré d'une manière précise. Il y a, en effet, d'un jour à l'autre et souvent d'un moment à l'autre, des variations considérables de l'éclairage. On ne peut donc dire que peu de chose à ce sujet. On doit toujours éclairer les ateliers, écoles et amphithéâtres par les plus grandes fenêtres possibles, en évitant autant qu'on le peut l'arrivée de la lumière directe du soleil sur les places à occuper. Cela est surtout important pour les écoles, où les livres et papiers blancs prennent dans ce cas un éclat fort gênant pour l'œil. On doit aussi se préoccuper de la présence des ombres portées sur l'ouvrage ou le papier par le bras ou le corps de l'ouvrier ou de l'écrivain. La majorité des hommes étant composée de droitiers, il devra y avoir du jour venant de gauche. On peut aussi admettre l'éclairage de face. L'éclairage de face peut présenter l'inconvénient de fatiguer les yeux quand ils se lèvent de l'ouvrage, sauf quand, en même temps, il vient de haut; mais c'est là un inconvénient secondaire quand le soleil ne frappe pas directement.

Enfin, une question qui ne doit pas être négligée est celle des arbres placés près des fenêtres. Il arrive souvent, en effet, que l'éclairage, bon en hiver, devienne mauvais en été, quand les arbres portent leurs feuilles. On doit, dans ce cas, s'occuper de la suffisance de l'éclairage d'été.

Éclairage artificiel. — On a longtemps cherché la solution de l'éclairage artificiel par la répartition en grand nombre de petites sources de lumière, bougies ou lampes à huile. Nous avons vu que chacune doit être munie de son abat-jour et que, si la table de travail peut être ainsi bien éclairée, il n'en est pas de même du reste de la pièce. C'est là un inconvénient grave pour les ateliers en particulier, et aussi pour les salles de lecture. On doit donc préconiser l'emploi de sources puissantes, disposées d'après les principes dont nous avons parlé ci-dessus, c'est-à-dire disposées de manière à éviter la vue directe de la surface incandescente, soit par simple élévation de la source, soit par l'emploi des diffuseurs par réflexion ou par réfraction, soit par l'emploi simultané des deux méthodes.

Mais la réalisation de cette condition ne suffira pas : on devra chercher à éclairer uniformément le plan horizontal, qui est celui sur lequel on place l'ouvrage à accomplir, ou, mieux, on devra s'arranger de manière que le point le moins bien éclairé du plan horizontal ait un éclairement suffisant. Dans ces conditions, les autres points auront un éclairement supérieur à celui qui est nécessaire. Mais presque jamais, avec les sources actuelles et une installation convenable, on n'arrive à avoir une lumière trop grande aux points où elle est en surabondance. On réalise en effet difficilement, par l'éclairage artificiel, des éclairements aussi intenses que ceux que donne une fenêtre bien éclairée. Les effets d'aveuglement sont le plus souvent dus à la vision directe des sources.

Le problème est donc ramené à éclairer convenablement le plan horizontal au moyen de sources élevées. Les sources usuelles à feu nu n'ont pas une intensité uniforme dans toutes les directions : nous devons donc choisir de préférence celles qui éclairent le mieux possible la région de l'espace située au-dessous d'elles, et corriger autant que possible par les diffuseurs celles qui ne jouissent pas de cette qualité.

Toutes les sources de lumière, sauf la lampe à incandescence, présentent un grave inconvénient à ce point de vue : le corps éclairant est porté par un corps de lampe qui porte ombre ; on évite cet inconvénient dans la lampe à incandescence en la plaçant le culot en l'air. L'utilisation de la lumière avec les sources autres que les lampes à incandescence est donc défectueuse à ce point de vue, puisqu'on cherche précisément à éclairer le plan horizontal. Toutes les ombres ainsi portées seront atténuées par les foyers voisins dans le cas, toujours nécessaire à réaliser dans la pratique, où l'on a plusieurs sources de lumière. Mais nous ne devons pas perdre de vue que le but à rechercher est l'éclairement uniforme du plan horizontal : il faut donc autant que possible éviter les ombres portées. C'est une raison de plus pour préconiser l'emploi des globes diffusifs ou, mieux, des globes réfracteurs du genre des globes holophanes dont nous allons parler tout à l'heure, qui transforment pratiquement une petite source à grand éclat en une large source qui déborde les supports de tous les côtés et, par conséquent, ne leur permet pas de porter ombre.

Nécessité de la division de la lumière. — Quand on a une source de lumière, l'éclat qu'elle donne à un objet déterminé, par exemple un papier blanc, est inversement proportionnel au carré de la distance de l'objet à la source.

L'éclairement uniforme du plan horizontal avec une seule source ne pourrait donc être réalisé qu'avec une source extrêmement élevée. Dans ce cas, l'éclairement serait très faible. Il faut proscrire complètement, par exemple, l'éclairage d'une salle d'école un peu étendue par un seul arc électrique puissant ; cela est d'autant plus vrai que, même avec une source éloignée donnant l'éclairement uniforme, les ombres portées par les corps des ouvriers ou lecteurs sont très gênantes dans ce cas.

Lampes à incandescence. — A ce point de vue, les lampes à incandescence électriques donnent une très bonne solution du problème. On peut les placer sur des lustres ou des candélabres, de manière que le culot de la lampe soit tourné vers le haut. De plus, avec les distributions électriques courantes à 110 volts, on peut avoir pratiquement des lampes dont l'intensité est comprise entre 5 et 50 bougies, et les lampes courantes sont de 16 bougies. On pourra donc obtenir l'uniformité d'éclairement du plan horizontal par la grande dissémination de foyers lumineux qui ne porteront pas d'ombres sensibles sur le sol. Mais il est préférable de les réunir par groupes de cinq ou six, à cause de la facilité d'établissement des candélabres. Dans ce cas, il y a avantage, l'éclat des lampes n'étant pas très aveuglant, à les utiliser à feu nu, en plaçant au-dessus un diffuseur par réflexion en porcelaine translucide.

Cependant, comme nous le verrons plus loin, il existe des réfracteurs diffusants, les globes holophanes de Blondel, qui n'absorbent pas notablement la lumière, et qui sont d'un emploi avantageux, même dans ce cas.

Éclairage par sources puissantes. — Quand on emploie les sources puissantes, il faut toujours les disséminer autant que possible suivant un réseau de carrés et à une distance notable au-dessus de la surface à éclairer. De la sorte, on arrive à ce que l'éclairage soit réparti d'une manière à peu près uniforme. Les distances auxquelles on place les sources l'une de l'autre dépendent d'ailleurs de leur puissance. Théoriquement, il faudrait se donner l'éclairement minimum qu'on veut réaliser, et calculer la distance des foyers, dont on se donne l'intensité, au centre du carré, pour que l'éclairement minimum imposé soit réalisé en ce point avec la hauteur admise pour les foyers.

Règles pratiques. — Mais la pratique a amené à des règles plus simples que celle-là. Il est en effet inutile de faire des calculs de cette sorte quand on ne tient pas compte de la diffusion par les parois blanches dont nous allons parler tout à l'heure, et qui peut facilement multiplier par 5 ou 6 l'énergie lumineuse utile. On doit considérer, dans ce cas, comme sources lumineuses non seulement les foyers eux-mêmes, mais les parois, et surtout le plafond. On comprend donc qu'il faille rapporter l'éclairage utile, non pas à la surface horizontale qui doit être éclairée, mais au volume de la salle. Dans le cas d'un amphithéâtre, il faut compter sur 0,8 à 1 bougie par mètre cube et placer les sources à $2^m,50$ au-dessus des bancs à éclairer. Avec des murs blancs et une répartition convenable des foyers, les résultats sont satisfaisants ; on arrive aisément ainsi à obtenir sur le plan horizontal des éclairements de 40 à 50 lux, qui sont les meilleurs pour la lecture. Ce sont, en effet, des éclairements de cette valeur qui sont réalisés par un jour moyen près d'une fenêtre éclairée par une large surface de ciel. Quand l'éclairement baisse, l'acuité visuelle baisse en même temps, et cela se traduit par un effort notable et une diminution de la vitesse de lecture. Quand on passe de l'éclairement de 2 lux à celui de 4 lux, la vitesse de lecture est doublée, d'après Léonard Weber. La progression est d'ailleurs moins rapide quand on arrive aux éclairements vraiment convenables, mais on peut dire qu'un bon éclairage permet, à égalité de fatigue, de travailler plus vite (1).

Il est inutile et même nuisible de dépasser notablement l'éclairement de 40 à 50 lux qui vient d'être indiqué, car, dans ce cas, l'éclat pris par un papier blanc serait nuisible pour l'œil ; mais, comme nous l'avons déjà dit, cet inconvénient ne se présente pas dans les conditions indiquées.

D'après ce qui précède, il y a intérêt à disséminer les foyers de lumière. Il n'est pas utile cependant de les disséminer trop. Ainsi, quand on emploie les lampes à incandescence de 16 bougies, on les réunit habituellement par groupes de 5 ou 6, comme nous l'avons déjà dit. La source de 10 carcels ou

(1) Je ne m'occupe pas ici de l'action de l'éclairement sur la progression de la myopie et de la presbytie, qui devra être étudiée dans les articles s'occupant de ces questions.

100 bougies environ est bonne dans la majorité des cas pour l'éclairage des locaux fermés. C'est ce qu'on obtient en réunissant les lampes à incandescence comme nous l'avons dit, ou en réunissant 2 becs Auer de 120 litres à l'heure, ou en employant des arcs électriques de 2,5 ampères. Ces derniers arcs ont été rendus pratiques, il y a peu d'années, par de nouveaux régulateurs. Je mentionne seulement ces appareils, renvoyant pour leur description aux catalogues de constructeurs.

Nous venons de voir combien il fallait éclairer les locaux fermés ; il nous reste à étudier comment on évite, dans ce cas, l'éblouissement dû à l'éclat trop grand des sources à haute température, qui, seules actuellement, peuvent être employées au point de vue économique, sans perdre pour cela une trop grande quantité de lumière.

Diffuseurs. — Un premier moyen consiste, dans le cas de l'éclairage public comme dans celui de l'éclairage privé, à envelopper la source lumineuse trop éclatante d'un globe diffusif. Cette solution n'est bonne que quand le diffuseur est parfait, c'est-à-dire ne laisse deviner aucunement la forme de la source de lumière. Ceci ne se produit que pour les diffuseurs épais qui absorbent une très grande quantité de lumière. On ne peut donc employer ce procédé d'une manière tout à fait pratique, car s'il est bon au point de vue de l'hygiène, il est très coûteux au point de vue industriel. Avec la lampe à arc électrique, il est cependant assez souvent employé, à cause du prix de revient très faible de la lumière dans ce cas. Les radiations ultra-violettes, dont nous avons indiqué précédemment l'action nuisible, sont d'ailleurs absorbées complètement par les diffuseurs, et aucun accident ni de la rétine, ni de la conjonctive, ni de la peau ne s'observe dans ces circonstances. On a une source de lumière uniforme, de grande surface, d'intensité notablement moindre que celle de l'arc, dont l'éclat intrinsèque est, par conséquent, beaucoup plus faible.

Voyons maintenant l'effet de la diffusion par réflexion. Soit une lumière placée au milieu d'une salle à parois diffusives, celles-ci ayant un pouvoir diffusif m, par exemple. Le flux lumineux F diffusé une fois deviendra mF, après deux diffusions m^2F,..., après p diffusions m^pF. Donc le flux lumineux qui sera utilisable dans la salle sera, en nommant F celui qui est émané directement de la lampe,

$$F(1 + m + m^2 + \ldots + m^p).$$

La parenthèse est une progression géométrique décroissante de raison m dont la somme est $\dfrac{1 - m^{p+1}}{1 - m}$. Nous devons considérer ce qui se passe pour un nombre très grand de diffusions. p est très grand, m est plus petit que 1, donc m^{p+1} tend vers zéro, et, en fin de compte, le flux lumineux utilisable dans la salle est $\dfrac{F}{1 - m}$. m, pouvoir diffusif de la substance qui couvre les murs, peut atteindre avec des murs blanchis convenablement la valeur 0,8. Le flux lumineux utilisable est donc, dans ce cas, cinq fois plus grand que dans une salle à parois noires. Le nombre ci-dessus est peut-être un peu fort, car jamais toutes les parois d'une salle ne sont parfaitement blanches, le parquet est toujours plus ou moins sombre, mais il est certain que l'emploi de murs blancs multiplie par un nombre considérable le flux lumineux utilisable.

Il est certain que la meilleure garniture pour les murs d'un local éclairé sera celle dont le pouvoir émissif sera le plus élevé. Je donne ci-dessous le pouvoir réflecteur des diverses substances qu'on peut placer sur les murs, que la réflexion soit régulière ou diffuse, c'est-à-dire la valeur de m :

Miroirs	0,8 à 0,9
Bois peint en blanc et verni	0,8
Papier blanc	0,8
Papiers peints clairs	0,4 à 0,6
Mur peint en jaune clair, propre	0,4
— — sale	0,2
Tentures noires	0,012
Velours noir	0,001

Ces chiffres n'ont pas la prétention d'être absolus; ils donnent seulement des ordres de grandeur, montrant, par exemple, la très grosse différence entre des murs blancs ($m = 0,8$ en moyenne, flux lumineux utilisable égal à cinq fois l'émission des sources) et les murs garnis de papiers ou peintures clairs ($m = 0,5$ en moyenne, flux lumineux utilisable égal à deux fois l'émission des sources). De même, le chiffre relatif au mur sale est donné à titre d'indication, pour montrer que, même dans le cas d'un pouvoir émissif déjà médiocre, la saleté des murs peut diviser par 1,6 le flux lumineux utile.

Étudions d'un peu plus près l'action des diffuseurs. Soit un diffuseur D illuminé par une source S, et ayant à éclairer le point A. L'éclat pris par le diffuseur est inversement proportionnel à r^2, carré de sa distance à la source; le flux qu'il envoie en A est inversement proportionnel à r'^2; donc l'éclairement d'un objet placé en A et dû au diffuseur D est de la forme

$$E = \frac{K}{r^2 r'^2},$$

K étant une constante. Cette formule a déjà

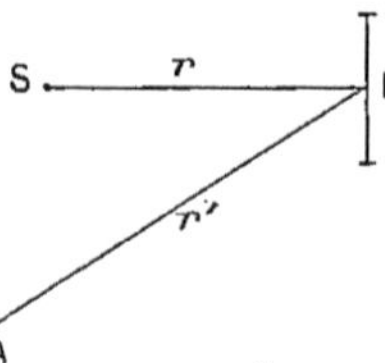

Fig. 87.

été vue à propos du photomètre de Weber. On comprend tout de suite, par ce qui précède, l'avantage qu'on pourra avoir, dans une salle de hauteur convenable, à placer les sources lumineuses à petite distance d'un plafond blanc.

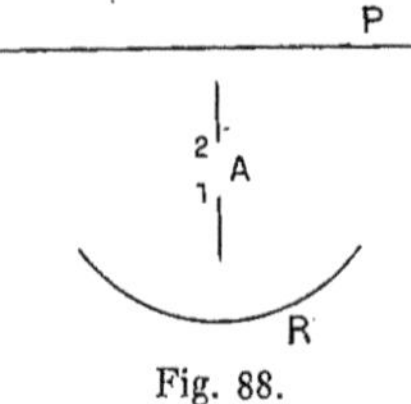

Fig. 88.

Ce dispositif s'emploie beaucoup maintenant dans le cas de l'éclairage par arc électrique. On place l'arc A le cratère positif en 1, de manière à rayonner directement vers le plafond, et un réflecteur en R qui empêche aucune lumière directe de parvenir vers le bas et renvoie vers le plafond celle qui suivait ce chemin. On obtient ainsi des résultats excellents au point de vue de l'hygiène de l'œil et aussi au point de vue industriel. L'installation ne peut se faire que dans des locaux d'une hauteur modérée, à moins de venir fixer des diffuseurs de grandes dimensions au-dessus des lampes, ce qui est coûteux et peu esthétique.

Ce procédé d'éclairage a été employé systématiquement dans un grand nombre d'écoles de dessin, et a donné les meilleurs résultats. Au point de vue de l'éclairage artistique, il est en effet tout à fait analogue à l'éclairage du jour, aussi bien au point de vue des ombres, puisque la lumière vient d'une large surface, qu'au point de vue de la couleur, puisque l'arc électrique a une composition, dans le spectre visible, très analogue à celle de la lumière solaire.

Voilà ce que l'on peut dire sur l'emploi des diffuseurs ordinaires. Il est certain que la diffusion par réflexion est bien meilleure au point de vue du rendement que la diffusion ordinaire par réfraction, celle-ci étant accompagnée d'une très grande absorption de lumière. Mais l'étude attentive des lois de la réfraction régulière au point de vue de l'éclat des images permet de construire des appareils de diffusion par réfraction qui présentent tous les avantages de la diffusion par réflexion au point de vue du rendement, et tous ceux de la diffusion ordinaire par réfraction au point de vue de la commodité d'emploi.

Globes holophanes. — L'idée première en est due à M. Trotter ; leur étude approfondie a été faite par M. Blondel. Nous allons exposer les principes de leur construction.

Il nous faut tout d'abord nous occuper de la façon dont un œil voit un objet, au point de vue de l'éclat de l'image rétinienne. A ce sujet, on démontre aisément le théorème suivant :

Quand on regarde un objet d'éclat déterminé avec un œil dont la pupille est de grandeur déterminée, l'éclat intrinsèque de l'image rétinienne est indépendant de la distance de l'objet.

En effet, l'accommodation amenant toujours l'image nette sur la rétine, et le déplacement du centre optique sous son action étant négligeable, la figure 89 montre tout de suite que les dimensions linéaires de l'image rétinienne de l'objet AO sont inversement proportionnelles à sa distance à l'œil. La surface de l'image est donc inversement proportionnelle au carré

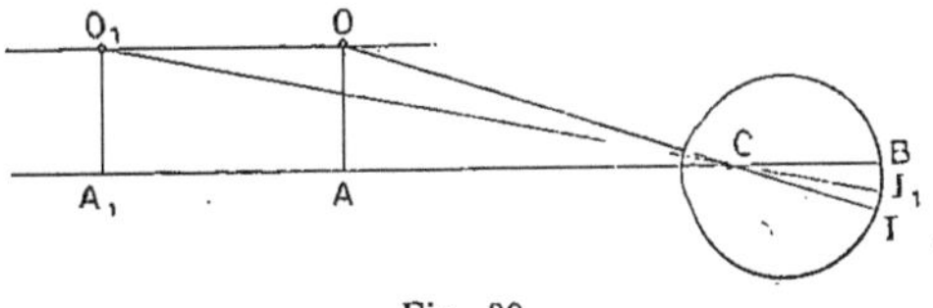

Fig. 89.

de cette distance. Or, la pupille étant supposée de grandeur constante, le flux lumineux qu'elle reçoit de l'objet est aussi inversement proportionnel au carré de la distance de cet objet. L'éclairement de la rétine est donc constant, puisque le flux lumineux est proportionnel à la surface sur laquelle il se répartit.

Comme l'éclat d'une image rétinienne est indépendant de la distance où se trouve l'objet regardé et ne dépend que de l'éclat de celui-ci, nous aurons, en regardant directement un objet ou son image, le même éclat rétinien. Mais si l'éclat rétinien est le même, la grandeur de l'image rétinienne varie et, par conséquent, la quantité totale de la sensation lumineuse reçue par l'œil. Si nous supposons, par exemple, qu'une lentille donne de l'objet lumineux une très petite image, l'œil aura, en contemplant celle-ci, une image rétinienne très petite par rapport à celle que donnerait la source lumineuse placée à la même distance. La fatigue de l'œil sera donc beaucoup diminuée, car la fatigue de la rétine dépend non seulement de l'éclat de l'image rétinienne, mais de son étendue.

Supposons maintenant qu'on constitue un globe destiné à envelopper un arc électrique, par exemple, par une série de petites lentilles très puissantes et accolées, donnant chacune une image de l'arc dix fois plus petite que celui-ci, et supposons que, sur une étendue d'une lentille à la surface du globe, il y ait deux fois la surface du cratère positif. L'œil qui regardera ce globe aura, sur une surface rétinienne égale à deux fois celle qui serait impressionnée par l'arc à feu nu, une image ayant une surface égale à $\dfrac{1}{100}$ de celle du cratère, et ayant le même éclat que lui ; cette surface rétinienne recevra donc une quantité d'énergie lumineuse deux cents fois plus faible que par la contemplation directe ; mais, en revanche, avec un globe ainsi constitué, une très grande surface sera visible. En un mot, au point de vue de l'hygiène de l'œil, les globes réfracteurs remplacent une source étroite et aveuglante par une autre ayant la même intensité totale, mais une surface beaucoup plus grande. Dans ces conditions, les images accidentelles sont beaucoup moins prononcées.

M. Blondel a réalisé, sous le nom de *globes holophanes*, des appareils de ce genre. Nous venons de voir, au point de vue de l'œil, toute leur utilité. Nous allons voir qu'ils sont avantageux au point de vue de l'éclairement. En effet, on comprend que l'on puisse, en leur donnant une forme convenable, répartir la lumière d'une manière à peu près uniforme sur le plan horizontal, même avec les sources qui, comme l'arc électrique, ont une distribution irrégulière de l'intensité. De plus, ces globes, étant en verre transparent, absorbent finalement une assez faible partie du flux lumineux total émis par la source. En somme, ils ont tous les avantages des diffuseurs ordinaires, avec un meilleur rendement.

Voici un tableau donnant, au point de vue industriel, les absorptions des divers globes :

Globes clairs	10 p. 100	
— holophanes	10 à 15	—
— opalins	30	—
— dépolis	40 à 50	—

Ces chiffres montrent bien que, aussi bien au point de vue de l'hygiène qu'au point de vue industriel, on doit prescrire toujours l'emploi des globes holophanes pour l'éclairage en commun, avec les sources modernes à grand éclat.

§ 3. — ÉCHAUFFEMENT DES LOCAUX. — VICIATION DE L'AIR.

Nous avons à nous occuper maintenant d'une dernière question pour avoir passé en revue les éléments nécessaires à connaître quand on veut apprécier une installation de lumière : c'est celle de la modification de l'atmosphère par les sources lumineuses employées.

Échauffement des locaux. — Deux effets se produisent en général : l'échauffement de l'air et la modification de sa composition. On ne peut éviter l'échauffement de l'air, puisque, finalement, toute l'énergie rayonnée par les sources lumineuses est transformée en chaleur par absorption. Cet échauffement n'a pas d'inconvénients en hiver, et il faut avouer que c'est dans cette saison que l'éclairage artificiel est le plus employé. Mais c'est un échauffement qu'on ne peut régler en aucune manière et qui peut présenter de graves inconvénients s'il est considérable et si la température extérieure est douce. Dans une installation bien comprise, il faut donc séparer autant que possible l'un de l'autre le chauffage et l'éclairage, et nous voyons immédiatement que, sous ce rapport, les meilleures sources seront encore celles qui ont le meilleur rendement industriel. En effet, quand nous dépensons en un point une certaine quantité d'énergie pour produire de la lumière, toute cette énergie est transformée soit en chaleur, soit en radiations. Les radiations produites sont finalement absorbées par les parois de la salle ou l'air qu'elle contient et transformées en chaleur. On peut donc dire que, finalement, toute l'énergie dépensée dans une source de lumière sera employée à échauffer le local éclairé. On n'a donc qu'à se reporter au tableau ci-après (p. 136) pour voir que les meilleures sources sont l'arc électrique, puis la lampe à incandescence, mais que l'éclairage à incandescence par le gaz avec brûleur Bandsept ne vient pas très loin en arrière.

Au point de vue pratique, voyons la quantité de chaleur qui sera fournie par l'éclairage à un amphithéâtre en l'évaluant d'après la chaleur émise par un auditeur. Un homme émet environ 1 calorie par kilogramme et par heure. Un homme de 70 kilogrammes émet donc 70 calories pendant une leçon d'une heure. On admet en général qu'un bon éclairage doit comporter deux bougies par auditeur. Je renvoie au chapitre des unités électriques pour la démonstration de ce fait que 1 watt correspond à $\dfrac{1}{9,8}$ kilogrammètre par seconde. Si donc nous appelons p le nombre de watts dépensés par bougie, nous aurons, pour l'énergie dépensée par bougie et par heure, $E = p\,\dfrac{3\,600}{9,8}$, et, pour avoir la quantité de chaleur, nous n'aurons qu'à diviser par 425, d'où

$$Q = p\,\frac{3\,600}{425 \times 9,8} = p \cdot 0,87.$$

Donc, par auditeur, on aura une quantité de chaleur égale à 1,74 p par heure, puisqu'on prend deux bougies par auditeur.

Source.	Calories par auditeur et par heure.	Rapport de la chaleur due à l'éclairage à celle développée par l'auditeur.
Bougie	150	2,1
Lampe à huile	100	1,28
— à pétrole	75	1,05
Bec à gaz papillon	160	2,3
— Argand	120	1,7
Brûleurs intensifs	78	1,1
Bec Auer	17	0,24
— à brûleur Bandsept	8,5 à 12	0,12 à 0,18
Acétylène	10	0,14
Lampe à incandescence de 16 bougies	6	0,085
— à arc	1,4	0,02

On voit donc que la lampe à arc donnera une quantité de chaleur pratiquement négligeable par rapport à celle que dégageront les personnes dans un amphithéâtre garni d'auditeurs, et qu'il en est de même pour la lampe à incandescence ou le bec Auer ; mais, avec tous les autres systèmes, il faut tenir le plus grand compte de l'éclairage quand on établit le système de chauffage. La différence au point de vue du chauffage entre l'amphithéâtre éclairé et l'amphithéâtre non éclairé est plus grande que celle qui existe entre l'amphithéâtre plein de monde et l'amphithéâtre vide.

Viciation de l'air. — Outre la chaleur qu'ils dégagent, les foyers lumineux, en général, vicient l'air par la consommation d'oxygène et la production d'acide carbonique ou d'oxyde de carbone. A ce point de vue, il existe deux sources de lumière parfaites : ce sont les lampes à incandescence et la lampe à arc électrique en vase clos. Ce dernier système a un rendement lumineux un peu moins bon que la lampe à l'air libre, mais l'usure des charbons y est beaucoup moindre et son emploi tend actuellement à se développer. La qualité sur laquelle j'insiste maintenant est d'ailleurs une raison de plus pour préconiser leur emploi.

Les autres sources de lumière donnent toutes des gaz nuisibles. Nous donnons les chiffres même pour les bougies et les lampes à huile.

Les volumes en litres de CO_2 et H_2O produits et de O consommé par carcel-heure sont :

	CO_2.	H_2O.	O consommé.
Bougie de l'étoile	39	39	58
Bec papillon à gaz	84	330	310
Bec Argand	65	260	240
Lampe à huile	58	»	»
— à pétrole	48	52	52
— à gaz intérieur	30 à 35	140	120
Bec Auer neuf	14	56	51
Acétylène	10	5	12,5

L'arc électrique dégage de petites quantités d'acide carbonique, qui dépendent essentiellement de la qualité des charbons, mais qui sont de l'ordre du millième de la production par le système d'éclairage dont nous venons de parler.

L'acide carbonique devient gênant aussitôt qu'il atteint 6 p. 10 000, et il peut donner lieu à des accidents à la teneur de 30 p. 10 000. Nous voyons aussi, en admettant pour la production de CO^2 par un auditeur le chiffre faible de 15 litres à l'heure, que, même en employant le bec Auer, la viciation par l'éclairage sera à peu près double de celle qui est due à la respiration. Il faut donc, toutes les fois qu'on emploie un éclairage autre que l'éclairage électrique, prendre de puissantes mesures de ventilation.

La consommation d'oxygène par les brûleurs à gaz ordinaires est aussi extrêmement considérable, et cela rend la ventilation plus nécessaire encore.

A côté de l'acide carbonique et de la vapeur d'eau, d'autres produits viennent encore vicier l'air dans le cas des brûleurs à combustion. Ces produits dépendent essentiellement de l'activité de la combustion ; ils sont réduits au minimum dans le cas du bec Auer, où toutes les mesures sont prises pour que la combustion du gaz soit complète à l'intérieur du manchon, de manière à le porter à une très haute température. Avec l'arc électrique, il y a production d'une trace d'oxyde de carbone en quantité assez faible pour être négligée dans la plupart des cas.

Discussion des systèmes d'éclairage. — En somme, au point de vue de l'hygiène, les lampes à incandescence donnent la seule solution parfaite du problème de l'éclairage. Leur inconvénient est de donner un éclairage en général coûteux, quand on emprunte l'énergie à un secteur de ville ou quand on emploie une installation particulière de trop peu d'importance. Cependant, quand une installation doit comporter un éclairage un peu important, il y a telle circonstance où, au point de vue économique, il sera indifférent de brûler directement le gaz ou de l'employer à faire marcher une machine qui actionne une dynamo, celle-ci donnant le courant qui produira l'éclairage à incandescence.

Ce sera le cas pour des groupes scolaires ou pour des hôpitaux un peu importants. Le devoir de l'hygiéniste, dans un cas analogue à celui-là, sera donc toujours de s'informer du prix auquel reviendrait la carcel-heure dans les conditions où se trouve l'installation, avec l'éclairage par incandescence, et de prescrire celui-ci, même dans le cas où son prix de revient serait un peu supérieur à celui de l'éclairage au gaz.

Pour l'éclairage des grandes salles de réunion, l'emploi de l'arc électrique n'est pas mauvais au point de vue de l'hygiène quand il est convenablement employé, et, dans ce cas, il réalise très facilement une très grande économie.

§ 4. — COULEUR DES CORPS. — VISION DES SIGNAUX.

A un autre point de vue encore, l'arc électrique est le meilleur des procédés d'éclairage : c'est à celui de la distinction des couleurs. Lui seul, en effet, donne une lumière parfaitement blanche, et conserve aux corps leur couleur normale. On sait, en effet, que les corps sont doués de couleur à cause de leur propriété de diffuser essentiellement la couleur dont ils portent le nom ; en absorbant davantage les autres, ils jouent le rôle d'un crible à radiation. Si donc on éclaire un corps coloré au moyen de lumières de composition variable, on conçoit aisément que sa couleur pourra changer du tout au tout. Si l'on pousse les choses à l'extrême, on voit, par exemple, que les corps éclairés par la flamme du sodium, qui ne contient que deux radiations jaunes très voisines, seront tous ou noirs ou jaunes. Il est frappant, à ce point de vue, de regarder une figure éclairée ainsi : les lèvres sont complètement noires. L'emploi des lumières artificielles anciennes, qui émettent une proportion considérable de radiations rouges, est donc mauvais dans un grand nombre de cas. On ne peut, avec ces lumières, se rendre compte du coloris d'un tableau, par exemple.

Si l'on a à éclairer un atelier où les ouvriers ont à exécuter de l'échantillonnage, ces lumières sont très mauvaises aussi. Rendons-nous compte du genre de teintes dont la distinction sera la moins bonne dans ces conditions.

Tout d'abord, les corps qui diffusent les radiations réfrangibles et qui absorbent le rouge apparaîtront avec leur vraie couleur ; ils seront seulement modifiés par contraste avec les corps voisins qui, eux, pourront être objectivement modifiés. La condition pour que la couleur d'un corps soit objectivement modifiée par l'emploi de la lumière artificielle est donc qu'il diffuse notablement le rouge. On comprend qu'un premier effet puisse être de rendre discordantes les teintes de deux corps voisins dont l'ensemble était agréable à la lumière du jour. Mais, si l'on s'en tient au problème physiologique de la distinction de deux plages voisines, on peut voir aisément que c'est encore dans les corps de couleur rouge que la distinction sera gênée par l'emploi de la lumière artificielle.

En effet, considérons deux corps voisins, à couleur rosée : cela veut dire qu'ils diffusent parfaitement bien le rouge, et qu'ils se distinguent par l'absorption sélective des radiations très réfrangibles. Le rouge sera donc une couleur qui lavera uniformément les deux plages voisines, et qui fatiguera l'œil sans lui apporter d'élément de différenciation. Elle fera donc disparaître la différence entre ces deux plages, exactement comme l'éclairement général, dans l'expérience de Bouguer, fait disparaître l'ombre d'une tige portée par une bougie (Voy. *Optique physiologique*). Cette teinte générale parasite sera d'autant plus nuisible que la lumière sera plus riche en radiations rouges, et elle sera nuisible au maximum dans le cas de l'éclairage artificiel par les anciennes sources.

Dans les ateliers où l'on aura à échantillonner des couleurs de cette espèce, il faudra donc employer la lumière de l'arc ou celle du bec Auer, ou bien, si l'on est obligé de s'en tenir au gaz ordinaire ou au pétrole, il faudra employer des verres légèrement teintés de bleu, qui enlèveront de la lumière, mais pourront la rendre de bonne qualité.

Un cas intéresse particulièrement le médecin : c'est celui de la vision des éruptions cutanées. Dans ce cas, on voit très mal avec les lumières artificielles autres que l'arc électrique ou le bec Auer, mais on peut éviter cet inconvénient, comme je l'ai montré, en éclairant vivement la peau à examiner et interposant devant l'œil un verre bleu Isly d'intensité convenable. L'emploi de ce verre est d'ailleurs très utile dans ce cas, même à la lumière du jour, où il permet la caractérisation d'éruptions invisibles sans son secours.

Il est encore un cas pratique dont je veux parler : c'est celui de la vision des signaux lumineux éloignés. Le médecin a souvent à se prononcer sur l'aptitude aux professions de mécanicien ou de marin : il faut qu'il sache comment l'œil utilise la lumière dans ce genre de vision.

Les feux éloignés sont en général concentrés au moyen de projecteurs. Ce sont des appareils qui, dans les idées courantes, sont destinés à rendre parallèle à leur axe le faisceau lumineux issu de la source. Mais c'est là une idée trop simple, attendu que jamais une source n'est punctiforme ; elle est caractérisée par une certaine étendue et un certain éclat intrinsèque. Soit donc AB la source ; après réfraction par la lentille L, les rayons issus de A

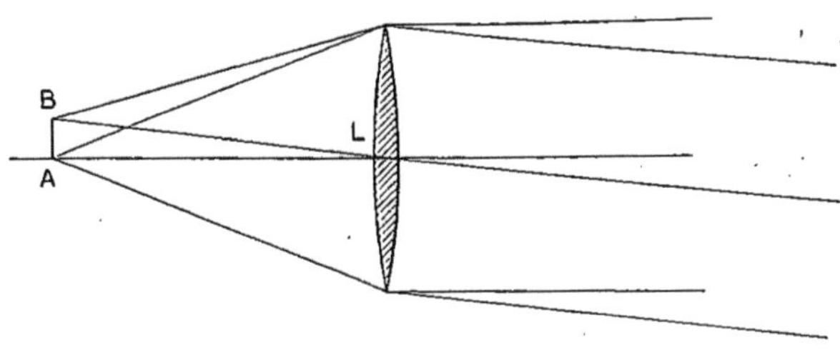

Fig. 90.

seront parallèles à AL, ceux issus de B seront parallèles à BL. Donc, tout se passera comme si la lentille émettait en chacun de ses points un cône de rayons, exactement comme une source ordinaire. Nous avons vu que, dans le cas d'un système optique parfait, tout se passe comme si la surface utilisée était tout entière lumineuse et avait le même éclat que la source éclairante, quand celle-ci est assez étendue. Nous supposerons que cette dernière condition existe, et que la perfection optique est réalisée, soit par le système des échelons de Fresnel, soit par un des systèmes modernes, Mangin ou Schuckert. Dans ce cas, on voit tout d'abord que l'intensité lumineuse émise par un projecteur décroît en raison inverse du carré de la distance au projecteur. Quand on regarde celui-ci à l'œil nu, l'image rétinienne, d'après ce que nous avons dit plus haut, a toujours le même éclat, mais sa surface varie en raison inverse du carré des distances au projecteur, donc la quantité de lumière reçue par la rétine varie de la même manière que celle reçue par un écran quelconque.

Si donc on s'éloigne assez pour que la dimension de l'image rétinienne soit égale à celle de la base d'un cône rétinien, on aura, à partir de ce moment, la notion que l'éclat du point lumineux diminue, sans avoir notion de la variation de ses dimensions. Un cône ayant $0^{mm},003$ et l'œil ayant 15 millimètres de distance focale, l'angle sous-tendu par un cône est de $\dfrac{0,003}{15} = 0,0002$ environ. Les plus grands projecteurs de phares ont 1 mètre de diamètre ; ils sont donc vus sous l'angle indiqué à partir de la distance de 5 kilomètres. Si l'on considère les lanternes de chemin de fer, dont les miroirs concentrateurs ont environ 20 centimètres de diamètre, l'effet indiqué se produira à partir de 1 kilomètre.

Si, maintenant, nous considérons des signaux colorés, nous comprenons qu'ils seront vus à une distance d'autant plus grande que le minimum perceptible de l'observateur sera plus bas. En nous appuyant sur les mesures de Charpentier, nous comprenons pourquoi l'on ne peut employer que les signaux rouges et verts. En effet, quand la lumière augmente à partir de zéro, on a, quelle que soit sa couleur, d'abord une sensation de gris, puis une sensation colorée; l'intervalle entre les deux est appelé *intervalle photochromatique*. Il est assez faible pour le rouge, un peu plus grand pour le vert, très grand pour le bleu. On ne peut donc songer à employer comme signaux des verres de cette couleur. En effet, à partir de la distance où un signal devient visible, il paraît incolore tant que l'intensité n'a pas dépassé le minimum chromatique. Si celui-ci est très élevé, comme dans le cas du bleu, la couleur de ce signal ne sera pas distinguée pendant un temps très long, et cela pourra amener des inconvénients graves.

Les signaux rouges et verts ont l'inconvénient d'être confondus par les individus atteints de dyschromatopsie, congénitale ou accidentelle; aussi comprend-on immédiatement le grand intérêt qu'il y a à connaître les degrés, même faibles, de cette affection. Ce n'est pas ici le lieu de décrire les épreuves diverses imposées par les services publics et les compagnies de chemins de fer au point de vue de la dyschromatopsie, mais il est aisé de comprendre, d'après ce qui précède, que la vraie mesure serait la mesure photométrique du minimum lumineux et du minimum chromatique pour les couleurs employées comme signaux, et cette épreuve devrait être faite avec de petites plages lumineuses, car, dans les cas de scotome central, on peut avoir une dyschromatopsie limitée à une très petite surface de la rétine et qui n'en est pas moins dangereuse, puisque la partie lésée est le point de fixation et que c'est avec lui que l'on regarde les signaux.

Enfin, un procédé physique permet de distinguer les signaux quand on hésite sur leur couleur. Il suffit d'avoir un petit morceau de verre vert et un de verre rouge identiques à ceux des lanternes et ayant à peu près la même intensité. Le verre rouge laissera passer presque complètement la lumière rouge et arrêtera presque complètement la verte, et inversement.

PHOTOGRAPHIE

Par M. A. LONDE.

La photographie dans les sciences biologiques peut avoir de nombreuses applications ; tantôt elle est considérée comme un moyen de reproduction rigoureux et rapide qui permet de conserver la physionomie et l'aspect exacts d'un modèle quelconque : elle évite ainsi toute interprétation et constitue le document sincère et véridique ; tantôt elle supplée à l'insuffisance relative de notre organe de vision, et alors elle sert à analyser certains phénomènes qui nous échappent ; elle en augmente ainsi la puissance et étend son domaine d'investigation. En effectuant la synthèse des documents ainsi obtenus, nous pouvons arriver à reconstituer, en quelque sorte, les manifestations de la vie qui se traduisent par le mouvement et en faire apparaître de nouveau l'image à nos yeux.

Enfin, grâce à sa qualité précieuse de reproduction, la photographie sera un des adjuvants les plus importants de la divulgation scientifique par la multiplication facile et économique des résultats d'ordre iconographique.

La division naturelle de notre sujet nous amènera donc à étudier successivement la photographie comme moyen de reproduction, d'analyse, de synthèse et de divulgation. Nous ferons précéder cette étude d'un résumé technique qui nous paraît indispensable pour éclairer et guider tous ceux qui, par la nature de leurs travaux ou de leurs recherches, seront appelés à se servir de la photographie. L'expérience nous a, en effet, montré que, très fréquemment, les chercheurs n'obtenaient pas tous les résultats qu'ils auraient pu espérer, précisément parce que les notions techniques élémentaires leur faisaient par trop défaut.

CHAPITRE PREMIER

TECHNIQUE GÉNÉRALE

Le matériel. — Le laboratoire noir. — L'atelier vitré. — Exposition et manipulations diverses.

LE MATÉRIEL.

Le principe de la photographie consiste à former l'image des objets extérieurs au moyen d'un système optique, l'*objectif*, sur une *plaque sensible*, mise à l'abri de toute lumière étrangère dans la *chambre noire*. L'image créée par la lumière, et qui n'est qu'à l'*état latent*, est *développée* au moyen de certains réactifs spéciaux qui portent le nom de *révélateurs*.

La plaque sensible, une fois impressionnée et développée, porte une image visible qui est la contre-partie de l'original, d'où son nom d'*image négative* ou de *négatif*. En exposant alors derrière le négatif une feuille de papier sensible, on obtient une épreuve dite *positive* ou *positif*, qui reconstitue l'original avec toutes ses valeurs.

Chambre noire. — Nous n'avons à examiner en ce moment que le modèle-type (fig. 91) qui servira pour la généralité des applications, nous

Fig. 91.

réservant de décrire plus loin les modifications qui seront nécessaires dans tel ou tel cas particulier.

La chambre noire se compose de deux corps montés sur la base ou queue de la chambre et réunis par un soufflet imperméable à la lumière. Le corps d'avant porte l'objectif muni de ses diaphragmes et d'un obturateur; le corps d'arrière, un logement qui reçoit d'abord le verre dépoli destiné à effectuer la mise au point, puis le châssis contenant la plaque sensible. Le corps d'arrière est mobile dans la base et est fixé à cet effet sur une plaque coulissante qu'on nomme le *chariot* et qui est commandée par une crémail- lère terminée par des boutons moletés. La nécessité de faire varier l'écart entre la plaque et l'objectif découle de la loi des foyers conjugués et est obli- gatoire d'après le foyer de l'objectif employé et la distance du modèle. Les corps d'avant et d'arrière doivent être rigoureusement parallèles.

Le verre dépoli doit être quadrillé par des lignes gravées distantes de

1 centimètre et porter sur les deux axes une division millimétrique. Cette disposition facilite beaucoup l'exécution des reproductions à échelle déterminée.

Les châssis négatifs ne doivent laisser passer aucun jour et porteront un numérotage qui évitera toute erreur ; ils devront être réglés de telle façon que la face antérieure de la plaque sensible soit exactement dans le même plan que la face antérieure et dépolie du verre dépoli.

Le corps d'avant portera une double planchette qui permettra de déplacer l'objectif dans le sens vertical et dans le sens horizontal ; la théorie indique, en effet, que la position de la chambre doit être toujours normale par rapport au modèle, le niveau de celle-ci étant respecté d'une façon absolue.

On arrivera à mettre l'objet en plaque par les mouvements de l'objectif et non par l'inclinaison de la chambre, ce qui produirait des déformations. Pour les mouvements verticaux, il sera très avantageux d'employer un pied d'atelier à crémaillère, ce qui permet facilement de l'amener à la hauteur voulue. Si l'on se contente d'un pied de touriste à trois branches, on fera faire un triangle en bois qui maintiendra les pointes de chaque branche à l'écartement voulu et les empêchera de glisser sur le sol ; pour l'élever ou l'abaisser, on rentrera ou l'on sortira d'une même quantité les parties coulissantes de ce pied.

Dans un laboratoire spécialement organisé, on peut faire construire une chambre noire comme celle que nous avons créée pour le service photographique de la Salpêtrière. Elle se compose de deux chambres accouplées et munies de deux objectifs identiques. L'un sert à mettre au point et l'autre à opérer ; ce dernier seul, en effet, est muni d'un obturateur. L'avantage de cette disposition est surtout manifeste en photographie médicale, où certains malades sont toujours en mouvement et ne sauraient rester à la place voulue. On supprime tout le laps de temps qui s'écoule entre l'opération de la mise au point et la pose, temps qui est nécessaire pour enlever le verre dépoli, armer l'obturateur, mettre le châssis négatif et l'ouvrir ; avec cet appareil, on suit le malade, on le maintient au point et, au moment qui paraît le plus propice, on agit sans retard aucun.

Objectif. — Un objectif photographique est caractérisé par son ouverture et par sa distance focale principale. A surface égale couverte et à même degré de finesse et de netteté, la rapidité de l'objectif sera d'autant plus considérable que l'ouverture sera plus grande et la distance focale plus courte. L'ouverture de l'objectif peut être réduite par le diaphragme. Celui-ci, en éliminant les rayons marginaux ou trop obliques, augmente l'étendue de la surface couverte et la profondeur de foyer ; par contre, il diminue la somme de rayons admis, et plus il est réduit plus la pose doit être allongée. Les diaphragmes sont constitués par des lamelles métalliques percées d'ouvertures déterminées : ce sont les diaphragmes à vanne ; un dispositif plus perfectionné et très pratique est le diaphragme iris, analogue à celui que l'on emploie dans les microscopes. Les opticiens soigneux indiquent sur les diaphragmes les augmentations de pose qui résultent de la réduction de l'ouverture. D'après les décisions du Congrès international de 1889, le diaphragme normal est celui dont l'ouverture est égale à un dixième de la distance focale principale.

Un bon objectif photographique doit être achromatique, aplanétique (c'est-à-dire donner un champ plat aussi étendu que possible), être exempt d'astigmatisme, de distorsion et de tache centrale. L'essai et la vérification des objectifs peuvent être effectués au laboratoire d'essais de la Société française de photographie. Des appareils spéciaux et des méthodes rigoureuses ont été indiqués par M. Moessard (1), par M. Houdaille (2), par M. Féry (3).

Le choix de l'objectif dépendra : 1° de la surface que l'on veut couvrir; 2° de la nature du travail à exécuter.

Nous recommanderons spécialement, pour les travaux de précision, les objectifs symétriques de Ross, Dallmeyer, Hermagis, Berthiot, Turrillon (maison Darlot) et les nouveaux objectifs plus récemment étudiés avec les verres d'Iéna, anastigmats de Zeiss, anastigmatiques de Gœrz, orthostigmats de Steinheil, planigraphes de Turrillon, anastigmats de Lemardeley, périgraphes de Berthiot, aplanastigmats d'Hermagis. Les objectifs de fabrication française, qui avaient été dépassés par la construction étrangère, sont maintenant absolument à la hauteur pour lutter, même avec avantage.

En terminant, nous croyons devoir indiquer, pour chaque format de plaques, la distance focale principale moyenne que l'on devra employer :

Format.	Longueur focale simple.
9 × 12	12 à 17
13 × 18	18 à 25
18 × 24	26 à 30
24 × 30	30 à 36

Obturateur. — L'objectif doit être accompagné très fréquemment d'un accessoire important qui est l'*obturateur*. Ce dernier a pour but de ne laisser pénétrer la lumière dans l'objectif que pendant un temps très court, de façon à réaliser la photographie instantanée. La place nous manque pour traiter ce sujet important (4) et il nous suffira d'énumérer les principales catégories d'obturateurs et d'indiquer les qualités générales qu'ils doivent posséder.

On peut ranger les obturateurs en deux grandes classes caractérisées par le mode d'ouverture. S'il s'effectue de la circonférence au centre, nous aurons la classe des obturateurs latéraux. S'il s'effectue par le centre, nous aurons les obturateurs centraux. D'après cette classification, on pourra savoir dans chaque cas particulier l'emplacement préférable. C'est ainsi que, d'une manière générale, les obturateurs centraux doivent être placés dans le voisinage du centre optique près du diaphragme; les obturateurs latéraux peuvent, au contraire, être placés indistinctement en avant, en arrière de l'objectif, au centre optique et même contre la plaque sensible.

---

(1) *Étude des lentilles et objectifs photographiques* (Étude expérimentale complète d'une lentille ou d'un objet photographique au moyen de l'appareil dit *le Tourniquet*). Paris, Gauthier-Villars.

(2) *Bulletin de la Société française de photographie* (Compte rendu des travaux du Laboratoire d'essais).

(3) FÉRY, *Traité de photographie industrielle*. Paris, Gauthier-Villars.

(4) A. LONDE, *La photographie instantanée, théorie et pratique*, 3ᵉ édition. Paris, Gauthier-Villars.

Les qualités que l'on devra demander à l'obturateur sont les suivantes : 1° simplicité de mécanisme et de fonctionnement ; 2° régularité des temps de pose pour un même degré de réglage ; 3° multiplicité des vitesses, afin de régler la vitesse d'après la nature du mouvement à reproduire.

Nous nous servons à la Salpêtrière d'un obturateur latéral circulaire que nous avons fait construire pour résoudre les divers problèmes que l'on rencontre en photographie médicale ; il permet la pose à volonté et l'instantané à ses divers degrés. Il a l'avantage, comme du reste tous les obturateurs qui fonctionnent dans l'objectif, de ne pas déformer les images. Il n'en est pas de même avec les obturateurs de plaque que l'on emploie beaucoup aujourd'hui et qui, s'ils sont avantageux pour la réalisation de poses très courtes, ont l'inconvénient d'altérer l'image, par suite de l'exposition successive des diverses parties de la plaque.

Plaques sensibles. — Aujourd'hui, on emploie d'une manière générale les plaques au gélatino-bromure d'argent que l'industrie fabrique d'une façon régulière : dans certaines applications seulement, il pourra être nécessaire d'utiliser les anciens procédés du collodion humide ou sec, ou de l'albumine.

Les plaques au gélatino-bromure sont constituées par du bromure d'argent émulsionné dans de la gélatine et coulé sur un support, qui est ordinairement le verre ; si le support est constitué par une autre matière : papier transparent, celluloïd ou gélatine rendue insoluble par un procédé spécial, ces préparations se nomment *papiers pelliculaires* ou *pellicules*. Pour certains travaux, comme nous le verrons par la suite, elles sont préférables au support verre.

On prépare, dans le commerce, des plaques de rapidités différentes ; on fera son choix d'après la nature du travail que l'on exécute, en prenant note que la finesse de la couche, en tant que grain, diminue avec la rapidité ; d'autre part, plus les plaques sont rapides, plus elles ont de tendance à donner des épreuves grises et manquant de contrastes. En résumé, veut-on obtenir une grande finesse et des oppositions bien marquées, on se servira de plaques lentes. Cherche-t-on avant tout la brièveté de la pose, on emploiera les marques les plus rapides. (Par *marques les plus rapides* actuellement connues, nous parlons de celles qui donnent 25° au sensitomètre Warnercke.)

Pour certaines applications (microphotographie, photographie des maladies de la peau), il faudra faire usage de plaques plus spécialement sensibilisées, afin de reproduire avec leurs tonalités exactes certaines colorations du modèle qui ne sont pas photogéniques et viennent en noir sur une plaque ordinaire. Ce sont les plaques orthochromatiques ou isochromatiques ; on en prépare de plus spécialement sensibles soit aux radiations vertes et jaunes, soit aux radiations rouges. Leur emploi avec des écrans colorés, qui feront un véritable triage des radiations colorées, sera indiqué par la suite.

Les plaques photographiques doivent être gardées à l'abri de toute lumière et de l'humidité. Suivant leur mode de préparation, leur conservation est plus ou moins longue, mais il est préférable de renouveler sa provision de temps en temps, en évitant surtout de prendre des plaques coulées pendant la saison chaude. Avec ces dernières, on a à craindre divers accidents : ampoules, soulèvement de la couche.

LE LABORATOIRE NOIR.

Le laboratoire noir est destiné à permettre la manipulation des préparations sensibles et leur développement. La pièce destinée à cet usage ne doit pas laisser pénétrer le plus petit filet de lumière blanche. On s'éclairera avec une lanterne bien close, dont une des parois sera constituée par un verre rouge. Le choix du verre rouge est très important, car il ne doit laisser passer que les radiations rouges, sans trace de radiations jaunes et vertes. On se sert du spectroscope pour contrôler la valeur du verre rouge.

La source de lumière contenue dans la lanterne pourra être constituée par une bougie, un bec de gaz, une lampe à essence ou à pétrole, une lampe électrique ; chacun adoptera le système qui lui sera le plus commode, en se rappelant qu'il faut être difficile sur la qualité de l'éclairage rouge obtenu, et non pas sur sa quantité. L'éclairage artificiel, quel qu'il soit, sera toujours préférable à l'éclairage naturel, qui est constamment variable suivant l'état de l'atmosphère, la saison et l'heure, de telle sorte qu'il ne permet pas la régularité d'appréciation qui est nécessaire pour amener au même point le négatif.

Le laboratoire comprendra une table d'opération, un poste d'eau et un évier de vidange, des tablettes pour les produits, des casiers verticaux pour les cuvettes, des armoires et des tiroirs pour ranger les préparations sensibles. La plus minutieuse propreté doit être de regle.

Une pièce annexe pourra être réservée pour les opérations qui peuvent se faire à la lumière du jour.

L'ATELIER VITRÉ.

L'atelier vitré est nécessaire pour opérer à l'abri des intempéries de l'atmosphère. Il doit être orienté au nord, et vitré sur la face regardant l'exposition adoptée. Le toit doit être également vitré. On le place généralement dans un endroit découvert et à distance des masses de verdure ou des bâtiments trop élevés. On est dans d'excellentes conditions en le plaçant à la partie supérieure d'une habitation.

Les verres latéraux et de couverture sont mastiqués dans des fers à **T**. Pour éviter les infiltrations d'eau, il est avantageux de les mettre d'une seule pièce ; à cet effet, on peut employer les verres striés de la Compagnie de Saint-Gobain, qui ont, de plus, l'avantage d'adoucir la lumière et d'éviter, dans une certaine mesure, l'emploi des rideaux. Ceux-ci, fixés au-dessous de la toiture au moyen d'anneaux guidés par des fils de fer, ou suspendus par des tringles sur le côté, ont une réelle importance pour obtenir des jeux d'éclairage qui feront ressortir telle ou telle partie intéressante. Les dimensions de l'atelier varieront d'après le genre des travaux qui y seront exécutés : un atelier de 4 mètres de large sur 8 ou 10 de long, avec une hauteur de $3^m,50$ dans la partie la plus élevée et $2^m,50$ dans la plus basse, conviendra parfaitement dans un service hospitalier.

L'atelier doit être peint en couleur claire : gris ou bleu pâle, et être muni de fonds de teintes différentes, que l'on emploiera suivant la nature du modèle pour le faire ressortir suffisamment.

A défaut d'atelier, on opérera en plein air, en choisissant l'endroit le plus convenable pour obtenir l'effet cherché, ou dans une pièce quelconque suffisamment bien éclairée. Dans ce dernier cas, la lumière extérieure ne pénétrant que par un certain nombre d'ouvertures, la pose devra être allongée et il faudra, au moyen de réflecteurs en carton ou en toile blanche, ou encore de miroirs placés du côté de l'ombre, éviter les contrastes trop accusés qui sont la conséquence de cette disposition.

EXPOSITION ET MANIPULATIONS DIVERSES.

La détermination du temps de pose dépend d'un grand nombre de facteurs, qui sont : l'intensité de la lumière, la rapidité de l'objectif (qui dépend de sa distance focale principale, du diaphragme employé et de l'échelle de la reproduction), la nature du modèle (coloration de ce dernier), et enfin la sensibilité des plaques employées. Il est nécessaire d'étudier à ce sujet l'influence de ces divers facteurs (1) et, par l'expérience, on arrivera assez vite à une approximation suffisante. Le procédé du gélatino-bromure d'argent donne, du reste, une certaine latitude et, par la conduite raisonnée du développement, on arrive à corriger parfaitement les erreurs inévitables de pose.

Dans certaines hypothèses où la durée d'exposition est fixée, en quelque sorte, par le modèle lui-même, lorsqu'il s'agit, par exemple, de le saisir pendant un de ses mouvements, et c'est du reste là le cas le plus difficile, on combinera tous les facteurs précédents de façon à opérer dans les conditions les plus favorables.

Développement du négatif. — Cette opération, qui a pour but de faire apparaître l'image latente dessinée par la lumière, s'effectue dans le laboratoire noir ; quel que soit le révélateur employé, le résultat à obtenir consistera à produire un négatif possédant tous les détails de l'original jusque dans les parties les moins éclairées, et une intensité suffisante pour donner de bonnes épreuves positives. Les deux caractéristiques du négatif sont donc les détails et l'intensité, la netteté et la finesse dépendant de la valeur de l'objectif et de l'exactitude de la mise au point.

Comme type de révélateur, nous indiquerons seulement le développement à l'acide pyrogallique et au carbonate de soude, qui, manié d'une façon rationnelle, est utilisable dans toutes les hypothèses.

Les produits suivants sont nécessaires :

A. Acide pyrogallique en poudre.

B. Solution de sulfite de soude anhydre à 10 p. 100.

C.   —   de carbonate de soude à 20 p. 100.

D.   —   de bromure de potassium à 10 p. 100.

Pour un négatif normal ayant une pose exacte, on prend, pour un 13×18 :

(1) De Chapel d'Espinassoux, *Traité pratique de la détermination du temps de pose.* Paris, Gauthier-Villars.

A. 1 cuillerée à moutarde... ....   0cmc,25 environ.
B....................................... ....   20 centimètres cubes.
D...   Quelques gouttes.
Eau................... ....   80 centimètres cubes environ.

Le négatif est mis dans ce bain et remué constamment pendant une minute pour chasser les bulles d'air qui auraient pu adhérer à la couche et imbiber régulièrement celle-ci. On ajoute alors environ 1 centimètre cube de la solution C, en ayant soin de faire cette addition dans le verre à expérience et non sur la plaque. Si la pose est normale, l'image apparaîtra bientôt; il faut de suite l'examiner avec soin et, d'après la façon dont elle se présentera, on saura immédiatement la conduite à tenir; voit-on seulement les grands noirs qui correspondent aux grandes lumières, il est à craindre que le négatif ne soit trop dur, ait trop d'oppositions; on ajoute alors de suite une nouvelle quantité de C qui pousse aux détails; au contraire, voit-on apparaître l'image dans son ensemble, les ombres avec les lumières, le cliché sera gris, monotone, sans vigueur; il faut alors rajouter une ᵕuillerée d'acide pyrogallique pour augmenter l'intensité; quelquefois même il est nécessaire de remettre quelques gouttes de bromure de potassium, celui-ci ayant la propriété de retarder le développement et d'augmenter les oppositions.

Parfois, il est utile d'alterner les additions d'acide pyrogallique et d'alcali, jusqu'à ce que l'on ait obtenu tous les détails et toute l'intensité. Ce développement, manié avec habileté, a une souplesse rare qui permet de conduire le cliché comme on le désire, et de lui imprimer le caractère voulu. En combinant la conduite du développement avec des modifications intentionnelles de la pose, on est maître de son cliché. Ne pouvant insister davantage sur ce sujet, pourtant capital, nous renvoyons à un ouvrage spécial (1) et en extrayons deux tableaux qui serviront de guide en la circonstance.

Un autre révélateur que nous devons signaler est celui au métol et à l'hydroquinone; il n'a évidemment pas la souplesse de celui à l'acide pyrogallique, mais, dans certaines hypothèses (développement des instantanés, des papiers au bromure, des projections), il est très pratique et a, de plus, l'avantage de ne pas tacher les doigts.

Ce bain est ainsi composé :

Eau distillée..   1000
Sulfite de soude anhydre........................   150
Hydroquinone...................................   7,5
Carbonate de potasse   40
Métol...   5

On dissout à chaud dans l'ordre indiqué, en ajoutant successivement chacun des produits lorsque le précédent est fondu. On filtre et l'on garde en provision.

Ce bain neuf est très énergique et convient admirablement pour le développement des clichés instantanés. Lorsqu'il est affaibli par l'usage, ce bain est conservé sous le nom de *bain mi-vieux*. Il peut être employé pour le

(1) A. LONDE, *Traité pratique de développement*; 3e édition. Paris, Gauthier-Villars.

TABLEAU I. — Variations à apporter au développement suivant la nature de l'objet à reproduire.

NATURE DE L'OBJET.	TEMPS DE POSE.	MODIFICATIONS AU DÉVELOPPEMENT.	CONDUITE DU DÉVELOPPEMENT.	RÉSULTAT CHERCHÉ.
I. Sujet normal (bien en valeurs, pas d'oppositions).	Normal (légère surexposition).	Bain normal.	Bromure (d'autant plus qu'il y a plus de pose), développement lent. Chercher les détails, puis l'intensité.	Reproduire le sujet tel qu'il est.
II. Sujet à oppositions.	Allonger la pose (d'autant plus qu'il y a plus d'oppositions).	Bain dilué (diminution des constituants, augmentation de la quantité d'eau).	Peu de bromure. Développement très lent. Chercher les détails, puis l'intensité.	Éviter les contrastes trop accentués du modèle.
III. Sujet monotone (manque de valeurs et d'oppositions).	Diminuer la pose.	Bain concentré (augmentation des constituants, diminution de la quantité d'eau).	Augmenter le bromure. Développement plus rapide. Pousser à l'intensité, puis aux détails.	Donner de la valeur et des contrastes.
IV. Sujet instantané (pleine pose).	Suivant la vitesse du sujet.	Bain plus concentré (augmentation des constituants, diminution de la quantité d'eau).	Traces de bromure. Développement rapide. Chercher les détails, puis l'intensité.	Avoir le cliché avec les détails et l'intensité suffisante.
V. Sujet instantané (pose courte).	Id.	Bain très concentré (augmentation très forte des constituants, diminution de la quantité d'eau).	Pas de bromure. Développement rapide et prolongé. Chercher les détails, puis l'intensité.	Id.

TABLEAU II. — Variations à apporter au développement suivant le résultat cherché.

RÉSULTAT CHERCHÉ.	TEMPS DE POSE.	MODIFICATIONS AU DÉVELOPPEMENT.	CONDUITE DU DÉVELOPPEMENT.
Cliché à opposition.	Pose courte.	Bain concentré.	Bromure. Développement rapide. Chercher l'intensité, puis les détails.
Cliché doux.	Pose longue.	Bain dilué.	Peu de bromure. Développement lent. Chercher les détails, puis l'intensité.

développement des clichés faits à l'atelier, à condition que la pose ne s'éloigne pas trop de la normale. Lorsque cé bain est encore plus fatigué, il constitue le *bain vieux*, qui sera utilisé pour développer les clichés surexposés, les papiers au bromure et les projections, dans tous les cas où l'on désire éviter le voile et conserver des blancs purs. L'emploi de ce bain à ses trois degrés d'énergie permet à l'opérateur habile de résoudre à peu près tous les problèmes pratiques, à condition de bien régler la durée d'exposition d'après le bain qu'il doit employer, ou de choisir le bain le plus convenable d'après la durée d'exposition réalisée (1).

On arrêtera le développement du négatif lorsque celui-ci aura tous les détails et l'intensité voulue ; l'expérience sera vite acquise par le praticien. On procède alors au *fixage*, qui a pour but de dissoudre le bromure d'argent non réduit par la lumière. On se sert de la solution suivante :

Eau..	1000
Hyposulfite de soude..........................	200
Bisulfite de soude............................	50

Cette solution se garde très longtemps. Le cliché doit y séjourner jusqu'à ce qu'il ne présente plus d'apparence laiteuse au dos (environ de cinq à dix minutes). Il est recommandé de ne pas exposer à la lumière du jour un cliché incomplètement fixé, sous peine de voir se produire des taches jaunes indélébiles.

L'opération se termine par un lavage abondant à l'eau courante, lavage qui doit durer au moins deux heures. Le cliché est mis à sécher ensuite à l'abri de la poussière.

Si l'on veut effectuer un séchage rapide, on met le cliché pendant dix minutes dans l'alcool absolu, on l'essore et on peut le sécher ensuite à une douce chaleur. On peut employer dans le même but une solution étendue de formol, laver quelques instants et sécher également à une douce chaleur.

Si, pour une raison quelconque, l'intensité du négatif est insuffisante, on pratique l'opération du *renforcement*; si elle est trop forte, celle du *baissage*.

Pour renforcer un négatif, on le plonge dans une solution saturée de bichlorure de mercure (2,5 p. 100) jusqu'à ce que la couche soit devenue uniformément blanche. On lave abondamment et l'on passe dans l'eau ammoniacale (10 p. 100) en ayant soin d'agiter. Le cliché noircit immédiatement; il ne reste plus qu'à laver et sécher.

Pour baisser un négatif, on mélange par parties égales, au moment de l'usage, deux solutions, l'une de ferricyanure de potassium à 5 p. 100 et l'autre d'hyposulfite de soude également à 5 p. 100 (2). Le cliché est plongé dans ce bain ; on le sort fréquemment, on le passe sous le robinet d'eau ; on constate alors les progrès de l'opération. On renouvelle cette opération jusqu'à obtention du résultat cherché. On lave et l'on met sécher.

(1) Voy. A. LONDE, *Traité pratique de développement*, p. 85.
(2) Cette solution est connue sous le nom de *faiblisseur de Farmer*.

CHAPITRE II

APPLICATIONS DE LA PHOTOGRAPHIE

Applications médicales diverses. — Maladies de la peau. — Reproduction des pièces anatomiques. — Microphotographie. — Technique spéciale de la microphotographie. — Photographie médico-légale. — Emploi de la lumière artificielle.

APPLICATIONS MÉDICALES DIVERSES.

Étant données la sincérité et la fidélité de traduction que procure la photographie, elle est susceptible de rendre de nombreux services dans tous les
cas où il s'agira de reproduire un modèle quelconque et d'en garder d'une
manière durable l'aspect et la physionomie : elle est, dans cet ordre d'idées,
incontestablement supérieure au dessin, qui exige tout d'abord un talent personnel qui n'est pas donné à tous et laisse toujours place à l'interprétation.
Non pas que nous prétendions vouloir substituer d'une manière absolue la
photographie au dessin dans les sciences d'observation : ce dernier a une
valeur considérable lorsqu'il s'agit de schématiser, de dégager d'un ensemble
les points intéressants, de bien les faire ressortir; la photographie, qui est
absolument impersonnelle, ne saurait répondre au même but; mais elle a
l'avantage indiscutable de reproduire l'original sans aucune interprétation.
Ce qui constitue, dans l'espèce, toute la valeur du document, c'est la fixation
définitive de l'image vue par l'œil, celle-ci étant essentiellement fugitive et
modifiable par suite des imperfections de la mémoire.

La photographie sera donc l'accompagnement tout indiqué de l'observation médicale, non pas qu'elle puisse suppléer celle-ci, mais elle la précise
et la complète.

L'intérêt de la reproduction consistera à photographier soit l'individu
entier, soit tel ou tel membre ou telle ou telle partie de ces derniers. On
opérera le plus généralement sur le nu, et c'est là une des raisons qui nécessitent l'emploi de l'atelier vitré, où le malade, étant à l'abri des intempéries et
des regards indiscrets, pourra être néanmoins saisi dans les meilleures conditions d'éclairage. Les ressources de la technique devront être mises à contribution pour obtenir des épreuves modelées, sans blancs qui n'offrent plus
aucun détail et sans ombres trop prononcées qui ne laissent plus rien voir.

Le réglage de l'éclairage par le jeu habile des rideaux facilitera l'obtention de ce résultat.

Dans les photographies d'ensemble, on consignera les déformations produites par la maladie, les anomalies qui peuvent exister ; si elles sont limitées, comme cela arrive dans l'hémiplégie, dans la paralysie infantile, etc.,
la reproduction de la partie saine donnera le terme de comparaison. La
notation des attitudes sera particulièrement intéressante à consigner : on sait,
en effet, que dans diverses affections l'attitude est absolument typique; nous

citerons, en particulier, la paralysie générale, la syringomyélie, la scoliose, le mal de Pott, la sciatique, etc.

La reproduction isolée des différentes parties du corps nécessitera le rapprochement de l'appareil du modèle, afin d'avoir une image de taille suffisante. Cette condition implique l'allongement du tirage de la chambre, la reproduction à taille égale exigeant, d'après la loi des foyers conjugués, une longueur double de la distance focale principale de l'objectif. Cette considération ne devra pas être oubliée lorsque l'on fera choix de la chambre noire et de l'objectif. Les temps d'exposition devront être augmentés d'autant plus que l'échelle de reproduction sera plus grande. Dans ces conditions, et comme il s'agit fréquemment de malades incapables de rester suffisamment tranquilles, on sera amené, dans la pratique, à faire des épreuves à petite échelle et à les agrandir par la suite. Une autre difficulté technique provient de l'impossibilité d'avoir nets les divers plans du modèle lorsque l'on opère de très près. On ne peut résoudre le problème qu'en diaphragmant, ce qui conduit à une augmentation proportionnelle du temps de pose. On ne pourra donc employer cette solution qu'avec des modèles tranquilles ou inanimés. Dans tous les autres cas, on fera la reproduction à petite échelle et l'on agrandira ensuite.

Ces considérations indiquées, et l'on en reconnaîtra l'importance dans les photographies de la tête, on verra comme la photographie a contribué à faciliter l'établissement de certains facies pathologiques absolument typiques. A moins d'avoir par hasard sous la main un certain nombre de malades atteints de la même affection, certains détails, certaines modifications qui, isolément, n'auraient pas une grande importance et qui auraient même pu échapper à l'attention du spécialiste, en prennent, au contraire, une capitale si on les trouve toujours et d'une façon immuable. Les collections d'épreuves photographiques obtenues à diverses époques ou dans divers pays permettent cette étude; parmi les facies pathologiques bien définis, nous citerons ceux de l'acromégalie, du myxœdème, de la sclérodermie, du goitre exophtalmique, de la paralysie agitante, etc. En réalisant avec ces photographies la conception de Spencer, reprise depuis par Galton et Batut, on obtiendrait, par la photographie composite, le facies propre et typique de telle ou telle affection.

Certains détails de la face devront être reproduits à plus grande échelle : les yeux dans les cas de paralysie oculaire, de strabisme, de diplopie, de chute de la paupière, etc. ; la langue dans diverses paralysies, dans le spasme glosso-labié hystérique; les dents dans certaines affections syphilitiques. Quant aux oreilles, l'étude de leur conformation, soit chez l'homme normal, soit chez les aliénés et les dégénérés, a donné lieu à des recherches intéressantes (1).

Les modifications de la forme du crâne chez les aliénés, les épileptiques, les gâteux, etc., ont été l'objet de travaux importants (2).

(1) ALPHONSE BERTILLON, *Instructions signalétiques*, 1893; Melun, imprimerie administrative.

(2) BOURNEVILLE, *Nouvelle Iconographie de la Salpêtrière*.

L'étude des mains nécessitera l'emploi d'un support convenable, pour les placer commodément : nous nous servons à la Salpêtrière d'un plateau qui peut prendre diverses inclinaisons; l'appareil est disposé de façon à être parallèle à ce plateau. On peut encore, comme le fait M. Bertillon à la Préfecture de Police, mettre les mains à plat sur une table et disposer la chambre sur un support vertical. Les modifications de la main porteront sur des variations du volume (acromégalie, atrophie) ou de la forme (rétractions, anomalies diverses). Quelquefois la peau seule est atteinte et son aspect diffère de l'aspect normal (sclérodermie). Comme terme de comparaison, il sera toujours indiqué de photographier simultanément les deux mains, si l'une seule est malade ; dans le cas contraire, de placer la main normale d'un sujet sain à côté de la main malade qui présente l'effet le plus caractéristique.

Pour l'étude des pieds, qui sont souvent atteints comme les mains, on effectuera les mêmes recherches ; les seules difficultés que l'on rencontrera tiendront à l'installation matérielle du malade pour que la partie à reproduire soit au niveau de l'appareil et vue normalement. Mais ce n'est qu'une question d'organisation que le praticien résoudra facilement.

MALADIES DE LA PEAU.

Les accidents que l'on peut constater sur l'enveloppe externe du corps humain sont fort nombreux et il peut être intéressant d'en fixer, sur la plaque photographique, les aspects multiples. En ce qui concerne les éruptions, la difficulté principale viendra de la teinte que revêt la partie malade, teinte tendant vers le jaune ou le rouge, couleurs antiphotogéniques, et se traduisant en noir sur la plaque, précisément parce qu'elles n'agissent pas sur celle-ci. Si donc on désire avoir quelques détails, il sera indispensable d'employer des plaques plus spécialement sensibles pour ces radiations, et d'interposer un écran coloré jaune.

Inversement, d'autres colorations tendant sur le bleu ou le violet ne se détacheront pas suffisamment, par suite de leur actinisme, qui est au moins équivalent à celui des parties blanches du modèle, et, sur plaque ordinaire, on n'obtiendra que des résultats médiocres. Par l'emploi de l'écran jaune et de la plaque orthochromatique, on résoudra la difficulté. C'est ainsi que l'on opérera pour la photographie des tatouages, dont la coloration, généralement bleutée, se détachant sur la peau blanche ou légèrement colorée en jaune, ne peut ressortir sur une plaque ordinaire ; avec les procédés que nous venons de signaler, l'écran coloré absorbant les radiations bleues et la plaque orthochromatique étant plus sensible aux radiations jaunes, le tatouage se détachera en foncé sur fond clair, nous donnant l'effet perçu par l'œil.

L'inactinisme de la plaque photographique ordinaire pour certaines radiations peut donner lieu à des applications intéressantes, en révélant des colorations anormales de la peau dues à un état maladif et qui ne sauraient être perçues par l'œil. Nous rappellerons le cas, cité par Vogel, d'une dame dont le visage apparut sur la plaque criblé de taches noires et qui mourut quelques jours après de la variole. M. le Dr Broca, poursuivant ces études, put percevoir sur le négatif des taches dues à une éruption d'eczéma, taches qui ne furent visibles à l'œil que deux jours après. Dans le même ordre d'idées, on sait que la plaque photographique fait apparaître les taches de rousseur, quand même elles sont à peine visibles à l'œil.

PHOTOGRAPHIE DE L'INTÉRIEUR DES CAVITÉS DU CORPS HUMAIN.

Cette question est de la plus haute importance, mais, comme elle doit être traitée d'une manière spéciale par M. Guilloz, nous renvoyons à l'article si autorisé de notre collègue. (Voy. *Endoscopie.*)

PHOTOGRAPHIE DES PIÈCES ANATOMIQUES ET HISTOLOGIQUES.

Le rôle de la photographie est loin d'être terminé après le décès du malade, et nous allons étudier deux applications importantes, la photographie des pièces anatomiques ou macrophotographie, et celle des pièces histologiques ou microphotographie, la première ne nécessitant que le matériel ordinaire, la seconde le microscope.

Macrophotographie. — Cette partie de la photographie médicale consistera à reproduire soit le cadavre entier, soit telle ou telle partie du corps détachée, soit tel ou tel organe enlevé après la dissection.

La photographie des cadavres est difficile, à cause de l'installation spéciale qu'il faudrait créer : il serait, en effet, nécessaire de disposer d'une chambre placée au-dessus de la table d'opérations. Nous ne sachons pas que ce dispositif ait été réalisé nulle part ; on est alors conduit à mettre le cadavre sur une civière inclinée et à le photographier en inclinant la chambre noire ; malgré cette précaution, il sera difficile d'éviter les déformations qui tiennent à ce qu'on ne peut mettre l'appareil normalement à l'objet à reproduire.

Pour les photographies de pièces isolées, il est nécessaire d'avoir une chambre noire montée verticalement, comme le physiographe universel de M. Donnadieu, ou l'appareil qui nous sert à la Salpêtrière (fig. 92). Cet appareil, exécuté par M. Mackenstein sur les données de notre collègue M. Thouroude et les nôtres, sert également pour la microphotographie, ainsi que la figure ci-après l'indique.

En ce qui concerne les pièces de consistance suffisante pour ne pas s'affaisser, il suffit de les poser sur une planchette quelconque, recouverte d'une feuille de carton de la teinte appropriée pour bien les faire ressortir. Néanmoins, avec cette manière de faire on aura presque toujours des ombres portées, qui nuiront à la définition des contours de l'objet. Pour éviter cet inconvénient, il suffit de placer la pièce à reproduire sur une lame de verre légèrement surélevée (10 à 15 centimètres environ). Un carton de teinte appropriée sera placé à cette distance en dessous et, par cette disposition, on n'aura plus d'ombres portées.

C'est ainsi qu'on procédera pour reproduire divers organes et, en particulier, le cerveau et le bulbe. On pourra conserver ainsi l'aspect exact de ces parties avant de les préparer pour l'examen histologique qui nécessite leur fractionnement. S'il est nécessaire de maintenir la pièce dans une position déterminée, ou d'écarter certaines parties qui masquent l'endroit intéressant, on la placera sur une plaque de liège et, au moyen d'épingles fixées dans les parties à maintenir, on arrivera au but cherché.

Si l'organe à reproduire est susceptible de s'affaisser, il est indiqué de le disposer dans un récipient contenant de l'eau, soit pure, soit additionnée de chlorure de sodium pour en augmenter la densité ; les différentes parties du sujet peuvent alors flotter en quelque sorte dans le liquide, et conserver leur position normale (1).

La reproduction d'une pièce sous l'eau a également l'avantage de supprimer les reflets, qui sont particulièrement gênants sur les organes humides ; c'est ce procédé que l'on emploie pour photographier les cultures en tubes et éviter le reflet dû à la convexité du verre.

Dans un certain nombre d'hypothèses, il sera nécessaire d'effectuer des reproductions à taille égale, ou même agrandies, plus ou moins. Comme il s'agit ici d'objets inertes, la durée de pose importe peu et, grâce à l'emploi d'une chambre à grand tirage, on pourra obtenir l'agrandissement désiré ; si l'objet comporte plusieurs plans, il faudra diaphragmer suffisamment pour les avoir tous avec la même netteté.

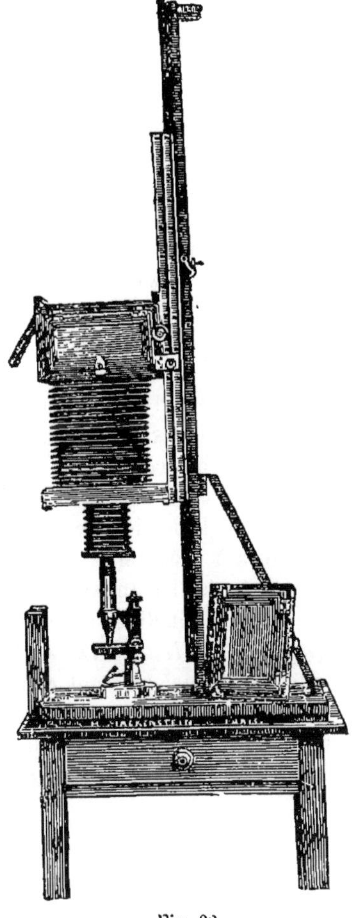

Fig. 92.

MICROPHOTOGRAPHIE.

Dès ses débuts, la photographie fut employée pour reproduire l'image donnée par le microscope ; elle présente, en effet, de tels avantages, qu'il nous suffira de les signaler pour montrer l'importance et l'utilité de cette application.

L'observation au microscope est absolument personnelle et, dirigée dans tel ou tel sens, elle peut laisser inaperçus des détails qui n'échapperont pas à la plaque photographique. Pour traduire ce qu'il a vu, le micrographe

(1) Voy. sur ce sujet très important, le nouvel ouvrage de M. DONNADIEU, *La Photographie des objets immergés*. Paris, Ch. Mendel.

exécute des dessins délicats, dans lesquels il y aura toujours place pour l'interprétation ; sans discuter leur valeur, qui, au point de vue schématique, est certainement très grande, il n'en ressort pas moins que la fixation rigoureuse de l'image vue au microscope est un progrès précieux. Les documents obtenus peuvent être conservés, étudiés à loisir, comparés à d'autres et, enfin, publiés. Si l'on ajoute que bien des préparations sont momentanées, que d'autres n'ont qu'une conservation limitée, on comprendra facilement le développement pris dans la science par la microphotographie.

Il ne saurait entrer dans notre cadre d'étudier la technique microscopique ; nous n'avons qu'à examiner les dispositifs et les méthodes qu'il faudra employer, si l'on veut compléter l'observation directe par l'enregistrement photographique des objets qui défilent sous le microscope.

Deux cas sont à examiner ; dans le premier, il s'agit d'études suivies et régulières : il sera alors nécessaire de prendre un matériel spécialement destiné à la microphotographie ; dans le second, l'opérateur qui n'utilise la photographie que d'une manière intermittente désire employer son matériel, sans faire la grosse dépense d'une organisation complète.

Appareils spéciaux de microphotographie. — La plupart des constructeurs de microscopes ont établi des appareils spéciaux pour la microphotographie : on n'aura donc que l'embarras du choix, mais il sera nécessaire de choisir le modèle le plus convenable, d'après la nature des travaux que l'on aura à exécuter.

On peut classer les appareils de photomicrographie en appareils horizontaux, verticaux, à inclinaison variable ou renversée.

Appareils horizontaux. — Ces appareils sont constitués par un banc d'optique sur lequel peuvent coulisser les divers organes essentiels : source éclairante, condensateur, diaphragme, cuve à faces parallèles contenant les liquides colorés, microscope et chambre noire. Dans le grand modèle de Zeiss, la chambre noire est sur un chariot coulissant monté sur un pied indépendant :

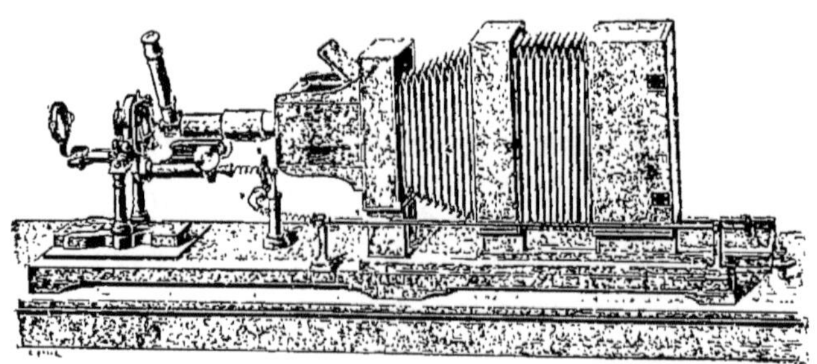

Fig. 93.

On peut effectuer l'observation directe, puis ne rapprocher la chambre noire qu'au moment voulu. Pour la mise au point sur le verre dépoli, on agit sur la vis micrométrique du microscope au moyen d'une tige de manœuvre spéciale.

La réunion de la chambre noire au microscope doit se faire au moyen de dispositifs particuliers pour éviter, d'une part, toute admission de la lumière et, de l'autre, pour supprimer tout contact entre les deux parties de l'appareil, le moindre mouvement imprimé à la chambre noire pouvant déranger la mise au point. Zeiss se sert d'un double manchon à parois concentriques s'emboîtant les unes dans les autres sans contact et fixées, d'une part, au microscope et, de l'autre, à la chambre noire. On arrive au même résultat au moyen d'un petit soufflet léger de chambre noire ou d'une enveloppe en étoffe souple et imperméable à la lumière.

Pour éviter le déplacement de la chambre noire, M. Nachet, dans son modèle horizontal, préfère employer sur le microscope photographique un tube d'observation dans lequel l'image est renvoyée au moyen d'un prisme. Celui-ci est déplacé pour effectuer la mise au point sur le verre dépoli et la pose (fig. 93).

Les appareils horizontaux sont plus commodes pour le travail, l'opérateur pouvant être assis pour l'examen de la mise au point ; par contre, ils ne peuvent servir que pour reproduire des préparations à l'état sec.

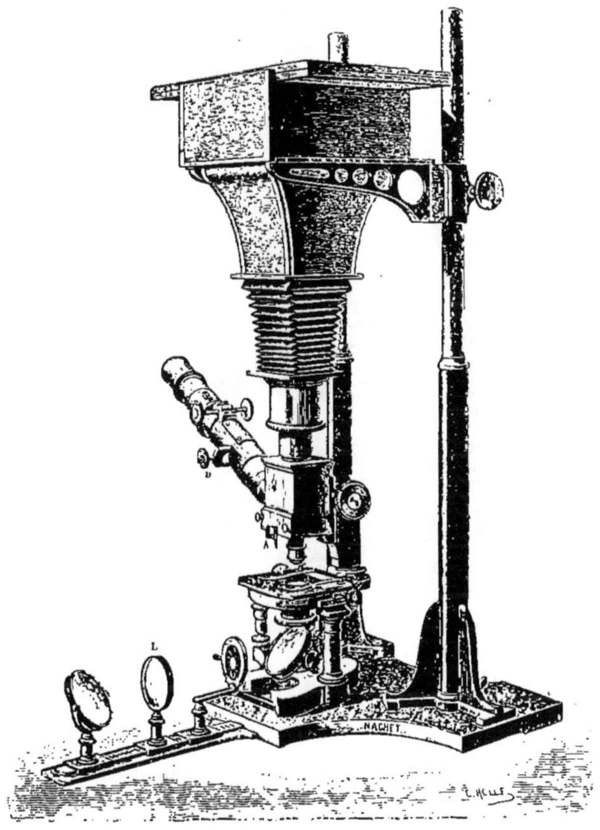

Fig. 94.

Appareils verticaux. — Dans cette catégorie, la chambre noire surmonte le microscope et, le banc d'optique restant horizontal, on utilise le miroir du microscope pour recevoir la lumière de la source (fig. 94). Le modèle de M. Nachet comporte encore le tube d'observation latéral et, grâce à ce dispositif, on peut réaliser la photographie instantanée en suivant l'objet dans le champ du microscope et en effaçant le prisme au moment voulu.

Dans les appareils de M. Dubosq, de M. Yvon, on fait l'examen au microscope et l'on amène ensuite une petite chambre noire qui coulisse sur un chariot

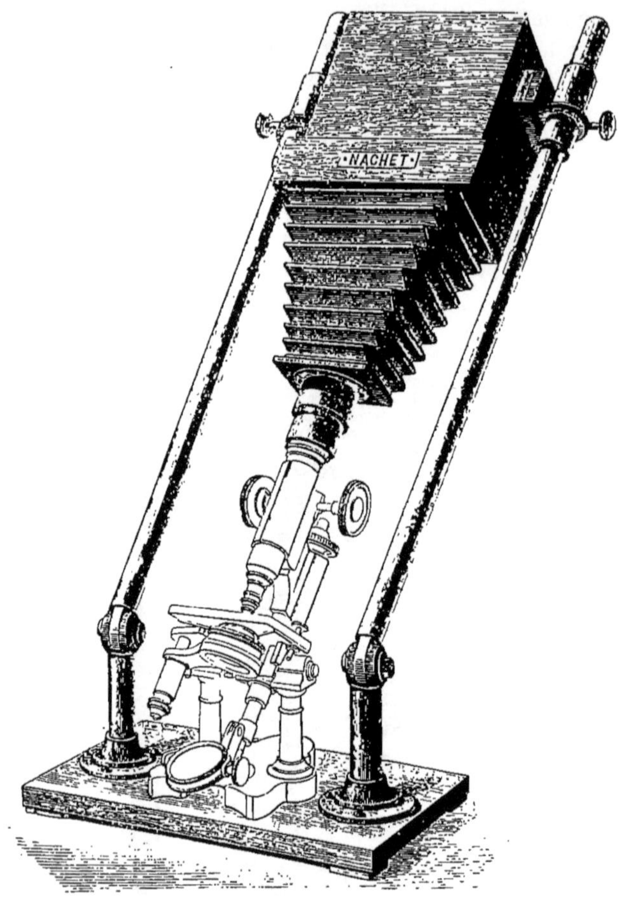

Fig. 95.

horizontal. Dans l'appareil de M. Duchesne, la chambre, de grande dimension, est fixe, et c'est la table supportant le microscope qui se déplace pour l'observation directe.

Les appareils verticaux ont l'avantage de permettre l'étude des préparations fraîches ou incluses dans des liquides ; par contre, le travail est plus pénible, à cause de la hauteur de certains dispositifs.

Pour éviter cet inconvénient, on a proposé, tout en laissant le microscope vertical, d'utiliser une chambre horizontale. On arrive à ce résultat en renvoyant l'image donnée par le microscope dans la chambre noire au moyen d'un prisme (Moitessier) ou d'un miroir argenté (Aimé Girard).

Appareils à inclinaison. — M. Nachet construit un modèle qui peut prendre toutes les inclinaisons voulues depuis la verticale jusqu'à l'horizontale. Il est intéressant à ce point de vue (fig. 95).

Appareils renversés. — Dans ce modèle, dù encore à M. Nachet (fig. 96) et qui convient pour l'étude de toutes les préparations, même liquides, le microscope est sous la préparation et l'image est renvoyée par un miroir argenté dans un tube latéral qui constitue la chambre noire. Ce modèle est très compact et est un des meilleurs qui existent.

Installations simplifiées de photomicrographie. — On peut utiliser directement le microscope d'observation pour la photomicrographie, en superposant à celui-ci une chambre noire de tirage suffisant. Celle-ci sera montée sur un support spécial, soit vertical, soit horizontal. La réunion de la chambre et de l'objectif se fera par un des procédés indiqués précédemment. Pour la mise au point, la chambre est munie d'une porte latérale qui permet d'examiner l'image sur une surface blanche mise à la place de la plaque.

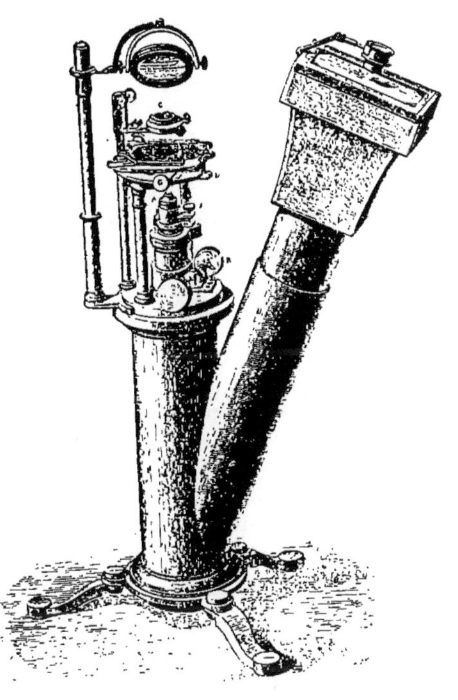

Fig. 96.

On arrive ainsi à une précision qui est rarement atteinte dans la pratique, à cause des différences qui peuvent exister entre le plan qui correspond à la surface antérieure du verre dépoli et celui de la plaque dans le châssis négatif. Notre appareil, représenté figure 92, appartient à cette catégorie.

Appareil simplifié de microphotographie. — M. Lemardeley a combiné un appareil très simple qui peut être employé sur une chambre ordinaire de photographie et qui, à ce titre, est particulièrement intéressant (fig. 97). Il reproduit les dispositions principales d'un microscope ordinaire, mais avec cette différence que le tube et l'oculaire sont supprimés. Un tube très court porte l'objectif et est terminé à sa partie arrière par un diaphragme fixe. Ce tube peut occuper dans sa monture trois positions fixes qui correspondent à trois grossissements différents. La préparation se place sous les volets qui sont à la partie extérieure, de sorte que, en la mettant face à l'objectif, on est assuré de la coïncidence du plan de la coupe et de la base de la platine. Ce simple petit changement permet, une fois l'appareil bien réglé, d'opérer d'une façon en quelque sorte automatique. Néanmoins, l'appareil porte une bague qui permettrait de parachever la mise au point par un mouvement lent, si cela était nécessaire. Cet appareil, à la portée de tous

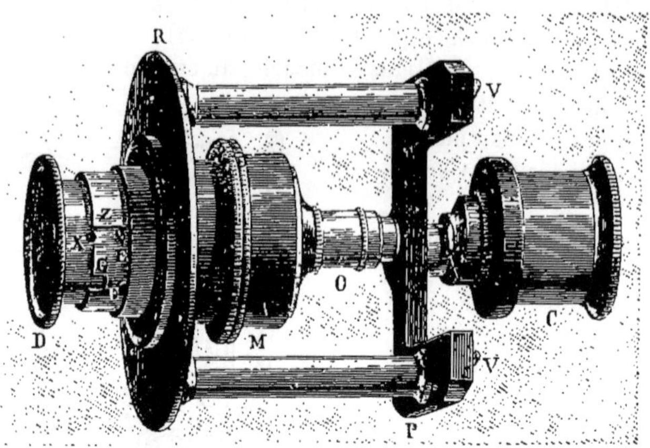

Fig. 97. — O, objectif; V, V, valets pour tenir la préparation; C, condensateur; M, bague mobile pour la mise au point; D, diaphragme; X, butée du tube; G, E', E, trois positions de la butée correspondant aux trois grossissements; R, rondelle pour monter le microscope sur la chambre noire.

par son prix de revient, nous a donné d'excellents résultats. Dans le dernier modèle présenté par l'auteur, l'instrument peut être utilisé aussi comme microscope d'observation et de projection.

TECHNIQUE SPÉCIALE DE LA MICROPHOTOGRAPHIE.

Une fois l'appareil choisi, il s'agit de l'utiliser et d'examiner divers points spéciaux qui doivent attirer l'attention.

Éclairage. — Si la lumière diffuse est suffisante pour l'observation au microscope, elle ne saurait être employée en photomicrographie; il faut, en effet, un éclairage beaucoup plus intense, par suite de l'étroitesse de l'ouverture de l'objectif, de l'emploi fréquent des diaphragmes, des écrans colorés et des plaques spéciales. On se servira donc soit de la lumière du soleil guidée par un héliostat, soit, plus pratiquement, de la lumière électrique par incandescence ou de la lumière oxhydrique. La lumière électrique par arc n'est pas employée directement, à cause de sa non-fixité; on ne l'utilise, comme celle du soleil, du reste, que pour illuminer une surface dépolie, qui fonctionne alors comme source lumineuse. Dans ces deux cas, on interpose sur le trajet des rayons une cuve à alun destinée à éviter l'échauffement de la préparation et de l'objectif.

À notre avis, la source de lumière la plus pratique est la lumière oxhydrique, en remplaçant le classique bâton de chaux par la perle de magnésie, qui donne un point lumineux plus étroit et plus stable.

Condensateur. — L'emploi du condensateur est indispensable pour obtenir un champ uniformément éclairé. La plupart des opticiens construisent aujourd'hui des condensateurs spéciaux pour la microphotographie; nous citerons, en particulier, ceux de Zeiss et de Powell et Lealand.

Microscope. — Le microscope destiné aux opérations photographiques doit posséder quelques dispositions spéciales qu'il est utile de résumer : 1° le pied doit être lourd et avoir une base très large, afin d'assurer la stabilité la plus complète; 2° les charnières qui permettent les diverses inclinaisons doivent être munies de vis de serrage, pour éviter tout déplacement adventice; 3° le tube doit être beaucoup plus large que dans le microscope d'observation et noirci en noir mat (1); on évitera ainsi les réflexions et l'on pourra reproduire les préparations à large surface; 4° la platine devra être large et aussi basse que possible; elle devra posséder un mouvement de rotation et deux mouvements rectilignes permettant les déplacements à angle droit (ces dispositions facilitent beaucoup la recherche et l'orientation du sujet); 5° le microscope doit posséder le mouvement rapide du tube par crémaillère et le mouvement lent par vis micrométrique (ces dispositifs existent généralement dans les bons modèles); 6° la platine doit être munie d'un diaphragme iris.

Des objectifs. — Certains objectifs de microscopes peuvent être utilisés pour la microphotographie; mais, dans bien des cas, il sera préférable d'employer des objectifs spéciaux dont les qualités dépendent de l'angle d'ouverture et de la correction exacte des aberrations chromatique et sphérique. D'autre part, ceux-ci ne devront pas posséder de foyer chimique, ce que l'on constate en photographiant un micromètre légèrement incliné; ils devront donner des images nettement définies (pouvoir définissant), rendre plus ou moins visibles les détails les plus fins (pouvoir résolvant), avoir une plus ou moins grande profondeur de foyer (pouvoir pénétrant).

Ces qualités ne sont pas toutes conciliables entre elles; ainsi, le pouvoir résolvant qui dépend de l'angle d'ouverture exclue le pouvoir pénétrant; suivant les cas, on devra donc donner la préférence à tel ou tel objectif. L'avantage des objectifs spéciaux, les apochromatiques, par exemple, est qu'ils sont également corrigés pour plusieurs rayons du spectre, ce qui permet dans tous les cas d'être assuré de l'égale netteté, quelle que soit la coloration de l'éclairage. Avec les objectifs ordinaires, on pourra obtenir les mêmes résultats, mais à condition d'opérer avec une lumière monochromatique jaune et des plaques orthochromatiques.

Des oculaires. — Les objectifs ordinaires donnent, à la distance pour laquelle ils sont corrigés et pour une longueur du tube déterminée (160 millimètres sur le continent, 250 millimètres en Angleterre), une image parfaitement nette, mais de dimensions restreintes. Pour augmenter cette image, on se sert de l'oculaire; la plupart des oculaires d'observation sont insuffisants pour la microphotographie, l'image étant souvent affectée de franges colorées. On peut remédier à cet inconvénient en écartant les lentilles de l'oculaire (Neuhauss) et en plaçant devant la lentille collectrice de l'oculaire ainsi

____

(1) MM. Yvon et Meige ont proposé des microscopes de ce genre.

modifié un diaphragme de 5 millimètres d'ouverture. On peut encore placer en arrière de la lentille postérieure de l'objectif une lentille biconcave achromatique (amplificateur Woodward).

Enfin, la meilleure combinaison consiste à associer un oculaire microscopique et un objectif photographique, ainsi que l'a réalisé Zeiss dans son oculaire à projection, qui donne d'excellents résultats.

Des éclairages monochromatiques. — Il est nécessaire de recourir aux éclairages monochromatiques pour augmenter la définition, d'une part, et, de l'autre, pour faciliter la reproduction de certaines préparations colorées. On se sert soit de lames de verre colorées à faces parallèles, soit de cuves également à faces parallèles et contenant des liquides colorés ; les unes et les autres sont placées dans le faisceau de lumière parallèle, ou bien près de la lentille collectrice.

Pour l'éclairage jaune, on interpose une solution de bichromate de potasse (laisse passer les rayons rouges, jaunes et une grande partie des verts) ou d'hélianthine (absorbe les rayons verts et ne laisse passer que le rouge et le jaune). Pour la lumière rouge, on emploie la fuchsine (ne laisse passer que les rayons rouges), l'escorcéine (laisse passer le rouge et l'orangé). La lumière verte est obtenue avec une solution concentrée de nitrate de nickel (ne laisse passer que le vert et le jaune). La lumière bleue est produite par l'interposition d'une solution de sulfate de cuivre ammoniacal ou de la liqueur de Barreswill : elle laisse passer tous les rayons les plus réfrangibles du spectre et ne peut servir qu'avec les objectifs apochromatiques.

Choix des plaques. — On devra, d'une manière générale, donner la préférence aux plaques lentes, dont le grain est beaucoup plus fin. On emploiera fréquemment, et concurremment avec les écrans colorés, des plaques orthochromatiques, que l'on trouve maintenant d'une manière régulière dans le commerce. On peut encore prendre des plaques ordinaires et les orthochromatiser spécialement en vue de chaque cas particulier.

Par le réglage judicieux de la durée d'exposition et par l'emploi d'un développement rationnel, on arrivera à obtenir la meilleure traduction de l'original.

Choix des préparations. — D'une manière générale, on peut dire qu'il y a toujours avantage à faire spécialement les préparations destinées à être reproduites par la photographie. Il faut qu'elles ne présentent aucun défaut, soient parfaitement planes et aussi minces que possible. La question des colorants à employer sera également très importante et il faudra éviter, sur une même préparation, des colorations trop éloignées dans l'échelle spectrale, à moins que des considérations d'ordre histologique ne s'y opposent. Mais, depuis l'application régulière des écrans colorés et l'emploi simultané des plaques orthochromatiques, les difficultés de reproduction ont considérablement diminué.

LA PHOTOGRAPHIE MÉDICO-LÉGALE.

En médecine légale, la photographie médicale est susceptible de rendre de nombreux services, en mettant en œuvre les divers procédés que nous avons signalés précédemment. C'est surtout par ses qualités de sincérité et de vérité qu'elle apportera à l'expertise des documents précieux en permettant de garder la trace indiscutable des diverses étapes qui vont s'écouler depuis le moment où un crime est commis jusqu'à celui où le médecin et le chimiste auront pu déterminer la nature de la lésion ayant occasionné la mort. Le relevé de la position exacte du cadavre, des blessures, la photographie des organes atteints, l'agrandissement microscopique de taches de sang ou autres, autant de constatations qui seront consignées et dont on ne pourra contester ni la valeur ni l'authenticité.

On pourra également reproduire sur le vivant l'aspect de blessures, de coups, d'égratignures dont la trace s'effacera au fur et à mesure de la guérison et qui pourraient, après un certain laps de temps, ne plus laisser de traces apparentes. Ces documents, au point de vue judiciaire, ont une importance qu'on ne saurait méconnaître.

Il nous suffit d'avoir signalé l'utilité de la photographie dans la question présente et de renvoyer le lecteur aux procédés et aux méthodes exposés antérieurement ; mais il convient de faire remarquer que les conditions dans lesquelles les expertises judiciaires doivent se faire, à toute heure du jour et de la nuit, dans un local quelconque, exigent fréquemment l'emploi d'un éclairage artificiel destiné à suppléer à la lumière naturelle ou à la remplacer dans certains cas.

EMPLOI DE LA LUMIÈRE ÁRTIFICIELLE.

Cette question est importante, non seulement au point de vue qui nous occupe, mais également en ce qui concerne les applications générales qui font l'objet de cet article. La lumière artificielle, permettant d'obtenir d'excellents résultats dans un local quelconque et sans avoir besoin d'installation spéciale, peut présenter de grands avantages pour le médecin et, au lieu de régler la pose d'après les variations de l'éclairage naturel, ce qui demande une certaine expérience, rien ne dit qu'on n'arrivera pas à opérer d'une façon plus régulière et plus sûre, en brûlant des quantités pesées ou mesurées de substances chimiques susceptibles de produire l'éclairage nécessaire.

Comme sources de lumières artificielles pratiques, nous conseillons le magnésium en poudre, seul ou combiné à diverses substances comburantes. Par l'un ou l'autre procédé, on obtient des éclairs d'une intensité lumineuse telle que le résultat est obtenu dans ce court laps de temps.

Pour brûler le magnésium pur, on projette celui-ci, au moyen d'une poire pneumatique, dans une flamme très chaude. Pour les poudres spéciales, constituées par un mélange de magnésium et de produits comburants, on disposera la quantité nécessaire de produit sur un support métallique et, au moment d'opérer, on allume par la projection d'une flamme placée dans le voisinage. La rapidité de combustion des poudres mélangées est beaucoup plus grande ; ces produits constituent de véritables explosifs. On peut encore faire de petites cartouches de poudres enfermées dans du papier au fulmi-coton ; une mèche, également en fulmicoton, permet un allumage rapide.

L'inconvénient de tous ces produits est de dégager une quantité considérable de fumée, constituée principalement de magnésie à l'état impalpable ; certaines poudres contiennent même des vapeurs nocives. Si l'on veut utiliser d'une façon régulière la lumière artificielle, il faut faire exécuter une vaste boîte garnie à l'avant d'un verre et qui communique avec l'air extérieur par deux larges conduits, l'un inférieur, l'autre supérieur. De cette manière, on évitera la production de fumée dans la salle où l'on opère (1). Pour effectuer l'allumage dans ce dispositif, on se sert de la poire pneumatique ; dans les modèles de lampes à magnésium pur à insufflation, avec les photopoudres on utilise le courant électrique ou une amorce que l'on fera partir au milieu de la charge au moyen d'un détonateur analogue à un chien de fusil.

En graduant la quantité de matière employée, il sera possible d'opérer à coup sûr dans des conditions rigoureusement déterminées.

C'est, du reste, grâce à l'éclair magnésique que certains auteurs ont pu obtenir avec facilité des photographies des cavités du corps humain. (Voy. *Endoscopie.*)

On devra éviter l'emploi des lumières artificielles chez les hystériques qu'une vive lumière fait tomber en catalepsie.

CHAPITRE III

DE LA PHOTOGRAPHIE CONSIDÉRÉE COMME MOYEN D'ANALYSE

De la photographie instantanée. — La chronophotographie. — Enregistrement par la photographie. — La radiographie.

La plaque sensible peut garder la trace de divers phénomènes qui échappent à nos sens, soit à cause de leur rapidité, soit à cause de l'imperfection même de notre œil, qui n'est influencé que par certaines radiations ; enfin, elle peut être utilisée pour enregistrer d'une manière continue le fonctionnement de divers organes, ce qui nécessiterait de l'observateur une attention trop soutenue et qui serait, d'ailleurs, en défaut bien souvent. Dans ces hypothèses, elle augmentera donc la puissance de nos moyens d'analyse, en nous donnant des documents permanents que l'on pourra étudier à loisir, alors que l'examen direct est souvent incomplet, quelquefois même impossible.

PHOTOGRAPHIE INSTANTANÉE.

La photographie instantanée, le jour où elle a pu être réalisée d'une manière pratique, a eu une importance considérable en photographie médicale :

(1) M. Bouillaud (de Mâcon) a inventé récemment un dispositif d'atelier à la lumière artificielle, qui est destiné à rendre de réels services. Il s'installe dans une pièce quelconque et permet d'éviter la dépense de l'atelier vitré. On n'a plus à s'occuper des variations de la lumière du jour et l'on peut opérer à n'importe quel moment avec une régularité de résultats remarquable.

on a pu saisir les malades qui, par suite de leur affection, ne pouvaient garder l'immobilité; on a enregistré les attitudes des nerveux, des spasmodiques, des athétosiques, des choréiques, les tremblements, les tics, les spasmes divers, les crises d'épilepsie, les attaques d'hystérie, les phénomènes d'hypnotisme, de catalepsie, de somnambulisme, etc. C'est un vaste domaine qui a été ouvert et qui, au point de vue technique, ne présente pas de difficultés spéciales, si ce n'est la nécessité d'opérer dans les meilleures conditions d'éclairage avec des objectifs très lumineux, des plaques de grande sensibilité et des poses suffisamment courtes. C'est dans cette hypothèse que l'importance d'un bon obturateur, susceptible de donner différentes vitesses, s'impose, car nous arrivons rapidement aux limites auxquelles les plaques

Fig. 98.   Fig. 99.

photographiques actuelles peuvent encore donner de bons résultats. Il faut donc partir de ce principe qu'on ne doit réduire la durée d'exposition que juste de la quantité qui est nécessaire pour saisir le mouvement observé. D'ailleurs, le raisonnement montre que, dans certains cas, il y a même intérêt à ne pas chercher l'absolue netteté du sujet, afin d'obtenir un document plus complet. Ceci demande une explication : la photographie instantanée a pour effet de donner, si l'on a pris une vitesse d'obturateur suffisante, une image absolument nette du modèle, dans la position qu'il occupe au moment du déclenchement. S'il s'agit, par exemple, d'une hémichorée, la malade sera immobilisée dans une attitude quelconque, attitude qui n'indiquera nullement à l'observateur quel est le côté sain et le côté atteint (fig. 98). Diminuons intentionnellement la vitesse, et toutes les parties du corps qui sont en mouvement seront reproduites avec un léger flou, qui sera d'autant plus prononcé que l'amplitude de mouvement est plus grande en chaque point considéré (fig. 99). Cette épreuve aura une tout autre valeur que la précédente : ce sera donc à l'opérateur à régler le degré de netteté qu'il doit obtenir pour traduire autant que possible la réalité ; il est, en effet, fort difficile de traduire avec une épreuve unique l'impression multiple que nous donne la partie du corps qui est animée d'un mouvement rapide.

C'est, du reste, pour cette raison que l'on a reconnu la nécessité de faire des séries d'épreuves à de courts intervalles de temps, de façon à connaître les positions successives de la partie considérée : c'est là le but de la chrono-photographie et, grâce à elle, l'analyse de tous les phénomènes qui échappent à notre œil est devenue possible.

CHRONOPHOTOGRAPHIE.

La base de la chronophotographie repose sur la prise de photographies à intervalles de temps rigoureusement égaux ; nous laisserons, par suite, de côté des méthodes intéressantes, comme celle de Muybridge, mais dans lesquelles, si la succession des épreuves est obtenue, l'intervalle qui sépare leur obtention n'est pas rigoureux. On sait, en effet, que, dans la méthode classique du savant américain, c'est le modèle lui-même qui déterminait, par son passage devant une batterie d'appareils, le déclenchement de chacun d'eux. Ce procédé, applicable pour des animaux de forte taille et animés de grande vitesse, ne le serait pas pour des malades, et, en tout cas, il ne peut servir à étudier les mouvements qui s'effectuent sur place.

Nous décrirons successivement la chronophotographie sur plaque fixe et sur plaque mobile.

Chronophotographie sur plaque fixe. — La méthode originale est due à notre savant maître M. le professeur Marey, dont le nom reviendra constamment à propos de la chronophotographie, dont il a créé les principes et multiplié les applications.

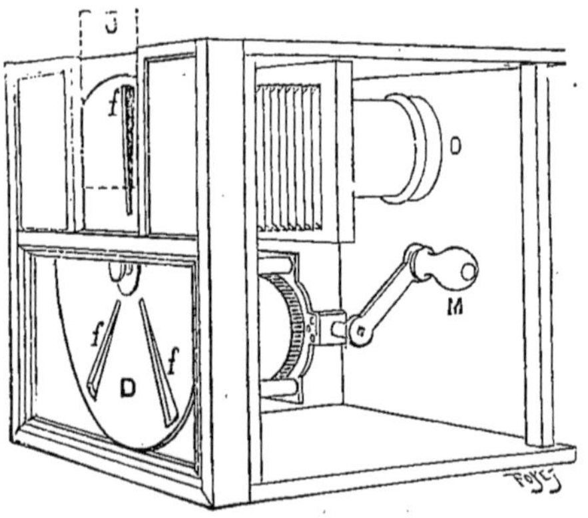

Une plaque photographique est disposée dans une chambre noire et, sur le trajet des rayons lumineux, on intercale un disque percé de fentes et recevant un mouvement rapide de rotation (fig. 100). Cet appareil est braqué sur un fond noir et l'objet à reproduire défile devant ce fond.

Fig. 100. — O, objectif; D, disque fenêtré; C, plaque sensible; M, manivelle d'entraînement du disque.

Au passage de chaque fente, une image sera projetée sur la plaque et l'on obtiendra ainsi une succession d'images donnant la reproduction des diverses phases du mouvement dans le temps et dans l'espace. Le nombre des images obtenues dans l'unité de temps sera d'autant plus considérable que le nombre des fentes sera plus grand et la vitesse du disque plus rapide.

Cette méthode exige obligatoirement l'emploi d'un fond noir, afin que la plaque, démasquée à chaque passage d'une des fentes, ne soit pas impressionnée par autre chose que le modèle dans sa nouvelle position. Le fond noir de M. Marey est constitué par une vaste cavité très profonde et entièrement garnie de velours noir. D'un autre côté, à cause de la brièveté de la pose réalisée, le modèle doit être très éclairé ; la piste est donc disposée de façon qu'elle soit frappée par les rayons directs du soleil ; de plus, le modèle est revêtu d'un costume blanc ou, si c'est un animal, on le choisit de cette couleur. Lorsque la prise des images successives est rapprochée ou que le modèle présente une certaine épaisseur transversale, les images se superposent en partie, ce qui amène une confusion réelle pour l'étude. Cette méthode n'est donc pas d'un emploi général ; elle ne peut, du reste, s'appliquer aux mouvements qui s'exécutent sur place, toutes les images étant, dans ce cas, reçues au même endroit de la plaque.

Néanmoins, lorsque le modèle se réduit à un point ou à une ligne géométrique, c'est elle qui permettra d'obtenir de véritables épures qui donneront l'analyse la plus rigoureuse du mouvement étudié (fig. 101). M. Marey a

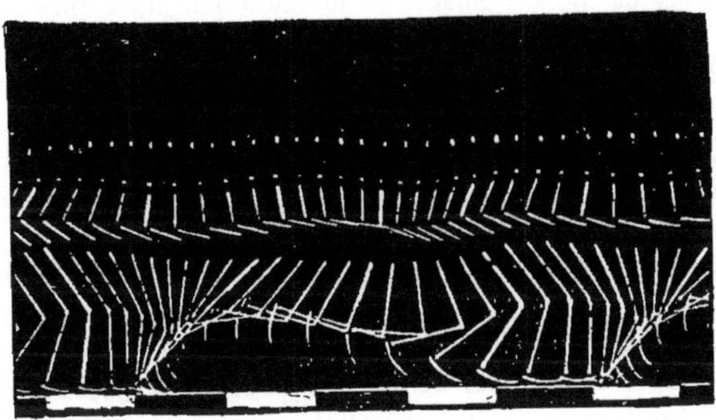

Fig. 101.

réalisé cette application sur l'homme et les animaux, en fixant aux membres qu'il veut étudier des points et lignes brillants qui sont adaptés aux articulations et suivent la direction du système osseux, le modèle étant choisi cette fois de couleur sombre, de façon à ne pas impressionner la plaque. De cette manière, toute confusion est évitée et, pour ne pas compliquer les figures, on peut étudier le mouvement isolé de telle ou telle partie du corps.

Une variante de cette méthode a été réalisée par MM. Quénu et Deméný à l'hôpital Beaujon. Le sujet marche sur une piste tracée dans une pièce éclairée faiblement par la lumière rouge et porte sur les parties à étudier des lampes à incandescence que l'on illumine au moment voulu. Un chariot roulant sur rails suspendus au plafond supporte les fils d'arrivée du courant, de façon à permettre la progression du malade et ne pas gêner ses mouvements. Comme appareil, on se sert du disque fenêtré de M. Marey.

La durée de ces expériences de chronophotographie étant naturellement assez courte, il est inutile d'employer un mouvement d'horlogerie coûteux et encombrant, pour obtenir la marche régulière du disque. M. Marey se sert d'une série d'engrenages commandés à la main ou par des poids, le disque obturateur faisant fonction de volant. En lançant l'appareil quelques instants avant l'expérience, la régularité de vitesse est pratiquement obtenue pendant la courte durée de l'expérience. L'objectif doit alors être muni d'un obturateur spécial pneumatique, qui permet de le démasquer au moment du passage du modèle dans le champ de l'appareil : il est fermé aussitôt après. Si la régularité de fonctionnement du disque obturateur est ainsi obtenue, on ignore cependant la vitesse réalisée ; pour avoir ce renseignement, qui donne à la méthode toute sa valeur, M. Marey dispose dans le champ de l'appareil un chronographe de précision qui fait tourner d'un mouvement uniforme une aiguille brillante sur un cadran noir portant des divisions blanches. A chaque passage d'une des fenêtres, cette aiguille sera photographiée et, d'après l'angle qui existe entre chacune des images de cette dernière, il sera facile de déduire l'intervalle de temps qui a été réalisé entre chaque photographie. Une échelle métrique disposée le long de la piste permet de mesurer le déplacement effectué par le modèle entre deux positions successives. Ainsi réalisée, la méthode de M. Marey permet l'analyse la plus rigoureuse dans le temps et dans l'espace. Si la réduction d'un modèle à l'état de points et de lignes est éminemment favorable pour l'analyse mathématique du mouvement, elle ne permet pas d'étudier d'autres phénomènes physiologiques qui n'affectent que les variations de forme de l'individu ; aussi est-il nécessaire, dans certains cas, d'obtenir l'image entière du sujet sans superposition aucune. M. Marey est arrivé à ce résultat au moyen de deux procédés différents. Le premier consiste à recevoir l'image du modèle sur un miroir tournant, avant de l'envoyer dans l'objectif. Par suite de cette disposition, les images s'échelonnent les unes à côté des autres à une distance d'autant plus grande que la vitesse de rotation du miroir est plus considérable. L'autre procédé est basé sur l'emploi de deux objectifs superposés à égale distance du disque obturateur, qui ne doit plus posséder qu'une seule fente. Ils travailleront donc d'une façon alternative et deux images successives ne pourront empiéter l'une sur l'autre, puisque l'une est faite à la partie supérieure de la plaque et l'autre à la partie inférieure. La lecture de ces images se fait en diagonale.

Appareils à objectifs multiples. — Un autre procédé pour obtenir des vues successives consiste à employer une batterie de chambres photographiques ou une chambre unique portant un certain nombre d'objectifs. Le premier système a été employé par M. Muybridge, puis par le général Sebert pour l'étude du lancement des torpilles automobiles. La caractéristique de ce dernier appareil est que l'intervalle de temps qui doit s'écouler entre la mise à feu de la pièce et la prise de la première photographie, puis entre cette photographie et les suivantes, est obtenu d'une façon absolument automatique par un réglage préalable d'un mécanisme des plus ingénieux. L'avantage des appareils isolés est de pouvoir obtenir des images de grand format.

L'appareil que nous avons fait construire pour nos études de la Salpêtrière appartient à cette deuxième catégorie. Une chambre unique porte douze objectifs disposés en trois rangées parallèles, susceptibles de donner douze images du format 8×8 sur une plaque unique (fig. 102). Douze obturateurs munis de déclenchements électriques peuvent être actionnés successivement et à des intervalles de temps réglés d'avance. Cet appareil étant surtout destiné aux études médicales et physiologiques, dans lesquelles la durée des phénomènes est fort variable, nous sommes parti de ce principe qu'il était nécessaire de pouvoir échelonner d'une manière régulière la prise des photographies successives sur cette durée, quelle qu'elle fût. Si le phénomène dure un dixième de seconde, nous obtiendrons nos douze épreuves dans ce laps de temps ; de même s'il dure un temps plus prolongé. Il convient, entre parenthèses, de faire remarquer que c'est cette catégorie d'appareils qui permet, le cas échéant, d'obtenir les épreuves successives à l'intervalle le plus court, puisqu'il suffit

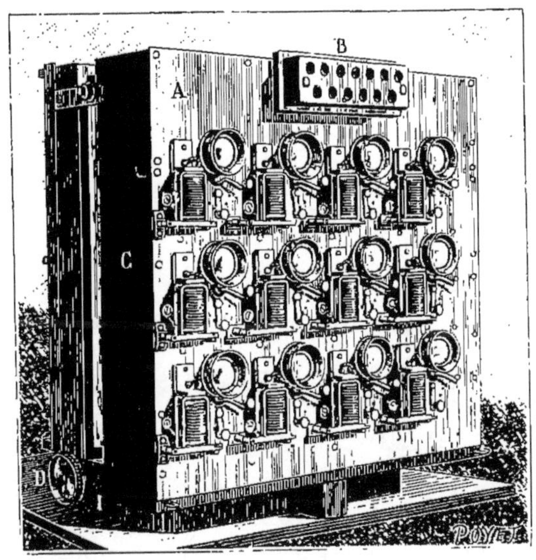

Fig. 102. — Appareil chronophotographique Londe.

de faire passer un courant électrique d'un obturateur à l'autre. Pour actionner notre appareil, nous nous servons d'un dispositif variable suivant les circonstances, régulateur de Foucault, métronome électrique, interrupteur médical de Trouvé, qui produit des passages de courant à intervalles connus. Au moment de l'opération, ces courants sont envoyés dans un expéditeur spécial construit sur nos indications par M. Lucien Leroy, qui les dirige dans chacun des obturateurs, et ceci dans un ordre réglé d'avance.

Cet appareil nous a permis de faire, avec le Dr Paul Richer, l'étude de la marche chez l'homme normal et chez l'homme pathologique. Nous donnons comme spécimen une planche qui représente la marche (fig. 103). Sur les originaux, tous les plus fins détails sont apparents et donnent les renseignements les plus précis au physiologiste et au médecin. Nous avons également, avec M. G. Le Bon, appliqué cette méthode à des recherches diverses concernant l'équitation.

Malgré les résultats obtenus avec cet appareil, le principe que nous avons adopté a été vivement critiqué par divers auteurs, qui se sont basés sur la différence de perspective que peuvent présenter les images vues sous des angles différents. Cette critique n'a pas toute l'importance que l'on pourrait croire ; elle n'est justifiée que lorsque l'on opère à très courte distance. Dans tous les autres cas, la légère différence qui existe entre les images n'est guère appréciable. En tout cas, ce que l'on a oublié de dire, c'est que cette différence d'images produite par la différence d'angle existe tout aussi bien dans les

Fig. 103.

appareils à un seul objectif. Avec ceux-ci, et lorsqu'il s'agit de modèles en mouvement qui se déplacent parallèlement à la plaque sensible, aucune des images n'est vue sous le même angle. Une seule est normale : c'est celle qui est obtenue lorsque l'objet est dans l'axe de l'objectif. Ce défaut, si tant est qu'il doive être retenu, existe dans tous les appareils chronophotographiques

soit à plusieurs objectifs, soit à un objectif unique. Un seul est susceptible
de donner toujours des images normales, c'est celui de Muybridge, dans lequel
le modèle déclenche l'appareil correspondant au moment précis où il passe
dans son axe.

Appareils à plaque mobile. — Le premier appareil de ce genre a été
construit par M. Janssen pour l'observation du passage de Vénus sur le soleil
et portait le nom de *revolver astronomique*. Depuis, M. Marey a construit son
fusil photographique, basé sur un principe analogue, mais destiné à l'étude
des mouvements rapides, et en particulier à l'étude du vol des oiseaux. Une
plaque photographique circulaire tournait d'un mouvement saccadé au foyer
de l'objectif; à chacun des arrêts, et grâce à un obturateur qui fonctionnait
à ce moment précis, une série d'images en couronne était obtenue sur la
plaque. Lorsque la série était obtenue, un second obturateur arrêtait tout
passage à la lumière.

Le défaut du fusil photographique provenait de l'inertie de la masse à
entraîner, ce qui obligeait à ne faire que de très petites images et à limiter

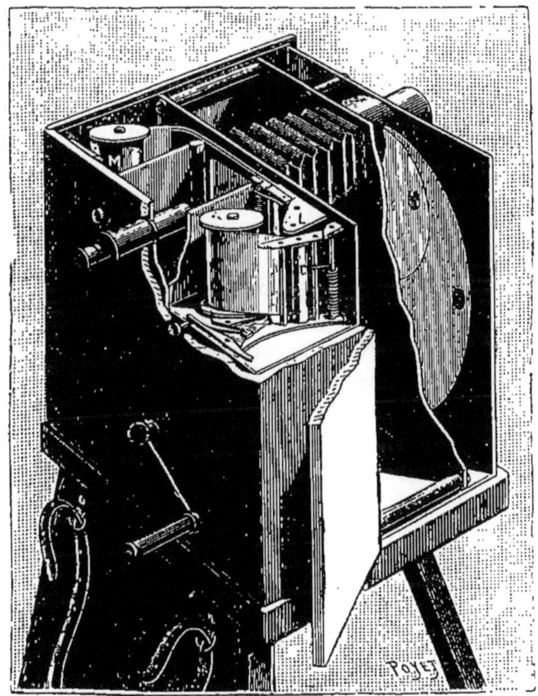

Fig. 104.

leur nombre dans l'unité de temps, à cause des arrêts et des départs successifs qui étaient nécessaires. Le problème ne fut étudié à nouveau par
M. Marey que lorsqu'il put substituer à la plaque de verre la pellicule photographique, dont la masse est négligeable et le poids très faible. En la faisant
défiler derrière l'objectif, l'auteur a pu réaliser un nombre beaucoup plus

considérable d'images dans l'unité de temps et augmenter considérablement leur format (fig. 104).

La découverte de M. Marey, lorsqu'il a créé le chronophotographe à bande pelliculaire, a été de la plus grande importance. C'est elle, en effet, qui a permis l'analyse d'un sujet sur un fond quelconque et qui a été le point de départ de la synthèse par les appareils cinématographiques.

Pour réaliser le passage discontinu de la pellicule photographique, qui est nécessaire pour que la netteté absolue de l'image soit obtenue, M. Marey a utilisé divers dispositifs : la pellicule est arrêtée dans son mouvement de translation par une pièce commandée par un électro-aimant au moment du passage de l'ouverture du disque, ou encore par une came spéciale qui produit mécaniquement le même effet. M. Demény, le collaborateur de M. Marey pendant de longues années emploie, dans le même but, un excentrique qui produit des tractions intermittentes sur la bande.

Quel que soit le procédé employé, il est nécessaire que la pellicule soit immobile au moment où elle s'impressionne.

La pellicule est enroulée sur deux bobines, l'une qui la contient avant l'exposition et l'autre qui la reçoit après. On emploie ainsi des bandes de grande longueur et l'on exécute des séries contenant des centaines d'images chronophotographiques. En garnissant la pellicule de prolongements en papier noir et en utilisant des bobines à joues métalliques, on peut effectuer le chargement et le déchargement de l'appareil en plein jour. Ce détail a une grande importance, car il permet le déplacement de l'instrument ; on peut opérer partout, au lieu, comme précédemment, d'avoir besoin d'une installation spéciale dans le voisinage du laboratoire.

L'obtention des images successives sur des parties toujours vierges de la pellicule ne nécessite plus l'emploi du fond noir, ce qui est une grande simplification. Dans le chronophotographe à bande pelliculaire, on peut augmenter facilement la longueur des vues prises ; quant à la hauteur, cela est plus délicat, à cause du temps nécessaire pour la progression saccadée de la bande : plus on désirera d'images dans l'unité de temps, plus leur hauteur devra être réduite, et réciproquement.

Obtention d'images chronophotographiques de grand format. — Un seul appareil susceptible de donner ce résultat a été indiqué, et il mérite d'être signalé par l'ingéniosité de la conception théorique qui a guidé l'auteur, M. le commandant Gossart. Le principe est le suivant : la pellicule est entraînée d'un mouvement uniforme par un mécanisme d'horlogerie, et l'objectif, monté sur un disque parallèle à la plaque, est actionné de telle façon que, au moment du passage de l'obturateur, il a exactement la même vitesse que la surface sensible. Dans ces conditions, l'image est absolument nette, et comme on peut donner à une bande qui se déroule sans arrêts une vitesse considérable, l'auteur a pu obtenir des images en série de 13 centimètres de hauteur.

Cet appareil est des plus intéressants et nous paraît constituer un progrès véritable dans la question, en ce qui concerne la dimension des épreuves obtenues.

ENREGISTREMENT PAR LA PHOTOGRAPHIE.

L'emploi des méthodes précédentes a permis de résoudre de nombreux problèmes physiologiques, en supprimant tous les appareils enregistreurs, qui sont compliqués et, par leur poids et la gêne qu'ils apportent au sujet en expérience, sont susceptibles de fausser les résultats. Un simple point brillant appliqué sur la partie à étudier et un rayon de lumière réfléchi par ce point sur la surface photographique seront les seuls organes de transmission. Cette méthode générale, que nous ne faisons qu'indiquer, sera fréquemment employée dans les sciences d'observation. L'image sera recueillie sur une plaque animée d'un mouvement de translation ou sur un papier ou une pellicule sensibles fixés sur un cylindre enregistreur. Pour obtenir la notation du temps, il suffira de disposer sur le trajet des rayons lumineux un disque fenêtré dont on connaîtra la vitesse.

RADIOGRAPHIE ET RADIOSCOPIE.

Une nouvelle découverte, due au professeur Röntgen, vient encore d'augmenter le domaine déjà si vaste des applications de la photographie aux sciences médicales et physiologiques : c'est celle des rayons X.

Si, dans une ampoule de Crookes dans laquelle le vide est poussé aux environs de $1/1\,000\,000$ d'atmosphère, on fait passer le courant donné par une forte bobine d'induction, on voit apparaître une belle lumière jaune verdâtre et les radiations produites jouissent de la propriété de traverser certaines substances qui sont opaques pour les lumières habituelles. Ces radiations réduisent énergiquement les sels d'argent employés en photographie et permettent d'obtenir des images totalement différentes de celles que nous donne la photographie ordinaire. Ainsi, les chairs sont complètement traversées ; elles deviennent, en quelque sorte, transparentes et le système osseux se détache d'une façon saisissante.

Nous verrons dans un instant les applications nombreuses qui résultent de cette belle découverte ; étudions tout d'abord le matériel nécessaire pour sa réalisation.

Matériel radiographique. — Bien que la machine statique soit susceptible d'être utilisée, on se sert généralement de la bobine d'induction, qui transforme un courant à faible tension et à grande intensité en un courant à grande tension et à faible intensité.

La bobine se compose d'un axe en fil de fer doux recouvert d'un fil de cuivre de large section et de faible longueur (deux torses seulement) ; c'est dans ce fil qu'est engagé le courant inducteur ou primaire fourni par la source d'électricité. Autour de ce premier circuit se trouve enroulé le fil induit dans lequel vont se développer les courants à haut potentiel. Ce fil est de très faible section ($1/5$ à $1/20$ de millimètre) et de grande longueur (plusieurs kilomètres). Le courant secondaire ou induit est recueilli aux bornes supérieures de la bobine et conduit de là à l'ampoule.

Les bobines bien construites sont constituées par des galettes qui divisent le fil induit en autant de petites sections enfilées sur l'induit. Si l'une de ces galettes est mise hors d'usage, la séparation est facile; il n'en est pas de même lorsque le fil induit est enroulé d'une façon continue.

Il est nécessaire de réaliser dans le courant primaire des interruptions fréquentes, le phénomène de l'induction ne produisant son maximum d'effet qu'au moment de la rupture. C'est là le but du trembleur, qui est actionné par l'aimantation du noyau central. Pour éviter l'étincelle d'extra-courant qui brûle rapidement les contacts en platine du trembleur, on intercale dans la base de la bobine un condensateur à feuilles d'étain.

Pour la radiographie médicale, il est nécessaire d'employer une bobine donnant au moins 20 à 25 centimètres d'étincelle. La bobine sera actionnée par des piles ou, mieux encore, par des accumulateurs. Une bobine de 20 centimètres exige une batterie de 8 accumulateurs donnant 16 volts environ. On peut actionner directement les bobines sur le courant de ville à 110 volts, à condition d'avoir le courant continu et d'intercaler des résistances suffisantes. Celles-ci seront constituées par un rhéostat à curseur ou des lampes à incandescence.

L'emploi de l'ampèremètre est nécessaire pour ne pas dépasser l'intensité de courant que peut supporter la bobine et qui est indiquée par le constructeur. Le voltmètre permettra de connaître la différence de potentiel aux bornes de la bobine et de vérifier l'état de charge des accumulateurs.

Un organe fort important au point de vue du rendement est l'interrupteur, qui doit réaliser les conditions suivantes : établissement relativement prolongé du courant primaire, rupture brusque, fréquence rapide dans l'unité de temps. On obtient ces résultats au moyen de l'interrupteur à mercure monté sur un moteur rotatif à grande vitesse et d'un godet montant et descendant. Nous avons le premier, croyons-nous, fait établir un dispositif de ce genre. Grâce à une came spéciale, la durée de passage du courant était des trois quarts de la période et le nombre des interruptions pouvait dépasser cinquante par seconde. La plupart des constructeurs ont reconnu l'exactitude de ce principe et ont établi des modèles analogues, le rapport des durées de passage et de rupture du courant étant réglé par le mouvement du godet à mercure qui permet à la tige mobile de plonger plus ou moins. On recouvre le mercure d'une couche d'eau et d'alcool ou d'huile lourde de pétrole. Il est recommandé d'employer de larges godets, recouverts d'ailleurs par un couvercle, afin d'éviter les projections de liquide dues à l'étincelle d'extra-courant.

Il est indispensable de régler la vitesse de l'interrupteur au moyen d'un rhéostat à curseur. On arrive ainsi à maintenir facilement l'ampoule à son maximum d'éclairement.

Ampoules radiographiques. — Des modèles fort divers d'ampoules ont été présentés au public; la supériorité comme puissance, netteté et pénétration paraît être obtenue par les tubes à focus dans lesquels l'anode est munie d'une lame métallique inclinée à 45°, qui fonctionne comme un véritable miroir et renvoie les radiations actives vers la partie inférieure de l'ampoule. Le tube, fixé sur un support articuléisolant, est relié à la bobine, le pôle négatif à la cathode et le positif à l'anode ; il est disposé au-dessus du modèle à la distance la plus convenable pour que le champ d'éclairage soit suffisant et la netteté convenable.

L'expérience montre, en effet, que la projection des radiations actives s'étend sur une surface d'autant plus grande que l'ampoule est plus éloignée ; de même, la netteté croît avec la distance ; enfin, la projection de l'image du modèle augmente de dimensions d'autant plus que l'ampoule est plus rapprochée ou que la distance du modèle à la plaque est plus considérable. Ces diverses considérations guideront l'opérateur dans chaque cas particulier. La purée d'exposition augmente, d'autre part, comme le carré de la distance du modèle à l'ampoule.

L'ampoule doit s'éclairer d'une manière uniforme sans intermittences ; suivant le modèle employé, l'anode rougit facilement ou, au contraire, elle ne s'échauffe pas d'une façon appréciable ; en tout cas, il faut éviter une élévation trop considérable de température, qui pourrait amener la déformation de l'anode ou même sa fusion ; à cet effet, il suffit de modérer le courant ou de l'interrompre pendant quelques instants.

Le volume des ampoules doit varier d'après l'intensité du courant qui doit les traverser ; leur durée de fonctionnement est d'autant plus faible que ce volume est plus petit ; il faut choisir de préférence les ampoules munies d'électrodes allongées, de façon à éviter le passage de l'étincelle par l'extérieur. Au fur et à mesure de leur usage, les qualités de l'ampoule changent ; le passage répété du courant fait disparaître peu à peu les dernières molécules d'air qui sont absorbées par l'anode métallique ou même pénètrent dans le verre (Gouy, *Comptes rendus de l'Académie*, 1897) ; à cette période, les ampoules sont plus résistantes et nécessitent l'emploi d'un courant plus énergique. Il sera donc nécessaire de pouvoir faire varier l'intensité du courant primaire suivant l'état et la marche de l'ampoule.

Pour prolonger la durée de service des ampoules et les maintenir dans un état sensiblement le même, on a imaginé des dispositifs spéciaux qui permettent de faire dégager quelques molécules d'air ou de gaz, de façon à retrouver la pression initiale. L'ampoule à électrode de palladium de M. Guillaume, les ampoules à réservoir annexe de potasse sont dans ce cas et elles présentent de réels avantages dans la pratique.

Nous citerons également les ampoules à osmose de M. Villard, qui donnent les meilleurs résultats, en permettant de maintenir le degré de vide au point voulu, suivant chaque cas particulier.

Technique radiographique. — La plaque photographique est enfermée dans une enveloppe de papier imperméable à la lumière, mais qui est transparent pour les radiations actives ; on peut se servir aussi de châssis spéciaux dont la partie supérieure est formée de carton, d'aluminium ou d'ébonite. L'objet à reproduire est placé dessus et l'ampoule mise à la distance convenable. La durée d'exposition dépendra de l'état de l'ampoule, de sa distance, de la puissance de la bobine, de l'énergie du courant primaire et, enfin, du régime de l'interrupteur ; la sensibilité de la plaque intervient également, et il y a toujours avantage à prendre des préparations rapides (A. Londe, *Comptes rendus*).

A titre d'indication et pour fixer les idées du lecteur, voici des temps de pose moyens que l'on peut réaliser d'une manière courante avec une bobine cloisonnée de Ducretet donnant 25 centimètres d'étincelle, une force électro-motrice de 16 volts et une intensité de courant de 4 à 5 ampères ; interrupteur rotatif à mercure donnant de trente à quarante interruptions par seconde ; une ampoule Villard-Chabaud.

Plaques Guilleminot, Perron ou radiographiques Jougla.

Nature du sujet.	Distances.	Temps de pose.
Main...................	10 à 15 centimètres.	15 à 30 secondes.
Bras, pied..............	15 à 20 —	1 à 2 minutes.
Jambe	25 à 30 —	1 à 2 —
Cuisse.................	25 à 30 —	3 à 5 —
Thorax.................	60 à 80 —	3 à 5 —
Bassin.................	60 à 80 —	3 à 5 —
Tête (profil).....	60 à 80 —	3 à 5 —

Ces temps de pose correspondent à l'obtention de radiographies complètes montrant tous les détails du système osseux ; si l'on se contente de la silhouette des os, ils peuvent être notablement réduits.

Toutes les plaques photographiques rapides peuvent être employées ; néanmoins, il faut écarter celles qui ont trop de tendance au voile. M. Jougla fabrique des plaques spéciales pour la radiographie qui ne présentent pas cet inconvénient et qui nous ont paru supérieures à tout ce qui avait été fait jusqu'à présent.

Si considérables que soient les progrès qui ont été obtenus depuis le début en radiographie, il n'en reste pas moins certain que les temps de pose sont encore beaucoup trop prolongés, surtout pour les parties épaisses du corps. Aussi a-t-on cherché à réduire la pose par l'interposition d'écrans spéciaux susceptibles de produire les radiations ultra-violettes qui agissent le plus rapidement sur les sels d'argent. C'est ainsi que des préparations au sulfure de zinc de Becquerel permettent une réduction considérable de la pose et produisent un effet renforçateur remarquable. On a proposé également d'employer des plaques photographiques préparées des deux côtés, pour obtenir deux images qui se superposeront au tirage. Ceci n'est pas absolument vrai, car l'épaisseur du verre doit amener fatalement un certain flou. Pour éviter cet inconvénient, le mieux serait d'utiliser les pellicules à double couche (pellicules de M. Jougla).

Le seul reproche, et il est sérieux, que l'on puisse faire aux écrans renforçateurs, c'est qu'ils donnent sur la couche un grain qui enlève toute finesse à l'image ; mais ce défaut n'est que temporaire, à notre avis, et, lorsque l'on aura pu préparer des écrans renforçateurs à couche continue, leur emploi s'imposera d'une manière absolue.

Le développement des radiographies ne présente aucune difficulté ; il est cependant nécessaire d'employer des bains énergiques et d'éviter autant que possible le voile de l'image. Il résulte, en effet, des expériences pratiques que les radiations actives, qui pourtant ne se réfractent pas et ne se réfléchissent pas, peuvent néanmoins se diffuser et agir sur la plaque en contournant en quelque sorte les parties qui arrêtent leur action directe. Cette question a été étudiée par MM. P. Villard, Sagnac et Buguet (*Comptes rendus de l'Académie*, 1897). La conclusion de ces observations est qu'il sera bon de protéger la plaque de façon à éviter les actions adventices signalées plus haut. On y arrivera en la posant sur une lame épaisse de plomb, et en entourant l'objet à reproduire d'une ceinture également en plomb. Ces effets de diffusion sont d'autant moins sensibles que la durée d'exposition est plus courte, et c'est certainement à la réduction du temps de pose que devront tendre les efforts des chercheurs.

Applications de la radiographie. — Ces applications sont déjà fort nombreuses, et nous devons nous contenter de les énumérer. Tout ce qui concerne la structure du système osseux, ses déformations, ses affections, peut être reproduit avec la plus grande facilité. On peut suivre la croissance du squelette aux divers âges et en tirer pour la médecine légale les plus utiles renseignements ; dans les cas d'anomalies quelconques, portant sur les dimensions des os, leurs formations incomplètes ou surabondantes, on sera immédiatement fixé ; on a pu également différencier les formations supplémentaires dues au rhumatisme chronique et à la goutte. Les modifications de la structure osseuse dues à telle ou telle affection, ostéomyélie, ataxie, maladie de Friedreich, etc., sont indiquées immédiatement sans erreur possible.

S'il s'agit de luxations, de fractures, le chirurgien sera fixé de suite sur la nécessité de son intervention et sur la marche à suivre ; après opération, il pourra même, à travers le pansement, suivre les progrès de la guérison et ne retirera l'appareil que lorsque tout sera remis en état.

La radiographie a donné de non moins beaux résultats dans la recherche des corps étrangers, tels que projectiles divers, aiguilles et autres substances métalliques qui peuvent pénétrer dans l'organisme et causer des accidents plus ou moins graves nécessitant leur extraction ; les esquilles d'os, les éclats de verre seront trouvés avec la même facilité.

Des essais du même ordre sont faits pour révéler l'existence de calculs dans les reins, dans le foie, indiquer l'emplacement de certaines tumeurs. Nul doute qu'on n'y arrive prochainement.

Pour la reproduction des organes internes du corps humain, nous sommes moins avancés, et à part le cœur, dont on peut révéler l'hypertrophie, il n'a été jusqu'à présent obtenu de résultats intéressants que pour les poumons. Ceux-ci, à l'état normal, se laissent traverser avec grande facilité et donnent sur la plaque une impression énergique ; s'ils sont altérés, ils opposeront aux radiations actives un obstacle d'autant plus grand qu'ils seront plus atteints et que la lésion sera plus étendue. C'est à M. le professeur Bouchard que l'on doit ces intéressantes applications, principalement dans la tuberculose, la pleurésie (*Comptes rendus de l'Académie*, 1897).

Radioscopie. — Nous n'avons pas encore parlé d'une propriété très intéressante des radiations fournies par l'ampoule radiographique : c'est de pro-

voquer la fluorescence de certaines substances. Ce phénomène a, du reste, été
le point de départ de la découverte de Röntgen. Le platino-cyanure de
baryum, étendu sur un écran perméable aux radiations, permet de voir
l'image d'un objet interposé entre cet écran et la source. Notre œil peut donc
apercevoir par ce procédé ce que la plaque photographique enregistre. On
peut se demander alors si l'emploi de la photographie n'est pas une complication inutile et dont on pourrait se passer. La réponse est que la radioscopie ne donne actuellement de bons résultats que pour les parties minces
du corps ; pour les autres, les images sont tellement faibles que l'examen est
toujours difficile. La photographie donne, au contraire, des détails qui
échappent à l'œil et, pour les parties épaisses du corps, elle a l'avantage
d'accumuler les faibles impressions, qui, en s'ajoutant, finissent par donner
une impression vigoureuse. C'est là la supériorité, indiscutable en l'espèce, de
la photographie, avec cet autre avantage également précieux qu'elle donne
un document impersonnel, qu'elle ne saurait commettre d'erreurs d'observation, et qu'enfin le document reste, pour être étudié à l'aise et multiplié
si nécessaire.

Nous croyons donc que, en tout état de cause et malgré les progrès qui se
produiront certainement en radioscopie, la radiographie aura toujours ces
qualités qui la rendront indispensable dans la majorité des cas.

En terminant cette question, nous signalerons l'utilité de l'écran radiosco-
pique pour vérifier le fonctionnement de l'ampoule et en contrôler la
marche pendant une opération.

CHAPITRE IV

LA PHOTOGRAPHIE CONSIDÉRÉE COMME MOYEN DE SYNTHÈSE

Synthèse photographique. — Cinématographie.

SYNTHÈSE PHOTOGRAPHIQUE.

Avec les documents si importants donnés par la chronophotographie, il était
tout indiqué de chercher à en effectuer la synthèse au moyen d'instruments
déjà connus, mais qui n'étaient utilisés qu'avec des séries de dessins exécutés
à la main, tels que le zootrope, le phénakistiscope, etc. C'est ce qui fut fait,
au moyen de dispositifs différents, par MM. Muybridge, Marey, Anschütz,
Demény.

La caractéristique de ces appareils, c'est qu'ils ne peuvent reproduire qu'un
mouvement, que nous appellerons *à cycle fermé*, dans lequel le modèle revient
toujours à sa position de départ pour recommencer le même mouvement ; on
peut aussi reproduire la marche, la course, le pas d'un cheval, le trot, le
galop. L'appareil de synthèse reproduira indéfiniment devant l'œil de l'observateur le même mouvement ; ceci peut être monotone, mais de la plus haute
importance au point de vue scientifique, car, à force de voir le même mouvement, l'œil finira par apercevoir ce qu'il n'aurait pas vu à l'examen direct ; on

peut même, pour faciliter l'examen, ralentir le mouvement de l'appareil, ce qui est un avantage précieux et qu'il nous suffit de signaler. En effet, il ne faut pas se le dissimuler : si la chronophotographie peut nous donner les lois du mouvement, nous en permettre l'analyse complète, la synthèse ne peut guère servir que de contrôle ou de curiosité, à moins que, pour le procédé de M. Marey, on ne puisse ralentir la marche de l'appareil. On comprend en effet aisément que, si la synthèse est rigoureuse, elle ne doit pas nous donner plus que ce que notre œil avait pu percevoir. Saisissons par la chronophotographie les déplacements successifs d'un projectile qui fend l'air, nous pourrons tirer des épreuves obtenues des renseignements de haute valeur sur sa vitesse, sur les phénomènes de compression et de décompression qui se passent dans l'air dans le voisinage de la balle. Si la synthèse est bien faite, nous verrons peut-être un léger nuage de fumée au départ, et ce sera tout, la vitesse étant trop grande pour que notre œil puisse percevoir une image.

Nous ne nous avancerons donc pas beaucoup en affirmant que la valeur scientifique de l'analyse photographique est bien supérieure à celle de la synthèse.

CINÉMATOGRAPHIE.

Une fois ce point établi, nous devons reconnaître que la chronophotographie sur longues bandes, outre l'avantage de donner un bien plus grand nombre d'images, a permis de faire la synthèse des mouvements d'une manière pour ainsi dire continue ; ce ne sont plus les mêmes images qui se succèdent d'une manière régulière, mais toujours de nouvelles qui défilent sans interruption et sans jamais repasser. Cette nouvelle application revient encore incontestablement à M. Marey, qui a été le précurseur et l'initiateur de tous ceux qui se sont inspirés de ses travaux pour la reproduction synthétique du mouvement. Mais ces belles découvertes, dirigées dans un but scientifique, n'ont pas eu le retentissement des applications commerciales qui en ont été faites depuis par Edison, Demény, les fils Lumière et bien d'autres.

La cinématographie (nous adoptons ce terme parce qu'il est admis généralement aujourd'hui) permet de reconstituer par la photographie des scènes quelconques dont la durée n'est limitée que par les dépenses qu'entraîne cette nouvelle application.

On se sert d'un chronophotographe analogue à celui de Marey, dans lequel une bande pelliculaire défile derrière l'objectif d'une manière saccadée, de façon à recevoir l'image sur la surface sensible immobile. Cette bande de grande longueur est développée au moyen de dispositifs divers et donne un négatif qui sert à obtenir une épreuve positive sur une autre bande semblable.

On se sert alors du chronophotographe pour projeter l'image sur un écran où de nombreuses personnes peuvent la voir simultanément ; elle est éclairée par derrière au moyen d'un foyer électrique intense ; l'objectif qui a servi pour l'obtention du négatif est remplacé par un objectif plus lumineux et spécialement établi pour la projection. On fait alors défiler rapidement la bande positive, un obturateur venant la masquer pendant toutes les périodes où elle se déplace. Pour obtenir la continuité d'éclairement de l'écran et ne pas percevoir les périodes d'obscurité dues au passage du disque obturateur, il est reconnu qu'il faut au moins quinze images par seconde. Par suite de la persistance de l'impression lumineuse sur la rétine, l'image paraît fixe sur l'écran, et seuls les divers sujets qui se déplacent sur chacun des petits positifs accomplissent tous leurs mouvements comme dans la nature.

Les projections cinématographiques ont obtenu un réel succès, malgré leurs imperfections reconnues par tous. Leur plus grave défaut tient au manque de fixité de l'image, qui oscille d'une façon désagréable, et au peu de finesse de la projection, qui est due à l'agrandissement considérable du positif, dont les dimensions ne dépassent guère 2×3 dans la majorité des appareils et 5×6 dans les autres. On ne peut, en effet, augmenter trop le format, sous peine d'avoir un nombre insuffisant d'images par seconde.

Quoi qu'il en soit et ces réserves faites, la cinématographie est appelée à rendre de grands services dans les sciences physiologiques et médicales pour reproduire et pouvoir mettre sous les yeux des élèves des cas intéressants que l'on ne peut plus observer, des phénomènes qu'on ne peut produire à volonté, montrer la démarche typique de certains malades, leurs mouvements anormaux produits par telle ou telle affection ou leur état nerveux. Il y a là un nouveau champ ouvert au médecin ; il est seulement regrettable que les laboratoires spéciaux n'aient pas à leur disposition les ressources nécessaires pour réaliser ces applications d'une façon courante (1).

CHAPITRE V

LA PHOTOGRAPHIE CONSIDÉRÉE COMME MOYEN DE DIVULGATION ET D'ENSEIGNEMENT

Qualités générales de la photographie. — Procédés de tirage. — Procédés photomécaniques. — Projections.

QUALITÉS GÉNÉRALES DE LA PHOTOGRAPHIE.

En dehors de l'intérêt immédiat que la photographie procure à l'observateur, elle a l'avantage précieux de permettre la multiplication facile et rigoureuse du document obtenu, quel qu'il soit ; ce rôle d'ordre iconographique est des plus importants, car il donne le moyen de joindre aux observations et aux mémoires originaux la reproduction du sujet qui en fait l'objet. Les publications scientifiques illustrées par la photographie deviennent de plus en plus nombreuses et leur valeur en est ainsi augmentée dans de grandes proportions. On sait, d'une manière générale, la fidélité de la mémoire visuelle qui fait que certaines images demeurent avec une intégrité absolue dans notre cerveau, et, lorsqu'un cas analogue se présente, le rapprochement et la

(1) Le Dr Doyen s'est servi avec le plus grand succès de la cinématographie pour la reproduction des opérations chirurgicales. Nous-même, avec le Dr P. Richer, l'avons utilisée pour l'étude des diverses démarches pathologiques, la reproduction des attaques d'hystérie, etc.

comparaison se font immédiatement, le spécialiste étant mis de suite sur la bonne voie qui lui permettra de poser rapidement son diagnostic. Tous ceux qui se sont pénétrés de ces attitudes particulières, de ces facies spéciaux dont nous avons parlé précédemment, n'hésitent pas, et du premier coup d'œil, à reconnaître un paralytique agitant, un acromégalique, un myxœdémateux, un sclérodermique, etc., alors qu'un confrère éloigné des centres d'enseignement, et qui n'aura pu faire cette éducation toute spéciale, pourra être fort embarrassé au premier abord.

Le professeur trouvera également de grands avantages à conserver toutes les photographies de malades qui ont pu guérir ou disparaître et à les montrer à ses élèves à l'appui de ses démonstrations et de son enseignement. Il nous reste donc, dans cet ordre d'idées, à donner rapidement quelques indications techniques sur les procédés qu'il faudra employer pour multiplier le document photographique ou pouvoir le montrer à un auditoire nombreux.

PROCÉDÉS DE TIRAGE PHOTOGRAPHIQUE.

Ces procédés sont de deux sortes, suivant que l'on se contente d'un certain nombre d'épreuves ou que l'on désire effectuer, au contraire, un tirage à grand nombre destiné à l'illustration d'un journal ou d'un ouvrage.

Les premiers procédés sont relativement lents, car ils nécessitent l'action de la lumière naturelle pour l'exécution de chacune des épreuves : ce sont les procédés dits *à noircissement direct*. Le papier recouvert d'albumine, de collodion ou de gélatine contenant des sels d'argent, généralement du chlorure, est exposé à la lumière au contact du négatif. Le sel d'argent est réduit par la lumière et l'image se dessine peu à peu. Lorsqu'elle est arrivée au point voulu (on doit légèrement pousser l'impression, car l'image baisse un peu dans les bains subséquents), on la plonge dans un *bain de virage*, qui a pour but d'en modifier le ton et de lui donner une plus grande stabilité, puis dans un *bain de fixage*, qui élimine tout le sel d'argent non réduit par la lumière. Après un bon lavage, l'épreuve est terminée. Ce procédé, long et relativement coûteux, n'est bon que pour obtenir quelques épreuves. Celles-ci, du reste, ne sont assurées que d'une conservation relative, et encore à condition que toutes les opérations aient été exécutées avec le soin voulu. Suivant la nature du véhicule qui contient le sel d'argent, la finesse de l'image est plus ou moins grande, et l'on ne devra point oublier ce détail d'après la nature des résultats que l'on désire obtenir.

Dans le cas où l'on désirerait exécuter rapidement un certain nombre d'épreuves, on peut employer les papiers au bromure d'argent, qui permettent l'impression à la lumière artificielle. Ces papiers se traitent comme les plaques et, ne donnant qu'une image latente, doivent être développés.

On peut même, si l'on veut avoir de suite le document, appliquer ce papier mouillé au préalable sur le négatif non séché et sortant du lavage. On expose quelques secondes à la lumière du gaz, on développe et l'on fixe ; après un lavage très rapide, on passe dans l'alcool et ensuite à une chaleur douce ; il est possible, par ce procédé, d'obtenir une épreuve quelques minutes après la pose.

PROCÉDÉS PHOTOMÉCANIQUES.

Lorsqu'il s'agit de reproduire une image photographique à un grand nombre d'exemplaires, il faut utiliser les procédés photomécaniques, qui sont exécutés maintenant d'une manière courante par l'industrie. Plusieurs considérations devront guider l'auteur pour le choix du procédé : ce sont d'abord l'exactitude et la finesse du procédé de reproduction, puis son prix de revient. Il est certains procédés où la copie est absolument littérale, l'industriel ne pouvant effectuer aucune retouche de la planche; d'autres dans lesquels on peut modifier et corriger celle-ci; ces deux manières de faire peuvent avoir leurs avantages, dans le premier cas lorsque l'on veut respecter d'une manière absolue l'image dessinée par la lumière et lui conserver intégralement son caractère d'impersonnalité et de sincérité, dans le second lorsque l'on veut accentuer certains détails insuffisamment rendus ou sur lesquels on veut attirer plus spécialement l'attention, puis, d'autre part, éliminer certaines parties qui sont inutiles à conserver.

La finesse de l'image photographique peut être modifiée par les artifices qui sont nécessaires dans les procédés d'impression pour effectuer le tirage typographique. On sait, en effet, que ce mode de tirage exige soit un grain, soit des tailles qui transforment l'image à modelé continu donné par la photographie en une planche présentant des reliefs plus ou moins espacés suivant les différentes valeurs de l'original. La présence de ce grain ou de ces tailles change donc le caractère de l'image première et peut perdre un certain nombre des détails les plus fins. Il faudra donc faire un choix judicieux entre les divers procédés, suivant la nature du document à reproduire.

Comme nous allons le voir, certains procédés spéciaux permettent de reproduire intégralement le modelé de la photographie, mais ils nécessitent le tirage hors texte, ce qui se traduit par une augmentation du prix de revient; les procédés qui tirent avec le texte présentent, au contraire, une dépense moindre et donnent le moyen d'intercaler la figure à l'endroit le plus convenable.

Nous diviserons l'étude de ces divers procédés en deux classes : ceux qui exigent le tirage hors texte, et ceux qui s'impriment par les procédés courants de la typographie. La première contient la photocollographie, la photoglyptie et la photogravure; la seconde la phototypogravure.

La photocollographie (anciennement *phototypie*) est basée sur l'action de la lumière sur la gélatine bichromatée; celle-ci s'insolubilise plus ou moins, suivant les transparences du négatif, et acquiert, après un mouillage spécial, la propriété de retenir plus ou moins l'encre d'imprimerie et proportionnellement à l'insolubilisation de la couche. Ce procédé, exécuté par des mains habiles, reproduit l'image photographique avec tout son modelé et toute sa finesse; c'est celui qui, à notre avis, devra toujours être employé lorsque l'on désire une traduction fidèle et impersonnelle, les retouches sur la couche de gélatine étant en effet impossibles. En variant le choix de l'encre, on peut obtenir des tonalités différentes.

Le seul reproche que l'on puisse faire à la photocollographie, c'est que l'encrage de la planche doit être fait par des opérateurs exercés ; sinon, les épreuves n'ont pas la même valeur (ce défaut est bien atténué depuis que l'on exécute les tirages à la machine) ; d'autre part, la planche s'use et ne peut se prêter à des tirages dépassant 1 000 à 1 500 exemplaires. Il est vrai que l'on remédie à cet inconvénient en faisant plusieurs planches, si le tirage le nécessite. Dans un tirage photocollographique, l'auteur fera bien de contrôler une à une les planches, et d'éliminer toutes celles qui ne lui donneraient pas satisfaction.

Par des artifices de tirage élémentaires, on peut reproduire plusieurs photographies sur une même planche, ce qui est avantageux dans certaines hypothèses.

La photoglyptie, procédé relativement ancien et qui n'est plus exécuté que par quelques rares industriels, a l'avantage de donner également la reproduction rigoureuse du modelé photographique. On obtient un relief sur gélatine bichromatée en couche épaisse, par la dissolution à l'eau tiède de toutes les parties qui n'ont pas été insolubilisées par la lumière. Ce relief, une fois sec, est comprimé contre une feuille de plomb, qui en donne la contre-partie exacte, et constitue un moule dans lequel on verse une encre gélatineuse que l'on recouvre d'une feuille de papier. On comprime sous une presse spéciale, l'excès de l'encre s'échappe par les bords et il reste sur le papier une image qui est formée par des épaisseurs d'encre gélatineuse exactement proportionnelles aux creux du moule et, par suite, aux valeurs de l'original.

Ce procédé ne permettait pas l'obtention de marges blanches ; aussi a-t-il été quelque peu délaissé. Cependant, on est arrivé depuis peu à résoudre la difficulté et il mérite de ne pas être oublié, car, en dehors de l'absence de grain, il a l'avantage d'assurer un tirage beaucoup plus uniforme que la photocollographie.

La photogravure est un procédé de gravure en creux sur cuivre avec adjonction d'un grain artificiel de résine. Il donne des épreuves de toute beauté, mais d'un prix de revient élevé, à cause du tirage en taille-douce. Il est rarement exécuté sans l'emploi de nombreuses retouches, qui consistent dans des morsures successives de la planche avec application de réserves habilement placées. Il permet donc certaines corrections du rendu et laissera, par suite, toujours une large place à l'interprétation.

Les procédés de phototypogravure ont reçu, depuis quelques années, un développement considérable, qui tient à ce qu'ils permettent le tirage dans le texte et sont exécutés à un prix de revient de beaucoup inférieur à celui des procédés précédents.

Au lieu de confier le négatif, ce que l'on fait généralement pour la photocollographie, la photoglyptie et la photogravure, il suffit de remettre au graveur une bonne épreuve. Celle-ci est reproduite à la chambre noire, au format désiré, en intercalant devant la plaque un réseau ligné appelé *trame*, qui transforme l'image à modelé continu en une image discontinue formée de points ou de lignes plus ou moins rapprochées, suivant l'intensité des différentes valeurs. Ce négatif sert à obtenir sur métal une planche qui présentera

des creux et des reliefs permettant l'impression typographique. La finesse
de l'image discontinue dépendra de la finesse de la trame, mais les difficultés
de tirage augmenteront dans les mêmes proportions et nécessiteront l'emploi de certaines machines typographiques et de papiers spéciaux fortement
couchés. Il faudra donc encore certains soins pour obtenir des résultats satisfaisants.

Impressions en couleurs. — Depuis quelques années, les procédés
d'impressions en couleurs par la méthode indirecte, dite *méthode trichrome*,
ont fait de notables progrès. La photographie permettra donc, le cas échéant,
d'obtenir des illustrations en couleurs. La technique un peu spéciale, et assez
délicate d'ailleurs, est décrite dans les traités spéciaux (1). Qu'il nous suffise
de dire que l'on doit exécuter trois négatifs du même sujet, à travers des
écrans colorés convenables et sur des plaques sensibles à chacune des radiations triées par ces écrans. On effectue ensuite trois tirages avec des encres
colorées convenables. Les résultats obtenus pourront être utiles au micrographe, au botaniste, au médecin, etc.

DES PROJECTIONS PHOTOGRAPHIQUES.

Personne n'ignore l'utilité des projections au point de vue de l'enseignement, et le rôle considérable qu'elles ont actuellement dans les cours publics
et les conférences. On peut faire défiler, devant un auditoire nombreux, les
objets les plus divers dont la vue frappera l'œil en même temps que les
explications du professeur parviendront à l'oreille. La photographie permet
très facilement d'obtenir toutes les vues transparentes qui sont nécessaires
pour le fonctionnement de la lanterne de projections.

Étant donné un cliché quelconque, ce qui est intéressant, c'est de savoir
comment on peut amener ce dernier au format de la vue pour projections, et
de connaître les préparations qu'il faut employer pour avoir des images présentant toutes les qualités de netteté et de transparence désirables.

Nous laissons de côté l'obtention des projections d'après des négatifs de
même format. L'opération est élémentaire : il suffit d'obtenir l'épreuve positive sur verre par contact au châssis-presse ; ceci ne souffre aucune difficulté.
Si le négatif original est plus grand, et ce sera généralement le cas, il faut
le réduire. On se sert, à cet effet, de la chambre à trois corps, ou encore d'un
appareil automatique de réduction. Plus simplement, il suffira de reproduire
le négatif par transparence avec l'appareil ordinaire placé à la distance convenable ; on aura soin de bien l'isoler dans un cadre opaque et de placer
derrière un verre dépoli pour réaliser un éclairage uniforme.

On emploiera, comme plaques, les plaques au chlorure d'argent, qui ont
l'avantage de donner des positives très transparentes et exemptes de tout
voile, ce qui est indispensable pour la projection. A cause de la sensibilité
moins grande de ces préparations, on augmente le temps de pose en conséquence (poser de cinq à dix fois plus qu'avec les plaques rapides au gélatino-

(1) Ducos du Hauron, *La triplice photographique des couleurs et l'imprimerie*. Paris,
Gauthier-Villars. — L. Vidal, *Photographie des couleurs*. Paris, Gauthier-Villars.

bromure d'argent). Il y a intérêt, avec ces préparations, à rester dans le voisinage du temps normal de pose, et à éviter toute surexposition qui serait susceptible de donner un léger voile préjudiciable à la transparence de la projection.

Comme développement, nous recommandons le développement au métol et à l'hydroquinone (vieux bain), ou avec addition d'eau et de bromure, s'il est neuf. Le développement doit être légèrement poussé, et il vaut mieux une positive dépassant l'intensité voulue que ne l'atteignant pas. Il sera, en effet, toujours facile de baisser l'image avec le réducteur de Farmer et de l'amener exactement au point voulu. Comme règle opératoire, une projection mise à plat sur une feuille de papier blanc ne doit laisser voir aucune teinte appréciable dans les parties qui correspondent aux blancs de l'image.

Rappelons, en terminant, que la dimension normale des vues pour projections est de $8,5 \times 10$, la partie utile projetée étant environ de 8×8. Pour indiquer le sens de la projection et éviter les erreurs de position dans la lanterne, le Congrès de photographie a établi la règle suivante : « La vue étant regardée dans son vrai sens, et tenue par la main droite par le coin inférieur droit, placer une étiquette ronde sous le pouce de cette main ». Les projections sont placées dans la lanterne par le petit sens, c'est-à-dire que les bords inférieurs et supérieurs de l'image doivent être parallèles aux grands côtés et non aux petits.

Projections colorées. — Au point de vue de la démonstration et dans certaines hypothèses (maladies de la peau, coupes de moelle, photographies de microbes), il peut être intéressant d'effectuer des colorations qui reproduiront les teintes de l'original ou l'aspect des préparations histologiques ou micrographiques.

On pourra exécuter à la main le coloriage voulu au moyen de couleurs bien transparentes ; on trouve du reste, dans le commerce, des couleurs spéciales qui conviennent parfaitement. Ce sera uniquement une affaire de travail et de patience (1).

On peut employer également le procédé indiqué par MM. Lumière, et qui consiste à tirer une épreuve sur papier au charbon contenant très peu de matière colorante, puis, une fois cette épreuve développée, à la placer dans un bain de teinture. La gélatine se colore proportionnellement à son épaisseur, ce qui permet de réaliser des doubles colorations. On peut, avec ce procédé, obtenir des microphotographies colorées qui auront l'aspect de la préparation originale (2).

MM. Lumière ont encore indiqué une autre méthode qui est susceptible de donner des projections colorées très remarquables, mais dont l'exécution est assez délicate ; néanmoins, pour certaines applications, il ne faut pas reculer devant les difficultés de réalisation. On fait trois négatifs du modèle à reproduire, en interposant pour chacun d'eux des écrans colorés différents et en employant dans chaque cas les plaques plus sensibles aux radiations admises. Une fois ce triage des couleurs exécuté, on se sert successivement des trois

(1) Voy. Fourtier, *Les positifs sur verre*. Paris, Gauthier-Villars.
(2) A. Londe, *La photographie moderne*. Paris, Masson et Cie.

négatifs pour imprimer des couches de gélatine bichromatée, que l'on développe et que l'on teinte par imbibition l'une après l'autre avec les colorants
voulus, en ayant soin d'interposer une couche mince de collodion qui protège
les diverses images. Ce simple aperçu général du procédé, qui nécessite
l'exécution de trois négatifs et la préparation trois fois répétée de la même
plaque, explique suffisamment pourquoi ce procédé, malgré l'intérêt qu'il
présente, n'est pas encore entré dans la pratique courante.

CHALEUR RAYONNANTE

Par M. C.-M. GARIEL.

---

1. — Mariotte, Scheele et, plus particulièrement, Rumford et Leslie étudièrent les conditions dans lesquelles la chaleur peut, à distance, passer d'un corps à un autre; ils étudièrent ce qu'on appelait la *chaleur rayonnante*. Les deux derniers, utilisant les thermomètres différentiels comme appareils de mesure, arrivèrent à des résultats intéressants, que nous aurons à signaler par la suite. Leslie, notamment, montra que la chaleur rayonnante ne se comporte pas toujours de la même façon et qu'il y a lieu de distinguer la chaleur obscure de la chaleur lumineuse. Melloni se servit d'un appareil beaucoup plus sensible, la pile thermo-électrique, et montra que, comme la lumière, la chaleur est composée de rayons, de radiations, qui, tout en produisant également des effets thermiques, diffèrent les uns des autres; que leurs indices de réfraction permettent de les caractériser; qu'il y a, en un mot, un *spectre calorifique*, analogue au spectre lumineux, idée qui résultait d'ailleurs des recherches d'Herschel et Lambert, de Prévost et Delaroche.

L'étude de la chaleur rayonnante comporterait la recherche des modifications que subit dans diverses circonstances un rayon de chaleur d'indice déterminé, ce qui permettrait de savoir ce que devient dans chaque cas un faisceau de composition donnée.

Mais, actuellement, on ne considère plus la chaleur rayonnante comme un agent spécial; nous rappellerons, sans insister, qu'elle est seulement un des effets produits par les radiations (Voy. le chapitre *Radiations*) qui, semblables en nature dans toute l'étendue du spectre, diffèrent les unes des autres par leurs indices de réfraction ou, avec plus de précision, par leurs longueurs d'onde. De ces radiations, les unes, les moins réfrangibles, produisent seulement des effets calorifiques (radiations infra-rouges); d'autres, les plus réfrangibles, produisent des actions chimiques notamment (radiations ultra-violettes); d'autres encore (radiations moyennes), intermédiaires aux précédentes, sont susceptibles de donner naissance aux sensations lumineuses et peuvent en outre produire, avec des intensités variables, des effets calorifiques et des effets chimiques.

Si les radiations nous étaient directement perceptibles, il conviendrait d'étudier les modifications que subit chacune d'elles dans des conditions déterminées et d'en déduire les variations des divers effets auxquels elle est

susceptible de donner naissance. Mais cette étude ne peut se faire, car nous
ne connaissons les radiations que par leurs effets ; c'est donc les variations
de ceux-ci que nous pouvons seulement déterminer. Au lieu de prendre un
seul de ces effets, l'effet calorifique par exemple, et d'étudier la chaleur
rayonnante, il est préférable d'utiliser simultanément les divers effets qui
peuvent également, les uns et les autres, nous renseigner sur les variations
de leur cause commune. C'est à ce point de vue que nous nous placerons, non
pas que, dans chaque circonstance, nous examinions successivement les divers
effets, mais nous prendrons indifféremment, parmi eux, ceux qui ont fourni
les résultats les plus nets, ou ceux qui donnent lieu à des observations susceptibles d'applications pratiques.

2. — Dans l'*Optique géométrique* on a étudié les lois qui régissent la propagation de la lumière au point de vue de sa direction (propagation rectiligne,
réflexion, réfraction simple et double réfraction), c'est-à-dire les lois qui sont
applicables aux radiations moyennes, comprises entre le rouge et le violet, à
celles qui produisent les sensations lumineuses. C'est aux mêmes radiations
que se rapportent les questions étudiées dans l'*Optique physique* : phénomènes d'interférence, de diffraction, polarisation, rotation du plan de polarisation, etc.

Nous devons dire, tout d'abord, que les phénomènes observés, que les lois
démontrées pour ces radiations moyennes se retrouvent sans modification
aucune pour les radiations calorifiques obscures, radiations infra-rouges, ainsi
que pour les radiations chimiques obscures, radiations ultra-violettes.

Dans l'application des lois, bien entendu, il y a à tenir compte des coefficients numériques qui caractérisent chaque radiation (indice de réfraction ou,
mieux, longueur d'onde), comme on le fait pour les diverses radiations lumineuses, qu'il faut distinguer les unes des autres.

Au point de vue de la réflexion, dont les lois ne contiennent rien qui se
rapporte à une donnée caractérisant une radiation déterminée, les résultats
sont identiques, qu'il s'agisse de faisceaux lumineux, de faisceaux calorifiques
ou de faisceaux chimiques. Aussi les miroirs, plans ou courbes, peuvent-ils
être employés d'une façon identique dans tous les cas. C'est ainsi que, avec
un miroir concave, on pourra réunir au foyer principal toutes les radiations calorifiques arrivant parallèlement ; ou que, d'une manière plus générale, étant données des radiations calorifiques émanées d'un point, on pourra,
après réflexion, les réunir toutes en un autre point, conjugué du premier par
rapport au miroir. Quelques applications de cette remarque ont été proposées.

Les résultats observés pour les faisceaux lumineux traversant une lentille
sont également applicables d'une manière générale aux faisceaux d'autre
nature. C'est ainsi que si nous considérons, par exemple, une lentille convergente, les faisceaux arrivant parallèlement se réuniront après la lentille en
un point, foyer principal ; seulement, de même qu'il y a un foyer principal
particulier pour chaque couleur, il y aura des foyers particuliers pour les
radiations calorifiques et pour les radiations chimiques. Les radiations calorifiques, moins réfrangibles que les radiations lumineuses, auront leurs foyers

plus éloignés de la lentille, tandis que les radiations chimiques, plus réfrangibles, auront le foyer plus rapproché.

Ce que nous disons des faisceaux parallèles et du foyer principal est vrai pour des faisceaux de forme quelconque ; aussi y a-t-il des *images* (invisibles) produites par des faisceaux calorifiques émanés d'un objet, comme Tyndall l'a montré expérimentalement, et des images également invisibles produites par les faisceaux chimiques émanés d'un objet.

Comme application de la concentration de rayons calorifiques, on peut citer la cautérisation solaire, maintenant abandonnée, dans laquelle on faisait arriver un faisceau solaire sur une lentille au foyer de laquelle on plaçait la partie sur laquelle on voulait agir.

C'est d'une façon analogue que l'on opère dans la méthode imaginée par Finsen pour le traitement du lupus ; mais, dans ce cas, ce sont les radiations chimiques qui produisent l'effet curatif et non les radiations calorifiques, car celles-ci sont arrêtées par une certaine épaisseur d'eau que le faisceau traverse.

Quant aux images invisibles produites par les faisceaux chimiques, elles sont utilisées dans la photographie ; ce sont elles qui, se produisant sur la plaque sensible, viennent modifier la constitution chimique du sel d'argent qui y est contenu, modifications qui donnent un cliché indélébile lorsque la plaque sensible a été convenablement traitée.

Le cliché obtenu sera net ou *flou* suivant que la plaque sera exactement ou non à l'endroit où se fait l'image invisible correspondant aux rayons chimiques. C'est pour cela que, avant d'opérer, on *met au point* en déterminant avec un verre dépoli l'endroit où se fait nettement l'image lumineuse. D'après ce que nous avons dit, ce ne serait pas à cette position, mais un peu plus près de la lentille de l'objectif, qu'il faudrait mettre la plaque sensible, puisque le foyer des rayons lumineux n'est pas le même que celui des rayons chimiques. Mais la différence est assez faible pour que, dans la pratique, en général il n'y ait pas lieu d'en tenir compte. Toutefois, elle ne doit pas être négligée dans l'obtention des épreuves où une très grande précision est nécessaire, comme dans le cas de celles qui servent à la confection de la Carte du ciel ; aussi, des dispositions particulières, qu'il serait sans intérêt de décrire ici, sont-elles prises pour placer la plaque sensible, non au point où l'on a eu l'image lumineuse nette, mais à une distance convenable de cette position.

Ainsi que nous l'avons dit précédemment, les radiations calorifiques invisibles, infra-rouges, et les radiations chimiques invisibles, ultra-violettes, sont susceptibles, comme les radiations moyennes, lumineuses, de donner naissance aux phénomènes de la double réfraction, de la polarisation, des interférences, de la diffraction ; mais aucun de ceux-ci ne donne lieu à des applications ; il n'y a donc pas lieu de nous y arrêter.

3. — Un phénomène peut être étudié à deux points de vue distincts : on peut en faire une étude *qualitative* faisant connaître sa nature, indiquant en quoi il consiste, signalant d'une manière générale les circonstances qui le font varier de grandeur et dans quel sens se manifestent ces variations. Mais la connaissance du phénomène n'est vraiment complète que lorsqu'on a

pu le mesurer, c'est-à-dire lorsqu'on a pu évaluer sa grandeur et ses variations par des nombres : c'est là l'étude *quantitative* sans laquelle, en particulier, on ne peut établir ni appliquer les lois qui régissent les phénomènes.

Chaque ordre de grandeur exige le choix d'une unité spéciale et l'emploi d'appareils spécialement appropriés. Nous devons revenir en quelques mots sur les uns et les autres pour les questions dont nous nous occupons.

Nous n'avons pas à nous arrêter à l'étude quantitative des phénomènes lumineux, cette étude ayant été faite précédemment dans le chapitre de la *Photométrie*.

Pour les phénomènes calorifiques, une étude du même genre a été faite dans le chapitre de la *Calorimétrie*. Mais si nous n'avons pas à y revenir relativement à l'unité choisie et aux appareils qui y ont été décrits, nous devons faire remarquer cependant que, pour l'étude de la chaleur rayonnante, les calorimètres ne sont pas d'un emploi pratique sous la forme sous laquelle ils ont été étudiés.

La question qui se présente est la suivante : Étant donné un faisceau de radiations qui reste identique à lui-même, constant, pendant un certain temps, on demande quelle est la quantité de chaleur qu'il fournit pendant l'unité de temps, la seconde, avec cette condition que cette quantité de chaleur est le plus souvent très petite. En réalité, on n'a pas généralement à faire la *mesure* et l'on se borne à *comparer* entre elles les quantités de chaleur fournies par deux faisceaux constants, pendant l'unité de temps.

Pour faire cette comparaison, on emploie des *thermomètres différentiels* qui donnent directement l'excès, sur l'air ambiant, de la température d'un corps sur lequel on fait arriver le faisceau considéré. Au bout d'un certain temps, cet excès de température devient fixe. On démontre que, pourvu qu'il soit faible, cet excès de température est proportionnel à la quantité de chaleur absorbée en une seconde. C'est là ce qui constitue la méthode des *températures stationnaires*.

Les thermomètres différentiels employés d'abord, ceux de Leslie et de Rumford, étaient basés sur la dilatation de l'air. Melloni se servit de la pile thermo-électrique, beaucoup plus sensible et qui suffit dans le plus grand nombre de cas. Lorsqu'on a besoin d'une très grande sensibilité, on a recours au *bolomètre* de M. Langley qui, d'après celui-ci, permet d'apprécier une différence de $0°,0001$ entre les deux parties qui le composent, ce qui correspond à une quantité de chaleur absorbée par seconde égale à $0,000\,000\,02$ calorie-gramme-degré.

Il y aurait une étude spéciale du même genre à faire pour les radiations chimiques ; mais, à cet égard, il faut bien le reconnaître, les études sont moins avancées, et nous croyons inutile de nous arrêter sur cette question qui ne présente pas d'application que nous ayons à signaler ; les points importants sont relatés dans le chapitre *Photographie*.

4. — Avant d'aborder l'étude quantitative des phénomènes qu'il y a lieu d'étudier pour la chaleur rayonnante, ou pour les radiations en général, il importe de remarquer que l'on ne peut arriver à des résultats ayant une signification nettement déterminée si l'on opère sur des faisceaux quel-

conques. Ces faisceaux sont complexes : ils sont constitués par un mélange, une superposition de rayons différents caractérisés, comme nous l'avons dit, par des indices de réfraction différents, par des longueurs d'onde différentes. Ils obéissent bien tous aux mêmes lois ; mais, sauf pour la réflexion, pour une action déterminée chacun d'eux est caractérisé par un coefficient particulier. Si donc on mesure l'effet total, on aura un résultat qui dépendra nécessairement des proportions dans lesquelles se trouvent les radiations simples composantes. Aussi, pour une action déterminée, de ce qu'on a trouvé pour un faisceau complexe, on ne saurait conclure ce qui se passera pour un autre faisceau, à moins que les deux faisceaux n'aient la même composition. Il faudrait avoir les lois élémentaires, c'est-à-dire celles qui s'appliquent à chacune des radiations simples, et connaître pour chacune de celles-ci les coefficients numériques qui la caractérisent pour l'action considérée ; il serait facile alors d'avoir le résultat total pour un faisceau dont la composition serait connue.

Pour les phénomènes lumineux, les diverses radiations se différencient assez facilement, parce que chacune d'elles correspond à une sensation colorée particulière. Pour les phénomènes calorifiques, les appareils employés donnent des indications, élévations de température, qui n'apprennent rien sur la composition du faisceau ; la séparation des effets dus aux diverses radiations est donc moins facile, sauf celle qui correspond à la chaleur obscure (radiations infra-rouges) et à la chaleur lumineuse (radiations moyennes), parce que l'œil permet de faire la distinction.

Mais, dans tous les cas, on peut arriver à isoler une radiation déterminée pour l'étudier, par exemple, en produisant un spectre à l'aide d'un prisme convenablement choisi.

Nous étudierons les diverses actions dans l'ordre suivant :

Émission ;

Propagation dans un milieu homogène ;

Action à la surface de séparation de deux milieux ;

Absorption par les milieux traversés.

Nous n'avons pas à insister sur l'indication générale de ces actions, qui ont été étudiées dans les cours élémentaires.

5. — Lorsqu'un corps est placé dans un milieu dont la température est moins élevée, il émet des radiations et l'on doit se demander quelles relations existent entre la quantité de radiations émises et les conditions dans lesquelles se trouve le corps : température, nature, dimensions, etc.

Au point de vue expérimental, deux cas peuvent se présenter suivant que, par un procédé quelconque, on maintient le corps à une température invariable malgré les pertes qu'il subit, ou que, étant abandonné à lui-même, on le laisse se refroidir progressivement.

Dans le premier cas, on sait difficilement en général la quantité de chaleur qui a été émise par le corps ; on peut, au contraire, dans le second, déterminer facilement celle-ci ; si, en effet, p est le poids du corps, c sa chaleur spécifique, t_0 et t les températures initiales et finales, cette quantité de chaleur est $pc\,(t_0 - t)$.

Cependant, on peut difficilement utiliser cette condition pour étudier l'émission. Celle-ci n'est pas la seule cause de la perte de chaleur, qui est due aussi au contact avec l'air et les autres corps (conduction) et aux courants d'air qui se produisent autour et au-dessus du corps (convection) ; on a le résultat de l'ensemble des pertes dues à ces causes et non le résultat de l'émission.

Aussi, en général, on a employé des sources à température constante, et l'on s'est borné à faire des comparaisons, au lieu de faire des mesures absolues, lorsqu'il s'est agi de déterminer l'influence du corps sur l'émission.

Nous reviendrons sur ce point, mais examinons d'abord l'influence de la température en rappelant, sans insister, les principaux résultats obtenus.

Si l'on considère un spectre complet fourni par un corps porté à une haute température qu'on laisse refroidir, en étudiant le spectre, tant par les plaques photographiques (ou les substances fluorescentes) qu'à l'aide de l'œil ou du thermomètre, on reconnaît que l'étendue du spectre va en diminuant progressivement et continûment, les radiations les plus réfrangibles disparaissant les premières, puis le violet, l'indigo,... le rouge et, enfin, les radiations calorifiques, dont les moins réfrangibles subsistent les dernières et disparaissent quand le corps est à la température ambiante.

Si l'on a pris comme source de radiations un fil métallique préalablement chauffé, on peut faire l'expérience inverse, la contre-épreuve, en faisant passer dans le fil un courant électrique d'intensité croissante, ce qui élèvera progressivement la température du fil. On observera au début une élévation de température sur un espace très limité, espace qui s'étendra au fur et à mesure que la température s'élèvera ; puis apparaîtront des radiations rouges, visibles directement, et successivement le spectre s'étendra vers le violet et enfin, pour des températures plus élevées, des radiations chimiques ultra-violettes se manifesteront.

Il résulte de là que, à une température déterminée, un corps solide émet la série complète des radiations, depuis la radiation calorifique la moins réfrangible jusqu'à une radiation d'une réfrangibilité déterminée, réfrangibilité qui est d'autant plus grande que la température est plus élevée.

Cette radiation extrême, la plus réfrangible qui existe pour une température donnée, est-elle la même pour tous les corps ? Il n'en est réellement pas ainsi ; cependant il semble que, quel que soit le corps qui émet, la température à laquelle apparaît une raie déterminée est à peu près la même. D'après Draper les premières radiations rouges apparaissent vers 525°, celles qui correspondent à la raie C à 720°, celles qui correspondent à la raie G à 780°, et enfin le spectre lumineux serait complet à 1 165°.

D'une manière générale, les liquides que l'on amène à l'incandescence donnent, comme les solides, un spectre continu.

Pour les gaz, on pensait autrefois que, lorsqu'ils étaient portés à une température suffisamment élevée, ils donnaient naissance à des spectres discontinus constitués par des bandes ou des raies brillantes se détachant sur un fond obscur et présentant la même couleur que la partie qui, dans le spectre continu, occupe la même place. On sait que ces raies sont caractéristiques des corps simples qui les produisent, et c'est sur cette propriété qu'est basée l'analyse spectrale.

On observe des spectres *linéaires*, ainsi formés de lignes brillantes, en plaçant dans une flamme chaude des composés métalliques susceptibles de se décomposer par l'action de la chaleur ; la vapeur métallique est alors amenée à l'incandescence.

On peut encore faire passer des décharges électriques à travers des gaz très raréfiés, et l'on pensait que les effets produits étaient dus à l'élévation de température, conséquence du passage de l'électricité.

L'explication est moins simple, ainsi qu'il résulte d'une série de travaux, et notamment de ceux de Pringsheim.

D'après cet auteur, par l'élévation de température seule, au moins pour les valeurs qui ont été atteintes jusqu'à présent, les corps gazeux ne peuvent jamais donner un spectre linéaire, un spectre de raies ; ils donnent seulement des spectres continus faibles ou des spectres de bandes. Les spectres linéaires qu'on observe sont toujours dus à une action autre que l'élévation de température ; cette action peut être la fluorescence des gaz, ce peut être des phénomènes électriques accompagnant les décharges.

Au point de vue pratique, au point de vue des applications, il importe peu que les spectres linéaires produits par les flammes soient dus à l'action de la température seule ou à toute autre action ; ce qui est important, c'est que ces spectres existent ; il était nécessaire, cependant, d'indiquer quelle en est l'origine probable.

6. — Si, dans l'expérience que nous indiquions précédemment du spectre produit par un fil dont on fait varier la température, on considère une radiation déterminée, on observe que son intensité croît au fur et à mesure que la température est plus élevée, et que cet accroissement est très rapide.

On a cherché à déterminer la relation qui existe entre les deux éléments : des formules diverses ont été données ; la loi qui paraît satisfaire le mieux aux résultats des expériences est celle qui est connue sous le nom de *loi de Stefan* et qui s'énonce ainsi :

Pour une radiation déterminée, les énergies sont proportionnelles à la quatrième puissance de la température absolue (1).

Si nous désignons par q la quantité d'énergie émise dans toutes les directions par l'unité de surface pendant l'unité de temps, nous pourrons écrire :

$$q = e(t + 273)^4.$$

La quantité e, constante pour un même corps et une même radiation, est ce qu'on appelle le *pouvoir émissif absolu* de ce corps pour cette radiation.

7. — Comme nous l'avons dit, les faisceaux que l'on a à considérer sont complexes, en général ; si on les étudie au point de vue thermique, comme le thermomètre donne des indications dépendant seulement de la quantité, et

____

(1) On désigne par *température absolue* d'un corps sa température comptée à partir du *zéro absolu* qui est à — 273° C. Si donc t est la température d'un corps, sa température absolue sera $t + 273°$.

non de la nature de la chaleur qu'il reçoit, on voit que cette quantité doit croître rapidement quand la température s'élève, d'une part parce que les radiations déjà existantes augmentent d'intensité, puis parce que de nouvelles radiations viennent s'ajouter à celles qui existaient déjà.

Ce résultat est bien conforme à ce que l'on observe.

On peut étudier l'effet total produit par un faisceau complexe au point de vue lumineux. Ici, les résultats ne sont pas aussi simples, parce que, pour la vision, les couleurs observées ne dépendent pas seulement de la quantité d'énergie, mais aussi de la nature et de la proportion des radiations simples qui entrent dans le faisceau complexe.

Comme nous l'avons dit, les premières radiations lumineuses apparaissent à 525° : elles correspondent au rouge ; quand la température s'élève, elles croissent constamment en intensité, en même temps que viennent successivement se joindre à elles d'abord des radiations orangées, puis jaunes... et chacune d'elles croît en intensité lorsque la température s'élève ; la composition du faisceau change continuellement et, par suite, aussi la couleur ; mais pendant longtemps les radiations rouges l'emportent en quantité, de telle sorte que c'est la couleur rouge qui reste la dominante : on passe ainsi du rouge sombre au rouge-cerise, au rouge blanc et enfin au blanc.

La relation entre la température et la couleur est donc directe ; aussi n'est-il pas étonnant que, dans un certain nombre d'opérations industrielles, on puisse se baser sur la couleur d'un four, par exemple, pour savoir à quelle phase de l'opération on est arrivé.

On peut arriver à des résultats plus précis en étudiant les variations d'intensité de radiations déterminées, et non plus l'effet total. Sans vouloir insister, nous nous bornerons à indiquer d'abord la méthode de M. Crova, qui compare, à l'aide du spectrophotomètre, les intensités relatives de deux radiations convenablement choisies et fournies, d'une part, par le corps dont on cherche la température, d'autre part par une lampe Carcel : le rapport de ces intensités permet de déduire la température cherchée.

M. Le Chatelier utilise seulement les variations d'une radiation déterminée dont il compare l'intensité dans une lampe étalon et dans le corps considéré ; la radiation choisie est celle qui traverse un verre rouge monochromatique de composition constante. Le rapport des intensités permet de calculer la température. L'appareil de M. Le Chatelier est connu sous le nom de *pyromètre optique*.

8. — L'émission des radiations ne dépend pas seulement de la température : elle dépend aussi du corps, et nous allons rappeler les principaux résultats obtenus.

On sait que si l'on considère un corps terminé par une surface plane de grandeur invariable, la quantité de chaleur reçue à une même distance dépend de la direction des radiations utilisées. On a démontré que, très sensiblement, cette quantité est proportionnelle au cosinus de l'angle que fait la direction considérée avec la normale (*loi de Lambert*).

Cette loi est naturellement applicable aux radiations lumineuses ; elle explique certaines apparences que présentent des corps lumineux ; c'est ainsi que, dans l'obscurité (afin que les impressions soient dues seulement à la lumière émise et non à des lumières étrangères), un boulet de fer porté au rouge apparaît à quelque distance comme un disque, c'est-à-dire comme une surface plane. Le même effet peut être observé en examinant des becs de gaz entourés de globes émaillés, translucides et non transparents. C'est aussi pour la même raison que le soleil, qui est un corps sphérique, lorsque nous le pouvons regarder, par un temps de brouillard, par exemple, nous semble également être un disque plan.

Il est aisé de démontrer que ces résultats sont une conséquence de la loi de Lambert.

Enfin, toutes choses égales d'ailleurs, l'émission dépend de la nature de la surface par laquelle elle se produit.

On connaît à ce sujet les expériences de Leslie, reprises plus tard avec plus de précision par Melloni. On sait que l'émission produite par les divers corps fut comparée à celle du noir de fumée, qui est le corps qui a la plus grande émission. On observait les quantités de chaleur reçue en une seconde à une distance invariable par un thermomètre différentiel fonctionnant comme calorimètre (Voy. n° 3); la quantité de chaleur émise par le noir de fumée étant représentée par 100, les quantités de chaleur émises par les autres corps étaient déterminées par des nombres qui furent appelés leur *pouvoir émissif*; pour éviter des confusions, il conviendrait de désigner ces constantes sous le nom de *pouvoir émissif relatif*.

9. — Quelques conséquences pratiques peuvent être déduites de ce que nous venons de rappeler.

Il n'est pas nécessaire d'insister sur le fait que, pour obtenir les effets les plus considérables possibles au point de vue calorifique, il convient de prendre des sources à températures très élevées. Il en est de même au point de vue des phénomènes lumineux, puisque l'intensité des radiations moyennes croît aussi avec la température; mais il convient cependant de ne pas prendre de sources à température très élevée, parce qu'elles émettent des radiations chimiques ultra-violettes qui peuvent produire des effets fâcheux sur l'œil et même sur la peau, effets qui se manifestent si la source lumineuse est à une petite distance. Pour être dans d'excellentes conditions, il faudrait choisir une température pour laquelle toutes les radiations moyennes fussent émises, mais non encore les radiations chimiques. On n'obtiendrait pas ainsi le maximum d'effet lumineux, mais on éviterait l'action nuisible des radiations ultra-violettes. Les bougies, les lampes à huile, à pétrole, les lampes électriques à incandescence, satisfont à cette condition; il n'en est pas de même des lampes électriques à arc, dont la lumière contient beaucoup de radiations chimiques et que, pour cette raison, il convient de ne pas employer, sinon à grande distance, à moins de ne pas utiliser directement la lumière qu'elles fournissent (Voy. *Diffusion*).

Comme la couleur des corps dépend de la composition de la lumière qui les éclaire et comme ce qui nous paraît être leur couleur naturelle est celle qu'ils nous présentent quand ils sont éclairés par le soleil, il faut, pour que cette couleur ne soit pas altérée par l'emploi de lumières artificielles, que celles-ci aient une composition analogue à celle du soleil; il faut que le spectre qu'elles fournissent ait la même composition relative que le spectre solaire. On sait qu'il n'en est pas ainsi pour toutes les sources de lumières artificielles, dont quelques-unes modifient nettement les couleurs.

Lorsqu'un corps porté à une certaine température doit être pris comme source de radiations, son action sera naturellement d'autant plus énergique que son pouvoir émissif sera plus considérable. C'est pour cette raison, par exemple, que dans la construction des poêles il ne conviendrait pas de les recouvrir d'un métal poli, tandis que la fonte donne de bons résultats (la question est d'ailleurs complexe, parce que les poêles ne chauffent pas seulement par rayonnement); c'est aussi une des raisons pour lesquelles, dans les lampes électriques à incandescence, les filaments parcourus par le courant sont constitués par du charbon et non par du platine, comme on l'avait fait au début, parce que le pouvoir émissif du carbone est plus grand que celui du platine.

Dans un grand nombre de cas, le problème est inverse : il s'agit de diminuer le refroidissement d'un corps chaud. Il faut alors choisir des corps ayant un faible pouvoir émissif. Les bouillottes, les théières, les cafetières en métal poli sont convenables à ce point de vue, parce que les métaux polis sont les corps qui ont le plus faible pouvoir émissif. Les autres causes de refroidissement subsistent, mais on a toujours diminué l'une d'elles.

On pourrait songer à appliquer les mêmes notions aux vêtements dont nous nous couvrons en hiver; mais, dans ce cas, le point important est surtout de diminuer les pertes par conduction. Les vêtements, mauvais conducteurs, laissent passer peu de chaleur; la température de leur surface extérieure diffère peu de celle de l'air ambiant, aussi le rayonnement est-il peu considérable.

10. — On sait que les radiations se propagent dans le vide : le fait est évident pour les radiations lumineuses et les radiations ultra-violettes, puisqu'on voit les corps et puisqu'on peut les photographier à travers la chambre barométrique, qui représente le vide le plus parfait que nous puissions obtenir. Une expérience classique de Rumford a montré qu'il en est de même pour les radiations calorifiques invisibles, radiations infra-rouges. Mais cette remarque est sans intérêt pratique : les conditions qu'elle comporte ne se rencontrent pas, sauf des cas exceptionnels. Il est à signaler cependant que cela explique que nous puissions observer les effets dus à des radiations émanées du soleil et des étoiles, radiations qui traversent l'espace céleste, que tout fait supposer devoir être vide.

La théorie indique que, dans le vide, l'intensité des radiations reçues en une seconde par un élément de surface doit varier en raison inverse du carré de la distance de cet élément à la source des radiations. Cette loi n'a pu être vérifiée expérimentalement et elle n'a pas d'application directe.

Lorsque les faisceaux de radiations sont, non pas divergents d'un point, mais cylindriques, il n'y a plus de variation d'intensité. Il en est sensiblement de même lorsqu'on considère la variation de l'intensité entre deux surfaces dont la distance est très petite par rapport à celle qui les sépare de la source.

Il convient de se placer dans cette condition lorsqu'on veut étudier la variation d'intensité due à l'action d'un milieu, pour que les effets observés n'aient pas à être corrigés de l'action de la distance.

11. — Les radiations peuvent traverser les corps, certains d'entre eux au moins ; le fait n'est pas douteux pour les radiations lumineuses et chimiques. On pourrait douter qu'il en fût de même pour la chaleur rayonnante, et il serait possible que, dans ce cas, la propagation se fît par conduction. Mais des expériences variées ont montré qu'il n'en est pas ainsi, et qu'il y a bien réellement transmission par rayonnement, c'est-à-dire sans élever la température du corps traversé.

Comme nous allons le dire, dans ce cas la loi de variation de l'intensité n'est plus la même que dans le vide et l'affaiblissement peut être beaucoup plus rapide. Toutefois, dans certains cas, l'influence de la substance traversée est très faible et peut être négligée, au moins pour de faibles épaisseurs ; on peut alors appliquer la loi de la raison inverse du carré de la distance, ainsi qu'on le fait dans les mesures d'intensité lumineuse et d'éclairement (Voy. *Photométrie*).

Lorsque des radiations traversent un corps, une partie de l'énergie qu'elles représentent est transmise aux molécules du corps ; les radiations s'affaiblissent donc plus rapidement qu'elles ne le feraient dans le vide : il y a *absorption* des radiations par le corps ou, plutôt, il y a absorption d'une partie de l'énergie des radiations.

Des considérations théoriques, basées sur les hypothèses qui ont été jugées les plus simples que l'on pût faire, ont permis d'établir la loi de l'absorption, qui n'a pas été vérifiée directement, mais seulement par diverses conséquences qu'on en peut déduire.

Étant données I_0 l'intensité d'un faisceau parallèle de radiations simples, d'une seule réfrangibilité, I son intensité après le parcours d'une longueur x dans le corps considéré, si on appelle k un coefficient constant pour une même radiation et $e = 2{,}71828$ un nombre constant, la loi est représentée par la formule

$$I = \frac{I_0}{e^{kx}} \cdot$$

Une première conséquence de cette loi est la suivante :

Lorsqu'on considère des éléments situés à des distances croissant en progression arithmétique, les intensités décroissent en progression géométrique.

De la formule précédente on déduit encore que, quelque grande que soit la distance x, l'intensité I ne sera jamais nulle, les radiations ne seront jamais absorbées en totalité.

Mais, dans la pratique, il faut remarquer que, bien souvent, un effet déterminé n'apparaît pas, quoique la cause ne soit pas rigoureusement nulle. Tel est le cas pour les radiations moyennes : nous cessons d'éprouver la sensation lumineuse si l'intensité de la radiation est très petite, sans être absolument nulle; et il en est de même pour les actions calorifiques et chimiques.

Pour qu'un effet de ce genre n'apparaisse pas, ne soit pas perceptible, il faut et il suffit, non pas que I soit nul, mais que I soit inférieur à une valeur variable avec la nature de l'effet.

Soit i cette valeur ; pour que l'effet paraisse ne pas exister, il faudra donc que l'on ait

$$\frac{I_0}{e^{kx}} \lessgtr i,$$

ce qui permet de déduire la valeur de x satisfaisant à cette condition. On trouve

$$x \gtrless \frac{\log I_0 - \log I}{0,434\,k}.$$

Il est facile de reconnaître qu'il existe toujours une valeur acceptable de x.

Quelles que soient les valeurs de I et de i, il y aura donc une épaisseur au-dessous de laquelle l'effet sera perçu et au-dessus de laquelle il ne le sera pas.

On dit qu'un corps est *transparent* ou *opaque* pour une radiation déterminée, suivant qu'il laisse passer ou non cette radiation (1).

On voit que, suivant que l'épaisseur sera inférieure ou supérieure à la valeur déterminée précédemment, le corps considéré sera transparent ou opaque pour la radiation en expérience ; il n'y a donc ni transparence absolue, ni opacité absolue.

Mais la valeur limite pour laquelle il y a passage de la transparence à l'opacité est très variable et dépend de la quantité k, qu'on appelle le *coefficient d'absorption*.

On voit en effet que, toutes choses égales d'ailleurs, l'épaisseur limite décroît quand k augmente et inversement. En général, pour un même corps, le coefficient k varie avec la nature des radiations considérées et très souvent dans de grandes proportions ; et de même, pour une même radiation, k varie avec la nature du corps traversé.

Il y a cependant quelques corps, parmi lesquels le sel gemme pur, pour lesquels la valeur de k est la même pour toutes les radiations.

12. — Lorsqu'on opère sur un faisceau complexe, on ne peut *a priori* savoir ce qui se passera : il faut rechercher séparément ce que deviendra dans les conditions considérées chacune des radiations qui constituent le faisceau, et ce n'est qu'alors qu'on connaîtra la composition du faisceau après absorption.

La question est surtout intéressante pour le phénomène lumineux, parce que la couleur dépend de la composition du faisceau seulement, c'est-à-dire de la proportion dans laquelle entre chacune des radiations simples.

Considérons donc un corps pour lequel la valeur de k soit la même pour

---

(1) Melloni avait proposé les expressions *diathermanes* et *athermanes* pour remplacer les précédentes lorsqu'il s'agit de la chaleur rayonnante ; il n'y a pas lieu de les conserver, puisqu'il s'agit, en somme, d'un seul et même phénomène.

toutes les radiations lumineuses, et soient I_0, I_0', I_0'' les intensités des radiations simples qui constituent le faisceau au moment où commence l'absorption. Après une épaisseur x, les intensités de ces radiations seront devenues

$$\frac{I_0}{e^{kx}}, \quad \frac{I_0'}{e^{kx}}, \quad \frac{I_0''}{e^{kx}}, \quad \dots ;$$

les diverses radiations seront affaiblies, mais toutes dans la même proportion ; la couleur due à l'action du faisceau ne sera pas modifiée. Un corps qui se trouve dans ces conditions est dit *incolore*.

L'effet sera sensiblement le même si les coefficients d'absorption sont peu différents, au moins tant que x sera petit. Il y aura bien de légères variations dans la proportion des radiations, mais elles seront insuffisantes pour que l'œil en soit affecté au point de vue de l'effet résultant.

Mais si, dans ces mêmes conditions, l'épaisseur va en croissant, les différences s'accentueront de plus en plus, la composition relative du faisceau sera modifiée d'une manière appréciable et nous percevrons un changement dans la couleur.

C'est ce cas qui se présente, en réalité, pour les corps que l'on considère comme incolores : le verre, l'eau liquide, l'eau congelée nous paraissent incolores sous de faibles épaisseurs, quelques centimètres ; mais ils paraissent colorés d'une manière appréciable et souvent notable s'ils sont traversés par la lumière sous une épaisseur de quelques décimètres ou de quelques mètres. Il en est de même pour l'air, incolore sous une épaisseur de quelques mètres, coloré sous une épaisseur de plusieurs kilomètres.

Les résultats sont complètement autres si les valeurs de k pour un corps considéré sont notablement différentes pour les diverses radiations. Soient k, k', k'', ... ces valeurs : alors les quantités e^{kx}, $e^{k'x}$, $e^{k''x}$, ... seront très différentes ; les intensités des diverses radiations après une épaisseur x seront dans des proportions tout autres qu'elles étaient au début, et la couleur perçue sera modifiée ; si, par exemple, on avait employé de la lumière blanche, on aura un faisceau coloré. On dit alors, expression mauvaise d'ailleurs, que le corps *est coloré*, et l'on caractérise sa coloration par celle du faisceau qui a été produit par un faisceau blanc.

Il est à remarquer que, quelles que soient les valeurs différentes de k, k', k'', ..., si l'on prend des valeurs de x suffisamment petites, les quantités e^{kx}, $e^{k'x}$, $e^{k''x}$, ... varieront très peu, et le faisceau aura une composition relative très peu changée, et donnera sensiblement la même impression que le faisceau primitif ; la lumière blanche paraîtra encore blanche. On peut donc dire qu'un corps coloré devient *incolore* quand il est étudié sous une épaisseur assez petite. L'expérience vérifie cette conséquence de la formule.

Considérons le cas particulier où les coefficients d'absorption des radiations se divisent en deux groupes : l'un dans lequel les valeurs de k sont toutes très grandes, l'autre dans lequel les coefficients ont des valeurs petites ou moyennes et peu différentes les unes des autres. Étudions le cas d'une lumière blanche.

Pour une épaisseur même faible, toutes les premières radiations auront disparu ou, pour être plus précis, seront assez affaiblies pour ne plus produire d'effets ; les autres subsisteront et constitueront un faisceau correspondant à une certaine coloration, qui changera peu, malgré la variation d'épaisseur, à cause des valeurs peu différentes des coefficients d'absorption : ce sera un *corps coloré*.

Mais ce corps produira des effets très différents si l'on fait varier la composition du faisceau incident. Supposons que celui-ci, au lieu d'être de la lumière blanche, soit composé de radiations dont les coefficients d'absorption soient seulement de valeurs petites ou moyennes : il résulte de ce que nous venons de dire que le faisceau n'éprouvera que peu ou pas de changement de coloration ; le corps se comportera donc comme un *corps incolore*.

Si, au contraire, le faisceau incident est seulement composé de radiations correspondant à de très grandes valeurs de k, ces radiations, après une faible épaisseur, seront absorbées ou, du moins, seront suffisamment affaiblies pour ne pas produire d'effet : on ne percevra plus aucune sensation. Le corps paraîtra donc *opaque*.

C'est ainsi que le verre coloré en rouge par l'oxyde de cuivre donne la même impression, la même sensation lorsqu'il est traversé par un faisceau de lumière blanche ou par un faisceau de lumière rouge, tandis qu'il arrête entièrement un faisceau de lumière bleue.

Il résulte de ces remarques que, lorsque l'on veut caractériser un corps au point de vue qui nous occupe, il faut examiner son action, non sur un faisceau lumineux quelconque, mais sur un faisceau complet, un faisceau de lumière blanche.

Dans le langage courant, les mots *transparence* et *opacité* n'ont pas le sens précis et limité que nous venons d'indiquer : on dit d'un corps qu'il est *transparent* ou *opaque* suivant que, traversé par de la lumière blanche sous une épaisseur de l'ordre de grandeur du millimètre, il laisse passer des radiations en quantité suffisante pour produire une impression, abstraction faite de la couleur.

Il résulte de ce que nous avons dit précédemment qu'un corps opaque dans ce sens pourra toujours être réduit à une épaisseur suffisamment petite pour laisser passer des radiations en quantité suffisante pour impressionner l'œil. On sait, en effet, que les métaux opaques même sous des épaisseurs inférieures au millimètre, l'or, l'argent, le platine, laissent passer de la lumière quand, par le battage ou par un dépôt chimique, ils sont réduits à de très petites épaisseurs, inférieures à $0^{mm},0001$.

Au contraire, un corps transparent pourra être pris sous une épaisseur assez grande pour ne laisser passer qu'une quantité de radiations insuffisantes pour produire un effet. Des mesures ont été prises, sinon pour des radiations lumineuses, au moins pour des radiations chimiques, en descendant dans l'eau des plaques photographiques qu'on découvrait à diverses profondeurs. On a trouvé que, à une profondeur de 50 mètres, la plaque ne subissait aucune altération.

13. — Dans les paragraphes précédents, nous avons parlé principalement

des corps solides ou liquides ; mais les corps gazeux sont également susceptibles d'absorber des radiations.

Tyndall a étudié l'absorption produite par certains gaz sur les radiations
d'une lame de cuivre chauffée, donnant seulement des radiations infra-rouges,
et il a comparé l'absorption produite par divers gaz et vapeurs : il a trouvé
que l'hydrogène, l'oxygène, l'azote, produisent des absorptions égales; il en
est de même naturellement pour l'air ; mais les gaz composés sont beaucoup
plus absorbants. C'est ainsi que, représentant par 1 l'absorption produite par
l'air, il a trouvé les nombres suivants pour divers gaz examinés à la même
pression et sous la même épaisseur :

Acide carbonique	972
Protoxyde d'azote	1 590
Acide sulfhydrique	2 100
Ammoniaque	5 460
Gaz oléifiant	6 030

Pour les vapeurs, l'absorption sous la pression de 1 atmosphère, étant
représentée pour l'air par 1, était représentée par les nombres suivants pour
les vapeurs à la pression de 1/60 d'atmosphère :

Vapeurs de sulfure de carbone	47
— d'iodure de méthyle	115
— d'éther sulfurique	440
— d'éther acétique	612

Tyndall n'a pu faire de détermination précise pour la vapeur d'eau ; mais
il a estimé que, dans un jour d'humidité moyenne en Angleterre, la vapeur
d'eau produit une absorption qui est cent fois plus grande au moins que celle
produite par l'air.

En opérant avec de l'air ayant passé sur du buvard imbibé de parfums, et
quoique la quantité entraînée fût très minime, Tyndall trouva des valeurs
considérables pour l'absorption. L'absorption de l'air étant toujours représentée par 1, celle de l'air parfumé était donnée par les nombres suivants .

Patchouli	30
Fleurs de camomille	87
Cassia	109
Anis	372

Il est intéressant de remarquer que, sous les épaisseurs considérées, tous
ces corps gazeux étaient parfaitement transparents pour les radiations
moyennes.

Il résulte de ces recherches que l'absorption d'un gaz composé dépend,
non de la nature des éléments qui le constituent, mais du groupement de
leurs molécules. L'oxygène et l'azote ayant une absorption égale à 1, il en
est de même pour l'air, *mélange* de ces deux gaz; mais l'absorption est 1 590
pour le protoxyde d'azote, *combinaison* des mêmes éléments.

14. — Il va sans dire que, lorsque l'on veut se rendre compte exactement
de l'absorption produite par une substance déterminée, il ne faut pas se

borner à étudier la variation de coloration subie par les faisceaux; il faut étudier le faisceau à l'aide d'un spectroscope ou, mieux encore, comparer à l'aide d'un spectrophotomètre le spectre produit avant l'absorption avec celui produit par le faisceau après l'absorption, qu'on appelle *spectre d'absorption*. La comparaison de ces spectres permet de déterminer quelles sont les radiations qui ont été absorbées totalement, quelles sont celles qui ont été absorbées partiellement; on peut même, pour ces dernières, mesurer la proportion qui a été absorbée.

L'absorption dépendant de la nature des corps peut être assez caractéristique pour permettre de déterminer celle-ci. C'est le cas de l'oxyhémoglobine, de l'hémoglobine réduite, de l'hémoglobine oxycarbonée, et l'on sait que les bandes d'absorption produites par des solutions de ces corps permettent d'en déceler la présence avec certitude (Voy. *Spectroscopie*); c'est aussi le cas pour la chlorophylle.

Les gaz et les vapeurs produisent également l'absorption de certaines radiations. Tel est, par exemple, le cas de la vapeur d'eau, et l'on sait que M. Janssen a montré que certaines raies obscures du spectre solaire sont dues à l'absorption des radiations solaires correspondantes par la vapeur d'eau qui se trouve dans l'atmosphère; pour cette raison, ces raies sont dites *telluriques*.

Les gaz amenés à l'incandescence sont également absorbants, même sous des épaisseurs relativement faibles. Foucault a montré que les radiations qu'une vapeur incandescente absorbe sont précisément celles qu'elle émet, c'est-à-dire que, si l'on fait traverser cette vapeur par un faisceau complet, celui-ci donnera un spectre qui présentera un certain nombre de lignes noires correspondant à des radiations qui auront disparu par absorption, et ces lignes occupent exactement les mêmes places que les lignes brillantes qui constituent le spectre linéaire produit directement par la vapeur. On peut dire que, pour une vapeur incandescente, le spectre d'émission et le spectre d'absorption sont complémentaires.

C'est à un phénomène de ce genre que sont dues les raies de Frauenhoffer, qui ne sont pas telluriques, et, comme on le sait, c'est l'étude de ces raies qui a permis de déterminer la nature des éléments qui existent dans le soleil.

La règle que nous avons signalée n'est pas seulement applicable aux gaz, et l'on a reconnu que, en général, un corps absorbe particulièrement les radiations qu'il émet quand il est amené à l'incandescence.

15. — Dans un certain nombre de cas, il peut être intéressant de savoir quel sera l'effet produit sur un faisceau par son passage à travers deux lames de substance différente. Le résultat est facile à prévoir : les radiations pour lesquelles les deux lames sont transparentes l'une et l'autre passeront seules; seront arrêtées, au contraire, les radiations pour lesquelles l'une des lames au moins sera opaque. Si l'on examine le faisceau émergent dans son ensemble, il aura une coloration résultant du mélange des radiations qui n'auront pas été arrêtées.

Il est évident que l'effet résultant sera le même, quel que soit l'ordre dans lequel les lames seront traversées.

Il résulte de là que l'ensemble de deux lames qui sont *transparentes*, au sens vulgaire du mot, peut être opaque. Tel est le cas, par exemple, pour une lame de verre coloré à l'oxyde de cuivre, et pour une cuve remplie d'eau céleste, à travers chacune desquelles séparément on peut voir, tandis que par leur superposition elles forment un ensemble que ne traverse aucune lumière. C'est que, en effet, la lame de verre ne laisse passer que les radiations rouges, tandis que l'eau céleste arrête toutes les radiations, excepté les radiations bleues.

16. — Lorsqu'on étudie l'absorption au point de vue calorifique, on se place généralement dans d'autres conditions que pour les phénomènes lumineux. On pourrait, comme pour ceux-ci, examiner l'absorption élémentaire pour chaque radiation et caractériser les résultats à l'aide du spectre calorifique, dont on déterminerait les diverses particularités en y promenant une étroite pile thermo-électrique ou, mieux, un bolomètre. On retrouverait alors les mêmes résultats généraux ; on pourrait même déterminer la répartition de l'énergie dans le spectre au point de vue calorifique, parce que les indications sont comparables, tandis qu'on ne peut obtenir la répartition de l'intensité lumineuse dans la partie moyenne du spectre, parce que nous ne pouvons comparer les intensités de deux lumières correspondant à des colorations différentes.

Mais, le plus souvent, on n'opère pas ainsi, et c'est le faisceau entier, non décomposé par un prisme, dont on étudie l'action sur un thermomètre différentiel. Dans ce cas, l'effet résultant est simplement la somme des effets élémentaires de chaque radiation, et, si cette somme est la même pour deux faisceaux, le résultat thermique sera le même, quelle que soit la composition des faisceaux. Nous avons dit, au contraire, que pour les effets lumineux la coloration, qui est le résultat observé, dépend de la composition des faisceaux.

Il résulte de là que deux faisceaux qui produisent le même effet calorifique pourront, s'ils n'ont pas la même composition, donner lieu à des absorptions très différentes par leur passage ultérieur à travers une même substance sous une même épaisseur.

17. — Il peut être nécessaire, dans certains cas, d'avoir un faisceau formé de radiations simples ou ayant une composition déterminée. On peut y arriver en employant certaines sources lumineuses, comme la vapeur de sodium incandescente, obtenue en plaçant dans un bec Bunsen un morceau de chlorure de sodium fondu, ainsi que nous l'avons dit ; on peut encore employer une lumière complète, l'étaler en spectre à l'aide d'un prisme, intercepter à l'aide d'écrans les radiations qu'on ne veut pas conserver et réunir les radiations subsistantes à l'aide d'un autre prisme ou d'une lentille. Mais le procédé le plus simple consiste à utiliser l'absorption produite par certaines substances.

C'est ainsi que, au point de vue lumineux, on aura de la lumière rouge à peu près simple, monochromatique, en plaçant un verre coloré par de l'oxyde de cuivre sur le trajet d'un faisceau de lumière blanche. Dans les mêmes conditions, on aura de la lumière jaune ou bleue en interposant une solution de bichromate de potasse ou de l'eau céleste, etc.

Mais il est surtout souvent utile d'obtenir ensemble et seulement les radiations infra-rouges, les radiations moyennes, les radiations chimiques.

On peut obtenir les radiations infra-rouges seules en interposant sur le trajet de la lumière blanche une cuve contenant une solution concentrée d'iode dans le sulfure de carbone. Tyndall a employé cette disposition dans les recherches qu'il a faites pour montrer que ces radiations infra-rouges obéissent aux mêmes lois que les radiations lumineuses. Il a vérifié directement qu'un faisceau de radiations infra-rouges, même intenses, ne donnait aucune sensation lumineuse en arrivant à l'œil.

Il est plus fréquemment utile d'avoir l'ensemble des radiations moyennes seules : le cas se présente notamment lorsque, pour éclairer vivement un objet, on concentre sur lui un faisceau émané du soleil ou d'un arc électrique; dans ce cas, les radiations calorifiques obscures, très intenses, pourraient amener une détérioration du corps. On arrive à supprimer les radiations infra-rouges en interposant une cuve contenant de l'eau, ce corps étant transparent pour les radiations moyennes et opaque pour les radiations peu réfrangibles. On emploie ce procédé dans le microscope solaire ou le microscope photo-électrique; Finsen l'a également utilisé dans sa méthode de traitement du lupus pour employer des faisceaux très puissants, en évitant les brûlures qui auraient été produites par les radiations infra-rouges, qui sont très intenses dans la lumière solaire et dans celle de l'arc électrique.

De même, il peut être utile de laisser passer les rayons lumineux en arrêtant les rayons chimiques; ce cas se présente, par exemple, lorsqu'on a à opérer à petite distance sur l'arc électrique, les rayons chimiques produisant un effet fâcheux sur les tissus; ils peuvent notamment produire des conjonctivites. On peut les arrêter en interposant une cuve contenant une solution de sulfate de quinine ou, ce qui est plus commode, une lame de verre d'urane, qui a, il est vrai, l'inconvénient de donner à la lumière une coloration verdâtre.

Dans certaines industries, où il est nécessaire de suivre les opérations qui se passent dans des fours à température très élevée, comme dans les verreries, on utilise avantageusement des verres colorés en bleu, qui laissent passer seulement les radiations très réfrangibles et interceptent les radiations peu réfrangibles, notamment les radiations infra-rouges, qui sont de beaucoup les plus actives au point de vue calorifique.

Dans certains cas, il est nécessaire d'arrêter complètement les rayons chimiques, sans qu'il y ait à conserver la couleur des corps; c'est ce qui se présente, par exemple, dans l'opération du développement des clichés photographiques, où l'action des radiations chimiques, même très faibles, produirait un *voile*. On arrive au résultat cherché en n'employant que de la lumière ayant traversé un verre rouge, qui, comme nous l'avons dit plus haut, arrête toutes les radiations à partir de l'orangé ou du jaune.

Inversement, lorsque l'on veut faire agir certaines radiations déterminées, il faut éviter que les faisceaux employés n'aient à traverser des substances qui arrêtent ces radiations. C'est ainsi que, dans les expériences sur la chaleur obscure (radiations infra-rouges), il ne faut pas interposer de lames de verre, qui sont opaques pour ces radiations, et il faut remplacer celles-ci, par exemple, par des lames de sel gemme, qui sont également transparentes pour toutes les radiations.

Dans la méthode de traitement du lupus imaginée par Finsen, il semble que l'effet thérapeutique résulte de l'action des radiations chimiques sur les parties profondes. Nous avons déjà indiqué comment, dans cette méthode, on évite l'action nuisible des radiations infra-rouges ; il faut, au contraire, assurer l'effet des radiations chimiques. Or celles-ci sont arrêtées par les solutions d'hémoglobine, comme elles le sont par le verre rouge ; le sang qui circule dans les parties superficielles arrêterait donc tout ou partie de ces radiations et, par suite, empêcherait ou diminuerait l'action curative. Pour éviter cet inconvénient, Finsen provoque l'anémie superficielle de la partie sur laquelle il veut agir, en comprimant la peau avec un anneau au centre duquel il fait arriver le faisceau solaire ou électrique.

18. — Nous avons signalé précédemment (Voy. *Propagation de la chaleur*) quelques effets résultant de la différence de transparence de certains corps pour des radiations de réfrangibilité différente. Nous avons montré le rôle du verre dans les serres, par exemple, qui, étant transparent pour les radiations moyennes et opaque pour les radiations infra-rouges, lorsqu'il est frappé par un faisceau solaire, arrête ces dernières (chaleur obscure), mais se laisse traverser par les premières (chaleur lumineuse) ; les plantes et le sol de la serre reçoivent donc moins de chaleur que s'ils étaient en plein air ; leur température s'élève cependant, mais peu ; aussi n'émettent-ils que de la chaleur obscure ; comme celle-ci ne peut passer à travers le verre, il y aura élévation continue de température tant que les faisceaux solaires continueront d'agir. Lorsque le soleil sera couché, le refroidissement ne pourra pas se manifester dans la serre, puisque le verre est opaque pour les radiations obscures émises par le sol et les plantes. Le refroidissement ne se manifestera que par conduction à travers le verre, et il sera faible. En plein air, au contraire, les plantes auraient perdu, par rayonnement, la chaleur accumulée, dès que la température extérieure serait devenue inférieure à celle des plantes.

Nous avons indiqué également, et nous n'y reviendrons pas, que la vapeur d'eau se comporte comme le verre au point de vue de l'absorption des radiations. Aussi cela explique les effets très différents qui se manifestent suivant que, pendant la nuit, l'atmosphère est saturée d'humidité ou est, au contraire, très sèche.

L'acide carbonique qui existe dans l'atmosphère, malgré sa faible proportion, produit un effet analogue à celui de la vapeur d'eau, effet qui n'est pas négligeable, car ce gaz produit une absorption neuf cent soixante-douze fois plus grande que celle de l'air. Son action est moins apparente, parce qu'elle reste constante, la proportion de l'acide carbonique dans l'air ne variant pas comme celle de la vapeur d'eau.

Mais les conditions du rayonnement de la terre seraient modifiées complètement si la proportion d'acide carbonique venait à être réduite de moitié. M. Arrhénius a estimé que ce changement, dont probablement les êtres vivants ne seraient pas affectés, suffirait pour abaisser de 4 à 5 degrés la température moyenne de notre globe. Aussi, M. Chamberlin (de Chicago) a-t-il cherché à expliquer l'origine et la fin des époques glaciaires qui ont précédé l'époque géologique actuelle par des modifications dans la constitution de l'atmosphère au point de vue de l'acide carbonique.

19. — Lorsqu'un faisceau de radiations rencontre une surface polie, il se divise en deux parties dans le cas le plus général : l'une qui pénètre dans le deuxième milieu, l'autre qui, obéissant pour la direction aux lois de la réflexion, continue à se propager dans le premier milieu. Si le second milieu est opaque pour la radiation considérée, le faisceau réfléchi subsiste seul.

Si l'on évalue l'intensité du faisceau avant la réflexion et après, on trouve que, dans tous les cas, le faisceau réfléchi est moins intense que le faisceau incident ; le rapport de ces deux quantités est appelé *pouvoir réflecteur absolu* du corps considéré dans les conditions de l'expérience.

On trouve que, dans tous les cas, pour une même surface réfléchissante, ce rapport varie avec la nature de la radiation ; on a d'ailleurs observé que, pour les radiations qui sont susceptibles de produire à la fois des effets thermiques et des effets lumineux, il a la même valeur, quelle que soit la nature de l'effet que l'on considère, ce qui, comme nous l'avons indiqué, peut être considéré comme une preuve à l'appui de l'unité de nature des radiations.

Ce rapport varie avec l'angle d'incidence, mais faiblement jusqu'aux incidences de 70° à 80°.

Pour une même radiation et un même angle d'incidence, ce rapport varie avec la nature du second milieu ; il est d'autant plus grand, c'est-à-dire que la proportion de radiations réfléchies est d'autant plus forte, que le second milieu est plus réfringent ; il n'y a pas de faisceau réfléchi si les deux milieux ont le même indice de réfraction, alors même qu'ils seraient de constitution chimique différente.

C'est là ce qui explique, notamment, que dans la formation des images de Purkinje on n'observe que trois images, quoiqu'il y ait quatre surfaces de séparation ; il n'y a pas, en effet, formation d'image sur la surface postérieure de la cornée, parce que cette substance a le même indice de réfraction que l'humeur aqueuse avec laquelle elle est en contact.

Dans le cas où le second milieu est opaque, la proportion de radiations réfléchies est beaucoup plus considérable que lorsque ce milieu est transparent. C'est ce qui résulte notamment des recherches de Leslie, qui, sans faire de mesures absolues, a comparé, pour la chaleur, les effets produits par diverses surfaces dans les mêmes conditions. Il représentait par 100 la quantité de chaleur réfléchie par le laiton poli, corps qui réfléchissait le plus ; les nombres obtenus pour les autres corps peuvent être appelés les *pouvoirs réflecteurs relatifs* de ces corps.

Des recherches analogues ont été faites au point de vue lumineux.

20. — Il n'y a pas lieu d'insister longuement sur les applications de la réflexion, qui, rares pour le cas des radiations chimiques et calorifiques, sont très fréquentes pour le cas des radiations lumineuses. On comprend que, pour

ces applications, il soit important de choisir une substance douée d'un pouvoir réflecteur élevé. L'une des substances qui conviennent le mieux pour cet usage est le *tain*, amalgame d'étain, qui est employé pour la fabrication des miroirs. Comme on le sait, le tain est appliqué sur une face d'une lame de verre ou de glace que traversent deux fois les rayons qui se réfléchissent sur le tain. Le poli de la surface réfléchissante est donné par la surface du verre avec laquelle le tain est en contact intime.

Dans la plupart des cas, cette disposition donne des résultats satisfaisants; mais elle présente cependant des inconvénients. En effet, la réflexion ne se fait pas seulement sur le tain, à la deuxième surface de la lame de glace, mais elle se fait également à la première surface. Seulement, la proportion de lumière réfléchie est très faible par rapport à celle qui est réfléchie sur le tain : elle en est la dixième partie environ.

Il n'en résulte pas moins qu'il se forme deux images qui, comme on peut le voir aisément, ne se superposent pas et sont séparées par une distance égale au double de l'épaisseur de la glace. Il est vrai que l'une des images est beaucoup plus faible que l'autre et que, le plus souvent, on ne la perçoit pas, quoiqu'on puisse facilement la voir quand on la cherche.

Cependant, lorsqu'on veut faire des recherches précises, il faut éviter cette disposition et employer la réflexion sur une surface métallique recevant directement la lumière. Mais la substance employée ne doit pas seulement posséder un grand pouvoir réflecteur ; elle doit encore être peu altérable à l'air.

Le cas dont il s'agit se rencontre dans la construction des télescopes pour lesquels on employait un alliage spécial composé de cuivre et d'étain.

Foucault a proposé de remplacer ces miroirs en métal ou en alliage par des miroirs en verre argenté. La surface du verre se polit beaucoup plus facilement et plus rapidement que l'alliage et, de plus, son poids est bien moindre que celui du miroir métallique. Lorsque la surface du verre a acquis la forme convenable, on y dépose, par une réaction chimique, une couche d'argent sur laquelle se fait directement la réflexion.

L'argent est peu altérable; on conçoit cependant que, s'il vient à être attaqué par des gaz existant accidentellement dans l'atmosphère, il suffit d'enlever la couche d'argent, peu adhérente, et de recommencer l'opération de l'argenture, sans qu'il y ait à toucher à la surface du verre, qui n'a subi aucune modification.

La réflexion sur des surfaces transparentes, sur des glaces de grandes dimensions, a été utilisée pour produire certains effets scéniques. Elle permet, en effet, de voir par transparence des personnages situés derrière et par réflexion des personnages ou des objets situés en avant et qui sont masqués par des écrans de manière à être invisibles pour le public. Pour une inclinaison convenable de la glace, les images se forment à l'endroit même où sont les personnages réels, qui paraissent la traverser par des mouvements convenablement réglés d'avance. En faisant varier l'éclairage soit en avant, soit en arrière de la glace, on arrive à rendre invisibles à volonté soit les personnages, soit les images, ce qui permet d'obtenir des effets curieux.

Dans un certain nombre d'expériences, il est nécessaire d'envoyer sur un objet de la lumière dans une direction et de recevoir de la lumière venant de l'objet dans la même direction, mais en sens contraire. L'une des solutions fréquemment employées consiste à placer entre l'œil et l'objet une glace inclinée permettant de voir celui-ci par transparence, tandis qu'une lumière placée de côté envoie sur la glace un faisceau qui se réfléchit sur l'objet.

Un cas de ce genre se présente lorsqu'on veut examiner la rétine, et c'est par cette disposition que, tout d'abord, Helmholtz a résolu le problème; on sait que, depuis, la glace a été remplacée par un miroir opaque percé d'une petite ouverture qui constitue la partie essentielle de l'ophtalmoscope.

On trouve une condition analogue dans certaines chambres claires.

Cette disposition présente un inconvénient assez notable en ce que le faisceau transmis et le faisceau réfléchi ont des intensités très différentes. L'image de l'objet que l'on voit à l'endroit où se trouve le papier est moins éclairée que le papier et peut, à cause de cela, n'être pas visible; on peut arriver à distinguer l'image en affaiblissant la lumière qui arrive sur le papier; mais alors il peut arriver que l'éclairement général soit insuffisant.

Actuellement, on obvie à cet inconvénient, dans les cas de ce genre, en employant une glace sur laquelle on a déposé une très mince couche de platine, qui a pour effet d'augmenter le pouvoir réflecteur et de diminuer la transparence. Par un choix convenable de l'épaisseur du métal, on peut arriver à obtenir des intensités à peu près égales pour le faisceau transmis et pour le faisceau réfléchi.

21. — Lorsque la surface qui limite le milieu sur lequel tombent les radiations n'est pas polie, la réflexion régulière, spéculaire, dont nous venons de parler n'existe pas et, quelle que soit la direction du faisceau incident, il y a des radiations qui sont renvoyées dans toutes les directions : c'est là ce qui constitue la *diffusion*. Pour certains états de la surface, la diffusion peut exister en même temps que la réflexion, qui est d'autant plus marquée que la surface se rapproche davantage d'être parfaitement polie.

Nous n'insisterons pas sur la diffusion, qui fait l'objet d'un article à part; nous nous bornerons à dire qu'elle existe pour toutes les radiations, quelle que soit leur réfrangibilité, qu'elle dépend et de la surface et de la nature des radiations considérées, et enfin qu'elle ne se produit pas seulement à la surface, mais aussi dans une mince couche superficielle, comme l'émission et comme la réflexion.

22. — Si nous considérons une lame d'un corps quelconque sur laquelle arrive un faisceau de radiations, nous avons vu qu'une partie de ce faisceau ne pénètre pas dans le corps, par suite de la réflexion et de la diffusion. Si la lame en expérience est transparente pour la radiation considérée, à la sortie le faisceau sera affaibli plus ou moins, suivant l'épaisseur de la lame et suivant le coefficient d'absorption. Si I_0 est l'intensité du faisceau incident, RI_0 celle du faisceau réfléchi, DI_0 l'intensité de la partie diffusée, la quantité pénétrant dans la lame sera

$$I = I_0 - RI_0 - DI_0 = I_0(1 - R - D),$$

et si x est l'épaisseur de la lame, l'intensité I' à la sortie sera

$$I' = \frac{I}{e^{kx}} \cdot$$

La partie qui sera arrêtée par la lame, qui sera absorbée, sera

$$I - I' = I\left(1 - \frac{1}{e^{kx}}\right) = I_0 (1 - R - D)\left(1 - \frac{1}{e^{kx}}\right) \cdot$$

Le rapport entre cette quantité et I_0 mesurera l'absorption relative : elle est

$$(1 - R - D)\left(1 - \frac{1}{e^{kx}}\right) \cdot$$

Elle ne peut caractériser ce qui se passe absolument pour la substance considérée, car elle dépend de l'épaisseur x. On pourrait la calculer dans chaque cas particulier si l'on connaissait R, D et k. Le coefficient D n'a jamais été déterminé exactement pour aucun corps ; mais il disparaît à peu près totalement si la surface est polie ; le coefficient R est mieux connu, mais on n'a pas non plus de valeurs précises pour k, de telle sorte qu'on ne peut utiliser la formule que nous venons d'indiquer.

La question se présente dans d'autres conditions s'il s'agit d'un corps opaque, pris sous une épaisseur qui ne soit pas trop petite, de manière que son opacité soit effective.

Dans ce cas, I_0 étant l'intensité du faisceau incident, comme précédemment, la quantité qui pénètre dans le corps est

$$I_0(1 - R - D)$$

et elle est tout entière absorbée, puisque rien ne traverse le corps. Le rapport de cette quantité à I_0 mesurera l'absorption relative ; elle sera $1 - R - D$, et ce rapport caractérisera la surface au point de vue de l'absorption. Désignons par a cette quantité ; on voit que lorsque le faisceau incident aura une intensité I_0 la partie absorbée sera aI_0 ; par analogie, ce coefficient est appelé le *pouvoir absorbant absolu* du corps considéré. Comme on a $a = 1 - R - D$, on voit que si la surface d'incidence est parfaitement polie, comme alors D est nul, il reste $a = 1 - R$. Pour les corps opaques polis, le pouvoir absorbant est d'autant plus grand que le pouvoir réflecteur est plus petit, et inversement.

Leslie a étudié l'absorption dans les conditions que nous venons d'indiquer ; mais il n'a pas donné de valeurs absolues : il a seulement comparé l'absorption des divers corps avec celle produite par le noir de fumée, qui est le corps qui absorbe le plus et dont il a représenté l'absorption par le nombre 100. Les nombres obtenus pour les autres corps sont les *pouvoirs absorbants relatifs*.

Nous avons déjà dit qu'il existe une relation entre l'absorption et l'émission, un corps émettant les radiations qu'il peut absorber (n° 14) ; mais il y a, de plus, une relation numérique et Leslie a trouvé que le pouvoir émissif relatif d'un corps est égal à son pouvoir absorbant relatif pour une même radiation.

23. — Lorsqu'un corps est soumis à l'action d'un faisceau de radiations, on peut chercher les conditions dans lesquelles, au point de vue calorifique, qui est le seul intéressant en pratique, il peut le mieux absorber les radiations ou, au contraire, celles dans lesquelles il les absorbera le moins.

Il résulte de ce que nous venons de dire que, dans le premier cas, il faudra employer des corps à fort pouvoir absorbant et, dans le second cas, des corps à faible pouvoir absorbant.

Ces circonstances se présentent dans certaines expériences de physique; par exemple, pour évaluer l'intensité calorifique d'un faisceau à l'aide d'un thermomètre différentiel, il convient que celui-ci en absorbe la plus grande partie possible : on recouvrira la boule exposée au faisceau de noir de fumée, qui, nous le répétons, est le corps dont le pouvoir absorbant est le plus grand. Il en est de même dans les actinomètres, appareils destinés à mesurer l'intensité calorifique du soleil.

Dans les expériences faites avec le calorimètre à eau, il faut réduire au minimum les pertes ou les gains de chaleur que fait cet appareil; aussi le construit-on en laiton poli. Comme ce corps a le plus faible pouvoir émissif et le plus faible pouvoir absorbant, le calorimètre perdra peu de chaleur par rayonnement, et il ne recevra pour la conserver qu'une très faible partie de la chaleur rayonnée par les corps voisins.

Dans les chaudières solaires, on se propose d'utiliser les rayons du soleil pour échauffer de l'eau. A cet effet, à l'aide d'un miroir conique en métal on concentre le faisceau solaire sur un vase renfermant le liquide; d'après ce que nous venons de dire, ce vase doit être recouvert de noir de fumée.

Il importe beaucoup de remarquer que, pour l'étude des phénomènes de l'absorption, il faut, dans certains cas, tenir compte de la diffusion. C'est là ce qui explique des différences qui se présentent, par exemple, pour les corps blancs et pour les corps noirs.

Leslie et, plus tard, Melloni, prenant comme source de radiations un vase rempli d'eau à 100°, trouvèrent le même pouvoir absorbant pour le noir de fumée et pour la céruse. Mais l'égalité ne subsiste pas quand on prend d'autres sources de chaleur, et l'on trouve que le pouvoir absorbant du noir de fumée étant supposé constant, celui de la céruse diminue au fur et à mesure que l'on prend une source de radiations de température plus élevée.

Cette différence s'explique par les variations de la diffusion de la céruse avec la température. Comme il n'y a pas de réflexion sur les corps considérés, si nous appelons I_0, I_0' les intensités de deux radiations différentes, D et D' les pouvoirs diffusifs correspondants, les quantités absorbées seront respectivement $I_0 (1-D)$ et $I_0' (1-D')$.

Si le faisceau considéré comprend une seule radiation, le pouvoir absorbant a sera

$$a = \frac{I_0(1-D)}{I_0} = 1-D.$$

Si les deux radiations existent simultanément, le pouvoir absorbant a' deviendra

$$a' = \frac{I_0(1-D) + I_0'(1-D')}{I_0 + I_0'} = 1 - \frac{I_0 D + I_0' D'}{I_0 + I_0'}.$$

Pour le noir de fumée, $D = D'$ et l'on a alors

$$a' = 1 - D = a.$$

Mais, pour la céruse, il n'en est pas de même, et l'on a $D' > D$ si la radiation I_0' est plus réfrangible que I_0, si, par conséquent, elle a pris naissance à une température plus élevée. La valeur de a' peut s'écrire

$$a' = 1 - \frac{(I_0 + I_0')D + I_0'(D'-D)}{I_0 + I_0'} = 1 - D - \frac{I_0'(D'-D)}{I_0 + I_0'},$$

et l'on voit qu'elle est plus petite que a et qu'elle diminue d'autant plus que D' est plus grand.

Il résulte de là que, tandis que le noir de fumée et, généralement, les corps noirs absorbent toujours la même proportion de chaleur quelle que soit la source des radiations, au contraire, pour la céruse et les corps blancs, elle sera plus faible pour les rayons solaires, qui contiennent de la chaleur lumineuse, que pour les rayons émanés à des sources de basse température, qui n'émettent que de la chaleur obscure.

C'est ce qui explique que si l'on projette du charbon sur de la neige exposée au soleil, celle-ci fond plus vite dans la partie qui est ainsi recouverte d'un corps noir.

C'est pourquoi il convient de prendre des vêtements blancs lorsqu'on doit s'exposer au soleil, plutôt que des vêtements foncés; non pas que les radiations solaires arrivent directement à la peau, mais parce que les vêtements blancs seront portés à une température moins élevée que les noirs et échaufferont moins le corps par conduction.

Comme le pouvoir émissif est égal au pouvoir absorbant, on pourrait être tenté de conclure qu'il faut aussi prendre des vêtements blancs dans les temps froids pour éviter la perte de chaleur par émission. Mais outre que, comme nous l'avons déjà dit, le refroidissement en hiver se fait surtout par conduction, il n'y a pas de différence entre les pouvoirs émissifs des corps noirs et blancs dans ces conditions, parce que les radiations émises sont toutes de faible réfrangibilité, chaleur obscure correspondant à la température peu élevée du corps humain.

POLARISATION ROTATOIRE ET POLARIMÉTRIE

Par M. Th. MALOSSE.

CHAPITRE PREMIER

THÉORIE CINÉMATIQUE DE LA POLARISATION ROTATOIRE

Équivalence entre une vibration rectiligne et deux vibrations circulaires inverses. — Une vibration rectiligne d'amplitude $OA = 2r$ et de période T est évidemment (fig. 105) décomposable en deux vibrations OB, OC inclinées à 45°, d'amplitude

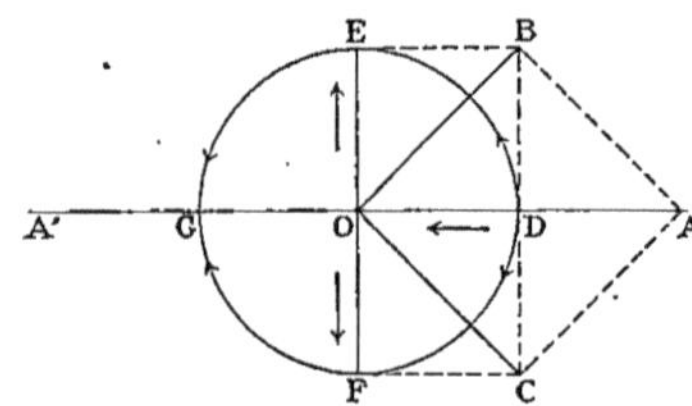

Fig. 105.

$$2r \cos 45° = 2r \frac{1}{\sqrt{2}}$$

et de période T. Chacune de celles-ci est à son tour de même décomposable en deux composantes rectangulaires suivant DG et EF, d'amplitude $2r \frac{1}{\sqrt{2}} \frac{1}{\sqrt{2}} = r$ et de période T.

Si l'on imagine entre les composantes OD, OE une différence de marche égale à $\frac{\lambda}{4}$ $\left(\text{une différence de phase égale à } \frac{\pi}{2}\right)$ et entre les composantes OD, OF une différence de marche égale à $\frac{3\lambda}{4}$ $\left(\text{une différence de phase égale à } \frac{3\pi}{2}\right)$, le système OD, OE doit alors engendrer une vibration circulaire *gauche* et le systeme OD, OF une vibration circulaire *droite*.

Réciproquement, la composition de deux vibrations circulaires inverses de rayon r et de vitesse $\frac{2\pi r}{T} = u$ équivaut à une vibration rectiligne d'amplitude $2r$ et de période T.

O étant la position de repos d'un atome d'éther supposé soumis à deux vibrations circulaires inverses superposées, et D l'origine du temps et des arcs parcourus ; O étant aussi l'origine des élongations pour les vibrations rectilignes ; au temps t, l'atome vibrant circulairement a décrit un arc

$$ut = 2\pi r\,\frac{t}{\mathrm{T}};$$

ses positions sont, par exemple (fig. 106), H sur la vibration gauche, I sur la vibration droite; les phases sont identiques; les composantes rectangulaires de u sont

$$u \sin 2\pi\,\frac{t}{\mathrm{T}} \quad \text{et} \quad u \sin 2\pi\left(\frac{t}{\mathrm{T}} - \frac{1}{4}\right) = -u \cos 2\pi\,\frac{t}{\mathrm{T}},$$

$$u \sin 2\pi\,\frac{t}{\mathrm{T}} \quad \text{et} \quad u \sin 2\pi\left(\frac{t}{\mathrm{T}} - \frac{3}{4}\right) = u \cos 2\pi\,\frac{t}{\mathrm{T}},$$

d'où .

$$2\,u \sin 2\pi\,\frac{t}{\mathrm{T}} \quad \text{et} \quad \dots\dots\dots\dots\dots \quad 0.$$

La vitesse $2u \sin 2\pi\,\dfrac{t}{\mathrm{T}}$ de la vibration rectiligne résultante a pour direction constante DG; autrement dit, la bissectrice de l'angle des vitesses u et $-u$ (des

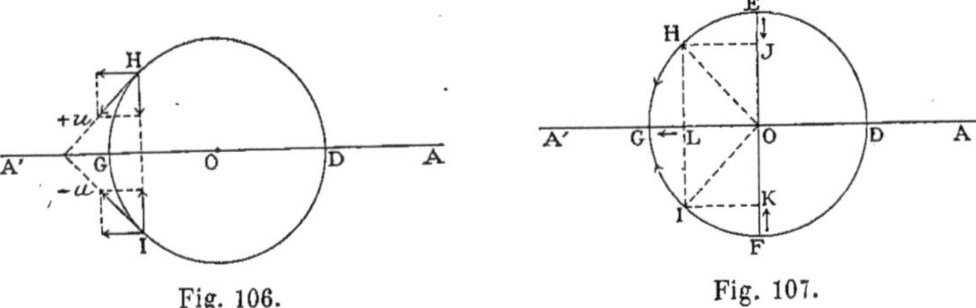

Fig. 106.   Fig. 107.

tangentes en H et en I) ou le diamètre normal à la corde sous-tendante de l'arc HDI $= 4\pi r\,\dfrac{t}{\mathrm{T}}$.

Les élongations correspondantes aux vitesses précédentes sont (fig. 107) respectivement, pour la vibration gauche, OL, OJ ; pour la vibration droite, OL, OK; pour la vibration résultante, 2OL, c'est-à-dire

$$r \cos 2\pi\,\frac{t}{\mathrm{T}} \quad \text{et} \quad r \cos 2\pi\left(\frac{t}{\mathrm{T}} - \frac{1}{4}\right) = r \sin 2\pi\,\frac{t}{\mathrm{T}},$$

$$r \cos 2\pi\,\frac{t}{\mathrm{T}} \quad \text{et} \quad r \cos 2\pi\left(\frac{t}{\mathrm{T}} - \frac{3}{4}\right) = -r \sin 2\pi\,\frac{t}{\mathrm{T}},$$

$$2r \cos 2\pi\,\frac{t}{\mathrm{T}} \quad \text{et} \quad \dots\dots\dots\dots\dots \quad 0.$$

Polarisation rotatoire. — Or la propriété de décomposer ainsi toute vibration rectiligne incidente d'amplitude quelconque $2r$ et de période T en deux vibrations circulaires inverses de rayon r et de période T existe dans certains milieux, dits *actifs*, qui, au surplus, ont la propriété de propager sans altération les vibrations circulaires, mais avec des vitesses inégales suivant que ces vibrations sont droites ou gauches.

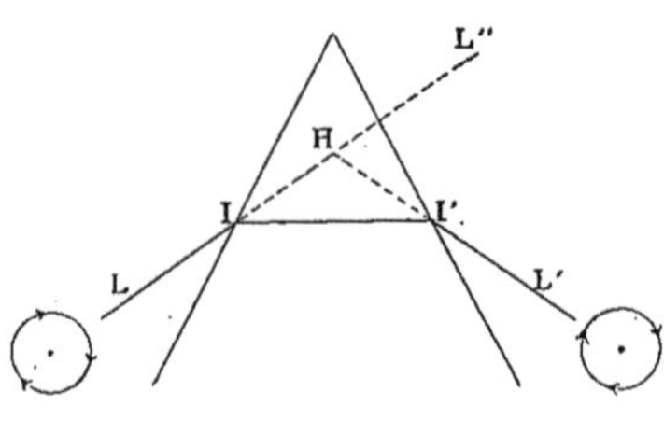

Fig. 108.

En effet, tandis qu'un polarisé circulaire monochromatique LI traversant, suivant l'axe optique, un prisme de quartz placé au minimum de déviation (expérience de Cornu, fig. 108) ou, mieux, un parallélipipède rectangle composé d'un prisme de quartz très obtus (152°) associé à deux prismes rectangles de

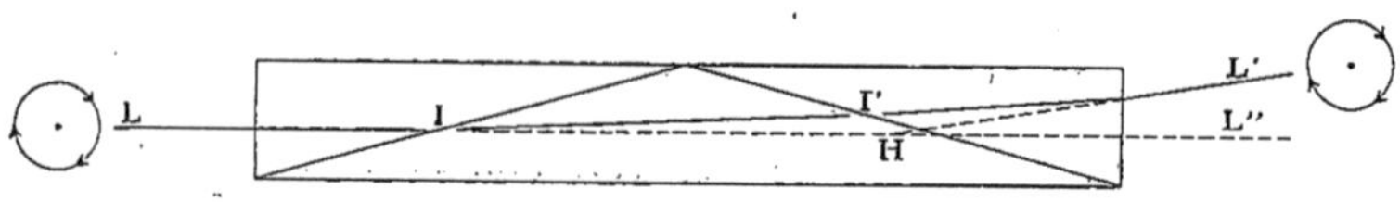

Fig. 109.

rotation inverse (expérience de Fresnel, fig. 109), émerge sans d'autre modification qu'une simple déviation L'HL″ en rapport avec sa vitesse de propagation, un polarisé rectiligne, au contraire, dans les mêmes conditions, éprouve, en outre, un dédoublement, et les deux rayons émergents sont des polarisés circulaires inverses (fig. 110 et 111).

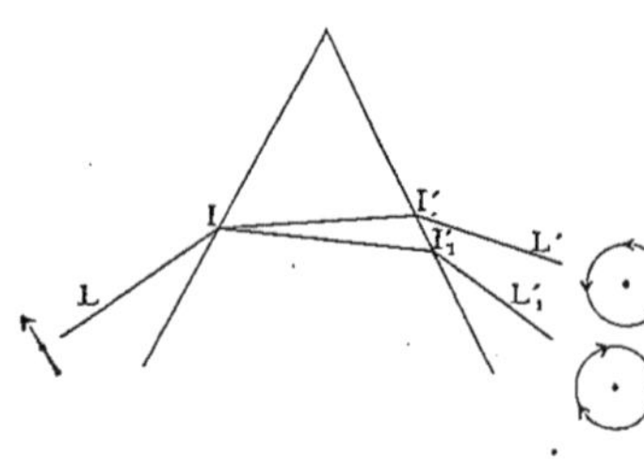

Fig. 110.

Si, au lieu de traverser un milieu actif hétérogène, comme dans l'expérience de Fresnel, ou homogène, mais à faces inclinées, comme dans l'expérience de Cornu, un polarisé rectiligne traverse normalement un milieu actif homogène, les deux circulaires inverses qu'il donne restent superposés ; à l'émergence ils reconstituent un

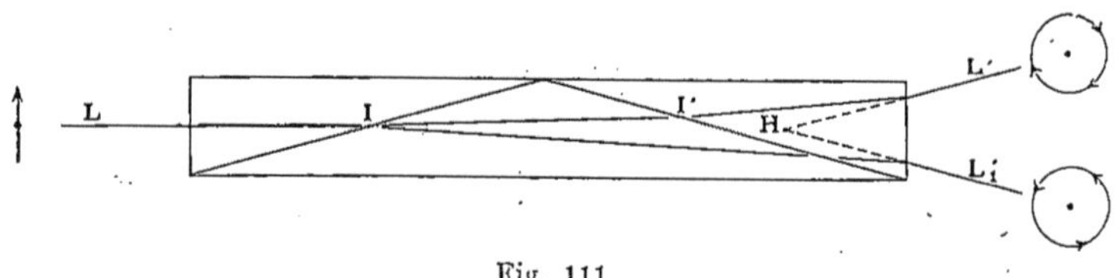

Fig. 111.

polarisé rectiligne. Mais la vibration émergente fait avec la vibration incidente un certain angle α.

En effet, l'interposition (fig. 112) d'un milieu actif, tel qu'une lame de quartz M perpendiculaire à l'axe, entre un polariseur P et un analyseur A tour-

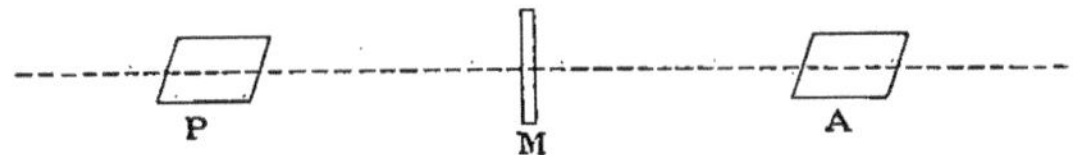

Fig. 112.

nés à l'extinction d'une radiation monochromatique fait reparaître la lumière, et la simple rotation de l'analyseur ou du polariseur reproduit l'extinction.

Il faut donc que la vibration u transmise par le polariseur P ait éprouvé en traversant M une rotation α, vers la droite ou vers la gauche, d'où trans- mission de la composante $u \sin \alpha$ et de l'in- tensité $u^2 \sin^2 \alpha$ forcément réduite à zéro par la simple rotation α de l'analyseur (fig. 113), ou par celle $- \alpha$ du polariseur.

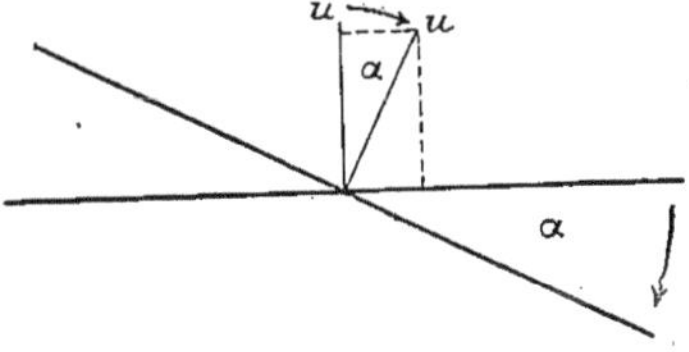

Fig. 113.

Ainsi, le plan de vibration d'un pola- risé rectiligne éprouve une *rotation* à travers un milieu actif. De là le nom de *polarisation rotatoire* donné à ce phé- nomène.

La polarisation rotatoire est une conséquence forcée de l'inégalité de vitesse de transmission par le milieu actif du circulaire droit et du circulaire gauche que ce milieu engendre aux dépens du polarisé rectiligne incident.

Soient, en effet, l l'épaisseur du milieu actif, G la vitesse de propagation du circulaire gauche, D celle du circulaire droit. La durée de transmission sera $\dfrac{l}{G}$ pour le premier, $\dfrac{l}{D}$ pour le second.

1° Supposons $D > G$.

Au temps t, soient AA′ (fig. 114), la vibration rectiligne incidente sur le plan d'entrée normal au polarisé rectiligne incident et H et I les positions de l'atome éthéré vibrant circulairement en sens inverses. Quelles sont, au même instant,

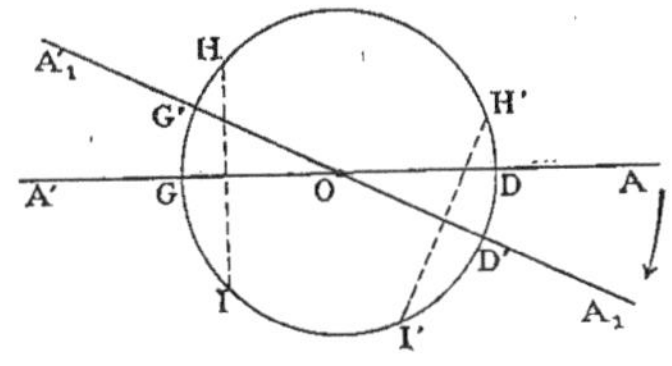

Fig. 114.

sur le plan normal de sortie, les positions correspondantes de l'atome éthéré et la direction de la vibration rectiligne émergente?

Ces positions sont celles qu'avait, sur le plan d'entrée, l'atome éthéré au temps $\left(t - \dfrac{l}{G}\right)$ pour le circulaire gauche et au temps $\left(t - \dfrac{l}{D}\right)$ pour le circulaire droit. Or, au temps $\left(t - \dfrac{l}{G}\right)$ l'atome vibrant à gauche était en H′ à l'extré- mité de l'arc $DH' = \dfrac{2\pi r}{T}\left(t - \dfrac{l}{G}\right)$ en arrière de H de l'arc $HH' = \dfrac{2\pi r}{T}\dfrac{l}{G}$, tan- dis que l'atome vibrant à droite était en I′ à l'extrémité de l'arc

$$DI' = \frac{2\pi r}{T}\left(t - \frac{l}{D}\right)$$ en arrière de I de l'arc $II' = \frac{2\pi r}{T}\frac{l}{D}$. Les positions H' et I'

représentent, par rapport aux positions H et I, une différence de phase

$$\frac{HH' + II'}{r} = \frac{2\pi}{T}\left(\frac{l}{G} + \frac{l}{D}\right).$$ Entre H' et I' la différence de phase est

$$\frac{DI' - DH'}{r} = \frac{HH' - II'}{r} = \frac{2\pi l}{T}\left(\frac{1}{G} - \frac{1}{D}\right).$$

La vibration rectiligne résultante est $A_1 A_1'$; sa direction est celle de la bissectrice de l'angle des tangentes en H' et I' ou du diamètre D'G' no mal à la corde H'I'.

La vibration émergente $A_1 A_1'$ fait avec la vibration incidente l'angle AOA, mesuré par l'arc DD'. Or la figure montre que

$$DD' + DH' = DI' - DD',$$

ou

$$DD' + \frac{2\pi r}{T}\left(t - \frac{l}{G}\right) = \frac{2\pi r}{T}\left(t - \frac{l}{D}\right) - DD',$$

d'ou

$$DD' = \frac{\pi r l}{T}\left(\frac{1}{G} - \frac{1}{D}\right) = -\frac{\pi r l}{T}\left(\frac{1}{D} - \frac{1}{G}\right);$$

la vibration rectiligne a donc tourné dans le sens négatif, c'est-à-dire dans le sens de la vibration droite, sens de la rotation des aiguilles d'une montre.

2° Supposons G > D.

On a successivement (fig. 115) :

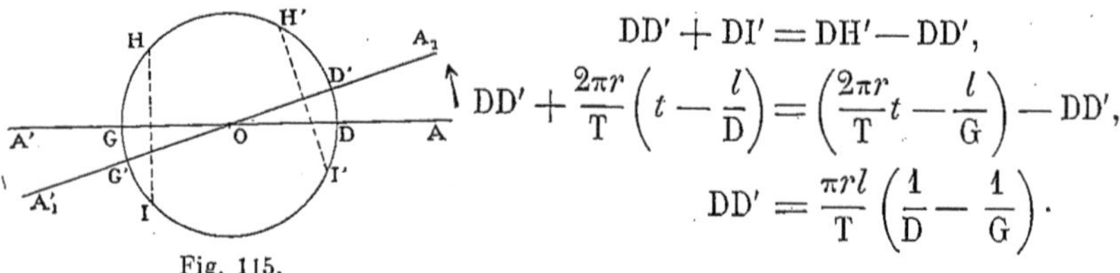

Fig. 115.

$$DD' + DI' = DH' - DD',$$

$$DD' + \frac{2\pi r}{T}\left(t - \frac{l}{D}\right) = \left(\frac{2\pi r}{T}t - \frac{l}{G}\right) - DD',$$

$$DD' = \frac{\pi r l}{T}\left(\frac{1}{D} - \frac{1}{G}\right).$$

La rotation a lieu dans le sens positif, c'est-à-dire dans le sens de la vibration gauche, ou en sens inverse de la rotation des aiguilles d'une montre.

Le plan de vibration du polarisé rectiligne incident tourne donc, à travers le milieu actif, dans le sens de la rotation du circulaire qui possède la plus grande vitesse de propagation ; autrement dit, le plan de vibration tourne vers la droite si D > G, vers la gauche si G > D. Le milieu actif est *dextrogyre* dans le premier cas, *lévogyre* dans le second.

La rotation, droite ou gauche, a pour mesure la demi-différence de phase

$$\frac{\pi l}{T}\left(\frac{1}{D} - \frac{1}{G}\right)$$

que la traversée du milieu actif détermine entre les deux circulaires inverses.

Elle est proportionnelle à l'épaisseur l du milieu actif.

Elle est en outre fonction de la période T, autrement dit de la longueur d'onde qui caractérise la lumière monochromatique incidente.

Analytiquement, au temps t les composantes rectangulaires de la vitesse u sont à l'émergence :

Suivant DG,

pour $\quad\odot\quad$ $\qquad u \sin \dfrac{2\pi}{T}\left(t - \dfrac{l}{G}\right),$

pour $\quad\odot\quad$ $\qquad u \sin \left(\dfrac{2\pi}{T} t - \dfrac{l}{D}\right),$

$$x = 2u \sin \dfrac{2\pi}{T}\left[t - \dfrac{l}{2}\left(\dfrac{1}{D} + \dfrac{1}{G}\right)\right]\cos \dfrac{\pi l}{T}\left(\dfrac{1}{D} - \dfrac{1}{G}\right);$$

Suivant EF,

pour $\quad\odot\quad$ $\qquad -u \cos \dfrac{2\pi}{T}\left(t - \dfrac{l}{G}\right),$

pour $\quad\odot\quad$ $\qquad u \cos \dfrac{2\pi}{T}\left(t - \dfrac{l}{D}\right),$

$$y = 2u \sin \dfrac{2\pi}{T}\left[t - \dfrac{l}{2}\left(\dfrac{1}{D} + \dfrac{1}{G}\right)\right]\sin \dfrac{\pi l}{T}\left(\dfrac{1}{D} - \dfrac{1}{G}\right);$$

d'où

$$\dfrac{y}{x} = \operatorname{tang} \dfrac{\pi l}{T}\left(\dfrac{1}{D} - \dfrac{1}{G}\right),$$

équation d'une droite $A_1 A_1'$ faisant avec AA' (fig. 114 et 115) l'angle

$$\dfrac{\pi l}{T}\left(\dfrac{1}{D} - \dfrac{1}{G}\right).$$

Cet angle tombe au-dessous de OD, est négatif (rotation droite) si $D > G$; il tombe au-dessus de OD, est positif (rotation gauche) si $G > D$.

La vibration émergente a la même intensité $4u^2$ que la vibration incidente. Son élongation est

$$2u \sin \dfrac{2\pi}{T}\left[t - \dfrac{l}{2}\left(\dfrac{1}{D} + \dfrac{1}{G}\right)\right].$$

Sa phase diffère de celle de la vibration incidente de la moyenne des différences de phase des deux vibrations circulaires à l'entrée et à la sortie.

CHAPITRE II

DISPERSION ROTATOIRE

Normalement, la rotation du plan de vibration augmente à mesure que la longueur d'onde diminue.

Le tableau suivant donne, par exemple, d'après divers auteurs, les rotations produites par 1 millimètre de quartz sur les principales raies de Frauenhofer :

Raies.	λ en $\mu\mu$.	Broch.	Stéfan.	Soret et Sarasin.	Gumlich.	Lommel.	Carvallo.
B	686,7	15,30	15,50	17,75	15,68	15,78	15,54
C	656,2	17,24	17,19	17,31	17,31	17,34	17,27
D_1	589,5			21,69		21,70	
D_2	588,9	21,67	21,79	21,725	21,72	21,74	21,67
E	526,9	27,46	27,75	27,54	27,66	27,51	27,46
F	486,1	32,50	33,05	32,76	32,77	32,69	32,68
G	430,7	42,20	42,58	42,59	42,61	42,51	42,44

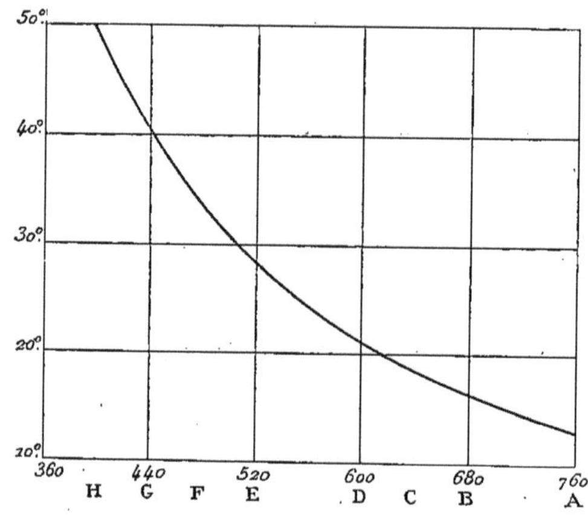

Fig. 116.

En portant ces rotations en ordonnées et les longueurs d'onde en abscisses, on obtient une courbe telle que celle de la figure 116.

Biot avait trouvé que la formule

$$\rho = \frac{A}{\lambda^2}$$

représentait à peu près la relation entre le pouvoir rotatoire ρ du quartz et la longueur d'onde λ. Dans la suite, les formules suivantes ont été proposées comme plus exactes :

$$\rho = \frac{A}{\lambda^2} - B \dots \dots \dots \quad \text{(Stéfan)}.$$

$$\rho = \frac{A}{\lambda^2} + \frac{B}{\lambda^4} + \frac{C}{\lambda^6} + \dots \dots \quad \text{(Boltzmann)}.$$

$$\rho = \frac{a}{\lambda^2 \left(1 - \dfrac{\lambda_n^2}{\lambda^2}\right)^2} \dots \dots \quad \text{(Lommel)}.$$

$$\rho = \frac{A n_0^2 - B}{\lambda^2 10^6} \dots \dots \dots \quad \text{(Carvallo)}.$$

L'influence de la longueur d'onde sur la grandeur de la rotation est cause que la traversée d'un milieu actif éparpille dans des azimuts différents, par exemple OA, OB,… (fig. 117), les vibrations OV d'un polarisé rectiligne polychromatique.

Cet éparpillement des vibrations constitue la *dispersion rotatoire*.

La loi de dispersion varie plus ou moins d'une substance active à l'autre : la saccharose, la glucose, la lévulose, la lactose, etc., dispersent à peu près comme le quartz ; mais il est loin d'en être ainsi pour tous les corps actifs.

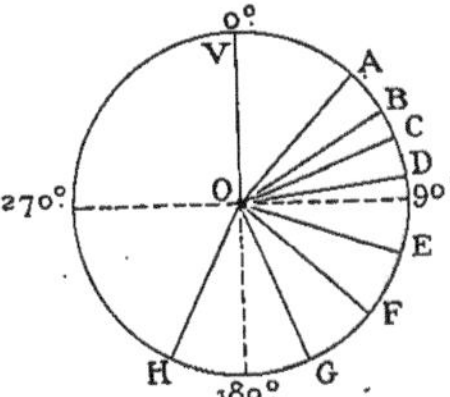

Fig. 117.

Les solutions d'acide tartrique et les solutions d'acide malique présentent des anomalies : leur pouvoir rotatoire, dans certaines conditions, au lieu de croître progressivement à mesure que la longueur d'onde diminue, peut passer par un maximum ou par un minimum et présenter ainsi des valeurs égales pour des longueurs d'onde différentes.

Les tartrates alcalins ont une dispersion régulière, mais le tartrate de cuivre et le tartrate de chrome en solutions alcalines dispersent d'une façon anormale les vibrations qui ont échappé à leur absorption.

Couleur résultant de la dispersion rotatoire en lumière blanche. — Soit (fig. 118) β l'angle des sections principales PP′, SS′ de deux nicols mobiles autour d'un axe commun O et recevant suivant cet axe un faisceau de lumière solaire. Interposons un milieu actif : aussitôt il disperse les vibrations naguère superposées.

Soient OA, OB, OC, etc., l'éparpillement des vibrations qui correspondent aux principales raies de Frauenhofer. L'analyseur n'éteignant que la vibration OD normale à SS′ et transmettant de chacune des autres

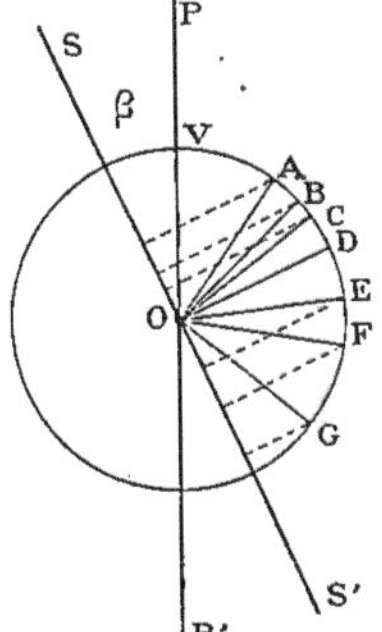

Fig. 118.

des composantes OA cos $(\beta + \alpha)$, OB cos $(\beta + \alpha')$, OC cos $(\beta + \alpha'')$, etc., la lumière émergente est forcément colorée. Tournons progressivement l'analyseur : cette rotation, par la variation continue de l'angle β, change incessamment la nature de la vibration éteinte et les valeurs des composantes transmises ; de là résulte en même temps aussi un changement incessant dans la teinte de la lumière émergente. La règle de Newton sur le mélange des couleurs permet de calculer cette teinte en fonction des angles $(\beta + \alpha)$, $(\beta + \alpha')$, $(\beta + \alpha'')$, etc.

Teinte sensible. — Parmi les teintes qui se succèdent ainsi quand on fait tourner l'analyseur, celle qui correspond à la position de l'analyseur pour laquelle

$$\beta + \alpha_j = 90°$$

présente le minimum d'intensité, parce qu'elle correspond à l'extinction du jaune moyen j, qui est la couleur la plus intense du spectre. Le plus petit déplacement de l'analyseur dans un sens ou dans l'autre la fait en outre virer au rouge ou au violet. On la nomme, à cause de cela, *teinte sensible* ou *teinte de passage*. Elle est un repère fixe pour la position de l'analyseur qui correspond à l'extinction du jaune moyen. Aussi peut-on s'en servir, d'une part, pour mesurer la rotation α_j et, par suite, la rotation correspondant à une radiation quelconque quand la loi de dispersion est connue, d'autre part pour déterminer le sens de la rotation d'après l'ordre dans lequel les couleurs se succèdent quand on tourne l'analyseur.

Influence de l'épaisseur du milieu actif. — L'arc de dispersion, ou arc qui embrasse les vibrations dispersées, est évidemment proportionnel à l'épaisseur du milieu actif.

D'après les mesures de Broch, par exemple, pour les vibrations comprises entre les raies B et G de Frauenhofer, l'arc de dispersion est de

$$
\begin{array}{llll}
^{\circ} & & & \\
6,72 & \text{avec } 1/4 \text{ de millimètre de quartz} & & (\text{fig. } 119) \\
26,9 & - \quad 1 & - & (\text{fig. } 120) \\
100,88 & - \quad 3,75 & - & (\text{fig. } 121) \\
538,18 & - \quad 20 & - & (\text{fig. } 122) \\
1883 & - \quad 70 & - & (\text{fig. } 123)
\end{array}
$$

Or, avec un quart de millimètre de quartz les vibrations sont encore assez peu dispersées pour que l'analyseur transmette de chacune une composante à peu près égale et donne une lumière sensiblement incolore.

Quand on tourne l'analyseur, l'intensité passe par un maximum au moment où la section principale SS est dans le plan bissecteur de l'arc de dispersion BG et par un minimum au moment où SS est dans le plan perpendiculaire au précédent.

Il y a bien, à vrai dire, une légère prédominance du rouge pour $\beta = 0$ et une légère prédominance du violet pour $\beta = 90°$; mais ces prédominances s'effacent de plus en plus pour une épaisseur décroissante de quartz.

Pour une épaisseur de quartz plus grande, mais toujours inférieure à celle qui ferait tourner de $180°$ les vibrations les plus réfrangibles, la rotation de l'analyseur donne des teintes très vives qui se succèdent du rouge au violet ou du violet au rouge suivant qu'on tourne l'analyseur dans le sens de la rotation de la substance active ou en sens inverse.

Pour une épaisseur de quartz encore plus grande, l'analyseur éteignant simultanément toutes les radiations normales à sa section principale, arrête non seulement celles qui ont tourné de 90° ± β, mais en outre toutes celles qui ont tourné de 90° ± β + n 180°.

Les vibrations éteintes sont d'autant plus nombreuses que l'épaisseur de

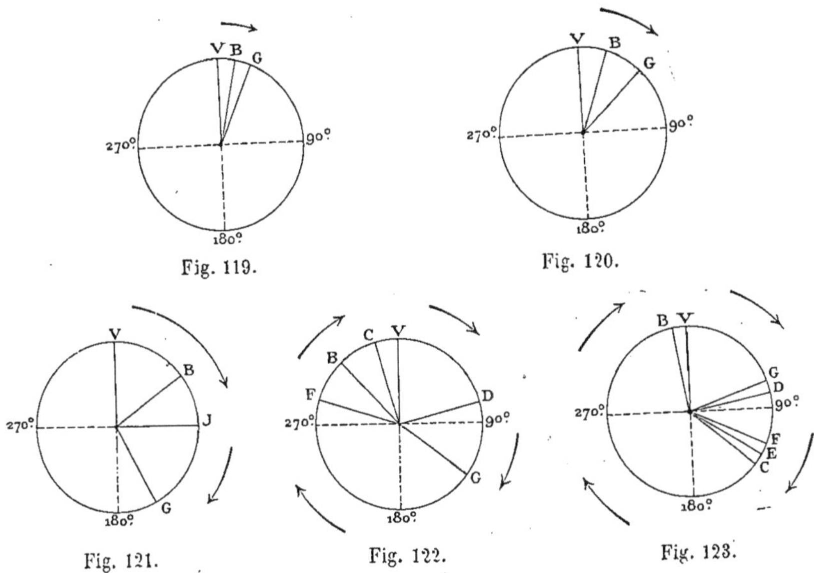

quartz est plus grande. Or, à partir du moment où il manque des vibrations dans toutes les régions du spectre, l'ensemble de celles qui restent reconstitue du blanc.

Spectre de la lumière transmise. — C'est un spectre *cannelé*, c'est-à-dire sillonné de bandes obscures à la place des vibrations éteintes. Le nombre des cannelures diminue évidemment avec celui des vibrations éteintes et, par conséquent, avec l'épaisseur du milieu actif. Pour une épaisseur inférieure à celle qui ferait tourner de 180° les vibrations les plus réfrangibles, il n'y a qu'une seule bande, parce qu'il n'y a qu'une seule vibration arrêtée.

Les bandes se déplacent du rouge au violet quand on tourne l'analyseur dans le sens de la rotation de la substance active, parce qu'on éteint ainsi successivement des vibrations de plus en plus déviées, c'est-à-dire de moindre longueur d'onde; elles se déplacent, au contraire, du violet au rouge pour une rotation de l'analyseur inverse de la rotation de la substance active. De là un moyen de reconnaître si une substance active est dextrogyre ou lévogyre.

Mesure de la dispersion rotatoire. — Sur le passage du faisceau qui subit la dispersion rotatoire à travers le milieu actif placé entre deux nicols croisés, on interpose un prisme au minimum de déviation et l'on observe le spectre avec une lunette astronomique : on pointe sur une raie de Frauenhofer, on tourne l'analyseur pour amener le milieu d'une bande sur le réticule et on lit la rotation. On recommence ainsi pour les principales raies de Frauenhofer.

***Compensation de la rotation et de la dispersion d'une substance
active par celles d'une autre substance active en sens opposé.*** —
En lumière monochromatique, il est évident qu'on peut toujours compenser
la rotation $\mp\,\alpha$ d'une substance active en lui opposant celle $\pm\,\alpha$ d'une autre
substance active en sens inverse. Il suffit en effet de prendre cette dernière
substance sous une épaisseur telle que la somme algébrique des rotations de
tout le système actif soit nulle, pour qu'à la sortie les vibrations soient dans
le même plan qu'à l'entrée.

En lumière blanche, on peut de même compenser la dispersion rotatoire
d'une substance active par celle d'une autre substance de rotation inverse, et
ramener ainsi toutes les vibrations émergentes dans le plan des vibrations
incidentes; mais il faut évidemment pour cela que les deux substances actives
dont on oppose les effets optiques obéissent à la même loi de dispersion. C'est
ce qui a lieu, notamment, non seulement quand, à une épaisseur de quartz
dextrogyre, on oppose une épaisseur égale de quartz lévogyre, mais encore
lorsque, en général, à des substances ayant même loi de dispersion que le
quartz (saccharose, glucose, lévulose, etc.), on oppose une épaisseur convenable de quartz de rotation inverse.

CHAPITRE III

ACTIVITÉ CRISTALLINE ET ACTIVITÉ MOLÉCULAIRE

L'activité optique a vraisemblablement pour cause une dissymétrie qui
affecte le cristal ou la molécule.

De là la distinction entre l'activité *cristalline* et l'activité *moleculaire*.

Ces deux sortes d'activité existent d'ordinaire séparément dans les corps;
elles n'ont été trouvées réunies que dans une dizaine de substances.

I. — ACTIVITÉ CRISTALLINE.

L'activité cristalline s'évanouit avec la structure cristalline : la fusion, le
passage à l'état amorphe la font disparaître. S'il s'agit d'une substance
soluble ($NaClO^3$, $NaBrO^3$, etc.), les cristaux dextrogyres lévogyres donnent
des solutions inactives, et ces solutions laissent ensuite indifféremment
déposer aussi bien des cristaux dextrogyres que des cristaux lévogyres.

L'activité cristalline ne semble pas compatible avec la double réfraction;
elle n'a été jusqu'ici signalée, en effet, que dans les cristaux cubiques, ou
dans la seule direction de l'axe optique, c'est-à-dire dans une direction où
la double réfraction n'existe pas, chez les cristaux uniaxes.

La dissymétrie structurale, cause vraisemblable de l'activité cristalline, se
manifeste souvent à l'extérieur par l'hémiédrie plagièdre, dans laquelle le
cristal n'est pas superposable à son image dans un miroir.

A une opposition dans la symétrie des faces correspond alors, pour une
même substance, une opposition dans le sens du pouvoir rotatoire.

Ainsi, par exemple, certains échantillons de quartz (fig. 124) sont une combinaison du prisme hexagonal e^2, du rhomboèdre primitif p, du rhomboèdre inverse $e^{1/2}$, du ditrièdre s et du trapézoèdre trigonal x. Les faces p à la partie supérieure du cristal étant placées en face de l'observateur, les faces s, suivant les échantillons, se trouvent tantôt à droite, les faces contenues dans la zone $e^{1/2}se^2$ formant une hélice dextrorsum, tantôt à gauche, les mêmes faces formant une hélice sinistrorsum. Le cristal est dextrogyre dans le premier cas, lévo-gyre dans le second. Le cristal dextrogyre et le cristal lévogyre sont entre eux *énantiomorphes*.

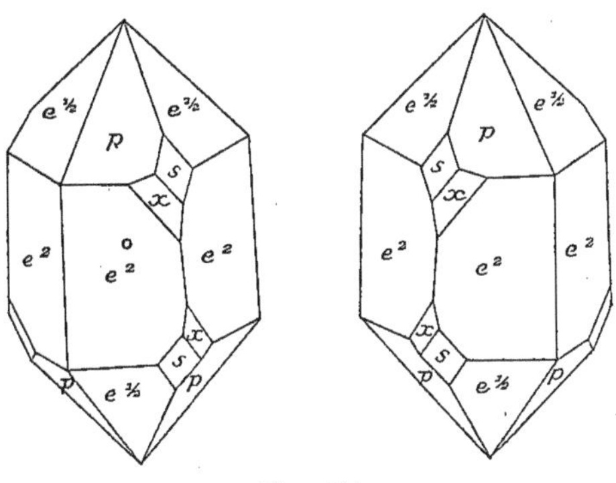

Fig. 124.

On connaît actuellement vingt-huit substances qui possèdent le pouvoir rotatoire cristallin.

II. — ACTIVITÉ MOLÉCULAIRE.

Résultant exclusivement d'une dissymétrie intramoléculaire, l'activité moléculaire doit se conserver à travers les transformations purement physiques.

On la trouve en effet dans l'acide tartrique et dans la saccharose après dissolution, fusion ou solidification à l'état amorphe, dans les térébenthènes liquides ou vaporisés, dans les camphres fondus ou vaporisés, etc.

Mais il ne semble pas qu'elle puisse se manifester en même temps que la double réfraction : les cristaux de saccharose, d'acide tartrique, etc., ne manifestent généralement aucun pouvoir rotatoire ; ceux de saccharose ont bien donné à Biot de faibles indices de rotation, mais seulement suivant les axes optiques.

L'activité moléculaire est l'apanage d'un certain nombre de substances organiques.

Hypothèse stéréochimique et carbone asymétrique. — D'après la stéréochimie, les quatre valences d'un atome de carbone sont orientées dans l'espace de manière à comprendre entre leurs directions des angles plans égaux ; en d'autres termes, elles sont dirigées (fig. 125) vers les quatre sommets d'un tétraèdre régulier dont l'atome C occupe le centre.

Une molécule telle que CH^4 (fig. 126) a six plans de symétrie, dits *plans de symétrie du carbone*, à l'entre-croisement desquels se trouve le centre de gravité du système ; il y a équivalence complète entre les quatre radicaux unis au carbone : un produit de monosubstitution CH^3X (fig. 127) est donc unique ; il possède trois plans de symétrie XCH.

Dans CH^3X, les 3H sont identiques entre eux et par rapport à X ; le dérivé CH²XY (fig. 128) est donc encore unique ; il a un plan de symétrie XCY à droite et à gauche duquel se trouve H. Ce plan de symétrie contient le centre de gravité de la molécule.

Dans CH²XY, la substitution d'un radical Z à H peut porter à droite ou à

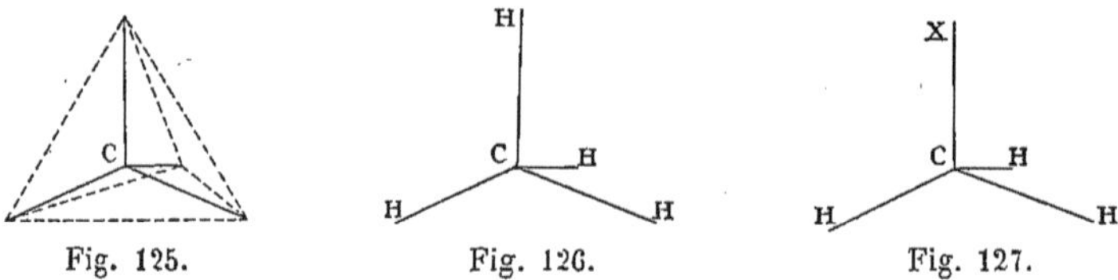

Fig. 125.   Fig. 126.   Fig. 127.

gauche du plan de symétrie XCY : les deux configurations qui en résultent (fig. 129) sont différentes. En effet, en regardant suivant l'une des valences du carbone, il faut, pour passer successivement dans le même ordre par les

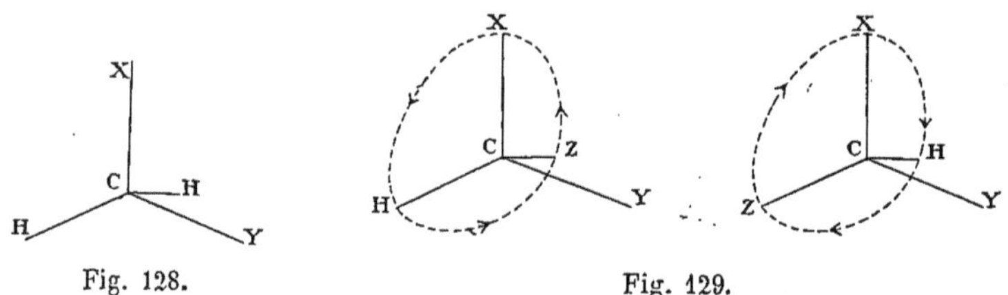

Fig. 128.   Fig. 129.

trois autres sommets du tétraèdre, aller de droite à gauche dans l'une des configurations et de gauche à droite dans l'autre. La ligne du regard étant, par exemple, CY, il faut, pour parcourir le chemin XHZ, aller à gauche ou à droite, suivant celle des deux configurations que l'on considère. La molécule n'a plus de plan de symétrie : son centre de gravité est situé en dehors de chacun des six plans de symétrie du carbone. L'une des configurations est l'image spéculaire de l'autre ; les deux configurations ne sont pas superposables ; elles sont énantiomorphes.

L'énantiomorphie moléculaire a donc pour cause la diversité de nature des quatre radicaux liés à un atome de carbone. Ce dernier est appelé *carbone asymétrique*.

L'existence du carbone asymétrique se révèle souvent par l'énantiomorphie cristalline dans les composés susceptibles de cristallisation (bimalate d'ammonium, acide tartrique, etc.). *Elle est la cause de l'activité moléculaire.*

Antipodes optiques. — Deux molécules énantiomorphes ont le pouvoir rotatoire égal, mais de sens inverses : l'une est l'*antipode optique* de l'autre.

Tout nouveau carbone asymétrique apportant les deux chaînons énantiomorphes

$$R - \overset{|}{\underset{|}{C}} - Z, \qquad Z - \overset{|}{\underset{|}{C}} - R,$$

le nombre des antipodes optiques croît avec le nombre des atomes de carbone asymétriques conformément au tableau suivant, où chaque couple d'antipodes est distingué par le même caractère romain affecté de signes contraires :

```
                 +I                                        —I
                 X                                         X
            R——|—Z                                   Z——|—R
                 Y                                         Y

       +I              +II                 —II                —I
       X                X                   X                  X
  R——|—Z          Z——|—R             R——|—Z            Z——|—R
  R——|—Z          R——|—Z             Z——|—R            Z——|—R
       Y                Y                   Y                  Y

   +I       +II     +III     +IV      —IV      —III     —II      —I
   X         X       X        X        X        X        X        X
 R——|—Z  Z——|—R  R——|—Z  Z——|—R  R——|—Z  Z——|—R  R——|—Z  Z——|—R
 R——|—Z  R——|—Z  Z——|—R  Z——|—R  R——|—Z  R——|—Z  Z——|—R  Z——|—R
 R——|—Z  R——|—Z  R——|—Z  R——|—Z  Z——|—R  Z——|—R  Z——|—R  Z——|—R
   Y        Y       Y        Y        Y        Y        Y        Y
```

etc.

Le nombre des antipodes optiques est donc égal à $2m$ quand le nombre des atomes de carbone asymétriques est égal à m.

Si, dans les schémas précédents, les radicaux X et Y deviennent identiques, cette identité a pour conséquences :

1° La disparition de certaines énantiomorphies et la réduction du nombre des configurations conformément au tableau :

```
              +,—I                                        —I
              X                                           X
         R——|—Z                                     R——|—Z
              X                                           X

       +,—I             +II                 —II                —I
       X                X                    X                  X
  R——|—Z          Z——|—R              R——|—Z            Z——|—R
  R——|—Z          R——|—Z              Z——|—R            R——|—Z
       X                X                    X                  X

   +,—I    +II,IV   +,—III   +IV      —IV,II      —III    —II      —
   X         X       X                  X
 R——|—Z  Z——|—R  R——|—Z              R——|—Z
 R——|—Z  R——|—Z  Z——|—R              R——|—Z
 R——|—Z  R——|—Z  R——|—Z              Z——|—R
   X        X       X                   X
```

etc.

2° La possibilité d'une *compensation intramoléculaire* produisant l'inactivité optique.

Dans ZRXC—CXRZ, en effet, le pouvoir rotatoire de la molécule est la somme algébrique des pouvoirs rotatoires, égaux, de ses deux moitiés. Or si, dans les configurations $+$ II et $-$ II, les deux moitiés de la molécule sont superposables et ont des pouvoirs rotatoires de même signe, dans la configuration $+$, $-$ I, au contraire, les deux moitiés de la molécule sont énantiomorphes et ont des pouvoirs rotatoires de signes contraires. La configuration $+$, $-$ I représente donc une molécule inactive par compensation interne et les seules configurations $+$ II, $-$ II un couple d'antipodes optiques.

Dans ZRXC—CRZ—CXRZ, le carbone du groupe $\overset{|}{\underset{|}{C}}$RZ est ou n'est pas asymétrique, selon la disposition des deux groupes $-$ CRXZ. Il n'est asymétrique ni dans la configuration $+$, $-$ I, ni dans la configuration $+$, $-$ III, où, au surplus, les actions rotatoires du groupe $R \overset{X}{+} Z$ et du groupe $R \underset{X}{+} Z$ sont de signes contraires, d'où inactivité par compensation interne pour ces deux configurations ; il est, au contraire, asymétrique dans les configurations $+$ II, IV et $-$ IV, II, où, au surplus, les actions rotatoires des deux groupes $R \overset{X}{\underset{X}{+}} Z$ et $Z + R$ sont de même signe, d'où seulement deux antipodes optiques.

La combinaison des deux antipodes donne une molécule double, dite *racémique*, inactive par compensation. Ainsi, la combinaison d'une molécule d'acide *dextrotartrique* avec une molécule d'acide *lévotartrique* donne une molécule inactive d'acide *racemotartrique*

$$
\begin{array}{ccc}
& CO_2H & \\
HO-\!\!\!\!\mid\!\!\!\!-H & & \\
H-\!\!\!\!\mid\!\!\!\!-OH & + & HO \\
& CO_2H & \\
\end{array}
\qquad
\begin{array}{c}
CO_2H \\
H-\!\!\!\!\mid\!\!\!\!-OH \\
-\!\!\!\!\mid\!\!\!\!-H \\
CO_2H \\
\end{array}
$$

Le nombre des racémiques possibles est naturellement égal, dans chaque cas, au nombre des paires d'antipodes optiques.

Ce sont toujours des molécules inactives, par racémie interne ou externe, qui prennent exclusivement naissance dans les synthèses artificielles où apparaît le carbone asymétrique à la suite de transformations opérées en partant de composés inactifs.

Il n'y a pas de raison, en effet, pour que, dans une réaction *in vitro*, la substitution d'un radical Z à l'un des radicaux R d'un chaînon $R-\overset{|}{\underset{|}{C}}-R$ se produise un nombre inégal de fois à droite ou à gauche du plan de symétrie. La réaction ne doit donc fournir que des molécules inactives, comme dans les schémas suivants :

$$n \; R-\overset{\text{X}}{\underset{\text{Y}}{|}}-R \longrightarrow \frac{n}{2}\left(R-\overset{\text{X}}{\underset{\text{Y}}{|}}-Z + Z-\overset{\text{X}}{\underset{\text{Y}}{|}}-R\right)$$

$$n \; \begin{matrix}R-\overset{\text{X}}{|}-R\\R-\underset{\text{X}}{|}-R\end{matrix} \longrightarrow \frac{n}{3}\begin{matrix}R-\overset{\text{X}}{|}-Z\\R-\underset{\text{X}}{|}-Z\end{matrix} + \frac{2n}{3}\left(\begin{matrix}Z-\overset{\text{X}}{|}-R\\R-\underset{\text{X}}{|}-Z\end{matrix} + \begin{matrix}R-\overset{\text{X}}{|}-Z\\Z-\underset{\text{X}}{|}-R\end{matrix}\right)$$

D'ailleurs, sous l'influence de la chaleur un dextro-isomère se change progressivement, par moitié, en lévo-isomère, et réciproquement, d'où il résulte, finalement, un racémique.

Un racémique est toujours dédoublable en ses deux composants dextrogyre et lévogyre.

Les microorganismes, ensemencés dans des solutions contenant des racémiques, consomment généralement un des antipodes de préférence à l'autre. De là un des moyens d'isoler ce dernier.

L'activité optique se conserve à travers toutes les transformations chimiques qui respectent l'asymétrie du carbone, telles que, par exemple,

$$H-\overset{C^2H^5}{\underset{CH^2OH}{|}}-CH^3 \rightarrow H-\overset{C^2H^5}{\underset{CH^2I}{|}}-CH^3 \rightarrow H-\overset{C^2H^5}{\underset{CH^2CAz}{|}}-CH^3 \rightarrow H-\overset{C^2H^5}{\underset{CH^2CO^2H}{|}}-CH^3 \rightarrow H-\overset{C^2H^5}{\underset{CH^2COAzH^2}{|}}-CH^3,$$

etc.

Elle s'évanouit, au contraire, dans les transformations qui font disparaître cette asymétrie, comme

$$H-\overset{C^2H^5}{\underset{CH^2R}{|}}-CH^3 \longrightarrow H-\overset{C^2H^5}{\underset{CH^3}{|}}-CH^3.$$

D'après une théorie à laquelle M. Guye surtout a attaché son nom, la grandeur et le sens du pouvoir rotatoire moléculaire dépendraient principalement des poids des quatre groupes liés au carbone asymétrique, et, dans une certaine mesure, des positions de ces groupes, de leurs actions mutuelles, de leurs configurations et de la nature de leurs éléments constituants.

CHAPITRE IV

POUVOIR ROTATOIRE SPÉCIFIQUE

Le pouvoir rotatoire moléculaire varie peut-être avec l'orientation de la molécule ; mais comme, dans une masse liquide, il y a des molécules dans toutes les orientations, on doit pouvoir attribuer à chacune un pouvoir partiel égal à la moyenne du pouvoir de l'ensemble.

En supposant donc que le simple écartement des molécules ne modifie pas le pouvoir rotatoire moléculaire et que la dissolution d'une substance active dans un dissolvant inactif ne soit qu'une dissémination moléculaire analogue à celle qui aurait lieu dans un espace libre, la rotation exercée par une masse liquide doit être proportionnelle au nombre de molécules traversées par la lumière, c'est-à-dire à l'épaisseur du milieu et à la densité de la substance active.

Dans ces conditions, soient :

α_λ^t la rotation observée pour la longueur d'onde λ et la température t;

l l'épaisseur du milieu actif en décimètres;

d_4^t sa densité à la température t, rapportée à celle de l'eau à $4°$;

C la *concentration*, ou grammes de substance active dans 100 centimètres cubes de solution ;

p le tant pour cent ou grammes de substance active dans 100 grammes

ou $\dfrac{100}{d}$ centimètres cubes de solution;

q le tant pour cent de dissolvant;

on a, pour une substance active liquide,

$$\alpha_\lambda^t = [\alpha]_\lambda^t \, ld,$$

et pour un corps dissous,

$$\alpha_\lambda^t = [\alpha]_\lambda^t \, l \, \frac{C}{100} = [\alpha]_\lambda^t \, l \, \frac{dp}{100}.$$

La constante $[\alpha]_\lambda^t$, ou rotation produite par 1 décimètre de substance active sous l'unité de densité, se nomme *pouvoir rotatoire spécifique* de cette substance pour la vibration de longueur d'onde λ et pour la température t.

Si le dissolvant inactif contient plusieurs substances actives dont les molécules, *simplement disséminées, ne s'influencent d'ailleurs pas réciproquement*, on a, en désignant par ρ et $[\rho]$ la rotation et le pouvoir rotatoire spécifique du mélange et par x, y les concentrations ou les tant pour cent,

$$\rho = \alpha + \alpha' + \ldots$$
$$[\rho](x + y + \ldots) = [\alpha]x + [\alpha]'y + \ldots.$$

Si le dissolvant lui-même est actif,

$$[\rho]d = [\alpha]c + [\alpha]'c' + [\alpha]''(d - c - c' - \ldots) + \ldots,$$

c, c' désignant les densités des substances actives dissoutes.

Mais l'hypothèse d'une simple dissémination moléculaire sans aucune action réciproque entre les molécules en présence, base des formules précédentes, ne se vérifie généralement qu'avec une approximation plus ou moins lointaine.

D'ordinaire, en effet, pour une longueur d'onde et pour une température déterminées, on trouve que le pouvoir rotatoire spécifique d'une substance dissoute, calculé d'après l'équation

$$[\alpha] = \frac{100\,\alpha}{l\mathrm{C}},$$

n'est pas indépendant de la concentration et de la nature du dissolvant, et que, pour un mélange, le pouvoir rotatoire spécifique trouvé

$$\frac{100\,\rho}{l(x + y + \ldots)}$$

n'est pas identique au pouvoir rotatoire spécifique calculé

$$\frac{[\alpha]x + [\alpha]'y + \ldots}{x + y + \ldots}.$$

Influence de la nature du dissolvant. — Biot avait signalé « la variabilité du pouvoir rotatoire spécifique dans l'intensité, le sens, à une même température, quand la substance active est placée dans des dissolvants inactifs de diverses natures ». Les expériences ultérieures ont confirmé cette variabilité. Les écarts, quelquefois nuls ou insignifiants, peuvent, dans certains cas, atteindre des valeurs considérables, par exemple : 51° (quinine), 60° (quinidine), 79° (sulfate de quinine), 84° (brucine), etc.

Influence de la concentration. — Les courbes figuratives du pouvoir rotatoire des substances actives en dissolution sont généralement des arcs de paraboles ; elles peuvent donc, en fonction des quantités précédemment désignées par q, p ou C, être empiriquement représentées par

$$(1) \quad [\alpha] = a + bq + cq^2 + \ldots = a' + b'p + c'p^2 + \ldots = a'' + b''\mathrm{C} + c''\mathrm{C}^2 + \ldots$$

Les coefficients c, c', c'' sont d'ordinaire très petits. Souvent même ils sont nuls. Le pouvoir rotatoire est alors figuré par une droite et a pour expression

$$(2) \qquad\qquad [\alpha] = a + bq = a' + b'p = a'' + b''\mathrm{C}.$$

Si, dans ces formules, on fait respectivement

$$q = 0, \qquad p = 100, \qquad \mathrm{C} = 100,$$

elles deviennent

$$[\alpha] = a = a' + 10^2 b' + 10^4 c' = a'' + 10^2 b'' + 10^4 c'',$$
$$[\alpha] = a = a' + 10^2 b' = a'' + 10^2 b''.$$

Sous ces dernières formes, elles représentent le pouvoir rotatoire spécifique de la substance pure, sans dissolvant, et cela avec d'autant plus d'approximation que la courbe figurative est plus près d'être une droite et que, d'ailleurs, l'extrapolation opérée en posant $q = 0$ a été plus faible. On amoindrit, du reste, cette extrapolation en choisissant convenablement le dissolvant et en poussant l'observation aussi loin que le comporte la solubilité. Si la substance active est liquide et miscible en toutes proportions avec le dissolvant choisi, on peut rendre l'extrapolation aussi faible que l'on veut, et, en outre, procéder aisément à une observation directe sur la substance même, sans dissolvant, ce qui procure un terme de comparaison certain.

Les formules (1) et (2) laissent prévoir l'annulation du pouvoir rotatoire respectivement pour

$$a = bq + cq^2 \qquad \text{ou} \qquad q = \frac{-b \pm \sqrt{b^2 + 4ac}}{2c}$$

et

$$a = bq \qquad \text{ou} \qquad q = \frac{a}{b}$$

et son inversion pour des valeurs plus grandes de q.

Ce phénomène a été observé en effet avec plusieurs substances actives, notamment avec l'acide malique, pour lequel

$$[\alpha]_D^{20} = 5,891 - 0,08959.q,$$

$$[\alpha]_D^{20} \gtreqless 0, \text{ suivant que } q \lesseqgtr 65,76,$$

et le malate neutre de sodium, pour lequel

$$[\alpha]_D^{20} = 15,202 - 0,3222.q + 0,0008184.q^2,$$

$$[\alpha]_D^{20} \gtreqless 0, \text{ suivant que } q \lesseqgtr 52,57.$$

Lorsque le dissolvant inactif est un mélange de deux liquides purs, si chacun d'eux conserve l'influence qu'il exerce quand il est seul, le pouvoir rotatoire du corps dissous dans le mélange peut se calculer en fonction du pouvoir rotatoire du corps dissous dans chacun des dissolvants isolés.

Si, en effet, b', c' et b'', c'' désignent les variations respectivement produites par 1 p. 100 des dissolvants, q' et q'' les tant pour cent de ceux-ci dans le mélange, on doit avoir

$$[\alpha] = a + b'q' + b''q'' + c'q'^2 + c''q''^2.$$

Effectivement, pour le camphre dissous dans des mélanges de benzène et d'éther acétique, et pour l'essence de térébenthine dissoute dans des mélanges d'alcool et d'acide acétique, l'expérience a montré que les valeurs ainsi calculées se confondaient sensiblement avec celles que fournit la mesure directe de la rotation α à l'aide de l'expression

$$[\alpha] = \frac{100\alpha}{ld(100 - q' - q'')}.$$

Mais il n'en est pas ainsi pour tous les corps. Les pouvoirs rotatoires, par exemple, de la cinchonine ou de la cinchonidine dissoutes dans des mélanges d'alcool et de chloroforme, ceux des chlorhydrates de quinine, de quinidine, de cinchonidine dans des mélanges d'alcool et d'eau, varient avec les proportions des deux dissolvants et passent par un maximum, correspondant, dans chaque cas, à une composition déterminée du mélange.

Influence de la température. — Le pouvoir rotatoire est, toutes choses égales d'ailleurs, fonction généralement parabolique, souvent linéaire, de la température.

On a donc

$$[\alpha]_\lambda^{t'} = [\alpha]_\lambda^t + \beta(t'-t) + \gamma(t'-t)^2$$

ou

$$[\alpha]_\lambda^{t'} = [\alpha]_\lambda^t + \beta(t'-t).$$

Le coefficient γ est toujours très petit, ou nul ; β est plus ou moins important, suivant la nature de la substance active.

Ces formules laissent prévoir l'annulation et l'inversion du pouvoir rotatoire pour

$$t'-t \gtreqless \frac{-\beta \pm \sqrt{\beta^2 + 4[\alpha]_\lambda^t \gamma}}{2\gamma}$$

ou

$$t'-t \gtreqless \frac{[\alpha]_\lambda^t}{\beta} .$$

Ce phénomène a été en effet réalisé pour quelques substances, notamment pour l'acide malique, l'acide aspartique, le sucre interverti, etc. Pour cette dernière substance, le point d'inversion, avec une solution aqueuse de concentration 17,21, est situé entre 87° et 88°.

Influence des matières inactives. — La présence, dans les solutions, de matières inactives diverses peut donner lieu à des modifications du pouvoir rotatoire.

Ainsi, par exemple, les hydrates et les sels alcalins ou alcalino-terreux abaissent avec une intensité variable le pouvoir rotatoire de la saccharose ; les sels métalliques en général, mais surtout les sels alcalins et alcalinoterreux, rendent la mannite dextrogyre ; les alcalis la rendent lévogyre.

L'acide borique, ajouté à saturation à une solution d'acide tartrique, rend normale la dispersion rotatoire de cette substance ; ajouté à doses croissantes β à une solution de concentration constante, il produit sur le pouvoir rotatoire spécifique une variation correspondante à une hyperbole équilatère et à l'équation

$$[\alpha] = A + \frac{B\beta}{C+\beta} .$$

Cette relation est aussi applicable aux solutions mannitoboraciques.

Multirotation. — La plupart des sucres réducteurs et quelques autres substances (oxyacides, lactones, etc.), dissous dans l'eau à la température ordinaire, ne manifestent un pouvoir rotatoire stable qu'au bout d'un temps plus ou moins long. Le pouvoir rotatoire initial est généralement supérieur, rarement inférieur au pouvoir rotatoire stable : celui-ci est atteint progressivement.

Ce phénomène est désigné sous le nom de *multirotation*.

La glucose, la lactose, la galactose, la rhamnose, l'arabinose possèdent la *trirotation*.

La durée de la période d'instabilité diminue quand la température s'élève; quelques minutes d'ébullition la font disparaître.

La multirotation s'évanouit instantanément à froid en présence de 1 p. 100 de potasse ou d'une très minime quantité d'ammoniaque.

Dans une solution aqueuse, le pouvoir rotatoire stable n'achève de s'établir que si la dilution est suffisante.

CHAPITRE V

POLARIMÉTRIE

Le terme *polarimétrie* sert, en physique, à désigner deux choses différentes :

1° La mesure de la proportion de lumière polarisée contenue dans un faisceau de lumière;

2° La détermination des pouvoirs rotatoires spécifiques et l'analyse optique fondée sur la mesure de la rotation du plan de vibration par les substances actives en dissolution.

Il n'est évidemment question ici que de la deuxième acception du mot *polarimétrie*.

Au lieu de *polarimétrie*, on dit aussi *polaristrobométrie*, et, plus communément, *saccharimétrie*, quand il s'agit du dosage optique des sucres.

La base de toute question polarimétrique est la mesure de la rotation α_λ^t. Cet élément étant connu, les autres, $[\alpha]_\lambda^t$, C, p, etc., s'en déduisent par le calcul.

On appelle *polarimètres*, *polaristrobomètres* ou *saccharimètres* les appareils employés pour cette mesure de α_λ^t.

I. — DÉTERMINATION DES POUVOIRS ROTATOIRES SPÉCIFIQUES.

Pour obtenir le pouvoir rotatoire spécifique d'une substance active, on prépare, avec cette substance et un dissolvant convenablement choisi, une série de solutions de concentrations diverses, mais exactement connues; on en prend les densités d_4^t; on mesure, par le polarimètre, les rotations α_λ^t que ces solutions maintenues à $t°$ produisent, sous une épaisseur de l décimètres, sur le plan des vibrations de longueur d'onde λ que l'on a en vue; on calcule, pour chaque solution, la valeur de $[\alpha]_\lambda^t$ en appliquant la formule

$$[\alpha]_\lambda^t = \frac{100\,\alpha}{l\mathrm{C}} = \frac{100\,\alpha}{l\,d\,p}.$$

Sur une feuille de papier exactement quadrillée, on porte en abscisses les valeurs de C, de p ou de q, et en ordonnées les valeurs de $[\alpha]_\lambda^t$; on réunit les extrémités des ordonnées par une courbe, et l'on calcule ensuite l'équation empirique qui représente cette courbe.

De la courbe ou de la formule d'interpolation ainsi obtenues on passe, mais par extrapolation, c'est-à-dire avec plus ou moins d'incertitude, au pouvoir rotatoire spécifique de la substance pure, en cherchant par le calcul ou sur le graphique la valeur de $[\alpha]_\lambda^t$ qui correspond à $q = 0$. L'incertitude du résultat est d'autant moindre qu'on a pu opérer avec des solutions plus concentrées, et que, d'ailleurs, la courbe figurative du pouvoir rotatoire spécifique se rapproche davantage d'une droite.

Avec une substance active indéfiniment soluble, l'extrapolation peut être réduite à zéro. Tel est le cas d'un liquide actif miscible en toutes proportions avec le dissolvant choisi.

Dans le cas, du reste, où la substance active est liquide, on peut toujours l'observer pure et comparer le résultat expérimental.

$$\frac{\alpha}{ld}$$

avec le résultat d'extrapolation

$$\frac{100\,\alpha'}{100\,ld'}$$

Dans le cas d'un solide actif, on diminue l'incertitude du résultat en opérant avec des dissolvants divers, et en prenant pour pouvoir rotatoire de la substance pure la moyenne des valeurs d'extrapolation correspondantes à $q = 0$.

II. — ANALYSE OPTIQUE.

Il faut, au préalable, filtrer très soigneusement les liquides troubles et décolorer ou déféquer les liquides trop colorés.

Le décolorant le plus usité est le noir animal. Il retient quelquefois une partie de la substance active (saccharose). Dans ce cas (analyse des mélasses), on verse la solution dans un tube garni à sa partie inférieure d'une double virole retenant un feutre de laine, sur lequel on place un tampon de coton cardé, puis le noir animal en grains fins. Le titre des premières portions qui filtrent a été faussé par l'action initiale du noir; on les écarte et l'on ne *polarise* (1) que les portions suivantes, après les avoir fait repasser sur le filtre jusqu'à décoloration suffisante.

Comme déféquant, on se sert généralement du sous-acétate de plomb. On en emploie d'ordinaire 1 dixième du volume de la solution active et, pour tenir compte de la dilution, on polarise dans un tube plus long de 1 dixième, ou, sans changer la longueur du tube, on multiplie le résultat par 1,1.

Le déféquant peut aussi fausser le dosage en retenant une partie de la

____

(1) *Polariser* un liquide est une expression technique qui signifie *examiner* ce liquide au polarimètre, c'est-à-dire déterminer la rotation α.

substance active. On s'en aperçoit, et l'on corrige le résultat en instituant parallèlement une expérience *témoin* avec une solution de titre approximativement égal, faite avec la substance active pure.

Il est parfois nécessaire de débarrasser d'abord la liqueur de substances actives autres que celle à doser. Ainsi, par exemple, le dosage de la lactose dans le lait nécessite l'élimination préalable des matières albuminoïdes. Cette élimination entraîne des variations de volume. On les réduit à zéro en employant un volume de réactif égal au volume, connu d'avance, du précipité à produire. Sinon, il faut faire deux polarisations avec des proportions différentes, mais connues, de solution active et de réactif (Voy. *Dosage de la lactose dans le lait*, p. 237).

La longueur du tube à choisir pour l'observation optique est subordonnée à la concentration et à la coloration de la liqueur.

Titrage des solutions de substances actives. — On a

$$(1) \qquad C = 100 \, \frac{1}{[\alpha]} \frac{1}{l} \, \alpha,$$

$$(2) \qquad p = 100 \, \frac{1}{[\alpha]} \frac{1}{l} \frac{1}{d} \, \alpha.$$

La formule (1) a l'avantage de ne pas exiger la connaissance de d.

Le titrage revenant à la mesure de α, on met le liquide, absolument clair, dans un tube de longueur connue l, et l'on procède à l'observation optique.

La mesure de α se fait, soit directement, en degrés d'arc (degrés *polarimétriques*), par la rotation de l'analyseur ou du polariseur; soit indirectement, par compensation, au moyen d'une épaisseur de quartz, n, que l'échelle de l'instrument donne en centièmes de millimètre (degrés *saccharimétriques*).

Avec la lumière sodée ($\lambda = 589{,}3 \ \mu\mu$) :

1 degré saccharimétrique vaut $0°{,}2172$ polarimétrique;

1 degré polarimétrique vaut $4°{,}604$ saccharimétriques.

Avec le jaune moyen (teinte sensible, $\lambda = 556 \ \mu\mu$ environ) :

1 degré saccharimétrique vaut $0°{,}245$ polarimétrique;

1 degré polarimétrique vaut $4°{,}167$ saccharimétriques.

Dans l'application des formules (1) et (2), on prend pour $[\alpha]$ la valeur numérique qui convient aux conditions de l'expérience (longueur d'onde, nature du dissolvant, concentration, température). Au besoin, on se sert d'abord d'une valeur moyenne de $[\alpha]$; elle conduit, pour C ou pour p, à une valeur approchée à l'aide de laquelle on calcule une valeur plus exacte de $[\alpha]$.

Les deux tableaux suivants donnent, pour quelques substances, les valeurs de $[\alpha]$ et les valeurs correspondantes de C pour $l = 2$.

Substances.	$[\alpha]_D^{20}$.	C.
Saccharose $C^{12}H^{22}O^{11}$	$66{,}639 - 0{,}0208\,C + 0{,}000346\,C^2$	$0{,}7527\,\alpha = 0{,}1635\,n$
Lactose $C^{12}H^{22}O^{11}Aq$	$52{,}53$	$0{,}9518\,\alpha = 0{,}2067\,n$
— $C^{12}H^{22}O^{11}$	$55{,}28$	$0{,}9045\,\alpha = 0{,}1967\,n$
Glucose $C^6H^{12}O^6Aq$	$47{,}73 \ +0{,}0155\,p + 0{,}000388\,p^2$	$1{,}043 \ \ \alpha = 0{,}2266\,n$
— $C^6H^{12}O^6$	$52{,}50 \ +0{,}0188\,p + 0{,}000517\,p^2$	$0{,}948 \ \ \alpha = 0{,}2059\,n$
Lévulose $C^6H^{12}O^6$	$-(91{,}90 + 0{,}111\,p)$	$0{,}4855\,\alpha = 0{,}1055\,n$
Sucre interverti	$-(19{,}82 + 0{,}04\,p)$	$2{,}44 \ \ \ \alpha = 0{,}53 \ \ n$

Substances.	Dissolvants.	$[\alpha]_D$.	C.
Cholestérine.........	$C^2H^5OC^2H^5$	$-31,12$	$1,606\,\alpha = 0,349\,n$
—	$CHCl^3$	$-36,61 - 0,249\,C$	»
Glycocholate de Na...	C^2H^5OH	$25,7$	$1,946\,\alpha = 0,422\,n$
— — ...	HOH	$20,8$	$2,404\,\alpha = 0,522\,n$
Taurocholate — ...	C^2H^5OH	$24,5$	$2,041\,\alpha = 0,443\,n$
— — ...	HOH	$21,5$	$2,325\,\alpha = 0,505\,n$
Cholalate — ...	C^2H^5OH	$31,4$	$1,592\,\alpha = 0,346\,n$
— — ...	HOH	26	$1,923\,\alpha = 0,417\,n$
Sérumalbumine......	HOH	-56	$0,893\,\alpha = 0,194\,n$
—	$HOH + NaCl$	-64	$0,781\,\alpha = 0,169\,n$
Sérumglobuline......	$HOH + MgSO^4$	$-47,8$	$1,046\,\alpha = 0,227\,n$

Dosage de la saccharose en présence d'autres substances actives inaltérables par les acides. — On polarise la solution sous l'épaisseur l et l'on note la rotation α. Puis, à 100 centimètres cubes de liqueur, on ajoute 2 grammes d'acide oxalique pur, et, après dissolution, on maintient une heure et demie à 60°-63° ; on refroidit ; on porte à 110 centimètres cubes par addition d'eau et l'on polarise de nouveau sous l'épaisseur $1,1.l$; on note la température t. Soit $\pm\,\alpha'$ la nouvelle rotation.

L'hydrolyse de 0,7527 de saccharose a donné 0,7923 de sucre interverti ; une solution de saccharose de concentration 0,7527, sous l'épaisseur 2, dévie de 1 degré les vibrations de la lumière sodique ; une solution de sucre interverti, de concentration 0,7923, les dévie de

$$-(26,902 - 0,319.t)\,2.0,007\,923 = -(26,902 - 0,319.t)\,0,01585.$$

De l'inversion de 0,7527 de saccharose résulte donc une différence de rotation de

$$1 + (26,902 - 0,319.t)\,0,01585.$$

Par suite, si, dans un dosage polarimétrique, l'inversion produit une différence de rotation $(\alpha \pm \alpha')$, la concentration en saccharose de la liqueur primitive était

$$\frac{0,7527\,(\alpha + \alpha')}{1 + (26,902 - 0,319.t)\,0,01585} = \frac{0,7527\,(\alpha + \alpha')}{1,4264 - 0,00506.t} = \frac{\alpha + \alpha'}{1,895 - 0,0067.t}$$

ou, en exprimant en degrés saccharimétriques, c'est-à-dire en remplaçant $\alpha + \alpha'$ par $0,2172\,(n + n')$,

$$C = \frac{0,7527.0,2172\,(n + n')}{1,4264 - 0,00506.t} = 0,1635\,\frac{n + n'}{1,4264 - 0,00506.t}.$$

Si l'on opère à la température de 20°, on a

$$C = \frac{\alpha + \alpha'}{1,761} = 0,567\,(\alpha + \alpha'),$$

$$C = 0,1635\,\frac{n + n'}{1,3254} = 0,123\,(n + n').$$

Dosage d'une substance active, inaltérable par les acides, en présence de la saccharose. — Le dosage après hydrolyse ayant fourni pour la saccharose (avec $t = 20°$ et $l = 2$)

$$C = 0,567 (\alpha + \alpha'),$$

la rotation partielle de la saccharose est

$$66,42 \cdot 2 \; \frac{0,567 (\alpha + \alpha')}{100} = 0,7532 (\alpha + \alpha')$$

et celle de l'autre substance active

$$\alpha - 0,7532 (\alpha + \alpha') \, ;$$

la concentration C′ en cette dernière substance est donc

$$C' = 100 \, \frac{1}{[\alpha]} \cdot \frac{1}{2} \cdot [\alpha - 0,7532 (\alpha + \alpha')].$$

Dosage de la saccharose dans un sucre. — On opère sur $16^{gr},35$ de sucre dans 100 centimètres cubes de solution.

Si la saccharose est la seule substance active présente,

$$C = 0,7527 \cdot \alpha = 0,1635 \cdot n.$$

$$\text{Titre pour 100, T} \begin{cases} = \dfrac{0,7527}{16,35} \; 100 \cdot \alpha = 4,604 \cdot \alpha, \\[2mm] = \dfrac{0,1635}{16,35} \; 100 \cdot n = n. \end{cases}$$

Sinon, et d'ailleurs en tous cas, comme vérification, une deuxième opération après inversion donne

$$C = 0,1635 \, \frac{n + n'}{1,4264 - 0,00506 \cdot t},$$

$$T = \frac{n + n'}{1,4264 - 0,00506 \cdot t} \, .$$

Analyse d'un mélange de deux substances actives. — On a

$$x + y = 100,$$
$$[\alpha] x + [\alpha]' y = 100 [\rho],$$

d'où

$$x = 100 \, \frac{[\rho] - [\alpha]'}{[\alpha] - [\alpha]'},$$

$$y = 100 \, \frac{[\alpha] - [\rho]}{[\alpha] - [\alpha]'} \, .$$

La question revient donc à la détermination du pouvoir rotatoire spécifique $[\rho]$ du mélange, c'est-à-dire à la mesure de la rotation ρ produite par une épaisseur l de solution contenant C grammes du mélange dans 100 centimètres cubes de solution

$$[\rho] = \frac{100\,\rho}{l\mathrm{C}} \cdot$$

Dosage de la lactose dans le lait. — 1° A 100 centimètres cubes de lait on ajoute 6 centimètres cubes de H^2SO^4 à 10-15 p. 100 pour précipiter le caséinogène et pour compenser la diminution de volume qui résulte de cette précipitation ; on agite ; on laisse reposer une demi-heure ; on filtre ; puis, à 50 centimètres cubes du filtrat, on ajoute 5 centimètres cubes d'acide phosphotungstique pour précipiter la lactalbumine et la lactoglobuline ; on filtre et l'on polarise dans un tube de 2,2.

Suivant qu'on exprime le résultat en $C^{12}H^{22}O^{11}Aq$ ou en $C^{12}H^{22}O^{11}$, on a respectivement

$$C_1 = 0,9518\,\alpha = 0,2067\,n,$$
$$C_2 = 0,9043\,\alpha = 0,1964\,n.$$

2° On coagule 100 centimètres cubes de lait par 100 centimètres cubes de réactif picrocitrique et l'on observe α ou n. On coagule de nouveau 50 centimètres cubes de lait, additionnés de 100 centimètres cubes de H^2O, par 50 centimètres cubes de réactif picrocitrique et l'on observe de même α' ou n'.

Soit x le volume du coagulum correspondant à 100 centimètres cubes de lait,

$$\alpha = [\alpha]\,l\,\frac{C}{200 - x},$$
$$\alpha' = [\alpha]\,l\,\frac{C}{400 - x};$$

divisant membre à membre,

$$\frac{\alpha}{\alpha'} = \frac{400 - x}{200 - x},$$

d'où

$$x = 200\,\frac{\alpha - 2\alpha'}{\alpha - \alpha'}$$

et, après substitution,

$$C = \frac{200}{[\alpha]\,l}\,\frac{\alpha\alpha'}{\alpha - \alpha'} = \frac{43,44}{[\alpha]\,l}\,\frac{nn'}{n - n} \cdot$$

Si l'observation a lieu à 20° et dans un tube de 2,

$$C_1 = \frac{200}{52,53 \times 2}\,\frac{\alpha\alpha'}{\alpha - \alpha'} = 1,9036\,\frac{\alpha\alpha'}{\alpha - \alpha'} = 0,4134\,\frac{nn'}{n - n'} \cdot$$
$$C_2 = \frac{200}{55,28 \times 2}\,\frac{\alpha\alpha'}{\alpha - \alpha'} = 1,8086\,\frac{\alpha\alpha'}{\alpha - \alpha'} = 0,3928\,\frac{nn'}{n - n'} \cdot$$

Dosage de la glucose dans l'urine. — Dans la plupart des cas, la simple filtration suffit pour clarifier le liquide et permettre l'observation optique. Sinon, on décolore par le noir animal ou l'on défèque par un dixième de sous-acétate de plomb. Dans ce dernier cas, on tient compte de la dilution.

On peut instituer, avec la glucose pure, une expérience témoin pour rectifier le résultat qu'aurait pu fausser l'emploi du noir animal ou du sous-acétate plombique.

Suivant qu'on exprime le résultat en $C^6H^{12}O^6$ ou en $C^6H^{12}O^6Aq$, on a respectivement

$$C_1 = \frac{100}{52,75} \frac{1}{l} \alpha,$$

$$C_2 = \frac{100}{47,93} \frac{1}{l} \alpha.$$

Si $l = 2$,

$$C_1 = 0,948\,\alpha = 0,2059\,n,$$

$$C_2 = 1,043\,\alpha = 0,2266\,n.$$

Si l'urine était en même temps albumineuse, le résultat trouvé pour la glucose serait trop faible à cause de la lévorotation de l'albumine. Il faudrait, dans ce cas, commencer par éliminer ce dernier corps. Pour cela, à 100 centimètres cubes d'urine on ajouterait, soit $HC^2H^3O^2$ au dixième jusqu'à réaction acide, soit 100 centimètres cubes d'une solution concentrée de Na^2SO^4 contenant 5 p. 100 de $HC^2H^3O^2$, et l'on ferait bouillir jusqu'à séparation de l'albumine en flocons. Ensuite, après filtration, lavage et refroidissement, on ramènerait le volume à 100 centimètres cubes et l'on polariserait.

Si la glucose était en trop faible proportion, on traiterait un volume suffisant d'urine par une solution concentrée d'acétate neutre de plomb. Du liquide filtré, réuni aux eaux de lavage, on précipiterait maintenant la glucose par le sous-acétate de plomb ammoniacal. On mettrait le précipité, recueilli et lavé, en suspension dans l'alcool et l'on en séparerait complètement Pb par H^2S; on filtrerait; on laverait PbS; on décolorerait au besoin le liquide filtré; on le porterait à un volume convenable et l'on polariserait.

Dosage de la glucose dans les sérosités. — On opère sur une quantité suffisante de liquide; on le rend acide par $HC^2H^3O^2$ au dixième; on fait bouillir; on filtre pour séparer les matières albuminoïdes; on lave; on concentre suffisamment et l'on polarise, après avoir, au besoin, décoloré.

On peut aussi, du liquide débarrassé des matières albuminoïdes, précipiter la glucose par le sous-acétate de plomb ammoniacal et continuer comme il a été dit ci-dessus pour l'urine.

Dosage de l'albumine dans l'urine. — Pour que la polarisation soit possible, il faut que l'urine puisse être obtenue parfaitement limpide par la filtration directe ou après addition de quelques gouttes d'acide acétique, de carbonate de soude ou d'eau de chaux; il faut, de plus, que la coloration ne soit pas trop intense.

En acceptant alors pour pouvoir rotatoire spécifique de l'albumine urinaire le nombre 52, moyenne entre celui de la sérumalbumine et celui de la sérumglobuline, on a

$$C = \frac{100}{52} \frac{1}{l} \alpha = 1{,}92 \frac{1}{l} \alpha \, ;$$

Pour $l = 2$,

$$C = 0{,}96 \alpha = 0{,}208 \, n.$$

Dosage de l'albumine et de la glucose dans l'urine. — On a successivement :

Par polarisation directe,

$$\alpha = 52{,}75 \, l \, \frac{C}{100} - 52 \, l \, \frac{C'}{100} \, ;$$

Par polarisation après élimination de l'albumine et adduction au volume primitif,

$$\alpha' = 52{,}75 \, l \, \frac{C}{100} \, ;$$

d'où

$$\alpha' - \alpha = 52 \, l \, \frac{C'}{100},$$

$$C = 1{,}896 \frac{1}{l} \alpha' = 0{,}412 \frac{1}{l} n',$$

$$C' = 1{,}92 \frac{1}{l} (\alpha' - \alpha) = 0{,}417 \frac{1}{l} (n' - n).$$

Dosage de la sérine et de la paraglobuline dans le sérum sanguin. — La polarisation du sérum donne

$$\alpha = 56 \, l \, \frac{C}{100} + 47{,}8 \, l \, \frac{C'}{100}.$$

On sature le liquide de sulfate de magnésium pour précipiter la paraglobuline ; on filtre ; on lave le précipité avec une solution saturée de sulfate de magnésium, puis on le redissout dans l'eau, on porte la solution au volume du sérum et l'on polarise :

$$\alpha' = 47{,}8 \, l \, \frac{C'}{100},$$

d'où

$$\alpha - \alpha' = 56 \, l \, \frac{C}{100},$$

$$C = 1{,}786 \frac{1}{l} (\alpha - \alpha') = 0{,}388 \frac{1}{l} (n - n'),$$

$$C' = 2{,}092 \frac{1}{l} \alpha' = 0{,}454 \frac{1}{l} n'.$$

Dosage du glycocholate, du taurocholate et du cholalate de sodium dans un mélange avec d'autres substances inactives. — On dissout p grammes du mélange dans C^2H^5OH ; on porte à 100 centimètres cubes et l'on polarise :

$$(1) \qquad \frac{100\alpha}{l} = 25,7\,C + 24,5\,C' + 31,4\,C''.$$

On évapore à siccité au bain-marie ; on reprend le résidu par l'eau froide ; on porte la solution aqueuse à 100 centimètres cubes et on la polarise :

$$(2) \qquad \frac{100\alpha'}{l} = 20,8\,C + 21,5\,C' + 26\,C''.$$

On concentre, par évaporation, la solution aqueuse ; on l'introduit, avec un excès de NaOH, dans un tube de verre résistant ; on ferme ce tube à la lampe, à 1 décimètre au-dessus du niveau du liquide ; on agite ; puis on maintient le tout dix à douze heures à 110°-120° :

$$NaC^{26}H^{42}AzO^6 + NaOH = NaC^{24}H^{39}O^5 + AzH^2 - CH^2 - CO^2Na,$$

Glycocholate de Na.   Soude.   Cholalate de Na.   Na-glycocolle.

$$NaC^{26}H^{44}AzSO^7 + NaOH = NaC^{24}H^{39}O^5 + AzH^2 - CH^2 - CH^2\,SO^3Na.$$

Taurocholate de Na.   Soude.   Cholalate de Na.   Na-taurine.

On laisse refroidir ; on ouvre le tube ; on neutralise presque complètement NaOH par H^2SO^4 étendu ; on porte à 100 centimètres cubes et l'on fait une troisième polarisation :

$$(3) \qquad \frac{100\alpha''}{l} = 26\,(0,88\,C + 0,8\,C' + C'') = 22,88\,C + 20,8\,C' + 26\,C''$$

Les équations (1), (2), (3) suffisent. Mais, pour contrôle, on en obtiendrait une quatrième en évaporant à siccité la solution aqueuse de cholalate, redissolvant le résidu dans C^2H^5OH et procédant à une quatrième polarisation :

$$(4) \qquad \frac{100\alpha'''}{l} = 31,4\,(0,88\,C + 0,8\,C' + C'') = 27,63\,C + 25,12\,C' + 31,4\,C''.$$

Les équations (1), (2), (3) donnent

$$C = (55,46\,\alpha'' - 23,46\,\alpha' - 26,49\,\alpha)\,\frac{1}{l},$$

$$C' = (22,1\ \alpha'' + 73,12\,\alpha' - 78,72\,\alpha)\,\frac{1}{l},$$

$$C'' = (86,29\,\alpha - 37,84\,\alpha' - 62,63\,\alpha'')\,\frac{1}{l}.$$

C, C', C'' représentent les quantités de glycocholate, de taurocholate et de cholalate de sodium dans p grammes du mélange. Pour les rapporter à 100, il suffit de les multiplier par $\dfrac{100}{p}$.

Dosage du glycocholate, du taurocholate et du cholalate de sodium dans l'urine ictérique. — Comme, même dans l'ictère grave, il ne passe jamais dans l'urine que de très petites quantités d'acides biliaires, il faut toujours opérer sur une grande quantité de liquide.

D'une quantité suffisante d'urine ictérique on précipite les acides biliaires par le sous-acétate de plomb ammoniacal ; on lave le précipité ; puis, avec C^2H^5OH bouillant, on en extrait la totalité des glycocholate, taurocholate et cholalate de plomb ; on ajoute un peu de Na^2CO^3 à la solution alcoolique et on l'évapore à siccité ; on épuise de nouveau le résidu par C^2H^6O, puis on poursuit le dosage comme il est dit ci-dessus.

Dosage de la cholestérine, du glycocholate, du taurocholate et du cholalate de sodium dans la bile. — On précipite 100 centimètres cubes de bile par un excès d'alcool ; on filtre ; on lave le précipité à l'alcool ; on réunit tous les liquides ; on les évapore au bain-marie ; on épuise le résidu par C^2H^5OH absolu ; on concentre la solution, on l'additionne d'éther tant qu'il y a précipitation et l'on abandonne le tout quelques jours jusqu'à production de cristaux.

Le liquide éthéro-alcoolique contient la cholestérine ; on le décante et on l'évapore à siccité, au bain-marie d'abord, puis dans le vide. On épuise ensuite le résidu par l'éther, on porte à 100 centimètres cubes et l'on polarise :

$$C = 3{,}213 \frac{1}{l} \qquad \alpha = 0{,}698 \frac{1}{l} n.$$

Le précipité séparé du liquide éthéro-alcoolique contient les acides biliaires ; on l'épuise par C^2H^5OH ; on décolore, s'il y a lieu, la solution alcoolique par le noir animal ; on porte à 100 centimètres cubes et l'on continue l'analyse comme il a été indiqué précédemment.

CHAPITRE VI

POLARIMÈTRES

Tout polarimètre présente :

1° Un polariseur et un analyseur, l'un ou l'autre mobiles autour de l'axe optique de l'appareil, mais pouvant être arrêtés respectivement dans une position déterminée ;

2° Un polariscope permettant, grâce à la reproduction d'un phénomène *indicateur*, de retrouver exactement le *point zéro* et le *point cherché*, c'est-à-dire, en définitive, de mesurer la rotation du plan de vibration, grâce à l'indication du moment précis où cette rotation se trouve exactement, soit égalée par la rotation de l'analyseur ou du polariseur, soit compensée par la rotation égale et inverse d'une épaisseur déterminée de quartz ;

3° Un disque gradué et une alidade, l'un ou l'autre tournant avec l'analyseur ou avec le polariseur; ou bien un compensateur portant une échelle saccharimétrique.

Beaucoup d'appareils permettent, par une simple substitution de pièces, d'opérer soit par rotation, soit par compensation ;

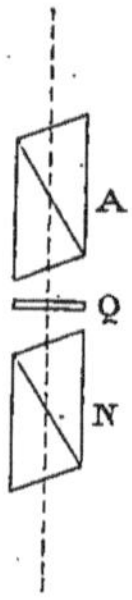

4° Une lunette que l'on pointe sur le polariscope ;

5° Des diaphragmes convenablement disposés pour paralléliser le faisceau lumineux et n'admettre que des rayons centraux ;

6° Un pied qui supporte toute la partie optique et permet de la fixer à la hauteur voulue ;

7° Des tubes destinés à contenir les liquides et à être placés entre le polariscope et l'analyseur.

Les instruments qui comportent l'emploi de la lumière blanche et de la teinte sensible (saccharimètre de Soleil) sont, en outre, généralement munis d'un *producteur des teintes*, pour compenser la couleur de la flamme ou celle des liqueurs et pour permettre à l'observateur de choisir la teinte la plus sensible pour lui. C'est un système composé d'un nicol N et d'une lame de quartz Q (fig. 130), perpendiculaire à l'axe : on le place en avant soit du polariseur, soit de l'analyseur A; sa rotation donne toutes les couleurs.

Fig. 130.

POLARISEUR.

Le polariseur peut, à la rigueur, être constitué par un miroir, une pile de glaces, un spath, un prisme biréfringent, etc. ; mais la réflexion et la réfraction simple ne donnent qu'une polarisation incomplète, et les prismes biréfringents ont l'inconvénient de gêner l'observation par les reflets que celle des deux images que l'on rejette de côté donne dans les tubes malgré les diaphragmes les mieux disposés. Aussi n'emploie-t-on plus guère, dans les polarimètres actuels, que le nicol ou ses modifications (Hartnack-Prazmowski, Glan, etc.).

Nicol. — C'est un spath de clivage (fig. 131, I) trois à quatre fois plus long que large, dont, après avoir remplacé les bases naturelles B'D, AC' par des bases artificielles BD, AC inclinées de 68° seulement sur les arêtes AB, CD, on a fait, par une section HH' perpendiculaire à la section principale ABDC et aux bases AC, BD, deux parties HAH' et HDH' que l'on a ensuite, après polissage, recollées dans leurs positions premières avec du baume du Canada (fig. 131, II).

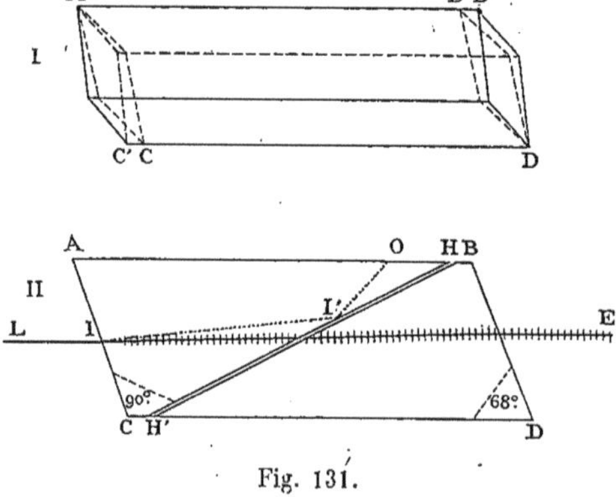

Fig. 131.

Les vibrations d'un rayon incident LI, parallèle ou à peu près parallèle à AB, sont décomposées en vibrations extraordinaires contenues dans la section principale et en vibrations ordinaires s'accomplissant dans la section perpendiculaire. Les vibrations extraordinaires (indice pour la raie D : 1,483) traversent le baume (indice pour la raie D : 1,54) et émergent du prisme, mais les vibrations ordinaires (indice pour la raie D : 1,654) éprouvent en I′ la réflexion totale et sont absorbées en O par une couche de noir.

La figure 132 montre l'une des extrémités rhombiques d'un nicol serti dans sa monture. VV est la section principale (plan de vibration) passant par les

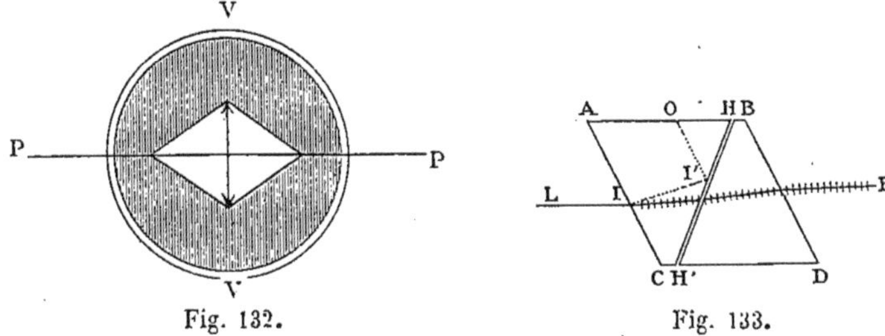

Fig. 132.   Fig. 133.

microdiagonales des bases ; PP est la section perpendiculaire passant par les macrodiagonales.

Les grands nicols étant très coûteux, Foucault a remplacé le baume par l'air, ce qui permet de donner à la section HH′ (fig. 133) une inclinaison moindre, et, par conséquent, de raccourcir le prisme : les deux morceaux sont simplement rapprochés et maintenus par la monture même.

Hartnack - Prazmowski. — Ce prisme est obtenu en découpant dans un spath de clivage, dont ABCD (fig. 134) représente la section principale, un prisme rectangle *abcd* sciant ce dernier suivant *bc*, polissant les faces *ac*, *bd*, *bc*

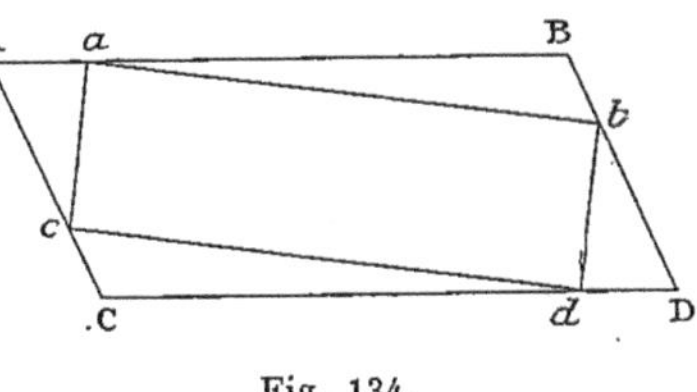

Fig. 134.

et rassemblant les deux moitiés par du baume du Canada, de l'huile de lin ou toute autre matière appropriée. L'indice de réfraction de la matière interposée règle évidemment, comme dans le cas précédent, la valeur de l'angle *abc*.

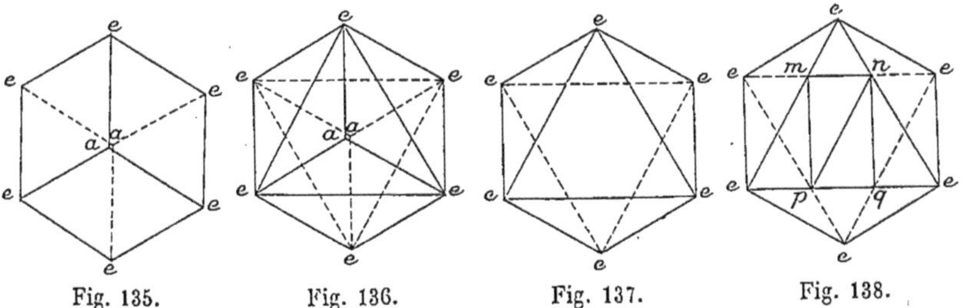

Fig. 135.   Fig. 136.   Fig. 137.   Fig. 138.

Glan. — Le prisme de Glan s'obtient en taillant, dans un rhomboèdre de spath (fig. 135), deux faces *eee* (fig. 136, 137) perpendiculairement à l'axe optique aa, découpant un prisme $mnpq$ (fig. 138), le sciant suivant np, polissant les faces mn, pq, np et réunissant les deux moitiés par une matière dont l'indice de réfraction règle encore la valeur à donner à l'angle mnp. La section principale du glan est perpendiculaire au plan $mnpq$.

ANALYSEUR.

On n'emploie généralement, comme analyseur, que le nicol ou ses modifications.

POLARISCOPE.

C'est la pièce essentiellement différentielle d'un polarimètre.

Les polarimètres primitifs n'avaient pas de polariscope proprement dit. Le point zéro et le point cherché s'y reconnaissaient à l'extinction d'une radiation.

Soit un polarimètre de ce genre. Le polariseur et l'analyseur étant à l'extinction (point zéro), c'est-à-dire ayant leurs sections principales croisées, l'interposition d'une colonne active fait reparaître la lumière. Il y a deux cas à distinguer :

PREMIER CAS : *Lumière monochromatique.* — Le plan de vibration a tourné de α ; l'analyseur transmet la composante $u \sin \alpha$ et l'intensité $u^2 \sin^2 \alpha$. Pour reproduire l'extinction (point cherché), il suffit de tourner l'analyseur de α, ce qui remet sa section principale en croix avec le plan de vibration dévié, ou, sans toucher à l'analyseur, d'interposer une épaisseur de quartz qui, tournant la vibration de $-\alpha$, la ramène dans l'azimut primitif d'extinction.

DEUXIÈME CAS : *Lumière blanche.* — Les vibrations transmises par le polariseur ont été dispersées par la substance active interposée : il passe une somme de composantes $\Sigma u \sin \alpha$ et une intensité $\Sigma u^2 \sin^2 \alpha$; la lumière transmise est colorée, car il y manque les vibrations perpendiculaires à la section principale de l'analyseur. La rotation de celui-ci donne sans cesse une nouvelle couleur. On s'arrête à l'apparition de la teinte sensible (point cherché) au moment où la section principale de l'analyseur est en croix avec le jaune moyen ; ou bien on laisse l'analyseur en croix avec le plan primitif de vibration et l'on agit sur le compensateur pour ramener dans l'azimut primitif toutes les vibrations dispersées, ce qui reproduit l'extinction initiale (point cherché).

Le premier polariscope proprement dit consiste en une lame de quartz perpendiculaire à l'axe, de $3^{mm},75$ d'épaisseur. Cette lame fait tourner le jaune de 90° et apparaître ainsi la teinte sensible quand le polariseur et l'analyseur sont en parallélisme. Ce phénomène est beaucoup plus facile à réaliser et à saisir que celui de l'extinction. On l'obtient aussi en interposant une lame de quartz de $7^{mm},50$ entre le polariseur et l'analyseur à l'extinction. C'est le point zéro. L'interposition de la colonne active, augmentant ou diminuant la rotation du jaune moyen, fait disparaître la teinte sensible. On la reproduit (point cherché), soit en tournant l'analyseur, soit en agissant sur le compensateur. Ce polariscope exige, évidemment, l'emploi de la lumière blanche.

Biquartz de Soleil. — Soleil a introduit dans son saccharimètre, non pas une simple lame de quartz, mais bien un disque de quartz composé de deux demi-disques de 3^{mm},75, l'un dextrogyre, l'autre lévogyre, réunis suivant leur tranche diamétrale. Quand le polariscope est en place, cette tranche diamétrale est verticale et passe par l'axe de l'appareil. Entre deux nicols parallèles, les deux moitiés du biquartz offrent *identiquement la teinte sensible*; entre deux nicols croisés, elles offrent *identiquement une teinte jaune*; pour toute autre situation réciproque des deux nicols, les deux moitiés du biquartz présentent des teintes différentes. Le polariseur et l'analyseur étant au parallélisme et le biquartz présentant la teinte sensible (point zéro), l'interposition d'une colonne active fait apparaître une différence de couleur; une des moitiés du biquartz vire vers le bleu et l'autre vers le rouge. On reproduit la teinte sensible (point cherché), soit en tournant l'analyseur de manière à croiser de nouveau sa section principale avec le jaune moyen (polarimètre de Robiquet), soit en agissant convenablement sur le compensateur (saccharimètre de Soleil).

On peut, par construction, doter le biquartz d'une rotation constante $\mp 2\alpha$. Il suffit, pour cela, de donner à ses deux lames des épaisseurs respectivement égales à

$$3^{mm},75 + \frac{\alpha}{21,72} \qquad \text{et} \qquad 3^{mm},75 - \frac{\alpha}{21,72} \cdot$$

Le point zéro correspond alors aux deux teintes que produirait dans le saccharimètre de Soleil, mis préalablement au zéro, l'interposition d'une lame de quartz, *lévogyre* ou *dextrogyre*, de $\frac{\alpha}{21,72}$ millimètres d'épaisseur. Le point cherché est la teinte sensible uniforme. Elle doit apparaître sous l'influence d'une épaisseur de solution active capable de produire une rotation compensatrice $\pm \alpha$.

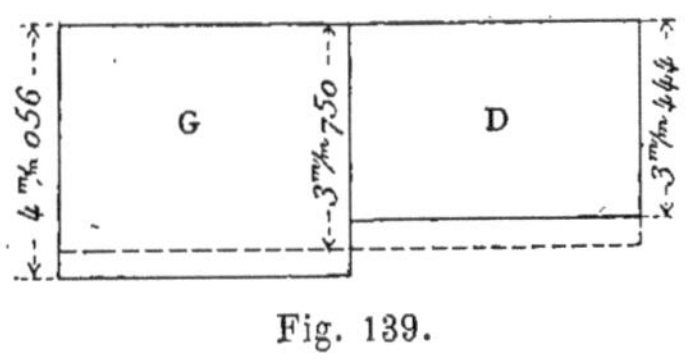

Fig. 139.

Dans le saccharimètre de Trannin pour le dosage de la saccharose dans les râperies, le quartz gauche a 4^{mm},056, le quartz droit 3^{mm},444 (fig. 139). Au point zéro,

$$2\alpha = 2 \times 30,6 \times 0,2172 = 2 \times 6,64.$$

Au point cherché,

$$6,64 = 66,4\, l\, \frac{C}{100},$$

d'où

$$l\,C = 10.$$

Fleischl a utilisé le biquartz de Soleil d'une façon différente comme polariscope; il a disposé le plan d'assemblage des deux demi-plaques, non verticalement, mais bien horizontalement, de façon à avoir une lame en dessus et une lame en dessous de l'axe de l'appareil; il a, de plus, disposé entre le verre oculaire et l'analyseur un prisme à vision directe, d'où le nom de *spec-tropolarimètre* donné à son appareil. Les deux nicols étant au parallélisme et leurs sections principales horizontales, les deux lames transmettent chacune

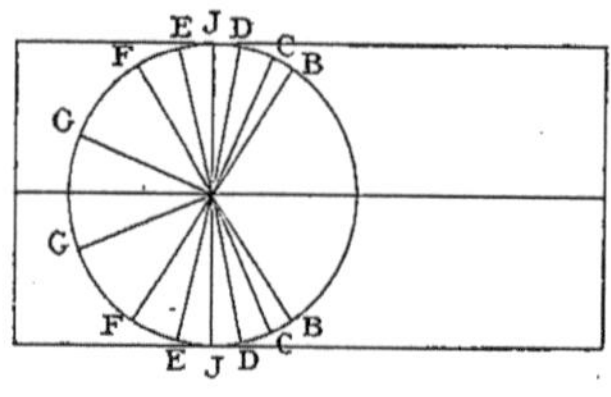

Fig. 140.

un faisceau de vibrations symétriquement dispersées (fig. 140) au-dessus et au-dessous du plan horizontal. Supposons dextrogyre la lame inférieure. Le jaune moyen étant arrêté par l'analyseur (section principale horizontale), la dispersion prismatique du demi-faisceau supérieur et du demi-faisceau inférieur par le prisme à vision directe donne un spectre supérieur et un spectre inférieur traversés chacun par une frange verticale à la place du jaune moyen. Les deux franges sont exactement sur le prolongement l'une de l'autre. C'est le point zéro (fig. 141). L'interposition d'une colonne active les sépare (fig. 142). Si la

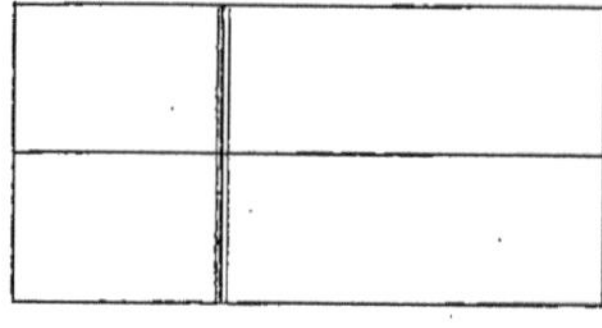

Fig. 141.

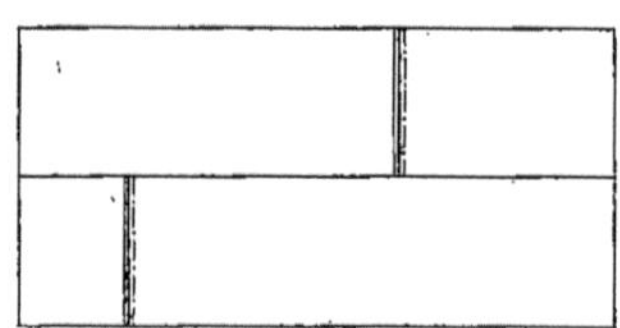

Fig. 142.

substance interposée est, par exemple, dextrogyre, elle amène dans l'azimut d'extinction (azimut vertical) une vibration moins réfrangible dans le spectre inférieur et une vibration plus réfrangible dans le spectre supérieur. La frange est donc déplacée vers le rouge en bas et vers le bleu en haut. On produit le raccordement (point cherché), soit par rotation de l'analyseur, soit par compensation.

Polariscope de Sénarmont. — Pour l'obtenir, on superpose par les faces hypoténuses (fig. 143) deux prismes rectangles de quartz dextrogyre et

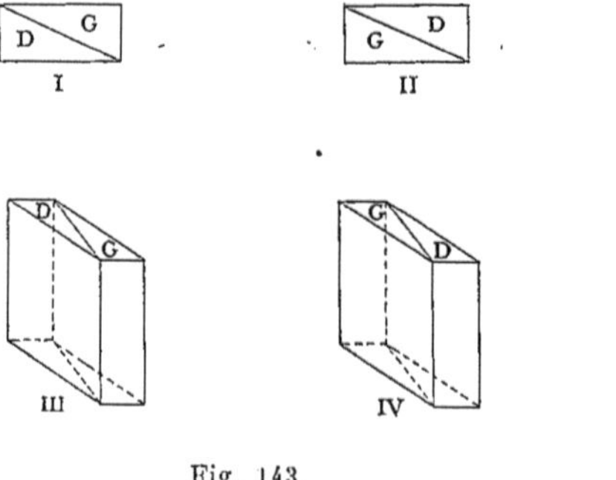

Fig. 143.

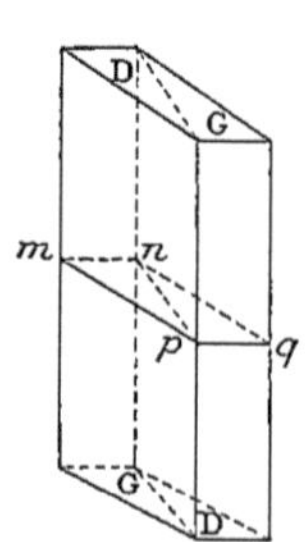

Fig. 144.

deux prismes rectangles de quartz lévogyre, tous quatre d'angle égal, de manière à obtenir deux plaques perpendiculaires à l'axe formées chacune d'une moitié dextrogyre D et d'une moitié lévogyre G. On accole ces plaques de manière que des prismes de rotations inverses D et G se trouvent encore superposés (fig. 144) et l'on dispose le système entre l'analyseur et le polariseur de manière que le plan d'assemblage soit horizontal et contienne l'axe du polarimètre. Si le polariseur et l'analyseur ont leurs sections principales à angle droit, on voit (fig. 145) une frange verticale (point zéro) au milieu du champ, c'est-à-dire au point où les vibrations lumineuses traversent des épaisseurs égales $+ e$ et $- e$ de quartz droit et de quartz gauche. Mais si l'on interpose une colonne active, elle ajoute son action à celle du quartz de même sens rotatoire. Si, par exemple, le

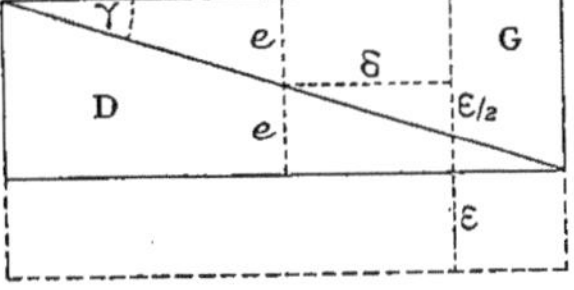

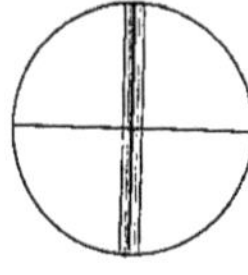

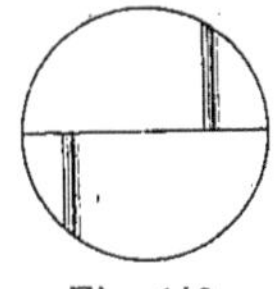

Fig. 145.   Fig. 146.   Fig. 147.

liquide interposé est dextrogyre, soit ε l'épaisseur équivalente en quartz droit. Celle-ci s'ajoute en tous points à l'épaisseur du prisme D. La frange supérieure et la frange inférieure se déplacent donc chacune dans le sens des épaisseurs gauches croissantes, c'est-à-dire l'une vers la gauche, l'autre vers la droite (fig. 146) et apparaissent aux points où, en haut et en bas (fig. 147), l'épaisseur du prisme G est $e + \dfrac{\varepsilon}{2}$, et l'épaisseur du prisme D, $e - \dfrac{\varepsilon}{2}$, c'est-à dire aux points où la différence entre l'épaisseur de G et l'épaisseur de D est

$$e + \frac{\varepsilon}{2} - \left(e - \frac{\varepsilon}{2}\right) = \varepsilon.$$

On a d'ailleurs

$$\frac{\varepsilon}{2} = \delta \operatorname{tg} \gamma,$$

d'où

$$\delta = \frac{\varepsilon}{2 \operatorname{tg} \gamma}.$$

Pour approprier ce système à l'usage des râperies, Trannin donne aux quartz G une épaisseur supérieure de $0^{\mathrm{mm}},306$ à l'épaisseur des quartz D. Il en résulte, par construction, un écartement des franges (point zéro) correspondant à $30°,6$ saccharimétriques ou $6°,64$ polarimétriques. Le point cherché est le raccordement des franges. A ce point, on a

$$6,64 = 66,4\, l\, \frac{C}{100},$$

d'où

$$C = \frac{10}{l}.$$

Polariscope de Savart. — Il se compose de deux lames de quartz de 20 millimètres, taillées à 45° sur l'axe optique, à sections principales croisées. On fixe l'analyseur à 45° de celles-ci. Le polariseur est mobile. Le système ainsi disposé manifeste des franges, irisées avec la lumière blanche, alternativement sombres et brillantes avec la lumière monochromatique. Ces franges, observées avec une petite lunette astronomique (polaristrobomètre de Wild), ont leur maximum d'éclat quand la section principale du polariseur est parallèle ou perpendiculaire à celle de l'analyseur. Elles s'évanouissent quand ces sections principales sont à 45° l'une sur l'autre, c'est-à-dire quand la section principale du polariseur coïncide avec celle de l'une des lames de quartz. C'est le point zéro. L'interposition d'une substance active fait reparaître les franges ; la rotation du polariseur ramène leur disparition ; c'est le point cherché.

La disparition des franges se reproduisant dans les quatre quadrants quand le polariseur fait un tour complet, toute observation comporte quatre lectures, dont on prend ensuite la moyenne.

La rotation du plan de vibration étant fonction de la longueur d'onde, l'emploi de la lumière blanche ne permet pas d'obtenir la disparition complète des franges dès que la rotation vient à dépasser 5 degrés.

Polariscopes à pénombres. Principe général. — Le but des polariscopes à pénombres est de fournir un champ formé de deux ou plusieurs plages contiguës dans lesquelles (fig. 148) les plans de vibration soient inclinés l'un sur l'autre d'un angle 2δ ayant une valeur de quelques degrés seulement.

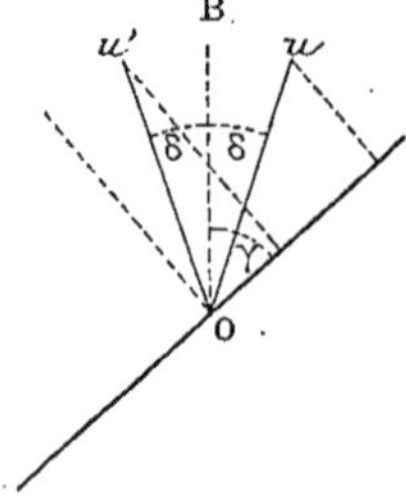

Fig. 148.

Soient O un point pris sur la ligne de séparation de deux plages contiguës, γ l'angle de la section principale de l'analyseur avec le plan bissecteur OB des plans de vibration, u la vitesse vibratoire dans la plage de droite et u' la vitesse vibratoire dans la plage de gauche. Supposons $u = u'$.

L'analyseur transmet à droite la composante $u\cos(\gamma - \delta)$ et à gauche la composante $u\cos(\gamma + \delta)$.

Les deux plages, inégalement éclairées, présentent les intensités respectives $u^2\cos^2(\gamma - \delta)$ et $u^2\cos^2(\gamma + \delta)$.

Pour une position déterminée de l'analyseur, c'est-à-dire pour une valeur constante de γ, les intensités des deux plages ne sont fonction que de l'angle δ ; elles augmentent ou diminuent simultanément quand δ augmente ou diminue ; leurs variations sont d'ailleurs égales.

Pour une valeur constante de δ, si l'on fait varier γ en tournant l'analyseur, les intensités lumineuses des deux plages varient en sens inverses ; l'une des plages s'éclaircit quand l'autre s'assombrit et, réciproquement, comme l'indique, par exemple, le tableau ci-après :

	$\gamma.$	$u^2\cos^2(\gamma+\delta).$	$u^2\cos^2(\gamma-\delta).$
(1)...............	0°	$u^2\cos^2\delta$	$u^2\cos^2\delta$
(2)...............	δ	$u^2\sin^2 2\,\delta$	u^2
(3)...............	$90^\circ-\delta$	0	$u^2\sin^2 2\,\delta$
(4)...............	90°	$u^2\sin^2\delta$	$u^2\sin^2\delta$
(5)...............	$90^\circ+\delta$	$u^2\sin^2 2\,\delta$	0

Il y a extinction à gauche (3) quand la section principale de l'analyseur
est perpendiculaire au plan de vibration de
gauche (fig. 149); il y a extinction à droite (5)
quand la section principale de l'analyseur
est perpendiculaire au plan de vibration de
droite (fig. 150). Les deux azimuts d'extinction sont séparés par un angle égal à 2δ.
D'une extinction à l'autre, l'éclairage de

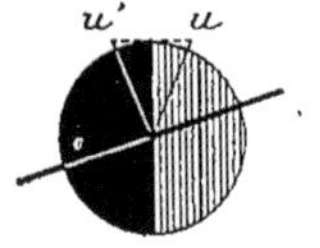

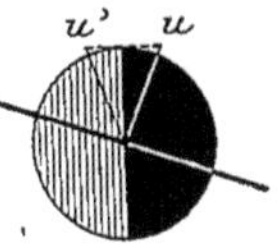

Fig. 149.   Fig. 150.

chaque plage passe de zéro à $u^2\sin^2 2\delta$. Cet éclairage est toujours relativement faible, à cause de la petitesse de l'angle δ : c'est la zone de pénombre.

Il y a égalité d'intensité

$$u^2\cos^2(\gamma+\delta)=u^2\cos^2(\gamma-\delta)$$

quand γ est nul (1) ou droit (4), c'est-à-dire
quand la section principale de l'analyseur se
trouve, soit parallèle (fig. 151), soit perpendiculaire (fig. 152) au plan bissecteur des plans de
vibration.

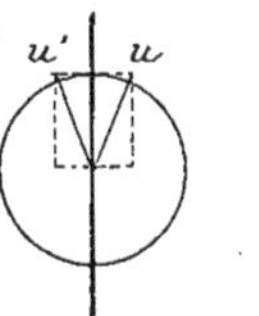

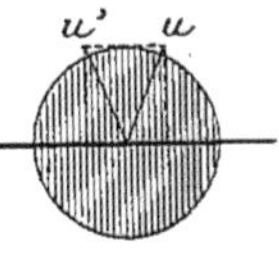

Si la section principale de l'analyseur se
trouve écartée d'un très petit angle $d\gamma$ de l'un
ou de l'autre de ces deux azimuts d'égalité,

Fig. 151.   Fig. 152.

l'intensité lumineuse est, sur l'une des plages, $I-dI$, sur l'autre $I+dI$, et
l'on a : au voisinage du parallélisme,

$$I+dI=u^2\cos^2(\delta-d\gamma)=u^2(\sin^2\delta+2d\gamma\sin\delta\cos\delta)=u^2(\cos^2\delta+d\gamma\sin 2\delta);$$

au voisinage du croisement,

$$I+dI=u^2\sin^2(\delta+d\gamma)=u^2(\sin^2\delta+2d\gamma\sin\delta\cos\delta)=u^2(\sin^2\delta+d\gamma\sin 2\delta).$$

Dans les deux cas,

$$dI=2u^2\,d\gamma\sin\delta\cos\delta=u^2\,d\gamma\sin 2\delta.$$

C'est la perception du changement d'intensité dI, corrélatif de la différence angulaire $d\gamma$, qui permet à l'observateur de reconnaître que la section
principale de l'analyseur n'est pas dans l'un ou l'autre des deux azimuts
d'égalité et de l'y amener.

Le rapport $\dfrac{dI}{I}$ peut servir de mesure au degré d'appréciation. Or, au voisinage du parallélisme,

$$\frac{dI}{I}=\frac{2u^2\,d\gamma\sin\delta\cos\delta}{u^2\cos^2\delta}=2d\gamma\,\mathrm{tg}\,\delta,$$

tandis qu'au voisinage du croisement

$$\frac{dI}{I} = \frac{2u^2\,d\gamma\,\sin\delta\,\cos\delta}{u^2\sin^2\delta} = 2d\gamma\,\mathrm{cotg}\,\delta.$$

Comme δ n'est jamais que de quelques degrés, cotg δ est bien plus considérable que tg δ. La sensibilité photométrique est donc aussi bien plus grande au voisinage du croisement qu'au voisinage du parallélisme. Aussi prend-on pour point zéro et pour point cherché *l'égalité des pénombres.*

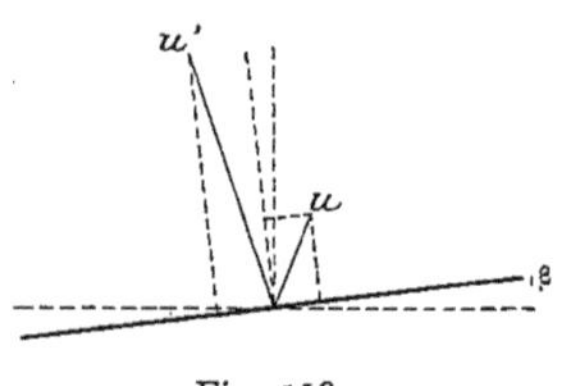

Fig. 153.

Cette égalité a lieu, dans l'hypothèse où $u = u'$, quand $\gamma = 90°$ (4) (fig. 152), c'est-à-dire quand la section principale de l'analyseur est dans l'azimut perpendiculaire au plan bissecteur du petit dièdre formé par les plans de vibration.

Si $u \gtrless u'$ (polariscope de Lippich), l'azimut d'égalité de pénombre (azimut 0°-180°) ne correspond plus alors à l'azimut bissecteur de l'angle 2δ; il est distant du plan bissecteur (fig. 153) d'un angle β tel que

$$u \sin(\delta + \beta) = u' \sin(\delta - \beta).$$

L'analyseur étant au zéro, l'interposition d'une substance active imprime aux plans de vibration une rotation droite ou gauche $\pm\alpha$; les intensités transmises deviennent alors :

A droite,
$$u^2 \sin^2(\delta \pm \alpha) ;$$

A gauche,
$$u^2 \sin^2(\delta \mp \alpha).$$

On reproduit l'égalité de pénombre (on trouve le point cherché) en tournant l'analyseur de l'angle $\pm\alpha$ qu'on lit sur le disque gradué, ou en introduisant, à l'aide du compensateur, une épaisseur n de quartz qui produise une rotation égale à $\mp\alpha$.

La sensibilité photométrique étant $2d\gamma$ cotg δ, on diminue l'erreur d'observation $d\gamma$ en donnant à cotg δ la plus grande et, par conséquent, à δ la plus petite valeur possible. La petitesse de δ n'est limitée que par la nécessité d'un éclairage $u^2 \sin^2(\delta \pm d\gamma)$ suffisant pour voir distinctement. Une insuffisance d'éclairage ne laisserait pas, en effet, reconnaître les faibles déplacements de l'analyseur de part et d'autre du zéro et du point cherché.

La valeur de δ est fixe (polariscopes de Jellet, de Cornu, de Glan) ou variable (polariscopes de Laurent et de Lippich). La variabilité de δ facilite l'observation des liquides colorés.

Les premiers polariscopes à pénombres ont été construits à double champ, avec une ligne de séparation droite (fig. 154) ou courbe (fig. 155).

Depuis quelques années, on construit aussi des polariscopes à triple champ (fig. 156).

Lummer a imaginé en outre un polariscope à champ quadruple et à contraste : on égalise les intensités I des plages 2 et 3 et les intensités I′ des plages 1 et 4 (fig. 157) de manière que I ne diffère de I′ que d'une très petite quantité en plus ou en moins. C'est le point zéro. L'interposition d'une substance active fait disparaître l'égalité de pénombre entre 2 et 3 et apparaître entre 1 et 2 un contraste égal et de signe contraire à celui qui s'établit en même temps entre 4 et 3. On tourne l'analyseur jusqu'à ce qu'on ait reconstitué l'identité des contrastes : c'est le point cherché.

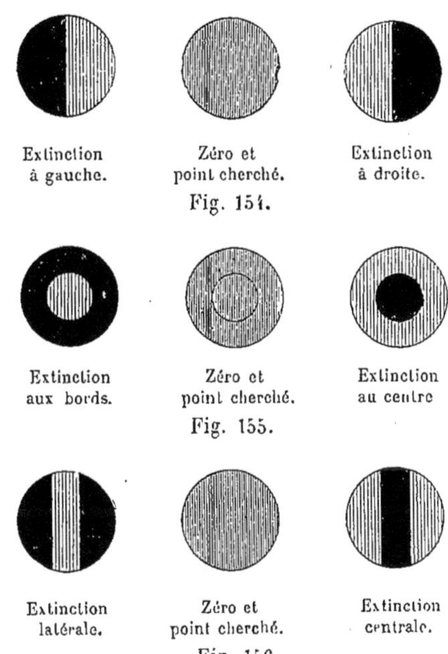

Fig. 154.

Fig. 155.

Fig. 156.

Polariscope de Jellet. — Le polariscope primitif de Jellet s'obtenait en sectionnant aux deux bouts un long spath de clivage de manière à en faire un prisme droit, sciant longitudinalement celui-ci suivant un plan incliné d'environ 86° sur la section principale, et rapprochant ensuite les deux parties après avoir retourné l'une d'elles bout à bout de manière à constituer un biprisme à sections principales inclinées l'une sur l'autre d'environ 8°.

Ce biprisme, enfermé dans une monture diaphragmée à chaque bout, se place à la suite du polariseur : on fixe la section principale de celui-ci, soit dans le plan bissecteur de l'angle aigu, soit dans le plan bissecteur de l'angle obtus des sections principales du biprisme.

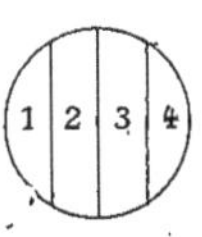

Fig. 157.

Ce polariscope a été simplifié de la manière suivante : avant d'assembler les deux moitiés d'un nicol ordinaire, on en scie une suivant le plan des grandes diagonales des bases, puis on rapproche et colle les deux parties après suppression sur chacune d'elles d'un prisme dont l'angle est d'environ 2°. On colle ensuite, comme à l'ordinaire, cette moitié ainsi modifiée à l'autre moitié restée intacte du nicol. Le système ainsi obtenu (nicol-jumelle) fait à la fois office de polariseur et de polariscope. Il est fréquemment en usage dans les saccharimètres à pénombres de Schmidt et Haensch.

Polariscope de Cornu. — C'est une simplification du polariscope de Jellet. Il consiste en un nicol scié en deux suivant le plan des petites diagonales des bases, puis recollé après que chacune des faces de sciage a été usée obliquement de telle sorte que les sections principales des deux moitiés fissent un angle de 3° l'une avec l'autre.

Avec cette disposition, le champ n'est éclairé que par le rayon extraordinaire, ce qui supprime les reflets, toujours difficiles à éviter, même avec des diaphragmes bien disposés.

Polariscope de Prazmowski. — La construction du polariscope de Cornu étant délicate, en raison de la double section qu'il est nécessaire d'exécuter dans le rhomboèdre de spath pour construire d'abord le nicol et pour obtenir ensuite l'inclinaison des sections principales l'une sur l'autre, Prazmowski a proposé, pour arriver aux mêmes résultats, de tailler une lame de spath parallèlement à l'axe optique, de la scier par le milieu suivant cet axe, de recoller les deux moitiés après qu'un petit angle de 2° a été enlevé sur chacune d'elles et de placer le plan de séparation de cette bilame dans la section principale d'un polariseur quelconque.

Polariscope de Glan. — Dans son spectropolarimètre, Glan recouvre simplement la moitié inférieure du diaphragme polariscopique avec une lame de quartz perpendiculaire à l'axe, de 1 à 2 millimètres d'épaisseur. Les vibrations transmises par le polariseur traversent librement la moitié supérieure du diaphragme ; mais la moitié inférieure les fait tourner de quelques degrés ; d'où deux plans de vibration, l'un au-dessus, l'autre au-dessous d'un plan horizontal passant par l'axe de l'appareil, inclinés l'un sur l'autre de 2° à 4°.

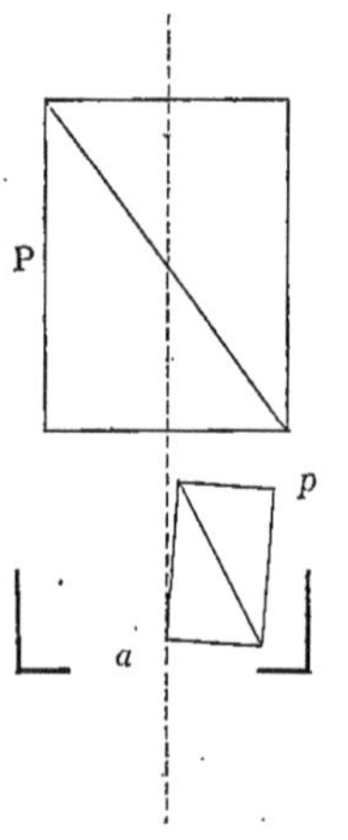

Fig. 158.

Polariscope de Lippich. — Le polariscope à double champ de Lippich s'obtient en disposant à la suite du polariseur P, constitué par un prisme de Glan, un deuxième prisme de Glan *p*, dit *demi-prisme* parce qu'il recouvre exactement une moitié du premier (fig. 158).

L'arête *a* du demi-prisme, *très nette*, est fixée dans le plan vertical passant par le centre du diaphragme et par l'axe du polarimètre. C'est sur elle qu'on pointe la lunette ; elle forme la ligne de division du champ. Le polariseur est mobile. On le tourne de manière à obtenir entre sa section principale et celle du demi-prisme un angle 2δ approprié aux conditions de l'observation. Les deux plans de vibration du champ sont constitués par la section principale du polariseur (moitié libre) et par la section principale du demi-prisme (moitié couverte). Le demi-prisme arrêtant une portion de la lumière incidente, l'égalité des pénombres (point zéro) exige que la section principale de l'analyseur fasse un plus grand angle avec celle du polariseur qu'avec celle du demi-prisme (fig. 159).

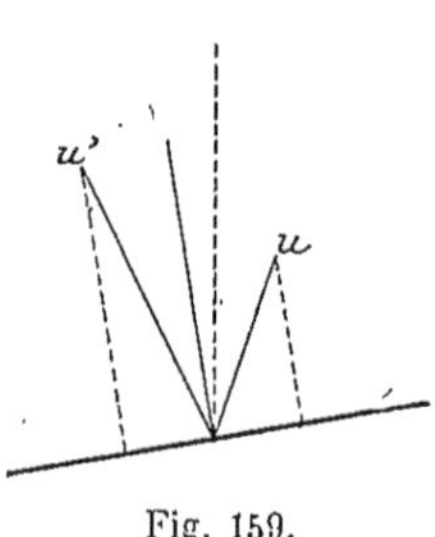

Fig. 159.

Le polariscope à triple champ de Lippich comprend, au lieu de un, deux petits prismes de Glan, aussi identiques entre eux que possible ; on les dispose (fig. 160) de façon à couvrir les deux bords du polariseur et à pouvoir viser simultanément les deux arêtes séparatives du champ. Les deux petits prismes ont leurs sections principales parallèles entre elles. Celle du polariseur fait avec elles un angle variable 2δ.

Polariscope de Laurent. — Il consiste en une lame de quartz demi-onde. Le bord de cette lame, parallèle à l'axe optique, passe par le diamètre vertical du diaphragme. Le polariseur a sa section principale légèrement inclinée sur la verticale d'un angle δ que l'on peut varier. Les vibrations transmises s'exécutent suivant l'azimut ou (fig. 161). La vibration u est équivalente à ses deux composantes $u\sin\delta$ et $u\cos\delta$. Dans la moitié du diaphragme non recouverte, ces composantes passent librement; mais dans la moitié gauche, recouverte par la lame biréfringente, elles se propagent avec des vitesses inégales. A la sortie de la lame, les vibrations ordinaires sont en avance de $\lambda/2$ sur les vibrations extraordinaires, d'où une différence de phase π. Cela revient à dire que la vitesse vibratoire de la composante extraordinaire ayant conservé son signe, celle de la composante ordinaire a changé le sien. A la sortie de la lame, les composantes de la vibration ou sont donc oa et ob'. Ces deux composantes équivalent à leur résul-

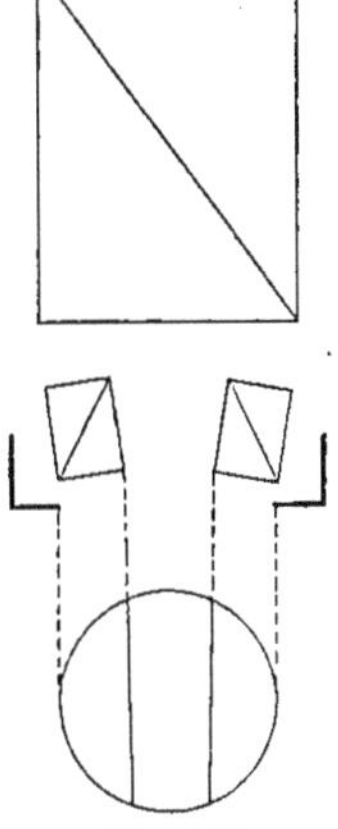

Fig. 160.

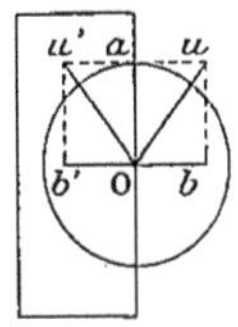 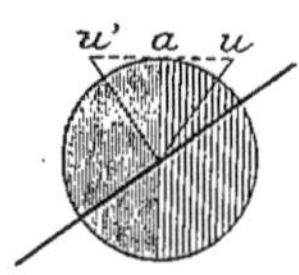 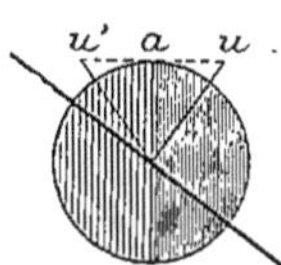 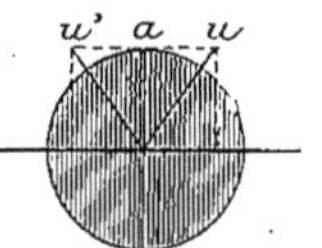

Fig. 161.   Fig. 162.   Fig. 163.   Fig. 164.

tante ou' égale à ou et symétrique d'elle par rapport au diamètre vertical du diaphragme. On a donc ainsi deux plans de vibration inclinés l'un sur l'autre d'un angle variable 2δ. Suivant que la section principale de l'analyseur est perpendiculaire à ou', à ou, à oa, on a obscurité à gauche (fig. 162), obscurité à droite (fig. 163), ou égalité de pénombre (fig. 164).

Pour les liquides colorés, on augmente convenablement la valeur de δ en agissant sur un levier qui commande le polariseur.

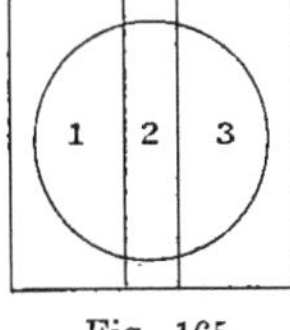 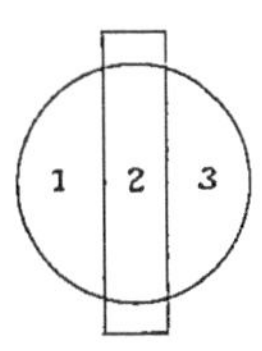

Fig. 165.   Fig. 166.

On obtient un polariscope à triple champ en couvrant seulement soit les bords 1 et 3 (fig. 165), soit le milieu 2 du diaphragme (fig. 166) avec des lames demi-onde.

DISQUES GRADUÉS.

La graduation générale est la graduation en degrés d'arc (graduation polarimétrique). Les disques sont d'ordinaire divisés en degrés et demi-degrés;

les verniers donnent tantôt le $^1/_{10} \times ^1/_2{}^{\circ} = 0,05^{\circ}$, soit $3'$ (polarimètre de Cornu-Duboscq), tantôt le $^1/_{15} \times ^1/_2{}^{\circ} = 0,033^{\circ}$, soit $2'$ (polarimètre de Laurent), tantôt le $0,01^{\circ}$ ou même, en lisant au microscope, le $0,001^{\circ}$ (polarimètre de Landolt).

Le disque du spectropolarimètre de Fleischl donne seulement le degré et le vernier le $0,1^{\circ}$.

Beaucoup de disques portent, en même temps, ou seulement, une graduation saccharimétrique, avec vernier donnant le $0,1^{\circ}$.

Si le polarimètre ne doit servir qu'au dosage d'une substance déterminée, on peut, au lieu de la division polarimétrique, ou concurremment avec elle, inscrire une division en grammes par litre pour un tube de longueur choisie, 2 décimètres, par exemple. Soit, en effet, une solution active à 100 grammes par litre ; on a

$$\alpha = [\alpha].2.\frac{100}{1000} = 0,2\,[\alpha].$$

Il suffit donc de diviser en 100 parties égales la longueur d'un arc de $0.2\,[\alpha]$ degrés, soit $13^{\circ},284$ pour la saccharose, $10^{\circ},46$ pour la glucose, etc., pour obtenir une échelle dont chaque division corresponde à 1 gramme de substance active par litre.

Quand un polarimètre est spécialement construit en vue d'une substance déterminée (saccharimètres de Trannin), la graduation peut être établie de manière à indiquer directement la concentration C en fonction de la longueur l à donner à la colonne active pour compenser exactement (point cherché) une rotation constante imposée par construction au polariscope.

Si, par exemple, la rotation constante du polariscope égale un dixième du pouvoir rotatoire spécifique de la substance considérée, on a, au point cherché,

$$\alpha = 0,1\,[\alpha] = [\alpha]\,l\,\frac{C}{100},$$

d'où

$$C = \frac{10}{l}.$$

COMPENSATEURS.

Le compensateur de Soleil se compose (fig. 167, I, II, III) d'une plaque de quartz perpendiculaire à l'axe, dextrogyre ou lévogyre, fixée dans une position invariable, et de deux demi-plaques de quartz cunéiformes obtenues en sciant diagonalement une lame de même épaisseur que la précédente, mais de rotation contraire. Ces deux coins sont mobiles en sens inverse l'un de l'autre perpendiculairement à l'axe du saccharimètre, leur ensemble formant une lame à épaisseur variable dont les faces externes restent constamment parallèles à celles de la lame fixe. Leur déplacement permet donc d'*annuler* (I), de *surpasser* (II) ou de *faire prédominer* (III) la rotation de la lame

fixe, ou, en définitive, d'introduire une épaisseur variable de quartz dextrogyre ou lévogyre qu'on lit sur une graduation.

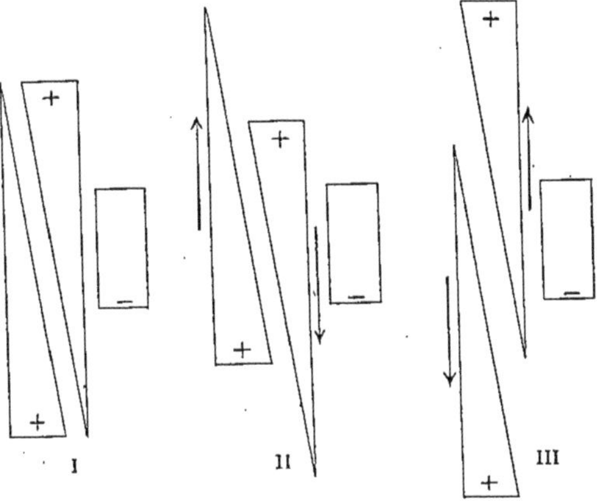

Fig. 167.

Aujourd'hui, on adopte plutôt la disposition représentée figure 168. Le
grand coin seul est mobile, entraînant l'échelle devant un index fixe.

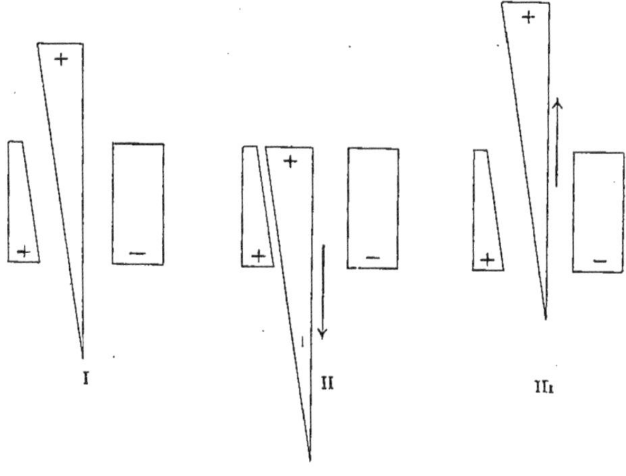

Fig. 168.

Les saccharimètres de Schmidt et Haensch sont souvent pourvus de *bicom-
pensateurs* (fig. 169). Les deux petits coins sont fixes ; leurs faces externes
sont parallèles ; les deux grands coins sont mobiles ; chacun porte une échelle
indépendante.

La rotation totale du système est la somme algébrique de quatre rotations.
Supposons que les quatre coins soient de même angle. Comme la rotation
de l'un des coins fixes annule celle de l'autre, la rotation totale du biprisme
ne peut dépendre que de la situation respective des deux coins mobiles. Si

ceux-ci occupent des situations *identiques quelconques*, la rotation totale
est nulle ; s'ils occupent des situations différentes, la rotation totale est la
somme algébrique de leurs rotations propres. On
conçoit donc que l'on puisse répéter une même
mesure en combinant le bicompensateur de plusieurs manières différentes, et accroître ainsi l'exactitude du résultat.

Les anciennes échelles donnaient le $0^{mm},1$ et un
vernier le $0^{mm},01$. Les échelles actuelles donnent
directement le degré saccharimétrique et peuvent
être munies d'un vernier donnant le $0,1°$.

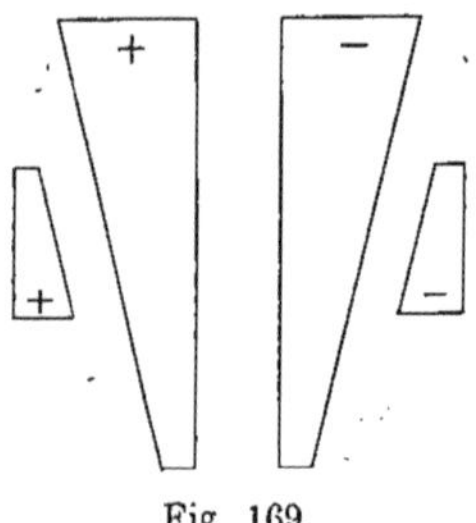

Fig. 169.

TUBES A OBSERVATION.

Ce sont en général des tubes en laiton intérieurement étamés, ou, pour
éviter l'attaque du métal, dorés ou garnis de tubes de verre. Les extrémités
sont exactement rodées. On les ferme par des disques en verre exempts de
trempe. Ces disques sont maintenus par des montures à vis ou à baïonnette.
Le fond de la monture présente un trou circulaire pour laisser passer la
lumière. Ce fond ne presse pas directement sur le disque obturateur ; on
interpose une rondelle de caoutchouc ou de cuir. Sans cette précaution, le
verre, comprimé, deviendrait biréfringent et cette biréfringence nuirait à
l'observation.

Quand on opère sur des substances dont le pouvoir rotatoire change avec
la température (sucre interverti, par exemple), il faut se servir de tubes
tubulés. La tubulure reçoit un thermomètre qui donne la température au
moment de l'observation.

Quand on étudie l'influence de la température sur le pouvoir rotatoire, on
entoure les tubes à observation de manchons dans lesquels on fait circuler
des liquides ou des vapeurs à températures connues.

Si, soit pour déféquer, soit pour intervertir, on a dû diluer les liqueurs, il
faut tenir compte de cette dilution en observant dans des tubes convenablement plus longs. Généralement, la dilution a augmenté le volume de un
dixième. On prend alors des tubes de un dixième plus longs, par exemple des
tubes de 2,2 au lieu de tubes de 2, ou, à défaut, on multiplie par 1,1 (ou par un
coefficient approprié) les résultats obtenus avec des tubes de même longueur.

D'après la relation

$$\alpha = 0,2172\,n = [\alpha]\,l\,\frac{C}{100},$$

la simple lecture polarimétrique ou saccharimétrique exprime, sans calculs,
la concentration, si l'on observe dans des tubes ayant pour longueurs respectives

$$\frac{100}{[\alpha]} \quad \text{ou} \quad \frac{21,72}{[\alpha]},$$

1,506 pour la saccharose, 1,894 pour la glucose, etc.

Dans son saccharimètre des râperies, Trannin emploie un tube à épaisseur de liquide variable. C'est un tube mobile dans le sens vertical, ouvert en haut, obturé en bas par une glace, et pouvant, en s'élevant, recevoir un tube plongeur fixe, fermé en bas par une lentille plan-convexe et portant en haut l'analyseur. L'épaisseur du liquide est déterminée par la distance entre la face supérieure de la glace qui ferme le tube mobile et la face plane inférieure de la lentille qui ferme le tube plongeur.

Pour contrôler l'échelle saccharimétrique, Schmidt et Haensch construisent un tube à longueur variable, formé de deux parties dont l'une rentre télescopiquement dans l'autre en frottant contre un anneau de cuir qui assure une fermeture exacte. Le mouvement de la partie rentrante est déterminé par une crémaillère : une graduation donne, à un dixième de millimètre près, la longueur de la colonne liquide. Le tube rentrant peut être fermé à l'une ou à l'autre de ses extrémités : la longueur minima du liquide est alors ou zéro, ou celle du tube rentrant. Le tube fixe porte un entonnoir pour le trop-plein : suivant le sens du mouvement du tube mobile, le liquide rentre ou ressort. Pour procéder au remplissage, on dévisse l'entonnoir et on le remplace par un bouchon métallique; on donne au tube le maximum de longueur; on le remplit à la façon ordinaire; on remet l'entonnoir et l'on y verse un peu de liquide après un léger raccourcissement du tube.

SOURCES DE LUMIÈRE.

Toute rotation doit être rapportée à une longueur d'onde déterminée. Vu l'épaisseur de sa lame, le polariscope de Laurent est spécialement construit pour la longueur d'onde 589,3 $\mu\mu$. Les polariscopes de Jellet, Cornu, Glan, Lippich, Savart comportent une longueur d'onde quelconque.

Le moyen le plus simple de se procurer une radiation définie consiste à employer la lumière sodique monochromatisée par absorption à travers une lame ou une dissolution de bichromate de potassium.

La filtration de la lumière blanche à travers des milieux colorés peut aussi donner de bons résultats.

Cette filtration a fourni à Landolt cinq *points optiques* bien caractérisés :

Couleurs.	Substances dissoutes.	Grammes dans 100 cent. cubes.	Épaisseurs en millimètres.	Points optiques $\mu\mu$.	Rotation par millimètre de quartz.
Rouge	Violet cristallisé 5 BO	0,005	20	665,9	16,78
	K^2CrO^4	10	20		
Jaune......	$NiSO^4$, 7 Aq	30	20	591,9	21,49
	K^2CrO^4	10	15		
	$KMnO^4$	0,025	15		
Vert.......	$CuCl^2$, 2 Aq	60	20	533	26,85
	K^2CrO^4	10	20		
Bleu clair..	Double vert SF	0,02	20	488,5	32,39
	$CuSO^4$, 5 Aq	15	20		
Bleu foncé..	Violet cristallisé 5 BO	0,005	20	448,2	39,05
	$CuSO^4$, 5 Aq	15	20		

Les rotations correspondantes à ces cinq points optiques présentent avec les rotations correspondantes aux raies de Frauenhofer les rapports ci-après :

$$1,032 \ \alpha_r \ = \alpha_C$$
$$1,010 \ \alpha_j \ = \alpha_D$$
$$1,026 \ \alpha_v \ = o_E$$
$$1,011 \ \alpha_{b.c} = \alpha_F$$
$$1,091 \ \alpha_{b.f} = o_G$$

Le verre rouge à l'oxyde cuivreux, dont se servait Biot, lui procurait une longueur d'onde moyenne de 628 μ.μ.

La teinte sensible donne environ 556 μ.μ.

Quand on opère par compensation, le point zéro et le point cherché sont, dans les saccharimètres actuels, ou la teinte sensible ou l'égalité de pénombre. Dans le premier cas, la lumière blanche est évidemment nécessaire ; dans le second, on se sert soit de lumière monochromatique, soit de lumière blanche filtrée à travers le bichromate de potassium.

PHOSPHORESCENCE. — FLUORESCENCE

TRANSFORMATION DES RADIATIONS

Par M. C.-M. GARIEL.

---

1. — Nous avons dit précédemment (Voy. *Chaleur rayonnante*) que, lorsqu'on élève suffisamment la température d'un corps, aux radiations calorifiques viennent se joindre des radiations susceptibles d'agir sur l'œil de manière à faire naître des sensations lumineuses.

Ce n'est pas seulement dans ce cas que ces sensations peuvent prendre naissance et elles peuvent être produites par certains corps, placés dans des conditions convenables, et qui sont à la température ambiante ou à une température en différant fort peu. Nous citerons, par exemple, le phosphore qui émet des lueurs dans l'obscurité et, d'autre part, des animaux, comme le ver luisant.

Cette propriété d'émettre de la lumière sans élévation de température a été désignée sous le nom de *phosphorescence* et les corps qui la possèdent sont dits *phosphorescents*.

D'autre part, certains corps, comme le spath fluor, les solutions de sulfate de quinine, présentent, dans des conditions particulières d'éclairement, des colorations différentes de leur coloration ordinaire ; ces colorations peuvent se manifester sous diverses influences, mais paraissent cesser aussitôt que celles-ci n'agissent plus ; c'est ce qui constitue le phénomène de la *fluorescence* qui, comme nous le dirons, ne semble pas, au fond, différer de la phosphorescence.

Enfin, des phénomènes lumineux à peine entrevus jusqu'à ces derniers temps sont produits par quelques corps sans qu'aucune action spéciale soit nécessaire pour leur donner naissance ; on dit que ces corps sont *radio-actifs*, qu'ils sont doués de la *radio-activité.*

Nous étudierons d'abord rapidement en même temps la phosphorescence et la fluorescence des corps non organisés, puis nous passerons en revue les principaux phénomènes de radio-activité et nous terminerons par l'étude de la production de la lumière par les êtres vivants.

I. — PHOSPHORESCENCE ET FLUORESCENCE.

2. — Lorsque la phosphorescence accompagne une action chimique, elle dure au moins autant que cette action même ; lorsqu'elle persiste, elle est due à une autre cause et, après l'action qui l'a fait naître, elle présente des durées excessivement variables.

C'est ainsi que certains sulfures de calcium, après avoir été exposés aux rayons solaires, sont encore lumineux après trente heures ; des diamants ont émis de la lumière pendant une heure, la colophane a donné lieu à des effets de même durée. Des échantillons d'aragonite sont restés visibles après vingt secondes.

Mais il est beaucoup de corps dont la phosphorescence est de durée bien moindre et assez faible pour que, produite par l'action de la lumière solaire, elle ne puisse être appréciée directement après la cessation de cette action. Ed. Becquerel a imaginé un appareil, le phosphoroscope, qui permet d'apprécier une phosphorescence dont la durée n'est que de quelques millièmes de seconde et d'évaluer cette durée. Il a trouvé, à l'aide de cet appareil, que la durée de la phosphorescence du spath d'Islande n'est que de un tiers de seconde. Cette durée est réduite à $0^s,05$ pour le corindon ; elle n'est que de $0^s,00025$ pour certains platino-cyanures.

Grâce au phosphoroscope, on a pu déceler la phosphorescence pour un grand nombre de corps chez lesquels on ne la soupçonnait pas et il a été possible d'étudier le spectre d'émission de ces corps qu'il était impossible d'observer directement.

En opérant sur des corps fluorescents, comme une solution de sulfate de quinine, Becquerel reconnut que l'émission de radiations lumineuses se prolonge après la cessation de la cause qui l'a produite ; cette prolongation est très courte, car elle est inférieure à celle des platino-cyanures. Quoi qu'il en soit, à ce point de vue, il semble que, entre la phosphorescence et la fluorescence, il n'y a d'autre différence que celle de la durée du phénomène.

3. — Dans ce qui précède, nous avons considéré la phosphorescence comme consistant dans l'émission de radiations moyennes, lumineuses, principalement ; leur disparition est caractérisée par ce que le corps qui les émet cesse d'être visible.

Mais, d'après des faits signalés par M. G. Lebon, la question serait moins simple et les corps phosphorescents pourraient continuer d'émettre certaines radiations après qu'ils ont cessé d'être visibles.

M. G. Lebon a constaté que le sulfure de calcium, préalablement soumis à l'insolation et ayant, après un certain temps, cessé d'être phosphorescent, continue pendant deux ans à émettre des radiations. Après ce long temps, du sulfure de calcium, maintenu dans une cave où ne pénétrait aucun rayon de lumière, a pu, avec une pose variant de huit jours à un mois, impressionner une plaque photographique. Ce corps émet donc des radiations particulières et M. G. Lebon a reconnu qu'elles se réfractent et subissent la double réfraction.

Le sulfure de calcium, dans les conditions que nous venons d'indiquer,
pourrait être rendu lumineux sans être soumis à une nouvelle insolation. Il
suffirait pour cela de projeter à sa surface des radiations émanant d'une
lampe qu'on a entourée préalablement d'ébonite ou de papier noir, de
manière à ne laisser passer aucun rayon lumineux.

Non seulement, dans ces conditions, le sulfure de calcium devient lumineux, mais il devient beaucoup plus actif au point de vue chimique, car il
impressionne une plaque photographique en une demi-heure.

M. G. Lebon a montré qu'il ne s'agissait pas d'une action calorifique, en
entourant le sulfure de calcium de cuves de verre remplies d'eau congelée.

Ces faits sont presque extraordinaires ; il n'y a pas lieu cependant de les
écarter, car les phénomènes relatifs aux radiations ne sont certainement pas
encore tous connus.

4. — La lumière produite par la phosphorescence présente des colorations
très variées suivant les corps considérés, ou même suivant les échantillons
divers d'un même corps. On peut étudier la composition de cette lumière
directement à l'aide d'un spectroscope, s'il s'agit d'une phosphorescence de
longue durée ; dans le cas contraire, dans le cas de la fluorescence, il faut
étudier à l'aide du même appareil le corps placé dans le phosphoroscope.

Nous indiquerons seulement les résultats généraux quand la phosphorescence est produite par la lumière blanche ; d'ailleurs, il semble que, en
général, la composition de la lumière émise par phosphorescence varie peu,
quelle que soit la nature des rayons incidents, pourvu que ceux-ci soient
actifs.

On peut dire que, parmi les corps phosphorescents, il n'y en a pas qui
émette un spectre complet, qui, par conséquent, émette de la lumière
blanche ; quelquefois le spectre est continu, mais les extrémités manquent ;
le plus souvent, en outre, il présente des lacunes, des bandes obscures dans
la partie moyenne du spectre ; le spectre peut se réduire à un petit nombre
de bandes diversement colorées, séparées par des espaces obscurs plus
ou moins larges ; quelquefois, ces bandes lumineuses correspondent à
une étendue assez considérable du spectre, quelquefois elles appartiennent
presque entièrement à une même couleur, constituant ainsi un spectre très
peu étendu.

En somme, on ne peut guère rien dire de général sur les spectres d'émission des corps phosphorescents, si ce n'est que, presque toujours, la partie
la moins réfrangible du rouge manque, ce qui peut expliquer l'apparence
particulière et caractéristique des lueurs de la phosphorescence.

5. — Les radiations émises par phosphorescence ne paraissent pas différer
comme nature des radiations produites par toute autre cause ; non seulement
elles donnent naissance à des sensations lumineuses, mais elles produisent
des actions chimiques et peuvent donner des épreuves photographiques, au
moins quand la lumière émise contient des radiations bleues ou violettes.
L'action est d'ailleurs très lente ; si l'on en juge par les phénomènes lumineux, l'énergie de la lumière par phosphorescence est excessivement faible
par rapport à celle de la lumière par incandescence.

Enfin la lumière émise par les corps phosphorescents est capable de produire également la phosphorescence d'autres corps ; comme on peut le prévoir, les corps qui émettent des rayons bleus et violets sont plus actifs que les autres.

Par contre, les radiations lumineuses émanées de corps phosphorescents paraissent ne produire aucune action calorifique, car, reçues sur une pile thermo-électrique, elles ne donnent naissance à aucun courant appréciable.

6. — On ne sait rien sur les causes qui rendent certains corps susceptibles de phosphorescence ; on a constaté souvent que le même composé chimique présentait à ce point de vue de très grandes différences suivant la manière dont il avait été préparé ; tandis que certains échantillons étaient très phosphorescents, d'autres l'étaient très peu et d'autres encore ne l'étaient point. Dans un certain nombre de cas, ces différences ont été attribuées à des impuretés contenues dans les corps, impuretés qui, même en très minime proportion, seraient capables de communiquer au corps une propriété qu'il ne posséderait pas à l'état de pureté.

On ne comprend guère le rôle que peut jouer l'addition d'une substance, à moins qu'elle ne soit active elle-même. Peut-être, dans ce cas, les questions de phosphorescence se rattachent-elles, au moins en partie, aux phénomènes de radio-activité dont nous parlerons plus loin.

7. — Des actions très différentes peuvent donner lieu à la phosphorescence.

Certaines actions chimiques sont susceptibles de produire cet effet : c'est à sa combustion lente que le phosphore doit d'être lumineux dans l'obscurité ; d'après Dewar, la transformation de l'oxygène très raréfié en ozone rendrait ce gaz phosphorescent.

Quelques substances émettent des lueurs dans l'obscurité lorsqu'on vient à les frotter : on a cité le diamant, certains échantillons de spath d'Islande, le quartz. Il semble, d'après les observations, que les effets lumineux ne peuvent pas être attribués à un dégagement d'électricité.

Certaines actions mécaniques brusques donnent également naissance à de la lumière ; par exemple, le clivage d'une lame de mica, la rupture d'un morceau de sucre.

La cristallisation de certains sels donne lieu à une émission de lumière au sein même de la solution : le fait se présente pour l'acide arsénieux, pour le fluorure de sodium, etc.

Mais les causes principales qui donnent lieu à la phosphorescence sont la chaleur et l'action des radiations diverses.

Le diamant chauffé dans l'obscurité émet de la lumière à une température bien inférieure à celle à laquelle apparaissent normalement les premières radiations lumineuses. Il en est de même du spath fluor, dont certains échantillons deviennent lumineux dans l'eau bouillante : une variété, la chlorophane, peut devenir phosphorescente à 25° ou 30°. Il est à remarquer que, si l'action de la chaleur se prolonge, les corps cessent d'être phosphorescents ; on a pensé que cet effet est dû à un changement moléculaire produit par l'action de la chaleur et cesse quand la transformation est opérée. Mais c'est là une simple hypothèse.

Un grand nombre de sels à base alcaline ou terreuse, certains sulfures, quelques substances organiques, des liquides tels que des huiles essentielles présentent également les phénomènes de la phosphorescence sous l'influence d'une élévation de température.

En portant certains corps à des températures correspondant à l'incandescence, on observe qu'ils émettent des lumières beaucoup plus vives que celles qui correspondraient à la température atteinte et dont la coloration est également différente : au rouge naissant, la dolomie prend une belle couleur orangée, la craie une couleur jaune; la magnésie est remarquable par l'intensité de la lumière qu'elle émet : ce phénomène, qui s'observe pour un grand nombre de substances, constitue véritablement un exemple de fluorescence.

8.— Les phénomènes de phosphorescence et de fluorescence se manifestent, en général, nettement sous l'influence des radiations solaires. Le fait a été signalé dès le XVIIe siècle sur la pierre de Bologne, qui n'était autre chose que du sulfure de baryum obtenu par la réduction du sulfate de baryte sous l'action du charbon à chaud. Depuis, on a remarqué qu'une action analogue se manifeste pour le sulfure de calcium (phosphore de Canton) et le sulfure de strontium; parmi les autres corps en grand nombre qui jouissent de la même propriété, nous signalerons le sulfure de zinc cristallisé : le sulfure produit artificiellement à une haute température est d'ailleurs plus phosphorescent que la blende, sulfure naturel.

Parmi les substances qui ont été désignées sous le nom de *corps fluorescents*, nous pouvons citer le sulfate de quinine, solide ou en dissolution, l'esculine, la fluorescéine, la chlorophylle, le verre d'urane, certains spaths fluor, les platino-cyanures, etc.

Parmi les lumières artificielles, l'arc électrique est celle qui produit le plus nettement la phosphorescence ; la lumière oxhydrique, celle des becs Auer donnent également des résultats, mais non les autres sources de lumière.

On peut remarquer que les sources actives sont celles qui sont portées aux températures les plus élevées, par conséquent, d'après ce que nous avons dit précédemment, celles qui contiennent le plus de radiations très réfrangibles, le plus de radiations ultra-violettes ; on est donc naturellement conduit à penser que ce sont ces radiations qui sont celles qui, plus particulièrement, produisent la phosphorescence.

On peut d'ailleurs démontrer directement qu'il en est ainsi en disposant dans l'obscurité une substance phosphorescente sur laquelle on projette un spectre pendant quelques secondes. L'observateur, ayant maintenu les yeux fermés préalablement pendant un quart d'heure environ pour accroître la sensibilité à la lumière, ouvre les yeux au moment où cesse l'action du spectre; il voit alors une partie de l'écran qui est lumineuse, et il peut marquer les limites entre lesquelles elle est comprise. L'effet disparaît plus ou moins rapidement suivant la nature de la substance employée. En reproduisant alors le spectre, on voit facilement quelle est la partie de celui-ci qui a agi pour produire la phosphorescence.

D'une manière générale, le résultat est toujours le même : la partie active comprend des radiations bleues et violettes et des radiations invisibles au delà du violet.

L'expérience permet de montrer que ce sont bien les radiations qui interviennent; car on reconnaît que, dans les parties de l'écran sur lesquelles se projettent les raies obscures du spectre solaire, il ne se manifeste pas de phosphorescence : celle-ci manque donc aux points où il n'y a pas de radiations.

Le procédé d'observation précédent n'est pas applicable aux substances pour lesquelles la phosphorescence ne dure qu'un temps trop court pour donner naissance à la sensation lumineuse. Dans ce cas, on emploie le phosphoroscope en l'éclairant successivement par les diverses parties du spectre. Les résultats observés sont les mêmes que ceux que nous venons d'indiquer.

On peut plus simplement, pour ces substances, mettre en évidence l'action des radiations ultra-violettes. Dans une chambre noire, on fait arriver sur un écran blanc un pinceau de ces radiations qu'on a séparé d'un faisceau complet par un des procédés que nous avons indiqués d'autre part : l'écran ne se voit pas, il ne paraît pas éclairé, puisqu'il ne reçoit que des rayons chimiques invisibles. Mais si l'on remplace l'écran par une feuille de papier enduite de sulfate de quinine ou par une cuve contenant une solution de la même substance, de la fluorescéine, de l'esculine, etc., on voit éclairée la partie sur laquelle tombent les radiations.

9. — Il est important de remarquer que la production de la phosphorescence est liée à l'absorption par la substance considérée des radiations actives. On peut le démontrer en faisant tomber un faisceau complet sur une substance phosphorescente transparente et en analysant le faisceau émergeant par l'autre face : on reconnaît que les radiations les plus réfrangibles ont disparu, tandis qu'on retrouve les radiations jusqu'au vert ou au bleu.

On peut arriver à la même conclusion d'une autre manière, en plaçant sur le trajet d'un faisceau de radiations ultra-violettes deux cuves contenant une solution de la même substance fluorescente : on voit le liquide de la première cuve émettre de la lumière, tandis que la seconde cuve ne paraît nullement éclairée, ce qui prouve qu'elle ne reçoit pas de radiations actives, que celles-ci, par conséquent, ont été arrêtées par le liquide contenu dans la première cuve. L'expérience réussit de la même façon en employant deux lames de verre d'urane, etc.

Pour pouvoir énoncer cette conclusion, il suffit d'ailleurs d'examiner latéralement une cuve remplie d'une solution fluorescente et recevant un faisceau de radiations invisibles. On voit alors que la partie qui paraît éclairée se réduit à une couche peu épaisse; si les couches postérieures ne subissent pas la même action, c'est qu'elles ne reçoivent pas de radiations actives : c'est donc que celles-ci ont été arrêtées dans la couche qui a été rendue fluorescente.

La cornée et le cristallin sont fluorescents sous l'influence des radiations ultra-violettes : on en peut donc conclure que ces corps absorbent ces radiations. On a même pensé que c'était pour cette raison que les radiations

ultra-violettes ne donnent pas de sensation lumineuse, puisqu'elles seraient
arrêtées avant de rencontrer la rétine. Cependant cette explication n'est
pas suffisante, car on a vérifié directement qu'un faisceau de radiations ultra-
violettes qui a traversé un œil de bœuf impressionne encore les substances
phosphorescentes : on peut seulement dire que, dans tous les cas, ces radiations arrivent très affaiblies sur la rétine.

10. — Les radiations agissent d'une manière spéciale sur les substances
rendues préalablement phosphorescentes : le fait, qui a été signalé par Ed.
Becquerel, s'observe surtout avec les sulfures alcalino-terreux. Si l'on impressionne un échantillon de l'un de ces corps à la lumière solaire ou à la lumière
diffuse et que, dans une chambre obscure, on projette à sa surface pendant
quelques secondes un spectre très intense, on observe que, dans la partie
sur laquelle sont tombées les radiations les plus réfrangibles, l'intensité lumineuse a augmenté, mais que, au contraire, la surface est devenue obscure
dans la partie qui a reçu les radiations jaune, orangé, rouge et même
au delà dans la partie qui correspond aux radiations infra-rouges.

11. — L'électricité peut, dans des conditions diverses, donner naissance à
des phénomènes lumineux. Quelquefois ceux-ci sont dus à l'incandescence
produite par une élévation de température; mais souvent ce sont réellement
des phénomènes de phosphorescence. Le passage de décharges électriques
dans des gaz très raréfiés (tubes de Geissler) produit des lueurs plus ou moins
brillantes et de coloration variée suivant la nature des gaz ; de plus, le verre
des tubes peut aussi être rendu lumineux s'il est susceptible de fluorescence.

Il convient de noter que, dans ces tubes, la lueur n'est pas continue, mais
présente des stratifications perpendiculaires à l'axe du tube, des parties
obscures alternant avec des parties lumineuses. Si les décharges passent
toujours dans le même sens, on observe dans le voisinage de l'électrode
négative, de la cathode, un espace obscur qui augmente d'étendue à mesure
que la pression diminue. Lorsque celle-ci a atteint la valeur de quelques millionièmes d'atmosphère, on n'observe plus aucune lueur; diverses expériences indiquées par Crookes peuvent s'expliquer en admettant que la
cathode émet un agent spécial, particules électrisées ou radiations. Quoi qu'il
en soit, cet agent est susceptible de produire la fluorescence. La partie du
tube opposée à la cathode s'illumine brillamment si le verre est fluorescent
et des substances placées dans le tube de manière à recevoir ces radiations
prennent un très vif éclat.

Enfin, le tube même émet extérieurement des radiations, rayons Röntgen
qui jouissent de propriétés particulières dont nous n'avons pas à nous occuper
ici, mais qui, en particulier, peuvent produire la fluorescence. Un écran
recouvert de platino-cyanure de baryum placé en face d'un tube de Crookes
recouvert de papier noir s'illumine brillamment. Si, entre le tube et l'écran,
on place des corps qui soient opaques pour les rayons Röntgen, leur ombre
se projette en noir sur le fond brillant de l'écran. Il s'agit bien là d'une
action spéciale et non d'une action due aux lueurs émises par la fluorescence
du verre, car on peut démontrer directement que celles-ci ne traversent pas
le papier noir.

Disons sans insister que, quoiqu'il y ait quelque analogie entre les effets produits par les rayons Röntgen et par les radiations ultra-violettes, il est bien démontré qu'il s'agit de deux phénomènes différents.

La fluorescence produite par les rayons Röntgen est utilisée dans la radioscopie, dont on connaît les nombreuses applications à la médecine et à la chirurgie.

12. — La température intervient dans les effets produits par la phosphorescence ; ceux que nous avons signalés sont ceux qu'on observe à la température ordinaire.

M. Raoul Pictet a montré que, pour un certain nombre de corps qu'il a étudiés et qui étaient rendus phosphorescents par l'insolation, la phosphorescence disparaît complètement par un refroidissement atteignant jusqu'à — 70° ou — 100°. Mais, par le réchauffement, la lumière reparaît à la température à laquelle avait eu lieu l'extinction.

D'autre part, la composition de la lumière émise sous l'influence des rayons solaires varie avec la température, comme l'a montré Becquerel. D'une manière à peu près générale, il a trouvé que, quand la température s'élève, les radiations les plus réfrangibles s'atténuent et disparaissent, tandis que d'autres, moins réfrangibles, apparaissent et augmentent d'intensité ; à la température de 200° ou 300°, les corps préalablement rendus incandescents n'émettent plus de radiations lumineuses.

Mais si, en dehors de l'insolation, on fait agir une température élevée pendant un temps assez long, après refroidissement, généralement le corps soumis à l'action solaire est devenu plus phosphorescent.

Ces divers effets ont été observés et étudiés sur un nombre restreint de substances minérales : il ne faudrait pas les généraliser et les étendre à toutes les substances phosphorescentes.

13. — En dehors de la radioscopie, dont les applications sont très importantes, il y a peu de cas où l'on ait utilisé le phénomène de la fluorescence ou de la phosphorescence.

On a proposé, il y a quelques années, de recouvrir d'une couche de certains sulfures alcalins des objets, tels que des porte-allumettes, par exemple, qui, après avoir été exposés à la lumière du soleil pendant la journée, restaient lumineux la nuit et devenaient facilement visibles ; mais il ne semble pas que, dans la pratique, on ait obtenu les effets désirés, car ces objets ont peu à peu disparu.

M. Soret a utilisé la fluorescence du verre d'urane pour étudier les rayons ultra-violets : en faisant arriver sur une plaque de cette substance la partie chimique invisible du spectre, le verre s'illumine dans toutes les parties où il existe des radiations.

Enfin, M. Ch. Henry a construit, pour des recherches photométriques sur la vision, un photomètre constitué par du sulfure de zinc préparé d'une manière spéciale ; connaissant la loi d'extinction de la lumière qui avait été préalablement déterminée, il avait des termes de comparaison pour de faibles intensités lumineuses.

II. — RADIO-ACTIVITÉ.

14. — Les phénomènes dont nous allons nous occuper sont de découverte récente, et leur étude n'est pas encore terminée; nous suivrons pour leur exposé les très intéressants rapports que M. H. Becquerel et M. et Mme Curie ont faits sur ce sujet pour le Congrès international de physique de 1900.

M. H. Becquerel a reconnu que le sulfate double d'uranium et de potassium, puis, plus tard, d'autres sels du même métal et le métal lui-même émettent un rayonnement qui est susceptible d'impressionner les plaques photographiques; que cette action se produit même après interposition de papier noir ou de lames minces de cuivre ou d'aluminium, opaques à la lumière; l'action est faible d'ailleurs. Ces rayons, appelés *rayons de Becquerel*, se propagent rectilignement. On ne saurait cependant les assimiler à des radiations ultra-violettes, car ils ne peuvent être ni réfléchis, ni réfractés, ni polarisés.

On ne soupçonne pas la cause de ce rayonnement, qui est spontané et constant; il ne paraît pas modifié par les conditions de température et d'éclairement.

L'étude par l'action photographique est peu aisée, parce que celle-ci est lente. Mais on a reconnu que les rayons de Becquerel rendent les gaz faiblement conducteurs et que, par suite, projetés sur un électromètre, ils le déchargent rapidement; on utilise cette propriété pour reconnaître la présence des rayons Becquerel et pour les étudier.

D'autres corps, comme nous allons le dire, peuvent émettre des rayons Becquerel; on les désigne tous sous le nom de *corps radio-actifs*.

15. — M. Schmidt et, en même temps, M. et Mme Curie reconnurent que les composés du thorium sont radio-actifs.

En étudiant les propriétés des composés de l'uranium et du thorium, M. et Mme Curie arrivèrent à conclure que la radio-activité est une *propriété atomique* qui ne peut être détruite ni par un changement physique, ni par une combinaison chimique : les mélanges ou les combinaisons sont d'autant plus actifs qu'ils contiennent une plus forte proportion d'uranium ou de thorium.

En étudiant des substances variées, ils trouvèrent que certaines d'entre elles étaient plus actives que le thorium et même que l'uranium; ils en conclurent qu'elles devaient contenir un autre élément actif, plus actif que ces corps. Les recherches qu'ils poursuivirent, avec l'aide de M. Bémont et de M. Debierne pour les opérations chimiques, les conduisirent à conclure à l'existence de deux nouveaux éléments actifs qu'ils nommèrent le *radium* et le *polonium*; ultérieurement, M. Debierne trouva par la même méthode *l'actinium*. C'est sur le radium que les principales recherches ont été faites; à moins d'indications contraires, c'est de ce corps que nous parlerons plus spécialement; le plus souvent on a expérimenté sur des composés radifères de baryum.

Ces corps sont spontanément lumineux, et l'intensité est assez vive pour que la présence de quelques centigrammes permette la lecture.

Les radiations qu'ils émettent produisent des actions chimiques : elles agissent notamment sur les plaques photographiques. A la distance de 20 centimètres, il suffit de quelques centigrammes de chlorure de baryum radifère pour obtenir une épreuve photographique par une pose de deux ou trois heures.

Ces radiations sont susceptibles de provoquer la phosphorescence et la fluorescence des corps qui possèdent ces propriétés ; elles agissent notamment sur le platino-cyanure de baryum, même à travers une mince lame d'aluminium. Elles produisent diverses autres actions sur lesquelles nous n'insistons pas, et nous nous bornerons à dire qu'elles provoquent dans le verre et la porcelaine des colorations permanentes.

Lorsqu'on fait agir des radiations émanées de chlorure de baryum radifère directement sur diverses substances fluorescentes, puis à travers un même écran (papier noir), on trouve des affaiblissements présentant de grandes différences. On peut en conclure que ces radiations ne sont pas homogènes, qu'elles ont des actions électives sur les substances fluorescentes, et qu'elles sont inégalement absorbées par l'écran.

D'ailleurs, une étude directe a montré que ces radiations pénétraient très inégalement dans les corps, d'une part, et, d'autre part, que les unes sont déviées par l'action de l'aimant, tandis que les autres ne le sont pas.

Enfin, l'élévation de température né détruit pas la radio-activité, et l'on a vérifié directement qu'un composé radifère plongé dans l'air liquide ne cesse pas d'être lumineux.

Une propriété curieuse, c'est que les corps placés dans le voisinage d'un corps radio-actif deviennent eux-mêmes temporairement radio-actifs ; c'est ce qu'on a appelé la *radio-activité induite*.

16. — Les effets des composés dont nous venons de parler paraissent réellement dus à un élément particulier qu'ils contiennent. M. Demarçay, par l'analyse spectrale, a décelé d'abord l'existence d'une raie spéciale venant s'ajouter à celles du baryum ; puis, opérant sur des composés de plus en plus actifs, il a vu de nouvelles raies se joindre à la première, en même temps que les raies du baryum s'affaiblissaient et disparaissaient. L'aspect général de ce spectre qui caractérise le radium est celui des métaux alcalino-terreux.

Il y a là un ensemble de faits et de propriétés singuliers : l'étude qui en a été faite jusqu'à présent ne permet pas, malgré l'analogie de certains effets, d'assimiler les rayons Becquerel aux radiations dont il a été précédemment parlé. Il semble que ces rayons sont constitués par un mélange de rayons analogues aux rayons cathodiques et de rayons analogues aux rayons Röntgen ; on ignore, en tout cas, quelle en est l'origine. Ce qui paraît certain, c'est qu'ils correspondent à une quantité d'énergie excessivement faible. Becquerel estime que l'énergie rayonnée en une seconde par une couche de 1 centimètre de surface et de $0^{cm},2$ d'épaisseur est de quelques millionièmes de watt, et que cette perte d'énergie correspondrait à un transport de matière d'environ 1 milligramme en un milliard d'années.

17. — Nous avons réservé, pour la traiter à part, la question de l'action

des corps radio-actifs sur les tissus vivants, action qui a été observée principalement avec des sels radifères de baryum.

Ces sels, séparés de la peau par du celluloïd, par une feuille de gutta-percha, enfermés dans des tubes de verre, exercent sur la peau une action très énergique qui, en général, ne se manifeste pas immédiatement. Lors même que l'action n'a pas duré plus d'une demi-heure, on observe après un ou plusieurs jours, trente-quatre jours dans un cas, une rougeur de la partie qui a été soumise aux radiations du radium; la peau se désorganise, il se produit une ampoule analogue à celle d'une brûlure superficielle ; il se forme une plaie, puis, lentement, la cicatrisation se fait.

Il convient de noter que les désordres qui se manifestent peuvent apparaître un temps assez long après que l'action du sel radifère est terminée. Il n'est pas sans intérêt de remarquer que ce retard de la production de l'effet, comme la nature même des désordres observés, permet de rapprocher cette action de celles qui ont été quelquefois observées à la suite de l'emploi des rayons Röntgen.

Il va sans dire que les expérimentateurs qui étudient ces corps radio-actifs et qui touchent, sinon ces corps mêmes, du moins des tubes, des flacons qui les renferment, éprouvent des accidents du même genre. Les mains ont une tendance à la desquamation, les extrémités des doigts deviennent dures et parfois très douloureuses ; l'inflammation des extrémités des doigts s'est terminée dans un cas, après quinze jours, par la chute de la peau, et la sensibilité douloureuse n'avait pas complètement disparu après deux mois.

On voit que le maniement de ces substances radio-actives exige de grandes précautions.

III. — TRANSFORMATION DES RADIATIONS.

18. — Lorsqu'un corps reçoit un faisceau de radiations, nous avons dit que, sauf des cas exceptionnels, la somme des radiations réfléchies, transmises et diffusées est moindre que celle des radiations incidentes : il y a eu absorption de ces radiations ou, plutôt, de la force vive, de l'énergie qu'elles représentent. Cette énergie absorbée est la cause des phénomènes divers que manifeste le corps considéré à la suite de l'absorption des radiations : ce peuvent être des phénomènes chimiques sur lesquels nous ne nous arrêterons pas, mais ce peuvent être aussi des phénomènes calorifiques ou lumineux. Le corps qui absorbe des radiations s'échauffe, sa température s'élève et, par suite, il émet des radiations qu'il n'émettait pas auparavant, radiations plus réfrangibles; si l'élévation de température n'est pas considérable, les radiations émises sont infra-rouges; si la température atteint ou dépasse 500° environ, il y a en plus des radiations moyennes, lumineuses.

Si le corps considéré est phosphorescent, il émet des radiations lumineuses, en plus des radiations infra-rouges résultant de son élévation de température.

Dans ces différents cas, la conséquence de l'absorption des radiations incidentes a été l'émission d'autres radiations : on dit que celles-ci *résultent* de la transformation des radiations incidentes absorbées.

19. — Stokes, dans ses *Recherches sur la fluorescence*, a énoncé la loi suivante qui porte son nom :

« La réfrangibilité de la lumière incidente est une limite supérieure de la réfrangibilité des parties composant la lumière émise par fluorescence. »

On a généralisé cette loi en admettant que, par leur transformation, des radiations déterminées donnent naissance à des radiations de réfrangibilité moindre.

Cet énoncé est conforme à un certain nombre de faits connus. C'est ainsi que lorsque des radiations lumineuses sont absorbées par un corps qu'elles échauffent, ce corps, n'étant pas amené à l'incandescence, n'émet que des radiations infra-rouges, moins réfrangibles que les radiations moyennes.

De même, dans les phénomènes de fluorescence les radiations moyennes qui sont émises sont moins réfrangibles que les radiations ultra-violettes dont elles sont la transformation.

Mais la loi de Stokes ne peut être considérée comme générale, ainsi qu'il résulte de l'expérience suivante réalisée par Tyndall :

A l'aide d'un miroir concave il produisait sur un écran une image réelle d'un arc électrique ; puis, sur le trajet du faisceau il interposait une cuve contenant une solution concentrée d'iode dans le sulfure de carbone, assez épaisse pour éteindre toutes les radiations moyennes et ultra-violettes ; il ne passait plus que les radiations infra-rouges, l'image cessait d'être visible. S'il remplaçait alors l'écran blanc par une mince plaque de charbon dans le vide ou, mieux, par une lame mince de platine platiné, les radiations calorifiques obscures élevaient la température suffisamment pour que le platine devînt incandescent, et il se produisait une image visible des charbons entre lesquels éclatait l'arc. Dans ce cas, donc, les radiations infra-rouges donnaient, par leur transformation, des radiations lumineuses, moyennes, ce qui est contraire à la loi de Stokes.

La loi de Stokes doit être vraie le plus souvent, comme nous allons le dire, mais non pas toujours.

Si l'on se reporte à la courbe représentant la répartition de l'énergie dans le spectre, on voit que, jusqu'aux températures que l'on a pu atteindre, le maximum de l'énergie est dans l'infra-rouge. Considérons la partie du spectre qui s'étend de ce maximum jusqu'aux radiations les plus réfrangibles. Pour toute cette partie, la courbe descend continuellement : la radiation a donc, pour une même température, d'autant moins d'énergie qu'elle est plus réfrangible, et, inversement, pour une même quantité d'énergie la température correspondant à une radiation déterminée est d'autant moins élevée que celle-ci est moins réfrangible. La transformation d'une radiation en une radiation moins réfrangible peut produire du travail ; la transformation contraire ne peut être produite que par du travail extérieur ou par une compensation quelconque, elle ne peut avoir lieu spontanément.

Cette explication de la loi de Stokes, donnée par M. Wien dans son rapport sur les lois théoriques du rayonnement fait à l'occasion du Congrès de physique, fournit l'explication de l'expérience de Tyndall.

Il faut remarquer, en effet, que ce raisonnement s'applique à la partie descendante de la courbe de répartition de l'énergie ; on ne peut l'étendre à des radiations correspondant l'une à la partie ascendante, l'autre à la partie descendante de cette courbe. Pour que la transformation de la radiation A en radiation B soit possible, il faut que l'ordonnée de B dans la courbe soit plus grande que celle de A. Or dans la partie ascendante de la courbe, dans la partie infra-rouge, il y a des radiations A dont les ordonnées sont plus petites que celles des radiations B de la partie lumineuse.

Il suffisait donc, dans l'expérience de Tyndall, qu'il y eût dans le faisceau incident des radiations infra-rouges analogues à A pour que la transformation en radiations lumineuses B fût possible.

Si l'action de radiations incidentes est susceptible de donner naissance à des actions chimiques, il peut intervenir une compensation par suite de l'apport d'énergie extérieure, et l'on ne peut prévoir dans quel sens se fera la transformation des radiations.

ACTION DE LA LUMIÈRE SUR LES ANIMAUX

Par M. Raphaël DUBOIS.

Action de la lumière sur les animaux. — L'action de la lumière, c'est-à-dire de cette région du spectre qui impressionne notre rétine, ou est susceptible de l'impressionner, a été l'objet de recherches nombreuses, mais dont le déterminisme expérimental n'a pas toujours été rigoureusement établi pour permettre de distinguer nettement, dans tous les cas, les effets produits respectivement par les propriétés calorifiques, optiques ou chimiques de la lumière.

L'influence de la lumière se traduit chez les organismes animaux : 1° par des modifications trophiques ; 2° par des phénomènes électriques ; 3° par des mouvements visibles ; 4° par des sensations et des perceptions.

Phénomènes phototrophiques. — Il est bien évident qu'aucun phénomène ne peut se produire dans un organisme sans que la nutrition (assimilation, désassimilation) y participe, et ce n'est que pour la commodité de l'exposition que nous séparons des autres phénomènes déterminés par la lumière ceux que nous appelons *phototrophiques*.

Action de la lumière sur les zymases. — La plupart des phénomènes physiologiques étant, en dernière analyse, réductibles à l'activité des zymases ou ferments dits *solubles* : digestion, respiration, etc., il est utile d'indiquer l'action de la lumière sur ces agents.

L'insolation détruit l'activité de la macération filtrée de levure de bière (Downe et Blunt). Il en est de même pour la sucrase ; il y a plus : il suffit que l'eau et le vase dans lequel on fera la dissolution de sucrase aient été préalablement exposés au soleil pour que l'activité zymasique soit affaiblie. Il se fait une sorte d'emmagasinement de l'action solaire, qui persiste plus de vingt-quatre heures (1). La présure doit être conservée à l'obscurité. Dans le vide, ni la sucrase, ni le poison de la diphtérie ne s'altèrent à la lumière ; il y a donc action de l'oxygène. Celle-ci est plus grande dans un milieu alcalin que dans un milieu neutre, et plus grande encore dans ce dernier que dans un milieu acide. L'amylase des végétaux, comme celle de la salive, est altérable à la lumière. L'albumine et la chlorophylle protègent l'amylase, d'après

(1) E. Duclaux, *Traité de microbiologie*, t. II, p. 222.

Green, et ce sont les rayons chimiques et ultra-violets qui sont les plus nuisibles.

La destruction provoquée par la lumière se continue après la cessation de l'éclairement, en vertu d'un effet d'induction photochimique, comme on en a signalé chez les végétaux et dans le règne minéral. Ces effets s'observent également chez les organismes animaux, ainsi qu'on le verra plus loin.

Action de la lumière sur les pigments. — La lumière exerce également une action destructive sur beaucoup de pigments, particulièrement sur le *rouge rétinien* ou *érythropsine*. Ce pigment se forme à l'obscurité, dans le fond de l'œil, et disparaît à la lumière, ce qui permet d'obtenir sur la rétine des photographies auxquelles on a donné le nom d'*optographies*, d'*optogrammes*, et qui peuvent être fixées avec de l'alun. L'action décolorante est nulle dans le rouge ; elle augmente dans le vert et atteint son maximum dans le bleu. Les optographies exigent un temps de pose relativement fort long ; aussi ne considère-t-on aujourd'hui la décoloration du rouge rétinien que comme un phénomène secondaire de la vision, destiné à absorber l'excès de lumière inutilisée. D'ailleurs, la lumière verte, qui est très excitante pour la vision, n'a que peu d'action sur l'érythropsine (1).

La lumière n'a pas toujours une action destructive sur les pigments ; elle en provoque, au contraire, souvent la formation. Tout le monde connaît son influence sur les parties de la peau non protégées par les vêtements.

La production de la « pourpre » est due à l'action de la radiation solaire sur le contenu d'un organe spécial, la « glande hypobranchiale » de certains mollusques gastéropodes appartenant plus particulièrement au genre *Murex*.

Les matières « photogénées » qui constituent, par leur mélange, ce célèbre pigment tinctorial, ont été isolées sous forme de cristaux rouges et bleu foncé du *Purpura lapillus* ; elles dérivent, par réduction, de cristaux incolores et verts formés de substances très altérables à la lumière (A. Letellier). Ces dernières ne préexistent pas dans l'organe a pourpre. Dans le *Murex brandaris*, elles se forment par l'action d'une zymase, la *purpurase*, sur une substance soluble dans l'alcool, la *purpurine*, sécrétée par les cellules glandulaires caliciformes

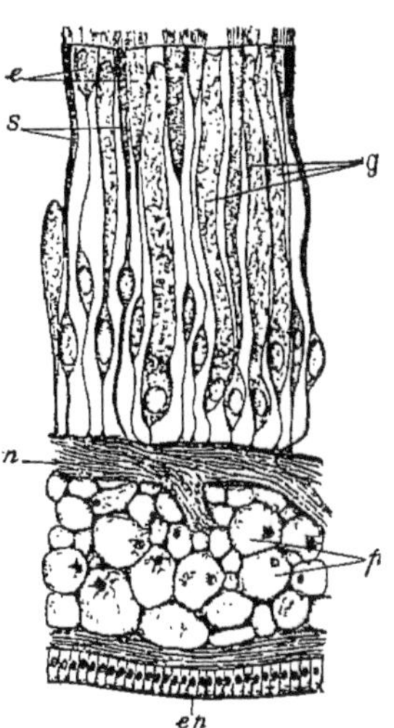

Fig. 170. — Coupe demi-schématique à travers la glande à mucus de la *Purpura lapillus*. — *ep*, épithélium externe ; *p*, cellules conjonctives de Langer ; *n*, nerf ; *e*, cellules de soutien ciliées ; *g*, cellules glandulaires ; *s*, cellules sensitives (d'après F. Bernard).

de la glande à pourpre. Ces dernières (fig. 170) sont faites, comme celles de l'organe photogène de la Pholade dactyle, qui lui-même est un homologue

---

(1) Les animaux morts, particulièrement les organismes marins, perdent souvent rapidement leurs brillantes couleurs à la lumière : cette action décolorante est avantageusement combattue par l'addition aux liquides conservateurs de substances fluorescentes telles que l'esculine, et qui indique qu'elle est due surtout aux radiations chimiques (R. Dubois).

de la glande à pourpre. Mais, tandis que dans ce dernier il y a fixation d'énergie solaire avec phénomènes de réduction pour produire le pigment pourpre, dans la photogenèse il y a émission de lumière avec fixation d'oxygène. Deux organes homologues peuvent donc produire des phénomènes énergétiques inverses. Nous verrons (p. 286 et suiv.) qu'il en est de même en comparant le fonctionnement de la paroi interne photogène du siphon de la Pholade dactyle avec la paroi externe qui, comme notre rétine, est sensible à la lumière (R. Dubois).

Quand on expose à la lumière un de ces curieux animaux aveugles des grottes de la Carniole, un Protée (*Proteus anguinus*), dont les téguments sont blanc rosé, il prend très rapidement une teinte grise, puis brune. Cette action peut être localisée à certains points du tégument que l'on aura éclairés, à l'exclusion des autres. La coloration, par une action d'induction, pourra n'apparaître que plusieurs heures après une courte exposition au soleil. Elle est due à la formation de pigment qui se dépose dans la partie la plus vasculaire de la peau, principalement autour des vaisseaux capillaires. Le pigment paraît provenir d'une extravasation du sang. Cette production de pigment n'a pas lieu dans la lumière rouge; elle se produit dans la lumière verte plus que dans la lumière bleue, qui pourtant impressionne très fortement l'animal, car il fuit cette dernière d'une manière constante. La pigmentation disparaît rapidement dans l'obscurité (1). On sait que chez les mineurs la peau et même les cheveux se décolorent à la longue, même en dehors des cas d'anémie parasitaire.

Les animaux des tropiques présentent les couleurs les plus riches et les plus variées, tandis que bien souvent, dans les pays froids, c'est le blanc qui domine; ce n'est pas, très vraisemblablement, un phénomène de mimétisme, comme le veulent les finalistes, mais bien le résultat de l'insuffisance du rayonnement solaire; il est à remarquer aussi que les animaux ont le dos plus coloré que le ventre. Chez certains mollusques marins, la coloration de la coquille dépend, jusqu'à un certain point, de la profondeur; on a remarqué que chez les *élatobranches*, jusqu'à 3 brasses, les couleurs sont les plus éclatantes; de 3 à 20 brasses, c'est le bleu et le vert qui dominent; de 20 à 35, le pourpre; plus profondément, le rouge et le jaune; de 76 à 105 brasses, le rouge brun; enfin, de 106 à 210 brasses, on ne rencontrerait guère que le blanc mat. Il ne faudrait pas trop généraliser, car on a retiré de 1 000 brasses de profondeur, dans la Méditerranée, un *Pecten opercularis* aux vives couleurs, et dans les dragages pratiqués dans les plus grandes profondeurs, des Alcyonaires remarquables par la beauté de leurs coloris; mais il est vrai que ces régions abyssales sont éclairées par les animaux eux-mêmes (2). En général, les crustacés, les mollusques, les étoiles de mer sont incolores, comme les animaux des cavernes; les couleurs autres que le noir, le blanc et certaines teintes du rouge sont rares et le bleu manque totalement.

Influence de la lumière sur la circulation. — Si l'on observe un Protée aveugle placé dans un endroit sombre, on voit que ses houppes bran-

<hr>

(1) RAPHAEL DUBOIS.
(2) Voy. *Biophotogenèse*, p. 298.

chiales sont flasques, flétries, blanchâtres ; mais, dès que l'on fait tomber sur celles-ci un rayon de vive lumière, elles deviennent aussitôt turgescentes et d'un rouge vif. La turgescence des branchies ne se produit pas dans la lumière rouge ; or on sait que celle-ci ne provoque pas non plus la production des pigments : il existe, entre ces deux phénomènes, une étroite relation.

Les Protées recherchent l'obscurité ou, à son défaut, la lumière rouge ; ils ne craignent pas le vert, mais fuient avec énergie les radiations bleues, probablement à cause des radiations chimiques qui les accompagnent (Raphaël Dubois). Finsen expose un têtard enveloppé de papier à filtrer dans un courant d'eau froide, pour éliminer l'action des radiations calorifiques. Après dix à quinze minutes, des changements commencent : dans les capillaires, qui s'étaient distendus, la circulation se ralentit et finit par s'arrêter ; les globules blancs, et même les rouges, sortent des vaisseaux ; il y a une véritable inflammation, et elle est due aux rayons ultra-violets. Hammer ne croit pas à l'action directe de la lumière sur les capillaires, et suppose que certains éléments nerveux, en rapport avec les cellules pigmentaires, sont mis en mouvement par les rayons ultra-violets, ce qui mène secondairement à des états paralytiques, à l'hyperémie, à l'inflammation, à la pigmentation.

Le sang absorbe beaucoup de radiations ultra-violettes. C'est sans doute pour protéger les capillaires choroïdiens qu'il existe tant de pigment dans la choroïde, et la riche circulation de la rétine doit aussi avoir pour effet d'atténuer, avec le rouge rétinien, les effets nuisibles des radiations chimiques. Ce sont ces dernières qui, dans la lumière solaire et dans l'arc électrique (Bouchard), produisent l'exanthème connu sous le nom de « coup de soleil », lequel affecte surtout les parties les plus exposées au rayonnement : cou, dos, nez, joues, et peut aller jusqu'à la formation de phlyctènes, comme dans la brûlure au premier degré. On observe cet érythème fréquemment chez les ascensionnistes, sans que l'on ait pu expliquer pourquoi la lumière réfléchie par la neige des hauts sommets a une action beaucoup plus intense que la lumière directe. On évite le coup de soleil en enduisant le visage de substances fluorescentes, comme le sulfate de quinine ou l'esculine, ou en portant un voile rouge. Une couche d'encre de Chine préserve également du coup de soleil, ce qui prouve bien que ce ne sont pas les radiations calorifiques qui sont en jeu et, du même coup, nous explique l'utilité du pigment de la peau des noirs. Les chevaux et les bêtes à cornes sont sujets à l'érythème solaire, mais il se borne, en général, aux parties non pigmentées de la peau.

Il y a lieu de rapprocher de l'action des radiations chimiques spectrales celle que les rayons de Röntgen et les émanations physiques du radium produisent sur la peau. Ces dernières déterminent de l'érythème pouvant aller jusqu'à la gangrène. Quelquefois les accidents n'arrivent que tardivement, même au bout de quatre à cinq semaines. La durée de l'évolution des altérations varie avec l'intensité des rayons actifs et avec la durée de l'action excitatrice ; quelquefois, on a observé de la desquamation du tégument du doigt, avec une sensation douloureuse persistante (Curie et Becquerel).

Tout le monde connaît l'influence de la lumière sur la production des taches de rousseur : elle constituerait également une circonstance étiologique d'une maladie souvent mortelle, désignée sous le nom de *melanosis lenticularis progressiva* (*xeroderma pigmentosum*).

Influence de la lumière sur la respiration. — La quantité d'acide carbonique exhalée par les grenouilles est plus considérable à la lumière qu'à l'obscurité (Moleschott, Selmi, Piacentoni, Fubini), même chez les grenouilles privées de poumons et aveuglées. La respiration cutanée chez l'homme serait également exaltée par la lumière (Fubini, Ronchi).

Influence sur la nutrition et le développement. — L'absence de lumière longtemps prolongée entraîne l'atrophie des organes visuels, comme cela arrive chez les animaux des cavernes ; mais, en revanche, les organes du tact, de l'olfaction, prennent un développement considérable. Un exemple bien frappant de l'influence de la lumière sur le développement de l'œil est fourni par un crustacé marin, l'*Ethusa granulata* ; à la surface de la mer, il a des organes visuels bien conformés ; entre 110 et 370 brasses, les yeux sont encore portés sur un pédoncule mobile, mais ils sont remplacés par une masse calcaire arrondie ; enfin, entre 500 et 700 brasses, le pédoncule se change en un appendice pointu et immobile qui sert de rostre. Du reste, chez les animaux nocturnes, la rétine a une structure particulière. En général, dans les régions abyssales les animaux n'ont pas d'yeux ou en ont de très grands : parfois l'œil existe chez l'embryon et est nul chez l'adulte (L. Dollo).

La lumière favorise et accélère le développement des œufs de grenouille et des têtards (W. Edwards), et celui des œufs de mouche (Béclard). Les globules rouges diminuent de nombre chez les rats maintenus à l'obscurité (Marty).

J. Loeb a vu que le nombre des chromatophores formés dans la membrane vitelline de l'embryon du *Fundulus* dépendait de la quantité de lumière et diminuait à l'obscurité. D'après le même auteur, la formation des polypes dans les tiges d'*Eudendrium racemosum* est aussi sous la dépendance de la lumière ; dans l'obscurité, il ne se forme que peu ou point de polypes. Les formations radiculaires, au contraire, sont aussi vivaces à l'obscurité qu'à la lumière. Les rayons bleus et la lumière diffuse du jour accélèrent la formation des polypes, tandis que les rayons rouges se comportent comme le noir. On est allé jusqu'à prétendre que, dans des étables éclairées par la lumière violette, les veaux engraissaient plus rapidement.

Influence de la lumière sur l'idéation. — Le noir, le violet, le bleu et le vert foncé sont des couleurs « tristes », de « deuil » ; le vert clair, le jaune, le rouge des couleurs « gaies ». C'est en grande partie à la lumière que nous devons les modifications psychiques que nous éprouvons, suivant les jours et les saisons, par les nuits sombres ou étoilées, en face d'un paysage, d'un tableau. Chacun sait que le rouge excite le taureau, le dindon, et L. Dor a vu des excitations allant jusqu'au vertige chez les neurasthéniques auxquels on faisait fixer une large surface rouge, alors qu'avec le vert, même très éclairé, ce résultat ne pouvait être obtenu. La lumière verte produirait plutôt un effet calmant. Autrefois, dans les usines à plaques photographiques, quand les ouvriers travaillaient toute une journée dans une salle éclairée en rouge, ils se mettaient à chanter, à gesticuler..., à faire la cour aux femmes. Depuis que l'on a mis de la lumière verte, ils sont calmes, ne

disent pas un mot et sont bien moins fatigués quand ils sortent (Lumière).
Rappelons encore que les lunettes bleues ont été employées avec succès pour
calmer les chevaux emportés. Ch. Ferré a étudié l'influence des sensations
lumineuses et colorées sur le travail et la fatigue. Il a constaté que l'accès
de la lumière provoque un relèvement du travail ergographique et toujours,
quand l'expérience est faite dès le début, les yeux ouverts, la lumière produit
le même relèvement. Les verres colorés et surtout les rouges provoquent un
surcroît de travail, sans qu'il soit possible toutefois de fixer encore un classe-
ment dynamogénique des couleurs. Enfin, Griesbach a constaté que le travail
manuel fatigue plus vite les aveugles que les voyants.

Photothérapie. — D'après Bonza, des hypocondriaques auraient été
traités avec succès par le séjour dans la lumière rouge, tandis que des ma-
niaques agités se calmaient aussitôt dans le bleu et le violet.

En ce qui concerne les effets trophiques directs, on sait que dans l'antiquité on se servait de *bains de lumière.* Hérodote assure que l'*héliose* (c'est
le terme dont on se servait pour désigner les bains de lumière) est surtout
nécessaire à ceux qui ont besoin de refaire leurs muscles et de les accroître.

De nos jours, on a utilisé les bains de lumière artificielle (arc électrique)
pour combattre la dénutrition, l'anémie, la chlorose, le rhumatisme chronique, la neurasthénie, l'eczéma crural, le psoriasis généralisé, le lupus
(Cleaves, Larat, Koslowski, Ewald, Finsen) et surtout la pelade. Finsen a
noté que, dans cette dernière affection, les cheveux repoussaient d'autant
plus vite sur les plaques peladiques que celles-ci avaient été exposées plus
longtemps à la lumière violette. D'après Finsen également, dans l'arc électrique, ce sont les radiations chimiques qui sont actives, en particulier dans
les affections parasitaires. On sait, en effet, que les microbes sont détruits
par la lumière et principalement par les radiations ultra-violettes, comme les
ferments non figurés. Inversement, l'action de ces radiations chimiques est
fort nuisible dans certains cas. Depuis l'antiquité, en Extrême-Orient, on a
coutume d'entourer les varioleux de tentures rouges et l'on s'est bien trouvé,
dans ces temps derniers, de maintenir d'une manière constante ces malades
sous l'influence de la lumière rouge. L'obscurité agit d'ailleurs comme cette
dernière. On a remarqué aussi que les pustules de variole ne se développent
pas bien sur les veaux à robe sombre ; aussi choisit-on pour la vaccination
des veaux à robe blanche. La lumière rouge et l'obscurité auraient aussi une
action favorable dans la scarlatine et la rougeole (Finsen).

Enfin, les bains de lumière à incandescence, dans lesquels l'action de la
chaleur s'ajoute à celle de la lumière, auraient donné des résultats favorables
dans l'albuminurie et la polysarcie.

Mouvements provoqués par la lumière ou photomotricité. —
Les mouvements provoqués par l'excitation lumineuse chez les animaux
sont très nombreux ; on a donné à ces phénomènes les noms d'*héliotropisme animal*, d'*actinesthésie*, de *phototactisme, phototropisme, phototaxie, vision dermatoptique, dermatoptisme, fonction photodermatique,
antitypie, photoantitypie, somatoptisme.*
Tous les phénomènes que l'on a désignés sous ces divers noms sont réduc-

tibles, ainsi, d'ailleurs, que ceux de la vision par l'œil, à ce que l'on a particulièrement étudié sous les noms de *phototropisme* ou de *phototactisme*. Le mot *lucitactisme* aurait à la fois l'avantage d'être plus correctement formé que celui de *phototactisme* et d'avoir une signification tout aussi générale.

Héliotropisme animal. — Les rayons lumineux se propageant en ligne droite, il est impossible, dans les conditions ordinaires, qu'un animal soit excité de tous les côtés à la fois : ce serait même difficile à réaliser expérimentalement. Il en résulte des changements d'attitudes ou des mouvements plus compliqués, par suite d'excitations transmises de proche en proche ou de réflexes associés.

Le mot d'*héliotropisme animal* a été proposé par Raphaël Dubois à la suite des observations qu'il fit en 1888 sur la *Pholade dactyle* : il a été appliqué depuis à beaucoup d'autres phénomènes plus compliqués par Loeb.

Si l'on fait tomber un pinceau de lumière sur un point limité du siphon étendu d'une Pholade (mollusque sans yeux proprement dits) extraite de son trou, on voit ce long tube membraneux s'incurver de façon que sa concavité soit tournée du côté de la source lumineuse. Ce mouvement est dû à ce que, au point touché par la lumière, il s'est produit une contraction localisée, qui a diminué la longueur de la face antérieure éclairée par rapport à celle qui est postérieure.

C'est encore la direction des rayons lumineux qui détermine l'orientation des tubes des Annélides tubicoles. Une fois fixé par son extrémité inférieure à un objet solide, le corps du *Spirographis Spallanzani* se fléchit de façon à exposer à la lumière, perpendiculairement à la direction des rayons, sa couronne tentaculaire. Le même phénomène s'observe chez *Serpula uncinata*.

Loeb a étendu le mot *héliotropisme animal* aux directions vers lesquelles sont fatalement attirés ou repoussés les organismes susceptibles de se déplacer par la reptation, la marche, le vol, la natation, etc. Certains animaux sont forcés de tourner leur pôle oral du côté de la lumière et, pour cette raison, de cheminer vers elle ; pour d'autres, c'est le contraire. Dans le premier cas ils sont dits *positivement héliotropiques* et dans le second *négativement héliotropiques*.

Cette attraction ou cette répulsion produite par la lumière était connue depuis fort longtemps, aussi bien pour les animaux pourvus d'organes visuels que pour beaucoup de ceux qui en sont privés naturellement ou artificiellement.

Un des exemples les plus curieux de l'influence de la direction de la lumière sur celle de la marche nous est fourni par le *Pyrophore noctiluque*. Dans la nuit, grâce à l'éclairage bilatéral de ses deux lanternes prothoraciques, ce beau coléoptère lumineux marche en ligne droite ; mais vient-on à masquer un de ses deux fanaux, aussitôt il est entraîné vers le côté opposé ; si c'est sa lanterne droite qui est masquée, il est fatalement entraîné vers sa gauche, c'est-à-dire du côté éclairé (R. Dubois, *les Élatérides lumineux*, p. 218, Paris, 1886) (fig. 171).

On donne depuis longtemps les noms de *lucifuges* ou de *nyctalophiles* aux animaux qui fuient la lumière et recherchent l'obscurité, et ceux d'*héméralophiles, leucophiles, nyctalophobes* à ceux qui se dirigent vers la clarté. Mais Paul Bert a fait remarquer avec raison qu'il ne faut pas attacher à ces expressions une valeur absolue ; pour lui, tous les animaux vont à la lumière : c'est une question d'intensité. Ainsi, des limaces grises, des blattes, des ténébrions, tous animaux lucifuges, si on les place dans une boîte absolument obscure, sauf dans un point où quelques piqûres d'épingle laissent arri-

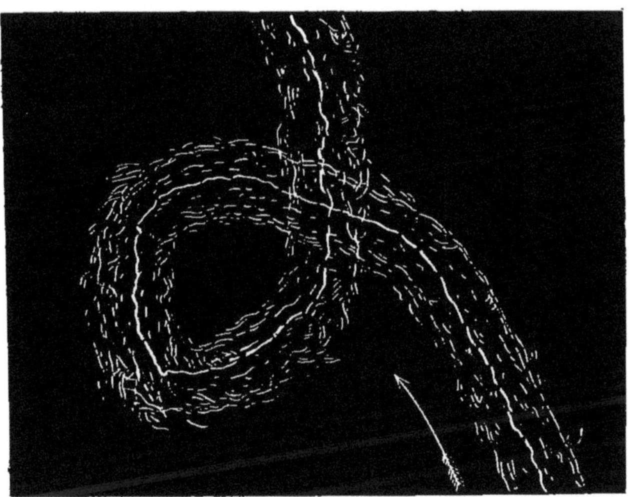

Fig. 171. — Tracé de la marche d'un Pyrophore, dans le cabinet noir, la lanterne droite étant éteinte.

ver une lueur faible, se dirigent bientôt vers celle-ci. Mais une forte lumière les fait fuir, comme la pleine lumière du soleil nous ferait fuir nous-mêmes.

On a prétendu que les animaux lucifuges fuyaient la lumière à cause des radiations chimiques et que c'est pour cette raison qu'ils préfèrent les radiations rouges aux bleues et aux violettes ; au contraire, les animaux leucophiles auraient besoin de ces radiations chimiques ; ainsi s'expliquerait pourquoi, au point de vue de la coloration de leurs téguments, les animaux, surtout les animaux marins, pourraient, comme les végétaux, être classés en deux grandes séries : 1° la *série érythrique*, comprenant tous les animaux rouges et jaunes avec toutes les nuances intermédiaires de l'orangé, et la *série cyanique*, comprenant les autres.

Les rayons qui impressionnent le plus favorablement notre œil ne sont ni les plus réfrangibles, ni les moins réfrangibles. Ce sont, au contraire, les radiations de longueur d'onde moyenne. Les Daphnies de Paul Bert venaient se grouper dans les régions jaunes et vertes du spectre solaire, bien qu'elles fussent excitées par toutes les radiations du spectre. D'après l'éminent physiologiste, les animaux voient tous les rayons et ne voient que ceux que nous voyons nous-mêmes. Cependant, suivant Lubbock, les fourmis seraient fortement impressionnées par les radiations ultra-violettes que nous ne distinguons que très imparfaitement et très incomplètement ; mais peut-être s'agit-il d'une action différente de celle de la vision oculaire.

Les Pyrophores, ces merveilleux insectes lumineux des Antilles, sont attirés de préférence aussi par les rayons jaune vert et, chose curieuse, ce sont les radiations qui dominent dans la lumière qu'ils fabriquent et qui sont aussi les plus favorables pour notre vision. Pendant le jour, dans les pays tropicaux, ils se tiennent sous le feuillage vert. Lorsque l'éclairage est trop fort, ils cherchent la lumière vert jaunâtre *faible* et se placent alors dans sa pénombre. Quand cela leur est impossible, ils se réfugient à l'obscurité. Ceci confirme pleinement l'exactitude des faits observés par Paul Bert (1).

D'après Lubbock, les abeilles préféreraient d'abord le bleu, puis le blanc, puis le jaune, le vert, l'orangé et le rouge. Mais les procédés employés pour les études sur ces animaux sont souvent défectueux ; aussi existe-t-il des divergences entre les auteurs.

Lucitactisme, phototaxie, phototropisme. — Chez les animaux pourvus d'yeux, il est clair que la vision oculaire joue un rôle considérable dans les phénomènes de locomotion. On sait que si l'on bouche une des lanternes protothoraciques d'un Pyrophore marchant en ligne droite la nuit à l'aide de ses fanaux, aussitôt il décrit une courbe du côté qui est resté éclairé. Mais ces phénomènes de direction sont eux-mêmes sous la dépendance de mouvements plus intimes qui ont leur siège dans le fond de l'œil.

Quand un faisceau lumineux tombe dans notre œil, il se produit : 1° une descente du pigment le long des cônes et des bâtonnets ; 2° un raccourcissement des cônes et des bâtonnets (Van Gederen Stort et Engelmann). Ce raccourcissement est dû à une augmentation de volume du noyau des cônes et des bâtonnets, d'après L. Dor, et, d'après Van Gederen Stort, à la contractilité d'une partie du cône qu'il nomme *conomyoïde* ; ce phénomène serait accompagné d'une diminution de colorabilité des cônes et des bâtonnets (Birnbacher).

Les mouvements du bioprotéon pigmentaire rétinien sont relativement lents ; ce n'est qu'au bout d'un certain temps qu'il se rétracte complètement dans l'obscurité. Ils peuvent être provoqués soit par l'action directe de la lumière, soit par une excitation réflexe ; car si l'on insole le tégument seulement d'une grenouille dont la tête est maintenue dans l'obscurité, on provoque la descente du pigment le long des bâtonnets. La même opération ne détermine pas le raccourcissement des cônes (Van Gederen Stort et Engelmann). Il n'en est pas moins curieux de constater qu'une excitation lumineuse de la peau peut réagir sur un organe des sens différencié pour la vision et en rapport avec les centres de perception des sensations visuelles.

Toutefois, la plupart des auteurs ne considèrent les mouvements du pigment que comme un phénomène d'ordre secondaire, ayant surtout pour effet de préserver les véritables éléments visuels, c'est-à-dire les cônes et les bâtonnets, d'un excès de lumière inutile et de les isoler par des écrans mobiles. Ils agiraient comme les stores que les photographes font mouvoir pour éclairer convenablement leur modèle. Ce qui semble confirmer cette opinion, c'est que les albinos ne sont pas aveugles, mais seulement gênés par la grande lumière, et qu'il existe vraisemblablement des éléments visuels (cellules optiques de Hesse) dépourvus de pigment chez le lombric et d'autres

---

(1) R. Dubois, *Les Élatérides lumineux, contribution à l'étude de la production de la lumière par les êtres vivants*, p. 209 ; Paris, 1886.

animaux. D'après von Beer, on ne pourrait plus dire avec Charpentier : « En premier lieu, la lumière a besoin de pigment pour agir. Pas d'élément visuel sans pigment dans la série animale. » (*Sur les phénomènes rétiniens*, 1900.)

Les mouvements des cônes et des bâtonnets peuvent être associés dans les deux yeux : ils peuvent donc aussi bien recevoir une excitation directe lumineuse que se raccourcir sous l'influence d'excitations venues de l'intérieur par le système nerveux.

Suivant Van Gederen Stort et Engelmann, l'intensité seule de la lumière agit et la qualité rouge, verte ou bleue de la lumière paraît sans influence, tandis que d'après L. Dor (1), avec Angelucci, Birnbacher et Ladoto, les cônes seraient différenciés en vue de la perception consciente avec toutes ses modalités, vision de lumière blanche et vision de couleur. Ils pensent que la lumière rend acides certains éléments de la rétine préalablement alcalins. Les radiations bleues ne provoqueraient aucune différence de colorabilité des noyaux, mais avec la lumière rouge les cônes et les bâtonnets se coloreraient diversement. Nous verrons bientôt que dans leurs expériences les divers expérimentateurs n'ont pas tenu compte de la *rapidité* plus ou moins grande des mouvements, mais seulement de l'amplitude du raccourcissement, ce qui, en effet, ne correspond qu'à la sensation de l'intensité et non à celle de la qualité lumineuse.

D'autres mouvements s'effectuent encore dans l'œil. Ce n'est pas le lieu de parler ici de ceux qui ont trait à l'accommodation et à l'adaptation, mais il convient de rappeler que, dès 1859, Brown-Séquard a signalé dans l'iris isolé du reste de l'œil de différents vertébrés à sang froid et, en particulier, dans l'iris de l'*Anguille*, des mouvements provoqués par l'action directe de la lumière. Il a constaté la conservation de ces mouvements au bout de plusieurs jours, alors que la rétine était en partie décomposée et qu'il n'y avait plus lieu, par conséquent, de penser à une action du système nerveux. Brown-Séquard s'est assuré que ces contractions n'étaient provoquées ni par les radiations chimiques, ni par les radiations calorifiques. Avec les radiations jaunes, il y avait une action très marquée, marquée avec l'orangé et le vert et très faible ou nulle avec les autres radiations. Le resserrement était le plus *rapide* avec le jaune (2).

L'exactitude de l'observation de Brown-Séquard a été contrôlée par divers expérimentateurs, et il n'est plus douteux aujourd'hui que les contractions excitées par la lumière dans l'iris des poissons et des amphibiens aient leur siège exclusivement dans les fibres musculaires lisses de cet organe, qui contiennent un pigment brun (Steinach) (3).

---

(1) Louis Dor, *Soc. franç. d'ophtal.* Congrès de 1896.

(2) Brown-Séquard, *Journal de la physiologie de l'homme et des animaux*, t. II, p. 281, 1859.

(3) Sur des bulbes oculaires de grenouilles conservés à une température de 9° à 12° dans des chambres sombres et humides, après quatorze jours la contraction de l'iris par l'éclairage direct était encore observable, tandis que l'excitabilité des cellules ganglionnaires spinales et intestinales montrait que ces tissus nerveux restent capables de fonctionner trois ou quatre jours au plus. Des groupes de dix à quinze fibres musculaires isolées par l'effilochage, et sur lesquelles on ne pouvait trouver aucun autre élément histologique, offraient la contraction à

L'excitabilité directe des *chromatophores* par la lumière, découverte par Paul Bert chez le Caméléon, a été constatée depuis chez divers autres animaux; or ces organes sont de nature musculaire (Phisalix) et sont pigmentés comme les fibres de l'iris de l'Anguille.

Influence de la lumière sur les changements de coloration de la peau, photomimétisme. — On sait depuis longtemps que beaucoup d'animaux terrestres et aquatiques : mollusques, crustacés, amphibiens, poissons, reptiles, ont la propriété de prendre une coloration se rapprochant plus ou moins du milieu où ils se trouvent, ce qui leur permet de dissimuler plus ou moins leur présence. En 1834, Milne-Edwards a montré que chez le Caméléon les changements de coloration sont dus au déplacement de corpuscules pigmentés diversement colorés, ou chromatoblastes (chromatophores). Ces corpuscules, de nature contractile, peuvent également, en se dilatant et en se contractant, modifier la coloration du tégument. C'est surtout aux travaux de G. Pouchet et de Paul Bert que l'on doit de connaître bien exactement le mécanisme de cette fonction du tégument. Les changements de coloration peuvent être produits : 1° par la volonté de l'animal : 2° par action réflexe ; 3° par excitation lumineuse directe.

La vision a une influence évidente sur la peau, ce qui est l'inverse de ce que l'on observe chez la grenouille pour les mouvements du pigment rétinien : si l'on enlève un œil à un caméléon, le côté correspondant du corps ne change presque plus de couleur et, en tout cas, conserve une nuance beaucoup plus claire que celle du côté opposé. L'ablation du second œil rétablit l'équilibre (Paul Bert).

Lorsqu'un caméléon est exposé à la lumière solaire, sa couleur prend un ton plus foncé dû à l'action directe de la lumière : ce phénomène a lieu pendant le sommeil, pendant l'insensibilisation chloroformique et même après la mort. Sur le dos d'un caméléon qui dormait dans l'obscurité et avait pris

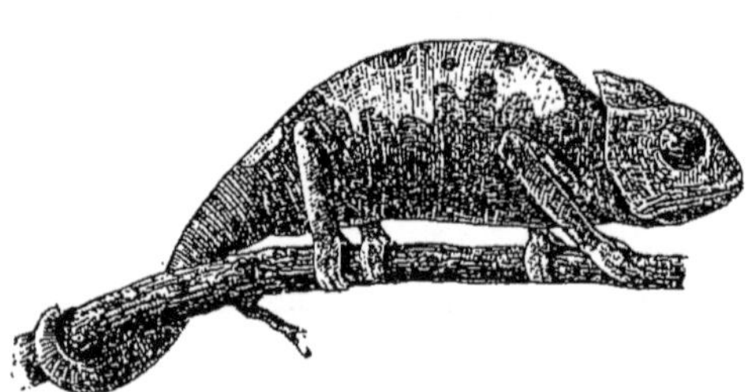

Fig. 172. — Caméléon coloré dans les parties frappées par la lumière.

la teinte jaune grisâtre habituelle en ces circonstances, Paul Bert plaça avec précaution une sorte de selle en papier découpé. Puis il approcha de l'animal, sans le réveiller, une lampe. Très rapidement la peau devint d'un brun foncé; enlevant alors le papier protecteur, il vit que les parties sous-jacentes avaient gardé leur premier aspect. Ce sont les rayons les plus réfrangibles du spectre qui produisent ce phénomène, la lumière rouge est inactive (Paul Bert) (fig. 172).

l'éclairement (Steinach). L'excitabilité à la lumière directe existe encore après atropinisation, même à un moment où d'autres appareils nerveux ne réagissent plus.

Depuis les recherches de R. Dubois sur la Pholade dactyle, D'Arsonval a vu que, quand on illumine un muscle de grenouille à l'aide d'un arc électrique, celui-ci reste immobile; mais si on lui adjoint des courants d'induction d'intensité au-dessous du seuil, et si l'on éclaire de nouveau, il se produit un léger tremblement des muscles.

Les mouvements des chromatophores des céphalopodes sont très rapides et peuvent être observés, même après la mort, sous l'influence de l'éclairage direct (1).

Chez les batraciens, on a constaté également l'action directe de la lumière. *Hyla arborea* a des couleurs très vives et présente des changements rapides. Après la section du nerf sciatique, la patte devient foncée à l'obscurité et claire à la lumière.

Des phénomènes de mouvement ont été signalés jusque dans le protoplasma de l'œuf de grenouille par Auerbach et chez des protistes, en dehors de tout pigment et même de toute différenciation protoplasmique, au moins apparente.

Dans l'eau douce de certains étangs ou de mares, caché au milieu du limon ou du sable, un lourd rhizopode, analogue à un Amibe, *Pelomyxa palustris*, se traîne languissamment dans l'ombre. Si, au moment de sa reptation où le corps est allongé, on fait tomber à sa surface un rayon de lumière, il se contracte brusquement en boule et tout mouvement cesse, pour reprendre dès que l'obscurité est revenue. Le passage graduel de l'obscurité à la lumière, par contre, ne produit aucun effet. Les masses protoplasmiques de beaucoup de myxomycètes se comportent de la même manière. On comprend facilement que l'allongement bioprotéonique se fera de préférence du côté le moins éclairé et que la masse protoplasmique aura de la tendance à fuir la lumière pour s'enfoncer dans les endroits sombres ; c'est, en effet, ce qui s'observe dans la « fleur de tan ».

Un infusoire, *Pleuronema chrysalis*, à l'état de repos, se tient immobile et n'exécute que de temps à autre un brusque saut par un battement soudain de ses cils. Lorsque plusieurs de ces petits protistes sont frappés par un rayon lumineux, ils se mettent à sauter pêle-mêle impétueusement, comme une troupe de puces irritées, jusqu'à ce qu'ils se soient mis de nouveau à l'ombre (Verworn).

De l'examen de tous ces faits on peut conclure, avec Verworn, qu'il n'y a plus lieu de distinguer l'héliotropisme animal du phototropisme, que nous devons appeler, de préférence, *lucitactisme*.

Vision dermatoptique, photodermatisme, somatoptisme, actinesthésie. — Une foule d'animaux considérés comme privés d'yeux sont sensibles à la lumière. On en rencontre dans presque tous les groupes :

(1) Dans ces temps derniers, Steinach a non seulement constaté de nouveau l'excitabilité directe des chromatophores des céphalopodes, mais il a vu, en outre, qu'elle se produit encore quand la fonction est déjà éteinte dans les éléments ganglionnaires : les rayons les plus réfrangibles sont les plus actifs.

Les muscles des chromatophores s'anastomosent avec les cordons musculaires de la peau, et c'est ainsi que l'action lumineuse peut produire immédiatement, sans organes récepteurs spéciaux et même sans transport nerveux, un mouvement en une région plus ou moins éloignée (c'est ce phénomène que R. Dubois avait depuis longtemps désigné chez la Pholade sous le nom d'*irradiation*, voy. p. 285), par exemple le déclenchement des ventouses ou même des phénomènes de locomotion de tout l'animal. Ce fait a été observé aussi dans les muscles du cœur et de l'urètre.

La nature musculaire des chromatophores, et leur sensibilité directe à la lumière, qui a été acceptée par Harting, Waldeyer et Rabl (1900), avaient été démontrées bien avant les recherches de ces auteurs par Phisalix (*Archives de phys. de Brown-Séquard*, 1892).

protozoaires (*Pelomyxa palustris*, une foule d'infusoires, *Glenodinium*) ; *cœlentérés* (larves de *Raniera filigrana*, *Hydra veretillum*, *Edwarsia*, *Cerianthus*, *Sertularia*) ; bryozoaires (*Cristatella*) ; *vers* (*Spirographis Spallanzanii*, *Lumbricus agricola*) ; *arthropodes* (*Balane*, *Geophilus longicornis*, larves de diptères, etc.) ; *mollusques* (*Solen vagina*, *Mactra*, *Pinna*, *Avicula*, *Dentalium*, *Arion*, *Empiricornis*, *Pholas*) ; *vertébrés* (*Proteus anguinus*, *Amphioxus* [?]).

Certains animaux privés d'yeux artificiellement sont également sensibles à la lumière : les grenouilles aveuglées se placent dans les points les plus obscurs ; il en est de même des salamandres, des cancrelas ; ces animaux aveuglés recherchent le rouge et fuient le bleu (Graber).

Le Protée (*Proteus anguinus*) des grottes de la Carniole, dont l'organe visuel est atrophié, se plaît dans les ténèbres, où il a coutume de vivre depuis bien longtemps sans doute. En mesurant le temps qui s'écoule avant que l'animal réagisse, on trouve que l'échelle d'après laquelle son bien-être paraît décroître, depuis l'obscurité agréable pour lui, jusqu'à la lumière désagréable, insupportable, est la suivante : obscurité, rouge, jaune, vert, bleu, blanc (R. Dubois), mais ce n'est pas parce qu'il fuit le bleu avec persistance qu'il faudrait conclure qu'il n'y a que les radiations chimiques qui l'impressionnent. Finsen a été beaucoup trop exclusif, parce qu'il a été dominé par des vues systématiques. Le Protée réagit sous l'influence du rouge, du vert et du bleu, mais d'une manière différente : il réagit par des mouvements lorsque, étant dans l'obscurité, il reçoit une radiation colorée quelconque ; mais, en outre, l'action de la lumière se manifeste par la formation de pigment dans la partie la plus vasculaire du derme et celle-ci peut avoir lieu dans le vert (R. Dubois). C'est, en outre, une preuve, avec l'excitation directe des chromatophores par la lumière, que c'est la peau des animaux sans yeux qui est impressionnée quand ils réagissent à l'excitation lumineuse. Mais c'est d'une manière absolument hypothétique que l'on a généralisé et admis chez tous ces organismes une vision dermatoptique. Darwin pensait que chez le lombric c'étaient les ganglions cérébroïdes qui étaient influencés au travers de la peau. Ce n'est qu'en 1888 qu'il fut possible d'établir d'une manière rigoureuse, par l'observation et l'expérimentation portées sur le siphon de la Pholade dactyle, la preuve qu'une sensation lumineuse *cutanée* peut être mise en évidence et son mécanisme expliqué scientifiquement.

La Pholade dactyle est un mollusque lamellibranche marin qui vit dans des trous : de l'entre-bâillement de ses valves incomplètes sort un long tube membraneux, le siphon : dans l'intérieur de celui-ci, se trouvent des organes lumineux ou photogènes (Voy. fig. 189) et, à l'extérieur, un revêtement lucitactile, c'est-à-dire donnant des réactions motrices sous l'influence des modifications de l'éclairage. On considère ce mollusque comme privé d'yeux, la surface du siphon présentant cependant de petites papilles dont l'extrémité libre est fortement pigmentée ; mais, outre que d'autres parties du manteau dépourvues de ces papilles montrent une sensibilité manifeste à la lumière, on trouve dans les coupes une structure très analogue, sinon identique, au reste du tégument. Il est très probable qu'il n'existe dans ce dernier aucun élément différencié pour la vision (1), mais il serait téméraire de l'affirmer. D'ailleurs, cela importe peu au point de vue du mécanisme de la vision dermatoptique, qui lui-même n'a de véritable intérêt que parce qu'il fournit une explication rationnelle expérimentale du mécanisme intime de la vision par les ocelles ou par les yeux, que l'on avait vainement cherché à expliquer par des hypothèses *sans aucun fondement scientifique*.

Si l'on touche avec une aiguille un point quelconque du tégument du siphon, on remarque, au point touché, la formation d'une petite dépression, qui s'agrandit par un phénomène d'*irradiation irritative musculaire*.

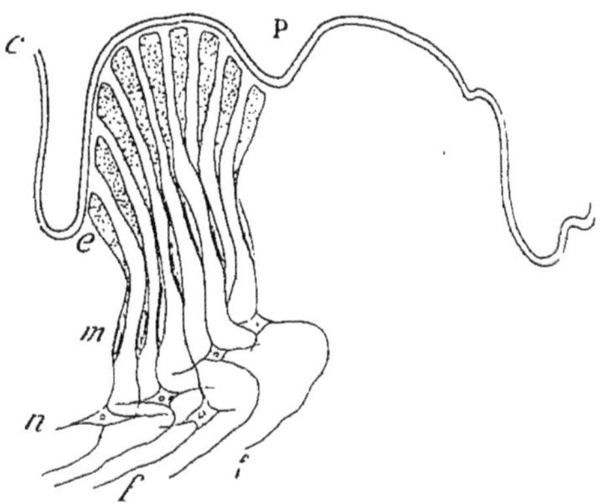

Fig. 173. — Coupe schématique d'une papille de Pholade dactyle. — P, centre de la papille ; c, cuticule ; e, segment épithélial pigmenté ; m, segment contractile ; n, plastides nerveuses ; f, f, fibres nerveuses ; e, m, n, système avertisseur neuro-myo-épithélial.

Sous l'épithélium pigmenté du tégument se trouvent, en effet, des petites fibres musculaires lisses, qui se continuent avec la terminaison basale des cellules épithéliales et viennent se rendre, d'autre part, dans une couche neurodermique sous-jacente, riche en plastides ganglionnaires (fig. 173). Si l'excitation mécanique ainsi produite n'est pas trop forte, la dépression reste localisée au point touché ; ainsi, on peut obtenir des sillons longitudinaux ou circulaires en promenant la pointe excitatrice légèrement sur la surface du siphon. Si l'excitation tactile est plus puissante, la surface totale du siphon commence à se rétracter par la contraction de toutes ses fibres superficielles, à laquelle succède bientôt un raccourcissement brusque, total du siphon, dû à la con-

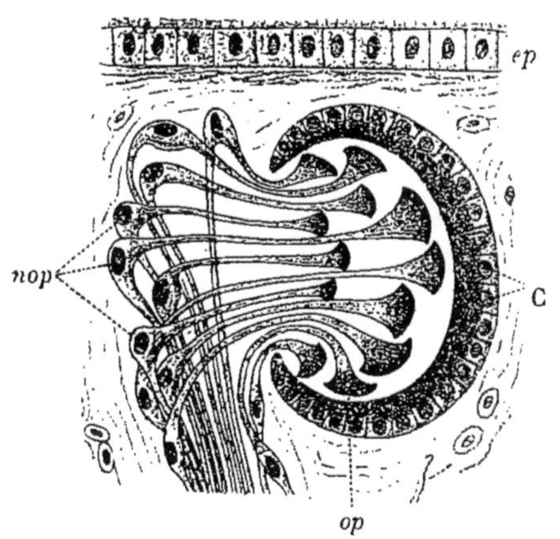

Fig. 174. — Coupe d'un ocelle d'*Euplanaria gonocephala*. — ep, épithélium ; C, capsule pigmentée de l'ocelle, terminaison périphérique des plastides optiques ; nop, noyaux des plastides optiques (grossi 120 fois, d'après Beer).

traction, d'ordre réflexe, des grands muscles longitudinaux. Les petites fibres musculaires dermiques, en se contractant, ont irrité mécaniquement les plastides nerveuses du tégument et celles-ci ont communiqué, à leur tour,

(1) Les éléments myo-neuro-épithéliaux (fig. 173) que l'on trouve dans les papilles de la Pholade offrent une grande analogie morphologique avec ceux que l'on rencontre dans les ocelles d'*Euplanaria gonocephala* (fig. 174) et de *Dendrocœlum lacteum* (fig. 175).

l'excitation aux ganglions nerveux, d'où partent les nerfs innervant les muscles longitudinaux. On produit les mêmes effets en déposant à la surface du derme des substances chimiques excitantes ou sapides, ou bien par excitation électrique, ou encore à l'aide d'une pointe métallique chauffée. Toutefois, les réactions motrices diffèrent notablement, ainsi que le prouvent les

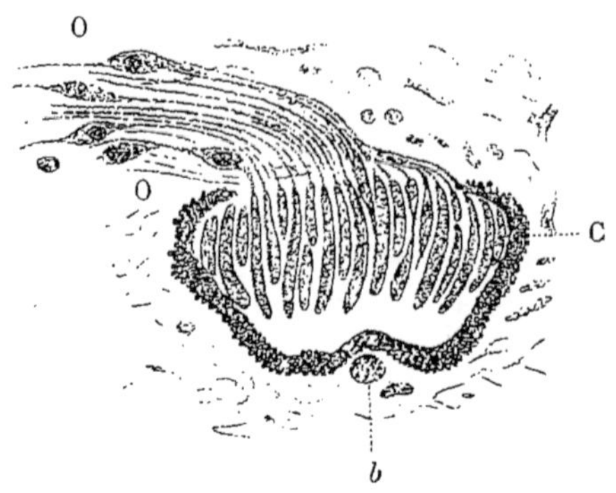

Fig. 175. — Coupe d'un ocelle de *Dendrocœlum lacteum*. — C, capsule de l'ocelle ; b, bouton ocellaire ; O, O, plastides optiques (grossi 750 fois, d'après Beer).

tracés graphiques : à des excitations différentes correspondent des courbes particulières, qui montrent que, non seulement la couche myodermique n'est pas impressionnée de la même manière dans tous les cas, mais qu'il en est de même pour les centres réflexes. Ce qu'il y a de fort remarquable, c'est qu'un pinceau lumineux projeté sur le tégument d'une Pholade placée dans l'ombre produise un résultat, sinon identique, du moins analogue. Si l'excitation n'est pas très forte, la rétraction reste localisée à un point du tégument et le siphon peut s'incurver d'une manière très caractéristique (Voy. *Héliotropisme*, p. 278). Au moyen d'un dispositif spécial (fig. 176), il est facile d'enregistrer les phénomènes dont il vient d'être question : 1° rétraction superficielle du derme par excitation directe de la lumière; 2° rétraction réflexe totale du siphon. La Pholade peut donc écrire elle-même ses sensations lumineuses : c'est exactement comme si l'on pouvait enregistrer le raccourcissement des cônes et des bâtonnets sous l'influence de l'éclairement de la rétine et la contraction réflexe du sphincter musculaire de l'iris, qui lui succède. Le premier phénomène peut même être obtenu isolément quelle que soit l'intensité de l'excitation lumineuse, si l'on sépare le siphon des centres nerveux (ganglions palléaux) et même du reste de l'animal : le siphon détaché restera excitable par la lumière pendant plusieurs jours, mais seulement dans ses parties superficielles myodermiques (fig. 177 et 178).

Depuis les observations de R. Dubois qui remontent à 1888, on a reconnu de grandes analogies entre ces phénomènes et ceux que présentent les chromatophores chez les mollusques céphalopodes (poulpes).

Il est commode d'opérer avec le siphon séparé quand on veut étudier seulement les propriétés physiologiques de la couche myodermique.

Rapidité visuelle. — La surface dermatoptique de la Pholade est très sensible. Il suffit, avec une lampe de dix bougies placée à une distance de 30 centimètres, d'un éclairage de 2/100 de seconde pour obtenir un tracé : mais, à cette limite inférieure, on n'obtient, le plus souvent, que la contraction myodermique avec la Pholade entière ou bien la seconde survient très tardivement, mais alors avec une grande brusquerie.

Intensités éclairantes. — Avec une lampe de dix bougies placée à une distance de 60 centimètres, si l'on fait deux excitations d'une durée de deux secondes chacune, à une heure d'intervalle, on obtient des tracés identiques; mais, si l'on éloigne de plus en plus la lampe, on voit peu à peu augmenter la durée de la période latente et diminuer l'amplitude de la courbe. Pour

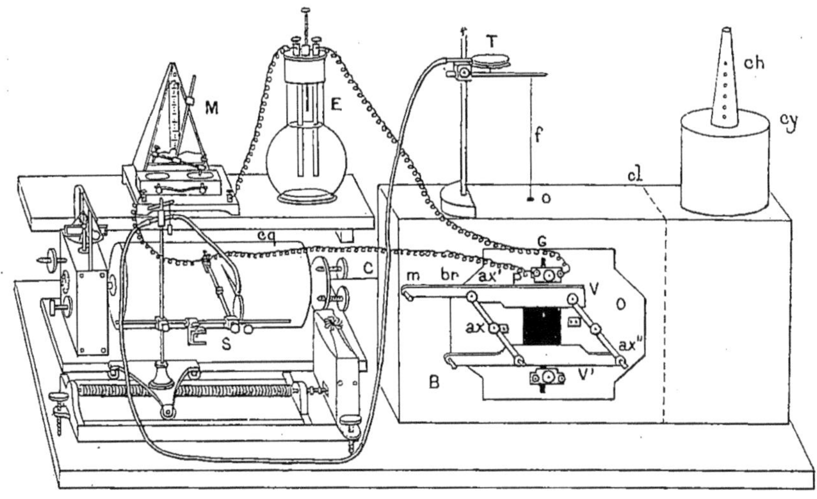

Fig. 176. — Appareil enregistreur des mouvements provoqués par la lumière chez la Pholade dactyle. — B, chambre noire où est renfermée la Pholade plongée verticalement dans un vase de verre à faces parallèles planes rempli d'eau de mer ; *ax*, *ax″*, obturateur à main ; *m*, *br*, manipulateur (cette pièce a été remplacée par un obturateur photographique à iris); *cy*, cylindre renfermant un bec de gaz pour entretenir une température constante ; *ch*, cheminée ; *f*, fil attaché à l'extrémité supérieure du siphon de la Pholade ; T, tambour de Marey, récepteur relié à un tambour enregistrant les mouvements du siphon sur le cylindre *cq* ; S, signal électrique; M, métronome ou diapason ; E, pile avec dispositif permettant d'enregistrer la durée de l'action de la lumière et des divers phénomènes qui en résultent.

éviter les perturbations produites par la fatigue dans les expériences en séries, il est préférable de placer alternativement la lampe à 100 centimètres et à 10 centimètres. Dans ces conditions, on a trouvé que lorsque l'éclairage devenait cent fois plus faible, l'amplitude de la courbe devenait dix fois moindre et la durée de la période latente environ deux fois moins longue.

Minimum d'intensité perceptible. — En éloignant la lampe de plus en plus, jusqu'à ce que la lumière ne donne plus qu'une contraction imperceptible, on trouve que la lueur la plus faible, encore capable de provoquer une sensation, est égale à 1/400 de bougie.

La Pholade peut donc, comme nous, distinguer de faibles clartés et apprécier avec une grande précision la valeur des intensités lumineuses. Elle pourra distinguer un mouvement, la direction de la lumière, la durée et aussi l'intensité lumineuse ; cette dernière notion lui est manifestement fournie par l'amplitude de la courbe myodermique, de même que l'intensité de l'éclairage dans notre œil nous est certainement fournie par l'amplitude du raccourcissement des cônes et des bâtonnets (1).

On peut se demander encore si la peau de la Pholade lui permet de distinguer les couleurs.

Sensation chromatique. — Si l'on fait tomber sur l'ouverture de l'obturateur successivement les différentes zones du spectre solaire ou du spectre de la lampe électrique à arc, on constate que l'on peut provoquer des contractions du siphon isolé ou de la Pholade entière par toutes les radiations colorées que notre œil peut voir : la Pholade voit donc les mêmes couleurs que nous (2).

Le moindre mouvement de déplacement du prisme, lorsque la Pholade est éclairée par des radiations vertes, par exemple, suffira pour provoquer une contraction dans le jaune vert. Non seulement la Pholade voit jusqu'aux couleurs, mais elle sent aussi les nuances. Il ne s'agit point ici de variations

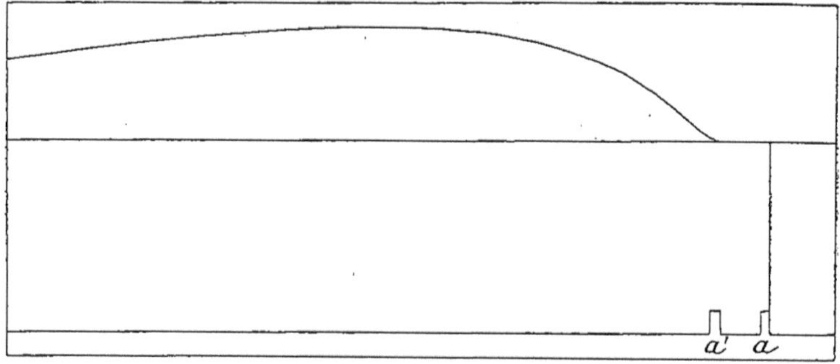

Fig. 177. — Courbe fournie par la lumière tombant à la surface d'un siphon de Pholade isolé des centres nerveux et du corps de l'animal. — *a*, début de l'éclairage ; *a'*, début de la contraction.

de l'intensité lumineuse éclairante : les courbes varient comme nous l'avons indiqué à propos de l'intensité de la lumière, même quand il s'agit de lumière monochromatique, mais c'est seulement l'amplitude de la courbe qui croît

(1) La différenciation morphologique des cônes et des bâtonnets doit bien certainement correspondre à quelque différenciation fonctionnelle ; mais l'existence de cônes seulement chez les Reptiles, leur absence chez les Oiseaux de nuit, prouvent que les phénomènes fondamentaux de la vision sont communs à ces deux sortes d'éléments. On sait que les cônes et les bâtonnets ne présentent pas les mêmes réactions histologiques que les éléments nerveux : on peut les considérer comme des segments myoépithéliaux, ainsi d'ailleurs qu'une foule d'autres plastides sensitives différenciées en vue de telle ou telle sensation, et le rouge rétinien est, en somme, l'homologue de la myoérythrine. D'ailleurs, le papillotement que l'on éprouve en regardant une surface éclairée au travers de fentes étroites percées dans un disque noir qui tourne devant l'œil avec une certaine vitesse, celui encore que l'on perçoit en fixant un tube de Geisler animé d'un mouvement de rotation, ou bien encore le scintillement d'un point lumineux très petit et de faible intensité, comme une colonie de *photobactérie* naissante ou une étoile, ne peuvent s'expliquer que par une trémulation musculaire, un tétanos à secousses non fusionnées. La fonction photodermatique, comme les mouvements rythmiques du cœur, sont donc avant tout une propriété musculaire, et le système nerveux, dans un cas comme dans l'autre, ne joue plus qu'un rôle secondaire.

(2) On s'est assuré, dans ces expériences, que les radiations calorifiques et chimiques n'intervenaient en rien.

avec l'excitation lumineuse. A quoi donc pourra-t-on reconnaître que l'animal distingue les couleurs ? C'est à la *forme* des courbes, qui n'est pas la même, qu'il s'agisse de la courbe myodermique ou de celle-ci combinée avec la contraction réflexe.

La contraction est très *lente* avec le rouge et le violet : elle est assez lente avec le bleu et rapide avec le jaune et le vert. De sorte que si l'on range les excitants lumineux selon la rapidité de la contraction qu'ils provoquent et de la durée de la période latente qui la précède, on observe l'ordre croissant suivant : violet, rouge, bleu, jaune, vert. La lumière blanche, c'est-à-dire le faisceau de toutes ces couleurs, donne une rapidité de contraction de vitesse moyenne, et c'est peut-être ce qui fait qu'avec un faisceau formé d'un excitant lent et d'un excitant rapide, le rouge et le vert, par exemple, ou bien le bleu et le jaune, on a la perception du blanc; ainsi s'expliquerait le jeu des couleurs complémentaires.

En résumé, il résulte de ces expériences que la notion d'intensité est fonction, pour un même individu, de l'*amplitude* du mouvement du système avertisseur ou couche myodermique, et que la sensation de couleur est déterminée surtout par la *rapidité* de ce mouvement, comme dans l'audition la hauteur d'un son est fonction de la rapidité des vibrations sonores et son intensité de l'amplitude de celles-ci.

La vision se trouve donc réduite à un phénomène tactile, puisque les nerfs ne sont impressionnés que par les ébranlements résultant du raccourcissement

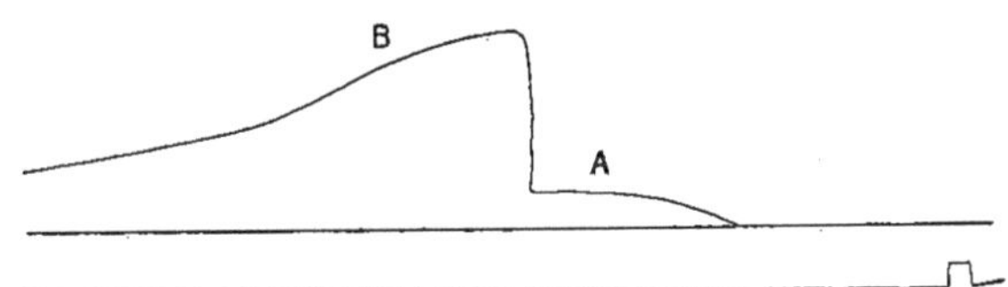

Fig. 178. — Courbe fournie par la lumière tombant sur la surface du siphon d'une Pholade entière. — A, contraction primaire, superficielle du système avertisseur neuro-myo-épithélial; B, contraction réflexe des grands muscles longitudinaux du siphon. (A est comparable à la contraction des cônes et des bâtonnets dans la rétine et B à la contraction réflexe de l'iris.)

des fibres musculaires dermiques, qui fournissent des courbes de contractions tétaniques, comme le montrent les figures 177 et 178. Cet état tétanique est certainement accompagné de trémulations fibrillaires plus ou moins rapides, comme il arrive toujours en pareil cas, capables de faire vibrer d'une manière spéciale, avec chaque radiation lumineuse simple, les nerfs conducteurs et les éléments nerveux récepteurs. La plus ou moins grande rapidité du départ de la contraction indique bien que ces tétanos sont provoqués par des excitants plus ou moins rapides.

Les sensations lumineuses que produisent les courants électriques traversant la rétine de notre œil sont bien connues; ces courants déterminent également des sensations colorées, qui n'ont pas été assez étudiées. Helmholtz disait que sur lui-même les courants forts produisaient une confusion de couleur, dans laquelle il ne pouvait découvrir de loi. Cela tenait, sans doute, à des dérivations multiples dues à l'inégale conductibilité des divers points des milieux de l'œil.

Ces sensations sont de même ordre que les phosphènes ; seulement, au lieu d'une excitation électrique, dans ces derniers c'est une excitation mécanique qui agit. Newton expliquait les phosphènes par cette hypothèse que l'ébranlement mécanique de la rétine donne à celle-ci un mouvement analogue à celui que lui impriment les rayons lumineux qui viennent la frapper (Voy. Helmholtz, *Optique physiologique*, traduction française, p. 282). Les excitations mécaniques peuvent, en effet, produire des contractions tétaniques de la couche myodermique de la Pholade, aussi bien que la lumière : il doit en être de même des cônes et des bâtonnets dans le segment conomyoïde de Van Gederen Stort.

Production de l'électricité par la lumière. — Si, dans un circuit galvanométrique, on intercale une Pholade maintenue à l'obscurité, de façon que l'une des bornes soit reliée à la face externe et l'autre à la face interne du siphon de l'animal, et que l'on fasse tomber à la surface de cet organe un faisceau de lumière, on constate trois déviations du galvanomètre :

1° Une première négative, c'est-à-dire indiquant un abaissement du potentiel de la surface externe éclairée ;

2° Une deuxième de même sens que la première ;

3° Une troisième de sens inverse des deux premières et survenant tardivement.

La première déviation précède la première contraction, celle qui a lieu dans la couche myodermique ; la seconde déviation précède la seconde contraction produite par les grands muscles longitudinaux, et la troisième correspond à l'allongement du siphon qui reprend son attitude de repos.

Sur une Pholade, peut-être un peu fatiguée, on a trouvé que le temps écoulé entre le moment de l'éclairage et la déviation était de $\dfrac{8''}{3}$, et entre celle-ci et la première contraction de $\dfrac{5''}{3}$.

La deuxième contraction apparaît $\dfrac{32''}{3}$ après l'éclairage, et $\dfrac{18''}{3}$ après la seconde déviation.

Des phénomènes de même ordre se passent dans notre œil. Dewar, Holmgren, Chatin ont établi qu'il se produit une variation négative du nerf optique toutes les fois qu'un rayon lumineux tombe sur la rétine ; en outre, la chute de potentiel, comme le départ de la contraction, est plus rapide pour les radiations jaunes et vertes ou de longueur d'onde moyenne.

Production de la lumière par la lumière. — Les corps fluorescents ont la propriété de rendre visibles des radiations du spectre qui ne le sont pas, comme l'ultra-violet, ou d'accroître le pouvoir éclairant du violet ; il en résulte qu'une certaine quantité de lumière visible peut être engendrée par des radiations spectrales.

Les corps fluorescents connus ne sont pas très communs chez les animaux. R. Dubois a signalé, dans les organes photogènes du Pyrophore, une substance, la *pyrophorine* (Voy. *Biophotogenèse*, p. 306), qui permet le renforcement de la lumière produite par les organes photogènes.

Le cristallin, la cornée, l'humeur aqueuse, et même la rétine, ont été considérés comme fluorescents. En tout cas, ils le sont fort peu, ce qui serait beaucoup plus gênant qu'utile pour la vision; ils n'arrêtent que d'infimes quantités de radiations ultra-violettes (Donders, Rees, Brücke, R. Dubois). Cependant, la cornée et le cristallin manifestent un certain degré de fluorescence lorsqu'ils sont frappés par de la lumière ultra-violette; dans ce cas, ils émettent une lueur d'un bleu blanchâtre analogue à celle des solutions de sulfate de quinine (Helmholtz).

La lumière que présentent les yeux des fauves et d'autres animaux (Sphynx à tête de mort) dans la demi-obscurité, jamais dans l'obscurité complète, est due à des phénomènes de diffraction. Jamais une personne n'a pu observer la production de lumière objective chez une autre personne (Helmholtz).

Rôle du pigment dans la fonction dermatoptique. — Les rayons chimiques et les radiations calorifiques en excès sont arrêtés par le pigment des plastides épithéliales, ainsi que la lumière visible trop vive; c'est le rôle que l'on attribue aujourd'hui au pigment rétinien. Les Pholades très pigmentées de la Méditerranée sont moins sensibles à la lumière que celles de l'Océan. Les réactions bioprotéoniques de catabolisme ou de métabolisme, ou, plus simplement, d'analyse et de synthèse, qui donnent naissance aux phénomènes fondamentaux de la vision, doivent se passer dans la couche myodermique. Ce sont elles certainement qui engendrent les phénomènes électromoteurs précédant la contraction musculaire du système avertisseur. Peut-être, en définitive, ceux-ci sont-ils la cause proximale des contractions et, par là, de la sensation dermatoptique.

La présence du pigment n'est pas indispensable, comme on l'a vu pour les phénomènes de phototropie chez les Protistes; pourquoi n'en serait-il pas de même pour de véritables éléments visuels différenciés? Hesse a trouvé, dans l'épiderme de dix espèces de Lombrics, des plastides qui ne pénètrent pas jusqu'à la cuticule, de hauteur moitié moindre que les autres cellules épithéliales, mais notablement plus larges et se distinguant par un protoplasme plus clair, un noyau plus grand et plus arrondi, des corps enclavés, ronds, étendus, tordus ou ramifiés, paraissant comme des vacuoles sur la coupe et d'une forme caractéristique. Le noyau est souvent basal, au bord de la cellule, laquelle se transforme au voisinage en une fibre nerveuse, qui peut être poursuivie souvent à une certaine distance, courant au large dans la base de l'épithélium (fig. 179).

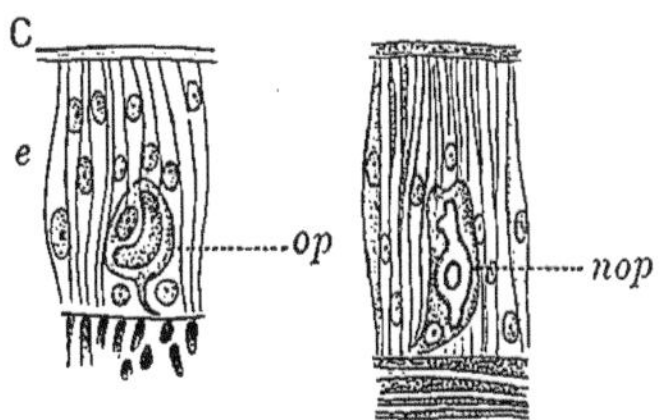

Fig. 179. — Coupe de la peau du Lombric (d'après Hesse). — C, cuticule; e, épithélium protecteur; op, plastide optique; nop, noyau de la plastide optique.

En général, ces plastides sont plus nombreuses à la partie antérieure et postérieure du corps dans beaucoup d'espèces, et aussi par places dans les lobes de la tête, dans l'enveloppe plastidaire externe du ganglion supérieur du pharynx. Ces plastides sont *dépourvues de pigment.* On a considéré ces éléments comme des cellules visuelles, surtout parce qu'elles ressemblent à des éléments en partie sans pigment, en partie entourés de pigment, que l'on rencontre chez les Hirudinés. C'est là une mauvaise raison, car beaucoup d'éléments sensoriels peuvent présenter entre eux de grandes analogies de structure et de forme, sans aucune ressemblance fonctionnelle, et inversement (1).

Hesse a cherché, par l'expérimentation, à localiser dans ce qu'il appelle les « cellules optiques » une fonction visuelle. Pour cela, il montre qu'en touchant avec une faible dissolution de quinine différentes places du corps, on obtient une excitation suivie de gonflement, et cela sur toute la surface du tégument, tandis qu'en plaçant des lombrics ou des fragments de ces vers dans des tubes de verre qu'on éclaire par points, on constate que le maximum d'excitabilité à la lumière coïncide avec les régions où se rencontrent en plus grand nombre les cellules optiques. Malheureusement, ces expériences rudimentaires ne prouvent pas même que le siège de l'excitabilité à la lumière se trouve dans la peau et, à plus forte raison, qu'elle soit localisée dans les éléments en question. La réception des excitations mécaniques aurait lieu par des terminaisons libres des nerfs dans l'épiderme découvertes par Smirnow; mais, ici encore, la démonstration expérimentale fait défaut.

Actuellement, certains observateurs (surtout des morphologistes, comme von Beer), inclinent à penser que la différenciation morphologique existe toujours, ou presque toujours, pour la sensation lumineuse par la peau ; si l'on n'a pas encore découvert et distingué des autres organes sensitifs les « photeurs », plastides optiques ou visuelles, c'est par suite de l'imperfection de nos moyens de recherches. G. Pouchet avait autrefois décrit l'œil des Péridiniens, et Harold Wager viendrait, à son tour, de découvrir l'œil de l'Euglène, qui n'est plus considérée aujourd'hui comme un animal. Cet œil végétal consisterait en une masse de granulations pigmentaires semblant enrobées dans une matière protoplasmique. La lumière absorbée par cette masse paraîtrait agir sur le renflement placé près de la base du flagellum, dont elle modifie les mouvements.

A la suite des recherches de R. Dubois sur la Pholade dactyle, divers auteurs ont pensé que des organes sensoriels ne présentant pas de différences morphologiques reconnaissables pouvaient être le siège de plusieurs sensations différentes, ou servir de récepteur à des excitations de diverse nature. A ces éléments polyesthésiques ou plurisensitifs on a donné, en Allemagne, le nom de *Wechselsinne organe.* Nagel (1894) a cité un grand nombre d'exemples en faveur de cette conception ; il fait remarquer, entre autres choses, que les tentacules des Actinies sont des organes sensitifs universels.

(1) Dans une copieuse compilation, qui ne renferme malheureusement aucune observation nouvelle et surtout aucune expérience personnelle, von Beer a accumulé des matériaux morphologiques dont il se sert pour combattre des données physiologiques qu'il ne paraît pas avoir toujours comprises bien clairement (In *Wiener klin. Wochensch* , nos 11, 12 et 13, 1901). Or, on a renoncé depuis longtemps à définir le rôle physiologique des organes ou des éléments qui les constituent d'après leur morphologie.

Tréviranus, en 1822, admettait déjà que les appareils des sens possèdent, en outre de la réceptivité qui est uniquement propre à chacun d'eux, en même temps une réceptivité pour des impressions accessoires, et chez tous, dit-il, on peut remarquer une *dérivation du toucher*.

C'est une erreur de croire qu'un élément sensoriel ne peut être excité que par un excitant spécifique en vue duquel il est différencié. Chacun sait que ceux de la rétine, qui sont plus spécialement faits pour l'excitant lumière, ne fournissent pas moins des sensations, suivies de perceptions lumineuses, à la suite d'excitations mécaniques (phosphènes) ou électriques, que la perception douleur peut être produite par la lumière, la chaleur, le froid, l'électricité, le tact, l'audition, etc.

La notion de lumière, d'odeur, de saveur, de son, dépend surtout des centres de perceptions où se rendent les conducteurs venant des organes des sens, siège des impressions-sensations. Au point de vue de leur fonctionnement, et même de leur structure, les divers éléments sensoriels présentent entre eux la plus grande ressemblance : on trouve toujours un segment épidermique, une partie renflée en fuseau, dont l'extrémité profonde est en rapport, d'ordinaire, avec un élément nerveux (plastide ou fibre). C'est un système neuro-myo-épithélial plus ou moins différencié, qui peut être formé par continuité ou par contiguïté, peu importe.

Tout le monde sait également qu'une impression-sensation venant d'un organe, comme l'oreille, différencié en vue du son, peut, par répercussion réflexe, faire naître des perceptions lumineuses et même chromatiques (vision auditive) ; de même, un bruit aigu, un son « aigre » donneront la perception gustative d'un acide, ou bien une perception de froid dans le dos ; enfin, quand on regarde une vaste surface blanche, comme un nuage très éclairé ou un champ de neige, on éprouve des picotements du côté de la muqueuse olfactive ; rappelons encore que l'électrisation des papilles de la langue fournit des sensations gustatives. Il est fort admissible que des éléments identiquement constitués et excitables, comme est l'Amœbe, par tous les excitants physiques, chimiques ou mécaniques, puissent fonctionner comme des récepteurs universels susceptibles de provoquer des perceptions différentes, parce qu'ils seront respectivement en rapport avec des centres percepteurs différents. Dans le cas où ces centres eux-mêmes seraient peu différenciés, ils n'éveilleraient que des perceptions associées, par cela même confuses, soit de tact-gustation-olfaction, soit de vision-audition, par exemple, ou, plus simplement encore, chez des êtres très inférieurs, comme les Actinies, une seule perception synthétique, plus ou moins consciente, provoquée par des excitations de natures diverses, grâce à une seule espèce d'éléments récepteur et percepteur. Enfin, s'il n'y a plus ni organe sensoriel, ni organe percepteur différencié, il ne reste plus, comme chez l'Amœbe, que l'irritabilité bioprotéonique, qui suffit à tout.

En résumé, il ressort de l'ensemble des faits qu'il est plus rationnel de faire rentrer dans le cadre du *phototropisme* et du *phototrophisme*, c'est-à-dire du *lucitactisme*, lequel n'est, d'ailleurs, qu'une des formes de l'irritabilité, tous les phénomènes provoqués par la lumière chez les animaux, *y compris* les *phénomènes visuels sensoriels*, que de chercher à multiplier les explications pour chaque cas particulier.

C'est seulement par l'étude comparative des phénomènes physiologiques dans la série des êtres vivants que l'on peut arriver à distinguer ce qui est fondamental de ce qui est accessoire chez les organismes supérieurs, et c'est par la physiologie générale et comparée seulement que l'on arrivera à débarrasser la science des hypothèses sans aucun fondement scientifique qui l'encombrent malencontreusement, principalement en ce qui concerne la physiologie de la vision.

BIOPHOTOGENÈSE

OU PRODUCTION DE LA LUMIÈRE PAR LES ÊTRES VIVANTS

Par M. Raphaël DUBOIS.

L'existence de la biophotogenèse ou fonction photogénique a été constatée *de visu* chez de nombreuses espèces appartenant aux règnes végétal et animal. Peut-être même découvrirait-on, à l'aide de quelque puissant « microphote », qu'il émane de tout ce qui existe des ondulations susceptibles, si elles étaient quantitativement suffisantes, d'impressionner notre rétine. Ce n'est qu'une supposition ; cependant, les colonies de microbes lumineux, au début de leur formation, rayonnent trop peu de lumière pour exciter notre œil, alors que, néanmoins, par un effet cumulatif, elles impressionnent la plaque photographique. Ce cas rentre dans la catégorie de ceux que l'on a groupés sous le nom de *lumière invisible*, et il n'y a pas lieu, pour les expliquer, d'avoir à recourir à des hypothèses et de créer des antonymies baroques, còmme l'expression de *lumière noire.*

Biophotogenèse chez les végétaux. — Parmi les végétaux, la biophotogenèse n'a été observée avec certitude que chez des organismes achlorophylliens, ou, accidentellement, sur des parties dépourvues de la fonction chlorophyllienne (fleurs jaunes du Souci, de la Capucine, de l'Œillet d'Inde et autres de même couleur), se rapprochant beaucoup, par conséquent, des animaux sous le rapport de la nutrition. Mais c'est seulement chez les Champignóns et les Algues blanches que la fonction photogénique a été étudiée d'une manière véritablement scientifique.

La famille des *Bactériacées* renferme plusieurs espèces ou variétés photogènes marines et terrestres qui forment le genre *Photobacterium*. Les Photobactériacées marines vivent en liberté dans la mer, ou bien à la surface des poissons, des crustacés, des céphalopodes et de beaucoup d'autres animaux, mais elles ne deviennent lumineuses qu'après la mort de ceux-ci et quand ils ont été pêchés depuis vingt-quatre ou trente-six heures. Lorsque la putréfaction apparaît, la luminosité qu'elles avaient prêtée à ces cadavres s'éteint. Des Photobactériacées ont été aussi rencontrées sur des espèces

animales possédant une luminosité propre (*Pholas dactylus, Pelagia noctiluca*), avec lesquelles elles vivent en symbiose. D'autres fois, elles se comportent comme de véritables parasites pathogènes. Introduites sous la cara-
pace de certains crustacés marins ou terrestres (*talitres, cloportes*), soit
accidentellement, soit expérimentalement, et même sous la peau de la
grenouille, elles se multiplient et envahissent le corps tout entier : l'animal
devient lumineux, mais il ne tarde pas à mourir. Les tentatives faites
pour inoculer ces microbes pathogènes à des animaux plus élevés en
organisation ont échoué jusqu'à présent. Toutefois, il est bien probable
que les cas de *phosphorescence* des *urines*, de la *salive*, de la *sueur*,
et même des *plaies*, observés principalement chez l'homme, n'ont pas
d'autre cause : il serait important cependant d'en acquérir la certitude.
Malheureusement pour la science, les exemples de ces singulières affections,
qui d'ailleurs ne paraissent pas dangereuses, sont plus rares que ceux des
mammifères devenus lumineux après leur mort. En dehors de la *phosphorescence du cadavre humain*, qui a été constatée plusieurs fois, on a vu se
développer dans les boucheries et les
abattoirs de véritables épidémies lumineuses infectant tantôt la viande du
porc, tantôt celle du *bœuf* ou du *cheval*. Le *Photobacterium sarcophilum*
(R. Dubois, fig. 180) est le premier microbe
lumineux de la viande de mammifère
qui ait été cultivé à l'état de pureté. Il
a beaucoup de rapports avec les Photobactériacées marines. Celles-ci, que l'on
a décrites sous divers noms : *Photobacterium phosphoreum*, *P. Pflugeri*,
P. indicum, *P. luminosum*, *P. Fischeri*,
Bacterium Pholas, *Bacillus pelagiæ*,
ne sont très probablement que des varié-

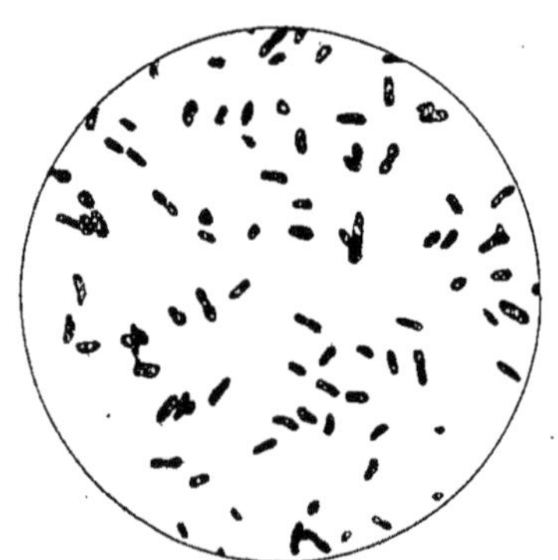

Fig. 180. — *Photobacterium sarcophilum*.

tés d'une seule et même espèce. On les distingue principalement par la différence de couleur de leur lumière, mais il n'est pas rare de la voir changer
dans une même espèce suivant les milieux.

Les Photobactériacées affectent, en général, la forme d'une semelle allongée : leur longueur oscille entre 2 et 4 μ. et leur largeur entre 1 et 2 μ.. Elles
sont très polymorphes et peuvent se transformer en microcoques, en
virgules, en filaments, sans cesser d'être lumineuses.

D'autres fois, la forme restant la même, on fait disparaître la fonction
photogénique en modifiant légèrement le milieu de culture et, inversement,
on peut rallumer les bactéries éteintes par ce moyen, même après un temps
assez long. Ces faits montrent déjà combien la fonction photogénique est
indépendante de la constitution morphologique. La culture de ces microbes
se fait facilement sur bouillon de gélatine-peptone contenant 4 p. 100 de sel
marin. Ce dernier produit sert à entretenir un état isotonique convenable et
à éviter la plasmolyse, mais il peut être, suivant de certaines proportions,

remplacé par d'autres composés (1). Le *Photobacterium sarcophilum* se développe bien dans les bouillons liquides ; c'est aussi le premier microbe photogène que l'on soit parvenu à cultiver dans un milieu fluide ne renfermant que des substances chimiquement définies : eau commune, glycérine, phosphates, asparagine, sel marin. Il ne brille pas sur les bouillons de gélatine acide, mais il sécrète une substance alcaline qui, en neutralisant le milieu, permet à la fonction photogénique de s'accomplir.

Il y a avantage à faire les cultures dans l'obscurité, car la lumière finit par éteindre la luminescence des Photobactériacées, même sans détruire leur vitalité.

Chez quelques *Champignons* à l'état adulte, la fonction photogène est très développée : les feuillets de l'*Agaricus olearius*, qui croît assez communément en Provence, au pied des oliviers, sont le siège d'une lueur blanchâtre. Les Champignons exotiques lumineux sont assez nombreux : on connaît, au Brésil, l'*Agaricus Gardneri* ; en Australie, les *Agaricus phosphoreus, candescens, lampas, illuminans,* etc., dont les noms indiquent bien la singulière propriété : quelques-uns émettent assez de lumière pour permettre de lire. La luminosité que l'on observe souvent sur des feuilles mortes, des branches ou des racines, sur les poutres des mines, est due aux filaments mycéliens des divers Hyménomycètes, de l'*Agaricus melleus*, en particulier.

Biophotogenèse chez les animaux. — Chez les animaux inférieurs, la fonction photogénique est diffuse. C'est dans la masse protoplasmique que l'on observe la production de la lumière c'est ce protiste, *Noctiluca miliaris*, qui produit le plus souvent la phosphorescence de la mer (fig. 181).

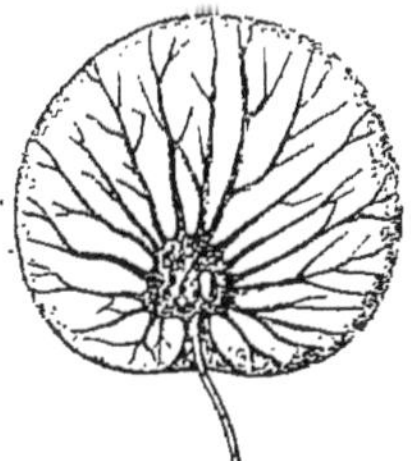

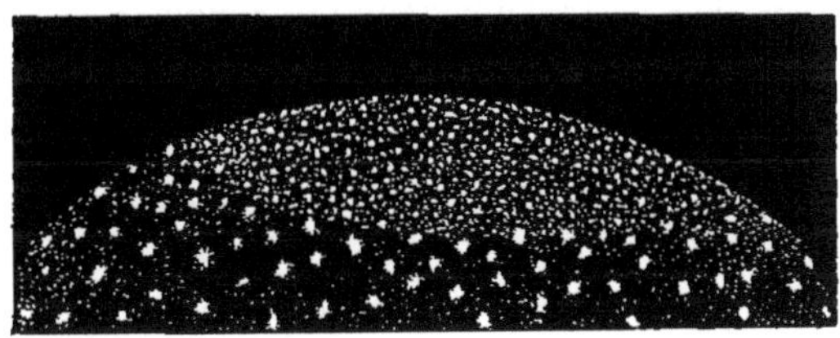

Fig. 181. — *Noctiluca miliaris.*   Fig. 182. — Noctiluque vu à un fort grossissement dans la nuit.

Les excitants mécaniques, physiques et chimiques font éclater la lumière au sein des Noctiluques, qui, à l'œil nu, ressemblent alors à de petites étoiles émettant une clarté homogène. Mais, avec un grossissement suffisant, cette lueur, uniforme en apparence, peut se résoudre en une multitude de petits points brillants, d'étincelles qui, par leur taille et leur distribution, correspondent aux granulations réfringentes que l'on observe dans l'épaisseur des tractus protoplasmiques de ce protiste (fig. 182).

(1) RAPHAEL DUBOIS, *Leçons de physiologie générale et comparée*, p. 506 et suiv. Paris, 1898.

La photogénéité est une propriété très répandue dans le monde des Cœlentérés.

Dans les régions abyssales, de nombreux polypiers à axes cornés ou calcaires, des *Isis*, des *Gorgones*, des *Mopsea*, forment des forêts lumineuses d'un effet réellement féerique, et c'est sans doute à cet éclairage que les animaux des abîmes doivent leurs riches couleurs et les yeux dont ils sont presque tous pourvus.

Chez les *Pennatulides*, la fonction photogénique est déjà localisée : elle siège dans les cordons gastrovasculaires. L'excitation mécanique, électrique, chimique produit l'explosion lumineuse, qui se propage de proche en proche, d'une manière très régulière, du pied du polypier vers l'extrémité des branches, ou inversement, avec généralisation plus ou moins étendue, suivant l'intensité de l'excitation. Le phénomène lumineux a son siège dans des plastides ectodermiques granuleuses.

Les granulations, que nous rencontrons partout, semblent prendre naissance sous l'influence de l'excitation par un phénomène analogue à la formation des cristaux dans une solution sursaturée soumise à un ébranlement : c'est du moins ce qui se passe dans les plastides ectodermiques de l'*Hippopodius gleba*. Cet élégant Cœlentéré est composé d'une série de segments en forme de sabot de cheval, et transparents comme du cristal quand l'animal n'est pas excité. Mais, vient-on à toucher l'ectoderme, les plastides qui le constituent deviennent aussitôt opalescentes, laiteuses, par la formation d'une foule de granulations, accompagnée de l'émission d'une magnifique lumière bleu céleste.

L'excitation de l'ectoderme fait naître aussi de la lumière chez certaines *Méduses*, telles que *Cunina albescens* et *Pelagia noctiluca*, dont l'épithélium se transforme en un mucus éclairant.

Beaucoup de Cténophores sont lumineux, même dans l'œuf, comme l'embryon des Béroés.

Dans la Méditerranée, la phosphorescence peut être uniquement produite par la désagrégation de ces Cœlentérés, dont les cadavres sont parfois poussés en grande abondance vers la côte.

Les étoiles de mer et les vers marins sont souvent lumineux ; il en est de même des *Photodrillus*, vers de terre d'origine probablement exotique.

Les *animaux articulés* comptent un grand nombre d'espèces chez lesquelles la fonction photogénique est très développée, et surtout bien différenciée.

Beaucoup de *Crustacés* sont photogènes : certains *Euphausiidés* portent des globules lumineux ou photosphères pouvant exister simultanément sur divers points du corps et sur les pattes. Ces organes, parfois munis de réflecteurs et de lentilles, ont été pris pour des yeux : qui sait s'ils ne peuvent servir, à la fois, à voir la lumière et à la produire ? Il y a bien peu de différences entre le tégument externe de la Pholade, siège de la fonction dermatoptique, et la paroi interne du siphon où se produit la luminescence.

Chez d'autres Crustacés, les Mysis, c'est un cercle brillant entourant l'œil, véritablement enchâssé dans une calotte sphérique lumineuse. Le pouvoir photogénique des yeux paraît avoir été bien constaté encore chez les *Aristeus*, les *Geryons* et dans le genre *Munida*.

Dans la classe des *Myriopodes*, chez les *Géophilidés, Scolioplanes crassipes* et *Orya barbarica* sécrètent, par des glandes tégumentaires unicellulaires, un liquide visqueux, odorant, insoluble dans l'alcool : il se solidifie rapidement en dégageant une lumière bleuâtre, en même temps qu'il se forme des cristaux (fig. 183).

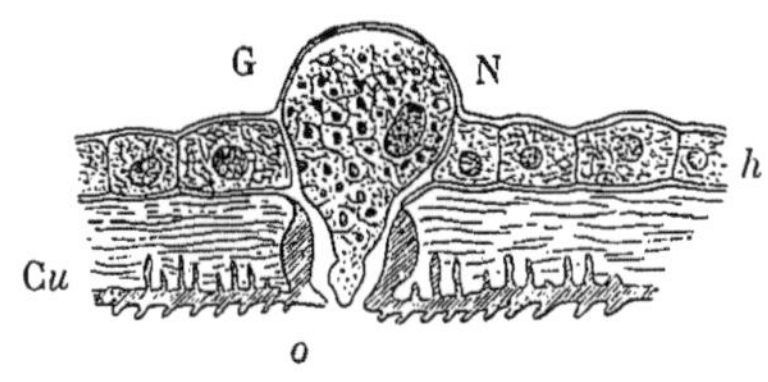

Fig. 183. — Glande uniplastidaire photogène de l'*Orya barbarica*. — *h*, plastides de l'hypoderme ; *Cu*, cuticule; *o*, ouverture de la glande (surface ventrale); G, glande photogène; N, noyau.

Mais, de tous les animaux, ce sont les *Insectes* qui fournissent les espèces les plus resplendissantes : elles appartiennent aux *Coléoptères malacodermidés* et *élatéridés*. Les plus connus sont la *Luciole italique*, le *Lampyre noctiluque* ou Ver luisant et les *Pyrophores* vulgairement désignés sous le nom de *Cucuyos*.

La fonction photogénique apparaît dans l'œuf du Lampyre encore contenu dans les ovaires, avant toute fécondation. Dans les œufs fécondés, elle persiste jusqu'à l'éclosion de la larve. Chez la larve du premier âge, les appareils lumineux se montrent sous la forme de deux petits corps jaunes, ovoïdes, situés sur les côtés de l'avant-dernier anneau.

Chaque organe est constitué par une vésicule à paroi transparente, hyaline, anhiste, remplie de plastides polyédriques très granuleuses, représentant peut-être un blastoderme post-embryonnaire. Au milieu de ces plastides se ramifie un arbre trachéen très riche en fines ramifications. Quand on comprime sous le microscope la petite vésicule photogène, il s'en échappe un liquide renfermant une multitude de petites granulations arrondies.

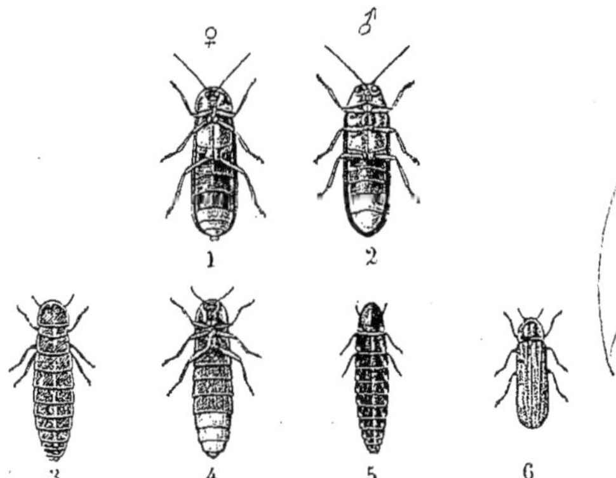

Fig. 184. — 1 et 2, Luciole d'Italie; 3, femelle du Lampyre noctiluque (Ver luisant), face dorsale; 4, *id.*, face ventrale ; 5, larve, face dorsale ; 6, mâle, face dorsale (en 1, 2 et 4, les parties blanches de l'abdomen correspondent aux organes lumineux).

Cet organe larvaire persiste chez la nymphe et chez la femelle, laquelle conserve à l'état adulte son apparence vermiforme, ainsi que chez le mâle, qui, à l'état d'insecte parfait, est un Coléoptère ailé (fig. 184), mais il y subit quelques modifications.

Dans l'organe du mâle adulte, on distingue plus nettement deux couches: l'une blanchâtre, opaque, crayeuse, formée de granulations cristalloïdes très réfringentes ; l'autre parenchymateuse, composée de cellules polyédriques granuleuses. La première couche est manifestement formée par la désagrégation des cellules parenchymateuses et par le passage d'une partie du protoplasme primitivement colloïdal à l'état cristalloïdal, comme le montre la figure 185, où l'on voit, en outre, des fibres musculaires ayant pour objet de faciliter l'écartement volontaire ou réflexe de la couche crétacée et de la couche parenchymateuse.

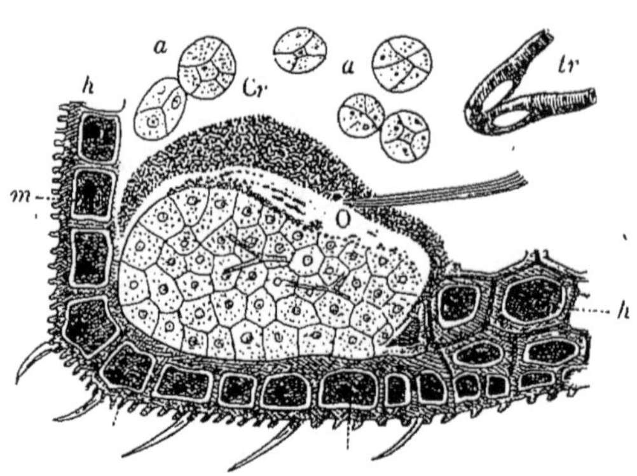

Fig. 185. —Organe lumineux du Lampyre mâle. — O, sinus de l'organe lumineux ; Cr, couche crétacée ; m, muscle ; h, hypoderme ; a, corps adipeux ; tr, trachées.

Ce rôle des muscles est plus évident encore chez la femelle : outre l'organe larvaire, celle-ci en possède deux autres reposant sur la paroi abdominale des deux avant-derniers anneaux, restée transparente en ce point. Ils se composent également de deux couches correspondant à celles qui existent dans l'organe larvaire. De nombreuses trachées entretiennent la respiration de l'organe et surtout l'hématose du sang, d'où dépend l'apparition de la lumière : le sang y pénètre par de nombreux méats, dont l'écartement et le rapprochement sont réglés par des muscles, soumis eux-mêmes à l'action des centres volontaires et réflexes, ce qui explique comment les variations sensorielles ou psychiques peuvent avoir une action sur la production de la lumière.

La biophotogenèse n'est pas toujours, chez les Lampyres, bornée aux

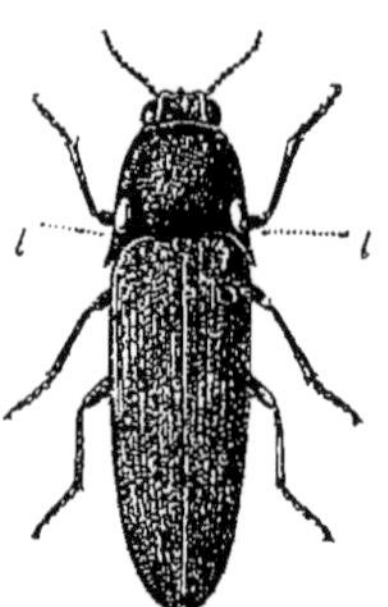

Fig. 186. — Pyrophore noctiluque. — l, l, lanternes prothoraciques.

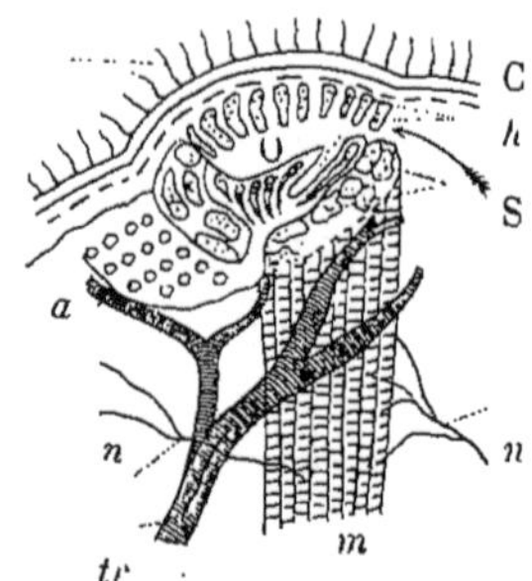

Fig. 187. —Coupe schématique de l'organe photogène du Pyrophore noctiluque. — C, cuticule ; h, hypoderme ; O, organe lumineux ; S, sinus sanguin de l'organe ; a, corps adipeux ; tr, trachées ; m, muscles ; n, nerfs.

organes en question ; au moment de la mue, quand le nouveau tégument est encore incolore ou peu coloré, on voit que tout l'hypoderme jette une légère lueur.

Le mécanisme organique de la fonction photogénique, chez les Coléoptères, est surtout facile à étudier chez les *Élatérides* lumineux, ces éblouissants Taupins des tropiques, et particulièrement chez *Pyrophorus noctilucus* (fig. 186).

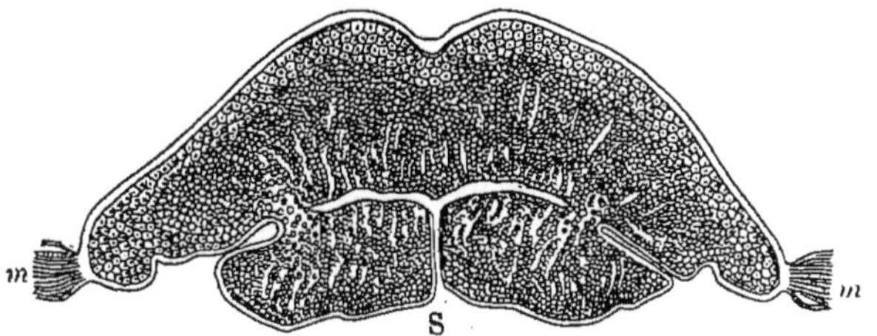

Fig. 188. — Coupe transversale de l'organe ventral du Pyrophore noctiluque. — *m, m*, muscles écarteurs des bords du sinus sanguin; S, ouverture du sinus.

L'œuf des Pyrophores est lumineux, comme celui des Lampyres, et la petite larve qui en sort apporte aussi avec elle, en naissant, le foyer lumineux confié à l'œuf par les ancêtres. Il est unique et bilobé, dans la larve du premier âge, et situé à la jonction de la tête et du thorax. On y voit de nombreuses granulations arrondies et il émet une lumière bleuâtre. Après la seconde mue, l'appareil céphalo-thoracique persiste; mais il en apparaît trois autres sur chacun des segments et un plus volumineux, unique, sur le dernier anneau.

A l'état adulte (fig. 186), le Pyrophore possède trois lanternes : deux dorsales sur le céphalo-thorax et une ventrale à la jonction du thorax et de l'abdomen. La constitution de ces organes offre beaucoup de rapports avec celle des Lampyrides et le mécanisme qui les régit est très analogue (fig. 187). L'organe ventral (fig. 188) du Pyrophore, par exemple, s'ouvre et se ferme, comme une bourse, par le jeu de petits muscles, et, grâce à sa situation et à sa constitution anatomique, il est facile de s'assurer, par l'observation directe et par l'expérimentation, que la production de la lumière est intimement liée aux fluctuations du sang dans l'organe et indépendante, dans une très large mesure, du jeu des stigmates et des trachées qui lui correspondent. En effet, si l'on excite un Pyrophore, au premier moment la respiration s'arrête en expiration et les lanternes s'éclairent aussitôt.

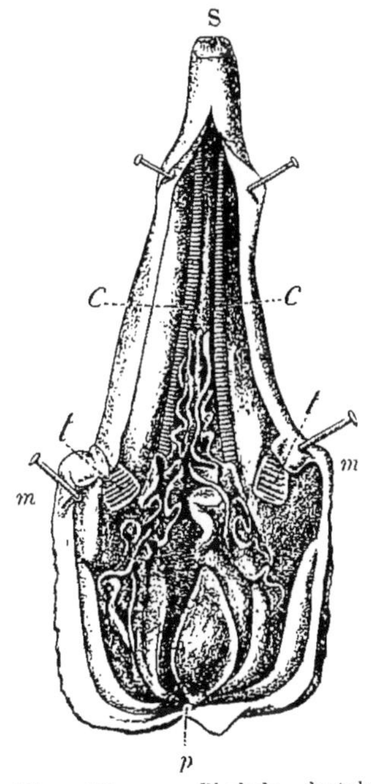

Fig. 189. — Pholade dactyle ouverte montrant ses organes photogènes. — S, ouverture du siphon; *p*, pied; *m, m*, bords du manteau; *t*, triangles photogènes; *c, c*, cordons photogènes.

Dans l'embranchement des Mollusques, la luminosité n'a été signalée que chez quelques Céphalopodes rares, et encore y a-t-il lieu de faire de grandes réserves sur le rôle des organes que l'on a supposé être photogènes avant d'en avoir pu constater le fonctionnement chez des individus vivants. On l'a reconnue chez plusieurs *Gastéropodes* : *Aeolis*, *Hyalea Creseis*, *Cleodora*, *Phyllirrhoe*, et chez un *Lamellibranche*, *Pholas dactylus* (fig. 189).

Cette dernière vit en reclusé dans les trous creusés dans l'argile ou le roc, ne laissant voir que l'extrémité de son siphon, tube membraneux contractile en canon de fusil double, par lequel elle aspire et rejette l'eau de mer. Le tégument externe de cet organe est sensible à la lumière, comme la rétine de notre œil, avec laquelle elle présente les plus grands rapports : le siphon est aussi le siège de la fonction photogénique. La lumière se montre dans l'épaisseur même des parois du siphon, mais la sécrétion de substance photogène a lieu sous forme d'un mucus abondant lumineux dans des organes glandulaires situés dans le canal aspirateur. Ce sont deux cordons en saillie parallèle dirigés longitudinalement et deux triangles formés par l'agglomération de petites glandes uniplastidaires, caliciformes, dont l'extrémité profonde se continue avec des fibres musculaires en fuseau qui, par leur contraction, font écouler au dehors le contenu des calices (fig. 190).

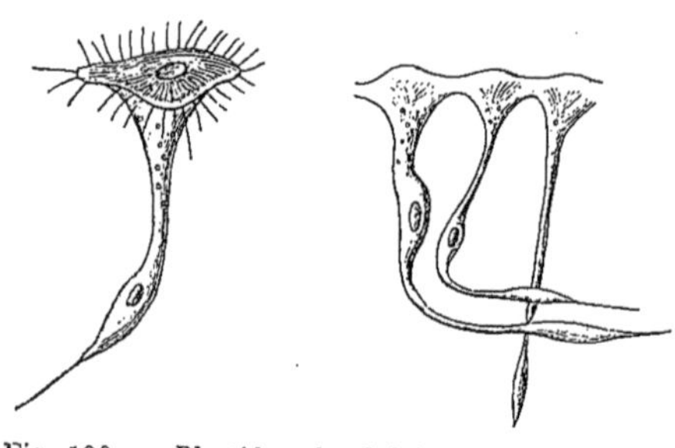

Fig. 190. — Plastides glandulaires caliciformes des organes lumineux de la Pholade dactyle.

Parmi les *Tuniciers*, on a signalé des *Appendiculaires* de l'Atlantique austral, dont l'urocorde (?) émettrait une lumière à feux variables, rouges, bleus, verts, blancs, chez le même individu. On a noté également cette même variabilité de couleur chez des *Ascidies salpiformes coloniales*, les *Pyrosomes*. Cet éclairage versicolore est produit par deux petits organes glandulaires, d'origine ectodermique, directement baignés par le sang, situés à la base du cou de chaque colon, lesquels sont quelquefois au nombre de 3200 dans une seule colonie. En dehors des excitations artificielles, les mouvements d'ensemble spontanés de la colonie peuvent amener l'explosion de la lumière.

En dehors des cas de luminosité, probablement parasitaire, rencontrés chez l'*Homme* et chez quelques autres rares Vertébrés, la fonction photogénique n'a été constatée que chez les *Poissons*, et particulièrement chez des espèces abyssales. Les organes photogènes peuvent être situés dans des régions fort différentes : le long des parois du corps, depuis les nageoires jusqu'à la queue, dans le voisinage des yeux, sur les rayons branchiostèges, l'os dental et le préopercule. Par leur position aussi bien que par leur organisation et leur structure, ils rappellent les organes photogènes des Crustacés euphausiidés : ainsi que ces derniers, on les a considérés tantôt comme des yeux accessoires et tantôt comme des organes photogènes. Peut-être aussi cumulent-ils ces deux rôles ? Ce serait, en tous cas, des glandes ectodermiques muciparcs modifiées, en rapport plus ou moins direct avec des nerfs de la sensibilité générale ; cela n'a rien d'invraisemblable, étant donné ce que l'on sait de la fonction dermatoptique et de la fonction photogénique chez la Pholade dactyle.

En somme, la fonction photogénique est toujours localisée dans des glandes, ou dans des organes assimilables à des glandes, quand elle n'est pas diffuse dans la masse protoplasmique du corps, comme chez la Noctiluque. Ces organes peuvent être représentés par l'épiderme déliquescent des Cœlentérés, par les glandes mono- ou polyplastidaires à sécrétion externe des Myriapodes, de la Pholade, des Crustacés ou des Poissons, ou bien, comme chez les Insectes, par des glandes à sécrétion interne.

Dans les cas les mieux étudiés, on voit le système musculaire jouer dans le mécanisme de la sécrétion un rôle très direct, qui a été retrouvé, depuis mes recherches sur les animaux lumineux, dans beaucoup d'autres sécrétions. Les muscles sont, bien entendu, sous la dépendance du système nerveux, mais ils n'en conservent pas moins leur irritabilité propre, ainsi d'ailleurs que les organes photogènes. Mais c'est le sang hématosé qui est l'agent excitant de la lumière, les nerfs intervenant principalement pour régler son action par l'intermédiaire des muscles qui, en outre, excitent mécaniquement le tissu photogène. On a vu (p. 301) quel est le rôle du sang dans le mécanisme intime de la biophotogenèse.

Propriétés physiques de la lumière physiologique. — Suivant les espèces, la *couleur de la lumière* peut varier : chez les *Photobactériacées*, elle est tantôt blanc d'argent, tantôt bleuâtre ou verte, d'autres fois elle tire sur l'orangé.

Dans une même espèce, elle peut aussi changer suivant les milieux, suivant leur richesse en principes nutritifs, l'âge et le mode de la culture, etc.

Chez les Champignons, on observe également des variations : la luminosité de l'*Agaricus igneus* est bleuâtre, celle de l'*Agaricus Gardneri* vert terne, blanche est celle des *Agaricus olearius* et *noctilucens*.

La même remarque s'applique aux animaux, et, de plus, chez ceux-ci on voit assez souvent, sur le même individu, la couleur changer d'un instant à l'autre. On a retiré de plus de cent brasses de profondeur, dans le détroit de Skyes, des Plumes de mer (*Funicula quadrangularis*) qui resplendissaient d'une lumière lilas pâle ; d'autres fois, comme chez les *Ophiures*, le *Balanoglosse*, la lumière est d'un beau vert-émeraude ; elle est bleuâtre chez le *Lampyre*, blanche avec des reflets dorés chez la *Luciole*. On a parfois observé, chez le même individu, la coexistence de deux feux de couleur différente ; certaines larves exotiques ont un foyer rouge près de la tête et des points bleuâtres tout le long du corps. Elle peut varier encore avec les métamorphoses de l'individu : l'œuf et la jeune larve du *Pyrophorus noctilucus* émettent des rayons bleu pâle, tandis que ceux qui s'échappent des appareils de l'adulte sont vert clair.

Mais ce qu'il y a de plus singulier, c'est de voir, chez un même animal, toutes les nuances du spectre se succéder rapidement et sans interruption. De tous les points des tiges et des branches de certains *Gorgonidés* on a vu s'élancer, par jets, des faisceaux de feux, dont l'éclat s'atténuait, puis se ravivait en passant du violet au pourpre, du rouge à l'orangé, du bleuâtre aux différents tons du vert, parfois même au blanc du fer surchauffé. Sous ce rapport, les *Pyrosomes* offrent un bien curieux spectacle quand on les chauffe ou qu'on les excite fortement : le *Pyrosoma atlanticum* devient d'abord rouge, puis aurore, puis orangé, ensuite verdâtre, enfin bleu d'outre-mer. Certains *Appendiculaires* ont une luminosité tricolore.

La plupart de ces variations tiennent à des modifications correspondantes du mécanisme interne photogénique : ainsi, quand la lumière de la Nocti-luque passe du bleu au blanc par suite de fatigue ou de mort somatique de l'animal, les granulations protoplasmiques et les étincelles qui en partent deviennent à la fois plus petites et plus nombreuses.

Mais la coloration de la lumière peut aussi tenir à des circonstances indé-pendantes de son mode de production : couleur du tégument, du sang ; en injectant, par exemple, de l'éosine dans le sang d'un *Pyrophore*, la lumière, de verte qu'elle était, passe au rose.

Enfin, dans certains cas, la nuance bleu pâle que présentent beaucoup d'animaux marins, de larves, de champignons et de bactéries doit être uniquement attribuée au peu d'intensité de la luminosité.

Pour la même raison, l'*examen spectroscopique* ne permet pas à notre œil de distinguer la couleur des radiations différentes qui entrent dans la composition de leur spectre ; mais les limites extrêmes de ces spectres, fixées par divers observateurs, ne laissent aucun doute sur leur nature polychromatique. L'intensité lumineuse est seulement, en général, légère-ment accrue dans les régions moyennes de ce pâle spectre.

La lumière des insectes fournit, au contraire, un beau spectre continu, sans bandes ni raies, mais dans lequel on distingue nettement les diverses radiations composantes. Celui du *Pyrophorus noctilucus*, par exemple, est fort remarquable quand l'animal est très lumineux ; assez étendu du côté du rouge, il va jusqu'aux premiers rayons bleus et recouvre environ quatre-vingts divisions du micromètre. On peut lui assigner, comme limites appro-chées, d'un côté la raie B, de l'autre la raie F du spectre solaire ; c'est à la partie moyenne de ce spectre que correspond le minimum de l'intensité lumineuse de celui des *Pyrophores*.

D'ailleurs, l'impression produite sur notre œil nous avertit que la composi-tion de cette lumière n'est pas la même que celle des foyers artificiels d'éclai-rage. Il est facile de s'assurer de l'exactitude de cette prévision en donnant à un faisceau de lumière artificielle, au moyen d'un diaphragme convenable-ment réglé, une intensité photométrique approximativement égale à celle de l'organe lumineux et en comparant ensuite sa dispersion à celle des radia-tions du *Pyrophore*. La représentation graphique des résultats fournis par cet essai spectroscopique a pu servir à donner une idée de la composition respective de la lumière de ces divers foyers ; mais il est évident que cette méthode est des plus imparfaites, attendu que l'on ne peut, par les procédés photométriques, comparer, au point de vue de l'intensité, deux lumières diffé-rentes par leur composition

L'analyse *spectro-photométrique*, au contraire, a permis d'établir rigoureusement que, si l'on construit des courbes en prenant pour abscisses les
longueurs d'onde et pour ordonnées les intensités des rayons correspondant à
ces longueurs d'onde, l'aire comprise entre l'axe des longueurs d'onde et la
courbe est, pour la lumière des *Pyrophores*, presque en totalité occupée par
des rayons verts et jaunes. Le maximum d'intensité correspond à la longueur d'onde $0\mu,52856$. Or cette longueur d'onde est précisément la même
que celle qui représente, pour l'œil, le *maximum de clarté* dans le spectre
solaire, tandis que, dans la flamme d'une bougie, le maximum d'intensité
lumineuse ne correspond plus qu'à la longueur d'onde $0\mu,48568$ et se
trouve, par conséquent, rejeté du côté des rayons les plus réfrangibles ; on
obtiendrait un résultat inverse si le spectre des *Pyrophores* ne devait son

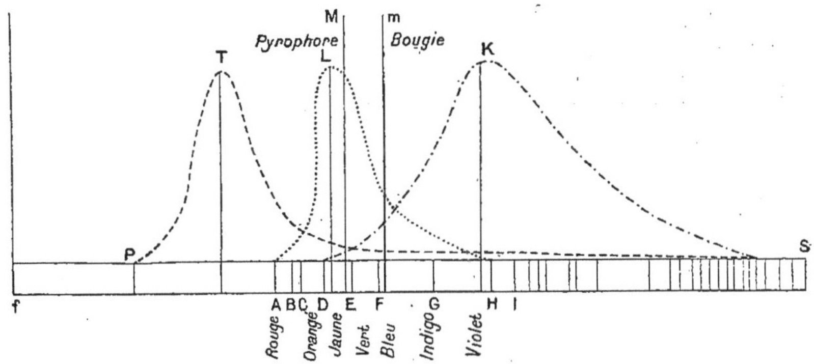

Fig. 191. — Courbe des intensités calorifique, lumineuse et chimique dans le spectre
solaire. — T, courbe des radiations calorifiques ; K, courbe des radiations chimiques ;
L, courbe des radiations lumineuses ; M, position du maximum spectro-photométrique de la
flamme d'une bougie.

apparence qu'à la faiblesse relative de son intensité totale, parce que, dans
ce cas, les rayons bleus sembleraient plus abondants. Enfin, l'aire délimitée
par la courbe des intensités des radiations de la bougie et la ligne de
longueurs d'onde n'est occupée par les rayons jaunes que dans une partie
plus rétrécie.

En comparant ces aires entre elles, on trouve que la valeur spectrophotométrique de l'une des deux lanternes prothoraciques d'un Pyrophore serait
environ de 1/400 de bougie du Phénix (de huit à la livre). Si l'on admet que
l'appareil ventral possède un pouvoir éclairant double des appareils prothoraciques, on voit qu'il faudrait 37 à 38 Pyrophores lumineux à la fois par
leurs trois appareils pour éclairer un appartement avec la même intensité
qu'une bougie.

La *longueur d'onde moyenne*, établie tant par le calcul qu'à l'aide d'un
réseau, donne un nombre compris entre $0\mu,530$ et $0\mu,533$, nombre voisin de
la raie verte du thallium $0\mu,535$, et, en effet, la lumière des *Pyrophores*
se rapproche beaucoup de celle du *soleil* tamisée par le feuillage (θαλλός,
rameau vert).

Il est utile d'ajouter que ce spectre n'a rien de commun avec celui du phosphore brûlant dans l'oxygène ou dans l'hydrogène, ce qui permet d'écarter immédiatement certaines hypothèses relatives au mécanisme intime de la fonction photogénique.

La couleur verte de la lumière du *Pyrophore* est accentuée encore par l'existence d'une substance verte dans le sang qui baigne en abondance les organes photogènes au moment de leur fonctionnement. Mais, outre sa coloration spéciale, elle possède un *éclat opalescent* particulier, qui lui a valu le nom de *belle clarté* donné par presque tous les observateurs qui ont pu la contempler. Cette clarté rappelle celle des substances fluorescentes, et c'est ce qui a conduit à la découverte dans les organes photogènes du Pyrophore d'une matière devenant éclairante quand on l'expose à l'action des radiations ultra-violettes, surtout dans les rayons d'une longueur d'onde de $0\mu,391$. L'acide acétique faible lui enlève le pouvoir fluorescent, tandis que l'ammoniaque le lui restitue; or, cette double réaction agit de même sur le pouvoir photogénique de toute substance animale ou végétale, ce qui pouvait faire penser que la lumière physiologique était due à une transformation de vibrations obscures, dépendant du mouvement moléculaire, en ondulations éclairantes. Mais, cette substance n'ayant pas été retrouvée chez d'autres êtres lumineux, il y a lieu de croire que son rôle se borne à transformer en radiations éclairantes, en les rejetant vers la partie moyenne du spectre, les radiations chimiques qui naissent en même temps que les rayons lumineux chez les *Pyrophores*. La partie moyenne du spectre, se trouvant ainsi renforcée, constitue, en quelque sorte, un foyer de *lumière condensée*. La *substance transformante, fluorescente*, dont la composition n'est pas encore connue, a reçu le nom de *pyrophorine*.

L'*examen organoleptique* montre, comme l'analyse physique, que la lumière des Pyrophores jouit d'une véritable supériorité sur tous les foyers d'éclairage que nous connaissons.

L'*intensité visuelle*, mesurée, à l'aide de l'échelle typographique, par rapport à celle d'une bougie, a été trouvée plus grande encore que ne pouvait le faire supposer l'intensité éclairante déterminée par le spectrophotomètre. La belle clarté du Pyrophore ne provoque plus de persistance rétinienne, pas d'images accidentelles et très difficilement les images colorées complémentaires; malgré sa teinte verte, son influence sur le sens chromatique est presque nulle, car on reconnaît facilement toutes les nuances, sauf l'indigo et le violet, qui n'existent pas dans son spectre, et ses radiations sont perçues jusqu'aux limites extrêmes du champ visuel.

La lumière des Pyrophores ne renferme pas de *rayons polarisés*, ce qui prouve que le rôle attribué à la couche crayeuse ou radio-cristalline des organes photogènes des insectes n'existe pas. Par contre, elle renferme encore, malgré la fluorescence de la pyrophorine, une suffisante quantité de *radiations chimiques* pour obtenir une *reproduction photographique* des objets. Mais il ne faut pas moins de cinq minutes pour avoir avec l'organe ventral (le plus éclairant des trois) une épreuve convenable avec des plaques au gélatino-bromure donnant une image dans une fraction de seconde par la lumière solaire (fig. 192).

La quantité de *chaleur* rayonnée par les organes photogènes est infinitésimale. On a pu cependant déceler la présence de quelques faibles radiations calorifiques à l'aide d'une pile thermo-électrique extrêmement sensible et d'un dispositif susceptible d'écarter toutes les causes d'erreurs. Il a été possible d'établir, en outre, que cette petite quantité de chaleur est à peu près le double de celle que dégage le tégument obscur dans le même moment. L'existence de ces radiations calorifiques a été complètement confirmée par l'emploi du bolomètre, instrument qui a permis, paraît-il, d'évaluer la quantité de chaleur rayonnée pendant dix minutes par le plus brillant Pyrophore à sept millionièmes de calorie (1) !

Fig. 192. — Photographie d'une dentelle de papier par la lumière du Pyrophore noctiluque.

L'emploi des instruments les plus sensibles (galvanomètres, électromètres, électroscopes) n'a pas permis de reconnaître que la production de la lumière fût accompagnée de *phénomènes électriques* quelconques (2).

L'ensemble des recherches de M. Raphaël Dubois justifie pleinement les conclusions qu'il en a tirées en 1886, à savoir que, à l'inverse de la lumière artificielle, pour laquelle 98 p. 100 de l'énergie sont employés à faire autre chose que des rayons éclairants, la lumière physiologique donnerait un rendement d'au moins 98 p. 100, avec 2 p. 100 de pertes seulement.

Outre cette immense supériorité économique, il y a lieu d'insister sur les qualités exceptionnelles, organoleptiques ou autres, qui font que les Pyrophores eux-mêmes préfèrent à toute autre leur *belle lumière*, qui n'a jamais causé d'incendie et ne peut s'éteindre ni par le vent, ni par la pluie : une lumière idéale, enfin ! Il ne faudrait pas croire d'ailleurs que ces petits fanaux, qu'ils portent toujours avec eux et dont ils peuvent se servir à tout instant, occasionnent une grande dépense, car la perte de poids total de vingt Pyrophores, en trois jours et trois nuits pendant lesquelles ils avaient brillé de longues heures, a été trouvée, dans une expérience, de 0^{gr},63, soit environ 0^{gr},03 par insecte, et, pendant ce temps, ils avaient dépensé beaucoup plus d'énergie en mouvement qu'en lumière et n'avaient consommé aucun aliment.

Des essais d'éclairage pratique par la lumière froide physiologique ont été faits à l'Exposition universelle de 1900 (3). M. Raphaël Dubois s'est servi

(1) Les Élatérides lumineux (*Bulletin de la Société zoologique de France*, Paris, 1886). L'exactitude des résultats consignés par M. R. Dubois dans cet ouvrage, au point de vue physique, a été pleinement confirmée par les recherches de contrôle de MM. Véry et Langley, publiées en 1890 (Voy. *Phil. Magaz.*, t. XXX, 5e série, p. 260) ; mais ces savants se sont trompés en disant que M. R. Dubois n'avait pu reconnaître l'existence de radiations calorifiques. (Voy. *Les Élatérides lumineux*, p. 128 à 132.)

(2) Cependant, avec la lumière de la Pholade dactyle et des Photobactéries on peut obtenir, après dix-huit ou vingt heures de pose, des photographies à travers des corps opaques : bois, carton, papier noir ; mais ces radiations ne traversent pas les feuilles minces d'aluminium.

(3) Voy. *C. R.*, séance du 29 août 1900.

pour éclairer une vaste salle de grands récipients en verre contenant des bouillons liquides illuminés par les photobactéries et aussi de vases de verre dont les parois étaient enduites d'une mince couche de bouillons gélatineux inoculés avec ces mêmes microbes. On a obtenu un éclairage équivalant à un beau clair de lune et dont la photographie reproduite figure 193 donne une idée assez exacte.

Lorsqu'on regarde un objet éclairé par le système en question, on le voit

Fig. 193. — Photographie du buste de Claude Bernard éclairé par la lumière des microbes photogènes.

tel que le montre la photographie, mais il faut au moins douze heures de pose pour obtenir un bon cliché avec une plaque à instantanés; ce qui prouve que ces foyers ne dégagent que très peu de radiations chimiques par rapport à leur pouvoir éclairant. La *lampe vivante* (fig. 194), basée sur le principe indiqué plus haut, se compose simplement d'un support portant un matras à fond plat; la paroi supérieure est recouverte de papier d'étain formant réflecteur et l'intérieur est enduit d'une couche gélatineuse rendue lumineuse par les photobactéries. Les tubulures A et B sont bouchées par des tampons d'ouate pour filtrer l'air, dont on peut activer le renouvellement au moyen d'une poire de caoutchouc, ce qui devient indispensable si l'on se sert de bouillons liquides. Cette lampe peut servir de veilleuse pendant plusieurs semaines sans interruption.

M. C.-E. Guillaume a cherché à déterminer approximativement la valeur du rendement photogénique pour l'arc électrique et il l'a trouvé égal à 0,025, c'est-à-dire qu'on n'utilise comme lumière que la quarantième partie de l'énergie totale. Le résultat pratique est encore moins favorable si l'on tient compte

Fig. 194. — La lampe vivante du professeur R. Dubois (éclairage par la lumière froide).

de l'énergie correspondant au combustible qu'il a fallu brûler pour produire l'arc et si l'on évalue les pertes résultant des transformations diverses d'énergie. En se plaçant à ce point de vue, voici les rendements indiqués par M. Guillaume :

Pyrophorus	1,00
Soleil	0,14
Lampe à arc	0,0025
Lampe à incandescence	0,0005
Bec Bengel	0,00018
Bougie	0,00014

Comme on le voit, la production de radiations non lumineuses coûte cher, sans compter que, au point de vue de l'éclairage, les radiations ultra-violettes sont toujours défavorables et que les radiations calorifiques obscures le sont souvent aussi.

Mécanisme intime de la biophotogenèse. — Si l'intégrité du plastide photogène est nécessaire pour la préparation des produits lumineux, ceux-ci peuvent parfaitement engendrer la lumière, alors que toute trace d'organisation plastidaire a disparu. Dans les organes lumineux, la destruction plastidaire s'opère même spontanément, soit partiellement, comme dans les glandes mérocrines, soit totalement, comme dans les glandes holocrines. Le contenu du plastide devient granuleux, les granulations

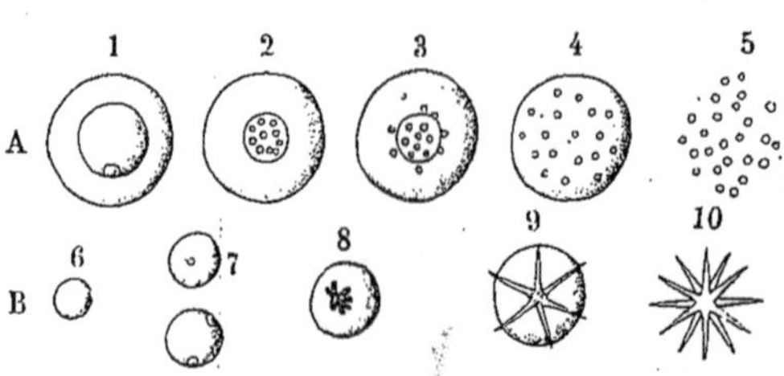

Fig. 195. — A, diverses phases de la dégénérescence granuleuse d'une plastide photogène de la couche neuro-conjonctive de la Pholade ; B, transformations successives des granulations photogènes ou vacuolides (luciférine).

deviennent libres, se gonflent au contact de l'eau et finissent par se transformer en corpuscules biréfringents cristallins (fig. 195 et 196), ou bien, comme dans le mucus de l'*Orya barbarica*, le champ de la préparation microscopique est envahi par des arborescences cristallines dendritiques.

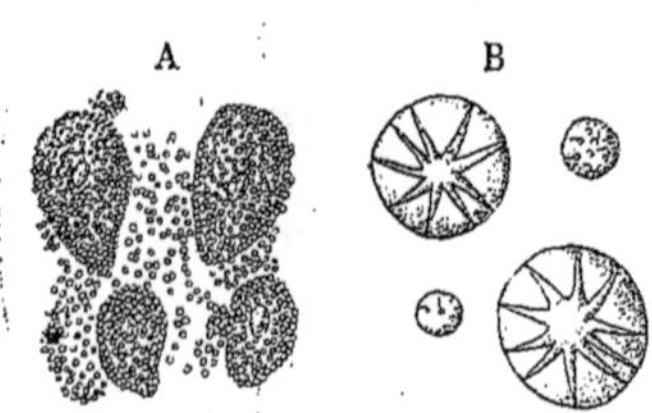

Fig. 196. — A, dégénérescence granuleuse des plastides parenchymateuses de l'organe lumineux du Pyrophore ; B, transformation des granulations en radio-cristaux.

De très nombreuses hypothèses ont été imaginées pour expliquer le mécanisme intime de la biophotogenèse ; mais, comme aucune preuve n'avait été tirée d'expériences sur les animaux et les végétaux, on se contentait ordinairement de faire rentrer, par analogie, la production de la lumière par les êtres vivants dans les divers procédés physico-chimiques connus ; aussi les explications étaient-elles nombreuses et bien souvent contradictoires.

En 1886, M. Raphaël Dubois a établi (1) que le conflit de deux substances dans les organes photogènes est nécessaire pour que le phénomène lumineux se produise, par l'expérience suivante :

1° On éteint brusquement les organes photogènes d'un Pyrophore en les immergeant pendant un temps très court dans l'eau bouillante : ils ne donnent plus alors aucune lumière lorsqu'on les écrase entre deux lames de verre de façon à détruire toute organisation plastidaire, contrairement à ce qui arrive dans les conditions ordinaires ;

2° On écrase de la même manière des organes non échaudés et on les tri-

____

(1) *Les Élatérides lumineux.* Paris, 1886.

ture jusqu'à ce que l'on ne perçoive plus aucune espèce de luminosité au contact de l'air.

En mélangeant ces deux substances éteintes, on obtient de la lumière.

L'existence de ces deux substances, que M. Raphaël Dubois a nommées *luciférine* et *luciférase*, a été mise hors de doute par de nombreuses expériences sur la Pholade dactyle (1).

L'une joue le rôle d'une substance oxydante analogue ou identique aux oxydases et l'autre celui de substance oxydable.

La biophotogenèse est donc, en dernière analyse, le résultat d'une oxydation (2), mais d'une oxydation indirecte différente de celle que l'on avait proposée hypothétiquement pour expliquer le jeu des organes lumineux des insectes, où l'on comparait les trachées à des tuyaux de soufflets de forge embrasant le protoplasme comme un vulgaire charbon. Cette explication, qui d'ailleurs ne reposait sur aucune expérience précise, avait été imaginée et soutenue par des anatomistes étrangers à la physiologie et qui ne connaissaient sans doute que la luminosité du Ver luisant.

Tous les agents physiologiques, physiques, chimiques ou mécaniques qui activent, ralentissent, suspendent ou suppriment les manifestations vitales ou bioprotéoniques, ainsi que celles des zymases qui ne sont pour nous que l'état le plus simple de la matière vivante ou bioprotéon, agissent de même sur la réaction biophotogénique : une chaleur humide, même inférieure à 100°, la détruit définitivement dans tous les cas, tandis que des froids intenses la respectent. L'action des divers agents est tellement semblable chez tous les animaux et chez tous les végétaux lumineux qu'il y a lieu d'admettre que le mécanisme de la biophotogenèse est le même partout.

La biophotogenèse est une fonction générale, c'est-à-dire commune aux animaux et aux végétaux. En dernière analyse, elle est réductible à une action zymasique.

(1) Voy. *Leçons de physiologie générale et comparée*, chez Carré et Naud, 3, rue Racine, Paris, 1898, p. 515 et suiv.

(2) On le prouve facilement par l'expérience suivante, qui permet de séparer de la Pholade dactyle le principe oxydable au moyen de la méthode de *dissociation plastidaire* par les vapeurs de liquides organiques neutres (chloroforme, éther, etc.), imaginée en 1884 par M. Raphaël Dubois.

On suspend plusieurs siphons ouverts et préalablement égouttés de Pholade dactyle au-dessus d'un entonnoir placé sur un flacon renfermant de l'alcool absolu. Le tout est enfermé dans un vase hermétiquement clos dans lequel l'air a été remplacé par des vapeurs de chloroforme qui sont fournies par un verre contenant le liquide et placé à côté du flacon d'alcool absolu. Au bout de peu de temps, il s'écoule des siphons un liquide qui forme dans l'alcool absolu un coagulum, lequel, après avoir été débarrassé de l'alcool, se redissout en partie dans l'eau. La dissolution, qui présente les caractères de celles des protéoses, a une odeur aromatique caractéristique; elle ne donne aucune lumière dans l'obscurité, même par agitation au contact de l'air. Mais, si l'on y ajoute une parcelle de permanganate de potasse, la lumière apparaît aussitôt. Quand, au lieu de chloroforme, on emploie de l'éther, le coagulum renferme, à la fois, le principe oxydant *luciférose* et le principe oxydable et il brille sans addition d'aucune substance étrangère au contact de l'eau et de l'air (*).

(*) Voy. *Comptes rendus de la Soc. de biol.*, n° 24, t. LIII, p. 702-703, 1901.

ACTION DES RADIATIONS SUR LES VÉGÉTAUX

Par M. L. MANGIN.

L'action des radiations obscures, de réfrangibilité plus faible que celles de l'infra-rouge, ayant été étudiée à propos des actions calorifiques, nous n'avons à étudier maintenant que les manifestations provoquées dans les plantes par les radiations lumineuses depuis l'infra-rouge jusqu'à l'ultra-violet.

Ces manifestations sont variées : tantôt elles consistent en une série de mouvements qui provoquent des déplacements complets ou partiels du corps de la plante ; tantôt ce sont des modifications dans les énergies chimiques dont le protoplasme est le siège ; tantôt enfin, et après une durée d'exposition assez longue, les radiations provoquent des modifications morphologiques.

Nous étudierons successivement ces trois séries de réactions.

CHAPITRE PREMIER

PHÉNOMÈNES MÉCANIQUES PRODUITS PAR LA RADIATION

Toutes les fois que les radiations de la région umineuse du spectre provoquent des mouvements comme signe de la réaction du protoplasme, on peut distinguer :

1° Les déplacements du corps de la plante chez les organismes uni- ou pauci-cellulaires ;

2° Les déplacements des masses protoplasmiques à l'intérieur des membranes rigides ;

3° Le mouvement des organes adultes, consécutifs à une variation de turgescence ; ces mouvements sont temporaires et alternatifs ;

4° Les mouvements consécutifs à une modification de la croissance ; ils ont souvent pour conséquence une déformation permanente de la plante.

§ 1er. — DÉPLACEMENTS DU CORPS CHEZ LES ORGANISMES UNI- OU PAUCI CELLULAIRES.

Cellules nues. — Chez les cellules nues, isolées ou réunies en massifs, comme dans les plasmodes des Myxomycètes, la sensibilité à la lumière est très grande. Ainsi le *Fuligo septica, fleur de la tannée,* qui vit dans le tan, élève son plasmode à la surface du substratum quand l'intensité est faible ; mais, si elle s'accroît, le plasmode disparaît et s'enfonce dans le tan pour échapper à l'influence nocive exercée par les radiations.

Cellules ciliées. — Chez les organismes mobiles pourvus de cils, tels que les zoospores d'Algues, les anthérozoïdes, les colonies de Volvox, on observe des mouvements désordonnés dans l'obscurité ou dans un milieu uniformément éclairé. Dès que les radiations frappent ces organismes d'un seul côté, l'influence de la lumière se traduit nettement par des mouvements ordonnés, dont le sens est variable suivant l'intensité des radiations.

Au-dessous d'une certaine valeur constituant l'optimum, les organismes se dirigent vers la source ; au-dessus de l'optimum, ils fuient la source lumineuse.

Cellules à membrane rigide. — La présence d'une membrane rigide et l'absence de cils ne sont pas un obstacle aux déplacements du corps, comme le montrent les Desmidiées, Algues de la famille des Conjuguées.

Si nous prenons comme exemple le *Closterium moniliferum* à corps fusiforme et que nous éclairions, sur une de ses faces, la cuve remplie d'eau qui renferme cette espèce, nous observons d'abord une orientation de chaque cellule qui dispose son axe dans la direction de la lumière incidente et qui renouvelle cette orientation pour chaque changement d'incidence. En outre, chaque individu exécute une série de pirouettes se succédant à intervalles réguliers, de manière à présenter alternativement chacune de ses extrémités à la source ; il y a donc un phénomène de polarisation périodiquement renversé dans chaque moitié. Enfin, chaque individu manifeste nettement, par le sens dans lequel il exécute ses pirouettes, les modalités de l'intensité lumineuse ; pour une certaine valeur, qui constitue l'optimum, les pirouettes s'exécutent sur place : si l'intensité diminue, chaque cellule se rapproche de la source par une série de pirouettes ; si elle augmente, elle s'en éloigne par le même mécanisme. Quand le récipient qui contient les espèces étudiées est éclairé de façon que tous ses points soient au-dessous de l'intensité optimum, les clostéries viennent se coller toutes contre la paroi la plus rapprochée de la source ; dans le cas contraire, elles ne tardent pas à s'accumuler sur la face la plus éloignée de la source.

Chez d'autres espèces de la même famille, on observe des phénomènes analogues, mais avec quelques différences ; ainsi le *Penium curtum* s'oriente vers la source et se dirige vers elle en tournant toujours la même extrémité ; chez le *Micrasterias rota,* les cellules aplaties se placent perpendiculairement au rayon incident.

Chez certaines Diatomées, les Navicules par exemple, on n'observe plus d'orientation ni de polarité, mais un certain nombre d'oscillations qui tendent à les éloigner ou à les rapprocher de la source de lumière unilatérale.

Un grand nombre d'organismes libres et mobiles sont donc sensibles à la lumière, et si l'on désigne cette propriété sous le nom de *phototactisme*, les déplacements provoqués par les variations de l'incidence et de l'intensité seront des *mouvements phototactiques.* Ces mouvements, compliqués d'orientation ou de polarisation du corps, ont pour conséquence d'amener les plantes dans la zone la plus favorable aux manifestations de la vie, c'est-à-dire à l'optimum; ils constituent donc une régulation automatique de la lumière.

Les recherches d'Oltmann montrent d'ailleurs que cet optimum, variable pour chaque espèce, peut varier aussi pour les individus de la même espèce. Par exemple, chez les *Volvox*, les colonies composées de cellules végétatives recherchent une intensité lumineuse plus grande que celles qui renferment les organes reproducteurs.

§ 2. — DÉPLACEMENTS DES MASSES PROTOPLASMIQUES A L'INTÉRIEUR DES CELLULES A MEMBRANES RIGIDES.

Chez les plantes à organisation plus élevée, la rigidité des membranes qui constituent les tissus massifs s'oppose aux déplacements du corps; mais on peut observer dans la masse protoplasmique des déplacements plus ou moins considérables. Ces déplacements ne sont visibles que dans les cellules où le protoplasme emprisonne des leucites, et notamment des corps chlorophylliens, car ce sont les modifications dans l'orientation ou le groupement de ces derniers corps qui traduisent aux yeux la réaction consécutive à l'éclairement.

Nous pouvons d'abord prendre comme exemple une Algue de la famille des Conjuguées, un *Mesocarpus*, formé de cellules superposées et présentant, dans chaque cellule, un corps chlorophyllien en forme de plaque qui traverse la cellule dans sa longueur et suivant son axe. Cette lame n'est pas toujours orientée de la même manière quand l'Algue est éclairée du même côté avec des intensités lumineuses différentes : si l'intensité est considérable, la plaque verte du *Mesocarpus* prend la situation dite *de profil*, c'est-à-dire que son plan est parallèle aux rayons incidents; mais si l'intensité lumineuse est très faible, la plaque se dispose perpendiculairement aux rayons incidents : elle occupe la situation dite *de face*.

Entre ces deux orientations extrêmes on peut observer, d'après Oltmann, une série de positions intermédiaires. Dans une lumière unilatérale intense où la plaque, *en profil*, offre la plus petite surface aux radiations, on constate que cette situation est conservée si l'intensité diminue jusqu'à une certaine limite I au-dessous de laquelle la plaque verte commence à tourner autour de son axe; elle prend alors une situation oblique telle qu'à chaque intensité lumineuse inférieure à I correspond un déplacement angulaire déterminé et, par suite, une surface utile représentée par la projection de la plaque dans un plan perpendiculaire aux radiations. Si l'intensité lumineuse continue à diminuer, on arrive à une valeur I' telle que la position de face est réalisée et la surface utile est maxima; au-dessous de cette valeur I', la plaque conserve sa situation de face.

Toutes les intensités comprises entre la valeur I à partir de laquelle la plaque va abandonner la situation de profil et la valeur I' pour laquelle elle prend la position de face correspondent à l'optimum, car pour toutes ces valeurs le produit de l'intensité lumineuse par la surface utile demeure constant.

Cet exemple montre que chez les plantes à cellules fixes les limites des intensités optimales sont plus éloignées que chez les espèces à locomotion totale, et l'on s'explique cette différence par l'immobilité des tissus massifs qui ne permet pas aussi facilement la régulation automatique de la lumière que nous avons signalée chez les organismes mobiles.

Chez d'autres Algues, comme les *Vaucheria*, les Conferves, où la chlorophylle est disposée en grains dispersés dans la masse protoplasmique, on observe des phénomènes analogues, c'est-à-dire, d'une part, l'orientation constante des grains pour une intensité déterminée, suivant la direction des rayons incidents et, d'autre part, pour une direction constante, mais avec des intensités variables, des déplacements de la masse des grains de chlorophylle correspondant aux situations de face ou de profil.

Chez les plantes supérieures : Mousses, *Lemna*, *Elodea*, Callitriche, Joubarbe, etc., les phénomènes paraissent au premier abord un peu compliqués, mais se ramènent, en somme, à ce que nous a offert le *Mesocarpus*. Chez ces diverses plantes, les grains de chlorophylle sont immergés en nombre plus ou moins grand dans la couche de protoplasme qui tapisse la membrane de chaque cellule. Si nous exposons une feuille de Lentille d'eau (*Lemna*) à une lumière d'intensité moyenne à peu près constante et que les radiations soient perpendiculaires à la feuille, les

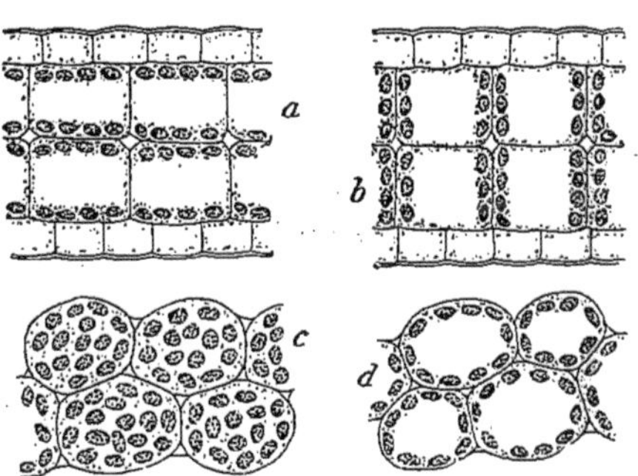

Fig. 197. — Coupe d'une feuille de Lentille d'eau (*Lemna*). — *a*, position *de face* ou *diurne*; *c*, vue par la face supérieure; *b*, position *de profil* ou *nocturne*; *d*, vue par la face supérieure.

grains de chlorophylle, entraînés par le protoplasme, viennent se placer sur les faces des cellules parallèles à la surface et s'orientent dans une direction perpendiculaire aux radiations : ils occupent la position *diurne* ou *de face* (fig. 197, *a, c*). Si les rayons incidents frappent la feuille très obliquement, les grains de chlorophylle abandonnent les faces parallèles à la surface pour se grouper sur les faces perpendiculaires. Dans cette position, ils offrent aux radiations une surface utile encore considérable : c'est la position *nocturne* ou *de profil* (fig. 197, *b, d*).

Lorsque l'incidence des rayons demeure constante et normale à la surface de la feuille, les grains de chlorophylle gardent la position de face pour toutes les intensités inférieures à la valeur pour laquelle la radiation devient nuisible. Quand cette valeur est atteinte ou dépassée, les grains de chlorophylle prennent la situation de profil pour échapper à l'action destructive des radiations.

La régulation automatique des masses cellulaires se manifeste donc encore ici, soit pour favoriser l'utilisation des radiations, soit pour protéger les corps chlorophylliens contre leur action nocive.

Inégalité d'action des diverses radiations. — En étudiant les cellules libres et mobiles ou les tissus massifs à mouvement intracellulaire, dans les lumières de diverses réfrangibilités, soit par la méthode du spectre, soit au moyen des écrans colorés, on constate que la sensibilité du protoplasme est à peine marquée pour les radiations peu réfrangibles : rouge, orangé, etc. Au contraire, dans les milieux recevant les radiations les plus réfrangibles, bleues et violettes, les mouvements se manifestent avec une activité presque aussi grande que dans la lumière blanche.

SACHS, Ueber das abwechselnde Erbleichen u. Dunckelwerden der Blätter (*Berichte d. math. Phys. Classe d. k. Sächs Gesells. d. Wiss.*, 1859).

BORODIN, Ueber die Wirkung des Lichtes (*Bull. de l'Acad. des sciences de Saint-Péters-bourg*, VI, 1867, et XIII, 1869).

FAMINTZIN, Die Wirkung des Lichtes u. der Dunkelheit auf die Vertheilung d. Chlorophyll-körner (*Bull. de l'Acad. des sciences de Saint-Pétersbourg*, 1866).

FRANK (A.-B.), Ueber die Veränderung der Lage der Chlorophyllkörner u. des Protoplasmas in der Zelle (*Jahrb. f. Wiss. Bot.*, 1872).

BARANETZKI, Influence de la lumière sur les plasmodes des Myxomycetes (*Memoires de la Société des sciences naturelles de Cherbourg*, XIX, 1876).

STAHL, Ueber den Einfluss von Richtung und Starke der Beleuchtung auf einige Bewegungs-erscheinungen im Pflanzereiche (*Botanische Zeitung*, 1880). — Ueber den Einfluss des Lichtes auf Bewegungenerscheinungen der Schwärmsporen (*Verhandl. d. Phys. med. Gesellsch. in Wurzbourg*, 1878).

PRILLIEUX, Sur les mouvements des grains de chlorophylle sous l'influence de la lumière (*Comptes rendus*, 1870).

STRASBURGER, Wirkung des Lichtes und der Wärme auf Schwärmsporen, 1878.

E. ROZE, Sur les mouvements des grains de chlorophylle dans les cellules végétales (*Comptes rendus*, 1870).

OLTMANN, Ueber die photometrischen Bewegung der Pflanzen (*Flora*, 1892).

§ 3. — ORIENTATION DES ORGANES EN VOIE DE CROISSANCE. PHOTOTROPISME.

Les organes en voie de croissance sont en général influencés par les radiations de la région lumineuse du spectre. Si, dans un éclairage uniforme, cette influence ne se manifeste par aucune déformation, il suffit d'exposer des

Fig. 198. — Plantules de Vesce courbées vers la source de lumière.

plantes vertes, notamment des plantules de Blé, d'Avoine ou de Vesce (fig. 198) à un éclairage unilatéral pour observer, au bout de quelques heures, toutes les plantules infléchies plus ou moins fortement vers la source de lumière. Ce phénomène bien connu, par lequel les plantes s'orientent vis-à-vis des radiations, est désigné sous le nom d'*héliotropisme* ou, mieux, de *phototropisme*, et les déformations qui se produisent sont appelées *déformations phototropiques*. On peut démontrer que ce sont bien les radiations lumineuses frappant inégalement les plantes qui provoquent ces déformations en disposant concurremment avec les pots renfermant les plantes ci-dessus et devant la même fenêtre, d'autres pots reposant sur un plateau horizontal qu'un mécanisme d'horlogerie, ou tout autre dispositif, anime d'un mouvement de rotation autour d'un axe vertical. Toutes les tiges des plantes reposant sur le plateau demeurent verticales.

Les courbures phototropiques sont localisées dans la région de croissance. — Quand on dispose une plante très sensible à la lumière de manière qu'elle reçoive les radiations sur l'une de ses faces, on constate que les déformations ne se produisent pas indifféremment dans toutes ses parties; toutes les régions où la croissance a cessé demeurent sans changement et conservent l'orientation qu'on leur a donnée, les déformations ne se produisent que dans les régions en voie de croissance. Au bout d'un certain temps, lorsque la croissance a cessé, les déformations demeurent permanentes.

Phototropisme positif, phototropisme négatif. — Chez un grand nombre de plantes, les réactions que la lumière unilatérale détermine dans un organe ont pour effet de le diriger vers la source, les tiges s'infléchissent dans une direction parallèle aux radiations, les feuilles s'étalent de manière à placer leur limbe dans une direction perpendiculaire à ces mêmes radiations : on dit alors que *le phototropisme est positif*. Ce phénomène s'observe non seulement chez la tige et les feuilles de la plupart des plantes, mais encore chez un certain nombre de fleurs, où le pédicelle floral s'infléchit vers la lumière (Grand Soleil) ou même se courbe continuellement de manière à s'orienter de l'est au sud et du sud à l'ouest (Salsifis des prés, Pavot, etc.).

Le phototropisme positif s'observe aussi chez les Cryptogames, par exemple chez certaines Mucorinées où le pédoncule fructifère des sporanges s'incline vers la lumière (*Pilobolus*), chez les Muscinées, par exemple les *Marchantia* où le thalle s'oriente perpendiculairement aux radiations (fig. 199).

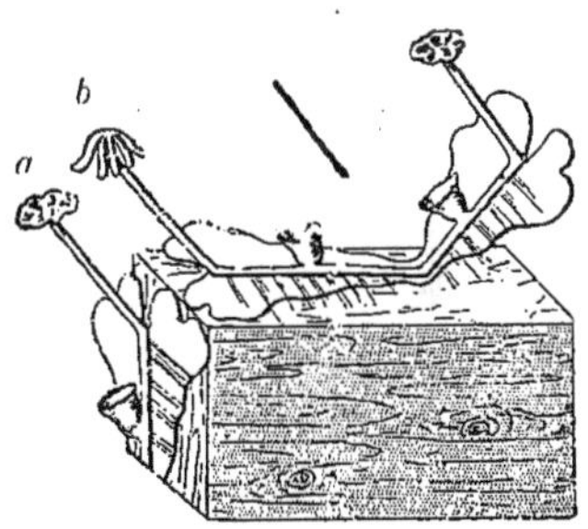
Fig. 199. — Thalle de *Marchantia* orienté perpendiculairement aux radiations.

Il est plus rare de voir la tige ou les feuilles se courber en s'éloignant de la lumière, comme on le constate chez les vrilles de la Vigne vierge, dans la tige hypocotylée du Gui, les racines aériennes de certaines Orchidées. On dit alors que *le phototropisme est négatif*.

Dans la même plante d'ailleurs, et suivant l'âge de ses parties, on peut observer les deux formes de l'orientation; ainsi, chez la Capucine, les parties supérieures de la tige s'infléchissent vers la lumière et les parties inférieures se courbent en sens inverse en fuyant les radiations.

Certains organes sont inertes vis-à-vis de la radiation, telles, par exemple, les racines qui vivent normalement dans un milieu où la radiation ne pénètre pas.

Influence inégale des diverses radiations. — La plante ne réagit pas d'une manière uniforme sous l'influence des diverses radiations. Pour s'en assurer on immobilise, au moyen d'un héliostat, un spectre assez large et bien pur, et l'on installe dans ses diverses régions des plantules très sensibles et aussi semblables que possible. Au bout de quelques heures, on constate que les courbures les plus prononcées sont produites par les radiations bleues et violettes. Les radiations rouges ont une action plus faible et les radiations jaunes sont presque sans action. Il est digne de remarque que les radiations ultra-violettes sont encore actives même dans les régions assez éloignées du spectre lumineux.

Si l'on veut simplement comparer l'action des deux moitiés du spectre, on peut placer les plantules sensibles à la lumière sous une cloche à double paroi renfermant une solution de bichromate de potassium ou de sulfate de cuivre ammoniacal, la première laissant passer la moitié la moins réfrangible du spectre, la seconde laissant passer les radiations les plus réfrangibles bleues et violettes.

Quel que soit le procédé employé, on constate que ce sont les *radiations les plus réfrangibles et principalement les radiations violettes qui sont les plus actives.* Nous avions déjà obtenu la même conclusion pour les mouvements provoqués par l'irritabilité du protoplasma et nous aurons occasion de revenir sur ce point.

Mécanisme des déformations phototropiques. — Toutes les déformations ayant leur siège dans la zone de croissance, il était naturel, comme on l'a fait tout d'abord, d'attribuer à la lumière une action directe sur la croissance. Cette action, égalisée pour toutes les faces de la plante dans une lumière égale, ne se traduirait par aucune déformation ; mais, dans une lumière unilatérale, elle provoquerait des inégalités de croissance et, par suite, des déformations.

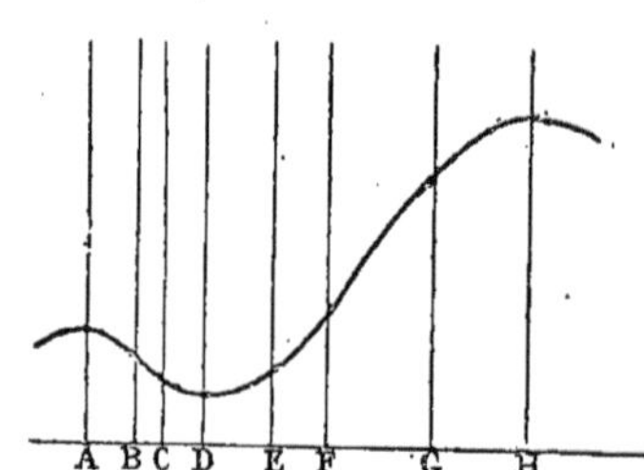

Fig. 200. — Courbe montrant la variation de l'influence retardatrice de la radiation, avec la réfrangibilité.

La lumière provoque un retard de croissance. — Les recherches de Wiesner ont montré que la lumière retarde la croissance et que ce retard est plus grand avec les radiations bleues et violettes qu'avec les radiations rouges et surtout les radiations jaunes (fig. 200).

Le tableau suivant donne, pour la Vesce, les accroissements observés dans le même temps sous l'influence des diverses radiations :

Nature des radiations.	Accroissement.	
Obscur froid (gypse très fin)................................	32 millimètres.	
Bleu (sulfate de cuivre ammoniacal).....................	17	—
Vert..	25	—
Jaune (bichromate de potassium)........................	29	—
Rouge..	26	—
Lumière blanche...	16	—

C'est donc par un retard de croissance qu'on peut expliquer les déformations phototropiques. Dans le cas le plus ordinaire où le phototropisme est positif, la lumière qui frappe l'une des faces de la tige ralentit la croissance sur cette face, et, la face opposée ayant conservé sa croissance normale ou une croissance voisine de la normale, il en résulte nécessairement une courbure de la tige vers la source lumineuse.

En ce qui concerne le phototropisme négatif, bien plus rare d'ailleurs, on fait intervenir pour l'expliquer les variations d'intensité de la source. Pour une lumière de réfrangibilité déterminée, le retard de croissance, très faible d'abord, va en augmentant jusqu'à une intensité *optimum*, variable suivant les plantes puis, à partir de l'*optimum*, si l'intensité continue à croître, le retard diminue.

Prenons alors un organe négativement héliotropique : nous pouvons supposer que la face éclairée reçoit des radiations dépassant notablement l'optimum et, dans ce cas, la face opposée pourra recevoir, par diffusion, les radiations dont l'intensité est plus voisine de l'optimum ; par suite, le retard de croissance sera plus fort sur la face opposée à la lumière que sur la face éclairée, et la courbure amènera le sommet de l'organe le plus loin de la source.

La possibilité de provoquer dans les tiges, comme nous allons le montrer, des courbures phototropiques sans que la région de croissance soit éclairée suffit pour réduire à néant ces explications ingénieuses.

Le phototropisme n'est pas dû à une action directe sur la croissance. — L'hypothèse que les déformations observées dans une lumière unilatérale sont produites par une action directe sur la croissance avait été acceptée par tous les naturalistes après les belles recherches de Wiesner, cependant Darwin avait remarqué le premier que, dans les tiges, le sommet seul est héliotropiquement sensible ; s'il est frappé par une source unilatérale, une excitation y prend naissance et, se propageant dans la partie inférieure, occasionne une forte courbure. Des expériences nouvelles ont montré que l'idée de Darwin était exacte, bien que trop absolue. Le mécanisme de l'action de la lumière dans le phototropisme rappellerait exactement ce que nous avons vu à propos de la polarisation exercée dans les plantes par la pesanteur.

C'est à Rothert que l'on doit les recherches plus récentes qui ont permis de distinguer la sensibilité héliotropique de la réaction mécanique qu'elle provoque, soit au lieu même de sa naissance, soit en des régions plus ou moins éloignées.

Voici quelques-unes des expériences les plus caractéristiques exécutées avec des plantules de Graminées (*Avena sativa*, *Phalaris canariensis*, etc.).

Deux séries de plantules aussi semblables que possible sont placées à la même distance d'une source de lumière ; dans l'une (fig. 201, *a*), les plantules étaient entièrement éclairées ; dans l'autre, le sommet était protégé contre la radiation par une coiffe en papier ou en étain (1). Au bout de quelques heures, les premières étaient courbées depuis la base et formaient avec la direction verticale un angle variant de 50° à 70° ; les secondes, à sommet protégé contre la radiation, présentaient une courbure de 15° à 30°.

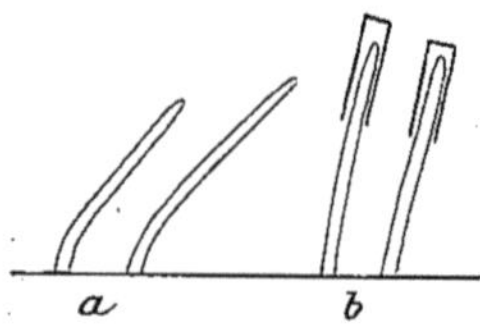

Fig. 201. — Plantules d'A-voine. — *a*, entièrement éclairées ; *b*, à sommet couvert par une feuille d'étain.

La courbure des deux séries de plantules montre que le sommet du cotylédon et la partie inférieure sont sensibles héliotropiquement, mais la sensibilité du sommet est plus grande que celle de la partie inférieure, car la courbure provoquée par l'éclairement de cette dernière région est bien plus faible que la courbure consécutive à l'éclairement du sommet.

Rothert a établi que la zone sensible est limitée à la région de croissance du cotylédon et que la sensibilité est à peu près constante partout, sauf dans la région très courte du sommet (environ $1^{mm},5$), où la sensibilité héliotropique est très considérable.

La propagation de l'excitation est mise en évidence par l'expérience suivante : On place des plantules dans des pots et on les recouvre de terre fine, sèche et très meuble, de manière à ne laisser dépasser que le sommet (fig. 202). Au bout de quelques heures, toutes les plantules sont courbées jusqu'à la base dans la partie soustraite à l'action de la lumière ; la courbure, d'abord faible, située au voisinage du

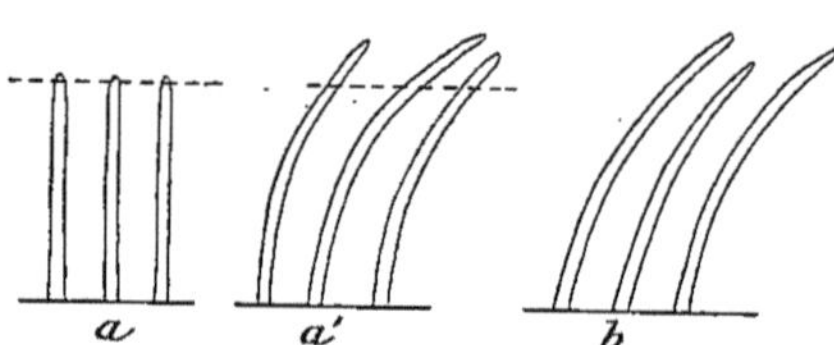

Fig. 202. — *a*, *a'*, plantules d'Avoine éclairées seulement à leur sommet : *a*, avant l'exposition à la lumière ; *a'*, après l'action de la lumière ; *b*, plantules éclairées entièrement.

sommet, s'étend progressivement jusqu'à l'insertion du cotylédon. Les radiations qui ont frappé le sommet ont donc déterminé une excitation héliotropique qui se propage peu à peu dans la partie obscure et y détermine des courbures très prononcées.

En outre, si l'on éclaire avec des sources d'égale intensité la partie supérieure du cotylédon d'Avoine sur l'une de ses faces et en même temps la face opposée de la région inférieure (fig. 203, I), on obtient, au bout de quelques heures, une courbure en forme d'**S**, due à la réaction sur place des régions sensibles (fig. 203, II) ; mais si l'on prolonge l'éclairement, l'excitation perçue

(1) Darwin avait réalisé des expériences du même genre avec le *Phalaris canariensis*, *Avena sativa*, *Brassica oleracea*, mais il n'avait pas observé la légère courbure signalée par Rothert, ou, du moins, il ne l'avait vue que rarement et avait attribué ce résultat à une défectuosité des expériences.

par le sommet étant plus puissante que la réaction basilaire, elle ne tarde pas, en se propageant dans toute l'étendue du cotylédon, à annihiler cette dernière et à déterminer une courbure totale dans le même sens (fig. 203, III).

Si l'on compare deux séries de plantules dont l'une a les faisceaux coupés, la courbure est la même. La section des faisceaux n'ayant pas amené de modification, il en résulte que la propagation de l'excitation héliotropique a lieu par le parenchyme du tissu fondamental, et probablement grâce aux communications protoplasmiques de ce tissu.

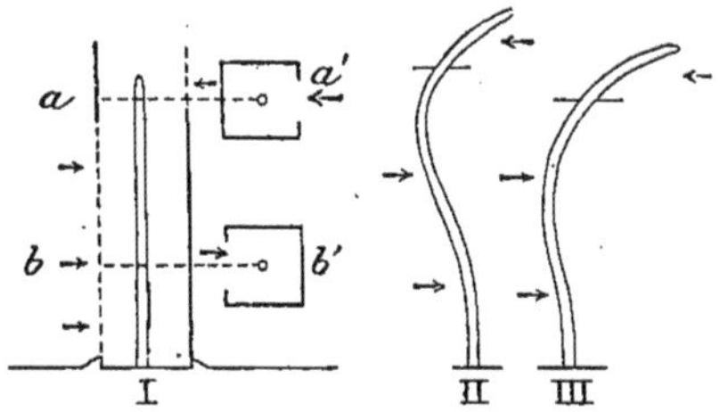

La vitesse de propagation n'est pas considérable : sa valeur maxima a atteint, chez les *Brodiœa congesta*, 2 centimètres par seconde.

Les résultats que nous venons de rappeler ont été vérifiés chez les Monocotylédones et les Dicotylédones ; mais, contrairement à l'affirmation de Darwin, la sensibilité héliotropique n'est pas localisée au sommet ; elle se rencontre, à la vérité avec des variantes, dans toute la zone de croissance.

Fig. 203. — I, plantule d'Avoine protégée par une cage opaque de manière à recevoir à sa partie supérieure (*a*) la lumière à droite (*a'*) et dans tout le reste de la longueur (*b*) la lumière à gauche (*b'*); II, la même plantule après quelque temps d'éclairement ; III, la même après un éclairement de longue durée.

Il existe donc dans les tissus où la croissance s'exerce deux propriétés remarquables du protoplasme : la *sensibilité héliotropique* et l'*excitabilité héliotropique*. Quand les radiations unilatérales frappent la région sensible, une excitation prend naissance dans cette région et se propage dans les tissus voisins ; si ceux-ci sont excitables, ils réagissent sous l'influence de l'excitation qui leur est transmise par des modifications de croissance, déterminant les courbures phototropiques. Ces deux propriétés sont souvent indépendantes l'une de l'autre ; ainsi, dans le *Panicum*, la tige hypocotylée est héliotropiquement excitable, mais insensible. En outre, quand la croissance a cessé de se manifester dans une région, la faculté de réagir à la suite d'une excitation héliotropique s'annule, mais la sensibilité et la propagation de l'excitation perçue persistent encore.

Nous voyons donc que les déformations produites par un éclairement unilatéral chez les organes en voie de croissance ont lieu par un mécanisme semblable à celui que nous avons fait connaître pour les courbures géotropiques. Elles sont toutes la conséquence d'une excitation perçue par la région sensible de l'organe, et leur apparition a nécessairement lieu après la perception et au bout d'un temps dont la durée dépend à la fois de la vitesse de propagation de l'excitation et de la distance qui sépare la région sensible de la région excitable ; c'est pourquoi le phototropisme est, comme le géotropisme, un phénomène d'induction.

Nous ignorons le mécanisme intime de ces déformations, mais nous constatons qu'elles ont pour but d'orienter la plante dans la situation la plus favorable à l'utilisation des radiations.

Bonnet, Recherches sur l'usage des feuilles, 2e mém., 1754.

Dutrochet, *Mémoires*, II, 1836.

Hofmeister, Die Lehre der Pflanzenzelle, 1867.

De Vries, *Arbeiten des Bot. Inst. in Wurzbourg*, 1872. — *Bot. Zeit.*, 1879.

Wiesner, Die heliotropischen Erscheinungen im Pflanzenreiche (*Denkschriften der K. Akad. der Wissensch. z. Wien*, I Theil, 1878 ; II Theil, 1880). — On trouve dans ce remarquable travail tout l'historique de la question.

Sydney Vines, The influence of Light upon the Growth of unicellular Organ (*Arb. des Bot. Inst. Wurzbourg*, 1878).

Guillemin, Production de la chlorophylle et direction des tiges (*Ann. Sc. nat.*, 4e série, t. VII, 1857).

Sachs, Wirkungen des farbigen Lichts auf. Pflanzen (*Bot. Zeit.*, 1865). — Ueber Ausschliessung der geotropischen und heliotropischen Krümmungen Wahrend des Wachsens (*Arb. des Bot. Inst. Wurzbourg*, II, 1877). — Ueber orthotrope und Plagiotrope Pflanzentheile (*Arb. des Bot. Inst. Wurzbourg*, 1879).

Godlewski, *Bot. Zeit.*, 1879.

Darwin, *La faculté motrice chez les plantes* (trad. Heckel, 1882).

Röthert, Ueber Heliotropismus (*Beiträge zur biologie der Pflanzen*, VII, 1894).

§ 4. — MOUVEMENTS DES ORGANES ADULTES CONSÉCUTIFS D'UNE MODIFICATION DE LA TURGESCENCE.

Mouvements nyctitropiques des organes verts. — Veille et sommeil. — Les organes adultes dans lesquels la croissance a cessé ne sont pas insensibles à l'action de la lumière. Les feuilles, les cotylédons et les fleurs présentent, suivant l'intensité de la radiation, des mouvements dont la cause, soupçonnée dès 1567 par Garcias de Horto, fut mise en lumière par Linné dans un ouvrage important : *Somnus plantarum.*

Ces mouvements, qui s'observent surtout pendant le passage de l'obscurité à la lumière et inversement, sont périodiques : on les appelle *mouvements nyctitropiques* ; ils aboutissent à donner aux organes deux positions différentes, l'une, observée pendant le jour, dite *position de veille*, l'autre, observée pendant la nuit, dite *position de sommeil.*

La situation des feuilles pendant la position de veille est telle que le limbe soit en général étalé dans une direction normale

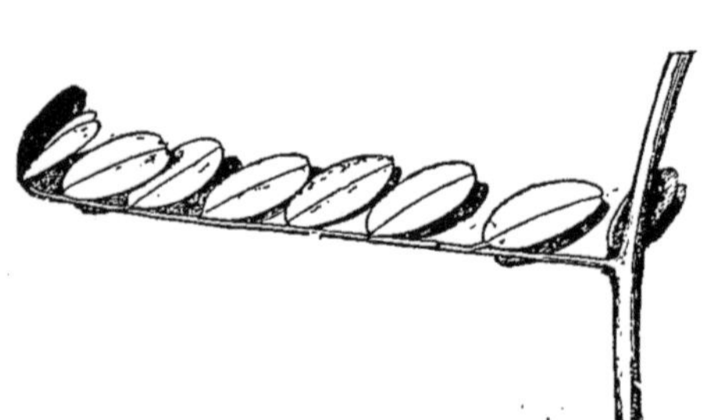

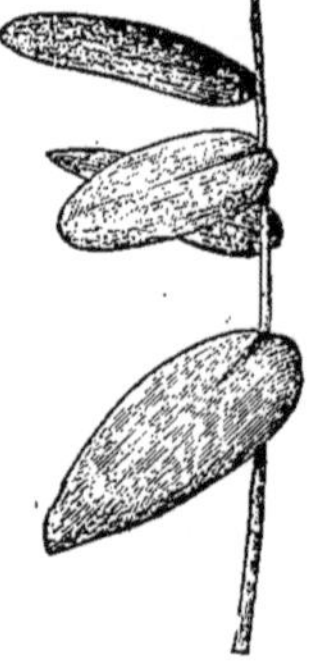

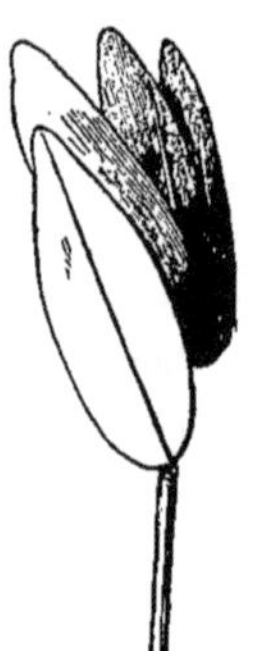

Fig. 204. — Feuille de Coronille rose (*Coronilla rosea*) en état de sommeil.

Fig. 205. — Tige de *Strephium floribundum* à gauche, le jour ; à droite, la nuit.

aux radiations. Pendant la nuit, les feuilles simples ou composées présentent des situations variables suivant les espèces. Ainsi les folioles de la Coronille rose (fig. 204) se relèvent pour se toucher par la face supérieure ; celles du *Strephium* (fig. 205), qui sont alternes, se relèvent pour envelopper la tige ; les feuilles composées du Lupin (fig. 206) rabattent leurs folioles de manière à se toucher par leur face inférieure. Les feuilles composées pennées du *Colutea* se redressent autour du pétiole commun pour le toucher par leur face supérieure ; dans le Carambolier (fig. 207), elles se rabattent pour se toucher par leur face inférieure, etc.

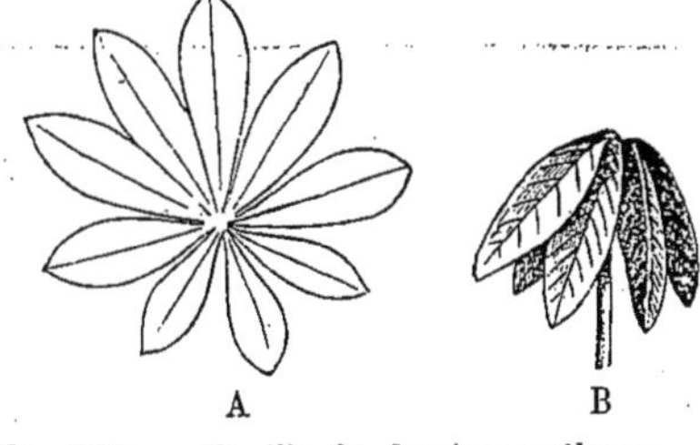

Fig. 206. — Feuille de *Lupinus pilosus*. — A, le jour B, la nuit.

Les cotylédons présentent plus fréquemment que les feuilles les mouvements nyctitropiques. Le plus souvent ils se relèvent à l'obscurité pour se toucher par leur face supérieure ; parfois ils s'abaissent ; en tout cas leurs mouvements diffèrent de ceux des feuilles de la même espèce.

C'est la lumière qui est la cause des mouvements de veille et de sommeil, car de Candolle a réussi, avec la Sensitive, à intervertir les périodes en éclairant la plante pendant la nuit et en la maintenant à l'obscurité pendant le jour. Au début des expériences, les jeunes plants de Sensitive effectuaient irrégulièrement le passage de la position de veille à la position de sommeil ; puis, au bout de quelques jours, ils s'étaient accommodés à l'inversion de l'éclairement, prenant leur position de veille

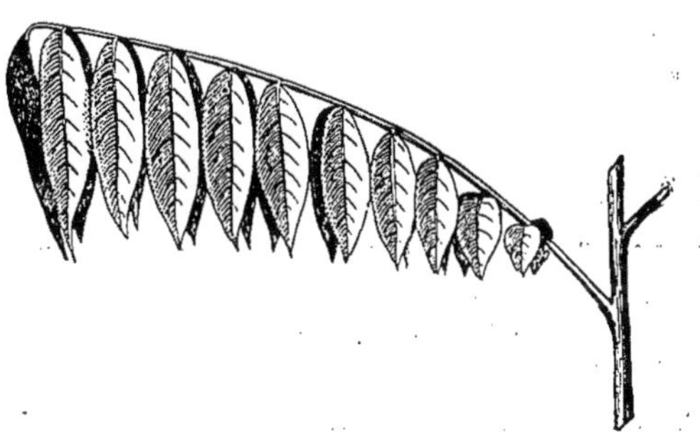

Fig. 207. — Feuille de Carambolier (*Averrhoa bilimbi*) en état de sommeil.

pendant la nuit et leur position de sommeil pendant le jour. Toutes les plantes, d'ailleurs, ne sont pas susceptibles de manifester cette inversion, car de Candolle a constaté que l'*Oxalis incarnata* et l'*Oxalis stricta* sont insensibles à l'influence d'une lumière artificielle.

En tout cas, la forme des mouvements nyctitropiques est très remarquable : c'est par une série d'oscillations que les feuilles passent d'une position à l'autre (fig. 208).

Si la lumière est la cause dominante de ces mouvements, les variations de température peuvent les accélérer ou les ralentir. A + 10° ils ont lieu difficilement, ils cessent à + 5° ; d'autre part, une élévation brusque de température peut provoquer le mouvement de sommeil en pleine lumière.

Influence des radiations de réfrangibilité différente. — Les diverses radiations ne sont pas également actives : dans le rouge les feuilles prennent très vite leur position de sommeil, dans le jaune le passage est plus lent,

dans le vert il est très lent ou même nul, et enfin dans les radiations bleues
et violettes les feuilles demeurent dans la situation de veille. Sous l'action
des radiations les moins réfrangibles, les plantes se comportent donc comme

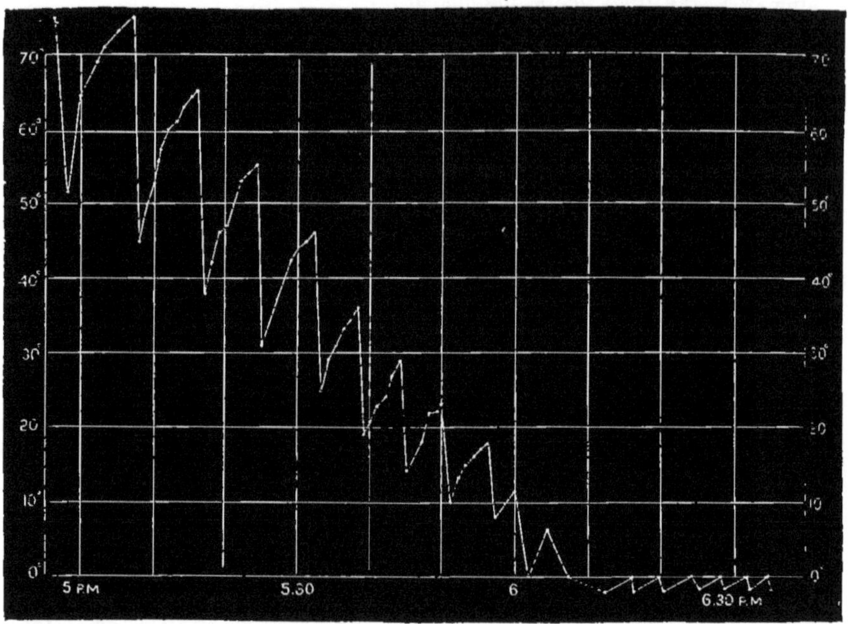

Fig. 208. — Mouvement oscillatoire d'une feuille de Carambolier au moment où elle prend
l'état de sommeil. Les abscisses figurent la durée ; les ordonnées des angles formés avec la
verticale.

à l'obscurité ; sous celle des radiations les plus réfrangibles, elles se comportent comme à la lumière.

Par contre, quand les plantes sont endormies, les radiations rouges les
réveillent aussi bien que les radiations violettes.

Siège du mouvement. Renflements moteurs. — Les mouvements nyctitropiques s'effectuent dans les feuilles âgées aussi bien que dans les feuilles
jeunes, et si l'on examine les organes où ces mouvements se produisent, on
constate qu'ils sont localisés dans une très courte région, à la base du pétiole
unique ou des pétioles secondaires, caractérisée par l'existence d'un renflement qui a été désigné sous le nom de *renflement moteur* ; en ce point le
parenchyme chlorophyllien est très développé et les cellules, remplies de
suc cellulaire, sont turgescentes.

Mécanisme des mouvements. — C'est par des modifications dans la turgescence des tissus du renflement moteur que les mouvements se produisent.
En effet, dans la position nocturne, le renflement moteur est rigide, par suite
de l'accumulation de l'eau dans ses cellules ; dans la position diurne, il est
mou, par suite de la disparition de l'eau. Le passage de la position diurne à
la position nocturne est donc provoqué par un afflux de l'eau dans le renfle-

ment, et, suivant la situation qu'il occupe, les feuilles ou les folioles se recourbent dans des situations différentes. Les modifications de turgescence du renflement moteur peuvent s'expliquer de la manière suivante : au moment du passage à l'obscurité, la chlorovaporisation est annulée et l'eau qui afflue dans le pétiole s'accumule surtout dans le renflement moteur, à cause de la grande quantité de sucre qui s'y trouve ; mais, comme le sucre est consommé pendant la nuit, sa proportion diminue et devient minimum le matin, au moment où, par le rétablissement de la chlorovaporisation, l'eau est aspirée dans les tissus pour s'évaporer en abondance ; c'est alors que le renflement moteur devient flasque et mou et la feuille reprend sa position diurne.

Les anesthésiques comme l'éther, le chloroforme, la raréfaction de l'air, la diminution de la proportion de l'oxygène, l'accumulation du gaz carbonique abolissent momentanément les mouvements nyctitropiques, comme ils abolissent aussi les mouvements de locomotion totale ou partielle.

Utilité des mouvements de sommeil. — Quelle que soit la situation des feuilles en état de sommeil, le reploiement qu'elles subissent a pour effet de diminuer la surface de rayonnement et, par suite, de préserver la plante contre un refroidissement trop considérable. Quand on oblige les folioles à demeurer étalées pendant la nuit, la rosée s'y dépose en plus grande abondance et la plante peut, à certains moments, souffrir de cet excès de refroidissement.

Mouvements nyctitropiques des fleurs. — On sait qu'un grand nombre de plantes ouvrent et ferment périodiquement leurs fleurs.

Ces mouvements, qui s'accomplissent à des heures assez diverses de la journée pour qu'on ait pu dresser un horaire de flore, sont dus à des causes diverses et peuvent être, suivant les espèces, rangés parmi les mouvements spontanés (*Oxalis*) ou les mouvements provoqués (Tulipe, Safran).

Chez un certain nombre d'espèces : *Mirabilis* (Belle-de-nuit), Tulipe, Nénuphar, etc., les mouvements d'ouverture et de fermeture des fleurs sont provoqués par des variations dans l'intensité des radiations.

Ainsi, avec la Belle-de-nuit, ainsi nommée parce qu'elle ouvre ses fleurs pendant la nuit, de Candolle a pu intervertir les mouvements en éclairant la plante pendant la nuit et en la maintenant à l'obscurité pendant le jour.

La Tulipe, le Safran, le Pissenlit, l'*Oxalis* ferment leurs fleurs pendant la nuit ; c'est le cas le plus ordinaire. Chez un certain nombre d'espèces, ces mouvements peuvent être intervertis par une faible variation de température ; ainsi le Safran, la Tulipe s'ouvrent même à l'obscurité par une faible élévation de température ; toutefois, certaines espèces (Pissenlit, *Oxalis*) résistent à l'influence de la température.

Les mouvements nyctitropiques des fleurs sont localisés à la base des sépales ou des pétales, mais le mécanisme en est encore inconnu.

Ouverture et fermeture des stomates. — Les modifications provoquées par la lumière dans l'intensité de la transpiration ne déterminent pas seulement des mouvements d'ensemble de certains organes ; elles peuvent aussi produire des déformations temporaires dans certains groupes cellulaires, notamment dans les stomates.

Les cellules stomatiques qui bordent l'ostiole ont, comme on sait, leur paroi interne limitant l'ostiole fortement épaissie suivant deux crêtes, l'une externe, l'autre interne, tandis que la paroi qui confine aux cellules épidermiques normales est mince. Si ces cellules sont flasques, elles se touchent par leur surface interne et l'ostiole est fermée ; mais si la turgescence augmente par suite de l'afflux de l'eau, la membrane externe s'allonge, tandis que la membrane interne, plus épaisse, résiste ; nécessairement alors la cellule se déforme en devenant concave du côté interne et l'ostiole s'ouvre.

Parmi les causes extérieures qui modifient la turgescence de manière à agrandir ou à diminuer l'ostiole, nous n'avons à signaler ici que la lumière : au soleil, les stomates sont toujours ouverts largement ; à l'obscurité, ils sont toujours fermés.

Une simple diminution d'intensité suffit pour déterminer la fermeture des stomates : ainsi, une plante exposée au soleil et transportée dans un milieu à lumière diffuse ferme ses stomates au bout d'une demi-heure.

Que les déformations des cellules stomatiques provoquées par la lumière soient dues à des modifications de la turgescence, cela ne fait aucun doute ; mais la cause immédiate de ces modifications n'est pas élucidée. Est-ce la réaction consécutive à une excitation du protoplasme, ou bien la conséquence des modifications chimiques que la lumière exerce dans le protoplasme vert des cellules stomatiques ? Nous ne sommes pas fixés à ce sujet. En tout cas, l'action de la lumière est encore ici une action auto-régulatrice destinée à favoriser l'exhalation d'une plus grande quantité de vapeur d'eau et des gaz nécessaires à l'action chlorophyllienne.

Parhéliotropisme. — Darwin a désigné ainsi certains mouvements des feuilles adultes provoqués par la lumière, qui constituent une action auto-régulatrice protégeant les organes contre un éclairage trop intense. Ces mouvements, peu étudiés jusqu'ici, bien que signalés déjà par Valerius Cordus chez le *Glycirrhiza echinata* en 1561, par Charles Bonnet au xviiie siecle, consistent en ce que le limbe des feuilles ou des folioles, qui, dans une lumière modérée, est orienté perpendiculairement à la direction des radiations, se déplace peu à peu dans une lumière intense de manière à présenter sa tranche aux radiations (*Robinia, Mimosa albida*, etc.). Dans certaines espèces, ainsi que Johow l'a montré par la comparaison des plantes des régions ombreuses et ensoleillées, le limbe foliacé se plisse dans une lumière intense de manière à recevoir les radiations sous une incidence très grande qui en atténue l'action nocive, tandis qu'à l'ombre les feuilles des mêmes espèces ont leur limbe bien étalé.

Ces mouvements sont destinés à protéger la plante contre un éclairage capable de détruire la chlorophylle, et nous devons, au point de vue de la protection de la plante, les rapprocher du déplacement des corps chlorophylliens étudié plus haut, mais leur mécanisme demeure inconnu.

Pfeffer, Die Periodischen Bewegungen der Blätterorgane, 1875 ; avec un historique sur le sujet.

Hofmeister, Die Lehre von der Pflanzenzelle, 1867.

Cl. Royer, Sur l'importance d'un état spécial de turgescence des cellules (*Ann. Sc. nat.*, IX, 1868).

Batalin, *Flora*, 1873.

De Vries, *Bot. Zeit.*, 1879.

Frank, Die nat. Wagerechte Richtung von Pflanzentheilen, 1870.

Kraus, Beiträge zur Kenntniss der Bewegungen (*Flora*, 1879).

Darwin, *La faculté motrice dans les plantes* (trad. Heckel, 1862). — *The pover of movement in plants*, 1880.

Schwendener, Ueber Bau und mechanik der Spaltöffnungen (*Monatsber. der Berl. Akad.*, 1881).

De Candolle, Expériences relatives à l'influence de la lumière sur quelques végétaux (*Mém. des Sav. étrang.*, I, 1806).

Hoffmann, Recherches sur le sommeil des plantes (*Ann. Sc. nat.*, 3e série, 1850).

CHAPITRE II

PHÉNOMÈNES CHIMIQUES PRODUITS PAR LA LUMIÈRE

L'excitabilité du protoplasme mise en jeu par la lumière peut se traduire par des modifications dans la nutrition. Il y a lieu de distinguer le protoplasme incolore et les corps chlorophylliens.

§ 1er. — PROTOPLASME INCOLORE.

Dans les plantes ou dans les tissus à protoplasme incolore, la lumière exerce une action à la fois sur le phénomène respiratoire et sur la transpiration.

Respiration. — L'intensité de la respiration est diminuée par la lumière dans une proportion qui peut atteindre le tiers du volume des gaz échangés ; ces résultats s'observent, d'après les recherches de MM. Bonnier et Mangin, avec des Champignons et des Phanérogames sans chlorophylle (*Neottia nidus-avis, Monotropa hypopitys*), et enfin avec des organes verts ou des graines en germination.

Toutefois, il y a lieu de distinguer, comme l'a fait M. Elfving, entre les plantes en voie de croissance et les plantes adultes ; l'action déprimante de la lumière sur la respiration est constante chez les plantes ou parties de plantes en voie de croissance ; elle ne se manifeste pas chez les moisissures qui sont à l'état adulte.

Les diverses radiations n'ont pas d'ailleurs la même influence retardatrice ; ce sont les rayons les moins réfrangibles, jaunes et rouges, qui affaiblissent le plus la respiration, tandis que les radiations les plus réfrangibles ont une influence plus faible.

Transpiration. — Chez les plantes ou les parties de plantes à protoplasme incolore, la lumière accélère la transpiration, mais cette action, quoique très nette, est cependant moins importante que celle qui s'exerce sur les organes verts, comme nous le verrons plus loin.

§ 2. — ACTION DE LA LUMIÈRE SUR LES ORGANES VERTS. — PHÉNOMÈNES PHOTOCHLOROPHYLLIENS.

C'est surtout sur les organes verts que la lumière exerce l'action la plus importante, car tous les phénomènes de synthèse nutritive sont liés aux modalités de l'action de la lumière.

1° *Production de la chlorophylle.*

On sait que les plantes maintenues à l'obscurité, en même temps qu'elles s'allongent, deviennent incolores ; d'autre part, les plantes vertes ne tardent pas, après un certain temps de séjour à l'obscurité, à perdre leur couleur verte ; on dit alors qu'elles sont étiolées. Toutes les plantes étiolées exposées à la lumière verdissent assez rapidement. Par conséquent, le pigment vert ou chlorophylle des végétaux exige, pour se développer, le concours des radiations lumineuses, et il ne peut persister dans son intégralité que si la plante est exposée à la lumière d'une manière périodique.

Il y a toutefois à cette règle générale de rares exceptions : les cotylédons d'un certain nombre de graines, les Conifères, les Fougères, etc., verdissent à l'obscurité.

Conditions d'apparition de la chlorophylle. — La formation du pigment vert des plantes exige plusieurs conditions de milieu : une température convenable, une intensité lumineuse suffisante. La condition de température varie avec la nature des plantes, mais en général le verdissement ne se fait pas à 4° ou 5° ; il n'a plus lieu au delà de 40° à 45° et l'optimum correspond à environ 35°.

Influence de l'intensité lumineuse : formation et destruction de la chlorophylle. — Si l'on éclaire des plantes étiolées placées dans un milieu à l'optimum de la température avec des sources artificielles, de manière à faire varier l'intensité, on reconnaît qu'une intensité lumineuse même faible suffit à amener le verdissement, telle, par exemple, que celle de la flamme d'un bec de gaz ou d'une lumière diffuse permettant tout juste de lire les caractères d'un livre.

Si l'intensité augmente, le verdissement est de plus en plus rapide jusqu'à une certaine valeur à partir de laquelle la durée nécessaire au verdissement augmente.

En continuant à augmenter l'intensité, on obtient bientôt une valeur telle que non seulement le verdissement n'a plus lieu, mais qui est suffisante pour tuer la chlorophylle dans les organes verts.

Cette intensité lumineuse, qui ralentit le verdissement ou qui détruit la chlorophylle, correspond pour beaucoup de plantes à l'intensité des rayons solaires directs. Nous avons vu plus haut, en étudiant les mouvements des protoplasmes dans les cellules rigides (Voy. p. 314), comment la plante se protège contre cette intensité nocive en déplaçant les corps chlorophylliens de manière que la radiation les frappe sous une incidence très grande ou ne frappe que quelques-uns d'entre eux.

Influence de la nature des radiations. — Les expériences destinées à montrer cette influence ont été réalisées en exposant des plantes étiolées soit dans les diverses régions d'un spectre immobilisé, soit derrière des écrans destinés à tamiser la lumière.

Le verdissement est très rapide derrière un écran contenant une solution de bichromate de potassium ; il est plus lent derrière celui qui renferme une solution ammoniacale d'oxyde de cuivre.

Si l'on veut résumer les résultats obtenus pour les diverses régions du spectre, on voit que le verdissement commence dans l'ultra-rouge à une distance du bord A du spectre visible égale à AD et se continue dans l'ultra-violet jusqu'à une distance égale à la longueur du spectre visible. Entre ces limites, l'action des radiations passe par un maximum qui correspond à la raie D.

De même que les réactions phototropiques, le verdissement est un phénomène d'induction. Si l'on expose une plante à la lumière et qu'on la transporte à l'obscurité avant qu'elle ait verdi, on constate que le verdissement se produit pendant le séjour à l'obscurité. Ce que nous avons dit des conditions qui président aux réactions phototropiques nous fait penser que le verdissement est un mode de réaction consécutif à l'excitation du protoplasme par la lumière.

Absorption des radiations par la chlorophylle. — Quand la chlorophylle est développée et maintenue dans des conditions d'éclairement convenables, elle exerce sur les radiations qui la frappent une action inégale : elle absorbe

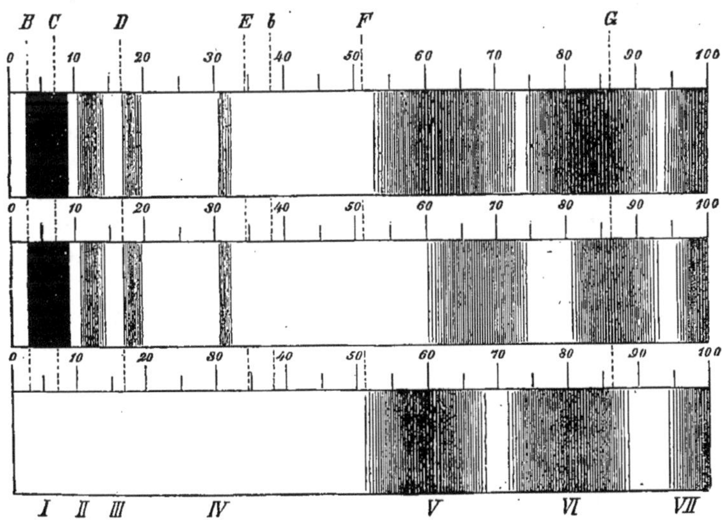

Fig. 209. — Spectres d'absorption de la chlorophylle. Le spectre supérieur est obtenu avec la solution alcoolique des feuilles (chlorophylle et xanthophylle réunies), le spectre du milieu avec la solution de chlorophylle pure, le spectre du bas avec la solution de xanthophylle.

les unes et laisse passer les autres, de sorte que la lumière qui a traversé un organe vert ou une solution récente de chlorophylle est profondément modifiée.

Pour connaître la nature des radiations absorbées, il faut au préalable débarrasser les solutions chlorophylliennes du pigment jaune, la xanthophylle qui s'y trouve mélangée ; on obtient ce résultat en agitant une solution alcoolique de chlorophylle impure avec de la benzine ; le pigment vert se dissout dans la benzine et la xanthophylle reste dans l'alcool.

En tamisant la lumière avec une solution de chlorophylle ainsi préparée et en intercalant un prisme à la sortie des radiations, on obtient un spectre sillonné de bandes noires qui est le spectre d'absorption de la chlorophylle (fig. 209). On y distingue sept bandes noires correspondant aux régions où les radiations ont été absorbées ; la première bande dans l'extrême rouge est large, noir foncé et nettement limitée ; les trois bandes suivantes, qui vont jusqu'au jaune vert, sont estompées sur les bords ; les trois dernières occupent l'espace compris entre la limite du vert et le violet ; elles sont aussi à bords estompés.

Si l'on tamise les radiations par une feuille vivante, on obtient un spectre un peu différent, parce que toutes les radiations, de l'extrême vert au violet, sont absorbées par la xanthophylle toujours mélangée à la chlorophylle.

2° *Assimilation du carbone.*

Absorption du gaz carbonique et émission corrélative d'oxygène. — On sait depuis longtemps que tous les organes verts exposés à la lumière absorbent du gaz carbonique et émettent de l'oxygène et que ce phénomène cesse aussitôt que les plantes sont placées à l'obscurité ; qu'il n'a pas lieu si l'on emploie des plantes étiolées ou des organes dépourvus normalement de matière verte.

Apparition de l'amidon dans les organes verts. — Si l'on examine les cellules des plantes exposées à la lumière, on constate que les corps chlorophylliens renferment des grains d'amidon en plus ou moins grand nombre ; cet amidon disparaît dès que la plante a séjourné un certain temps à l'obscurité. Avec des filaments d'Algues ou des feuilles de Mousses qui permettent d'observer les cellules au microscope sans les tuer, il est facile, en soumettant la plante à des alternatives d'éclairement et d'obscurité, de faire apparaître et disparaître les grains d'amidon dans les corps chlorophylliens.

Ces deux phénomènes concomitants : absorption de gaz carbonique, émission d'oxygène, d'une part, et, d'autre part, formation des grains d'amidon, sont liés l'un à l'autre de cause à effet, comme le montrent les expériences suivantes de Stahl, fondées sur ce fait que les feuilles d'un certain nombre de plantes ferment leurs stomates quand elles ont subi un commencement de dessiccation. Si l'on prend les feuilles de ces plantes et qu'on les expose à la lumière dans une atmosphère riche en gaz carbonique, après les avoir purgées d'amidon par un séjour à l'obscurité, on constate que la formation de l'amidon n'a pas lieu. Comme on pourrait craindre que la dessiccation n'ait entravé le phénomène, on peut recommencer l'expérience avec une feuille fraîche dont les stomates ont été bouchés par un enduit de cire : la formation de l'amidon n'a pas lieu davantage, parce que le gaz carbonique n'a pas pu pénétrer dans les tissus. D'ailleurs, en déchirant, dans ces feuilles, la cuticule, de manière à faire pénétrer le gaz carbonique, on constate que les grains d'amidon apparaissent d'abord au voisinage des blessures ou des excoriations de l'épiderme.

Une expérience de cours très démonstrative vient encore démontrer la relation étroite qui lie l'apparition de l'amidon à l'absorption du gaz carbonique ; une feuille verte encore attachée à la plante est enveloppée d'une feuille d'étain qui la soustrait à l'action de la lumière, sauf dans une région où l'on a enlevé la feuille d'étain sur un espace figurant une croix ou tout autre dessin. Après un certain temps d'exposition à la lumière, on constate que l'amidon existe seulement dans la région qui a été ensoleillée.

Ces faits, qui indiquent l'étroite dépendance dans laquelle se trouve la formation de l'amidon vis-à-vis de l'absorption du gaz carbonique et de l'exhalation d'oxygène, autorisent à penser que l'anhydride carbonique est décomposé et que le carbone mis en liberté s'unit à l'eau pour former des hydrates de carbone, dont le premier terme visible est l'amidon. Aussi a-t-on désigné les phénomènes chimiques qui se produisent dans les tissus verts sous le nom d'*assimilation du carbone.*

Influence des diverses radiations : rôle de la chlorophylle. — Diverses méthodes ont été employées pour rechercher l'influence des radiations d'iné-

gale réfrangibilité sur l'assimilation du carbone. Ce sont la méthode du spectre, de toutes la plus précise, avec la modification ingénieuse que M. Engelmann lui a fait subir en employant les bactéries comme indicateurs du dégagement d'oxygène, et la méthode des écrans absorbants.

Méthode du spectre. — On dispose un spectre bien pur immobilisé par un héliostat, et dans ce spectre on place un certain nombre d'éprouvettes étroites renfermant de l'eau avec une feuille de bambou et renversées sur le mercure. Après une durée d'exposition égale à six heures, on mesure le volume d'oxygène

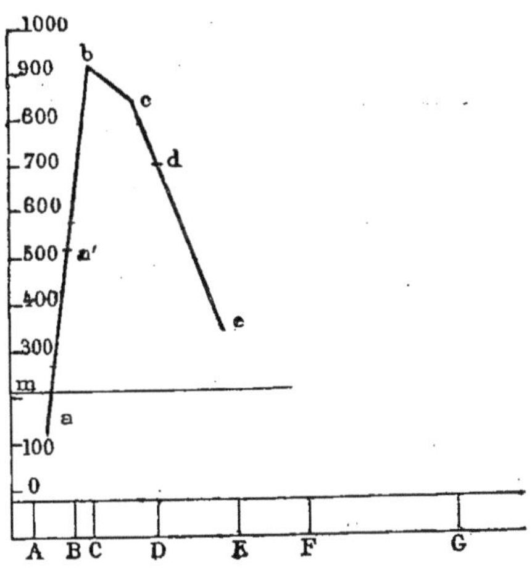

Fig. 210. — Courbe de la variation d'intensité de la décomposition du gaz carbonique sous l'influence des diverses radiations (d'après Timiriazeff).

exhalé et le volume de gaz carbonique absorbé, puis on exprime les quantités de gaz échangés correspondant aux diverses régions du spectre par des ordonnées ; en joignant les sommets de ces ordonnées, on obtient la courbe de décomposition du gaz carbonique. On constate que le maximum de la décomposition correspond aux radiations rouges comprises entre les raies B et C, c'est-à-dire au niveau de la bande d'absorption la plus forte (fig. 210).

Les expériences de Timiriazeff réalisées d'après cette méthode n'ont pas fourni de résultats positifs bien nets dans la moitié la plus réfrangible du spectre, sans doute à cause de la trop grande dispersion des radiations.

Méthode des bactéries. — La méthode des bactéries employée par Engelmann est beaucoup plus sensible. Elle est fondée sur l'avidité de certaines espèces, telles que le *Bacterium termo*, pour l'oxygène, propriété qui permet aux bactéries de se diriger vers les points où l'oxygène est dégagé. Voici comment on opère : on dispose un filament de Conferve sur le porte-objet du microscope et l'on fait tomber sur ce filament un spectre microscopique qui occupe une certaine longueur et dans lequel on note la position des principales bandes d'absorption. L'eau dans laquelle baigne le filament de Conferve a été additionnée de bactéries, et, au bout d'un certain temps, quand l'intensité lumineuse est suffisante, on voit ces organismes abandonner les points où l'oxygène fait défaut et s'accumuler aux endroits où il se dégage, et en nombre d'autant plus grand que le dégagement est plus abondant. On peut voir deux groupements de bactéries, l'un dans la moitié la moins réfrangible, l'autre dans la moitié la plus réfrangible ; ces deux groupements sont à peu près équivalents, le premier étant plus

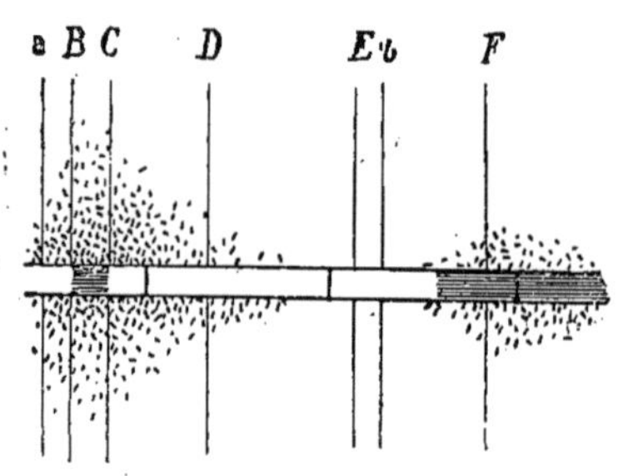

Fig. 211. — Filament de *Cladophoræ* exposé dans l'eau renfermant les bactéries aérobies à l'action d'un microspectre. Les bactéries sont rassemblées dans les deux zones principales d'absorption (d'après Engelmann).

élevé et de peu d'étendue, le second plus étendu, mais moins élevé. Ces deux amas correspondent aux deux groupes principaux des bandes d'absorption (fig. 211) ; ils sont séparés par la région verte du spectre qui n'est pas absorbée ; là, les bactéries manquent totalement.

Méthode des écrans absorbants. — Cette méthode, qui consiste à abriter des plantes vertes par des écrans renfermant des solutions colorées, est moins précise, à cause de la difficulté d'obtenir des solutions monochromatiques.

Une expérience mérite d'être citée, car elle est concluante, malgré son extrême simplicité. Elle consiste à mesurer le dégagement d'oxygène sous deux cloches : dans l'une, la radiation est tamisée par une solution d'alun ; dans l'autre, elle est tamisée par une solution de chlorophylle. Le dégagement gazeux est abondant sous la première cloche, nul dans la seconde.

On peut donc conclure de ces expériences que les radiations efficaces sont exclusivement celles qui sont absorbées par la chlorophylle. Le pigment vert joue le rôle d'un transformateur d'énergie qui fournit, en absorbant les radiations, la chaleur nécessaire à la décomposition de l'anhydride carbonique, chaleur que la plante est impuissante à produire en l'absence de la lumière.

Théorie de l'assimilation du carbone ; origine aldéhydique de l'amidon. — La relation de cause à effet établie plus haut entre l'absorption du gaz carbonique et l'émission d'oxygène, d'une part, et l'apparition de l'amidon, d'autre part, a suggéré l'hypothèse suivante :

Le gaz carbonique serait dissocié sous l'influence de l'énergie absorbée par les radiations, soit partiellement, soit totalement.

Si la dissociation est totale, on a

$$CO^2 = C + 2O,$$

l'oxygène dégagé représentant un volume égal au gaz carbonique absorbé.

Si la dissociation est partielle, le volume de l'oxygène émis ne peut être réalisé qu'en admettant une décomposition de l'eau solidaire de la dissociation du gaz carbonique, et l'on aurait alors

$$CO^2 = CO + O$$
$$H^2O = H^2 + O.$$

Dans le premier cas, le carbone naissant s'unirait à l'eau pour former soit un hydrate de carbone, soit le composé transitoire CH^2O, aldéhyde formique qui, par des polymérisations, fournirait du glucose et ensuite de l'amidon.

Dans le deuxième cas, la dissociation simultanée du gaz carbonique et de l'eau fournirait encore de l'aldéhyde formique et, ensuite, des hydrates de carbone

$$CO^2 + H^2O = CH^2O + O^2.$$

Que la dissociation soit totale ou partielle — et nous n'avons aucun fait qui puisse actuellement faire pencher en faveur de l'une ou de l'autre réaction, — on suppose que l'*aldéhyde formique* pourrait être le premier terme des réactions qui aboutissent à la fixation du carbone; mais ce corps éminemment toxique subirait aussitôt des polymérisations qui l'amèneraient à la forme glucose, puis, par déshydratation, à l'amidon.

Bokorny a cherché à vérifier cette hypothèse en fournissant à la plante, non pas de l'aldéhyde formique, qui est toxique, mais des combinaisons capables de le dégager. A cet effet, il a employé l'oxyméthylsulfite de sodium, qui, à une température peu élevée, dégage l'aldéhyde formique :

$$CH^2O(SO^3HNa) = CH^2O + SO^3HNa.$$

Il a disposé des Spirogyres dans une solution minérale additionnée de ce sel, et il a constaté que les Algues conservent à l'obscurité une assez grande quantité d'amidon, tandis que celles qui sont placées dans la même solution minérale, mais dépourvue de méthylsulfite de sodium, perdent rapidement l'amidon qu'elles contenaient. Il a constaté, en outre, que la formation d'amidon a lieu très activement dans les plantes vertes au milieu d'une atmosphère dépourvue de gaz carbonique, pourvu qu'elles soient exposées à la lumière.

Le fait que d'autres substances, le glucose, la mannite, l'alcool méthylique, la glycérine, la saccharose, favorisent la formation de l'amidon, n'affaiblit pas la portée des résultats que nous venons de signaler, car ces substances sont, ou bien des hydrates de carbone qui n'ont pas à traverser la phase aldéhydique, ou bien, comme l'alcool méthylique, ils forment des composés qui, par oxydation, passent à l'aldéhyde formique et subissent ensuite les métamorphoses normales.

Une nouvelle hypothèse, inspirée plus récemment par l'assimilation des matières azotées, consiste à admettre la formation de l'amidon comme un produit secondaire du dédoublement des composés azotés ; mais cette hypothèse, que justifient certaines observations sur les graines en germination, représente sans doute un cas plus particulier de l'accumulation de l'amidon ; elle n'exclut pas le processus normal que nous avons indiqué.

L'assimilation du carbone réalisée dans les plantes grâce à l'énergie empruntée aux radiations par le pigment vert présente une intensité variable avec les conditions d'éclairement, de température, de pression du gaz carbonique, suivant la nature de la plante.

Influence de l'intensité lumineuse. — L'intensité lumineuse nécessaire à la décomposition du gaz carbonique est toujours supérieure à celle qui est nécessaire pour provoquer le verdissement.

A mesure que l'intensité croît, le volume de gaz carbonique décomposé augmente jusqu'à une certaine limite, variable suivant les plantes. Chez certaines espèces, dès que la décomposition a atteint sa valeur maxima, elle demeure constante, malgré l'accroissement de l'intensité lumineuse jusqu'à la valeur correspondante à la destruction de la chlorophylle (*Elodea, Zanichellia*). Chez d'autres espèces, il existe une certaine valeur de l'intensité lumineuse pour laquelle la décomposition du gaz carbonique est la plus grande : cette valeur est l'optimum, car, au delà ou en deçà, la décomposition s'affaiblit.

L'intensité optimum de l'éclairement correspond à l'intensité solaire directe pour les plantes de grande culture ; elle est plus faible pour d'autres plantes, telles que le Bambou, ou les espèces qui croissent à l'ombre, telles que les Mousses, les Fougères, etc. Le Bambou, par exemple, décompose deux fois plus de gaz carbonique quand il est abrité des rayons solaires par une feuille de papier que dans la radiation solaire directe.

Influence de la présence du gaz carbonique par sa décomposition par les organes verts. — On sait que, dans une atmosphère de gaz carbonique pur, l'assimilation du carbone par les organes verts n'a pas lieu ; il faut donc que le gaz carbonique soit dilué pour que cette fonction s'accomplisse. Divers auteurs, et notamment Godlewski, ont cherché l'influence du degré de dilution avec diverses plantes ; les résultats obtenus montrent que la décomposition croît avec la proportion de gaz carbonique jusqu'à une certaine valeur *optimum* qui, pour la plupart des espèces étudiées, est d'environ 10 p. 100 ; pour une proportion plus grande, l'intensité de la décomposition diminue rapidement.

La valeur élevée de l'*optimum* de décomposition, comparée avec la teneur actuelle de l'atmosphère en gaz carbonique, a conduit les géologues à expliquer l'exubérance de la végétation dans la période carbonifère par un taux inusité de gaz carbonique dans l'atmosphère pendant cette période.

Influence de la température. — L'activité de l'assimilation croît régulièrement avec l'accroissement de température, mais le phénomène ne suit pas toujours la même marche que la respiration. Ainsi, avec les Lichens, M. Jumelle a trouvé que l'assimilation est ralentie à 40°, supprimée à 45°, tandis que la respiration persiste encore pour le *Physcia ciliaris* et l'*Evernia prunastri* à 50°, 55° et même 60°.

Par contre, l'abaissement de la température enraye beaucoup plus rapidement le phénomène respiratoire que le phénomène chlorophyllien. Ainsi, l'*Evernia prunastri* maintenu pendant quatre heures à une température comprise entre — 23° et — 32° a encore manifesté une assimilation du carbone très nette, bien que les phénomènes respiratoires soient insensibles.

Le *Juniperus communis* s'est comporté de la même manière.

Il ne paraît donc pas exister entre la respiration et la fonction chlorophyllienne, au point de vue des variations de température, le parallélisme que les données antérieures avaient fait admettre ; mais les recherches sont encore trop peu nombreuses pour qu'on puisse formuler une loi à ce sujet.

Toutefois, la persistance de l'assimilation aux très basses températures dans des tissus où le protoplasme est inerte viendrait à l'appui de l'hypothèse, admise par Engelmann, Haberlandt et Pfeffer, que les corps chlorophylliens isolés, dépouillés du cytoplasme, ont une individualité propre et peuvent décomposer l'anhydride carbonique quand ils sont isolés. Cette persistance pourrait aussi confirmer l'expérience dans laquelle Regnard a voulu montrer que la dissolution de chlorophylle est capable, dans un milieu inerte, de décomposer le gaz carbonique ; les résultats de cette expérience ont été contredits par Kny, et le sujet réclame de nouvelles observations.

Rapport entre le volume de gaz carbonique absorbé et le volume d'oxygène exhalé; excédent d'oxygène. — Les recherches de Boussingault ont établi que le volume de gaz carbonique absorbé est sensiblement égal au volume d'oxygène exhalé. Comme le gaz carbonique renferme un volume d'oxygène égal au sien, on admettait que ce gaz subit dans la plante une décomposition totale et que le carbone naissant s'unit à l'eau pour former des composés ternaires de la forme $C^m(H^2O)^n$. De la sorte, la fonction chlorophyllienne aurait pour résultat simple et direct la formation des composés ternaires de la plante.

En réalité, le phénomène est beaucoup plus complexe, car Boussingault s'était borné à mesurer la résultante de deux phénomènes opposés : la respiration et la fonction chlorophyllienne. Si l'on cherche, comme l'ont fait MM. Bonnier et Mangin, à séparer l'action chlorophyllienne de la respiration, on obtient des résultats tout différents. Entre autres procédés, l'emploi des anesthésiques, qui supprime la fonction chlorophyllienne sans altérer la respiration, a permis de trouver le rapport $\dfrac{O}{CO^2}$ des gaz échangés par l'action chlorophyllienne seule.

Ce rapport est toujours supérieur à l'unité de 1 ou 2 dixièmes. Pour l'Orme, le Fusain du Japon, il est égal à 1,10 ; pour le Tabac, le Pin sylvestre, 1,12 ; le Genêt à balais, 1,16 ; le Houx, 1,24. Ce résultat a été confirmé par les recherches de M. Schlœsing fils sur le bilan des échanges gazeux pendant la végétation.

Il y a donc presque toujours, dans l'action chlorophyllienne, un excédent d'oxygène exhalé égal à 1 ou 2 dixièmes qui ne peut provenir de la décomposition du gaz carbonique.

3° *Assimilation de l'azote.*

Origine de l'excédent d'oxygène : synthèse des matières albuminoïdes. — Deux faits importants expliquent l'origine de l'excédent d'oxygène exhalé pendant l'action chlorophyllienne. C'est, d'une part, la distribution des nitrates dans des plantes, telle qu'elle résulte des recherches de MM. Berthelot et André, et, d'autre part, l'augmentation de la proportion des matières azotées dans les organes verts pendant l'insolation, établie par M. Sapoznikov.

La distribution des nitrates est caractéristique, car ces sels, abondants dans les tissus de la tige et de la racine, manquent dans les organes verts. On est conduit à supposer que ces nitrates se décomposent dans les feuilles exposées à la lumière ; l'azote est engagé dans une série de combinaisons complexes encore inconnues, dont le terme ultime est constitué par les substances albuminoïdes, et l'oxygène exhalé s'ajoute à celui qui résulte de la décomposition totale du gaz carbonique.

Emmerling avait déjà indiqué, il y a vingt ans, la décomposition de l'acide nitrique comme probable dans les feuilles. Schmiper a établi que l'oxalate de chaux provient de cette décomposition.

M. Sapoznikov, enfin, a confirmé cette hypothèse en montrant que des feuilles coupées de Vigne ou de Ronce, maintenues dans une solution nutritive et exposées à la lumière, accusent, après deux jours et demi d'exposition à la lumière, un gain de matières azotées égal à $1^{gr},78$ quand on leur fournit des nitrates, tandis que si ces combinaisons manquent, dans de l'eau distillée, par exemple, la formation de matières azotées est trente fois moindre. En même temps, la production des hydrates de carbone, qui était de 6 grammes dans le premier cas, a presque doublé dans le second cas.

Il y a donc, dans les feuilles vertes soumises à l'action de la lumière, formation simultanée d'hydrates de carbone et de matières albuminoïdes, et, toutes les fois que la production de ces dernières substances est entravée par suite de la disparition des nitrates, la production des hydrates de carbone serait augmentée.

Le mécanisme de la synthèse des matières albuminoïdes n'est pas encore connu, mais divers travaux récents ont introduit dans cette question encore obscure quelques données intéressantes.

Renouvelant les expériences de Sapoznikov, MM. Laurent, Marchal et Carpiaux ont établi que les feuilles étiolées n'assimilent pas l'azote nitrique, mais assimilent l'azote ammoniacal ; au contraire, les feuilles vertes assimilent l'azote nitrique très énergiquement et n'assimilent que faiblement l'azote ammoniacal. D'autre part, M. Godlewski, à l'aide de plantules de Blé, confirme la production des matières albuminoïdes dans les tissus verts soumis à la radiation, quand la solution minérale renferme des

nitrates. Mais il est conduit à distinguer deux phases dans cette production :
1° la formation de substances azotées non protéiques (amides, ammoniaque) ;
2° la production des matières albuminoïdes au moyen des corps précédents.

Les combinaisons transitoires (amides, etc.) pourraient se constituer dans l'obscurité au moyen des nitrates, mais leur transformation en substances albuminoïdes n'aurait lieu qu'à la lumière. Ces conclusions ne cadrant pas tout à fait avec les données fournies par d'autres auteurs, il nous a paru intéressant de les signaler pour montrer l'état de la question.

Si les radiations nous apparaissent, par l'énergie qu'elles fournissent à la plante, aussi nécessaires à l'assimilation azotée qu'à la fixation du carbone, nous pouvons nous demander si les radiations actives sont les mêmes dans les deux cas.

MM. Laurent, Marchal et Carpiaux ont vérifié les données déjà fournies par Sachs, à savoir que les radiations violettes et ultra-violettes exercent une action prépondérante sur la synthèse des matières azotées.

4° *Chlorovaporisation.*

L'absorption des radiations n'a pas seulement pour but de réaliser dans les organes verts la synthèse des hydrates de carbone et des matières azotées ; elle influe aussi sur l'exhalation de la vapeur d'eau.

Nous avons déjà vu plus haut que chez les plantes à protoplasme incolore la transpiration est accélérée par la lumière. Chez les organes verts, cette accélération se manifeste aussi, d'après les recherches de Wiesner, mais elle est bien plus considérable.

Prenons, par exemple, une plante étiolée qui transpire 1 centimètre cube d'eau à l'obscurité ; si ce plant étiolé est exposé à la lumière, il transpirera $2^{cc},5$ et, lorsqu'il a verdi, il rejette 100 centimètres cubes, c'est-à-dire quarante fois plus.

On voit ainsi l'importance de ce phénomène que l'on a longtemps confondu avec la transpiration.

L'action des diverses radiations a été mise en évidence par la méthode du spectre ou des écrans absorbants ; les résultats concordent pour montrer que les radiations actives sont celles qui sont absorbées par la chlorophylle. Il y a deux maxima pour la chlorovaporisation, l'un dans la région rouge, l'autre dans la région bleue et violette, qui correspondent aux deux groupes de bandes d'absorption. Toutefois, l'intensité la plus grande correspond aux radiations les plus réfrangibles, à l'inverse de l'assimilation du carbone dont le maximum correspond à la région du rouge.

GARDNER, *Philosophical Magazine*, 1844.
GUILLEMIN, Production de la chlorophylle sous l'influence des rayons ultra-violets, calorifiques et lumineux du spectre solaire (*Ann. Sc. nat.*, 4ᵉ série, t. VII, 1857).
CORENWINDER, Recherches sur l'assimilation du carbone par les feuilles des végétaux (*Ann. de chim. et de phys.*, 3ᵉ série, 1858).
FAMINTZIN, *Mélanges biologiques de Saint-Pétersbourg*, VI, 1866, p. 94.
BOEHM, Ueber die Verfärbung grüner Blätter im intensiven Sonnenlichte (*Landwirthsch. Versuchstation*, XXI, 1877, p. 463).

PRINGSHEIM, Ueber Chlorophyllfunction und Lichtwirkung in der Pflanze (*Jahrb. f. Wiss Bot.*, XIII, 1882).

WIESNER, Die Entstehung des Chlorophylls in der Pflanze. Wien, 1876, p. 39.

MIKOSCH u. STOÏ, *Sitzungsberichte der K. Akad. der Wissensch. zu Wien*, 1880.

ASKENASY, *Bot. Zeit.*, 1867.

KRAUS, Zur Kenntniss der Chlorophyllfarbstoffe. Stuttgart, 1872.

GERLAND et RAUWENHOFF, *Arch. néerland.*, 1871.

CHAUTARD, *Comptes rendus*, 1872-1874.

PRINGSHEIM, Untersuchungen über das Chlorophyll. (*Monatsber. der K. Akad. der Wiss. zu Berlin*, 1874-1875).

CH. DE SAUSSURE, Recherches chimiques sur la végétation, 1804.

BOUSSINGAULT, Études sur les fonctions des feuilles (*Agronomie, Chimie agricole, Physiologie*, t. IV, 1868). — Rapport existant entre le volume de l'acide carbonique décomposé et celui de l'oxygène mis en liberté (*Agronomie, Chimie agricole et Physiologie*, t. III, 1864).

TIMIRIAZEFF, Recherches sur la décomposition de l'acide carbonique dans le spectre solaire par les parties vertes des végétaux (*Ann. de chim. et de phys.*, 5e série, t. XII, 1877).

ENGELMANN, *Botanische Zeitung*, 1881 et 1882. — Couleur et assimilation (*Ann. Sc. nat.*, t. XV). — Recherches sur les relations quantitatives entre l'absorption de la lumière et l'assimilation (*Arch. néerl.*, XIX, 1884). — Technique et critique de la méthode des bactéries (*Arch. néerl.*, XXI, 1886).

DEHÉRAIN et MAQUENNE, Sur la décomposition de l'acide carbonique par des feuilles éclairées par des lumières artificielles (*Ann. Sc. nat.*, 6e série, t. IX, 1880).

FAMINTZIN, Décomposition de l'acide carbonique par les plantes exposées à la lumière artificielle. — De l'influence de l'intensité de la lumière sur la décomposition de l'acide carbonique par les plantes (*Mélanges biologiques de Saint-Pétersbourg*, t. X, 1880; *Ann. Sc. nat.*, 6e série, t. IX, 1880).

REINKE, Untersuchungen über die Einwirkung des Lichtes auf die Sauerstoffauscheidung der Pflanzen (*Bot. Zeit.*, 1883).

GODLEWSKI, Abhangigkeit der Sauerstoffauscheidung der Blätter von dem Kohlensäurengehalt der Luft (*Arb. des Bot. Inst. in Wurzbourg*, t. I, 1873).

SACHS, *Flora*, 1862 et 1863. — *Bot. Zeit.*, 1864. — *Arbeiten des Bot. Inst. in Wurzbourg*, 1864.

PFEFFER, *Pflanzenphysiologie*, 1881.

BONNIER et MANGIN, L'action chlorophyllienne séparée de la respiration (*C. R.*, 1885). — L'action chlorophyllienne dans l'obscurité ultra-violette (*C. R.*, 1886). — Recherches sur l'action chlorophyllienne séparée de la respiration (*Ann. Sc. nat. bot.*, 7e série, 1886).

SAPOZNIKOW, Bildung und Wanderung Kohlenhydrate in den Laubblättern (*Berichte d. Deuts. Bot. Gesellsch.*, t. VIII, 1870).

H. ACTON, The assimilation of carbon by green plants front certan organic compounds (*Proceed. of Ch. Roy. Soc.*, 1890).

NADSON, La formation d'amidon aux dépens des substances organiques dans les cellules vertes des plantes (*Ann. des trav. des nat. de Saint-Pétersbourg*, 1889).

BOKORNY, Ueber Stärkebildung aus Formaldehyd (*Bericht. d. Deuts. Bot. Gesellsch.*, t. IX, 1891).

H. JUMELLE, Recherches physiologiques sur les Lichens (*Revue générale de Botanique*, t. IV, p. 52).

SAPOZNIKOW, Eiweisstoffe und Kohlenhydrate der grünen Blatter als Assimilations Producte, 1894.

LAURENT, MARCHAL et CARPIAUX,

GODLEWSKI, Zur Kenntniss der Eiweissbildung aus nitraten in der Pflanze (*Anzeiger der Akad. d. Wissensch. f. in Krakan*, 1897).

KNY, Die Abhängigkeit der Chlorophyllfunction von dem Chromatophoren und vom Cytoplasma (*Bericht. d. Deuts. Bot. Gesellsch.*, 1897).

BONNIER et MANGIN, Recherches sur la respiration et la transpiration des Champignons (*Ann. Sc. nat. bot.*, 6e série, t. XVII). — Influence de la lumière sur la respiration des graines et des plantes parasites (*Comptes rendus*, 1884). — Recherches sur la respiration des tissus sans chlorophylle (*Ann. Sc. nat. bot.*, 6e série, t. XVII, 1884).

VAN TIEGHEM, Transpiration et chlorovaporisation (*Bull. Soc. bot. de France*, 1886).

JUMELLE, Chlorovaporisation (*Rev. gén. de Bot.*, 1889-1890).

CHAPITRE III

PHÉNOMÈNES MORPHOLOGIQUES PRODUITS PAR LA LUMIÈRE

Toutes les réactions provoquées par la lumière et étudiées jusqu'ici : réactions mécaniques, réactions physico-chimiques sont immédiates ou s'accomplissent dans un temps très court, dont la durée dépend de la vitesse de propagation perçue par les régions sensibles de la plante.

Les premières ont pour résultat de placer les plantes dans les conditions les plus favorables à la réalisation des secondes.

Lorsque l'action de la lumière se prolonge, avec les intermittences nocturnes, elle se traduit, soit par des modifications de forme et de structure des organes végétatifs qui constituent les phénomènes d'adaptation aboutissant à la meilleure utilisation de la radiation, soit par des transformations des organes reproducteurs, transformations dont le déterminisme nous échappe encore.

Phénomènes d'adaptation. — C'est le tissu assimilateur et, par suite, le parenchyme foliaire, où ce tissu est surtout développé, dont la structure manifeste une dépendance assez étroite vis-à-vis de la lumière.

On s'accorde à considérer que le parenchyme en palissade est caractéristique d'une grande intensité lumineuse et que le parenchyme lacuneux apparaît de préférence dans les plantes ou dans les régions de plantes exposées à une lumière de faible intensité.

Bien que cette règle ne soit pas absolue, à cause de l'influence spécifique qui intervient dans nombre d'espèces pour en affaiblir la portée, la plupart des espèces qui vivent à l'ombre n'ont pas de parenchyme en palissade (*Epimedium alpinum*) ou elles présentent la forme particulière que M. Haberlandt a désigné sous le nom de *cellules en entonnoir* ; or, beaucoup de ces plantes languissent et meurent si elles sont brusquement exposées à la radiation solaire directe. Par contre, certaines espèces sont susceptibles, d'après Stahl, de s'accommoder d'intensités lumineuses très différentes, et dans ce cas la structure de la feuille subit des modifications importantes. L'exemple cité par Stahl, le Hêtre commum (*Fagus silvatica*), est très caractéristique. Quand cette espèce croît dans un endroit découvert en plein soleil, le parenchyme en palissade occupe plus de la moitié de l'épaisseur de la feuille, beaucoup plus considérable, d'ailleurs, que les individus croissant en massif serré et, par suite, à l'ombre. Chez ces derniers, les feuilles manquent de tissu en palissade ; elles n'ont qu'une assise de cellules en entonnoir, et, au-dessous d'elle, il existe, pour compléter le mésophylle, deux ou trois assises de cellules ramifiées dans un plan parallèle aux faces du limbe. L'*Acer pseudoplatanus* offre la même disposition (fig. 212). Le *Lactuca scariola* offre aussi des différences profondes suivant que les individus croissant à l'ombre ou au soleil. Aux différences des structures du limbe se joignent des phénomènes d'orientation qui ont fait donner à ces plantes le nom de *plantes boussoles* ; les individus développés au soleil avaient des feuilles à tissu palissadique richement déve-

loppé et leur limbe était vertical; celles des individus développés à l'ombre
étaient orientées horizontalement et leur limbe n'avait pas de tissu palissadique.

L'hypoderme et l'épiderme subissent aussi des modifications observées
chez le *Ficus*, le Houx, le Sapin. Ainsi, dans le Houx, les feuilles développées au
soleil possèdent sous l'épiderme une assise de grandes cellules aquifères
constituant l'hypoderme et superposées au parenchyme en palissade; dans les
feuilles développées à l'ombre, l'hypoderme manque, sauf en face des grosses

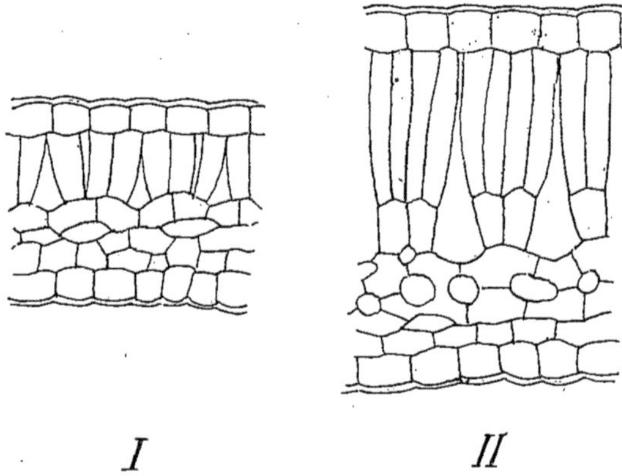

Fig. 212. — *Acer pseudoplatanus*. — I, coupe du limbe des feuilles croissant à l'ombre;
II, coupe du limbe des feuilles croissant au soleil.

nervures. Chez le Sapin, ce sont les fibres hypodermiques qui existent dans
les feuilles développées au soleil et qui manquent ou sont rares chez les
individus qui ont crû à l'ombre.

Enfin la dimension du limbe varie chez les individus d'une même espèce
de 1 pour les feuilles des plantes ensoleillées à 2 pour celles qui ont crû à
l'ombre (*Ribes aureum*) ou à 4 (*Mahonia, Sureau*).

La croissance en épaisseur de la tige est aussi influencée par l'éclairement,
mais d'une manière indirecte, il est vrai, par suite du développement prépondérant du système foliaire. Wiesner a montré que les couches ligneuses sont
plus épaisses chez les arbres croissant à la lisière des bois, du côté éclairé, et
les zones ligneuses sont excentriques.

D'après Douliot, le développement du liège est toujours plus précoce et
plus abondant sur les régions de la tige exposées à la lumière que sur celles
qui sont à l'ombre. Il en résulte que le périderme est toujours moins développé chez les essences croissant en massif serré que chez celles qui croissent
à découvert. Cette influence de la lumière, qui a pour conséquence de réaliser
dans la tige un tissu protecteur efficace contre les radiations, explique les
dangers d'une éclaircie trop brusque dans un massif serré ou de la trans-
plantation d'arbres croissant en massif dans une région où ils sont exposés
à la radiation intense. Très fréquemment l'écorce meurt par suite de la protection insuffisante du liège et l'on est obligé de protéger le tronc par des
enduits ou des enveloppes.

Plantes alpines. — Les phénomènes d'adaptation que nous venons de signaler ont été observés dans le même climat en comparant les individus d'une même espèce croissant au soleil ou à l'ombre. Un certain nombre d'observateurs ont cherché à caractériser le *nanisme* des plantes qui croissent dans les régions alpines ou arctiques. On a procédé expérimentalement en cultivant dans des stations différentes des plants issus du même pied ; quand ces plants se développent, ils acquièrent bientôt des différences de port et de structure qui autorisaient les botanistes descripteurs à les distinguer comme espèces différentes.

Dans la région alpine, les formes restent courtes, rabougries et sont souvent réduites à une rosette de feuilles étalée sur le sol ; les parties souterraines prennent un grand développement, les feuilles sont plus petites, mais plus épaisses et plus vertes ; les fleurs sont plus grandes et ont une coloration plus puissante ; les espèces annuelles tendent à devenir bisannuelles ou vivaces.

Au point de vue de la structure, l'écorce de la tige des plantes alpines acquiert une épaisseur plus grande relativement au cylindre central et l'on y voit apparaître un exoderme protecteur qui fait défaut dans les individus des stations de plaine. Les feuilles sont caractérisées par le grand développement du tissu palissadique, par l'augmentation du nombre des stomates.

Toutes ces modifications permettent aux plantes alpines d'assimiler, à surface égale, une plus grande quantité de carbone et de réaliser une végétation beaucoup plus active imposée par la courte durée de la période pendant laquelle elle s'exerce.

A la vérité, l'éclairement n'est pas le seul facteur qui intervient dans ces modifications adaptives : l'abaissement de la température, la diminution de l'état hygrométrique entrent aussi en jeu et l'on n'a pas encore fait la part qui revient à chacune de ces influences.

Influence de la lumière sur les organes reproducteurs. — La formation des organes reproducteurs chez les Cryptogames est influencée, d'après les recherches de Klebs, par l'éclairement. Chez les Algues, les variations de l'intensité lumineuse sont sans action, sauf chez le *Vaucheria sessilis*, certaines Spirogyres, les *Closterium*, les *Cosmarium*, les *Œdogonium*, où les organes sexués apparaissent avec une intensité lumineuse très vive et, au contraire, ne se forment pas à l'obscurité.

Chez les Fougères, les prothalles du *Polypodium aureum* ne développent pas les organes sexués dans une lumière de faible intensité ; il ne se forme que des bourgeons adventifs ; chez le *Pteris cretica*, les cellules de bordure du prothalle demeurent stériles et s'allongent, dans une lumière diffuse faible, de manière à prendre l'aspect d'un protonéma.

Il n'est pas jusqu'aux métamorphoses que subit la plante qui ne soient influencées par la radiation, par exemple la transformation des *Chantransia* en *Batrachospermum* exige une certaine intensité lumineuse ; parmi les Mousses, le *Funaria hygometrica* végète longtemps, dans l'obscurité, à l'état de protonéma.

Chez les Phanérogames, l'influence de la lumière se traduit par des résultats analogues, le développement des fleurs exigeant un certain éclairement dont

la limite varie avec les espèces. Ainsi, l'*Impatiens parviflora* fleurit entièrement avec une intensité à peine suffisante pour produire les boutons de
Malva vulgaris.

Si les plantes sont exposées à une lumière d'intensité trop faible pour
obtenir le développement complet des fleurs, on obtient des modifications
intéressantes : la corolle peut être frappée d'un arrêt de développement
(*Melandryum rubrum, Silene noctiflora*) ou bien toutes les parties de la
fleur se réduisent (*Mimulus ilingti*). En tous cas, tous les caractères qui
servent à attirer les insectes, grandeur et coloris des fleurs, parfums, disparaissent et la fleur devient *cléistogame,* c'est-à-dire qu'elle est destinée à se
féconder elle-même.

M. Vöchting a pu transformer les fleurs chasmogames de *Stellaria media*
et de *Lamium purpureum* en fleurs cléistogames par un affaiblissement de
l'éclairement. Concurremment avec la réduction ou la disparition des fleurs,
on observe un plus grand développement des organes végétatifs. C'est sans
doute à cause d'une insuffisante intensité lumineuse que les plantes tropi-
cales introduites dans les serres fleurissent si rarement.

Les données que nous venons de résumer sont trop peu nombreuses pour
que l'on puisse traduire par une loi l'influence exercée par l'éclairement sur
les organes reproducteurs. On ne sait pas davantage quelle est la raison de
ces modifications et quels avantages elles donnent aux diverses espèces où
on les a observées.

Influence de la lumière sur les phénomènes de germination. — La
germination, c'est-à-dire le développement d'un nouvel individu aux dépens
d'une cellule ou d'un massif cellulaire qui passe de la vie ralentie à la vie
active, constitue une série de phénomènes complexes qui ont toujours comme
point de départ des phénomènes de destruction fonctionnelle et principalement des phénomènes d'oxydation. Ces phénomènes sont accompagnés
d'actions diastasiques destinées à digérer les réserves nutritives.

Nous avons vu que le phénomène respiratoire était affaibli par les radiations lumineuses ; d'autre part, on sait, par les recherches de M. Marchall
Ward sur les bactéries, que les diastases qu'elles sécrètent sont détruites par
la lumière, et M. Green a confirmé ces résultats sur la diastase de l'orge
germée et sur la diastase salivaire. Ce sont les radiations les plus réfrangibles qui possèdent cette action destructive ; les radiations rouges auraient,
au contraire, la propriété d'exalter l'activité des diastases étudiées. En outre,
quand l'action destructive de la lumière a commencé, elle continue à se
produire à l'obscurité.

Puisque les phénomènes d'oxydation et les actions diastasiques sont
amoindries ou supprimées par la radiation, on pouvait penser que la germination était influencée par la lumière.

Germination des graines. — L'action de la lumière sur ce phénomène est
controversée ; il semble bien, d'après les recherches de MM. Bonnier et
Mangin, qu'elle soit plutôt défavorable. Toutefois, M. Jönsson affirme que
certaines graines sont inertes vis-à-vis de la lumière pendant la germination,
tandis que chez d'autres, notamment les Paturins, la germination n'a lieu

qu'à la lumière et ne se produit pas ou se produit très lentement à l'obscurité. Il paraît bien difficile d'expliquer l'influence accélératrice qui se produit dans ces conditions, mais certainement cette influence est rare, puisque la plupart des graines germent à une certaine profondeur du sol, dans des conditions où la radiation ne peut agir.

Germination du pollen. — La lumière exerce, d'après M. Mangin, sur la végétation du pollen une influence variable. Chez certaines espèces, elle a une action nettement retardatrice (Pervenche, Nénuphar, Céraiste, etc.); chez d'autres, au contraire, elle accélère la germination (*Yucca*, Coquelicot, Campanule). Enfin telles espèces, comme la Capucine, sont indifférentes. Comme chez les graines, il existe là des influences spécifiques dont la cause nous échappe.

Germination des spores. — Les données sur la relation qui existe entre la germination des spores et la radiation sont encore peu nombreuses. Celles qui ont été publiées concernent les spores des Champignons parasites. Laurent a trouvé que la lumière tue les spores de la carie quand elles sont placées dans un milieu favorable à leur germination. M. Mangin a étudié à ce point de vue les spores des Péronosporées, des Urédinées, le Botryle, les Nulria, le Blak-Rot, etc. Dans tous les cas étudiés, la lumière diffuse a toujours retardé la germination, et son intensité a parfois été suffisante pour tuer les spores. Il faut distinguer d'ailleurs les espèces à germination lente et les espèces à germination rapide. Chez ces dernières, l'influence de la radiation est souvent mortelle. Ainsi le *Bremia Lactucæ*, ou *Meunier des Laitues*, fournit des conidies qui germent à l'obscurité au bout de deux ou trois heures, tandis qu'à la lumière diffuse, non seulement les conidies ne germent pas, mais après huit heures d'exposition elles sont tuées. La rouille de l'Oseille donne des résultats analogues.

Chez les espèces à germination lente, la mort des spores est plus rare ; on observe seulement un retard plus ou moins marqué dans la germination.

On voit en somme que, chez les Champignons parasites, l'action de la lumière est semblable à celle qui a été étudiée sur les Bactéries.

VESQUE, De l'influence du milieu sur la structure anatomique des végétaux (*Ann. de l'Inst. agronomique*, 3° série, 1878-79).

STAHL, Ueber Sogennantes Compasspflanzen (*Zeitschr. f. Naturwiss.*, XV, 1881). — Ueber den Einfluss des sonningen oder Schattiges Standortes... (*Zeitschr. f. Naturwiss.*, XVI, 1883).

PICK, Ueber den Einfluss des Lichtes auf die Gestalt und Orientirung der Zellen des assimilations gewebe (*Bot. Centralblatt*, 1882).

HENTIG, Ueber die Beziehung zwischen, der Stellung des Blätter zum Licht und ihrem inneren Bau (*Bot. Centralblatt*, 1882).

LEIST, Ueber der Einfluss der Alpinen Standortes auf die Ausbildung der Laubblätter (*Mitthel. der Naturforscher d. Gessellsch. Bern.*, 1889).

EBERDT, Ueber das Palissaden Parenchym (*Berich. d. Deutsch. Gessellsch.*, VI, 1888.

BONNIER, Étude expérimentale de l'influence du climat alpin sur la végétation et les fonctions des plantes (*Bull. Soc. bot. de France*, 1888). — Cultures expérimentales dans les hautes altitudes (*Comptes rendus*, 1890 ; *Rev. gén. de Bot.*, 1890 et suiv.).

WAGNER, Zur Kenntniss des Blattbaues der Alpenpflanzen und dessen biologische Bedeutung (*Sitzungsb. der Akad. d. Wissenschaft z. Wien.*, 1892).

DOULIOT, Recherches sur le périderme (*Ann. Sc. nat.*, 7° série, t. X, 1889).

KLEBS, Ueber den Einfluss des Lichtes auf die Fortpflanzung das Gewächse (*Biol. Centralblatt*, 1893).

Vöchting, Ueber den Einfluss des Lichtes auf die Gestaltung und Anlage der Blüten (*Prings.
   Jahrb.*, XXV, 1893).
Green, The influence of Leght on diastase (*Ann. of Botany*, XXI, 1894).
Jönsson, Jakttagelser öfver Ljusets Betydelse för Fröms groning. Lund, 1893).
Mangin, Nos auxiliaires et nos défenseurs dans la lutte contre les maladies parasitaires (*Journ.
   d'Agricult. pratique*, I, 1896).

APPENDICE

LES ANIMAUX A CHLOROPHYLLE

Parmi les caractères distinctifs qu'on invoquait pour distinguer les animaux
des végétaux, la présence de la chlorophylle est un de ceux qui ont été mis
en avant jusqu'au jour où l'on a découvert, chez un certain nombre d'Infusoires, chez une Hydre, la présence de corps chlorophylliens. Nous n'avons
pas ici à faire le procès des divers critères qui ont été invoqués pour établir
entre les deux séries d'êtres vivants une démarcation qui n'existe pas ; nous
nous bornerons à discuter brièvement la question de savoir s'il existe des
animaux à chlorophylle.

Lankaster considérait la production du pigment vert comme un produit de
l'activité spéciale aux animaux tels que les Stentors, les Paramécies, mais
ses idées furent combattues par Brandt, Gesa-Entz, Dangeard, qui soutenaient
que les corps chlorophylliens des Infusoires sont des Algues qui vivent en
symbiose dans le corps de ces animaux et contractent avec eux une association comparable à celle des Lichens.

Les recherches de M. Beyerinck sur la culture des Algues unicellulaires
ont montré que le *Chlorococcum progenitum*, le *Chlorella vulgaris*, présentent les plus grandes analogies avec les *Zoochlorelles*, c'est-à-dire les
corpuscules verts des Infusoires ; par leur mode de division, ils rappellent
tout à fait les zoochlorelles de l'Hydre verte. M. Famintzine a isolé les
zoochlorelles en écrasant un Stentor ou une Paramécie verte sous une lame
de verre ; l'animal se brise en plusieurs fragments et quelques zoochlorelles
sont mises en liberté. On les nourrit alors avec une solution minérale, et on
les conserve longtemps vivantes ; elles s'accroissent, se multiplient et se comportent comme des organismes autonomes. On sait d'ailleurs que chez les
plantes vertes, si l'on dissocie une cellule de manière à mettre les corps chlorophylliens en liberté, ceux-ci ne tardent pas à périr ; en aucun cas on
n'observe chez eux cette vie autonome que manifestent les zoochlorelles
mises en liberté.

M. Le Dantec a complété la démonstration de M. Famintzine en étudiant
le mécanisme de l'introduction des zoochlorelles chez des Infusoires incolores.

Si l'on écrase des Paramécies vertes de manière à libérer les zoochlorelles,
et que l'on place une Paramécie incolore au milieu des débris, celle-ci
devient bientôt verte. Chaque zoochlorelle, à peine introduite dans la masse
protoplasmique, s'y comporte d'abord comme des matériaux nutritifs
inertes ingérés par les Infusoires, c'est-à-dire s'entoure d'une vacuole. Mais
bientôt la vacuole disparaît et l'Algue contracte une union très intime avec

le protoplasme de la Paramécie ; elle se multiplie de la même manière que si elle était libre.

Il semble donc que les animaux à chlorophylle ne sont pas des espèces autonomes ; ils représentent un état de symbiose accidentellement réalisé entre l'Infusoire normalement incolore et certaines Algues unicellulaires.

BEYERINK, Over gelatineculturem van eicellige groenweren. Utrecht, 1889.

DANGEARD, Contribution à l'étude des organismes supérieurs (*Le Botaniste*, 1890).

FAMINTZIN, Ueber die Symbiose von Algen mit Thieren (*Arb. des Bot. Lab. der Akad. d. Wissensch.* Saint-Pétersbourg, 1891).

LE DANTEC, Recherches sur la symbiose des Algues et des Protozoaires (*Ann. de l'Inst. Pasteur*, t. VI, 1892).

DIFFUSION

Par M. C.-M. GARIEL.

1. — Lorsqu'un faisceau de radiations AB vient rencontrer la surface de séparation de deux milieux M, M' sur une certaine étendue HI, dans le cas le plus général, comme nous l'avons dit précédemment, il y a production d'un

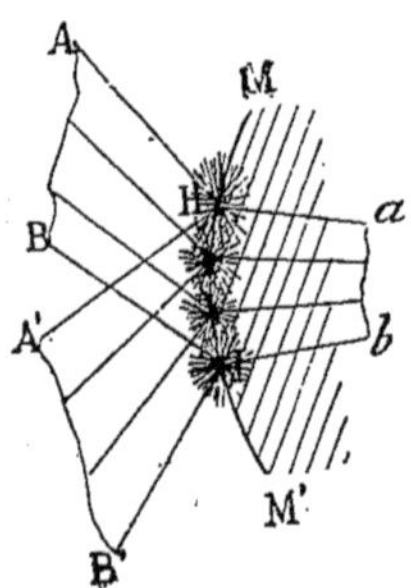
Fig. 213.

faisceau ab qui se propage dans le second milieu, et d'un faisceau A'B' qui se réfléchit dans le premier milieu ; de plus, de chacun des points de HI partent des radiations qui se meuvent dans toutes les directions, absolument comme si HI était une source de radiations : ce sont des radiations *diffusées*.

Dans le phénomène de la diffusion, il n'y a pas à énoncer de loi géométrique, puisque, quelle que soit la direction du faisceau incident, il y a des radiations diffusées dans toutes les directions.

Si le second milieu est, dans les conditions de l'expérience, opaque pour les radiations considérées, la diffusion ne peut naturellement se produire que dans le premier milieu.

Si la surface incidente est assez peu polie, il n'y a pas de lumière réfléchie, la lumière diffusée existe seule, et le corps est dit *dépoli* : une surface en plâtre bien blanc peut être prise comme type des corps dépolis.

Si le second milieu est transparent, mais si les surfaces qui le terminent ne sont pas polies, le faisceau réfléchi et le faisceau réfracté n'existent pas : il n'y a que de la lumière diffusée dans tous les sens. Si l'on interpose un tel corps entre l'œil et une source de lumière ou un corps éclairé, la surface du corps laisse passer de la lumière et paraît éclairée, mais on ne distingue pas la forme du corps qui fournit la lumière : une semblable lame est dite *translucide*.

Une lame de verre bien dépolie peut être donnée comme exemple d'un corps translucide.

Quoique nous parlions plus spécialement de la lumière dans les exemples précédents, la diffusion existe également pour toutes les radiations.

Un corps qui reçoit un faisceau solaire ou un faisceau provenant d'un arc électrique est vu directement et peut être photographié. Il renvoie donc des radiations moyennes et des radiations chimiques ; comme, dans les conditions ordinaires, sa température ne dépasse pas sensiblement la température ambiante, il ne peut *émettre* de semblables radiations (Voy. *Chaleur rayonnante*); c'est donc qu'il renvoie simplement celles qu'il a reçues : il y a vraiment diffusion.

Si l'on étudie le phénomène au point de vue calorifique, on reconnaît, à l'aide de la pile thermo-électrique, qu'il y a de la chaleur renvoyée dans toutes les directions. On pourrait croire que, dans ce cas, il n'y a pas eu diffusion, mais que le corps a *absorbé* la chaleur pour *émettre* ensuite d'autres radiations. Mais on sait que Leslie a démontré expérimentalement qu'il n'en était pas ainsi, et qu'il y a réellement diffusion.

La diffusion est peu intéressante au point de vue calorifique; aussi en parlerons-nous surtout au point de vue lumineux. On pourra d'ailleurs étendre les résultats que nous signalerons aux radiations chimiques : il suffira de supposer partout que, au lieu d'employer l'œil comme moyen d'investigation, on se sert d'un appareil photographique.

2. — Il n'y a pas de loi simple pour la répartition de l'intensité des radiations diffusées. Cependant, on peut dire, pour les corps nettement dépolis, que :

1° La répartition est symétrique autour de la normale, quel que soit l'angle d'incidence, tant que cet angle est moindre que 80°;

2° Pour une incidence de 30°, la répartition est à peu près uniforme dans toutes les directions;

3° Pour des incidences moindres que 30°, l'intensité de la diffusion croît à mesure que la direction considérée se rapproche de la normale, tandis que les résultats sont inverses pour des incidences supérieures à 30°.

Les résultats observés peuvent varier suivant l'épaisseur de la couche dans laquelle se produit la diffusion (qui, comme nous l'avons rappelé, n'est pas seulement superficielle), sans qu'on puisse rien dire de général à ce sujet.

3. — Avant d'étudier en détail quelques-uns des effets dus à la diffusion, il est nécessaire de signaler l'importance considérable de ce phénomène sans lequel nous ne verrions pas les corps.

Si, en effet, entre un corps et l'œil, nous plaçons une lame transparente et incolore, à faces parallèles, par exemple, rien ne nous avertira de l'existence de cette lame : nous verrons le corps comme si la lame n'existait pas, avec un petit déplacement, il est vrai, mais dont nous ne serons pas avertis. C'est ce qui se passe lorsqu'on regarde à travers une glace neuve et bien propre : nous ne nous apercevons pas de l'existence de la glace, et si, dans une fenêtre, il y a des glaces d'un seul côté, nous ne pouvons juger de la différence. Il n'en est plus ainsi si la glace, ancienne déjà, a été dépolie par des frottements, par l'action des agents atmosphériques, si de la poussière, si de la buée s'y est déposée : alors la surface diffusera de la lumière qui nous paraîtra émaner de cette surface dont l'existence nous sera ainsi révélée : c'est là un fait d'observation dont il est facile de s'assurer.

Si le corps interposé est, non pas incolore, mais coloré, les objets que nous verrons nous paraîtront avoir des colorations autres que celles qu'ils possèdent en réalité; si nous connaissons ces dernières, le raisonnement nous permettra de conclure à l'interposition d'une lame; mais nous ne la *verrons* pas effectivement et, si nous ne connaissons pas à l'avance la coloration des corps, nous croirons que celle que nous percevons est la coloration naturelle, et rien alors ne nous permettra de conclure à l'existence d'un corps interposé.

Si le corps interposé n'était pas une lame à faces parallèles, l'image que nous verrions serait déplacée, déformée; si nous connaissons la véritable place, la véritable forme du corps, le raisonnement nous conduira à admettre l'existence d'un corps interposé, mais nous ne le verrons pas, dans le sens vrai du mot. Dans ce cas encore, au contraire, l'existence du corps nous sera indiquée par les lumières diffusées par ses faces, si celles-ci ne sont pas absolument polies.

Les résultats sont absolument les mêmes si nous recevons la lumière réfléchie par une surface parfaitement polie : nous voyons alors l'image du corps, nous ne voyons pas la surface réfléchissante. Si, en général, nous sommes avertis de l'existence des miroirs, plans ou courbes, sur lesquels se fait la réflexion, c'est que la surface de ceux-ci diffuse, qu'elle n'est plus parfaitement polie, qu'il s'y est déposé de la poussière, de la buée, etc.

Si les corps qui nous entourent étaient tous parfaitement polis, s'ils ne diffusaient pas, nous ne pourrions voir que les corps lumineux par eux-mêmes, les sources de lumière et les images de celles-ci obtenues par réflexion ou par réfraction sur la surface ou à travers les corps, mais nous ne verrions pas ceux-ci : la vue seule ne pourrait nous permettre d'être assurés de leur existence.

4. — Lorsqu'une surface dépolie éclairée par une source lumineuse est vue par diffusion, il y a une certaine relation entre la position de la source et la direction de la surface que l'habitude nous apprend à reconnaître avec quelque exactitude. C'est pour cette raison que nous reconnaissons la forme des corps en appréciant la direction des surfaces qui les limitent.

En réalité, la question n'est pas aussi simple et les effets observés ne sont pas absolument conformes aux résultats auxquels conduirait une étude de la répartition de la lumière; il y a là des circonstances qui sont dues également à des phénomènes de diffusion sur lesquels nous devons nous arrêter.

Les liquides et les gaz ne contenant pas de matières solides en suspension ne donnent lieu à aucun phénomène de diffusion : il n'en est plus de même lorsqu'ils contiennent des particules solides en suspension, et la lumière se diffuse sur ces particules. Aussi, lorsqu'un faisceau de lumière traverse un liquide ou un gaz pur, on ne perçoit aucun effet si l'on regarde le milieu, à moins d'être sur la direction même du faisceau ; latéralement, on n'est pas averti de l'existence de celui-ci. Il n'en est plus de même lorsque le liquide ou le gaz contiennent des poussières : dans toutes les positions que peut occuper l'œil on reçoit de la lumière diffusée sur ces poussières, latéralement on voit le faisceau, ou, pour parler plus exactement, on voit les poussières placées sur le trajet du faisceau et éclairées par lui. Tyndall a basé sur cette remarque une méthode pour reconnaître si un milieu fluide contient ou non des particules solides en suspension. Le fluide est placé dans une caisse opaque dans les parois noircies de laquelle sont pratiquées trois ouvertures M, N et P, fermées par des glaces; on fait arriver un faisceau de lumière de M à N, tandis que l'observateur placé en O regarde par la fenêtre P. Il voit la trace du faisceau tant qu'il existe des matières en suspension; il ne voit rien dans le cas contraire.

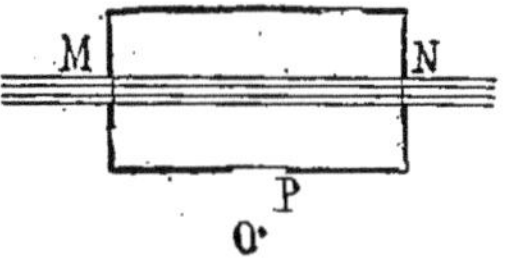

Fig. 214.

Dans l'atmosphère, il y a toujours des poussières qui diffusent dans toutes les directions une portion de la lumière qu'elles reçoivent. Lorsqu'un corps est soumis à l'action d'une source de lumière S, il reçoit directement des radiations provenant de cette source, mais il reçoit aussi, en faible quantité, il est vrai, de la lumière qui s'est diffusée sur toutes les particules solides situées derrière lui. La partie A du corps placée à l'opposé de la source lumineuse ne reçoit pas de lumière de celle-ci et, par suite, devrait être absolument dans l'ombre : elle n'est pas absolument obscure, parce qu'elle reçoit cette lumière diffusée qui constitue ce qu'on appelle quelquefois les *rayons atmosphériques*. Tout se passe à peu près comme si le corps était soumis à la fois à l'action de la source lumineuse effective et à l'action d'une source R de bien moindre intensité située de l'autre côté du corps.

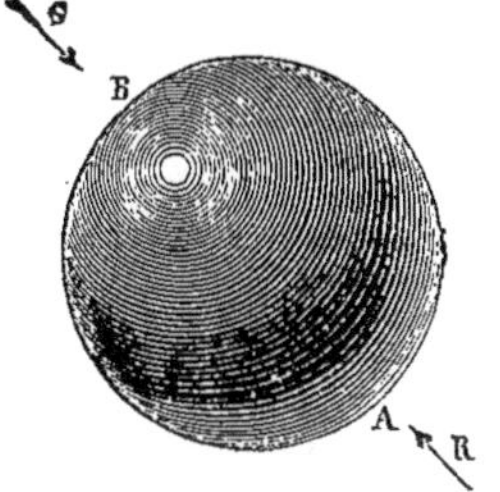

Fig. 215.

En tenant compte de ces rayons atmosphériques, on reconnaît que les effets observés sont complètement d'accord avec ce qu'indique la théorie.

Celle-ci fait connaître la répartition des teintes que l'on doit appliquer lorsqu'on veut reproduire par la peinture ou par le lavis l'image d'un corps géométrique.

L'expérience montre en outre que, en appliquant convenablement les règles indiquées par la théorie, on peut arriver à une reproduction parfaitement exacte, on peut obtenir de véritables *trompe-l'œil*.

Nous avons considéré le cas d'un corps isolé dans l'atmosphère; mais, en général, les conditions sont moins simples : ce corps est placé dans le voisinage plus ou moins direct d'autres corps qui, eux aussi, reçoivent de la lumière et en renvoient suivant leur nature, soit par réflexion, soit par diffusion; cette lumière entre en ligne de compte pour modifier l'éclairage du corps étudié. Cet éclairage sera modifié en intensité et en répartition seulement si tous les corps voisins sont blancs. Mais, s'il en est de colorés, la lumière diffusée par eux, n'ayant pas la même composition que la lumière incidente et que les rayons atmosphériques, modifiera la coloration du corps dans les parties rencontrées par elle et donnera naissance à des effets très variés qui, reproduits en peinture, constituent ce qu'on désigne sous le nom, peu satisfaisant d'ailleurs, de *clair-obscur*.

5. — Des causes diverses peuvent produire la coloration des corps (lames minces, réseaux, etc.); mais le plus souvent cette coloration est due à la

diffusion ou, plus exactement, aux conditions dans lesquelles se fait la diffusion.

Pour les corps blancs, l'explication est simple : ils diffusent également bien toutes les radiations et, recevant un faisceau complet, renvoient un faisceau complet dont toutes les parties sont plus ou moins affaiblies, mais dans la même proportion, de telle sorte que la couleur n'est pas changée.

Il importe de remarquer que le corps n'est blanc que dans la lumière blanche ; s'il reçoit un faisceau présentant une autre composition et donnant, par conséquent, une autre couleur, il renverra un faisceau atténué, mais de même composition et donnant, par suite, la même couleur. Un corps blanc sera rouge dans la lumière rouge, vert dans la lumière verte, etc.

Pour les corps colorés, c'est-à-dire qui nous paraissent tels lorsqu'ils reçoivent de la lumière blanche, la lumière diffusée n'a pas la même composition que la lumière incidente, puisque la sensation colorée n'est pas la même : c'est donc que certaines radiations ont disparu ou, au moins, ont été atténuées dans une plus forte proportion que les autres.

Considérons un corps transparent ; on pourrait concevoir que la différence qui se manifeste se produit à la surface de séparation : le corps serait transparent pour certaines radiations qui passeraient et ne se retrouveraient pas dans la lumière diffusée ; il serait opaque pour d'autres, qui, au contraire, ne passeraient pas, mais se retrouveraient dans la lumière diffusée (nous prenons ces cas extrêmes seulement ; mais, bien entendu, il pourrait y avoir tous les cas intermédiaires, ce qui ne changerait rien au résultat). La lumière incidente se partagerait donc en deux parties, différentes de composition, la partie diffusée contenant toutes les radiations manquant à la lumière transmise pour reproduire la lumière incidente. La lumière diffusée et la lumière transmise présenteraient donc des colorations différentes ; celles-ci seraient complémentaires si la lumière incidente était blanche.

Or, en général, il n'en est pas ainsi, et un corps présente à peu près la même coloration, qu'on le regarde par diffusion ou par transparence : tel est le cas des verres colorés, des solutions de bichromate de potasse, d'eau céleste, du vin, etc.

L'explication doit donc être autre :

Nous avons dit que la diffusion ne se produit pas seulement à la surface du corps considéré, mais prend naissance jusqu'à une certaine épaisseur. Dans la lumière diffusée, il y aura donc une partie de la lumière qui aura pénétré dans le corps, aura changé de direction et sera ressortie pour arriver à l'œil, qui aura parcouru, par suite, une épaisseur égale à deux fois la distance de la surface au point où s'est fait le changement de direction. L'effet sera le même que si la même épaisseur avait été parcourue en propagation directe par la lumière transmise et, comme dans ce cas, il y aurait une absorption plus ou moins considérable, absorption qui, pour un corps donné, dépendra de la nature de la radiation, et qui, pour certaines, pourra être totale. C'est donc par suite de cette absorption que le faisceau change de composition, et c'est pour cela que ce changement de composition est analogue à celui subi par le faisceau transmis : je dis analogue, et non pas identique, parce que l'épaisseur dans laquelle se fait l'absorption n'est pas la même, en général. C'est cette analogie de composition qui explique l'analogie de couleur.

On comprend dès lors que les effets observés dépendront de la composition de la lumière incidente.

Ainsi, considérons un corps franchement rouge dans la lumière blanche, c'est-à-dire envoyant à l'œil par diffusion seulement des radiations rouges. Il présentera la même coloration dans la lumière rouge ou dans toute lumière composée contenant des radiations rouges. Par contre, s'il reçoit une lumière simple autre que le rouge ou un faisceau complexe dans lequel n'entre pas le rouge, il ne pourra diffuser aucune radiation et paraîtra noir.

C'est là ce qui explique notamment les effets bizarres de coloration qu'on obtient en éclairant les corps par la flamme d'alcool salé qui émet seulement des radiations jaunes : tous les corps susceptibles de diffuser du jaune paraissent jaunes, les autres paraissent noirs. C'est ainsi que dans la figure la peau paraît jaune, les lèvres et les parties colorées en rouge paraissent noires.

6. — Le rôle des surfaces diffusantes est utilisé avantageusement lorsqu'on veut faire voir des images réelles à plusieurs personnes à la fois. On sait que l'image réelle d'un point lumineux produite par un système convergent, miroir ou lentille, est le sommet du faisceau convergent dans lequel le système a transformé le faisceau divergent émané du point considéré. Pour qu'un observateur puisse voir cette image, il faut qu'il place son œil à une distance convenable dans le faisceau qui succède au faisceau convergent. Mais, d'une manière tout à fait générale, ces faisceaux n'ont qu'une faible amplitude; aussi, une seule personne peut les recevoir, et, par suite, elle seule peut voir l'image. Bien plus, même : cette personne ne peut recevoir ainsi qu'un petit nombre de faisceaux en même temps, faisceaux émanés de points très rapprochés les uns des autres; elle ne verra donc qu'une partie peu étendue de l'image d'un objet, et il lui faudra se déplacer pour voir successivement les autres parties.

Si, à l'endroit où se fait l'image réelle d'un point, on place une lame diffusante, le point de celle-ci où se trouve le sommet du faisceau convergent, quoique ne recevant de la lumière que dans des directions très voisines les unes des autres, en enverra dans toutes les directions; il se comportera donc à ce point de vue comme s'il était un point lumineux et, par suite, il pourra être vu quelle que soit la position de l'observateur : il pourra être vu par plusieurs observateurs à la fois.

Il en sera de même si l'on a l'image d'un objet qui peut être considérée comme formée par des points images des différents points de l'objet. Dans le cas de l'image d'un objet, pour les mêmes raisons, c'est-à-dire parce que chaque point de cette image envoie de la lumière dans toutes les directions, un observateur pourra voir simultanément, sans se déplacer, toutes les parties de l'image.

C'est là ce qui se passe dans les lanternes magiques et dans les appareils de projection si fréquemment employés maintenant, dans les microscopes solaires, etc. On produit une image réelle sur une surface diffusante, et, comme nous venons de l'expliquer, cette image est vue également bien par tout l'auditoire. Si l'écran employé est constitué par un corps opaque, comme la surface d'un mur recouvert d'une couche unie de plâtre, les observateurs doivent nécessairement être placés, par rapport à l'écran, du même côté que l'appareil de projection. Si l'écran est formé par un corps translucide, de la toile mouillée par exemple, la diffusion se faisant dans tous les sens, les spectateurs peuvent à volonté être placés du même côté que l'appareil de projection ou du côté opposé.

La plaque de verre dépoli, que l'on emploie dans les appareils de photographie pour mettre au point, remplit un rôle analogue et, par la diffusion qui se produit en chaque point de l'image, permet de voir l'ensemble de celle-ci sans déplacer l'œil.

Il importe de remarquer que la lumière diffusée dans une direction déterminée n'est qu'une faible partie de la lumière incidente ; aussi les images produites sont-elles peu éclairantes. Elles ne seraient pas vues, dès lors, s'il y avait un éclairement général un peu fort. Aussi, comme on le sait, ne fait-on les projections que dans des salles obscures ; et, pour la mise au point pour la photographie, a-t-on soin de recouvrir d'une étoffe opaque l'appareil et la tête de l'observateur.

7. — On sait que, pour la lecture et pour l'écriture, pour être dans de bonnes conditions hygiéniques, il faut un éclairement suffisamment intense : la nature, les dimensions et l'intensité de la source lumineuse sont sans importance, tant qu'il ne peut arriver de radiations directement à l'œil. Mais lorsque des radiations peuvent parvenir directement à l'œil, dans quelque circonstance que ce soit, il est un élément capital, c'est ce que l'on appelle quelquefois l'*intensité intrinsèque* de la source, c'est-à-dire l'intensité par unité de surface ; la quantité totale de lumière restant la même, l'impression sera désagréable si elle émane d'un foyer de petite surface, tandis qu'elle ne sera pas fâcheuse si la surface du foyer est grande. Ajoutons que, dans le premier cas, les ombres se détachent vivement, brusquement sur le fond, tandis que, dans le second cas, elles sont bordées d'une pénombre qui rend l'effet plus agréable.

Pour ces raisons, que nous n'avons pas à développer ici, on conçoit qu'il soit préférable d'éviter les sources de lumière puissantes présentant une petite surface. On peut cependant les employer avantageusement en utilisant les phénomènes de diffusion ; à cet effet, la source de lumière est entourée d'un écran diffusif, d'un globe en verre dépoli, par exemple. Tous les points de ce globe diffusent alors de la lumière, de telle sorte que le globe devient la véritable source de lumière ; comme on peut augmenter à volonté son diamètre et, par suite, l'étendue de la surface éclairante, on diminue autant qu'on le veut l'intensité intrinsèque et l'on augmente l'importance des pénombres. On réduit donc à volonté les inconvénients que nous avons signalés.

Cette disposition a pour effet de réduire la quantité de lumière totale, par suite de l'absorption qui se fait dans le corps diffusif. La perte, qui varie avec la nature et l'épaisseur de celui-ci, n'est pas négligeable et, dans certains cas, elle s'élève à 25 p. 100. C'est pour cela qu'on a cherché à employer une autre disposition produisant le même résultat avec des pertes moindres : par exemple, la source lumineuse est entourée d'un globe en verre transparent et incolore dont la surface extérieure est sillonnée de stries dont le profil a été déterminé de manière que, par réfraction, il y ait de la lumière sortant dans toutes les directions. Il y a bien encore absorption dans ce cas, mais, le corps traversé étant transparent, elle est moindre que pour les corps translucides. Aussi l'emploi de ces globes dits *holophotes* est-il plus avantageux que celui des globes en verre dépoli.

On a pu employer des lampes à arc de grande intensité pour éclairer d'une manière fort agréable des pièces de dimensions relativement restreintes. A cet effet, les lampes à arc placées assez près du plafond sont entourées à leur partie inférieure d'une enveloppe métallique, opaque, de manière qu'elles ne puissent être vues des personnes se trouvant dans la salle. Ces enveloppes, intérieurement polies ou peintes en blanc, sont continuées à la partie supérieure par des surfaces coniques très évasées et également polies ou peintes en blanc. Le plafond reçoit donc la lumière directe venant de l'arc et celle qui lui est renvoyée par des surfaces blanches ou polies. Le plafond est également peint en blanc et diffuse la lumière qu'il reçoit, de telle sorte que les parties inférieures de la salle sont éclairées seulement par la lumière diffusée par le plafond. Les avantages que nous signalions précédemment sont naturellement d'autant plus marqués que la surface diffusante est très grande ; en particulier, les ombres sont très douces, elles ont même presque disparu. Il est naturel que l'emploi de ce système diminue l'éclairement, le rende moindre que celui que pourraient fournir directement les mêmes sources de lumière, mais cet inconvénient est compensé par les conditions avantageuses dans lesquelles on se trouve au point de vue de l'hygiène de l'œil.

8. — L'éclairement par de larges surfaces diffusantes donne l'explication de certains faits curieux, parmi lesquels nous citerons le suivant :

Dans le cas d'hydrocèle, tumeur constituée par une collection de sérosité dans les bourses, on a noté quelquefois que, en éclairant la tumeur par transparence, on n'était point averti de la présence du testicule, corps opaque placé dans la sérosité, tandis que, dans d'autres cas, la formation d'une ombre sur la paroi opposée à la lumière ne laissait aucun doute sur la présence du testicule. Or la constatation de la présence ou de l'absence de cet organe est utile pour la direction du traitement à instituer.

L'explication est simple : par rapport au testicule TT′ (fig. 216) et à la paroi CD regardée par l'observateur, la source lumineuse n'est pas la lumière L placée derrière les bourses, mais la paroi postérieure AB, paroi translucide et diffusive ; c'est cette surface éclairée, plus grande que le corps opaque, qui donne naissance aux cônes d'ombre et de pénombre ; ce dernier, très évasé, couvre toute la surface AB ; le cône d'ombre est convergent et, suivant que la paroi antérieure CD, regardée par l'observateur, coupe ce cône avant son sommet (I) ou est placé après (II), il y a une ombre portée *tt′*, ou il n'y en a pas.

Il est alors facile de comprendre comment on peut s'assurer que le testicule est dans la tumeur, alors qu'il ne porte pas d'ombre ; en effet, en diminuant

l'étendue de la surface diffusante, ici la paroi postérieure éclairée, on allonge
le cône d'ombre et on peut l'amener à rencontrer la paroi antérieure avant
son sommet et, par suite, à y porter ombre. Pour réaliser cette condition, il
suffit de placer sur la paroi postérieure un écran opaque EF (III) percé

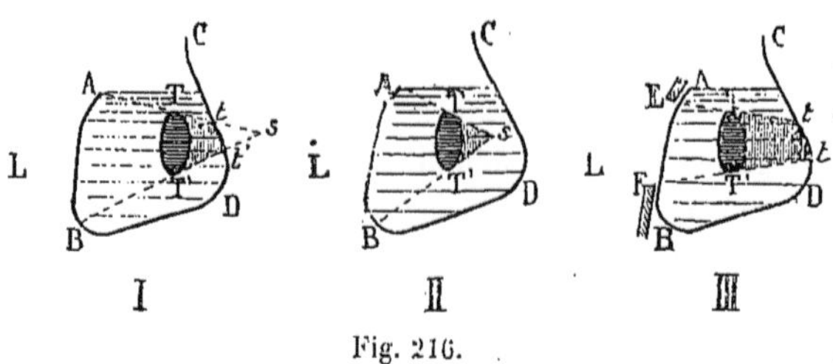

Fig. 216.

d'une ouverture de 2 centimètres de diamètre environ qui limite à cette
étendue la partie éclairée de la paroi postérieure.

Il est vrai que, par là, on diminue la quantité de lumière, ce qui peut être
un inconvénient. On y obvie en supprimant l'écran et en interposant entre la
tumeur et la source de lumière une lentille convergente placée à une distance
telle qu'elle donne un faisceau convergent limité produisant sur la paroi une
partie lumineuse dont on restreint l'étendue à volonté.

ENDOSCOPIE

Par M. Th. GUILLOZ.

Définition. Généralités. — L'endoscopie peut se définir d'une façon très générale : l'examen par la vue de l'intérieur du corps humain.

Par le regard direct, ou au moyen d'instruments d'optique facilitant l'observation, on peut examiner la surface des cavités normales ou pathologiques du corps, ces cavités étant préalablement éclairées par des dispositifs appropriés. C'est à ce procédé d'observation de la surface des cavités que l'on donne généralement le nom d'*endoscopie*.

Suivant les organes observés, l'endoscopie prendra les noms de *laryngoscopie, otoscopie, urétroscopie, cystoscopie, utéroscopie, rectoscopie, œsophagoscopie*, etc.

Les enveloppes internes du globe oculaire se prêtent très bien, par suite de la transparence des milieux oculaires, à un examen analogue : *ophtalmoscopie* (1).

L'endoscopie a cependant une application plus étendue et ne reste pas limitée à l'examen de la surface d'une cavité ou des parties immédiatement sous-jacentes. On peut, en effet, observer comment les rayons, issus d'une source de lumière introduite dans une cavité de l'organisme, ressortent à travers les tissus pour se diffuser à l'extérieur. Ainsi, on obtiendra parfois des renseignements sur les variations normales ou pathologiques des tissus qui servent à transmettre les rayons. Il est évident que l'on peut encore chercher à voir comment un faisceau de lumière, pénétrant par l'extérieur du corps, vient se diffuser dans l'intérieur d'une cavité accessible, ou, encore, examiner comment la lumière traverse une partie du corps de l'individu.

L'endoscopie ainsi envisagée s'appellera *diaphanoscopie*.

L'observation peut encore se pratiquer en employant, au lieu de lumière ordinaire, un faisceau d'autres radiations, et en mettant en évidence les absorptions des différentes parties du faisceau par les tissus traversés. C'est ainsi que l'examen aux rayons X peut être considéré comme un procédé spécial de diaphanoscopie.

(1) L'ophtalmoscopie sera traitée dans un article spécial.

DIAPHANOSCOPIE

Certains animaux, en dehors, bien entendu, des animaux microscopiques, ont le corps translucide et se prêtent assez bien à l'examen direct de quelques-uns de leurs organes. La plupart des animaux pélagiques, c'est-à-dire vivant entre deux eaux, sans toucher le fond et sans venir à la surface, sont dans ce cas. Parmi les Cœlentérés, la plupart des Méduses, les Siphonophores, les Cténophores (dont le Ceste ou Ceinture de Vénus) sont transparents comme du cristal.

Citons encore parmi les Mollusques : les Hétéropodes ; les Vers : les Alciopodes ; les Tuniciers : les Salpes, et un grand nombre de Crustacés inférieurs, la Crevette, par exemple.

M. Trouvé a montré que le corps de Poissons dans l'intérieur desquels on introduisait une petite lampe électrique devenait plus ou moins translucide. On avait cru pouvoir appliquer ce procédé à l'homme et reconnaître par ce moyen la forme et les lésions de ses organes. Malheureusement, les tissus pris sous une épaisseur considérable ne se laissent pas traverser suffisamment bien par la lumière pour que l'on puisse acquérir facilement des renseignements précis sur les changements de texture, même très importants, de l'organisme. La transparence est toujours plus ou moins vague et ne donne qu'une teinte rose uniforme, nuancée de teintes plus ou moins diffuses. C'est de l'interprétation de ces teintes que s'occupe la diaphanoscopie. Employée d'une façon générale, cette méthode est tombée dans un juste discrédit. Il est cependant des cas particuliers où son importance n'est pas à méconnaître, et où elle est même décisive pour le diagnostic.

Dans des cas en apparence très simples, la diaphanoscopie ne fournit pas de résultats. Ainsi, en regardant un doigt placé devant une forte lumière et en se protégeant contre la lumière directement transmise, on voit le doigt apparaître lumineux d'un rose clair à peu près uniforme, sauf sur les parties latérales, qui sont un peu plus rosées. On ne différencie donc pas de cette façon les tissus, cependant des plus hétérogènes, qui le constituent. Cette constatation ne doit pas surprendre, car la lumière ne poursuit pas sa route en chemin rectiligne ou uniformément brisé à travers les tissus. Ceux-ci l'absorbent en partie ; mais si cette absorption porte sur toutes les radiations, elle est aussi élective, c'est-à-dire que la lumière transmise a une coloration particulière qui tiendra à l'absorption par les tissus colorés et surtout par le sang.

La lumière transmise donnera donc le spectre d'absorption du sang, ce qui permettra de faire l'étude hématoscopique du sang dans l'intérieur même des tissus.

Les rayons ne sont donc que partiellement transmis.

Ils sont de plus irrégulièrement transmis, car, par suite des irrégularités de forme et de structure des éléments cellulaires, les tissus de l'organisme se comportent comme un milieu trouble, réfléchissant et réfractant la lumière à chaque séparation de milieux hétérogènes.

Supposons que devant une source lumineuse on place un corps opaque qui projette son ombre sur un écran de verre dépoli qui en est très rapproché. Un observateur placé de l'autre côté de l'écran aura connaissance du corps étranger par son ombre portée. On vérifiera qu'elle apparaît d'autant plus nettement que les dimensions de la source lumineuse sont plus petites, et que le corps opaque est plus voisin de l'écran, c'est-à-dire que les pénombres sont plus réduites.

Si l'on vient alors à disposer derrière l'écran de verre dépoli un nombre croissant d'écrans diffusifs semblables, la trace du corps opaque diminuera de plus en plus de netteté, en même temps que la luminosité du champ sur lequel elle tranche s'affaiblira, et il arrivera un moment où il sera impossible de reconnaître sa présence.

Si, avant d'exécuter l'expérience, on place un verre dépoli en avant du corps opaque, entre ce corps et la lumière, la disparition de l'opacité qui en signale la présence se fera avec un nombre de lames beaucoup moins grand. Si les lames, au lieu d'être placées les unes contre les autres, sont un peu espacées, il en faudra un nombre encore moindre pour que le corps ne révèle plus sa présence dans la lumière diffusée à l'observateur.

Ces constatations ont à peine besoin d'explication : chaque surface dépolie se comporte comme une surface lumineuse qui envoie de la lumière sur toute la surface de la plaque voisine et, en éclairant l'ombre qui y est portée, en diminue le contraste. L'effet va en augmentant avec le nombre des surfaces différentes jusqu'à disparition de l'ombre dans la lumière transmise par diffusion à l'observateur, qui diminue, elle aussi, de plus en plus d'intensité. La lumière arrive affaiblie à l'observateur, comme si elle avait complètement contourné l'obstacle.

Ces expériences, qui expliquent assez clairement les résultats donnés par l'endoscopie, les défauts de la méthode et l'impossibilité fréquente de s'en servir, peuvent se répéter en observant des corps placés dans un milieu trouble, comme du lait plus ou moins dilué.

Conditions générales favorables pour l'observation. — Comme les données de la diaphanoscopie reposent sur l'ombre que des tissus plus opaques donnent au milieu des autres, on conçoit qu'il y ait intérêt, pour la netteté de l'observation, à se servir d'une source éclairante de petit volume. C'est, en effet, une condition pour obtenir, dans l'expérimentation ordinaire, des ombres nettement silhouettées sans trop de pénombres. On sait que si le corps opaque est très petit par rapport à la source lumineuse, son ombre peut même disparaître dans la pénombre.

La lumière étant en général très absorbée par les tissus, on cherchera à utiliser des sources de lumière très intenses, quoique petites.

Enfin, les observations devront se faire dans les conditions les plus favorables de la part de l'observateur, c'est-à-dire dans une chambre noire et en ne recevant que la lumière qui aura traversé les tissus.

Les dispositifs ou appareils considérés comme particuliers par chaque auteur consistent, somme toute, à entourer la source lumineuse d'un protecteur opaque percé d'un diaphragme ou portant un tube cylindrique creux limitant le faisceau incident.

Diaphanoscopie par réfraction. Diaphanoscopie par réflexion.
— La diaphanoscopie se pratique en utilisant la lumière diffusée dans une
direction émanant de la source : *diaphanoscopie par réfraction.* On observe
ainsi, de l'autre côté de la portion du corps qui reçoit la lumière, la zone
lumineuse.

On note les variations d'intensité suivant les régions, ainsi que la forme et
les dimensions de la surface lumineuse.

Dans la *diaphanoscopie par réflexion*, on examine comment se comporte
la lumière qui est diffusée, renvoyée dans la direction même de la source.
On observe la luminescence de la paroi du corps entourant la source lumineuse placée dans le protecteur opaque et appliquée sur la surface.

Il est évident que ces termes de *diaphanoscopie par réfraction* et *par
réflexion* ne correspondent pas à une réalité physique, car la lumière reçue
respectivement dans les deux cas a toujours été tout à la fois réfléchie et
réfractée dans le corps plus ou moins translucide dont elle semble émaner.
Cette restriction posée, nous conserverons la dénomination jusqu'ici
employée pour désigner les deux méthodes de diaphanoscopie.

Radioscopie. — La radioscopie est un procédé de diaphanoscopie présentant le grand avantage de former des silhouettes nettes des tissus qui se différencient par leur absorption aux rayons X des tissus voisins. La netteté des
images tient à ce que les rayons X ne subissent ni réfraction ni réflexion,
car les lois de l'absorption règlent seules leur passage à travers les corps. En
d'autres termes, il n'y a pas pour les rayons X de milieux troubles, mais seulement des milieux absorbants.

Dans la diaphanoscopie aux rayons X ou radioscopie, les images obtenues
sur l'écran ou sur la plaque photographique donneront des contrastes qui
permettront des différenciations lorsque la différence de minéralisation entre
deux régions traversées sera suffisante, ou même, à égalité de constitution
minérale, quand ces deux régions présenteront une variation brusque
d'épaisseur.

Ainsi s'explique la netteté des os dans les images radioscopiques, car ils
tranchent nettement sur les parties molles par leur forte absorption. De
même, l'image du cœur et des gros vaisseaux apparaîtra nettement au milieu
de celle des poumons. Il deviendra, par contre, difficile de distinguer des
muscles au milieu des autres tissus, des ligaments autour des articulations, etc. Cependant, l'absorption des tissus varie beaucoup avec la
résistance électrique apparente de l'ampoule qui produit les rayons X. Elle
augmente quand les tubes sont peu résistants et donnent des rayons dits
mous ou *peu pénétrants.*

On aura recours à ces derniers rayons quand on voudra obtenir des
différenciations entre des tissus qui, généralement, ne se dévoilent pas aux
rayons. On peut arriver ainsi à obtenir des radiographies de ligaments articu-
laires, la silhouette des muscles jumeaux, des adducteurs de la cuisse, etc.

Endodiascopie. — La radioscopie a reçu le nom d'*endodiascopie*
(Destot, Bouchacourt, Foveau de Courmelles) quand, le tube producteur
de rayons X étant placé dans une cavité du corps, on étudie avec

l'écran fluorescent ou la plaque photographique l'opacité relative des tissus.

Cette méthode perd de ses avantages depuis que les rayons X peuvent être produits avec une grande intensité et qu'il n'y a plus lieu de se demander, comme autrefois, si le corps humain peut être suffisamment traversé par des rayons X émis par une source éloignée. On sait, en effet, que l'éloignement de la source, rendant la projection moins conique, a pour avantage de donner des images moins déformées. Lorsque le tube est très près des organes à projeter, ainsi que cela se produit dans l'endodiascopie, les déformations sont considérables, ce qui enlève un des grands avantages qu'il y a lieu de rechercher en radiologie.

Il s'agit tout simplement de savoir si, pratiquement, la déformation des images à interpréter n'est pas contre-balancée avantageusement par l'augmentation des contrastes, tenant à ce que les tissus situés entre la source de rayons X et l'écran sont seuls traversés. Dans ce cas, en effet, l'image n'est pas lavée par l'absorption que les autres tissus produiraient si les rayons traversaient encore la région placée de l'autre côté de la cavité.

Ainsi appliquée à l'étude de la mâchoire, l'endodiascopie ne semble pas avantageuse. Il est plus rationnel, à notre avis, de placer dans la bouche et contre l'arcade dentaire à examiner soit une pellicule photographique (Allard), soit un petit écran fluoroscopique, sur lequel se formera la silhouette osseuse que l'on peut examiner avec un petit miroir introduit dans la bouche.

Ces procédés deviennent même inutiles et il vaut mieux procéder à une projection oblique de la mâchoire dégageant l'image à observer de l'ombre de l'arcade dentaire du maxillaire opposé.

Par suite de l'opacité de la ceinture pelvienne, l'endodiascopie appliquée à la gynécologie semble devoir reprendre quelquefois l'avantage.

Il serait irrationnel d'opposer d'une façon formelle l'endodiascopie et la diaphanoscopie proprement dite. Si les rayons X ont sur la lumière l'avantage de ne pas subir de réfraction dans les tissus, ils ne peuvent établir par leurs différences d'absorption les mêmes contrastes que la lumière, puisque les absorptions par un même tissu ne sont pas identiques. Ainsi le pus est, sous épaisseur égale, plus opaque à la lumière ordinaire que l'os, tandis qu'aux rayons X il est beaucoup plus transparent.

Dans la suite de cet exposé, on aura seulement en vue l'examen diaphanoscopique et endoscopique par la lumière ordinaire.

Étude diaphanoscopique des tissus. — Une étude de la diaphanoscopie des différents tissus isolés, précédant celle des organes et des différentes parties de l'individu, fera comprendre quels sont les résultats que cet examen peut fournir à la pratique médicale, et quels sont ceux qu'il est illusoire de chercher à obtenir.

Translucidité de la peau de l'homme (épiderme et chorion). — Une disposition commode consiste à employer une petite lampe électrique entourée d'un protecteur opaque et n'envoyant de la lumière que d'un seul côté. Examinée par transparence, la peau débarrassée du tissu cellulaire sous-cutané et du muscle laisse assez bien passer la lumière. Sur le vivant, l'examen se fait sur un pli de la peau soulevée, ce qui est particulièrement facile sur le scrotum ou sur la peau recouvrant le biceps. Les plis de la peau sont un obstacle à la pénétration des rayons, ainsi qu'on peut le reconnaître par l'examen du scrotum plissé ou tendu.

Translucidité du tissu cellulaire. — Ce tissu isolé diffuse beaucoup plus la lumière que la peau. L'illumination du tissu atteint, suivant son épaisseur, cinq à quinze fois le diamètre de la région éclairée. Ce tissu recouvert de peau produit le même effet et diffuse aussi très fortement la lumière, et cela d'autant plus qu'il est plus épais.

Translucidité du muscle. — Les muscles se laissent très peu traverser, à cause de leur forte absorption. D'après Schwartz, le muscle sous une épaisseur de $1^{cm},5$ ne se laisserait plus traverser par la lumière d'une intensité de 1 bougie 1/2. Avec une intensité de 7 bougies, la pénétration maximum serait de 4 centimètres. Dans la diaphanoscopie par réflexion, telle que la pratiquait Lange, le diamètre du faisceau lumineux diffusé était de $2^{cm},5$ dans le premier cas, de 7 centimètres dans le second.

La lumière traverse sur le vivant d'abord la peau et le tissu cellulaire sous-cutané et, par suite de sa diffusion, contourne le muscle de telle sorte qu'on croirait qu'elle le traverse.

En schématisant les propriétés de ces différents tissus, on pourrait dire que la peau est translucide, que la graisse réfracte et réfléchit, c'est-à-dire diffuse, et que le muscle absorbe.

Translucidité du tissu glandulaire. — Les glandes sont très opaques. Avec une intensité de 7 bougies, on diaphanoscopierait au maximum, d'après Schwartz, $0^{cm},75$ d'épaisseur de testicule, $1^{cm},1$ de rate, 1 centimètre de rein, $0^{cm},8$ de glande sous-maxillaire. L'absorption tiendrait moins au sang qu'à l'hétérogénéité du milieu, puisque le testicule qui ne contient pas de sang est très mal traversé par la lumière.

Translucidité des vaisseaux. — Ils sont opaques, ainsi qu'on l'observe sur le scrotum tendu, où on les voit apparaître en sombre sur fond rose.

Translucidité de l'os. — Cette étude faite sur le vivant présente de très grandes difficultés.

Les essais faits sur l'os isolé et frais montrent que la partie compacte de l'os laisse bien mieux passer la lumière que la partie spongieuse. L'os se laisserait encore traverser, d'après Schwartz, sous une épaisseur de $1^{cm},5$ avec une source lumineuse d'une intensité de 1 bougie 1/2.

Translucidité du pus. — Le pus est très difficilement traversé par la lumière, ainsi qu'on peut l'observer en examinant du pus placé entre deux lames de verre. Il réfléchira, par contre, fortement la lumière, de telle sorte que le cercle de diffusion observé dans la diaphanoscopie par réflexion sera agrandi par la présence d'abcès et de phlegmons profonds.

Translucidité des tumeurs. — Windmüller a établi que les kystes à contenu séreux étaient translucides, de même que les fibromes, lipomes, myxomes, chondromes et sarcomes, tandis que les tumeurs épithéliales étaient opaques.

Lange (de Strasbourg) a étudié spécialement ce sujet et ses conclusions, vérifiées par Schwartz (de Tubingen), sont conformes aux précédentes. Suivant ces auteurs, les carcinomes absorberaient beaucoup la lumière et seraient impénétrables sous 1 centimètre d'épaisseur par une lumière de 1 bougie normale. Les lipomes, fibromes et myxomes se prêteraient mieux à l'observation par transparence.

D'après Wendmüller, la diaphanoscopie ne pourrait pas toujours permettre le diagnostic entre les tumeurs de tissu conjonctif et les tumeurs épithéliales, malgré que les différences qu'elles présentent au point de vue de la translucidité semblent bien établies. Dans ces dernières, on pourrait en effet facilement observer une transparence apparente due à la diffusion de la lumière par les autres tissus qui les recouvrent. Lange a plus particulièrement étudié la translucidité des tumeurs kystiques. La plupart des tumeurs multiloculaires sont opaques et ne décèlent pas, par conséquent, les cavités kystiques dans le tissu fondamental : telle serait la cause principale de l'opacité de certains kystes multiloculaires de l'ovaire et de la glande thyroïde. D'autres kystes sont opaques par leur contenu : goitre kystique isolé à contenu brun gélatineux, kystes dermoïdes, beaucoup de kystes de l'ovaire. Aux kystes translucides appartiennent : le kyste échinocoque, les kystes branchiaux, la grenouillette et beaucoup de kystes de rétention.

Translucidité des sinus frontaux. — Vohsen a fait remarquer le premier que la transparence était normalement possible, mais il n'expérimenta pas les cas pathologiques. Une lampe électrique entourée d'un protecteur opaque envoyait ses rayons dans un tube de 4 centimètres de longueur à parois opaques. L'extrémité libre était appliquée dans l'angle intéro-supérieur de l'orbite à la base de la cavité frontale.

La diaphanoscopie par réflexion est à rejeter, car l'extension des rayons lumineux surpasse en grandeur la section de la plupart des cavités.

On peut cependant ainsi faire apparaître la forme triangulaire des très grandes cavités frontales en employant un faisceau très étroit de rayons incidents.

La diaphanoscopie par réfraction appliquée comme le faisait Vohsen est utilisée pour le diagnostic de l'empyème du sinus frontal. Sur 100 personnes saines examinées par Schwartz, la limite supérieure de l'image lumineuse se trouvait entre $0^{cm},5$ et 4 centimètres au-dessus de l'arcade sourcilière, la limite inférieure ondulait beaucoup, et dans la région moyenne la lumière empiétait sur les régions des deux sinus.

Dans l'empyème, le sinus frontal rempli de pus ne laisse pas passer la lumière.

Si l'empyème est au début, les avis sont partagés ; les uns croient qu'une très petite quantité de pus qui est très absorbant suffirait à empêcher la lueur frontale; d'autres estiment que l'empyème au début laisse passer la lumière. Évidemment, la question de la transparence positive ou négative dépend tout à la fois de l'intensité lumineuse employée pour la diaphanoscopie et de la quantité de pus contenu dans le sinus. Entre la transparence et l'opacité, il y a donc place pour tous les degrés intermédiaires, car une petite quantité de pus suffit, sinon à abolir la transparence, du moins à la diminuer.

L'*examen comparatif de l'un et l'autre sinus* sera toujours employé.

Il est très important de savoir qu'une malformation d'une cavité frontale pourrait faire commettre une erreur de diagnostic. Ainsi, chez les enfants on n'observe pas la lueur frontale dans la diaphanoscopie par réfraction, par suite de la petitesse du sinus. On pourrait également commettre l'erreur inverse et voir la lueur frontale dans un cas d'empyème, par suite d'un défaut dans la technique instrumentale. Ainsi, une source de lumière trop large pourrait diffuser par le tissu sous-cutané et répartir sous l'arcade sourcilière et le front une lueur trompeuse.

Outre l'empyème, on peut déceler, par l'absence ou la forte diminution de translucidité, l'hématome, le carcinome, l'ostéome du sinus frontal. Les polypes muqueux et fibreux laissent encore bien passer la lumière.

Translucidité des cavités nasales. — Czermack l'utilisa en observant, au moyen d'un miroir placé dans la cavité pharyngo-nasale, la lumière solaire diffusée par le nez sur lequel on la concentrait. Il était convaincu que l'on pouvait reconnaître ainsi les altérations pathologiques. Semeleder nie la valeur du procédé, que Voltolini n'aurait réussi à appliquer que sur quelques jeunes filles, et très imparfaitement du reste, car il compare l'image obtenue dans le pharynx à une pierre rouge. Voltolini conclut qu'il faut examiner en plaçant un petit miroir dans les narines. Il pratiquait la diaphanoscopie de la cloison en faisant tomber la lumière dans une des narines et en la recevant dans l'autre sur un petit miroir. Cette méthode permettrait, suivant cet auteur, de donner des conclusions sur les variations d'épaisseur et certains changements pathologiques de la cloison et des cornets.

Translucidité du sinus maxillaire. — La diaphanoscopie est employée très couramment pour le diagnostic des affections du sinus maxillaire. Voltolini, en 1888, utilisa le premier cette méthode d'examen. Il employait, ainsi qu'Heryng, un abaisse-langue particulier portant une lampe électrique. L'instrument étant introduit dans la bouche du sujet et celle-ci étant fermée, on allume la lampe. Les arcades dentaires et les lèvres s'éclairent en rouge, ainsi que le nez; les pommettes apparaissent plus sombres et au-dessous des yeux, dans la région inférieure des orbites, se voit un croissant clair.

A son apparition, cette méthode d'examen fut l'objet d'appréciations souvent contradictoires de la part de nombreux auteurs, parmi lesquels on peut citer Vohsen, Scheff, Avellis, Schleicher, Davidsohn, Robertson, Caldwell, Roth, Ziem, Lichtwitz, Gougenheim, Jeanty, Fränkel, etc. Tout d'abord, la translucidité des sinus n'existe pas toujours chez tous les individus. A cause sans doute de l'intensité de l'éclairage employé, probablement aussi suivant les chances de statistiques restreintes, on a établi sur ce point des pourcentages étonnamment différents. C'est ainsi que la translucidité n'existe pas dans la proportion de 13 cas sur 35 (Jeanty). Cette proportion n'est plus que de 5 p. 100 pour Rosenberg, alors que Schwartz, sur tous les sujets qu'il a diaphanoscopés, n'a eu de difficultés qu'une fois.

Ces statistiques portent leur enseignement et montrent que, à part une méthode uniforme d'examen à employer, il serait désirable que chaque auteur définisse exactement la puissance lumineuse employée, ainsi que sa façon de procéder pour l'examen diaphanoscopique.

Il en est de même quand on cherche si, sur des sujets normaux, les deux côtés du visage sont également translucides. Une atrophie des sinus, un développement inégal des os de la face font apparaître des différences de luminosité. D'après Schwartz, on pourrait constater une différence de translucidité entre les deux côtés dans 25 p. 100 des cas.

De même, l'éclairage de la paupière inférieure, qui, pour la plupart des auteurs, est un signe important, manque quelquefois et, d'autres fois, est inégal. C'est ainsi qu'il manquerait dans 25 p. 100 des cas chez la femme, et dans 46 p. 100 des cas chez l'homme. Dans 4 p. 100 des cas, une paupière était éclairée pendant que l'autre était obscure.

Si l'inégalité des os de la face peut faire que, normalement, un côté du visage soit plus translucide que l'autre, dans le cas d'empyème du sinus le côté atteint reste complètement sombre et le croissant lumineux sousoculaire de ce côté n'existe pas.

Il y a eu quelques rares cas où, malgré la présence d'un empyème, la translucidité du côté correspondant de la face subsistait et était peu diminuée. Ces observations résultent de ce que la lumière employait un autre chemin que celui du sinus pour se diffuser jusqu'à la peau du visage. Ainsi, la présence d'un kyste dentaire coïncidant avec l'empyème produit cette apparence. On pourrait également l'observer avec une lumière trop large, qui ne serait pas symétriquement placée et qui, vu l'absence de dents, par exemple, diffuserait la lumière jusqu'aux joues par le tissu cellulaire souscutané.

Par contre, la constatation de l'opacité unilatérale du visage n'est pas un signe certain d'empyème, car certaines tumeurs non transparentes du sinus, des hématomes, des corps étrangers donneront le même aspect. Il faudra donc, pour être certain, joindre d'autres signes à celui de la diaphanoscopie et, en particulier, celui fourni par la ponction du sinus.

Outre l'empyème, le chondrome, l'ostéome, le sarcome, le carcinome du sinus rendent la diaphanoscopie difficile ou impossible du côté correspondant, tandis qu'un kyste non suppuré du sinus et les polypes muqueux sont très transparents. Dans les cas de kystes volumineux distendant la paroi du sinus, la transparence peut même être augmentée du côté malade.

Chez les personnes à peau boursouflée, on verra plus facilement la clarté en déprimant avec le doigt ou avec une plaque de verre les parties molles.

Translucidité des dents. — Il convient d'employer une source de lumière très petite, car on sait que si la lumière était large l'ombre de petites altérations pourrait disparaître dans la pénombre, et cela d'autant plus facilement que celle-ci est très fortement accentuée par la diffusion des tissus de la dent.

Bœnnecken, qui a beaucoup mis en pratique la diaphanoscopie dans l'art dentaire, estime qu'elle permet de trouver le foyer caché de la carie, sur la surface de séparation, quand les dents sont très serrées. D'après cet auteur, la diaphanoscopie permet, lorsque le foyer de la maladie est assez étendu, de diagnostiquer des néoformations de la pulpe (calcification, prolifération de la dentine).

L'examen de la dent à la lumière naturelle donne déjà au dentiste de nombreuses indications.

D'après Brücke, la méthode diaphanoscopique donnerait des renseignements sur les modifications même peu importantes de la structure des dents saines et malades. Elle permettrait le diagnostic des caries, celui de l'anémie, de l'hémorragie du centre de la dent, des maladies de la pulpe, et ferait connaître la dent qui, parmi plusieurs autres voisines, occasionnerait la fistule.

Translucidité du larynx et de la trachée. — En 1858, Czermack concentrait extérieurement, au moyen d'un miroir concave, la lumière sur le larynx et examinait, avec un miroir laryngoscopique, la lumière transmise. Voltolini expérimentait de même au moyen de la lumière électrique. On peut acquérir ainsi des données sur les changements survenus dans la profondeur des tissus, alors que la laryngoscopie n'indique que les modifications de la surface.

Voltolini assigne une grande valeur à la méthode pour le diagnostic des tumeurs malignes et bénignes, en faisant remarquer que les tumeurs malignes croissent dans les tissus, tandis que les tumeurs bénignes se développent à l'extérieur. Les cordes vocales sont claires, tout à fait transparentes et signalent leurs moindres anomalies. La méthode diaphanoscopique permettrait seule le diagnostic des tumeurs ne débordant pas la cavité du ventricule de Morgagni. Elle permettrait, plus facilement que la méthode laryngoscopique, l'examen de la région sous-glottique jusqu'à la bifurcation de la trachée.

Freudenthal, Seifert, Semeleden, Bruns, Roth, Berthold et Michelson, Vohsen, Gottstein, Schwartz ont discuté la valeur pratique du procédé.

On a objecté que, par cette méthode, on ne différencierait pas des parties de la muqueuse apparaissant très hyperémiées à l'examen laryngoscopique.

L'accord se serait sans doute mieux fait si l'on avait remarqué que ces procédés doivent donner des résultats différents, puisque l'un donne des renseignements seulement sur la surface examinée (laryngoscopie) et l'autre sur tous les tissus traversés (diaphanoscopie).

Si, pendant cet éclairage, le larynx émet une note de poitrine, on voit dans le miroir laryngoscopique, mis en bonne position, une raie noire se produire dans la transparence rougeâtre. Elle est due à la glotte, dont les lèvres sont épaissies et rapprochées. Dans la voix de tête, cette ligne noire disparaît, parce que les cordes sont moins épaisses et moins en contact l'une avec l'autre, d'où les noms de *registre épais* et de *registre mince* donnés par les Anglais au registre de poitrine et au registre de tête.

Translucidité de la cage thoracique. — La radioscopie décèle avec une netteté parfaite les épanchements pleuraux, mais ne permet pas de décider si l'exsudat est séreux ou purulent. La diaphanoscopie appliquée à ces cas pourrait peut-être permettre la différenciation, puisque le pus est très opaque. Jusqu'ici, les essais ont été infructueux, à cause probablement de l'absorption de la lumière par la musculature du thorax. Si, cependant, on applique deux lampes d'égale intensité sur les régions scapulaires droite et gauche d'un jeune enfant, le thorax devient lumineux. A l'état normal, il doit l'être également des deux côtés. En cas d'infiltration tuberculeuse ou de pneumonie d'un sommet, le côté correspondant paraît plus sombre. Dans ces cas, la radioscopie a complètement supplanté cette méthode imparfaite.

Translucidité de l'estomac et de la cavité abdominale. — La diaphanoscopie de la cavité abdominale se fait en introduisant la lumière soit dans l'estomac (gastrodiaphanoscopie), soit dans le rectum, ou, chez la femme, dans le vagin.

Autrefois Aubanais, dans un cas d'ascite, parvint à reconnaître facilement, par son ombre, la situation d'une anse intestinale. Il avait placé sur le ventre un écran de papier noir percé de deux ouvertures. La lumière arrivait de l'extérieur par une ouverture, et l'observation se faisait par l'autre.

Milliot, en 1867, expérimenta la gastrodiaphanoscopie sur des chiens et des chats. Einhorn fit les premiers essais sur le vivant en se servant d'une sonde œsophagienne, au bout de laquelle était une lampe à incandescence recouverte d'un verre épais pour éviter tout contact direct avec la muqueuse de l'estomac (fig. 217). La sonde œsophagienne est percée de trous permettant

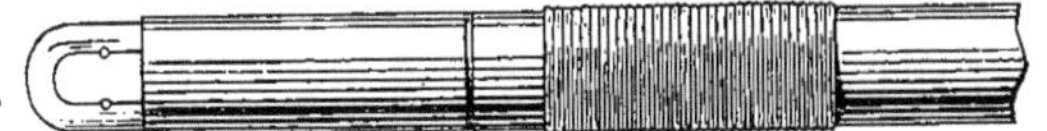

Fig. 217. — Sonde de Einhorn.

l'accès de l'eau dans l'estomac, en même temps que la réfrigération de la lampe. Heryng et Reichman se servirent du même appareil muni d'un refroidissement à circulation d'eau autour de la lampe. Puis Pariser, Ranvers, Kultner et Jacobsen, Meltzing, Schwartz, etc., s'occupèrent de la question. L'examen se pratique après que l'intestin a été vidé par un purgatif, et que

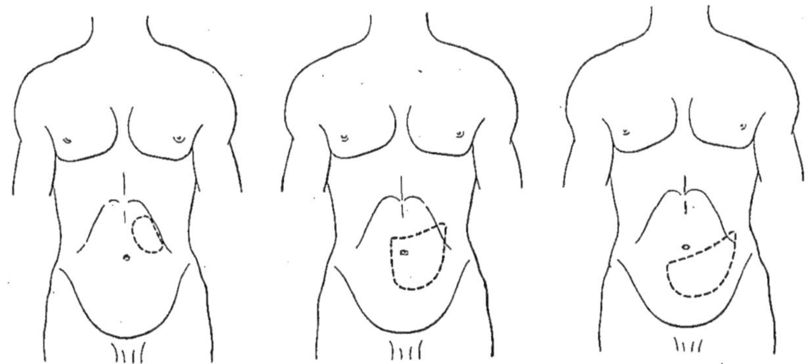

Fig. 218. — (D'après Einhorn.)

Zone lumineuse de l'estomac normal.   Zone lumineuse de la dilatation de l'estomac.   Zone lumineuse de la ptose de l'estomac.

l'estomac, débarrassé de toute matière alimentaire, a été légèrement insufflé ou a reçu 1 litre à 1ᶫⁱᵗ,5 d'eau.

On pourrait ainsi, par l'examen de l'image diaphanoscopique, reconnaître une gastroptose, une dilatation de l'estomac (fig. 218). La gastrodiaphanoscopie permettrait la reconnaissance des carcinomes de l'estomac et même, suivant certains auteurs, leur délimitation par l'observation de la région sombre qui leur correspond. On conçoit que cette détermination puisse être très imprécise et même impossible, à cause de l'étendue de la diffusion. Une autre cause d'erreur peut tenir à la présence, entre l'estomac et la peau, de tissus opaques, tels que les tissus hépatiques et spléniques. L'intestin, même vide, apparaît obscur, car sa muqueuse est toujours recouverte de chyle ou d'excréments.

Il n'y a guère lieu d'insister plus longtemps sur cette méthode, qui sera le plus souvent avantageusement remplacée par la radioscopie.

Applications de la diaphanoscopie aux organes génito-urinaires. — Nous ne passerons pas en revue les recherches, fort incomplètes et souvent infructueuses, entreprises dans cette voie.

Aubanais a fait des essais par la diaphanoscopie effectuée à travers les parois du ventre, dans les conditions citées plus haut, pour se rendre compte de la position du fœtus (opaque) au sein d'un liquide amniotique abondant (transparent).

Lazarewitsch, Schramm, Voltolini pratiquèrent la diaphanoscopie sur les parois du ventre déprimé par une glace de verre ou un anneau de métal ou de caoutchouc, ce qui facilite l'observation. La lumière était introduite dans le vagin ou le rectum. Si, dans ces conditions, l'image endoscopique ne va pas, comme le prétend Lazarewitch, jusqu'à permettre la différenciation de portions d'utérus engorgées de sang, elle peut, néanmoins, permettre quelquefois, par l'ombre que donne l'utérus, la reconnaissance de ses déviations; mais elle semble bien n'être d'aucune valeur pour la reconnaissance de la position du fœtus. A part l'utilité qu'elle pourrait présenter dans l'examen de grosses tumeurs kystiques, Schwartz dénie à la méthode toute valeur clinique dans l'examen des organes génitaux de la femme.

La diaphanoscopie de la vessie faite en plaçant une lampe dans le rectum, et en examinant avec un cystoscope la lumière qui traverse la vessie, semble abandonnée, peut-être à tort, depuis l'emploi de la cystoscopie, car ces méthodes ne donnent pas des renseignements de même ordre.

Le diagnostic entre l'hydrocèle et l'hématocèle se fait très facilement par la diaphanoscopie, l'hématocèle étant opaque, l'hydrocèle transparent. On pratique souvent cet examen en regardant par un tube appliqué sur l'hydrocèle la lumière d'une bougie placée de l'autre côté.

M. Gariel a indiqué pourquoi, dans les cas d'hydrocèle, la diaphanoscopie n'indique la présence du testicule que dans certaines conditions d'observation (Voy. p. 353).

ENDOSCOPIE

La vision du fond d'une cavité exige que l'observateur soit placé de manière à voir le fond de la cavité suffisamment éclairé.

Si ABCD (fig. 219) est une cavité à parois opaques dont AB est l'ouverture

et M un point du fond, il suffit, pour que ce point soit éclairé et perçu, que
la source éclairante et l'œil de l'observateur soient tous deux situés dans
l'angle aMb. Si l'entrée de la cavité est grande relativement à sa profondeur,

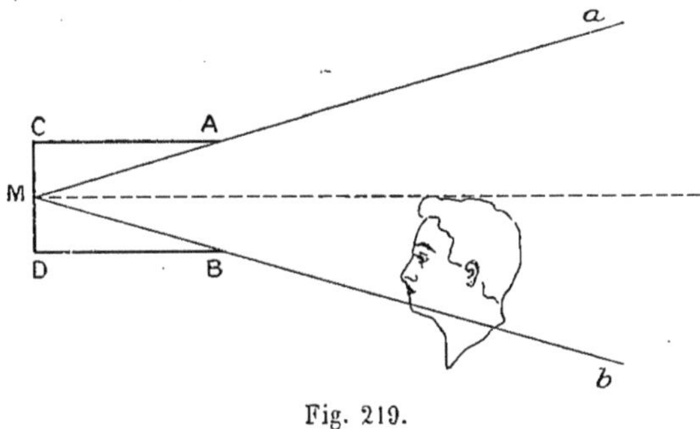

Fig. 219.

le cône aMb sera très ouvert, et il sera facile, à un observateur qui prendra un
peu de recul et une bonne position, d'examiner le fond de la cavité en plaçant
une lumière latéralement dans l'angle aMb. Lorsque l'angle aMb est suffisant, l'examen peut se faire à la lumière naturelle, car celle-ci, diffusée par
les objets situés dans l'angle aMb, pénétrera suffisamment dans la cavité
pour l'éclairer, malgré l'obstacle que présente, à son arrivée dans la cavité,
la tête de l'observateur. On examine de cette façon la bouche, l'arrière-
bouche, le pharynx, etc.

Quand les cavités ont des parois que l'on peut distendre, il conviendra de
les écarter, soit parce que, normalement, elles sont affaissées, soit pour
augmenter l'ouverture du cône aMb. C'est ainsi que, par l'emploi des spéculums, on examinera les cavités nasales, les parois du vagin, le col de
l'utérus, etc.

Si le conduit qui aboutit à la cavité à examiner n'est pas rectiligne, il
conviendra de le redresser préalablement par l'introduction d'un tube :
l'examen otoscopique se pratique de cette façon.

Les parois de la cavité recevant de la lumière diffuse contribuent aussi à
l'éclairement du fond de la cavité en en diffusant à nouveau. Il y a, pour ce
motif, utilité à employer des spéculums réfléchissant la lumière, quand on
examine le fond d'une cavité à la lumière naturelle.

On cherchera autant que possible à pratiquer l'examen binoculaire, en plaçant les deux yeux dans le cône aMb, afin d'avoir la sensation du relief stéréoscopique.

Dans bien des cas, l'observation directe est insuffisante ou incomplète. On
a recours alors à des dispositifs spéciaux, ayant pour but, d'une part,
d'éclairer le fond de la cavité uniformément dans une étendue suffisante;
d'autre part, de procurer à l'observateur un champ d'observation convenable.

On utilise, pour l'éclairage des cavités, les rayons émis par une source
lumineuse extérieure, rayons qui sont conduits, par réflexion et réfraction,
dans l'intérieur de la cavité. Cette méthode est dénommée *endoscopie à
lumière externe.*

On peut simplifier les conditions d'éclairage en introduisant une petite lampe électrique dans la cavité à examiner : *endoscopie à lumière interne*.

ENDOSCOPIE A LUMIÈRE EXTERNE.

Éclairage du champ d'observation. — Pour que la région constituant le champ d'observation soit éclairée, il suffit d'utiliser, comme l'a indiqué Helmholtz à propos de l'ophtalmoscopie, un artifice optique faisant tomber de la lumière dans le fond de la cavité, comme si cette lumière émanait directement de la pupille de l'observateur. Il est évident, en effet, que tout point du fond de la cavité qui pourra envoyer des rayons dans la pupille de l'œil de l'observateur aura reçu réciproquement des rayons servant à l'éclairer. Cette condition est donc *suffisante* pour que le champ d'éclairage recouvre le champ d'observation. Elle n'est, du reste, *pas nécessaire* : nous avons vu, en effet, qu'elle n'a pas besoin d'être remplie si l'angle aMb est suffisant pour que des rayons puissent pénétrer jusqu'au fond de la cavité sans être arrêtés par la tête de l'observateur.

Il y a un moyen très simple de réaliser la condition précédemment énoncée : l'observateur regarde derrière plusieurs lames de verre planes et superposées qui, inclinées, réfléchissent dans la cavité la lumière d'une source latérale. La cavité éclairée renvoie des rayons qui, tombant sur le faisceau de lames de verre, sont partiellement réfléchis du côté de la source, et partiellement transmis à l'observateur à travers le faisceau de lames de verre, avec une légère déviation latérale si les lames sont minces et bien planes. Il est facile de démontrer que l'éclairement est maximum quand le système employé

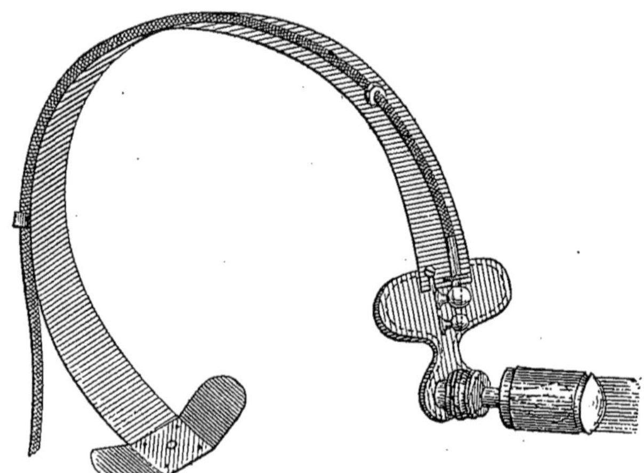

Fig. 220. — Photophore électrique.

réfléchit la moitié de la lumière qu'il reçoit. Sous une inclinaison de 44°, il faut employer six lames, trois lames sous l'inclinaison de 68°, une lame sous une inclinaison de 79°.

On se sert plus généralement d'un miroir plan ou concave percé d'un trou central par lequel regarde l'observateur. Le miroir convenablement incliné renvoie dans la cavité la lumière d'une source placée latéralement. La forme concave du miroir permet de concentrer le faisceau lumineux sur la paroi à éclairer.

Si le canal qui conduit à la cavité n'est ni très long ni très étroit, on peut rapprocher la lumière pour qu'elle se trouve comprise, ainsi que la pupille de l'observateur, dans l'angle aMb. L'examen se pratique alors en plaçant la source d'éclairage un peu en avant de l'œil de l'observateur, qui se protège de la lumière directement émise au moyen d'un écran. La ligne du regard peut être ainsi dirigée presque tangentiellement aux bords de la flamme. Si l'angle aMb est suffisant pour comprendre dans son ouverture les deux yeux de l'observateur, l'observation endoscopique peut se faire binoculairement en plaçant, entre les deux yeux, la lumière entourée en arrière et latéralement d'un protecteur opaque (fig. 220). Il est évident que les conditions d'éclairage seront semblablement remplies quand l'observateur, placé derrière un miroir étamé ordinaire, regardera tangentiellement au bord de la glace convenablement inclinée pour renvoyer au fond de la cavité la lumière d'une source latérale.

Quand on utilise pour l'éclairage un miroir concave, il est souvent plus commode de se servir, au lieu d'une source latérale, d'une petite lampe électrique reliée au miroir par des tiges articulées. On modifie, par la position de la lampe, la convergence du faisceau réfléchi par le miroir, de manière à utiliser complètement son épanouissement sur la surface à éclairer. Les rayons directement émis par la lampe pourront quelquefois être également

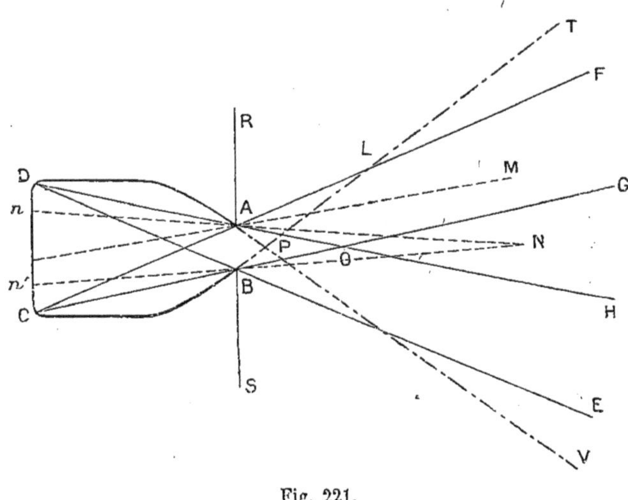

Fig. 221.

utilisés pour l'éclairage du champ, qui recevra ainsi la lumière directe et la lumière réfléchie. Lorsque le miroir a une ouverture suffisamment grande, il peut être percé de deux trous pour l'observation binoculaire (fig. 230).

Champ d'observation. — Il est donc démontré que l'on peut toujours éclairer toute la région d'une cavité visible pour un observateur placé dans une position déterminée, c'est-à-dire, suivant les expressions en usage : on peut toujours réaliser un champ d'éclairage qui recouvre largement le champ d'observation.

Voyons, maintenant, comment varie le champ d'observation dans un cas déterminé. Soit, par exemple, la cavité ABCD (fig. 221). Si les lignes qui joignent l'œil aux limites C et D de la cavité ne rencontrent pas les parois, tout le fond CD de la cavité sera vu d'une seule fois par l'observateur sans qu'il fasse aucun mouvement. Il faut, pour qu'il en soit ainsi, que son œil soit dans l'espace AOB. Dans les espaces FAR, EBS, le regard de l'observateur ne peut pas aboutir au fond de la cavité et celle-ci n'est pas visible. Dans l'espace FAOG, l'observateur placé en M, par exemple, verra le fond de la cavité depuis sa limite inférieure C jusqu'à la région limitée par la ligne MA tirée de l'œil à la partie supérieure de l'orifice de la cavité. Dans l'espace GOH, l'observateur placé en N ne verra qu'une portion limitée et centrale du fond de la cavité. Le champ diminuera quand l'observateur se reculera, pour devenir égal à l'ouverture AB quand il sera très éloigné. Les mêmes remarques peuvent être faites quand l'observateur se déplace au-dessous de BOH. Au point de vue du champ d'observation, l'espace peut donc être divisé par les lignes AC, AD, BC, BD prolongées, en régions bien caractérisées.

L'observation, au lieu de porter sur le fond CD de la cavité, peut aussi avoir à s'exercer sur les parois AD, BC.

Par exemple, la paroi BC commencera à être visible en B pour un observateur placé en R et sa partie postérieure C le deviendra seulement quand il se sera déplacé dans l'angle RAF jusque sur la ligne CAF. Au-dessous de la ligne BPT, l'image de la région avoisinant B disparaît. L'observateur doit donc être au-dessous de la ligne CAF pour voir C et au-dessus de la ligne BPT pour voir B et, par conséquent, dans l'angle ALB pour voir toute la paroi BC.

Au-dessous de BG, la paroi BC n'est plus visible, de même que la paroi AD ne l'est plus au-dessus de AH. Pour que le champ d'observation porte à la fois sur les deux parois, il faut donc que l'observateur se trouve au-dessus de BG et au-dessous de AH, c'est-à-dire dans l'espace ABO. Dans la région APB, les parois sont entièrement vues, ainsi que la cavité. Dans l'espace APBO, le champ comprendra tout le fond de la cavité et une partie des parois latérales qui l'avoisinent.

On voit, par cet exemple, que c'est *en traçant les lignes joignant les différents points en creux ou en saillie d'une cavité à l'orifice de cette cavité* que l'on délimitera les régions dans lesquelles le champ d'observation présentera certaines particularités.

Pour une position déterminée de l'observateur, le champ s'obtiendra en considérant la trace, sur la surface de la cavité, d'une tige rigide qui partirait de l'œil de l'observateur et se déplacerait dans la cavité en s'appuyant sur l'orifice, les parois ou les saillies intérieures de la cavité.

Emploi d'un miroir. — Quand il est impossible à l'œil de prendre position pour l'examen de la cavité, on peut placer dans l'espace favorable à l'observation (par exemple en M, fig. 222) un miroir plan, incliné, de dimensions convenables. Un observateur occupant une situation latérale verra l'image de la cavité réfléchie par le miroir.

Le champ obtenu sera déterminé par celui qu'aurait l'observateur si son

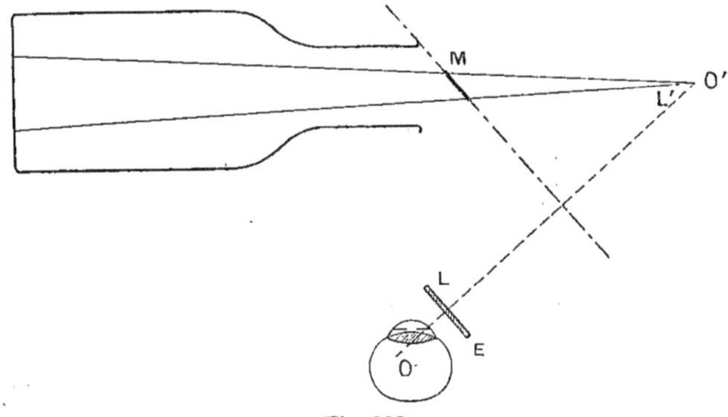

Fig. 222.

œil O occupait la position O' de son image dans le miroir M et si le miroir était alors remplacé par un diaphragme de même dimension. Suivant les positions et les dimensions du miroir par rapport à l'ouverture de la cavité, ce dernier interviendra ou sera sans influence sur la délimitation du champ d'observation.

L'observateur restant immobile, mais inclinant le miroir, prendra connaissance de toute la région. Son champ varie comme s'il se déplaçait lui-même devant la cavité, puisque, à chaque instant, il est déterminé par la position symétrique de son œil par rapport au miroir.

Dans ce procédé d'observation, le miroir sert aussi, en général, à envoyer les rayons éclairant la cavité. Les conditions précédemment établies seront, par exemple, remplies si l'observateur projette sur le miroir endoscopique de la lumière avec un miroir percé d'un trou par lequel il regarde, ou encore s'il projette directement la lumière d'une source L sur le miroir M, sa ligne de regard étant très voisine de la direction de la lumière incidente. L'observateur est protégé de la lumière directement émise par la source L au moyen de l'écran E.

Champ d'observation quand la cavité est précédée d'un long

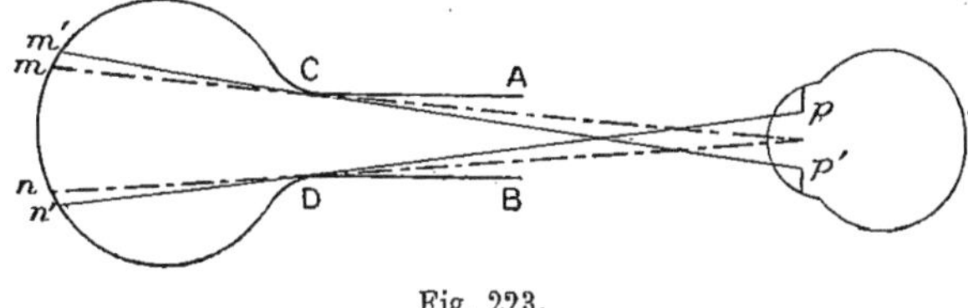

Fig. 223.

canal étroit. — Si l'ouverture de la cavité est étroite ou si celle-ci est précédée d'un long canal étroit, le champ d'un observateur ayant une ouverture pupillaire de même ordre de grandeur que la lumière du canal ne doit pas être pris en joignant le centre de la pupille de l'observateur aux bords les plus saillants du canal, mais en considérant les rayons les plus inclinés qui puissent entrer dans la pupille de l'observateur. Suivant la grandeur de la pupille pp' ou de l'ouverture AB (fig. 223), il faudra donc considérer les lignes Cp', Dp ou CB et DA comme délimitant le champ. Le champ $m'n'$ ainsi déterminé est plus grand que le champ mn obtenu en considérant seulement le centre de la pupille de l'observateur comme recevant des rayons.

Pratiquement, le champ est certainement plus grand que mn, mais il est plus petit que $m'n'$, car les parties voisines de m' et n' envoient trop peu de rayons dans la pupille de l'observateur pour être bien perçues.

Emploi d'une lentille pour l'agrandissement du champ. — Un observateur regardant dans une cavité limitée par une paroi présentant une petite ouverture devra se rapprocher beaucoup pour avoir un grand champ d'observation. Celui-ci diminuant avec l'éloignement de l'observateur, il deviendra très petit si l'observateur ne peut pas s'approcher de l'ouverture de la cavité. Il y a dans ce cas un moyen très simple d'agrandir considérablement le champ. Une forte lentille est placée très près de l'ouverture de la cavité (fig. 224). En l'éloignant, l'image de l'ouverture s'agrandit et arrive bientôt à remplir tout le champ, qui n'est plus alors limité que par les rayons les plus inclinés qui puissent tomber sur la lentille. Le champ est CD, l'image observée est cd, image aérienne et renversée de la cavité. Si l'ouverture de la lentille et sa puissance sont suffisantes, on peut obtenir un champ plus vaste que celui dont jouirait un observateur pouvant se rapprocher de la cavité. On peut vérifier expérimentalement ces conclusions en observant l'intérieur d'une chambre par le trou de la serrure.

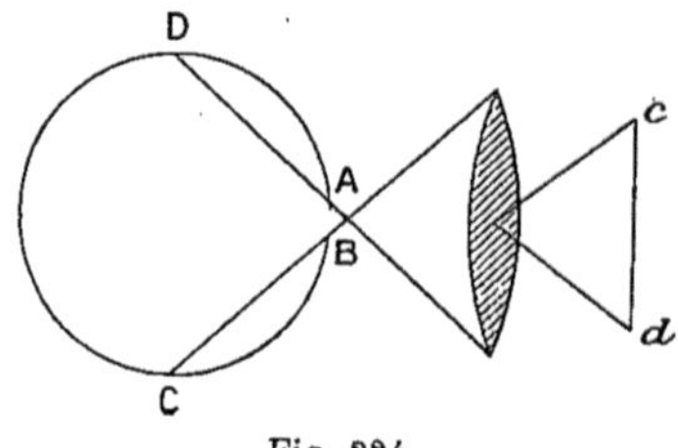

Fig. 224.

ENDOSCOPIE A LUMIÈRE INTERNE.

Quand l'observation ne peut pas se faire directement et qu'il faut employer un miroir placé dans l'intérieur de la cavité, on peut lui adjoindre une petite lampe électrique qui éclairera la cavité sans renvoyer directement par le miroir des rayons dans l'œil de l'observateur.

L'endoscopie à lumière interne est aussi très pratique quand il s'agit d'examiner une cavité de grande dimension précédée d'un long canal étroit (cystoscopie, gastroscopie). L'introduction d'une petite lampe à incandescence dans la cavité résout immédiatement à merveille toutes les conditions d'éclairage.

Il y a lieu d'utiliser une disposition permettant d'agrandir le champ d'observation, si restreint dans l'examen direct. On explorera ainsi rapidement la cavité et l'on arrivera à bien juger des rapports de deux régions en les observant simultanément. Pour obtenir ce résultat, l'extrémité d'un tube introduit dans la cavité porte un puissant objectif qui réduit à des dimensions microscopiques l'image de la cavité. L'observateur placé à l'extrémité libre du tube observe cette image au moyen d'une lunette qui en donne un grossissement permettant l'observation nette de la région. Dans ce procédé, on perd beaucoup en lumière, mais, comme on peut employer des éclairages puissants, cet inconvénient est, pratiquement, facilement compensé. L'objectif

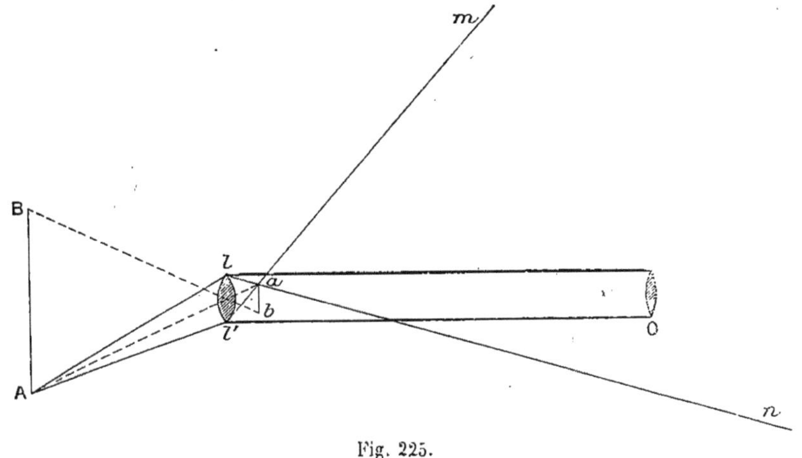

Fig. 225.

(fig. 225) donne une image très petite ab de AB. Le faisceau de lumière lAl', qui, émis de A, tombe sur la lentille, forme l'image a du point A. Une partie seulement du faisceau réfracté man tombe sur la lentille antérieure O de l'oculaire de l'endoscope pour donner à l'observateur l'image de a.

Photographie endoscopique. — A LUMIÈRE EXTERNE. — Malgré que la photographie endoscopique demande le plus souvent une technique un peu spéciale pour chaque organe, la réussite de ces photographies n'en reste pas moins subordonnée à quelques considérations générales, faute desquelles beaucoup n'ont eu que des insuccès dans des cas en apparence les plus simples (photographie du col de l'utérus, par exemple).

Il semble en effet qu'il suffit de remplacer l'œil par l'objectif d'une chambre photographique pour obtenir avec une pose déterminée l'image photographique de la cavité précédemment observée. Il n'en est pas toujours ainsi, pour plusieurs raisons.

Tout d'abord les reflets ne sont pas identiques dans l'image visuelle et dans l'image photographique, car l'objectif photographique reçoit, vu les dimensions de sa lentille antérieure, des faisceaux de lumière directement réfléchie qui passeraient en dehors de la pupille de l'observateur. Les reflets dans l'objectif, cause fréquente d'insuccès, sont donc beaucoup plus accentués que dans l'observation directe.

Pour le même motif, on observe des différences entre la forme et les dimensions des lignes brillantes de la surface de la cavité photographiée et celles que l'on observerait directement. Les lignes et surfaces brillantes sont, en effet, les régions de l'objet susceptibles de renvoyer dans l'œil de l'observateur des rayons directement réfléchis. On conçoit que les régions de la cavité formant les lignes brillantes seront d'autant plus larges que le système optique recevant la lumière aura une ouverture plus grande.

Il arrive souvent que l'image obtenue sur le verre dépoli de la chambre photographique semble suffisamment bonne et que le cliché correspondant est des plus imparfaits, quand il n'est pas voilé. Cela tient à ce que l'image nette de la cavité est recouverte par les images diffuses des bords de la cavité. Cet inconvénient est d'autant plus marqué que la distance entre l'orifice de la cavité et son fond est plus grande. Il s'accentue encore si l'on opère avec un objectif à long foyer ou si l'on se rapproche beaucoup de la cavité, c'est-à-dire si l'on cherche à obtenir une image agrandie. L'image du fond de la cavité est en général peu actinique, par suite de la coloration rosée ou rouge des tissus; mais l'œil très sensible à ces rayons poursuit nette-

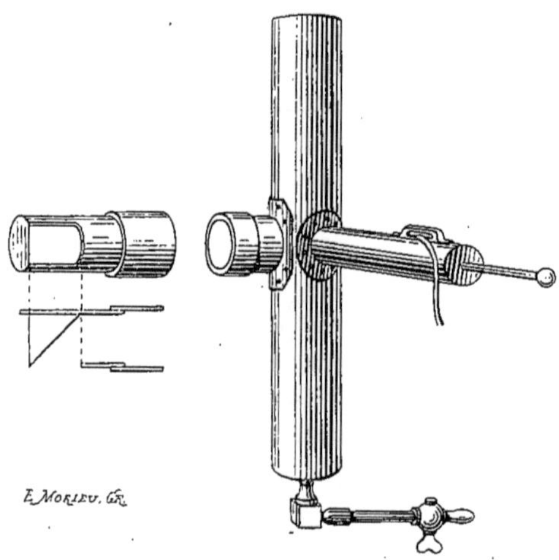

Fig. 226. — Lampe à magnésium pour la photographie endoscopique.

ment sur le verre dépoli la vision nette de cette image sur les régions recouvertes par l'image diffuse de l'entrée de la cavité.

Même lorsque les avant-plans de la cavité sont faiblement éclairés, ils envoient une lumière jaunâtre ou blanche donnant une image diffuse peu visible, mais souvent aussi actinique que l'image rougeâtre qu'il s'agit de fixer. De là vient le voile très apparent de l'épreuve.

Ces inconvénients existent au plus haut degré quand on se sert de spéculums brillants. Ceux-ci peuvent, par leurs bords, réfléchir de la lumière directement dans l'objectif. De plus, en suivant une marche inverse à celle de la lumière éclairante, des rayons, diffusés par le fond de la cavité, viennent, par des réflexions simples ou multiples sur les parois brillantes du spéculum, entrer dans l'objectif.

Il nous semble donc qu'il convient d'employer toujours des spéculums noircis intérieurement et de recouvrir d'un linge noir les pourtours de l'orifice de la cavité. Il y aura intérêt à munir quelquefois l'objectif d'un diaphragme. D'autres fois, il sera préférable d'en disposer un en avant de l'objectif pour diminuer les reflets qui peuvent tomber sur la première lentille. Enfin, si la surface est le siège d'un écoulement la rendant bien réfléchissante, il conviendra de la tamponner avant la pose.

On utilise toutes les sources de lumière employées en photographie, et il convient souvent de se servir de celles qui permettront la photographie instantanée de l'organe, à cause des mouvements dont il est susceptible. A défaut de l'emploi de la lumière naturelle, de celle de la lampe à arc, de celle de puissantes lampes électriques très fortement survoltées, une lampe à magnésium rendra de grands services.

J'emploie une lampe à gaz ordinaire (fig. 226) dont le verre est remplacé par une cheminée de tôle percée de deux ouvertures dont les axes sont perpendiculaires. Toutes deux sont munies d'un rebord cylindrique. Sur celui de la plus large, qui a 3 centimètres de diamètre, on place, par simple emboîtement, un tube contenant à son extrémité une lentille de 15 à 18 D. Le foyer de cette lentille occupe la position de la flamme. Elle est protégée, par un disque de verre plan de même diamètre et qui lui est juxtaposé, contre le produit de combustion du mélange magnésique qui incruste très facilement le verre. L'autre rebord porte un tube renfermant une tige tendue par un ressort à boudin et portant une cuiller dans laquelle on dispose le mélange de magnésium et de chlorate de potasse. On peut encore disposer le mélange magnésique dans un petit sachet de coton-poudre. Au moment voulu, le ressort est déclanché pneumatiquement par la pression d'une poire en caoutchouc et le mélange magnésique est projeté dans la flamme.

L'appareil photographique (fig. 227) est transformé pour pouvoir tirer dès qu'on a mis au point, par l'adjonction d'une caisse contenant un miroir M incliné à 45° formant obturateur devant la plaque photographique P et portant à la partie supérieure un verre dépoli sur lequel on met au point.

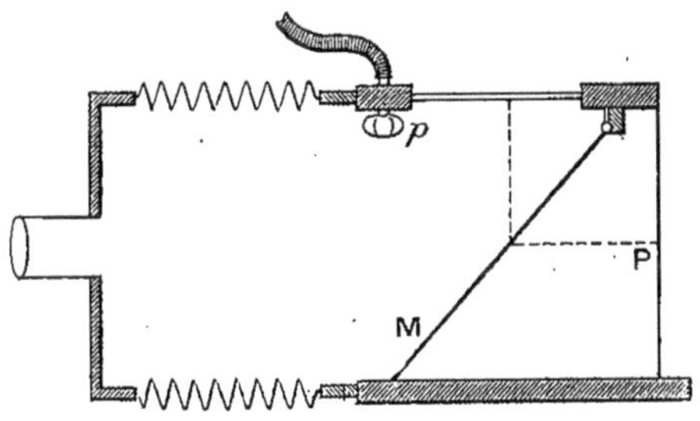

Fig. 227. — Chambre photographique.

L'éclairage employé pour la mise au point est celui de la lampe à gaz. On recourt le plus possible à l'éclairage direct, mais on peut aussi adapter à la lampe un miroir incliné à 45° (fig. 226), derrière et dans le voisinage duquel on place l'objectif de la chambre photographique. Une fois le réglage obtenu, on soulève le miroir obturateur M qui, arrivé au sommet de la caisse, comprime la poire p qui fait partir l'éclair magnésique.

A LUMIÈRE INTERNE. — Elle se fait par deux procédés au moyen du tube endoscopique.

On porte dans l'intérieur du tube endoscopïque, en *ab* (fig. 225), une pellicule photographique et l'on recueille ainsi une image photographique très petite de l'organe, image que l'on agrandit ensuite.

On remplace encore l'oculaire par l'objectif d'une chambre photographique qui reprend l'image donnée par l'objectif de l'endoscope pour en fournir directement une reproduction de grandeur convenable.

Dans le premier procédé, où l'on utilise toute la lumière pénétrant dans le tube endoscopique, la pose sera beaucoup plus réduite que dans la seconde méthode. Par contre, on a l'inconvénient d'obtenir une image microscopique qui doit être parfaitement mise au point et recueillie sur une pellicule à grain très fin, afin de supporter le fort grossissement auquel on devra la soumettre ultérieurement.

Le second procédé est plus facilement applicable que le premier et, en se servant de lampes puissantes et fortement survoltées, on peut restreindre considérablement la pose et la rendre d'une durée conciliable avec la pratique.

URÉTROSCOPIE ET CYSTOSCOPIE

Peu appréciée au début, cette méthode d'examen semble prendre actuellement une place de plus en plus grande dans le diagnostic des maladies des voies génito-urinaires.

Les premières tentatives d'examen visuel de la vessie sont dues à Bozzini (de Francfort) (1805), John Fisher (1824), Ségalas (1827), Avery (1840), Malherbe (1842), Espezel (1843), Hoffmann (1845), Désormeaux (1853). L'ouvrage de ce dernier auteur (*De l'endoscope et de ses applications au diagnostic et au traitement des affections de l'urètre et de la vessie*) renferme la description d'un urétroscope à lumière directe, qui a été modifié dans la suite par Grunfeld, Leslie, Cayses, Janet. Il contient, de plus, des planches représentatives de divers aspects pathologiques de l'urètre et de la vessie.

Nitze, en 1879, par l'emploi de la cystoscopie à lumière interne, rendit plus facile et plus complet l'examen de la vessie en élargissant énormément le champ d'observation. Depuis, cet auteur, de même que Leiter, Grunfeld, Boisseau du Rocher, Fenwich, Janet, Albarran, apportèrent des perfectionnements à la nouvelle méthode d'investigation.

CYSTOSCOPIE A LUMIÈRE EXTERNE OU URÉTRO-CYSTOSCOPIE.

Elle consiste à introduire dans l'urètre un tube creux qui en écarte les parois normalement affaissées. La lumière est envoyée dans la direction de l'axe du tube soit directement par une lumière placée dans le prolongement de l'axe du tube, soit indirectement en renvoyant par réflexion, dans la direction de l'axe du tube, la lumière d'une source éclairante latérale. L'observateur regarde dans la lumière du tube et aperçoit, quand le tube urétroscopique est dans le canal de l'urètre, la portion qui est immédiatement en avant de la partie terminale du tube. Lorsque l'extrémité du tube a pénétré dans la vessie, le champ est un peu plus vaste et délimité par la section

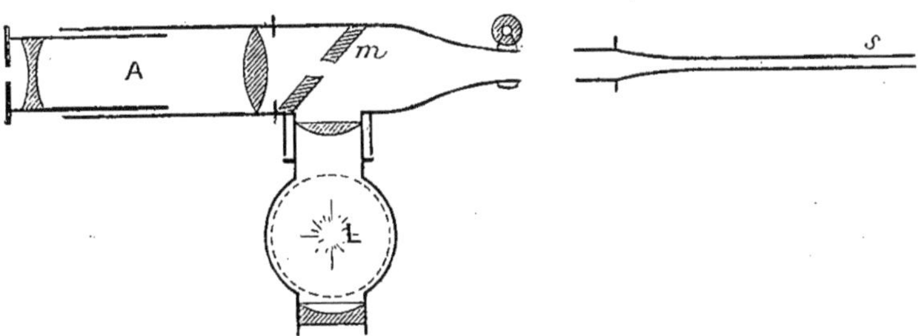

Fig. 228. — Urétroscope de Désormeaux (coupe horizontale).

d'un cône ayant pour bases l'ouverture pupillaire de l'observateur et la section terminale du tube ayant pénétré dans la vessie et de sommet intérieur entre ces deux bases.

L'*urétroscope de Désormeaux* (fig. 228) se compose d'une sonde *s* qui livre passage aux rayons lumineux. Un miroir *m*, percé à son centre d'un trou pour l'observation et disposé obliquement, projette suivant l'axe de la sonde le faisceau lumineux émané d'une source L, placée latéralement et fixée à l'instrument. Une petite lunette de Galilée, A, placée derrière le trou du miroir, permet le grossissement des objets que leur petite dimension ne permettrait pas de distinguer.

Cruise eut, en 1865, l'idée d'appliquer dans la sonde un tube intérieur terminé par une lame de verre. On empêche ainsi les saillies de la muqueuse à l'intérieur du tube endoscopique. Cette disposition permet en outre l'examen de la vessie

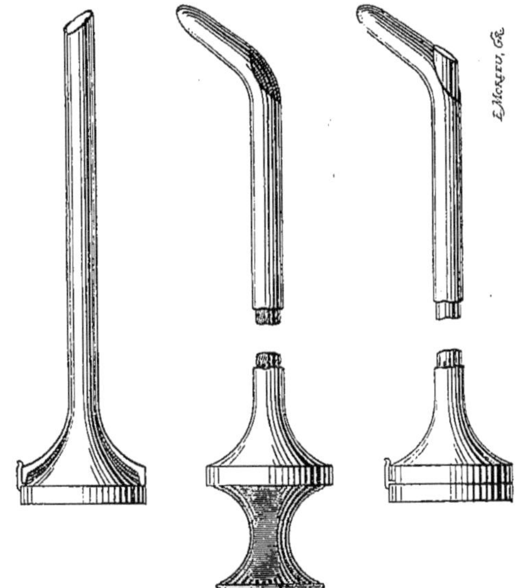

Fig. 229. — Endoscope urétro-cystique de Janet.

pleine, que l'on ne peut pratiquer avec l'instrument de Désormeaux.

Le tube urétroscopique est accompagné d'un mandrin qui permet son introduction sans danger dans l'urètre humain et dans la vessie par la manœuvre du cathétérisme rectiligne. Les tubes ont, pour l'examen chez l'homme, un diamètre allant du n° 18 au n° 24 de la filière Charrière (graduation au tiers de millimètre). Pour l'examen chez la femme, on peut se servir de tubes plus larges et de longueur moindre, donnant, par conséquent, un plus grand champ d'observation.

Janet a modifié (fig. 229) ces instruments en conservant la forme de sonde à béquille. On peut introduire dans l'endoscope un mandrin, un tube ouvert ou un tube fermé par une glace.

Grunfeld décrit un cystoscope à lumière externe, employé pour l'examen de la vessie de la femme et comportant un tube intérieur mobile terminé par un prisme à 45°, permettant l'exploration facile des parties latérales de la vessie.

Il y a avantage, au point de vue pratique, à rendre la source de lumière indépendante de l'endoscope, et à utiliser les rayons de sources diverses que l'on projette dans le tube endoscopique avec un miroir ophtalmoscopique.

On peut encore se servir pour l'éclairage du *photophore de Clar* (fig. 230), formé d'un miroir fortement concave, percé de deux trous pour laisser passer les rayons visuels et portant, au bout d'une petite tige mobile, une lampe à incandescence pouvant se déplacer au voisinage du foyer du miroir. Suivant la position occupée par la lampe, les rayons sont réfléchis en un cône plus ou moins allongé et plus ou moins oblique sur l'axe princi-

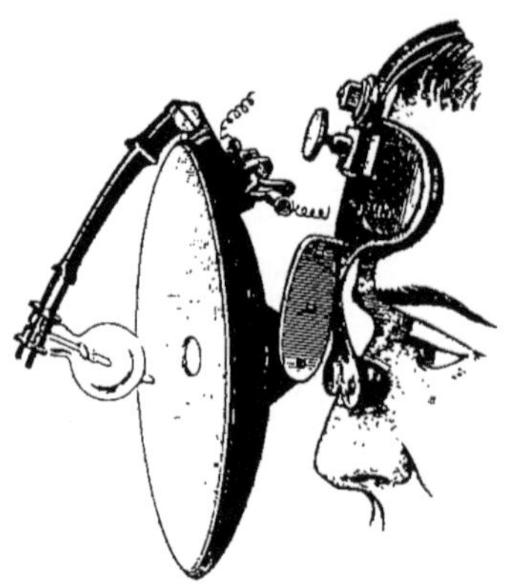

Fig. 230. — Photophore de Clar.

pal du miroir, de telle sorte que l'on peut faire coïncider le sommet du faisceau avec l'extrémité du tube endoscopique, qui se trouve ainsi vivement éclairé.

Le *panélectroscope de Leiter* (fig. 231), qui peut s'appliquer à tout tube endoscopique comme système d'éclairage, se compose d'un miroir S*p* renvoyant dans un embout T, que l'on fixe sur l'urétroscope, la lumière émise par une lampe électrique L que le bouton S élève plus ou moins. L'opérateur regarde derrière la glace V et tient le manche de l'instrument portant l'interrupteur C.

L'*électroscope de Casper*, également pratique et représenté en pièces séparées (fig. 232), se fixe par une bague sur l'extrémité de l'urétrocystoscope. Une lampe électrique fixée dans le manche envoie ses rayons sur une lentille convexe, puis sur un prisme à 45° dont le sommet occupe la moitié de l'ouverture par laquelle regarde l'observateur.

Examen de l'urètre. — L'examen se fait en poussant jusqu'au col de la vessie, par la manœuvre du cathétérisme rectiligne, le tube endoscopique muni de son mandrin, après l'avoir naturellement aseptisé et huilé. Après avoir retiré le mandrin et muni l'endoscope de son système d'éclairage, on observe les différentes portions de l'urètre qui se présentent au-devant de l'instrument quand on le retire lentement.

La coloration normale de la muqueuse est d'un blanc jaunâtre et ocré, devenant plus rouge au voisinage du méat. La muqueuse formant bourrelet donne, par réflexion directe, la ligne brillante de la surface. Lorsque le tube endoscopique est placé de telle sorte que le prolongement de l'axe du tube soit exactement dans l'axe du canal, le bourrelet de la muqueuse est annulaire, et le reflet est circulaire, disposé autour d'un point ou d'une fente noire répondant à la lumière du canal. La position de l'endoscope est alors dite *centrale*.

Si le tube endoscopique est incliné sur l'axe de l'urètre, la figure centrale de Grunfeld se rapproche d'un des bords de l'endoscope, dont la situation est dite *excentrique*. Enfin, une inclinaison plus grande fait disparaître l'aspect précédent : en face du tube endoscopique, il ne se trouve plus qu'une paroi

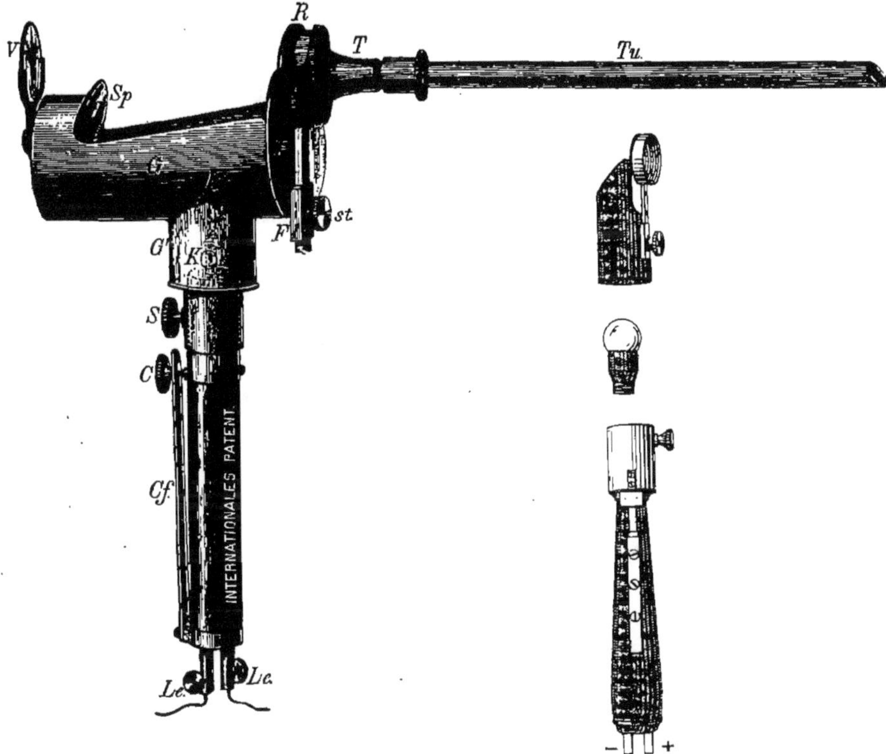

Fig. 231. — Panélectroscope de Leiter.		Fig. 232. — Électroscope de Casper.

urétrale dépourvue de reflets brillants, car, vu son inclinaison, elle ne peut plus renvoyer à l'observateur de rayons directement réfléchis. Cette position est dite *pariétale*.

L'instrument étant poussé jusqu'au col de la vessie, celui-ci apparaît sous forme d'un point noir (orifice du col) d'où partent des plis radiés fournis par les plis de la muqueuse (aspect en cul de poule).

En retirant un peu l'instrument, on voit saillir à la partie inférieure un petit monticule rosé, lisse, présentant une fente verticale : c'est le veru montanum, portant l'orifice du sinus prostatique, au-dessous duquel se voient quelquefois, et bien moins apparents, les deux orifices des canaux éjaculateurs.

Continuant à retirer toujours graduellement l'instrument, on observe d'abord l'urètre membraneux, qui prend un aspect analogue à celui du col et présente des plis radiés disposés autour de la lumière punctiforme du canal.

Après avoir ainsi parcouru l'urètre postérieur, on arrive au bulbe urétral. Dans cette région, le canal est aplati sous forme d'une fente verticale par la pression latérale des muscles ischio-caverneux et bulbo-caverneux. L'aspect endoscopique sera celui d'une fente verticale d'où partent latéralement des plis radiés.

Enfin on arrive dans la région pénienne de l'urètre. La muqueuse est plus pâle et la lumière du canal apparaît sous forme d'une bande transversale au-dessous de laquelle on aperçoit, de distance en distance, de petites cavités qui sont les orifices glandulaires des lacunes de Morgagni. La fosse naviculaire montre ensuite l'aspect triangulaire de sa lumière, puis, finalement, on retrouve le méat, dont la fente est verticale.

L'urètre de la femme présente un aspect à peu près semblable à celui de l'urètre membraneux de l'homme. Seulement, si l'on examine avec un tube fenêtré, c'est-à-dire dont l'extrémité libre est fermée par un disque de verre, le canal n'apparaît plus en sombre, mais en clair, quand l'urétroscope est encore suffisamment engagé pour que la lumière puisse pénétrer dans la vessie qui la diffuse à nouveau.

Les aspects pathologiques sont très variables. Les varices du col se montrent sous forme de petites ampoules blanchâtres, les ulcérations se découvrent surtout au fond des plis de la muqueuse. On peut se rendre compte d'une lésion très fréquente dans les anciennes urétrites postérieures : l'augmentation de volume du veru montanum, qui, en distendant les sphincters des canaux éjaculateurs, les rend béants et occasionne ainsi la spermatorrhée. On peut ainsi traiter l'affection, l'instrument étant en place, en cautérisant, par la lumière du tube, le veru montanum, qui, revenant au volume primitif, rendra leur tonicité aux sphincters. L'hypertrophie de la prostate montrera les saillies correspondantes latérales ou médianes dela muqueuse. L'urétrite chronique postérieure s'indiquera par un aspect rouge foncé saignant de la muqueuse et le gonflement et les irrégularités du veru montanum. L'urétrite antérieure montre une muqueuse gonflée, hyperémiée, saignante, présentant des fissures, des granulations, ainsi qu'un gonflement des orifices des glandes de Morgagni.

On pourra voir de même les orifices des fistules urétrales, les brides urétrales; attaquer, sous le contrôle de la vue, un rétrécissement par l'urétrotomie, ainsi que le proposait déjà Désormeaux. Les rétrécissements apparaissent avec une muqueuse pâle, une lumière étroite et irrégulière. Les corps étrangers de l'urètre seront ainsi facilement constatés et leur extraction souvent facilitée. C'est ainsi que, quand ils sont rugueux et peuvent passer par le tube endoscopique, on évite, en les retirant, les déchirures de la muqueuse urétrale.

Examen de la vessie. — Le tube endoscopique est introduit dans la vessie bien lavée et remplie d'un liquide transparent. Le mandrin est remplacé par le tube fenêtré. Dans le cas où le contenu de la vessie n'est pas transparent, il faut pousser le tube endoscopique jusqu'à ce que la glace s'applique contre la paroi.

Le champ d'observation est ainsi très limité, mais, par des mouvements de latéralité et de va-et-vient, on arrive à voir une étendue considérable de la muqueuse vésicale. Elle apparaît normalement d'un blanc uni, parcouru par un fin lacis de vaisseaux sanguins. La partie antérieure de la vessie est inaccessible à cet instrument ; aussi, pratiquement, emploie-t-on pour l'exa-men de la région les cystoscopes à lumière interne. Grunfeld, en plaçant un prisme à la place de la lame de verre, a pu rendre accessible par l'instrument à lumière interne la région antérieure de la vessie, mais seulement dans des conditions avantageuses chez la femme, où l'examen est plus facile.

L'orifice de l'uretère forme une petite boutonnière d'où l'on voit jaillir par saccade l'urine. Grunfeld, pour trouver les uretères, conseille de pousser l'instrument à 3 centimètres dans la vessie une fois qu'il y a pénétré, de l'incliner latéralement de 30° à 35° et de relever le bout oculaire vers la symphyse. On se trouve ainsi dans la région des uretères, et il suffit de légers déplacements pour les découvrir.

Malgré la petitesse du champ d'observation, l'examen pouvant se répéter dans des directions déterminées, on peut arriver à se rendre compte de lésions étendues. Disons seulement que cette méthode a permis la recon-naissance de calculs, de calculs enchatonnés de la vessie non décelables à l'exploration à la sonde métallique, de tumeurs dont le diagnostic présentait de si grandes difficultés qu'elles étaient parfois méconnues. La cystoscopie à lumière externe permet encore le cathétérisme direct des uretères, mais ce procédé n'est appliqué que chez la femme, car chez l'homme on emploie de préférence la cystoscopie à lumière interne.

Le tube endoscopique pouvant permettre de porter des instruments au contact de la vessie, Grunfeld, le premier, a pratiqué des traitements in-ternes directs de la muqueuse vésicale. Il fit aussi des extirpations endosco-piques de tumeurs de la vessie.

URÉTRO-CYSTOSCOPES A LUMIÈRE INTERNE.

Ces instruments s'appliquent presque tous à l'examen de la vessie, sauf l'urétroscope à lumière interne de Oberlander, dont l'usage ne semble pas très répandu.

Cystoscopes de Nitze. — Il en existe plusieurs modèles différents. Le cystoscope n° 1 a la forme d'une sonde à béquille de 29 centimètres de longueur et d'un diamètre n° 23 de la filière Charrière (graduation en tiers de millimètre). A l'extrémité libre se trouve une lampe à incan-descence protégée en partie par l'extrémité de la sonde (fig. 233) et envoyant par sa surface libre des rayons éclairant la surface de la vessie, que l'instru-ment rendra visible. Sur la portion droite de la sonde et au niveau de la partie coudée se trouve un prisme à réflexion totale derrière lequel prend place un système optique analogue à celui précédemment décrit (p. 373).

Les fils électriques reliés à la lampe arrivent à l'extrémité du tube pour aboutir à deux anneaux métalliques qui, par simple pression, établissent

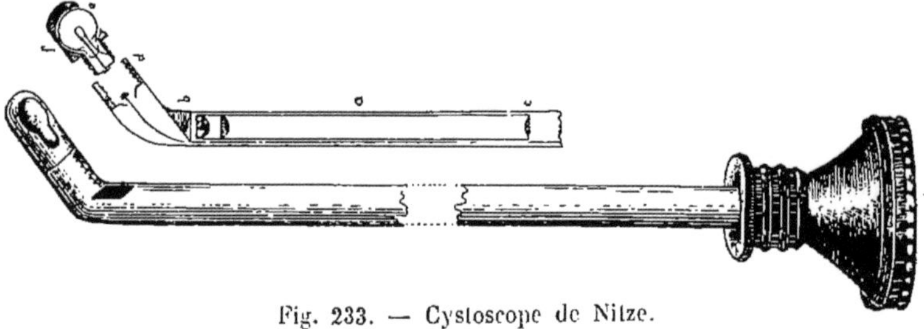

Fig. 233. — Cystoscope de Nitze.

contact avec deux anneaux concentriques placés dans le manche de l'instrument, muni lui-même d'un interrupteur.

Le cystoscope n° 2 de Nitze diffère seulement du précédent par la position du prisme qui regarde en arrière, comme dans le cystoscope de Leiter (fig. 234), et est situé à l'origine de la partie courbe de l'instrument.

Le cystoscope n° 3 de Nitze, construit spécialement dans le but d'examiner le voisinage du col de la vessie, a son prisme sur la partie courbe de la béquille, au voisinage de l'angle de la sonde, mais celui-ci regarde dans l'angle de la sonde. La lampe est placée comme dans le n° 1, pour éclairer en avant.

L'instrument le plus utile est le n° 1, qui permet de voir toute la vessie, excepté une petite région du fond, qu'on peut explorer avec le n° 2, et l'orifice même du col, qui ne se montre qu'avec le n° 3.

Ces modèles ont reçu des perfectionnements. Brenner ajouta un tube à la portion centrale de l'instrument n° 1, destiné à permettre l'introduction d'un mince cathéter flexible destiné à être porté dans l'uretère (K, fig. 234).

Nitze, dans son cystoscope irrigateur, ajouta encore deux autres canaux, dont l'un, celui d'arrivée du liquide, vient s'ouvrir au voisinage du prisme,

Fig. 234. — Cystoscope de Leiter (d'après Brenner). — K, sonde urétérale ; M, mandrin.

de telle sorte que le liquide injecté en nettoie la surface. Celui de sortie permet l'irrigation continue de la vessie. On peut varier ainsi, pendant l'examen, la quantité de liquide contenue dans la vessie. Ces tubes irrigateurs, étant petits, ne permettent pas, dans le cas de vessies sales, des lavages aussi abondants que par l'emploi des cystoscopes de Boisseau du Rocher.

Mégaloscope de Boisseau du Rocher. — Cet instrument a l'avantage
d'isoler le système optique qui se trouve dans un tube pouvant glisser dans
la sonde endoscopique. On peut donc irriguer la vessie comme par une grosse
sonde ordinaire et introduire ensuite, sans nouveau cathétérisme, l'appareil
optique. Le ciment employé pour sertir les lentilles, résistant à 150°, peut
être stérilisé à l'étuve. La figure 235 représente la disposition optique et
l'instrument de Boisseau du Rocher.

Cystoscope d'Albarran. — Cet instrument, construit toujours sur le
principe des appareils précédents, présente une disposition qui facilite singulièrement la manœuvre de la bougie uretérale lorsqu'il s'agit de la conduire
sur l'orifice de l'uretère. Au niveau de l'orifice du tube endoscopique par où

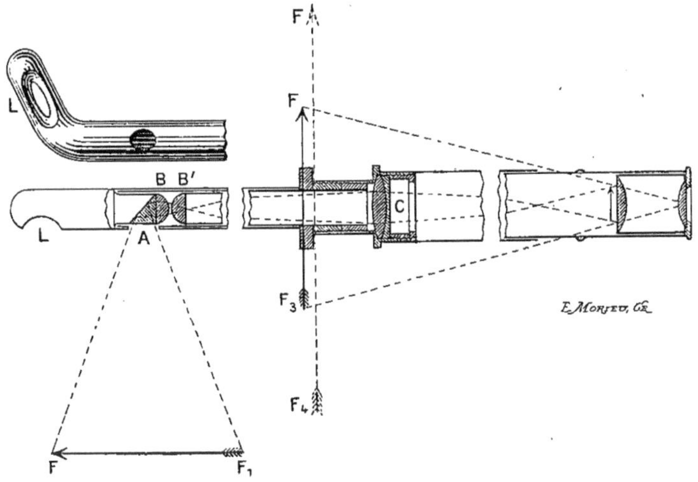

Fig. 235. — Mégaloscope de Boisseau du Rocher.

débouche le cathéter, se trouve un onglet qui le charge et qui peut, par la
manœuvre d'une molette extérieure à l'instrument, prendre l'inclinaison
désirée. Il faut avoir soin de retirer l'instrument après avoir rabattu l'onglet
contre le tube endoscopique.

Nouveau cystoscope de Boisseau du Rocher. — Les instruments
précédents ne permettent que l'exploration de la surface antérieure ou de la
surface postérieure de la vessie, suivant la disposition donnée au prisme et
à la source éclairante. Il est donc nécessaire de pratiquer deux cathétérismes
successifs, si l'on veut explorer la muqueuse vésicale, et même trois, quand
on veut voir la partie vésicale du col. L'instrument de Boisseau du Rocher
permet ces examens avec l'introduction d'une seule sonde endoscopique,
puisque la partie optique de l'instrument en est indépendante.

Cet appareil (fig. 236 et 237) comprend toujours une sonde coudée dans le bec
de laquelle est logée une lampe à incandescence ayant deux fenêtres F et F'
pour l'éclairage. L'instrument présente deux ouvertures, l'une A pratiquée
sur le côté, l'autre située au coude B. Un mandrin ferme complètement ces
deux orifices pour le passage de la sonde dans l'urètre. Dans la sonde

glissent à frottement doux deux tubes portant les parties optiques O, O'.
A l'extrémité de l'un se trouve un prisme à réfraction derrière lequel prend
place le puissant objectif précédemment décrit. L'objectif de l'autre est
muni d'un prisme à réflexion totale placé sur le côté et qui viendra en A
quand l'instrument sera engagé dans la cavité. On voit donc qu'avec un
seul cathétérisme (que l'on pourra faire suivre d'un lavage abondant après

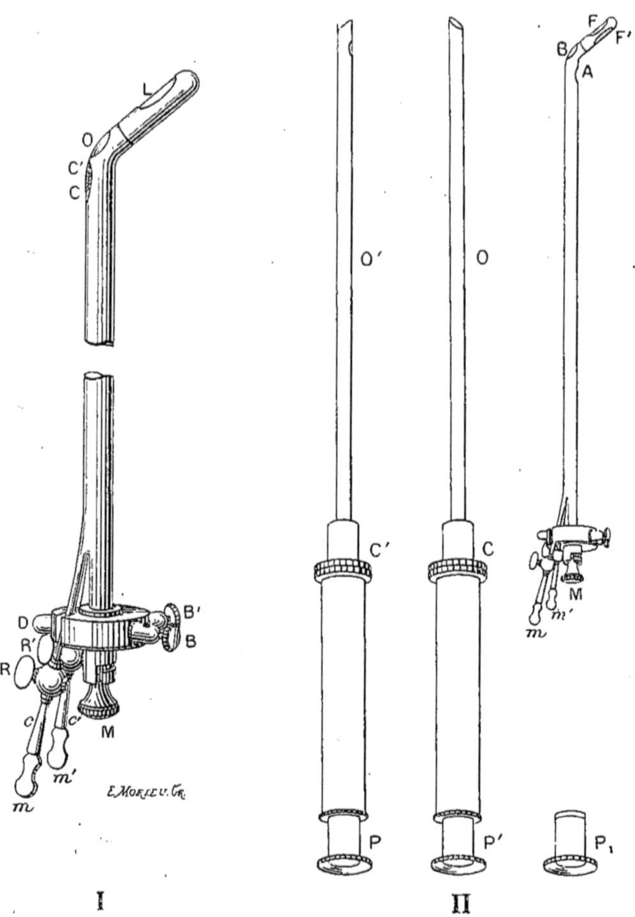

Fig. 236 et 237. — Cystoscope de Boisseau du Rocher. — I. C, C', tubes d'irrigation munis de leurs
mandrins *m*, *m'* et de leurs robinets R, R' ; D, bouton indiquant la convexité de la béquille ;
B, B', bornes de prise de courant ; M, mandrin pour l'introduction de la sonde, bouchant
l'ouverture O ; L, lampe électrique. — II. O, O', tubes optiques, prenant la place du
mandrin M lorsque la sonde est introduite ; P, P', oculaires.

avoir retiré le mandrin) on explorera toute la vessie en employant successivement les systèmes optiques O et O'. Seule la région très voisine de
l'orifice vésical sera difficilement visible.

Cystoscope opérateur. — On peut munir (Casper, Nitze, Boisseau du
Rocher) la partie antérieure du cystoscope de pinces, d'anses galvaniques, de

serre-nœuds, que l'on manœuvre depuis l'extrémité du tube endoscopique par des dispositifs divers et ingénieux, sur la description desquels nous ne pouvons nous étendre. L'accord n'est pas fait entre les chirurgiens sur l'opportunité de ces interventions qui devraient, suivant les uns, souvent céder la place à des opérations plus complètes par la taille, particulièrement dans les cas de tumeurs.

La cystoscopie opératoire semble très nettement indiquée pour l'extirpation de certains corps étrangers.

Pratique de la cystoscopie à lumière interne. — L'urètre doit être assez large pour introduire l'instrument (admettre 21 à 23 de la filière Charrière). La vessie doit être assez tolérante pour permettre l'introduction d'au moins 60 centimètres cubes de liquide et le milieu vésical doit être transparent. Nitze conseille d'examiner autant que possible des vessies également

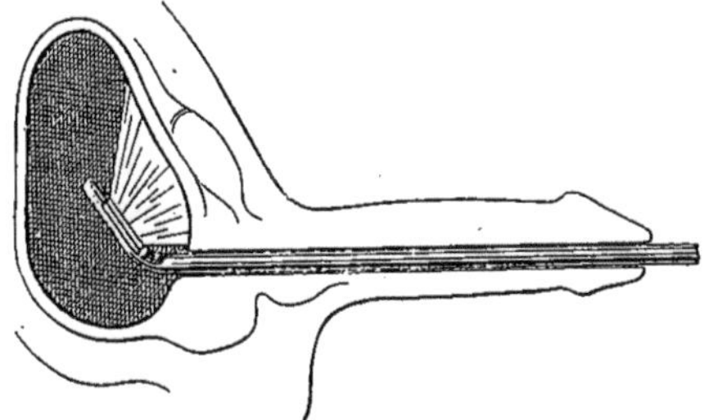 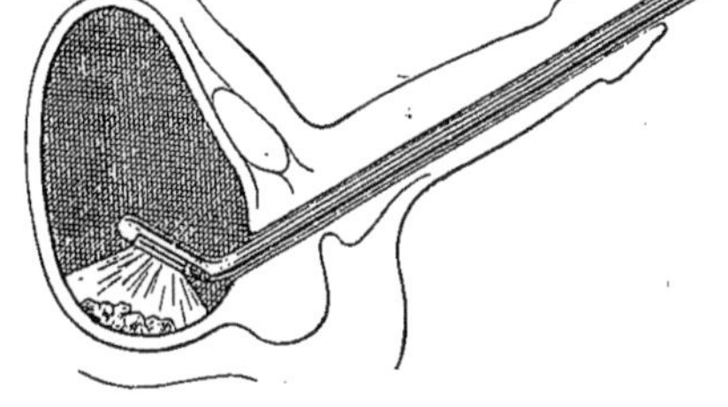

<table>
<tr><td>Fig. 238. — Cystoscope de Leiter (lampe dans la concavité).</td><td>Fig. 239. — Cystoscope de Leiter (lampe sur la convexité).</td></tr>
</table>

distendues, contenant, par exemple, 150 grammes de liquide ; les cystoscopes irrigateurs permettent de modifier facilement la quantité de liquide introduite. Si la vessie est intolérante, Nitze injecte 50 centimètres cubes d'une solution de cocaïne à 2 p. 100 (durée de contact avec la muqueuse, cinq minutes ; puis remplacement de la solution par 150 centimètres cubes d'eau phéniquée à 0,5 p. 100). D'après Albarran, cette pratique est dangereuse dans une vessie malade qui peut très vite absorber. On emploie comme liquide une solution boriquée à 4 p. 100, ou une solution de sulfate de soude à 3 p. 100.

Si la vessie est très sale ou renferme du sang, il faut au préalable l'irriguer. Dans ces cas, l'irrigation peut se faire très abondamment par le cystoscope de Boisseau du Rocher. Avec les autres cystoscopes, on emploie une sonde molle de Nélaton pour effectuer le lavage avant l'introduction de l'instrument.

Il ne faut pas, à cause des appareils optiques, enduire l'instrument de graisse, mais de glycérine. Une fois l'instrument engagé dans le col de la vessie, on le pousse assez profondément pour qu'on sente son bec libre, et c'est seulement alors qu'on allume la lampe. Celle-ci, pour chauffer le moins possible, ne doit être allumée que pendant que l'on regarde dans le cystoscope. Il convient d'attendre un instant que la lampe se refroidisse avant de retirer l'instrument.

Les cystoscopes à irrigation rendent de grands services pour nettoyer la surface du prisme, si elle se salit pendant l'examen, et pour changer le contenu de la vessie, s'il devient trouble ou sanguinolent.

Nitze conseille, pour s'orienter, d'injecter dans la vessie, à travers un peu de coton stérilisé, une bulle d'air qui vient occuper le dôme vésical et fournit ainsi un repère utile.

On commence par examiner le trigone et le bas-fond de la vessie en tournant en bas le bec de l'instrument (cystoscope n° 1 de Nitze, cystoscope de Boisseau du Rocher muni de l'appareil optique O′), puis on tourne l'instrument de manière à lui faire décrire une rotation complète et l'on passe en revue toute la muqueuse vésicale. On examine de la même façon la partie antérieure de la vessie (cystoscope n° 2 de Nitze, cystoscope de Boisseau du Rocher, muni du système optique O). Dans le premier examen, on peut du reste, si l'instrument n'est pas très enfoncé, prendre connaissance de la plus grande partie de la vessie. La région du col s'examinera avec le cystoscope n° 3 de Nitze.

On voit normalement la muqueuse vésicale d'un blanc rosé, avec ses vaisseaux artériels et veineux, et les orifices des uretères. L'examen des uretères a une grande importance. Si l'urine qui s'échappe d'un uretère est trouble ou sanglante, on en conclut que le rein correspondant est malade. Dans le cas où la question de néphrectomie se pose, il est possible de s'assurer ainsi que l'autre rein est sain et pourra suppléer le premier. On peut, avec les cystoscopes permettant le cathétérisme des uretères, recueillir, même séparément, l'urine des deux reins pour l'examen. Disons toutefois que certains chirurgiens considèrent, avec M. Bazy, que cette pratique du cathétérisme des uretères ne serait pas exempte de tout danger et devrait être réservée pour des cas spéciaux. On peut du reste (Hartmann, Luys) séparer l'urine des deux reins par une double sonde entre les deux parties de laquelle on peut déployer de l'extérieur une membrane de caoutchouc qui vient ainsi cloisonner la vessie.

La cystoscopie fera reconnaître les corps étrangers de la vessie, les calculs, et en particulier les calculs enchatonnés, les tumeurs de la vessie, dont elle permettra d'apprécier peut-être la nature, en tout cas la situation et le volume, et enfin les différentes affections pathologiques, dont quelques-unes ont été signalées dans la cystoscopie à lumière externe.

La cystoscopie à lumière interne est employée de préférence à celle à lumière externe chez l'homme ; mais, quand la vessie est trop irritable pour pouvoir accepter la distension par 60 grammes de liquide et que l'hémorragie est assez abondante pour que l'irrigation n'amène pas une transparence très grande du contenu vésical, l'urétro-cystoscopie à lumière directe reste seule applicable.

Elle est contre-indiquée dans le cas de tumeur évidente au palper qui, par suite de son volume, ne pourrait être, par la cystoscopie, facilement examinée. Elle ne doit pas être appliquée sans discussion dans les cas de cystite, car l'examen est douloureux.

Photographies de la vessie et de l'urètre. — Kollmann obtint des photographies des images urétrales et Nitze des photographies de la vessie.

Les premières furent obtenues par l'éclairage à lumière externe, les secondes par l'éclairage endoscopique à lumière interne.

Le cystoscope à photographies de Nitze se compose d'un cystoscope identique à ceux précédemment décrits et dont l'extrémité porte un disque métallique perforé dans sa périphérie d'ouvertures circulaires de 5 millimètres de diamètre, par lesquelles la plaque sensible au gélatino-bromure, située derrière le disque, peut recevoir l'impression de l'image de la vessie. Le cystoscope porte en outre sur le côté un oculaire de forme spéciale, muni de

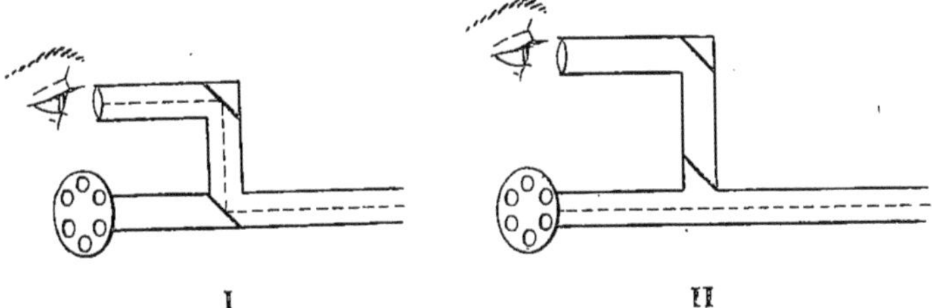

Fig. 240. — Cystoscope pour photographie de Nitze.

deux réflecteurs. Dans une première position (fig. 240, I), il s'emboîte dans la tige principale du cystoscope, fait obstruction devant la plaque et envoie l'image à l'œil de l'observateur. Dans la deuxième position (fig. 240, II), l'oculaire est relevé et l'image se forme sur la plaque photographique. Hirschmann remplaça la chambre photographique de Nitze par une plaque rectangulaire placée au point où se forme l'image à recueillir et derrière laquelle se trouve l'oculaire. Cette plaque est percée d'ouvertures qui sont alternativement libres ou recouvertes d'une pellicule sensible. On met au point par les ouvertures libres et, faisant avancer la plaque, on reçoit alors sur la pellicule suivante l'image photographique. La pose est de trois secondes. Avec cet appareil et de fortes lampes, Reyer aurait réussi des photographies instantanées de la vessie.

Signalons l'emploi des cysto-fantômes ou vessies artificielles pour l'enseignement de ces méthodes d'examen : examen de la vessie, cathétérisme de uretères.

LARYNGOSCOPIE

On entend par *laryngoscopie* l'exploration visuelle du larynx, et par *trachéoscopie* celle de la trachée.

Comme dans la position normale du sujet le larynx ne se trouve pas directement dans le prolongement de la cavité buccale, puisque son axe fait avec celui de cette dernière un angle de 90° environ, son image ne peut apparaître aux yeux de l'observateur regardant dans la bouche du sujet. Il est nécessaire, pour que l'observation directe puisse se faire, d'imposer au patient une position particulière qui permette de rendre rectiligne le conduit bucco-trachéal. Kirstein (1896) a réalisé ce fait au moyen d'une spatule creusée en gouttière, recourbée et échancrée à son extrémité, qui doit s'in-

troduire derrière l'épiglotte (spatule autoscopique intralaryngienne (fig. 241).
Cette spatule refoule la base de la langue en avant et, lorsque le malade
renverse complètement la tête en arrière, rectifie presque complètement la
direction du conduit bucco-laryngé. Sur quelques sujets seulement, on
parvient à voir ainsi toute l'étendue des cordes vocales. De plus, ce mode
d'exploration, qui peut être avantageux pour l'examen des enfants, chez
lesquels l'observation au moyen du miroir laryngoscopique est souvent très
difficile, est assez pénible pour celui qui en est l'objet; nombre de malades
ne peuvent supporter le contact profond de la spatule.

C'est pourquoi, plus généralement, l'examen laryngoscopique se pratique
sans modifier la direction coudée du conduit bucco-trachéal. Dans ce cas, il
est nécessaire de réfléchir les rayons partis du larynx dans l'axe du conduit buc-
cal, au moyen d'un petit miroir porté au fond de la bouche.

Laryngoscopes. — Levret, en 1743, pensait déjà à ce moyen pour examiner le larynx; il avait inventé un glottiscope qui ne fut pas employé. Bozzini
(Francfort, 1825), de Cagniard de la Tour (1825), de Babington (1829) se

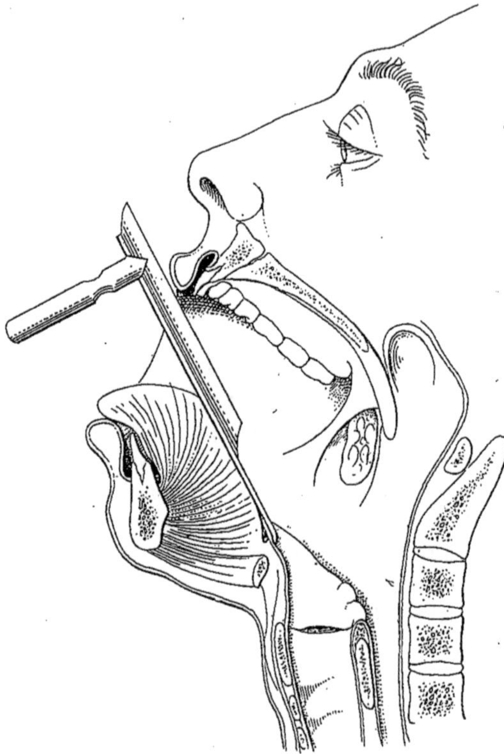

Fig. 241. — Examen laryngoscopique direct.

livrèrent à cette étude sans plus de succès pour la généralisation de la
méthode. Il faut arriver à Garcia, professeur de chant (1855), pour trouver
des résultats pratiques. Il se servait d'un miroir de dentiste pour refléter
l'image laryngienne. Malheureusement, il n'était pas médecin et ses
recherches restèrent sans grand écho. En 1857, Turck inventa un nouveau
miroir, au moyen duquel Czermak créa toute la technique laryngoscopique.

Les miroirs dont on se sert actuellement sont de forme circulaire, elliptique
ou carrée (fig. 242). Leur diamètre varie de 12 à 28 millimètres. Ils sont
soudés à une tige métallique qui fait avec le miroir un angle de 120° environ.

Cette tige est fixée, d'une part à un manche, d'autre part au bord du miroir,
à l'extrémité d'un grand axe si le miroir est elliptique, à l'un de ses angles
s'il est carré.

Le miroir laryngien est destiné à réfléchir jusqu'à la glotte le faisceau lumineux qui doit l'éclairer et à renvoyer vers l'œil de l'observateur les rayons partis de cette dernière. De sa forme, de sa position et de ses dimensions dépendra l'étendue du champ observé. Ce sont les miroirs circulaires qui sont habituellement employés. Dans le cas d'hypertrophie des amygdales, il peut être utile de se servir des miroirs elliptiques ou carrés.

Dans le but de grossir l'image laryngienne, Wertheim a proposé l'emploi de miroirs laryngiens concaves. Mais ces miroirs déforment l'image. Il est plus simple, dans ce but, de faire usage de loupes placées devant l'œil de l'observateur.

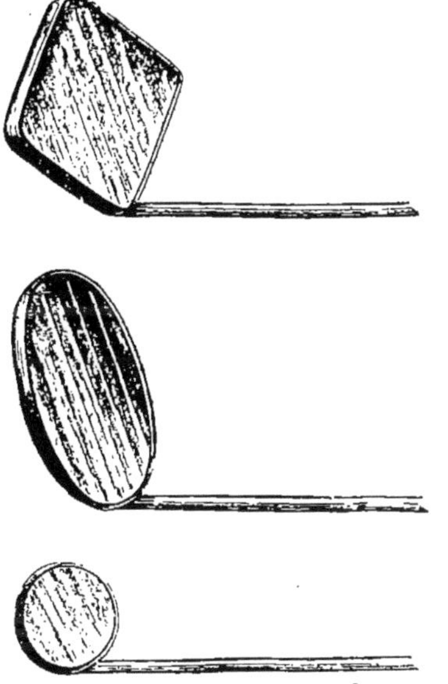

Fig. 242. — Miroirs laryngoscopiques.

Fig. 243. — Laryngoscope de Fauvel (appareil concentrateur).

Éclairage. — Le miroir laryngien doit recevoir, pour éclairer le larynx, un faisceau lumineux assez intense, ayant la même direction que le rayon visuel de l'observateur. Ce faisceau peut provenir soit de la lumière solaire, soit d'une source de lumière artificielle.

L'inconstance de la première oblige la plupart du temps à renoncer à son emploi journalier et rend plus fréquente l'utilisation d'une source de lumière artificielle.

Celle-ci, munie ou non d'un appareil à concentration, envoie les rayons éclairants sur le laryngoscope, soit directement, soit après réflexion sur un miroir placé dans le voisinage de l'œil de l'observateur.

Les appareils employés pour la concentration de la lumière, et dont les modèles sont très nombreux, sont tous constitués soit par des réflecteurs plans ou concaves, soit par des lentilles, soit par la combinaison de miroirs concaves et de lentilles.

Une simple lentille placée en avant de la source lumineuse, de façon que cette dernière se trouve à son foyer, constitue un excellent appareil de concentration. Dans ce cas, les rayons sortent parallèlement. Il peut être utile, parfois, d'éloigner ou de rapprocher la lentille de la lampe, afin d'avoir des rayons convergents ou divergents.

Dans le cas où un miroir concave est joint à la lentille, dans l'appareil condensateur, il doit être disposé de telle sorte que la lumière, placée à son centre de courbure, se trouve entre lui et la lentille.

Dans certains modèles de condensateurs (Moura-Bourouillou, Krishaber, Fauvel), la lentille est surmontée d'un miroir plan dont la face réfléchissante est tournée vers l'extérieur, ce qui permet au sujet de procéder lui-même à son examen (auto-laryngoscopie) (fig. 243).

Comme nous l'avons dit plus haut, la lumière peut être dirigée sur le laryngoscope directement ou par réflexion. C'est Czermak qui a inauguré la deuxième méthode, en employant pour le laryngoscope le réflecteur de Ruete, utilisé déjà pour l'ophtalmoscopie. Mais le miroir laryngoscopique doit avoir des dimensions plus grandes que le miroir ophtalmoscopique, car il est utile de disposer du plus de lumière possible. La distance focale de ces réflecteurs est généralement de $0^m,20$ à $0^m,30$, et leur diamètre d'ouverture de $0^m,08$ à $0^m,10$.

Le miroir, percé d'un trou à son

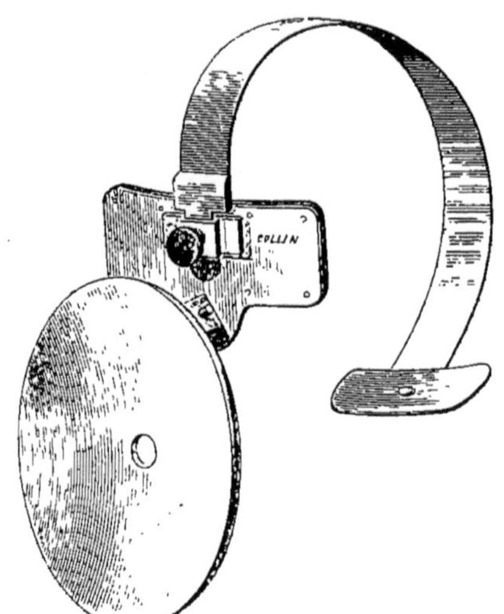

Fig. 244.

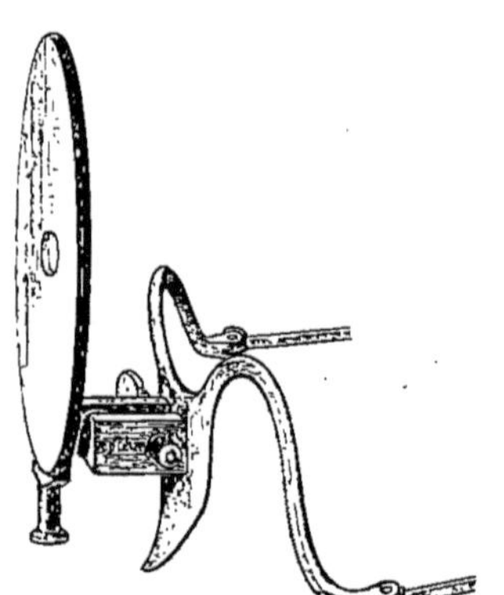

Fig. 245. — Monture de Duplay.

centre, peut être placé devant l'œil de l'observateur, comme pour l'examen ophtalmoscopique, ou simplement dans le voisinage de l'œil.

Il existe un grand nombre de porte-miroirs, destinés à laisser à l'observateur la liberté de ses mains. Les plus employés sont le bandeau frontal, sur le devant duquel le miroir est fixé par une articulation à genouillère, ce qui permet de l'incliner dans tous les sens, et la tige porte-miroir (fig. 244), sorte de casque constitué par un ressort recourbé dont une extrémité, celle à laquelle est fixé le miroir, est appliquée sur la racine du nez, et dont l'autre vient embrasser l'occiput.

Le miroir peut être aussi articulé sur le milieu d'une paire de lunettes

(Semeleder, Duplay) (fig. 245), ou fixé sur un manche en bois se plaçant entre les incisives de l'observateur. On peut aussi se contenter de le placer sur un pied près de soi (Turck), ou le fixer à la lampe (Tobold, Lewin, Mandl). — On emploie souvent le photophore électrique (fig. 220) et le miroir de Clar (fig. 230).

En résumé, il faut remplir commodément les conditions données plus haut (p. 369), pour que le champ d'éclairage recouvre le champ d'observation.

Pratique de l'examen laryngoscopique. — Il est préférable de procéder à l'examen laryngoscopique le malade étant à jeun, afin d'éviter les vomissements que pourrait provoquer le chatouillement de la luette par le miroir. L'examen peut se pratiquer assis ou debout. Mais la station verticale est incommode pour le malade. En tout cas, la tête du patient doit être fixe, un peu inclinée en arrière. Pour cela, et quand on n'a pas une grande habitude de la laryngoscopie, il suffit d'appuyer la tête et les épaules du sujet contre le mur.

Pour se convaincre de la nécessité qu'il y a à donner à la tête une bonne position, il suffit de comparer entre elles les figures 246 à 254, que nous empruntons à Mandl (*Traité pratique des maladies du larynx et du pharynx*; Paris, Baillière, 1872). Dans les figures 246, 248 et 251, la tête reste droite et non inclinée en arrière; l'image laryngienne est toujours incomplète; la portion de larynx aperçue dépend de

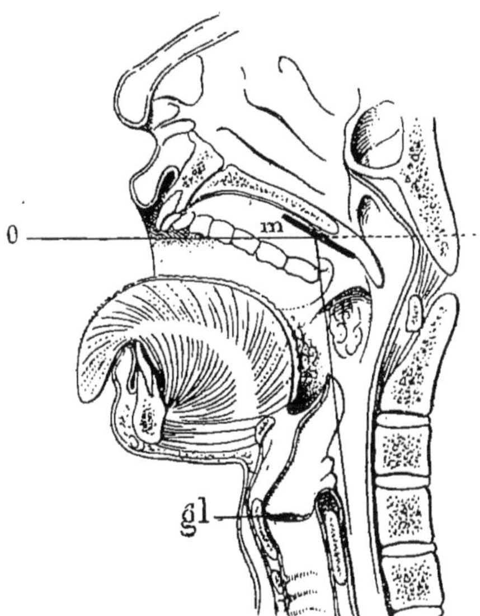

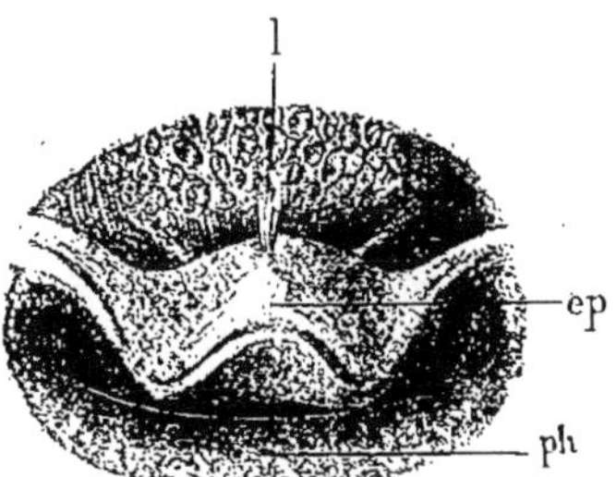

Fig. 246. — La tête est droite. Le miroir laryngoscopique *m* est disposé en avant de la luette et incliné d'un peu moins de 45° sur l'horizon. O*m*, direction des rayons éclairants et des rayons de retour donnant l'image de la figure 247.

Fig. 247. — Image laryngoscopique correspondant à la figure 246. — *l*, langue; *ep*, épiglotte; *ph*, pharynx.

la position donnée au laryngoscope. Dans la figure 253, au contraire, la tête est inclinée en arrière; l'image laryngienne est facilement complète pour diverses positions du laryngoscope. En effet, c'est seulement dans ce cas que le miroir laryngien peut être placé dans le prolongement du conduit glottique.

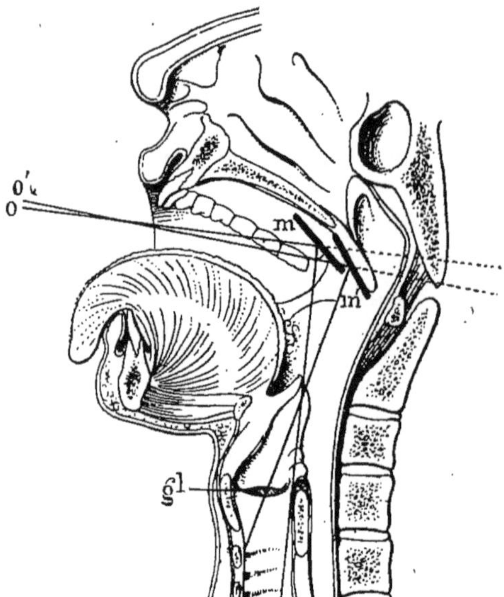

Fig. 248. — La tête du patient est, comme dans la
position précédente, très peu inclinée en arrière.
L'examen est pratiqué en repoussant un peu la
luette et en élevant le manche du miroir de
manière à l'incliner un peu plus. La portion antérieure de la glotte est masquée par l'épiglotte.
m et *m'* sont deux positions différentes du
laryngoscope.

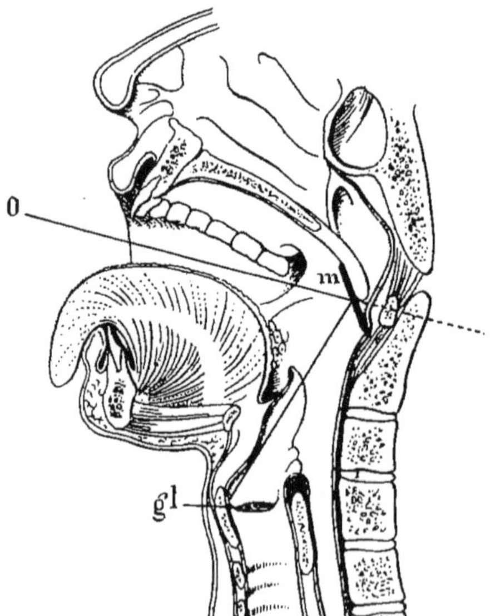

Fig. 251. — La luette est fortement refoulée en
arrière, mais la tête n'a pas changé de position.
La portion antérieure de la glotte est seule
visible.

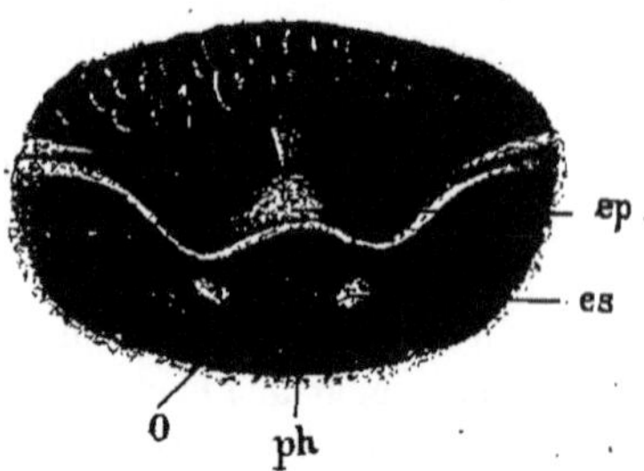

Fig. 249. — Image laryngoscopique
donnée par la position *m* du miroir
(fig. 248). — *ep*, épiglotte; *es*, cartilage de Santorini; O, orifice glottique; *ph*, pharynx.

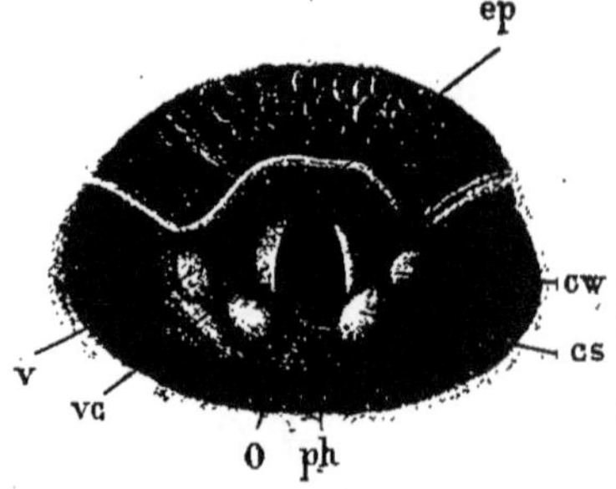

Fig. 250. — Image laryngoscopique
donnée par la position *m'* du miroir
(fig. 248). — *ep*, épiglotte; *cw*, cartilage de Wrisberg; *cs*, cartilage de
Santorini; *v*, bandes ventriculaires;
vc, cordes vocales; O, orifice glottique; *ph*, pharynx.

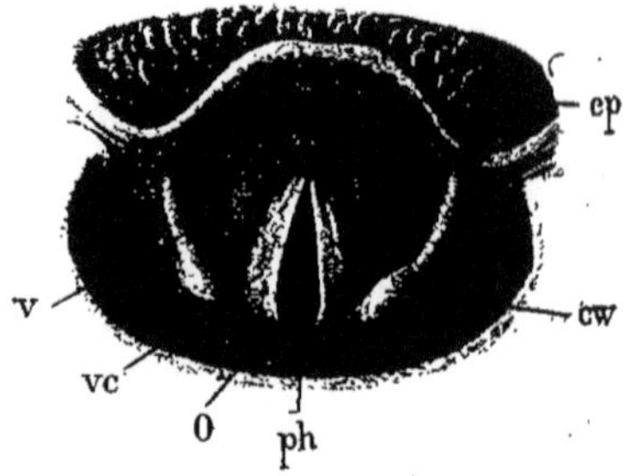

Fig. 252. — Image donnée dans l'examen pratiqué suivant la figure 251.
Les lettres ont la même signification
que dans les figures précédentes.

La bouche doit être largement ouverte, et la langue tirée en avant et aplatie. Il est préférable de ne pas employer d'abaisse-langue, car, en déprimant la langue, on abaisse l'épiglotte. La façon la plus simple d'opérer la traction de la langue consiste à la saisir à l'aide d'un linge, et à la porter au-devant du menton. Cette manipulation est faite par le malade lui-même.

Le médecin se place en face du malade, assis ou debout, suivant la station choisie par ce dernier. Il doit être à une hauteur telle que son regard puisse embrasser la plus grande partie de la cavité buccale.

Après avoir fixé la position du malade, il faut s'occuper de l'éclairage. Si l'on emploie la lumière directe, le médecin place la lampe entre lui et le malade, près de son épaule, en dirigeant le faisceau lumineux vers l'arrière-bouche du sujet. S'il se sert du réflecteur frontal, il place la lampe à côté du malade et, faisant jouer l'articulation du miroir, après l'avoir ajusté, il donne aux rayons lumineux la direction voulue.

L'emploi du miroir de Clar, portant à son centre la source lumineuse, simplifie la chose.

Le miroir laryngien doit être saisi de la main droite par son manche, comme un pinceau. La main prend un point d'appui sur le menton ou la joue du malade (fig. 255). Le miroir doit naturellement être tourné en bas. Sa face postérieure est portée au contact du voile du palais, qu'il relève et refoule en arrière. Cette application doit se faire franchement et sans hésitation, afin d'éviter la provocation

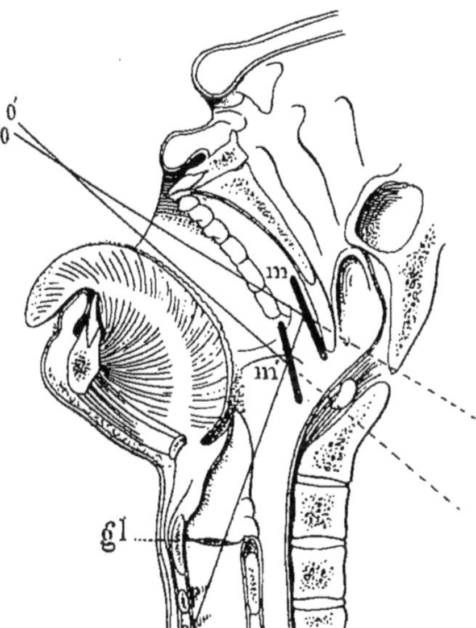

Fig. 253. — L'examen est pratiqué en renversant la tête en arrière. La glotte est visible dans toute son étendue pour des positions diverses du miroir *m*, *m'*. C'est la position donnant le champ maximum lorsque l'épiglotte est complètement redressée par l'émission d'un son.

Fig. 254. — Image correspondant à l'examen pratiqué suivant la figure 253. — *ep*, épiglotte ; *cw*, cartilage de Wrisberg ; *cs*, cartilage de Santorini : *v*, bandes ventriculaires ; *vc*, cordes vocales ; *0*, orifice glottique.

de réflexes qui empêcheraient l'examen. Pour éviter, sur le miroir, la formation de buée, par suite de la condensation de la vapeur d'eau contenue dans l'air expiré, il faut le chauffer légèrement avant son introduction dans la bouche. On peut aussi, dans le même but, le recouvrir d'une légère couche de glycérine (Sismondès) ou de savon mou à la potasse (Kirstein), ce qui évite le dépôt de la vapeur sous forme de buée.

Une fois le miroir en place et une bonne orientation de la lumière effectuée, on aperçoit la base de la langue et l'épiglotte qui recouvre une partie de l'orifice supérieur du larynx. En inclinant légèrement le miroir en avant, on démasque l'orifice glottique. Comme point de repère, on cherche les cordes vocales, en faisant émettre au malade, sans effort, le son *é*. On voit alors deux cordons blanc jaunâtre, d'aspect nacré, *vc*, qui paraissent se détacher des parois du larynx pour venir se réunir au milieu de l'image (fig. 254). Lorsque l'émission du son cesse, les cordes vocales reprennent leur place primitive. L'espace triangulaire qu'elles limitent constitue la glotte. Un peu au-dessus, et de chaque côté, se voit une bandelette rouge, *v*, dirigée d'avant en arrière, qui est la bande ventriculaire ou corde vocale supérieure. Entre les deux cordes vocales, supérieure et inférieure, se trouve l'orifice des ventricules, qui ne se décèle que par une ligne sombre. Lorsque les bandes ventriculaires sont très saillantes, les cordes vocales paraissent rétrécies. Si, au contraire, les bandes ventriculaires se portent en dehors, le regard peut pénétrer directement dans le ventricule de Morgagni. On peut encore voir beaucoup mieux le ventricule en inclinant légèrement le miroir de côté.

Comme le miroir laryngoscopique est incliné de 45° environ sur le plan horizontal dans lequel se trouve la glotte, l'image laryngoscopique sera vue dans un plan perpendiculaire à cette dernière (fig. 256). La portion antérieure du larynx apparaîtra en haut, et sa portion postérieure en bas. L'image fournie par le miroir laryngoscopique est symétrique du larynx. Il en résulte que le côté droit de l'image laryngoscopique considérée en elle-même correspond au côté gauche du larynx, et *vice versa*. Mais pour l'observateur la portion de l'image laryngoscopique qui se trouve à sa droite, par exemple, correspond bien à la portion du larynx qui se trouve également à sa droite. C'est l'épiglotte qui limite en avant la fente glottique,

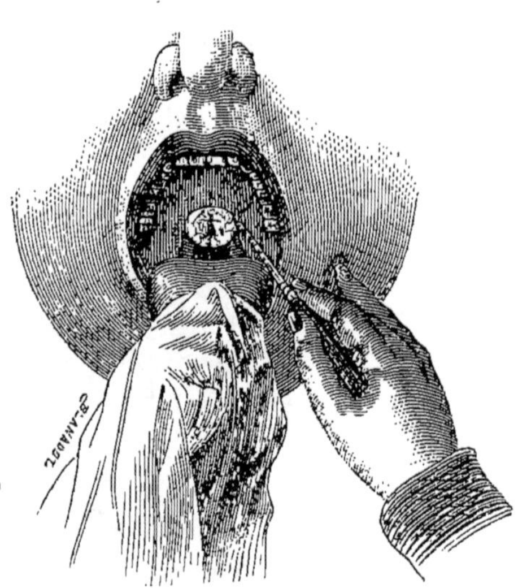

Fig. 255. — Application du laryngoscope.

tandis qu'en arrière elle est limitée par les petits bourrelets que forment les cartilages de Santorini et ceux de Wrisberg (*cs* et *cw*, fig. 254).

De chaque côté et au-dessus de l'épiglotte, apparaît la base de la langue, recouverte de papilles et de vaisseaux. La forme de l'épiglotte est extrêmement variable, suivant les sujets, et c'est d'elle que dépend la physionomie spéciale du larynx. Habituellement, elle apparaît légèrement enroulée sur elle-même d'arrière en avant, et présente vers l'intérieur une surface transversalement concave. Elle peut cacher plus ou moins la fente glottique et les cordes vocales, suivant son degré d'enroulement, et présenter les figures les plus variées, suivant que l'une ou l'autre de ses diverses courbures s'exagère ou disparaît (formes en *accent circonflexe*, en V renversé, en *oméga*, etc.).

Elle présente parfois de l'asymétrie et peut masquer complètement les portions plus profondes du larynx.

Lorsque l'orifice glottique est entr'ouvert, on peut apercevoir la paroi antérieure de la trachée avec ses anneaux, car le miroir laryngien, placé comme nous l'avons indiqué plus haut, est situé un peu en arrière de l'axe du larynx. Si l'on désire que le regard plonge dans la trachée, il est nécessaire de ramener le miroir légèrement en avant. Pour cela, l'observateur, se plaçant plus bas que le malade, porte le miroir presque horizontalement en avant de la base de la luette. Si l'ouverture de la glotte est suffisante, et si l'éclairage dont on dispose est très intense, on peut apercevoir la bifurcation des bronches.

Dans cette position (position de Killian), on voit nettement l'insertion postérieure des cordes vocales, tandis que la partie antérieure du larynx est cachée par l'épiglotte, dont toute la région antérieure est visible.

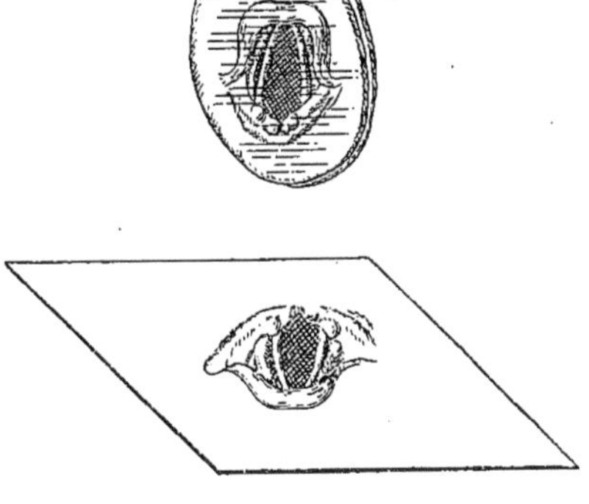

Fig. 256.

Par contre, on peut voir la paroi antérieure du larynx et l'insertion antérieure des cordes vocales, en portant le miroir laryngoscopique le plus en arrière possible.

Pendant la phonation, l'épiglotte se porte en avant, de sorte que son pédicule devient visible. Les cordes vocales se rapprochent, et les bandes ventriculaires se juxtaposent à elles, de sorte que la glotte ne forme plus qu'une fente étroite et fusiforme.

Dans la production de la voix de tête, les cordes vocales se pressent l'une contre l'autre, ou même se croisent en arrière, tandis que la portion antérieure seule est entr'ouverte (Mandl).

Pendant l'effort, la glotte se ferme complètement par la juxtaposition des cordes vocales, ainsi que par celle des bandes ventriculaires, qui peut cependant, parfois, ne pas être complète.

L'aspect normal du larynx varie considérablement, suivant les divers états pathologiques.

C'est ainsi que l'on constate de l'asymétrie de la glotte dans le cas de paralysie unilatérale des cordes vocales, la corde paralysée restant relâchée, dans une situation intermédiaire entre les diverses positions que peut prendre la corde vocale normale.

Les inflammations aiguës ou chroniques modifient la couleur des parois du larynx, qui peuvent, de rose clair qu'elles sont physiologiquement, ou paraître très pâles (période prétuberculeuse) ou très rouges (érysipèle, infiltration tuberculeuse, catarrhe). La laryngoscopie est très précieuse pour le diagnostic des tumeurs du larynx qui, suivant leur siège très variable (cordes vocales, bandes ventriculaires ou parois cartilagineuses) et leur mode d'implantation (tumeurs pédiculées, sessiles, etc.), donnent à l'image laryngoscopique les aspects les plus variés et les plus bizarres.

L'infiltration du larynx, œdématiant la muqueuse dans des proportions considérables, s'étend parfois à toutes les parties du larynx, qui paraît alors boursouflé. Les cordes vocales sont cachées, dans ce cas, par les bandes ventriculaires, qui remplissent tout le centre de l'image laryngienne.

Dans certains cas où il est nécessaire d'explorer les parois ventriculaires, il peut être utile de se servir de la méthode endo-laryngoscopique (Rosenberg et Mermod). Ce mode d'examen, indiqué déjà par Czermak, nécessite des miroirs endo-laryngés spéciaux, indépendamment du miroir laryngoscopique ordinaire.

Photographie du larynx. — Stein, en 1862, fit des essais avec Czermack en utilisant la lumière solaire réfléchie et une chambre noire placée à 1 ou 2 mètres du sujet. Les photographies ainsi obtenues mesuraient 2 millimètres de diamètre. Les essais furent repris en 1874, puis en 1885. Stein, à cette époque, a relié ensemble, en leur donnant des dimensions aussi réduites que possible, la chambre photographique, le laryngoscope et la source lumineuse. L'appareil se compose d'un laryngoscope construit d'après le principe du cystoscope de Nitze. Le miroir laryngoscopique est muni d'une lampe électrique refroidie par un courant d'eau et le manche du miroir porte un petit objectif de 5 millimètres d'ouverture et d'une distance focale de 40 millimètres. Un déclanchement automatique démasque l'objectif en même temps que le courant allume la lampe ; la pose dépend de l'intensité de cette dernière.

Frenck (de Brooklyn), en 1883, utilisa une petite chambre noire dont l'objectif supportait la tige du laryngoscope. Un condensateur projetait la lumière solaire sur un miroir fixé au front de l'opérateur et qui la réfléchissait dans la gorge.

Brown et Blucke ont effectué de semblables essais avec la lumière de la lampe à arc.

M. Garel a employé en 1898 une méthode analogue à celle de Frenck et a obtenu de bonnes photographies.

Laryngo-fantôme. — Pour s'exercer à la pratique de la laryngoscopie, ainsi qu'à celle des opérations sur le larynx, on peut se servir avantageusement du laryngo-fantôme.

Dans cet appareil, le larynx est représenté par une image se rapprochant autant que possible de la réalité, et dont les points principaux sont munis de contacts électriques. On relie, par l'intermédiaire d'une borne extérieure, un de ces contacts déterminé à un pôle d'une petite batterie de piles. Les parois représentatives du conduit bucco-laryngé sont métalliques et reliées au même pôle. Deux sonneries électriques de timbre différent sont respectivement interposées dans ces deux circuits.

L'expérimentateur tient à la main un stylet ayant la forme de l'instrument qu'il désire s'exercer à employer. Ce stylet, relié à l'autre pôle, doit être porté, sans toucher les parois du larynx, sur le point voulu de l'image laryngienne. Une sonnerie d'un timbre déterminé retentit quand le résultat est obtenu. Si l'instrument vient à toucher la paroi métallique du laryngo-fantôme, la sonnerie de timbre différent indique que la faute a été commise.

TRACHÉOSCOPIE. — BRONCHOSCOPIE

L'examen de la trachée peut, ainsi que nous l'avons vu, se faire par le miroir laryngoscopique quand l'orifice glottique est ouvert. On arrive de cette façon à examiner la bifurcation de la trachée (Killian, Gottstein).

On pratique encore cet examen directement d'une manière identique à l'urétroscopie et à la cystoscopie à lumière externe. Par la glotte ou par l'orifice d'une trachéotomie, on introduit le tube endoscopique, qui, si sa longueur est suffisante et son diamètre petit, peut pénétrer jusque dans les bronches de troisième et de quatrième ordre. et cela assez facilement à cause de la mobilité et de l'élasticité de ces conduits qui sont toujours béants. Ce procédé aurait rendu des services dans l'extraction de corps étrangers.

RHINOSCOPIE

On comprend, sous le nom de *rhinoscopie*, l'examen des fosses nasales. Cet examen, pour être complet, doit se pratiquer d'abord par les narines, d'avant en arrière : c'est la *rhinoscopie antérieure*; puis d'arrière en avant par le pharynx : c'est la *pharyngoscopie* ou *rhinoscopie postérieure*.

Rhinoscopie antérieure. — Cet examen nécessite une source lumineuse donnant un éclairage intense, autant que possible de tonalité blanche, et des instruments spéciaux pour dilater les narines.

Les rayons provenant de la source lumineuse sont dirigés dans la narine parallèlement aux regards de l'observateur, au moyen du miroir concave employé en laryngoscopie. On peut employer, naturellement, le miroir de Clar.

Les instruments spéciaux destinés à obtenir et à maintenir l'écartement des narines et des parois antérieures des fosses nasales ont reçu le nom de *spéculums nasi*. On en distingue trois variétés : tubulaires ou pleins (fig. 257), univalves et bivalves. Ce sont ces derniers qui sont le plus généralement employés. Ils se composent de deux valves articulées à leur base et formant, lorsqu'elles sont réunies, un tube conique. La manœuvre d'une vis permet de régler leur écartement à volonté [spéculums de Duplay (fig. 258), de Terrier, de Moure].

On introduit le spéculum en dirigeant la vis vers l'extérieur, et on le pousse horizontalement jusqu'à la rencontre de la partie osseuse, puis on tourne la vis jusqu'à ce que l'on sente une légère résistance. On ne doit pas provoquer de douleur chez le patient.

Faisant alors tomber le faisceau lumineux dans l'orifice du spéculum, on peut examiner environ les deux tiers antérieurs des fosses nasales, et quelquefois la paroi du pharynx, en faisant exécuter au malade de légers mouvements de tête.

On peut ainsi voir la partie antérieure de la cloison, l'extrémité antérieure et la face convexe du cornet inférieur. En relevant le pavillon du spéculum et en faisant pencher légèrement la tête au malade, on aperçoit le plancher dans presque toute son étendue, le méat inférieur, le bord inférieur et la face externe du cornet inférieur. Faisant ensuite relever fortement la tête

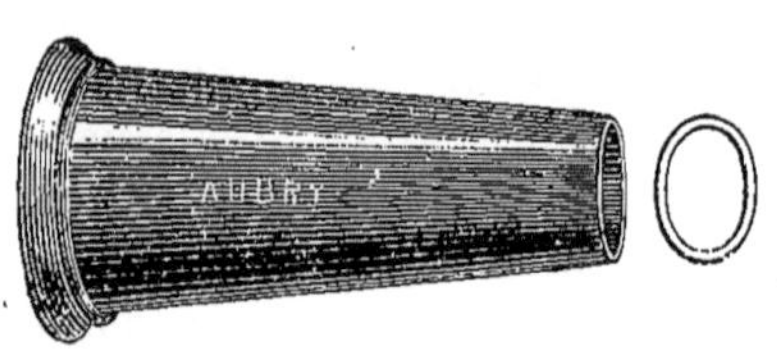

Fig. 257. — Spéculum nasi plein.

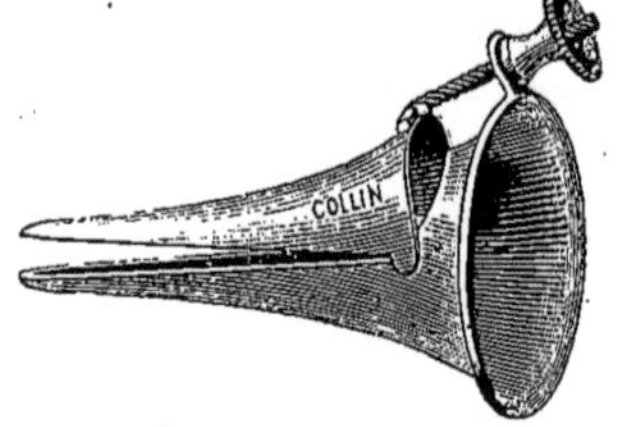

Fig. 258. — Spéculum nasi de Duplay.

au patient, on voit la portion moyenne de la cloison jusqu'à la fente olfactive, en haut la partie antérieure de la voûte, le bord antérieur, la face interne du cornet moyen, ainsi que son angle et l'entrée du méat moyen.

La muqueuse qui tapisse ces diverses régions est normalement rosée dans sa partie supérieure ; elle se fonce de plus en plus au fur et à mesure que l'on descend, surtout vers le cornet inférieur.

Il peut être intéressant d'introduire dans le nez un très petit miroir monté sur une tige coudée, afin d'examiner les parois latérales des fosses nasales. Wertheim a construit un conchoscope dans ce but. C'est un tube métallique percé à son extrémité d'une fenêtre latérale en face de laquelle est placé, dans le tube, un petit miroir incliné à 45°.

L'examen rhinoscopique antérieur peut être gêné par les déviations et les crêtes osseuses de la cloison et la tuméfaction du cornet inférieur.

Les tumeurs, les corps étrangers qui pourraient entraver cet examen sont reconnus par le fait même.

Rhinoscopie postérieure. — Les instruments nécessaires pour pratiquer cette observation, indépendamment des appareils d'éclairage, sont : un abaisse-langue, un miroir rhinoscopique, et un crochet palatin destiné à soulever la luette dans le cas où elle gênerait l'examen.

Le choix de l'abaisse-langue n'est pas indifférent. Un bon abaisse-langue doit recouvrir la limite visible de la base de la langue, mais non la dépasser. S'il n'atteint pas cette ligne, en effet, la partie postérieure fait saillie et gêne l'examen ; s'il la dépasse, il provoque des mouvements réflexes.

L'abaisse-langue de Ruault (fig. 259) présente près du manche une courbure particulière destinée à loger l'arcade dentaire et à permettre d'abaisser ainsi la langue au maximum.

Les miroirs rhinoscopiques ne sont autres que des miroirs laryngiens, mais de petite dimension (1 centimètre de diamètre environ).

La rhinoscopie postérieure est assez dif-ficile à pratiquer. La position à donner au malade est la même que pour l'examen laryngoscopique. Il est bon de faire gar-gariser le patient au préalable, afin de détacher les mucosités qui encombrent quelquefois l'arrière-pharynx.

Le malade ouvre la bouche en évitant les efforts et relève sa lèvre supérieure. L'opérateur met en place l'abaisse-langue qu'il tient de la main gauche, et de la main droite porte le miroir rhinoscopique, chauffé ou glycériné, aussi près que pos-sible de la paroi pharyngienne. Il doit prendre bien garde de ne toucher dans cette manœuvre ni la luette, ni le voile du palais, ni les parois du pharynx, afin d'éviter des réflexes fâcheux. Le miroir est passé directement par la partie mé-

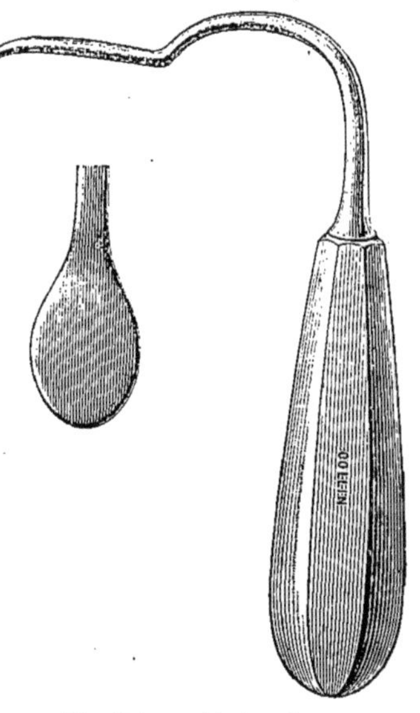

Fig. 259. — Abaisse-langue du Dr Ruault.

diane sous le voile, si l'espace est suffisant ; dans le cas contraire, on le glisse délicatement entre un pilier et la luette. On tourne alors la partie réfléchissante en haut, et l'on fait émettre au malade le son *hun*, pour obtenir le relâchement du voile du palais.

Si la luette gêne l'exploration en masquant une partie du miroir, on la

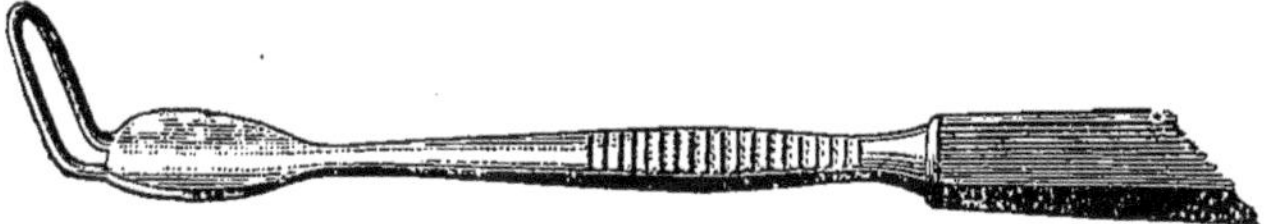

Fig. 260. — Releveur de la luette de Voltolini.

relève au moyen d'un crochet mousse (Czermack, Voltolini) (fig. 260) ou d'une pince luette (Turck). Dans ce cas, il est nécessaire d'abandonner l'abaisse-langue, que l'on fait tenir au malade. Stoerck, puis Duplay ont réuni en un même instrument le miroir et le crochet palatin (fig. 261).

Le miroir peut aussi être fixé à l'extrémité d'un abaisse-langue (Bruns), ce qui libère une main de l'opérateur. Mais l'introduction de ce miroir est plus délicate que celle des petits miroirs ordinaires.

Le champ observé est très restreint, en raison de la petite surface du miroir rhinoscopique, et il est nécessaire de déplacer ce dernier pour éclairer et voir tous les détails de la voûte et de la partie postérieure des fosses nasales.

Lorsque le miroir est en place sur la ligne médiane, on voit apparaître, suivant ses diverses inclinaisons, la face postérieure du voile, les choanes, la cloison, la voûte naso-pharyngée. De chaque côté des choanes se voient les saillies tubaires qui les limitent en dehors, tandis qu'elles le sont en bas par le voile, en haut par la voûte et en dedans par le bord postérieur de la cloison. C'est ce bord qui sert de point d'orientation. Il forme en arrière une saillie jaunâtre. Les trois cornets apparaissent par l'orifice des choanes sous l'aspect de trois saillies superposées limitant les méats (A, B, C, fig. 262). Leur extrémité offre une teinte grisâtre pâle qui tranche sur le reste de la muqueuse.

Cet aspect des choanes peut varier considérablement par suite de l'hyper-

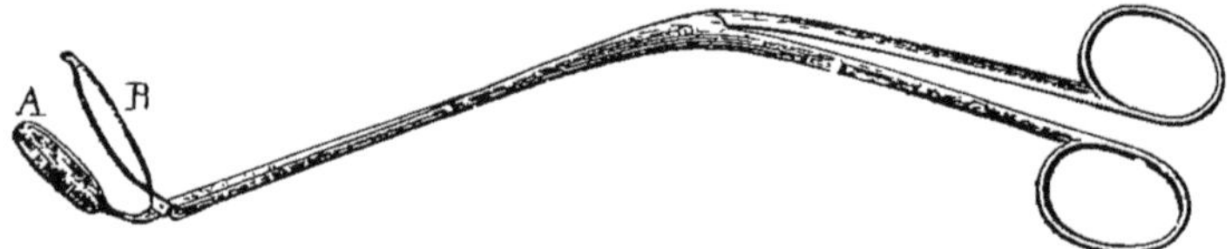

Fig. 261. — Rhinoscope de Duplay.

trophie des cornets généralisée ou limitée à l'un ou à l'autre, ou par suite de déviation de la cloison.

Les polypes muqueux, pour le diagnostic desquels la rhinoscopie est indispensable, peuvent quelquefois masquer les cornets, ou en imposer pour eux. Mais leur teinte d'un gris bleuâtre caractéristique et leur consistance spéciale permettent de les en différencier.

En donnant au miroir une direction moins oblique, on aperçoit la voûte qui, normalement, est lisse. Lorsque l'amygdale pharyngée est enflammée, elle présente des bosselures saillantes. En exagérant l'inclinaison du miroir dans le même sens, on aperçoit la jonction de la voûte avec la paroi postérieure du pharynx nasal.

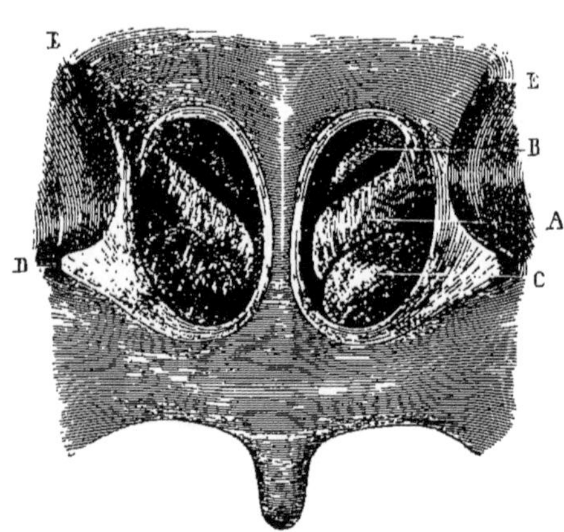

Fig. 262. — Image rhinoscopique de l'arrière-cavité des fosses nasales. — A, cornet moyen ; B, cornet supérieur ; C, cornet inférieur ; D, orifice de la trompe d'Eustache.

Dans les cas de polypes naso-pharyngiens volumineux ou de tumeurs adénoïdes très développées, la vue des choanes est naturellement impossible, mais le diagnostic des tumeurs est établi.

En tournant le miroir obliquement à gauche et à droite, on voit de chaque côté des choanes, au niveau du méat moyen, l'orifice de la trompe d'Eustache (D, fig. 262). Cet examen permet de se rendre compte, dans le cas d'imperméabilité de la trompe, si l'obstruction est due à l'inflammation de la muqueuse ou à de petits polypes faisant clapet à son orifice.

Une méthode assez ingénieuse, mais peu pratique pour effectuer l'exploration rhinoscopique, consiste à faire coucher le malade sur le dos, de telle sorte que sa tête, dépassant le bord du lit, soit légèrement renversée en arrière. L'opérateur se trouve alors dans les mêmes conditions que pour un examen laryngoscopique.

OTOSCOPIE

L'otoscopie comprend l'exploration visuelle du conduit auditif externe et de la membrane du tympan.

Deux choses sont nécessaires pour pratiquer cet examen :

1° Redresser le conduit et le maintenir béant;

2° Concentrer dans sa cavité le plus de lumière possible. Normalement, le conduit auditif externe n'est pas rectiligne, mais sinueux. Il est formé de deux portions : une portion externe, cartilagineuse, susceptible d'être mobilisée; une portion interne, osseuse, fixe. Ces deux portions forment entre elles un angle obtus ouvert en bas et en avant, chez l'adulte. De plus, le conduit cartilagineux se coude lui-même à son entrée, ce qui donne à l'ensemble du conduit auditif une forme en zigzag.

On parvient à redresser à peu près complètement cette courbure en attirant fortement le pavillon de l'oreille en haut et en arrière. En repoussant le tragus en avant, on dilate en même temps le méat.

Chez les personnes à conduit large, cette manœuvre peut suffire pour permettre d'apercevoir, en examinant le malade à une vive lumière, la plus grande partie du tympan et la totalité du conduit.

Mais le plus souvent, à cause de l'étroitesse du conduit et de sa courbure prononcée, il est nécessaire, pour le rendre rectiligne, de se servir d'un instrument spécial.

Cet instrument est le *spéculum auris*, employé déjà par Fabrice de Hilden, en 1646.

On peut ramener les divers spéculums employés à deux types : les spéculums *bivalves*, formés de deux portions demi-cylindriques articulées entre elles et pouvant s'écarter l'une de l'autre par un mécanisme variable, et les spéculums *tubulaires*.

Ces derniers [spéculums de Toynbee (fig. 263), de Politzer] sont formés par un tube de métal ou d'ébonite légèrement conique et de section elliptique ou circulaire. Son extrémité la plus large se continue par un pavillon évasé en entonnoir. Un jeu de trois spéculums, de grandeurs différentes, suffit; leur diamètre extérieur est respec-

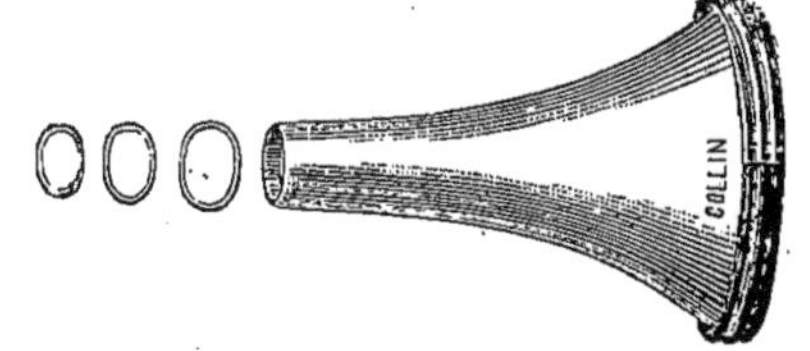

Fig. 263. — Spéculums de Toynbee (série de 3).

tivement de 3, 5 et 7 millimètres ; leur longueur est de 3 centimètres.

Ce sont les spéculums tubulaires qui sont généralement employés ; ce que l'on cherche, en effet, sauf les cas d'atrésie, est non pas de dilater le conduit auditif externe, mais de le rendre rectiligne. Du reste, sa dilatation est douloureuse et peut être dangereuse.

Il est bon, avant d'introduire le spéculum, d'inspecter directement le conduit auditif, afin de se rendre compte de l'état de ses parois. Il peut être utile également de faire au préalable une grande injection d'eau tiède, qui débarrassera le conduit du cérumen qui en recouvre les parois.

Pour introduire le spéculum, l'opérateur, assis à côté du patient, attire en haut et en arrière le pavillon de l'oreille et place l'extrémité du spéculum dans le méat, en ayant soin que son grand diamètre soit vertical (dans le cas d'un spéculum à section elliptique). On le fait progresser lentement en le ramenant en arrière au fur et à mesure qu'il pénètre, en même temps qu'on rend son grand axe horizontal en lui faisant effectuer une rotation d'un quart de cercle (le conduit auditif externe présente dans sa portion osseuse la coupe d'une ellipse à grand axe horizontal). Dans le cas où la section du spéculum est circulaire, on n'a qu'à l'enfoncer doucement à l'aide de petits mouvements de rotation.

Cette application, très facile, doit s'effectuer sans faire souffrir le patient. Il ne faut pas introduire le spéculum brusquement, de peur d'enfoncer le tympan, surtout chez les jeunes enfants, chez lesquels la portion osseuse du conduit n'existe qu'en partie.

Pratiquement, l'éclairage du tympan ne peut guère se faire directement. En effet, à cause de l'étroitesse et de la longueur du conduit, il est nécessaire que la source lumineuse se trouve dans le prolongement de l'axe de ce dernier pour en éclairer le fond. Or, comme l'œil de l'observateur doit occuper à peu près la même situation, on est obligé d'employer la lumière réfléchie, en se servant du miroir laryngoscopique ou ophtalmoscopique.

C'est la lumière naturelle qui donne le meilleur éclairage du tympan, car elle n'en modifie pas la couleur. Dans le cas où l'on emploie la lumière solaire directe, il faut se servir d'un miroir plan pour la réfléchir, car on s'exposerait, par l'emploi d'un miroir concave, à brûler le tympan.

Si l'on ne peut se servir de la lumière diffuse, il faut autant que possible employer une source lumineuse donnant une lumière blanche (bec Auer, par exemple). Dans ce cas, la lampe doit être placée derrière la tête du malade et au niveau de son oreille.

On peut, en même temps qu'on concentre la lumière sur le tympan, obtenir un certain grossissement en plaçant une lentille convexe au niveau du pavillon du spéculum (otoscope de Brunton). Mais ce mode d'examen est incommode et les reflets dus à la lentille sont gênants.

Lorsque le spéculum est parvenu au fond du conduit, la membrane du tympan apparaît. Quand le canal est très étroit et fortement courbé, il peut se faire qu'on ne l'aperçoive pas dans sa totalité ; mais, en faisant varier l'inclinaison du spéculum, il est possible de l'explorer dans son entier.

La membrane du tympan est vue sous la forme d'un petit diaphragme circulaire légèrement elliptique et concave au dehors, limitant le fond du conduit auditif externe. Comme il coupe obliquement ce conduit, le tympan est vu en raccourci et paraît moins grand qu'il ne l'est réellement. Il forme avec les parois supérieure et postérieure un angle obtus, et avec les parois antérieure et inférieure un angle aigu. Il regarde donc par sa face externe en bas et en avant. Cette inclinaison est sujette à de nombreuses variations, suivant l'âge du sujet. Très forte chez l'enfant, elle diminue

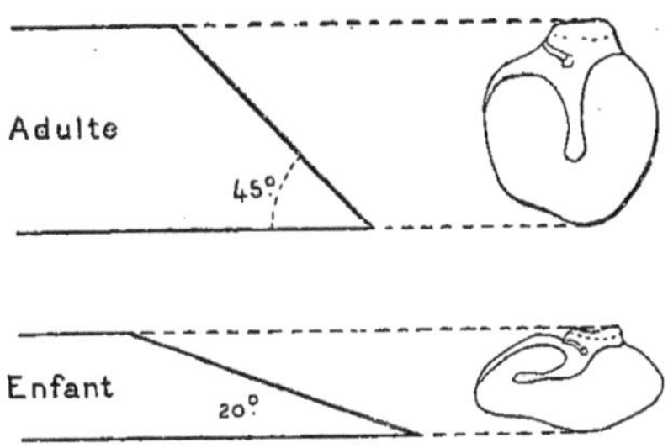

Fig. 264. — Obliquité du tympan suivant l'âge.

avec l'âge (fig. 264) (angle formé avec l'horizontale : à la naissance, 10°; à l'âge adulte, 45°).

Le tympan, dans sa portion supérieure, est partagé en deux moitiés inégales par une ligne blanc jaunâtre allant du centre à la partie supérieure de la circonférence, en se dirigeant en avant, en sorte que la portion postérieure est la plus grande (fig. 265). Cette ligne n'est autre que le bord externe du manche du marteau. Dans sa partie supérieure, on aperçoit une petite saillie, *3*, qui regarde du côté du conduit auditif externe et qui est formée par *l'apophyse externe* du marteau. Le manche est légèrement élargi à sa partie inférieure, qui, située au point le plus concave de la membrane du tympan, a reçu le nom d'*ombilic du tympan* (*1*, fig. 265). On aperçoit, partant de ce point et se dirigeant en avant et en bas, une tache brillante, *5* (triangle lumineux). Cette tache a la forme d'un triangle

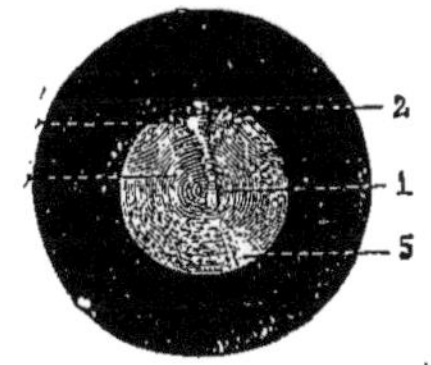

Fig. 265. — Membrane du tympan (oreille droite).

équilatéral dont la base, de 2 millimètres, correspond au bord du tympan, et le sommet à l'ombilic, un peu en avant et au-dessous du manche du marteau, avec lequel elle forme un angle obtus ouvert en avant. Cette tache lumineuse s'élargit lorsqu'on fait bomber le tympan en dehors.

Comme le manche du marteau est normalement dirigé vers l'intérieur de la caisse, à cause de la courbure et de l'inclinaison de la membrane, il est vu obliquement. On comprendra donc qu'il apparaisse plus ou moins long suivant que la courbure sera plus ou moins accentuée.

Aussi, si l'on raréfie l'air du conduit auditif externe (spéculum pneumatique de Siegle), ou si l'on augmente la pression de l'air contenue dans la caisse (insufflation par la trompe), la membrane se porte en dehors. Le manche du marteau, se déplaçant dans le même sens, paraît plus long ; son apophyse externe s'éloigne ; enfin le triangle lumineux s'élargit. Le déplacement, cependant, n'est pas toujours égal pour toutes les portions de la membrane, et, sous l'influence de cette pression de dedans en dehors, on peut voir apparaître sur le bord postérieur un large reflet lumineux mal défini, indiquant que la voussure du tympan est plus forte en avant qu'en arrière.

Si, au contraire, on vient à raréfier l'air de la caisse, la membrane du tympan, attirée à l'intérieur, exagère sa courbure, le manche du marteau paraît plus court, tandis que son apophyse devient plus saillante, et le triangle lumineux se rétrécit et paraît plus aigu. Ce sont ces diverses modifications dans l'aspect du tympan qui permettent de se rendre compte de son élasticité.

La coloration de la membrane du tympan varie légèrement suivant la lumière employée pour l'éclairer. A la lumière naturelle, elle a une couleur gris violacé, tandis qu'à la lumière artificielle sa couleur est gris jaunâtre. Son aspect est assez particulier et comme nacré. Elle est, en effet, translucide, en sorte que sa coloration est complexe, étant composée de sa couleur propre et de celle des rayons qui, après l'avoir traversée, sont réfléchis par la paroi interne de la caisse. C'est pourquoi sa partie antérieure est plus sombre que sa partie postérieure, qui présente des taches claires et foncées dessinant les inégalités de la paroi interne qui se trouve derrière elle.

Cet aspect peut varier sous l'influence de divers états pathologiques. C'est ainsi que dans l'inflammation de la membrane, ou myringite chronique, cette teinte nacrée fait place à une teinte rosée plus ou moins foncée, s'étendant à toute la surface de la membrane du tympan, ou localisée seulement à certains points. Dans la myringite aiguë, on aperçoit souvent de petites saillies bien limitées et arrondies, produisant des réflexions variées de la lumière et qui ne sont autre que de petits abcès logés dans l'épaisseur des lamelles.

Les excroissances polypiformes de la myringite villeuse sont nettement aperçues à l'examen otoscopique. Il en est de même des dépôts calcaires qui, parfois, se font dans l'épaisseur de la membrane, et affectent des formes variées : on peut observer, en effet, de ces dépôts punctiformes, discoïdes, en fer à cheval, etc.

Les ulcérations de la membrane, ses déchirures sont diagnostiquées d'emblée par l'exploration otoscopique. Les corps étrangers du conduit sont reconnus facilement par ce moyen, qui permet, de plus, leur extraction sous le contrôle de la vue.

ŒSOPHAGOSCOPIE ET GASTROSCOPIE

L'œsophagoscope est constitué par un tube métallique de 15 ou 17 milli-mètres de diamètre et dont la longueur varie de 28 à 45 centimètres (fig. 266). Dans ce tube est placé un mandrin M, dont l'extrémité est flexible, afin de faciliter l'introduction de l'instrument dans l'œsophage. Une fois le tube en place, le mandrin est retiré et rem-placé par le tube RR, dont l'extrémité porte un petit miroir plan S, incliné de telle sorte qu'il renvoie dans l'axe du tube les rayons émis par les parois à examiner. On peut encore, sans employer ce tube interne, regarder directement à travers la lumière de l'œsophagoscope les parois de l'œso-phage, qui viennent se présenter contre l'extrémité de l'instrument ter-miné en section droite ou taillé en bec de flûte.

La figure 267 indique la manière de procéder à cet examen.

Mickulicz et Leiter ont construit, en 1881, pour l'examen direct de l'estomac, un appareil qui, à part ses dimensions, ressemble à un cys-toscope.

Le modèle actuel de Leiter (fig. 268) est un tube de 57 centimètres de long, courbé à angle obtus, et d'un diamètre de 16 millimètres, terminé à son extré-mité gastrique par un embout arrondi qui s'y trouve vissé. Cet embout pré-sente, comme dans le cystoscope, une fenêtre en cristal derrière laquelle se trouve une lampe à incandescence qui prend contact avec des bornes placées à l'extrémité oculaire de l'in-strument.

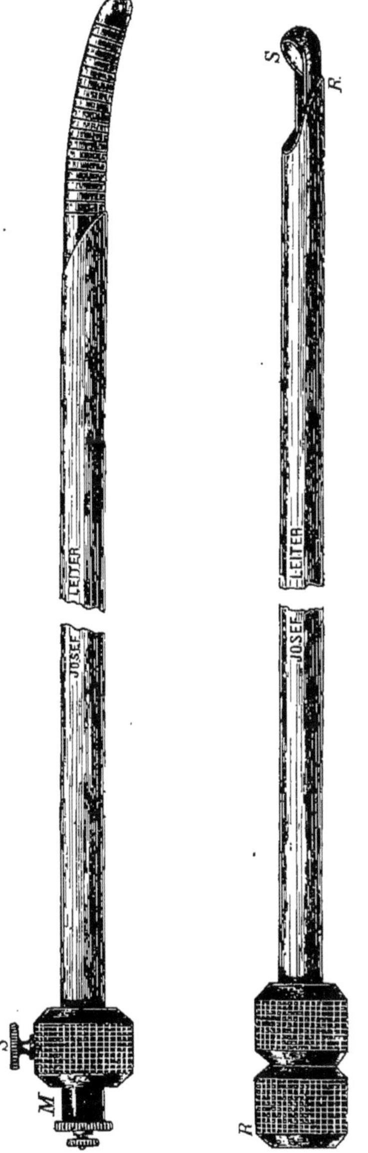

Fig. 266. — Œsophagoscope.

La disposition optique comprend un prisme P, recevant les rayons émis par la surface éclairée de la cavité. Ces rayons, après passage à travers les lentilles L, L', sont reçus à la partie coudée de l'instrument sur un prisme P, qui les dirige dans la direction nouvelle de l'axe du tube. La lentille L reprend une partie de ces rayons qui, finalement, tombent sur l'objectif d'une lunette par laquelle se fait l'observation.

Afin d'éviter les brûlures de la muqueuse, il est nécessaire de refroidir la lampe en faisant circuler autour d'elle de l'air glacé injecté au moyen de la poire G'. Cette circulation d'air est commandée par le robinet K;

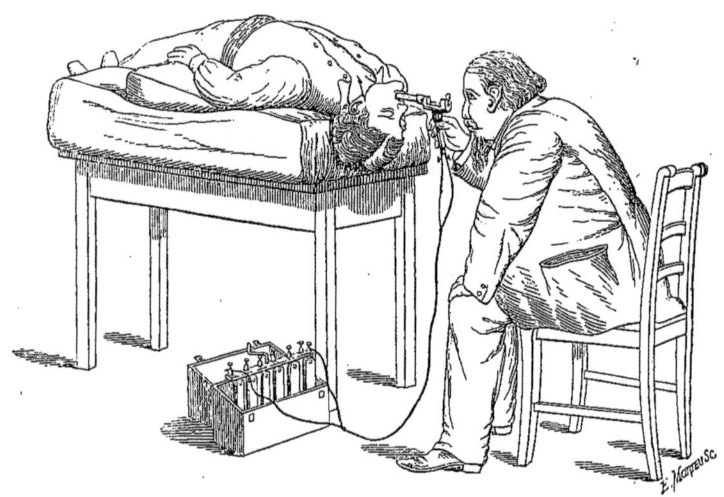

Fig. 267. — Œsophagoscopie.

l'air ressort en V. Si la lampe est très poussée, le refroidissement par air devient insuffisant, et on le remplace par une circulation d'eau.

Il existe également dans le tube endoscopique un petit tube s'ouvrant à l'intérieur dans la portion terminale de l'instrument, et fermé près de l'oculaire par un robinet M. On peut ainsi insuffler de l'air dans l'estomac.

Cet instrument sert pour explorer la région pylorique. Il est nécessaire de disposer la fenêtre et le prisme du côté opposé quand on veut examiner la grande courbure de l'estomac.

On doit s'exercer au maniement de l'instrument sur le cadavre avant d'entreprendre l'examen sur le vivant.

VAGINOSCOPIE ET UTÉROSCOPIE

L'examen du vagin et du col utérin se fait au moyen de spéculums.

Ces instruments ont pour rôle d'écarter les parois du vagin, qui sont normalement accolées entre elles, et d'éclairer le fond de la cavité vaginale.

Les premiers spéculums employés jouaient simplement le rôle de dilatateurs. Ils étaient composés d'un nombre plus ou moins grand de tiges pouvant s'écarter l'une de l'autre, une fois l'instrument introduit dans le vagin.

C'est en 1804 que Récamier, s'étant servi, pour panser une femme atteinte d'ulcération du col, d'une canule en fer-blanc qui écartait les parois du vagin et les protégeait à la fois contre l'action irritante des topiques, songea qu'il lui suffirait d'élargir sa canule pour éclairer et voir les organes.

On distingue trois espèces de spéculums : les spéculums pleins ou tubulaires, les spéculums à plusieurs valves, et les spéculums univalves.

Les spéculums pleins se divisent en coniques et cylindriques. Les spéculums coniques (fig. 269) ont l'inconvénient de restreindre le champ de l'examen. Le même défaut, moindre cependant, est inhérent à l'emploi des spéculums cylindriques. Parmi ceux-ci, le plus connu est le spéculum de Fergusson (fig. 270), dont l'extrémité taillée en bec de flûte permet de cueillir le col utérin pour le mettre dans l'axe de l'instrument.

Les spéculums à valves permettent la dilatation de la cavité vaginale. Parmi ceux-ci, indépendamment du nombre de valves qu'ils possèdent, il importe de distinguer ceux dont les valves s'écartent parallèlement, dans toute leur longueur, et ceux dont les valves, articulées à la base de l'instrument, ne peuvent s'écarter que par leur extrémité vaginale. Ce sont ces derniers qui sont les plus rationnels, car les premiers, tout comme les spéculums tubulaires d'ailleurs, limitent l'écartement des parois du vagin au degré de dilatation de l'orifice vulvaire.

Parmi les spéculums à articulation, les plus employés sont les

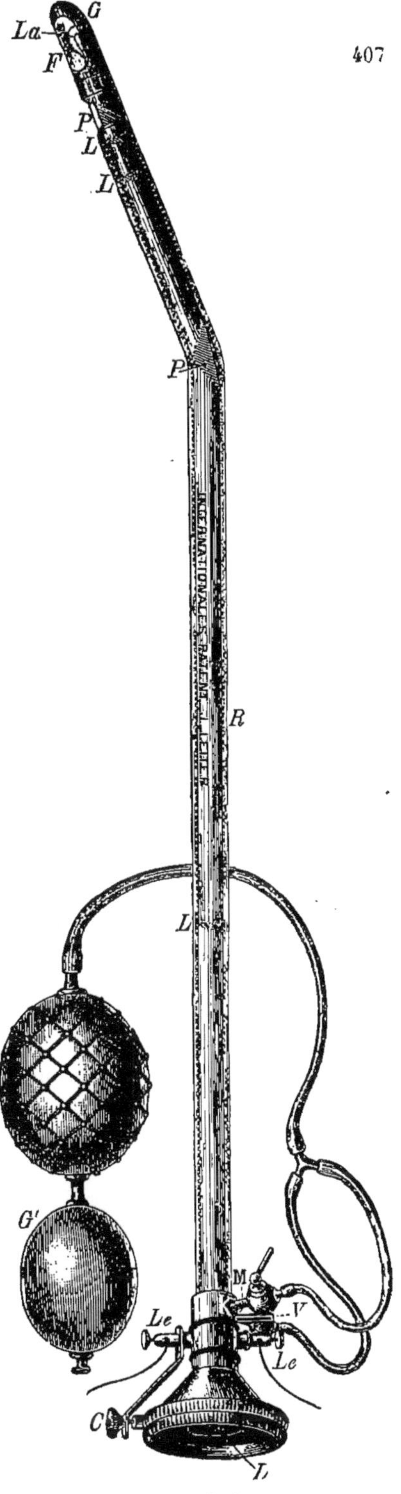

Fig. 268. — Gastroscope.

spéculums bivalves, dont le spéculum de Cusco est le type (fig. 271).
La surface intérieure de ces instruments est argentée ou nickelée, de façon

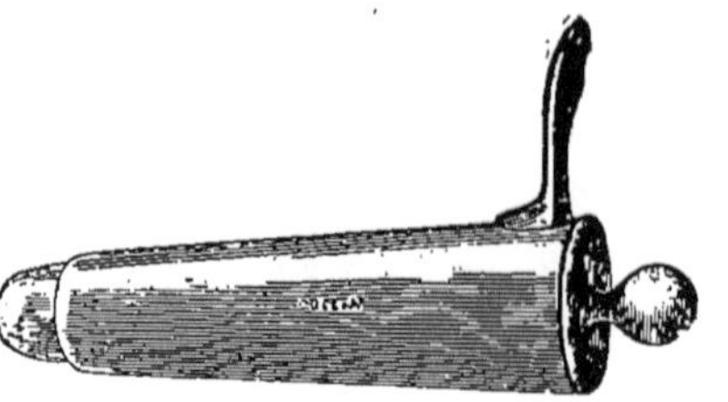

Fig. 269. — Spéculum conique
avec son mandrin.

Fig. 270. — Spéculum cylindrique
de Fergusson.

à réfléchir jusqu'au col de la matrice les rayons lumineux destinés à
l'éclairer.

Il existe, indépendamment de ces appareils, des spéculums grillagés de
diverses formes : cylindriques, coniques, fixes et pliants. Mais ils ont tous
le défaut de dilater sans éclairer.

Les spéculums univalves, formés d'une valve en gouttière (fig. 272), sont

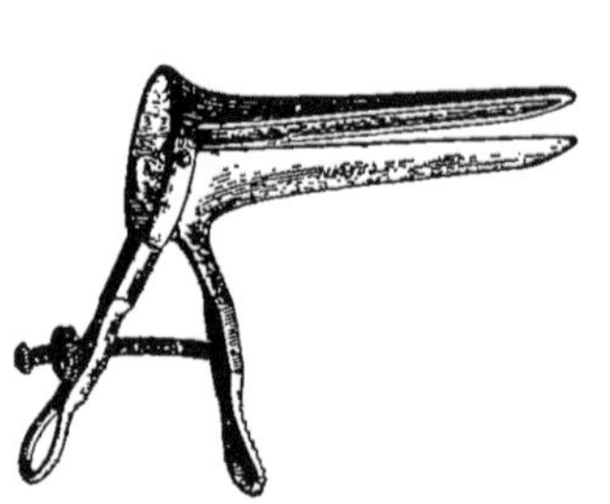

Fig. 271. — Spéculum de Cusco.

Fig. 272. — Spéculum univalve.

employés soit seuls, soit accouplés deux à deux. Ils permettent d'explorer
les parois du conduit vaginal.

Une fois le spéculum vaginal en place, on peut, à l'aide de petits spécu-

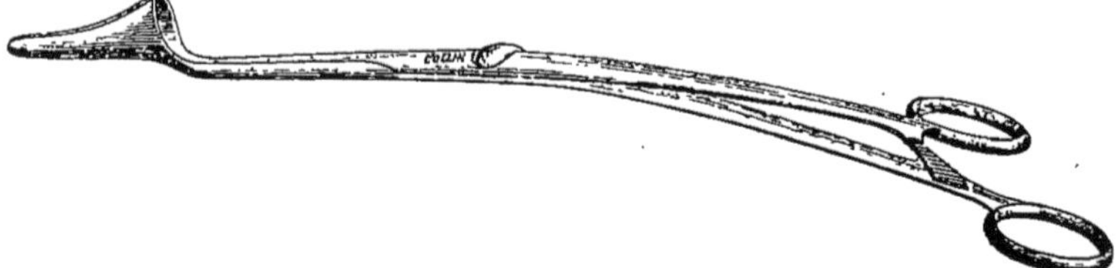

Fig. 273. — Spéculum intra-utérin.

lums spéciaux (fig. 273), dilater le col de l'utérus, afin d'examiner directement sa cavité. Cet examen se fait plus complètement en employant un

tube endoscopique cylindrique que l'on introduit, muni d'un mandrin, dans la cavité utérine.

Les figures 274 et 275 représentent la disposition adoptée par M. Clado dans ses essais. La lampe peut envoyer directement des rayons (fig. 274);

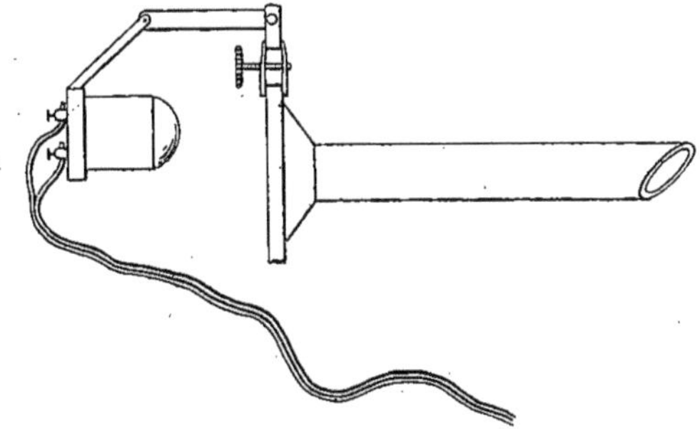

Fig. 274. — Hystéroscope de Clado.

on peut encore la placer dans la position indiquée dans la figure 275; dans ce cas, il est nécessaire de lui adjoindre un miroir percé d'un orifice à son centre pour permettre l'observation. Le premier dispositif est commode lorsque l'on veut tamponner le fond de la cavité utérine pour pratiquer le

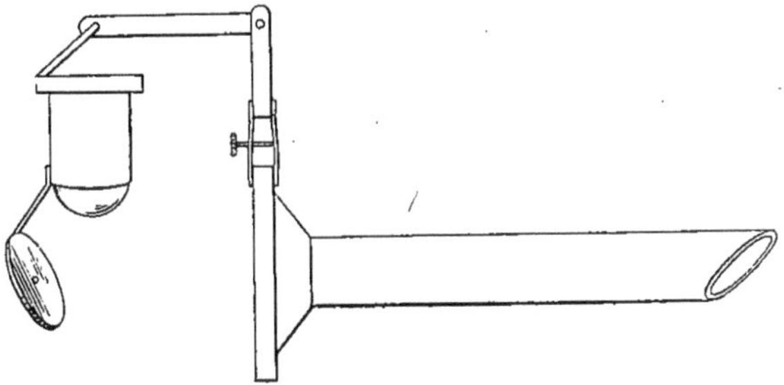

Fig. 275. — Hystéroscope de Clado.

nettoyage de la muqueuse, car on évite ainsi de salir le miroir, ce qui arrive facilement en employant le second dispositif.

Cette méthode mériterait d'être plus employée qu'elle ne l'est actuellement, MM. Duplay et Clado ayant montré son utilité dans l'examen de plusieurs cas pathologiques.

RECTOSCOPIE

Cette méthode est identique comme principe à l'utéroscopie et à l'urétroscopie. Elle paraît d'un usage courant en Amérique, où elle a été imaginée par Hersztein (de Chicago). On utilise depuis longtemps déjà des spéculums spéciaux, analogues aux spéculums vaginaux, pour l'examen du rectum.

M. Quénu a présenté des modèles de rectoscopes à la Société de chirurgie en 1897. Ce sont des tubes de 10 à 30 centimètres de longueur, taillés obliquement à l'une de leurs extrémités et munis d'un embout pour en faciliter l'introduction. Les petits tubes servent à l'exploration minutieuse de l'ampoule rectale et feront retrouver l'orifice interne d'une fistule, une ulcération, etc. Les grands modèles sont surtout utiles en ce qu'ils permettent l'exploration du rectum à une profondeur que ne peut atteindre le toucher et peuvent montrer dans ces régions inaccessibles des brides limitées de l'anse oméga, une plaque ou une saillie cancéreuse.

Ces tubes s'introduisent assez facilement dans l'ampoule rectale après qu'ils ont été munis de leur embout, qu'il convient ensuite de retirer. On voit alors la lumière de l'intestin, vers laquelle on incline le tube tout en l'enfonçant (1).

---

(1) Depuis la rédaction de cet article, j'ai utilisé comme source de lumière, pour l'endoscopie et la photographie endoscopique, le filament de la lampe Nernst. Ce filament, placé dans un petit tube métallique de quelques millimètres de diamètre, présentant une fente à sa partie antérieure, est isolé soigneusement à une de ses extrémités, tandis que l'autre est reliée au tube qui l'entoure. Pour que le courant puisse passer dans ce filament et maintenir l'incandescence, on le porte au rouge en dirigeant sur lui le dard d'un chalumeau.

On a ainsi l'avantage d'avoir, *sous un volume extrêmement restreint*, une source lumineuse très intense, ce qui permettra de superposer le champ d'observation et le champ d'éclairage.

Dans l'observation endoscopique, il faudra diriger le regard tangentiellement au petit tube, tandis que dans la photographie endoscopique il suffira de placer ce tube, soigneusement noirci, immédiatement devant un objectif photographique. On réalise ainsi parfaitement les conditions d'éclairage endoscopique.

La présence du tube noirci en avant de l'objectif n'atténue pour ainsi dire pas la netteté de l'image photographique, tout en supprimant la principale difficulté de cette méthode, qui est l'éclairage uniforme des régions susceptibles d'être photographiées. Ainsi, en 2 à 3 secondes, avec une lampe de 200 bougies, on obtient une photographie du pharynx et de l'arrière-gorge, en 5 à 6 secondes, une photographie agrandie du tympan, etc.

En choisissant un filament bien droit on peut, du reste, utiliser cette source de lumière ainsi disposée pour réaliser commodément une quantité d'expériences de physique ne nécessitant pas une fente lumineuse très étroite. Citons la projection des spectres où la pureté du spectre est celle obtenue par une fente de moins de 1 millimètre de largeur, la projection des déviations d'un miroir galvanométrique, les démonstrations des aberrations, etc., etc.

ÉTUDE OPTIQUE DE L'ŒIL

OEIL RÉDUIT. — ABERRATIONS CHROMATIQUES

Par C. SIGALAS.

I. — INTRODUCTION PHYSIQUE A LA DIOPTRIQUE OCULAIRE

Les rayons lumineux émis par chacun des points d'un objet extérieur, avant d'aller former par leur concours sur la rétine l'image de l'objet — condition nécessaire pour la vision nette de cet objet, — sont modifiés dans leur marche par leur passage à travers les milieux réfringents de l'appareil visuel. Ces milieux : air, cornée, humeur aqueuse, cristallin, humeur vitrée, sont séparés les uns des autres par des surfaces courbes, qu'on peut envisager, au moins sur leur portion utile au point de vue de la réfraction, comme sensiblement sphériques.

De plus, la valeur des indices de ces milieux successifs est telle que chacune de ces surfaces, considérée isolément, est convexe du côté le moins réfringent et, par conséquent, constitue un *dioptre sphérique convergent*.

En effet, sans tenir compte de la faible différence d'indice entre la substance cornéenne et l'humeur aqueuse :

1° La surface de la cornée, dont la convexité est tournée vers l'air, sépare l'air de l'humeur aqueuse d'indice sensiblement égal à celui de l'eau $\left[\dfrac{4}{3} = 1,33\right]$: c'est le premier dioptre oculaire, *dioptre cornéen* ;

2° La surface antérieure du cristallin, dont la convexité est tournée du côté de l'humeur aqueuse, sépare le cristallin, dont l'indice est égal à 1,45 environ, de l'humeur aqueuse d'indice plus faible, 1,33 : c'est le second dioptre oculaire ou *dioptre cristallinien antérieur* ;

3° Enfin, la surface postérieure du cristallin, dont la convexité est tournée du côté du corps vitré, est encore un dioptre convergent, puisqu'elle sépare la substance cristallinienne, d'indice égal à 1,45, du vitré dont l'indice est égal à peu près à celui de l'humeur aqueuse, 1,33 : c'est le troisième dioptre oculaire ou *dioptre cristallinien postérieur*.

Ces trois dioptres, dont l'association constitue le système dioptrique oculaire, sont en outre disposés de façon telle que leurs axes principaux (lignes passant par les centres de courbure et par les pôles ou sommets des surfaces réfringentes) ont une direction commune : ils constituent donc un *système centré* (1) formé de trois dioptres convergents dont la direction commune des axes est l'*axe optique* du système.

On peut dire encore, en considérant à part la *lentille* cristallinienne résultant de la réunion des deux derniers dioptres, que le système dioptrique oculaire est un système optique centré constitué par l'association d'un dioptre sphérique convergent (dioptre cornéen) et d'une lentille biconvexe épaisse (cristallin).

Ce qui précède suffit pour montrer que toute la dioptrique de l'œil doit avoir pour base l'étude physique de la réfraction à travers les dioptres et à travers les systèmes centrés : lentilles, systèmes de dioptres associés, etc.

1. RÉFRACTION A TRAVERS UNE SEULE SURFACE. DIOPTRES SPHÉRIQUES.

Points et plans conjugués. — Soit une calotte sphérique dont le pôle ou sommet (*Scheitelpunkt*) est P et le centre de courbure C, séparant deux milieux réfringents d'indices n_1 et n_2 tels que l'on ait : $n_2 > n_1$. La ligne CP est l'axe principal du dioptre. Dans ce qui va suivre, nous supposerons toujours que l'amplitude des dioptres est très petite, et, par conséquent : 1° que leur surface peut être confondue avec leur plan tangent; 2° que les rayons considérés, toujours très voisins de l'axe principal, traversent la surface réfringente sous des angles x assez petits pour qu'on puisse les confondre avec leur sinus ou leur tangente :

$$x = \sin x = \cos x \quad \text{et} \quad \cos x = 1.$$

Un rayon incident quelconque Ll, parmi ceux émanés du point L situé sur l'axe principal, se réfractera en I suivant la direction IL′ telle que

$$\frac{\sin i}{\sin r} = \frac{n_2}{n_1}$$

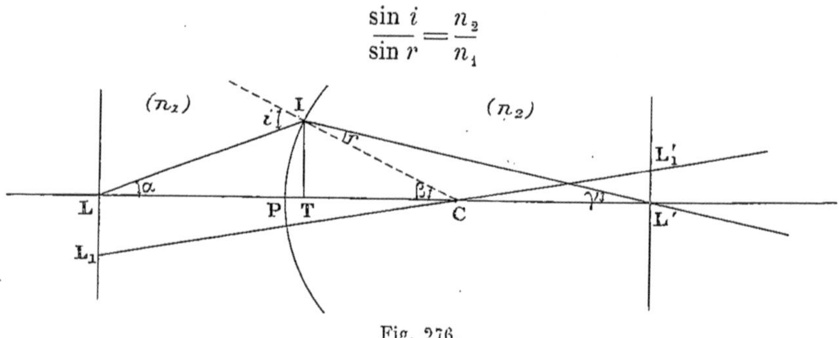

Fig. 276.

ou, d'après la loi de KÉPLER,

$$\frac{i}{r} = \frac{n_2}{n_1} \quad \text{ou} \quad n_1 i = n_2 r.$$

(1) En réalité, dit Helmholtz, l'œil humain n'est pas exactement centré; mais, à l'état normal, ce défaut de centrage, suffisant pour pouvoir être mesuré, est assez faible pour qu'on puisse le négliger.

La figure 276 montre que l'on a

$$i = \alpha + \beta \; [\text{triangle LIC}],$$
$$r = \beta - \gamma \; [\text{triangle ICL}'],$$

d'où,

$$n_1(\alpha + \beta) = n_2(\beta - \gamma).$$

Abaissons sur l'axe la perpendiculaire IT et désignons par R le rayon de courbure du dioptre, par p la distance du point L au sommet P et par p' la distance du point L' à ce même sommet P; nous avons

$$\operatorname{tg}\alpha = \alpha = \frac{IT}{p},$$

$$\operatorname{tg}\beta = \beta = \frac{IT}{R},$$

$$\operatorname{tg}\gamma = \gamma = \frac{IT}{p'}.$$

Substituant ces valeurs dans la relation $n_1[\alpha + \beta] = n_2[\beta - \gamma]$, il vient

$$(\text{I}) \qquad \frac{n_1}{p} + \frac{n_2}{p'} = \frac{n_2 - n_1}{R},$$

ou encore, en désignant par n l'indice relatif du second milieu par rapport au premier,

$$n = \frac{n_2}{n_1},$$

et divisant tous les termes de l'expression (I) par n_1,

$$(\text{I}') \qquad \frac{1}{p} + \frac{n}{p'} = \frac{n-1}{R}.$$

Cette relation montre que la position du point L' est indépendante du point d'incidence. On est donc en droit de conclure que tous les rayons émanés du point L viendront, après réfraction, couper l'axe en L' et réciproquement : L et L' sont des *points conjugués*.

A cause de l'identité, au point de vue géométrique, de tous les rayons de la sphère, tout point L_1 situé en dehors de l'axe principal, sur un *axe secondaire* CL_1, aura de même son conjugué sur cet axe en L_1', et, si l'on fait $CL_1 = CL$, on aura $CL_1' = CL'$. Donc, tous les points situés sur une petite portion de sphère ayant pour centre C et pour rayon CL, auront pour images les points d'une calotte sphérique ayant pour centre C et pour rayon CL'. Étant donnée leur faible amplitude, ces calottes peuvent être confondues avec leurs plans tangents menés par L et L' perpendiculairement à l'axe du dioptre : ces deux plans, menés par les points conjugués, sont dits *plans conjugués*.

Points et plans focaux. — Si, dans les équations (I) et (I′), on fait $p = \infty$, il vient pour p' une valeur

$$(\text{II}) \qquad \varphi' = \text{R}\,\frac{n_2}{n_2 - n_1} \qquad \text{et} \qquad \varphi' = \text{R}\,\frac{n}{n - 1},$$

De même, si l'on fait $p' = \infty$, on a pour p une valeur

$$(\text{III}) \qquad \varphi = \text{R}\,\frac{n_1}{n_2 - n_1} \qquad \text{et} \qquad \varphi = \text{R}\,\frac{1}{n - 1}.$$

Il existe donc sur l'axe deux points f et f' (fig. 277), de chaque côté de la surface réfringente, vers lesquels viennent concourir les rayons parallèles à l'axe principal ; le premier, f', est le *foyer principal* des rayons venus du milieu le moins réfringent ; le second, f, est le *foyer principal* des rayons venus du milieu le plus réfringent.

Les deux plans menés par les deux foyers principaux perpendiculairement

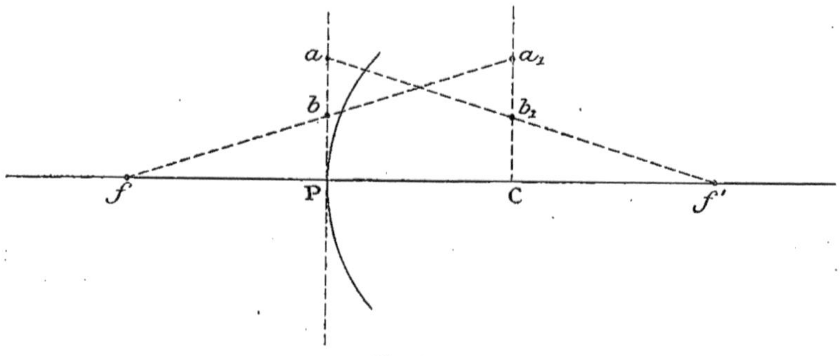

Fig. 277.

à l'axe sont les deux *plans focaux* du dioptre : chacun d'eux est le lieu des foyers de l'axe principal et des axes secondaires du système.

Les deux distances φ' et φ des foyers f' et f au pôle du dioptre en sont les *distances focales*.

Une construction géométrique très simple permet de trouver la position des deux foyers principaux : il suffit d'élever deux perpendiculaires en P et en C et de prendre sur chacune d'elles deux longueurs $\text{P}a = \text{C}a_1$ et $\text{P}b = \text{C}b_1$ telles que l'on ait

$$\frac{\text{P}a}{\text{P}b} = \frac{\text{C}a_1}{\text{C}b_1} = \frac{n_2}{n_1} ;$$

les deux lignes menées respectivement par les points a_1 et b, a et b_1 ainsi déterminés coupent l'axe aux foyers principaux f' et f.

En effet, les triangles semblables à $\text{P}f'$ et $b_1\text{C}f'$ donnent

$$\frac{a\text{P}}{b_1\text{C}} = \frac{\text{P}f'}{\text{C}f'} \qquad \text{ou} \qquad \frac{n_2}{n_1} = \frac{\text{P}f'}{\text{P}f' - \text{R}},$$

d'où

$$n_2.Pf' - n_1.Pf' = n_2 R$$

et

$$Pf' = R\frac{n_2}{n_2 - n_1} = \varphi'.$$

On a de même

$$Pf = R\frac{n_1}{n_2 - n_1} = \varphi.$$

Rapport des distances focales. — Divisant (II) par (III), on a

$$\text{(IV)} \qquad \frac{\varphi'}{\varphi} = \frac{n_2}{n_1} \qquad \text{ou} \qquad \frac{\varphi'}{\varphi} = n.$$

Le rapport des distances focales est celui des indices de réfraction des substances réfringentes du dioptre.

Différence des deux longueurs focales. — Retranchons (III) de (II), il vient

$$\text{(V)} \qquad \varphi' - \varphi = R.$$

La différence des deux longueurs focales est égale au rayon de courbure du dioptre, ou encore : *La distance de l'un des foyers au centre est égale à la distance de l'autre foyer au pôle,*

$$R + \varphi = \varphi' \qquad \text{et} \qquad \varphi' - R = \varphi.$$

Équation des points conjugués. — Si, dans l'équation (I) ou (I'), on divise tous les termes par le second membre, il vient, après simplification et substitution de φ et de φ' à leurs valeurs exprimées en fonction des indices et du rayon de courbure,

$$\text{(VI)} \qquad \frac{\varphi}{p} + \frac{\varphi'}{p'} = 1.$$

Images fournies par les dioptres. — Soient P le pôle d'un dioptre sphérique que nous remplacerons par son plan tangent (fig. 278), C le centre de courbure, f' et f les foyers principaux. Proposons-nous de construire l'image d'un objet AB. Parmi les rayons émis par le point A, menons : 1° AI parallèle à l'axe ; son réfracté est évidemment If''A' ; 2° le rayon AfI' passant par le foyer principal antérieur; le réfracté de ce rayon est I'A', parallèle à l'axe. Les deux réfractés se coupent en A'. A' est donc l'image du point A. D'autre part, le plan mené par A perpendiculairement à l'axe a pour conjugué le plan mené par A' perpendiculairement à l'axe et B' est l'image de B. A'B' est donc l'image de AB.

Posons

$$\begin{aligned} AB &= O & \text{et} \quad A'B' &= i, \\ BP &= p & \text{et} \quad B'P &= p'. \end{aligned}$$

Les triangles semblables fPI′ et AII′, PIf' et I′IA′ donnent

$$\frac{i}{0+i}=\frac{\varphi}{p}$$

et

$$\frac{0}{0+i}=\frac{\varphi'}{p'}\,;$$

d'où, en divisant membre à membre,

(VII) $$\frac{i}{0}=\frac{\varphi p'}{\varphi' p}\quad\text{ou}\quad i.\frac{\varphi'}{p'}=0.\frac{\varphi}{p}\cdot$$

Grâce aux équations (VI) et (VII), on connaît les rapports de position et de

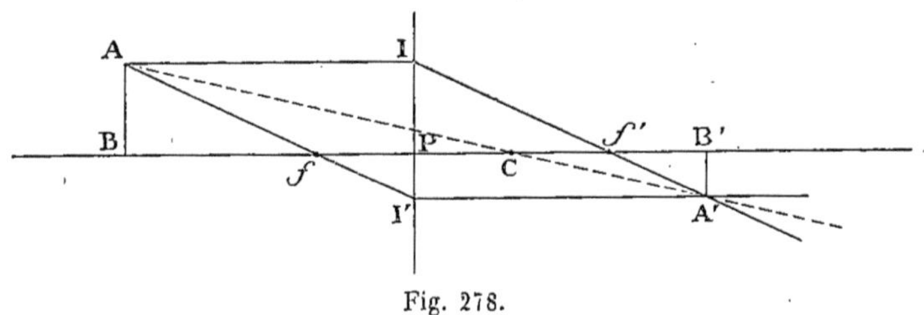

Fig. 278.

grandeur de l'image et de l'objet. Nous n'insisterons pas sur la discussion de ces rapports.

Équation des points conjugués de Newton. — Si l'on prend le premier foyer f comme origine des distances pour l'objet, et le second foyer f' pour origine des distances de l'image, on a, en désignant ces distances respectivement par l et par l',

$$\frac{0}{i}=\frac{l}{\varphi}=\frac{\varphi'}{l'}\ \text{(triangles AB}f\text{ et }f\text{PI′, IP}f'\text{ et }f'\text{B′A′),}$$

d'où

(VIII) $$ll'=\varphi\varphi'.$$

Équation des points conjugués par rapport au centre de courbure. — On prend quelquefois, notamment dans certains calculs de dioptrique oculaire, le centre de courbure C comme point origine des distances, au lieu du sommet P de la surface réfringente.

Dans la figure 278, il est évident que l'axe secondaire ACA′ rencontre en A′ le point d'intersection des deux réfractés IA′ et I′A′ et peut servir à remplacer l'un d'eux dans la construction de l'image du point A.

Prenons le centre de courbure C comme origine des distances, et posons

$$\lambda=Cf,\quad \lambda'=Cf',$$

et

$$\pi=CB,\quad \pi'=CB'.$$

En nous reportant à la figure et à l'équation (V), nous écrirons pour les distances focales ainsi mesurées :

$$\lambda = \varphi + R = \varphi' = R\,\frac{n_2}{n_2 - n_1},$$

$$\lambda' = \varphi' - R = \varphi = R\,\frac{n_1}{n_2 - n_1}.$$

D'autre part, les triangles semblables ABf et I'Pf — ABC et A'B'C donnent

$$\frac{O}{i} = \frac{Bf}{Pf} = \frac{BC}{B'C},$$

mais

$$Bf = \pi - \lambda; \quad Pf = \varphi = \lambda'; \quad BC = \pi; \quad B'C = \pi'.$$

On a donc

$$\frac{\pi - \lambda}{\lambda'} = \frac{\pi}{\pi'} \quad \text{ou} \quad \pi\pi' - \lambda\pi' = \pi\lambda',$$

et, divisant par $\pi\pi'$,

$$(\alpha) \qquad \frac{\lambda}{\pi} + \frac{\lambda'}{\pi'} = 1,$$

formule analogue à l'équation (VI), qui permet de déterminer la position des points conjugués par rapport au centre de courbure, quand on connaît la distance qui sépare ce point des foyers principaux du dioptre.

Quant à la grandeur de l'image, les triangles ABC, A'B'C' donnent

$$(\beta) \qquad \frac{O}{i} = \frac{\pi}{\pi'}, \quad \text{d'où} \quad i = O\,\frac{\pi'}{\pi}.$$

Points et plans cardinaux d'un dioptre. — Les démonstrations qui précèdent et la discussion des formules (VI) et (VII), ou, plus simplement, la construction géométrique de l'image d'un objet dont on fait varier successivement la distance à la surface réfringente ont établi l'existence de points et de plans dont les propriétés singulières sont couramment utilisées et que nous allons brièvement résumer :

a. Tout rayon incident en un point I (fig. 278) donne un rayon réfracté qui coupe la surface réfringente au même point. Si donc un objet lumineux est placé dans le plan de la surface réfringente, l'image se forme dans le même plan, est égale en grandeur à l'objet et de même sens : pour cette raison, le plan tangent à la surface du dioptre est appelé *plan principal*.

Le sommet P de la surface réfringente, point d'intersection de ce plan avec l'axe, est le *point principal* du dioptre.

b. Il existe encore deux *plans conjugués* Q et Q', tels que, si l'objet se trouve situé dans l'un, l'image se forme dans l'autre, de même grandeur que l'objet et de sens contraire : ce sont les *plans antiprincipaux* (fig. 279).

L'expression (VIII)

$$\frac{O}{i}=\frac{l}{\varphi}=\frac{\varphi'}{l'}$$

montre que, pour avoir

$$O = i,$$

il faut que l'on ait

$$l = \varphi,$$

et que, si l'on a

$$l = \varphi,$$

il vient

$$l' = \varphi'.$$

Le premier plan antiprincipal Q est donc situé à une distance du premier

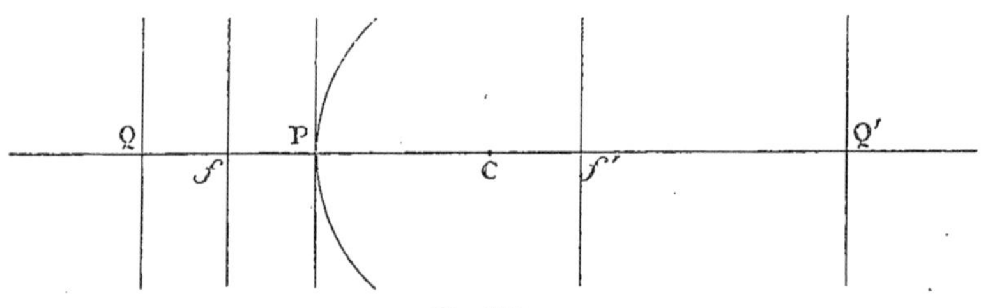

Fig. 279.

foyer égale à la première distance focale, et le second plan antiprincipal Q'
à une distance du second foyer égale à la seconde distance focale.

c. Le centre de courbure de la surface réfringente est un point tel que
tout rayon qui passe par lui traverse le dioptre sans être dévié, car il est
toujours normal à la surface réfringente : ce point est appelé *centre optique*
ou *point nodal* ou *nœud* du dioptre.

d. Enfin, nous connaissons deux autres points fixes, les *foyers principaux*
ou *points focaux*, et deux *plans focaux*, qui sont les plans menés par les
foyers perpendiculairement à l'axe.

C'est à l'ensemble de ces points et plans qu'on donne le nom d'*éléments
cardinaux* du dioptre. La connaissance de leurs propriétés et des relations
qui les lient les uns aux autres simplifie considérablement les constructions
et les calculs.

Construction du réfracté d'un rayon incident quelconque. —
Nous considérerons seulement ici le cas, qui se présente assez fréquemment,
d'un rayon incident LI dont on ne connaît pas le point d'incidence sur la
surface réfringente P, dont le centre est en C et les plans focaux en F et F'
(fig. 280).

1° Par le point K d'intersection du rayon incident avec le premier plan
focal, menons l'axe secondaire KC : le réfracté du rayon LI qui passe par le
foyer K de cet axe secondaire doit forcément être parallèle à cet axe. Nous
avons donc ainsi la *direction* du réfracté.

2° Menons l'axe secondaire CK' parallèle au rayon incident : le point K' d'intersection avec le plan focal F′ est le foyer de cet axe; tous les incidents parallèles à CK′ — et LI est un de ces rayons — devront passer par le point K′. Nous avons donc ainsi *un point* du réfracté.

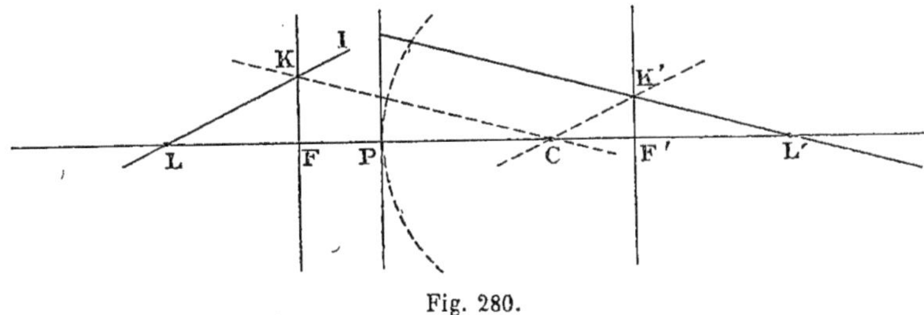

Fig. 280.

Le rayon cherché sera par conséquent la droite K′L′ menée par le point K′ parallèlement à KC.

On voit tout de suite qu'une des deux constructions précédentes suffit dans le cas d'un réfracté dont on connaît le point d'incidence.

2. SYSTÈMES CENTRÉS.

Généralités. — Un système centré composé d'un nombre quelconque de dioptres sphériques de même axe doit avoir, comme un dioptre simple, deux *foyers principaux* et deux *plans focaux*, et aussi des *points* et *plans conjugués*.

Soit, en effet (fig. 281), XY l'axe du système composé des dioptres P, P′, P″, P‴,... séparant les milieux réfringents d'indices différents n_1, n_2, n_3, n_4, n_5,... Un point lumineux L, situé dans le premier milieu, a pour conjugué à travers le premier dioptre un point L′, qui a pour conjugué à travers la seconde surface le point L″, lequel, à travers le troisième dioptre P″, a pour conjugué L‴, point dont le conjugué à travers la dernière surface

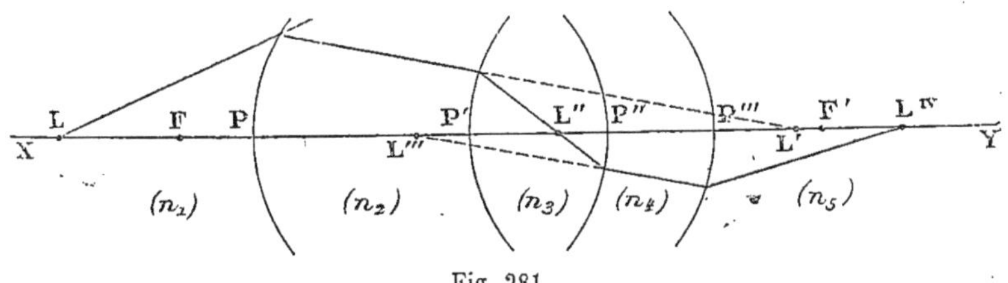

Fig. 281.

réfringente P″ est L^{IV} : L^{IV} *est le conjugué du point* L *à travers le système centré*. Les plans perpendiculaires à l'axe menés par L et L^{IV} sont aussi des *plans conjugués*.

Si le point L est à l'infini, le faisceau incident est parallèle à l'axe, et son conjugué F′ dans le dernier milieu est le *deuxième foyer principal* du système.

De même, il existe dans le premier milieu un point F tel que les rayons qui en partent sortent, après avoir traversé le système, en parallélisme avec l'axe principal; ce point F, dont le conjugué est à l'infini dans le dernier milieu, est le *premier foyer principal* du système.

Les plans perpendiculaires à l'axe menés par les points focaux sont les *plans focaux* du système centré.

Nous verrons bientôt qu'il existe dans les systèmes centrés d'autres éléments cardinaux utiles à connaître : *points principaux* [*Hautpunckte* de MOEBIUS (1829) et de GAUSS (1840)] et *points nodaux* [*Knotenpunckte* de LISTING (1845)].

A. — **Réfraction à travers deux surfaces réfringentes sphériques. Système de deux dioptres.**

Points et plans conjugués. Foyers et plans focaux. — Soient (fig. 282) deux dioptres P et P′ d'axe commun XY et dont les deux surfaces séparent trois milieux d'indices différents n_1, n_2, n_3. Pour réaliser le cas présenté par la *lentille cristallinienne*, nous supposerons les deux dioptres convergents et les valeurs des indices telles que $n_1 < n_2 > n_3$. Le cristallin est en effet une lentille biconvexe dont l'indice de réfraction est plus grand que celui des milieux dans lesquels elle est plongée : humeur aqueuse en avant et corps vitré en arrière.

Un point L situé sur l'axe dans le premier milieu a pour conjugué par

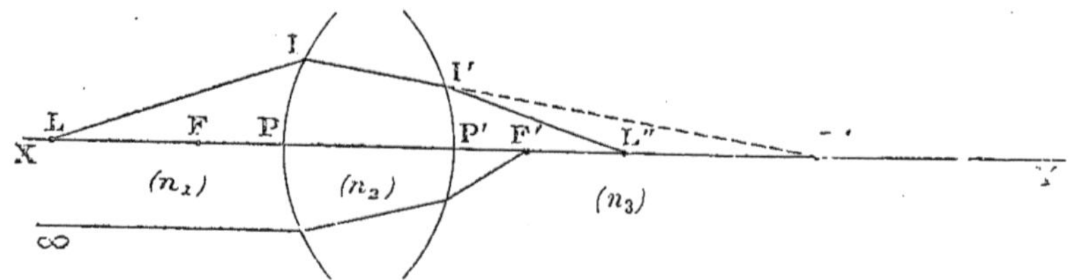

Fig. 282.

rapport au dioptre P le point L′. Ce point L′, à son tour, a pour conjugué dans le troisième milieu, par rapport au second dioptre P′, le point L″. Ce point L″ est donc le conjugué du point L à travers le système PP′. De même, le plan mené par L perpendiculairement à l'axe a pour conjugué le plan perpendiculaire à l'axe mené par L″.

Si le point L est à l'infini sur l'axe, le faisceau incident est parallèle à cet axe, et son conjugué F′ est le foyer principal du système dans le troisième milieu. De même, pour un point lumineux L″ situé à l'infini dans le troi-sième milieu, on aurait dans le premier milieu un conjugué F qui est le premier foyer principal du système.

Les plans perpendiculaires à l'axe, menés par les foyers F et F′, sont les deux *plans focaux*.

Plans et points principaux. — Soit PP′ le système de deux dioptres dont les foyers sont F et F′. Un rayon lumineux LI, parallèle à l'axe, subit en I une première réfraction et se dirige dans le milieu n_2 suivant II' (dont le prolongement coupe l'axe en f', foyer du dioptre P); en I' il se réfracte à nouveau dans le troisième milieu suivant la direction I'F' qui coupe l'axe au foyer principal du système. Le prolongement de ce réfracté I'F' coupe le prolongement du rayon incident LI en un point h'; menons par ce point le plan perpendiculaire à l'axe h'H'. Ce plan est un *plan principal* du système, et son point d'intersection avec l'axe, H', est un *point principal*.

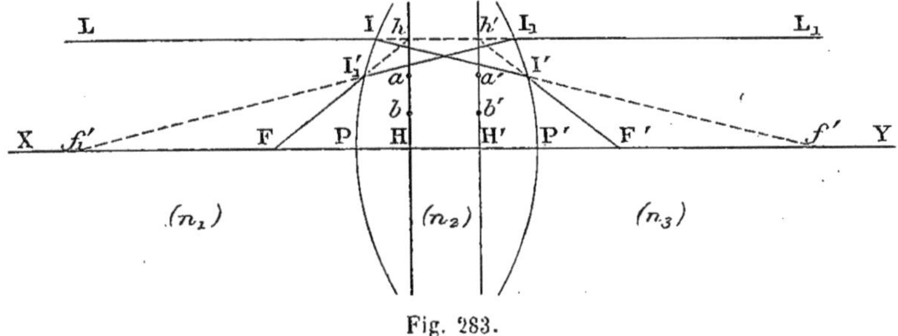

Fig. 283.

Démontrons que leur position est fixe, c'est-à-dire indépendante du point d'incidence du rayon parallèle à l'axe que nous avons considéré.

Les dioptres P, P' ayant une très faible amplitude, nous pouvons considérer les arcs IP, I'P' comme perpendiculaires à l'axe XY et poser

$$\frac{\mathrm{H'F'}}{\mathrm{P'F'}} = \frac{\mathrm{H'}h'}{\mathrm{P'I'}} \quad \text{(triangles semblables } h'\mathrm{H'F'} \text{ et } \mathrm{I'P'F'})$$

et

$$\frac{\mathrm{P}f'}{\mathrm{P'}f'} = \frac{\mathrm{PI}}{\mathrm{P'I'}} \quad \text{(triangles semblables } \mathrm{IP}f' \text{ et } \mathrm{I'P'}f'\text{)};$$

mais

$$\mathrm{PI} = \mathrm{H'}h';$$

on a donc

$$\frac{\mathrm{H'F'}}{\mathrm{P'F'}} = \frac{\mathrm{P}f'}{\mathrm{P'}f'} \quad \text{et} \quad \mathrm{H'F'} = \mathrm{P'F'}\frac{\mathrm{P}f'}{\mathrm{P'}f'};$$

les points P, P', F' et f' étant des points fixes, H'F' est une quantité constante; donc le point H', situé à une distance fixe du foyer F', est un point fixe.

De même, si l'on considère un rayon incident parallèle à l'axe $L_1 I_1$ venant du troisième milieu, il donne un réfracté dirigé d'abord suivant $I_1 I'_1$ (dont le prolongement coupe l'axe au foyer f'_1 du dioptre P'), puis, dans le premier milieu, suivant $I'_1 F$ qui coupe l'axe au premier foyer F du système. Le prolongement de ce réfracté coupe le prolongement de l'incident $L_1 I_1$ en un point h. Le plan hH, mené par h perpendiculairement à l'axe, est un autre *plan principal* et le point H un autre *point principal*, plan et point dont il est superflu de démontrer la position fixe.

Les longueurs H'F' et HF, comprises entre les points principaux et les points focaux correspondants, sont les *deux distances focales* du système :

$$FH = \Phi,$$
$$F'H' = \Phi'.$$

Si l'on considère les rayons Lh et Fh qui se coupent au point h comme limitant un faisceau incident dont le sommet est h, les réfractés correspondants I'F' et l$_1$L$_1$, dont l'intersection est en h', limitent le faisceau réfracté dont le sommet est en h', et réciproquement : les points h et h' sont donc conjugués. De même, on voit tout de suite que tous les points a, b, ..., H d'un plan principal hH ont leurs conjugués en a', b', ..., H', dans l'autre plan principal, à des distances respectivement égales de l'axe. Il en résulte que :

1° *Les plans principaux sont des plans conjugués;*

2° *Les points principaux sont des points conjugués;*
et aussi que :

Un rayon incident quelconque et le réfracté correspondant coupent les plans principaux en des points homologues situés à des distances égales de l'axe principal.

Images. — Soit (fig. 284) notre système centré représenté simplement par ses plans principaux H et H' et ses foyers F et F'. La droite AB perpendiculaire à l'axe représente un objet lumineux. Par le point A, menons :

1° Le rayon Ah parallèle à l'axe. Prolongeons-le jusqu'en h', conjugué de h; le rayon mené par ce point h' et par le foyer F' est le réfracté de Ah ;

2° Le rayon AFh_1, passant par le premier foyer F. Le réfracté devant

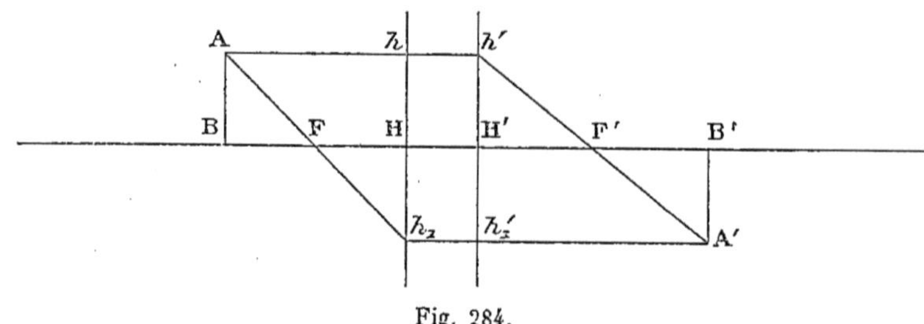

Fig. 284.

couper le second plan principal à une distance H'h_1' = Hh_1 et émerger parallèlement à l'axe sera $h'h_1'$A'.

Le point A' d'intersection des deux réfractés est l'image de A. Les points A' et A étant conjugués, les plans menés par eux perpendiculairement à l'axe sont aussi conjugués et B' est l'image de B.

La figure montre immédiatement que, *si l'objet est situé en hH dans un des plans principaux, l'image est en h'H' dans l'autre plan principal, de même grandeur et de même sens que l'objet.*

Équation des points conjugués. — Comptant les distances à partir des points principaux, et désignant par Φ et Φ' les distances focales HF, H'F', par p et p' les distances de l'objet [BH] et de l'image [B'H'] aux plans principaux correspondants et par O et I leurs grandeurs, nous avons (fig. 284) :

$$\frac{I}{I+0}=\frac{\Phi}{p} \quad \text{(triangles } Hh_1F \text{ et } hh_1A\text{)}$$

et

$$\frac{0}{I+0}=\frac{\Phi'}{p'} \quad \text{(triangles } H'h'F' \text{ et } h'_1h'A'\text{)};$$

en ajoutant membre à membre, il vient

$$(1) \qquad \frac{\Phi}{p}+\frac{\Phi'}{p'}=1;$$

en multipliant la première équation par O et la deuxième par I, on a

$$(2) \qquad 0\frac{\Phi}{p}=I\frac{\Phi'}{p'}.$$

Les équations (1) et (2) donnent les rapports de position et de grandeur entre l'image et l'objet dans les divers cas qui peuvent se présenter.

Si l'on convient de prendre, comme origine des distances, le premier foyer pour l'objet et le second foyer pour l'image, on a, en désignant ces distances respectivement par l et l',

$$\frac{0}{I}=\frac{l}{\Phi} \quad \text{(triangles ABF et } h\text{HF)}$$

et

$$\frac{0}{I}=\frac{\Phi'}{l'} \quad \text{(triangles } h'\text{H'F' et A'B'F'),}$$

d'où

$$(3) \qquad \frac{l}{\Phi}=\frac{\Phi'}{l'} \quad \text{ou} \quad ll'=\Phi\Phi';$$

c'est l'*équation de* NEWTON.

Plans antiprincipaux. — Les équations

$$\frac{0}{I}=\frac{l}{\Phi} \quad \text{et} \quad \frac{0}{I}=\frac{\Phi'}{l'}$$

montrent tout de suite qu'on aura

$$0=I, \quad \text{si} \quad l=\Phi,$$

et que, d'autre part, si

$$l=\Phi, \quad \text{on doit avoir} \quad l'=\Phi'.$$

Ce cas est réalisé par deux positions de l'objet.

1° L'objet est à gauche du premier foyer, à une distance l égale à la première distance focale : la construction générale montre que, dans ce cas, l'image se forme à droite du second foyer, à une distance de ce point égale à la seconde distance focale, qu'elle est de même grandeur que l'objet et de sens contraire. Les deux plans conjugués menés, dans ces conditions, par l'objet et par l'image, sont les *plans antiprincipaux.*

2° L'objet est à droite du premier foyer, à une distance $(-l)$ égale à Φ, c'est-à-dire dans le premier plan principal : l'image se forme alors à gauche du second foyer, à une distance $(-l')$ égale à Φ', c'est-à-dire dans le second plan antiprincipal $H'h'$.

Nous avons déjà établi d'une autre manière cette propriété des plans principaux qu'on peut ici considérer comme produits par le dédoublement du plan principal unique des dioptres simples.

Construction du réfracté d'un rayon incident quelconque. — Soit (fig. 285) notre système centré composé de deux dioptres, représenté par sés

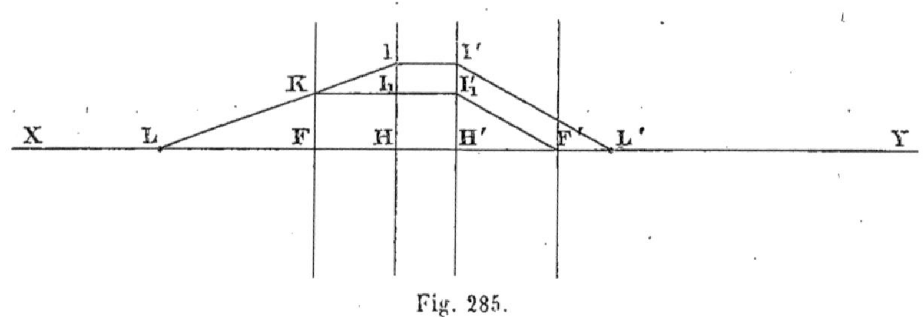

Fig. 285.

plans principaux H, H' et par ses plans focaux F, F'. Proposons-nous de construire le réfracté du rayon incident LI.

Ce rayon coupe le premier plan focal en K et le premier plan principal en I. Nous savons que tous les rayons issus d'un point quelconque du plan focal sont, après réfraction, parallèles entre eux. Parmi tous les rayons émis par le point K, menons KI_1 parallèle à l'axe ; son réfracté devant passer par le foyer F' sera $I_1'F'$. Mais le rayon LKI passe, lui aussi, par le point K du premier plan focal; son réfracté sera donc I'L' parallèle à $I_1'F'$.

Points nodaux. — Möbius et Listing ont introduit sous ce nom, dans l'étude des systèmes centrés, deux points qui jouissent de propriétés remarquables : *ce sont deux points* N, N' *conjugués et tels que, lorsqu'un rayon incident prolongé passe par l'un, le réfracté correspondant passe par l'autre et est parallèle au rayon incident.*

On construit les points nodaux en prenant (fig. 286) : de F vers F', une longueur FN égale à Φ' et, de F' vers F, une longueur F'N' égale à Φ. Démontrons que les points ainsi déterminés répondent à la définition précédente :

1° *Les points* N *et* N' *sont conjugués.*

En effet, si, dans l'équation

$$ll' = \Phi\Phi',$$

nous faisons

$$l = -\Phi',$$

il vient

$$l' = -\Phi ;$$

2° *Un rayon incident passant par* N *donne un réfracté passant par* N′ *et parallèle au rayon incident (et inversement).*

Soit, en effet, un rayon incident S*h*N passant par le premier point nodal ;

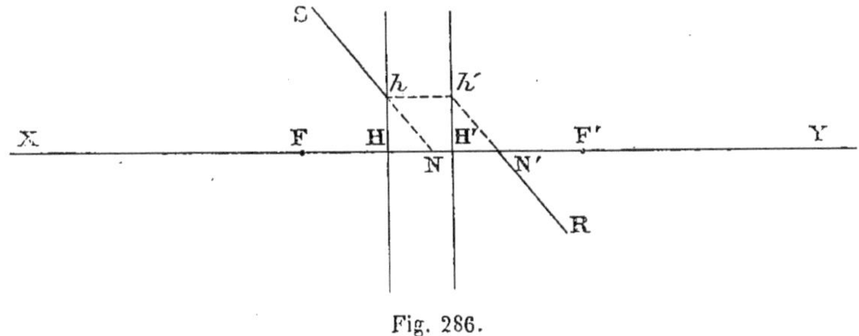

Fig. 286.

son réfracté, devant passer par N′ et couper le deuxième plan principal en *h*′ (H′*h*′ = H*h*), sera dirigé suivant *h*′N′R.

Mais, par construction, on a

$$HN = \Phi' - \Phi$$

et

$$H'N' = \Phi' - \Phi.$$

Donc,

$$HN = H'N'.$$

Les triangles rectangles *h*HN et *h*′H′N′ sont donc égaux, et leurs hypoténuses sont parallèles, puisque les côtés de l'angle droit le sont. Ces hypoténuses sont précisément les rayons incident et réfracté dont il s'agissait de démontrer le parallélisme.

En outre, on a encore

$$NN' = HH',$$

puisqu'on peut écrire indifféremment

$$FF' = \Phi + HH' + \Phi' \quad \text{ou} \quad FF' = \Phi' + NN' + \Phi.$$

Par conséquent, *la distance des deux points nodaux est égale à la distance des deux points principaux.*

Centre optique. — Soient (fig. 287), en PP′, les deux dioptres sphériques composants, avec leurs points nodaux N et N′. Un rayon incident quelconque SI, de direction telle qu'il coupe l'axe en un des points nodaux N, a pour réfracté un rayon I′R passant par le second point nodal N′ et parallèle au rayon incident. Mais, entre le point d'incidence I et le point d'émergence I', le rayon lumineux suit évidemment la direction II' qui coupe l'axe en un point O.

Or les triangles semblables OIN et OI'N' donnent

$$\frac{ON}{ON'} = \frac{OI}{OI'}$$

et les triangles OPI et O'P'I' :

$$\frac{OP}{OP'} = \frac{OI}{OI''}$$

d'où

(1)
$$\frac{OP}{OP'} = \frac{ON}{ON'}.$$

Donc, le point O, qui partage en parties proportionnelles la distance fixe

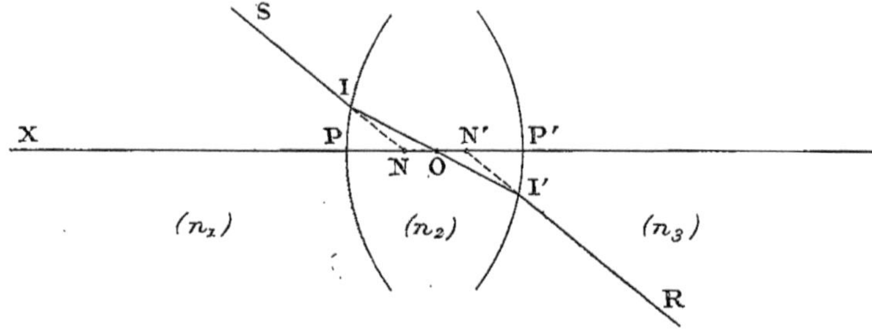

Fig. 287.

des deux surfaces réfringentes et la distance également fixe des deux points nodaux, est lui-même un point fixe : c'est le *centre optique* du système.

Nous savons déjà que N et N' sont des points conjugués. N est le conjugué de N' à travers le système PP', N le conjugué de O à travers le dioptre P et N' le conjugué de O à travers le dioptre P' ; réciproquement, le centre optique est le conjugué de chacun des points nodaux à travers chacun des deux dioptres associés.

La position du centre optique peut se déterminer facilement lorsqu'on connaît celle des points nodaux et la distance des sommets des deux dioptres.

En effet, les triangles semblables de la figure 287 donnent

$$\frac{PN}{P'N'} = \frac{IP}{I'P'} = \frac{OP}{OP'}.$$

On peut donc écrire

$$\frac{PN + P'N'}{P'N'} = \frac{OP + OP'}{OP'}$$

et, en désignant par e la distance PP',

$$\frac{PN + P'N'}{P'N'} = \frac{e}{OP'};$$

d'où

$$OP' = e \cdot \frac{P'N'}{PN + P'N'}$$

et

$$OP = e - OP'.$$

Autre équation des points conjugués. — Comme nous l'avons fait pour les dioptres simples, comptons les distances à partir des points nodaux et posons (fig. 288) :

$$\lambda = FN \quad \text{et} \quad \lambda' = N'F',$$
$$\pi = BN \quad \text{et} \quad \pi' = N'B',$$

nous avons

$$\frac{O}{I} = \frac{BF}{HF} = \frac{BN}{B'N'} \quad \text{(triangles ABF, FHI et ABN, A'B'N')};$$

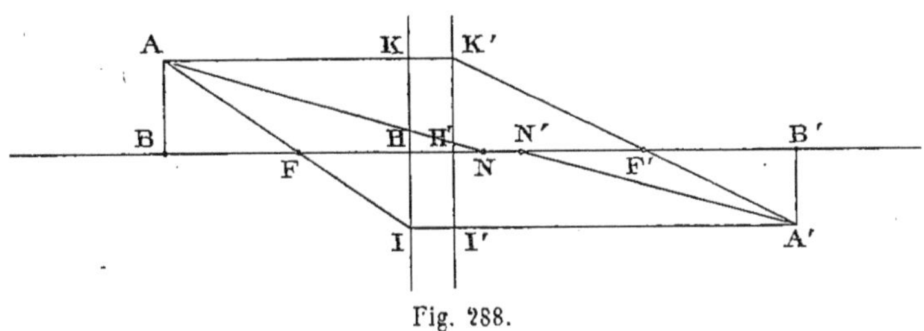

Fig. 288.

mais

$$BF = \pi - \lambda \quad \text{et} \quad HF = F'N' = \lambda' ;$$

il vient donc

$$\frac{\pi - \lambda}{\lambda'} = \frac{\pi}{\pi'}$$

et, effectuant et divisant par $\pi\pi'$,

$$(\alpha) \qquad \frac{\lambda}{\pi} + \frac{\lambda'}{\pi'} = 1,$$

équation identique à celle des points conjugués par rapport au centre de courbure dans un dioptre.

Pour ce qui est du rapport de grandeur de l'image et de l'objet, nous avons

$$\frac{I}{O} = \frac{\pi'}{\pi} \quad \text{(triangles ABN, A'B'N')} ;$$

d'où

$$(\beta) \qquad I = O\,\frac{\pi'}{\pi}.$$

L'ensemble des *points et plans focaux, principaux et nodaux* constitue les *éléments cardinaux* du système de deux dioptres.

Utilisation des points nodaux pour la construction des images. — On appelle *directrices*, ou *droites de direction*, deux rayons parallèles menés par les deux points nodaux.

Soient (fig. 289), en H et H', N et N', F et F' les points principaux, nodaux et focaux d'un système de deux dioptres et AB un objet : le point A envoie un rayon AN passant par le premier point nodal qui se réfracte suivant N'A' parallèle à AN et passant par le second point nodal. L'image A' de A est fournie par l'intersection de cette directrice N'A' soit avec le réfracté II'A' du rayon AFI qui, passant par le premier foyer, se réfracte parallèlement à l'axe, soit avec K'F'A', réfracté de l'incident AK mené parallèlement à l'axe.

De même, pour la construction du réfracté d'un rayon incident quelconque, LK, on peut avoir recours à l'une ou à l'autre des deux règles ci-dessous :

a. Tout rayon issu d'un point du premier plan focal donne un réfracté

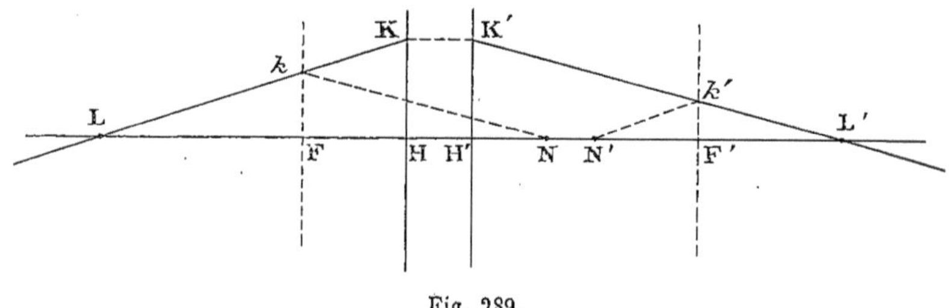

Fig. 289.

parallèle à la droite de direction menée par ce point et par le premier plan nodal.

b. Tout rayon parallèle à la droite de direction menée par le second point nodal et par un point du second plan focal rencontre en ce point le second plan focal.

Première construction. — Mener *k*N, et tracer par K' la ligne K'L' parallèle à *k*N ; cette ligne est le réfracté de LK.

Deuxième construction. — Mener N'*k*' (parallèle à LK), et joindre K' à *k*' ; la ligne K'*k*'L' ainsi menée est le réfracté cherché.

Détermination des distances focales du système en fonction des éléments des deux dioptres constituants. — Soient toujours (fig. 290) nos deux surfaces sphériques P et P', de rayon R et R_1, d'axe commun XY et séparant les trois milieux réfringents n_1, n_2 et n_3. Construisons suivant les règles précédentes les points focaux et principaux F, F' et H, H'.

Nous connaissons déjà les formules qui donnent les distances focales des deux dioptres composants :

$$\text{Dioptre P} \begin{cases} \varphi = R\, \dfrac{n_1}{n_2 - n_1} & \text{(dans le milieu } n_1\text{),} \\[3mm] \varphi' = R\, \dfrac{n_2}{n_2 - n_1} & \text{(dans le milieu } n_2\text{).} \end{cases}$$

$$\text{Dioptre P}' \begin{cases} \varphi_1 = R_1 \dfrac{n_2}{n_2 - n_3} & \text{(dans le milieu } n_2\text{),} \\[2em] \varphi_1' = R_1 \dfrac{n_3}{n_2 - n_3} & \text{(dans le milieu } n_3\text{).} \end{cases}$$

Évaluons d'abord les distances PF et P′F′ des foyers aux sommets des deux dioptres dont nous désignerons la distance par e.

Le foyer F′ peut être considéré comme point conjugué du point f' (foyer

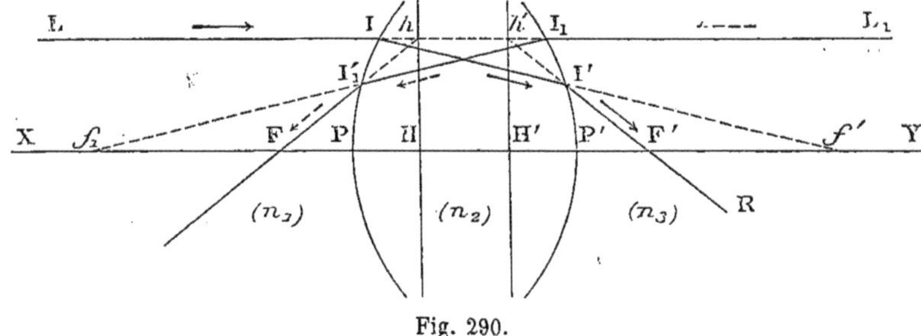

Fig. 290.

du dioptre P) à travers le dioptre P′ ; nous pouvons donc appliquer à ces deux points l'équation générale des points conjugués des dioptres :

$$\frac{\varphi}{p} + \frac{\varphi'}{p'} = 1.$$

Dans le cas particulier de la figure, le point f' est virtuel par rapport au dioptre P′, sa distance au pôle P′ doit donc être affectée du signe — et nous pourrons écrire

$$-\frac{\varphi_1}{\text{P}'f'} + \frac{\varphi_1'}{\text{P}'\text{F}'} = 1 ;$$

d'où, en désignant par e la distance PP′ qui sépare les pôles des deux dioptres,

$$\text{P}'\text{F}' = \frac{\text{P}'f' \times \varphi_1'}{\text{P}'f' + \varphi_1} = \frac{\varphi_1'(\varphi' - e)}{\varphi_1 + \varphi' - e}.$$

De même, pour le point F, qu'on peut considérer comme le conjugué à travers le dioptre P du point f_1 (foyer du dioptre P′), nous aurons

$$-\frac{\varphi'}{\text{P}f_1} + \frac{\varphi}{\text{P}\text{F}} = 1 ;$$

d'où

$$\text{PF} = \frac{\varphi \times \text{P}f_1}{\text{P}f_1 + \varphi'} = \frac{\varphi(\varphi_1 - e)}{\varphi' + \varphi_1 - e} ;$$

mais, dans un système centré, c'est à partir des points principaux, et non à partir des pôles des dioptres composants, qu'on mesure les distances focales ; cherchons donc à évaluer les distances $H'F' = \Phi'$ et $HF = \Phi$.

Nous avons déjà trouvé (p. 421) la relation

$$H'F' = P'F' \frac{Pf'}{P'f'} ;$$

nous pouvons donc écrire

$$(1) \qquad \Phi' = \frac{\varphi_1'(\varphi'-e)}{\varphi_1 + \varphi' - e} \times \frac{\varphi'}{\varphi'-e} = \frac{\varphi'\varphi_1'}{\varphi_1 + \varphi' - e} .$$

Nous trouverions de même pour la valeur de HF :

$$\Phi = PF \times \frac{P'f_1}{Pf_1}$$

ou

$$(2) \qquad \Phi = \frac{\varphi(\varphi_1-e)}{\varphi' + \varphi_1 - e} \times \frac{\varphi_1}{\varphi_1 - e} = \frac{\varphi\varphi_1}{\varphi_1 + \varphi' - e} .$$

Divisant membre à membre, il vient

$$\frac{\Phi'}{\Phi} = \frac{\varphi'\varphi_1'}{\varphi\varphi_1} ;$$

mais nous savons que

$$\frac{\varphi'}{\varphi} = \frac{n_2}{n_1} \qquad \text{et} \qquad \frac{\varphi_1'}{\varphi'} = \frac{n_3}{n_2} ;$$

d'où

$$(3) \qquad \frac{\Phi'}{\Phi} = \frac{n_2}{n_1} \times \frac{n_3}{n_2} = \frac{n_3}{n_1} .$$

Le rapport des deux distances focales du système est donc égal à celui des indices de réfraction des milieux extrêmes.

Si $n_3 = n_1$, c'est-à-dire si les indices des milieux d'incidence et d'émergence sont les mêmes, on a

$$\Phi' = \Phi.$$

Les distances focales sont égales.

C'est le cas des *lentilles ordinaires* placées dans l'air ou dans tout autre milieu ; c'est aussi le cas de la lentille cristallinienne plongée dans l'humeur aqueuse en avant et dans l'humeur vitrée en arrière, ces deux milieux ayant très sensiblement même indice de réfraction.

Distance des points principaux aux sommets des dioptres composants. — Désignons ces distances PH et P'H' par d et d'.

On a

$$d = \Phi - PF \qquad \text{et} \qquad d' = \Phi' - P'F'.$$

Portant dans ces expressions les valeurs de Φ et Φ', de PF et P'F', calculées précédemment, il vient

$$d = \frac{\varphi\varphi_1}{\varphi_1 + \varphi' - e} - \frac{\varphi(\varphi_1-e)}{\varphi_1 + \varphi' - e} = \frac{\varphi e}{\varphi_1 + \varphi' - e}$$

et

$$d' = \frac{\varphi'\varphi_1}{\varphi_1 + \varphi' - e} - \frac{\varphi_1'(\varphi' - e)}{\varphi_1 + \varphi' - e} = \frac{\varphi_1'e}{\varphi_1 + \varphi' - e} \cdot$$

Divisant membre à membre,

$$\frac{d'}{d} = \frac{\varphi'}{\varphi} = \frac{R_1 \dfrac{n_3}{n_2 - n_3}}{R \dfrac{n_1}{n_2 - n_1}} \cdot$$

Dans le cas particulier où $n_1 = n_3$, il vient

$$\frac{d'}{d} = \frac{R'}{R} \cdot$$

Si le milieu d'émergence a même indice que le milieu d'incidence, le rapport des distances des points principaux aux sommets des dioptres composants est égal au rapport des rayons de courbure des surfaces réfringentes.

Lentilles ordinaires épaisses. — Ces systèmes centrés plongés dans l'air ou dans tout autre milieu répondent exactement au cas particulier dans lequel les indices du milieu d'incidence et du milieu d'émergence sont les mêmes.

Il nous suffit de considérer le cas général étudié plus haut en posant $n_3 = n_1$, et nous arrivons immédiatement aux conclusions suivantes :

1° $\dfrac{\Phi'}{\Phi} = 1.$

Donc, *les deux distances focales sont égales.*

2° Φ' étant égal à Φ, $FN = \Phi' = F'N'$.

Donc, *les points nodaux se confondent avec les points principaux.*

3° $\dfrac{d'}{d} = \dfrac{R_1}{R} \cdot$

Donc, *les distances des points principaux aux faces de la lentille sont proportionnelles aux rayons de courbure de ces faces.*

4° Enfin, en posant $\dfrac{n_2}{n_1} = \dfrac{n_2}{n_3} = n$, n désignant l'indice relatif de la substance de la lentille par rapport au milieu dans lequel elle est plongée, il vient, pour la valeur unique de la distance focale,

$$\Phi = \frac{\varphi'\varphi_1'}{\varphi_1 + \varphi' - e} = \frac{R\dfrac{n}{n-1} \times R_1 \dfrac{1}{n-1}}{\dfrac{nR_1}{n-1} + \dfrac{nR}{n-1} - e}$$

ou

$$\Phi = \frac{nRR_1}{(n-1)[n(R + R_1) - (n-1)e]},$$

d'où l'on tire l'expression bien connue sous le nom d'*équation du pouvoir convergent* :

$$\frac{1}{\Phi} = (n-1)\left[\frac{1}{R} + \frac{1}{R_1} - \frac{(n-1)e}{nRR_1}\right].$$

Cas des lentilles infiniment minces. — En supposant assez petite la distance des deux faces de la lentille pour qu'on puisse écrire

$$e = 0$$

il vient

$$\frac{1}{\Phi} = (n-1)\left(\frac{1}{R} + \frac{1}{R_1}\right).$$

D'autre part, l'équation

$$\frac{\Phi}{p} + \frac{\Phi'}{p'} = 1$$

devient, pour $\Phi = \Phi'$,

$$\frac{1}{p} + \frac{1}{p'} = (n-1)\left(\frac{1}{R} + \frac{1}{R_1}\right) = \frac{1}{\Phi}.$$

C'est la formule connue des lentilles infiniment minces dans lesquelles les points principaux et nodaux sont confondus en un seul, qui est le centre optique, situé dans le plan réfringent de la lentille.

L'équation du pouvoir convergent s'exprime, dans les diverses formes usuelles de lentilles, par les formules suivantes :

Lentilles convergentes.	**Lentilles divergentes.**
Biconvexe......... $\frac{1}{\Phi} = (n-1)\left(\frac{1}{R} + \frac{1}{R_1}\right)$	Biconcave......... $\frac{1}{\Phi} = -(n-1)\left(\frac{1}{R} + \frac{1}{R_1}\right)$
Plan-convexe...... $\frac{1}{\Phi} = (n-1)\frac{1}{R}$	Plan-concave..... $\frac{1}{\Phi} = -(n-1)\frac{1}{R}$
Ménisque $(R_1 > R)$. $\frac{1}{\Phi} = (n-1)\left(\frac{1}{R} - \frac{1}{R_1}\right)$	Ménisque $(R_1 < R)$. $\frac{1}{\Phi} = (n-1)\left(\frac{1}{R} - \frac{1}{R_1}\right)$

B. — Réfraction à travers trois surfaces de séparation. Système centré composé de trois dioptres.

Ce cas, réalisé dans l'œil humain par les trois dioptres cornéen, cristallinien antérieur et cristallinien postérieur, est particulièrement intéressant au point de vue qui nous occupe.

Soit donc notre système constitué par l'association des trois surfaces réfringentes P, P', P″, centrées sur un même axe XY et séparant les milieux d'indices n_1, n_2, n_3, n_4 (fig. 291). Nous savons déjà qu'un tel système possède des points et plans conjugués, deux points et plans focaux ; nous allons montrer qu'il possède aussi, comme un système de deux dioptres, deux plans et deux points principaux ainsi que deux points nodaux.

Pour nous rapprocher le plus possible de ce qui existe dans l'œil, nous considérerons le système centré total comme constitué : 1° par le dioptre simple P (dioptre cornéen), et 2° par le système des deux dioptres P, P′ associés en forme de lentille (lentille cristallinienne) et dont nous avons étudié l'effet dioptrique dans le paragraphe précédent.

Points et plans principaux. — Soient en P le plan principal du premier dioptre et en f et f' ses foyers ; soient, d'autre part, en HH′ les plans principaux et en FF′ les foyers du système des deux dioptres P′P″. Un rayon LI, parallèle à l'axe, rencontre d'abord le dioptre P et se réfracte suivant Ih (dont le prolongement rencontre l'axe au foyer f' de P). Il rencontre en h le premier plan principal du système P′P″ ; son réfracté doit passer par le point

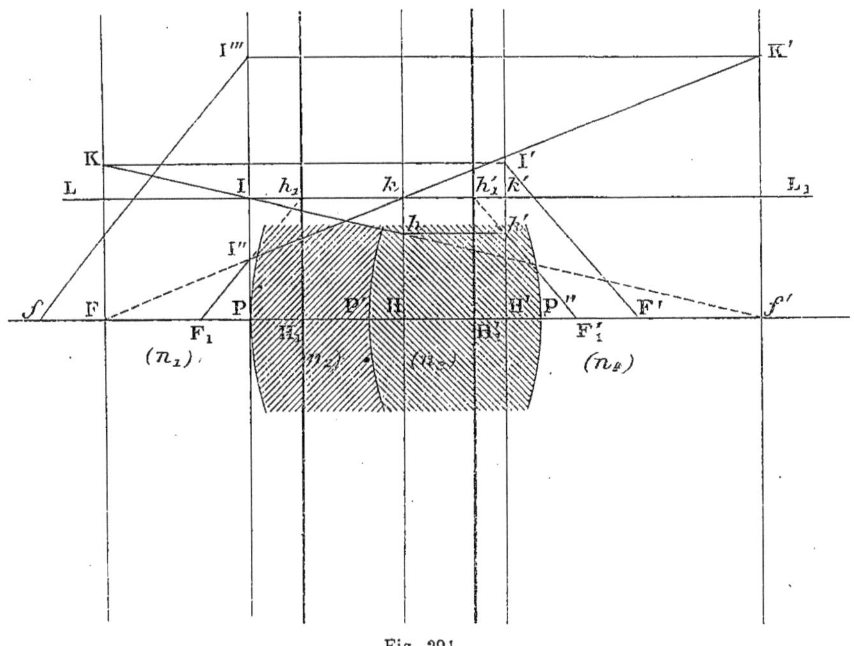

Fig. 291.

homologue h' du second plan principal, et venir couper l'axe au foyer du système total. Pour trouver ce point F′₁, il suffit de prolonger le rayon Ih jusqu'à sa rencontre en K avec le premier plan focal du système P′P″ et de mener de ce point un rayon KI′ parallèle à l'axe. Son réfracté est I′F′, puisqu'il doit couper l'axe au foyer F′ de P′P″ : or le rayon KIhh', issu du même point K du plan focal que le rayon KI′, doit sortir du système P′P″, dans la même direction que I′F′ ; la ligne h'F′₁ menée par h' parallèlement à I′F′ est donc le réfracté final de l'incident LI parallèle à l'axe : F′₁ est, par conséquent, le *second foyer principal* du système total.

Prolongeons maintenant ce réfracté F′₁h' jusqu'à sa rencontre avec le prolongement de LI, en h'_1, et, par ce point d'intersection, menons le plan h'_1H′₁ perpendiculaire à l'axe : ce plan est un *plan principal* et son point d'intersection H′₁ avec l'axe est un *point principal* du système total.

Il est facile de démontrer que le point H′₁ ainsi déterminé est un point fixe, indépendant du point d'incidence du rayon parallèle à l'axe qui a servi à le construire.

A cet effet, désignons par Φ' la distance de ce point au foyer principal F_1' du système total, nous avons

$$\frac{\Phi'}{H'F'} = \frac{h_1'H_1'}{H'I'} \text{ (triangles } h_1'H_1'F_1' \text{ et } I'H'F')$$

et

$$\frac{Pf'}{Ff'} = \frac{IP}{KF} = \frac{h_1'H_1'}{H'I'} \text{ (triangles } IPf' \text{ et } FKf');$$

d'où

$$\frac{\Phi'}{H'F'} = \frac{Pf'}{Ff'};$$

mais $H'F' = F' = $ distance focale du système $P'P''$ dans le milieu n_4;

$Pf' \ = \varphi' = $ distance focale du dioptre P dans le milieu n_2;

$Ff' \ = \varphi' + PF$;

donc

$$(\alpha) \qquad \Phi' = F' \times \frac{\varphi'}{\varphi' + PF}.$$

Or F' et φ' sont des quantités constantes et les points P et F sont aussi des points fixes; la valeur de Φ' est donc fixe et, par conséquent, le point F_1' étant fixe, le point H_1', qui est à l'autre extrémité de la grandeur focale, l'est aussi.

Pour trouver l'autre point principal, considérons un rayon L_1k', venu de droite et parallèle à l'axe. Il se réfracte d'abord, à travers le système de deux dioptres PP', suivant la direction kI'' (dont le prolongement coupe l'axe en F, foyer du système $P'P''$ dans le milieu n_2). En I'' il se réfracte à nouveau à travers le dioptre P suivant la direction $I''F_1$ qui coupe l'axe au *premier foyer principal* du système total.

La même construction qui nous a servi à trouver la position du foyer F_1' nous donnera encore ici la direction du réfracté $I''F_1$ et, par conséquent, la position du point F_1 : prolonger $I''K$ jusqu'à sa rencontre en K' avec le plan focal f' du dioptre P, mener la parallèle à l'axe $K'I'''$ et joindre I''' à f qui est le premier foyer du dioptre P, le réfracté de $K'kI''$ doit être parallèle à $I'''f$: $I''F_1$, obéissant à ces conditions, est le réfracté final et F_1 est le *foyer principal* du système total dans le milieu n_1.

Prolongeons le réfracté $I''F_1$ jusqu'à sa rencontre en h_1 avec l'incident L_1k', et par h_1 menons un plan perpendiculaire à l'axe : h_1H_1 est le *plan principal* cherché, et H_1 le *point principal* correspondant.

Démontrons, comme plus haut, que H_1 est un point fixe :

Nous avons, en désignant par Φ la distance H_1F_1 de ce point au premier foyer principal du système total,

$$\frac{\Phi}{PF_1} = \frac{h_1H_1}{I''P} \text{ (triangles } h_1H_1F_1 \text{ et } I''PF_1)$$

et

$$\frac{HF}{PF} = \frac{kH = h_1 H_1}{I''P} \quad \text{(triangles } k\text{HF et } I''\text{PF)};$$

d'où

$$\Phi = HF \frac{PF_1}{PF} = F \times \frac{PF_1}{PF}.$$

Or la distance $F = HF$ a une valeur constante, de même les longueurs PF_1 et PF aboutissant à des points fixes du système; la valeur de Φ est donc constante et, comme une de ses extrémités F_1 est un point fixe, l'autre H_1 l'est aussi.

Par les triangles semblables $PF_1 I''$ et $P f I'''$ d'une part, et PFI'' et $f'FK'$ d'autre part, nous avons

$$\frac{PF_1}{Pf} = \frac{PI''}{PI''' = f'K'} = \frac{PF}{Ff'},$$

d'où

$$\frac{PF_1}{PF} = \frac{Pf}{Ff'} = \frac{\varphi}{\varphi' + PF};$$

et

(β)
$$\Phi = F \frac{\varphi}{\varphi' + PF}.$$

Divisons (α) par (β), il vient

$$\frac{\Phi'}{\Phi} = \frac{F'\varphi'}{F\varphi};$$

mais

$$\frac{F'}{F} = \frac{n_1}{n_2} \quad \text{et} \quad \frac{\varphi'}{\varphi} = \frac{n_2}{n_1};$$

donc

$$\frac{\Phi'}{\Phi} = \frac{n_1 n_2}{n_2 n_1} = \frac{n_1}{n_1}.$$

L'étude précédente du système réfringent composé de trois dioptres conduit donc aux conclusions suivantes, analogues à celles fournies par l'étude du système de deux dioptres :

1° *Il y a deux points et deux plans focaux, deux plans et deux points principaux;*

2° *Les distances focales sont entre elles dans le même rapport que les indices des milieux extrêmes.*

Il en serait de même, d'ailleurs, pour un système composé d'un nombre quelconque de surfaces réfringentes centrées sur un même axe :

Dans tous ces systèmes, il existe deux points et deux plans principaux, deux foyers principaux et deux plans focaux; les distances focales sont toujours entre elles dans le rapport des indices de réfraction des milieux extrêmes.

Calcul des distances focales. — Dans les expressions (α) et (β), PF peut être remplacé par $F - d$, en désignant par d la distance PH qui sépare le plan principal du premier dioptre du premier plan principal du système PP'. Nous voyons, en effet, que

$$PF = HF - PH = F - d.$$

Il vient alors, pour la valeur des distances focales,

$$(1) \qquad \Phi' = \frac{F'\varphi'}{\varphi' + F - d}$$

et

$$(2) \qquad \Phi = \frac{F\varphi}{\varphi' + F - d}.$$

Distance des foyers aux points principaux extrêmes des deux systèmes composants. — Ces distances sont PF_1 et $H'F'_1$ (fig. 291).

Calculons d'abord PF_1.

Nous avons trouvé déjà (p. 435) :

$$\Phi = F \times \frac{PF_1}{PF} ;$$

on tire de là

$$PF_1 = \Phi \frac{PF}{F}$$

et, en remplaçant Φ par sa valeur trouvée ci-dessus et PF par sa valeur $F - d$ (car PF = HF — PH),

$$(a) \qquad PF_1 = \frac{F\varphi}{\varphi' + F - d} \times \frac{F - d}{F} = \frac{\varphi(F - d)}{\varphi' + F - d}.$$

Pour trouver la valeur de $H'F'_1$, considérons les triangles semblables $F'_1 H'h'$ et $F'_1 H'_1 h'_1$, Hhf' et PIf' ; ils donnent

$$\frac{H'F'_1}{H'_1F'_1} = \frac{H'h' = Hh}{H'_1 h'_1 = PI} = \frac{Hf'}{Pf'}$$

ou

$$\frac{H'F'_1}{\Phi'} = \frac{\varphi' - d}{\varphi'},$$

d'où l'on tire

$$H'F'_1 = \Phi' \frac{\varphi' - d}{\varphi'}$$

et, en remplaçant Φ' par sa valeur trouvée plus haut,

$$(b) \qquad H'F'_1 = \frac{F'\varphi'}{\varphi' + F - d} \times \frac{\varphi' - d}{\varphi'} = \frac{F'(\varphi' - d)}{\varphi' + F - d}.$$

Distances des points principaux du système total aux points principaux extrêmes des deux systèmes composants. — Ces distances sont H_1P et $H_1'H'$ (fig. 291); nous avons

$$H_1P = H_1F_1 - PF_1 = \Phi - PF_1,$$
$$H_1'H' = H_1'F_1' - H'F_1' = \Phi' - H'F_1'.$$

Remplaçons Φ, Φ', PF_1 et $H'F_1'$ par leurs valeurs précédemment calculées, il vient

$$(c) \qquad H_1P = \frac{F\varphi}{\varphi'+F-d} - \frac{\varphi(F-d)}{\varphi'+F-d} = \frac{\varphi\, d}{\varphi'+F-d}$$

et

$$(d) \qquad H_1'H' = \frac{F'\varphi'}{\varphi'+F-d} - \frac{F'(\varphi'-d)}{\varphi'+F-d} = \frac{F'd}{\varphi'+F-d}.$$

Divisant membre à membre, nous avons

$$(e) \qquad \frac{H_1P}{H_1'H'} = \frac{\varphi}{F'}.$$

Les distances des points principaux du système total aux points principaux extrêmes des deux systèmes partiels sont entre elles dans le rapport des distances focales extrêmes des deux systèmes composants.

Points nodaux. — Tout système centré composé de trois surfaces réfringentes (ou d'un plus grand nombre) ayant deux plans principaux, comme un système de deux dioptres, doit aussi posséder deux points nodaux N et N', construits de la même façon et jouissant des mêmes propriétés que ceux du système composé de deux surfaces réfringentes (Voy. p. 424 et fig. 286).

1° Les deux points nodaux sont *conjugués* et tout rayon incident dont la direction dans le premier milieu est telle qu'elle coupe l'axe au premier point nodal donne, dans le dernier milieu, un réfracté parallèle à l'incident et coupant l'axe au second point nodal ;

2° La distance du premier point nodal N au premier foyer principal F_1 est égale à la seconde distance focale, et celle du second point nodal N' au second foyer principal F_1' est égale à la première distance focale :

$$NF_1 = \Phi' \quad \text{et} \quad N'F_1' = \Phi;$$

3° Les distances des points principaux aux points nodaux correspondants sont égales entre elles et ont pour valeur commune la différence entre les distances focales du système :

$$H_1N = H_1'N' = \Phi' - \Phi;$$

Et encore :

La distance NN' qui sépare les deux points nodaux est égale à la distance H_1H_1' des deux points principaux.

Centre optique. — C'est le point qui a pour conjugués les deux points nodaux N et N' : dans le cas de la figure 291, le premier point nodal serait le conjugué du centre optique à travers le dioptre P et le second point nodal le conjugué du centre optique à travers le système des deux dioptres P'P''.

Les formules déjà données (équations des points conjugués) permettent de trouver aisément sa position sur l'axe en fonction des éléments des deux systèmes composants.

Construction des images. — Dans un système de trois dioptres dont on connaît les éléments cardinaux, la construction des images se fait évidemment de la même façon que dans un système de deux dioptres (p. 422 et 427).

Les équations

$$\frac{\Phi}{p} + \frac{\Phi'}{p'} = 1$$

ou

$$ll' = \Phi\Phi' \text{ (équation de Newton)}$$

donnent les rapports de position de l'image et de l'objet ;

L'équation

$$O\frac{\Phi}{p} = I\frac{\Phi'}{p'}$$

donne les rapports de grandeur.

Systèmes optiques équivalents. — Si l'on considère deux systèmes centrés quelconques, la condition nécessaire et suffisante pour qu'ils donnent d'un même objet une image de même nature, de même grandeur et de même sens, est qu'ils aient l'un et l'autre leurs points cardinaux disposés dans le même ordre et situés à la même distance : de tels systèmes sont dits *équivalents* optiquement.

Dans certains cas, il est facile de voir *a priori* si l'équivalence est, ou non, possible entre deux systèmes donnés. C'est ainsi, par exemple, qu'un dioptre unique séparant deux milieux inégalement réfringents, un système de deux ou de trois ou d'un plus grand nombre de dioptres, dont les milieux extrêmes ont des indices différents, ne peuvent pas être optiquement équivalents à une lentille ordinaire plongée dans l'air ou dans tout autre milieu : les premiers systèmes, en effet, sont *inéquifocaux* (fig. 295) par suite de l'inégale réfringence des milieux extrêmes, tandis que dans une lentille ordinaire, pour laquelle l'indice du milieu d'émergence est égal à l'indice du milieu d'incidence, les deux distances focales sont égales, le système est *équifocal* (fig. 293).

C'est ainsi encore qu'un système composé de deux ou de trois ou d'un plus grand nombre de surfaces réfringentes sphériques, inéquifocal comme un dioptre unique, ne pourra néanmoins lui être optiquement équivalent, car le premier système possède deux plans principaux et deux points nodaux distincts, tandis que le dioptre unique ne possède qu'un seul plan principal et un point nodal (centre de courbure).

On pourra cependant — et cette remarque est importante au point de vue qui nous occupe — considérer, avec une exactitude suffisante, un système centré, composé de plusieurs dioptres, ayant ses deux points principaux très rapprochés et ses deux points nodaux aussi très voisins (fig. 294), comme

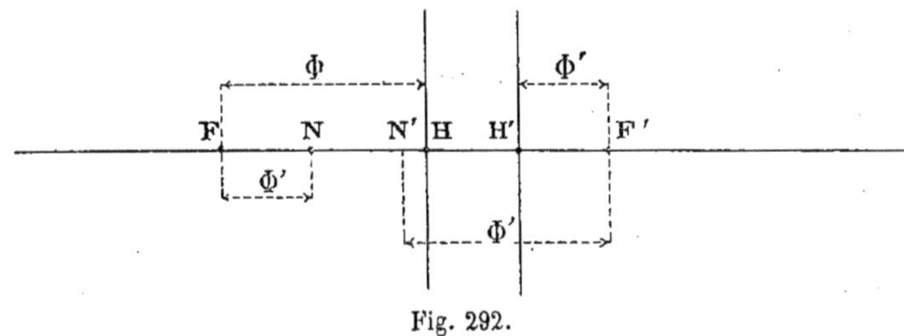

Fig. 292.

équivalent, au point de vue de l'optique géométrique, à un dioptre unique dont le centre ou nœud représente les deux points nodaux fusionnés du

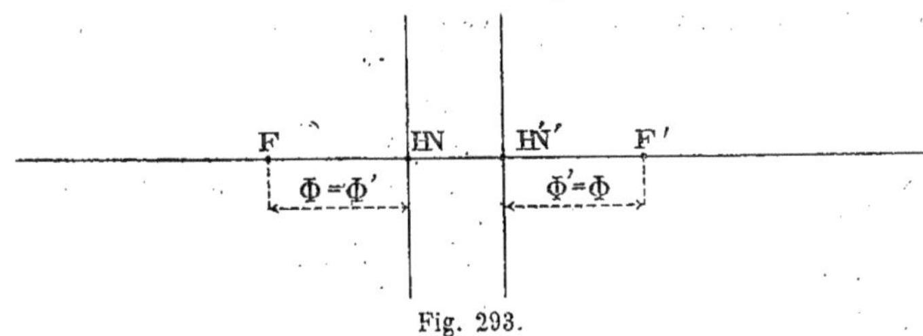

Fig. 293.

système complexe, et dont le plan principal unique coïncide avec les deux plans principaux confondus en un seul du même système complexe (fig. 295).

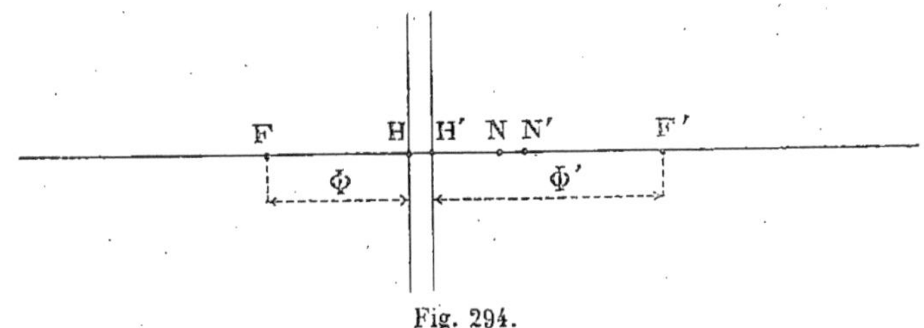

Fig. 294.

Nous verrons bientôt que c'est sur cette remarque que repose la légitimité

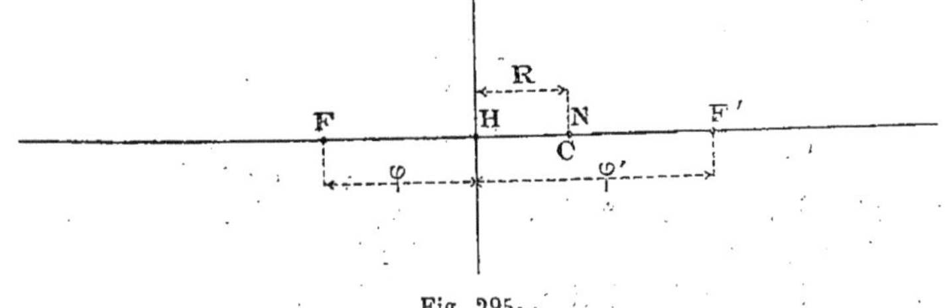

Fig. 295.

de la substitution de l'*œil réduit* à l'*œil schématique* dans les calculs simplifiés et dans les constructions de dioptrique oculaire.

II. — SYSTÈME OPTIQUE DE L'ŒIL

Les constructions et les formules que nous avons établies dans l'étude des systèmes centrés sont directement applicables à l'œil humain, à la condition de connaître les *constantes optiques* des dioptres constituants, c'est-à-dire : 1° les *indices de réfraction* des milieux oculaires; 2° les *rayons de courbure* des surfaces réfringentes ; 3° les *distances* qui séparent ces surfaces les unes des autres.

INDICES DE RÉFRACTION DES MILIEUX OCULAIRES.

Nombreuses sont les méthodes qui peuvent être et ont été utilisées pour la mesure de l'indice de réfraction des différents milieux de l'œil. Nous nous

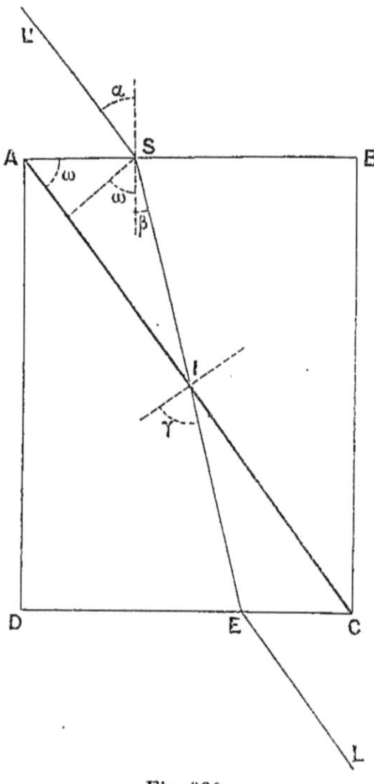

Fig. 296.

bornerons ici à décrire le *réfractomètre* de ABBE, le plus généralement employé aujourd'hui en ophtalmométrie, parce que : 1° il ne nécessite, pour la détermination de l'indice, qu'une très petite quantité de substance; 2° il permet d'opérer sur des corps liquides et solides, ou demi-solides, tels que la cornée et le cristallin.

Réfractomètre de Abbe. — *Principe :* Il repose sur la détermination de l'angle de réflexion totale de la lumière passant d'un milieu plus réfringent, tel que le verre, dans le milieu moins réfringent constitué par la substance dont il s'agit de connaître l'indice.

Deux prismes rectangulaires en verre, ABC, ADC, sont accolés par leur face hypoténuse, de façon à constituer une lame à faces parallèles n'imprimant à la lumière incidente aucune déviation angulaire.

Supposons placé entre ces deux prismes, en AC, un milieu liquide ou solide, d'indice n plus petit que l'indice N du verre qui constitue les prismes, et soit LL′ un rayon lumineux de direction fixe : l'œil placé en L′ reçoit la lumière transmise à travers le système; mais, si nous faisons tourner le biprisme autour d'un axe passant par I et perpendiculaire au plan de la figure, un moment arrivera où le rayon LI sera réfléchi totalement. A ce moment, l'œil verra disparaître la lumière : brusquement, si la source est monochromatique; après avoir présenté une série de colorations, si l'on opère en lumière blanche, les diverses radiations composantes n'éprouvant que successivement la réflexion totale.

Lorsque la lumière disparaît, l'angle γ est l'angle limite d'incidence en I. Si l'on désigne par ω l'angle connu du prisme, et par β l'angle d'incidence sur la face de sortie, on a

$$\gamma = \omega + \beta.$$

De plus, en faisant l'indice de l'air égal à l'unité, on a

$$\frac{\sin \alpha}{\sin \beta} = N$$

0

$$\sin \beta = \frac{\sin \alpha}{N} ;$$

ω et β étant connus, on connaît la valeur de γ.

D'autre part, l'angle γ étant l'angle d'incidence limite pour lequel la réflexion totale a lieu, à la surface du milieu d'indice n, nous pouvons écrire

$$\frac{1}{\sin \gamma} = \frac{N}{n},$$

d'où

$$n = N \sin \gamma,$$

relation qui donne la valeur de l'indice cherché.

Dans la figure 297, on voit en OI la lunette au-dessus de laquelle se place l'œil pour recevoir la lumière envoyée par le miroir M à travers le système des deux prismes, dont l'un est fixe et dont l'autre s'ajuste sur le premier au moyen d'un ressort a. En T se trouve un compensateur, composé de deux systèmes égaux de prismes à vision directe pouvant être opposés l'un à l'autre, qui permet de mesurer et de supprimer la dispersion résultant de la réflexion totale. La lunette est liée au secteur A mobile autour de l'axe H et portant la graduation de l'appareil. L'alidade B

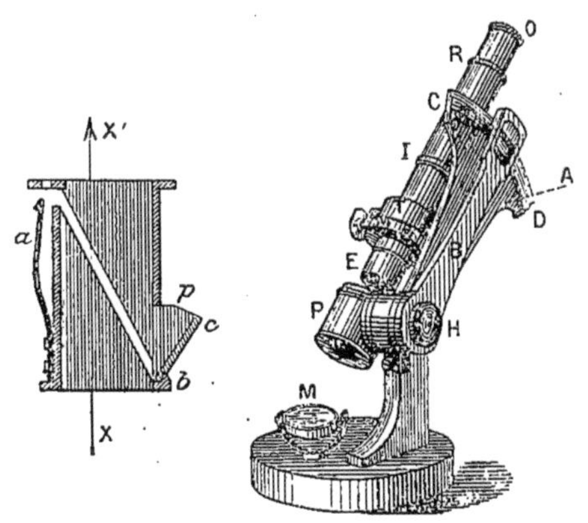

Fig. 297.

sert à faire mouvoir le biprisme P. Elle est munie d'un index permettant de repérer sur le secteur A la position donnée aux deux prismes P : 1° lorsque le champ de la lunette est entièrement et régulièrement éclairé ; 2° lorsque se produit la réflexion totale. L'appareil est gradué de façon que, la substance étant interposée entre les faces hypoténuses du biprisme, et l'index étant

442   ÉTUDE OPTIQUE DE L'OEIL.

réglé au zéro de la graduation pour le champ de la lunette uniformément
éclairé, la position du même index, lorsque se produit l'obscurcissement du
champ, donne, par une simple lecture, l'indice cherché.

Le tableau suivant contient les résultats obtenus par différents auteurs au
moyen de diverses méthodes :

Indices de réfraction des milieux réfringents de l'œil humain.

OBSERVATEURS.	CORNÉE.	HUMEUR AQUEUSE.	CORPS VITRÉ.	CRISTALLIN.		
				Couche externe.	Couche moyenne.	Noyau.
Chossat	1,33	1,338	1,339	1,338	1,395	1,420
Brewster	»	1,3366	1,3394	1,3767	1,3786	1,3839
W. Krause. { Maximum	1,3569	1,3557	1,3569	1,4743	1,4775	1,4807
Minimum	1,3331	1,3349	1,3361	1,3431	1,3523	1,4252
Moy. de 20 yeux.	1,3507	1,3420	1.3485	1,4053	1,4294	1,4541
Helmholtz	»	1,3365	1,3382	1,4189	»	»
Matthiessen et Aubert	1,377	»	1,3348	1,396	1,4076	1,4106
S. Fleischer	»	1,3373	1,3367	»	»	»
Hirschberg	»	1,337	1,336	»	»	»
Zehender et Matthiessen	1,3780	1,3342	»	1,3860	1,4050	1,4104
H. Bertin-Sans	»	»	»	1,3845	1,402	1,410

Comme on le voit par les chiffres de ce tableau, les indices de réfraction de
la *cornée*, de l'*humeur aqueuse* et du *corps vitré* ont des valeurs très rapprochées, ne présentant pas entre elles de différences plus grandes que celles
que l'on trouve pour un même milieu mesuré sur des yeux d'individus différents. C'est pour cette raison qu'on prend, pour ces trois indices, la valeur

commune : $1,33 = \dfrac{4}{3}$, qui représente l'indice de réfraction de l'eau distillée.

Les calculs sont ainsi beaucoup simplifiés.

L'indice du *cristallin* est plus difficile à évaluer. On sait, en effet, qu'il
n'est pas homogène dans toutes ses parties : en même temps que sa densité,
l'indice diminue progressivement du noyau vers la périphérie, de même que
la courbure des surfaces des diverses couches cristalliniennes, fait connu
depuis longtemps, puisque TH. YOUNG admettait déjà que, par suite de cette
constitution spéciale, l'*indice total* du cristallin, c'est-à-dire l'indice d'un
cristallin imaginaire de même forme et de même pouvoir dioptrique, doit être
supérieur non seulement à l'indice moyen, mais encore à l'indice du noyau.
En prenant 1,412 pour l'indice du noyau, TH. YOUNG arrivait à la valeur
1,436 pour l'indice total. Les différents auteurs qui se sont occupés de la
question ont obtenu des résultats analogues. C'est ainsi que MATTHIESSEN a
trouvé, comme moyenne de ses nombreuses mensurations, un indice total
égal à 1,437. Le rapprochement des résultats obtenus pour les couches
nucléaires et corticales, a conduit cet auteur à conclure que : *la différence
entre l'indice total et celui des couches superficielles est le double de la
différence entre l'indice du noyau et celui des couches les plus périphériques*, loi qu'on peut encore mettre sous la forme suivante : *l'indice total est*

égal à celui du noyau augmenté de la différence entre l'indice du noyau et l'indice des couches les plus superficielles. D'après TSCHERNING, cette loi de MATTHIESSEN donne des valeurs trop élevées, et le chiffre *1,42* serait plus rapproché de la vérité.

Pour s'expliquer simplement cette valeur de l'indice total plus grande que celle du noyau, on peut se représenter le cristallin comme formé de deux parties homogènes : une *portion centrale* ou *noyau* A d'indice de réfraction plus élevé et à surfaces réfringentes de plus forte courbure; une *partie corticale* B, C, d'indice plus faible et de courbures moindres. L'examen de la figure 298 montre tout de suite que, dans ces conditions, les deux parties corticales B et C agissent comme deux *ménisques divergents* ayant pour effet de diminuer le pouvoir dioptrique de la lentille centrale à laquelle ils sont accolés.

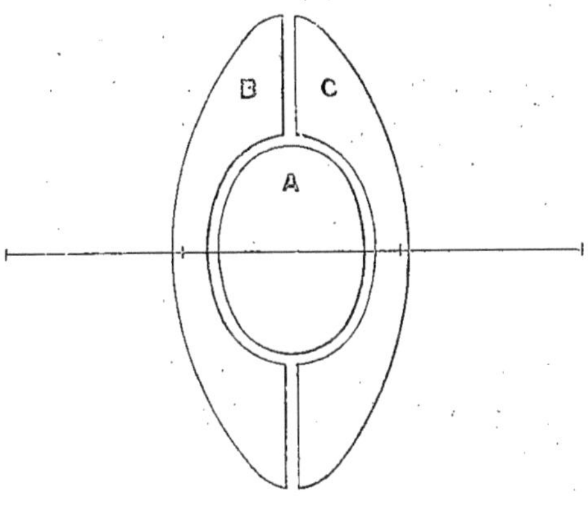

Fig. 298.

Si la lentille centrale était seule, sa force réfringente serait supérieure à celle du système total B — A — C qui constitue le cristallin tout entier, dont le pouvoir dioptrique est d'autant plus diminué que l'indice réfringent des couches corticales est plus élevé. Par conséquent, pour qu'une lentille homogène de même forme ait même pouvoir dioptrique que le cristallin, son indice de réfraction doit bien être plus grand que celui du noyau cristallinien.

L'augmentation de puissance qui résulte de la constitution spéciale du cristallin est d'ailleurs faible (3 dioptries environ) et aurait pu être facilement obtenue par une légère augmentation de courbure d'une de ses surfaces. La raison téléologique de ce défaut d'homogénéité de la substance cristallinienne doit plutôt être cherchée dans le mécanisme de l'accommodation (TSCHERNING).

De cette structure particulière résulte aussi, comme l'a montré L. HERMANN, un avantage notable au point de vue de la netteté des images dans la vision indirecte (périscopie de l'œil).

COURBURES ET DISTANCES RESPECTIVES DES SURFACES RÉFRINGENTES

Les rayons de courbure des surfaces réfringentes et leurs positions relatives ont pu être déterminés à l'aide d'instruments spéciaux qui seront décrits au chapitre *Ophtalmométrie* (ophtalmomètre de HELMHOLTZ, de JAVAL et SCHIÖTZ, ophtalmophakomètre de TSCHERNING, etc.).

Nous donnerons seulement ici les moyennes d'un certain nombre de mensurations effectuées avec ces appareils par différents auteurs.

RAYONS DE COURBURE ET DISTANCES RESPECTIVES DES DIOPTRES OCULAIRES.	LISTING.	HELMHOLTZ.	TSCHERNING.
	millim.	millim.	millim.
Rayon de courbure de la cornée..................	8	8	Surf. antér. 7,98 / Surf. postér. 6,22
Rayons de courbure ⎰ Face antérieure.........	10	10	10,20
du cristallin..... ⎱ Face postérieure.........	6	6	6,17
Distance de la face antérieure du cristallin à la face antérieure de la cornée..................	4	3,6	3,54
Épaisseur du cristallin.........................	4	3,6	4,06

Telles sont les *constantes optiques* de l'appareil oculaire données par l'expérimentation. Elles représentent des valeurs moyennes qui servent à calculer les éléments principaux de l'œil humain moyen ou, comme on dit, de l'*œil schématique*.

ŒIL SCHÉMATIQUE.

Nous considérerons successivement : 1° le *dioptre cornéen*; 2° le *cristallin*; 3° l'*œil total* résultant de l'association des deux systèmes précédents.

1° **Réfraction à travers la cornée.** — D'après ce qui a été dit plus haut, nous pouvons supposer sensiblement égaux entre eux et ayant une valeur commune égale à 1,33 les indices de réfraction de la cornée et de l'humeur aqueuse. Dès lors, ne considérant que la partie centrale de la cornée transparente, seule utilisée dans la vision directe, nous pouvons admettre que cette aire centrale est une surface sphérique séparant l'air, d'indice 1, d'un milieu homogène d'indice égal à 1,33, surface à laquelle, par conséquent, sont immédiatement applicables les constructions et les formules établies dans l'étude des dioptres sphériques.

Pour les deux *distances focales*, en particulier, nous aurons

$$\varphi' = \mathrm{R}\,\frac{n_2}{n_2 - 1} \quad \text{et} \quad \varphi = \mathrm{R}\,\frac{n_1}{n_2 - 1}$$

et, prenant pour le rayon de courbure de la cornée la valeur moyenne $\mathrm{R} = 8$ millimètres,

$$\varphi' = \frac{8^{\mathrm{mm}} \times 1,33}{1,33 - 1} = 32^{\mathrm{mm}},24 = \text{distance focale postérieure},$$

$$\varphi = \frac{8^{\mathrm{mm}} \times 1}{1,33 - 1} = 24^{\mathrm{mm}},24 = \text{distance focale antérieure}.$$

La *puissance* du dioptre cornéen est donnée par les deux expressions

$$\pi_1 = \frac{1}{\varphi'} = \frac{1}{0,032} = 31,25 \text{ dioptries}$$

pour la lumière venue de l'extérieur, et

$$\pi = \frac{1}{\varphi} = \frac{1}{0,024} = 41,66 \text{ dioptries}$$

pour la lumière considérée comme venant du fond de l'œil.

2° **Réfraction à travers le cristallin.** — Nous assimilerons le cristallin, précédé de l'humeur aqueuse et suivi de l'humeur vitrée, à une lentille homogène, d'indice unique $n_2 = 1,42$, pour laquelle le milieu d'incidence et le milieu d'émergence ont un indice commun égal à $n_1 = n_3 = 1,33$.

Adoptant pour valeurs des *rayons de courbure* des deux faces :

$$R = 10 \text{ millim.} \quad \text{et} \quad R_1 = 6 \text{ millim.}$$

et pour l'épaisseur du cristallin :

$$e = 4 \text{ millim.},$$

nous aurons (p. 414) pour les *distances focales des deux surfaces cristalliniennes*

Dioptre cristallinien antérieur.
$$\begin{cases} \varphi = R \dfrac{n_1}{n_2 - n_1} = \dfrac{10^{mm} \times 1,33}{1,42 - 1,33} = 147^{mm},77, \\[2mm] \varphi' = R \dfrac{n_2}{n_2 - n_1} = \dfrac{10^{mm} \times 1,42}{1,42 - 1,33} = 157^{mm},77, \end{cases}$$

Dioptre cristallinien postérieur.
$$\begin{cases} \varphi_1 = R_1 \dfrac{n_2}{n_2 - n_3} = \dfrac{6 \times 1,42}{1,42 - 1,33} = 94^{mm},66, \\[2mm] \varphi'_1 = R_1 \dfrac{n_3}{n_2 - n_3} = \dfrac{6 \times 1,33}{1,42 - 1,33} = 88^{mm},66, \end{cases}$$

et pour les *distances focales principales du cristallin* entier :

$$\Phi = \frac{\varphi \varphi_1}{\varphi_1 + \varphi' - e} = \frac{147,77 \times 94,66}{94,66 + 157,77 - 4} = 56^{mm},3,$$

$$\Phi' = \frac{\varphi' \varphi'_1}{\varphi_1 + \varphi' - e} = \frac{157,77 \times 88,66}{94,66 + 157,77 - 4} = 56^{mm},3 ;$$

n_1 étant égal à n_3, Φ' doit bien être égal à Φ.

Le *pouvoir dioptrique* du cristallin est

$$P = \frac{1}{\Phi} = \frac{1}{0,056} = 17,8 \text{ dioptries.}$$

Les valeurs de Φ et de Φ' représentent les distances des foyers principaux F et F' aux points principaux H et H'.

Les distances δ et δ' de ces points aux sommets des deux faces du cristallin sont données par les formules

$$\delta = \frac{\varphi e}{\varphi_1 + \varphi' - e} = 2^{mm},379$$

et

$$\delta' = \frac{\varphi_1' e}{\varphi_1 + \varphi' - e} = 1^{\text{mm}},427.$$

Les indices des milieux d'incidence et d'émergence étant les mêmes, les *points nodaux* se confondent avec les points principaux.

Les valeurs précédentes de δ et de δ' montrent que — le premier point nodal étant situé à $2^{\text{mm}},379$ en arrière du pôle antérieur du cristallin et le second à $1^{\text{mm}},427$ en avant de la face postérieure — ces deux points ne sont séparés l'un de l'autre que par un intervalle égal à

$$4^{\text{mm}} - (2,379 + 1,427)^{\text{mm}} = 0^{\text{mm}},194.$$

La position du *centre optique* du cristallin se déduit des formules données page 426.

Sa *distance à la face postérieure* est

$$OP' = \frac{e.P'N'}{PN + P'N'} = \frac{4^{\text{mm}} \times 1,427}{2,379 + 1,427} = 1^{\text{mm}},5$$

et sa *distance à la face antérieure*

$$OP = e - OP' = 4^{\text{mm}} - 1^{\text{mm}},5 = 2^{\text{mm}},5.$$

3° *Réfraction à travers l'œil total*. — Il ne nous reste plus maintenant qu'à associer le dioptre cornéen et la lentille cristallinienne. C'est le cas théorique que nous avons envisagé page 433.

Pour déterminer les éléments cardinaux d'un pareil système, nous avons besoin de connaître encore la valeur de la distance d qui sépare le plan principal du dioptre cornéen du premier plan principal de la lentille cristallinienne. Cette distance est évidemment égale à la profondeur de la chambre antérieure augmentée de la distance du pôle antérieur du cristallin au premier point nodal de la lentille cristallinienne. Conformément aux chiffres du tableau de la page 444, adoptons la valeur $3^{\text{mm}},6$ pour représenter la distance du pôle cornéen au sommet antérieur du cristallin ; nous aurons pour l'intervalle entre le plan principal de la cornée et le premier plan principal de la lentille cristallinienne :

$$d = 3^{\text{mm}},6 + 2^{\text{mm}},379 = 5^{\text{mm}},979,$$

c'est-à-dire, sensiblement,

$$d = 6 \text{ millimètres.}$$

Évaluons d'abord les *distances focales*. Nous avons, page 436 :

$$\Phi' = \frac{F'\varphi'}{\varphi' + F - d} = \frac{56,3 \times 32,24}{32,24 + 56,3 - 6} = 22 \text{ millim.}$$

et

$$\Phi = \frac{\mathrm{F}\varphi}{\varphi' + \mathrm{F} - d} = \frac{56,3 \times 24,24}{32,24 + 56,3 - 6} = 16^{\mathrm{mm}},5.$$

La *puissance* de l'œil moyen est donnée par les deux expressions

$$\frac{1}{\Phi'} = \frac{1}{0,022} = 45,45 \text{ dioptries}$$

et

$$\frac{1}{\Phi} = \frac{1}{0,0165} = 60,6 \text{ dioptries}.$$

Cherchons maintenant les *distances des points principaux du système oculaire aux points principaux extrêmes des deux systèmes composants.*

Nous avons (p. 437) pour la distance du premier plan principal de l'œil au pôle de la cornée :

$$\mathrm{H}_1\mathrm{P} = \frac{\varphi d}{\varphi' + \mathrm{F} - d} = \frac{24,24 \times 6}{32,24 + 56,3 - 6} = 1^{\mathrm{mm}},76$$

et pour la distance du second plan principal de l'œil au second plan principal du cristallin :

$$\mathrm{H}_1'\mathrm{H}' = \frac{\mathrm{F}'d}{\varphi' + \mathrm{F} - d} = \frac{56,3 \times 6}{32,24 + 56,3 - 6} = 4^{\mathrm{mm}},09.$$

Le second plan principal du cristallin étant lui-même à

$$(3^{\mathrm{mm}},6 + 4^{\mathrm{mm}} - 1,427^{\mathrm{mm}}) = 6^{\mathrm{mm}},17$$

en arrière de la cornée, le second plan principal de l'œil est situé à $6^{\mathrm{mm}},17 - 4,09 = 2^{\mathrm{mm}},08$ en arrière du plan principal du dioptre cornéen.

D'autre part, *l'intervalle entre les deux points principaux de l'œil total est* :

$$2,08 - 1,76 = 0^{\mathrm{mm}},32.$$

Enfin, le *foyer principal postérieur* est à $22^{\mathrm{mm}} + 2,08 = 24^{\mathrm{mm}},08$ en arrière, et le *foyer principal antérieur* à $16^{\mathrm{mm}},5 - 1,76 = 14^{\mathrm{mm}},74$ en avant du plan principal cornéen.

Pour trouver la position des deux *points nodaux*, nous n'avons qu'à nous rappeler que la distance du premier point nodal N au premier foyer principal F est égale à la deuxième distance focale et celle du second point nodal N' au second foyer principal F_1' à la première distance focale :

$$\mathrm{NF}_1 = \Phi' \quad \text{et} \quad \mathrm{N'F}_1' = \Phi\,;$$

Φ' étant égal à 22 millimètres et le foyer principal antérieur étant à $14^{\mathrm{mm}},74$ en avant de la cornée, le point nodal N est situé en arrière de cette cornée à une distance égale à $(22 - 14,74)^{\mathrm{mm}} = 7^{\mathrm{mm}},26$.

D'autre part, Φ' étant égal à $16^{mm},5$ et le foyer principal postérieur étant à $24^{mm},08$ de la cornée, le point nodal N' est situé à $(24,08 - 16,5)^{mm} = 7^{mm},58$ en arrière du sommet de la surface cornéenne.

La *distance des deux points nodaux* est $(7,58 - 7,26)^{mm} = 0^{mm},32$, *égale à l'intervalle qui existe entre les deux points principaux.*

La figure 299, empruntée à Helmholtz, indique les positions respectives des

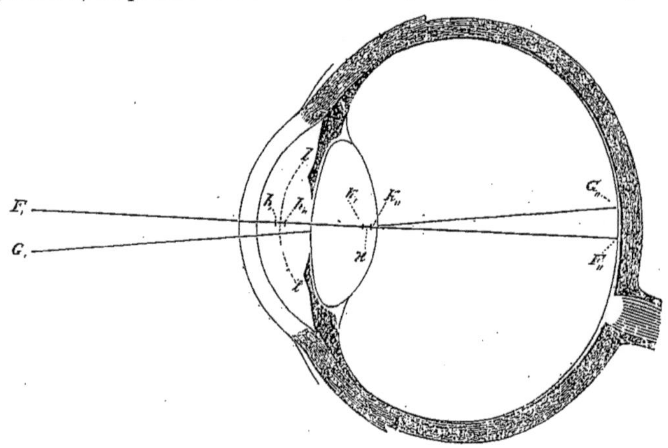

Fig. 299.

points principaux, *nodaux* et *focaux* de l'œil schématique de Listing, construit d'après les valeurs suivantes, adoptées et calculées, des diverses constantes optiques de l'appareil visuel :

Éléments mesurés et adoptés.

Indice de réfraction de l'air.......................	1
— de l'humeur aqueuse...............................	$\frac{103}{77}$
— du cristallin..................................	$\frac{6}{11}$
— du corps vitré...............................	$\frac{103}{77}$
Rayon de courbure de la cornée	8 millim.
— de la face antérieure du cristallin....................	10 —
— de courbure de la face postérieure du cristallin........	6 —
Distance de la face antérieure de la cornée à la face antérieure du cristallin.	4 —
Épaisseur du cristallin	4 —

Éléments calculés.

Premier foyer à $12^{mm},8326$ en avant de la cornée.
Second foyer à $14^{mm},647$ en arrière de la surface postérieure du cristallin.
Premier point principal à $2^{mm},1746$ en arrière de la surface antérieure de la cornée.
Second point principal à $2^{mm},5724$ —   —
Intervalle des *deux* points principaux $= 0^{mm},3978$.
Premier point nodal à $0^{mm},7580$ en avant de la surface postérieure du cristallin.
Second point nodal à $0^{mm},3602$ —   —
La *première distance focale principale* est de $15^{mm},0072$.
La *seconde distance focale principale* est de $20^{mm},0746$.

La figure ci-dessus est une coupe horizontale de l'œil schématique ; la partie supérieure est le côté temporal, la partie inférieure le côté nasal. Les points principaux sont en $h'h''$, les points nodaux en $K'K''$. $G'G''$ est la *ligne visuelle*, ligne dont la partie antérieure est la droite qui joint le point fixé au premier point nodal et la partie postérieure la droite qui joint le second point nodal à la *fovea centralis*. $F'F''$ représente l'*axe optique* sur lequel se trouvent les centres de courbure des diverses surfaces réfringentes dans l'œil supposé exactement centré. Comme on le verra au chapitre de l'*Ophtalmométrie*, ces deux lignes ne coïncident pas et l'angle qu'elles forment entre elles (5° à 7°) est désigné sous le nom d'*angle α*.

A titre de documents, nous donnons ci-dessous les valeurs des constantes optiques de l'*œil schématique*, admises et calculées par HELMHOLTZ dans la nouvelle édition de son *Optique physiologique* et par TSCHERNING (*Optique physiologique*, 1898, p. 24).

La position d'un point est définie par sa distance au sommet de la surface cornéenne antérieure.

CONSTANTES OPTIQUES DE L'ŒIL.	HELMHOLTZ.	TSCHERNING.
	millim.	millim.
Distance focale antérieure	15,498	17,0
— postérieure	20,713	22,7
Position du point principal antérieur	1,753	1,6
— — postérieur	2,106	1,9
— du premier point nodal	6,968	7,3
— du second point nodal	7,321	7,6
— du foyer principal antérieur	13,745	15,4
— — postérieur	22,819	24,6
Intervalle entre les deux points nodaux et les deux points principaux	0,353	0,3

ŒIL RÉDUIT.

Nous avons vu, page 439, que si, dans un système centré inéquifocal composé d'un nombre quelconque de surfaces réfringentes, les deux points principaux sont très rapprochés l'un de l'autre, ainsi que les deux points nodaux, on peut, avec une approximation suffisante dans bien des cas, considérer comme *équivalent* à ce système complexe un dioptre sphérique unique dont le *centre de courbure* ou *nœud* représente les deux points nodaux fusionnés et dont le *pôle* ou *sommet* représente les deux points principaux, confondus en un seul, du système total. Un choix convenable du *rayon de courbure* et de l'*indice de réfraction* du milieu réfringent permet d'obtenir des distances focales de grandeur voulue.

Cette simplification a été faite par LISTING sur les bases de son œil schématique :

En plaçant le pôle ou point principal du dioptre à $2^{mm},3448$ en arrière de la surface antérieure de la cornée et le point nodal à $0^{mm},4764$ en avant de la surface postérieure du cristallin, les deux foyers conservent leurs positions respectives ; d'autre part, le rayon de courbure est pris égal à $R = 5^{mm},1248$ et l'indice de réfraction égal à $n = \dfrac{\varphi'}{\varphi} = \dfrac{20,0746}{15,0072}$. On obtient ainsi l'*œil réduit* équivalent optiquement à l'œil schématique.

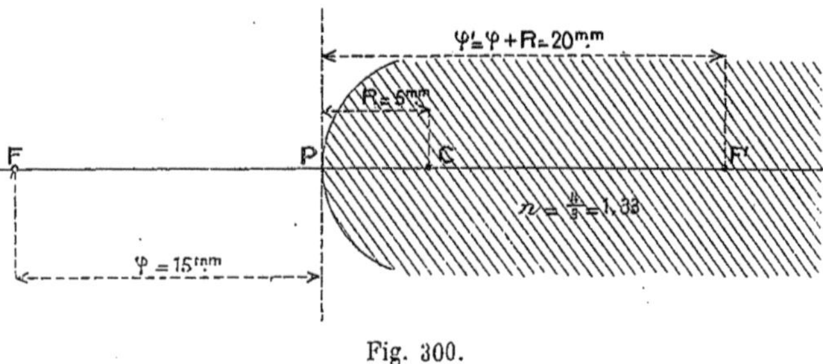

Fig. 300.

Dans la figure 299, l'arc $l\,l$ représente la surface sphérique de l'œil réduit et k le centre de courbure de cette surface.

Pour simplifier plus encore les calculs, DONDERS a arrondi les chiffres de LISTING.

L'œil réduit de DONDERS est un dioptre sphérique convergent dont le pôle est situé à 2 millimètres en arrière de la cornée ; son rayon de courbure est $R = 5$ millimètres, et son indice de réfraction $n = \dfrac{4}{3} = 1,33$, indice de l'eau (fig. 300).

La *distance focale antérieure* est

$$\varphi = R\,\frac{1}{n-1} = \frac{5}{\frac{1}{3}} = 15\,\text{millim.}$$

La *distance focale postérieure* est

$$\varphi' = R\,\frac{n}{n-1} = \frac{5 \times \frac{4}{3}}{\frac{1}{3}} = 20\,\text{millim.}$$

Ces *constantes* de l'œil réduit présentent l'avantage de pouvoir être facilement retenues et de se prêter à des calculs très rapides dans les divers problèmes de réfraction oculaire. Elles sont généralement adoptées par les ophtalmologistes.

ABERRATIONS CHROMATIQUES DE L'ŒIL.

L'œil n'est pas plus *achromatique* qu'il n'est *aplanétique*. Le défaut d'aplanétisme de l'appareil oculaire sera étudié au chapitre de l'*Astigmatisme* ; nous n'envisagerons ici que l'aberration de réfrangibilité.

L'opticien Dollond fit remarquer le premier que, les divers dioptres composant le système oculaire étant tous convergents, c'est-à-dire ayant tous pour effet de rapprocher de l'axe les rayons incidents, le *chromatisme* de l'œil, bien qu'insensible dans la vision ordinaire, était une conséquence nécessaire de l'inégale réfrangibilité des rayons lumineux : les rayons violets étant plus déviés que les rayons rouges à chaque réfraction, l'œil ne peut pas être achromatique. Une série d'expériences vint confirmer cette manière de voir contraire à l'opinion soutenue par Euler.

Expériences montrant le chromatisme de l'œil. — *a.* Si, comme le fit Wollaston, on regarde un point lumineux blanc à travers un prisme, l'image spectrale de ce point ne peut pas être vue nettement à la fois dans toute son étendue. Si l'on accommode pour le rouge, l'extrémité violette est vue de façon diffuse, et inversement. L'expérience réussit encore en regardant à une certaine distance un spectre prismatique rectangulaire projeté sur un écran blanc; tandis qu'on reconnaît encore assez bien l'extrémité rouge dans sa véritable forme, dit Helmholtz, l'extrémité violette présente l'apparence d'une figure de diffusion « en forme de queue d'hirondelle ».

b. La dispersion produite par l'œil est plus évidente encore si l'on a recours à une lumière composée seulement de deux couleurs spectrales de réfrangibilité très différente, telle que celle obtenue par la filtration de la lumière blanche à travers un verre bleu ordinaire (verre de cobalt) qui ne laisse passer sans absorption notable que des rayons voisins du rouge extrême et ceux voisins de l'extrême violet.

Si, à travers un de ces verres de cobalt, on regarde une étroite ouverture circulaire pratiquée dans un écran opaque et éclairée par une source de lumière blanche, ce point lumineux est vu de façon différente suivant l'état d'accommodation de l'œil ; si l'œil accommode pour les rayons rouges, il voit un point rouge entouré d'une auréole violette ; s'il est accommodé pour les rayons violets, il voit le centre violet entouré d'une auréole rouge. Pour un troisième état d'accommodation, celui pour lequel, la rétine se trouvant placée entre le foyer du rouge et celui du violet, les cercles de diffusion de ces deux couleurs se recouvrent exactement, le point lumineux est vu monochromatique (fig. 301).

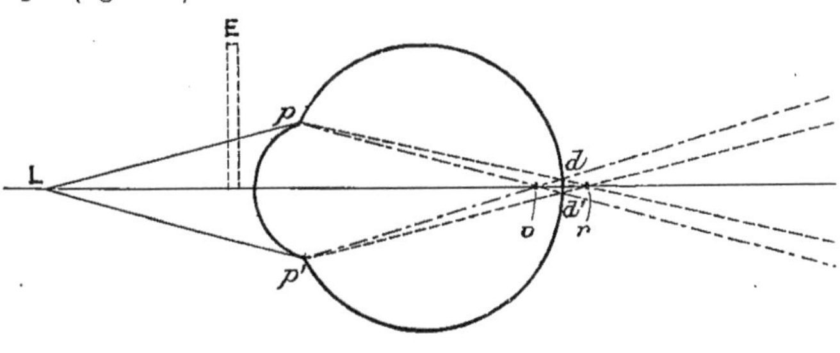

Fig. 301.

Ces apparences peuvent être utilisées pour l'optométrie. Supposons, en effet, le point lumineux *rouge violet* assez éloigné pour que les rayons qui en partant puissent être considérés comme parallèles (fig. 302) et soient *v* le foyer des rayons violets, *r* celui des rayons rouges.

L'œil verra le point lumineux avec le maximum de netteté lorsque la rétine sera coupée par le plus petit cercle de diffusion : c'est ce qui est réalisé lorsque, comme dans l'œil *emmétrope*, elle est située en E, entre le foyer du rouge et celui du violet. Alors, comme nous l'avons déjà dit, le point paraît monochromatique par suite de la superposition exacte des cercles de diffusion du rouge et du violet.

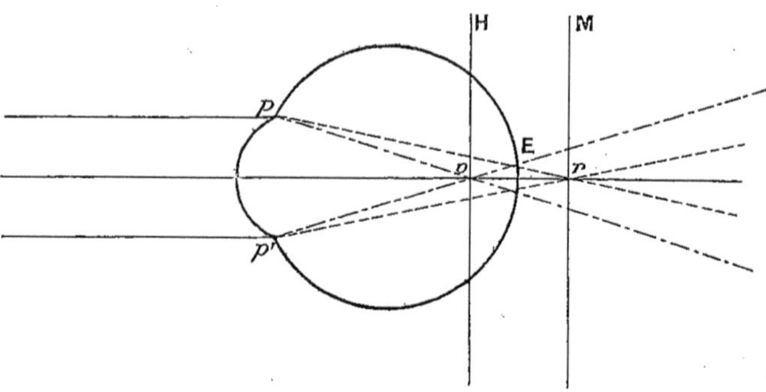

Fig. 302.

Si l'œil est affecté d'*hypermétropie* — rétine en H ou en deçà de H, — il verra un petit cercle violet entouré de rouge ; s'il est atteint de *myopie* — rétine en M ou au delà de M, — le point lumineux lui apparaîtra sous la forme d'un cercle rouge entouré de violet. Les cercles de diffusion sont d'ailleurs d'autant plus grands que l'amétropie est plus forte.

La nature et le degré de cette amétropie se déterminent simplement en cherchant dans la boîte d'essai le verre qui, placé devant l'œil, fait voir le point lumineux monochromatique, sans bord coloré rouge ou violet.

c. FRAUNHOFER démontra et mesura de la façon suivante la différence des *distances focales* de l'œil pour les différents rayons du spectre : A l'aide d'une lunette achromatique à oculaire muni d'un réticule à deux fils croisés très fins, il observait les diverses régions d'un spectre prismatique ; il vit tout d'abord que, pour mettre au point ce réticule, il faut rapprocher davantage l'oculaire lorsqu'il est éclairé par le violet que lorsqu'il est éclairé par la partie rouge du spectre.

Fixant ensuite avec un œil un objet extérieur et regardant avec l'autre œil dans l'oculaire, il disposait ce dernier de façon que le réticule fût vu aussi nettement que l'objet extérieur lorsque le champ était éclairé par deux couleurs spectrales différentes et il mesurait le déplacement à imprimer à la lentille pour effectuer la mise au point en passant d'une couleur à l'autre. Il trouva ainsi que, « si un œil voit distinctement un objet infiniment éloigné et dont la lumière correspond à la ligne C du spectre solaire, c'est-à-dire à la séparation du rouge et de l'orangé, il faudrait rapprocher à 18 ou 24 pouces de Paris, pour le voir distinctement sans faire varier l'accommodation, un objet dont la lumière correspondrait à la couleur de la ligne G, ligne de séparation de l'indigo et du violet ».

HELMHOLTZ est arrivé à des résultats analogues. « La plus grande distance visuelle de mon œil pour la lumière rouge, dit-il, est d'environ huit pieds, pour la lumière violette de un pied et demi, et elle descend à quelques pouces pour les rayons ultra-violets les plus réfrangibles de la lumière solaire et qui peuvent être rendus visibles par la suppression des autres rayons. »

MATTHIESSEN mesura l'intervalle entre le foyer rouge et le foyer violet de l'œil humain en déterminant la plus petite distance à laquelle il pouvait distinguer nettement les traits d'une échelle divisée en verre éclairée successivement par de la lumière rouge et par de la lumière violette. Il trouva pour cet intervalle une longueur variant entre $0^{mm},58$ et $0^{mm},52$.

Si l'on évalue en dioptries les résultats des mesures effectuées par les divers auteurs, on trouve pour l'aberration chromatique de l'œil humain les résultats moyens suivants :

> 1,3 dioptrie, d'après Th. Young ;
> 1,5 à 3 dioptries, d'après Fraunhofer ;
> 1,8 dioptrie, d'après Helmholtz.

Sans que l'on puisse en donner exactement la valeur, on peut dire que la dispersion produite par l'œil humain est très faible et de beaucoup inférieure à celle qui correspondrait à des systèmes optiques en verre de même puissance. Cela tient à ce que le *pouvoir dispersif* de l'eau et des solutions aqueuses, telles que l'humeur aqueuse et l'humeur vitrée (d'indices très voisins de celui de l'eau), est de beaucoup inférieur à celui du verre. Dans l'œil normal, cependant, la dispersion est un peu plus forte que celle d'un œil supposé en eau distillée.

Absence de coloration des images dans la vision ordinaire. — Action d'un écran recouvrant partiellement la pupille. — Dans les conditions ordinaires de la vision, les objets situés entre le punctum proximum et le punctum remotum sont vus distinctement et dépourvus de bords colorés. En voici la raison : grâce à l'accommodation, la rétine se trouve placée dans le plan *dd'* dans lequel les cercles de diffusion ont le plus petit diamètre (fig. 301). Les cercles de diffusion du violet et du rouge sont d'égale grandeur et se superposent exactement. Les rayons intermédiaires, le jaune et le vert, ont des cercles de diffusion plus petits ; ils sont concentrés au milieu du cercle *dd'* et le vert moyen se réunit en totalité sur l'axe. L'image devrait donc être vue d'une couleur verdâtre dans la partie centrale et colorée en pourpre sur les bords par suite du mélange de rouge et de violet. S'il n'en est pas ainsi, c'est que les rayons moyens, qui sont les plus lumineux, se trouvent réunis sur la portion centrale du cercle *dd'*, avec une partie du rouge et du violet, tandis que le bord pourpre, résultant du mélange du rouge et du violet, couleurs extrêmes et peu lumineuses du spectre, est trop étroit et trop peu éclairé pour être distingué autour de la portion centrale.

Il n'en est pas de même si la pupille est couverte partiellement avec un écran (fig. 301) : Soit en *r*, *b* le montant d'une fenêtre se détachant en noir sur le fond éclairé du ciel. Si nous regardons la fenêtre avec un seul œil sans aucun écran interposé, les bords de ce montant ne sont pas irisés ; si, au contraire, on couvre une moitié de la pupille à l'aide de l'écran E, les bords apparaissent colorés : celui qui est du côté couvert se colore en bleu, l'autre se colore en rouge (fig. 303).

Il doit bien en être ainsi, car si nous supposons en L (fig. 304) un des points, b, par exemple, du bord droit du montant de la fenêtre, la simple inspection de la figure représentant la marche des rayons issus de ce point et dispersés par l'œil montre immédiatement que, lorsque la moitié droite de la pupille est couverte par l'écran, la rétine, au lieu de recevoir un cercle de diffusion dd' uniformément éclairé par les rayons violets et par les rayons rouges, sera coupée par un cercle de diffusion dont la partie droite est violette et la partie gauche rouge. Mais cette dernière partie est recouverte par le cercle de diffusion du point suivant voisin de b et le bord droit seul du montant sera coloré en bleu. Le bord gauche sera vu coloré en rouge, car, pour un point r situé sur ce bord, c'est la partie gauche, colorée en rouge, du cercle de diffusion correspondant qui n'est pas recouverte par le cercle de diffusion du point qui précède le point r.

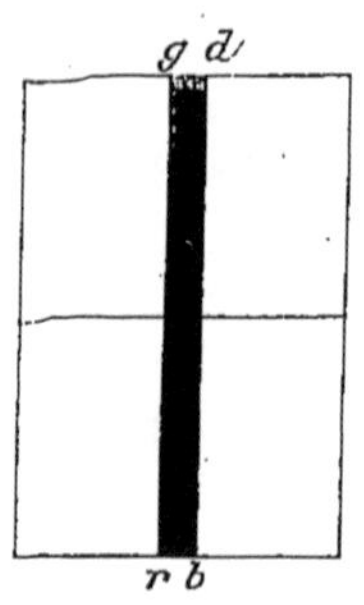

Fig. 303.

Correction du chromatisme de l'œil. — On sait qu'il est possible de corriger l'aberration chromatique des lentilles en leur associant d'autres lentilles, de signe contraire et de pouvoir dispersif convenablement choisi : on obtient un système achromatique en accolant à une lentille convergente en *crown-glass* une lentille en *flint-glass*, qui annule la dispersion sans annuler la déviation.

De même pour l'œil : une lentille concave en flint, d'environ 20 dioptries, en corrige le chromatisme. Il reste ensuite à neutraliser le pouvoir divergent de cette lentille par un système approprié.

Cette correction a été expérimentée par HELMHOLTZ : en combinant une lentille concave en flint de $15^{mm},4$ de distance focale avec des lentilles convexes de crown, de manière à constituer un système divergent d'environ 1,20 dioptrie, condition requise pour la correction de son amétropie, son œil était rendu complètement achromatique ; en regardant d'un œil à travers ce système et en couvrant par un écran une moitié de la pupille, il ne voyait plus se former de bords colorés entre les objets clairs et les objets foncés. HELMHOLTZ ajoute, d'ailleurs, que cette correction du chromatisme oculaire ne permet de constater aucune augmentation sensible dans la netteté de la vision.

PUISSANCE DES SYSTÈMES CENTRÉS
NUMÉROTAGE DES VERRES

Par C. SIGALAS.

Puissance. — Aussi bien dans un dioptre unique, représenté figure 279, par son plan principal et ses deux foyers principaux, que dans un système centré composé d'un nombre quelconque de surfaces réfringentes (fig. 291), nous avons vu qu'il existe la relation

$$\frac{I}{O} = \frac{l'}{\varphi'} \quad \text{ou} \quad I = O\frac{l'}{\varphi'},$$

expression qui donne la grandeur de l'image si l'on connaît la seconde distance focale et la distance l' à laquelle se forme l'image.

Si l'on écrit

$$\pi' = \frac{1}{\varphi'},$$

la formule se simplifie et l'on a

$$I = \pi'Ol'.$$

A cette quantité π', qui est l'*inverse de la distance focale*, on a donné le nom de *puissance* ou de *pouvoir dioptrique* du système centré.

Pour tout système à distances focales inégales ou *inéquifocal* (dioptre unique, système de deux ou plusieurs surfaces réfringentes dans lequel les milieux extrêmes ont des indices différents), il y a lieu de considérer deux puissances correspondant chacune à chacun des sens dans lequel la lumière peut traverser le système :

$$\pi_1 = \frac{1}{\Phi_1},$$

$$\pi_2 = \frac{1}{\Phi_2}.$$

Pour tout système centré à distances focales égales ou *équifocal* (système centré quelconque dans lequel les indices extrêmes sont les mêmes, lentilles plongées dans l'air ou dans tout autre milieu...), la puissance a une valeur unique, quel que soit le sens de propagation de la lumière :

$$\pi = \frac{1}{\Phi}.$$

Unité de puissance. — On évalue la puissance des systèmes centrés à l'aide d'une unité appelée *dioptrie*, nom proposé par Monoyer. On la définit : *La puissance d'un système dont la distance focale est de 1 mètre.*

En adoptant cette unité, si la distance focale d'un système exprimée en mètres est Φ, sa puissance a pour valeur :

$$\pi = \frac{1}{\Phi} \text{ dioptries.}$$

Nous reviendrons plus loin sur les avantages que présente le choix de cette unité.

Autre définition de la puissance des systèmes centrés. — Nous avons vu que dans un système centré quelconque il existe, entre les deux distances focales, la relation

$$\frac{\Phi_1}{\Phi} = \frac{n_e}{n_i},$$

n_e étant l'indice du milieu d'émergence et n_i celui du milieu d'incidence. Il en résulte qu'entre les deux puissances $\dfrac{1}{\Phi_1}$ et $\dfrac{1}{\Phi}$ d'un système inéquifocal existe la relation inverse :

$$\frac{\pi_1}{\pi} = \frac{n_i}{n_e},$$

d'où l'on tire

$$\pi_1 n_e = \pi n_i.$$

Se basant sur cette remarque, Weiss a récemment proposé de définir la puissance d'un système centré : *l'inverse de la distance focale multiplié par l'indice de réfraction du milieu d'émergence.*

Dans un système quelconque, inéquifocal ou équifocal, cette définition conduit à une valeur unique de la puissance, en vertu même de l'égalité

$$\pi_1 n_e = \pi n_i.$$

D'ailleurs, elle ne modifie en rien l'expression de la puissance des lentilles ordinaires plongées dans l'air, ni celle de la dioptrie, puisque l'on a, dans ce cas,

$$n_e = n_i = 1$$

et, par conséquent,

$$\pi_1 n_e = \pi n_i = \pi = \frac{1}{\Phi}.$$

Le principal avantage signalé par Weiss pour l'adoption de la définition précédente de la puissance des systèmes centrés est le suivant :

Si, en prenant pour l'expression de la puissance l'inverse de la distance focale exprimée en mètres, le pouvoir dioptrique d'un système de plusieurs lentilles minces accolées est égal à la somme algébrique des puissances des lentilles composantes ($\Pi = \pi_1 + \pi_2 + \pi_3 + \ldots$), il n'en est plus de même pour les systèmes inéquifocaux. Dans le cas des dioptres, en particulier, la loi d'addition, très avantageuse pour les calculs, n'est plus applicable, pas plus que lors de la superposition d'un dioptre et d'une lentille. Cette loi persiste, au contraire, si l'on prend comme définition de la puissance d'un dioptre : *l'inverse de la distance focale multipliée par l'indice de réfraction du dernier milieu.*

En effet, en désignant par n_1 et n_2 les indices des milieux séparés par la surface réfringente de rayon R, on a, pour la puissance du dioptre, une valeur unique, puisque, pour la lumière venue du milieu n_1,

$$\pi = \frac{1}{\varphi'}\, n_2 = \frac{n_2 - n_1}{R}$$

et, pour la lumière venue du milieu n_2,

$$\pi = \frac{1}{\varphi} \times n_1 = \frac{n_2 - n_1}{R} \quad \text{(Voy. p. 414).}$$

De plus, si nous supposons deux dioptres centrés sur un même axe et accolés de façon que leurs plans principaux coïncident (fig. 304), on obtient,

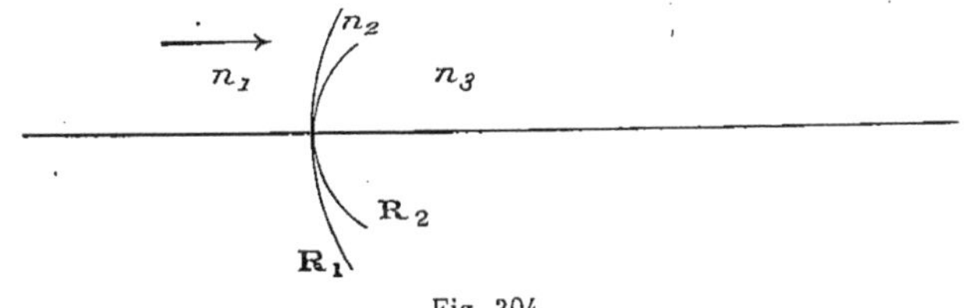

Fig. 304.

en appliquant la formule des points conjugués, pour la distance focale F du système :

$$\frac{n_3}{F} = \frac{n_2 - n_1}{R_1} + \frac{n_3 - n_2}{R_2}.$$

Donc, l'inverse de la distance focale du système multiplié par l'indice de réfraction du dernier milieu, c'est-à-dire $\frac{1}{F}\, n_3$ ou la *puissance du système,* d'après la définition de Weiss, est égal à la somme des puissances des dioptres composants. On a donc alors, comme pour les lentilles accolées :

$$\Pi = \pi_1 + \pi_2 + \pi_3 + \ldots$$

Cette définition présente certains avantages en dioptrique oculaire, en particulier dans l'expression de l'amplitude d'accommodation et du degré d'amétropie (1).

Détermination expérimentale des éléments principaux de la puissance d'un système centré. — Considérons, placé dans l'air, un système optique dont les plans principaux sont trop éloignés l'un de l'autre pour qu'on puisse négliger leur distance. Un tel système est défini par ses quatre points cardinaux : les deux points focaux F et F′, et les deux points principaux H et H′ (confondus avec les deux points nodaux N et N′). Il s'agit de déterminer la position de ces points sur l'axe principal.

Parmi les méthodes susceptibles de conduire à ce résultat, nous décrirons celle de A. Cornu (2), dont voici le principe : 1° les foyers F et F′ sont déterminés en tournant successivement les faces du système vers un objet situé à l'infini et en observant de l'autre côté le point de concours des rayons réfractés par le système ; 2° un objet étant placé à une distance x du premier foyer, son image se forme à une distance x' du second foyer, telle que le produit xx' soit égal au carré f^2 de la distance focale cherchée. En portant cette longueur focale, en sens convenable, à partir des points F et F′, on obtient les points principaux H et H′.

a. *Détermination des points focaux.* — Si l'on ne dispose pas d'une mire assez éloignée pour qu'elle puisse être considérée comme à l'infini, ou d'un collimateur bien réglé, on peut appliquer la règle suivante :

Un objet assez éloigné situé à m fois la distance focale du système $(x = mf)$ donne un conjugué à une distance x' du second foyer principal égale à la fraction $\dfrac{1}{m}$ de la distance focale.

En effet, si dans la formule $xx' = f^2$ on fait $x = mf$, il vient

$$x' = \frac{f}{m}.$$

Dès lors, pour m assez grand, la quantité x' dont il faudra corriger la position de l'image pour obtenir celle du foyer peut se déterminer avec une exactitude suffisante, alors même que la distance x de l'objet n'est qu'approximativement connue.

b. *Détermination des points principaux.* — Les valeurs de x et de x' doivent être ici déterminées avec toute l'exactitude possible, car, étant donnée la relation $xx' = f^2$, si l'on commet une erreur δx sur x et $\delta x'$ sur x', on a sur f une erreur δf telle que

$$(f + \delta f)^2 = (x + \delta x)(x' + \delta x')$$

(1) G. Weiss, La puissance des systèmes centrés (*Association française pour l'avancement des sciences* et *Revue générale des sciences*, 1894). Puissance de l'œil et amplitude d'accommodation (*Annales d'oculistique*, avril 1895). — C. Sigalas, *Sur la puissance de l'œil amétrope. Influence du verre correcteur, degré d'amétropie*; et *Sur les éléments dioptriques de l'œil amétrope corrigé.* Bordeaux, mai 1895.

(2) Cornu, *Journal de Physique*, VI, 1877, p. 276 et suiv. — Voy. aussi : C.-A. Mœbius, *Ibid.*, IX, 1890, p. 511 (système divergent). — Sentis, *Ibid.*, VIII, 1889, p. 283. — Dongier, *Société de Physique*, 1901.

ou, approximativement,

$$2f\delta f = x\delta x' + x'\delta x$$

et, en divisant par f^2 et remarquant que $\dfrac{x}{f^2} = x'$ et $\dfrac{x'}{f^2} = x$,

$$\frac{\delta f}{f} = \frac{1}{2}\left(\frac{\delta x'}{x'} + \frac{\delta x}{x}\right),$$

c'est-à-dire que l'erreur relative commise sur la distance focale est la moyenne des erreurs relatives commises sur les distances x et x' de l'objet et de son image.

De plus, les erreurs absolues δx et $\delta x'$ sont du même ordre de grandeur que l'erreur δF commise sur la détermination du foyer; on peut donc poser

$$\frac{\delta f}{f} = \delta F\,\frac{x+x'}{2xx'} = \frac{\delta F}{2}\cdot\frac{x+x'}{f^2},$$

formule qui montre que l'erreur relative sera minima pour $x = x'$.

Cette condition est réalisée, comme on sait, dans le focomètre de SILBERMANN, où l'objet et son image sont dans les plans antiprincipaux. Mais, pour éviter cette disposition qui exige pour l'appareil des dimensions linéaires égales au quadruple de la distance focale, Cornu a pris pour l'objet et l'image deux positions très voisines des plans principaux, à savoir les sommets des surfaces extérieures du système optique et leurs images observées à travers la surface opposée.

A cet effet, on trace à l'encre de Chine un petit trait S sur le milieu d'une de ses surfaces et l'on mesure la distance ε' de son image Σ' vue à travers la

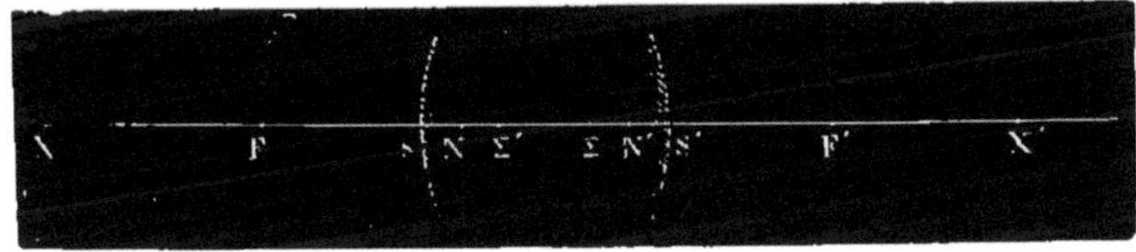

Fig. 305.

surface S', au sommet de cette surface S' sur laquelle on a également tracé un petit trait.

On a préalablement mesuré les distances $FS = d$ et $F'S' = d'$. Dès lors, S servant de point lumineux, Σ' est son conjugué et l'on peut écrire

$$d(d' + \varepsilon') = f^2.$$

De même, en retournant le système, on observe le point S' à travers la surface S, et l'on mesure la distance de l'image Σ au sommet S; soit $\varepsilon = S\Sigma$. On a

$$d'(d + \varepsilon) = f^2,$$

nouvelle équation qui donne encore f et permet d'en vérifier la valeur obtenue dans la première mesure.

f une fois connu, il suffit de porter cette longueur en sens convenable à partir des points F et F', pour avoir les points principaux H et H'.

Appareil de Cornu. — Pour effectuer commodément les mesures, Cornu dispose le système optique à déterminer en TT', sur un chariot CC' mobile le long d'une règle divisée, à l'une des extrémités de laquelle est fixé un microscope à long foyer LL', muni d'un réticule et d'un oculaire positif, permettant de définir avec précision le plan de visée φ. RR' est un

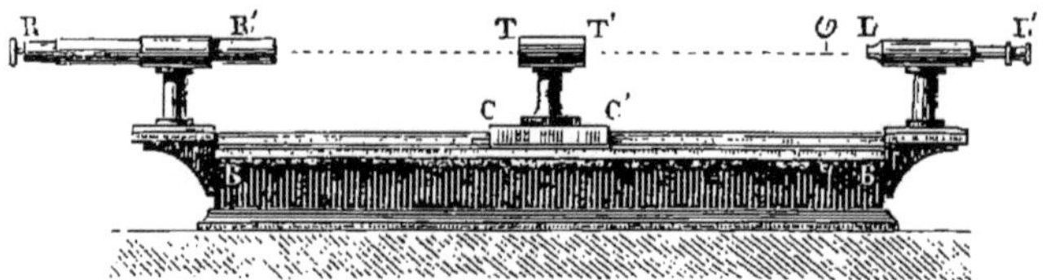

Fig. 306.

collimateur muni d'une fente ou d'un diaphragme à réticule, qui permet de ne pas recourir à une mire éloignée (fig. 306).

Le système étant convenablement diaphragmé, centré et fixé en TT', on procède aux six observations suivantes :

1° L'axe optique de l'appareil étant dirigé vers un objet situé à plusieurs centaines de fois la distance focale du système, on déplace le chariot jusqu'à ce que l'image de cet objet vienne se faire en φ au plan de visée du microscope et on lit la position de l'index sur la règle divisée : soit Z'_0.

2° On rapproche le chariot jusqu'à ce que le point tracé sur la surface du système la plus voisine du microscope soit vu nettement : soit Z' la nouvelle position de l'index.

3° On rapproche encore le chariot jusqu'à ce qu'on voie distinctement dans le microscope le trait tracé sur la surface la plus éloignée : soit Z'_2 cette troisième position de l'index.

On a

$$d' = Z'_1 - Z'_0,$$
$$d' + \varepsilon' = Z'_2 - Z'_0.$$

4°, 5°, 6° On retourne le système bout pour bout et l'on fait trois lectures analogues qui donnent

$$d = Z_1 - Z_0,$$
$$d + \varepsilon = Z_2 - Z_0.$$

D'où l'on tire

$$f^2 = (Z_1 - Z_0)(Z'_2 - Z'_0)$$

et

$$f^2 = (Z'_1 - Z'_0)(Z_2 - Z_0).$$

Ces deux valeurs de f^2 doivent être les mêmes.

D'autres procédés simples peuvent encore être utilisés pour la détermination des éléments cardinaux d'un système optique. Ils reposent sur la connaissance des rapports de position et de grandeur d'un objet et de son image à travers le système.

α. Ainsi, dans le cas où l'on peut avoir la position du plan focal par l'observation du point de concours d'un faisceau incident parallèle, et la position d'un plan antiprincipal par l'observation d'une image renversée, de même grandeur que l'objet qui sert de mire, la distance de ces deux plans donne immédiatement la longueur focale, et cette distance portée en sens convenable sur l'axe, à partir des points focaux, donne la position des points principaux.

β. D'une autre façon, la mesure de la grandeur des deux images correspondantes à un même objet placé successivement en deux positions inégalement distantes du système permet de déterminer la position des points cardinaux. Cette méthode a été suivie par HELMHOLTZ pour la détermination des éléments du cristallin de l'œil humain. En voici le principe :

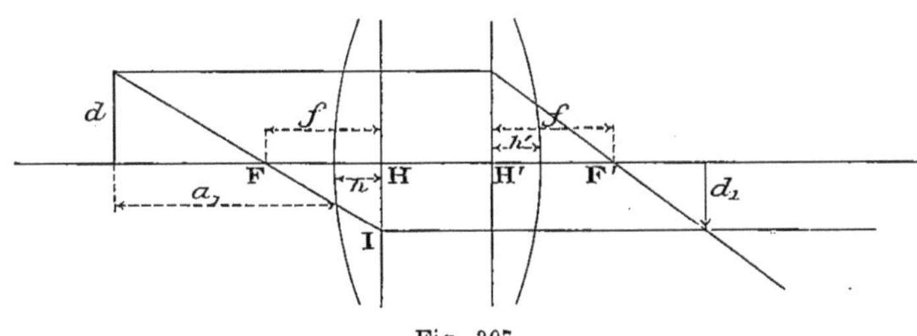

Fig. 307.

Une fente lumineuse, de largeur d, étant placée successivement aux distances a_1 et a_2 de la face antérieure du cristallin, on mesure successivement, à l'aide de l'ophtalmomètre, les largeurs d_1 et d_2 de la fente image. On a (fig. 307)

$$(1) \qquad \frac{d_1}{d+d_1} = \frac{f}{a_1+h} \qquad \text{(objet situé à la distance } a_1\text{)}$$

et

$$(2) \qquad \frac{d_2}{d+d_2} = \frac{f}{a_2+h} \qquad \text{(objet situé à la distance } a_2\text{)}.$$

Tirant de l'équation (1) la valeur de h, portant cette valeur dans l'équation (2) et résolvant par rapport à f, il vient

$$f = (a_2 - a_1)\frac{d_1 d_2}{d(d_1 - d_2)}.$$

Résolvant ensuite l'équation (1) par rapport à h, après y avoir remplacé f par sa valeur, on a

$$h = \frac{a_2 d_2(d + d_1) - a_1 d_1(d + d_2)}{d(d_1 - d_2)}.$$

En retournant le cristallin et opérant de la même manière, on obtient la valeur f à nouveau et la distance h' du sommet de la face postérieure au plan principal correspondant (1).

γ. La mesure des deux images correspondantes à deux positions différentes de l'objet de grandeur connue, sans qu'il soit besoin de connaître ces positions, permet aussi de déterminer la distance focale d'un système centré.

Soit, en effet, un système dont F′ est le second foyer principal et H′ le plan principal correspondant (fig. 308). Un objet AB fournira à travers ce système une image qui, quelle que soit la position de l'objet sur l'axe, sera toujours comprise entre la *caractéristique* CC′ de l'objet et l'axe principal XY.

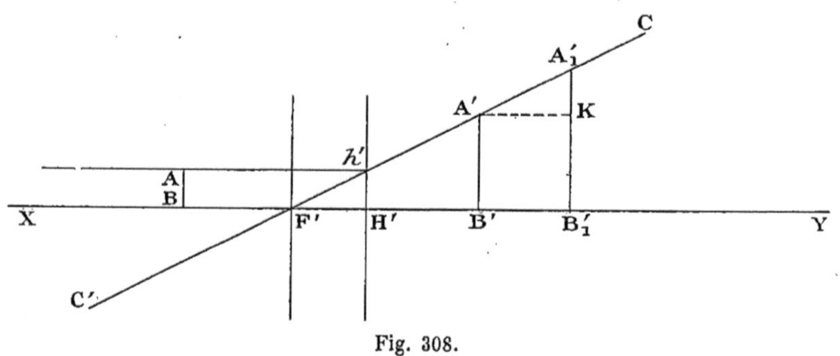

Fig. 308.

Soient A′B′ et A′₁B′₁ deux images correspondant à deux positions différentes de l'objet. Nous avons, d'après la figure :

$$\frac{F'H'}{A'K} = \frac{H'h' = AB}{A'_1K = A'_1B'_1 - A'B'}.$$

D'où, en désignant par D la distance $A'K = B'B'_1$ qui mesure le déplacement qu'on a dû imprimer à l'écran pour obtenir successivement l'une et l'autre image :

$$f = D\frac{AB}{A'_1B'_1 - A'B'} = D\frac{O}{I_2 - I_1},$$

O, I_1 et I_2 désignant les grandeurs de l'objet et des deux images mesurées.

L'objet qui sert de mire AB ayant une grandeur connue, on voit qu'il suffira de déterminer la grandeur des deux images A′₁B′₁ et A′B′, et la distance D à laquelle elles se forment l'une de l'autre, pour avoir la valeur de la distance focale cherchée.

Cette méthode, directement applicable pour les systèmes donnant des images réelles d'objets réels, peut aussi être utilisée pour des systèmes optiques ne donnant que des images virtuelles d'objets réels, la grandeur des images pouvant être mesurée, dans ce cas, à l'aide d'une *chambre claire*.

(1) HELMHOLTZ, *Optique physiologique.* Édition française, p. 105.

Nous étudierons plus loin les méthodes employées pour la mesure de la puissance des lentilles minces et, particulièrement, des verres correcteurs employés en ophtalmologie.

NUMÉROTAGE DES VERRES.

Ancien système de numérotage. — On désignait autrefois les lentilles convergentes et divergentes par un *numéro représentant la valeur en pouces de leur rayon de courbure.*

La lentille unité était celle de 1 pouce de rayon ; la lentille de 2″ avait le numéro 2, celle de 3″ le numéro 3, et ainsi de suite. Une lentille convergente de 12 pouces était désignée par le numéro + 12 ; une lentille divergente de même rayon de courbure par le numéro — 12. En outre, les divisions du pouce étaient exprimées non en lignes, mais par les fractions $\frac{1}{2}$, $\frac{1}{3}$, $\frac{1}{4}$, etc.

Ce mode de numérotage est passible d'un grand nombre d'objections :

1° *L'unité de longueur choisie n'est pas une unité de mesure internationale,* puisque le pouce a une valeur qui varie d'un pays à l'autre :

$$
\begin{aligned}
1'' \text{ de Paris} &= 0^{\text{m}},02707 \\
1'' \text{ anglais} &= 0^{\text{m}},02540 \\
1'' \text{ rhénan} &= 0^{\text{m}},02274 \\
1'' \text{ autrichien} &= 0^{\text{m}},02634
\end{aligned}
$$

En outre, l'adoption de cette unité constituait une infraction à la loi de 1837 qui rend obligatoire l'usage du système métrique.

2° *Le numéro ainsi exprimé n'indique pas exactement la valeur de la distance focale :* en effet, la distance focale, dans le cas des lentilles biconvexes et biconcaves infiniment minces, est exprimée, comme on sait, par la formule

$$
F = \frac{R}{2(n-1)},
$$

tirée de la formule générale, rappelée page 432, en y faisant $R = R_1$; et ce n'est qu'en faisant, dans cette formule, $n = 1,50$, qu'on peut écrire

$$
F = \frac{R}{2(1,50-1)} = R,
$$

c'est-à-dire admettre que la longueur focale est égale au rayon de courbure. Or, l'indice de réfraction du crown-glass a une valeur moyenne égale à 1,53, mais il varie d'une fabrique à l'autre. Ce n'est donc qu'approximativement qu'on peut dire que le foyer d'un verre coïncide avec son centre de courbure.

3° *Le numéro des lentilles est d'autant plus fort que leur puissance réfringente est plus faible :* il est évident, en effet, que la déviation imprimée par une lentille aux rayons parallèles à son axe est d'autant plus faible que sa distance focale est plus grande, et que, par conséquent, son numéro est plus élevé.

4° *Dans les calculs où doivent intervenir les valeurs des puissances réfringentes, ces puissances étant exprimées par des nombres fractionnaires, il y a nécessité de calculer sur des fractions après réduction au même dénominateur :* d'où des complications et des longueurs.

Tous ces inconvénients avaient depuis longtemps frappé les ophtalmologistes (*Congrès internationaux des Sciences médicales* de 1867 et 1872) et, au Congrès de 1875, réuni à Bruxelles, fut adopté à l'unanimité, sur le rapport de Donders, le nouveau mode de numérotage, reposant sur le système métrique, qui fait disparaître les divers inconvénients que nous venons de signaler.

Nouveau système de numérotage. — Il a pour base les deux principes suivants :

1° Le mètre est substitué au pouce comme unité de longueur ;

2° Le numéro d'un verre est donné non plus par son rayon de courbure (ou sa distance focale), mais bien par l'inverse $\dfrac{1}{f}$ de la distance focale exprimée en mètres : l'expression $P = \dfrac{1}{f}$ est le *pouvoir dioptrique* de la lentille.

L'unité de mesure est le pouvoir dioptrique d'une lentille dont la distance focale est de 1 mètre :

$$P = \frac{1}{1^{\mathrm{m}}} = 1.$$

Cette unité est appelée *dioptrie,* nom proposé par Monoyer.

La nouvelle série de verres, dite *série métrique*, est composée de lentilles ayant respectivement pour distances focales : 1 mètre, $0^{\mathrm{m}},50$, $0^{\mathrm{m}},33$, $0^{\mathrm{m}},25$, $0^{\mathrm{m}},20$, etc., dont les numéros sont

$$\frac{1}{1} = 1, \quad \frac{1}{0,50} = 2, \quad \frac{1}{0,33} = 3, \quad \frac{1}{0,25} = 4, \quad \frac{1}{0,20} = 5, \quad \ldots,$$

et dont les pouvoirs dioptriques sont

$$1, \ 2, \ 3, \ 4, \ 5, \ \ldots \ dioptries.$$

Pour avoir, dans la série métrique, des verres équivalents à ceux de l'ancien système, plus faibles que l'unité ou de valeur intermédiaire entre deux numéros successifs, dont on a quelquefois besoin dans les mesures optométriques, on ajoute aux lentilles dont les numéros sont la série naturelle des nombres entiers un certain nombre de verres correspondant à des subdivisions *décimales* de l'unité, c'est-à-dire à des *dixièmes* et *centièmes* de dioptrie ; telles sont les lentilles de distances focales égales à 4 mètres,

2 mètres, $1^m,33$, $0^m,80$, $0^m,66$, ... dont les numéros, exprimant en *dioptries* les pouvoirs dioptriques, sont respectivement

$$\frac{1}{4}=0,25, \quad \frac{1}{2}=0,50, \quad \frac{1}{1,33}=0,75, \quad \frac{1}{0,80}=1,25, \quad \frac{1}{0,66}=1,50, \text{ etc.}$$

L'adoption, pour le numérotage des verres, du *pouvoir dioptrique* $\frac{1}{f}$, qui n'est autre chose que la *puissance* telle que nous l'avons définie plus haut, présente de nombreux avantages.

On voit tout de suite, en particulier, combien il est simple de trouver la distance focale f d'un verre dont on connaît le numéro ou pouvoir dioptrique, et, inversement, connaissant la distance focale d'un verre, d'en déterminer le pouvoir dioptrique :

$$P=\frac{1}{f} \quad \text{et} \quad f=\frac{1}{P}.$$

Exemples : la lentille n° 4 a une distance focale égale à $f : \dfrac{1^m}{4} = 0^m,20$; là lentille de $0^m,25$ de foyer a pour numéro ou pouvoir dioptrique :

$$P = \frac{1}{0,25} = 4 \text{ dioptries.}$$

Quant aux calculs à effectuer lorsqu'on a affaire à plusieurs lentilles associées, dont il est besoin de connaître le pouvoir dioptrique résultant, ils sont aussi notablement simplifiés.

Soient, par exemple, juxtaposées un certain nombre de lentilles *minces* de distances focales f_1, f_2, f_3, on a, en désignant par F la distance focale du système,

$$\frac{1}{F} = \frac{1}{f_1} + \frac{1}{f_2} + \frac{1}{f_3} + \cdots$$

et, par conséquent,

$$P = p_1 + p_2 + p_3 + \cdots$$

en désignant respectivement par p_1, p_2, p_3, ... les numéros des lentilles composantes et par P le numéro ou pouvoir dioptrique du système résultant.

Exemples : deux lentilles de $+5$ et $+2$ dioptries donnent un système dont le pouvoir dioptrique est égal à

$$P = 5 + 2 = +7 \text{ dioptries.}$$

Une lentille de $+5$ dioptries, juxtaposée à une lentille de -2 dioptries, donne un système de pouvoir dioptrique égal à

$$P = +5 - 2 = +3 \text{ dioptries.}$$

Si les deux lentilles sont épaisses, telles que la distance entre le second plan principal de la première et le premier plan principal de la seconde ait une valeur d, trop grande pour pouvoir être négligée, on doit appliquer la formule connue :

$$\frac{1}{F} = \frac{1}{f_1} + \frac{1}{f_2} - \frac{d}{f_1 f_2}.$$

On a, par conséquent,

$$P = p_1 + p_2 - d p_1 p_2$$

en donnant aux lettres la même signification que dans le cas précédent.

Passage de l'un à l'autre système de numérotage. — On arrive aisément à cette transformation en se rappelant :

1° Que le numéro en dioptries est donné par l'expression $P = \dfrac{1}{f}$, dans laquelle la distance focale est comptée en mètres ;

2° Que le pouce (français) a pour valeur $0^m,02707$, ou que le mètre vaut 37 pouces (exactement 36,94) ;

Et en admettant que le numéro en pouces exprime indifféremment la distance focale ou le rayon de courbure (ce qui n'est vrai que pour des verres d'indice égal à 1,50, comme nous l'avons déjà dit) :

Un verre de numéro P en dioptries a pour distance focale

$$\frac{1}{P} \text{ mètres,}$$

et, par conséquent, en pouces :

$$\frac{37}{P}.$$

Donc, *le numéro d'un verre en pouces s'obtient en divisant 37 par le numéro en dioptries.*

De même, un verre de numéro n en pouces a pour distance focale $f = n$ pouces $= n \times 0,02707$ mètres. Son pouvoir dioptrique est

$$P = \frac{1}{n \times 0,02707} = \frac{37}{n}.$$

Donc, *le numéro en dioptries s'obtient en divisant 37 par le numéro en pouces.*

Le tableau suivant indique la correspondance en mètres et en pouces des verres qui composent la boîte d'essai des oculistes (fig. 318). Cette correspondance ne saurait être que relative, puisque, comme le fait remarquer IMBERT, la distance focale des lentilles numérotées en pouces, c'est-à-dire d'après leur rayon de courbure, varie avec l'indice du verre dont elles sont formées.

NUMÉROS en dioptries.	LONGUEURS focales en mètres.	LONGUEURS focales en pouces.	NUMÉROS en pouces.	
0,25	4	144,04	96	6 $^1/_2$
0,50	2	72,02	72	6
0,75	1,133	48,01	48	5 $^1/_2$
1	1	38,02	42	5
1,25	0,800	28,81	36	4 $^3/_4$
1,50	0,666	24	30	4 $^1/_2$
1,75	0,571	20,56	24	4 $^1/_4$
2	0,500	19,01	20	4
2,50	0,400	14,40	18	3 $^3/_4$
3	0,333	12,67	16	3 $^1/_2$
3,50	0,286	10,29	15	3 $^1/_4$
4	0,250	9,50	14	3
4,50	0,222	8,03	13	2 $^3/_4$
5	0,200	7,60	12	2 $^1/_2$
5,50	0,182	6,55	11	2 $^1/_4$
6	0,166	5,98	10	2
7	0,143	5,15	9	1 $^3/_4$
8	0,125	4,75	8	1 $^1/_2$
9	0,111	4	7	1 $^1/_4$
10	0,100	3,80	1	
11	0,091	3,28	»	
12	0,083	2,99	»	
13	0,077	2,70	»	
14	0,071	2,55	»	
16	0,062	2,23	»	
18	0,055	1,98	»	
20	0,050	1,90	»	

Interprétation géométrique du pouvoir dioptrique des lentilles.

— Le choix de l'expression $\dfrac{1}{f}$ pour caractériser les lentilles et l'adoption du système de numérotage ayant pour unité la dioptrie métrique se justifient de façon rigoureuse par les considérations suivantes empruntées à IMBERT (1) :

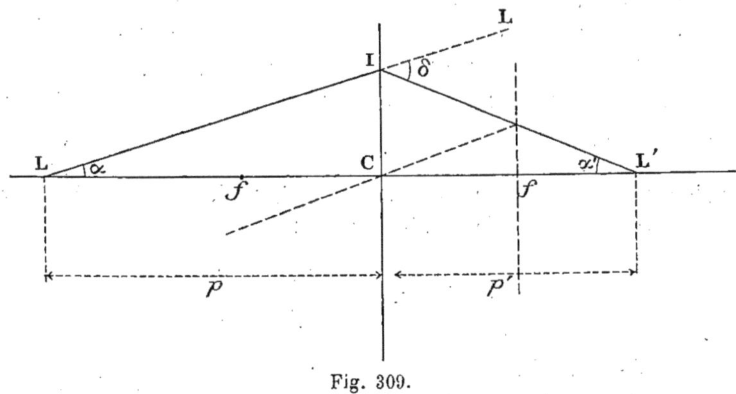

Fig. 309.

Soit en C une lentille positive, supposée infiniment mince, dont le centre optique représente les points principaux et nodaux confondus (fig. 309).

(1) A. IMBERT, *De l'interprétation et de l'emploi du pouvoir dioptrique et de la dioptrie métrique en ophtalmologie.* Thèse de Lyon, 1883.

Considérons un rayon incident quelconque LI et construisons son réfracté IL′. Les points L et L′ sont conjugués.

Posons

$$\text{angle ILC} = \alpha,$$
$$\text{angle IL′C} = \alpha',$$
$$\text{angle L}_1\text{IL′} = \delta,$$
$$\text{IC} = y, \quad \text{LC} = p, \quad \text{L′C} = p'.$$

Nous avons

$$\delta = \alpha + \alpha' \; ;$$

mais les triangles ICL et ICL′ donnent

$$\text{tg } \alpha = \frac{\text{I C}}{\text{LC}} = \frac{y}{p} = \alpha \text{ (pour des incidences très petites)},$$

$$\text{tg } \alpha' = \frac{\text{IC}}{\text{L′C}} = \frac{y}{p'} = \alpha' \text{ (id.)}.$$

Par conséquent,

$$\delta = \alpha + \alpha' = \frac{y}{p} + \frac{y}{p'} = y \left(\frac{1}{p} + \frac{1}{p'} \right) ;$$

mais l'équation des points conjugués donne

$$\frac{1}{p} + \frac{1}{p'} = \frac{1}{f}.$$

Donc,

$$\delta = y \frac{1}{f}.$$

On peut conclure de là que :

Une lentille positive imprime une déviation constante à tous les rayons incidents qui la rencontrent à la même distance de l'axe.

Cette déviation constante est représentée proportionnellement par le pouvoir dioptrique $\frac{1}{f}$ de la lentille.

Dans le cas d'une lentille négative, on aurait aussi, en représentant par α, α' et δ les mêmes angles que précédemment :

$$\delta = \alpha - \alpha' = y \cdot \left(\frac{1}{p'} - \frac{1}{p} \right) = y \cdot \frac{1}{f}.$$

Ainsi, prendre pour mesure de l'effet produit par une lentille l'inverse de sa distance focale, c'est mesurer cet effet par la déviation imprimée par le verre. Une série rationnelle de lentilles devra donc être telle que, en passant d'un numéro quelconque au suivant, l'accroissement de la déviation soit constant et égal à la déviation produite par une lentille dont le pouvoir dioptrique sera pris pour unité. Ces déviations angulaires doivent d'ailleurs être considérées pour des rayons rencontrant la lentille à la même distance de l'axe.

Si l'on adopte pour déviation unité celle qui est produite par la lentille qui constitue l'unité métrique, c'est-à-dire dont la distance focale est égale à 1 mètre, la distance focale f_n du verre qui occupera le numéro n dans la série sera donnée par la formule

$$\frac{y}{f_n} = n\frac{y}{1},$$

d'où

$$f_n = \frac{1}{n}.$$

Si l'on fait successivement $n=1, =2, =3, =4, = ...$, on trouve pour les distances focales des verres de la série métrique :

$$f =1^{\mathrm{m}}, \ =0^{\mathrm{m}},50, \ =0^{\mathrm{m}},33, \ =0^{\mathrm{m}},25, \ = ...$$

Donc, *les verres de la série métrique sont bien tels que, en passant de l'un quelconque d'entre eux au suivant, l'accroissement de déviation imprimé aux rayons incidents est égal à la déviation imprimée par le verre unité.*

Il y a lieu de faire remarquer que cette interprétation géométrique du pouvoir dioptrique subsiste pour un système équifocal quelconque et des rayons qui rencontrent les plans principaux du système à la même distance de l'axe, puisque la formule des points conjugués :

$$\frac{1}{p} + \frac{1}{p'} = \frac{1}{f}$$

est applicable à de tels systèmes, en prenant comme origine des distances les points principaux.

Détermination de la puissance des lentilles.

Cette mesure se fait habituellement dans les laboratoires par la recherche de la longueur focale, à l'aide d'appareils appelés *focomètres*. En oculistique, on préfère déterminer directement la puissance en dioptries à l'aide d'appareils qu'on désigne quelquefois plus spécialement sous le nom de *phacomètres*.

Focomètre de Silbermann. — Il est basé sur la propriété des *plans antiprincipaux* : un objet, situé dans l'un d'eux, à une distance $2f$ du plan réfringent de la lentille, donne une image réelle, renversée et de même grandeur, dans l'autre plan principal situé de l'autre côté de la lentille à la même distance $2f$.

La lentille convergente dont on cherche la distance focale est placée en L dans un support disposé *ad hoc* (fig. 310). Deux demi-disques en verre dépoli, sur lesquels sont tracées des divisions équidistantes et de même longueur, sont placés en D et D′. Le demi-disque D′ convenablement éclairé par une lampe et la lentille A sert d'objet lumineux. D sert d'écran pour recevoir l'image de D′ fournie par la lentille L. L'œil étant derrière la loupe B mise au point pour les divisions tracées sur D, on déplace les deux supports extrêmes de part et d'autre de la lentille en maintenant toujours D′L = DL,

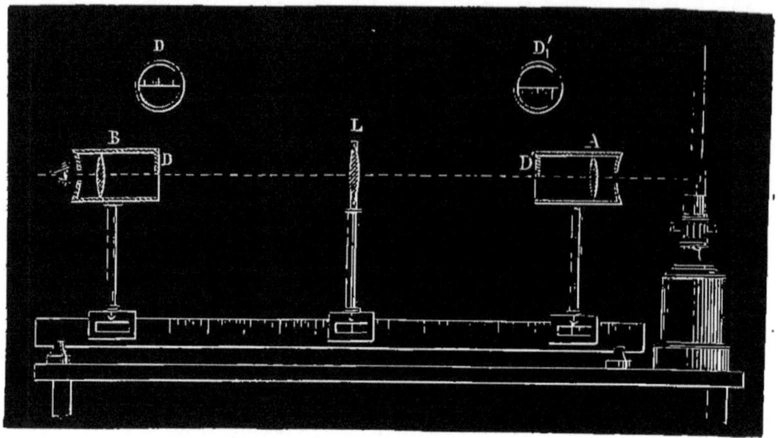

Fig. 310.

jusqu'à ce que, l'image D₁ de D′ venant se placer au-dessous des divisions tracées en D, les traits de cette image soient exactement sur le prolongement des traits de D, c'est-à-dire que l'on ait une image égale en grandeur à l'objet.

A ce moment, on a

$$DD' = 4f \quad \text{ou} \quad f = \frac{DD'}{4}.$$

Si la lentille à mesurer est divergente, on lui associe une lentille convergente de puissance plus grande, de façon à constituer un système convergent dont on détermine comme précédemment la distance focale.

En appliquant la loi d'addition des puissances dans le cas des lentilles minces accolées et en désignant par :

φ la distance focale du système ;

f la distance focale de la lentille convergente auxiliaire ;

x la distance focale de la lentille divergente.

On a

$$\frac{1}{\varphi} = \frac{1}{f} - \frac{1}{x},$$

d'où

$$-\frac{1}{x} = \frac{1}{\varphi} - \frac{1}{f} \quad \text{et} \quad -x = \frac{f\varphi}{f - \varphi}.$$

Focomètre de Snellen. — Cet appareil repose sur le même principe que celui de Silbermann, dont il se distingue : 1° par l'adjonction de deux lentilles convergentes de même puissance, placées symétriquement de part et d'autre de la lentille à mesurer, et dont le rôle est de diminuer la longueur à donner à la règle horizontale; 2° par la graduation qui donne directement en dioptries la puissance $\frac{1}{x}$ de la lentille L, indépendamment de la puissance des lentilles auxiliaires; 3° enfin, par le mécanisme qui sert à faire mouvoir l'objet et l'écran de quantités égales de part et d'autre de la lentille : le pignon à crémaillère ajouté par Soleil à l'appareil de Silbermann est ici remplacé par deux rubans métalliques minces et flexibles dont une extrémité est fixée pour l'un à l'objet, pour l'autre à l'écran, et qui se terminent tous deux à un même bouton dont le déplacement provoque les déplacements symétriques de l'objet et de l'écran.

Phacomètre de Badal. — Cet appareil, à la fois très ingénieux et très simple, permet la détermination exacte et rapide du numéro métrique des lentilles employées en ophtalmologie. Il se compose d'une lentille positive de 10 dioptries l, placée exactement à 10 centimètres de l'extrémité d'un tube en cuivre d'environ 3 centimètres de diamètre et terminé par un diaphragme d de 1 centimètre d'ouverture contre lequel s'applique le verre à déterminer, grâce à une pince d tendue par un ressort r.

Un second tube en cuivre glissant à frottement dans le premier est muni à son extrémité e d'une plaque de verre dépoli servant d'écran.

Sur ce tube intérieur est gravée une double graduation m indiquant, d'une part, les distances focales en pouces, et, d'autre part, les numéros en dioptries.

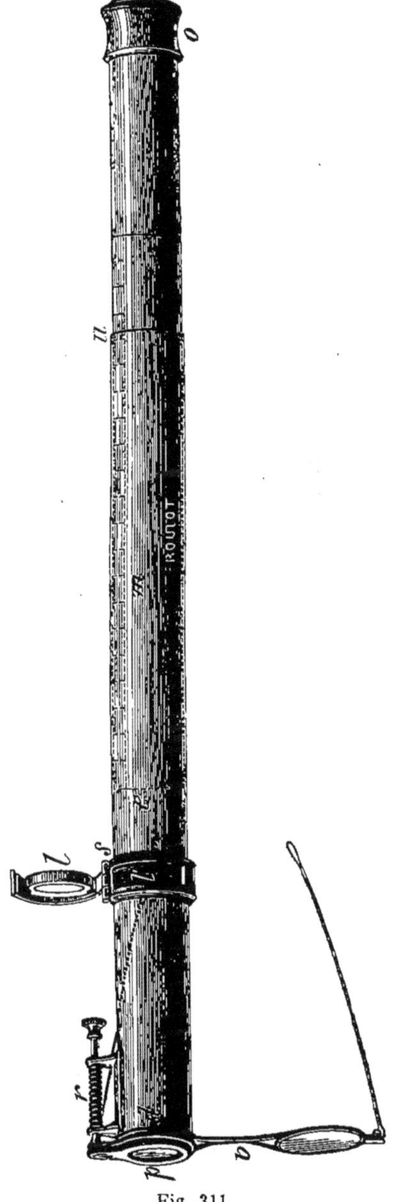

Fig. 311.

Voici le manuel opératoire : la lentille dont on veut déterminer le pouvoir dioptrique étant fixée en d à l'aide de la pince, on vise un objet éloigné de 10 à 20 mètres (branche d'arbre, affiche des rues, etc.) en plaçant l'œil contre l'œilleton O ; puis on fait glisser le tube intérieur, en avant ou en arrière, jusqu'à ce que l'image de l'objet visé se forme nettement sur l'écran de verre dépoli. A ce moment, le pouvoir dioptrique du verre essayé est donné par le numéro de la graduation qui se trouve en face de l'extrémité u du tube extérieur. Dans les divers cas qui peuvent se présenter, on procédera comme il suit :

a. *Pour les verres convergents et divergents de 0,50 à 10 dioptries*, la lentille du focomètre est laissée en place à l'intérieur en l', et l'on opère comme il est indiqué ci-dessus.

b. *Pour les verres convergents de plus de 10 dioptries*, on laisse la lentille hors du focomètre, en l, et l'on fait avancer l'écran jusqu'à formation de l'image nette de l'objet éloigné que l'on vise.

c. *Pour les verres divergents de plus de 10 dioptries*, on laisse la lentille du focomètre à l'intérieur, en l', et l'on accole au verre essayé une lentille convergente de 10 dioptries. On mesure alors, suivant la règle générale, le pouvoir dioptrique du système, et au numéro ainsi trouvé on ajoute 10 dioptries.

Il est utile, dans ce dernier cas, à cause de l'épaisseur des verres, de faire deux mesures : l'une en plaçant la lentille additionnelle en avant du verre à essayer, l'autre en la plaçant en arrière ; on prend la moyenne entre les deux résultats.

Théorie. — Soient, en L_1 et L_2, les deux lentilles, centrées sur un même axe XY qui est l'axe du tube du focomètre et disposées de façon que le plan

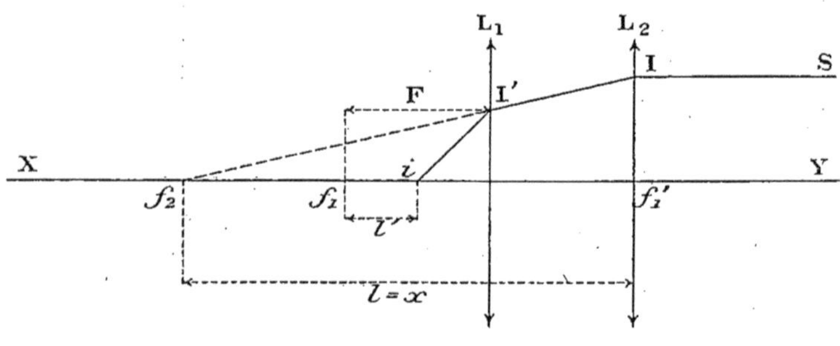

Fig. 312.

réfringent de la lentille L_2 coïncide avec le plan focal f_1'' de la lentille L_1 (fig. 312).

Un rayon SI parti d'un point de l'objet visé situé très loin, théoriquement à l'infini, serait réfracté par la lentille L_2, si elle était seule, dans une direction telle qu'il couperait l'axe principal au foyer f_2 de cette lentille. Mais, avant, il rencontre la lentille L_1 qui le réfracte suivant I'i ; le point i est donc conjugué du point f_2 par rapport à la lentille L_1, et c'est lorsque l'écran sera en i que l'œil verra l'image nette de l'objet éloigné.

Appliquons aux points i et f_2 l'équation des points conjugués de NEWTON.

Désignant par :

$l = f_2 f_1'$ la distance du point-objet f_2 au premier plan focal,
$l' = i f_1$, la distance du point-image i au second plan focal,
F la distance focale connue de la lentille L_1;

nous avons

$$ll' = F^2.$$

Or, dans le cas de la figure, l est égal à la distance focale x de la lentille L_2. Il vient donc

$$xl' = F^2,$$

d'où, pour le pouvoir dioptrique de cette lentille L_2,

$$X = \frac{1}{x} = \frac{l'}{F^2}.$$

Par conséquent, si, à partir du point f_2, foyer de la lentille pris comme zéro de la graduation, on trace dans un sens et dans l'autre des divisions dont l'intervalle est égal à F_2, et si on les désigne par les numéros $+1, +2, +3, +\dots$ et $-1, -2, -3, -\dots$, on aura, en désignant par n le numéro occupé par l'écran lorsqu'une image nette de l'objet visé se forme sur lui,

$$X = n.$$

Et si, comme l'a fait BADAL, on prend, pour lentille L_2, une lentille de 10 dioptries, c'est-à-dire de $0^m,10$ de distance focale, les divisions de la graduation en dioptries devront être distantes les unes des autres de 1 centimètre, car, dans ce cas,

$$F^2 = (0^m,10)^2 = 0^m,01.$$

On voit tout de suite que si la lentille L_2 a un pouvoir dioptrique supérieur à $+10$ dioptries, les rayons issus de l'objet viennent couper l'axe en avant de la lentille L_2 et la théorie ci-dessus n'est plus applicable : c'est dans ce cas, comme nous l'avons dit à propos du manuel opératoire, qu'on se sert du phacomètre *avec la lentille en dehors*, en se bornant à rechercher la position de l'écran pour laquelle se forme sur lui l'image fournie par la seule lentille L_2; il est évident qu'à ce moment le verre dépoli doit être dans le plan focal du verre L_2.

Le phacomètre de BADAL présente en outre la particularité intéressante de *former sur l'écran en verre dépoli une image de l'objet visé dont la grandeur reste constante quelle que soit la puissance de la lentille placée en L_2.*

Il doit en être ainsi, en effet, car, en appliquant les formules connues relatives aux rapports de grandeur et de position de l'image et de l'objet, on a, en désignant par O la grandeur de l'objet, par l sa distance au foyer postérieur de la lentille L_2, par I la grandeur de l'image qui se formerait en f_2 si la lentille L_2 de distance focale x n'existait pas, et par I' la grandeur de l'image qui se forme en i :

$$\frac{O}{I} = \frac{l}{x} \quad \text{(lentille } L_2\text{)}$$

et

$$\frac{I}{I'} = \frac{x}{F} \quad \text{(lentille } L_1\text{)},$$

puisque, par suite de la disposition des lentilles, x est égal à la distance de I au foyer postérieur de L_2 ; multipliant membre à membre, il vient

$$\frac{O}{I'} = \frac{l}{F},$$

d'où

$$I' = O\frac{F}{l}.$$

Cas des verres cylindriques. — Si l'on veut déterminer la puissance d'une lentille cylindrique et la direction de l'axe du cylindre, on peut avoir recours à la disposition additionnelle suivante indiquée par IMBERT : à l'extrémité p (fig. 311) est fixée une allonge munie à un bout d'un écran métallique percé d'une ouverture centrale étroite et, entre cet écran et le focomètre, d'une lentille convergente dont le foyer coïncide avec l'ouverture de l'écran : on obtient ainsi, en éclairant cette ouverture, un faisceau parallèle tombant sur le verre à essayer, qu'on place toujours en p. En outre, sur l'écran e en verre dépoli, on trace à l'encre de Chine un trait noir suivant le diamètre du tube rentrant qui aboutit à la génératrice le long de laquelle est gravée la graduation en dioptries. Enfin, on grave une division en degrés le long de la circonférence u du tube extérieur du focomètre.

Le verre cylindrique étant alors disposé en p, le faisceau incident parallèle est transformé en un faisceau réfracté dont tous les rayons viennent rencontrer les deux droites focales : en faisant mouvoir l'écran de façon à y faire former successivement avec le maximum de netteté ces deux droites et notant chaque fois la division de la graduation, on a, en dioptries, les deux puissances de la lentille dans ses deux sections principales.

Pour avoir la direction de l'axe du cylindre, on se basera sur ce fait que : si les deux faces du verre sont toutes les deux concaves ou convexes, l'axe est parallèle à la droite focale qui, lorsqu'elle se forme nettement en e, donne la plus forte des deux puissances de la lentille ; si, au contraire, une face de la lentille est concave et l'autre convexe, l'axe est parallèle à la droite focale qui, lorsqu'elle se forme en e, indique la plus faible des deux puissances.

Lors donc que l'on a fait former sur l'écran la droite focale parallèle à l'axe du cylindre, on tourne sur lui-même le tube intérieur jusqu'à coïncidence de cette droite avec le trait noir du verre dépoli. A ce moment, l'orientation de l'axe du verre cylindrique est fournie par la lecture de la division de la graduation en degrés, tracée en u, qui se trouve en face de la génératrice du tube intérieur qui porte la graduation en dioptries.

Focomètre de Guilloz. — Cet appareil (fig. 313), basé sur les variations du champ d'observation quand on regarde à travers une lentille par un trou sténopéique, permet, comme le précédent, la détermination rapide des verres employés en ophtalmologie. En voici le principe :

P est un trou sténopéique placé à une distance p d'une lentille c ; E représente un écran placé à une distance a de la lentille (fig. 314 et 315).

Devant la lentille, du côté du trou sténopéique, est un diaphragme D qui laisse à découvert sur la lentille un cercle de diamètre d.

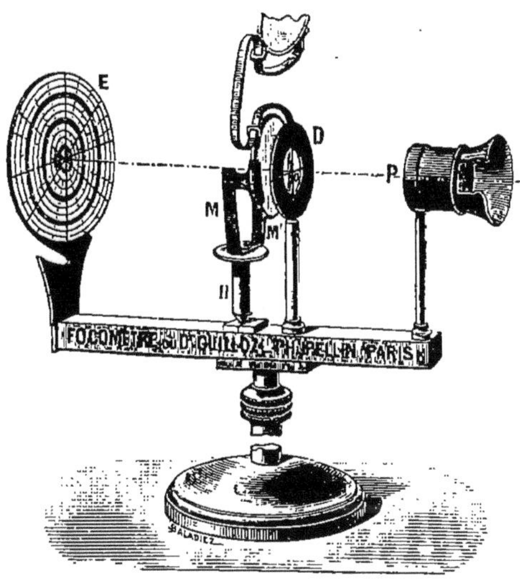

Fig. 313.

Différents cas peuvent se présenter :

a. La lentille est convergente et P est situé au delà de son foyer principal : le conjugué P′ de P est alors de l'autre côté de la lentille et le champ sur l'écran est mesuré par le diamètre $MN = x$.

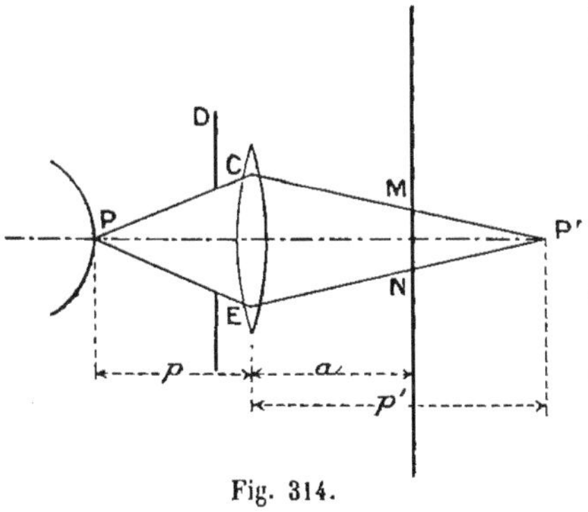

Les triangles semblables P′MN et P′CE donnent

$$\frac{p'}{d} = \frac{p'-a}{x},$$

d'où

$$p'x = p'd - ad$$

et

$$p' = \frac{ad}{d-x}.$$

Fig. 314.

Portant cette valeur de p' dans l'équation des points conjugués

$$\frac{1}{p} + \frac{1}{p'} = \frac{1}{F},$$

il vient

$$\frac{1}{p} + \frac{d-x}{ad} = \frac{1}{F}$$

ou

$$(1) \qquad \frac{1}{F} = \frac{1}{p} + \frac{1}{a} - \frac{x}{ad}.$$

b. La lentille est convergente et P est situé en deçà de son foyer principal : le conjugué P′ de P est alors du même côté de la lentille que P (fig. 315); les triangles semblables P′CE et P′MN donnent

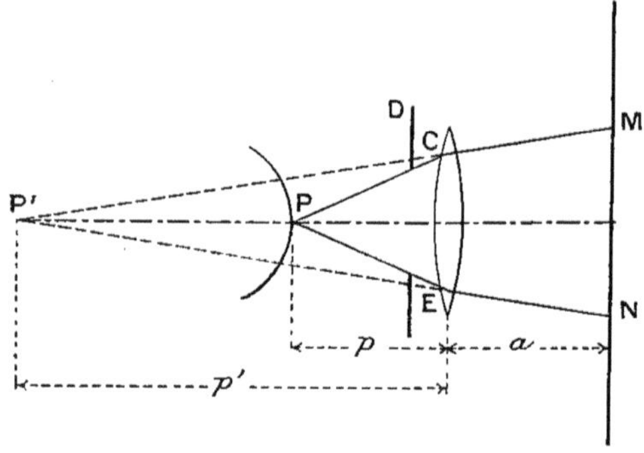

Fig. 315.

$$\frac{p'}{d} = \frac{p'+a}{x},$$

d'où

$$p'x = p'd + ad$$

et

$$p' = \frac{ad}{x-d}.$$

Portant cette valeur de d' dans l'équation des points conjugués qui est, dans ce cas, $\dfrac{1}{p} - \dfrac{1}{p'} = \dfrac{1}{F}$, il vient

$$\frac{1}{p} - \frac{x-d}{ad} = \frac{1}{F}$$

ou

$$(2) \qquad \frac{1}{F} = \frac{1}{p} + \frac{1}{a} - \frac{x}{ad}.$$

c. La lentille est divergente (fig. 316). Nous avons, par les triangles semblables P′CE et P′MN,

$$\frac{p'}{d} = \frac{p'+a}{x},$$

d'où

$$p' = \frac{ad}{x-d}$$

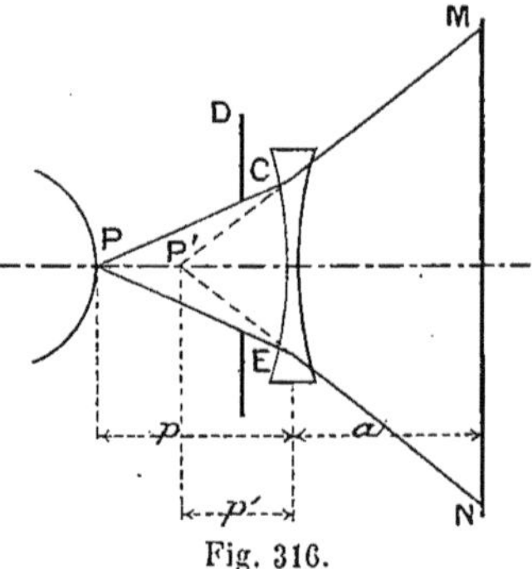

Fig. 316.

et, portant cette valeur de p' dans l'équation des points conjugués $\dfrac{1}{p} - \dfrac{1}{p'} = - \dfrac{1}{F}$,

$$\frac{1}{p} - \frac{x-d}{ad} = - \frac{1}{F}$$

ou

$$(3) \qquad -\frac{1}{F} = \frac{1}{p} + \frac{1}{a} - \frac{x}{ad}.$$

Donc, dans tous les cas, le pouvoir dioptrique $P = \dfrac{1}{F}$, positif ou négatif suivant que la lentille C est convergente ou divergente, a pour expression unique :

$$P = \frac{1}{p} + \frac{1}{a} - \frac{x}{ad}.$$

Si nous plaçons le trou sténopéique à une distance $p = a = 10$ centimètres de la lentille, et si nous prenons un diaphragme d'ouverture telle que d soit égal à 2 centimètres, il vient, pour la valeur de P, en dioptries :

$$P = \frac{1}{0,10} + \frac{1}{0,10} - \frac{x}{0,10 \times 0,02}$$

ou

$$P = 20 - \frac{x}{0,002},$$

et, si nous exprimons x en millimètres,

$$P = 20 - \frac{x}{2}.$$

Traçons sur l'écran des cercles concentriques distants de 1 millimètre et tels que leur centre, le trou sténopéique, le centre du diaphragme et celui de la lentille soient sur une même ligne droite (fig. 313), il est évident que nous verrons par le sténopé un nombre de cercles $n = \dfrac{x}{2}$.

La formule ci-dessus devient alors

$$P = 20 - n.$$

D'où : *le pouvoir dioptrique* P *du verre placé en* C *s'obtient en retranchant du nombre 20 le nombre des cercles vus à travers le trou sténopéique.*

Il y a lieu de remarquer que la formule $P = 20 - n$ n'est applicable aux lentilles positives que dans les cas où P′ n'est pas situé entre la lentille et l'écran, c'est-à-dire tant que F est supérieur à 5 centimètres, ou, ce qui revient au même, tant que le pouvoir dioptrique de la lentille est moindre que 20 dioptries.

Dans ce dernier cas (fig. 317), qui se rencontre bien rarement en ophtalmologie, l'expression du pouvoir dioptrique devient

$$P = 20 + n,$$

car l'examen de la figure montre tout de suite que l'on a

$$\frac{p'}{d} = \frac{a - p'}{x},$$

d'où

$$p' = \frac{ad}{x+d}$$

et, par conséquent,

$$\frac{1}{p} + \frac{1}{a} + \frac{x}{ad} = \frac{1}{F},$$

au lieu de $\dfrac{1}{p} + \dfrac{1}{a} - \dfrac{x}{ad} = \dfrac{1}{F}$, comme dans les autres cas examinés plus haut.

Les considérations qui précèdent permettent de comprendre à première vue la composition et le manuel opératoire de l'appareil représenté figure 317.

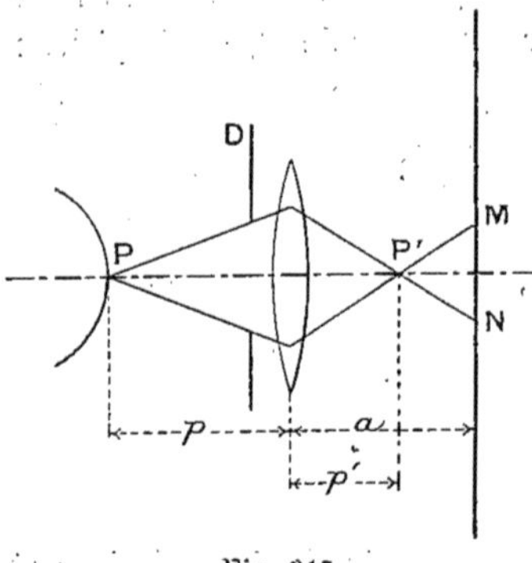

Fig. 317.

Le centre C de l'écran E à cercles concentriques, le centre O du diaphragme et le trou sténopéique P étant une fois pour toutes bien disposés en ligne droite, on place le verre à déterminer entre les mors de la pince M et M′ située exactement au milieu de CP = 20 centimètres. On déplace ensuite le verre en faisant tourner le support de la pince dans un sens ou dans l'autre jusqu'à ce que l'image du centre des cercles concentriques coïncide avec la ligne de visée PO. Cela fait, on n'a plus qu'à lire combien de cercles sont contenus dans le champ limité par le diaphragme; en retranchant ce nombre de 20, on a le pouvoir dioptrique cherché.

Pour un verre neutre, on voit vingt cercles; pour un verre positif, on en voit un plus petit nombre, et pour un verre négatif on en voit davantage.

Dans le cas d'un *verre cylindrique*, on voit vingt cercles suivant un diamètre du champ : ce diamètre détermine l'axe du cylindre. On compte alors le nombre de cercles suivant un diamètre perpendiculaire au premier, c'est-à-dire suivant la section maximale de la lentille. C'est dans ce plan que le nombre n des cercles qui apparaissent dans le champ est maximum si la lentille est cylindrique concave, et minimum si la lentille est cylindrique convexe. Dans les deux cas, on a

$$P = 20 - n.$$

Si le verre est *sphéro-cylindrique*, on voit un nombre minimum n de cercles suivant un des méridiens principaux, et un nombre maximum n' suivant l'autre méridien principal, perpendiculaire au premier. On a alors, pour les deux puissances respectives,

$$P = 20 - n,$$
$$P' = 20 - n'.$$

Méthode des opticiens. — Cette méthode consiste à rechercher, dans la boîte d'essai, la lentille qui, accolée au verre que l'on étudie, le neutralise, c'est-à-dire donne un système de puissance nulle. La lentille qui donne ce résultat a évidemment, en vertu de la loi d'addition, une puissance égale et de sens contraire à celle du verre examiné.

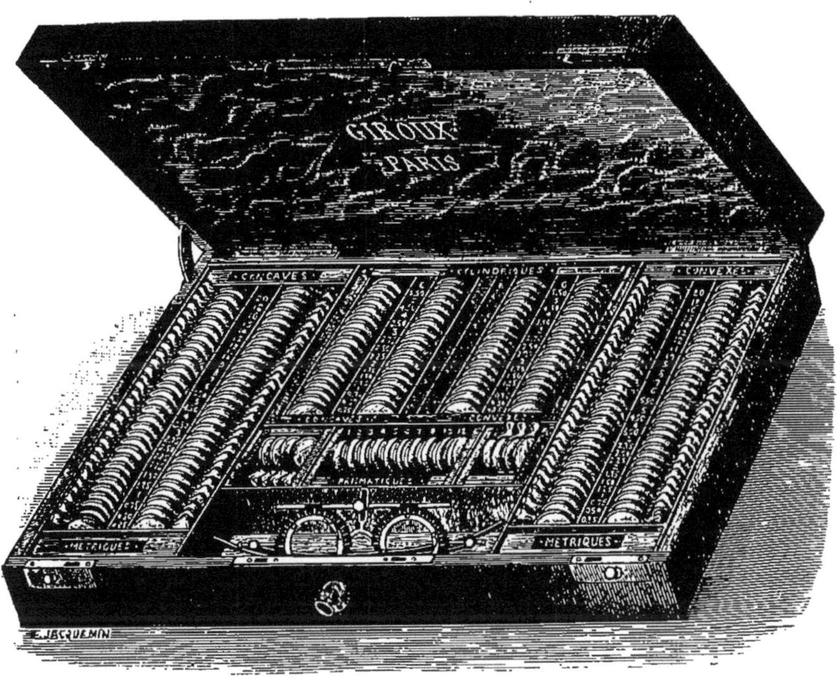

Fig. 318.

Pour apprécier exactement la neutralisation, on utilise la remarque suivante :

Lorsqu'un point (ou un objet), situé entre une lentille et son foyer, est regardé à travers cette lentille et qu'on imprime à cette lentille de légers déplacements par rapport à la ligne visuelle, on voit :

> *L'image se déplacer en sens inverse du déplacement du verre, si ce verre est positif;*
> *L'image se déplacer dans le même sens que le verre s'il est négatif;*
> *L'image ne subir aucun déplacement s'il est neutre.*

En effet, en supposant une lentille mince, convergente ou divergente, se déplaçant de L en L′, de façon que l'axe secondaire mené par le point lumineux α passe de Oα en O′α, la figure montre tout de suite que l'image α' de α, qui se forme *en arrière du point-objet dans une lentille convergente et en avant de ce point dans une lentille divergente*, se déplace vers a_1', en sens contraire du déplacement de la lentille si elle est positive et d'ans le même sens si elle est négative (fig. 319).

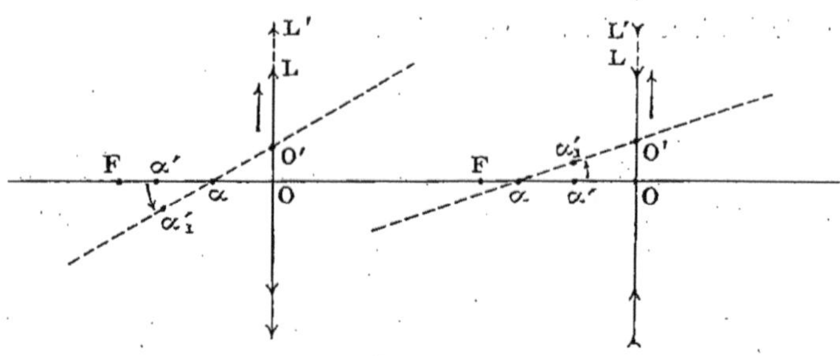

Fig. 319.

Lors donc qu'on aura reconnu le signe (+ ou —) d'un verre par l'observation du sens du déplacement de l'image d'un objet α, il suffira de prendre, dans la boîte d'essai, des verres de signe contraire, de numéro croissant, jusqu'à ce que l'on obtienne un système qui ne produise aucun déplacement de l'image. Si l'on dépassait le verre compensateur, on en serait immédiatement averti par un changement de sens des déplacements de l'image. Le numéro du verre avec lequel l'image reste immobile représente, changé de signe, le numéro du verre examiné.

Cette méthode, qui présente l'avantage de ne nécessiter aucun appareil particulier, est exacte pour les verres faibles, mais seulement approximative pour les lentilles de puissance assez forte dans lesquelles l'épaisseur ne peut pas être négligée. Deux lentilles accolées, de puissances π_1 et π_2, dont les plans principaux voisins sont séparés par une distance d, constituent un système dont la puissance π est donnée par la formule

$$\pi = \pi_1 + \pi_2 - d\pi_1\pi_2,$$

et, dans le cas de la superposition d'une lentille + et d'une lentille — de même puissance, $\pi_1 = -\pi_2$, on a

$$\pi = d\pi_1\pi_2.$$

Il n'y a donc neutralisation que lorsque, comme dans le cas des verres faibles, la distance d est assez petite pour que le produit $d\pi_1\pi_2$ puisse être négligé (1).

---

(1) On peut aussi avoir à déterminer pratiquement le centre d'un verre sphérique. Le procédé de Knapp, très simple, donne des résultats suffisamment exacts : il consiste à regarder à travers le verre placé devant l'œil deux droites perpendiculaires entre elles et assez longues pour qu'une partie soit vue en dehors du verre pendant que l'œil voit à travers le verre les parties voisines du point d'intersection. On déplace le verre jusqu'à ce que les portions de lignes vues directement soient sur les prolongements des portions vues à travers la lentille. A ce moment, le point où l'intersection des droites se projette sur la lentille est le centre cherché. On le marque à l'encre de Chine, si besoin.

FORMATION DES IMAGES SUR LA RÉTINE

Par M. le Dr TSCHERNING.

1. *Introduction*. — Comme dans l'appareil photographique, il se forme
dans l'intérieur de l'œil, par l'intermédiaire du système optique, une
petite image renversée des objets environnants. Scheiner fut le premier à
démontrer l'existence de cette image, en enlevant une partie des membranes
extérieures de l'œil d'un bœuf. Pour démontrer l'image dans l'œil vivant, on
place une flamme près de la limite externe du champ visuel ; l'image rétinienne devient alors visible, à travers la sclérotique, près du canthus interne.
L'ophtalmoscope permet enfin d'observer directement l'image de la flamme
qui sert à éclairer le fond de l'œil.

Pour que la vision soit nette, il faut que l'image se forme sur la rétine, et
il faut en outre que l'image de l'objet sur lequel on dirige son attention se
forme sur la *macula lutea*, le seul endroit de la rétine qui permet une
vision nette des détails. D'autre part, malgré les perfectionnements qu'on
puisse faire subir à un appareil optique, l'image d'un objet situé sur l'axe est
toujours supérieure à celles des objets périphériques. Aussi doit-on s'attendre
à ce que la *fovea centralis*, située au milieu de la macula, coïncide avec l'axe
optique de l'œil, et c'est en effet ainsi, mais la coïncidence n'est pas parfaite,
nous le verrons tout à l'heure.

Pour voir un objet nettement, il faut donc placer l'œil de manière que
l'objet se trouve au foyer conjugué de la fovea. On appelle *ligne visuelle* la
droite passant par le point fixé et la fovea. Le point le plus éloigné qu'on
puisse voir nettement est désigné sous le nom de *punctum remotum*. On
sait que l'œil possède la faculté de pouvoir *s'accommoder* de manière à
voir nettement des objets plus rapprochés. Je parlerai plus loin de cette
faculté ; en attendant, tant que je ne dis pas le contraire, je suppose l'œil
en repos, c'est-à-dire au point pour le remotum. On prend comme type l'œil
emmétrope dont le remotum est situé à l'infini.

Entre les deux espèces d'appareils d'optique destinés à former des images
d'objets éloignés, le télescope et la chambre noire, il y a la différence essentielle que le télescope n'a qu'un champ très petit ; pour la construction de
l'objectif, on n'a donc qu'à s'occuper de la formation des images d'objets
situés sur l'axe ou très près de celui-ci. Les appareils de photographie doivent, au contraire, avoir un champ considérable et l'objectif doit être construit

de manière que les images d'objets situés loin de l'axe soient bonnes. L'œil réunit les deux conditions : d'une part, le champ est très grand ; d'autre part, la supériorité de la fovea exige tout particulièrement que l'image d'un objet situé sur l'axe soit aussi bonne que possible.

2. *Protection de la rétine contre la lumière étrangère.* — Une première condition exigée d'un appareil photographique est qu'aucune lumière ne puisse atteindre la plaque sensible sans avoir passé par l'objectif. On obtient ce résultat en construisant la boîte en matériaux opaques. Dans l'œil, le même but est atteint par différents moyens. Les parties environnantes protègent le globe contre la lumière étrangère : la moitié postérieure du globe est entourée du tissu graisseux de l'orbite et la partie antérieure est en partie protégée par les paupières. Les parois du globe sont opaques jusqu'à un certain point, grâce surtout au pigment de la choroïde. Par suite de ces précautions, la rétine est très bien protégée contre la lumière étrangère, mais la protection n'est pourtant pas absolue, comme le montrent les expériences suivantes :

a. On se place à côté d'une source lumineuse de manière que l'un des yeux soit éclairé tandis que l'autre reste dans l'obscurité. Après quelque temps on remarque, en fermant tantôt un œil, tantôt l'autre, que les objets blancs, vus avec l'œil éclairé, présentent un ton verdâtre ; par contraste, vus avec l'autre œil, ils paraissent rougeâtres. Le phénomène est dû à de la lumière qui, après avoir traversé la sclérotique et la choroïde, vient frapper la rétine de l'œil éclairé. Cette lumière est colorée en rouge, par suite de son passage à travers le sang des vaisseaux de la choroïde ; par son influence, la rétine est « fatiguée » pour les rayons rouges, ce qui fait que les objets blancs paraissent verdâtres, à peu près comme lorsque, après avoir regardé pendant quelque temps à travers un verre rouge, on l'enlève subitement.

b. Un autre phénomène, probablement du même ordre, s'observe quelquefois lorsqu'on lit en plein soleil. Il peut alors arriver qu'on voie les caractères noirs vivement colorés en rouge. La lumière rouge qui a traversé les membranes de l'œil vient s'ajouter à la lumière qui traverse la pupille. Elle n'est pas assez forte pour changer sensiblement la teinte du papier blanc, vivement éclairé par le soleil, tandis qu'elle colore les lettres noires qui ne renvoient que très peu de lumière blanche.

c. On tourne l'œil fortement en dehors pendant qu'un aide, au moyen d'une lentille, concentre une lumière vive sur la partie interne de la sclérotique aussi loin en arrière que possible. La lumière traverse les membranes de l'œil et vient frapper la rétine. On la voit sous la forme d'un soleil rouge très brillant près du bord externe du champ visuel. Un second observateur peut en même temps voir la pupille lumineuse.

Tous ces phénomènes sont plus prononcés pour des personnes blondes. Ils s'observent d'autant plus facilement que les yeux sont plus saillants.

3. *Transparence des milieux et poli des surfaces.* — On exige d'un appareil d'optique que les verres soient bien transparents et les surfaces bien polies. L'œil laisse à désirer à ces égards, comme le montre surtout l'examen entoptique. Les défauts sont en général d'autant plus pro-

noncés que l'individu est plus avancé en âge. A l'éclairage oblique, en concentrant la lumière d'une flamme sur l'œil au moyen d'une lentille convexe, la pupille ne paraît jamais complètement noire : la cornée aussi bien que le cristallin sont grisâtres. Surtout chez les vieillards, le cristallin peut, dans ces circonstances, présenter un aspect qui peut faire admettre l'existence d'une cataracte à un observateur inexpérimenté, bien que l'ophtalmoscope montre l'absence d'opacités.

Lorsqu'on regarde un point lumineux très intense, on observe une série de phénomènes de diffraction dus à ce que les milieux ne sont pas homogènes. Le phénomène le plus frappant est désigné sous le nom de *couronne ciliaire*. Elle se compose d'un nombre infini de radiations très fines, multicolores, qui couvrent tout l'espace autour du point lumineux. L'étendue du phénomène dépend de l'intensité du point lumineux. Un trou d'épingle dans un écran noir placé devant un bec de gaz ordinaire ne fait apparaître que des traces du phénomène. Avec une lampe à arc ou l'image réfléchie du soleil sur un miroir convexe, le diamètre peut atteindre 8 degrés ou davantage.

Outre la couronne ciliaire, je vois autour de toute source lumineuse un peu vive, même autour d'une bougie, si le fond est sombre, un anneau de diffraction (A) peu intense, présentant les couleurs dans l'ordre bien connu, le rouge en dehors, le bleu verdâtre en dedans. L'anneau est séparé du point lumineux par un espace dont le diamètre est d'environ 3 degrés et qui est rempli par la couronne ciliaire. Si la source lumineuse n'est pas trop vive, l'anneau forme la limite de la couronne; mais si l'intensité est grande, le diamètre de la couronne peut atteindre le double de celui de l'anneau. Quoique pas visible pour tout le monde, cet anneau semble un phénomène très répandu. J'ai pu constater son existence chez un enfant de sept ans.

Si l'on dilate la pupille avec de la cocaïne, les phénomènes persistent comme avant, mais on voit apparaître un deuxième anneau de diffraction (B). Cet anneau, qui vient d'être décrit par Druault (*Compte rendu du Congrès d'ophtalmologie d'Utrecht*, 1898), est plus grand que l'anneau A et bien plus prononcé; il montre les mêmes couleurs que celui-ci, mais il est un peu irrégulier et composé de stries radiaires.

J'ai examiné ces phénomènes avec de la lumière homogène : après avoir projeté un spectre bien lumineux sur un écran, j'ai enlevé celui-ci en le remplaçant par mon œil. Examinés ainsi, les phénomènes changent un peu de caractère. Tandis que dans la lumière blanche la couronne ciliaire semble composée de stries bien nettes, elle prend dans la lumière homogène plutôt le caractère d'une poussière lumineuse, dans laquelle on aperçoit pourtant très bien un arrangement radiaire. Tout près du point lumineux, on voit quelques anneaux noirs très fins (*a*, *b*). La partie de la poussière lumineuse voisine du point lumineux présente un mouvement perpétuel de contractions et dilatations qui correspondent probablement aux changements de la pupille. L'anneau A se présente comme une concentration régulièrement circulaire de la poussière lumineuse; les deux parties qui correspondent au diamètre horizontal sont un peu plus prononcées que le reste. Si l'on couvre une partie de la pupille avec un écran, toutes les parties de l'anneau semblent s'affaiblir et disparaître à la fois. Dans la lumière jaune, le diamètre de l'anneau est de 4 degrés et demi; si l'on promène l'œil dans le spectre, l'anneau se contracte ou se dilate, suivant qu'on s'approche de l'une ou de l'autre extrémité.

Quant à l'anneau B, dans la lumière jaune il mesure 7 degrés environ. Pour M. Druault, il est un peu plus petit, environ 6 degrés. Il présente du reste, dans la lumière jaune, les mêmes irrégularités et la même structure striée que dans la lumière blanche. Si l'on couvre une partie de la pupille, une partie de l'anneau disparaît, mais la manière dont elle disparaît semble peu régulière; en descendant l'écran de haut en bas, ce sont les parties latérales qui disparaissent les premières; si j'avance l'écran de droite à gauche (en supposant qu'il s'agit de l'œil droit), ce sont également les parties latérales qui disparaissent. Si je monte l'écran, ce sont les parties supérieure gauche et inférieure droite qui disparaissent, et, si je l'avance de gauche à droite, les parties supérieure droite et inférieure gauche s'évanouissent. Les phénomènes sont encore plus compliqués qu'on ne le croirait d'après cette description, car, lorsqu'on couvre la plus grande partie de la pupille, il arrive que des parties de l'anneau, qu'on croyait éteintes, réapparaissent de nouveau. L'explication est peut-être à chercher dans le fait que la mydriase s'accentue lorsqu'on couvre en partie la pupille; il est aussi à remarquer que la couronne ciliaire s'affaiblit fortement dans ces circonstances, de manière à permettre d'observer plus facilement les autres phénomènes. En couvrant la plus grande partie de la pupille, on arrive même à voir des traces de l'anneau B sans emploi de cocaïne.

Quant à l'origine de ces phénomènes, l'anneau A est probablement dû aux cellules épithéliales de la cornée; il est de même nature que les anneaux qu'on observe autour de l'image d'un point lumineux, formée par une lentille couverte de grains de *lycopode*. On peut calculer le diamètre D des corpuscules au moyen de la formule

$$D = \frac{2k\lambda}{\sin \alpha},$$

formule dans laquelle λ signifie la longueur d'onde de la lumière employée, α indique l'angle de déviation (la moitié du diamètre angulaire de l'anneau) et k une constante qui, pour le premier anneau, a la valeur de 0,819 (1). Dans mon cas, α était égal à 2°12′ et λ à 0μ,59, ce qui donne pour D une valeur de 25 μ. Schioetz a mesuré les dimensions des cellules superficielles de l'épithélium cornéen et trouvé une largeur de 25 μ et une longueur de 30 à 40 μ.

Il y a une expérience célèbre de Th. Young, consistant à mettre l'œil sous l'eau, en le plongeant dans une petite cuve, pour éliminer la réfraction cornéenne. Si, après avoir continué l'expérience pendant quelque temps, on regarde, sans la cuve, un point lumineux, il paraît entouré d'un très joli système d'anneaux colorés, dont le premier est un peu plus petit que mon

____

(1) Voy. SCHIOETZ (H.), *Om nogle optiske Egenskaber ved Cornea.* Christiania, 1882 (résumé en français).

anneau A. D'après les mensurations de Schioetz, ces anneaux corresponden
à des corpuscules ayant un diamètre de 31 μ. Il est à remarquer qu'on
n'obtient les anneaux que lorsqu'on emploie de l'eau pure ; après l'application
de la solution physiologique de chlorure de sodium, on n'observe que des
traces très faibles d'anneaux. Le phénomène est donc probablement dû à une
imbibition endosmotique des cellules superficielles et la différence de grandeur entre ces anneaux et mon anneau A serait attribuable au gonflement
des cellules.

L'anneau B est probablement dû aux fibres cristalliniennes qui agissent
à peu près comme un réseau. La largeur des fentes d'un réseau se calcule
d'après la formule $a = \dfrac{\lambda}{\sin \alpha}$; elle donne pour mon anneau

$$a = \frac{0^{\mu},59}{\sin 3°33} = 9^{\mu},5,$$

ce qui correspond à peu près à la largeur des fibres cristalliniennes
(10 à 12 μ).

Beer (1) a déjà décrit un anneau, dont le diamètre était un peu inférieur
à mon anneau B (6 degrés pour l'extrême rouge). Il l'attribua à une cause
analogue.

L'anneau que voient les glaucomateux ne semble pas identique ni à l'un
ni à l'autre des anneaux que je viens de mentionner. D'après la description
de Laqueur (2), l'anneau glaucomateux serait considérablement plus grand,
le diamètre du bord extérieur étant de 10 à 11 degrés et celui de la zone
obscure de 4 à 5 degrés. — Schioetz attribue cet anneau aux cellules les
plus profondes de l'épithélium cornéen, qui tapissent la membrane de
Bowmann et qui sont beaucoup plus petites que les cellules superficielles
(12 à 13 μ). Après avoir fermé un tube, en avant avec la cornée d'un porc,
en arrière avec une plaque de verre, il le remplit avec de l'eau salée. En
augmentant la pression dans le tube, il réussit à produire un grand anneau
de diffraction, en même temps que l'eau pénétra entre les cellules profondes
de l'épithélium. L'anneau décrit par Laqueur était pourtant plus petit
comme diamètre et relativement plus large que celui que Schioetz produisait
dans ses expériences.

La couronne ciliaire est probablement, comme l'anneau B, un phénomène
de réseau, dû à la structure du cristallin. Si l'on observe un point lumineux,
assez faible pour ne pas faire apparaître de couronne, à travers un cristallin
mort suspendu dans l'eau, on observe des phénomènes qui rappellent la
couronne ciliaire. — Un verre dépoli interposé entre l'œil et une lampe à
arc montre aussi des phénomènes qui ressemblent beaucoup à la couronne
ciliaire. — Les petits anneaux noirs (*a*, *b*) sont dus à la diffraction par le
bord pupillaire.

4. *Centrage de l'œil. L'angle* α. — Les lentilles de l'objectif d'une
lunette doivent être exactement centrées et leur ligne de centrage doit

(1) Poggendorf, *Ann.*, t. LXXXIV, p. 518, 1853.
(2) *Arch. f. Ophthalmol.*, XXVI, 2, p. 1, 1880.

coïncider avec l'axe de l'oculaire. Pour l'œil, cela reviendrait à dire que la ligne de centrage doit passer par la fovea.

L'œil ne satisfait ni à l'une, ni à l'autre de ces deux conditions. Il est facile de s'en persuader en l'observant avec une lunette qui porte une lampe à incandescence (1). Si l'œil était centré autour de la ligne visuelle, on devrait, lorsque l'observé fixe le centre de l'objectif, voir les images catoptriques des différentes surfaces coïncider au milieu de la pupille. Cela n'a jamais lieu : il faut diriger l'œil *en dedans* d'un angle de 5 à 7 degrés pour obtenir la coïncidence. Cet angle est connu sous le nom d'*angle* α. Le plus souvent, on n'arrive pas à obtenir une coïncidence complète entre les trois images, ce qui montre que l'œil n'est pas exactement centré.

5. *Aberration de sphéricité.* — L'objectif d'une lunette doit être dépourvu d'astigmatisme, d'aberration chromatique et d'aberration de sphéricité. Quant à l'astigmatisme, tant que l'objet se trouve sur l'axe, la condition est identique à la précédente, puisque les lentilles artificielles ne possèdent que des surfaces sphériques. Il suffit de l'angle α pour que l'œil humain soit affecté d'un léger degré d'astigmatisme, mais la déformation des surfaces joue en général un rôle bien plus considérable.

Quant à l'aberration chromatique, il n'y a rien dans la construction optique de l'œil qui puisse la corriger, puisqu'il n'y a pas de surfaces divergentes, à l'exception de la surface postérieure de la cornée, dont le rôle est assez faible. Aussi cette aberration est-elle assez prononcée, mais son influence est diminuée par le réglage pupillaire dont je parlerai plus loin. Je n'insisterai, du reste, ni sur cette aberration, ni sur l'astigmatisme, puisque ces défauts seront traités dans des chapitres spéciaux de ce livre.

On sait que les lentilles sont trop réfringentes vers les bords et qu'on désigne ce défaut sous le nom, mal choisi du reste, d'*aberration de sphéricité*. Au lieu de se réunir au foyer conjugué, les rayons émanés d'un

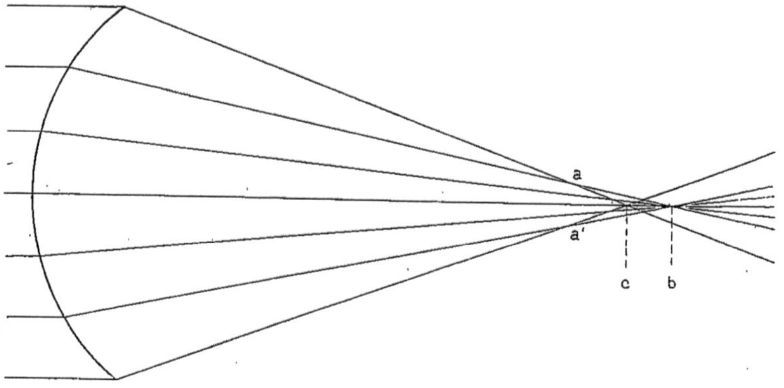

Fig. 320.

point lumineux forment une *caustique* (fig. 320), dont une section ressemble à la tête d'une flèche, dirigée en arrière. Elle est composée de deux courbes

(1) Il est plus commode de se servir de deux lampes situées dans un plan passant par l'axe de la lunette. Voy. Tscherning, *Optique physiologique.* Paris, 1898, p. 80.

(ab, $a'b$), qui se réunissent au foyer de la partie centrale, et d'une droite (cb), qui est la partie de l'axe située entre le foyer des rayons centraux et celui des rayons les plus périphériques. On corrige l'aberration de sphéricité d'un objectif, en même temps que l'aberration chromatique, en ajoutant à la lentille convexe de *crown* une lentille concave de flint; on peut, en effet, calculer les courbures de manière que la combinaison soit aplanétique pour un point donné, en même temps qu'elle est achromatique. Dans l'œil, il n'existe rien de pareil; aussi, à cause de son ouverture relative-ment énorme $\left(\dfrac{F_1}{3}\text{ ou davantage}\right)$, devrait-il avoir une aberration de sphéricité considérable, s'il n'y avait pas d'autres particularités qui la diminuent.

On peut étudier l'aberration d'une lentille en examinant le cercle de diffusion qu'elle forme d'un point lumineux. En deçà du foyer, la lumière est concentrée vers le bord du cercle de diffusion; au delà du foyer, il y a, au contraire, une concentration au centre, phénomènes qui s'expliquent facile-ment en jetant un coup d'œil sur la figure 320. — Si l'on applique une aiguille contre la lentille, on remarque que l'ombre qu'elle forme dans le cercle de diffusion est courbe. En deçà du foyer, elle tourne sa concavité vers le centre du cercle de diffusion (déformation *en barillet*); au delà, vers la périphérie (déformation *en croissant*). On peut se figurer la lentille divisée en zones concentriques de même largeur; à cause de l'aberration de sphéricité, les zones correspondantes des cercles de diffusion n'auront pas la même largeur entre elles; si l'écran est placé en deçà du foyer, les zones seront plus étroites vers la périphérie, et les extrémités des ombres de l'aiguille, lesquelles appar-tiennent à des zones périphériques, seront relativement plus rapprochées du centre que le milieu de l'ombre, d'où résulte la forme courbe. Si la lentille est aplanétisée, les ombres sont droites partout (1), et, si elle est suraplanétisée, on aura les phénomènes inverses.

J'ai construit un petit instrument, l'*aberroscope*, destiné à examiner, d'après ces principes, l'aberration de sphéricité de l'œil; c'est une lentille plan-convexe de 4 dioptries qui, sur la surface plane, porte un quadrillage, composé de lignes horizontales et verticales. On regarde un point lumineux éloigné à

---

(1) Ces remarques sont justes tant qu'on peut négliger l'épaisseur de la lentille, ou, autrement dit, tant qu'on peut se la figurer remplacée par un plan perpendiculaire sur l'axe. Si l'on ne peut pas en négliger l'épaisseur, il faut se figurer l'aiguille placée dans un plan perpendicu-laire sur l'axe et, pour que l'ombre soit droite, il faut ajouter la condition que les rayons inci-dents et les rayons sortants doivent former avec l'axe des angles dont les tangentes soient dans un rapport constant. M. Abbe désigne les points pour lesquels cette condition est rem-plie sous le nom de *points orthoscopiques*. Une surface sphérique réfringente a deux points aplanétiques. L'un est le centre qui est à la fois aplanétique et orthoscopique; l'autre est situé à une distance du centre égale à nR (si n est l'indice de réfraction et R le rayon). Ce point est aplanétique, mais il n'est pas orthoscopique. Les rayons dirigés vers lui passent, après réfrac-tion, par un point situé à une distance du centre égale à $\dfrac{R}{n}$, et il y a ceci de remarquable que l'angle que forment les rayons incidents avec l'axe est égal à l'angle de réfraction, tandis que les rayons réfractés forment avec l'axe un angle égal à l'angle d'incidence. Il existe donc un rapport constant entre les sinus des angles que forment le rayon incident et le rayon réfracté avec l'axe, d'où il résulte que les tangentes ne peuvent pas être dans un rapport constant. Les ombres seraient, dans ce cas, déformées *en croissant*.

travers la lentille en la tenant à une distance de quelques centimètres de l'œil. Le point lumineux est alors vu comme un cercle de diffusion dans lequel on aperçoit les ombres du quadrillage. La plupart des personnes voient les ombres déformées *en croissant*, ce qui indique que l'aberration n'est pas corrigée. Quelques rares personnes voient les ombres déformées *en barillet* (aberration surcorrigée). Une forme qu'on rencontre assez souvent montre l'aberration sous-corrigée en bas et vers les deux côtés, surcorrigée en haut, rappelant ainsi ce qu'on observe avec des lentilles placées obliquement (Voy. n° 8).

Il existe dans l'œil différentes particularités qui corrigent en partie l'aberration de sphéricité ou qui en diminuent l'importance. En premier lieu, il faut citer le merveilleux réglage par la pupille. Nous avons vu qu'au delà du foyer l'aberration de sphéricité a pour effet de concentrer la lumière au milieu du cercle de diffusion. L'image d'un point lumineux se présente donc à cet endroit sous la forme d'un point lumineux, entouré d'une zone peu lumineuse formée par les rayons extrêmes. Or, si l'objet qu'on observe est peu lumineux, comme c'est le plus souvent le cas, la zone faiblement éclairée échappe à l'observation ; et, si l'objet est brillant, la pupille se contracte et empêche les rayons périphériques qui éclairent cette zone d'entrer dans l'œil. C'est ce même réglage qui diminue l'effet de l'aberration chromatique de l'œil : si l'on dilate la pupille, les phénomènes chromatiques s'accentuent beaucoup.

On sait que la cornée subit un aplatissement considérable vers la périphérie ; on peut la considérer comme composée d'une partie centrale, dite *optique*, approximativement sphérique, et d'une partie périphérique, aplatie et en général moins bien polie. Dans la plupart des yeux, la partie optique correspond à la grandeur d'une pupille moyenne, de sorte que l'aplatissement ne joue qu'un rôle relativement faible pour la vision directe ; mais il y a des yeux où l'aplatissement commence plus près du centre, et c'est probablement ces yeux qui sont affectés de l'aberration surcorrigée. La diminution de l'indice du cristallin vers la périphérie joue peut-être un rôle analogue, mais ce facteur, ainsi que l'aplatissement de la cornée, ont beaucoup plus d'importance pour la vision indirecte.

6. ***Champ optique.*** — Toutes choses égales d'ailleurs, un appareil photographique est d'autant meilleur que son champ est plus étendu. Grâce à la position de la pupille entre la cornée et le cristallin, l'œil est, à cet égard, supérieur à tous les instruments d'optique, circonstance qui a évidemment de l'importance dans la lutte pour la vie. Il n'est pas facile de donner un chiffre exact pour la limite du champ optique, parce que les rayons de courbure des parties périphériques de la cornée sont peu connus. Si l'on réunit le bord de la pupille et le bord opposé de la cornée par une ligne droite, qu'on fasse ensuite subir la réfraction à la surface antérieure de la cornée, comme si c'était un rayon lumineux, cette droite réfractée formerait la limite du champ. En admettant la cornée sphérique, ce rayon formerait un angle d'environ 100° avec la ligne visuelle. Mais l'aplatissement de la cornée vers la périphérie fait que cet angle est plus grand ; il dépasse probablement 110°. Il ne serait pas difficile de déterminer le champ expérimentalement en mesurant à partir de l'axe la distance angulaire du point où la pupille cesse d'être visible.

7. ***Images d'objets situés en dehors de l'axe*** (1). — Un objectif photographique doit être dépourvu d'astigmatisme suivant les directions obliques et la surface focale principale doit être un plan, de manière à pouvoir coïncider avec la plaque sensible. Pour l'œil, la dernière condition doit être remplacée par celle-ci que la surface focale doit coïncider avec la rétine.

Avant d'examiner si l'œil satisfait à ces conditions, rappelons sommairement la réfraction par des surfaces et des lentilles placées obliquement.

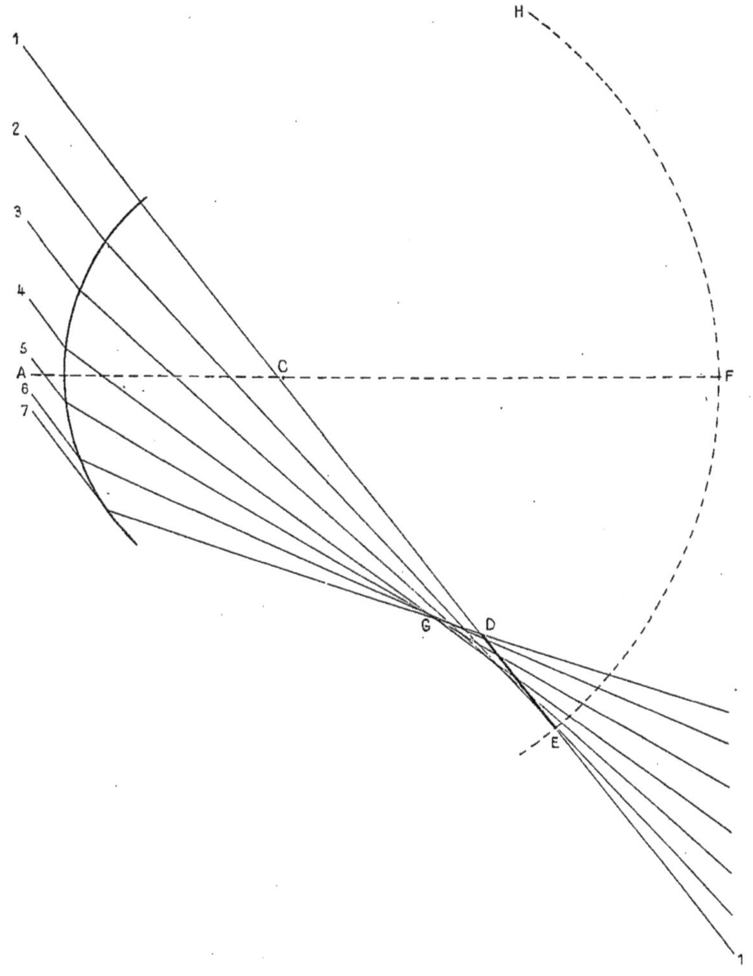

Fig. 321.

En comparant les figures 320 et 321, on remarque que, pour une simple surface réfringente, il n'y a pas de différence essentielle dans l'un et dans l'autre

(1) Voy. Wallon (E.), *Traité de l'objectif photographique*, Paris, 1891, et l'excellent *Traité d'optique photographique*, par D. V. Monkhoven, Paris, 1864 (épuisé).

cas. La ligne 1,1 (fig. 321) correspond à l'axe de la figure 320 et tout le faisceau de la figure 321 est analogue à la moitié inférieure de la figure 320. Le faisceau de la figure 321 a une ligne focale nette très oblique DE ; c'est celle qui coïncide avec l'axe de la figure 320. Pour recevoir la ligne focale DE sur un écran, il faut placer celui-ci très obliquement et du même côté du faisceau que le point lumineux. Si l'on place l'écran perpendiculairement sur la ligne AF, on ne réussit pas à obtenir ni une image nette du point lumineux, ni des lignes focales bien prononcées, quoique la tache de diffusion s'allonge dans la direction perpendiculaire au plan du dessin près de G et dans le sens opposé près de E. La meilleure image est à ce dernier endroit. Si l'objet est un point lumineux, l'image se présente à cet endroit sous la forme d'un point avec un halo peu lumineux dirigé en dedans. Les photographes désignent souvent ce halo sous le nom de *coma*.

On peut étudier ces phénomènes avec une lentille plan-convexe dont la surface convexe est dirigée en avant.

Pour avoir des images nettes, on est obligé de se servir d'un diaphragme, placé sur l'axe AF, et la question se pose alors de trouver la meilleure position à donner à ce diaphragme. Supposons qu'on le place en avant de la surface, de manière à ne donner accès qu'aux rayons 6 et 7. On aurait alors en G, où les deux rayons s'entre-croisent, une première ligne focale, perpendiculaire au plan du papier, et en D une seconde ligne focale, représentée par la partie de la ligne DE que découpent les deux rayons. La distance DG sera l'intervalle focal. Il est vrai que la première ligne focale sera légèrement courbe, et que la deuxième ne peut pas coïncider exactement avec l'écran, à cause de son obliquité ; mais, si l'ouverture est suffisamment petite, on aura néanmoins des phénomènes d'astigmatisme assez purs. Or, on remarque que, plus on recule le diaphragme, plus l'intersection des rayons qui passent par son ouverture (la première ligne focale) se rapproche de la ligne DE, sur laquelle se trouve la deuxième ligne focale. L'astigmatisme diminue donc à mesure et la meilleure place du diaphragme sera en C, où l'astigmatisme se trouve à peu près réduit à zéro et la courbure de la surface focale (EFH) à un minimum.

Si l'on retourne la lentille (fig. 322) (ou si l'on emploie une lentille biconvexe), on est obligé de placer l'écran du côté opposé du faisceau pour recevoir la ligne focale nette. Les images présentent du *coma* en dehors et la meilleure place du diaphragme est en avant de la lentille. La surface focale est moins courbe que dans le cas précédent. C'était là la forme primitive de l'objectif photographique.

La figure 323 montre la marche des rayons d'un faisceau oblique dans l'œil, comme elle serait si l'on se figure l'iris enlevé, les surfaces réfringentes sphériques et l'indice du cristallin uniforme. Le cercle pointillé indique approximativement la forme de la rétine. On sait qu'elle se rapproche beaucoup d'une sphère dont le centre se trouverait au milieu de l'axe de l'œil. Grâce à l'influence prépondérante de la cornée, le type du faisceau se rapproche beaucoup de celui d'une simple surface réfringente, le *coma* étant dirigé en dedans et la ligne focale se trouvant du même côté que l'objet ; la ligne focale est pourtant placée moins obliquement par rapport à l'axe qu'elle ne serait si la cornée avait agi seule.

La position de la pupille permettant l'accès des rayons 2 et 3 est assez favorable quant à la correction de l'astigmatisme ; elle l'aurait été encore plus si elle avait été placée en arrière du cristallin, mais il en serait résulté une grande infériorité quant à l'étendue du champ. Si la marche des rayons avait

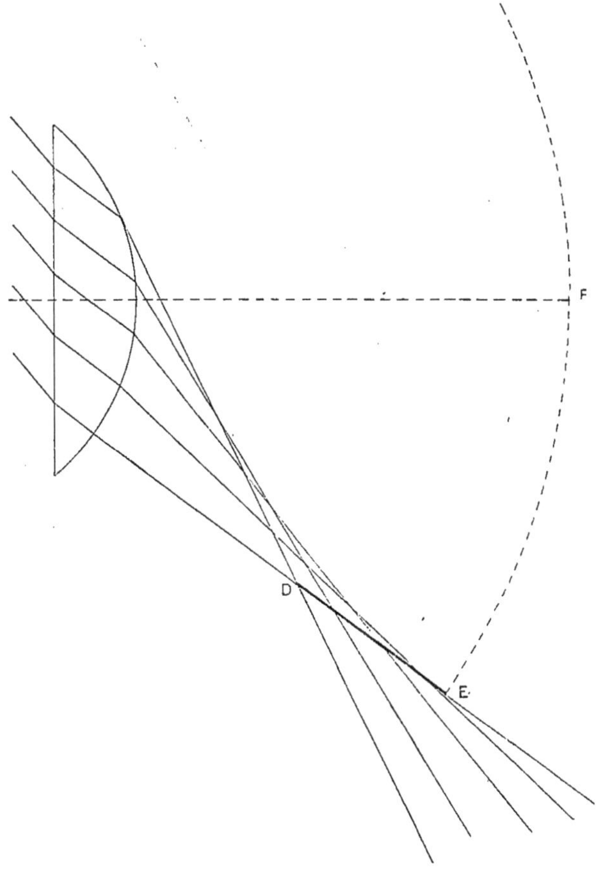

Fig. 322.

été exactement celle indiquée sur la figure, les parties périphériques de l'œil auraient été affectées de myopie et d'astigmatisme myopique, mais ces défauts se trouvent, au moins en grande partie, corrigés par l'aplatissement des parties périphériques de la cornée. Plus le faisceau est oblique, plus la partie de la cornée que la pupille découpe est périphérique et, par conséquent, aplatie. Cette circonstance contribue à la correction de la myopie des parties périphériques. D'autre part, il est bien connu que l'aplatissement de la cornée est beaucoup plus considérable dans la direction passant par l'axe que dans la direction qui y est perpendiculaire, comme c'est aussi le cas pour toutes les surfaces de révolution qui s'aplatissent vers la périphérie. Or, comme c'est justement dans la direction passant par l'axe que le faisceau oblique est trop réfracté, cette circonstance a pour effet de corriger l'astigmatisme. La diminution de l'indice du cristallin vers la périphérie a une influence analogue.

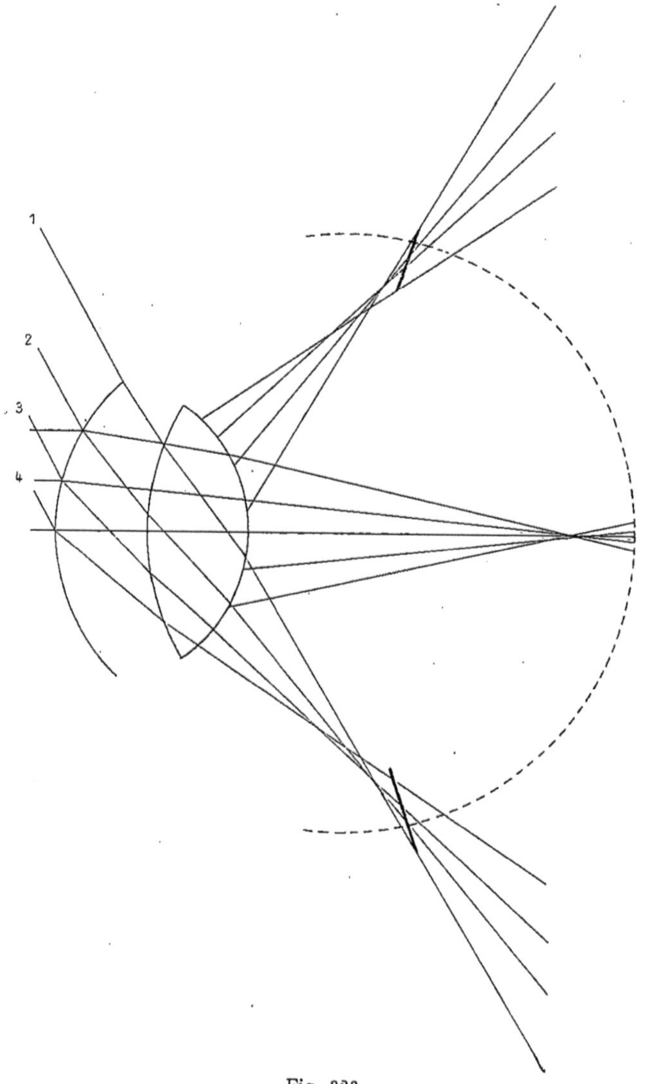

Fig. 323.

Il est clair que le rayon 3 rencontrera le rayon 2 plus loin du cristallin qu'il n'est dessiné sur la figure, parce qu'il passe par des parties de celui-ci qui sont plus périphériques et, par conséquent, moins réfringentes.

Grâce à ces différents moyens, l'astigmatisme des parties périphériques de l'œil est fortement diminué, de telle sorte qu'il n'en reste que des traces.

Tb. Young (1) a déjà fait remarquer que le système optique et la forme de la rétine sont calculés pour produire les meilleures images possibles, formant un bel exemple de ce que, dans le style de son temps, il désigna sous le nom d'*intelligence de la nature*.

8. **Distorsion de l'image.** — Plaçons verticalement, sur une table, une lentille biconvexe, dont l'ouverture ne doit pas être trop petite et, sur cette même table, un écran parallèle au plan de la lentille. Disposons à terre trois bougies suivant une ligne périphérique dans le champ de la lentille. A cause de l'incidence oblique des rayons, il se forme sur l'écran des taches irrégulières qui ne ressemblent que fort peu à des images des flammes. Pour améliorer ces images, on est obligé d'avoir recours à un diaphragme. Or, on remarque que, si l'on place le diaphragme en avant de la lentille, les trois images forment une courbe concave vers l'axe de la lentille : l'image est déformée *en barillet*. Si l'on place le diaphragme en arrière de la lentille, l'image est déformée *en croissant.* Ce défaut de l'image est appelé *distorsion*.

L'expérience est au fond identique à celle du n° 5, où nous avons étudié la déformation de l'ombre d'une aiguille appliquée contre la lentille. Si, dans l'expérience citée ici, on se figure tout le champ lumineux, et les bougies remplacées par une barre opaque, le diaphragme jouera le rôle du point lumineux dans l'expérience du n° 5, et la barre remplacera l'aiguille. La déformation de l'image est donc due à ce que la lentille n'est pas aplanétique (orthoscopique) pour l'endroit du diaphragme. Il est facile, par une démonstration analogue à celle que j'emploierai tout à l'heure pour la cornée, de montrer que la nature de la déformation, suivant qu'on place ce diaphragme en avant ou en arrière de la lentille, doit être telle que nous l'avons trouvée par l'expérience. Le moyen qu'on emploie le plus souvent pour corriger ce défaut consiste à placer le diaphragme entre deux lentilles semblables ; la déformation produite par la première est alors neutralisée par la seconde.

Abstraction faite des facteurs qui diminuent la réfringence des parties périphériques, le système optique de l'œil déforme les objets *en barillet*. Pour la cornée, ce fait résulte de la démonstration suivante. Soient A, B et C (fig. 324) trois objets et $AB = BC$, C étant situé sur l'axe. Soit P la pupille que je suppose réduite à un point. On sait qu'un rayon qui, après réfraction, doit passer par la pupille, doit, avant la réfraction, être dirigé vers la pupille apparente, c'est-à-dire l'image de la pupille produite par la réfraction cornéenne, et que la pupille apparente est située en avant de la pupille réelle. Or, à cause de la réfringence plus forte des parties périphériques, la pupille apparente est, pour elles, située encore plus avant. Soient P la pupille réelle, P_c la pupille apparente des rayons centraux, P_p celle des rayons périphériques. Les rayons AP_p et BP_c passeront, après réfraction, par P, et, comme la partie de la cornée découpée par AP_p est relativement trop petite, $A'B'$ est plus petite que $B'C'$: l'image se rétrécit vers la périphérie. Quant au cristallin, il produit un effet analogue, comme en général les lentilles précédées d'un diaphragme.

(1) Tschenning, *OEuvres ophtalmologiques de Th. Young.* Copenhague, Hoest, 1894, p. 239.

L'aberration de sphéricité du système optique de l'œil par rapport à la pupille fait donc que l'image d'un plan, projetée sur un écran également plan, subirait un rétrécissement vers la périphérie ; mais la forme approximative-

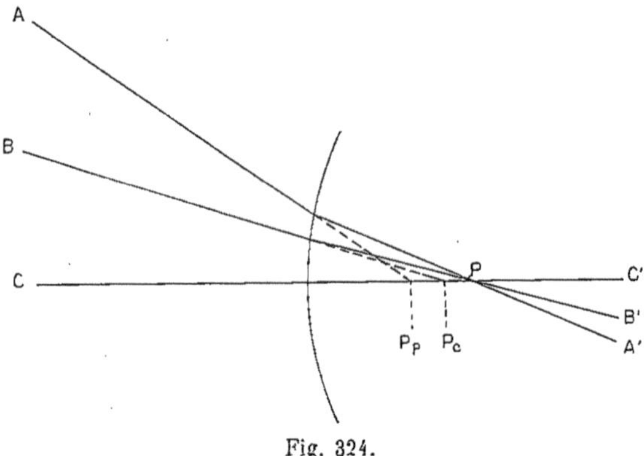

Fig. 324.

ment sphérique de la rétine fait que cette distorsion est encore plus prononcée.

Il est impossible d'éviter complètement des déformations en projetant un dessin plan sur une sphère, ou inversement, mais les différents modes de projection donnent des degrés très différents de déformation. Supposons, par exemple, qu'on veuille représenter l'hémisphère ABD (fig. 325) sur l'écran EF en abaissant de chaque point de l'hémisphère une perpendiculaire sur l'écran : l'image ainsi projetée serait très petite et rétrécie vers les bords. Si, au contraire, on faisait la projection par le centre C, l'image se dilaterait vers la périphérie ; elle serait infiniment grande, puisqu'elle correspondrait à un champ de 180°. La meilleure représentation est celle qu'on obtient par une projection par le pôle opposé P. C'est cette projection qu'emploient les géographes sous le nom de *projection stéréographique* pour la construction des mappemondes.

Si la pupille, réduite à un point, était située au pôle antérieur de la sphère rétinienne, et si les rayons lumineux passaient par elle sans déviation, l'image rétinienne aurait été une simple représentation stéréographique ; l'image d'un plan aurait été aussi bonne que possible et l'image du champ sphérique représenté par le cercle pointillé OP aurait même été complètement dépourvue de déformations, mais le champ aurait été assez petit (90° si la rétine était un hémisphère). En réalité, la pupille est située plus en arrière et les rayons incidents sont d'autant plus déviés vers l'axe qu'ils proviennent des parties plus périphériques du champ. Ces deux facteurs se joignent à l'effet de l'aberration mentionné ci-dessus pour rétrécir l'image vers la périphérie. Il en résulte des déformations très prononcées, mais aussi un agrandissement très considérable du champ.

Il existe une série d'illusions, décrites par von Helmholtz, qui montrent que le champ est vu déformé *en barillet*. Des lignes droites, vues indirectement,

semblent concaves vers le point de fixation ; si, par exemple, on fixe le milieu
d'une porte à quelque distance, les bords semblent convexes. Si, en se baiss-
sant sur une table, on place deux bouts de papier à quelque distance l'un
de l'autre, de manière qu'ils soient bien visibles en vision indirecte, et
qu'on essaie ensuite d'en placer un troisième sur la ligne qui joint les deux

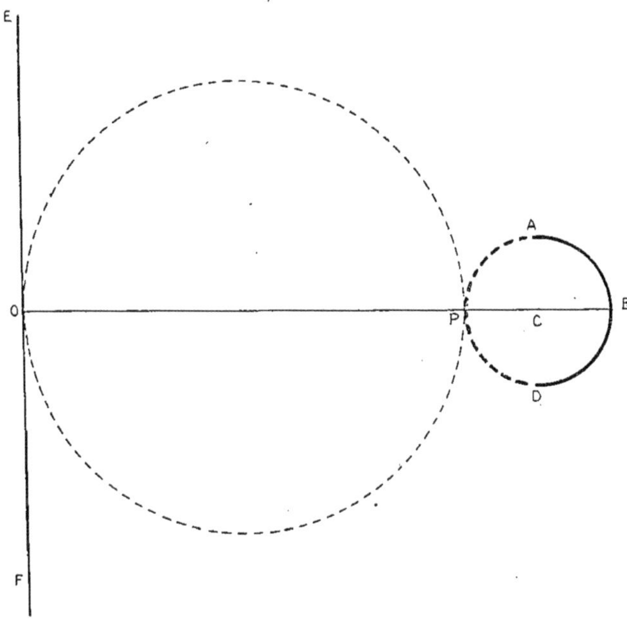

Fig. 325.

autres, on le place presque toujours trop près du point de fixation, de manière
à former une courbe convexe vers ce point. Un disque circulaire appliqué
contre le bas d'un mur semble ovale à grand axe horizontal lorsqu'on fixe le
milieu du mur. Quoique von Helmholtz ait essayé d'expliquer ces phénomènes
d'une autre manière, il semble raisonnable de les attribuer à la distorsion de
l'image (1).

9. *Perte de lumière. Lumière nuisible.* — Toutes choses égales
d'ailleurs, un objectif est d'autant meilleur qu'il perd moins de lumière par
réflexion. La quantité de lumière perdue par réflexion dépend, d'une part, du
nombre de surfaces réfringentes, d'autre part de l'indice des matières
employées ; plus l'indice est élevé, plus la perte est grande.

Les indices des milieux de l'œil étant très inférieurs à celui du verre, il en
résulte que l'œil ne perd que très peu de lumière par réflexion. Une simple
lentille en verre perd environ 8 p. 100, tandis que tout le système optique de
l'œil ne perd qu'environ 2,5 p. 100. La différence d'indice entre les couches
superficielles du cristallin et l'humeur aqueuse (le corps vitré) est si faible

(1) J'ai exposé la question avec plus de détails dans mon *Optique physiologique*, p. 198.

que la perte totale par réfléxion sur le cristallin ne semble pas dépasser 1 p. 1000 ; par contre, la perte par absorption semble pouvoir atteindre des degrés considérables, surtout chez les vieillards ; ce sont surtout les rayons les plus réfrangibles qui sont absorbés.

La lumière réfléchie par les différentes surfaces d'un objectif, sauf la première, rencontre, avant de sortir, d'autres surfaces qui en réfléchissent une partie. J'ai désigné cette lumière, deux fois réfléchie, sous le nom de *lumière nuisible*, parce qu'elle peut souvent devenir une cause de troubles. Si l'on n'a pas soin de construire l'objectif photographique de manière à écarter cette lumière, elle forme, au milieu de la plaque sensible, une tache dite *tache centrale*. Comme dans l'œil la réflexion principale se fait sur la première surface, la lumière nuisible est réduite à un minimum, environ 0,002 p. 100. Elle est pourtant visible. Qu'on choisisse dans une chambre obscure un point de fixation et qu'on promène une bougie, tenue à une distance de 30 ou 40 centimètres de l'œil, par un mouvement horizontal de va-et-vient, vers la ligne visuelle, sans toutefois l'atteindre. On voit alors, de l'autre côté de la ligne visuelle, une image renversée, très pâle, de la flamme et qui se meut symétriquement à celle-ci. Elle est due à une double réflexion, une première sur la surface postérieure du cristallin, et une deuxième par la surface antérieure de la cornée. Comme l'image se forme sur la rétine ou très près d'elle, on peut en distinguer la forme. L'image analogue qui serait produite par la surface antérieure du cristallin se forme, au contraire, très en avant dans l'œil, de manière à ne pas être visible. Sa lumière vient s'ajouter à celle qui, provenant d'autres sources (diffusion dans les milieux optiques, diffraction, réflexion diffuse de la lumière de l'image rétinienne, etc.), remplit le champ visuel lorsqu'on regarde une source lumineuse très vive.

10. ***Profondeur du champ. Accommodation***. — Il faut qu'un appareil photographique ait une certaine profondeur de champ, c'est-à-dire, si l'appareil est mis au point pour un objet, il faut que cet objet puisse se rapprocher ou s'éloigner d'une certaine quantité, sans que l'image, formée sur l'écran, cesse d'être nette. Autrement l'appareil ne donnerait une image nette que d'un seul plan ; tous les objets situés en dehors de ce plan paraîtraient flous. Le champ est d'autant plus profond que la distance focale et l'ouverture de l'objectif sont petits, ce qui conduit à employer de préférence de petits appareils. La question a surtout de l'importance pour des appareils à paysage. Les photographes comptent en général que tous les objets situés au delà d'une distance de cent fois la distance focale ont leurs images situées dans le plan focal principal.

Quant à l'œil, la petitesse de l'organe fait que le champ est très profond, ce qui a surtout une grande importance pour la vision des vieillards. La règle des photographes admettrait qu'un œil emmétrope, sans accommodation, serait au point pour n'importe quel objet situé au delà de 2 mètres. Mais, comme la pupille est relativement très grande, il faut évaluer cette distance à 4 ou 5 mètres.

Un œil emmétrope ne pourrait voir nettement un objet plus rapproché, s'il ne possédait pas la faculté de pouvoir *s'accommoder* à des distances plus petites. L'existence de cette faculté est facile à prouver. Si, par exemple, on place une voilette devant sa figure, à une distance de 20 centimètres environ, on peut voir nettement tantôt les objets éloignés, tantôt les mailles de la voilette, et lorsque les uns sont vus nettement, les autres sont flous. L'amplitude de l'accommodation est considérable chez les enfants et les jeunes gens; elle diminue avec l'âge, pour devenir nulle chez les vieillards. Vers l'âge de cinquante ans, l'accommodation commence à ne pas être suffisante pour le travail de près, état désigné sous le nom de *presbytie*.

Une observation attentive de l'œil pendant l'accommodation montre que ce changement est accompagné d'une contraction assez prononcée de la pupille. On peut aussi, surtout chez les jeunes gens, apercevoir un très léger changement du niveau de l'iris; les parties centrales restent à leur place, ou avancent un peu, tandis que les parties plus périphériques subissent un petit recul. On n'observe aucun autre changement dans l'aspect extérieur de l'œil.

Aussi, la nature de l'accommodation resta-t-elle longtemps inconnue. Posé au commencement du xviie siècle par Kepler, le problème ne fut résolu qu'au courant du xixe. A défaut d'observations, on eut recours à des hypothèses. On met l'appareil photographique au point en agrandissant la distance de l'objectif à l'écran. D'une manière analogue, on se figurait que l'accommodation pourrait se faire par un avancement du cristallin; c'était aussi l'idée de Kepler, mais elle n'était admissible que tant qu'on ne connaissait pas bien la force réfringente du cristallin : elle est trop faible pour qu'un déplacement dans l'intérieur de l'œil puisse expliquer l'accommodation. D'autres admettaient un allongement du globe par l'action des muscles extérieurs de l'œil. Un allongement de l'axe de 3 ou 4 millimètres suffirait pour expliquer l'accommodation ; mais une pression extérieure, même très forte, ne suffit pas pour produire ce changement ; de plus, on a observé des cas de paralysie complète de tous les muscles extérieurs de l'œil, dans lesquels l'accommodation était intacte. D'autre part, on peut mettre un appareil photographique au point pour des objets rapprochés, en remplaçant l'objectif par un autre plus fort. D'une manière analogue, on se figurait que l'accommodation se faisait par une augmentation de courbure de la cornée ou du cristallin. La dernière idée, qui plus tard s'est montrée juste, fut soutenue par Descartes. D'autres encore niaient l'existence de tout changement accommodatif, en se figurant que la contraction pupillaire suffirait pour expliquer la vision de près. Il suffit de regarder à travers un diaphragme plus petit que la pupille, pour se persuader de l'insuffisance de cette explication. Encore aussi tard qu'au milieu du xixe siècle, Sturm nia l'existence d'un changement accommodatif : il admettait que la réfraction oculaire était astigmate et que la ligne focale postérieure servait pour la vision de loin, la ligne focale antérieure pour la vision de près.

Mais à cette époque le problème était déjà résolu depuis longtemps par les admirables travaux de Th. Young. Ils sont exposés dans le mémoire *On the mecanism of the eye* (*Phil. Transact.*, 1801), qu'il écrivait à l'âge de vingt-sept ans. Il commença par montrer que, pour expliquer l'accommodation, il ne peut être question que d'une augmentation de courbure de la cornée ou du cristallin, ou bien d'un allongement de l'axe, les autres explications qu'on avait proposées étant théoriquement impossibles. Il montre ensuite que l'accommodation ne se fait pas par un changement de la cornée, hypothèse qui jouait pourtant d'une certaine réputation en Angleterre à l'époque de Young, parce que Home et Ramsden pensaient avoir constaté un tel changement par une série de mensurations exécutées en 1794-1795. Young examina l'image de réflexion de la cornée de différentes manières, en employant entre autres une méthode qui semble avoir été analogue à nos procédés modernes d'ophtalmométrie ; mais il n'en pouvait pas constater le moindre changement pendant l'accommodation. Ceci suffirait déjà pour exclure l'idée d'une participation de la cornée dans l'acte de l'accommodation, mais il fournit une preuve encore bien plus concluante : il prit l'objectif d'un microscope de faible grossissement et, après avoir rempli le tube avec de l'eau, il l'appliqua contre l'œil ; dans ces conditions, l'action de la cornée, qui se trouve entourée de liquide des deux côtés, est éliminée et remplacée par celle de l'objectif. Or, dans cette expérience, l'amplitude de l'accommodation resta intacte.

Pour prouver que l'accommodation ne se fait pas non plus par un allongement du globe, Young imagina une autre expérience, également très ingénieuse. Il tourna l'œil en dedans autant qu'il pouvait et appliqua, contre sa surface antérieure, un anneau en fer ; ensuite il enfonça l'anneau d'une petite clef du côté extérieur, entre l'œil et l'os, jusqu'à ce que le phosphène, produit par la pression, atteignit la fovea. Les anneaux étaient maintenus à une distance invariable. Placé entre l'anneau de fer et celui de la clef, l'œil ne pouvait pas s'allonger. Il devait donc, si l'accommodation se faisait par un allongement du globe, ou la trouver abolie, ou, en tout cas, voir le phosphène, dû à la pression, s'étendre sur une surface bien plus grande. Mais, dans ces conditions, l'accommodation subsistait inaltérée et la grandeur du phosphène ne changea pas. Pour pouvoir réussir cette expérience, Young doit avoir eu les yeux très saillants, ce que ses portraits semblent aussi indiquer.

Il ne restait donc qu'une seule explication possible, celle d'un changement de forme du cristallin. Pour fournir des preuves directes d'un tel changement, Young montra d'abord que les opérés de cataracte ont perdu toute trace d'accommodation. Il ajouta ensuite quelques expériences qui, comme il dit, ne sont pas loin de valoir des preuves mathématiques. Ces expériences semblent n'avoir jamais été bien comprises, jusqu'à ce que nous les ayons reprises au laboratoire de la Sorbonne, il y a quelques années. J'y reviendrai tout à l'heure.

Le travail de Young passa inaperçu. Il n'existe peut-être aucun autre exemple dans l'histoire de la science qu'un travail de cette importance ait attiré si peu d'attention. La raison en était double. Comme dit Arago, Young ne ménageait pas assez l'intelligence de ses lecteurs ; il est parfois très difficile à comprendre, à cause de la brièveté et de l'obscurité de ses expressions. D'autre part, le monde scientifique en Angleterre était encore à cette époque sous la domination complète des idées de Newton. Or, en exposant sa théorie des interférences, Young venait de porter le premier coup sérieux contre la théorie que Newton avait soutenue sur la nature de la lumière. Il réussit ainsi à choquer l'opinion publique en Angleterre, à un tel point qu'il fut en quelque sorte mis *à l'index*; ce n'est que vers la fin de sa vie que la valeur de ses travaux d'optique fut reconnue, grâce surtout à l'influence d'Arago. Dans le monde ophtalmologique, il est surtout connu par sa théorie de la vision des couleurs qui fut adoptée par von Helmholtz; ses travaux sur l'accommodation n'ont jamais été appréciés comme ils auraient dû l'être (1).

En 1823, Purkinje décrivait les images de réflexion des surfaces réfringentes de l'œil, lesquelles jouent un grand rôle pour l'étude de l'accommodation. Pour connaître leurs grandeurs et leurs positions, il est nécessaire d'avoir présentes les dimensions de l'œil en question. Je donne donc ici quelques-unes de ces dimensions en chiffres ronds :

Rayon de courbure de la cornée. {	Surface antérieure.......	8 millimètres.
	Surface postérieure.......	6 —
— du cristallin. {	Surface antérieure.......	10 —
	Surface postérieure.......	6,5 —
Épaisseur de la cornée...................................		1 millimètre.
— du cristallin..................................		3,5 millimètres.

La surface antérieure de la cornée agit comme un miroir convexe simple. Pour les autres surfaces, le résultat de la réflexion est modifié par la réfraction que subissent les rayons à la surface antérieure de la cornée. On peut en simplifier l'étude en substituant à la surface en question une surface imaginaire, dite *apparente*. Prenons comme exemple la surface antérieure du cristallin. On peut remplacer le système optique combiné par la cornée (réfringente), et la surface antérieure du cristallin (réfléchissante), par une seule surface réfléchissante, laquelle sera l'image de la surface cristallinienne, vue à travers la cornée. Le centre de courbure de la surface apparente sera également l'image du centre de la surface réelle, vu à travers la cornée. Or, la réfraction par la cornée a pour effet de faire paraître la surface du cristallin avancée de 0^{mm},5, et le centre reculé d'environ 5 millimètres. Le rayon de la surface apparente est donc de 15 millimètres. Pour les deux autres surfaces internes, la surface postérieure de la cornée et la surface postérieure du cristallin, la différence entre la surface réelle et la surface apparente est assez faible pour pouvoir être le plus souvent négligée.

Avec cette restriction, les surfaces agissent comme de simples miroirs, mais à l'exception de la première elles ne réfléchissent que très peu de lumière; on est donc obligé de se servir de flammes pour pouvoir en observer les images. La distance de l'objet étant toujours très grande, les images sont situées approximativement aux foyers catoptriques des surfaces. Il résulte des dimensions que j'ai communiquées que trois de ces images, la première, la deuxième et la quatrième, doivent être situées à peu près dans le plan pupillaire; l'image de la surface antérieure du cristallin se trouve au contraire à 7 ou 8 millimètres derrière les autres. Si l'on veut observer les

(1) Voy. TSCHERNING, *OEuvres ophtalmologiques de Th. Young*. Traduction annotée. Copenhague, Hoest, 1894.

images avec grossissement, il faut donc avoir recours à une lunette et non à un microscope, qu'on ne pourrait pas mettre au point pour toutes les images à la fois. J'ai fait construire un instrument, l'ophtalmophakomètre (fig. 326), des-

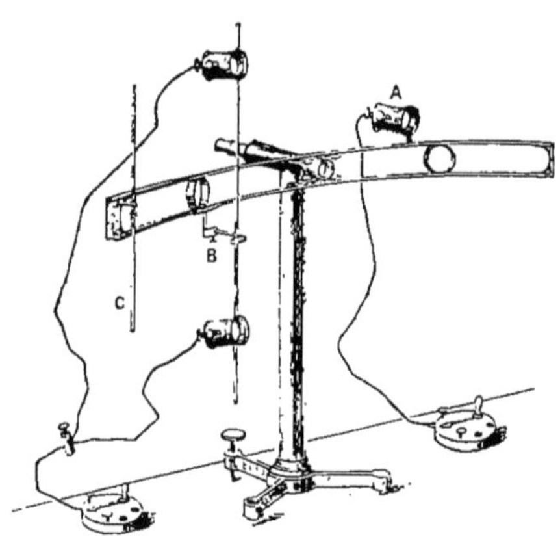

Fig. 326. — L'ophtalmophakomètre.

tiné à observer et à mesurer ces images. Il se compose d'une petite lunette et d'une arc divisé, de 86 centimètres de rayon, mobile autour de l'axe de la lunette. Sur l'arc glissent trois curseurs : l'un C porte une marque de fixation, l'autre A une forte lampe à incandescence avec une lentille qui concentre les rayons sur l'œil observé ; cette lampe sert à former l'image (cristallinienne) qu'on veut observer. Le troisième curseur B porte deux lampes placées sur une droite, perpendiculaire sur le plan de l'arc; ces lampes sont assez faibles pour que leurs images cornéennes soient seules visibles. La mensuration se fait en amenant, par un déplacement des curseurs, l'image cristallinienne de la lampe A à se trouver sur la ligne réunissant les images cornéennes des lampes du curseur B.

S'il ne s'agit que d'observer les images, on n'a pas besoin d'un si grand apparat. Il suffit de placer une lampe de manière à bien éclairer l'œil qu'on veut examiner. On voit très bien les images à l'œil nu ou avec un verre grossissant. On remarque tout de suite l'image brillante de la surface anté-rieure de la cornée ; elle est située du côté de la lampe ; à côté d'elle, vers le milieu de la pupille, se trouve la petite image de la surface postérieure de la

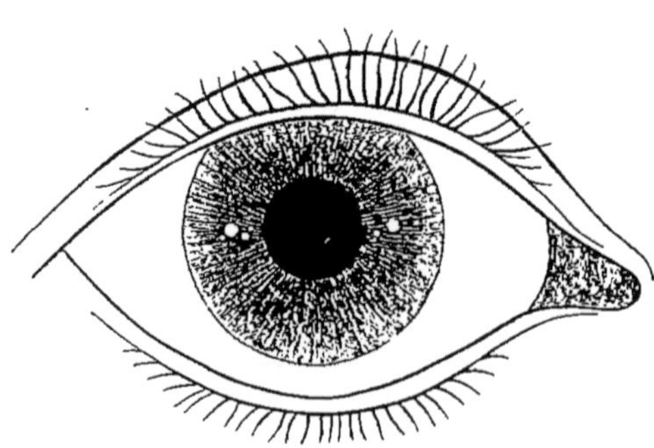

Fig. 327. — Images cornéennes. Deux lampes. Les petites images appartiennent à la surface postérieure.

cornée ; elle s'écarte d'autant plus de l'image de la surface antérieure, que celle-ci se rapproche du bord de la cornée. Dans l'espace pupillaire, les deux images se confondent en général. Du côté opposé, dans la pupille, on remarque la petite image renversée de la surface postérieure. Pour observer l'image de la surface antérieure, il faut que la ligne visuelle de l'observé soit à peu près bissectrice de l'angle entre la ligne visuelle de l'œil observateur et la lampe ; l'image est bien plus grande que celle de la surface postérieure ; elle apparaît comme une tache laiteuse et souvent mal définie, de sorte qu'il peut être difficile de reconnaître la forme de la flamme.

Si l'on se sert de deux flammes, toutes les images sont dédoublées et les distances séparant les deux images de la même surface sont dans le même rapport que les rayons, c'est-à-dire 8 : 6 : 15 : 6 (fig. 327 et 328).

En 1849, un chirurgien allemand, Max Langenbeck, remarqua que la grande image cristallinienne (celle de la surface . antérieure) subit un déplacement centripète lorsqu'on regarde de près. Il en conclut, avec raison, à une augmentation de courbure de la surface en question, mais sa découverte n'attira que très peu l'attention. Un jeune médecin hollandais, Cramer, refit l'observation. Il avait construit un instrument au moyen duquel il pouvait commodément observer les images et il constata que la grande image cristallinienne subit en effet un déplacement centripète pendant l'accommodation, en même temps qu'elle diminue de grandeur. Le changement accommodatif du cristallin était donc hors de doute.

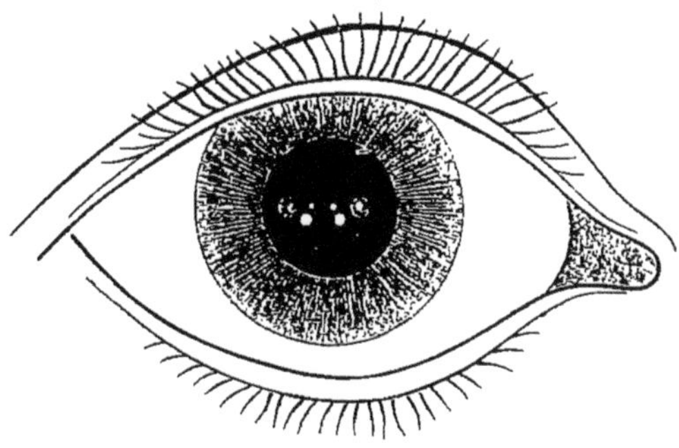

Fig. 328. — Images de Purkinje. Deux lampes. Les quatre images cristalliniennes sont rangées sur une ligne horizontale ; les deux images de la surface antérieure de la cornée sur une autre plus bas. Les images de la surface postérieure de la cornée se confondent avec celles-ci.

Peu de temps après et sans connaître les observations de ses prédécesseurs, von Helmholtz faisait encore la même observation : en employant deux lampes, les deux images faisaient, toutes les deux, un mouvement centripète, de sorte que la distance entre elles diminua considérablement (fig. 329), preuve directe de l'augmentation de courbure. Le progrès le plus important que marque von Helmholtz vis-à-

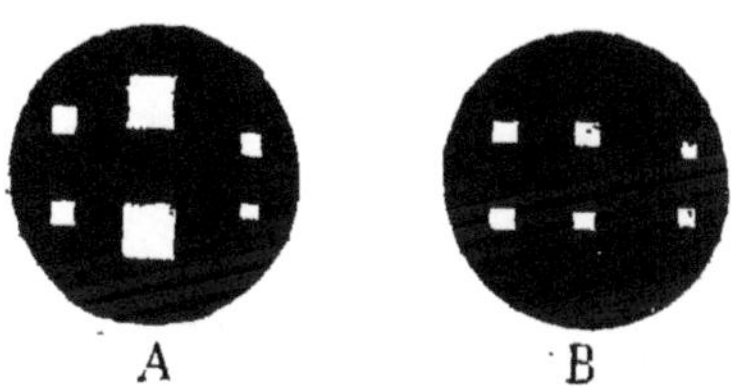

Fig. 329. — Changement accommodatif des images de Purkinje, d'après von Helmholtz. — A, repos ; B, accommodation. Deux sources lumineuses placées sur la même verticale. A gauche, les images cornéennes ; à droite, les images de la surface postérieure du cristallin ; au milieu, celles de la surface antérieure du cristallin. Ces dernières diminuent et se rapprochent pendant l'accommodation.

vis de ses prédécesseurs consiste dans la création de méthodes pour mesurer les changements. Il trouva que le rayon de la surface antérieure diminue de 10 millimètres à 6 millimètres, celui de la surface postérieure de 6 millimètres à 5^{mm},5, et que l'épaisseur du cristallin augmente de quelques dixièmes de millimètre ; cette augmentation se faisait par une protrusion de la surface antérieure.

Restait à trouver le mécanisme par lequel ce changement a lieu. Young avait travaillé beaucoup pour trouver des fibres musculaires dans l'intérieur de l'œil, problème insoluble à une époque où l'on ne connaissait pas encore des muscles à fibres lisses.

Plus tard on en a trouvé deux, le *sphincter* qui règle la contraction de l'iris (1), et le *muscle ciliaire*. Les premières théories invoquaient la contraction des deux pour expliquer l'accommodation, mais en 1861 von Graefe observa un homme auquel, par suite d'une lésion, l'iris avait été arraché, et chez qui l'accommodation était restée intacte. Il ne restait donc que le muscle ciliaire.

La choroïde (fig. 330), qui a partout ailleurs la forme d'une membrane très mince, se gonfle en avant pour former le corps ciliaire, anneau à section triangulaire dont le côté antérieur s'applique contre la sclérotique, le côté postérieur donne vers le corps vitré et le côté interne, très court, vers la chambre antérieure. Il se divise en deux parties : les processus ciliaires qui, au nombre de quatre-vingts environ, font saillie vers le cristallin, et le muscle ciliaire (fig. 331), qui, comme tout le corps, a une forme triangulaire. Le muscle est surtout composé de fibres longitudinales qui, en arrière, se perdent dans la choroïde. En avant, les plus superficielles s'insèrent sur un tissu élastique qui forme la paroi interne d'un canal circulaire, le canal de

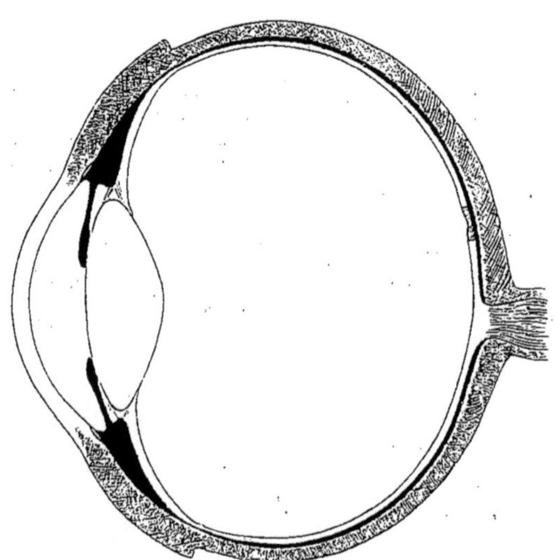

Fig. 330. — Section de l'œil. (En partie d'après von Helmholtz.)

Schlemm, situé à la limite entre la cornée et la sclérotique. Les fibres moyennes semblent finir librement en avant, et les plus profondes quittent la direction longitudinale pour s'enchevêtrer les unes dans les autres. On a même décrit des fibres circulaires, mais leur existence n'est pas sûre. Le cristallin est attaché aux processus ciliaires par les fibres de la zonule de Zinn. On a beaucoup discuté le rôle du muscle ; Brücke, qui l'a découvert, l'appelait *tenseur de la choroïde*, en se figurant que l'extrémité antérieure était fixe.

L'idée que von Helmholtz se faisait sur le mécanisme de l'accommodation était la suivante : il se figurait qu'en état de repos le cristallin était maintenu aplati par une traction exercée par la zonule ; par la contraction du muscle ciliaire, la zonule se relâche et le cristallin se bombe alors par sa propre élasticité. Il est juste d'ajouter que pour von Helmholtz lui-même cette

(1) Dernièrement, l'existence d'un dilatateur de la pupille a enfin aussi été mise hors de doute.

idée n'avait guère que le caractère d'une simple vue d'esprit (Ansicht). Il y était amené par une observation qu'il avait faite : en mesurant quelques cristallins morts (sortis de l'œil), il les avait trouvés un peu plus épais que les cristallins vivants qu'il avait mesurés, fait qu'il attribua à ce qu'ils n'étaient plus exposés à la traction zonulaire. Mais il est à remarquer que ces cristallins morts n'avaient nullement la forme accommodative ; les rayons de courbure étaient ceux qu'on trouve dans les yeux vivants en repos.

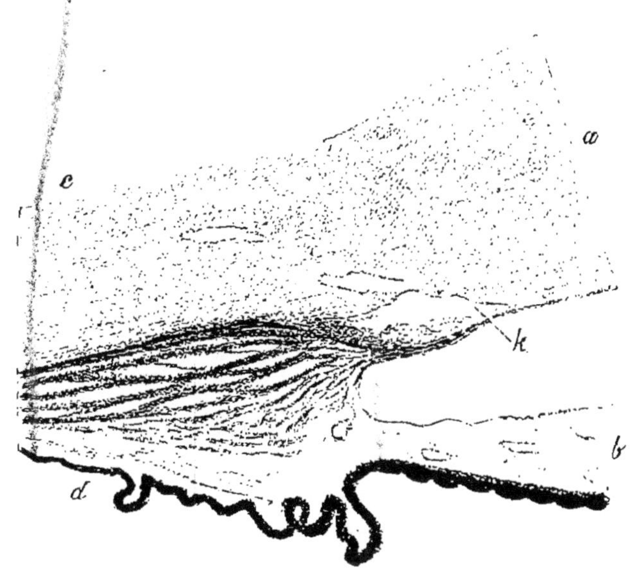

Fig. 331. — Muscle ciliaire, dessiné par le Dr de Licto Vollaro. — a, cornée ; b, iris ; c, sclérotique ; d, corps ciliaire ; k, canal de Schlemm.

Tel que je viens de l'exposer était l'état de la question quand nous l'avons reprise, il y a une dizaine d'années, au laboratoire d'ophtalmologie de la Sorbonne. Au lieu d'une simple vue d'esprit, l'hypothèse de von Helmholtz était devenue — et reste en partie encore — un article de foi.

Notre point de départ a été les expériences que Th. Young déclarait valoir presque des preuves mathématiques du changement accommodatif du cristallin, expériences qui n'avaient jamais été répétées (1). Elles démontrent que, pendant l'accommodation, la réfraction augmente bien plus au milieu de la pupille que vers les bords. Si, par exemple, la pupille a un diamètre de 5 ou 6 millimètres et si l'accommodation est de 8 dioptries au milieu de la pupille, elle n'est que de 2 ou 3 près des bords. Autrement dit : pendant l'accommodation, l'œil présente une très forte surcorrection de l'aberration de sphéricité.

Lorsqu'en regardant vers un point lumineux éloigné on fait un effort d'ac-

(1) Von Helmholtz ne les avait pas réussies probablement à cause de son âge déjà un peu avancé. Young n'avait que vingt-sept ans quand il écrivait son travail. Une autre condition pour bien réussir les expériences est que la pupille soit large. Si elle ne l'est pas, on peut la dilater en instillant quelques gouttes d'une solution de cocaïne dans l'œil.

commodation, le point change en un cercle de diffusion ayant la forme d'un

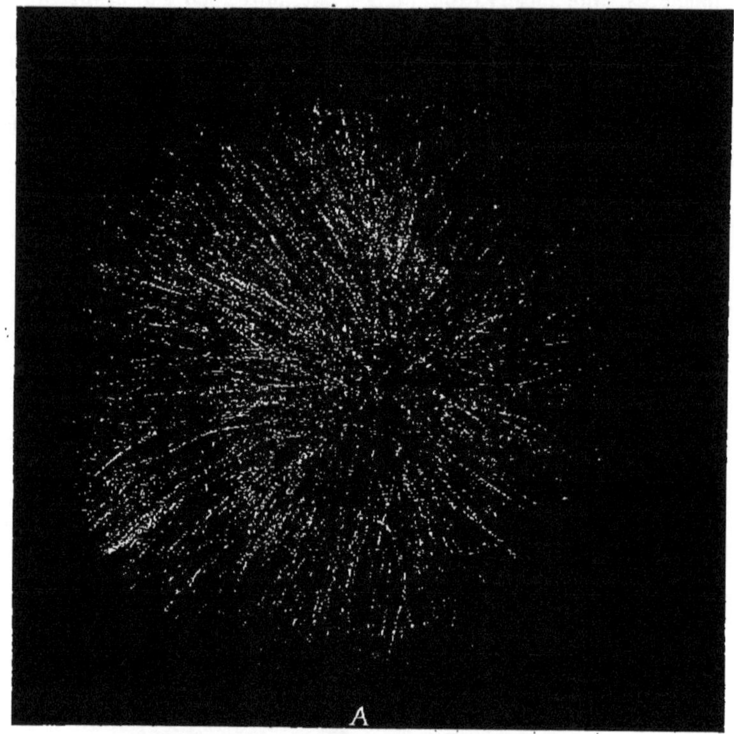

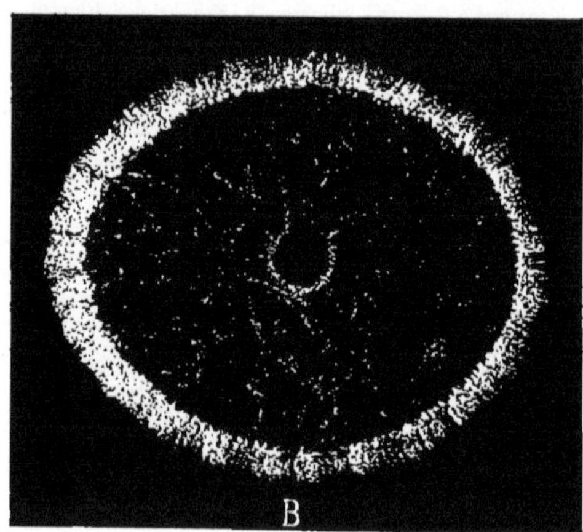

Fig. 332 et 333. — Aspect qu'offre un point lumineux à l'œil droit du Dr de Lieto Vollaro. — A, en état de repos, l'œil rendu myope avec un verre convexe; B, pendant l'accommodation maxima, sans verre.

anneau lumineux, entourant une partie centrale plus sombre. D'après ce que nous avons dit au n° 5, cet aspect indique déjà une forte surcorrection, puisque, dans ces circonstances, la rétine est au delà du foyer. Il y a une différence très frappante entre cet aspect et celui qu'offre le point lumineux, lorsqu'on laisse l'œil en état de repos, en lui donnant une myopie correspondant au degré d'accommodation employé tout à l'heure, avec un verre convexe

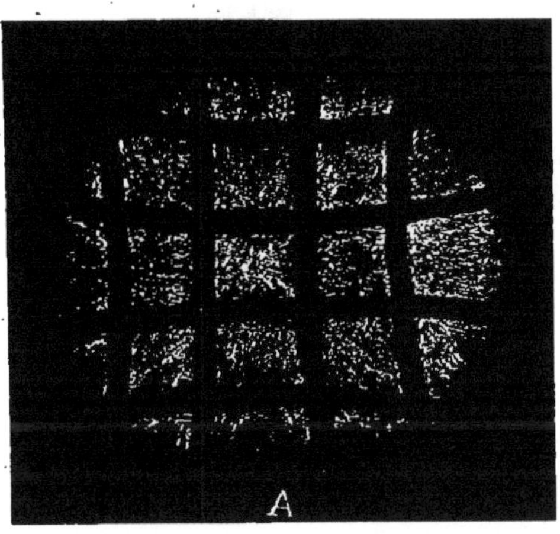

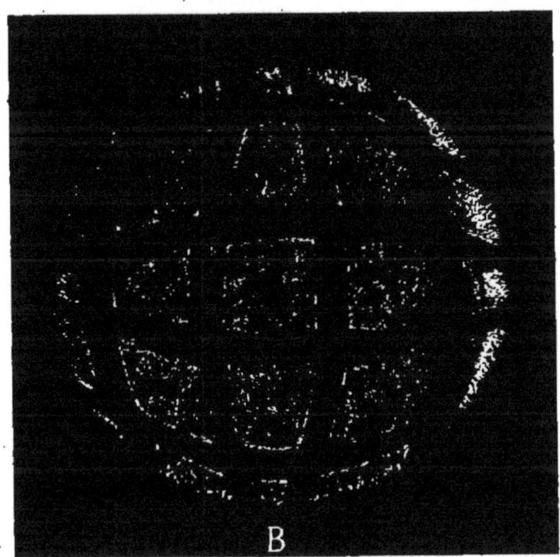

Fig. 334 et 335. — Aspect de la figure aberroscopique. — A, en état de repos; B, pendant l'accommodation. Œil droit du Dr de Lieto Vollaro.

(fig. 332 et 333). Dans le dernier cas, la tache de diffusion est bien plus grande et la lumière est distribuée régulièrement sur toute la surface ou même un peu concentrée au milieu.

L'examen avec l'aberroscope donne un résultat encore bien plus frappant. En état de repos, le quadrillage est le plus souvent vu déformé en croissant ou pas déformé du tout. Pendant l'accommodation, il est déformé en barillet et la déformation est en général très prononcée (fig. 334 et 335).

Pour mesurer le degré d'aberration, Young se servait de son optomètre, un petit instrument avec lequel un observateur habile peut déceler tous les défauts d'optique de son œil. Comme il m'était impossible de le trouver nulle part, je l'ai fait construire par M. Werlein, en le modernisant un peu. On regarde le long d'une ligne droite à travers une lentille convexe de 10 dioptries. Devant l'œilleton glissent deux réglettes, l'une verticale et l'autre horizontale (fig. 336) ; la verticale a la forme d'un triangle très pointu ; en la descendant plus ou moins, on peut éliminer une partie plus ou moins grande du milieu de l'espace pupillaire. La réglette horizontale est percée d'un certain nombre de fentes étroites, formant des groupes de deux, trois et quatre. Le long de la ligne est placée une division en dioptries, dont le zéro est à 10 centimètres de l'œil, correspondant au foyer de la lentille.

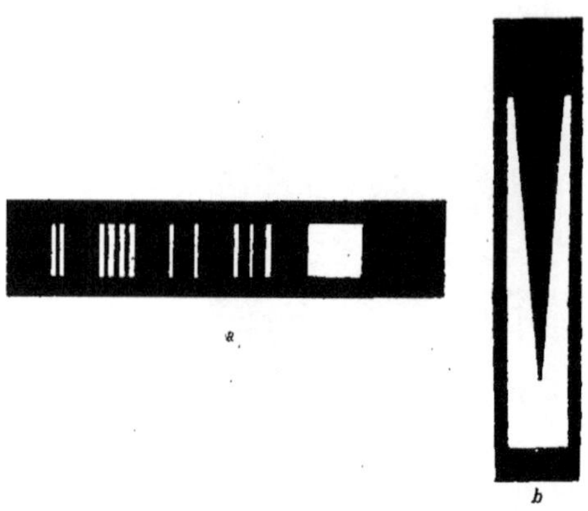

Fig. 336. — Réglettes de l'optomètre de Th. Young.

Il y a une expérience connue sous le nom d'*expérience de Scheiner* : on regarde vers une épingle, à travers deux trous, dont la distance est inférieure au diamètre pupillaire. L'épingle n'est vue simple que lorsqu'elle se trouve au foyer de l'œil ; partout ailleurs elle est vue double. De la même manière, dans l'optomètre de Young, si l'on regarde à travers deux fentes ou après avoir placé la bande pointue devant l'œilleton, on ne voit simple que le point de la ligne qui se trouve au foyer de l'œil. Tout autre point est vu double, de sorte que l'observateur voit deux lignes qui s'entre-croisent à l'endroit de la vision distincte. Un petit curseur permet de marquer cet endroit. On comprend dès maintenant tout le profit qu'on peut tirer de l'instrument, pourvu qu'on soit maître de son accommodation. En relâchant complètement l'accommodation, on trouve le *remotum*, tandis que le point le plus rapproché auquel on peut porter l'entre-croisement des deux lignes indique le *proximum*. En plaçant l'instrument en différents méridiens, on peut mesurer l'astigmatisme. Pour déterminer l'aberration de sphéricité, on mesure d'abord la réfraction centrale au moyen des deux fentes très rapprochées, ensuite la réfraction périphérique en descendant la bande pointue autant qu'on peut sans que l'une des lignes disparaisse. En général, il faut un certain apprentissage avant de pouvoir bien manier l'instrument ; la plupart des personnes éprouvent quelque difficulté à relâcher complètement l'accommodation, lorsqu'elles regardent un objet aussi rapproché. Souvent il est nécessaire de dilater la pupille avec de la cocaïne.

En examinant l'œil avec cet instrument, on trouve l'amplitude de l'accommodation périphérique de beaucoup inférieure à l'accommodation centrale. Young avait ainsi une accommodation centrale de 9,7 dioptries ; au bord de la pupille, elle était de 4,2 dioptries. Le Dr Demicheri avait 7,5 dioptries au centre et 3,7 vers les bords ; le professeur Koster avait 8 dioptries au centre et 3,3 vers les bords et moi-même 2,5 dioptries au milieu et 1,25 aux bords.

Il existe une autre manière de rendre la différence encore plus frappante. Après avoir mesuré l'accommodation centrale avec les deux fentes très rapprochées, on les déplace latéralement, jusqu'à ce que l'une des lignes soit en train de disparaître, lorsque la fente correspondante occupe la partie extrême de la pupille. Un coup d'œil sur la figure 320 montre en effet que l'intersection de deux rayons périphériques voisins s'écarte encore plus du foyer des rayons centraux que leurs intersections avec l'axe. Examinée de cette manière, l'accommodation périphérique de mon œil se réduisait presque à zéro. Young exécutait les deux mensurations à la fois en se servant de quatre fentes ; on voit dans ces circonstances quatre lignes ; en état de repos, elles s'entre-croisaient au même point, toutes les quatre ; mais, pendant l'accommodation, les deux lignes périphériques se rencontraient plus loin que les deux lignes centrales et les deux lignes de même côté s'entre-croisaient encore plus loin de l'œil (fig. 337). On n'a même pas besoin de fentes du tout pour étudier la nature de l'aberration. En regardant simplement la ligne à travers la lentille, on ne voit qu'un seul endroit net. En deçà et au delà la ligne s'élargit de plus en plus de manière à former

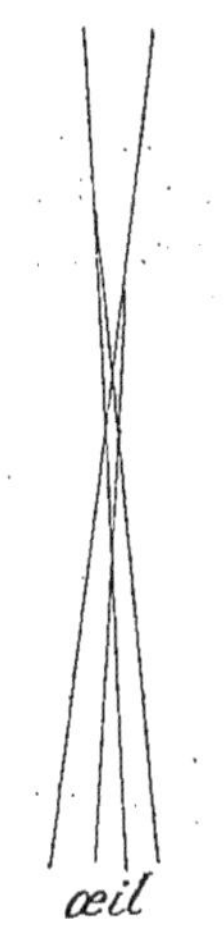

Fig. 337. — Aspect des quatre lignes de l'optomètre de Th. Young. (D'après Young.)

deux triangles très pointus qui se rencontrent à l'endroit net. Près de cet endroit on voit la caustique de l'œil se dessiner d'une manière facile à comprendre d'après ce qui précède.

Les méthodes que je viens de décrire sont toutes subjectives et exigent une pupille large et une grande puissance accommodative ; elles ne sont donc accessibles qu'à des personnes qui ne soient pas trop avancées en âge. Mais nous possédons dans la *skiascopie* une méthode objective qui permet à tout le monde d'étudier les changements accommodatifs.

Pour faire la skiascopie, on projette la lumière d'une flamme vers l'œil qu'on veut observer au moyen d'un ophtalmoscope. Pour les observations que je décrirai, il est indispensable de se servir d'une source lumineuse très petite ; le plus pratique est d'entourer la flamme d'un cylindre opaque, percé d'un trou de 1 centimètre de diamètre. Il faut en outre choisir le miroir ophtalmoscopique de manière à former une image nette du trou à l'endroit pour lequel l'œil observé est au point ; de cette manière, il se forme une image nette du trou sur la rétine de l'œil examiné (méthode de Jackson). En général, on met la lampe à côté et un peu en arrière de l'observé. L'observateur se place devant lui à 50 centimètres de distance ; il se sert d'un miroir plan si l'œil examiné est emmétrope, d'un miroir concave s'il est myope ou s'il accommode.

La méthode est analogue à celle qu'employait Foucault pour examiner ses miroirs. Pour plus de clarté, j'exposerai d'abord les phénomènes que présente une simple lentille lorsqu'on l'examine de cette manière. On place un point lumineux un peu au delà du foyer d'une lentille aplanétique et on l'observe de l'autre côté, en plaçant son œil sur l'axe et en s'éloignant de plus en plus. On voit, dans ces circonstances, lumineuses les parties de la lentille qui envoient de la lumière dans la pupille de l'œil ; ce n'est qu'une petite partie centrale qu'on voit illuminée, excepté au moment où l'œil se trouve au foyer conjugué du point lumineux. Arrivé à cet endroit, la pupille reçoit toute la lumière qui a passé par la lentille et toute sa surface paraît lumineuse. Les phénomènes changent lorsqu'on remplace la lentille par une autre dont l'aberration de sphéricité n'a pas été corrigée. En s'éloignant de la lentille, on ne voit d'abord, comme dans le cas précédent, qu'une petite partie centrale illuminée ; mais à un moment donné, longtemps avant d'être arrivé au foyer, on voit les bords de la lentille s'illuminer de manière à former un anneau brillant, séparé de la partie lumineuse centrale par une zone obscure. Cet anneau est dû à ce que les rayons périphériques, plus réfractés que les autres, viennent couper l'axe et, par conséquent, entrer dans l'œil à cet endroit. L'endroit où apparaît l'anneau correspond donc au foyer des rayons périphériques et la distance de cet endroit jusqu'au véritable foyer indique le degré de l'aberration de sphéricité. En s'éloignant encore de la lentille, l'anneau se rétrécit et finit par se confondre avec la partie lumineuse centrale. Dans le cas d'aberration surcorrigée, il faut placer l'œil au delà du foyer conjugué pour voir l'anneau.

Dans la skiascopie, l'image du trou lumineux qui se forme sur la rétine de l'œil examiné joue le même rôle que, dans notre expérience, le point lumineux. Il résulte de ce que je viens de dire que, dans le cas d'aberration positive, il faut, pour voir l'anneau, rendre l'observé emmétrope, s'il ne l'est pas, car dans ce cas l'observateur se trouve en deçà du foyer conjugué. Si, au contraire, l'aberration est surcorrigée, il faut que l'observé soit suffisamment myope pour que l'observateur, placé devant lui, soit au delà du foyer.

Pour étudier l'aberration accommodative, on place devant l'observé une marque de fixation, à peu près à l'endroit qui correspond à son proximum ; l'observateur projette la lumière vers l'œil observé en se servant d'un miroir concave qui forme l'image du trou lumineux à peu près au même endroit que la marque de fixation. Il voit alors la pupille éclairée d'une manière tout à fait caractéristique. Les bords sont illuminés et séparés d'une petite tache lumineuse centrale par une zone obscure. La lumière périphérique est stable, mais la lumière centrale se déplace au moindre mouvement du miroir, pour aller se confondre avec la lumière périphérique de l'un ou l'autre bord. L'aspect est surtout frappant si on le compare à celui qu'offre le même œil en état de repos, mais rendu myope avec une lentille convexe. Dans ce cas on ne voit que la tache centrale (fig. 326). La skiascopie permet aussi de mesurer le degré d'aberration négative en mesurant la distance de l'observateur à l'observé. Si, par exemple, la marque de fixation est placée à 12 centimètres (8 dioptries) de l'œil observé et si l'observateur voit bien l'anneau à 50 centimètres (2 dioptries) de distance, l'aberration négative est de 6 dioptries ou encore plus.

Young dit qu'il n'est pas possible d'expliquer ces phénomènes autrement que par un aplatissement des parties périphériques du cristallin. J'ai réussi à en fournir une preuve directe de la manière suivante. Je plaçai trois fortes lampes sur l'arc de l'ophtalmophakomètre, de manière à voir les trois images de réflexion à la surface antérieure du cristallin, près du bord supérieur de la pupille. Tant que l'œil restait en état de repos, les trois images étaient placées sur une ligne droite ou légèrement concave

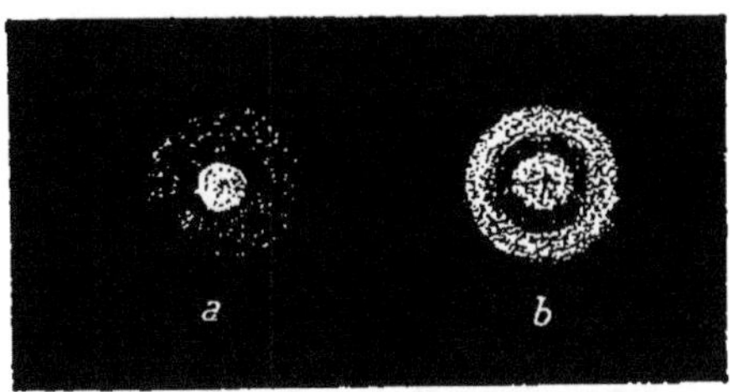

Fig. 338. — a, aspect skiascopique d'un œil emmétrope, rendu myope de 5 dioptries avec un verre convexe; b, l'aspect du même œil sans verre, accommodant de 5 dioptries. — Miroir concave.

vers le bas. Pendant l'accommodation, elles descendaient pour se ranger suivant une courbe tournant sa concavité vers le haut (fig. 317). On conçoit mieux la signification de cette expérience si l'on se figure que, outre les trois lampes, on en aurait encore employé trois autres, formant leurs images vers

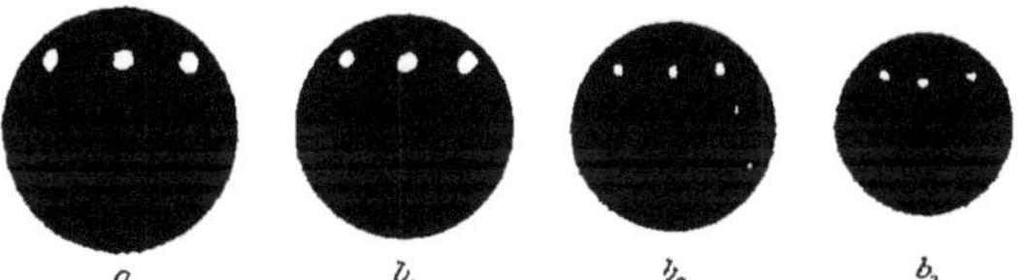

Fig. 339. — Position de trois images de réflexion à la surface antérieure du cristallin. — a, en état de repos; b_1, b_2, b_3, pendant une accommodation de plus en plus forte.

le bas de la pupille; pendant l'accommodation, elles auraient formé une courbe convexe vers le haut. Les distances verticales séparant les images périphériques étant, par conséquent, plus grandes que la distance séparant les deux images centrales, il est clair que la courbure doit diminuer vers les bords.

Un de mes élèves, le Dr Besio (1), a dernièrement employé l'ophtalmophakomètre pour déterminer la forme de la surface antérieure du cristallin. Les courbes de la figure 340 montrent le résultat pour l'un des yeux mesurés. La courbe OD correspond à l'état de repos, la courbe 7D à une accommodation de 7 dioptries. Les abscisses indiquent la distance du point mesuré à l'axe, en millimètres; les ordonnées donnent la longueur du rayon de courbure, également en millimètres. Au milieu de la pupille, le rayon de courbure était en état de repos de 10^{mm},4; pendant l'accommodation il était de 6^{mm},2. La surface s'aplatit déjà en état de repos vers les bords, mais l'aplatissement s'accentue fortement pendant l'accommodation : *au lieu d'augmenter, la*

(1) La forme du cristallin humain (*Journal de physiologie et de pathologie générale*, 1901).

courbure des parties périphériques diminue pendant l'accommodation.
La limite entre les parties dont la courbure augmente et celles dont elle diminue est à 2 millimètres environ de l'axe. A cet endroit, la courbure ne
change donc pas. La surface peut être assimilée à celle d'un hyperboloïde
de révolution, dont l'excentricité augmente pen-
dant l'accommodation. Le rayon de courbure de
la surface postérieure diminua en même temps de
$6^{mm},3$ à $5^{mm},15$. Les autres yeux mesurés donnaient des résultats analogues, sauf que l'aplatissement périphérique était moins prononcé en
état de repos.

On peut exprimer la force réfringente des
surfaces par l'inverse de la distance focale anté-
rieure, $D = \dfrac{1}{F_1} = \dfrac{n-1}{R}$. En mettant l'indice du
cristallin par rapport à l'humeur aqueuse $n = 1,07$,
on trouve pour la surface antérieure en repos
6,1 dioptries, pendant l'accommodation 11,2 dioptries ; l'augmentation de réfraction est donc de
4,5 dioptries ; pour la surface postérieure, on
trouve 11,1 dioptries en état de repos et 13,6
pendant l'accommodation, soit 2,5 dioptries
d'augmentation. La somme totale correspond donc
très bien à l'accommodation employée. A une
distance de 3 millimètres de l'axe, la réfraction de
la surface antérieure était de 5,6 dioptries en état
de repos (1), de 7 dioptries pendant l'accommodation. La différence entre l'accroissement de la
réfraction centrale et celui de la réfraction périphérique était donc de 3,1 dioptries, ou considé-

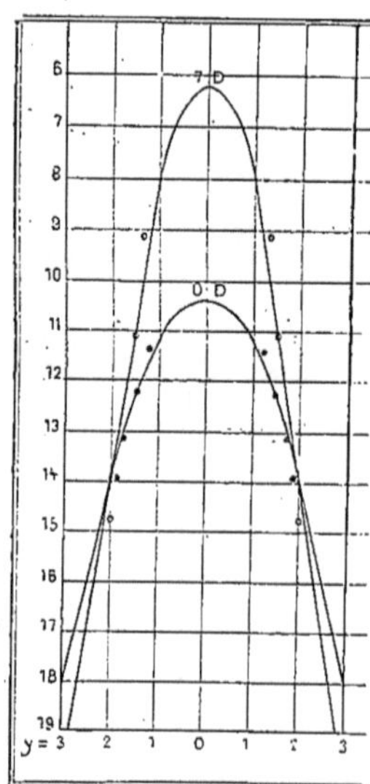

Fig. 340. — Courbes indiquant
la longueur du rayon de
courbure de la surface antérieure du cristallin, à différentes distances de l'axe.
— OD, en état de repos ;
7D, pendant une accommodation de 7 dioptries. (D'après
Besio.)

rablement inférieure à la différence qu'on constate au moyen de la skiascopie
ou des méthodes subjectives ; d'où l'on peut conclure que la surface postérieure, dont la périphérie ne fut pas mesurée, doit aussi s'aplatir vers les bords.

D'après ce qui précède, l'hypothèse de von Helmholtz devient peu probable,
car il n'est pas facile de se figurer comment un relâchement de la zonule
pourrait avoir pour effet de faire bomber certaines parties des surfaces, pendant
que d'autres s'aplatiraient. Pour en avoir le cœur net, je me suis pourtant
mis à étudier le cristallin mort, pour voir s'il y avait quelque analogie entre
sa forme et la forme accommodée. J'ai trouvé qu'il n'y en a pas : la surface
antérieure du cristallin mort est aplatie au milieu et augmente de courbure
vers les bords, tandis que pour le cristallin mort c'est le contraire qui a lieu.

---

(1) Pour calculer la réfraction périphérique, il faut, dans la formule $D = \dfrac{n-1}{R}$, remplacer R,
le rayon de courbure, par N, la partie de la normale comprise entre la surface et l'axe. Ainsi, il
s'explique que la réfraction périphérique augmente pendant l'accommodation, malgré que la
courbure diminue.

Il est facile de mesurer le cristallin mort : on n'a qu'à placer l'œil la cornée en l'air, enlever cette membrane, ainsi que l'iris, et observer l'image de l'œil dans un miroir placé à 45°. On peut alors mesurer la surface antérieure du cristallin de la même manière qu'on mesure la cornée vivante. Pour protéger la surface contre le desséchement, on l'enduit d'une petite quantité d'huile ; en s'écoulant, elle laisse une quantité infinitésimale qui ne change en rien la courbure. Le premier coup d'œil montre qu'il n'y a aucune ressemblance avec le cristallin accommodé : l'image du disque kératoscopique (1), circulaire au milieu, prend vers les bords la forme d'un ovale à grand axe tangentiel (fig. 341), signe que la courbure, loin de diminuer, augmente vers les bords. Au milieu, le rayon de courbure varie entre 12 millimètres et 16 millimètres, vers les bords entre 9 millimètres et 11 millimètres. Si le cristallin vivant prenait cette forme, il en résulterait une légère diminution de la réfraction de l'œil, au lieu d'une augmentation, et une accentuation de l'aberration de sphéricité, au lieu d'une surcorrection. — Il est à remarquer que l'œil est complètement flasque après l'enlèvement de la cornée.

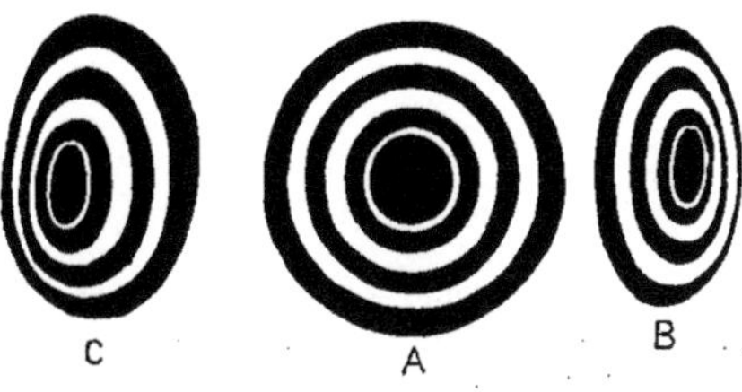

Fig. 341. — Images kératoscopiques, formées par réflexion à la surface antérieure du cristallin mort. — A, au centre ; B et C, vers les bords.

Je montrerai maintenant qu'une traction exercée sur la zonule a pour effet de produire un changement de la surface antérieure, analogue à celui qu'elle subit pendant l'accommodation.

Après avoir préparé et placé l'œil comme dans l'expérience précédente, on place au-dessus un disque circulaire blanc, bien éclairé, de manière à voir son image catoptrique au milieu de la surface antérieure du cristallin, tournée vers le haut. On saisit alors deux points opposés de la zonule avec des pinces ; en exerçant une traction, on voit l'image circulaire du disque diminuer en changeant dans un ovale dont le petit axe correspond à la direction de la traction, signe évident que la courbure augmente par suite de la traction. Si, au contraire, on place le disque de manière à former son image près du bord, elle s'allonge dans le sens de la traction. La traction a donc pour effet d'augmenter la courbure au milieu, tandis qu'elle aplatit la surface vers la périphérie. Le changement se voit très bien en regardant le cristallin en profil. Une pression exercée sur les bords du cristallin produit l'effet opposé (fig. 342). Le Dr Crzellitzer a construit un instrument avec lequel il pouvait exercer une traction sur la zonule dans toutes les directions à la fois. En expérimentant avec un cristallin de bœuf, le rayon de courbure diminua au milieu de la surface, par suite de la traction, de 14 millimètres à 10 millimètres, tandis que, à 17° de l'axe, il augmenta de 10 millimètres à 18 millimètres. En relâchant la zonule, le cristallin reprend son ancienne forme ;

(1) Un disque peint avec des cercles concentriques noirs et blancs et fixé sur la lunette de l'ophtalmomètre.

on obtient donc, pour le milieu, juste l'effet contraire de ce que supposa von Helmholtz. — Il est aussi facile de se persuader que la force réfringente du cristallin augmente par la traction : on sort le cristallin de l'œil et, après

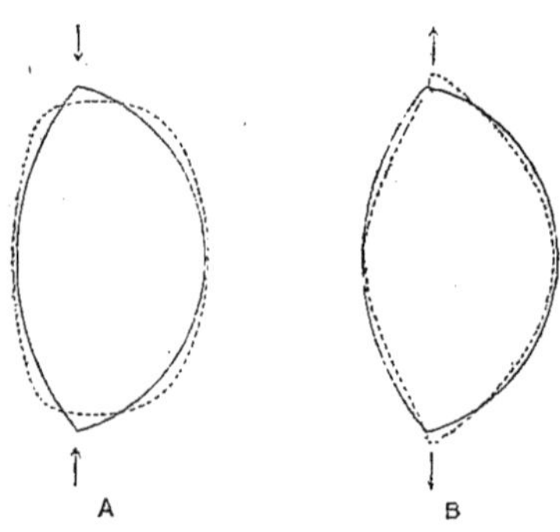

Fig. 342. — Cristallin du bœuf. — Les courbes pointillées indiquent la forme que prend le cristallin : A, par une pression exercée sur les bords; B, par une traction sur la zonule.

avoir nettoyé la surface postérieure, à laquelle le corps vitré adhère toujours pourvu que l'œil soit frais, on saisit deux parties opposées de la zonule entre les doigts et l'on exerce une traction, pendant qu'on observe l'image dioptrique du disque blanc, placé verticalement. L'image diminue visiblement par suite de la traction.

Le résultat de ces expériences, qui, au premier abord, peut paraître paradoxal, est une simple conséquence de la structure du cristallin : il se compose chez l'adulte d'un noyau à surfaces très convexes et qui ne peut pas changer de forme, à moins qu'on ne le casse, et de la couche superficielle, qui, au contraire, possède cette faculté à un très haut degré; sa consistance est peu supérieure à une solution épaisse de gomme. Le résultat d'une traction, exercée sur la zonule, ne peut donc guère être autre que celui que nous avons trouvé. Chez les enfants et les jeunes gens, il n'y a pas de noyau, mais la consistance et la courbure des couches cristalliniennes augmentent pourtant vers le centre, de sorte que le résultat revient au même.

L'accord entre les résultats de ces expériences et les changements qu'on observe pendant l'accommodation est tel qu'il ne peut guère être douteux que l'accommodation se fait sous l'influence d'une traction exercée sur la zonule. D'autre part, le changement doit être sous la dépendance du muscle ciliaire, puisqu'il n'y a pas d'autres fibres musculaires dans l'intérieur de l'œil, à l'exception de celles de l'iris. Mais la manière dont agit le muscle ciliaire n'est pas encore bien tirée au clair : sa structure est assez compliquée, et sa position dans l'intérieur de l'œil rend une observation directe impossible. Toujours est-il qu'il est principalement composé de fibres longitudinales, et que son extrémité antérieure recule un peu pendant l'accommodation, comme le montrent les observations (de Cramer, Helmholtz et moi-même) de la chambre antérieure pendant l'accommodation. L'extrémité postérieure semble, au contraire, avancer un peu. Hensen et Völkers ont fait là-dessus des expériences qui semblent très probantes. Ils enfoncèrent, sur des chiens, une épingle à travers les membranes de l'œil, à l'endroit qui correspond à l'extrémité postérieure du muscle ciliaire ou à la partie antérieure de la choroïde. En électrisant ensuite le *ganglion ciliaire* qui fournit des nerfs au muscle ciliaire, ils voyaient l'extrémité libre de l'épingle faire un mouvement en arrière, signe que la partie située dans l'intérieur de l'œil était tirée en avant. — Il reste douteux s'il faut admettre une traction exercée directement sur la zonule par le recul de l'extrémité antérieure du muscle ou s'il ne faut pas plutôt se figurer la choroïde, le muscle ciliaire, la zonule et la capsule antérieure du cristallin comme formant une sorte d'enveloppe qui, raccourcie un peu par la contraction du muscle, tend à pousser le cristallin en avant, en exerçant ainsi une traction sur la zonule.

Un autre point qui reste à élucider est la participation de la surface postérieure du cristallin dans l'acte de l'accommodation. La direction des fibres de la zonule qui s'attachent sur la capsule postérieure est telle qu'une contraction du muscle semble plutôt devoir avoir pour effet de les relâcher, et il y a des phénomènes qui, en effet, semblent indiquer que la capsule postérieure est relâchée pendant l'accommodation et que ses changements doivent être considérés comme consécutifs à ceux de la surface antérieure.

En observant les images de Purkinje pendant un effort modéré d'accommodation, on ne voit en général pas d'autre changement que celui de la grande image. Le déplacement de la petite image est si faible qu'il avait échappé aux premiers observateurs, Langenbeck et Cramer; ce n'est que par les mensurations de von Helmholtz qu'il fut constaté. Pour bien observer ce déplacement, il faut placer la lampe très excentriquement par rapport à l'œil observé; on peut, par exemple, placer le curseur A de l'ophtalmophakomètre au-dessus de la lunette et prier à l'observé de regarder aussi loin vers le côté qu'il peut sans que l'image disparaisse derrière l'iris. Car si l'on avait eu deux lampes, — en considérant la distance entre elles comme *objet* et la distance entre leurs images comme *image*, — il est clair qu'une diminution de l'image serait d'autant plus visible que l'objet est grand, c'est-à-dire que les lampes soient placées périphériquement. De cette manière il est facile à constater que la petite image subit aussi un déplacement centripète comme la grande, mais bien plus petit.

On pourrait croire, d'après cette observation, que la participation de la surface postérieure dans l'accommodation était négligeable. Il n'en est rien; comme nous l'avons déjà vu, il faut lui attribuer environ quatre dixièmes de l'accommodation. Il y a deux raisons pour lesquelles le déplacement de l'image est si petit. D'une part la courbure est déjà si forte en état de repos qu'une petite augmentation de courbure produit une augmentation de réfraction assez considérable. Une diminution du rayon de courbure de 1 millimètre correspond à une augmentation de réfraction de 0,5 dioptries environ pour la surface antérieure, à plus de 2 dioptries pour la surface postérieure. D'autre part, la grandeur des images et de leurs changements dépend non de la courbure réelle, mais de la courbure apparente des surfaces. Or, l'action de la cornée a pour effet d'agrandir le déplacement de la grande image près de deux fois, tandis qu'elle diminue celui de la petite image presque autant.

Tant que l'effort de l'accommodation est modéré, on ne voit que ce petit mouvement de l'image. Mais, lorsque l'accommodation atteint son maximum. on la voit subir de singuliers déplacements que j'ai le premier décrits en 1892, L'accommodation ainsi que le relâchement semblent alors se produire, tous les deux, en deux temps.

On voit d'abord la grande image faire son mouvement centripète tout en diminuant (fig. 343). Le plus souvent elle est à la fin cachée derrière la grande et brillante image de la cornée. Le mouvement est en général assez vif. Ce déplacement fini, la petite image descend à son tour par un mouvement lent et saccadé ; l'étendue de ce déplacement diffère suivant les circonstances ; quelquefois il n'est pas beaucoup inférieur à celui de la grande image. Ensuite, lorsque l'observé relâche son accommodation, c'est d'abord la petite image qui reprend son ancienne place par un mouvement vif, comme mue par un ressort. A la fin, la grande image revient aussi à sa place par un mouvement plus lent.

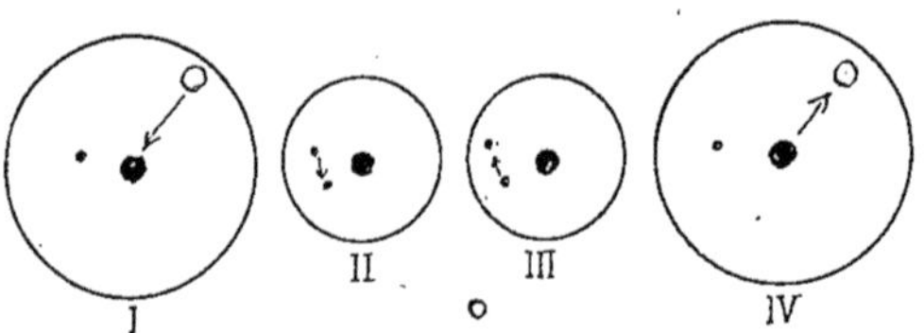

Fig. 343. — Les quatre phases apparentes de l'accommodation. — ●, image cornéenne; O, image de la surface antérieure du cristallin ; • image de la surface postérieure du cristallin.

Tels que je viens de les décrire se passent les phénomènes lorsque la petite image se trouve à peu près au milieu de la pupille. Le déplacement de l'image se fait toujours vers le bas, n'importe où elle se trouve dans la pupille ; mais, lorsque sa position est très excentrique, il se combine avec le mouvement centripète que j'ai déjà mentionné. On observe alors les déplacements que montre la figure 344. L'aspect est surtout singulier lorsque l'observé dirige le regard vers le bas ; on voit alors l'image monter pour descendre ensuite (fig. 344, B).

J'ai déjà dit qu'il est difficile d'observer la grande image pendant que la petite subit son déplacement vers le bas. On peut bien placer la lampe de telle sorte que la grande image reste visible, mais alors la petite vient souvent se cacher derrière l'iris. Il est pourtant

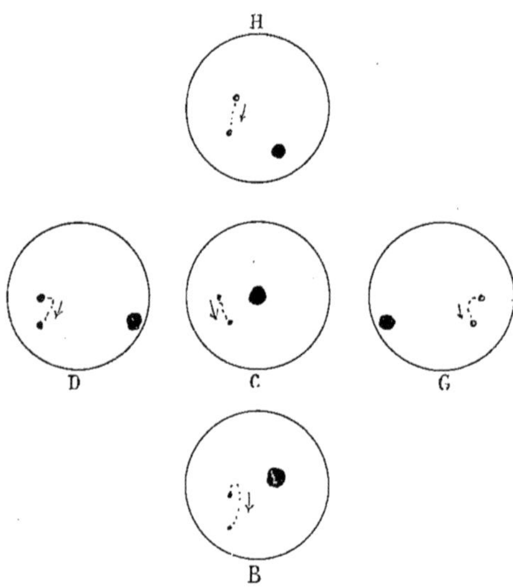

Fig. 344. — Déplacements de la petite image cristallinienne pendant l'accommodation maxima. — H correspond à une direction du regard de l'observé vers le haut, B vers le bas, D et G vers la droite et vers la gauche, et C au milieu.

possible d'observer les deux à la fois en employant deux lampes, dont l'une sert à former la grande image, l'autre la petite. Si l'on a soin de placer la grande de sorte que son mouvement centripète soit horizontal, on voit quelquefois qu'à la fin il décrit un tout petit crochet vers le bas ; il est toujours beaucoup plus petit que le déplacement de la petite image, et il y a des personnes chez lesquelles on ne l'observe pas.

Quelle est la signification de ces phénomènes. Ils pourraient être dus à un déplacement du cristallin vers le bas. Comme la petite image se déplace beaucoup, la grande peu ou pas du tout, il faudrait que ce déplacement ait lieu en bas et en arrière. Il est en effet clair que, si l'on se figure le cristallin décrivant un arc de cercle autour du centre de courbure de la surface antérieure, on ne verrait pas de déplacement du tout de la grande image, tandis que la petite se déplacerait considérablement. On pourrait se figurer — et j'ai été de cet avis — qu'en effet le cristallin se déplaçait ainsi par suite d'une traction inégale sur la zonule.

Mais des expériences analogues aux miennes ont plus tard été exécutées en Allemagne par MM. Hess et Heine. Ils ont montré que le déplacement de la petite image se fait vers le bas quelle que soit la position de la tête, et que, par conséquent, il se fait sous l'influence de la gravité. J'ai refait l'observation qui est hors de doute. D'après cette observation, il semble que toute idée d'un déplacement du cristallin doit être abandonnée, car sa surface postérieure est fixée sur le corps vitré d'une manière qui fait qu'on ne peut guère se figurer un glissement du cristallin, sous l'influence de la pesanteur, sans que la partie antérieure du corps vitré se déplace aussi.

On pourrait se demander si le déplacement des images n'était pas une conséquence d'une petite rotation de l'œil vers le bas; car le centre de rotation de l'œil est situé très près du centre de courbure de la surface antérieure accommodée. Si donc, pour une raison quelconque, le regard était dirigé un peu vers le bas pour atteindre le maximum d'accommodation, on devrait voir des déplacements des images analogues à ceux qui nous occupent. Mais, outre qu'il n'est pas facile de comprendre quel rôle la gravité pourrait jouer pour un tel changement de la direction du regard, il y a des observations qui sont en contradiction directe avec cette idée.

Quoique le cristallin jeune paraisse parfaitement homogène, il y a pourtant deux méthodes qui permettent d'observer des détails de sa structure. L'une, qui est subjective et qui fut employée par M. Hess, est connue sous le nom de *méthode entoptique* : lorsqu'on place un point lumineux très près de l'œil, — par exemple en regardant vers le ciel à travers un trou fin, — il forme un grand cercle de diffusion sur la rétine, dans lequel se dessinent les ombres de toutes les irrégularités des milieux réfringents de l'œil. Parmi ces irrégularités, il est facile de distinguer celles qui appartiennent au cristallin. Le cercle de diffusion est connu sous le nom de *champ entoptique*; il est limité par l'ombre du bord pupillaire. Or, pendant l'accommodation, les ombres de certains détails de structure du cristallin subissaient un déplacement dans le champ entoptique qui correspondrait à un déplacement de la masse cristallinienne vers le bas.

L'observation ne serait tout à fait probante que si les détails observés étaient situés à la surface antérieure du cristallin, c'est-à-dire dans le plan de l'iris, ce qui n'était pas le cas ; car, autrement, une petite rotation de l'œil pourrait produire un déplacement parallactique des ombres. Je me suis donc servi d'une autre méthode pour rendre la structure du cristallin visible.

Je me suis placé en face de la personne que je voulais observer, en la fai-

sant regarder dans une telle direction que l'image réfléchie de la surface
antérieure fût bien visible ; je plaçais ensuite une grande lentille de court
foyer près de l'observé, de manière à concentrer la lumière de la lampe sur
l'œil. L'observé voit dans ces circonstances toute la lentille lumineuse et
l'image de Purkinje s'agrandit de manière à remplir toute la pupille. Au lieu
d'être noire, celle-ci se montre alors d'un blanc laiteux dans lequel on distingue très bien le dessin de la partie antérieure de la masse cristallinienne,
ressemblant plus ou moins à un Y renversé. En examinant l'œil avec un
microscope à faible grossissement, on peut alors constater un déplacement
vers le bas de cette figure, lorsque l'accommodation atteint son maximum.

J'ai déjà dit que les attaches entre la capsule postérieure du cristallin et le
corps vitré semblent exclure toute idée d'un glissement du cristallin sur la
surface antérieure du corps vitré. Par contre, la masse cristallinienne est
libre dans sa capsule. Il semble donc le plus plausible d'attribuer le phénomène à un relâchement de la capsule postérieure dû, d'une part, au relâchement des fibres de la zonule qui s'attachent sur la surface postérieure, d'autre
part à la traction exercée sur la capsule antérieure : si l'on exerce une traction
sur une partie d'une enveloppe, en la supposant un peu élastique, le reste
doit se relâcher. Et le relâchement de la capsule postérieure permettrait à la
masse cristallinienne de glisser un peu vers le bas, pour reprendre son
ancienne place aussitôt que la traction cesse.

Une autre observation de M. Hess semble confirmer cette idée. En instillant dans le sac conjonctival quelques gouttes d'une solution de sulfate
d'ésérine, on trouve après quelque temps la pupille contractée et l'œil au point
pour son proximum ou peut-être même pour un point un peu plus rapproché.
On peut donc employer l'ésérine pour l'étude de l'accommodation, — avec
certaines précautions, car il n'est pas sûr que l'état de l'œil ésérinisé soit
sous tous points le même que pendant l'acte physiologique de l'accommodation. Or, sous l'action de l'ésérine, M. Hess a observé un certain tremblement de la petite image et aussi de la figure entoptique par suite de
mouvements brusques de l'œil. Malgré que les observations ne soient pas tout
à fait probantes, — les phénomènes étaient plus prononcés au commencement, quand l'action de l'ésérine n'avait pas encore atteint son maximum, —
elles semblent pourtant aussi parler en faveur d'un relâchement de la
capsule postérieure pendant l'accommodation (1). Il faut pourtant convenir
que nos connaissances des changements accommodatifs de la surface
postérieure sont encore incomplètes et qu'on trouvera peut-être une autre
explication des phénomènes en question.

Par nos recherches, nous sommes donc conduit à considérer l'accommodation comme produite par une traction exercée sur la capsule antérieure, en
même temps que la capsule postérieure se relâche. Il est juste d'ajouter
qu'un savant allemand, le professeur Schön, a depuis de longues années
soutenu des idées analogues, sans du reste fournir aucune preuve expérimentale, en se basant simplement sur l'étude anatomique de l'œil.

(1) M. Hess explique cette observation, ainsi que la précédente, par l'hypothèse de von
Helmholtz.

DES DIVERS ÉTATS DIOPTRIQUES DE L'ŒIL

EMMÉTROPIE. — AMÉTROPIE. — PRESBYTIE

Par H. BERTIN-SANS.

EMMÉTROPIE ET AMÉTROPIE

A l'état de repos, c'est-à-dire lorsque l'accommodation n'intervient pas, le système dioptrique oculaire fait former sur la rétine l'image nette des objets situés à son punctum remotum. Cela résulte de la définition même de ce punctum remotum. Ce point étant le foyer conjugué de la rétine pendant le relâchement de l'accommodation, sa position est d'ailleurs liée à celle de l'écran rétinien par rapport au second foyer principal du système dioptrique oculaire. Or il existe dans les positions relatives de ce foyer principal et de la rétine des différences individuelles très notables, et l'on conçoit déjà, d'après ce qui précède, que ces différences devront avoir d'importantes conséquences au point de vue du fonctionnement de l'organe visuel.

Suivant que le second foyer principal de l'œil coïncide ou non, lors du repos de l'accommodation, avec l'écran rétinien, l'œil est dit *emmétrope* ou *amétrope*. Nous étudierons successivement les deux états correspondants : l'*Emmétropie* et l'*Amétropie*, et nous supposerons implicitement dans cette étude que les diverses surfaces réfringentes de l'œil sont toutes de révolution autour d'un axe commun, l'axe optique. Les particularités relatives au cas où cette condition ne serait point remplie seront traitées à part dans le chapitre *Astigmatisme*.

I. — EMMÉTROPIE

Définition de l'emmétropie. — L'emmétropie (de ἐν, en ; μέτρον, mesure ; ὤψ, œil) est l'état de réfraction statique de l'œil qui est considéré comme normal.

L'œil emmétrope est celui dont le foyer principal postérieur, ou second foyer principal, est situé sur la rétine lors du repos de l'accommodation.

L'œil emmétrope à l'état de repos, c'est-à-dire lorsque l'accommodation n'intervient pas, réunit donc sur sa rétine les rayons parallèles.

L'œil emmétrope voit nettement à l'infini sans effort d'accommodation ; son punctum remotum est situé à l'infini.

Réciproquement, les rayons issus d'un point de la rétine d'un œil emmétrope dont l'accommodation est entièrement relâchée sont, après réfraction par le système dioptrique de cet œil, c'est-à-dire à la sortie de l'œil, parallèles entre eux ; l'image de la rétine d'un œil emmétrope se fait à l'infini.

Conditions nécessaires à la réalisation et au maintien de l'emmétropie. — En se reportant aux données de l'œil schématique, on voit que le second foyer principal postérieur se trouve à $22^{mm},8$ (1) en arrière de la face antérieure de la cornée de cet œil ; c'est donc à cette distance de la cornée que devra se trouver la rétine dans l'œil schématique emmétrope. Si l'on ajoute à cette distance l'épaisseur de la sclérotique au niveau du pôle postérieur de l'œil ($1^{mm},3$), on aura la longueur ($24^{mm},1$) de l'axe antéro-postérieur de l'œil schématique emmétrope. Les données de l'œil schématique ne s'écartant pas sensiblement de la réalité, on pourrait admettre que $24^{mm},1$ doit approximativement représenter la longueur de l'axe antéro-postérieur des yeux emmétropes. Et, de fait, cette valeur diffère fort peu de celle ($24^{mm},3$) indiquée par Sappey pour la valeur moyenne de cet axe dans l'espèce humaine.

Mais il faut remarquer qu'il suffit, pour qu'un œil soit emmétrope, que son second foyer principal coïncide avec sa rétine. Tous les yeux emmétropes ne sont pas nécessairement identiques dans leurs diverses parties à l'œil schématique. Les divers éléments (distance de la rétine au sommet de la cornée, courbures de la cornée et des deux faces du cristallin, distance respective des surfaces réfringentes, indices des divers milieux) qui règlent la coïncidence du second foyer principal et de la rétine, peuvent présenter et présentent en réalité, d'un emmétrope à un autre, des variations dont les effets se compensent exactement. Les éléments dioptriques de l'œil schématique ont d'ailleurs été établis d'après les moyennes de mensurations qui ont elles-mêmes démontré l'existence de ces différences individuelles.

Bien plus, chez un même individu il se produit normalement, sous l'influence de l'âge, des variations plus ou moins bien connues dans divers des éléments que nous venons de passer en revue ; la distance du remotum à l'œil reste pourtant en général invariable depuis l'enfance jusqu'à cinquante ans environ, d'après les observations de Donders (2). Il faut donc que les modifications survenues se compensent. Le mécanisme de cette compensation ne pourra être établi d'une façon définitive que par un ensemble de mesures effectuées sur un grand nombre d'yeux dont la réfraction aura été préalablement déterminée ; mais on peut cependant déjà en indiquer quelques particularités physiques intéressantes.

On sait en effet que le diamètre antéro-postérieur de l'œil s'accroît après la naissance : sa valeur moyenne est de $17^{mm},5$ chez le nouveau-né, de 20 à 21 millimètres chez l'adolescent et de $23^{mm},9$ ou de $24^{mm},6$ chez la femme ou chez l'homme adultes lorsque l'œil a atteint son développement complet. Cet accroissement de l'œil devrait avoir pour conséquence immédiate un rap-

---

(1) De Wecker et Landolt, *Traité d'ophtalmologie*, t. III, p. 83.
(2) Donders, *Die Anomalie der Refraction und Accommodation des Auges*. Vienne, 1866, p. 173.

prochement progressif du remotum ; or, si ce rapprochement est la règle chez l'enfant, dont l'œil hypermétrope devient peu à peu emmétrope, il n'en est plus de même chez l'adulte, dont l'emmétropie reste stationnaire ; il faut alors invoquer quelque modification d'effet inverse.

Il est assez généralement admis que l'indice total du cristallin diminue avec l'âge par suite de l'augmentation d'indice des couches externes, l'indice du noyau restant constant ; cette diminution de l'indice total pourrait sans doute contre-balancer l'effet de l'allongement du globe oculaire, mais elle est en contradiction complète avec les faits. Les déterminations de Woinow (1) sur l'homme, celles que j'ai exécutées (2) sur des animaux, ont en effet montré que l'indice total du cristallin augmentait au contraire d'une façon très notable avec l'âge. Cet accroissement d'indice aurait, s'il était seul à se produire, la même conséquence que l'allongement de l'œil, un nouveau rapprochement du remotum.

Il résulte d'autre part, des mesures que j'ai effectuées (3) sur des cristallins d'animaux d'âges différents, que les rayons de courbure des deux faces de ces cristallins, pendant le relâchement de l'accommodation, doivent augmenter avec l'âge. Il en est sans doute de même chez l'homme. L'accroissement des rayons de courbure des faces du cristallin déterminerait un recul du remotum ; cet accroissement d'une part, celui de l'indice total du cristallin et l'allongement de l'axe antéro-postérieur de l'autre, auraient donc des effets absolument inverses qui pourraient se neutraliser.

Le rayon de courbure de la cornée paraît subir, pendant le développement de l'œil, des variations dont les effets doivent encore intervenir pour régler la position du second foyer principal du système dioptrique oculaire et, par suite, du remotum. Mais ces variations ne sont pas très marquées et, malgré les déterminations de Donders (4), de Mauthner (5), de Reuss (6), de Nordenson (7), etc., leur loi n'est pas encore bien établie. C'est ainsi que, d'après Reuss, le rayon de courbure de la cornée commencerait à croître à partir de treize ans, ce qui entraînerait un recul du remotum, tandis que, d'après Parent (8), ce même rayon de courbure diminuerait, au contraire, de dix à vingt ans. Il faudrait, pour élucider cette question, effectuer les mesures par la même méthode, sur les mêmes individus, à des époques différentes.

On n'a pas signalé, et je n'ai pas observé dans mes recherches (9) sur les animaux, de modification dans l'indice de l'humeur aqueuse ou de l'humeur vitrée sous l'influence de l'âge ; enfin, je n'ai aucune détermination à rapporter relativement aux changements qui peuvent survenir sous la même influence dans les distances des diverses surfaces réfringentes. C'est encore

---

(1) Woinow, *Soc. opht.* Heidelberg, 1874.
(2) H. Bertin-Sans, *Arch. d'opht.*, juillet-août 1891.
(3) H. Bertin-Sans, *Arch. d'opht.*, avril 1893.
(4) Donders, *loc. cit.*, p. 77.
(5) Mauthner, *Die optischen Fehler des Auges*, p. 598 et suiv.
(6) Reuss, *Græfe's Archiv für Ophtalmologie*, t. XXVII, I.
(7) Nordenson, *Annales d'oculistique*, t. XC, mars-avril 1883.
(8) Parent, *Société française d'ophtalmologie*, 1895, p. 119.
(9) H. Bertin-Sans, *Arch. d'opht.*, juillet-août 1891.

là un point qu'il reste à établir pour être fixé sur le mécanisme de la compensation indispensable au maintien de l'emmétropie.

Il ne faudrait pas croire toutefois à la nécessité d'une rigueur absolue pour cette compensation ; il y a une certaine latitude. Il n'est pas, en effet, nécessaire que le second foyer principal d'un œil coïncide exactement avec sa rétine pour que cet œil puisse être considéré comme emmétrope. Il suffit que le diamètre du cercle de diffusion qui se produit sur la rétine, lorsque l'œil regarde un point lumineux situé à l'infini, soit plus petit que le diamètre ($2\ \mu$ à $2\mu,5$) des cônes de la *fovea centralis*. Si nous prenons pour ce diamètre sa valeur moyenne $2\mu,25$ et si nous admettons que, par suite de l'ouverture de la pupille, le diamètre du faisceau des rayons incidents parallèles

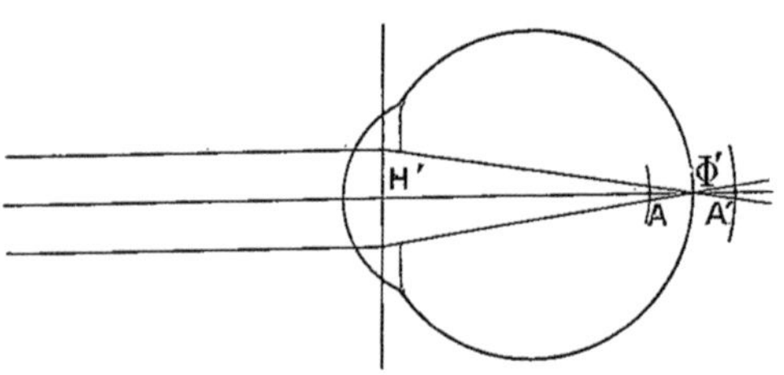

Fig. 345. — Position que doit occuper la rétine par rapport au second foyer principal d'un œil pour que cet œil puisse être considéré comme emmétrope.

qui, après réfraction, arrivent jusqu'à la rétine soit de 4 millimètres ou $4\,000\ \mu$, nous voyons que la condition précédente se trouve réalisée tant que la distance $\Phi'A = \Phi'A' = x$ (fig. 345) de la rétine au foyer principal postérieur satisfait à la relation

$$\frac{x}{\Phi'H'} = \frac{2^\mu,25}{4\,000},$$

ou, en donnant à $\Phi'H'$ la valeur $20\,713\ \mu$ admise par Landolt (1),

$$x = 11^\mu,65.$$

La rétine peut donc se trouver à $11\mu,65$ en avant ou en arrière du second foyer principal du système dioptrique oculaire sans que la vision cesse d'être nette à l'infini (2) et, par suite, sans que l'œil doive être regardé comme amétrope.

Dans la pratique, on considère généralement comme emmétrope tout individu qui, sans effort d'accommodation, voit nettement à 5 mètres, ou même tout individu qui, pour voir nettement à cette distance, refuse le secours d'un verre concave ou convexe de $0^D,25$ (les plus faibles des verres que renferment les boîtes d'essai). Il en sera ainsi pour celui pour lequel un verre de $\dfrac{0^D,25}{2} = 0^D,125$ serait nécessaire dans les conditions indiquées ; celui-ci ne tire en effet aucun profit d'un verre de $0^D,25$ qui, s'il déplace la position du second foyer par rapport à la rétine, ne modifie pourtant pas, lorsque l'accommodation ne peut intervenir, le diamètre des cercles de diffusion

(1) DE WECKER et LANDOLT, *loc. cit.*
(2) Nous supposons implicitement ici que l'œil ne présente pas d'aberration de sphéricité.

produit sur cet écran nerveux. Or, si un verre convexe de $0^D,125$ placé à
une distance négligeable de l'œil éloigne de cet œil en la rapprochant
de l'infini l'image des objets situés à 5 mètres ou à $0^D,2$, un verre concave
de $0^D,125$ a un effet inverse : il reporte l'image des mêmes objets à une
distance P' donnée en dioptries par la formule

$$P + P' = -F,$$

ou

$$P' = -F - P = -0^D,125 - 0^D,2 = -0^D,325,$$

c'est-à-dire à $0^D,325 = 3^m,076$ en avant de l'œil. Un œil pourra donc, par le
fait, être pratiquement considéré comme emmétrope lorsqu'il ne verra nettement sans effort d'accommodation qu'à $0^D,325$ ou $3^m,076$, c'est-à-dire lorsque
sa rétine sera située au delà de son second foyer principal à une distance q'
donnée par la formule

$$qq' = \varphi\varphi',$$

dans laquelle q est égal à 3076 millimètres, distance minima pratiquement
exigée pour la vision nette, tandis que φ et φ' représentent les deux distances
$15^{mm},49$ et $20^{mm},71$ (1) des deux foyers principaux aux points principaux
correspondants ; on trouve ainsi pour la valeur de q', $0^{mm},104$. Dans la pratique, on regarde donc souvent comme emmétropes des yeux qui sont trop
longs de $0^{mm},1$ environ.

II. — AMÉTROPIE

MYOPIE ET HYPERMÉTROPIE.

Définition de l'amétropie. — L'amétropie (de ἀ, privatif ; μέτρον,
mesure ; ὤψ, œil) est caractérisée par ce fait que le second foyer principal de
l'œil ne coïncide pas avec la rétine lors du repos de l'accommodation. Le
punctum remotum de l'œil amétrope n'est pas situé à l'infini ; l'œil amétrope
à l'état de repos ne voit pas les objets éloignés. Il y a d'ailleurs deux cas à
distinguer, suivant que la rétine se trouve *en arrière* ou *en avant* du

second foyer principal de
l'œil, suivant que l'œil est
myope ou *hypermétrope.*

Myopie. — La myopie est
l'état de l'œil dans lequel le
second foyer principal du système dioptrique oculaire se
trouve en avant de la rétine.

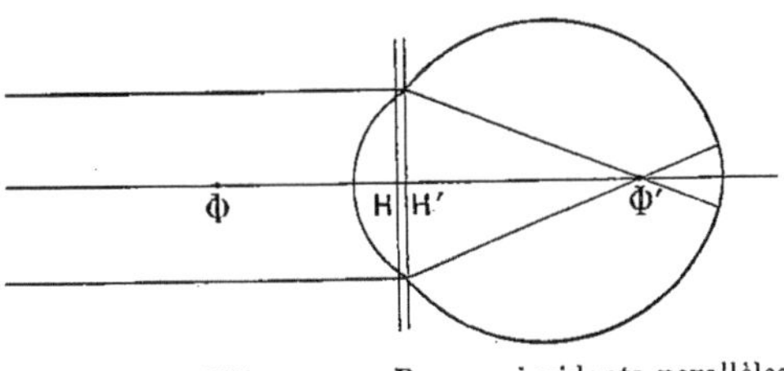

L'œil myope à l'état de repos fait donc converger en
Fig. 346. — OEil myope. Rayons incidents parallèles.

avant de sa rétine les rayons parallèles provenant d'un point situé à l'infini.
Ces rayons, poursuivant leur marche en divergeant à partir de leur point d'in-

(1) DE WECKER et LANDOLT, *loc. cit.*, p. 78 et 79.

tersection Φ′ (fig. 346), viennent former sur la rétine une petite tache lumineuse. Les divers points d'un objet éloigné donneront tous des images analogues, véritables cercles de diffusion, et, les cercles de diffusion des points voisins se superposant partiellement, l'œil ne pourra percevoir une image nette des objets éloignés. L'œil myope ne peut voir nettement à grande distance, il est trop convergent par rapport à sa longueur.

Si le point d'où émanent les rayons lumineux se rapprochait depuis l'infini jusqu'au premier foyer de l'œil, l'image du point lumineux se déplacerait dans le même sens depuis le second foyer jusqu'à l'infini en arrière de l'œil; il existe donc forcément, à une distance finie en avant de l'œil myope, un point R (fig. 347) tel que les rayons issus de ce point vont, après réfraction

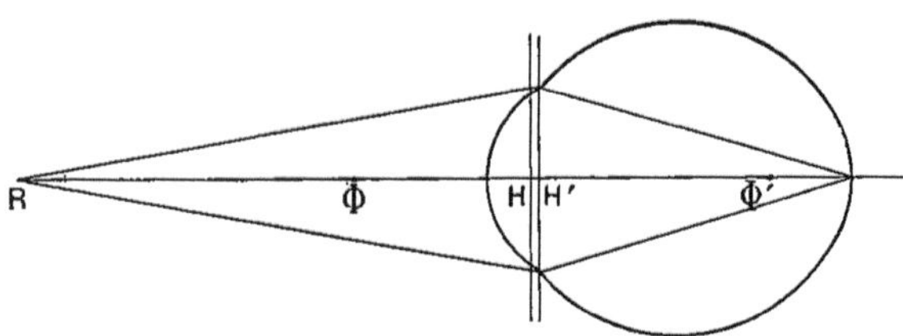

Fig. 347. — Œil myope. Rayons incidents issus du remotum.

par les milieux de l'œil (l'accommodation étant relâchée), concourir exactement sur la rétine. Ce point, foyer conjugué de la rétine pendant le repos de l'accommodation, est le punctum remotum de l'œil myope.

Le punctum remotum de l'œil myope est donc situé à une distance finie en avant de cet œil.

Réciproquement, les rayons issus d'un point de la rétine d'un œil myope dont l'accommodation est entièrement relâchée vont, après réfraction par les milieux de l'œil, converger à une distance finie en avant de l'œil, au punctum remotum. L'image de la rétine d'un œil myope se fait au punctum remotum, à une distance finie en avant de cet œil.

L'étymologie du mot *myopie* (μύειν, cligner; ὤψ, œil) est due à un artifice qu'emploient généralement les myopes pour voir à distance : ils clignent des yeux. En rétrécissant ainsi leur fente palpébrale, ils réalisent avec leurs paupières, au devant de la pupille, un diaphragme assez étroit pour réduire le fonctionnement de l'œil à celui d'une chambre noire et obtenir sur leur écran rétinien des images qui sont moins lumineuses, mais qui ont gagné en netteté. Donders (1) a proposé le nom de *brachymétropie* (βραχύ, court; μέτρον, mesure; ὤψ, œil), qui est en rapport avec la courte distance à laquelle se trouve le remotum des myopes; mais cette dénomination n'a pas prévalu.

La myopie est fort anciennement connue. On sait que Néron était myope et qu'il se servait d'émeraudes concaves pour suivre les combats de gladiateurs. Mais ce n'est guère qu'au xixe siècle qu'on s'est occupé de la myopie au

____

(1) DONDERS, *loc. cit.*, p. 71.

point de vue physique, et il faut remonter jusqu'à Donders (1) pour trouver une étude complète sur cette question.

Hypermétropie. — L'hypermétropie (de ὑπέρ, au delà; μέτρον, mesure; ὤψ, œil), ou hypéropie (ὑπέρ, ὤψ), est l'état de l'œil dans lequel le second foyer principal Φ′ (fig. 348) du système dioptrique oculaire se trouve au delà de la rétine. L'œil hypermétrope, à l'état de repos, fait converger en arrière de la rétine les rayons parallèles provenant d'un point situé à l'infini. Ces rayons coupent donc la rétine suivant

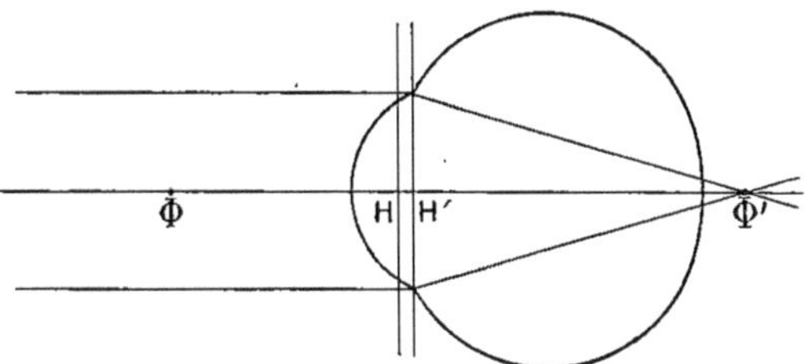

Fig. 348. — OEil hypérope. Rayons incidents parallèles.

un cercle de diffusion et l'œil hypermétrope au repos, de même que l'œil myope, ne peut voir nettement à l'infini. Mais, tandis que l'impossibilité de voir à distance pendant le repos de l'accommodation est due, pour l'œil myope, à une convergence trop grande par rapport à sa longueur, cette même impossibilité reconnaît pour cause, dans l'œil hypérope. une convergence trop faible par rapport à sa longueur. Aussi, lorsqu'un point lumineux situé à l'infini se rapproche de l'œil hypérope, l'image de ce point, se déplaçant comme nous l'avons déjà indiqué à propos de l'œil myope, s'éloigne-t-elle de plus en plus de la rétine avec laquelle elle ne peut, par suite, jamais coïncider; le diamètre des cercles de diffusion augmente et la vision devient de plus en plus confuse à mesure que le point se rapproche de l'œil. Il n'existe donc pas en avant de l'œil hypérope de point tel que les rayons qui en émanent puissent venir concourir sur la rétine, lors du repos de l'accommodation.

Nous avons dit que l'œil hypérope n'était pas assez réfringent pour réunir sur sa rétine les rayons incidents parallèles; il faudra donc, pour que des rayons incidents viennent converger sur cette rétine, qu'ils présentent déjà avant de pénétrer dans l'œil un certain degré de convergence, qu'ils aillent concourir en un point situé en arrière de l'œil. On sait en effet que, si ce point de concours *virtuel* se déplace depuis l'infini négatif, en arrière de l'œil, jusqu'au premier plan principal du système dioptrique oculaire, son image réelle se déplace depuis le second foyer principal jusqu'au second plan principal. Il arrivera donc un moment où cette image réelle viendra se former sur la rétine; et il existe par suite, à une distance finie en arrière de l'œil hypérope, un point R (fig. 349) tel que les rayons incidents qui iraient concourir en ce point s'ils n'étaient déviés par les milieux de l'œil vont, après réfraction par ces mêmes milieux et lors du repos de l'accommodation, se couper sur la rétine. Ce point, foyer conjugué de la rétine, est le remotum de l'œil hypérope.

Le remotum de l'œil hypérope est donc virtuel; il est situé à une distance finie en arrière de l'œil.

(1) Donders, *loc. cit.*

L'hypéropie, signalée par Janin en 1772, Wase en 1813, entrevue également par Ruete, Stellvag de Carion, Desmarres, Sichel, de Græffe, etc., n'est scientifiquement connue que depuis les immortels travaux de Donders sur les

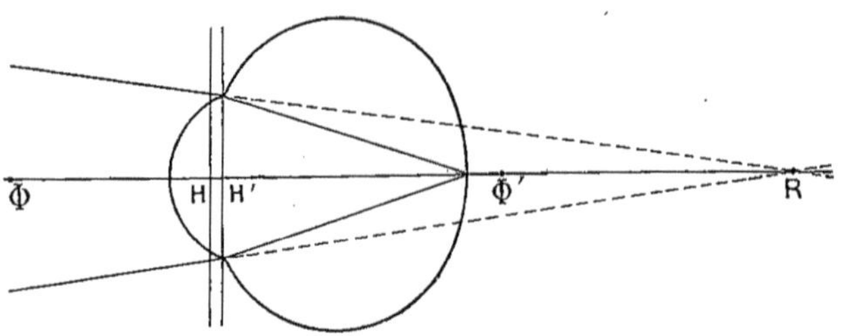

Fig. 349. — OEil hypérope. Rayons incidents allant concourir au remotum.

Anomalies de l'accommodation et de la réfraction (1864). On s'explique facilement que cette anomalie soit restée longtemps ignorée, alors que la myopie était, au contraire, très anciennement et très universellement connue, si l'on tient compte de l'influence qu'exerce l'accommodation sur la vision des myopes et des hypéropes.

Influence de l'accommodation sur la vision des myopes et des hypéropes. — Nous venons de voir que l'œil hypérope et l'œil myope au repos ne pouvaient voir nettement à l'infini ; si l'on se reporte à la cause de cette impossibilité, puissance trop grande de l'œil myope par rapport à sa longueur, puissance trop faible de l'œil hypérope, on concevra sans peine que l'accommodation, qui équivaut en somme à une augmentation de puissance dioptrique ou à une diminution de distance focale de l'œil, puisse permettre à l'hypérope de voir nettement des objets situés à l'infini, alors qu'elle ne peut, au contraire, chez le myope que rendre plus confuse la vision de ces mêmes objets.

Le myope qui, à l'état de repos, fait déjà converger à une certaine distance en avant de sa rétine les rayons incidents parallèles, fera en effet concourir ces mêmes rayons à une distance encore plus grande en avant de la rétine s'il fait entrer en jeu son accommodation ; le diamètre des cercles de diffusion sera plus grand et la vision plus confuse. Il est donc impossible à l'œil myope de voir nettement les objets éloignés avec ses seules ressources. Il était difficile qu'une telle infirmité pût passer longtemps inaperçue.

L'hypérope, au contraire, en accommodant, rapproche de sa rétine le foyer des rayons incidents parallèles, et si son pouvoir accommodatif est suffisant, il peut obtenir une coïncidence qui lui procure la vision nette à l'infini. Tant que l'hypérope est jeune, il peut même en général, grâce à la valeur de son pouvoir accommodatif, réunir sur sa rétine les rayons incidents divergents, et voir par suite nettement des objets assez rapprochés. Sa vision s'exerce alors entre des limites peu différentes de celles de la vision de l'emmétrope. Sans doute l'hypérope aura à faire intervenir une partie de son accommodation pour voir à l'infini, ce que ne fait pas l'emmétrope ; mais, l'accommodation étant un acte réflexe et inconscient qui n'est pas accompagné de fatigue tant qu'il n'est pas excessif, et qui ne peut être constaté que par des observations délicates, cette particularité restera ignorée de l'hypérope, qui se plaindra seulement lorsqu'il ne pourra plus voir nettement ou sans fatigue les objets rapprochés. Ces troubles, les seuls qu'accuse l'hypérope s'il n'est pas trop avancé en âge et si le degré de son amétropie n'est pas trop élevé, ont fait longtemps confondre l'hypéropie avec une autre anomalie dont ils n'étaient d'ailleurs qu'une manifestation précoce. C'est cette anomalie que nous étudierons plus loin sous le nom de *presbytie*.

Degré d'une amétropie. — Tous les yeux myopes ou hypéropes ne le sont pas au même degré. Le degré d'une amétropie est d'autant plus élevé que l'état de l'œil diffère davantage de l'emmétropie, qu'il y a, par suite, plus de disproportion entre la puissance dioptrique de l'œil et sa longueur, ou encore que la distance du remotum à l'œil est moindre.

On mesure le degré d'une amétropie par l'inverse de cette distance évaluée en mètres, c'est-à-dire par le nombre qui exprime cette distance en dioptries. Celle-ci est d'ailleurs considérée comme positive ou négative suivant que le remotum se trouve en avant ou en arrière de l'œil, c'est-à-dire suivant que l'œil est myope ou hypérope.

Si, par exemple, le remotum est situé à une distance $+\, r$ en avant d'un œil, r étant évalué en mètres, cet œil sera myope de $\dfrac{1}{r} = \mathrm{R}$ dioptries, si le remotum est à une distance $-\, r$ en arrière de l'œil, l'œil sera hypérope de $\dfrac{1}{r} = \mathrm{R}$ dioptries. Mais, l'œil ayant des dimensions appréciables, il faut, pour que la distance r du remotum soit exactement connue et que, par suite, le degré d'une amétropie puisse être rigoureusement évalué, faire choix pour origine des distances d'un point dont la position soit bien déterminée.

Le plus simple à cet égard serait évidemment de choisir le sommet de la cornée, mais il est plus avantageux, pour les calculs que l'on est appelé à effectuer à propos des amétropies, de substituer à ce point anatomique un des points cardinaux de l'œil. La seule objection que l'on pourrait faire à ce choix est que les points cardinaux ne sont pas fixes dans l'œil et se déplacent pendant l'accommodation ; toutefois ces déplacements sont si faibles qu'ils sont en général négligeables par rapport aux distances à évaluer.

Donders avait adopté comme origine des distances le premier point nodal situé à $6^{\mathrm{mm}},96$ en arrière du sommet de la cornée ; Nagel et Landolt lui ont préféré le premier point principal placé à $1^{\mathrm{mm}},75$ derrière la cornée ; Giraud-Teulon a conseillé le premier foyer principal, qui est à $13^{\mathrm{mm}},74$ en avant de la cornée. C'est en effet à partir des points principaux ou focaux que l'on compte en général les distances dans les systèmes dioptriques ; le choix du premier point focal que nous adopterons ici présente, comme nous allons le voir, cet avantage que la distance du remotum est alors égale, au signe près, à la distance focale du verre exactement correcteur de l'amétropie ; le numéro ou pouvoir dioptrique de ce verre est alors exprimé par le même nombre que le degré de l'amétropie.

On appelle, en effet, *verre exactement correcteur* (1) d'une amétropie celui qui, placé devant l'œil amétrope, lui permet de réunir sur sa rétine sans effort d'accommodation des rayons incidents parallèles et, par suite, de voir nettement à l'infini sans que l'accommodation intervienne, comme cela a lieu sans l'adjonction de verre pour l'œil emmétrope. Pour que ces conditions soient réalisées, il faut que le verre placé devant l'œil donne aux rayons incidents parallèles une direction telle que, à leur arrivée dans l'œil, ces rayons se dirigent vers le remotum de l'œil ou paraissent en provenir suivant que le remotum est en arrière ou en avant de l'œil. Or nous savons que toute lentille donne précisément aux rayons incidents parallèles une direction telle que ces rayons, après réfraction, se dirigent vers son second foyer principal ou paraissent en provenir suivant que la lentille est positive ou négative ; il suffira donc, pour corriger exactement l'amétropie d'un œil ou pour faire converger sur la rétine d'un œil amétrope au repos des rayons incidents parallèles, de placer devant cet œil une lentille dont le second foyer principal coïncide avec le remotum de l'œil. La lentille exactement correctrice d'une amétropie devra, par suite, avoir son second foyer principal réel en arrière d'elle par rapport au sens de propagation de la lumière, si le remotum

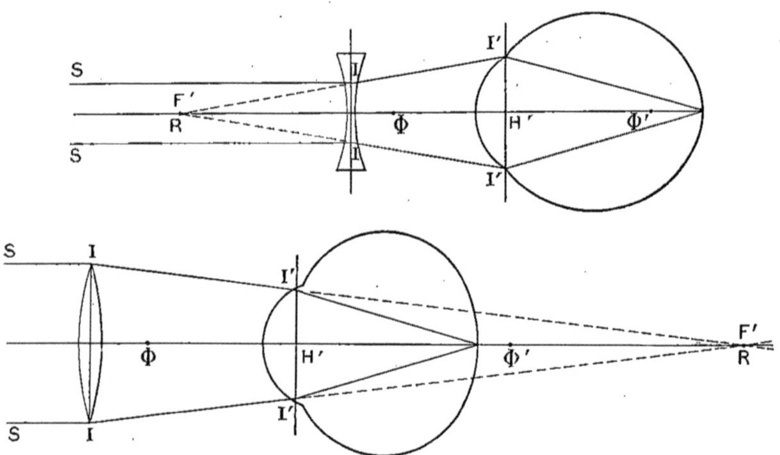

Fig. 350 et 351. — Relation entre la distance focale de la lentille exactement correctrice d'une amétropie et la distance du remotum à l'œil. Cas de l'œil myope, fig. 350 ; cas de l'œil hypérope, fig. 351.

est virtuel, en arrière de l'œil ; elle devra, au contraire, avoir son second foyer principal virtuel en avant d'elle, si le remotum est réel, en avant de l'œil (2). En d'autres termes, elle devra être positive si l'œil est hypérope, négative si l'œil est myope. De plus, son foyer coïncidant avec le remotum,

(1) Il ne s'agit d'ailleurs ici que de la correction théorique. On verra, dans le chapitre relatif à la correction des amétropies, quelles sont les considérations qui doivent guider dans le choix du verre à prescrire.

(2) Nous supposons que la lentille est placée assez près de l'œil pour être forcément, dans ce second cas, entre le remotum et l'œil. Si la lentille était au delà du remotum par rapport à l'œil, il faudrait quelle eût son second foyer en arrière d'elle.

sa distance focale dépendra de sa distance à l'œil. Si nous désignons par f la distance focale de cette lentille, par r la distance du remotum au point choisi comme origine des distances, Φ par exemple, et par d la distance à ce même point Φ des deux plans principaux de la lentille (plans que nous pouvons ici regarder comme confondus en II à cause du peu d'épaisseur que présente en général la lentille), la coïncidence du second foyer principal F' de la lentille avec le remotum R exigera que l'on ait dans le cas de l'œil myope (fig. 350) :

$$(1) \qquad\qquad -f = r - d,$$

et, dans le cas de l'œil hypérope (fig. 351),

$$f = -r + d,$$

ou, comme précédemment,

$$(2) \qquad\qquad -f = r - d.$$

Pour que la distance focale de la lentille correctrice d'une amétropie soit précisément égale, au signe près, à la distance du remotum, il faut que d soit négligeable par rapport à r, quelque petit que soit r, et, par conséquent, que la lentille soit très sensiblement placée au point même qui a été choisi comme origine des distances. Or le premier foyer principal est le seul parmi les divers points cardinaux du système dioptrique oculaire pour lequel cette condition puisse être réalisée, car tous les autres points cardinaux sont situés à l'intérieur de l'œil. De plus, dans la pratique, c'est sensiblement au niveau de ce foyer principal, à 13 millimètres environ en avant de la cornée, que les amétropes placent effectivement leurs verres correcteurs.

Les relations (1) et (2) peuvent alors être mises sous la forme

$$-f = r,$$

ou, en remplaçant f et r par leurs inverses $\dfrac{1}{f} = F$ et $\dfrac{1}{r} = R$,

$$-F = R;$$

ce qui signifie que le nombre qui exprime en dioptries le degré d'une amétropie est, dans ce cas, égal et de signe contraire au numéro en dioptries de la lentille exactement correctrice de l'amétropie.

Telles sont les principales considérations qui plaident en faveur de l'adoption du premier foyer principal de l'œil comme origine des distances pour la mesure du remotum. Les simplifications qui résultent de ce choix seront surtout mises en évidence lors de l'étude de la détermination et de la correction des amétropies.

Diverses formes d'amétropies. — Les définitions que nous avons données des amétropies et de leurs degrés ne préjugent rien des valeurs que doivent présenter la puissance et la longueur des yeux amétropes par rapport aux valeurs correspondantes de l'œil emmétrope. Nous n'avons point comparé ces valeurs ; nous avons simplement indiqué qu'il n'existait pas dans l'œil amétrope, entre la puissance du système dioptrique et la longueur de l'axe oculaire, la concordance que nous avions signalée à propos de l'œil emmétrope. Mais ce défaut de concordance peut être dû soit à une différence dans les longueurs des yeux amétropes et emmétropes, la puissance des systèmes dioptriques étant la même dans les deux cas : l'amétropie est alors dite *anisoaxile* (Monoyer) ou *axile* (Landolt) ; soit à une différence dans la puissance des systèmes dioptriques, la longueur de l'axe étant invariable : l'amétropie est alors qualifiée d'*isoaxile* (Monoyer). La différence de puissance des systèmes dioptriques qui caractérise l'amétropie isoaxile pouvant d'ailleurs être attribuée à des différences dans les courbures ou dans les indices des milieux réfringents, l'*amétropie isoaxile* se subdivisera elle-même en *amétropie de courbure* et *amétropie d'indice*. Il y aurait même lieu de considérer encore, dans le même groupe, une amétropie par modification des distances des surfaces réfringentes. Enfin, le défaut de concordance que nous avons signalé peut être dû à des différences portant à la fois sur les valeurs respectives de la longueur et de la puissance des yeux amétropes et des yeux emmétropes ; d'où des formes *mixtes* (1).

L'œil myope pourra donc différer de l'œil emmétrope par un excès de longueur du globe oculaire : *myopie axile* M_a ; par un excès de courbure de la cornée ou des faces du cristallin : *myopie de courbure* M_c ; par une valeur trop élevée de l'indice de l'humeur aqueuse et de l'indice total du cristallin, ou par une valeur trop faible de l'indice de l'humeur vitrée : *myopie d'indice* M_i ; par un avancement du cristallin ; enfin par plusieurs de ces causes réunies : *myopie mixte*.

L'hypéropie, au contraire, pourra être la conséquence d'un défaut de longueur du globe oculaire : *hypéropie axile* H_a ; d'un défaut de courbure de la cornée ou des faces du cristallin : *hypéropie de courbure* H_c ; d'une valeur trop faible de l'indice de l'humeur aqueuse et de l'indice total du cristallin, ou d'une valeur trop élevée de l'indice de l'humeur vitrée : *hypéropie d'indice* H_i ; d'un recul du cristallin ; enfin de plusieurs de ces causes réunies : *hypéropie mixte*.

Qu'il s'agisse de la myopie ou de l'hypéropie, on peut dire que l'amétropie axile est de beaucoup la plus fréquente ; vient ensuite, quoique déjà infiniment plus rare, l'amétropie de courbure ; quant aux autres formes d'amétropies isoaxiles et aux formes mixtes, elles peuvent être regardées comme des exceptions.

Relation entre les divers éléments de l'œil amétrope et son degré d'amétropie. — Il est facile de calculer la différence de longueur

(1) Pour comparer, comme nous le faisons ici, les divers éléments d'un œil amétrope (longueur, rayons de courbure, indices, etc.) aux éléments correspondants de l'œil emmétrope, il faut supposer que ces derniers éléments présentent des valeurs constantes. Nous avons vu qu'il n'en était rien. Toutefois les différences individuelles sont assez faibles, tant qu'il s'agit d'individus du même âge, pour qu'une telle comparaison soit justifiée, à condition cependant qu'elle ne porte que sur des yeux arrivés au même degré de leur développement. Nous pourrons donc adopter pour un œil adulte emmétrope les données de l'œil schématique.

qui existe entre l'œil schématique emmétrope et un œil amétrope axile suivant son degré d'amétropie, ou encore la longueur de l'œil qui correspond à tout degré d'amétropie uniquement axile.

Soit en effet r la distance du remotum au premier foyer principal Φ de l'œil amétrope, distance qui sera positive ou négative suivant qu'elle sera comptée en avant ou en arrière de ce foyer, suivant que l'œil sera myope ou hypérope ; la rétine et le remotum de l'œil considéré étant deux foyers conjugués, la distance r' de la rétine au second foyer principal Φ' de l'œil sera donnée par la formule bien connue des systèmes dioptriques :

$$(1) \qquad\qquad rr' = \varphi\varphi',$$

dans laquelle φ et φ' représenteront la première et la seconde distance focale (1) de l'œil schématique emmétrope ($0^m,01549$ et $0^m,02071$), puisque dans l'amétropie axile le système dioptrique de l'œil est identique à celui de cet œil schématique. Il faut remarquer d'ailleurs que la rétine coïncidant dans l'œil emmétrope avec le second foyer principal, la valeur de r' fera précisément connaître la différence des longueurs de l'œil emmétrope et de l'œil considéré.

Si l'on tire r' de la formule (1), il vient, en remplaçant $\varphi\varphi'$ par sa valeur $0^m,000321$,

$$r' = 0^m,000321 \times \frac{1}{r},$$

ou

$$r' = 0^m,000321 \times R,$$

en désignant par R le nombre qui représente en dioptries la distance du remotum.

Cette formule montre que r' est du même signe que R ; si donc R est positif, c'est-à-dire si l'œil considéré est myope, r' sera positif : l'œil myope sera plus long que l'œil schématique emmétrope (2). Si R est négatif, c'est-à-dire si l'œil considéré est hypérope, r' sera négatif : l'œil hypérope sera plus court que l'œil schématique emmétrope. La différence de longueur r' sera dans tous les cas proportionnelle au degré de l'amétropie ; il suffira de multiplier 0,321 par la valeur de ce degré en dioptries pour avoir cette différence exprimée en millimètres. Connaissant cette différence et la longueur de l'œil schématique emmétrope $22^{mm},82$, il est facile de déterminer la longueur d'un œil amétrope de degré connu.

Soit, par exemple, un œil présentant une myopie axile de 3 dioptries, la différence de longueur de cet œil et de l'œil schématique emmétrope sera $0^{mm},321 \times 3 = 0^{mm},963$, et sa longueur totale, distance de la rétine à la face antérieure de la cornée, sera de $22^{mm},823 + 0^{mm},963 = 23^{mm},786$.

Des calculs plus complexes, et qu'il serait d'ailleurs sans intérêt de reproduire ici, permettraient également de déterminer la valeur des modifications

---

(1) Distances du premier et du second foyer au plan principal correspondant.

(2) Il faut remarquer, en effet, que la formule $rr' = \varphi\varphi'$ suppose que les conventions de signes relatives à r et à r' sont exactement inverses.

qui doivent se produire soit dans le rayon de courbure de l'une des surfaces réfringentes de l'œil, soit dans la valeur de l'indice de l'un de ces milieux, soit dans la distance du cristallin à la cornée, pour que l'œil présente un degré déterminé d'amétropie isoaxile.

Rapport des dimensions des images rétiniennes chez les amétropes et les emmétropes. — Considérons trois yeux, l'un myope, M, l'autre emmétrope, E, l'autre hypermétrope, H (fig. 352). Si l'emmétrope et l'hypérope ont un pouvoir accommodatif suffisant, si les degrés d'amétropie de l'hypérope et du myope ne sont pas trop élevés, les trois yeux pourront voir nettement un objet AB situé à la même distance de chacun d'eux, à la distance du remotum du myope, par exemple. Cherchons quelle sera dans chaque cas la dimension de l'image rétinienne. Il suffira de joindre les extrémités de l'objet au premier point nodal et de mener par le second point nodal les parallèles aux deux lignes ainsi tracées : l'intersection de la rétine par ces parallèles donnera l'image cherchée.

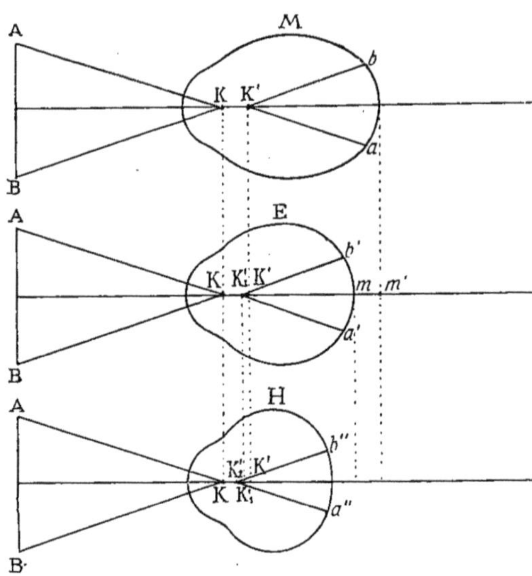

Fig. 352. — Rapport des dimensions des images rétiniennes pour l'œil myope, M, l'œil emmétrope, E, et l'œil hypermétrope, H.

Considérons d'abord le cas où l'hypéropie et la myopie sont axiles ; les trois yeux ont même système dioptrique, leurs points nodaux pendant le repos de l'accommodation se trouvent en K et K′ à la même distance respective de la cornée pour tous trois ; seule la longueur de l'axe diffère.

L'œil myope M voit nettement l'objet AB sans accommoder : l'image de AB sera *ab*.

Pour voir nettement AB, l'œil emmétrope doit faire un effort d'accommodation ; ceci équivaut pour l'œil schématique à un avancement des points nodaux vers la cornée, le déplacement du premier point nodal K (0^{mm},5 quand l'œil passe de la vision d'un objet situé à l'infini à celle d'un objet situé à 8°,5) (1) est toujours négligeable par rapport à la distance de l'objet ; nous pouvons donc considérer le point K comme fixe. Quant au déplacement K′K₁ du second point nodal, il est toujours plus petit (2) que la différence de lon-

---

(1) HELMHOLTZ, *Optique physiologique.* Trad. française, p. 154.
(2) On pourrait le démontrer par le calcul ; mais il suffit, pour s'en rendre compte, de remarquer que, d'après les déterminations d'Helmholtz (*Optique physiologique.* Trad.

gueur mm' des deux yeux; l'image rétinienne $a'b'$ de l'œil emmétrope est donc plus petite que celle ab de l'œil myope axile.

L'œil hypérope, pour voir nettement AB, doit faire un effort d'accommodation plus considérable encore que l'emmétrope, d'où un nouveau déplacement du point nodal K'_1 qui vient en K'_2, mais la distance $K'_1 K'_2$ étant encore moindre que la différence de longueur des deux yeux, l'image rétinienne $a''b''$ sera plus petite pour l'hypérope que pour l'emmétrope, et la différence sera d'ailleurs d'autant plus grande que le degré de l'hypéropie sera lui-même plus élevé.

En résumé, donc, lorsqu'un emmétrope, un myope et un hypérope axiles voient nettement un même objet situé à la même distance de leur œil, c'est le myope qui possède l'image rétinienne la plus grande, l'hypérope la plus petite. Pour une même distance de l'objet, l'image rétinienne sera d'ailleurs d'autant plus grande pour l'œil myope, d'autant plus petite pour l'œil hypérope, que le degré d'amétropie des deux yeux sera plus élevé. Non seulement, à distance égale de l'objet, les images rétiniennes sont plus grandes pour le myope que pour l'emmétrope et l'hypérope, mais encore, pour une même valeur du pouvoir accommodatif, le myope peut rapprocher davantage les objets de son œil sans cesser de les voir nettement, ce qui lui permet d'obtenir un nouvel accroissement dans les dimensions de ses images rétiniennes.

Considérons maintenant la myopie et l'hypéropie isoaxiles : l'œil emmétrope, l'œil hypérope et l'œil myope auront même longueur; ils ne différeront que par la puissance de leur système dioptrique au repos, mais les différences dans ces puissances seront compensées par la différence dans les efforts d'accommodation que devront faire ces trois yeux pour voir nettement un objet situé à la même distance de chacun d'eux; aussi la dimension des images rétiniennes sera-t-elle la même pour tous les trois. Ce n'est qu'en profitant de la distance moindre de son proximum que le myope isoaxile parviendra à obtenir des images plus grandes que l'emmétrope ou que l'hypérope isoaxile.

Cause des amétropies. — Nous avons déjà indiqué, à propos des diverses formes d'amétropies, quelles étaient les modifications des divers éléments de l'œil qui pouvaient entraîner comme conséquence la myopie ou l'hypéropie. Nous devons nous occuper maintenant des causes mêmes de ces modifications, afin surtout d'en étudier le mécanisme intime, qui, le plus souvent, paraît être d'ordre essentiellement physique.

Dans bien des cas, les amétropies semblent devoir être regardées comme une conséquence même du développement du globe oculaire, sans que ce développement puisse pour cela être considéré comme anormal, et sans que, dans l'état actuel de nos connaissances, on puisse penser à établir les lois qui y ont présidé. L'hypéropie est, en effet, la règle chez le nouveau-né : sur

---

française, p. 154), le deuxième point nodal de l'œil emmétrope ne se déplace que de $1^{mm},6$ quand l'œil passe de la vision d'un objet situé à l'infini à la vision d'un objet placé à $8^{D},5$ environ, tandis qu'à chaque dioptrie d'amétropie axile correspond, comme nous l'avons calculé, un allongement de $0^{mm},321$, soit de $2^{mm},7$ pour $6^{D},5$.

100 enfants de huit à dix jours, Hortsmann (1) a trouvé 2 fois la myopie, 2 fois l'emmétropie, 88 fois l'hypéropie. Schleich sur 300 yeux de nouveau-nés, Ulrich sur 204 ont constamment trouvé l'hypéropie. De la critique de diverses statistiques (1534 yeux), Randall (2) conclut que chez les enfants très jeunes il existe 91,26 p. 100 d'hypéropes; Herrnheise en a trouvé 99,9 p. 100 sur 1920 yeux examinés. Cette proportion diminue avec l'âge. On naît donc hypérope et l'on devient emmétrope, mais il faut pour cela que les modifications qui se produisent sous l'influence de l'âge dans les divers éléments de l'œil, modifications que nous avons déjà étudiées à propos de l'emmétropie, aient d'abord pour effet d'amener exactement le deuxième foyer principal du système dioptrique oculaire en coïncidence avec la rétine; il faut que les nouvelles modifications que subissent ensuite les mêmes éléments se compensent rigoureusement pour que cette coïncidence et l'emmétropie qui en est la conséquence persistent. On conçoit combien l'établissement et le maintien d'une telle coïncidence (nécessaire à l'emmétropie) doivent être délicats à réaliser, et l'on comprend qu'il faille dès lors admettre dans la pratique une certaine latitude; de fait, si l'on ne considérait comme emmétropes que les yeux qui le sont rigoureusement, l'emmétropie serait l'exception.

L'hypéropie est d'ailleurs la règle chez les animaux; elle existe presque toujours chez les sauvages, et un léger degré d'amétropie ne constitue pas une infériorité assez appréciable pour que l'œil qui en est atteint puisse être considéré comme anormal.

On doit donc regarder comme compatible avec une évolution normale de l'œil une certaine altération des indices, des rayons de courbure, de la longueur de l'axe capables d'entraîner un faible degré d'hypéropie ou de myopie.

C'est d'ailleurs sur la longueur de l'axe que portent principalement les altérations observées; aussi est-ce principalement pendant le développement de l'œil, c'est-à-dire pendant l'enfance et l'adolescence, que s'établissent ces amétropies.

Il n'en est pourtant pas constamment ainsi, et l'on sait, par exemple, depuis les observations de Donders (3), que les yeux emmétropes acquièrent normalement, à partir de cinquante ans environ, une hypéropie dont le degré s'accroît avec l'âge. C'est alors à une imparfaite compensation des modifications survenues dans les courbures et dans les indices des divers milieux réfringents de l'œil, principalement du cristallin, qu'il faut sans doute attribuer la production de ces amétropies (4).

En dehors des cas que nous venons d'examiner, il en est d'autres, au contraire, où l'amétropie est liée à de telles déformations du globe oculaire, à de telles altérations du fond de l'œil, à de tels troubles fonctionnels, à des modifications de telle nature dans les milieux réfringents, que l'on ne saurait

(1) Hortsmann, *Knapp Archiv*, t. XLV, 3, p. 328.
(2) Randall, *Klinische Monatsblätter für Augenheilkunde*, février 1891.
(3) Donders, *loc. cit.*, p. 173.
(4) H. Bertin-Sans, *Société de biologie*, 27 mai 1893.

nier ici l'intervention de causes anormales pathologiques dans son développement. Ce sont ces causes et leur mécanisme que nous allons maintenant passer en revue à propos des diverses formes d'amétropie, en les envisageant plus particulièrement à un point de vue physique.

I. **Myopie axile**. — C'est la plus fréquente, avons-nous dit, de toutes les formes de myopie. On admet qu'il en existe deux formes principales, l'une, *myopie de travail*, qui ne paraît pas dépasser 9 dioptries, qui présente rarement des complications, qui apparaît en général de six à quinze ans et s'arrête à vingt-cinq ans, l'œil étant pendant cette période plus sujet à subir l'influence des causes déformantes, par suite de son développement, et devant en outre fournir précisément alors une somme de travail fonctionnel éminemment favorable, comme nous le verrons, à la production de la myopie ; l'autre, *myopie progressive*, qui se développe le plus souvent dès la première enfance, augmente progressivement pendant toute la vie par suite de l'allongement continu de l'axe antéro-postérieur de l'œil, peut atteindre des degrés très élevés et constitue une véritable maladie accompagnée de lésions anatomiques du fond de l'œil et dont les conséquences présentent même une certaine gravité au point de vue de la fonction visuelle.

L'examen, après énucléation, des yeux atteints d'un degré élevé de myopie axile montre que l'allongement de l'axe est dû à une déformation de la région polaire postérieure de l'œil (1).

Comment s'est produite cette déformation ? On a invoqué une foule de causes ; il est probable que la plupart interviennent, et que celles qu'il faut incriminer ne sont point les mêmes dans tous les cas.

La déformation est due à une distension du globe par son contenu, on est à peu près d'accord sur ce point ; mais, pour que la distension se produise, pour qu'elle porte sur la partie postérieure de l'œil, il faut que la pression hydrostatique intra-oculaire augmente, que la région polaire postérieure présente une résistance moindre que les autres ; si cette résistance est inférieure à sa valeur normale, on pourra même comprendre l'ectasie du globe sans invoquer une augmentation de la pression intra-oculaire. C'est ici que les opinions divergent.

Pour les uns, l'augmentation de la pression intra-oculaire est une conséquence de la compression du globe par ses muscles moteurs. La sphère étant, de tous les corps de même surface, celui auquel correspond le plus grand volume intérieur, toute déformation mécanique de l'œil, qui a sensiblement la forme sphérique, aura pour effet de diminuer son volume et, par suite, d'augmenter la pression de son contenu. Les muscles le plus généralement incriminés sont d'ailleurs les droits externes (Durr, Fuchs, Motais, etc.) qui s'enroulent sur l'œil pendant les efforts de convergence ; mais on a également accusé le muscle petit oblique (Giraud-Teulon), le grand oblique (Stilling), les deux muscles obliques (Février).

Les adversaires de la théorie de la compression de l'œil par ses muscles moteurs pendant les efforts de convergence allèguent des cas de myopie se

(1) Il existe le plus souvent en cette région une sorte de saillie bosselée qui augmente encore la longueur de l'axe et qui a reçu le nom de *staphylome postérieur*.

déclarant chez des personnes qui ont perdu un œil et chez lesquelles, par suite, la convergence n'est point utilisée ; mais de ce que cette cause n'intervient pas dans ces cas, il n'est pas à dire qu'il en soit nécessairement de même dans tous les autres.

On peut également attribuer une augmentation de la pression intra-oculaire à la compression d'une des veines vortiqueuses par le grand oblique lorsque l'œil est dirigé en bas comme pendant la lecture (1), à la contraction ou à la contracture du muscle ciliaire lors des efforts de l'accommodation ou du spasme (2) de cette fonction, spasme si fréquent pendant le travail à courte distance. Cette contraction ou cette contracture entraîneraient dans la choroïde une stase veineuse qui aurait pour conséquence une sécrétion plus abondante des liquides intra-oculaires et un accroissement de pression (Meyer). Cet accroissement de pression pourrait même, semble-t-il, être la conséquence directe du mécanisme de l'accommodation, si ce mécanisme est bien celui indiqué récemment par Tscherning (traction de la choroïde en dedans et en avant et de la zonule en arrière et en dehors).

En admettant pour un moment que l'augmentation de pression soit la seule cause de l'ectasie, comment se fait-il que celle-ci porte sur la région polaire postérieure ? Il faut pour cela que la résistance des membranes-enveloppes de l'œil soit moindre en cette région que dans les régions voisines.

Soit, en effet, H la valeur de la pression intra-oculaire à un moment donné, la tension élastique des membranes-enveloppes devra être telle qu'elle donne, au moment considéré, naissance en chaque point à une composante normale N égale à H ; on sait d'ailleurs que la valeur de cette composante N est donnée par la formule

$$N = \frac{F}{R + R'}$$

en désignant par F la réaction élastique de la membrane à l'instant et au point considérés, par R et R' les rayons principaux de courbure au même point.

Si la résistance des enveloppes était partout la même, l'œil devrait, sous l'influence de la pression intra-oculaire H, prendre une forme rigoureusement sphérique, la cornée devrait donc s'aplatir ; et, de fait, certaines mensurations des rayons de courbure de la cornée chez les myopes [Donders (3), Reuss (4)] ont montré que celle-ci était en général moins courbe que chez les emmétropes ou même s'aplatissait avec les progrès de la myopie (Sczelkow) (5) ; il est vrai que les mensurations de Mauthner (6) et de Nordenson (7) paraissent infirmer ces résultats.

Ce n'est point, comme l'a démontré Imbert (8), une forme primitive-

---

(1) F. Arlt, *Die Krankheiten des Auges*, t. I-III. Prag., 1851.
(2) Georges Martin, *Myopie, Hypéropie, Astigmatisme*. Bibliothèque Charcot-Debove, 1895.
(3) Donders, *loc. cit.*, p. 77.
(4) Reuss, *Gräfe's Arch. f. Opht.*, t. XXVII, 1881.
(5) Sczelkow, *Centralblatt für med. Wissenschafften*, 1880.
(6) Mauthner, *Die optischen Fehler des Auges*, p. 598 et suiv.
(7) Nordenson, *Annales d'oculistique*, mars-avril 1883.
(8) Imbert, *Annales d'oculistique*, juillet-août 1887.

ment oblongue de l'œil dans le sens de l'axe antéro-postérieur qui peut expliquer un allongement ultérieur de ce même axe (1). Toutes choses égales d'ailleurs, les membranes résisteront d'autant mieux à la distension que les courbures de leurs méridiens principaux seront déjà plus accusées.

La formule $N = \dfrac{F}{R + R'}$ montre en effet que, pour obtenir une même valeur de la force N qui fait équilibre à la pression intérieure H, la réaction élastique F en un point devra être d'autant plus faible et, par suite, si la résistance des membranes est uniforme, la distension des membranes au point considéré d'autant moindre que R et R' seront eux-mêmes plus petits en ce point.

Mais si la résistance des membranes est plus faible dans une région, la région polaire, par exemple, que dans les régions voisines où la courbure est la même, les membranes devront subir dans la région plus faible une distension plus grande et une courbure plus accentuée, afin que, grâce à l'augmentation de F et à la diminution de R et R' qui en seront la conséquence, la composante normale puisse encore faire équilibre à la pression intra-oculaire. Ainsi s'expliquerait donc fort bien l'allongement de l'œil sous l'influence de cette pression.

On n'est malheureusement pas bien fixé sur la résistance des membranes-enveloppes de l'œil dans les diverses régions. De ces membranes, les plus résistantes, celles dont l'influence pour s'opposer à une déformation est sans contredit prépondérante sont la cornée et la sclérotique. Or la cornée présente une courbure plus forte que la sclérotique, sa résistance à la distension est donc plus grande de ce fait, elle peut l'être aussi par suite de la texture même du tissu cornéen ; enfin, à la résistance de la cornée viendrait s'ajouter encore, d'après Martin (2), celle que l'iris oppose au déplacement du cristallin en avant, et l'on conçoit, par suite, que la déformation ne porte que peu ou pas sur la cornée.

Quant à la sclérotique, c'est précisément au niveau de la région postérieure qu'elle présente son maximum d'épaisseur. Il est vrai que, dans le voisinage de cette région, la sclérotique est traversée par des filets nerveux et par des vaisseaux, ce qui doit affaiblir notablement sa résistance ; il est vrai aussi que la région postérieure n'est point protégée comme la partie médiane et antérieure (3) par la capsule de Ténon et par les muscles moteurs ; il est vrai également que la résistance de cette région médiane est encore augmentée par la présence du muscle ciliaire contracté au moment des accroissements de pression (4) [Martin (5)]. Mais, alors même que ces dis-

---

(1) Ce serait précisément l'inverse qui devrait se produire.

(2) MARTIN, *loc. cit.*, p. 273.

(3) C'est la région de jonction de la cornée et de la sclérotique qui serait la plus exposée, par la forme même de sa courbure, à une déformation ; mais, indépendamment de la résistance propre de cette région, il faut encore faire intervenir sans doute l'action protectrice de l'iris et du muscle ciliaire.

(4) Le muscle ciliaire est contracté pendant la convergence, à cause des efforts d'accommodation qui accompagnent normalement celle-ci.

(5) MARTIN, *loc. cit.*, p. 273.

positions auraient pour effet de rendre la région polaire postérieure moins résistante que les autres [ce qui concorderait du reste avec les résultats des déterminations de Ischreyt (1) sur des lanières de sclérotique de bœuf et de porc], il faut remarquer qu'elles existent aussi bien chez les hypermétropes et les emmétropes que chez les myopes. Comme, d'autre part, les diverses causes qui peuvent faire croître la pression intra-oculaire : la convergence, l'accommodation, voire même son spasme, s'observent en général chez tous ceux qui se livrent d'une façon soutenue à un travail de près, et que si la proportion de myopes est, il est vrai, plus grande chez ces derniers (myopie de travail), il en est pourtant beaucoup qui échappent à cette anomalie, on peut conclure que l'augmentation de la pression intra-oculaire n'est sans doute pas suffisante pour produire un allongement de l'axe antéro-postérieur sur un œil normal; il faut encore, pour que le globe s'ectasie, qu'il présente un affaiblissement de sa résistance normale au pôle postérieur, qu'il existe une prédisposition liée à l'hérédité ou à toute autre cause.

Quelle est la nature de cette prédisposition ? On a invoqué une fermeture imparfaite de la fente d'Ammon, un affaiblissement congénital de la sclérotique à son pôle postérieur (2), et quoique la preuve de tels arrêts ou de tels vices de développement chez les myopes fasse encore défaut, ce sont des faits de cet ordre qui nous paraissent devoir le mieux rendre compte des cas de myopie axile stationnaire. On a également accusé une insuffisance des droits internes, insuffisance qui aurait pour conséquence une compression énergique du globe oculaire pendant les efforts de convergence (Giraud-Teulon); on a invoqué encore une brièveté du nerf optique qui exercerait alors des tiraillements sur le globe oculaire pendant les mouvements de convergence (Weiss), un abaissement de la voûte orbitaire qui augmenterait la surface d'enroulement du grand oblique sur l'œil (Stilling) (3), l'influence de la race, etc. Nous ne saurions entrer ici dans la discussion de toutes ces opinions, qui peuvent sans doute rendre compte de certains cas de myopie.

La prédisposition qui semble la plus importante, au moins en ce qui concerne le développement de la myopie progressive, est celle qui paraît résulter d'un état inflammatoire de la choroïde, état inflammatoire qui se communiquerait à la sclérotique et aurait pour conséquence un affaiblissement de celle-ci au niveau de son pôle postérieur. Cet affaiblissement produit, on conçoit que le globe oculaire s'ectasie, dans la région affaiblie, sous l'influence de la pression intra-oculaire, que cette pression soit normale ou qu'elle soit accrue par les diverses causes dont nous avons déjà étudié le mécanisme.

L'état inflammatoire de la choroïde serait du reste sous la dépendance de l'état général du sujet, de son tempérament, de l'hérédité. Il serait provoqué d'après les uns par les tiraillements de la choroïde qui résultent des contractions du muscle ciliaire, par la stase veineuse qui est la conséquence de ces contractions; il résulterait donc des efforts d'accommodation, ou du spasme

---

(1) ISCHREYT, *Gräfe's Archiv für Ophtalmologie*, t. XLVI, 1898, p. 677-705.
(2) IMBERT, *Annales d'oculistique*, juillet-août 1887.
(3) D'après Weiss et Schmidt-Rimpler, la disposition de l'orbite signalée par Stilling ne serait point particulière au myope.

accommodatif (Martin) (1); les effets des contractions du muscle ciliaire seraient surtout marqués lorsque ces contractions seraient partielles, comme cela a lieu pour les contractions correctrices des astigmates (Martin) (2). Pour d'autres, il serait dû à l'exagération de la pression oculaire pendant les efforts de convergence, à la congestion céphalique, etc. Ces diverses opinions paraissent contenir chacune une part de vérité, mais elles seraient en général passibles des objections que nous avons adressées à la plupart d'entre elles à propos de l'explication de l'allongement du globe par le seul accroissement de la pression intra-oculaire, si l'on n'admettait, comme nous l'avons fait ci-dessus, une prédisposition inhérente au sujet.

Il résulte ce qui précède que la plupart des causes généralement invoquées pour rendre compte de la myopie axile ne doivent être regardées que comme des causes occasionnelles ; c'est à ce point de vue que nous insisterons plus particulièrement maintenant sur quelques-unes d'entre elles qui paraissent jouer un rôle prépondérant dans la production de la myopie de travail, tout au moins.

Les effets nuisibles de l'accommodation sont indéniables; ils paraissent surtout marqués lorsque l'accommodation passe fréquemment et à de courts intervalles par des valeurs bien différentes; c'est ce qui a lieu, par exemple, dans la lecture de près. Si nous considérons, en effet, une ligne de 9 centimètres et un œil placé en face à 10 centimètres = 10 dioptries du milieu de la ligne, la distance de cet œil à l'extrémité de la ligne sera sensiblement de 11 centimètres ou 9 dioptries : la variation d'accommodation chaque fois que le sujet lira une demi-ligne sera donc de 1 dioptrie; au contraire, si la même ligne était placée à 25 centimètres = 4 dioptries en face de l'œil, la distance de l'œil à l'extrémité de la ligne ne serait que de 25^{cm},3 environ, soit 3^{D},9, et la variation d'accommodation de 0^{D},1, c'est-à-dire dix fois moindre que tout à l'heure.

Le travail de près et, par suite, toutes les conditions qui tendent à raccourcir la distance du travail, diminution de l'acuité visuelle, insuffisance de l'éclairage, astigmie, finesse trop grande de certains travaux, mauvaise impression des livres, mauvaise disposition des sièges et des bureaux dans les écoles, etc., doivent donc être considérés comme des causes occasionnelles de la myopie; ils expliquent la fréquence de la myopie scolaire.

Signalons enfin, comme pouvant déterminer la congestion céphalique et contribuer encore à engendrer la myopie, les positions vicieuses du corps pendant le travail, le travail dans des pièces surchauffées, mal aérées, l'accumulation des enfants dans des salles trop petites, etc., etc.

II. *Myopie isoaxile.* — La forme la plus fréquente de myopie isoaxile est celle qui est due à un spasme du muscle ciliaire. Ce spasme détermine l'augmentation des courbures des faces du cristallin; il entraîne donc la myopie, et quoique cette myopie puisse souvent en imposer pour une myopie vraie, elle ne peut être considérée comme une véritable anomalie. Elle est seulement le symptôme d'un état de contracture plus ou moins tenace. Le

(1) *Loc. cit.*, p. 258.
(2) *Loc. cit.*, p. 275.

spasme peut, en effet, résister parfois à l'atropine et n'être révélé que par une paralysie de l'accommodation, comme dans les cas signalés par Javal et par Gaupillat à la Société française d'ophtalmologie en mai 1891. D'après Martin, ce spasme précéderait et provoquerait, en général, l'apparition de la myopie axile.

Les autres formes de myopie isoaxile sont assez rares; nous passerons pourtant en revue les principales.

Parfois, sous l'influence d'un vice de nutrition congénital ou acquis, d'un ramollissement pathologique, la cornée s'ectasie en prenant une forme conique (kératocone) ou globuleuse (kératoglobe). La myopie qui est concomitante de cette déformation peut atteindre un degré plus élevé (30ᵖ) que les myopies axiles les plus fortes ; elle est la conséquence de la diminution notable du rayon de courbure de la cornée bien plus que de l'allongement peu appréciable qui résulte pour le globe oculaire de l'ectasie de la cornée. C'est une véritable myopie de courbure ; elle est en général accompagnée d'astigmatisme plus ou moins régulier.

On peut observer également la myopie lors de la rupture de la zone de Zinn. Cette myopie doit être attribuée à un accroissement des courbures des faces du cristallin, si l'accommodation est bien due, comme l'admettait Helmholtz, à un relâchement de la zone de Zinn et à une déformation en quelque sorte passive du cristallin. Le cristallin soustrait à l'action de son ligament suspenseur devrait en effet, s'il en est ainsi, prendre la même forme que pendant l'accommodation maxima, et le nouveau remotum de l'œil devrait, par suite (en admettant, bien entendu, qu'il ne se soit produit aucun déplacement concomitant de la lentille cristallinienne), venir se confondre avec le proximum resté fixe. Si, au contraire, l'accommodation est due, comme le veut Tscherning, à une traction exercée sur la zone de Zinn et à une déformation mécanique du cristallin, la myopie consécutive à la rupture de la zonule ne peut s'expliquer que par le déplacement en avant du cristallin, et le degré de la myopie dépendra seulement de la valeur de ce déplacement. Nous ne saurions nous prononcer définitivement sur la valeur de ces deux explications ; faisons seulement remarquer que les déterminations mêmes de Helmholtz paraissent en contradiction avec la première. Helmholtz a en effet trouvé que le cristallin mort, libre de toute attache, n'est point en état d'accommodation maxima.

On a signalé enfin des myopies d'indice dues à une augmentation sénile dans l'indice du noyau cristallinien, augmentation qui est elle-même généralement le prodrome de la cataracte.

III. **Hypéropie axile**. — L'hypéropie axile typique, caractérisée par un aplatissement de l'œil dans le sens antéro-postérieur et souvent par une diminution de volume du globe oculaire qui peut atteindre un degré assez élevé (microphtalmos), est fréquemment liée à des malformations du côté de l'iris ou du nerf optique. Si l'on ne tient pas compte des modifications diverses que l'âge apporte normalement dans les éléments de l'œil, c'est un état stationnaire qui est sans doute anormal, mais qui n'est point morbide comme la myopie progressive. Pour la plupart des auteurs, cette hypéropie est la conséquence d'un arrêt de développement qui serait souvent en relation avec un développement incomplet de l'orbite, de la face et même de tout le crâne (aplatissement de la face au niveau de la racine du nez, du front, des bords orbitaires, de l'os zygomatique, brachycéphalie). La relation entre la forme de l'œil et la conformation du crâne est surtout évidente dans certains cas d'asymétrie cranienne : l'œil seul hypérope, ou présentant le degré le plus élevé d'hypéropie, se trouverait alors, en effet, du côté de la tête le moins développé (1). Si la petitesse et la forme de l'œil paraissent dans bien des cas liés à un manque de profondeur de l'orbite, il n'en est pas toujours ainsi, et l'on rencontre assez fréquemment un œil hypérope dans un crâne parfaitement développé. La déformation de l'œil, cause de l'hypéropie, doit, semble-t-il, être alors attribuée à un défaut d'homogénéité des membranes-enveloppes du globe, défaut d'homogénéité qui se serait produit avant le développement complet de l'organe, principalement pendant la vie fœtale, et qui siégerait au niveau de la région équatoriale (Imbert) (2). Les membranes-enveloppes, ayant en cette région une résistance moindre que dans les autres, devront en effet, pour que la composante normale $N = \dfrac{F}{R + R'}$, due à leur tension fasse partout équilibre à la pression intra-oculaire, subir dans la région affaiblie une distension plus grande qui accroisse la valeur de leur réaction élastique F, et prendre une courbure plus accusée qui diminue la valeur de $R + R'$. D'où la forme de l'œil hypérope.

En dehors des cas d'hypéropie axile typique que nous venons de considérer, il en existe d'autres, infiniment plus rares, où l'hypéropie axile, en quelque sorte accidentelle, est due à des tumeurs rétrobulbaires qui exercent sur le pôle postérieur de l'œil une compression telle qu'elles aplatissent le globe dans le sens antéro-postérieur. ou encore à un décollement de la rétine qui amène cet écran nerveux en avant du second foyer principal du système dioptrique oculaire.

On a également signalé, dans le cours de maladies débilitantes accompagnées de perte considérable des sucs nutritifs, une hypéropie qui, d'après Horner (3), serait due à une diminution de volume de l'œil et serait, par suite, de nature surtout axile.

IV. *Hypéropie isoaxile.* — On l'observe parfois dans le glaucome et on l'attribue alors à un aplatissement de la cornée ; ce serait donc une hypéropie de courbure. Sans doute il n'a pas été fait, que nous sachions du moins, de mensurations qui démontrent directement l'augmentation du rayon de courbure de la cornée dans le glaucome ; mais l'accroissement de tension intra-oculaire qui caractérise cette affection peut fort bien rendre compte d'une telle augmentation, le globe devant, comme nous l'avons vu, se rapprocher de la forme sphérique sous l'influence d'un excès de pression, si les membranes-enveloppes présentent partout sensiblement la même résistance ; d'autre

---

(1) Donders, *Loc. cit.*, p. 433. — Landolt, *British med. Ass.-Meeting at Cambridge*, août 1880. — *British med. Journal*, avril 1881.

(2) Imbert, *Annales d'oculistique*, juillet-août 1887.

(3) Horner, *Klin. Monatsbl. für Augenheilk.*, 1873, p. 489.

part, Mauthner (1) a signalé un cas de cataracte traumatique où la valeur du rayon de courbure de la cornée était très grande, $8^{mm},5$, alors que la tension intra-oculaire était elle-même très élevée, et où cette même valeur est tombée à 7,73 après l'extraction des masses cataracteuses et l'abaissement de la tension qui en est résulté.

On a également observé l'hypéropie de courbure à la suite de certaines affections, telles que la kératomalacie, les ulcères cornéens, qui peuvent déterminer un aplatissement de la cornée.

On a encore signalé l'hypéropie dans le diabète, et l'un des cas les plus typiques à cet égard est sans contredit celui rapporté par Landolt dans son *Traité d'ophtalmologie* (2). L'hypéropie serait d'ailleurs ici la conséquence d'une augmentation d'indice du corps vitré, augmentation qui s'expliquerait par la présence de glycose et qui aurait pour effet de diminuer la puissance du système dioptrique oculaire. Ce serait une hypéropie d'indice (H_i).

L'hypéropie peut être due enfin à l'absence du cristallin sur le trajet des rayons lumineux qui arrivent sur la rétine, c'est-à-dire à l'*aphakie*. Cette aphakie peut d'ailleurs être la conséquence d'une luxation qui a amené le cristallin en dehors du champ pupillaire, d'une résorption accidentelle ou opératoire du cristallin, ou encore de l'extraction de cette lentille. Il est essentiel de remarquer que l'œil aphaque est exactement assimilable à un dioptre simple, car, d'une part, l'humeur aqueuse et l'humeur vitrée ont très sensiblement le même indice et, d'autre part, on peut regarder comme négligeable l'effet propre de la cornée sur les rayons lumineux qui la traversent.

La discission ou l'extraction du cristallin transparent dans la myopie forte ayant été mises en honneur par Fukala (3) en Autriche (1889), par Santos-Fernandez (4) en Espagne et par Vacher (5) en France (1891) (6), et étant devenues aujourd'hui des opérations courantes, bien que leur opportunité soit encore discutée, il est intéressant de connaître quelle est la nouvelle position que doit théoriquement occuper le remotum par suite de l'aphakie. On admet, depuis les travaux de Donders (7) et de Mauthner (8), qu'un œil emmétrope devient hypérope de 10 dioptries environ lorsqu'on le prive de son cristallin et qu'un œil amétrope de R dioptries devient amétrope de R—10 dioptries dans les mêmes conditions. Badal (9), Ostwalt (10), Éperon (11) ont montré, par des formules simples qui ont été le point de départ de bien des discussions (12), que le déplacement du remotum par suite de la suppres-

(1) Mauthner, *Die optischen Fehler des Auges*, p. 223.
(2) De Wecker et Landolt, *Traité d'ophtalmologie*, t. III, p. 388.
(3) Fukala, *A. von Gräfe's Arch.*, t. XXXVI, 2, p. 230.
(4) Santos-Fernandez, *Annales d'oculistique*, 1891, p. 214.
(5) Vacher, *Recueil d'ophtalmologie*, 1891, p. 671.
(6) Ce serait, paraît-il, l'abbé Desmonceaux qui aurait le premier eu l'idée, en 1776, de ce traitement chirurgical de la myopie.
(7) Donders, *loc. cit.*, p. 269.
(8) Mauthner, *Vorlesungen über die optischen Fehler des Auges*, p. 233.
(9) Badal, *Ann. d'oculistique*, juillet-août 1878.
(10) Ostwalt, *Revue générale d'ophtalmologie*, 1891.
(11) Éperon, *Archives d'ophtalmologie*, 1895.
(12) Ostwalt, *Klinische Monatsblätter für Augenheilkunde*, 1892, p. 178. — *Bulletin*

sion du cristallin dépendait du degré et de la forme de l'amétropie (1).

Considérons, par exemple, le cas le plus fréquent, celui de l'amétropie axile. L'œil amétrope ne diffère alors de l'emmétrope que par la longueur de son axe antéro-postérieur; tous les autres éléments sont identiques. Si l'on calcule d'abord les deux distances focales f_1 et f'_1 (fig. 353) de l'œil aphaque,

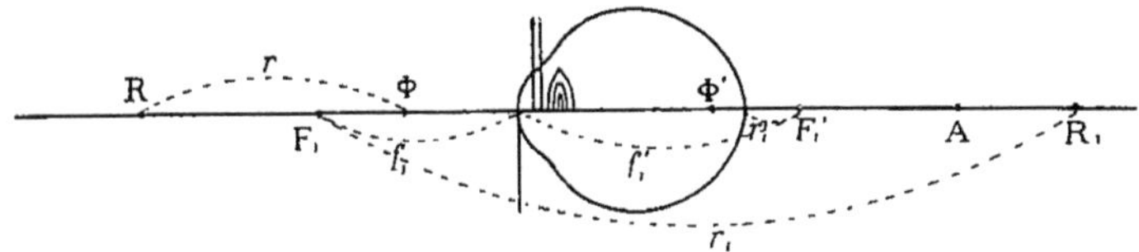

Fig. 353. — Déplacement du remotum résultant de la suppression du cristallin. La moitié supérieure de la figure représente l'œil avec son cristallin, son remotum est en R, ses deux foyers en Φ et Ψ'; la moitié inférieure de la figure représente l'œil aphaque, son remotum est en R_1, ses deux foyers en F_1 et F'_1.

on trouve (2) pour la première $f_1 = 23^{mm},26$, pour la seconde $f'_1 = 31^{mm},09$. On a donc, en appliquant, comme l'a indiqué Badal, la formule $r_1 r'_1 = f_1 f'_1$:

$$r_1 r'_1 = 0^m,000723,$$

d'où l'on tire

(1)
$$R_1 = \frac{1}{r'_1} = \frac{r'_1}{0,000723},$$

R_1 étant la distance en dioptries du remotum de l'œil aphaque au foyer antérieur F_1 de cet œil, et r'_1 étant la distance en mètres de la rétine au foyer postérieur F'_1 de l'œil aphaque.

Il résulte de là que l'œil emmétrope dont la rétine est en Φ' à $22^{mm},82$ de la face antérieure de la cornée, et pour lequel

$$r'_1 = \Phi' F'_1 = 22^{mm},82 - 31^{mm},09 = - 8^{mm},27,$$

aura, après suppression du cristallin, son remotum à $\dfrac{-8,27}{0,723} = -11^{D},4$ du premier foyer F_1 de l'œil aphaque, en A (fig. 353).

La formule (1) montre également que, à chaque variation de $0^{mm},723$ dans la longueur de l'œil aphaque, correspond un déplacement de 1 dioptrie pour le remotum, déplacement qui doit être considéré comme positif ou négatif suivant que la variation de longueur est elle-même positive ou négative, c'est-à-dire suivant que l'œil s'est allongé ou raccourci; une variation de $0^{mm},321$ dans la longueur de l'œil aphaque entraînera donc un déplacement de $\dfrac{0,321}{0,723} = 0^{D},44$ pour le remotum de cet œil. Or nous avons vu qu'à chaque

de la Société française d'ophtalmologie, 1896, p. 149. — *Archives d'ophtalmologie*, 1898, p. 265. — ÉPERON, *Archives d'ophtalmologie*, 1896, p. 149. — MONOYER, *Archives d'ophtalmologie*, 1898, p. 98 et 269.

(1) Voy. également sur cette question : HIRSCHBERG, *Centralbl. für Augenheilk.*, 1897, et les résultats des calculs du Dr Stadfeldt in *Optique physiologique* de Tscherning, 1898, p. 88.

(2) Nous avons pris pour valeur du rayon de courbure de la cornée $7^{mm},829$, pour indice de l'humeur aqueuse et du corps vitré 1,3365, pour longueur de l'axe antéro-postérieur de l'œil emmétrope $22^{mm},82$.

dioptrie d'amétropie axile de l'œil muni de son cristallin correspondait une variation de $0^{mm},321$ dans la longueur de l'œil, le signe de cette variation étant d'ailleurs le même que celui de l'amétropie. Si donc nous considérons un œil amétrope axile de R dioptries (R étant positif ou négatif suivant qu'il s'agit de myopie ou d'hypéropie), la longueur de cet œil différera de celle de l'œil emmétrope de $0^{mm},321 \times R$ et, par suite, lorsque cet œil deviendra aphaque, son remotum sera déplacé de $0^{D},44 \times R$ par rapport à la position $-11^{D},4$ du remotum de l'œil emmétrope devenu aphaque. La distance R_1 en dioptries du remotum au foyer F_1, après l'extraction du cristallin, sera donc, pour un œil primitivement amétrope de R dioptries, donnée par la formule

$$(2) \qquad R_1 = -11,4 + (0,44)\,R.$$

L'œil aphaque sera du reste myope ou hypérope, suivant que R_1 sera positif ou négatif. Mais il faut remarquer que le degré d'amétropie R représente une distance qui s'évalue à partir du premier foyer Φ de l'œil muni de son cristallin, tandis que R_1 a été compté à partir du premier foyer F_1 de l'œil aphaque. Comme c'est d'ailleurs au niveau du foyer Φ que se placent très sensiblement les verres correcteurs, il est préférable d'exprimer R_1 en prenant le point Φ pour origine des distances ; il vient alors

$$(3) \qquad R_1 = \cfrac{1}{\cfrac{1}{-11,4 + (0,44)\,R} + 0,00952},$$

$0^{m},00952$ exprimant la distance $F_1\,\Phi$ du premier foyer de l'œil aphaque au premier foyer de l'œil avec cristallin (1).

La formule (3) montre qu'un œil emmétrope $(R = 0)$ devient hypérope de $12^{D},8$ par extraction du cristallin, et qu'un œil doit être myope de $\dfrac{11,4}{0,44} = 25^{D},9$ pour devenir emmétrope lorsqu'il est rendu aphaque. La formule (3) suppose d'ailleurs que l'extraction du cristallin n'entraîne ni modifications des courbures pour la cornée (2), ni raccourcissement de l'axe optique [fait observé par Truc (3) à la suite de l'extraction du cristallin chez les animaux] ; elle suppose en outre que l'amétropie était uniquement axile, que l'allongement de l'axe n'était pas accompagné, comme l'admet Schœn (4)

<hr>

(1) Le premier foyer de l'œil aphaque se trouve, comme nous l'avons indiqué ci-dessus, à $23^{mm},26$ en avant de la cornée ; celui de l'œil avec cristallin à $13^{mm},74$ en avant de la cornée (De Wecker et Landolt, *Traité d'ophtalmologie*, t. III, p. 83). On a donc

$$F_1\,\Phi = 0^{m},02326 - 0^{m},01374 = 0^{m},00952.$$

(2) Il se produit en général un astigmatisme post-opératoire dû à une modification du rayon de courbure du méridien vertical de la cornée, et Chibret (*Société française d'ophtalmologie*, 1895, p. 66) ainsi que Parent (*Société française d'ophtalmologie*, 1895, p. 7 et 108) ont observé qu'il se produit aussi dans la plupart des cas des modifications dans le rayon de courbure du méridien horizontal.

(3) Truc, *Société de biologie*, décembre 1894, et *Société française d'ophtalmologie*, 1895, p. 316.

(4) Schœn, *Archives d'ophtalmologie*, 1896, p. 344.

pour la plupart des yeux myopes, d'un déplacement en arrière du cristallin. Ces diverses conditions étant rarement remplies, on conçoit que la valeur de l'amétropie post-opératoire, calculée d'après notre formule, ne concorde en général qu'imparfaitement avec celle que l'on observe. Mais ce défaut de concordance pourra sans doute, dans bien des cas, être d'un précieux secours pour déterminer la cause et la nature même de l'amétropie.

PRESBYTIE

Définitions de la presbytie. Ses causes. Ses relations avec l'état d'amétropie de l'œil. — La presbytie ou presbyopie (πρέσϐυς, vieux; ὤψ, œil) est généralement caractérisée par ce fait que le punctum proximum de l'œil est situé au delà de la distance habituelle du travail. En faisant intervenir toute son accommodation, l'œil presbyte ne peut donc voir nettement les objets situés à la distance du travail ; comme d'ailleurs cette distance varie suivant le genre du travail considéré, on conçoit que la presbytie ne corresponde pas à une position déterminée du proximum.

La définition que nous venons de donner de la presbyopie est la plus généralement admise ; elle a toutefois l'inconvénient de confondre sous une même dénomination des états de l'œil dus à des causes de nature bien différente et de n'être point en rapport avec l'étymologie du mot *presbyopie* lui-même. Si l'on se reporte, en effet, aux indications qui ont été données sur le pouvoir accommodatif, sur son indépendance presque constante du degré d'amétropie de l'œil, sur la loi suivant laquelle ce pouvoir diminue à mesure que l'on avance en âge et sur les causes de cette diminution, il sera facile de se rendre compte des faits suivants. Un œil emmétrope deviendra presbyte pour une distance de $0^m,25 = 4$ dioptries, ou son proximum passera au delà de 4^D lorsque son pouvoir accommodatif deviendra inférieur à 4 dioptries, c'est-à-dire à partir de quarante-deux ans ; un hypérope de 8 dioptries, par exemple, sera presbyte pour la même distance de 4 dioptries lorsqu'il possédera encore $4—(—8) = 12$ dioptries d'accommodation, c'est-à-dire à quatorze ans ; au contraire, un myope de 4 dioptries ne deviendra presbyte, toujours pour la même distance, qu'à soixante-trois ans, et son pouvoir accommodatif sera alors égal à une demi-dioptrie, à cause du recul du remotum. Enfin, un myope de 7 dioptries n'aura jamais son proximum au delà de 4 dioptries, il ne sera jamais presbyte pour cette distance. L'emmétrope deviendra donc presbyte par suite de la diminution normale de son pouvoir accommodatif, du durcissement physiologique de son cristallin, tandis que ces mêmes causes pourront être incapables de déterminer la presbytie chez le myope et que la presbytie de l'hypérope pourra coïncider avec un pouvoir accommodatif très grand, un cristallin très déformable et devra être plutôt regardée comme une conséquence de l'anomalie dont l'hypérope est atteint. De plus, l'âge auquel apparaîtra la presbytie dépendra de la nature et du degré de l'amétropie : un œil deviendra presbyte d'autant plus tôt qu'il sera plus hypérope, d'autant plus tard que le degré de sa myopie sera plus élevé (1) ; la presbytie sera, comme l'a fait remarquer Landolt, une infirmité de vieillesse qui épargnera des vieillards, mais qui pourra atteindre des enfants.

Il paraîtrait donc plus logique de caractériser la presbyopie par une valeur du pouvoir accommodatif constante pour une même distance de travail, par la valeur immédiatement inférieure à celle qui permettrait à un œil emmétrope, ou rendu tel par correction de son amétropie, d'accommoder pour la distance habituelle du travail, cette distance et la valeur correspondante du pouvoir accommodatif variant d'ailleurs avec la nature du travail considéré. Ainsi définie, la presbyopie serait, comme son nom l'indique, caractéristique de la vieillesse ; elle ne serait qu'une conséquence du durcissement sénile du cristallin (2) et tout le monde deviendrait presbyte sensiblement au même âge, pour une même distance de travail. S'agit-il, par exemple, de voir nettement à $0^m,33 = 3$ dioptries, il faut 3 dioptries d'accommodation pour un œil emmétrope ou rendu tel ; c'est donc à partir de quarante-huit ans environ que l'on sera presbyte pour cette distance. On voit qu'il n'y aurait plus alors aucun rapport entre la presbytie d'une part, la myopie et l'hypéropie de l'autre. La myopie et l'hypéropie ont été définies par un état anormal du système dioptrique oculaire, lors du relâchement de l'accommodation ; ce sont des *anomalies de la réfraction statique* ; la presbytie, au contraire, due à un affaiblissement physiologique du pouvoir accommodatif, serait une *diminution normale de la réfraction dynamique.*

Mais si cette manière de considérer et de définir la presbytie est satisfaisante au point de vue physiologique et étymologique, il n'en est pas de même au point de vue clinique. Ce qui frappe surtout ici, c'est la fatigue qui résulte du travail rapproché alors que la vision est encore nette à distance, et ce qui préoccupe surtout, c'est de rendre facile ce travail devenu impossible ; peu importe d'ailleurs que cette impossibilité soit la conséquence d'une diminution normale de la réfraction dynamique ou qu'elle soit plutôt sous la dépendance d'une anomalie de la réfraction statique. L'hypérope qui, grâce à son accommodation, peut voir aussi nettement que l'emmétrope les objets éloignés ne fait pas en général usage de verres pour corriger son amétropie ; il en réclamera, au contraire, dès que son proximum sera suffisamment éloigné pour lui rendre difficile le travail de près ; il en sera de même de l'emmétrope ; quant au myope, il corrige sans doute son amétropie, mais, comme il peut poser ses verres pour le travail de près, c'est seulement lorsque son proximum passera au delà de la distance de ce travail qu'il sentira la nécessité d'avoir recours à des verres pour l'accomplir. Or, pour une même position du proximum, la valeur du pouvoir accommodatif n'est point con-

---

(1) Si l'on ne tient pas compte du recul du remotum, l'âge auquel on deviendra presbyte pour une distance donnée sera celui pour lequel le pouvoir accommodatif sera égal à D—R, en désignant par D la distance de travail en dioptries et par R la distance également en dioptries du remotum avec son signe positif ou négatif suivant que l'œil est myope ou hypérope. Si l'on trouve pour le pouvoir accommodatif D—R une valeur négative, cela signifie que l'œil considéré ne pourra jamais devenir presbyte pour la distance D.

(2) Elle pourrait pourtant être encore la conséquence d'une parésie ou d'une paralysie de l'accommodation et apparaître alors à un âge quelconque.

stante; elle dépend du degré d'amétropie du sujet. Ce n'est donc point lorsque leur pouvoir accommodatif sera réduit à la même valeur ou lorsqu'ils seront arrivés au même âge que le myope, l'hypérope et l'emmétrope réclameront des verres pour effectuer un travail qu'ils ne peuvent plus exécuter sans fatigue, mais bien lorsque leur proximum sera situé au delà de la distance de ce travail. C'est d'ailleurs d'après la position de ce proximum et d'après l'âge du sujet, âge qui renseignera sur le pouvoir accommodatif disponible, que l'on déterminera le verre à prescrire pour un travail donné. Il est donc assez rationnel au point de vue clinique de se baser sur la position du proximum pour définir la presbytie. Si la presbytie ne peut plus être alors regardée comme une *diminution normale de la réfraction dynamique*, elle peut être considérée du moins comme une *anomalie* de cette réfraction, puisqu'elle est caractérisée par une position défectueuse du proximum, c'est-à-dire par un état anormal du système dioptrique oculaire lorsque l'accommodation entre tout entière en jeu. La presbytie diffère donc toujours par sa nature des anomalies de la réfraction statique; elle n'est point l'analogue de l'hypéropie, elle n'est pas non plus l'opposé de la myopie.

Symptômes de la presbytie. Asthénopie accommodative. Sa cause.
— Le premier symptôme de la presbytie consiste dans l'obligation d'éloigner de plus en plus les objets que l'on veut voir nettement. Il y a deux inconvénients à cet éloignement : 1° il ne peut être indéfini; pour les objets tenus à la main par exemple, livre, journal, il est limité par la longueur du bras; 2° il entraîne une diminution de grandeur des images rétiniennes et rend par suite impossible la perception de détails qui étaient facilement distingués à une distance moindre. Pour ces deux raisons, le presbyte éloignera aussi peu que possible l'objet à voir, il le placera à peu près exactement à la distance du proximum et aura à faire intervenir ainsi toute l'accommodation dont il est capable pendant la durée du travail; il se produit alors une série de phénomènes, fatigue oculaire, céphalalgie, douleurs péri-orbitaires, dont l'ensemble constitue l'asthénopie accommodative. On explique ces phénomènes par la fatigue du ciliaire et l'on admet, pour rendre compte de cette fatigue, que ce muscle doit se maintenir en état de contraction maxima aussi longtemps que dure l'accommodation pour le proximum.

C'est là, comme l'a fait remarquer A. Imbert (1), une hypothèse en contradiction avec la théorie qu'a donnée Helmholtz de l'accommodation. Si l'on considère, en effet, deux emmétropes âgés l'un de quarante-deux ans et l'autre de vingt ans, exécutant un travail soutenu à la distance de 4 dioptries, distance du proximum du plus âgé, leurs cristallins devront subir dans les deux cas la même déformation (2). Or, si le muscle ciliaire n'agit pas directement sur la lentille cristallinienne, si son rôle dans l'accommodation se borne à un relâchement de la zonule de Zinn, si la déformation du cristallin est purement passive, s'il suffit que cette déformation soit possible pour

(1) A. Imbert, *Anomalies de la vision*, 1889, p. 225-228.
(2) Nous négligeons ici les modifications qui peuvent se produire dans les divers éléments de l'œil sous l'influence de l'âge; ces modifications étant peu importantes entre vingt et quarante-cinq ans au point de vue qui nous occupe.

qu'elle se produise, peu importera la consistance du cristallin : il faudra que la zonule de Zinn soit relâchée au même degré chez nos deux emmétropes et, par suite, que le muscle ciliaire se contracte de la même quantité. Comment donc s'expliquer que cette contraction produise à quarante-deux ans, alors que l'énergie du ciliaire, comme celle de tous les muscles de l'économie, a plutôt dû s'accroître, une fatigue qu'elle n'occasionne pas à vingt ans?

Il faudrait, pour se rendre compte de cette fatigue, admettre avec A. Imbert (1) qu'elle n'est point occasionnée par le travail à la distance du proximum, mais par le travail à une distance très légèrement inférieure. Le cristallin, par suite de sa consistance, ne peut plus procurer la vision nette à cette distance pour laquelle le sujet accommodait sans peine il y a quelque temps encore. Le cerveau, inconscient de l'état du cristallin, attribue à un défaut du ciliaire le manque de netteté des images, il incite ce muscle à agir plus activement et celui-ci s'épuise en efforts superflus.

Toute difficulté disparaît, au contraire, si l'on adopte la nouvelle théorie de Tscherning sur le mécanisme de l'accommodation. La déformation du cristallin étant alors la conséquence, non plus d'un relâchement, mais d'une tension de la zonule de Zinn, on conçoit que, pour produire une même déformation, cette tension et, par suite, la contraction du ciliaire qui la détermine devront être d'autant plus marquées que la consistance du cristallin sera elle-même plus grande, que le sujet sera plus âgé. Ainsi s'explique la fatigue du ciliaire et les phénomènes d'asthénopie qui en sont la conséquence lors du travail à la distance du proximum et même à une distance un peu supérieure ; ainsi se justifie aussi la pratique qui consiste, comme on le verra au chapitre relatif à la correction de la presbytie, à prescrire au presbyte un verre qui lui permette de travailler à la distance voulue tout en gardant en réserve une partie de son pouvoir accommodatif.

(1) A. Imbert, *loc. cit.*

ASTIGMATISME

Par A. IMBERT.

ASTIGMATISME OU ASTIGMIE

Causes optiques générales de l'astigmatisme ou astigmie. — Les divers états dioptriques de l'œil humain, emmétropie, myopie, hypermétropie, qui ont été considérés et caractérisés dans les chapitres précédents, sont relatifs au cas où les deux conditions suivantes sont remplies :

1° Les surfaces des divers dioptres oculaires, ainsi que la surface de la rétine dans le voisinage de la macula, sont des surfaces de révolution et peuvent dès lors, dans leur partie seule utilisée pour la vision directe, être confondues avec des surfaces sphériques qui leur seraient respectivement tangentes en leur centre de figure ;

2° Les centres de ces surfaces sphériques, que l'on peut substituer aux dioptres oculaires, ainsi que le centre de la région maculaire de la rétine, sont sur une même ligne droite.

Lorsque l'œil satisfait à ces deux conditions, le faisceau réfracté est homocentrique ; c'est là le caractère optique général par lequel les états d'emmétropie, de myopie et d'hypermétropie se distinguent de l'anomalie de vision qui va être étudiée sous le nom *d'astigmatisme* ou *astigmie.* Il existe, en effet, bon nombre d'yeux dans lesquels les conditions de centrage et de symétrie de courbure ne sont réalisées ni rigoureusement, ni même avec une approximation suffisante. Le faisceau de rayons réfractés n'est plus alors homocentrique, et des troubles de vision particuliers, d'ailleurs caractéristiques, prennent naissance ; l'œil est dans ce cas *astigmate* ou *astigme.*

C'est, en effet, le défaut d'homocentricité du faisceau réfracté qui est le caractère optique distinctif de la nouvelle anomalie de la vision à laquelle ce chapitre est consacré, et c'est ce caractère que Whewel a justement visé quand il a créé, en 1847, pour dénommer cette anomalie, le mot *astigmatisme* (de ἀ privatif, et στίγμα, point, foyer), auquel les ophtalmologistes tendent à substituer, depuis quelques années, le terme *d'astigmie.*

Historique. — La plus ancienne observation connue d'astigmatisme oculaire (1800) est due au Dr Young (1), le célèbre auteur de la théorie des

---

(1) Young, On the mechanism of the Eye (*Philos. Trans.* for 1801, p. 23).

interférences, qui découvrit et étudia sur lui-même cette anomalie de la réfraction. Au moyen d'un optomètre de Porterfield, dont il sera parlé plus loin, Young constata que son punctum remotum était situé à sept ou à dix pouces anglais en avant de l'œil (213 millimètres ou 304 millimètres), suivant que la vision s'effectuait dans le méridien horizontal ou dans le méridien vertical ; l'œil du Dr Young présentait donc ce que nous appellerons bientôt un astigmatisme composé myopique. Le savant anglais constata même que cette anomalie était due au cristallin, car, en plongeant sa cornée dans l'eau de manière à annuler l'effet réfringent du premier dioptre oculaire, la différence de réfraction des deux méridiens horizontal et vertical conservait la même valeur. Par l'interprétation de la forme des images rétiniennes obtenues en prenant pour objet un point lumineux, Young put en outre conclure que son cristallin faisait un angle de 13° avec l'axe de l'œil ; mais il laissa perdre pour la pratique, bien qu'il fût médecin, physicien et observateur distingué, la découverte de l'anomalie de réfraction qu'il avait ingénieusement observée et étudiée sur lui-même.

Pendant de longues années après cette date de 1800, l'histoire de l'astigmatisme se compose uniquement d'observations isolées, dues quelquefois à des personnes étrangères aux sciences, mais dont les yeux étaient affectés de cette anomalie de réfraction à un degré assez élevé pour que la vision en fût troublée.

En 1810, Gerson, dans sa thèse inaugurale (Gœttingen), cite une lettre de son maître, Fischer, qui, sans connaître les recherches d'Young, avait effectué, au moyen de procédés dont le détail n'est pas indiqué, des mensurations de la cornée et avait constaté ainsi une asymétrie de courbure dans la plupart des yeux.

Vers la même époque, un horloger, Chambland, remarqua que sa vue s'améliorait lorsqu'il regardait à travers un verre cylindrique, et, en 1827, Airy (1), après avoir constaté pour son œil gauche l'existence de deux punctum remotum situés, l'un à 3,5 pouces, l'autre à 6 pouces, correspondant, le premier à un méridien oculaire incliné de 35° sur la verticale, le second à un méridien perpendiculaire au précédent, calculait, d'après ces données, la force et l'orientation du verre sphéro-cylindrique correcteur de son anomalie.

La forme du faisceau réfracté astigmate, forme que nous décrirons ci-dessous, fut déterminée dans tous ses détails en 1845 par Sturm (2) dans son mémoire, d'ailleurs très mathématique, sur la théorie de la vision ; puis, en 1849, Stokes (3) imagina la disposition ingénieuse de sa double lentille cylindrique, qui constitue le premier des appareils successivement combinés pour permettre la détermination du numéro et de l'orientation du verre cylindrique correcteur de l'astigmie.

Entre temps, quelques observations nouvelles d'astigmatisme sont publiées, en particulier dans les ouvrages anglais. Mais cette anomalie de la réfraction semble toujours être une rareté jusqu'en 1852, date à laquelle le colonel

(1) Airy, *Trans. of the Cambridge philos. Soc.*, t. II, 1827.
(2) Sturm, Mémoire sur la théorie de la vision (*Acad. sc.*, 1845).
(3) Stokes, *The report of the Brit. Assoc. for the advanc. of sc.* for 1849.

Goulier, alors capitaine professeur à l'École d'application de Metz, dépose à l'Académie des sciences un pli cacheté contenant de nombreuses observations d'astigmatisme, avec indications des verres cylindriques correcteurs; dans ce travail se trouve signalée, pour la première fois, la fréquence de la nouvelle anomalie de réfraction qui constitue, pour beaucoup de personnes, une sorte d'infériorité, car leur vision présente des troubles marqués, auxquels on peut toutefois heureusement remédier au moyen de verres cylindriques convenablement choisis et orientés.

L'année suivante, en 1853, l'étude de l'astigmatisme, dont la fréquence et, par suite, l'importance venaient d'être nettement établies par Goulier, entrait dans une phase nouvelle, grâce à l'invention de l'ophtalmomètre par Helmholtz. On allait pouvoir, en effet, déterminer la cause de l'astigmatisme, avec cet instrument qui fournissait un procédé d'une grande exactitude pour la mesure des rayons de courbure des dioptres oculaires. Cette question de la cause de la nouvelle anomalie de réfraction avait été à peine abordée jusqu'alors. Young, avons-nous dit plus haut, avait conclu de ses observations que son astigmatisme était dû à une obliquité du cristallin; Fischer (*in* thèse de Gerson) assurait avoir observé une irrégularité de la cornée; Airy s'était abstenu de se prononcer sur son propre cas; Chossat (1819) et Krause (1832 et 1836) avaient conclu de leurs recherches, faites d'ailleurs au moyen de procédés peu exacts, que la cornée est un ellipsoïde de révolution et ne présente pas, en conséquence, d'asymétrie de courbure; Senff, au contraire, en 1846, en déterminant la grandeur des images réfléchies sur la cornée, comme l'avait fait Kohlrausch antérieurement, trouvait sur le premier dioptre oculaire une asymétrie appréciable de courbure, et ce fait était, vers la même époque, affirmé ou nié par divers observateurs (1).

L'ophtalmomètre permettait de résoudre définitivement la question de la forme géométrique de la cornée, et l'extrême fréquence de l'asymétrie de courbure du dioptre cornéen, en même temps que le degré de cette asymétrie, résultaient bientôt des multiples mensurations qui furent effectuées avec l'instrument de Helmholtz.

La publication, en 1862, du livre de Donders, *Astigmatisme en cylindrische Glaser*, marque une nouvelle et importante date dans l'histoire de l'astigmatisme, car c'est depuis cette époque surtout que la recherche et la correction de cette anomalie de réfraction commencent réellement à entrer dans la pratique courante. Les observations et les recherches sur l'astigmatisme se multiplient dès lors à un tel point que leur simple énumération exigerait un volume; mais, de la foule des auteurs de ces travaux divers, un nom se dégage, celui de E. Javal, qui a mis successivement à la disposition des ophtalmologistes les instruments les plus commodes, les plus pratiques et les plus précis pour le diagnostic de l'astigmie et la détermination des verres correcteurs.

Origine de l'astigmatisme. — Nous venons de dire que le défaut

---

(1) Voy., pour cette partie de la bibliographie, de même que pour la bibliographie de l'*Astigmatisme* jusqu'en 1866, l'*Optique physiologique* de Helmholtz et l'article de E. Javal paru en 1866 dans les *Annales d'oculistique*.

d'homocentricité du faisceau réfracté par un œil humain peut être dû soit à une obliquité du cristallin, soit à une asymétrie de courbure de la cornée. Il n'est pas sans intérêt de rechercher l'origine de ces défectuosités optiques, qui, sans affecter le type physiologique de l'œil, conduisent cependant à distinguer un type physique nouveau, qu'il faut ajouter aux types précédemment étudiés sous les noms d'*emmétropie*, de *myopie* et d'*hypermétropie*.

Donders s'est le premier préoccupé de cette question et, frappé de la relation qui existe assez souvent entre la forme de la face ou du crâne d'une personne et l'état de réfraction de ses yeux, il avait conclu à une relation de cause à effet entre cette forme et cet état. Les yeux trop courts de l'hypermétrope, ou trop longs du myope, seraient logés dans des cavités orbitaires moins ou plus profondes, que l'on rencontrerait chez les brachycéphales ou les dolichocéphales. L'asymétrie de courbure de la cornée accompagnerait de même une asymétrie générale de la face et du crâne. Toutefois Donders reconnaissait que cette loi n'était pas générale, car il ajoutait : « Depuis mes premières observations sur ce sujet, je me suis beaucoup appliqué, mais sans y réussir, à établir la loi de ces anomalies. » Il suffit, par exemple, de prendre, avec le conformateur des chapeliers, le contour de la tête de sujets dont on aura déterminé l'état de la réfraction oculaire, pour s'assurer que les relations de cause à effet signalées par Donders sont fréquentes, mais non constantes. C'est ce qui résulte nettement, en particulier pour l'astigmatisme, de l'examen de la figure 354 qui reproduit un certain nombre de contours de tête choisis parmi une centaine environ.

Les contours I et II doivent être regardés comme des plus symétriques et des plus réguliers que l'on puisse rencontrer. Le contour III, emprunté à de Wecker et Landolt, « est la reproduction de la circonférence d'un crâne visiblement plus développé à droite (côté de l'astigmatisme le plus fort) qu'à gauche, d'une personne astigmate des deux yeux. Il est facile, ajoute Landolt, d'en trouver de bien plus asymétriques avec des yeux plus astigmates encore ». Mais il n'est pas rare, convient-il de faire remarquer, d'en trouver de plus asymétriques avec des yeux moins astigmates, témoin le contour IV.

D'ailleurs, l'inégalité de développement des deux côtés de la tête peut se rencontrer chez des personnes dont les deux yeux présentent le même degré d'astigmatisme (contour V). Le côté du crâne le plus développé correspond tantôt à l'œil le moins astigmate (contour IV), tantôt à l'œil le plus astigmate (contours VI et VII).

L'irrégularité du crâne peut exister chez des sujets presque complètement exempts d'astigmatisme (contour VIII) ; par contre, un astigmatisme fort n'est pas incompatible avec une assez grande régularité de la tête (contour IX). Cette régularité peut même se rencontrer chez des sujets dont les yeux sont astigmates à des degrés extrêmement différents ; c'est ce que montre le contour II, cité plus haut comme l'un des plus réguliers que l'on puisse rencontrer, et relatif à un jeune homme de vingt et un ans dont l'œil droit est presque normal (As = 1 dioptrie), tandis que l'œil gauche présente un énorme astigmatisme de 8 dioptries, d'ailleurs absolument régulier.

La dissymétrie de courbure de la cornée n'est donc pas toujours due à une cause dont l'effet se ferait sentir non seulement sur la cornée et sur le globe, mais encore sur la tête en général. Il est facile de concevoir, d'ailleurs, qu'une influence, localisée en une région du globe, puisse exister et déterminer une asymétrie de courbure de la cornée, ou une obliquité du cristallin, sans par-

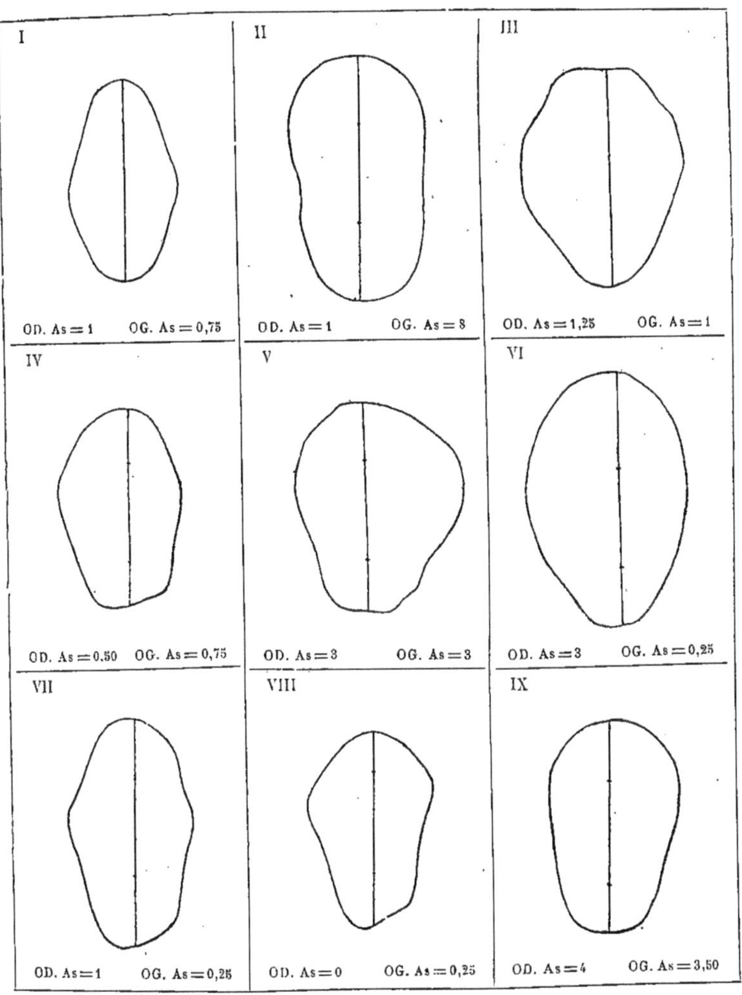

Fig. 354. — Contour horizontal de la tête et astigmatisme oculaire correspondant.

ticipation aucune des autres parties de la tête qui peuvent dès lors rester parfaitement régulières. Remarquons pour cela que la forme du globe, en chacune de ses régions, est réglée par l'élasticité de sa coque mise en jeu par la pression hydrostatique intra-oculaire. En effet, si l'on appelle R et R' les rayons des courbures principales PQ et RS en un point quelconque M (fig. 355) de la surface extérieure, la force élastique des membranes-enveloppes donne naissance, en ce point, à une composante MN normale à la surface, dont l'intensité est donnée par la formule

$$N = F\left(\frac{1}{R} + \frac{1}{R'}\right).$$

Or c'est par cette composante que les membranes-enveloppes du globe font équilibre à la pression intérieure, et cette force doit, par suite, présenter une valeur constante en tous les points. Dès lors, les rayons de courbure principaux d'une région devront être d'autant plus grands ou plus petits que la réaction élastique F en cette région sera elle-même plus grande ou plus petite. La courbure d'une région est donc directement en rapport avec la réaction élastique, c'est-à-dire avec la résistance et, par suite, avec la constitution de cette région.

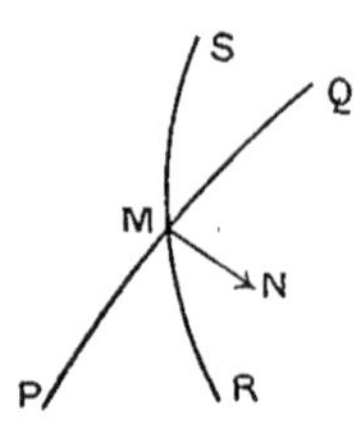

Fig. 355. — Composante normale d'une membrane courbe.

Il résulte de là que le globe en général, et la cornée en particulier, ne pourraient avoir une forme sphérique que si les membranes-enveloppes du globe et la cornée avaient une constitution rigoureusement homogène. Or, si l'on songe aux divers stades du développement de l'œil, depuis l'apparition de la vésicule oculaire jusqu'au développement complet du globe, on n'a aucune peine à concevoir que cette homogénéité absolue et générale puisse ne pas être réalisée. Dès lors, toute région, plus ou moins étendue, à développement moins actif et de résistance moindre, cédera sous l'effort de la pression intérieure et prendra, pour maintenir constante la composante normale N, une courbure plus accusée, telle d'ailleurs que la diminution de ses rayons de courbure compense la valeur moindre de sa réaction élastique, conformément à la formule précédente. C'est par un semblable mécanisme que se forment les staphylomes postérieurs dont s'accompagne la myopie progressive, les staphylomes antérieurs qui prennent naissance au niveau d'ulcères cornéens et les asymétries de courbure que l'on observe après la cicatrisation de toute plaie cornéenne, accidentelle ou opératoire.

L'action mécanique directe des muscles moteurs de l'œil exerce probablement aussi une influence capable d'accuser davantage ou de diminuer, suivant les cas, la différence de courbure qu'un simple défaut d'homogénéité peut déjà à lui seul engendrer, ainsi qu'on vient de le voir ; cette influence des muscles moteurs a été soutenue par Leroy, Röder, etc., mais ces divers auteurs conçoivent de façon différente le mécanisme de cette action, les uns attribuant, avec plus de raison, croyons-nous, aux muscles droits supérieur et inférieur les effets que les autres rapportent aux muscles droits interne et externe.

On conçoit facilement encore que, dans le cas où la cornée affecte sensiblement la forme d'une surface de révolution, la direction de son axe de symétrie présente, par rapport aux autres parties de l'œil, des différences individuelles que des méthodes appropriées permettent, en effet, de constater.

On prévoit de même, eu égard à la formation embryologique du cristallin et à son mode de réunion à la région ciliaire, que la position et l'orientation interne de la lentille oculaire ne soient pas des éléments d'une constance rigoureuse et absolue, et qu'il puisse se rencontrer des yeux, comme celui d'Young, dans lesquels le cristallin présente un degré non négligeable d'obliquité.

Il ne s'agit dans tout cela, d'ailleurs, que de différences individuelles analogues à celles que l'on rencontre dans la forme et les dimensions de toute partie, quelle qu'elle soit, du corps humain.

Les variations de forme, de situation et de grandeur des éléments divers de l'œil humain ne se traduisent en général, il est vrai, que par des différences numériques si petites qu'on pourrait d'abord les croire négligeables. Mais, tandis qu'une différence, même assez notable, de longueur du corps entier, d'un membre ou d'un segment de membre, n'entraîne pas un degré sensible d'infériorité ou de supériorité, quant à l'utilisation naturelle de la partie du corps plus longue ou plus courte, de très minimes variations numériques dans la valeur de certains éléments de l'œil engendrent un trouble marqué de la vision et un état d'infériorité visuelle incontestable. On a vu, par exemple, que si le diamètre antéro-postérieur de l'œil emmétrope augmente de $0^{mm},3$, c'est-à-dire de 1/80 environ de sa longueur totale, la vision devient confuse pour toute distance supérieure à 1 mètre.

L'importance pratique de différences numériques si minimes tient d'ailleurs à ce que cet acte complexe de la vision s'exerce par l'intermédiaire d'éléments rétiniens, dont celle des dimensions qui est en rapport direct avec la netteté des images n'atteint qu'un petit nombre de microns.

Astigmie régulière et astigmie irrégulière. — Il résulte de ce qui vient d'être dit que l'astigmie est due, dans la très grande majorité des cas, à une asymétrie de courbure de la cornée ; cette asymétrie elle-même est très souvent congénitale, mais peut également être acquise, par exemple à la suite d'une plaie opératoire, d'un traumatisme ou d'un ulcère.

On conçoit que, dans ce dernier cas en particulier, les variations de courbure des divers méridiens de la cornée se succèdent sans aucun ordre, d'une façon absolument irrégulière ; l'astigmatisme est alors dit *irrégulier*, par opposition aux autres cas d'astigmatisme dans lesquels la distribution des courbures est toujours conforme à la loi que nous ferons bientôt connaître. L'astigmatisme irrégulier n'est pas susceptible d'une correction optique pratique, et nous n'aurons plus à nous en occuper que pour en établir plus tard le diagnostic différentiel avec l'astigmatisme régulier dont nous allons indiquer les caractères.

Dans l'astigmatisme *régulier*, astigmatisme congénital et astigmatisme opératoire, il existe deux méridiens, appelés *principaux*, perpendiculaires ou tout au moins sensiblement perpendiculaires l'un à l'autre, qui présentent l'un une courbure maxima, l'autre une courbure minima ; par suite, les courbures des méridiens intermédiaires, toutes comprises entre les précédentes, varient régulièrement d'un méridien principal à l'autre.

La cornée peut alors être assez exactement assimilée à un ellipsoïde à trois axes inégaux. Sans doute, l'identité de la surface cornéenne et de cette surface géométrique n'est pas absolument rigoureuse, mais nous pouvons cependant, sans grande erreur, supposer qu'il en est ainsi, ne serait-ce que pour la commodité du langage, sauf à examiner de plus près, plus tard, les variations de courbure du dioptre cornéen, pour y trouver la cause possible de certaines particularités présentées par les yeux astigmates.

L'astigmie régulière, telle que nous venons de la définir, et dans laquelle la forme de la cornée se rapproche tout au moins de celle d'un ellipsoïde à trois axes inégaux, est seule susceptible d'une correction optique.

Forme du faisceau réfracté astigmate. — Si l'on veut se rendre compte des diverses particularités de la vision chez les astigmates, interpréter leurs réponses pendant les essais de correction et comprendre les effets des verres correcteurs, il est indispensable de connaître d'une manière précise la forme du faisceau réfracté. Cette forme a d'ailleurs été déterminée par Sturm, mais au moyen de considérations mathématiques qu'il n'y a pas lieu de reproduire ici ; aussi nous bornerons-nous à décrire la forme que l'analyse mathématique assigne à ce faisceau. D'autre part, pour fixer les idées, nous supposerons avoir affaire à un astigmatisme par asymétrie de courbure de la cornée, dans lequel le méridien cornéen vertical présente une courbure maxima et le méridien horizontal une courbure minima ; en outre, les caractères du faisceau réfracté étant invariables, quel que soit le point de concours des rayons incidents, nous considérerons le cas où le faisceau qui tombe sur la cornée est formé de rayons parallèles entre eux et à l'axe de l'ellipsoïde cornéen.

En tous les points du méridien principal vertical, comme d'ailleurs en tous les points du méridien principal horizontal, le plan tangent à la surface cornéenne est perpendiculaire au méridien ; par suite, à tout rayon incident contenu dans ce méridien correspond un rayon réfracté également contenu dans ce plan, tandis qu'il n'en sera plus de même pour les rayons incidents contenus dans un méridien quelconque. Il résulte de là que, pour les deux groupes de rayons incidents contenus dans chacun des méridiens principaux, la réfrac tion a lieu comme à travers le cercle osculateur qui serait mené, dans l'un et l'autre de ces méridiens, tangentiellement au sommet de l'ellipsoïde cornéen. Par conséquent, et au degré d'approximation qui a été indiqué dans l'étude de la réfraction sphérique, les rayons de chacun de ces groupes iront, après réfraction, concourir en un même point ; ce point, véritable foyer principal du méridien correspondant, sera situé plus près, en f (fig. 356), pour le méridien vertical BB' de courbure maxima, et plus loin, en F, pour le méridien horizontal AA' de courbure minima.

En aucun point de tout autre méridien, le plan tangent à l'ellipsoïde cor néen n'est perpendiculaire au plan de ce méridien ; par suite, à tout rayon incident, autre que ceux considérés ci-dessus, correspond un rayon réfracté qui n'est pas situé dans le méridien du rayon incident et qui, par suite, ne rencontre pas l'axe de l'ellipsoïde cornéen. Les seuls rayons qui rencontrent cet axe sont donc ceux qui correspondent à des rayons incidents situés dans les méridiens principaux et qui concourent, ainsi qu'il a été dit plus haut, en de véritables foyers f et F. Mais tous les autres rayons réfractés, quels qu'ils soient d'ailleurs, ont des directions telles qu'ils rencontrent deux droites, dites *focales*, dont l'une, cc', passe par le foyer f du méridien de courbure maxima et est parallèle à l'autre méridien principal, tandis que la seconde, CC', passe par le foyer F du méridien de courbure minima et est parallèle au méridien principal de courbure maxima. Dans l'hypothèse particulière que nous avons faite relativement aux directions de ces méridiens, la droite focale qui passe par f est donc horizontale, tandis que celle qui passe par F est verticale. On voit que la forme du faisceau réfracté est assez complexe ; on aura une idée plus nette de cette forme lorsque nous aurons indiqué la nature des courbes présentées par les sections droites successives de ce faisceau à diverses distances du dioptre cornéen.

On sait déjà que si la section porte en f ou F, cette section se réduit à une droite horizontale ou à une droite verticale. Toute section faite entre la cornée et la première droite focale donne une ellipse à grand axe horizontal, c'est-à-dire à grand axe parallèle au plan de courbure minima ; le petit axe de l'ellipse est, d'autre part, plus grand au voisinage de la cornée et plus petit à mesure que l'on se rapproche du foyer principal f du méridien de courbure maxima, au niveau duquel il devient nul.

Au delà du point f, la section

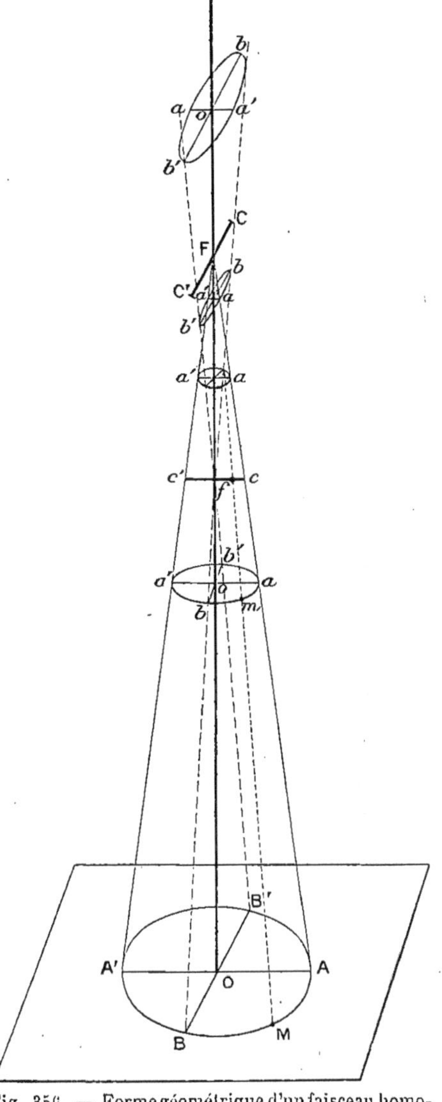

Fig. 356. — Forme géométrique d'un faisceau homocentrique après réfraction par un œil astigmate.

est de nouveau une ellipse à grand axe horizontal ; mais celui-ci diminue tandis que l'axe vertical augmente à mesure que l'on s'éloigne de la cornée, de telle sorte que, dans le voisinage de la seconde droite focale, la courbe de section est devenue une ellipse, à grand axe vertical, qui se réduit à une droite verticale au niveau du foyer F du méridien de courbure minima.

Puisque, entre f et F, la section est une ellipse à grand axe horizontal, dans le voisinage du premier de ces points, et une ellipse à grand axe vertical, dans le voisinage du second, il existe forcément une position aa' du plan sécant telle que la courbe de section est un cercle.

Enfin, au delà de F, la section est toujours une ellipse à grand axe vertical.

La figure 356, qui est la figure même dont est accompagné le mémoire de Sturm et qui a toujours été plus ou moins rigoureusement reproduite depuis, indique les diverses particularités que nous venons de faire connaître quant aux formes successives de la surface de section du faisceau réfracté astigmate.

La connaissance de la forme du faisceau réfracté a une telle importance pour l'étude de l'astigmatisme que l'on s'est ingénié de diverses manières pour donner des notions nettes et précises sur cette forme, pour la reproduire matériellement et en rendre ainsi l'analyse plus facile.

Landolt, par exemple, réalise un système réfringent astigmate en plaçant une lentille cylindrique devant son œil artificiel, ou en associant une lentille sphérique convexe avec une lentille cylindrique également convexe. En disposant devant ce système réfringent un écran percé d'une fente, on réduit le faisceau incident aux seuls rayons situés dans le méridien auquel la fente est parallèle, et il suffit alors de faire tourner le diaphragme autour de l'axe optique du système réfringent, pour pouvoir étudier par l'expérience la réfraction dans les divers méridiens.

Les faits que l'on observe ainsi, lorsque la fente est parallèle à l'un ou à l'autre des méridiens principaux, ne diffèrent en rien de ceux qui correspondent à la réfraction à travers une surface sphérique ; mais l'expérience devient déjà particulièrement instructive si le diaphragme est muni de deux fentes rectangulaires, orientées suivant les méridiens de courbure maxima et minima, et si l'on reçoit le faisceau réfracté sur un écran mobile. On observe alors sur cet écran, si l'on suppose réalisées les conditions relatives à la figure 356, une croix lumineuse dont les deux branches ne sont autres que les axes horizontal et vertical des ellipses de section dont il a été parlé plus haut. La branche horizontale de la croix sera donc d'abord la plus grande, lorsque l'écran sera situé entre le système réfringent et la première droite focale ; la branche verticale disparaîtra même complètement au niveau de cette droite, mais pour reparaître au delà et augmenter de longueur, tandis que la branche horizontale deviendra de plus en plus courte à mesure que l'écran s'éloignera du système réfringent.

Au niveau de la section circulaire, les deux branches auront même longueur, puis la verticale deviendra plus longue et finira par subsister seule au niveau de la seconde droite focale ; enfin, au delà de cette position, la branche horizontale réapparaîtra sur l'écran, mais en restant toujours plus courte que l'horizontale.

On obtient des notions encore plus précises sur la marche des rayons réfractés, si l'on recouvre une moitié de chaque fente du diaphragme avec un verre coloré qui permet de reconnaître sur l'écran les situations successives des rayons réfractés correspondants. On constate ainsi, ce qui résulte d'ailleurs de ce qui a été dit plus haut, que les rayons situés dans le méridien de courbure maxima s'entre-croisent les premiers au niveau de la première droite focale, tandis que c'est seulement plus loin, au niveau de la seconde droite focale, que s'entre-croisent les rayons situés dans le méridien de courbure minima.

L'expérience est également instructive si le diaphragme ne porte qu'une fente, d'ailleurs orientée suivant un méridien quelconque autre que les méridiens principaux, et les diverses particularités que l'on observe alors peuvent être prévues d'après ce qui a été dit de la forme générale du faisceau réfracté.

Soit, en effet, AB (fig. 357) la direction de la fente. Immédiatement après le

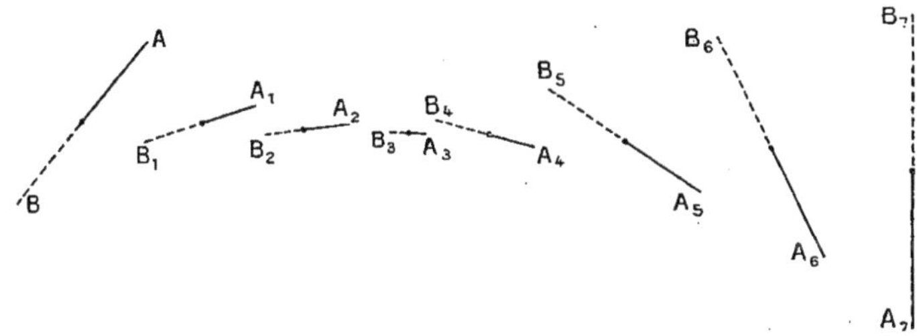

Fig. 357. — Orientations successives du faisceau réfracté dans un méridien quelconque d'un œil astigmate.

système réfringent, on obtiendra sur l'écran mobile une ligne lumineuse parallèle à AB, tandis que plus loin, au niveau de la première droite focale, c'est une ligne horizontale A_3B_3 qui apparaîtra sur l'écran. Dans l'intervalle de ces deux positions AB, A_3B_3, les rayons réfractés dessineront sur l'écran une ligne lumineuse de direction variable A_1B_1, A_2B_2, ..., et qui paraîtra donc tourner et diminuer de longueur à mesure que l'écran se rapprochera de la droite focale horizontale.

D'autre part, tous les rayons réfractés doivent également passer par la seconde droite focale A_7B_7 ; par suite, à mesure que l'on continuera à éloigner l'écran mobile, la ligne lumineuse dessinée par les rayons réfractés continuera à tourner, en augmentant d'ailleurs de longueur, jusqu'à devenir rectiligne, nette et verticale en A_7B_7.

Au delà, enfin, le mouvement de rotation de la ligne lumineuse continuera de manière que la direction de cette ligne se rapproche progressivement de la direction primitive AB, pendant que sa longueur continue à augmenter.

En recouvrant encore d'un verre rouge une moitié de la fente unique du diaphragme, on reconnaîtra plus facilement les particularités présentées par le faisceau réfracté et dues à l'entre-croisement des rayons au niveau de la première droite focale ; c'est pour représenter ces particularités sur la figure que les lignes AB, A_1B_1, ... ont été représentées en traits continus sur une moitié et en petits traits sur l'autre.

Ajoutons que la ligne lumineuse, dessinée sur l'écran par les rayons réfractés correspondant aux rayons incidents contenus dans un seul méridien, d'ailleurs quelconque, est toujours une ligne droite, comme il a été supposé sur la figure 357, quelle que soit la distance à laquelle l'écran est supposé placé.

Ces expériences ne montrent que successivement les variations que présente tel ou tel des éléments du faisceau réfracté. Il y a assez longtemps déjà, Knapp a eu l'heureuse idée de matérialiser en quelque sorte la forme de ce faisceau en construisant un appareil à fils, analogue à ceux qui avaient été antérieurement imaginés pour la représentation des surfaces réglées. Les fils représentent les rayons qui se trouvent à la surface du faisceau réfracté et leur ensemble dessine clairement et nettement la forme de ce faisceau. On pourrait représenter de même matériellement les particularités décrites relativement à la réfraction dans un méridien quelconque.

Il importe de remarquer enfin que la forme du faisceau réfracté que nous venons de décrire n'est pas particulière au cas que nous avons considéré d'un faisceau de rayons incidents parallèle à l'axe de l'ellipsoïde cornéen. L'analyse mathématique montre, en effet, que c'est toujours cette forme qu'affecte le faisceau réfracté, soit que les rayons incidents concourent en un point situé à distance finie, soit que l'astigmatisme reconnaisse pour cause, non une asymétrie de courbure de la cornée, mais une obliquité du cristallin. Les conséquences que nous tirerons bientôt de la forme du faisceau réfracté seront donc générales et applicables à tous les cas d'astigmatisme oculaire.

Astigmatisme simple, composé et mixte. — De même que, dans un œil symétrique autour d'une droite, le foyer principal de l'appareil dioptrique oculaire au repos peut être situé soit sur la rétine même, soit en avant, soit en arrière de l'écran nerveux rétinien, de même le foyer principal de chacun des méridiens principaux d'un œil astigmate peut occuper, par rapport à la rétine de cet œil et lors du relâchement de l'accommodation, l'une quelconque des trois positions que nous venons de rappeler.

Il peut se rencontrer, par exemple, que l'un des foyers F ou F′ de l'œil astigmate se trouve sur la rétine, tandis que l'autre, F′ ou F, est situé en avant ou en arrière. Le méridien dont le foyer principal coïncide ainsi avec la rétine, pendant le repos de l'accommodation, est alors emmétrope, si on le considère seul, tandis que l'autre méridien, considéré isolément aussi, est myope ou hypermétrope. L'astigmie de l'œil qui présente cette particularité est dite *simple* ; on qualifie en outre cette astigmie simple de *myopique* ou d'*hypermétropique*, suivant que le méridien amétrope est lui-même myope ou hypermétrope.

Si les deux foyers principaux se trouvent tous les deux en avant, ou tous les deux en arrière de la rétine, l'astigmatisme est dit *composé* ; on le qualifie en outre de *myopique* ou d'*hypermétropique*, suivant que les deux méridiens principaux sont simultanément myopes, ou simultanément hypermétropes.

Enfin, dans le cas où les deux foyers principaux de l'œil astigmate sont situés l'un en avant, l'autre en arrière de la rétine, on dit que l'astigmatisme est *mixte*.

Degré de l'astigmatisme. — On vient de voir que chacun des méridiens principaux de l'œil astigmate peut être emmétrope, myope ou hypermétrope isolément, d'après la position de son foyer principal par rapport à la rétine. Il y a dès lors lieu de considérer, pour chacun de ces méridiens, un punctum remotum qui répondra d'ailleurs exactement à la définition donnée précédemment de ce point dans le cas d'un œil sans asymétrie de courbure.

On appelle *degré* d'astigmie la différence des états de réfraction des deux méridiens principaux, c'est-à-dire la différence des distances, exprimées en dioptries, des punctum remotum de ces méridiens, considérés chacun isolément, au foyer principal correspondant.

L'astigmatisme As d'un œil, pour lequel ces distances en dioptries sont respectivement R et R′, aura donc pour expression :

$$As = R - R'.$$

Cette formule est d'ailleurs générale si l'on adopte pour les signes de R et R′ les conventions habituelles, d'après lesquelles ces distances sont regardées comme positives ou négatives suivant qu'elles sont comptées en avant ou en arrière de l'œil, c'est-à-dire suivant qu'elles correspondent à des méridiens myopes ou hypermétropes.

Dans le cas d'un astigmatisme mixte, par exemple, la distance R′ étant négative comme correspondant à un méridien hypermétrope, la différence qui donne la mesure de As devient une somme, si l'on met le signe de R′ en évidence :

$$As = R + R'.$$

Lorsque l'astigmatisme est simple, l'une des distances R′ devenant nulle, puisque le méridien correspondant est emmétrope, la valeur de As est donnée par

$$As = R,$$

où R est positif ou négatif suivant que le méridien amétrope est myope ou hypérope.

L'astigmatisme se trouve ainsi évalué en dioptries comme les autres anomalies de la réfraction statique.

On voit, d'autre part, que le degré d'un astigmatisme dépend, non des positions absolues des punctum remotum de chaque méridien principal, mais seulement de la différence R — R′.

La justification de cette manière d'évaluer un astigmatisme résultera, en particulier, de la considération des verres cylindriques correcteurs de cette amétropie. La mesure de cette nouvelle anomalie de la réfraction statique sera, en effet, donnée ainsi par le numéro du verre plan-cylindrique correcteur, de même que le numéro du verre sphérique correcteur d'une myopie ou d'une hypermétropie donne, ainsi qu'on l'a vu dans le chapitre précédent, la mesure de ces anomalies.

Trouble de la vision spécial à l'astigmatisme. — Il résulte de ce qui a été dit relativement à la forme du faisceau réfracté correspondant à un faisceau homocentrique quelconque, qu'en aucun cas l'image rétinienne d'un point, dans un œil astigmate, n'est un point; cette image sera, en effet, une ellipse, un cercle ou une droite, suivant la position de la rétine par rapport aux droites focales. Par l'intervention normale de l'accommodation, l'astigmate peut bien modifier, dans une certaine mesure, la forme de cette image de diffusion, en amenant sur sa rétine telle ou telle section (ellipse, cercle ou droite) du faisceau réfracté; mais il lui est impossible, par la déformation régulière de son cristallin, de supprimer l'aberration qui résulte de la dissymétrie de courbure de sa cornée ou de l'obliquité d'orientation de son cristallin et de réaliser l'homocentricité du faisceau réfracté. Nous considérerons d'ailleurs plus loin la possibilité d'une déformation irrégulière du cristallin qui, s'il est vrai qu'elle puisse être réalisée, corrigerait dans une certaine mesure l'aberration due à l'asymétrie de courbure de la cornée par une asymétrie inverse de courbure de la lentille oculaire.

Puisqu'une aberration existe donc toujours dans un œil astigmate, la vision ne sera absolument nette dans aucun cas; mais les troubles de netteté affectent alors des caractères particuliers qu'il importe de bien spécifier, car ils sont caractéristiques de cette anomalie de la réfraction.

Soit d'abord le cas où l'objet à voir est une droite, verticale par exemple, et où l'astigmate, grâce à une intervention judicieuse de son accommodation, fait former sur sa rétine la droite focale verticale du faisceau réfracté.

L'image de chacun des points de l'objet sera constituée par une petite droite verticale, et toutes ces images élémentaires, au lieu d'être isolées comme en *a* sur la figure 358, se superposeront en partie par leurs extrémités, de manière à donner une image totale *b* qui sera un peu plus longue qu'elle ne serait dans un œil exempt d'astigmatisme, mais qui ne sera nullement élargie, quant à son épaisseur, dans le sens horizontal. Il résulte de cette superposition partielle des images élémentaires que les détails de l'objet échelonnés sur une direction rectiligne verticale seront vus moins nettement que par un œil non astigmate. Mais, d'autre part, si l'objet se compose d'une série de droites verticales voisines, ces droites seront aussi facilement distinguées l'une de l'autre qu'en l'absence de tout astigmatisme, puisque la dimension horizontale des images rétiniennes correspondantes n'est nullement altérée par l'existence de cette anomalie.

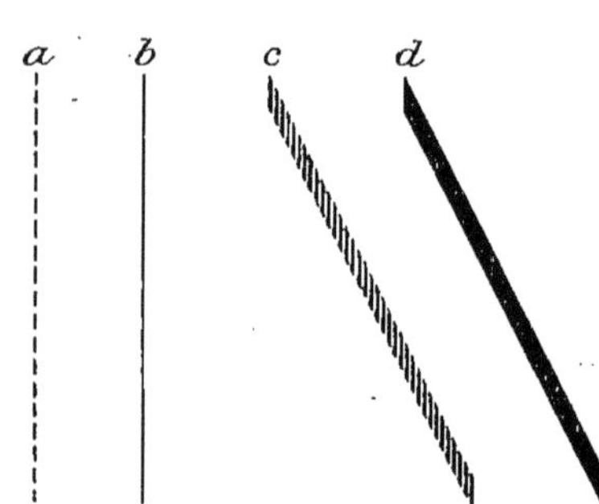

Fig. 358. — Trouble de la vision caractéristique de l'astigmatisme.

Il en sera tout autrement si l'objet est une droite inclinée. Chaque point de l'objet aura, comme image sur la rétine, une petite droite verticale (fig. 358, *c*) et l'image totale sera dès lors une droite parallèle à l'objet, et élargie dans le sens vertical (fig. 358, *d*). Si donc l'objet se compose de plusieurs droites inclinées parallèles et assez voisines l'une de l'autre, les images rétiniennes correspondantes se superposeront partiellement et ne pourront, par suite, être aussi nettement distinguées l'une de l'autre que par un œil exempt d'astigmatisme.

Il en sera de même pour toute direction autre que la verticale; l'image sera dans chaque cas un parallélogramme allongé dont l'épaisseur, dans le sens vertical, restera constante et égale à la longueur de la droite focale verticale du faisceau réfracté. L'image rétinienne d'un objet tel que celui de la figure 359, I, aura donc (dimension générale et netteté des bords

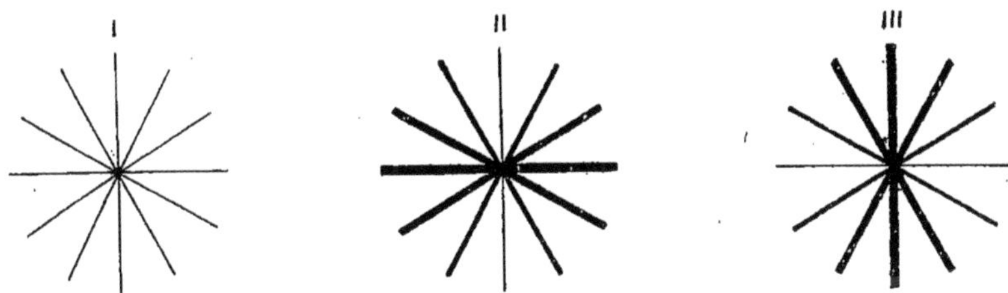

Fig. 359. — Aspect sous lequel un œil astigmate voit une figure rayonnée.

réservées) l'aspect représenté en II sur la même figure. On voit que la vision, nette pour un objet rectiligne vertical, devient d'autant plus confuse que l'objet rectiligne se rapproche davantage de l'horizontale. Dans un objet plus complexe, l'œil astigmate considéré verra donc nettement les détails échelonnés suivant des droites verticales, et plus ou moins confusément les autres; le défaut de netteté sera d'ailleurs d'autant plus accusé que la direction des détails se rapprochera davantage de l'horizontale.

Il existerait des troubles de vision exactement inverses si, naturellement ou grâce à l'accommodation, la droite focale horizontale se formait sur la rétine de l'œil astigmate. Ainsi qu'on le voit en III sur la figure 359, la vision d'une droite horizontale serait alors nette, tandis que la vision serait de plus en plus confuse pour des directions qui se rapprochent davantage de la verticale.

Les méridiens principaux, et par suite les droites focales, peuvent d'ailleurs, tout en restant perpendiculaires entre eux, avoir, dans un œil astigmate, une direction quelconque. Par conséquent, lors de l'examen d'une figure rayonnée telle que celle qui est représentée en I (fig. 359), c'est l'une ou l'autre des lignes qui seule apparaîtra nette, suivant l'orientation des méridiens principaux; mais ce qui reste la caractéristique de l'astigmatisme, c'est que, placé en face d'une telle figure, l'astigmate accusera une différence plus ou moins marquée dans la netteté avec laquelle lui apparaîtront les lignes suivant leur direction.

On verra plus loin comment une telle figure rayonnée peut être utilisée en vue du diagnostic et de la correction de l'astigmatisme.

Il importe d'ailleurs, à ce sujet, de ne pas oublier les particularités suivantes, qu'il y a lieu de signaler dès maintenant.

On a vu que chacune des droites focales du faisceau réfracté passe par le foyer principal de l'un des méridiens principaux, mais est parallèle à l'autre méridien ; en d'autres termes, chacune des droites focales est perpendiculaire au méridien par le foyer duquel elle passe. Par suite, lorsqu'un œil astigmate, placé en face et à plusieurs mètres d'une figure rayonnée, accuse la vision nette de la droite *horizontale* par exemple, c'est que le foyer principal du méridien *vertical* se forme alors sur la rétine, avec ou sans le secours de l'accommodation, et que ce méridien est en ce moment accommodé pour la distance à laquelle la figure rayonnée se trouve.

D'où cette conclusion, qu'il faut toujours avoir présente à l'esprit lors du diagnostic ou de la correction de l'astigmatisme : lorsqu'un œil astigmate accuse la vision nette de l'une des lignes de la figure rayonnée, c'est le méridien principal *perpendiculaire* à la direction de cette ligne qui est alors accommodé pour la distance à laquelle est située la figure examinée.

Orientation des méridiens principaux. — Javal a été le premier, croyons-nous, à signaler la fréquence des cas d'astigmatisme dans lesquels le méridien le plus réfringent est vertical ou sensiblement vertical, et la rareté de ceux où, au contraire, le méridien de courbure maxima est horizontal ou voisin de l'horizontale. Les statistiques établies depuis à ce sujet ont confirmé la remarque de Javal, ainsi que le montrent, par exemple, les chiffres publiés par Knapp.

Sur 1000 cas d'astigmie, en effet, Knapp (1) a trouvé que, 63 fois sur 100, le méridien le plus réfringent était vertical, tandis que ce même méridien de courbure maxima n'a été trouvé horizontal que 11 fois sur 100. De là la justification des appellations *selon la règle* ou *direct*, et *contraire à la règle* ou *inverse*, employées pour indiquer la direction verticale ou horizontale du méridien le plus réfringent.

« Dans ma famille, fait encore remarquer Javal (2), neuf personnes sur dix présentent sur les deux yeux l'astigmatisme contraire à la règle. Il m'a semblé qu'en général, chez les Juifs, le défaut affectait de préférence cette direction. » Il ne semble pas que les recherches ultérieures aient manifestement infirmé cette remarque ; mais aucune statistique, d'autre part, n'a encore révélé une relation analogue entre les directions des méridiens principaux et la race des sujets sur lesquels on les détermine.

Les méridiens principaux de l'astigmatisme peuvent d'ailleurs affecter toutes les directions intermédiaires entre l'horizontale et la verticale, sans fréquence plus accusée de l'une ou de l'autre de ces directions, qui sont d'ailleurs symétriques en général dans les deux yeux.

Il résulte, par exemple, des chiffres de Knapp, que dans 24 p. 100 des cas d'astigmatisme binoculaire, les méridiens principaux présentaient à droite et à gauche des orientations symétriques par rapport au plan médian du corps ; dans 16 p. 100 des cas seulement, il y avait asymétrie d'orientation, et cette proportion se réduisait notablement si l'on négligeait les asymétries dans lesquelles les différences d'orientation ne dépassaient pas 5° à 10°.

(1) KNAPP, *Trans. of the American opht. Society* (28e réunion annuelle, 1893).
(2) JAVAL *in* WECKER, *Traité des maladies des yeux*, 2e édit., t. II.

Variations du degré de l'astigmatisme et de l'orientation des méridiens principaux. — Nous avons admis jusqu'ici, implicitement tout au moins, que les éléments de l'astigmatisme, courbure de la cornée et direction des méridiens principaux, étaient fixes et invariables. C'est, en particulier, la notion à laquelle conduit la considération de la cause générale que nous avons invoquée pour déterminer l'origine des défectuosités optiques que présentent les yeux astigmates. Mais en dehors de cette cause, dont l'influence cesse de s'exercer à partir du moment où l'organisme a atteint son développement complet, il paraît en exister d'autres, de nature semblable ou différente, et dont le degré de fréquence n'est pas encore bien établi ; c'est à ces dernières que l'on doit rapporter certaines variations, dès aujourd'hui incontestables, dans le degré de l'astigmatisme cornéen et l'orientation des méridiens principaux. Ces variations, d'ailleurs, ne pouvaient guère être sûrement constatées qu'avec le précieux instrument dont Javal a doté la pratique ophtalmologique et que nous décrirons plus loin, tout en signalant dès maintenant les faits qu'il a permis d'observer.

Tout d'abord, les muscles moteurs de l'œil et l'orbiculaire des paupières semblent bien pouvoir, au moment de leur contraction, déterminer des modifications temporaires, optiquement appréciables, dans les éléments du globe qui interviennent pour régler l'état de réfraction de l'œil. C'est ainsi, par exemple, que, d'après les observations de Février (1), la contraction des muscles obliques déterminerait un allongement du globe dans le sens antéropostérieur.

En ce qui concerne les éléments de l'astigmatisme, Février (2) a de même constaté, subjectivement il est vrai, des variations temporaires coïncidant avec le clignement des paupières et que, pour cette raison, il a rapportées à l'action mécanique des fibres palpébrales de l'orbiculaire sur les extrémités supérieure et inférieure du diamètre vertical de la cornée. Un astigmate, placé à 5 mètres d'une figure rayonnée et invité à cligner fortement les paupières, accuse en effet des particularités de vision qui sont toujours explicables par une augmentation de courbure du méridien cornéen vertical et qui disparaissent dès que cesse le clignement. L'acte de rapprocher les bords des paupières ne serait donc pas seulement utilisé, par les sujets affectés d'anomalies de la vision, pour limiter le faisceau de rayons pénétrant dans l'œil et pour réduire le mode de fonctionnement optique de l'organe à celui d'une chambre noire, mais présenterait encore l'avantage de modifier les courbures de la cornée dans un sens tel que les troubles résultant d'un astigmatisme primitif permanent seraient atténués dans une proportion plus ou moins grande.

Botwinck (3) a observé des faits analogues et a constaté en outre objectivement que la réfraction du méridien horizontal, seul accessible à des mensurations pendant le clignement, diminue de 0,5 à 1,6 dioptrie ; or une

<hr>

(1) Février, *Annales d'oculistique*, 1896.
(2) Février, Influence de l'orbiculaire des paupières sur la réfraction de l'œil (*Annales d'oculistique*, 1893).
(3) Botwinck, *Arch. für Augenheilkunde*, t. XXXIX.

diminution de courbure de la cornée dans le sens horizontal doit accompagner l'augmentation de courbure déduite subjectivement par Février, en ce qui concerne le méridien cornéen vertical.

Ce n'est d'ailleurs là qu'un cas particulier de déformation, en quelque sorte spontanée, analogue aux déformations que l'on sait depuis longtemps pouvoir être produites par une pression extérieure exercée sur le globe. Certains astigmates découvrent d'eux-mêmes la petite manœuvre, qui réalise quelquefois une correction remarquable de leur anomalie, et qui consiste à exercer sur le globe, avec l'index, une pression convenable en un point du méridien de courbure minima auquel ils donnent ainsi une réfraction égale à celle du méridien le plus réfringent. Dans le cas où ce dernier méridien est horizontal, il suffit de tirer les paupières vers la tempe, au niveau de la commissure externe, pour réaliser de même une déformation correctrice.

Mais, en outre de ces modifications essentiellement temporaires, on a pu en constater d'autres, de longue durée sinon permanentes, progressives, et dont la cause, assez sûrement déterminée dans quelques cas, n'a pu encore être assignée dans d'autres.

G. Martin, le premier, a montré les modifications que l'hypertension intra-oculaire, dont s'accompagne le glaucome, imprime aux courbures cornéennes; ces modifications sont alors, sans aucun doute, dues à l'excès de tension intérieure qui détend fortement les enveloppes du globe, et en particulier la cornée.

Mais en dehors de ces variations d'ordre pathologique, Javal, dès 1882, observa la diminution d'un astigmatisme qu'il put suivre pendant plusieurs années et qui, primitivement égal à 6 dioptries, se trouvait réduit à 1 dioptrie en 1886. Bull, d'autre part, a fait connaître un cas analogue observé sur un malade de Javal, mais dans lequel les modifications lentes de courbure cornéenne s'étaient produites dans le sens d'une augmentation du degré de l'astigmatisme qui s'accrut de 2 dioptries; il s'agissait, en l'espèce, d'un œil qui avait été longtemps maintenu sous une louchette sans ouverture et dont l'astigmatisme disparut d'ailleurs en partie lorsque la louchette fut transportée sur l'autre œil.

Chibret, Dor, Martin, Meyer, d'autres encore, ont à leur tour constaté objectivement des cas analogues, si bien que les modifications lentes et progressives des courbures cornéennes, se produisant en dehors d'une affection oculaire aiguë, paraissent être assez fréquentes. Quant à la cause qui les engendre, elle n'est pas encore sûrement déterminée, bien que des explications nombreuses et variées aient été proposées.

Il nous paraît d'abord incontestable que les muscles moteurs ne peuvent à eux seuls produire ces variations de courbure progressives qui, dans certains cas, s'atténuent après avoir atteint un certain degré.

Martin (1), le partisan convaincu de la correction de l'astigmatisme cornéen par une déformation asymétrique du cristallin, fait sur lequel nous aurons à revenir plus loin, a rapporté la genèse de l'astigmatisme en général, et celle

____

(1) MARTIN, Instabilité et étiologie de l'astigmatisme cornéen (*Soc. fr. d'opht.*, 1891).

des variations progressives de courbure de la cornée, aux contractions isolées de certaines fibres méridiennes du muscle ciliaire. La transmission de l'action de ces fibres à la cornée se ferait d'ailleurs par le tendon antérieur du muscle ciliaire qui se continue avec les fibres de la membrane de Descemet, laquelle transmettrait les effets de traction à la cornée. Mais, outre que la déformation asymétrique du cristallin, et par suite la contraction isolée de fibres correspondantes du muscle ciliaire, n'est pas du moins un fait général, on ne voit pas nettement qu'il puisse y avoir là l'explication d'une variation lente et progressive des courbures de la cornée.

En vue de découvrir l'étiologie de ces variations, et plus généralement celle de l'astigmatisme inverse, Chibret (1) a déterminé la courbure moyenne de la cornée, d'une part, dans un assez grand nombre de cas d'astigmatisme direct (méridien vertical plus réfringent que l'horizontal), d'autre part, dans un certain nombre de cas d'astigmatisme inverse (méridien vertical moins réfringent que l'horizontal). D'après les résultats numériques ainsi trouvés, la courbure moyenne de la cornée (moyenne des courbures des deux méridiens principaux) serait constante dans l'astigmatisme direct, quel que soit le degré de l'anomalie, tandis que, lors de l'astigmatisme inverse, il y aurait, pour la valeur de la courbure cornéenne moyenne, augmentation d'autant plus grande que le degré de l'anomalie est plus élevé. Chibret conclut de là que l'astigmatisme inverse est produit par une déformation du pôle antérieur de l'œil dans laquelle le centre de la cornée cède à la pression intra-oculaire, tandis que le méridien le plus réfringent tend à passer de la verticale à l'horizontale. Les variations lentes et progressives de l'astigmatisme cornéen prendraient dès lors naissance dans des cas où la cornée, mal nourrie, résiste moins à son centre, normalement aminci, qu'à sa périphérie plus résistante.

Cette explication paraît renfermer au moins une part de vérité ; on conçoit en effet facilement que ces altérations de nutrition n'engendrent que lentement et progressivement les modifications de résistance qui en résultent, ainsi que les changements de courbure qui, comme nous l'avons montré au début, en sont la conséquence grâce à la pression intra-oculaire. Le cas si curieux de Bull, où les variations de courbure se sont progressivement accusées sous la louchette pour s'atténuer lorsque la louchette a été enlevée, est particulièrement élucidé par cette manière de concevoir le mécanisme du phénomène. D'après ce que l'on sait de l'action générale de la lumière sur les tissus vivants, il est tout à fait rationnel, en effet, d'admettre que les tissus de l'œil, et la cornée en particulier, ne sont pas dans un état de fonctionnement physiologique normal lorsque la louchette les soustrait à l'action de la lumière ; peut-être même ces tissus, en raison des fonctions dévolues à l'organe dont ils font partie, sont-ils plus sensibles que d'autres à l'influence des vibrations lumineuses.

On aurait d'ailleurs ainsi comme une continuité, qu'il n'est pas inutile de faire remarquer, de la cause à laquelle nous avons rapporté l'astigmatisme

____

(1) CHIBRET, Étiologie des astigmatismes inverses (*Soc. fr. d'opht.*, 1894).

cornéen congénital, à savoir un défaut d'homogénéité rigoureuse qui se traduirait par une asymétrie de courbure sous l'influence de la pression intra-
oculaire.

C'est une opinion analogue que formule Pfalz (1), et c'est certainement
celle qui, faute de preuves irréfutables, paraît la plus admissible *a priori*.

A cette cause peut d'ailleurs, dans les cas d'hypotension intra-oculaire,
se joindre celle dont nous avons parlé déjà, mais sans admettre son influence
générale, et qui consiste dans l'action de compression des muscles moteurs;
on conçoit facilement, en effet, ainsi que l'a fait remarquer Jensen, que la
cornée d'yeux relativement mous soit déformée de cette façon et que, en particulier, les droits horizontaux déterminent un astigmatisme inverse.

Cette manière de concevoir le mécanisme des variations de courbure de la
cornée limite, d'autre part, la portée d'interprétation des expériences que
Schelske et Eissen ont poursuivies dans les laboratoires d'Helmholtz et de
Pflüger, et dans lesquelles on provoquait une augmentation de pression intra-
oculaire. Les résultats de telles expériences devraient ainsi être comparés
seulement à ceux que l'on observe sur des yeux humains glaucomateux, et
dans l'un et l'autre cas, en effet, il se produit une diminution de courbure de
la cornée.

Si l'on veut d'ailleurs établir de nouveaux faits pouvant servir à élucider
la question, il sera nécessaire de tenir compte, dans les mesures de courbure
de la cornée, des règles indiquées par Javal, dont l'opinion doit faire autorité
en la matière. Il est tout d'abord nécessaire de noter la courbure de chacun
des méridiens principaux; d'autre part, si l'on veut que les mesures de
divers observateurs, ou même celles d'un même observateur prises à plusieurs années d'intervalle, soient comparables entre elles, il importe de
s'assurer, au moyen d'une cornée étalon, de l'exactitude que donne l'ophtalmomètre.

Aux causes générales que nous venons de discuter, il faut en joindre une
autre, certainement inattendue, mais qui résulterait de faits observés par
Lautenbach (2). L'astigmatisme à méridien oblique coexisterait fréquemment, suivant la direction des méridiens, avec une hypertrophie des cornets
et la présence de polypes, ou avec une lésion atrophique des fosses nasales.
La relation de cause à effet résulterait d'ailleurs de ce que les fosses nasales
reçoivent le nasal qui est une branche de l'ophtalmique; une irritation des
rameaux terminaux du nasal pourrait se propager aux muscles moteurs et
engendrer ainsi des variations de courbure de la cornée. Lautenbach aurait
observé, grâce à l'ophtalmomètre, des changements de direction des méridiens principaux et une diminution de l'astigmatisme, à la suite du traitement de l'affection nasale coexistante.

Quelle que soit la part réelle d'influence qui revient à chacune des causes
auxquelles on a songé, un fait du moins est incontestablement établi : c'est
que les éléments de l'astigmatisme cornéen, rayons de courbure et directions
des méridiens principaux, que l'on avait regardés pendant longtemps comme

(1) Pfalz, *Congrès international d'ophtalmologie.* Utrecht, 1899.
(2) Lautenbach, *The ophtalmic Record*, 1897.

fixes et invariables, présentent des variations probablement plus fréquentes encore que ne paraît l'indiquer le nombre des observations actuellement connues.

Différences des degrés d'astigmatisme aux divers points d'une même cornée. — On conçoit facilement *a priori* que la forme d'une cornée affectée d'un astigmatisme pratiquement régulier, tout en se rapprochant de celle d'un ellipsoïde à trois axes inégaux, ne soit pas rigoureusement identique à cette surface géométrique relativement simple ; les mensurations effectuées avec les ophtalmomètres qui seront décrits dans un chapitre suivant ont montré qu'il en est en effet ainsi.

Sulzer (1) en particulier, en employant l'ophtalmomètre de Javal et Schiötz, a étudié avec grand soin, non la forme générale des dioptres cornéens, mais les différences de courbure et les valeurs diverses de l'astigmatisme aux divers points des méridiens principaux de la cornée. Les mesures ainsi effectuées ont montré que l'asymétrie de courbure affecte non seulement les divers méridiens du premier dioptre oculaire, mais encore les deux moitiés d'un même méridien. Les variations de courbure sont d'ailleurs telles que les parties nasale et supérieure de la cornée sont plus aplaties que les parties temporale et inférieure, résultat qui avait été énoncé déjà par d'autres ophtalmologistes, Aubert, Leroy, etc., et qui a été, d'autre part, confirmé depuis.

En ce qui concerne les différences des degrés de l'astigmatisme, Sulzer a constaté que, sur une cornée dont le centre est régulier, les parties périphériques offrent un astigmatisme inverse ; d'autre part, quand il existe une astigmie centrale, directe ou inverse, les parties périphériques de la cornée sont affectées d'un astigmatisme de même sens, mais d'un degré plus élevé.

Ces résultats donnent, d'après Sulzer, l'explication de faits. d'observation depuis longtemps connus et relatifs aux différences des degrés d'astigmatisme auxquels conduisent, pour un même œil, les méthodes subjectives et objectives, comme aussi aux différences analogues que l'on constate lorsqu'on effectue successivement des mesures, sur une même personne, avant et après atropinisation. Dans l'un et l'autre cas, les différences proviendraient de ce que des parties plus périphériques interviennent quand les mesures sont prises avec un procédé subjectif ou après atropinisation, et que ces parties présentent un astigmatisme différent de celui des régions plus centrales, si bien que le résultat trouvé est alors comme une moyenne dont les mesures objectives, ou avant atropinisation, ne font connaître que l'un des éléments.

Accommodation astigmatique du cristallin. — La manière de voir de Sulzer rendrait inutile l'hypothèse, émise depuis longtemps par Dobrowolski, de contractions partielles du muscle ciliaire et d'une déformation irrégulière du cristallin pour expliquer pourquoi le degré d'astigmatisme, mesuré par un même procédé subjectif et sur une même personne, est en général plus élevé après qu'avant des instillations d'atropine.

(1) Sulzer, La forme de la cornée humaine et son influence sur la vision (*Arch. d'opht.*, 1891 et 1892).

Indépendamment de la cause à laquelle Sulzer rapporte le fait à expliquer, l'hypothèse de contractions partielles du muscle ciliaire a des partisans et des adversaires. Des observations ont été rapportées, en effet, portant sur des sujets capables d'apprécier les particularités de vision dues à un astigmatisme même faible, et desquelles il paraît bien résulter que l'astigmate peut corriger lui-même, sans le secours d'aucun verre, une partie au moins de son amétropie (1); de même, des sujets exempts d'astigmatisme paraissent pouvoir réaliser une auto-correction de l'astigmatisme artificiel dû à un verre cylindrique faible placé en avant de leur cornée, et ces faits ne paraissent explicables que par une contraction partielle du muscle ciliaire.

Tscherning, Bull (2), Sulzer combattent cette opinion et invoquent, pour expliquer les faits, soit une obliquité du cristallin, soit l'influence du rétrécissement de la fente palpébrale, soit l'intervention des parties périphériques de la cornée. Hess (3), d'autre part, en prenant pour objets deux fils de cocon en croix, indépendants l'un de l'autre et mobiles séparément, a constaté que les sujets exempts d'astigmatisme placent toujours les fils dans un même plan pour les voir simultanément avec netteté, tandis que les astigmates les disposent toujours, l'un par rapport à l'autre, à une distance qui correspond à celle de leurs droites focales.

Il nous paraît difficile d'adopter judicieusement, et d'ailleurs complètement, l'une de ces deux opinions à l'exclusion de l'autre. Ici encore, comme pour la détermination de la cause de la progression de la myopie, du strabisme, et plus généralement de presque tout phénomène biologique, chacune des opinions émises correspond, semble-t-il, à une part de vérité.

Un tel éclectisme n'est pas d'ailleurs l'expression d'une impuissance de critique rigoureuse, comme on pourrait être tenté de le croire. En ce qui concerne, en particulier, le phénomène dont il est ici question, il paraît prouvé, d'après les travaux des auteurs que nous avons cités, que diverses causes peuvent être judicieusement invoquées. Il nous paraît dès lors que, jusqu'à preuve éclatante et absolue en faveur d'une unité rigoureuse de cause générale, c'est tenir sagement compte de la complexité et des variations de caractères individuels présentés par tout phénomène biologique, que d'émettre l'opinion énoncée plus haut.

Correction de l'astigmatisme par les verres cylindriques. — L'astigmatisme étant dû, dans la plupart des cas tout au moins, à une asymétrie de courbure de la cornée, il est rationnel de se demander si l'adjonction à l'œil d'un verre présentant lui-même une asymétrie de courbure, et d'ailleurs convenablement orienté, ne peut pas rétablir l'homocentricité du faisceau réfracté. Si d'ailleurs il en est ainsi quand l'astigmatisme est dû à une asymétrie de courbure cornéenne, il en sera de même lorsque l'anomalie reconnaîtra pour cause une obliquité du cristallin, puisqu'il résulte des travaux de Sturm que la forme du faisceau réfracté est la même dans les deux cas.

(1) Chibret, *Arch. d'opht.*, 1894. — Guilloz, *Arch. d'opht.*, 1893.
(2) Bull, *Arch. d'opht.*, 1892.
(3) Hess, *Arch. d'opht.* de von Graefe.

Javal (1) a démontré par le calcul que l'asymétrie de courbure de la cornée peut, en effet, être corrigée par un verre plan-cylindrique convenable qui coïnciderait avec la cornée et dont l'axe serait parallèle au méridien cornéen de courbure maxima. On peut, par les considérations simples suivantes, faire concevoir qu'il en est bien ainsi lorsque le verre cylindrique, ainsi qu'il arrive dans la correction de l'astigmatisme, est placé en avant de la cornée.

Nous avons fait remarquer, en effet, que la réfraction, dans les méridiens principaux de la cornée, est absolument assimilable à la réfraction sphérique, que les rayons incidents situés dans l'un ou l'autre de ces méridiens se réfractent sans sortir de leur plan d'incidence, que chacun de ces deux faisceaux partiels réfractés est homocentrique et qu'il y a lieu de considérer pour chacun des méridiens principaux un punctum remotum.

Soient dès lors R et R' les distances, en dioptries, de chacun de ces punctum remotum r et r' (fig. 360) au foyer principal antérieur correspondant. Les foyers

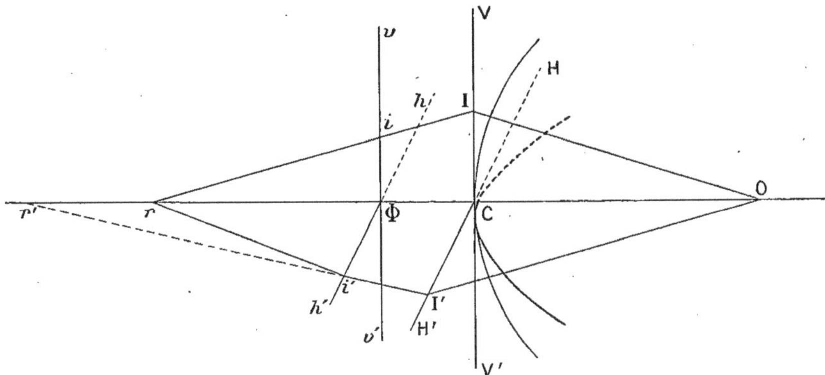

Fig. 360. — Correction de l'astigmatisme par un verre cylindrique.

principaux des deux méridiens principaux étant d'ailleurs toujours assez voisins l'un de l'autre pour pouvoir être confondus en un seul que nous appellerons foyer principal antérieur de l'œil, disposons, en ce foyer principal Φ, un verre plan-cylindrique dont l'axe vv' soit parallèle au méridien VV' de courbure maxima et dont le numéro soit égal à R — R'. Ce verre ne produira aucun effet réfringent dans le plan du méridien VV' de plus forte courbure, parce qu'il agit, sur les rayons situés dans ce plan, comme une lame de verre à faces parallèles ; ces rayons subiront, en effet, un simple rejet latéral, d'ailleurs négligeable, à cause de leur faible incidence et du peu d'épaisseur du verre. Par contre, dans le plan HH' de moindre courbure cornéenne, ce même verre produira un effet identique à celui d'un verre plan-sphérique dont le rayon de courbure serait égal à celui de la section droite du cylindre, c'est-à-dire dont le numéro F serait égal à R — R'. Mais, pour un tel verre, les points r et r' seront des foyers conjugués, puisque l'on a

$$F = R - R' ;$$

(1) JAVAL, Sur les applications d'un appareil nouveau destiné à déterminer l'astigmatisme visuel (*Journal de phys.*, 1877).

par suite, des rayons partis de r et situés dans le méridien de courbure minima HH′ formeront, après avoir traversé le verre cylindrique suivant sa section droite, leur image en r' et arriveront en cet état sur l'œil. Par conséquent, d'une part, les rayons qui, partis de r, sont situés dans le méridien VV′ de courbure maxima, vont concourir en O sur la rétine, puisque r est le remotum de ce méridien et que le verre cylindrique ne produit aucun effet réfringent dans ce plan ; d'autre part, les rayons qui, partis de r, sont situés dans le méridien HH′ de moindre courbure, se réfractent d'abord à travers le verre qui leur donne des directions concourant en r', arrivent alors sur l'œil comme s'ils venaient du remotum r' du méridien dans lequel ils se trouvent, et vont, par suite, concourir également en O sur la rétine après leur réfraction par l'œil. Or il résulte, avons-nous dit, du mémoire de Sturm, que la forme du faisceau réfracté est absolument générale et qu'elle persiste, quel que soit le nombre de réfractions par lesquelles ce faisceau est fourni. Puisque les deux groupes de rayons situés dans l'un et l'autre des méridiens principaux vont alors concourir simultanément sur la rétine, c'est que les deux droites focales du faisceau réfracté se coupent et sont dans un même plan ; dès lors, les autres rayons du faisceau réfracté ne pourront rencontrer chacun l'une et l'autre droite focale, ainsi qu'il doit en être, que s'ils passent chacun par le point de rencontre de ces droites. En conséquence, le faisceau réfracté à travers le système constitué par le verre cylindrique et l'œil est homocentrique. Le verre cylindrique, choisi et orienté comme nous l'avons dit plus haut, rétablit donc l'homocentricité du faisceau réfracté et corrige, par suite, l'astigmatisme.

Mais un tel verre ne rétablit l'homocentricité et ne corrige donc rigoureusement l'astigmatisme que pour une seule distance de vision. Soient, en effet, d'une manière générale, p_1 et p_2 les distances au sommet de la cornée de deux points dont les images, données, celle de p_1, par le méridien principal de courbure maxima, celle de p_2, par le méridien principal perpendiculaire, se forment à la même distance p' en arrière du dioptre cornéen. Si r_1 et r_2 sont les rayons de courbure des méridiens principaux, on aura

$$\frac{1}{p_1}+\frac{n}{p'}=\frac{n-1}{r_1},$$

$$\frac{1}{p_2}+\frac{n}{p'}=\frac{n-1}{r_2},$$

d'où

$$(1) \qquad \frac{1}{p_1}-\frac{1}{p_2}=(n-1)\left(\frac{1}{r_1}-\frac{1}{r_2}\right).$$

D'après le mode de raisonnement fait plus haut pour trouver le verre correcteur d'un astigmatisme, l'homocentricité du faisceau réfracté sera rétablie pour les rayons partis du point p_1, si l'on dispose, à une distance d de la cornée, un verre cylindrique convenablement orienté et dont le pouvoir dioptrique F soit donné par la relation

$$\mathrm{F}=\frac{1}{p_1-d}-\frac{1}{p_2-d}.$$

Ce verre ne corrigera de même l'astigmatisme pour toutes les distances de vision que si les diverses valeurs correspondantes que peuvent présenter p_1 et p_2 satisfont à la condition

$$(2)' \qquad \frac{1}{p_1 - d} - \frac{1}{p_2 - d} = C^{te}.$$

Or, de la relation (1), dans laquelle on représente par c la valeur constante du second membre, on tire

$$p_2 = \frac{p_1}{1 - cp_1}.$$

En remplaçant p_2 par cette expression dans l'équation de condition (2), celle-ci devient

$$\frac{cp_1^2}{p_1^2(1 + cd) - p_1 d(2 + c) + d^2} = C^{te},$$

ce qui ne peut être pour diverses valeurs de p_1.

Un verre cylindrique ne corrige donc rigoureusement l'astigmatisme cornéen que relativement à la distance pour laquelle il a été choisi. La comparaison des équations (1) et (2) montre d'ailleurs que cela tient uniquement à ce que ce verre est placé à une distance d de l'œil; si d était nul, en effet, la condition (2) ne différerait pas de l'équation (1) et serait, par suite, satisfaite.

Il importe toutefois de remarquer que la distance d à la cornée du verre cylindrique correcteur étant toujours, en réalité, très petite par rapport aux longueurs p_1 et p_2, le défaut de correction ne peut qu'être très minime. Pratiquement, en effet, c'est le même verre que l'astigmate emploie utilement pour les diverses distances.

En résumé donc, on corrigera l'astigmatisme en disposant devant l'œil un verre cylindrique dont l'axe sera orienté parallèlement au méridien de courbure maxima et dont le numéro sera égal à la différence $R - R'$ des états de réfraction des deux méridiens principaux de l'œil. Grâce à ce verre, le méridien de courbure minima sera rendu aussi réfringent que l'autre méridien et les deux punctum remotum de ces deux méridiens coïncideront; l'œil présentera donc, dans ces deux plans, un même degré de myopie ou d'hypermétropie, que l'on corrigera, d'ailleurs, le cas échéant, au moyen d'un verre sphérique ajouté au verre cylindrique.

On obtiendrait évidemment encore la correction de l'astigmatisme si l'on disposait devant l'œil un verre cylindrique dont l'axe serait dirigé parallèlement au méridien le moins réfringent et dont le numéro serait égal à $R' - R$. Ce verre, de signe contraire au précédent, diminuerait l'effet réfringent du méridien de courbure maxima, auquel il donnerait un état de réfraction égal à celui de l'autre méridien.

On verra plus loin, dans le chapitre relatif à la correction des amétropies, d'après quelles considérations doit être choisi le verre à prescrire à un astigmate.

INSTRUMENTS D'OPTIQUE PHYSIOLOGIQUE

DESTINÉS A LA DÉTERMINATION DES ÉLÉMENTS DES ANOMALIES DE LA RÉFRACTION

OPHTALMOMÈTRES — OPTOMÈTRES — OPHTALMOSCOPES

Par A. IMBERT.

Les notions données jusqu'ici montrent que le choix du verre correcteur d'une anomalie de la réfraction, presbytie, myopie, hypermétropie, astigmatisme, ne peut être fait que grâce à la connaissance préalable de certains éléments : position du punctum remotum, orientation et état de réfraction des méridiens principaux. Des instruments d'optique ont été imaginés qui permettent la détermination objective ou subjective de ces éléments et dont il importe donc de connaître la théorie pour pouvoir les utiliser judicieusement à des déterminations pratiques. C'est de la description et de l'usage de ces instruments qu'il sera question dans ce chapitre.

L'examen complet d'un œil comportant toujours la recherche de l'astigmatisme, nous décrirons d'abord les ophtalmomètres, instruments destinés à la mensuration des courbures cornéennes et à la détermination de la direction des méridiens principaux.

OPHTALMOMÈTRES.

Historique. — Les premières mensurations de courbure de la cornée paraissent être celles de Pourfour du Petit (1710) qui opérait sur des yeux congelés et appliquait directement sur le dioptre cornéen des lames de cuivre dont le bord était entaillé suivant des arcs de cercle de diverses courbures (1).

Thomas Young (1801), avec une règle et un compas, effectua, en s'aidant d'un miroir, des mensurations sur ses propres yeux ; puis Kohlrausch, en 1839, employa le premier la méthode, toujours suivie depuis, qui consiste, d'une manière générale, à déterminer la courbure d'une cornée par la mesure de la grandeur d'une image obtenue par réflexion sur cette cornée, et provenant

(1) Pour l'historique plus complet, voy. art. OPHTALMOMÉTRIE, par Sulzer, in *Encyclopédie fr. d'opht.*

d'un objet de dimension connue disposé à une distance déterminée en avant de l'œil.

La disposition expérimentale de Kohlrausch présentait des inconvénients que Helmholtz a fait disparaître en combinant son ophtalmomètre (1854), instrument de grande précision, mais d'un maniement trop délicat pour entrer dans la pratique courante.

C'est à Javal que revient l'honneur d'avoir réalisé, en 1880, le premier ophtalmomètre pratique, aujourd'hui entre les mains de tous les ophtalmologistes, et grâce auquel on détermine, avec toute la précision désirable, les éléments de l'astigmie cornéenne, degré d'amétropie et direction des méridiens principaux, en un temps que l'on n'aurait auparavant osé souhaiter aussi court pour un tel genre de mesures.

Concurremment avec l'ophtalmomètre de Javal, quelques-uns font usage de kératoscopes ou disques plans portant une figure carrée (de Wecker et Masselon) ou circulaire (Hubert et Prouff, etc.), dont on observe l'image par réflexion sur la cornée à examiner pour en apprécier la déformation. Mais en somme, depuis l'appareil de Javal, aucun progrès important n'a été réalisé quant à l'instrumentation relative à la détermination des éléments de l'astigmatisme cornéen.

Ophtalmomètre de Helmholtz. — Le principe de la méthode, que Kohlrausch avait moins heureusement mise en pratique, est le suivant.

Si l'on appelle r le rayon de courbure d'un miroir convexe, O la grandeur d'un objet rectiligne disposé perpendiculairement à l'axe du miroir et en avant de celui-ci, I la grandeur de l'image virtuelle que le miroir en donne, on sait que l'on a

$$\frac{I}{O} = \frac{r}{2p + r},$$

d'où l'on tire

$$r = \frac{2pI}{O - I}.$$

Lorsque la distance p de l'objet au miroir est assez grande et r assez petit, ce qui est le cas dans la mesure du rayon de courbure de la cornée avec l'ophtalmomètre, I est très petit par rapport à O et l'on peut écrire :

$$(1) \qquad\qquad r = \frac{2pI}{O}.$$

Pour pouvoir calculer r, il suffit donc de connaître p, O et I. C'est à la mesure de I qu'est destiné l'ophtalmomètre.

Kohlrausch se servait, pour cette mesure, de deux fils réticulaires, parallèles et mobiles, dont il munissait l'oculaire d'une lunette astronomique disposée pour les petites distances. Mais les petits mouvements dont est toujours animé l'œil que l'on examine rendaient les mesures incertaines, car la coïncidence des fils réticulaires avec les bords de l'image à mesurer ne pouvait être maintenue.

Helmholtz substitua aux fils réticulaires les deux lames de verre employées par les astronomes pour la détermination de la distance angulaire de deux astres voisins, et réalisa ainsi un instrument dont les indications étaient indépendantes des mouvements oculaires qui rendaient incertaines les mensurations effectuées avec le dispositif de Kohlrausch.

Les deux lames de verre, dans l'instrument de Helmholtz, sont situées entre l'objectif et l'oculaire de la lunette astronomique ; elles sont disposées de champ, l'une au-dessus de l'autre, et peuvent être simultanément inclinées d'un même angle, d'ailleurs quelconque, par rapport à l'axe de l'instrument, mais en sens inverse l'une de l'autre. Leur action est la suivante.

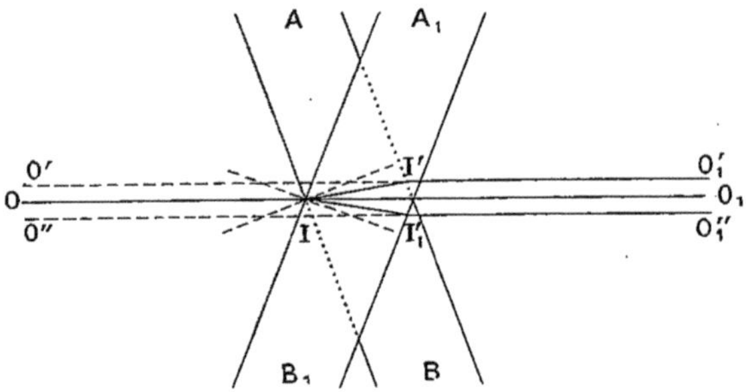

Fig. 361. — Doubles images d'un objet données par les deux lames de l'ophtalmomètre de Helmholtz.

Soient AB, A_1B_1 les projections sur le plan de la figure 361 des deux lames inclinées d'un même angle par rapport à l'axe OO_1 de la lunette. Si un objet lumineux O envoie un rayon OI qui traverse la lame inférieure AB, ce rayon se réfractera en I suivant II' et sortira de la lame suivant $I'O_1'$ arallèle à OI. D'autre part, un autre rayon, projeté encore suivant OI, mais traversant la lame supérieure A_1B_1, se réfractera suivant II_1', et sortira de cette lame suivant $I_1'O_1''$, également parallèle à OI.

Il en sera de même pour d'autres rayons émis par O et traversant, les uns la lame supérieure, les autres la lame inférieure, si bien qu'un observateur, placé en arrière des lames et recevant dans l'œil des rayons de l'un et l'autre des faisceaux réfractés, verra deux images O' et O'' du point lumineux O.

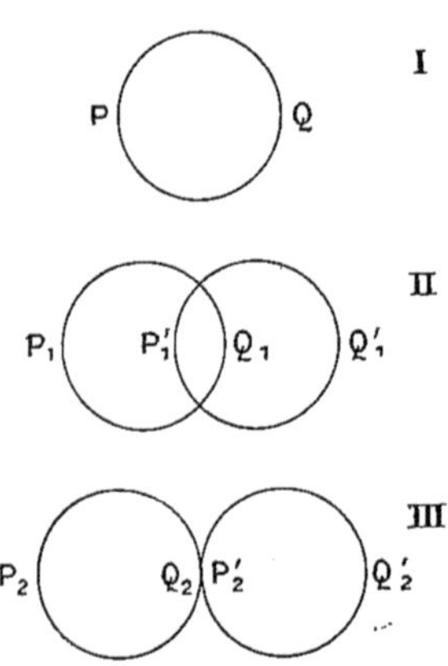

Fig. 362. — Objet circulaire dédoublé par les lames de l'ophtalmomètre.

La distance qui sépare ces deux images sera, toutes choses égales d'ailleurs, d'autant plus grande que les deux lames seront plus inclinées par rapport aux rayons qui les traversent.

Soit dès lors un objet circulaire de diamètre PQ (fig. 362, I). Si cet objet est regardé à travers les deux lames de verre, d'abord perpendiculaires l'une et l'autre à l'axe de l'instrument, cet objet sera vu simple; dans le cas, au contraire, où ces lames sont inclinées en sens inverse sur l'axe, l'observateur verra deux images de chacun des points de l'objet et, par conséquent, deux images $P_1 Q_1$, $P_1' Q_1'$ de cet objet (fig. 362, II). Ces images offriront, par exemple, l'aspect représenté en II sur la figure, empiétant en partie l'une sur l'autre. Pour une inclinaison plus grande des lames, l'empiétement des images sera moindre, parce que chacune des deux images d'un même point de l'objet subira un rejet latéral plus grand, et il sera par suite possible de donner aux lames une inclinaison telle que les deux images soient exactement tangentes entre elles; ces deux images présenteront à ce moment

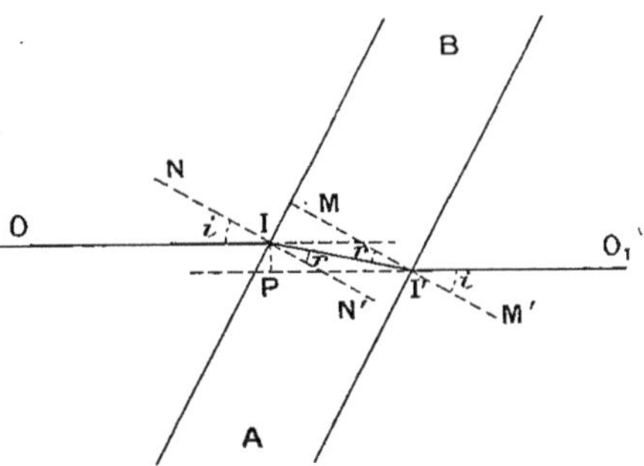

Fig. 363. — Rejet latéral dû à la réfraction à travers chacune des lames de l'ophtalmomètre.

l'aspect représenté en III sur la figure 362. On dit alors que l'objet PQ a été exactement dédoublé.

L'inclinaison i nécessaire pour produire le dédoublement de l'objet dépend d'ailleurs évidemment du diamètre d de cet objet, et l'on conçoit qu'il existe, entre ce diamètre d et cette inclinaison i, une relation grâce à laquelle on pourra calculer d lorsque l'on connaîtra i, relation que nous allons établir.

Soient (fig. 363) l'une des lames AB et le rayon OI qui traverse la lame suivant II' et sort suivant I'O_1 parallèle à OI; menons par les points I et I' les normales NN', MM' aux deux faces de la lame et posons

$$angle\ \text{OIN} = angle\ \text{O}_1\text{I'M'} = i,$$
$$angle\ \text{N'II'} = angle\ \text{II'M} = r.$$

Le rejet latéral IP du rayon considéré est un côté du triangle rectangle IPI' et l'on a

$$\text{IP} = \text{II'} \sin \text{II'P} = \text{II'} \sin (\text{MI'P} - \text{MI'I}) = \text{II'} \sin (i - r).$$

Mais le triangle II'M donne

$$\text{II'} = \frac{\text{I'M}}{\cos \text{MI'I}} = \frac{\text{I'M}}{\cos r};$$

donc

$$\text{IP} = \frac{\text{I'M} \sin(i - r)}{\cos r}.$$

En développant $\sin (i - r)$, tenant compte de la relation

$$\frac{\sin i}{\sin r} = n,$$

où n est l'indice de réfraction du verre qui constitue la lame, et posant $\mathrm{I'M} = e$, on trouve

$$\mathrm{IP} = e\left(1 - \sqrt{\frac{1 - \sin^2 i}{n^2 - \sin^2 i}}\right)\sin i.$$

Chacune des lames de verre de l'ophtalmomètre produit ce même effet, si bien que la distance des centres des deux images sera le double de l'expression à laquelle nous venons d'arriver. En particulier, lorsque l'objet sera exactement dédoublé, la somme des rejets latéraux produits par chacune des lames sera égale au diamètre d de l'objet et l'on pourra écrire

$$(2) \qquad d = 2e\left(1 - \sqrt{\frac{1 - \sin^2 i}{n^2 - \sin^2 i}}\right)\sin i.$$

Le diamètre d pourra ainsi être calculé si l'on connaît, au moment du dédoublement exact, l'incidence i, que l'instrument de Helmholtz permet d'ailleurs de déterminer. Quant à l'objet de diamètre d, ce sera, lors de la détermination du rayon de courbure d'une cornée, l'image virtuelle, par réflexion sur cette cornée, d'un objet disposé en avant de l'œil, c'est-à-dire la quantité I de l'expression (1) de la page 573.

La formule (2) exige, il est vrai, que l'on connaisse l'épaisseur e de la lame et l'indice n du verre dont elle est formée. Mais ces deux constantes peuvent être déterminées avec l'instrument même en dédoublant deux objets de diamètres connus et notant les incidences i et i' correspondantes, puis résolvant par rapport à e et à n les deux équations que l'expression (2) donne pour les deux observations.

Au lieu de se servir de l'expression (2) pour déterminer le diamètre d'un objet, il est plus simple d'établir une fois pour toutes la graduation expérimentale de l'instrument. A cet effet, on note les inclinaisons successives qu'il faut donner aux lames pour dédoubler exactement des objets de diamètres croissants et connus. On forme ainsi un tableau à deux colonnes dans lequel il suffit de chercher l'inclinaison qui aura été nécessaire pour produire le dédoublement d'un objet de diamètre inconnu ; ce tableau fera connaître, au besoin par une interpolation, le diamètre de cet objet.

Il est commode, pour établir la graduation, de se servir d'une échelle portant des divisions distantes de $0^{\mathrm{mm}},5$ et de dédoubler successivement 1, 2, 3,... divisions.

Une telle graduation est indépendante de la distance à laquelle l'objet à dédoubler est placé en face de l'instrument ; et ce fait tient à ce que la réfraction à travers une lame de verre produit simplement un rejet latéral, le rayon, au sortir de la lame, étant parallèle à sa direction d'entrée.

D'autre part, de petits mouvements de l'œil, pendant l'observation, ne gênent en rien les mesures ; malgré ces mouvements, en effet, la distance de la cornée à l'objet, dont on observe l'image cornéenne réfléchie, reste invariable, et la position de l'image à dédoubler subit seule dès lors de très minimes variations dans le champ de l'instrument. Cette image cornéenne conserve donc le même diamètre, et le phénomène de la tangence des images dédoublées n'est pas influencé par les déplacements de ces images.

La figure 364 représente l'ensemble de l'ophtalmomètre de Helmholtz. Les deux lames de verre sont logées dans une caisse métallique, située en avant de l'objectif de la lunette; les mouvements de sens inverse de ces lames sont commandés, grâce à des roues dentées, par un bouton extérieur, et l'axe de rotation commun aux deux lames porte, extérieurement à la caisse, un tambour gradué en degrés, mobile devant un vernier fixe, au moyen duquel on mesure l'inclinaison i des lames au moment de chaque observation.

La paroi antérieure de la caisse est percée d'une ouverture centrale circulaire dans laquelle peut tourner une pièce métallique munie, sur sa circonférence, d'une graduation en degrés dont l'usage sera indiqué plus loin. Cette

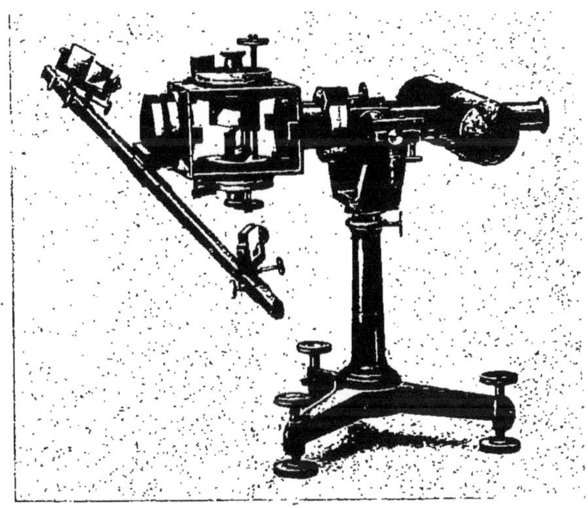

Fig. 364. — Ophtalmomètre de Helmholtz.

pièce porte, d'autre part, deux pas de vis destinés à recevoir deux règles, graduées en centimètres, dans le prolongement l'une de l'autre; le long de ces règles peuvent glisser, d'un côté, deux curseurs, de l'autre, un curseur unique, portant chacun un petit miroir mobile dans deux plans rectangulaires.

Au delà de la caisse protectrice des lames se trouve la lunette astronomique, disposée pour de petites distances et munie latéralement, au niveau de l'oculaire, de lourdes pièces métalliques destinées à équilibrer l'ensemble de l'instrument par rapport au pied qui le porte.

Le mode opératoire est le suivant. Le sujet dont une cornée doit être mesurée est placé à $1^m,50$ environ de l'instrument, le menton appuyé sur un support fixe, ce qui est un mode de fixation suffisant, étant donné, comme nous l'avons fait remarquer, que de petits mouvements du globe ou de la tête ne gênent nullement pour les mensurations; l'observateur oriente alors l'axe de l'ophtalmomètre de manière que l'image de l'œil observé, lequel

doit viser le point de croisement de deux fils tendus dans l'ouverture
rieure de la caisse, apparaissé dans le milieu du champ.

Une source lumineuse étant située à petite distance au-dessus de
à observer, ainsi que le représen
figure 365 pour un œil artificiel, l'o
vateur oriente successivement cl
des miroirs portés par les règles,
posées d'abord horizontalement, de
nière à renvoyer sur la cornée à me
les rayons émis par la source et réfl
sur ces miroirs. En regardant à tr
la lunette de l'ophtalmomètre, on
çoit alors, au niveau de la cornée,
points lumineux, images virtuelles
source lumineuse. La figure 366 r
sente, en projection horizontale, la d
sition expérimentale, avec la cornée c
source S, l'ophtalmomètre O et ses mi
m, m', m'', et les images cornéennes
source s, s', s''. Les deux miroirs n
doivent, d'ailleurs, être assez rappro
l'un de l'autre pour que les images
respondantes s, s' soient très voisine
qui réalise, comme nous allons le
trer, une bonne condition d'exacti
dans les déterminations.

L'image cornéenne virtuelle à mes
est la distance qui sépare le point l
neux s'' du milieu des deux autres p
s et s'. Or, en manœuvrant le boutor
commande le mouvement des la
chacun de ces points va être dédou
si bien qu'aux trois points lumi
primitifs (fig. 367, I) succédera l'aspe
de la même figure, sur laquelle nous a

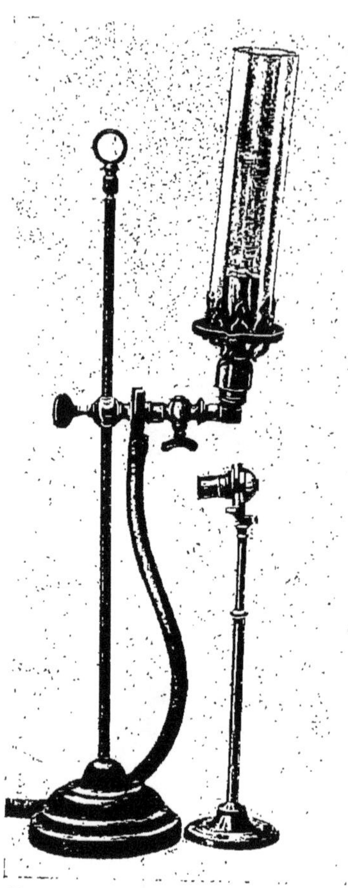

Fig. 365. — Disposition de la source
lumineuse pour une mesure ophtalmométrique.

représenté par des croix celles des images dédoublées qui se déplacent
la gauche, et par de petits cercles celles qui se déplacent vers la dr
L'inclinaison des lames devra être augmentée jusqu'à ce que l'on ait ob
l'aspect III de la même figure; à ce moment, en effet, on aura réalisé le dé
blement de la distance d du point virtuel s'' (fig. 366) au milieu de l'i
valle des deux points s et s'. La lecture de l'angle i d'inclinaison act
des lames permettra de trouver, dans le tableau de graduation de l
trument, la distance d qui devra être substituée à I dans la formule

$$r = \frac{2\mu I}{O}.$$

Quant à l'objet, c'est le double de la distance qui sépare le miroir m'' du milieu de l'intervalle mm'. Chacun des miroirs plans m, m', m'' (fig. 366) donne en effet une image virtuelle s_1, s_1', s_1'' de la source, et la distance, au niveau de la cornée, de s'' au milieu de ss' est dès lors l'image virtuelle de la distance qui sépare s_1'' du milieu σ de $s_1 s_1'$. Les règles qui portent les miroirs étant munies chacune d'une graduation en centimètres dont le zéro est au niveau de l'axe de l'instrument, il suffira, pour avoir la grandeur de l'objet $\sigma s_1''$, de doubler la somme des numéros des divisions qui se trouvent aux niveaux du miroir m'' et du milieu de l'intervalle mm.

La distance p de l'objet $\sigma s_1''$ au miroir cornéen est d'autre part pQ; cette distance est sensiblement le double de la distance Pp de la cornée aux règles de l'instrument.

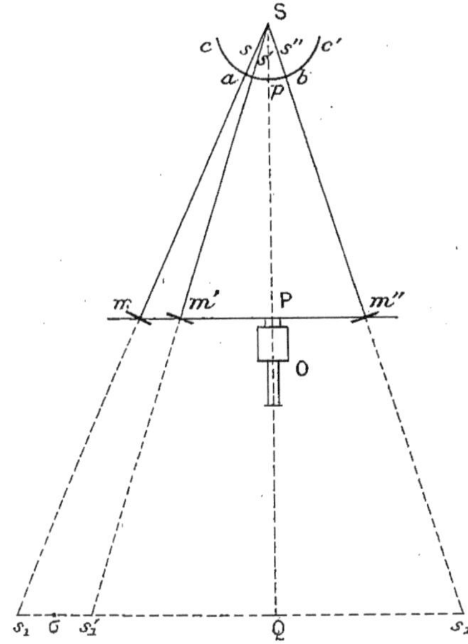

Fig. 366. — Disposition expérimentale pour la détermination de la courbure de la cornée avec l'ophtalmomètre.

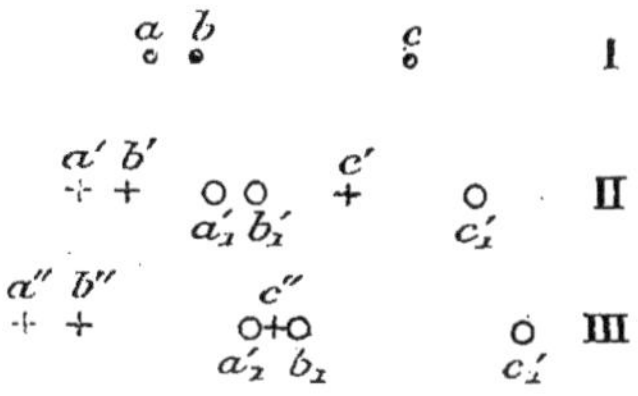

Fig. 367. — Images cornéennes de la source lumineuse dédoublées par l'ophtalmomètre.

Il est donc facile de déterminer les diverses quantités qui entrent dans l'expression de r.

L'emploi de deux miroirs voisins m, m' présente sur celui d'un miroir unique l'avantage de permettre un dédoublement plus exact de la longueur à mesurer. Il est, en effet, plus facile d'amener l'une des images de s'' dédoublé au milieu de l'intervalle de deux images de s et s' (fig. 367, III), que de réaliser la superposition exacte de deux points lumineux.

Les règles et les miroirs sont disposés de telle sorte que les centres de ceux-ci sont au niveau de l'axe de l'instrument. Par suite, au moment d'une mesure, on utilise seulement la réflexion qui se produit dans le méridien cornéen déterminé par le plan qui contient l'axe de l'ophtalmomètre et les centres des miroirs ; dans ce méridien même, qui est représenté en cc' sur la figure 366, il y a que la portion ab qui intervienne. Le nombre trouvé pour r est donc en quelque sorte le rayon de courbure moyen des régions a et b du méridien cornéen défini comme nous venons de le dire.

Cette partie ab du méridien cornéen est d'ailleurs située de part et d'autre du point par où la ligne visuelle antérieure pénètre dans l'œil, si celui-ci fixe le point de croisement des fils dont il a été parlé ci-dessus. Comme cette région du dioptre cornéen est seule utilisée dans la vision directe, c'est à ce niveau qu'il importe, tout d'abord au moins, de mesurer la courbure. L'exploration des régions périphériques du même méridien cornéen peut d'ailleurs être faite en faisant successivement fixer par l'œil observé des points situés, au niveau des centres des miroirs, à diverses distances de l'axe de l'instrument; on déduit alors des résultats trouvés la forme du méridien cc'.

Au point de vue plus spécial de la détermination des éléments de l'astigmatisme, c'est la mesure de la courbure moyenne des divers méridiens, de part et d'autre de p, qu'il importe de déterminer. Or la pièce qui s'engage dans l'ouverture antérieure de la caisse des lames de verre de l'instrument, et qui porte les deux règles à miroir, est mobile autour de l'axe de l'instrument. Il est donc possible d'orienter la ligne des centres des miroirs dans un méridien quelconque, dont on déterminera la courbure centrale en répétant les opérations indiquées plus haut. La graduation en degrés dont est munie la pièce mobile permet, d'autre part, d'apprécier l'orientation du méridien dans lequel on opère.

L'orientation et la courbure des méridiens principaux, c'est-à-dire les éléments de l'astigmatisme, peuvent donc être déterminées objectivement avec l'ophtalmomètre de Helmholtz ; mais ce résultat ne peut être obtenu que par d'assez nombreuses mensurations que l'on ne peut songer à effectuer dans la pratique courante. Aussi la détermination pratique de ces éléments de l'astigmatisme, même après la construction de l'ophtalmomètre, fut-elle pendant de longues années exclusivement effectuée par la méthode subjective de Donders que nous décrirons dans le chapitre suivant.

Ophtalmomètre de Landolt (1). — Cet instrument, décrit en 1876, était une heureuse simplification de celui de Helmholtz, mais l'exactitude en était moins grande.

Le dédoublement était obtenu au moyen de deux prismes en verre de même angle, mais tournés en sens inverse, disposés l'un au-dessus de l'autre, comme les lames de verre de l'instrument précédemment décrit. L'objet est ici limité par deux lampes distantes de 1 mètre et la tige qui les porte est elle-même située à 1 mètre de la cornée à mesurer. Un petit miroir incliné à 45° par rapport à l'axe de la cornée permet d'observer celle-ci par réflexion, suivant une direction perpendiculaire à l'axe cornéen, et c'est suivant cette direction que sont disposés les deux prismes tournés en sens inverse et destinés au dédoublement de l'image cornéenne. La tangence des images dédoublées est d'ailleurs obtenue, dans chaque cas, en déplaçant les prismes par rapport à la cornée, ou, mieux, par rapport à son image donnée par le miroir plan; la valeur du dédoublement dépend en effet de la distance des prismes à l'objet à dédoubler, et l'on conçoit que l'on puisse doter la tige, sur laquelle les prismes se déplacent, d'une graduation expérimentale de laquelle, au moyen d'une simple lecture, on déduira la grandeur de l'image cornéenne que l'on aura dédoublée lors d'une détermination de courbure.

____

(1) De Wecker et Landolt, *Traité complet d'ophtalmologie.*

L'ophtalmomètre de Landolt eût probablement pris place dans l'outillage pratique ophtalmologique, si, en 1880, Javal et Schiötz n'eussent imaginé l'instrument que nous allons décrire et qui est aujourd'hui d'un emploi courant dans la pratique de l'oculistique.

Ophtalmomètre de Javal et Schiötz (1). — Le principe est identique à celui de l'instrument de Helmholtz; c'est toujours par le dédoublement exact que l'on mesure la grandeur d'une image virtuelle cornéenne, mais l'appareil dédoublant est ici formé par un prisme de Wollaston.

On sait d'ailleurs qu'un tel prisme est constitué par deux prismes de quartz, l'un, PQR, taillé de telle sorte que son axe soit parallèle à PR, l'autre, RSQ, accolé au premier et taillé de telle sorte que l'axe soit parallèle aux arêtes. Dans ces conditions, un rayon incident AI, perpendiculaire

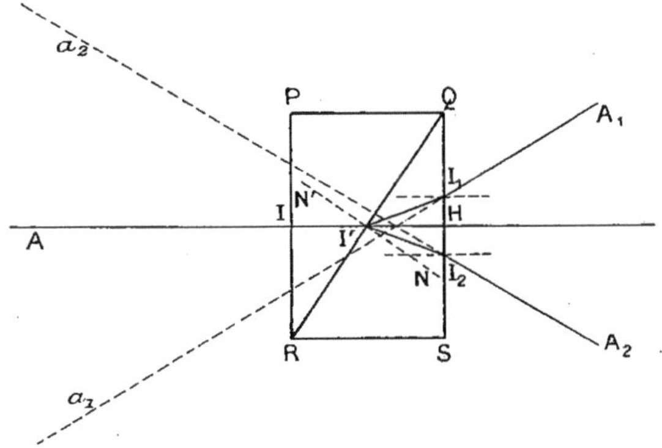

Fig. 368. — Action biréfringente du prisme de Wollaston de l'ophtalmomètre de Javal et Schiötz.

à la face d'entrée PR, traverse le prisme PQR sans déviation, tout en se divisant en deux rayons, ordinaire et extraordinaire, superposés quant à leur direction de propagation, mais polarisés à angle droit. En pénétrant en I' dans le second prisme, ces deux rayons se sépareront et donneront chacun un seul rayon réfracté, par suite de l'orientation de leur vibration par rapport à la section principale de ce second prisme ; de ces deux rayons réfractés, d'ailleurs, l'un, I'I₁, s'éloignera de la normale I'N, tandis que l'autre, I'I₂, s'en rapprochera d'un angle égal à celui dont le précédent s'est éloigné. Les deux rayons arrivent donc sur la face d'émergence, en I₁ et en I₂, sous la même incidence, ils s'y réfractent et prennent, dans l'air, des directions I₁A₁, I₂A₂ également inclinées par rapport à AI. Un observateur qui recevrait simultanément ces deux rayons verrait donc deux images a_1, a_2 d'un point lumineux unique A, comme en regardant le même point à travers les lames de l'instrument de Helmholtz.

Mais on voit que l'intervalle qui sépare les deux images a_1, a_2 dépend de la distance à laquelle ces images se forment en arrière du prisme biréfrin-

(1) *Mémoires d'ophtalmométrie*, annotés et précédés d'une introduction par E. Javal. Paris, 1891.

gent et, par suite, de la distance à laquelle se trouve l'objet A par rapport à ce prisme. E. Javal et son élève Schiötz ont remédié à ce fait en rendant invariable, comme on le verra, la position de l'objet A, c'est-à-dire, en réalité, la position de la cornée à mesurer, par rapport à l'instrument.

D'autre part, le prisme de Wollaston produisant un effet dédoublant constant, Javal et Schiötz ont rendu variable à volonté la grandeur de l'objet dont on doit mesurer l'image par réflexion sur la cornée.

Dans l'instrument de Javal et Schiötz, le prisme de Wollaston P (fig. 369) est placé entre deux lentilles objectives LL', L_1L_1' dont les distances focales sont égales entre elles et à 270 millimètres, et l'image cornéenne à mesurer doit se trouver au foyer principal F de la première. La marche des rayons dans ce système réfringent complexe est alors la suivante.

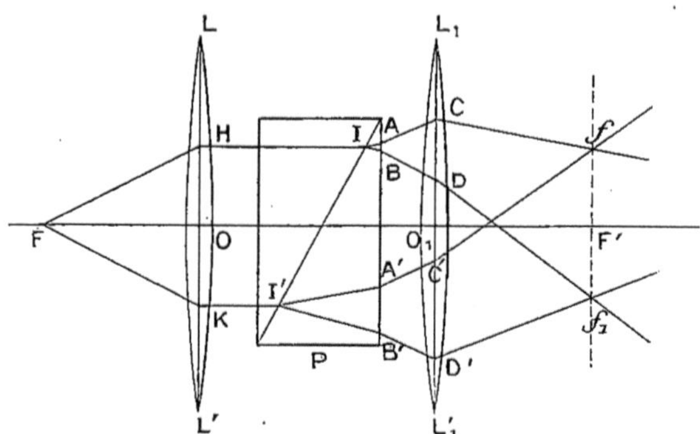

Fig. 369. — Dédoublement d'un objet par l'ensemble de l'objectif de l'ophtalmomètre de Javal et Schiötz.

Le faisceau incident HFK devient, par son passage à travers la lentille, un faisceau parallèle qui arrive dans cet état jusque sur la surface commune aux deux prismes de quartz accolés. Le second de ces prismes dédouble ce faisceau incident en deux faisceaux parallèles qui, à leur sortie du prisme de Wollaston, donnent deux faisceaux CAA'C', DBB'D', constitués encore par des rayons parallèles et également inclinés sur l'axe FF' du système réfringent. Les rayons de chacun de ces faisceaux iront concourir les uns en f, les autres en f_1 dans le plan focal de la seconde lentille L_1L_1'; pour obtenir ces points f, f_1, il suffit d'ailleurs de mener par O_1 deux parallèles à la direction commune des rayons des deux faisceaux jusqu'à la rencontre avec le plan focal mené par F'.

On voit que l'intervalle ff_1 des deux images du point lumineux F ne dépend nullement de la distance qui sépare les deux lentilles, pas plus que de la position du prisme entre ces lentilles, mais seulement de l'action biréfringente, c'est-à-dire de l'épaisseur du prisme, et de la distance focale O_1F'. Dans l'instrument de Javal et Schiötz, cette épaisseur et cette distance focale ont été choisies de telle sorte que l'intervalle ff_1 soit égale à 3 millimètres.

Soit dès lors un objet de 3 millimètres placé en F perpendiculairement à l'axe FF'. Le système des deux lentilles, si elles existaient seules, donnerait de cet objet une image de grandeur égale à 3 millimètres et située en F', ainsi qu'il est facile de s'en assurer par la construction ordinaire. Or le prisme biréfringent de Wollaston ne produit aucun effet de réfraction sphérique et dédouble seulement chaque faisceau incident de rayons parallèles qui lui arrive en deux autres faisceaux de rayons parallèles qui vont respectivement concourir en f et en f'_1, distants de 3 millimètres. A chacun des points de l'objet situé en F correspondront donc deux images distantes de 3 millimètres et il existera par suite, dans le plan focal passant par F', deux images de l'objet déplacées de 3 millimètres l'une par rapport à l'autre. Ces images étant d'ailleurs égales en grandeur à l'objet, elles seront tangentes l'une à l'autre, c'est-à-dire exactement dédoublées.

D'autre part, il existe dans le plan focal f_1 de l'instrument deux fils réticulaires pour lesquels l'observateur doit tout d'abord mettre au point en relâchant son accommodation et en donnant à l'oculaire, mobile à cet effet, une position convenable. Cette première mise au point effectuée, l'observateur

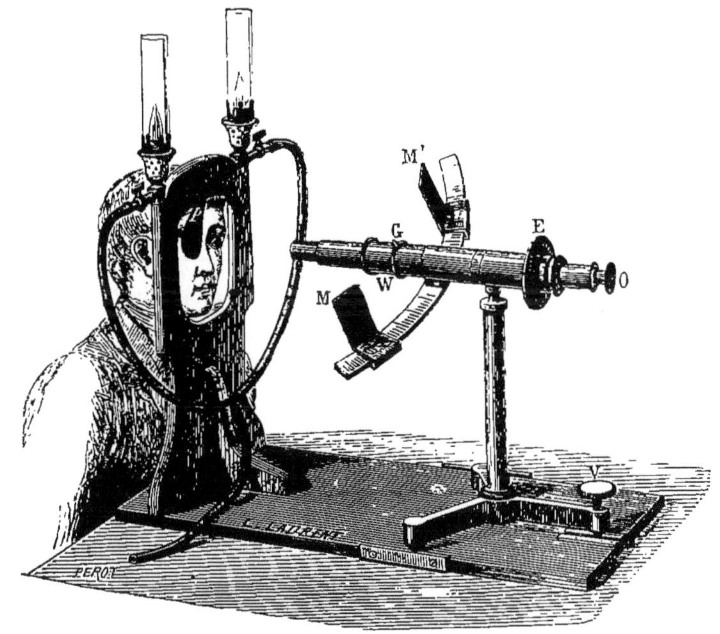

Fig. 370. — Ophtalmomètre de Javal et Schiötz, modèle de 1880.

devra en effectuer une seconde par un déplacement de l'appareil tout entier (fig. 370) jusqu'à voir avec netteté, en maintenant le relâchement de l'accommodation, les images dédoublées des images catoptriques cornéennes dont il sera bientôt question. On a ainsi un moyen de reconnaître si les images dédoublées se trouvent dans le plan focal ff_1 et, par suite, si l'image cornéenne à mesurer est bien en F (fig. 369), condition nécessaire pour l'exactitude des déterminations.

L'ensemble de la lunette dont nous venons d'indiquer la composition est porté sur une colonne munie de trois pieds, reposant sur une planchette; l'un de ces pieds est muni d'une vis V, dont l'extrémité inférieure s'engage dans une rainure, et qui sert à incliner la lunette pour la diriger vers l'œil à examiner.

L'objet dont on doit mesurer l'image par réflexion sur la cornée ou, plus exactement, les extrémités de cet objet sont constituées par deux mires M et M' en émail blanc sur fond noir, dont nous indiquerons plus loin la forme et les dimensions, et qui sont portées par deux curseurs mobiles sur un arc de cercle gradué; cet arc de cercle remplace les règles de l'ophtalmomètre de Helmholtz et a son centre au foyer F (fig. 369) de la lentille objective antérieure. Il est ainsi facile, par des mouvements convenables des curseurs, de donner à l'objet, dans chaque détermination, une dimension telle que les deux images vues dans le plan focal ff_1 (fig. 369) soient exactement dédoublées, c'est-à-dire soient telles que l'image catoptrique cornéenne de cet objet soit égale à 3 millimètres.

Enfin, le sujet sur lequel doivent être faites des mensurations appuie le menton et le front sur le pourtour d'un cadre vertical disposé en face de l'instrument. L'observateur oriente alors la lunette vers la cornée à mesurer, puis met au point en déplaçant l'ensemble de l'instrument et effectue la mesure de la courbure cornéenne comme il sera dit plus loin, lorsque nous aurons indiqué d'abord l'ingénieuse graduation dont l'instrument a été doté.

Relation entre le phénomène de réflexion mesuré par l'ophtalmomètre de Javal et Schiötz et l'astigmatisme oculaire. — Tandis que les données directes fournies par l'ophtalmomètre de Helmholtz sont les valeurs des rayons de courbure de méridiens de la cornée, l'instrument de Javal et Schiötz fait directement connaître, par une simple lecture, le degré, exprimé en dioptries, de l'astigmatisme cornéen; ce résultat est d'ailleurs obtenu grâce à la graduation de l'instrument. On conçoit sans doute, *a priori*, qu'il puisse en être ainsi, puisque l'astigmie et son degré dépendent directement des valeurs des courbures cornéennes; mais il est indispensable d'établir d'abord d'une façon précise la relation qui existe entre le phénomène catoptrique, directement mesuré par l'ophtalmomètre (grandeur d'une image obtenue par réflexion sur la cornée), et le phénomène dioptrique dont on veut, en définitive, connaître la valeur (degré de l'astigmatisme cornéen). C'est, croyons-nous, parce que cette relation n'est pas, en général, établie d'une façon assez explicite dans tous ses détails, que la valeur des indications de l'ophtalmomètre de Javal et Schiötz a été quelquefois contestée à tort.

Considérons d'abord le cas d'un œil aphaque et soient O_1 et O_2 les deux objets, c'est-à-dire les deux distances des mires qui, lorsque l'arc de l'ophtalmomètre est orienté successivement dans les deux méridiens principaux, ont une image cornéenne de même grandeur I; soient encore p la distance constante de ces objets (arc qui porte les mires) au sommet de la cornée (distance égale à 290 millimètres dans l'ophtalmomètre de Javal et Schiötz), et r_1, r_2 les rayons de courbure des méridiens principaux du dioptre cornéen. On sait que l'on a

$$\frac{I}{O_1} = \frac{r_1}{2p + r_1}$$

et

$$\frac{I}{O_2} = \frac{r_2}{2p + r_2},$$

d'où l'on tire facilement

$$(1) \qquad \frac{1}{r_2} - \frac{1}{r_1} = R_2 - R_1 = \frac{1}{2pI}(O_2 - O_1),$$

R_1 et R_2 représentant les rayons de courbure exprimés en dioptries.

Passons maintenant à l'évaluation de l'astigmatisme cornéen.

Si nous considérons un rayon incident quelconque A_1I_1 (fig. 371), contenu

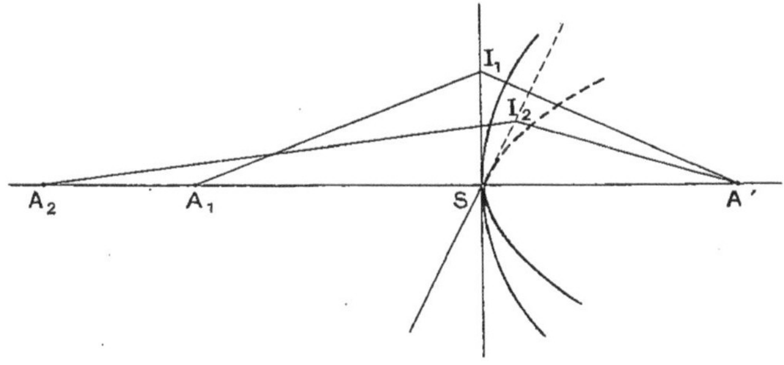

Fig. 371. — Relation entre le phénomène catoptrique mesuré par l'ophtalmomètre de Javal et Schiötz et le degré d'astigmatisme cornéen.

dans le plan vertical, que nous supposerons être un méridien principal, et le rayon réfracté correspondant I_1A', il existera toujours, dans le méridien horizontal, un rayon A_2I_2 qui, après réfraction dans ce méridien, ira rencontrer l'axe au même point A' que le rayon réfracté I_1A'. Dès lors, si nous posons

$$A_1S = p_1, \qquad A_2S = p_2, \qquad A'S = p'$$

et si nous représentons par n l'indice du milieu réfringent intra-oculaire par rapport à l'air, on aura

$$\frac{1}{p_1} + \frac{n}{p'} = \frac{n-1}{r_1} \qquad \text{pour le méridien vertical,}$$

et

$$\frac{1}{p_2} + \frac{n}{p'} = \frac{n-1}{r_2} \qquad \text{pour le méridien horizontal,}$$

d'où, en retranchant membre à membre,

$$(2) \qquad \frac{1}{p_2} - \frac{1}{p_1} = (n-1)\left(\frac{1}{r_2} - \frac{1}{r_1}\right),$$

ou, en exprimant p_1, p_2, r_1, r_2 en dioptries,

$$P_2 - P_1 = (n-1)(R_2 - R_1).$$

Si l'on substitue à $R_2 - R_1$ sa valeur donnée par (1), il vient

$$(3) \qquad P_2 - P_1 = \frac{n-1}{2pI}(O_2 - O_1),$$

relation qui exprime qu'il y a proportionnalité entre $P_2 - P_1$ et $O_2 - O_1$, p et I étant invariables dans l'instrument. Cette relation est d'ailleurs générale et s'applique à tous les couples de points dont les images par réfraction, à travers l'un et l'autre des méridiens principaux, coïncident. Si donc l'image commune A′ est située sur la rétine, c'est-à-dire si les points A_1 et A_2 sont les punctum remotum des méridiens principaux, la relation (3) sera encore vraie. Or, dans ce cas, la différence $P_2 - P_1$ n'est autre chose que le degré de l'astigmatisme cornéen, en prenant toutefois pour origine des distances, non pas le foyer principal antérieur de l'œil, comme il faudrait le faire pour se conformer à la définition du degré d'astigmatisme, mais le sommet de la cornée. On commet sans doute ainsi une erreur ; toutefois cette erreur est négligeable dans tous les cas où ni l'un ni l'autre des méridiens principaux ne présente un degré élevé d'amétropie, et il suffit de l'avoir signalée.

A ce degré d'exactitude près, et dans le cas d'un œil aphaque, le degré de l'astigmie est proportionnel à la différence de grandeur $O_2 - O_1$ des deux objets dont les images cornéennes dans les plans des deux méridiens principaux sont égales entre elles ; le degré de l'astigmie peut donc être mesuré par $O_2 - O_1$ et c'est là, en quelque sorte, le principe de la graduation de l'instrument.

Il en est encore de même pour un œil pourvu de son cristallin.

En effet, le cristallin, supposé sphérique, ne fait concourir en un même point que des rayons qui sont déjà homocentriques lorsqu'ils lui arrivent. Par suite, les punctum remotum des deux méridiens principaux de l'œil complet, points dont les rayons, après réfraction dans chacun des méridiens de cet œil, doivent se rencontrer en un même point de la rétine, sont aussi des points dont les rayons, après réfraction à travers la cornée seule et dans les méridiens principaux de ce dioptre, iront simultanément concourir en un même foyer conjugué. Ces punctum remotum font donc partie des couples de points pour lesquels la relation (2) existe, et, par suite, pour l'œil pourvu de cristallin, il y a encore proportionnalité entre le degré de l'astigmatisme $P_2 - P_1$ et la différence $O_2 - O_1$.

Une remarque doit encore être faite ici. Nous venons de rapporter le principe de la graduation de l'ophtalmomètre de Javal et Schiötz à la proportionnalité qui existe entre le degré de l'astigmatisme $P_2 - P_1$ et la différence $O_2 - O_1$ entre les dimensions des objets dont les images catoptriques cornéennes, obtenues dans les deux méridiens principaux, ont même grandeur. Dans divers traités ou mémoires, au contraire, on donne comme principe de la graduation la proportionnalité entre $P_2 - P_1$ d'une part et la différence $F_2 - F_1$

des distances focales antérieures F_2 et F_1 de la cornée dans ses deux méridiens principaux, distances exprimées en dioptries. Cette proportionnalité existe, puisqu'elle n'est autre chose que la traduction en langage ordinaire de la relation (2) établie plus haut, et rien ne s'oppose à ce que l'on y voie le principe même de la graduation. Mais quelques-uns ont tort de se laisser abuser par une similitude d'expressions algébriques, de traduire ces expressions semblables par les mêmes termes, et d'attribuer alors implicitement à ces termes une identité de signification, ce qui peut conduire à des conséquences absolument erronées. En réalité, c'est pour avoir ainsi péché par défaut de définition précise et préalable des termes employés que l'on a cru démontrer que le degré d'astigmatisme déterminé avec l'ophtalmomètre de Javal et Schiötz est supérieur d'un quart à sa valeur vraie ; les objections faites à la démonstration spécieuse de ce résultat inattendu ne paraissent pas avoir suffisamment mis en évidence le point même où l'erreur de raisonnement a été commise, point qu'il est facile de préciser.

La formule des foyers conjugués renferme l'inverse de la distance focale unique, ou les inverses des deux distances focales, suivant qu'il s'agit d'une lentille, système équifocal, ou de la cornée, système inéquifocal. Depuis l'adoption de la série métrique des verres, l'expression $\frac{1}{f}$ appliquée à une lentille est appelée indifféremment le numéro, le pouvoir dioptrique, le pouvoir réfringent, la force réfringente, etc., de cette entille. La plupart des auteurs ont alors appliqué les mêmes appellations aux expressions algébriques semblables $\frac{1}{f_1}$, $\frac{1}{f_2}$ relatives aux systèmes inéquifocaux, croyant juste de désigner par les mêmes noms des expressions algébriques semblables ; cela serait permis s'il ne s'agissait en l'espèce que d'une commodité plus grande du langage, mais ce devient une erreur dès que l'on attribue à ces termes la même signification, non précisée d'ailleurs, dans les deux cas des systèmes équifocaux et inéquifocaux. Or, A. Imbert a montré que l'expression $\frac{1}{f}$ représente l'angle de déviation qu'un système équifocal, une lentille en particulier, imprime à tout rayon qui le traverse. Cet angle, constant pour un même système équifocal, quelle que soit la direction du rayon incident, varie d'un système à l'autre, et peut dès lors servir à caractériser chaque système dioptrique équifocal ; c'est ce que l'on a fait en réalité en numérotant les verres en dioptries et c'est encore cette signification géométrique de l'expression $\frac{1}{f}$ qui explique la correspondance existant entre les dioptries et les angles métriques.

Mais les expressions $\frac{1}{f_1}$ et $\frac{1}{f_2}$ relatives à un système inéquifocal ne sont plus susceptibles de la même interprétation géométrique ; la déviation qu'un tel système réfringent imprime à un rayon lumineux qui le traverse dépend, en effet, de l'incidence de ce rayon, et il n'existe dès lors aucune analogie entre les significations d'expressions cependant semblables algébriquement. Weiss, d'ailleurs, a montré que si l'on considère, non plus les expressions $\dfrac{1}{f_1}$ et $\dfrac{1}{f_2}$, mais $\dfrac{m_1}{f_1}$ et $\dfrac{m_2}{f_2}$, m_1 et m_2 étant les indices de réfraction absolus (indices par rapport au vide) du premier et du dernier milieu du système inéquifocal, ces nouvelles expressions représentent l'une et l'autre le diamètre apparent de l'image, donnée par le système inéquifocal, d'un objet situé en l'un ou l'autre des foyers principaux. Ces expressions $\dfrac{m_1}{f_1}$ et $\dfrac{m_2}{f_2}$ de valeur égale, et que Weiss propose d'appeler *puissance* du système, peuvent être employées pour caractériser celui-ci, au même titre que $\dfrac{1}{f}$ est utilisé pour caractériser un système inéquifocal ; mais on voit que les deux systèmes de numérotage sont absolument distincts entre eux quant à leur signification précise.

Il ne résulte de ces considérations aucune raison pour s'abstenir d'exprimer en dioptries une longueur quelconque, rayon de courbure, distance focale antérieure de la cornée, etc. ; mais il faut se garder de croire que tout nombre de dioptries, quelle que soit sa provenance, peut être comparé à un pouvoir dioptrique de lentille exprimé également en dioptries, car ce dernier nombre a alors une signification particulière et exclusive que l'on ne peut attribuer au premier. On éviterait toute confusion si les ophtalmologistes décidaient d'attribuer des appellations différentes à des expressions qui, bien qu'algébriquement semblables, ont cependant des significations absolument distinctes.

Graduation de l'ophtalmomètre de Javal et Schiötz. — Nous avons dit que l'objet dont on mesure l'image cornéenne était limité par deux mires, blanches sur fond noir, mobiles sur un arc de cercle ayant son centre au foyer principal de la première lentille objective, point où doit, d'autre part, se trouver la cornée à examiner. Nous supposerons pour le moment que ces mires se réduisent chacune à un point.

Les objets O_2 et O_1 étant ainsi des arcs de cercle, il est rationnel de mesurer leur grandeur en fonction de la longueur a du degré de la circonférence sur laquelle ils se trouvent. Si donc on représente par N_2 et N_1 les nombres de degrés qui existent entre les deux mires lorsque l'image cornéenne de leur distance est exactement dédoublée dans l'un et l'autre des méridiens principaux de la cornée, on aura

$$O_1 = N_1 a,$$
$$O_2 = N_2 a$$

et, par suite,

$$O_2 - O_1 = a\,(N_2 - N_1).$$

En portant cette valeur dans l'équation (3) de la page 586, il vient

$$P_2 - P_1 = \frac{n-1}{2p\mathrm{I}}\,a\,(N_2 - N_1),$$

ce qui montre que le degré d'astigmie à déterminer $P_2 - P_1$ est proportionnel à la différence $N_2 - N_1$.

On conçoit qu'on réaliserait un degré plus grand de simplicité dans la graduation, si le coefficient de proportionnalité $\dfrac{n-1}{2p\mathrm{I}}\,a$ était égal à l'unité; pour qu'il en soit ainsi, il faut que l'on ait

$$\frac{n-1}{2p\mathrm{I}}\,a = 1,$$

où a peut être remplacé par $\dfrac{2\pi p}{360}$, p étant en effet le rayon de la circonférence dont a est la longueur du degré. La condition précédente, dans laquelle on remplace a par cette valeur, conduit à

$$\mathrm{I} = \frac{(n-1)\pi}{360} = 0^{\mathrm{m}},00294.$$

Si donc on choisit l'épaisseur du prisme biréfringent de l'instrument de telle sorte qu'il dédouble exactement une image cornéenne égale à $2^{\mathrm{mm}},94$ (en nombre rond 3 millimètres) placée au foyer principal antérieur de la première lentille objective, le degré d'astigmatisme $P_2 - P_1$ sera exprimé en dioptries par le même nombre que celui $N_2 - N_1$ qui exprime en degrés la différence de grandeur des deux objets O_2 et O_1 dont les images cornéennes, dans les méridiens principaux, sont toutes deux égales entre elles et à 3^{mm}. Telle est la raison pour laquelle Javal et Schiötz ont fait choix d'un prisme de Wollaston dédoublant un objet de 3 millimètres situé au foyer antérieur de la première lentille objective. Il suffira, dans ces conditions, de graduer l'arc des mires en degrés; ces divisions correspondront à des dioptries, en ce qui concerne l'astigmatisme cornéen.

Le rayon p de la circonférence de l'arc des mires a d'ailleurs été choisi de telle sorte qu'un degré de cet arc ait une longueur de 6 millimètres dans l'ancien modèle de l'instrument et de 5 millimètres dans le modèle de 1895. Ce rayon p doit donc satisfaire à la condition

$$6^{\mathrm{mm}} = \frac{2\pi p}{360} \quad \text{ou} \quad 5^{\mathrm{mm}} = \frac{2\pi p}{360},$$

d'où

$$p = 340^{\mathrm{mm}} \quad \text{ou} \quad p = 286^{\mathrm{mm}},5.$$

En réalité, Javal a inscrit sur l'arc de cercle qui porte les mires, en face des divisions en degrés, non les nombres de degrés correspondant à un zéro qui se trouverait au niveau de l'axe de la lunette, par exemple, mais des nombres représentant le quotient $\dfrac{n-1}{r}$, r étant le rayon de courbure de la cornée. Voici comment ces nombres ont été calculés.

Si O est l'objet dont l'image cornéenne I est égale à 3 millimètres, le rayon de courbure du méridien dans lequel la réflexion a lieu est très sensiblement donné par l'expression

$$r = \frac{2pl}{0}.$$

Si, par exemple, pour un méridien d'une certaine cornée, les mires sont distantes l'une de l'autre de 40°, on aura pour rayon de courbure de ce méridien

$$r = \frac{2 \times 286,5 \times 3}{40 \times 5} = 8^{mm},09.$$

L'expression $\frac{1}{f} = \frac{n-1}{r}$, pour ce méridien, est alors

$$\frac{n-1}{8,09} = \frac{0,3375}{8,09} = 41,72,$$

en adoptant le nombre 1,3375 comme indice de l'humeur aqueuse. Ce dernier nombre a d'ailleurs été adopté par Javal parce que, pour un rayon de $7^{mm},5$, l'expression $\frac{n-1}{r}$ correspond alors exactement à 45 dioptries. Le nombre 41,72 représente la mesure, en dioptries, de la distance focale antérieure $\frac{n-1}{r}$ du méridien considéré, et c'est celui que l'on a inscrit sur l'arc des mires, au lieu de celui qui eût indiqué le nombre de degrés qui séparent la position de l'une des mires du zéro de la graduation.

Pour chaque détermination faite dans un méridien principal cornéen, on peut connaître ainsi, par une simple lecture, la valeur en dioptries de la distance focale antérieure de ce méridien. La connaissance de ce nombre présente sans doute quelque intérêt; mais nous croyons, par contre, que l'inscription de ce nombre de dioptries, correspondant à l'inverse d'une distance focale, a contribué à faire naître, dans l'esprit de quelques-uns, l'idée, fausse comme nous l'avons fait remarquer, d'une identité de signification avec le pouvoir dioptrique des lentilles. L'inscription de la longueur du rayon de courbure 8,09, au lieu et place de ce nombre de dioptries, n'eût pas, croyonsnous, fait naître cette confusion.

Forme des mires de l'ophtalmomètre. — Avec des mires constituées, comme nous l'avons supposé, par deux points blancs, la détermination du degré d'astigmie eût nécessité les opérations suivantes : l'arc étant orienté dans l'un des méridiens principaux, amener les mires à une distance telle l'une de l'autre que l'image de cette distance soit exactement dédoublée et lire le nombre N de degrés par lesquels cette distance est mesurée; répéter la même opération dans le méridien principal perpendiculaire au précédent et noter le nombre N' correspondant ; le degré d'astigmie eût été égal à N' — N.

Grâce à la forme que Javal a ingénieusement donnée aux mires, la détermination de ce degré d'anomalie est encore plus simple.

L'une de ces mires, en effet, dans l'ancien modèle de l'instrument, avait la

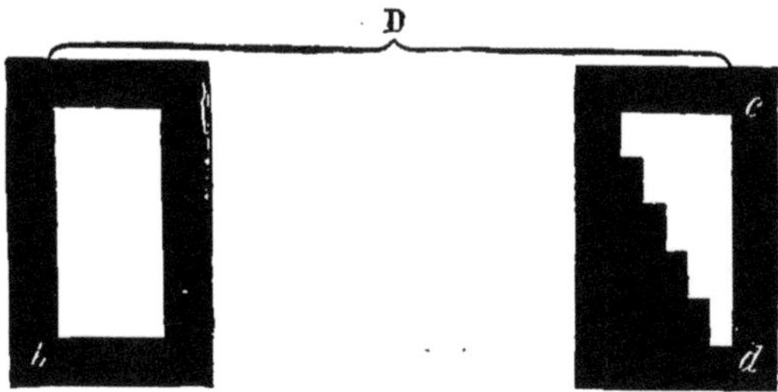

Fig. 372. — Formes des mires de l'ophtalmomètre de Javal et Schiötz, modèle de 1880.

forme d'un rectangle en émail blanc sur fond noir (fig. 372, *b*), tandis que l'autre affectait la forme d'un triangle rectangle (fig. 372, *d*) dont l'hypoténuse

Fig. 373. — Ophtalmomètre de Javal et Schiötz, modèle de 1895.

présentait une série de marches en retrait l'une par rapport à l'autre de 6 millimètres, c'est-à-dire de la largeur d'un degré de l'arc.

Chacune des mires est dédoublée par le prisme de l'instrument et l'on a, pour une position quelconque de ces mires, deux rectangles et deux triangles isolés les uns des autres. On oriente l'arc dans le méridien de courbure minima

et l'on règle la distance des mires de manière que les images internes du rectangle et du triangle soient exactement juxtaposées et que l'aspect soit donc celui de la figure 374. Si l'on tourne alors l'arc de manière à l'orienter dans le méridien principal perpendiculaire, dont la

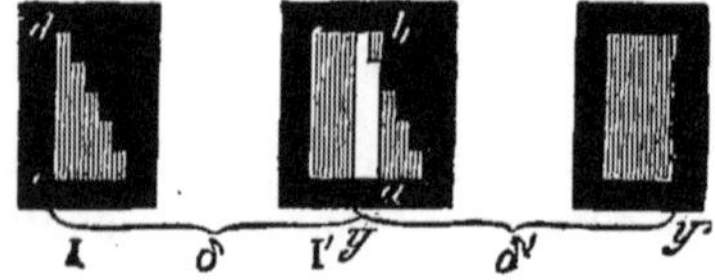

Fig. 374. — Position initiale (tangence) des mires.

Fig. 375. — Empiétement des mires dans le cas d'un astigmatisme de 2 dioptries.

courbure est minima, les images internes des mires empiètent l'une sur l'autre (fig. 375). Si l'on voulait rétablir la tangence comme sur la figure 374, il faudrait déplacer l'une des mires sur l'arc d'un nombre de degrés égal au nombre des marches d'empiétement, puisque la largeur d'une marche

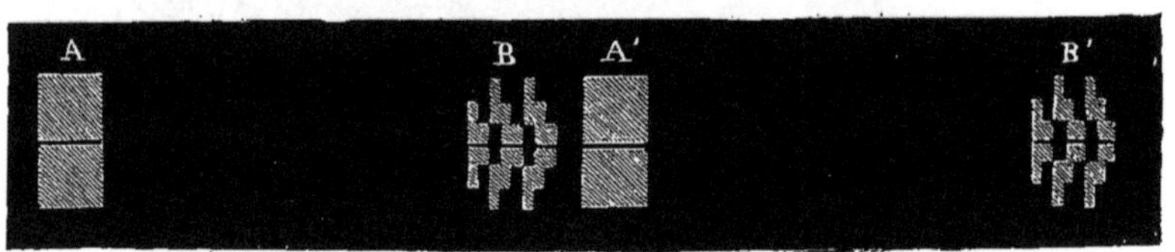

Fig. 376. — Forme des mires du nouveau modèle (1895) de l'ophtalmomètre de Javal et Schiötz; aspect des mires dédoublées.

est égale à la largeur d'un degré; le degré d'astigmie serait en outre égal au nombre de degrés dont l'une des mires aurait dû être déplacée; ce même degré, qu'il s'agit de déterminer, est donc égal au nombre de marches dont les mires empiètent.

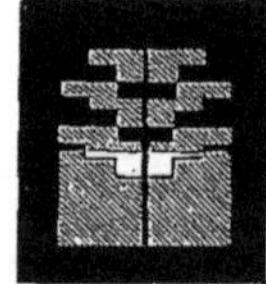

Fig. 377. — Position initiale (tangence) des mires.

Fig. 378. — Empiétement des mires dans le cas d'un astigmatisme de 1ᵈ,5.

Dans le modèle de 1895, les parties blanches des mires ont la forme que l'on voit sur la figure 376; la figure 377 représente l'aspect des images internes de ces mires amenées au contact dans le méridien horizontal de courbure maxima, et la figure 378, qui montre un empiétement de deux marches dans le méridien vertical, correspond à un astigmatisme de 1,5 dioptrie. Lorsque c'est le méridien vertical qui présente la courbure maxima, c'est dans ce méridien que l'on établit la juxtaposition des images des mires et l'empiétement se produit alors dans le méridien horizontal.

Détermination des méridiens principaux. — On a vu que l'on doit orienter successivement l'arc des mires dans chacun des méridiens principaux. Or les directions de ces méridiens se reconnaissent à ce que ce sont les seules pour lesquelles les images des mires ne sont pas dénivelées l'une par rapport à l'autre. La raison physique de ce fait tient aux particularités d'orientation du plan tangent à la surface cornéenne le long d'un même méridien principal ou autre.

Soient, en effet, la cornée projetée sur le plan de la figure 379, et MM', NN' les projections des méridiens principaux.

Dans le cas de l'astigmatisme régulier, la cornée, dans sa région utilisée, est assez exactement assimilable à un ellipsoïde à trois axes ; les plans tangents aux divers points d'un même méridien principal sont alors tous perpendiculaires à ce méridien. Par suite, si a et b sont les points du méridien

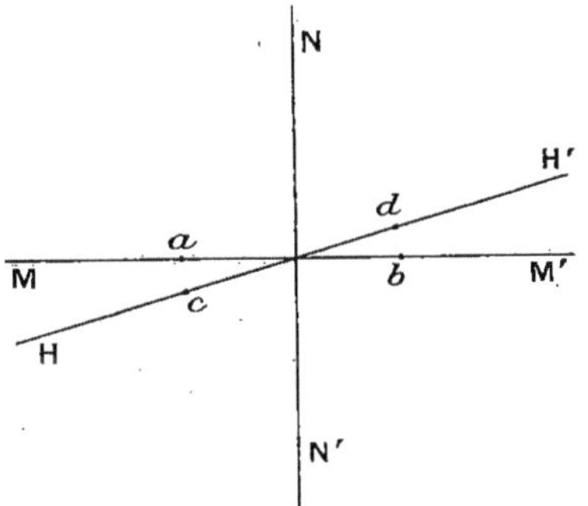

Fig. 379. — Cause du dénivellement des images des mires dans un méridien quelconque d'un œil astigmate.

principal MM' où viennent se réfléchir les rayons qui, partis des mires, arrivent à l'œil observateur, ces rayons réfléchis sont situés, comme les rayons incidents d'où ils proviennent, dans le plan même du méridien considéré, et les images qu'ils fournissent sont dès lors situées au même niveau par rapport à ce plan.

Il en sera de même, et pour la même raison, en ce qui concerne les images obtenues par la réflexion dans le plan de l'autre méridien principal NN' ; mais il en sera autrement quand la réflexion se produit au niveau d'un méridien quelconque HH'.

En effet, si MM' est le plan de courbure minima et NN' le plan de courbure maxima, le plan tangent en c, où se produit la réflexion pour l'une des mires, est incliné, par sa partie supérieure, en avant de la figure par rapport à la direction qu'il aurait s'il était perpendiculaire au plan du méridien HH'. De même, et par raison de symétrie, le plan tangent en d, où se fait la réflexion pour la seconde mire, est incliné, par sa partie inférieure, en avant de la figure par rapport à la direction qu'il aurait s'il était perpendiculaire au plan HH'. Il résulte de là que l'image de la mire réfléchie en c apparaîtra au-dessous du plan HH', tandis que l'image réfléchie en d apparaîtra au-dessus de ce plan, et que ces deux images présenteront, l'une par rapport à l'autre, une certaine dénivellation.

Il sera dès lors facile, en faisant mouvoir l'arc des mires, de déterminer les directions des méridiens principaux. Dans le premier modèle de l'ophtalmomètre de Javal et Schiötz, la dénivellation était appréciée en considérant les bases correspondantes des mires rectangulaire et triangulaire ; dans le modèle de 1895, le même phénomène est apprécié par rapport à des lignes de foi, traits noirs qui barrent les mires au milieu de leur hauteur.

Quand l'un des méridiens principaux aura ainsi été déterminé, on reconnaîtra que ce méridien présente la courbure maxima ou minima suivant que, en orientant l'arc dans l'autre méridien sans toucher aux mires, les images internes de celles-ci, d'abord juxtaposées, s'éloigneront l'une de l'autre ou empiéteront mutuellement.

Largeur et position de l'anneau cornéen utilisé dans les mesures ophtalmométriques. — Les seules régions de la cornée utilisées sont celles où se réfléchissent les rayons qui, partis des mires, tombent, après réflexion, sur l'objectif de l'instrument. Dans chaque méridien, ces régions de réflexion utile forment de petites surfaces de part et d'autre du point où l'axe optique de la lunette prolongé rencontre la cornée ; si des déterminations sont successivement faites dans les divers méridiens cornéens, l'ensemble de ces petites surfaces successivement utilisées forme un anneau dont la situation et la largeur peuvent être, en regardant la cornée comme sphérique, approximativement déterminées ainsi qu'il suit.

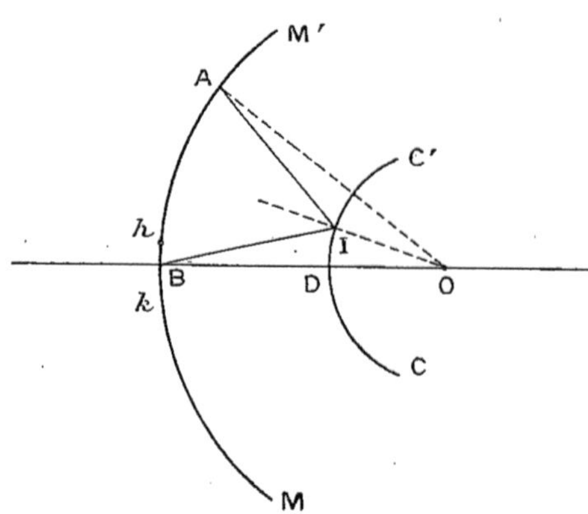

Soient MM′ (fig. 380) l'arc des mires, d'un rayon de 290 millimètres, CC′ la section correspondante de la cornée à laquelle nous attribuerons un rayon de 8 millimètres, BO l'axe de la lunette, A le milieu de l'une des mires, et AI le rayon qui, après réflexion sur la cornée, pénètre dans la lunette par le centre de l'objectif.

Fig. 380. — Détermination du rayon de l'anneau cornéen
utilisé dans une mesure ophtalmométrique.

Dans les déterminations de courbure cornéenne, les mires sont toujours situées chacune à 20° environ de B ; si l'on admet, d'autre part, qu'il y a coïncidence entre le centre de l'arc des mires et le centre de courbure de la cornée, ce que l'on doit s'efforcer de réaliser, il est permis d'attribuer à l'angle AOB une valeur moyenne de 20°. Dans le cas donc où la cornée est sphérique, l'angle IOB sera, par raison de symétrie, la moitié de AOB et correspondra, par suite, à 10°. La longueur de l'arc DI en millimètres sera en conséquence égale à

$$\frac{2\pi \times 8 \times 10}{360},$$

c'est-à-dire égale à environ $0^{mm},7$. La partie moyenne de l'anneau cornéen utilisé est donc une circonférence d'un rayon de $0^{mm},7$ environ autour du point où l'axe de la lunette rencontre la cornée.

D'autre part, m et n (fig. 381) étant les bords de la mire considérée, la largeur de l'anneau sera la distance, mesurée sur la cornée, qui sépare le point I_1, où se réfléchit le rayon parti de m et rencontrant le bord de l'objectif en h, du point I_2, où se réfléchit le rayon parti de n et rencontrant le bord de l'objectif en k.

Pour déterminer la position de I_1, en se plaçant toujours dans le cas d'une cornée sphérique, il faut joindre m et h au centre de courbure O et mener la bissectrice OI_1 de l'angle mOh. Or chaque mire, ayant une largeur de 40 millimètres, occupe sur l'arc MM' un nombre de degrés donné par l'expression

$$\frac{360 \times 40}{2\pi \times 290},$$

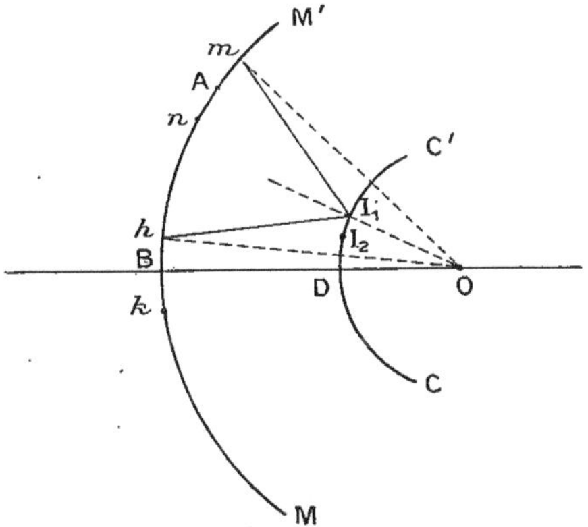

Fig. 381. — Détermination de la largeur de l'anneau cornéen utilisé dans une mesure ophtalmométrique.

c'est-à-dire sensiblement égal à 8. Les points m et n sont donc situés sensiblement à 4° de part et d'autre du milieu A de la mire.

L'objectif ayant d'ailleurs lui-même un diamètre de 40 millimètres, les points diamétralement opposés de ses bords h et k sont également situés à environ 4° de part et d'autre du point B.

On a dès lors, sur la figure,

$$mOB = AOB + mOA = 20 + 4 = 24°,$$
$$hoB = \qquad\qquad\qquad = 4°,$$
$$I_1Oh = \frac{mOh}{2} = \frac{24 - 4}{2} \qquad = 10°,$$
$$I_1OB = I_1Oh + hOB \qquad = 14°.$$

On trouverait, par des considérations analogues, que I_2OB est égal à 6°, si bien que la largeur de l'anneau cornéen utilisé est un arc d'environ $14° - 6° = 8°$, lequel correspond à une longueur en millimètres donnée par l'expression

$$\frac{2\pi 8}{360} \times 8,$$

soit environ 1 millimètre. Cet anneau s'étend par suite à environ $0^{mm},5$ de part et d'autre d'une circonférence dont les points sont environ à $0^{mm},7$ du point où l'axe de la lunette rencontre la cornée.

Quand on fait une détermination avec l'ophtalmomètre, le résultat numérique auquel on arrive représente donc une courbure intermédiaire entre celles qui correspondent à deux portions, diamétralement opposées, de l'anneau que nous venons de déterminer. Si la cornée était une surface symétrique, le nombre trouvé représenterait la vraie courbure correspondante, car cette courbure serait la même dans les deux régions cornéennes utilisées pendant la mesure. Mais il n'en est rien, en réalité, et le nombre fourni par l'instrument est seulement intermédiaire entre les courbures vraies des deux régions, si bien que la dissymétrie de la surface cornéenne est ainsi masquée. Il est nécessaire, pour reconnaître et mesurer ce défaut de symétrie, d'effectuer des mesures sur chaque moitié de la surface cornéenne, et, pour cela, de disposer successivement les deux mires sur chacune des moitiés de l'arc.

D'autre part, l'étendue de la cornée utilisée dans la détermination d'une courbure est plus grande si le diamètre de l'objet, que le prisme biréfringent peut dédoubler, est plus grand. Si donc on veut obtenir des renseignements plus précis sur les variations progressives de courbure, il est nécessaire de faire usage d'un prisme à plus faible dédoublement, mais il faudra mesurer avec une plus grande exactitude la distance, alors moindre, des mires.

Ophtalmomètre de Leroy et Dubois (1). — L'instrument est, dans son ensemble, semblable à celui de Javal et Schiötz, mais l'appareil dédoublant est de nouveau constitué par deux lames de verre, comme dans l'ophtalmomètre de Helmholtz ; ces lames peuvent d'ailleurs être immobilisées sous telle inclinaison que l'on désire, de manière à rendre l'effet dédoublant de l'ordre de grandeur de l'image à mesurer.

L'instrument de Leroy et Dubois est en outre doté d'une graduation analogue à celle de l'ophtalmomètre de Javal et Schiötz, mais pour laquelle il a été tenu compte de l'incidence sur la cornée des rayons utilisés lors d'une détermination, tandis que cette inclinaison a été regardée comme négligeable par Helmhóltz, de même que par Javal et Schiötz. Mais, en réalité, l'erreur qui résulte de l'emploi des formules élémentaires de l'optique est ici très minime, et le mode de graduation plus rigoureux de Leroy et Dubois n'a pas prévalu dans la pratique.

Ophtalmomètre de poche du Dr Reid (2). — C'est une réduction ingénieuse de l'instrument de Javal et Schiötz qui n'a plus ni pied, ni arc, ni mires et dont la longueur ne dépasse pas 10 centimètres.

L'appareil dédoublant est encore un prisme biréfringent, en avant duquel est un prisme à réflexion totale qui renvoie, suivant l'axe de l'instrument, les rayons venus de l'objet constitué par un disque circulaire disposé le long du tube de la lunette et parallèlement à son axe. Le prisme à réflexion totale est neutralisé, suivant l'axe de l'instrument, par un second prisme, de telle sorte que les rayons réfléchis sur la cornée puissent arriver à l'œil observateur situé au delà.

La mobilité des mires et, par suite, la variation du diamètre de l'objet

(1) C.-I.-A. LEROY et R. DUBOIS, Un nouvel ophtalmomètre pratique (*Soc. fr. d'opht.*, 1888).

(2) HIGHET, L'ophtalmomètre de poche du Dr Reid (*Arch. d'opht.*, 1892).

dont l'image cornéenne doit avoir une grandeur déterminée sont réalisées grâce à un jeu de disques circulaires de différents diamètres.

L'instrument est tenu dans la main gauche, que l'observateur appuie sur le front de l'observé, et celui-ci est placé de telle sorte que le disque objet puisse être tourné vers une fenêtre. On conçoit que les diamètres des disques qui seront successivement dédoublés dans chacun des méridiens principaux de l'œil dépendent de l'astigmatisme cornéen existant et qu'un tableau de correspondance entre ces diamètres et cet astigmatisme puisse être préalablement établi.

Quant aux directions des méridiens principaux, ce sont celles des axes des ellipses-images des disques circulaires.

Méthodes de Blix, de Gullstrand. — La méthode imaginée par Blix (1), en 1880, présente l'avantage de n'utiliser, pour la mesure du rayon de courbure, qu'une surface très restreinte de la cornée ; elle repose sur ce fait que, dans la réflexion sur une surface sphérique, l'image coïncide avec l'objet lorsque celui-ci se trouve sur la surface réfléchissante ou en son centre de courbure.

Blix utilise ces phénomènes particuliers de la réflexion en employant deux lentilles accouplées sous un certain angle, de telle sorte que leurs foyers antérieurs coïncident. Ces lunettes étant disposées symétriquement par rapport au plan tangent à la portion de cornée dont on veut connaître la courbure, l'une d'elles sert à faire former en son foyer antérieur l'image d'une source lumineuse, tandis que l'autre est destinée à conduire dans l'œil observateur les rayons qui, ayant traversé la première, se seront réfléchis sur la cornée. En rapprochant progressivement de l'œil l'ensemble des deux lunettes, l'observateur verra nettement l'image cornéenne de la source, lorsque l'image qu'en donne la première lunette, et qui est située au foyer antérieur commun, se trouve, soit sur la cornée même, soit au centre de courbure de celle-ci. Le déplacement linéaire qu'il faut donner à l'ensemble des lunettes pour voir successivement avec netteté l'image de la source lumineuse située sur la surface de la cornée et en son centre de courbure est par suite égal au rayon de courbure cherché.

Gullstrand (2) a photographié l'image, par réflexion sur la cornée, d'un disque disposé à distance connue et sur lequel sont tracés des cercles blancs et noirs. En mesurant, avec une machine à diviser, les diamètres et les épaisseurs des traits sur la photographie de l'image cornéenne et comparant les nombres obtenus à ceux des dimensions correspondantes sur le disque, on peut calculer les rayons de courbure de la cornée.

Pour précises que soient ces méthodes, il est évident qu'elles ne peuvent être utilisées dans la pratique ophtalmologique, où une commodité et une rapidité d'exécution plus grandes doivent être préférées à une plus grande précision.

Disques kératoscopiques et kératométriques. — Sans autre préten-

(1) BLIX, *Ophtalmometriska Studien.* Upsala, 1880.
(2) GULLSTRAND, Eine praktische Methode, etc. (*Nord. ophtal. Tidsskr.*, 1889). — *Untersuchungen über die Hornhautrefaction.* Stockholm, 1896.

tion que de fournir un moyen d'apprécier objectivement les éléments de l'astigmatisme cornéen, à un degré d'exactitude d'ailleurs essentiellement variable avec l'observateur, ces instruments peuvent rendre de réels services en clinique et sont employés par nombre d'ophtalmologistes. Le principe en est le même que celui des ophtalmomètres, mais, au lieu d'effectuer des mesures, l'observateur ne procède ici qu'à une appréciation visuelle de forme.

Un disque en bois, quelquefois émaillé, porte, sur l'une de ses faces, une série de cercles concentriques, et présente une ouverture centrale munie

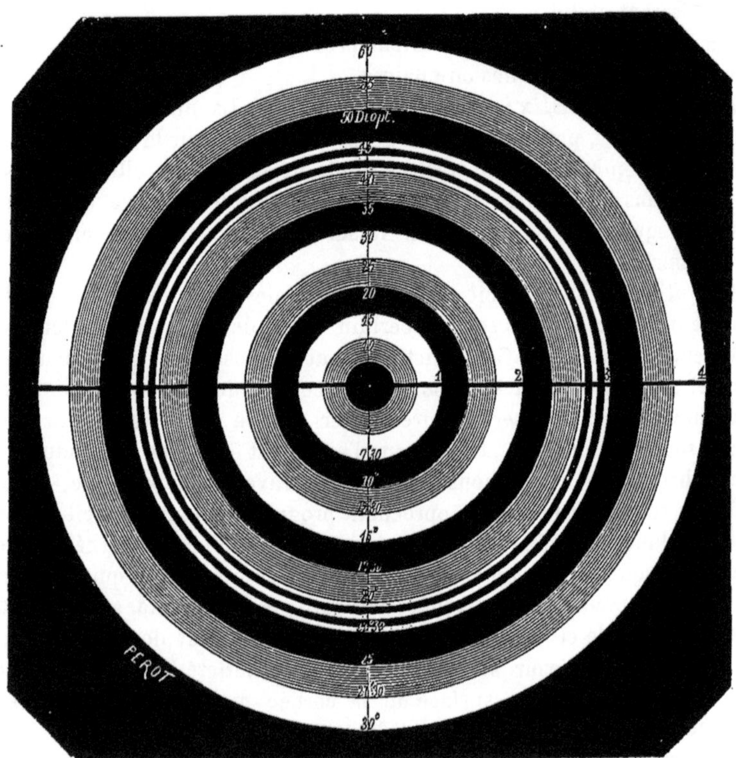

Fig. 382. — Disque kératoscopique du premier modèle de l'ophtalmomètre de Javal et Schiötz.

d'une loupe et d'une bague, dans laquelle un verre cylindrique peut être enchâssé et orienté dans telle direction que l'on veut.

L'observateur approche ce disque à quelques centimètres de l'œil de l'observé, disposé le dos tourné à une fenêtre, et apprécie, à travers la loupe, la forme de l'image cornéenne des cercles. Cette image sera constituée par des cercles ou des ellipses, suivant que la cornée est symétrique autour d'un axe ou qu'elle est, au contraire, régulièrement asymétrique et, par conséquent, astigmique. La direction des axes de l'ellipse sera celle des méridiens principaux, et le degré de l'astigmie sera le numéro du verre cylindrique qui,

enchâssé dans la bague et convenablement orienté, fera apparaître circulaires
les images cornéennes elliptiques.

Le modèle de 1880 de l'ophtalmomètre de Javal et Schiötz peut être muni
d'un disque kératoscopique (fig. 382), et un tel disque est même fixé à demeure
sur le modèle de 1895 (fig. 373). La figure 383 reproduit la forme des images
cornéennes, données par un œil régulièrement astigmate, des cercles du disque
kératoscopique du premier modèle de cet instrument, lorsque, par des déplacements du point de fixation de l'œil examiné, on explore successivement la
partie centrale et les parties périphériques de la cornée.

De Wecker et Masselon (1) ont perfectionné ce procédé. Le disque est un
carré à fond noir qui présente, sur les bords de sa face à tourner vers l'œil

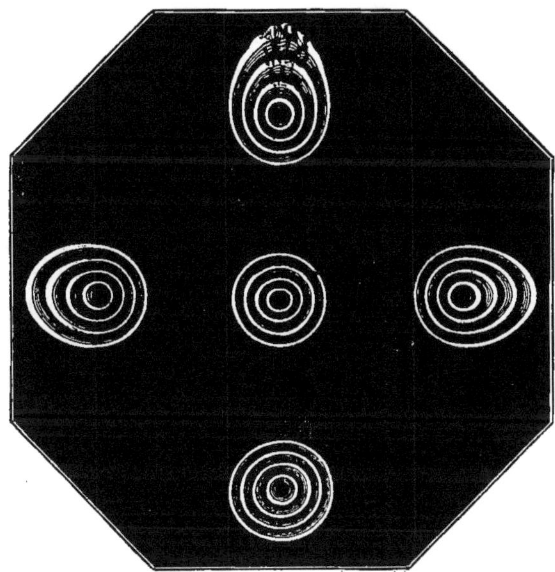

Fig. 383. — Images du disque kératoscopique dans la vision centrale et dans la vision périphérique.

observé, des bandes de carton blanc rectangulaires entre elles. L'une de ces
bandes, continuée à angle droit à chacune de ses extrémités, est mobile et
peut être rapprochée ou éloignée, parallèlement à la bande opposée, au
moyen d'un bouton latéral au disque, de telle manière que l'ensemble des
bandes puisse former un carré ou un rectangle plus ou moins aplati.
Pendant ce mouvement du bouton et de la bande mobile, un index, situé sur
la face postérieure du disque, se déplace le long d'une graduation en dioptries
sur laquelle nous allons revenir. Le disque, d'autre part, est réuni par son
centre à l'extrémité supérieure du manche de l'instrument; cette extrémité
porte une graduation circulaire en degrés, et un index, fixé au disque, se
déplace sur cette graduation lorsque l'observateur fait tourner ce disque
autour de son centre.

(1) De Wecker et Masselon, Astigmomètre (*Annales d'oculistique*, 1882).

L'image catoptrique du carré à côtés blancs sur une cornée astigmate est un parallélogramme dans le cas général, c'est-à-dire lorsque les côtés du carré ne sont pas parallèles aux méridiens principaux ; mais cette image est un rectangle lorsque ce parallélisme existe. Dès lors, en faisant tourner le disque jusqu'à ce que l'image par réflexion soit jugée par l'observateur être un rectangle, et notant la position de l'index de la face postérieure du disque sur la graduation circulaire, il est possible de déterminer la direction des méridiens principaux. Les choses étant en cet état, on manœuvre le bouton de manière à donner aux bandes de carton blanc la forme d'un rectangle tel que son image cornéenne soit un carré. On conçoit, en effet, que ce résultat puisse être obtenu en donnant aux deux côtés dont l'image cornéenne est plus petite, c'est-à-dire dont la direction est parallèle au méridien de courbure maxima, une longueur plus grande. La différence de longueur qu'il faut ainsi donner aux côtés du rectangle du disque pour que son image cornéenne soit un carré dépend évidemment du degré d'asymétrie de la cornée et, par suite, du degré d'astigmatisme. On conçoit dès lors que l'on puisse doter l'instrument d'une graduation expérimentale en dioptries ; cette graduation est inscrite sur la face postérieure du disque et un index, entraîné par le mouvement du bouton, fait connaître, par sa position sur cette graduation, le degré d'astigmatisme cornéen de l'œil examiné.

On voit que, par le procédé des disques, c'est sur une simple appréciation visuelle qu'est basée la détermination des éléments de l'astigmatisme. On conçoit que le degré d'approximation soit dès lors variable d'un observateur à l'autre, mais que ce degré puisse, grâce à l'emploi répété de cet instrument, devenir en général suffisant pour les besoins de la pratique courante.

OPTOMÈTRES

PROCÉDÉS D'OPTOMÉTRIE

Par A. IMBERT.

Généralités. — On appelle *procédé d'optométrie* toute méthode permettant de déterminer les punctum proximum et remotum, et *optomètres* les instruments imaginés en vue de cette détermination.

D'une manière générale, tout phénomène dans lequel intervient la réfraction oculaire peut être utilisé pour rechercher la position des foyers conjugués de la rétine. Ce phénomène, en effet, sera variable, dans quelqu'une de ses parties, avec l'effet réfringent plus ou moins considérable que l'on peut réaliser par une variation de courbure du cristallin, c'est-à-dire avec le point pour lequel l'œil est accommodé ; s'il est dès lors possible d'apprécier ces variations et d'en déterminer les valeurs correspondant au relâchement et à l'intervention de l'accommodation, on conçoit que l'on ait ainsi la possibilité de déterminer avec plus ou moins de facilité, avec une exactitude plus ou moins grande, les positions des deux punctum proximum et remotum.

Et, en réalité, des phénomènes très divers ont été successivement utilisés à cet effet.

L'expérience de Scheiner, par exemple, a été employée par Porterfield, Young, Thomson, etc. ; Helmholtz a eu recours à l'aberration chromatique de l'œil ; Cuignet a très ingénieusement tiré parti des jeux d'ombre et de lumière que l'on observe au niveau de l'œil observé, lorsqu'on l'éclaire au moyen d'un miroir ophtalmoscopique auquel on imprime de faibles mouvements angulaires autour de son manche ; d'autre part, le déplacement d'un objet, ou de l'image d'un objet, par rapport à l'œil à examiner, et la netteté avec laquelle cet objet ou cette image sont vus, ont été utilisés de bien des manières ; on a proposé encore de faire usage de l'examen ophtalmoscopique à l'image renversée, et l'emploi de l'examen à l'image droite a été, pendant de longues années, le procédé de choix de la pratique courante ophtalmologique.

La boîte de verres, le miroir ophtalmoscopique, l'ophtalmoscope peuvent, en visant leur emploi pour la détermination des punctum proximum et remotum, être considérés comme autant d'optomètres.

Méthodes subjectives et méthodes objectives. — En se plaçant plus particulièrement au point de vue pratique, les méthodes optométriques doivent être distinguées en *subjectives* et *objectives*, et cette distinction a alors une importance réelle.

Les méthodes *subjectives* sont celles qui utilisent, pour la détermination du remotum ou du proximum, les réponses du sujet, auquel on montre, par exemple, des objets ou des images d'objets dont on fait varier la position et qui doit indiquer si sa vision est nette ou confuse. Or, d'une part, ces méthodes ne sont pas utilisables pour les tout jeunes enfants, et, d'autre part, l'exactitude des déterminations ainsi faites est toujours discutable si le sujet à examiner a intérêt à tromper l'observateur, comme ce peut être le cas d'un écolier ou d'un conscrit.

Les méthodes sont *objectives*, au contraire, lorsque l'observateur peut déterminer l'état de réfraction sans le secours des perceptions de l'observé ; ces méthodes sont les seules capables de fournir, dans les cas que nous venons d'indiquer, des résultats auxquels on puisse accorder toute confiance.

C'est d'après ce caractère de subjectivité ou d'objectivité que nous classerons les diverses méthodes exposées ci-dessous.

MÉTHODES SUBJECTIVES.

Méthode du déplacement d'un objet. — La méthode la plus simple, et qui serait l'une des meilleures si elle était applicable à tous les cas, consiste à déplacer un objet en avant de l'œil à examiner, et à noter les deux positions obtenues, la plus proche et la plus éloignée, à partir desquelles cet objet commence à ne plus être vu nettement ; la première de ces positions fait connaître le proximum, la seconde le remotum.

Malheureusement, non seulement le remotum, et le proximum même, peuvent être assez éloignés de l'œil pour qu'il soit au moins incommode d'y transporter l'objet, mais ces points peuvent en outre être virtuels ; le diamètre apparent de l'objet, d'autre part, diminue à mesure que sa distance à l'œil augmente et peut devenir assez petit pour que la forme de cet objet ne soit plus reconnue, non parce que l'image rétinienne en est confuse, mais bien parce que cette image est trop petite, eu égard aux dimensions des éléments nerveux de la rétine qui président à la perception de la forme.

Toutefois cette méthode est couramment utilisée dans la pratique ophtalmologique pour la détermination du proximum, lorsque ce point n'est pas trop éloigné de l'œil. A l'exemple de de Graefe, on prend alors pour objet des fils noirs tendus parallèlement sur un cadre de 2 centimètres environ de côté et que l'on regarde sur un fond blanc. En approchant ce cadre de l'œil, la position du proximum est celle du cadre à partir de laquelle les fils perdent de leur netteté et paraissent devenir plus épais et moins noirs.

Cet épaississement apparent des fils est un fait très simple que presque tous les sujets sont aptes à constater dès qu'ils l'aperçoivent, et c'est là une considération qui a son importance dans le choix à faire d'un procédé de détermination destiné à la pratique courante.

En ce qui concerne les cas dans lesquels le procédé du déplacement de l'objet ne peut être directement appliqué, on s'est ingénié de manière à le rendre de nouveau utilisable, et l'on y est parvenu par divers moyens.

Au lieu de prendre comme objet à voir nettement un objet matériel, on s'est servi, par exemple, de l'image de cet objet, d'ailleurs placé dans une position fixe et à distance finie ; l'image est obtenue au moyen d'un système réfringent, et, grâce à la variation d'un élément dioptrique de ce système, on peut faire former cette image à telle distance que l'on veut en avant ou en arrière de l'œil. On conçoit qu'un pareil résultat puisse être obtenu de bien des manières différentes, c'est-à-dire grâce à des systèmes réfringents divers, et c'est ce dont on se convaincra plus loin quand nous exposerons les procédés de détermination du proximum et du remotum basés sur l'emploi de la boîte de verres des ophtalmologistes, des optomètres de Badal, de Perrin et Mascart, etc.

D'autre part, on a eu l'idée de déplacer d'un même nombre de dioptries, d'ailleurs connu, le proximum et le remotum, d'amener ainsi chacun de ces deux points à être situé à petite distance de l'œil à examiner, et de déplacer un objet entre ces points pour en déterminer la position, ou d'échelonner entre eux des objets, de telle sorte que le plus rapproché et le plus éloigné de ceux de ces objets qui sont encore vus nettement par l'œil examiné fassent connaître le proximum et le remotum.

Soient, en effet, un œil O (fig. 384), dont le remotum est en R et le proximum

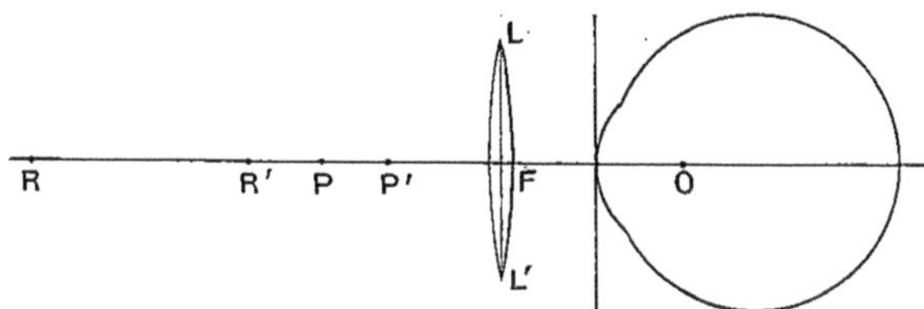

Fig. 384. — Rapprochement du punctum proximum et du punctum remotum
au moyen d'une lentille positive.

en P, et une lentille LL', positive, de numéro N, placée au foyer principal antérieur F de cet œil ; soient encore R' et P' les foyers conjugués de P et de R par rapport à la lentille, de telle sorte que l'on a

$$R' - R = P' - P = N, \quad \text{d'où} \quad P = P' - N \quad \text{et} \quad R = R' - N,$$

R, R', P et P' représentant dans ces égalités les distances, exprimées en dioptries, des points R, R', P et P' au point F.

D'après ces relations, si l'on connaît les positions de R' et de P', c'est-à-dire les distances, en dioptries, de ces points au foyer antérieur F, il suffira d'en retrancher le numéro N du verre pour avoir les positions cherchées du remotum et du proximum. Or, si un objet est en P' ou R', la lentille en donnera une image située en P ou en R et l'œil, pour voir nettement cette image, devra ou relâcher son accommodation ou accommoder le plus énergiquement qu'il lui est possible de le faire. En conséquence, pour déterminer les positions de R′ et de P′ qui sont le punctum remotum et le punctum proximum du système optique formé par l'ensemble de l'œil et de la lentille, il suffira, conformément au procédé simple exposé plus haut, d'éloigner progressivement un objet de l'œil et de noter le point P′ à partir duquel il commence à être vu nettement, et le point R′ à partir duquel il cesse de l'être. Les positions de R′ et de P′ sont, d'autre part, et toutes choses égales d'ailleurs, d'autant moins rapprochées de l'œil que le numéro N de la lentille est plus élevé. Il est donc toujours possible de réaliser des conditions commodes d'application de la méthode exposée au début.

Mais il faut remarquer que la méthode perd de son exactitude à mesure que les points R′ et P′ se rapprochent de l'œil; une même erreur absolue, en effet, commise dans la mesure des distances R′ ou P′, correspond alors à une valeur dioptrique plus grande.

Cette remarque s'applique en particulier au cas où l'œil présente un degré élevé de myopie naturelle. Pour remédier à cet inconvénient, dans ce cas, on corrige partiellement la myopie existante, de manière à n'en laisser subsister qu'un degré relativement faible et à réaliser par suite, quant aux nouvelles positions du proximum et du remotum, de bonnes conditions de mesure.

En résumé, on peut dire que la méthode du déplacement d'un objet n'est pratiquement utilisable que pour des yeux présentant un assez faible degré de myopie ; pour les autres yeux, il y a lieu de placer devant l'œil à examiner un verre positif ou négatif suivant le cas, de telle sorte que l'œil à examiner, après l'adjonction de ce verre, présente le degré faible de myopie pour lequel la méthode est d'un emploi commode.

Telle est la modification à la méthode du déplacement direct d'un objet que Bull et d'autres ont utilisée, comme on le verra plus loin, dans la construction de leur optomètre.

Procédé de la boîte de verres. — Il consiste à faire former l'image d'un objet à des distances diverses, en avant ou en arrière de l'œil, au moyen de systèmes dioptriques variables et constitués simplement par l'un des verres positifs et négatifs (cylindriques dans le cas de l'astigmatisme) qui constituent les boîtes d'essai des ophtalmologistes. L'essai des verres peut d'ailleurs être fait au moyen d'une monture spéciale dans laquelle on peut enchâsser, de chaque côté, deux verres, ce qui est nécessaire lorsque l'œil examiné est astigmate. La bague destinée à recevoir, dans ce cas, le verre cylindrique peut, en outre, tourner de manière qu'il soit possible de réaliser telle orientation que l'on veut du cylindre. La figure 386 représente l'un des modèles de lunettes d'essai.

Une lentille, placée à petite distance en avant de l'œil, fait former en son foyer principal, réel ou virtuel, c'est-à-dire en arrière ou en avant de l'œil, l'image d'un objet situé à l'infini. La position de ce foyer principal et, par suite, de cette image sera d'ailleurs variable avec le numéro de la lentille employée et pourra dès lors prendre toutes les valeurs que l'on voudra. On a donc bien ainsi la possibilité de faire former cette image, qui doit être vue par l'œil examiné, à toutes les distances, positives ou négatives, qu'il peut être utile de réaliser suivant que le proximum ou le remotum sont réels ou virtuels.

Mais il est préférable, pour mieux comprendre le mode de fonctionnement

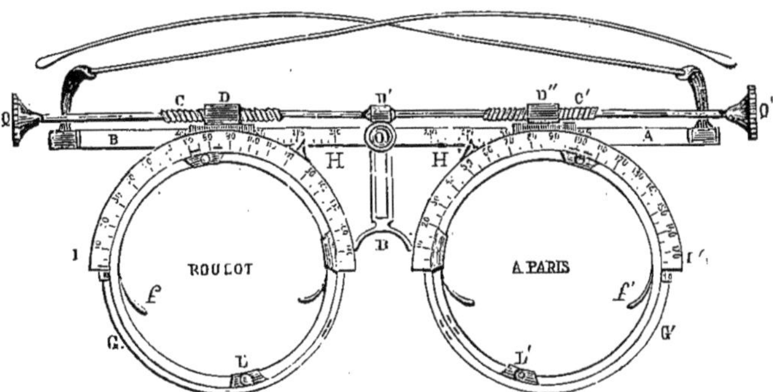

Fig. 385. — Monture de lunettes du Dr Armaignac pour l'essai des verres.

de l'œil examiné pendant la mise en pratique de cette méthode, de la rattacher au fait suivant.

Si A (fig. 387) est le point pour lequel un œil est accommodé, le foyer

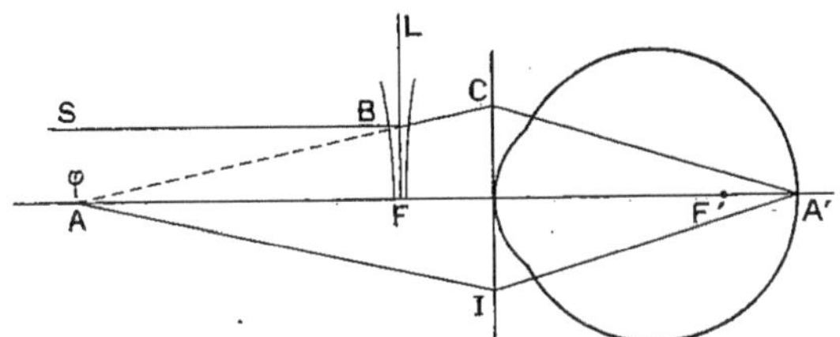

Fig. 386. — Détermination du point d'accommodation d'un œil au moyen d'une lentille (cas d'un point d'accommodation réel).

conjugué de A sera le point A′ de la rétine et un rayon incident AI sera réfracté par l'œil suivant IA′.

Supposons maintenant que, l'état d'accommodation de l'œil restant invariable, on dispose au foyer principal antérieur F de l'appareil dioptrique oculaire une lentille négative dont l'un des foyers φ coïncide avec le point d'accommodation A. Cela étant, soit un rayon incident SB, parallèle à l'axe, rayon qui, si la lentille L n'existait pas, se réfracterait dans l'œil, de manière à passer par la position actuelle F′ du foyer principal postérieur de cet œil ; ce rayon SB, quand la lentille existe en L, se réfracte d'abord suivant BC, arrive dès lors sur l'œil comme s'il venait réellement du point A pour lequel l'œil est accommodé et se réfracte, par suite, suivant CA′. En conséquence, un œil, bien qu'accommodé pour le point A situé à distance finie, voit nettement à l'infini, si l'on dispose, en son foyer antérieur, une lentille négative dont l'un des foyers coïncide avec le point d'accommodation A.

La même conclusion subsiste encore dans le cas où l'œil, hypermétrope, est accommodé pour un point virtuel A situé en arrière de sa rétine. Dans ce cas, en effet, un rayon A_1IA est réfracté, par l'œil seul, suivant IA′ ; si l'on dispose au foyer antérieur F de l'œil une lentille positive dont l'un des foyers φ coïncide avec A, un rayon incident SB, parallèle à l'axe, sera réfracté par la lentille suivant BCA et arrivera sur l'œil avec une direction dont le prolonge-

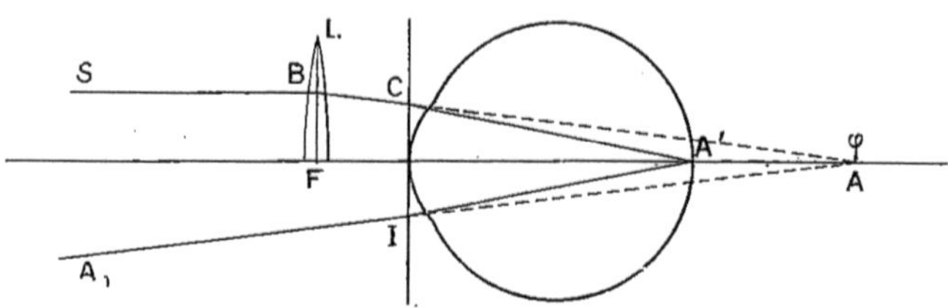

Fig. 387. — Détermination du point d'accommodation d'un œil au moyen d'une lentille (cas d'un point d'accommodation virtuel).

ment passe par A ; dès lors, l'œil réfractera ce rayon suivant CA′, de manière à l'amener en A′, foyer conjugué de A par rapport à l'œil considéré seul. Cet œil, dans son état actuel d'accommodation pour le point virtuel A, verra donc nettement à l'infini lorsqu'il sera armé de la lentille positive choisie et placée comme il a été dit.

En particulier, si l'œil relâche entièrement son accommodation, il se trouve accommodé pour son punctum remotum, et il résulte de ce qui précède que lorsqu'un verre, placé au foyer principal antérieur d'un œil en état de repos de l'accommodation, établit pour cet œil la vision nette à l'infini, le numéro de ce verre indique la distance, en dioptries, du remotum au foyer antérieur de l'œil considéré.

De même, lorsque l'accommodation intervient avec son maximum d'effet, l'œil est accommodé pour la distance de son proximum ; par suite, lorsqu'un verre, placé au foyer principal antérieur d'un œil, dont toute l'accommodation est en jeu, établit pour cet œil la vision nette à l'infini, le numéro de ce verre fait connaître la distance, en dioptries, du proximum au foyer antérieur de l'œil considéré.

Dès lors, s'il est possible de provoquer le relâchement de l'accommodation ou son intervention maxima, il suffira, pour connaître les positions du proximum et du remotum, de déterminer chaque fois par tâtonnement le verre qui rétablit la vision nette pour l'infini. Ces déterminations doivent d'ailleurs être faites séparément sur chacun des yeux, l'autre étant momentanément exclu de la vision, quoique maintenu ouvert, au moyen d'un écran non transparent, main ou verre dépoli par exemple. L'observation montre, en effet, que le relâchement de l'accommodation de l'œil examiné est moins complètement obtenu lorsque le congénère est fermé, surtout si une pression est exercée sur ce dernier pour assurer l'occlusion des paupières.

Quelques instillations, dans l'œil à examiner, d'une solution de sulfate neutre d'atropine à 1 p. 200 permettront, en général, d'assurer le relâchement du muscle ciliaire et, par suite, le repos de l'accommodation ; mais il n'existe pas de moyen analogue de provoquer la contraction maxima du même muscle et d'adapter sûrement un œil à son punctum proximum. D'autre part, les instillations d'atropine, en dilatant la pupille, augmentent notablement la quantité de lumière qui, toutes choses égales d'ailleurs, pénètre dans l'œil, ce qui détermine des sensations pénibles dans tout lieu bien éclairé ; en outre, ces mêmes instillations, en paralysant le muscle ciliaire, rendent confuse la vision pour toute distance autre que celle du remotum qui, d'ailleurs, peut être virtuel, ce qui rend presque toujours impossible la continuation des occupations habituelles. Aussi est-il souvent nécessaire d'éviter l'atropinisation et de procéder aux mesures sur les yeux en état d'accommoder normalement. La détermination du remotum est alors quelquefois moins sûre et moins précise, car il n'est pas rare de rencontrer des états de contraction permanente, de spasme du muscle ciliaire dont les instillations d'atropine n'ont que difficilement raison ; mais le degré d'exactitude obtenu est cependant en général suffisant pour les besoins de la pratique, c'est-à-dire pour la détermination du numéro du verre à prescrire en vue de la correction d'une amétropie.

Il importe encore, pour bien juger de la valeur de la méthode optométrique dont il est actuellement question, de rappeler que l'accommodation est, d'une manière générale, un acte inconscient, non volontaire en quelque sorte, qui se trouve sous la dépendance d'un autre acte essentiellement volontaire, la convergence. Il est possible, il est vrai, grâce à des exercices appropriés, de dissocier la convergence et l'accommodation et d'agir ainsi volontairement sur celle-ci. Ce sont là des conditions qui assurent une exactitude plus grande lors de la détermination du punctum remotum sans instillation préalable d'atropine ; mais ces conditions d'indépendance de la convergence et de l'accommodation ne se trouvent pas réalisées dans la pratique. On est réduit alors à provoquer le relâchement de l'accommodation par la recherche inconsciente, à laquelle chacun se livre, des conditions optiques intra-oculaires à réaliser pour obtenir le maximum de netteté dans la vision d'un objet occupant une position quelconque par rapport à l'œil. Lorsqu'on regarde, par exemple, à travers l'un des optomètres que nous décrirons plus loin, celui de Badal, de Perrin et Mascart, etc., et que la position de l'image des lettres à lire est brusquement changée d'une façon appréciable, rien n'avertit de la situation nouvelle de ces images et du nouveau degré de convergence et d'accommodation que l'on doit réaliser pour en obtenir la vision nette. Or, si l'on est attentif aux sensations oculaires qui prennent alors naissance, on a nettement conscience que l'on cherche, par tâtonnement, le nouveau degré d'accommodation exigé par la nouvelle position des objets à distinguer. C'est ce besoin inconscient de vision nette que l'on utilise quand on détermine le remotum au moyen de la boîte de verres, comme, d'ailleurs, lorsque la détermination est faite au moyen d'optomètres.

Lorsqu'on fait usage du procédé de la boîte de verres, le sujet est placé à 5 mètres d'une échelle typographique d'acuité, tableau constitué par des caractères, en général des lettres, de diverses grandeurs. C'est alors pour cette distance de 5 mètres, regardée pratiquement comme infinie, et non pour l'infini, que l'on cherche à établir la vision nette, et de là résulte une cause d'erreur sur laquelle nous reviendrons plus bas lorsque, après avoir exposé la méthode, nous pourrons signaler une autre cause d'erreur qui, suivant le cas, s'ajoute à la précédente ou s'en retranche, et qui est due à l'intervalle dioptrique existant entre les verres successifs des boîtes d'essai.

Divers cas sont à considérer dans la détermination du remotum et du proximum.

a. *Le sujet est myope.* — La vision est, dans ce cas, confuse pour la distance de 5 mètres, parce que l'œil, trop réfringent par rapport à la position de sa rétine, fait former en avant de cet écran l'image des objets éloignés, même en relâchant son accommodation. Si des verres négatifs croissants sont placés en avant d'un tel œil, leur effet divergent contre-balance en partie l'effet convergent trop considérable de cet œil et la vision est de moins en moins confuse ; il résulte, d'ailleurs, des considérations présentées ci-dessus que le verre négatif, dont la distance focale est égale à celle qui sépare le remotum du foyer antérieur de l'œil, rétablit la vision nette lorsque ce verre est placé en ce foyer antérieur et que l'accommodation n'intervient pas.

Toutefois, ce verre négatif n'est pas le seul qui permette la vision nette à la distance de 5 mètres. Avec un verre négatif plus fort, en effet, l'image de l'échelle ira, il est vrai, se former en arrière de la rétine si aucune modification optique ne survient dans l'œil ; mais il suffira au sujet de réaliser un degré convenable d'accommodation pour contre-balancer l'accroissement d'effet divergent du verre, ramener sur la rétine l'image de l'échelle d'acuité et rétablir, par suite, la netteté de la vision. Et il en sera de même chaque fois qu'un verre négatif plus fort sera placé au foyer antérieur de l'œil, aussi longtemps du moins que l'accommodation n'aura pas réalisé son action maxima, et que l'accroissement d'effet divergent du verre pourra être neutralisé par un accroissement d'effet convergent de la lentille oculaire. Le numéro du verre qui établit ainsi la vision nette pour l'infini lorsque l'accommodation intervient avec son maximum d'effet fait d'ailleurs connaître la position du proximum par rapport au foyer antérieur de l'œil. Mais, à partir de ce moment, si le numéro du verre est encore augmenté, la netteté de vision ne pourra plus être obtenue. Cette intervention de plus en plus énergique de l'accommodation est d'ailleurs inconsciemment réalisée par le seul désir de voir nettement. Les verres successifs placés devant l'œil sont donc comme des excitants indirects de la contraction du muscle ciliaire, l'intensité de l'excitation variant dans le même sens que le numéro, ou pouvoir dioptrique, des lentilles successivement employées.

Il y a donc toute une série de verres négatifs avec lesquels l'œil examiné voit nettement à l'infini. Il résulte, d'autre part, de tout ce qui précède :

1° Que le plus faible de ces verres correspond à l'état de repos de l'accommodation et que son numéro fait connaître la distance en dioptries du remotum au foyer antérieur de l'œil ;

2° Que le plus fort de ces verres correspond à l'intervention maxima de l'accommodation et que son numéro est égal à la distance en dioptries du proximum au foyer principal antérieur de l'œil.

De là résulte la possibilité de déterminer la position du proximum et du remotum :

b. *Le sujet est hypermétrope.* — Ce cas doit être divisé en deux, suivant que le proximum est réel ou virtuel.

1° Quand le proximum est réel, l'œil hypermétrope peut, en accommodant à un degré convenable, réaliser la vision nette à l'infini, ou à 5 mètres, ce qui revient pratiquement au même, et lire, sur l'échelle typographique, tous les caractères dont la grandeur est en rapport avec son acuité. Si l'on place alors en avant de la cornée un verre positif faible, dont l'effet convergent s'ajoutera à celui de l'œil, il suffira que celui-ci relâche son accommodation dans une mesure convenable pour que l'image des objets éloignés continue à se former sur la rétine et pour que la vision soit aussi nette qu'avant l'adjonction du verre.

Il en sera ainsi encore quand on substituera au verre précédent des verres de numéros progressivement croissants, jusqu'au moment où l'accommodation sera entièrement relâchée. Cet état réalisé, si l'on augmente encore le numéro du verre positif, l'accroissement d'effet réfringent du verre ne pourra plus être contre-balancé par une diminution d'effet réfringent de l'œil, l'image des objets éloignés viendra se former, par conséquent, en avant de la rétine, comme chez les myopes, et la vision à l'infini deviendra confuse. D'ailleurs, le dernier de ces verres, c'est-à-dire le plus fort de ceux avec lesquels l'œil conserve la vision nette à l'infini, correspond au relâchement de l'accommodation, l'un de ses foyers coïncide dès lors avec le remotum et son numéro donne la distance en dioptries de ce remotum au foyer antérieur de l'œil.

Si, au contraire, on ajoute, à ce même œil hypermétrope, dont le proximum est réel, un verre négatif, la vision des objets éloignés pourra demeurer nette si cet œil peut compenser, par une intervention plus énergique de l'accommodation, c'est-à-dire par un accroissement d'effet convergent, l'effet divergent du verre ajouté ; et la même netteté de vision pourra être réalisée jusqu'au moment où l'accommodation aura produit son effet maximum. Un nouvel accroissement de l'effet divergent du verre négatif ne pouvant plus alors être contre-balancé, l'image des objets éloignés se formera au delà de la rétine et la vision perdra de sa netteté.

D'ailleurs, au moment où l'effort maximum d'accommodation est réalisé, le verre négatif qui l'a provoqué a l'un de ses foyers en coïncidence avec le proximum de l'œil ; le numéro de ce verre négatif, le plus fort de ceux avec lesquels la vision reste nette à l'infini, indique donc la distance, en dioptries, du proximum au foyer antérieur de l'œil.

2° Quand le proximum de l'œil hypermétrope est virtuel, la vision est forcément confuse pour l'infini, car, malgré l'accommodation, les rayons qui arrivent parallèlement à l'axe vont concourir en arrière de la rétine. Un verre convergent, disposé au foyer principal antérieur, ajoute son effet à celui de l'œil, insuffisamment réfringent, et l'on conçoit qu'il existe un verre positif grâce auquel sera rétablie la vision nette des objets éloignés, l'accommodation intervenant d'ailleurs avec son maximum d'effet. La distance du proximum sera donnée par le numéro de ce verre.

Si, à cette première lentille rétablissant la vision nette à l'infini, on en substitue une autre de numéro plus élevé, la netteté de la vision sera conservée, à la condition que l'œil compense l'accroissement d'effet réfringent du verre par une diminution convenable de l'effet convergent dû à l'accommodation. Les choses continueront ainsi jusqu'au moment où, l'accommodation étant entièrement relâchée, un nouvel accroissement de numéro du verre rendra la vision à l'infini irrémédiablement confuse.

Donc, dans ce cas encore, il existe toute une série de verres, d'ailleurs tous positifs, avec lesquels l'œil peut maintenir nette la vision des objets éloignés. Nous venons de voir que :

1° Le premier de ces verres, le plus faible d'entre eux, fait connaître la position du proximum ;

2° Le dernier verre de la série, celui dont le numéro est le plus élevé, donne, en dioptries, la distance du remotum au foyer antérieur de l'œil.

c. *L'œil est emmétrope.* — La vision est alors nette à l'infini, lorsque l'accommodation est entièrement relâchée. Par suite, l'adjonction à l'œil d'un verre positif, même faible, produit un effet réfringent que l'œil ne peut compenser par une diminution correspondante de son effet réfringent propre, et la vision devient confuse. C'est un verre de 0 dioptrie, peut-on dire alors, qui correspond au relâchement de l'accommodation, et le remotum se trouve, en conséquence, à 0 dioptrie du foyer antérieur, c'est-à-dire à l'infini.

Mais la vision des objets éloignés conservera le même degré de netteté, si l'on dispose au foyer antérieur de l'œil un verre négatif dont l'effet divergent pourra être contre-balancé par une intervention convenable de l'accommodation, d'abord relâchée. La netteté de la vision subsistera pour toute une série de verres négatifs progressivement croissants et le verre le plus fort, avec lequel apparaîtront encore nets les objets éloignés, correspondra à l'effet maximum de l'accommodation ; le numéro de ce verre représentera donc, en dioptries, la distance du proximum au foyer antérieur de l'œil.

Si l'on résume ce qui vient d'être dit relativement aux divers cas qui peuvent se présenter, on peut établir les règles suivantes pour la détermination des punctum proximum et remotum.

Le sujet étant placé à 5 mètres, distance qui peut être regardée comme pratiquement infinie, en avant d'une échelle typographique, et l'un des yeux étant recouvert d'un écran opaque, deux cas peuvent se présenter suivant que la vision est nette ou confuse.

1° *La vision est confuse à la distance de 5 mètres.* — Ce fait indique que l'œil est myope, ou qu'il est hypermétrope avec proximum virtuel.

On reconnaîtra d'ailleurs la myopie à ce que l'adjonction à l'œil de verres négatifs faibles améliorera la vision, tandis que l'état d'hypermétropie sera, au contraire, décelé par ce fait que ce sont alors les verres positifs qui rendent la vision plus nette ; en outre, un verre positif, dans le premier cas, et un verre négatif, dans le second, rendront la vision encore plus confuse.

a. L'œil est myope. — Il existe toute une série de verres *négatifs*, placés au foyer antérieur de l'œil, avec lesquels la vision conserve le degré maximum de netteté.

Les numéros du *plus faible* et du *plus fort* des verres de cette série font connaître, le *premier*, la distance, en dioptries, du *remotum* au foyer principal antérieur de l'œil, le *second*, la distance, en dioptries, du *proximum* au même foyer antérieur.

b. L'œil est hypermétrope, avec proximum virtuel. — Il y a une série de verres positifs, placés au foyer principal antérieur de l'œil, avec lesquels la vision présente la même netteté maxima.

Les numéros du *plus faible* et du *plus fort* des verres de cette série donnent, le *premier*, la distance, en dioptries, du *proximum* au foyer principal antérieur de l'œil, le *second*, la distance, en dioptries, du *remotum* à ce même foyer antérieur.

2° *La vision est nette à la distance de 5 mètres.* — Il résulte de ce qui a été dit plus haut que l'œil est alors emmétrope ou hypermétrope, avec proximum réel.

L'état d'emmétropie existera si, pour des verres positifs, même faibles, placés au foyer antérieur, la vision perd de sa netteté.

L'œil sera, au contraire, hypermétrope, avec proximum réel, si la vision conserve la même netteté après l'adjonction de verres positifs faibles.

a. L'œil est emmétrope. — Le remotum est donc à l'infini.

D'autre part, il existe une série de verres négatifs, placés au foyer antérieur de l'œil, avec lesquels la vision conserve sa netteté primitive maxima. Le numéro du plus fort de ces verres donne, en dioptries, la distance du proximum au foyer antérieur.

b. L'œil est hypermétrope avec proximum réel. — Il existe alors, d'une part, une série de verres positifs, d'autre part, une série de verres négatifs, avec lesquels la vision conserve la même netteté maxima.

Le numéro du plus fort de ces verres positifs fait connaître la distance, en dioptries, du remotum au foyer antérieur de l'œil, tandis que le numéro du plus fort de ces verres négatifs est égal à la distance, en dioptries, du proximum au même foyer antérieur.

Causes d'erreur. — La méthode de la boîte de verres comporte quelques causes d'erreur qui sont, les unes plus spéciales à la détermination du remotum, les autres à celle du proximum.

a. En ce qui concerne le remotum, il y a lieu de remarquer tout d'abord que, en cherchant le verre nécessaire pour établir la vision nette à 5 mètres, et non à l'infini, on commet de ce fait une erreur de $\frac{1}{5} = 0,2$ dioptrie. En d'autres termes, on ne détermine pas le verre qui rend l'œil examiné emmétrope, mais bien celui avec lequel il subsiste une myopie de 0,2 dioptrie ; pour rendre cet œil exactement emmétrope, il faudrait donc ajouter au verre trouvé un verre négatif de 0,2 dioptrie. Il convient d'ailleurs de remarquer que cette erreur est tout à fait négligeable dans la pratique.

D'autre part, une autre cause d'erreur résulte de l'intervalle dioptrique des verres successifs de la boîte d'essai ; car, si le degré d'amétropie cherché n'est pas exactement égal à l'un des numéros des verres de la série métrique en usage, ce degré ne pourra être trouvé exactement.

Soit, en effet, un œil dont le degré exact de myopie est compris entre 5 et 6 dioptries, par exemple. L'observateur n'ayant à sa disposition que les verres de 5ᴰ et 6ᴰ, s'arrêtera, d'après les réponses du malade, à l'un ou l'autre de ces verres, à celui dont le numéro sera le plus rapproché du degré exact d'amétropie. Il commettra ainsi, dans l'exemple numérique que nous considérons, une erreur qui atteindra 0ᴰ,5 lorsque le degré de myopie sera exactement égal à 5ᴰ,5.

Cette erreur sera d'ailleurs commise par excès ou par défaut, et se retranchera de l'erreur de 0ᴰ,2 signalée plus haut, ou s'y ajoutera suivant que l'on s'arrêtera au verre de 6ᴰ ou de 5ᴰ. C'est donc une erreur maxima de 0ᴰ,5 + 0ᴰ,2 = 0ᴰ,7 que l'on peut commettre dans l'exemple choisi.

Il résulte de là que la valeur de cette erreur maxima est plus petite ou plus grande, suivant l'intervalle dioptrique variable qui sépare les deux verres consécutifs de la boîte d'essai entre les numéros desquels est compris le degré d'amétropie cherché. Mais cette erreur maxima est encore, en réalité, négligeable dans la pratique, car il est rare que l'œil examiné puisse apprécier un intervalle dioptrique égal à la valeur que cette erreur présente pour son propre cas.

b. Les causes d'erreur de la méthode de la boîte de verres, en ce qui concerne le proximum, ont, par contre, une importance pratique telle que cette méthode doit être rejetée pour la détermination de ce point.

En effet, l'accommodation étant dans un état d'assez étroite dépendance avec la convergence, un œil n'accommode fortement, en général, que si la convergence de son axe visuel avec l'axe de l'œil congénère est elle-même suffisamment grande. Sans doute, dans le cas de l'emmétropie par exemple, quand des verres négatifs croissants sont placés devant l'œil à examiner, l'image aérienne de l'échelle typographique, donnée par le verre, se forme à des distances de plus en plus petites, ce qui correspond bien à des convergences croissantes. Toutefois, l'observation prouve que la détermination, par ce procédé, du proximum conduit généralement à des distances dioptriques trop faibles, probablement parce que le sujet en expérience se guide inconsciemment sur ce fait que l'échelle typographique est à plusieurs mètres, et qu'il ne réalise pas dès lors un degré de convergence suffisant.

D'autre part, chez des sujets à proximum proche de l'œil, la détermination de la distance de ce point exige l'emploi de verres négatifs forts qui substituent aux caractères de l'échelle des images virtuelles très petites. Il peut se faire alors que les images et, par suite, les caractères ne soient plus reconnus quant à leur forme, non pas que la vision soit devenue confuse, mais parce que le diamètre apparent sous lequel ces images sont vues est alors trop petit. Au lieu de s'en rapporter à la lecture, il faut alors que le sujet renseigne l'observateur sur la netteté avec laquelle sont vues les lettres, et il y a là une distinction que ne feront pas sûrement toutes les personnes examinées. La distance dioptrique trouvée pour le proximum peut donc, pour cette cause, être trop petite.

Nous indiquerons plus loin comment cette même méthode peut être utilisée pour la détermination des éléments de l'astigmatisme oculaire total, direction des méridiens principaux et position du remotum de chacun de ces méridiens.

Disques optométriques divers. — Pour rendre plus commode le maniement et la substitution les uns aux autres des divers verres dont la méthode que nous venons d'exposer comporte l'essai, divers ophtalmologistes ont disposé ces verres à demeure sur un disque mobile ; en outre, afin d'en diminuer le nombre total, on a réalisé divers numéros ou pouvoirs dioptriques au moyen de l'association de deux verres, ainsi qu'il va être dit plus loin.

Le plus remarquable, à tous égards, des divers disques optométriques combinés, est celui de Javal. Un disque vertical, adapté sur un pied lourd et mobile autour de son centre, porte, enchâssées sur chaque moitié de sa circonférence, une série de verres positifs et une série de verres négatifs. Une échelle typographique (non représentée sur la figure), formée de lettres noires sur verre dépoli, est réunie au pied et située au-dessus du disque optométrique ; elle est destinée à être éclairée par transparence et, si l'instrument est disposé en face d'un miroir plan vertical situé à $2^m,50$, ce miroir en donnera une image virtuelle dont la dis-

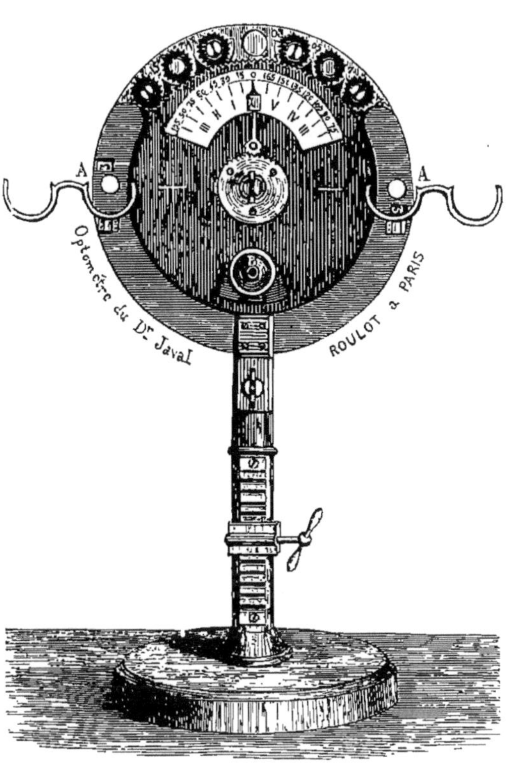

Fig. 388. — Optomètre de Javal.

tance au disque et, par suite, à l'œil examiné sera de 5 mètres, distance que nous avons dit être pratiquement égale à l'infini.

A ce disque muni de verres sphériques positifs et négatifs, en est accolé, mais d'une façon indépendante, un second qui porte la double série des verres cylindriques positifs et négatifs nécessaires pour la détermination des éléments de l'astigmatisme ; nous reviendrons sur ce second disque lorsque nous nous occuperons de la détermination des éléments de cette anomalie.

Chacun des deux disques présente, aux deux extrémités d'un même diamètre, une ouverture dans laquelle aucun verre n'est enchâssé ; ces diamètres doivent, au début d'une détermination, être amenés à avoir l'un et l'autre une direction horizontale, de telle sorte que les ouvertures libres soient superposées deux à deux et que l'œil à examiner, placé en arrière, voie alors sans l'interposition d'aucune lentille. Pour les déterminations, l'œil droit est placé au niveau de l'extrémité gauche du diamètre horizontal et l'œil gauche au niveau de l'extrémité droite du même diamètre. En outre, des montures à bague, représentées sur la figure 388 et fixées à chacune des extrémités de ce diamètre, permettent de placer un verre dépoli devant l'œil qui doit être momentanément exclu de la vision.

Un œil étant disposé en face de l'ouverture correspondante, il suffit d'agir avec le doigt sur le bord périphérique du disque à verres sphériques pour faire successivement passer ces verres devant l'œil et déterminer, comme il a été dit plus haut, le remotum.

Le disque optométrique de Perrin, destiné surtout à la détermination de l'état d'amétropie des conscrits lors de leur passage devant le conseil de revision, est de construction plus simple. Il comporte un seul disque sur la circonférence duquel sont enchâssés huit verres positifs et huit verres négatifs seulement ; mais une lame diamétrale métallique, mobile autour du même point que le disque, porte à ses deux extrémités les verres + 7 dioptries et — 8 dioptries qui peuvent chacun se superposer à chacun des verres du disque pour réaliser, par combinaison de deux lentilles, les numéros dioptriques qui ne sont pas représentés directement.

Le pouvoir dioptrique de l'association de deux lentilles peut d'ailleurs être calculé de la manière suivante.

On sait que la formule

$$\frac{1}{p} + \frac{1}{p'} = \frac{1}{f}$$

est applicable à un système réfringent équifocal quelconque dont les points principaux sont H et H' (fig. 389) et les points focaux F et F'.

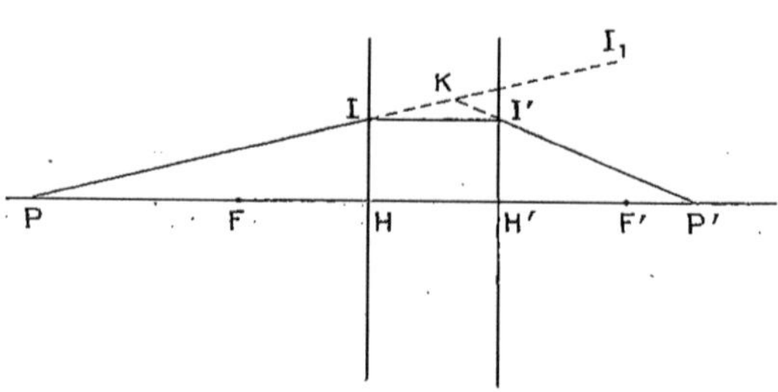

Fig. 389. — Signification géométrique du pouvoir dioptrique d'un système équifocal.

Soient dès lors PI un rayon incident quelconque, I'P' le rayon réfracté correspondant et I₁KI' l'angle dont le rayon incident est dévié par son passage à travers le système.

On a immédiatement, sur la figure,

$$\mathrm{I_1 KI' = KII' + KI'I = IPH + I'P'H'.}$$

Les angles IPH, I'P'H' étant d'ailleurs très petits, on peut substituer les arcs aux tangentes, et les triangles IHP, I'H'P' donnent alors

$$arc \ \mathrm{IPH} = \frac{\mathrm{IH}}{\mathrm{PH}} = \frac{\mathrm{IH}}{p},$$

$$arc \ \mathrm{I'P'H'} = \frac{\mathrm{I'H'}}{\mathrm{P'H'}} = \frac{\mathrm{I'H'}}{p'} = \frac{\mathrm{IH}}{p'},$$

et l'on aura

$$arc \ \mathrm{I_1KI'} = \mathrm{IH}\left(\frac{1}{p}+\frac{1}{p'}\right) = \frac{\mathrm{IH}}{f},$$

ce qui montre que l'angle dont est dévié un rayon incident, d'ailleurs quelconque, qui traverse un système réfringent équifocal, est mesuré, en supposant IH constant, par $\frac{1}{f}$, c'est-à-dire par le pouvoir dioptrique F du système. C'est là la signification géométrique du pouvoir dioptrique, et l'on en tire, en particulier, une définition très nette et très précise de la série métrique des verres employés en ophtalmologie (1).

En résumé, donc, le pouvoir dioptrique F d'un système réfringent équifocal quelconque est mesuré par la déviation constante que ce système imprime à tout rayon incident qui s'y réfracte.

Considérons, en particulier, le cas où le système équifocal est constitué par deux lentilles.

Soient les deux lentilles associées $\mathrm{L_1L_1'}$, $\mathrm{L_2L_2'}$, les points focaux de ces lentilles $\mathrm{F_1}$ et $\mathrm{F_1'}$, $\mathrm{F_2}$ et $\mathrm{F_2'}$ et un rayon incident $\mathrm{SI_1}$ que, pour plus de simplicité, nous prendrons parallèle à l'axe commun des lentilles, dont nous supposerons l'épaisseur négligeable, toutes particularités qui n'enlèvent d'ailleurs rien à la généralité de la démonstration.

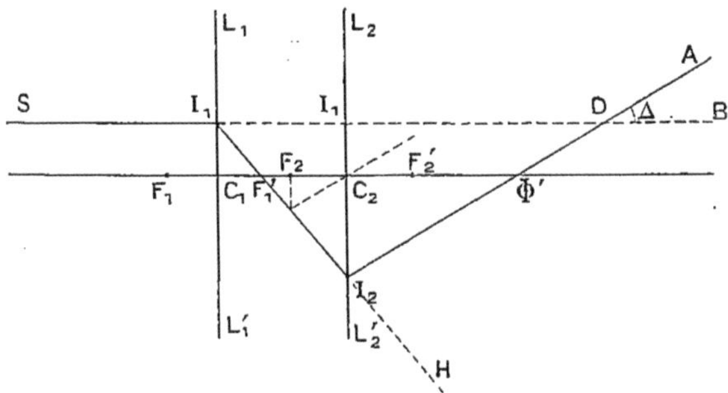

Fig. 390. — Pouvoir dioptrique d'un système constitué par deux lentilles.

La déviation subie par ce rayon, en raison de son passage à travers l'ensemble des deux lentilles, est ADB $=\Delta$. Or on a, sur la figure,

$$\mathrm{HI_2D} = \mathrm{I_2I_1D} + \mathrm{I_2DI_1} = \mathrm{I_2I_1D} + \Delta,$$

(1) A. IMBERT, Du pouvoir dioptrique et de la dioptrie métrique, etc. *Thèse de Lyon*, 1883.

d'où

$$\Delta = HI_2D - I_2I_1D.$$

Comme, d'ailleurs, la direction du rayon a été élevée par rapport à sa direction première et non abaissée, Δ doit être pris négativement si l'on veut mesurer par cet angle l'effet réfringent du système dioptrique considéré. On a donc pour cet effet

$$\Delta = I_2I_1D - HI_2D.$$

Mais HI_2D est la déviation imprimée par la seconde lentille, déviation que nous avons vu être constante et mesurée par $\dfrac{I_2C_2}{f_2}$, f_2 étant la distance focale de cette lentille ; de même, I_2I_1D est la déviation constante, mesurée par $\dfrac{I_1C_1}{f_1}$, qu'imprime la première lentille de distance focale f_1.

On peut donc écrire

$$\Delta = \frac{I_1C_1}{f_1} - \frac{I_2C_2}{f_2}.$$

D'autre part, les triangles $I_2C_2F'_1$, $I_1C_1F'_1$ donnent

$$\frac{I_2C_2}{I_1C_1} = \frac{d - f_1}{f_1}$$

en représentant par d la distance C_1C_2 à laquelle les deux lentilles sont situées l'une de l'autre. De là, on tire

$$I_2C_2 = I_1C_1 \frac{d - f_1}{f_1}.$$

Portant dans la valeur de Δ, il vient

$$\Delta = I_1C_1 \left(\frac{1}{f_1} - \frac{d - f_1}{f_1 f_2} \right)$$

ou

$$\Delta = I_1C_1 \left(\frac{1}{f_1} + \frac{1}{f_2} - \frac{d}{f_1 f_2} \right) = (F_1 + F_2 - dF_1F_2) I_1C_1.$$

Telle est la valeur, d'ailleurs constante, de la déviation que le système des deux lentilles imprime à tout rayon qui le traverse. D'après ce qui a été dit plus haut, le pouvoir dioptrique de ce système sera

$$\Phi = F_1 + F_2 - dF_1F_2.$$

Or, lors de l'association de deux lentilles, dans les disques optométriques, ces verres sont toujours placés en contact ou, du moins, très près l'un de l'autre, si bien que leur distance d peut être regardée comme nulle ; le pouvoir dioptrique des deux lentilles associées est alors donné par l'expression simple

$$\Phi = F_1 + F_2,$$

dans laquelle F_1 et F_2 doivent être pris avec le signe $+$ ou avec le signe $-$ suivant que la lentille correspondante est positive (convergente) ou négative (divergente).

On peut juger par là du degré d'approximation de cette dernière formule dans les divers cas. En effet, d représente, en réalité, la distance du second point principal de la première lentille au premier point principal de la seconde. Or ces points sont situés à l'intérieur des lentilles et ne peuvent dès lors se confondre, même quand ces verres sont accolés. Sans doute, cette distance d est pratiquement assez petite pour être négligeable lorsque les lentilles au contact sont faibles, mais il n'en est plus de même quand on accole des lentilles de fort numéro. On peut s'en convaincre en associant une lentille positive de numéro F à une lentille négative de même numéro. Le pouvoir dioptrique de l'ensemble des deux verres est alors

$$\Phi = F - F + dF^2 = dF^2,$$

c'est-à-dire égal à celui d'une lentille positive de numéro dF^2; or, pour des lentilles égales ou supérieures à 10 dioptries, ce pouvoir dioptrique positif dF^2 n'est nullement négligeable.

Toutefois, dans toutes les associations de lentilles réalisées en ophtalmologie, on admet que le terme dF_1F_2 est négligeable; mais cette simplification entraîne une erreur qu'il ne faut pas perdre de vue et dont il y a lieu, le cas échéant, de tenir compte.

Le disque de Perrin est muni des verres de numéros

$$+1, \quad +1,5, \quad +2, \quad +2,5, \quad +3, \quad +4, \quad +5, \quad +6$$
$$-1, \quad -2, \quad -2,25, \quad -2,5, \quad -3, \quad -3,5, \quad -4, \quad -4,5$$

sur le disque et des verres de numéros $+7$ et -8 sur la lame mobile. Par suite, en outre des numéros positifs existants, on pourra réaliser

$$+8 \quad \text{par superposition de } +7 \text{ et de } +1,$$
$$+8,5 \quad \text{par superposition de } +7 \text{ et de } +1,5,$$
$$+9 \quad \text{par superposition de } +7 \text{ et de } +2,$$
$$\dots\dots\dots\dots\dots\dots\dots\dots\dots\dots,$$
$$+13 \quad \text{par superposition de } +7 \text{ et de } +6.$$

De même, en outre des numéros négatifs existants, on pourra obtenir

$$-5 \quad \text{par superposition de } +7 \text{ et de } -2,$$
$$-6 \quad \text{par superposition de } +7 \text{ et de } -1,$$
$$-7 \quad \text{par superposition de } -8 \text{ et de } +1,$$
$$-8 \quad \text{directement,}$$
$$-9 \quad \text{par superposition de } -8 \text{ et de } -1,$$
$$\dots\dots\dots\dots\dots\dots\dots\dots\dots\dots,$$
$$-12,5 \quad \text{par superposition de } -8 \text{ et de } -4,5.$$

L'instrument de Loiseau, imaginé également en vue de l'examen des conscrits, est de dimensions beaucoup plus restreintes. Il est constitué par deux disques de 3 et 4 centimètres de diamètre, mobiles autour de leurs centres qui sont situés à 3 centimètres l'un de l'autre ; il résulte de là que les parties périphériques internes des disques empiètent l'une sur l'autre et il est dès lors possible de superposer l'un quelconque des verres de l'un des disques avec l'un quelconque des verres de l'autre. Le disque de 4 centimètres porte les verres

$$0, \quad +5, \quad +6, \quad +7, \quad ..., \quad +14, \quad +15 ;$$

l'autre disque porte les numéros

$$0, \quad +10, \quad +20, \quad -20, \quad +0,5.$$

Afin de munir ce petit instrument de tout ce qui est nécessaire à la détermination du remotum et du proximum, les disques sont fixés à l'extrémité

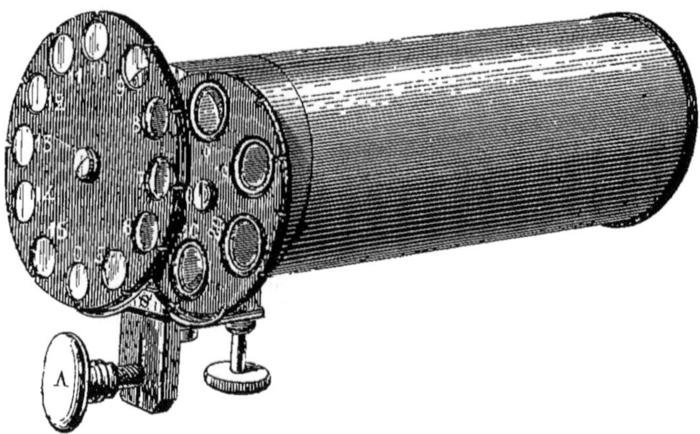

Fig. 391. — Optomètre de Loiseau.

d'un tube métallique dans lequel coulisse à frottement un autre tube qui porte à son extrémité interne, sur une plaque de verre dépoli, une échelle typographique pour les personnes sachant lire et des crochets diversement orientés pour les sujets illettrés. Par la manœuvre du tube mobile, et grâce à des repères que ce tube porte, on peut placer l'échelle soit à 10 centimètres ou 10 dioptries, soit à 5 centimètres ou 20 dioptries des disques et, par suite, de l'œil à examiner qui regardera à travers les petites lentilles. C'est alors non plus pour l'infini ou pour 5 mètres, mais pour la distance de 10 ou 20 dioptries que l'on cherchera la série de verres avec lesquels la vision conserve sa netteté maxima. Les déterminations ainsi obtenues sont donc supérieures de 10 ou 20 dioptries à celles que l'on aurait obtenues si l'échelle avait été placée à 5 mètres, c'est-à-dire à l'infini, et la position vraie du proximum et du remotum sera donnée, au moyen des nombres que l'on obtiendra directement, en retranchant 10 ou 20 des numéros du plus faible et du plus fort des verres avec lesquels la vision reste nette.

Il est facile de voir que, grâce aux verres choisis, on peut réaliser, d'une part, les verres positifs de 5 à 15 par demi-dioptrie et de 16 à 35 par dioptrie ; d'autre part, les verres négatifs de 5 à 15 par dioptrie.

Une fente sténopéique, que l'on peut ajouter en avant des disques, permet en outre de pratiquer la détermination des éléments de l'astigmatisme, comme nous le dirons lorsque nous nous occuperons spécialement de cette question.

Autres dispositions des verres d'essai. — Il en a été imaginé de nombreuses.

Berger a fait coulisser l'une sur l'autre, dans le sens de leur longueur, deux réglettes qui portent enchâssés, l'une, les verres

$$0, \quad +1, \quad +2, \quad +3, \quad -3, \quad -2, \quad -1,$$

l'autre, les verres

$$+0,5, \quad +7, \quad +14, \quad -21, \quad -14, \quad -7.$$

Il est facile de s'assurer que, par le coulissage d'une réglette sur l'autre et la superposition deux à deux des verres de ces deux séries, on peut réaliser, au degré d'approximation indiqué plus haut, tous les verres positifs de $+1$ à $+15$ et tous les verres négatifs de -1 à -24.

Chibret ne se sert que des verres $+1, +2, +4, +8, -1, -2, -4, -8$, qu'il dispose suivant le montage des loupes multiples, de telle sorte que les verres positif et négatif de mêmes numéros soient enchâssés sur une même palette. On peut ainsi réaliser, par les diverses combinaisons possibles, tous les numéros de $+1$ à $+15$ et de -1 à -15. Mais cette combinaison est plus ingénieuse qu'exacte dans ses résultats. Lorsqu'on associe, en effet, les verres extrêmes, ces verres ou, plus exactement, leurs plans principaux se trouvent à une distance qui n'est plus négligeable, si bien que l'effet de leur combinaison n'est plus égal à la somme des numéros des verres associés.

Optomètre de Bull. — Il se compose d'une simple règle sur le plat de laquelle sont représentés des objets situés respectivement à $0^m,50$, $0^m,33$, $0^m,25$, $0^m,20$, etc., c'est-à-dire à 2, 3, 4, 5, ... dioptries de l'une des extrémités. Ces objets sont d'ailleurs les dessins de dominos à jouer choisis de telle sorte que le nombre des points noirs de chacun d'eux représente la distance en dioptries de l'objet à l'une des extrémités de la règle. A cette extrémité se trouve fixé perpendiculairement un écran percé d'une ouverture de quelques millimètres de diamètre par laquelle doit regarder l'œil à examiner.

Tel que nous venons de le décrire, l'instrument de Bull serait inutilisable pour toute distance de remotum ou de proximum supérieure à $0^m,50$, c'est-à-dire à 2 dioptries ; ses indications seraient, d'autre part, peu exactes pour toute distance dioptrique supérieure à 12 ou 14 dioptries, car les dominos à représenter seraient alors si rapprochés qu'il faudrait en réduire considérablement les dimensions. Il faut donc, pour que l'instrument soit d'un emploi pratique, pouvoir toujours faire en sorte que le proximum et le remotum soient ramenés, s'ils ne s'y trouvent naturellement, à une distance comprise entre 2 et 12 ou 14 dioptries.

C'est ce à quoi l'on arrive grâce à trois lentilles de $+5$, $+10$ et -10 dioptries, qui peuvent chacune être amenées en face de l'ouverture par laquelle regarde l'œil à examiner. Mais il faudra, à chaque détermination, retrancher du nombre trouvé le numéro de la lentille à travers laquelle la détermination aura été faite.

Si, par exemple, on a fait usage de la lentille de $+5$ dioptries et que le remotum ait été trouvé à 7 dioptries ou à 3 dioptries, ce point se trouve en réalité à $7 - 5 = +2$ dioptries, ou à $3 - 5 = -2$ dioptries ; ces résultats correspondent, le premier à une myopie de 2 dioptries, le second à une hypermétropie de 2 dioptries.

De même, si la lentille interposée est le verre de -10 dioptries, et que le remotum ait été trouvé à 4 dioptries, c'est que ce point se trouve situé, pour l'œil considéré seul, à $4 - (-10) = 4 + 10 = 14$ dioptries ; on a donc affaire, dans ce cas, à une myopie de 14 dioptries.

L'avantage de cet instrument, d'une extrême simplicité, est de permettre des déterminations rapides, et d'ailleurs assez exactes pour les besoins de la pratique, lorsque les sujets soumis à un examen sont en état de donner les indications nécessaires.

L'idée de ramener les points à déterminer à des distances restreintes avait d'ailleurs, depuis longtemps, été mise en pratique, et Smée, Lawrence, Burow, etc., avaient imaginé des instruments du même genre que celui de Bull.

Antérieurement encore, le même procédé avait été utilisé pour la première fois par Young, mais les déterminations étaient, d'autre part, basées, non plus sur le plus ou moins de netteté de la vision, mais sur la constatation du fait très simple connu sous le nom d'expérience de Scheiner.

Optomètres basés sur l'expérience de Scheiner. — On sait que, si l'on regarde à travers deux petites ouvertures O et O' (fig. 392) percées dans

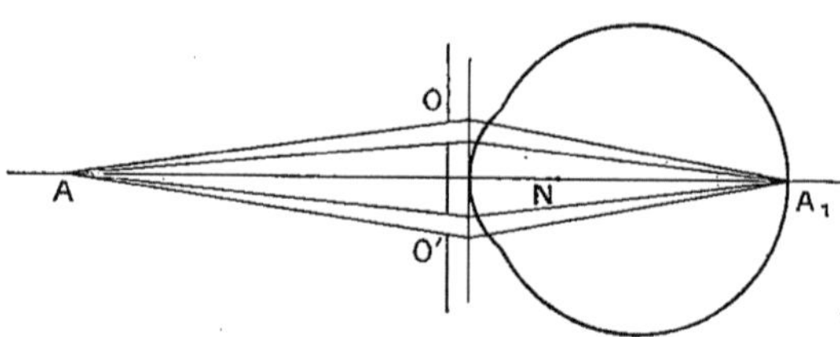

Fig. 392. — Expérience de Scheiner.

un écran opaque et situées à une distance l'une de l'autre inférieure au diamètre de la pupille, un objet est vu simple ou double suivant qu'il est situé au point même A pour lequel l'œil est accommodé, ou qu'il se trouve à toute autre distance en avant ou en arrière de ce point.

Dans le premier cas, en effet, les deux faisceaux de rayons AO, AO' vont concourir en un même point A_1 de la rétine, foyer conjugué de A en l'état actuel de l'accommodation. Dans le second cas, au contraire, les deux fais-

ceaux qui passent par O et O′ vont concourir en avant ou en arrière de la
rétine, suivant que l'objet est situé au delà ou en deçà de A. La rétine est dès
lors impressionnée en deux régions différentes, et l'objet est vu double.

C'est ce fait que Porterfield a le premier utilisé, et dont, à son exemple,
Young s'est servi pour la construction de son optomètre. Cet instrument se
compose simplement d'une règle en ivoire d'environ 22 centimètres de long
sur 2^{cm},5 de large, le long de laquelle est tracée, dans la partie médiane, une
ligne noire, et dont l'une des extrémités porte une plaque de cuivre percée
de deux petites ouvertures ; c'est par ces ouvertures que regarde l'œil à examiner, tandis que, au moyen d'une lentille de + 8 dioptries, on donne à cet
œil une forte myopie. On peut voir successivement uniques les diverses
parties de la ligne noire pour lesquelles on peut accommoder, mais on ne
peut voir que doubles celles pour la distance desquelles on ne peut réaliser
l'accommodation suffisante ; un index, mobile le long de la règle, servait à
préciser le point à partir duquel la vision simple ne peut plus être réalisée.

Lehôt a augmenté la longueur de la règle et l'a portée à 1 mètre. Stampfer a,
d'autre part, modifié l'instrument en le composant de deux tubes qui coulissent
l'un dans l'autre ; l'un de ces tubes porte une lentille de 8 dioptries et deux
fentes voisines, tandis que l'extrémité de l'autre est munie d'une fente
éclairée ; c'est alors en faisant varier la distance de la fente éclairée aux deux
ouvertures, par lesquelles la vision s'exerce, que l'on détermine les deux points
en deçà et au delà desquels la fente ne peut être vue simple.

Thomson a disposé la fente, qui peut d'ailleurs être remplacée par une
lumière, à la distance de 5 mètres et s'est servi de la situation *homonyme*
ou *croisée* des deux fentes ou des deux lumières vues, dans ces conditions,
par un œil amétrope pour reconnaître la nature de cette amétropie.

Dans un œil myope, en effet, dont la rétine est située en R (fig. 393) au

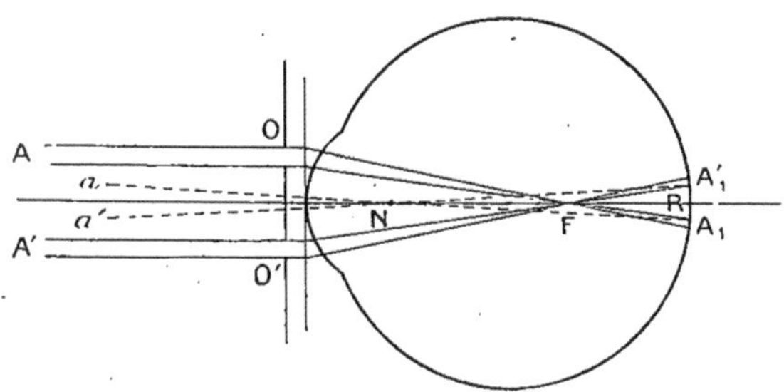

Fig. 393. — Expérience de Scheiner ; œil myope.

delà du foyer principal postérieur F, les deux faisceaux lumineux parallèles
qui pénètrent dans l'œil par O et O′ vont rencontrer la rétine après s'être
croisés en F. On rapporte alors les impressions lumineuses, reçues en A$_1$ et
A′$_1$, à deux objets situés quelque part hors de l'œil sur les directions des lignes
visuelles A′$_1$N, A$_1$N, de telle sorte que la lumière vue au-dessus de l'axe est
due aux rayons qui ont passé par l'ouverture O située elle-même au-dessus
de cet axe, tandis que les rayons qui aboutissent en A′$_1$ ont pénétré par l'ou-

verture O′ ; on exprime ce fait en disant que la situation des images doubles est *homonyme*.

Dans un œil hypermétrope, au contraire (fig. 394), les rayons rencontrent la rétine en A_1 et A_1' avant leur entre-croisement au foyer principal postérieur F.

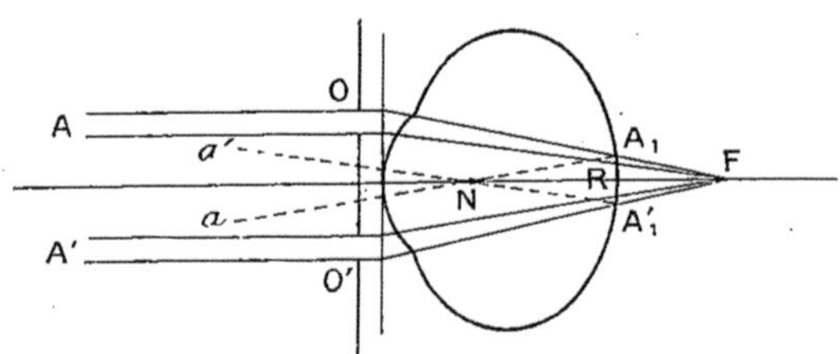

Fig. 394. — Expérience de Scheiner ; œil hypermétrope.

Les impressions lumineuses A_1 et A_1' sont encore interprétées comme dues à des objets situés respectivement, hors de l'œil, sur les directions des lignes visuelles A_1N, $A_1'N$, de telle sorte que les images vues au-dessus et au-dessous de l'axe, sur les directions de $A_1'N$ et A_1N, sont maintenant respectivement dues aux rayons qui ont pénétré par l'ouverture inférieure O′ et par l'ouverture supérieure O ; on exprime ce fait en qualifiant de *croisée* la situation de ces deux images.

Pour reconnaître d'ailleurs cette situation homonyme ou croisée caractéristique de la myopie et de l'hypermétropie, il suffit, à l'exemple de Thomson, de recouvrir l'une des ouvertures O ou O′ d'un verre coloré, ce qui fait apparaître rouge celle des deux images qui correspond aux rayons ayant pénétré par cette ouverture.

Tscherning (1) a reconstitué, en le modifiant, l'optomètre de Young et a précisé les conditions dans lesquelles l'instrument peut être utilisé. Tout d'abord, les optomètres basés sur l'expérience de Scheiner présentent un inconvénient particulier résultant de ce que les deux petites ouvertures par lesquelles doit regarder l'œil examiné peuvent ne pas être simultanément situées en face de la pupille de cet œil, ce dont bon nombre de sujets peuvent ne pas s'apercevoir. Dès lors, la vision double est supprimée, même si l'accommodation est inexacte, et des incertitudes ou même des erreurs considérables peuvent être commises de ce chef.

D'autre part, Tscherning a constaté que, même si le sujet est habitué à régler volontairement son accommodation, ce qui est, en particulier, le cas des ophtalmologistes de profession, le relâchement des muscles ciliaires n'est pas réalisé lors des premières déterminations faites avec un optomètre basé sur l'expérience de Scheiner. Cette observation doit faire rejeter cette catégorie d'instruments de la pratique courante. Mais, d'autre part, comme l'a montré encore Tscherning, ces mêmes instruments sont capables de fournir, quant à l'état de réfraction des parties centrales et périphériques utilisées

(1) TSCHERNING, L'optomètre de Young et son emploi (*Archives de physiologie*, 1894).

dans la vision directe, des renseignements qu'aucune autre méthode optométrique n'est en état de donner.

Tscherning a donné une longueur de 20 centimètres à la règle qui
porte une fine ligne blanche tracée sur fond noir parallèlement à ses bords.

Le sujet regarde à travers une
lentille positive de 10 dioptries, en avant et en arrière
de laquelle peuvent glisser
deux réglettes. La réglette
postérieure, représentée à
part sur la figure 395, *a*, est
mobile horizontalement, de
telle sorte que l'on puisse
amener en face de la lentille,
soit deux fentes voisines, soit
quatre fentes rapprochées,
soit deux fentes plus éloignées entre elles, soit une
large ouverture rectangulaire.

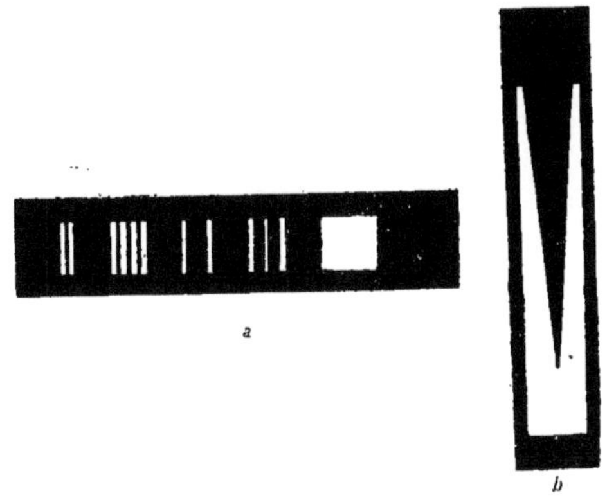

Fig. 395. — Fentes diverses de l'optomètre de Young
modifié par Tscherning.

La réglette antérieure, mobile verticalement, est percée d'une double
fente en V dont la forme est représentée en blanc sur la figure 395, *b*.

Suivant la partie de la règle horizontale qui est amenée en face de la lentille et, par suite, de l'œil examiné, on peut étudier la réfraction oculaire
dans sa partie centrale (vision à travers les deux fentes voisines), ou faire
intervenir simultanément la réfraction de deux régions centrales de l'œil et
de deux régions périphériques (vision à travers quatre fentes voisines), ou
mesurer l'état de réfraction par rapport à deux régions périphériques (vision
à travers deux fentes éloignées).

Il est d'autre part possible, en faisant tourner l'instrument autour d'un
axe parallèle à sa longueur, de faire la même détermination dans un méridien quelconque, et en particulier dans les deux méridiens principaux, si l'œil
examiné est astigmate.

Grâce à cet instrument, Tscherning a pu constater, chez certaines personnes en état de relâcher sûrement leur accommodation, des différences
de réfraction notables, atteignant jusqu'à 4 dioptries, entre les diverses
régions oculaires que l'on utilise dans la vision directe.

En particulier, les résultats que Tscherning a obtenus pour son œil droit
sont représentés schématiquement sur les deux parties A et B de la figure 396,
relatives, la première, A, au méridien horizontal, la seconde, B, au méridien
vertical. Ces figures se rapportent au cas où la quadruple fente est amenée en
face de la lentille et de l'œil. Dans le méridien horizontal, celui-ci voit alors
quatre lignes blanches, qui se couperaient simultanément en un même point,
si les quatre régions alors utilisées, S, R, Q, P, présentaient un même état
de réfraction. Or les lignes blanches correspondant aux régions centrales R, Q
se coupent en *s* plus loin que le point *q* où se rencontrent les lignes dues
aux régions périphériques P, S, qui sont donc plus réfringentes.

Dans le méridien vertical, la variation de la réfraction n'est plus symétrique, ainsi que le montre la figure 396, B. Le remotum des deux régions P et Q est en p, celui des parties centrales Q et R se trouve plus loin, en s, et celui des régions supérieures R et S du même méridien plus loin encore, en p. Dans ce

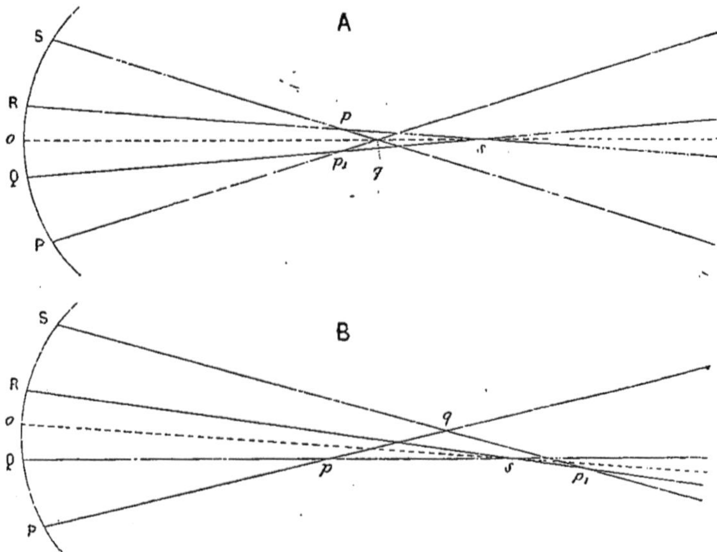

Fig. 396. — Résultats fournis par l'optomètre de Young modifié par Tscherning.

méridien, par conséquent, la réfraction diminue progressivement depuis la partie inférieure P jusqu'à la partie supérieure S.

Mais les apparences vues à travers la fente quadruple sont loin de présenter la netteté de cette figure schématique et l'on conçoit que l'optomètre de Young soit plutôt un instrument de recherches qu'un appareil utilisable dans la pratique ophtalmologique.

Optomètres basés sur l'aberration chromatique de l'œil. — La réfraction à travers les dioptres, comme celle qui se produit à travers tout

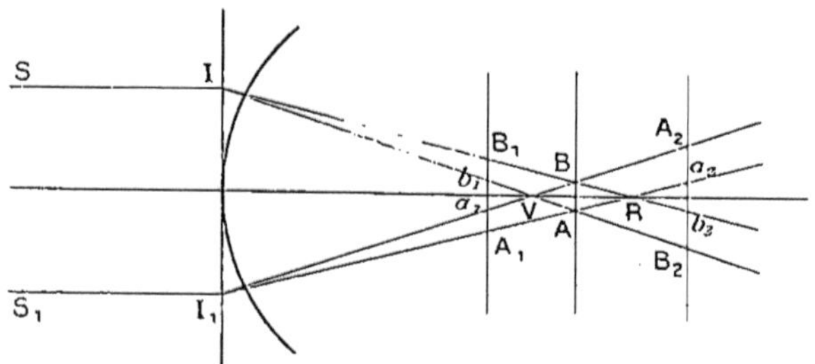

Fig. 397. — Aberration chromatique de l'œil.

système réfringent, s'accompagne d'aberration chromatique, et à tout faisceau incident de rayons parallèles SIS_1I_1 (fig. 397), par exemple, correspond, à l'intérieur de l'œil, une série de faisceaux réfractés compris entre le faisceau des rayons rouges IRI$_1$ et le faisceau des rayons violets IVI$_1$.

Pour utiliser ce fait à la détermination du remotum, il est préférable de supprimer les faisceaux intermédiaires, de manière à ne conserver que les faisceaux extrêmes rouge et violet, ce à quoi l'on arrive en interposant sur le trajet des rayons incidents un verre bleu de cobalt.

Soit dès lors une ouverture circulaire éclairée et disposée à 5 mètres, devant laquelle on aura interposé un tel verre.

Si la rétine d'un œil qui regarde cette ouverture se trouve au niveau AB d'entre-croisement des deux faisceaux rouge et violet, chacun des points impressionnés de la rétine recevra simultanément un rayon de chaque couleur et l'ouverture paraîtra uniformément bleue.

Il n'en sera plus de même quand l'œil sera hypermétrope et qu'il relâchera son accommodation, c'est-à-dire lorsque la rétine occupera une position telle que A$_1$B$_1$. La partie centrale a_1b_1 de la région rétinienne impressionnée recevra bien encore simultanément des rayons de chaque couleur, mais cette partie centrale sera entourée d'une zone annulaire où les rayons rouges arrivent seuls. L'ouverture éclairée apparaîtra donc colorée en bleu dans sa partie centrale et en rouge à la périphérie.

On voit de même que si la rétine est en A$_2$B$_2$, au delà de la région d'entre-croisement AB, ce qui correspond au cas de la myopie, la partie centrale a_2b_2 de la région impressionnée recevra encore simultanément des rayons rouges et violets, tandis que la région annulaire environnante ne recevra que des rayons violets; l'ouverture apparaîtra alors bleue au centre et violette à la périphérie.

De là un moyen de reconnaître la position de la rétine par rapport au foyer principal antérieur et, par suite, l'état d'amétropie d'un œil, si cet œil est en état de repos de l'accommodation. Pour déterminer ensuite le degré d'amétropie, il suffit de chercher par tâtonnement, comme dans le procédé de la boîte d'essai, le verre grâce auquel l'œil examiné voit l'ouverture éclairée uniformément colorée en bleu.

Pope a ingénieusement combiné, sur les conseils de Helmholtz, le phénomène de l'aberration chromatique de l'œil avec le fait qui constitue l'expérience de Scheiner et en a tiré un procédé de détermination de l'état d'amétropie dans lequel les particularités de vision caractéristiques de chacun des états se présentent sous de curieux aspects.

Une petite ouverture, placée à 5 centimètres, est éclairée en lumière blanche et l'œil examiné regarde à travers un prisme. L'œil voit ainsi un spectre étalé longitudinalement dans une direction perpendiculaire à l'arête du prisme; mais, comme il ne peut réunir simultanément sur sa rétine les divers rayons de réfrangibilité différente, le spectre vu aura une largeur variable avec la région. Si l'œil est accommodé, par exemple, pour les rayons rouges, tous les autres rayons iront concourir en arrière de la rétine et impressionneront cet écran nerveux suivant des bandes de diffusion dans le sens parallèle à l'arête du prisme; le spectre apparaîtra dès lors sous la forme d'une figure triangulaire (fig. 398, II) dont le sommet sera constitué par la partie rouge et la base par la partie violette.

Si l'accommodation exacte est réalisée pour les rayons moyens, jaunes par exemple, le spectre affectera (fig. 398, III) la forme de deux triangles dont le sommet commun correspondra au jaune, tandis que les bases correspondront à la partie rouge d'une part, à la partie violette d'autre part.

Lorsque l'on interpose, entre l'œil et le prisme, un écran muni de deux petites ouvertures, dont la ligne des centres est parallèle à l'arête du prisme,

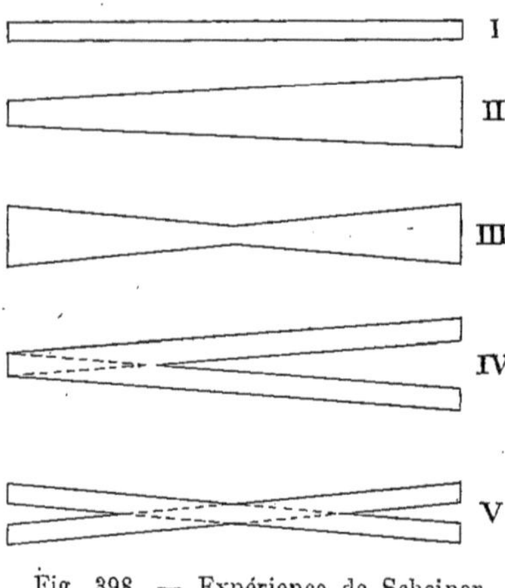

Fig. 398. — Expérience de Scheiner et aberration chromatique de l'œil.

le phénomène prend, dans les divers cas, des apparences dérivées de celles que nous venons d'indiquer et qu'il est facile de prévoir.

Dans le cas où l'œil est accommodé pour les rayons rouges, par exemple, l'extrémité la moins réfrangible du spectre apparaît simple, toutes les autres sont vues doubles et, dans chacune des parties correspondantes, l'œil, au lieu de la ligne complète de diffusion parallèle à l'arête du prisme, verra donc les deux extrémités de cette ligne seulement. C'est, en d'autres termes, la partie moyenne du spectre à apparence triangulaire II qui sera supprimée, si bien que celui-ci apparaîtra alors sous la forme d'un **V** (fig. 398, IV) dont les deux lignes seront à peu près perpendiculaires à l'arête du prisme et le long desquelles seront étalées les diverses couleurs spectrales.

Quand l'œil, au contraire, sera accommodé pour la région de moyenne réfrangibilité, les mêmes considérations montrent que le double triangle spectral III doit apparaître sous la forme d'un **X** allongé (fig. 398, V) dans un sens perpendiculaire à l'arête du prisme.

En cherchant le verre qui, pour un œil déterminé, donne à ces apparences en **V** ou en **X** le maximum de netteté, on aura le degré d'amétropie correspondant.

Pour ingénieux que soient les divers procédés basés sur l'expérience de Scheiner ou sur l'aberration chromatique de l'œil, ils ne sont pas très recommandables pour la pratique, car beaucoup de personnes ne seraient pas suffisamment aptes à décrire les phénomènes subjectifs dont les caractères doivent conduire à la connaissance du degré d'amétropie.

Optomètre de Perrin et Mascart (1). — C'est l'un des instruments imaginés en vue de substituer à un objet une image que l'on puisse faire former dans toutes les positions, réelles ou virtuelles, qu'il est nécessaire de réaliser pour déterminer, dans un cas quelconque, les positions du remotum et du proximum. On conçoit qu'il soit possible d'arriver à ce résultat par bien des moyens optiques différents et que de tels optomètres soient

____

(1) PERRIN et MASCART, Mémoire sur un nouvel optomètre (*Annales d'oculistique*, 1869).

nombreux ; nous ne décrirons que ceux dont l'usage est le plus répandu en France.

Cet instrument se compose d'un lourd pied à coulisse qui supporte un tube muni, à l'une de ses extrémités, d'un œilleton en arrière duquel est enchâssée une lentille oculaire positive fixe ; à l'autre extrémité du même tube est situé un objet, également fixe, constitué par une lame de verre dépoli sur laquelle sont reproduits des caractères typographiques de diverse grandeur ou des signes de cartes à jouer.

Entre l'oculaire et l'objet se trouve une lentille négative que l'on peut déplacer, de l'oculaire à l'objet, grâce à une roue dentée ; on actionne d'ailleurs celle-ci au moyen d'un bouton extérieur réuni à une crémaillère qui court le long d'une génératrice du tube et qui s'engrène avec la roue dentée.

Lorsque cette lentille négative se déplace entre l'objet K (fig. 399) et l'ocu-

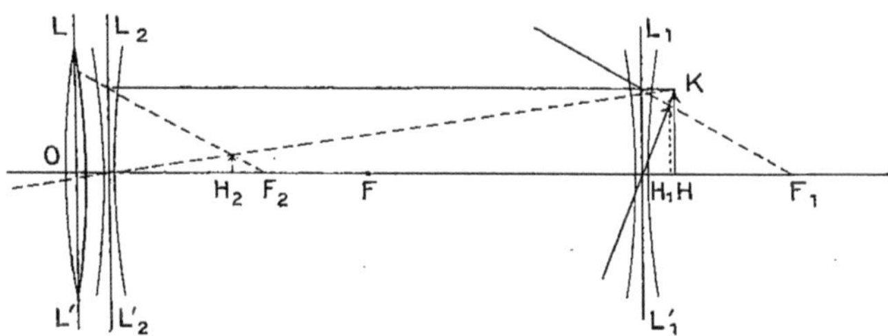

Fig. 399. — Système réfringent de l'optomètre de Perrin et Mascart.

laire LL′, depuis la position $L_1L_1′$ jusqu'à la position $L_2L_2′$, elle donne de cet objet K des images, toujours virtuelles, comprises entre H_1, correspondant à la position $L_1L_1′$, et H_2, correspondant à la position $L_2L_2′$. Pour que l'instrument puisse servir à la détermination du remotum des myopes et des hypéropes, il est d'ailleurs nécessaire, comme on va le voir, que les images extrêmes H_1 et H_2 soient situées assez notablement de part et d'autre du foyer F de la lentille oculaire, ce qui exige que la distance focale de la lentille négative mobile soit assez notablement inférieure à celle de la lentille oculaire fixe.

Le déplacement de la lentille négative de $L_1L_1′$ en $L_2L_2′$ produit donc, par rapport à la lentille oculaire et à l'œil examiné qui regarde par l'œilleton, le même effet que le déplacement d'un objet que l'on ferait mouvoir de H_1 en H_2. Par suite, lorsque l'image virtuelle fournie par la lentille négative se déplace de H_1 en F, la lentille oculaire donnera de l'objet KH une image réelle, située au delà de O (à gauche de la figure). Si, d'ailleurs, on représente par d_1 la distance OH_1, cette image réelle donnée par l'oculaire se déplacera depuis une distance égale à

$$\frac{1}{\varphi} - \frac{1}{d_1} = D_1,$$

φ étant la distance focale de cet oculaire, jusqu'à l'infini.

Par contre, lorsque la lentille négative donnera une image virtuelle comprise entre F et H_2, la lentille oculaire donnera une image virtuelle de l'objet HK, image située en avant de cette lentille et de l'œil examiné (à droite de O sur la figure). En représentant par d_2 la longueur OH_2, on voit que cette image virtuelle, due à l'oculaire, se déplace depuis l'infini jusqu'à une distance égale à

$$\frac{1}{\varphi} - \frac{1}{d_2} = D_2.$$

Les lentilles négative et positive ont d'ailleurs été choisies de telle sorte que, par suite des dimensions de l'instrument, la distance D_1 soit égale à 6 dioptries et la distance D_2 égale à 12 dioptries.

Le cas où l'image fournie par l'objectif est réelle, et où cette image se forme donc en arrière de l'œil examiné (à gauche de O sur la figure), correspond à l'hypermétropie ; celui où cette même image est virtuelle et, par suite, située en avant de l'œil examiné répond à la myopie. L'instrument de Perrin et Mascart permet donc de déterminer les degrés d'amétropie compris entre 6 dioptries d'hypermétropie et 12 dioptries de myopie.

Le bouton par lequel on déplace la lentille négative porte un index à repère qui se déplace le long d'une graduation double en pouces et en dioptries, gravée sur une génératrice du tube optométrique. Les numéros de la division en face de laquelle se trouve le repère indiquent en pouces et en dioptries la distance actuelle à l'œilleton et, par suite, à l'œil examiné de l'image définitive donnée par la réfraction à travers la lentille oculaire.

Le proximum et le remotum se déterminent dès lors de la manière suivante. On cherche d'abord une position de la lentille négative telle que l'œil examiné voie nettement les caractères de l'objet KH ; si l'on déplace alors la lentille négative vers l'oculaire, l'image à voir se déplace de telle sorte que l'œil doit accommoder plus fortement pour la voir encore avec netteté et la distance du proximum est donnée par le numéro de la graduation en face de laquelle se trouve le repère au moment où la netteté de la vision commence à diminuer. On trouve de même la position du remotum en faisant éloigner la lentille négative de la lentille oculaire. Chacun de ces points sera d'ailleurs réel ou virtuel suivant que la division qui en indique la position est située en deçà ou au delà (à gauche ou à droite sur la figure) du foyer F de l'oculaire, point qui correspond au numéro de la graduation marquée ∞, pour la graduation en pouces, et 0, pour la graduation en dioptries ; ce point porte, en outre, la lettre E.

Quant à la graduation, on peut l'établir de la manière suivante :

La lentille négative de distance focale f, lorsqu'elle est dans une position quelconque $L_1 L_1'$ (fig. 400), donne de l'objet situé en H une image située en H_1 et l'on a

$$\frac{1}{O_1H} + \frac{1}{O_1H_1} = -\frac{1}{O_1F} ;$$

F_1 étant le foyer de cette lentille négative, posons

$$O_1H = d ;$$

la relation précédente peut alors s'écrire

$$\frac{1}{d} + \frac{1}{O_1H_1} = -\frac{1}{f} \cdot$$

d'où

(1)
$$O_1H_1 = -\frac{fd}{f+d} \cdot$$

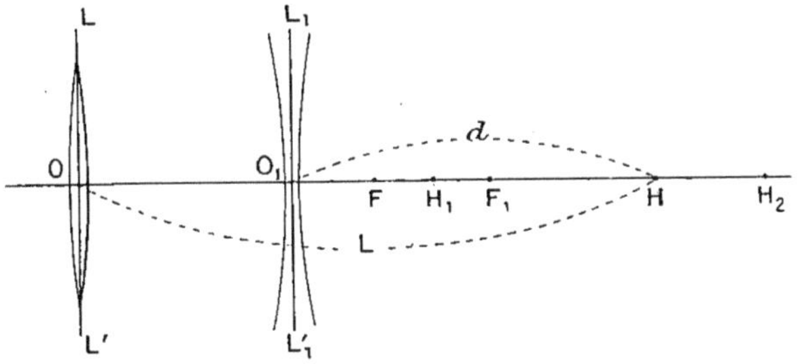

Fig. 400. — Graduation de l'optomètre de Perrin et Mascart (1).

H_1 jouant le rôle d'objet par rapport à la lentille positive O qui en donne une image H_2, on a

$$\frac{1}{OH_1} + \frac{1}{OH_2} = \frac{1}{\varphi},$$

φ étant la distance focale OF de cette lentille.

Si l'on pose OH = L, la figure donne

$$OH_1 = OO_1 + O_1H_1 = L - d + O_1H_1 ;$$

par suite,

$$\frac{1}{OH_2} = \frac{1}{\varphi} - \frac{1}{L - d + O_1H_1} \cdot$$

En remplaçant O_1H_1 par sa valeur (1), l'expression précédente donnera la valeur de $\frac{1}{OH_2}$ ou de OH_2, c'est-à-dire la distance de l'image définitive exprimée en dioptries ou en mètres, en fonction de quantités connues f, φ, L et de la variable d. Il suffira, par exemple, d'égaler successivement la valeur de $\frac{1}{OH_2}$ à 1, 2, 3, ... pour en tirer les valeurs correspondantes de d, c'est-à-dire, en réalité, la position des points où l'on devra marquer 1, 2, 3, ... dioptries sur la graduation de l'optomètre.

Optomètre de Badal (2). — Nous avons ramené le rôle de la lentille négative de l'optomètre de Perrin et Mascart à la formation d'une image en diverses positions comprises entre deux positions extrêmes situées elles-mêmes de part et d'autre du foyer principal de la lentille positive objective.

(1) Le point F, foyer de la lentille oculaire, devrait être à droite de H_1.
(2) BADAL, Optomètre (*Société de biologie*, 1876).

Il est dès lors plus simple de supprimer la lentille négative, de rendre l'objet mobile et de le faire déplacer comme se déplaçait l'image fournie par cette lentille négative.

C'est cette simplification qui est réalisée dans l'optomètre de Badal ; cet instrument se compose donc uniquement d'une lentille positive et d'un objet, photographie d'échelle typographique sur lame de verre, que l'on peut déplacer de part et d'autre du foyer de la lentille positive. La graduation de l'instrument est simplifiée, comme nous le montrerons bientôt, en même temps que l'on peut réaliser, soit en ce qui concerne le diamètre apparent sous lequel l'œil examiné voit les lettres qu'il doit lire, soit relativement à la grandeur des images rétiniennes de ces lettres, une constance qui ne peut être obtenue avec l'instrument de Perrin et Mascart.

En ce qui concerne la graduation, soient LL′ (fig. 401) la lentille de l'opto-

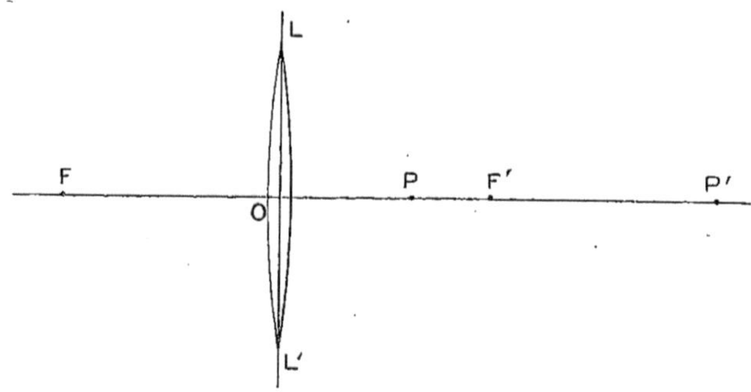

Fig. 401. — Graduation de l'optomètre de Badal.

mètre, F et F′ ses foyers principaux, P une position quelconque de l'objet mobile et P′ la position où la lentille fait former l'image de cet objet. Si l'on pose

$$F'P = q, \quad FP' = q', \quad OF = \varphi,$$

on sait que l'on a

$$qq' = \varphi^2,$$

d'où

$$\frac{1}{q'} = \frac{q}{\varphi^2}.$$

La lentille L′ de l'instrument est de 16 dioptries et sa distance focale φ a donc une longueur de $0^m,0625$; par suite,

$$\frac{1}{q'} = \frac{q}{0,004}.$$

Il résulte de cette relation que si q, c'est-à-dire la distance de l'objet au foyer principal F′, est successivement égale à 0,004, $2 \times 0,004$, ..., $n \times 0,004$, $\frac{1}{q'}$, c'est-à-dire la distance, exprimée en dioptries, de l'image donnée par la

lentille à l'autre foyer principal F, sera successivement égale à 1, 2, ...,
n dioptries.

Or la lentille de l'optomètre (fig. 402) est située à l'intérieur d'un tube dans
lequel peut coulisser un autre tube qui porte l'objet ; dès lors, la graduation consistera à marquer zéro sur le tube mobile au niveau d'un repère porté par le tube
fixe, au moment où la position relative des tubes est telle que l'objet se trouve

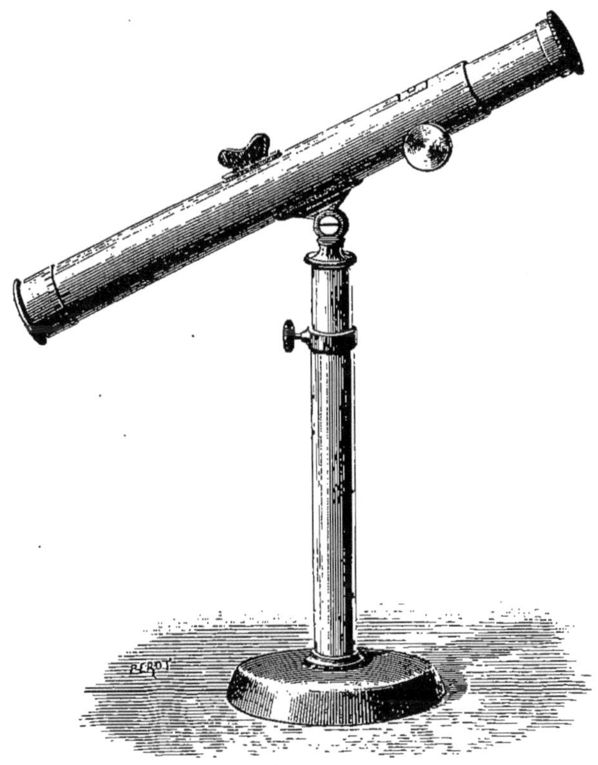

Fig. 402. — Optomètre de Badal.

au foyer F' de la lentille et de marquer, de part et d'autre du zéro, sur une
génératrice du tube mobile, des divisions équidistantes et égales à $0^m,004$. Le
numéro de la division qui se trouvera, à un moment quelconque, en face du
repère du tube fixe indiquera la distance actuelle en dioptries de l'image
donnée par la lentille au foyer F de cette lentille.

La position qu'occupe la lentille dans le tube fixe est telle que son foyer F
se trouve à l'extrémité de ce tube située de l'autre côté par rapport à l'objet.
Badal assigne, d'autre part, à l'œil examiné une position telle que ses points
nodaux, supposés fusionnés, coïncident avec F. On voit immédiatement, sur la
figure 403, que dans ces conditions le rayon réfracté IF traverse l'œil sans
déviation et que le diamètre apparent IFO, sous lequel l'œil voit l'image A_1B_1
donnée par la lentille, est constant, quel que soit le degré d'amétropie aniso-

axile, c'est-à-dire quelle que soit la longueur de l'axe antéro-postérieur de l'œil. Pour un même œil, en outre, le diamètre apparent, sous lequel chaque lettre de l'échelle est lue, est constant, quelle que soit la distance à laquelle l'image de cette lettre se forme, quel que soit, par suite, l'état de l'accommo-

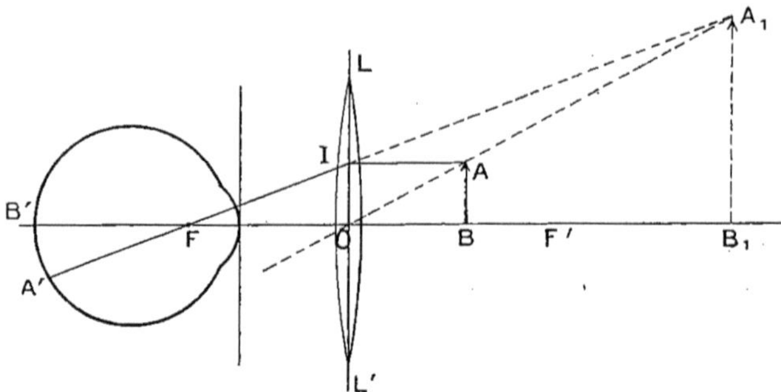

Fig. 403. — Constance du diamètre apparent des images fournies par l'optomètre de Badal.

dation de l'œil, si l'on néglige, ce qui est en effet permis en l'espèce, les faibles déplacements que subissent les points nodaux par le fait des variations de l'accommodation.

Dans le cas, au contraire, où l'œil examiné a une position telle que son foyer antérieur Φ' coïncide (fig. 404) avec le foyer F de la lentille, le diamètre apparent de l'image de chaque lettre n'est plus constant pour les divers yeux ; mais,

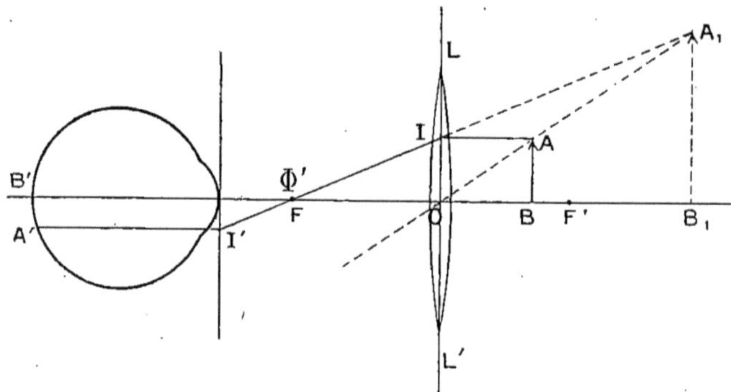

Fig. 404. — Constance de la grandeur des images rétiniennes lors de l'emploi de l'optomètre de Badal.

ainsi qu'on le voit sur la figure 404, c'est alors la grandeur de l'image rétinienne qui est indépendante de la longueur antéro-postérieure de l'œil, puisque c'est toujours le même rayon I'A' qui limite la grandeur de cette image A'B'. En négligeant encore les petits déplacements du foyer antérieur de l'œil qui correspondent aux variations de l'accommodation, on peut dire également que la grandeur de l'image rétinienne de chaque lettre vue est indépendante de l'état d'accommodation dans lequel l'œil doit se placer pour voir cette lettre nettement.

On conçoit d'ailleurs qu'il soit pratiquement impossible de réaliser rigoureusement l'une ou l'autre de ces coïncidences.

Le mode d'emploi de cet optomètre est le suivant. L'œil examiné étant situé à l'extrémité du tube fixe, on donne d'abord au tube mobile une position telle que cet œil voie nettement les caractères typographiques. Suivant que l'on fait alors sortir ou entrer le tube mobile, on déplace l'image de telle sorte que l'œil, pour continuer à la voir avec netteté, doit, dans le premier cas relâcher, dans le second faire intervenir plus énergiquement son accommodation. Au moment où, pour chacun de ces déplacements, la vision cesse d'être nette, l'image de l'échelle se trouve au remotum ou au proximum de l'œil examiné. Or la graduation fait connaître, dans chaque cas, la distance de l'image au foyer principal correspondant de la lentille de l'optomètre ; si donc ce foyer coïncide avec le foyer antérieur de l'œil, les mêmes numéros de graduation fourniront les distances dioptriques du remotum et du proximum telles qu'il est convenu qu'on doit les compter. Dans le cas, au contraire, où l'on a réalisé la coïncidence du foyer de la lentille et des points nodaux de l'œil, c'est par rapport à ces points que l'instrument donne la distance dioptrique du remotum et du proximum. Les nombres fournis par l'instrument, dans ce dernier cas, sont un peu supérieurs ou un peu inférieurs à ceux qui correspondent à l'origine des distances prise au foyer antérieur de l'œil, suivant que chacun de ces points est virtuel ou réel. La différence est d'ailleurs négligeable tant que le remotum et le proximum sont assez éloignés et ne devient appréciable que si ces points se trouvent à petites distances.

L'optomètre de Badal, comme d'ailleurs celui de Perrin et Mascart, et plus généralement tous les instruments dans lesquels l'œil examiné doit regarder à travers un tube, comporte une cause d'erreur. Nombre de personnes, en effet, en regardant dans ces conditions, ne relâchent qu'incomplètement leur accommodation, bien que l'on fasse successivement former à plus grande distance l'image des objets qu'elles doivent s'efforcer de voir nettement. Aussi doit-on, dans tous ces cas, recommander de tenir ouvert l'œil sur lequel ne porte pas la détermination, en le couvrant, s'il est nécessaire, d'un écran opaque ; le relâchement de l'accommodation est, en effet, moins sûrement obtenu, toutes choses égales d'ailleurs, si l'un des yeux est fermé.

Optomètre de Mergier. — Construit sur le modèle de l'optomètre de Badal, cet instrument se compose d'une lentille fixe et d'un objet mobile, mais la détermination est basée sur le phénomène de l'expérience de Scheiner.

La lentille est de 20 dioptries, ce qui réduit la grandeur des divisions de la graduation à $2^{mm},5$, et la longueur du tube est de 14 centimètres environ. L'objet est un trait noir, tracé sur un verre dépoli, que l'on regarde à travers plusieurs petits trous voisins percés dans un écran dont est muni l'œilleton.

Un cadran horaire, que l'on peut substituer à l'objet formé d'un trait noir, et une ouverture circulaire de 4 à 5 millimètres de diamètre, par laquelle on remplace, au niveau de l'œilleton, l'écran percé de petits trous, permettent, en outre, de déterminer les éléments de l'astigmatisme.

Optomètres binoculaires. — Avec tous les procédés que nous venons d'exposer sommairement, on détermine successivement le remotum et le proximum de chaque œil, l'œil congénère étant exclu de la vision. On détermine donc en réalité le remotum et le proximum absolus, sans se préoccuper de savoir si la convergence des axes visuels pour les points ainsi déterminés peut être réalisée. Il peut cependant se faire qu'il n'en soit pas ainsi et il serait préférable, par conséquent, de déterminer le remotum et le proximum de la vision binoculaire.

Divers instruments ont été imaginés à cet effet. Le premier en date est l'optomètre de Donders, qui avait poussé la recherche de la réalisation des meilleures conditions optiques jusqu'à doter son instrument d'un mécanisme qui maintenait les verres de la boîte d'essai, employés pour les déterminations, toujours perpendiculaires aux axes visuels. C'est avec cet instrument que Donders a établi expérimentalement le degré de dépendance dans lequel se trouvent, sauf exercices appropriés, la convergence et l'accommodation.

Snellen, Parent, etc., ont de même fait construire des optomètres binoculaires. Mais l'usage de ces instruments n'a pas pénétré dans la pratique ophtalmologique et il semble que la raison de ce fait soit la suivante :

Si les verres correcteurs des amétropies devaient être choisis uniquement d'après les déterminations du proximum et du remotum, il y aurait certainement avantage, et même nécessité, de ne faire ces déterminations que dans la vision binoculaire. Mais en réalité, dans la pratique, on ne considère les nombres trouvés que comme des indications devant servir de guide dans le choix des verres, choix que l'on n'arrête jamais sans des essais faits simultanément avec les deux yeux, si bien que les optomètres binoculaires, malgré leurs avantages, sont restés en quelque sorte des instruments de recherche.

Une exception doit cependant être faite relativement à l'optomètre binoculaire de Javal, qui a été pratiquement utilisé jusqu'au jour où l'ophtalmomètre pratique a été combiné; mais il s'agit là, d'ailleurs, d'un instrument destiné à la détermination des éléments de l'astigmatisme.

OPHTALMOSCOPES

Par A. IMBERT.

Importance de l'ophtalmoscope. — C'est en 1851 que Helmholtz (1)
établit les conditions de visibilité du fond de l'œil, combina l'ophtalmoscope
et étudia toutes les questions que comporte l'emploi de l'instrument.

Cette œuvre de l'illustre physiologiste est moins remarquable par les
difficultés vaincues que par l'importance pratique du procédé d'observation
directe qu'elle a réalisée pour une région, l'intérieur du globe oculaire, où
se localisent des altérations, aussi nombreuses que diverses, qui constituent
autant de signes objectifs faute desquels des diagnostics, aujourd'hui faciles
et rapides, étaient jusqu'alors impossibles. Mais cette œuvre de Helmholtz a
le mérite d'être complète en elle-même. D'une part, en effet, elle ne relève que
des lois générales de l'optique géométrique, car c'est à peine si, antérieurement
à 1851, on trouve dans la science quelque trace de recherche des conditions
de visibilité du fond de l'œil; d'autre part, dans son court mémoire original,
Helmholtz donne la solution de toutes les questions relatives à l'éclairage,
au champ de vision, au grossissement, aux conditions d'obtention d'une
image droite ou d'une image renversée que comprend l'étude de l'ophtalmoscopie. Sans doute, l'instrument n'est plus employé sous sa forme primitive et
des modifications ou des additions presque innombrables ont été et sont
encore imaginées ; sans doute le domaine de l'ophtalmoscopie a été, depuis,
minutieusement fouillé, et bien des détails, négligés par Helmholtz, ont été
étudiés; mais, en somme, aucun principe, aucun fait important, essentiellement nouveau, n'a été établi, et c'est à Helmholtz que revient l'honneur
entier d'avoir combiné l'instrument, d'en avoir donné la théorie complète, et
d'en avoir compris toute l'importance ; or, cette importance a été telle que,
comme l'a fait remarquer Landolt, « si l'ophtalmologie s'est constituée
aujourd'hui à l'état de science indépendante, c'est, en grande partie, à
l'ophtalmoscope qu'elle le doit ».

La théorie de l'ophtalmoscope, d'autre part, a naturellement sa place ici ;
l'emploi de cet instrument fournit, en effet, pour la détermination du
remotum ou du degré d'amétropie, un procédé objectif qui peut conduire les
observateurs exercés à des valeurs précises, et qui, jusqu'au moment où a été

(1) HELMHOLTZ, *Beschreibung eines Augenspiegels zur Untersuchung der Netzaut im
lebenden Auge.* Berlin, 1851.

connu le procédé plus simple de Cuignet, est resté d'une pratique courante pour tous les ophtalmologistes.

Conditions de visibilité du fond de l'œil. — Pour qu'un objet soit vu nettement par un œil observateur, il faut que cet œil fasse former sur sa rétine une image nette de cet objet, et, si l'objet à voir est la rétine d'un œil, il faut de même que l'image nette de cette rétine se forme sur la rétine de l'œil observateur.

Mais la vision nette d'une rétine présente deux conditions particulières.

D'une part, en effet, les rayons venus de cette rétine n'arrivent à l'observateur qu'après avoir été réfractés par l'œil auquel cette rétine appartient; en d'autres termes, cet œil, par l'action de son système dioptrique, substitue à sa rétine une image, et c'est dès lors cette image qui joue le rôle d'objet pour l'observateur et qui doit être vue nettement.

D'autre part, la rétine d'un œil, disposé seulement à la lumière du jour, est trop insuffisamment éclairée pour que l'image que cet œil en donne puisse être vue au sein de l'éclairage ambiant.

Il résulte de là que, pour qu'un observateur puisse voir, et voir nettement, la rétine d'un œil à examiner, il faut : 1° augmenter, par quelque moyen, l'éclairage de cette rétine ; 2° faire former l'image de cette rétine donnée par l'œil examiné en une position telle que l'observateur puisse se placer sur la direction des rayons qui la forment et accommoder pour la distance à laquelle cette image se trouve, par rapport à sa propre rétine.

Éclairage de l'œil examiné. — Les rayons lumineux destinés à augmenter l'éclairement du fond de l'œil examiné ne peuvent pénétrer dans cet œil que suivant des directions peu inclinées sur son axe ; d'autre part, ceux de ces rayons qui, diffusés par la rétine, concourent à former l'image que l'observateur doit voir, sortent de l'œil suivant les mêmes directions.

La source lumineuse destinée à l'éclairage et l'œil observateur doivent donc être situés l'un et l'autre sur l'axe de l'œil examiné ou à peu de distance de cet axe.

Pour permettre, même dans ces conditions, l'observation commode de l'image du fond de l'œil examiné, Helmholtz avait imaginé de disposer, inclinée sur l'axe de cet œil, une pile de glaces et de placer latéralement la source lumineuse. Une partie des rayons de cette source est alors réfléchie sur les lames de verre transparentes et envoyée dans l'œil examiné, si ces lames sont convenablement orientées par rapport aux positions relatives de la source et de l'œil. En outre, ceux de ces rayons qui, diffusés par la rétine observée, arrivent de nouveau sur la pile de glaces, traversent en partie ces lames de verre transparentes et arrivent à l'œil observateur situé au delà.

L'emploi de la pile de glaces est aujourd'hui abandonné et tous les ophtalmoscopes sont simplement munis d'un miroir de forme circulaire, percé en son centre d'une petite ouverture, ou non étamé dans cette région, tandis que l'amalgame réfléchissant s'étend sur tout le reste de la surface. La face réfléchissante est tournée vers l'œil examiné et convenablement orientée par rapport à la source lumineuse, comme la pile de glaces employée par Helmholtz.

La quantité de lumière ainsi envoyée dans l'œil examiné dépend de la forme, plane, concave ou convexe de la surface réfléchissante, ainsi que de la distance de cette surface à la source lumineuse et à l'œil examiné.

Avec un miroir plan MM′ (fig. 405), l'éclairement est le même que celui que l'on

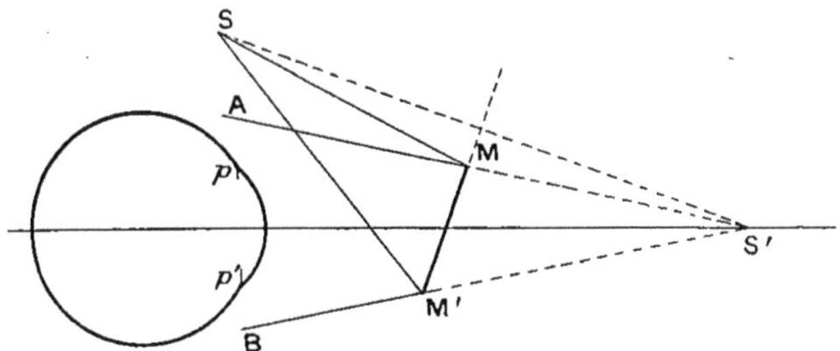

Fig. 405. — Éclairement de l'œil au moyen d'un miroir plan.

obtiendrait en substituant à la source S une source de même intensité placée en S′ en coïncidence avec l'image virtuelle de S donnée par le miroir, à la con-

dition, d'ailleurs évidente, que le faisceau AS′B illumine en entier la surface pupillaire pp. La quantité de lumière qui pénètre dans l'œil examiné est dès lors en raison inverse du carré de la distance de cet œil à l'image virtuelle S′.

Dans le cas où l'on fait usage d'un miroir concave MM′ (fig. 406), on peut encore substituer à la source S une source S′ située au point où le miroir

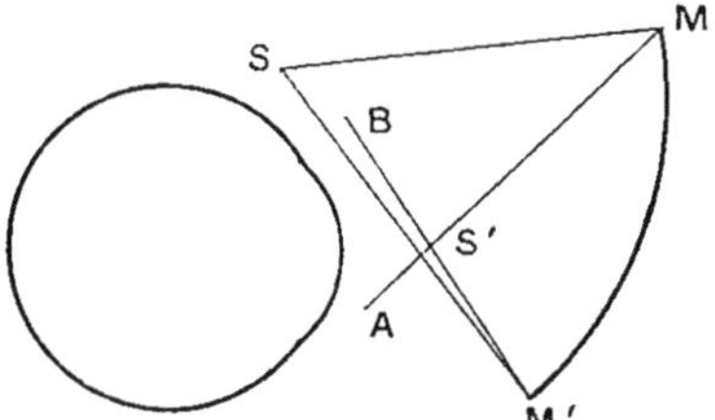

Fig. 406. — Éclairement de l'œil au moyen d'un miroir concave.

fait former l'image de S ; mais il faut attribuer à cette source S′ une intensité I′, qui soit avec l'intensité I de S dans un rapport inverse de celui des angles au sommet MSM′, MS′M′ des deux faisceaux incident et réfléchi :

$$\frac{I'}{I} = \frac{MSM'}{MS'M'}.$$

Il résulte de là que I′ sera plus grand ou plus petit que I suivant que S′ sera plus éloignée ou plus rapprochée du miroir que la source S.

On aurait, en particulier, un éclairage plus intense, pour une même valeur de I, si l'on choisissait le rayon de courbure du miroir, la distance du miroir à l'œil examiné et la distance de S au miroir de telle sorte que l'image S′ aille se former assez loin en arrière de l'œil. Mais, par contre, le faisceau lumineux réfracté par l'œil examiné n'illuminerait qu'une portion restreinte de la rétine de cet œil à cause de la convergence des rayons qui le constituent.

Dans la pratique, on fait en sorte que l'image S′ tombe dans le voisinage de la cornée, en général en avant ; les distances de S et S′ au miroir sont alors peu différentes et l'on peut regarder comme sensiblement égales les intensités des faisceaux incidents et réfléchis. Mais le point S' étant situé très près de l'œil, on bénéficie ainsi d'une augmentation d'éclairage due au rapprochement de la source S'. D'autre part, l'œil qui reçoit les rayons réfléchis par MM' donne une image de S' située en avant de la cornée, si S' est située entre la cornée et le foyer principal antérieur de l'œil. Le faisceau réfracté qui pénètre dans l'œil examiné est donc constitué par des rayons divergents qui vont illuminer une notable étendue de la rétine.

Il résulte encore des considérations précédentes que, plus le miroir MM' doit être placé près de l'œil examiné, plus son rayon de courbure doit être petit.

Dans ce que nous appellerons bientôt l'*examen à l'image renversée*, cas où l'observateur se place à 30 centimètres environ de l'œil observé, le miroir concave à employer doit avoir un rayon de courbure de 30 centimètres environ, tandis que, pour pratiquer l'examen dit *à l'image droite*, auquel cas l'observateur se rapproche le plus possible de l'observé, il y a avantage à faire usage d'un miroir concave dont le rayon de courbure soit seulement de 10 centimètres.

Le miroir convexe n'est pas utilisé en ophtalmologie ; on se rendrait d'ailleurs compte, par des considérations analogues aux précédentes, de l'effet d'éclairement produit par un tel miroir dans les conditions où il serait utilisé.

Au début de l'ophtalmoscopie, diverses combinaisons ont été imaginées pour augmenter l'éclairement de l'œil examiné sans accroître l'intensité de la source lumineuse employée. C'est ainsi que l'on a fait usage d'une lentille convergente interposée entre le miroir et la source, ou, plus simplement et plus ingénieusement, que l'on a étamé la face postérieure d'une lentille convergente pour l'utiliser à la fois comme lentille et comme miroir. Mais toutes ces dispositions ont été reconnues inutiles dans la pratique, et depuis longtemps on ne fait couramment usage que des seuls miroirs plans et concaves.

Au point de vue de l'intensité de l'éclairage, les miroirs concaves sont évidemment préférables aux miroirs plans ; mais il est des cas où l'examen ophtalmoscopique doit cependant être pratiqué de préférence avec un miroir plan, comme, par exemple, lorsqu'on veut reconnaître, dans la masse du vitré, l'existence de légères opacités qui ne pourraient être distinguées dans un éclairage intense. D'autre part, il est préférable, au point de vue de la simplicité des résultats, d'employer un miroir plan dans la recherche du degré d'amétropie par le procédé de Cuignet. Aussi les ophtalmoscopes actuels sont-ils généralement munis de deux miroirs, l'un plan, l'autre concave.

Position de l'image que l'œil examiné donne de sa propre rétine. — Si l'œil est actuellement dans un état d'accommodation tel que des rayons issus de A_1 (fig. 407) vont, après réfraction, concourir en A sur la rétine, réciproquement des rayons issus de A et sortant de l'œil iront, après réfraction, concourir en A_1 ; par suite, il se formera en A_1 une image de la rétine de l'œil considéré. Il résulte de là que, d'une manière générale, tout œil donne une image de sa propre rétine, image située au point pour lequel l'œil est actuellement accommodé. Cette image peut, en conséquence, occuper toutes les positions possibles entre le proximum et le remotum de l'œil qui

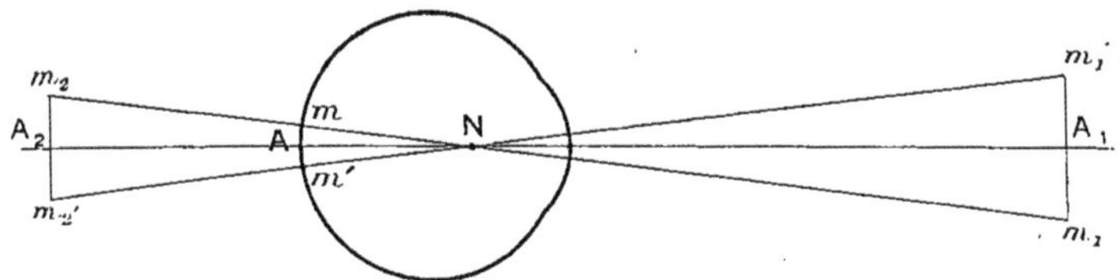

Fig. 407. — Image donnée par un œil de sa propre rétine.

la fournit ; elle pourra donc se déplacer, suivant l'état de l'accommodation, dans l'œil emmétrope, depuis une distance finie en avant de la cornée jusqu'à l'infini ; dans l'œil myope, entre deux distances finies en avant de la cornée ; et dans l'œil hypermétrope, depuis l'infini jusqu'à deux distances finies comptées l'une en avant, l'autre en arrière de l'œil.

L'image ainsi donnée par l'œil lui-même est d'autant plus grande et, par suite, d'autant moins éclairée qu'elle est située plus loin ; elle est, d'autre part, droite et virtuelle ou renversée et réelle par rapport à la rétine-objet, suivant qu'elle est située en arrière ou en avant de cette rétine. L'image, en effet, d'une portion mm' de la rétine (fig. 407) est toujours comprise entre les deux droites qui joignent les points m et m' aux points nodaux supposés fusionnés en N ; cette image est donc réelle et renversée, ou droite et virtuelle, suivant que l'œil est accommodé pour un point réel tel que A_1 situé en avant, ou pour un point virtuel tel que A_2 situé en arrière.

La position que devra occuper l'œil observateur pour pouvoir voir nettement cette image dépendra en partie de l'état de sa réfraction statique, si cet œil est amétrope et si cette amétropie n'est pas corrigée. Un œil myope ou emmétrope devra nécessairement se placer, au delà de A_1 ou de A_2, à une distance supérieure à celle de son proximum. Un œil hypermétrope à proximum réel pourra encore voir cette image dans les mêmes conditions, mais il pourra également voir nettement la rétine observée dont l'image se forme en $m_1 m_1$, s'il se place à distance convenable entre cette image et l'œil examiné, et s'il règle convenablement son accommodation. Cette dernière position est, d'autre part, la seule dans laquelle un œil hypermétrope à proximum virtuel puisse voir nettement la rétine observée. Mais il est toujours possible, à un œil observateur, de corriger, le cas échéant, son amétropie ; il lui est de même possible de suppléer à une insuffisance d'accommodation au moyen d'un verre positif, si bien que tout observateur, quel que soit son état de réfraction, peut toujours, grâce à l'emploi de verres convenables, arriver à voir nettement la rétine de l'œil observé, quelle que soit la position dans laquelle cet œil fait former l'image de sa rétine.

On éprouve toutefois, au début, une difficulté particulière à voir nettement cette image, surtout lorsqu'elle se forme en une position telle que $m_1 m_1'$, bien que l'on puisse réaliser sans difficulté l'accommodation nécessaire. Cela tient, croyons-nous, à ce que cette image $m_1 m_1'$ est aérienne, qu'il n'existe, à son niveau, aucun objet matériel et que nous ne sommes pas habitués à exercer notre vision dans ces conditions particulières. On éprouve, en effet, une difficulté analogue pour voir nettement sans écran l'image réelle, mais aérienne, qu'une lentille positive donne d'un objet réel situé au delà de son foyer principal.

Nous considérerons successivement le cas où l'on veut obtenir une image droite et virtuelle et celui où l'on désire une image renversée et réelle de l'œil examiné.

Examen à l'image droite et virtuelle. — Un œil hypermétrope à proximum virtuel donne toujours une telle image de sa propre rétine, et la position seule de cette image varie, en arrière de cet œil, avec l'état de l'accommodation.

Un œil hypermétrope à proximum réel ne donne, par contre, une telle image que si son accommodation est suffisamment relâchée, et l'œil myope ne peut, en aucun cas, donner une semblable image. Pour obtenir une image droite et virtuelle, dans les cas où l'œil examiné donne une image réelle et renversée, il suffit de placer, en avant de la cornée de cet œil, une lentille divergente dont la distance focale soit inférieure à la distance à laquelle se forme l'image donnée directement par l'œil examiné.

Soient, en effet, N l'œil examiné, $M_1 M_1'$ l'image réelle et renversée que cet

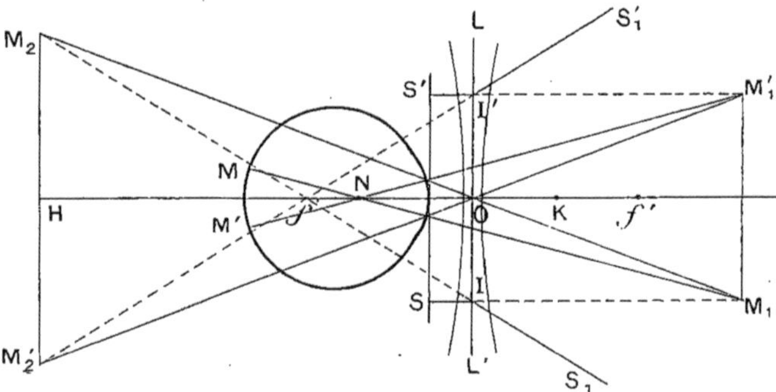

Fig. 408. — Examen ophtalmoscopique à l'image droite et virtuelle.

œil donne de la portion MM' de sa rétine, et LL' une lentille négative de distance focale $Of = Of'$.

Les extrémités de l'image que cette lentille substitue à $M_1 M_1'$ sont situées respectivement sur les axes secondaires $M_1 O$ et $M_1' O$; d'autre part, les rayons SI, S'I', parallèles à l'axe et dont les directions prolongées au delà de la lentille passent, l'une par M_1, l'autre par M_1', se réfractent suivant les directions IS_1, $I'S_1'$ dont les prolongements passent par f, et vont rencontrer les axes secondaires $M_1 O$ et $M_1' O$ en arrière de la lentille, en M_2 et M_2' où se trouvent donc les images de M_1 et de M_1' et, par suite, celles de M et de M'.

Si donc un observateur placé en K, en avant de LL', accommode pour la distance KH, il verra nettement en M_2M_2' une image droite et virtuelle de la rétine de l'œil examiné.

Examen à l'image réelle et renversée. — Un œil myope donne directement une telle image de sa propre rétine, quel que soit son état d'accommodation ; mais cette image peut être trop loin, trop grande et trop peu éclairée pour que l'observation en soit commode, et il faut alors lui en substituer une autre plus rapprochée, plus petite et plus éclairée. On arrive à ce résultat en disposant en avant de l'œil examiné une lentille positive.

Soient encore, en effet, l'œil N (fig. 409), l'image M_1M_1' que cet œil donne de

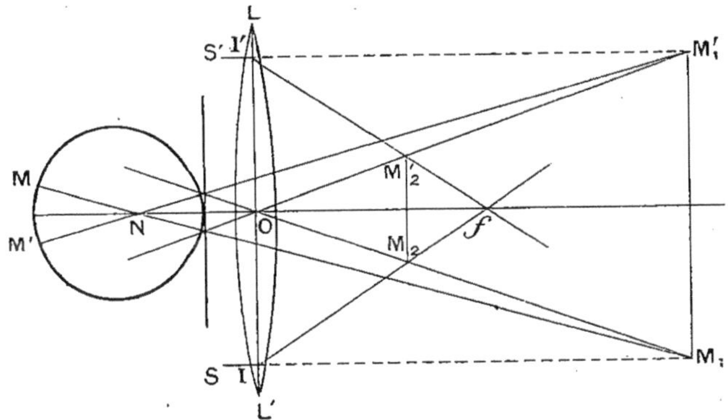

Fig. 409. — Examen ophtalmoscopique à l'image réelle et renversée.

la portion MM′ de sa rétine et LL′ une lentille positive de distance focale Of. Cette lentille substituera à M_1M_1' une image dont les extrémités seront sur les axes secondaires M_1O et $M_1'O$. Les rayons SI, S′I′, parallèles à l'axe et dont les directions prolongées passent par M_1 et M_1', se réfractent suivant If et If' et donnent en M_2M_2' la nouvelle image renversée de la rétine MM′.

On voit que, dans ce cas, la lentille positive LL′ ne doit satisfaire à aucune condition de longueur de distance focale ; mais il importe de remarquer que l'image M_2M_2' sera d'autant plus rapprochée de la lentille, et d'autant plus petite, que la distance focale sera plus petite elle-même.

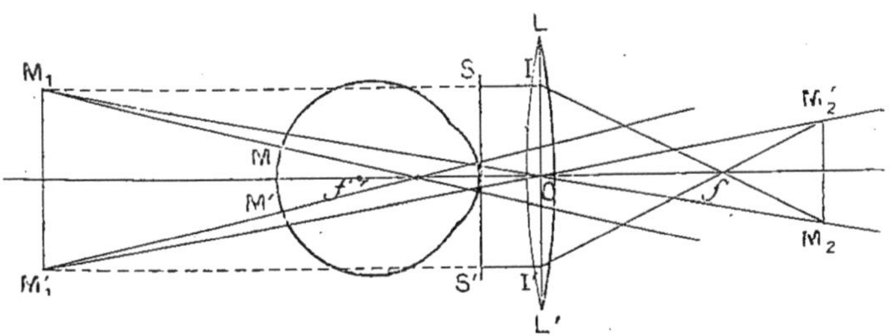

Fig. 410. — Examen ophtalmoscopique à l'image réelle et renversée.

Lorsque l'œil à examiner donne une image droite et virtuelle M_1M_1' (fig. 410) de sa rétine MM′, il suffira, pour avoir une image réelle et renversée, d'ajouter à cet œil une lentille positive LL′ dont le foyer f' soit situé en avant de cette image M_1M_1'. La figure 410 montre, en effet, que, dans ce cas, la lentille donne en M_2M_2' une image réelle et renversée de la portion de rétine MM′. Ici encore, l'image définitive M_2M_2' sera d'autant plus rapprochée de la lentille, et d'autant plus petite, que la distance focale de cette lentille sera plus petite elle-même.

Champ d'observation dans l'examen ophtalmoscopique. — La détermination de l'étendue de la portion de rétine observée qui est visible à l'observateur, dans les divers cas qui peuvent se présenter, a été étudiée par Helmholtz d'abord, puis reprise à diverses époques par Pilz, Zander, Fick, Ulrich et, en dernier lieu, par Guilloz (1), qui a fait une étude complète et détaillée de cette question complexe.

Sans entrer dans tous les développements qu'une telle étude peut comporter, nous nous bornerons à indiquer par quel ordre de considérations le champ d'observation peut être déterminé dans les divers cas.

a. Soient d'abord un œil N (fig. 411) d'ouverture pupillaire AB, un point P de

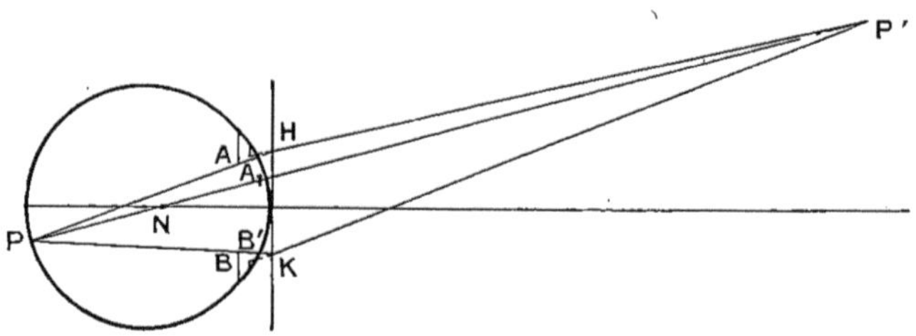

Fig. 411. — Faisceau émergent de rayons issus d'un même point de la rétine.

la rétine et l'image P′, située sur PN, que cet œil donne de ce point ; soit encore A_1B_1 l'image que ce même œil donne de sa propre pupille AB.

Les rayons qui, partis de P, peuvent sortir de l'œil, sont compris dans le cône APB, ou HPK, et ces mêmes rayons, après leur sortie, forment le faisceau réfracté HP′K ou $A_1P'B_1$. En conséquence, pour avoir l'ensemble des rayons qui, dans le plan de la figure, concourent à former l'image P′ d'un point quelconque P de la rétine, il suffit de joindre P′ aux images A_1 et B_1 des extrémités A et B d'un même diamètre de la pupille.

Il résulte immédiatement de ce qui précède que, réciproquement, si P′ est un point lumineux extérieur à un œil N et P l'image rétinienne de ce point, les seuls rayons, issus de P′, qui puissent pénétrer dans l'œil sont ceux compris dans le cône $A_1P'B_1$ obtenu en joignant P′ aux extrémités A_1 et B_1 de l'image que l'œil donne de sa propre pupille.

b. Soit maintenant le cas simple d'un œil emmétrope N (fig. 412), n'accommodant pas, qui est observé par un œil N′ emmétrope aussi et sans accommodation ; A′B′ et C′D′ étant les images que chacun de ces yeux donne de sa pupille, joignons B′C′ et considérons le faisceau de rayons qui sort de l'œil

<hr>

(1) Guilloz, *Archives d'ophtalmologie*, 1894 et 1895.

examiné parallèlement à B'C'. Ce faisceau P'A'B'C' provient des rayons issus du point P de la rétine examinée, point dont l'image se forme à l'infini sur la ligne PN parallèle à B'C', et un seul rayon de ce faisceau, le rayon B'C', pourra pénétrer dans l'œil observateur. Le point P est donc, sur la rétine observée et au-dessous de l'axe, le point extrême dont un rayon parti de ce

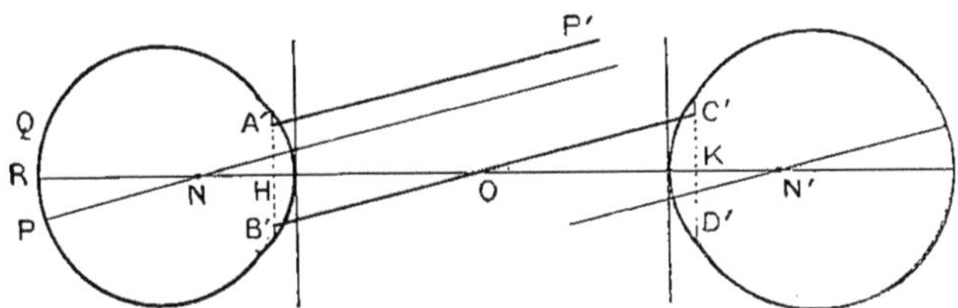

Fig. 412. — Champ d'observation ophtalmoscopique; œil observé et œil observateur emmétropes et sans accommodation.

point puisse encore pénétrer dans l'œil observateur; dès lors, ce point P limite le champ d'observation, qui se trouvera de même limité, au-dessus de l'axe, par un point Q, symétrique de P. Pour évaluer le champ, supposé circulaire, il suffira donc de calculer le rayon RP. Or le triangle RNP, rectangle en R, donne

$$(1) \qquad RP = RN \, tg \, RNP.$$

D'autre part, les angles RNP, HOB' étant égaux, on a, dans le triangle rectangle HOB',

$$(2) \qquad tg \, RNP = tg \, HOB' = \frac{HB'}{HO}.$$

Mais, des triangles semblables HOB', KOC', on tire

$$\frac{HB'}{HO} = \frac{KC'}{KO} = \frac{KC'}{HK - HO},$$

d'où

$$HO = \frac{HB' \times HK}{HB' + KC'}.$$

On peut dès lors écrire, en portant dans (2) et simplifiant,

$$tg \, RNP = \frac{HB' + KC'}{HK},$$

d'où, en portant dans (1),

$$RP = \frac{RN(HB' + KC')}{HK}.$$

ou

$$RP = \frac{l(d + d')}{D},$$

en posant RN $= l$, HB' $= d$, KC' $= d'$ et HK $=$ D.

Il résulte de là que, dans le cas simple considéré, le champ d'observation est proportionnel à la longueur l de l'œil examiné comptée des points nodaux à la rétine, proportionnel également à la somme $d + d'$ des rayons des images que chaque œil, observateur et observé, donne de sa propre pupille, et en raison inverse de la distance D qui sépare ces images des pupilles de ces yeux, ou, sans grande erreur, en raison inverse de la distance des cornées des deux yeux observateur et observé.

c. Soient maintenant un œil observé hypermétrope N (fig. 413), dont l'état

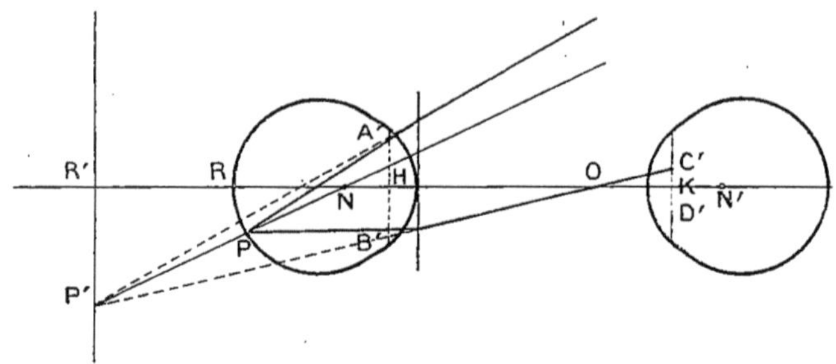

Fig. 413. — Champ d'observation ophtalmoscopique ; œil observé hypermétrope
et sans accommodation.

d'accommodation est tel que l'image de sa rétine R se forme en R' en arrière de cet œil, et un œil observateur qui regarde cette image droite et virtuelle sans le secours d'aucune lentille.

Soient encore A'B' et C'D' les images des pupilles données respectivement par chaque œil, et la droite B'C' qui va du bord inférieur de l'une au bord supérieur de l'autre. Si l'on prolonge cette droite jusqu'en P' à la rencontre de l'image droite et virtuelle de la rétine à examiner, on voit que le faisceau des rayons qui concourent à former l'image P' est constitué par le cône A'P'B', et que, seul, le rayon extrême P'B'C' de ce faisceau peut encore pénétrer dans l'œil observateur. En joignant d'ailleurs le point P' aux points nodaux N, on obtient le point P de la rétine dont P' est l'image ; et puisque P' est le point extrême de l'image que l'œil observateur peut voir, l'étendue de la rétine accessible à la vision de ce même œil observateur sera limitée, au-dessous de l'axe, à ce point P. L'étendue du champ d'observation, supposé circulaire, est donc mesurée par la valeur du rayon RP de ce champ.

Or le triangle PRN donne

$$PR = RN \, \mathrm{tg} \, RNP = l \, \mathrm{tg} \, \alpha,$$

en posant $RN = l$ et $RNP = \alpha$.

Si, d'autre part, on pose $NR' = l'$, on a, dans le triangle R'NP',

$$\mathrm{tg} \, \alpha = \frac{P'R'}{l'}.$$

Mais les triangles R'OP' et C'OK donnent, le premier,

$$P'R' = OR' \, tg \, R'OP' = OR' \, tg \beta,$$

le second,

$$tg \beta = \frac{C'K}{OK} = \frac{d'}{OK},$$

en posant $C'K = d'$.

Par suite, on peut écrire

$$tg \alpha = \frac{OR' \times d'}{l' \times OK}.$$

D'autre part, des triangles semblables B'OH et C'OK, on tire, en posant $B'H = d$, $HK = D$,

$$\frac{OK}{D - OK} = \frac{d'}{d},$$

d'ou

$$OK = \frac{Dd'}{d + d'}.$$

En remplaçant dans $tg \alpha$ et simplifiant, on obtient

$$tg \alpha = \frac{OR'(d + d')}{l'D}.$$

La valeur du rayon du champ d'observation peut dès lors s'écrire

$$PR = \frac{l(d + d')}{D} \cdot \frac{OR'}{l'}.$$

On voit que cette valeur est égale au produit de celle que nous avons trouvée précédemment, dans le cas d'une double emmétropie, par le facteur $\dfrac{OR'}{l'}$.

d. Des considérations et des calculs analogues conduisent à l'expression du rayon du champ d'observation dans le cas où l'œil examiné N donne, de

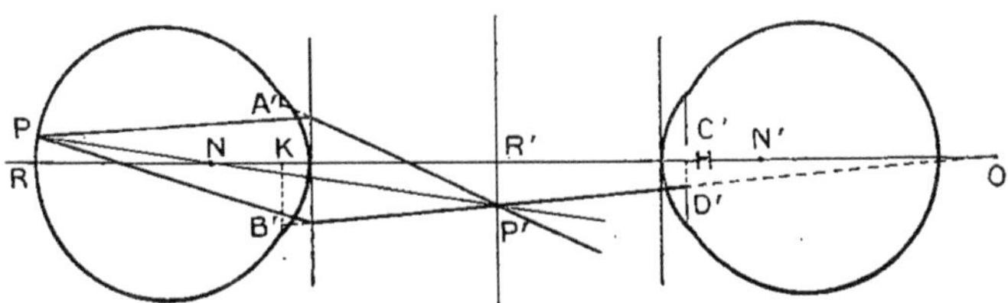

Fig. 414. — Champ d'observation ophtalmoscopique dans le cas d'examen direct, sans lentille, d'une image réelle et renversée.

sa propre rétine RP (fig. 414), une image P'R' réelle et renversée que l'œil observateur regarde directement sans le secours d'aucune lentille.

Si l'on joint, en effet, les bords inférieurs B' et D' des images des pupilles des deux yeux données par ces yeux eux-mêmes, et que l'on marque l'intersection P' de cette droite B'D' avec l'image de la rétine observée, on voit que l'ensemble des rayons qui, sortis de l'œil examiné, passent par ce point P', forment le faisceau A'P'B'. Seul, le rayon B'P'D' de ce faisceau pénètre dans l'œil observateur et le point P' limite donc, au-dessous de l'axe, l'étendue d'image que l'œil observateur peut voir. En joignant P' aux points nodaux N et prolongeant, on détermine le point P dont P' est l'image et, par suite, le point extrême de la rétine, au-dessus de l'axe, que l'œil observateur N' peut encore apercevoir. En représentant par les mêmes lettres les mêmes longueurs que dans le cas précédent, on trouve pour valeur de RP :

$$\mathrm{RP} = \frac{l(d \quad d')}{D} \times \frac{\mathrm{OR'}}{l'}.$$

e. Le calcul du rayon du champ d'observation est plus laborieux lorsque l'examen est pratiqué avec le secours d'une lentille, car les conditions optiques sont alors évidemment plus complexes. Nous indiquerons seulement ici comment on peut déterminer sur une figure l'étendue de la rétine visible par l'observateur dans les deux cas de l'examen a l'image droite et à l'image renversée, renvoyant, pour plus de détails, aux divers mémoires publiés à ce sujet, en particulier à celui de Guilloz.

Cas de l'examen à l'image renversée et réelle avec lentille. — Soient encore (fig. 415) N l'œil observé, A'A'₁ l'image que cet œil donne de sa pupille AA₁, I₁I'₁ l'image que ce même œil donne de sa rétine, C'C'₁ l'image de la pupille de l'œil observateur N' donnée par la cornée de cet œil.

Si l'on dispose en LL' une lentille positive de distance focale HF, cette lentille substitue à l'image I₁I'₁ une autre image I₂I'₂, réelle et renversée encore. Soit en outre A''A''₁ l'image que la même lentille LL' donne de l'ouverture pupillaire A'A'₁.

Joignons dès lors le bord inférieur A''₁ de l'image de la pupille de l'œil observé au bord C' de l'image de la pupille de l'œil observateur N', et soit P'' le point où la droite A''₁C' rencontre l'image aérienne I₂I'₂. Le faisceau des rayons qui concourent à former le point P'' est limité, d'une part au rayon A''₁SP'', d'autre part au rayon A'''TP'', et l'on voit que, seul, le rayon A''₁SP''C' de ce faisceau peut encore pénétrer dans l'œil observé. Le point P'' limite donc sur I₂I'₂ l'étendue de cette image que l'œil observateur peut voir. Or, si l'on joint HP'' et que l'on prolonge cette ligne jusqu'à la rencontre avec I₁I'₁, on obtient le point P' de l'image, donnée directement par l'œil examiné, dont P'' est l'image donnée par la lentille LL'. Le point P' limite donc sur l'image directe I₁I'₁ l'étendue accessible à la vision pour l'œil observateur. En joignant maintenant P' aux points nodaux N et prolongeant jusqu'en P, ce dernier point limite sur la rétine observée, et au-dessus de l'axe, l'étendue visible pour l'œil observateur considéré. Le rayon du champ d'observation, supposé circulaire, est donc RP.

On voit que, dans ce cas, un nouvel élément intervient, ou du moins peut intervenir pour limiter, le cas échéant, le champ d'observation : c'est le diamètre LL' de la lentille employée. Il pourra se faire, en effet, que le point S où le rayon limite $A_1''C'$ rencontre le plan de cette lentille soit situé

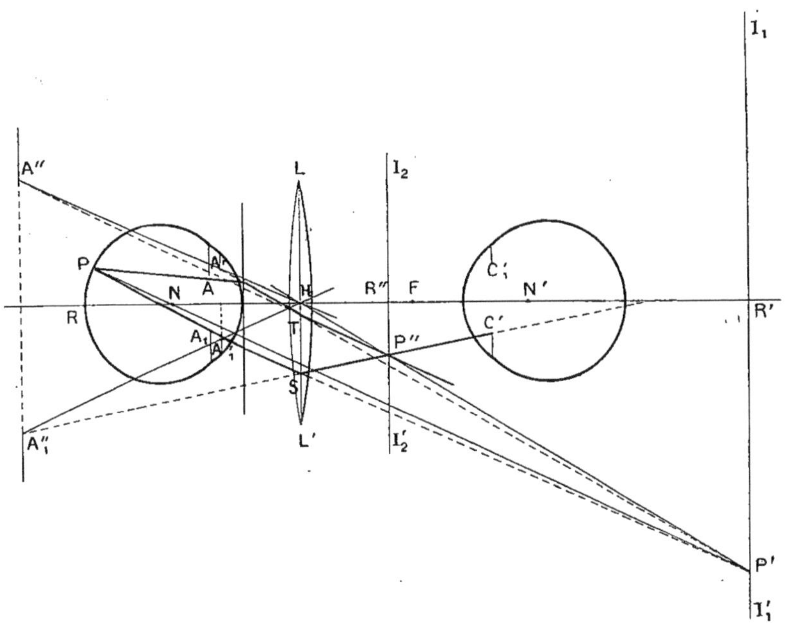

Fig. 415. — Champ d'observation ophtalmoscopique dans le cas d'examen
à l'image réelle et renversée avec lentille.

au delà de la périphérie de celle-ci et que, en conséquence, ce rayon SC' n'existe pas.

Cas de l'examen à l'image droite et virtuelle avec lentille. — Une cons-

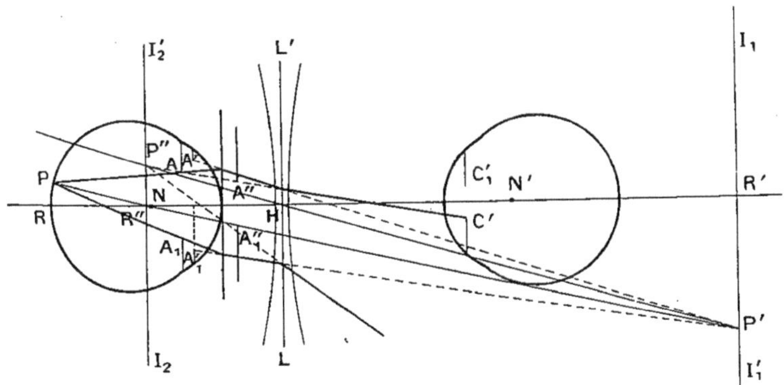

Fig. 416. — Champ d'observation ophtalmoscopique dans le cas d'examen
à l'image droite et virtuelle avec lentille.

truction analogue permettra de même de déterminer le rayon du champ d'observation à l'image droite, comme le montre la figure 416. En joignant le point A″ (fig. 416), bord supérieur de l'image de la pupille donnée par la lentille LL′, au bord inférieur C′ de l'image de la pupille de l'œil observateur N′ donnée par cet œil, et prolongeant cette ligne jusqu'à la rencontre de l'image droite et virtuelle I_2I_2' de la rétine observée formée par la lentille, on obtient le point extrême P″ de cette image dont un rayon peut encore pénétrer dans l'œil observateur. La droite P″H prolongée fait connaître le point P′ de l'image, donnée directement par l'œil observé, dont P″ est l'image due à l'action de la lentille, et en joignant ensuite P′ aux points nodaux N on obtient le rayon RP du champ d'observation. Comme dans le cas précédent, la grandeur du diamètre de la lentille employée peut, le cas échéant, intervenir dans la limitation du champ d'observation, s'il arrive que le rayon limite considéré A″C′ ne rencontre pas cette lentille.

Procédés pour augmenter le champ d'observation. — La valeur du champ déterminée plus haut ne donne pas, en réalité, l'étendue extrême de la rétine observée qui est accessible à l'observation, mais seulement l'étendue visible pour une position et une orientation déterminées des yeux observé et observateur. Mais il suffira à ce dernier de se déplacer latéralement, par exemple, pour recevoir des rayons qui lui arrivaient excentriquement par rapport à sa pupille et voir ainsi des régions qui étaient en dehors du champ correspondant à sa position première ; en même temps, il est vrai, des rayons qui pouvaient d'abord pénétrer dans cet œil observateur tomberont alors en dehors de la pupille, et en réalité, le champ se rétrécit dans un sens en même temps qu'il s'accroît dans le sens diamétralement opposé. Mais comme il importe avant tout, au point de vue pratique, d'explorer la plus grande étendue possible de la rétine observée, il importe assez peu, en somme, que l'exploration ait lieu par régions successives. Cette remarque montre que les évaluations faites plus haut relativement au champ de l'observation ophtalmoscopique ont une importance plus théorique que pratique ; c'est la raison pour laquelle nous n'avons pas cru devoir calculer la valeur de ce champ dans les cas où ce calcul est long et laborieux.

On peut encore augmenter successivement l'étendue du champ d'observation dans tous les sens en invitant l'observé à diriger le regard suivant des directions différentes, ce qui amène successivement en face de l'observateur des régions rétiniennes d'abord trop périphériques pour être vues.

Toutefois, malgré l'emploi de ces divers moyens, il existe toujours, vers la région ciliaire, une zone rétinienne annulaire qui reste inaccessible à l'observation. Cette zone a, dans le sens des méridiens de l'œil, une étendue de quelques millimètres ; ses dimensions, dans le sens indiqué, ont été calculées par Donders (1877), Grœnow (1889), Druault (1898), et trouvées égales à environ 10 millimètres chez le myope, 8 chez l'emmétrope et 7 chez l'hypermétrope. Mais Trantas (1), en exerçant une pression digitale sur un point de cette région inaccessible, de manière à la déprimer, pendant l'examen à l'image droite, a pu voir même les procès ciliaires sous forme d'une dentelure sombre.

---

(1) Trantas, *Archives d'ophtalmologie*, 1900.

Grossissement dans l'examen ophtalmoscopique (1). — Lorsqu'un objet n'est pas, comme un astre ou un détail de paysage par exemple, situé à distance invariable, le grossissement obtenu, en regardant cet objet à travers un instrument d'optique quelconque, est le rapport qui existe entre le diamètre apparent de l'image fournie par l'instrument, diamètre mesuré du point nodal de l'œil observateur, et le diamètre apparent sous lequel l'observateur verrait directement cet objet, s'il le plaçait dans les meilleures conditions d'observation, c'est-à-dire à son punctum proximum. La rétine que l'on examine avec le secours de l'ophtalmoscope est toujours vue, quelles que soient les conditions dans lesquelles se fait l'examen, à travers un système réfringent constitué, suivant les cas, soit par l'œil examiné seul, soit par l'ensemble de cet œil et d'une lentille positive ou négative. On prévoit dès lors que l'examen ophtalmoscopique se fait avec un certain grossissement et que le grossissement est variable suivant les conditions optiques dans lesquelles l'examen est pratiqué. C'est la valeur de ce grossissement que nous allons déterminer dans les divers cas.

Cas où les yeux observateur et observé sont emmétropes, l'accommodation étant en outre au repos dans chacun d'eux. — Soient N et N$_1$ (fig. 417)

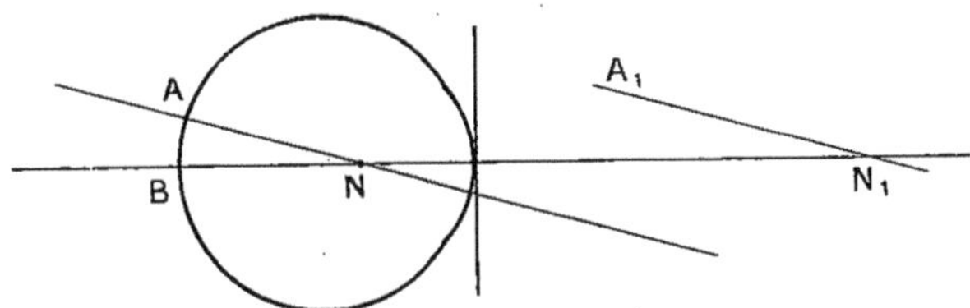

Fig. 417. — Grossissement dans l'examen ophtalmoscopique; observateur et observé emmétropes sans accommodation.

les points nodaux de l'œil observé et de l'œil observateur. Les points A et B de la rétine observée ont respectivement leur image à l'infini sur les droites NA et NB; dès lors, l'œil observateur voit l'image de la portion AB de rétine sous le diamètre apparent A$_1$N$_1$B obtenu en menant de N$_1$ une parallèle à NA. Or, l'angle A$_1$N$_1$B est égal à l'angle ANB et le triangle ANB donne

$$\text{tg ANB} = \frac{AB}{BN} = \frac{O}{l}.$$

D'autre part, si la même portion AB de rétine observée était placée au proximum de l'œil observateur, cet œil la verrait sous un angle dont la tangente serait donnée par l'expression

$$\frac{O}{p},$$

p étant la distance du proximum de l'œil observateur à ses points nodaux.

(1) Voy., en particulier, *Traité complet d'ophtalmologie*, par DE WECKER et LANDOLT, t. I, p. 800.

D'après la définition rappelée plus haut, le grossissement sera donc donné par le rapport

$$(1) \qquad G = \frac{O}{l} : \frac{O}{p} = \frac{p}{l}.$$

On voit que le grossissement, proportionnel à p et en raison inverse de l, est toujours plus grand que 1, car la distance p, pour un œil quelconque, est en réalité toujours plus grande que la distance l pour un autre œil quelconque.

Si, par exemple, on attribue à l la valeur moyenne 15 millimètres et à p la valeur 200 millimètres, on aura

$$G = \frac{200}{15} = 13,33,$$

ce qui signifie que, dans ce cas, l'image de AB qui se forme alors sur la rétine de l'observateur est 13,33 fois plus grande que celle qui se formerait si l'observateur pouvait examiner directement l'objet AB en le plaçant à son proximum situé à $0^m,20$ de ses points nodaux.

A. Examen a l'image droite et virtuelle. — 1° *L'œil observé est myope, l'œil observateur est emmétrope, l'accommodation étant relâchée dans chacun*

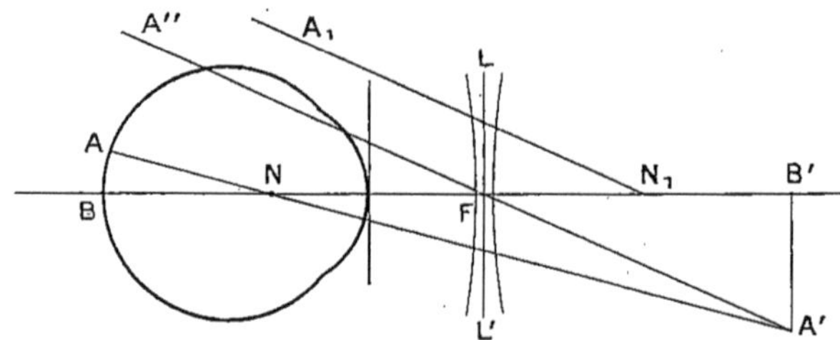

Fig. 418. — Grossissement dans l'examen ophtalmoscopique à l'image droite et virtuelle; observateur emmétrope, observé myope sans accommodation.

d'eux. — Soit alors A′B′ (fig. 418) l'image que l'œil myope donne de sa propre rétine.

En se reportant à ce qui a été dit plus haut relativement aux conditions d'examen à l'image droite, on voit qu'il faut disposer au foyer antérieur F de l'œil examiné une lentille négative de distance focale égale à FB′. Cette lentille substituera, en effet, à A′B′ une autre image droite et située à l'infini, que l'observateur pourra dès lors voir sans accommodation.

L'image que la lentille donne de A′ sera située à l'infini sur la direction A′F et l'œil observateur N_1 verra dès lors l'image droite et virtuelle de AB, que la lentille fournit, sous le diamètre apparent A_1N_1B obtenu en menant N_1A_1 parallèle à FA″.

Or on a, sur la figure,

$$\text{angle } A_1N_1B = \text{angle } A''FB = \text{angle } B'FA';$$

mais le triangle FB'A' donne

$$\operatorname{tg} \mathrm{B'FA'} = \frac{\mathrm{B'A'}}{\mathrm{B'F}} = \frac{\mathrm{I}}{r-d},$$

en posant $\mathrm{B'A'} = \mathrm{I}$, $\mathrm{B'N} = r$, $\mathrm{FN} = d$.

D'autre part, si la portion $\mathrm{AB} = \mathrm{O}$ de la rétine observée était placée au proximum de l'œil observateur et examinée directement par cet œil, elle serait vue sous le diamètre apparent

$$\frac{\mathrm{O}}{p},$$

p représentant encore la distance du proximum de l'œil observateur à ses points nodaux.

Le grossissement G a donc alors pour expression :

$$\mathrm{G} = \frac{\mathrm{I}}{r-d} : \frac{\mathrm{O}}{p}.$$

Mais les triangles A'NB' et ANB donnent

$$\frac{\mathrm{A'B'}}{\mathrm{AB}} = \frac{\mathrm{B'N}}{\mathrm{BN}} \qquad \text{ou} \qquad \frac{\mathrm{I}}{\mathrm{O}} = \frac{r}{l},$$

en posant encore $\mathrm{BN} = l$. En tirant de là la valeur de I et la portant dans celle de G, il vient, après simplification,

$$\mathrm{G} = \frac{pr}{l(r-d)}.$$

Considérons, comme exemple numérique, le cas où $r = 200$ millimètres, ce qui correspond à une myopie comprise entre 5 et 6 dioptries, $p = 300$ millimètres, $d = 30$ millimètres et $l = 16^{\mathrm{mm}},5$, ce qui est la valeur de l dans un œil qui présente une myopie de 5 dioptries par allongement de l'axe antéro-postérieur. En faisant les calculs, on trouve pour valeur du grossissement :

$$\mathrm{G} = 14,66.$$

La discussion de la formule (2) montrerait comment varie G lorsque l et r varient. On voit en particulier que, pour une même valeur de r ou du degré de myopie, G est plus grand ou plus petit suivant que l est plus petit ou plus grand. Par suite, pour un même degré de myopie, le grossissement sera plus petit si l'amétropie est due à un allongement de l'axe antéro-postérieur de l'œil, plus grand si la myopie est due à une autre cause.

$2°$ *L'œil examiné est hypermétrope, l'œil observateur est emmétrope, l'accommodation est au repos dans chacun d'eux.* — Soit (fig. 419) A'B' l'image de la portion de rétine AB donnée par l'œil N ; il faut alors disposer au foyer principal antérieur F de cet œil une lentille positive de distance focale FB'. Cette lentille substitue, en effet, à l'image A'B' une autre image droite et virtuelle située à l'infini et que l'œil observateur N_1 pourra voir sans accommodation.

L'image que la lentille donne de A' étant située à l'infini sur la direction FA',

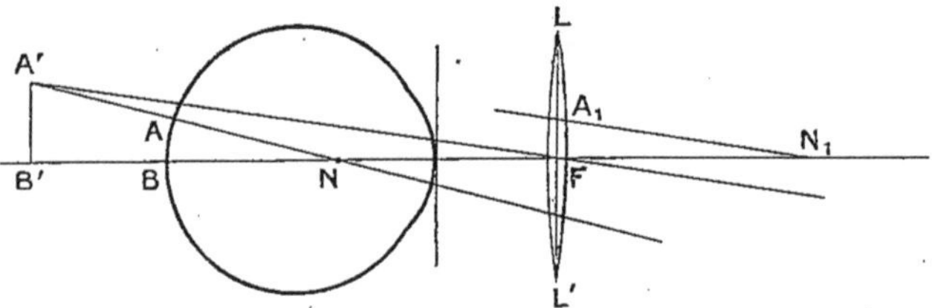

Fig. 419. — Grossissement dans l'examen ophtalmoscopique à l'image droite et virtuelle; observateur emmétrope, observé hypermétrope sans accommodation.

le diamètre apparent $A_1 N_1 F$ sous lequel l'œil observateur verra cette image s'obtiendra en menant de N_1 une parallèle $N_1 A_1$ a FA'; or on a encore

$$angle\ A_1 N_1 F = angle\ A'FB';$$

d'autre part, le triangle A'B'F donne

$$\operatorname{tg} A'FB' = \frac{A'B'}{B'F} = \frac{I}{r+d},$$

en représentant par I, r, d les mêmes grandeurs que précédemment. En outre, des triangles semblables A'B'N et ABN, on tire

$$\frac{A'B'}{AB} = \frac{B'N}{BN} \qquad ou \qquad \frac{I}{O} = \frac{r}{l}.$$

En tirant de là la valeur de I et remplaçant dans l'expression de $\operatorname{tg} A'FB'$, il vient

$$\operatorname{tg} A'FB' = \frac{O \times r}{l(r+d)}.$$

Comme dans les cas précédemment considérés, d'ailleurs, la portion de rétine AB de l'œil observé, placée au proximum de cet œil, serait vue sous un diamètre apparent mesuré par $\dfrac{O}{p}$; le grossissement G sera donc donné par le rapport

$$(3) \qquad G = \frac{O \times r}{l(r+d)} : \frac{O}{p} = \frac{pr}{l(r+d)}.$$

Soient encore, comme exemple numérique, le cas où, comme ci-dessus, $r = 200$ millimètres, ce qui correspond à une hypermétropie un peu inférieure à 5 dioptries, $p = 200$ millimètres, $l = 13^{\mathrm{mm}},5$, ce qui est la valeur de l pour une hypermétropie de 5 dioptries due à une longueur trop courte de l'axe antéro-postérieur, $d = 30$ millimètres ; en faisant les calculs sur ces données numériques, on trouve

$$G = 12,9.$$

La comparaison de ce résultat avec la valeur trouvée ci-dessus pour le cas d'un œil myope montre que, à degré égal d'amétropie, le grossissement est plus fort lorsque l'examen porte sur un œil myope que s'il est relatif à un œil hypermétrope. Ce fait résulte d'ailleurs de la comparaison des formules (2) et (3), qui ne diffèrent que par un signe, le dénominateur de la dernière comprenant une somme de deux quantités qui, dans la première expression, entrent au dénominateur par leur différence.

D'autre part, pour une même valeur de r, c'est-à-dire pour un même degré d'hypermétropie, le grossissement est plus fort, si l'amétropie est due à la longueur de l'axe antéro-postérieur, car la valeur de l, qui entre au dénominateur de G, est alors plus petite que dans le cas où l'hypermétropie est due, par exemple, à une courbure trop petite de la cornée.

3° *L'œil examiné est myope sans accommodation, l'œil observateur est également myope sans accommodation.* — L'œil observé donne directement une image A′B′ (fig. 420) de la portion AB de sa rétine ; on doit alors employer

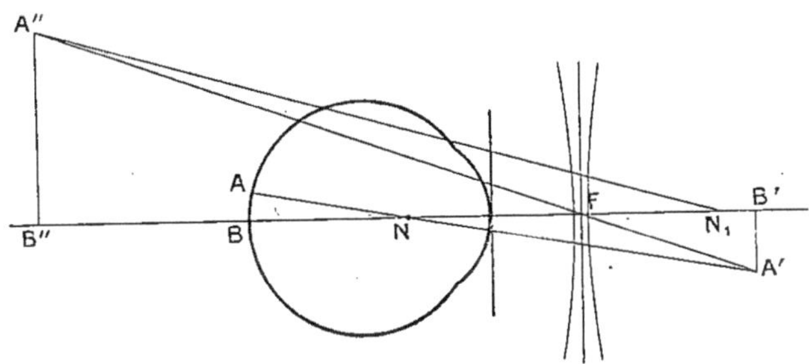

Fig. 420. — Grossissement dans l'examen ophtalmoscopique à l'image droite et virtuelle ; observateur et observé myopes sans accommodation.

une lentille négative placée en F et telle qu'elle substitue à l'image A′B′ une autre image A″B″ située, par rapport à l'œil observateur N_1, à une distance B″N_1 égale à celle du remotum de cet œil.

Cette image A″B″ = I est vue, par l'œil observateur, sous le diamètre apparent A″N_1B″, et l'on a

$$\operatorname{tg} A''N_1B'' = \frac{A''B''}{B''N_1} = \frac{I}{B''F + NN_1 - NF} = \frac{I}{L + D - d},$$

en posant

$$B''F = L, \qquad NN_1 = D \qquad \text{et} \qquad NF = d.$$

Mais les triangles semblables A″FB″ et B′FA′ donnent

$$\frac{A''B''}{A'B'} = \frac{B''F}{B'F} \qquad \text{ou} \qquad \frac{I}{i} = \frac{L}{r - d},$$

en représentant encore par r la distance B'N.

De même, des triangles semblables A'NB', ANB, on tire

$$\frac{A'B'}{AB} = \frac{B'N}{BN} \qquad \text{ou} \qquad \frac{i}{O} = \frac{r}{l}.$$

En multipliant membre à membre, il vient

$$\frac{I}{O} = \frac{Lr}{l(r-d)}, \qquad \text{d'où} \qquad I = \frac{OLr}{l(r-d)}.$$

En portant cette expression de I dans la valeur de $\operatorname{tg} A''N_1B''$, on obt

$$\operatorname{tg} A''N_1B'' = \frac{OLr}{l(r-d)(L+D-d)}.$$

D'autre part, le diamètre apparent sous lequel serait vue la portion A
rétine observée placée au proximum de l'œil observateur est, comme
jours,

$$\frac{O}{p}.$$

On a donc pour valeur du grossissement :

$$G = \frac{pr}{l(r-d)} \cdot \frac{L}{L+D-d}.$$

En comparant cette valeur à celle du grossissement, dans le cas d'un
myope et d'un observateur emmétrope, on voit que la valeur de G
laquelle nous venons d'arriver, est égale au produit du grossissement de
par la formule (2) par le facteur $\dfrac{L}{L+D-d}$. Il est à remarquer en o
que, lors d'un examen ophtalmoscopique, D est toujours supérieur à
que, par suite, le facteur $\dfrac{L}{L+D-d}$ est toujours inférieur à l'unité, s
que, toutefois, sa valeur soit très différente de 1, sauf dans le cas où l
observateur présenterait une myopie élevée. Si, en effet, l'observateur
myope de 4 dioptries, on peut adopter pour L la valeur 250 et pour D —
valeur 30 millimètres ; on a, dans ces conditions,

$$\frac{L}{L+D-d} = 0{,}9.$$

Le grossissement est donc 0,9 de celui qu'obtiendrait un observat
emmétrope.

Les considérations qui précèdent s'appliquent évidemment au cas où l
servateur, d'ailleurs emmétrope ou même hypermétrope, accommode p
une distance finie en avant de sa cornée. Il résulte de là qu'un observat

voit sous un plus fort grossissement la rétine observée, dans l'examen à l'image droite, s'il relâche davantage son accommodation, ce qu'il était d'ailleurs facile de prévoir d'après l'inspection de la figure ; mais l'augmentation de grossissement obtenue ainsi est relativement faible et d'ailleurs mesurée par $\dfrac{L}{L+D-d}$.

4° *L'œil examiné est hypermétrope sans accommodation, l'œil observateur est myope sans accommodation.* — On traiterait ce cas comme le précédent et l'on obtiendrait, comme valeur du grossissement,

$$G = \frac{pr}{l(r+d)} \cdot \frac{L}{L+D-d}.$$

Cette expression donne lieu, par sa comparaison avec la valeur du grossissement dans le cas où l'observateur est emmétrope, à des remarques entièrement analogues à celles que nous avons faites à propos du cas précédent.

Ce cas comprend également celui où l'observateur, emmétrope ou hypermétrope, accommode pour une distance finie.

B. Cas de l'examen a l'image renversée et réelle. — L'observateur peut se placer à telle distance qu'il veut de cette image réelle, comme d'un objet qu'il aurait à sa disposition. Par suite, pour apprécier le grossissement, il faut prendre le rapport des diamètres apparents de l'image réelle I et de l'objet O supposés placés l'un et l'autre à la distance p du proximum de l'œil observateur. Ce rapport est

$$G = \frac{I}{p} : \frac{O}{p} = \frac{I}{O}.$$

Le grossissement est donc égal, dans le cas de l'examen à l'image renversée, au rapport des grandeurs linéaires de l'image et de la portion correspondante de la rétine examinée.

Nous considérerons successivement les cas où l'observé est emmétrope, myope et hypermétrope.

1° *L'œil observé est emmétrope et n'accommode pas.* — Soit N (fig. 421) l'œil observé ; l'image du point A de la rétine se forme à l'infini sur NA et la

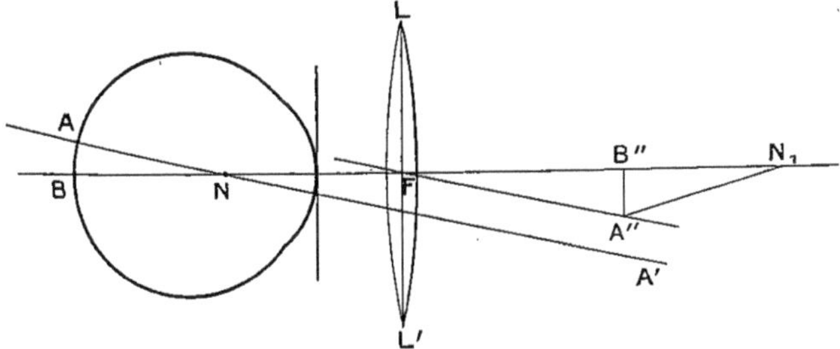

Fig. 421. — Grossissement dans l'examen ophtalmoscopique à l'image réelle et renversée avec lentille ; œil observé emmétrope sans accommodation.

lentille positive LL′ donne de la portion AB de rétine une image A″B″ telle que A″F soit parallèle à NA.

Le triangle A″B″F donne

$$A''B'' = FB'' \, \text{tg} \, A''FB'' \qquad \text{ou} \qquad I = f \, \text{tg} \, A''FB''.$$

Mais l'angle A″FB″ est égal à l'angle ANB, et du triangle ANB on tire

$$\text{tg} \, ANB = \frac{AB}{BN} = \frac{O}{l}.$$

En portant dans la valeur de I, il vient

$$I = \frac{fO}{l},$$

d'où

$$G = \frac{I}{O} = \frac{f}{l}.$$

Le grossissement est donc proportionnel à f et en raison inverse de l. Si la lentille employée est de 14 dioptries, f est égal à 71 millimètres et le grossissement est dans ce cas :

$$G = \frac{71}{15} = 4,7,$$

pour une valeur de l égale à 15 millimètres.

2° *L'œil observé est myope et n'accommode pas.* — Cet œil N (fig. 422)

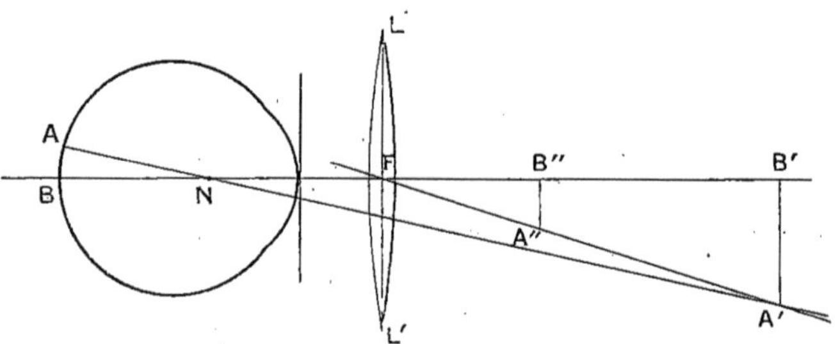

Fig. 422. — Grossissement dans l'examen ophtalmoscopique à l'image réelle et renversée ; œil observé myope.

donne, de la portion AB de sa rétine, une image A′B′, à laquelle la lentille LL′ substitue l'image A″B″ réelle et renversée.

Le triangle A″B″F donne

$$A''B'' = B''F \, \text{tg} \, A''FB'' \qquad \text{ou} \qquad I = \pi \, \text{tg} \, \alpha.$$

Mais dans le triangle A′FB′ on a

$$\text{tg} \, \alpha = \frac{B'A'}{FB'} = \frac{i}{r-d},$$

en posant $B'A' = i$, $B'N = r$, $FN = d$.

D'autre part, les triangles semblables B′NA′, ANB donnent

$$\frac{A'B'}{AB} = \frac{B'N}{BN} \qquad \text{ou} \qquad \frac{i}{O} = \frac{r}{l};$$

en tirant de là la valeur de i et la portant dans celle de tg α, il vient

$$\text{tg}\,\alpha = \frac{Or}{l(r-d)};$$

la valeur de I peut alors s'écrire

$$(1) \qquad\qquad I = \frac{Or\pi}{l(r-d)}.$$

Les points B′ et B″ étant d'ailleurs foyers conjugués par rapport à la lentille LL′, de distance focale f, on a

$$-\frac{1}{B'F} + \frac{1}{B''F} = \frac{1}{f}$$

ou

$$-\frac{1}{r-d} + \frac{1}{\pi} = \frac{1}{f},$$

le signe — du premier terme exprimant que A′B′ est, pour la lentille, un objet virtuel. On tire de là

$$\pi = \frac{f(r-d)}{r-d+f}.$$

En substituant à π cette valeur dans l'expression de I et divisant par O, on a, après simplification,

$$G = \frac{I}{O} = \frac{fr}{l(r-d+f)} = \frac{f}{l}\,\frac{r}{r-d+f}.$$

Cette expression donne également le grossissement obtenu dans le cas où l'observé, emmétrope ou hypermétrope, accommode, pendant l'examen, pour une distance $NB' = r$. Cette valeur de G, toutes choses égales d'ailleurs, est égale au produit du grossissement obtenu, dans le cas où l'œil observé est emmétrope et sans accommodation, par le facteur $\dfrac{r}{r-d+f}$ qui est toujours plus petit que l'unité, car, dans la pratique, f est toujours plus grand que d. Il résulte en particulier de là que, pour une même lentille et un même œil, le grossissement est d'autant plus grand que l'accommodation de l'œil observé est plus complètement relâchée, résultat que l'on aurait pu déduire, sans calcul, de la figure même.

La valeur précédente de G montre, d'autre part, que, pour un même degré de myopie et une même lentille, le grossissement est plus petit dans le cas où l'amétropie est due à un allongement de l'axe antéro-postérieur de l'œil, car l est alors plus grand.

Pour une distance $r = 200$ millimètres, ce qui correspond à une myopie comprise entre 5 et 6 dioptries, et une lentille de 14 dioptries ($f = 71$), on a

$$G = \frac{71}{16,5} \cdot \frac{200}{200 - 30 + 71} = 3,6.$$

3° *L'œil observé est hypermétrope et n'accommode pas.* — L'œil donne alors de la portion AB de sa propre rétine (fig. 423) une image droite et vir-

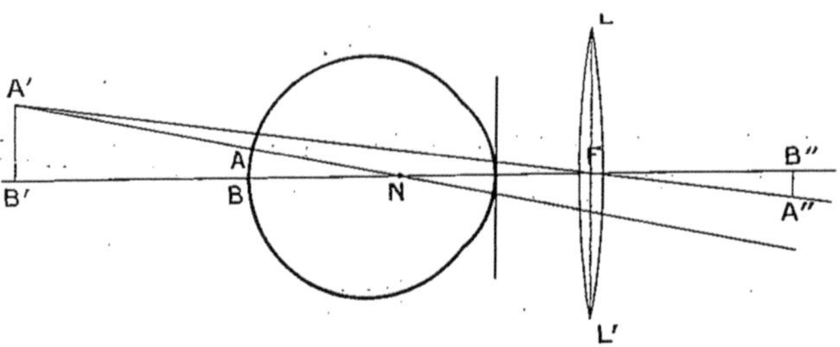

Fig. 423. — Grossissement dans l'examen ophtalmoscopique à l'image réelle et renversée ; œil observé hypermétrope sans accommodation.

tuelle A′B′, à laquelle la lentille LL′ substitue une image réelle et renversée A″B″.

Le triangle A″FB″ donne

$$A''B'' = B''F \, \mathrm{tg} \, A''FB'' \qquad \text{ou} \qquad I = \pi \, \mathrm{tg} \, \alpha.$$

Mais on a

$$\text{angle} \, A''FB'' = \text{angle} \, A'FB',$$

et l'on tire du triangle A′FB′ :

$$\mathrm{tg} \, \alpha = \frac{A'B'}{B'F} = \frac{i}{r + d},$$

en posant encore $A'B' = i$, $B'N = r$, $NF = d$.

D'autre part, on a, dans les triangles semblables A′NB′, ANB,

$$\frac{A'B'}{AB} = \frac{B'N}{BN} \qquad \text{ou} \qquad \frac{i}{O} = \frac{r}{l} ;$$

en tirant de cette égalité la valeur de i et la portant dans l'expression de $\mathrm{tg} \, \alpha$, il vient

$$\mathrm{tg} \, \alpha = \frac{Or}{l(r + d)}.$$

La valeur de I peut alors s'écrire

$$I = \frac{Or\pi}{l(r + d)},$$

d'où

$$G = \frac{I}{O} = \frac{r\pi}{l(r+d)}.$$

Si l'on remarque encore que les points B″ et B′ sont des foyers conjugués par rapport à la lentille LL′ de distance focale f, on a

$$\frac{1}{B'F} + \frac{1}{B''F} = \frac{1}{f},$$

ou

$$\frac{1}{r+d} + \frac{1}{\pi} = \frac{1}{f},$$

d'où l'on tire

$$\pi = \frac{f(r+d)}{r+d-f};$$

en portant cette valeur de π dans l'expression de G, il vient, après simplification,

$$G = \frac{f}{l}\frac{r}{r+d-f}.$$

Le facteur $\dfrac{r}{r+d-f}$, est ici plus grand que l'unité, car, dans la pratique, f est toujours supérieur à d; il résulte en particulier de là que, pour un même œil hypermétrope et une même lentille, le grossissement est d'autant plus fort que cet œil accommode moins fortement, conclusion que l'on aurait pu toutefois tirer de l'inspection de la figure.

L'expression générale de G montre, en outre, que, pour un même degré d'hypermétropie et une même lentille, le grossissement est plus grand lorsque l'amétropie est due à une longueur trop petite de l'axe antéro-postérieur de l'œil.

Pour une distance $r = 200$ millimètres, qui correspond à une hypermétropie un peu inférieure à 5 dioptries, et une lentille de 14 dioptries, on a

$$G = \frac{71}{13,5} \cdot \frac{200}{200+30-71} = 6,9.$$

Détermination des états de réfraction à l'aide de l'ophtalmoscope. — L'examen ophtalmoscopique d'un œil offre à considérer, dans son ensemble, divers caractères qui tous sont en rapport avec l'état de réfraction de cet œil et qui sont, dès lors, chacun variable, dans une certaine mesure, avec cet état de réfraction. C'est ainsi, par exemple, que le champ d'observation et le grossissement dépendent l'un et l'autre de l'état de réfraction ou de la position du remotum de l'œil examiné et pourraient donc être utilisés pour déterminer la position de ce point. Il est d'ailleurs d'autres phénomènes, dont il n'a pas été question encore, mais dont quelques particularités sont également sous la dépendance de la réfraction de l'œil examiné, et auxquels on peut dès lors avoir recours pour la mesure de cette réfraction ; tels sont, par exemple, les déplacements parallactiques de l'image ophtalmoscopique que l'on observe quand on déplace la lentille employée pour l'examen, et les jeux d'ombre qui apparaissent au niveau de la pupille de l'œil examiné, lorsqu'on imprime au miroir ophtalmoscopique de faibles mouvements de rotation autour de son manche (procédé de Cuignet). Dans le choix à faire entre les divers procédés que l'on peut ainsi songer à employer, il faudra tenir compte de l'outillage et de la simplicité du mode opératoire que chaque procédé nécessiterait, ainsi que du degré d'exactitude des déterminations et, par suite, des variations de grandeur que présente le phénomène à utiliser lorsque l'état de l'accommodation varie.

Sans entrer, à ce sujet, dans une discussion rigoureuse, on conçoit, d'après ce qui a été dit plus haut relativement au champ, que la variation de diamètre de ce champ soit d'une mensuration trop peu commode et trop difficile, que ces variations elles-mêmes soient trop peu considérables pour que l'on puisse tirer de là un procédé pratique de détermination du remotum.

Les mêmes considérations conduisent également à laisser de côté le grossissement pour procéder à cette détermination. D'ailleurs, il n'existe pas dans l'œil un élément dont la grandeur soit assez indépendante des particularités individuelles pour qu'on puisse la regarder comme constante, ce qui est cependant une condition préalable indispensable pour procéder à une mesure expérimentale du grossissement.

Par contre, la détermination de la position du remotum d'un œil d'après le numéro de la lentille qui permet l'examen à l'image droite de la rétine de cet œil, pour un œil observateur dont l'état de réfraction est connu, peut s'effectuer dans des conditions favorables de simplicité expérimentale et d'exactitude, et l'on ne peut reprocher à ce procédé que d'exiger un assez long apprentissage, qui n'est autre, d'ailleurs, que celui qu'exige la pratique générale de l'ophtalmoscope. Aussi ce procédé a-t-il été couramment employé par les ophtalmologistes et n'a-t-il été détrôné que par le procédé de Cuignet, qui, à une exactitude aussi grande, joint l'avantage de ne nécessiter qu'un apprentissage beaucoup moins long pour pouvoir être judicieusement utilisé.

Détermination du remotum des yeux non astigmates par l'examen à l'image droite et virtuelle. — Soient R (fig. 424) la rétine de l'œil examiné dont le remotum est en R' et R_1 la rétine de l'œil observateur dont le remotum est en R_1'.

Si ni l'un ni l'autre de ces yeux n'accommodent, pour que l'observateur voie nettement la rétine de l'observé, c'est-à-dire pour qu'il se forme en R' une image nette de R, il suffit de placer en LL', entre les deux yeux, une lentille choisie de telle sorte que les remotums R' et R_1' soient des foyers conjugués par rapport à cette lentille. En effet, si la condition dont il vient d'être question est remplie, l'œil examiné donne en R' une image de sa rétine R ; cette image ne se forme pas d'ailleurs, mais joue le rôle d'objet virtuel par rapport à la lentille qui en donne une image en R_1', foyer conjugué de R' par rapport à cette lentille et remotum de l'observateur ; cette image R_1' sera dès lors vue nettement par celui-ci, dont l'accommodation est supposée relâchée.

En d'autres termes, le faisceau IRI′, parti du point R de la rétine observée, est transformé, par cet œil même, en un faisceau IR′I′ auquel la lentille substitue le faisceau LR′₁L′ ou I₁R′₁I′₁, que l'œil observateur transforme, à son tour, en un faisceau I₁R₁I′₁ dont le sommet est sur la rétine de cet œil.

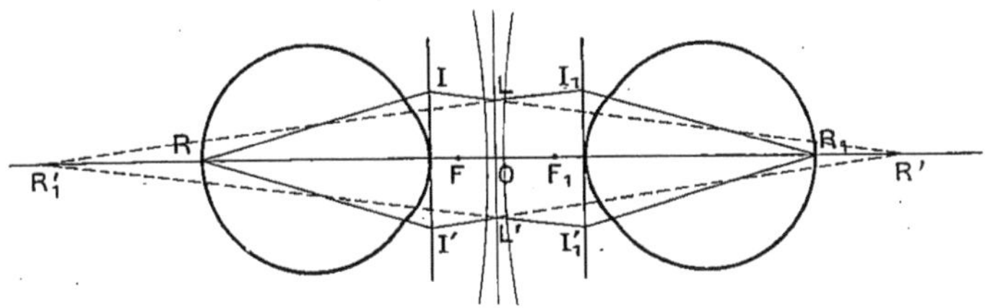

Fig. 424. — Détermination du remotum par l'examen ophtalmoscopique à l'image droite et virtuelle.

La condition de vision nette de la rétine observée par l'œil observateur est donc qu'il existe entre ces yeux une lentille qui admette, comme couple de foyers conjugués, les remotum des deux yeux, à moins toutefois que ces deux remotum coïncident entre eux, auquel cas la lentille serait inutile, ce qui reviendrait d'ailleurs à considérer un verre de zéro dioptrie.

Dès lors, si l'on représente par d et d_1 les distances de la lentille à chacun des foyers principaux antérieurs F et F_1 des yeux observé et observateur, par r et r_1 les distances respectives des remotum à ces mêmes foyers principaux, et par f la distance focale de la lentille, on aura

$$-\frac{1}{\text{OR}'}+\frac{1}{\text{OR}'_1}=\frac{1}{f}$$

ou

(1)
$$-\frac{1}{r-d}+\frac{1}{r_1-d_1}=\frac{1}{f}.$$

Pour pouvoir déterminer r, il faudrait donc connaître f, d, d_1 et r_1. On pourrait sans doute imaginer et réaliser un dispositif expérimental dans lequel d et d_1 auraient des valeurs connues, et il suffirait alors de chercher, par essais successifs, le verre qui permettrait à un observateur, dont la position du remotum serait connue, de voir la rétine observée, soit à l'image droite, soit à l'image renversée ; les considérations qui ont conduit à établir la relation (1) sont en effet générales et, bien que la figure se rapporte à l'image droite, cette relation s'applique également à l'image renversée.

Mais si l'on cherche à rendre le procédé de détermination le plus simple possible, sans d'ailleurs en diminuer sensiblement l'exactitude, il vaut mieux pratiquer l'examen à l'image droite et se placer assez près de l'œil observé pour que les distances d et d_1 soient négligeables par rapport à r et r_1. La relation (1) se réduit alors à

$$-\frac{1}{r}+\frac{1}{r_1}=\frac{1}{f},$$

ou

$$R = R_1 - F,$$

en exprimant les distances r, r_1 et f en dioptries.

On peut d'ailleurs toujours admettre que l'observateur est emmétrope, car, dans le cas contraire, l'amétropie existante, préalablement déterminée, peut être corrigée. Le remotum de l'œil observateur peut donc toujours être supposé à l'infini, auquel cas $R_1 = 0$, ce qui réduit la relation précédente à

$$R = - F,$$

résultat qui peut s'exprimer de la manière suivante :

Le degré d'amétropie d'un œil est égal au numéro, changé de signe, du verre qui permet à un œil observateur, emmétrope naturellement ou par correction optique et situé le plus près possible de l'œil observé, de voir nettement l'image droite et virtuelle du fond de cet œil.

En conséquence, si c'est un verre positif de $+ 3$ dioptries, par exemple, qui a permis l'examen à l'image droite dans les conditions que nous venons d'indiquer, cela signifie que le remotum est situé à $- 3$ dioptries, c'est-à-dire que ce remotum est virtuel et que l'œil examiné est donc hypermétrope de 3 dioptries. Si, au contraire, ce même examen, pour être pratiqué dans les mêmes conditions, a nécessité l'emploi d'un verre négatif de $- 2$ dioptries, c'est que le remotum de l'œil examiné est situé à $+ 2$ dioptries, c'est-à-dire que ce remotum est réel et que l'œil est myope de 2 dioptries.

Procédés divers. — Divers autres procédés, basés sur l'emploi de l'ophtalmoscope, ont été indiqués, mais l'usage d'aucun d'eux n'est devenu classique et nous les décrirons sommairement.

Si, au moment de l'examen à l'image renversée et réelle, l'observateur s'approche progressivement de l'observé, l'image cessera d'être vue nette à partir du moment où elle est dépassée par le proximum de l'observateur ; si donc la position de ce point est connue, on peut en déduire la position de l'image renversée et, par suite, l'amétropie de l'observé. Nicati (1) préfère s'approcher jusqu'à ce que, dans l'image confuse que l'on voit, le blanc papillaire ne se distingue plus du rouge environnant, ce qui se produit au moment où l'œil observateur est au foyer antérieur de l'observé.

Rychner (2) dispose, à 10 centimètres en avant de l'œil examiné, une lentille positive de 10 dioptries ; l'image renversée de la rétine se forme au foyer antérieur de la lentille si l'œil est emmétrope, et à 1, 2, ... centimètres en avant ou en arrière de ce point pour une amétropie de 1, 2, ... dioptries. La position de cette image peut d'ailleurs être déterminée au moyen d'une aiguille mobile et des effets de parallaxe que l'on observe entre cette aiguille et cette image lorsque l'observateur se déplace à droite et à gauche.

Au lieu de chercher la position à donner à un objet pour que l'œil dont on veut déterminer le remotum puisse le voir nettement, Visser (3) a proposé

<hr>

(1) NICATI, *Archives d'ophtalmologie*, 1890.
(2) RYCHNER, *Deutschmann's Beiträge zur Augenheilkunde*, 1894.
(3) VISSER, *Centralblatt für Augenheilkunde*, 1897.

d'opérer d'une manière inverse, de regarder avec l'ophtalmoscope la rétine de l'œil observé et de déterminer la position à donner à un objet pour que son image sur cette rétine apparaisse nette à l'observateur.

Détermination des éléments de l'astigmatisme avec l'ophtalmoscope. — Comme pour le remotum des yeux non astigmates, à ce procédé objectif de détermination des éléments de l'astigmatisme s'est substitué, dans la pratique, le procédé plus simple de Cuignet basé sur l'observation du phénomène de l'ombre pupillaire, dont il sera question plus loin. Aussi serons-nous très bref sur cet emploi de l'ophtalmoscope.

Dans le cas où l'œil examiné est astigmate, les images des détails de la rétine qui se trouvent dans les deux méridiens principaux se forment à des distances différentes de la cornée et cette différence de position subsiste encore pour les images que la lentille employée, positive ou négative, substituera à celles que l'œil donne directement. Par suite, l'observateur ne verra pas simultanément avec netteté, c'est-à-dire pour un même état d'accommodation de son œil, l'ensemble de l'image de la rétine de l'œil observé, et cette particularité est caractéristique de l'astigmatisme.

D'autre part, on a vu que, toutes choses égales d'ailleurs, le grossissement, tant à l'image droite qu'à l'image renversée, dépend de la nature de l'amétropie de l'œil examiné et du degré de cette amétropie.

Si donc la papille d'un œil astigmate est circulaire, son image sera elliptique, puisque les diamètres de cette papille, situés dans chacun des méridiens principaux, seront vus sous des grossissements différents. Toutefois, ce procédé est incertain, parce que la papille peut ne pas être circulaire.

Si l'on se reporte aux résultats obtenus plus haut relativement au grossissement, on constate que, en passant d'un état de réfraction à un autre, la valeur de ce grossissement varie en sens inverse suivant que l'on pratique l'examen à l'image droite ou à l'image renversée. Si donc on examine successivement un même œil par ces deux procédés, l'astigmatisme se reconnaîtra à ce que la déformation elliptique de l'image de la papille se produira en sens inverse dans l'image droite et dans l'image renversée. C'est là le principe du procédé proposé par Schweiger.

Javal et Giraud-Teulon ont mis en pratique un procédé plus simple qui n'utilise que l'image renversée et qui repose sur le changement de forme de l'image de la papille d'un œil astigmate lorsqu'on déplace, en avant de cet œil, la lentille employée pour l'examen, lentille qui doit alors être toujours exactement perpendiculaire à l'axe de l'œil examiné.

Anderson fait former sur la rétine de l'œil examiné l'image d'une figure rayonnée disposée à une distance convenable et déduit l'existence de l'astigmatisme, ainsi que la direction des méridiens principaux, de la différence de netteté avec laquelle il voit les images rétiniennes des divers rayons de la figure.

Tous ces procédés sont aujourd'hui abandonnés et remplacés par le procédé de Cuignet, sans préjudice d'ailleurs de l'emploi de l'ophtalmomètre de Javal et Schiötz, ou des disques kératoscopiques décrits dans un chapitre précédent.

Avantages et inconvénients du procédé de l'ophtalmoscope. —
Ce procédé est objectif, et les renseignements qu'il fournit sont, par suite,
indépendants des indications du sujet soumis à une détermination, conditions dans lesquelles il importe de se placer lorsque l'examen doit porter
sur de tout jeunes enfants ou sur des personnes qui peuvent avoir intérêt à
simuler.

Mais, d'autre part, pour que les déterminations soient exactes, il est nécessaire que les deux yeux observateur et observé n'accommodent ni l'un ni
l'autre. Sans doute, on peut admettre que l'observateur s'est rendu maître de
son accommodation et qu'il sait volontairement contracter ou relâcher son
muscle ciliaire, ce qui n'exige que quelques exercices préalables ; mais
on ne peut en demander autant à la personne examinée. Dans l'examen à
l'image droite, il est vrai, l'œil observé, n'ayant devant lui que des objets trop
rapprochés pour pouvoir les voir nettement, relâche assez complètement son
accommodation ; toutefois, on ne pourra être absolument sûr de l'exactitude
d'une détermination qu'après des instillations d'atropine, comme d'ailleurs
par l'emploi de tout autre procédé.

D'autre part, la vision directe s'effectuant dans des conditions telles que
l'image de l'objet à voir nettement vient se former sur la macula, c'est par rapport à cette région que la détermination du remotum doit être effectuée, et c'est
donc pour cette région que l'observateur doit réaliser la vision nette à l'image
droite. Pour avoir cette région en face de l'ouverture pupillaire et, par suite,
dans le milieu du champ d'observation, il suffit de faire diriger le regard de
l'observé vers l'ouverture centrale du miroir ophtalmoscopique. Mais cette
région de la macula a un aspect chagriné assez uniforme, elle est peu ou
pas vascularisée, et il n'y existe donc aucun détail bien différencié qui permette
de choisir assez rigoureusement la lentille pour laquelle la vision atteint le
maximum de netteté. En outre, quand la région maculaire reçoit directement la lumière, la pupille se resserre davantage, si l'œil examiné n'a pas été
atropinisé, et la détermination est rendue, de ce fait, plus difficile.

Par contre, la papille, avec les artères et les veines qui débouchent de sa
partie centrale, réunit les meilleures conditions d'observation, et c'est par
rapport à cette région de la rétine qu'est généralement effectuée la détermination du remotum. Or la longueur antéro-postérieure d'un œil peut être,
suivant qu'on la mesure par rapport à la macula ou par rapport à la papille,
assez notablement différente pour qu'une erreur appréciable soit commise de
ce fait ; il suffit de remarquer, pour s'en convaincre, qu'une variation de
longueur de $0^{mm},3$ correspond à une variation de réfraction de 1 dioptrie et
que, dans les yeux qui présentent un degré marqué de myopie, la région du
pôle postérieur est ectasiée, staphylomateuse, ce qui donne naissance à des
degrés d'amétropie assez notablement variables avec la partie de la rétine
par rapport à laquelle on pratique la détermination du remotum au moyen
du procédé à l'image droite.

Rappelons encore que ce procédé exige un apprentissage assez long ; ce n'est
pas là, sans doute, un inconvénient à proprement parler, mais cette difficulté
d'emploi du procédé à l'image droite doit cependant être signalée, ne serait-ce

que pour l'opposer à la facilité avec laquelle peut être correctement utilisé le procédé de Cuignet.

Yeux ophtalmoscopiques. — Dans la construction de ces yeux artificiels, destinés à faciliter aux débutants l'apprentissage de l'ophtalmoscopie, on ne s'est pas préoccupé de réaliser artificiellement le système dioptrique inéquifocal oculaire ; ces yeux ophtalmoscopiques diffèrent donc en cela des yeux artificiels, celui de Landolt, par exemple, dans lesquels le système réfringent est calqué sur celui de l'œil et qui sont destinés à la vérification expérimentale de la théorie de la vision. Le système dioptrique des yeux ophtalmoscopiques est, en effet, constitué par une lentille positive sphérique, en arrière de laquelle est disposée, à distance convenable, une reproduction sur papier de l'aspect de la rétine humaine; lentille et rétine sont enchâssées aux extrémités d'un court tube cylindrique qui représente l'œil.

La figure 425 reproduit l'œil de Perrin ; en A et E sont représentées des pièces supplémentaires que l'on peut substituer à la lentille B et dont le système réfringent est muni antérieurement d'un écran à ouverture centrale de diamètre différent destiné à simuler une dilatation plus ou moins grande de la papille de l'œil humain.

Dans l'œil de Parent (fig. 426), le système réfringent, constitué encore par

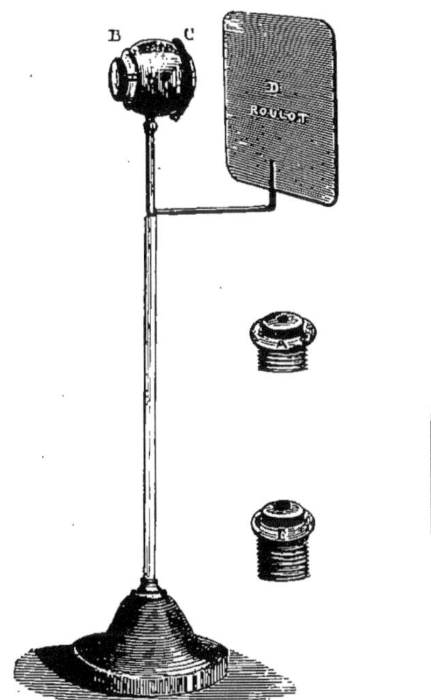

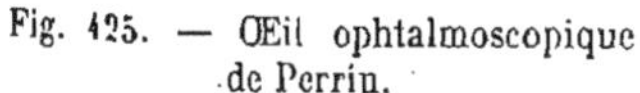

Fig. 425. — Œil ophtalmoscopique
de Perrin.

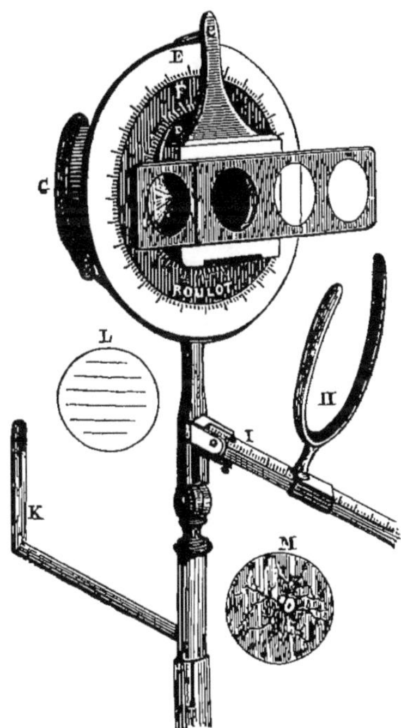

Fig. 426. — Œil de Parent.

une lentille, peut être rapproché ou éloigné de la rétine G de manière à permettre la réalisation de divers degrés de myopie ou d'hypermétropie.

Le degré d'amétropie réalisé est d'ailleurs donné à chaque instant par le numéro d'une graduation circulaire, fixée en avant de la lentille positive, sur aquelle se déplace l'alidade E par laquelle on manœuvre cette lentille.

Il est, d'autre part, possible d'ajouter à la lentille sphérique l'une ou l'autre des diverses lentilles cylindriques enchâssées dans une réglette métallique que l'on peut faire coulisser dans des rainures creusées dans une pièce spéciale. Cette pièce est d'ailleurs mobile autour de l'axe de l'instrument, si bien qu'il est possible, non seulement de réaliser les diverses espèces d'astigmatisme, mais encore de donner aux méridiens principaux telle orientation que l'on désire et qu'une graduation circulaire en degrés F permet à chaque instant de connaître.

L'œil de Parent peut servir également à la projection des diverses particularités de la vision. A cet effet, on substitue, à l'image sur papier M de la rétine, une plaque de verre L sur laquelle sont tracées des droites parallèles ou une figure rayonnée. Une monture H, dans laquelle peut être enchâssé un verre de la boîte d'essai, permet de montrer les effets de la correction optique des amétropies réalisées.

Emplois divers de l'ophtalmoscope. — En outre de l'usage journalier que font les ophtalmologistes de l'ophtalmoscope pour l'exploration *de visu* des parties profondes de l'œil et la détermination du remotum, cet instrument peut être encore utilisé en vue de certaines mesures spéciales, ainsi que nous allons l'indiquer.

Mesure de la grandeur d'un objet situé au fond de l'œil. — Donders a indiqué la méthode suivante pour effectuer cette mesure.

Soit un objet AB (fig. 427) situé en avant d'un œil et l'image rétinienne A'B'

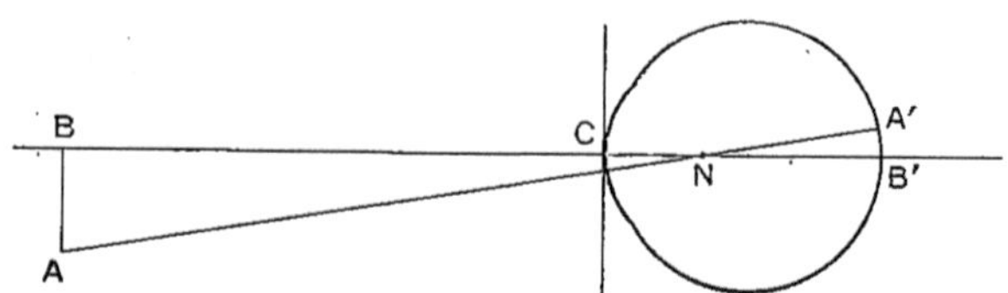

Fig. 427. — Principe de la méthode pour la détermination de la grandeur d'un objet rétinien.

de cet objet; supposons d'abord cet œil accommodé pour la distance de cet objet et posons NB $= l$, NB' $= l'$, AB $= d$, A'B' $= d'$. Les triangles semblables ANB, A'NB' donnent

$$\frac{d'}{d} = \frac{l'}{l}, \qquad \text{d'où} \qquad d' = \frac{l'}{l}d.$$

On pourra donc calculer d' si l'on connaît l, l' et d. Or, en vertu du retour inverse des rayons, l'œil donne de la portion A'B' de sa rétine une image égale à AB ; par suite, si l, l' et d sont connus, le calcul de d' fera connaître le diamètre de l'objet A'B' situé sur la rétine observée.

Les conditions à réaliser pour mesurer le diamètre de l'objet A'B' situé sur la rétine d'un œil sont donc :

De disposer en avant de cet œil un objet AB, de grandeur variable, à une distance telle que cet œil le voie nettement, ou, ce qui revient au même, à une distance telle qu'il se forme sur la rétine une image nette de cet objet, ce dont un observateur peut s'assurer par l'examen ophtalmoscopique;

De régler la grandeur de l'objet AB de manière que son image rétinienne A'B' soit égale en grandeur et se superpose donc exactement au diamètre de l'objet A'B' à mesurer;

De connaître les longueurs l, l' et d.

Or d est facilement accessible à la mesure; quant à l et l', on attribuera à CN la valeur qui correspond à l'œil schématique, ce qui permettra de déduire l de la mesure directe de BC, et l'on calculera NB' d'après le degré d'amétropie, préalablement déterminé, de l'œil examiné, en supposant, il est vrai, que cette amétropie est due à une variation de longueur de l'axe antéro-postérieur de l'œil, ce qui est le cas le plus fréquent.

Si, d'ailleurs, par suite de l'état de réfraction de l'œil examiné, la première condition ne pouvait être directement réalisée, on assurerait sa réalisation au moyen d'une lentille convenable disposée entre l'œil et l'objet AB; l et d se rapporteraient alors à la position et à la grandeur de l'image que la lentille substitue, pour l'œil examiné, à l'objet AB, position et grandeur que l'on calculerait, au moyen des formules relatives aux lentilles, en fonction de la grandeur de AB et de sa position par rapport à la lentille employée.

La disposition expérimentale réalisée par Donders est représentée schématiquement sur la figure 428. De part et d'autre d'un miroir ophtalmoscopique plan MM' prennent place l'œil observé O et l'œil observateur O'; en avant de ce dernier existe, en outre, un disque, non représenté sur la figure, qui porte, enchâssés sur sa circonférence, les verres nécessaires pour pratiquer un examen à l'image droite. Le miroir ophtalmoscopique est d'ailleurs

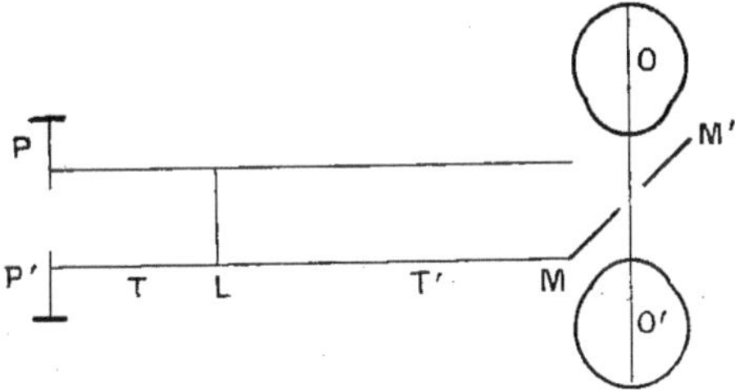

Fig. 428. — Schéma de la disposition expérimentale de Donders pour la détermination de la grandeur d'un objet rétinien.

fixé à l'extrémité d'un tube TT', porté sur un pied; ce tube est muni d'une lentille L et porte à son extrémité deux pointes P et P' que l'on peut rapprocher ou éloigner à volonté. La distance de ces pointes, qui constitue l'objet AB de la figure 427, peut être, d'autre part, connue à chaque instant grâce à un vernier.

Schneller a utilisé l'image réelle et renversée pour des déterminations analogues. Voici quel est le principe de la méthode de mesure.

On a vu, à propos du grossissement, dans le cas de l'examen à l'image renversée et réelle, que le rapport entre la grandeur d'un objet O, situé sur la rétine, et la grandeur de l'image correspondante I peut être exprimé en fonction de la distance r du remotum aux points nodaux, de la distance l de la rétine et de la distance d de la lentille à ces mêmes points, ainsi que de la distance π de l'image réelle et renversée I à la lentille. On conçoit que l'on puisse connaître, approximativement au moins, l, r et d; quant à π et I, Schneller les détermine grâce au dispositif suivant.

A la lentille convexe employée pour obtenir une image réelle et renversée, sont fixées deux tringles diamétralement opposées, et parallèles à l'axe du verre, le long desquelles peut courir un anneau qui porte deux pointes analogues à celles employées par Donders et d'ailleurs destinées au même usage. L'observateur peut ainsi mesurer les quantités I et π qui, concurremment avec l, r et d, conduisent à la détermination de O.

Landolt a, d'autre part, imaginé un ingénieux dispositif qui permet, non de déterminer la dimension d'un objet rétinien, mais de constater les variations de diamètre que peuvent présenter, avec le temps, les productions pathologiques du fond d'un œil.

A cet effet, Landolt dispose en arrière de l'ouverture du miroir ophtalmoscopique MM' (fig. 429) un petit miroir plan étamé, sauf dans sa partie centrale, et orienté de telle façon qu'il renvoie dans l'œil observateur O' les rayons venus d'un écran AB quadrillé par des lignes blanches sur fond noir. L'observateur, examinant le fond de l'œil observé O à l'image droite, peut voir ainsi simultanément l'image du fond de cet œil et l'image A'B' de l'écran AB donnée par le petit miroir; il suffit d'ailleurs de régler convenablement la position de l'écran AB par rapport au petit miroir pour que l'image A'B', ainsi que celle de la rétine observée, soient simultanément vues avec netteté et qu'il soit dès lors possible d'apprécier, grâce au quadrillage, la dimension de tel ou tel détail de l'image de la rétine de l'œil O.

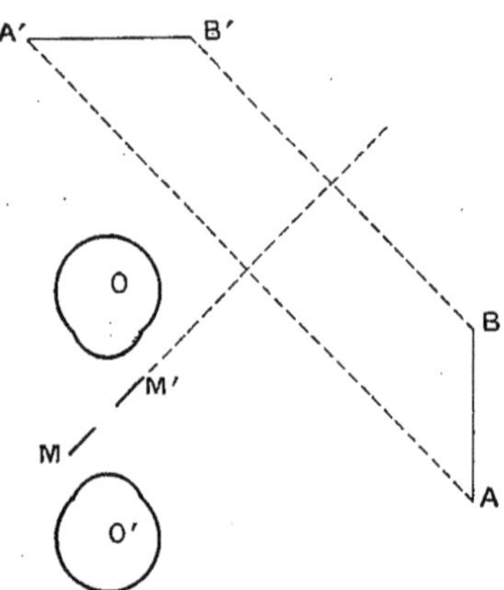

Fig. 429. — Dispositif de Landolt pour la détermination des variations de grandeur d'un objet rétinien.

Détermination de la position d'un corps intra-oculaire par les déplacements parallactiques. — L'examen direct d'un œil avec le miroir ophtalmoscopique, sans le secours d'aucune lentille, permet de reconnaître si les corps intra-oculaires, opacités ou autres, se trouvent en avant ou en arrière du plan de l'iris.

En effet, quel que soit l'état de réfraction de l'œil, et à moins d'un très fort degré de myopie, ces corps seront situés en avant du foyer principal postérieur, si bien que l'œil examiné, supposé sans accommodation, en donnera des images virtuelles. Ces images seront d'ailleurs situées en avant ou en arrière de l'image de l'iris, suivant que les objets correspondants seront eux-mêmes situés en avant ou en arrière de cet écran oculaire.

Soient dès lors a et b (fig. 430) deux de ces images situées de part et d'autre de l'image pp' de l'iris. Un œil observateur situé en O projettera ces images, au niveau du plan pp', aux points a' et b' sur les droites Oa et Ob;

.en d'autres termes, pour cet œil observateur, l'image a paraîtra plus rapprochée du bord supérieur et l'image b plus rapprochée du bord inférieur de
l'image pp' de l'iris. Si maintenant cet œil observateur se déplace et vient

en O_1, les images a et b
seront maintenant proje-
tées en a_1' et en b_1' suivant
$O_1 a$ et $O_1 b$ et paraîtront,
la première, s'être rapprochée de p, c'est-à-dire
s'être déplacée en sens inverse du déplacement de
l'œil observateur, la se-
conde, s'être rapprochée

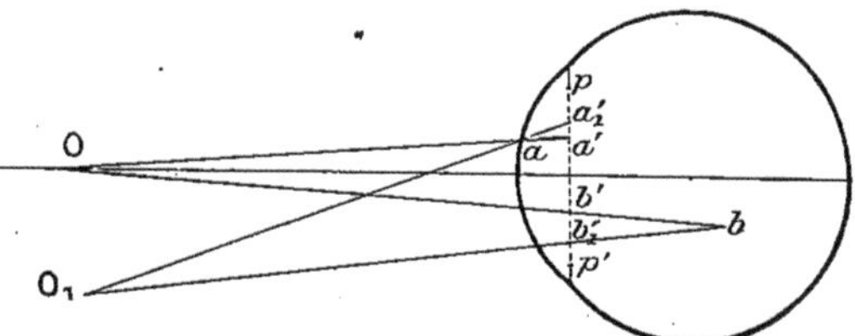

Fig. 430. — Détermination de la position, par rapport à l'iris,
d'un corps intra-oculaire.

de p', c'est-à-dire s'être déplacée dans le même sens que cet œil.

Un corps intra-oculaire sera donc situé en avant ou en arrière de l'iris
suivant que, pour des déplacements de l'œil observateur, son image, donnée
directement par l'œil observé lui-même, paraîtra se déplacer en sens inverse
du déplacement de l'œil observateur ou dans le sens de ce déplacement.

Si l'on fait usage d'une lentille, comme dans l'examen à l'image renversée,
on peut arriver, par des considérations analogues aux précédentes, à préciser
davantage la position du corps intra-oculaire.

Un cas particulier est intéressant à considérer : c'est celui de deux points
situés à des niveaux différents sur la rétine, ce qui est réalisé, par exemple,
lorsque la papille est excavée ou qu'elle fait, au contraire, saillie dans l'intérieur du globe. Dans le cas d'un œil myope, ces points A et R sont alors situés
au delà du foyer postérieur de l'œil et celui-ci en donne des images réelles A'

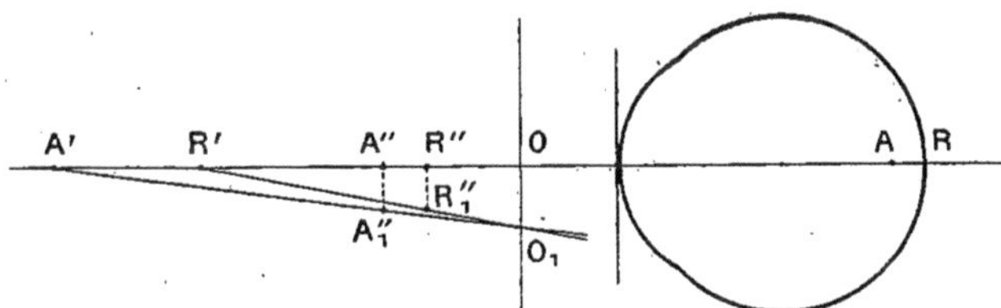

Fig. 431. — Détermination avec l'ophtalmoscope du relief papillaire.

et R' auxquelles la lentille substitue des images également réelles A'' et R''.
Dès lors, si la lentille est déplacée de O en O_1, les images réelles A'' et R''
viendront respectivement en A_1'' et R_1'' sur les axes secondaires $A'O_1$ et $R'O_1$.
L'image A'', qui correspond au point plus saillant A, paraîtra donc plus déplacée que l'image R'' qui correspond au point R. De là un moyen pour reconnaître des différences de niveau sur la rétine.

Ophtalmoscopes divers. — Le nombre des ophtalmoscopes actuellement réalisés est très considérable et il serait fastidieux, et d'ailleurs sans
grande utilité, de les décrire tous. Il serait sans intérêt, en effet, de faire la
description successive d'instruments qui ne diffèrent quelquefois que par la
dimension du miroir réflecteur qui est, suivant les cas, de 30, 32 ou 40 milli-

mètres, ou par la distance focale de ce miroir, qui est tantôt de 20 centimètres, tantôt 25 ou 30 centimètres.

Une classification des ophtalmoscopes divers d'après la nature optique de l'appareil réflecteur nous paraît d'ailleurs un peu factice. La plupart des ophtalmoscopes, et même tous les ophtalmoscopes actuellement en usage, sont ou doivent être en effet simultanément pourvus, depuis la mise en pratique du procédé de Cuignet, d'un miroir plan et d'un miroir concave. D'autre part, si l'on remarque que tous les instruments combinés comprennent toujours les mêmes parties optiques, que le principe est identique pour tous, il semble qu'il soit préférable, visant surtout le but en vue duquel un ophtalmoscope est employé, d'établir des catégories d'après le mode d'utilisation pratique. C'est d'après ces considérations que nous nous guiderons, sans attacher d'ailleurs plus d'importance qu'il ne convient à un tel mode de classification.

A ce point de vue pratique, on peut distinguer les *ophtalmoscopes simples* et les *ophtalmoscopes à réfraction*.

Ophtalmoscopes simples. — Ces instruments, destinés seulement à explorer le fond de l'œil, sont simplement constitués (fig. 432) par un miroir, muni d'un manche que l'observateur tient à la main et d'une lentille ou d'un petit nombre de lentilles positives et négatives en vue de l'examen à l'image droite ou à l'image renversée.

Dans ce dernier cas, l'observateur tient d'une main le miroir, de l'autre la lentille convergente qu'il dispose à petite distance de l'œil observé.

Fig. 432. — Ophtalmoscope simple.

Pour l'examen à l'image droite, la lentille alors nécessaire est située entre l'œil observateur et la face postérieure du miroir, contre cette face, et maintenue dans cette position, soit par une bague fixée à l'instrument, soit par tout autre moyen.

En vue de rendre libre l'une des mains, Gillet de Grammont fixe dans une monture de lunette, dont s'arme l'observateur, deux miroirs ophtalmoscopiques ordinaires ; Williams, d'autre part, maintient dans la position convenable la lentille nécessaire à l'examen à l'image renversée au moyen d'une monture de lunette dont on munit la personne à examiner. Mais ces ingénieuses dispositions n'ont jamais été d'un usage courant, car l'avantage qui en résulte est plus que compensé par l'inconvénient dû à la fixation de l'une des parties du dispositif.

Les ophtalmoscopes simples sont généralement enfermés dans un étui (fig. 432) ; Monoyer a réalisé le maximum de simplicité en munissant miroir et lentilles de bagues en corne montées sur un axe commun, comme le sont les loupes multiples, et en protégeant les verres extrêmes par des disques, également en corne, qui servent, d'autre part, de manche au moment où l'on se sert de l'instrument.

Diverses dispositions, d'ailleurs analogues entre elles, ont été imaginées, par Hasner, Liebreich, Galezowski, etc., en vue de permettre l'examen ophtalmoscopique dans une salle quelconque, c'est-à-dire dans une pièce éclairée par la lumière du jour. D'une manière générale, on dispose à cet

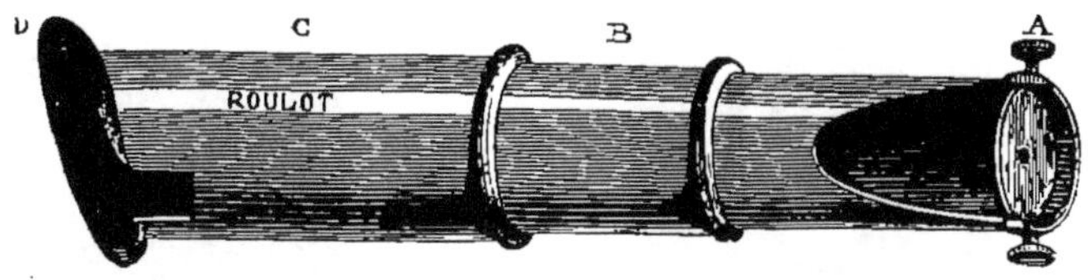

Fig. 433. — Ophtalmoscope de Galezowski permettant l'examen dans une salle éclairée.

effet la lentille et le miroir dans un tube (fig. 433) dont une extrémité est appliquée sur l'orbite de l'œil examiné, tandis que l'observateur applique son orbite sur l'autre ; une ouverture, pratiquée dans le tube en face du miroir, permet le passage des rayons destinés à éclairer l'œil soumis à l'examen.

Ulrich a utilisé, pour éclairer l'œil à examiner, la réflexion totale sur la face hypoténuse d'un prisme rectangle. La marche de la lumière dans cette originale disposition expérimentale est la suivante. Les rayons venus d'une source S (fig. 434) pénètrent sous une incidence normale dans le prisme rectangle ABC, se réfléchissent totalement sur la face hypoténuse AC de ce prisme et vont éclairer l'œil observé O. Quant aux rayons diffusés par la rétine de cet œil, une partie est reçue par un second prisme rectangle CBA′, juxtaposé au premier comme l'indique la figure, subit la réflexion totale sur la face hypoténuse BA′ de ce prisme et se dirige vers l'œil observateur O′. Une lentille positive LL′ disposée sur le trajet de ce dernier faisceau permet d'obtenir l'image réelle et renversée de l'œil O.

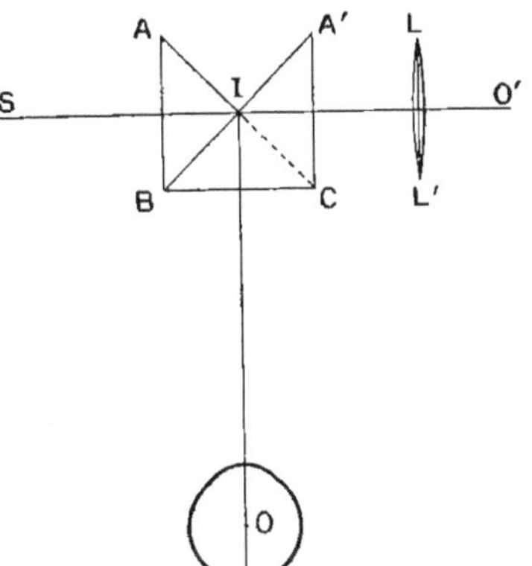

Fig. 434. — Principe de l'ophtalmoscope de Ulrich.

Ophtalmoscopes à réfraction. — On a vu que, dans la détermination à l'image droite du degré d'amétropie d'un œil observé qui n'accommode pas par un œil observateur emmétrope dont l'accommodation est également relâchée, le numéro du verre, grâce auquel l'image droite est vue nettement, fait connaître le degré d'amétropie cherché. Il résulte de là que ce procédé de détermination exige toute la série complète de verres qui compose la boîte d'essai. On pourrait sans doute se servir des verres de cette boîte que l'on essaierait successivement de manière à déterminer par tâtonnements celui qui correspond au degré d'amétropie de l'œil observé. Mais ce serait.là une recherche longue, qui est singulièrement facilitée quand on emploie..des ophtalmoscopes munis eux-mêmes de la série des verres nécessaires et que, pour cette raison, on désigne sous le nom d'*ophtalmoscopes à réfraction*.

Ces verres sont alors de petites dimensions. Leur diamètre est, suivant les instruments, de 4 à 8 millimètres; ils sont d'ailleurs distribués à la circon-

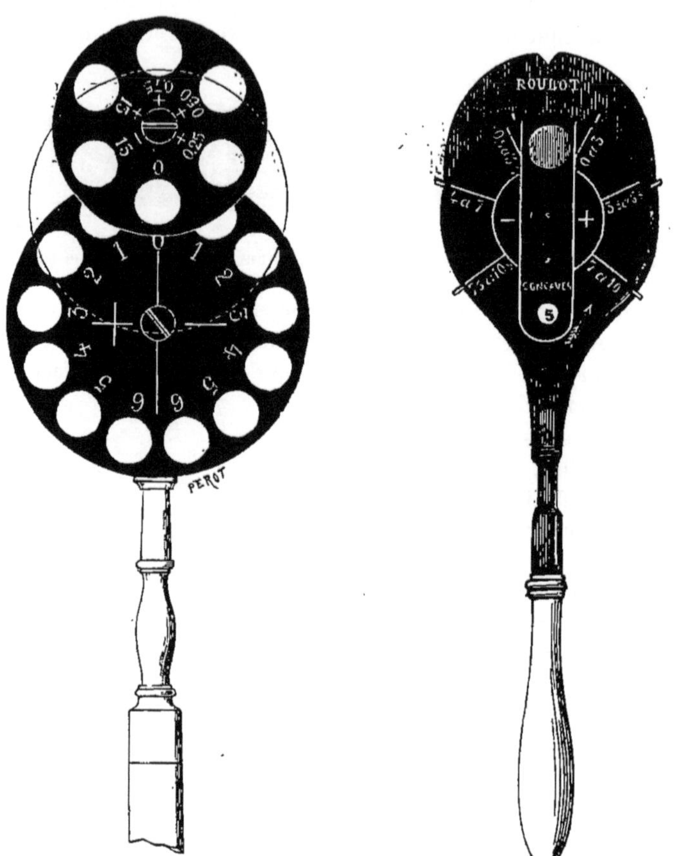

Fig. 435. — Ophtalmoscope à réfraction
de Badal.

Fig. 436. — Ophtalmoscope à réfraction
de Landolt.

férence de disques d'un diamètre de quelques centimètres. Ces disques, fixés contre la face postérieure du miroir ophtalmoscopique, sont mobiles autour de leur centre, de telle sorte que l'observateur peut les faire tourner, en agissant sur leur tranche par son index, de manière à amener successive- ment les diverses petites lentilles, pendant l'examen même, en face de l'ou- verture centrale du miroir. On conçoit combien l'essai des verres successifs est ainsi facilité et combien se trouve, par suite, réduit le temps nécessaire à la détermination du degré d'amétropie.

Le nombre des verres nécessaires pour la détermination de tous les degrés d'amétropie étant considérable, tous ces verres, malgré la faible dimension à laquelle on les réduit, ne peuvent d'ailleurs trouver place sur un seul disque, dont le diamètre ne peut être que de quelques centimètres. On satisfait alors à tous les besoins de la pratique, en particulier en combinant deux par deux des verres portés par deux disques superposables sur une partie de leur surface.

Ces deux disques peuvent avoir des centres différents et se superposer seulement par une partie périphérique, comme dans l'ophtalmoscope de Badal (fig. 435), ou être concentriques, comme dans l'ophtalmoscope de Landal (fig. 436). Certains ophtalmoscopes, celui de Parent par exemple (fig. 437), sont en outre munis d'un disque à verres cylindriques que l'on peut orienter dans telle direction que l'on veut et qui est d'ailleurs donnée par une graduation portée par l'instrument.

Les ophtalmoscopes à réfraction ont été pendant de longues années d'un emploi courant en ophtalmologie pour la détermination du degré d'amétropie, myopie et hypermétropie, comme aussi pour celle des éléments de l'astigmatisme ; mais il semble que l'emploi, à cet effet, du procédé de Cuignet doive de plus en plus restreindre ce mode d'utilisation de l'instrument de Helmholtz.

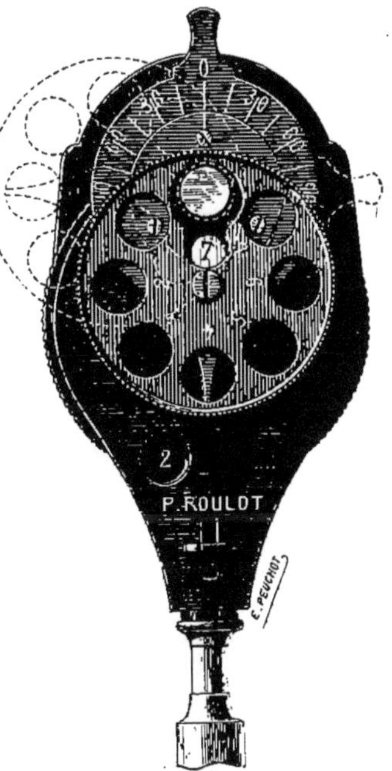

Fig. 437. — Ophtalmoscope à réfraction de Parent.

Ophtalmoscopes fixes et ophtalmoscopes à plusieurs observateurs. — Les ophtalmoscopes fixes (fig. 438) sont des instruments dont les diverses parties, miroir et lentilles, sont portées par un pied commun ou par des pieds distincts, de manière à pouvoir être placées en bonne position par un observateur exercé ; les choses ainsi disposées, un débutant n'aura plus qu'à se substituer au premier observateur et à accommoder pour la distance à laquelle se forme l'image de la rétine du sujet, auquel des points d'appui sont fournis en vue de lui permettre de conserver l'immobilité. Ces ophtalmoscopes sont donc des instruments de démonstration destinés à l'enseignement. Toutefois, malgré l'importance que semble tout d'abord présenter la réalisation d'un tel desideratum, les ophtalmoscopes fixes n'ont jamais été d'un usage courant et leur emploi parait même complètement abandonné. C'est que, en effet, il n'y a pas un grand intérêt pratique à montrer à une personne, qui n'est pas destinée à se livrer à la pratique ophtalmologique, un fond d'œil normal ou pathologique, puisqu'elle acquerrait ainsi des notions qu'elle ne serait pas en état d'utiliser plus tard ; quant aux futurs ophtalmologistes, ils doivent avant tout, dès le début de leurs études spéciales, faire l'apprentissage de l'ophtalmoscope et la fixation des diverses parties de l'instrument devient inutile pour eux. Ce n'est pas à dire, sans doute, qu'il ne puisse y avoir intérêt, dans quelques cas où les particularités à voir sont difficiles à différencier, à faire usage d'un ophtalmoscope fixe; mais il serait préférable alors de se servir d'un instrument, et il en a été combiné plusieurs, qui permette à plusieurs observateurs de voir simultanément le fond de l'œil examiné.

A cet effet, on peut se servir, par exemple, de l'ophtalmoscope de Lawrence.

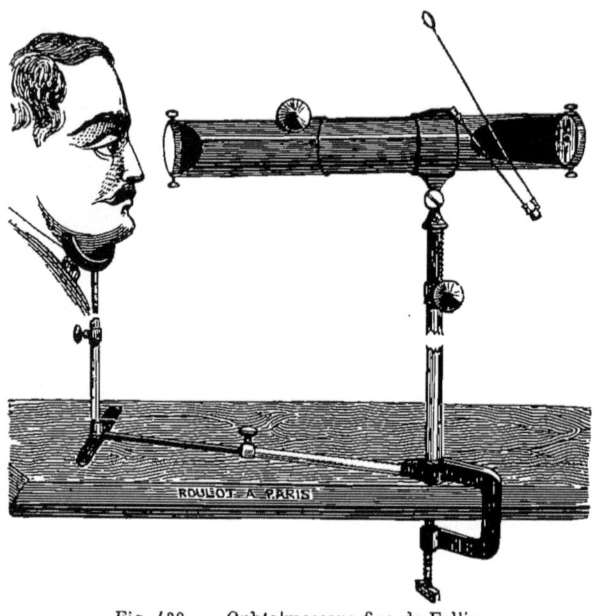

Fig. 438. — Ophtalmoscope fixe de Follin.

Dans cet instrument, une pile de glaces, ou une simple lame couvre-objet de microscope, est interposée entre le miroir et l'œil examiné et inclinée à 45° sur la direction des rayons qui pénètrent dans cet œil ou qui en sortent. Un observateur peut alors pratiquer l'examen à la manière ordinaire en plaçant l'un de ses yeux en arrière de l'ouverture centrale du miroir ophtalmoscopique; un deuxième peut utiliser la partie du faisceau qui émerge de l'œil examiné et qui est réfléchi à 90° de sa direction d'émergence par la lame de verre interposée; enfin un troisième observateur, comme l'a fait remarquer Giraud-Teulon, peut, en se plaçant dans le voisinage de la source lumineuse, voir une troisième image due à la réflexion des rayons émergents sur le miroir ophtalmoscopique lui-même.

La disposition adoptée par Burke pour permettre l'examen simultané par deux observateurs présente quelque analogie avec la précédente. D'autre part, on a utilisé, pour atteindre le même but, la réflexion totale sur la face hypoténuse de prismes rectangles.

De Wecker et Roger, par exemple, reçoivent le faisceau émergent de

l'œil examiné sur deux prismes de 48° et de 42° accolés par leur face hypoténuse. Une partie de ce faisceau passe à travers ces deux prismes et arrive
à l'ouverture centrale du miroir ou un observateur l'utilise à la manière
ordinaire; une autre partie du même faisceau est réfléchie à 90° de sa direction primitive par la face hypoténuse du second prisme et arrive dans l'œil
d'un deuxième observateur.

Sichel a disposé, en arrière du miroir ophtalmoscopique MM' (fig. 439), un

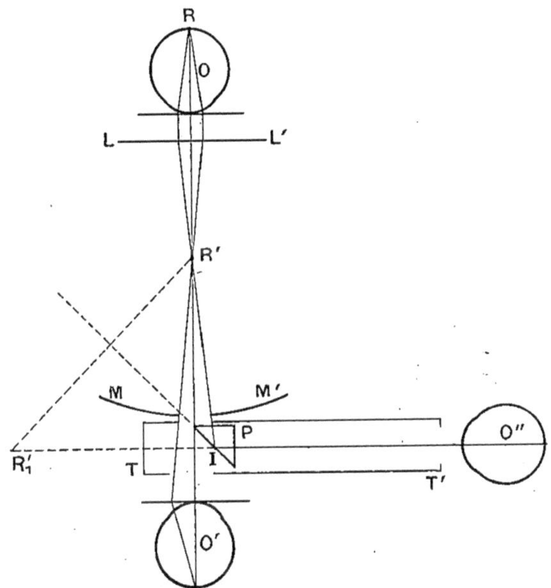

Fig. 439. — Principe de l'ophtalmoscope à deux observateurs de Sichel.

prisme à réflexion totale P, qui recouvre une partie de l'ouverture centrale
de ce miroir auquel est fixé un tube TT' qui emprisonne le prisme. Le faisceau
qui émerge de l'œil examiné O et donne l'image renversée R' se divise en
deux parties : l'une arrive directement à un premier observateur O' qui voit
ainsi, à la manière ordinaire, l'image R'; l'autre pénètre dans le prisme, se
réfléchit à 90° sur la face hypoténuse et peut être reçue par un deuxième
observateur O" qui voit en R'₁ une image de R'.

Monoyer a transformé cet instrument en ophtalmoscope à trois observateurs
en disposant en face du prisme P de la figure 439 un prisme semblable,
tourné en sens contraire et destiné à réfléchir à 90° encore, mais en sens
inverse, la portion du faisceau émergent que ce prisme reçoit. Ces deux
prismes ABC, DEF (fig. 440) sont alors disposés en arrière du miroir MM' de
manière que l'un et l'autre reçoivent une partie du faisceau émergent, tandis
que la partie centrale de ce faisceau passe dans l'intervalle libre AD entre
les arêtes des prismes, qui, à cet effet, ne sont pas en contact. Au delà de
chacun des prismes, et sur les directions opposées des parties du faisceau

émergent qui ont l'une et l'autre subi la réflexion totale, Monoyer a en outre disposé deux lunettes astronomiques ajustées pour les petites distances et

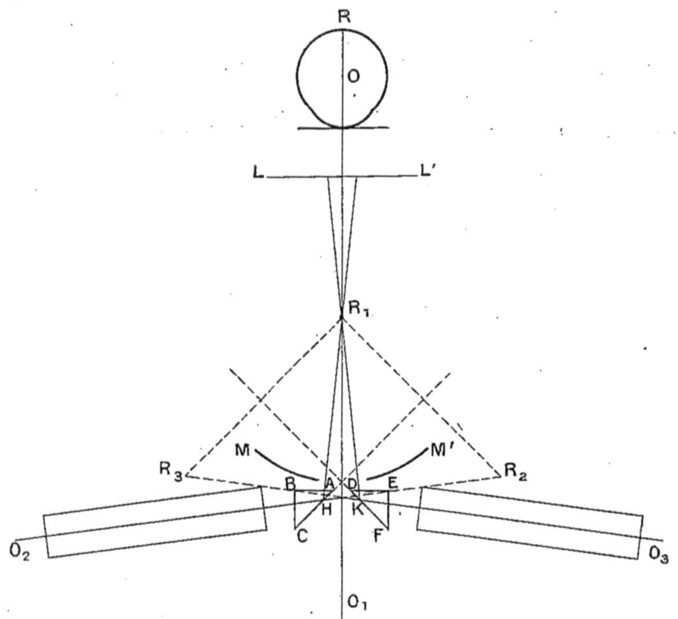

Fig. 440. — Principe de l'ophtalmoscope à trois observateurs de Monoyer.

destinées à écarter l'une de l'autre les têtes des trois observateurs, qui peuvent ainsi trouver place sans se gêner mutuellement.

Ophtalmoscope binoculaire. — On a vu plus haut qu'il y a quelquefois intérêt à apprécier des différences de niveau sur la rétine et que les déplacements parallactiques peuvent être utilisés à cet effet. D'autres particularités peuvent également fournir un moyen d'appréciation et l'on a songé, d'autre part, à se servir de la vision binoculaire pour apprécier le relief du fond de l'œil.

Giraud-Teulon a réalisé un ophtalmoscope binoculaire en s'inspirant des dispositifs utilisés pour la construction des microscopes binoculaires.

En arrière de l'ouverture centrale du miroir ophtalmoscopique MM' (fig. 441) il dispose deux rhomboèdres AGFE, ADCB juxtaposés par leurs arêtes en regard et pouvant être regardés comme résultant chacun de l'accolement de deux prismes à réflexion totale. Le faisceau, qui arrive de l'image renversée et réelle R', tombe par moitié sur chacun de ces rhomboèdres ; chacune de ces moitiés subit deux réflexions totales et toutes deux sortent suivant des directions parallèles entre elles et à leur direction d'incidence, mais distantes d'un intervalle qui dépend des dimensions des rhomboèdres et qui peut, dès lors, être rendu égal à l'intervalle des yeux de l'observateur. Les rhomboèdres ont ainsi substitué à l'image renversée primitive R' deux images situées à la même distance, mais séparées entre elles par l'intervalle qui sépare les deux faisceaux arrivant aux yeux de l'observateur.. Celui-ci, pour voir ces images, devrait donc maintenir ses axes en parallélisme, tout en accommodant pour la distance à laquelle ces images se trouvent. Afin d'éviter cette dissociation des deux fonctions de convergence et d'accommodation, Giraud-Teulon a ajouté, sur les faces d'émergence GF et DC de chacun des rhomboèdres, un petit prisme T, R qui dévie les rayons émergents et fait former les deux images à voir simultanément en un même point R″ situé sur la perpendiculaire à la ligne de base des yeux observateurs.

Dans un second modèle de l'instrument, Giraud-Teulon a coupé en deux l'un des rhomboèdres afin de pouvoir rendre mobile la partie externe et de permettre ainsi à chaque observateur de donner à l'intervalle qui sépare les faisceaux émergents une valeur égale à celle de ses yeux.

Guilloz (1), d'autre part, a fait remarquer qu'il existe, au delà de l'image renversée, une région commune à l'ensemble des faisceaux de rayons qui concourent aux divers points de cette image renversée et que ce fait peut être utilisé pour en apprécier le relief. Si, en effet, des différences de niveau existent sur la rétine, des différences, non pas égales, mais correspon-

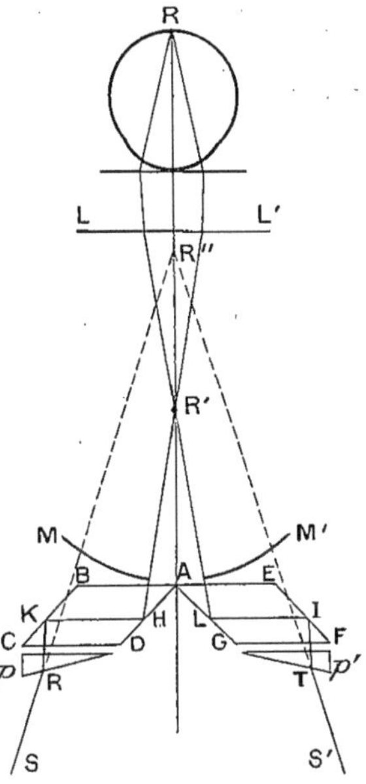

Fig. 441. — Principe de l'ophtalmoscope binoculaire de Giraud-Teulon.

dantes, existeront dans l'image renversée et la vision binoculaire de cette image doit alors à elle seule, et sans dispositif spécial, permettre d'apprécier le relief. Pour réaliser la vision binoculaire, l'observateur devra placer le miroir ophtalmoscopique entre ses deux yeux et se disposer dans la partie commune à l'ensemble des faisceaux de rayons qui forment l'image renversée, à une distance d'ailleurs telle que la largeur de cette partie commune soit supérieure à l'écartement de ses yeux.

Auto-ophtalmoscopes. — Pour ingénieuses que soient les dispositions qui ont été imaginées en vue de permettre à un observateur de voir le fond de ses propres yeux, les auto-ophtalmoscopes constituent des curiosités scientifiques plutôt que des instruments pratiquement utiles.

Avec certaines des dispositions imaginées, un œil peut voir sa propre rétine; avec d'autres, un œil voit la rétine de son congénère.

Helmholtz, Coccius, Zehender, Heymann, Wessely, Proskauer, Leloutre ont imaginé des auto-ophtalmoscopes. La disposition de Coccius est une des plus simples : elle consiste à placer une lampe en avant et un peu sur le côté de l'œil qui doit s'examiner; de l'autre côté est disposé un miroir plan dans une position telle qu'il laisse arriver dans l'œil une certaine quantité de

(1) Guilloz, *Archives d'ophtalmologie*, 1892.

lumière et qu'il puisse en même temps recevoir une partie du faisceau émergent; l'œil observateur peut ainsi voir sa propre rétine par réflexion sur le miroir.

La disposition de Heymann, au contraire, fait voir à un œil l'image de son congénère. En face de l'œil à examiner est disposée une source lumineuse S non représentée sur la figure 442, et, plus près, un miroir incliné MM' percé d'une

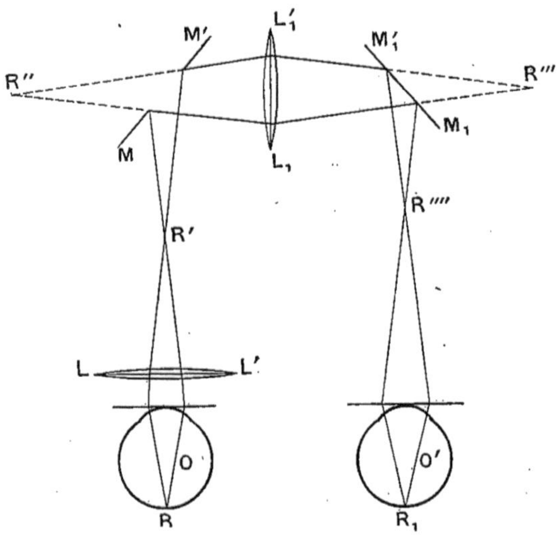

Fig. 442. — Principe de l'auto-ophtalmoscope de Heymann.

ouverture centrale par laquelle passent les rayons lumineux et une lentille positive LL' qui donne une image R' réelle et renversée de la rétine R de cet œil. Les rayons émergents qui forment cette image se réfléchissent sur le miroir MM' et sont reçus sur une lentille L_1L_1', qui donne de l'image R″ fournie par le miroir MM' une autre image R‴. Mais les rayons, au delà de la lentille L_1L_1', tombent sur un second miroir M_1M_1', qui substitue à l'image R‴ une nouvelle image R″″ que l'autre œil O′ de l'observateur peut voir directement.

Photographie du fond de l'œil. — On ne peut évidemment mettre en doute l'importance que présenteraient de bonnes photographies du fond de l'œil, soit normal, soit pathologique; mais il nous semble cependant que cette importance a été quelque peu exagérée par ceux qui se sont efforcés d'obtenir de telles photographies. En l'état actuel de la photographie, en effet, il ne nous est pas possible de faire apparaître sur la plaque sensible, par exemple, des différences de coloration souvent minimes qui constituent cependant un élément important de diagnostic, et il ne semble pas, d'autre part, qu'un cliché photographique puisse révéler des particularités que l'examen direct par un observateur exercé ne puisse également montrer. Mais la fidélité et la supériorité d'une image photographique sur un dessin est incontestable et il est dès lors à souhaiter que l'on puisse réaliser une technique assez simple pour obtenir facilement des clichés toutes les fois qu'il y aurait intérêt à fixer l'aspect présenté par un fond d'œil. Ce desideratum n'a pas encore été entièrement réalisé, mais les résultats obtenus par les divers expérimentateurs qui se sont occupés de la question n'en sont pas moins très encourageants.

Noyes, de New-York, paraît être le premier qui ait obtenu, dès 1862, des photographies, d'ailleurs médiocres, des vaisseaux du fond de l'œil. L'essai, il est vrai, était un peu prématuré, car on ne possédait, à cette époque déjà éloignée, que des plaques d'une sensibilité insuffisante qui exigeaient, par suite, une pose relativement longue pour être impressionnées. Or, il ne nous est pas possible de maintenir nos yeux absolument immobiles, et une pose un peu longue ne peut dès lors fournir que des images floues. Il faut, par conséquent, recourir à un éclairage assez intense pour pouvoir prendre une épreuve instantanée, sans cependant que l'intensité du faisceau lumineux employé détermine une fatigue rétinienne assez grande pour présenter quelque danger.

Un autre inconvénient résulte, avec la plupart des dispositifs combinés jusqu'à ce jour, des images par réflexion de la source lumineuse sur la cornée et sur la lentille que quelques-uns interposent sur le trajet des rayons destinés à illuminer la rétine dont on veut obtenir l'image photographique.

La mise au point, d'autre part, présente aussi des difficultés et, à en juger par les épreuves qui accompagnent quelques-uns des mémoires publiés sur la photographie de la rétine, il ne semble pas qu'elle ait toujours pu être rigoureusement réalisée au moment même où la plaque a été impressionnée.

Les divers dispositifs employés sont, en général, assez semblables entre eux.

Roserbrugh, en 1864, disposa l'œil à photographier à l'extrémité d'un premier tube dans lequel était fixée, avec une inclinaison de 45° sur l'axe, une lame de verre transparente qui recevait et réfléchissait en partie sur l'œil les rayons solaires arrivant par un second tube implanté à angle droit sur le premier. Celui-ci était muni, au delà de la lame de verre transparente, d'une première lentille destinée à donner une image renversée de la rétine, et d'une deuxième lentille, objectif photographique, faisant former l'image à fixer sur la plaque sensible disposée en arrière.

On conçoit que l'on puisse, sans inconvénient, supprimer l'une des deux lentilles du dispositif précédent et recevoir directement sur la plaque photographique l'image renversée de la rétine. C'est, en effet, la simplification qu'ont réalisée divers auteurs. Liebreich, par exemple, éclairait l'œil avec un miroir ophtalmoscopique concave à court foyer et disposait, immédiatement en arrière de l'ouverture centrale du miroir, l'objectif de la chambre noire photographique. La disposition adoptée par Dor est tout à fait semblable à celle de Roserbrugh, sauf que la source de lumière employée est une lampe à incandescence ; les rayons lumineux sont reçus encore sur une lame de verre transparente qui les réfléchit en partie dans l'œil et laisse passer les rayons de retour qui, grâce à une lentille objective, donnent une image renversée sur une plaque sensible. Bagneris, d'autre part, éclaire la rétine à photographier au moyen d'un prisme équilatéral, disposé de manière à recouvrir une partie seulement de la pupille et sur l'une des faces duquel subissent la réflexion totale les rayons venus d'une source placée latéralement.

Les rayons de retour qui traversent la partie de la pupille non recouverte par le prisme sont reçus sur l'objectif d'une chambre photographique.

Afin d'éviter la présence de l'image par réflexion de la source lumineuse sur la cornée, Fick a proposé d'employer un verre de contact, et Gerloff, qui a le premier obtenu, en 1891, des épreuves satisfaisantes de rétine d'œil vivant, noyait la cornée de cet œil dans l'eau d'une cuve appliquée contre le pourtour de l'orbite et dont la face antérieure était constituée par une lame de verre; il suffisait d'ailleurs de faire incliner légèrement la tête du sujet pour rejeter latéralement l'image, par réflexion sur la lame de verre de la cuve, de la source lumineuse qui fut, soit une lampe à zircone, soit une lampe à magnésium.

Afin d'effectuer la mise au point au moment même de l'impression de la plaque, Cohn a utilisé, en 1888, un dispositif analogue à celui de l'ophtalmoscope binoculaire de Giraud-Teulon. Le faisceau lumineux qui sort de l'œil du sujet tombe, par moitié, sur deux prismes à réflexion totale; l'une des moitiés du faisceau va former une image sur une plaque de verre dépoli sur laquelle l'observateur juge de la mise au point, tandis que l'autre moitié du même faisceau est renvoyée vers la chambre photographique et formera sur la plaque sensible, quand l'obturateur sera découvert, une image dont la netteté, à cause de l'identité des systèmes optiques des deux côtés, sera toujours la même que celle de l'image qui se forme au même moment sur la plaque de verre dépoli. L'obturateur peut ainsi n'être découvert qu'au moment où la mise au point est réalisée.

Dans ces dernières années, deux nouvelles tentatives ont été faites par Guilloz (de Nancy) et par Guinkoff (thèse de Montpellier), et ont conduit l'une et l'autre à des résultats supérieurs à tous ceux qui avaient été obtenus jusqu'alors.

Guilloz (1) dispose le sujet comme pour l'examen à l'image renversée et amène, à l'endroit où devrait être situé l'œil observateur pour l'examen de l'image aérienne de la lentille, l'objectif de la chambre noire photographique. Celle-ci est munie, sur sa face supérieure, d'une lame de verre dépoli, tandis que la plaque sensible occupe la position habituelle; un miroir étamé, incliné suivant la bissectrice des faces supérieure et postérieure de la chambre, renvoie sur la lame de verre dépoli les rayons qui ont traversé l'objectif, ce qui permet la mise au point, tandis que, grâce à un mécanisme commandé de l'extérieur, on peut rabattre contre la paroi supérieure le miroir étamé qui joue le rôle d'obturateur et découvre ainsi la plaque sensible lorsque la mise au point a été effectuée. La source lumineuse est une lampe à gaz ordinaire, dans la flamme de laquelle on peut, au moment voulu, et grâce à un dispositif qui comprend une poire en caoutchouc, projeter une certaine quantité d'un mélange de magnésium et de chlorate de potasse desséché, de manière à obtenir un éclair lumineux. « L'obturateur instantané est donc supprimé et remplacé par l'instantanéité de la lumière. » Une légère inclinaison de la lentille qui, disposée à petite distance de l'œil observé, donne l'image

____

(1) Guilloz, La photographie instantanée du fond de l'œil (*Archives d'ophtalmologie*, 1893); cet article contient la bibliographie de la question.

renversée servant d'objet pour l'objectif photographique, permet de rejeter latéralement les reflets dus à chacune des faces de la lentille sans qu'il y ait production d'un effet astigmatique sensible.

Guinkoff s'est surtout préoccupé d'éliminer le reflet cornéen, qu'il a réussi à supprimer complètement. La lentille destinée à donner une image aérienne réelle et renversée est supprimée, et l'objectif photographique donne directement sur la plaque sensible l'image de la rétine à photographier. L'œil étant atropinisé, c'est le sujet lui-même qui effectue la mise au point grâce à des lettres dessinées sur la lame de verre dépoli de la chambre photographique, lame que l'on déplace jusqu'à ce que le sujet voie les lettres avec le maximum de netteté. Le verre dépoli est alors remplacé par la plaque sensible. Quant à la suppression du reflet cornéen, elle est obtenue par le minutieux dispositif suivant. La chambre noire est prolongée, en avant de l'objectif, par un tronc de cône opaque qui s'avance jusqu'au voisinage de la cornée. Dans le plan de la section terminale de ce tronc de cône et en un point du bord de cette section, est fixée une lame de verre dépoli, de petites dimensions, sur laquelle on fait converger, soit avec un miroir concave, soit au moyen d'un miroir plan et d'une lentille, un faisceau de rayons solaires dont le point de concours constitue la source lumineuse ; en outre, un petit écran opaque, fixé au même point du bord que le verre dépoli, mais dirigé en avant de ce verre, a des dimensions telles qu'il intercepte et empêche de tomber sur la cornée tous les rayons qui arrivent de la source lumineuse avec une direction telle que, après leur réflexion sur le premier dioptre cornéen, ils iraient rencontrer l'objectif. Les seuls rayons qui arrivent donc sur l'œil sont ceux qui ne peuvent pas, après leur réflexion sur la cornée, pénétrer dans la chambre photographique, et le reflet cornéen est, par cela même, évité. Mais il semble que le réglage des diverses parties du dispositif, pour obtenir ce résultat, soit assez difficile et minutieux et que le procédé, s'il est utilisable, ne mérite pas le qualificatif de pratique.

PROCÉDÉ OPTOMÉTRIQUE DE CUIGNET

OU SCOTOSCOPIE

Par A. IMBERT.

Dénominations diverses du procédé. — Le procédé de détermination du remotum, dont l'ophtalmologie est redevable à Cuignet, a été l'objet de travaux assez nombreux dans lesquels les auteurs ont établi la théorie du phénomène de déplacement d'une ombre sur l'observation duquel ce procédé est fondé. Il semble que la théorie du phénomène étant connue, et l'on peut, en effet, l'établir de diverses manières, le siège du phénomène soit facile à déterminer. C'est cependant là un point sur lequel l'accord n'est pas fait, et ce défaut d'entente a été cause de la multiplicité des dénominations sous lesquelles le procédé de Cuignet est désigné par les divers auteurs, chacun d'eux adoptant ou créant un terme qui rappelle le lieu où il croit devoir localiser le phénomène de l'ombre pupillaire. Telle est l'origine des termes de *pupilloscopie, rétinoscopie, kératoscopie, skiascopie*, par lesquels le procédé de Cuignet a été successivement désigné.

A tous ces termes, on doit préférer celui de *scotoscopie*, proposé par Monoyer, non pas parce qu'il vise seulement l'apparence sous laquelle le phénomène se présente ($\sigma\chi o\tau\acute{o}\varsigma$, ombre), sans rien préjuger de son siège, mais parce que ce phénomène de l'ombre pupillaire n'a pas de siège précis et que l'apparence observée au niveau de la pupille de l'œil soumis à l'examen résulte, comme l'a justement fait remarquer Monoyer, de l'extérioration par l'observateur d'une sensation de sa propre rétine.

Aspect du phénomène de l'ombre pupillaire. — Lorsqu'on dirige un faisceau de lumière sur un œil observé au moyen du miroir ophta moscopique, que l'on se place sur le trajet du faisceau émergent de cet œil, et que, sans se préoccuper de voir nettement l'image de la rétine, même au cas où la chose serait possible sans le secours d'aucune lentille, on accommode pour l'iris de l'œil observé, l'ouverture pupillaire est vue avec une coloration rougeâtre uniforme. Si l'on fait alors tourner le miroir, autour de son manche par exemple, on constate, à un moment donné, l'apparition, à l'une des extrémités du diamètre pupillaire dont la direction est perpendiculaire à l'axe de rotation du miroir, d'une ombre qui envahit progressivement toute la pupille, à mesure que la rotation du miroir augmente. Le sens dans lequel se produit l'envahissement dépend de l'extrémité du diamètre pupillaire à laquelle l'ombre apparaît d'abord, et ce dernier fait est en rapport, comme nous allons le démontrer ci-dessous, avec la position qu'occupe le remotum de l'œil observé ou, plus exactement, le point pour lequel cet œil est actuellement accommodé, par rapport à l'œil observateur. De là, on a déduit, comme on le verra plus loin, un procédé objectif, d'un emploi très facile, pour déterminer la position du remotum ou le degré d'amétropie d'un œil, même dans le cas où cet œil est astigmate.

Pour établir la théorie du phénomène de l'ombre pupillaire, nous étudierons successivement les mouvements que la rotation du miroir imprime au faisceau de rayons qui tombent sur l'œil examiné, à la portion de ce faisceau qui pénètre dans cet œil, enfin aux rayons qui, diffusés par la rétine de cet œil examiné, sortent et arrivent à l'œil observateur.

Mouvements du faisceau réfléchi par le miroir ophtalmoscopique. — Soient MN (fig. 443) le miroir plan, S la source lumineuse, PQ une

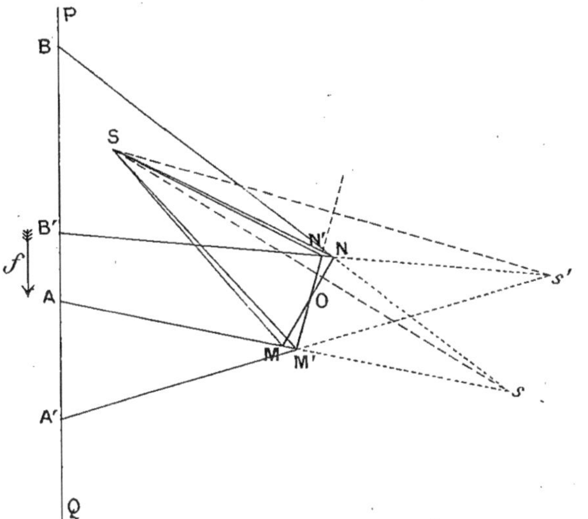

Fig. 443. — Scotoscopie ; mouvements du faisceau réfléchi par le miroir.

surface qui reçoit le faisceau réfléchi et qui, en pratique, est le visage de la personne examinée.

La réflexion sur le miroir plan de direction MN donne le faisceau réfléchi AMNB dont le sommet est au point s, symétrique de S par rapport au miroir.

Si le miroir tourne autour d'un axe horizontal, projeté en O sur la figure, et vient en M'N', les rayons réfléchis forment alors le faisceau A'M'N'B' dont le sommet est au point s', symétrique de S par rapport à M'N'.

Il résulte de là que, lorsque le miroir tourne autour d'un axe horizontal, la source virtuelle qui constitue le sommet du faisceau réfléchi vient de s en s', c'est-à-dire se déplace verticalement de bas en haut, tandis que le cercle d'illumination du faisceau réfléchi sur le visage de la personne examinée se déplace verticalement de haut en bas dans le sens indiqué par la flèche f.

Déplacement du cercle d'illumination sur la rétine de l'œil observé. — Soient s et s' (fig. 444) les deux positions dans lesquelles le

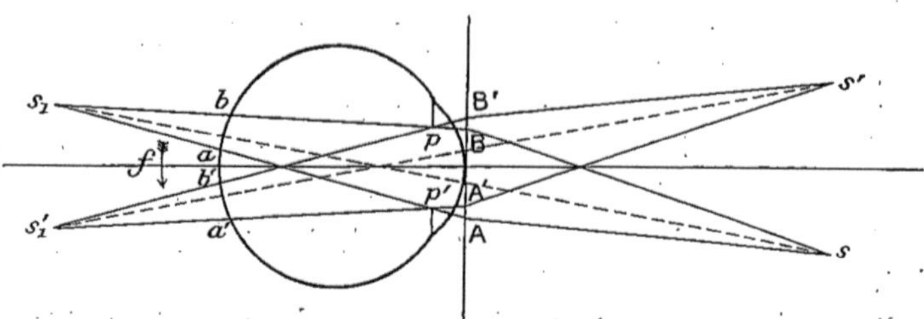

Fig. 444. — Déplacement du cercle d'éclairement sur la rétine de l'œil observé.

mouvement considéré du miroir ophtalmoscopique amène successivement l'image virtuelle de la source S de la figure 443, et AsB, A's'B' les cônes de rayons qui pénètrent dans l'œil observé par la pupille pp' de cet œil. Si ce dernier n'est pas accommodé pour la distance des images virtuelles s et s', ce qu'il est toujours possible de réaliser, grâce à un déplacement de la source S elle-même, les rayons de ces deux cônes concourront en des points s_1 et s'_1, situés, par exemple, en arrière de la rétine, et celle-ci sera successivement illuminée suivant les surfaces de diamètre ab et $a'b'$. Par suite, lorsque le mouvement du miroir fera progressivement déplacer l'image virtuelle de la source depuis s jusqu'en s', la surface d'illumination sur la rétine de l'œil observé se déplacera progressivement de haut en bas, depuis ab jusqu'en $a'b'$.

Déplacement du faisceau de rayons sortant de l'œil observé. — Soient ab (fig. 445) la portion de rétine éclairée pour la première position du

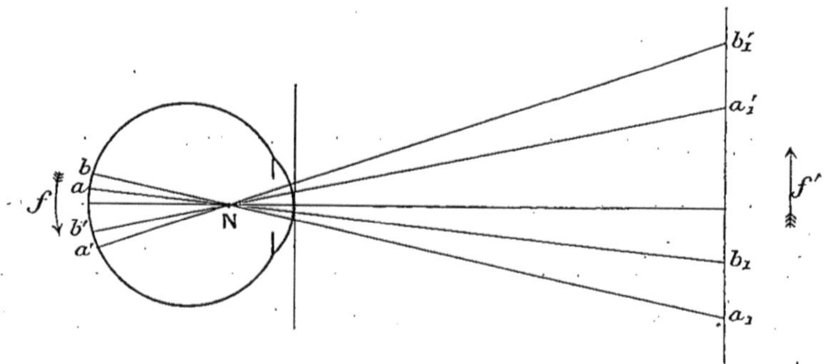

Fig. 445. — Mouvement du faisceau de rayons sortis de l'œil observé.

miroir, et a_1b_1 l'image aérienne que l'œil donne de cette portion éclairée de sa rétine.

Si la surface d'illumination de la rétine se déplace de ab en $a'b'$, l'image aérienne se déplacera de a_1b_1 en $a'_1b'_1$; donc, au mouvement primitivement considéré du miroir plan correspond un déplacement de haut en bas du cercle d'illumination sur la rétine et un déplacement de bas en haut de l'ensemble du faisceau de rayons qui sortent de l'œil observé.

Théorie de l'ombre pupillaire. — Considérons, ainsi que l'a fait Weiss (1), le faisceau des rayons qui, diffusés par les divers points de la portion ab (fig. 446) de la rétine éclairée, sortent de l'œil en passant par l'ex-

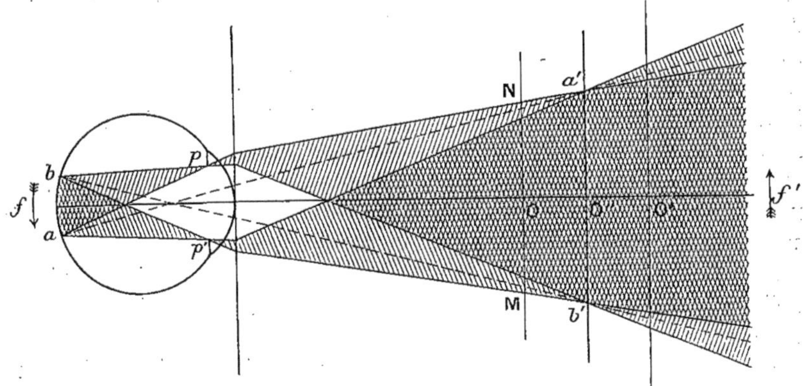

Fig. 446. — Théorie du phénomène de l'ombre pupillaire.

trémité p du diamètre vertical de l'iris, et soit $a'b'$ l'image que l'œil donne de la portion ab de sa rétine. Tous les rayons du faisceau apb, puisqu'ils viennent des divers points de ab, se répartiront, après leur sortie de l'œil, entre les divers points de l'image $a'b'$ et formeront donc le cône à $a'pb'$.

Si l'on considère de même l'ensemble des rayons qui, diffusés par les divers points de ab, passent par l'extrémité p' du diamètre vertical de la pupille, à ce faisceau $ap'b$ correspondra, après réfraction, le faisceau $a'p'b'$.

L'ensemble total des rayons qui sortent de l'œil examiné peut ainsi être décomposé en une infinité de faisceaux qui auront pour base commune ab et pour sommets les divers points de l'ouverture pupillaire ; par suite, l'ensemble des rayons émergents pourra être regardé comme constitué par une infinité de faisceaux, correspondant aux précédents, qui auront pour base commune l'image $a'b'$ et pour sommets les divers points de la surface de la pupille.

Cette remarque faite, supposons que l'œil observateur soit en O, en avant du remotum O″ de l'œil observé et que le miroir ophtalmoscopique subisse les déplacements considérés plus haut.

Par suite de ces déplacements, le cercle d'illumination sur la rétine se meut verticalement de haut en bas (sens de la flèche f) et l'ensemble des faisceaux émergents de l'œil se déplace extérieurement de bas en haut (sens de la flèche f'). Dès lors, si l'angle dont tourne le miroir ophtalmoscopique est assez grand, il arrivera un moment où aucun des rayons du faisceau $a'pb'$ ne tombera sur l'œil observateur O, tous ces rayons passant au-dessus de cet œil. Celui-ci ne recevant plus dès lors aucun des rayons qui sortent par

____

(1) WEISS. *Revue générale des Sciences,* 1890.

l'extrémité p du diamètre vertical de la pupille, ce point de l'ouverture pupillaire paraîtra dès ce moment obscur à l'observateur.

Pour une rotation plus grande du miroir ophtalmoscopique, d'autres faisceaux de rayons ayant leur sommet à des distances de plus en plus grandes du point p passeront de même en entier au-dessus de l'œil observateur et deviendront successivement obscurs pour cet œil.

En conséquence, et pour le sens de rotation que nous avons considéré au début, quant au miroir ophtalmoscopique, l'observateur verra une ombre envahir de haut en bas la pupille observée ; le sens de cet envahissement sera donc le même que celui du déplacement du cercle d'illumination sur la rétine et, par suite, que celui du cercle d'illumination sur le visage de la personne soumise à l'examen.

Le phénomène présentera un aspect exactement inverse pour un observateur situé en un point quelconque O' au delà du remotum O'' de l'observé. Au delà de ce remotum, en effet, tous les faisceaux, en lesquels nous avons décomposé l'ensemble des rayons émergents, se sont entre-croisés au niveau de l'image $a'b'$. Par suite, toutes choses égales d'ailleurs, c'est-à-dire pour un même sens de rotation du miroir et, par suite, un même sens de déplacement de bas en haut des faisceaux émergents, ce sera le faisceau $a'p'b'$ qui, le premier, n'enverra plus aucun rayon dans l'œil observateur, et ce sera, par suite, l'extrémité inférieure p' du diamètre vertical de la pupille qui deviendra d'abord obscure. La rotation du miroir continuant, des points de plus en plus éloignés de p' au niveau de la pupille seront progressivement plongés dans l'obscurité, une ombre paraîtra donc envahir encore la pupille, mais l'envahissement aura lieu alors de bas en haut, dans un sens inverse de celui du déplacement du cercle d'illumination sur le visage de l'observé.

Les aspects de ce phénomène d'ombre envahissant la pupille sont donc exactement inverses l'un de l'autre, suivant qu'on l'observe d'un point situé en avant ou en arrière du remotum de l'œil observé, et l'on conçoit que l'on ait pu tirer de là, comme nous l'indiquerons plus loin, un procédé de détermination de ce remotum.

Le phénomène présente d'ailleurs un aspect particulier lorsqu'on l'observe du remotum même de l'œil observé. En effet, au niveau de ce remotum, c'est-à-dire de l'image $a'b'$, tous les faisceaux émergents se superposent exactement. Par suite, pour un œil observateur O'', les divers faisceaux envoient toujours tous une même quantité de rayons dans cet œil, et tous cesseront en même temps d'en envoyer, lorsque, pour une rotation suffisante du miroir, le point b' sera arrivé au-dessus de O''. Dans ce cas, donc, la pupille sera brusquement envahie par l'ombre dans sa totalité, sans qu'il y ait, comme pour les positions O et O', envahissement progressif.

Forme générale de la limite de l'ombre envahissante. — Pour trouver la forme générale de la ligne qui limite cette ombre, considérons une section du faisceau émergent faite en O, par exemple (fig. 446). Si l'ouverture pupillaire est circulaire, cette section MN, par raison de symétrie, sera circulaire également ; soit (fig. 448) cette section du centre O.

Les divers faisceaux émergents de base commune $a'b'$ (fig. 446), en lesquels nous avons décomposé, pour faire comprendre l'origine de l'ombre pupillaire, l'ensemble des rayons qui sortent de l'œil examiné, ces divers faisceaux, disons-nous, sont coupés par la section de la figure 448, suivant des cercles, les uns tangents intérieurement, les autres intérieurs au cercle de section MN du faisceau total. En particulier, ceux de ces faisceaux qui ont leurs sommets échelonnés aux divers points du diamètre vertical pp' de la pupille seront coupés par le plan MN (fig. 448), suivant une série de cercles dont les centres

seront eux-mêmes échelonnés entre les points C_1 et C_2 (fig. 447) qui sont les centres des cercles tangents en M et N (fig. 448) au cercle de section du faisceau total, ces cercles tangents étant eux-mêmes la section des faisceaux de sommet p et p' (fig. 446), par le plan MN. Les mêmes remarques sont d'ailleurs applicables à tout diamètre RS (fig. 447) de la section du faisceau total. Sur ce diamètre sont échelonnés, de part et d'autre du point O, les centres des sections des faisceaux élémentaires

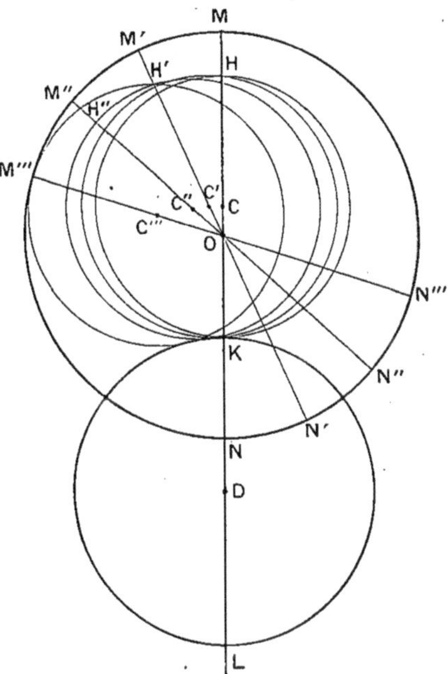

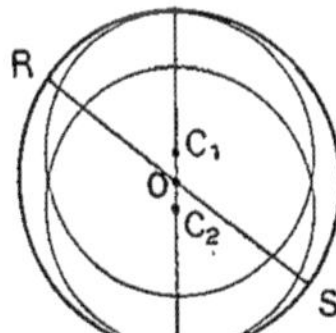

Fig. 447. — Courbe limite de l'ombre pupillaire.

Fig. 448. — Courbe limite de l'ombre pupillaire.

qui ont leur sommet aux divers points du diamètre de la pupille parallèle à RS.

Soit maintenant, sur la figure 448, où les mêmes lettres ont la même signification que sur la figure 449, le cercle de centre D qui représente la position de la pupille de l'observateur par rapport au faisceau émergent pour une certaine rotation du miroir ophtalmoscopique. A ce moment, un certain nombre des faisceaux élémentaires, dont les sommets sont sur le diamètre vertical pp' (fig. 449) de la pupille observée, n'enverront plus aucun rayon dans l'œil observateur, et ce diamètre vertical sera donc déjà envahi par l'ombre, à partir de son extrémité supérieure, sur une étendue qu'il est possible de déterminer sur la figure. A cet effet, rappelons d'abord que tous les faisceaux élémentaires, en lesquels nous décomposons le faisceau total, ont pour base commune l'image aérienne circulaire $a'b'$ (fig. 446). Il résulte de là que la section de chacun de ces faisceaux élémentaires par le plan MN est elle-même circulaire et il est facile de s'assurer, par la considération de triangles semblables, que tous ces cercles de section des divers faisceaux élémentaires par le plan MN sont égaux entre eux.

Ceci posé, soit C (fig. 448) le centre de la section circulaire, de rayon CH, du faisceau élémentaire dont les rayons les plus inférieurs rasent en K l'ouverture pupillaire de l'observateur. Si nous considérons en même temps ce faisceau sur la figure 449, on voit que le faisceau de rayon CH, ou de dia-

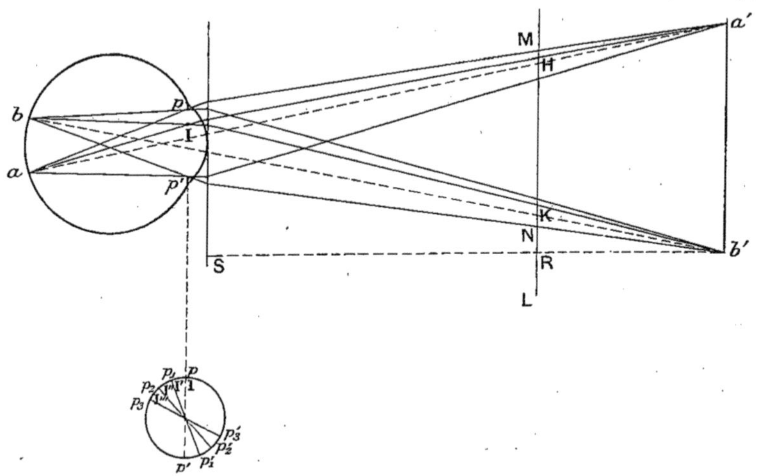

Fig. 449. — Courbe limite de l'ombre pupillaire.

mètre HK dont il vient d'être question (1), est le faisceau KIH, dont le rayon le plus inférieur IK rase le bord supérieur de la pupille observatrice KL. Il résulte immédiatement de cette figure 449 que, de tous les rayons qui passent, en émergeant de l'œil observé, par un point quelconque de l'intervalle pI sur le diamètre vertical de la pupille pp', aucun ne pénètre dans l'œil observateur, ce qui veut dire que, pour cet œil, cette partie pI du diamètre vertical de la pupille observée sera, au moment considéré, envahie par l'ombre. On voit, d'autre part, que le rapport de pI à MH, et MH désigne la même portion de droite sur les deux figures 448 et 449, est égal au rapport des perpendiculaires b'S et b'R.

Considérons maintenant un méridien qui a pour trace, sur le plan de la figure 448, la droite M'N', et sur le plan de la pupille observée une droite p_1p_1' (fig. 449). Si l'on trace sur la figure 448 le cercle de centre C' et de rayon C'H', qui est tangent à la pupille observatrice D, le rayon le plus inférieur du faisceau élémentaire, dont le cercle C'H' est la section par le plan MN, rasera cette pupille et aucun autre rayon de ce faisceau ne pénétrera dans l'œil observateur. Dès lors, en reprenant pour ce méridien M'N' les considérations présentées ci-dessus relativement au méridien MN, on démontrerait que la pupille observée paraîtra obscure à l'observateur, suivant son diamètre p_1p_1' (fig. 449) parallèle à M'N', sur une longueur p_1I', dont le rapport à M'H' (fig. 448) sera égal au rapport de b'S à b'R, c'est-à-dire au rapport de pI à MH.

(1) Les deux figures 447, 448 et 449 ne sont pas à la même échelle.

On démontrerait de même pour un autre méridien, dont la trace serait, sur le plan de la pupille observée, un diamètre p_2p_2' (fig. 449), et, sur le plan de la section MN, le diamètre $M''N''$ (fig. 448) du cercle de section, que le rapport de la portion p_2I'' du diamètre pupillaire p_2p_2', qui paraît obscur à l'observateur, à $M''H''$, H'' étant encore déterminé par le cercle de rayon $C''H''$, égal à CH, qui est tangent à la pupille observatrice, que ce rapport, disons-nous, de p_2I'' à $M''H''$ est égal aux rapports de $b'S$ à $b'R$ et de pI à MH.

Enfin, il existera toujours un méridien dont la trace sera, sur la pupille observée, un diamètre p_3p_3' (fig. 449) et, sur le plan de la section MN, un diamètre $M'''N'''$ (fig. 448), et qui sera tel que le cercle de rayon $C'''M'''$, égal à CH, sera simultanément tangent à la pupille observatrice et au cercle OM de la section du faisceau émergent total. Ce diamètre p_3p_3' ne sera dès lors obscur pour l'observateur qu'en son extrémité p_3, et tous les autres diamètres de la pupille observée, plus inclinés que les précédents sur le diamètre vertical pp', seront entièrement lumineux pour l'observateur.

En conséquence de tout ce qui précède, l'ensemble de la partie de pupille observée qui paraîtra obscure à l'observateur sera limitée intérieurement aux points I, I', I'', ..., que nous venons d'apprendre à déterminer. Cette partie obscure a donc la forme d'un croissant et, en raison de la constance des rapports $\dfrac{p\text{I}}{\text{MH}}$, $\dfrac{p_1\text{I}'}{\text{M}'\text{H}'}$, ..., la ligne qui limite ce croissant sombre est semblable à la ligne obtenue sur la figure 448 en joignant les points H, H', H'', ..., M'''.

Localisation de l'ombre par l'observateur. — Monoyer a très nettement indiqué comment l'observateur localise au niveau de l'œil observé le phénomène d'ombre dont nous venons d'indiquer la théorie, et a rigoureusement justifié ainsi le terme de *scotoscopie* qui est, en réalité, le seul exact.

La localisation par l'observateur, en dehors de son œil, du phénomène d'ombre étudié est un acte psychique tout à fait analogue à celui par lequel nous rapportons également à l'extérieur de notre œil la sensation rétinienne due, par exemple, à la présence d'une opacité intra-oculaire.

L'observateur accommode, lorsque son état de réfraction le lui permet, pour la pupille de l'œil observé et il se forme dès lors sur sa rétine une image plus ou moins nette du contour de cette pupille. C'est alors sur le plan de cette pupille que l'observateur projette extérieurement la disparition de sensation lumineuse qui se produit sur une région de sa rétine lorsque la rotation du miroir est suffisante. L'ouverture pupillaire de l'observé lui apparaît d'abord avec une teinte rougeâtre uniforme sur laquelle il ne distingue aucun objet, parce qu'il n'accommode pas pour l'image aérienne que l'œil observé donne de sa rétine. L'observateur rapporte dès lors cette coloration au plan de l'ouverture pupillaire, car l'iris et les contours de la pupille de l'observé lui apparaissent avec évidence comme la cause de la limitation du cercle lumineux rougeâtre qu'il aperçoit. Si donc une partie du faisceau qui émerge de l'œil observé cesse de pénétrer dans l'œil observateur, celui-ci rapporte naturellement cette cessation d'éclairage à la région de l'ouverture pupillaire d'où lui venaient les rayons qui cessent de lui arriver. Mais, en réalité, des rayons lumineux sortent encore de l'œil observé au niveau de cette région, qui n'est donc obscure que par suite des positions relatives actuelles du faisceau total émergent de cet œil et de l'œil observateur. C'est donc par un acte psychique, consécutif à une sensation physique, que l'observateur projette, au niveau de la pupille observée, l'absence de lumière qui lui est révélée par sa sensation rétinienne, et le terme de *scotoscopie*, qui rappelle seulement qu'une ombre apparaît, est donc celui qui convient le mieux à la nature du phénomène dont il s'agit.

Aspect du phénomène de l'ombre pupillaire sur les yeux astigmates. — On vient de voir que, lorsque l'œil observé est exempt d'astigmatisme, l'envahissement de la pupille de cet œil par l'ombre commence par l'une ou l'autre des extrémités du diamètre pupillaire perpendiculaire à l'axe de rotation du miroir ophtalmoscopique, ou, ce qui revient au même, parallèle à la direction du déplacement du cercle d'illumination sur le visage de l'observé. A une rotation autour d'un axe horizontal du miroir ophtalmoscopique et, par suite, à un déplacement vertical du cercle d'illumination sur le visage de l'observé, correspond, en effet, comme on l'a vu plus haut, un envahissement de l'ombre par l'une ou l'autre des extrémités du diamètre pupillaire vertical, et la direction suivant laquelle l'ombre se déplace est verticale elle-même.

Il n'en est plus de même dans le cas où le procédé de Cuignet est appliqué à un œil astigmate, et le mode de démonstration adopté ci-dessus, pour donner l'explication de l'aspect présenté par le phénomène de l'ombre pupillaire sur des yeux symétriques, permet de rendre compte encore des particularités spéciales aux yeux dont la réfraction est asymétrique.

Soit, en effet, un tel œil (fig. 450). La portion *ab* de rétine éclairée, dans le

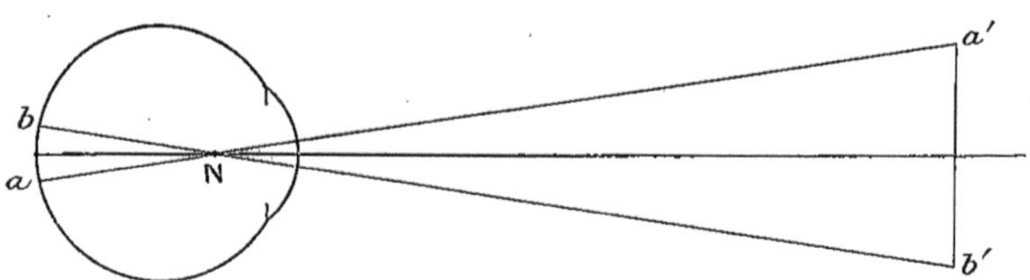

Fig. 450. — Phénomène de l'ombre pupillaire (œil astigmate).

cas où la source lumineuse est réduite à un point, est, non plus circulaire, mais elliptique, et l'image aérienne *a'b'* de cette surface rétinienne est elliptique elle-même.

Par suite, si l'on considère encore l'ensemble des rayons qui, partis des divers points de *ab*, passent par un même point de l'ouverture pupillaire, ces rayons, aboutissant, après réfraction, aux divers points de l'image elliptique *a'b'*, formeront un faisceau réfracté dont la section sera une ellipse, quelque part que cette section soit menée. L'ensemble des rayons réfractés, qui sortent de l'œil astigmate, peut encore, comme dans le cas d'un œil sphérique, être décomposé en faisceaux ayant pour base commune l'image aérienne $a'b'$ et pour sommets les divers points de l'ouverture pupillaire, mais les sections de ces faisceaux, à quelque distance de la cornée qu'on les considère, seront, non plus des cercles, mais des ellipses ; telle est la cause des particularités du phénomène de l'ombre pupillaire présentées par les yeux astigmates.

Soient, en effet, la section elliptique $MM_1 M'M_1'$ (fig. 451) du faisceau réfracté total, à une distance quelconque de la cornée de l'œil astigmate, et la pupille circulaire $pp_1 p'p_1'$ de l'œil observateur supposé au centre de ce faisceau. Supposons, en outre, que l'observateur fasse tourner le miroir ophtalmoscopique autour d'un axe situé dans l'un des méridiens principaux de l'œil astigmate, méridiens dont les traces sur le plan de la figure sont les axes MM'

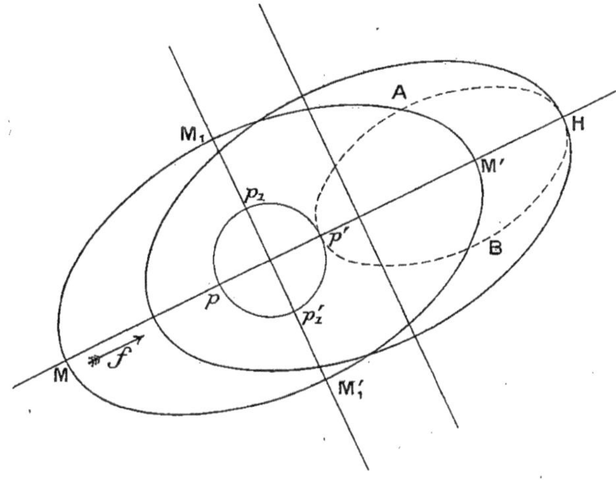

Fig. 451. — Phénomène de l'ombre pupillaire dans le cas d'un œil astigmate ; axe de rotation du miroir parallèle à un méridien principal.

et M_1M_1' de l'ellipse de section ; soit, par exemple, M_1M_1' l'axe autour duquel le miroir tourne, dans un sens d'ailleurs tel que le faisceau réfracté total se déplace dans le sens de la flèche f.

Pour une rotation suffisante du miroir ophtalmoscopique, l'ellipse $HAp'B$, qui est la section, par le plan de la figure, du faisceau des rayons qui passent par une extrémité du diamètre pupillaire parallèle à MM', sera tangente à la pupille de l'observateur. Celle-ci cessera, à partir de ce moment, de recevoir aucun rayon de ce faisceau et l'une des extrémités du diamètre de la pupille observée, parallèle à MM', commencera à être envahie par l'ombre. Le sens de l'envahissement dépendra, d'ailleurs, comme dans le cas d'un œil à réfraction sphérique, de la position de l'œil observateur par rapport à l'image aérienne $a'b'$ (fig. 450) de la rétine de l'observé.

Les mêmes considérations s'appliquent évidemment au cas où le miroir ophtalmoscopique tourne autour d'un axe parallèle au méridien principal M_1M_1'.

En résumé, donc, si l'axe de rotation du miroir est parallèle à l'un ou à l'autre des méridiens principaux de l'œil astigmate, le méridien de la pupille observée, qui est le premier envahi par l'ombre, est perpendiculaire à l'axe de rotation du miroir, comme dans le cas d'un œil exempt d'astigmatisme.

Mais un caractère nouveau se montre si le miroir tourne autour d'un axe quelconque. Soit, en effet, RR' (fig. 452) cet axe de rotation non parallèle à l'un des deux méridiens principaux MM', M_1M_1', et supposons que le sens de la rotation du miroir soit tel que le faisceau total réfracté se déplace dans le sens de la flèche f. Le diamètre de la pupille observée, qui sera le premier envahi par l'ombre, sera celui pour lequel le faisceau de rayons, qui passe par l'une de ses extrémités, aura, au niveau du plan de la figure 452, une ellipse

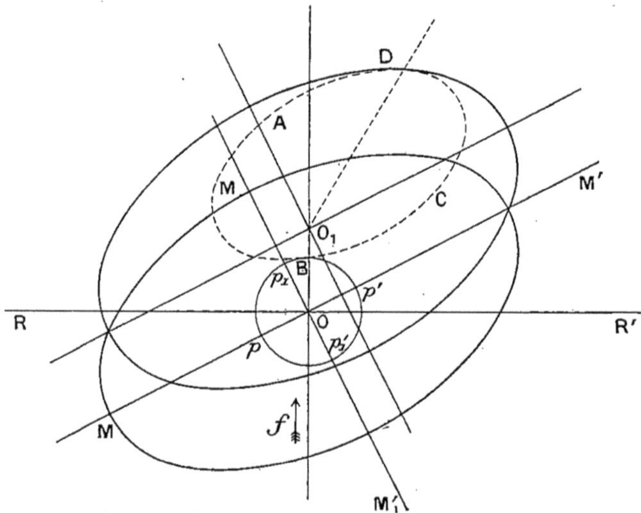

Fig. 452. — Phénomène de l'ombre pupillaire dans le cas d'un œil astigmate ; axe de rotation du miroir non parallèle à un méridien principal.

de section qui arrivera, avant les ellipses analogues, à être tangente à la pupille observatrice. Si c'est l'ellipse DABC qui arrive la première à être tangente à cette pupille, ce sera le diamètre de la pupille observée parallèle à O_1D qui sera le premier envahi par l'ombre. On voit donc que la direction du diamètre, par une extrémité duquel l'ombre envahit la pupille observée, n'est plus, dans ce cas, perpendiculaire à la direction RR' de l'axe autour duquel tourne le miroir ophtalmoscopique, et cette particularité tient à la forme elliptique des faisceaux en lesquels on peut décomposer le faisceau réfracté total. D'autre part, le sens de l'envahissement de l'ombre, sur le diamètre parallèle à O_1D, dépendra, comme dans tous les autres cas, de la position de l'œil observateur en deçà ou au delà de l'image rétinienne que l'observé donne de sa rétine.

Détermination de l'état et du degré d'amétropie par le procédé de Cuignet. — Il est tout d'abord facile, d'après ce qui vient d'être dit, de reconnaître si l'œil observé est astigmate ou exempt d'astigmatisme. En faisant, en effet, successivement tourner le miroir ophtalmoscopique suivant divers axes, ou bien on verra l'envahissement de la pupille par l'ombre se produire toujours suivant une direction perpendiculaire à l'axe de rotation, ou bien la direction d'envahissement sera oblique par rapport à cet axe. Dans le premier cas, l'œil examiné sera exempt d'astigmatisme ; dans le second cas, cet œil sera astigmate.

I. *L'œil examiné n'est pas astigmate.* — Le degré d'amétropie peut alors être déterminé de deux manières :

a. Si le remotum de l'œil observé est à courte distance, c'est-à-dire si cet œil présente une myopie égale ou inférieure à 1 dioptrie, l'observateur pourra déterminer la position de ce remotum en se plaçant successivement à diverses distances de l'observé. On a vu, en effet, que l'ombre envahit simultanément toute la pupille lorsque l'œil observateur est au remotum de l'observé, tandis que le sens de l'envahissement change suivant que l'œil observateur est en deçà ou au delà de ce point.

Il suffit donc à l'observateur de déterminer par tâtonnement la distance d à laquelle il doit se placer pour voir la pupille observée envahie simultanément en totalité par l'ombre ; si l'on mesure cette distance d avec un ruban métrique, le degré de myopie sera égal à $\dfrac{1}{d}$.

Lorsque le remotum est trop éloigné ou que ce point est virtuel, l'observateur devra d'abord, au moyen d'un verre positif de numéro F placé en avant de l'œil observé, amener le remotum de cet œil à distance convenable ; si l'on détermine alors, comme il a été dit ci-dessus, la distance d pour laquelle la pupille observée est simultanément envahie par l'ombre dans sa totalité, le degré d'amétropie cherché est $\dfrac{1}{d}$ — F. L'œil observé est d'ailleurs myope ou hypermétrope, suivant que la différence $\dfrac{1}{d}$ — F est positive ou négative.

Ce mode opératoire, dans lequel l'observateur se déplace jusqu'à faire coïncider son œil avec le remotum de l'œil observé, n'est pas, en général, très recommandable dans la pratique. On ne peut, en effet, se promettre de déterminer la distance d avec une grande approximation. L'erreur que l'on commet, lors de cette mesure, est sans doute négligeable, si le remotum cherché est situé assez loin, $0^m,90$ ou 1 mètre par exemple ; mais la même erreur absolue sur cette distance n'est plus négligeable pour les myopies moyennes, et devient de plus en plus importante lorsque l'on a affaire à des degrés élevés de myopie. Aussi est-il préférable d'adopter le mode opératoire que nous allons décrire.

b. L'observateur se place à une distance toujours la même du sujet, à 1 mètre par exemple, et observe le phénomène de l'ombre pupillaire en faisant successivement passer devant l'œil examiné des verres positifs ou négatifs croissants. On détermine ainsi, par tâtonnements, le verre avec lequel la pupille observée est simultanément envahie par l'ombre dans sa totalité, c'est-à-dire le verre, de numéro F, qui rend l'œil observé myope de 1 dioptrie. Le degré d'amétropie cherché est alors égal à F — 1, et il s'agira de myopie ou d'hypermétropie, suivant que la différence F — 1 sera positive ou négative, le numéro F étant d'ailleurs lui-même positif ou négatif, suivant que le verre est convexe ou concave.

Divers dispositifs ont été imaginés pour faciliter la manœuvre des verres qui doivent successivement être amenés en avant de l'œil observé. On se sert en général, à cet effet, comme l'a proposé Parent, de planchettes de petites dimensions, que l'on tient de la main gauche, et dans lesquelles sont enchâssées, en deux rangées parallèles, les deux séries des lentilles positives ou négatives dont on peut avoir besoin.

II. *L'œil examiné est astigmate.* — L'astigmie ayant été reconnue au caractère indiqué précédemment, on cherche d'abord par tâtonnement la direction d'un méridien principal; il suffit, pour cela, tout en imprimant au miroir ophtalmoscopique les mouvements habituels, de changer la direction de l'axe de rotation, jusqu'à ce que le sens de l'envahissement de la pupille par l'ombre soit perpendiculaire à cet axe. On procède alors, par l'essai des verres, à la détermination du degré d'amétropie du méridien suivant lequel l'ombre se déplace, en opérant comme on le ferait pour un œil exempt d'astigmatisme.

En faisant ensuite tourner le miroir ophtalmoscopique autour d'un axe perpendiculaire au premier, on déterminera de même l'état de réfraction du second méridien principal.

CORRECTION OPTIQUE DES AMÉTROPIES

Par A. IMBERT.

I. — ANOMALIE DE LA RÉFRACTION DYNAMIQUE. — PRESBYTIE

Verre correcteur de la presbytie. — On a vu que les phénomènes de l'asthénopie accommodative commencent à se faire sentir lorsque la distance du punctum proximum, par suite de l'éloignement physiologique de ce point, est devenue peu différente de la distance habituelle du travail. Les efforts d'accommodation à faire pour réaliser la vision nette deviennent alors, en effet, de plus en plus considérables, toutes choses égales d'ailleurs, et la fatigue du muscle ciliaire se traduit par l'asthénopie.

Au début de la presbytie, on supprime facilement la cause même de la fatigue, c'est-à-dire la contraction trop énergique du muscle ciliaire, en augmentant légèrement la distance du travail; comme cette distance est, en effet, relativement minime, 15 à 50 centimètres, une augmentation de quelques centimètres correspond à une diminution sensible de l'accommodation. Mais ce moyen est bientôt insuffisant, car la nouvelle distance du travail deviendrait telle qu'il serait incommode de la réaliser et que la diminution de grandeur des images rétiniennes ne permettrait plus de distinguer suffisamment les détails de l'objet ; il faut en revenir alors aux contractions énergiques du muscle ciliaire, contractions qui ne peuvent être longtemps maintenues et sont bientôt suivies d'un relâchement du muscle pendant lequel la vision est confuse. Après quelques instants de repos, le muscle entre de nouveau en contraction intense, mais pour se relâcher bientôt encore.

C'est généralement à cette période que les presbytes sollicitent la correction optique de leur anomalie de réfraction dynamique, correction que l'on effectue d'après la règle générale suivante.

Soient d la distance habituelle du travail, p celle du proximum au foyer antérieur de l'œil, f la distance focale du verre correcteur placé à ce foyer.

L'image virtuelle d'un objet placé à la distance d se formera au proximum si la distance focale f satisfait à la relation

$$\frac{1}{f} = \frac{1}{d} - \frac{1}{p},$$

ou

$$F = D - P,$$

en exprimant les diverses distances en dioptries.

Mais l'œil presbyte devrait, lorsqu'il est muni du verre F placé en son foyer antérieur, réaliser le maximum d'accommodation pour avoir la vision nette, ce qui ne supprimerait pas les phénomènes d'asthénopie accommodative. Or, l'observation montre que la fatigue oculaire ne se fait pas sentir lorsque les deux tiers, ou même les trois quarts du pouvoir accommodatif A interviennent et qu'il reste en réserve un quart seulement de l'accommodation totale que l'œil peut réaliser.

La formule (1) qui fait connaître le numéro du verre à prescrire est donc :

$$F = D - P + \frac{A}{4}.$$

On voit que le verre correcteur dépend de la distance D du travail, de la distance R du proximum, ainsi que de la valeur actuelle A du pouvoir accommodatif du presbyte.

En d'autres termes :

1° Le numéro F du verre correcteur de la presbytie dépend, toutes choses égales d'ailleurs, de la distance D pour laquelle le presbyte doit réaliser la vision nette, c'est-à-dire, en général, de la nature du travail ;

2° Dans le cas des presbytes de même pouvoir accommodatif et se livrant au même travail, le numéro F du verre à prescrire dépend de la position du proximum, qui est liée elle-même à l'état de la réfraction statique ;

3° Pour une même distance D du travail et une même distance P du proximum, le numéro F du verre correcteur de là presbytie dépend du pouvoir accommodatif A.

Il résulte de là que, pour pouvoir faire choix du numéro du verre correcteur de la presbytie, les trois quantités D, P et A doivent chacune, même la dernière, être déterminées dans chaque cas particulier. La constance du pouvoir accommodatif, pour un même âge, n'est pas absolue, en effet, et peut présenter des différences individuelles qu'il est nécessaire de rechercher. Il est utile, à ce sujet, de ne pas oublier que la détermination du remotum n'est sûre qu'après des instillations d'atropine et qu'il vaut mieux, dans le choix du numéro du verre correcteur de la presbytie, pécher par excès, c'est-à-dire maintenir au repos une fraction trop grande du pouvoir accommodatif, que prescrire un verre trop faible qui ne supprimerait qu'incomplètement l'asthénopie accommodative.

Pour établir la formule précédente, nous avons supposé le verre correcteur placé au foyer principal antérieur de l'œil. Si le presbyte, ainsi qu'il arrive fréquemment, éloigne le verre de l'œil, afin de pouvoir, au besoin, regarder au loin par-dessus ses lunettes, l'image de l'objet à voir se forme plus près, ce qui exige une intervention plus énergique de l'accommodation ; il est donc utile que les verres soient disposés au foyer antérieur, position pour laquelle ils sont généralement choisis.

Le presbyte n'a d'abord besoin de ses verres que le soir, à l'éclairage rela-

(1) MONOYER, Mesure et correction de la presbytie, etc. (*Arch. d'ophtalm.*, 1897-98).

tivement faible de la lumière artificielle ; mais, peu à peu, il reconnaît la nécessité de faire usage des verres correcteurs même à la lumière du jour, et lorsque, par suite du recul normal et continu du proximum, les verres primitivement prescrits deviennent insuffisants, c'est encore d'abord pour le travail à la lumière artificielle que les phénomènes d'asthénopie réapparaissent ; dans ces conditions d'éclairage peu intense, en effet, le presbyte travaille de plus près afin de bénéficier d'une augmentation de grandeur des images rétiniennes pour mieux distinguer les détails de l'objet à voir nettement.

Il résulte de ce qui précède que le presbyte ne doit pas hésiter à faire usage de verres correcteurs dès que le besoin s'en fait sentir, pas plus qu'à augmenter le numéro de ces verres dès que ceux-ci deviennent insuffisants.

Par contre, l'usage des verres correcteurs de la presbyopie doit être limité au travail pour lequel ils ont été choisis ; ils doivent être mis de côté, en particulier, pour la vision au loin.

II. — ANOMALIES DE LA RÉFRACTION STATIQUE

HYPERMÉTROPIE.

Presbytie précoce des hypermétropes. — On a vu que, à un même âge, le proximum est plus éloigné chez un hypermétrope que chez un emmétrope, et à plus forte raison que chez un myope. En admettant l'indépendance du pouvoir accommodatif et de la réfraction statique de l'œil, si P est la distance du proximum au foyer antérieur de l'œil pour un emmétrope, le proximum d'un hypermétrope de H dioptries, ayant même âge que l'emmétrope considéré, sera à P — H dioptries du même foyer antérieur de l'œil. Par suite, alors que l'emmétrope, devenu presbyte pour un travail s'effectuant à la distance D dioptries, aura besoin du verre

$$F = D - P + \frac{A}{4},$$

l'hypermétrope, au même âge et pour le même travail, devra faire usage du verre

$$F' = D - (P - H) + \frac{A}{4} = D - P + \frac{A}{4} + H.$$

Il résulte de là que le verre-correcteur de la presbytie chez un hypermétrope devra être supérieur au verre dont devrait faire usage un emmétrope du même âge se livrant au même travail, d'un nombre de dioptries égal au degré de l'anomalie présentée par l'hypermétrope considéré.

Il est à peine besoin de faire remarquer, en outre, que le besoin des verres correcteurs de la presbytie se fera sentir plus tôt chez l'hypermétrope ; il n'est d'ailleurs pas rare que l'usage de verres convexes soit justifié et même indispensable chez des enfants.

Hypermétropie totale, manifeste, latente. — La détermination du pouvoir accommodatif ou, plus exactement, du punctum remotum présente, chez l'hypermétrope, des difficultés particulières, en raison d'un spasme non seulement possible, mais presque constant du muscle ciliaire, fait qui doit être rapporté aux efforts plus considérables que ce muscle doit développer, et à son état permanent de contraction, même lors de la vision au loin.

Aussi, la détermination du remotum d'un hypermétrope, faite sans atropinisation préalable, est-elle presque toujours inexacte, et le degré d'hypermétropie trouvé dans ces conditions est-il presque sûrement trop faible.

On appelle *hypermétropie manifeste* H_m le degré d'amétropie trouvé directement sans paralysie préalable du muscle ciliaire par l'atropine.

L'*hypermétropie vraie* ou *totale* H_t est, par contre, le degré trouvé après atropinisation.

La différence $H_t - H_m$ a reçu le nom, parfaitement justifié, d'*hypermétropie latente*.

Lorsque le proximum lui-même est virtuel, la vision ne commence à être nette au loin que grâce à un verre positif convenable. Landolt donne au numéro de ce verre, qui fait connaître, en réalité, la position du proximum, le nom d'*hypermétropie manifeste absolue* ; la position du remotum, déterminée sans instillation d'atropine, est, pour le même auteur, l'*hypermétropie manifeste facultative*.

Afin de supprimer la nécessité d'instillations d'atropine pour la détermination exacte du remotum, divers ophtalmologistes ont cherché empiriquement s'il n'existait pas une relation entre les degrés d'hypermétropie manifeste et d'hypermétropie totale, ce qui aurait permis de déduire celle-ci de la mesure de celle-là. C'est ainsi que Schrœder, par exemple, après la détermination de H_t et H_m sur un certain nombre d'hypermétropes, avait établi la formule empirique

$$\frac{H_m}{H_t} = \frac{14 - A}{14}.$$

Mais la valeur que cette expression conduit à attribuer à H_t dans la plupart des cas est trop peu approchée pour que l'on puisse se dispenser de la détermination directe de l'hypermétropie totale après atropinisation.

Correction de l'hypermétropie. — Nous avons rappelé plus haut que la presbytie apparaissait d'autant plus tôt chez un hypermétrope que le degré de l'amétropie était plus élevé. C'est généralement de cette presbytie précoce que se plaint seulement l'hypérope et il n'y a pas lieu alors de se préoccuper de la correction de l'anomalie elle-même ; les seuls verres à prescrire sont les verres correcteurs de la presbytie, verres qui doivent être choisis comme nous l'avons indiqué et dont il ne doit être fait usage que pour le travail en vue duquel ils ont été choisis, la vision nette au loin pouvant être directement réalisée sans fatigue.

Mais lorsque, soit par suite de l'âge du sujet, soit par suite du degré élevé de l'amétropie, la vision nette des objets éloignés ne peut être obtenue ou s'accompagne d'asthénopie accommodative, des verres doivent être prescrits dont l'hypermétrope devra évidemment faire constamment usage. Ces verres seront choisis d'ailleurs d'après les considérations même présentées plus haut relativement à la presbytie, mais en tenant compte de la distance pour laquelle ils doivent permettre de réaliser la vision nette sans fatigue.

Il est un cas encore, différent du précédent, dans lequel le port constant de verres convexes doit être prescrit à l'hypermétrope : c'est lorsque, chez un enfant, l'hypéropie s'accompagne de strabisme interne.

Dans 70 p. 100 des cas de strabisme interne, il y a coexistence d'un certain degré d'hypéropie et la relation de cause à effet entre ce strabisme et cette amétropie résulte alors, d'après Donders, des considérations suivantes.

La convergence des axes visuels et l'accommodation sont dans un état de dépendance mutuelle, si bien que, pour pouvoir accommoder fortement, nous devons en même temps faire concourir nos axes visuels à petite distance, à moins toutefois que, par des exercices spéciaux, nous ne soyons arrivés à dissocier l'accommodation et la convergence. Or, pour la vision à une même distance, les hypermétropes doivent accommoder plus énergiquement que les emmétropes; dès lors, certains d'entre eux, 70 p. 100 d'après cette explication, n'arriveraient à réaliser le surcroît d'accommodation nécessaire que grâce à un accroissement de convergence obtenu en plaçant l'un des yeux en état de strabisme interne.

Cette explication conduit naturellement à prescrire aux jeunes hypermétropes menacés de strabisme interne l'usage constant de verres correcteurs de leur anomalie. Mais ce n'est pas ici le lieu d'insister davantage à ce sujet.

MYOPIE.

Caractères spéciaux à la myopie. — L'hypéropie et l'astigmatisme sont seulement des états anormaux de l'appareil de réfraction oculaire; la myopie, au contraire, tout en étant une anomalie de la réfraction statique, est trop souvent progressive et s'accompagne alors d'altérations profondes et graves des membranes-enveloppes et des milieux de l'œil; par suite, même si cette anomalie n'entraînait aucun trouble de réfraction, son étude n'en constituerait pas moins un chapitre important de pathologie oculaire en raison des dangers qu'elle fait courir à la vision elle-même.

Il est dès lors d'une grande importance de rechercher les moyens que l'on peut mettre en œuvre pour arrêter les progrès de la myopie. Ces moyens, c'est-à-dire, en somme, les traitements thérapeutiques qui ont été proposés et employés, sont nombreux, mais leur multiplicité résulte malheureusement de ce qu'aucun n'est d'une efficacité générale et absolue. D'une manière générale, d'ailleurs, chacun de ces modes de traitement répond à la suppression de l'une des multiples causes auxquelles on a rapporté la progression de la myopie, et les succès à l'actif de chacun d'eux, rapprochés de leur impuissance dans d'autres cas, semblent montrer que les progrès de cette dangereuse anomalie ne sont pas sous la dépendance d'une cause générale unique, mais sont, sinon engendrés par l'ensemble des causes indiquées isolément par les divers auteurs, du moins plus spécialement dus, suivant les sujets, à telle   telle des causes qui ont été invoquées.

Traitements chirurgicaux. — Contre la compression du globe attribuée aux muscles droit externe, grand oblique, petit oblique, on a préconisé et mis en pratique la section de l'un ou l'autre de ces muscles, et Philip, Guérin, Bonnet ont obtenu de bons effets par cette intervention, qui est cependant abandonnée ; Rolland pratique la nasalorexie, qui déterminerait une parésie de l'accommodation avec diminution de la tension intra-oculaire ; mais l'intervention actuellement la plus usitée est l'extraction ou la discission du cristallin, que Fukala a mise en honneur depuis 1890.

Traitement optique. — L'emploi de verres négatifs convenablement choisis permet de supprimer chez le myope tout effort d'accommodation pendant le travail, et par le décentrage de ces verres, dans la monture où ils sont sertis, il est, d'autre part, possible de diminuer, sinon de supprimer, les efforts de convergence.

De là l'usage de tels verres, non seulement comme correction de l'anomalie myopique, mais comme mode de traitement en vue d'en arrêter les progrès.

Pour nombre d'ophtalmologistes, pour Javal en particulier, ce sont les efforts d'accommodation qui doivent être rigoureusement supprimés, ce qui conduit, dans le cas de myopie faible, à prescrire au myope des verres positifs. Soit, en effet, un myope de 2 dioptries qui doit travailler à 3 dioptries et qui a dès lors besoin, s'il ne fait pas usage de verres, de 1 dioptrie d'accommodation ; pour supprimer tout effort accommodatif, il faut prescrire à ce myope un verre positif de 1 dioptrie. Plus généralement, lorsque le remotum d'un myope est au delà de l'objet à voir, c'est-à-dire lorsque le degré de myopie R est numériquement inférieur à la distance dioptrique D du travail, le verre positif à prescrire pour supprimer toute accommodation, lors de la vision à la distance D, est

$$F = D - R.$$

La même considération de repos de l'accommodation conduit de même à ne prescrire aucun verre lorsque le remotum est situé à la même distance que l'objet à voir.

Les verres négatifs sont, par contre, à ordonner lorsque R est plus petit que D, c'est-à-dire lorsque le remotum est en deçà de la distance du travail et le numéro du verre à prescrire doit alors être égal, au signe près, à R — D.

En résumé, donc, pour supprimer tout effort d'accommodation chez les myopes dont le degré d'anomalie est R et la distance de travail D, il faut prescrire un verre dont le numéro et le signe sont simultanément donnés par la formule

$$F = D - R.$$

Il résulte de là que F varie avec D pour un même degré de myopie, c'est-à-dire que le numéro des verres dont il doit être fait usage variera suivant qu'il s'agit de lire et d'écrire, de faire de 'a musique, de travailler à la couture, de voir au loin, etc.

Les mêmes verres peuvent, d'autre part, si on les décentre convenablement, être utilisés pour diminuer ou supprimer les efforts de convergence, ce qui, d'ailleurs, ne devient nécessaire que dans les degrés élevés de myopie, lorsqu'il y a lieu de recourir aux verres négatifs. De tels verres, décentrés en dehors, du côté temporal, et utilisés dès lors par le myope dans leur partie périphérique interne, comme l'indique la figure 453, produisent un effet prismatique tel que les images par réfraction, au lieu d'être situées en S_1 et S_2, se forment en S_1' et S_2', si bien que la vision binoculaire s'effectue sous une

faible convergence ou avec le parallélisme des axes visuels. L'effet prismatique des verres concaves utilisés dans leur périphérie se calcule d'ailleurs comme nous l'indiquerons plus loin.

C'est de cette thérapeutique optique qu'est surtout justiciable la myopie scolaire, celle qui reconnaît pour cause le travail prolongé à trop courte distance ; et s'il n'existe pas de causes prédisposantes trop accusées, héréditaires ou autres, la progression de la myopie est ainsi assez sûrement arrêtée.

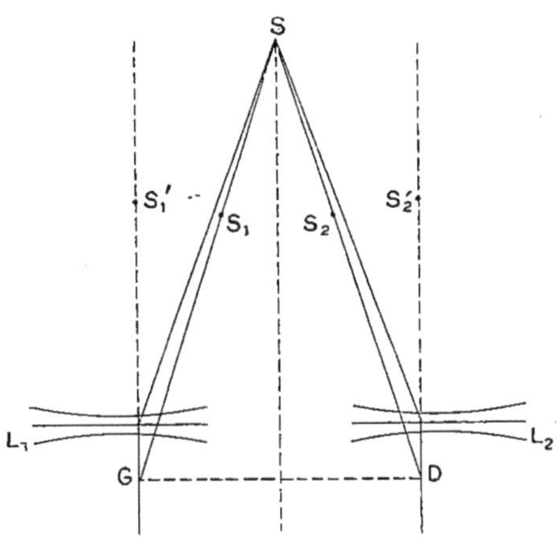

Fig. 453. — Diminution de convergence produite par la décentration en dehors de verres négatifs.

Au lieu de décentrer un verre sphérique taillé à la manière ordinaire, on peut le tailler dans un prisme PAQ (fig. 454) convenablement choisi ; la

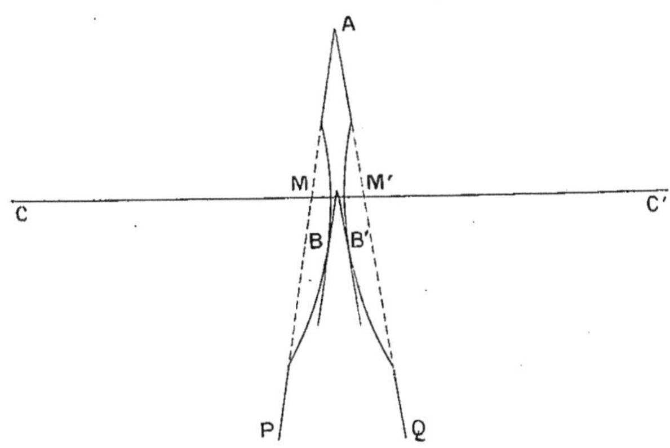

Fig. 454. — Verre sphérique taillé dans un prisme.

ligne des centres de courbure CC′ rencontre alors le verre vers sa périphérie et ce verre, dans sa partie centrale BB′, produit un effet prismatique égal à celui du prisme PAQ.

Dans ces dernières années toutefois, divers ophtalmologistes, Forster, Jackson-Edward, Dor, ont constaté de bons effets dus à la correction totale et permanente de la myopie.

Il importe d'ailleurs de remarquer que la correction de la myopie par des verres devient en quelque sorte illusoire dans les degrés élevés de cette anomalie, ou que, du moins, le bénéfice pratique que les myopes retirent de l'usage des verres correcteurs ne correspond plus alors à l'effet théorique de ces lentilles. Dans ces cas, en effet, les verres de fort numéro font former sur la rétine des images, nettes sans doute, si ces verres sont convenablement choisis, mais, d'autre part, de dimensions si réduites que les détails des objets correspondants ne sont plus distingués. Il n'est pas rare de rencontrer des myopes qui préfèrent aux images nettes, mais petites, données par des verres exactement choisis, des images un peu confuses, mais plus grandes, grâce auxquelles ils distinguent avec moins de fatigue la forme et les détails.

L'analyse et l'interprétation des images rétiniennes paraît, en effet, pouvoir engendrer dans tous les yeux, normaux ou amétropes, une fatigue nerveuse qui n'est peut-être pas sans influence sur les progrès de la myopie et que les images moins réduites données par les verres insuffisamment correcteurs permettent d'éviter en partie.

Il est, d'autre part, utile de corriger avec soin tout degré, même faible, d'astigmie chez les myopes, si l'on a quelque crainte de voir progresser la myopie. G. Martin a fait remarquer, en effet, que les lésions anatomiques profondes dont s'accompagne la myopie progressive apparaissent d'abord dans le plan de l'un des méridiens principaux de l'œil astigme, et la nécessité de correction optique de l'asymétrie oculaire résulte alors, moins du trouble de vision engendré par cette asymétrie, que des altérations dont l'astigmie paraît être la cause première.

Mais la correction optique de la myopie et de l'astigmatisme coexistant étant réalisée par des verres, la progression de la myopie ne serait pas enrayée, même dans les cas favorables, si quelques prescriptions accessoires n'étaient pas rigoureusement suivies.

Il est évident, par exemple, que le myope accommodera et que le bénéfice de la correction optique sera perdu pour lui, s'il travaille à distance plus petite que celle pour laquelle les verres auront été choisis. Aussi les myopes encore en cours d'étude doivent-ils, à ce point de vue, être surveillés avec d'autant plus de soin qu'ils sont plus jeunes, par suite de l'attitude penchée que les enfants sont trop enclins à adopter pendant le travail scolaire ; il peut même être nécessaire, pour quelques-uns d'entre eux, de munir leur table de travail de tuteurs spéciaux, dont divers modèles ont été imaginés et qui les mettent dans l'impossibilité de travailler à trop courte distance.

Il est, d'autre part, nécessaire que les conditions extérieures du travail, netteté d'impression des livres et grosseur des caractères, éclairage, matériel scolaire, ne mettent pas le myope dans l'obligation de travailler à une distance inférieure à 0^m,33 ou 3 dioptries. Or, si l'impression est défectueuse ou la dimension des caractères trop petite, l'écolier se rapprochera de son livre pour bénéficier d'une augmentation de grandeur des images rétiniennes.

Il en sera encore de même, et en vue du même résultat à obtenir, si l'éclairage est insuffisant. Il est facile de s'assurer, par exemple, que, pour deux classes inégalement éclairées, la distance moyenne à laquelle les élèves travaillent est nettement plus petite dans la classe où l'éclairage est moindre.

D'autre part, une table trop haute ou trop basse, un siège trop éloigné de la table obligeront encore l'écolier à travailler à moins de 3 dioptries.

Cette influence des conditions matérielles du travail scolaire sur les progrès de la myopie a été mise en évidence par les très nombreuses statistiques de réfraction oculaire qui ont été établies dans tous les pays, sous toutes les latitudes ; elle ne résulte pas seulement du nombre croissant de myopes que l'on rencontre à mesure que l'on détermine la réfraction sur des écoliers plus âgés, c'est-à-dire plus avancés dans leurs études et soumis au travail scolaire depuis un plus grand nombre d'années ; elle résulte encore et surtout des déterminations effectuées sur les mêmes enfants que divers ophtalmologistes ont suivis pendant une longue durée de leurs études. Toujours et partout, des hypermétropes sont devenus emmétropes ou myopes, des emmétropes sont devenus myopes et le degré de l'amétropie myopique s'est progressivement accru ; chez presque tous les écoliers, en d'autres termes, on constate une augmentation progressive de la réfraction oculaire pendant toute la durée des études scolaires.

Ce que nous avons dit du danger de la myopie montre que les études peuvent exercer une influence nuisible sur la vision et qu'il y a là un péril général qu'il importe d'écarter dans les causes qui l'engendrent. On vient de voir, d'autre part, que ces causes sont connues et résident dans la netteté d'impression des livres et la grosseur des caractères, l'éclairage, le mobilier scolaire, et des prescriptions très sages ont été énoncées à ces divers points de vue. En France, en particulier, une commission, instituée en 1881 par le ministre de l'Instruction publique, a posé des règles précises relatives à l'impression des livres, à l'éclairage, au mobilier. Mais l'observation rigoureuse de ces règles se heurte en pratique à des difficultés de divers ordres (prix des ouvrages, emplacement des écoles dans les villes, etc.), si bien qu'il s'en faut que les règles si sagement établies soient encore toutes observées comme elles devraient l'être. Il ne faut pas méconnaître cependant que de très réels progrès ont été accomplis à ce point de vue, et qu'il existe une préoccupation générale de réaliser, dans les écoles nouvelles, les meilleures conditions compatibles avec les exigences diverses qui constituent autant d'obstacles à l'observation rigoureuse des règles judicieusement posées en tenant compte seulement des considérations d'optique oculaire.

Calcul de l'effet prismatique des verres décentrés. — Cet effet prismatique produit par tout verre sphérique sur sa périphérie peut être calculé de la manière suivante.

Soient (fig. 455) un rayon SII'S' traversant une partie périphérique de lentille biconvexe, IA et I'A les plans tangents aux points d'incidence I et d'émergence I'.

La déviation EDI′ du rayon considéré peut être regardée comme égale à la moitié $\dfrac{A}{2}$ de l'angle de réfringence du prisme formé par les plans tan-

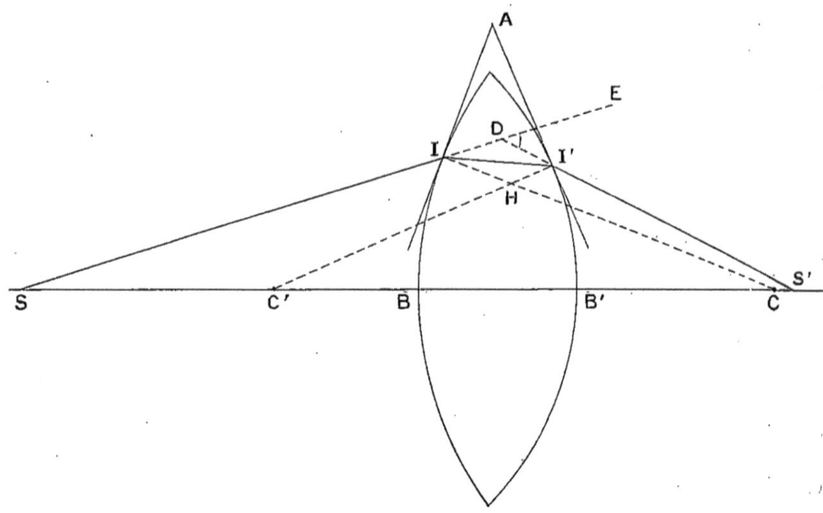

Fig. 455. — Effet prismatique d'un verre sphérique à la périphérie.

gents AI et AI′. Or, en joignant les points I et I′ aux centres de courbure correspondants C et C′, on voit que l'on a

$$angle\,\mathrm{A} = angle\,\mathrm{I'HC} = angle\,\mathrm{HC'C} + angle\,\mathrm{HCC'}.$$

L'angle de déviation $\Delta = \mathrm{EDI'}$ du rayon considéré sera donc donné par la formule

$$\Delta = \frac{\mathrm{A}}{2} = \frac{\mathrm{ICC' + I'C'C}}{2}\,.$$

Supposons la lentille assez mince pour que l'on puisse regarder les arcs IB, I′B′ comme ayant même longueur l ; les nombres de degrés n et n' des angles ICB et I′C′B′ seront respectivement

$$n = \frac{360}{2\,\pi\,r}\,l$$

et

$$n' = \frac{360}{2\,\pi\,r'}\,l,$$

r et r' étant les rayons de courbure des deux faces de la lentille. La déviation Δ sera donc donnée par l'expression

$$\Delta = \frac{1}{2}\,\frac{360\,l}{2\,\pi}\left(\frac{1}{r} + \frac{1}{r'}\right).$$

Or, pour les lentilles en verre, dont l'indice est en moyenne $\frac{3}{2}$, on a

$$\frac{1}{r} + \frac{1}{r'} = \frac{2}{f}$$

et, par suite,

$$\Delta = \frac{360\,l}{2\,\pi f}\cdot$$

En représentant par F le numéro de la lentille et en exprimant en milli-mètres la quantité l dont la lentille est supposée décentrée, on a, après avoir divisé haut et bas par 2,

$$(1) \qquad \Delta = \frac{0,180}{\pi}\,l\mathrm{F},$$

ou, approximativement,

$$\Delta = 0°,06\,l\mathrm{F}.$$

On voit que la déviation ou effet prismatique produit par une lentille sphérique est proportionnel au numéro dioptrique F et au nombre l de millimètres dont cette lentille a été décentrée.

La formule précédente est d'ailleurs générale, c'est-à-dire que les len-tilles de mêmes numéros métriques, quelle que soit leur forme, doivent être décentrées d'un même nombre de millimètres pour produire le même effet prismatique.

De la formule (1) on tire d'autre part :

$$l = \frac{\pi}{0,180}\,\frac{\Delta}{\mathrm{F}}$$

ou

$$l = 17,45\,\frac{\Delta}{\mathrm{F}},$$

expression qui permet de calculer le nombre de millimètres l dont il faut décentrer une lentille du numéro F pour produire une déviation Δ.

ASTIGMATISME.

Correction optique de l'astigmatisme régulier. — Quels que soient le degré et l'espèce, simple, composée ou mixte, de l'astigmie, on peut en obtenir la correction avec des verres cylindriques différents de signe seule-ment, ou différents à la fois de numéro et de signe.

Soit, par exemple, un astigmatisme simple, d'ailleurs direct, myopique de 3 dioptries. Cette amétropie peut être corrigée, soit avec un verre cylindrique négatif, c'est-à-dire concave, de 3 dioptries, à axe horizontal (méridien emmétrope), auquel cas l'œil sera ainsi rendu emmétrope dans tous ces méri-diens, soit avec un verre cylindrique positif, c'est-à-dire convexe, de 3 dioptries à axe vertical (méridien myope), auquel cas les divers méridiens de l'œil présenteront une myopie uniforme de 3 dioptries, que l'on corrigera en associant au cylindre + 3 dioptries un verre sphérique négatif de 3 dioptries.

Dans le cas d'un astigmatisme mixte, le nombre des combinaisons possibles est encore plus grand. Soit, en effet, un œil hypermétrope de 1 dioptrie dans le méridien vertical et myope de 2 dioptries dans le méridien horizontal. Cet œil sera rendu emmétrope dans tous ses méridiens :

Soit par un cylindre + 3 dioptries axe horizontal, associé à un verre sphérique — 3 dioptries ;

Soit par un cylindre — 3 dioptries axe vertical, associé à un verre sphérique + 1 dioptrie ;

Soit par un cylindre + 1 dioptrie à axe horizontal associé à un autre cylindre — 2 dioptries à axe vertical.

Des considérations diverses font choisir telle ou telle des combinaisons possibles.

Dans le cas de l'astigmatisme simple, direct et myopique de 3 dioptries, considéré plus haut, par exemple, on fera usage du cylindre — 3 dioptries s'il s'agit d'une correction pour la vision éloignée, et du cylindre + 3 dioptries si l'on veut corriger l'asymétrie oculaire pour la distance du travail.

Les verres négatifs sont préférables aux positifs parce qu'ils sont plus légers ; mais, d'autre part, ils donnent des images plus petites, ce qui est un réel inconvénient lorsque l'acuité de l'œil à corriger est inférieure à la normale.

Lorsqu'on est, d'autre part, amené à prescrire une association de verres, l'un convexe, l'autre concave, il y a avantage à tourner la face concave vers l'œil qui se trouve ainsi plus loin, toutes choses égales d'ailleurs, de la surface en regard de la lentille.

Les verres cylindriques, même lorsqu'ils ont été judicieusement choisis et que la prescription a été fidèlement exécutée par l'opticien, déterminent au début une gêne oculaire par laquelle l'astigmate ne devra pas se laisser rebuter ; mais il est sage, si le sujet est jeune encore et possède donc un pouvoir accommodatif assez grand, de ne corriger d'abord qu'une partie de l'asymétrie, sauf à augmenter le numéro des verres correcteurs lorsque l'accoutumance sera réalisée.

Nous avons dit précédemment que des cas ont été signalés dans lesquels le degré de l'astigmie avait varié, spontanément en quelque sorte, sans cause pathologique. De là la nécessité de déterminer à nouveau les éléments de l'astigmie lorsque l'astigmate, d'abord satisfait de ses verres, se plaint de nouveau de fatigue oculaire.

Certains astigmates sont très sensibles à une variation d'orientation de l'axe de leurs verres correcteurs ne dépassant pas un très petit nombre de degrés ; aussi est-il nécessaire de vérifier, non seulement les numéros, mais encore la direction de l'axe des lentilles cylindriques après leur enchâssement par l'opticien dans la monture qui les reçoit.

Pour cette même raison, il est préférable de monter les cylindres correcteurs dans des lunettes ; il existe cependant des formes de lorgnons à ressort qui assurent pour bon nombre d'astigmates une suffisante fixité de direction de l'axe.

Verres toriques. — Divers essais ont été tentés en vue de la correction de l'astigmatisme par des verres toriques, c'est-à-dire taillés dans un tore ou solide engendré par un cercle qui tourne autour d'un axe, situé dans son plan, mais ne passant pas par son centre.

Les premiers verres toriques employés résultaient d'une section faite dans le tore par un plan parallèle à l'axe de rotation ; un verre ainsi obtenu présente deux courbures principales différentes, l'une dans le plan parallèle à l'axe de rotation (courbure maxima), l'autre dans un plan perpendiculaire au précédent (courbure minima). Ces verres présentent l'avantage de donner un effet périscopique, c'est-à-dire de produire sensiblement le même effet réfringent, que la vision ait lieu par la partie centrale ou par une partie périphérique de la lentille.

En 1895, Javal a présenté, à la Société française d'ophtalmologie, des verres toriques d'un autre genre, fabriqués par Borsch (de Philadelphie) et obtenus au moyen d'une section faite dans un tore par un plan perpendiculaire à l'axe. Ces verres présentent encore des courbures variables dont deux, dans des plans, l'un, passant par l'axe, et, l'autre, perpendiculaire au précédent, sont des courbures principales. De telles lentilles plan-toriques présentent, en outre, cette particularité d'avoir leur droite focale, non plus rectiligne, comme celle des verres plan-cylindriques ou des verres toriques précédents, mais courbe. Or, un certain nombre d'yeux astigmates présentent la même particularité consistant en la forme curviligne des droites focales. Il semble dès lors que les verres toriques de Borsch doivent procurer une meilleure acuité aux astigmates à droites focales courbes.

Correction optique de l'astigmatisme irrégulier. Verres de contact. — Une correction optique de l'astigmatisme irrégulier, analogue à la correction de l'astigmie régulière par des verres cylindriques, n'est évidemment pas réalisable pratiquement.

E. Fick a, le premier, proposé d'utiliser des verres dits *de contact*, parce qu'ils sont directement appliqués sur la cornée, à laquelle ils adhèrent par capillarité. Ces lentilles sont de petites coques de verre, à surface sphérique, dont la courbure est égale à la courbure cornéenne moyenne, et leur usage n'entraînerait aucun inconvénient, à la condition de ne les utiliser que pendant quelques heures chaque jour.

Nous avons dit précédemment, dans le chapitre *Astigmatisme*, que les mensurations effectuées par Sulzer sur des cornées astigmates avaient montré l'existence de variations de courbure le long d'un même méridien et, par suite, d'un degré d'astigmatisme cornéen périphérique différent du degré de l'astigmatisme central. Dans ces cas, la correction optique de l'anomalie par un verre cylindrique donne, d'après les constatations de Fick, un résultat inférieur à celui qui résulte de l'emploi de verres de contact. Dans d'autres cas, au contraire, ces mêmes verres de contact ne fournissent qu'une acuité inférieure ou seulement égale à celle qui résulte de la correction par des verres cylindriques. L'explication de ces faits doit, d'après Fick, être rapportée, d'une part, à l'aberration de sphéricité des verres de contact, aberration dont les effets ne sont pas négligeables lorsque la pupille est dilatée, d'autre part à l'astigmatisme cristallinien et à l'amblyopie d'origine nerveuse. L'emploi des verres de contact pourrait ainsi constituer, dans certains cas, un procédé de diagnostic.

ANISOMÉTROPIE.

Correction de l'anisométropie. — On appelle *anisométropie* une inégalité de réfraction entre les deux yeux d'une même personne.

Il n'y a pas de règle générale précise pour la correction de cette inégalité de réfraction. Certains anisométropes s'accommodent de leur anomalie, utilisant, suivant la distance de vision, tantôt un œil, tantôt un autre. Si l'un des yeux est emmétrope, par exemple, et l'autre myope, le premier sera employé pour la vision au loin, le second pour la vision de près, et le mieux est alors de s'abstenir de toute correction.

Par contre, bien des personnes éprouvent une gêne considérable, même pour un faible degré d'anisométropie, et cette particularité se présente, en particulier, lorsque l'un des yeux seulement est astigmate, ou lorsque l'astigmie présente des degrés différents à droite et à gauche. Dans ce cas, c'est l'anisométrope qui demande lui-même la correction de son inégalité de réfraction, et cette correction doit alors être effectuée avec précision suivant les règles indiquées dans les paragraphes précédents.

OPHTALMOTONOMÈTRES

Par A. IMBERT.

Pression intra-oculaire. — L'état normal du globe oculaire, en tant qu'organe vivant, comporte, pour les membranes-enveloppes, un état de tension déterminé par la pression qu'exercent intérieurement sur elles les corps fluides ou semi-fluides qui remplissent la coque oculaire. Cette pression est d'ailleurs déterminée par une circulation active, engendrée par des phénomènes physiques certainement multiples et divers, mais le mécanisme de la production de cette pression n'est pas encore bien connu. Les limites entre lesquelles peut varier la pression intra-oculaire sans que l'état du globe, à ce point de vue, puisse être regardé comme altéré, sont certainement assez voisines, bien qu'on n'en connaisse pas encore, d'une façon précise, les valeurs absolues. Mais on connaît des états pathologiques pour lesquels une augmentation ou une diminution de cette pression intra-oculaire est un élément de diagnostic, et il est important alors de suivre les modifications successives que peut présenter cette donnée physique.

La mesure de la pression intra-oculaire n'offre donc pas seulement un intérêt physiologique, et il est à remarquer, d'autre part, que c'est pour satisfaire aux besoins de la clinique que de multiples ophtalmotonomètres ont été imaginés.

Cette question ne se rattache d'ailleurs, comme principe, à aucune de celles qui sont traitées dans ce volume, mais plutôt aux pressions exercées par les liquides et à l'élasticité ; elle doit, d'autre part, trouver place dans un Traité de Physique biologique, car on ne pourrait, sans des considérations physiques précises, apprécier d'une manière exacte la valeur des divers instruments proposés pour la détermination de la pression intra-oculaire.

Quant à l'existence même de cette pression, elle est démontrée par ce fait que, si l'on palpe le globe oculaire à travers la paupière supérieure avec les deux index, comme pour la recherche d'une fluctuation, le globe offre un certain degré de dureté. Lorsque, d'ailleurs, ainsi que l'expérience a été faite, on perce la sclérotique avec une canule creuse réunie à un manomètre à eau, la pression intra-oculaire se manifeste par une ascension de la colonne liquide du manomètre.

C'est cette pression intra-oculaire, analogue à une pression hydrostatique, qui distend les membranes du globe ; celles-ci réagissent en vertu de leur élasticité qui engendre, en chaque point de ces membranes, une composante normale par laquelle la pression intérieure est équilibrée. Le globe est donc assimilable à ce point de vue, et à l'extensibilité près, à un ballon de caoutchouc distendu par un fluide intérieur.

Il résulte évidemment de là, et du mode de développement du globe, que, si le développement et la constitution des membranes-enveloppes étaient partout rigoureusement uniformes, le globe oculaire, sous l'influence de la pression intérieure qui s'exerce uniformément en tous les points, aurait une forme exactement sphérique. Si, par contre, la résistance est moindre en certaines régions, ces régions céderont, se laisseront distendre davantage, et prendront une courbure plus accusée, de telle sorte que, malgré une réaction élastique moindre, la composante normale puisse, grâce à un accroissement de courbure, y atteindre la même valeur qu'aux autres points et faire, là aussi, équilibre à la pression intra-oculaire. On sait, en effet, que cette composante normale N de la réaction élastique F d'une membrane sphérique, en un point où le rayon de courbure de cette membrane est R, est donnée par la formule

$$N = \frac{2\,F}{R},$$

qui montre que la valeur de N peut rester constante si, à une diminution de F, correspond une diminution convenable de R.

Il a été dit, dans un autre chapitre, que ces considérations expliquent la forme allongée des yeux myopes et le renflement équatorial des yeux hypermétropes, la formation des staphylomes cornéens à la suite d'ulcères, etc.

Mesure de la pression intra-oculaire par la pression digitale. — C'est par la pression digitale que l'on avait depuis longtemps reconnu l'existence, dans certains états pathologiques de l'œil, d'une dureté du globe supérieure ou inférieure à la normale, et c'est encore presque exclusivement par ce moyen que l'on apprécie, en clinique ophtalmologique, la valeur de la pression intra-oculaire, en se conformant aux règles et à la notation de Bowmann.

A cet effet, on prend appui, pour les trois derniers doigts de chaque main, sur le bord supérieur de l'orbite de l'œil à examiner et l'on exerce de légères pressions alternatives sur la sclérotique, au-dessus de la cornée et à travers la paupière supérieure, au moyen des deux index, en évitant de poser la pulpe de ces doigts sur le cartilage tarse, ce qui pourrait faire croire à une dureté supérieure à la dureté réelle. D'après les constatations de Bowmann, tous les observateurs peuvent ainsi différencier assez sûrement trois états de tension supérieure et trois états de tension inférieure à la normale, états que l'on caractérise par les notations

$$T + 1, \qquad T + 2, \qquad T + 3,$$

et

$$T - 1, \qquad T - 2, \qquad T - 3,$$

T représentant la pression intra-oculaire normale.

Il est certainement inutile d'insister sur le peu de précision des résultats fournis par une telle méthode d'exploration; par suite, de même que la mesure de la température du corps par le thermomètre est autrement sûre que l'appréciation fournie par le toucher, on doit pouvoir, semble-t-il, réaliser le degré d'exactitude désirable dans la détermination de la pression intra-oculaire grâce à l'emploi d'un instrument approprié.

On peut toutefois craindre, *a priori*, qu'il existe ici une cause d'erreur particulière et due à la sensibilité qui se manifeste à tout contact de la surface du globe avec un corps extérieur. On doit, en effet, se demander si, par l'application d'un instrument de mesure en une région quelconque du globe, celui-ci ne réalise pas des phénomènes de réaction ayant pour effet de modifier, dans une certaine mesure, la valeur de sa pression hydrostatique intérieure. Or on est conduit à croire, d'après des observations de Nicati, que cette cause d'erreur n'existe pas. Nicati a constaté, en effet, au moyen de mesures effectuées sur l'œil humain en place, avec un instrument dont il sera parlé plus loin, que la pression intra-oculaire n'est pas influencée par des instillations de cocaïne faites en vue d'anesthésier le globe. Ce résultat admis, la supériorité de l'emploi d'un ophtalmotonomètre sur la méthode de Bowmann est tout à fait comparable à celle du thermomètre sur le simple toucher ; toutefois, la technique de la mesure de la pression intra-oculaire sera toujours plus délicate que celle de la mesure de la température.

Théorie des ophtalmotonomètres. — Au point de vue du jeu des forces par l'intervention desquelles on réalise un équilibre d'où l'on se propose de déduire la valeur de la pression intra-oculaire, les divers instruments imaginés, les ophtalmotonomètres, peuvent être divisés en deux catégories. Avec les uns, en effet, et cette catégorie comprend tous les instruments construits jusqu'en 1885, on produit, au moyen d'une tige mousse rigide, une dépression concave en un point de la sclérotique; avec les autres, et cette seconde catégorie n'est guère constituée que par deux instruments, on réalise une dépression plane.

C'est au principe de la dépression plane qu'il y a lieu de donner la préférence, ainsi qu'on va le voir.

Soit, en effet, le globe oculaire que nous supposerons d'abord sphérique (fig. 456), pour plus de simplicité ; imaginons qu'en exerçant, au moyen d'un disque plan, une pression normale à la surface du globe, on déprime une portion AB de cette surface de manière à la rendre plane. Cette pression extérieure normale à AB, et répartie uniformément sur cette surface, dont nous représenterons la valeur actuelle par P, fait équilibre à la pression hydrostatique intérieure qui, également normale à AB, s'exerce aussi uniformément sur cette surface. La valeur P de

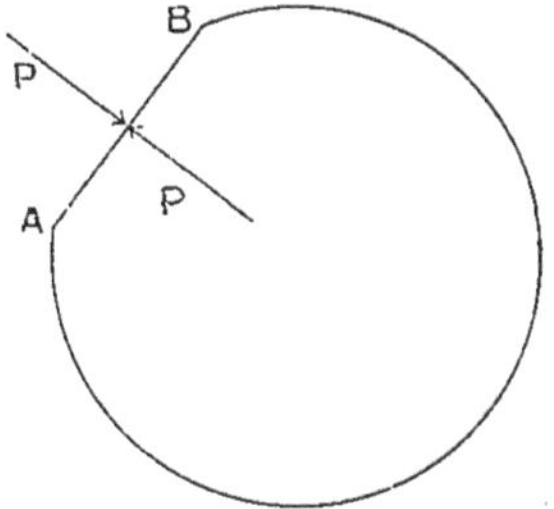

Fig. 456. — Condition d'équilibre d'un ophtalmotonomètre à dépression plane.

la pression extérieure fait donc connaître la valeur de la pression intra-oculaire sur une surface égale à la portion de sclérotique rendue plane.

La condition d'équilibre est plus complexe lorsqu'on détermine une dépression concave de la sclérotique. Dans ce cas, en effet (fig. 457), et par suite même de la concavité de la dépression, la réaction élastique des membranes-

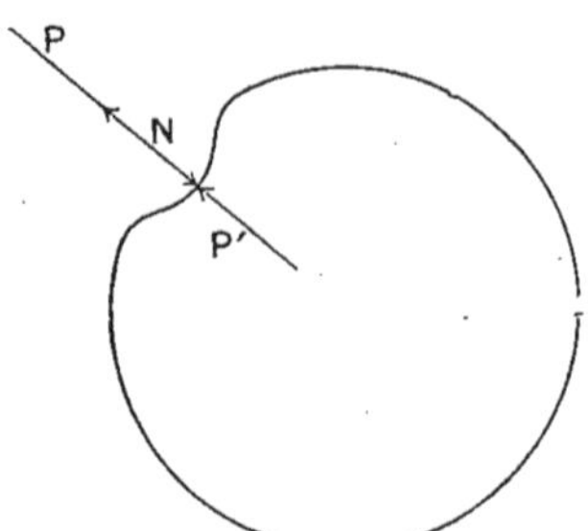

enveloppes donne naissance à une composante N normale à la surface déprimée, dirigée vers la concavité, c'est-à-dire vers l'extérieur, et dont l'effet s'ajoute, par conséquent, à celui de la pression intra-oculaire P' qui s'exerce dans le même sens au même point. La condition d'équilibre sera donc, dans ce cas,

$$P = N + P'.$$

Fig. 457. — Condition d'équilibre d'un ophtalmotonomètre à dépression concave.

Si la forme du globe est assez régulièrement sphérique et la constitution des membranes assez homogène dans les diverses directions, on peut admettre que la surface de dépression est de révolution, et la valeur de N est alors donnée par l'expression

$$N = \frac{2F}{R},$$

F étant la réaction élastique de la membrane tangentiellement à sa surface et R le rayon de courbure au fond de la dépression.

Lorsque, au contraire, par suite d'un défaut d'homogénéité des membranes-enveloppes suivant diverses directions, la surface de la partie déprimée ne peut pas être assimilée à une surface de révolution, la valeur de N est donnée par l'expression

$$N = F\left(\frac{1}{R} + \frac{1}{R'}\right),$$

où F a la même signification que plus haut et où R et R' représentent les rayons de courbure principaux au point où s'exerce la pression extérieure.

Or, dans les ophtalmotonomètres produisant une dépression concave, on admet, pour pouvoir établir une graduation susceptible de s'appliquer à tous les cas, que, dans les divers yeux sur lesquels une même pression extérieure P produit une dépression de même profondeur, la pression intra-oculaire P' présente la même valeur. Cela suppose, en réalité, que la valeur de N et, par suite, celles de F et de R, ou de F, de R et de R', ont exactement la même valeur dans ces divers cas. Mais rien ne permet d'affirmer qu'il en est exactement ainsi et l'on ne sait pas, tout au moins, quelle influence exercent sur les valeurs de F, de R et de R' les différences de constitution que présentent les membranes-enveloppes des divers yeux sur lesquels on peut avoir à faire des mesures de pression intérieure. On ne peut donc savoir le degré d'exactitude que présenterait la graduation expérimentale dont on peut doter un ophtalmotonomètre produisant une dépression concave.

Une autre considération encore doit faire donner la préférence aux instruments dont l'emploi ne détermine qu'une dépression plane. Toute dépression, plane ou concave, entraîne une diminution du volume intérieur du globe et, par suite, une augmentation de la pression intra-oculaire. Ce n'est donc pas la pression intérieure primitive, mais la pression modifiée par l'application de l'instrument, que l'on mesure. Or, pour une même étendue de la surface primitive déformée, la variation de la pression intérieure est plus considérable dans le cas d'une dépression concave que dans celui d'une dépression plane.

Une conclusion découle donc avec évidence des considérations qui précèdent : c'est que les ophtalmotonomètres produisant une dépression concave doivent être abandonnés et qu'on doit leur préférer les instruments avec lesquels on réalise une dépression plane.

Ophtalmotonomètres produisant une dépression concave. — En raison de la conclusion à laquelle nous venons d'arriver, nous ne croyons pas devoir donner ici la description des divers instruments de cette catégorie, dont plusieurs sont d'ailleurs très ingénieusement combinés. Nous nous bornerons à indiquer la construction de l'un des derniers en date, celui de Landolt. Cet instrument est particulièrement intéressant en raison de la préoccupation qu'a l'auteur de tenir compte de la forme, variable d'un œil à l'autre, ainsi que nous l'avons fait remarquer, affectée par la portion de surface de sclérotique déprimée. Il y a lieu, en effet, de faire remarquer que Landolt a nettement affirmé la non-symétrie autour d'un axe de la surface de dépression et les différences de forme que peut présenter cette surface dans les différents cas. « Ce n'est pas seulement la profondeur, mais aussi la forme et l'étendue de la dépression qui présenteront des différences dans les différents yeux, suivant qu'ils seront durs ou mous, suivant que la sclérotique sera rigide ou élastique. Et de plus, quand on applique les tiges sur un méridien de l'œil, la dépression se présentera sous une forme bien différente du côté de la cornée que du côté de l'équateur. » Mais au lieu de conclure, comme nous l'avons fait plus haut, à l'impossibilité de doter les ophtalmotonomètres à dépression concave d'une graduation expérimentale pouvant être utilisée dans tous les cas, et à l'abandon des instruments construits sur ce principe, Landolt a seulement cherché à combiner un instrument qui lui permît d'apprécier dans une certaine mesure la forme de la surface déprimée.

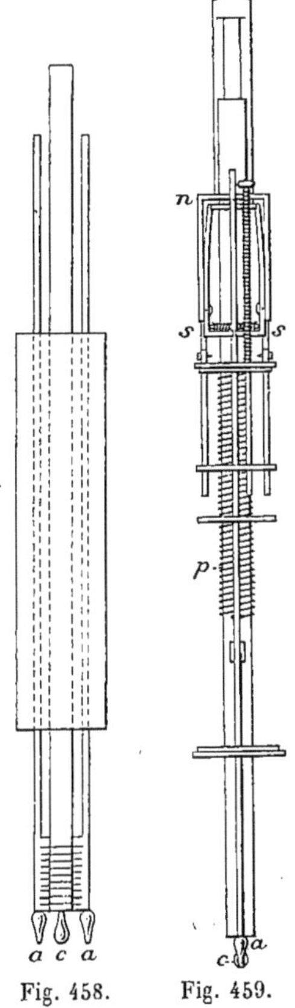

Fig. 458.   Fig. 459.

Ophtalmotonomètre
de Landolt.

L'instrument est schématiquement représenté de face et de profil sur les figures 458 et 459. Il se compose d'un tube dans lequel peuvent coulisser trois tiges *a*, *c*, *a*, dont les extrêmes, *a*, *a*, glissent à frottement doux et sont indépendantes l'une de l'autre, et dont la troisième, *c*, est réunie à un ressort à boudin *p*, par l'intermédiaire duquel s'exerce la force avec laquelle on presse la tige *c* contre le globe oculaire. Un mécanisme permet d'ailleurs, au moyen d'un déclenchement, d'immobiliser les tiges latérales *a*, *a* lorsque la pression exercée sur le globe a atteint telle valeur que l'on désire. Ces tiges latérales peuvent, en outre, être plus ou moins écartées de la tige centrale et elles sont munies chacune d'une graduation en millimètres qui se déplace devant un vernier dont la tige centrale est dotée.

On conçoit, sans autre explication, comment, avec un instrument ainsi combiné, on peut, grâce à une série de manœuvres, apprécier dans une certaine mesure, par le déplacement vertical des tiges latérales, la forme de la surface de dépression correspondant à une pression déterminée exercée sur le globe au moyen de la tige centrale.

L'instrument que Nicati a décrit en 1900 dans les *Archives d'ophtalmologie*, et auquel il a donné le nom de *scléromètre*, repose sur les considérations suivantes.

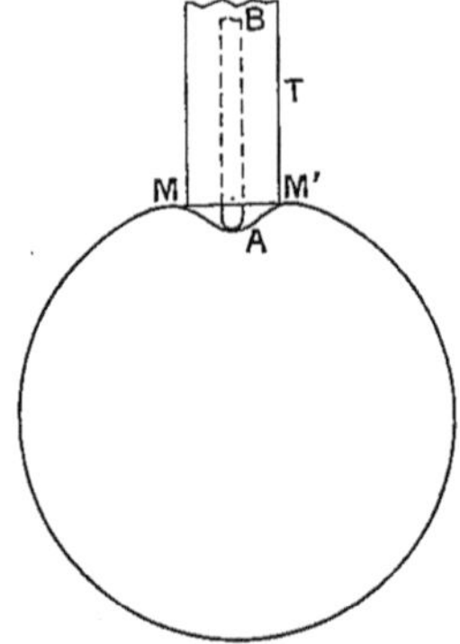

Fig. 460. — Principe du scléromètre de Nicati.

Soit une tige mousse AB (fig. 460) dont l'extrémité A dépasse d'une longueur *l* la base inférieure MM′ d'un tube cylindrique dans lequel elle peut glisser et auquel est fixé plus haut un ressort dont l'action s'exerce sur la tige. Lorsqu'on applique cet instrument sur le globe et que l'on presse sur celui-ci en tenant le tube avec la main, le globe est déprimé en même temps qu'il réagit pour refouler la tige de bas en haut. Il arrivera dès lors un moment où le bord inférieur du tube sera au contact des parties voisines de la dépression concave produite, ainsi qu'il est indiqué sur la figure. Or la quantité *h* dont la tige aura alors été refoulée et, par suite, la quantité *h′* dont cette tige dépassera encore à ce moment le niveau du bord inférieur du tube dépendent de la résistance du globe à la déformation. Nicati considère le rapport $\frac{h}{h'}$, qu'il nomme la *dureté* du globe, et le scléromètre est pourvu de graduations qui font connaître les deux termes de ce rapport.

Ophtalmotonomètres produisant une dépression plane (1). — C'est Maklakoff qui a réalisé le premier instrument de cette catégorie. Cet instrument, que l'on ne peut souhaiter plus simple, se compose simplement d'un petit tube métallique, de forme cylindrique ou doublement conique (fig. 461), dont les bases sont constituées par des lames de verre de 1 centimètre de diamètre. L'instrument, dont le poids est de 10 grammes, est tenu à la main par l'intermédiaire d'une anse métallique, comme l'indique la figure.

(1) MAKLAKOFF, *Arch. d'ophtalm.*, 1885. — A. IMBERT, Théories des ophtalmotonomètres (*Arch. d'ophtalm.*, 1885). — A. FICK, Ueber Messung des Druckes im Auge (*Arch. für die gesammte Physiol.*).

Pour faire une détermination de pression intra-oculaire, on enduit d'abord la face inférieure de l'instrument d'une mince couche d'une solution concentrée d'éosine ou d'aniline bleue dans la glycérine, puis l'ophtalmotonomètre est posé sur une région du globe qu'il déprimera, par l'action de son propre poids. A cet effet, le contact de l'instrument avec le globe étant réalisé, l'observateur abaisse légèrement l'anse qu'il tient à la main de manière à permettre à l'ophtalmotonomètre de peser de tout son poids, puis il soulève aussitôt l'instrument. La couleur dont était enduite la base de celui-ci a été ainsi enlevée sur toute l'étendue de cette base qui a été en contact avec le globe et l'on a, par là, la grandeur exacte S de la dépression plane réalisée. Pour conserver cette donnée expérimentale, il suffit, d'ailleurs, d'appliquer fortement la base de l'instrument sur une feuille de papier que l'on a préalablement humectée d'alcool avec un pinceau.

On sait ainsi que la pression intra-oculaire a une valeur telle qu'elle exerce une action égale à 10 grammes sur une surface égale à S.

Tandis que, avec l'instrument de Maklakoff, on note la surface S, de grandeur variable, que rend plane une pression extérieure constante égale à 10 grammes, l'instrument de A. Fick fait connaître la valeur variable de la pression extérieure qu'il faut exercer pour rendre plane une portion de surface du globe oculaire constante dans les diverses observations.

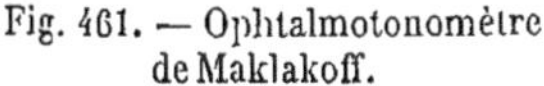

Fig. 461. — Ophtalmotonomètre de Maklakoff.

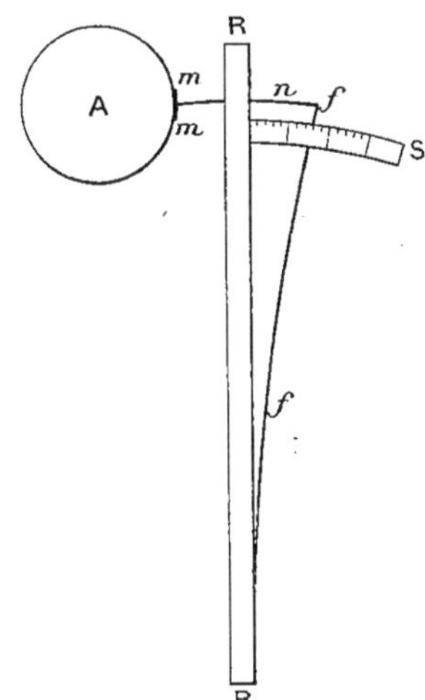

Fig. 462. — Principe de l'ophtalmotonomètre de Fick.

L'ophtalmotonomètre de A. Fick se compose d'un petit disque circulaire *mm* (fig. 462) réuni au moyen d'une tige *n* à une lame élastique *ff* fixée, par l'une de ses extrémités, à une tige RR, munie d'une échelle S, et que l'observateur tient à la main. L'observateur doit alors presser sur l'œil jusqu'à ce qu'il juge que le disque *mm* est exactement en contact par toute sa surface avec le globe oculaire ; si ce moment de contact est dépassé, une dépression concave se forme qui fausse les indications de l'instrument, et c'est là la partie délicate de l'opération. La valeur de la pression est donnée par le numéro de la graduation, inscrite sur l'échelle S, en face duquel se trouve la

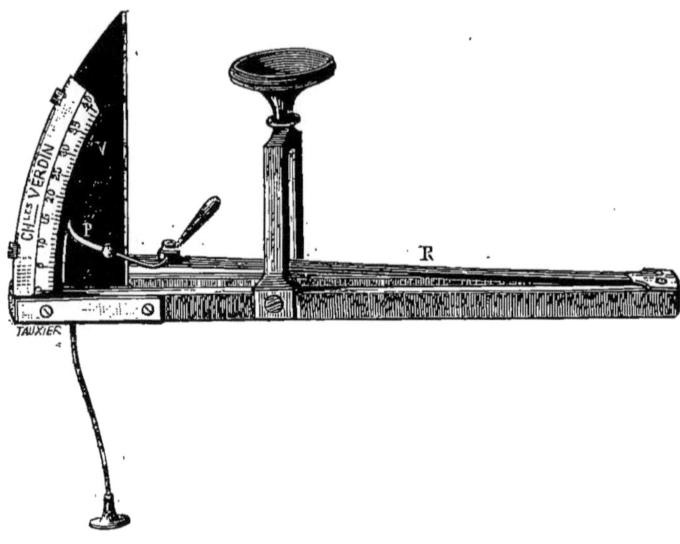

Fig. 463. — Ophtalmotonomètre de Fick modifié par Ostwald.

lame *ff* lorsque le disque plan *mm* est exactement en contact avec le globe oculaire.

La figure 463 représente la forme que Ostwald a donnée à l'ophtalmotono-mètre de Fick.

ACUITÉ VISUELLE

Par M. SULZER.

Définition de l'acuité visuelle. — La perception des formes, ou l'acuité
visuelle proprement dite, est mesurée par le plus petit angle sous lequel l'œil
peut distinguer la forme d'un objet donné.

L'angle visuel (angle X, fig. 464) est compris entre les deux lignes qui
vont des deux extrémités de l'objet au point nodal antérieur N′ de l'œil ; cet
angle est égal à celui qui va du point nodal postérieur N″ aux deux extrémités
de l'image rétinienne ll′ (angle y, fig. 464).

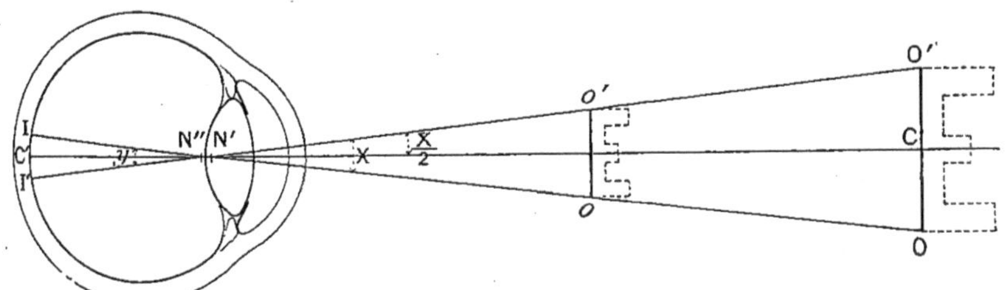

Fig. 464.

L'angle X est l'angle visuel sous lequel sont vues les lettres E :

$$\text{Angle } X = \text{angle } Y,$$

$$\operatorname{tg}\frac{X}{2} = \frac{O'C'}{N'C} = \frac{IC'}{N''C'}.$$

N′, point nodal antérieur.
N″, point nodal postérieur.
ll′, image rétinienne des lettres E.

L'acuité visuelle d'un œil est d'autant plus grande que cet œil est capable
de reconnaître un objet donné à une plus grande distance. Quand un objet de
grandeur donnée s'éloigne de l'œil, l'angle visuel, et avec lui l'image rétinienne, deviennent plus petits, à mesure que la distance de l'objet à l'œil
augmente. L'acuité visuelle est donc d'autant plus grande que l'angle visuel
limite, sous lequel les formes d'un objet peuvent encore être reconnues, est
plus petit. Ce principe a été formulé par *Giraud-Teulon* de la façon suivante : « L'acuité de la vue d'un sujet est inversement proportionnelle à la
grandeur de l'angle visuel minimum qui peut l'impressionner. »

Il convient de préciser, dans cet énoncé, la signification du mot *impressionner*.

L'angle visuel minimum sous lequel l'œil peut être impressionné dépend de l'intensité lumineuse et tend vers zéro. Les étoiles fixes les plus brillantes, même vues avec les plus puissants télescopes, ne sont que des points. Leur angle visuel est donc égal à zéro et, malgré cela, elles se voient distinctement.

Il convient de bien distinguer le cas où l'œil perçoit une sensation lumineuse unique du cas où il perçoit isolément deux ou plusieurs sensations lumineuses. Pour distinguer les formes d'un objet, il est nécessaire que l'œil parvienne à isoler, à distinguer les uns des autres les éléments constituant cette forme. L'angle visuel minimum permettant cette distinction est différent de l'angle visuel permettant à l'œil d'être impressionné. Il est donc nécessaire de distinguer l'angle visuel du *minimum séparable* et l'angle visuel du *minimum visible*.

L'angle visuel du minimum séparable est le seul qui nous intéresse pour la mesure de l'acuité visuelle ; pour l'œil normal, il varie entre certaines limites de sujet à sujet. Ces limites ont été déterminées expérimentalement sur un grand nombre de personnes. Cette détermination se fait en mesurant la plus grande distance à laquelle l'œil examiné distingue deux ou plusieurs lignes ou points noirs de diamètre connu, séparés entre eux par des espaces blancs égaux à leur diamètre, ou bien en présentant à l'œil, à distance fixe, des points noirs de diamètre décroissant ainsi disposés, et en déterminant les plus petits points vus séparés. Le diamètre de ces points et la distance maxima à laquelle ils sont distingués permettent de calculer l'angle visuel sous lequel ils sont vus selon la formule

$$\operatorname{tg} \frac{X}{2} = \frac{CO'}{CN'}$$

indiquée à la figure 464.

Ces mensurations ont donné lieu à l'adoption d'un angle visuel minimum moyen pour l'œil normal de l'adulte. Cet angle est de une minute, ce qui correspond à une image rétinienne (II', fig. 464) d'une étendue linéaire de 4 à 5 millièmes de millimètre.

MESURE COURANTE DE L'ACUITÉ VISUELLE.

Les optotypes et leur emploi. — *Giraud-Teulon* et *Snellen* ont construit presque en même temps (Congrès de Paris, 1862) des échelles pour mesurer l'acuité visuelle ; ces deux échelles sont basées sur l'angle visuel limite de 1' comme unité.

L'unité de Snellen est représentée par des lettres majuscules isolées qui sous-tendent un arc de 5'. Ces lettres sont inscrites dans un carré, dont les côtés sont divisés en cinq parties par des lignes perpendiculaires aux côtés et parallèles entre elles (fig. 465). Le carré principal est ainsi divisé en vingt-cinq carrés égaux dont les côtés mesurent un cinquième des côtés du carré principal. La lettre est composée par ces carrés blancs et noirs. Pour distinguer la lettre, l'œil doit pouvoir séparer les carrés blancs des carrés noirs. Quand la lettre est placée à une distance telle de l'œil que le carré principal est vu sous un angle de 5′, les carrés divisionnaires, éléments constitutifs de la forme à distinguer, sont vus sous un angle de 1′.

En réalité, la relation entre la grandeur de l'objet et l'angle visuel est instituée par l'équation tg $\dfrac{X}{2} = \dfrac{CO'}{CN'}$ (Voy. fig. 464). Dans l'exposé qui précède, il est supposé que les angles sont directement proportionnels aux grandeurs linéaires des différentes parties de l'objet, c'est-à-dire à leurs tangentes. Dans les limites de l'angle visuel, cette approximation se rapproche sensiblement de la réalité.

Les échelles typographiques de *Snellen* (fig. 466) sont composées d'une série de lettres de différentes grandeurs, construites selon le principe qui vient d'être exposé. Chaque grandeur de lettre est surmontée

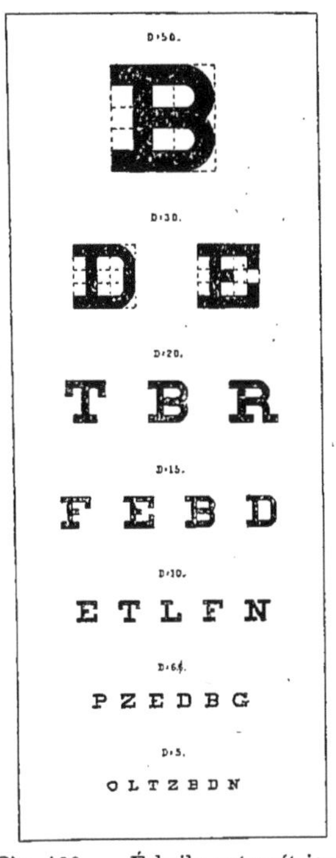

Fig. 465. — Spécimen des lettres majuscules composant l'échelle optométrique murale de Snellen.

Fig. 466. — Échelle optométrique murale de Snellen.

d'un chiffre qui indique la distance, en mètres, à laquelle la lettre entière est vue sous un angle visuel de 5′, tandis que ces éléments constitutifs apparaissent sous un angle de 1′. Comme nous avons vu que l'angle visuel limite de l'œil adulte normal est de 1′, ces distances seront identiques à celles auxquelles un œil normal moyen reconnaîtra les lettres correspondantes.

Notation de l'acuité visuelle. — Selon la notation universellement adoptée, l'acuité visuelle de l'œil qui lit à la distance de 5 mètres les lettres apparaissant à cette distance sous l'angle visuel limite est de $\dfrac{5}{5} = 1$ (acuité entière ou acuité normale). Le même procédé de notation est adopté pour les acuités visuelles inférieures ou supérieures à la normale. D'ordinaire, on place, pour mesurer l'acuité visuelle, l'œil à examiner à la distance de l'échelle à laquelle un œil normal lit les lettres les plus petites de l'échelle. Cette distance est de 5 mètres pour la plupart des échelles usuelles. Si, à cette distance, l'œil examiné ne reconnaît que la plus grande lettre de l'échelle, reconnaissable, pour un œil normal, jusqu'à la distance de 50 mètres, son acuité visuelle est de $\dfrac{5}{50} = \dfrac{1}{10}$. L'acuité visuelle (V) est donc exprimée par une fraction dont le numérateur indique la distance maxima (d) à laquelle l'œil examiné reconnaît une lettre de dimensions données, et l'indicateur la distance (D) à laquelle les éléments constitutifs de cette lettre apparaissent sous un angle visuel de $1'$, distance maxima à laquelle l'œil normal moyen reconnaît cette lettre :

$$V = \dfrac{d}{D} \cdot$$

Certains auteurs proposent de faire intervenir dans l'expression de l'acuité visuelle, au lieu de l'angle visuel ou de la grandeur linéaire de l'image rétinienne qui lui correspond, la surface de cette image, c'est-à-dire le carré de la grandeur linéaire, dans le cas des optotypes considérés.

Ce changement n'influencerait pas le mode de détermination de l'acuité visuelle, mais bien la grandeur relative qu'on attribuerait aux acuités inférieures ou supérieures à la normale. L'acuité de $\dfrac{1}{3}$ deviendrait de $\dfrac{1}{9}$, l'acuité de $\dfrac{1}{10}$ de $\dfrac{1}{100}$, etc.

Ce mode d'évaluation, défendable au point de vue purement physiologique (la surface des lettres nº 50 est, en effet, cent fois plus grande que la surface des lettres nº 5), ne correspond pas aux exigences pratiques ; une personne possédant une acuité de $\dfrac{5}{50}$ (notation courante) ne se trouve pas, au point de vue du pouvoir oculaire, réduite au centième du pouvoir d'une personne normale. En disant que son acuité visuelle est réduite à 1 dixième, on exprime mieux l'infériorité relative dans laquelle elle se trouve par rapport à une personne normale qu'en évaluant sa vision à 1 centième.

Mais il ne faut pas oublier que si, pour la mesure du minimum séparable, la distance linéaire seule doit entrer en ligne de compte, il en est autrement pour les mesures photoptométriques, où l'unité doit être représentée par la surface lumineuse. En fait, les deux mesures sont étroitement liées, car l'acuité visuelle est sous la dépendance de l'intensité lumineuse ambiante et de la sensibilité rétinienne aux différentes intensités lumineuses. Il est donc fort compréhensible que quelques physiologistes aient affirmé bien hautement que l'acuité visuelle est inversement proportionnée à la surface de la plus petite image rétinienne, dont l'œil distingue les éléments, et non pas à la distance linéaire des éléments qui la composent. Parmi les oculistes, *Javal* se range résolument de leur côté.

« D'après M. Donders, dit-il, l'œil qui, à 1 mètre, ne pourrait lire que le groupe 2, aurait une acuité visuelle diminuée de moitié : celui qui ne distinguerait que le groupe 4 aurait une acuité d'un quart... Nous allons démontrer que l'acuité de l'œil qui ne lit que le n° 2 est $\frac{1}{4} = \frac{1^2}{2^2}$, que pour celui qui s'arrête au n° 4 elle n'est pas un quart, mais $\frac{1}{16}$, soit $\frac{1^2}{4^2}$, et ainsi de suite.

« Théoriquement, deux circonstances peuvent causer un abaissement de l'acuité visuelle : 1° une diminution du nombre des éléments sensibles, 2° une diminution de sensibilité des éléments (peu importe, d'ailleurs, que cette diminution réside dans les éléments eux-mêmes, ou sur un point quelconque de la transmission de l'impression qu'ils reçoivent).

« Supposons, d'abord, que la première circonstance se produise seule, et que, par exemple, dans un certain œil, les éléments sensibles soient, pour une surface donnée, quatre fois moins nombreux que dans l'œil normal : il est évident que l'acuité visuelle de cet œil est un quart de la normale ; or, dans ce cas, une lettre du groupe 2, qui est deux fois plus grande, mais dont la surface est quadruple, affectera précisément le même nombre d'éléments rétiniens que dans l'œil normal. Le même raisonnement s'applique aux autres groupes : les surfaces des lettres croissent comme les carrés de leurs dimensions linéaires, et ce sont leurs surfaces seulement qui permettent d'apprécier le nombre des cônes rétiniens qui sont touchés par leur image, ou, ce qui revient au même, de servir de mesure inversement proportionnelle à l'acuité visuelle.

« Si la diminution de l'acuité visuelle reconnaît pour cause un affaiblissement de la sensibilité des éléments rétiniens, elle peut être assimilée à la diminution d'acuité produite par une diminution de l'éclairage. Or, il est clair que, dans l'évaluation de l'éclairage, il faut faire intervenir la surface et non pas la diminution linéaire ou angulaire des objets perçus par la rétine. En résumé, *l'acuité visuelle décroît en raison inverse du carré des dimensions linéaires des lettres qui sont perceptibles à une distance donnée, quelle que soit la cause de la diminution d'acuité.* »

L'évaluation de l'acuité visuelle par l'angle visuel du minimum séparable, ou par l'étendue linéaire du test-objet, excellente au point de vue pratique, ainsi que nous l'avons montré plus haut, n'est pas, au point de vue scientifique, aussi peu justifiée que l'exposé de M. *Javal* pourrait le faire paraître. *Giraud-Teulon*, qui, depuis *Buffon*, a le mieux approfondi le problème de la mesure de l'acuité visuelle, avance de puissants arguments en faveur de ce mode d'évaluation.

« Nous reconnaissons, dit-il, dans le fonctionnement de la rétine, deux modalités distinctes, deux rôles collatéraux :

« Le premier de ces modes d'activité de la rétine, fondamental et d'origine antérieure, est la sensibilité propre à la lumière.

« Le second, attribut plutôt géométrique, est la faculté d'isoler les sensations, comprenant la propriété d'extérioriser les impressions dans une direction donnée pour chaque point de la membrane, et toutes les qualités secondaires, géodésiques, de cette faculté spéciale.

« La caractéristique de cette faculté, envisagée au point de vue d'une mesure ou unité, s'offre dans la propriété de *distinguer* des objets voisins. L'angle le plus petit sous lequel cette distinction puisse avoir lieu nous fournit l'étendue de cette unité élémentaire, et cette unité, l'anatomie nous l'apporte sous forme matérielle et concrète, dans un organe spécial, le bâtonnet ou cône. C'est cet angle que nous avons proposé de nommer le *minimum separabile*.

« Or, de ces deux modes ou aspects de la puissance visuelle, la sensibilité élémentaire et la faculté isolatrice, ce dernier seul est apte à offrir une unité de mesure.

« Quant à la sensibilité élémentaire, en tout point corrélative, et *exclusivement corrélative*, à la quantité de lumière, elle n'a que celle-ci comme terme de comparaison, et réciproquement. Sa limite et son degré absolu ne dépendent donc que de l'éclairage, comme celui-ci, de son côté, n'a de mesure que dans la sensibilité ou réaction de la rétine.

« La faculté d'isoler les sensations, ou de distinguer les objets voisins, nous fournit, au contraire, dans l'arc sous-tendu par le *minimum separabile*, un critérium, un étalon parfaitement défini et très apte à servir de mesure.

« Quelque hésitation peut encore subsister relativement à la véritable moyenne de cet angle...

« Quoi qu'il en soit, il faut maintenant entrer dans les profondeurs mêmes de la question, et vérifier le bien ou mal fondé de la remarque-critique de notre savant confrère Javal.

« L'étude de cette délicate question nous est facilitée par l'établissement préalable de deux propositions de physique appliquée, véritables lemmes qui doivent nous conduire à l'éclaircissement du débat.

« Le premier expose les rapports de l'intensité lumineuse avec l'élément rétinien photo-esthésique, dans les deux circonstances distinctes où l'image d'un objet embrasse plusieurs ou un seul de ces éléments.

« Dans le second, lorsque l'image demeure renfermée dans un seul élément photo-esthésique, l'intensité lumineuse sur cet élément diminue comme le carré de la distance augmente.

« Quand un objet lumineux est placé devant l'œil, il y fait pénétrer une quantité de lumière égale au produit de sa surface par la quantité de lumière émanée de chaque unité élémentaire de cette surface. Cette dernière est celle représentée par le cône lumineux ayant pour sommet cet élément indéfiniment petit, ou point, de la surface du corps éclairant, et pour base, ou section droite, la surface de la pupille.

« Secondement, si l'objet est graduellement éloigné de l'œil, le cercle pupillaire découpe dans la sphère de rayons partant en éventail de chaque point de l'objet, ou sommet du cône élémentaire, une surface qui, pour deux distances données, comprend deux nombres de rayons inversement proportionnels aux carrés des distances.

« Et comme la surface de l'objet qu'on éloigne est la même, ainsi, par conséquent, que le nombre des cônes élémentaires, la quantité de lumière qui pénètre dans l'œil est elle-même inversement proportionnelle aux carrés des distances de l'objet. Mais, d'autre part, l'image de l'objet sur la rétine diminue exactement dans la même proportion. Toute la lumière qui pénètre dans l'œil, et qui diminue en raison inverse des carrés des distances, se concentre pour chacune de ces variations sur une surface qui s'est réduite dans la même mesure. Ce qu'un même élément rétinien, impressionné pendant toute la durée de l'éloignement graduel de l'objet, perd d'un côté par la réduction d'intensité du faisceau élémentaire, il le gagne, d'autre part, par la concentration progressive des faisceaux lumineux sur une surface devenue elle-même plus petite, et régulièrement, dans la même proportion.

« Cet élément demeure donc tout ce temps sous l'influence du même degré d'intensité lumineuse.

« Cette proposition, anciennement connue, est due au Dr Lardner (*Nunneley, Organ's of Vision*, p. 343) (1) ; il l'avait, après démonstration, formulée ainsi : un objet qui s'éloigne sous un éclairage constant produit dans l'œil une image qui conserve elle-même une intensité lumineuse constante.

« Cette proposition n'est pas cependant aussi absolue que le ferait penser cette formule : elle comporte dans son application organique une limite, une réserve.

« Elle est sensoriellement exacte, tant que l'image de l'objet continue, malgré l'éloignement dudit objet, à embrasser plus d'un élément rétinien.

« Mais elle n'est plus applicable à partir du moment où cette image, par suite de l'augmentation de la distance de l'objet, se voit réduite à l'étendue d'un seul élément rétinien. A partir de cet instant, la quantité de lumière qui pénètre dans l'œil continue à diminuer suivant la proportion du carré des distances, sans que la réduction de l'image procure à l'unique élément qui en est le siège aucun apport compensateur.

« Cet élément, auquel se réduit désormais tout l'organe, voit donc l'impression lumineuse diminuer en lui, progressivement avec le carré de la distance : la constance de l'intensité lumineuse lui fait désormais défaut.

« Ces deux rapports de l'intensité lumineuse avec l'élément rétinien différencient nettement ce qui se passe lorsque la vision s'exerce avec le concours de la faculté isolatrice ou sans son concours.

« Dans le premier cas, quelle que soit, pour un éclairage constant, la distance d'un objet, tant que cette distance n'excède pas celle du *minimum separabile*, c'est-à-dire que l'image n'est pas réduite à tenir tout entière dans l'étendue d'un élément, l'intensité lumineuse demeure constante sur le même élément rétinien.

« A partir de cette distance, l'intensité lumineuse, toujours concentrée sur cet unique élément, y diminue progressivement avec le carré des distances.

« Une seule faculté se trouve alors en exercice, la sensibilité générale de la rétine à la lumière.

« Pendant que la faculté de distinguer varie en raison inverse de la progression simple de l'arc mesurant le *minimum separabile*, la sensibilité

---

(1) Elle a été établie, bien avant Lardner, par Bouguer (Sulzer).

élémentaire est représentée par la série des carrés des termes de la première progression. »

Exclusion de l'accommodation dans la détermination de l'acuité visuelle. Méthode de Donders. — La distance à laquelle l'acuité visuelle est déterminée ne doit pas être inférieure à 5 mètres. A cette distance, les rayons incidents qui rencontrent l'œil examiné peuvent être considérés comme parallèles (1) et l'influence de l'accommodation sur la position des points nodaux et sur la grandeur de l'image rétinienne (Voy. p. 736) est ainsi exclue. Dans l'hypermétropie, elle doit l'être par l'emploi du verre convexe correcteur, et dans la myopie, ainsi que dans l'astigmatisme, l'acuité visuelle est mesurée après correction de l'amétropie, qui est déterminée en même temps que l'acuité visuelle (méthode de *Donders*).

Abaissement de l'acuité visuelle par défectuosité de l'image rétinienne et par défectuosité de l'appareil percepteur. — La détermination de l'acuité visuelle ne constitue une mesure de la fonction rétinienne que sous la condition qu'on l'associe à la détermination de la réfraction et à la correction de l'amétropie. L'examen ophtalmoscopique rend en même temps compte de la transparence des milieux réfringents de l'œil. Si ces deux genres d'investigations ont montré ou assuré que l'image rétinienne se forme dans des conditions normales, la mesure de l'acuité visuelle constitue une mesure de la faculté de perception rétinienne. Dans ces conditions, sa diminution indique une affection de l'appareil nerveux de l'œil.

Les diminutions de l'acuité visuelle se divisent ainsi en deux grandes classes qui sont constituées par :

1. Les altérations de l'image rétinienne produites par des anomalies des surfaces réfringentes et par les troubles des milieux réfringents.

2. Les troubles de la perception visuelle proprement dite, ou les amblyopies (affaiblissement de la perception rétinienne ou de la conductibilité dans les fibres optiques ou de la représentation cérébrale) et les amauroses (abolition de la perception rétinienne ou de la conductibilité dans les fibres optiques ou de la représentation cérébrale).

Détermination de l'acuité visuelle à l'aide du trou sténopéique sans correction de l'amétropie. — Tout le monde sait qu'un trou d'épingle placé devant l'œil forme des objets environnants une image distincte sur la rétine, alors même que l'appareil optique de l'œil n'en donnerait qu'une image indistincte. L'image sténopéique est d'autant plus nette que le trou est plus étroit ; elle est toujours d'intensité lumineuse faible, d'autant plus faible que le trou est plus étroit.

Le trou sténopéique peut donner des renseignements précieux et rapides dans certains cas spéciaux. C'est le cas, par exemple, quand il s'agit de savoir si l'impossibilité de lire constatée chez un tabétique dépend d'une atrophie commençante du nerf optique, d'une paralysie de l'accommodation ou de la

(1) En vérité, un œil placé à 5 mètres de l'échelle voit les lettres les plus petites, grâce à une myopie ou à un effort d'accommodation de 0,2 de dioptrie. Les cas sont rares où l'on aura à en tenir compte en pratique.

presbyopie. Si l'examiné lit avec le trou sténopéique, cette impossibilité tient à l'appareil optique et non à l'appareil percepteur.

Comme méthode générale d'évaluation de l'acuité visuelle, le trou sténopéique est inférieur à la méthode de *Donders*, en ce qu'il donne une acuité que l'examiné ne possède que pendant l'examen, car il exclut l'influence de certains troubles des milieux et des irrégularités optiques irréductibles à l'aide des verres, tout en diminuant fortement l'intensité lumineuse.

Pour des raisons d'optique géométrique, l'acuité visuelle mesurée à l'aide du trou sténopéique est plus grande pour l'œil myope et plus petite pour l'œil hypermétrope que l'acuité qu'on trouverait à l'aide de la méthode de Donders, toutes autres choses étant égales (Voy. p. 736).

Relations entre le diamètre des cônes rétiniens et l'acuité visuelle centrale. — *Limite anatomique de l'acuité visuelle. Limite optique de l'acuité visuelle.* — La structure anatomique de la région maculaire semblerait justifier la supposition que l'angle de distinction minimum correspondît au diamètre d'un cône.

Pour que les images rétiniennes de deux points lumineux voisins puissent être transmises au cerveau comme deux impressions distinctes, il faut qu'elles se forment sur deux éléments rétiniens isolés, séparés entre eux au moins par *un* troisième élément isolé. L'espace séparant ces deux images doit donc être supérieur au diamètre d'un cône, car, s'il était égal au diamètre du cône, les images intéresseraient le cône séparateur (*i* et *i'*, fig. 467).

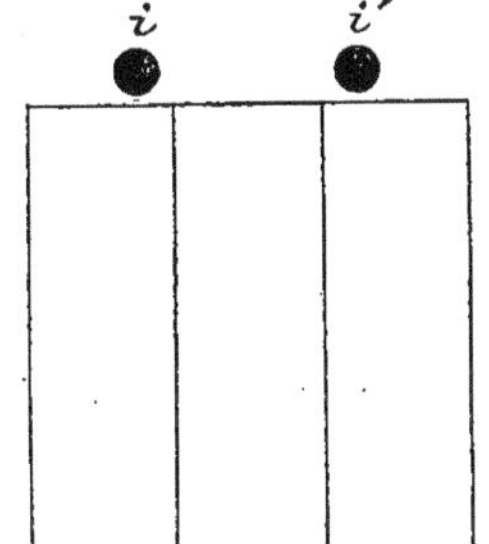

Fig. 467. — Coupe schématique de trois éléments percepteurs de la rétine. Les images *i* et *i'* sont séparées par un cône.

Le diamètre des cônes de la fossette centrale atteint à peine 0^{mm},002. Des expériences faites sur un grand nombre de personnes ont montré que les intervalles des différents éléments qui composent une figure doivent correspondre en moyenne à une minute d'angle visuel, pour qu'un œil normal moyen distingue la figure. On sait, en outre, depuis longtemps que, pour qu'une étoile double puisse être reconnue comme telle à l'œil nu, il faut que l'intervalle des deux étoiles corresponde à une minute. Or, l'angle visuel de une minute correspond à une étendue linéaire de l'image rétinienne de 0^{mm},004 à 0^{mm},005, ce qui est le double du diamètre d'un cône de la tache jaune.

Une comparaison des déterminations faites jusqu'ici montre, en effet, que l'angle visuel correspondant à l'acuité visuelle soi-disant normale a été choisi trop grand.

En réalité, l'angle visuel minimum correspond au diamètre du cône quand l'œil est placé dans les conditions d'intensité lumineuse les plus favorables.

De la Hire (1), le premier, calcula le diamètre vrai de l'élément percepteur de la rétine, en déterminant l'angle visuel du minimum séparable. Les

(1) OEuvres diverses de M. de la Hire, dans les *Mémoires de l'Académie royale des sciences* de 1666 à 1699, t. IX, p. 566.

auteurs postérieurs l'ont imité fidèlement. Il le trouva égal à « la huitième partie de la largeur d'un filet simple de ver à soie » ou à $\dfrac{1}{8000}$ de pouce, ce qui correspond à 3 μ. L'angle visuel de l'observation de Philippe Gabriel de la Hire est de 50 secondes, plus près de la réalité que le résultat de certaines recherches du XIXe siècle.

En plaçant un grillage serré de fils fins, sombres, devant l'œil fixant un fond clair, et en cherchant la distance la plus grande à laquelle l'œil normal arrive à distinguer les fils les uns des autres, *Helmholtz* a trouvé que la barre noire et l'intervalle qui la sépare de la barre voisine doivent se présenter sous un angle visuel d'au moins une minute pour que les barres apparaissent séparées à un œil normal.

Cela donne 30″ pour chacun des éléments constitutifs du grillage, ce qui correspond à une étendue linéaire de 2 μ. environ.

Uhthoff, également, détermine à l'aide d'un grillage de fils de fer la distance minima qui doit séparer sur la rétine deux impressions lumineuses pour permettre de les percevoir séparées. Il employa un fil de 0^{mm},0463 de diamètre séparé par des interstices de même largeur. On obtient ces grillages en enroulant sur un cadre le fil de fer sans laisser des interstices. Après avoir fixé l'enroulement ainsi obtenu par des soudures, on coupe un des fils sur deux. Le grillage ainsi obtenu, vu à la lumière transmise, est éloigné de l'œil jusqu'au moment où les fils commencent à ne plus apparaître séparés les uns des autres. Cette distance et le diamètre des fils donnent l'angle visuel et celui-ci permet de calculer l'étendue linéaire qui sépare dans l'image rétinienne les images de deux fils voisins. *Uhthoff* trouva, dans les circonstances d'éclairage les plus favorables, 27″6 à 32″8 pour l'angle visuel du minimum séparable. Cet angle correspond à une distance linéaire de 0^{mm},002 à 0^{mm},00234 de l'image rétinienne, c'est-à-dire à un cône maculaire. *Helmholtz* ayant trouvé 1′ pour l'image réunie d'un fil et d'un interstice, ces deux mesures s'accordent bien entre elles et se rapprochent toutes les deux du diamètre des cônes de la région maculaire, qui est de 0^{mm},002.

Il est à remarquer que les chiffres trouvés par l'expérimentation physiologique pour l'angle visuel du minimum séparable sont moitié moins grands que les chiffres qui servent de base aux échelles visuelles. Les chiffres des physiologistes constituent, en effet, la limite supérieure de l'acuité visuelle humaine, son maximum obtenu par l'éclairage le plus favorable, tandis que l'acuité visuelle soi-disant « normale » constitue une moyenne. Dans des conditions d'éclairage moyennes et en négligeant l'astigmatisme dit *physiologique*, c'est-à-dire inférieur à 1 dioptrie, l'acuité « normale » correspond à la réalité des choses.

En mettant la distance du point nodal postérieur de l'œil jusqu'à la rétine à 15 millimètres, la largeur angulaire d'une minute, qui est l'unité acceptée pour les optotypes, correspond à une largeur linéaire de 0^{mm},004 de l'image rétinienne, largeur double de celle d'un cône maculaire mesuré à sa base. Disons de suite que, pour percevoir séparées deux images rétiniennes distantes de 0^{mm},002, il faudrait que ces deux images se trouvassent exactement de part et d'autre et très rapprochées du cône séparateur, condition qui ne sera que très exceptionnellement remplie (fig. 467). Mais les irrégularités optiques de l'œil normal, la dissymétrie de la cornée surtout, rendent également compte du fait que l'acuité visuelle n'atteint pas le degré auquel on pourrait s'attendre d'après la structure de la rétine, et elles expliquent qu'elle présente des différences individuelles.

Les seuls phénomènes de diffraction sur le bord pupillaire, négligeables quand la pupille a un diamètre supérieur à 2 millimètres, produisent des cercles de diffusion sensibles quand la pupille est très étroite; ces phénomènes interviennent encore davantage quand on mesure l'acuité à l'aide du trou sténopéique, et produisent des cercles de diffusion qui confondent deux images rétiniennes très rapprochées. L'acuité visuelle est donc limitée par l'appareil optique de l'œil, puisque deux points très rapprochés formeront sur la rétine une seule image quand l'œil est fortement diaphragmatisé.

Quand le diamètre croissant de la pupille diminue l'importance de la diffraction, les irrégularités des surfaces réfringentes plus largement découvertes la compensent largement.

Ici se pose la question de savoir si la limite optique de l'acuité visuelle est inférieure ou supérieure à la limite rétinienne ou anatomique. *A priori*, nous ne concevons guère que la rétine puisse arriver à percevoir séparément deux points plus rapprochés que ceux que l'appareil visuel est capable de dépeindre sur elle; néanmoins, il semble en être ainsi. Quand on agite lentement un trou lumineux devant l'œil, on arrive à percevoir les ombres de certains éléments rétiniens situés en avant de la couche des cônes et des bâtonnets, le réseau capillaire de la région maculaire, par exemple, ou des cristaux de mélanine. Or la comparaison entre les détails ainsi perçus et les mesures micrographiques montre que nous pouvons percevoir séparées deux ombres rétiniennes, distantes de $0^{mm},001$ seulement, ce qui correspondrait à un angle visuel de 16″, calculé pour l'œil réduit. Tous les observateurs ont remarqué qu'on n'obtient pas toujours du premier coup son acuité visuelle

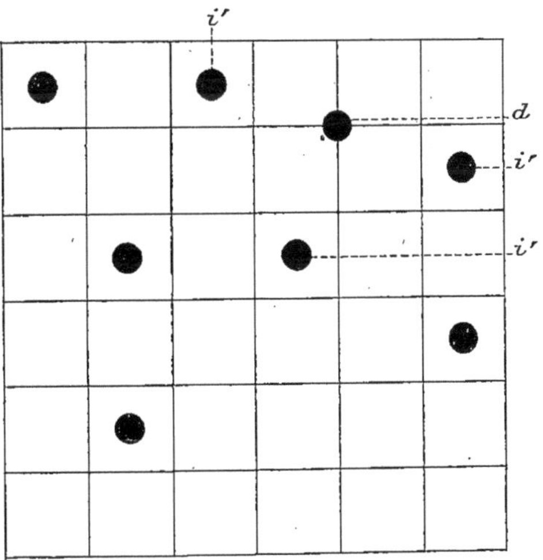

Fig. 468. — Schéma de la mosaïque des cônes maculaires. Le point lumineux d abolit la perception isolée de trois points i'. Les autres points sont perçus isolés.

maxima pour un objet donné, surtout pour les perceptions entoptiques. Il semble donc que la rétine soit capable d'un perfectionnement de perception qui surpasse la finesse des images formées par l'appareil optique de l'œil. Il convient toutefois d'observer que ces observations entoptiques sont sujettes à caution, aussi bien au point de vue de l'observation qu'au point de vue de l'interprétation.

La figure 468 montre de quelle façon l'image d'un point lumineux qui vient frapper le point d'intersection des lignes qui séparent quatre cônes voisins (*d*, fig. 468) peut abolir la perception séparée dans une étendue rétinienne qui correspond à quatre cônes en hauteur et en largeur. Si l'on suppose la section des cônes hexagonale, les conditions d'isolement sont plus favorables. Il est néanmoins hors de doute que les images placées sur la limite de deux ou plusieurs cônes doivent ramener l'acuité visuelle réelle au-dessous de l'acuité théorique résultant du diamètre des cônes.

Des mesures nombreuses du rayon de courbure de la cornée ont, en outre, montré que la courbure cornéenne de l'œil emmétrope varie entre des limites très étendues, comprises entre 30 et 50 dioptries ; la correction des yeux emmétropes opérés de la cataracte montre, par contre, que la valeur réfringente du cristallin varie peu. De ces deux données, il suit que la distance qui sépare, dans l'œil emmétrope, le point nodal postérieur de la rétine varie entre certaines limites et que, par conséquent, la dimension linéaire de l'image rétinienne correspondant à un angle visuel de 1 minute est elle-même variable. Ceci constitue encore une source de variations individuelles de l'acuité visuelle. Dans les expériences physiologiques, enfin, l'acuité a été mesurée dans les conditions d'éclairage les plus favorables, tandis que les échelles usuelles mesurent l'acuité qui correspond à un éclairage moyen fort variable.

Quelques modifications des optotypes. — La plupart des échelles destinées à la mesure de l'acuité visuelle sont composées de lettres (fig. 465 et 466) ; d'autres présentent à l'observé illettré des crochets de la forme d'un E ; ces crochets sont orientés dans différentes directions et l'observé est censé voir leurs branches séparées quand il sait indiquer l'orientation du côté ouvert du crochet (fig. 469).

Les échelles internationales de *Burchardt* (fig. 470) contiennent des groupes de points de différentes grandeurs, arrangés d'après le principe de Snellen (égalité des intervalles blancs et noirs), mais en fixant l'unité de l'angle visuel du *minimum separabile* à 2′15″. L'examiné doit pouvoir compter le nombre des points qui composent un groupe. Nous reviendrons plus loin sur cette discordance dans l'unité de l'angle visuel.

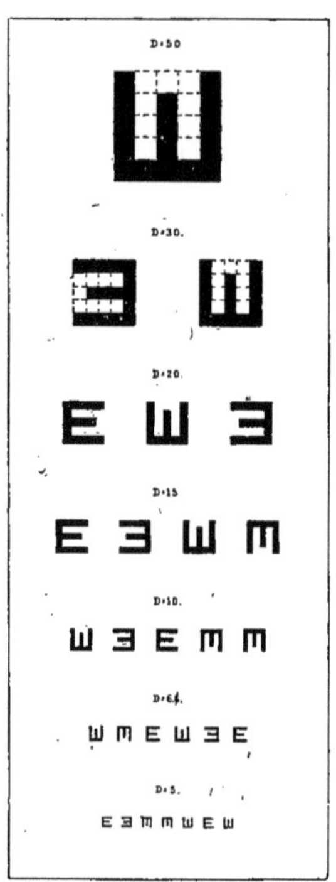

Fig. 469. — Échelle pour illettrés.

Guillery a proposé de mesurer l'acuité visuelle simplement par la distance à laquelle on peut reconnaître et localiser un point noir sur un fond blanc.

Par des comparaisons avec les échelles de *Snellen*, il a trouvé qu'un point
noir sur fond blanc vu sous un angle de 50″ correspond à l'acuité visuelle
normale ; à la distance de 5 mètres, le point noir doit avoir un diamètre de
1^{mm},2. Ce point est désigné par le numéro 1. Le numéro 2 a la surface deux
fois plus grande que le numéro 1, et le malade qui ne voit que le

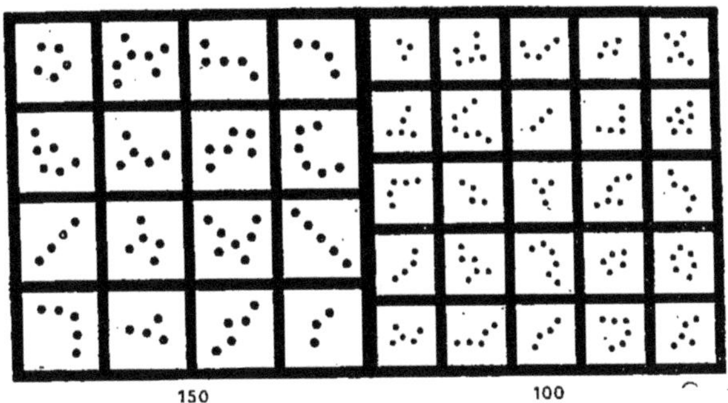

Fig. 470. — Échelle internationale de Burchardt.

numéro 2 à la distance de 5 mètres a une acuité de 1/2, etc. Chaque point
se trouve sur un carré blanc, tantôt au milieu, tantôt en bas, tantôt en haut,
tantôt dans un coin, et il y a sur la même ligne plusieurs carrés blancs, l'un
à côté de l'autre, dans lesquels le point noir a la même grandeur. Le malade
doit indiquer à quel endroit du carré il aperçoit le point.

Böttcher choisit, pour déterminer l'acuité visuelle, des carrés blancs et
noirs disposés en groupes de 3, 4 ou 5. Le malade doit pouvoir compter le
nombre des carrés noirs contenus dans chaque groupe. Il est intéressant de
voir que Böttcher trouve le même angle visuel limite que Burchardt, 2′ 15″.

Critique et comparaison des différents optotypes. — Nous ne
pouvons guère admettre que c'est par hasard que Burchardt et Böttcher, qui
mesurent l'acuité visuelle en faisant compter à l'examiné des points ou des
carrés noirs sur fond blanc, ont trouvé un angle visuel deux fois plus grand
que celui de Snellen, déjà trop grand.

Ces auteurs font intervenir dans la détermination de l'acuité un nouveau
facteur, celui du nombre.

On peut compter des points de deux façons : certaines personnes, en fixant
un groupe de points peu nombreux, en voient le nombre d'emblée, pourvu
qu'il ne soit pas supérieur à un certain chiffre, variable de personne à personne. Pour deux et trois points, cette loi est presque générale. Mais à
partir de cinq la plupart des personnes commencent à « compter » les points :
elles fixent successivement un point après l'autre et se souviennent du nombre
de mouvements oculaires nécessaires pour fixer tous les points un à un, en
nommant à chaque mouvement un chiffre, soit à haute voix, soit mentale-
ment. Le plus petit mouvement oculaire « perceptible » ou « enregistrable »
a une étendue de 5′. Les centres des points de Burchardt sont éloignés l'un
de l'autre d'une distance qui correspond à un angle de 4′ 30″. Cette distance,
trouvée empiriquement, correspond à la moyenne formée par les personnes

qui comptent par mouvements oculaires (la grande majorité) et les personnes qui comptent d'emblée.

Quand on fixe un treillage de lignes blanches et noires en s'éloignant jusqu'au point le plus éloigné d'où l'on puisse compter les lignes, on est à moitié distance environ du point où elles disparaissent en se confondant dans une teinte plate. On les voit séparées encore à une distance où l'on ne peut plus les compter. La faculté de compter et le minimum séparable sont loin d'être identiques.

Des recherches entreprises en collaboration avec M. André Broca nous ont montré que la faculté de compter des objets éloignés est soumise à des lois fort complexes; elle varie avec la direction qu'a la série à compter. Il convient de rejeter les échelles qui s'adressent à cette faculté.

DISCUSSION GÉNÉRALE DES OPTOTYPES.

Toutes les épreuves de l'acuité visuelle actuellement en usage s'adressent à des facultés qui dépendent de l'acuité visuelle, et non pas directement à l'acuité visuelle. Quand nous faisons lire des lettres isolées à un observé, sa faculté de séparer deux points très rapprochés apparaîtra agrandie ou diminuée selon qu'il aura une grande habitude de reconnaître les lettres, selon qu'il aura des hésitations ou des doutes sur la signification des signes qu'il voit. Quand nous lui faisons lire des morceaux de lecture, un grand nombre de circonstances, telles que la facilité de suivre une pensée, la familiarité avec le genre de lecture, etc., peuvent suppléer à l'acuité visuelle pure, ou la faire paraître diminuée quand elles n'existent pas. Certaines personnes lisent couramment une impression ordinaire en ne voyant que la partie supérieure de la ligne lue, tandis que d'autres sont arrêtées net dès qu'on leur cache les queues des lettres longues.

En demandant à l'observé d'indiquer la situation dans un carré blanc d'un point noir (Guillery), on fait intervenir la faculté de la localisation, un facteur bien plus rarement employé dans la vie courante que ne l'est la lecture ou l'action de compter, d'autant plus qu'il s'agit d'une localisation très spéciale, la localisation d'un point par rapport à un carré.

Les crochets (fig. 469), qui sont caractérisés par les directions en haut, en bas, à droite et à gauche, sont d'un emploi plus simple et s'adressent à des localisations plus courantes, tout en ayant pour base le sens de l'orientation.

Mais tous ces procédés ont cela de commun de ne déterminer qu'indirectement la faculté isolatrice de la rétine.

Il n'y a qu'un moyen de déterminer directement le *minimum separabile*, c'est de déterminer la distance à laquelle un grillage blanc et noir commence à apparaître sous l'image d'une plage grisâtre unie (Voy. fig. 471, p. 734). Cette méthode donne pour l'œil normal un angle visuel minimum de 30″, tandis que cet angle devient au moins le quintuple quand il s'agit de compter les barres du grillage.

Pour la pratique courante, il est indispensable de disposer d'un procédé ne demandant ni déplacements de l'observé, ni explications, ni tâtonnements.

Les tableaux muraux composés de lettres et les morceaux de lecture satisfont à ces conditions. Pour les analphabets, les tableaux composés de crochets présentent à la fois le moyen de mesure le plus rapide et le seul qui donne des résultats directement comparables à ceux qu'on obtient à l'aide des lettres.

Les déterminations expérimentales de l'angle visuel minimum montrent que la grandeur de celui-ci dépend du procédé employé pour le déterminer. Mesuré à l'aide d'une impression visuelle simple (grillage, deux points, deux lignes ou deux étoiles paraissant séparées ou confondues), on trouve sa valeur la plus petite. Si, au contraire, on oblige l'observé à manifester le degré de netteté de ses impressions visuelles par l'intermédiaire d'une coordination cérébrale, — mémoire des lettres, des nombres, de la localisation, — cet angle devient plus grand et plus variable d'individu à individu. Nous constatons ainsi le fait intéressant que les impressions visuelles doivent être plus nettes pour servir à une coordination consciente que pour donner lieu à une impression simple.

Il est évident que l'impression visuelle simple seule représente la mesure de l'acuité visuelle, envisagée comme fonction de l'œil, tandis que les lettres, les crochets, les points à compter ou à localiser mesurent en même temps d'autres facultés de l'examiné.

Il pourrait être intéressant en clinique de comparer les résultats des deux modes de mensuration. Nous avons observé que les neurasthéniques atteints de ce qu'on appelle *asthénopie rétinienne* comptent les barres du grillage à une distance plus courte que ne le ferait supposer la distance à laquelle ils commencent à voir l'image du grillage en gris uni. Les écarts entre les observations successives sont en même temps bien plus grands que ceux des observateurs normaux, qui, pour la plupart, ne commettent que des erreurs insignifiantes dans l'évaluation des distances auxquelles les barres ne peuvent plus être comptées et auxquelles elles apparaissent confondues en une plage grise unie.

Acuité visuelle proprement dite ou primitive, et acuités visuelles secondaires. Caractères et écritures facilement et difficilement lisibles. — Quelques auteurs désignent par l'expression *lisibilité des lettres* le fait que la forme de certaines lettres se reconnaît plus facilement à plus grande distance que la forme d'autres lettres. Mais la lisibilité des lettres dans ses rapports avec l'acuité visuelle proprement dite peut donner lieu à des considérations d'un ordre plus général.

Si nous plaçons devant une échelle murale composée de lettres un analphabet ou un chinois, même mandarin, il ne reconnaîtra pas une seule lettre, sans que, pour cela, son acuité soit affaiblie. Nous savons, en outre, qu'une affection cérébrale en foyer à localisation déterminée détruit la faculté de lire ou de reconnaître les lettres sans influencer l'acuité visuelle proprement dite.

En faisant lire des lettres à un malade, nous constatons la présence ou l'absence de certaines images mémorielles et de certaines associations intracérébrales dont l'existence et le fonctionnement sont étroitement liés à l'acuité visuelle proprement dite, c'est-à-dire à la faculté de la rétine de percevoir séparés deux points très rapprochés.

La relation qui existe entre la faculté de reconnaître des lettres et l'acuité visuelle proprement dite est variable de personne à personne.

Quand on regarde un groupe de lignes noires parallèles séparées par des intervalles blancs de largeur égale à la leur en s'éloignant graduellement, il arrive un moment où ces lignes se confondent dans une plage grisâtre uniforme. La plus grande distance à laquelle on peut encore apercevoir les lignes séparées mesure l'acuité visuelle proprement dite, car il s'agit ici d'une impression visuelle dégagée de toute signification spéciale, de toute image mémorielle. La faculté de voir les lignes séparées dépend uniquement de l'état de l'organe visuel, et il est facile de se convaincre qu'elle est l'expression fidèle du rendement de celui-ci.

Quand nous prions l'observé de déterminer la plus grande distance à laquelle il lui est encore possible de compter les lignes parallèles, nous trouvons que cette distance est sensiblement plus petite que la plus grande distance à laquelle il perçoit les lignes séparées. Dès qu'on fait intervenir dans l'objet à percevoir l'idée du nombre, l' « acuité visuelle » diminue de moitié au moins. Elle diminue inégalement pour des personnes dont l'acuité visuelle proprement dite, c'est-à-dire la faculté de percevoir les lignes séparées, est égale.

Dès qu'on fait intervenir dans la mesure de l'acuité visuelle une association cérébrale qui s'ajoute à l'impression visuelle simple, le chiffre obtenu n'est plus la mesure de l'acuité visuelle proprement dite, mais représente une faculté qui dépend, entre autres choses, de l'acuité visuelle proprement dite.

Il surgit donc la question de savoir quelle est la relation qui existe entre la faculté de reconnaître, des lettres, mesure ordinaire de l'acuité visuelle, et l'acuité visuelle proprement dite. J'ai tâché de résoudre cette question par l'expérience. En prenant la lettre E comme test-objet, on devrait croire que, pour la reconnaître, il est nécessaire de pouvoir compter les trois branches horizontales; or, il n'en est rien. La plupart des observés reconnaissent cette lettre à une distance bien plus grande que celle à laquelle ils comptent les lignes parallèles de largeur égale aux branches de l'E. Pour certaines lettres, A et V par exemple, cette distance atteint presque celle de l'acuité visuelle proprement dite et, pour quelques observés, elle la dépasse.

C'est le cas au moins pour certains observateurs. Car il se produit ici le même phénomène que nous avons remarqué lorsqu'il s'agit de compter les lignes parallèles. Des observateurs possédant une acuité visuelle proprement dite sensiblement égale reconnaissent les lettres à des distances variables. Les différences individuelles sont toutefois moins grandes pour les lettres qu'elles ne le sont quand il s'agit de compter des lignes ou des points. On peut, du reste, les prévoir dans une certaine mesure ; les enfants et les personnes adultes ne lisant que rarement reconnaissent les lettres à une distance sensiblement plus petite que celle qui mesure leur acuité visuelle proprement dite.

Nous concluons en disant que les échelles optométriques composées de lettres donnent des mesures qui se rapprochent davantage de l'acuité réelle que ne le font les chiffres qu'on obtient à l'aide des échelles qui contiennent des points ou des lignes que l'observé doit compter ou à l'aide des méthodes qui font appel au sens de l'orientation (Guillery, Landolt). Pour obtenir l'acuité visuelle réelle, il faudrait déterminer la plus grande distance à laquelle l'œil perçoit des lignes noires séparées.

Pour atteindre ce but, il sera facile de construire une échelle murale composée de groupes de lignes noires et blanches dont les dimensions correspondent à celles des lettres. Ces groupes, composés de lignes de forme circulaire, par exemple, alterneront avec des disques gris de même grandeur. Le malade devra indiquer quelle est la dernière ligne dans laquelle il peut distinguer les disques composés de lignes blanches et noires des disques gris. En donnant aux lignes blanches et noires des inclinaisons variant de 15° à 15°, ce tableau (fig. 471, p. 734) rendra en même temps des services pour la détermination de l'astigmatisme, tandis que les groupes de lignes et les lettres, ces dernières composées de lignes et d'interstices de largeurs égales à celles des groupes de lignes, permettent de déterminer à la fois l'acuité visuelle proprement dite et l'acuité visuelle pour les lettres, dans des conditions qui permettent de comparer les chiffres trouvés.

Les échelles composées de crochets s'adressent au sens de l'orientation et aux conceptions droite, gauche, haut et bas. Ces conceptions, très simples et très répandues, donnent des échelles facilement reconnaissables.

Il convient d'établir une distinction fondamentale entre les échelles qui s'adressent à une impression visuelle simple et celles qui font intervenir une association cérébrale. Parmi les premières, nous devons ranger les lignes parallèles qu'il s'agit de percevoir séparées ou confondues en plage grise. Parmi les secondes, il faut ranger les optotypes qui font appel aux lettres ou autres signes conventionnels (cœur, pique, carreau, trèfle, etc.), au sens de la direction (crochets, cercles interrompus), à la conception du nombre enfin (échelle de Burchardt). Nous proposons de désigner comme acuité visuelle primitive l'acuité mesurée par une impression visuelle simple et comme acuité visuelle secondaire l'acuité déterminée à l'aide d'une conception associée à une impression visuelle (lettres, direction, nombre).

L'acuité visuelle primitive représente le pouvoir séparateur maximum de l'œil observé; ce pouvoir est fonction du diamètre des éléments rétiniens et de l'intensité lumineuse de l'éclairage, en supposant que tous les yeux forment d'un objet déterminé situé à une distance déterminée une image rétinienne de même grandeur.

L'acuité visuelle secondaire repose sur un acte très compliqué, qui varie non seulement d'individu à individu, mais qui peut présenter certaines oscillations chez une même personne. Son analyse détaillée entre dans le domaine des coordinations cérébrales. Nous nous bornons ici à indiquer un fait d'observation courante. Quand les lettres qui composent une page écrite ou imprimée sont bien claires, ne demandant aucune attention soutenue pour être reconnues, les coordinations cérébrales qui se rattachent aux signes et mots reconnus s'établissent avec facilité et atteignent rapidement le dernier ordre compatible avec les aptitudes du lecteur. Quand, au contraire, il éprouve des difficultés à reconnaître des lettres mal formées ou trop petites, quand ces lettres ne sont plus reconnues d'emblée, quand il faut un raisonnement conscient ou inconscient pour décider si un signe donné est un *o* ou un *a*, un *n* ou un *u*, les coordinations cérébrales relatives au contenu de la page ne s'établiront que lentement et partiellement; la lecture « ne dira pas grand'chose au lecteur ».

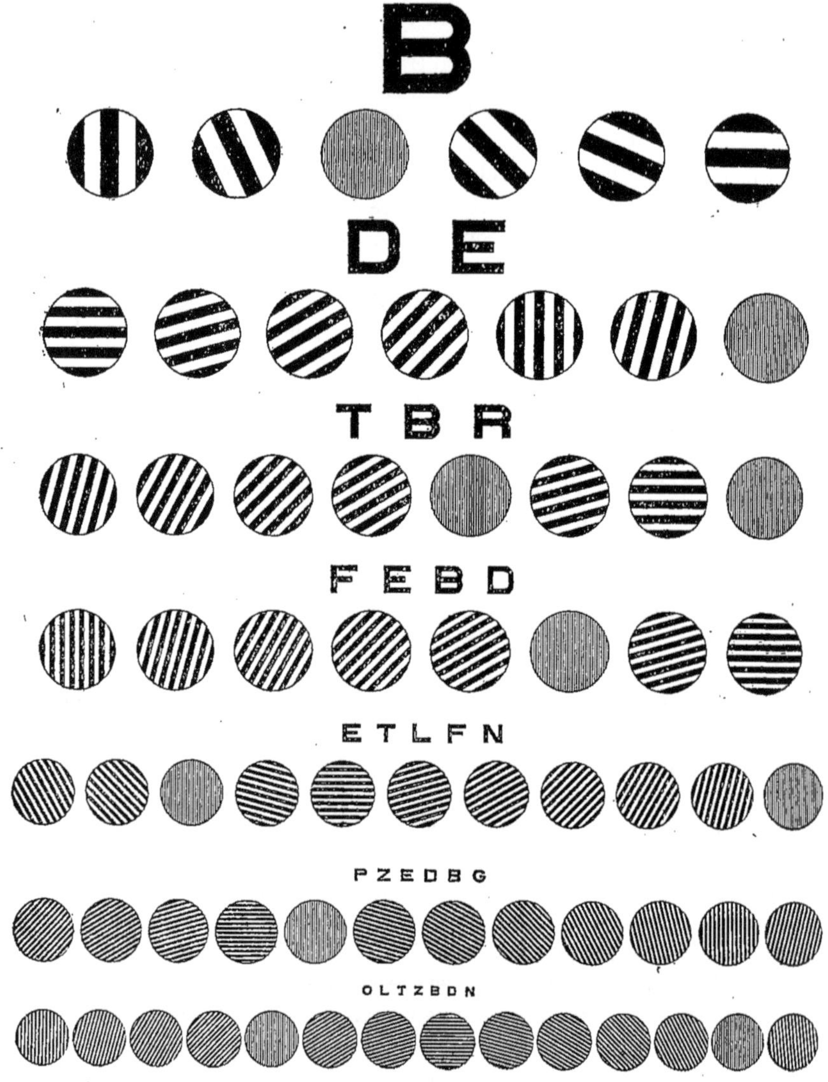

Fig. 471.

Pour cette raison, les impressions et les écritures facilement lisibles n'ont pas seulement une grande importance pour la fonction visuelle proprement dite, elles sont plus efficaces, plus pénétrantes, toutes autres choses étant égales, que les mauvaises impressions, les écritures difficiles à déchiffrer.

Limites observées de l'acuité visuelle. — Les considérations sur les rapports entre l'acuité visuelle et l'éclairage montrent qu'à l'éclairage diurne moyen, et même à des éclairages bien moins intenses, l'acuité visuelle est supérieure à 1. *Druault* trouve, pour le tableau mural composé de lettres et pour un éclairage intense, une acuité de 1,50. La moyenne de l'acuité visuelle trouvée dans les mêmes conditions d'éclairage par les auteurs qui se servent de tableaux à crochets dépasse 2. Parmi les jeunes sujets habitant la campagne, on trouve souvent, à l'aide des crochets disposés en plein air, des acuités visuelles atteignant le triple de la normale, mais il faut bien se rappeler que la visibilité de l'ouverture d'un crochet est chose plus simple et plus facile que la lisibilité d'un groupe de lettres, qui prête à confusion aussitôt que les contours cessent d'être complètement nets. L'éclairage diurne, en plein air, est en outre beaucoup plus intense que l'éclairage diurne ou artificiel de nos appartements. Les chiffres obtenus pour l'acuité visuelle, d'un côté à l'aide de lettres et dans une pièce éclairée par des fenêtres, de l'autre côté à l'aide de crochets et en plein air, ne peuvent pas donner lieu à comparaison. Ces faits doivent être présents à l'esprit en face de l'opinion générale qui attribue aux peuples primitifs une acuité visuelle supérieure à la nôtre, opinion que plusieurs faits d'observation semblent confirmer.

Kotelmann examina en 1884, au Jardin zoologique de Hambourg, un Samoyède qui reconnaissait la direction du crochet n° 6 de Snellen à la distance de 42 mètres, ce qui correspond à une acuité visuelle de 6,4. *Cohn* trouva en Égypte un Bédouin qui reconnut les crochets n°s 6 et 5 rapidement et sans erreur à la distance de 36 mètres, à la distance de 40 mètres partiellement. Ces mesures confirment les renseignements donnés par des voyageurs au sujet de l'acuité visuelle de certains peuples nomades.

Alex. de Humboldt affirme que les Indiens du Mexique reconnurent son compagnon Bonpland en train de gravir les pentes du volcan Pichincha et ceux qui le suivaient de près, à une distance horizontale de 85000 pieds de Paris, mesurée à l'aide de la trigonométrie, tandis que *Humboldt* cherchait en vain à les voir à l'aide d'un télescope. Bonpland portait le poncho, long manteau blanc, et gravissait un sentier qui longe une paroi basaltique sombre. Humboldt calcula que la silhouette de Bonpland apparaissait aux Indiens sous un angle visuel de 7 à 12 secondes, selon que le vent enroulait le manteau autour du corps ou le déployait. Les intervalles entre les personnes composant la caravane ont sans doute été supérieurs aux diamètres des silhouettes, et il n'est pas certain que Humboldt ait bien distingué entre l'acuité visuelle et le pouvoir de distinguer un seul point blanc sur fond sombre.

Les observations de *Kotelmann* et de *Cohn* donnent un angle visuel de 10 secondes pour les traits noirs composant les crochets et leurs intervalles. L'assertion moins précise de *Bergmann*, que les Samoyèdes reconnaissent des chevaux pie à des distances variant de 20 à 30 kilomètres, donne un angle visuel de 12 secondes pour un cheval de 2 mètres vu à la distance de 30 kilomètres, de 6 secondes au plus pour les taches.

Il y a donc une concordance remarquable entre ces observations, qu'on ne pourrait guère mettre en doute à cause de la grande autorité des observateurs qui les relatent, et il faut bien admettre que l'œil incessamment habitué à scruter des horizons lointains acquiert une acuité visuelle supérieure à celle des habitants des villes. Néanmoins, les chiffres donnés par certains observateurs prêtent le flanc à bien des critiques.

Dans d'autres cas (mesures avec les crochets), les acuités constatées ne méritent pas les valeurs relatives élevées que les auteurs leur attribuent.

Pour reconnaître la direction d'un crochet, il suffit que les images de ses deux dents latérales soient séparées par un cône séparateur. Dans les conditions relatées par *Kotelmann* et par *Cohn*, l'espace blanc qui sépare les dents latérales des crochets apparaît sous un angle visuel de 30 secondes; l'étendue linéaire de son image rétinienne est de $0^{mm},002$, ce qui correspond à la largeur moyenne d'un cône maculaire, dont la base mesure de $0^{mm},002$ à $0^{mm},0025$, tandis que ses articles externes mesurent $0^{mm},001$. Ainsi envisagées, les acuités visuelles soi-disant six fois supérieures à la normale, déterminées à l'aide des crochets, sont donc conciliables avec les dimensions des éléments percepteurs de la rétine, tout en formant la limite supérieure de l'acuité visuelle.

On cite souvent comme exemples d'une acuité visuelle extraordinaire les personnes capables de distinguer à l'œil nu les satellites de Jupiter. Or, les distances moyennes des quatre satellites au centre de la planète sont de $1'51''$, $2'57''$, $4'42''$ et $8'16''$, bien plus grandes que celles qui doivent séparer deux points pour qu'un œil normal moyen les perçoive séparés. Si la plupart des yeux humains ne perçoivent pas les lunes de Jupiter, ce n'est pas parce que leurs images se confondent avec l'image de la planète, mais parce que leur intensité lumineuse est trop faible pour permettre qu'un œil moyen les perçoive. *Arago* montra que l'éclat de ces satellites égale celui des étoiles de sixième à septième grandeur, invisibles à l'œil nu moyen, quand bien même elles se trouvent isolées. Un œil qui voit les lunes de Jupiter n'est donc pas nécessairement doué d'un pouvoir séparateur extraordinaire, mais il possède une sensibilité à la lumière, un minimum différentiel qui dépasse sensiblement la moyenne. C'est par leur manque d'intensité lumineuse que les satellites de Jupiter échappent à la grande majorité des yeux. C'est pour la même raison que les étoiles doubles doivent paraître sous un angle de $1'$ au moins pour être perçues séparées.

Relations entre la réfraction et l'acuité visuelle. — La grandeur relative de l'image rétinienne dépend de l'angle visuel sous lequel apparaît l'objet et de la distance à la rétine du second point nodal de l'œil, la grandeur de l'image étant proportionnée à cette distance. Cette dernière distance et, avec elle, la grandeur de l'image rétinienne varient sous l'influence de l'accommodation et de l'amétropie. Pour éliminer ces deux sources d'erreurs, *Donders* posa comme principe de mesurer l'acuité visuelle à une distance suffisante pour exclure l'influence de l'accommodation (5 mètres au moins) et de corriger l'amétropie. Quand l'amétropie est axile, l'emploi du verre correcteur donne aux images rétiniennes la même grandeur relative qu'elles auraient dans un œil emmétrope à l'état de repos, à condition que le verre correcteur se trouve au niveau du foyer antérieur de l'œil.

Dans les amétropies de courbure — fort rares du reste — le verre correcteur laisse subsister une inégalité de grandeur des images rétiniennes par rapport aux images rétiniennes de l'œil emmétrope, mais cette inégalité peut être négligée pour les mesures courantes.

A l'état d'accommodation, état qui constitue une myopie de courbure passagère, ou par l'emploi des verres sphériques convexes qui remplacent l'accommodation, placés trop loin de l'œil, les points nodaux sont déplacés en avant, vers la cornée ; ce déplacement augmente la distance des points nodaux à la rétine et, par cela même, la grandeur de l'image rétinienne. Pour l'accommodation à 25 centimètres, l'agrandissement relatif de l'image rétinienne est d'environ un cinquième de l'étendue qu'elle a à l'état de repos de l'œil.

Il convient de tenir compte de cette condition dans la grandeur relative des lettres composant les tableaux muraux par rapport à celle des morceaux de lecture destinés à être lus de près ; tandis que les traits et intervalles des lettres murales apparaissent sous un angle de 1′, toute la lettre sous un angle de 5′, il suffit que les traits et intervalles des lettres de lecture correspondent à 48″ et la lettre entière à 4′ pour donner aux images rétiniennes la même grandeur qu'ont les images des optotypes muraux vus sous un angle de 5′ (Voy. p. 724).

Des considérations géométriques simples montreront dans quels cas l'image rétinienne de l'œil amétrope corrigé est égale à l'image formée du même objet et dans les mêmes conditions par l'œil emmétrope, et les cas où les deux images sont de grandeur différente. Nous choisissons parmi les différentes démonstrations de ce problème celle que M. Bordier a donnée dans son excellente thèse.

L'inégalité des images dans les amétropies axiles ressort de la figure 472 ; un même objet AB fournit dans chaque œil des images HH′ < EE′ < MM′.

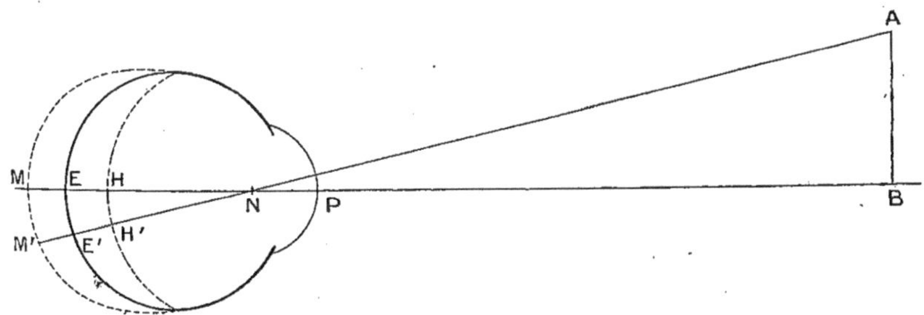

Fig. 472. — Amétropies axiles.

EE′, image de l'objet AB formée par l'œil emmétrope,
HH′,   —   —   — hypermétrope,
MM′,   —   —   — myope, à angle visuel égal.

On ne voit pas, *a priori*, pourquoi et dans quelles circonstances le verre correcteur rend ces images rétiniennes égales.

De même, si l'on considère les amétropies de courbure qui sont produites non par une variation dans la longueur de l'axe antéro-postérieur, mais par une variation dans la courbure de la cornée ou du cristallin de l'œil, l'objet AB donne_les images rétiniennes RH<ER<RM (fig. 473).

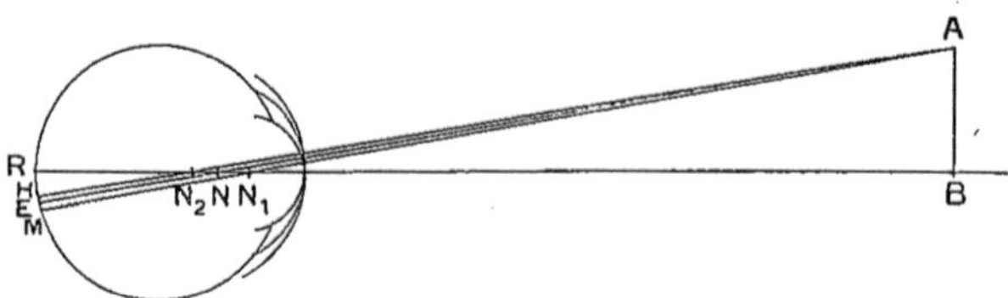

Fig. 473. — Amétropie de courbure.

N, point nodal de l'œil emmétrope.
N_1,   —   —   myope.
N^2,   —   —   hypermétrope.

(Ces trois points se confondent avec les centres de courbure respectifs de la cornée de l'œil réduit.)

RE, image de l'objet AB formée par l'œil emmétrope.
RH,   —   —   '   —   hypermétrope.
RM,   —   —   —   myope.

Là aussi, on ne voit pas, *a priori*, dans quelles conditions et pourquoi le verre correcteur de chaque amétropie rend les images rétiniennes égales à celles de l'œil emmétrope.

Les démonstrations élémentaires qui suivent sont faites sur l'œil réduit; elles sont tout à fait générales. Elles supposent la connaissance des lois principales concernant les lentilles et des distances focales de l'œil réduit.

1° AMÉTROPIES AXILES. — Considérons l'œil réduit dans le cas de l'emmétropie, et soit (fig. 474) un objet AB (par exemple une des lettres de l'échelle

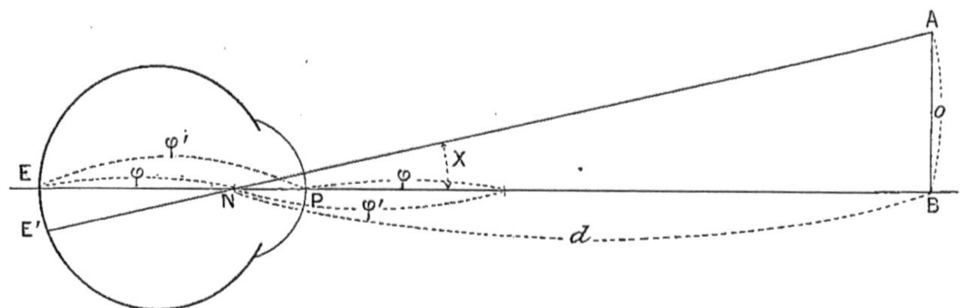

Fig. 474. — L'œil réduit et ses distances focales.

de Snellen) placé à la distance d. L'image rétinienne de cet objet s'obtient en joignant le point A au centre optique N de l'œil réduit.

Désignons l'image rétinienne EE' par i_e, la distance NE du centre optique à la rétine par φ, et la grandeur de l'objet AB par o.

Les triangles ENE' et ANB donnent évidemment

$$\frac{EE'}{NE} = \frac{AB}{BN} \quad \text{ou} \quad \frac{i_e}{\varphi} = \frac{o}{d},$$

relation que nous allons avoir à utiliser plus loin.

Premier cas : *Myopie axile.* — La myopie axile est caractérisée par un excès de longueur de l'axe de l'œil. Le verre correcteur de l'amétropie axile est placé dans le plan focal antérieur de l'œil ; nous supposons que le degré de myopie est exactement corrigé par le verre divergent.

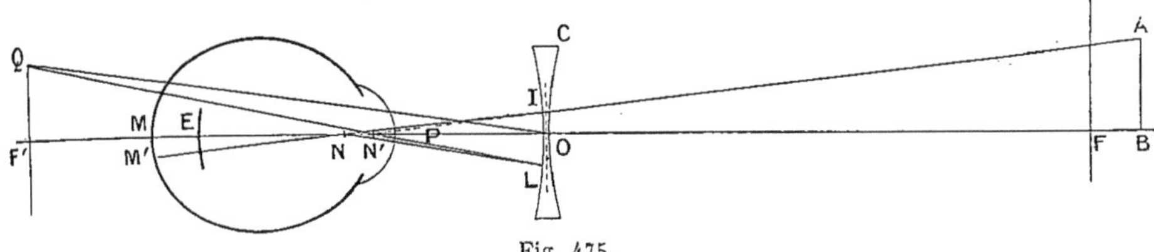

Fig. 475.

Soit le même objet AB placé à la même distance d de l'œil. Pour obtenir l'image rétinienne, on ne peut plus réunir simplement par une ligne droite le point A au point N, à cause de la présence de la lentille divergente.

Ici, il faut construire un rayon incident émanant du point A, et tel que, après sa réfraction à travers la lentille, il donne naissance à un rayon réfracté passant par le centre optique N de l'œil.

Remarquons que le prolongement de l'incident à construire viendra couper l'axe en un point N′ qui est le foyer conjugué de N par rapport à la lentille C. La question est ramenée à la suivante : connaissant un point lumineux N, déterminer son foyer conjugué pour la lentille divergente C. Les plans focaux de la lentille divergente étant en F et F′, il suffit de mener du point N un incident quelconque NL, de construire l'axe secondaire OQ parallèle à NL ; le prolongement du réfracté de NL est évidemment LQ, qui coupe l'axe en N′ : ce point N′ est le foyer conjugué de N. Il est facile maintenant de construire l'image rétinienne de AB. On joint AN′ qui détermine sur la lentille le point I qu'on joint au centre optique N : cette droite détermine MM′, qui est l'image produite par AB sur la rétine de l'œil myope muni de son verre correcteur.

Nous allons démontrer que cette image rétinienne MM′ est de même grandeur que celle que produirait du même objet, placé à la distance d, l'œil emmétrope.

Nous désignerons l'image rétinienne MM′ par i_m ;
—   —   la distance ON par φ' ;
—   —   la longueur NE par φ (œil emmétrope) ;
—   —   l'excès de longueur EM de l'œil myope sur l'œil emmétrope par ε.

Considérons les triangles MM′N et ION ; on peut écrire

$$\frac{i_m}{\text{IO}} = \frac{\text{NM}}{\varphi'} ; \quad \text{d'où} \quad i_m = \frac{\text{IO}.\text{NM}}{\varphi'} .$$

Il faut trouver IO et NM.

Les triangles N′IO et N′AB donnent

$$\frac{\text{IO}}{\text{ON}'} = \frac{o}{d} .$$

Mais nous avons trouvé plus haut que

$$\frac{o}{d} = \frac{i_e}{\varphi};$$

par suite, on a

$$\frac{IO}{ON'} = \frac{i_e}{\varphi}.$$

On sait que la formule classique des lentilles divergentes est

$$\frac{1}{p} - \frac{1}{p'} = -\frac{1}{f}.$$

N et N′ étant les foyers conjugués l'un de l'autre par rapport à la lentille C, on a ici

$$\frac{1}{ON} - \frac{1}{ON'} = -\frac{1}{OF}.$$

Il faut remarquer que, la lentille C étant le verre correcteur de l'œil myope considéré, son plan focal coïncide avec le punctum remotum de l'œil, et que, par suite, $\frac{1}{OF}$ représente, en dioptries, le degré R de myopie de l'œil :

$$\frac{1}{OF} = R.$$

Par suite, la formule devient

$$\frac{1}{\varphi'} - \frac{1}{ON'} = -R,$$

d'où

$$ON' = \frac{\varphi'}{R\varphi' + 1}.$$

En remplaçant ON′ par cette valeur, on a

$$IO = \frac{i_e}{\varphi} \cdot \frac{\varphi'}{R\varphi' + 1}.$$

Il ne reste plus qu'à évaluer NM; c'est $\varphi + \varepsilon$.

Puisque F coïncide avec le punctum remotum de l'œil myope, M est son foyer conjugué par rapport au dioptre qui représente l'œil réduit; on a

$$OF \times EM = OP \times PE$$

ou

$$EM = \frac{1}{OF} \cdot OP \times PE;$$

mais comme

$$OP = NE = \varphi$$

et

$$PE = ON = \varphi',$$

on a

$$\varepsilon = R.\varphi.\varphi',$$

d'où

$$NM = \varphi + \varepsilon = \varphi + R.\varphi.\varphi' = \varphi(1 + R\varphi').$$

Si l'on remplace IO et NM par leurs valeurs, on a

$$i_m = \frac{i_e}{\varphi}.\ \frac{\varphi'}{R\varphi' + 1}.\ \frac{\varphi(R\varphi' + 1)}{\varphi'}$$

et, en simplifiant,

$$i_m = \frac{i_e}{\varphi}.\ \varphi = i_e.$$

Donc, l'image rétinienne que produit un même objet placé à une même distance est de même grandeur dans l'œil emmétrope et dans l'œil myope muni de son verre correcteur quand celui-ci est placé dans le plan focal antérieur de l'œil myope.

Deuxième cas : *Hypermétropie axile.* — L'hypermétropie axile est caractérisée par un défaut de longueur de l'œil. Soit un œil hypermétrope corrigé au moyen d'une lentille convergente placée dans le plan focal antérieur, et un objet, AB, situé à une distance d de cet œil (fig. 476).

Pour construire l'image rétinienne de AB, il faut trouver l'incident qui,

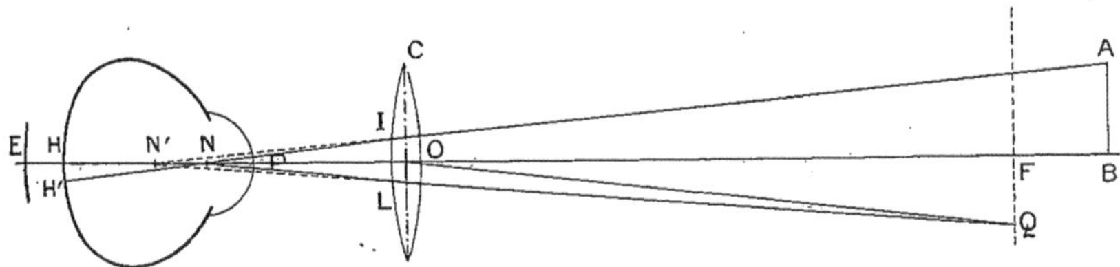

Fig. 476.

après réfraction à travers la lentille, passera par le centre optique N, ce qui revient à chercher le foyer conjugué N' de N.

Pour cela, un des plans focaux de la lentille convergente étant en F, menons par N un rayon quelconque NL : son réfracté est QL qui, prolongé, coupe l'axe en N', point cherché.

En joignant AN', on a le point I sur la lentille, et IN coupe la rétine en H' ; HH' est l'image rétinienne de AB.

Désignons HH' par i_h ;

    —   NE par φ (œil emmétrope) ;

    —   ON par φ' ;

    —   HE par ε.

Les triangles NHH' et ION donnent

$$\frac{i_h}{IO} = \frac{NH}{\varphi'},$$

d'où

$$i_h = \frac{\mathrm{IO} \times \mathrm{NH}}{\varphi'}.$$

Il faut chercher IO et NH. Or, dans les triangles N'IO et N'AB on a

$$\frac{\mathrm{IO}}{\mathrm{N'O}} = \frac{o}{d}.$$

Comme nous l'avons déjà vu,

$$\frac{o}{d} = \frac{i_e}{\varphi};$$

donc

$$\frac{\mathrm{IO}}{\mathrm{N'O}} = \frac{i_e}{\varphi}.$$

Si l'on applique la formule classique des lentilles convergentes qui est dans ce cas (point lumineux N entre la lentille et son foyer),

$$\frac{1}{p} - \frac{1}{p'} = \frac{1}{f},$$

on obtient

$$\frac{1}{\mathrm{ON}} - \frac{1}{\mathrm{ON'}} = \frac{1}{\mathrm{OF}}.$$

Puisque la lentille corrige exactement l'hypermétropie de l'œil considéré, le foyer F compté en sens négatif coïncide avec le punctum remotum virtuel de cet œil ; il en résulte que $\dfrac{1}{\mathrm{OF}}$ représente en dioptries le degré R de l'hypermétropie, d'où

$$\frac{1}{\varphi'} - \frac{1}{\mathrm{ON'}} = \mathrm{R}.$$

On tire de là

$$\mathrm{ON'} = \frac{\varphi'}{1 - \mathrm{R}\,\varphi'},$$

ce qui donne pour IO

$$\mathrm{IO} = \frac{i_e}{\varphi} \cdot \frac{\varphi'}{1 - \mathrm{R}\,\varphi'}.$$

La longueur NH est égale à $\varphi - \varepsilon$.

Puisque F est le punctum remotum de l'œil (il faut se figurer la distance OF rapportée à gauche et F placé derrière E, en dehors de la figure 476), H est son foyer conjugué par rapport à l'œil et l'on a

$$- \mathrm{OF} \times - \mathrm{HE} = \mathrm{OP} \times \mathrm{PE},$$

$$\mathrm{HE} = \frac{1}{\mathrm{OF}} \times \mathrm{OP} \times \mathrm{PE},$$

ou encore

$$\varepsilon = \mathrm{R}\varphi\varphi'.$$

Par suite,

$$\mathrm{NH} = \varphi - \mathrm{R}\varphi\varphi' = \varphi(1 - \mathrm{R}\varphi').$$

En remplaçant IO et NH par leurs valeurs ainsi déterminées, on obtient

$$i_h = \frac{i_e}{\varphi} \times \frac{\varphi'}{1 - \mathrm{R}\varphi'} \times \frac{\varphi(1 - \mathrm{R}\varphi')}{\varphi'},$$

$$i_h = i_e.$$

Il résulte clairement de ces démonstrations que des objets donnés fournissent, sur la rétine des yeux amétropes axiles corrigés, des images égales à celles qu'ils formeraient, dans les mêmes conditions, sur la rétine de l'œil emmétrope, à condition que le verre correcteur fût placé au foyer principal antérieur de l'œil.

Il est facile de voir sur les figures que, si le verre correcteur de chaque amétropie n'était pas placé dans le plan focal antérieur de l'œil, il n'y aurait plus égalité des images rétiniennes ; si, par exemple, le verre correcteur était placé plus loin que le plan focal, les images diminueraient dans le cas de la myopie et augmenteraient dans le cas de l'hypermétropie. L'inverse aura lieu quand le verre correcteur sera placé en deçà du plan focal.

2° AMÉTROPIES DE COURBURE. — La myopie ou l'hypermétropie de courbure sont produites par l'excès ou le défaut de courbure des surfaces réfringentes, l'axe de l'œil ayant sa longueur normale. Ce qui cause l'amétropie, c'est la position du centre optique N sur l'axe, dont la distance à la rétine est plus grande dans l'œil myope de courbure, plus petite dans l'œil hypermétrope de courbure que dans l'œil emmétrope (fig. 473). Il est plus rapproché du pôle

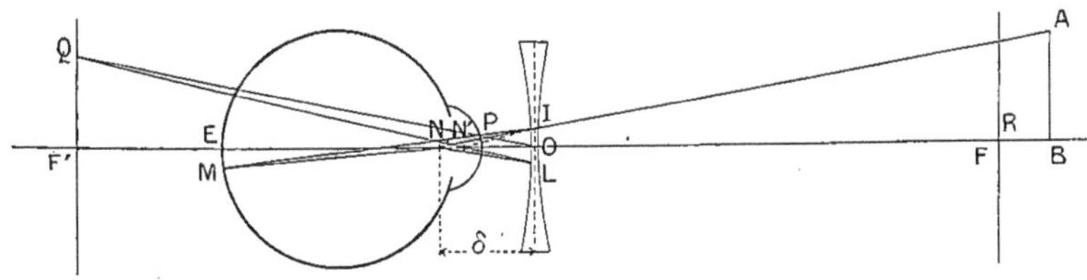

Fig. 477.

antérieur dans l'œil myope de courbure, plus éloigné dans l'œil hypermétrope de courbure que dans l'œil emmétrope ; dans les trois cas il est séparé du pôle ar la longueur du rayon r de la cornée de l'œil réduit.

Si l'on désigne par o la grandeur d'un objet placé à une distance d de l'œil emmétrope, et par i_e l'image rétinienne de cet objet, on a (Voy. fig. 474) :

$$\frac{i_e}{\varphi} = \frac{o}{d}.$$

PREMIER CAS : *Myopie de courbure.* — Soit un œil myope caractérisé par ce fait que le rayon r de sa cornée est plus petit que celui de la cornée de l'œil emmétrope. Sa longueur, $PE = e$, est la même que celle de l'œil emmétrope (fig. 477).

Plaçons devant cet œil une lentille divergente capable de corriger exactement sa myopie. Appelons δ la distance ON qui sépare cette lentille du centre optique N de l'œil. A la distance d est l'objet $AB = o$.

Pour construire l'image rétinienne de l'objet AB, il faut trouver un rayon qui, émanant du point A, passe, après réfraction à travers la lentille, par le centre optique N de l'œil, ce qui revient à trouver le foyer conjugué N' de N par rapport au verre correcteur.

On mène un rayon quelconque NL dont le réfracté prolongé est LQ, OQ étant parallèle à NL; le point N' est le foyer conjugué de N. En joignant AN', on détermine le point I qu'il suffit de joindre à N pour obtenir l'image rétinienne EM de AB; désignons-la par i_m.

Dans les triangles ENM et ION, on a

$$\frac{i_m}{\overline{NE}} = \frac{IO}{\overline{ON'}}$$

ou

$$\frac{i_m}{e - r} = \frac{IO}{\delta},$$

d'où

$$i_m = \frac{IO \cdot (e - r)}{\delta}.$$

Il faut évaluer IO et le rayon r.

Les triangles dont le sommet commun est en N', c'est-à-dire ION' et ABN', donnent

$$\frac{IO}{\overline{ON'}} = \frac{o}{d},$$

ou encore, comme on l'a vu plus haut,

$$\frac{IO}{\overline{ON'}} = \frac{i_e}{\varphi}.$$

La formule classique des lentilles divergentes est ici

$$\frac{1}{\overline{ON}} - \frac{1}{\overline{ON'}} = - \frac{1}{\overline{OF}}.$$

Puisque la lentille est exactement correctrice de la myopie considérée, F coïncide avec le punctum remotum de l'œil et, par suite,

$$\frac{1}{\overline{OF}} = R.$$

L'équation précédente devient

$$\frac{1}{\delta} - \frac{1}{ON'} = -R,$$

d'où

$$ON' = \frac{\delta}{R\delta + 1}.$$

On a ainsi pour IO la valeur

$$IO = \frac{i_e}{\varphi} \cdot \frac{\delta}{R\delta + 1}$$

Évaluons maintenant le rayon de courbure r.

On sait que si, dans un dioptre, on appelle p la distance d'un point lumineux au pôle, p' la distance de son foyer conjugué au pôle, r le rayon du dioptre et n son indice de réfraction, on a

$$\frac{1}{p} + \frac{n}{p'} = \frac{n-1}{r}.$$

Cette formule s'applique ici, en remarquant que le point F est le remotum de l'œil et, par suite, le foyer conjugué de la rétine E ; la fraction $\frac{1}{p}$ est le degré R de myopie de l'œil, et p' est la longueur de l'axe antéro-postérieur de l'œil. On a donc

$$R + \frac{n}{e} = \frac{n-1}{r}$$

ou

$$r(eR + n) = e(n-1),$$

d'où

$$r = \frac{e(n-1)}{eR + n}.$$

La valeur de NE est

$$NE = e - r = e - \frac{e(n-1)}{eR + n} = \frac{e(eR + 1)}{eR + n}.$$

En substituant à IO et à NE leurs valeurs respectives, il devient

$$i_m = \frac{i_e}{\varphi} \cdot \frac{\delta e(1 + eR)}{(eR + n)(1 + R\delta)\delta},$$

$$i_m = \frac{i_e}{\varphi} \cdot \frac{e(1 + eR)}{(eR + n)(1 + R\delta)}.$$

Le rapport $\dfrac{e}{\varphi}$, contenu dans l'expression précédente, n'est pas autre chose que le rapport des deux distances focales de l'œil réduit : il est égal à l'indice n de l'œil. On a donc

$$i_m = \frac{i_e\, n\,(1 + e\mathrm{R})}{(e\mathrm{R} + n)(1 + \mathrm{R}\delta)} = i_e \cdot \frac{n\,(1 + e\mathrm{R})}{(e\mathrm{R} + n)(1 + \mathrm{R}\delta)}.$$

Cette expression de i_m montre que l'image rétinienne i_m n'est pas, pour toute valeur de δ, égale à i_e, l'image de l'œil emmétrope. Mais il est facile de trouver quelle est la distance à laquelle il faut placer la lentille de l'œil pour que cette égalité d'images se produise. En effet, pour que $i_m = i_e$, il faut que

$$\frac{n\,(1 + e\mathrm{R})}{(e\mathrm{R} + n)(1 + \mathrm{R}\delta)} = 1$$

ou

$$n\,(1 + e\mathrm{R}) = (1 + \mathrm{R}\delta);$$

or,

$$1 + \mathrm{R}\delta = \frac{n\,(1 + e\mathrm{R})}{e\mathrm{R} + n},$$

d'où

$$\delta = \frac{n\,(1 + e\mathrm{R}) - (e\mathrm{R} + n)}{(e\mathrm{R} + n)\mathrm{R}} = \frac{e\,(n - 1)}{e\mathrm{R} + n}.$$

Or cette valeur est celle du rayon r de l'œil myope considéré. Donc, pour que les images rétiniennes soient égales, dans la myopie de courbure, à celle de l'œil emmétrope, il faut placer le verre correcteur en contact avec la cornée.

Il est évident que, dans tout autre cas, i_m est différente de i_e. On peut voir, en effet, par l'examen de la figure, qu'à mesure que la lentille s'éloigne de l'œil (augmentation de δ) le point N′ se rapproche de la cornée, ce qui entraîne le rapprochement du point I vers l'axe et, par suite, la diminution de i_m.

DEUXIÈME CAS : *Hypermétropie de courbure.* — L'hypermétropie de courbure est caractérisée par un défaut de courbure du dioptre oculaire, — une augmentation du rayon de courbure de la cornée dans le cas de l'œil réduit, — la longueur antéro-postérieure de l'œil étant égale à celle de l'œil emmétrope.

Par une démonstration analogue à celle que nous venons de faire pour la myopie de courbure, on trouve que la lentille convexe correctrice de l'hypermétropie doit être appliquée sur la cornée, pour que l'image rétinienne de l'œil hypermétrope de courbure muni de son verre correcteur soit égale à l'image que formerait l'œil emmétrope du même objet. L'éloignement de la lentille convexe produira un agrandissement de l'image.

Dans le cas des amétropies d'indice (myopie d'indice par augmentation de l'indice de réfraction, hypermétropie d'indice par diminution de l'indice de réfraction des milieux oculaires), on montre, par des déductions géométriques analogues à celles qui précèdent, qu'il faudrait placer le verre correcteur au centre optique de l'œil, pour que l'égalité des images rétiniennes fût obtenue.

Récemment, M. Guillot a donné deux démonstrations fort simples de la grandeur relative des images rétiniennes formées par un œil amétrope corrigé.

Soit P (fig. 478) le plan principal de la lentille correctrice qui, celle-ci

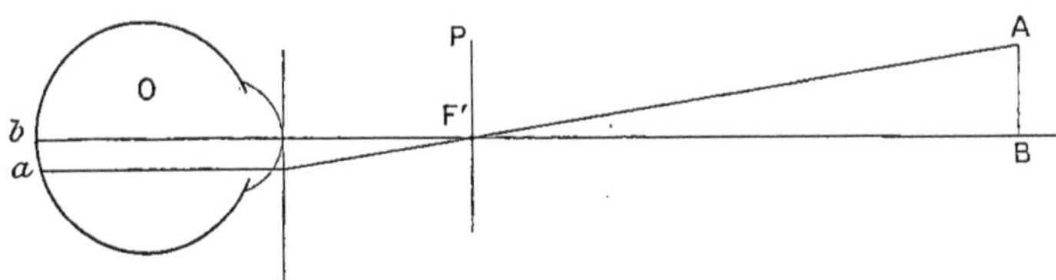

Fig. 478.

étant placée au niveau du foyer antérieur de l'œil O, atteint d'*amétropie axile*, contient ce foyer antérieur de l'œil F', et AB l'objet. Le verre étant correcteur, l'image *ab* de AB se formera sur la rétine même. Pour évaluer la grandeur relative de l'image, il suffit de considérer le rayon AF', car tous les autres rayons issus de A viendront se réunir dans le point où un rayon quelconque issu de A rencontre la rétine. Le rayon AF' passant par le centre optique de la lentille P ne subira aucun changement de direction ; puisqu'il passe par le foyer antérieur de l'œil, la réfraction oculaire le rendra parallèle à l'axe principal B*b*. Supposons maintenant la lentille P enlevée, l'œil O remplacé par un œil emmétrope. Le rayon AF', rendu parallèle à l'axe principal B*b* par la réfraction oculaire, donnera une image de grandeur identique à l'image formée par l'œil amétrope axile corrigé. Il est facile de voir que la longueur de l'œil n'influence nullement la grandeur de l'image *ab* de l'œil amétrope corrigé, puisque le rayon limite AF' devient parallèle à l'axe principal. Il est également facile de comprendre que la grandeur de cette image varie quand la force réfractaire de l'œil varie, car alors la position du point F' varie. C'est le cas dans les *amétropies de courbure*.

Soient F' (fig. 479) le foyer antérieur correspondant à la réfraction emmétrope,

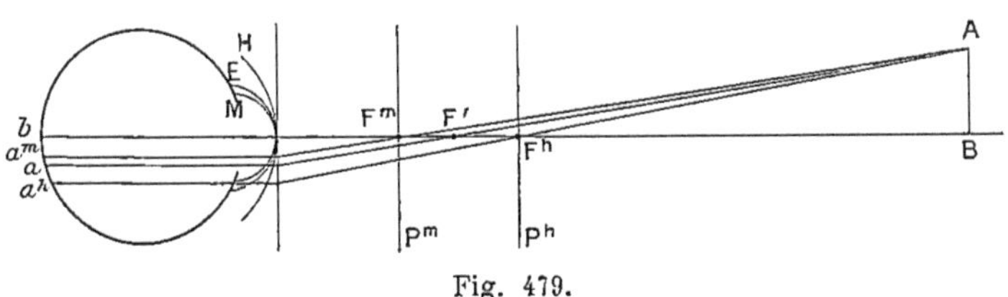

Fig. 479.

F^m le foyer antérieur plus rapproché d'un œil myope de courbure, F^h le foyer antérieur plus éloigné d'un œil hypermétrope de courbure, P^m et P^h les lentilles correctrices de la myopie et de l'hypermétropie de courbure. En construisant les rayons limites de l'image de AB qui sont AF' pour l'œil emmétrope, AF^m pour l'œil myope de courbure, AF^h pour l'œil hypermétrope de courbure, on voit que l'image rétinienne *ba^m* formée par l'œil myope de courbure est plus petite que l'image que forme du même objet placé à la même distance l'œil emmétrope, tandis que ba^h, l'image de l'œil hypermétrope de courbure, est plus grande que l'image de l'œil emmétrope.

On voit également *a priori* que, en accolant le verre correcteur à la cornée, on rend égales les distances focales antérieures de l'œil myope et de l'œil hypermétrope de courbure à la distance focale antérieure de l'œil emmétrope. Dans ce cas, les images rétiniennes formées par l'œil myope et hypermétrope de courbure seront de même grandeur que l'image correspondante de l'œil emmétrope.

L'acuité visuelle étant proportionnée à la grandeur de l'image rétinienne, elle est augmentée par le verre correcteur de l'hypermétropie de courbure, placé au foyer antérieur de l'œil, diminuée par le verre correcteur de la myopie de courbure, placé au foyer antérieur.

Les mêmes verres correcteurs accolés au sommet de la cornée rendraient les acuités visuelles des deux amétropies de courbures égales.

En réalité, le verre correcteur n'est jamais placé tout près de la cornée. Il se trouve toujours à une distance du sommet de l'œil variant entre 10 et 30 millimètres, ce qui fait que les images rétiniennes d'une série déterminée d'optotypes ne présentent plus les distances linéaires correspondant à l'acuité visuelle qu'elles sont destinées à mesurer. C'est toujours le cas pour les amétropies de courbure et d'indice — dans ces dernières, le verre correcteur devrait être placé au centre optique de l'œil pour qu'il y ait égalité d'image, condition impossible à remplir — et souvent pour les amétropies axiles, car le verre correcteur ne se trouve que rarement placé à la distance focale antérieure de l'œil; le plus souvent, il l'est à une distance plus grande, quelquefois à une distance plus petite, selon la configuration de l'orbite et du nez et selon la forme des montures.

Dans tous les cas, l'acuité visuelle d'un œil amétrope dépourvu de verre correcteur, mais formant une image rétinienne nette, est différente de l'acuité que possède ce même œil muni de son verre correcteur.

Ces différences de grandeurs d'images ont fait instituer la distinction entre l'acuité vraie et l'acuité apparente des amétropes. D'un autre côté, elles ont fait naître la tentative de déterminer l'acuité visuelle de l'œil amétrope quand il n'est pas corrigé, l'image rétinienne étant cependant nette. Pour cela, il faut que l'œil reçoive les rayons émanant des caractères de l'échelle d'acuité comme si celle-ci était placée à son punctum remotum, sans que pourtant la valeur de l'angle visuel soit autre que celle qui correspond à la distance habituelle de la mesure de l'acuité, c'est-à-dire 5 ou 6 mètres. Ces deux conditions sont parfaitement réalisées par l'optomètre de *Badal*.

Acuité visuelle des amétropes corrigés. — *Widmark* a mesuré l'acuité visuelle des élèves myopes des écoles de Stockholm, et il a trouvé que l'acuité visuelle des myopies corrigées comprises entre 0 et 8 dioptries va en diminuant assez régulièrement jusqu'à 4 dioptries; de 4,5 dioptries à 8 dioptries, elle subit des fluctuations assez irrégulières. En prenant pour ordonnées les différentes valeurs moyennes des acuités visuelles correspondant à un groupe d'examinés présentant le même degré de myopie, et pour abscisses les degrés successifs de myopie depuis 0 jusqu'à 8 dioptries, *Widmark* a obtenu la courbe que nous reproduisons ci-dessous :

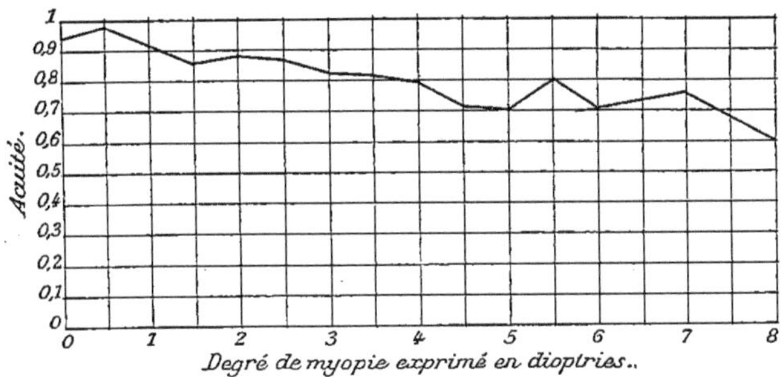

Fig. 480. — Représentation graphique de l'acuité visuelle moyenne, trouvée pour les degrés de myopie compris entre 0 et 8 dioptries.

Seggel, en examinant 1560 soldats de vingt à vingt-cinq ans, a trouvé que chez les myopes l'acuité apparente, c'est-à-dire l'acuité qu'a l'œil muni de son verre correcteur, est plus faible que chez les emmétropes.

Nimier trouve l'acuité visuelle des hypermétropes inférieure à celle des emmétropes.

Dans les deux cas, dans celui de la myopie aussi bien que dans celui de l'hypermétropie, le problème est complexe. Dans l'hypermétropie, l'astigmatisme et d'autres irrégularités de la cornée sont cause de la diminution de l'acuité visuelle observée dans des conditions où le verre correcteur produit le plus souvent un agrandissement des images rétiniennes par rapport à l'image rétinienne des emmétropes. Dans la myopie, les irrégularités observées dans la décroissance de l'acuité tiennent fort probablement à des troubles de l'appareil percepteur qui constituent des complications fréquentes de l'élongation de l'œil et de la contracture de l'accommodation.

Acuité visuelle vraie et acuité visuelle apparente des amétropes. — *Bordier* définit l'acuité visuelle vraie de l'œil amétrope de la façon suivante : « L'acuité visuelle vraie de l'œil amétrope est celle qu'on obtient sans changer par les verres correcteurs l'angle visuel. L'acuité d'un œil amétrope déterminée en conservant l'angle constant est celle qu'a cet œil sans le secours de son verre correcteur, quand on produit la netteté des images rétiniennes en présentant les optotypes de façon que l'œil myope reçoive des rayons divergents, l'œil hypermétrope des rayons convergents (optomètre de Badal) ». Il propose de l'appeler *acuité vraie de l'œil amétrope*, par opposition à l'acuité apparente, qu'on obtient quand on mesure l'acuité visuelle de l'œil amétrope corrigé en disposant les optotypes de façon que l'œil amétrope corrigé reçoive des rayons parallèles.

Dans ce qui précède nous avons défini l'unité de l'acuité visuelle indistinctement, tantôt comme l'inverse du plus petit angle visuel sous lequel l'œil peut encore voir séparés deux points très rapprochés, tantôt comme l'inverse de la distance linéaire qui sépare ces deux points dans l'image rétinienne.

Cette confusion est correcte pour l'œil emmétrope où, à un même angle visuel, correspond à l'état de repos une même grandeur d'image.

Mais un coup d'œil sur les figures 472, 475 et 476 montre que le verre correcteur des amétropies axiles, disposé dans le plan focal antérieur de l'œil, produit bien l'égalité de l'image rétinienne par rapport à l'œil emmétrope, mais qu'il fait paraître l'objet sous un angle visuel différent de celui de l'œil emmétrope.

Or l'acuité visuelle vraie de Bordier, celle qu'on obtient quand on place les optotypes à la distance du remotum de l'œil, — ce qui peut se faire en réalité pour l'œil myope et par un artifice d'optique (optomètre de Badal) pour l'œil hypermétrope, — correspond à la constance de l'angle visuel, car il n'y a aucun déplacement des points nodaux, tandis que l'acuité visuelle apparente des amétropies axiles correspond à la constance de l'image rétinienne, l'angle visuel variant selon le degré de l'amétropie ou, mieux, selon le degré du verre correcteur qu'elle nécessite.

L'acuité vraie d'un œil amétrope a plus d'un intérêt théorique : c'est elle dont, par exemple, un œil myope se sert lorsqu'il lit, sans le secours de ses lunettes, des caractères placés à son remotum, et il peut être intéressant de comparer l'acuité ainsi mesurée avec celle qu'on détermine à distance à l'aide du verre correcteur de la myopie.

L'œil hypermétrope travaille à l'aide de son acuité visuelle vraie quand il se sert d'un instrument d'optique muni d'un oculaire permettant la mise au point, à condition qu'il relâche son accommodation. Ce cas arrive assez souvent aux yeux hypermétropes (microscope, etc.).

L'œil hypermétrope, axile ou de courbure, a toujours avantage à se servir de son verre correcteur, qui lui procure des images rétiniennes plus grandes et, par cela même, une acuité visuelle plus grande ; tandis que, au point de vue purement optique, l'œil myope, axile ou de courbure, se trouverait mieux sans verre correcteur, car il aurait, toutes autres choses étant égales, de plus grandes images rétiniennes et une plus grande acuité visuelle sans verre correcteur qu'avec verre correcteur.

Chaque fois qu'un œil amétrope se trouve dans la possibilité de réunir sur sa rétine des rayons provenant d'un instrument d'optique monoculaire, l'ophtalmoscope y compris, sans le secours de son verre correcteur, l'œil hypermétrope a avantage à se munir quand même de son verre correcteur, l'œil myope se trouvera mieux de s'en passer.

Mesure directe de l'acuité visuelle vraie des amétropes à l'aide de l'optomètre de Badal. — L'optomètre de Badal sert à la fois à la détermination de la réfraction et à la mesure de l'acuité visuelle. Nous nous en occupons ici exclusivement au point de vue de l'acuité visuelle.

L'ingénieux instrument du clinicien de Bordeaux se compose d'une lentille biconvexe servant d'oculaire, et d'un cliché photographique de l'échelle de Bordier, réduite de façon que la grandeur des images rétiniennes formées dans l'œil observé soit la même que celle des images formées d'une échelle placée à 5 mètres. Ce cliché est mobile et une échelle indique la distance qui le sépare de la lentille. Un œilleton assure à l'œil examiné une position telle que son premier point nodal (ou le centre optique pour l'œil réduit) coïncide avec le foyer postérieur de la lentille de l'optomètre. Un objet qui se déplace sur l'axe depuis la lentille jusqu'à l'infini a pour caractéris-

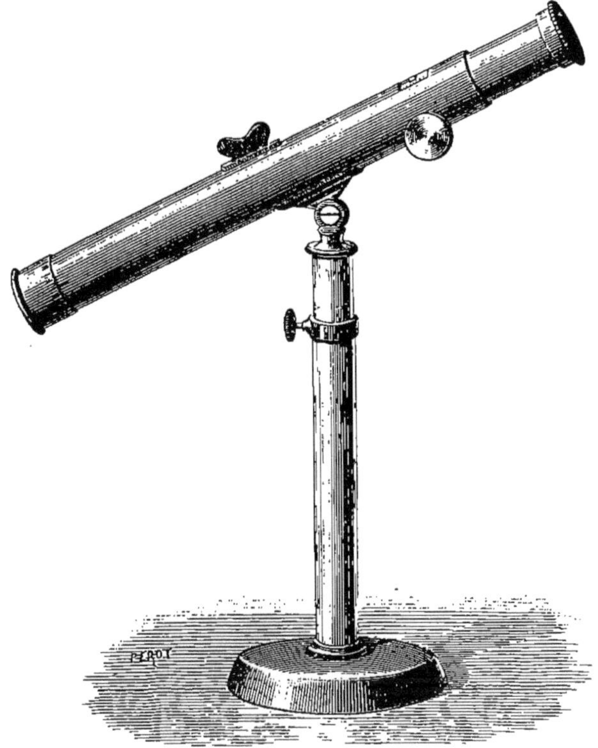

Fig. 481. — Optomètre de Badal.

tique de son image une droite passant par le foyer postérieur de la lentille et en même temps par le centre optique de l'œil.

Un coup d'œil sur la figure 482 montre que l'angle sous lequel l'objet AB

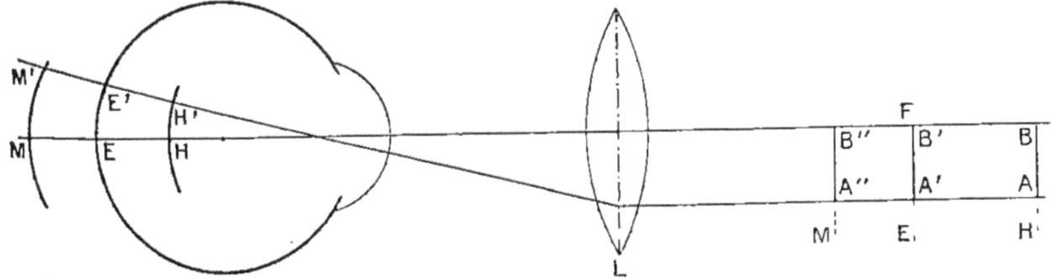

Fig. 482. — Principe de l'optomètre de Badal. — Angle visuel constant.

est vu par l'œil après réfraction par la lentille reste constant, quelle que soit la place de cet objet. Le cliché, mobile par rapport à la lentille, peut donc servir pour déterminer l'acuité visuelle, car les séries de lettres qu'il contient apparaîtront toujours sous le même angle, quelle que soit la distance qui le sépare de la lentille. Cet angle est le même — on obtient ce résultat par la réduction photographique — que celui sous lequel apparaît l'échelle placée à 5 mètres.

Il nous reste à montrer que l'acuité visuelle mesurée à l'aide de l'optomètre de Badal est réellement l'acuité visuelle vraie. Selon sa définition, l'acuité visuelle vraie des amétropes est celle que possède l'œil amétrope quand il n'est pas corrigé, l'image rétinienne étant cependant nette.

Passons en revue les différents cas qui peuvent se présenter.

Si devant l'œilleton de l'optomètre se place un œil emmétrope à l'état de repos, il faut, pour que l'image rétinienne soit nette, que les rayons émanant de la lentille soient parallèles. Ce sera le cas quand l'échelle AB est placée en A′B′ au foyer principal F de la lentille L (fig. 482). L'angle sous lequel apparaît l'échelle étant constant et indépendant de la position qu'elle occupe sur l'axe, l'optomètre détermine l'acuité visuelle comme si l'échelle était placée à 5 mètres.

Remplaçons l'œil emmétrope par un œil myope à l'état de repos; pour que l'image rétinienne soit nette, il faut que les rayons incidents soient divergents, comme s'ils émanaient d'un objet placé au remotum de l'œil. Pour réaliser cette condition avec l'optomètre, il suffira de placer AB en deçà du foyer de la lentille, en A″B″, par exemple. L'œil examiné voit alors l'échelle comme si elle était placée à la distance de son remotum, avec cette différence que la constance de l'angle visuel permet de déterminer directement l'acuité vraie par le numéro de la dernière série lue des optotypes.

Les conditions exigées par la définition de l'acuité vraie seront remplies pour l'œil hypermétrope quand l'échelle placée entre l'infini et le foyer F, en AB, par exemple, envoie à l'œil examiné des rayons convergents tels qu'ils émaneraient d'un objet placé au remotum virtuel de l'œil hypermétrope.

Un coup d'œil sur la figure 472 (p. 737) montre que l'image rétinienne de l'œil myope (MM′) est plus grande que celle de l'œil emmétrope (EE′) et que ces deux dernières sont plus grandes que l'image de l'œil hypermétrope (HH′). Par contre, nous avons vu (p. 737 et suiv.) que les verres correcteurs des amétropies axiles rendent les images rétiniennes de la myopie et de l'hypermétropie égales à celles que l'œil emmétrope formerait dans les mêmes circonstances; cette dernière est égale à celle que reçoit l'œil emmétrope dans l'optomètre de Badal. Ces inégalités des images rétiniennes expliquent les différences qui existent entre l'acuité visuelle vraie et l'acuité visuelle apparente des amétropes; l'égalité des images pour l'œil emmétrope montre que l'acuité vraie et l'acuité apparente de l'œil emmétrope sont identiques, ce qui est conforme à la définition.

Nous voyons en outre que la correction de l'hypermétropie procure aux hypermétropes une acuité supérieure à celle qu'ils ont sans verre, et cela par agrandissement de l'image rétinienne, tandis que le verre correcteur de la myopie diminue l'acuité visuelle pour les objets placés en deçà du remotum de l'œil myope. Nous nous expliquons ainsi aisément l'aversion qu'ont certains myopes à se servir de leurs verres correcteurs pour le travail de près.

Acuité visuelle de l'œil myope aphake. — Le traitement de la myopie forte par la suppression du cristallin transparent donne une grande importance pratique à la comparaison des acuités visuelles que possède l'œil myope avant et après la suppression du cristallin. Selon sa définition, l'acuité visuelle est directement proportionnée à la grandeur de l'image rétinienne. Nous allons donc déterminer la grandeur de l'image rétinienne avant et après la suppression du cristallin.

Dans ce qui précède, nous avons vu que l'image rétinienne que forme un objet o placé à la distance d'un œil myope axile corrigé exactement par un verre concave placé au niveau du foyer principal antérieur de l'œil est égale à la grandeur d'image que formerait un œil emmétrope de cet objet.

La grandeur de cette image i_e est donnée par la formule

$$\frac{i_e}{\varphi} = \frac{o}{d},$$

$$i_e = \frac{\varphi . o}{d} \text{ (Voy. p. 738)},$$

où φ désigne la longueur focale postérieure de l'œil emmétrope (distance du point nodal postérieur à la rétine), d la distance qui sépare l'œil de l'objet, o la grandeur de l'objet. Prenons comme objet les lettres de la première série de l'échelle murale de Parinaud, placée à la distance de 5 mètres ; la hauteur de ces lettres est $0^m,0075$. Leur image rétinienne i_e formée par l'œil emmétrope ou l'œil myope corrigé sera

$$i_e = \frac{16,5.7,5}{5\,000} = 0^{mm},02475.$$

Mettons maintenant un œil myope axile opéré, devenu exactement emmétrope par la suppression du cristallin, ce qui correspond à une myopie antérieure de 22 dioptries environ. La construction géométrique de l'image rétinienne i_a nous donne, d'une façon analogue à celle exposée pour l'œil emmétrope,

$$\frac{i_a}{\varphi_a} = \frac{o}{d},$$

$$i_a = \frac{\varphi_a o}{d},$$

où φ_a désigne la distance focale postérieure de l'œil aphake réunissant les rayons lumineux parallèles sur sa rétine. Le centre optique de l'œil aphake coïncide avec le centre de courbure de son dioptre unique, la cornée, dont le rayon de courbure moyenne est de $7^{mm},7$. La courbure de ce dioptre détermine en même temps

$$\varphi_a = 23^{mm},1$$

et

$$i_a = \frac{23,1.7,5}{5\,000} = 0^{mm},03465.$$

Or, nous avons vu que l'acuité visuelle est directement proportionnée à la grandeur de l'image rétinienne. En désignant par V_e l'acuité visuelle avant l'opération, par V_a l'acuité visuelle de l'œil aphake, nous avons

$$\frac{V_a}{V_e} = \frac{0,03465}{0,02475} = 1,4.$$

Quand un œil atteint d'une myopie axile de 22 dioptries possède une acuité visuelle V, il faudra multiplier le chiffre indiquant cette acuité par 1,4 pour obtenir le chiffre indiquant l'acuité que cet œil possédera quand il sera rendu emmétrope par la suppression du cristallin, toutes autres choses restant égales. D'une façon générale, nous avons

$$\frac{V_a}{V_e} = \frac{i_a}{i_e} = \frac{\dfrac{\varphi a.O}{d}}{\dfrac{\varphi e.O}{d}} = \frac{\varphi a}{\varphi e},$$

c'est-à-dire le rapport entre les deux acuités visuelles est le même que le rapport entre la distance focale postérieure de l'œil emmétrope et la distance focale postérieure de l'œil aphake.

Ce qui précède est vrai pour la myopie purement axile. Pour la myopie de courbure, le verre correcteur placé au foyer antérieur donne une acuité visuelle inférieure à l'acuité visuelle de l'œil emmétrope (V_e) que procure dans la myopie axile le verre correcteur. La suppression du cristallin donne, dans la myopie axile, à peu de chose près la même grandeur de l'image rétinienne qu'aurait un œil emmétrope, tandis que les images rétiniennes de l'œil aphake ci-devant myope axile sont plus grandes que l'image correspondante de l'œil emmétrope.

Influence du diamètre pupillaire sur l'acuité visuelle. — Les variations du diaphragme irien exercent sur l'acuité visuelle deux ordres d'influence opposés l'un à l'autre. La dilatation pupillaire augmente l'acuité visuelle en renforçant l'intensité lumineuse des images rétiniennes; mais, en faisant participer à la formation de ces images les parties excentriques de la cornée, elle en diminue la netteté et porte, par cela même, atteinte à l'acuité visuelle. Le resserrement pupillaire, favorable à la netteté des images rétiniennes, en diminue l'intensité lumineuse; il s'ensuit que le resserrement pupillaire augmente l'acuité visuelle, pourvu que l'éclairage ambiant ne tombe pas au-dessous d'un taux déterminé.

Si l'on envisage l'acuité visuelle de l'œil amétrope non corrigé, l'influence du diamètre pupillaire devient encore plus considérable, car le diamètre des cercles de diffusion est proportionné au diamètre pupillaire. Ce côté spécial de l'influence sur la vision du diaphragme irien sera exposé au chapitre qui traite de la vision indistincte.

La détermination expérimentale de l'influence qu'exerce sur l'acuité visuelle de l'œil emmétrope ou rendu tel le diamètre pupillaire se heurte en première ligne à la difficulté qu'il y a de déterminer exactement le diamètre pupillaire apparent, au moment même où l'observé lit les optotypes.

Bordier a imaginé un arrangement ingénieux servant à la fois à faire varier l'ouverture pupillaire et à en déterminer le diamètre à l'aide de la photographie instantanée à l'éclair de magnésium. Le sujet en expérience, placé devant l'objectif de la chambre photographique, dont la plaque était mise au point une fois pour toutes, avait la tête fixée en arrière et en bas ; l'œil avait donc une position immobile. On commençait par déterminer, pour une valeur donnée du diamètre de la pupille, son acuité visuelle monoculaire, et aussitôt cet œil — choisi emmétrope — était photographié. Le cliché ainsi obtenu permet de déterminer le diamètre pupillaire au moment de la lecture. Pour augmenter la grandeur de la pupille, on fermait plus ou moins les ouvertures de la salle ; enfin, pour que l'œil reçût très peu de lumière autre que celle réfléchie par l'échelle optométrique, on disposait un grand vélum noir qui plaçait le sujet comme dans une chambre obscure à laquelle était ménagée une petite ouverture permettant à l'œil d'apercevoir l'échelle d'acuité. Cette échelle était, elle, en dehors de la salle et toujours éclairée de la même façon : par la lumière du grand jour.

Les résultats ainsi obtenus sont les suivants :

Diamètres apparents de la pupille.	Diamètres réels de la pupille.	Acuités visuelles correspondantes.
mm.	mm.	
2,06 (clarté du jour).........	1,80	2,00
4,48 (clarté moyenne)	3,90	1,85
4,65 —	4,04	1,80
6,90	6,00	1,75
7,58	6,60	1,70

La manière de procéder de Bordier montre qu'il n'a pas tenu compte de l'adaptation rétinienne et que celle-ci doit nécessairement être pour une bonne part dans les variations observées de l'acuité visuelle.

L'échelle optométrique était placée à la distance de 6 mètres et, pour exclure l'influence de l'accommodation correspondant à cette distance, les yeux observés supposés exactement emmétropes étaient munis d'un verre convexe de 0,2 de dioptrie. *Bordier* a réuni ces chiffres dans la courbe représentée par la figure 483.

Trou sténopéique. — Lorsqu'on place une ouverture sténopéique devant l'œil, on produit un rétrécissement artificiel de la pupille, rétrécissement beaucoup plus grand que celui qui correspond au diamètre minimum de la pupille. Le faisceau lumineux incident est, dans ces conditions, assez mince pour que la forme des surfaces

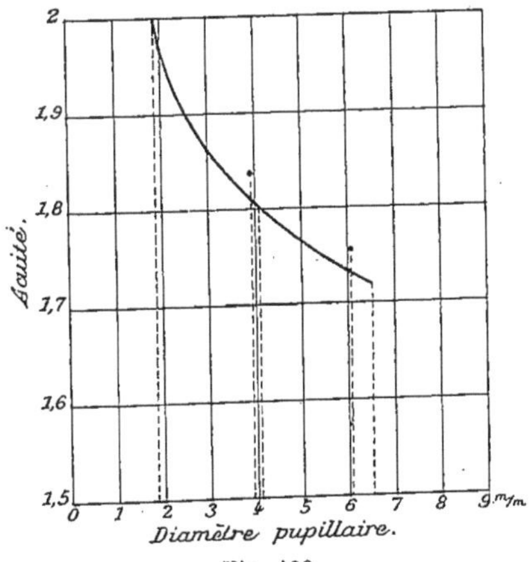

Fig. 483.

réfringentes reste presque sans influence sur la netteté des images rétiniennes. Les images rétiniennes ainsi obtenues ont une netteté à peu près égale pour tous les yeux, emmétropes ou amétropes ; cette netteté est due à ce que les cercles de diffusion sont très diminués par l'interposition de l'ouverture sténopéique.

On peut constater facilement l'effet du trou sténopéique en regardant à travers un trou d'épingle, pratiqué dans une carte de visite, des caractères d'imprimerie placés en deçà du punctum proximum. On ne peut pas seulement les distinguer, mais leur netteté augmente au fur et à mesure qu'on les rapproche de l'œil. Cette augmentation est due à l'accroissement des images rétiniennes.

L'expérience du trou sténopéique explique un certain nombre de ces cas où des vieillards qui, auparavant, ne pouvaient déchiffrer le moindre morceau de lecture sans le concours de leurs verres convexes, recommencent à lire à l'œil nu. L'inspection montre que leur pupille est devenue punctiforme ou, au moins, très étroite.

Le trou sténopéique place l'œil examiné dans des conditions de grandeur d'images semblables à celles que produit l'optomètre de Badal : l'appareil optique restant sans changement, l'angle visuel est constant pour les amétropies axiles. Il s'ensuit de là que les images rétiniennes de l'œil myope sont plus grandes, celles de l'œil hypermétrope plus petites que les images formées dans les mêmes conditions par l'œil emmétrope. Le trou sténopéique donne quelque chose de comparable à l'acuité vraie en ce qui concerne la grandeur des images rétiniennes ; mais la faible intensité lumineuse de ces images, nécessairement restreinte par le petit diamètre du trou sténopéique, abaisse la valeur absolue de l'acuité obtenue par ce moyen. Si l'on augmente l'intensité lumineuse des images par un accroissement du diamètre du trou sténopéique, leur netteté diminue par l'augmentation du diamètre des cercles de diffusion.

Muni d'un trou sténopéique, l'œil amétrope ou mal accommodé peut être assimilé à une chambre noire ; les règles concernant la grandeur, l'intensité et la netteté de l'image de la chambre noire deviennent ainsi applicables aux images rétiniennes et, par cela même, à l'acuité visuelle de l'œil muni d'un trou sténopéique.

Influence de l'âge et du sexe sur l'acuité visuelle. — En dehors de toute maladie de l'œil, l'acuité visuelle décroît avec l'âge de l'individu. Cette loi a été mise en évidence par *de Haan*, élève de Donders, qui donne les moyennes suivantes pour les décades de la vie humaine :

Âge.	Acuité visuelle.
A 10 ans	1,18
A 20 ans	1,15
A 30 ans	1,10
A 40 ans	1,03
A 50 ans	0,94
A 60 ans	0,83
A 70 ans	0,70
A 80 ans	0,55

Bordier ayant remarqué que des adultes âgés de dix-huit à vingt ans arrivent facilement à lire la dernière série du tableau mural de Snellen à la distance de 8 à 10 mètres, tandis que les enfants de six à huit ans sont obligés de se rapprocher à 5 ou 6 mètres pour voir cette même série de caractères, a supposé que l'hypermétropie, très fréquente chez les jeunes sujets et difficile à déceler par la méthode de Donders, influençait la mesure de l'acuité visuelle. Dans ses recherches, faites dans les écoles de Bordeaux, il associa à la mesure de l'acuité visuelle la détermination de la réfraction à l'aide de l'ophtalmoscope. Il réunit les résultats dans la table suivante :

Age des sujets.	Emmétropes. p. 100.	Hypermétropes. p. 100.	Myopes. p. 100.	Acuité visuelle monoculaire moyenne.
De 6 à 7 ans............	0,0	100,0	0,0	1,14
7 à 8 ans............	11,7	88,2	0,0	1,18
8 à 9 ans............	33,3	66,6	0,0	1,28
9 à 10 ans............	14,6	83,3	0,0	1,30
10 à 11 ans............	38,4	61,5	0,0	1,32
11 à 12 ans	28,5	71,4	0,0	1,40
12 à 13 ans............	57,1	42,8	0,0	1,52
13 à 14 ans............	42,8	57,1	0,0	1,62
14 à 15 ans	35,2	64,7	0,0	1,70
15 à 16 ans............	63,6	27,2	9,0	1,67
16 à 17 ans............	64,2	28,5	7,1	1,665
17 à 20 ans............	68,9	13,7	17,3	1,68

On voit par ce tableau que l'acuité visuelle ne va pas en décroissant régu-

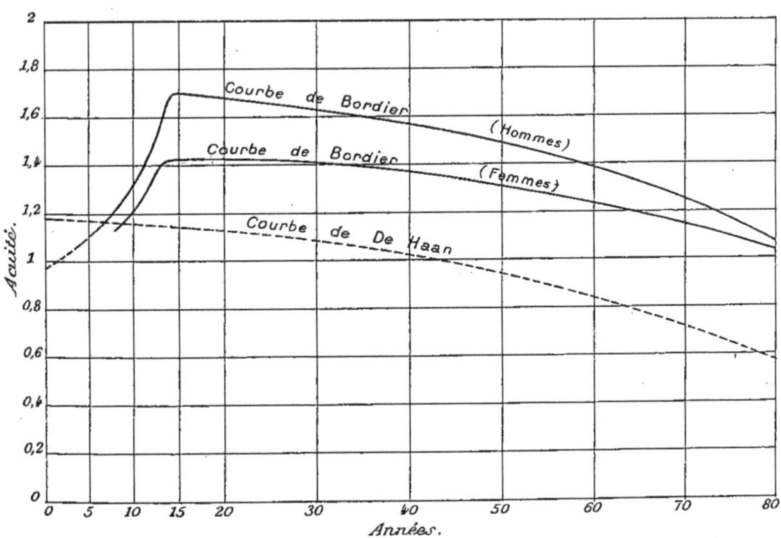

Fig. 484. — Influence de l'âge et du sexe sur l'acuité visuelle.

lièrement depuis la naissance jusqu'à la vieillesse, comme l'indiquent les chiffres de de Haan qui ont fourni le tracé pointillé de la figure 484. L'acuité visuelle augmente peu à peu jusqu'au moment où l'homme passe de la deuxième enfance à la puberté. Depuis ce moment jusqu'à la vieillesse, l'acuité suit une marche décroissante parallèle à celle qu'indiquent les chiffres de de Haan.

Il est intéressant de remarquer que les branches ascendantes des deux courbes de Bordier sont analogues aux courbes de l'accroissement relatif du poids du cerveau avec l'âge chez les deux sexes.

Quand on calcule les moyennes séparément pour chaque sexe, on trouve que l'acuité visuelle moyenne est plus forte chez l'homme que chez la femme. En prenant pour ordonnées les valeurs d'acuité moyenne correspondant à chaque année et à chaque sexe et comme abscisses les âges correspondants, on obtient deux courbes dont l'une représente les variations de l'acuité avec l'âge chez l'homme, l'autre la même variation chez la femme. Ces courbes (fig. 484) montrent que chez la femme la branche ascendante est plus courte que chez l'homme, et que les deux périodes sont proportionnées à la durée différente du développement de la puberté chez les deux sexes. Si l'acuité visuelle moyenne s'élève moins haut chez la femme que chez l'homme, celle de l'homme décroît d'une façon plus considérable sous l'influence de l'âge, de façon qu'à quatre-vingts ans la différence entre les deux sexes devient exiguë.

Influence de l'intensité lumineuse sur l'acuité visuelle. — L'intensité lumineuse ambiante exerce une influence sur la perception lumineuse et sur la perception des formes. Pour la détermination pratique de l'acuité visuelle, les oscillations ordinaires de l'éclairage diurne peuvent être négligées. Quand ces oscillations dépassent leurs limites ordinaires, l'observateur peut en tenir compte en diminuant la distance de l'œil observé à l'échelle pour lui permettre d'atteindre ainsi son acuité visuelle normale malgré la diminution de l'éclairage.

Les variations du diamètre pupillaire consécutives aux oscillations de l'intensité lumineuse interviennent dans une certaine mesure dans la dépendance qui existe entre l'éclairage et l'acuité visuelle. La principale surface réfringente de l'œil, la cornée, est loin de présenter la même courbure, la même régularité de forme dans toute son étendue. En règle générale, ce sont les parties voisines du centre qui sont les plus parfaites au point de vue de l'optique. Si le resserrement pupillaire consécutif à l'augmentation de l'éclairage exclut de la vision une zone excentrique irrégulière de la cornée, ne laissant participer à la vision que ses parties centrales et régulières, il se produira une augmentation de l'acuité visuelle qui n'a qu'un rapport *indirect* avec l'augmentation de l'éclairage et qui est indépendante de la façon de laquelle les éléments percepteurs de la rétine se comportent en présence des oscillations de l'intensité lumineuse. Si, au contraire, le resserrement pupillaire ne laisse participer à la vision qu'un appareil optique défectueux (cataractes polaires, taies cornéennes centrales, cornées à centre aplati, etc.), l'augmentation de l'intensité lumineuse aura pour suite *indirecte* une diminution de l'acuité visuelle.

Pour déterminer l'influence directe des changements d'éclairage sur l'acuité visuelle, il convient de munir l'œil d'un diaphragme plus petit que le plus petit diamètre pupillaire qu'il peut atteindre pendant l'expérience.

Les oscillations de l'acuité, directement consécutives aux changements de l'éclairage ambiant, dépendent uniquement des éléments percepteurs de la rétine et sont sous l'influence de l'adaptation rétinienne. Les résultats que l'on obtient quand on mesure l'acuité visuelle en changeant l'éclairage sans munir l'œil d'un diaphragme sont donc fort complexes et, pour en tirer des conclusions, il est nécessaire de les décomposer en leurs éléments constitutifs dans chaque cas, en tenant compte de la façon de procéder de leur auteur.

Les chiffres représentant les rapports entre l'acuité visuelle et l'intensité lumineuse présentent, en effet, de forts écarts d'un auteur à l'autre. Ces différences s'expliquent en partie par le fait qu'ils emploient des test-objets différents; en partie elles sont attribuables à l'adaptation rétinienne différente des expérimentateurs et en partie à des particularités individuelles. Le choix de l'éclairage diurne comme unité de l'éclairage est une autre source de discordance, car cette unité est très variable. Nous donnons ici quelques résultats obtenus à l'aide d'optotypes.

Aubert, en 1865, détermina la surface de l'ouverture pratiquée dans la fenêtre d'un cabinet noir tournée au nord, permettant de lire les différentes lignes des optotypes de Jaeger à la distance de 1 mètre. Pour le n° 20, il fallut une surface carrée de 5 millimètres de côté; pour le n° 15, de 40 millimètres; pour le n° 10, de 100 millimètres; pour le n° 9, de 200 millimètres; tandis que l'éclairage diurne diffus, pris comme unité, permit de lire à la distance de 1 mètre le n° 1. De ces données on peut calculer les relations suivantes entre l'intensité lumineuse (I) et l'acuité visuelle correspondante (V).

Aubert.		Carp.	
I.	**V.**	**I.**	**V.**
$\frac{1}{1,8}$	1	0,12	1
$\frac{1}{4}$	$\frac{1}{1,4}$	0,07	0,96
$\frac{1}{20}$	$\frac{1}{2}$	0,05	0,87
$\frac{1}{64}$	$\frac{1}{5}$	0,04	0,74
$\frac{1}{1\,600}$	$\frac{1}{12,5}$	0,02	0,61
»	»	0,008	0,51
»	»	0,004	0,35
»	»	0,003	0,23

En plaçant devant les yeux des verres fumés de teintes différentes et de pouvoirs absorbants connus, *Carp* trouva que l'éclairage diurne ordinaire peut être réduit à 0,05 de son taux normal, sans que l'acuité visuelle diminue chez les emmétropes jeunes ou adultes. Chez les myopes et chez les vieillards, la diminution de l'acuité visuelle survient plus tôt. Chez quelques personnes examinées, la réduction à 0,12 de l'éclairage diurne diffus produisit une diminution de l'acuité. Les chiffres moyens donnés par Carp ont été placés en regard des chiffres d'Aubert.

Ces deux auteurs choisirent l'éclairage diurne diffus comme point de départ et comme unité. Les oscillations rapides, fréquentes et considérables de cet éclairage, qui passent inaperçues pour notre œil, expliquent aisément le peu de concordance des chiffres cités et des chiffres semblables obtenus par d'autres observateurs. L'emploi de la lumière artificielle constante est indispensable pour ces mesures ; s'il a donné encore des chiffres discordants, ainsi que le montrent les tables placées ci-dessous, ce fait tient surtout à ce que leurs auteurs ont négligé de tenir compte de l'adaptation rétinienne et des variations du diamètre pupillaire. Les différences individuelles y jouent un rôle aussi.

Druault utilise l'éclairage artificiel pour ses mensurations, la bougie de 22 millimètres de diamètre pour les intensités faibles, une lampe à arc de 54 bougies pour les intensités fortes. L'unité de l'éclairage est représentée par la bougie métrique placée à 1 mètre de distance des lettres observées.

Uhthoff employa comme source lumineuse des lampes à pétrole de 4 et de 33 bougies métriques (1) disposées à des distances variables, et comme objets à reconnaître les crochets de Snellen. L'unité de l'intensité est la bougie métrique.

Cohn fit ses expériences à l'aide des crochets de Snellen et d'une lampe dont l'intensité lumineuse fut variée et mesurée à l'aide d'un photomètre de Weber. Les yeux des personnes examinées par Cohn sont partiellement adaptés à l'obscurité.

Les valeurs moyennes obtenues par ces trois observateurs sont les suivantes :

| Druault. | | Uhthoff. | | Cohn. | |
| Lettres et bougies métriques. | | Crochets et bougies métriques. | | | |
I.	V.	I.	V.	I.	V.
0,016	0,075	0,0015	0,0015	»	»
0,020	0,15	0,0034	0,004	»	»
0,028	0,21	0,01	0,043	»	»
0,047	0,30	0,1	0,07	»	»
0,12	0,37	0,6	0,21	»	»
0,25	0,50	1,5	0,34	2,3	0,5
0,67	0,75	6,0	0,74	3,2	0,6
1,50	1,00	15,0	0,93	4,9	0,75
16,7	1,25	36,0	1,14	6,9	1,0
5400,0	1,50	144,0	1,59	»	»
»	»	1175,0	2,00	»	»

Les observations individuelles qui forment la base de ces moyennes présentent des écarts considérables. M. Uhthoff atteint le maximum de son acuité visuelle avec un éclairage de 33 bougies métriques ; l'accroissement ultérieur de l'intensité lumineuse reste sans influence sur son acuité visuelle, tandis que l'ensemble des observés présente une augmentation lente mais continuelle de l'acuité sous l'influence des intensités lumineuses élevées.

Cohn trouve que différents observateurs exigent, pour atteindre une acuité visuelle égale à 0,5, des intensités lumineuses comprises entre 0,6 et 4,2 bougies métriques. Il y a des yeux qui atteignent l'acuité visuelle entière avec

(1) Nous employons dans cet exposé les mots *bougie métrique* dans la signification de *bougie-mètre* ou *lux* (Voy. l'article *Photométrie*).

un éclairage de 1,5 bougie métrique. Les différences constatées par des observations successives, chez un même individu, pour l'intensité lumineuse nécessaire pour atteindre un degré déterminé de l'acuité visuelle peuvent varier du simple au double (8, 11 et 16,2 bougies métriques pour atteindre l'acuité égale à 1).

Faites avec des lumières monochromatiques, ces expériences montrent qu'avec la lumière jaune l'acuité visuelle atteint des degrés supérieurs par rapport à ceux qu'on obtient avec la lumière blanche ou avec les autres lumières monochromatiques. Une intensité de 3 600 bougies métriques donne :

Pour la lumière blanche une acuité visuelle égale à.......... 2,0
—   jaune   —   2,15
—   rouge   —   2,0
—   verte   —   0,66
—   bleue   —   0,37

Pour le bleu, l'intensité lumineuse peut osciller considérablement sans influencer l'acuité visuelle.

Macé de Lépinay et *Nicati* ont déterminé, pour chacune des radiations du spectre solaire, les variations que présente l'acuité visuelle quand l'intensité lumineuse objective varie.

Ils ont montré que l'acuité visuelle croît plus lentement et décroît plus lentement pour le bleu que pour les radiations moins réfrangibles, pour une même variation de l'intensité lumineuse objective, et que cette différence est d'autant plus accentuée que l'on considère une radiation plus réfrangible à partir du vert.

Quand on éclaire un test-objet par les différentes parties du même spectre, on reconnaît que la distinction nette des objets est due surtout à l'éclairage produit par la moitié la moins réfrangible du spectre normal.

Toutes les observations montrent que l'acuité visuelle augmente d'abord rapidement, ensuite lentement avec l'éclairage, et qu'à la fin il faut une augmentation d'éclairage très forte pour faire monter l'acuité visuelle d'une petite fraction.

De cette allure de l'accroissement il résulte que l'acuité visuelle peut, à la rigueur, servir d'élément de mesure pour les intensités lumineuses faibles, mais qu'elle constitue un réactif fort peu sensible pour les intensités fortes.

Piekema et *Laan*, deux élèves de Snellen, ont étudié l'influence de l'éclairage sur l'acuité visuelle en prenant des précautions minutieuses pour exclure l'influence perturbatrice de l'adaptation rétinienne. Ils ont réuni leurs observations dans des courbes dans lesquelles les abscisses représentent les intensités lumineuses exprimées en bougies métriques et les ordonnées les acuités visuelles correspondantes (fig. 485 et 486).

L'acuité visuelle de l'un des observateurs est presque le double de celle de son collaborateur et les courbes montrent que cette différence n'est guère influencée par l'intensité lumineuse. Ici encore ressort l'accroissement rapide de l'acuité pour les intensités lumineuses comprises entre 0 et 1 bougie métrique, ainsi que le ralentissement de l'accroissement pour les fortes intensités. Les mesures d'acuité visuelle représentées par ces deux courbes ont

été faites après adaptation dans une pièce entièrement noircie où la table
d'optotypes (crochets), éclairée par une lampe enfermée dans une boîte, forme

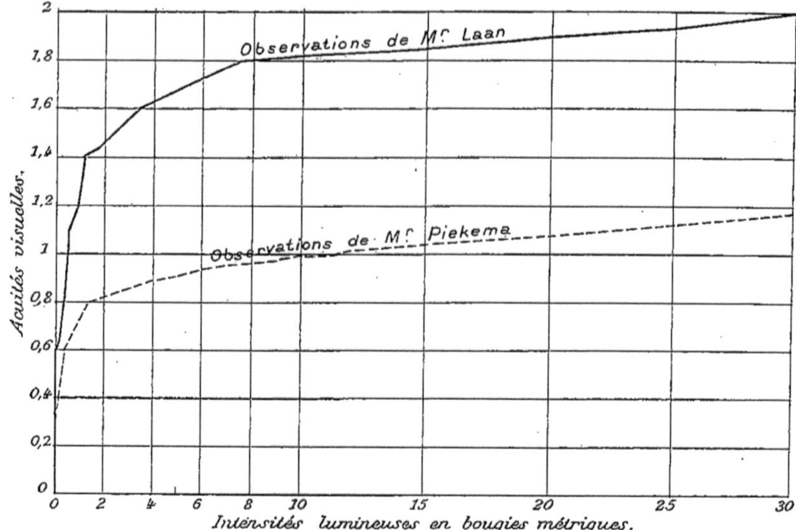

Fig. 485. — Variations de l'acuité visuelle dépendant des variations de l'intensité lumineuse
ambiante. — Les acuités visuelles sont déterminées à l'obscurité après adaptation de la
rétine.

la seule source lumineuse. Ces mêmes mensurations, faites dans une pièce
claire dont on variait l'éclairage entier, montrent des oscillations attribuables
aux changements de l'état d'adaptation rétinienne (fig. 487 et 488), car les

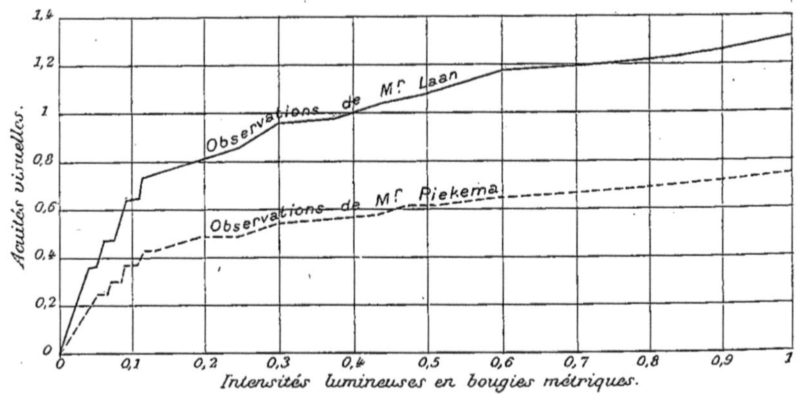

Fig. 486. — Première partie de la courbe précédente indiquant les augmentations de l'acuité
visuelle correspondant à des dixièmes de bougies métriques.

différences entre les deux observateurs sont tantôt dans un sens, tantôt dans
l'autre sens ; ces courbes montrent que les accroissements de l'acuité visuelle
correspondant aux accroissements faibles de l'intensité sont bien moins

grands pour la rétine non adaptée qu'ils ne le sont pour la rétine à l'état
d'obscuration.

L'influence de l'intensité lumineuse sur l'acuité visuelle est différente
selon que l'observé tient les deux yeux ouverts, ou observe avec un seul œil,

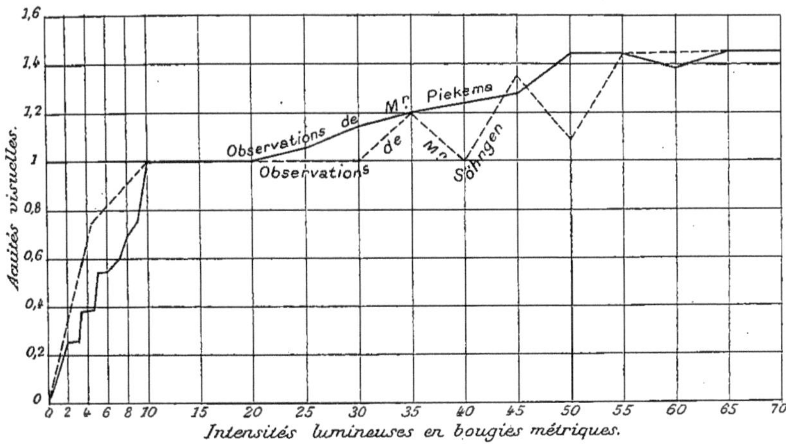

Fig. 487. — Variations de l'acuité visuelle en fonction de l'éclairement. — Acuités visuelles
mesurées à la lumière du jour, l'adaptation rétinienne variant selon les circonstances extérieures.

ainsi que le montre le diagramme de la figure 489. Les quatre courbes de ce
diagramme ont été obtenues par des observateurs munis de diaphragmes
montés en lunettes; elles montrent que, chez leurs auteurs, des diaphragmes
de $2^{mm},75$ retardent l'accroissement de l'acuité visuelle pour toutes les
intensités lumineuses, mais surtout pour les intensités faibles, comme le fait

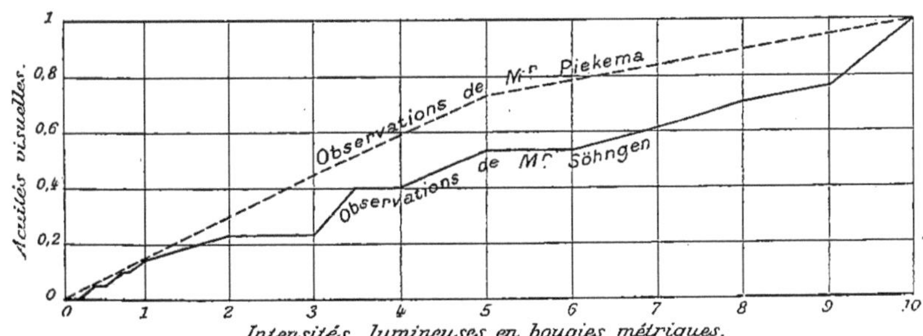

Fig. 488. — Première partie de la courbe précédente montrant les variations de l'acuité
visuelle correspondant aux intensités lumineuses comprises entre 1 et 10 bougies métriques.

fort bien ressortir la comparaison, d'un côté, des courbes en — — — et
en —·—·— de la figure 489 obtenues à l'aide de diaphragmes, et, de l'autre
côté, des courbes en ——— et en - - - - - de la même figure obtenues par les
mêmes observateurs sans diaphragmes. Cette relation se comprend facilement : l'influence des diaphragmes sur l'intensité lumineuse de l'image
rétinienne sera d'autant plus grande que l'ouverture du diaphragme sera

petite par rapport à l'ouverture pupillaire. L'influence du diaphragme
deviendra nulle quand le diamètre de la pupille sera devenu inférieur au
diamètre du diaphragme sous l'influence de l'intensité lumineuse croissante.

Les observations de MM. Piekema et Laan ont montré une partie du phénomène de l'adaptation dans la production de l'acuité visuelle ; les expériences
de M. André Broca sont venues préciser ce rôle de l'adaptation rétinienne.
Ces observations ont été faites dans le cabinet noir au moyen d'un tout petit
test-objet (3 millimètres de côté), image réelle et diminuée d'un autre plus

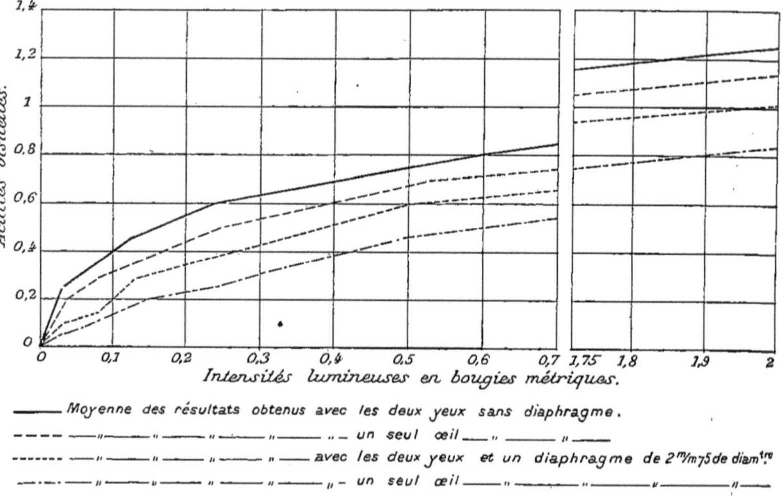

Fig. 489. — Variations de l'acuité visuelle dépendant de l'éclairement. — Rétine adaptée.

grand qui se formait au niveau d'un trou percé dans un écran. Celui-ci
pouvait être éclairé d'une manière quelconque au moyen d'un étalon lumineux
ou rester noir. Dans ces conditions, on peut étudier en détail l'action de l'adaptation sur l'acuité visuelle, l'adaptation produite par le très petit test-objet
étant très petite, et d'ailleurs inévitable.

M. Broca a vu alors l'influence considérable de l'adaptation des parties de
la rétine voisine de celles sur lesquelles se forme l'image ; l'influence du
diamètre pupillaire était complètement éliminée par l'emploi d'un diaphragme
de 2 millimètres de diamètre. Les courbes ainsi obtenues par l'acuité
visuelle en fonction de l'intensité, dans des conditions déterminées, sont d'une
régularité parfaite. Les résultats sont les suivants :

Pour les éclairages faibles, l'acuité visuelle augmente par l'adaptation à
l'obscurité ;

Pour les éclairages moyens, l'acuité visuelle reste la même par l'adaptation
à l'obscurité ;

Pour les éclairages forts, l'acuité visuelle diminue par l'adaptation à
l'obscurité.

La principale cause rétinienne de la variation de l'acuité visuelle avec l'éclairage, pour les hautes lumières, semble être l'adaptation, comme il ressort des chiffres suivants :

Éclairement en lux.	Acuité visuelle.	
	Œil exposé à la lumière.	Œil adapté à l'obscurité.
2	0,52	0,81
17	0,86	0,97
34	1	1
170	1,55	1,15

L'œil est, dans ces expériences, toujours muni du diaphragme de 2 millimètres.

Photoptomètre de Foerster. — Certaines personnes présentent une acuité visuelle normale par un éclairage ambiant fort, mais voient leur vision

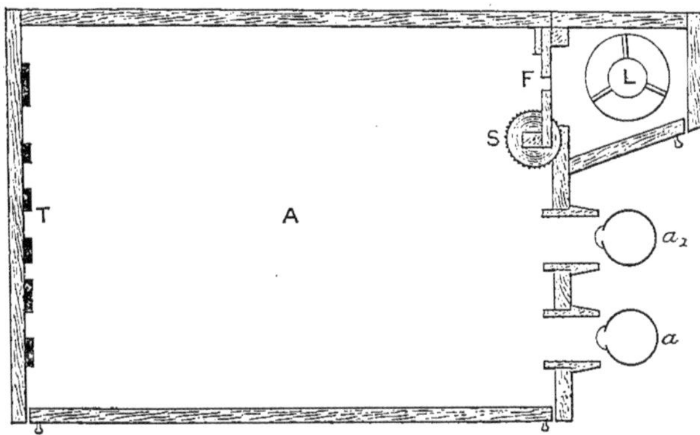

Fig. 490. — Photoptomètre de Foerster.

baisser d'une façon démesurée aussitôt que celui-ci s'abaisse. Les courbes précédentes représentent les relations normales qui existent entre l'acuité visuelle et l'éclairement. Ces relations sont altérées dans la rétinite pigmentaire, dans différentes chorio-rétinites, dans l'héméralopie essentielle et dans d'autres affections locales et générales. Ces troubles peuvent être constatés et mesurés à l'aide d'un appareil imaginé par Foerster (fig. 490).

C'est une caisse noircie intérieurement (A). Le malade regarde à travers deux ouvertures correspondant à ses yeux a_1, a, vers un tableau blanc placé au fond de la caisse, sur lequel sont tracés des traits noirs ou des optotypes T. La seule lumière qui puisse pénétrer dans la caisse provient d'une fenêtre carrée F dont on peut varier l'ouverture et qui est placée à côté des ouvertures à travers lesquelles regarde le malade. Derrière la fenêtre, qui est couverte de papier huilé, brûle une bougie étalon L. L'ouverture de cette fenêtre est réglable et détermine directement l'intensité lumineuse de la paroi T de la caisse. On peut faire les mesures comparativement avec un observateur normal, ou bien on détermine une fois pour toutes l'acuité visuelle moyenne qui correspond aux différentes ouvertures de la fenêtre F. Dans les deux cas, il est indispensable de tenir compte de l'état d'adaptation rétinienne.

Les altérations qui surviennent dans les relations existant normalement entre l'acuité visuelle et l'intensité lumineuse dépendent ou d'une altération de la sensibilité lumineuse ou d'une altération de la faculté d'adaptation.

Bibliographie.

Aubert, *Physiologie der Netzhaut.* Breslau, 1864, p. 81.

Badal, Optomètre. *Annales d'ocul.*, t. LXXXI, p. 268, 1879.

Bordier, *De l'acuité visuelle.* Paris, Baillière, 1893.

Broca, Causes rétiniennes de variation de l'acuité visuelle en lumière blanche. *Journal de physiologie et de pathologie générale*, t. III, p. 394, 1901.

Buffon, *Histoire de l'homme.* Édition de Lacépède, t. V, p. 153.

Carp, Abnahme der Sehschärfe bei abnehmender Beleuchtung. *Thèse de Marbourg*, 1876.

Cohn, Recherches sur l'acuité visuelle des Égyptiens. *Berliner klin. Wochenschr.*, nᵒˢ 21 et 22, 1898.

De Haan, I Vroesom, Onderzoekingen naar den invloed van den leeftyd op de gezichtsscherpte. *Nederl. gasthuis vo or ooglyders*, 3ᵉ verslag.

Donders, Sehschaerfe. *Archiv für Ophthalmol.*, t. IX, p. 220, 1863. — *Des anomalies de la réfraction et de l'accommodation*, in Traité des maladies des yeux, de Wecker, 2ᵉ éd., t. II, p. 532.

Druault, in Tscherning, *Optique physiologique*, p. 260.

Giraud-Teulon, *Instruction pour l'emploi de l'échelle régulièrement progressive.* Paris, 1863.

— Mémoire sur la mesure de la sensibilité de la rétine et présentation d'une nouvelle échelle typographique. *Comptes rendus du Congrès périodique international d'ophtalmologie*, 2ᵉ session. Paris, 1862, p. 97.

— Acuité visuelle. *Ann. d'ocul.*, t. LXXXI, p. 213, 1879.

Guilloz, De l'égalité de grandeur des images rétiniennes dans l'emmétropie et dans les amétropies corrigées. *Arch. d'ophtalm.*, oct. 1896.

Helmholtz, *Optique physiologique.* Paris, Masson, 1867, p. 291.

Humboldt (Alex. de), *Cosmos*, t. III, p. 69.

Javal, Essai sur la physiologie de la lecture. *Ann. d'ocul.*, t. LXXX, p. 144, 1878.

Kotelmann, *Berliner klinische Wochenschrift*, 1884, p. 171.

Macé de Lépinay et Nicati, Recherches sur la comparaison photométrique des diverses parties d'un même spectre. *Annales de chimie et de physique*, 5ᵉ série, t. XXIV.

Piekema et Laan, in Snellen, Notes on vision and retinal perception. *Ophthalmological Society's Transactions*, t. XVI, 1896.

Snellen, Dépôt d'une échelle optométrique construit sur les mêmes principes que celle de M. Giraud-Teulon. *Comptes rendus du Congrès périodique international d'ophtalmologie*, 2ᵉ session. Paris, 1862, p. 106.

— On vision and retinal perception. *Ophthalmological Society's Transactions*, t. XVI, 1896.

Uhthoff, Weitere Untersuchungen über die Sehschärfe. *Arch. für Ophthalm.*, t. XXXVI, p. 33.

Widmark, Refraktionsundersokningar, ut förda vit naegra skolari Stockholm. *Nord. med. arkiv*, Heft 4, 1888.

CHAMP VISUEL ET TOPOGRAPHIE RÉTINIENNE

Par M. SULZER.

VISION DIRECTE ET VISION INDIRECTE

CHAMPS VISUELS

Campimètre. Périmètre. — La vision directe ou centrale se fait à l'aide de la fossette centrale de la rétine et de son entourage immédiat, sous une étendue angulaire de 5 degrés environ. Les perceptions visuelles qui se font par l'intermédiaire du reste de la rétine constituent la vision indirecte ou excentrique.

Par le réflexe de fixation, nos yeux amènent l'image de l'objet sur lequel l'attention vient d'être appelée dans la fovea centralis, où aboutit l'axe optique de la vision centrale de l'œil, axe qui ne forme qu'un petit angle avec l'axe de symétrie antéro-postérieur du globe oculaire. La vision nette, la distinction des détails des objets s'opère exclusivement à l'aide de cette région centrale de la rétine. Nous ne nous servons ordinairement que de la vision centrale d'une façon consciente. Pour attirer notre attention sur la qualité des sensations de la rétine périphérique, il faut des artifices.

Les deux instruments employés dans ce but sont le campimètre (fig. 491) et le périmètre (fig. 492). Ils appellent l'attention de l'examiné sur un objet vu obliquement sans lui permettre de fixer cet objet. Ils servent en même temps à déterminer les limites dans lesquelles la rétine excentrique perçoit un objet de surface et de coloration données. Les champs ainsi délimités s'appellent des *champs visuels*.

Le campimètre. — L'instrument le plus simple pour déterminer les limites du champ visuel pour une fonction donnée de la rétine est le campimètre (fig. 491). C'est un tableau noir portant dans son centre un signe de fixation et sur son bord inférieur une mentonnière à hauteur réglable, permettant de maintenir l'œil à examiner à la hauteur du signe de fixation, à une distance fixe et déterminée du signe de fixation. L'objet à reconnaître est amené du bord du tableau vers son centre, tandis que l'œil examiné immobile fixe le centre du tableau. Le point le plus éloigné du centre où l'œil reconnaît l'objet amené du bord de la table dans une certaine direction vers le centre est marqué sur le tableau. La ligne courbe qui passe par tous les points

obtenus ainsi en rapprochant l'objet dans toutes les directions du centre du
tableau forme la limite du champ visuel pour l'objet employé (fig. 491).

Le campimètre peut être improvisé n'importe où à l'aide d'un morceau de
papier d'emballage gris ou noir et d'une chaise sur laquelle l'observé s'as-
sied à cheval en appuyant le menton sur le dossier. Une croix indique le
centre du champ. Un morceau de craie fixé au bout d'une baguette sert à
déterminer les limites extérieures du champ visuel. Il est remplacé par des
carrés de papier coloré pour les champs de couleur.

Le campimètre a deux inconvénients. Les axes optiques secondaires selon

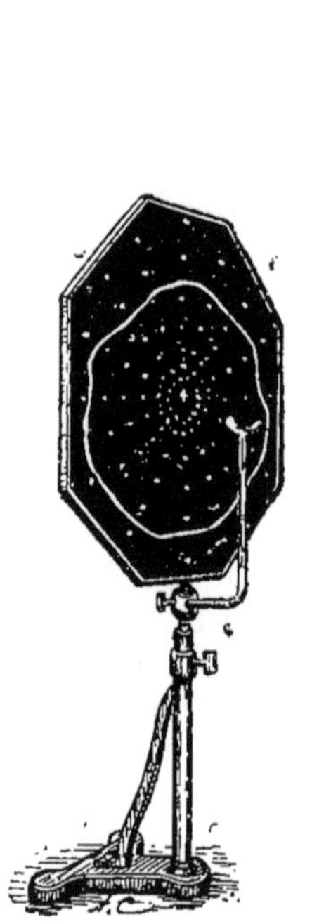

Fig. 491. — Le campimètre.

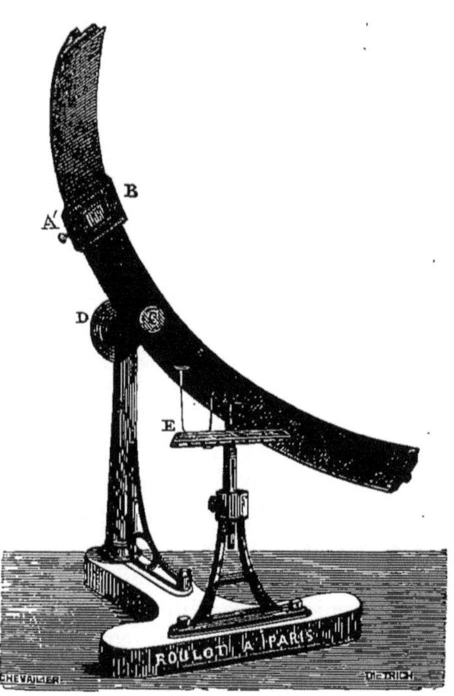

Fig. 492. — Le périmètre.

lesquels des rayons incidents extrêmes rencontrent les parties les plus excentriques de la rétine coupent l'axe optique principal de l'œil sous un angle
presque droit ; ils sont donc parallèles au tableau du campimètre et ne
peuvent pas provenir de lui : le champ campimétrique pour les limites extérieures du champ visuel sera incomplet, tout au moins pour la direction temporale du champ visuel où ni le sourcil, ni le nez, ni la joue n'interceptent
les rayons extrêmes. En d'autres termes, le champ visuel est plus grand que
le tableau du campimètre, quelle que soit l'étendue de ce dernier. C'est là le
premier et le principal inconvénient.

Le second inconvénient est que le test-objet se présente à l'œil à une distance d'autant plus grande qu'on s'éloigne davantage du centre du tableau.
Cet inconvénient sera d'autant plus sensible que l'œil sera plus rapproché du

tableau. Or, pour recevoir sur le tableau les parties excentriques du champ visuel, il faut fortement rapprocher l'œil examiné du tableau.

Les distances angulaires égales de la rétine se projettent sur le campimètre selon la loi des tangentes. Au fur et à mesure qu'on s'éloigne du centre du tableau, des étendues de plus en plus grandes de celui-ci correspondent à des étendues rétiniennes égales (fig. 493, 496 et 497).

Le périmètre. — On évite les inconvénients que comporte le campimètre en promenant le test-objet à l'intérieur d'un hémisphère creux au centre duquel se trouve l'œil examiné (exactement le centre optique de l'œil examiné) (fig. 496). L'hémisphère peut être remplacé par un arc de cercle mesurant une demi-circonférence pouvant être orienté dans les différents azimuts (fig. 492, 495 et 496). Supposons cet arc linéaire : sa rotation autour de son diamètre horizontal produira un hémisphère. En déplaçant les test-objets le long d'un demi-cercle tournant autour de son axe horizontal et orienté successivement selon les différentes directions de l'espace, on obtient le même résultat que si l'on déplaçait les test-objets le long des différents méridiens d'un hémisphère creux de même rayon. L'arc a sur l'hémisphère entier et le secteur d'hémisphère (périmètre de Galezowski, fig. 495) le grand avantage d'être plus maniable et de permettre à l'observateur de contrôler à chaque instant la position de l'œil observé.

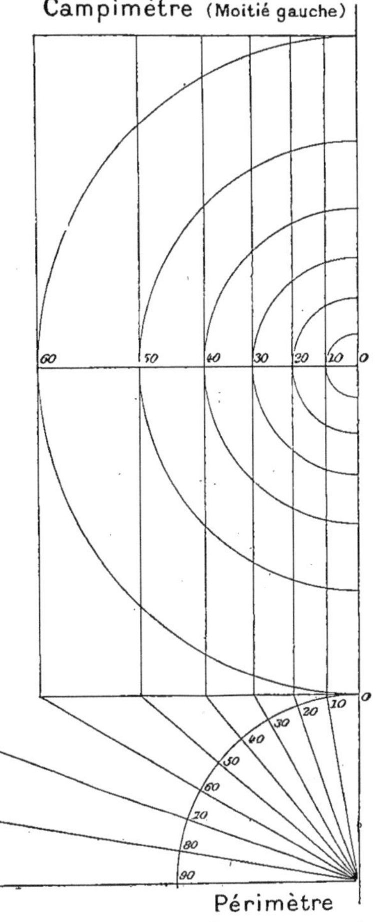

Fig. 493. — Discordance des mesures campimétriques et périmétriques.

Le rayon de l'arc des périmètres usuels mesure 30 centimètres. L'arc est noirci à sa face intérieure, gradué à sa face extérieure à partir de son sommet qui représente le point zéro de la division. A son sommet, l'arc est monté à l'aide d'un axe horizontal sur une colonne verticale (fig. 492). Ce dispositif permet de tourner l'arc autour de son diamètre horizontal de manière à engendrer un hémisphère. A son bout postérieur, l'axe de rotation de l'arc porte une aiguille qui indique la position de celui-ci dans l'espace sur un disque circulaire D divisé en degrés. Une mentonnière double ou réversible E occupe une position telle qu'elle permet de placer l'œil à examiner au centre de l'arc gradué, l'autre œil étant fermé ; le sommet de l'arc gradué porte à sa surface concave un signe de fixation C destiné à maintenir l'œil examiné dans une direction invariable,

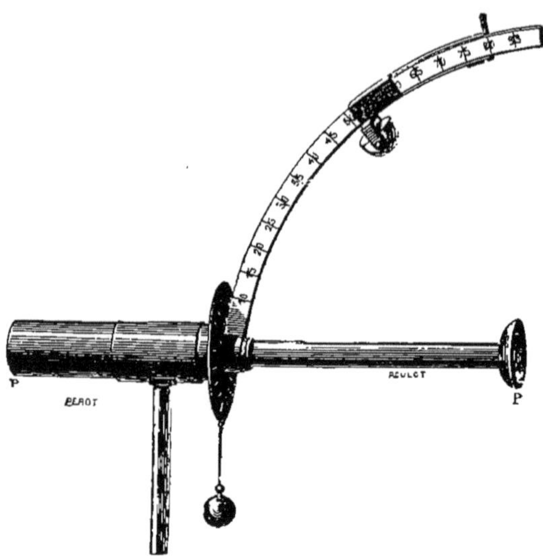

Fig. 494. — Périmètre portatif de Badal.

Le signe de fixation ainsi disposé fait coïncider le zéro de la division de l'arc avec la fossette centrale de la rétine.

Le périmètre à arc a été indiqué par *Aubert*. Les modèles les plus employés sont ceux que *Foerster* et *Landolt* ont fait construire. Avant ces auteurs, Desmarres employa un hémisphère creux pour mesurer le champ visuel. L'hémisphère creux, teinté en gris foncé ou en noir, est l'instrument idéal pour des mesures périmétriques exactes, car il place toute l'étendue de la rétine dans des conditions d'adaptation identiques et favorables à la mesure de la perception colorée. Cet avantage est perdu quand on réduit l'hémisphère à un quadrant d'hémisphère, mobile autour de son axe.

Foerster fait fixer à l'examiné un point situé à 15° du côté nasal du sommet de l'arc périmétrique. Au lieu de faire coïncider avec le centre du champ visuel, c'est-à-dire avec le sommet de l'arc périmétrique, la fossette centrale de la rétine, il place ainsi, dans cet endroit, la tache aveugle de Mariotte qui correspond à la papille du nerf optique.

Actuellement, cette manière de procéder n'est plus en usage ; les périmètres usuels portent la marque de fixation au sommet de l'arc périmétrique, faisant ainsi coïncider la fossette centrale de la rétine avec le zéro de la division. On désigne les instruments construits selon ce principe sous le nom de *périmètres de Landolt*, pour les distinguer des périmètres

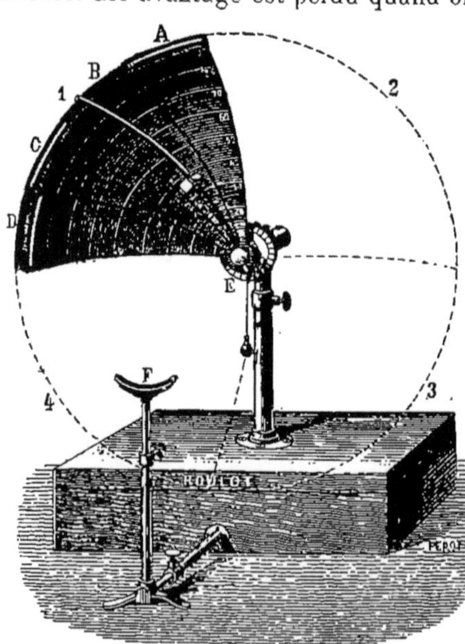

Fig. 495. — Périmètre de Galezowski.

de Foerster, qui font coïncider la tache aveugle avec le sommet de l'arc.

A cette différence de fixation près, le genre de périmètre employé est sans importance aucune pour le résultat obtenu. L'exactitude de la mesure du champ visuel dépend bien plus du soin et de l'attention apportés aux mesures que de l'instrument employé.

Pour être comparables entre elles, les mesures périmétriques doivent être prises à une même distance de l'œil avec des papiers de surface et de coloration identiques et par un éclairage égal. Or, avec les instruments actuels qui emploient comme éclairage l'éclairage diurne, comme test-objets des papiers colorés, ces conditions ne sont jamais remplies.

M. *Badal* a imaginé un périmètre démontable et portatif qu'on peut facilement transporter au domicile du malade.

Stevens, *Gillet de Grandmont*, *Parisotti* et d'autres ont fait construire des périmètres enregistreurs. M. *Ascher* emploie pour la détermination du champ visuel un hémisphère transparent en celluloïd. La transparence de cette substance permet de déplacer les test-objets sur sa surface extérieure (convexe) et sa légèreté rend possible de faire tenir l'hémisphère muni d'une poignée par le malade, fût-il couché.

Représentation graphique du champ visuel. — Quand l'œil examiné, placé au centre de l'arc périmétrique horizontal, fixe le sommet de l'arc,

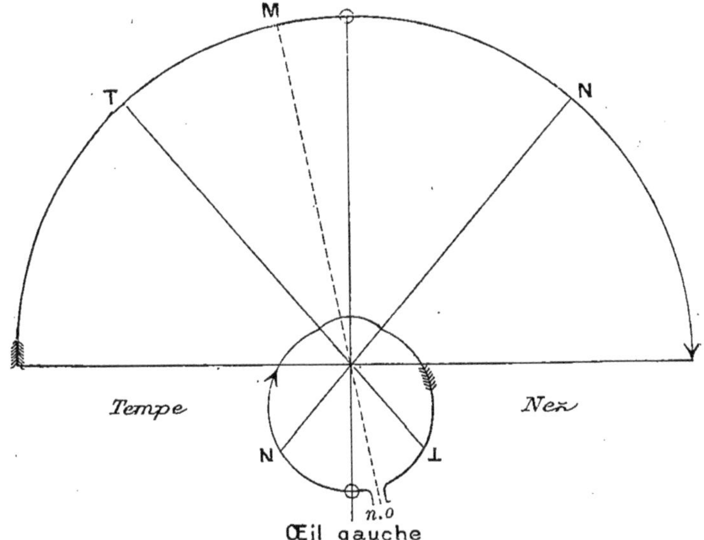

Fig. 496. — L'arc périmétrique et son image rétinienne. — Représentation schématique. — M, tache aveugle de Mariotte, correspondant à l'entrée du nerf optique *n.o.*

l'image de l'arc occupe sur la rétine une étendue de 180°, 90° de part et d'autre de la fossette centrale. La moitié nasale de l'arc forme son image sur la moitié temporale de la rétine, la moitié temporale de l'arc sur la moitié nasale de la rétine, et ainsi de suite (fig. 496).

On enregistre les résultats obtenus à l'aide du périmètre sur des schémas

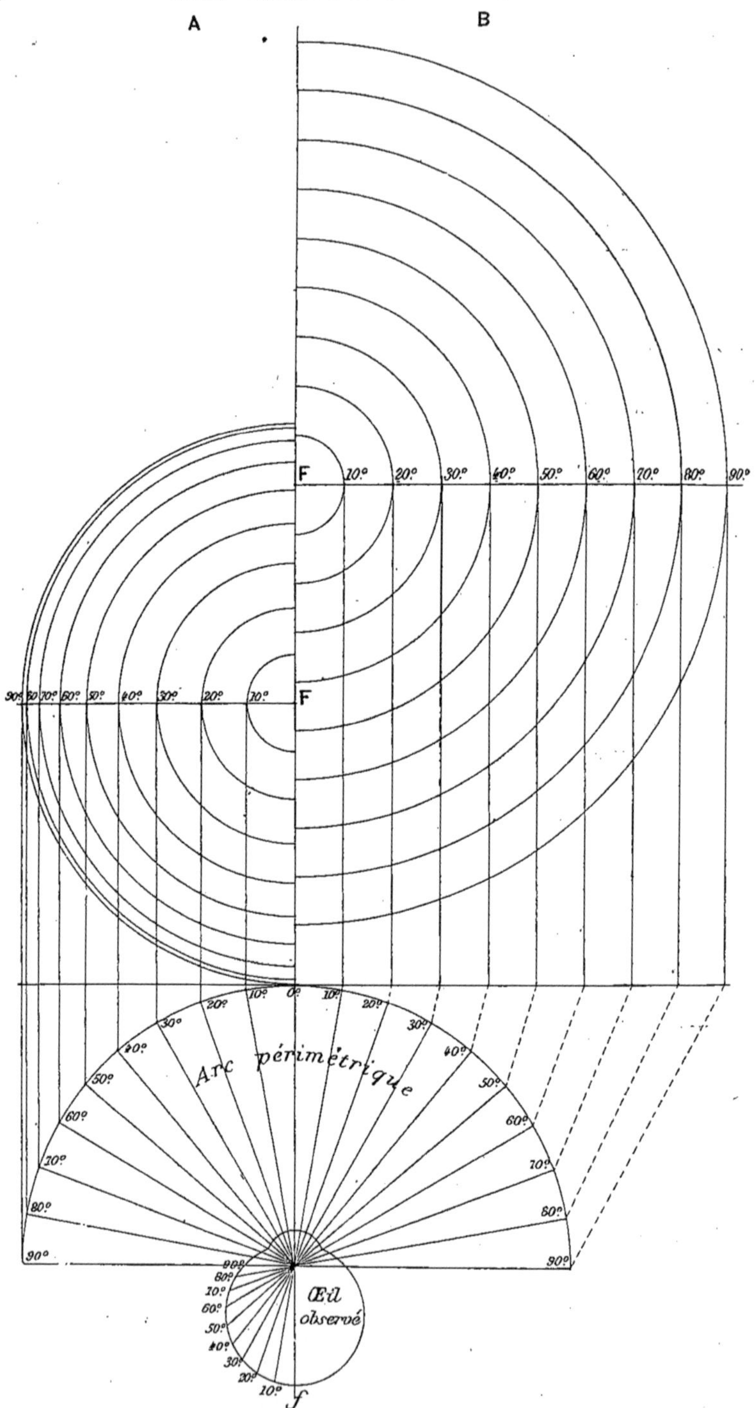

Fig. 497. — Représentations graphiques des mesures périmétriques. — A, sur la projection d'hémisphère ; B, sur un schéma à cercles concentriques équidistants.

qui contiennent des cercles concentriques correspondant aux divisions en degrés de l'arc périmétrique et des diamètres correspondant aux différentes positions successives de l'arc. Ces cercles sont équidistants dans certains schémas ; d'autres schémas figurent la projection droite d'un hémisphère divisé en zones d'égale largeur par des cercles équidistants, concentriques par rapport à son sommet. Dans ce cas, les cercles du schéma se rapprochent de plus en plus, au fur et à mesure qu'on s'éloigne du centre vers la périphérie.

Mieux qu'une longue explication, un coup d'œil sur les figures 497, 500 et 501 donnera une idée des relations qui existent entre ces différents modes d'enregistrement.

Au point de vue purement géométrique, le schéma A, qui représente la projection droite d'un hémisphère couvert de cercles concentriques et équidistants, est irréprochable. Ce genre d'enregistrement est dit *orthographique*. Au point de vue pratique, il a l'inconvénient de donner les parties périphériques du champ visuel en raccourci ; une légère modification des limites extérieures du champ visuel ne sera donc qu'à peine visible par la comparaison des graphiques, tandis qu'elle le sera facilement à la mesure périmétrique. Or, l'enregistrement exact des limites extérieures du champ visuel est d'une grande importance pratique.

Le schéma B, composé de cercles équidistants et concentriques, évite cet inconvénient. C'est celui que nous employons et que nous recommandons. Il convient toutefois de se rappeler qu'une figure quelconque, les limites d'un scotome (1), par exemple, n'ont pas la même forme quand nous les inscrivons à l'intérieur d'un hémisphère creux dont l'observé fixe le pôle — ce qui nous donne la forme vraie — ou si nous rapportons sur le schéma à cercles équidistants et concentriques les points trouvés sur l'hémisphère ou sur le périmètre — ce qui nous donne une figure anamorphosée.

L'hémisphère n'est pas une surface développable ; elle ne peut être étendue dans un plan comme la surface d'un cylindre ou d'un cône. Si nous nous représentons la surface d'un hémisphère découpée dans un grand nombre de triangles étroits dont les sommets se touchent au pôle de l'hémisphère, tandis que leurs bases forment le bord de l'hémisphère, on pourra étaler ces triangles (nous les supposons tels dans l'intérêt de la brièveté) dans un plan.

En étalant l'hémisphère ainsi découpé, les sommets des triangles continueront à rester en contact, mais leurs côtés contigus s'éloigneront l'un de l'autre ; la distance qui les sépare va en croissant du centre vers le bord. Le rayon du cercle extérieur du schéma obtenu en étalant ainsi l'hémisphère est égal à la longueur de la moitié de l'arc périmétrique. Le schéma est donc fortement agrandi dans le sens de la circonférence, ainsi que le montrent les figures 498 A et B, car, dans l'hémisphère périmétrique, le plus grand cercle a comme rayon le rayon de l'hémisphère. Dans la figure 498 B, qui représente étalé l'hémisphère de la figure 498 A, les parties blanches seules (quadrant

(1) En oculistique, on appelle *scotome* une étendue limitée de la rétine et du champ visuel dont la sensibilité à la lumière est abolie ou amoindrie.

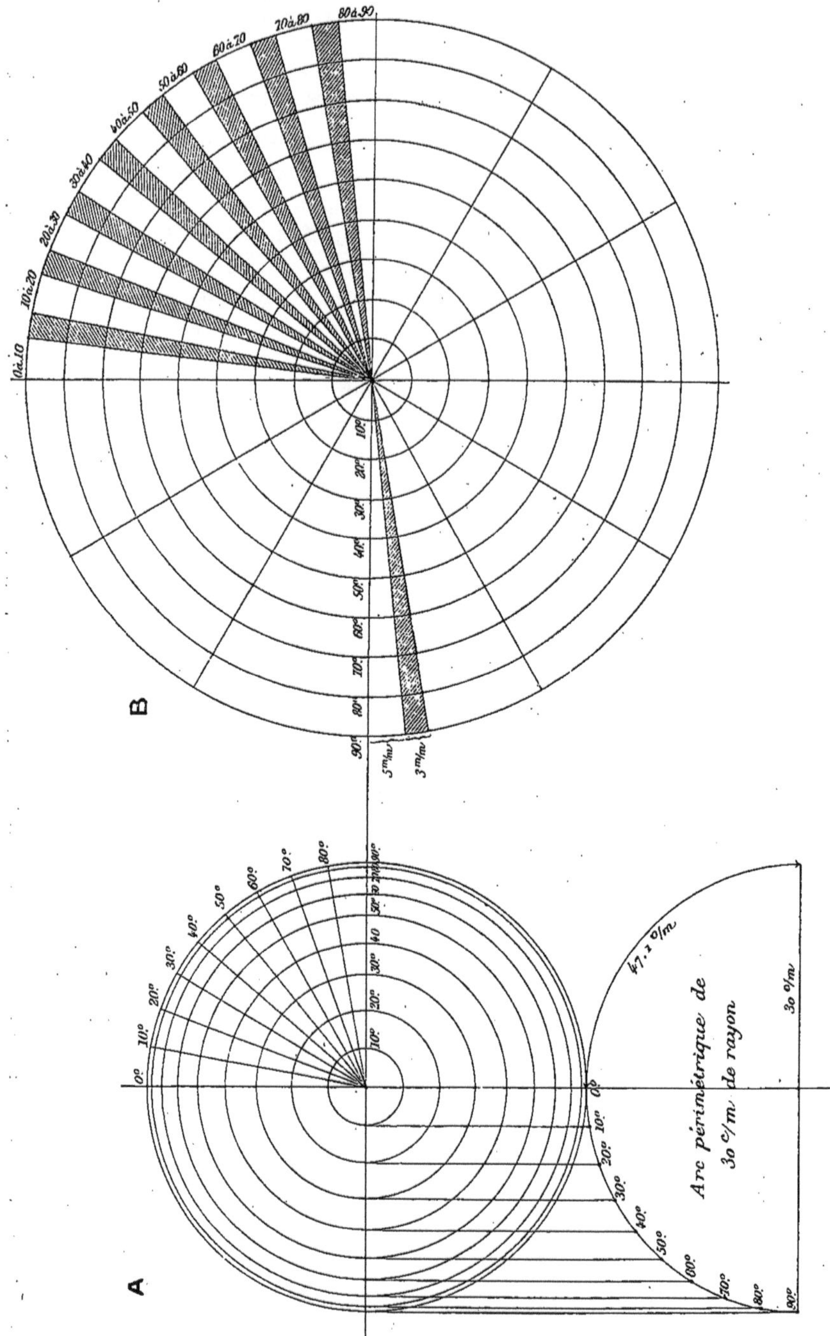

Fig. 498. — Rapport entre l'hémisphère décrit par l'arc périmétrique et le schéma à cercles concentriques équidistants.

A, Projection de l'hémisphère creux de 30 millimètres de rayon décrit par l'arc périmétrique ci-dessous. Cet hémisphère porte des cercles concentriques équidistants, espacés de 10° en 10°.

B, Schéma à cercles concentriques équidistants, correspondant à l'hémisphère creux de 30 millimètres de rayon, dont la projection est figurée en A. (Dans le cadran supérieur droit, les portions faisant partie de la surface de l'hémisphère sont laissées en blanc; les triangles hachurés n'appartiennent pas à l'hémisphère.)

supérieur droit, inférieur gauche) font partie de l'hémisphère ; une figure inscrite dans l'hémisphère sera donc agrandie dans le sens des cercles concentriques quand elle figurera sur le schéma que représente la figure 498 B.

La figure 498 permet de se rendre compte de quelle façon et dans quelle mesure les figures inscrites dans le schéma à cercles équidistants sont déformées. L'anamorphose sera plus prononcée pour une figure inscrite près du bord de l'hémisphère que pour une figure voisine du pôle. Dans le sens des rayons du schéma, les dimensions sont les mêmes que dans l'hémisphère ; dans le sens perpendiculaire aux rayons, les distances sont le plus agrandies. Il est important de tenir compte de cette anamorphose quand on compare des lacunes du champ visuel aux lésions des membranes profondes de l'œil constatées à l'ophtalmoscope.

Périmétrie clinique. — La périmétrie clinique se fait à l'aide de petits papiers carrés ou ronds ayant ordinairement 1 centimètre carré de surface. Quand il s'agit de déterminer un scotome central ou une autre anomalie locale du champ visuel, on emploie des papiers de surface plus petite.

En procédant de cette façon, on circonscrit des champs visuels relatifs. On

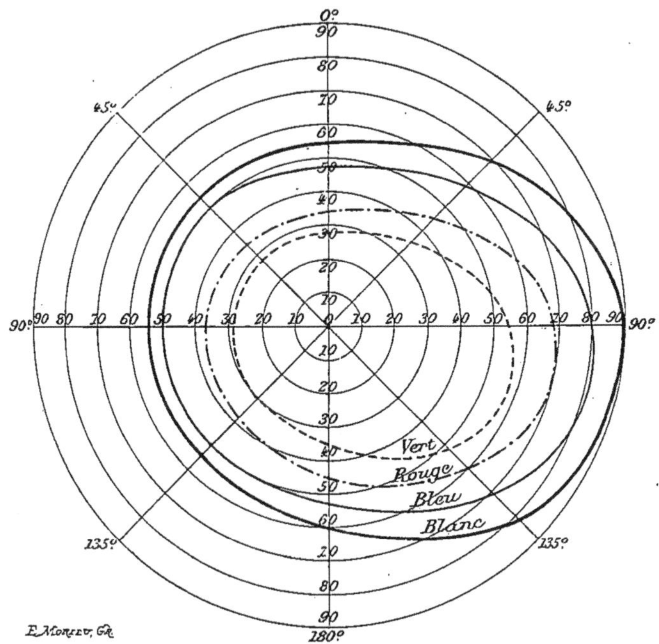

Fig. 499. — Étendue moyenne des champs visuels du blanc, du bleu, du rouge et du vert mesurés à l'aide de papiers de 1 centimètre carré de surface, éclairés par la lumière diffuse du jour. — OEil droit. — M, tache aveugle de Mariotte.

est convenu d'appeler *limites extérieures du champ visuel* les limites qu'on obtient à l'aide d'un papier blanc de 1 centimètre carré de surface placé sur fond noir, éclairé par l'éclairage diffus du jour. Mais les limites extérieures ainsi déterminées ne sont que relatives, car un carré de papier plus grand, une

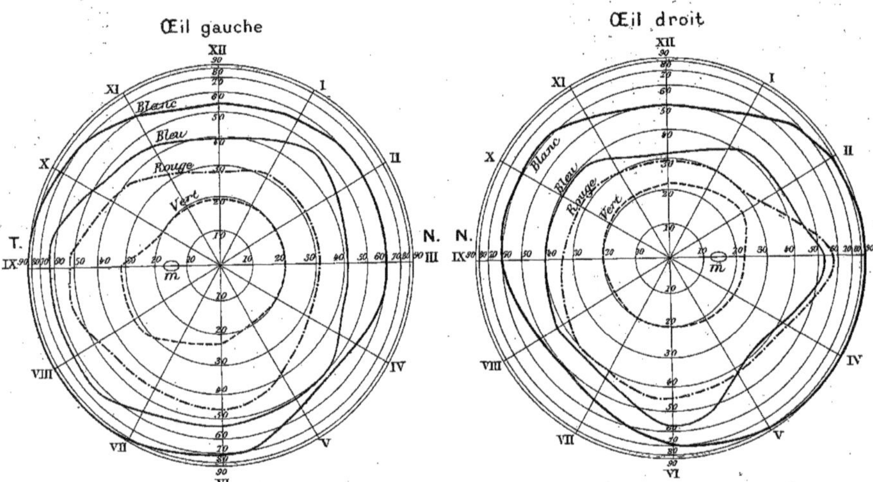

Fig. 500. — Champs visuels et colorés obtenus avec des carrés de 1 centimètre carré de surface. Projection orthographique.

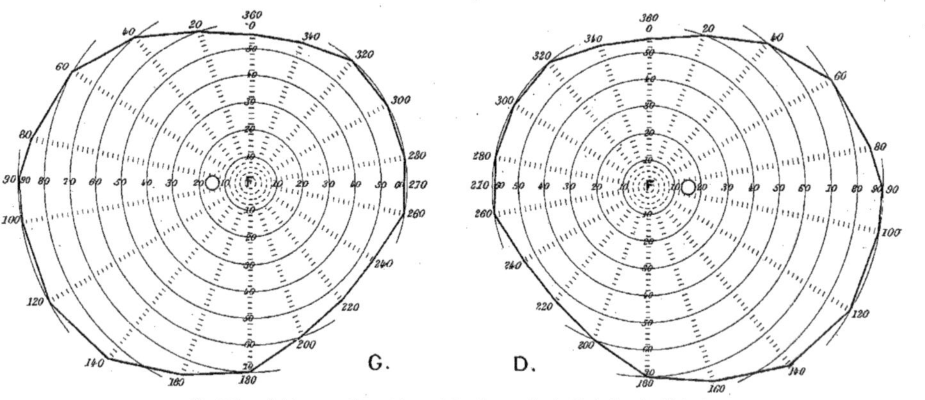

Fig. 501. — Schéma pour l'enregistrement des champs visuels. Projection équidistante.

source lumineuse plus vive seront perçus au delà de ces limites, tandis qu'un carré plus petit donnerait des limites moins étendues.

On appelle *champ des couleurs* les limites qu'on trouve à l'aide de papiers de 1 centimètre carré de surface, colorés de bleu, de rouge, de vert, de jaune, placés sur fond noir ou gris. Pour déterminer les limites de ces champs, on avance le papier d'une couleur déterminée, le bleu, par exemple, du bout de l'arc vers son sommet. Dès que le malade qui fixe le sommet de l'arc reconnaît la couleur sans détourner l'œil, il la nomme ; le point où se trouve le papier bleu à ce moment-là limite le champ du bleu dans la direction explorée.

La figure 499 représente les limites moyennes du champ visuel du blanc et des champs de couleurs ainsi mesurés.

Les anomalies de cette forme type se divisent en : rétrécissement des champs de couleurs, rétrécissement des limites extérieures, lacunes en forme de secteur, scotomes ou lacunes insulaires, intervertissement de la grandeur relative des champs de couleurs.

Ces anomalies sont d'une importance capitale dans le diagnostic de certaines affections oculaires et générales (affections du nerf optique, glaucome, intoxications alcooliques et autres, hystérie, tabes).

Pour mesurer un champ visuel, on commence ordinairement par déterminer les limites des champs visuels blanc et colorés pour le méridien horizontal. Ces mesures faites et enregistrées, on parcourt toute l'étendue de l'hémisphère en inclinant l'arc périmétrique de 10, 15, 20, 30 ou 45 degrés par étape, selon le degré d'exactitude qu'on désire atteindre. On parcourt ainsi l'hémisphère entier par des déplacements successifs et égaux de l'arc.

Quand on découvre une lacune dans le champ visuel, un endroit où la perception est altérée ou affaiblie, un scotome relatif ou absolu selon le langage accepté, il est recommandé d'en déterminer les limites à l'aide de papiers plus petits qu'un centimètre carré.

Champs visuels relatifs et absolus. — Le champ visuel est formé par l'ensemble de tous les points perçus par l'œil immobile. Le champ visuel absolu devrait être déterminé à l'aide d'une petite surface très lumineuse. On obtiendrait ainsi les limites extérieures vraies du champ visuel, à condition qu'on disposât la tête de façon que nulle part les rayons lumineux émanant du test-objet ne soient interceptés par les rebords orbitaires ou le nez.

Les champs visuels que nous mesurons ordinairement sont, nous l'avons vu, des champs relatifs : pour les limites extérieures, nous déterminons le champ dans lequel l'œil examiné distingue sur fond sombre un papier blanc de 10 millimètres de côté, éclairé par la lumière du jour d'un appartement. Les limites ainsi obtenues se rapprochent des limites du champ visuel absolu jusqu'à une distance de 30° à 80° selon la direction.

Les champs visuels des couleurs sont contenus dans les limites dans lesquelles l'œil reconnaît dans son ton « vrai » la lumière très complexe réfléchie par un papier coloré de 10 millimètres de côté. Ce sont également des champs relatifs, relatifs aux test-objets employés. Pour trouver les champs vrais ou absolus, il faudrait employer des couleurs pures (spectrales ou filtrées) d'intensité optima.

La tache aveugle de Mariotte. — L'entrée du nerf optique est insensible à la lumière. Sa projection forme dans le champ visuel la tache aveugle de Mariotte, dont le centre se trouve à 14° ou 15° du côté temporal du point de fixation, environ 5° au-dessous du méridien horizontal qui passe par le point de fixation.

Sur des milliers de mesures périmétriques, M. Ole Bull n'a trouvé que deux fois le centre de la tache aveugle situé au-dessus de ce méridien.

Le diamètre de la tache aveugle est de 6°30′ en moyenne ; cette étendue correspond à celle de la papille du nerf optique, telle qu'elle a été déterminée à l'aide de l'ophtalmoscope (Giraud-Teulon) et sur le cadavre.

En déterminant les limites de la tache aveugle à l'aide d'un carré blanc de 1 millimètre de côté, on constate des bords irréguliers, correspondant aux grands vaisseaux rétiniens. Quelques personnes voient les petits objets déformés dans le voisinage immédiat de la tache aveugle (Ole Bull).

Limites du champ visuel absolu. — Les limites optiques du champ visuel absolu sont très étendues ; le calcul, aussi bien que l'expérience, l'ont montré. Les mesures indiquent qu'elles s'étendent dans le méridien horizontal :

Du côté temporal à............................	125°
— nasal à...............	115°
Au total à..................	240°

Au delà des limites de la perception distincte qui correspondent à une perception lumineuse semblable à l'objet, s'étend une zone de 10° à 15°, dans laquelle la perception existe encore, mais où elle est plus confuse que dans le reste du champ visuel. En soustrayant du total mesuré 20° à 30° pour la zone de perception confuse, on obtient 210° à 220° pour la perception distincte.

Le calcul montre que l'étendue du champ visuel optique, c'est-à-dire l'étendue angulaire de la sphère qui envoie à l'œil des rayons pouvant être réfractés par l'appareil optique de l'œil, est inférieure à 240°. L'agrandissement apparent du champ visuel tient à la diffusion de la lumière oblique par la jonction scléro-cornéenne, demi-transparente.

Dans la vérification expérimentale des limites du champ visuel absolu, *l'intensité lumineuse* a une importance capitale. Pour atteindre les limites extrêmes, il faut une lumière très intense.

Champ visuel optique et champ visuel sensible. — L'ensemble de tous les points qui émettent des rayons lumineux ayant une direction telle qu'ils peuvent, grâce à la réfraction régulière, pénétrer dans l'œil par la pupille, constitue le champ visuel optique. Nous pouvons nous représenter ses points formant une sphère incomplète au centre de laquelle est situé l'œil. Il s'agit de distinguer les parties de la sphère complète qui envoient de la lumière dans une direction telle que, après réfraction, elle pénètre dans la pupille, des parties qui n'envoient pas de lumière dans l'œil.

Soit CC′ (fig. 502) une cornée sphérique de 8 millimètres de rayon, dont le centre se trouve en O. La profondeur moyenne de la chambre antérieure étant de 4 millimètres, la surface antérieure du cristallin et la pupille se

trouvent à moitié distance entre le pôle P et le centre O de la cornée. Supposons des rayons, d'abord parallèles à l'axe OP, changer de direction de façon
à former un angle de plus en plus grand avec cet axe. A quel moment les
rayons réfractés par la cornée et l'humeur aqueuse cesseront-ils d'entrer dans
l'œil? Aussitôt évidemment que les rayons réfractés seront devenus parallèles
au plan de l'iris. Il s'agit donc de déterminer le rayon incident au point L qui

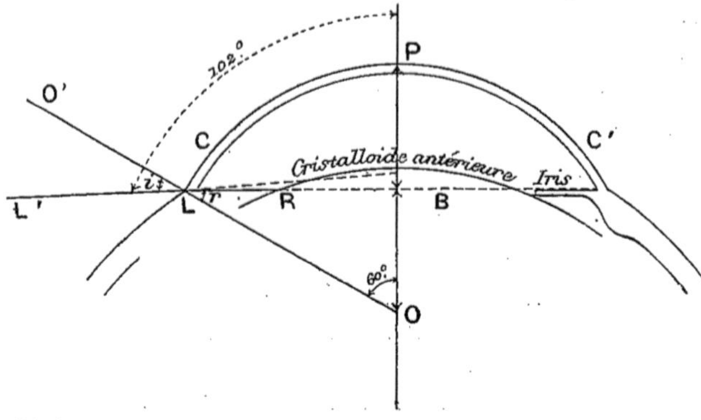

Fig. 502. — Limites du champ visuel optique données par la réfraction cornéenne. (Pour ne pas
trop surcharger la figure, l'iris et le corps ciliaire ont été supprimés du côté gauche de cette
représentation schématique.) — CC', cornée de 8 millimètres de rayon limitant une chambre
antérieure de 4 millimètres de profondeur; O, centre de courbure de cette cornée; PB, profondeur de la chambre antérieure qui entre en ligne de compte pour l'évaluation du rayon
incident limite; P, pôle de la cornée; O'O, normale au point d'incidence du rayon limite;
L'L, rayon incident limite du champ optique; LR, rayon réfracté limite du champ optique.

donne lieu au rayon réfracté LR (fig. 502). Ce rayon réfracté forme l'angle r
avec la normale à la surface CC' passant par le point L. Si LR divise OP en
deux parties égales, ce qui a lieu, en réalité, pour le cas que nous envisageons
(rayon OP de la cornée, 8 millimètres; profondeur de la chambre antérieure,
4 millimètres), l'angle r est de 30°. Quelle est la direction du rayon incident
au point L qui donne lieu à un rayon réfracté formant, avec la normale LO,
un angle de 30° ?

L'indice de réfraction est, selon la définition, égal au sinus de l'angle
d'incidence divisé par le sinus de l'angle de réfraction :

$$\frac{\sin i}{\sin r} = n.$$

Pour la cornée et l'humeur aqueuse, n est égal à 1,33 et, dans le cas spécial
qui nous occupe, l'angle de réfraction r est égal à 30°. Ces deux chiffres déterminent l'angle i, l'angle d'incidence cherché,

$$\frac{\sin i}{\sin 30°} = 1,33,$$

$$\sin i = 1,33 \,.\, \sin 30°$$
$$= 0,665,$$
$$i = 41° \, 40' \, 40''.$$

Le rayon incident limite L′L forme donc avec la normale au point d'incidence OLO′ un angle de 42° en chiffres ronds. La normale OLO′ forme elle-même avec l'axe OP un angle de 60°, puisque LR, divise le rayon OP en deux parties égales. Le rayon incident limite L′L prolongé couperait donc l'axe OP sous un angle de 42° + 60° = 102°.

L'étendue du champ visuel optique est donc de 102° de part et d'autre de l'axe principal antéro-postérieur d'un œil ayant une cornée sphérique de 8 millimètres de courbure et une chambre antérieure de 4 millimètres de profondeur. L'étendue totale du champ visuel optique de cet œil idéal est donc de 204°.

Les variations du rayon de courbure de la cornée et de la profondeur de la chambre antérieure des yeux réels font que leur champ visuel optique, au lieu d'être de 204° exactement, oscille autour de ce chiffre dans des limites extrêmes comprises entre 15° de part et d'autre de 204°.

Nous appelons *champ visuel* tout court ou *champ visuel sensible* l'ensemble des points extérieurs qui, en envoyant de la lumière à l'œil, provoquent une sensation lumineuse.

Ce champ, nous l'avons vu, présente une lacune : c'est la tache aveugle de Mariotte, qui correspond à l'entrée du nerf optique.

En déterminant expérimentalement les limites extérieures ultimes du champ sensible à l'aide d'une source lumineuse très puissante, on trouve son étendue supérieure à celle du champ optique. L'étendue totale du champ sensible ainsi déterminé est de 240°, au lieu des 204° trouvés par le calcul pour le champ optique ; 125° du champ sensible se trouvent du côté temporal de la ligne visuelle et 115° du côté nasal. Cette discordance est due, ainsi que nous l'avons dit plus haut, à la diffusion de la lumière incidente oblique par la jonction scléro-cornéenne demi-transparente.

Quand un observateur projette la lumière d'une source intense dans l'œil observé à l'aide de l'ophtalmoscope, il peut se convaincre que l'observé accuse une perception lumineuse non seulement aussi longtemps que l'observateur, qui se déplace du sommet vers le bout de l'arc périmétrique, aperçoit la pupille sous forme d'une fente de plus en plus étroite aux positions extrêmes, mais même un peu au delà du point où l'observateur cesse de voir la pupille de l'observé.

L'observé fait de son côté une observation qui, rapprochée de la précédente, permet d'expliquer cette inégalité surprenante des champs optique et sensible. Quand la source lumineuse — un petit verre dépoli fortement éclairé par transparence — est arrivée à la limite du champ optique, la perception de la plaque est remplacée par une perception lumineuse diffuse. L'endroit de ce changement de perception est constant pour un observé donné. Il se produit quand les rayons lumineux frappant la cornée ne pénètrent plus directement dans la pupille, tandis que la jonction scléro-cornéenne est vivement éclairée.

La jonction scléro-cornéenne ou limbe cornéen n'est pas droite, elle est en biseau, ainsi que Pourfour du Petit le montra il y aura bientôt deux cents ans. La cornée, complètement transparente, est donc séparée de la sclérotique opaque — ou supposée telle — par un anneau semi-transparent, *diffu-sant* la lumière. Sous l'influence de la lumière intense très oblique, le limbe cornéen devient source lumineuse. La perception lumineuse produite par une source placée au delà des limites du champ optique est due à la diffusion de la lumière par la jonction scléro-cornéenne demi-opaque.

Deux faits d'observation viennent confirmer cette manière de voir :

1° L'observé se rend parfaitement compte du déplacement de la source lumineuse jusqu'au moment où celle-ci arrive à la limite du champ optique. A partir de ce moment, on peut continuer le déplacement de la source sur une étendue variant, selon les personnes observées, de 10° à 20°, sans que la perception lumineuse cesse. A partir de la limite du champ visuel optique, la perception, qui, jusqu'ici, se déplaçait dans le champ visuel en concordance avec le déplacement de la source, reste immobile en même temps qu'elle devient diffuse. En effet, la partie de la portion scléro-cornéenne rendue lumineuse par l'incidence oblique ne change pas de place, aussi longtemps que la source poursuit son mouvement vers la périphérie tout en restant dans le même plan. Aussitôt qu'on change l'orientation de l'arc périmétrique (1) et, par cela même, l'emplacement de l'endroit éclairé du limbe, l'observé se rend compte du déplacement de la source lumineuse. L'immobilité apparente du test-objet déplacé le long de l'arc périmétrique immobile ne peut donc pas être expliquée par la supposition que la lumière tombe dans les positions extrêmes du test-objet, sur des parties rétiniennes incapables de percevoir le mouvement ;

2° Une personne placée du côté opposé de la source lumineuse peut voir l'éclairage du limbe semi-transparent survenir quand la source lumineuse atteint les limites du champ optique et observer la diffusion qu'il produit.

Il convient donc de distinguer dans le champ sensible deux parties : le *champ direct* ou le *champ vrai* et le *champ indirect* ou le *champ faux.*

Le champ sensible vrai est représenté par l'ensemble de tous les points qui provoquent une sensation lumineuse en impressionnant la rétine par l'intermédiaire de l'appareil optique normal de l'œil, tandis que le champ sensible faux comprend les points qui ne parviennent à impressionner la rétine qu'en rendant la jonction scléro-cornéenne lumineuse par diffusion de la lumière incidente.

Le champ sensible faux prolonge le champ sensible vrai de 18° environ, dans toutes les directions. Le champ sensible vrai présente une étendue de 200° environ, identique à l'étendue du champ optique.

Relations existant entre le champ visuel optique et le champ visuel sensible direct. — Quand on donne à la tête de l'observé des positions successives telles que ni le nez, ni l'arcade sourcilière, ni la joue ne font écran, le champ optique, ainsi que nous l'avons vu, a dans toutes les directions une étendue de 102°, mesurés à partir de l'axe de la cornée supposée sphérique et d'un rayon de 8 millimètres. Le champ optique est donc symétrique par rapport à l'axe de symétrie de l'œil.

---

(1) Pour les limites du champ visuel qui dépassent 90°, je fais fixer à l'observé un point disposé à 45° du côté opposé du sommet de l'arc.

Or l'axe optique et l'axe de symétrie de l'œil ne coïncident pas. Le premier rencontre la paroi postérieure du globe dans un point situé du côté temporal de l'axe de symétrie. Pendant les mesures périmétriques, c'est l'axe optique qui passe par le sommet de l'arc périmétrique. Aussi tous les observateurs ont-ils constaté que le champ visuel sensible, mesuré en excluant l'influence sur la lumière incidente des rebords orbitaires et du nez, et en se servant d'une lumière assez intense pour atteindre ses limites extrêmes, s'étend un peu plus loin du côté temporal que du côté nasal. Cette différence tient à ce que le champ visuel sensible, ainsi que le champ visuel optique, à la suite de l'entre-croisement des deux axes (axe de symétrie et axe optique principal de l'œil), sont partagés en deux moitiés inégales par le plan vertical qui contient l'axe optique de l'œil. Si l'on fait coïncider avec le sommet du périmètre l'axe de symétrie de l'œil, au lieu de l'axe optique, l'étendue du champ sensible devient la même dans toutes les directions. Donc les limites du champ visuel vrai sont celles du champ optique.

Pour atteindre les limites nasales du champ visuel, il faut une source lumineuse plus intense que celle qui produit une impression lumineuse près des limites temporales du champ. Les rayons qui proviennent de la partie extrême nasale du champ visuel sont ordinairement interceptés par le nez, et la partie rétinienne qui correspond à cette partie du champ visuel ne reçoit que rarement des impressions lumineuses. Nous en pouvons conclure que la rétine est le moins sensible à la lumière dans les endroits où elle en est le plus rarement frappée, car la constatation qui vient d'être exposée pour la partie nasale du champ visuel peut être faite pour ses parties inférieure et supérieure, interceptées dans la position moyenne de l'œil par la joue et par l'arcade sourcilière.

Influence de différents facteurs sur les limites des champs visuels relatifs. — Nous appelons *champs visuels relatifs* les champs visuels qu'on obtient en employant des test-objets d'une intensité lumineuse inférieure à celle qui est nécessaire pour atteindre le champ absolu.

Le *diamètre pupillaire* est sans influence directe sur les limites du champ visuel absolu. Si certains auteurs ont constaté que l'agrandissement pupillaire produit par l'atropine entraîne un accroissement de l'étendue du champ visuel relatif, cela tient non pas, comme ils l'ont admis, à ce que certaines régions du champ optique se trouvent démasquées par l'agrandissement du trou pupillaire, mais à ce que l'intensité lumineuse de l'image rétinienne augmente par l'augmentation du diamètre pupillaire. Cette augmentation d'intensité est surtout sensible pour les objets vus selon un axe secondaire très oblique, et elle apparaîtra donc surtout pour les images excentriques.

L'ésérine agit en sens inverse de l'atropine sur la pupille et Charpentier a en effet constaté que cet alcaloïde rétrécit les champs visuels relatifs. Ici encore, la diminution des champs visuels relatifs ne tient pas, comme on l'a prétendu, à ce que l'iris vient masquer les parties excentriques du champ ; cela n'est nullement le cas. Le rétrécissement pupillaire produit un affaiblissement de l'intensité lumineuse des images rétiniennes et, par cela même, diminue l'étendue des champs relatifs.

Mais l'action de l'ésérine sur la pupille peut être contre-balancée par son action sur l'accommodation.

L'*accommodation* pour un point très rapproché ou produite par un verre concave élargit les limites des champs visuels relatifs. Ici encore il ne s'agit pas d'un agrandissement réel, produit par un agrandissement de la sensibilité rétinienne. La forme du globe oculaire comporte que les parties excentriques de la rétine sont relativement hypermétropes. A cela s'ajoute, pour rendre indistinctes les images des test-objets disposés à la limite du champ visuel, une astigmie forte produite par l'incidence oblique. L'accommodation rend ces images mieux formées, plus ramassées et plus lumineuses, en supprimant une des causes de leur diffusion. Elle élargit, par cela même, les champs relatifs. Le problème est du reste complexe, car l'accommodation produit en même temps un déplacement en avant du cristallin et un rétrécissement de la pupille. Or, le déplacement en avant du cristallin doit produire un agrandissement du champ optique. Un coup d'œil sur la figure 502 montre qu'un rayon plus oblique que le rayon L'L pénétrera dans l'œil quand le cristallin sera déplacé en avant. Le rétrécissement pupillaire, par contre, diminuera les champs sensibles relatifs, par affaiblissement de la luminosité.

Au point de vue pratique, l'influence de l'accommodation sur le champ visuel peut être négligée.

L'*état de réfraction* est d'une grande importance dans la détermination des champs visuels. Les champs visuels relatifs de différents malades ne sont comparables entre eux que lorsque l'arc se trouve dans les limites de leur vision distincte. C'est surtout dans la myopie forte qu'il faut munir le malade de ses verres correcteurs ou employer un arc périmétrique dont le rayon est égal ou inférieur à la distance du punctum remotum du malade. Sans ces précautions, les champs visuels sont plutôt proportionnés au degré de myopie qu'à l'état de la rétine.

La *strychnine* augmente l'étendue des champs visuels relatifs par une exagération de la sensibilité rétinienne ou de la conductibilité nerveuse.

C'est là le seul exemple d'une augmentation réelle; toutes les autres augmentations du champ visuel relatif sont des augmentations apparentes. Les faits d'observation sur lesquels elles reposent ont été contestés.

La *grandeur des objets employés* et l'*intensité lumineuse* qui les éclaire sont d'une influence capitale sur la grandeur des champs relatifs. Un éclairage faible et des objets petits et faiblement colorés donnent des champs petits; leurs limites s'élargissent par l'augmentation de l'intensité lumineuse, par l'agrandissement de la surface des carrés blancs et colorés, ou par l'augmentation de l'intensité colorée de ces derniers.

Relations entre le champ visuel absolu et les champs visuels cliniques. — Nous appelons *champs visuels cliniques* les champs mesurés à l'éclairage diurne, à l'aide de papiers blancs et colorés de 1 centimètre carré de surface. Un papier blanc de 1 centimètre carré de surface éclairé par la lumière diffuse du jour n'arrive pas à impressionner les parties les plus excentriques de la rétine. Ces parties rétiniennes, exposées à la lumière du jour, sont supposées être moins sensibles à la lumière que la rétine centrale et moyenne, et le papier blanc forme sur la rétine des images d'autant moins lumineuses qu'il est vu sous une incidence plus oblique. Toutefois, en comparant l'intensité lumineuse des images à incidence oblique et de l'image produite par la vision directe, on arrive à la conclusion que c'est surtout la faible intensité de ces images qui empêche leur perception à la périphérie du champ, et non pas la diminution supposée de la sensibilité lumineuse dans les parties excentriques de la rétine. Quand la rétine est adaptée, cette dernière est plus forte dans les parties excentriques de la rétine que dans sa partie centrale. Cela s'applique surtout aux parties rétiniennes qui sont habituellement frappées par la lumière.

Placé vis-à-vis de la pupille, le papier de 1 centimètre carré de surface objet forme une image rétinienne dont la luminosité est maxima et directement proportionnée à la surface de la pupille. Quand l'objet est déplacé vers la périphérie, la surface pupillaire qui détermine la luminosité de l'image cesse d'être un cercle ; elle devient une ellipse dont le grand axe est égal au diamètre de la pupille et dont le petit axe est d'autant plus petit que l'objet est plus éloigné de l'axe de l'œil. Pour un objet placé près des limites du champ visuel, la pupille agit comme une fente étroite, ayant la longueur du diamètre pupillaire (1). On peut se faire une idée de cette action de la pupille en regardant son image aérienne dans différentes directions. La surface que présente l'image aérienne vue sous différents degrés d'obliquité est proportionnée à la surface qui détermine la luminosité de l'image rétinienne.

C'est là la principale raison pour laquelle il faut employer des sources lumineuses puissantes pour atteindre les limites extrêmes du champ visuel, les limites du champ visuel absolu.

Les champs de couleurs déterminés à l'aide de papiers colorés sont également des représentations relatives de la sensibilité rétinienne et de l'intensité relative des images produites sous les différents angles d'incidence. Pris avec des papiers colorés, les champs de couleurs constituent plutôt une représentation de la composition des couleurs employées qu'une représentation de la topographie du sens coloré.

En réalité, les champs de couleur sont de grandeur égale entre eux ; si l'on dispose de lumières colorées pures assez intenses, on peut se convaincre que la limite des perceptions colorées coïncide avec la limite des perceptions lumineuses. Quand, par contre, on approche des couleurs pigmentaires de la périphérie vers le centre du champ visuel, elles sont toutes perçues comme objets blanchâtres avant d'être reconnues comme couleurs, puis elles font l'impression d'une couleur autre que celle qu'elles évoquent en agissant sur le centre rétinien.

La lumière réfléchie par un pigment est fort complexe ; elle contient, outre la couleur dominante, de nombreux autres rayons spectraux, c'est-à-dire une

(1) On sait que les parties centrales de la rétine donnent lieu à un rétrécissement pupillaire plus fort que les parties excentriques sous l'influence des mêmes images. Sans vouloir décider la question de savoir si les parties centrales de la rétine produisent plus facilement le réflexe pupillaire que les parties excentriques ou non, nous rappelons que les parties centrales reçoivent des images plus lumineuses que les parties excentriques, toutes autres choses étant égales.

proportion plus ou moins forte de lumière blanche. Or, la sensibilité chromatique de la rétine décroît du centre à la périphérie, tandis que la sensibilité lumineuse s'accroît, pour la rétine adaptée au moins. Une lumière colorée complexe promenée du centre de la rétine vers la périphérie tombera donc à un moment donné sur un endroit de la rétine où la sensation colorée devient trop faible pour être perçue, tandis que la sensation du blanc s'accuse.

Cette circonstance rend compte de la limitation et de l'inégalité des champs colorés, déterminés avec des papiers colorés toujours blanchâtres, et blanchâtres à un degré impossible à déterminer, variant d'un ton à un autre.

Les champs moyens de couleurs figurés aux pages 775 et 776 (fig. 499 et 500) sont obtenus avec des papiers colorés présentant à l'œil et à la fixation centrale une saturation identique. Cette condition d'identité ou de comparabilité des couleurs pigmentaires est insuffisante.

Il faut, en outre, considérer qu'une même *sensation* colorée peut être produite par des lumières de composition fort différente.

Prenons, par exemple, le rouge. Dans le spectre solaire, les vibrations renfermées entre les lignes a et C produisent une sensation rouge qui peut également être produite par des pigments, des verres colorés, etc. Mais, tandis que la partie du spectre comprise entre les lignes a et C ne contient que des vibrations de longueurs d'onde déterminées fort peu différentes les unes des autres ($\lambda = 0^\mu,690$ à $\lambda = 0^\mu,665$), la lumière rouge réfléchie par des pigments ou transmise par certains verres colorés contient toutes les longueurs d'onde. Elle se distingue de la lumière blanche par une répartition différente de l'intensité relative des longueurs d'onde : les longueurs d'onde correspondant à la couleur complémentaire de la sensation produite sont ordinairement fortement réduites d'intensité.

Ce qui a lieu pour le rouge a lieu pour toutes les autres sensations colorées. D'une façon générale, nous pouvons dire qu'une même sensation colorée peut être produite par des lumières objectives différentes. Tandis que chacune des couleurs du spectre est produite par des vibrations de longueur fort peu différente, ces mêmes sensations, produites par des surfaces colorées ou par des substances colorées transparentes; le sont par des vibrations comprenant toutes les longueurs d'onde du spectre visible.

Il existe toutefois dans le commerce des verres rouges qui ne laissent passer que des vibrations correspondant à la partie rouge du spectre. A cette exception près, la complexité de la lumière réfléchie par les pigments ou transmise par les verres colorés doit faire rejeter par principe leur emploi en périmétrie quand on veut tirer des résultats obtenus des conclusions relatives au fonctionnement de la rétine; le fait que la lumière qu'ils réfléchissent varie de composition quand la source lumineuse varie constitue un second inconvénient, car l'éclairage diurne présente d'un instant à l'autre des variations considérables de sa composition.

L'emploi des couleurs spectrales pour la périmétrie clinique, désirable au point de vue théorique, rencontre des difficultés matérielles. En soumettant à l'analyse spectrale les lumières colorées obtenues par des verres colorés, nous trouvâmes que le rouge seul peut être obtenu pur (c'est-à-dire ne contenir que les vibrations qui correspondent dans le spectre à cette sensation) par les verres du commerce appelés *verres de rubis*. Pour obtenir le jaune, le vert, le bleu à l'état de pureté, il est nécessaire de filtrer la lumière complexe à l'aide d'une solution colorée. L'épaisseur de la couche liquide que nous employons est de 10 millimètres. Il est nécessaire de déterminer, par des analyses spectrales répétées, quelle est la concentration des solutions employées qui permet d'obtenir une lumière pure sans trop affaiblir l'intensité. Une concentration insuffisante laisse passer des rayons étrangers, une concentration trop forte diminue l'intensité de la lumière transmise.

M. Nagel a trouvé un certain nombre de solutions colorées dont chacune permet d'isoler de la lumière blanche du spectre un groupe de vibrations correspondant à une bande étroite du spectre (fig. 503). Nous nous sommes convaincus, à l'aide de l'analyse spectrale, de l'efficacité des filtres à rayons de M. Nagel. Les solutions qui correspondent aux quatre couleurs les plus éclatantes du spectre sont les suivantes :

1° *Rouge*. — Verre de cobalt (bleu pâle) recouvert des deux côtés d'une couche de verre de rubis. Ce verre ne laisse passer que des rayons rouges, mais il affaiblit fortement l'intensité.

On obtient un rouge aussi pur et plus intense en filtrant la lumière à l'aide d'une couche de solution de lithion-carmin telle qu'on l'emploie en histologie. L'épaisseur de cette couche doit être de 1 millimètre. Il est recommandé d'employer une couche de 10 millimètres d'épaisseur d'une solution étendue au dixième.

2° *Jaune*. — A une solution saturée et acidulée d'acétate de cuivre de 10 millimètres d'épaisseur contenue dans une auge de cette dimension, on ajoute quelques gouttes d'une solution acidulée (acide acétique) de la couleur d'aniline appelée *orange G*.

La solution cuprique éteint le côté rouge du spectre; en plaçant l'auge dans un spectroscope, on trouve le nombre de gouttes de la solution d'orange nécessaire pour éteindre le côté froid du spectre. Le mélange est brun et ne se conserve que peu de temps.

3° *Vert*. — On obtient cette couleur pure en ajoutant à une solution saturée neutre de bichromate de potasse quelques gouttes de solution cupro-ammoniacale contenant de l'ammoniaque en excès. La solution jaune (bichromate de potasse) éteint le bleu, tandis que la solution de bleu céleste (solution de sulfate de cuivre précipitée par de l'ammoniaque et redissoute par un excès de ce réactif) fait disparaître le rouge, l'orange, le jaune et le jaune verdâtre.

4° *Bleu*. — Une solution diluée de bleu céleste de 10 millimètres d'épaisseur laisse passer le bleu violet. On obtient un bleu pur et très intense en ajoutant à une solution de vert de méthyle quelques gouttes de violet de gentiane.

Il est à recommander de contrôler l'action filtrante de ces solutions à l'aide du spectroscope, l'action des couleurs d'aniline de différentes provenances n'étant pas la même. Ce contrôle une fois fait, on peut employer les mélanges ainsi trouvés pour chaque couleur sans répéter le contrôle.

Le premier desideratum de la périmétrie colorée, l'emploi de couleurs pures, peut donc être réalisé à l'aide d'un verre coloré pour le rouge, à l'aide de solutions colorées pour le jaune, le vert, le bleu. Il reste un second desideratum à réaliser : pouvoir mesurer et régler l'intensité relative des différentes couleurs employées en périmétrie colorée.

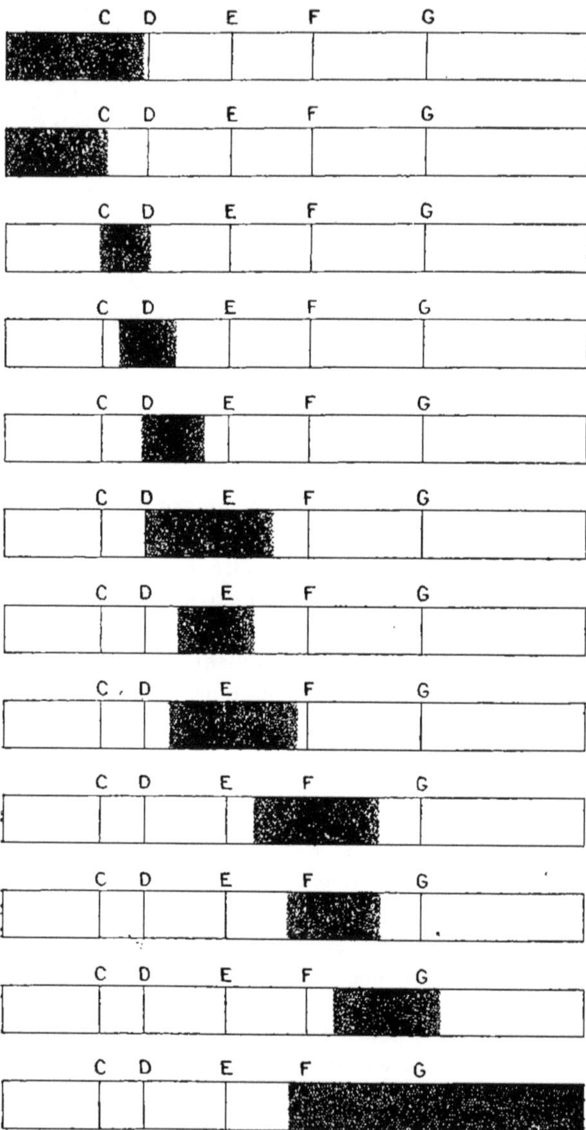

Fig. 503. — Action de différentes solutions colorées sur la lumière blanche transmise. Les parties noires du spectre indiquent les ondulations que laissent passer les différentes solutions. (D'après W. Nagel.)

Quand on accroît lentement l'intensité d'une lumière simple, la première sensation produite sur la rétine est une sensation de lumière incolore : l'intensité lumineuse qui la produit constitue le minimum lumineux de cette lumière. Quand on continue à accroître l'intensité de la lumière simple, elle produit, à un moment donné, une sensation colorée ; l'intensité qu'elle possède à ce moment constitue son minimum chromatique.

Nous prenons comme unité d'intensité pour chacune des quatre couleurs employées son minimum chromatique ; un diaphragme à ouverture variable permet de déterminer la surface minima nécessaire à chaque couleur pour produire une sensation colorée. Cette surface constitue pour chaque couleur la mesure de l'intensité. Cette mesure doit avoir lieu pour l'endroit le plus sensible de la rétine : pour le rouge, le jaune et le vert, c'est la région maculaire ; pour le bleu, il existe au centre de la macula une zone de 2° à 3° d'étendue angulaire dans laquelle la sensibilité pour les rayons bleus est fortement diminuée. Le minimum chromatique du bleu doit être déterminé pour la zone circum-maculaire de la rétine. L'observé fixera donc le bord de la petite plage colorée pour cette mesure.

Après avoir déterminé pour chaque couleur l'ouverture du diaphragme qui correspond au minimum chromatique, on mesure les champs colorés de la façon suivante : pour chaque couleur, on donne au diaphragme une ouverture correspondant à un multiple du minimum chromatique, quatre fois le minimum chromatique, par exemple ; on donne ainsi à chaque couleur la même intensité subjective relative, mesurée par le minimum chromatique que nous avons adopté comme unité de l'intensité colorée.

Mesurés dans ces conditions, les champs colorés sont sensiblement égaux pour toutes les couleurs.

L'appareil qui permet de déterminer les champs de couleurs à l'aide de couleurs pures (orthopérimètre) est composé de la manière suivante : au

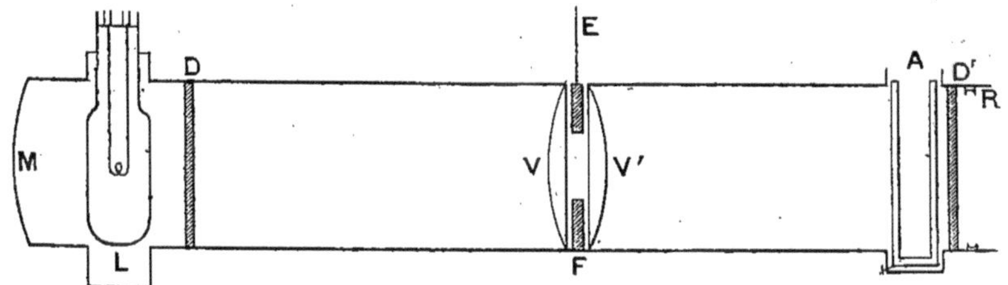

Fig. 504. — Appareil optique de l'orthopérimètre. — M, réflecteur (miroir concave) ; L, source lumineuse disposée au foyer de M ; D, diffuseur ; D', second diffuseur ; VV', lentilles contenant le diaphragme F disposées de façon à former l'image de D en D' ; A, auge à parois plan-parallèles ; R, rainure pour le verre rouge ; E, échelle du diaphragme F.

centre d'un arc périmétrique est disposée une ouverture circulaire qui peut donner de la lumière blanche, rouge, jaune, verte, bleue, selon qu'on y dispose un verre dépoli, un verre rouge ou une solution colorée. Un diaphragme, placé au centre optique d'une lentille biconvexe composée de deux lentilles plan-convexes égales, permet de déterminer le minimum chromatique pour chaque lumière et pour chaque rétine et d'établir des multiples du minimum chromatique.

Au lieu de déplacer l'objet destiné à mesurer les limites des champs, on fait déplacer l'œil de l'observé. Celui-ci commence à fixer une des extrémités de l'arc ; pour guider son œil dans l'obscurité, l'observateur lui fait fixer son doigt (de l'observé) qu'il déplace le long de l'arc périmétrique et rapproche du milieu jusqu'au moment où l'observé reconnaît la lumière qui y est disposée.

Ces mesures doivent être faites pour l'œil complètement adapté, c'est-à-dire dans l'obscurité et après un séjour dans l'obscurité de vingt minutes.

Par la détermination des minima, elles renseignent sur l'état de la perception colorée centrale, tandis que la forme et la grandeur des champs obtenus par une intensité blanche ou colorée déterminée indiquent fidèlement l'état de ces perceptions dans les parties excentriques de la rétine. L'emploi des intensités lumineuses faibles permet de découvrir des altérations de la perception lumineuse périphérique qui échappent complètement à la périmétrie usuelle.

Par l'emploi d'une source lumineuse constante et étalonnée, l'orthopérimètre permet de déterminer les champs blancs et colorés qui correspondent à une intensité blanche ou colorée donnée. Pour instituer cette relation, il suffit de déterminer les intensités blanches et colorées qui correspondent à l'unité de surface du diaphragme F dans les conditions du fonctionnement de l'appareil, exprimées en fractions de l'étalon Violle. (Voy. l'article *Photométrie*.)

Acuité visuelle centrale et acuité visuelle périphérique. — Il n'existe aucune délimitation précise entre l'acuité visuelle centrale et l'acuité visuelle périphérique. Pendant longtemps on a attribué à la région maculaire entière une acuité maxima et égale, tandis que, récemment, l'aire de la vision distincte a été restreinte à la fossette centrale, d'un diamètre de $0^{mm},28$, correspondant à une grandeur angulaire de 1°.

Ces différences d'appréciation proviennent de ce qu'il est très difficile de mesurer l'aire de l'acuité visuelle maxima et de ce que l'acuité décroît progressivement et continuellement du centre à la périphérie de la rétine ; ce mode de décroissance exclut l'existence d'une limite naturelle entre l'acuité visuelle centrale et l'acuité visuelle périphérique. Toute délimitation de ce genre doit nécessairement être artificielle, c'est-à-dire conventionnelle.

Il est facile de déterminer approximativement la décroissance de l'acuité visuelle du centre vers la périphérie. Quand, placé à la distance de 5 mètres, on fixe le n° 5 d'un tableau mural de Snellen (Voy. p. 719) haut de $0^{m},5$, on reconnaît tout juste la première lettre, le n° 50, sans déplacer l'œil. Or l'image rétinienne du tableau a une hauteur de $0^{m},00165$; l'acuité visuelle est donc réduite au dixième de l'acuité centrale à une distance verticale de $1^{mm},65$ du centre optique de la rétine, qui coïncide avec le centre de la fossette centrale ; cette distance linéaire correspond à la distance angulaire de 5°42'38".

Aubert et Förster tentèrent de déterminer exactement l'acuité visuelle des différentes zones rétiniennes. Ils disposèrent dans un cabinet noir un tableau mural couvert de lettres et de chiffres de dimensions décroissantes. Placés à une certaine distance du tableau, ils l'éclairèrent pendant un moment par une étincelle électrique ; le nombre et la grandeur des signes reconnus pendant cet éclairage momentané leur permirent de calculer l'étendue du champ visuel pour une acuité visuelle déterminée.

Une seconde série d'expériences fut entreprise à l'aide d'un appareil ressemblant à un moulin à vent portant une seule aile, teinte en blanc. Sur cette aile ils fixèrent, à différentes distances de l'axe, des cartes portant deux points noirs séparés par un intervalle blanc. Ces deux points apparaissent à l'observateur qui fixe l'axe pendant un instant en passant derrière la découpure d'un disque qui cache l'aile pendant la majeure partie de sa révolution. L'observateur rapproche la carte du centre jusqu'à ce qu'il aperçoive les deux points séparés pendant leur passage, tout en fixant le centre. Aubert et Förster, constatèrent ainsi la diminution de l'acuité visuelle du centre vers la périphérie et remarquèrent que le champ d'une acuité déterminée ne ressemble pas à un cercle, mais à une ellipse à grand axe horizontal. La diminution de l'acuité visuelle augmente rapidement au delà de la tache aveugle. En réduisant les chiffres d'Aubert et Förster à l'unité appliquée pour les échelles de Snellen, on obtient les résultats suivants pour le méridien horizontal du champ visuel :

Distance angulaire mesurée à partir du centre rétinien.	Acuité visuelle correspondante.
2° 52′	$\frac{1}{5}$
3° 13′	$\frac{1}{6}$
3° 51′	$\frac{1}{7}$
4° 17′	$\frac{1}{8}$
7° 14′	$\frac{1}{12}$
8° 32′	$\frac{1}{16}$
10° 13′	$\frac{1}{19}$
14° 37′	$\frac{1}{24}$
16° 17′	$\frac{1}{45}$
30° 20′	$\frac{1}{100}$

Ces auteurs donnent une représentation graphique, que l'on trouve représentée ci-après (fig. 505), de l'étendue du champ visuel dans laquelle ils voient séparés deux points noirs de $2^{mm},5$ de diamètre, dessinés sur fond blanc, à une distance de $14^{mm},5$ l'un de l'autre à la distance de 20 centimètres de l'œil. Ces points, vus à cette distance, correspondent à une acuité de 20 p. 1000 environ. Les chiffres inscrits le long des circonférences de la figure 505 indiquent en centimètres la distance au centre du champ visuel tableau plat) du point où l'observateur se tenant à 22 centimètres du tableau commence à apercevoir les deux points séparés. Ces résultats ont été confirmés dans leurs grandes lignes par les nombreux chercheurs qui ont répété les expériences d'Aubert et de Förster en se servant presque sans exception du périmètre et d'optotypes variés, mais les chiffres indiquant la rapidité de la décroissance présentent de grands écarts d'un observateur à l'autre.

Hirschberg formule pour les optotypes de Snellen la loi de décroissance suivante : dans le méridien horizontal à la distance de 4° à 5° du centre vers le côté temporal, l'acuité est réduite au quart, à 10° au dixième, à 20° au vingtième, à 30° du cinquantième au soixante-dixième, à 40° du centième au deux-centième. La décroissance commence à la distance de 1° du centre, où l'acuité est réduite à deux tiers.

Selon *Burchardt*, qui explora le champ visuel à l'aide de ses échelles inter-

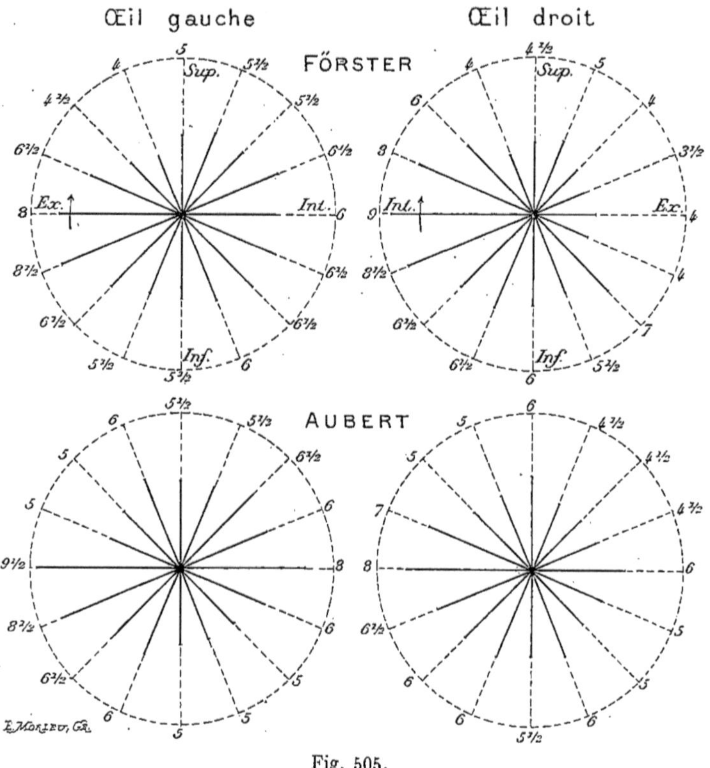

Fig. 505.

nationales (Voy. p. 729), la décroissance de l'acuité visuelle est uniforme et égale dans tous les méridiens ; l'acuité resterait entière jusqu'à 20″ du centre rétinien, elle serait de 4/5 à 1/2 à la distance de 30″ ; plus loin, elle correspondrait à une fraction à numérateur 1 et à dénominateur égal à quatre fois et demie le nombre de degrés qui indique la distance angulaire du centre. Cette formule est valable jusqu'à la distance de 40° à 50° ; à partir de ce chiffre, la décroissance devient plus rapide.

Bjerrum fit l'examen campimétrique de la rétine avec des disques en ivoire de différentes grandeurs, présentés à l'examiné à une distance de 2 mètres sur fond noir. Ce genre d'exploration, très important en pathologie, ne s'adresse pas à l'acuité visuelle proprement dite, mais plutôt à la perception lumineuse brute. Pour le champ visuel normal, Bjerrum obtint les chiffres suivants :

	En dehors.	En dedans.	En bas.	En haut.
	°	°	°	°
Avec un disque de 3 millimètres............ ..	35	30	30	25
— 6 —	50	40	40	35
Limites « absolues » du champ visuel........	90	60	70	60

Grœnouw fit ses observations avec les échelles de Guillery (Voy. p. 730), ce qui rend ses résultats incomparables à ceux des auteurs qui employèrent des

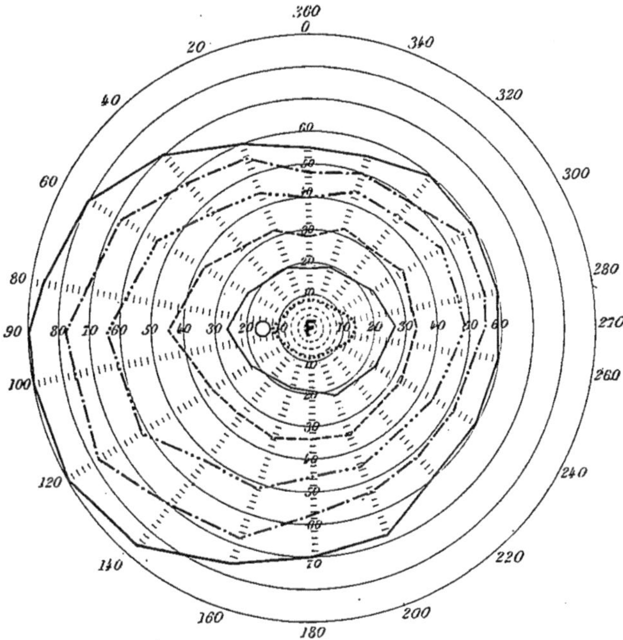

Fig. 506. — Limites du champ visuel :

▬▬▬▬ pour un carré blanc de 5 millim. de côté.	⎫ éclairés
—·—·—· — point noir de 4 millim. de diamètre sur fond blanc.	⎬ par un
—··—··— — — 2 — —	éclairage
—————— — — 1 — —	⎬ diurne
———— — — 0ᵐᵐ,5 — —	intense.
·········· — — 0ᵐᵐ,25 —·	⎭

échelles construites selon le principe du *minimum separabile*. Il détermina l'étendue de la rétine capable de percevoir et de localiser un point noir de diamètre déterminé placé sur un fond blanc; il obtint ainsi les champs indiqués par la figure 506. Ces champs représentent les moyennes de cinq personnes examinées, toutes emmétropes. Les limites pour les différents points désignent l'endroit où ceux-ci, avancés de la périphérie vers le centre, commencent à être visibles.

On remarque que ces limites isoptères ou isomorphoptères sont parallèles aux limites extérieures du champ visuel et délimitent des zones d'égales largeurs. Cette disposition relative des limites s'obtient à condition que chaque point noir ait un diamètre double par rapport au diamètre du point précédent. Les échelles employées par Grœnouw sont composées de points noirs de diamètres différents, qu'il s'agit de reconnaître et de localiser par rapport au carré blanc qui les supporte.

La faible acuité visuelle des parties excentriques du champ visuel s'explique par la constitution anatomique de la rétine d'un côté et par la forme des surfaces réfringentes de l'œil, de la cornée en particulier, ainsi que par la réfraction particulière que produit l'incidence oblique de l'autre côté.

Ce ne sont pas les seules causes de la faiblesse de la vision excentrique.

Les objets situés à une certaine distance du point fixé forment leur image selon un axe secondaire qui passe par les parties excentriques de la cornée. Or ces parties sont bien moins régulières que les parties centrales de la rétine et leur participation prépondérante dans la formation de l'image rétinienne doit nécessairement produire une certaine déformation de celle-ci, en même temps que l'astigmie par incidence oblique la rend indistincte (1). Mais ces facteurs ne rendent compte que dans une faible mesure de l'acuité visuelle diminuée des parties excentriques du champ visuel.

Nous avons vu que, à une distance angulaire de 5° de part et d'autre du centre du champ visuel, l'acuité tombe au dixième de la normale. Or, pour un axe secondaire situé à 5° de l'axe principal, l'influence des surfaces réfringentes est insensible. Celle-ci ne peut jouer un rôle bien marqué qu'à partir d'une distance angulaire de 20° à 30°, et c'est probablement à elle qu'il faut attribuer en partie la chute brusque de l'acuité qu'on observe à partir de ce point.

C'est la constitution anatomique de la rétine qui joue le rôle principal dans la diminution de l'acuité visuelle qu'on observe pour les parties excentriques du champ visuel. Les éléments percepteurs des formes, les cônes, qui mesurent $0^{mm},002$ de diamètre à la

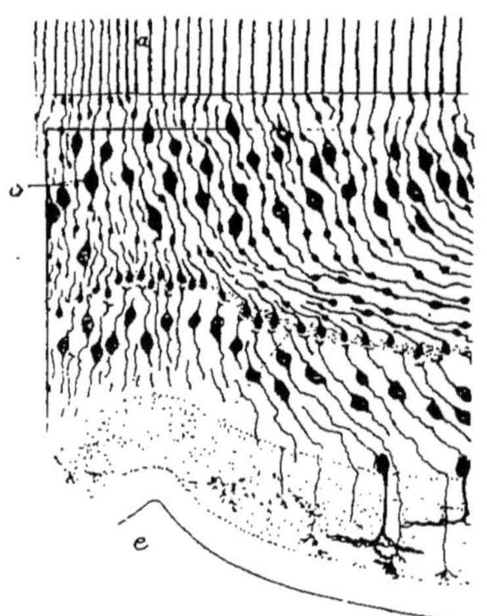

Fig. 507. — Coupe verticale à travers la fossette centrale du caméléon, selon Ramon y Cajal. — *a*, cônes ; *c*, grains des cônes ; *e*, cellules bipolaires. Chaque cellule bipolaire donne naissance à un panache qui se met en contact avec *une* des fibres des cônes.

base, $0^{mm},001$ au sommet dans la région maculaire, où ils sont rangés côte à côte, deviennent plus larges en dehors de la région maculaire et sont de plus

(1) En amincissant la sclérotique opaque sur un œil de cadavre ou sur un œil d'animal — l'œil du bœuf se prête particulièrement bien à cette dissection, — on peut se rendre compte directement des différences de netteté et de luminosité qui distinguent l'image directe des images obliques formées par l'appareil réfringent de l'œil.

en plus espacés par des bâtonnets intercalés au fur et à mesure qu'on s'approche du bord de la rétine (fig. 508).

Mais cet espacement croissant des éléments isolateurs n'est pas suffisant pour rendre compte de la diminution de l'acuité visuelle constatée en dehors

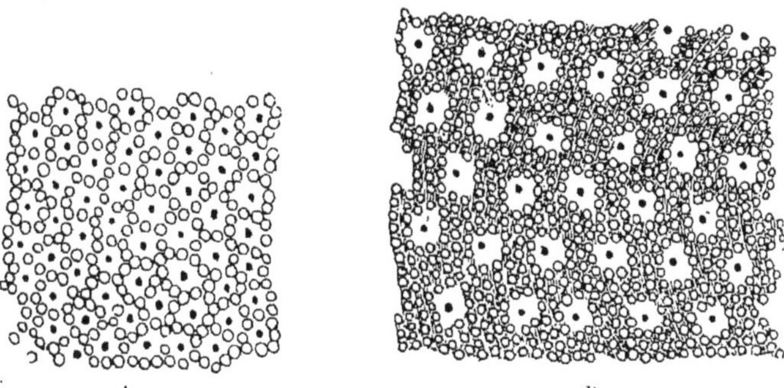

Fig. 508. — Fréquence relative des cônes dans les parties rétiniennes voisines du centre (A) et dans les parties excentriques (B). Les cônes sont indiqués par un point noir, les bâtonnets par un cercle.

de la tache jaune, car celle-ci diminue plus rapidement que les cônes ne s'espacent.

La raison anatomique de ce phénomène se trouve dans la couche plexi-

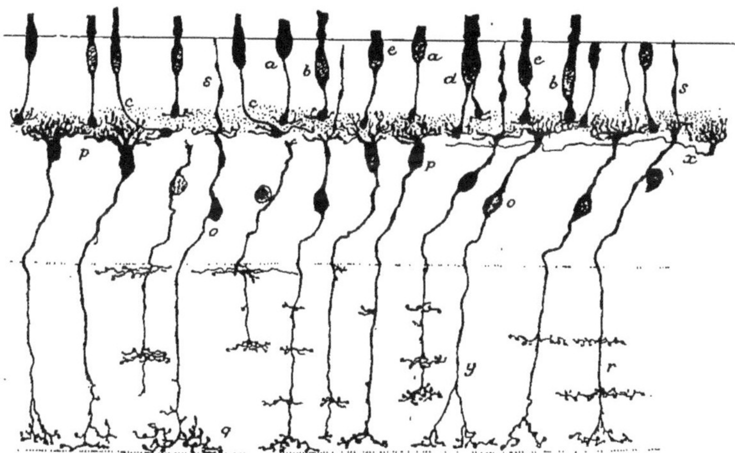

Fig. 509. — Coupe de la rétine du lézard vert montrant les raccordements multiples des cônes et des bâtonnets aux cellules bipolaires des parties excentriques de la rétine. (D'après Ramon y Cajal.) — a, b, d, e, cônes ; ss, bâtonnets ; c, fibres de cônes ; p, cellule bipolaire extérieure ; o, cellule bipolaire intérieure ; r, ramifications collatérales des fibres descendantes des cellules bipolaires ; y, q, ramifications de ces fibres se rendant aux ramifications issues des cellules ganglionnaires.

forme interne de la rétine ; à ce niveau, chaque cône se met en contact avec les ramifications d'une cellule bipolaire (fig. 507 et 509). Ce contact se fait par des panaches de ramifications dentritiques. L'étendue de ces panaches est très variable; tandis que, dans le centre de la rétine, chaque cellule bipolaire ne communique par ses ramifications qu'avec les ramifications terminales d'un seul cône (fig. 507), de façon qu'ici l'unité isolatrice de la rétine est représentée par la section d'un seul cône, dans les parties excentriques de la rétine chaque cellule bipolaire se met en contact par ses ramifications avec un nombre de cônes et de bâtonnets d'autant plus grand qu'on se rapproche davantage du bord de la rétine (fig. 509).

Ainsi, plusieurs cônes sont réunis dans un faisceau qui joue le rôle d'élément isolateur; mais ces faisceaux mêmes peuvent se mettre en contact mutuel par les ramifications qui les relient aux cellules ganglionnaires situées dans la couche plexiforme interne, ce qui donne une étendue plus grande

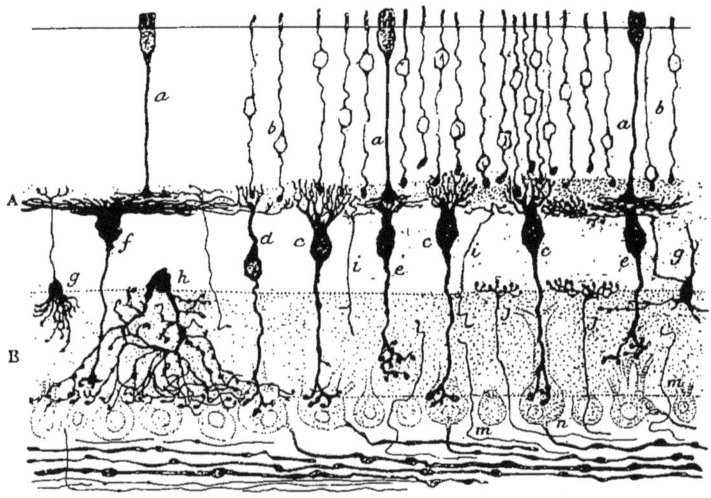

Fig. 510. — Coupe par les parties excentriques de la rétine du chien adulte, selon Ramon y Cajal. — *a*, cônes; *b*, bâtonnets; A, première couche de ramifications; B, seconde couche de ramifications; *c*, cellule bipolaire à ramifications ascendantes se rendant à des bâtonnets; *d*, cellules bipolaires à ramifications horizontales; *e*, cellules bipolaires des cônes à ramifications horizontales; *f*, cellule bipolaire géante à ramifications horizontales; *g*, cellule intermédiaire entre les deux couches; *h*, cellule amacrine en contact avec les cellules ganglionnaires.

encore à l'unité isolatrice des parties excentriques de la rétine nerveuse de l'œil (fig. 509, *y*, *q*, et fig. 511, *f*, *h*).

Ramon y Cajal désigne les éléments nerveux qui servent à transmettre à travers les différentes couches de la rétine les impressions lumineuses reçues par les cônes et les bâtonnets et à les conduire aux fibres du nerf optique sous le nom d'*éléments de la transmission directe*. Ils sont représentés à l'état d'isolement par la figure 509.

Un coup d'œil sur cette figure montre que le degré d'isolement des éléments percepteurs de la rétine dépendra de la présence ou de l'absence de contacts entre les cellules bipolaires des cônes et des bâtonnets et que pour les cônes, qui possèdent chacun une cellule bipolaire et une cellule ganglionnaire propre, l'isolement peut être parfait.

Tel est le cas pour la région maculaire, où le renflement basilaire de chaque cône correspond au panache d'une seule cellule bipolaire (fig. 507), tandis que, dans les parties excentriques de la rétine, chaque cellule bipolaire reçoit les impressions d'un certain nombre de cellules visuelles, d'où des conditions d'isolement moins parfaites. Cet isolement imparfait peut encore être diminué par les éléments de la transmission indirecte figurés ci-contre (fig. 510).

La comparaison de la figure 507, qui représente une coupe verticale à

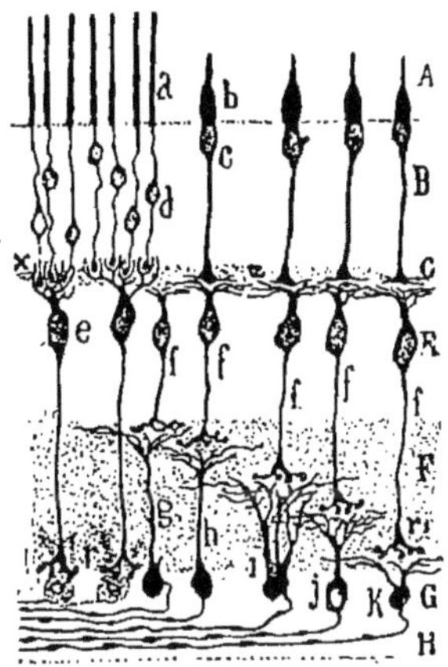
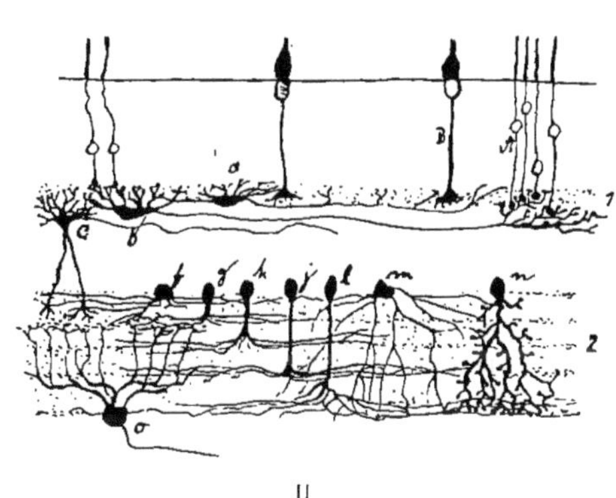

Fig. 511. — Coupe verticale de la rétine excentrique (schématique), selon Ramon y Cajal. — I. Disposition des éléments percepteurs de la rétine et des éléments servant à la transmission nerveuse directe. — II. Éléments servant à la transmission nerveuse indirecte.
I. — A, couche des cônes et bâtonnets ; B, couche granuleuse externe ou couche des corps des cellules visuelles ; C, couche plexiforme externe ; E, couche granuleuse interne ou couche des cellules bipolaires ; F, couche plexiforme interne ; G, couche des cellules ganglionnaires ; H, couche des fibres nerveuses ; a, bâtonnets ; b, cônes ; c, grain de cône ; d, grain de bâtonnet ; e, cellule bipolaire en contact avec un groupe de bâtonnets ; f, cellules bipolaires dont chacune peut se mettre en contact avec un seul ou plusieurs cônes ; g, h, i, k, cellules ganglionnaires dont les ramifications s'étalent dans les différents étages de la couche plexiforme interne ; X, contact entre les bâtonnets et leurs cellules bipolaires ; Z, contact entre les cônes et leurs cellules bipolaires.
II. — *Couche plexiforme extérieure.* — A, bâtonnets avec leurs grains ; B, cônes avec leurs grains ; a, b, c, petites cellules horizontales ou cellules horizontales extérieures ; b, cellules horizontales intérieures à ramifications descendantes. — *Couche plexiforme intérieure.* — f à n, spongioblastes ; o, cellule ganglionnaire et ses ramifications.

travers la macula du caméléon, coupe passant par la fossette centrale, et de la figure 510, représentant une coupe verticale de la rétine du chien adulte, montre très bien la différence des conditions d'isolement du centre rétinien d'une part, et de la rétine excentrique d'autre part.

La structure intime de la rétine nous permet de nous faire une idée du mécanisme par lequel l'accroissement de l'intensité lumineuse produit un accroissement de l'acuité visuelle, c'est-à-dire de la perception des formes. Une même cellule ganglionnaire peut être en contact par les ramifications des cellules bipolaires avec un nombre différent de cellules visuelles. La disposition des éléments anatomiques de la rétine semble indiquer que la

rétine concentre les impressions lumineuses au fur et à mesure que celles-ci
avancent dans la rétine (Ramon y Cajal). Cette concentration atteint son
maximum dans les cellules ganglionnaires qui se mettent en contact avec
plusieurs cellules bipolaires qui, à leur tour, peuvent recevoir les impressions
lumineuses de plusieurs cellules visuelles (cônes et bâtonnets). Si nous
supposons que la cellule ganglionnaire se mette en contact avec le plus grand
nombre possible de cellules visuelles jusqu'au moment où elle reçoit une
impression lumineuse d'une certaine intensité, qu'à partir de ce moment
elle ne maintient des connexions qu'avec le nombre de cellules visuelles
nécessaire pour recevoir une certaine intensité lumineuse, nombre qui
diminue nécessairement quand l'intensité lumineuse augmente, nous pouvons
comprendre de quelle façon l'augmentation de l'intensité lumineuse produit
une augmentation du sens des formes. Aux plus faibles intensités lumineuses
répondrait, dans cette supposition, un état d'isolement bien moins complet
qu'aux fortes intensités.

Les figures 511, I et II, représentent les éléments anatomiques de la rétine
qui, par leur disposition relative, peuvent produire l'agrandissement ou la
diminution de l'élément isolateur de la rétine et, par cela même, la diminution
ou l'augmentation de l'acuité visuelle. La moindre étendue de l'élément
percepteur de la rétine est constituée par le cône relié directement par un
conduit isolé à une fibre du nerf optique. Les éléments de la transmission
horizontale (fig. 511, II) peuvent donner à cet élément une étendue bien
plus grande.

TOPOGRAPHIE DE LA PERCEPTION LUMINEUSE

Quand on déplace un objet le long de l'arc périmétrique, celui-ci envoie
dans l'œil observé d'autant moins de lumière qu'il est plus éloigné du sommet du périmètre. Quand l'objet se trouve au sommet du périmètre, la
lumière entre dans l'œil par une ouverture ronde, la pupille; quand l'objet
forme un angle avec l'axe oculaire, la lumière qu'il émet entre dans l'œil par
une ellipse dont le grand axe est égal au diamètre du cercle mentionné,
tandis que le petit axe est d'autant plus petit que l'angle que forme l'objet
avec l'axe oculaire est plus grand. Sans l'intervention de la réfraction cornéenne, le petit axe devient égal à zéro, quand l'objet se trouve à 90° de l'axe.
Grâce à la réfraction cornéenne, il ne le devient qu'à 102° (Voy. p. 779).
Pour le problème de la topographie lumineuse de la rétine, la réfraction
cornéenne peut être négligée et nous pouvons admettre que la quantité de
lumière qui pénètre dans l'œil diminue en raison du cosinus de l'angle que
forme avec l'axe oculaire l'objet lumineux.

Cet énoncé néglige les variations du diamètre pupillaire qui surviennent
quand un objet lumineux passe du centre du champ visuel vers ses bords ou
inversement.

Ordinairement, le jeu de la pupille obéit à la loi suivante : un objet lumineux d'une intensité donnée provoque un plus fort rétrécissement pupillaire

quand il est sur l'axe oculaire ou voisin de cet axe que quand il se trouve dans les parties périphériques du champ visuel. Mais quand l'œil observé, adapté et placé dans l'obscurité, ainsi que c'est le cas pour la détermination de la topographie lumineuse, ne reçoit que des lumières très faibles, la pupille reste dilatée au maximum, quelle que soit la position de l'objet.

Nos mesures personnelles nous ont montré qu'une lumière blanche, perçue par le centre rétinien d'un œil complètement adapté, est perçue jusqu'aux limites du champ visuel.

Cette persistance de l'impression dans les parties excentriques du champ visuel, rapprochée de ce qui vient d'être dit au sujet de la diminution dans l'admission de la lumière émise par les objets excentriques, montre que la sensibilité de la rétine adaptée augmente du centre vers la périphérie. Minima au centre, elle devient bien plus forte vers la périphérie, et cette augmentation a lieu d'une façon continuelle et régulière. Elle est telle qu'un objet donné apparaît également lumineux aux parties centrales et aux parties excentriques de la rétine, malgré la forte diminution de luminosité que présentent, par rapport à l'image centrale, les images excentriques.

Il semble même que, dans l'entourage immédiat de la fossette centrale, la sensibilité lumineuse est plus grande que dans la fossette même. Une étoile d'éclat très faible est mieux perçue quand l'axe visuel est dirigé à côté d'elle qu'à la fixation directe.

Pour la rétine non adaptée, la sensibilité relative des parties excentriques de la rétine est moins grande : l'adaptation agit surtout sur les parties excentriques de la rétine, sur les bâtonnets. Le jeu pupillaire qui intervient ici, et qui rend moins sensible la faiblesse lumineuse relative des images excentriques, ainsi que l'état variable de la sensibilité de la rétine non adaptée rendent des mesures numériques difficiles.

Fick et Koester, après von Kries, ont essayé de déterminer la topographie de l'acuité visuelle des cônes et de l'acuité visuelle des bâtonnets. L'acuité des cônes est le pouvoir de distinguer les formes éclairées par une intensité lumineuse sensible ; cette forme de la vision a lieu par l'intermédiaire des cônes. L'acuité visuelle des bâtonnets est le pouvoir de l'œil adapté à l'obscurité de distinguer la forme d'objets très faiblement éclairés ; cette faculté de l'œil est une fonction du pourpre visuel et des bâtonnets qui le contiennent.

Fick et Koester ont déterminé à l'aide de crochets (Voy. *Acuité visuelle*) ces deux acuités visuelles pour les différents points du méridien horizontal de leurs yeux. L'acuité des cônes fut déterminée à la lumière du jour ; l'acuité des bâtonnets, dans l'obscurité après vingt minutes d'adaptation, à l'aide de crochets phosphorescents ou de crochets en verre dépoli faiblement éclairés par transparence. Les mesures furent faites sur un arc périmétrique de $2^m,50$ de rayon. Les deux chercheurs ont réuni les résultats obtenus en courbes dont la figure 512 représente un exemple. Ces courbes montrent que l'acuité claire ou acuité des cônes descend rapidement du centre de la fovea jusqu'à 5°, diminue alors plus lentement jusqu'à une distance angulaire de 20° à 30°, d'où elle diminue peu jusqu'aux limites du champ visuel. L'acuité visuelle

sombre ou acuité des bâtonnets est voisine de zéro au centre de la rétine ;
elle augmente lentement de part et d'autre de ce point, atteint son maxi-

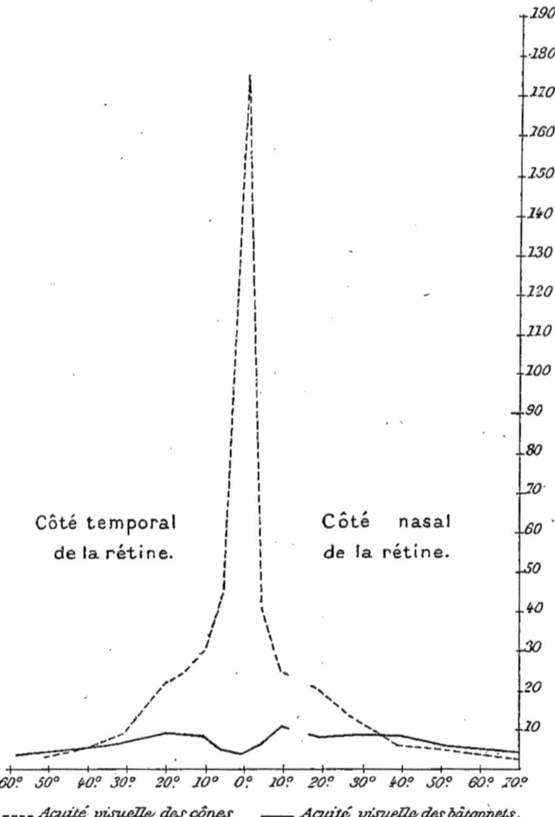

Fig. 512.

mum entre 20° et 30° et diminue peu vers les limites du champ visuel. Dans
les parties excentriques du champ visuel, elle surpasse l'acuité claire.

*Périmétrie binoculaire. Champ visuel binoculaire et champ
de vision binoculaire.* — On donne à l'observé, placé en face de l'arc
périmétrique, ordinairement une position telle que l'œil à examiner occupe
le centre de l'arc, tandis que l'autre œil est fermé. Les mesures ainsi prises
successivement pour chaque œil donnent tour à tour le champ visuel de
chaque œil ou champ monoculaire.

Partant du fait que la fixation exacte et soutenue est plus facile avec les
deux yeux qu'avec un seul œil, certains auteurs, Hirschberg entre autres,
recommandent la périmétrie binoculaire : l'observé place sa tête au centre de
l'arc périmétrique de façon que ses yeux occupent une position symétrique
par rapport au signe de fixation qui coïncide avec le sommet de l'arc.

Le champ visuel binoculaire est formé par la superposition incomplète des
deux champs visuels monoculaires (fig. 513 et 514). Il consiste donc en une

partie commune, centrale, et en deux parties latérales, droite et gauche, propres à chaque œil. La vision binoculaire n'existe que dans cette partie centrale commune aux deux yeux, et c'est à elle seule que convient, au point de vue fonctionnel, la désignation de *champ visuel binoculaire* ou *champ de vision binoculaire*.

Un coup d'œil sur les figures 513 et 514 montre que le champ de vision binoculaire proprement dit est moins étendu que chaque champ visuel

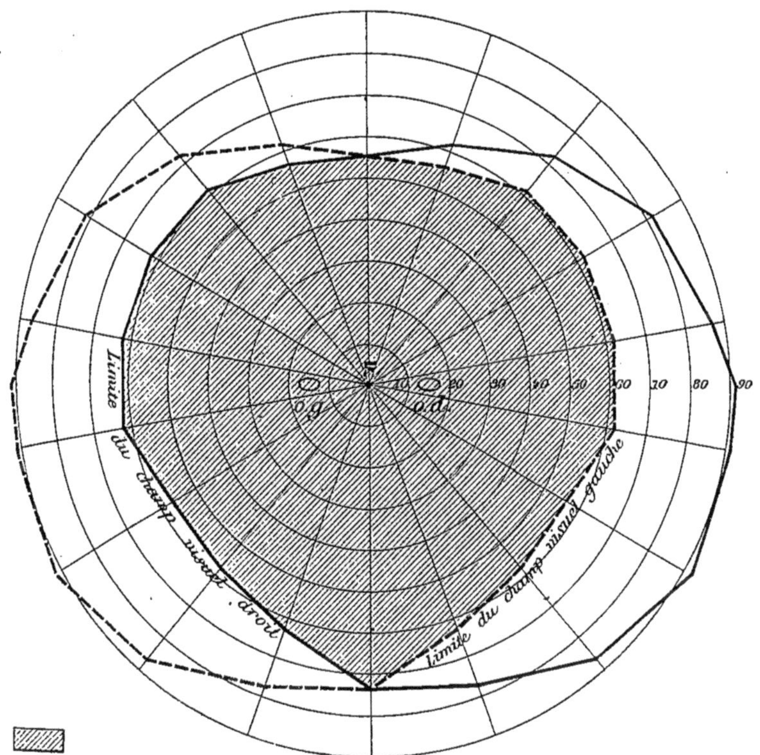

Fig. 513. — Champ visuel binoculaire. Projection équidistante.

F, point de fixation commun des deux champs visuels monoculaires droit et gauche ;
━━━, limites du champ visuel droit ;
▪ ▫ ▪ ▫, limites du champ visuel gauche ; *o. d.*, tache aveugle du champ visuel droit ;
o. g., tache aveugle du champ visuel gauche ;
▨▨▨, partie commune du champ visuel, binoculaire.

monoculaire pris isolément. Le champ visuel monoculaire, mesuré avec le carré blanc de 1 centimètre carré de surface, embrasse, dans la direction horizontale, pour chaque œil 90° du côté temporal et 60° du côté du nez, 150° en tout, la tête étant tenue immobile. Dans le sens vertical, il mesure à peu près 55° en haut et 70° en bas. Le champ de vision binoculaire présente la même étendue verticale, tandis que son étendue horizontale est réduite à 120°, répartie symétriquement de part et d'autre du point de fixation.

Dans le champ de vision binoculaire, les deux points de fixation des champs

monoculaires se confondent dans le point de fixation commun F (fig. 513
et 514), centre du champ de vision binoculaire. La lacune correspondant à la
tache aveugle du champ monoculaire gauche coïncide dans le champ de
vision binoculaire avec une partie voyante du champ visuel monoculaire
droit et *vice versa*. Les deux taches échappent donc à la périmétrie binoculaire. D'une façon générale, toute lacune qui n'est pas commune aux deux
champs visuels monoculaires n'apparaîtra pas dans le champ de vision
monoculaire.

Les figures 513 et 514 ont été obtenues par la superposition de deux
champs visuels monoculaires types ; quand on mesure le champ binoculaire

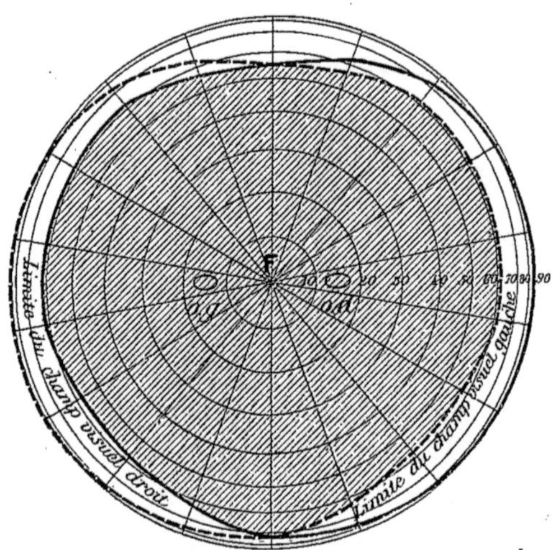

Fig. 514. — Champ visuel binoculaire. Projection orthographique.

F, point de fixation commun des deux champs visuels monoculaires droit et gauche;
━━━━━, limites du champ visuel droit;
■ ■ ■ ■ ■, limites du champ visuel gauche;
o. d., tache aveugle du champ visuel droit;
o. g., tache aveugle du champ visuel gauche;
▨▨▨▨, partie commune du champ visuel binoculaire.

directement, en faisant fixer à l'observé, convenablement placé, des deux
yeux à la fois, le sommet de l'arc périmétrique, on trouve, de chaque côté,
les limites extérieures moins étendues de 5° à 10° que ne le sont celles des
champs monoculaires mesurés isolément.

Léonard de Vinci avait déjà observé que, dans la vision binoculaire, certaines lignes, aperçues dans la vision monoculaire, disparaissaient. Il est
facile de se rendre compte de l'existence et de l'étendue du phénomène : un
œil étant couvert, on cherche une direction du regard telle que la pointe du
nez devienne visible à la limite inféro-interne du champ visuel de l'œil tenu
ouvert. Sans changer la direction du regard, on ouvre alors l'œil tenu fermé :
aussitôt le bout du nez disparaît pour réapparaître si l'on ferme l'un des
deux yeux.

Cette expérience nous montre que, du côté médian, les deux champs visuels monoculaires n'entrent pas intégralement dans la constitution du champ de vision binoculaire. Une petite partie de chaque champ visuel monoculaire est supprimée dans la fusion qui constitue le champ de vision binoculaire. Celui-ci est donc, en réalité, moins étendu que ne le ferait supposer la superposition des deux champs monoculaires.

Relations entre le champ visuel binoculaire et l'appareil nerveux percepteur-Conducteur. — Quand on prolonge le plan médian du corps humain à travers le point de fixation binoculaire, il divise le champ visuel binoculaire en deux parties symétriques d'étendue égale chacune, une partie gauche et une partie droite (fig. 515).

La semi-décussation des nerfs optiques (l'entre-croisement partiel des fibres du nerf optique au niveau du chiasma optique) a pour résultat de conduire

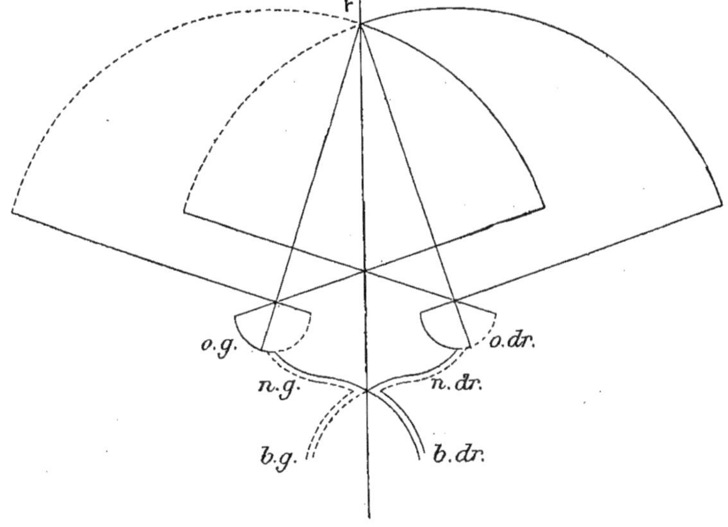

Fig. 515. — Relation entre le champ visuel binoculaire et l'appareil percepteur. — *o.g.*, œil gauche; *o.dr.*, œil droit; *n.g.*, nerf optique gauche; *n.dr.*, nerf optique droit; *b.g.*, bandelette optique gauche; *b.dr.*, bandelette optique droite; F, point fixé.

toutes les impressions reçues par la moitié droite du champ visuel binoculaire, correspondant à la moitié nasale de la rétine droite et à la moitié temporale de la rétine gauche, par la partie croisée du nerf optique droit et par la partie directe du nerf optique gauche à la bandelette optique gauche qui les conduit aux centres visuels corticaux de l'hémisphère cérébral gauche. Les impressions reçues par la moitié gauche du champ visuel binoculaire, correspondant à la moitié nasale de la rétine gauche et à la moitié temporale de la rétine droite, sont conduites par la partie croisée du nerf optique gauche et par la partie directe du nerf optique droit à la bandelette optique droite, laquelle les conduit aux centres corticaux visuels de l'hémisphère cérébral droit.

Dans la figure 515, tout ce qui correspond à la moitié gauche du champ visuel binoculaire est en lignes ponctuées, ce qui correspond à la moitié droite en lignes pleines.

A la moitié gauche du champ visuel binoculaire correspondent donc la bandelette optique et l'hémisphère cérébral droit, à la moitié droite du champ la bandelette et l'hémisphère gauches.

Malgré la semi-décussation des nerfs optiques, la vision est donc, au point de vue fonctionnel, complètement croisée, ainsi que le sont les fibres conductrices et les centres de toutes ou, au moins, de presque toutes les fonctions sensitivo-sensorielles et motrices.

Bibliographie concernant le champ visuel et la topographie rétinienne.

ARAGO, *Astronomie*, t. I, p. 189 et suiv. 1858 (champ visuel).

AUBERT, *Physiologie der Netzhaut*, p. 89, 120, 244, 1865.

AUBERT und FÖRSTER, Beiträge zur Kenntniss des indirecten Sehens (*Archiv f. Ophth.* t. III, 2, p. 1, 1857).

AUBERT, Beiträge zur Physiologie der Netzhaut (*Abhandl. d. Schesischen Gesellsch.*, *naturw. Abth.*, Heft. I, p. 16, 1861).

BADAL, Note sur la mesure et la représentation graphique du champ visuel, à l'aide du périmètre portatif et du schémographe (*Ann. d'oc.* t. LXXIV, p. 239, 249, 1875).

BERLIN, De l'influence des verres convexes sur la vision excentrique (*Ann. d'oc.*, t. LXV, p. 64, 1869).

BJERRUM, *Undersoegelsen af synet*. Copenhague 1894.

— Le diagnostic du glaucome (*Nordisk ophth. Tidsskrift*, V. 2, et *Ann. d'oc.*, t. CIX, p. 158 et 211, 1892).

BURCHARDT, Échelle internationale pour la mesure de l'acuité visuelle et de la puissance accommodatrice (*Ann. d'oc.*, t. LXIV, p. 91 et t. LXV, p. 25 et Cassel. 1871).

CHARPENTIER, Perception des couleurs à la périphérie de la rétine (*Arch. d'oph.*, t. III, p. 12, 1883).

— De la vision avec les diverses parties de la rétine (Thèse de Paris, 1877).

— *La lumière et les couleurs au point de vue physiologique*. Paris, J.-B. Baillère, 1888).

COHN, Erfahrungen über die Wirkung des Strychnins auf ambyopische u. gesunde Augen (*Wiener med. Wochenschr*, p. 959, 1873).

DESMARRES, *Traité des maladies des yeux* (Paris, Baillière éd. 3 vol. 1854. 1855, 1858).

DOBROWOLSKY, Étude sur la grandeur du champ visuel (*Ann. d'ocul.*, t. LXX, p. 240, 1873).

— Ueber die Sehschaerfe (Formsinn) an d. Peripherie der Netzhaut. Ueber den Lichstinn an d. Peripherie der Netzhaut (*Arch. f. Physiol.*, t. XII, 9 et 10 p. 411, 432, 1876).

DOBROWOLSKY et GAINE, Ueber die Lichtempfindlichkeit (Lichtsinn) auf der Peripherie der Netzhaut (*Arch. f. Physiol.*, t. XII, p. 432, 450, 1875).

DONDERS, Die Grenzen des Gesichtsfeldes in Beziehung zu denen der Netzhaut (*Arch. f. Ophth.*, XXIII, 2, p. 230, 270, 1877).

DRUAULT, Notes sur la situation des images rétiniennes formées par les rayons très obliques sur l'axe optique (*Arch. d'opht.*, t. XVIII, p. 685, 1898).

FICK, Stlaebchensehschaerfe und Zapfensehschaerfe (*von Graefe's Arch. f. Ophth.*, t. XLV, 2, p. 336, 356, 1898).

FÖRSTER, Ueber Gesichtsfeldmessungen. Klin. Monatsbl., f. Augenh., t. V, p. 293 (*Ann. d'oc.*, t. LIX, p. 5, 1867).

— Présentation de son périmètre (*Ann. d'oc,*, t. LXIII, p. 191, et Klin. Monatsbl., t. VII, p. 44, 1869).

GIRAUD-TEULON, un instrument pour la mensuration ophthalmoscopique de la papille du nerf optique (*Compte rendu du Congrès périodique international d'ophtalmologie. Congrès de Paris* et Klin. Mon. t. V, p. 297, 1868).

GROENOUW, Ueber die Sehschaerfe des Netzhautperipherie (*Arch. f. Aug. heilk.*, t. XXVI, p. 85, 1893. Ann. d'oc., CXI, p. 225).

HELMHOLTZ, *Physiologische Optik*, p. 66, 210, 221, 301, 845. Édit., française, p. 88, 284, 303, 400, 1868).

Hippel, Wirkung des Strychnins auf d. norm. Auge. (*Berl. kl. Wochenschr.*, n° 171, 1875).

Hirschberg, Zür Gesichtsfeldmessung. (*Arch. f. Augen. u. Orenheilk.*, t. IV, 2, p. 268, 1875).

— Ueber graphische Darstellung der Netzhautfunction (*Arch. f. Anat. u. Phys* p. 124, 1878).

Jeaffreson, Photopérimètre (*Ann. d'oc.*, t. LXXII, p. 115, 1874).

Koenigshoefer, Das Distinctionsvermögen der peripheren Theile der Netzhaut (*Thèse d'Erlangen*, 1876).

Kries (von), Ueber die functionellen Verschiedenheiten des Netzhaut-Centrums und der Nachbartheile (*Arch. f. Ophth.*, t XLII, p. 95, 133, 1896).

Landolt. Il perimetro et la sua applicazion (*Ann. d'Ottal.*, t. I, 1, 1872).

— La distauza tra la macula utea e la papilla del nervo ottico (*Ann. d'Ottal.*, t. II, f. 1 et *Ann. d'Ocul.*, t. LXIX, p. 166, 1872).

— De la perception des couleurs à la périphérie de la rétine (*Ann. d'Ocul.*, t. LXXI, p. 44, 1874).

Landolt et Charpentier, Des sensations de lumière et de couleur dans la vision directe et dans la vision indirecte (*Comptes rendus*, t. LXXXVI, p. 495).

Leroy, Champ optique, champ visuel absolu et relatif de l'œil humain (*Comptes rendus*, 20 février 1893 et *Ann. d'oc.* t. CIX, p. 283, 1893).

Moser Carl, Das Perimeter und seine Anwendung (Thèse de Breslau et *Ann. d'oc.*, t. LXII, p. 80, 1869).

Nagel (W.). Ueber Strahlenfilter. (*Biologisches Central blatt*. XVIII, n° 17, 1898).

Parinaud, Appareil destiné à l'étude des intensités lumineuses et chromatiques des couleurs spectrales et de leur mélange (*Soc., 'ranç., d'ophth.*, 1885 et *Ann. d'oc.*, t. XCIII, p. 127).

— Anesthésie de la rétine (*Ann. d'oc.*, t. XCVI, p. 38 et *Acad. roy. de méd. de Belgique.* 31 juillet 1886).

— Acuité visuelle, perception de la lumière et des couleurs (*Échelle optométrique*. Paris, 1888, Roulot, éd.).

— L'héméralopie et les fonctions du pourpre visuel (*Comptes rendus*, t. XCIII, p. 286).

— La vision, étude physiologique. Paris, 1888, Doin, éd.).

Parisotti, Périmètre enregistreur (*Ann. d'oc.*, t. CXXII, p. 1899).

Purkynje, Beobachtungen u. Versuche zur Physiologie der Sinne, t. I, p. 11, 1825.

Ramony y Cajal, Sur la morphologie et les connexions des éléments de la rétine des oiseaux (*Anat. Anzeiger*, n° 4, 1889).

— Pequenas contribuciones al conocimiento del sistema nervioso, III. La retina de los batracios y reptiles. Agosto 1891.

— Notas preventivas sobre la retina y gran sympatico de los mamiferos, 10 Diciembre 1891.

— La retina de los teleostes y algunas observaciones sobre la de los vertebrados superiores. Trabajo leido ante la sociedad espanola de Historia natural. Sesion de 2 junio 1872 (*Ann. de la soc. Esp. de Hist. Nat.*, t. XXI, 1892).

Raehlmann, Certains points relatifs à la perception des couleurs dans la vision indirecte et directe (*Ann. d'oc.*, t. LXXII, p. 295, 1874).

— De la sensation des couleurs spectrales pour différents endroits de la rétine (*Ann. d'oc.*, t. LXXII, p. 261, 1874).

Reich, Matériaux servant à définir les limites du champ visuel, etc. (Thèse de Saint-Pétersbourg, 1871 et *Ann. d'oc.*, t. LXVII, p. 259, 1871).

Robert-Houdin. Le diopsimètre (*Compte rendu du Congrès périodique d'ophthalmologie. Congrès de Paris*, p. 70, 1867).

Rugke, Explicatio facti quod minimum paulum lucentes stellæ tantum peripheria retinæ cerni possunt (*Programma*. Lipsiae, 1859).

Schadow, Acuité visuelle indirecte (*Arch. f. d. gesammte Physiol.*, XIX, 439).

Schenkle, Beitrag zur Bestimmung des Gesichtsfeldes; neuer Périmetère (*Prager Vierteljahrschrift*. Bd. CXXIII, p. 77, 1874).

Slen, L'acuité visuelle et l'intensité de la perception lumineuse à la périphérie de la rétine (Thèse de Saint-Pétersbourg et *Journal de méd. mil.*, juin, p. 71, 1875).

Stevens, Description of a registering Perimeter (*Transact of Int. med. Congress. London.* Vol. III, p. 123, 1881).

Tscherning, Œuures de Young, p. 134, 1894.

Uschakoff, Ueber die Grösse des Gesichtsfeldes bei Augen mit verschiedener Refraction, aus der Klinik des Prof. Junge in Saint-Petersbourg (*Arch. f. Anât.*, p. 454, 483, 1870).

Vallée, Mémoire sur la théorie de l'œil (*Compte rendu*, 17 mai 1841).

Volkmann et Weber, Art. Sehen in *Wagner's Handwörterbuch der Physiologie*, t. III, 1846.

IMPRESSIONS LUMINEUSES SUR LA RÉTINE

Par M. CHARPENTIER.

INTRODUCTION

La lumière est l'excitant normal du nerf optique. En frappant la rétine dans des conditions physiologiques, elle provoque en nous des sensations d'une nature particulière que nous appelons *sensations lumineuses.*

Ces sensations diffèrent des autres espèces de sensations, odeurs, saveurs, sons, etc., elles sont *spécifiques*, et caractérisent la réaction de l'organisme sous l'influence de la lumière.

Elles diffèrent en outre profondément les unes des autres sous de nombreux rapports, différences d'intensité, de ton, de saturation, de grandeur, de forme, etc.

Il y a donc lieu d'étudier en elles-mêmes les sensations lumineuses et leurs variétés; cette étude est *subjective,* puisque chacun de nous a seul la connaissance immédiate de ses propres sensations.

Elle prend un intérêt beaucoup plus grand si l'on cherche à établir une relation entre chaque variété de sensation et la modalité correspondante de l'agent extérieur lumière. Le point de vue objectif commence à s'introduire. Il va devenir prédominant si l'on s'attache à pénétrer le mécanisme interne de la réaction de l'organisme, et si l'on se donne pour but de connaître les formes intermédiaires de l'énergie entre le moment où la lumière prend contact avec cet organisme et le moment où elle est devenue sensation.

Malheureusement, cette recherche ne peut se faire que par analogie, la série subjective et la série objective étant le plus souvent impénétrables l'une à l'autre. Mais, comme ce sont deux séries parallèles, on peut étudier chacune d'elles d'abord en elle-même, et puis chercher sous quels points elles se correspondent.

C'est ce que nous essaierons de faire ici.

Mais auparavant une observation s'impose. Nous avons à faire l'étude des *impressions lumineuses* et nous n'avons encore parlé que de *sensations.* Y a-t-il une différence de sensations entre les deux termes?

En réalité, je n'en vois pas, à moins que le mot *impression* ne désigne le travail *latent* de la lumière sur l'appareil rétinien. Ce travail latent, dont la nature n'est pas encore rigoureusement définie, précède évidemment toute sensation ; dans certains cas, même, il existe seul et n'est pas senti ; exemple : quand une lumière brève d'intensité inférieure au minimum perceptible vient agir un temps insuffisant ; le travail latent existe : la preuve c'est que, si l'on fait suivre cette excitation d'une seconde également insuffisante par elle-même pour produire isolément une réponse de la conscience, la sensation peut s'ensuivre ; le terrain avait donc été préparé par la première. Je pourrais donner d'autres preuves de ce travail latent, sur lequel je reviendrai à loisir.

Est-ce ce travail latent qui constituera l'impression ? Peut-être, en effet, y aurait-il avantage à réserver cette expression pour ce cas spécial et bien défini. Mais l'usage a décidé différemment : qui dit *impression* dit *impression perçue*.

Qu'est-ce qui distingue alors l'impression de la sensation ? Je crois qu'il faut voir dans cette dualité de termes l'expression de cette idée que certains effets de la lumière sur l'œil seraient purement périphériques, rétiniens proprement dits, tandis que d'autres effets (par exemple, pour Helmholtz, les phénomènes de contraste) seraient plutôt cérébraux.

Une telle distinction est-elle légitime ? Oui, à condition d'être pratiquement possible à établir. Mais tel n'est pas le cas ici. Personne n'a de critérium sûr pour affirmer que telle ou telle sensation a son point de départ dans la rétine plutôt que dans l'appareil nerveux central, et, du reste, la rétine n'est-elle pas par elle-même un véritable centre nerveux, avec son développement si spécial et ses nombreuses cellules ganglionnaires ? Il faudrait donc, pour être logique, distinguer dans la rétine elle-même une partie périphérique (cônes et bâtonnets) et une partie centrale (couches nerveuses). Or, si l'on a des raisons de croire que l'impression lumineuse a son point de départ dans les cônes et les bâtonnets, c'est une simple probabilité, et le rôle des autres éléments rétiniens est pour nous lettre close.

Nous sommes donc forcés de conserver un peu de vague dans la signification des expressions usitées : d'une part, le mot *impression* ne comportera pas forcément une action uniquement périphérique ; d'autre part, le mot *rétinien* ne voudra pas dire forcément que l'action étudiée a son siège exclusif dans la rétine, mais s'appliquera souvent d'une façon abrégée à l'ensemble de l'appareil percepteur de l'œil.

Cette réserve une fois faite, nous allons étudier successivement les phénomènes objectifs de l'impression lumineuse, puis ces impressions en elles-mêmes, en tant que senties par l'expérimentateur (phénomènes subjectifs), enfin la relation qu'il peut y avoir entre ces deux ordres de phénomènes ; ce dernier chapitre sera évidemment beaucoup plus court que les deux autres, car il comporte jusqu'à présent très peu de faits positifs.

CHAPITRE PREMIER

PHÉNOMÈNES OBJECTIFS DE L'EXCITATION LUMINEUSE

Limites des radiations perceptibles. — Une première question se pose : parmi toute l'échelle des radiations connues, le plus grand nombre ne sont pas perçues par l'œil. Quelles sont les radiations perceptibles, celles qu'on peut appeler plus proprement *lumineuses ?*

Le spectre lumineux est borné d'une part du côté du rouge, d'autre part du côté du violet.

Pour la première limite, les recherches de Helmholtz donnent comme longueur d'onde des derniers rayons rouges visibles le chiffre $0^{mm},000\,81$. Or on connaît, par leurs effets calorifiques, des rayons ultra-rouges de bien plus grande longueur. Abney a observé des rayons de $0^{mm},002\,7$, J. Müller a poussé jusqu'à $0^{mm},004\,8$, enfin Langley, avec son bolomètre, a pu étudier des longueurs d'onde allant, paraît-il, jusqu'à $0^{mm},03$. Il existe donc, du côté réfrangible du spectre, de nombreux rayons invisibles. Pourquoi ne sont-ils pas perçus ?

On a pu croire tout d'abord qu'ils n'arrivaient pas en assez grande quantité sur la rétine et qu'ils étaient absorbés par les milieux de l'œil. L'absorption par ces milieux est en effet de l'ordre de celle de l'eau, qui est forte. Mais les rayons calorifiques obscurs ne sont pas tous retenus et la rétine recevrait, en réalité, environ 9 p. 100 des radiations ultra-rouges, de celles qui peuvent passer sans perte sensible à travers le noir de fumée. C'est là une proportion qui serait certainement appréciable pour l'œil si la rétine pouvait les percevoir. Ce qui borne le spectre du côté rouge est donc très probablement plutôt le défaut de sensibilité de la rétine pour les rayons ultra-rouges, que le manque de ces rayons dans le faisceau lumineux. Mais c'est tout ce qu'on en peut dire, et la cause de cette insensibilité est parfaitement inconnue. Peut-être y aurait-il lieu de reprendre d'une façon méthodique l'étude de l'absorption par le pigment rétino-choroïdien. Cette absorption est-elle élective ? Cela n'est pas impossible, bien qu'*a priori* cela soit peu probable.

Quant à la partie la plus réfrangible du spectre, la limite de ses derniers rayons visibles est plus difficile à préciser. On la fixe en moyenne à la raie L (longueur d'onde, $0^{mm},000\,382$). Mais cette limite varie suivant les sujets ; on peut même percevoir bien au delà de la raie L une faible lueur gris bleuâtre qui devient bien apparente à la condition de masquer le reste du spectre par des écrans appropriés. En tout cas, si les rayons ultra-violets peuvent être vus, ils le sont avec une intensité bien plus faible que le reste du spectre, même que la partie violette voisine (1). La plus grande disper-

---

(1) Il est nécessaire, pour ces observations, de se servir d'un spectroscope à prisme et lentilles de quartz.

sion de ces rayons par le prisme ne peut pas suffire pour expliquer cette différence d'intensité.

Y a-t-il, comme pour les rayons ultra-rouges, une absorption notable des rayons ultra-violets pour les milieux de l'œil? Oui, cette absorption existe ; elle est opérée un peu par la cornée, mais surtout par le fait du cristallin. Brücke avait déjà observé ce fait, que la lumière qui a traversé le cristallin n'a presque plus d'action bleuissante sur la teinture de gaïac. M. de Chardonnet a, plus récemment, reconnu que le spectre d'un faisceau très riche en rayons *ultra-violets* a exactement, après avoir traversé le cristallin, les mêmes limites que le spectre visible : c'est donc cet organe qui intercepte dans l'œil les rayons ultra-violets invisibles. La preuve en est que les aphakiques perçoivent ces rayons. Sur des opérés de cataracte, si l'on dirige sur l'œil un faisceau fourni par un arc électrique et qui a traversé une double glace argentée (laquelle absorbe les rayons lumineux et laisse passer, au contraire, les rayons actiniques compris entre les raies O et T), ces sujets ont une impression lumineuse jusque vers la raie S. M. Soret a montré, d'autre part, que l'humeur aqueuse et l'humeur vitrée, qui laissent passer les rayons du spectre jusqu'à la raie S, absorbent, au contraire, très fortement les rayons plus réfrangibles, et que la cornée intercepte les rayons plus réfrangibles que la raie U.

En somme, dans son ensemble, l'œil, par ses différents milieux, absorbe les rayons invisibles de la partie ultra-violette. Pour cette partie du spectre (dont la limite connue est actuellement, dans le spectre solaire, la raie U, de longueur d'onde $0^{mm},000\,294\,8$, et, dans le spectre de l'aluminium, la raie $0^{mm},000\,185\,22$) (Cornu), la sensibilité de la rétine ne serait pas en cause ; elle ne les perçoit pas, parce qu'elle ne les reçoit pas.

Pour expliquer les cas où de la lumière ultra-violette est perçue par l'œil normal, Helmholtz fait intervenir la fluorescence de la rétine blanchie sous l'influence de la lumière, de sorte que ce ne seraient pas les rayons ultra-violets qui seraient vus par eux-mêmes, mais les rayons de moindre réfrangibilité dont ils provoqueraient l'émission dans le blanc visuel fluorescent qui exciteraient la rétine. Que ce soit de cette manière ou autrement, un fait est démontré, c'est que la rétine perçoit la lumière ultra-violette, tandis qu'elle ne semble pas être impressionnée par la lumière ultra-rouge.

Effets chimiques de la lumière sur la rétine. — Nous n'avons pas ici à décrire le spectre visible, défini dans une autre partie de ce livre. Mais nous avons maintenant à rechercher les différents effets de la lumière. Ses effets subjectifs, sensations lumineuses, seront étudiés longuement plus tard. Quels sont ses effets objectifs ? En d'autres termes, quelles modifications *extérieures* les rayons lumineux produisent-ils dans la rétine ?

La question ne date pas d'aujourd'hui. On se l'est posée depuis longtemps, car, d'après ce que l'on sait de la physiologie des nerfs, il est difficile d'admettre que la lumière agisse directement sur les éléments du nerf optique sans passer par une transformation d'énergie intermédiaire. La durée de la variation négative des nerfs, qui donne tout au moins une indication sur l'ordre de grandeur des vibrations nerveuses, est bien plus grande que celle de la plus lente vibration lumineuse (de cinq à huit dix-millièmes de seconde, d'après Bernstein, soit 400 000 000 000 fois de plus que celle-ci). L'argument n'est pas décisif, mais il a fait songer depuis longtemps à la possibilité de mécanismes physico-chimiques destinés à dégrader, pour ainsi dire, l'énergie lumineuse, en abaissant la fréquence de ses vibrations et provoquant un mouvement plus lent capable d'agir sur le nerf optique. On a cherché surtout dans l'ordre photochimique (Talma, Hering), mais ce n'est qu'à partir de la découverte de Boll (1876) que la question put être portée sur le terrain expérimental.

Boll découvrit ce fait fondamental que la rétine, déjà vue colorée en rouge par certains observateurs chez la grenouille, le rat, le hibou, par exemple, se décolorait sous l'influence de la lumière et redevenait rouge par le séjour dans l'obscurité. Il crut d'abord à une action purement physique, et mourut avant d'avoir pu achever l'étude de cet important phénomène.

Kühne fut plus heureux. C'est à lui et à ses élèves qu'on doit à peu près tout ce qui est connu sur le rouge visuel, mieux nommé encore *pourpre visuel*.

La coloration rouge photosensible, découverte par Boll, tient à la présence dans les bâtonnets d'une substance spéciale répandue à l'état diffus dans l'article externe de ces éléments.

En réalité, sa nuance n'est pas rouge, comme on le disait au début (d'où le nom d'*érythropsine*), mais pourpre, et même d'un pourpre riche en rayons très réfrangibles. Elle peut aller jusqu'au violet dans certains cas, et différents auteurs ont signalé la nuance violette très accusée que présente la rétine, soit lorsqu'elle contient des bâtonnets très longs (comme chez le hibou), soit lorsqu'elle est particulièrement riche en substance photochimïque, ce qui est le cas chez l'homme.

Elle se trouve généralement dans les bâtonnets des vertébrés, mais pas chez tous les animaux. Elle fait défaut généralement dans les cônes, mais il y a aussi à cet égard des exceptions.

Kühne n'a pas pu la constater chez le pigeon ni le chien, non plus que chez la chauve-souris, le serpent (*Tropidonchus natrix*), l'orvet et le lézard. Elle était très faible chez un singe (macaque), et faisait défaut dans la fovea centralis et ses alentours immédiats.

Cette substance faisait défaut dans les cônes de la grenouille, de la carpe, tandis que ceux du hibou contenaient un rouge très intense, se changeant à la lumière en un orangé stable.

Chez l'homme, sur une femme morte dans l'obscurité, le pourpre (après douze heures) était répandu dans toute la rétine, sauf une petite zone périphérique commençant à 3 ou 4 millimètres de l'ora serrata, sauf aussi la fovea centralis.

Sur une seconde personne morte aussi dans l'obscurité, il y avait au centre, dans la fovea, une zone incolore, *comprenant environ l'étendue d'une dizaine de cônes*. Même zone incolore à la périphérie, bien que cette région contienne des bâtonnets.

Sur la rétine encore adhérente au fond de l'œil, la coloration de la rétine vue de face ne se traduit que par un reflet violacé du fond noir brunâtre de la choroïde. Aussi s'explique-t-on que l'existence du pourpre visuel ait pu passer inaperçue à l'examen ophtalmoscopique. La teinte de la lumière que renvoie le fond de l'œil est surtout déterminée par le passage de cette lumière à travers des membranes très riches en vaisseaux sanguins, et présente nettement les raies d'absorption de l'hémoglobine (Von Bezold et Engelhardt).

Le pourpre visuel peut être extrait de l'œil par différentes manipulations pratiquées dans un cabinet noir à la lumière du sodium. Il existe indépendamment de la vie ; il se conserve pendant au moins vingt-quatre ou quarante-huit heures chez des lapins morts tenus dans l'obscurité ; la lumière seule le détruit, ainsi que certains agents chimiques, alcool, acétate de fer, soude ; d'autres substances : chlorure de sodium, ammoniaque, alun, acétate de plomb, acides acétique ou tannique faible, glycérine, éther, le conservent intact.

On peut le dissoudre dans la bile de bœuf très pure, où il est tenu en solution par les sels alcalins des acides biliaires. Cette solution contient un mélange de neuro-kératine et de pourpre visuel, qui résiste à la putréfaction. On peut la purifier par dialyse, et l'on obtient alors, une masse molle pourpre, subissant à la lumière la même décoloration que la rétine elle-même. Quand on dilue la solution dans l'obscurité, elle passe au rose ; plus diluée, elle paraît lilas.

La solution fraîche transmet le rouge et le violet et absorbe le reste du spectre. Dans cet intervalle, l'absorption décroît lentement du jaune vert (entre D et E) au début du violet (raie G).

La décoloration de la solution de pourpre rétinien sous l'action de la lumière se fait par étapes successives ; elle passe par des teintes de transition virant de plus en plus au blanc : rouge-orange, chamois, jaune pâle, blanc, et elle devient enfin limpide et claire comme de l'eau. Cela tient à ce que la substance primitive passe par deux transformations : le pourpre visuel devient jaune visuel, puis blanc ; la teinte résultante variable dépend du mélange de ces différentes substances. Le jaune visuel absorbe le violet, mais, en revanche, transmet le vert.

La solution de pourpre est influencée surtout par la partie jaune verdâtre du spectre, là où l'absorption est maximum ; du jaune vert à l'indigo, l'action est un peu moindre ; elle est plus faible encore pour le jaune, puis pour le violet et l'orangé ; l'ultra-violet agit très peu, et enfin le rouge demande encore plus longtemps pour pâlir la solution.

Quant au jaune visuel, il est, au contraire, plus pâli par le bleu et le violet que par les rayons moins réfrangibles.

Les bâtonnets non pâlis montrent une faible fluorescence bleuâtre, qui devient plus forte et prend une teinte verdâtre quand ils sont décolorés par la lumière. Les bâtonnets incolores et la fovea centralis de l'homme ne paraissent pas fluorescents.

La lumière décolore le pourpre sur le vivant, avec les mêmes successions de teintes. Il faut dix à quinze minutes au soleil, trente minutes au jour diffus chez la grenouille, un quart d'heure en moyenne chez le lapin.

En plaçant devant les yeux des objets à bandes alternativement claires et obscures, on en obtient des photographies, ou *optogrammes*, chez divers animaux, grenouille, lapin, bœuf. L'animal peut être récemment tué : on l'expose dans une chambre noire pendant deux à sept minutes, en présence de l'objet (verre dépoli à bandes opaques devant le ciel), puis à la lumière du sodium on isole la rétine et on la place dans de l'eau salée à 6 p. 1 000 environ, ou dans l'alun à 4 p. 100, où elle peut rester vingt-quatre heures avant d'être portée au jour et examinée sur un fond blanc (porcelaine).

L'expérience réussit aussi sur le lapin vivant en atropinisant l'œil.

Chez la grenouille, il est bon de curariser l'animal pour diminuer l'adhérence de la rétine à l'épithélium pigmentaire.

Le pourpre rétinien, une fois décoloré, ne se régénère spontanément ni dans l'obscurité, ni sous l'influence d'aucun agent physique. Il ne se régénère qu'au contact de l'épithélium pigmentaire rétino-choroïdien à l'*état vivant*, l'état cadavérique des tissus empêchant toute action de ce genre. Du reste, il n'est pas indispensable que cet épithélium contienne du pigment, puisque la régénération se ferait, paraît-il, sur le lapin albinos.

Quoi qu'il en soit, pendant la vie, ou même sur l'œil frais énucléé, la rétine décolorée par la lumière reprend, dans l'obscurité, son ton pourpre au bout d'un temps variable : chez la grenouille, au bout de vingt minutes on commence à voir une trace de coloration ; il faut une heure ou deux pour avoir la saturation normale. Chez le lapin, sept minutes suffisent pour le début du processus de régénération ; trente-trois à trente-huit minutes pour son achèvement. Une température de 45° empêche le phénomène.

La reconstitution du pourpre tout à fait blanchi ne repasse pas par les mêmes étapes que sa décoloration ; les teintes intermédiaires sont plutôt lilas ou rose. On en conclut qu'il ne se reforme pas alors de jaune visuel. Et de fait, lorsque l'action de la lumière n'a pas été poussée assez loin pour détruire cette dernière substance, et que la rétine reste encore jaune, le pourpre se refait bien plus vite. Le jaune visuel pourrait donc directement se changer en pourpre ; d'après Kühne, il en resterait toujours un peu dans les cellules de l'épithélium pigmentaire, et une rétine qu'on a d'abord isolée de la choroïde avant de la soumettre à la lumière redeviendrait vite pourpre dans l'obscurité, même après avoir été décolorée entièrement, à condition de la remettre en contact avec l'épithélium pigmentaire.

Cette substance régénératrice intra-épithéliale est un peu soluble dans la liqueur biliaire, car si, dans la solution pourpre blanchie par la lumière, on introduit un peu de l'épithélium pigmentaire, il se produit bientôt une faible recoloration.

L'épithélium pigmentaire paraît lui-même sensible à la lumière, sous l'influence de laquelle il perdrait sa propriété de régénérer le pourpre détruit. La lumière rouge, bien que peu nuisible, a cependant plus d'action sur cette fonction régénératrice que sur la décomposition du pourpre visuel lui-même.

J'ai insisté assez longuement sur ces faits, parce qu'ils forment la première et la plus nette démonstration expérimentale d'une action photochimique dans la rétine. Il y en a d'autres moins bien connus, dont je dois dire un mot.

Par exemple, chez la grenouille on trouve dans les cellules pigmentaires, au voisinage du noyau, des globules jaunes très réfringents, de nuances variant entre le jaune pâle et le jaune d'or. Ils se décolorent à la lumière, mais plus lentement que le pourpre rétinien (Capranica).

Il en serait de même pour les globules colorés rouges, verts, jaunes, bleus, que contiennent les cônes de plusieurs espèces d'animaux, notamment les oiseaux et les reptiles (Boll, Kühne) ; Beauregard a observé sur les mêmes globules des cônes chez la grenouille un effet photochimique de sens opposé, puisqu'ils seraient, au contraire, colorés par la lumière.

Mais des expériences d'un autre ordre montrent que la lumière modifie bien réellement la constitution des cônes, qui se comportent, vis-à-vis de certains réactifs histologiques, d'une façon différente suivant qu'ils proviennent d'yeux éclairés ou d'yeux tenus dans l'obscurité. Si, par exemple, sur des yeux durcis d'animaux à sang froid (perche), on cherche à colorer la rétine par des substances acides telles que l'éosine, la fuchsine acide, etc., les globules ellipsoïdes contenus dans les cônes ne retiennent la couleur que dans les yeux maintenus et préparés à l'obscurité : ces globules deviennent rose intense avec l'éosine, jaune très marqué avec le violet acide. Au contraire, les rétines soumises à la lumière avant leur préparation ne montrent aucune coloration des globules en question. Ceux-ci seraient donc plus ou moins alcalins à l'obscurité et deviendraient acides à la lumière (Birnbacher).

Parmi les faits du même ordre, mentionnons encore les résultats de L. Dor fils, qui, en colorant la rétine de la grenouille à l'aide du mélange de Biondi, a observé, après l'exposition de l'œil à la lumière rouge, une différence de teinte entre les noyaux des cônes et ceux des bâtonnets, ce qui prouverait l'existence de réactions chimiques différentes dans ces deux éléments : tantôt les noyaux des bâtonnets étaient rouge brun et ceux des cônes lilas ; tantôt les premiers étaient colorés en vert, les seconds l'étaient en violet pâle. L'influence de la lumière bleue ne produisait pas de différences de coloration dans les deux espèces de noyaux, mais entre les grains et les noyaux des cônes et des bâtonnets.

Nous aurions encore à citer d'autres faits, étudiés notamment par Pergens : diminution de la quantité de nucléine des cônes et des bâtonnets, maxima sous l'influence des rayons rouges, diminution de la chromatine dans les mêmes éléments, diminution de l'affinité du protoplasma en général par les colorants basiques, etc.

Autres effets objectifs de la lumière sur la rétine. — Toutes ces actions photochimiques plus ou moins bien définies ne sont pas les seules que la lumière produise dans la rétine ; elle provoque aussi de véritables mouvements dans l'intérieur de cette membrane.

Les premiers connus de ces effets mécaniques sont les déplacements que subit le pigment sous l'influence de la lumière (Czerny, Angelucci, Kühne).

Si l'on cherche à extraire la rétine d'une grenouille, elle se sépare facilement de la couche pigmentaire sous-jacente lorsque l'œil a été maintenu dans l'obscurité. Mais, après un certain temps d'exposition à la lumière, la rétine ne peut pas être détachée isolément, elle entraîne avec elle la couche pigmentaire (Boll). Au microscope, le corps des cellules hexagonales se montre alors moins riche en pigment. Celui-ci s'est accumulé dans les prolongements protoplasmatiques, en s'avançant jusqu'à la limitante externe; une masse de petits corpuscules noirs à angles plus ou moins aigus entoure ainsi tout le bâtonnet et recouvre en outre fortement son extrémité libre. Sous l'influence de l'obscurité, le pigment rétrograde jusqu'au corps de la cellule, dégageant ainsi les bâtonnets, qui restent toujours entourés des prolongements émanés des cellules hexagonales ; mais ces prolongements filiformes ont perdu les granulations pigmentaires qui formaient auparavant gaine serrée autour des bâtonnets; les extrémités libres de ces éléments sont elles-mêmes bien dégagées.

C'est cette progression du pigment provoquée par les rayons lumineux qui, jointe au gonflement que présentent en même temps les articles externes des bâtonnets, explique la compression de ces derniers et leur adhérence remarquable à la couche des cellules hexagonales.

Ce phénomène, surtout marqué chez les grenouilles, a été constaté chez les oiseaux, chez les mammifères et chez l'homme. Une température basse le contrarie.

Le déplacement du pigment commence avant la décoloration du pourpre. D'après Kühne, les rayons rouges sont ceux qui produisent le maximum de progression des corpuscules, chose d'autant plus remarquable à noter que ce sont les moins actifs comme effet photochimique.

Le même auteur explique ces phénomènes non par une action directe de la lumière sur le pigment, mais par l'excitation qu'elle produit en général sur tout protoplasma ; il invoque à ce propos les phénomènes d'expansion et de retrait que subissent dans les mêmes conditions les cellules pigmentaires étoilées de la peau de certains animaux (grenouille, caméléon, certains poissons, beaucoup d'invertébrés) et du corps de plusieurs infusoires. Ces déplacements pourraient déterminer une excitation mécanique des éléments rétiniens. (Notons que le retrait complet des corpuscules pigmentaires demande plus de temps que leur progression extrême, uneheure et demie à deux heures au lieu de dix à quinze minutes, d'après Angelucci).

Nous avons vu que sous l'influence de la lumière les articles externes des bâtonnets se gonflent (Hornbostel). Il en est de même pour les cônes, chez lesquels l'excitation lumineuse provoque une véritable contraction, très comparable en principe à celle des fibres musculaires lisses (Von Genderen Stort, Angelucci, Engelmann). Les articles externes de ces éléments deviennent à la foisplus courts et plus épais. Il faut, à un jour moyen, dix à quinze minutes d'éclairement pour avoir l'effet maximum. Cet effet se produit plus rapidement sous l'influence des rayons les plus réfrangibles, mais le raccourcissement final est toujours le même.

Ce qu'il y a de remarquable, c'est que cette contraction peut se produire par excitation réflexe de l'autre œil ou même de la peau de l'animal ; l'éclairement d'un seul œil fait contracter les cônes dans les deux yeux, mais à condition que le cerveau soit intact, sinon l'œil éclairé est seul influencé. Du reste, d'autres excitations que la lumière produisent les mêmes mouvements : tétanos strychnique, chaleur, courant électrique, vibrations sonores.

A rapprocher de ces contractions des éléments rétiniens sont les phénomènes que R. Dubois a étudiés dans les éléments dermatoptiques du siphon de la Pholade dactyle, dont la peau, sensible à la lumière, représenterait une rétine diffuse et très étalée (en même temps qu'un organe doué de plusieurs autres modes de sensibilité). Ici, le fait initial que produit l'excitation lumineuse est très nettement la contraction de certains éléments, contraction entraînant secondairement la mise en jeu des cellules nerveuses sous-jacentes, puis un mouvement réflexe de l'animal. L'intensité de la réaction dépendrait de l'intensité de l'excitation lumineuse ; sa rapidité, sa forme varieraient non seulement suivant l'intensité, mais aussi suivant sa couleur, diminuant successivement du jaune au vert, au bleu, au violet et au rouge.

Si l'on ajoute à ces faits les mouvements qui ont été observés en outre dans les articles internes des cônes, des bâtonnets et même dans les grains isolés de la rétine, la rétraction des cellules pigmentaires chez les poissons (Pergens), la progression de leur noyau avec diminution de pigment et de nucléine, la contraction des noyaux de bâtonnets, la rétraction des cellules ganglionnaires et l'épaississement des fibres nerveuses (Denissenko), on reconnaîtra combien sont déjà nombreux les phénomènes provoqués dans la membrane visuelle par la lumière et pouvant servir de point de départ à l'excitation des fibres du nerf optique.

D'autres phénomènes physiques peuvent encore, du reste, traduire objectivement l'excitation lumineuse : ce sont les manifestations électriques que la lumière détermine dans l'appareil rétinien (Holmgren, Kühne).

Le nerf optique préparé suivant les indications de Dubois-Reymond et de Kühne donne une variation négative au début de l'excitation lumineuse, et même, chez les poissons, une variation négative à la fin de cette excitation.

Pour la rétine proprement dite, le courant de repos est dirigé d'avant en arrière ; au moment d'un éclairement subit, il présente d'abord une courte augmentation (qui peut manquer, par exemple, chez le lapin et les poissons), puis, seulement après, une variation négative. Quand l'excitation lumineuse cesse, on n'a qu'une variation positive. La rétine isolée donne ces réponses électriques avec une grande sensibilité, elle répond facilement à de faibles excitations lumineuses.

Dewar et Mac Kendrick ont établi une relation entre la force de ces courants et l'intensité de l'excitation, soit par la lumière blanche, soit par différentes couleurs ; ils ont aussi observé ces courants sur l'homme.

Ces variations électriques (que A. Waller a enregistrées photographiquement) traduisent-elles l'activité photochimique de la rétine ? Ce qu'il y a de sûr, c'est qu'elles ne dépendent ni de l'épithélium pigmentaire ni du pourpre rétinien. Il est donc plus probable qu'elles répondent plutôt au fonctionnement des éléments nerveux de l'appareil visuel.

Comme dernier effet objectif possible de la lumière, reste un échauffement
local des parties absorbant les rayons lumineux, comme le pigment des cellules hexagonales ou de leurs prolongements. Mais cet échauffement, invoqué
par Draper, n'a pas encore été constaté par l'expérience.

Quoi qu'il en soit, s'il est vrai qu'une excitation directe des fibres optiques
par la lumière ne soit pas possible (ce qui, bien que très probable, n'est pas
hors de doute), il ne manque pas de phénomènes intermédiaires dûment
constatés pour expliquer une excitation indirecte de ces mêmes fibres. Quant
à établir la relation entre ces transformations d'énergie et la sensation, c'est,
pour le moment, une tâche prématurée.

CHAPITRE II

PHÉNOMÈNES SUBJECTIFS COMMUNS A TOUTES LES RADIATIONS LUMINEUSES

Sensations lumineuses. — Nous avons maintenant à changer complètement notre point de vue, et à étudier les effets purement subjectifs de la
lumière, en d'autres termes les impressions ou sensations lumineuses. C'est
une seconde série de faits toute différente de la première, puisqu'on ne peut
pas l'étudier chez le même individu que celle-ci. Néanmoins, la corrélation
des deux séries est évidente, et nous aurons à en discuter plus tard les
éléments.

Les sensations visuelles, très multiples, diffèrent les unes des autres
sous deux rapports principaux : 1° par leur intensité; 2° par leur modalité.

Ces différences dépendent évidemment tout d'abord de conditions physiologiques diverses, que l'on ne peut pas modifier dans leur ensemble, mais sur
lesquelles on peut néanmoins agir dans une certaine mesure, par exemple
l'état de repos ou de fatigue, le lieu d'excitation, le nombre d'éléments excités.

Elles dépendent, en second lieu, de conditions physiques extérieures dont on
est toujours plus ou moins maître, que l'on peut faire varier et qui permettent
d'employer dans ces questions la méthode expérimentale.

En faisant varier la durée d'action d'une lumière, son intensité, sa nature,
sa grandeur, etc., on a les moyens de produire des différences corrélatives
dans la sensation, et si celle-ci constitue un mode de réaction essentiellement personnel et qui ne peut être communiqué aux autres, mais simplement décrit, ce qui complique la démonstration, elle a au moins l'avantage
d'être une réaction immédiate, directe, qui ne court pas le risque d'être
déformée par l'intermédiaire des instruments.

Il n'est donc pas exact de considérer, comme on l'a souvent fait, l'étude
des sensations comme quelque chose de spécial, soustrait par son essence
même à l'expérimentation ; seulement, l'expérimentation a, dans ce domaine
comme dans tout autre, ses conditions d'application particulières.

Intensité des sensations lumineuses. — Une première question se pose : les sensations lumineuses ont chacune leur intensité propre; mais cette intensité, peut-on la mesurer?

Il n'est pas douteux, d'une part, que la sensation lumineuse ne soit susceptible de degré. A chaque minute, nous disons ou nous entendons dire, en obéissant à cette loi d'extériorisation par laquelle nous rapportons d'instinct nos propres sensations à des objets extérieurs : voici une lumière plus forte que cette autre, voici un objet clair, un objet sombre. Presque tous les actes de notre vie ont pour point de départ l'appréciation de différences d'intensité lumineuse. Nous pouvons donc comparer deux sensations lumineuses au point de vue de leur intensité et reconnaître si l'une est plus forte que l'autre. Cette comparaison, nous pouvons la faire avec la plus grande netteté.

De plus, si nous pouvons distinguer deux sensations d'inégale force, nous pouvons aussi nettement reconnaître l'égalité de deux clartés, de deux intensités.

Mais si nous nous demandons *de combien* une sensation lumineuse est plus forte ou plus faible qu'une autre, la réponse devient tout à fait imprécise. De là la grande difficulté de *mesurer* nos sensations ; nous ne pouvons y arriver que par une méthode indirecte, sur laquelle je reviendrai tout à l'heure.

Si nous ne pouvons estimer en chiffres nos sensations, cela tient à plusieurs causes. D'abord, elles ne sont pas discontinues, elles croissent ou décroissent par degrés insensibles. Mais la raison principale, c'est que nous ne pouvons pas constituer un étalon de sensation, comme nous fixons un étalon de longueur ou un étalon de lumière.

Nous pourrions le faire, à la rigueur, si nous avions une mémoire absolument fidèle. Il serait possible alors, *pour un même sujet*, de comparer une sensation lumineuse donnée à la représentation, au souvenir de telle autre produite à un moment donné, dans des conditions rigoureusement déterminées. Or, on sait qu'une pareille reviviscence est de toute impossibilité.

Mais, serait-elle réalisable, que l'étalon de sensation ne serait pas comparable d'un sujet à l'autre, ce qui donnerait pour la sensation présente autant de valeurs que de sujets.

Il faut donc renoncer à mesurer d'une façon absolue, c'est-à-dire à exprimer en valeurs toujours comparables à elles-mêmes, les sensations lumineuses. Mais cela ne veut pas dire qu'on ne puisse les exprimer en valeurs relatives, les mesurer en fonction d'un terme de comparaison réalisé au moment de l'expérience, ou même en fonction d'un étalon plus universel, plus comparable d'un sujet à l'autre. Nous allons voir comment.

Une sensation produite par une excitation lumineuse dont on fait varier la force graduellement et d'une façon continue, s'accroît ou s'affaiblit elle-même d'une façon continue et non par degrés disjoints. Mais il en est autrement si l'on fait subir à la sensation (en modifiant convenablement la lumière) des variations brusques, ce qui revient à comparer deux sensations successives bien tranchées, ou encore si l'on compare l'une à l'autre deux sensations voisines, en excitant, par exemple, deux parties contiguës de la rétine par deux lumières plus ou moins différentes. Dans l'un comme dans l'autre cas, les sensations varient par degrés discontinus, si on les rapporte à l'intensité excitatrice ; en d'autres termes, deux sensations peuvent paraître égales, tout en étant produites par deux lumières différentes l'une de l'autre, légèrement différentes en général, plus fortement différentes dans certains cas particuliers ; l'inégalité des sensations se produit assez brusquement, lorsque l'intensité relative des deux lumières composées a atteint une certaine valeur. Ici, la variation de la sensation n'est donc plus continue comme celle de l'excitation. D'où la possibilité de distinguer, de compter des *degrés* dans la sensation, à partir d'un degré initial, pris comme point de départ, et, si l'on veut, comme unité.

Par exemple, soit une surface donnée, que l'on présente à l'œil et que l'on peut éclairer graduellement à partir de zéro. L'œil est dans des conditions physiologiques définies, et, de plus, soustrait à toute autre excitation lumineuse extérieure. Au-dessous d'une certaine clarté, l'œil ne perçoit rien ; pour une intensité déterminée et très faible, il a une première sensation lumineuse ; c'est le premier terme de la série, ce qu'on appelle le *minimum perceptible*, caractérisé, dans les conditions de l'expérience, par une certaine valeur de la lumière excitatrice, et en fonction duquel pourront s'exprimer les valeurs successives d'abord croissantes de la sensation. C'est ce que les Allemands appellent le *seuil de l'excitation*. Ce premier terme joue, comme on va le voir, un rôle des plus importants pour la détermination de l'échelle des sensations.

On peut bien admettre, en effet, sans grande erreur, que ce premier terme de la série sensationnelle est comparable à lui-même, non seulement chez le même sujet, mais chez des sujets différents. C'est, en effet, la sensation la mieux définie ; en outre, on peut toujours la réaliser ; enfin, c'est la seule sensation qui n'ait pas besoin d'être rapportée à un terme de comparaison.

Le minimum perceptible, la plus faible sensation qui puisse être produite dans l'œil par une lumière extérieure dans des conditions déterminées, est évidemment le seul rapport toujours identique à lui-même qu'on puisse établir entre le monde intérieur et le monde extérieur. Une sensation est évidemment définie quand on a dit que c'est la première sensation qui se produise avec l'excitation la plus faible possible. Les autres sensations peuvent, à la rigueur, être définies, déterminées, elles aussi, mais seulement en fonction du minimum perceptible ; c'est de ce premier terme qu'on est obligé de partir pour les retrouver.

Évidemment, la sensation initiale ou minima ne sera pas toujours produite par les mêmes conditions *extérieures*, par la même intensité ou la même étendue de l'excitation. Mais cela même nous offrira une évaluation, la seule fidèle, et surtout la seule comparable à elle-même, de la sensibilité de l'organe, ici de la sensibilité lumineuse.

La sensation initiale ou minima étant produite et formant un premier degré de sensation, pour passer à un second degré il faut augmenter d'une certaine valeur fixe l'intensité lumineuse ; de ce degré pour passer au troisième, il faut encore une nouvelle valeur de l'excitation, et ainsi de suite. Chaque degré successif de la sensation étant, de toute évidence, plus fort (ou moins fort) que le premier, peut s'exprimer par une valeur plus élevée (ou moins élevée). De plus, comme entre un degré et le suivant il n'y a rien (pour le sensorium), on ne voit aucune raison d'admettre que les degrés successifs de la sensation ne soient pas également espacés les uns des autres ; on peut donc les exprimer, d'une façon tout arbitraire, mais logique, par des valeurs également espacées et, pour simplifier, par la série des chiffres.

On aura formé ainsi une série discontinue de sensations régulièrement croissantes, dont les valeurs conventionnelles représentent autant de points déterminés de la vraie courbe de la sensation. En reliant ces points les uns aux autres, on peut se faire une idée assez approchée de cette dernière.

Il est donc possible de tracer la courbe de la sensation en fonction de l'excitation ; mais, dans la pratique, une telle méthode, consistant à déterminer degré par degré les intensités successives de l'excitation capables de procurer des sensations juste plus fortes ou moins fortes que la précédente, n'est guère réalisable. Tout au plus a-t-on essayé de dessiner sur un tableau, à l'aide d'un lavis bien dégradé, tous les degrés de clarté que l'on peut distinguer entre un blanc donné et un noir donné. M. Ch. Henry, par exemple, a donné cette solution du problème. Mais on y parvient moins laborieusement en faisant dériver la courbe de la sensation d'une autre courbe directement déterminable par l'expérience ; je veux parler de la courbe de la sensibilité différentielle.

Une lumière quelconque étant donnée et produisant une certaine sensation, il faut, pour passer à une sensation distincte de la première, augmenter l'intensité lumineuse d'une certaine quantité minimum. Cet éclairement supplémentaire est une fonction continue de l'intensité lumineuse. On peut le déterminer pour un certain nombre d'intensités, et en déduire une courbe dont on aura ainsi obtenu un certain nombre de points fixes. Par interpolation graphique, on pourra ensuite tracer la courbe entière, entre certaines limites.

Cette première courbe permettra ensuite de tracer, degré par degré, la série des sensations ; c'est un point sur lequel on reviendra plus explicitement tout à l'heure.

Perception différentielle. — Une première question se pose donc, au point de vue expérimental : comment se fait la perception des différences de clarté?

Comme on l'a déjà indiqué sommairement, les deux clartés qu'il s'agit de différencier peuvent être présentées à l'œil simultanément ou successivement. Donc, deux recherches et deux méthodes différentes : perception différentielle simultanée, perception différentielle successive. (J'ai appelé aussi cette fonction *sensibilité différentielle.* Fechner appelle *seuil absolu de l'excitation* le minimum perceptible d'une façon absolue et *seuil différentiel* la plus petite différence perceptible relativement à une lumière donnée.)

Les premières expériences sur toute cette question ont porté sur la sensibilité différentielle simultanée. Bouguer (1760) éclairait un tableau blanc à l'aide de deux bougies qui pouvaient être plus ou moins éloignées ; un bâton placé en avant du tableau interceptait un certain nombre de rayons provenant de chacune des deux bougies et produisait deux ombres grises d'intensité variable, suivant la position des deux sources. En éloignant de plus en plus l'une des bougies, l'ombre du côté opposé devenait de moins en moins distincte du fond, et il arrivait un moment où elle n'était plus perçue du tout. A ce moment, deux surfaces lumineuses physiquement inégales, celle de l'ombre et celle du tableau, étaient confondues dans une sensation identique ; je dis *physiquement inégales*, puisque l'ombre étaitéclairée seulement par la bougie fixe (la plus rapprochée), et le tableau par cette bougie plus les rayons de la bougie mobile. En rapprochant légèrement cette dernière, l'ombre devenait distincte. A cette limite donc, l'éclairement fourni par la bougie mobile représente l'éclairement supplémentaire nécessaire et suffisant pour passer à une nouvelle sensation juste distincte de la première.

Or, Bouguer crut, et ses successeurs, Fechner notamment, admirent que cet éclairement supplémentaire, s'il varie avec l'intensité objective de la lumière présentée à l'œil (intensité dépendant ici de la bougie fixe), est une *fraction constante* de cette dernière. D'où le nom de *constante différentielle* (au lieu de *fraction différentielle* qui est le mot propre) pour exprimer ce rapport fixe entre l'intensité supplémentaire juste suffisante pour avoir une nouvelle sensation et l'intensité primitive.

Bouguer avait vu, par exemple, que la limite de disparition de l'ombre variable était toujours obtenue quand la bougie correspondante était 8 fois plus éloignée que l'autre, quel que fût le rapprochement de cette dernière. Donc, pour des degrés divers de l'intensité lumineuse déterminée par les degrés de rapprochement de la bougie fixe, il fallait un même degré d'*éloignement relatif* de la bougie mobile pour avoir la limite cherchée, c'est-à-dire qu'il fallait faire varier *dans le même rapport* l'éclairement supplémentaire.

Ce rapport est ici de 1/64, ce qui signifierait que deux surfaces voisines ne sont distinctes l'une de l'autre que si leur intensité lumineuse diffère *au moins* de 1/64 de la valeur absolue de l'une d'elles.

En d'autres termes, l'éclairement supplémentaire défini précédemment *varie proportionnellement à l'éclairement pris comme terme de comparaison.*

A la suite de diverses recherches sur cette question, on admit comme valeur moyenne de la constante différentielle le chiffre 1/100 (Volkmann), et Fechner se basa en grande partie sur ces résultats pour établir la loi psycho-physique, passée depuis à l'état de dogme, et se résumant dans la fameuse formule : la sensation varie comme le logarithme de l'excitation ; il faut que l'excitation varie en progression géométrique pour que la sensation varie en progression arithmétique.

Or, il n'est pas vrai que la fraction différentielle soit constante. Elle varie fort peu aux environs d'un certain éclairage moyen pour lequel la perception différentielle a atteint son maximum d'acuité, mais au-dessus et au-dessous de cet éclairage elle varie beaucoup et, strictement parlant, elle n'est jamais fixe.

Je citerai comme exemple les résultats d'Aubert, très dignes de confiance, parce que cet expérimentateur consciencieux et habile s'est placé en dehors de toute idée préconçue, et, se maintenant uniquement sur le terrain des faits, a su apprécier l'influence de toutes les conditions pouvant influencer les résultats de ses observations.

Voici les chiffres obtenus en opérant par la méthode de Bouguer ; il y a deux séries de résultats, la première correspondant aux éclairages les plus forts, la seconde aux éclairages les plus faibles ; dans la première, les sources lumineuses étaient deux bougies aussi égales que possible ; dans la seconde, la lumière provenait de deux ouvertures découvrant, à l'aide de diaphragmes à œil-de-chat, des surfaces variables dans deux verres dépolis formant volets et éclairés par le jour. En prenant comme unité d'éclairement celui d'une bougie à 2 mètres de distance du tableau et en réduisant à cette unité les valeurs de l'éclairage fourni par les diaphragmes dans la seconde série, voici les résultats :

	Éclairement.	Valeur de la fraction différentielle.
1re série.	710 unités	1/164
—	173 —	1/140
—	100 —	1/123
—	44 —	1/106
—	25 —	1/104
—	16 —	1/94
—	7 —	1/90
—	4 —	1/67
—	1 —	1/35
2e série.	1 —	1/39
—	0,412	1/30
—	0,095	1/27
—	0,004	1/11
—	0,0004	1/3

Une autre méthode très employée dans ces recherches est celle des disques de Masson. Soit un disque sombre dont on a préalablement mesuré la clarté par comparaison avec un étalon (fig. 516) ; à une certaine distance du centre, en a, on place un petit papier blanc, de clarté connue, en forme de secteur concentrique au disque ; si le disque tourne très rapidement, la persistance des impressions sur la rétine donne au trajet du secteur l'apparence d'un anneau continu d'éclairement uniforme ; cet éclairement peut être aisément calculé comme nous le verrons plus loin. Soient E l'éclairement du secteur blanc, α son étendue angulaire ; si le fond était absolument noir, l'éclairement de l'anneau

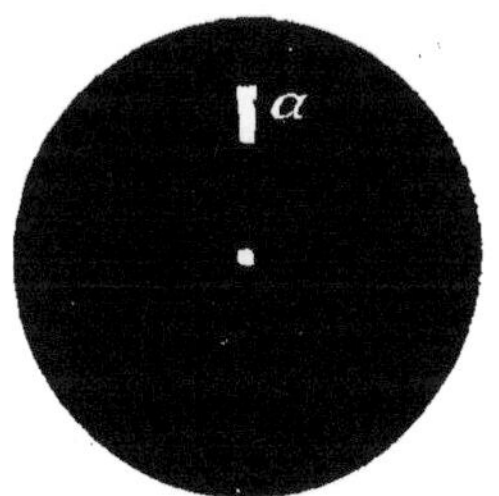

Fig. 516.

serait égal à $E \times \dfrac{\alpha}{360}$. Mais le fond, bien que sombre, ayant une certaine clarté N et une étendue angulaire de $360 - \alpha$, ajoute pour sa part un éclairement égal à $N \times \dfrac{360 - \alpha}{360}$, de sorte que l'éclairement total de l'anneau est de

$$\frac{E\alpha + N(360 - \alpha)}{360}.$$

On varie l'étendue du secteur jusqu'à ce qu'on ait atteint la limite d'éclairement pour laquelle l'anneau se distingue *juste* du fond, et il est facile alors de calculer l'éclairement relatif de l'anneau et du fond, ce qui donnera la valeur de la fraction différentielle.

Au lieu de prendre un disque unique, on peut facilement produire des fonds de clarté variable en prenant deux disques, l'un blanc, l'autre noir, pourvus chacun d'une fente suivant un de leurs rayons ; on les fait entrer l'un dans l'autre et glisser autour de leur centre commun, de façon que le noir occupe une certaine étendue du cercle, la moitié ou le quart, je suppose, le reste étant blanc (fig. 517). La rotation rapide des deux disques ainsi superposés donne une impression de clarté uniforme dont l'intensité varie suivant les proportions relatives de noir et de blanc et se calcule comme

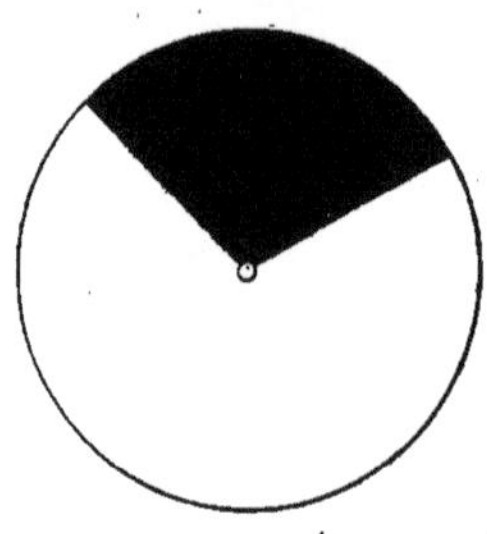

Fig. 517.

précédemment. E étant la clarté du blanc, N la clarté du noir, α l'étendue angulaire du blanc, $360 - \alpha$ celle du noir, l'éclairement total du fond est

$$\frac{E\alpha + N(360-\alpha)}{360}.$$

Si maintenant un petit papier blanc en portion de secteur est placé comme tout à l'heure sur un point de la partie noire du disque, la rotation formera sur le fond uniforme un anneau plus clair dont on calculera l'intensité. Soit α' son étendue angulaire ; le long de l'anneau, l'étendue totale du blanc sera $\alpha + \alpha'$ et celle du noir $360 - (\alpha + \alpha')$; la clarté sera donc

$$\frac{E(\alpha+\alpha') + N(360 - \alpha - \alpha')}{360}.$$

On peut éclairer ces disques par des lumières artificielles à différentes distances ; on peut aussi les placer devant le jour, par un temps plus ou moins clair, et même les exposer au plein soleil. On réalise ainsi des éclairages très variables et qui peuvent être beaucoup plus forts que les précédents.

On trouve alors que, au fur et à mesure qu'on accroît l'éclairage, on diminue la valeur de la fraction différentielle, mais seulement jusqu'à une certaine valeur minimum à partir de laquelle, l'éclairage continuant à augmenter, la fraction différentielle augmente.

Cette valeur limite, dans les expériences d'Aubert, s'est montrée égale à 1/186, pour un éclairage correspondant à celui d'un disque moitié blanc, moitié noir, éclairé directement par la lumière diffuse d'un jour clair ; dans les expériences au soleil, la fraction différentielle augmente quand l'étendue du blanc augmente.

Exemple : Expérience faite par un ciel clair, sans soleil.

Étendue du blanc sur le disque.	Fraction différentielle.
73°......................................	1/158
180°......................................	1/186
230°......................................	1/158
300°......................................	1/153

Expérience faite au soleil direct :

Étendue du blanc sur le disque.	Fraction différentielle.
70°......................................	1/153
140°......................................	1/146
195°......................................	1/134
225°......................................	1/116
250°......................................	1/102

Helmholtz a trouvé comme valeur minimum 1/167, par un jour clair d'été.

Donc, en somme, la fraction différentielle varie, et, comme la délicatess ou l'acuité de la perception des différences de clarté est d'autant plus grande que la valeur de cette fraction est plus petite, on peut dire que la perception ou sensibilité différentielle varie avec l'éclairage, et d'abord dans le même sens que lui ; elle commence par croître quand l'éclairage augmente, jusqu'à un certain maximum au delà duquel elle s'affaiblit ensuite. Aux environs du maximum de perception, comme on l'a vu, la variation est très faible. La variation devient énorme surtout pour des éclairages faibles.

Des conditions nombreuses influent sur la perception différentielle : conditions physiologiques telles que l'état de repos ou de fatigue de l'œil, un œil reposé ayant une perception plus délicate qu'un œil déjà soumis à une excitation lumineuse plus ou moins forte ; conditions physiques, telles que l'action perturbatrice de l'éblouissement et de la diffusion latérale de la lumière dans l'œil, l'influence de la grandeur et de la distance des objets à comparer, leur forme, leur disposition, etc.

Photoptomètre différentiel. — J'ai fait à ce sujet plusieurs séries d'expériences à l'aide d'une méthode différente des précédentes et dont je vais indiquer rapidement le principe :

Une surface peut être éclairée d'une façon diffuse soit par réflexion, soit par transmission. Un papier blanc, par exemple, ou un verre dépoli, peuvent recevoir les rayons de sources déterminées, placées soit en avant, soit en arrière. Dans un cas comme dans l'autre, il est possible d'évaluer l'éclairement de la surface. Or la méthode consiste à combiner ces deux modes d'éclairement de façon que l'un joue par rapport à l'autre le rôle de lumière supplémentaire destinée à produire une nouvelle sensation plus forte (ou moins forte, suivant les cas).

Un de ces écrans blancs translucides est placé vis-à-vis de l'œil, et éclairé sur toute sa surface avec une intensité connue (et variable). Derrière lui et contre lui est placé un diaphragme en papier noir et opaque, muni d'une ouverture ronde ou carrée (fig. 548) plus ou moins grande, en un mot de forme et de grandeur variables. Lorsqu'aucune lumière ne vient éclairer la partie postérieure de l'écran, la surface correspondant à l'ouverture du diaphragme ne se distingue pas sur le fond blanc. Mais si l'on fait arriver par derrière les rayons d'une lumière réglable à volonté, ces rayons s'ajoutent au fond sur cette surface seulement, et pour un éclairement supplémentaire déterminé celle-ci commence à se percevoir comme distincte du fond. Le rapport de l'éclairement supplémentaire à l'éclairement général de l'écran donne la fraction différentielle.

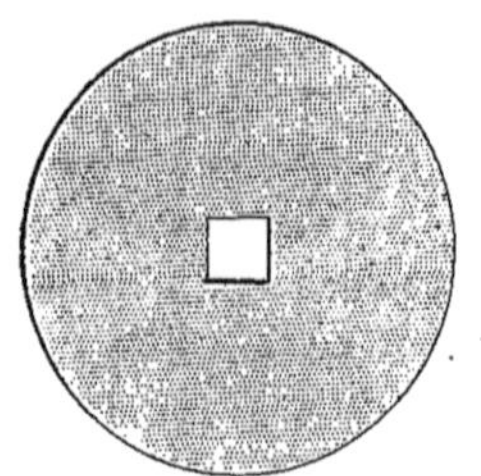

Fig. 518.

Ces indications et ces évaluations peuvent se réaliser à l'aide de mon photoptomètre différentiel.

L'écran translucide est placé en E à la partie antérieure d'une boîte cylindrique en forme de tube (fig. 519). Un verre dépoli ferme la boîte à la partie postérieure. Il reçoit les rayons d'une source lumineuse constante. Au milieu de la longueur de la boîte est un large objectif divisé par une section plane en

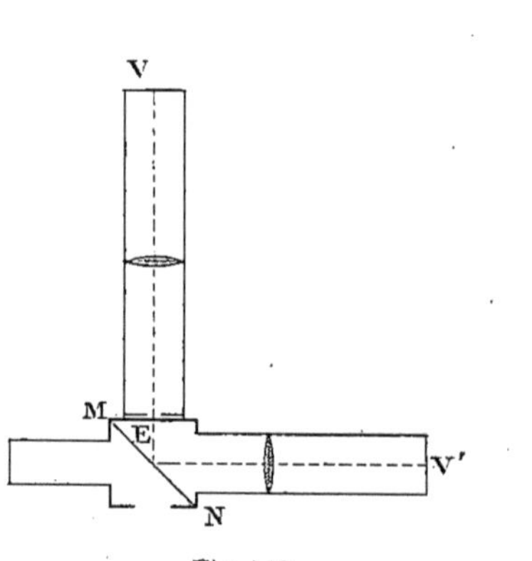

Fig. 519.

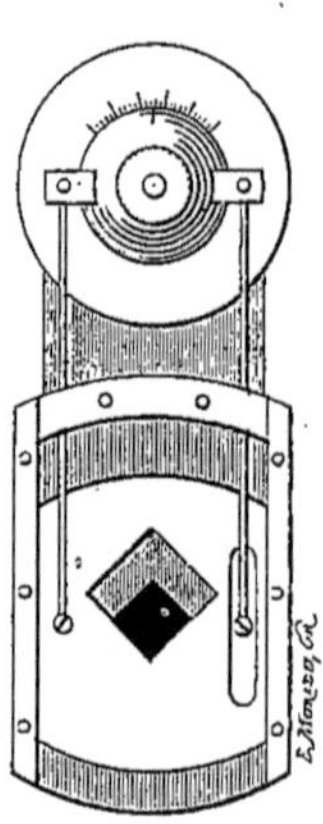

Fig. 520.

deux lentilles plan-convexes. La force réfringente de cet objectif est telle que le verre dépoli V et l'écran translucide antérieur E sont foyers conjugués l'un de l'autre. Un diaphragme à ouverture variable est placé entre les deux moitiés de l'objectif. L'ouverture du diaphragme est carrée, déterminée par deux lames qui glissent l'une sur l'autre d'un mouvement égal et contraire (fig. 520) ; sa surface varie donc continuellement suivant la position relative des deux lames ; elle reste toujours concentrique aux lentilles. Le mouvement des deux lames est commandé par un tambour assez large portant un index qui, en se déplaçant devant une graduation, indique à chaque instant, en millimètres, le diamètre ou la largeur de l'ouverture. En élevant cette valeur au carré, on a en millimètres carrés l'étendue de la surface laissée libre sur l'objectif par l'ouverture du diaphragme. Or l'éclairement de l'écran antérieur E est évidemment proportionnel, toutes choses égales d'ailleurs, à cette étendue. De plus, l'éclairement est très sensiblement le même sur toute la surface de l'écran, à la condition que le verre dépoli postérieur soit lui-même uniformément éclairé. Cette dernière condition peut être facilement réalisée de plusieurs manières ; en cas d'éclairage artificiel, on n'a qu'à placer la source lumineuse au foyer d'une lentille convergente, de préférence plan-convexe, qu'on applique contre le verre dépoli postérieur ; celui-ci reçoit alors des rayons parallèles, donc de même intensité en tous les points de sa surface.

Voilà pour la production et la distribution de l'éclairement supplémentaire. En ce qui concerne maintenant l'éclairage de la partie antérieure ou du fond de l'objet, voici comment il est réalisé et gradué.

En avant de l'écran E est une boîte carrée, noircie intérieurement (comme tout le reste de l'instrument), et pourvue d'ouvertures convenables. Diagonalement et suivant MN, dans cette boîte sont placées une ou plusieurs lames de verre planes. Par leur face de droite, ces lames reçoivent les rayons d'une source éclairante, après leur passage par un tube à diaphragme graduateur, semblable au tube postérieur déjà décrit. Ces rayons sont réfléchis à angle droit et viennent éclairer la surface antérieure de l'écran E. D'autre part, les rayons diffus émis par E passent librement à travers les lames de verre, traversent une ouverture pratiquée dans la partie antérieure de la boîte carrée et parviennent à l'œil, qui les regarde soit directement, soit par l'intermédiaire d'un tube oculaire.

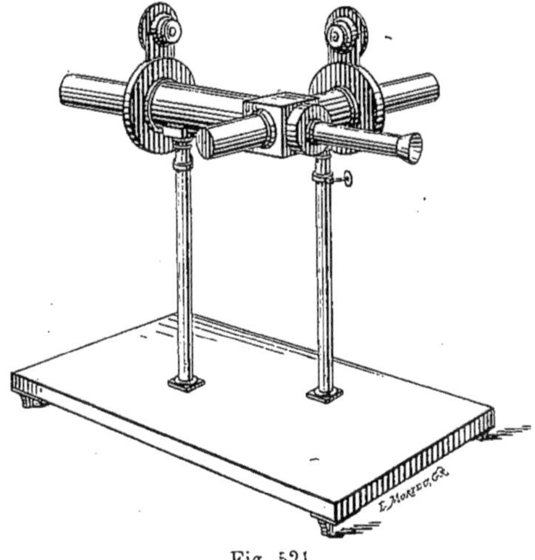

Fig. 521.

Pour éviter qu'une partie de la lumière tombant sur les lames de verre ne soit renvoyée à l'œil après avoir traversé ces lames de droite à gauche et s'être réfléchie diffusément sur la paroi gauche de la boîte, si bien noircie soit-elle, on a percé dans cette paroi gauche une nouvelle ouverture formant l'embouchure d'un tube de cuivre assez profond et noirci lui-même intérieurement ; la lumière qu'il réfléchit peut être considérée comme nulle et n'entre pas en ligne de compte dans l'expérience.

La figure 521 donne une vue perspective de l'appareil, pourvu ici d'un tube oculaire (celui-ci peut être de trois longueurs : 20 centimètres, 22ᶜᵐ,5 et 25 centimètres).

Il est important de pouvoir estimer comparativement l'éclairement fourni par le graduateur postérieur (éclairement par transmission) et celui que donne, à surface de lentille égale, le graduateur latéral (éclairement par réflexion diffuse). Pour cela, on s'arrange de façon à éclairer par le premier seul une moitié de l'écran E et par le second seul l'autre moitié. On y arrive en disposant derrière cet écran (qui doit être mince et qui est le plus souvent formé par une feuille de papier bien homogène et suffisamment translucide), par exemple sur la moitié de droite, une feuille de papier noir et opaque, et en recouvrant, d'autre part, par une feuille semblable la moitié correspondante (inférieure sur la figure) du verre dépoli V' éclairé directement par la lumière latérale ; de cette façon, les rayons qui, après réflexion, auraient éclairé par devant la moitié gauche de l'écran E font complètement défaut, et cette moitié ne peut être éclairée que par transmission ; la moitié droite, au contraire, cachée par derrière, ne peut être éclairée que par sa partie antérieure, à l'aide de la lumière latérale. Il est facile ainsi de déterminer quelle ouverture il faut donner à l'un des diaphragmes par rapport à l'autre pour avoir le même éclairement. D'où l'on conclut la valeur relative de l'éclairement fourni par l'unité de surface de l'objectif pour l'une et pour l'autre des deux sources.

On peut aussi, si l'on veut, pour simplifier les calculs, donner à ces deux éclairements la même valeur, en réglant la distance de l'une des lumières au verre dépoli correspondant de façon que les deux moitiés de l'écran E paraissent, pour une même ouverture des deux diaphragmes, également lumineuses.

Mes expériences ont porté pour la plupart sur des éclairages faibles ; d'autres recherches ont été faites avec des éclairages moyens, à l'aide d'une légère modification de la méthode.

Je me suis attaché surtout à déterminer l'influence de la grandeur de l'image rétinienne sur la perception différentielle. On savait déjà que les petits objets sont moins bien distingués que les gros, dans des conditions d'éclairement comparables. Les mêmes disques rotatifs vus à des distances différentes, par conséquent sous des angles visuels différents, donnent des fractions différentielles d'autant plus grandes que l'angle visuel devient plus petit (Aubert).

Ces recherches sont particulièrement aisées avec ma méthode, puisque, sans changer la distance à l'œil ni les conditions d'adaptation dioptrique, on peut donner au diaphragme opaque placé derrière l'écran E des formes et des dimensions quelconques.

Voici, comme exemple, une expérience prise au hasard :

Les deux sources lumineuses sont deux fortes lampes à huile à modérateur.

On a amené une division du diaphragme graduateur latéral à valoir une division du diaphragme postérieur. L'éclairement a donc été réduit à la même valeur pour les deux sources.

Quatre objets carrés, de diamètre variable, depuis $0^{mm},8$ jusqu'à 7 millimètres, ont été employés successivement comme surfaces centrales à distinguer du fond.

Quant à l'éclairage du fond, il a été obtenu en ouvrant successivement de 5, 10, 20 et 30 millimètres le diaphragme latéral, par conséquent en produisant des intensités successives de 25, 100, 400 et 900 unités, une unité correspondant à 1 millimètre carré de surface libre du diaphragme graduateur.

Il a fallu ouvrir le diaphragme postérieur des quantités suivantes, correspondant aux divers éclairements du fond et aux diverses grandeurs de l'objet.

DIAMÈTRE DE L'OBJET.	OUVERTURE DU DIAPHRAGME POUR UN ÉCLAIREMENT DE :			
	25	100	400	900
0,8 millimètre................	4	5,5	6,5	8,5
1,4 —	3	4,2	5,5	7,8
2 —	2,5	3	5	7
7 —	2	2,8	5,2	7

Calculant d'après ces chiffres les valeurs de la fraction différentielle, on obtient le tableau suivant :

DIAMÈTRE DE L'OBJET.	FRACTION DIFFÉRENTIELLE POUR UN ÉCLAIREMENT DE :			
	25	100	400	900
0,8 millimètre................	0,64	0,30	0,10	0,08
1,4 —	0,36	0,17	0,075	0,067
2 —	0,25	0,09	0,06	0,05
7 —	0,16	0,078	0,067	0,05

On remarquera que pour un même objet la fraction différentielle diminue quand l'éclairage augmente (ce qui est conforme à ce que nous savons de l'influence des éclairages faibles).

La variation est d'autant plus considérable que l'objet à distinguer est plus petit.

La variation est continue. Il n'existe pas de loi simple pour l'exprimer. La loi la plus approchée pratiquement est celle-ci : aux éclairages employés, la fraction différentielle varie à peu de chose près en raison inverse de la racine carrée de l'éclairage. Mais les écarts de cette loi sont plus ou moins nombreux suivant les conditions de l'expérience ; si l'on observe très vite, de façon que l'œil n'ait pas à fixer longtemps la surface lumineuse, les résultats se rapprochent du chiffre théorique. Il en est autrement lorsque la fatigue de l'œil intervient, soit par suite de fixation prolongée, soit pour une autre cause.

Du reste, le degré plus ou moins grand de repos antérieur de l'œil influe nettement sur les chiffres de l'expérience : plus l'œil est reposé, plus la fraction est petite et la sensibilité grande.

Les chiffres précédents montrent bien l'influence de l'étendue de l'objet à distinguer du fond. Cette influence est surtout marquée par de petits objets et pour de faibles éclairages. Dans ces conditions, la fraction différentielle varie à peu près exactement en raison inverse du diamètre de l'objet; c'est ce qu'on voit ici pour l'éclairage le plus faible (25) avec les objets de $0^{mm},8$ à 2 millimètres de diamètre (distance à l'œil $0^m,225$). Pour l'éclairage 100, la proportionnalité inverse existe encore pour les plus petits objets (de $0^{mm},4$ à $1^{mm},4$). La loi ne se maintient plus rigoureusement avec des objets plus grands ou des éclairages plus intenses. En somme, la fraction différentielle diminue d'une façon continue à mesure que la surface augmente; mais elle diminue moins vite que la surface ne s'accroît et la variation est d'autant plus faible que l'éclairage est plus élevé.

La forme même de l'objet à distinguer a une grande influence : plus cet objet a de points de contact avec le fond, mieux il se distingue. M. Bagnéris a vu dans mon laboratoire (avec une méthode polarimétrique que j'ai décrite dans les *Archives d'ophtalmologie* de 1886) que des surfaces disposées en anneau, comme dans la méthode des disques rotatifs, se distinguent beaucoup mieux du fond que des surfaces pleines. Chacun sait, d'ailleurs, qu'à grandeur égale certains caractères se distinguent mieux que d'autres.

Lorsqu'on diminue à la fois la grandeur de l'objet et l'intensité de l'éclairage, la fraction différentielle peut atteindre des valeurs énormes. Elle peut dépasser 9, soit 900/100. Entre ce chiffre et celui de 1/186 signalé plus haut comme minimum, l'écart est de 1 à plus de 1 600. On ne peut donc admettre la constance de la fraction différentielle. Tout ce qu'on peut dire, c'est qu'elle se rapproche d'une valeur uniforme à l'éclairage diffus d'un jour clair.

Mais, dans ce cas même, elle varie, comme on l'a vu plus haut. C'est ce que montre encore ma méthode, si l'on opère à l'éclairage du jour, plus ou moins modifié. On enlève pour cela le tube graduateur latéral du photoptomètre différentiel, de façon à laisser ouverte la paroi droite de la boîte carrée. La glace inclinée reçoit ainsi directement la lumière du jour et la réfléchit sur la partie antérieure de l'écran E. Quant au graduateur postérieur, il joue son rôle ordinaire et fournit l'éclairage supplémentaire qui doit faire distinguer l'objet central sur le fond blanc.

L'éclairage du jour, avant d'arriver à la boîte carrée, est, soit utilisé directement, soit diminué dans certaines proportions à l'aide d'un disque rotatif à secteurs pleins et vides (*épiskotistère* d'Aubert). Or, dans ces conditions encore, la fraction différentielle varie suivant l'éclairage, et en sens inverse; seulement la variation est moins rapide que dans les premières expériences.

Helmholtz, après Fechner, a invoqué, pour rendre compte de l'écart incontestable existant entre les faits et la loi psycho-physique (qui exigerait une constante différentielle), l'influence de la lumière propre de l'œil; cette lumière jouerait le même rôle qu'un nuage diffus répandu à la fois sur l'objet et sur le fond, nuage d'autant plus sensible que l'éclairage du dehors est plus petit; mais cette lumière est en général bien trop faible pour produire une perturbation sérieuse, et sa valeur est évidemment hors de proportion avec les écarts énormes qui ont été constatés.

Ce qui précède s'applique à la perception des différences de clarté simultanées et dans la vision directe.

En ce qui concerne la même fonction étudiée dans la vision indirecte, j'ai constaté que la perception différentielle diminue progressivement (la fraction différentielle augmente) à mesure qu'on interroge des parties rétiniennes plus périphériques. (Il y aurait peut-être une réserve à faire en ce qui concerne la sensibilité différentielle dans a fovea centralis, mais les expériences précises manquent et sont d'ailleurs très difficiles.)

Cette variation de la perception différentielle simultanée se fait d'une façon continue, mais avec des vitesses différentes suivant les zones rétiniennes considérées. Si l'on suppose le champ visuel partagé en deux zones, dont l'une, plus centrale, correspond à l'espace dans lequel le regard direct peut se mouvoir par le jeu des muscles de l'œil, en d'autres termes au champ du regard habituel (une quarantaine de degrés dans tous les sens), et l'autre à l'espace plus périphérique qui n'est accessible ordinairement qu'à la vision indirecte, et que le regard ne peut atteindre sans déplacement de la tête, on trouve que la perception différentielle, tout en décroissant sans interruption du centre à la périphérie, est beaucoup plus développée dans la première zone que dans la seconde ; la vitesse de cette croissance, à peu près uniforme dans chaque zone, est beaucoup plus faible dans la zone centrale, et plus que décuplée dans la zone périphérique.

On en jugera par les chiffres suivants, trouvés dans une expérience sur la partie externe du méridien horizontal de l'œil gauche :

L'œil est placé au centre du périmètre de Landolt, à 30 centimètres de l'écran translucide du photoptomètre ; l'objet à distinguer sur le fond lumineux de cet écran est un cercle de $8^{mm},5$. Voici, pour plusieurs directions du regard, les éclairements supplémentaires qu'il a fallu donner à l'objet pour le faire distinguer du fond :

Objet à 13° en dehors :	Éclairement supplémentaire		....		4
—	35°	—	—	....	16
—	43°	—	—	....	36
—	46°	—	—	....	64
—	50°	—	—	....	100
—	55°	—	—	....	144
—	60°	—	—	....	196

Ces résultats, traduits sous forme de courbe dans la figure 522, montrent bien la distinction des deux zones en lesquelles nous avons divisé la rétine sous le rapport de la sensibilité différentielle, qui varie en raison inverse des chiffres précédents.

La décroissance de la sensibilité différentielle n'est d'ailleurs pas symétrique dans toutes les directions du champ visuel.

Ainsi la partie supérieure du champ visuel a une perception légèrement meilleure que la partie inférieure. La partie externe de chaque champ visuel est bien plus délicate que la partie interne. Prenons, par exemple, dans le méridien horizontal des distances égales en dedans et en dehors du point de fixation ;

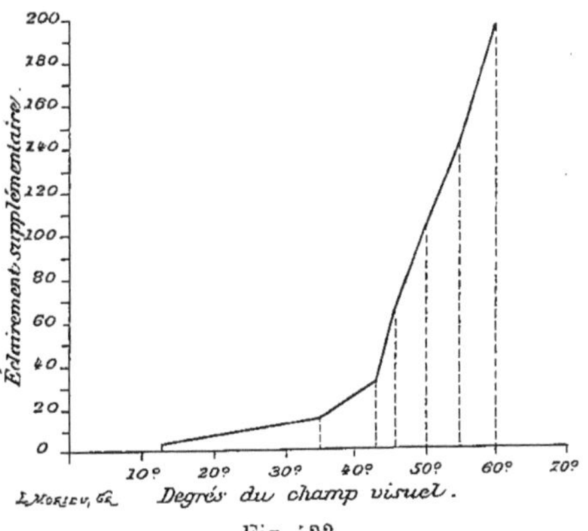

Fig. 522.

nous avons, dans une expérience, pour les éclairements supplémentaires correspondants :

	En dehors.	En dedans.
A 38°...............	9	25
45°...............	16	49
50°...............	25	81

Il est remarquable que la partie externe du champ visuel, dans laquelle la perception différentielle est la plus développée relativement, est justement celle où la vision est monoculaire ; en effet, la partie interne de chaque champ visuel recouvre seulement une faible partie de la moitié externe du champ de l'autre œil ; la plus grande part de cette moitié externe ne fournit donc des impressions lumineuses qu'à un seul œil ; la partie correspondante de la rétine, qui supporte seule tout le travail de la perception, deviendrait, par cela même, plus délicate que là où ce travail se partage entre les deux yeux.

Un fait qui concorde avec le précédent, c'est que, spécialement dans les parties du champ visuel qui sont vues binoculairement, la perception différentielle est meilleure avec deux yeux qu'avec un seul (*Soc. de biol.*, 19 mai 1888).

Exemple : Vision centrale. Deux yeux.........	2 1/2 (éclairement suppl.).
— OEil gauche seul....	4
A 25° à gauche. Deux yeux.........	9
— OEil gauche seul....	16

L'exercice de la vision par les deux yeux simultanément compense donc ce que la vision monoculaire a de *relativement* défectueux dans les parties communes du champ visuel, sous le rapport de la perception différentielle.

Disons, à propos de la perception différentielle binoculaire, qu'elle a fait l'objet d'une importante étude de la part de M. André Broca. Cet auteur, par la méthode des disques rotatifs, a montré que les perceptions des deux yeux s'ajoutaient intégralement en intensité, soit qu'elles aient la même valeur pour chaque œil, soit que la perception différentielle soit inégale à droite et à gauche, comme dans son cas.

Perception différentielle successive. — Arrivons maintenant à l'étude de la perception des différences de clarté par une même partie de la rétine et non plus par deux parties voisines ; dans ce cas, la perception est *successive* et non plus *simultanée*.

Je me suis servi du photoptomètre différentiel décrit précédemment. Le problème était le suivant : éclairer une surface lumineuse déterminée et produire subitement une augmentation (ou une diminution) de l'éclairage de cette *même surface*. Si la variation de la clarté est assez forte, elle sera perçue. Si elle est trop faible, elle ne donnera lieu à aucun changement dans la sensation primitive. Quelle est la limite à partir de laquelle la variation de clarté est perçue ?

Pour trouver cette limite, l'écran translucide E était recouvert par un diaphragme noir et opaque aussi mat que possible, laissant seulement à découvert une ouverture centrale ronde ou carrée, de grandeur variable comme dans les expériences précédentes. Dans l'étendue de cette ouverture centrale formant objet, l'écran blanc recevait les rayons du graduateur latéral. On pouvait ainsi donner à cette surface des éclairements variables et mesurables. Cela fait et l'œil étant en observation, les variations de clarté étaient produites par des occlusions rythmiques et rapides de la source postérieure, à l'aide d'un métronome placé entre cette source et le verre dépoli formant le fond du graduateur correspondant. La tige du métronome se prolongeait à sa partie supérieure par un écran noir et opaque de forme carrée et de grandeur convenable, assez grand pour que, à un moment donné, il puisse intercepter complètement les rayons lumineux tombant sur le tube postérieur, et assez petit pour qu'il puisse, en s'écartant, découvrir complètement la source lumineuse.

La rapidité de l'occlusion était très grande ; elle se faisait au moment du passage de la tige par sa position moyenne, quand la vitesse est maximum. La fréquence de ces occlusions était de 2,5 par seconde, la tige du métronome étant réglée pour faire 150 oscillations par minute.

Deux fois et demie par seconde, la lumière supplémentaire fournie par le graduateur postérieur était donc alternativement couverte et découverte, et la surface lumineuse primitive se trouvait ainsi alternativement plus éclairée et moins éclairée dans toute son étendue et pas au delà. Il était alors facile de déterminer l'ouverture du diaphragme graduateur nécessaire et suffisante pour la perception de ces variations d'éclairage d'une même surface.

Les deux modes d'expérience ci-dessus diffèrent donc l'un de l'autre en ce que, dans le premier, la comparaison entre deux lumières est faite en même temps, par des parties rétiniennes voisines, mais distinctes, tandis que dans le second la comparaison se fait par la même partie de la rétine excitée successivement plus ou moins fort.

Je me suis proposé d'abord de savoir si la comparaison successive était aussi délicate que la comparaison simultanée, en d'autres termes si la fraction différentielle était la même dans un cas que dans l'autre. J'ai donc déterminé avec une surface donnée, et recevant un certain éclairement, la valeur de la fraction différentielle successive. Puis, avec la même surface se détachant sur un fond plus large, mais de même éclairement que ci-dessus, j'ai déterminé, suivant la méthode connue, la valeur de la fraction différentielle simultanée. Les deux quantités obtenues furent sensiblement les mêmes.

Jusqu'ici, les deux modes de perception différentielle ne se distinguent pas l'un de l'autre ; la perception successive est du reste soumise, suivant la même loi, à l'influence de l'éclairage et à celle de la grandeur de l'objet (au moins pour des objets plus larges que 17 millimètres, les seuls que j'ai étudiés).

Mais là où les deux fonctions se séparent nettement l'une de l'autre, c'est quand, au lieu d'opérer dans la vision directe, on explore des parties plus ou moins excentriques du champ visuel. Nous avons vu la perception simultanée décroître nettement et rapidement du centre à la périphérie. La perception successive se montre, au contraire, sensiblement la même sur les différentes parties de la rétine, peut-être seulement un peu plus faible au centre (dans des conditions d'adaptation comparables).

La première se comporterait, sous ce rapport, comme le pouvoir isolant de la rétine (sensibilité visuelle, acuité visuelle, distinction des détails), la seconde comme l'excitabilité rétinienne considérée en elle-même (sensibilité lumineuse). C'est là un point sur lequel nous reviendrons.

Courbe de la sensation. — De ces expériences, retenons seulement, pour le moment, la possibilité de déterminer par degrés successifs la courbe de la sensation lumineuse ou, tout au moins, de déduire cette courbe d'une série suffisamment complète de mesures de la fraction différentielle successive à divers éclairages.

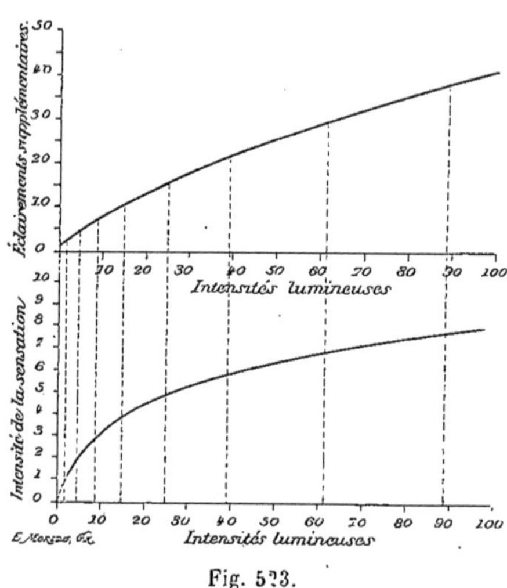

Fig. 523.

La figure 523 représente dans sa partie supérieure, pour le commencement de la série des valeurs croissantes de l'éclairage, la variation de l'éclairage supplémentaire pour différentes intensités lumineuses. On a pris comme unité d'intensité celle qui correspond au minimum perceptible (après un repos suffisant de l'œil).

De cette première courbe, on peut déduire graphiquement la seconde, qui représente les degrés croissants de la sensation, degrés portés en ordonnées vis-à-vis des intensités lumineuses correspondantes.

M. Charles Henry croit pouvoir, de ces expériences et de celles qu'il a faites sur la même question, déduire la loi de l'intensité de la sensation en fonction de celle de l'excitation. Cette loi serait la suivante : S désignant la sensation et i l'excitation, on a : $S = K (1 - c^{-\lambda i^m})$. K, λ et m sont trois paramètres, constants pour une même expérience, mais variant avec la nature de la lumière, avec l'expérimentateur et avec son état physiologique. La constante $e = 2,71828....$, base des logarithmes népériens. Il ressort de cette formule que la sensation croît d'abord plus vite, puis aussi vite et enfin moins vite que l'excitation.

M. André Broca, dans sa thèse de doctorat et dans d'autres travaux plus récents, a repris l'étude de cette question et déterminé, par la méthode du disque de Masson, la fraction différentielle dans des limites d'intensité très étendues. La courbe par laquelle il représente les variations de cette quantité est une hyperbole. Elle passe par un minimum pour une intensité lumineuse de 1 carcel-mètre. C'est donc à ce point que la sensibilité différentielle est la plus élevée. Elle décroît pour des intensités plus fortes comme pour des intensités plus faibles. L'intensité de la sensation serait reliée à celle de l'excitation ou de l'intensité I par la formule suivante :

$$S = A \log \frac{I + 12,65}{I + 14} + S_0,$$

A et S_0 étant deux constantes.

Je ne puis insister sur ce sujet, mon but étant simplement de montrer comment on peut, non pas mesurer la sensation par l'excitation (ce qui n'est pas possible, puisque ce ne sont pas des grandeurs de même nature), mais déterminer la marche ou la variation de ces deux séries en fonction l'une de l'autre.

Minimum perceptible. — Le point important dans cette détermination, le seul que l'on puisse toujours retrouver semblable à lui-même et qui puisse servir, non pas d'unité, mais de point de départ, de terme de comparaison, d'étalon relatif, c'est le minimum perceptible. Il offre l'avantage de pouvoir être déterminé directement et exprimé d'une façon absolue en unités de lumière, tandis que toutes les autres sensations visuelles ne peuvent être appréciées que d'une façon relative, et seulement par comparaison avec une autre sensation prise comme type. Aussi sa mesure est-elle très importante et a-t-elle donné lieu à de nombreuses recherches.

Le minimum perceptible représentant le début de la série des sensations lumineuses, sa connaissance peut servir de mesure, pour ainsi dire, à la sensibilité rétinienne. Cette grandeur correspond, en d'autres termes, à la quantité de lumière juste suffisante pour ébranler la rétine, pour provoquer le fonctionnement de sa sensibilité consciente. C'est donc, en quelque sorte, l'équivalent physique du travail de mise en jeu de la sensation, l'équivalent physique de l'impressionnement de la rétine.

Plus il faut de lumière pour provoquer la sensation, plus le minimum perceptible se montre élevé, et plus la sensibilité est faible, cela va de soi ; son degré de délicatesse ou d'acuité peut donc se mesurer par l'inverse de la valeur du minimum perceptible.

Le minimum perceptible caractérisant le degré de la sensibilité lumineuse va nous permettre d'étudier les variations de cette fonction dans différentes circonstances, en la comparant à elle-même sur les divers points de la rétine et dans des conditions physiologiques variées. Nous aurons ensuite à examiner ses rapports avec d'autres modes de sensation.

Ce minimum est le premier degré de sensation de cause extérieure. La rétine peut être, en effet, en l'absence de toute lumière, le siège d'une illumination plus ou moins vague, irrégulière quant à son siège, à son intensité et à ses variations ; c'est le chaos lumineux, attribué aux excitations mécaniques qui se produisent toujours à un certain degré sur les éléments rétiniens, par le fait de la circulation du sang ou des variations de pression du globe. L'existence de ce nuage plus ou moins distinct ne paraît pas affecter sensiblement la perception de cause extérieure, qui s'en distingue toujours très nettement.

Il faut remarquer seulement que cette considération s'applique à l'œil reposé dans l'obscurité pendant un temps suffisant pour effacer toute trace des excitations lumineuses antérieures. Autrement, les images consécutives (Voy. plus loin) produites par ces excitations, et qui leur survivent toujours assez longtemps, créent un véritable fond lumineux artificiel sur lequel doit se détacher la lumière d'épreuve, et c'est dans ces cas-là (les plus fréquents) que le minimum perceptible met en jeu la sensibilité différentielle et est influencé, comme celle-ci, par l'intensité du fond lumineux.

Sous cette réserve, nous continuerons cependant à appeler *minimum perceptible* l'excitation la plus faible que l'œil puisse distinguer, quel que soit son état physiologique et qu'il soit ou non encore sous le coup d'excitations antérieures. Or nous allons voir ce minimum perceptible varier dans des limites très étendues sous l'influence d'une fonction très remarquable qu'on appelle l'*adaptation lumineuse de la rétine* ou, simplement, l'*adaptation rétinienne*.

Adaptation lumineuse. — Sans empiéter sur les chapitres suivants, nous pouvons dire de suite que toute excitation lumineuse produit un mouvement spécial assez durable, qui se manifeste sous deux faces : d'une part, prolongation de la sensation avec modifications variées ; d'autre part, phénomènes nutritifs (supposés, mais très vraisemblables) consistant d'abord en une prolongation du travail fonctionnel provoqué par l'excitation, puis en un travail opposé de réparation fonctionnelle.

Pendant toute la durée de ces processus, la rétine se trouve dans un état particulier très différent de son état de repos ; elle est moins apte à répondre à une nouvelle excitation, cela en proportion de l'intensité de l'excitation antérieure ; d'autre part, elle récupère graduellement son aptitude antérieure, à la condition d'être au repos. Ces variations de sensibilité se traduisent objectivement par des valeurs différentes du minimum perceptible.

Maintenant, remarquons que cette modification de la rétine à la suite des excitations ne reste pas limitée à l'endroit même où celles-ci ont frappé ; elle se propage, au contraire, avec le temps, à tout le reste de la rétine.

La plus simple observation montre à l'évidence ces variations de sensibilité de la rétine. C'est un fait bien connu que, en passant du grand jour dans une obscurité relative, nous ne voyons rien tout d'abord, mais qu'en y séjournant quelques moments l'œil commence à distinguer quelques vagues détails, qui deviennent graduellement plus précis et plus nombreux. Nous percevons donc de la lumière là où elle ne se montrait pas au début, et cette perception devient ensuite plus intense et plus nette (à la fois par amélioration de la perception différentielle et par accroissement de l'excitabilité rétinienne).

De même, lorsque, venant d'un milieu obscur, nous entrons dans un endroit éclairé, l'éblouissement et la fatigue que nous éprouvons tout d'abord nous montrent que notre sensibilité lumineuse est, à ce moment, fortement exagérée ; puis cette exaltation se calme et nous arrivons à regarder sans fatigue les mêmes objets. Évidemment, l'excitabilité de la rétine s'est émoussée sous l'influence de la lumière, et cette sensibilité diminuée nous suffit néanmoins pour percevoir avec netteté les détails des objets éclairés.

C'est ainsi que l'appareil rétinien suit, en quelque sorte, les variations de l'éclairage et *s'adapte* à l'éclairage ambiant.

Doit-on faire jouer à cette fonction d'adaptation un rôle protecteur analogue à celui de l'iris, dont la contraction sous l'influence de la lumière a pour effet d'arrêter au passage une certaine proportion de cette même lumière? Je ne sais, mais il est certain que, sous l'influence de son fonctionnement, la rétine devient d'autant moins sensible que la lumière excitatrice devient plus intense.

Aubert mit ce phénomène hors de doute dans des expériences consistant à observer dans une chambre noire une source de lumière petite et assez faible qu'on pouvait diminuer jusqu'à ce qu'elle ne fût plus perçue. En sortant du jour et en entrant dans la chambre noire, on déterminait au début la limite de visibilité de l'objet, et l'on voyait ensuite cette limite s'abaisser de plus en plus au fur et à mesure que se prolongeait davantage le séjour dans l'obscurité.

Ces expériences étaient assez laborieuses : l'objet était un fil de platine parcouru par un courant constant et dont on pouvait faire varier la longueur de telle sorte qu'il devînt à volonté lumineux ou obscur. Il fallait mesurer son intensité lumineuse : pour cela, on comparait la longueur qu'il fallait lui donner pour le rendre visible à l'œil nu à celle qu'il fallait lui donner pour le voir à travers un verre gris dont l'absorption avait été préalablement déterminée, ou bien à travers un disque rotatif à secteurs pleins et vides (épiskotistère d'Aubert) produisant une diminution d'intensité facile à évaluer. On supposait alors (par approximation) qu'entre ces deux longueurs l'éclairage variait uniformément par chaque millimètre d'allongement ou de raccourcissement du fil. (Ce fil métallique, sous la plus faible intensité visible, paraît incolore et terne.)

D'après les chiffres résultant de ces expériences, la sensibilité lumineuse (mesurée par l'inverse du minimum perceptible) augmente rapidement dans la première minute, puis de plus en plus lentement; elle est, après une dizaine de minutes, environ vingt-cinq fois plus grande qu'au début, et trente-cinq fois plus grande après deux heures.

Dans d'autres expériences, on regardait une petite bande de papier placée dans une chambre noire à 5 mètres et demi d'un volet, et éclairée uniquement par un verre dépoli plus ou moins large enchâssé dans ce volet. A l'aide d'un diaphragme variable, on réglait la surface du verre éclairant jusqu'à la limite de visibilité du papier blanc. Après une minute, cette limite était devenue 2 fois et un quart plus faible qu'au début; après quatre minutes, 9 fois; après trente minutes, 36 fois moindre.

Ces chiffres ne sont pas absolus, ce sont des exemples particuliers; ils dépendent, en effet, de l'intensité de l'éclairage moyen auquel l'œil était adapté en commençant l'expérience.

J'ai pu mettre ce fait en relief en étudiant d'une façon méthodique l'adaptation lumineuse à l'aide de mon photoptomètre. Cette étude montre qu'il y a une relation déterminée entre le degré de la sensibilité lumineuse (ou la valeur du minimum perceptible) à un moment donné et l'intensité de l'éclairage ambiant.

Je me suis servi dans ces expériences de l'appareil déjà décrit précédemment, mais réduit à l'état de photoptomètre simple. Dans ce but, on supprime le tube graduateur latéral et la boîte carrée, et l'on adapte à la partie antérieure de l'appareil E, en avant de l'écran translucide, un tube oculaire noirci intérieurement et ayant une longueur de 22 centimètres et demi ou de 25 centimètres, longueur appropriée à la distance ordinaire de la vision rapprochée. A l'extrémité libre de ce tube oculaire est une coquille de forme spéciale dans laquelle l'œil est emboîté exactement ; cette coquille est doublée et bordée de velours noir, de façon qu'aucun rayon lumineux venant du dehors ne puisse s'infiltrer jusqu'à l'œil, qui est ainsi dans une obscurité complète. Seule, une surface ronde ou carrée plus ou moins grande et qu'on peut éclairer progressivement à partir de zéro, à l'aide du diaphragme graduateur, est présentée au regard et réglée à la limite de la perception (la coquille est d'ailleurs mobile et peut recevoir des verres correcteurs pour neutraliser au besoin l'amétropie ou la presbyopie de l'observateur).

Pour déterminer, à l'aide de cette méthode, les différentes valeurs du minimum perceptible correspondant à différents éclairages, j'ai choisi comme point de départ l'éclairage du jour donnant sur une surface uniforme. Cet éclairage était pris pour unité. Il est évident que, d'un jour à l'autre, l'unité n'a pas la même valeur ; mais peu importe, à condition qu'il reste comparable à lui-même pendant la durée d'une expérience : de là l'obligation de choisir des journées à ciel absolument pur.

En partant de l'éclairage du jour, je réalisais pour l'œil une série d'éclairages de plus en plus faibles en plaçant successivement devant lui des verres fumés à teinte neutre dont j'avais mesuré au préalable le pouvoir absorbant à l'aide du photoptomètre différentiel. Je disposais de 6 verres, ce qui, avec l'éclairage initial sans verre, me donnait une série de 7 intensités lumineuses exprimées en fonction de la première et ayant les valeurs suivantes :

	Intensité.
Verre n° 1	0,081
— n° 2	0,154
— n° 3	0,232
— n° 4	0,413
— n° 5	0,510
— n° 6	0,617
Sans verre	1

Commençant par l'éclairage le plus fort, je dirige les yeux pendant un temps suffisant (cinq minutes) sur un endroit donné du plancher recevant directement la lumière de la fenêtre, et je détermine rapidement au photoptomètre (éclairé par une lampe spéciale) le minimum d'ouverture du diaphragme nécessaire pour la sensation.

Je prends ensuite le verre n° 6, que je place devant l'œil en regardant la même surface que tout à l'heure pendant au moins trois minutes (temps reconnu suffisant dans ce cas pour l'adaptation), et je fais une nouvelle détermination ; je recommence successivement avec les verres nᵒˢ 5, 4, 3, 2, 1 ; enfin, recouvrant complètement l'œil, je fais une dernière détermination après adaptation de cinq minutes à l'obscurité complète.

Voici, comme exemple, les chiffres d'une expérience : dans une première colonne sont les ouvertures minima du diaphragme pour chaque éclairage ; dans une deuxième, les carrés de ces ouvertures expriment en unités arbitraires, mais comparables, les valeurs du minimum perceptible ; dans la troisième colonne, les inverses de ces valeurs (multipliés par 1000 pour rendre la comparaison plus facile) représentent les variations correspondantes de la sensibilité lumineuse ou de l'excitabilité rétinienne.

	Ouverture du diaphragme.	Carré.	Sensibilité lumineuse.
Éclairage direct........	15 millim.	225	4,44
Verre nᵒ 6............	9 —	81	11,36
— nᵒ 5............	8 —	64	15,62
— nᵒ 4............	7,5 —	56	17,85
— nᵒ 2............	5 —	25	40
Obscurité	1 —	1	1000

La courbe de la figure 524 représente les résultats (variations de la sensibilité lumineuse suivant l'éclairage).

D'après l'ensemble de mes expériences, on peut admettre que, pour des éclairages faibles (abstraction faite du voisinage du zéro), le minimum perceptible augmente presque proportionnellement à l'éclairage ambiant, mais la variation devient ensuite moins rapide et tend vers un maximum quand l'éclairage a dépassé une certaine limite.

Ainsi la sensibilité lumineuse, d'abord très grande pour un éclairage nul, baisse d'une façon continue et de plus en plus lentement quand l'éclairage augmente.

Il y a donc une valeur déterminée de la sensibilité lumineuse pour chaque éclairage donné, mais la relation précise entre ces deux

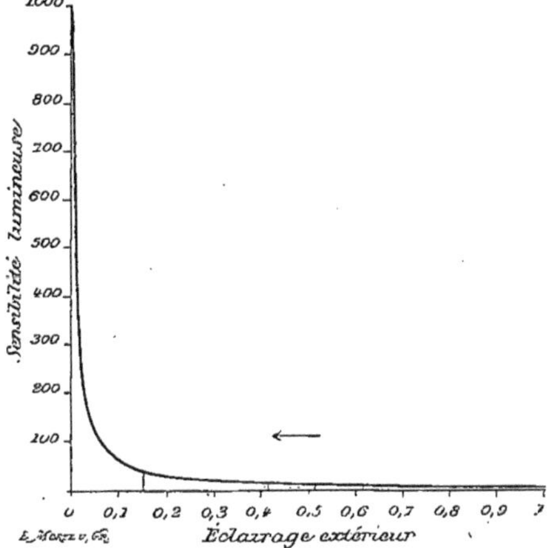

Fig. 524.

facteurs est complexe, et ce n'est que dans des limites assez étroites qu'on peut les considérer comme variant en raison inverse l'un de l'autre.

Quant à l'étendue possible de ces variations de la sensibilité lumineuse, elle est beaucoup plus grande qu'on ne le supposerait. J'ai vu le minimum perceptible aller de 1 à 2500 en passant de l'obscurité complète à la lumière du ciel. Si ce cas est exceptionnel, il peut au moins servir à fixer les idées sur l'ordre de grandeur des réactions rétiniennes.

On ne saurait invoquer, pour expliquer ces réactions, le changement de diamètre que présente l'ouverture pupillaire sous l'influence de la lumière. Le rétrécissement pupillaire abaisse évidemment le nombre des rayons arrivant à la rétine et la protège dans une certaine mesure, mais dans des proportions bien plus limitées ; de plus, en faisant les déterminations avec l'œil muni d'un diaphragme constant et de faible ouverture, on se met à l'abri de l'influence pupillaire et l'on retrouve les mêmes phénomènes. L'adaptation lumineuse est donc un phénomène rétinien.

Une méthode semblable m'a permis d'étudier facilement la marche de l'adaptation. On peut procéder de deux façons, soit en partant de l'obscurité et cherchant comment un œil parfaitement reposé et placé tout d'un coup à la lumière se comporte sous l'action de cette dernière et diminue peu à peu ses réponses aux excitations jusqu'à ce qu'il soit adapté au nouveau milieu, soit en prenant, au contraire, un œil actif, c'est-à-dire excité depuis assez long-temps pour s'être mis en harmonie avec l'éclairage ambiant, et cherchant comment cet œil, placé subitement dans l'obscurité, récupère peu à peu son excitabilité intégrale. Voici, comme exemple, une expérience faite sous cette dernière forme.

Temps assez sombre, sans soleil. Je suis adapté à l'éclairage moyen de mon cabinet, éclairé par une fenêtre donnant au sud-est (après-midi). Je détermine au photoptomètre le minimum perceptible de chaque œil, puis je recouvre les deux yeux avec un tissu de drap noir large et épais, de manière à ne laisser passer aucune lumière, sans toutefois exercer de pression sensible. De minute en minute, alors, je découvre l'œil gauche avec toutes les précautions nécessaires, je l'introduis, protégé de la main, dans la coquille oculaire de l'appareil, sous un voile opaque, et je détermine de nouveau le minimum perceptible, qu'un aide peut lire sur la graduation. L'œil droit reste couvert pendant ce temps. (Je me suis assuré expérimentalement que ces déterminations, faites aussi vite que possible, ne troublent pas d'une manière appréciable la vitesse de l'adaptation.)

L'objet présenté à l'œil est un carré de 1 centimètre de côté. Distance à l'œil, 20 centimètres. Pour éliminer l'influence des changements de grandeur de la pupille, l'œil regarde à travers un diaphragme percé d'un trou central de 2 millimètres de diamètre.

Au début de l'expérience (œil actif), l'ouverture nécessaire et suffisante du diaphragme graduateur est de 11 millimètres (carré, 121). On prend ce dernier chiffre comme indiquant (en unités arbitraires) la valeur du minimum perceptible. Les chiffres suivants seront exprimés avec la même unité.

Après une minute de séjour dans l'obscurité, une nouvelle détermination donne 9 millimètres comme ouverture du diaphragme et, par conséquent, 81 comme minimum perceptible. Voici, du reste, la série entière :

	Ouverture.	Minimum perceptible.
Au début........................	11 millim.	121
Après 1 minute................	9 —	81
— 2 minutes................	5,2 —	27
— 3 —	5,2 —	27
— 4 —	4,5 —	20
— 5 —	3 —	9
— 6 —	3 —	9
— 7 —	2,5 —	6
— 9 —	2,1 —	4,4
— 11 —	1,5 —	2,2

Ces résultats sont représentés par la courbe de la figure 525.

Dans d'autres expériences, j'ai prolongé la durée du séjour de l'œil dans l'obscurité ; je l'ai poussée jusqu'à quarante minutes. Mais on peut admettre pratiquement qu'un œil adapté à l'éclairage moyen d'un appartement a récupéré, au bout de vingt minutes de repos, à peu près toute sa sensibilité.

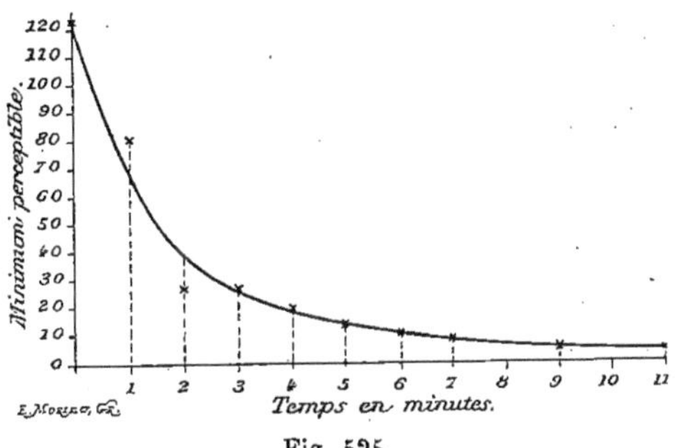

Fig. 525.

L'abaissement du minimum perceptible, d'abord très rapide, se fait de moins en moins vite. Il est difficile, étant données les incertitudes qui accompagnent forcément ces déterminations rapides, d'affirmer la loi précise suivant laquelle se fait cette variation. Cependant, elle semble être bien voisine de celle du refroidissement des corps chauds, et la formule suivante exprime avec une assez grande approximation la marche générale de l'adaptation lumineuse : la vitesse avec laquelle diminue le minimum perceptible dans l'obscurité est proportionnelle, à un instant donné, à la différence qui existe entre sa valeur actuelle et la valeur qu'il aura lors de l'adaptation complète. Ainsi, décroissance rapide au début, décroissance minime à la fin. L'affaiblissement de la sensibilité de l'œil porté de l'obscurité à la lumière suit une marche analogue.

Quant à la durée de l'adaptation complète en passant d'un éclairage à un autre (ou à l'obscurité), elle est, comme on pouvait le prévoir d'après ce qui précède, d'autant plus faible qu'il y a moins de différence entre ces deux éclairages, et réciproquement.

Tout ceci se rapporte aux parties centrales de la rétine ; mais on constaterait des faits analogues en explorant une région quelconque du champ visuel. Elles sont toutes soumises à la loi de l'adaptation lumineuse.

Sensibilité lumineuse dans le champ visuel. — Cela nous amène à examiner la façon dont se comporte le minimum perceptible suivant la région rétinienne excitée et pour un même état d'adaptation.

Il est rare, dans la vie habituelle, de trouver toutes les parties de la rétine également excitables, et, si l'on ne tient pas compte des différences

d'adaptation, on peut croire à une grande diversité naturelle de fonctionnement.

En effet, dans une région donnée du champ visuel, l'état de la sensibilité
lumineuse dépend non seulement de l'excitabilité particulière à cette région,
mais encore des excitations antérieures qu'elle a subies, de leur degré et de
leurs variations dans le temps. Pour trouver deux parties rétiniennes rigoureusement comparables, il faut donc que *toutes* ces conditions soient les
mêmes pour l'une et pour l'autre ; d'où il suit que, si l'on veut comparer la
sensibilité des diverses parties de la rétine, il faut, ou bien soumettre préalablement tout le champ visuel au même éclairement, ce qui est réalisable,
mais difficilement, ou, ce qui vaut mieux, faire reposer l'œil dans l'obscurité
complète pendant au moins vingt minutes, temps nécessaire, comme on l'a
vu, pour que les dernières traces des impressions consécutives puissent
s'effacer.

Si, dans ce dernier cas, on présente à l'œil placé dans la coquille oculaire
du photoptomètre une surface lumineuse assez grande, par exemple le carré
de 1 centimètre qui nous a servi tout à l'heure, et si, à l'aide du diaphragme
graduateur, on donne à cet objet un éclairement juste perceptible, il est
facile de constater que la limite de perception est sensiblement la même
partout, le centre excepté ; la sensibilité centrale est plus faible, comme nous
le verrons.

Dans cette expérience, l'observateur n'a qu'à déplacer l'œil dans des
directions variées et quelconques, ce qui est facile ; seulement, placé dans
l'obscurité complète, cet œil ne peut repérer sa position. Pour des déterminations plus méthodiques de la topographie rétinienne, il faut opérer autrement et faire l'expérience dans une obscurité seulement relative.

Dans mes recherches de 1877 sur cette question, le photoptomètre (constitué à cette époque par une large boîte en bois noirci) était dépourvu de sa
chambre oculaire et placé à poste fixe vis-à-vis du pôle ou point zéro du
périmètre de Landolt. La tête était maintenue sur l'appui de l'instrument de
façon que l'œil fût bien au centre de l'arc. Seulement, le regard, au lieu
de fixer le zéro comme pour la détermination du champ visuel, suivait les
diverses positions que l'on donnait successivement à un index avec croix
blanche déplacé le long de la partie antérieure de l'arc gradué. Dans chaque
position on déterminait à nouveau le minimum perceptible à l'aide du carré
lumineux devenu ainsi plus ou moins excentrique. L'orientation du méridien
et l'écart angulaire de la partie explorée étaient donnés par la double graduation correspondante de l'instrument. Mais ici l'obscurité ne pouvait plus
être absolue, puisqu'il fallait voir l'index pour orienter le regard. Seulement,
on diminuait l'éclairage autant que possible, et l'écran translucide comprenant l'objet d'épreuve était rendu très sombre à l'aide d'un large papier noir
mat à ouverture centrale. L'objet avait ici 3 millimètres de large ; la distance à l'œil était de 30 centimètres. Dans ces conditions, on put reconnaître
que le minimum perceptible restait sensiblement le même dans les diverses
positions du regard.

Aubert avait fait une constatation analogue en comparant simplement la clarté apparente d'un petit carré de papier blanc dans différentes directions du regard, en haut, en bas, à droite, à gauche ; il n'avait remarqué que des différences très faibles, seulement un peu plus de clarté au centre qu'à la périphérie. Ce dernier résultat est peu en rapport avec ce que nous apprend l'exploration du minimum perceptible dans l'œil uniformément adapté dans toutes ses parties.

J'ai dit plus haut que, d'après cette exploration, la sensibilité lumineuse était plus faible dans la vision directe, c'est-à-dire au centre de la rétine, que dans le reste du champ visuel. Le fait, bien que paradoxal au premier abord, puisque c'est la vision directe qui nous donne les détails les plus fins, est cependant extrêmement net ; il n'avait pas échappé aux astronomes, chez lesquels c'est une pratique courante de regarder légèrement de côté pour observer les étoiles très peu brillantes, telles que les satellites d'Uranus. Seulement, cette différence n'est appréciable qu'à un éclairage très faible ou dans l'obscurité ; à la lumière ordinaire, la sensibilité excentrique s'est émoussée en raison même et en proportion de sa grande délicatesse.

S'il est facile de s'assurer que le centre présente un minimum perceptible souvent cinq ou six fois plus élevé que le reste de la rétine, il est beaucoup moins aisé de délimiter la région centrale qui présente cette infériorité notable. En effet, on ne peut faire cette exploration que dans l'obscurité complète, et sans points de repère, pour éviter des différences d'adaptation. On pourrait, à la rigueur, la faire par des séries de déterminations opérées successivement avec des points de repère de plus en plus écartés de l'objet, mais ce serait une opération des plus laborieuses et encore incertaine, à cause de l'impossibilité de maintenir l'œil immobile vis-à-vis du point de repère supposé d'éclairage constant.

Or, en faisant l'expérience dans l'obscurité complète, on peut bien se rendre compte approximativement de l'excursion que peut faire le regard quand il passe d'un point plus excité à un point moins excité ou non excité par une clarté donnée, mais il ne saurait être question de mesure précise. Tout ce que je puis conclure de mes observations à ce sujet, c'est que la région centrale moins sensible paraît plus grande au commencement de l'expérience, et semble se réduire à mesure que l'œil reste plus longtemps soumis à l'obscurité.

A ce sujet, deux remarques sont à faire ; la première, c'est que les limites des deux régions ne sont pas brusquement tranchées : elles passent insensiblement l'une dans l'autre ; la seconde, c'est que, plus on se rapproche du centre de la rétine, et plus la lumière a dû agir antérieurement, puisqu'on cherche à éclairer le plus possible les objets que l'on regarde ; donc, la sensibilité est plus émoussée vers le centre et, par suite, il faudra plus de temps pour la réadaptation de la rétine. Cela explique bien le fait du rétrécissement apparent de la région peu sensible à mesure que se prolonge le repos de l'œil ; mais, malgré ce repos, il reste toujours une partie centrale moins excitable.

D'après les considérations qui précèdent, il n'est pas étonnant de se rendre compte des résultats différents obtenus par plusieurs expérimentateurs ; s'ils ont trouvé certaines parties de la rétine plus sensibles (abstraction faite du centre), cela tient à ce qu'ils ont laissé subsister une certaine inégalité d'adaptation lumineuse entre ces parties et les autres. J'ai constaté bien des fois des faits analogues, et j'ai décrit ailleurs ce singulier phénomène d'une hémianopsie gauche observée un jour sur mes deux yeux, et qui tenait simplement à la disposition de l'éclairage auquel ils avaient été soumis antérieurement. Dans la vie ordinaire, ce sont les parties de la rétine les plus éclairées en moyenne qui sont les moins sensibles, et elles restent longtemps moins sensibles que les autres, même après cinq et dix minutes de repos dans l'obscurité. Une durée plus longue est nécessaire pour obtenir une adaptation uniforme dans tout le champ visuel.

Autres influences agissant sur le minimum perceptible. — Maintenant que nous connaissons bien l'influence de l'adaptation lumineuse, nous devons nous demander si le minimum perceptible est rigoureusement défini par les conditions précédentes. Dans ce cas, pour une partie donnée de la rétine et pour un même état d'adaptation, il y aurait un certain éclairement, toujours le même, qui serait nécessaire et suffisant pour la production de la sensation lumineuse. Or, en réalité, il n'en est ainsi que pour une surface d'éclairement suffisamment grande et pour des excitations lumineuses de durée assez longue. La grandeur de la surface rétinienne excitée et la durée de l'excitation sont, en effet, deux nouveaux facteurs dont il est facile de reconnaître l'influence notable sur le minimum perceptible.

En ce qui concerne l'influence de la surface, je ne la remarquai pas tout d'abord. Bien que je me fusse posé la question, j'avais obtenu, avec trois objets de grandeur différente, des chiffres à peu près semblables ; ces objets avaient : l'un 2 millimètres, un autre 4 millimètres, le troisième 12 millimètres de côté (distance à l'œil, 20 centimètres).

Ce ne fut qu'en répétant l'expérience avec des objets plus petits que 2 millimètres (angle visuel d'environ 35 minutes) que je vis le minimum perceptible augmenter très nettement quand diminuait la grandeur de l'objet. Ces expériences furent répétées à l'aide de mon photoptomètre, avec toutes les précautions indiquées, et, confirmant ces premiers résultats, me donnèrent en outre la loi de la variation observée.

Avec de grandes surfaces, l'éclairement minimum est sensiblement constant. Avec des sujets plus petits que la limite indiquée tout à l'heure, l'éclairement minimum est à peu près en raison inverse de la surface de l'objet (bien entendu, pour une distance constante de l'œil).

Voici une expérience qui servira d'exemple. Elle a été faite sur mon œil gauche, placé dans l'oculaire de l'instrument à 20 centimètres de l'objet. Quatre carrés, de différente largeur, sont successivement présentés à l'œil dans les mêmes conditions d'adaptation, et l'on détermine chaque fois l'ouverture du diaphragme nécessaire et suffisante pour produire la sensation. (Dans cette expérience, comme dans la plupart des expériences analogues, l'observation est faite dans la vision presque directe, c'est-à-dire avec les bords dè la fovea ; l'expérience est plus difficile dans la vision tout à fait centrale ou à la périphérie, mais montre des faits du même ordre.)

Voici les chiffres trouvés :

Carré de 0,95 millim. de côté. Ouverture......., 7,5 millim.
  —   1,6   —   — .... 4,5 —
  —   0,7   —   — .... 10 —
  —   2,0   —   — .... 3,5 —

Or, le produit de la largeur de chaque carré par l'ouverture correspondante du diaphragme donne des nombres sensiblement constants :

1er objet...................... $0,95 \times 7,5 = 7,125$
2e   —   .... $1,6 \times 4,5 = 7,1$
3e   —   .... $0,7 \times 10 = 7$
4e   —   .... $2 \times 3,5 = 7$

Il faudrait élever ces nombres au carré pour avoir le produit de la *surface* par l'*éclairement*. On aurait de nouveaux chiffres très voisins et justifiant la loi énoncée plus haut : le minimum perceptible varie en raison inverse de la surface rétinienne excitée, jusqu'à la limite de grandeur indiquée précédemment (angle visuel de 35 minutes) ; dans ces limites, la sensibilité lumineuse augmente donc proportionnellement à la surface.

Nous avons observé des phénomènes analogues à propos de la perception différentielle. Ces faits sont-ils d'ordre physiologique ou d'ordre physique ? tiennent-ils à une propriété de la rétine ou aux particularités de la réfraction dans l'œil ? Leroy a voulu les expliquer par cette dernière cause, en invoquant l'étalement que subit forcément sur la rétine, par suite des aberrations dioptriques, l'image d'un point lumineux. Cette image n'est jamais réduite à un point, mais forme toujours une surface plus ou moins grande, de sorte que, dans une certaine étendue, les images des différents points constituant un objet lumineux se superposeraient et, ajoutant leurs rayons, produiraient un éclairement total d'autant plus grand qu'il y aurait plus de points dans l'objet, c'est-à-dire que la surface serait plus grande. D'après cela, la clarté de l'image dépendrait non seulement de la clarté de l'objet, mais encore de sa surface. Pour que cette théorie fût applicable, il faudrait que l'image de diffusion d'un point lumineux sur la rétine fût du même ordre de grandeur que la limite assignée plus haut à l'influence de la surface sur la perception. Or cette limite, correspondant à environ 2 millimètres vus à une distance de 20 centimètres, est voisine de $0^{mm},16$. Les cercles de diffusion (dans un œil bien accommodé) devraient avoir un diamètre peu différent de ce nombre. Or, dans ces conditions, on ne s'expliquerait pas que l'on puisse distinguer l'un de l'autre, ainsi que l'a prouvé l'étude de l'acuité visuelle, deux images rétiniennes distantes de moins de $0^{mm},004$, c'est-à-dire quarante fois plus rapprochées.

Du reste, on peut réduire à une valeur très faible l'aberration sphérique de l'œil, en interposant un diaphragme percé d'un trou de 2 à 3 millimètres, et les mêmes phénomènes persistent. De plus, si cette théorie est vraie, les limites entre lesquelles s'exerce l'influence de la surface doivent varier suivant la grandeur de la pupille, puisque les images de diffusion deviennent elles-mêmes alors plus ou moins larges. Or, en répétant les expériences à l'aide de diaphragmes percés d'orifices variant entre $0^{mm},85$ et 8 millimètres, nous avons retrouvé dans tous les cas les limites précédentes, c'est-à-dire que jusqu'à 2 millimètres la perception de l'objet était en rapport avec sa surface. Il est donc permis d'admettre que le fait a une cause physiologique; il implique évidemment une solidarité fonctionnelle des éléments rétiniens, qui, dans les limites d'une certaine zone, ne pourraient être excités isolément, du moins sous la plus faible lumière perceptible. (Il est remarquable de voir que l'étendue de cette zone commune est très comparable à celle de la fovea centralis, quoique le phénomène soit général sur toute la rétine.)

D'autres faits, que nous décrirons plus loin, éclairent encore la question dans le même sens. Parmi ces faits, l'un se rattache directement au sujet actuel. Si l'on présente à l'œil, dans le photoptomètre, un très petit point lumineux, et en supposant une adaptation dioptrique aussi parfaite que possible, le premier aspect de l'objet à la limite de la perception sera toujours celui d'une tache diffuse plus étendue que l'objet et de *clarté uniforme*; ce n'est que plus tard, pour une lumière plus intense, que l'objet sera vu sous forme de point, de dimensions réduites, et avec des limites nettes. Il y a donc là deux modalités distinctes dans la perception, correspondant à des complications différentes et nécessitant l'intervention de deux quantités différentes d'énergie lumineuse. C'est comme si cette énergie, avant d'atteindre l'élément percepteur ou isolateur, devait d'abord charger un élément à champ d'action plus étendu.

Quels sont les rapports de cette propriété de la rétine avec l'irradiation et avec l'induction lumineuse? c'est ce que nous examinerons dans la suite.

Inertie rétinienne. — Avant d'étudier l'influence de la durée d'excitation sur le minimum perceptible, il est bon d'attirer l'attention sur un fait que je considère comme très important en lui-même et surtout en ce qu'il nous permettra plus tard de différencier par un nouveau caractère l'action propre des diverses lumières simples.

Si l'on peut mesurer la sensibilité lumineuse d'après l'éclairement minimum compatible avec la sensation de lumière, il y a deux façons de déterminer ce minimum perceptible.

On a remarqué depuis longtemps que toute réaction, sensitive ou motrice, produite par l'excitation d'un nerf quelconque, ne suit pas immédiatement cette dernière, mais qu'il y a entre l'excitation et la réaction un certain intervalle de temps appréciable qu'on appelle *temps perdu* ou *période latente*. Tout appareil de sensibilité ou de motricité paraît donc posséder une certaine *inertie* qu'il faut vaincre tout d'abord avant de produire une sensation ou une contraction.

Cette inertie peut être évaluée sous forme de *temps perdu*, mais elle peut l'être également d'une autre façon, sous forme de *force perdue*. Tout le monde sait, par exemple, qu'on entend un son à une plus grande distance lorsqu'on s'en éloigne que lorsqu'on s'en rapproche; il faut donc, pour provoquer la sensation sonore, plus de force que pour l'entretenir une fois qu'elle a pris naissance. Dans le domaine de la sensibilité tactile, j'ai constaté des faits analogues, soit avec des excitations mécaniques, soit avec l'électricité (courants induits). Dans le domaine de la motricité, on a étudié surtout le temps perdu, mais la force perdue est tout aussi nette : un certain courant d'induction est nécessaire pour produire la contraction du muscle par l'intermédiaire de son nerf moteur ; la contraction, une fois produite, peut persister encore si l'on diminue à partir de ce moment, jusqu'à une certaine valeur limite, l'intensité du courant excitateur. Le rapport entre la première intensité et la seconde peut servir de mesure à l'inertie de l'appareil moteur ou, tout au moins, la caractériser.

Or le même phénomène se présente pour la vision ; nous verrons plus tard qu'il y a un temps perdu entre le moment de l'excitation et celui de la sensation ; actuellement, nous pouvons constater et mesurer la force perdue pour l'ébranlement, la mise en train de l'appareil de la sensibilité lumineuse, sous forme d'une différence très nette entre la lumière nécessaire pour exciter la rétine et la lumière suffisante pour entretenir la sensation une fois provoquée.

« Si à l'aide de mon appareil, disais-je en 1879, on augmente graduellement, à partir de zéro, l'intensité d'une lumière présentée à l'œil, la sensation lumineuse se produit pour un certain minimum déterminé. Mais, chose importante, l'œil est capable de percevoir une lumière encore plus faible que ce minimum ; en effet, si, une fois la sensation produite, on affaiblit lentement la lumière qui lui avait donné naissance, cette lumière est encore perçue alors qu'elle a perdu une grande partie de son intensité. Il y a donc eu dans la production de la sensation une certaine perte de lumière, employée à mettre en branle, si l'on peut ainsi parler, l'appareil visuel.... »

Il y a donc, en quelque sorte, deux espèces de minimum perceptible qu'on peut appeler : l'un le *minimum d'apparition*, l'autre le *minimum de disparition de la sensation*. Le rapport entre ces deux minima peut servir à mesurer ou, plutôt, à comparer dans des conditions diverses cette perte d'énergie qui correspond, d'autre part, à une certaine perte de temps, à un retard de la sensation sur l'excitation.

Ce rapport peut varier, comme nous le verrons, entre 1,3 et 4,5, suivant la nature de la lumière excitatrice. Il peut donc y avoir une perte d'excitation variant depuis un tiers jusqu'à trois fois et demie le minimum perceptible.

Seulement, ces déterminations sont très délicates et il faut employer des précautions spéciales pour avoir des résultats fidèles :

1° Il faut conserver la même direction du regard, chose difficile et qui ne s'acquiert qu'avec une grande habitude. La direction la plus favorable est celle du regard presque direct, avec les bords de la fovea, là où la sensibilité commence à remonter à sa valeur uniforme ;

2° Il faut ouvrir le diaphragme du photoptomètre avec assez de lenteur pour ne pas dépasser le minimum perceptible, ce qui arrive très facilement ;

3° On doit de même fermer le diaphragme assez lentement, ce qui est ici spécialement nécessaire pour ne pas avoir de doute, à cause des images consécutives, sur le moment de la cessation réelle de la sensation de cause objective ;

4° Il faut, autant que possible, partir du même état d'adaptation rétinienne, et faire durer la mesure à peu près le même temps; car, si l'expérience se prolongeait, la sensibilité pourrait augmenter du fait même du séjour de l'œil dans l'obscurité. Mieux vaut donc encore opérer avec un œil déjà adapté à l'obscurité, seul cas dans lequel une pareille cause d'erreur soit complètement éliminée.

J'avais cru, au début de mes expériences, que l'*obscuration* (adaptation à l'obscurité) augmentait l'inertie rétinienne ; je pense aujourd'hui qu'il s'agissait là d'une condition fréquente de l'expérience tenant à ce que, par suite d'un déplacement inconscient du regard, après avoir déterminé le minimum d'apparition dans le regard tout à fait direct (avec la fovea), on a une tendance à déterminer le minimum de disparition avec les bords de la fovea, région plus sensible ; or, nous savons que la différence de sensibilité entre ces deux régions devient plus accusée sous l'influence de l'obscurité; de là l'écart constaté et que je n'ai pas retrouvé dans la suite.

Quelle est la plus faible quantité de lumière absolument perceptible? Aubert l'a évaluée à environ 1/300 de la clarté de la pleine lune. Ch. Henry trouve cette estimation beaucoup trop forte. Il a repris la détermination du minimum perceptible absolu à l'aide de son photoptomètre à diaphragme, dans lequel la source lumineuse est un écran spécial au sulfure de zinc phosphorescent dont l'éclairement varie en fonction du temps suivant la formule de Becquerel. Il a obtenu comme chiffre le plus bas 29 milliardièmes de bougie métrique (0^{bm},000 000 029), ce qui est environ 1000 fois moins que l'estimation d'Aubert.

Influence du temps. — Nous pouvons maintenant nous occuper de l'influence du temps sur l'impression lumineuse.

Dans les conditions ordinaires de la vie, nous ne remarquons pas de changements dans la clarté des objets. Cela vient de ce que nous ne tenons pas le regard immobile, car nous déplaçons les yeux d'une façon incessante, et nos périodes de fixation absolue dépassent rarement plusieurs secondes. En les prolongeant davantage, nous remarquerions facilement, surtout à des éclairages intenses, une décroissance graduelle de l'impression. Mais surtout, si les mouvements de nos yeux pouvaient se succéder avec une fréquence plus grande, nous verrions que l'objet lumineux n'atteint pas pour nous immédiatement sa clarté définitive : il faut un certain temps pour que celle-ci soit réalisée, et, pour des durées d'excitation plus courtes, la clarté est d'autant plus faible que l'excitation est plus brève.

Fick observa le premier que, si l'on compare un papier blanc fixe au même papier passant très rapidement devant le regard, ce dernier paraît toujours plus ou moins sombre par rapport au papier fixe, et peut même se confondre avec un papier gris foncé ou même noir (le noir réfléchissant toujours un peu de lumière).

Depuis, les expériences avec les disques rotatifs à grande vitesse mortrèrent indirectement que, pour les durées brèves, la sensation est proportionnelle au temps. Nous allons retrouver la même loi pour le minimum perceptible en fonction de la durée.

La sensation produite par une lumière d'intensité constante ne peut donc pas se présenter par une ligne droite; elle forme évidemment, d'après les observations qui précèdent, une courbe susceptible d'être divisée en trois parties suivant le temps : période de croissance ou d'ascension, depuis zéro jusqu'à un certain maximum qui correspond à la clarté vulgaire, courante ; période d'état ou de fixité, plus ou moins longue, pendant laquelle la clarté reste sensiblement pareille à elle-même : c'est la période que nous connaissons le mieux parce qu'elle est la plus longue et que c'est sur elle que porte notre observation courante; période de décroissance ou de fatigue, qui ne se produit qu'exceptionnellement et à condition de laisser le regard immobile. Il faudrait même ajouter à cette première partie de la courbe une nouvelle période, correspondant aux changements de la sensation quand la lumière objective a cessé d'agir. Mais cette quatrième période, qu'on peut appeler *période consécutive*, n'étant pas contemporaine de l'excitation, doit être étudiée à part. Elle est d'ailleurs très complexe et comprend plusieurs phases : prolongation de l'impression, variations de l'impression, enfin disparition de l'impression. Nous y reviendrons dans la suite.

Durée de la période ascendante. — Ce qui nous intéresse actuellement, c'est la période ascendante de la sensation, celle pendant laquelle la sensation croît avec le temps. Elle est, du reste, assez courte et ne dépasse guère 7 ou 8 centièmes de seconde, sauf pour des lumières voisines du minimum perceptible. C'est, du moins, ce qui résulte de mes expériences directes.

Voici de quelle façon très simple on peut déterminer cette durée.

Comparons deux surfaces contiguës et égales, éclairées de la même façon par une lumière donnée, mais dont l'une ne recevra de rayons lumineux que pendant un temps plus ou moins court, tandis que l'autre les recevra indéfiniment. Si, pour la première surface, la durée d'accès de la lumière est très courte, elle paraîtra nettement moins éclairée que la seconde; la durée augmentant, l'éclairement de la première surface se rapprochera de celui de la seconde; à un moment donné, l'éclairement sera le même et ne cessera plus d'être le même pour les deux (en admettant qu'on ne les fixe pas assez longtemps pour faire naître la fatigue, plus marquée évidemment pour la lumière continue).

Pour réaliser ces indications, on dispose en face de l'œil un large écran noir et opaque dans lequel est taillée une fente verticale de quelques millimètres de large et de 3 ou 4 centimètres de longueur. Cette fente est recouverte d'un papier translucide ou d'un verre dépoli. Elle est éclairée par la lumière du jour ou par une lampe placée à distance. Seulement, tandis que la moitié supérieure de la fente est libre et éclairée d'une manière ininterrompue, la moitié inférieure est masquée par un disque rotatif opaque qui tourne par derrière l'écran et aussi près de lui que possible. Dans ce disque est pratiqué un secteur vide d'étendue variable, ou, plutôt, il y a deux disques entaillés et superposés, que l'on peut faire glisser l'un sur l'autre de manière qu'ils laissent libre un secteur plus ou moins large. Une fois par tour du disque, actionné par un moteur électrique très régulier, la moitié inférieure de la fente est découverte pendant un temps égal à celui du passage du secteur; il est donc facile de faire varier ce temps en modifiant ce dernier (fig. 526).

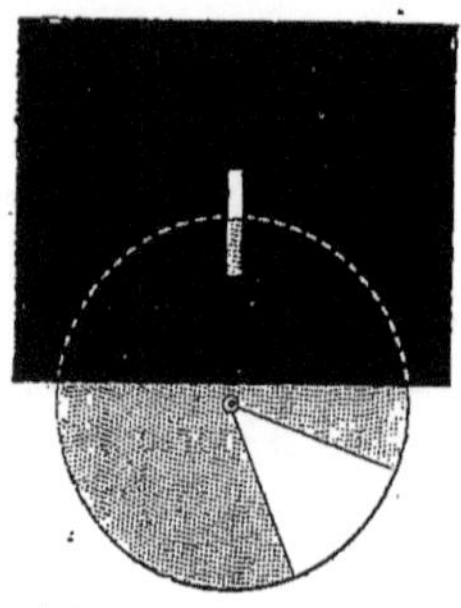

Fig. 526.

A mesure que l'on augmente à partir de zéro l'angle du secteur ouvert (la vitesse du disque restant la même), la partie inférieure de la fente, d'abord noire, s'éclaire de plus en plus à chaque passage et finit par devenir aussi lumineuse que la moitié supérieure; après quoi, une augmentation ultérieure du secteur n'a plus d'influence.

La limite inférieure du temps de passage qui réalise l'égalité des deux moitiés de la fente mesure évidemment la durée de la période ascendante de la sensation; on la calcule facilement, connaissant l'angle du secteur vide et le temps d'une rotation du disque.

Or il se trouve que cette durée n'est pas fixe : elle varie avec l'intensité lumineuse, et devient d'autant plus courte que l'éclairage est plus fort; c'est donc aux faibles intensités que la sensation met le plus longtemps pour atteindre sa valeur définitive.

Pour se rendre compte de cette influence de l'intensité, et pour la mesurer, on peut modifier l'expérience de la façon suivante : la fente éclairée, au lieu d'être observée directement, est placée au foyer postérieur de mon photoptomètre, ce qui est facile à réaliser en enlevant le verre dépoli qui ferme l'appareil par derrière; sur l'écran antérieur se fera donc, par l'intermédiaire de l'objectif à surface variable, une image réelle de la fente, ayant les mêmes dimensions; cette image sera regardée par l'œil, soit directement, soit au moyen du tube oculaire de l'appareil.

Le diaphragme graduateur recevra alors successivement plusieurs degrés d'ouverture; l'éclairage de la fente sera proportionnel aux carrés de ces ouvertures et pour chacun d'eux on recommencera la détermination précédente, en cherchant quel angle minimum il faut donner au secteur vide du disque rotatif pour amener l'égalité apparente des deux moitiés de la fente vue sur l'écran du photoptomètre.

Voici, comme exemple, les chiffres d'une expérience :

La source lumineuse est une petite ouverture placée dans un écran qui recouvre la fenêtre et qui reçoit la lumière du jour; la fente avec son écran est à 0ᵐ,80 de cette fenêtre. Je donne successivement au diaphragme du photoptomètre les ouvertures suivantes : 30 millimètres, 20 millimètres, 10 millimètres, 5 millimètres, 2 millimètres. Les carrés de ces chiffres indiquent en unités arbitraires, mais comparables, les valeurs de l'éclairage. Voici les angles minima trouvés pour chacune de ces intensités et, dans une dernière colonne, les durées correspondantes d'éclairement de la moitié inférieure de la fente :

Éclairage, 900. Angle du secteur, 8°,7. Durée de la lumière, 0″,012
—   400   —   12°   —   0″,017
—   100   —   16°,3   —   0″,028
—   25   —   30°   —   0″,042
—   4   —   44°,3   —   0″,062

D'après cette expérience et d'autres analogues, la durée de la période croissante varie donc en sens inverse de l'intensité lumineuse. Quelle est la loi de cette variation? Cette dernière est beaucoup moins rapide pour la sensation que pour la lumière, puisque, l'intensité lumineuse variant de 4 à 900, c'est-à-dire dans le rapport de 1 à 225, la période croissante ne varie que de 0,062 à 0,012, par conséquent de 1 à 5.

Ce qui ressort non pas tant de l'expérience ci-dessus que de l'ensemble des résultats, c'est que la durée de la période croissante de la sensation varie approximativement en raison inverse de la racine quatrième de l'intensité de la lumière excitatrice. On voit que, si elle se raccourcit quand l'éclairage augmente, elle garde toujours des valeurs non négligeables.

Nous allons voir ces faits confirmés par l'étude du minimum perceptible dans le cas de lumières brèves, et des variations de ce minimum en fonction du temps.

Minimum perceptible des lumières brèves. — Après les expériences de Ch. Richet et A. Bréguet, qui montrèrent qu'une lumière trop courte peut n'être pas perçue si son intensité n'a pas atteint une certaine valeur, M. A. Bloch détermina la relation qui existe entre cette valeur minima et la durée d'action de la lumière. Sa méthode consistait à observer la flamme d'une bougie à travers deux fentes verticales percées aux extrémités d'un même diamètre dans les parois d'une boîte cylindrique en carton noirci. Cette boîte, portée par l'axe à ailettes d'un régulateur Foucault, était animée d'un mouvement de rotation uniforme grâce auquel les deux fentes arrivaient en coïncidence une fois par tour et laissaient alors passer les rayons lumineux jusqu'à l'œil pendant un temps proportionnel à la largeur des fentes. La bougie devient invisible quand on interpose entre elle et le cylindre un écran en papier translucide placé à une distance déterminée du corps lumineux. On détermine alors par les procédés photométriques l'intensité lumineuse de l'écran comparée à celle d'une bougie isolée. Or, entre des durées de 0″,00173 et 0″,05180, les éclairages se montrent sensiblement en proportion inverse du temps du passage des rayons lumineux.

J'ai pu pousser plus loin ces expériences et leur appliquer une méthode plus simple, grâce à l'emploi de mon photoptomètre. Dans une première série, un disque rotatif noir et opaque portait deux secteurs blancs d'inégale étendue et commençant sur le même rayon du cercle : l'un des secteurs, le plus central, avait 10°; l'autre, plus périphérique, avait 5°. Ce disque, mis en rotation uniforme par un moteur électrique, était placé en face d'une fenêtre bien éclairée; par l'intermédiaire d'une lentille convergente, on en produisait une image réelle sur un écran translucide (cet écran était celui de la partie antérieure de mon photoptomètre, dont le système optique et la moitié

postérieure avaient été enlevés, à l'exception du diaphragme graduateur.)
L'œil placé à l'oculaire de l'appareil voyait à chaque passage l'écran éclairé
pendant des durées inégales par les images des deux secteurs, l'un éclairant
la partie supérieure, l'autre la partie inférieure du champ. Seulement, on ne
conservait qu'une partie limitée de ce champ, l'écran translucide étant
recouvert d'un papier noir et opaque pourvu d'une fente verticale de $1^{mm},5$
de large, orientée suivant un des rayons de l'image du disque. On cons-
tatait donc une inégalité d'éclairement des deux moitiés de la fente, l'une
étant éclairée pendant moitié moins de temps que l'autre. Il était alors facile
de graduer l'intensité lumineuse, en variant l'ouverture du diaphragme,
jusqu'à l'obtention du minimum perceptible. Or ce minimum perceptible
était toujours deux fois plus faible pour la partie de la fente éclairée par
le secteur le plus large qui passait pendant une durée double.

Dans d'autres expériences, au lieu d'opérer par comparaison entre deux
lumières différentes et dans un rapport fixe, j'ai simplement déterminé le
minimum perceptible successivement pour des durées d'éclairement variables.
Dans ce but, je me servais comme source d'une lampe à huile à modérateur,
dont j'interceptais les rayons par un disque rotatif noir et opaque pourvu
d'un secteur de largeur variable ; ou, plutôt, deux disques entaillés largement
pouvaient glisser plus ou moins l'un sur l'autre et donner ainsi une ouverture
en secteur modifiable à volonté, depuis 1° ou 2° jusqu'à 90° et plus. Ces disques
tournent contre la partie postérieure du photoptomètre, dont on a seulement
enlevé le verre dépoli postérieur ; ils se trouvent donc au foyer conjugué de
l'écran translucide antérieur, regardé par l'œil par l'intermédiaire du tube
oculaire. Cet écran est recouvert d'un papier noir à fente verticale comme
précédemment. Ici la fente est éclairée uniformément dans toute sa longueur
pendant la même durée, celle du passage du secteur vide. Il y a à tenir
compte des différences d'adaptation de l'œil d'une détermination à l'autre,
car il faut du temps pour changer la largeur du secteur ou la vitesse du
moteur, tandis que, dans la première série, cette cause d'erreur n'existait pas,
la comparaison entre les deux parties de la fente pouvant se faire très rapidement. Aussi est-il bon de prendre chaque fois deux mesures seulement,
aussi rapprochées que possible, et avant chacune d'elles doit-on fixer pendant
quelque temps une même surface peu éclairée, une partie du plancher ou
du mur, par exemple. Dans ces conditions, les deux chiffres sont comparables
et donnent des résultats tout à fait conformes aux précédents.

J'ai pu ainsi opérer avec des durées d'excitation allant de quelques millièmes de seconde à un quart de seconde et plus. La loi de proportionnalité
inverse entre la durée et le minimum perceptible s'est trouvée vérifiée pour
toutes les durées inférieures à une certaine limite, aux environs de laquelle
la variation du minimum perceptible était plus faible et au delà de laquelle
il ne variait plus.

Nous retrouvons là, sous une autre forme, le fait indiqué précédemment,
l'existence d'une période croissante de la sensation, période de durée limitée.
Ici, en supposant le temps divisé en éléments très petits, les actions latentes
produites par la lumière pour la préparation de la sensation sont, dans chaque

portion de temps, proportionnelles à l'intensité lumineuse et *s'ajoutent les unes aux autres* jusqu'à ce qu'elles aient atteint la grandeur totale voulue pour provoquer la sensation. Cette addition des impressions élémentaires est un phénomène du même ordre que la croissance de la sensation pendant sa première période; seulement, elle s'opère ici dans le domaine de l'inconscient.

Il faut donc distinguer, avant la période croissante de la sensation, une période préconsciente, plus longue que cette dernière, car j'ai vu la loi de la proportionnalité inverse entre le temps et le minimum perceptible se vérifier jusqu'à des durées voisines de $0''{,}2$; ce serait donc là le temps pendant lequel les impressions élémentaires *non perçues* s'ajouteraient sans perte les unes aux autres jusqu'à production de la perception. A partir de la perception, les impressions lumineuses élémentaires s'ajouteraient encore, mais *avec perte*, puisque la durée de la période croissante de la sensation est toujours plus faible que la précédente; et la perte serait d'autant plus grande que la lumière serait plus intense, puisque la période croissante de la sensation se raccourcit quand l'éclairage augmente.

C'est là un rapprochement très intéressant au point de vue de l'idée que l'on doit se faire des phénomènes de conscience. On voit qu'ici l'existence de la perception implique une *usure*, une *perte d'énergie* que ne présentent pas les actes préparatoires de la sensation qui ont lieu sans participation de la conscience.

Quoi qu'il en soit, nous voyons les effets de la lumière s'accumuler sur la rétine comme ils s'accumulent sur une plaque photographique; ils sont, entre certaines limites (plus étroites que dans ce dernier cas), proportionnels au temps. Plus la lumière est intense, moins il lui faut de temps pour produire une action photochimique déterminée, et inversement. C'est la même chose pour la rétine; on dirait que la sensation ne peut prendre naissance que pour un effet photochimique donné : si la lumière est intense, elle produira cet effet en moins de temps; si elle est faible, il lui faudra durer davantage.

De plus, comme on sait que l'intensité apparente d'une lumière varie en raison inverse du minimum perceptible correspondant, il s'ensuit que cette intensité varie (dans les limites indiquées) proportionnellement à la durée d'action de la lumière. Pour une lumière d'intensité objective donnée, la sensation sera d'autant plus forte que cette lumière aura agi plus longtemps sur la rétine. On pourra, en outre, se procurer la même sensation avec deux lumières d'intensités objectives différentes, si on les fait agir pendant des temps inégaux, suivant le rapport inverse de ces intensités.

Ce résultat est à rapprocher de celui que j'ai indiqué plus haut, que l'intensité apparente d'une impression lumineuse varie, entre certaines limites, proportionnellement à l'étendue rétinienne excitée.

Dans les conditions indiquées, les impressions lumineuses s'ajouteraient donc dans le temps comme elles s'ajoutent dans l'espace, et, pour produire une sensation lumineuse, il faudrait donc, pour ainsi dire, une certaine *masse* d'effet total, et peu importerait que cette *masse* se distribuât sur un grand ou sur un petit espace et qu'elle arrivât vite ou lentement sur la rétine.

Lumières brèves et irradiation. — Il y a cependant une restriction à apporter à cette loi. D'après ce que nous savons de l'influence de la surface sur la perception des lumières continues, il semblerait que l'effet lumineux se diffusât dans une certaine étendue autour du point excité. Ce serait une sorte d'irradiation physiologique. Or, cette diffusion, cette irradiation paraît moins marquée avec des lumières brèves, et s'étend d'autant moins loin que la durée est plus courte ; nouvelle preuve qu'il s'agit bien là, non pas d'une diffusion de cause optique, qui serait instantanée, mais d'une véritable propagation de l'excitation, demandant un certain temps pour se produire.

Ce fait résulte d'expériences sur la comparaison des lumières brèves et des lumières continues. Cette comparaison est du reste en elle-même très instructive, et j'en dois dire un mot.

Il est facile de comparer l'intensité apparente d'une lumière continue à celle d'une lumière instantanée, à condition de les produire côte à côte sur deux surfaces voisines, comme dans toute bonne mesure photométrique. Or, la loi de variation de la sensation suivant l'intensité lumineuse n'est pas la même pour ces deux espèces de lumières. Ainsi, on peut régler la durée d'une lumière instantanée de telle façon qu'elle paraisse aussi forte qu'une lumière continue produite par une source moins intense ; or, si l'on affaiblit simultanément et *dans la même proportion* les deux sources (ce qui est facile en employant en réalité une seule source qui éclaire deux écrans translucides, l'un plus sombre pour la lumière continue, l'autre plus clair pour la lumière brève), on constate, au lieu de les trouver toujours égales, comme on pourrait s'y attendre, que la lumière brève paraît *de moins en moins intense*, relativement à l'autre, à mesure que l'éclairage baisse. En continuant à affaiblir la source, il vient un moment où la lumière continue reste seule visible, l'autre a disparu.

Ce fait, d'après ce que nous savons déjà et d'après ce que nous verrons plus loin, s'explique ainsi : l'intensité apparente pour la lumière brève varie proportionnellement à l'excitation ; il n'en est pas de même pour la lumière continue : nous savons qu'elle croît moins vite que l'excitation ; il en est de même si l'on fait décroître l'excitation : la sensation diminuera moins vite que celle-ci pour la lumière continue, mais aussi vite qu'elle pour la lumière brève ; celle-ci perdra donc davantage.

Ceci une fois constaté, on peut se demander ce que produit, au lieu d'une réduction d'intensité, une réduction de grandeur de deux lumières. L'une équivaut à l'autre, comme on le sait, pour les lumières continues. On peut donc s'attendre à voir, en répétant la comparaison des deux lumières précédentes, mais en diminuant leur étendue apparente ou augmentant leur distance, la lumière continue l'emporter sur la lumière brève et celle-ci finir par s'éteindre. En réalité, c'est justement le contraire qui se produit : *c'est la lumière brève qui paraît la plus forte.*

Il est facile de faire l'expérience en réalisant d'abord, comme ci-dessus, l'égalité apparente de la lumière brève et de la lumière continue, celle-ci correspondant à une source plus faible que la première, et en s'éloignant ensuite de plus en plus des deux lumières, ou encore en les regardant à travers des verres concaves de plus en plus forts, tenus à distance convenable au-devant de l'œil. La surface éclairée par la lumière brève paraît alors plus lumineuse que l'autre, en même temps qu'elle augmente de netteté et qu'elle semble plus petite et mieux limitée que la surface éclairée d'une façon continue.

Tous ces faits concourent bien à montrer que la diffusion de l'action lumineuse sur la rétine n'a pas le temps de se produire complètement dans le cas d'une lumière brève ; c'est pourquoi celle-ci paraît à la fois plus concentrée et plus petite.

Si cette interprétation est vraie, on doit voir, à mesure que la durée de la lumière diminue, l'influence de la surface sur la sensibilité s'affaiblir à proportion, de sorte qu'à la limite on arriverait à obtenir une valeur invariable du minimum perceptible pour des surfaces d'excitation très différentes. J'ai essayé de me rapprocher de cette limite en opérant avec des étincelles électriques prises comme sources lumineuses. Ces étincelles jaillissaient des pôles d'une machine Wimshurst à condensateurs, sous une longueur variable, en général de 1 centimètre ; elles se succédaient une fois ou deux par seconde suivant les cas ; elles se formaient au foyer d'une lentille plan-convexe dont la surface plane était appliquée contre le verre dépoli postérieur de mon photoptomètre ; la surface de ce verre était ainsi éclairée uniformément. L'écran translucide antérieur de l'appareil était recouvert d'un papier noir et opaque, pourvu d'ouvertures découpées plus ou moins grandes. En comparant deux de ces ouvertures de surface inégale, mais éclairées au même degré par le jeu de l'objectif et de son diaphragme graduateur, on pouvait apprécier la moindre différence apparente entre les deux surfaces, et même mesurer cette différence par la détermination du minimum perceptible correspondant à chacune d'elles. (Il est évidemment nécessaire de faire tomber l'image de ces deux surfaces sur des endroits de la rétine ayant même sensibilité et même adaptation.)

Or, malgré la brièveté de l'étincelle, on ne parvient pas à obtenir une égale perceptibilité des surfaces lumineuses différentes, mais on s'en rapproche. Il faut remarquer, d'ailleurs, que cette durée est encore de l'ordre des cent-millièmes de seconde, soit plusieurs milliards de fois plus grande que celle des vibrations lumineuses, ce qui montre que la question ne peut être tranchée par cette expérience négative.

Ce qui est vrai, et ce qui ressort des expériences faites avec des durées mesurables, c'est que l'influence de la surface sur la sensibilité lumineuse diminue de plus en plus, en même temps que diminue la durée de l'excitation.

C'est ce qu'on peut vérifier par la méthode des disques rotatifs à secteurs vides et à l'aide de mon photoptomètre.

Pour prendre un exemple, deux surfaces carrées, l'une de 5 millimètres, l'autre de 1 millimètre et demi de côté, regardées à la même distance et éclairées par la même source, exigeaient, pour être perçues, une lumière environ 11 fois plus forte pour la petite que pour la grande, lorsque l'éclairement était continu.

En réduisant, à l'aide du disque rotatif, la durée d'éclairement à 2 millièmes de seconde (avec deux passages par seconde), le minimum perceptible, bien que différent pour les deux surfaces, n'était plus que 1,88 fois plus fort pour le petit objet que pour le grand. La différence de clarté apparente était aussi devenue 6 fois plus faible.

On voit ainsi la possibilité de diminuer dans une forte mesure l'irradiation produite par les objets très lumineux et qui les rend parfois impossibles à regarder : il suffira de ne faire agir ces objets qu'à intervalles périodiques assez longs pour que les images successives n'empiètent pas l'une sur l'autre, et chaque fois pendant le temps le plus court compatible avec une bonne intensité visuelle. Non seulement on abaisse ainsi l'intensité, ce qui est déjà une cause d'affaiblissement de l'irradiation, mais, en abaissant le temps nécessaire pour la diffusion physiologique de l'excitation, on rend celle-ci mieux limitée.

J'ai fait une application de ce principe en regardant en face le soleil à travers un secteur de 5° pratiqué dans un disque rotatif que je faisais tourner à la main avec une vitesse de deux ou trois tours par seconde ; chaque impression ne durait donc guère plus de un demi-centième de seconde ; malgré cela, l'intensité lumineuse était encore assez forte pour nécessiter l'interposition d'un verre noir. Mais, dans ces conditions, l'image du soleil était parfaitement ronde et bien limitée ; on voyait nettement se détacher sur elle divers écrans interposés. La vision était certainement meilleure qu'en regardant le soleil d'une façon continue à travers des verres noirs assez nombreux pour avoir à peu près la même intensité lumineuse.

On voit donc les applications pratiques que peut avoir le phénomène en question. Au point de vue théorique, il montre déjà l'existence d'une diffusion *matérielle* de l'excitation lumineuse, superposée à la diffusion de cause optique, dont elle est souvent difficile à distinguer. Cette diffusion matérielle (qu'on me passe l'expression) se manifestera directement dans d'autres expériences d'ordres divers.

Marche de la sensation. — Laissant de côté maintenant la question de la surface d'excitation, revenons à l'influence de la durée sur la sensation.

D'après ce que nous avons dit, on peut représenter schématiquement la marche de la sensation (à son début) par une ligne droite, comme dans la figure 527.

Dans cette figure, les abscisses représentent le temps, que je suppose divisé en unités suffisamment petites, par exemple en millièmes de seconde. Les

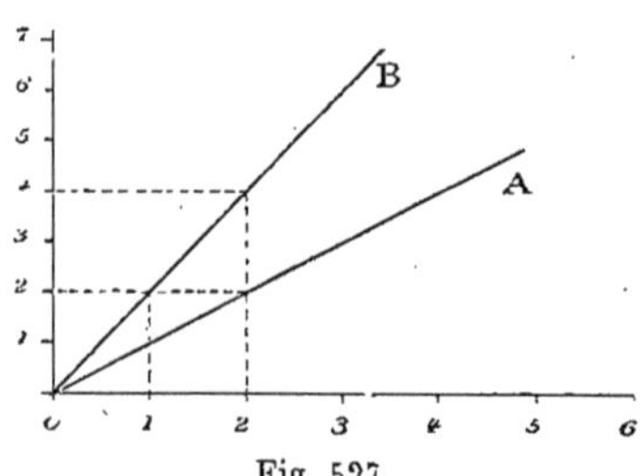

Fig. 527.

intensités de la sensation sont comptées en unités arbitraires suivant les ordonnées.

Une lumière d'intensité 1 aura produit, par exemple au bout de 1 millième de seconde, une sensation 1 ; après 2 millièmes, une sensation 2, etc. L'action de cette lumière suivant le temps serait donc représentée par la ligne droite OA.

Une lumière d'intensité 2 produirait, au bout du temps 1, une sensation double de la précédente, donc une sensation 2; au bout du temps 2, c'est-à-dire après 2 millièmes de seconde, une sensation 4, et ainsi de suite. L'action de cette lumière serait représentée par la droite OB.

L'intensité intrinsèque de la lumière est ici représentée par l'inclinaison de la ligne de la sensation. On peut donc comparer facilement l'accroissement de la sensation suivant le temps pour deux lumières d'intensité différente : cet accroissement sera d'autant plus rapide que la lumière sera plus intense, et il est facile de voir, en prenant une sensation d'intensité donnée, 6 par exemple, que cette sensation est produite au bout d'un temps double par une lumière deux fois moins forte.

Partant de ce principe que les impressions élémentaires s'ajoutent *pendant un certain temps*, nous allons maintenant pouvoir interpréter les faits déjà constatés plus haut relativement à la courbe de la sensation en fonction de l'excitation.

Nous avons vu que, pour des lumières faibles, la sensation était bien près d'être proportionnelle à la racine carrée de l'excitation. M. Ph. Breton, par une méthode tout autre, arrive à une relation analogue. Voyons ce que nous apprennent les lois de l'addition des impressions élémentaires suivant le temps.

Faisons agir sur la rétine pendant un temps indéfini une lumière d'inten-sité donnée, prise pour unité. D'après ce que nous savons, la sensation va se com-porter à peu près de la façon suivante : elle croîtra d'abord régulièrement pen-dant le temps t qui correspond à la période d'addition des impressions élé-mentaires ; ensuite elle ne variera plus d'une façon sensible, du moins pendant quelque temps. Nous pouvons donc représenter grossièrement la marche de

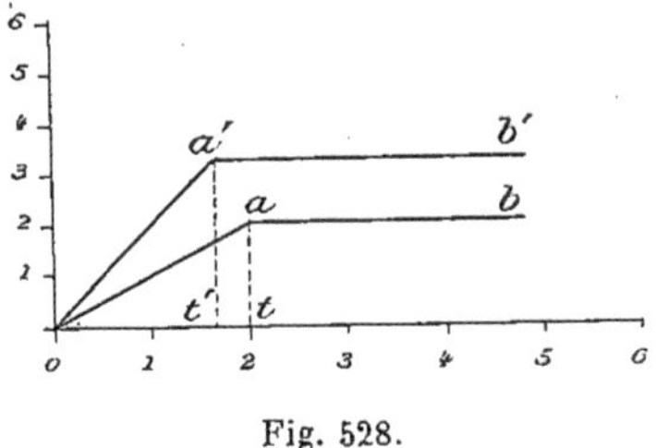

Fig. 528.

la sensation (fig. 528) par la ligne brisée $o\,a\,b$, dans laquelle $o\,a$ figure la période ascendante et $a\,b$ la période fixe. Il est évident que l'œil est impres-sionné avec une intensité égale à l'ordonnée maxima $a\,t$.

Or le temps $a\,t$ peut se décomposer en un grand nombre d'unités très petites, d'éléments de temps, qui ajoutent leur action dans la sensation. Appelons s la sensation produite par la lumière donnée pendant la première unité de temps, la sensation totale sera proportionnelle à s et au nombre de ces unités, autrement dit à t; on pourra donc l'exprimer par

$$s\,t.$$

Prenons maintenant une lumière deux fois plus forte. La sensation produite pendant la première unité de temps sera $2s$, mais l'addition ne se produira que pendant le temps t', ce qui fait la sensation totale égale à

$$2s\,t'.$$

Or, quelle est la relation de t à t' ? La période d'addition étant inversement proportionnelle à la racine quatrième de l'intensité lumineuse et celle-ci étant 2 dans le second cas, au lieu de 1 dans le premier, on aura

$$t' = \frac{t}{\sqrt[4]{2}}.$$

La sensation totale correspondant à la lumière 2 pourra donc être exprimée par

$$\frac{2\,st}{\sqrt[4]{2}} \quad \text{ou} \quad s.t \times 2^{\frac{3}{4}}.$$

La seconde sensation, au lieu d'être le double de la première, puisque la lumière est deux fois plus forte, n'aura donc augmenté que proportionnellement à la puissance 3/4 de 2, c'est-à-dire dans le rapport 1 à 1,68.

On peut donc admettre que la sensation lumineuse croît avec l'excitation et proportionnellement à la puissance 3/4 de cette excitation. Mais c'est là une déduction qui n'a de valeur que si la loi d'où elle dérive est exacte. Il faudrait, pour qu'elle fût rigoureuse, que la loi de la variation de la durée d'addition des impressions élémentaires fût bien connue ; or celle que nous avons énoncée est seulement approximative, et probablement l'exposant qui doit affecter la valeur de l'excitation pour avoir une relation précise entre celle-ci et la sensation est-il en réalité plus voisin de 1/2, chiffre correspondant aux expériences de M. Breton et à mes recherches sur la perception différentielle.

Encore faut-il bien remarquer que la relation précédente doit se compliquer, à cause de la fatigue, à mesure que s'accroît l'intensité de l'éclairage.

Quoi qu'il en soit, il est intéressant de retrouver, par une voie indirecte et d'une façon inattendue, la loi déjà établie : la sensation est sensiblement proportionnelle à une puissance fractionnaire de l'excitation, puissance voisine de 1/2.

Toutes les expériences qui précèdent et qui se rapportent à l'influence du temps sur la sensation ont été faites dans des conditions simples et bien définies ; les faits qui en résultent ne sont guère susceptibles de plusieurs interprétations, aussi peut-on les qualifier de *fondamentaux*. Mais ce sont des faits d'ensemble, et l'analyse expérimentale peut essayer de pénétrer plus avant dans les détails. On peut se demander, par exemple, quelle est la forme exacte de la courbe de la sensation lumineuse, que nous avons représentée grossièrement par une ligne droite dans sa période ascendante. De nombreux efforts ont été faits dans ce sens, surtout sous la direction d'Helmholtz ; mais, si les résultats de ces recherches sont intéressants, ils suscitent plus d'une réserve. L'objection capitale à leur faire, c'est la difficulté considérable avec laquelle la rétine se prête à l'analyse de ses sensations dans le temps ; en d'autres termes, les différentes périodes par lesquelles passe une impression lumineuse sont nombreuses et mal distinguées les unes des autres *en un endroit donné de la rétine* ; l'impression est perçue en bloc, et ses variations, qui sont pourtant nettement appréciables par certains artifices spéciaux décrits plus loin, arrivent mal ou pas du tout à la conscience ; l'unité de temps, pour la rétine, est relativement grossière et des changements qui se passent dans une impression lumineuse dans l'intervalle de quelques centièmes de seconde restent totalement inaperçus ; d'après des évaluations approchées, je ne crois pas que l'œil distingue dans une même impression des périodes plus courtes qu'un dixième de seconde, et c'est là encore une limite plutôt faible. On sait, du reste, avec quelle facilité l'œil confond ensemble des excitations successives.

Cette infériorité de la rétine dans l'appréciation du temps se retrouve même lorsqu'il ne s'agit plus d'analyser les phases d'une même impression, mais de comparer les moments de production ou la durée relative de deux impressions voisines. Sans entrer dans le détail des expériences que j'ai faites sur cette question (Voy. *Arch. de Physiol.*, oct. 1891), je dirai que des durées différant entre elles dans le rapport de 1 à 12 ont pu être confondues par la rétine.

Quoi qu'il en soit de ces difficultés, je dois dire un mot des tentatives faites par S. Exner, Baxt et autres pour analyser les différentes phases de l'impression lumineuse.

L'idée d'une période latente précédant la sensation nous est familière d'après tout ce qui précède. Il y a un retard de la sensation sur l'excitation, au moins sur le début de l'excitation. Je le montre par une expérience bien simple : faisons tourner assez lentement un disque noir sur lequel sera disposé un secteur blanc de faible largeur. Ce secteur sera divisé suivant sa longueur en parties différentes, plus claires les unes que les autres, ce qu'on peut réaliser de plusieurs façons, soit à l'aide de papiers blancs ou gris, soit en opérant par transparence avec un secteur vide recouvert successivement de 1, 2, 3, 4 couches de papier calque. Lorsque le disque tournera, les différentes parties du secteur ne paraîtront plus commencer sur la même ligne, elles montreront les unes par rapport aux autres un déplacement apparent, un retard d'autant plus grand que la clarté sera plus faible.

Peut-on mesurer ce retard ? S. Exner part de ce principe que le retard est très faible avec une lumière intense. Il fait agir une excitation sur la rétine, puis coupe subitement cette excitation après un intervalle variable en produisant une nouvelle excitation très forte. Si celle-ci est suffisamment rapprochée du début de la première, elle peut, comme elle agit plus vite, être perçue avant elle et la masquer. L'intervalle limite pour lequel la première excitation n'est plus perçue indique, avec certaines corrections, son retard ou sa période latente. Exner trouva, pour des éclairages moyens, des valeurs comprises entre 0″,187 et 0″,756. La durée de la période latente diminuerait en progression arithmétique quand les intensités croissent en progression.

géométrique. La grandeur de la surface rétinienne excitée agit dans le même sens que l'intensité.

Dans le même ordre d'idées, Baxt présente à l'œil des caractères d'imprimerie, qui ne sont pas distingués si l'on produit une vive lumière un cinquantième de seconde après et qui ne peuvent être lus que si la seconde impression se produit après un temps suffisant, un dix-huitième de seconde, par exemple. Mais c'est là une expérience encore plus complexe, puisqu'elle ajoute à la période latente de l'excitation celle de l'opération psychologique qui constitue la lecture.

Pour l'analyse de la période croissante, Exner cherche d'abord le temps nécessaire à la production du maximum de l'impression lumineuse ; il emploie une méthode très indirecte, qui consiste à comparer deux lumières contiguës et de même valeur, dont l'une commence un ou deux centièmes de seconde avant l'autre, en les laissant agir un certain temps et les coupant toutes deux ensemble. Elles ne passent pas ensemble par leur maximum et paraissent inégales, la première plus forte que la seconde si on les coupe trop tôt, la seconde plus forte que la première si on les coupe trop tard. L'expérience consiste à les couper à un moment pour lequel elles paraissent égales. On déduit, de l'analyse des résultats, que la durée de la période croissante diminue en progression arithmétique quand l'intensité augmente en progression géométrique. Cette loi rappelle celle de la période latente. Elle me paraît très contestable, à cause des différentes interprétations que peut recevoir l'expérience, à cause des oscillations de la sensation nouvellement découvertes et qui rendent les conditions encore plus complexes, et aussi parce qu'elle ne résulte pas nettement des chiffres obtenus. Nous sommes arrivés plus haut à une loi différente par une méthode directe.

Quant à la forme de la courbe représentant la période ascendante, Exner la détermine en coupant une excitation à des moments de plus en plus éloignés du début et en comparant l'éclairement apparent réalisé alors à celui d'une lumière plus intense et qui a duré moins longtemps. Ces indications sont remplies au moyen de disques rotatifs à secteurs vides : deux secteurs voisins d'inégale étendue passent respectivement sur le trajet des deux lumières à comparer. La courbe obtenue est assez uniforme ; l'ascension est d'abord très rapide, puis se ralentit de plus en plus jusqu'au maximum.

D'après le même auteur, la fovea et la tache jaune demanderaient un temps plus long que les parties voisines pour atteindre leur maximum d'excitation ; c'est à $1^{mm},33$ du centre de la fovea que le maximum serait le plus vite atteint.

Du reste, Maxwell et Helmholtz ont aussi remarqué que le centre de la rétine est plus paresseux d'une façon générale que les autres parties de cette membrane, soit pour la croissance, soit pour la décroissance de l'excitation. Mais il est difficile de savoir s'il s'agit là d'une propriété particulière au centre de la rétine ou de l'infériorité de l'adaptation lumineuse déjà signalée dans cette partie.

Une fois le summum de la courbe atteint, si l'excitation se prolonge, il y a, nous l'avons dit, une période d'état, puis une décroissance continue de la sensation. La période d'état doit être très courte ; Exner admet que la courbe s'abaisse immédiatement après le summum ; en d'autres termes, la sensation ne se maintiendrait pas uniforme même pendant un instant très court. En réalité, il est facile de s'assurer que cette période d'état existe au moins pendant quelques secondes : si l'on regarde pendant deux secondes, ou même davantage, une feuille de papier blanc sur fond noir, et qu'ensuite on en approche subitement une feuille identique, on ne les différencie guère ; si la fixation de la première feuille dure assez longtemps, la seconde feuille paraît plus claire au moment où on l'approche, mais probablement par effet de contraste, car immédiatement elle tombe au même éclairement que l'autre ; il faut encore quelques secondes de plus pour que la différence devienne persistante.

Quoi qu'il en soit, voici comment se fait sentir la fatigue dans les observations de C. F. Müller : regardant pendant un certain nombre de secondes un papier blanc, il compare au bout de ce temps sa clarté apparente avec celle de papier gris passant plus ou moins rapidement devant l'œil ; il trouve qu'au bout de trois secondes la clarté est tombée de 1 à 0,72 ; après cinq secondes, à 0,66 ; après dix secondes, à 0,49 ; puis, de cinq en cinq secondes, à 0,46, 0,43, 0,39, enfin au bout de trente secondes à 0,35.

La décroissance de la courbe serait ainsi plus rapide au début de la fixation qu'à la fin, quoique l'observation vulgaire nous fasse voir, au contraire, la clarté des objets que nous regardons rester sensiblement uniforme pendant une période habituelle d'immobilité du regard.

Il y aurait lieu de reprendre méthodiquement des expériences sur cette question.

On a étudié aussi la chute de la sensation une fois que l'excitation lumineuse a cessé d'agir. Cette chute, dont la forme a été déduite par Exner des expériences faites sur le fusionnement des excitations successives (disques rotatifs à secteurs multiples employés pour l'étude de la persistance des impressions), est en réalité extrêmement rapide dès le début et se ralentit de plus en plus.

Laissons de côté, pour le moment, ces analyses très ingénieuses, mais plus ou moins incertaines, des différentes périodes de la sensation lumineuse ; elles ne peuvent nous apprendre davantage, étant donné le principe des méthodes qu'elles mettent en œuvre : ce principe consiste à observer les différences d'aspect que présente, à certains moments successifs, une impression lumineuse produite en un endroit déterminé de la rétine. Or, nous avons vu que ces diverses périodes de l'impression se fusionnent toujours plus ou moins les unes dans les autres et se présentent plutôt en bloc qu'en détail. Il en sera autrement lorsque, au lieu de superposer au même point les moments successifs de l'impression, nous pourrons les dissocier dans l'espace et les répartir en des points différents, mais contigus, de la rétine. Mais avant d'aborder les notions nouvelles résultant de ce mode spécial d'expérimentation, arrêtons-nous sur un fait d'expérience très important et plus facilement accessible : je veux parler du phénomène de la persistance des impressions lumineuses (Plateau).

Persistance des impressions lumineuses. — Tout le monde sait que les impressions lumineuses ne s'éteignent pas en même temps que la cause extérieure qui les a produites ; elles lui survivent un temps parfois très long. Si l'on regarde une fenêtre éclairée et qu'on ferme les yeux, la fenêtre reste présente devant le regard et ses détails ne s'effacent que lentement. Mille faits vulgaires, les traînées lumineuses des objets éclairés en mouvement, la fusion apparente des gouttes d'eau, etc., nous rappellent cette propriété frappante de la rétine de répondre aux excitations par des impressions long-temps prolongées.

De là le nom d'*impressions consécutives* ou d'*images consécutives* donné à cette partie de la sensation lumineuse qui subsiste après la cessation de l'excitation. La distinction n'est pas toujours facile entre ce moment purement subjectif de la sensation et la période d'excitation proprement dite. Quoi qu'il en soit, la sensation se prolonge, mais en subissant avec le temps des changements d'ordres divers, changements d'intensité, changements de modalité ; au début, l'image consécutive semble continuer purement et simplement l'impression réelle : c'est la phase *positive* ; puis elle pâlit, s'éteint et est remplacée par une image de caractères opposés : c'est la *négative*. Ce n'est pas tout : il y a encore plusieurs lentes réapparitions et disparitions alternatives des images de plus en plus affaiblies, et nous savons en outre que, même après la perte de toute sensation nette, la place correspondante de la rétine reste longtemps modifiée dans son excitabilité.

Le phénomène de la persistance des impressions est en rapport avec la pre-mière phase de l'image consécutive, la phase positive. Celle-ci dure d'autant plus longtemps et est d'autant plus intense que l'excitation a été plus forte (Helmholtz).

La durée absolue de l'excitation ne semble pas entrer par elle-même en ligne de compte. Ainsi, on peut avoir de longues images consécutives d'une étincelle électrique ; les objets éclairés par elle semblent persister moins longtemps, parce qu'ils sont moins lumineux. L'image lumineuse du soleil persiste souvent de nombreuses minutes, tandis que celle d'objets moyenne-ment éclairés n'est guère perçue pendant plus de deux secondes (Aubert). (Exner signale cependant une persistance plus longue à de très faibles éclai-rages.)

J'ai comparé cette durée de l'image positive dans différentes condi-tions d'éclairement et de durée de l'excitation par la méthode des disques rotatifs. Un secteur blanc d'étendue angulaire uniforme est divisé suivant sa hauteur en zones de clartés inégales et graduellement plus intenses. Ce sec-teur tourne plus ou moins lentement sur fond noir (le disque noir est rem-placé par une large ouverture dans une caisse tapissée intérieurement de velours noir et ne renvoyant aucune lumière). Le secteur paraît se prolonger par sa partie postérieure, mais son étendue apparente est inégale suivant ses différentes zones, qui paraissent d'autant plus larges que la clarté est plus grande. Voilà pour l'intensité lumineuse.

Quant à l'influence de la durée, on l'étudie en disposant les unes au-dessus des autres des portions de secteur blanc de plus en plus larges (fig. 529), mais coïncidant toutes par leurs bords postérieurs, c'est-à-dire commençant les unés après les autres, mais finissant toutes ensemble. La clarté est ici la même pour toutes les zones. Or la rotation des secteurs blancs du fond noir donne encore dans ce cas un prolongement apparent de chaque zone d'autant plus grand que la largeur de la zone est plus considérable, c'est-à-dire que la durée d'excitation est plus grande. Mais nous savons que par le fait de l'intensité de l'excitation a augmenté en même temps que sa durée.

Dans ces expériences, la durée de l'image positive ou la prolongation de l'impression s'est montrée plus longue au centre de la rétine que dans la vision indirecte. Peut-être ce fait rend-il compte des observations qui semblent en désaccord avec la règle.

Fig. 529.

Pendant sa durée, nous savons que l'image positive diminue graduellement d'intensité ; elle finit par se confondre avec le fond du champ visuel, et la limite n'est pas toujours facile à préciser. Mais au début elle paraît prolonger purement et simplement l'excitation, et, si une seconde excitation semblable se produit pendant cette période, il n'y a pas d'interruption dans la sensation. Il y a alors fusion apparente des excitations successives. A la discontinuité de l'excitation correspond une sensation continue, phénomène remarquable et dont il importe de préciser les conditions.

Appelons, si l'on veut, *période de persistance* l'intervalle maximum qui peut exister entre des excitations successives de même nature sans amener d'interruption ni de changement apparent dans la sensation. La durée de cette période peut se déterminer à l'aide des disques rotatifs.

Un de ces disques est formé de secteurs blancs égaux et séparés par des intervalles noirs d'étendue constante. On fait tourner le disque de plus en plus vite, jusqu'à ce que les différentes impressions fournies par les secteurs blancs successifs se fusionnent et que l'aspect du disque paraisse uniforme. Si l'on saisit ce moment précis, on est arrivé au point où chaque impression persiste, avec son intensité primitive, juste pendant le temps nécessaire pour le passage d'un secteur noir au-devant de l'œil. Si l'on diminuait légèrement la vitesse du disque, on produirait une sensation de papillotement caractéristique du moment où la persistance vient d'être juste dépassée. En mesurant la vitesse limite, on calcule facilement la durée du passage de chaque secteur blanc devant un point quelconque de la rétine, et la persistance est indiquée par la durée du passage de chaque secteur noir. Si t est le temps que met le disque à faire un tour entier, et si n est l'étendue d'un secteur noir exprimée en degrés du cercle, la persistance est égale à

$$\frac{n \times t}{360}.$$

Tel est le principe de la méthode employée jusqu'ici pour mesurer la persistance des impressions lumineuses; mais, si elle peut servir à démontrer le phénomène lui-même, elle est absolument insuffisante pour l'analyser et déterminer ses différentes conditions.

En effet, la persistance peut être influencée et par l'intensité lumineuse et par sa durée, sans parler de la couleur, de l'étendue excitée, de l'adaptation, etc. Or, dans la recherche de la vitesse limite, on modifie à la fois l'intervalle des secteurs et la durée d'excitation; il faudrait pouvoir agir isolément sur ces différents facteurs. Tel est le but de mes recherches sur cette question.

Influences diverses agissant sur la persistance. — Étudions d'abord l'influence de l'éclairage. D'après certaines observations de Helmholtz, il faut, pour obtenir la fusion des secteurs d'un disque rotatif, employer une vitesse de rotation plus grande près d'une lampe qu'à une certaine distance, et encore plus grande au soleil. C'est là une donnée assez vague, mais qui, sans isoler l'influence de la durée, semble montrer qu'une augmentation de lumière diminue la persistance, et réciproquement.

En nous basant sur ce fait, nous pouvons imaginer une première méthode indirecte pour étudier isolément l'influence de l'éclairage. Une série d'excitations de même durée séparées par des intervalles égaux étant réalisée, on fait varier l'éclairage et l'on recherche l'éclairage limite pour lequel ces excitations ne se distinguent plus les unes des autres et paraissent continues. On réalise ensuite une autre série d'excitations de même durée que les précédentes, mais séparées par un intervalle différent, et l'on détermine le nouvel éclairage pour lequel s'opère la fusion des impressions. On recommence avec une série d'intervalles connus et l'on possède alors un certain nombre de données numériques permettant d'établir une relation entre l'éclairage et la persistance.

J'ai réalisé ces indications de deux façons différentes : la première en produisant, à l'aide d'un électro-aimant, des mouvements alternatifs d'un petit écran découvrant et recouvrant successivement une étroite fenêtre lumineuse. A chaque attraction de l'électro-aimant, la fenêtre était découverte pendant le même temps ; seul l'intervalle entre les attractions successives variait. Cet effet était obtenu par le jeu d'une roue à goupilles produisant et réglant les contacts électriques ; je ne puis m'étendre ici sur sa description (Voy. *Arch. d'Ophtalmologie*, 1888). La fenêtre éclairée formait le fond de mon photoptomètre, son image réelle était produite sur l'écran dépoli antérieur, que l'œil regardait par l'intermédiaire du tube oculaire. Une lampe placée par derrière éclairait la fenêtre, mais, d'autre part, l'ouverture plus ou moins grande du diaphragme graduateur réglait l'intensité lumineuse de l'image regardée par l'œil. On pouvait ainsi, pour chaque valeur des intervalles entre les illuminations consécutives, déterminer l'intensité limite de l'éclairement au moment de la fusion.

Voici, pour abréger, le résumé d'une expérience :

Pour une persistance de 0″,36, l'éclairage limite est de........ 12,25
—   0″,18   —   49
0″,09   —   196
—   0″,06   —   441

L'éclairage est exprimé en unités arbitraires (surface d'ouverture du diaphragme).

La persistance varie en sens inverse de l'éclairage (à durée égale) et en raison inverse de la racine carrée de ce dernier.

Ces résultats sont confirmés par l'emploi des disques rotatifs.

On prend, par exemple, quatre disques opaques; on pratique sur eux des fenêtres en secteurs, de même étendue, mais en nombre variable, à la condition d'être séparés par des intervalles égaux les uns aux autres (fig. 530).

Fig. 530.

Par exemple, dans un des cas les secteurs vides ont une étendue de 11°15′ chacun. Le premier disque contient deux de ces secteurs, séparés par un intervalle plein de 168°45′. Le second en contient quatre, séparés par 78°45′. Le troisième a huit secteurs vides, séparés par 33°45′. Le quatrième en a seize, séparés par 11°15′. Ils sont mis en rotation chacun à leur tour avec la même vitesse par un moteur électrique.

Une fente verticale pratiquée dans un large écran est à demeure au-devant du disque. Elle est ainsi éclairée par des lumières successives de même durée, mais se succédant à intervalles différents. La fente est à la partie postérieure du photoptomètre. Son image, regardée par l'œil et formée sur l'écran translucide antérieur, est éclairée proportionnellement au carré de l'ouverture du diaphragme. On recherche, comme tout à l'heure, pour chaque disque l'éclairage limite amenant la fusion des excitations.

Pour prendre encore un exemple, dans une expérience :

Un éclairage   30 correspond à une persistance de......... ..... 0″,234
—   58   —   .... 0″,109
—   1 076   —   .... 0″,047
—   13 462   —   .... 0″,016

Ici encore la persistance varie en sens inverse de l'éclairage et sensiblement en raison inverse de sa racine carrée.

On peut encore employer, pour l'étude de la persistance, une méthode directe.

Au lieu de prendre la persistance comme variable indépendante, on fait varier, au contraire, les autres conditions, éclairage, durée, etc. Pour cela, on emploie un disque ou, plutôt, un couple de disques rotatifs dans chacun desquels est pratiqué un seul secteur vide auquel on donne une étendue déterminée. Ces disques sont superposés et peuvent glisser l'un sur l'autre de façon à rendre plus ou moins grand l'intervalle obscur qui les sépare et qui peut être mesuré directement en degrés. (On découpe naturellement dans chacun de ces disques une étendue plus ou moins grande suivant les cas, pour permettre un certain jeu sans cacher le secteur de l'autre disque.) Ce couple de disques est, comme précédemment, entraîné d'un mouvement rotatif uniforme, dont on peut d'ailleurs faire varier la vitesse.

A chaque tour des disques, l'œil ne reçoit que deux excitations, la seconde servant simplement de témoin pour apprécier la persistance de la première. On règle l'éclairage, comme tout à l'heure, à l'aide du photoptomètre.

Cette méthode et la précédente m'ont servi à étudier ensuite l'influence de la durée d'excitation sur la persistance. En variant la largeur des secteurs ou la vitesse de rotation des disques, on dispose de deux procédés pour opérer avec des excitations lumineuses plus ou moins longues.

On peut surtout, en employant la dernière méthode, laisser l'éclairage constant et déterminer directement l'écart à donner aux secteurs pour produire la fusion, écart qui mesure la durée de la persistance.

Tous les résultats obtenus par cette méthode et par l'autre montrent que la durée de la persistance varie en sens inverse de la durée de l'excitation. Plus une excitation est brève, à éclairage égal, plus elle persiste (dans le sens restreint que nous attribuons à ce mot, qui désigne seulement la première période de l'image consécutive positive). Quant à la loi de cette variation, la méthode directe nous permet de l'exprimer. Voici les chiffres d'une expérience, déduits de la vitesse du disque, de la largeur des secteurs et de leur intervalle :

Durée de l'excitation, 0″,028.   Persistance, 0″,028
—   0″,063   —   0″,016
—   0″,125   —   0″,012
—   0″,166   —   0″,012
—   0″,208   —   0″,011
—   0″,250   —   0″,010

A peu de chose près, ces durées varient en raison inverse de la racine carrée du temps d'excitation.

Une augmentation de durée agit donc comme une augmentation d'éclairage, et suivant la même loi.

Or, comme nous avons vu l'éclairement varier proportionnellement à la durée d'excitation dans le cas de lumières brèves, ces deux cas rentrent l'un dans l'autre et peuvent s'exprimer par la même formule : la persistance varie en sens inverse de l'intensité lumineuse *apparente* et en raison inverse de sa racine carrée.

Cette formule est encore confirmée par l'étude de l'influence de l'adaptation lumineuse sur la persistance. En effet, le repos de l'œil dans l'obscurité raccourcit la durée de la persistance. Or, nous savons qu'alors l'intensité lumineuse *apparente* est devenue plus grande.

Il en est de même de l'influence de la surface d'excitation. Le même disque vu de loin donne une persistance plus longue. L'image rétinienne est alors plus petite, son éclairement apparent plus faible ; ce cas rentre donc dans la règle indiquée.

Je ne signale qu'incidemment ici les expériences faites avec des couleurs différentes ; chacune d'elles m'a paru agir simplement en proportion de son intensité lumineuse.

J'ai comparé la persistance au centre et à la périphérie de la rétine et, en analysant les diverses conditions en jeu, j'ai pu résoudre les contradictions des observations antérieures. Sans entrer dans le détail de mes expériences, en voici les conclusions :

1° La persistance apparente des impressions lumineuses doit être déterminée avec le regard absolument fixe ; quand cette condition n'est pas remplie, la persistance observée est trop courte, parce que le papillotement des disques se produit très facilement ;

2° La persistance des impressions peut paraître très variable, suivant la partie du champ visuel que l'on explore : généralement elle se montre plus courte à la périphérie ;

3° Ces variations ne tiennent pas à des différences absolues de propriétés entre les diverses parties de la rétine, mais plutôt à des différences dans l'état d'adaptation lumineuse de ces parties, les parties les plus reposées, ou qui se sont trouvées en présence d'objets plus sombres, ayant une persistance plus courte.

Le plus souvent, avec l'état d'adaptation le plus ordinaire de notre rétine, dont le centre a été plus exposé à la lumière et dont les parties périphériques sont relativement d'autant plus reposées qu'elles sont plus éloignées du centre, la persistance est à son maximum au centre et décroît de plus en plus jusqu'a la périphérie. Dans un cas, par exemple, elle était de 0″,082 au centre, 0″,068 à 30° en dehors et de 0″,049 à 40°. Mais si c'est le cas le plus fréquent, il ne se présente pas d'une façon constante, puisque les diverses parties de notre rétine peuvent être soumises à des éclairages moyens très variables.

Dans les expériences avec les disques rotatifs à secteurs multiples, on remarque qu'à partir du moment où, pour une certaine vitesse, le papillotement a disparu et où la fusion des impressions s'est établie, l'aspect du disque ne change plus si l'on augmente la vitesse de rotation dans des proportions quelconques ; il reste toujours uniformément éclairé, et avec la même intensité. Cela s'explique en considérant que, à partir de la vitesse limite du disque, les secteurs se succèdent toujours assez rapidement pour que chacun d'eux arrive avant la fin de la période de persistance du précédent ; ils ajoutent intégralement leur intensité apparente (pendant un certain temps indéterminé) ; cette intensité apparente diminue en proportion de l'augmentation de vitesse du disque, puisque la durée du passage de chaque secteur diminue ; mais, d'autre part, le nombre de ces passages augmentant dans le mêmes proportions, il se fait une compensation rigoureuse entre ces deux influences contraires, et l'intensité totale reste constante.

De là la loi de Plateau et ses nombreuses applications pratiques : à partir de la vitesse pour laquelle la sensation devient uniforme, la clarté est la même que si les clartés des impressions successives étaient uniformément réparties. De là un calcul facile pour déterminer la clarté résultante. Supposons qu'un disque contienne un nombre quelconque de secteurs de même intensité lumineuse i et d'une étendue angulaire *totale* α, et un nombre quelconque d'autres secteurs ayant une autre intensité lumineuse i' et une étendue angulaire *totale* α', etc., l'ensemble faisant 360°, l'intensité lumineuse résultant du mélange sera

$$\frac{i\alpha + i'\alpha' + \ldots}{360}.$$

Tel est le principe des disques rotatifs à grande vitesse, si souvent employés pour le mélange ou la graduation des diverses lumières.

Nous avons vu la durée de persistance totale de l'impression (durée de l'image consécutive positive) augmenter avec l'éclairage, tandis que la première phase de la persistance, celle pendant laquelle l'intensité primitive paraît se maintenir au même degré, devient plus courte quand l'éclairage s'élève. Il en résulte nécessairement, quelle que soit la forme réelle de la courbe de la sensation, que sa période décroissante dure d'autant plus longtemps que l'éclairage augmente, et son déclin est alors moins brusque.

Temps perdu de la sensation lumineuse. — Avant d'abandonner cette question de la persistance, il est bon de s'arrêter sur un phénomène auquel j'attribue une grande importance, parce qu'il peut servir à la mesure de l'inertie de la rétine.

Nous avons vu que la mise en train de la sensation entraînait une certaine perte de lumière. A cette force perdue doit correspondre un temps perdu, un retard de la sensation. Dans ce retard, je ne comprends pas cette période latente déjà étudiée, et pendant laquelle les effets physico-chimiques de la lumière s'accumulent jusqu'à un certain niveau nécessaire pour la sensation; plus la lumière est forte, et plus vite nous savons que ce niveau sera atteint. Ce temps d'accumulation, si l'on peut ainsi l'appeler, sera le même à tout moment pour une même excitation. Mais à cette période latente vient s'ajouter, toutes les fois qu'il *naît* une première impression sur la rétine, un retard spécial de mise en train, représentant la perte de force déjà constatée. L'appareil sensible présente une certaine *inertie* et, pour surmonter cette résistance passive, il faut à la fois du temps et de la force : cette double perte représente le double aspect du phénomène.

C'est, en effet, ce que l'on constate d'une façon très simple. Si l'on détermine la persistance apparente d'une *première* excitation, cette persistance est toujours plus longue que celle de la seconde et des suivantes.

Cette différence est déjà très nette si, à l'aide de la méthode directe exposée en dernier lieu, on se sert de trois secteurs égaux que l'on peut écarter plus ou moins les uns des autres. Pour obtenir la limite de la persistance, l'écart à donner aux deux premiers secteurs est sensiblement plus grand que l'écart entre le second et le troisième. Mais l'expérience est plus facile en opérant successivement avec deux disques, l'un double portant un seul secteur suivi d'un secteur témoin, l'autre comprenant une série plus ou moins nombreuse de secteurs semblables aux précédents, et en déterminant la persistance dans les deux cas vis-à-vis de la même lumière.

Ainsi, dans une expérience, la persistance pour une série de huit secteurs successifs ayant chacun une durée de passage de $0'',008$ a une valeur de $0'',029$. Pour un seul secteur durant $0'',008$, la persistance atteint $0'',0567$. Différence : $0'',0277$.

Ce qu'il y a de remarquable, et ce qui différencie ce temps perdu de la période latente déjà étudiée, c'est qu'elle est indépendante de l'intensité lumineuse (au moins dans la limite de mes expériences).

Ainsi, à la suite de la détermination précédente, dans laquelle la lumière était fournie par une lampe Clamond à corbeille de magnésie, je réduis fortement l'éclairage en interposant deux verres noirs devant l'œil. La persistance est sensiblement allongée dans les deux mesures, mais la différence reste la même. Persistance pour les secteurs multiples : $0'',044$. Persistance pour un seul secteur : $0'',0713$. Différence : $0'',0273$.

Il ne s'agit pas ici d'un effet de la fatigue causée par des excitations multiples ; celle-ci tendrait, au contraire, à allonger la persistance. Il ne s'agit pas davantage d'une augmentation de l'intensité lumineuse par la répétition des passages : je me suis assuré que l'intensité lumineuse est exactement la même dans un cas que dans l'autre. Il s'agit d'un phénomène spécial caractérisant le fait de l'excitation lumineuse de la rétine, indépendant de l'intensité, mais variant, comme nous le verrons, avec la nature même de l'excitation et avec sa complexité. Nous y reviendrons dans l'étude des couleurs.

La fusion des impressions successives ne se produit qu'au-dessus d'une certaine fréquence minimum. Si les excitations se succèdent plus lentement, l'œil les distingue plus ou moins bien les unes des autres, et chacune d'elles semble renforcée à un certain degré. Brücke a vu qu'avec un disque rotatif à secteurs blancs et noirs les secteurs blancs présentaient une clarté maximum quand ils passaient devant l'œil dix-sept fois et demie par seconde. Ce fait est probablement en rapport avec la tendance à la production d'un certain rythme dont nous montrerons plus loin l'existence dans la rétine.

Image négative. — Les divers phénomènes qui précèdent se rapportent, les uns à la création de la sensation lumineuse, les autres à sa prolongation sous forme d'image consécutive positive. Il nous reste à dire quelques mots d'une période ultérieure de l'impression rétinienne, se manifestant surtout sous forme d'une inversion de l'image précédente, qui devient alors, comme on dit, une image négative.

Les images négatives se manifestent le plus facilement lorsque, après avoir fixé quelque temps un objet clair sur fond obscur, on porte le regard sur une surface uniforme assez large et moyennement éclairée. Si alors le regard reste immobile, l'image persistante ou consécutive de l'objet devient sombre par rapport au fond. Elle apparaît à peu près comme le cliché photographique négatif d'un objet par rapport à cet objet lui-même. Elle est d'autant plus nette qu'il y a plus de différence entre les parties claires et sombres de l'objet.

Ces images négatives sont fréquentes dans la vie ordinaire, mais elles sont, en général, incomplètement développées, et elles nous échappent le plus souvent, à cause de la mobilité constante de nos yeux.

Elles paraissent, au premier abord, en relation avec la diminution d'excitabilité que subissent les parties de la rétine soumises à une excitation lumineuse plus ou moins prolongée. Vis-à-vis de l'objet, la rétine est fatiguée ; la lumière réagissante produit une impression moindre dans cette région qu'aux alentours, où elle est relativement reposée. C'est là la théorie courante. Nous aurons à voir si les faits en question ne comportent pas quelque chose de plus.

La durée d'une image négative dépend de plusieurs conditions : elle augmente avec la durée de fixation de l'objet, avec l'intensité lumineuse de cet objet, avec la différence d'éclairement de l'objet et du fond. Elle est portée à son maximum si l'on soumet l'œil à des alternatives d'éclairement et de repos.

Ce qu'il y a de remarquable, c'est que la même image consécutive n'est pas positive ou négative d'une façon absolue : sa nature est déterminée par l'intensité de la lumière réagissante. Ainsi, si l'on développe par une fixation suffisante une image consécutive d'un objet très clair, cette image, au début, est positive (claire) quand on ferme les yeux ; mais elle est, au même moment, négative ou sombre si l'on porte le regard sur une surface suffisamment éclairée.

L'image d'une flamme assez intense, abstraction faite de sa coloration, montre bien ces métamorphoses. Il suffit, lorsque l'image est encore claire les yeux fermés, de regarder un papier blanc, un mur, une surface éclairée quelconque, pour voir l'image devenir à volonté claire ou sombre rien qu'en clignant plus ou moins les paupières pour modifier la lumière réagissante. Pour une certaine intensité de cette lumière, l'image est neutre, elle ne se distingue plus du fond par sa clarté. L'intensité de la lumière réagissante qui amène ainsi la neutralisation de l'image diminue de plus en plus ; cela veut dire qu'à mesure qu'on s'éloigne du début de l'expérience l'inversion de l'image positive, sa transformation en image négative, se produit de plus en plus facilement.

On ne saurait donc préciser le moment où commence l'image négative ; cela dépend des conditions précédentes. Mais il faut remarquer qu'elle se produit même en l'absence de toute lumière réagissante ; elle est une réaction spontanée de la rétine, une phase naturelle des modifications que subit cette membrane après une excitation, et non pas un simple changement de son excitabilité, de son aptitude à répondre aux actions extérieures.

Dans l'obscurité absolue, l'image consécutive d'un objet clair, non seulement devient sombre après avoir été d'abord claire (le fond subissant une modification inverse), mais des alternatives de clarté et d'obscurité de l'objet se succèdent spontanément et graduellement à plusieurs reprises. Des mouvements de l'œil, des pressions sur le globe peuvent modifier plus ou moins ces phénomènes, ils ne sont pas nécessaires pour les provoquer.

On appelle ces alternatives les *oscillations de Plateau*. Mais elles n'avaient pas échappé à Purkinje, dont l'observation suivante peut être facilement confirmée : « Je fixai la fenêtre pendant dix secondes par un ciel gris. Je recouvris bien l'œil avec la main, et je vis d'abord les carreaux clairs, les barreaux noirs. Puis les rectangles clairs disparurent et furent remplacés par des noirs, pendant que la croix formée par les barreaux devenait peu à peu lumineuse ; des variations analogues, alternativement lumineuses et obscures, se produisirent quatre ou cinq fois, puis tout se fondit en une lueur faible et grise. Le tout dura cinq minutes ; après quoi, je retirai ma main de devant mon œil et laissai pénétrer un peu de lumière à travers mes paupières ; je vis alors encore l'image de la fenêtre en pleine netteté avec des carreaux sombres et des barreaux lumineux. »

On voit bien là le double aspect du phénomène : des variations spontanées de l'impression subjective, des modifications prolongées de l'excitabilité.

M. André Broca envisage à un point de vue particulier les images consécutives sur fond obscur, qu'il a étudiées dans des conditions très variées d'intensité et de durée d'excitation. Pour régler cette durée, il a fait usage d'obturateurs photographiques dont on peut modifier à volonté la vitesse et qui se déclenchent par une faible pression de l'index sur une poire en caoutchouc. Je lui emprunte le résumé de ses observations :

Quand l'impression est forte, il y a obscurité complète quatre secondes environ après la clôture de l'obturateur, puis l'image subjective apparaît et atteint son maximum en quinze secondes. Ceci a lieu pour une source intense avec impression instantanée, ou avec une source moins puissante, si la pose a été longue. La durée de l'image consécutive dépend de la grandeur de l'impression. En regardant le soleil pendant quatre secondes, M. Broca a observé une image encore intense au bout de douze heures, et même une image encore nette après vingt-quatre heures.

Quand l'impression est moins grande, le temps d'obscurité diminue, pour devenir nul quand l'impression est assez faible. Mais, même dans ces cas, on voit très nettement que la sensation croît au début.

L'auteur fait remarquer le parallélisme de ces images avec les images consécutives sur fond clair qui sont liées d'une manière évidente à la fatigue. Puis il ajoute : « Tous ces faits se coordonnent parfaitement si l'on admet que les images consécutives sont dues à la réparation de la fatigue causée par la lumière. Dans ces conditions, le sang a besoin d'être renouvelé pour que l'image apparaisse avec son maximum. La période fixe de quatre secondes avant l'apparition de l'image montre que, pour les impressions assez fortes, la composition du sang devient invariable. La période de quinze secondes indique le temps qu'il faut pour le renouvellement complet du sang de la membrane de Jacob. » Et, à l'appui de cette idée, il cite le cas d'un scotome apparu à la suite d'un traumatisme de l'œil et correspondant à une place anémique de la rétine, scotome remplacé le lendemain, quand la tache anémique a disparu et que le sang a repris son cours, par une sensation lumineuse subjective liée évidemment à la reconstitution de la partie lésée.

Contraste et induction lumineuse. — En même temps que ces variations successives de l'impression lumineuse à la suite d'une excitation (variations dont nous compléterons plus loin l'étude) se produisent des modifications de voisinage autour du point excité.

Dans les premiers instants de la fixation d'un objet clair sur fond sombre, une réaction mutuelle a lieu entre les deux zones, l'objet paraît plus clair, le fond devient plus sombre. C'est ce qu'on appelle le *contraste simultané.*

On explique généralement ce phénomène, à la suite d'Helmholtz, par une erreur de jugement, basée sur ce qu'on apprécie l'éclairement des objets non pas en valeur absolue, mais seulement par comparaison avec celui des objets voisins. Il ne faut pas que cette explication, qui ne donne pas, d'ailleurs, la raison fondamentale du phénomène, nous fasse perdre de vue les processus physiologiques très réels qui se déroulent à la suite d'une excitation rétinienne, et sur lesquels Hering a justement appelé l'attention.

La phase de contraste dure peu. Si la fixation se prolonge, l'objet clair perd de sa clarté, le fond sombre en gagne ; à un moment donné, plus vite atteint si l'intensité lumineuse n'est pas très grande, ils ne se distinguent plus l'un de l'autre, tant le champ paraît uniformément gris. (Ces expériences nécessitent une immobilité complète du regard, à laquelle on peut arriver avec l'exercice, en fixant avec soin un petit point de repère, tel que le centre d'une croix tracée sur l'objet clair ou un autre signe quelconque.)

A ce moment, cependant, si l'on fait l'obscurité devant l'œil, l'image de l'objet se détache en noir sur un champ visuel clair dont les limites se marquent au bout de quelques secondes par une auréole plus lumineuse qui semble recouvrir les bords de l'objet (contraste successif).

Ce second effet de contraste, renversé par rapport au premier, est encore attribué par l'école d'Helmholtz à une erreur de jugement, due à la comparaison entre une partie neuve et une partie fatiguée ; mais l'erreur la plus forte ne saurait rendre compte de l'illumination évidente du champ visuel.

Hering admet, et prouve par diverses expériences très ingénieuses, qu'il se produit, à la suite d'une excitation, une véritable propagation du processus excitateur dans les parties rétiniennes voisines : c'est ce qu'il nomme l'*induction lumineuse.*

Indépendamment des expériences de Hering, on peut étudier facilement cette induction lumineuse à l'aide de mon photoptomètre différentiel. Sans entrer dans les détails de cette étude, il me suffira d'insister sur deux faits : 1° lorsque, après avoir fixé pendant quelque temps un rond ou un carré modérément éclairé sur champ obscur, on a provoqué autour de l'objet cette illumination apparente du fond qui caractérise le phénomène, on peut, par une méthode spéciale que permet l'emploi de mon appareil, déterminer le

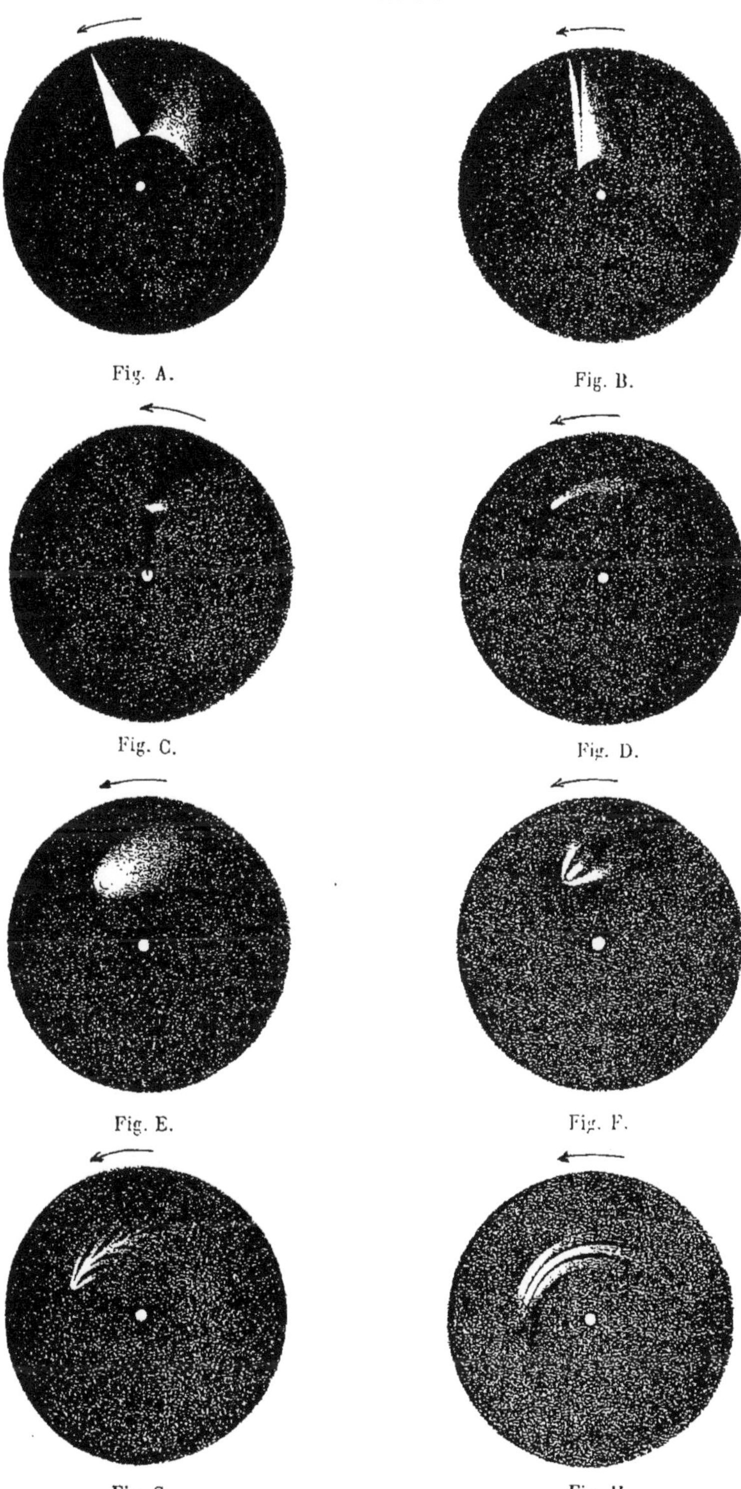

PLANCHE I

Fig. A.

Fig. B.

Fig. C.

Fig. D.

Fig. E.

Fig. F.

Fig. G.

Fig. H.

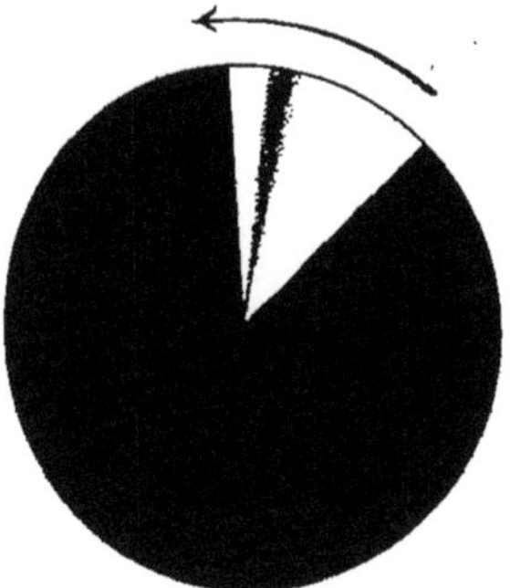

Fig. 1.

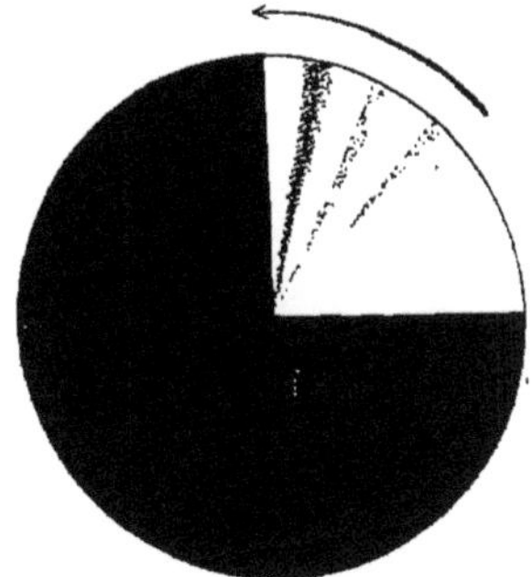

Fig. 2.

Fig. 3.

minimum perceptible dans différents points du champ visuel. Or ce minimum perceptible, déterminé comparativement au début de l'expérience et après vingt, trente secondes de fixation ou davantage, a toujours augmenté à un degré plus ou moins notable dans le champ obscur qui n'a pas subi d'excitation lumineuse, là où il aurait dû, au contraire, diminuer par le repos; il y a mieux : ce minimum perceptible est plus élevé autour de l'objet qu'à la place où était l'objet lui-même, là où a frappé l'excitation, où la rétine devrait être fatiguée, et où existe maintenant une image négative sombre; 2° si, après la même fixation, on enlève l'objet lumineux et qu'on promène dans les diverses parties du champ visuel une petite surface faiblement lumineuse, cette surface paraît plus claire dans la partie antérieurement excitée que dans la zone de voisinage.

C'est la démonstration la plus frappante de ce fait que le processus excitateur, limité au début à l'endroit où tombe la lumière, se transporte avec le temps aux parties environnantes et peut envahir toute la rétine, qui se comporte alors comme une partie réellement excitée : la sensibilité lumineuse y est moindre, la lumière extérieure y paraît plus sombre. En même temps, ce processus paraît abandonner en partie la zone éclairée ; en tout cas, il s'y affaiblit de plus en plus, laissant à sa place ce qui constitue l'image négative. On dirait que la lumière ne trouve devant elle qu'une quantité limitée d'énergie à transformer, et se rejette ensuite sur la provision accumulée dans les parties voisines.

Il est de fait que la lumière détermine dans la rétine une série de processus qui suivent leur cours après elle et qu'elle ne fait que provoquer : la réponse rétinienne se fait par un mécanisme tout monté, que l'excitation vient simplement déclencher.

Pour Hering, l'excitation lumineuse produirait la désassimilation de certaines matières aux points excités et, en même temps, un appel de matériaux nouveaux empruntés au voisinage (processus d'assimilation). La sensation de blanc serait liée à la désassimilation, la sensation de noir à l'assimilation. Par là s'expliquerait le contraste simultané au début d'une excitation. Puis le mouvement de désassimilation, en même temps qu'il faiblit aux points excités, s'étendrait de proche en proche aux parties voisines; c'est l'induction lumineuse simultanée. Il persiste encore en ces parties après l'excitation (induction lumineuse successive), tandis qu'au point excité se produit un mouvement inverse d'assimilation (image négative et contraste successif).

Pour le même auteur, les deux processus pourraient coïncider au même endroit en proportions variables et donner lieu aux diverses variétés de gris.

Pour parler d'une façon plus générale, il est probable que la sensation de blanc est liée à un processus de destruction fonctionnelle d'une certaine substance, ou de dégradation d'une certaine énergie, tandis que le mouvement corrélatif de réparation (simultané ou successif) donnerait la notion du noir. Ce seraient ces deux processus inverses qui seraient les véritables excitants du nerf optique ; la lumière n'agirait sur lui que par l'intermédiaire du premier ; quant au second, il explique très bien ce fait que le noir n'est pas l'absence de la sensation lumineuse, mais une sensation visuelle très réelle et très bien définie, liée le plus souvent à l'absence de lumière, mais pouvant aussi se produire dans d'autres circonstances, même en présence d'un certain degré de clarté extérieure : dans un lieu faiblement éclairé, une excitation lumineuse vive et soudaine éteint autour d'elle les objets qui remplissaient le champ visuel.

Réaction rétinienne. — Qu'on admette ou non les idées précédentes, qui ne sont que la généralisation ou la traduction de celles de Hering, il est un fait très important qui domine toute l'étude des impressions lumineuses : c'est la tendance que montre si nettement la rétine à réagir contre un état d'excitation donné par un état précisément contraire ; le blanc appelle le noir, le noir appelle le blanc. Cette réaction, cette tendance au contraste se montrent non seulement dans l'espace, d'un lieu à l'autre, mais aussi dans le temps, d'un moment à l'autre de la sensation. Nous avons signalé déjà des oscillations à longue période dans les images consécutives, les oscillations de Plateau. Il nous reste à parler maintenant de plusieurs espèces d'oscillations plus brèves, les unes encore postérieures à l'excitation, les autres qui semblent liées à l'impression lumineuse elle-même, dont elles marquent régulièrement le début.

Le premier phénomène est surtout marqué par la production d'images récurrentes à la suite d'excitations brèves. Exner signale le premier, dans la trace persistante produite par le déplacement rapide d'un petit objet lumineux, une interception, une partie noire de l'image consécutive. Plus tard, A. Young et d'autres auteurs observent qu'une sensation lumineuse instantanée une fois produite peut réapparaître une ou plusieurs fois après un court intervalle, voisin de un cinquième de seconde. J'ai moi-même décrit des cas très nets de dédoublement apparent d'étincelles électriques ou d'autres excitations moins brèves et démontré leur indépendance par rapport aux réactions pupillaires. Puis, analysant les conditions de production des images récurrentes (étudiées surtout par Shelford Bidwell), je les ai différenciées des oscillations rapides du début de la sensation.

Si l'on fait mouvoir assez lentement au-devant de l'œil, avec une vitesse uniforme, sur champ obscur, un objet éclairé (comme un secteur de disque rotatif), on voit, dans certaines conditions de durée et d'intensité de l'excitation, la trace lumineuse de l'objet suivie à distance par un objet plus pâle, de forme analogue, sorte de reviviscence de l'image lumineuse primitive ; cette image récurrente, séparée de l'objet par une zone sombre, est généralement incolore ou de même couleur que l'objet; elle paraît souvent bleuâtre pour de faibles intensités ; elle est surtout marquée avec les couleurs réfrangibles.

On a cru à une réapparition de l'objet avec sa forme caractéristique et après un intervalle constant; en réalité, cette image récurrente débute à des moments variables, et son étendue change notablement suivant l'intensité et la durée de l'excitation primitive (fig. A et B, pl. I). Une augmentation de durée ou d'intensité raccourcit l'intervalle noir et étale l'image, qui peut atteindre jusqu'à cinq ou six fois la longueur de l'objet.

Quant à l'intervalle qui mesure le moment d'apparition de l'image, je l'ai vu varier dans ces conditions entre un quart et un trente-sixième de seconde.

Ces images peuvent se répéter plusieurs fois, comme on l'a vu plus haut.

En somme, ce sont des phases spéciales oscillatoires de l'image consécutive ; leur rythme est variable et n'a rien de spécifique.

Il en est autrement des oscillations dont j'ai démontré l'existence au début de la sensation ; elles semblent faire partie intégrante de celle-ci et ont un rythme bien déterminé, plus rapide, d'ailleurs, que le précédent. Voici la façon la plus frappante de les observer (expérience de la *bande noire*).

Oscillations lumineuses. — Quand on fait tourner assez lentement (un tour en deux secondes, par exemple) un disque noir sur lequel on a collé un secteur blanc plus ou moins large, ce secteur, s'il est bien éclairé, cesse de paraître uniformément blanc ; une bande noire, sous forme de secteur plus ou moins étroit, à bords estompés, se montre à une certaine distance du bord blanc initial ; une bande blanche plus claire et de même largeur à peu près précède cette bande noire et la sépare du fond noir du disque (fig. 1, pl. II).

L'œil observe parfois, à la suite de cette bande noire très nette, deux ou trois bandes sombres, équidistantes et séparées par des bandes blanches, mais bien plus diffuses et plus difficiles à distinguer du fond blanc ; aussi ne les remarque-t-on pas toujours (fig. 2, pl. II).

La bande noire n'a pas toujours une teinte absolument neutre ; elle se montre souvent colorée en violet sombre, ce qui est en rapport avec le phénomène entoptique qui sera décrit plus loin.

Un fort éclairage est nécessaire pour la voir nettement (c'est au soleil qu'on l'observe le mieux) ; mais, quand on l'a vue une fois, on la retrouve facilement à des éclairages moindres.

Sa largeur et sa distance du bord du secteur augmentent avec la vitesse du disque, mais son moment d'apparition et sa durée sont toujours les mêmes ; d'après mes évaluations, elle commence un soixantième ou un soixante-dixième de seconde après le début de l'excitation (passage du bord initial du secteur) et dure à peu près le même temps.

Pour l'étude régulière de ce phénomène, j'ai établi un dispositif expérimental permettant de réaliser des conditions assez diverses d'éclairage, de vitesse, de forme, de durée, de variations de l'excitation. Un verre dépoli à large surface est placé au-devant d'une source lumineuse plus ou moins intense, généralement un grand bec Auër. Cette source est au foyer d'une large lentille plan-convexe appliquée par sa face plane contre le verre dépoli, ainsi éclairé très uniformément. Au-devant est un large écran noir à ouverture circulaire au centre de laquelle tourne un tambour supportant des disques rotatifs noirs et opaques, percés d'ouvertures diverses. Un petit moteur électrique à vitesse variable et à trois jeux de poulies permet de faire faire au disque depuis un tour en quatre secondes jusqu'à deux tours par seconde (et davantage au besoin).

Avec un secteur angulaire tournant à une vitesse modérée, voisine de un tour par seconde, on retrouve facilement la bande noire ; les répétitions de ce phénomène sont non pas l'exception, mais la règle ; seulement la bande noire initiale est toujours la plus frappante.

Ce phénomène n'a pas besoin, pour se produire, d'une longue excitation ; il se montre, avec les mêmes caractères, même quand l'excitation est plus brève que le moment d'apparition de la bande noire. Avec un secteur mince ayant une durée de passage de quelques millièmes de seconde seulement, on voit se succéder des images doubles, triples, quadruples, séparées par des intervalles sombres, d'une largeur correspondant bien à la durée des bandes noires déjà connues.

Ainsi donc, l'arrivée de la lumière sur un point quelconque de la rétine fait naître en ce point une série d'oscillations de la sensation, dont la première, surtout dans sa phase négative, est la plus frappante ; chaque oscillation complète dure un trentième ou un trente-cinquième de seconde environ ; elles s'amortissent plus ou moins vite et se fondent en une sensation continue d'intensité intermédiaire.

Des phénomènes oscillatoires analogues doivent se produire à tous les changements brusques d'intensité de l'excitation ; on n'en remarque bien que la première phase négative. Si, par exemple, on pratique dans un de nos disques une fenêtre en secteur assez large de 10°, 20° ou davantage, et qu'on en recouvre une moitié avec un ou plusieurs doubles de papier à calquer, on réduit dans des proportions données l'éclairage de la portion correspondante. En faisant alors tourner le disque dans un sens ou dans l'autre, on présente à l'œil une lumière qui varie brusquement à un moment donné, soit en croissant, soit en décroissant. On voit alors, indépendamment de la bande noire d'entrée de la lumière, au moins une autre zone sombre très nette et bien limitée à la séparation des deux parties du secteur. Ce fait confirme encore la généralité du phénomène.

Stroboscopie rétinienne. — Nous pouvons retrouver ces oscillations sous une autre forme bien frappante qui nous fournit, en outre, une méthode plus précise pour mesurer leur fréquence. Cette méthode est celle de la stroboscopie rétinienne.

On sait que si deux disques rotatifs, percés d'un nombre égal de secteurs et placés sur un fond éclairé, tournent dans le même sens l'un devant l'autre avec une vitesse peu différente, l'œil voit des apparences diverses suivant la vitesse relative de ces deux disques ; la lumière ne passant en un point donné qu'au moment des coïncidences de deux secteurs vides, et ces coïncidences pouvant avoir lieu en des points et à des moments variables, il en résulte l'apparence d'une figure radiée qui se déplace ou qui reste fixe suivant que le disque antérieur tourne plus vite, moins vite ou aussi vite que le disque postérieur ; dans le premier cas, la figure semble tourner en sens inverse du mouvement des disques, plus lentement qu'eux, et d'autant plus lentement que leur vitesse est plus voisine ; dans le second, même mouvement apparent, mais dans le sens de la rotation des disques ; dans le troisième cas, la figure reste intermittente sur place.

Or j'ai trouvé que des phénomènes analogues pouvaient se produire *avec un seul disque*, lorsque sa vitesse de rotation est voisine d'une certaine valeur déterminée, celle pour laquelle les fréquences du passage de chaque secteur éclairé devant un point donné de la rétine sont les mêmes que celles des oscillations qui se produisent à chaque excitation lumineuse.

Sans entrer dans le détail de l'expérience, les choses se passent comme si, derrière le disque à secteur, tournait un second disque de vitesse déterminée, ou plutôt comme si, à ce passage des lumières intermittentes devant chaque point de la rétine, se superposait une seconde série d'excitations lumineuses de fréquence constante ; en effet, le passage de chaque secteur laisse au point excité, par suite du phénomène de réaction déjà connu, un certain nombre d'oscillations de l'impression lumineuse, *oscillations de période fixe* qui, se combinant avec les excitations réelles, plus lentes ou plus répétées, reproduisent les phénomènes stroboscopiques en question.

La fréquence de ces oscillations est mesurée par celle des secteurs au moment où est atteinte la vitesse critique du disque, celle pour laquelle la figure radiée semble immobile.

On arrive, par cette méthode, au chiffre de 36 ou 37 oscillations par seconde en moyenne.

On peut, avec quelques tâtonnements, produire des phénomènes stroboscopiques avec des fréquences d'excitations deux, trois, quatre, six fois moindres que la précédente, tout comme on les obtient avec des disques réels dont les vitesses ou les fréquences sont entre elles dans un rapport simple.

Lorsque les passages sont rares et les excitations courtes (six par seconde, par exemple), les oscillations, renforcées par chaque nouvelle excitation, se multiplient et se répètent d'une façon très remarquable dans l'intervalle des secteurs clairs (comme un diapason harmonique est excité par son son fondamental), et, à cette vitesse précise, si l'on fait abstraction du mouvement lent et peu apparent du disque, le champ lumineux, vu d'assez près, paraît partagé dans son entier en secteurs égaux et fixes. La rétine est alors divisée en parties vibrantes d'une période voisine de trente-six par seconde.

Propagation des oscillations rétiniennes. — Les oscillations rétiniennes ne se produisent pas seulement sur place ; elles se propagent de proche en proche dans des conditions très particulières. Cette propagation se fait suivant deux modes bien distincts.

La première observation que j'ai faite à ce sujet est la suivante, qui m'a fourni en même temps une nouvelle méthode de mesure des oscillations en question.

On emploie un grand disque noir ayant au moins 40 centimètres de diamètre, tournant à une vitesse variable, mais généralement voisine de un tour par seconde. Vers la périphérie de ce disque est collée une petite zone blanche de peu de hauteur ($0^{cm},5$ à 1 centimètre) et de faible étendue angulaire, 1° ou 2° seulement. Cette petite zone blanche donne l'excitation

lumineuse nécessaire au phénomène. En se déplaçant circulairement, et grâce
à la persistance des impressions, elle produit une figure semblable à une
portion d'anneau plus ou moins éclairée : cette portion doit être d'environ un
quart du cercle. (Je n'ai pas besoin de dire que, dans toutes ces expériences,
le regard doit être *absolument immobile*; c'est la condition essentielle du
succès : il est bon de l'assurer en présentant à l'œil un point de fixation petit
et bien stable.)

Il se déroule donc un arc de cercle clair sur fond noir dû à l'image persistante de l'objet en mouvement; sa longueur correspond à une certaine durée
de ce mouvement et chacune de ses zones successives correspond à un
moment différent du déplacement de l'objet dans le champ visuel.

Or, si le regard est fixé sur un point du parcours de l'objet, l'anneau
persistant ne paraît pas, comme il devrait l'être, uniformément clair, mais il
présente une série de cannelures sombres sur le fond clair, cannelures
estompées par leurs bords, et très régulièrement espacées; leur nombre est
variable : on peut en voir en moyenne trois ou quatre (fig. 3, pl. II).

Est-ce un phénomène direct, un état oscillatoire de la totalité de la rétine,
grâce auquel l'objet rencontrerait successivement des points positifs et négatifs? Non, car alors l'intervalle apparent des cannelures ne devrait pas varier
avec la distance de l'œil et devrait, au contraire, augmenter avec la vitesse du
disque. Or, en réalité, cet intervalle s'accroît avec la distance, et il diminue
quand la vitesse du disque augmente. Le premier de ces effets rentre
d'ailleurs dans le second, car, l'œil s'éloignant du disque, la vitesse de l'objet
sur la rétine se trouve, par cela même, diminuée.

Les choses se passent donc comme quand un observateur se rapproche ou
s'éloigne par rapport à une source vibratoire; dans le premier cas, la fréquence apparente devient plus grande, la longueur d'onde apparente diminue.
C'est justement ce qui s'observe ici pour l'intervalle des cannelures, lequel,
mesuré sur la rétine, représente la longueur d'onde.

On se rendra compte de ce phénomène en remarquant que l'objet, à son
passage en un point de la rétine, y provoque une série d'oscillations (alternatives d'états positifs et négatifs); du point excité comme centre, ces oscillations doivent se propager au reste de la rétine et produire en chaque point,
par leur répétition, une succession rythmique de ces mêmes états. Si elles
se propagent plus vite que l'objet ne se déplace, celui-ci rencontrera sur son
passage ces états alternatifs de la rétine provenant d'une situation antérieure et paraîtra successivement plus clair et moins clair; ce qui sera
appréciable par la comparaison des différents points de son image persistante
et ce qui donnera lieu aux cannelures observées sur sa trace annulaire.

Pour interpréter cette expérience, la vitesse de propagation absolue des
oscillations doit être diminuée de celle de l'objet. Par suite, plus l'objet se
déplace vite, et plus la vitesse de propagation relative des oscillations est
faible; par conséquent, plus les cannelures doivent paraître rapprochées.
C'est justement ce que l'on constate.

En partant de ce fait, on peut déterminer, par la formule de Döppler-
Fizeau, leur fréquence, leur vitesse de propagation absolue et leur longueur

d'onde. Pour cela, il suffit de mesurer l'intervalle des cannelures pour deux vitesses différentes de rotation du disque. Puis, connaissant la distance du disque et les constantes de l'œil, on réduit en dimensions rétiniennes les valeurs trouvées pour les intervalles et les vitesses de rotation.

Soient maintenant v la vitessse de propagation absolue des oscillations sur la rétine et t leur durée, leur longueur d'onde (l) serait

$$l = vt.$$

Mais si l'objet se déplace sur la rétine dans une expérience avec une vitesse u', la vitesse de propagation des ondes n'est plus que de $v - u'$, et leur longueur d'onde *apparente* devient

$$l' = (v - u')t.$$

Cette longueur d'onde apparente n'est autre chose que l'intervalle des cannelures sur la rétine.

Dans une autre expérience faite avec une autre vitesse u'', on a une nouvelle longueur d'onde apparente

$$l'' = (v - u'')t.$$

De ces deux dernières équations on tire la valeur de v :

$$v = \frac{l'u'' - l''u'}{l' - l''}.$$

En portant cette valeur dans la première équation combinée avec les deux suivantes, on a la longueur d'onde *absolue* de l'oscillation :

$$l = \frac{l'u'' - l''u'}{u'' - u'}.$$

Quant à la fréquence n des oscillations rétiniennes, on peut la déduire de ces deux valeurs : $n = \frac{v}{l}$. On peut aussi la calculer directement par la formule

$$n = \frac{u'' - u'}{l' - l''}.$$

Si l'hypothèse est exacte, on doit obtenir, avec de nouvelles vitesses de rotation, des valeurs de v, l, n semblables à celles trouvées primitivement. C'est, en effet, ce que l'on constate, autant que le permettent les difficultés de la mesure des cannelures.

De neuf séries de détermination résulte, pour la fréquence des oscillations, une valeur moyenne de 36 par seconde, chiffre très comparable à celui tiré de l'observation de la bande noire (30 à 35) et à peu près identique au résultat des expériences de stroboscopie rétinienne.

Quant à la vitesse absolue de propagation des oscillations sur la rétine, elle est, d'après mes déterminations, d'environ 72 millimètres par seconde.

D'après cela, la longueur d'onde absolue des mêmes oscillations est donc d'environ 2 millimètres.

Tous ces chiffres sont évidemment approximatifs.

Propagation radiale. — Voici maintenant, après ce procédé indirect d'études, une nouvelle expérience qui va nous montrer directement la propagation de la bande noire sur la rétine.

Prenons un disque plus petit que le précédent : pratiquons-y une petite fenêtre de 5° à 10°, par exemple, à 8 ou 10 centimètres du centre ; nous l'éclairerons par derrière à l'aide du verre dépoli déjà décrit, et nous le ferons tourner à raison d'un tour en une ou deux secondes, peu importe. Observons-le d'un peu loin en maintenant le regard sur un point fixe, que nous supposerons d'abord au centre du disque. Nous verrons l'objet entraîner avec lui une zone de lumière diffuse assez faible, et dans cette zone, formant avec elle un contraste frappant, se dessinent deux traînées sombres plus *noires* que le fond, l'une rejoignant le centre du disque à peu près dans la direction du rayon, l'autre affectant un trajet opposé, c'est-à-dire émanant de l'objet en s'éloignant du centre ; cette dernière bande centrifuge se recourbe à distance en s'élargissant sous forme de panache, de queue de comète à convexité tournée dans le sens du mouvement (fig. C, pl. I).

Le moment d'apparition de ces deux traînées paraît être le même que celui de la bande noire intérieure à l'objet ; elles représentent, comme on va le voir, cette bande noire propagée à distance sur la rétine dans une direction définie et avec une certaine vitesse.

La direction suivant laquelle a lieu cette propagation est déterminée uniquement par le point de fixation. La bande noire centripète ne passe par le centre du disque que si l'œil fixe cette partie. Mais si le regard porte sur un autre point quelconque, c'est sur ce dernier que s'orientent les deux traînées sombres ; l'une, centripète, semble à chaque instant rejoindre l'objet au point fixé ; l'autre, centrifuge, s'en écarte en sens opposé (fig. D, pl. I).

Ces deux bandes, nées au moment du passage de l'objet en un lieu donné, s'éloignent de ce lieu avec une certaine vitesse ; de là leur forme courbée et le sens de leur courbure ; de là résulte encore qu'elles se raccordent l'une avec l'autre sous un certain angle qui a son sommet sur l'objet et qui augmente avec la vitesse rétinienne de ce dernier.

De cet angle, il serait facile de déduire la vitesse de propagation des bandes, si l'on pouvait le mesurer exactement ; mais son évaluation est très incertaine, d'une part à cause de la mobilité du phénomène, en second lieu à cause de la grandeur de l'angle, qui se rapproche de 180°, et enfin à cause de la forme nettement courbée de la traînée centrifuge, qui trompe sur la valeur de l'angle et conduit à l'exagérer. Tout ce que j'en puis dire, c'est que mes estimations conduisent à une vitesse du même ordre de grandeur que celle trouvée dans la précédente expérience et déduite de la formule de Döppler.

Les oscillations rétiniennes, sous leur forme la plus frappante, la bande noire, se propagent donc d'une façon très particulière ; cette bande noire, ou réaction négative, au lieu de se diffuser dans tous les sens à partir de son lieu de production, est en quelque sorte *polarisée*, orientée dans une direction unique, celle du *rayon physiologique* de la rétine, c'est-à-dire de la ligne qui relie le point excité au centre *fonctionnel* de cette membrane, à la tache jaune.

L'expérience des cannelures, que je viens de citer, mettait en jeu ce même mode de propagation, puisque le point de fixation était sur le passage de l'objet, et que la vitesse est analogue dans les deux cas.

Mais, indépendamment de cette *propagation radiale*, on en observe une autre, qui se fait en même temps, mais par un mode tout différent. On pourrait l'appeler *propagation par irradiation ondulatoire*.

Irradiation ondulatoire. — Si le phénomène dont il s'agit n'a pas été distingué jusqu'à présent, c'est qu'il a dû être masqué par la diffusion optique. En prenant toutes les précautions convenables pour faire disparaître celle-ci ou, tout au moins, pour lui attribuer une part aussi limitée et aussi bien définie que possible, voici l'ensemble des faits dans lesquels on peut nettement reconnaître l'intervention de l'irradiation ondulatoire.

Lorsqu'un petit objet bien lumineux est mis en rotation d'abord lente sur fond noir (disque noir percé excentriquement d'une fenêtre étroite, par exemple d'un trou rond de 4 à 5 millimètres de diamètre), la tache diffuse qui l'entoure se déplace avec lui, mais *elle change de forme*; de circulaire qu'elle était sensiblement, elle commence par devenir elliptique ; l'objet semble la traîner derrière lui (fig. E, pl. I). La vitesse augmentant, l'ellipse s'allonge et se déforme, sa queue devient indistincte, puis s'efface ; sa tête présente plus de clarté et se change finalement en une double traînée lumineuse formant une sorte d'angle (à côtés un peu courbés), dont le sommet, dirigé dans le sens du mouvement, est occupé par l'objet lumineux ; celui-ci, avec les deux zones qu'il entraîne, ressemble à une tête de flèche (fig. F, pl. I). La flèche devient plus aiguë à mesure que le mouvement est plus rapide ; ses deux branches, d'abord diffuses, se précisent de plus en plus nettement, leurs bords sont mieux limités ; elles s'allongent et se rapprochent de la trace lumineuse circulaire laissée par le passage de l'objet ; pour une vitesse assez grande, elles sont tellement allongées et rapprochées de la trace de l'objet, qu'elles semblent la border, au-dessus et au-dessous, d'un double ourlet presque parallèle, facile à prendre pour un élargissement dû à la diffusion (fig. H, pl. I) ; enfin, les deux traînées, se rapprochant et s'amincissant encore, finissent par rentrer dans l'objet et par se confondre avec lui.

Ces différents aspects, représentés approximativement dans les figures de la planche I, dépendent d'une condition capitale, la vitesse de déplacement de l'objet *sur la rétine*. Aussi, peut-on passer facilement par ces différentes formes du phénomène en variant la distance de l'œil, ou encore la vitesse de rotation du disque ou le rayon du cercle décrit par l'objet. On arrivera ainsi à l'observation de la forme la plus frappante, qui est celle d'une série de palmes distribuées régulièrement des deux côtés d'une branche plus ou moins courbée (fig. G, pl. I). En effet, chose curieuse, ces traînées lumineuses divergentes *sont multiples*; on peut en voir en même temps deux, trois, quatre et davantage, plus ou moins, suivant la vitesse et l'éclairage.

Il s'agit donc ici d'une diffusion rythmique de l'impression lumineuse. On peut, beaucoup plus facilement que pour la traînée noire radiale, évaluer l'angle sous lequel se rencontrent, dans des conditions connues, les bandes lumineuses

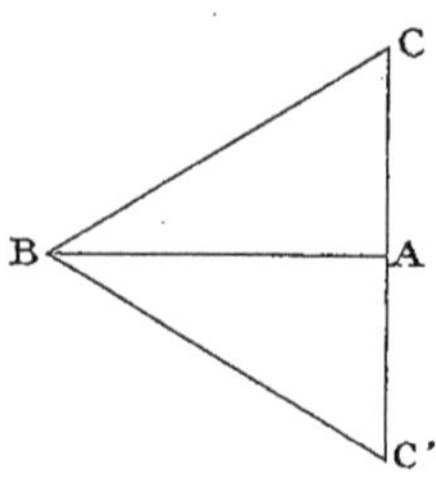

Fig. 531.

irradiées, et en déduire la vitesse avec laquelle se fait leur propagation. Pour cela, il suffit d'observer que les traînées lumineuses initiales sont les lieux des fronts des ondes parties des positions successives de l'objet. Ces lieux peuvent se déterminer en composant la vitesse de déplacement de l'objet avec la vitesse de l'onde dans une direction normale à ce déplacement.

Soit l'objet d'abord en A, puis en B un moment après (fig. 531). Pendant le déplacement AB de l'objet, l'onde est arrivée en C et C' dans la direction normale, et les traînées lumineuses ont pris à peu près les directions BC, BC', se raccordant sous l'angle CBC'.

Or dans ABC' on a

$$AC' = AB \times \operatorname{tg} \widehat{ABC'}.$$

Mais AC' est la vitesse de propagation cherchée; AB est la vitesse (rétinienne) de l'objet; ABC' est la moitié de l'angle de raccordement, qu'il est assez facile d'évaluer. On a donc tous les éléments du calcul.

De même, il est possible d'apprécier l'intervalle qui sépare deux bandes lumineuses successives, en opérant à la vitesse où, devenues presque parallèles à l'image persistante, elles paraissent exactement de même largeur qu'elle; on peut alors, d'après leur vitesse de propagation et le déplacement de l'objet, déterminer la fréquence avec laquelle se répètent les émissions de lumière. Cette fréquence ainsi calculée est en moyenne et *approximativement* de 34 par seconde.

Ce résultat remarquable nous ramène aux oscillations rétiniennes déjà connues, et nous montre que nous avons affaire à ces mêmes oscillations, se propageant cette fois *en tout sens* sur la rétine à partir de leur lieu de production, et avec une vitesse bien inférieure à celle de la bande noire et des cannelures; cette vitesse est ici seulement de $1^{\text{mm}},7$ en moyenne.

La longueur d'onde est réduite aussi dans ce cas à $0^{\text{mm}},05$.

Ce nouveau mode de propagation des oscillations rétiniennes est donc distinct du premier par plusieurs caractères : sa vitesse, beaucoup plus faible, ainsi que sa longueur d'onde; son aspect, qui présente régulièrement plusieurs oscillations successives et montre plutôt leurs périodes lumineuses que leurs périodes sombres; la direction même de sa propagation, qui se fait uniformément dans tous les sens, au lieu d'être polarisée comme la première vers la tache jaune. Si, au premier abord, l'ondulation paraît, dans le dernier cas, se propager perpendiculairement au déplacement de l'objet, c'est une apparence due à la grande vitesse de ce dernier par rapport à celle de l'ondulation, et l'analyse des modifications successives du phénomène, en commençant par des vitesses faibles, montre que la propagation est uniforme dans tous les sens. On peut même arriver à produire des ondes circulaires autour d'un point fixe à éclairement instantané, expérience sur laquelle j'aurai à revenir.

Apparences sinusoïdales. — Nous voyons enfin ces oscillations se manifester sous une nouvelle forme dans un phénomène en apparence bien distinct des précédents.

Si l'on fait tourner à sept ou huit tours environ par seconde (ces chiffres n'ont rien d'absolu) un cylindre enregistreur de Marey, portant sur son fond noir une série de traits blancs parallèles et presque transversaux, formant une hélice continue à tours rapprochés d'environ 1 millimètre, ces traits prennent une apparence nettement ondulée, et l'ensemble des lignes droites fournies par leur projection se change en un champ de lignes sinusoïdales régulières (fig. 532). Le regard doit être fixe ; pour assurer cette condition, on peut tracer, au milieu des traits précédents légèrement inclinés, une ligne exactement perpendiculaire à la génératrice ; si l'on regarde cette ligne, la série des traits hélicoïdaux semblera passer sur elle, les uns s'en rapprochant, les autres s'en éloignant régulièrement.

Fig. 532.

Il y a bien d'autres manières de reproduire cette apparence sinusoïdale ; je ne puis m'y arrêter ici. Dans tous les cas, l'expérience revient à déplacer de très peu sur la rétine une série linéaire d'excitations lumineuses, de manière à transporter simultanément l'excitation sur les parties contiguës à celles déjà impressionnées.

J'ai cherché à évaluer les dimensions de ces ondulations en les reproduisant sur un papier placé à la même distance de l'œil. Malgré les incertitudes et les difficultés de ce procédé, j'ai trouvé des moyennes assez concordantes. Le résultat moyen de vingt-six expériences, faites en variant les vitesses de progression des lignes claires entre $0^{mm},17$ et $0^{mm},60$ par seconde (sur la rétine), a été le suivant : j'ai obtenu $0^{mm},054$ pour l'intervalle rétinien entre deux dentelures successives considérées à la même phase.

Or, ce chiffre est précisément le même que celui trouvé plus haut pour la longueur d'onde des oscillations rétiniennes propagées par irradiation $(0^{mm},05)$. D'où cette conclusion qu'il s'agit évidemment du même phénomène et que nos lignes sinueuses sont la représentation directe de ces oscillations. Par suite du mouvement du cylindre, l'excitation lumineuse produite par chaque ligne blanche se transportant d'une série linéaire d'éléments rétiniens à la série voisine, celle-ci tend à entrer en vibrations d'une certaine période, comme nous l'avons vu faire pour tous les éléments nouvellement impressionnés ; or cette tendance ne peut se satisfaire, dans le cas présent, que par une division de la série des éléments excités en concamérations vibrant par phases alternativement contraires et de longueur fixe : cette

longueur est réglée par la fréquence des vibrations ainsi développées et par
leur vitesse de propagation : si nous avons affaire aux oscillations rétiniennes
déjà connues par la bande noire, les cannelures, la stroboscopie, l'irradiation
ondulatoire, nous devons donc retrouver la même longueur d'onde, et c'est ce
qui a lieu en effet.

J'aurai à revenir plus loin sur ces diverses expériences, à propos des phénomènes de coloration qu'elles présentent. Remarquons déjà plusieurs points
importants qu'elles mettent en lumière : démonstration de la réalité de
l'induction lumineuse ; existence dans la rétine de processus vibratoires très
réguliers et corrélatifs de la sensation lumineuse ; double mode de propagation de ces processus, leur polarisation, leur direction transversale, etc.

CHAPITRE III

PHÉNOMÈNES SUBJECTIFS CARACTÉRISANT LES DIVERSES
RADIATIONS LUMINEUSES

Couleurs. — Jusqu'à présent nous avons étudié les sensations lumineuses
d'une façon générale, nous attachant seulement à ce qu'elles ont de commun, et faisant abstraction de leurs différences de nature. Nous avons
maintenant à compléter cette étude d'ensemble en recherchant les particularités nouvelles qui résultent de la modalité de la sensation.

Nous avons non seulement la notion de lumière, mais encore celle de
différentes lumières. Ces différentes lumières se distinguent surtout par un
nouveau caractère, celui de la couleur.

La lumière solaire est blanche, ou plutôt blanchâtre : c'est la sensation qui
nous est fournie par l'ensemble des rayons du spectre. Mais si l'on isole ces
rayons les uns des autres, ils nous paraissent colorés, chacun avec sa nuance
propre, plus ou moins rapprochée de celle des rayons voisins, mais toujours
distincte.

Il y a donc une infinité de couleurs différentes, de même qu'il y a une infinité de rayons différents ; mais, en somme, toutes ces couleurs se ramènent à
un certain nombre de types principaux. Ainsi l'on distingue dans le spectre du
rouge, de l'orangé, du jaune, du vert, du bleu, du violet ; ce sont les zones
principales, en allant par ordre de réfrangibilité croissante ; mais, d'une
part, ces zones se fondent les unes dans les autres sans limites bien nettes en
donnant des couleurs intermédiaires, telles que jaune orangé, jaune vert, vert
bleu, etc. ; d'autre part, dans chaque zone on distingue encore beaucoup de
tons différents ; il y a différents rouges, différents jaunes, etc.

Voici comment Helmholtz classe et définit les couleurs spectrales. Il
appelle *rouge* la couleur de l'extrémité la moins réfrangible du spectre,
depuis la limite extrême jusqu'aux environs de la raie C (type parmi les couleurs des peintres : vermillon). De C à D, le spectre passe du rouge à l'orangé
(type : minium), puis au jaune d'or (type : litharge). Depuis D jusqu'à *b*, les
tons changent très rapidement : d'abord le jaune pur, bande étroite trois fois

plus éloignée de E que D (type : jaune de chrome), puis le jaune vert jusqu'en E, et le vert pur de E à *b* (type : vert de Scheele). Entre E et F, le vert passe au vert bleu, puis au bleu. Entre F et G se suivent différents tons de bleu : bleu cyanique dans le premier tiers de cet intervalle (bleu de Prusse), bleu-indigo pour les deux tiers suivants (outremer). Entre G et H (et souvent plus loin) est le violet. Quelques auteurs l'appellent *pourpre*, mais le pourpre (auquel il faut joindre le carmin) est plutôt un violet rougeâtre qui ne se trouve pas dans le spectre. Le violet et le pourpre sont des tons de transition entre le bleu et le rouge, ils tiennent à la fois de l'un et de l'autre.

Après la raie H ou la raie L vient l'ultra-violet, dont nous avons dit un mot au début, et qui peut être visible, avec une nuance bleuâtre plus ou moins grise, si l'on masque le reste du spectre.

Voici maintenant, d'après Rood, les longueurs d'onde caractérisant le milieu des zones colorées que l'on peut distinguer facilement dans le spectre :

Milieu de l'espace rouge	$\lambda = 0\mu,700$
—	rouge orangé	$0\mu,621$
—	orangé pur	$0\mu,597$
—	jaune orangé	$0\mu,588$
—	jaune proprement dit	$0\mu,581$
—	vert	$0\mu,527$
—	vert bleu	$0\mu,508$
—	bleu cyanique	$0\mu,496$
—	bleu pur	$0\mu,473$
—	bleu violet	$0\mu,438$
—	violet	$0\mu,406$

Je le répète, ces divisions sont plus ou moins artificielles ; il n'y a pas de couleurs pures ou typiques : les types de couleurs sont des moyennes d'un certain nombre de nuances très rapprochées et formant groupe à part dans le spectre ; si le groupe est plus ou moins étendu, s'il s'appuie un peu plus à droite ou à gauche, on a des moyennes différentes. Chaque radiation spectrale est une couleur simple qui ne ressemble pas exactement à ses voisines, et cette couleur, pour un œil bien exercé, pourrait suffire pour caractériser jusqu'à un certain point sa place dans le spectre.

Avec quelle approximation cela pourrait-il se faire? Cela revient à demander quelle est la sensibilité de la rétine pour les différences de ton. Elle varie dans les diverses régions du spectre. On a sur ce point des expériences de Mandelstamm et de Dobrowolski, lesquels ont cherché, à l'aide de deux spectres superposés, quel déplacement latéral il fallait donner dans chaque couleur à l'un des deux spectres pour qu'une différence de ton fût sensible à l'œil observateur. Ils ont exprimé leurs résultats par une fraction représentant la plus petite différence *relative* de longueur d'onde des deux couleurs comparées. Ainsi dans le rouge, vers la raie B, il faut, d'après Dobrowolski, faire varier de 1/115 la longueur d'onde de la couleur primitive pour avoir une nouvelle nuance distincte de la première, etc. Voici, d'après cet auteur, les fractions différentielles correspondant à différentes régions du spectre :

Raie B	1/115
— C	1/166

Entre C et D	1/331
Raie D	1/771
Entre D et E	1/246
Raie E	1/340
Entre E et F	1/740
Raie G	1/272
Entre G et H	1/146

La sensibilité aux différences de ton est donc la plus grande dans le jaune et dans le bleu, la plus petite dans le rouge et dans le vert.

Ces expériences seraient évidemment à reprendre en tenant compte de l'intensité, si variable dans le spectre, et si rapidement variable dans certaines de ses parties, comme le jaune.

Les couleurs spectrales sont les plus pures que l'on puisse obtenir objectivement. On les obtient soit à l'aide du prisme, qui offre l'inconvénient de donner un étalement différent aux diverses parties du spectre, la dispersion augmentant ordinairement avec la réfrangibilité, soit à l'aide des réseaux, qui donnent une idée bien plus exacte de la répartition des couleurs dans le spectre. Nous n'avons pas à entrer ici dans le détail des dispositifs employés pour l'observation des couleurs spectrales.

Les couleurs spectrales étant les plus pures peuvent le mieux nous donner l'idée de ce que c'est qu'une couleur. La couleur est une nouvelle notion tout à fait différente de celle du blanc ou du noir, et il ne paraît pas possible de distinguer dans l'impression que nous cause une partie bien isolée du spectre quelque chose rappelant l'idée de lumière blanche. Nous verrons toutefois que cette règle n'est pas absolue, car une radiation quelconque passe au blanc quand elle est très intense ou, au contraire, très faible. Mais sous une intensité moyenne, la couleur spectrale est dite *saturée*, c'est-à-dire franche, sans mélange de blanc. Il n'en est pas de même des nuances que nous offrent les matières colorantes en général ; les couleurs des peintres, tout en paraissant plus ou moins franches, sont moins saturées que les couleurs spectrales, elles contiennent du blanc en plus ou moins grande quantité. (Je parle ici purement au point de vue de la sensation.) Au point de vue physique, cela répond à un nouveau fait : les couleurs non saturées sont toutes des couleurs de mélange.

Caractères des mélanges de couleurs. — Le mélange de plusieurs couleurs simples produit une nouvelle couleur, ou, pour mieux dire, une nouvelle impression visuelle ; mais cette nouvelle impression n'est pas égale à la superposition pure et simple des impressions composantes ; elle en diffère par des caractères très importants : 1° elle donne une *autre* couleur que les couleurs composantes ; 2° elle produit toujours du blanc, qui s'ajoute à la couleur résultante.

Si, au point de vue physique, on peut parler de mélange de couleurs (ici *couleur* veut dire *rayon, radiation déterminée*), on ne peut pas dire qu'au point de vue physiologique il y ait un mélange de couleurs, car deux impressions colorées ne s'ajoutent pas ; elles s'affaiblissent toujours, au contraire. Deux couleurs simples mélangées donnent toujours une couleur moins saturée, c'est-à-dire moins forte en tant qu'impression colorée : ce n'est pas que l'intensité lumineuse ait diminué dans le mélange; mais une partie de l'impression couleur a disparu et a été remplacée par du blanc.

Il y a plus : l'impression couleur peut disparaître complètement dans le mélange, il ne reste plus que du blanc. C'est le cas des couleurs complémentaires.

Je considère ce fait comme étant capital dans l'étude des impressions colorées. C'est sur lui qu'il faut insister en premier lieu.

Si Newton a réalisé le premier la synthèse de la lumière blanche en mélangeant les couleurs après les avoir isolées, c'est surtout à Helmholtz qu'on doit l'étude complète du mélange des couleurs spectrales.

Il a montré que chaque radiation du spectre a pour complémentaire une autre radiation déterminée, c'est-à-dire que le mélange de ces deux radiations produit du blanc (ou est incolore). Seul le vert spectral, pour être neutralisé, exige à la fois deux autres couleurs, du rouge et du violet; la couleur complémentaire du vert spectral est en effet le pourpre, résultat du mélange des radiations extrêmes du spectre.

> Le rouge spectral a pour complémentaire le bleu vert.
> L'orangé   —   le bleu cyanique.
> Le jaune   —   le bleu-indigo.
> Le jaune verdâtre   —   le violet.

Il y a une infinité de couples de rayons complémentaires; mais pour ces différents couples il n'y a aucun rapport simple entre la longueur d'onde correspondant à ces deux rayons. Voici, par exemple, les déterminations d'Helmholtz pour un certain nombre de couples.

Le rouge de longueur d'onde $0^\mu,6562$ a pour complémentaire le bleu verdâtre de longueur d'onde $0^\mu,4921$. Rapport des longueurs d'onde : 1,334.

Orangé	$\lambda = 0\,\mu,6077.$	Complém. Bleu	$0\,\mu,4897.$	Rapport.	1,240
Jaune d'or	$0\,\mu,5853$	— Bleu	$0\,\mu,4854$	—	1,206
Jaune d'or	$0\,\mu,5739$	— Bleu	$0\,\mu,4821$	—	1,190
Jaune	$0\,\mu,5671$	— Indigo	$0\,\mu,4645$	—	1,221
Jaune	$0\,\mu,5644$	— Indigo	$0\,\mu,4618$	—	1,222
Jaune verdâtre	$0\,\mu,5636$	— Violet	$0\,\mu,433$ et au-dessous.		1,301

Les mesures encore plus nombreuses de von Kries, von Frey, A. Kœnig, Dieterici montrent en outre que les mêmes radiations n'ont pas rigoureusement les mêmes complémentaires chez les différents observateurs; mais, en somme, les écarts sont minimes et ne dépassent guère la troisième décimale.

Une couleur donnée est exactement neutralisée par une quantité déterminée de la couleur complémentaire; si celle-ci n'atteint pas l'intensité voulue, le mélange, plus ou moins blanchâtre, est coloré du ton de la première couleur; si la couleur complémentaire dépasse, au contraire, l'intensité voulue, c'est elle qui donne son ton au mélange.

Quant au mélange des couleurs autres que les complémentaires, il est soumis aux règles suivantes, suffisantes pour une première approximation : représentons sur un cercle (Newton) la série des couleurs en les distribuant de telle façon que deux couleurs complémentaires soient situées aux extrémités d'un même diamètre et que, d'autre part, le violet extrême se raccorde au rouge extrême (fig. 533). Deux couleurs quelconques prises sur ce cercle donneront par leur mélange un ton intermédiaire (variable suivant leur intensité respective), en choisissant le côté du cercle où elles sont le plus rapprochées; ainsi, du rouge et du jaune donneront de l'orangé et non pas du bleu; du bleu violet et du vert bleu donneront du bleu et non pas de l'orangé.

De plus, la couleur résultante sera d'autant plus mélangée de blanc (d'autant moins saturée) que les couleurs composantes sont plus éloignées l'une de l'autre (du même côté du cercle).

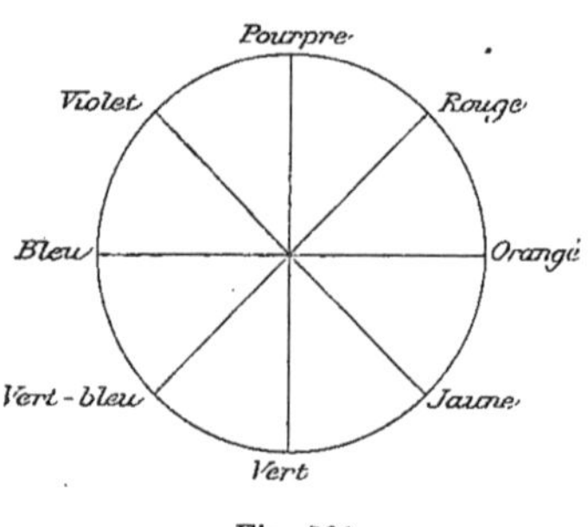

Fig. 533.

J'emprunte encore à Helmholtz le tableau suivant, à double entrée, qui donne les résultats des divers mélanges de couleurs spectrales.

	VIOLET.	INDIGO.	BLEU CYANIQUE.	VERT BLEU.	VERT.	JAUNE-VERT.	JAUNE.
Rouge......	Pourpre.	Rose foncé.	Rose blanchâtre.	Blanc.	Jaune blanchâtre.	Jaune d'or.	Orangé.
Orangé.....	Rose foncé.	Rose blanchâtre.	Blanc.	Jaune blanchâtre.	Jaune.	Jaune.	
Jaune	Rose blanchâtre.	Blanc.	Vert blanchâtre.	Vert blanchâtre.	Jaune vert.		
Jaune vert..	Blanc.	Vert blanchâtre.	Vert blanchâtre.	Vert.			
Vert........	Bleu blanchâtre.	Bleu d'eau.	Vert bleu.				
Vert bleu...	Bleu d'eau.	Bleu d'eau.					
Bleu cyan..	Indigo.						

On peut, sans recourir à l'emploi du spectre, résoudre à l'aide d'autres méthodes plus simples les divers problèmes relatifs au mélange des sensations colorées. On peut employer dans ce but les pigments colorés (papiers, tissus colorés, couleurs des peintres, etc.). Leurs couleurs ne sont pas pures, comme on peut s'en assurer par la plus simple analyse spectroscopique; mais, à condition qu'elles soient bien franches et suffisamment lumineuses, elles peuvent remplacer jusqu'à un certain point les couleurs pures, car, d'après un principe démontré par Helmholtz, une sensation colorée quelconque peut toujours être reproduite par le mélange d'une certaine quantité de lumière blanche avec une couleur saturée (couleur spectrale ou pourpre) d'un ton déterminé. Un pigment donné, dans les conditions ci-dessus indiquées, représente donc une couleur spectrale plus du blanc. Il peut donc remplacer cette couleur spectrale non au point de vue de la saturation, mais au point de vue du ton coloré.

Nombre de méthodes ont été employées pour mélanger les couleurs pigmentaires. Je n'ai pas besoin d'insister sur ce point qu'il s'agit ici non du mélange des matières colorantes, mais de celui des sensations colorées. Les résultats obtenus dans l'un et dans l'autre cas sont tout différents, et les mélanges des peintres ne ressemblent nullement à ceux des physiciens physiologistes, qui se préoccupent uniquement de faire tomber sur la même partie de la rétine les lumières à mélanger. On atteint ce but de plusieurs façons, parmi lesquelles deux exemples suffiront.

Le procédé de Lambert consiste à regarder une surface colorée horizontale à travers une lame de verre tenue verticalement et qui réfléchit en même temps dans la même direction une autre surface colorée horizontale placée en avant de la lame. Cette lame est regardée plus ou moins obliquement, ce qui fait varier à des degrés divers les proportions de la couleur réfléchie et de la couleur réfractée, qui se mélangent sur la rétine.

Une autre méthode, la plus souvent employée, est celle des disques rotatifs utilisés par Plateau, puis par Maxwell. Nous en avons indiqué le principe précédemment. On juxtapose sur un disque deux ou trois secteurs colorés d'angle variable. On se sert pour cela de papiers colorés mats et à tons aussi saturés que possible, que l'on taille en cercles fendus suivant un de leurs rayons. Ces cercles sont superposés exactement, et en les faisant glisser plus ou moins par la fente radiale on les fait empiéter l'un sur l'autre à des degrés différents. Ils sont mis ensuite en rotation rapide et donnent un mélange d'impressions colorées, mélange déterminé par les couleurs en présence, leur intensité propre et leur étendue relative sur le cercle. Soient B l'intensité d'un bleu, R l'intensité d'un rouge, 100° l'étendue du secteur bleu, 260° l'étendue du secteur rouge ; les conditions du mélange seront définies par l'équation suivante, qui mesurera en même temps l'intensité de la couleur résultante :

$$I = \frac{100\,B + 260\,R}{360} \cdot$$

Si l'on veut exprimer que ce mélange est égal en intensité ou même en couleur à celui de deux autres lumières A et B d'étendue angulaire x et y, on peut supprimer le dénominateur, car on a alors

$$\frac{100\,B + 260\,R}{360} = \frac{x\,A + y\,B}{360} \cdot$$

Avec cette méthode, on arrive à reconstituer du blanc (ou, mieux, du gris) avec trois couleurs distinctes, mélangées en proportions déterminées. L'intensité du blanc ou du gris ainsi produit est évaluée par comparaison avec le résultat d'un mélange de blanc et de noir en proportions variables (méthode de Maxwell, fig. 534).

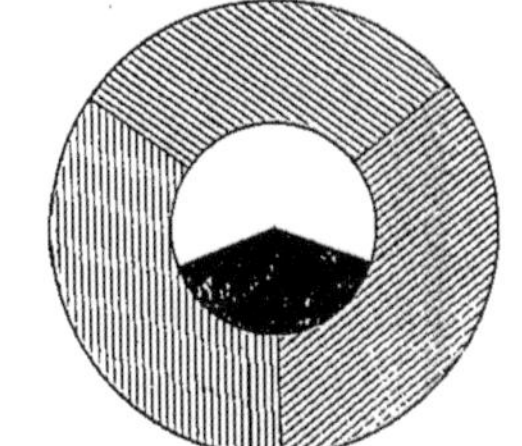

Fig. 534.

Voici des exemples de divers mélanges réalisant du blanc. Les équations suivantes sont empruntées à Aubert. Elles indiquent, d'une part, la proportion de chaque couleur employée, d'autre part la proportion de blanc et de noir nécessaire pour reproduire la clarté du mélange :

$$165° \text{ rouge} \ + \ \ 73° \text{ bleu} + 122° \text{ vert} \qquad\qquad = 100° \text{ blanc} + 260° \text{ noir.}$$
$$111° \text{ orangé} + 117° \text{ bleu} + 132° \text{ vert} \qquad\qquad = 134° \text{ blanc} + 226° \text{ noir.}$$
$$17° \text{ jaune} \ + 140° \text{ vert} + 203° \text{ couleur fuchsine} = 150° \text{ blanc} + 210° \text{ noir.}$$
$$144° \text{ jaune} \ + 197° \text{ bleu} + \ 17° \text{ vert} \qquad\qquad = 159° \text{ blanc} + 201° \text{ noir.}$$

(Ces équations ne s'appliquent qu'à des échantillons de couleurs déterminés.)

On se sert de ces équations et d'autres analogues (Aubert ajoute encore plusieurs exemples) pour construire ce qu'on appelle des *tables des couleurs.* Ces tables permettent de prévoir non seulement le *ton* d'un mélange, mais encore la *nuance* : celle-ci est la modification apportée à une couleur de ton donné par le mélange (on pourrait dire par l'addition) d'une proportion variable de blanc ou de noir réalisant les degrés du gris.

Toutes les nuances d'un ton coloré donné peuvent être représentées sur un triangle équilatéral dont un sommet figurera la couleur saturée, un second sommet le blanc et un troisième le noir (fig. 535). D'autre part, toutes ces nuances sont réalisables expérimentalement par le mélange de ces trois éléments en proportions variables sur le disque rotatif. Représentons-nous les quantités relatives de chaque élément comme des poids ou des masses et cherchons-en le centre de gravité. La position de celui-ci dans le triangle caractérisera la nuance résultante et rien qu'elle.

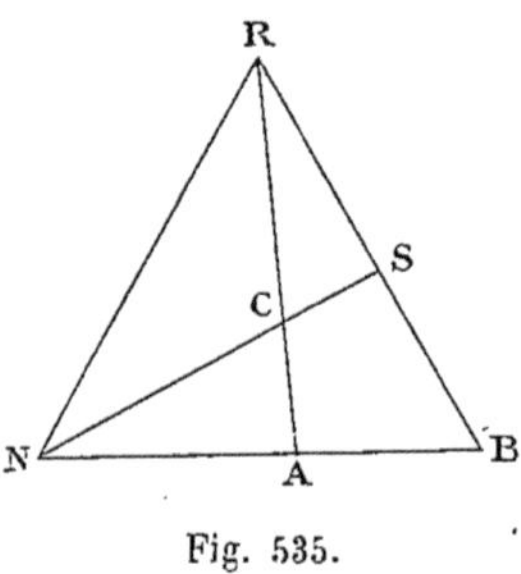

Fig. 535.

Soit, par exemple, le mélange de 100° de rouge, 150° de blanc, 110° de noir. Cherchons d'abord le centre de gravité du mélange de blanc et de noir ; il doit être sur la ligne NB, d'autant plus rapproché de B qu'il y a plus de blanc employé ; donc, si A est le point cherché, AB doit varier en raison inverse de la quantité de blanc, et NA en raison inverse de la quantité de noir, et l'on aura

$$\frac{AB}{NA} = \frac{\text{noir}}{\text{blanc}} = \frac{110}{150}.$$

On caractérise ainsi un gris déterminé, que l'on mélange avec le rouge. Le centre de gravité de ce mélange sera évidemment sur la ligne qui joint A (position de ce gris sur la ligne blanc noir) et R (position de la couleur employée sans mélange). La nuance de rouge réalisée par le mélange sera elle-même d'autant plus rapprochée de R, la couleur originale, qu'il y aura plus de rouge dans le mélange. Or, il y a 100° de rouge pour 110 + 150 (soit 260°) de gris. Si C est le point cherché, on devra avoir, comme tout à l'heure,

$$\frac{CR}{CA} = \frac{\text{gris}}{\text{rouge}} = \frac{260}{100}.$$

Cette proportion suffira pour déterminer la position du centre de gravité résultant du mélange total, et cette position dans le triangle caractérisera la nuance de rouge réalisée.

Remarquons que la nuance n'est pas la saturation. Celle-ci peut être caractérisée par la proportion de blanc et de couleur existant dans le mélange. Si donc on joint le point N au point C par une ligne droite et qu'on la prolonge jusqu'en S sur le côté RB, tous les mélanges de rouge situés sur cette ligne contiendront la même proportion de blanc et de rouge et seront, par conséquent, à la même saturation ; mais ils n'auront pas la même nuance : les nuances les plus voisines de N seront plus sombres, les nuances les plus voisines de RB seront plus claires.

Ce que nous faisons en ajoutant du noir sur le disque rotatif n'a pas simplement pour effet de diminuer l'intensité lumineuse de la couleur plus ou moins saturée. Le noir, nous l'avons dit, est une sensation *réelle* et non pas l'absence de lumière. Mais elle ne prend toute sa valeur que par le contraste. L'objet que nous appelons *noir* n'est noir que dans le milieu plus éclairé où nous le regardons. Par un fond moins éclairé, il commencerait à paraître gris, et dans l'obscurité complète il paraîtrait plus ou moins blanchâtre. (Tout objet noir réfléchit, ne l'oublions pas, une petite quantité de lumière. La mesure de cette quantité de lumière doit entrer en ligne de compte dans nos équations de mélanges colorés, mais, pour simplifier, nous avons négligé cette correction.) De même pour les couleurs sombres : le brun, le rouge brun, le vert-olive ne sont pas seulement du jaune, du rouge, du vert peu intenses, mais ils sont en outre mélangés de noir, lequel noir est obtenu généralement par contraste avec un voisinage plus clair. Les mêmes couleurs sombres regardées dans l'obscurité paraissent simplement jaune, rouge, vert plus ou moins saturés, comme l'a montré Helmholtz.

Les règles précédentes pour la construction des tables chromatiques nécessiteraient autant de triangles différents qu'il y a de tons colorés distincts ; or, suivant la délicatesse et l'éducation de l'œil, on peut en distinguer plus ou moins, depuis une dizaine jusqu'à plus de cent (un esthéticien très distingué, l'abbé G. de Lescluze, en différencie jusqu'à 128). On peut simplifier la notation des mélanges de couleurs en les réduisant à une seule construction d'après la méthode de Maxwell ; mais la table de Maxwell ne donne que les degrés de saturation ; le degré d'intensité lumineuse (ce qui donne la notion de clair ou de sombre) n'entre pas dans le mélange, il en est seulement tenu compte en affectant chaque mélange d'un coefficient dit *coefficient pour le blanc*, qui pourrait être représenté, à la rigueur, par des hauteurs différentes sur une perpendiculaire au plan de la table. Ce nombre est exprimé par la proportion relative de blanc et de noir (après correction) qui donne sur le disque rotatif une clarté équivalente à celle du mélange.

Tous les tons colorés et leurs divers degrés de saturation sont représentés d'après la situation du point figuratif dans l'intérieur d'un triangle construit suivant les règles précédemment indiquées. Seulement, les trois éléments du mélange, correspondant aux trois sommets du triangle, ne sont plus constitués par du blanc, du noir et une couleur saturée, mais par trois couleurs

convenablement choisies ; on les appelle des *couleurs principales ou fonda-*
mentales. Ces trois couleurs réparties en proportions variables sur le disque
rotatif peuvent reproduire tous les tons. A l'aide de cette donnée expérimentale, on détermine la position du point figuratif en cherchant le centre de
gravité des trois quantités relatives de couleurs
employées.

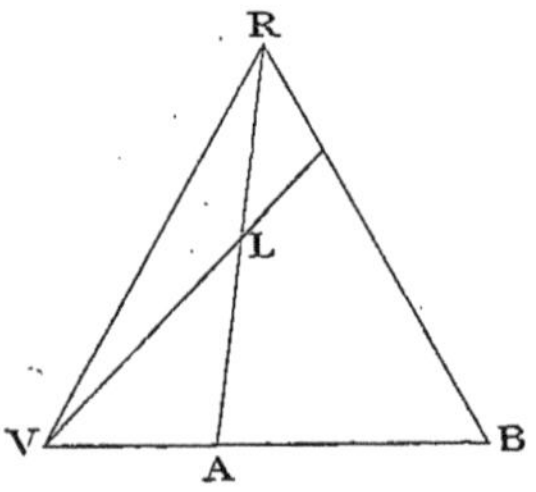

Soient, par exemple, le rouge, le vert et le bleu
pris comme couleurs fondamentales. Elles seront
figurées en R, V et B aux sommets du triangle
(fig. 536). Sur les côtés du triangle seront situées
les couleurs intermédiaires, les orangés et les
jaunes sur le côté RV, les différents tons de vert et
de bleu sur VB, les pourpres et les violets sur RB.

Fig. 536.

En s'enfonçant dans l'intérieur du triangle, le
point figuratif représentera les mêmes tons, mais de moins en moins saturés
à partir du ton pur jusqu'en un point commun qui est le blanc. Cherchons la
position de ce point. Dans une expérience d'Aubert, nous avons vu qu'il fallait
165° de rouge, 73° de bleu et 122° de vert pour faire un blanc dont le coefficient de clarté serait $\dfrac{100}{360}$. Nous prendrons d'abord sur le côté VB le centre
de gravité du vert et du bleu ; nous aurons ainsi un point déterminé par la
relation

$$\frac{AV}{AB} = \frac{73}{122}.$$

De ce point nous mènerons une droite RA jusqu'à la rencontre du sommet
rouge. C'est sur cette ligne que sera le point figuratif du mélange, et en un
point L tel que l'on ait la relation suivante :

$$\frac{LR}{LA} = \frac{73 + 122}{165}.$$

Ce point L figurera, pour les couleurs types choisies dans le cas particulier,
le blanc. De ce point partent, dans toutes les directions, des droites figurant
des tons divers, déterminés par leur aboutissant sur les côtés du triangle ;
sur chacune de ces droites prennent place, à partir de L, des degrés de
saturation croissants du ton correspondant.

C'est sur ce fait important de la possibilité de reproduire toutes les sensations colorées par le mélange de trois couleurs fondamentales qu'est fondée
la classique théorie d'Helmholtz. Remarquons que le choix des trois couleurs
fondamentales est arbitraire dans une certaine mesure ; elles sont seulement
soumises à cette condition d'être suffisamment éloignées comme ton, et de
n'être pas complémentaires prises deux à deux ; l'une d'elles doit être aussi
plus éloignée que la complémentaire de la seconde ou de la troisième. Nous
avons vu plus haut plusieurs exemples de combinaisons possibles ; il y en a
d'autres encore. Mais, même en faisant le mélange avec des couleurs spectrales, les couleurs intermédiaires réalisées sont toujours moins saturées que

les tons spectraux correspondants. La combinaison qui donne les tons inter-·médiaires les plus rapprochés comme saturation des couleurs spectrales est, d'après les recherches d'Helmholtz, celle du rouge, du vert et du violet. C'est pour cela qu'il les a choisis pour couleurs simples; ou plutôt le rouge, le vert et le violet seraient les trois sensations visuelles élémentaires; le mélange de ces trois sensations en proportions diverses donnerait les sensations correspondant aux couleurs composées; le blanc serait réalisé par leur superposition en quantités égales; leur production simultanée, même en proportions inégales, donnerait toujours un peu de blanc, plus un ton dû à la prédominance d'une ou de deux couleurs sur les autres.

Pour mieux préciser ce mécanisme, Helmholtz avait même emprunté à Young son idée des trois espèces de fibres nerveuses que contiendrait la rétine, dont chacune serait excitable par des rayons lumineux différents et donnerait lieu à des sensations spécifiquement distinctes.

« Il existe dans l'œil, disait-il, trois sortes de fibres nerveuses dont l'excitation donne respectivement la sensation du rouge, du vert et du violet.

« La lumière objective homogène excite les trois espèces de fibres nerveuses avec une intensité qui varie avec la longueur d'onde. Celle qui possède la plus grande longueur d'onde excite le plus fortement les fibres sensibles au rouge, celle de longueur moyenne les fibres du vert, et celles de la moindre longueur d'onde les fibres du violet. Cependant, il ne faut pas nier, mais bien plutôt admettre, pour l'explication de nombre de phénomènes, que chaque couleur spectrale excite toutes les espèces de fibres, mais avec une intensité différente. Supposons les couleurs spectrales disposées horizontalement par ordre (fig. 537) depuis le rouge R jusqu'au violet V; les trois courbes 1, 2, 3 représentent plus ou moins exactement l'irritabilité des trois sortes de fibres, la courbe 1 pour les fibres du rouge, la courbe 2 pour celles du vert, la courbe 3 pour celles du violet.

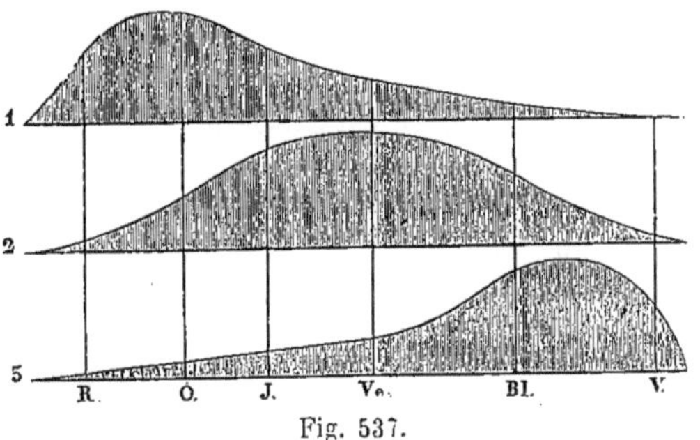

Fig. 537.

« Le rouge simple excite fortement les fibres sensibles au rouge, et faiblement les deux autres espèces; sensation : rouge.

« Le jaune simple excite modérément les fibres sensibles au rouge et au vert, faiblement celles du violet; sensation : jaune.

« Le vert simple excite fortement les fibres du vert, bien plus faiblement les deux autres espèces; sensation : vert.

« Le bleu simple excite modérément les fibres du vert et du violet, faiblement celles du rouge; sensation : bleu.

« Le violet simple excite fortement les fibres qui lui appartiennent, faiblement les autres; sensation : violet.

« L'excitation à peu près égale de toutes les fibres donne la sensation du blanc ou des couleurs blanchâtres. »

Plus tard, Helmholtz remplace les trois fibres nerveuses par trois sortes d'énergies spécifiques que produirait la lumière.

Je ne discute pas ici cette théorie, sur laquelle je reviendrai. Elle a été un guide très précieux dans maintes recherches sur la vision, et elle rend compte d'un grand nombre de faits; mais je ne crois pas qu'il faille lui attribuer une valeur *objective* absolue et la considérer autrement que comme un schéma commode pour se représenter une certaine série de phénomènes. C'est, en somme, une *hypothèse*, et, à ce titre, elle n'implique pas l'absurdité d'hypothèses différentes pouvant servir à considérer les choses sous un autre jour.

Sensations lumineuses et chromatiques. — Revenons sur le terrain des faits; nous allons trouver de nouveaux phénomènes que la théorie d'Helmholtz n'explique pas, d'autres qu'elle ne pouvait faire prévoir et qui sont incompatibles avec elle, au moins sous sa forme courante.

Pour Helmholtz, le blanc est le mélange ou, mieux, l'addition de plusieurs sensations purement colorées. Je ne crois pas qu'il soit possible de soutenir ce point de vue. Dans un mélange de sensations, on retrouve plus ou moins dissimulées, mais toujours reconnaissables, des traces des sensations composantes; cela se passe ainsi pour tous les sens, et surtout pour les sens à excitant d'origine chimique, le goût, l'odorat, ceux précisément qui ont le plus d'analogie avec le sens de la vue. C'est un des titres de gloire d'Helmholtz lui-même d'avoir, par son analyse des sons, fait reconnaître dans la sensation sonore les éléments qui la constituent par simple addition. Or une telle analyse est absolument impossible pour la sensation de blanc; le blanc résultant du couple complémentaire rouge-vert est le même que le blanc produit par les couples orangé-bleu, jaune-violet ou vert-pourpre; quelle que soit d'ailleurs l'origine du blanc, qu'il soit produit par deux, trois, cent radiations, on n'y reconnaît jamais trace des éléments colorés constitutifs.

On peut donc dire, avec Aubert, que le blanc est le produit d'une *soustraction*, d'une *diminution*, et non pas d'une addition d'impressions colorées pures.

Il y a plus : le blanc peut être produit par une seule radiation quelconque; d'une part, toute couleur pure passe au blanc quand elle devient assez intense, fait bien connu et enregistré par Helmholtz lui-même (le spectre d'une lumière très intense est entièrement blanc); d'autre part, toute couleur pure sous une intensité suffisamment faible est vue incolore (c'est-à-dire grise ou blanche, suivant le degré de contraste avec le fond), fait prouvé par Landolt et moi, et sur lequel je vais revenir.

Donc le blanc, loin d'être une sensation complexe, la plus complexe des sensations visuelles, est, au contraire, la plus simple de toutes.

C'est aussi la plus commune; c'est la réaction banale du nerf optique. Aussi Hering a-t-il eu raison de séparer de toutes les autres la série des sensations blanches, en englobant dans cette série les différentes nuances résultant du mélange du blanc et du noir et comprenant les gris.

Mais où je me sépare de Hering, c'est quand il donne au noir la valeur d'une complémentaire du blanc, et surtout quand il met sur le même plan les sensations incolores et les sensations colorées, dont il fait deux nouvelles séries parallèles au blanc-noir, la série rouge-vert et la série jaune-bleu.

Il est facile de montrer que la notion de couleur est *autre chose* que la notion de blanc; c'est *quelque chose de plus*, cela correspond à une élaboration plus complexe.

En effet, si l'on fait croître à partir de zéro l'intensité d'une lumière simple quelconque, son premier effet perceptible, le plus simple, par conséquent, puisqu'il entraîne une moindre consommation d'énergie, est une sensation incolore; c'est seulement pour une intensité plus grande que naît la sensation de couleur.

De plus, la sensation blanche ou incolore, comme on voudra, est également répandue sur toute l'étendue de la rétine : nous avons déjà vu que, à égalité d'adaptation lumineuse, le minimum perceptible pour la lumière blanche y est à peu près le même partout (sauf au centre); or, cela est vrai non seulement de la lumière composée, mais aussi de la lumière simple; l'impression incolore que fait chaque radiation vue sous le minimum perceptible est également la même, ou à peu près, sur toute la rétine, sauf au centre, où elle est moindre. Voilà encore une nouvelle preuve de sa généralité.

Or, il en est tout autrement de la sensation de couleur, qui est, au contraire, pour ainsi dire une fonction *centrale*, je ne veux pas dire ici une fonction des centres nerveux (question réservée), mais une fonction en quelque sorte localisée ou, mieux, groupée, concentrée autour de la région du regard, de la vision nette, de cette région que l'on considère comme le centre physiologique de la rétine. En effet, toutes les recherches s'accordent à montrer que les couleurs sont de moins en moins bien perçues à mesure qu'on s'éloigne du centre vers la périphérie de la rétine; le minimum perceptible comme couleur y devient de plus en plus élevé.

Autre fait qui découle des précédents : c'est que les couleurs, en s'éloignant du centre vers la périphérie, y sont vues de plus en plus blanchâtres (je néglige pour le moment certaines particularités de la vision centrale, qui nous arrêteront plus loin).

La théorie d'Helmholtz, créée uniquement en vue de la vision centrale, ne peut évidemment rendre compte de cette particularité; dans cette théorie, du moment que les couleurs deviennent de moins en moins saturées en s'éloignant du centre, c'est que l'excitabilité relative des trois espèces de fibres se modifie, tend davantage vers l'égalité; mais cela ne peut avoir lieu que si le ton de la couleur se modifie, chose incompatible avec la théorie et qui, du reste, n'est pas conforme aux faits.

On ne saurait, d'ailleurs, garder la théorie d'Helmholtz pour la vision centrale en en imaginant une autre pour la périphérie. Cette opposition n'est soutenable à aucun égard, et les propriétés de la rétine ne se modifient que graduellement d'un lieu à l'autre et ne varient nulle part d'une façon discontinue. En un mot, il n'y a pas de zone isolée dans la rétine, pas plus au centre qu'ailleurs. De plus, il n'y a pas de différence de nature, mais seu-

lement des différences de degré entre les fonctions des diverses parties de la
rétine. C'est ce que montrera une étude plus détaillée des faits précédents.

Minimum chromatique. — La mesure de la sensibilité chromatique
des différentes parties de la rétine peut se faire de différentes façons, mais elles
se réduisent toutes à la détermination du minimum perceptible, c'est-à-dire de
'intensité minima pour laquelle se produit la sensation de couleur (nous
dirons, pour abréger, le minimum chromatique).

On peut déterminer directement ce minimum à l'aide du photoptomètre
déjà décrit ou de tout autre instrument analogue.

On peut employer comme sources lumineuses soit des couleurs spectrales,
soit des couleurs transmises à travers des verres colorés. Les premières seules
sont absolument pures ; les secondes, quoique non rigoureusement monochromatiques, peuvent être choisies de telle façon, pour certains tons, qu'elles ne
transmettent qu'une zone spectrale assez limitée ; elles peuvent alors suffire
pour la plupart des expériences.

Les couleurs spectrales· peuvent provenir de sources monochromatiques
telles qu'un brûleur de Bunsen à sels de thallium, de sodium, de lithium,
d'indium, mais on ne peut compter sur la constance de pareilles lumières.

Elles peuvent provenir d'un spectre réel donné par une lumière intense
(soleil, lumière Drummond, lampe à arc, bec Aüer, flamme d'acétylène) et
projeté, après isolement par la méthode d'Helmholtz, sur l'écran postérieur de
'appareil graduateur ; c'est cette méthode que j'ai employée dans mes expériences de 1877 au laboratoire d'ophtalmologie de la Sorbonne.

Il est souvent plus commode d'adapter un spectroscope à l'appareil graduateur, mais alors on a l'inconvénient de ne pas pouvoir varier les surfaces
lumineuses présentées à l'œil ; pour être homogène, la couleur doit être sous
forme d'une bande étroite ou d'une portion isolée de cette bande. Dans nombre
d'expériences à mon laboratoire de Nancy, j'emploie cette disposition d'un
spectroscope direct disposé immédiatement en avant du photoptomètre, à la
place du tube oculaire ; au lieu de production du spectre, un écran à fente
peut se transporter vis-à-vis de chaque couleur à étudier ; la fente colorée est
regardée soit directement, soit, plus rarement, à l'aide d'un oculaire. On peut
imaginer beaucoup de dispositifs analogues. Le spectroscope peut d'ailleurs
être employé seul, le réglage de la lumière pouvant s'opérer et par la modification de la largeur de la fente éclairée, et par un diaphragme à ouverture
variable adapté à la lentille du collimateur ou de la lunette. Parmi les pho-
toptomètres spectroscopiques, je citerai celui de M. Parinaud, à deux prismes
et à graduation par la lentille. L'auteur a eu, de plus, l'idée d'assurer encore
mieux la pureté de ses couleurs spectrales en éliminant toute trace de lumière
diffuse d'une autre espèce par l'interposition d'un verre coloré de teinte convenable.

J'ai dit qu'il était préférable, quand on le pouvait, de regarder directement l'écran antérieur du photoptomètre, où l'on peut donner à l'objet lumineux toutes les formes possibles et des dimensions variables. Il faut se
résoudre alors à l'emploi des verres colorés. Ceux-ci, pour plusieurs couleurs,

peuvent être choisis de façon à donner un ton homogène rouge, vert, bleu, par exemple. Mais la bande de rayons qu'ils transmettent est toujours bien plus large qu'une raie spectrale. Les plus purs sont les rouges, qu'on peut obtenir très saturés. Pour le vert, on peut aussi avoir de la lumière homogène en superposant plusieurs verres bien choisis. Pour le bleu, il est exceptionnel de tomber sur un échantillon transmettant à peu près uniquement des rayons bleus ; cependant, j'en ai rencontré ; mais on trouve sans trop de peine deux espèces différentes de verres bleus à teinte franche, dont les uns absorbent surtout le vert et le jaune, et les autres surtout le rouge ; en les superposant, on obtient une teinte bleue à peu près pure ; du reste, dans tous les cas, l'homogénéité de la couleur peut être obtenue en superposant plusieurs verres ; elle s'acquiert alors aux dépens de l'intensité, mais dans des expériences comme celle dont il s'agit, portant sur le voisinage du minimum perceptible, ce n'est pas un inconvénient ; ce serait plutôt avantageux au point de vue de la sensibilité de la mesure. A ces trois sortes de verre, j'ajoute encore un verre jaune superposé à une solution alcoolique de curcuma. M. Crova a d'ailleurs indiqué un jaune monochromatique qu'on obtient à l'aide de deux cuves renfermant l'une une solution de perchlorure de fer, l'autre une solution de chlorure de nickel dans des proportions et sous une épaisseur déterminées.

Ces couleurs de transmission peuvent parfaitement servir à des expériences rigoureuses, quand il s'agit de comparer les diverses régions du spectre, attendu que toutes les observations s'accordent à montrer que dans le spectre les propriétés physiologiques varient d'une façon continue.

Pour la comparaison de la perception chromatique dans les diverses parties de la rétine, l'expérience ne peut être faite que dans une presque obscurité, pour que l'œil, placé au centre du périmètre, puisse apercevoir les différents points de l'arc à fixer, l'instrument restant à demeure dans la direction du pôle (zéro de la graduation périmétrique).

On peut faire cette comparaison plus facilement et sans photoptomètre, en s'appuyant sur les lois de la perception des objets de différente surface. Nous avons déjà vu, à propos de la perception lumineuse, que le minimum perceptible variait en raison inverse de la surface de l'objet. Pour la perception de la couleur, la variation n'est pas ici tout à fait proportionnelle à l'étendue, mais son sens est le même ; l'intensité apparente de la couleur diminue avec l'étendue excitée. Il suffira donc, pour la comparaison projetée, de présenter à l'œil, en différents points, des surfaces colorées différentes, augmentant jusqu'à la perception de la couleur ; on pourra soit faire varier directement la surface colorée, soit faire varier la distance d'une même surface à l'œil. Quant aux couleurs présentées, elles n'ont pas besoin ici d'être pures ; on pourra donc employer des papiers colorés à teinte franche. On reconnaît la méthode dite *de Donders* pour l'examen de la perception des couleurs.

Perception centrale et périphérique des couleurs. — Voici, comme exemple de cette première approximation, les chiffres d'une expérience donnant pour mon œil gauche la distance limite de distinction de différentes couleurs, présentées sur fond noir, sous forme de carrés de papiers colorés de 2 millimètres de côté ; ils sont déplacés de 10 degrés en 10 degrés dans la partie interne du méridien horizontal ; présentés à distance, ils sont chaque fois rapprochés de l'œil jusqu'à perception de la couleur.

	Bleu reconnu à : mètre.	Vert reconnu à : mètre.	Rouge reconnu à : mètre.
A 0º (point de fixation)........	0,81	1,44	1,32
5º en dedans...............	0,91	0,82	0,60
10º.......................	0,58	0,44	0,33
15º.......................	0,44	0,24	0,21
20º.......................	0,33	0,19	0,14
25º.......................	0,24	0,15	0,09
30º.......................	0,19	0,09	0,05
40º.......................	0,14	0,065	»
50º.......................	0,11	0,04	»
60º.......................	0,085	»	»
70º.......................	0,06	»	»

Les autres méthodes donnent des résultats comparables. La sensibilité chromatique décroît donc d'une façon continue du centre à la périphérie de la rétine. Mais nous devons compléter sous plusieurs points ces premiers résultats.

1º A première vue, les couleurs ne semblent pas perçues jusqu'à la périphérie de la rétine. En est-il réellement ainsi ? Non, quoique cela ait été soutenu. Conformément aux idées d'Aubert, les expériences de Landolt, puis les miennes, ont montré que les parties périphériques de la rétine sont capables de percevoir toutes les couleurs, à la seule condition qu'elles soient suffisamment intenses. Cette condition explique que si, dans la plupart des expériences, la perception d'une couleur donnée dans le champ visuel paraît s'arrêter à certaines limites, d'ailleurs très variables, c'est qu'alors l'intensité réalisée n'atteint plus la limite compatible avec la perception.

2º Dans le tableau précédent, un fait peut paraître étonnant : c'est l'infériorité relative de la perception du bleu au centre. Il ne s'agit pas d'une erreur ; le fait a été signalé par divers auteurs ; je l'ai observé dans toutes mes expériences de 1877, mais je croyais alors que cette infériorité ne portait que sur le bleu. Or, j'ai reconnu depuis l'existence d'un scotome central très net dans toute la moitié la plus réfrangible du spectre. Plus tard, j'ai observé, à l'aide du photoptomètre (1883), que le rouge et le vert étaient, eux aussi, moins bien perçus par le centre. Enfin, plus récemment, j'ai étendu le fait à tous les rayons spectraux. Il n'y a pas d'exception pour le rouge, comme on l'a cru quelquefois. Cette erreur tient aux difficultés spéciales de l'exploration photoptométrique de la tache jaune et de ses environs dans l'obscurité, difficultés sur lesquelles je vais revenir tout à l'heure. Mais, en dehors de ce procédé d'exploration, voici une méthode bien simple à l'aide de laquelle tout le monde peut se rendre compte de cette espèce de lacune centrale pour toutes les couleurs.

On prend un petit spectroscope à vision directe, tourné de manière à donner un spectre horizontal (par exemple) ; on le dirige sur une surface blanche, le ciel ou une autre, et l'on desserre la vis du pivot vertical, de façon à pouvoir imprimer au tube de tout petits déplacements latéraux, tout en maintenant l'œil immobile devant l'oculaire ; on peut encore garder l'instrument fixe et mouvoir légèrement la tête, ou bien ouvrir et fermer brusquement les paupières. Le regard est dirigé sur une région déterminée du spectre. On voit très nettement une petite tache sombre ronde vis-à-vis du regard; la tache est plus grande pour les couleurs les plus réfrangibles ; elle se produit plus difficilement en allant vers le rouge, mais elle se produit partout, jusque dans le rouge extrême. Pour la partie la moins réfrangible du spectre, une faible lumière convient mieux ; il en faut davantage pour la région bleu-violette.

Ses dimensions apparentes varient suivant les conditions ; elle paraît plus large dans le bleu. Son diamètre apparent peut aller de 2 à 5 millimètres à la distance moyenne de la vision rapprochée, mais elle est reliée au reste de la rétine par une zone estompée plus ou moins appréciable. (Remarquons que ces dimensions correspondent assez bien à la fovea projetée à la distance moyenne de 25 centimètres. En prenant pour distance du centre optique à la rétine $16^{mm},5$, pour diamètre de la fovea $0^{mm},2$, la projection à 250 millimètres donne pour diamètre apparent $\dfrac{0,2 \times 16,5}{250} = 3$ millimètres.)

On arrive à des constatations analogues à l'aide du photoptomètre, à condition de remplir deux indications essentielles : 1° prendre comme objet d'épreuve une surface très petite de 1 millimètre carré au plus ; les premières mesures, qui donnaient un maximum de sensibilité chromatique au centre, correspondaient en général à des surfaces colorées plus étendues (j'employais, dans mes recherches photoptométriques, des carrés de 1 centimètre en moyenne) ; 2° il faut surtout pouvoir orienter le regard dans une direction convenable ; cette condition est essentielle, mais elle est extrêmement difficile à remplir ; le regard a une tendance invincible à se diriger de telle façon que l'image se fasse *sur la région de sensibilité maxima* ; or, cette région, au point de vue de la perception colorée, n'est pas le centre de la fovea, ni la fovea elle-même, mais ses *alentours immédiats*. Or, qu'arrive-t-il dans l'obscurité complète où se font ces expériences? On note bien au début le point à regarder, et l'on dirige l'œil volontairement en conséquence, mais, dès le début de l'expérience, le regard se détourne inconsciemment, et l'exploration se fait en réalité sur le bord de la tache jaune, et non sur son centre. Pour échapper à cette difficulté capitale, il est bon de s'être exercé et habitué de longue date à diriger le regard dans l'obscurité ; mais cela ne suffit pas toujours : il faut alors se donner un point de repère fixe et suffisamment éclairé pour savoir nettement où l'on regarde, ou bien encore on peut se contenter de faire l'expérience dans la quasi-obscurité, au lieu de réaliser l'obscurité complète.

C'est grâce à l'inobservance de ces conditions que plusieurs auteurs ont cru pouvoir apporter certaines restrictions à la loi formulée plus haut, et d'après laquelle les couleurs simples donneraient une sensation incolore pour une intensité plus faible que celle qui donne la sensation chromatique.

Le fait, reconnu vrai d'une façon générale, fut d'abord contesté pour le rouge, notamment dans la vision centrale. J'ai répété et varié mes expériences, et reconnu que la loi s'appliquait au rouge comme aux autres couleurs. Ce qui est vrai, c'est que, pour le rouge, le minimum perceptible incolore est extrêmement rapproché du minimum chromatique.

Sous l'influence des idées de Parinaud, on voulut ensuite différencier complètement la vision centrale de la vision indirecte, et l'on crut démontrer que, dans la première, la sensation la plus faible n'était pas incolore, mais d'emblée colorée ; seulement, tandis que pour les uns le fait est surtout net avec le rouge, pour d'autres il s'appliquerait uniquement au bleu.

Les contradictions disparaissent devant une étude plus précise de la vision centrale, en repérant exactement la partie explorée à l'aide d'un point de fixation auxiliaire. Nous verrons que le fond de la fovea est la partie de la rétine où la distinction des détails (sensibilité visuelle) est la plus développée ; aussi est-ce, dans la vie courante, le point de fixation par excellence ; mais il n'en est pas de même pour la sensibilité lumineuse et la sensibilité chromatique, car elles passent là par un minimum ; seulement, pour la première c'est un minimum absolu, pour la perception des couleurs ce n'est qu'un minimum relatif, car cette perception, quoique moindre que sur les bords de la fovea, y est cependant meilleure que dans la généralité de la rétine.

Indiquons grossièrement par une figure schématique cette différence très importante (fig. 538). La courbe 1 représentera approximativement la variation de la sensibilité lumineuse dans la région de la tache jaune ; la courbe 2 la variation de la sensibilité chromatique. Le point c correspond au centre de la fovea. Tandis que

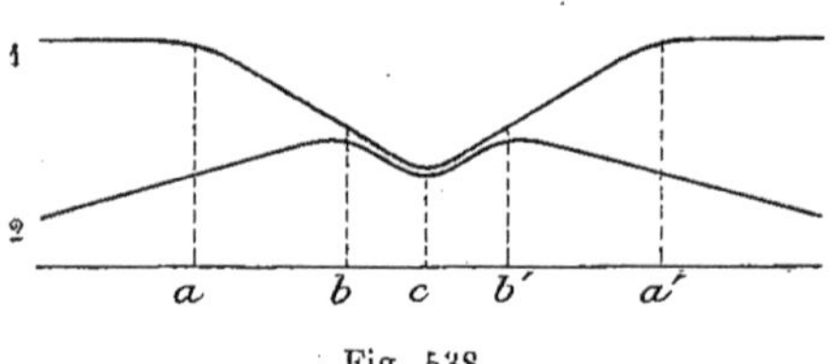

Fig. 538.

la sensibilité lumineuse, plus faible au centre, remonte en a et a' à son niveau général, la sensibilité chromatique atteint son maximum en b et b', plus près du centre ; des points b et b' jusqu'au centre c, elle s'affaiblit dans une certaine mesure ; elle s'affaiblit également dans la direction opposée $b a$, $b'a'$ en s'éloignant du centre, et continue ensuite à diminuer de plus en plus.

Aussi peut-on se laisser tromper facilement dans l'obscurité par le phénomène suivant : on présente à l'œil un petit point lumineux, rouge ou vert, par exemple, au voisinage de la limite de perception qu'il s'agit de déterminer ; il est vu coloré (par les bords de la fovea, vers le point b, je suppose), quand tout à coup, le plus souvent sous l'influence d'un effort volontaire pour tenir le regard droit, il disparaît ; on en conclut que l'impression limite au centre est une impression colorée. Il n'en est rien ; on a simplement regardé à ce moment avec la région centrale c, qui réclame pour la perception une *intensité minima plus considérable*.

Réciproquement, lorsqu'on s'efforce, au début de l'expérience, de regarder exactement avec le centre, et que, augmentant graduellement depuis zéro l'intensité lumineuse du point coloré, on est près d'atteindre le minimum perceptible de cette région, minimum plus élevé que pour les parties voisines, il est rare que l'œil ne se soit pas à ce moment quelque peu dévié d'une façon inconsciente : il présente alors à l'objet une place rétinienne voisine et plus sensible (telle que b), et le point est *vu coloré* parce qu'il a dépassé pour cette région le minimum perceptible, tandis que, vu par le centre, il paraîtrait incolore sous cette intensité.

Pour répondre à l'indication évidemment essentielle de fixer le regard, voici comment on peut s'y prendre :

Dans l'enceinte obscure et au niveau de l'objet coloré à étudier, on place, à une petite distance de celui-ci, un autre objet plus large et un peu plus éclairé ; il y a avantage à le prendre blanc, car alors les moindres traces de coloration de l'objet sont appréciables ; mais on peut tout aussi bien le prendre de la même couleur que ce dernier, ce qui permet d'appliquer cette méthode aux couleurs spectrales.

Dans le cas où l'on veut se servir de verres colorés (on sait que, pour le rouge notamment, il est possible d'en avoir de purs), on prendra comme objet un écran de papier noir ou opaque, percé d'un trou de $0^{mm},2$ à $0^{mm},3$, par exemple ; ce trou sera recouvert d'un morceau du verre coloré à étudier ; à côté de ce trou, étroit à dessein, on percera à $1^{mm},5$ ou 2 millimètres plus loin une ouverture ronde ou carrée un peu plus grande, de 1 millimètre au moins ; cette seconde ouverture sera recouverte d'une ou plusieurs couches de papier blanc, choisi de telle façon que l'on perçoive la surface blanche un peu plus tôt (c'est-à-dire pour une intensité un peu plus faible) que le point coloré. Cet écran sera placé contre le verre dépoli antérieur du photoptomètre au fond du tube oculaire. (Il est indispensable que l'œil soit, naturellement ou à l'aide de verres convenables, adapté sans accommodation à la distance de l'objet.)

Dans ces conditions, le regard pourra facilement s'orienter en se fixant d'après l'objet blanc, tandis que le point coloré se peindra sur la fovea elle-même. Alors, dans un espace de 2 à 3 millimètres environ, le minimum chromatique se montre nettement inférieur à celui du voisinage et, de plus, avant de percevoir la couleur présentée, c'est-à-dire sous une intensité plus faible, le point est vu blanc. Cela est surtout net pour la couleur rouge.

Le fait se produit pour toutes les couleurs. Il convient de dire que, dans cette étroite région, l'intervalle entre le minimum incolore et le minimum chromatique est extrêmement faible, plus que partout ailleurs ; mais il existe.

Les mêmes faits peuvent se constater si, au lieu de prendre comme objet de repère une surface blanche, on prend une surface colorée. Si donc on voulait opérer avec les couleurs spectrales, on placerait au foyer du spectroscope un écran analogue au précédent, mais avec la modification que voici : le long de la bande spectrale à étudier, on perce deux ouvertures, l'une punctiforme (trou d'aiguille de $0^{mm},1$ environ), l'autre au-dessus ou au-dessous de la première, suivant une ligne un peu plus large que le point ; cette ligne, formant surface plus étendue que ce dernier, sera perçue avant lui, d'après la loi précédemment établie ; elle formera donc, comme l'objet blanc de tout à l'heure, un point de fixation suffisant pour orienter le regard, et l'on pourra ainsi explorer exactement la fovea ; cette exploration donnera les mêmes résultats que tout à l'heure : pour une intensité graduellement croissante, l'objet est d'abord blanc, et quand, plus tard, la couleur se montre, elle reste longtemps blanchâtre.

Nous pouvons ajouter incidemment que, dans cette étroite région centrale où la perception des couleurs est inférieure à celle du voisinage, c'est précisément là que la perception des détails (sensibilité visuelle) atteint, au contraire, sa valeur maximum. On peut s'en assurer en remplaçant dans notre expérience le point coloré de tout à l'heure par quelques trous d'aiguille extrêmement fins et voisins, par exemple trois ou quatre trous de 0ᵐᵐ, 1 chacun, groupés dans un espace de 1/2 millimètre. On perçoit le mieux les différents points isolés en orientant le regard dans une direction tout à fait centrale, et c'est dans cette direction seule qu'on peut encore les distinguer en dernier lieu, quand on a abaissé l'éclairement à sa dernière limite sensible.

Deux modes de sensibilité dans la rétine. — Les différents rayons lumineux produisent donc sur la rétine deux actions différentes se manifestant l'une comme sensation lumineuse, l'autre comme sensation colorée.

Ce qui le prouve, c'est que chacune de ces deux actions peut varier isolément.

Nous les avons vues varier en premier lieu dans leur distribution sur la rétine, la sensibilité lumineuse restant sensiblement uniforme dans l'ensemble de la rétine et diminuant sur la tache jaune, la sensibilité chromatique augmentant de la périphérie au centre, atteignant un maximum autour de la fovea et fléchissant légèrement dans l'intérieur de cette dernière.

Elles se comportent différemment sous l'influence des variations de la surface rétinienne excitée : le minimum perceptible lumineux varie en raison inverse de la surface ; le minimum chromatique augmente bien quand la surface diminue, mais il varie moins vite qu'elle, et inégalement suivant les couleurs : celles-ci perdent d'autant plus de leur intensité apparente qu'elles sont plus réfrangibles.

Il y a d'autres distinctions du même ordre, le minimum lumineux devenant plus faible pour plusieurs petits points rapprochés que pour un seul, le minimum chromatique étant, au contraire, peu ou pas modifié.

Mais voici un ordre de phénomènes encore plus frappant : c'est la manière différente dont se comportent la sensibilité lumineuse et la sensibilité chromatique sous l'influence de l'adaptation rétinienne.

Il est évident d'abord qu'une excitation assez intense et assez prolongée fatigue le nerf optique et affaiblit dans son ensemble la sensation visuelle. Il ne peut y avoir d'exception à cette loi générale de l'action nerveuse. Une sensation colorée perdra donc, sous l'influence de la fatigue, et de sa coloration et de son intensité lumineuse. Mais, chose importante, la fatigue se fera beaucoup moins sentir sur la sensibilité chromatique que sur la sensibilité lumineuse. Et même, si l'on prend un œil adapté à l'éclairage assez faible d'un appartement et qu'on compare ses deux modes de sensibilité avec ceux du même œil reposé dans l'obscurité, on constate que l'*obscuration* (mot que j'ai proposé pour désigner l'action d'un séjour de l'œil dans l'obscurité) a diminué notablement le minimum perceptible lumineux, mais n'a pas influencé le minimum chromatique.

Pour simplifier ces considérations, j'appellerai dorénavant *intervalle photochromatique* le rapport des deux éclairements correspondant aux deux espèces de minimum perceptible. Le minimum couleur se produisant pour une intensité lumineuse plus grande que le minimum lumière, c'est lui qui sera choisi comme numérateur, et rapporté au minimum perceptible absolu (minimum perçu comme lumière).

Or, sous l'influence de l'obscuration, l'intervalle photochromatique augmente. Et cette augmentation tient principalement à l'abaissement du minimum lumineux, le minimum chromatique étant peu affaibli ou même pas du tout quand l'éclairage primitif n'est pas trop considérable. C'est dans ces dernières conditions que j'ai observé ce fait, signalé dès le début de mes recherches (*Acad. des sciences*, 20 mai 1898), que le minimum chromatique reste invariable.

Un autre fait frappant que j'ai observé indépendamment de celui-ci, et signalé à la même époque, découle logiquement du précédent : pour un œil reposé dans l'obscurité, les couleurs, non seulement paraissent plus intenses que pour l'œil actif, mais, de plus, elles sont vues blanchâtres. Cela se produit avec toutes les couleurs, pigments, verres colorés, couleurs spectrales. Aucune expérience ne peut mieux faire toucher du doigt l'indépendance relative des deux processus : les deux sensations lumineuse et chromatique s'ajoutent l'une à l'autre, et ce qui augmente l'une augmente la sensation totale.

Seulement, il faut remarquer que, dans cette sensation totale, chacun des deux processus intervient d'une façon variable suivant l'espèce de lumière.

En effet, l'intervalle photochromatique n'est pas le même pour les différents rayons du spectre ; il est fonction de la réfrangibilité et augmente du rouge au bleu. C'est ce que montrent les chiffres suivants, obtenus dans une de mes expériences : spectre de 12 centimètres, projeté par bandes de 5 millimètres de large sur le verre dépoli du photoptomètre ; objet formé de sept petits points groupés dans un espace de 9 millimètres carrés environ (cette forme de l'objet a été choisie pour faciliter la distinction entre les deux minima, dont l'intervalle est ainsi agrandi) ; après un séjour de vingt minutes dans l'obscurité, et avec des précautions expérimentales sur lesquelles je ne m'arrête pas, on détermine successivement l'ouverture du diaphragme correspondant à la sensation lumineuse et à la distinction de la couleur dans différentes bandes spectrales. On prend le carré de ces deux ouvertures ; le rapport des carrés donne la valeur de l'intervalle photochromatique (notons que les nombres ne sont pas comparables d'une détermination à l'autre, la fente spectrale étant modifiée pour adapter l'intensité lumineuse à la sensibilité de l'appareil). J'indique successivement l'ouverture trouvée dans chaque cas pour la lumière et pour la couleur, puis le rapport des *carrés* de ces ouvertures :

	Lumière. mm.	Couleur. mm.	Intervalle phot.
Rouge extrême......................	0,5	1	4
— (mesure ultérieure)..............	1,25	1,33	3,6
Orangé...........................	0,9	2,1	5,5
— (mesure ultérieure)..............	0,3	0,7	5,5
Jaune.............................	1,0	3,1	9,6
Vert moyen........................	0,3	4,2	196,0
Bleu franc, région moyenne..........	0,3	7.5	625,0

L'intervalle photochromatique devient donc énorme pour les couleurs très réfrangibles (on n'a pu étudier le violet).

Ces résultats, pris comme exemple, montrent d'abord que, dans toute sensation de couleur pure, il y a une part de blanc ; autrement dit, comme l'a déjà exprimé Helmholtz, aucune couleur objective n'est absolument saturée. En outre, la part de blanc est plus élevée pour les couleurs les plus réfrangibles ; elle est à son minimum pour le rouge.

D'où il suit que l'impression blanchâtre produite sur les couleurs pures par l'obscuration doit être plus marquée avec les couleurs plus réfrangibles. En effet, le bleu devient plus blanchâtre que le vert, le vert que le jaune, le jaune que le rouge. Mais le changement se fait sentir pour toutes dans le sens indiqué.

S'ensuit-il de là que l'adaptation à l'obscurité abaisse inégalement le minimum perceptible lumineux pour les divers rayons du spectre, et agisse davantage sur les plus réfrangibles ? C'est ce qu'a avancé M. Parinaud, en 1884, et ce qu'il semble résulter d'ailleurs d'une de mes expériences de 1878. J'ai repris la question avec toute l'attention possible, et j'ai pu me convaincre, après une étude minutieuse, que ces résultats d'expérience exprimaient non l'effet de l'adaptation, mais celui de l'inertie rétinienne, qui, comme on le verra, varie avec la couleur. En réalité, si l'on part d'un éclairage d'adaptation peu élevé (comme celui d'un appartement), si cet éclairage est blanc, si l'on compare le minimum perceptible pour un œil adapté à une même valeur de cet éclairage et pour le même œil reposé pendant le même temps dans l'obscurité, si la mesure a été faite, dans les deux cas, avec la même espèce de minimum perceptible, soit le minimum d'apparition, soit le minimum de disparition de la lumière (condition dont nous avons vu précédemment l'importance), on trouve que l'obscuration a agi d'une façon uniforme sur toutes les couleurs (couleurs spectrales ou autres) et que le rapport des minima, correspondant aux deux états de l'œil, est sensiblement constant.

Cela ne veut pas dire que si l'on part d'un œil adapté à une vive lumière, et surtout si cette lumière est plus ou moins colorée, l'obscuration n'agisse pas plus efficacement pour certains rayons que pour d'autres ; la fatigue sera évidemment plus grande pour les rayons de la couleur prépondérante. C'est ainsi que peuvent s'expliquer les résultats, au premier abord très surprenants, de M. Parinaud, dans des expériences récentes (1894) (1), faites à l'aide de son spectroscope photoptométrique. En effet : 1° l'œil a dû être adapté à un éclairage très intense, et, par suite, très fatigant ; cela résulte du rapport du degré d'abaissement que subit le minimum perceptible sous l'influence de l'obscu-

____

(1) Ceci a été écrit, comme tout le présent travail, en 1898.

rité; il varie de 1 jusqu'à 1 500 ; 2° les chiffres de ces expériences montrent, pour l'œil reposé, une énorme augmentation relative de la sensibilité lumineuse dans certaines couleurs, mais ce ne sont pas, comme le veut l'auteur, les couleurs les plus réfrangibles, ce sont plutôt celles qui prédominent dans la lumière à laquelle l'œil est adapté. Voici ces chiffres (minimum perceptible) :

	Raie B	C	D	E	F	G
Rétine adaptée à l'obscurité.........	400	100	10	1	1	100
Rétine non adaptée à l'obscurité.....	400	100	60	100	1500	1500

D'après cela, la sensibilité n'aurait pas varié dans le rouge (en B et en C) (chose inadmissible, étant donnée la fatigue générale devant résulter forcément de la grande intensité de l'éclairage d'adaptation); elle augmente déjà de 1 à 6 dans le jaune (D), de 1 à 100 dans le commencement du vert (E), s'élève plus loin à 1 500 à la fin du vert (en F), et varie enfin dans le bleu (G) de 1 à 15 seulement. Ainsi, augmentation énorme dans le vert, augmentation 100 fois moindre dans le bleu. Comme commentaire, ajoutons que la source lumineuse était un bec Auer, dont on connaît la richesse en rayons verts. Il n'est pas étonnant que, dans l'œil soumis à cette lumière, la rétine ait été plus fatiguée pour le vert que pour le reste du spectre, d'où l'action relativement plus efficace du repos dans l'obscurité.

En résumé, les expériences de M. Parinaud (abstraction faite de ses résultats avec le rouge, auxquels je ne puis m'associer) rentrent plutôt dans l'étude de la fatigue qu'elles ne peuvent servir à l'analyse élémentaire des deux processus visuels. J'en dirai autant des expériences du même genre, telles que celles de Haycraft.

Il n'y a d'ailleurs pas de doute que le minimum perceptible, mesuré à des éclairages d'adaptation aussi intenses, ne soit ni le minimum lumineux, ni le minimum chromatique que nous avons en vue et auxquels se rapportent nos recherches.

Une question qui se rattache à la précédente, mais qui en reste bien distincte, serait de déterminer l'influence des divers rayons excitateurs sur le degré de la fatigue et sur la variation des minima perceptibles. L'étude en serait difficile, surtout à cause de la nécessité d'égaliser l'intensité des différentes lumières colorées auxquelles on soumettrait l'œil. Cette condition n'a pas été remplie dans les deux ou trois faits contradictoires que l'on connaît sur cette question; aussi, attendrons-nous de nouvelles expériences.

Addition de blanc à une couleur. — Laissons de côté ces dernières considérations, qui nous éloignent de notre sujet, et continuons à rechercher les faits qui démontrent la distinction du processus lumineux et du processus chromatique.

Nous avons vu que l'obscuration augmentait le minimum perceptible lumineux et faisait paraître, à cause de cela, les couleurs plus ou moins blanchâtres. Ces phénomènes, constatables sur toute la rétine, ont été observés en général dans le regard presque direct (région péri-fovéaire du maximum de sensibilité chromatique). Ils ont été contestés pour la vision directe proprement dite (Parinaud). Ils sont évidemment beaucoup plus difficiles à étudier là que partout ailleurs, aussi ne puis-je me prononcer là-dessus qu'avec réserve ; toutefois, l'adaptation m'a paru exercer dans la fovea son influence habituelle, bien qu'avec une intensité moindre ; on sait d'ailleurs que l'intervalle photochromatique est réduit à cet endroit à son minimum, d'où la moindre addition de blanc par le repos dans l'obscurité.

On peut démontrer par un nouveau fait d'expérience l'indépendance *relative* des deux processus lumineux et chromatique. La perception chromatique (mesurée par le minimum perçu comme couleur) n'est pas modifiée si, à la couleur pure présentée, on ajoute (jusqu'à une certaine limite assez étendue) une quantité variable de lumière blanche. Voici comment j'ai procédé dans cette expérience.

Le verre dépoli postérieur du photoptomètre, au lieu d'être éclairé directement par une source lumineuse, recevait les rayons d'une surface blanche, concentrés par une lentille objective assez large, placée derrière l'instrument dans un tube noirci. Cette lentille était pourvue d'un diaphragme à ouverture carrée variable. Un petit carré de verre coloré concentrique à cette ouverture était collé sur la lentille. Le diaphragme étant fermé jusqu'aux bords du verre coloré, la lumière transmise par celui-ci passait seule à travers la lentille et éclairait le photoptomètre. Avec ce dernier et par le procédé habituel, on déterminait le minimum perçu *comme couleur*. Ce minimum une fois connu, on ouvrait plus ou moins le diaphragme de la lentille placée derrière l'instrument, de manière à recevoir sur cette lentille, outre les mêmes rayons colorés par le verre, de la lumière blanche passant autour du verre. Cette lumière blanche, en proportions plus ou moins grandes, était mélangée par la lentille avec la première, et le verre dépoli du photoptomètre recevait ce mélange homogène qui servait de nouvelle lumière d'épreuve. Or, pour percevoir la couleur, il fallait ouvrir le diaphragme du photoptomètre de la même quantité que précédemment, preuve que l'addition de lumière blanche n'influençait pas la sensibilité chromatique (le minimum perceptible lumineux était, au contraire, évidemment abaissé). Toutefois, cette addition n'est inefficace que jusqu'à une certaine limite, qui paraît être sensiblement plus élevée pour le rouge que pour le bleu.

Ces expériences mériteraient d'être reprises et développées. Il ne faudrait pas généraliser leurs conclusions, qui tendraient à faire croire que la lumière blanche est sans influence sur la perception des couleurs. On sait, au contraire, que l'addition de blanc à un secteur coloré sur un disque rotatif modifie le ton de la couleur présentée : elle agit comme si l'on avait mélangé cette couleur d'un peu de violet, baissant le ton des couleurs peu réfrangibles, haussant le ton des couleurs très réfrangibles. Mais c'est là un phénomène dont les conditions sont mal analysées et dans lequel intervient l'élément temps (Rood).

Dans les limites où nous nous sommes tenus, il est évident que la sensibilité lumineuse et la sensibilité chromatique varient chacune pour leur compte. Seulement, elles ne sont pas absolument indépendantes, la seconde restant subordonnée à la première et semblant être une fonction de perfectionnement. Nous aurons à revenir sur ce point.

Perception différentielle des diverses couleurs. — Le fait de cette dualité nous amène à l'étude d'un nouveau phénomène dont elle peut faciliter l'interprétation. Je veux parler de la marche différente de la sensation lumineuse suivant l'espèce de lumière.

Nous avons discuté, au début de notre article, la façon dont varie la sensation lumineuse en fonction de l'intensité ; nous nous sommes placé à un point de vue général, sans rechercher si les différents rayons exerçaient une influence particulière. Il nous reste à compléter dans ce sens ces premières données.

D'après ce que nous savons déjà, pour se rendre compte de la marche de la sensation lumineuse, il faut connaître celle de la sensibilité différentielle.

Voici donc avant tout une question importante à résoudre : la perception des différences de clarté est-elle la même, quelle que soit l'espèce de lumière employée, ou, au contraire, varie-t-elle avec les diverses lumières simples ou composées ?

Les premiers auteurs qui se sont occupés de cette question ont comparé à ce point de vue les diverses parties du spectre, sans se préoccuper suffisamment des conditions de comparaison, notamment de l'intensité très variable que présentent les zones spectrales à comparer. Or, nous avons déjà vu à quel point est considérable sur la perception différentielle l'influence de l'intensité. Il est donc *avant tout* nécessaire de placer les couleurs étudiées dans des conditions d'intensité objective comparables, et il faut se préoccuper de leur trouver une commune mesure.

La sensation lumineuse faisant partie dans tous les cas d'une série qui commence au minimum perceptible, c'est ce point de départ commun que nous prendrons pour étalon, et nous mesurerons l'intensité de chacune de nos lumières de la façon suivante : nous prendrons comme unité d'intensité objective l'intensité nécessaire et suffisante pour produire la sensation lumineuse après un repos de vingt-cinq minutes dans l'obscurité. Celle-ci étant une fois connue, nous pourrons donner à l'éclairage des valeurs de 100, 200, 300 unités, c'est-à-dire une intensité 100, 200, 300 fois plus forte que celle du minimum perceptible, et nous chercherons dans chacun de ces cas l'éclairement supplémentaire à fournir à une surface donnée pour la faire distinguer du fond. Cet éclairement supplémentaire sera exprimé également en unités minima ; rapporté à l'éclairage correspondant, il donnera la valeur de la fraction différentielle, comme nous l'avons déjà vu pour la lumière blanche.

J'ai fait avec le plus grand soin des séries de déterminations portant sur quatre couleurs différentes obtenues avec des verres ou des solutions colorées. On connaît déjà la méthode et l'instrument (photoptomètre différentiel). Quant au réglage de l'intensité, il était obtenu de la façon suivante : pour chaque couleur, après un séjour de vingt-cinq minutes dans l'obscurité, le diaphragme graduateur postérieur était ouvert à 1 millimètre et la source lumineuse était placée à une distance telle qu'elle donnât ainsi dans l'instrument le minimum perceptible ; on réglait de la même façon la position de la source latérale pour qu'elle donnât également la sensation initiale pour une ouverture de 1 millimètre du diaphragme correspondant. Cette ouverture donnait ainsi sur l'écran translucide l'éclairement unité, et, pour produire un éclairement 100 ou 200 fois plus considérable, on ouvrait le diaphragme de telle façon que le carré de son ouverture fût égal à 100 ou 200 millimètres carrés.

Les quatre couleurs expérimentées furent : le rouge, le jaune, le vert et le bleu. Ces quatre couleurs correspondaient à des bandes spectrales plus ou moins larges, et aussi homogènes que possible, pour lesquelles voici les longueurs d'onde correspondant à leur région moyenne :

Rouge.............. $N = 0\,\mu,650$ (environs de la raie C).
Jaune .... $0\,\mu,580$ (un peu après la raie D).
Vert................ $0\,\mu,532$ (environs de la raie E).
Bleu................ $0\,\mu,460$ (entre les raies F et G).

J'ai fait, en outre, l'expérience avec le blanc, comme terme de comparaison.

Voici les chiffres obtenus pour différentes valeurs de l'intensité lumineuse du fond. Dans un premier tableau sont les éclairements supplémentaires qu'il a fallu pour distinguer du fond lumineux un carré de même couleur ayant 7 millimètres de côté. Dans un second tableau sont les fractions différentielles correspondantes.

Intensité du fond.	Éclairements supplémentaires :				
	Rouge.	Jaune.	Vert.	Bleu.	Blanc.
6 1/4 unités minima......	4	»	»	»	»
25 —	7,5	9	30	36	16
56 —	9	»	»	»	»
100 —	10,5	20	49	90	38,5
156 —	16	»	»	»	»
225 —	25	32,5	64	156	50,5
400 —	»	36	100	193	64
625 —	»	49	121	240	76
900 —	»	61	144	324	85

Intensité du fond.	Fraction différentielle :				
	Rouge.	Jaune.	Vert.	Bleu.	Blanc.
6 1/4 unités.............	0,64	»	»	»	»
25 —	0,30	0,36	1,2	1,45	0,64
56 —	0,16	»	»	»	»
100 —	0,105	0,20	0,49	0,90	0,38
156 —	0,102	»	»	»	»
225 —	0.11	0,14	0,28	0,69	0,22
400 —	»	0,09	0,25	0,48	0,16
625 —	»	0,078	0,19	0,38	0,12
900 —	»	0,068	0,16	0,36	0,094

Ces résultats s'appliquent à des intensités faibles, puisqu'elles n'ont pas dépassé 900 fois le minimum perceptible, et même 225 fois seulement pour le rouge.

Dans ces limites, on voit que la marche de la sensibilité différentielle varie avec les couleurs : les courbes représentant cette marche en fonction de l'intensité divergent de plus en plus à partir du minimum perceptible pris comme unité.

De plus, pour une même valeur objective de l'intensité lumineuse *mesurée avec l'unité précédente*, l'éclairement supplémentaire est d'autant plus grand qu'on opère avec des couleurs plus réfrangibles. Il en est de même pour la fraction différentielle.

Des résultats du même ordre, mais différant des précédents sous plusieurs rapports, avaient été déjà obtenus par Macé de Lépinay et Nicati sur des couleurs spectrales et à l'aide de la méthode des ombres de Bouguer ; cette méthode, moins sensible que celle qui vient d'être décrite, et appliquée à des intensités lumineuses supérieures aux nôtres et à des objets plus petits, leur a donné des coefficients à peu près uniformes pour les couleurs les moins réfrangibles, d'une longueur d'onde supérieure à $0^{\mu},537$; pour les autres, de $0^{\mu},537$ à $0^{\mu},430$, la fraction différentielle augmentait avec la réfrangibilité.

Mais les déterminations les plus nombreuses et portant sur les intensités lumineuses les plus différentes ont été faites par A. Kœnig et Brodhun. Ces auteurs comparaient deux plages égales provenant du dédoublement d'une fente par un prisme biréfringent ; l'éclairement était modifié par l'inclinaison d'un prisme de Nicol contenu dans une lunette au moyen de laquelle ils faisaient l'observation. La fente était éclairée par les diverses régions d'un spectre. Quoique leurs expériences aient été faites dans des conditions très différentes des nôtres, on peut en tirer des conclusions analogues en ce qui concerne les éclairages faibles. Si, en effet, on prend comme unité soit leur plus faible éclairage pour chaque couleur, soit les chiffres qu'ils donnent ailleurs pour le minimum perceptible, et qu'on recherche dans leurs tables les valeurs de la fraction différentielle correspondant à un même multiple de cette unité, on voit qu'en général la fraction différentielle augmente avec la réfrangibilité. Ces différences s'atténuent quand l'éclairage augmente.

Les expériences de A. Kœnig et Brodhun ont été poussées jusqu'à des éclairages bien plus intenses que les nôtres, et fournissent, à cause de cela, de précieux renseignements sur la marche de la sensibilité différentielle des diverses parties du spectre. Elles constatent, pour chaque couleur comme pour le blanc, la diminution graduelle de la fraction différentielle à mesure que s'accroît l'intensité, mais seulement jusqu'à un certain maximum d'éclairage à partir duquel la fraction commence à augmenter, accusant ensuite un affaiblissement graduel de la sensibilité. Ce maximum est atteint pour des intensités variables suivant les couleurs : si l'on exprime ces intensités *optima* en fonction de l'éclairage minimum, elles augmentent en même temps que la réfrangibilité.

Pour l'éclairage auquel la sensibilité différentielle passe par son maximum, la valeur de la fraction différentielle varie peu d'une couleur à l'autre et est voisine de 0,016 à 0,017 (sauf pour le violet, 0,018).

Dans nos expériences, le blanc se comporte comme une couleur moyenne, et se place entre le jaune et le vert. Il en est de même dans les expériences de Kœnig.

Intensité des sensations colorées. — Cherchons maintenant, à l'aide de nos propres chiffres, à connaître la variation de l'intensité de la sensation pour chaque couleur en fonction de l'intensité lumineuse. Nous procéderons

comme nous l'avons fait pour la lumière blanche, dressant la courbe des
éclairements supplémentaires correspondant aux différentes intensités lumineuses, et cherchant, à l'aide de cette courbe, les augmentations d'intensité
lumineuse nécessaires pour passer d'un degré à l'autre de la sensation. Nous obtenons ainsi les quatre courbes de la figure 539, indiquant en abscisses les intensités lumineuses comptées à partir du minimum perceptible pris comme unité, et en ordonnées les degrés correspondants de chaque sensation colorée.

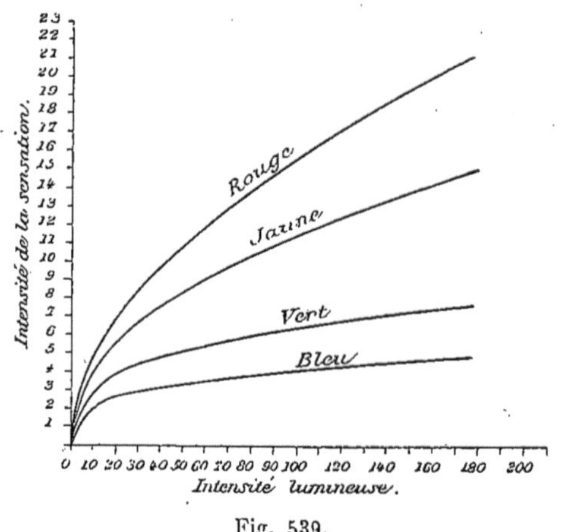

Fig. 539.

On voit que la sensation donnée par nos rayons rouges augmente beaucoup plus vite que celle des autres couleurs, celle de nos rayons bleus augmente le plus lentement. Entre ces limites, c'est-à-dire jusqu'à 200 fois
le minimum perceptible (et bien au delà encore d'après les chiffres de Kœnig),
la sensation croît d'autant plus vite avec l'intensité lumineuse que la lumière
employée est moins réfrangible.

D'après cela, il est facile de voir que le résultat de la comparaison de deux
couleurs données au point de vue de leur intensité apparente ne sera pas le
même à deux éclairages différents. Vues à peu près égales au voisinage du
minimum perceptible, elles différeront de plus en plus à mesure que l'éclairage augmentera : si l'on prend comme exemple le rouge et le bleu, le rouge,
d'abord égal au bleu, paraîtra successivement, 2, 3, 4, 5 fois plus intense, et
ainsi de suite. Inversement, si un rouge et un bleu paraissent égaux à un
éclairage donné, ils paraîtront inégaux si l'on diminue l'éclairage, le bleu se
montrera supérieur au rouge et de plus en plus intense, relativement à ce
dernier, à mesure que l'éclairage sera plus faible.

On reconnaît là le phénomène de Purkinje, d'après lequel, suivant l'énoncé
d'Helmholtz, l'intensité de la sensation est une fonction de l'intensité lumineuse objective qui varie suivant l'espèce de lumière. Pour des éclairages
assez faibles, cette fonction varie, on vient de le voir, en sens inverse de la
réfrangibilité : de deux couleurs inégalement réfrangibles, la plus réfrangible gagnera en intensité apparente relative si l'éclairage baisse, et perdra
si l'éclairage augmente.

Mais nos courbes de sensation prolongées ne s'élèveraient pas indéfiniment; d'après la marche de la sensibilité différentielle aux extrémités supérieures, elles commenceraient à baisser à partir d'un certain éclairage, et cet
éclairage critique serait atteint plus ou moins tôt suivant les couleurs : en se
rapportant aux chiffres de Kœnig, le rouge baisse plus tôt que l'orangé,
celui-ci plus tôt que le jaune. Il s'ensuit que, pour des intensités assez fortes, la

prépondérance relative des couleurs peu réfrangibles doit passer graduellement du rouge au jaune et même, plus tard, au vert.

L'importance du phénomène de Purkinje en photométrie a été mis en relief par les belles recherches de Macé de Lépinay et Nicati, qui ont analysé avec beaucoup de soin les diverses conditions influant sur sa production et sur son intensité. Parmi ces conditions, je ne retiens ici que l'influence qu'exercerait le siège de l'excitation rétinienne. Pour ces auteurs, le phénomène de Purkinje ne se produirait pas pour de petites images centrales ne dépassant pas les limites de la fovea centralis. Il m'a semblé, après des essais minutieux, que cette conclusion était trop absolue et que les variations de clarté des couleurs suivant l'éclairage y étaient seulement moins importantes.

Nous avons vu comment la marche même de la sensation rendait compte du phénomène de Purkinje. Il n'est pas besoin de faire intervenir pour cela l'adaptation lumineuse, qui peut être ou n'être pas présente sans que ses lois soient modifiées. Pour M. Parinaud, le repos de l'œil le rendrait plus excitable par les rayons réfrangibles. Or, c'est le contraire qui a lieu : un œil reposé montre une prépondérance apparente des rayons les moins réfrangibles ; la plus simple épreuve le montre : le blanc vu comparativement par un œil actif et par un œil reposé paraît bleuâtre pour le premier, rougeâtre pour le second. La raison en est bien simple ; l'obscuration augmente l'excitabilité de la rétine et, par suite, l'intensité apparente de la lumière en général; or, nous savons qu'un blanc plus intense est vu rougeâtre, en raison même du phénomène de Purkinje, d'après lequel les rayons peu réfrangibles prédominent dans la sensation à mesure que l'excitation s'accroît.

En résumé, la courbe des sensations pour les différentes couleurs dérive directement de la courbe des éclairements supplémentaires en fonction de l'intensité objective. Or on comprend que cette dernière soit plus élevée pour le bleu que pour le vert et pour celui-ci que pour le rouge, en réfléchissant à ce fait que l'éclairement fourni à la rétine alimente deux processus d'où dépend l'accroissement de sensation, l'un, nous allons le voir, sensiblement de même intensité pour toutes les couleurs (processus chromatique), l'autre plus intense pour les rayons les plus réfrangibles.

Nous allons reconnaître l'uniformité du processus chromatique en évaluant maintenant l'intensité non plus en fonction du minimum lumineux, mais en prenant comme unité le minimum perçu comme couleur. L'intensité objective ainsi mesurée pourra s'appeler *intensité chromatique*. Or, *à égale intensité chromatique*, pour les couleurs simples et dans les limites d'éclairage où nous nous sommes placés, la fraction différentielle s'est montrée indépendante de la couleur. On peut donc dire que la part qui revient au processus chromatique dans l'intensité de la sensation est uniforme, tandis que nous savons, d'après la valeur variable de l'intervalle photochromatique, que la part qui revient au processus lumineux simple est d'autant plus grande que la couleur est moins réfrangible.

Inertie rétinienne suivant les couleurs. — Nous avons étudié jus-

qu'ici un certain nombre des caractères spécifiques des différentes espèces de
lumières simples; nous connaissons plusieurs des points par lesquels elles se
distinguent les unes des autres, leur couleur, leur action relative sur les deux
processus visuels, leur perceptibilité différentielle. Il nous reste à compléter
cette étude en cherchant les autres points qui les différencient dans leurs
réactions physiologiques.

Un de ces caractères spécifiques est la facilité plus ou moins grande qu'ont
les divers rayons lumineux à provoquer la sensation. Nous avons parlé dans
notre premier chapitre de l'inertie rétinienne, qui se traduit par une perte de
force, par l'absorption d'une certaine quantité d'excitation par le fait de la
mise en jeu de l'appareil de la sensibilité lumineuse; autrement dit, on constate qu'il faut plus de lumière pour *exciter* une sensation lumineuse que
pour l'entretenir une fois produite. Le rapport entre le minimum d'apparition
et le minimum de disparition donne la mesure de cette inertie.

Or, le rapport en question n'est pas le même pour les différentes couleurs :
il augmente avec la réfrangibilité.

Dans une expérience, par exemple, on compare le rouge, le vert et le bleu,
à l'aide du photoptomètre, et en réglant la source lumineuse de telle façon
que le minimum perceptible ait lieu pour une même ouverture du diaphragme,
15 millimètres. Si l'on diminue ensuite cette ouverture avec les précautions
spéciales que j'ai indiquées ailleurs, la sensation cesse pour les ouvertures
suivantes :

> Rouge.................................. 13 millimètres,
> Vert....................... 8,5   —
> Bleu.................................. 7,0   —

En prenant pour chaque couleur le carré des deux ouvertures, on a les
rapports suivants, qui permettent de comparer l'inertie rétinienne dans ces
trois cas :

> Rouge 1 1/3
> Vert.................................. 3
> Bleu.................................. 4 1/2

La résistance à vaincre pour provoquer une sensation dans la rétine est
donc plus grande pour les couleurs les plus réfrangibles. (Je ne puis insister
ici sur les conditions expérimentales très délicates à remplir dans cette
détermination.)

Y a-t-il de même une inertie dans l'appareil de la sensibilité chromatique?
L'expérience est beaucoup plus difficile à faire, et, bien qu'il ne m'ait pas
semblé voir de différence entre les couleurs, ce résultat ne doit être admis
que sous réserve.

Mais voici déjà un fait important : la rétine ne répond pas avec la même
facilité aux sollicitations des divers rayons lumineux. Cela nous conduit à
une nouvelle notion capitale : ne répondant pas avec la même facilité, elle ne
doit pas répondre *avec la même vitesse*. Et c'est en effet ce que l'on constate
par un certain nombre de faits concordants.

Avant d'établir ce point important, nous devons dire quelques mots sur l'intervention de l'élément temps dans l'action des diverses couleurs sur la rétine.

Couleurs brèves. — Nous avons vu précédemment que, pour agir efficacement, la lumière devait avoir une certaine durée : il y a donc un minimum de durée perceptible, de même qu'il y a un minimum d'intensité perceptible, et ces deux grandeurs sont corrélatives, variant en sens inverse et généralement en raison inverse l'une de l'autre. Cette loi s'applique à toute espèce de lumière.

Or, pouvant affaiblir l'intensité apparente d'une lumière en diminuant sa durée, produira-t-on les mêmes phases de la sensation que lorsqu'on diminue l'éclairement? La question a été étudiée d'abord par Künkel à l'aide d'un appareil spectroscopique dans lequel des bandes de couleurs isolées étaient examinées pendant un temps rendu variable par le passage de disques rotatifs pourvus de fentes de différente largeur. Pour cet auteur, lorsque la durée devient très faible (et pour une intensité lumineuse suffisamment petite), toutes les couleurs du spectre font une impression de lumière incolore, à l'exception du rouge.

Disons tout de suite que, si le rouge paraît faire exception, cela tient à ce que la durée la plus faible réalisée avec l'appareil de Künkel (dans lequel d'ailleurs les variations étaient discontinues, les durées de passage ne pouvant être que des multiples de 0,29 millième de seconde) était encore supérieure au minimum perceptible avec l'éclairement employé.

Les expériences ultérieures de Ch. Richet et Bréguet s'arrêtèrent, comme limite inférieure de durée, à la phase d'impression colorée.

Rien n'est plus facile, quand on ne cherche pas à *mesurer* la durée, mais simplement à étudier la perception de lumières très brèves, que de s'assurer de l'existence et de la généralité d'une première phase incolore. Il est absolument net que le rouge se comporte comme les autres couleurs à des durées suffisamment faibles.

On isole simplement au foyer du spectroscope une bande ou un point dans la couleur à étudier et on le regarde à l'œil nu, en faisant passer au-devant de l'œil un écran noir et opaque pourvu d'une longue fente taillée en biseau, comme dans la figure 540. A l'aide de la main, on donne par intervalles assez éloignés un mouvement rapide à l'écran, de manière à faire passer devant le regard une partie plus ou moins large de la fente. *La durée d'action de la lumière peut donc varier d'une façon continue.* On trouve alors facilement une vitesse pour laquelle une couleur observée quelconque est nettement incolore.

Fig. 540.

On peut faire des observations plus précises avec les disques rotatifs et constater les mêmes faits.

Signalons, à propos des expériences de Künkel, les changements de ton assez variables qu'il a observés dans les couleurs spectrales, suivant leur durée, et sur lesquels nous reviendrons.

Une autre question qui se pose après celle-ci, c'est de savoir quelle est l'influence de la couleur sur la persistance apparente des impressions lumineuses. Nous avons vu précédemment que cette persistance était influencée à la fois et par l'éclairage et par la durée de l'excitation, sans parler d'autres conditions secondaires. Aussi ne doit-on pas s'arrêter aux résultats trouvés par les premiers expérimentateurs, qui ne se sont pas préoccupés de rendre ces divers facteurs comparables d'une couleur à l'autre. J'ai repris cette étude en opérant avec des durées d'excitations égales, et j'ai trouvé que, quand la persistance était égale pour trois couleurs données, rouge, vert, bleu, l'intensité lumineuse de ces trois couleurs était aussi la même, à condition de l'exprimer en fonction du minimum perceptible pris pour une unité. (Il s'agit toujours de couleurs faibles.)

D'après cela, les lois que nous avons établies précédemment pour la persistance apparente des impressions lumineuses s'appliquent donc aux lumières simples comme aux lumières composées.

Temps perdu suivant les couleurs. — En partant des données précédentes, nous sommes à même d'aborder avec fruit l'étude du temps perdu d'excitation suivant les couleurs. Nous avons décrit dans la première partie la méthode qui nous a permis de mesurer ce temps perdu en même temps que nous en avons fait ressortir la signification. Nous n'avons donc pas à revenir sur ces points, mais seulement à indiquer rapidement la marche et les résultats de nos expériences.

Voici comment j'ai procédé : m'appuyant sur ce fait reconnu précédemment que ni l'intensité, ni la durée d'excitation n'ont d'influence sensible sur ce que j'appelle la *période d'inertie*, je ne me suis pas préoccupé d'opérer à un éclairage constant ni avec des excitations de durée identique ; j'ai repris les deux systèmes de disques déjà décrits, l'un comprenant sur une moitié de la surface huit secteurs vides équidistants et de même étendue, et l'autre, double, contenant seulement deux de ces secteurs, égaux aux précédents et pouvant être écartés l'un de l'autre à une distance variable.

Avec le premier de ces disques, je déterminais d'abord, pour une couleur donnée, la vitesse de rotation correspondant à la limite de production du papillotement, ce qui me fournissait, par un calcul très simple, la valeur de la persistance apparente dans le cas d'excitations multiples d'une certaine durée. Puis, remplaçant le premier disque par le double disque à deux secteurs, je le faisais tourner avec la même vitesse. J'avais donc ainsi des excitations de même durée et de même intensité que dans le premier cas, mais réduites à deux pour chaque tour de disque, et, en écartant graduellement et par tâtonnements successifs le second secteur du premier, j'arrivais à l'intervalle limite mesurant la persistance apparente du premier secteur. Cette persistance était plus longue que la première fois, précisément d'une quantité mesurant le temps perdu d'excitation pour la couleur considérée.

J'ai comparé à ce point de vue plusieurs couleurs obtenues à l'aide de verres colorés suffisamment purs, et j'ai observé d'une façon constante que ce temps perdu ou cette période d'inertie augmentait avec la réfrangibilité de la couleur employée. Le vert avait un retard plus long que le rouge, le bleu plus long que le vert, le bleu verdâtre était intermédiaire entre ces deux dernières couleurs. Quant au blanc, il présentait un retard plus faible que toutes les couleurs. Voici les chiffres moyens [de nos expériences. Il est probable qu'ils seraient quelque peu modifiés par l'emploi d'une méthode plus simple et plus directe ; mais, sans chercher à exagérer leur signification, nous y trouvons, nettement indiqué, que la période d'inertie est plus brève pour la lumière blanche, qu'elle varie suivant les couleurs et qu'elle augmente avec la réfrangibilité de ces dernières :

Blanc......................	27,7	millièmes de seconde.
Rouge	31,2	—
Vert......................	34,6	—
Bleu......................	43,2	—

J'insiste de nouveau sur la signification de cette période spéciale préparatoire ou de mise en train de la sensation. Au moment où une excitation lumineuse est perçue, il s'est écoulé un certain temps depuis le commencement de l'excitation ; il y a donc un certain retard de la sensation sur l'excitation. Mais ce retard a une double origine : il comprend, d'une part, le temps nécessaire à l'impression proprement dite, c'est-à-dire au développement du travail intermédiaire photochimique ou autre, qui doit exciter le nerf optique ; ce temps, nous le savons, dépend de l'intensité lumineuse, il varie avec elle et en raison inverse de sa valeur. Mais, avant ou après cette période d'impression proprement dite, et indépendamment d'elle, il y a une autre période de mise en train de l'appareil visuel, d'où un temps perdu qui augmente le retard précédent, mais qui ne paraît pas dépendre de l'intensité de l'excitation : il dépend seulement de sa nature. De plus, ce temps perdu caractérise dans une certaine mesure l'espèce d'excitation au même titre que la sensation elle-même. On peut l'appeler *temps perdu d'excitation*, l'autre étant le *temps perdu d'impression*.

Or nous voyons, en faisant abstraction de la période d'impression proprement dite, que la sensation de couleur demande plus de temps pour prendre naissance que la sensation de lumière simple. Il y a là une nouvelle confirmation de ce fait, que je crois avoir été le premier à mettre en lumière, à savoir que la sensation de couleur correspond à une fonction physiologique *plus complexe* que la sensation incolore.

Il y a là, en outre, un accord frappant avec ce que nous a montré l'étude de l'inertie envisagée comme force perdue : la perte apparente de force pour la mise en train de la sensation lumineuse augmentait avec la réfrangibilité, la perte de temps correspondante varie dans le même sens. (Une seule différence existe entre ces deux faces du phénomène : la force perdue du blanc était intermédiaire entre celles des couleurs plus réfrangibles et des couleurs moins réfrangibles ; le temps perdu du blanc est plus faible que pour toutes les couleurs ; cela s'explique parce que, dans le premier cas, on mesure la perte pour un seul des processus visuels, commun au blanc et aux couleurs, tandis que, dans le second cas, la perte de temps porte sur une sensation composée d'un double processus pour les couleurs, sur une sensation simple et un seul processus pour le blanc, la sensation chromatique ayant disparu de ce dernier.

Retard des divers rayons. — Ce retard spécifique peut, du reste, se manifester de plusieurs autres façons.

Nous laisserons de côté les méthodes qui, comme celle de Künkel pour la mesure de la durée de la période croissante des diverses couleurs, sont basées sur la comparaison de l'intensité des deux lumières inégales dont la plus faible commence avant l'autre ; elles comportent les mêmes objections que celle d'Exner pour la lumière blanche, notamment la difficulté pour la rétine d'analyser suivant le temps un phénomène fixe. Nous comparerons, non des temps, mais des endroits correspondant à des temps.

En d'autres termes, déplaçons sur la rétine plusieurs surfaces lumineuses exactement concordantes comme situations relatives, c'est-à-dire commençant sur la même perpendiculaire à la direction du mouvement. Si le temps perdu total est différent pour ces diverses excitations, elles paraîtront retarder l'une sur l'autre, mais on appréciera ce retard sous forme d'un déplacement relatif dans l'espace. Nous pourrons ainsi, non pas mesurer la valeur absolue du temps perdu total, chose impossible, mais comparer la valeur relative de ce temps perdu suivant les excitations présentées, et mesurer la *différence* des retards des sensations correspondantes. Or, si dans chaque retard total nous rendons identique l'une des deux périodes, celle d'impression, nous mesurons la différence des durées de l'autre période, celle d'excitation.

Pour cela, choisissons plusieurs couleurs de clarté sensiblement égale et ayant, par conséquent, le même temps perdu d'impression. Disposons-les sur un disque rotatif sous forme de secteurs superposés d'égale étendue et commençant le long d'un même rayon du cercle. Faisons tourner le disque assez lentement, et nous verrons les couleurs déplacées les unes par rapport aux autres : les plus réfrangibles paraîtront reculées par rapport au rouge.

C'est le résultat que nous avons obtenu avec trois couleurs, rouge, vert, bleu, fournies par des verres colorés convenables, fixés contre des secteurs découpés (secteurs de deux ou trois degrés, grand disque, vitesse de rotation d'un tour par seconde).

L'angle de chevauchement est évidemment difficile à estimer ; ce que je puis dire de plus précis, c'est que, à la vitesse d'un tour par seconde, le rouge précède le vert d'un intervalle compris entre un et deux degrés, par conséquent d'une durée comprise entre trois et six millièmes de seconde. L'anticipation du vert sur le bleu représente une durée analogue, peut-être un peu plus grande. Cet ordre de grandeur correspond bien à celui des expériences sur la persistance.

On obtient des résultats analogues en comparant successivement pour plusieurs couleurs le retard apparent que subit un secteur coloré par rapport à un secteur blanc. Le vert a un retard plus grand d'environ quatre millièmes de seconde que le rouge. Le retard du bleu est encore plus considérable, avec une différence analogue sur le vert.

On ne saurait déduire de ces diverses méthodes d'évaluation des mesures fixes, mais elles indiquent néanmoins d'une façon très concordante l'ordre de grandeur du phénomène.

On peut voir du reste le retard inégal des divers rayons se manifester dans le spectre lui-même, sous une autre forme plus directe encore, quoique plus difficilement analysable.

Lorsqu'on éclaire la fente d'un spectroscope avec une lumière instantanée blanche ou, du moins, contenant tous les rayons spectraux, on voit que toute l'étendue du spectre n'est pas illuminée à la fois, mais qu'il semble jaillir du rouge un éclair qui parcourt successivement jusqu'au violet, et avec une grande vitesse, les diverses régions du spectre.

Cette vitesse est si grande que le phénomène peut échapper à l'observation, si l'attention n'est pas dirigée dans ce sens. Il est plus facilement appréciable dans la vision indirecte, lorsqu'on fixe soit un point hors du spectre, soit l'une de ses extrémités, la rouge ou la violette.

Je l'ai observé soit avec une étincelle d'induction suffisamment brillante, soit avec des disques rotatifs à grande vitesse et portant un secteur de deux ou trois degrés bien éclairé par réflexion ou par transparence, sur un fond rigoureusement noir. Les observations doivent toujours être assez espacées pour éviter toute fatigue de l'œil.

En somme, les différentes couleurs entrant dans la constitution d'une lumière composée, comme la lumière blanche ou les lumières artificielles plus ou moins rapprochées du blanc, tendent à se présenter successivement dans la sensation suivant l'ordre des réfrangibilités. Assurément, cet ordre peut être troublé et même interverti quand certaines couleurs plus réfrangibles sont notablement plus intenses que les autres et ont, par suite, un temps perdu d'impression très raccourci. Mais, avec les sources lumineuses courantes, cet isolement des couleurs d'après l'ordre indiqué est facile à produire et donne lieu à diverses expériences très curieuses.

On peut, par exemple, faire tourner une ligne lumineuse très mince ou un secteur blanc renversé en branche d'étoile, sur un fond noir et avec une vitesse faible ; on observe alors, réparties sur le commencement de la trace lumineuse persistante de l'objet, des successions de couleurs intéressantes à analyser.

On retrouve d'ailleurs, au début des excitations lumineuses de durée quelconque, ces colorations en série répondant à la dissociation de la lumière dans le temps. Mais, pour les voir nettement, il est nécessaire de ne pas se livrer à une contemplation prolongée : on prendra un disque rotatif à fond noir pourvu d'un secteur ordinaire plus ou moins étendu, et éclairé soit par réflexion, soit par transmission ; lorsqu'il sera mis en mouvement assez lent (un tour en une ou deux secondes ou plus), au lieu de le regarder d'une façon continue, on fera jouer devant l'œil un écran à fente qui permettra d'interrompre et de rétablir de temps en temps, mais sans brusquerie, la vision. Il sera plus simple encore et souvent préférable d'ouvrir et de fermer les yeux de temps en temps devant le disque, de façon à ne le voir que pendant un moment. Le bord initial du secteur, avec la lumière blanche et, mieux encore, avec les lumières artificielles courantes, paraîtra bordé d'une zone irisée plus ou moins étendue suivant les conditions de l'expérience, et montrant la succession de couleurs décrite précédemment.

D'autre part, l'irradiation ondulatoire dont nous avons parlé précédemment nous offre une émission successive de couleurs analogues. Au premier abord, les traînées claires qui partent du petit objet lumineux déplacé sur champ noir dans les conditions indiquées dans l'expérience en question n'ont rien de spécial ; mais, avec un peu d'attention, si l'éclairement est assez intense et surtout si le regard est parfaitement immobilisé sur un point assez voisin du passage de l'objet, ces traînées se montrent colorées ; avec le bec Auer comme source lumineuse, on y distingue facilement du rouge, du jaune, du vert, du vert bleu ; ces colorations se fondent les unes dans les autres et sont plus ou moins bien limitées suivant les cas ; le rouge est la couleur initiale, elle occupe le front de l'onde ; les autres suivent dans l'ordre ci-dessus. On peut avoir des aspects analogues avec d'autres sources lumineuses suffisamment intenses ; chaque zone est plus ou moins étendue et plus ou moins nette, mais l'ordre est le même avec les lumières complètes.

Couleurs des lumières fixes instantanées. — Ainsi donc, dans l'irradiation ondulatoire, les couleurs sont émises successivement et quittent l'objet dans l'ordre du spectre, pour les lumières dont il s'agit.

L'expérience ci-dessus présente une condition délicate, l'immobilisation parfaite du regard. Mais plus simple est l'observation des couleurs émises par un objet lumineux fixe quand on lui fait produire une excitation brève sur la rétine.

Il suffit, par exemple, d'ouvrir et de refermer les yeux très rapidement devant une bougie pour la voir entourée de zones colorées souvent très saturées. L'observation doit être faite naturellement sur champ obscur ; elle est plus facile à faire la nuit.

Ces zones colorées sont d'une nature complexe ; plusieurs ordres de phénomènes interviennent dans leur production. La part qu'y prend l'irradiation ondulatoire se montrera nettement si l'on rend l'expérience plus précise en immobilisant le regard et variant la durée de l'éclairement.

On peut, dans ce but, utiliser les disques rotatifs à fenêtre étroite et variable et à différentes vitesses. Seulement, comme il vaut mieux ne pas soumettre l'œil à une série d'excitations rapprochées, on pourra isoler pendant un passage l'observation des disques à l'aide d'un écran ou d'un disque secondaire facile à imaginer. Il est plus simple encore et souvent suffisant de produire les excitations brèves en déplaçant plus ou moins vite devant l'œil un large écran opaque à fente assez étroite (un ou plusieurs millimètres).

En regardant ainsi la bougie sur fond noir, l'aspect change suivant la durée de l'excitation, c'est-à-dire suivant la durée du passage de la fenêtre devant l'œil. Pour une durée très faible, la coloration de la flamme change simplement, de la façon que j'indiquerai plus bas ; si l'on augmente progressivement la durée, il se montre d'abord autour de la flamme un liséré mince très bien limité, rouge extérieurement; puis l'auréole s'élargit, on y distingue les couleurs précédemment décrites, rouge, jaune, vert, vert bleu ; ses bords sont toujours nets ; l'aspect est exactement celui des traînées décrites plus haut, mais plus vivement colorées ; la durée d'excitation augmentant encore, la zone colorée toujours plus large se fusionne dans le fond devenu rougeâtre ; ici, un autre phénomène intervient, sur lequel il faut maintenant s'arrêter, à savoir la coloration de la lumière diffusée optiquement autour de l'objet.

(Disons tout de suite que les phénomènes sont analogues, mais plus ou moins bien marqués, avec d'autres sources telles que flamme de gaz, bec Auer, lampes électriques à incandescence ou à arc. — Au point de vue de la largeur du halo, une augmentation d'intensité de l'excitation équivaut à une augmentation de durée : il en est de même d'une augmentation de grandeur de la source lumineuse ou de son rapprochement, toutes conditions qui tendent à élargir la zone colorée irradiée autour de la flamme.)

La coloration de la lumière diffuse environnant la flamme, comme la coloration de la flamme elle-même quand l'excitation est suffisamment brève, sont des faits d'un ordre général qui s'observent pour toute espèce de lumière complexe : par suite du temps perdu et de sa valeur variable, les différentes couleurs arrivent à la conscience à des moments différents et, si l'on coupe à temps la lumière, les couleurs les premières actives prédomineront dans la sensation.

La flamme prise tout à l'heure comme exemple paraîtra d'abord rougeâtre et tirera plus tard, c'est-à-dire pour des durées plus grandes, sur le jaune, le vert, etc. De même, la lumière diffuse du fond sera rougeâtre lorsqu'elle commencera à être perçue (pour une durée d'excitation naturellement bien plus grande que pour la flamme elle-même).

Ces changements de couleur des lumières complexes se montreront surtout au voisinage des plus faibles durées perceptibles. Pour celles-ci, je ne puis citer de chiffres, leur valeur variant dans de très larges limites avec l'intensité de la lumière et sa grandeur rétinienne. Elles sont généralement d'un ordre inférieur au centième de seconde.

Il est remarquable que la loi de ces phénomènes soit précisément inverse de celle du phénomène de Purkinje : quand l'intensité diminue, nous avons vu prédominer les couleurs les plus réfrangibles; ici, au contraire, quand la durée d'excitation diminue, et bien que l'intensité apparente de chaque couleur soit, par là même, affaiblie, nous voyons prévaloir les couleurs les moins réfrangibles.

Les deux influences peuvent se contre-balancer dans une certaine mesure, mais il est facile de prévoir que, au voisinage des plus faibles durées perceptibles, le facteur temps restera seul en jeu. La lumière blanche est, en effet, franchement rougeâtre dans ces conditions (excitations *isolées* de l'ordre des dix-millièmes de seconde, lumière des nuées affaiblie au besoin par de très petits diaphragmes en trou d'épingle), phénomène distinct de la teinte violette ou pourpre qui sera décrite plus loin et qu'on observe consécutivement à l'excitation avec la lumière du jour.

Si l'on pouvait présenter à l'œil un champ lumineux uniforme dont les différentes parties excitent la rétine pendant des durées différentes, on aurait une démonstration frappante de ces phénomènes. Cette démonstration peut se faire plus simplement par un procédé indirect, où la durée est remplacée par l'intensité. On sait, depuis Exner, qu'une lumière est d'autant plus tôt perçue qu'elle est plus intense (période latente d'impression). En présentant à l'œil pendant un temps très court un champ lumineux d'intensité variable dans ses diverses parties, la durée d'action *efficace* de chaque partie du champ ne sera donc pas la même ; les parties les moins éclairées auront les durées efficaces les moins longues. On devra donc voir le champ avec des colorations variées, comme si chaque partie eût agi pendant des temps différents.

C'est ce que l'on constate en effet. Si, en avant et à peu de distance d'une flamme de bougie ou de lampe, on dépose verticalement une large plaque de verre dépoli, cette plaque offrira des zones concentriques d'intensité lumineuse décroissante à partir d'une région centrale plus rapprochée de la flamme et, par suite, plus éclairée. Or, si l'on déplace rapidement devant l'œil un écran opaque ou un disque rotatif à fente étroite, ces zones concentriques se montrent colorées à la façon de l'arc-en-ciel, quoique avec des nuances bien moins saturées. Les tons rouges occuperont la périphérie, puisque là les intensités lumineuses sont moindres, et moindres aussi les durées efficaces. Les zones annulaires suivantes passeront au jaune, au vert, etc., suivant l'ordre des réfrangibilités en se rapprochant du centre.

L'étendue totale du cercle irisé et celle de chacune de ses zones colorées varient évidemment avec la durée du passage de la fente devant l'œil, avec l'intensité lumineuse du champ dans ses différents points, et avec la grandeur de l'image rétinienne.

On s'explique ainsi que, dans notre étude des couleurs d'irradiation, la lumière irradiée, d'abord bien limitée pour les durées d'excitation faibles, finit par se confondre avec la lumière du fond, car celle-ci, au moment où elle devient visible, est d'abord rougeâtre comme le bord de la zone irradiée. Il est pourtant facile de reconnaître qu'il y a là deux phénomènes distincts, et que la lumière irradiée est réellement *émise* par l'image rétinienne de l'objet lumineux : la netteté primitive de ses bords, sa parfaite ressemblance d'aspect avec les traînées obliques se détachant des objets lumineux en mouvement, sa persistance malgré diverses modifications qu'on peut introduire dans le fond, tout montre leur indépendance d'origine.

La coloration des différentes parties de la flamme elle-même varie de son côté suivant des règles analogues à celle du fond, en tenant compte de la différence d'intensité.

Vues théoriques. — L'ensemble de ces résultats expérimentaux si concordants nous amène à une conception nouvelle du mode de production des sensations lumineuses et colorées, conception qui diffère surtout des idées courantes en ce que l'élément temps y joue le rôle principal.

En effet, nous avons démontré que la lumière produit dans l'appareil rétinien deux processus distincts, l'un plus développé vers le centre, l'autre à peu près uniforme. Nous pouvons imaginer que chacun de ces deux processus donne naissance dans les fibres du nerf optique à des vibrations spéciales; nous savons d'ailleurs que de telles vibrations ont un substratum réel dans la rétine. Quelle est la forme de ces vibrations, quelle est leur période exacte? peu importe; ce qui nous suffit, c'est que cette période soit différente pour chacun des deux processus et qu'elles soient bien distinctes l'une de l'autre. Pour l'explication de certains phénomènes, nous admettrons en outre que l'une des deux vibrations soit harmonique de l'autre, mais ce n'est même pas nécessaire. Appelons-les, pour ne rien préjuger, *vibration A* et *vibration B*.

Le retard variable de la sensation suivant la couleur, démontré expérimentalement, nous permet de supposer que la vibration A, par exemple, débute, par rapport à la vibration B, à des phases diverses: d'où un retard de phase croissant avec la réfrangibilité de la lumière excitatrice.

Il résulte de là que la *forme* de la vibration résultante est spéciale pour chaque couleur et caractéristique de cette couleur.

Dans chaque forme donnée, un autre élément peut introduire de nouvelles modifications : c'est l'intensité relative des deux vibrations composantes. Si, par exemple, la vibration A, que nous supposons harmonique de B, est plus ou moins forte par rapport à cette dernière, elle déterminera des dentelures plus ou moins prononcées dans la forme de B ; de là la notion de saturation : plus les dentelures sont accusées, plus la couleur sera saturée.

Le mélange des couleurs se fait par simple composition des vibrations caractéristiques correspondantes. Les vibrations B, concordantes par hypothèse, s'ajouteront purement et simplement. Quant aux vibrations A, de phases différentes, elles donneront par leur addition une vibration totale de phase intermédiaire à celle des composantes, mais l'intensité (amplitude) de cette vibration totale ne représentera jamais intégralement la somme des intensités des composantes : la perte d'intensité sera d'autant plus grande que la différence de phase sera plus voisine d'une demi-période ; quand la différence sera exactement d'une demi-période, il y aura interférence complète et annulation des vibrations A (supposées d'égale amplitude); c'est le cas des couleurs complémentaires.

Analyser les différents cas serait reprendre la théorie physique de la superposition des vibrations de même période. Nous la supposons connue et nous pouvons, par suite, nous contenter de schématiser quelques cas.

La notion du ton d'une couleur étant donnée par la phase variable à laquelle la vibration A commence par rapport à la vibration B, nous pouvons faire abstraction de cette dernière et supposer simplement que, pour une certaine couleur, le rouge, par exemple, A commence en même temps que B. Représentons dans plusieurs cas deux vibrations A supposées d'égale amplitude (sans préjuger de leur forme réelle, je les figure par des sinusoïdes, ce qui est la forme la plus simple).

Dans la figure 541, la première courbe représente la vibration A pour le rouge. Vis-à-vis des lettres O, T, V, VB, B, U, on a indiqué les points ou débutent, par rapport à cette vibration du rouge, celles de l'orangé, du jaune, du vert, du vert bleu, du bleu, du violet. L'orangé retardera de 1/8 de période,

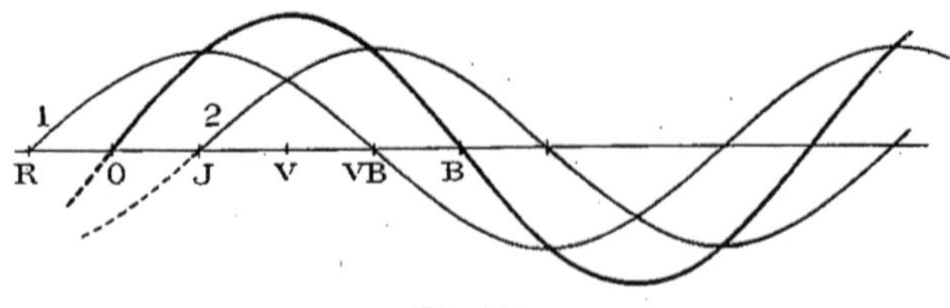

Fig. 541.

le jaune de 1/4, le vert de 3/8, le vert bleu de 1/2 période, le bleu de 5/8, le violet de 3/4.

Comme premier exemple, ajoutons au rouge du jaune. La vibration A pour le jaune est représentée par la seconde courbe de la figure. Leur superposition donne la troisième courbe, résultante des deux premières. Le début de cette courbe résultante se fait en O, c'est-à-dire au point correspondant à l'orangé. L'amplitude maxima ne représente pas exactement la somme des deux amplitudes de R et de J. Il y a une certaine perte, d'où diminution de saturation du mélange. La perte sera plus grande si l'on mélange R avec V (rouge et vert), saturation encore plus faible ; début de la vibration entre O et J, c'est-à-dire ton jaune orangé.

La perte est à son maximum par le mélange de R et de VB, qui diffèrent

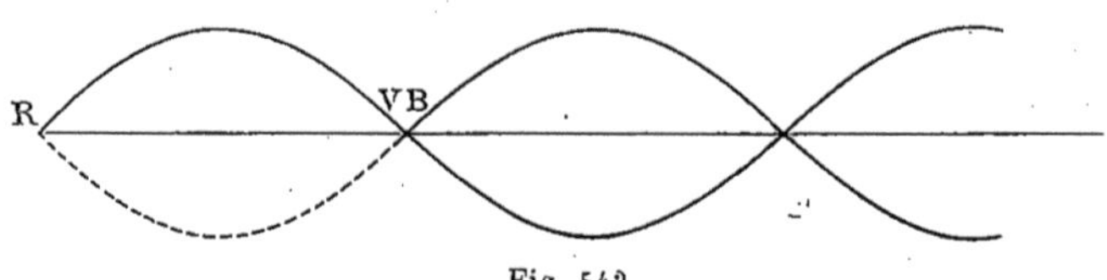

Fig. 542.

d'une demi-période, d'où résultante nulle, abolition de la vibration A, la couleur disparaît (fig. 542).

Mélangeons maintenant du rouge et du violet, R et U (fig. 543). Le retard de U sur R est de 3/4 de période ; c'est comme si U avançait sur R de 1/4 de

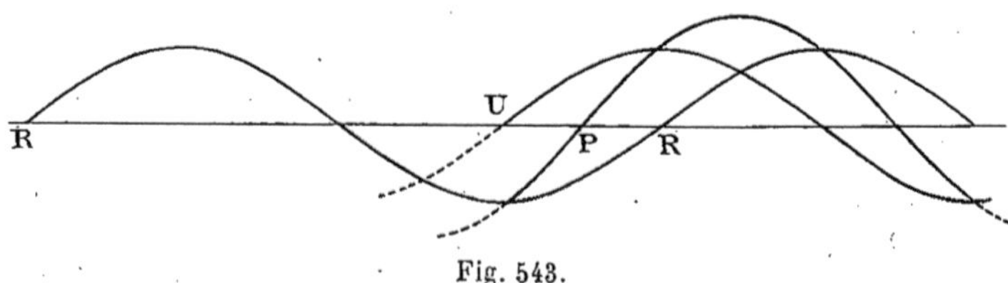

Fig. 543.

période, et le mélange donne une vibration A commençant en P, par conséquent retardant sur R de 7/8 de période, ce qui revient à avancer sur R de 1/8 de période. Ce sera le pourpre, *couleur réelle, quoique non représentée dans les tons simples.*

On déduirait aussi facilement tous les autres cas possibles de mélange des couleurs simples. On voit, sans qu'il soit nécessaire d'insister sur ces considérations, forcément limitées, que tous les caractères de la sensation totale sont représentés et prévus, conformément à ce qui se passe dans la nature : l'intensité, le ton, la saturation. L'intensité correspond à l'amplitude de la vibration totale résultant du mélange des diverses vibrations A et des diverses vibrations B. Le ton correspond à la forme spécifique de cette vibration totale, forme déterminée par le retard de phase de la vibration résultante A sur la vibration résultante B. La saturation correspond au plus ou moins d'amplitude des dentelures que la vibration résultante A introduit dans la vibration totale, variations d'amplitude qui ne changent rien à la forme spécifique elle-même tout en lui donnant plus ou moins de relief. En somme, il y a d'autant plus de blanc dans la sensation que le type de la vibration B (la fondamentale) se dégage plus nettement dans la vibration totale ; le maximum de blanc est atteint quand cette vibration B existe seule et que A s'est annulé.

Ceci, bien entendu, est un simple schéma qui permet de représenter et de prévoir beaucoup de faits, mais qui ne saurait prétendre à tout expliquer. Le noir, par exemple, n'a pas de place dans ce schéma. Pour nous, la sensation de noir est au fond de toute sensation visuelle et s'y superpose, mais plus ou moins apparente ou plus ou moins masquée, suivant le degré de prédominance de l'impression extérieure.

Coloration des points blancs. — En tout cas, je ne crois pas qu'une autre théorie que la précédente puisse rendre compte des faits singuliers de coloration des petites surfaces blanches qu'il me reste à décrire.

Si l'on regarde, à un éclairage instantané, plusieurs points blancs plus ou moins voisins les uns des autres, ils paraissent pour la plupart colorés d'une façon très nette et de teintes diverses, à condition de ne pas dépasser une certaine intensité toujours assez faible.

La durée de l'éclairement peut être variable, en restant inférieure à quelques dixièmes de seconde. L'éclairement lui-même doit être supérieur au minimum perceptible, mais rester au-dessous d'une valeur que j'évalue à une centaine de fois ce minimum.

Le phénomène se produit avec deux points lumineux au moins ; mais il est plus frappant avec des points nombreux, surtout s'ils sont écartés les uns des autres d'au moins $0^{mm},1$ sur la rétine, tout en restant groupés dans un petit espace.

A chaque illumination des points, ils se montrent parfois tous blancs, mais plus souvent tous ou presque tous colorés ; dans ce dernier cas, leur coloration diffère, jamais ils ne sont pareils les uns aux autres ; de plus, les uns, de préférence les petits points, peuvent avoir une teinte plus saturée que les autres. Toutes les couleurs sont représentées (le violet seul est resté douteux). Les nuances rappellent beaucoup celle des couleurs d'interférence. L'emploi de la lumière polarisée ne modifie pas le phénomène.

Ce ne sont pas des couleurs de fatigue, comme les changements de teinte des images consécutives. En effet, quand l'excitation est identique et simultanée pour tous les points et qu'ils sont égaux, ils devraient avoir la même couleur, ce qui n'a jamais lieu. En outre, on peut allonger assez l'intervalle entre deux excitations pour qu'aucune image consécutive ne persiste ; or le phénomène est le même et peut-être plus net encore. Un long repos de l'œil ne s'oppose pas à la coloration, au contraire. Enfin, les colorations variées précédentes se montrent encore à travers des images consécutives plus ou moins intenses développées artificiellement dans l'œil.

On ne peut mettre en cause dans cette expérience l'excitation d'éléments isolés et affectés à la perception de chaque couleur simple, comme ceux qu'admet Homgren, par exemple, car ici, chaque point lumineux pouvant être plus ou moins grand, son image arrivera à couvrir des centaines et des milliers d'éléments rétiniens. Du reste, la couleur d'un même point varie le plus souvent d'une excitation à l'autre, même avec l'immobilité du regard.

C'est donc ailleurs qu'il faut chercher l'explication, et nous ne pouvons la trouver que dans la théorie oscillatoire résumée plus haut : nous avons le droit de supposer que la lumière ne rencontre pas les éléments rétiniens dans un état d'indifférence complète, mais que la rétine est, au contraire, parcourue incessamment par de ces vagues ou courants ondulatoires dont j'ai montré l'existence ; sous l'influence de cet état, telle phase vibratoire sera plutôt favorisée que telle autre au moment où arrivera l'excitation en un point donné, d'où prédominance d'une certaine couleur dont la phase sera synchrone avec celle de l'onde ; cette dernière étant, du reste, momentanée et peu intense, on conçoit que le phénomène ne soit appréciable que pour une durée d'excitation et une intensité lumineuse limitées l'une et l'autre.

Contraste et induction des couleurs. — Pour compléter l'étude des sensations colorées, il nous reste encore à dire quelques mots de l'influence de la couleur sur les phénomènes de contraste et d'induction, ainsi que sur les images consécutives.

Nous avons déjà défini le contraste simultané à propos de la lumière blanche. Un phénomène de même ordre se produit si l'on regarde une surface incolore au voisinage d'un objet coloré. Cette surface semble recouverte d'une teinte complémentaire de celle de l'objet.

Par exemple, si l'on produit deux ombres côte à côte sur un écran blanc à l'aide de deux sources différentes au-devant desquelles est placée une tige opaque, si l'une des sources est le jour et l'autre une bougie, par exemple, l'ombre de la bougie, qui ne reçoit que la lumière du jour, paraît non pas blanche ou grise, mais bleuâtre, par contraste avec l'autre ombre éclairée par la lumière jaune rougeâtre de la bougie.

De même, un petit morceau de papier blanc ou gris sur une grande surface colorée paraît lui-même coloré d'une teinte complémentaire de celle-ci.

Cette teinte complémentaire de contraste est présente même si le petit objet a une couleur propre (différente de celle du fond) ; elle modifie alors, en se mélangeant avec elle, la couleur propre de l'objet.

On peut varier de mille façons cette expérience fondamentale, mais le résultat est toujours la production d'un champ complémentaire plus ou moins étendu, autour d'un objet coloré quelconque. Ce champ complémentaire, visible même dans l'obscurité, est surtout net quand on l'excite avec de la lumière blanche d'*intensité modérée*.

On a discuté longuement la question de savoir s'il s'agissait là d'une erreur de jugement ou d'un phénomène objectif. Le fait de la présence d'une excitation spéciale de l'appareil visuel au voisinage de l'objet coloré ne peut pas faire de doute ; on peut se demander seulement si cette excitation est rétinienne ou cérébrale ; la question n'est pas tranchée jusqu'à présent.

A ce propos, je dois dire qu'il m'a paru possible de rendre compte du contraste simultané en admettant la nature électrique des vibrations caractéristiques de la sensation (1) : celles-ci, une fois produites dans les filets nerveux de la zone colorée, réagiraient sur les filets nerveux voisins, soit par induction électromagnétique, soit par influence électrostatique, et le résultat de cette réaction serait la production de vibrations analogues, mais de phases opposées aux premières, et ayant, par conséquent, le caractère de la couleur complémentaire (2). Reste à trouver le mécanisme exact, subordonné évidemment à une connaissance plus complète des éléments des vibrations rétiniennes.

On sait que, par une contemplation prolongée de l'objet éclairé, à la phase de contraste succède une phase d'induction lumineuse. Le phénomène est exactement le même quand l'objet est coloré que quand il est blanc. Au bout d'un temps plus ou moins long, la zone du champ visuel voisine de l'objet se trouve elle-même éclairée, non plus de la teinte complémentaire, mais de la couleur même de l'objet. L'expérience doit être faite sur champ obscur. Les détails de l'induction colorée ont été étudiés et décrits surtout par Brücke. La nature objective de l'excitation de la zone induite a été démontrée par Hering, et les expériences que j'ai faites à ce sujet avec le photoptomètre donnent les mêmes résultats que pour la lumière blanche.

Le contraste et l'induction lumineuse sont évidemment, comme le fait remarquer Aubert, des phénomènes du même ordre, et le fait certain que l'induction n'est pas due à une erreur de jugement doit faire admettre qu'il en est bien de même du contraste, dû probablement à une réaction des éléments excités sur les éléments plus ou moins voisins, ou, plutôt, sur tous les autres éléments de la rétine, influencés de proche en proche.

Images consécutives des couleurs. — En ce qui concerne maintenant les images consécutives aux excitations colorées, nous retrouvons des faits parallèles à ceux que nous avons déjà décrits pour la lumière blanche : 1° l'existence d'images consécutives positives, c'est-à-dire prolongeant simplement, pendant un certain temps après l'excitation, l'impression première avec ses caractères généraux de clarté et de ton coloré ; 2° la disparition et la

---

(1) M. Parinaud avait déjà comparé les éléments rétiniens à de petits aimants réagissant les uns sur les autres.

(2) Voy., pour plus de détails, mon ouvrage sur *La lumière et les couleurs au point de vue physiologique*, Paris, Baillière, 1888, p. 277 et suiv.

réapparition ultérieures de ces images dans l'obscurité, et la répétition de ces alternatives jusqu'à cinq fois de suite dans certains cas (Aubert), phénomènes évidemment du même ordre que les oscillations de Plateau déjà signalées; 3° la production d'images négatives et complémentaires sous l'influence d'une excitation blanche de la partie rétinienne qui est le siège d'une image persistante; nous avons déjà étudié les images négatives : ce nom indique qu'elles répondent par une impression plus sombre à une excitation blanche; leur nouveau caractère au point de vue de la couleur est d'offrir une teinte complémentaire de celle de l'objet primitif. Ainsi, pour suivre ce double aspect du phénomène, regardons sur fond noir un carré rouge assez intense pour laisser une image à longue persistance : cette image, rouge comme l'objet, dans l'obscurité est une image positive. Présentons à l'œil, pendant qu'elle dure, un champ lumineux blanc ou gris dont nous pourrons augmenter l'intensité progressivement. Pour une intensité faible, l'image persistante du carré sera encore rouge ; pour une intensité croissante du champ, le carré rouge deviendra de moins en moins saturé et se distinguera de moins en moins du fond blanc ; à un moment donné, il se confondra même avec lui ; puis il deviendra vert et plus sombre que le fond et tranchera de plus en plus sur lui par ce double aspect négatif (sombre) et complémentaire (vert).

Mais ce schéma est une simplification à outrance de phénomènes certainement très compliqués et dont l'explication adéquate n'est pas près d'être trouvée. Ainsi, on a signalé des images positives et complémentaires, complémentaires quant à leur teinte, contraire à celle de l'objet, positives quant à leur intensité lumineuse, car elles sont claires et non sombres comme les précédentes. Ainsi, un charbon rouge déplacé circulairement donne, après une trace rouge circulaire, un intervalle noir suivi d'une traînée verte ou vert bleu : cette expérience de Purkinje, répétée sous d'autres formes, a donné à d'autres auteurs des résultats plus ou moins analogues. D'autres fois, l'image consécutive n'est ni de même teinte que l'objet, ni de teinte complémentaire : pour un objet rouge elle peut paraître violette, ou blanche pour d'autres observateurs. J'ai décrit ce dernier aspect dans le cas des images récurrentes à la suite d'une excitation rouge. D'après mon observation, la première image récurrente que l'on peut distinguer à la suite d'un secteur rouge est blanche ; elle peut empiéter plus ou moins sur la trace de l'objet, ou image persistante rouge, et, par conséquent, ne peut être perçue isolément que dans certaines conditions de vitesse et avec beaucoup d'attention ; je n'ai pas fait d'observation analogue, au moins aussi nette, avec d'autres couleurs.

Je n'ai pas à revenir sur la répétition ou reviviscence de l'excitation deux, trois, quatre fois de suite dans les premières secondes qui la suivent; ces images récurrentes se manifestent aussi bien avec les lumières colorées qu'avec la lumière blanche, mais elles sont plus nettes avec les couleurs les plus réfrangibles; elles sont douteuses pour le rouge ou, au moins, nécessitent une grande intensité ; leur couleur est variable suivant l'intensité et la durée de l'excitation : tantôt elles répètent la couleur de l'objet, mais en la pâlissant de la première à la dernière ; souvent elles lui ajoutent une nuance violacée ou bleu pâle; plus rarement, elles tendent à passer au jaune plus ou moins grisâtre; enfin on a vu l'image récurrente du rouge passer dans certains cas complètement au blanc.

On voit qu'il serait difficile pour le moment de fixer les règles de ces couleurs des images consécutives.

Quant à leur mécanisme, il est évidemment plus obscur encore; il serait insuffisant d'invoquer la fatigue de certaines fibres; ces changements de couleur et d'éclat traduisent plutôt des modifications dans l'état des substances photochimiques de la rétine, mais de quelle nature, c'est ce qu'on ignore pour le moment.

Aussi complexes au moins sont les phases colorées de l'image persistante à la suite d'une excitation blanche plus ou moins intense.

A la suite de Fechner, plusieurs auteurs ont fixé le soleil de façon à en conserver de longues images consécutives. Il va sans dire qu'aux points de la rétine ainsi frappés l'excitabilité est ou éteinte ou très fortement diminuée. De plus, il apparaît après l'image blanche, très courte, des couleurs extrêmement vives et se succédant suivant un certain ordre, bleu, puis vert, enfin rouge plus prolongé.

Des colorations analogues, avec quelques variantes, suivent les excitations blanches plus modérées, et partant plus maniables et moins dangereuses pour l'œil. La durée importe peu sur cette succession, manifeste encore sous l'influence d'une étincelle électrique assez intense.

Ces colorations souvent très vives à la suite d'excitations incolores (couleurs de Fechner) ont souvent frappé les expérimentateurs et ont été reproduites sous des formes très diverses, depuis le disque de Brücke jusqu'à la toupie de Benham.

L'expérience revient à présenter dans le champ visuel des surfaces blanches assez étendues, séparées par des intervalles noirs de forme et de dimensions variables, et à déplacer l'ensemble du système assez lentement pour que les colorations consécutives au passage de chaque objet blanc soient condensées et ainsi rendues plus vives tout en restant écartées les unes des autres. A ce premier phénomène de persistance avec changements de couleur s'ajoute une propagation par irradiation ou induction sur les parties voisines, propagation surtout visible sur les bords de l'objet perpendiculaires à la direction du déplacement.

Violet pourpre entoptique. — Parmi ces couleurs subjectives succédant aux excitations blanches, il en est une surtout frappante par sa généralité : c'est le pourpre qui, sous différentes nuances le rapprochant plus ou moins du violet, ne manque jamais de se montrer dès qu'une telle excitation a pris fin, et de persister pendant un temps variable suivant les conditions de l'expérience. Je ne m'explique pas pourquoi ce fait, facile à remarquer, n'a pas de tout temps attiré l'attention. Dès 1881, j'ai signalé l'illumination violet pourpre un peu sombre qui se produit dans le champ visuel lorsqu'on regarde une surface blanche bien éclairée et qu'on intercepte la lumière à intervalles réguliers, soit par les mouvements de la main ou d'un écran, soit à l'aide d'un miroir tournant de Kœnig ; lorsque le rythme des interruptions est voisin de cinq à six fois par seconde, l'aspect du champ visuel est spécialement intéressant par la production, sur tout le champ éclairé, d'une mosaïque de figures hexagonales très régulières rappelant par sa disposition et par sa forme l'épithélium pigmentaire choroïdien sur lequel s'appuient les cônes et les bâtonnets. Ces hexagones ont la couleur violet pourpre en question, et sont séparés par des intervalles incolores. En dehors de cette apparence spéciale, la nuance pourpre ou pourpre violet n'est jamais complètement absente quand on coupe une excitation blanche. Seulement elle prend, dans certaines conditions de rythme et d'intensité, une netteté, une étendue et une saturation des plus remarquables.

L'expérience peut se faire en regardant à travers un disque rotatif noir et opaque, percé de secteurs égaux et équidistants, une surface blanche assez étendue et très bien éclairée : pour une vitesse convenable du disque et une certaine largeur des secteurs réglée par l'intensité lumineuse de la surface, celle-ci se recouvre d'une magnifique couleur pourpre violet uniforme : la vitesse à donner au disque pour cette expérience est comprise dans des limites étroites, car la coloration commence seulement à être très visible lorsque le temps compris entre le début des passages de deux secteurs successifs est de trente millièmes de seconde ; elle reste très nette quand la vitesse augmente, mais seulement jusqu'à ce que l'intervalle précédent soit de 17 millièmes de seconde au moins ; pour une période plus courte ou une répétition plus fréquente des excitations lumineuses, elle disparaît. Or ces limites sont justement celles de la période négative ou bande noire que provoque toute excitation lumineuse, période qui commence environ 15 millièmes de seconde après le début de l'excitation et dure environ autant, cessant, par conséquent, environ 30 millièmes de seconde après le début de l'excitation. Donc, pour que notre phénomène se produise, il faut *que chaque excitation lumineuse naisse pendant la phase négative déterminée par l'excitation précédente.*

Quand la vitesse du disque, dans ces limites, est à son minimum, on commence à voir des taches colorées assez grandes, irrégulières, apparaissant et disparaissant rapidement, au nombre de deux, trois, quatre, dans des zones peu éloignées du point de fixation ; mais, si la vitesse augmente un peu, tout le champ visuel est envahi uniformément par cette belle teinte pourpre violet, sauf une région qui reste constamment blanche, celle qui correspond au centre de la rétine. La vitesse augmentant jusqu'au maximum indiqué, l'aspect du champ visuel ne change pas ; vers le maximum seulement, la saturation de la teinte diminue, puis elle s'évanouit complètement, et l'on ne peut plus la reproduire à aucune vitesse supérieure, aussi loin du moins que j'ai pu pousser l'expérience.

Pour des éclairements différents de la surface blanche, la fréquence d'excitation convenable ne varie pas, mais la durée de chaque excitation doit être diminuée quand l'éclairage augmente. Avec deux disques semblables qu'on fait glisser plus ou moins l'un sur l'autre avant de les fixer sur l'axe de rotation, on peut déterminer facilement par tâtonnements la largeur à donner aux secteurs pour réaliser l'expérience avec la vitesse nécessaire.

Pour un éclairage donné (et une vitesse constante) cette largeur doit être comprise entre certaines limites : pour la largeur la plus grande, on voit la teinte pourpre violet se montrer en premier lieu à la périphérie du champ visuel, la lacune centrale est alors énorme ; la durée d'excitation diminuant, la partie colorée s'agrandit, toujours de la périphérie vers le centre ; la lacune centrale se rétrécit jusqu'à ce qu'elle ait atteint une largeur de 2 millimètres environ (pour une distance de 30 à 40 centimètres à l'œil); elle reste alors stationnaire pour des durées d'excitation encore plus petites. Je ne l'ai pas vue disparaître pour ma part, ni pour la majorité des observateurs ; un de mes assistants a cependant pu voir le champ visuel coloré finalement dans son entier.

Cette expérience nous donne, selon toute probabilité, la vision entoptique du pourpre rétinien ; suivant quel mécanisme, c'est ce qu'il est difficile de préciser, et ce que nous ne discuterons pas pour le moment.

Retenons que ce phénomène, s'il ne se produit d'une façon continue et avec une grande intensité que dans certaines conditions de rythme et d'intensité lumineuse, tend manifestement à se montrer, plus ou moins ébauché, à la suite de toute excitation par la lumière blanche, brève ou longue.

C'est probablement à cette tendance que sont dus les changements de ton des couleurs par mélange du blanc à l'aide des disques rotatifs dont nous avons parlé précédemment.

Perception indirecte. — La perception des images consécutives dans la vision indirecte donne lieu à quelques remarques : elles suivent les mêmes lois qu'au centre, mais se distinguent des images centrales par leur fugacité ; ainsi les images si persistantes produites par les lumières éblouissantes ne s'observent plus à 30° du point de fixation ; à 45° même, Fœrster et Aubert n'ont pu développer d'image durable du soleil. D'une façon générale, plus les images consécutives sont périphériques, moins elles durent.

C'est en partie évidemment à cette particularité qu'est dû le fait, mis en relief par S. Exner, que les objets en mouvement sont mieux remarqués dans la vision indirecte ; ce genre de supériorité des parties excentriques de la rétine est bien en rapport avec leur rôle physiologique, qui est surtout d'attirer l'attention et d'appeler le regard sur les changements visibles qui s'opèrent autour du sujet. Rappelons aussi la supériorité que nous avons reconnue précédemment à la vision indirecte dans la perception des différences de clarté successives.

Un autre trait caractéristique de la vision indirecte sous le rapport de la perception des couleurs peut se rapprocher du précédent : les objets colorés y perdent plus tôt leur nuance qu'au centre, lorsque l'impression est prolongée.

On sait que, lorsque l'œil immobile considère une couleur saturée ou non, la partie chromatique de la sensation s'évanouit la première en ne laissant subsister qu'une impression incolore. La couleur s'évanouit d'autant plus vite que la lumière est plus complexe ; à teinte moins saturée, plus rapprochée du blanc. Les lumières voisines du blanc n'ont, pour ainsi dire, plus de ton distinctif quand on vit au milieu d'elles, et il est même infiniment probable que la lumière du jour, qui nous paraît généralement blanche, doit avoir bien des nuances diverses que nous ne percevons plus par suite de l'habitude et par émoussement de la sensation colorée. La nuance ne reparaît que par comparaison avec une lumière quelque peu différente. Or les parties périphériques perdent l'impression colorée plus vite que le centre; toutes les couleurs s'y comportent plus ou moins comme des couleurs centrales peu saturées.

D'après Schœn, la coloration se perdrait plus vite pour le bleu que pour le vert et pour celui-ci que pour le rouge.

Sensibilité visuelle. — Nous avons maintenant à compléter l'étude des impressions lumineuses en disant quelques mots d'une dernière fonction rétinienne qui paraît offrir certains rapports avec les deux précédentes. Il s'agit de cette fonction que j'ai nommée *sensibilité visuelle proprement dite*; on la confond souvent avec la perception des formes (sens de la forme des Allemands), mais celle-ci est une fonction toute cérébrale dont nous n'avons pas ici à faire l'analyse. Elle ne peut pas être davantage confondue avec l'acuité visuelle, dont elle constitue seulement un des éléments.

L'acuité visuelle, ou la délicatesse avec laquelle nous percevons et différencions les uns des autres les détails des objets, dépend de conditions multiples : en premier lieu, du degré de perfection de l'appareil dioptrique, autrement dit de la netteté des images rétiniennes; en second lieu, de leur intensité lumineuse absolue ; puis des différences de leurs parties diverses. et de la délicatesse avec laquelle la rétine perçoit ces différences (degré de la sensibilité différentielle) ; enfin de la limite du pouvoir isolant de la rétine, c'est-à-dire du nombre maximum d'excitations distinctes qu'elle peut percevoir dans l'unité de surface.

La fonction que nous avons nommée *sensibilité visuelle*, qu'on pourrait appeler aussi *pouvoir distinctif de la rétine*, ou *perception distincte*, se rapporte à un fait d'expérience d'une signification très importante, que j'ai décrit en 1880. Si l'on présente à l'œil un groupe de plusieurs points lumineux (très rapprochés mais dépassant toujours par leur grandeur et leurs distances réciproques les limites du pouvoir distinctif ou séparateur de la rétine), l'impression que ces points feront pour le minimum d'éclairement perceptible sera celle d'un nuage lumineux homogène correspondant au groupe, et dans lequel aucun détail ne sera différencié; ce n'est que pour une intensité lumineuse supérieure au minimum perceptible que les points seront perçus séparément (je suppose, évidemment, qu'on a réalisé une adaptation dioptrique parfaite de l'œil).

Le fait de la perception distincte des points multiples entraîne donc un travail physiologique plus complexe que celle de l'ensemble, correspond à une fonction plus élevée.

Nous avons d'ailleurs mentionné déjà un fait analogue, à savoir l'existence des deux mêmes phases dans la perception nette d'un point qui, pour un certain éclairement, est vu comme une tache diffuse et réclame pour une perception nette un éclairement plus considérable (1).

Que l'on rapproche ces deux phases ou ces deux processus de ce qui se passe pour la perception d'une couleur pure, on sera frappé de l'analogie :

Existence entre la sensation lumineuse simple et la sensation chromatique d'un certain intervalle (rapport des deux éclairements caractéristiques), intervalle photochromatique. — Existence, entre la sensation diffuse primitive et la perception nette d'un ou plusieurs points, d'un intervalle analogue, exprimé de la même manière par un rapport, l'intervalle photovisuel.

L'analogie se poursuit dans les détails :

L'intervalle photochromatique augmente par le repos dans l'obscurité. — L'intervalle photovisuel augmente également sous l'influence de l'obscurité.

L'intervalle photochromatique varie suivant l'espèce de lumière. — Il en est de même de l'appareil photovisuel.

L'intervalle photochromatique, pour les différentes couleurs simples, augmente avec la réfrangibilité. — L'intervalle photovisuel est aussi d'autant plus grand que la couleur simple excitatrice est plus réfrangible.

Ces faits peuvent être étudiés à l'aide du photoptomètre en présentant à l'œil des groupes de petits trous d'aiguille bien égaux et rapprochés, percés dans un papier noir spécial, et éclairés par différentes lumières, simples ou composées.

Les lois précédentes se complètent par une loi nouvelle : c'est que, pour ces groupes de petits points éclairés par des lumières simples, la couleur est perçue avant (c'est-à-dire pour une lumière moindre) que les points ne soient distingués les uns des autres. Et si l'on prend le rapport des éclairements caractéristiques de ces deux phases de la perception, ce rapport, fait nouveau, ne varie plus suivant la couleur employée : il est le même dans tout le spectre.

Rapports des processus visuels. — De là on peut inférer qu'il est possible que les deux processus de perception colorée et de distinction des points n'en fassent qu'un ou, tout au moins, soient le double attribut d'un seul et même élément. C'est l'idée qu'a émise M. Parinaud et qui tend depuis à être adoptée par un certain nombre d'auteurs.

Il y aurait deux sortes d'éléments dans la rétine (M. Parinaud précise même : les bâtonnets et les cônes) ; les premiers donneraient une perception de la lumière plus ou moins diffuse : ils fonctionneraient surtout la nuit ; les seconds donneraient des impressions à la fois nettes et colorées.

Cette manière de voir peut se soutenir ; elle expliquerait pourquoi la sensation lumineuse diffuse, fonction des bâtonnets, est répandue sur la rétine, et minimum au centre ; pourquoi les couleurs et les formes, perçues par les cônes, décroîtraient du centre à la périphérie ; pourquoi le repos dans l'obscurité augmenterait la sensibilité diffuse en accumulant dans les

(1) Suivant des expériences toutes récentes de MM. André Broca et Sulzer, la sensibilité visuelle (pour des traits noirs et blancs équidistants) présenterait une inertie plus considérable que la sensibilité lumineuse simple.

bâtonnets le pourpre rétinien, supposé en rapport avec cette fonction, etc.

Mais, pour cela, il faudrait que les variations de la perception des couleurs et de la distinction des points fussent toujours, sinon identiques, au moins parallèles, et c'est ce qui n'est pas.

Il faudrait, en outre, que la perception incolore des rayons spectraux manquât dans la fovea, où n'existent pas de bâtonnets.

L'expérience répond mal à ces desiderata. En effet, nous avons vu que si la phase de sensation incolore est très courte dans la fovea, elle y existe néanmoins; l'influence de l'obscurité y augmente également, quoique plus faiblement qu'ailleurs, l'intervalle photochromatique.

En outre, nous avons vu la perception distincte atteindre sa valeur maxima dans le regard tout à fait direct, par conséquent au centre de la fovea, tandis que la perception des couleurs subit précisément en cet endroit un affaiblissement incontestable, de sorte qu'elles varient là en sens inverse l'une de l'autre.

Sauf cette petite lacune très limitée, la perception des couleurs et la distinction des détails sont deux fonctions mieux développées au centre; mais, cependant, leur mode de variation est loin d'être le même quand on les compare en des points divers de la rétine. La perception visuelle, énormément développée au centre, tombe, dès les bords de la petite zone centrale correspondant à la fovea, à une valeur déjà très faible; puis la décroissance se poursuit assez lentement de cette zone à la périphérie. Pour la perception des couleurs, il en est autrement : la décroissance s'opère graduellement et suivant une pente assez faible du centre à la périphérie. Il suit de là que la valeur relative de ces deux fonctions est très différente, suivant que l'on interroge un point ou l'autre de la rétine : c'est ce qu'avait déjà reconnu M. Landolt, en comparant soigneusement l'acuité visuelle et la perception des couleurs au centre et en un point excentrique.

Pour ma part, j'aurais plutôt une tendance à admettre que la perception lumineuse brute et la vision distincte sont deux fonctions différentes ou correspondent à deux processus visuels (le second étant toutefois plus complexe et restant subordonné au premier). Quant à la couleur, ce serait une notion différentielle résultant de la perception simultanée de ces deux processus. Ou, si l'on veut, ce serait la perception d'une différence d'activité entre ces deux processus, ou d'une différence d'excitation des deux appareils correspondants (1).

Remarquons toutefois que cette notion d'une différence de degré entre deux excitations simultanées n'est pas suffisante par elle-même pour rendre compte de tous les caractères distinctifs des sensations colorées. En effet, si l'on explique ainsi la production des diverses espèces de couleurs (différences de ton), comment interprétera-t-on celle des différences de saturation d'une même couleur ? Il faut nécessairement trouver un autre caractère, et c'est ici qu'intervient la notion de la différence de phase sur laquelle j'ai insisté précédemment. Je n'ai pas à revenir sur l'hypothèse vibratoire, sur la forme

____

(1) M. Parinaud pensait déjà que les deux espèces de sensibilité pour la lumière étaient « unies dans es rapports fonctionnels difficiles à préciser ».

spécifique de la vibration totale, à laquelle je rapporte l'idée de ton coloré ; je dirai seulement que, dans cette hypothèse, l'intensité relative de l'une des deux vibrations par rapport à l'autre, ce qui répond à l'intensité relative des deux processus, caractérise non pas la couleur, mais le degré de saturation.

Clarté et visibilité. — Quelle que soit l'idée que l'on se forme de ces phénomènes, un résultat expérimental important doit être mis en relief : c'est celui de la façon différente dont varient la clarté et la visibilité en passant d'une partie à l'autre du spectre. Nous devons cette notion capitale à MM. Macé de Lépinay et Nicati. Ces savants ont cherché, pour chaque partie du spectre solaire, dans quelles proportions il fallait augmenter la quantité de lumière fournie par la source pour procurer à l'œil la même acuité visuelle que dans la radiation la plus intense ($\lambda = 0^\mu,555$ environ) : ils ont déterminé ainsi une série de coefficients plus grands que l'unité et appelés *coefficients d'égale acuité*. Ils ont, d'autre part, effectué la même série de déterminations en s'efforçant de donner à l'œil, non plus la même acuité visuelle, mais la même *clarté* que dans la partie du spectre la plus intense : ils ont ainsi obtenu de nouveaux coefficients nommés *coefficients d'égale clarté*. Si la clarté et la visibilité dépendaient simplement de la quantité de lumière, ces deux espèces de coefficients devraient toujours avoir la même valeur pour une radiation donnée, et, par suite, leur rapport devrait être toujours égal à 1. Or, en réalité, le rapport de ces deux coefficients n'est voisin de l'unité que pour les radiations les moins réfrangibles ; il en diffère d'autant plus que la radiation considérée est plus réfrangible. Voici, par exemple, le tableau indiquant, pour une clarté donnée ($= 0,25$ carcel-mètre) et pour différentes radiations, les valeurs du rapport du coefficient d'égale acuité au coefficient d'égale clarté :

$$\lambda = 0\,\mu,670. \quad \text{Valeur du rapport} \dots\dots\dots\dots\dots \quad 0,945$$
$$0\,\mu,589 \qquad\qquad - \qquad\qquad \dots\dots\dots\dots \quad 0,967$$
$$0\,\mu,537 \qquad\qquad - \qquad\qquad \dots\dots\dots\dots \quad 1,055$$
$$0\,\mu,500 \qquad\qquad - \qquad\qquad \dots\dots\dots\dots \quad 2,240$$
$$0\,\mu,471 \qquad\qquad - \qquad\qquad \dots\dots\dots\dots \quad 4,408$$
$$0\,\mu,449 \qquad\qquad - \qquad\qquad \dots\dots\dots\dots \quad 5,668$$

Autrement dit, à clarté égale, l'acuité visuelle est d'autant plus faible qu'on opère avec des couleurs plus réfrangibles.

Cette loi est entièrement confirmée par les déterminations que j'ai faites (et citées plus haut) du rapport entre le minimum de distinction nette et le minimum perceptible pour plusieurs couleurs, rouge, jaune, vert, bleu. Ce rapport augmente nettement avec la réfrangibilité, même pour les couleurs moins réfrangibles, mais beaucoup plus pour les autres.

Ces deux ordres de faits concordent d'ailleurs avec les mesures de la fraction différentielle, qui, on se rappelle, a des valeurs croissant avec la réfrangibilité, pour une même valeur de l'intensité lumineuse en fonction du minimum perceptible.

Une conséquence nécessaire de ce qui précède, c'est que la distribution de l'intensité lumineuse dans le spectre n'est pas parallèle à la distribution de ce que j'ai appelé l'*intensité visuelle*; le maximum de clarté et le maximum de visibilité n'y coïncideront pas.

MM. Macé de Lépinay et Nicati ont en effet fixé le maximum de clarté vers $\lambda = 0^\mu,555$ (jaune vert) et le maximum d'acuité visuelle vers $\lambda = 0^\mu,569$ (jaune). Mais cette différence de situation des deux maxima s'accentue énormément si l'on évalue l'intensité du spectre en fonction du minimum perceptible; le maximum d'intensité visuelle y reste le même, mais le maximum d'intensité lumineuse se déplace notablement vers le bleu (on reconnaît là l'influence du phénomène de Purkinje).

J'ai fait des expériences sur ce point en recherchant, dans les différentes parties du spectre et à l'aide du photoptomètre, quelle quantité maxima de lumière il fallait employer, d'une part pour produire simplement la perception lumineuse, d'autre part pour rendre distincts les uns des autres de petits points lumineux rapprochés, de grandeur déterminée. L'inverse de cette quantité représente d'une part l'intensité lumineuse, d'autre part l'intensité visuelle. Dans les deux séries, en tenant compte de la dispersion et en multipliant chaque chiffre par le coefficient constant qui donne 1000 pour le produit le plus élevé, on a pour le spectre normal les nombres suivants, d'après les moyennes de plusieurs expériences :

$\lambda = 0\,\mu,588$. Intensité lumineuse relative	....	80
$0\,\mu,555$ —	....	200
$0\,\mu,536$ —	....	400
$0\,\mu,518$ —	....	600
$0\,\mu,509$ —	....	800
$0\,\mu,500$ —	....	1000
$0\,\mu,492$ —	....	800
$0\,\mu,485$ —	....	600
$0\,\mu,475$ —	....	400
$0\,\mu,457$ —	....	200
$0\,\mu,443$ —	....	80

Le maximum de clarté, exprimé en fonction du minimum perceptible, est donc situé vers $\lambda = 0^\mu,500$, dans la partie du vert la plus réfrangible (après adaptation de quinze à vingt minutes à l'obscurité).

Pour la série des intensités visuelles, on a :

$\lambda = 0\,\mu,663$. Intensité visuelle relative	....	40
$0\,\mu,634$ —	....	200
$0\,\mu,610$ —	....	400
$0\,\mu,596$ —	....	600
$0\,\mu,584$ —	....	800
$0\,\mu,575$ —	....	1000
$0\,\mu,556$ —	....	800
$0\,\mu,542$ —	....	600
$0\,\mu,524$ —	....	400
$0\,\mu,508$ —	....	200
$0\,\mu,481$ —	....	40

Le maximum de visibilité est donc situé dans le jaune, vers $\lambda = 0^\mu,575$, c'est-à-dire sensiblement au même point que celui fixé par MM. Macé de Lépinay et Nicati pour l'acuité visuelle maxima.

Influences réciproques des impressions des deux yeux. — Nous avons maintenant à rechercher l'influence que les impressions lumineuses d'un œil peuvent exercer sur celles de l'autre.

En premier lieu, les impressions binoculaires sont-elles plus intenses que celles qui n'ont lieu que dans un seul œil ?

Prenons d'abord le cas où ces impressions sont égales. Dans ce cas, un objet paraît plus clair vu avec deux yeux qu'avec un seul.

De combien la clarté est-elle augmentée par la vision binoculaire ? Les réponses des expérimentateurs diffèrent ; cependant il y a concordance à peu près parfaite si l'on distingue deux séries de faits, ceux où l'on considère la clarté simple de l'objet et ceux où l'on s'adresse à une fonction plus complexe, à la perception différentielle ou à l'acuité visuelle.

Jurin a trouvé le premier que la clarté d'une bande blanche éclairée par une bougie était plus grande de 1/13 avec les deux yeux qu'avec un œil. Une moitié de la bande était vue avec un œil, l'autre moitié avec les deux yeux ; la première paraissait plus sombre, on ajoutait pour cette moitié seule une bougie placée assez loin pour que la clarté devînt égale à celle de l'autre moitié. Ce résultat est à peu de chose près confirmé par les recherches ultérieures faites dans le même sens.

Mais si, au lieu de mesurer la clarté, on mesure l'acuité visuelle binoculaire, on trouve une différence bien plus grande. Au lieu d'être augmentée de 1/13 environ, elle est à peu près doublée. C'est ce qu'obtiennent MM. Macé de Lépinay et Nicati en déterminant la distance de visibilité d'un objet composé de cercles noirs concentriques et équidistants sur fond blanc, et admettant que l'intensité *visuelle* varie avec cette distance suivant une loi logarithmique formulée par M. Nicati.

Enfin, nous avons vu précédemment que la sensibilité différentielle était notablement plus grande avec deux yeux qu'avec un, les impressions visuelles s'ajoutant même intégralement d'un œil à l'autre pour M. Broca.

Faut-il admettre que cette loi d'addition s'applique à tous les cas ? Pour ma part, il me semble établi que les relations entre les perceptions des deux yeux sont plus complexes. Tantôt elles s'ajoutent purement et simplement, comme elles le feraient dans un seul œil ; tantôt elles exercent les unes sur les autres, comme le dit M. Chauveau, une véritable inhibition ; d'autres fois encore, elles peuvent se renforcer.

L'addition pure et simple des impressions binoculaires s'observe dans le mélange stéréoscopique des couleurs, réalisé par un certain nombre d'auteurs et mis hors de doute par les expériences récentes de M. Chauveau. Si l'on présente à chaque œil des surfaces semblables, mais de couleur différente, et qu'on s'arrange de manière à fusionner ces surfaces dans la vision binoculaire, il en résulte, dans certaines conditions, une couleur unique, qu est celle que produirait le mélange monoculaire par les procédés habituels. Tous les sujets ne sont pas aptes à faire ce mélange, et il ne dure pas indéfiniment. Il faut, pour y réussir, que la clarté des deux couleurs ne soit pas trop différente, que les deux surfaces ne soient pas trop étendues, qu'elles soient parfaitement fusionnées ; de là l'idée, mise en pratique par M. Chauveau, d'employer comme objets d'épreuve des figures stéréoscopiques représentant, avec leur relief, des formes bien connues (escabeau).

Ce qui prouve bien qu'il s'agit d'un véritable mélange d'impressions, c'est que la couleur résultante se produit même à un éclairage instantané, comme celui de l'étincelle électrique. Suivant les observations d'Aubert, cette couleur résultante serait seulement un peu grisâtre par rapport au ton habituel du mélange.

Dans certaines formes de l'expérience, il se forme un semblable mélange dans lequel interviennent des couleurs réputées subjectives, comme les couleurs de contraste : par exemple, dans l'expérience de la fenêtre, on fait tomber sur un œil (soit l'œil gauche) une lumière latérale (fenêtre, lampe, etc.), qui, pénétrant dans l'œil à travers la sclérotique, fatigue la rétine pour le rouge ; on sait qu'alors une surface blanche paraît légèrement vert bleuâtre à l'œil gauche, surtout quand on le compare à l'œil droit, qui voit rougeâtre par contraste. Or la surface blanche, vue fusionnée par les deux yeux, reste blanche. Si l'on fusionne incomplètement les deux images droite et gauche de façon qu'une moitié de la surface soit vue binoculairement, l'autre moitié étant vue par un seul œil et donnant lieu à deux images déjetées latéralement, l'image centrale commune est blanche, les deux images latérales monoculaires sont l'une verte, l'autre rouge ; mais il est très facile de faire paraître colorée l'image centrale en cachant un œil dans la partie correspondante. Si, au contraire, l'écran cache sur un œil la moitié latérale colorée de l'image (la verte, par exemple), le centre reste toujours blanc, bien qu'il n'y ait plus qu'une couleur présente dans le champ visuel. L'impression de blanc n'est donc pas due à un contraste, mais à un véritable mélange des impressions nées dans chaque œil (Chauveau).

Mais ce mélange parfait des impressions des deux yeux n'est pas toujours réalisé. Plusieurs observateurs n'ont jamais pu voir les couleurs de mélange binoculaire. Ceux qui les perçoivent n'ont une impression bien fusionnée que pendant un temps plus ou moins limité. Il se produit toujours à la longue le phénomène qu'on appelle *conflit des champs visuels* ; c'est-à-dire que l'impression d'un œil prédomine sur celle de l'autre, et que, de plus, cette prédominance est alternative ; si, par exemple, on présente du vert d'un côté, du rouge de l'autre, le champ visuel binoculaire, au lieu d'être jaune, paraît tantôt rouge, tantôt vert. Cet antagonisme se produit plus facilement avec des surfaces étendues, pour des différences notables de clarté des deux couleurs et quand le regard ne se fixe pas rigoureusement sur un point de l'objet. L'expérience bien connue de Panum donne lieu à un antagonisme particulièrement net : deux surfaces semblables, mais différemment colorées, sont fusionnées naturellement ou dans le stéréoscope ; l'une, jaune, par exemple, contient une bande verticale rouge ; l'autre, à fond bleu, contient aussi une bande rouge, mais horizontale ; on fixe le centre d'entre-croisement des deux bandes, et l'on a ainsi une figure à variations de couleurs multiples dans laquelle les différentes parties des deux champs visuels monoculaires prédominent successivement.

Une impression particulièrement intéressante dans la vision binoculaire est celle du *lustre*, dont les conditions ont été découvertes par Dove. Le lustre est la sensation spéciale que nous donnent, éclairées sous certaines incidences, les surfaces métalliques, la soie, le velours, même certaines surfaces transparentes comme l'eau calme, le verre, etc. C'est un phénomène de contraste binoculaire résultant de l'éclairement très inégal des points correspondants des deux images provenant des objets précédents. La fusion stéréoscopique d'une surface blanche et d'une noire donne très bien l'idée du lustre. Il se produit aussi dans la fusion de deux couleurs d'intensité suffisamment différente pour les deux yeux.

Indépendamment des cas précédents, dans lesquels les impressions des deux yeux, ou bien s'ajoutent intégralement, ou alternent, ou restent distinctes tout en étant superposées dans l'espace, il y a des cas peut-être plus intéressants encore où les impressions se fusionnent exactement, mais avec une intensité modifiée, généralement plus faible que la somme des intensités composantes. C'est ce qui se montre d'une façon frappante dans l'expérience paradoxale de Fechner : si l'on regarde une surface blanche avec les deux yeux en recouvrant un œil d'un verre sombre (incolore), le champ visuel commun s'assombrit plus que si l'on ferme complètement cet œil ; cet assombrissement est porté à son maximum pour une certaine valeur de la clarté relative du verre fumé ; pour une clarté moindre ou pour une clarté plus forte, l'assombrissement est moins marqué ; il y a donc deux clartés inégales du verre fumé pour un même degré d'assombrissement. Aubert a étudié les détails de ce phénomène en remplaçant le verre fumé par son épiskotistère, disque rotatif à secteurs variables donnant un éclairage mesurable et rigoureusement incolore. En regardant le ciel, par exemple, dans une expérience l'obscurcissement maximum était obtenu quand l'un des yeux recevait seulement les 66 millièmes de la lumière ; l'intensité lumineuse du champ visuel était diminuée des deux tiers environ. Un assombrissement moindre était obtenu également avec un éclairage monoculaire de 55 millièmes et un éclairage de 83 millièmes ; un degré moindre encore correspondait aux deux éclairages 44 millièmes et 128 millièmes, et ainsi de suite.

Cet obscurcissement uniforme ne persiste d'ailleurs qu'un certain temps ; au bout d'une minute ou même moins se produisent des alternatives d'éclaircissement et d'obscurcissement du champ visuel commun, indiquant la prédominance successive d'un œil sur l'autre : c'est le conflit des champs visuels déjà connu.

A ces phénomènes d'inhibition, peut-on opposer des exemples d'influence dynamogénique d'un œil sur l'autre? Peut-être ; par exemple, M. Mathias Duval a observé, ce qui est facile à confirmer, que la netteté apparente des objets vus au microscope par un œil est sensiblement augmentée quand l'œil inactif, au lieu d'être fermé, regarde une surface éclairée. Seulement, j'ai montré qu'une bonne partie de cet effet dynamogénique était due au rétrécissement pupillaire produit par ce moyen dans l'œil observateur, rétrécissement qui diminue notablement l'aberration sphérique et accroît, par suite, la netteté des images rétiniennes.

Je me suis d'ailleurs inquiété depuis longtemps de savoir si l'excitation ou le repos d'un œil entraînait une modification dans le minimum perceptible de l'autre. Si l'on a soin de munir l'œil témoin d'un diaphragme à trou central de 2 à 3 millimètres pour éliminer les variations de grandeur de la pupille, on trouve que son minimum perceptible reste le même dans les deux cas.

L'expérience la plus démonstrative est la suivante : les deux yeux sont maintenus dans l'obscurité pendant vingt minutes ; on détermine la sensibilité lumineuse, qui est sensiblement la même pour l'un et pour l'autre ; on recouvre alors l'un d'eux d'un bandeau noir opaque et l'on ouvre l'autre, avec lequel on regarde pendant deux à cinq minutes un ciel bien éclairé. L'expérience est fatigante, et la sensibilité s'émousse rapidement du côté illuminé, qui semble bientôt recouvert d'un nuage gris. Dans un cas où le séjour dans l'obscurité avait été d'une heure, la sensibilité de l'œil ouvert ensuite était devenue plus de six cents fois moindre qu'auparavant. Or, l'œil fermé ayant été replacé à l'oculaire du photoptomètre, l'objet d'épreuve fut perçu pour le même éclairement minimum qu'avant l'exposition de l'autre œil au grand jour.

Mais il se produit dans cette expérience un phénomène bien curieux. Dans l'obscurité, le champ visuel devient sombre : or, lorsqu'on ouvre devant le ciel l'un des deux yeux au sortir de l'obscurité, toute l'étendue du champ visuel de l'autre œil maintenu couvert d'un bandeau se remplit d'une clarté assez intense ; seulement, cette clarté n'est pas uniforme ni continue : c'est un chaos, une poussière lumineuse, un fourmillement de points clairs circulant de toutes parts et dans tous les sens.

De plus, l'objet qu'on présente à l'œil pour déterminer la sensibilité lumineuse, bien que nécessitant, pour être perçu, juste la même quantité de lumière qu'avant l'ouverture de l'autre œil, paraît beaucoup plus clair au moment où il commence à être vu.

L'éclairement intense d'un œil produit donc dans ce cas une excitation spéciale du centre cérébral commun aux deux yeux, laquelle ajoute une certaine clarté toute subjective à la clarté réelle que détermine, dans l'autre œil, l'excitation périphérique habituelle par les objets extérieurs, et cela sans modifier cette excitabilité périphérique elle-même.

D'après ces résultats, il est permis de conclure que les réactions, si multiples de forme, qu'exercent les perceptions lumineuses d'un œil sur celles de l'autre sont des réactions cérébrales et non rétiniennes, ou plutôt centrales et non périphériques.

D'ailleurs, le repos ou l'excitation d'un œil, qui ne modifient pas quantitativement la sensibilité lumineuse de l'autre œil dans l'obscurité, n'ont pas davantage d'influence sur le minimum perceptible de cet autre œil adapté à un éclairage déterminé ; l'adaptation rétinienne d'un œil est donc indépendante de l'état de l'autre œil.

CHAPITRE IV

RAPPORTS DES PHÉNOMÈNES OBJECTIFS ET SUBJECTIFS DE L'EXCITATION LUMINEUSE

Nous aurions maintenant, pour achever notre tâche, à relier l'une à l'autre les deux séries de faits par lesquels se manifeste l'action de la lumière sur la rétine, la série des changements objectifs et celle des changements subjectifs ; nous aurions à étudier à quelle modification objective, anatomique, pour ainsi dire, de la rétine correspondent les diverses sensations analysées précédemment. Malheureusement on est réduit, dans cet ordre d'idées, à de pures hypothèses, puisqu'on ne peut pas prendre sur le fait en même temps la rétine et la sensation. Aussi serons-nous très sobre de considérations sur ce sujet et nous bornerons-nous à quelques inductions d'ordre physique ou physiologique.

Un premier point est admis généralement : c'est que la couche excitable par la lumière est celle des cônes et des bâtonnets. Cela résulte surtout de l'analyse faite par H. Müller de l'expérience connue sous le nom d'*arbre vasculaire de Purkinje*. On sait que si l'on éclaire latéralement une partie limitée de la sclérotique, cette partie devient une source lumineuse rayonnant dans l'intérieur de l'œil. Les vaisseaux rétiniens, situés dans les couches antérieures de la rétine, font écran au-devant de ces rayons et projettent leur ombre sur les couches postérieures, dans une direction plus ou moins oblique par rapport au trajet ordinaire de la lumière et en des points qui ne sont pas habitués à cette sensation d'obscurité. Cette ombre des vaisseaux est projetée à son tour au dehors dans la direction des lignes visuelles menées par chaque point obscurci et par le centre optique ; elle est perçue sous forme d'une arborisation sombre reproduisant la distribution générale des vaisseaux dans la rétine. Cette arborisation subit, d'autre part, des mouvements parallactiques quand on déplace la source lumineuse. Par exemple (fig. 544), soit un vaisseau en *v*. La source lumineuse étant en *a*, l'ombre portée sera en α et, si l'on place en O le centre optique, elle sera

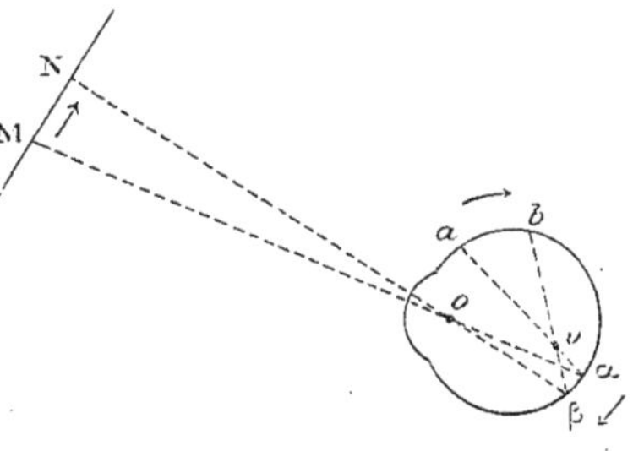

Fig. 544.

projetée dans la direction αOM. Si l'on déplace la source de *a* en *b*, l'ombre du vaisseau sur la rétine sera transportée de α en β, et sa projection dans l'espace se fera finalement suivant βON. L'ombre paraîtra se mouvoir de M en N, dans le sens du déplacement de la source. On peut mesurer, d'une part, le déplacement *ab* de la source, d'autre part la projection du déplacement MN de l'ombre sur un plan à distance connue de l'œil ; on a ainsi les éléments du calcul approximatif du petit triangle $va\beta$, d'où résulte la connaissance plus ou moins exacte de la distance du vaisseau v à la couche de la rétine qui a été impressionnée par l'ombre portée. H. Müller trouva pour cette distance, dans son œil, de $0^{mm},17$ à $0^{mm},33$. Or cet ordre de grandeur correspond assez bien à la distance existant sur des préparations anatomiques entre les vaisseaux et la couche des cônes et des bâtonnets au voisinage de la tache jaune ($0^{mm},2$ à $0^{mm},3$). D'où la conclusion que c'est cette couche qui est impressionnée par la lumière. Du reste, on sait que le centre de la fovea ne contient plus que des cônes.

En somme, les mesures de H. Müller prouvent qu'il existe dans la rétine des éléments impressionnables à une certaine distance derrière le plan des vaisseaux ; elles ne prouvent pas qu'il n'y ait pas d'autres éléments excitables par la lumière que ceux des couches externes de la rétine ; elles ne prouvent pas davantage que, dans ces couches externes, il n'y ait d'excitables que les articles externes des cônes et des bâtonnets.

C'est pourtant ce qu'on admet généralement ; on va même plus loin, et l'on considère ces éléments comme les plus petits éléments sensibles de la rétine. Les arguments que l'on invoque, sinuosités des lignes fines, plus petit intervalle perceptible, sont sans valeur. M. Nuel a prouvé notamment, par son expérience de projection entoptique des ombres portées par les intervalles des cônes, que ces éléments peuvent encore percevoir des détails sur leur surface ; l'acuité visuelle serait donc limitée, non pas par les dimensions de ces éléments, mais plutôt par les conditions de netteté des images rétiniennes.

Maintenant, quel est l'acte intermédiaire ou quels sont les actes intermédiaires entre l'arrivée de la lumière sur la rétine et l'excitation des fibres du nerf optique ? Il est prouvé que la lumière n'agit pas directement sur ces fibres ; la papille optique est insensible aux excitations lumineuses. La lumière doit donc provoquer dans la rétine, évidemment par dégradation d'énergie, une ou plusieurs actions particulières susceptibles d'impressionner le nerf optique.

Sur ce terrain encore, les hypothèses ont beau jeu.

Il est infiniment probable que l'une de ces actions est de nature chimique : l'existence d'une période latente relativement longue, la nécessité d'une période de réparation beaucoup plus prolongée encore après l'excitation lumineuse, les images consécutives, tout indique que la lumière décompose une ou plusieurs substances accumulées d'avance dans la rétine, et qui doivent se reconstituer avant de permettre une nouvelle impression ; c'est sur cette base, on se le rappelle, qu'est fondée la théorie de Hering, les sensations lumineuses qui correspondent au stade de réparation étant inverses ou complémentaires de celles du stade de décomposition.

Au point de vue expérimental, le seul qui doive nous occuper, on connaît une substance photochimique dans la rétine, le pourpre rétinien avec ses dérivés. Cette substance joue-t-elle un rôle dans la vision ? Le fait de son absence dans la fovea centralis chez l'homme, de son absence totale dans la rétine chez un certain nombre d'animaux, parut suffire au début pour lui refuser ce rôle. Mais en 1877 la dissociation des deux modes de sensibilité visuelle, la découverte de la sensation lumineuse simple, et l'année suivante l'étude de l'influence de l'obscuration sur cette dernière fonction, me firent admettre comme probable l'intervention du pourpre rétinien dans la production de la sensation incolore primitive : en effet, la répartition de la sensibilité lumineuse simple et celle du pourpre dans la rétine étaient à peu près parallèles, répartition uniforme sur toute la surface rétinienne avec minimum au centre ; à la réintégration du pourpre dans l'obscurité correspondait un rétablissement progressif du maximum de sensibilité et la production corrélative d'une teinte blanchâtre ajoutée à toute impression nouvelle.

Plus tard, en 1881, M. Parinaud crut pouvoir développer cette manière de voir et émettre l'idée d'une localisation plus précise ; à la suite de ses études sur l'héméralopie, il fut conduit à penser que le pourpre rétinien était réservé uniquement à la vision nocturne ; cette substance n'existant que dans les bâtonnets, ces derniers éléments devenaient le siège d'une sensibilité vague, diffuse et crépusculaire, tandis que les cônes, éléments nobles, servaient à la fois à la vision distincte et à la perception des couleurs ; cette division fonctionnelle correspondait, d'autre part, assez bien à la distinction que MM. Macé de Lépinay et Nicati venaient d'établir entre la clarté proprement dite et l'acuité visuelle.

C'est de cette conception que dérivent plus ou moins directement les théories récemment proposées, notamment par Kœnig, von Kries, etc. Ces diverses théories ont de commun la mise hors de cause des bâtonnets dans la perception chromatique ; ils seraient réservés pour la vision diffuse et nocturne. Les couleurs seraient donc perçues par les cônes seuls, d'où l'absence nécessaire de la sensation incolore primitive dans la fovea. Nous avons vu ce qu'il fallait penser de ce dernier point, et la démonstration de ce phénomène contesté montre que la sensation incolore primitive, existant dans les cônes, n'est pas liée fatalement à l'existence et à la décomposition du pourpre rétinien.

De plus, l'expérience frappante dans laquelle nous avons produit la perception entoptique du pourpre rend à peu près inadmissible l'idée que cette substance jouerait un rôle direct et essentiel dans la vision, car, dans ce cas, il ne pourrait évidemment pas se percevoir lui-même. Qu'il intervienne indirectement, soit pour protéger l'œil, soit pour faciliter la vision nocturne, soit autrement, cela est vraisemblable, mais par quel mécanisme, c'est ce qui n'est pas encore connu.

Quoi qu'il en soit, il faut mentionner comme document important dans cette question la détermination, faite très soigneusement par Kœnig, de la courbe d'absorption des rayons spectraux par la solution de pourpre rétinien provenant d'un œil humain. Cette courbe a son maximum précisément dans la région où se montre la plus grande sensibilité lumineuse exprimée en fonction du minimum perceptible. La courbe d'absorption du pourpre rétinien et celle de la sensibilité lumineuse sont d'ailleurs à peu près concordantes. Enfin, il en serait de même pour la courbe de répartition de l'intensité lumineuse dans le spectre chez l'achromatique total.

Kœnig a même voulu aller plus loin et, d'après la courbe d'absorption du jaune rétinien (complètement distincte de la précédente et ayant son maximum dans le bleu), attribuer à ce premier produit de décomposition du pourpre le rôle de l'une des trois substances visuelles d'Helmholtz, celle qui donnerait la perception du bleu. Le fait incontestable de l'existence de la perception du bleu à son maximum de saturation dans la fovea suffit pour ruiner cette hypothèse.

Comme conclusion, il me semble évident que le mode et le degré d'intervention du pourpre rétinien et de ses dérivés dans la vision ne sont pas encore bien précisés : il est probable qu'il aide à la vision (quand il est présent) sans lui être indispensable, les éléments de la rétine pouvant être excités par sa décomposition photochimique *comme par d'autres processus.*

D'autre part, la diversité fonctionnelle des cônes et des bâtonnets paraît résulter et de leurs différences anatomiques et de leurs réactions distinctes sous l'influence de certains rayons. Mais sont-ce les seuls éléments intéressés dans la vision, et faut-il les regarder véritablement comme le substratum des deux modes de sensibilité que nous avons dissociés ? C'est ce qui n'est pas absolument démontré.

Y a-t-il d'ailleurs d'autres réactions photochimiques dans la rétine ? Cela est fort probable, étant donné les faits déjà nombreux de modifications histologiques produites dans les éléments rétiniens ou leurs noyaux sous l'influence de la lumière.

Il me répugne de m'engager dans la série des hypothèses plus ou moins probables, car pourquoi choisir plutôt l'une que l'autre ? Citons pourtant celle-ci, que j'ai émise en 1892, et qui fait le fond d'une nouvelle théorie de Weinland : le fait de la perception entoptique du pourpre m'avait conduit à penser que l'impression photochimique devait se faire par derrière cette substance, donc par derrière la couche des bâtonnets ; de là l'idée de faire commencer l'excitation au contact même des bâtonnets et des cônes avec l'épithélium pigmentaire ; la substance photochimique sécrétée par ce dernier serait décomposée en ces points par la lumière au fur et à mesure de sa production, et pourrait seulement s'accumuler au dehors pendant le repos, notamment sous forme de pourpre rétinien dans les articles externes des bâtonnets : le pourpre ne serait donc pas la substance photochimique normale, mais un de ses modes de mise en réserve. Weinland admet que l'unique substance visuelle n'est identique ni avec le pigment ni avec le pourpre rétinien ; elle serait située dans la voûte des cellules pigmentées, entre ces cellules et l'extrémité libre des bâtonnets et des cônes, et agirait sur ces derniers éléments par compression, en augmentant de volume sous l'action de la lumière. Les bâtonnets constitueraient un système régulateur du pigment et, par suite, de l'absorption de la lumière ; ce seraient les organes de l'adaptation lumineuse.

N'insistons pas sur ces diverses possibilités, qui n'ont d'autre avantage que d'offrir provisoirement à l'esprit des points de repère concrets. Un seul point reste hautement probable : celui de la nature photochimique de l'un des processus visuels, dans lequel le pourpre rétinien joue un rôle imparfaitement défini.

Mais il y a certainement encore d'autres processus visuels. La forme mécanique de l'excitation lumineuse, notamment, est incontestable. On connaît depuis longtemps les phosphènes qui résultent même d'un faible attouchement du globe de l'œil, et qui accompagnent à plus forte raison des actions mécaniques plus violentes sur la rétine, les sensations lumineuses qu'on a produites par piqûre de la rétine, les phénomènes du même ordre provenant du tiraillement de cette membrane au niveau de la papille optique à la suite de violents mouvements latéraux de l'œil ou d'efforts accommodatifs. Donc la rétine est excitable mécaniquement comme elle l'est protochimiquement.

Les deux actions ne s'excluent pas ; j'ai observé en premier lieu la transparence des phosphènes pour des lumières objectives ; ainsi une tache lumineuse produite par compression d'un point du globe devient rouge, verte, si elle est projetée sur fond rouge, vert, etc. ; d'autre part, une pression locale trop faible pour être perçue détermine une augmentation d'excitabilité de la partie intéressée ; inaperçue dans l'obscurité, cette partie devient, sur fond libre, plus lumineuse que le reste du fond.

On peut faire un pas de plus et analyser la forme de l'excitation mécanique ; ainsi, une compression locale même modérée du globe produit au centre une tache noire et sur les bords seulement un anneau lumineux ; donc, là où la compression axiale des éléments rétiniens est la plus forte, pas d'excitation lumineuse ; mais si l'on remarque que dans l'expérience il se produit une dépression en cupule de la partie comprimée, comme dans une sphère de caoutchouc, et que, par suite de ce fait, les éléments rétiniens doivent être écartés les uns des autres au centre et resserrés, au contraire, sur les bords de raccordement de la dépression avec le reste du globe, on peut en déduire que l'excitation lumineuse se produit par compression latérale des éléments rétiniens, la sensation de noir accompagnant, au contraire, leur écartement.

Subjectivement nous avons constaté d'autres faits impliquant avec probabilité une oscillation latérale des éléments rétiniens. Objectivement nous avons noté au début la contraction avec épaississement des cônes sous l'influence de la lumière, les mouvements de progression du pigment ; n'y a-t-il pas là les éléments d'une excitation mécanique ?

D'autre part, nous avons un nouvel élément d'information dans le rythme quasi musculaire des oscillations rétiniennes. Si l'on considère ces faits à la lumière des expériences de R. Dubois sur l'excitation photomécanique des éléments du siphon de la Pholade dactyle, on comprendra qu'une radiation puisse imprimer aux éléments analogues déformables de la rétine une sorte de contraction particulière, laquelle serait l'excitant propre et direct de la fibre nerveuse.

Laissons-là ces suppositions, mais n'oublions pas de mentionner la probabilité d'un double mode de déformation ou d'oscillation des éléments rétiniens, déformation dans le sens axial, déformation dans le sens transversal.

La complexité de la sensation visuelle serait ainsi très bien expliquée par la complexité de l'oscillation totale ou résultante.

On ne nous pardonnerait pas d'oublier l'électricité comme cause d'excitation de la rétine. Nous savons, d'une part, que la lumière produit des phénomènes électriques dans le nerf optique. D'autre part, l'action de l'électricité sur l'œil est connue : l'établissement ou la rupture de faibles courants produisent des éclairs lumineux, et le passage même de ces courants donne lieu à des sensations continues plus faibles : un courant ascendant s'accompagne d'une clarté violette de tout le champ visuel, avec lacune sombre, avec ou sans bords jaunes, vis-à-vis de la papille ; pendant le courant descendant, le champ visuel est sombre, d'une teinte généralement jaunâtre, sur laquelle la papille se détache en violet plus clair, etc.

Mais comme cause de sensations subjectives, le courant agit-il pour son compte ou bien par l'intermédiaire de réactions électrochimiques ? Et comme résultat des excitations lumineuses, les courants rétiniens ne sont-ils pas l'expression des modifications photochimiques produites dans l'œil ?

Que l'électricité soit ou non simple phénomène intermédiaire dans le cycle de l'excitation, peu importe. Les affinités de cette forme d'énergie avec la lumière doivent appeler l'attention sur la nécessité d'une étude plus complète de la question de leurs rapports mutuels dans la vision.

IMAGES ENTOPTIQUES

Par M. WEISS.

Si l'on dirige son regard sur un fond éclairé, le ciel par exemple, en plaçant devant l'œil un carton percé d'un petit trou, on aperçoit une série de petits corps qui semblent flotter dans l'espace. On éprouve souvent la même impression quand on regarde dans un microscope, et cet effet peut être assez accentué pour gêner l'observation de détails peu colorés. Les images qui se forment ainsi sont constituées par l'ombre de particules qui se trouvent dans les milieux de l'œil ou sur la cornée, cette ombre est projetée sur la couche sensible de la rétine et c'est pour cette raison qu'elle est perçue.

Lorsque l'on regarde directement une surface éclairée ou une source lumineuse d'assez grandes dimensions, la plus grande partie de ces ombres n'apparaît pas et il est aisé d'en comprendre la raison. Considérons un écran EE', un petit corps opaque C et une surface lumineuse LL'. Dans ces conditions, il n'y aura aucune ombre sur EE'. Il suffit, par exemple, pendant un temps clair, de se placer en une région éclairée seulement par la lumière diffuse du ciel, pour constater qu'une canne tenue horizontalement ne projette aucune ombre sur le sol. Il n'y a en effet aucun point de l'écran EE' qui reçoive moins de lumière que les points du voisinage, autrement dit d'un point quelconque de l'écran EE' on voit la presque totalité de la surface lumineuse LL'. Il faut, pour que cet état de choses se modifie, que les dimensions du corps C augmentent beaucoup, au moins dans le sens parallèle à l'écran. Alors on se trouve dans le cas de la figure 546 et l'on voit que sur une certaine zone e il ne tombe aucune lumière de LL'.

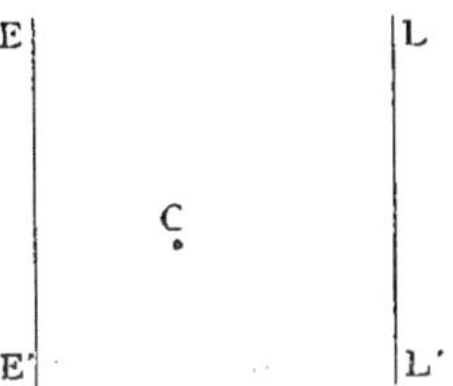

Fig. 545.

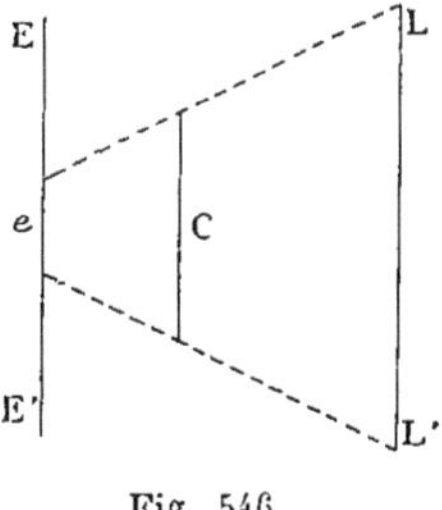

Fig. 546.

Si, au lieu d'être limitée, la source LL' pouvait être considérée comme infinie ou tout au moins très grande, il n'en resterait pas moins une ombre en e, car une partie importante de la source LL' serait inefficace. Mais dans ce cas l'ombre ne serait pas parfaite, les points de *e* pouvant encore être éclairés par les rayons très obliques de LL'. C'est ce qui se produit lorsque, au lieu de placer une canne au-dessus du sol, on interpose entre le ciel et lui un objet de plus grande dimension, une table, le toit d'un hangar, etc.

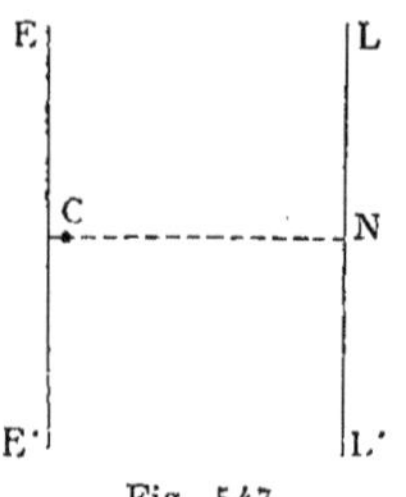

Fig. 547.

Un autre cas peut se présenter : c'est celui où le corps C, tout en restant de petite dimension, se rapproche beaucoup de l'écran EE', comme dans la figure 547.

On voit que, dans ces conditions, il se trouve entre C et EE' des points qui ne sont atteints que par les rayons très obliques venant des parties de LL' éloignées de N, N étant le point où la source LL' est rencontrée par la normale à EE' passant par C. Ainsi, on peut, en se plaçant sous un ciel très lumineux, projeter sur un papier l'ombre de la tête d'une épingle à la seule condition de la tenir assez près de ce papier.

Enfin, nous avons un procédé permettant de faire toujours apparaître l'ombre d'un objet sur un écran quelle que soit la dimension de l'objet et sa distance à l'écran. Il suffit pour cela de réduire la dimension de la source lumineuse. Si elle consistait en un point L, on aurait sur l'écran une ombre parfaite de C, d'autant plus grande que le corps s'éloignerait davantage de l'écran. Dans la pratique, L ne se réduit jamais à un point mathématique ; on a alors sur EE' une ombre centrale bordée d'une pénombre d'autant plus réduite que L se rapproche plus d'un point.

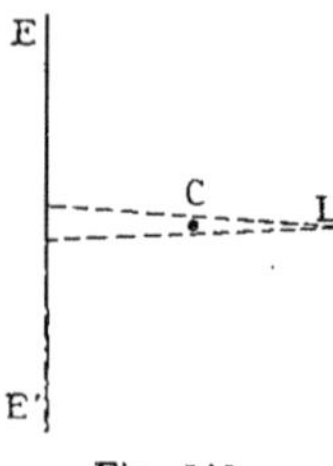

Fig. 548.

Tous ces cas se retrouvent dans l'étude des ombres intra-oculaires.

S'il y a dans les milieux de l'œil un corps de très petites dimensions, il ne projettera normalement d'ombre perceptible sur la rétine que s'il est très voisin de cette rétine ou, plus exactement, de la couche sensible de cette rétine ; s'il s'en trouve, au contraire, assez éloigné, l'ombre n'apparaîtra qu'en réduisant beaucoup les dimensions de la source éclairante. C'est pour cela qu'en temps habituel, en fixant son regard sur une surface claire, on ne voit dans le champ de la vision que fort peu d'ombres provenant de corps flottants dans l'œil et qu'il en apparaît un nombre considérable aussitôt que l'on place devant la pupille un carton percé d'un petit trou. Dans le premier cas, la source lumineuse a la dimension de la pupille, elle est relativement grande ; dans le second, elle se réduit beaucoup et produit des ombres nettes de tous les corps opaques de l'œil.

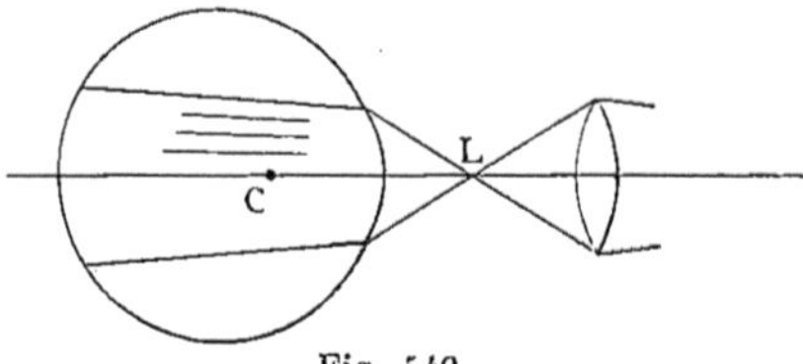

Fig. 549.

Au lieu de regarder à travers un petit trou, on peut faire apparaître les ombres entoptiques en utilisant une source lumineuse quelconque de petite dimension, par exemple en formant avec une lentille très convergente l'image réelle d'une flamme. Si l'on s'éloigne de la lentille, il y a alors en avant de l'œil un point très brillant L donnant lieu à un faisceau conique qui, après pénétration dans l'œil, sera encore homocentrique en un certain point L' et donnera sur la rétine des ombres nettes d'un corps quelconque C.

Si la lentille convergente est placée très près de l'œil, le point L se trouve en arrière de la cornée et les ombres se forment comme précédemment. Il n'y a même aucun inconvénient à ce que ce point L soit entre la rétine et le corps C ou même au delà de la rétine. La figure 550 montre comment, dans le premier de ces cas, il y a, dans le cône ayant son sommet en L et sa base sur la pupille, un petit pinceau faisant défaut et donnant une ombre sur la rétine. On conçoit dès lors pourquoi les myopes voient apparaître des ombres entoptiques quand ils regardent une source lumineuse éloignée, cette source donnant alors lieu à une image située en avant de la rétine. Quand le point L se trouve sur la couche sensible de la rétine, les ombres disparaissent; aussi l'emmétrope n'a-t-il pas les mêmes sensations que le myope; mais le phénomène se produit à nouveau aussitôt que L passe en arrière de la rétine, soit que l'œil soit hypermétrope naturellement, soit qu'on l'ait rendu tel par l'adjonction d'une lentille divergente.

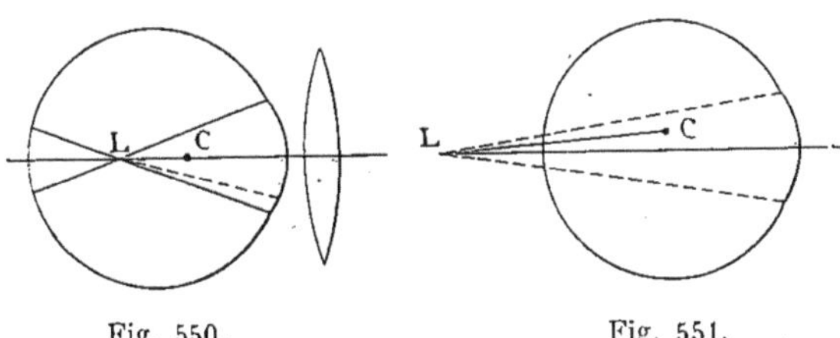

Fig. 550.   Fig. 551.

La position du point L par rapport au point C a une grande importance sur la dimension de l'ombre.

Quand le point L est à l'infini, c'est-à-dire que la source lumineuse est au foyer antérieur de l'œil et que, par conséquent, les rayons sont parallèles entre eux à l'intérieur de cet œil, le corps C projette son ombre en vraie grandeur sur la rétine. Si les rayons sont divergents, le sommet du cône étant en avant de C, l'ombre est toujours agrandie, d'autant plus que L et C sont plus voisins. Si L est en arrière de la rétine, l'ombre est toujours réduite; elle est nulle, comme nous l'avons vu, lorsque L est sur la rétine, et croît jusqu'à atteindre la dimension de l'objet quand L s'éloigne à l'infini. Quand L va de C jusqu'à la rétine, l'ombre, d'abord très grande, diminue jusqu'à zéro.

En déplaçant latéralement la source lumineuse par rapport à l'œil, on voit l'ombre changer de place; ceci permet de déterminer le siège du corps opaque, ainsi que Listing l'a montré le premier. Remarquons d'abord comme première approximation que le déplacement de l'ombre est d'autant moindre que le corps opaque est plus voisin de la rétine.

Prenons, comme le faisait Brewster, deux sources lumineuses au lieu d'une seule, nous aurons deux ombres et nous aurons à apprécier la distance de ces deux ombres au lieu d'évaluer le déplacement de l'une d'elles, ce qui est déjà plus aisé, car, dans le dernier cas, on n'avait aucun repère. Or, dans cette opération, il se produit aussi deux ombres de l'iris et il n'y a qu'à déterminer la distance des centres de ces deux ombres circulaires pour avoir aisément tous les éléments de la solution du problème.

Si le corps opaque se trouve dans le plan même de l'iris, ses deux ombres sont à une distance égale à la distance des deux centres, sinon elles se trouveront à une distance moindre qui va en diminuant jusqu'à zéro quand le corps opaque voyage jusqu'à la rétine.

Soient x la distance du corps à la rétine, a et b les distances des ombres pour le corps et pour le centre de la pupille, on a

$$\frac{x}{d} = \frac{a}{b} \cdot$$

On peut admettre que d est en moyenne égal à 18 millimètres; le rapport $\dfrac{a}{b}$ se détermine comme nous venons de l'indiquer, en regardant à travers les deux trous vers une surface plane sur laquelle on fera les mesures.

Les principales images entoptiques que l'on observe proviennent de la surface de la cornée, du cristallin ou du corps vitré. Il y en a une autre catégorie ayant son origine dans la rétine, mais que je traiterai à part.

A la surface de la cornée, on voit couler le liquide des larmes accompagné de divers globules, les uns opaques, les autres brillants et dus à des bulles d'air; parfois aussi l'on voit ainsi des opacités de la cornée.

Dans le cristallin, on distingue des taches lumineuses variables avec l'âge, plus rarement des taches opaques. On voit aussi des figures radiées ayant leur origine dans la structure en secteurs du cristallin.

Quant aux corps flottants dans l'humeur vitrée, ils donnent des ombres variées que l'on a classées suivant leurs apparences, mais cette classification n'offre aucun intérêt dans le cas qui nous occupe.

On sait que la couche sensible de la rétine se trouve en arrière de toutes les autres. Les couches précédentes contiennent des corps opaques, vaisseaux, nerfs, etc., qui projettent leur ombre sur la couche sensible, et il semble qu'ils se trouvent dans les meilleures conditions pour être perçus entoptiquement. Mais un nouveau phénomène intervient; par suite de l'habitude, on fait abstraction de ces ombres qui, nettement perçues, gêneraient la vue; on ne les voit pas, de même que l'on ne voit pas la lacune produite dans le champ de la vision par le punctum cæcum. Il faut user d'un artifice pour les faire apparaître. Il suffit, pour arriver à ce résultat, de déplacer les ombres sur la couche sensible; par suite de ce mouvement, elles viennent à chaque instant sur les éléments rétiniens nouveaux et sont alors perçues.

Le moyen le plus simple de déplacer les ombres consiste à regarder à travers un trou percé dans une carte. Ce trou peut avoir une assez grande dimension, les objets portant ombre étant voisins de l'écran. On anime alors la carte d'un mouvement latéral en regardant sur un fond blanc bien éclairé ou une lumière, et aussitôt on voit apparaître d'une façon admirable les ombres en question. La fréquence du mouvement doit être d'environ deux par seconde, à ce qu'il m'a semblé ; ce chiffre, d'ailleurs, n'est que pour donner une indication approximative destinée à guider dans une première expérience.

Bien entendu, on ne fait pas apparaître toutes les ombres à la fois ; pour chaque mouvement on produit celle des vaisseaux ou filets nerveux perpendiculaires à la direction de ce mouvement.

MOUVEMENTS DE L'ŒIL

Par M. C.-M. GARIEL.

1. — Le globe de l'œil présente sensiblement la forme sphérique : la partie antérieure, plus bombée, constituée par un segment d'une sphère d'un plus petit rayon, joue un rôle important dans le phénomène de vision, mais ne présente aucun intérêt au point de vue de l'étude des mouvements de l'œil.

Ce globe est contenu dans la cavité orbitaire qui a, d'une manière générale, la forme d'une pyramide quadrangulaire dont le sommet est en arrière ; les parois de celle-ci sont solides, osseuses, et ne présentent que d'étroites fentes. L'espace compris entre ces parois et le globe oculaire est rempli par un tissu lâche contenant beaucoup de graisse et dans lequel sont situés les muscles, les nerfs, les vaisseaux de l'œil, les glandes lacrymales, etc. Le globe oculaire est maintenu en place par le nerf optique, les muscles propres de l'œil, la conjonctive, les paupières, l'aponévrose orbito-oculaire.

Les parties situées derrière l'œil étant incompressibles ou très peu compressibles, à cause du liquide qu'elles contiennent en grande quantité, les mouvements de l'œil sont astreints à ne pas faire varier leur volume. Lorsque, en pressant sur l'œil, on cherche à l'enfoncer dans l'orbite, on éprouve une très grande résistance sans que l'œil se soit déplacé d'une manière sensible. L'œil ne peut se déplacer en avant, car il est retenu par les muscles, non plus que latéralement ou en hauteur, car il serait arrêté par les parties osseuses. Il résulte de là que l'œil ne peut effectuer que des mouvements de rotation.

On a cherché à déterminer la position du point autour duquel se produisent ces rotations : Junge, puis Donders et Doyer ont fait des recherches à ce sujet. Cette position varie un peu avec la forme de l'œil : la distance au sommet de la cornée varie, en moyenne, de $12^{mm},32$ pour les yeux hypermétropes à $15^{mm},86$ pour les yeux myopes ; elle est de $13^{mm},56$ pour les yeux emmétropes.

2. — Rappelons rapidement la disposition des muscles qui agissent sur l'œil pour le mouvoir ; ils sont au nombre de six : le droit supérieur, le droit interne, le droit inférieur, le droit externe, le grand oblique ou oblique supérieur et le petit oblique ou oblique inférieur.

Les quatre droits ont leur insertion postérieure au fond de l'orbite sur les

bords du trou optique ; leurs insertions antérieures sont, comme leurs noms
l'indiquent, placées sur les parties supérieure, interne, inférieure et externe
du globe oculaire. Les insertions sont toutes situées en avant du grand cercle
suivant lequel le globe oculaire serait coupé par un plan vertical passant par
le centre : elles ne sont pas toutes, d'ailleurs, à la même distance de ce cercle,
et cette distance va en croissant quand on considère les muscles dans l'ordre
suivant :

Droit interne, — droit inférieur, — droit externe, — droit supérieur.

Il est à remarquer que, par suite de la position de ces insertions anté-

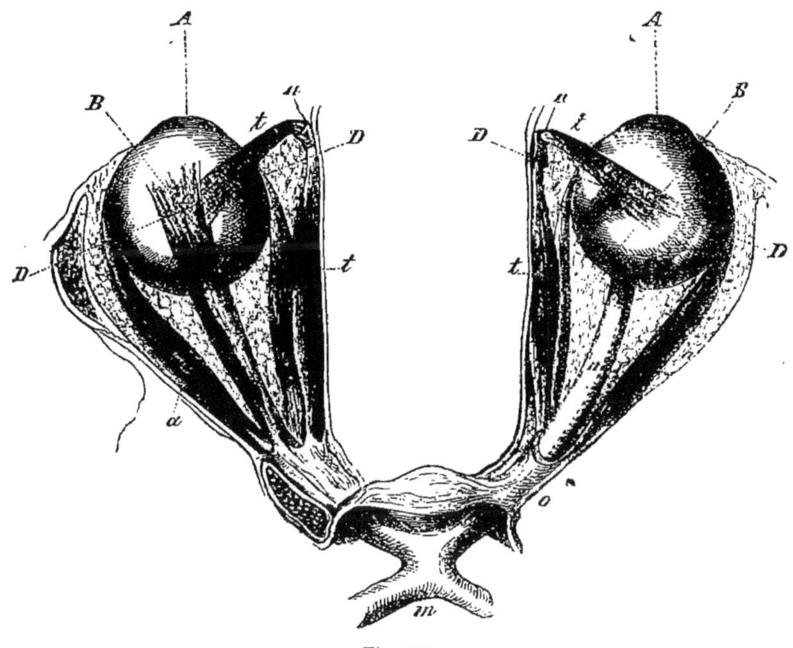

Fig. 552.

rieures et de la direction convergente de ces muscles vers le sommet de
l'orbite, chacun d'eux, avant de se fixer, s'enroule, pour ainsi dire, sur une
certaine étendue du globe oculaire, de telle sorte que, pendant sa contraction,
il agit toujours tangentiellement.

Le grand oblique ou oblique supérieur *t* (fig. 552) se compose de deux
parties différentes comme direction. Il s'insère postérieurement autour du
trou optique ; ses fibres se dirigent en avant vers l'angle interne et supérieur
de l'orbite, où elles s'insèrent sur un tendon arrondi qui se réfléchit dans un
anneau cartilagineux *u*, puis, se dirigeant en bas, en dehors et en arrière,
va s'insérer sur le globe oculaire au-dessous du droit supérieur. Lorsque ce
muscle se contracte, il exerce une action dont la direction est celle même du
tendon après sa réflexion.

Le petit oblique ou oblique inférieur s'insère en bas à la partie interne et
antérieure du plancher de l'orbite ; ses fibres contournent, en dessous, le

globe de l'œil et ont leur insertion supérieure à la partie postérieure et externe de l'œil.

3. — La contraction simultanée des quatre droits aurait pour effet d'enfoncer l'œil dans l'orbite ; il en serait de même de la contraction simultanée du droit supérieur et du droit inférieur, ou de celle du droit interne et du droit externe ; d'après ce que nous avons dit, cette action ne peut se produire. Des deux droits, supérieur et inférieur, un seul peut donc être contracté à un moment donné ; il en est de même des droits interne et externe.

Pour une raison analogue, il en est de même des obliques.

Cependant, on peut utilement étudier l'action de ces muscles en les groupant deux à deux : dans chaque couple, l'un des muscles agissant seul a pour effet de produire une rotation de l'œil autour d'un axe dans un certain sens ; l'autre, agissant seul également, produit une rotation autour du même axe sensiblement, mais en sens contraire.

Étudions donc séparément l'action de ces trois couples de muscles.

Les muscles droits supérieur et inférieur ont pour effet de faire tourner l'œil autour d'un axe horizontal DD, passant par le centre naturellement, dirigé du nez vers la tempe d'avant en arrière, faisant avec l'axe antéro-postérieur de l'œil un angle de 70° environ. Par l'action du droit supérieur, le sommet de la cornée est porté en haut et en dedans (ce point serait porté directement en haut si l'axe de rotation était perpendiculaire à l'axe de l'œil), tandis que, par l'action du droit inférieur, le sommet de la cornée est porté en bas et un peu en dedans.

Les muscles droits interne et externe ont pour effet de produire la rotation autour d'un axe vertical passant par le centre.

Enfin l'action des obliques est de faire tourner l'œil autour d'un axe horizontal B, dirigé d'avant en arrière et de dehors en dedans et faisant avec l'axe antéro-postérieur un angle de 35°.

4. — On démontre en mécanique que, si l'on considère des mouvements élémentaires de rotation autour de plusieurs axes concourant en un même point, si ces mouvements ont lieu simultanément ils donneront naissance à un mouvement de rotation autour d'un axe passant par le point de concours des axes des mouvements composants, et une règle simple permet de déterminer la direction de cet axe et la grandeur de la rotation.

Si donc deux ou trois des muscles de l'œil agissent simultanément, le mouvement élémentaire résultant sera un mouvement de rotation autour d'une certaine droite passant par le centre de rotation.

Inversement, étant donné un mouvement élémentaire de rotation autour d'une droite quelconque passant par le centre de rotation d'un corps, il résulte des théorèmes de cinématique que ce mouvement peut être produit par la composition de trois mouvements de rotation autour d'axes passant par le même point et de directions déterminées, les grandeurs des rotations composantes étant données par une règle qu'il est sans intérêt d'énoncer. Par suite, quel que soit le mouvement élémentaire de rotation qu'on veuille considérer pour l'œil, il pourra toujours être obtenu par l'action simultanée de trois (et exceptionnellement de deux) des six muscles, pris respectivement dans les trois couples différents (ou exceptionnellement dans deux).

Comme un mouvement quelconque d'un corps astreint à tourner autour d'un point peut toujours être considéré comme formé par la succession d'une série de mouvements élémentaires de rotation autour d'axes passant par le point fixe, il en résulte que les muscles que nous avons décrits suffisent pour provoquer tous les mouvements que l'œil est susceptible de prendre.

5. — Lorsque, dans la vision monoculaire, nous voulons regarder un point, pour le voir dans de bonnes conditions nous déplaçons l'œil jusqu'à ce que l'axe antéro-postérieur vienne à passer par ce point ; plus exactement, il faut diriger vers ce point la ligne qui passe par le centre optique et par la tache jaune, mais elle diffère assez peu de l'axe antéro-postérieur pour que nous puissions les confondre sans erreur sensible.

Il sera plus simple, au lieu de considérer l'axe, de nous occuper seulement du point où il rencontre la cornée, point qu'on appelle quelquefois le *sommet de la cornée*. Examinons donc les déplacements simples que l'on peut communiquer à ce point :

Le sommet de la cornée peut subir des déplacements latéraux, correspondant à une rotation autour d'un axe vertical : il résulte de ce que nous avons dit que cette action peut être obtenue par la seule contraction des droits interne et externe, le droit interne étant adducteur et le droit externe abducteur.

Lorsqu'on veut regarder un objet de haut en bas, il faut donner au sommet de la cornée un déplacement qui se produise dans le plan vertical passant par l'axe antéro-postérieur ; il faut donc qu'il se produise une rotation autour d'un axe horizontal perpendiculaire à cet axe. Il n'existe pas de muscle qui, seul, produise cet effet : par exemple, le droit supérieur élève bien le sommet de la cornée, mais il l'entraîne en dedans ; pour que ce mouvement ne se produise pas, il faut l'intervention de l'oblique inférieur qui, seul, produirait une rotation en dehors. Pour une raison analogue, l'abaissement vertical résulte de l'action simultanée du droit inférieur et de l'oblique supérieur.

A côté de ces déplacements, qui sont certainement les plus fréquents, il peut s'en produire dans des plans passant toujours par l'axe antéro-postérieur, mais obliques par rapport au plan vertical. Pour ceux-ci, il faudra en général l'action de trois muscles : il n'y a aucun intérêt à insister sur ce cas.

On peut résumer ces résultats à l'aide du schéma ci-joint, emprunté au professeur Tillaux, dans lequel les flèches indiquent la direction et le sens du déplacement de la cornée, et les lettres les muscles qui entrent en jeu (fig. 553).

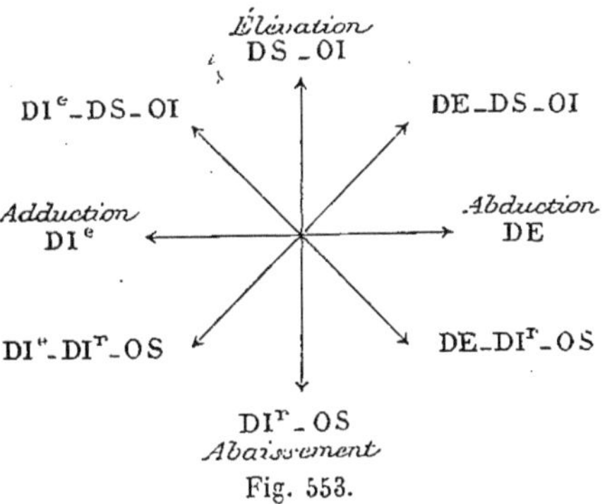

Fig. 553.

6. — Il importe de remarquer que la connaissance du déplacement du

sommet de la cornée, c'est-à-dire de l'axe antéro-postérieur, ne renseigne pas complètement sur le mouvement réel. En effet, en général, il faut concevoir que, en même temps que cet axe se déplace, l'œil exécute une rotation autour de l'axe antéro-postérieur (ce qui revient à décomposer fictivement le déplacement réel, total, en deux mouvements de rotation, l'un autour d'un axe perpendiculaire au plan dans lequel se déplace l'axe de l'œil, l'autre autour de cet axe même ; c'est ce qui constitue la *torsion* de l'œil (Helmholtz).

On comprend que, s'il est aisé d'observer et d'étudier objectivement le déplacement du sommet de la cornée, il n'en est pas de même de la torsion. Il était cependant intéressant de vérifier son existence et même de l'évaluer, de la mesurer, pour s'assurer si les effets observés concordaient comme grandeur avec ceux qu'on pouvait déduire par le calcul de l'étude complète de la composition des mouvements.

Dans ce but, Ruete, le premier, a proposé de se servir des images accidentelles et Helmholtz a utilisé cette méthode de la façon suivante :

« On se place en face d'un mur dont la tenture présente des lignes horizontales et verticales bien visibles, sans que le dessin soit assez marqué pour empêcher d'y distinguer facilement des images accidentelles : le fond le plus commode est d'un gris pâle et mat. En face de l'œil observateur et à sa hauteur, on tend horizontalement un ruban noir ou coloré, de 0^{m},70 à 1 mètre, et qui tranche fortement sur le fond de la tenture. Pour assurer la position de la tête, il est bon d'appuyer fortement l'occiput ; il faut faire en sorte qu'elle ne soit inclinée ni tournée, ni à droite ni à gauche : le plan médian de la tête doit être maintenu vertical et perpendiculaire au mur. Si, après avoir fixé invariablement, pendant un certain temps, le milieu du ruban, on dirige brusquement le regard, sans déplacer la tête, sur une autre partie de la muraille, on y voit une image accidentelle du ruban et, en comparant cette image avec les lignes horizontales de la tenture, on reconnaît si elle est horizontale ou non. »

Il est clair que si l'image accidentelle reste horizontale, c'est que la partie de la rétine à laquelle elle correspond n'a pas changé de direction, qu'il n'y a pas eu de torsion. Dans le cas contraire, il y a eu torsion et celle-ci est d'autant plus grande que l'image accidentelle est plus inclinée sur les lignes horizontales de la muraille.

Les résultats obtenus par Helmholtz ont vérifié les lois indiquées par Donders. Sans insister, nous nous bornerons à dire qu'il y a torsion pour tous les déplacements autres que le déplacement latéral et le déplacement vertical.

7. — L'œil ne subit pas seulement les déplacements simples que nous venons d'indiquer et il peut y avoir à considérer des mouvements quelconques. Parmi ceux-ci, un seul nous paraît mériter d'être signalé : c'est celui exécuté par l'œil lorsqu'on regarde successivement les divers points d'une circonférence : c'est ce qu'on a appelé le *mouvement de circumduction* : on voit que, dans ce mouvement, l'axe antéro-postérieur de l'œil décrit un cône dont le centre de rotation est le sommet et dont la circonférence observée est la base. Il ne s'agit plus ici d'un mouvement de rotation simple de l'œil, mais d'une

succession ininterrompue de mouvements élémentaires de rotation autour
d'axes changeant d'un instant à l'autre. Dans ce cas, les divers muscles entrent
successivement en jeu tantôt isolément, tantôt deux à deux, ou même trois
à trois : il n'y a aucun intérêt à étudier plus complètement la question.

8. — Il est à remarquer que les mouvements de l'œil sont limités en étendue, d'une part, par la limitation de la contraction du muscle actif et, de
l'autre, par la présence du muscle antagoniste qui ne peut être distendu. C'est
ce qu'on exprime en disant que l'étendue du champ monoculaire est limitée.

Helmholtz a trouvé qu'il pouvait, avec effort, faire décrire à l'axe antéro-
postérieur de l'œil un angle de 50° horizontalement de part et d'autre de la
position moyenne et verticalement un angle de 45° au-dessus et au-dessous
de l'horizontale.

Le champ monoculaire n'est pas limité seulement par l'action des muscles ;
il l'est aussi, en réalité, en haut et en dedans par l'existence des saillies
osseuses, bords de l'orbite et nez, qui, pour certaines directions, s'opposent
à l'entrée des rayons lumineux dans l'œil.

M. Landolt a déterminé le champ normal moyen en tenant compte de cet
élément ; il a trouvé que son étendue était de .

	°		°
En dehors. „...........	45	En dedans.............	45
En dehors et en bas....	47	En dedans et en haut..	45
En bas...............	50	En haut..............	43
En bas et en dedans....	38	En haut et en dehors..	47

9. — Les mouvements de l'œil étant peu aisés à se représenter lorsqu'on
n'est pas habitué à l'étude de la cinématique, on a construit des appareils qui
matérialisent les effets que nous avons signalés et auxquels on a donné le
nom d'*ophtalmotropes*. Le premier fut imaginé par Ruete ; il a été simplifié
par Hasner, puis par Knapp. Dans le modèle de celui-ci, le globe oculaire
est mobile autour de son centre à l'aide d'une articulation à genou : des
grands cercles figurent l'équateur et les méridiens principaux ; des fils de soie
de couleur sont fixés sur le globe aux points qui correspondent aux insertions
des muscles et passent sur des poulies qui leur donnent la direction qu'ont
les muscles en réalité, ils sont tendus par des poids fixés à leurs extrémités.
En donnant au globe un mouvement déterminé, on voit immédiatement quels
sont les muscles qui seraient entrés en action pour produire ce mouvement.

Wundt a construit un autre modèle d'ophtalmotrope dans lequel les fils
sont remplacés par des ressorts à boudin produisant une action analogue.

10. — Dans le cas de la vision binoculaire normale, les axes des deux yeux
doivent passer par le point que l'on regarde, ils sont concourants en général,
sauf dans le cas où le point est à l'infini ; les axes sont alors parallèles.

Il est facile de comprendre que si le point se déplace dans le plan médian,
plan de symétrie de la tête, les deux axes se déplacent symétriquement par
rapport à ce plan : les muscles homonymes doivent alors entrer en action de
la même façon, puisque ces muscles sont eux-mêmes symétriques par rapport
à ce plan.

Mais, pour tout autre déplacement du point que l'on regarde, les variations de direction des axes ne sont plus symétriques et ce sont, de part et d'autre, des muscles différents qui entrent en action, ou si, dans certains cas, ce sont des muscles homonymes, ils se contractent inégalement. Par exemple, dans le cas très simple d'un point situé à l'infini se mouvant de gauche à droite, ce sera le droit interne de l'œil gauche et le droit externe de l'œil droit qui entreront seuls en action.

11. — Il importe de remarquer que les considérations mécaniques simples qui permettent de se rendre compte de l'action des muscles de l'œil sont vérifiées par l'observation, lors de la paralysie d'un ou de plusieurs de ces muscles; et que, inversement, la connaissance des actions que nous avons indiquées permet de faire un diagnostic lorsqu'on observe des limitations de mouvement, du strabisme, ou que le malade accuse de la diplopie résultant de ce que les mouvements de l'œil ne peuvent plus être associés comme ils doivent l'être dans la vision binoculaire normale.

VISION BINOCULAIRE — STRABISME

Par M. TSCHERNING.

---

1. Identité des maculas. — La base fondamentale de la vision binoculaire est le fait qu'on projette toujours les impressions des deux maculas au même endroit. Dans la vision ordinaire, les deux yeux fixent toujours le même endroit, de sorte que, dans ces circonstances, le fait énoncé n'a rien d'étonnant ; mais, dans les cas où cela n'a pas lieu, dans la vision stéréoscopique, par exemple, on projette également les impressions des deux maculas au même endroit. L'expérience suivante démontre le fait en question d'une manière très frappante : on ferme un œil et l'on développe dans l'autre une image secondaire vive, en fixant un objet brillant pendant quelques instants. On ouvre ensuite l'œil fermé et l'on fixe avec cet œil un point donné. On verra alors l'image secondaire se placer sur ce point, non seulement lorsque les deux yeux fixent ce point, mais aussi lorsqu'on fait dévier l'œil auquel appartient cette image, par exemple en y exerçant une pression avec le doigt ou en se mettant à loucher (1).

2. Diplopie binoculaire physiologique. Horoptère. — Plaçons deux bougies dans le plan médian du corps, à la même hauteur, mais à des distances différentes. Fixons la bougie la plus éloignée. On remarquera qu'avec l'œil droit on voit la bougie la plus rapprochée à gauche de la bougie qu'on fixe ; avec l'œil gauche on la voit à droite, et avec les deux yeux on la voit double, en images croisées. Lorsqu'on fixe la bougie la plus rapprochée, l'autre est vue en images homonymes.

La diplopie physiologique tient à ce que nous ne nous rendons pas compte de la position différente de nos deux yeux. Sans un examen spécial, nous ne pouvons même pas dire si une image appartient à l'un ou à l'autre œil. On voit à chaque instant, dans les cliniques des yeux, des personnes qui ont perdu ou presque perdu la vue d'un œil sans s'en apercevoir. — Nous rapportons nos impressions visuelles à un centre unique, qui, le plus souvent, coïncide avec l'un ou l'autre œil, *l'œil directeur.* C'est ainsi que je projette toutes mes impressions visuelles comme si je les percevais avec l'œil droit. Si, dans l'expérience avec les deux bougies, je fixe la bougie la plus éloignée et que

---

(1) La plupart des personnes apprennent assez facilement à loucher en dedans. On peut faire dévier l'œil en dehors en saisissant un pli de la peau près du canthus externe pendant qu'on dirige les yeux de l'autre côté.

j'essaye, d'un mouvement vif, de toucher la bougie la plus rapprochée, je saisis juste si je vise l'image de l'œil droit, tandis que je porte le doigt loin de la bougie si je vise l'image de l'œil gauche. Un certain nombre de personnes ne présentent pas une telle supériorité de l'un des yeux ; chez ces personnes, le centre des projections est situé entre les deux yeux.

Outre le point fixé, il y a un certain nombre d'autres points qui sont vus simples avec les deux yeux ; l'ensemble de ces points est dit *horoptère*. — Si, par exemple, on place les deux bougies l'une à côté de l'autre et qu'on fixe celle de gauche, celle de droite est vue simple, puisque les deux yeux la voient à droite de la bougie fixée, et à la même distance. Il en est de même pour tous les objets placés sur un cercle passant par le point fixé et les points nodaux des deux yeux (*horoptère* de *Johannès Müller*). Si l'on fixe un point du sol situé dans le plan médian, l'horoptère correspond à peu près au sol.

3. Suppression des images doubles. Antagonisme des champs visuels. — La plupart des personnes n'ont jamais vu les doubles images physiologiques, l'une des images étant supprimée. Pour étudier ce curieux phénomène de la *suppression*, ou, comme on dit aussi, de la *neutralisation* d'une image qui a surtout été mise en vue par les travaux de *Javal* sur la vision des strabiques, on peut placer deux dessins très différents dans le champ d'un stéréoscope ; on peut, par exemple, présenter à un œil des lignes horizontales, à l'autre des lignes verticales. On observe alors le phénomène connu sous le nom d'*antagonisme des champs visuels*. On ne voit pas les deux champs à la fois : l'un alterne avec l'autre et, pendant qu'on voit l'un, l'autre est complètement supprimé ; on ne le voit pas du tout. Ce n'est pourtant pas tout le champ du même œil qui domine partout. Le champ commun est composé de parties appartenant à l'un ou à l'autre œil.

Dans la vision binoculaire ordinaire, cette suppression de l'une des images joue un grand rôle. Elle est facilitée par ceci, que l'attention est toujours portée sur l'objet fixé et aussi parce que le regard change constamment de direction, de sorte qu'on a à peine le temps de s'apercevoir des doubles images. Il est aussi à remarquer que les doubles images se forment sur des parties périphériques de la rétine, ce qui fait que leur existence peut plus facilement passer inaperçue. Il n'est pas facile de dire à quel œil appartient l'image supprimée, car, aussitôt qu'on y porte l'attention, elles apparaissent toutes les deux. En général, c'est l'image la plus périphérique, ou, dans d'autres cas, l'image qui, à cause de la perspective, occupe la plus petite place sur la rétine qui est supprimée. Dans les cas où il s'est développé une prépondérance de l'un des yeux pour la projection au dehors, il semble que ce sont le plus souvent les images de l'autre œil qui sont supprimées.

4. Perception binoculaire de la profondeur. Le stéréoscope. — L'avantage le plus important qu'offre la vision binoculaire concerne le jugement de la profondeur. Il existe un grand nombre de facteurs qui peuvent nous guider pour le jugement de la distance d'un objet, mais l'indication de beaucoup la plus nette nous est donnée par le degré de convergence qu'il faut employer pour le fixer binoculairement. Il est pourtant à remarquer que c'est uniquement pour des *différences* de convergence que nous avons une sensation très exacte : le jugement de la distance absolue est très incertain.

Les avantages de la vision binoculaire n'ont été mis bien en vue que par l'invention du stéréoscope. Le principe de cet instrument consiste à présenter à chacun des yeux une représentation de l'objet telle que l'image qui se forme sur la rétine soit pareille à celle que l'objet y formerait. Les objets lointains sont donc représentés par des images semblables, les objets rapprochés par des images différentes. On peut se rendre compte de la manière dont les objets sont représentés en se figurant deux plaques transparentes placées devant les yeux à l'endroit qu'occuperaient les représentations stéréoscopiques. Il faut se figurer chaque point des objets extérieurs réuni aux deux yeux par des lignes droites ; les points où ces droites rencontrent les plaques sont les reproductions des points extérieurs. Il en résulte que la distance entre les deux représentations d'un même point est la même pour tous les points situés à l'infini, tandis que cette distance diminue lorsque l'objet se trouve près des yeux (parallaxe stéréoscopique). — Parmi les stéréoscopes, celui de *Brewster* est le plus connu. Chaque œil regarde à travers un prisme à surfaces convexes, dont l'arête est interne. Les verres produisent un certain grossissement et dispensent de mettre les yeux en parallélisme.

Le stéréoscope donne une idée de la troisième dimension telle qu'aucune autre représentation puisse la donner. L'effet est surtout très frappant pour des images de rochers, de glaciers ou d'autres objets irréguliers, qui, vues à l'œil nu, ne donnent aucune idée de ce qu'elles représentent. L'usage de l'instrument s'est surtout répandu depuis qu'on fait des photographies, car les dessins doivent être tellement exacts qu'il n'est guère possible de les exécuter autrement que par la photographie, excepté pour des figures stéréométriques. *Dove* plaça ainsi un faux billet de banque dans l'un des champs du stéréoscope ; dans l'autre, un vrai ; la petite différence entre les deux billets était suffisante pour produire un effet stéréoscopique : quelques-unes des lettres semblaient sortir du plan du papier.

Dans la vision ordinaire, ce sont, en général, les mêmes objets qui se présentent aux deux yeux. Lorsqu'on place dans un stéréoscope des dessins qui montrent des différences autres que celles qui correspondent au relief, on crée un certain embarras, dû à la difficulté d'interpréter ce qu'on voit au moyen d'observations antérieures. Si une interprétation est possible, on la choisit. Si, par exemple, l'une des figures est dessinée avec des lignes blanches sur fond noir, l'autre avec des lignes noires sur fond blanc, l'image fusionnée offre un aspect brillant à peu près comme si le corps était couvert de plombagine. Si l'on remplace les surfaces noires par des surfaces colorées, on obtient quelquefois un lustre métallique. On s'explique la contradiction qu'il y a à ce que le corps paraisse en même temps coloré et blanc en supposant qu'il est brillant, car les corps brillants renvoient en même temps de la lumière blanche régulièrement réfléchie et de la lumière diffuse de la couleur propre du corps.

Si aucune interprétation n'est possible, on observe les phénomènes déjà mentionnés d'*antagonisme des champs visuels*. Si l'un des champs a un contour à un endroit où l'autre n'en a pas, c'est en général le premier qui domine à cet endroit. S'il n'y a pas de contours verticaux dans les deux champs, les yeux n'ont aucun guide pour le degré de convergence à employer : les images glissent l'une sur l'autre.

Points identiques des rétines. — On dit qu'un point d'une rétine est *correspondant* ou *identique* à un point de l'autre lorsque les images d'un même point extérieur tombant sur ces deux points rétiniens sont confondues en une seule image. Si, dans le second œil, l'image se forme sur n'importe quel autre point, elle n'est pas confondue avec celle du premier œil : le point est vu double. Les deux foveas sont nécessairement identiques, puisque l'objet fixé est toujours vu simple. La position des autres points identiques se déduit de la loi, que nous avons déjà indiquée, qu'un point extérieur est vu simple lorsque les deux yeux le voient dans la même direction par rapport au point fixé.

On a beaucoup discuté la question de savoir pourquoi deux points rétiniens sont identiques, tandis que deux autres points ne le sont pas. Parmi les partisans de la *théorie d'identité*, la plupart admettent qu'il existe une relation anatomique entre les deux points correspondants. Ils supposent que les nerfs conducteurs des impressions des deux points correspondants se réunissent, à leur passage au chiasma, en un seul, qui conduit l'impression au cerveau. La théorie dite *des projections* invoque l'expérience ; la supériorité des foveas quant à l'acuité visuelle nous amène à diriger les deux yeux vers l'objet qui nous intéresse, et cette habitude fait que nous localisons les impressions des deux foveas au même endroit, même dans les cas où elles ne sont pas dues à un seul objet. Un objet situé à 10° à droite du point fixé forme dans les deux yeux son image à 10° à gauche de la fovea ; nous sommes si habitués à ce que ces deux impressions soient dues à un seul objet que nous localisons toujours les impressions de ces deux points rétiniens au même endroit.

Après l'invention du stéréoscope, il se montra une tendance à abandonner l'idée des points identiques, car les observations stéréoscopiques semblent, au premier abord, en contradiction avec cette idée. Il est, en effet, clair que si l'on fusionne les images d'un point éloigné les images d'un point voisin ne peuvent pas se former sur des points identiques ; néanmoins, on ne voit pas ce point double ; on le voit simple et en relief. Les partisans de la théorie d'identité essayèrent de sauver celle-ci en admettant qu'un point de l'une des rétines correspond non à un point, mais à une petite surface de l'autre rétine ; une image se formant sur le point pourrait alors se confondre, soit sans relief avec une image se formant au milieu de la petite surface, soit avec relief avec une image se formant sur un point plus périphérique de la surface. Mais, sous cette forme, la théorie ne s'est pas montrée soutenable. La question n'a été tirée au clair que par les travaux de *Javal*.

D'après cet auteur, il faut distinguer entre la *notion du relief* qui est produit par le fait, souvent inconscient, que nous voyons les objets rapprochés en images doubles croisées, et la *mensuration du relief* qui dépend de la sensation du degré d'innervation qu'il faut pour converger vers l'objet rapproché. Pour se rendre compte de la manière dont nous arrivons à obtenir la sensation du relief, il est préférable de se servir d'images stéréoscopiques qui sont assez difficiles à fusionner. Tout d'abord on fusionne les images des objets éloignés, pendant que tous les objets rapprochés apparaissent en images croisées. Cela nous donne la *notion du relief*, notion qu'on pourrait même obtenir par une observation instantanée, par exemple en éclairant l'image avec une étincelle électrique. Ensuite on laisse errer le regard sur la figure, ce qui force à converger plus ou moins, suivant que l'objet est représenté plus ou moins voisin. Après avoir continué ainsi pendant quelques instants, le relief se manifeste et les images doubles disparaissent en même temps : on supprime les images de l'un ou de l'autre œil, suivant les règles que nous avons déjà données. Malgré l'assertion de différents auteurs, il semble impossible d'obtenir une vraie sensation du relief en maintenant les yeux immobiles.

La discussion des deux théories de la vision binoculaire, celle de l'*identite* et celle des *projections*, n'est pas encore close. La théorie d'identité me semble pourtant fortement appuyée sur les observations anatomiques de la semi-décussation dans le chiasma, et surtout sur l'anatomie comparée, qui montre que chez beaucoup d'animaux — les poissons par exemple, dont les yeux sont placés de façon à ne pas avoir un champ visuel commun — les nerfs optiques se croisent complètement. Les observations cliniques d'hémianopsie, surtout celles d'hémianopsie partielle, sont un argument de plus en faveur de cette théorie.

Strabisme. — On dit qu'il y a *strabisme* lorsque les deux lignes visuelles ne s'entre-croisent pas au point fixé. L'image de ce point ne se forme donc pas sur les deux foveas à la fois et, comme les deux foveas sont des points correspondants, il n'y a pas de vision binoculaire.

On distingue entre le *strabisme paralytique* dû à une paralysie d'un ou de plusieurs muscles et le *strabisme concomitant* qui, au moins dans la grande majorité des cas, consiste en un défaut d'innervation (*Hansen Grut*). Dans cette dernière forme, les yeux se suivent : si l'œil qui fixe tourne de 10 degrés, l'autre le fait aussi ; l'angle de strabisme reste le même. Dans le strabisme paralytique, si le bon œil fait une excursion dans la direction de l'action du muscle paralysé, l'autre œil fait une excursion moindre ou reste immobile. Plus le malade regarde du côté du muscle paralysé, plus l'angle du strabisme augmente.

Dans le strabisme paralytique, la vision a lieu exactement d'après les lois de la vision binoculaire. Prenons comme exemple un strabisme paralytique divergent gauche, et supposons que nous présentions une bougie au malade, qui la fixe avec l'œil droit tandis que l'œil gauche dévie vers un point A situé à 10 degrés à gauche. Comme les impressions des deux foveas se localisent au même endroit, le malade projette l'image de A vu avec l'œil gauche au même endroit que la bougie vue avec l'œil droit. Vue avec l'œil gauche, l'image de la bougie est projetée à 10 degrés à droite de A. Il voit donc deux bougies (images croisées), dont la distance augmente avec l'angle de strabisme.

Les personnes affectées de strabisme concomitant n'accusent généralement pas de diplopie : elles neutralisent l'image de l'œil dévié, qui ne sert qu'à augmenter un peu le champ de la vision. En général, on réussit pourtant à provoquer la diplopie, par exemple, en faisant dévier l'image du bon œil au moyen d'un prisme faible à arête horizontale ou en bandant, au besoin, cet œil pendant quelques jours ; mais on observe alors souvent les singuliers phénomènes que *von Graefe* a décrits sous le nom de *diplopie paradoxale*. Supposons qu'on ait affaire à un strabisme convergent très prononcé et qu'on réussisse à provoquer la diplopie avec un prisme faible, l'arête en bas, le malade devrait alors voir des images homonymes très distantes. Au lieu de cela, il indique que les images se trouvent à peu près sur la même verticale.

Ce phénomène tient à ce qu'il s'est développé ce qu'on a très improprement nommé une *fovea vicariante*. Le malade a d'abord commencé par neutraliser l'image de l'œil strabique ; ensuite il s'est formé une sorte de notion de la position fausse de cet œil ; le malade a appris qu'un objet qui forme son image sur la fovea du bon œil forme son image en un point (*b*) en dedans de la fovea de l'œil strabique, et il a appris à localiser cette image à l'endroit où est l'objet auquel elle appartient. C'est donc comme s'il s'était développé une correspondance entre le point *b* et la fovea du bon œil. Il pourrait sembler que ces observations parlent beaucoup en faveur de la théorie dite *des projections*, mais la localisation de l'image de l'œil dévié est toujours très peu sûre ; le malade dit quelquefois qu'il voit bien deux images, mais qu'il est impossible d'indiquer où se trouve l'image de l'œil strabique. Il suffit quelquefois, chez une personne qui a louché toute sa vie, de placer l'œil strabique dans une position approximativement correcte (par une opération) pour que, dans le courant d'une quinzaine de jours, la projection correcte prenne le dessus. En suivant le développement de la vision chez ces strabiques opérés, on constate quelquefois, à un moment donné, que le malade projette l'image de l'œil strabique d'après les deux foveas à la fois. *Javal* a décrit cette singulière forme de la vision sous le nom de *triplopie binoculaire*. Un autre phénomène que présentent quelquefois les strabiques a été décrit par *von Graefe* sous le nom d'*horreur de la vision simple*. On devrait croire qu'en plaçant, par exemple dans un stéréoscope, des objets pareils sur les lignes visuelles des deux yeux, le malade les fusionnerait ; au lieu de cela, il change la position relative des yeux, pour répéter la même manœuvre chaque fois qu'on rapproche l'objet de la ligne visuelle de l'œil strabique. Ce phénomène forme souvent un obstacle très sérieux pour le rétablissement de la vision binoculaire. *Javal* a indiqué un moyen très ingénieux pour surmonter cette difficulté : un carton stéréoscopique qui porte dans l'un des champs une tache ronde ; dans l'autre, qui est destiné à l'œil strabique, toute une série de taches semblables rangées sur une ligne horizontale. De cette manière, l'œil strabique ne peut pas éviter la fixation.

LOUPE [1]

Par M. Th. GUILLOZ.

La loupe est un système optique convergent que l'on place entre l'œil et les objets pour en mieux distinguer les détails.

La loupe est dite *simple* quand elle est formée d'une seule lentille et *composée* quand elle comporte la combinaison de plusieurs lentilles.

La loupe donne des images droites des objets, tandis que les microscopes en fournissent des images renversées.

Quand on examine à l'œil nu un objet, il est d'observation courante que, si l'on veut en bien distinguer les détails, on rapproche le plus possible l'œil de l'objet. Chacune des dimensions linéaires de l'image rétinienne grandit en raison inverse de cette distance.

Au lieu de considérer la grandeur de l'image rétinienne, on peut évidemment considérer le *diamètre apparent* de l'objet rectiligne, c'est-à-dire l'angle formé par les droites menées du centre optique de l'œil aux extrémités de l'objet. Diamètre apparent et grandeur de l'image rétinienne sont en effet des quantités proportionnelles.

La propriété que possède l'œil de distinguer les détails d'un objet se réduit en dernière analyse à la perception distincte de deux points voisins. Le diamètre apparent minimum sous lequel sont encore vus comme distincts deux points très voisins définit l'acuité visuelle de l'œil, autrement dit son *pouvoir séparateur*. Pour un œil normal, cet angle correspond à un diamètre apparent de 1′, c'est-à-dire à une image rétinienne de $0^{mm},0045$. La distance minimum des détails que sépare un œil normal visant à 30 centimètres est,

par conséquent, d'environ $\dfrac{1}{10}$ de millimètre $\left(30 \times \dfrac{2 \times \pi}{360 \times 60} = 0^{cm},009\right.$; à

10 centimètres, cette distance serait de $\dfrac{1}{30}$ de millimètre. La puissance de

[1] On suppose connues les formules

$$\frac{1}{p} + \frac{1}{p'} = \frac{1}{f}; \quad \frac{Op'}{Ip} = \frac{f'}{f} = \frac{n'}{n}; \quad \frac{1}{f} = (n-1)\left(\frac{1}{R} + \frac{1}{R'} - \frac{n-1}{n}\frac{e}{RR'}\right).$$

La formule $\lambda = m\dfrac{y^2}{f}$ donnant l'aberration longitudinale, et dans laquelle le facteur m est une fonction de R_1, R_2 et n, n'a pas été déterminée pour ne pas allonger cet exposé (Voy. Violle, *Traité de physique*, Masson, t. II, p. 459). A part cela, toutes les propositions ont été, ou déduites de considérations algébriques et géométriques des plus élémentaires, ou indiquées comme résultats expérimentaux.

séparation de l'œil mesurée par le nombre de lignes que celui-ci peut résoudre, c'est-à-dire distinguer dans un intervalle déterminé, qui sera, par exemple, le millimètre, croît donc en raison inverse de la distance de l'objet à l'œil. Ainsi donc, à acuité visuelle égale, les détails seront d'autant mieux perçus que le punctum proximum, dans le plan duquel on placera toujours l'objet, sera plus rapproché.

L'objet ne peut pas être rapproché plus près que le punctum proximum de l'œil sans cesser d'être vu distinctement. On peut user, pour rapprocher plus près l'objet, d'un artifice qui consiste à regarder l'objet à travers un tout petit trou percé dans un écran opaque. Les images de diffusion sont diminuées de diamètre et la vision, malgré le défaut d'adaptation de l'œil, est encore suffisamment nette pour une distance très rapprochée. L'utilisation de cet artifice est limitée par la diminution d'éclairement qu'il entraîne et aussi à la limite par l'apparition de phénomènes de diffraction qui apportent leur trouble à l'examen de l'objet.

Dans l'*examen à l'œil nu*, l'agrandissement progressif de l'image rétinienne ou du diamètre apparent de l'objet, ou encore, ce qui revient au même, la diminution de distance des détails que l'œil peut encore séparer, a une limite, déterminée par la faculté d'accommodation de l'œil qui exige, pour la netteté de la vision, que l'objet ne soit pas rapproché plus près que le punctum proximum.

Des yeux emmétropes ou d'égale amétropie percevront donc à l'œil nu des détails d'autant plus fins que leur pouvoir accommodatif sera plus considérable, c'est-à-dire que l'observateur sera plus jeune.

Toutes autres choses égales d'ailleurs (âge, acuité visuelle, éclairage, etc.), l'observateur myope sera dans des conditions meilleures pour l'observation à l'œil nu des détails que l'emmétrope. Celui-ci sera plus favorisé que l'hypermétrope.

L'interposition de la loupe entre l'œil et l'objet a pour effet de substituer à l'objet une image dont le diamètre apparent est supérieur à celui sous lequel apparaîtrait l'objet s'il était placé à la même distance que cette image.

Soit LL' une lentille convergente (fig. 554) dont F et F' sont les foyers prin-

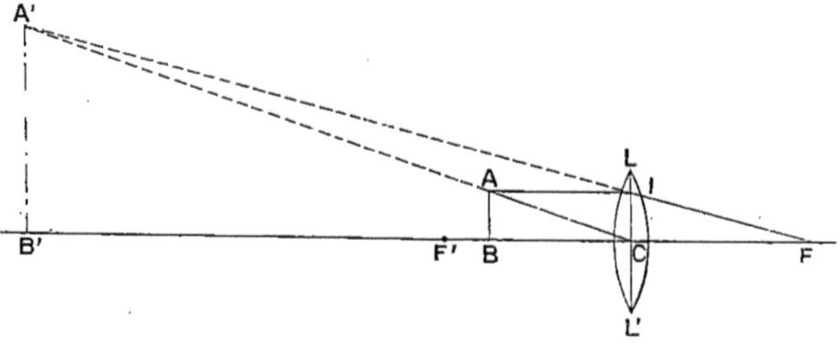

Fig. 554.

cipaux. Pour que l'objet AB donne une image virtuelle, il faut que l'objet AB soit situé entre le plan F' et la lentille. L'image d'un des points A se construit en considérant le rayon AC qui ne subit pas de déviation et le rayon AI parallèle à l'axe principal qui, après réfraction, passe par F. L'image A' de A se trouve au point de concours des deux rayons réfractés AC et IF, c'est-à-dire en A′ du même côté de la lentille que A, car

$$AI = CB < CF' = CF.$$

En déplaçant l'objet AB supposé placé d'abord contre la lentille jusqu'au foyer F′, son image s'éloigne graduellement du même côté depuis la lentille jusqu'à l'infini. Si la position du foyer est un peu dépassée, l'image se forme réelle et renversée en arrière de la lentille, tout d'abord à l'infini. Puis elle se rapproche de plus en plus du foyer F quand l'objet s'éloigne au delà du foyer F′.

Si l'observateur est placé très près de la loupe, *il verra toujours en image droite* l'image de AB. Il la verra nettement ou confusément suivant qu'il sera parfaitement adapté pour la distance à laquelle se formera l'image, ou que la réfraction de l'œil, même avec la latitude donnée par l'accommodation, ne permettra pas de faire coïncider le plan conjugué de la rétine, par rapport au système réfringent constitué par l'œil, avec le plan de l'image donnée par la loupe.

En effet, quand l'image virtuelle se forme en avant de la loupe (construction classique, objet entre le foyer et la lentille) (fig. 554), la proposition est évidente.

Si l'image A′B′ se forme en arrière de la loupe (objet au delà du foyer, fig. 555), l'observateur verra toujours en image droite. En effet (fig. 555), parmi les

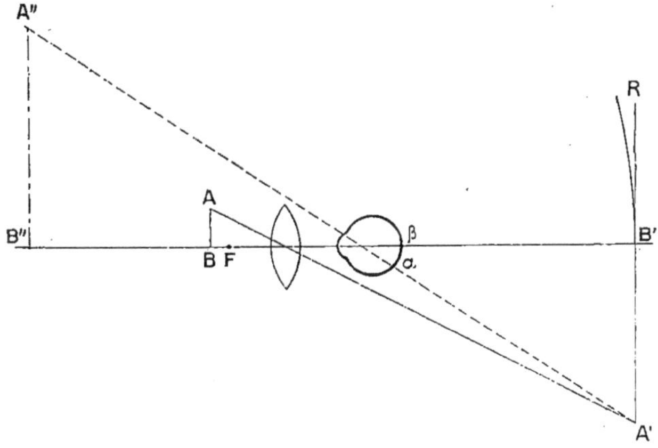

Fig. 555.

rayons qui concourent en A′, celui qui passe par le second point nodal de l'œil donne en α l'image rétinienne de A′, c'est-à-dire de A. De même, les rayons qui traversent la loupe pour concourir en B′ et tombent dans l'œil y convergent dans la région β. A l'image rétinienne αβ correspond la notion d'un objet A″B″ image droite de AB.

La même construction s'applique encore quand AB est au foyer, c'est-à-dire quand l'image A′B′ se forme à l'infini.

Position de l'objet par rapport à la loupe. — L'œil myope, l'œil emmétrope accommodé, l'œil hypermétrope dont l'accommodation aura surcorrigé l'amétropie exigeront que l'objet soit placé entre la lentille et son foyer (construction classique, fig. 554). L'œil emmétrope sans accommodation, l'œil hypermétrope dont l'accommodation aura corrigé l'amétropie examineront à la loupe, l'objet étant placé au plan focal. Enfin, un hypermétrope dont l'accommodation ne corrigera pas l'amétropie, placera l'objet AB de l'autre côté du plan focal, de telle sorte que les rayons qu'il recevra iraient concourir en arrière de lui à la formation d'une image réelle A'B' (fig. 555).

Position de l'observateur. — Nous avons établi que l'on voit toujours en image droite les images virtuelles que donne la loupe, les images réelles ou virtuelles situées à l'infini, enfin les images réelles qui se formeraient en arrière de l'œil.

L'observateur voit donc toujours en image droite les images données par un système convergent, à condition que ces images ne soient pas des images réelles se formant entre ce système et l'œil.

C'est la seule condition théorique qui, à vrai dire, règle la position de l'observateur dans l'examen à la loupe, en y ajoutant toutefois celle de l'adaptation de la vision pour le plan où se forme l'image.

Nous examinerons dans la suite les meilleures conditions d'observation qui peuvent être obtenues par la position de l'observateur, et nous verrons que ces conditions variables dépendent de l'état de réfraction de l'œil.

Grossissement de la loupe et des instruments d'optique. — Définissons, avec M. Gariel, le grossissement : le rapport de l'image rétinienne d'un objet vu à l'aide de l'instrument à l'image rétinienne de l'objet vu directement [1].

Le rapport des images rétiniennes pouvant se remplacer par le rapport des diamètres apparents correspondants, la définition précédente redonne celle de Verdet : le grossissement est le rapport entre le diamètre apparent de l'image et celui de l'objet, l'objet étant supposé dans les conditions ordinaires de la contemplation directe [2].

Si l'on veut exprimer par la valeur du grossissement *tout l'avantage relatif* qu'il y a à se servir de l'instrument au lieu de l'œil, il conviendrait, croyons-nous, d'adopter cette autre définition donnée aussi par MM. Gariel et Guebhardt : le grossissement est le rapport des deux angles visuels sous lesquels se voient l'image et l'objet dans les conditions les plus favorables pour donner la plus grande image rétinienne possible, l'image étant vue à travers l'instrument et l'objet à l'œil nu [3].

Quand l'objet est examiné à l'œil nu, il donne la plus grande image rétinienne nette s'il est au punctum proximum. Il peut arriver, mais il n'en est pas nécessairement ainsi, que la plus grande image rétinienne possible donnée par l'image regardée dans l'instrument soit fournie par un réglage de l'appareil la faisant voir au punctum proximum. La définition du grossissement deviendra : le rapport des diamètres apparents de deux dimensions homologues de l'image et de l'objet supposés placés à la distance minimum de la vision distincte [4].

Cette définition peut être immédiatement généralisée dans sa forme, car, si l'objet et l'image placés à la distance minimum de la vision distincte sont déplacés tous deux, le rapport des angles sous lesquels sont vus deux dimensions homologues de l'image et de l'objet ne change pas, car chacun de ces angles subit la même variation proportionnelle. On définira donc ainsi le grossissement : le rapport des diamètres apparents de deux dimensions homologues de l'image et de l'objet vus à la même distance [5].

La figure 556 montre que ce rapport, qui est le grossissement, est égal à celui des dimensions linéaires de l'image et de l'objet [6].

Les définitions 4, 5 et 6 ne sont exactes que si l'image et l'objet sont observés dans le même état de réfraction de l'œil, c'est-à-dire à la même distance.

Pour obtenir d'un objet examiné à l'œil nu la plus grande image rétinienne possible, il faut toujours l'observer au punctum proximum, tandis

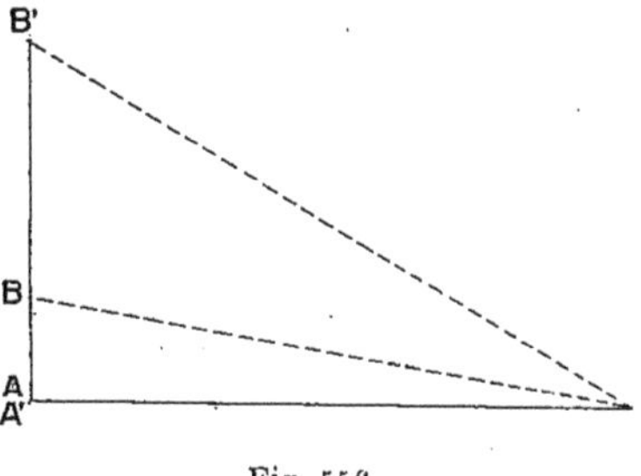

Fig. 556.

que la plus grande image rétinienne donnée par un instrument demande, suivant les cas, ainsi que nous l'établirons dans la suite, que l'œil observe avec déploiement complet de l'accommodation ou sans accommodation. La grandeur de cette image peut même devenir indépendante de l'accommodation. Les conditions les plus favorables à l'utilisation de l'instrument au point de vue du grossissement ne sont donc pas toujours identiques dans la vision directe, qui demande l'observation au proximum, et dans la vision à travers l'instrument, qui, suivant les cas, devient indépendante de l'accommodation, et demande que l'observation se fasse au proximum ou au remotum. Quand l'observation dans l'instrument ne doit pas se faire au punctum proximum, c'est-à-dire à la même distance que la vision directe de l'objet, les définitions 4, 5 et 6 n'ont plus directement leur raison d'être ; elles n'expriment plus l'avantage que l'on peut retirer de l'usage de l'appareil optique.

Nous admettons donc la définition suivante : *Le grossissement est le rapport des deux angles visuels sous lesquels se voient l'image et l'objet dans les conditions les plus favorables pour donner la plus grande image rétinienne possible, l'image étant vue à travers l'instrument et l'objet à l'œil nu* [7].

Le grossissement ainsi défini exprime le *maximum de l'utilisation* qu'à ce point de vue on peut faire de l'instrument. Il est évident que le grossissement peut être défini dans des conditions qui ne répondent pas au maximum d'angle visuel sous lequel on voit l'image, mais dans des *conditions déterminées* de la formation de l'image. Dans ces conditions diverses, le grossissement se définira par *le rapport existant entre l'angle visuel sous lequel est vue l'image et celui sous lequel on verrait l'objet placé au punctum proximum* [8].

La puissance d'un instrument étant l'angle sous lequel apparaît l'image d'un objet d'une grandeur égale à l'unité, les définitions 7 et 8 reviennent à celle-ci :

Le grossissement est le rapport entre la puissance de l'instrument et la puissance maximum de l'œil [9].

Grossissement de la loupe. — On doit évidemment, pour l'évaluer, supposer que l'observation se fait dans des conditions déterminées. Supposons (et c'est le cas examiné ordinairement) que l'observateur placé derrière la loupe fait l'examen en déployant toute son accommodation. Nous pouvons, dans ces conditions, prendre la définition 6 pour le grossissement : c'est le rapport des dimensions linéaires homologues de l'image et de l'objet.

La figure 554 indique que

$$(1) \qquad G = \frac{A'B'}{AB} = \frac{CB'}{CB} = -\frac{p'}{p} \cdot$$

En désignant par f la distance focale de la lentille, par a la distance de l'œil à la lentille et par Δ la distance de l'œil à l'image $A'B'$, Δ étant une distance pour laquelle l'œil adapte nettement sa vision, on a

$$(2) \qquad p' = -(\Delta - a).$$

D'autre part, on sait que

$$(3) \qquad \frac{1}{p} + \frac{1}{p'} = \frac{1}{f} \cdot$$

L'élimination de p et p' entre ces trois équations donne

$$G = 1 + \frac{\Delta - a}{f} \cdot$$

Si l'œil est placé bien près de la loupe par rapport à la distance pour laquelle il est adapté, en d'autres termes si a peut être négligé par rapport à Δ, on peut donner comme valeur approchée du grossissement :

$$G = 1 + \frac{\Delta}{f} \cdot$$

Lorsque la lentille est très convergente, on peut encore, vu la grande valeur de $\frac{\Delta}{f}$, considérer comme valeur approchée du grossissement :

$$G = \frac{\Delta}{f} \cdot$$

On voit immédiatement, en considérant l'une quelconque des expressions du grossissement, que, pour une même valeur de Δ, le grossissement augmente quand la distance focale de la lentille diminue.

Puissance de la loupe. — Le but que l'on se propose dans l'observation à la loupe est toujours la perception des détails; on cherche donc à voir sous le plus grand angle possible, c'est-à-dire à se procurer la plus grande image rétinienne d'une dimension déterminée de l'objet, et cela quel que soit l'angle sous lequel on puisse voir à l'œil nu cette même dimension de l'objet. La puissance de la loupe ou, en général, d'un instrument d'optique quelconque est l'angle sous lequel on voit une dimension de l'objet égale à l'unité. Cette unité de dimension doit être choisie assez petite pour que l'angle dont il s'agit puisse être confondu avec son sinus ou sa tangente.

Si l'on prend le millimètre pour unité de longueur, une longueur d'un millimètre prise sur l'objet acquiert dans l'image placée à la distance Δ une grandeur égale à G. Son diamètre apparent, qui n'est autre chose que la puissance P, est donc

$$P = \frac{G}{\Delta} = \frac{1}{\Delta}\left(1 + \frac{\Delta - a}{f}\right) = \frac{1}{\Delta}\left(1 - \frac{a}{f}\right) + \frac{1}{f}.$$

Si la distance de la lentille à l'œil est négligeable par rapport à Δ et petite par rapport à f, on pourra poser

$$P = \frac{1}{\Delta} + \frac{1}{f}.$$

Cette expression montre qu'il y a intérêt, pour un même observateur, à donner à Δ la plus petite valeur possible, c'est-à-dire à faire l'observation au punctum proximum.

Suivant le degré d'amétropie et le pouvoir accommodatif, les divers observateurs retrouvent les mêmes avantages que lorsqu'ils examinent directement à l'œil nu les détails d'un objet. Les myopes seront plus avantageusement partagés, à acuité visuelle égale, que les emmétropes, et ceux-ci le seront plus que les hypermétropes. A égal degré d'amétropie, l'observation sera d'autant plus parfaite que le pouvoir accommodatif sera plus considérable.

Si f est très petit par rapport à la valeur que peut prendre Δ, on a sensiblement

$$P = \frac{1}{f},$$

c'est-à-dire que *la puissance est égale à la convergence* de la loupe ou encore à ce que l'on nomme *sa puissance dioptrique*.

En se reportant à l'équation générale

$$P = \frac{1}{\Delta}\left(1 - \frac{a}{f}\right) + \frac{1}{f},$$

on voit que si l'observateur est adapté pour l'infini, c'est-à-dire se trouve dans les conditions d'un œil emmétrope non accommodé, on aura rigoureusement

$$P = \frac{1}{f},$$

quelle que soit la valeur de a, c'est-à-dire quelle que soit la distance de l'œil à la loupe.

Cette relation entre la puissance et la distance focale est importante à
retenir, car, quand la puissance d'un instrument a été déterminée pour un
observateur supposé emmétrope, on en déduit immédiatement la distance
focale

$$f = \frac{1}{P}.$$

Pouvoir séparateur. — Nous avons vu que l'œil dont l'acuité visuelle
était normale pouvait encore percevoir comme distincts deux points séparés
par un angle visuel de 1′. Au-dessous de cet angle, les deux points apparaissent confondus; en d'autres termes, l'œil ne peut distinguer aucun détail
dans un objet de dimensions sous-tendues par un angle moindre que 1′. L'utilité des instruments d'optique consiste à faire voir l'objet sous un diamètre
apparent plus grand que celui sous lequel il peut être vu directement. Si
l'image observée ne perd aucunement de la netteté de l'objet, la puissance
de séparation augmentera proportionnellement au diamètre apparent de
l'image, c'est-à-dire à la puissance de l'instrument. Il faut nécessairement,
pour qu'il en soit ainsi, que l'image donnée par l'instrument soit assez nette
pour fournir comme nettement séparés et distincts des détails au moins
aussi fins que ceux que peut percevoir l'œil dans les conditions nouvelles
d'observation où il est placé.

On conçoit, dès lors, que le pouvoir séparateur dépende seulement de
l'acuité visuelle de l'œil, ou dépende aussi de la perfection optique de l'instrument. Il dépendra, suivant les cas, de l'un ou de l'autre. Dans les appareils
même assez fortement grossissants, la perfection de la correction optique ne
le fait souvent dépendre en dernière analyse que du pouvoir séparateur de
l'œil regardant l'image donnée par l'instrument.

Il faut évidemment, pour que l'observateur puisse profiter de la puissance
donnée à l'instrument, que les corrections optiques de ce dernier apportent
une image assez pure pour supporter une séparation au moins égale à celle
que donne l'œil. On reconnaît que les qualités optiques sont suffisantes
quand un léger grossissement apporté à l'image sans créer de nouveaux
troubles permet la vision de détails un peu plus fins.

Pour des yeux de même acuité et des instruments bien construits, le
pouvoir séparateur est donc proportionnel à la puissance de l'instrument.
Pour un même instrument, il est proportionnel à l'acuité visuelle de l'observateur.

On montre également que ce pouvoir séparateur a une limite. Même en
supposant des instruments optiques parfaits qui, géométriquement, de
chaque point de l'objet donnent rigoureusement comme image un point, on
ne peut cependant, malgré l'augmentation supposée indéfinie du diamètre
apparent sous lequel on verrait une petite dimension de l'objet, arriver à
distinguer des détails dans une dimension au-dessous d'une limite déterminée. Celle-ci dépend alors en effet de la nature même des radiations qui
servent à donner l'image. Nous n'avons pas à considérer ce cas pour les
instruments qui, comme la loupe, ne donnent pas de très forts grossissements.

Nous en reparlerons plus à propos au sujet de la limite de séparation que peut donner le microscope.

Supposons le cas le plus simple de l'observation à la loupe, celui où un observateur emmétrope regarderait sans accommoder.

L'objet AB est placé au foyer principal et l'image A' se forme à l'infini rejetée dans la direction CA' (fig. 557). L'observateur, s'il s'éloigne de la lentille, voit toujours l'image sous le même angle, toutes les lignes représentées lors des diverses positions de l'œil pour montrer l'angle sous lequel on voit l'image allant se réunir à l'infini en A'.

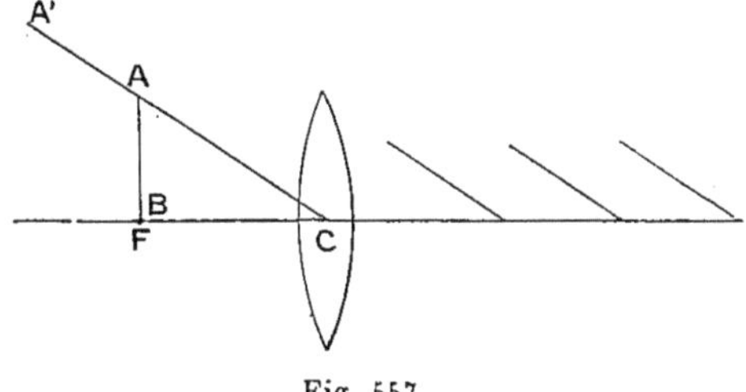

Fig. 557.

L'angle sous lequel on voit l'image (ou la puissance de l'instrument) est donc, dans ces conditions, constante, indépendante de la position de l'œil (le même résultat a déjà été établi par le calcul dans la détermination de la puissance de la loupe (p. 971).

Dans ce cas assez général d'observation, on voit donc que la loupe donne le même pouvoir séparateur que si l'œil était supposé placé au centre de l'instrument en C et pouvait, sans l'intermédiaire de la lentille, voir encore nettement l'objet là où il se trouve réellement.

Cette remarque permet de calculer facilement le pouvoir séparateur. Ainsi, une loupe visant à 1 centimètre fera distinguer des objets dont la distance sera seulement de 3 microns (3 millièmes de millimètre). C'est en effet la grandeur que sous-tend un angle de 1′ à la distance de 1 centimètre.

Pouvoir séparateur. Grossissement optique. Sensation de grossissement ou de grandissement. — Le pouvoir séparateur et le grossissement définis comme il a été fait précédemment correspondent à une détermination physique exactement faite d'après les lois de l'optique géométrique. Toutes les données du problème sont en effet numériquement bien déterminées. Elles consistent dans les déterminations précises du pouvoir optique ou puissance de la loupe, de la position de l'objet par rapport à celle-ci, de la position qu'occupe l'œil par rapport à la lentille et par rapport à l'image donnée par l'instrument.

La notion de grossissement pour l'observateur est bien loin d'avoir la précision qui résulte des définitions précédentes. C'est une sensation qui dépend de l'interprétation cérébrale de l'image rétinienne de l'objet. L'image rétinienne est une impression qui nous donne comme sensation la représentation d'un objet situé dans le champ visuel et occupant dans l'espace une position telle qu'il puisse donner cette image rétinienne. Le second point nodal étant le sommet d'un cône ayant le pourtour de l'image rétinienne comme directrice, considérons un second cône ayant le premier point nodal comme sommet et engendré par une génératrice qui se maintient toujours parallèle à la première et se dirige en sens inverse. Ou encore, pour simplifier plus les

choses, supposons les deux points nodaux confondus en un seul : le centre
de l'œil. Représentons le cône ayant comme sommet le centre optique et
comme base l'image rétinienne. L'objet qui donnerait l'image rétinienne
considérée sera délimité par ce cône, et, suivant que nous nous représenterons
l'objet comme occupant respectivement une position rapprochée ou éloignée,
nous le jugerons relativement petit ou grand.

A vrai dire, bien des données peuvent intervenir pour localiser, dans la
direction déterminée par le cône, la position de l'objet qui fournirait l'image
rétinienne considérée. Si l'on avait une notion exacte de la puissance d'accommodation déployée par l'œil, l'expérience acquise antérieurement dans
la vue des objets ferait reporter l'objet à la distance pour laquelle l'œil est
adapté. Il est certain qu'il y a dans l'effort accommodatif déployé par l'œil
pendant l'observation de l'image virtuelle un élément pour l'interprétation
de la distance à laquelle se trouve extériorisée l'image.

Par suite, la notion, la sensation de grossissement dépend de l'accommodation. On sait que, si l'œil est accommodé pour un objet rapproché, les autres
objets paraissent confus à de petites distances en avant ou en arrière du point
fixé. L'œil n'est vraiment adapté pour fournir une image nette que des objets
situés dans le plan conjugué de la rétine par rapport au système réfringent constitué par l'œil.

Mais lorsque les objets sont suffisamment rapprochés du point fixé, les
images de diffusion de ces objets sont encore suffisamment nettes pour que
l'œil les perçoive très distinctement. Czermack a nommé *ligne d'accommodation* toute partie de la ligne visuelle telle que, pour un état donné de
l'accommodation, les objets compris entre les deux extrémités de ce segment
de ligne soient perçus sans confusion sensible. La longueur de ces lignes
d'accommodation est d'autant plus considérable qu'elles sont plus éloignées
de l'œil et, très grande pour une distance de 5 mètres, elle peut être considérée comme infinie à partir de 12 mètres. Quand l'œil est accommodé pour
une distance infinie, les cercles de diffusion qui appartiennent à des objets éloignés d'environ 12 mètres sont donc assez petits pour qu'il n'en résulte aucun
trouble sensible dans l'image. La notion de l'effort d'accommodation, à supposer qu'elle soit inconsciemment bien perçue, ne localiserait donc qu'imparfaitement la position de l'objet supposé donner l'image rétinienne, et cela
d'autant plus que l'œil serait adapté pour des distances plus éloignées.

Comme on est loin d'être bien renseigné sur l'effort accommodatif que l'on
fait pendant l'observation, il y a une latitude d'autant plus grande dans
l'appréciation de la distance à laquelle on extériorise l'image rétinienne.

D'autres éléments d'ordre physiologique influent sur cette appréciation.
C'est d'après l'effort accommodatif, la convergence des yeux dans le cas de
vision binoculaire, la parallaxe des objets quand on déplace l'œil, etc., ou
d'après d'autres jugements purement psychiques que nous formons l'interprétation de la distance à laquelle, suivant les circonstances de l'observation,
nous extériorisons notre sensation. Ce sont les mêmes données qui, par conséquent, influent sur la sensation de grossissement.

Soit, par exemple (fig. 557), un objet AB situé dans le premier plan focal principal d'une lentille C derrière laquelle l'observateur emmétrope regarde l'objet. Les rayons partis de deux points A et B de l'objet forment à leur sortie de la lentille deux faisceaux de rayons parallèles aux axes secondaires CA et CB. Quelle que soit la position de l'observateur, il verra, par conséquent, l'objet sous un angle constant jusqu'à ce que le diamètre apparent de la lentille, qui, lui, diminue sans cesse avec l'éloignement, en cache les extrémités. Par suite de cette diminution du diamètre apparent de la lentille, l'image que l'œil suppose toujours à la même distance derrière celle-ci semble croître. Cette illusion, décrite par Smith, est encore plus frappante si, comme l'a signalé Desains, on prend pour objet un système de lignes parallèles débordant la loupe.

On sait que, si l'on regarde par un très petit trou (trou sténopéique), on voit nettement des objets ou des images pour lesquels on n'est pas adapté. Soient (fig. 558) une loupe C et S un œilleton sténopéique dont le trou occupe

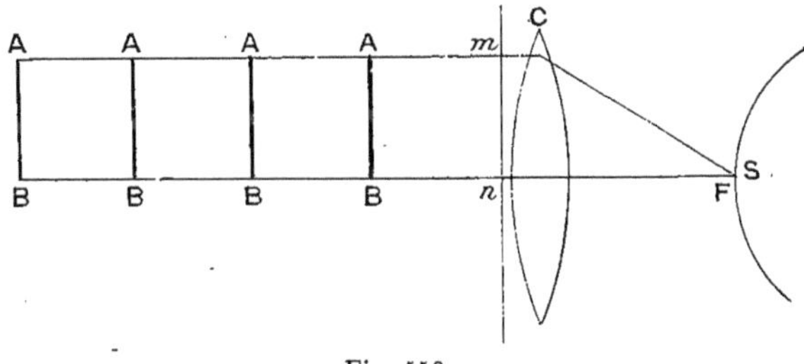

Fig. 558.

la position du foyer, mn un micromètre situé soit d'un côté soit de l'autre de la loupe. Un objet AB, quelle que soit sa position, sera toujours vu sous le même angle par l'observateur, et sa grandeur déterminée par la distance constante mn lue sur le micromètre. Or si, l'objet étant tenu à la main, on l'éloigne de la lentille, on le voit grandir, car, son image rétinienne ne diminuant pas avec l'éloignement, on suppose que l'objet a augmenté de grandeur. Il y a bien là une illusion, car cette appréciation cesse quand l'objet est déplacé par une main étrangère (Guilloz, *C. R.*, t. CXXVIII, p. 1178).

J'ai tenu à signaler ces expériences, afin de bien montrer qu'il peut intervenir, dans la notion du grossissement que nous donnent les instruments optiques, des données d'un autre ordre que celles de l'optique géométrique. Ceci posé, nous admettrons que, quand il n'y a pas d'autres sensations dont l'interprétation peut venir influencer notre jugement, il ne reste plus pour la former que la notion subjective de la puissance accommodative déployée pour la vision nette de l'objet. On extériorisera donc, dans ce cas, l'image *à peu près* à la distance qu'elle occupe réellement, autant que les limites de la sensation de l'effort d'accommodation peuvent la préciser.

Les considérations précédentes sont suffisantes pour que, dans la suite, nous ne nous préoccupions plus de savoir exactement où l'on extériorise les images visuelles de la loupe et du microscope.

Elles montrent également que la *sensation* de grossissement peut varier indépendamment de la puissance ou du pouvoir séparateur de l'instrument.

Variations corrélatives du grossissement et de la puissance de la loupe. — Nous avons vu que $P = \dfrac{G}{\Delta}$ (Voy. p. 971). La puissance est donc proportionnelle au grossissement, à la condition que Δ soit constant, c'est-à-dire que l'œil observateur soit toujours dans les mêmes conditions de réfraction.

Il est facile de voir que ces deux valeurs (puissance et grossissement) ne varient pas toujours dans le même sens quand on change une condition de l'observation : la réfraction de l'œil observateur ou son état d'accommodation.

On a, en effet, en se reportant aux formules donnant les valeurs de P et de G,

$$G = 1 + \frac{\Delta}{f},$$

$$P = \frac{1}{\Delta} + \frac{1}{f},$$

en supposant la distance a de l'observateur à la loupe comme négligeable par rapport à la distance Δ à laquelle se forme l'image.

Ces formules montrent immédiatement que la puissance diminue quand le *punctum* de vision nette s'éloigne, tandis que le grossissement augmente (Voy. Gariel, *Études d'optique géométrique*, p. 185 et 163).

C'est la puissance à laquelle le pouvoir séparateur est proportionnel qu'il importe surtout de considérer, car l'instrument est utile, non pour faire voir *gros*, mais pour permettre la différenciation des détails.

Champ. — On appelle *champ* l'espace angulaire dans lequel doit se trouver l'objet pour être vu à travers l'instrument.

Il y a en général deux champs à distinguer dans les instruments d'optique : le champ d'égale clarté et le champ maximum.

Les rayons les plus inclinés qui puissent, après réfraction dans la lentille, pénétrer dans l'œil sont, par exemple dans le plan vertical, ceux qui joignent l'extrémité supérieure de la surface utile de la lentille à l'extrémité inférieure de la pupille de l'observateur et réciproquement (fig. 559). Ils proviendront, si l'objet est au foyer, des points A_1 et B_1, OA_1 et OB_1 étant parallèles à ces lignes : A_1B_1 sera le champ maximum. Si l'on mène OA et OB parallèles à p_1L_1 et p_2L_2, on aura en A et B les limites du champ d'égale clarté, car ces points envoient encore dans l'œil de l'observateur un faisceau de rayons emplissant complètement la pupille.

Dans la loupe, comme l'observateur est très rapproché, le champ serait théoriquement très grand. Tout le champ n'est pas, en général, utilisé dans l'examen *minutieux* des objets. Pratiquement, il est limité parce que les parties périphériques donnent, à cause des aberrations, de mauvaises images, et il ne dépasse guère 15° à 20°. On examine les diverses parties de l'objet, soit en déplaçant latéralement celui-ci devant la loupe, soit en déplaçant latéralement l'œil et la loupe devant l'objet.

Le champ utilisable étant défini par l'angle dans lequel doivent se trouver les objets pour que les images n'aient pas d'aberrations exagérées, il n'y a pas, dès lors, intérêt à augmenter dans ces conditions le diamètre de la loupe,

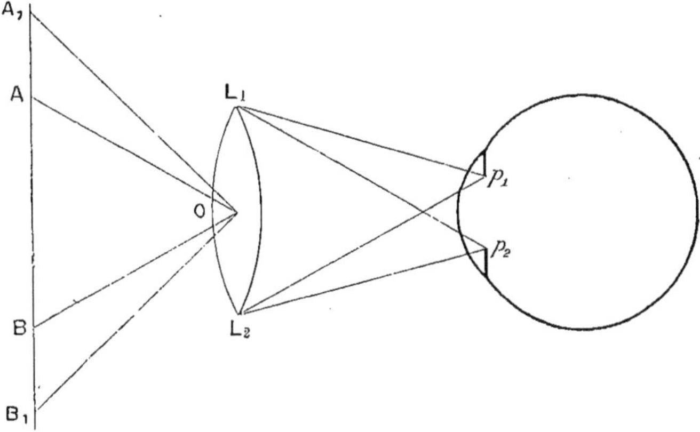

Fig. 559.

de façon à obtenir un champ d'observation plus grand, car les portions périphériques ne seraient guère utilisées dans l'examen minutieux que l'on a à pratiquer.

Clarté. — L'*éclat intrinsèque* d'un objet se définit par la quantité de lumière qu'il envoie par unité de surface sur une surface égale à l'unité et placée à l'unité de distance, les deux surfaces unités étant supposées assez petites pour être considérées comme étant l'une et l'autre normales aux rayons.

La *clarté* d'un instrument d'optique est le *rapport entre les éclats intrinsèques de l'image et de l'objet.*

Si s est la surface de l'objet et E son éclat intrinsèque, l'unité de surface du premier plan principal du système située à une distance p de l'objet recevra une quantité de lumière $\dfrac{Es}{p^2}$ et, si la surface utilisée du premier plan principal est σ, la quantité de lumière pénétrant dans l'appareil pour donner l'éclairement de l'image sera

$$Q = \frac{Es\sigma}{p^2}.$$

En *négligeant* l'absorption du système optique, nous pouvons dire que le plan principal de la lentille sera également éclairé soit que l'on suppose la lumière venant de l'objet, soit qu'on la suppose venant de l'image en ayant exactement suivi sans déperdition le chemin inverse à travers l'appareil optique.

Soit E' l'éclat intrinsèque de cette image de surface s', c'est-à-dire la quantité de lumière envoyée par l'unité de surface de l'image (dans la direction du plan principal) sur une surface égale à l'unité placée à l'unité de distance. Le plan principal de surface σ, placé à la distance p' de cette surface, recevra une quantité de lumière

$$Q = \frac{E's'\sigma}{p'^2}.$$

On a donc

$$\frac{Es\sigma}{p^2} = \frac{E's'\sigma}{p'^2},$$

d'où

$$\frac{E'}{E} = \frac{sp'^2}{s'p^2} = \left(\frac{Op'}{Ip}\right)^2,$$

car le rapport des deux surfaces $\dfrac{s}{s'} = \dfrac{O^2}{I^2}$, c'est-à-dire le rapport des carrés de deux dimensions homologues.

Or

$$\frac{O}{I} = \frac{p}{p'}, \qquad \text{donc} \qquad \frac{Op'}{Ip} = 1.$$

La clarté est donc égale à l'unité,

$$C = \frac{E'}{E} = 1.$$

La démonstration précédente peut s'étendre à tout instrument d'optique composé, puisque l'on peut toujours raisonner de la même façon en considérant le système unique équivalent à la combinaison.

Quand le dernier milieu dioptrique n'est pas identique au premier, ce qui arrive si, par exemple, l'objet est dans l'eau, et que l'œil examine les rayons émergeant de l'appareil dans l'air, on démontre que $\dfrac{Op'}{Ip}$ n'est plus égal à l'unité, mais à $\dfrac{f'}{f}$, rapport des deux distances focales du système. On a dans ce cas

$$\frac{Op'}{Ip} = \frac{f'}{f} = \frac{n'}{n},$$

n' et n étant les indices de réfraction du second et du premier milieu.

L'expression de la clarté devient

$$Ce = \frac{E'}{E} = \left(\frac{n'}{n}\right)^2.$$

La clarté est alors égale au rapport des carrés des deux indices extrêmes.

L'œil voit la surface de l'image éclairée, l'éclairement n'étant pas donné comme celui de l'objet naturel, c'est-à-dire par l'envoi dans tous les sens de la lumière, soit par émission ou diffusion. L'existence du système optique limite en effet les rayons supposés émis d'un point de l'image à un faisceau. Cependant, si tout le faisceau emplit la pupille, tout se passera, au point de vue de la lumière reçue par l'œil et envoyée par l'image, comme si celle-ci en envoyait dans tous les sens, sa clarté intrinsèque étant E′. Il faut donc, ainsi que cela se passe quand on regarde l'objet directement, que toute la pupille reçoive de la lumière pour que les considérations précédentes soient applicables. Le faisceau de lumière sortant de l'appareil et servant à donner l'image doit donc avoir une section plus grande que la pupille pour qu'il y ait égalité d'éclat entre l'objet et l'image observée dans l'instrument.

Lorsque le faisceau qui pénètre dans l'œil pour donner l'image ne remplit pas toute la pupille, l'éclat de l'image rétinienne subit une réduction. Cet éclat est proportionnel à la section du faisceau pénétrant dans l'œil. En d'autres termes, l'éclat de l'image rétinienne, dans le cas où une portion seulement de la pupille est utilisée, est à l'éclat que prendrait l'image, si toute la pupille recevait de la lumière, comme la surface de la pupille utilisée est à son ouverture totale.

La clarté de l'instrument subit dans ce cas la même réduction, puisqu'elle a été exprimée en supposant que la lumière envoyée par l'image était reçue à pleine pupille.

Par exemple, si la clarté est 1 lorsque la pupille est remplie par le faisceau de lumière venant de l'image (observation dans l'air), elle sera seulement de $\dfrac{s}{p}$ si, dans la pupille de section p, pénètre le faisceau de lumière ayant à ce niveau une section plus petite s.

DÉFAUTS ET CORRECTIONS OPTIQUES.

Défauts du système optique, aberrations, déformations des images. — Les constructions précédentes relatives à la loupe supposent que la règle relative à la construction de l'image d'un point dans une lentille a été observée avec les restrictions relatives à son emploi. Or celle-ci a été établie en supposant que l'instrument n'admettait que des rayons dont l'obliquité par rapport à l'axe était très petite et que, de plus, le rayon incident ne donnait naissance qu'à un seul rayon réfracté, c'est-à-dire que le rayon incident était monochromatique.

Pratiquement, on examine l'objet à la lumière blanche et l'on admet souvent, pour la formation de l'image, des rayons dont l'obliquité par rapport à l'axe n'est pas petite. Elle est même énorme dans les objectifs de microscope où elle atteint jusqu'à 80° à 85°. De là deux types d'aberrations qui modifient la marche des rayons et font qu'un point ne donne plus comme image un point.

L'obliquité trop grande des rayons sur l'axe donne pour les rayons de même indice, malgré leur réfraction régulière (sin $i = n$ sin r), un faisceau qui, homocentrique avant la réfraction, ne l'est plus après. C'est à ces troubles apportés dans la formation de l'image, à cette erreur de convergence des rayons au foyer conjugué, que l'on donne le nom d'*aberrations de sphéricité*.

Si le rayon de lumière, au lieu d'être simple, est composé (lumière blanche), il donnera naissance à une série de rayons diversement colorés et, par suite, inégalement réfractés. D'où une nouvelle espèce d'aberration : l'*aberration de réfrangibilité*.

Enfin, si nous examinons, non plus l'image d'un point déterminé de l'objet, mais l'image de l'objet tout entier, nous constatons que, dans son ensemble, cette image présente certaines déformations dont nous devons nous préoccuper, car elles rompent la similitude de l'objet et de l'image. Celle-ci a une courbure quand l'objet n'en avait pas (*courbure de champ*) ou des lignes droites dans l'objet apparaissent courbes dans l'image (*distorsion*).

Nous étudierons ces divers types d'aberrations et nous indiquerons très élémentairement, en envisageant les applications au microscope, les moyens de les corriger et quelquefois de les utiliser pour obtenir les résultats cherchés.

Aberrations de sphéricité. Aberrations principales longitudinales et latérales. — Soit (fig. 560) une lentille convergente d'épaisseur e,

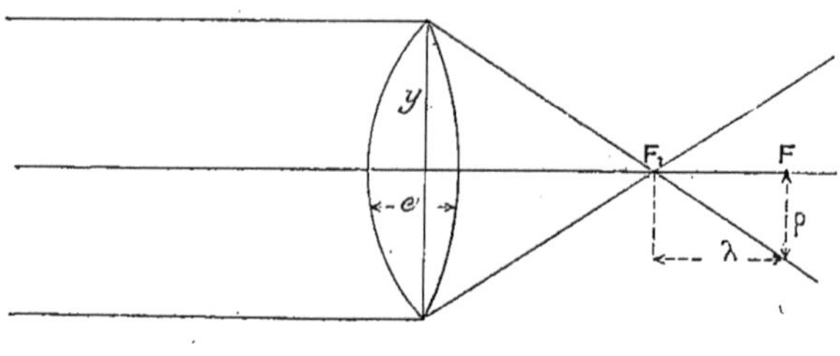

Fig. 560.

d'ouverture y et dont on suppose négligeable l'épaisseur traversée par les rayons marginaux.

Un pinceau très mince de rayons lumineux parallèle à l'axe principal concourt après réfraction en un point F qui est le foyer principal. Si nous supposons la surface antérieure de la lentille divisée en un nombre infini d'anneaux concentriques infiniment étroits, les rayons incidents parallèles à l'axe qui tombent sur un de ces anneaux se réfracteront pour concourir, par raison de symétrie, en un même point de l'axe principal. Mais ces points de concours seront différents pour chacun des anneaux considérés et le calcul (application de la forme $\sin i = \sin r$) montre que le point de concours se rapprochera d'autant plus de la lentille que croîtra le diamètre de l'anneau considéré. Il est facile de voir sans calcul que, si un faisceau lumineux tombe parallèlement à l'axe principal sur une lentille, les rayons du bord convergent en un point plus rapproché que les rayons centraux. Les rayons qui tombent sur une lentille sont, en effet, réfractés comme

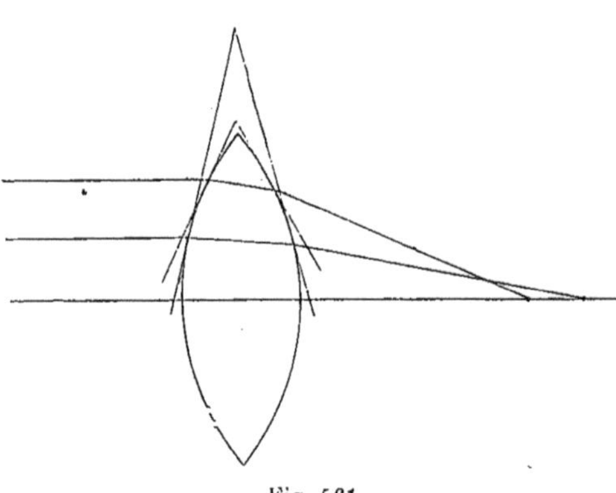

Fig. 561.

s'ils tombaient sur un prisme dont l'angle variable croîtrait depuis l'axe, où il est nul, jusqu'à la périphérie (fig. 561).

Tous les rayons réfractés forment l'enveloppe d'une surface à laquelle ils sont tangents et que l'on nomme *caustique*. On se rend compte, pour la démonstration, de la forme d'une caustique, lorsqu'elle est une image réelle, en faisant émerger les rayons réfractés dans un liquide fluorescent.

Les points de concours s'étaleront donc entre le foyer principal F correspondant aux rayons centraux et le foyer F_1 des rayons incidents périphériques (rayons marginaux). La distance FF_1 est l'*aberration principale longitudinale*.

Le calcul donne pour la valeur $\lambda = FF_1$ de cette aberration, en désignant par f la distance focale, y le rayon d'ouverture de la lentille et par m un facteur dans lequel entrent les rayons de courbures R_1 et R_2 de la lentille ainsi que son indice de réfraction n (Voy., par exemple, Violle, *Cours de physique*, t. II, p. 459),

$$\lambda = m \frac{y^2}{f}.$$

Un écran placé au foyer principal F indique une image circulaire dont le centre F est très brillant et qui diminue progressivement de clarté vers la périphérie. La partie centrale est donnée par les rayons voisins de l'axe et la partie périphérique par les rayons marginaux.

Le rayon ρ de cette image est l'*aberration principale transversale*.

On trouve par le calcul que

$$\rho = \frac{my^3}{f^2}.$$

Il est avantageux de mettre cette expression sous d'autres formes.

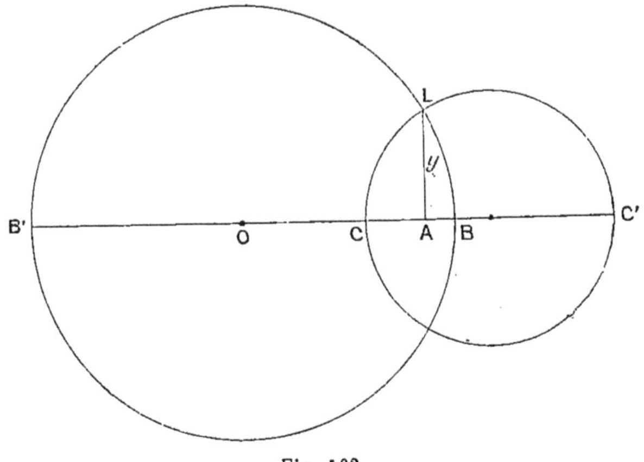

Fig. 562.

Remarquons (fig. 562) que l'épaisseur de la lentille est proportionnelle à $\frac{y^2}{f}$.

En effet, le triangle rectangle LBB' donne

$$y^2 = AB \times AB' = AB(BB' - AB) = AB \times 2R',$$

en négligeant AB par rapport à BB'. De même

$$y^2 = AC \times 2R.$$

Par suite

$$\frac{1}{2}\left(\frac{1}{R} + \frac{1}{R'}\right) y^2 = AB + AC = BC$$

ou

$$e = \frac{y^2}{f},$$

car

$$\frac{1}{f} = \frac{1}{2}\left(\frac{1}{R} + \frac{1}{R'}\right),$$

en négligeant, dans l'évaluation de la distance focale par la formule générale

$$\frac{1}{f} = (n-1)\left(\frac{1}{R} + \frac{1}{R'} - \frac{n-1}{n}\,\frac{e}{RR'}\right),$$

l'épaisseur de la lentille par rapport à RR' et en supposant que l'indice de réfraction du verre est 1,5.

On peut donc écrire

$$\lambda = me.$$

L'aberration longitudinale principale est donc, toutes choses égales d'ailleurs, proportionnelle à l'épaisseur de la lentille.

L'aberration latérale est très sensiblement égale à l'aberration longitudinale multipliée par $\frac{y}{f}$, c'est-à-dire par la raison d'ouverture.

On voit donc que l'aberration longitudinale croît comme le carré de l'ouverture de la lentille, varie en raison inverse de la distance focale principale, croît comme l'épaisseur de la lentille.

L'aberration latérale principale croît comme le cube de l'ouverture de la lentille, varie en raison inverse du carré de la distance focale, croît comme le produit de l'aberration longitudinale par la raison d'ouverture $\left(\frac{y}{f}\right)$ ou encore comme le produit de l'épaisseur de la lentille par sa raison d'ouverture.

Il n'existe pas de lentilles sans aberration sphérique. — Pour que l'aberration soit nulle, il faudrait pouvoir choisir des valeurs de R, R', n telles que la fonction m s'annule. L'étude de cette fonction montre qu'elle ne s'annule que pour une valeur $n < \frac{1}{4}$. Or il n'existe aucun corps ayant un indice de réfraction aussi faible. On ne peut donc construire une lentille sphérique unique aplanétique.

Lentilles d'aberration minimum. — On peut, dans chaque cas particulier, chercher les valeurs relatives de R et R' qui rendront m minimum. On arrive ainsi par le calcul, et ces résultats sont vérifiés par l'expérience, à montrer que le minimum d'aberration principale est atteint, pour une lentille d'indice égal à n, lorsque l'on a entre ses deux rayons de courbure la relation

$$\frac{R}{R'} = n\,\frac{1+2n}{4+n-2n^2}.$$

En fixant la distance focale et en admettant pour n la valeur 1,5, m prend la valeur minimum 1,08 pour

$$\frac{R}{R'} = \frac{1}{6}$$

et

$$\lambda = 1,08\,e.$$

Ainsi, il faut donner à la seconde face de la lentille, pour obtenir l'aberration minimum quand l'indice de réfraction du verre est 1,5, un rayon de courbure pour la face de sortie égal à 6 fois le rayon de courbure de la face d'entrée.

Dans ces conditions, la distance focale

$$f = \frac{1}{2}\left(\frac{1}{R} + \frac{6}{R}\right) = \frac{7}{2R}$$

est égale aux $\frac{2}{7}$ du plus grand rayon. L'aberration est alors sensiblement égale à l'épaisseur $(\lambda = 1,08\,e)$.

La lentille peut d'ailleurs être biconvexe ou biconcave, mais la face la plus courbe doit toujours être tournée du côté des rayons incidents parallèles.

La fonction m n'est pas symétrique par rapport à R et R' ; en d'autres termes, elle change de valeur quand on y remplace R par R' et R' par R. On comprend dès lors qu'on ne sera pas en droit de retourner la lentille, car alors les conditions du minimum ne seront plus remplies.

Ainsi, si l'on retourne la lentille précédente pour présenter la face la moins courbe aux rayons incidents, l'aberration longitudinale principale fait plus que tripler. On obtient

$$\lambda = 3,5\,e.$$

Ceci montre tout l'inconvénient qu'il peut y avoir à retourner les verres dans les instruments d'optique.

En faisant, dans la fonction m, R = R', $n = 1,5$, il vient

$$\lambda = 1,67\,e,$$

valeur de l'aberration dans une lentille de rayons égaux.

Les lentilles plan-sphériques ont, au point de vue des aberrations, une propriété importante qui les fait souvent employer des opticiens : l'aberration atteint presque la valeur minimum qu'elle puisse avoir quand la face courbe est tournée du côté de la lumière incidente parallèle :

$$\lambda = 1,17\,e\ (m = 1,17 \quad \text{pour} \quad R' = \infty).$$

Mais c'est surtout alors qu'il ne faut pas retourner la lentille, car l'aberration devient presque quadruple

$$\lambda = 4,5\,e\ (m = 4,5 \qquad \text{pour} \qquad R = \infty\,).$$

Aberrations sphériques autres que les aberrations principales. — Les valeurs indiquées sont celles des aberrations principales. On peut aussi calculer, pour un point quelconque, les positions respectives des foyers des rayons marginaux et des rayons centraux qui en émanent et obtenir ainsi la valeur des aberrations pour chaque cas particulier. L'incidence des rayons marginaux étant évidemment différente quand le point est rapproché ou éloigné, on n'obtiendra plus les mêmes valeurs pour les aberrations. La même remarque s'applique pour un point situé à la même distance de la lentille, mais placé sur un axe secondaire, au lieu de se trouver sur l'axe principal.

Ainsi, on obtient les meilleures images dans l'emploi des lentilles plan-convexes en tournant la face bombée vers l'objet, quand celui-ci est à une distance *notablement supérieure* à la distance focale. Il y a, au contraire, avantage, au point de vue des aberrations, à tourner la face plane de la lentille vers l'objet quand celui-ci est à une distance *un peu supérieure ou un peu inférieure* à la distance focale.

Il ne faudra pas l'oublier, quand on se servira d'une lentille plan-convexe comme loupe, elle devra être tournée sa face plane du côté de l'objet, en sens inverse, par conséquent, de celui qui, pour un faisceau de rayons parallèles, donnerait l'aberration minimum. De même, les lentilles de l'objectif du microscope tournent leur face plane vers l'objet.

Les nombres donnés plus haut pour le rapport de courbure des lentilles d'aberrations principales minima sont déterminés en prenant $n = 1,5$. Si l'indice de réfraction est différent, ces rapports changent évidemment et nous avons indiqué la formule qui permet de les calculer (p. 983) pour les aberrations principales.

Une lentille divergente a une aberration de sens inverse à celui d'une lentille convergente ; en d'autres termes, le foyer principal des rayons centraux se trouve plus loin de la lentille que celui des rayons marginaux. La juxtaposition d'une lentille divergente à une lentille convergente diminue donc l'aberration sphérique de cette dernière.

Aberrations de réfrangibilité. — On sait que Newton a montré le premier qu'un rayon de lumière blanche est composé de rayons de lumière diversement colorés, et que les rayons de lumière de colorations différentes sont inégalement réfrangibles, en d'autres termes ont un indice de réfraction différent $\left(n = \dfrac{\sin i}{\sin r} \right)$. Quand un rayon de lumière blanche tombe sur une surface sous une incidence déterminée, il y a donc des déviations inégales des rayons colorés, qui s'étalent dans leur ordre de réfrangibilité. Un écran interposé sur leur trajet montrera ces couleurs : on obtiendra un *spectre*.

Dans le cas d'une lentille convergente, par exemple, recevant non plus un rayon unique, mais un faisceau tombant sur toute sa surface (fig. 563), les

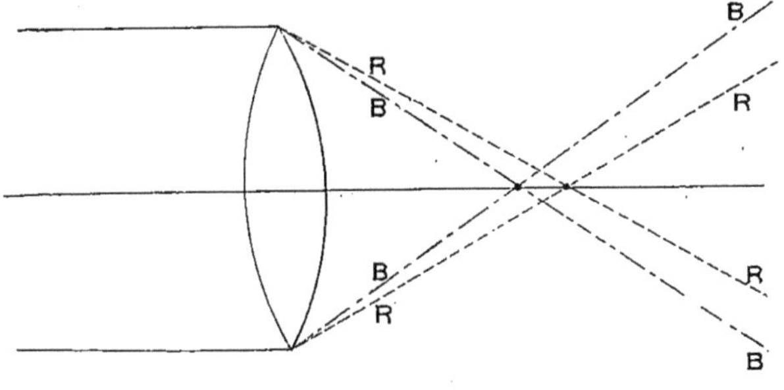

Fig. 563.

différents faisceaux colorés correspondant à chacun des rayons incidents s'entre-croiseront de l'autre côté de la lentille. Leur mélange donnera de la lumière blanche au milieu de la zone illuminée d'un écran placé sur leur trajet, les parties périphériques de la section lumineuse étant colorées. Le pourtour de la section sera donc rouge (rayons les moins déviés), si l'écran est entre le foyer et la lentille, bleu si l'écran est après l'entre-croisement des faisceaux, c'est-à-dire au delà du foyer.

On peut encore, sous une autre forme, observer ces colorations en recevant sur une lentille convergente un faisceau de rayons solaires, et en coupant le faisceau réfracté par un écran que l'on déplace jusqu'au foyer, c'est-à-dire jusqu'à ce que l'on observe l'image lumineuse la plus petite possible. On délimite sur l'écran les contours de cette image et l'on y découpe suivant ce contour une fente annulaire étroite (fig. 564). Replaçant l'écran suivant l'axe

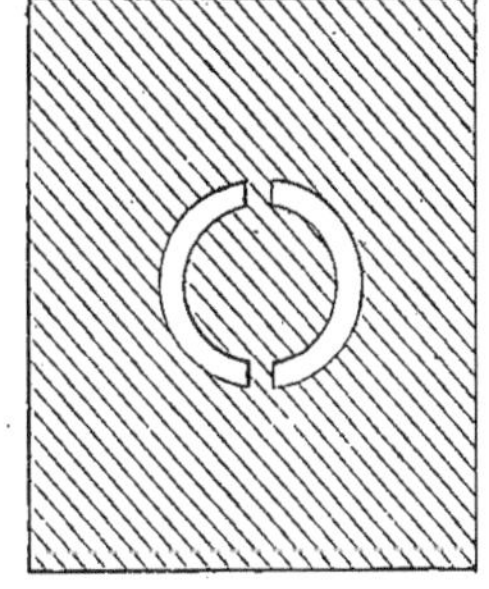

Fig. 564.

(fig. 563) et le rapprochant progressivement en regardant par derrière la fente éclairée, on verra d'abord cette fente éclairée de lumière blanche, puis elle apparaîtra verte, puis bleue, puis violette. Elle sera un instant obscure (position du foyer), pour paraître ensuite successivement rouge, orangée, jaune, puis enfin blanche.

On peut considérer le faisceau de lumière blanche comme composé de faisceaux identiques de rayons de toutes couleurs. En supposant réalisée la correction d'aberration de sphéricité, ces faisceaux de rayons parallèles viendront, après réfraction, concourir en des foyers distincts, étalés dans l'ordre de leur réfrangibilité, le foyer R des rayons rouges (moins réfringents) étant plus éloigné que le foyer V des rayons violets (fig. 564).

Remarquons que, la variation de l'indice d'une lentille engendrant une séparation différente des points nodaux, ceux-ci seront donc différents *dans une même lentille* pour les différentes couleurs.

Les couleurs se caractérisent nettement par la longueur d'onde qui leur correspond, et dans un spectre par la position que l'observation leur donne par rapport aux raies d'absorption du spectre solaire.

On appelle *pouvoir dispersif* le rapport de la différence des indices extrêmes des rayons qui sont pratiquement à considérer à l'excès de l'indice moyen sur l'unité. Il varie avec la composition du verre. Pour beaucoup de verres, l'effet de la température sur le pouvoir dispersif est beaucoup plus marqué que sur l'indice de réfraction.

Le pouvoir dispersif sera $\dfrac{n_2 - n_1}{n-1}$, n_2 et n_1 étant les indices extrêmes des rayons et n leur indice moyen. Il est défini exactement, si l'on précise nettement les radiations extrêmes et celle considérée comme d'indice moyen. Ainsi $\dfrac{n_h - n_r}{n_d - 1}$ signifie que les indices extrêmes considérés sont ceux des raies H et R du spectre et que l'indice moyen est celui de la raie D.

Lentille achromatique. — Il est évident qu'une lentille unique ne peut être achromatique ; reste à savoir si l'achromatisme peut être obtenu par la combinaison de plusieurs lentilles. Newton croyait que la dispersion était proportionnelle à la réfraction ; il en résultait qu'on n'aurait pu supprimer la première sans annuler la seconde, ce qui lui fit nier la possibilité d'obtenir un système achromatique.

Cependant Gregory, puis Euler, observant que l'œil, composé de milieux différents, donne des images non irisées, se demandèrent s'il n'était pas possible de constituer des instruments d'optique achromatiques, à condition d'employer, ainsi que cela existe dans l'œil, des milieux réfringents différents, constitués, par exemple, par des verres unis par quelque liquide.

Dollond réalisa l'achromatisme en combinant à un prisme de verre un prisme d'eau à angle variable; puis, par la combinaison de lentilles de flint et de crown, réussit à construire des lentilles achromatiques.

Une combinaison de deux lentilles peut, en effet, superposer les foyers relatifs à deux couleurs données, et permettre ainsi, tout au moins approximativement, la solution du problème.

Soient deux lentilles que, pour la simplification, nous supposerons infiniment minces et, par suite, susceptibles d'être exactement en contact.

Si $\dfrac{1}{f}$ et $\dfrac{1}{f'}$ sont leurs puissances, la puissance $\dfrac{1}{F}$ du système résultant sera égale à la somme des puissances des lentilles composant le système :

$$\frac{1}{F} = \frac{1}{f} + \frac{1}{f'}.$$

Cherchons s'il n'est pas possible de faire coïncider en grandeur et en direction, par exemple, l'image jaune et l'image bleue d'un objet blanc.

Si ce résultat s'obtient, il y aura achromatisme parfait pour ces deux couleurs et, dans bien des circonstances, achromatisme suffisant pour les couleurs intermédiaires.

Il suffit, pour cela, que la distance focale du système soit la même pour les rayons jaunes et les rayons bleus.

Désignons par R_1 et R_2 les rayons de courbure des faces de la première lentille, par n_{j_1} son indice de réfraction pour les rayons jaunes, et par f_{j_1} sa distance focale pour les rayons de cette couleur.

On aura

$$\frac{1}{f_{j_1}} = (n_{j_1} - 1) \left(\frac{1}{R_2} - \frac{1}{R_1} \right),$$

et, en désignant semblablement par f_{j_2}, R_3 et R_4 la distance focale et les rayons de la seconde lentille

$$\frac{1}{f_{j_2}} = (n_{j_2} - 1) \left(\frac{1}{R_4} - \frac{1}{R_3} \right).$$

La distance focale F_j du système de lentilles accolées sera

$$\frac{1}{F_j} = \frac{1}{f_{j_1}} + \frac{1}{f_{j_2}} = (n_{j_1} - 1) \left(\frac{1}{R_2} - \frac{1}{R_1} \right) + (n_{j_2} - 1) \left(\frac{1}{R_4} - \frac{1}{R_3} \right).$$

On obtient de même pour les rayons bleus une distance focale F_b donnée par l'équation

$$\frac{1}{F_b} = (n_{b_1} - 1) \left(\frac{1}{R_2} - \frac{1}{R_1} \right) + (n_{b_2} - 1) \left(\frac{1}{R_4} - \frac{1}{R_3} \right).$$

La condition d'achromatisme est $\dfrac{1}{F_j} = \dfrac{1}{F_b}$; égalisant les deux expressions précédentes, on obtient, après simplification,

$$(n_{b_1} - n_{j_1}) \left(\frac{1}{R_2} - \frac{1}{R_1} \right) + (n_{b_2} - n_{j_2}) \left(\frac{1}{R_4} - \frac{1}{R_3} \right) = 0.$$

Comme, quelle que soit la substance considérée, $n_b > n_j$, on doit avoir, pour que l'expression précédente s'annule, un signe différent pour $\left(\dfrac{1}{R_2} - \dfrac{1}{R_1} \right)$ et $\dfrac{1}{R_4} - \dfrac{1}{R_3}$, c'est-à-dire pour f_1 et f_2. Donc, *une des lentilles du système achromatique est convergente et l'autre divergente.*

La condition d'achromatisme peut se formuler

$$(\text{I}) \qquad -\frac{\dfrac{1}{R_2} - \dfrac{1}{R_1}}{\dfrac{1}{R_4} - \dfrac{1}{R_3}} = \frac{n_{b_2} - n_{j_2}}{n_{b_1} - n_{j_1}}.$$

En désignant par n_1 et n_2 les indices moyens de réfraction des deux verres, l'équation précédente peut s'écrire

$$-\frac{(n_1-1)\left(\dfrac{1}{R_2}-\dfrac{1}{R_1}\right)}{(n_2-1)\left(\dfrac{1}{R_4}-\dfrac{1}{R_3}\right)}=\frac{\dfrac{n_{b_2}-n_{j_2}}{n_2-1}}{\dfrac{n_{b_1}-n_{j_1}}{n_1-1}},$$

c'est-à-dire

$$(\text{II})\qquad -\frac{\dfrac{1}{f_1}}{\dfrac{1}{f_2}}=\frac{\left(\dfrac{n_{b_2}-n_{j_2}}{n_2-1}\right)}{\left(\dfrac{n_{b_1}-n_{j_1}}{n_1-1}\right)},$$

ce qui revient à dire que *les pouvoirs dioptriques des deux lentilles achromatisées sont inversement proportionnels à leurs pouvoirs dispersifs.*

La plus puissante des lentilles est donc celle de moindre pouvoir dispersif. Le pouvoir dioptrique du système composé étant égal à la somme algébrique des pouvoirs dioptriques des deux lentilles, le signe sera donné par le signe de la plus puissante, c'est-à-dire de celle qui aura le moins grand pouvoir dispersif.

En résumé, une lentille achromatique (*paire de lentilles achromatisées*) est formée par l'accolement de deux lentilles de pouvoirs dispersifs différents, l'une convergente, l'autre divergente; la convergence ou la divergence du système est déterminée par la lentille qui a le pouvoir dispersif le plus faible, et les puissances dioptriques des deux lentilles constituant le système sont inversement proportionnelles à leurs pouvoirs dispersifs.

Lentille aplanétique et achromatique. — Lorsque les corrections d'aberration sphérique et d'aberration chromatique seront pratiquement suffisantes, c'est-à-dire quand l'image d'un point blanc apparaîtra comme un point non irisé, le système sera dit *aplanétique.*

Nous avons vu que l'aberration sphérique d'une lentille était diminuée par la juxtaposition d'une lentille divergente. Cette adjonction est, du reste, nécessaire pour achromatiser la lentille.

Pour constituer un système optique achromatique de puissance $\dfrac{1}{F}$ composé de deux lentilles minces, nous pouvons, en supposant les lentilles accolées, disposer de la valeur des rayons R_1, R_2, R_3, R_4. Supposons connus les indices et les pouvoirs dispersifs des verres. La lentille satisfera à la condition d'achromatisme [équation (I), p. 987]. Cette dernière équation, ainsi que celle exprimant que la puissance du système est égale à la somme algébrique des puissances des lentilles composantes, devra être satisfaite par le choix convenable de R_1, R_2, R_3, R_4. Pour déterminer ces quatre quantités, qui doivent déjà satisfaire aux deux conditions précédentes, on peut les obliger à satisfaire encore à deux autres équations.

Généralement on impose la condition $R_2 = -R_3$, de façon que les faces des deux lentilles en regard s'accolent exactement l'une à l'autre (*condition de Clairaut*). Il reste une quatrième condition : c'est d'imposer au système la relation qui donne l'aberration sphérique minimum.

On prendra, en particulier, suivant les autres conditions auxquelles doit satisfaire le système, soit $\dfrac{R}{R_4} = \dfrac{1}{6}$ (Voy. p. 983), soit quelquefois un rayon terminal infini, c'est-à-dire que l'on construira la lentille achromatique plan-sphérique. Suivant que cette lentille devra servir à produire une image d'objets à l'infini (objectif photographique) ou qu'elle fonctionnera pour donner l'image d'un objet placé près du foyer (loupe, objectif du microscope), on tournera du côté des rayons incidents la face courbe (objectif photographique) ou la face plane (loupe, objectif du microscope).

Nous reviendrons bientôt sur l'emploi de ces lentilles achromatisées plan-sphériques dans la construction du microscope.

Ainsi s'établissent les quatre équations entre R_1, R_2, R_3, R_4 qui servent à déterminer ces rayons.

Dans les formules précédemment utilisées pour les conditions d'achromatisme, on a supposé les lentilles minces; dans le cas des lentilles épaisses, les corrections doivent se modifier, car l'épaisseur des lentilles intervient dans les formules. Il est possible d'en tenir compte par des calculs plus complexes.

Choix des couleurs à achromatiser. — En résumé, l'exposé qui précède montre qu'il est possible d'achromatiser pour deux couleurs un système convergent par la combinaison d'une lentille convergente (crown-glass) accolée à une lentille divergente plus dispersive (flint-glass).

On peut encore se faire une idée de cette correction en remarquant qu'une lentille convergente en crown répartit les rayons comme l'indique la figure 565,

Fig. 565.

où les sept couleurs principales du spectre sont représentées par leur première lettre. L'adjonction à cette lentille d'une lentille plus dispersive en flint allongera beaucoup plus le foyer du violet que celui du rouge, de telle sorte que le système résultant de l'accolement des deux lentilles pourra faire coïncider les foyers des rayons extrêmes.

Fig. 566.

Quand on veut obtenir le meilleur achromatisme pour des objets visibles, on fait coïncider le foyer des rayons bleus avec celui des rayons rouge orangé (fig. 566). La série des distances focales que donnerait la première lentille est en quelque sorte repliée sur elle-même, comme le serait un ruban qu'on replierait pour mettre en coïncidence deux de ses points. L'achromatisme obtenu n'est pas rigoureux, puisque toutes les couleurs ne forment pas leur foyer au même point ; mais, pratiquement, il est en général satisfaisant, car les radiations comprises entre l'orangé et le vert, pour lesquelles l'œil est le plus sensible, se trouvent réunies dans un espace très restreint au foyer le plus rapproché de la lentille.

Si la lentille doit servir à donner une image photographique, on devra, pour utiliser le mieux possible les radiations les plus efficaces, chercher l'achromatisme qui replie le spectre de telle sorte que ces radiations efficaces soient resserrées dans la région du minimum de distance focale. On fait en sorte que l'indigo coïncide avec le bleu, le violet avec le vert (fig. 567).

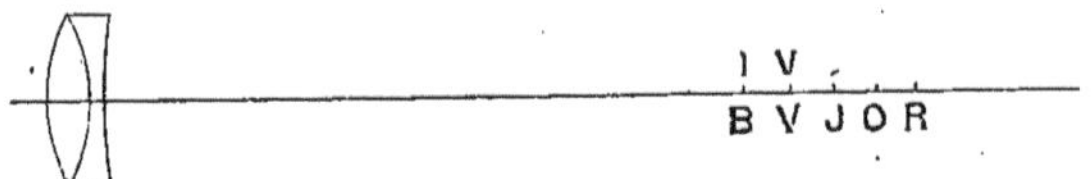

Fig. 567.

Si la lentille qui sert à donner l'image photographique a été achromatisée pour l'œil (fig. 566), on voit que le foyer chimique, celui où doit être placée la plaque photographique (foyer des rayons bleus), est un peu en arrière de celui qui correspond à la meilleure image pour l'œil (foyer des rayons verts et jaune orangé).

Le spectre replié une fois sur lui-même que donnent deux lentilles achromatisées se nomme un *spectre secondaire*. On conçoit que, par l'addition d'une troisième lentille, on puisse l'obtenir replié deux fois sur lui-même (*spectre tertiaire*) et, par conséquent, l'obtenir encore plus resserré et plus décoloré. On construit à cet effet des lentilles à trois verres formées de deux lentilles convergentes en crown réunies par une lentille divergente en flint.

On conçoit que l'on puisse encore arriver à ces combinaisons avec des lentilles qui ne sont pas accolées et obtenir, ainsi que la pratique l'a montré, des systèmes faisant coïncider le foyer des rayons les plus visibles avec celui des rayons chimiques.

Pour juger de la position relative des foyers dans un système convergent, par exemple dans l'objectif du microscope, il suffit d'observer un micromètre légèrement incliné sur la platine et de voir quelle est la division micrométrique que l'on voit nettement, sans changement de mise au point, en variant la couleur de la lumière. En particulier, et cette recherche est importante, il y aura coïncidence entre le foyer des rayons chimiques et celui des rayons visibles quand la photographie fera apparaître le plus nettement la division micrométrique sur laquelle on aura effectué la mise au point. Si ce ne sont pas les mêmes divisions qui apparaissent le plus nettement, la distance des deux foyers s'obtiendra par le déplacement de l'oculaire, permettant la vision la plus nette des divisions les plus nettes de la photographie.

Lentilles plan-convexes achromatisées. — L'emploi des lentilles plan-convexes tournant leur face plane du côté de l'objet dans le cas des objectifs de microscope a été établi par Lister (1830), et cette application a introduit un grand perfectionnement dans la construction de ces instruments. On les emploie également dans les loupes asymétriques et de même dans beaucoup d'autres systèmes optiques et pour la même raison. Nous avons dit, en effet (p. 984), que l'aberration principale dans le cas d'une lentille plan-convexe tournant sa face plane du côté de l'objet et fonctionnant comme loupe était très faible.

Cette lentille plan-convexe, que nous pouvons supposer achromatisée suivant les règles précédemment établies, jouit de propriétés remarquables. Le calcul aussi bien que l'expérience montrent qu'il existe sur l'axe principal (fig. 568)

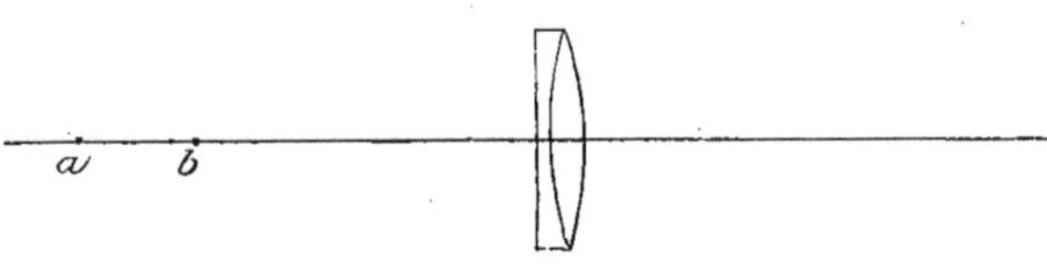

Fig. 568.

deux points b et a, l'un un peu en deçà, l'autre un peu au delà du foyer, situés du côté de la face plane de la lentille et pour lesquels l'aberration sphérique est sensiblement nulle. Ainsi donc, si l'on suppose un point lumineux placé soit en a, soit en b, les rayons centraux coupent l'axe au même point que les rayons marginaux, mais il n'y a que pour ces deux points que l'aplanétisme est pratiquement réalisé. En effet, tout point situé entre les deux points a et b nommés *foyers aplanétiques* donne, contrairement à ce qui se produit pour une lentille recevant un faisceau de rayons parallèles, un point de concours des rayons centraux plus rapproché de la lentille que le point de concours des rayons marginaux. On dit qu'il y a *suramélioration*. Si le point est en dehors du segment ab, le point de convergence des rayons centraux se fait plus loin de la lentille que celui des rayons marginaux : la lentille est dite *sous-améliorée*.

L'existence de ces foyers aplanétiques se démontre expérimentalement par ce fait que, un point occupant la position d'un de ces foyers et ayant son image réelle ou virtuelle mise au point par l'oculaire, on peut, sans changer la mise au point de l'oculaire, en avoir la vision nette, que l'on couvre avec un petit diaphragme plein la partie centrale de la lentille pour n'en conserver que les bords, ou qu'on la recouvre avec un diaphragme ordinaire pour n'en conserver que la partie centrale.

Ainsi donc, quand le point est au delà de a, il y a *sous-amélioration*; en a la correction de l'aberration sphérique est pratiquement très bonne. Lorsque le point se rapproche de a vers la lentille, il y a une *suramélioration* remarquable qui peu à peu augmente et ensuite diminue jusqu'à ce qu'enfin elle disparaisse en approchant du point b. En rapprochant encore davantage le point b vers la lentille, il se produit une aberration de sens contraire, c'est-à-dire une *sous-amélioration*.

Il ne faudrait cependant pas croire que la question est aussi simple et que la dénomination de *foyers aplanétiques* donnée aux points *a* et *b* est rigoureusement exacte. L'aplanétisme s'étend toujours à une zone circonscrite de la lentille quoique importante pour la production de l'image, mais n'est pas parfait pour toute la surface quand celle-ci a une grande ouverture, comme c'est le cas pour les objectifs de microscope. Dans ces conditions, on cherche la correction aussi bonne que possible en surajoutant au système optique, présentant encore des aberrations d'un certain ordre (soit suramélioration, soit sous-amélioration), un autre système optique présentant le même défaut d'aplanétisme pour les mêmes régions, mais en sens inverse (sous-amélioration ou suramélioration). Nous en verrons une application à propos de l'objectif du microscope.

Courbure de champ. — L'image d'un objet plan se forme dans un plan parallèle à celui de l'objet quand celui-ci s'écarte peu d'un axe qui lui est perpendiculaire et qui, dans le cas d'une lentille simple, ne doit pas différer beaucoup de la direction de l'axe principal. Lorsque ces conditions ne sont pas réalisées, un système réfringent centré peut encore donner des images nettes de points éloignés de l'axe, soit parce que les lentilles sont suffisamment petites ou suffisamment diaphragmées pour n'admettre qu'un mince pinceau de rayons lumineux, soit par suite des corrections optiques que l'on a fait subir au système. Les images des différents points de l'objet sont nettes ; elles ne sont plus dans un plan, mais situées sur une surface qui n'est pas plane : on dit qu'il y a *courbure du champ*.

Considérons cette nouvelle aberration, c'est-à-dire cette déformation de l'image dans un cas simple. Soit, par exemple (fig. 569), une lentille plan-

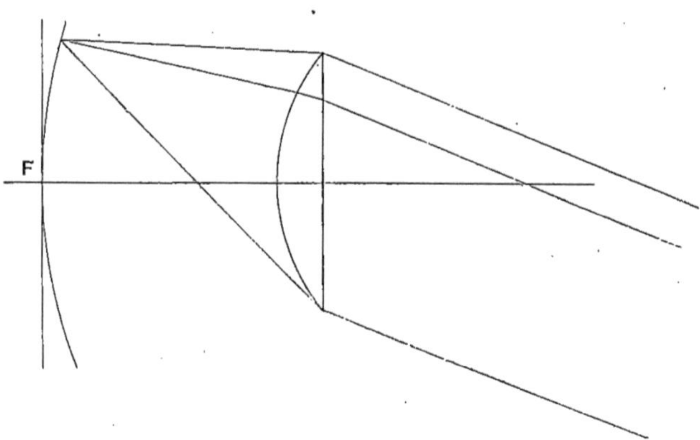

Fig. 569.

convexe tournant sa face plane du côté d'où vient la lumière. Un point situé à l'infini envoie un faisceau parallèle qui, après réfraction à travers la face plane, reste encore parallèle et qui, par conséquent, après la réfraction à travers la face courbe sphérique, vient concourir en un point situé à une distance de la face courbe de la lentille égale à la distance focale principale.

Tous les points d'un objet plan situés à l'infini donnent donc des images qui sont sensiblement placées sur une surface sphérique concentrique à la face courbe de la lentille (sphère focale) et passant par le foyer principal.

Supposons réciproquement qu'un observateur placé du côté plan de la lentille regarde un objet disposé sur la sphère focale; cet objet, à courbure dirigeant sa concavité de son côté, lui donnera une image plane située à l'infini.

Si l'objet disposé un peu en avant du foyer (fig. 568) était plan (observation

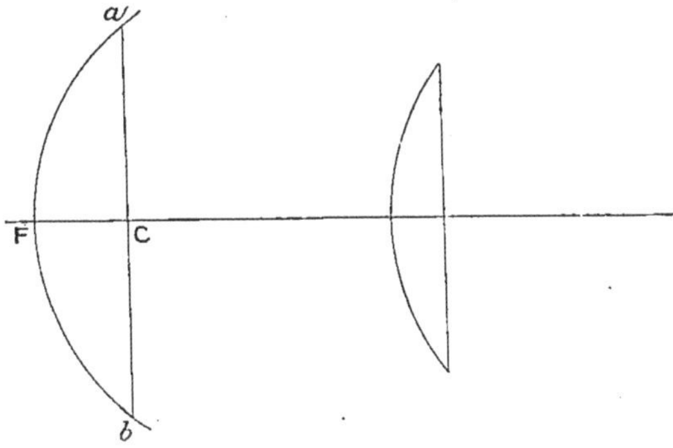

Fig. 570.

à la loupe), ses extrémités a et b donneraient des images virtuelles à l'infini, son milieu une image virtuelle à distance finie; en d'autres termes, l'image de l'objet plan sera courbe et tournera sa convexité du côté de l'observateur (Voy. Pellat, *Cours de physique*, t. II, p. 399).

Considérons encore (fig. 571), comme ayant son application dans la cour-

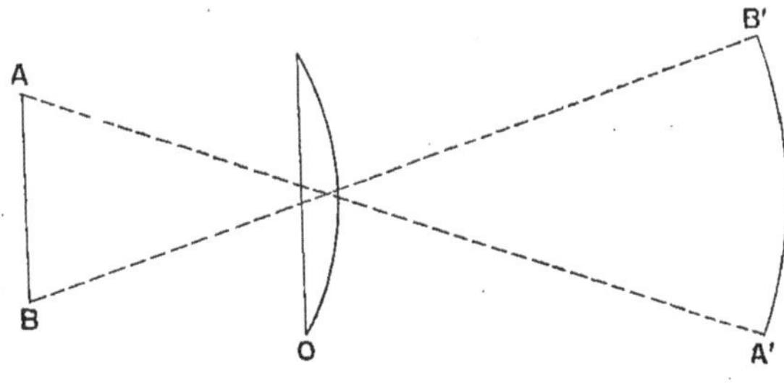

Fig. 571.

bure du champ donnée par l'objectif du microscope, le cas d'un objet $a\,b\,c$ situé un peu au delà du foyer principal de la lentille objective O. L'image tournera sa courbure du côté de la lentille.

Si, dans certains examens (examen à la loupe), la courbure de champ ne présente pas souvent une grande importance quand cet examen est correctement pratiqué, il n'en est plus de même quand l'image doit être reçue sur un écran plan (photographie) ou quand cette image doit être reprise par un autre dispositif optique (oculaire reprenant l'image donnée par l'objectif dans le microscope).

On comprend cependant que, dans ces cas, l'influence de la courbure du champ sur la netteté des images est diminuée par la tolérance de mise au point, c'est-à-dire par la faculté que l'on a de pouvoir déplacer légèrement l'objet sans que son image (reçue sur un écran, par exemple) cesse d'être nette. Si la surface focale a une courbure assez faible pour qu'elle puisse être comprise entre ces deux plans, il devient évident que la courbure du champ ne fait plus sentir son influence sur la netteté des images.

Ce résultat sera d'autant plus facilement obtenu que l'on utilisera une étendue plus restreinte de la surface focale. Ainsi un ménisque convergent dont la face concave suffisamment diaphragmée regarde l'objet peut avoir un champ d'une planéité complète sur une étendue de plus de 15°.

Distorsion. — Si nous examinons à travers une lentille ou un système optique des lignes droites un peu longues, elles apparaissent courbes : c'est cette nouvelle aberration que l'on nomme *distorsion*.

Ainsi l'image d'un quadrillage ayant son centre sur l'axe et normal à l'axe

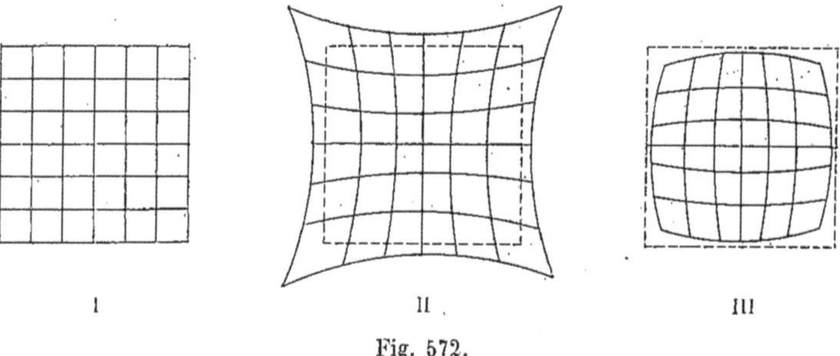

Fig. 572.

apparaît avec une déformation telle que les coins se resserrent, les lignes présentant des courbures concaves vers le centre (distorsion en barillet), ou telle que les coins se dilatent, les lignes présentant des courbures convexes vers le centre (distorsion en croissant). Cette dernière déformation (en croissant) apparaît très nettement quand on examine à travers une lentille convergente le réseau situé à une petite distance de la lentille.

Dans les mêmes conditions, une lentille concave donne la distorsion en barillet.

Dans la théorie des lentilles indiquant que l'image d'une droite est une droite, on suppose que la droite est de très petite longueur et perpendiculaire à l'axe principal ; dans l'expérience précédente, on ne remplit donc plus les conditions énoncées et, dès lors, rien d'étonnant à ce que les images de droites soient des courbes.

Pour se rendre compte de la courbure que peuvent prendre les images, examinons le cas d'un œil qui, occupant la position P (fig. 573), examine à la loupe — que nous supposerons infiniment mince — un quadrillage régulier. Soient a, b et c trois points équidistants de l'objet. L'œil étant rapproché de la loupe se trouve entre elle et son foyer. Le foyer conjugué du point nodal de l'œil est situé en arrière en P′. Ce foyer n'est plus un point, à cause de la grande inclinaison des rayons, mais il existe une caustique en P′, c'est-à-dire une surface ayant la forme indiquée sur la figure et à laquelle sont tangents tous les rayons issus de P après leur réfraction. D'après le principe du retour inverse des

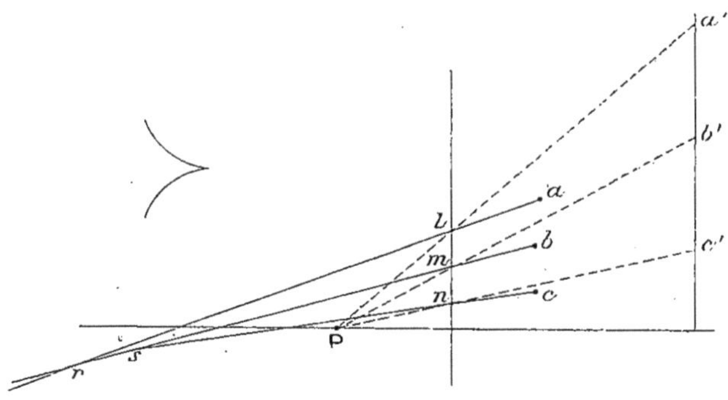

Fig. 573.

rayons, toutes les lignes qui partent des points a, b, c de l'objet sont tangentes à la caustique et vont, après réfraction, passer par le point P, c'est-à-dire donnent à l'œil la vision des images a', b', c' des points a, b et c. Or la simple inspection de la figure montre que, des triangles rab et sbc, le triangle rab a une plus grande hauteur que le triangle sbc. D'autre part, leurs bases ab et bc ont été supposées égales. Ces triangles étant coupés par le plan de la lentille à la même distance de leur base abc, on a évidemment $lm > mn$. Les images a', b', c' se trouvent sur les lignes Pl, Pm, Pn ; on a donc, puisque $lm > mn$, $a'b' > b'c'$. Les distances des images de points équidistants sont donc d'autant plus grandes que ces points sont plus éloignés de l'axe. Le quadrillage régulier (fig. 572, I) apparaîtra sous la forme (fig. 572, II) de formation en croissant.

Un raisonnement analogue effectué sur d'autres figures rendra compte des effets de distorsion dans les différents cas examinés.

C'est ainsi que la figure 574 rendra compte de la distorsion d'un quadrillage placé en abc observé par un œil dont le point nodal est en O et qui regarde l'image renversée $a'b'c'$ de trois points équidistants a, b, c du quadrillage. Ici $lm < mn$, donc $a'b' < bc$. Les distances des images des points équidistants sont donc d'autant plus petites que l'on est plus éloigné de l'axe. La déformation est en barillet (fig. 572, III).

La distorsion apparaît encore très manifestement dans un système optique dont les diaphragmes et les lentilles ne sont pas bien centrés. On peut l'observer facilement en prenant comme source lumineuse une fente linéaire située perpendiculairement à l'axe d'une lentille convergente et devant laquelle se trouve un diaphragme. Supposons que le diaphragme soit du même côté de la lentille que la fente et que celle-ci soit assez éloignée de la lentille pour que l'on puisse recevoir sur un écran l'image réelle de la fente. Quand le diaphragme est centré, l'image de la fente est rectiligne. Si on

l'éloigne de l'axe de façon que le faisceau de rayons lumineux émanant de la
fente tombe sur les parties périphériques de la lentille, l'image de la fente
sera une ligne courbe tournant sa concavité vers l'axe de la lentille (distorsion en barillet). On vérifie ainsi que la courbure diminue quand la
fente lumineuse s'éloigne de la lentille et que, pour un décentrage déterminé

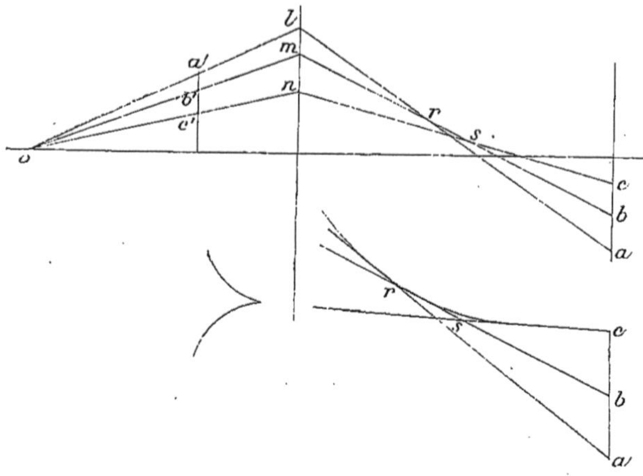

Fig. 574.

du diaphragme par rapport à l'axe optique, la distorsion diminue quand le
diaphragme se rapproche de la lentille, la fente lumineuse restant fixe.

Si le diaphragme, au lieu d'être placé entre l'objet et la lentille, est placé
devant celle-ci entre elle et l'écran, la distorsion est inverse (distorsion en
croissant).

Ces déformations, distorsion et courbure de champ, apparaissent symétriques quand on regarde à la loupe un objet centré ainsi que l'œil sur l'axe
principal de la lentille; elles sont plus accentuées avec une lentille biconvexe
qu'avec une plan-convexe et elles sont très atténuées par l'emploi des loupes
composées. Elles ne frappent guère l'œil quand on regarde de petits objets.
Il n'en est plus ainsi, par exemple, quand l'œil prend une position oblique par
rapport à la loupe; la déformation est asymétrique par rapport à l'axe et peut
devenir énorme. Nous n'examinerons pas ce cas, que l'on résoudrait par la
considération des caustiques des différents points de l'objet, car il ne présente,
à vrai dire, pas d'intérêt pratique, attendu que l'on ne se place pas ainsi dans
les observations à la loupe.

Achromatisme de la loupe. — On obtient en général de bons résultats
dans l'examen avec des loupes minces non achromatisées. La même remarque
peut s'appliquer aux lentilles formant une loupe composée. Supposons que
l'on examine sur fond blanc un objet noir situé au voisinage du foyer principal entre celui-ci et l'instrument. La ligne de délimitation de l'objet donnera
une série d'images colorées correspondant aux diverses couleurs simples,
l'image violette étant la plus grande et la plus éloignée, la rouge la plus
petite et la plus rapprochée. Les images colorées se trouveront sur un cône

ayant comme sommet le centre de la lentille (supposée infiniment mince) et pour directrice le contour de l'objet. Si (fig. 575) le centre de l'œil de l'observateur (plus exactement le premier point nodal) pouvait occuper le centre de la lentille, toutes ces images colorées seraient exactement superposées et les

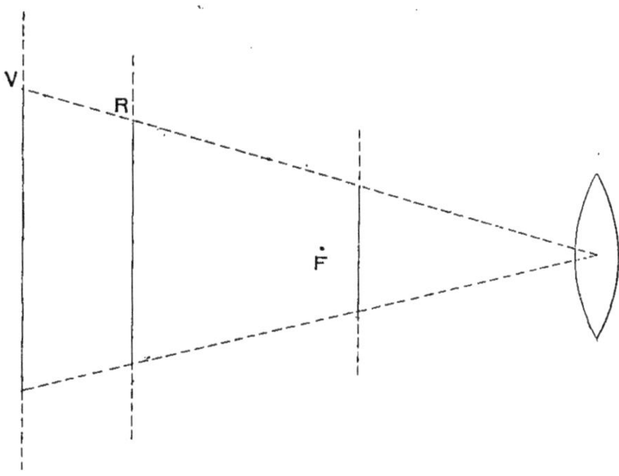

Fig. 575.

images d'un même point dans les différentes couleurs se superposeraient dans la direction où elles sont vues pour donner la sensation de blanc. L'image apparaîtrait donc sans irisation.

Le raisonnement suppose que la lentille est mince. Dans le cas où elle est épaisse, il y a un système différent de points nodaux pour les diverses couleurs ; en d'autres termes, il y a un axe secondaire différent pour chaque couleur, ce qui fait que les images colorées d'un même point ne sont pas rigoureusement en ligne droite. Il devient donc théoriquement impossible de trouver une position de l'œil telle que les images colorées du point se superposent pour en fournir une image non irisée. L'irisation, insensible pour des lentilles faibles et peu épaisses, devient telle pour des lentilles *fortes et épaisses* qu'il faut les achromatiser.

Reprenons l'exemple de l'observation d'un objet noir sur fond blanc avec une loupe supposée infiniment mince ; l'observateur, ne pouvant placer l'œil au centre de la lentille, examine les images colorées réparties sur la surface du cône en ayant son point de vue situé de l'autre côté de ce sommet. Il verra donc la périphérie de l'objet bordée d'une irisation jaune rougeâtre. Les zones qui doivent apparaître violettes apparaîtront blanches, car elles seront recouvertes par les images rouges des régions blanches entourant la zone de séparation ; en d'autres termes, un peu en dehors de la limite de séparation il y a superposition des images dans toutes les couleurs.

La même remarque s'applique à l'observation d'un objet blanc sur fond noir. L'objet apparaîtra blanc au milieu, mais bordé de bleu à sa périphérie.

Lorsque l'observateur s'éloigne de la loupe, la figure montre que les images colorées s'étalent ; en d'autres termes, l'irisation augmente. Un bon moyen pour diminuer le défaut d'achromatisme de la loupe consiste donc à placer l'œil très près de la loupe. L'irisation est alors diminuée et devient absolument insensible avec des loupes pas trop fortes et pas trop épaisses.

Cette augmentation de l'aberration chromatique quand on s'éloigne de la lentille est la raison qui, avec l'augmentation des aberrations sphériques, rend défectueux le procédé d'observation à la loupe, l'œil étant à une grande distance, quoique, dans le cas d'un œil emmétrope sans accommodation, la puissance soit indépendante de la distance de l'œil à l'instrument.

EXAMEN A LA LOUPE

L'utilité de la loupe consistant dans l'observation des détails, il conviendra de placer l'œil de telle sorte que la puissance de l'instrument (angle sous lequel on voit une dimension de l'objet égale à l'unité) soit maximum. Nous verrons que, sauf le cas d'un hypermétrope âgé ou d'un observateur jeune mais très hypermétrope, la puissance augmente quand on se rapproche de l'instrument.

Ce n'est pas le seul avantage à retirer du rapprochement de l'instrument; il y a, dans ces conditions, augmentation du champ (p. 976), diminution de l'aberration chromatique (p. 977), et enfin diminution de l'aberration sphérique par l'utilisation d'une moins grande surface de la lentille.

Nous étudierons particulièrement — et ceci nous semble bien rentrer dans le cadre de cet ouvrage — le rôle que joue l'état de réfraction de l'œil et son accommodation dans l'examen à la loupe, au point de vue de la puissance dont dépend le pouvoir séparateur, c'est-à-dire la qualité essentielle de l'observation.

Il ne sera employé dans cette discussion que des méthodes géométriques.

Quand faut-il, pour avoir la puissance maximum, accommoder ou ne pas accommoder ?

Nous suivrons, dans l'étude de cette première question, l'exposé qui en a été fait par M. Gariel et par M. Guebhardt. Trois cas sont à considérer suivant la position que le centre de l'œil occupe par rapport au foyer :

1° *Supposons d'abord que le centre optique C de l'œil soit entre la loupe et le foyer* F′ (fig. 576). La loupe est disposée vis-à-vis de l'objet AB pour en donner une image virtuelle en *ab* dans les limites de la vision distincte de l'observateur. Si AI est le rayon parallèle à l'axe principal, I′ son intersection avec le second plan nodal N′, l'image *a* de A se trouvera sur la ligne F′I′. En faisant varier la distance de l'objet AB à la loupe, l'image virtuelle A se déplacera sur cette ligne en s'éloignant quand l'objet sera déplacé de N vers F.

Si nous supposons que l'objet AB est d'une grandeur égale à l'unité, la puissance de la loupe (Voy. p. 970) sera l'angle sous lequel sera vue l'image *ab*, c'est-à-dire l'angle *aCb*.

La figure indique que, si l'image s'éloigne, cet angle diminue $(\widehat{a'Cb'} < aCb)$. Il y a donc avantage à rapprocher l'image le plus possible. La meilleure condition d'observation, c'est-à-dire celle donnant l'image rétinienne de grandeur maximum, est donc réalisée quand l'image virtuelle donnée par la loupe est formée au punctum proximum.

L'œil déploie dans cet examen son maximum d'accommodation.

Ce résultat s'étend au cas où, l'observateur étant hypermétrope, son punctum remotum est virtuel en arrière de lui en R. Tant que l'hypermétropie n'est pas corrigée par un déploiement suffisant de l'accommodation, l'objet A_1B_1 doit être placé au delà du foyer, de façon que l'œil reçoive

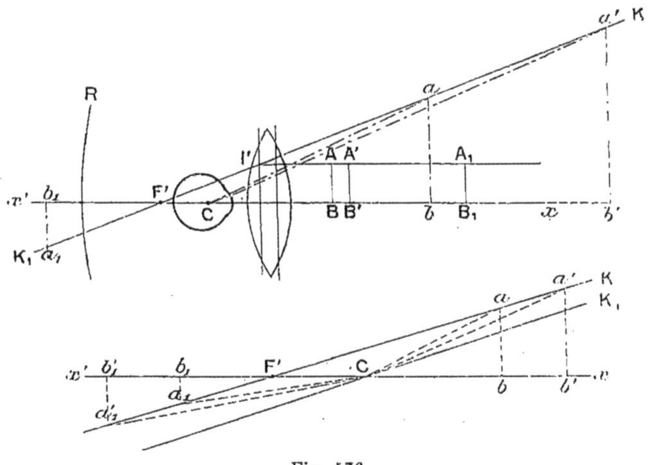

Fig. 576.

des rayons qui convergent respectivement vers les différents points de l'image a_1b_1. La figure montre que l'angle a_1Cb_1 croît quand a_1b_1 s'éloigne, c'est-à-dire quand l'accommodation augmente pour éloigner en arrière de l'œil le plan pour la vision duquel l'œil est adapté.

Quand l'accommodation peut se déployer suffisamment pour complètement corriger l'hypermétropie, l'image se forme à l'infini, son diamètre apparent devient

$$\widehat{K_1Cx'} = \widehat{KF'x}.$$

Le diamètre apparent est donc indépendant pour un observateur regardant à l'infini de sa position C par rapport à la loupe; c'est ce que nous avons déjà exprimé en disant (p. 971) que la puissance était, dans ces conditions, constante et égale à $\dfrac{1}{F}$.

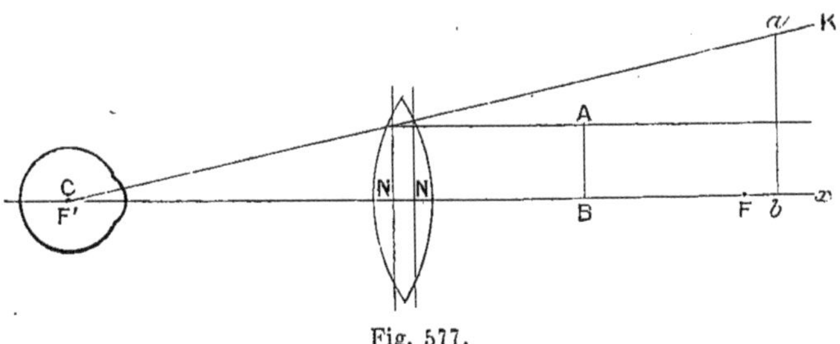

Fig. 577.

Si l'œil hypermétrope est encore susceptible d'accommoder pour surcorriger son amétropie, il se trouve dans les conditions précédemment examinées et le diamètre apparent de l'image *ab* est maximum quand on l'observe au punctum proximum.

2° *Si le centre optique C de l'œil* (fig. 577) *est en coïncidence avec le foyer* F', la ligne F'K passant par C, l'image virtuelle *ab* de AB sera toujours vue sous le même angle, quel que soit son éloignement. L'image *ab*, se formant dans les limites de la vision distincte entre le punctum proximum et le punctum remotum, sera donc vue nettement toujours sous le même angle par l'observateur. La grandeur de l'image rétinienne devient indépendante de l'état d'accommodation de l'œil.

3° *Lorsque le centre optique de l'œil est placé au delà du foyer* F' (fig. 578),

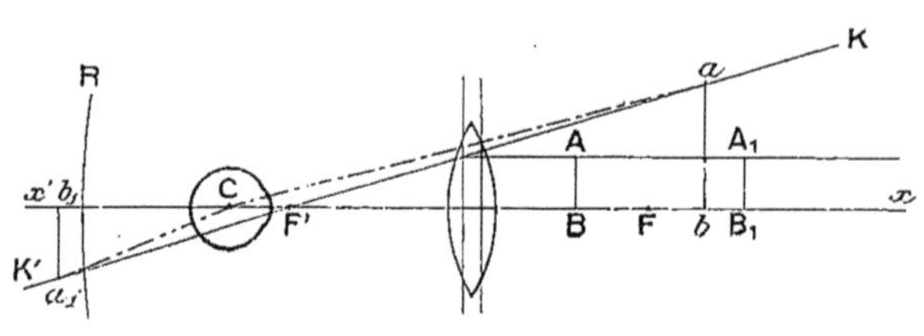

Fig. 578.

l'image virtuelle *ab* est toujours limitée entre l'axe et la ligne F'K, quelle que soit la position de l'objet AB par rapport à la loupe. La position de AB par rapport à la loupe intervient pour localiser son image dans l'angle KF'x en une région pour la vision de laquelle l'œil puisse s'adapter. L'examen de la figure 578 montre que l'angle $\widehat{aCX} < \widehat{aF'x}$ croît lorsque l'image *ab* s'éloigne. Il y a donc intérêt à produire l'image *ab* le plus loin possible, c'est-à-dire au punctum remotum.

Ce résultat est encore exact quand l'œil est hypermétrope, c'est-à-dire quand le punctum remotum est virtuel. L'objet AB est alors déplacé au delà du foyer F, l'image *ab* se déplace dans l'angle K'F'x'. Le diamètre apparent $a_1C_1b_1$ croît quand l'image se rapproche du punctum remotum.

Ainsi, dans ce cas, la meilleure condition d'observation correspond au cas où l'œil regarde sans accommodation, c'est-à-dire observe l'image *ab* dans le plan de son punctum remotum R.

Quelle position doit-on donner à l'œil dans l'examen à la loupe?

Nous diviserons ces positions de l'œil d'après la situation du centre de l'œil par rapport au foyer.

Il peut se faire, si le foyer n'est pas trop près de la dernière surface émergente de la loupe ou de l'oculaire, que l'œil puisse faire l'observation en arrière, ou en avant du foyer.

Mais il y a cependant un rapprochement que, pratiquement, on ne peut pas dépasser. On peut estimer à 15 millimètres la distance minimum qui peut exister entre le centre optique de l'œil et la dernière surface d'émergence.

Cette distance comprend la distance du centre optique de l'œil au sommet de la cornée, soit environ 7 millimètres, augmentée d'environ 8 millimètres, car il faut encore tenir compte de l'épaisseur des paupières et de la présence des cils. (Les verres de lunettes sont généralement supposés placés à 13 millimètres en avant de la cornée, au foyer antérieur de l'œil, ce qui est assez exact dans le port normal des verres.) Cette distance minimum de 15 millimètres du centre de l'œil observateur à la dernière face d'émergence de la loupe ou d'un oculaire peut être considérée comme une bonne moyenne.

I. — Si donc le foyer F′ de l'instrument est à une distance de la face d'émergence moindre que 15 millimètres, on se trouvera nécessairement dans le troisième cas d'observation (p. 1000), qui doit se faire avec relâchement de l'accommodation.

II. — Si cette distance est plus grande que 15 millimètres, on pourra, par un éloignement convenable de l'œil, se placer à volonté dans les trois cas examinés. Pour avoir, dans ces conditions, la plus grande image rétinienne, il faudra se rapprocher le plus possible quand l'œil ne peut observer que l'image virtuelle de AB (observateur emmétrope, myope, emmétrope accommodant). L'examen des figures 578, 577 et 576 montre, en effet, que l'angle acb sous lequel on voit l'image augmente quand l'œil se rapproche. Il est plus grand figure 577 que figure 578, et encore plus grand figure 576. L'œil doit donc se rapprocher le plus possible de la loupe quand ab est virtuel et suivant que ce rapprochement maximum place son centre optique entre le foyer et la dernière surface d'émergence de l'appareil (1er cas), au foyer (2e cas) ou au delà du foyer (3e cas) ; la puissance de l'œil examinant à la loupe sera maxima quand il déploiera toute son accommodation (1er cas), deviendra indépendante de l'accommodation (2e cas) ou sera maximum quand il n'accommodera pas (3e cas).

La situation que l'on doit donner à l'œil pour avoir la puissance maximum quand on peut disposer à son gré de la position de son centre par rapport au foyer demande à être discutée quand l'observateur est hypermétrope.

En particulier quand des positions respectives du proximum et du remotum il résulte que l'image observée peut être soit réelle soit virtuelle, suivant l'accommodation déployée, on ne peut sans une discussion, que nous allons essayer, décider d'une façon générale s'il faut placer l'œil avant ou après le foyer.

Observateur hypermétrope. — Pour un œil hypermétrope *non*

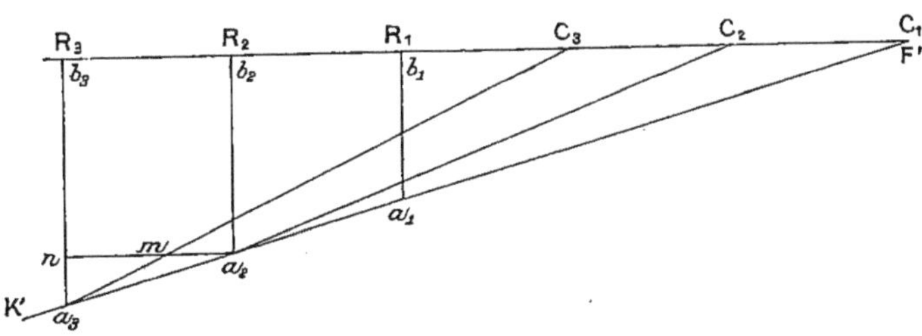

Fig. 579.

accommodé, la puissance, quand il est placé au delà du foyer, augmente avec l'éloignement de l'œil.

Soit F′K′ (fig. 579) la ligne dite *caractéristique* sur laquelle se trouve l'image

de a. Soit C_1 la position de l'œil hypermétrope dont le remotum est R_1. Si
l'œil s'éloigne et vient en C_2, puis C_3, ..., le remotum recule en R_2, puis R_3 :

$$C_1 C_2 = R_1 R_2, \qquad C_2 C_3 = R_2 R_3.$$

L'objet est alors rapproché du foyer de la loupe de manière à donner successivement son image $a_1 b_1$ en $a_2 b_2$, $a_3 b_3$ dans le plan du remotum.

Comme, nécessairement, d'après la construction,

$$a_2 m < a_2 n = R_2 R_3 = C_2 C_3,$$

il s'ensuit que les lignes telles que $C_2 a_2$, $C_3 a_3$, ... se coupent au-dessous de la
caractéristique $F'K'$.

Dès lors, $a_3 C_3 b_3 > a_2 C_2 b_2 > a_1 C_1 b_1$. L'angle sous lequel est vue l'image
de ab augmente donc avec la distance de l'observateur hypermétrope à la
loupe. Pratiquement, la puissance ne peut s'accroître indéfiniment par ce
moyen, car l'éloignement de l'œil a des limites matérielles et des limites
optiques : diminution du champ, augmentation des aberrations.

Nous avons deux cas à considérer, si l'œil hypermétrope *peut accommoder* :
1° celui de l'œil hypermétrope qui a son punctum proximum en arrière de
lui [pouvoir accommodatif < l'hypermétropie (fig. 580)] ; et 2° celui de l'hypermétrope qui a une accommodation suffisante pour amener son punctum
proximum en avant (fig. 581).

1° Si le centre C_1 de l'œil est entre le foyer et la face d'émergence (fig. 580),

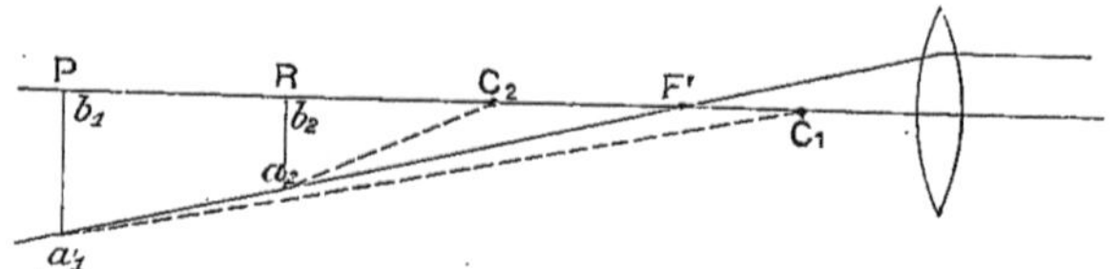

Fig. 580.

l'hypermétrope doit regarder l'image à son punctum proximum en P
($a_1 C_1 b_1 > a_2 C_1 b_2$). S'il est en C_2, il doit ramener l'image en R à son punctum
remotum ($a_2 C b_2 > a_1 C b_1$). Or l'angle $a_1 C_1 b_1 < X'FP < a_2 C_2 b_2$: l'observateur
hypermétrope a donc toujours intérêt, au point de vue de la puissance, à
placer son œil en arrière du foyer quand il ne peut, par son accommodation,
surcorriger son hypermétropie.

2° L'angle sous lequel on voit l'image augmente quand l'observateur
s'avance de F' en C_1 pour regarder l'image à son punctum proximum P (fig. 581).
Il augmente également quand il recule de F' en C_2 pour regarder l'image à
son punctum remotum. Il y a donc pour l'œil deux positions de part et
d'autre du foyer pour lesquelles la puissance est la même. Déterminons ces
positions C_1 et C_2 en supposant que le déplacement de l'œil de C_1 en C_2 n'ait pas
modifié sensiblement les positions R et P des punctums de l'œil placé en F'
(hypermétropie et accommodation pas trop fortes, c'est-à-dire, ainsi que le
montrerait une discussion plus approfondie, conditions ordinaires d'un

observateur hypermétrope regardant à la loupe et ayant un pouvoir accommodatif supérieur à son hypermétropie). Dans ces conditions, l'égalité des angles aC_1b et aC_2b' entraîne le parallélisme des lignes aC_1 et a_1C_2 ; donc :

$$\frac{F'C_1}{F'C_2} = \frac{C_1a}{C_2a_1} = \frac{P}{R} \qquad \text{ou} \qquad \frac{F'C_1}{P} = \frac{F'C_2}{R}.$$

a. Si donc on peut satisfaire pour la position de l'œil à cette condition, il est indifférent, au point de vue de la puissance, de faire l'observation au punctum

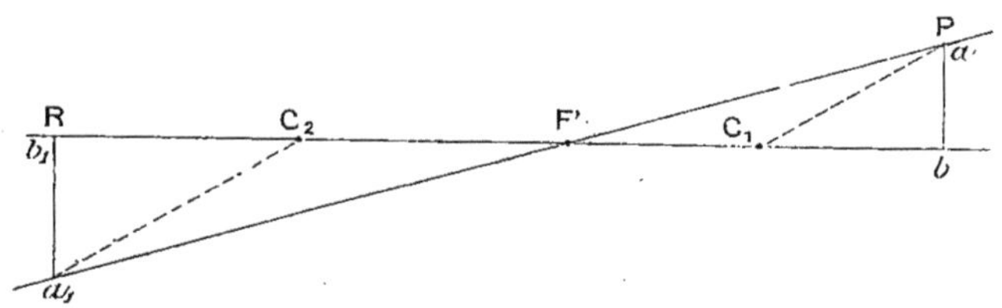

Fig. 581.

proximum (l'œil en C_1, en deçà du foyer) ou au punctum remotum (l'œil en C_2, au delà du foyer).

b. Si, par suite des conditions d'observation, les positions extrêmes que puisse prendre l'œil ne permettent pas de satisfaire à cette égalité $\left(\dfrac{F'C_1}{P} = \dfrac{F'C_2}{R}\right)$, il y aura avantage à faire l'observation au punctum proximum (centre de l'œil entre la loupe et F') si $\dfrac{F'C_1}{P} > \dfrac{F'C_2}{R}$. En effet, cette inégalité montre que le centre C de l'œil ne pourrait se déplacer jusqu'en C_2. L'angle sous lequel serait vue l'image sera toujours inférieur à $a_1C_2b_1$, c'est-à-dire à aC_1b, ce qui montre qu'il y a avantage à placer l'œil entre le foyer et la loupe. En pratique, ce cas se présentera quand l'œil, faiblement hypermétrope, aura un grand pouvoir accommodatif (hypermétrope jeune), quand la distance du second foyer F' de la loupe à la dernière surface d'émergence permettra un rapprochement assez considérable de l'œil entre F' et cette surface (loupe faible) et quand l'éloignement de l'observateur ne sera pas pratiquement illimité.

L'observateur devra donc se rapprocher le plus possible de la loupe et déployer toute son accommodation.

c. On verrait de la même manière que, si les conditions d'observation comportent les positions extrêmes C_1 et C_2 de l'œil par rapport au foyer F' pour lesquelles $\dfrac{F'C_1}{P} < \dfrac{F'C_2}{R}$, il y a avantage à faire l'observation au punctum remotum, l'œil étant en C_2 en arrière du foyer. Pratiquement, ce cas se présentera dans les observations avec une forte loupe, ce qui empêchera l'œil de s'avancer beaucoup entre F' et la loupe ($F'C_1$ petit). Il se présentera encore si l'observateur est fortement hypermétrope, ou encore si l'observateur, même peu hypermétrope, est âgé et n'a plus qu'un faible pouvoir accommodatif (P grand).

L'observateur devra s'éloigner le plus possible de la loupe et relâcher toute son accommodation. L'éloignement est limité par des considérations autres que celles donnant la puissance optique maximum, telles que la diminution du champ et l'apparition des aberrations dans l'observation à distance éloignée.

Donc, en résumé, sauf le cas d'un hypermétrope jeune assez faiblement hypermétrope, la condition la plus favorable, quand l'œil est hypermétrope, pour obtenir la puissance maximum est l'observation le plus loin possible au delà du foyer et, par conséquent, au remotum sans accommodation.

Observation avec les loupes puissantes et les oculaires de microscope. — Nous venons d'étudier comment il convient, suivant l'instrument et la réfraction de l'œil, de faire l'observation à la loupe pour en obtenir la puissance maximum. La question mérite d'être étudiée à un autre point de vue, à celui de la fatigue qui résulte de l'accommodation et qui, en particulier si l'observateur est prédisposé à la myopie, peut aggraver l'affection.

A ce point de vue, il y a intérêt à placer le centre de l'œil au foyer ou en arrière du foyer, puisque, dans ces conditions, la meilleure observation correspond à la vision sans accommodation. Il y a, en général (sauf le cas d'un observateur hypermétrope), opposition entre cette condition de vision sans accommodation (observation au delà du foyer) et la condition à laquelle il faut satisfaire pour avoir la plus grande image rétinienne possible (observation le plus près possible de la loupe).

Dans les limites où elle se présente en pratique, la variation que le recul du centre optique de l'œil au foyer F' peut entraîner dans la puissance de l'instrument n'est pas assez considérable pour que cette condition hygiénique d'observation ne soit pas réalisée. Il est donc préférable de choisir des conditions qui placent l'œil au foyer ou derrière le foyer. On évite ainsi la fatigue de l'accommodation qui, par un emploi prolongé de l'instrument, pourrait entraîner de graves inconvénients chez les observateurs prédisposés à la myopie progressive.

Cette condition est en général satisfaite quand on emploie des loupes composées un peu puissantes. Elle l'est aussi, ainsi que nous le verrons dans la suite, quand on donne, dans l'observation au microscope, la position la plus favorable pour l'œil, celle du disque ou point oculaire.

Limites assignées à la position de l'objet dans l'observation à la loupe par l'accommodation de l'œil. — La position de l'observateur restant fixe par rapport à la loupe, on peut éloigner ou rapprocher un peu l'objet de la loupe sans que l'image perde de sa netteté. Si l'observateur est emmétrope et observe sans accommodation, l'objet doit se trouver au plan focal. S'il déploie toute son accommodation, l'objet doit être rapproché de la loupe, afin que son image se forme au punctum proximum. La différence entre ces deux distances donnera la profondeur maximum de l'objet, que l'on pourra parfaitement explorer à la loupe s'il est transparent, en ne faisant varier que l'accommodation. Cette distance sera aussi la latitude du déplacement que l'on pourra donner à la loupe sans déplacer l'objet, tout en continuant à voir nettement un plan déterminé de cet objet.

Supposons que l'observation se fasse depuis le foyer postérieur de l'oculaire.

Soient R la distance du remotum et P la distance du punctum proximum à l'œil observateur.

Nous savons que si a exprime le pouvoir accommodatif, $a = \dfrac{1}{R} - \dfrac{1}{P}$ si l'œil est myope, $a = \dfrac{1}{P}$ si l'œil est emmétrope et $a = \dfrac{1}{R} + \dfrac{1}{P}$ si l'œil est hypermétrope. L'image pourra se déplacer du remotum au proximum sans cesser d'être vue nettement. Cherchons à quel déplacement de l'objet correspond ce déplacement possible de l'image.

Soit r la distance de l'objet au foyer quand l'image se forme au remotum, c'est-à-dire à la distance R de l'autre foyer auquel l'œil se trouve placé. Nous avons (relation de Newton) :

$$r\mathrm{R} = f^2.$$

Quand l'image se forme au proximum à la distance P du second foyer, l'objet est à la distance p du premier foyer donné par la relation

$$p\mathrm{P} = f^2.$$

La latitude possible du déplacement de l'objet est donc

$$l = p - r = \frac{f^2}{\mathrm{P}} - \frac{f^2}{\mathrm{R}} = f^2\left(\frac{1}{\mathrm{P}} - \frac{1}{\mathrm{R}}\right).$$

Dans le cas de l'œil myope, P et R sont comptés dans le même sens et, laissant les signes en évidence, on a bien

$$l = f^2\left(\frac{1}{\mathrm{P}} - \frac{1}{\mathrm{R}}\right) = f^2 a,$$

a exprimant le pouvoir accommodatif.

Si l'œil est emmétrope, la formule se réduit à

$$l = f^2\frac{1}{\mathrm{P}} = f^2 a.$$

Enfin, dans le cas de l'hypermétrope, R est compté en sens inverse et, mettant son signe en évidence, il vient

$$l = f^2\left(\frac{1}{\mathrm{P}} + \frac{1}{\mathrm{R}}\right) = f^2 a.$$

Donc, quel que soit l'état de réfraction de l'œil, le déplacement assigné à l'objet par la variation a de l'accommodation est

$$l = f^2 a.$$

En désignant par p la puissance de la lentille $p = \dfrac{1}{f}$, il vient :

$$l = \frac{a}{p^2}.$$

La latitude du déplacement est donc *indépendante de l'amétropie de l'œil,* elle est proportionnelle à son pouvoir accommodatif et inversement proportionnelle au carré de la puissance de l'instrument.

Si a et p sont exprimés en dioptries (R, P et f exprimés en mètres), la latitude sera, dans les applications numériques de la formule précédente, exprimée en mètres.

Ces considérations sont générales et s'appliquent à toute loupe ou oculaire composé, pourvu que l'œil observateur (ou, plus exactement, son point nodal) soit au foyer postérieur de l'instrument, condition dont on s'approche beaucoup dans les observations usuelles.

Une discussion simple montrerait qu'un léger déplacement de l'œil de part et d'autre de ce foyer n'engendrerait qu'une variation très faible de la valeur de l.

Ainsi, une accommodation de 5 dioptries permettra, avec une loupe de 3 centimètres de distance focale, une latitude de déplacement de $4^{mm},5$ pour l'objet :

$$l = \frac{5}{\left(\dfrac{1}{0,03}\right)^2} = 0^m,0045.$$

LOUPES DIVERSES.

***Loupe simple*, *oculaire simple*, *oculaire de Képler*.** — C'est une seule lentille convergente plus ou moins forte et épaisse. Nous avons précédemment étudié les défauts optiques de l'instrument, ses corrections, la manière dont on observe à la loupe, et fait l'étude de la puissance, du champ et de la clarté de l'instrument.

***Loupe diaphragmée*, *loupe de Wollaston*, *loupe de Brewster dite* Coddington.** — Les loupes sont en général des lentilles biconvexes. Plus les faces sont bombées, plus la loupe est puissante, mais aussi plus les aberrations deviennent considérables, puisque les images ne peuvent conserver leur netteté qu'à la condition d'être formées par des rayons lumineux tombant sur la lentille à des distances de l'axe très petites par rapport aux rayons de courbure. On est ainsi conduit, pour diminuer les aberrations, à restreindre l'ouverture de la lentille.

Pour les loupes faibles, à égalité de courbure, il n'y a pas intérêt (sauf au point de vue du champ quand l'observation ne se fait pas à distance très rapprochée) à ce que la lentille ait une grande ouverture, car il n'y a d'utile que la portion du faisceau émergent qui peut pénétrer dans l'œil par l'ouverture pupillaire. Cependant, dès que l'ouverture du diaphragme devient moindre que celle de la pupille, cette disposition a l'inconvénient, d'une part, de diminuer l'éclairement de l'image perçue par l'œil, d'autre part de diminuer le champ, c'est-à-dire l'espace qui comprend les points visibles.

Le champ limité par le diaphragme peut être considéré comme délimité par le cône ayant pour sommet le centre optique de la lentille et pour courbe directrice le contour de l'ouverture du diaphragme. A ouverture égale, le champ limité par le diaphragme sera donc d'autant plus grand que celui-ci sera plus rapproché du centre optique de l'instrument.

Si le diaphragme est placé dans le plan du centre optique, le champ limité par lui sera de 180°, c'est-à-dire qu'il n'influera plus pour délimiter le champ d'un observateur n'utilisant dans l'observation que les rayons centraux. Cette disposition du diaphragme, qui, tout en arrêtant les rayons marginaux, ne diminue pas le champ des parties pouvant encore fournir une image nette, est réalisée dans les loupes de Wollaston et de Brewster.

La *loupe diaphragmée de Wollaston* (1813) est formée d'une lentille biconvexe partagée en deux moitiés égales entre lesquelles se trouve inter-posé un diaphragme, comme l'indique la figure 582, A. Avec cette disposition,

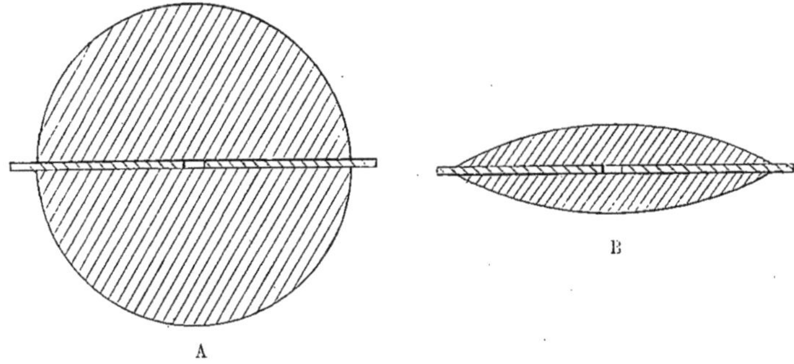

Fig. 582.

on peut donner aux rayons de courbure des valeurs très petites sans que les aberrations de sphéricité soient trop considérables. On peut même employer des lentilles telles que A, formées de deux demi-sphères égales séparées par un diaphragme présentant une ouverture suffisamment petite. Si cette ouver-ture est petite par rapport à la pupille, le diaphragme n'ayant qu'une épais-seur peu considérable, le champ est limité par la seconde nappe du cône ayant pour sommet le centre optique et pour base l'ouverture de la pupille.

La *loupe de Brewster*, dite *Coddington*, très employée par les natura-listes, n'est qu'une modification de celle de Wollaston. La sphère de verre est

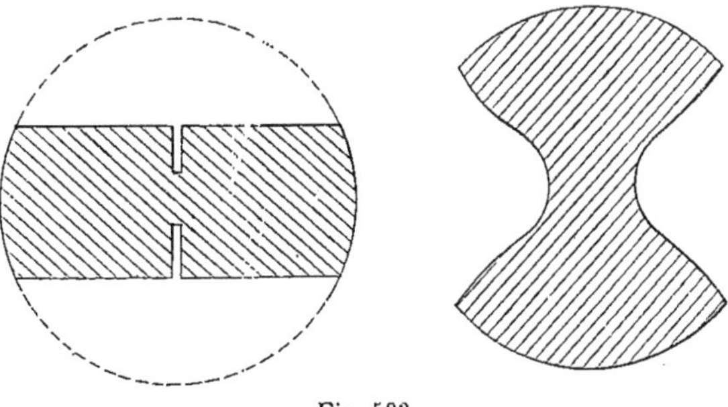

Fig. 583.

simplement creusée d'une profonde rainure qui produit le même effet que le diaphragme, et l'on ne conserve de la sphère que la partie utile comprise dans un cylindre de diamètre égal à environ les deux tiers de celui de la sphère.

Dans de pareilles loupes, les aberrations sont très faibles pour des objets latéraux, puisque les rayons tombent toujours au voisinage du centre de la sphère. Les deux points nodaux et le centre optique sont confondus avec le centre de la sphère. Les deux plans principaux sont confondus. Les lentilles de Wollaston et de Brewster sont aussi appelées *loupes périscopiques*. La loupe de Wollaston présente sur la Coddington l'inconvénient d'offrir au centre de la loupe deux surfaces planes voisines occasionnant par réflexion une certaine perte de lumière et donnant naissance à de petites aberrations.

Loupe Stanhope. — C'est un cylindre de verre terminé du côté de l'œil par une calotte sphérique et de l'autre côté par une surface plane contre laquelle on applique l'objet à examiner. Les rayons émanant de l'objet n'éprouvent ainsi qu'une seule réfraction au sortir du verre. La longueur du cylindre étant un peu inférieure à la distance focale, la loupe fournit à une distance invariable une image virtuelle droite et agrandie de l'objet. Cet appareil, simple mais imparfait, n'est guère employé que pour montrer les photographies microscopiques que l'on introduit dans certains bibelots. Il ne permet, du reste, que l'examen des objets suffisamment translucides pour être éclairés par transparence. On construit de ces instruments qui donnent un grossissement allant jusqu'à 40 diamètres et plus ; mais les qualités optiques ne sont pas avantageusement satisfaites, à cause de l'absence de correction des aberrations.

Loupes composées. — Une loupe composée, c'est-à-dire formée de deux lentilles successives, peut donner des aberrations beaucoup moindres qu'une loupe simple de même puissance, en sorte que les images peuvent conserver leur netteté sans que le diaphragme soit nécessaire.

Nous examinerons les diverses combinaisons connues sous les noms de *doublet de Wollaston, oculaire positif de Ramsden, oculaire négatif d'Huyghens, loupe de Brucke.*

Doublet de Wollaston (symbole 2, 3, 6). — Il se compose de deux lentilles plan-convexes centrées, portées dans deux montures distinctes, dont l'une peut être vissée sur l'autre. On peut ainsi faire varier légèrement

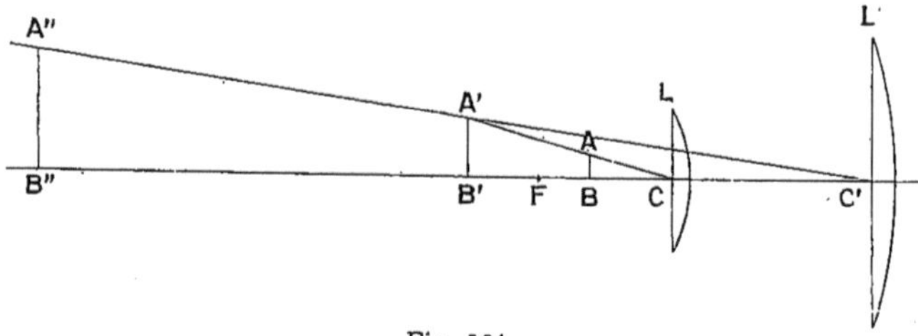

Fig. 584.

la distance des deux lentilles, et chaque observateur peut la régler pour en obtenir la meilleure vision.

Les deux lentilles tournent leur face plane du côté de l'objet. La première lentille L a une distance focale f, qui est le tiers de la distance focale f' de la seconde. Les diamètres des lentilles, qui ont même ouverture, sont à peu près dans le rapport de $\frac{1}{3}$ et leur distance cc' est égale à $\frac{3}{2}f$.

Quand l'objet AB est mis au point, la première lentille L en donne une image virtuelle A'B', qui se comporte alors comme un objet réel examiné à la loupe à travers la seconde lentille L', derrière laquelle regarde l'observateur. Cette image A'B' doit donc se former à peu près dans le plan focal principal de la lentille L', et même exactement dans ce plan focal, si l'observateur emmétrope la regarde sans accommoder. Dans ces conditions, la distance de A'B' à la lentille L est $f' - cc' = 3f - \frac{3}{2}f = \frac{3}{2}f$. Il faut donc, pour que l'objet AB placé à une distance p de la lentille L en donne son image A'B' à la distance $\frac{3}{2}f$, que p soit déterminé par l'équation

$$\frac{1}{p} - \frac{1}{\frac{3}{2}f} = \frac{1}{f},$$

ce qui donne pour p la valeur

$$p = \frac{3}{5}f.$$

Le rapport des dimensions linéaires de l'image et de l'objet

$$\frac{A'B'}{AB} = \frac{CB'}{CB} = \frac{\frac{3}{2}f}{\frac{3}{5}f} = \frac{5}{2}.$$

L'observateur emmétrope sans accommodation regarde à travers la lentille L' de distance focale $3f$ l'image de A'B'; la puissance de la loupe, c'est-à-dire l'angle sous lequel l'observateur voit l'image d'un objet de dimension égale à l'unité placé en A'B', est $P = \frac{1}{3f}$, et cela quelle que soit la distance de l'observateur à la loupe (p. 971).

Si l'objet a la dimension A'B', l'angle sous lequel il sera vu est, par conséquent, $\frac{1}{3f} \times A'B'$.

L'objet AB est donc vu finalement à travers le doublet sous l'angle

$$\frac{1}{3f} \times \frac{5}{2} AB = \frac{5}{6f} \times AB,$$

puisque $A'B' = \frac{5}{2} AB$.

En supposant que AB est égal à l'unité, cet angle sera par définition la puissance du doublet. On aura donc

$$P = \frac{5}{6} \cdot \frac{1}{f}.$$

Par rapport à une loupe simple, qui permettrait de voir sous le même angle visuel l'image de l'objet, le doublet de Wollaston offre donc certaines particularités :

1° Un plus petit espace (p) entre la face qui regarde cet objet et cet objet, autrement dit *une plus petite distance frontale*. Cette petite distance frontale est une grande gêne quand on doit effectuer des manipulations sur l'objet examiné et fait que, pour les dissections, les naturalistes préfèrent d'autres instruments (en particulier la loupe de Brücke) qui, pour une même puissance, ont une distance frontale plus grande ;

2° Il est facile de voir que le second foyer est virtuel, car un rayon parallèle à l'axe principal, après passage à travers la première lentille, tombe en avant de la seconde à la distance $\dfrac{f}{2}$; celle-ci ayant $3f$ de distance focale, le rayon, après sa seconde réfraction coupera donc l'axe en avant de la lentille en un point qui déterminera le second foyer principal.

Dans l'observation au doublet, l'œil observera donc placé assez loin du foyer principal. On obtiendra ainsi le meilleur effet du doublet (V. p. 1 000, 3°), en observant sans accommodation : c'est, au point de vue de l'hygiène de l'œil, une condition favorable d'observation.

Dans le doublet de Wollaston, la puissance est donc inférieure à celle que donnerait la première lentille seule ($P = \dfrac{5}{6} \cdot \dfrac{1}{f}$ au lieu de $\dfrac{1}{f}$), la distance frontale est plus faible ($p = \dfrac{3}{5} f$ au lieu de f). Les avantages qui le font préférer résultent de la suppression presque complète des aberrations par l'emploi de cette disposition. Les inconvénients signalés sont donc le prix d'un avantage optique considérable.

Sans entrer dans une théorie complète, on conçoit que les lentilles plan-convexes du doublet doivent toutes deux tourner leur face plane du côté de l'objet, pour réduire au minimum les aberrations. Nous avons vu, en effet, que, par l'emploi d'une lentille plan-convexe, les aberrations étaient minima quand, l'objet étant au voisinage du foyer, la face plane était tournée vers l'objet. C'est dans ces conditions que se forment les deux images successives $A'B'$ et $A''B''$ de l'objet AB.

On construit également de ces doublets (doublets de Chevalier) en réduisant encore les aberrations par un diaphragme, placé intérieurement entre les deux lentilles.

Les distances focales et les intervalles des lentilles sont alors différents de ceux du doublet de Wollaston. On les modifie surtout dans le but d'augmenter la distance frontale (distance du premier foyer à la première surface réfringente), pour faciliter les travaux de gravure fine ou la dissection d'objets d'histoire naturelle.

Il est facile de calculer comme précédemment, dans n'importe quelle combinaison différente du symbole (2, 3, 6), le grossissement en fonction des distances focales et de la distance des lentilles composant l'instrument.

Oculaire positif de Ramsden (symbole 3, 2, 3). — C'est une loupe composée de deux lentilles plan-convexes centrées, de même distance focale, placées à une distance égale aux deux tiers de cette distance focale, les faces bombées étant en regard l'une de l'autre. Le symbole optique de la combinaison, est 3, 2, 3, c'est-à-dire que, la distance focale des deux lentilles étant exprimée par 3, la distance des lentilles le sera par 2. Cet oculaire peut être utilisé comme loupe, pour l'observation des petits objets ; mais, par suite de sa faible distance frontale, d'autres instruments sont préférables. Il est employé comme oculaire dans les lunettes, quelquefois dans les microscopes, et sert

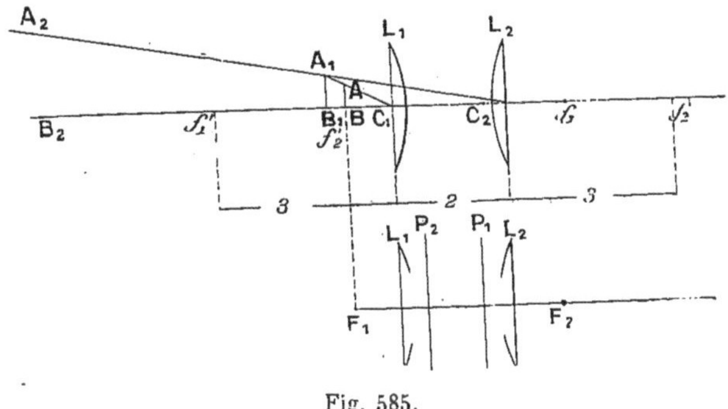

Fig. 585.

alors comme loupe à observer l'image d'un réticule ou d'un micromètre placé dans le plan de l'image réelle donnée par l'objectif.

Supposons, pour simplifier, que l'œil observateur soit emmétrope, sans accommodation, c'est-à-dire adapté pour voir à l'infini. Nous raisonnerons comme dans le cas du doublet. L'image A_1B_1 donnée par la première lentille L_1 doit être placée au plan focal antérieur de la seconde L_2, afin que celle-ci donne à l'observateur une image reportée à l'infini. A_1B_1 est donc à la distance f de L_2, c'est-à-dire à la distance $f - \dfrac{2}{3}f = \dfrac{f}{3}$ de L_1. AB, pour donner son image A_1B_1 à la distance $\dfrac{f}{3}$ de la lentille L_1, doit être placée à une distance p de la lentille L_1, déterminée par l'équation

$$\frac{1}{p} - \frac{1}{\dfrac{f}{3}} = \frac{1}{f},$$

qui donne pour la valeur de p :

$$p = \frac{f}{4}.$$

La grandeur de l'image A_1B_1 est

$$A_1B_1 = AB \times \frac{\dfrac{f}{3}}{\dfrac{f}{4}} = \frac{4}{3}AB.$$

L'angle sous lequel l'observateur voit l'image est

$$\frac{1}{f} \times A_1 B_1 = \frac{1}{f} \times \frac{4}{3} AB.$$

Cet angle exprime la puissance de l'instrument si $AB = 1$. La puissance P de l'oculaire de Ramsden est donc

$$P = \frac{4}{3} \cdot \frac{1}{f}.$$

Le système optique constitué par l'oculaire de Ramsden a chacun de ses foyers principaux à une distance $CF_1 = C'F_2 = \dfrac{f}{4}$ des lentilles L_1 et L_2, puisque nous venons de voir que c'est à cette distance qu'il faut placer l'objet pour que son image se forme à l'infini et que le système est symétrique. La puissance du système optique fait connaître la distance focale de la lentille unique qui remplacerait la combinaison des deux lentilles, puisque la distance focale est l'inverse de la puissance. La distance focale $F = \dfrac{1}{P} = \dfrac{3}{4f}$. Les positions des plans principaux sont alors connues, puisqu'ils sont à la distance F des foyers correspondants. On voit ainsi que le plan principal P_2 est à la distance $\dfrac{3}{4}f - \dfrac{f}{4}$ de la lentille, c'est-à-dire à une distance égale à la moitié de la distance focale. Il est donc plus rapproché de la lentille L_1 que de la lentille L_2. De même, le premier plan principal P_1 est plus rapproché de L_2 que de L_1. Le premier plan principal P_1 est donc en arrière du second plan principal P_2.

Cette construction de l'oculaire avec deux lentilles symétriques satisfait bien aux conditions optiques ; le diaphragme (qui peut être très grand) doit alors être placé dans le plan de symétrie. Il faut qu'il y en ait un, ne fût-ce que pour arrêter les faisceaux, qui seraient en partie interceptés par la monture, et pour atténuer encore la correction des aberrations de sphéricité qui n'est pas absolument complète. La distorsion est complètement supprimée, puisque chaque faisceau traverse, dans les deux lentilles, des portions exactement symétriques et, par suite, subit une distorsion inverse.

Il présente moins d'aberration de sphéricité et, par conséquent, donne des images plus nettes qu'un oculaire de Képler de même puissance. Il donne, à puissance égale, un champ plus grand que le doublet de Wollaston, quand il est employé comme loupe à regarder dans un instrument l'image réelle fournie par un objectif. Cet instrument est généralement remplacé dans les microscopes par l'oculaire négatif de Huyghens, mais il est presque exclusivement employé dans les lunettes astronomiques servant à faire des visées, car il permet de voir directement un réticule, tandis que l'oculaire d'Huyghens ne peut être mis au point que sur une image virtuelle qui se formerait entre les lentilles de l'instrument.

Oculaire négatif ou d'Huyghens ou de Campani (symbole 3, 2, 1).
— Un oculaire composé est dit *négatif* quand il est placé de façon que
l'image réelle fournie par l'objectif tombe entre les deux lentilles qui le
constituent, en sorte que cette image qui serait donnée par l'objectif ne se
forme pas effectivement.

Cet instrument *n'est donc pas une loupe composée, servant à l'examen
direct, avec grossissement d'un objet matériel*. Il sert à examiner, comme
à la loupe, une image réelle qui se forme dans l'intérieur de l'instrument, la
lentille antérieure du système étant placée avant le concours des rayons
servant à former l'image réelle fournie par l'objectif, pour les faire converger
plus tôt et fournir ainsi, par cette disposition, des corrections optiques.

L'oculaire négatif d'Huyghens est peut-être le plus parfait et le plus
employé des oculaires. Il est formé de deux lentilles plan-convexes, tournant toutes deux leur convexité du côté des rayons incidents. La lentille L_1,
qui reçoit la première les rayons, a une distance focale f un peu supérieure à
la distance d des deux lentilles. La deuxième lentille L_2, celle qui est près de
l'œil, a une distance focale f' inférieure à d.

La disposition qui a paru la meilleure à l'opticien anglais Dollond est
celle qui consiste à prendre $f = 3f'$ et $d = 2f'$. C'est en effet à cette détermination relative que l'on aboutit par le calcul, si l'on suppose qu'un rayon
partant de l'objectif et tombant au centre de l'oculaire doit avoir même

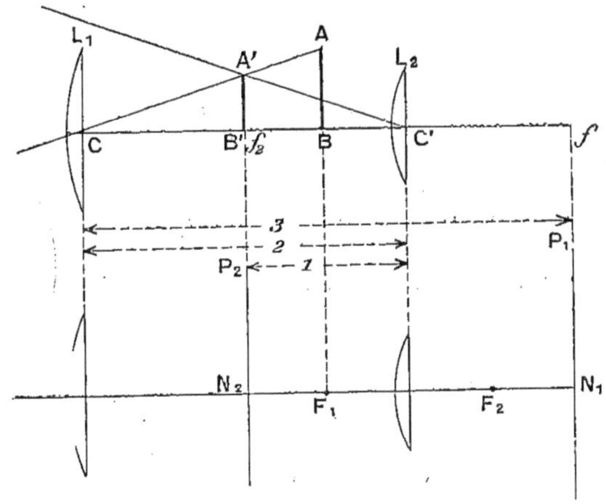

Fig. 586.

foyer que les rayons qui, après réfraction, viennent toucher le bord du verre
placé devant l'œil (correction de l'aberration sphérique), et si l'on exprime
que les images fournies par les différentes couleurs sont en coïncidence ou,
plutôt, sont vues sous le même angle par l'observateur (correction de l'aberration chromatique). Dans cette disposition, la première et la seconde lentille
ont donc un plan focal commun en f.

Souvent, on altère un peu les proportions données par Dollond et, on prend,
en général, pour les oculaires de microscopes une valeur de f un peu infé-

rieure à $3f_2 = d$. Ces changements dans des proportions habituelles peuvent être choisis de manière à corriger la faible aberration chromatique qui peut subsister dans l'objectif.

Calculons, en admettant les proportions de Dollond, la puissance de l'oculaire d'Huyghens. L'objet virtuel AB doit être placé de telle sorte que la lentille L en donne une image réelle A′B′ qui soit disposée, par rapport à la lentille L_2, derrière laquelle regarde l'observateur, dans les conditions de l'observation à la loupe.

A′B′ doit donc, si l'observateur est emmétrope et regarde sans accommodation, être dans le plan focal de la lentille L_2, c'est-à-dire exactement au milieu de l'oculaire, puisque $d = 2f'$.

Dans ce cas, le plus simple à examiner,

$$-\frac{1}{CB'} + \frac{1}{CB'} = \frac{1}{f_1}$$

ou

$$-\frac{1}{CB} + \frac{1}{f_2} = \frac{1}{3f_2}$$

$$CB = \frac{3}{2}f_2,$$

ou encore, puisque $f_2 = \frac{d}{2}$,

$$CB = \frac{3}{4}d.$$

L'objet virtuel doit donc être situé plus près de la seconde lentille, au quart de la distance qui la sépare de la première.

La puissance de l'oculaire ou angle sous lequel on voit l'image de l'objet de grandeur égale à l'unité sera l'angle A′C′B′, si l'on suppose AB égal à l'unité.

La valeur de la puissance de l'oculaire est donc

$$\frac{A'B'}{C'B'} = \frac{AB \times \dfrac{CB'}{CB}}{C'B'} = \frac{CB'}{CB}\,\frac{1}{\overline{C'B'}},$$

$$\frac{f_2}{\frac{3}{2}f_2 \cdot f_2} = \frac{2}{3} \times \frac{1}{f_2} = 2 \times \frac{1}{f_1}.$$

Le premier foyer F_1 de l'oculaire composé d'Huyghens occupe la position telle qu'un objet qui y serait situé aurait, vu à travers l'oculaire, son image à l'infini. Le premier plan focal principal est donc en AB, c'est-à-dire entre les deux lentilles, à $\frac{3}{4}d = \frac{3}{2}f_2 = \frac{1}{2}f_1$ en arrière de la première lentille L_1 ou à $\frac{f_1}{2}$ en avant de la seconde.

Le deuxième foyer de l'oculaire composé est le point où vient converger un faisceau de rayons parallèles tombant sur la première lentille de l'oculaire. Ces rayons convergent d'abord après passage à travers la première lentille au foyer f de cette lentille $(C'f = 3f_2 - 2f_2 = f_2)$. Le second foyer de l'oculaire composé est donc l'image donnée par la seconde lentille du foyer f de la première.

On peut donc écrire

$$-\frac{1}{f_2} + \frac{1}{C'F_2} = \frac{1}{f_2},$$

d'où

$$C'F_2 = \frac{f_2}{2}.$$

La distance focale F du système est donnée par l'inverse de la puissance

$$F = \frac{1}{P} = \frac{3}{2} f_2.$$

Les plans principaux P_1 et P_2 sont situés à une distance des plans focaux F_1 et F_2 égale à la distance focale principale F.

Le premier plan principal est situé à la distance $\frac{3}{2} f_2$ du premier plan focal F_1, qui lui-même est distant de $\frac{3}{2} f_2$ de la première lentille. Il est donc à la distance $3f_2 = f_1$ de la lentille, c'est-à-dire passe par le foyer commun des deux lentilles.

Le second plan principal est à la distance $\frac{3}{2} f_2$ du second plan focal F_2, qui est distant de la seconde lentille de $\frac{f_2}{2}$. Il est donc à la distance $\frac{3}{2} f_2 - \frac{f_2}{2} = f_2 = \frac{d}{2}$ de la lentille oculaire, c'est-à-dire tombe au milieu de la distance qui sépare les deux lentilles.

Le deuxième plan principal est donc en avant du premier et les deux foyers sont placés entre les plans principaux.

L'oculaire négatif d'Huyghens donne un plus grand champ que celui de Képler et il corrige la courbure de champ des images données par l'objectif, tandis que cette courbure est exagérée par l'oculaire de Képler.

Ces avantages, joints à la correction qu'il peut donner d'une faible aberration chromatique laissée par l'objectif, le font employer le plus souvent dans les lunettes et microscopes, quand celles-ci ne servent pas à viser. On ne peut, en effet, viser un réticule ou un micromètre avec l'oculaire négatif, puisqu'il ne permet la vision que d'un objet virtuel.

On place souvent un réticule ou une division micrométrique sur verre à distance égale entre les deux lentilles de l'oculaire négatif, à l'endroit A'B' où se forme l'image réelle donnée par la première lentille, c'est-à-dire au foyer antérieur de la lentille placée au-devant de l'œil. Un œil emmétrope non accommodé verra donc nettement à travers la seconde lentille le micromètre et l'image, puisque les images sont toutes deux formées à l'infini. Si, la position du micromètre étant ainsi fixée, un œil amétrope, myope par exemple, fait l'observation, il ne verra plus nettement le micromètre. Il arrivera à voir nettement l'image en déplaçant l'oculaire dans le tube de la lunette ou du microscope, de manière que cette image se forme plus près. Il peut encore, dans le cas du microscope, sans toucher à l'oculaire, changer la convergence des rayons qui viennent tomber sur lui en variant la distance de l'objectif à l'objet (réglage ordinaire du microscope), de manière que, finalement, l'image se forme à son remotum. Il ne verra jamais le micromètre nettement, puisque, étant fixe par rapport à la dernière lentille, son image se forme toujours à l'infini. Il faudra que l'observateur démonte l'oculaire et règle, pour avoir la vision nette du micromètre, la position de ce dernier par rapport à la dernière lentille (celle placée devant l'œil et que, pour cette raison, on nomme quelquefois *verre de l'œil*). Il devra rapprocher le micromètre de cette lentille s'il est myope, l'éloigner s'il est hypermétrope.

On conçoit que, dans les instruments qui ont surtout pour but de pratiquer des visées ou des mesures, ce changement de position à donner au micromètre ou au réticule suivant la vue de l'observateur soit un inconvénient. Aussi, dans ces instruments on emploie surtout des oculaires positifs. Lorsqu'on aura amené l'image réelle donnée par l'objectif à se former dans le plan du réticule, l'observateur verra évidemment nettement l'image et le réticule, quelle que soit sa vue, quand il aura déplacé l'oculaire de manière à voir nettement l'une des deux images.

On a construit des oculaires d'Huyghens dans l'intérieur desquels se trouve un micromètre fixe et dont l'observateur peut déplacer plus ou moins la lentille placée près de l'œil pour avoir la vision nette du micromètre. Cette disposition est plus commode pour les observateurs amétropes, mais ce changement dans la distance des deux lentilles de l'oculaire négatif modifie ses propriétés optiques. En particulier, il faut rejeter cette disposition quand l'oculaire a été construit pour corriger les défauts d'aberration de l'objectif.

Il peut être utile, au cours d'une démonstration, de désigner très exactement, par la position d'un index, un point de la préparation. Cet index se déplace à volonté dans l'intérieur de l'oculaire d'Huyghens à la place occupée par le micromètre. Il est évident que de semblables dispositions peuvent s'adapter à d'autres oculaires.

Loupe de Chevalier, loupe de Brücke. — C'est une lunette de Galilée permettant la vision des objets rapprochés avec un grossissement qui, dans la pratique, peut atteindre 10 ou 15.

Galilée avait lui-même reconnu que la lunette qui porte son nom pouvait très bien être utilisée en guise de loupe pour l'observation des petits objets. L'instrument fut délaissé jusqu'à ce que Chevalier en reprît la construction en 1839 et que Brücke, en 1851, rappela l'attention sur cette application et la fit entrer dans la pratique.

La loupe de Chevalier ou de Brücke est donc une lunette de Galilée composée d'un objectif convergent et d'un oculaire divergent et permettant la vision en image droite.

La figure 587 montre la marche des rayons et indique la construction de l'image. L'objet examiné est placé en AB en avant du foyer F_1 de la lentille convergente formant l'objectif, de manière à en donner en *ab* une image

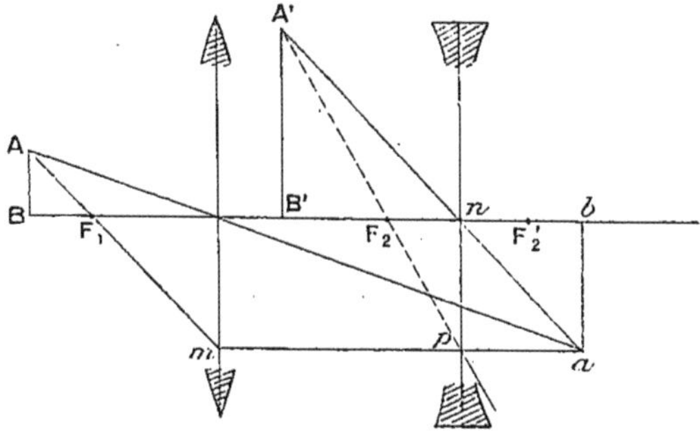

Fig. 587.

agrandie et renversée. La lentille oculaire divergente est placée sur le parcours des rayons concourant à la formation de l'image, en avant de celle-ci, et suffisamment en avant pour que ces deux plans focaux principaux F_2' et F_2 le soient également.

Le rayon AF_1mpa diverge après passage à travers la lentille oculaire comme s'il émanait du foyer principal F_2 de cette lentille. Si le rayon *na* passant par le centre optique de l'oculaire avait pu concourir à la formation de l'image, l'oculaire ne lui aurait pas imprimé de déviation. A', point de concours des lignes F_2p et *an*, est donc l'image de A, et A'B' l'image de l'objet AB.

On voit que, pour une même position de l'objet en avant de l'objectif, c'est-à-dire pour une position fixe de l'image *ab*, le point de concours des lignes F_2p et *an* se fera d'autant plus loin de l'oculaire que le foyer F_2' sera plus rapproché de *ab*. Si le plan focal F_2' est en *ab*, l'image A'B' sera reportée à l'infini et visible pour un observateur emmétrope. Le myope rapprochera A'B' à son punctum remotum en enfonçant l'oculaire. Si, au contraire, l'oculaire était un peu situé de manière que son foyer F_2 soit un peu en arrière de *ab*, l'image donnée par l'instrument serait réelle, c'est-à-dire se formerait en arrière de l'oculaire et serait seulement visible pour un œil hypermétrope.

On remarquera qu'un moyen très simple d'augmenter le grossissement consistera à éloigner l'oculaire de l'objectif, c'est-à-dire à augmenter le tirage de la loupe, tout en rapprochant alors un peu l'objectif de l'objet. Celui-ci se rapprochant du foyer, l'image *ab* grandira et, par suite, l'image virtuelle A'B', puisque l'oculaire devra être placé pour l'observer par rapport à *ab* dans les mêmes conditions que précédemment. Il est cependant difficile d'atteindre de forts grossissements sans aberration. L'oculaire divergent ne peut corriger un léger défaut d'achromatisme de l'objectif, comme cela pourrait être obtenu avec un oculaire convergent. Aussi l'objectif et l'oculaire doivent-ils être achromatisés avec beaucoup de soin, et cela d'autant plus que l'oculaire a une faible distance focale. En général, l'objectif et l'oculaire sont composés de trois lentilles de verres différents pour avoir un bon achromatisme.

Le système optique composant la loupe de Galilée est géométriquement assimilable à une loupe simple convergente, et, en procédant d'une façon analogue à celle qui est employée pour déterminer les constantes optiques du doublet et des oculaires avec les valeurs numériques généralement admises, on verrait que cet instrument est plus puissant que le serait la lentille objective considérée isolément.

Les deux plans principaux sont très écartés, le premier plan principal étant situé très en avant de l'objectif et le deuxième tombant, ainsi que le deuxième plan focal, entre l'objectif et l'oculaire comme dans un doublet.

Il en résulte que la lentille unique qui donnerait une image de même grandeur devrait être beaucoup plus près de l'objet que ne l'est l'objectif de la loupe de Brücke. La distance frontale est donc, dans cet instrument, bien supérieure à la distance frontale d'une loupe simple de même puissance et, *a fortiori*, supérieure à celle d'un doublet équivalent.

On peut encore comprendre immédiatement l'existence de cet avantage de

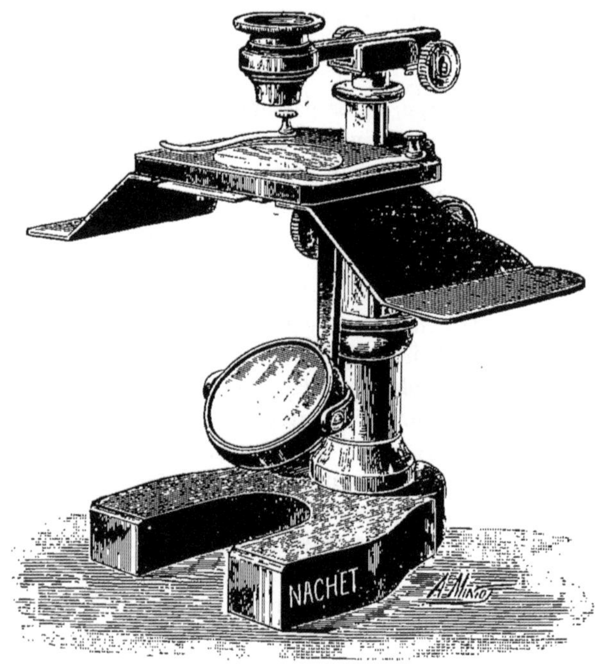

Fig. 588.

grande distance frontale que la loupe de Brücke présente sur les autres en remarquant que l'objet doit être situé assez au delà du foyer antérieur pour donner une image un peu en arrière de l'oculaire, puisqu'elle doit être au second plan focal de l'oculaire si l'observateur est emmétrope. La loupe qui serait équivalente comme puissance, c'est-à-dire ferait voir l'image sous l'angle A'nB', aurait une distance focale inférieure à celle de l'objectif et l'objet devrait être placé entre le foyer et la loupe. Ces deux causes inter-

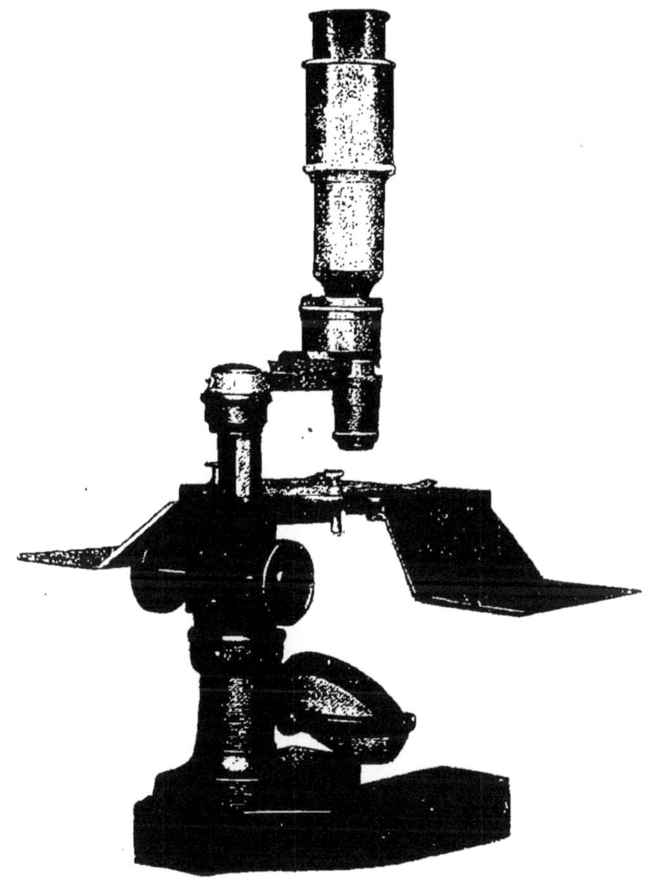

Fig. 589.

viennent donc pour diminuer la distance frontale de la loupe simple équivalente à la loupe de Brücke.

La distance frontale peut atteindre, dans les modèles à dissection, 10 centimètres et plus, ce qui rend très facile le passage des instruments entre l'objet et la loupe. Le grossissement usuel est compris entre 5 et 15.

Le champ dépend du diamètre de la lentille objective et diminue avec le grossissement.

Loupes montées, loupes à dissection. — Ces loupes sont montées sur un support, de façon à laisser les deux mains libres à l'observateur. Les

constructeurs ont combiné des dispositions permettant l'éclairement par en
dessous ou par en dessus de la préparation, offrant des supports commodes
pour les bras et les mains, dispositions dans la description desquelles nous ne
pouvons entrer. Nous renvoyons aux catalogues de ces instruments, reproduisant ici les figures de deux modèles de loupes à dissection, l'une de
Nachet (fig. 588), l'autre de Zeiss (fig. 589).

MICROSCOPE

Par M. Th. GUILLOZ.

Construction de l'image. Mise au point. — Le microscope composé
est formé par la réunion d'un *objectif* convergent, disposé par rapport à
l'objet de manière à en donner une image réelle plus grande que l'objet, et
d'un *oculaire* fonctionnant par rapport à cette image aérienne comme une
loupe, c'est-à-dire augmentant encore son agrandissement en en donnant
une image virtuelle.

La figure 590 indique la construction de l'image dans le microscope com-

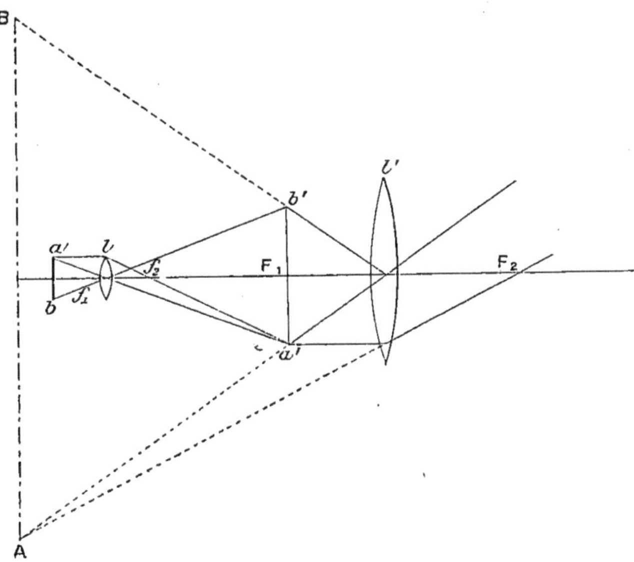

Fig. 590.

posé, l'objectif et l'oculaire étant formés chacun par une seule lentille. La
forte lentille objective *l* donne de l'objet *ab*, placé un peu au delà du foyer
antérieur, une image agrandie et renversée *a'b'*. Cette image est regardée à
travers la lentille oculaire *l'* fonctionnant comme loupe. Elle doit donc se
former au voisinage du plan focal antérieur F, de l'oculaire ; dans ce plan même

si, emmétrope, on l'observe sans accommodation ; entre ce plan et la lentille si l'on est myope ou si on l'observe en accommodant.

La construction indiquée pour la formation de l'image AB se rapporte à ce dernier cas.

Le microscope donne donc une image agrandie et renversée de l'objet.

Il y a deux manières de régler convenablement les distances pour que l'image arrive à se former pour chaque observateur dans le plan de vision nette.

On peut, l'oculaire restant à la même distance de l'objectif, faire varier la position de tout le système, par rapport à l'objet, de manière à amener l'image aérienne et renversée, donnée par l'objectif, à se former, par rapport à l'oculaire, dans un plan tel que celui-ci en donne une image virtuelle dans le plan de vision nette de l'observateur. C'est la mise au point que l'on pratique habituellement au microscope.

On peut encore, si l'image renversée donnée par l'objectif ne se forme pas tout à fait au point voulu, faire la mise au point sans variation de la distance de l'objet à l'objectif, en déplaçant seulement l'oculaire comme une loupe que l'on réglerait, suivant sa vue, pour la vision nette de l'image fixe $a'b'$ donnée par l'objectif.

La mise au point doit en général toujours se faire en déplaçant tout le système par rapport à l'objet, et non pas en variant la distance de l'oculaire par rapport à l'objectif, c'est-à-dire le tirage. On changerait ainsi les corrections optiques, qui sont établies pour une distance fixe des lentilles.

Si l'observateur qui a mis au point est emmétrope et n'accommode pas, un myope devra abaisser légèrement l'objectif vers la préparation et un hypermétrope le relever. Ces déplacements sont très faibles pour des vues très différentes, et d'autant plus faibles qu'on utilise des objectifs plus puissants. L'explication de ce fait se trouve implicitement contenue dans le paragraphe, traitant de la latitude de mise au point laissée par l'accommodation (p. 1052).

Marche des rayons dans le microscope. — La figure 591 indique

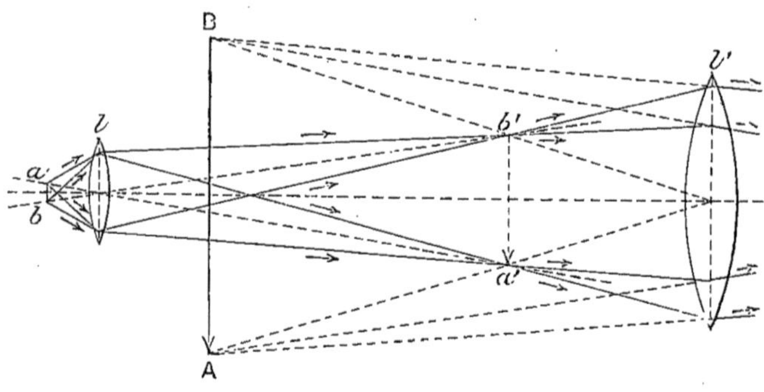

Fig. 591.

la marche des rayons issus d'un point a de l'objet et donnant, après réfraction à travers l'objectif, l'image réelle a' de a, puis, après réfraction à travers l'oculaire, l'image virtuelle A observée.

L'objectif ayant une grande puissance, il a une petite surface ; le faisceau de rayons qui concourt à la formation de l'image a' est dès lors très mince. M. Fayel (Voy. Gariel, p. 597) a pu, pour ce motif, obtenir directement des épreuves photographiques, en plaçant une plaque derrière l'oculaire sans interposition de lentille. Les faisceaux sortent bien divergents du microscope et ne peuvent donner d'images réelles, mais ces faisceaux sont très fins, et il se produit la même action que dans la photographie sans objectif, en se servant d'un trou sténopéique pour obtenir dans la chambre noire l'image de l'objet.

Puissance du microscope. — La puissance du microscope est l'angle sous lequel on voit l'image d'une dimension de l'objet égale à l'unité (Voy. p. 970). L'objectif donne de l'unité de dimension linéaire de l'objet une image linéaire de longueur g, g désignant le grossissement de l'objectif, c'est-à-dire le rapport entre la dimension linéaire de l'image et de l'objet.

Si p' désigne la puissance de l'oculaire, la longueur g sera perçue sous l'angle gp', puisqu'elle serait examinée sous l'angle p' si sa longueur était égale à l'unité. L'unité de longueur a été, en effet, choisie assez petite, pour que les angles sous lesquels sont vus l'image et l'objet puissent être représentés par leurs tangentes.

L'unité de longueur est donc vue au microscope sous l'angle gp'. Telle est, par définition, l'expression de la puissance P de l'instrument :

$$P = gp'.$$

La puissance du microscope est donc le produit du grossissement de l'objectif par la puissance de l'oculaire.

Grossissement du microscope. — C'est le rapport de la puissance de l'instrument à la puissance maximum de l'œil (Voy. p. 969). Si D est la distance du punctum proximum à l'œil, $\dfrac{1}{D}$ est la puissance maximum de l'œil, et le grossissement G du microscope est exprimé par

$$(1) \qquad G = \frac{P}{\dfrac{1}{D}} = PD = gp'D.$$

Or (Voy. p. 976) $p'D$ exprime le grossissement g' de l'oculaire, donc

$$G = gg'.$$

Le grossissement du microscope est le produit du grossissement de l'objectif par le grossissement de l'oculaire.

Cette proposition est évidente, d'après la considération de la figure 590, et en définissant le grossissement *le rapport entre les dimensions linéaires de l'image et de l'objet.* On a en effet identiquement

$$G = \frac{AB}{ab} = \frac{a'b'}{ab} \cdot \frac{AB}{a'b'} = gg'.$$

Le grossissement de l'objectif étant $g = \dfrac{a'b'}{ab}$, nous pouvons l'exprimer en fonction de la distance focale f de l'objectif et de la distance l de l'image réelle $a'b'$ au second point nodal de l'objectif. Cette distance l est celle séparant le second point nodal de l'objectif du plan focal inférieur de l'oculaire, puisque c'est dans le voisinage de ce dernier plan que doit se former l'image réelle et renversée fournie par l'objectif. La longueur l définit ce que l'on convient d'appeler la *longueur optique* du tube du microscope.

Si l'image est à la distance l de l'objectif, l'objet en est à une distance x donnée par l'équation

$$\frac{1}{x} = \frac{1}{f} - \frac{1}{l} = \frac{l-f}{fl},$$

c'est-à-dire à la distance $x = \dfrac{fl}{l-f}$.

Le grossissement de l'objectif g est exprimé par

$$g = \frac{a'b'}{ab} = \frac{l}{x} = \frac{l-f}{fl} \times l$$

ou par

$$(2) \qquad\qquad g = \frac{l}{f} - 1 = lp - 1,$$

en désignant par p la puissance $\dfrac{1}{f}$ de l'objectif. Le grossissement du microscope est, d'après les équations (1) et (2),

$$G = p'(lp - 1)D$$

et sa puissance

$$P = p'(lp - 1).$$

Comme la distance focale de l'oculaire est toujours faible par rapport à la longueur du corps du microscope, l représentera à peu près la longueur du microscope ; lp étant toujours beaucoup plus grand que 1, on peut, sans grande erreur, remplacer $lp - 1$ par lp. On aura donc sensiblement

$$G = pp'lD \qquad \text{et} \qquad P = ppl'.$$

La puissance et le grossissement sont donc sensiblement proportionnels :
1° Au tirage du microscope ;
2° A la puissance de l'objectif ;
3° A la puissance de l'oculaire.

Numérotage des objectifs et des oculaires. — L'expression $G = pp'lD$, mise sous la forme

$$G = pD \times p'l,$$

met immédiatement en relief le grossissement pD, que donne l'objectif utilisé comme loupe, pour produire une image à la même distance de vision distincte que celle utilisée dans l'examen de l'image microscopique. Le nombre $p'l$, qui indique alors combien de fois un oculaire multiplie le grossissement propre de l'objectif pour donner le grossissement total du microscope, pourra être choisi conventionnellement comme la vraie mesure du grossissement donné par l'oculaire dans l'utilisation de l'instrument. C'est sur ce principe que Abbe a établi une classification rationnelle des oculaires. La série des oculaires est choisie pour une longueur optique déterminée du tube (180 millimètres pour une longueur de tube de 160 millimètres), de telle sorte que leur grossissement défini comme précédemment ($p'l$) soit 2, 4, 6, 8, 12 et 18. Ces nombres servent de numéros pour la désignation des oculaires.

Le grossissement du microscope est alors le produit du grossissement de l'objectif (p.D), utilisé comme loupe, par le numéro de l'oculaire ($p'l$). Il n'en est évidemment ainsi que pour des microscopes ayant la longueur optique du tube pour lequel la série a été établie (soit 180 millimètres). Si cette série d'oculaire était employée dans des microscopes qui auraient l' comme longueur optique du tube, il faudrait multiplier l'expression donnée pour le grossissement du microscope par $\dfrac{l'}{l}$ soit $\dfrac{l'}{180}$.

Au lieu de désigner, ainsi qu'on l'a fait pendant longtemps, les objectifs et les oculaires par des numéros arbitraires ou des noms ou lettres diverses, il est plus rationnel de spécifier la distance focale f de l'objectif, et d'employer le système de numérotage des oculaires proposé par Abbe.

On obtient, en effet, le grossissement du microscope dans une combinaison d'objectif et d'oculaire en multipliant le numéro de l'oculaire par $\dfrac{250^{\mathrm{mm}}}{f}$, f étant la distance focale de l'objectif. Le grossissement de l'objectif envisagé comme loupe est en effet $\dfrac{250^{\mathrm{mm}}}{f}$, si 250 est la distance conventionnellement admise pour la vision distincte de l'image microscopique.

Un objectif de 3 millimètres de distance focale donnera avec l'oculaire 12 un grossissement de $12 \times \dfrac{250}{3} = 1\,000$ diamètres.

On pourrait évidemment imaginer d'autres conventions rationnelles de numérotage : définir, croyons-nous, par exemple, l'objectif et l'oculaire par leur puissance dioptrique (inverse de la distance focale exprimée en mètres).

En remarquant que le produit Dl est approximativement égal à $\dfrac{1}{25} = 0,04$ (D $=$ 220 millimètres, $l =$ 180 millimètres), le grossissement serait le vingt-cinquième du produit des puissances dioptriques de l'oculaire et de l'objectif : G $= pp'$Dl.

La distance D à laquelle on reporte l'image peut être aussi bien admise égale à 220 millimètres qu'à 250 millimètres (Voy. p. 975).

Disque oculaire. — Si l'on considère la dernière des lentilles qui constituent l'objectif, c'est-à-dire la lentille qui est la plus rapprochée de l'oculaire, celui-ci en donne une image réelle, qui se forme un peu au delà du deuxième foyer de l'oculaire.

En effet, l'oculaire est un système convergent et l'objectif peut être considéré comme relativement très éloigné par rapport à la distance focale de cet oculaire.

L'image considérée est donc très petite, beaucoup plus petite que la surface libre de la dernière lentille de l'objectif, très brillante comme l'objectif lui-même : on la nomme *disque oculaire*.

Tous les rayons (fig. 592) qui traversent l'objectif *o* peuvent être consi-

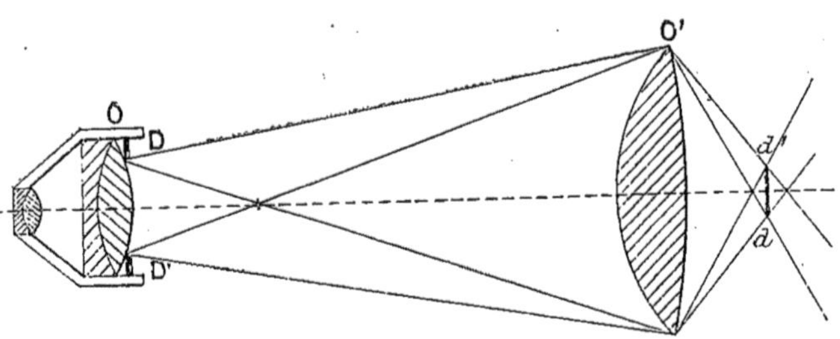

Fig. 592.

dérés comme émanant de la surface postérieure de la dernière lentille objective. Ils vont donc nécessairement, après passage à travers l'oculaire *o'*, passer par l'image *dd'* donnée par l'oculaire des divers points de cette surface, c'est-à-dire par le disque oculaire. Pour que l'œil recueille tous les rayons qui sortent du microscope, il doit donc être disposé de façon que le petit disque oculaire *dd'* tombe dans son ouverture papillaire. Ceci est possible, à cause de la petitesse du disque oculaire relativement à la grandeur de la pupille.

On voit l'existence de ce disque oculaire en plaçant le microscope sur une surface éclairée et en éloignant l'œil de l'oculaire dans la direction de l'axe. On perçoit alors le disque oculaire sous forme d'une petite région très claire se détachant sur un fond obscur. On peut se servir d'une loupe pour l'examiner.

L'image du disque oculaire correspond à l'image de la région des plans principaux de l'objectif que le diaphragme permet d'utiliser.

Champ du microscope. — On appelle *champ d'un microscope* la région dont tous les points peuvent être vus à la fois. Comme l'objectif a un faible diamètre et que l'image renversée qu'il donne d'un point se forme très loin, les rayons qui concourent à la formation de l'image ont une ouverture très petite et peuvent être considérés comme très voisins de l'axe secondaire correspondant à ce point. Par conséquent, si cet axe secondaire rencontre la première lentille oculaire, l'oculaire donnera une image du point, qui, ainsi, fera partie du champ. Lorsque tout le faisceau entourant l'axe secondaire tombe sur la première lentille oculaire, les points correspondants sont vus en pleine clarté, puisque tous les rayons du faisceau sont également utilisés par l'oculaire ; c'est le *champ d'égale clarté*.

Lorsque l'axe secondaire tombe en dehors de la surface, mais que des rayons périphériques du cône réfracté tombent encore sur la première lentille oculaire, ce point sera perçu, mais avec une clarté moindre, et le *champ extrême* sera donné par les points qui n'enverront plus qu'un rayon dans la lentille. Le champ défini par les points dont l'axe secondaire rencontre encore la première lentille oculaire est le *champ moyen*, celui que nous considérerons dans le microscope. Ces champs ont du reste, dans cet instrument, des valeurs très voisines et l'on n'a guère à les distinguer pratiquement.

On obtiendra (fig. 593) le champ du microscope en traçant le cône qui a

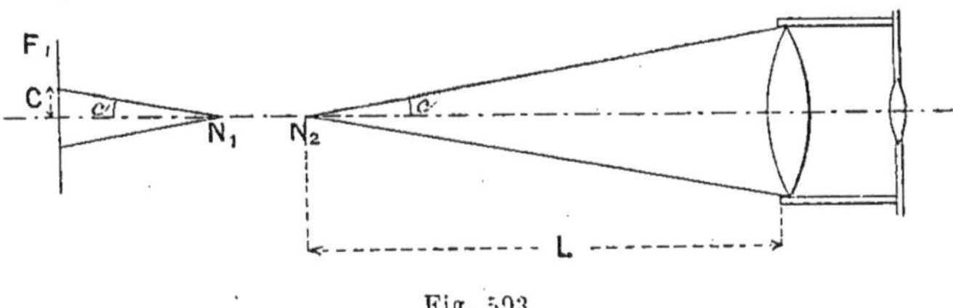

Fig. 593.

pour sommet le second point nodal de l'objectif et qui s'appuie sur la première lentille de l'oculaire, puis en menant par le premier point nodal du système objectif un second cône parallèle au premier.

Ce second cône délimitera le champ d'observation, car les points pris dans son intérieur, et ces points seulement, sont sur des axes secondaires rencontrant l'oculaire.

Si L désigne la distance du deuxième point nodal de l'objectif à la première lentille de l'oculaire, dont le rayon est R, et que $2c$ soit l'angle qui mesure le champ, on a

$$\operatorname{tg} c = \frac{R}{L}\cdot$$

L'objet étant situé à peu près au foyer antérieur de l'objectif, à la distance f du premier point nodal, le rayon C de la portion visible serait

$$C = f \operatorname{tg} c = \frac{fR}{L}\cdot$$

Variation du champ quand on change l'objectif. — Si, dans le microscope, on ne change que l'objectif sans toucher à l'oculaire, le rayon C du champ varie proportionnellement à f, puisque R et L sont constants, c'est-à-dire en sens inverse de la puissance de l'objectif $\left(\dfrac{1}{f}\right)$.

La surface vue varie donc en sens inverse du carré de la puissance de l'objectif.

Variation du champ quand on change d'oculaire. — Pour savoir comment varie le champ avec l'oculaire employé, il faut admettre qu'il existe entre le rayon d'une lentille oculaire et sa distance focale un rapport fixé par les constructeurs et d'environ $\frac{1}{6}$. Il y a intérêt à avoir R le plus grand possible, à cause du champ, mais les aberrations empêchent de le prendre plus considérable. Désignons par K ce rapport fixe voisin de $\frac{1}{6}$ entre le rayon de la lentille et sa distance focale, le rayon C du champ sera

$$C = \frac{f\mathrm{R}}{\mathrm{L}} = \frac{f\mathrm{KF}}{\mathrm{L}}.$$

Le champ (dit *champ linéaire*), pour un oculaire du même type, varie donc proportionnellement à F, c'est-à-dire en sens inverse de la puissance de la première lentille. L'oculaire composé d'un même type a toujours une puissance proportionnelle à celle de sa première lentille (Voy. p. 1009, 1012, 1015).

Le rayon de surface vue varie donc, pour des oculaires de même type, en raison inverse de la puissance de l'oculaire. La surface du champ varie, par conséquent, en raison inverse du carré de la puissance de l'oculaire.

Examinons comment varie le champ quand on change le type d'oculaire.

Variation du champ quand on change de type d'oculaire. — Il y a intérêt à ce que les montures des oculaires soient réglées de manière que le foyer inférieur occupe le même niveau pour tous les oculaires, quand ils sont placés dans le microscope. Il s'ensuit que le changement d'oculaire n'entraîne aucun changement dans la mise au point, tout au moins pour un œil adapté pour l'infini. Ceci est un avantage recherché par les constructeurs, qui disposent à cet effet la monture métallique de l'oculaire. La distance du second point nodal de l'objectif au foyer inférieur de l'oculaire, distance que l'on nomme *longueur optique du tube* et dont dépend le grossissement (Voy. p. 1024) de l'objectif, est donc constante, et la variation de puissance de l'oculaire entraîne seule dans son changement la variation du grossissement total du microscope.

Désignons par l la longueur optique du microscope, c'est-à-dire la distance du point nodal supérieur de l'objectif au plan focal inférieur de l'oculaire, L exprimant la distance de ce point nodal à la lentille inférieure de l'oculaire, on aura, dans l'utilisation de l'*oculaire de Képler*, c'est-à-dire de la simple loupe comme oculaire,

$$\mathrm{L} = l + \mathrm{F}.$$

La puissance P de l'oculaire étant $\frac{1}{\mathrm{F}}$,

$$C = \frac{\mathrm{K}f\mathrm{F}}{\mathrm{L}} = \frac{\mathrm{K}f\mathrm{F}}{l + \mathrm{F}} = \frac{\mathrm{K}f}{\dfrac{l}{\mathrm{F}} + 1} = \frac{\mathrm{K}f}{l\mathrm{P} + 1} = \frac{\mathrm{K}f}{\mathrm{P}\left(l + \dfrac{1}{\mathrm{P}}\right)}.$$

Si l'on emploie l'*oculaire de Ramsden*, le plan focal inférieur de l'oculaire est à la distance $\frac{1}{4}$ F des deux lentilles composant l'oculaire (Voy. p. 1012), donc

$$L = l - \frac{1}{4} F.$$

D'autre part (p. 1012),

$$P = \frac{4}{3} \frac{1}{F} \qquad \text{ou} \qquad F = \frac{4}{3} \frac{1}{P}.$$

Par suite,

$$C = \frac{KfF}{L} = \frac{\frac{4}{3} Kf}{P \left(l - \frac{1}{3P} \right)}.$$

Dans le cas de l'*oculaire d'Huyghens*, le plan focal inférieur de l'oculaire se trouve à la distance $\frac{F}{2}$ de la lentille inférieure et la puissance de l'oculaire est le double de celle du premier verre de l'oculaire. $P = \frac{2}{F}$ (Voy. p. 1014), donc,

$$F = \frac{2}{P}$$

et

$$L = l - \frac{F}{2} = l - \frac{1}{P}.$$

La valeur de C est alors

$$C = \frac{KfF}{L} = \frac{2Kf}{P \left(l - \frac{1}{P} \right)}.$$

On voit donc qu'à puissance égale pour ces trois oculaires, et puisque $l + \frac{1}{P} > l - \frac{1}{3P} > l - \frac{1}{P}$, le rayon du champ donné par l'oculaire d'Huyghens est plus du double de celui fourni par l'oculaire de Képler. Le rayon du champ de l'oculaire de Ramsden est plus grand que $\frac{4}{3}$ du rayon du champ de l'oculaire de Képler.

Si l'on considère les surfaces de champ qui sont proportionnelles aux carrés des rayons, nous pouvons dire qu'à puissance égale l'oculaire de Ramsden donne un champ environ deux fois plus grand $\left(\text{un peu plus de } \frac{16}{9} \right)$ que l'oculaire de Képler. L'oculaire d'Huyghens donne en surface un champ plus de quatre fois supérieur à celui formé dans les mêmes conditions de puissance par l'oculaire de Képler.

On conçoit dès lors pourquoi l'oculaire d'Huyghens, outre ses autres qualités, est très employé dans les microscopes. L'augmentation du champ donnée par la première lentille de cet oculaire lui a fait donner le nom de *verre de champ*. En effet, en l'enlevant, le microscope ne possède plus comme oculaire qu'une lentille simple. Cet oculaire simple est, il est vrai, un peu plus puissant, mais la surface du champ est alors réduite à plus d'un quart de sa valeur.

Le champ, tel qu'on l'a déterminé précédemment, suppose que tous les rayons tombant sur la première lentille oculaire pénètrent dans la pupille de l'observateur, c'est-à-dire que celle-ci se trouve dans le disque oculaire qu'elle occupe en entier.

Dans le microscope, on place un *diaphragme*, écran percé d'une ouverture circulaire centrée sur l'axe de l'instrument dans le plan où se forme l'image renversée donnée par l'objectif. Nous avons vu (p. 1015 et 1016) que, dans l'oculaire d'Huyghens, le diaphragme est placé au milieu de l'oculaire à égale distance des deux lentilles. En lui donnant une surface égale à la surface de l'image de l'objet, on ne diminue pas le champ. On lui donne généralement une surface un peu inférieure, de telle sorte qu'il masque la zone des points moins éclairés que le milieu du champ et présente à l'observateur une image ayant une égale clarté. Cette diminution à donner au diaphragme est faible, car, ainsi que nous l'avons fait remarquer, il n'y a pas une grande différence entre le champ moyen et celui d'égale clarté.

On trouve aussi un diaphragme (DD') derrière la dernière surface réfringente de l'objectif et qui en limite la surface utilisée dans la production des images (fig. 592).

Ces diaphragmes servent aussi à arrêter les rayons qui ne concourent pas à la formation de l'image du microscope, tels que ceux qui sont encore réfléchis et diffusés par les parois du tube malgré que celles-ci soient noircies. Il y a avantage à arrêter ces rayons parasites qui, par leur diffusion dans l'œil, diminueraient la netteté de l'image vue au microscope.

Lorsque l'on change d'oculaire en en conservant le même type, le grossissement varie proportionnellement à la puissance de l'oculaire. Comme le champ linéaire varie en sens inverse, ce que l'on gagne en grossissement on le perd en champ, et réciproquement.

Achromatisme donné par l'oculaire. Point oculaire. — Quand l'objectif n'est pas suffisamment achromatisé, l'image réelle de l'objet dans la couleur bleue est formée plus près de l'objectif que les images dans les couleurs moins réfrangibles, par exemple que l'image jaune. La disposition relative par rapport aux points nodaux de l'oculaire de ces images colorées sera inverse, c'est-à-dire que l'image jaune sera plus rapprochée que l'image bleue. Ces images réelles se forment du reste entre le foyer antérieur de l'oculaire et son premier plan nodal, puisque l'oculaire doit en donner une image virtuelle. L'image virtuelle donnée par les rayons bleus sera donc plus éloignée que l'image donnée par les rayons jaunes.

Supposons, pour la construction de ces images, que l'oculaire soit achromatique et que les points nodaux de l'oculaire occupent rigoureusement la même position pour toutes les couleurs, ce qui n'est pas rigoureusement exact et ne peut être considéré que comme une première approximation, attendu que le système optique n'est pas mince (Voy. p. 985).

Les extrémités de l'image bleue b et de l'image jaune j données par l'objectif sont sur la ligne $N_2 d$ qui, après réfraction à travers l'oculaire, prend la direction de O, O étant le foyer conjugué du deuxième point nodal N_2 de l'objectif par rapport à l'oculaire. Les images virtuelles colorées ont donc leur extrémité sur la ligne $O d'$. Elles sont inégalement distantes, mais en général assez voisines pour être vues nettement toutes à la fois par suite de la tolérance de mise au point.

On donne au point O, image donnée par l'oculaire du deuxième point nodal de l'objectif, la dénomination de *point oculaire*.

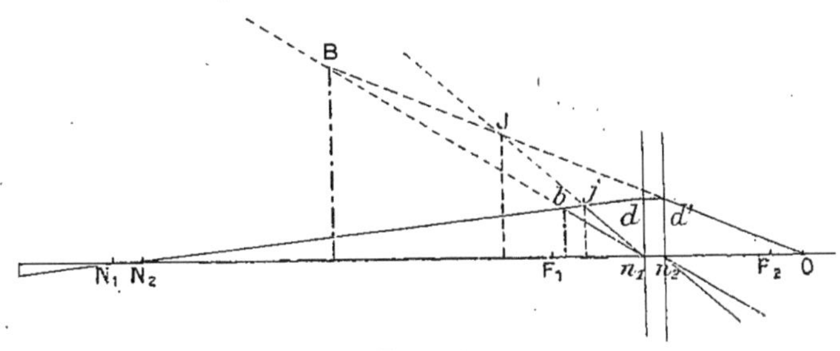

Fig. 594.

L'examen de la figure indique que, si l'œil est placé en arrière du point oculaire, l'image bleue est vue sous un angle plus grand que l'image jaune. Un objet blanc sur fond noir apparaîtra donc entouré d'un liséré bleu. Si l'œil est très près de l'oculaire et a son premier point nodal en avant du point oculaire, l'image jaune apparaît sous un angle plus grand que l'image bleue et l'objet blanc sur fond noir est entouré d'un liséré jaune. Enfin, si le premier point nodal de l'œil est au point oculaire O, les images colorées apparaissent sous le même angle pour donner une superposition des images rétiniennes des diverses couleurs : l'achromatisme est réalisé par cette position.

Comme les images virtuelles observées B et J sont en général très loin de l'œil, un petit déplacement de celui-ci ne change pas beaucoup l'angle sous lequel elles sont vues. Il y a donc une certaine tolérance pour la position de l'œil de part et d'autre du point oculaire laissant encore subsister l'achromatisme.

On remarque d'une façon analogue qu'une faible variation dans la position des plans nodaux de l'oculaire qui varient suivant les couleurs n'entraîne pas non plus un grand changement dans la position qu'il convient de donner à l'œil pour obtenir le maximum d'achromatisme.

L'anneau oculaire se forme perpendiculairement à l'axe en un point qui est très rapproché du point oculaire, car l'un et l'autre sont les images réelles données par l'oculaire de régions éloignées de l'oculaire, mais très rapprochées l'une de l'autre : dernier point nodal et dernière surface terminale de l'objectif. Le point oculaire est donc très sensiblement au centre du disque oculaire et ces régions peuvent être considérées comme confondues.

On voit donc que les oculaires employés (oculaire de Képler ou de Campani, de Ramsden, d'Huyghens), quel que soit leur type, améliorent l'achromatisme pour une position convenable de l'œil. Cette propriété, que l'on attribue souvent à l'oculaire d'Huyghens et que l'on fait quelquefois dépendre du premier verre de cet oculaire ou verre de champ, est donc générale. Il ne faut pas, dans l'usage de l'oculaire négatif, ainsi que cela est indiqué dans beaucoup de traités classiques, que le centre de l'œil occupe le centre du verre le plus rapproché de l'œil (position impossible à atteindre) pour que les meilleures conditions d'achromatisme soient réalisées. Il ressort de la description faite précédemment que, si l'observateur pouvait prendre cette situation, l'achromatisme serait bien inférieur à celui de l'observation faite du point oculaire (Voy. Pellat, *Cours de physique*, t. II, p. 491).

Avantage de l'observation la pupille étant dans le plan de l'anneau oculaire ou au point oculaire. — Lorsque la pupille a son centre au centre de l'anneau oculaire, elle est pratiquement au point oculaire, puisque ces régions sont très voisines. On profite donc de la correction achromatique donnée par l'oculaire et l'on embrasse le champ tout entier. La dimension de l'anneau oculaire par rapport à la pupille influe sur la clarté (p. 1034), mais n'influe pas sur le champ. Cette dernière proposition est évidente quand le disque oculaire est plus petit que la pupille, puisque l'œil reçoit alors tous les rayons émergents du microscope. Mais, même lorsque le diamètre de l'anneau est plus grand que la pupille, le champ n'est pas restreint. En effet, le champ angulaire est déterminé par tous les axes secondaires passant par le second point nodal de l'objectif et tombant sur la première lentille oculaire. Or, tous ces rayons pénètrent dans l'œil, puisque le point oculaire est foyer conjugué du deuxième point nodal de l'objectif.

Lorsque le disque oculaire est plus petit que la pupille, il a donc seulement une influence sur la clarté.

Cette propriété du champ d'être indépendante de l'ouverture de la pupille quand celle-ci est placée au point oculaire permettra la détermination rapide de la position de ce point. Quand la pupille sera au point oculaire, le champ ne diminuera pas quand on clignera les paupières jusqu'à les rapprocher presque complètement, tandis que, si la pupille (plus exactement le bord libre des paupières) est en deçà ou en delà du point oculaire, le champ subira des variations.

Pour le même motif, de fortes variations dans l'éclairement du microscope n'entraînent pas de variations du champ, malgré le changement de grandeur de la pupille. De même aussi il y a une certaine latitude dans le déplacement de l'œil placé au voisinage du point oculaire sans qu'il se produise des variations du champ.

Correction de la distorsion. — Nous avons précédemment décrit ce genre d'aberration. La théorie de ce phénomène dans le cas d'un système optique complexe dans lequel on doit, outre les positions des diaphragmes et l'ouverture des rayons, faire intervenir la position des surfaces réfringentes et les épaisseurs de verres traversés par les rayons, semble présenter de grandes difficultés. Dans le cas du microscope et en enlevant le dernier verre de l'oculaire pour observer l'image renversée donnée par l'objectif, qui doit

alors être considéré comme composé de l'objectif proprement dit et du verre
de champ, on se trouve dans les conditions examinées (p. 995, fig. 574)
c'est-à-dire que l'on observe la distorsion en barillet (fig. 577, III). La distorsion d'une image examinée à la loupe est en croissant (p. 994, fig. 573 et
fig. 572, II). En regardant l'image donnée par le microscope à travers
l'oculaire, il y a deux distorsions qui se produisent successivement en sens
inverse, l'une donnée par le système objectif (objectif et verre de champ),
l'autre par le dernier verre de l'oculaire. On conçoit donc que l'on puisse
arriver à neutraliser ainsi l'effet de ces aberrations.

Il est facile de voir directement que le verre du champ d'un oculaire
d'Huyghens donne à lui seul la déformation en barillet dans les conditions
où il forme l'image réelle renversée donnée par l'objectif microscopique.

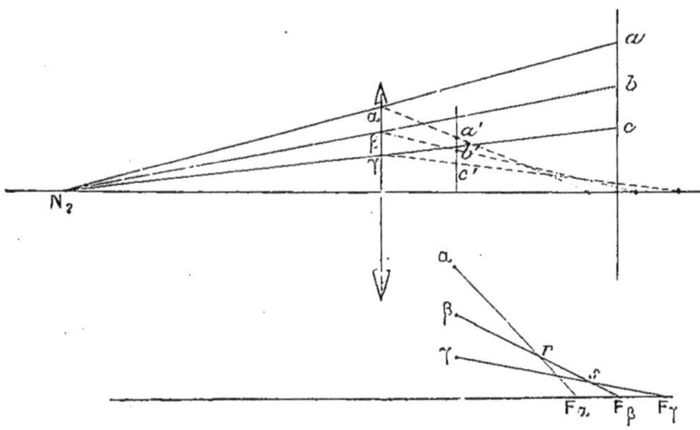

Fig. 595.

Soient, en effet, a, b, c trois points équidistants dans l'image réelle que donnerait l'objectif du microscope si le premier verre (verre de champ) de
l'oculaire était supprimé. A cause de la petitesse d'ouverture des cônes
de rayons lumineux qui concourent à la formation des images, nous pouvons
supposer ceux-ci réduits aux axes secondaires correspondants, issus du
deuxième point nodal de l'objectif, N_2a, N_2b, N_2c.

Soient α, β, γ les points où ces axes secondaires rencontrent la lentille de
champ (ses deux plans principaux supposés confondus). On a, puisque
$ab = bc$, $\alpha\beta = \beta\gamma$. Le rayon périphérique $N_2\alpha$, après réfraction, coupe l'axe plus
près que le rayon $N_2\beta$ qui, lui, le coupe plus près que le rayon central $N_2\gamma$.
Si $a'b'c'$ est le plan où se forme l'image $a'b'c'$ donnée par le verre de champ
de l'image abc donnée par l'objectif, les points d'image a', b', c' seront
déterminés par l'intersection du plan $a'b'c'$ avec les lignes αF_α, βF_β, γF_γ.

Les triangles $\alpha r\beta$, $\beta s\gamma$ ont leur base $\alpha\beta = \beta\gamma$, la hauteur du premier (distance
de r au plan $\alpha\beta\gamma$) est plus petite que la hauteur du second (distance de s au
plan $\alpha\beta\gamma$). Le plan de l'image coupe donc ces triangles en des points a', b', c
tels que $a'b' < b'c'$. La distance des points périphériques de l'image donnée par
le verre du champ de points périphériques équidistants dans l'image fournie

par l'objectif est d'autant plus rapprochée que ces points sont plus près du bord de l'image : la déformation est *en barillet*.

Cette image déformée en barillet est vue par le dernier verre de l'oculaire comme à la loupe ; la distorsion est, dans ces conditions, de signe contraire, c'est-à-dire en croissant (démonstration, p. 1004). La distorsion des images donnée par l'oculaire d'Huyghens tend donc à être corrigée par la disposition des verres de cet oculaire.

Correction de la courbure de champ par l'oculaire d'Huyghens. — L'étendue de la surface vue à travers le microscope étant assez grande, ses limites sont suffisamment éloignées de l'axe principal pour que, dans l'image renversée fournie par l'objectif, apparaisse nettement la courbure du champ. L'image d'un objet plan se répartit sur une surface courbe tournant sa concavité du côté de l'objectif. Si cette surface est examinée à la loupe, c'est-à-dire avec un oculaire simple, sa courbure apparaît exagérée dans l'image virtuelle observée. Nous avons vu, en effet, qu'il fallait qu'un objet examiné à la loupe soit légèrement concave du côté de la loupe pour que l'image fournie soit plane. Or, dans cette observation, elle est convexe. Si l'on se sert de l'oculaire d'Huyghens, la lentille de champ donne une image réelle dont la courbure est renversée. Cette image se présente donc concave devant la lentille placée devant l'œil, c'est-à-dire dans des conditions convenables pour que cette lentille puisse contribuer à en assurer la planéité.

On peut s'assurer du rôle que joue le verre de champ sur la courbure de champ en faisant une observation microscopique après avoir enlevé ce verre de l'oculaire d'Huyghens.

Clarté. — Nous appliquerons les résultats généraux établis (p. 984) relativement à la clarté dans les instruments d'optique.

Lorsque la pupille est placée au point oculaire, son plan coïncide avec celui de l'anneau oculaire. C'est dans ce plan que l'ensemble des rayons émergeant du microscope présente la plus petite section, c'est donc là que doit être placée la pupille pour recevoir au mieux ces rayons.

Lorsque l'ouverture de la pupille est égale ou est plus petite que le disque oculaire, la clarté est égale à l'unité. Dans ces conditions, en effet, l'image envoie de la lumière à pleine pupille, et, comme il y a égalité entre l'éclat intrinsèque de l'image et de l'objet, les images rétiniennes de l'image et de l'objet ont une clarté égale, puisqu'elles sont données par un faisceau de même section que célle de l'ouverture pupillaire.

Généralement, dans l'observation au microscope, surtout avec les grossissements un peu forts, l'anneau oculaire est plus petit que l'ouverture de la pupille. Les choses se passent donc comme si la pupille était réduite au diamètre de l'anneau oculaire dans l'observation de l'image et conservait sa grandeur dans l'observation de l'objet. La clarté est diminuée dans le rapport de la surface de l'anneau oculaire à la surface de la pupille.

Quel que soit le système de lentille ou de miroir employé pour l'éclairage au microscope, on ne peut donc pas augmenter la clarté apparente de l'objet examiné dans le milieu où il est placé. Aucun instrument d'optique ne peut augmenter pour l'œil l'éclat d'une surface lumineuse de dimension appréciable, et à toute augmentation de lumière obtenue par concentration au moyen de miroirs ou de lentilles répond un agrandissement correspondant de l'image faisant qu'elle ne gagne pas en éclat.

Nous examinerons plus loin (p. 1065) comment varie la clarté avec l'ouverture numérique et l'indice du milieu, dans l'observation par la méthode d'immersion.

OBJECTIFS ET OCULAIRES COMPOSÉS.

On emploie des objectifs et des oculaires composés, non pas pour obtenir une plus grande puissance, puisque, ainsi que nous l'avons vu, on pourrait parfois, avec une des lentilles composant le système, avoir une puissance plus grande qu'avec l'ensemble, mais pour obtenir la correction des aberrations.

Objectifs composés, objectifs achromatiques. — On utilise dans le microscope, malgré le faible diamètre des lentilles de l'objectif, des faisceaux de rayons lumineux de grande ouverture. L'ouverture est nécessairement élevée, à cause de la faible distance focale du système et du diamètre relativement grand que l'on donne à la lentille frontale pour obtenir des images bien éclairées. Mais la raison de ce grand angle d'ouverture tient surtout à ce que l'une des qualités essentielles du microscope, le pouvoir séparateur, en dépend directement, ainsi que nous le verrons dans la suite.

Le diamètre de la surface libre de la première lentille de l'objectif (lentille frontale) doit, pour que le microscope puisse donner tous les avantages résultant de la grande ouverture, atteindre quelquefois jusqu'à 2,8 fois la distance du foyer à la lentille frontale. Le pinceau de rayons faisant un angle considérable avec l'axe, il en résulte, après sa réfraction à travers la première surface de l'objectif, l'apparition d'aberrations dont la correction est capitale et difficile. Cet angle est trop grand pour qu'en général les aberrations puissent être efficacement corrigées par la combinaison de deux ou trois lentilles accolées, comme on peut y arriver pour les lunettes et les télescopes. Dans ces instruments, il n'y a en effet guère d'intérêt, au point de vue des qualités optiques qu'ils doivent posséder, à leur donner une ouverture (diamètre de l'objectif) supérieure au $\frac{1}{10}$ de la distance focale.

L'achromatisme des objectifs du microscope s'obtient par la combinaison de deux, trois et même quelquefois quatre lentilles qu'il y a intérêt à choisir, du reste, chacune aussi achromatique que possible. On emploie des lentilles plan-convexes constituées par une lentille de flint accolée à une lentille de crown.

Nous avons étudié (p. 991) les propriétés remarquables des lentilles plan-convexes achromatisées; c'est leur combinaison que l'on utilise dans la construction des objectifs. Si L_1, L_2, L_3 (fig. 596) sont les trois paires de lentilles du système objectif et a_1 un des deux foyers aplanétiques de la première lentille L, les aberrations données par la lentille frontale L_1 seront réduites au

minimum quand l'objet pourra être placé en a_1. Tout sera pour le mieux quand
la seconde paire L de lentilles de l'objectif se trouvera placée de manière à
avoir un de ses foyers aplanétique en a_2, point où se trouve l'image virtuelle a_2

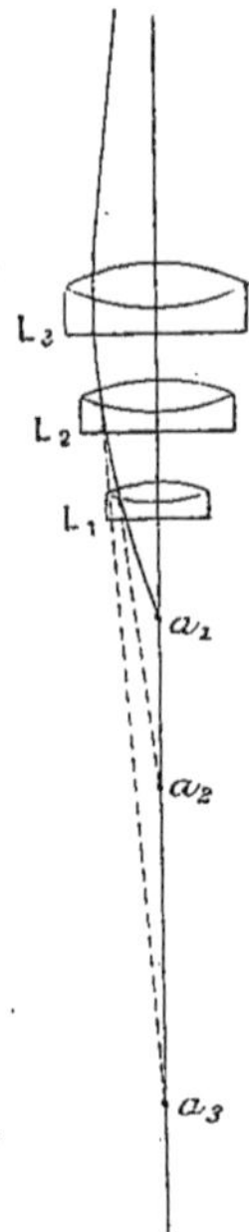

Fig. 596.

donnée par la lentille L_1 du point a_1, et enfin quand la troisième lentille L_3 sera placée pour avoir un de ses foyers aplanétique en a_3, point où se produit l'image virtuelle de a_2
donnée par la lentille L_2.

L'aberration résiduelle résultant de la trop grande ouverture de la lentille L_1 se corrigera en disposant la lentille L_2 de façon qu'elle fonctionne comme une lentille sura-
méliorée ou sous-améliorée pour les rayons qu'elle reçoit
suivant le défaut d'aplanétisme présenté par les rayons qui,
après passage à travers la lentille L_1, émanent du point a_2.
Pour que la lentille L_2 présente de la suramélioration, il faudra la placer de telle sorte que le point a_2 soit non plus au
foyer aplanétique de la lentille, mais soit placé entre ses
deux foyers aplanétiques. Si a_2 était placé en dehors des
foyers, la lentille L_2 donnerait une sous-amélioration. On voit
donc l'influence capitale que présente l'éloignement des lentilles de l'objectif sur les aberrations et comment, en modifiant
la distance des lentilles, les aberrations peuvent se modifier
et tendre à se corriger. L'emploi de la lentille L_3 convenablement placée servira à parfaire la correction déjà obtenue par
la lentille L_2, et cela plus facilement, l'ouverture du faisceau
utilisé étant moindre.

Il est donc important de ne jamais modifier la situation des
lentilles d'un objectif achromatique bien établi ; une légère variation dans la
distance des lentilles lors de leur remontage ferait apparaître des aberrations.
Nous verrons comment cette variation des aberrations par le déplacement
d'une des lentilles est utilisée dans l'objectif à correction.

Nous avons déjà fait remarquer que cette propriété des lentilles plan-convexes achromatisées de présenter un foyer aplanétique n'existe que pour
une zone centrale circonscrite de la lentille et que l'aplanétisme ne pouvait
plus être considéré pratiquement comme parfait quand la lentille avait une
très grande ouverture. La figure 596 montre que l'ouverture du faisceau de
rayons incidents est plus petite pour la lentille L_2 que pour la lentille L_1, et encore
plus petite pour L_3. L'obliquité des rayons sur l'axe diminue donc au fur et à
mesure que les rayons pénètrent dans l'objectif, ce qui rend l'aplanétisme
pratiquement recherché, c'est-à-dire supposé étendu à toute la surface de la
lentille, plus facilement réalisable pour les dernières lentilles que pour les
premières.

Ainsi, on peut assurer un aplanétisme suffisant à un objectif faible (par
exemple de 25 à 50 millimètres de distance focale) en le constituant par un doublet
ou un triplet (combinaison de deux ou trois lentilles accolées), car l'ouverture
des rayons n'est pas alors considérable. Dans les objectifs plus puissants,
l'ouverture est trop grande pour que les propriétés du foyer aplanétique

puissent s'étendre à toute la surface de la lentille frontale, et l'on n'arrive seulement à la correction que par l'emploi d'un système de lentilles convenablement écartées les unes des autres.

Objectifs apochromatiques. — Il convient de remarquer que si, par l'emploi des combinaisons de lentilles plan-convexes achromatisées, la construction des objectifs composés a atteint un grand perfectionnement, elle n'est pas encore parfaite même au point de vue des corrections d'aberration sphérique et chromatique, en particulier pour les grands angles d'ouverture. La correction des aberrations n'est pas aussi simple qu'elle vient d'être présentée et les considérations relatives aux propriétés des foyers aplanétiques seraient exagérées si l'on voulait les étendre sans restriction à toute la surface des lentilles. Le calcul montre que les aberrations périphériques résultent de relations très embrouillées entre chacun des éléments du système, relations qui n'ont pu être, dit Abbe, comprises jusqu'ici sous une forme générale applicable à tous les systèmes optiques envisagés. Il n'y a donc qu'une première approximation quand on considère l'aberration donnée par la première partie du système comme un excès ou un défaut de déviation sphérique qui pourrait être compensé par un défaut en sens contraire du système suivant, tout comme s'ajouteraient ou se retrancheraient des quantités bien définies.

Une fois le type d'objectif arrêté dans son ensemble, on peut le mieux déterminer par le calcul en procédant pour ainsi dire par tâtonnement. On considère un rayon de couleur moyenne venant d'un point (par exemple sur axe) occupant la position de l'objet et l'on suit par des calculs trigonométriques la marche de ce rayon. On obtient ainsi une équation ou un système d'équations qui définissent la position où le rayon réfracté coupe l'axe. Au lieu de suivre un rayon périphérique, on suit alors un rayon central, et, au lieu de considérer un rayon d'indice moyen, on suit les rayons d'indices extrêmes. On obtient ainsi des points de concours avec l'axe qui, en général, ne coïncident évidemment pas suffisamment, car l'objectif serait parfait, puisque les rayons homocentriques de couleur quelconque seraient en effet encore homocentriques après réfraction à travers toute la surface de l'objectif. On modifie alors les données du système, par exemple la valeur d'un ou de deux rayons de courbure, les distances des lentilles; on refait un nouvel essai par le calcul et, par approximations successives, on tend vers le but cherché.

On conçoit que, plus il sera permis de modifier d'éléments dans la combinaison optique, plus grande sera la latitude des corrections possibles. C'est ce que l'on obtient en changeant non seulement les rayons de courbure et la distance des lentilles, mais les indices de ces verres et leurs pouvoirs dispersifs, que l'on peut faire varier pour une même lentille en sens différent par un choix approprié de la substance constituant le verre.

Par des modifications apportées à la fabrication des verres, Abbe, Schott et Zeiss ont obtenu des verres dans lesquels la dispersion dans les différentes régions présenterait des différences beaucoup moindres et dans lesquels le rapport de la dispersion à l'indice pouvait être beaucoup plus varié. Ces verres ont été fabriqués par l'introduction dans leur composition de borates et d'arséniates. Certaines de ces compositions se modifiaient avec le temps et une étude a dû être faite au sujet de l'altérabilité que ces nouveaux verres pouvaient éprouver, dans le but de rejeter les verres qui, recherchés pour leurs qualités optiques, seraient devenus défectueux avec le temps. On a ainsi obtenu des verres de faible dispersion, tels que le crown ayant l'indice de réfraction du flint. Actuellement, nombre de fabricants utilisent de semblables verres pour la construction d'objectifs plus parfaits que les achromatiques formés de crown et de flint anciens et que l'on désigne sous le nom d'*apochromatiques*, dénomination qui leur a été donnée par Abbe (1886).

Dans les systèmes achromatiques ordinaires, la correction des aberrations chromatiques n'était tout à fait bonne que pour la zone moyenne de l'objectif; elle devenait de plus en plus mauvaise vers les bords et vers le centre de la lentille. Même pour la zone où la correction chromatique était la meilleure, elle n'était réalisée que pour deux couleurs; pour les autres il existait des différences de foyers sensibles (spectre secondaire). Enfin, la correction de l'aberration de sphéricité n'était atteinte que pour un seul rayon, et tous les objectifs (même quand, pour le milieu du spectre, l'aberration sphérique avait été supprimée le mieux possible) restaient entachés d'une sous-correction pour le rouge, le bleu et le violet. Ce défaut se manifestait encore par une inégalité plus ou moins forte de la correction chromatique entre la zone du milieu et la zone périphérique de l'objectif.

Dans les objectifs apochromatiques construits, par exemple, suivant les données de Abbe, la correction chromatique est également faite pour toutes les zones de l'objectif. Elle est effectuée pour trois rayons de couleur différente, ce qui enlève l'aberration secondaire des rayons et la réduit à un résidu de couleur tertiaire (Voy. p. 990) sans inconvénient pratique. Enfin, l'aberration sphérique est corrigée pour deux rayons de couleur différente, ce qui fait que la différence chromatique de l'aberration sphérique peut être pratiquement suffisamment évitée. Les objectifs apochromatiques fournissent alors pour tous les rayons du spectre des images d'une netteté à peu près uniforme; on peut donc utiliser la lumière blanche ou une lumière monochromatique.

Plusieurs auteurs, entre autres Petzval, avaient déjà signalé le grand avantage qu'il y aurait à employer des verres de propriétés optiques variées dans la construction des objectifs. Mais ces vues étaient restées théoriques. On employait anciennement, dans la fabrication des objectifs, seulement le crown (silicate double de potasse et de chaux), qui a un faible pouvoir dispersif et des indices plus faibles également que le flint (silicate double de potasse et de plomb). Si donc l'indice de réfraction diminue ou augmente dans l'un ou l'autre de ces verres, la dispersion subit la même variation, augmentant ou diminuant avec l'indice moyen. Comme le dit Abbe, avec de tels verres on ne pouvait plus songer à réaliser de grands progrès dans l'optique microscopique. De plus, la dispersion dans les anciens crowns et flints variait beaucoup suivant les différentes régions du spectre, ce qui fait, par exemple, que l'achromatisme réalisé pour deux rayons, en introduisant dans les formules (Voy. p. 987) donnant l'achromatisme les indices de ces rayons, était loin d'être réalisé pour d'autres rayons [changement de valeur de l'expression (1), p. 987] également distants quand on considère la partie moyenne du spectre. Si la dispersion dans les différentes régions du spectre comporte une proportionnalité constante, il devient possible de neutraliser plus exactement les spectres secondaires sans avoir recours à d'autres combinaisons pour produire le spectre tertiaire.

Cependant, quel que soit le type d'objectif, achromatique ou apochromatique, quand l'ouverture est considérable il persiste encore certains défauts d'achromatisme dans les régions périphériques du champ, même lorsque l'aberration chromatique est corrigée le plus parfaitement possible sur l'axe, c'est-à-dire au milieu du champ visuel. En d'autres termes, il y a toujours une différence non négligeable de grossissement pour les images d'un même objet dans les différentes couleurs. Tandis que, dans les objectifs achromatiques ordinaires, il intervient une complication résultant de l'inégalité du degré de cette différence d'agrandissement des images colorées entre le centre et la périphérie de l'ouverture de l'objectif, cette différence est, dans les apochromatiques, approximativement de même valeur pour toutes les parties de l'ouverture et sa variation régulière permet, en conséquence, une correction plus exacte par les oculaires.

Nous avons vu que l'observation microscopique faite avec un oculaire achromatique depuis le point oculaire atténuait déjà l'aberration chromatique de l'objectif, mais les restrictions faites (points nodaux occupant les mêmes positions pour toutes les couleurs) ne sont pas suffisamment conciliables avec la pratique pour que la correction soit suffisante. Aussi ce défaut se corrige-t-il, ainsi que nous le verrons, par des oculaires inasochromatiques dits *oculaires compensateurs*, présentant le même défaut d'achromatisme que l'objectif, mais en sens inverse.

D'après des essais d'Abbe (*Journal of the Royal Society*, 1885) avec les meilleurs objectifs achromatiques de grande ouverture, la limite de netteté suffisamment satisfaisante pour des observations difficiles était atteinte quand le grossissement de l'image microscopique examinée à travers l'oculaire était sextuple de celui que donnait l'objectif seul, sans oculaire, employé comme une loupe. Pour obtenir dans ces conditions un grossissement de 1200, il était nécessaire d'avoir un objectif dont le grossissement propre était déjà de 200, c'est-à-dire dont la distance focale était de $\frac{250}{200} = 1^{\mathrm{mm}},25 \left(g = \frac{250}{f} \right)$. Les images données par les objectifs apochromatiques supporteraient dans les mêmes conditions un surgrossissement de 12 à 15 par l'oculaire sans s'altérer. Un grossissement d'ensemble de 1200 n'exige plus alors qu'un objectif grossissant de 80 à 100 fois, c'est-à-dire ayant de 3 millimètres à $2^{\mathrm{mm}},5$ de distance focale. On peut donc supprimer l'incommodité que présente, pour les très forts grossissements, l'emploi des objectifs à très court foyer, en utilisant des oculaires plus forts. On peut aussi, sans changer d'objectif, faire varier beaucoup plus le grossissement par le seul changement des oculaires. L'emploi d'un fort oculaire n'est pas, en effet, désavantageux en soi, et il est indifférent que le grossissement obtenu le soit par un fort objectif avec un faible oculaire ou par un plus faible objectif d'égale ouverture avec un plus fort oculaire. Il suffit que l'image soit suffisam-

ment nette pour supporter le grossissement de l'oculaire et que le grossissement total ne soit pas tel que le pouvoir séparateur de l'œil soit égal ou supérieur au pouvoir séparateur du microscope qui dépend de l'objectif. Dans ce
dernier cas, l'augmentation du grossissement peut être commode pour
l'observation de l'image, mais elle n'est plus d'aucun secours pour la distinction de nouveaux détails.

L'ouverture considérable et la distance frontale des objectifs achromatiques
ou apochromatiques rendent relativement grande la courbure de champ dans
l'image donnée par l'objectif. Cette courbure, atténuée par l'oculaire négatif,
n'est pas toujours parfaitement corrigée. Il en résulte que les bords et les
milieux de l'image ne sont pas vus distinctement en même temps et doivent
être mis au point séparément à l'aide de la vis micrométrique. Cet inconvénient, peu mportant dans les observations ordinaires, est à éviter en photomicrographie et doit être corrigé par l'emploi d'oculaires spéciaux.

Oculaires composés. — La correction des aberrations sphériques et
chromatiques, capitale dans la construction de l'objectif du microscope, est
obtenue plus facilement dans l'oculaire. Si, en effet, l'objectif suffisamment
achromatique donne lieu à l'homocentricité des rayons réfractés, cette homocentricité est encore facilement conservée après réfraction à travers l'oculaire, car une très petite portion de ses surfaces réfringentes sert à la réfraction des rayons issus d'un point de l'objet. Le faisceau est très délié et, avec
de forts objectifs, utilise moins de 1 ou de 2 millimètres carrés des surfaces réfringentes de l'oculaire. Mais, par contre, ce sont des régions différentes de ces surfaces qui sont utilisées pour produire l'image des différents
points du champ. Ceci influe sur les situations relatives prises par les points
de l'image, donnant ainsi lieu à la courbure de champ et à la distorsion.
Ces oculaires ont déjà été étudiés sous le nom de *loupes composées* (p. 1008).

Nous avons vu que l'oculaire d'Huyghens était le plus employé dans les
microscopes parce qu'il corrigeait la courbure de champ et la distorsion et
aussi parce qu'il donnait un plus grand champ à puissance égale. La supériorité de l'oculaire d'Huyghens sur celui de Ramsden ne tient pas, ainsi qu'on
le dit souvent, à ce qu'il permet la correction de l'aberration chromatique
restant dans l'objectif. Cette correction s'effectue également bien avec tous
les oculaires achromatiques quand on observe l'œil placé au point oculaire.

L'oculaire de Ramsden se plaçant au delà de l'image réelle donnée par
l'objectif, on a la faculté de disposer le diaphragme et le micromètre en
dehors de l'oculaire, en une région qui donne une image adaptée pour la vue
de l'observateur; cet oculaire convient pour des mesures précises, mais il
n'aplanit pas le champ.

L'achromatisme parfait pour le milieu du champ ne l'est pas pour les
régions périphériques dans les objectifs d'ouverture considérable. Si l'on projette en effet directement une image à l'aide d'un objectif fort sans oculaire
ou si on l'examine avec un oculaire ordinaire, on remarque des contours
colorés qui augmentent quand on se rapproche des bords du champ. On corrige ce défaut d'achromatisme en se servant d'oculaires présentant le même
défaut en sens inverse; on les nomme *oculaires compensateurs*. Il suffit de

modifier un peu le symbole optique de ces oculaires pour les rendre ana-chromatiques au degré convenable.

Il est alors bon, pour la commodité des observations, de laisser aux objec-tifs différents le même défaut, au même degré, afin de pouvoir se servir de la même série d'oculaires compensateurs pour les divers objectifs. C'est ce qu'a fait Zeiss pour ses objectifs dits *apochromatiques* et pour les objectifs achro-matiques d'ouverture supérieure à 0,85.

Nous avons déjà indiqué la classification rationnelle des oculaires (p. 1024) ainsi que l'utilisation des oculaires à projection et à microphotographie pour aplanir le champ.

On désigne quelquefois par *oculaire chercheur* des oculaires faibles ayant des lentilles de grand diamètre, susceptibles, par conséquent, de donner un champ étendu. On amène au milieu du champ la portion intéressante de la préparation, qui est ainsi plus rapidement explorée, et l'on substitue alors des oculaires plus forts à l'oculaire chercheur. Ils sont avantageux à employer avec les objectifs à immersion, car, une fois que l'objectif a été mis au point, il est toujours incommode de le remplacer par un autre de distance focale plus grande.

La description des oculaires redresseurs est reportée page 1084.

QUALITÉS DU MICROSCOPE

(POUVOIR SÉPARATEUR, POUVOIR PÉNÉTRANT, POUVOIR DÉFINISSANT)

Pouvoir séparateur. — La puissance du microscope étant le produit du grossissement de l'objectif par la puissance de l'oculaire, il semble que l'on pourrait, tout au moins théoriquement, augmenter indéfiniment la puis-sance du système en augmentant la puissance de ses éléments. L'œil sépa-rant des détails normalement sous-tendus par un angle de 1′ dans l'image qu'il perçoit, il n'y aurait, en supposant les aberrations absolument corri-gées, pas de limite au pouvoir séparateur de l'instrument.

Il n'en est pas ainsi et la constitution même de la lumière donne, en dehors des aberrations étudiées jusqu'ici, des troubles particuliers à la for-mation de l'image, limitant le pouvoir séparateur des instruments d'optique. L'image d'un point — et la théorie ondulatoire de la lumière en rend compte — n'est pas un point : c'est une petite tache dont l'étendue et la forme dépendent de l'ouverture du système optique.

Très brillante au centre, son intensité décroît jusqu'à la périphérie. Elle est, en outre, entourée d'une série d'anneaux alternativement brillants et obscurs pour lesquels l'intensité à leur région éclairée au maximum, bien moindre du reste que celle de la tache centrale, diminue très rapidement.

Pour que les images de deux points voisins soient perçues distinctes, il faut évidemment que les portions principales de ces images, c'est-à-dire leurs taches centrales, n'empiètent pas trop l'une sur l'autre. Comme l'intensité de la lumière sur chacune d'elles, assez constante vers le centre, diminue ensuite d'une façon rapide vers la périphérie, on admet que l'œil peut encore appré-cier l'existence de l'image de deux points quand le bord de la tache centrale image de l'un, passe par le centre de la tache centrale, image de l'autre. C'est là une limite maximum d'empiétement pour une séparation nette. Nous admettrons comme limite plus large de la séparation, correspondant à une vision encore mieux définie, celle dans laquelle les deux taches centrales se touchent. La distance maximum de deux points dans l'objet perçus encore distinctement sera celle qui donnera leurs images distantes d'une grandeur égale au diamètre de la tache centrale.

On devra donc, pour avoir un grand pouvoir résolvant, obtenir des dimensions très réduites pour la tache centrale, ainsi que pour les franges de diffraction qui l'entourent. Or les dimensions du disque central et des franges qui l'entourent sont d'autant moindres que le rapport entre la largeur efficace de la dernière surface réfringente.

Il arrive souvent que les dimensions du disque lumineux et des franges qui l'entourent sont du même ordre de grandeur ou plus petites que les dimensions des plus petits objets visibles. La tache centrale entourée de ses anneaux n'apparaîtra pas quand elle sera sous-tendue par un angle moindre que $1'$. Alors, bien qu'en réalité l'image d'un point diffère beaucoup d'un point mathématique, la différence échappe à l'observation. On n'a donc pas à tenir compte de ces phénomènes dans l'emploi du microscope à faible grossissement ni dans celui des lunettes ayant un objectif étendu. On peut faire apparaître ces perturbations dues à la diffraction de deux manières : on peut augmenter le grossissement pour rendre sensiblement apparente la tache centrale; on peut aussi augmenter le diamètre de la tache centrale en diminuant l'ouverture des lentilles servant à produire l'image.

Ainsi, si l'on restreint par un diaphragme circulaire l'étendue de l'objectif d'une lunette visant une étoile, l'image de celle-ci se montre comme un petit disque lumineux de dimensions sensibles environné d'une sorte de couronne dont la grandeur et la forme dépendent du diaphragme employé.

Ces phénomènes s'étudient facilement sur le microscope en examinant l'appareil de diffraction de Abbe, qui consiste en un porte-objet sur lequel trois couvre-objets argentés sur leur face inférieure sont collés. Divers réseaux à traits parallèles ou croisés sont tracés dans l'argenture.

Le réseau examiné dans de bonnes conditions de grossissement et d'ouverture d'objectif apparaît comme l'indique la figure 597. L'image montre (avec, par exemple, un objectif de 3 millimètres de foyer) un certain nombre de raies distantes les unes des autres d'environ cinq fois la largeur de chaque raie et formant les seules parties transparentes d'une moitié de l'objet.

Dans l'autre moitié, entre les premières raies, il s'en trouve d'autres de même largeur, de sorte que les traits foncés n'ont plus que le double de la largeur des traits clairs. Si l'on diminue artificiellement l'angle d'ouverture de l'objectif par des diaphragmes divers déposés, par exemple, sur la lentille supérieure de l'objectif, on observe qu'à mesure qu'il diminue les raies claires s'élargissent dans les deux moitiés du groupe aux dépens des parties foncées (fig. 598 et 599), à tel point qu'avec un diaphragme suffisamment petit les raies claires sont tellement élargies dans la moitié de l'image où elles sont le plus rapprochées qu'elles y disparaissent, tandis que dans l'autre moitié les raies claires, contrairement à ce qui existe réellement, apparaissent plus larges que les raies sombres (fig. 600,.

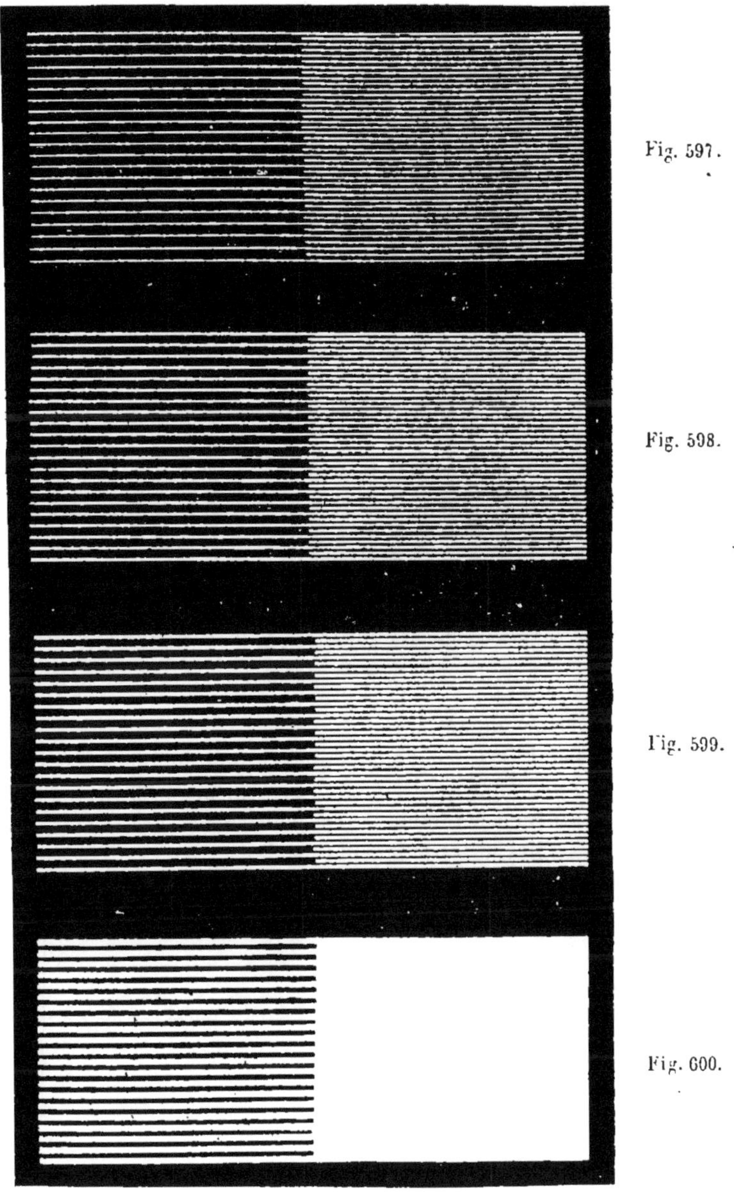

Fig. 597.

Fig. 598.

Fig. 599.

Fig. 600.

Les phénomènes de diffraction seront d'autant plus manifestes que le pinceau des rayons concourant à la formation de l'image sera plus étroit. Il faut, dans le microscope, considérer l'étroitesse du pinceau de rayons qui concourt directement à la formation de l'image d'un point. Son angle au sommet dépend de l'angle formé par le pinceau de rayons lumineux émanant du point de l'objet considéré et pénétrant dans l'objectif, c'est-à-dire de l'ouverture de l'objectif.

Ouverture ou angle d'ouverture d'un objectif. Ouverture numérique. — L'ouverture ou angle d'ouverture d'un objectif est l'angle formé par les rayons extérieurs émanant de l'objet et concourant à la formation de l'image. On le définit quelquefois par *l'angle au sommet d'un cône ayant comme sommet le point de l'objet situé sur l'axe et comme base la première lentille*, c'est-à-dire la lentille frontale de l'objectif. Mais ce cône peut n'être pas utilisé en entier par les autres lentilles situées derrière la frontale ; de plus, dans le microscope, l'objet occupe à peu près la position du foyer antérieur de l'objectif. L'*ouverture de l'objectif* est donc mieux définie par *l'angle sous lequel est vue, depuis le foyer antérieur, la surface utilisée de l'objectif*.

La considération d'*ouverture numérique* due à Abbe a, dans l'étude de la vision microscopique, une grande importance ; l'ouverture numérique, ω est le sinus de la moitié de l'angle u d'ouverture quand les observations se font dans l'air : $\omega = \sin u$.

Quand les observations se font dans un liquide d'indice de réfraction n baignant la lentille frontale, l'ouverture numérique s'exprime par

$$\omega = n \sin u,$$

$\sin u$ étant l'ouverture numérique de l'objectif dans l'air.

En définissant l'ouverture numérique *le rapport du rayon effectif de l'objectif à sa distance focale principale* $\dfrac{r}{f}$, on peut établir directement ces expressions de l'ouverture numérique.

Ces relations s'établissent à l'aide d'une formule indiquée par Helmholtz (Voy. *Optique physiologique*, traduction française, p. 69). Dans cette formule reliant la grandeur des images à la convergence des rayons, il n'entre ni la distance de l'objet ni les longueurs focales.

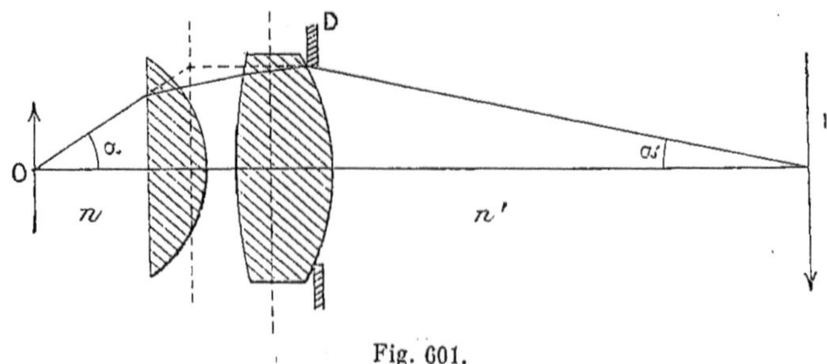

Fig. 601.

Si O est la dimension de l'objet, n l'indice de réfraction du milieu dans lequel il est placé, I la grandeur de l'image, n' indice de réfraction du médium dans lequel elle se forme, et si α désigne l'angle du demi-piuncea admis de rayons lumineux, α' l'angle du demi-pinceau correspondant de rayons réfractés (fig. 601), la relation d'Helmholtz s'écrit dans le cas des grandes ouvertures, qui est celui du microscope,

$$nO \sin \alpha = n'\mathrm{I} \sin \alpha'.$$

Si r est le rayon utilisé de la surface des plans principaux de l'objectif, on a

$$r = p' \operatorname{tg} \alpha',$$

p' désignant la distance à laquelle se forme l'image. Mais l'angle α' étant très petit (Voy. p. 1023), on peut écrire

$$r = p' \sin \alpha'.$$

La distance p de l'objet est sensiblement égale à f et l'ouverture numérique ω est

$$\omega = \frac{r}{f} = \frac{p' \sin \alpha'}{f}\,.$$

Or on a $\dfrac{\mathrm{I}}{\mathrm{O}} = \dfrac{p'}{p} = \dfrac{p'}{f}$, puisque, sensiblement, $p = f$; donc

$$\omega = \frac{\mathrm{I}}{\mathrm{O}} \sin \alpha'$$

De la relation $mO \sin \alpha = n'\mathrm{I} \sin \alpha'$ on tire

$$\frac{\mathrm{I}}{\mathrm{O}} = \frac{n \sin \alpha}{n' \sin \alpha'}\,.$$

Par suite,

$$\omega = \frac{n}{n'} \sin \alpha.$$

L'image donnée par l'objectif se formant dans l'air $n' = 1$. On a donc la relation indiquée :

$$\omega = n \sin \alpha,$$

qui, dans le cas d'un objectif à sec, devient

$$\omega = \sin \alpha,$$

formule indiquée plus haut.

Les phénomènes de diffraction dépendent de l'ouverture numérique de l'objectif.

Les phénomènes de diffraction seront d'autant plus manifestes que le pinceau de rayons lumineux concourant directement à la formation de l'image sera plus étroit. Or ce pinceau est défini par *l'angle au sommet du cône ayant comme sommet le point image et comme base l'anneau oculaire.* Nous savons (p. 1026) que l'anneau oculaire est l'image de la dernière surface de l'objectif ou du diaphragme situé immédiatement au-dessus. Son diamètre est proportionnel au diamètre utilisé des plans principaux, c'est-à-dire proportionnel au sinus de l'angle des rayons d'incidence maximum pénétrant dans l'objectif quand l'observation est faite dans les mêmes conditions de puissance d'objectif et d'oculaire et lorsque l'objet est placé dans le même milieu, par exemple dans l'air. Le diamètre du disque oculaire dont dépend l'angle du pinceau de rayons issus d'un point de l'image et, par conséquent, ces phénomènes de diffraction est donc proportionnel à l'ouverture numérique. L'ouverture numérique est, par suite, le facteur dont dépendra le pouvoir séparateur de l'instrument.

Pour répondre aux questions que nous devons maintenant nous poser, il est nécessaire d'établir une relation numérique entre les dimensions de la tache centrale qui définiront le pouvoir séparateur, l'ouverture numérique de l'objectif et la longueur d'onde de la lumière dans laquelle se fait l'observation.

Dimensions de la tache centrale. — On sait qu'au foyer d'une image punctiforme les vibrations de l'éther sont concordantes. Les surfaces des ondes (réfléchies ou réfractées) étant normales aux rayons lumineux, la surface de l'onde considérée après la dernière réfraction ne pourra être qu'une surface sphérique concave ayant ce foyer pour centre. Dans l'observation au microscope, cette surface d'onde peut être considérée comme la surface du disque oculaire. Tous les éléments de cette surface enverront évidemment au point image considéré des vitesses de vibrations concordantes, puisqu'ils en sont tous à la même distance, tandis que, pour un point voisin, les différences de marche auront pour conséquence une destruction partielle des mouvements vibratoires qui y concourent. Soient S la surface sphérique (anneau oculaire) de l'onde lumineuse dont les rayons convergent au foyer O, centre de la sphère, *d* le diamètre de cette section, R le rayon de la surface d'onde considérée. Si P est le bord de la tache centrale, c'est-à-dire le point le plus voisin du foyer géométrique pour lequel il y a interférence complète, on a, en désignant OP par x,

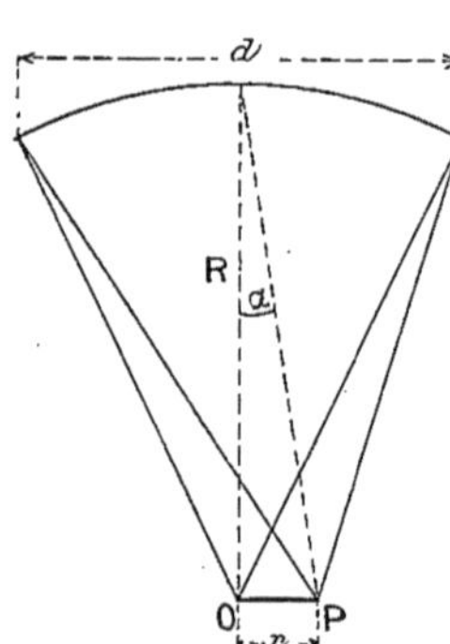

Fig. 602.

$$x\frac{d}{R} = \frac{\lambda}{2}$$

(Voy. par exemple Mascart, *Traité d'optique*, t. I, p. 39). Or, $\dfrac{x}{R}$ est l'angle α sous lequel on voit, de la sphère d'onde considérée, la demi-tache centrale. On a donc

$$\alpha = \frac{\lambda}{2d}.$$

L'angle sous lequel est vue, du disque oculaire, la tache centrale est $\dfrac{\lambda}{d}$.

Quelle est la grandeur du plus petit objet que les phénomènes de diffraction permettent de voir au microscope ? — La grandeur de cet objet sera celle qui donnera au microscope une image de grandeur égale à la dimension de la tache centrale, dans les conditions de l'observation.

Soient (fig. 603) N_1, N_2 les points nodaux de l'objectif, n_1, n_2 les points

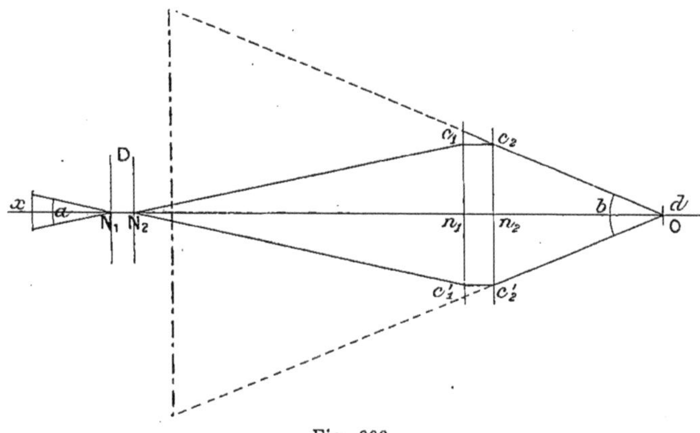

Fig. 603.

nodaux de l'oculaire, D le diamètre utile de l'objectif, d le diamètre du disque oculaire. On a

$$c_1 c_1' = N_2 n_1 \times a$$

et

$$c_2 c_2' = O n_2 \times b,$$

car les angles a et b sont suffisamment petits, vu la petitesse de l'objet à considérer, pour confondre la tangente avec l'arc.

Puisque

$$c_1 c_1' = c_2 c_2',$$

on a

$$\frac{b}{a} = \frac{N_2 n_1}{O n_2}.$$

Or

$$\frac{N_2 n_1}{O n_2} = \frac{D}{d},$$

rapport de la dimension de l'ouverture utile de l'object f à son image d men-sion de l'anneau oculaire.

Donc

$$\frac{D}{d} = \frac{b}{a}$$

En désignant par ω l'ouverture numérique, $D = 2\omega F$ et, d'autre part,

$$a = \frac{X}{F},$$

donc

$$\frac{2\omega F}{d} = \frac{b}{\dfrac{X}{F}}.$$

d'où

$$b = \frac{2\omega X}{d}.$$

L'angle b sous lequel est vue la tache centrale est $\dfrac{\lambda}{d}$. La dimension de l'image de l'objet sera égale à la tache centrale quand

$$\lambda = 2\omega X,$$

d'où

$$X\omega = \frac{\lambda}{2}.$$

Cette formule montre que le pouvoir séparateur $\left(\dfrac{1}{X} = \dfrac{2\,\omega}{\lambda}\right)$, défini par la petitesse du plus petit objet pouvant être vu, est proportionnel à l'ouverture numérique et inversement proportionnel à la longueur d'onde de la lumière dans laquelle se fait l'examen.

L'ouverture numérique d'un objectif à sec peut tout au plus être égale à l'unité, car son angle d'ouverture maximum ne peut dépasser 180°. A cette valeur de limite extrême, $X = \dfrac{\lambda}{2}$, c'est-à-dire la moitié de la longueur d'onde de la lumière agissante. En lumière blanche, nous pouvons considérer la longueur du rayon le plus clair du spectre comme donnant la mesure et poser

$$X = \frac{0^{\mathrm{mm}},00055}{2} = 0^{\mathrm{mm}},000275 = \frac{1}{3636} \text{ millim.}$$

Telle est la limite théorique. On en approche du reste avec les instruments récents, ce qui montre que l'on n'a plus guère à attendre du perfectionnement des dispositions optiques du microscope (correction des aberrations).

On peut abaisser cette limite en produisant l'image avec une lumière de longueur d'onde plus petite, en employant des rayons violets dont la longueur d'onde au voisinage de G est de 420 μ. Ces radiations sont moins visibles pour l'œil, mais impressionnent fortement la plaque photographique. On pourra donc encore, par la photographie, abaisser cette limite extrême du plus petit objet très nettement visible qui, avec l'emploi d'un objectif d'ouverture numérique égale à l'unité, descendra à

$$X = \frac{0^{\mathrm{mm}},000420}{2} = \frac{1}{4800} \text{ millim.}$$

Au-dessous de cette grandeur, avec la longueur d'onde et l'ouverture numérique considérée ($\lambda = 470\ \mu$ et $\omega = 1$), les objets seraient de moins en moins distincts et finiraient par ne plus apporter de troubles suffisants à la propagation des ondes pour être perçus.

Nous avons, dans ces deux déterminations, supposé l'ouverture numérique $\omega = 1$, valeur maximum que peut prendre l'ouverture numérique avec un objectif à sec. Lorsque l'ouverture numérique est inférieure à l'unité, le pouvoir séparateur $\left(\dfrac{1}{\mathrm{X}} = \dfrac{2\omega}{\lambda}\right)$ se trouve réduit dans la même proportion. Ainsi, un objectif d'ouverture numérique égale à l'unité séparant 4800 lignes au millimètre, un objectif d'ouverture numérique $= \dfrac{1}{2}$ séparera, dans les mêmes conditions d'observation, 2 400 lignes au millimètre.

Ces considérations subsistent quand l'observation est faite par la méthode d'immersion et que l'ouverture numérique peut alors très notablement dépasser l'unité. Le pouvoir séparateur augmente proportionnellement et, si un objectif résout avec une ouverture égale à l'unité un intervalle $\dfrac{\lambda}{2}$, un objectif d'ouverture numérique égale à 1,63 résoudra l'intervalle $\dfrac{\lambda}{2 \times 1,63}$. Les formules établies précédemment sont générales.

Nous pouvons dire, en effet, qu'un objectif dont *l'angle d'ouverture est 180°* résout dans l'air un intervalle de $\dfrac{\lambda}{2}$ quand l'éclairement est donné par une radiation de longueur λ, et que cet intervalle est le minimum qui puisse être nettement séparé dans l'air, car *l'angle d'ouverture ne peut être plus grand que 180°*. Si l'observation de l'objet est faite dans un milieu d'indice n plus grand que l'air, *l'angle d'ouverture, est encore au maximum de 180°* et l'objectif ne peut, dans ces conditions, résoudre que la demi-longueur d'onde de la radiation considérée. Mais, tandis que la radiation avait une longueur d'onde λ dans l'air, elle a une longueur d'onde $\dfrac{\lambda}{n}$ dans les conditions actuelles d'observation dans le milieu d'indice n. L'intervalle minimum séparé est donc $\dfrac{\lambda}{2n}$ au lieu de $\dfrac{\lambda}{2}$, c'est-à-dire que le pouvoir séparateur est n fois plus grand.

D'autre part, nous avons établi que le pouvoir séparateur était proportionnel au sinus de l'angle d'ouverture ($\omega = \sin u$) quand l'élévation était faite dans l'air.

Le pouvoir séparateur est donc proportionnel à n et à $\sin u$, c'est-à-dire à leur produit $n \sin u$. Ceci revient à dire que le pouvoir résolvant peut être exprimé par l'ouverture numérique $n \sin u$ (et non pas par l'angle u ou son sinus) à laquelle ce pouvoir résolvant est proportionnel. L'ouverture numérique $\omega = n \sin u$ est un nombre exprimé au maximum par l'indice de réfraction n du milieu qui baigne la face antérieure de l'objectif, car la valeur maximum que puisse prendre $\sin u$ est l'unité. Elle correspond à l'angle d'ouverture $2u = 180°$.

La limite de grandeur du plus petit objet visible au microscope est donc abaissée proportionnellement à l'ouverture numérique et, si cette grandeur minimum est de $\dfrac{1}{3\,780}$ millimètre en lumière blanche avec un objectif d'ouverture égale à l'unité, elle deviendra $\dfrac{1}{3\,780 \times 1,63} = \dfrac{1}{6\,000}$ millimètre avec un objectif d'oüverture numérique de 1,63.

Enfin, l'observation avec une lumière de longueur d'onde plus petite permettra d'abaisser encore la limite de visibilité.

Le pouvoir séparateur d'un objectif s'apprécie par le nombre de lignes que cet objectif peut résoudre, c'est-à-dire faire nettement reconnaître dans un millimètre, et le tableau suivant indique ses variations avec l'ouverture numérique et la longueur d'onde de la lumière dans laquelle se fait l'observation.

Nombre maximum de lignes qu'un objectif peut résoudre dans un millimètre.

Ouverture numérique.	Dans la lumière blanche.	Dans la lumière bleue.	Par la photographie.
1	3 780	4 098	4 980
1,15	4 347	4 712	5 727
1,20	4 536	4 917	5 976
1,25	4 726	5 122	6 225
1,30	4 915	5 327	6 474
1,40	5 292	5 737	6 972
1,63	6 000	6 500	7 968

Quand les phénomènes de diffraction interviendront-ils pour limiter la puissance de séparation du microscope ?

Cette question est immédiatement résolue en remarquant que les apparitions des phénomènes de diffraction dépendent de la dimension de l'anneau oculaire. Ils apparaîtront quand le diamètre de l'anneau sera suffisamment petit pour faire apparaître la tache centrale sous l'angle visuel d'une minute, qui correspond à l'acuité visuelle normale de l'œil. Or, l'angle sous lequel est vue, du disque oculaire, la tache centrale est $\dfrac{\lambda}{d}$.

On aura alors

$$\frac{\lambda}{d} = \text{arc dont l'angle est } 1' = 0,00029.$$

Si nous supposons que l'examen se fasse en lumière blanche et que l'on prenne pour λ la valeur $0^{mm},000550$ des radiations les plus visibles, les phénomènes de diffraction apporteront des troubles à la formation de l'image quand le diamètre du disque oculaire sera plus petit que $d = \dfrac{0,000550}{0,00029} = 1^{mm},89$.

Quelle relation doit-il exister entre l'ouverture d'un objectif et le grossissement sous lequel se fait l'observation microscopique ?

On comprend qu'il existe, dans la pratique de l'observation microscopique, une relation, assez élastique du reste, entre le grossissement du microscope et le pouvoir séparateur.

Le grossissement doit être suffisant pour permettre à l'œil de percevoir les détails que l'ouverture numérique de l'objectif permet de séparer.

Si le grossissement est inférieur, on ne bénéficie pas de la vision des plus petits détails existant dans l'image microscopique, puisqu'ils sont trop petits pour être perçus. Si le grossissement était supérieur à la limite indiquée, il ne permettrait pas la vision de plus fins détails que ceux existant réellement dans l'image microscopique. On aurait une image plus grossie, qu'il serait peut-être plus commode d'observer, mais dans laquelle on ne découvrirait aucun détail nouveau, si le premier examen a été suffisamment attentif, en doublant ou quadruplant le grossissement minimum le plus favorable, celui à partir duquel la tache centrale deviendrait visible. Le grossissement est donc une chose accessoire, à partir d'un certain degré, dans l'observation microscopique, où l'on se propose la différenciation des détails, et c'est le pouvoir séparateur qui intervient seul pour fixer essentiellement les qualités utiles de l'image. A ce point de vue, il ne sert donc à rien, à partir d'une certaine limite dépendant de l'ouverture numérique de l'objectif, de chercher à augmenter le grossissement, par exemple par l'emploi d'oculaires plus puissants ou le tirage du tube du microscope.

Notre œil sépare, dans l'image microscopique supposée formée à la distance conventionnelle de 250 millimètres, un intervalle de $250 \times 1' = 0^{mm},0725$. Telle sera la plus petite dimension de l'image appréciable par l'œil. Dans l'observation avec un objectif d'ouverture numérique égale à l'unité, la dimension du plus petit objet nettement visible est, en lumière blanche, $0^{mm},000275$.

Le grossissement *minimum* nécessaire mais suffisant pour faire apparaître tous les détails susceptibles d'être vus très nettement sera donc
$$\frac{I}{0} = \frac{0,0725}{0,000275} = 265.$$

Ce grossissement devra être augmenté si la distance où se forme l'image est supposée plus grande que 250 millimètres, et il devra être augmenté proportionnellement à la diminution de l'acuité visuelle de l'observateur si celle-ci n'est pas normale. L'observation faite dans les conditions précitées d'ouverture numérique, avec un plus fort grossissement, ne fera pas apparaître de nouveaux détails très nettement. Elle permettra seulement avec moins de recherche, c'est-à-dire avec une moindre fatigue que celle exigeant l'utilisation de toute l'acuité, l'observation de l'image microscopique, mais ne donnera pas de notions nouvelles très précises. Ce grossissement de 265 indiqué plus haut se rapporte aux conditions expérimentales qui ont été fixées en supposant, en particulier, que la limite du pouvoir séparateur était donnée lorsque les images des taches centrales se touchaient. Si l'on admet comme limite de la séparation de deux points voisins celle qui correspond au moment où le bord de la tache centrale, image d'un des points, passe par le centre de la tache centrale image de l'autre, cette valeur *minimum* du grossissement qu'il faut réaliser pour que l'œil utilise tout le pouvoir séparateur de l'instrument *doit être doublée*. Si l'on se contentait de l'indication de nouveaux détails sans en obtenir la délimitation tout à fait précise et nette, on pourrait encore augmenter quelque peu ce grossissement minimum de 530 pour voir ces très petits détails se signaler, s'indiquer. C'est sans doute ce qui légitime, avec la plus grande facilité d'observation, les très forts grossissements employés par les bactériologistes regardant des préparations fortement colorées. Enfin, si l'objectif a une ouverture numérique supérieure à l'unité, cette valeur minimum du grossissement nécessaire pour obtenir toute la séparation possible doit encore être multipliée par l'ouverture numérique. Mais on conçoit que, à partir d'une certaine valeur, le grossissement n'a plus aucun intérêt à être augmenté, puisque des objets très petits n'apportent plus de troubles suffisants à la propagation des ondes pour être même peu distinctement perçus. C'est ainsi qu'il serait absolument déplacé d'examiner avec un grossissement de 1000 ou 1500, par exemple, quand on utilise un objectif de petite ouverture.

Ce sont ces considérations qui fixent la relation à observer entre l'ouverture numérique de l'objectif et le grossissement du microscope, lequel dépend du grossissement de l'objectif et de l'oculaire.

Nous venons de voir que les phénomènes de diffraction limitent seulement le pouvoir séparateur de l'instrument quand la dimension du disque oculaire est inférieure à $1^{mm},89$. Cette dimension dépend de la surface utilisée des plans principaux de l'objectif, c'est-à-dire de l'ouverture de l'objectif et de la puissance de l'oculaire.

Ces données déterminent donc la série utile des oculaires à employer avec un objectif d'ouverture et de puissance déterminées. Ou bien encore elles fixent l'ouverture d'un objectif de puissance déterminée, destiné à être employé avec une série d'oculaires.

On comprendra aussi pourquoi, dans la construction des objectifs, les plus grandes ouvertures sont données aux objectifs les plus puissants : la puissance de l'objectif est un des facteurs du grossissement qui, pour l'utilisation complète par l'œil du pouvoir séparateur de l'instrument, doit s'accroître à partir d'une certaine limite, seulement en même temps que ce pouvoir séparateur, c'est-à-dire que l'ouverture numérique de l'objectif.

Limites assignées à la position de l'objet dans le réglage au microscope par l'accommodation de l'œil. — Nous avons vu que la latitude du déplacement de l'objet dont l'image est vue à travers un oculaire de puissance p était $l_a = \dfrac{a}{p^2}$, p étant la puissance de l'oculaire et a la puissance accommodatrice de l'observateur.

Dans le microscope, l'image renversée fournie par l'objectif fonctionne comme un objet réel examiné à la loupe. Le déplacement possible de la préparation suivant l'axe de l'objectif permettant encore la vision nette sera donc celui qui fera varier la position de l'image renversée donnée par l'objectif de $\dfrac{a}{p_2}$. Appelant φ_1 la distance de l'objet au premier foyer du microscope, φ_1' la distance de l'image au deuxième foyer, considérée dans sa position la plus rapprochée, on sait que $\varphi_1\varphi_1' = f^2$. Lorsque l'image renversée par l'objectif se forme dans la position la plus éloignée, on a de même, puisque sa distance au second foyer est alors $\varphi_1' + l_a$, la relation $\varphi_2(\varphi_1' + l_a) = f^2$, d'où

$$\varphi_2 - \varphi_1 = \frac{f^2}{\varphi_1'} - \frac{f^2}{\varphi_1' + l_a} = \frac{f^2 l_a}{\varphi_1'(\varphi_1' + l_a)}.$$

En désignant par l la longueur optique du microscope, c'est-à-dire la distance du point nodal supérieur de l'objectif au plan focal antérieur de l'oculaire, on peut écrire, sans grande erreur, que $\varphi' = l$, vu la faible distance du deuxième foyer au deuxième point nodal, et que l'image se forme à une petite distance du plan focal de l'oculaire comparativement à la longueur optique l du microscope. De même, $\varphi' + l_a = l$ très sensiblement.

Donc

$$\varphi_2 - \varphi_1 = f^2 \frac{l_a}{l^2}.$$

En désignant par P la puissance de l'objectif et par L_a la latitude de déplacement de l'objet, on a

$$L_a = \frac{l_a}{l^2 P^2} = \frac{a}{l^2 p^2 P^2}.$$

Ce déplacement est très petit et n'atteint généralement qu'une petite fraction de millimètre.

Si l'on suppose que la puissance de l'objectif soit de $\dfrac{1}{0^m,005}$ et que l'on fasse usage d'un oculaire de puissance $\dfrac{1}{0^m,03}$, cette latitude sera, si l'on peut observer avec une variation d'accommodation de 5 dioptries, la longueur optique du microscope étant de $0^m,180$,

$$L_a = \frac{5}{0,180^2 \times \left(\dfrac{1}{0,005} \times \dfrac{1}{0,03}\right)^2} = 0^m,000\,0025.$$

La latitude de déplacement est donc ici de l'ordre du millième de millimètre.

Les mêmes considérations expliquent la petitesse du déplacement que doit imprimer au corps du microscope un observateur quand l'instrument a été préalablement réglé pour une autre vue.

Profondeur ou pénétration de foyer. — *A puissance égale*, certains microscopes permettent de voir simultanément plusieurs couches de la préparation inégalement distantes de l'objectif, tandis que d'autres ne laissent voir à peu près nettement qu'une seule couche.

Nous venons de voir qu'au microscope, par suite de l'accommodation on peut voir nettement les objets situés entre deux plans très rapprochés. La distance de ces deux plans pour des microscopes différents, mais de même puissance et de même longueur optique, est identique pour un même observateur et proportionnelle à sa puissance accommodative. La pratique de la microscopie montre cependant qu'il n'en est pas ainsi et que, pour des instruments de même puissance, il existe de très grandes différences dans l'épaisseur des couches que l'observateur peut voir sans toucher au réglage de l'appareil. Il faut donc en chercher la raison ailleurs que dans les variations de l'état accommodatif de l'observateur. D'autant plus que l'on peut remarquer que, dépourvu d'accommodation (après instillation d'atropine, par exemple), on peut voir *avec certains microscopes* une certaine profondeur de la préparation, tandis que d'*autres microscopes* de même puissance ne permettent, pour ainsi dire, avec une variation même considérable de l'accommodation, que la vision d'un seul plan de l'objet.

On trouve cette raison dans la valeur plus ou moins faible de l'angle du cône que forment les rayons provenant d'un même point de l'objet, après qu'ils ont traversé l'objectif. En effet, si ces angles sont très petits, il en résulte qu'au voisinage du plan de leur sommet, qui est le plan de l'image renversée fournie par l'objet, on peut encore couper ces faisceaux par des plans perpendiculaires à l'axe du microscope, sans cesser de considérer la section de ces divers faisceaux comme des points. Ceci revient à dire que ces différentes sections peuvent être considérées comme des images suffisamment nettes données par l'objectif. Il en résulte deux propriétés, qui, du reste, se confondent : une certaine latitude pour la mise au point d'un plan de la préparation, puis ce fait que, pour une même position de l'oculaire, des plans inégalement distants de l'objectif peuvent être vus nettement.

On peut encore, inversement, se rendre compte de cette propriété en remarquant que, dans une lentille, la caustique forme autour de l'axe une véritable pointe ayant son sommet au foyer. Cette pointe est plus effilée que ne l'indique la figure de construction de la caustique, car le centre du cercle d'aberration reçoit beaucoup plus de lumière que les bords. Plus se marque la pointe, plus s'accentue ce que l'on nomme la *pénétration* ou la *profondeur de foyer*. Elle le sera d'autant plus que le rapport entre l'aberration latérale et l'aberration longitudinale sera plus faible. Or ce rapport est égal à la raison d'ouverture $\frac{y}{f}$ de la lentille, y étant le diamètre de la lentille et f sa distance focale. La profondeur ou pénétration de foyer sera donc, à puissance égale, d'autant plus grande que les lentilles objectives seront de plus faible diamètre. Elle varie en sens inverse de ce diamètre. C'est cette propriété que l'on désigne sous le nom de *pouvoir pénétrant du microscope*. C'est une qualité qui varie en sens inverse d'une autre plus importante et qu'on lui préfère dans les recherches histologiques, le pouvoir séparateur ou analysant.

La pénétration de foyer est utile pour reconnaître, en particulier avec de faibles grossissements, toute la profondeur de la préparation, mais il n'est pas nécessaire que le microscope possède cette qualité pour explorer toute l'épaisseur de la coupe. Il suffit de faire varier la mise au point pour les divers plans de cette coupe.

La profondeur de foyer peut même, croyons-nous, donner facilement naissance à des illusions, quand on veut juger des positions réciproques des différents points de la préparation. C'est ainsi qu'il est difficile de donner un sens aux spirales de certaines algues, de dire si elles sont sinistrorsum ou dextrorsum. Cela résulte de ce que l'interprétation des rapports réciproques en profondeur se fait par l'interprétation d'un relief monoculaire qui peut parfaitement s'altérer et se renverser, quand cela ne choque pas notre jugement.

Pouvoir définissant ou délimitant. — La profondeur de foyer variant en raison inverse de l'ouverture, on aura souvent, avec les objectifs présentant cette propriété, beaucoup de netteté dans les lignes et les contours de l'image, c'est-à-dire *un pouvoir définissant ou délimitant*. Cette netteté dépend de la correction plus complète des aberrations, rendue plus facile à cause de la faible ouverture de l'objectif nécessaire pour obtenir la profondeur de foyer.

Cette propriété ne s'obtient qu'au détriment de la clarté ; ce n'est pas là un très grand inconvénient, car on peut toujours le contre-balancer par un plus grand éclairage de la préparation. Le plus grand désavantage résulte de ce que les conditions de construction donnant à l'objectif une pénétration de foyer (faible ouverture des lentilles) sont contraires à celles donnant un grand pouvoir séparateur à l'objectif (grande ouverture des lentilles).

Nous voyons que la profondeur de foyer et le pouvoir délimitant sont des qualités du microscope demandant une petite ouverture de l'objectif, c'est-à-dire une condition contraire à celle donnant le pouvoir séparateur ou résolvant. Ces deux qualités, délimitation géométriquement nette des contours et résolution des plus fins détails, sont donc deux qualités, qui s'excluraient jusqu'à un certain point l'une de l'autre. On conçoit cependant qu'il ne faille pas absolument les opposer l'une à l'autre et qu'elles doivent se trouver réunies dans un bon microscope. Le pouvoir délimitant tient à la correction plus facile des aberrations, par suite de l'utilisation seulement de rayons voisins de l'axe. Mais les progrès de la construction des objectifs achromatiques, apochromatiques, ont justement pour objet la correction la plus parfaite possible de ces aberrations pour une surface étendue de l'objectif. On s'efforce donc de maintenir le mieux possible ce pouvoir délimitant pendant qu'avec l'ouverture s'accroît le pouvoir résolvant.

Quoi qu'il en soit, on voit cependant, même avec les meilleurs instruments, soit par l'observation directe, soit par la microphotographie, le pouvoir délimitant diminuer avec l'angle d'ouverture. Le pouvoir séparateur est une qualité en général très appréciée des micrographes et recherchée surtout pour les forts grossissements. Le pouvoir délimitant est surtout recherché pour les grossissements moyens où le pouvoir résolvant a moins d'importance. Or nous savons que, pratiquement, l'ouverture des objectifs croît avec leur puissance, ce qui explique pourquoi le pouvoir délimitant est attribué aux objectifs faibles et moyens, le pouvoir résolvant aux objectifs forts.

Nous verrons (p. 1074) qu'un objectif ayant une grande ouverture peut, par suite de l'éclairage de la préparation, se comporter comme un objectif de petite ouverture, n'admettant que des rayons voisins de l'axe. Dans l'observation microscopique, le *pouvoir délimitant* peut ainsi facilement varier avec un objectif construit avec grande ouverture.

ROLE DE LA PRÉPARATION MICROSCOPIQUE AU POINT DE VUE OPTIQUE.

Coupe optique. Préparations microscopiques. Utilité de la lamelle de recouvrement pour l'examen de la préparation. — Le peu de latitude existant pour les limites assignées à la position de l'objet dans l'observation microscopique fait que, si le faible diamètre des lentilles objectives ne donne pas de profondeur de foyer, on ne voit que l'image de points qui seraient tous sensiblement situés sur le même plan. En regardant dans un microscope à objectif de grande ouverture, l'image observée est donc l'image d'une section plane de la préparation microscopique, section qui peut être idéalement mince et à laquelle on donne le nom de *coupe optique.*

Entre tous les cas qui peuvent se présenter dans l'examen microscopique intéressant la biologie, nous en retiendrons trois qui sont les plus courants.

En premier lieu, on peut examiner les tissus ou les cellules dans leur milieu naturel sans les recouvrir d'une lamelle. Cet examen est limité à de faibles grossissements.

En deuxième lieu, l'objet, suffisamment petit, est placé dans un liquide quelconque, de l'eau par exemple, puis on le recouvre d'une lamelle pour procéder à l'examen.

Enfin, quand l'objet est volumineux, il doit subir une série de manipulations dont la technique variable et quelquefois très compliquée, suivant le but à atteindre, ne peut évidemment trouver place ici. Ces manipulations ont pour but de fixer les éléments dans leurs formes et leurs rapports réciproques, de durcir l'objet ou de l'occlure dans un milieu de soutien (collodion, paraffine) qui lui donnera une consistance permettant de débiter en coupes minces. Ces coupes se font à la main ou à l'aide de *microtomes*, c'est-à-dire d'appareils qui, mécaniquement, donnent toujours des coupes d'une même épaisseur. Le principe général de ces appareils consiste, après chaque mouvement du rasoir, à faire avancer, généralement en utilisant la propriété de la vis, la préparation d'une quantité égale à l'épaisseur de la coupe à pratiquer. L'objet à étudier se trouve donc ainsi débité en une série de tranches minces perpendiculaires à un axe choisi et déterminé. Ce sont ces tranches minces qui sont montées en préparations microscopiques.

Après les avoir débarrassés du soutien (collodion, paraffine), par un dissolvant approprié, on différencie souvent les éléments par des colorations qui se fixent sur certains tissus et non sur d'autres. On peut ainsi obtenir, par des réactifs convenables, des préparations à colorations multiples, soit comme couleur, soit comme intensité de couleur, chaque coloration, ainsi que son intensité relative, facilitant les différenciations et même en créant qui, autrement, ne seraient pas perçues.

On peut examiner la coupe suivant la méthode précédemment signalée, en la déposant sur une lame de verre où elle est étalée au sein d'une goutte de liquide, d'eau par exemple, puis recouverte d'une mince lamelle de verre.

Mais, au lieu de *monter la préparation* dans un liquide d'indice quelconque, il y a intérêt à l'imprégner d'une substance liquide ou semi-fluide de même indice de réfraction que le verre. Les coupes, après avoir été soigneusement déshydratées, sont plongées dans différentes essences telles que l'essence de girofle, de bergamote, l'huile de cèdre et surtout dans des dissolutions de résine comme le baume du Canada ou la colophane. Ces résines sont dissoutes au préalable dans du xylol, toluol, térébenthine, chloroforme, etc., et l'on y introduit la préparation qui, après avoir été déshydratée (alcool absolu), a été traitée par le dissolvant de la résine employée. Dans les cas où l'on ne peut pas mettre de lamelles (examen du système nerveux central par le procédé de Golgi), on inclut la préparation dans une couche de baume du Canada dissous dans le xylol. On laisse dessécher à l'air libre. Le dessus de la préparation est donc régulier comme s'il était recouvert d'une lamelle.

Les coupes pratiquées doivent toujours être assez minces pour que, en éclairant la préparation par transparence, elles n'occasionnent pas une absorption trop forte de lumière.

L'examen des coupes sériées (par exemple petits organes, embryons) pratiquées perpendiculairement à un axe déterminé permettra la reconstitution morphologique de l'ensemble de l'objet par la connaissance de ses sections planes qu'il suffira de supposer superposées.

En général, l'objet microscopique est donc examiné dans un liquide et est recouvert par une mince lamelle de verre. Souvent on n'en voit, sans varier la mise au point, qu'une très faible région dans le sens de la profondeur. Cette région correspond à la coupe optique. Ceci ne s'applique évidemment qu'aux coupes un peu épaisses observées avec un objectif puissant de grande ouverture, de peu de profondeur de foyer, par conséquent.

En faisant varier la mise au point, on obtient l'image de coupes optiques superposées. On subdivise ainsi optiquement la préparation en tranches beaucoup plus minces.

L'image microscopique la plus nette que l'on obtiendra en explorant, par des mises au point successives, toute la profondeur de la préparation, sera celle de la surface supérieure de la préparation.

En effet, les rayons lumineux diffusés par la surface de la coupe et devant donner l'image microscopique ne subiront que des réfractions régulières à travers la très mince couche de liquide interposée entre l'objet et la lamelle, la lamelle puis l'air, pour continuer leur réfraction régulière dans le système optique du microscope. Si l'on explore un point inférieur de la préparation, il peut arriver qu'il existe beaucoup de différences entre les indices de réfraction et les courbures des éléments situés au-dessus de la coupe optique examinée. On conçoit que, dans ces conditions, les rayons qui pénètrent dans le microscope ont déjà subi des réfractions irrégulières dans le passage à travers la partie supérieure de la préparation, qui constitue un milieu hétérogène au point de vue optique. Il en résultera des déformations dans l'image, qui ne serait plus en tous ses points rigoureusement semblable à l'objet. En d'autres termes, l'image de la coupe optique ne donnerait pas le même aspect que la coupe réelle correspondante. Réciproquement, pensons-nous, on pourrait montrer que la coupe optique, qui est le plan conjugué du plan de vision pour lequel est adapté l'observateur, n'est plus rigoureusement un plan, mais présente des irrégularités, avancées ou en retraits, suivant la réfraction plus ou moins forte imprimée aux rayons dans les régions supérieures de la préparation.

Les mêmes considérations montrent immédiatement la grande utilité de la lamelle couvre-objet. Si la surface de la préparation n'était pas ainsi aplanie, il y aurait, en général, des variations de courbure plus ou moins prononcées, suivant les différentes régions de la surface. C'est alors surtout que les rayons émis par une section plane de la préparation subiraient, pour en sortir, de très fortes inégalités de réfraction à la surface de l'objet. Ces rayons passant, d'un milieu dense, dans l'air, les inégalités de réfraction deviennent incomparablement plus fortes que celles qui pourraient se produire dans l'épaisseur même de la préparation.

On se rendra bien compte de ces faits en remarquant combien la surface irrégulière d'une lame de verre engendre de déformations pour les images d'objets que l'on regarde au travers. On sait que si la surface est cannelée, par exemple, les objets sont tellement déformés qu'ils peuvent être méconnaissables. Si l'on recouvre la surface des cannelures d'eau, puis d'une plaque de verre plane, la vision est très améliorée. Elle devient bien meilleure encore et parfaite si, au lieu d'eau, on utilise un liquide de même indice que le verre, tel que le baume du Canada. Tel est, à peu près, le rôle de la lamelle dans le montage de la préparation microscopique. Il y a encore d'autres avantages consistant dans l'absence de desséchement de la préparation, la facilité de sa conservation, etc., mais nous n'avons à envisager que son rôle optique.

Dans la pratique, les micrographes évitent les inconvénients qui viennent d'être signalés. Ils les atténuent presque complètement, en imprégnant la préparation de substances lui donnant un indice de réfraction homogène aussi voisin que possible de celui du verre (montage dans le baume et certaines huiles essentielles).

Rôle optique de la lamelle. Augmentation de la distance frontale. Aberrations dues à la lamelle. — On sait que, par suite de la réfraction, les corps plongés dans l'eau ou dans tout autre milieu plus réfringent que l'air paraissent rapprochés de la surface de séparation. Il s'ensuit que le petit verre de recouvrement produit le même effet que si l'objet était légèrement soulevé dans l'air. On doit donc, si, après l'avoir mis au point sans qu'il soit recouvert d'une lamelle, on l'examine recouvert de la lamelle, éloigner un peu l'objectif. Tout se passe comme si la distance frontale de l'objectif avait augmenté.

Soit (fig. 604) A un point de l'objet, que nous supposerons situé dans l'axe du microscope et au-dessous de la lamelle. Un rayon voisin de l'axe, tel que AB_1, émerge suivant B_1E_1, en s'éloignant plus de l'axe que le rayon incident, de manière à satisfaire à la relation $\dfrac{\sin i}{\sin r} = n$. Si nous considérons des épaisseurs différentes de lamelles, telles que Ll_1, Ll_2, Ll_3, nous voyons que les rayons émergents B_1E_1, B_2E_2, B_3E_3 correspondant au rayon incident $AB_1B_2B_3$ seront parallèles. L'image de A sera reportée au point d'intersection de ces rayons B_1E_1, B_2E_2, B_3E_3 avec la normale AN, c'est-à-dire aux points A_1, A_2, A_3. On voit immédiatement que le surélèvement apparent de l'objet est proportionnel à l'épaisseur de la lamelle.

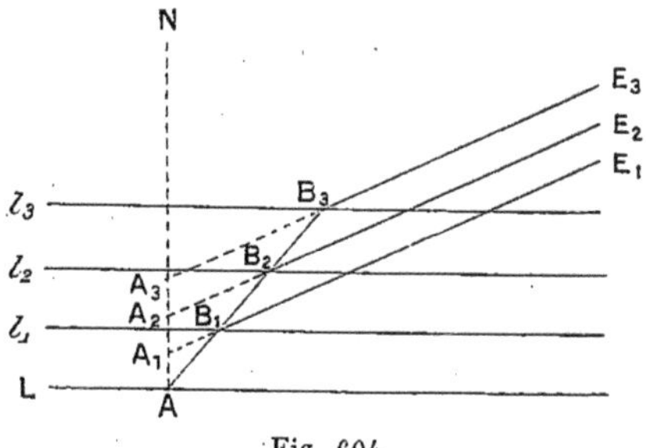

Fig. 604.

· Ce serait là le seul effet remarquable de la lamelle si les rayons issus de A et donnant naissance à son image étaient homocentriques après leur réfraction à travers la lamelle. Ceci peut encore être considéré comme suffisamment exact quand le système optique ne reçoit que des rayons très peu inclinés sur la normale AN. Il n'en est plus ainsi quand, comme dans le microscope, on utilise, pour la production des images, des rayons très inclinés, d'autant plus inclinés que l'objectif a une plus grande ouverture.

La figure 605 montre que les rayons les plus obliques subissent une divergence plus grande que les rayons centraux.

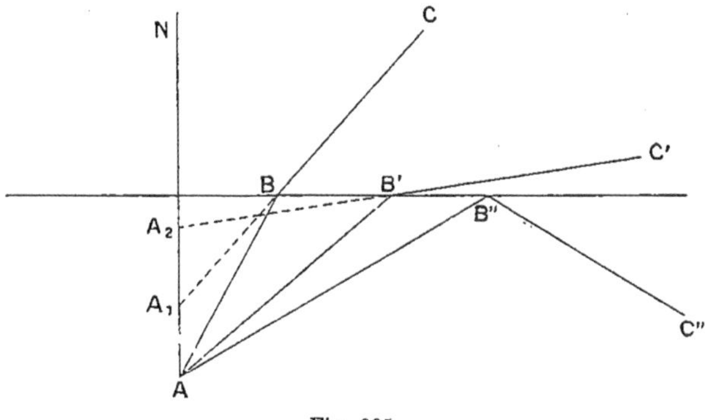

Fig. 605.

gence plus grande que les rayons centraux. En d'autres termes, la direction du rayon émergent rencontre la normale AN en des points d'autant plus rapprochés de la surface supérieure de la lamelle incidente que le rayon correspondant est plus oblique. Si son obliquité correspondait à l'angle limite, qui est de 41°48 pour le passage du verre dans l'air, le rayon se réfracterait suivant une horizontale qui couperait AN à la partie supérieure de la lamelle. Dans le cas où le faisceau oblique de rayons émis de A est même relativement très mince, il ne donne pas naissance à une image de réfraction punctiforme. Si le point A (fig. 606) est un point brillant situé à la partie inférieure de la lame du verre et qu'on le regarde obliquement à travers l'épaisseur de la lame, il apparaît sous forme d'une petite croix lumineuse dont les deux branches (lignes focales) ne sont pas dans le même plan. L'une est dirigée suivant la perpendiculaire AN, abaissée du point A sur la surface d'émergence (axe du point) et plus rapprochée de la surface que le point. L'autre ligne est en avant de l'axe et dans une direction qui lui est perpendiculaire. L'œil ne verrait comme punctiforme l'image surélevée du point A que s'il regardait à peu près normalement suivant la direction AN.

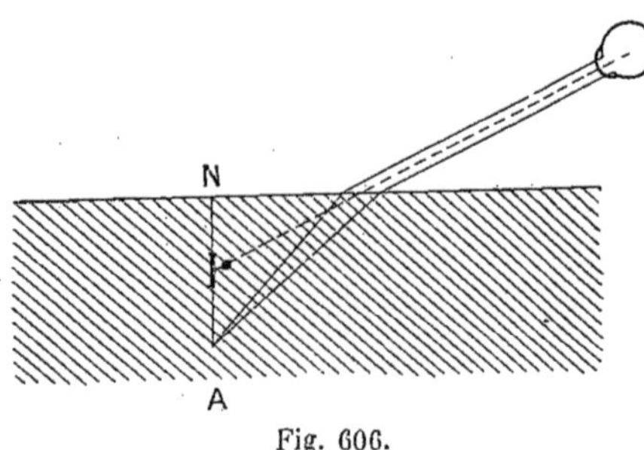

Fig. 606.

Ainsi, un faisceau homocentrique de rayons émis par un point de l'objet n'est plus homocentrique après passage à travers la lamelle. La marche complexe des rayons donne une aberration caractérisée par ce fait que les rayons marginaux tombant sur l'objectif ont des points de sortie apparents plus proches que ceux des rayons centraux. Pour faire concentrer en un point ces faisceaux complexes de rayons, on voit immédiatement que l'objectif ne doit pas être complètement corrigé de ses aberrations, car, s'il l'était complètement, les rayons marginaux qui semblent partir d'un point plus rapproché du foyer de l'objectif que le point d'émergence apparent des rayons centraux se concentreraient plus loin que les rayons centraux.

L'influence exercée par la lamelle est donc de sens contraire à l'aberration que donnerait un objectif non corrigé, puisque, dans celui-ci, les rayons marginaux sont concentrés plus près que les rayons centraux. On conçoit, dès lors, comment l'insuffisance de correction aplanétique de l'objectif peut servir à corriger l'aberration donnée par la lamelle, puisque ces aberrations (excès de déviation sphérique) sont de sens opposés pour les surfaces des différents cônes concentriques de rayons lumineux émis par un point de l'objet.

Correction des aberrations dues à la lamelle par l'objectif à correction. — Les aberrations dues à la lamelle peuvent donc se corriger en laissant une aberration de sens contraire à l'objectif (objectif hypocorrigé) et de valeur égale. Comme l'aberration donnée par la lamelle dépend de son épaisseur, il faut donc, quand on examine avec des lamelles d'épaisseurs variées, pouvoir laisser à l'objectif un défaut d'aplanétisme corrigeant le défaut d'aplanétisme dû à la lamelle et pouvant varier, par conséquent, suivant les conditions de l'observation.

Ce résultat est facilement obtenu en faisant varier la distance des lentilles composant l'objectif, puisque la variation de ces distances fait varier l'aberration de cet objectif (p. 1036).

La compensation de l'aberration due à la lamelle par la création d'une aberration de sens contraire dans l'objectif avait été pratiquée autrefois par Amici (1844), en ajoutant une quatrième lentille derrière les lentilles ordinaires de l'objectif. Si le verre était un peu trop épais, on plaçait un ménisque divergent; s'il était trop mince, un ménisque convergent. Ross laissait fixes les deux dernières lentilles et déplaçait la lentille frontale mobile dans une glissière. Hartnach (correction double de Hartnach) laissait fixe la lentille moyenne et déplaçait en même temps la lentille frontale et la dernière lentille de l'objectif. Dans ces systèmes, outre les inconvénients pratiques des dispositions mécaniques, il y en a un autre qui se manifeste vivement quand on a besoin de corriger rapidement une image : c'est la perte de visibilité de l'objet. Ces séries de disparition et de réapparition de l'objet nécessitent l'emploi continuel et assez étendu des mouvements de mise au point du microscope et compliquent le réglage.

Wenham a proposé de laisser fixe la lentille frontale de l'objectif et de mouvoir les deux autres; dans ces conditions, la mise au point change très peu pendant la correction des aberrations de l'image. C'est cette dernière disposition qui est adoptée. L'objectif porte une bague dite *bague de correction*, portant un pas de vis hélicoïdal dans lequel s'adapte le pas de vis d'un tube portant la deuxième et la troisième lentille de l'objectif. La rotation de la bague élève ou abaisse ces lentilles.

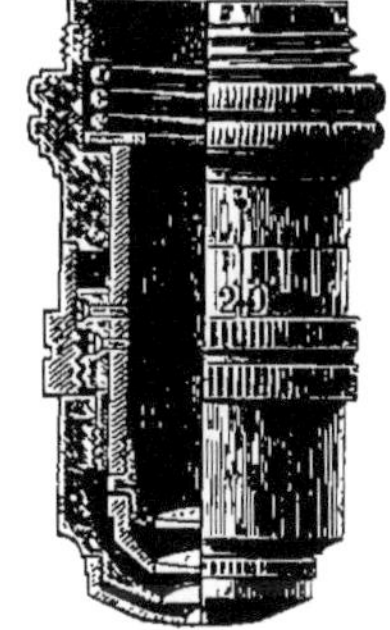

Fig. 607.

La bague de correction porte une division correspondant à un centième de millimètre d'épaisseur pour la lamelle. Un trait gravé sur la partie fixe de la monture indique, sur cette échelle, l'épaisseur du couvre-objet pour laquelle l'objectif est corrigé dans la position donnée de la bague.

Le réglage se fait par tâtonnement, en cherchant la portion du collier donnant le maximum de netteté pour les parties les plus fines de la préparation.

Il peut y avoir intérêt à mesurer l'épaisseur des lamelles, afin d'employer, par exemple, des lamelles de même épaisseur et d'une épaisseur connue pour simplifier la correction. L'épaisseur se détermine au sphéromètre, ou encore avec de petits appareils saisissant la lamelle entre deux pinces et indiquant la distance des deux branches au moyen d'une aiguille mobile sur un cadran amplifiant l'écart, de manière à permettre facilement la lecture du centième de millimètre. On se sert encore de palmers avec vis micrométrique de précision, avec arrêt de pression permettant de se rendre compte du moment de contact. Il suffit de rendre la pointe de la vis mobile dans l'axe de la vis; un léger ressort la maintient en bas et, lorsque la pointe presse sur l'objet, la partie supérieure agit sur l'extrémité d'un levier. Celui-ci, directement ou par multiplication, ou par levier successif à bras inégaux, traduit son refoulement vertical par le déplacement d'une aiguille.

Nous verrons (p. 1092) comment on mesure rapidement au microscope l'épaisseur d'une lamelle, quand il est possible d'effectuer avec précision la mesure des déplacements du microscope pendant la mise au point.

OBJECTIFS A IMMERSION.

L'emploi des objectifs à immersion donne l'avantage d'atténuer, au point de les rendre pratiquement nulles, toutes les aberrations des faisceaux avant leur entrée dans le microscope. Ils donnent une distance frontale plus grande pour l'observation et permettent ainsi l'examen avec des lentilles à plus courte distance focale que la méthode à sec et, en conséquence, l'utilisation de plus forts grossissements. Enfin la méthode d'immersion supprime la diminution de clarté due à la lamelle et permet l'emploi de plus grandes ouvertures numériques auxquelles le pouvoir séparateur est proportionnel.

Diminution des aberrations. — Les remarques précédentes (p. 1060) font comprendre qu'il y aurait avantage à supprimer la réfraction que les rayons émis d'un point de l'objet subissent au passage à travers la lamelle. On évite ainsi l'aberration de réfraction à travers la lamelle, et les faisceaux tombent homocentriques sur l'objectif.

C'est ce qu'on obtient par l'emploi des objectifs à immersion, déjà réalisés par Amici (1844) et qui ont été construits couramment dès 1855 par Nachet et Hartnach. Une goutte d'eau glissée entre la lentille frontale (immersion à eau) et la lamelle atténue déjà notablement les aberrations des rayons utilisés par le microscope, en substituant à l'air interposé entre la lamelle et l'objectif un milieu d'indice se rapprochant plus du verre. Mais la combinaison la plus avantageuse, due à Hartnach (1850), est l'*objectif à immersion homogène* qui réunit la lamelle à la lentille par une goutte d'huile de même indice de réfraction que le verre. Si l'objet est semblablement occlus dans le baume ou tout autre liquide de même indice que le verre, les rayons lumineux issus de la préparation microscopique traversent sans déviation la lamelle et la goutte de liquide d'immersion, la première face de la lentille frontale pour arriver en ligne droite jusqu'à la deuxième face de la lentille frontale, qui doit être considérée comme la première surface réfringente de l'objectif.

On évite donc ainsi toutes les aberrations antérieures à la seconde face de la lentille frontale de l'objectif.

Ceci fait que les objectifs à immersion homogène sont à monture fixe, puisqu'il n'y a pas d'aberrations antérieures à corriger. Il importe d'utiliser comme liquide d'immersion des substances ayant même indice de réfraction que le verre de la portion antérieure de la lentille frontale et que le verre de la lamelle, pour obtenir le meilleur effet.

S'il existe une différence entre ces indices, l'épaisseur de la lamelle exerce son influence sur les légères aberrations créées par la petite réfraction des faisceaux avant leur entrée dans l'objectif.

Ces aberrations faibles peuvent se corriger en allongeant ou en raccourcissant le tube du microscope. Ceci revient à mettre au point sur un point de l'axe du microscope antérieur ou postérieur à celui pour lequel il a été corrigé au point de vue de l'aplanétisme et, par conséquent, à créer une aberration qui rendra, dans les conditions nouvelles d'observation, l'objectif hyper- ou hypocorrigé et permettra donc, par compensation, la correction de la légère aberration du faisceau incident.

Augmentation de la distance frontale. — Nous avons vu que le soulèvement apparent de l'objet par une lame d'indice supérieur à celui de l'air était d'autant plus grand que la lame était plus épaisse. Le surélèvement sera donc maximum quand la surface réfringente qui forme le couvre-objet se continuera jusqu'à l'objectif par la couche de liquide interposée (Gariel, *Traité de physique médicale*, p. 601). Inversement, on voit que, pour une même distance réelle de l'objet à l'objectif, c'est-à-dire pour une même distance frontale, on devra employer un objectif de distance focale d'autant plus petite et, par conséquent, de plus grande puissance, que la lame plane solide ou liquide, d'indice de réfraction supérieur à l'air, placée au-dessus de l'objet sera plus épaisse. Il sera donc possible d'atteindre, avec des objectifs à immersion, des grossissements que l'on ne saurait obtenir avec des objectifs secs.

Accroissement de l'ouverture numérique, c'est-à-dire du pouvoir séparateur et de la clarté. — Les pertes de lumière sont diminuées et sont moindres que dans l'examen à sec. Il n'y a plus de pertes de lumière par réflexion sur la surface supérieure du couvre-objet, ni sur la face antérieure de l'objectif.

D'autre part, l'emploi de l'objectif à immersion permet l'utilisation d'un faisceau de rayons plus large émanant de l'objet; or, c'est de l'ouverture de ce faisceau que dépend une qualité essentielle du microscope : le pouvoir séparateur.

Considérons, en effet, les rayons émis par un point de la préparation que nous supposerons au-dessous de la lamelle dans l'axe du microscope : les seuls rayons qui concourront à la formation de l'image en pénétrant dans le microscope sont ceux qui traverseront la lamelle sous une incidence inférieure à 42°, angle limite pour le verre au contact de l'air. Pour toute incidence supérieure, le rayon ne peut sortir et est réfléchi entièrement par la lamelle.

Dans ces conditions, pour recueillir tout le faisceau il faudrait un objectif permettant l'utilisation d'un faisceau s'étalant dans toutes les directions de la normale à l'horizontale, c'est-à-dire un objectif dont l'ouverture serait de 180°. Un tel objectif ne recevrait que des rayons émanant du point de l'image compris dans un cône dont l'ouverture, l'angle au sommet, serait de 84° $= 42° \times 2$.

Si, entre la lamelle et la lentille frontale du microscope, on place une goutte d'eau qui s'étale entre les deux surfaces, l'angle limite du passage des rayons du verre dans l'eau étant de 63°, les rayons qui passent à travers la lamelle sont compris dans l'intérieur d'un cône dont l'angle au sommet est $63 \times 2 = 126°$. Ces rayons seraient reçus par un objectif dont l'ouverture serait de 180°.

Enfin, il est évident que l'objectif supposé d'une ouverture déterminée pourrait recevoir des rayons incidents correspondant à cette obliquité. Par conséquent, un objectif à immersion homogène recevra, si son angle d'ouverture est de 84°, un cône de rayons émanant de l'objet ayant une ouverture de 84°. Ce cône, pour être reçu par un objectif à sec, exigerait un objectif sec de 180° d'ouverture. Dans le cas de l'immersion à eau, on remarquera qu'un rayon incliné de 42° sur l'axe prend, après passage du verre dans l'eau, une inclinaison de 48°5. Il faudra donc, pour recueillir dans un objectif à immersion d'eau un faisceau de rayons émanant de l'objet sous un angle de $42° \times 2 = 84°$, que cet objectif ait une ouverture de $48°5 \times 2 = 97°$.

Ainsi, un objectif à immersion homogène de 84° recevra autant de lumière qu'un objectif à immersion d'eau de 97° et qu'en recevrait un objectif sec de 180°.

Nous pouvons présenter ces résultats sous une autre forme. Soient (fig. 608),

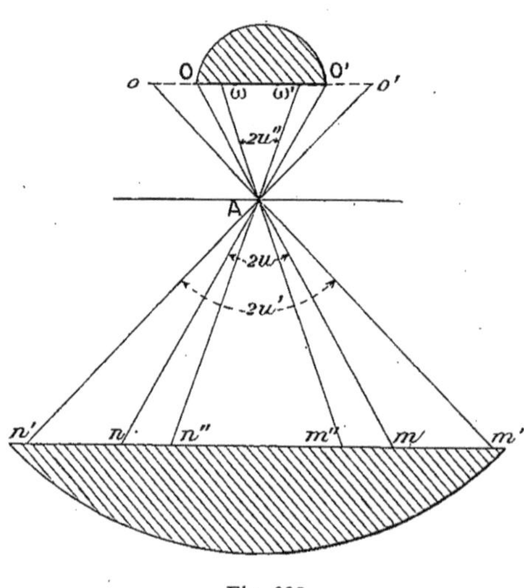

Fig. 608.

OO' la lentille frontale de l'objectif, A un point de l'objet dans l'axe du microscope et u le demi-angle d'ouverture. Supposons d'abord que l'observation soit faite dans l'air, et qu'au-dessous de l'objet placé à sec dans l'air se trouve le système d'éclairage, par exemple une lentille condensant la lumière sur l'objet. Le cône des rayons utilisés par l'objectif pour donner l'image du point A sera le cône mAn, qui, prolongé, déterminera la portion mn de la surface de la lentille servant à l'éclairement, de telle sorte que $mAn = OAO' = 2u$.

Si maintenant l'observation est faite dans un milieu d'indice de réfraction égal à n, le cône de rayons lumineux OAO' pénétrant dans l'objectif étant supposé tracé en sens inverse de sa marche jusqu'à l'appareil d'éclairage sera $m'An'$! Il sera $m'An' = 2u'$ avec la relation $\sin u' = n \sin u$.

Le cône $(2u')$ de rayons utilisés est donc condensé après son passage de l'air dans le point de la préparation à immersion, ce qui permet, peut-on dire, l'utilisation d'une plus grande quantité de rayons à égalité d'angle d'ouverture pour l'objectif. Une ouverture de $2u'$ à sec correspond donc à une ouverture de $2u$ à immersion dans un liquide d'indice n. En d'autres termes, la quantité de lumière (de rayons) utilisée par l'objectif à immersion fonctionnant à pleine ouverture oo' (angle $2u$) sera la même que s'il travaillait à sec avec l'ouverture OO' (angle $2u'$). On devra donc définir à ce point de vue l'ouverture par une quantité qui devra être numériquement la même pour un objectif d'ouverture $2u'$ travaillant à sec et un objectif d'ouverture $2u$ travaillant à immersion dans un liquide d'indice n. C'est ce qui arrive quand on définit l'ouverture par l'ouverture numérique, c'est-à-dire le produit de l'indice par le sinus du demi-angle d'ouverture. On a bien en effet alors

$$1 \times \sin u' = n \sin u.$$

Le même raisonnement peut encore s'effectuer en supposant que le cône mAn de rayons éclairant le point A ne subit pas de variation pendant les deux observations, l'une faite à sec, l'autre à immersion. Dans l'observation à sec, c'est ce cône d'ouverture $2u$ prolongé, sans réfraction, qui vient remplir toute la surface libre OO' de l'objectif. Si, entre le point A et l'objectif, se trouve interposé sans solution de continuité un milieu d'indice n supérieur à l'air, le cône mAn d'ouverture $2u$ précédemment utilisé se trouve condensé par la réfraction en un cône d'ouverture $\omega A\omega' = 2u''$ n'intéressant plus qu'une portion réduite de l'objectif. Ces angles d'ouverture inégale auxquels correspondent la même quantité de lumière (de rayons) ont des ouvertures numériques égales :

$$n \sin u'' = \sin u.$$

On remarquera que, pour bénéficier de l'immersion, il ne doit y avoir aucune interruption de liquide entre la préparation et la lentille frontale. Une discontinuité dans le milieu, par exemple une lame d'air, ferait, en effet, reprendre au faisceau émanant de A une divergence égale (passage du baume dans l'air) à la concentration subie par un faisceau lors de son arrivée dans le baume.

Dans la première observation faite dans l'air, l'éclairement de l'image du point A est proportionnel à l'angle solide du cône d'éclairage utilisé, c'est-à-dire à $\sin^2 u$.

De même, dans la seconde observation par immersion dans le liquide d'indice n, la clarté, en négligeant évidemment toute perte par absorption ou réflexion, est proportionnelle à $\sin^2 u'$, c'est-à-dire à $n^2 \sin^2 u$.

L'éclairement est dans tous les cas proportionnel au carré de l'ouverture numérique. Si l'objet, au lieu d'être éclairé par transparence, était, par exemple, supposé lumineux par lui-même, il aurait, examiné dans le liquide d'indice n, un pouvoir émissif n^2 fois plus grand que dans l'air (Clausius). Par conséquent, à un même angle $(2u)$ d'ouverture (dans l'air et le baume) il donnerait encore une clarté proportionnelle au carré de son ouverture numérique. Celle-ci est de $\sin u$ dans l'observation à sec et de $n\sin u$ dans l'observation à immersion dans un liquide d'indice n. On a, en effet,

$$\frac{n^2 \sin^2 u}{\sin^2 u} = n^2.$$

Si nous réunissons ici, à propos de cette question, toutes les données relatives à l'ouverture numérique, nous voyons que :

1° Le pouvoir séparateur est proportionnel à l'ouverture numérique (Voy. p. 1048);

2° Le pouvoir délimitant ou définissant et la profondeur de foyer sont inversement proportionnels à l'ouverture numérique (Voy. p. 1054);

3° La clarté est proportionnelle, toutes choses égales d'ailleurs, au carré de l'ouverture numérique.

DE L'ÉCLAIRAGE DU MICROSCOPE.

Chaque point lumineux de l'objet microscopique donne une image lumineuse punctiforme correspondante dans l'image vue au microscope. C'est la différence entre les colorations et les intensités de la luminosité de ces différents points qui donne la notion de l'image vue au microscope. Pour que cette image donne *directement* (et c'est ce qu'on lui demande évidemment le plus souvent) des renseignements sur les qualités morphologiques d'un objet, il faut donc qu'il existe une similitude complète entre l'apparence de l'objet, s'il pouvait être examiné directement, et l'apparence des luminosités que prend son image donnée par le microscope. Pour qu'il en soit ainsi, il faut remplir certaines conditions d'éclairage. L'objet étant suffisamment éclairé doit se comporter, par rapport à l'appareil optique, comme un objet lumineux. En d'autres termes, l'objectif ne doit admettre que des rayons diffusés par l'objet et ne doit pas en recevoir d'autres.

On sait, en effet, qu'un objet éclairé par de la lumière diffuse et renvoyant cette lumière diffuse dans un système optique a une image absolument semblable à l'objet. C'est, par exemple, ce qui se trouve réalisé dans la photographie ordinaire. En supposant toutes les aberrations corrigées, les différents points de l'image occuperont des positions homologues à celles des points correspondants de l'objet et dépendant de la puissance de l'instrument. Les clartés relatives des différents points de l'image seront également conservées, puisque la clarté de chaque point de l'image sera égale à la clarté de chaque point correspondant de l'objet multipliée par la clarté de l'instrument, celle-ci étant une constante dans les mêmes conditions d'observation.

La condition précédemment énoncée peut n'être pas remplie si, outre les rayons émis par les différents points de l'objet éclairé diffusément, l'objectif peut en recevoir d'autres. L'aspect de l'image microscopique, tenant finalement à la manière dont se répartissent sur le plan de l'image microscopique les deux faisceaux réfractés par le microscope, n'est plus, dans ces conditions, nécessairement identique à l'aspect de l'objet examiné directement dans des conditions ordinaires d'éclairage.

On voit donc bien toute l'importance de l'éclairement de la préparation et comment il peut retentir sur l'aspect des images. Nous verrons, en outre, que cet éclairement doit remplir certaines conditions pour permettre l'utilisation d'une ouverture déterminée de l'objectif.

Les objets examinés au microscope et soumis seulement à l'éclairage ordinaire à la lumière diffuse ne donneraient pas, surtout avec des grossissements un peu forts, des images suffisamment lumineuses pour qu'on puisse en faire une utile interprétation. Il convient d'avoir recours à des procédés d'éclairage.

Éclairage oblique par en haut, par en bas. — Il est évident que si l'on fait tomber sur l'objet soit par en haut, soit par en bas, un faisceau de rayons lumineux dans des conditions telles que l'objectif ne reçoive pas de rayons réfléchis ou pas de rayons réfractés, les conditions d'éclairage seront parfaitement remplies. Le microscope ne recevra que de la lumière diffusée par l'objet qui, se comportant comme un objet lumineux, donnera une image agrandie identique comme aspect à l'objet vu directement. Comme on a intérêt à donner une grande luminosité à l'image, on utilise des faisceaux de lumière immergeant vers la préparation et suffisamment obliques pour que les rayons qui traversent ou qui sont réfléchis par la préparation n'entrent pas dans l'objectif. Si la surface de la préparation n'est pas plane, si elle n'est pas montée, et même, dans le cas d'une préparation montée, si elle l'est dans un milieu d'indice différent de l'indice de l'objet, on conçoit qu'il se produise dans l'éclairage oblique des réflexions ou des réfractions donnant des faisceaux susceptibles de pénétrer dans l'objectif et, par conséquent, susceptibles de faire varier l'aspect de l'image de la préparation. Dans ce cas, il pourrait en résulter des apparences illusoires et il faut, en tout cas, se livrer à une interprétation de l'image pour acquérir la notion exacte de l'objet.

Éclairage par transparence. — On place sous l'objet une source intense de lumière, de façon que les rayons tombent, après avoir traversé l'objet, directement dans l'objectif. Si la préparation est suffisamment différenciée au point de vue de sa transparence, soit naturellement, soit artificiellement au moyen de *colorations* de certains de ses éléments, la lumière réfractée diffusément par l'objet disparaît en comparaison de celle venant directement de la source lumineuse, et les singularités de l'objet apparaissent en contraste sur le fond de l'image donnée par le microscope. Ceci montre tout l'intérêt qu'il y a à observer des préparations convenablement colorées, et la pratique des micrographes est fixée depuis longtemps sur ce point.

Une préparation transparente, mais présentant des variations brusques de réfraction, variation forte de l'indice du milieu accompagnée de courbure forte des parties réfringentes, peut montrer des opacités dans l'image dont l'interprétation doit se traduire, non pas nécessairement par une opacité réelle de ces portions, mais par l'existence de réfractions locales intenses dans des parties limitées de la préparation. Ces aspects prennent naissance quand les particularités ne se trouvent pas exactement dans le plan de la coupe optique correspondant à l'image observée. J'ai coutume de montrer ce fait en recevant sur un écran la lumière d'une source punctiforme. Entre l'écran et la source on interpose une lentille de verre dont les bords sont extrêmement minces. Suivant la position donnée à l'écran, la lentille manifeste sa présence de façon différente. Elle donne sur l'écran un disque plus clair entouré d'une zone sombre, quand la section du faisceau réfracté est plus petite que la section du cône d'ombre que projetterait la lentille si elle était opaque (fig. 609, II). Elle ne manifeste plus sa présence quand la section du faisceau réfracté reçue sur l'écran est égale à la section du cône d'ombre considéré (fig. 609, III). Enfin, si l'écran est placé de telle sorte que la section du faisceau (réfracté) soit plus grande que la section du cône d'ombre projeté par la lentille, l'image est celle d'un disque assombri entouré d'une zone plus lumineuse que le fond de l'écran (fig. 609, I).

Des aspects analogues, mais évidemment plus complexes, se peuvent manifester dans les images données par le microscope; ils sont caractérisés par

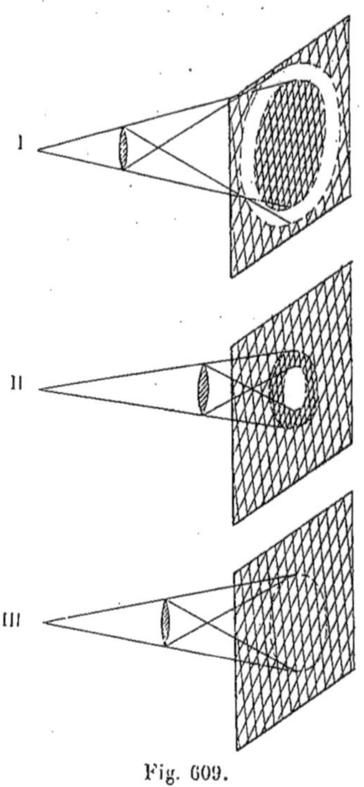

les variations que l'on obtient dans les aspects de l'image quand on fait varier la mise au point. Des apparences plus lumineuses succèdent à des apparences obscures. Le changement de mise au point correspond au déplacement de l'écran dans l'apparence précédente, car l'aspect observé est celui qui serait produit sur un petit écran occupant la position de la coupe optique correspondant à l'image donnée par le microscope. Pour vérifier l'influence de l'éclairage sur l'aspect, on peut, sans varier la mise au point, varier l'éclairage, le rendre convergent ou divergent. L'aspect de l'image subira des variations, tout comme dans l'expérience précédente varieraient, pour une même position de la lentille et de l'écran, les ombres et les luminosités de l'écran, si l'on rapprochait ou éloignait la source lumineuse. Il y a deux mises au point pour lesquelles un corpuscule de forme lenticulaire sphérique ne manifesterait pas sa présence sur l'image donnée par le microscope, à supposer que ce corpuscule

Fig. 609.

donne une réfraction sphérique régulière, soit à bords minces, et ait la même transparence que le milieu : c'est quand la coupe optique passerait par le diamètre du corpuscule lenticulaire ou par le plan dans lequel le cône de rayons qu'il réfracte a la même section que le cône d'ombre qu'il projetterait s'il était opaque. En dehors de ces conditions, d'une réalisation difficile, le corpuscule manifestera toujours sa présence.

Emploi du miroir. — L'éclairage par transparence est facilité, dans la pratique, en utilisant un miroir sphérique plan, concave ou convexe, qui, placé en dessous de la préparation, envoie sur celle-ci la lumière venant soit du ciel, soit d'une source de lumière artificielle placée latéralement.

Si l'on utilise la lumière du ciel ou celle émise par un très large écran diffusif, il est facile de se rendre compte que la courbure du miroir n'a plus d'influence sur la clarté. Si l'étendue de la surface éclairante est telle, par rapport à celle du miroir, que celui-ci puisse être considéré comme recevant également en chaque point de la lumière dans toutes les directions, chaque point de la surface du miroir enverra également la même quantité de lumière dans tous les sens, dans la direction de la préparation. L'éclairement se fera comme si chaque élément infiniment petit de la surface diffusait lui-même de la lumière, c'est-à-dire comme si la surface même du miroir était lumineuse. Chacun de ces éléments infiniment petits de surface peut être considéré comme plan et se comporte comme un plan lumineux diffusant de la lumière, indépendamment de la direction que ce petit plan affecte par rapport à une direction fixe qui peut être, par exemple, l'axe du miroir. L'éclairement est donc indépendant de la direction, de l'obliquité, de chaque petit élément de surface par rapport à l'axe du miroir, c'est-à-dire indépendant de sa courbure. Et, de fait, le miroir apparaît *dans la même clarté*, qu'il soit plan, convexe ou concave, ce qui montre que, dans ce mode d'éclairage avec la lumière du jour, la courbure du miroir est indifférente. Les micrographes donnent en effet la préférence, tantôt au miroir plan, tantôt au miroir concave, ce qui s'explique, puisque rien ne légitime dans ce cas l'emploi de l'un plutôt que celui de l'autre.

Les conditions changent complètement si, au lieu de la lumière du ciel ou de celle d'une source diffusante très large par rapport au miroir, on utilise une source de lumière punctiforme ou de petite dimension, telle, par exemple, la flamme d'une lampe placée à une certaine distance. Les rayons tombant sur le miroir diffèrent peu d'une obliquité déterminée, ce qui montre que les raisonnements précédents ne sont plus applicables, et, pour obtenir un éclairage intense, il convient d'employer un miroir concave. Il est incliné par rapport à la source lumineuse que l'on place à une certaine distance, de telle sorte que les rayons réfléchis se rencontrent sur la préparation. La préparation et la source lumineuse occupent donc la position de deux foyers conjugués par rapport au miroir ; en d'autres termes, on doit, avec le miroir, former l'image réelle et lumineuse de la source dans le plan de la préparation.

On peut, quand on se sert d'un miroir pour l'éclairage par transparence de la préparation, considérer, quelle que soit sa courbure, les rayons éclairant un point a de la préparation comme émanant des différents points du miroir. Cherchons la portion du miroir renvoyant des rayons susceptibles d'être utilisés par l'objectif, c'est-à-dire la portion de la surface réfléchissante réellement utile à l'éclairement. Si OO' est l'ouverture de l'objectif, la surface du miroir S pourra sans inconvénient être réduite à sa section mn par le cône OaO' supposé prolongé, sans que l'éclairement du point a subisse de variation, puisque aucun des rayons renvoyés par des points du miroir en dehors de la surface mn ne peut pénétrer dans l'objectif. On voit que, si le miroir était plus éloigné, sa surface utilisée serait plus grande. Lorsque la surface réelle du miroir est plus petite que le serait sa surface

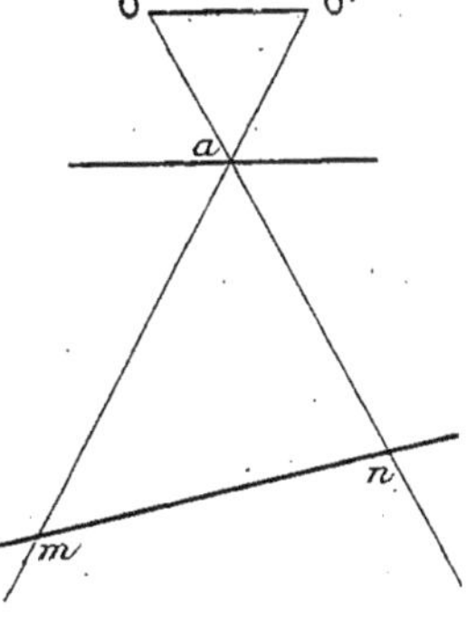

Fig. 610.

géométrique sectionnée par le cône OaO', toute la surface du miroir travaillera effectivement à l'éclairement de l'image donnée par le microscope, mais on n'utilisera plus alors les parties périphériques de l'objectif pour la réfraction des rayons. On effectuera l'observation comme si l'on employait un objectif de moindre ouverture, c'est-à-dire qu'on n'utilisera pas tout le pouvoir séparateur de l'instrument.

De plus, il est évident que, si l'objet est éclairé par transparence par des rayons dont l'ouverture est moindre que celle de l'objectif, la clarté décroît, toutes choses égales d'ailleurs, comme le carré de l'ouverture des rayons éclairants (ou comme l'angle solide des rayons), c'est-à-dire comme la surface utilisée de l'objectif.

Dans l'emploi du miroir concave, on forme une petite image lumineuse de la source au niveau de la préparation. Il faut, pour que l'on ait effectivement le champ d'observation maximum, que le champ d'éclairage mesuré sur la préparation microscopique recouvre largement le champ d'observation évalué de la même façon.

Ces considérations montrent que, pour pratiquer correctement l'observation en éclairant par transparence, on doit utiliser une source de lumière homogène et assez large pour donner une clarté uniforme au champ, et faire en sorte que l'ouverture des rayons éclairants ne soit pas inférieure à celle des rayons admis par l'objectif. Cette ouverture est rendue variable par l'emploi du condensateur.

Condensateur. — C'est un appareil (objectif renversé) fonctionnant à la manière d'un objectif, mais en sens inverse, que l'on place au-dessous de la préparation, de manière à former sur elle une image nette de la source, en réglant l'ouverture du cône lumineux et en la modifiant suivant les besoins de l'examen.

Moitessier se servait déjà du condensateur pour l'éclairage des préparations micrographiques à photographier ; mais c'est depuis Abbe (1871) que l'emploi de cet instrument s'est généralisé dans les observations microscopiques. Les constructeurs en fabriquent différents modèles, dont nous n'avons pas à donner la description (Zeiss, Nachet, Powell et Lealand, Walson, etc.), et qui se rapprochent tous, plus ou moins, de ceux de Abbe. Les uns sont à deux ou à trois lentilles ; dans certains l'achromatisme est recherché avec soin (condensateur achromatique de Abbe) ; dans d'autres, il est négligé (condensateur chromatique de Abbe). Ces derniers donnent évidemment, comme les loupes non achromatisées, un champ d'éclairage uniformément blanc au centre, en lumière naturelle, tout comme une loupe non achromatisée. L'emploi de ce dernier condensateur serait à rejeter dans les observations délicates, d'après Nelson et Bolles Lée (*La cellule*, t. XIX, p. 418, 1902), à cause de sa très grande aberration sphérique qui, donnant 5/8 de millimètre entre les distances des foyers des zones centrales et marginales, ne permettrait pas la projection exacte de l'image de la flamme sur le plan de la préparation, ce qui serait demandé dans une observation correcte.

Les figures 611 et 612 indiquent l'emploi du condensateur de Abbe que l'on place au-dessus du miroir dans un manchon auquel on peut le fixer par la vis r. En p se trouve la manette commandant un diaphragme iris dont le jeu a pour objet de faire varier l'ouverture du cône d'éclairage. La plus petite ouverture correspond à un diamètre de 1 millimètre, la plus grande à un diamètre de 32 millimètres. En u et u' sont deux vis de réglage qui servent à centrer l'instrument. Le jeu du pignon s élève ou abaisse l'appareil d'éclairage.

On peut également utiliser comme condensateurs des objectifs, en les plaçant dans uue monture spéciale permettant l'adaptation du manchon qui recevait le condensateur (fig. 613). Enfin, certains modèles (grand appareil à éclairage de Abbe; condensateur de Nachet, fig., p. 1083) permettent d'écarter à volonté l'appareil condensateur, qui peut ainsi être ou non utilisé. Dans ces combinaisons, il existe un diaphragme iris, placé très près de la face

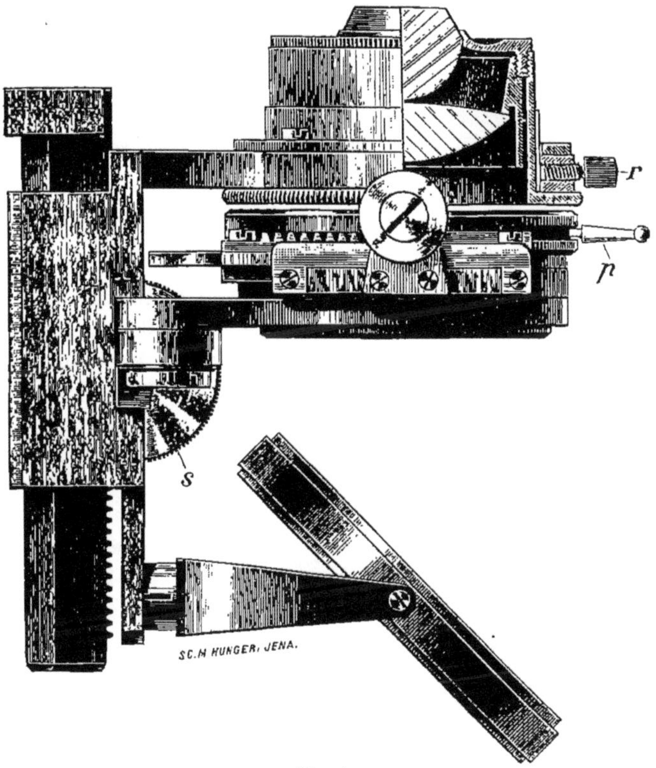

Fig. 611.

inférieure de la préparation, et dont on peut user dans l'éclairage sans condensateur pour modifier, quand on emploie seulement le miroir pour l'éclairage, l'ouverture des rayons éclairants, c'est-à-dire pour faire varier la surface utilisée du miroir.

On construit des condensateurs à court foyer et à grande ouverture pour les objectifs forts, et des condensateurs plus faibles pour les objectifs moyens et faibles, leur longueur focale courante étant respectivement de 6 millimètres, 12 et 18 millimètres. Quelques condensateurs sont faits de telle sorte que, en enlevant la lentille supérieure, le restant du système optique forme un condensateur plus faible propre à l'utilisation des faibles objectifs. Enfin, il est évident qu'il y a lieu de s'occuper dans la construction, pour les condensateurs forts, de leur distance frontale, qui doit être suffisante pour permettre l'emploi des porte-objets épais sur lesquels sont montées les préparations.

Les condensateurs étant des objectifs renversés destinés à donner dans le

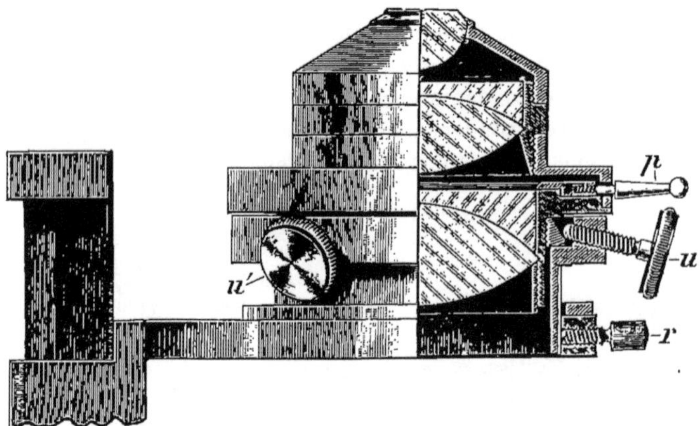

Fig. 612.

plan commun de l'objet une image de la source lumineuse, on peut les faire fonctionner à immersion, en plaçant entre la lentille supérieure du condensateur et la face inférieure de la lame porte-objet une goutte de liquide de même indice que le verre. On obtient ainsi, pour les condensateurs à immersion, les mêmes avantages que ceux précédemment énoncés pour les objectifs à immersion, à savoir l'augmentation de la distance frontale et de l'ouverture numérique que l'on pourra ainsi augmenter de manière à la rendre égale à celle de l'objectif employé, ce qui, théoriquement, permet la meilleure observation.

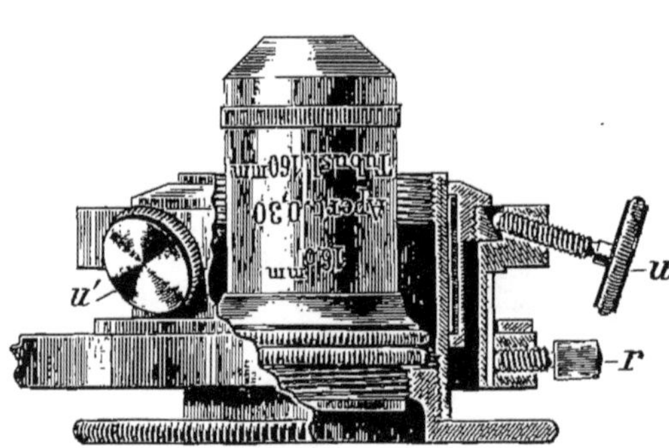

Fig. 613.

On peut, si l'on emploie une source de lumière d'éclat uniforme, utiliser le condensateur de manière à produire au niveau de la préparation l'image renversée de la source. On peut aussi, d'après ce que nous avons vu, considérer la surface réfléchissante du miroir comme une surface diffusante, — et cela quelle que soit sa courbure quand la source est très large, — et faire coïncider avec le plan de la préparation l'image de cette surface. Dans ces dernières conditions, les différences de clarté entre les diverses régions de la source éclairante n'apparaissent pas et l'uniformité de l'éclairage ne dépendra que du degré d'homogénéité de la surface réfléchissante. On peut encore, si l'objectif est à long foyer et la source de lumière étroite, former sur la lentille frontale de l'objectif, s'il est à long foyer, l'image nette de la source lumineuse.

Les micrographes semblent d'avis que l'image idéale s'obtient en plaçant l'objet au sommet d'un cône d'éclairage axial et plein d'un angle égal à l'ouverture de l'objectif employé.

Comme l'image de la source est très petite dans ce réglage, cela peut être gênant pour l'observation, l'étendue visible de la préparation n'étant pas toute éclairée. On abaisse alors le condensateur, ce qui augmente l'étendue de l'illumination de l'objet et peut être précieux pour des observations courantes. Il faudra se souvenir que, si l'on veut examiner le mieux possible un détail, il conviendra de relever le condensateur pour que l'image de la source soit au point sur l'objectif.

Réglage du condensateur. — On le centre en plaçant sur la platine du microscope un petit objet que l'on centre par rapport au champ du microscope à l'aide d'un objectif faible (16 millimètres, par exemple), l'oculaire employé restant en place. On ferme l'iris à peu près complètement, et l'on fait remonter ou descendre le condensateur jusqu'à ce que l'ouverture de l'iris soit au point. On centre alors, au moyen des vis de réglage, l'image de l'iris sur l'objet. Ceci suppose que le condensateur se déplace exactement suivant l'axe de l'instrument et que les objectifs sont suffisamment bien montés pour que la substitution de l'un à l'autre n'altère pas la position de l'axe.

Le centrage de la flamme s'opère en déplaçant le miroir qui renvoie ses rayons dans le condensateur.

La mise au point du condensateur sur l'objet se fait en visant, par un objectif de faible foyer et ayant, par conséquent, un grand champ, l'image de la source que l'on amène en élevant ou abaissant le condensateur dans le plan de la préparation.

Le réglage du cône d'éclairage se fait après avoir complètement ouvert l'iris en enlevant l'oculaire et en regardant dans le tube. Si le champ apparaît comme un disque lumineux emplissant toute la surface de la lentille supérieure de l'objectif (diaphragme de l'objectif), on peut diminuer l'ouverture jusqu'au moment où le bord du diaphragme empiète sur le disque. On règle quelquefois le cône des rayons (réglage aux trois quarts, réglage au demi) en diminuant l'ouverture du diaphragme de manière à n'utiliser qu'une partie centrale de l'objectif. Dans ces conditions, la surface du disque lumineux précédemment observé est envahie par l'ombre du diaphragme. La pratique montre qu'il peut y avoir intérêt à ne pas examiner avec un cône d'éclairage plein et large, mais à le restreindre de manière à diminuer l'ouverture de l'objectif, s'il n'est pas bien corrigé de ses aberrations pour les zones périphériques.

Éclairage central, éclairage oblique, influence de l'éclairage sur l'aspect de l'image. — En somme, par le jeu du diaphragme, on peut éclairer l'objet par un cône étroit : *éclairage central*, ou par un cône large : *éclairage oblique*. On substitue quelquefois au diaphragme à ouverture centrale des diaphragmes qui, pleins au centre, ne laissent passer que des rayons périphériques.

Il y a une influence nette de l'éclairage sur l'image observée.

Les contours de l'image microscopique sont d'autant plus nets et plus accusés (pouvoir délimitant ou définissant) que l'ouverture du cône éclairant est plus étroite : ceci est vrai surtout pour des objets transparents, non colorés, visibles seulement *par leurs images de réfringence*. Si l'on examine de tels objets avec un condensateur éclairant à pleine ouverture, les images deviennent indistinctes. Ceci peut s'expliquer par le fait évident que l'image de réfringence est d'autant moins nette que le pinceau des rayons qui traverse la particularité réfringente de l'objet admet des rayons d'obliquité notablement différente. Cette proposition, exacte pour des corps réfractant régulièrement la lumière comme les lentilles, l'est aussi pour des corps réfringents de forme quelconque faisant partie de la préparation microscopique.

Ce défaut de netteté des images dans l'éclairage avec un cône large n'existera plus s'il s'agit d'une préparation très bien colorée dont les éléments sont très différenciés et produisent l'*image par absorption* de toutes ou de certaines radiations : c'est ainsi qu'en bactériologie on emploie avec avantage le condensateur à pleine ouverture (éclairage de Koch). On bénéficie ainsi de tout le pouvoir séparateur ou résolvant du microscope.

Les cônes très étroits donnent des images de diffraction entourant les contours des objets opaques ; les larges cônes permettent la résolution de structures très fines, mais diminuent la netteté des contours ainsi que la profondeur.

On fait varier l'intensité de l'éclairage par l'interposition, entre la lumière et le miroir ou entre le miroir et le condensateur, d'écrans colorés ou de verres fumés. Une variation d'éclat obtenue par le réglage du miroir, du condensateur et l'emploi des diaphragmes donne, outre le changement d'éclat, une modification du mode d'éclairage, car on change ainsi l'ouverture du cône éclairant. Ainsi, en rétrécissant l'ouverture du condensateur, la netteté augmente jusqu'à une certaine limite, parce que le pouvoir délimitant augmente par l'utilisation seule des régions centrales de l'objectif. Cette plus grande netteté ne tient donc pas nécessairement à la diminution d'éclairement concomitante.

On reconnaît l'influence de la clarté en faisant varier l'éclairement par la seule interposition de verres absorbants. On voit ainsi qu'un trop fort éclairement empêche la perception des fins détails, voile en quelque sorte l'image microscopique. C'est un phénomène d'ordre physiologique tenant à l'éblouissement de l'œil, à l'irradiation de la sensation. On peut se convaincre de ce fait en regardant un filament de lampe à incandescence. Il n'apparaît nettement que si l'on diminue sa luminosité en le regardant, par exemple, à travers un verre fumé, un petit trou, en déplaçant devant l'œil un écran percé de fentes, en clignant de l'œil. Le filament ne se délimite pas (surtout si la lampe est survoltée) en le fixant directement.

Le déplacement de l'œil au-dessus du microscope (cette remarque a été pratiquement faite par M. Prenaut) peut permettre quelquefois la perception plus aisée de certains détails très fins. Les phénomènes de fatigue et d'irradiation sont en effet atténués, car l'excitation n'est plus continue sur le même point de la rétine.

DE L'IMAGE DONNÉE PAR LE MICROSCOPE.

Nous avons déjà vu incidemment, à propos du rôle de la lamelle et de l'éclairage, que l'image donnée par le microscope pouvait être modifiée dans son aspect par les circonstances dans lesquelles se faisait l'observation optique. Ces circonstances peuvent tenir à l'éclairage, qui, si le cône n'est pas réglé dans le plan de l'image, peut donner naissance, le long d'un contour opaque, à une striation due à la diffraction. De même, dans l'examen d'une coupe un peu épaisse, la section de la coupe que l'on met au point (coupe optique) donne une image dans laquelle interviennent les propriétés optiques des milieux que la lumière rencontre dans la préparation, soit en deçà, soit au delà de la coupe optique. En somme, l'interprétation directe de l'image microscopique, assignant à l'objet, avec la réduction du grossissement, tous les détails visibles sur l'image comme lignes, contours, opacités relatives, etc., pourrait parfois donner lieu à des apparences illusoires. Non pas, peut-être, pour des histologistes qui savent s'en affranchir, car ils interprètent ce qu'ils voient, varient dans les cas délicats les circonstances de l'observation et, surtout, préparent et montent leur préparation suivant une technique soigneusement établie ayant pour résultat de tendre à débarrasser complètement l'image de ces apparences que l'on ne retrouverait pas matériellement dans l'objet ou qu'ils ne sont pas habitués à interposer.

Le fait mérite surtout d'être soigneusement signalé à ceux qui débutent dans les examens histologiques et leur montrera toute l'importance de la technique.

Images par absorption et images par réfringence. — Nous ne nous occuperons que de l'examen pratiqué en éclairant par transparence, ce qui est le mode d'éclairage de beaucoup le plus courant. L'examen *théorique idéal* est celui qui se pratiquera par l'immersion sur une coupe très mince, présentant des contrastes dus à de bonnes colorations et éclairée par un condensateur de même ouverture que l'objectif donnant dans le plan même de la préparation l'image réelle d'une source dont les portions d'égale clarté se projettent sur la région examinée. On juge ainsi des détails de l'objet par l'opacité relative de ses différentes parties et aussi par la réfraction que subissent les rayons dans les parties transparentes de la préparation. En schématisant, on peut dire que l'on obtient une image par absorption et une image par réfraction.

Si la coupe était épaisse, une particularité absolument opaque de l'objet pourrait apparaître dans l'image comme une opacité entourée d'une pénombre si la projection du corps opaque sur la coupe optique dépassait l'étendue de la section du corps opaque dans cette coupe. Ainsi (fig. 614) le point a, au lieu d'envoyer dans l'objectif le cône de rayon OaO', n'enverrait que le cône Oam; son image ne serait donc pas aussi lumineuse que le fond clair de l'image. Tous les points placés d'une façon analogue dans le plan de la coupe optique détermineraient une pénombre entourant l'image opaque du corps.

De plus, on voit qu'un point *b* situé au niveau de la coupe optique, en dehors du corps opaque, ne peut envoyer aucun rayon dans l'objectif et

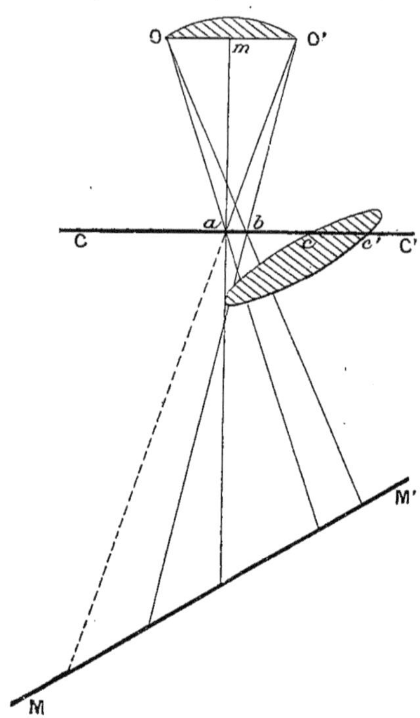

Fig. 614.

donne, par conséquent, son image dans la zone absolument obscure de l'image microscopique. Non seulement la périphérie de ce corps opaque très délimité apparaît entourée d'une pénombre, mais la région absolument obscure de l'image ne représente plus en agrandissement la notion du corps que l'on obtiendrait en le coupant suivant le plan CC'.

Le même raisonnement et, par conséquent, les mêmes déductions (à l'intensité près) s'appliquent évidemment à une région transparente entourée d'un milieu opaque et s'étendent aussi au cas d'une région partiellement transparente entourée d'une région d'opacité différente.

Il y a donc intérêt, en dehors des meilleures conditions d'éclairage par transparence, à pratiquer des coupes minces.

Les régions qui laissent passer de la lumière travaillent suivant l'indice de réfraction et la courbure des particularités traversées comme des instruments d'optique, c'est-à-dire dévient les faisceaux éclairants venant du miroir en les faisant converger ou diverger. Finalement, cette action se traduit sur l'image vue au microscope et l'explication de ces apparences pour les relier à la constitution de l'objet est évidemment particulière à chaque observation microscopique. On recherche quelquefois ces images dites *de réfringence* qui signalent des particularités de l'objet que ne pourraient montrer des colorations. Il faudra toujours les interpréter.

C'est afin de ne pas compliquer les choses qu'il convient d'éliminer les variations de réfringence en dehors de la section vue de la préparation en la montant convenablement. Nous avons vu que, si l'on monte normalement une préparation par occlusion dans certains milieux qui pénètrent les éléments et en régularisent l'indice, les images de réfringence s'atténuent. Elles ne disparaissent pas, ce qui serait un inconvénient, car la divisibilité de certaines particularités serait supprimée ; mais, en s'atténuant, elles arrivent à être moins fantastiques et permettent une interprétation plus facile.

De plus, il y a intérêt à ce que les faisceaux lumineux qui, par leurs réfringences différentes, donnent la notion des particularités de l'objet transparent n'aient pas reçu des déviations trop fortes données par des particularités différentes situées au-dessus ou au-dessous.

Il ressort donc encore ici l'intérêt de la pratique des coupes minces, même dans le cas de préparations peu opaques.

Nous ne saurions nous étendre ici sur les aspects si divers que peuvent présenter ces images de réfraction ; elles ont été étudiées dans de nombreux cas par Fick, Nägeli et Schwendener, etc., et nous n'en donnerons que quelques exemples.

Aspect d'une sphère de même indice que le milieu et entourée d'une enveloppe d'indice différent. — Supposons que l'on examine une sphère absolument transparente dont l'indice de réfraction de la masse soit à peu près identique à l'indice de réfraction du milieu dans lequel elle est observée, mais qui présente, pour la séparer, à la limite de ce milieu, une enveloppe tout aussi transparente que le contenu, mais plus fortement réfringente. Si la mise au point est effectuée sur le plan passant par le centre de la sphère, elle apparaît dans le champ uniformément éclairé du microscope sous forme d'un cercle ayant la même clarté que le fond du champ, entouré d'un bord sombre très bien délimité vers l'intérieur et pouvant présenter dans ce bord foncé une succession d'anneaux clairs.

Pour expliquer cet aspect, considérons un rayon quelconque venant du miroir et tombant sur la sphère. Si ce rayon traverse la sphère, la double réfraction qu'il subira en traversant deux fois l'enveloppe n'imprimera au rayon qu'une légère déviation latérale et il entrera dans l'objectif à peu près comme si la sphère n'existait pas. Nous avons, en effet, supposé que l'indice de réfraction du milieu extérieur était égal à celui de la masse de la sphère et que l'enveloppe plus réfringente était mince et uniforme, c'est-à-dire à faces parallèles. Le rayon se comportera comme s'il traversait deux fois une lame mince à faces parallèles. C'est bien ce qui se produit pour tous les rayons qui ne tombent pas trop près de l'équateur : ils arrivent dans l'objectif à peu près comme si la sphère n'existait pas. Le milieu de l'image a donc la même clarté que le fond environnant.

Les rayons qui tombent sur l'enveloppe au voisinage de la périphérie de l'équateur, très obliquement par rapport à l'enveloppe, subissent un tout autre sort dans leur réfraction. Ils pénètrent bien dans l'enveloppe, mais subissent sur la surface intérieure de l'enveloppe (passage d'un milieu plus dense dans un milieu moins dense) la réflexion totale. Celle-ci leur imprime une déviation telle que, s'ils ressortent, c'est très obliquement à leur première position, et cette obliquité fait qu'ils ne tombent plus sur la première lentille de l'objectif.

Les rayons éclairants passant au voisinage de l'équateur ne pénètrent donc pas dans l'objectif et tout se passe comme si, au lieu de la sphère, on plaçait un écran opaque annulaire dans le plan de l'équateur pour les intercepter.

L'aspect de l'image est donc celui d'un disque clair entouré d'un anneau obscur.

Les petits anneaux clairs que l'on peut remarquer dans la zone sombre tiennent aux rayons qui, après réflexions successives sur les parois de l'enveloppe, sont dans une condition d'émergence pour en sortir avec une obliquité leur permettant de tomber sur l'objectif.

Le même aspect que le précédent serait donné par une sphère dont l'indice est le même que celui du milieu et dont l'enveloppe serait moins réfringente. Dans ce cas, les rayons atteignant le bord de la sphère n'y pénétreraient pas et ne pourraient continuer leur route vers l'objectif à cause de la réflexion totale qu'ils éprouveraient en tombant très obliquement sur la paroi extérieure de la membrane (passage d'un milieu plus dense dans un milieu moins dense).

Aspect d'une sphère homogène d'indice différent du milieu. — Examinons maintenant un autre cas simple : celui d'une sphère homogène d'indice de réfraction plus élevé que celui du milieu également homogène dans lequel elle est située. Nous ferons le raisonnement concernant la marche des rayons utilisés par le microscope en sens inverse du cas précédent.

Supposons (fig. 615) que la mise au point soit faite dans le plan du centre de la sphère et soit OO' la lentille frontale de l'objectif. On peut négliger la réfraction à travers le milieu homogène dans lequel est placée la sphère, car, ce milieu étant limité par des plans, la réfraction agit, à ses limites, d'une façon à peu près semblable sur tous les faisceaux considérés. Le cône OaO' partant du centre a de la sphère et susceptible d'entrer dans l'objectif traverse la sphère normalement et sort, par conséquent, sans déviation, rencontrant le miroir servant à l'éclairement suivant la section $m_a n_a$. Les rayons qui ont passé dans l'image microscopique par a produiront la même clarté que ceux qui viendraient d'un point h hors de la sphère, car les cônes de rayons servant à l'éclairement des images des points a et h utilisent la même surface du miroir.

La clarté du centre de l'image de la sphère est donc la même que celle du champ libre.

Le point de l'image correspondant au point b est éclairé par le cône de rayon ObO', dont on doit suivre la marche jusqu'au miroir. Ce cône se réfracte en β, puis en β', pour délimiter sur le miroir la section $M_b N_b$ utilisée. Ainsi, en construisant la marche des rayons réfractés Ob et $O'b$, on délimite la portion $m_b n_b$ du miroir servant à l'éclairement. De même, pour l'image semblant correspondre au point c, ce serait la portion $m_c n_c$ du miroir qui serait utilisée. Or on trouve qu'approximativement $m_a n_a = m_b n_b = m_c n_c$ et que, par conséquent, les points a, b, c doivent être vus avec la même clarté que le champ. En fait, cela serait exact si la surface du miroir était illimitée, car c'est ainsi qu'apparaît, dans l'observation ordinaire, une sphère transparente placée sur un fond étendu uniformément éclairé.

Il n'en est pas ainsi dans l'observation précédente, car les cônes deviennent rapidement très obliques au fur et à mesure que l'on considère des points voisins de la périphérie et, le miroir étant limité, sa surface utilisée pour les différents points diminue de plus en plus jusqu'à ce qu'il ne fournisse plus de rayons effectifs. Ainsi, il donne pour a tout l'éclairement du champ ; pour b, la section utilisée est moindre que $m_b n_b$, par conséquent l'éclairement de l'image de b est moindre que celui de l'image de a. Enfin, la section du cône de rayons susceptibles d'éclairer l'image de c ne rencontrant plus le miroir, l'image de c sera obscure. Il s'ensuit que la sphère mise au point dans le plan passant par son centre apparaîtra comme un cercle dont la clarté, nulle

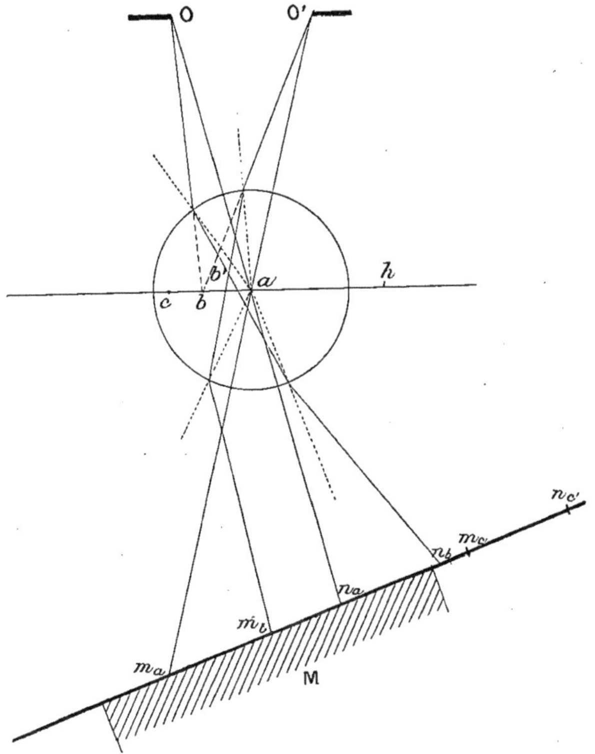

Fig. 615.

au bord, commencera à apparaître vers l'intérieur pour croître ensuite vers le centre, jusqu'au moment où elle deviendra égale à celle du champ libre.

Par des considérations analogues, on établirait qu'une sphère homogène d'indice de réfraction plus faible que celui du milieu dans lequel elle est placée (par exemple, bulle d'air dans un liquide) donnerait au microscope un aspect identique. On observe donc, que la sphère soit plus ou soit moins réfringente que le milieu, une image formée d'un disque obscur à la périphérie, lumineux au centre. La clarté, constante au voisinage du centre et égale à celle du champ, va graduellement en diminuant d'une certaine zone centrale à une zone plus périphérique où elle devient nulle.

Une remarque d'un certain intérêt peut encore être faite : par exemple, on remarquera que les rayons qui contribuent à donner dans le microscope l'image du point b de la coupe optique ne passent pas par ce point b, mais par b', et que, par conséquent, dans les milieux qu'ils traversent, ils peuvent emprunter certaines propriétés, par exemple des colorations, qui ne correspondent pas du tout à une coloration réelle du point b de la coupe optique.

Applications à l'examen de bulles d'air, de corpuscules liquides, reconnaissance de leur réfringence. — Il est donc important en micrographie de bien se rappeler, quand on débute dans ces études, que l'apparence la plus frappante, la plus nette dans l'image n'est pas toujours la vraie dans l'objet. On peut apprécier ces apparences en examinant comparativement les aspects de globules d'huile dans l'eau ou d'eau dans l'huile, celui de bulles d'air dans de l'eau ou du baume du Canada.

On peut mélanger l'huile avec un peu d'eau gommée, afin de faciliter l'émulsion, ou encore examiner une goutte d'essence de térébenthine colorée, par exemple, au carmin et émulsionnée avec une goutte d'eau. Ces émulsions, déposées sur une lame de verre, sont recouvertes d'un couvre-objet.

Examinés avec un grossissement assez fort, tous ces globules se présentent avec la même apparence de disques à bords sombres et à centre brillant. Le bord sombre sera d'autant plus large qu'il existera une différence d'indice plus grande entre le corpuscule sphérique examiné et le milieu dans lequel il est placé. On pourra vérifier, en examinant une même bulle, l'influence de l'ouverture de l'objectif employé, l'influence de l'éclairage à cône étroit ou à cône large. Les bords sombres de l'image seront plus étroits avec un objectif à grand angle d'ouverture ou avec un éclairement à large cône.

Dans le bord sombre du disque circulaire apparaissent des cercles alternativement brillants et obscurs qui ne sont pas des images de structure de la bulle, mais sont dus à des phénomènes d'interférence.

Répétons encore que, si les bords des images sont obscurs, cela ne tient pas à ce que la partie correspondante des bulles n'est pas traversée par la lumière, mais à ce que la lumière qui traverse ces régions n'entre pas dans l'objectif pour éclairer le point correspondant de l'image microscopique. Ceci explique immédiatement pourquoi le bord sombre est plus petit quand l'examen se fait avec un objectif de plus grande ouverture, car, dans ces conditions, le microscope admet des rayons de plus grande obliquité pour la formation de l'image.

Ainsi, l'aspect est à peu près identique pour des corpuscules sphériques plus réfringents ou moins réfringents que le milieu. Mais il y a un moyen très simple de reconnaître s'ils sont plus réfringents ou moins réfringents que le milieu dans lequel ils sont occlus.

Dans le cas où le corpuscule sphérique est moins réfringent (bulle d'air dans un liquide, par exemple), si, après avoir mis au point pour avoir nettement l'image du bord du disque, on abaisse l'objectif, les bords tranchés de l'image disparaissent, mais, au milieu du champ correspondant à la bulle, on observe une luminosité plus grande. Si l'éclairage est fait avec un miroir plan, on peut même voir que cette luminosité est donnée par une petite image de la source lumineuse que l'on arrive à reconnaître. Si l'objectif est élevé après la mise au point, en même temps que s'efface la netteté des bords du disque, sa luminosité centrale diminue et l'image devient nuageuse avant de disparaître. L'explication est très simple : la bulle d'air se comporte comme une lentille divergente donnant à son foyer inférieur une image de la source lumineuse. Pour que celle-ci apparaisse, on doit donc abaisser l'objectif.

Un corpuscule sphérique plus réfringent que le médium se comportera comme une lentille convergente donnant à son foyer supérieur une image de la source. En élevant l'objectif on aura donc, contrairement au cas précédent, une apparition plus claire au centre du disque.

DESCRIPTION DU MICROSCOPE.

Nous ne décrirons pas en détail le microscope, renvoyant, pour les modifications particulières aux constructeurs, à leurs catalogues. Disons seulement qu'il se compose essentiellement d'un tube métallique renfermant le système optique (oculaire et objectif) et d'une platine destinée à supporter la préparation examinée. Le pied de l'appareil porte le dispositif optique servant à l'éclairage de la préparation, qui se fait généralement par transparence.

Le tube t (fig. 616) reçoit à sa partie supérieure l'oculaire, qui y entre à friction douce. A sa partie inférieure, un pas de vis permet d'adapter l'objectif.

La longueur des tubes varie suivant les divers constructeurs. On leur donne habituellement une longueur de 160 millimètres, ce qui correspondrait, dans les modèles de Zeiss, à une longueur optique (Voy. p. 1024) de 180 millimètres. Les modèles anglais ont souvent une hauteur notablement plus grande. Dans la plupart des modèles, le tube est à tirage. Il est formé de deux cylindres coulissant à friction douce l'un dans l'autre, ce qui permet de faire varier sa longueur, qui est alors déterminée par une graduation portée sur le tube mobile g (fig. 616).

L'oculaire entrant à friction douce dans le tube peut être facilement changé au cours d'un examen.

On a également rendu l'objectif facilement interchangeable. Un des dispositifs les plus répandus, et désigné sous le nom de *revolver porte-objectif*, a été imaginé par A. Nachet. C'est une plaque tournante à surface conique dont l'axe de rotation, oblique par rapport à l'axe du tube, est porté par un bras vissé au lieu et place de l'objectif. Au pourtour de cette plaque, les objectifs sont fixés au nombre de 2, 3 ou 4 et peuvent, par un simple mouvement de la plaque, se substituer les uns aux autres. Dans les modèles français, la plaque tournante est évidée et n'est représentée que par les rayons supportant les objectifs (fig. 616). Un petit arrêt à ressort a maintient automatiquement l'objectif amené dans l'axe du microscope. La construction de ce revolver doit être très soignée, de façon à éviter le décentrage des objectifs par rapport à l'axe du microscope.

Un autre procédé, employé par Zeiss (fig. 618), consiste à munir chaque objectif d'une pièce pouvant pénétrer dans une glissière située à la partie inférieure du tube. La situation de l'objectif est réglée dans chaque glissière,

Fig. 616.

de façon qu'il soit exactement centré dans l'axe du microscope quand son support est poussé au fond de la coulisse.

Pour mettre au point, on rapproche ou l'on éloigne le tube de l'objet à examiner, c'est-à-dire de la platine sur laquelle il est fixé, soit à la main, soit par une crémaillère (*c*, fig. 616). On obtient ainsi une mise au point rapide, mais approximative, que l'on complète en agissant sur une vis micro-métrique ne permettant qu'un déplacement limité, mais très progressif.

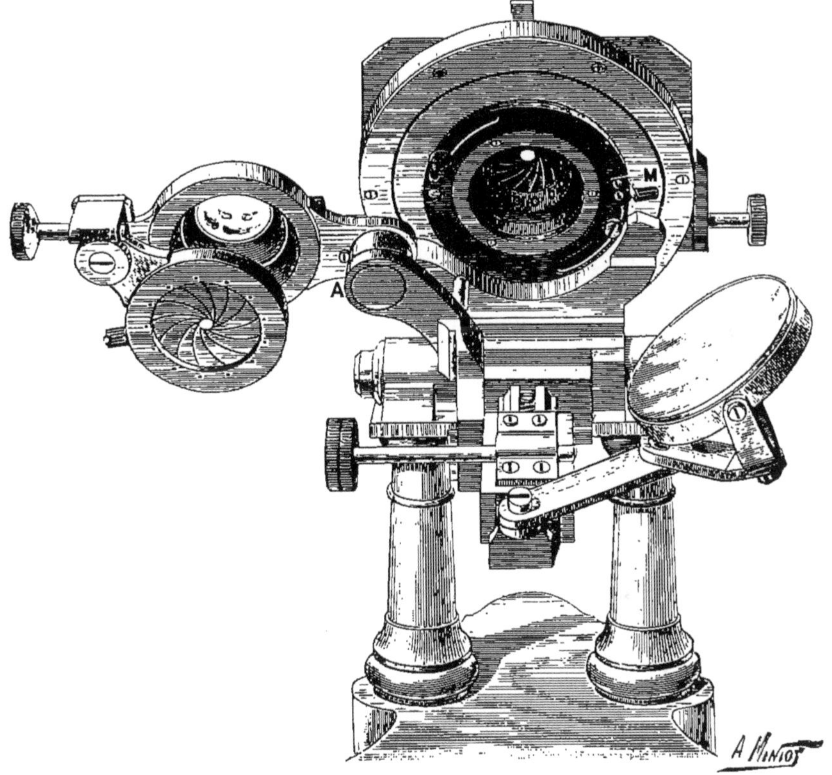

Fig. 617.

Cette vis micrométrique porte, dans les modèles perfectionnés, un tambour gradué (*d*) permettant d'en apprécier les déplacements.

La platine *p*, destinée à recevoir la lamelle porte-objet, est constituée, dans son modèle le plus simple, par une tablette plane percée d'un orifice à son centre afin de permettre l'éclairage de la préparation par transparence. Elle est munie de deux valets *v*, ou pinces métalliques, destinés à fixer le porte-objet. Afin de ne pas être attaquée par les réactifs qui pourraient être employés, la platine est ordinairement formée à sa partie supérieure d'une plaque de verre noir ou d'ébonite. Sur cette plaque, dite *massive*, le déplace-ment de la préparation se fait à la main.

Sur certaines platines dites *à chariot*, les préparations peuvent être déplacées dans deux sens perpendiculaires (par exemple, latéralement et d'avant en arrière), ce qui permet d'amener sur l'axe toutes les parties de la préparation. Le déplacement, commandé par des vis à tête moletée, peut être relevé à l'aide de verniers sur une graduation. Certaines platines possèdent encore un mouvement circulaire ayant comme axe l'axe optique du microscope. La platine, dans son mouvement de rotation, est solidaire du tube

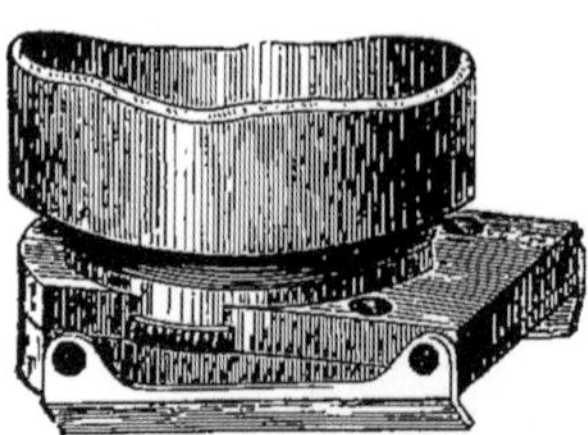

Fig. 618.

optique ; en d'autres termes, elle se déplace avec ce dernier, qui ne jouirait vis-à-vis d'elle que du mouvement d'éloignement et de rapprochement nécessaire pour la mise au point. Le chariot permet le déplacement de la préparation. La rotation de l'appareil vis-à-vis de l'appareil d'éclairage fixe permet l'éclairage sous diverses incidences. Il existe pour certaines observations spéciales des platines dont le corps peut être chauffé par une circulation d'eau, etc.

Au-dessous de la platine se trouve le dispositif servant à l'éclairage de la préparation. Le plus simple consiste en un miroir (m, fig. 616) plan ou concave, susceptible d'être incliné dans toutes les directions et destiné à renvoyer la lumière du jour ou celle d'une lampe sur la préparation. Un diaphragme de disposition variable (disque à rotation, diaphragme iris, etc.), placé au-dessous de la platine, permet de limiter la surface éclairée de la préparation. Un appareil de condensation (fig. 617) (condensateur d'Abbe) peut être interposé entre le miroir et l'ouverture de la platine, afin d'effectuer dans les meilleures conditions l'éclairage de la préparation (éclairage axial, éclairage latéral). Dans cet appareil, le diaphragme supérieur s est monté sur un tube qui permet de le mettre en contact de la préparation dont il limite la portion éclairée. Un second diaphragme i, placé à la partie inférieure, permet, suivant son ouverture, l'utilisation d'un cône plus ou moins ouvert de rayons éclairants.

Le pied du microscope, de forme très variable, doit être assez lourd pour assurer à l'instrument une stabilité suffisante, même si on l'incline jusqu'à l'horizontale.

Microscope redresseur ou oculaire redresseur. — Le renversement de l'image microscopique est un inconvénient quand on veut disséquer sur le porte-objet, puisque la pointe du scalpel paraît se déplacer en sens contraire de son mouvement réel, et une certaine habitude est nécessaire pour une parfaite utilisation de l'instrument.

On arrive à redresser l'image en plaçant au-dessus de l'oculaire deux prismes à réflexion totale semblables, disposés l'un au-dessus de l'autre de manière que leurs sections perpendiculaires soient situées dans deux plans verticaux faisant entre eux un angle de 90°. Chacun des prismes renverse, comme l'indique la figure 619, l'image dans le plan perpendiculaire à ses

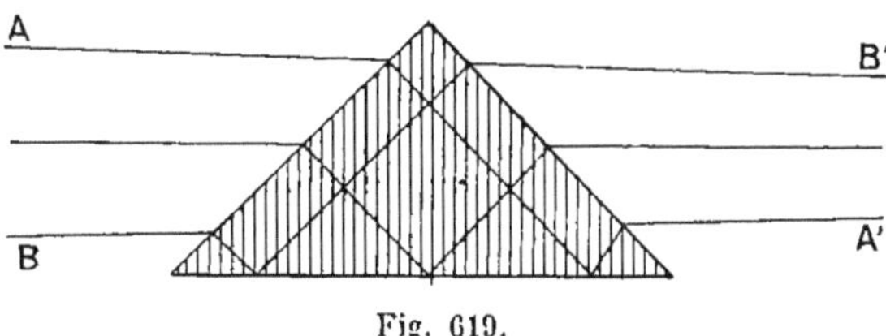

Fig. 619.

arêtes. Par suite, l'image est redressée dans tous les sens par la combinaison des deux prismes.

Une disposition due à Nachet consiste à séparer les deux prismes : l'un est placé soit dans le corps du microscope, soit dans l'oculaire. Le second présente aux rayons incidents une face sphérique, ce qui lui permet de jouer le rôle de verre de l'œil de l'oculaire et d'éviter, ce qui est toujours bon, la rencontre d'une surface réfringente supplémentaire. De plus, la disposition oblige à incliner le prisme de 45° sur l'horizon, de telle sorte que, l'oculaire étant oblique, on n'a plus à pencher la tête sur l'oculaire.

Le prisme redresseur de Nachet (fig. 620), que l'on place au-dessus de l'oculaire, permet le redressement de

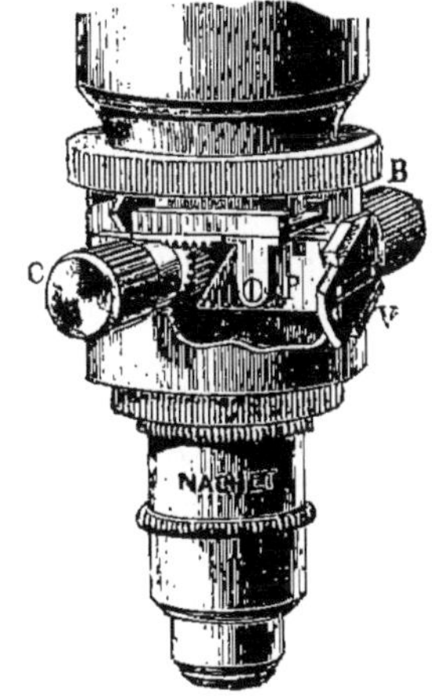

Fig. 620.

l'image du microscope. Le prisme est formé de surfaces disposées de telle sorte que la lumière s'y réfléchit trois fois en donnant le renversement total de l'objet. La direction terminale des rayons est oblique par rapport à l'axe du microscope, de sorte que, en employant cet appareil, on voit l'objet un peu en avant du microscope. L'avantage de cette disposition indépendante du microscope permet son utilisation pour tous les grossissements.

Microscope pour l'examen des objets opaques. — Une disposition donnant de bons résultats, et plus commode pour l'examen de la surface des corps opaques que l'éclairage latéral par en haut, consiste à employer un objectif qui sert à envoyer sur la préparation les rayons éclairants. Il porte (fig. 621) à sa partie supérieure un prisme P qui reçoit, par une ouverture V dont on peut modifier la grandeur, la lumière d'une source. La rotation de l'appareil permet l'orientation de l'ouverture V du prisme devant la source. On peut, en déplaçant les deux boutons B et C, incliner légèrement le prisme ou le déplacer vers l'axe du microscope, de manière à régler convenablement

Fig. 621.

l'éclairage. Le déplacement du prisme suivant l'axe permet de découvrir plus ou moins la partie de l'objectif qui donne l'image microscopique.

Le prisme P renvoie les rayons lumineux sur l'objet à travers l'objectif qui joue le rôle de condensateur. Les rayons émanant de la surface de l'objet et qui ne sont pas arrêtés par le prisme P donnent l'image de la surface examinée.

Microspectroscope. — On désigne ainsi une combinaison du microscope ordinaire dans laquelle l'oculaire est remplacé par un petit spectroscope à vision directe, dont la fente est placée au point de formation de l'image réelle microscopique donnée par l'objectif (objectif et verre de champ). Un système de leviers permet de modifier la longueur et la largeur de la fente. Comme dans les spectroscopes ordinaires, cette disposition peut comprendre, en outre, un petit prisme placé devant la fente et qui, recevant la lumière passant à travers un autre milieu, donnera un spectre pouvant servir à la comparaison.

Enfin, une échelle micrométrique est disposée de manière à donner sur la dernière face des prismes à vision directe une image de réflexion qui, se superposant à l'image spectrale, permet de repérer les bandes d'absorption.

Microscope polarisant. — Il sert à examiner de petits objets en lumière polarisée. L'objet est éclairé en lumière polarisée, en plaçant au-dessous de la platine, et combiné avec des dispositions variées d'éclairage, un prisme de Nicol. L'analyseur est un prisme identique placé dans l'oculaire et qui peut tourner dans une monture appropriée.

Lorsque les nicols sont croisés, il y a extinction de la clarté dans le champ du microscope. La lumière réapparaîtra, dans ces conditions, dans les parties anisotropes de la préparation.

Certains tissus animaux ou végétaux présentent en tout ou partie des apparences caractéristiques quand ils sont ainsi examinés à la lumière polarisée. Ainsi, tandis que l'amidon de blé ne présente rien de très appréciable quand il est examiné entre deux nicols parallèles, l'amidon des légumineuses et celui de la pomme de terre présentent, dans ces conditions, des croix noires très apparentes. Entre deux nicols croisés, tous les grains d'amidon présenteront plus ou moins ce phénomène.

La fibre musculaire examinée entre les deux nicols croisés montre comme lumineux dans le champ obscur les disques qui apparaissent comme sombres à l'examen ordinaire. Par contre, les disques clairs, qui sont mono-réfringents ou isotropes, ne dévient pas le plan de polarisation et restent obscurs, invisibles dans le champ obscurci du microscope.

Enfin, la reconnaissance optique des systèmes cristallins à la lumière polarisée présente souvent un grand intérêt pour l'identification de ces cristaux dans une préparation microscopique ; ainsi les cristaux de sel marin n'apparaissent pas éclairés entre deux nicols croisés, tandis que les cristaux d'hémine, de créatine apparaissent comme lumineux, etc.

Chambres claires. Appareils à dessiner. — On appelle *chambre claire* tout appareil permettant la vision simultanée d'un objet (ou d'une image) et d'une feuille de papier. Celle-ci étant mise à distance convenable, de façon à donner son image dans le plan de l'objet (ou de son image optique), on suivra avec un crayon les contours de l'objet pour en obtenir sur le papier une reproduction fidèle.

Une disposition très simple, due au naturaliste Sömmering, consiste à placer devant l'œil un tout petit miroir d'acier poli de diamètre inférieur à celui de la pupille. Si le corps du microscope est disposé horizontalement ; les rayons venant de l'oculaire sont réfléchis verticalement vers le haut, jusqu'à la pupille, qui est placée au-dessus du miroir. L'image est ainsi déviée de l'axe du microscope, et l'œil perçoit en même temps le papier et le crayon ainsi que l'image du microscope projetée sur le papier.

On peut substituer au petit miroir de Sömmering une plaque de verre présentant une teinte neutre et l'incliner de 45° sur l'axe du microscope. L'œil reçoit en même temps les rayons

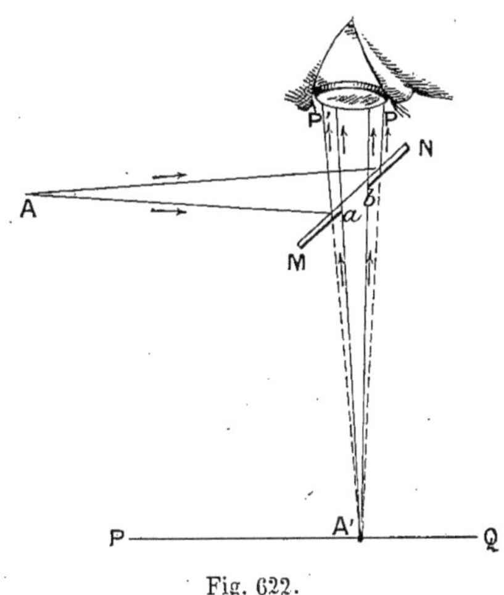

Fig. 622.

de l'image microscopique réfléchis par la surface de verre, et directement les rayons d'une surface de papier verticale placée de l'autre côté de la lame.

On utilise des lamelles de verre semi-argentées ou platinées, c'est-à-dire recouvertes d'une couche métallique assez mince pour être encore suffisamment transparente. On peut encore se servir d'un petit miroir étamé, dont on a enlevé par grattage une partie de l'étamage, afin de voir à travers la surface, dont les portions miroitantes donnent encore des images de réflexion suffisamment bonnes.

La *chambre claire de Wollaston*, disposée devant l'oculaire d'un microscope horizontal, permet de dessiner l'image sur une feuille de papier horizontale.

Elle se compose (fig. 623) d'un prisme à quatre faces, K, N, H ,M ; l'angle K est droit, l'angle H de 135° et les angles N et M de chacun 67°5. Les rayons issus d'un point A traversent sans déviation la face KN et tombent sur la face NH (sous un angle supérieur à 41°). Elle donne donc, par réflexion totale, une image de A en A', Les rayons tombent sur la face HM en y su-

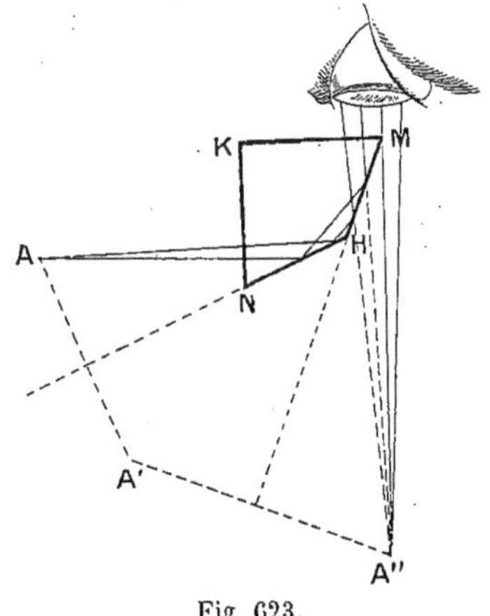

Fig. 623.

bissant une seconde réflexion totale donnant en A″ l'image de A', c'est-à-dire de A. Ils sont renvoyés verticalement et traversent sans déviation la face KM tombant dans une partie de la pupille de l'observateur. Par la portion libre de la pupille arrivent directement dans l'œil les rayons venant de la feuille de papier et du crayon, de telle sorte qu'il y a, pour l'observateur, superposition des deux images.

La *chambre claire de Nachet* s'adapte au microscope vertical et sert à effectuer des dessins sur une feuille de papier horizontale. Elle se compose d'un prisme rhomboïdal dont les angles aigus ont 45°. Sur la face qui se trouve au-dessus de l'oculaire est collé un petit cylindre de verre dont la face inférieure est horizontale. Les rayons qui sortent de l'oculaire traversent le prisme sans déviation. Ceux qui viennent du papier placé à côté du microscope subissent deux réflexions totales sur les faces latérales de la chambre et pénètrent dans l'œil de l'observateur en suivant la même direction que les rayons venant de l'image microscopique. Pour percevoir bien simultanément l'image microscopique et celle de la pointe du

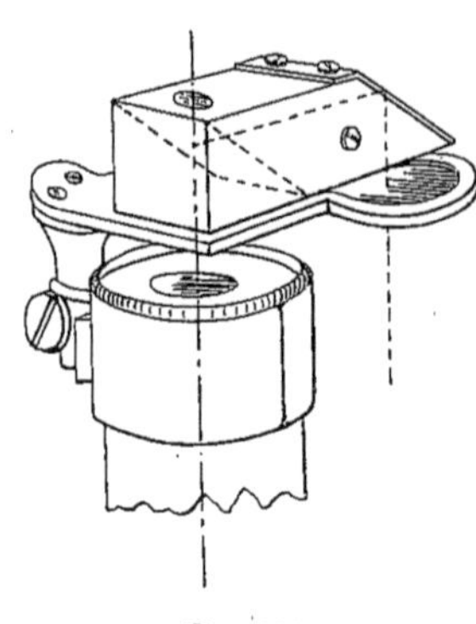

Fig. 624.

crayon, il est nécessaire qu'il y ait à peu près la même intensité lumineuse dans le champ du microscope et du côté du papier. La chambre claire est munie d'un verre bleu mobile pouvant être tourné soit en dehors de la chambre, du côté du papier, soit du côté de l'oculaire, de manière à rendre peu différents leurs éclairements. Le papier est placé de façon qu'il se trouve à la distance de vision distincte et la position de l'œil est rendue aussi fixe que possible pendant que l'on effectue le dessin.

La figure 625 représente un modèle de chambre claire dû à Abbe. Le

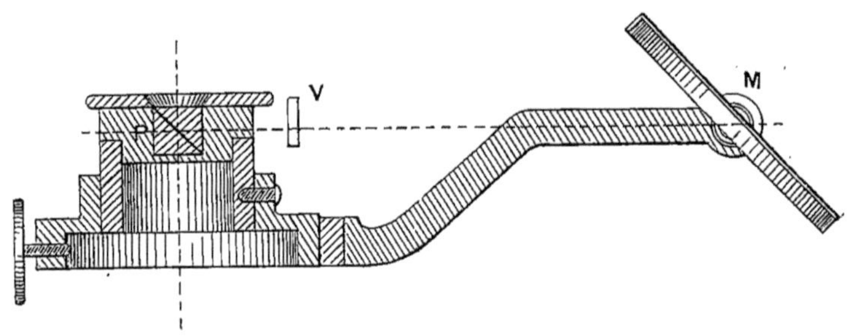

Fig. 625.

miroir M renvoie les rayons du papier sur un cube de verre formé par l'adossement de deux prismes rectangulaires isocèles en verre. Des verres enfumés peuvent se placer sur les côtés du tube, en V par exemple, et servent à rétablir l'égalité lumineuse entre l'image du microscope et celle de la feuille de papier.

Microscopes binoculaires. — Le point de départ de cette construction fut celui d'instruments à plusieurs corps, permettant à plusieurs observateurs (deux ou trois) la vision simultanée de la même préparation microscopique. Ce résultat est obtenu en divisant les rayons émergeant de l'objectif au moyen de prismes qui, placés au-dessus de l'objectif, donnent des images déviées de la direction axiale de l'objectif, images que l'on examine respectivement avec des oculaires.

Les déviations doivent être suffisantes pour que les tubes supportant les oculaires soient assez écartés à la partie supérieure pour permettre aux observateurs de se placer autour de l'appareil. Si les prismes n'empiètent pas sur la portion axiale de l'objectif, le microscope donne une image dans la position ordinaire, suivant l'axe de l'instrument.

Le microscope sera binoculaire lorsqu'il portera deux corps dont les oculaires seront écartés d'une distance égale à l'écartement des yeux. Ces instruments, suivant leur disposition, donnent, dans la vision binoculaire, le relief réel semblable à celui de

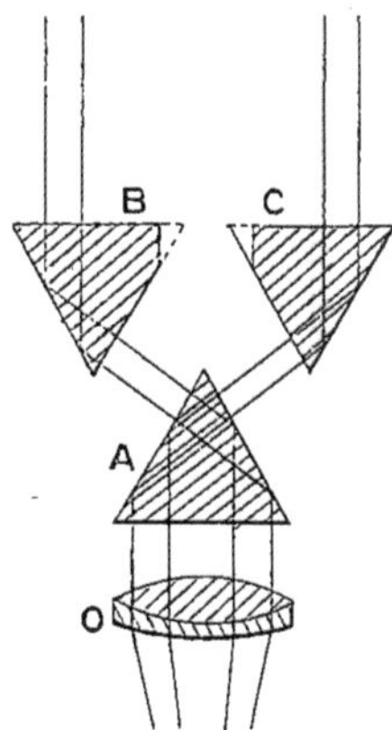

Fig. 626.

l'objet ou le pseudo-relief faisant apparaître en creux les reliefs de l'objet Les microscopes binoculaires dans lesquels les images ne sont pas croisées par le dispositif optique employé donnent les images pseudoscopiques (Nachet, 1853).

Une disposition employée par Nachet pour croiser les images est indiquée dans la figure 626 et consiste dans l'emploi de trois prismes équilatéraux. Le prisme inférieur A dédouble le faisceau lumineux et en détermine l'entre-croisement des faisceaux, ce qui donne l'effet stéréoscopique au lieu de la vue pseudoscopique. Les prismes supérieurs reçoivent respectivement les faisceaux dédoublés et les orientent pour leur donner une direction appropriée à la position des deux oculaires qui reprendront l'image.

Nachet emploie une autre disposition permettant de transformer le microscope monoculaire en un instrument binoculaire. Au-dessus de l'objectif se trouve un premier prisme à réflexion totale qui reçoit la moitié du faisceau lumineux émergeant de l'objectif et la renvoie horizontalement sur un second prisme disposé en sens inverse du premier. La moitié des rayons est ainsi envoyée à l'oculaire AB, l'autre moitié fournit directement l'image examinée par l'oculaire A'B'. Les faisceaux venant d'un point de l'objet sont bien dédoublés; mais avec cette disposition, comme ils ne s'entre-croisent pas, on a le relief pseudoscopique.

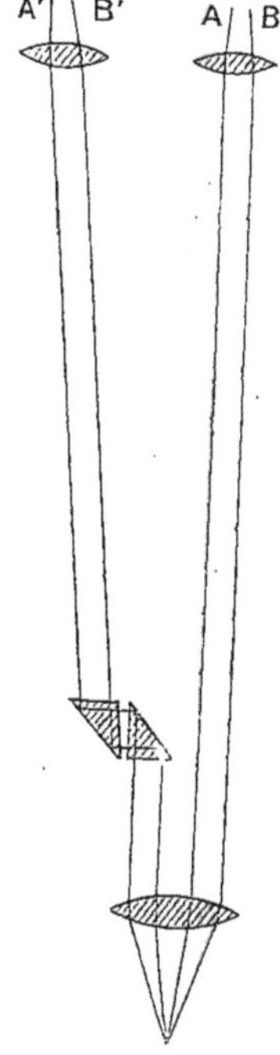

Fig. 627.

Si l'on veut obtenir le relief véritable, semblable à celui que donnerait l'objet supposé grossi et examiné directement, il faut déplacer le prisme de droite qui, dans la figure 627, déviait les rayons de la portion gauche de l'objectif, de manière qu'il utilise les rayons de la portion droite de l'objectif. Les rayons qui arriveront à l'oculaire AB seront donnés par la partie gauche de

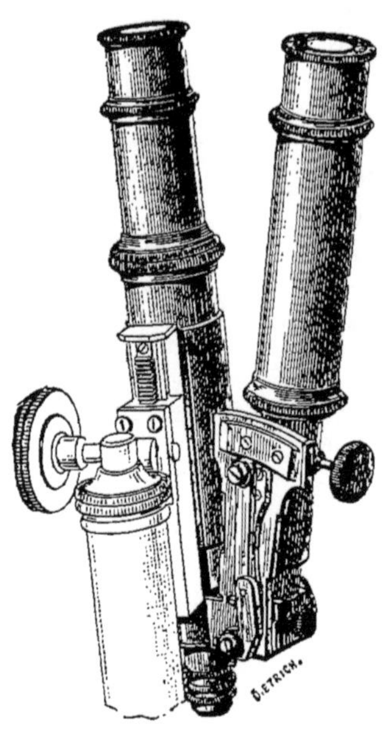

Fig. 623.

la surface de l'objectif et passeront entre les deux prismes. Il y aura dédoublement et croisement des faisceaux et, par suite, production du relief véritable.

La figure 628 représente le microscope de Nachet muni de son appareil binoculaire; une vis permet l'inclinaison du tube latéral pour placer les oculaires à la distance des yeux. Pendant cette rotation, l'inclinaison du prisme est rendue mécaniquement deux fois moindre, de manière que l'objet reste toujours au milieu du champ, car on sait que le rayon réfléchi s'incline deux fois plus que l'inclinaison du miroir.

Le microscope binoculaire de Greennough, construit par Zeiss, est obtenu (fig. 629) par la combinaison de deux microscopes redresseurs complets. Les objectifs sont montés sur un patin commun, et l'un d'eux a une monture à vis qui permet, en relevant ou abaissant légèrement cet objectif, une mise au point exacte pour les deux yeux quand ils sont différents. Le double tube du microscope se déplace par crémaillère et pignon pour la mise au point. La rotation des tambours qui contiennent les prismes redresseurs est assez grande pour permettre de régler l'instrument pour des écartements des yeux compris entre 56 et 76 millimètres.

Ces microscopes s'emploient pour l'examen de la peau, de la cornée, comme microscopes à dissection, etc.

Mesure du grossissement et de la puissance du microscope. — La puissance et le grossissement peuvent se calculer après détermination des constantes dioptriques du microscope, mais cette détermination longue et difficile n'a pas d'intérêt pour le biologiste.

Le grossissement de l'objectif se détermine en plaçant sur la platine un micromètre objectif, c'est-à-dire un micromètre présentant généralement, tracé sur une lame de verre, 1 millimètre divisé en 100 parties égales. On met au point et, si l'oculaire est négatif, on le remplace par un oculaire positif muni d'un micromètre, présentant généralement des divisions en dixièmes de millimètre. Sans toucher ni au tirage du microscope ni à la mise au point par déplacement du corps du microscope, le micromètre oculaire est amené dans le plan de l'image du micromètre objectif. On le reconnat quand il ne se produit pas de parallaxe en déplaçant l'œil latéralement devant l'oculaire. Si m divisions du micromètre oculaire couvrent exactement n divisions grossies du micromètre objectif, le grossissement de l'objectif est $g = 10 \times \dfrac{m}{n}$. La puissance de l'oculaire, qui est l'inverse de la

Fig. 629.

distance focale, s'appréciera très exactement par les procédés connus (Voy. *Focométrie*).

On peut aussi considérer le verre antérieur, ou verre de champ de l'oculaire d'Huyghens, comme faisant partie du système objectif. On place le micro mètre oculaire sur le diaphragme intérieur de l'oculaire et l'on effectue la détermination comme précédemment. L'oculaire sera, à proprement parler, le verre de l'oculaire placé devant l'œil et dont la puissance est l'inverse de la distance focale.

Il est bien entendu que, par cette méthode, le grossissement obtenu pour l'objectif n'est pas celui de l'objectif proprement dit, mais de la combinaison optique qu'il forme avec le verre de champ de l'oculaire employé.

Le grossissement et la puissance du microscope s'évalueront par l'application des formules données pages 1023 et 1024.

En micrographie, on mesure plus généralement le grossissement d'une combinaison donnée d'objectif et d'oculaire par la chambre claire. On projette ainsi les divisions du micromètre objectif (divisé en centièmes de millimètre, par exemple) sur une règle divisée en millimètres et placée à la distance moyenne de la vision distincte, à celle où l'on effectue habituellement les dessins, soit 250 millimètres.

Si n divisions du micromètre objectif recouvrent m divisions de la règle,

le grossissement du microscope sera $100 \times \dfrac{m}{n}$.

On peut se passer de la chambre claire, comme l'a indiqué Bertin, quand on a l'habitude de fusionner deux images sans stéréoscope, en fixant avec un des yeux le micromètre vu dans le microscope et avec l'autre œil la règle divisée placée à 250 millimètres. On cherche la superposition des deux images qui, pour bien apparaître toutes deux, doivent être à peu près semblablement éclairées.

Mesure de la grandeur réelle des objets microscopiques. — Connaissant le grossissement du microscope déterminé pour la distance à laquelle on effectue un dessin à la chambre claire, il suffira de diviser les dimensions relevées sur le dessin par le grossissement pour avoir approximativement les dimensions de l'objet.

Pour une détermination exacte, sans qu'il soit besoin de connaître le grossissement, on évalue combien la dimension cherchée recouvre de divisions a du micromètre oculaire. Substituant à la préparation microscopique le micromètre objectif, on voit que n divisions du micromètre oculaire recouvrent m divisions du micromètre objectif (en centièmes de millimètre).

La dimension sera, en centièmes de millimètre, $\dfrac{m}{n} \times a$.

Mesure de l'épaisseur d'une lamelle de l'indice de réfraction d'un liquide. — Le procédé du duc de Chaulnes (1767) permet la détermination de l'indice d'une lame transparente dont on connaît l'épaisseur, ou, inversement, la détermination de l'épaisseur d'une lamelle (couvre-objet, par exemple) dont on connaît l'indice (que l'on peut prendre sans grande erreur égal à 1,5). La lamelle étant placée sur le porte-objet du microscope, on vise successivement le dessus et le dessous de la lamelle, en évaluant, au moyen de la vis à tambour graduée de mise au point, le déplacement. Si d est le déplacement, e l'épaisseur et n l'indice,

$$e = nd.$$

En effet (fig. 630),

$$BC = BA \sin i = BA' \sin r,$$

d'où

$$BA = BA' \frac{\sin i}{\sin r} = BA' \times n,$$

qui donne à la limite la relation indiquée $CA = CA' \times n$ quand on observe normalement. Cette méthode peut servir à apprécier la profondeur d'un objet quand on connaît l'indice. Si l'objet était occlus dans le baume, sa profondeur serait environ 1,5 fois celle évaluée par le changement de mise au point.

Pour la détermination ou la comparaison des indices de deux liquides, on peut se servir de la méthode de Brewster modifiée par Bertin. On amène l'objectif à être tangent à une lame de verre et l'on met successivement au point pour un micromètre :

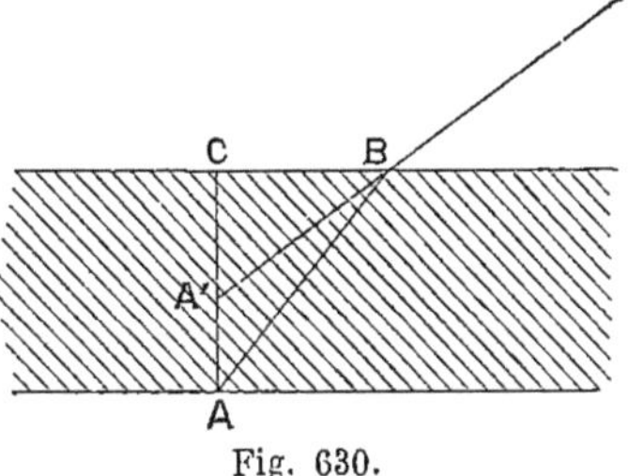

Fig. 630.

1° lorsque le ménisque compris entre la lame de verre et l'objectif est vide ; 2° lorsqu'il est plein du liquide dont on cherche l'indice n ; 3° lorsque le même ménisque est formé d'un liquide d'indice connu n'.

En appelant g, γ et γ' les grossissements de l'objectif correspondant à ces trois cas, on a la relation

$$\frac{n-1}{n'-1} = \frac{g-\gamma}{g-\gamma'}.$$

Bertin a indiqué une autre méthode, modification de celle du duc de Chaulnes, et où il n'est pas besoin d'évaluer le déplacement du microscope. Sur la lame en expérience on dispose un objet, par exemple un micromètre, et, après avoir beaucoup tiré l'oculaire, on met au point : le micromètre se voit avec un certain grossissement G. Si l'on place, au contraire, le micromètre sous la lame sans changer l'oculaire, il faudra enfoncer l'oculaire pour retrouver l'image que l'on verra avec un grossissement γ. Enfin, en levant la lame pour laisser le micromètre à nu, on devra de nouveau enfoncer l'oculaire, l'image reparaîtra avec un grossissement encore plus petit g. On démontre que l'on a

$$n = \frac{\gamma}{g} = \frac{G-g}{G-\gamma}.$$

Ces mesures sont peu rigoureuses et, dans des déterminations exactes, il est préférable d'employer des réfractomètres à réflexion totale.

Mesure de la distance frontale. — On amène l'objectif au contact d'une lamelle de verre sur laquelle on a tiré un trait fin ou sur laquelle sont réparties quelques poussières. On relève le microscope pour mettre au point : le déplacement mesuré est la distance frontale.

Cette distance n'est pas celle qui intéresse directement dans la pratique de la micrographie, où l'on entend (Zeiss) par distance frontale la distance entre la face supérieure du couvre-objet et la face inférieure de l'objectif, quand la mise au point est faite sur un objet touchant la face inférieure d'un couvre-objet ordinaire ($0^{mm},17$ d'épaisseur). La détermination se fait semblablement.

Mesure du champ. — On observe un micromètre objectif à échelle suffisamment étendue et l'on évalue ainsi le diamètre du champ.

Numération de petits objets. — Pour évaluer combien de petits objets sont contenus dans une surface déterminée de la préparation, on emploie avantageusement un micromètre oculaire à réseau carré. On évalue la quantité qui se trouve dans une surface déterminée du réseau oculaire, puis, remplaçant la préparation par le micromètre objectif, on détermine à quelle surface réelle de l'objet correspond la numération effectuée.

Généralement ces mensurations (nombre de globules du sang, de microbes) ont pour but de faire connaître combien il existe de ces éléments dans un volume déterminé d'un liquide, par exemple 1 centimètre cube. Souvent, on doit diluer le liquide dans une proportion connue, ce qui doit toujours se faire pour le sang (hématimètre). La numération est faite en comptant le nombre d'objets qui se trouvent dans une cellule artificielle d'un volume déterminé. Ce nombre, multiplié par le chiffre indiquant la dilution, puis par celui exprimant combien 1 centimètre cube contient de fois le volume de la cellule dans laquelle on a compté, donnera la numération par centimètre cube de liquide examiné.

Fig. 631.

La cellule a une profondeur régulière connue dans toute sa surface, et sur son fond se trouve tracé un réseau de lignes formant des carrés de dimensions connues. Dans l'hématimètre de Hayem construit par Nachet (fig. 631), la cellule calibrée de profondeur ne porte pas de graduation, mais est supportée par une platine de métal sous laquelle est fixé un tube portant un quadrillé avec un système optique qui projette l'image bien noire de ce quadrillé sur le fond de la cellule.

Mesure de l'angle d'ouverture de l'objectif. — Un moyen très simple, donné par Amici, consiste (fig. 632) à placer verticalement le microscope sur un fond noir en supprimant la lumière du miroir. On dispose, à droite et à gauche du pied du microscope, deux objets brillants ou simplement deux morceaux de carton blanc. On regarde au-dessus de l'oculaire l'image de l'anneau oculaire avec une loupe faible et l'on écarte progressi-

vement les cartons blancs jusqu'à ce qu'ils atteignent l'extrême bord de
l'anneau oculaire. Dans cette situation, l'angle d'ouverture est donné par
l'angle au sommet b d'un triangle dont la distance de l'objectif à la table est

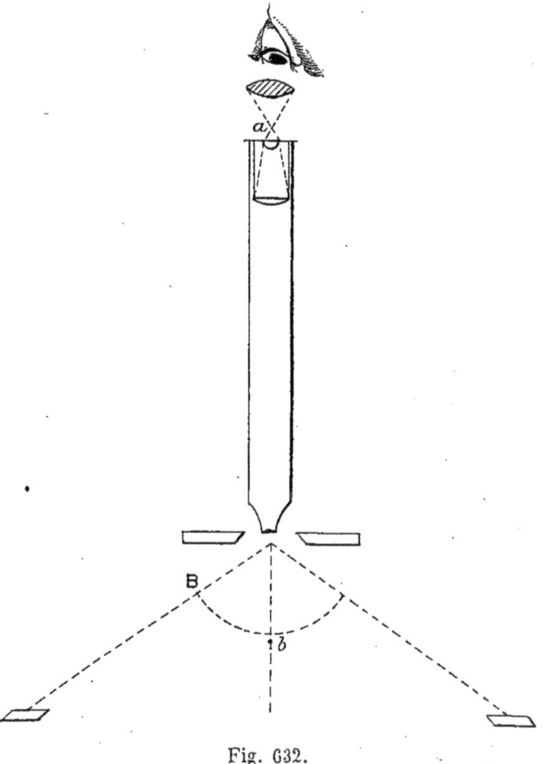

Fig. 632.

la hauteur et dont les deux côtés sont formés par les lignes qui unissent les
cartons à l'objectif.

L'emploi de l'apertomètre de Abbe donne la détermination de l'angle
d'ouverture et de l'ouverture numérique avec facilité et exactitude. Le principe de cet appareil consiste à examiner sur la platine du microscope une
demi-sphère d'indice connu tournant sa face plane du côté de l'objectif.
La disposition employée doit permettre de marquer d'une façon précise le
centre de la mesure angulaire et la mesure dans la sphère de l'angle des
rayons extrêmes pénétrant dans l'objectif.

L'apertomètre de Abbe est formé d'un disque cylindrique de verre dont
le centre est marqué sur la face supérieure par un petit trou a percé dans
un disque métallique. Sur le cylindre peuvent se mouvoir deux index b en
tôle noircie ayant la forme indiquée (fig. 633) et dont les bords rectilignes
permettent, sur la face supérieure de l'apertomètre, la lecture de leur situation angulaire par rapport au centre a. L'image de la face cylindrique est,
par le moyen d'une facette inclinée à 45°, projetée verticalement comme
l'indique la figure 634. En donnant au tube du microscope sa longueur ordi-

naire, on centre avec l'objectif, dont l'ouverture est à déterminer, et, au moyen d'un oculaire quelconque, on met au point le centre a de l'apertomètre placé sur la platine, sa graduation en haut.

Une fois ce réglage effectué et dans le cas de faibles objectifs, on enlève

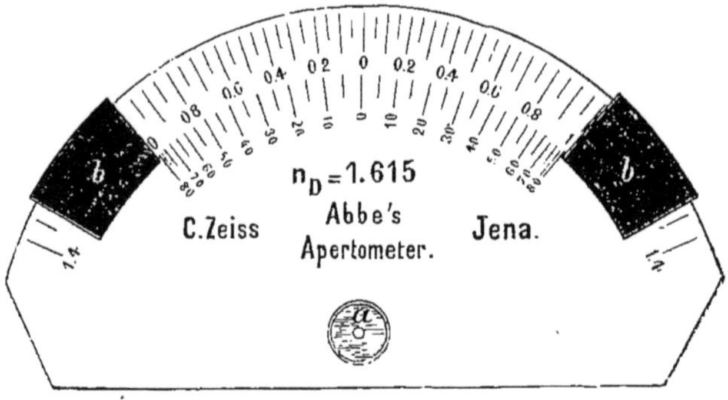

Fig. 633.

l'oculaire et l'on voit directement dans le champ lumineux du micro-scope l'image des index que l'on amène à occuper les positions extrêmes du champ. Pour effectuer une détermination exacte, on repère l'œil en plaçant à la place de l'oculaire un disque de carton noirci présentant en son centre un petit trou par lequel on pratique l'observation.

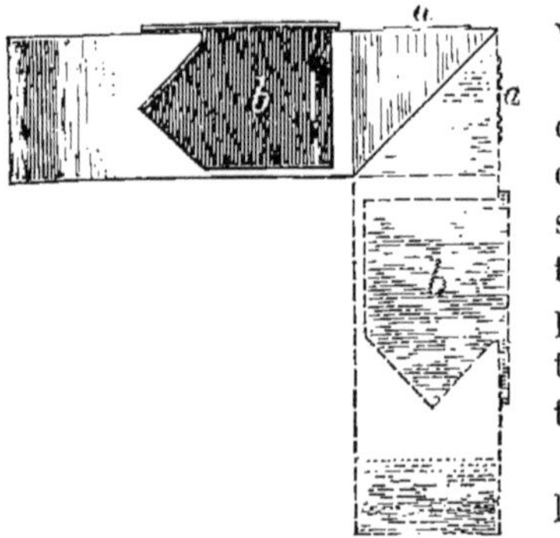

Fig. 634.

Pour une détermination plus précise, dans le cas d'objectifs puissants, il est bon de remplacer l'oculaire par un petit micro-scope accessoire que l'on descend dans le tube du microscope de façon à mettre au point l'image des index. On juge ainsi exactement, quand on les déplace, de leur situation limite à la périphérie du champ.

Lorsqu'ils occupent cette situation, la lecture de leur position sur le limbe gradué donne l'angle d'ouverture dans l'air. Cet angle u' est celui des rayons dont le sinus dans l'air $(\sin u)$ est n fois plus grand que le sinus dans le verre des rayons d'incidence, maximum susceptible d'être admis par l'objectif $(\sin u = n \sin u')$. — Une seconde graduation donne l'ouverture numérique correspondante dans le cas d'une observation à immersion faite avec un liquide d'indice 1,625 $(n \sin u)$.

Essai du microscope. — Cet essai peut porter sur l'étude de ses qualités optiques et être fait suivant des principes analogues à ceux qui servent à examiner tout appareil optique : on vérifiera ainsi l'aplanétisme, l'achro-matisme, la distorsion, la courbure de champ, l'exactitude de centrage, la profondeur de foyer, etc. Ces essais, intéressants au point de vue optique, ne sont pas ceux que pratiquent généralement les micrographes, qui se contentent d'examiner si la combinaison d'objectifs et d'oculaires remplit bien le but pour lequel elle a été réalisée en donnant de bonnes images de certaines préparations d'épreuves dites *test-objets*.

Pour vérifier si l'instrument est exempt d'aberration de sphéricité, on examine un objet à contour très nettement délimité : soit une série de traits finement tracés sur un verre argenté, soit l'image très fine d'un objet blanc et noir vivement éclairé. Cette dernière est formée à la surface d'un globule de mercure placé sur une lamelle de verre à la place de la préparation microscopique.

On peut prendre comme image l'image de réflexion d'une croisée. Cette image doit apparaître à contours très nettement délimités et disparaître aussitôt, soit qu'on élève, soit qu'on abaisse le corps de l'instrument.

Si le système est sous-amélioré, l'image s'évanouit dès que l'on abaisse le microscope, mais elle se change en une sorte de nébulosité lumineuse quand on élève l'instrument. Lorsque le système est suramélioré, les phénomènes se présentent, mais en sens inverse.

La correction de l'achromatisme sera vérifiée dans l'épreuve précédente en observant si les images ne sont pas entourées de contours colorés. En recouvrant avec une feuille de métal une des moitiés de l'objectif, l'autre moitié représentera un prisme. On observe ainsi des lignes claires sur fond noir. Si les aberrations ne sont pas suffisamment corrigées, on s'en apercevra à l'apparition de lisérés colorés, surtout marqués quand la mise au point n'est pas parfaite.

La distorsion, la courbure de champ se révèlent par l'examen d'une lame bien plane sur laquelle sont tracées deux séries de traits à angle droit.

Nous avons vu que deux qualités du microscope (profondeur et pouvoir délimitant ou définissant) s'excluaient dans une certaine mesure avec une troisième : le pouvoir séparateur.

Ces qualités ne peuvent être obtenues au maximum dans la même combinaison, et le choix qu'il faudra faire de l'objectif, soit au point de vue du pouvoir délimitant ou définissant, soit au point de vue du pouvoir séparateur, dépendra de l'observation microscopique à laquelle il est destiné. La valeur d'un objectif, en dehors de toute analyse de ses propriétés optiques, s'apprécie donc par la manière dont il répond à l'usage qu'on doit en faire.

Les objectifs peuvent être classés en faibles, moyens et forts.

Les objectifs faibles, dont la longueur de foyer est, par exemple, supérieure à 15 millimètres, servent généralement à l'examen de préparations opaques, d'objets transparents de grandes dimensions et de texture grossière. Les qualités les plus demandées sont une ouverture donnant suffisamment de clarté, mais assez faible pour permettre un pouvoir délimitant ou définissant suffisant, ainsi que de la profondeur de foyer. Celle-ci donne une parfaite égalité d'image quand l'objet est plat et empêche toute inégalité modérée de surface de troubler sérieusement la netteté de l'image entière. Ces objectifs sont jugés bons quand ils montrent bien tous les détails de la structure de la trompe de la mouche à viande.

Les objectifs de puissance moyenne, par exemple ceux dont la distance focale est comprise entre 15 millimètres et 6 millimètres, doivent faire ressortir d'une façon satisfaisante certains détails de préparations de diatomées.

Les objectifs forts d'une longueur focale inférieure à 6 millimètres doivent permettre la résolution des détails plus fins de l'enveloppe siliceuse délicate de certaines diatomées telles que : *Pleurosigma angulatum*, *Pleurosigma attenuatum*, etc.

On peut remplacer ces préparations par des réseaux tracés sur verre argenté et qui devront être résolus. Les préparations de diatomées correspondent à de semblables réseaux dont les intervalles, très variables avec les genres différents, ont été déterminés par plusieurs micrographes.

APERÇU ANATOMIQUE
SUR L'APPAREIL VISUEL

Par AUGUSTE PETTIT.

Sous le nom d'*appareils visuels* ou de *photorécepteurs*, on désigne les formations uni- ou pluricellulaires auxquelles incombe spécialement, par suite de la loi de division du travail physiologique, le rôle de *recueillir* (1) les rayons lumineux, susceptibles d'ailleurs (ainsi que l'ont établi Arnold, Budge, Brown-Séquard, Steinach, A. d'Arsonval, etc.) d'exciter le protoplasma non différencié en organe de la vision (2).

La définition anatomique de ces appareils est assez difficile à établir, en raison de l'extraordinaire variabilité des formes sous lesquelles ils se présentent dans la série zoologique.

La conception théorique qui a été classique pendant la seconde moitié du xixe siècle, et suivant laquelle un appareil visuel était caractérisé par un nerf, du pigment et des milieux réfringents, n'est plus soutenable actuellement.

La constatation de photorécepteurs chez divers organismes unicellulaires [Infusoires, spores d'Algues, Péridiniens (Pouchet)] a privé le conducteur nerveux de l'importance qu'on lui accordait ; de même, l'existence, chez certains Vers, d'appareils visuels dépourvus de milieux réfringents ne permet plus d'attacher qu'une valeur très secondaire à cette définition.

Enfin, telle est l'importance attribuée au pigment que, pour la plupart des auteurs, cette matière représente la partie essentielle et fondamentale de tout organe visuel ; Charpentier a, d'ailleurs, très exactement résumé l'opinion qui a prévalu dans les cinquante dernières années, lorsqu'il a écrit : « Pas d'élément visuel sans pigment dans la série animale » (3).

Assurément, le pigment joue un rôle non négligeable dans la constitution

(1) Et non de percevoir.

(2) A. d'Arsonval a montré que la fibre musculaire est directement excitable par la lumière ; Steinach, d'autre part, a constaté que, chez les Céphalopodes, les rayons lumineux provoquent la motilité des chromatophores dans les bras détachés du corps.

(3) La même opinion est reproduite dans la plupart des traités classiques ; à titre d'exemple, je rappellerai la phrase caractéristique de Brass (*Lehrbuch der Histologie*) : « Die einfachsten als Sehwerkszeuge angesprochenen Differenzirungen..... sind Pigmenthaüfen ».

des appareils visuels ; on constate, en effet, sa présence dans la très grande majorité des cas ; cependant, il est évident qu'il ne constitue, pas plus que les milieux réfringents et le conducteur nerveux, un élément essentiel de l'appareil visuel ; les recherches de Gœppert, de Metcalf et d'Apathy, etc., ont révélé, chez les Hirudinées, les Lumbriciens et les Salpes, l'existence de photorécepteurs uni- et pluricellulaires dépourvus de pigment (1).

Dans l'état actuel de la science, il me paraît hasardeux de tenter une définition morphologique de l'appareil visuel, d'autant plus que les découvertes subséquentes de l'histologie comparée modifieront très vraisemblablement les conceptions actuelles ; malgré ses inconvénients et son imperfection, il faut se contenter d'une définition physiologique ; je remarquerai, d'ailleurs, que tel est le cas pour la plupart des appareils anatomiques ; pour les glandes, notamment, aucune des définitions et classifications anatomiques n'est applicable à l'ensemble des faits connus ; seules, celles basées sur la physiologie (E. Gley) paraissent satisfaisantes.

Je ne m'attarderai donc pas à cette question, cependant fondamentale. Je crois plus profitable de passer immédiatement en revue quelques-unes des formes les plus remarquables réalisées dans la série zoologique. Dans le court espace qui m'est réservé dans ce traité, je ne puis songer qu'à signaler très rapidement les étapes principales de l'évolution des photorécepteurs dans les divers groupes.

I. — INVERTÉBRÉS

La forme la plus primitive actuellement connue de photorécepteur se trouve chez les Vers de terre ; dans l'épiderme du *Lumbricus*, de l'*Allolobophora* et de l'*Allurus*, Hesse a découvert des cellules nettement différenciées reconnaissables aux caractères suivants (fig. 635) : elles sont beaucoup plus larges que les éléments épithéliaux proprement dits, mais sensiblement plus courtes ; elles n'atteignent jamais la cuticule et leur cytoplasma clair tranche sur l'aspect sombre du tissu qui les renferme ; enfin, elles renferment un corpuscule interne, affectant en coupe l'aspect d'une vacuole. Cette dernière formation est en général située sur le bord du cytoplasma auquel aboutit un filet nerveux.

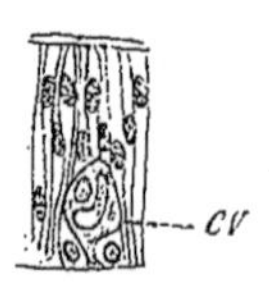

Fig. 635. — Cellule visuelle (CV) du *Lumbricus castaneus*, avec son noyau et son corpuscule interne incurvé, au milieu des cellules épidermiques (d'après R. Hesse).

Le même appareil se retrouve chez les Hirudinées, mais avec un caractère de perfectionnement nouveau. Chez le *Pseudobranchellion*, notamment, Apathy a fait connaître des photorécepteurs unicellulaires d'une complexité structurale remarquable.

Ces appareils sont répandus à peu près dans tout le corps de l'Animal, mais ils prédominent dans la région céphalique ; ils sont constitués par une cellule unique pourvue d'une membrane et comprenant un noyau, un cytoplasma

____

(1) Je laisse de côté le cas, d'ailleurs discutable, des albinos.

et une vacuole. La figure 636 met en évidence les rapports des diverses parties
constituantes. La vacuole est limitée par une membrane anhiste sur laquelle

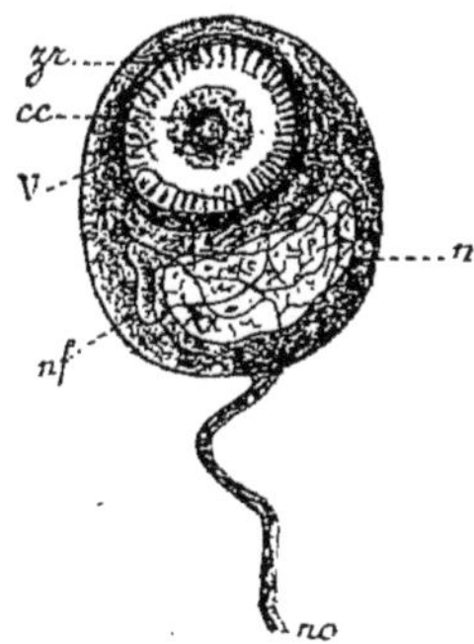

Fig. 636. — Cellule visuelle dépourvue de
pigment du *Pseudobranchellion Margoi*. —
no, nerf optique ; *nf*, neurofibrille ; *n*, noyau ;
V, vacuole ; *zr*, zone radiée ; *cc*, corpuscule
central (d'après Apathy).

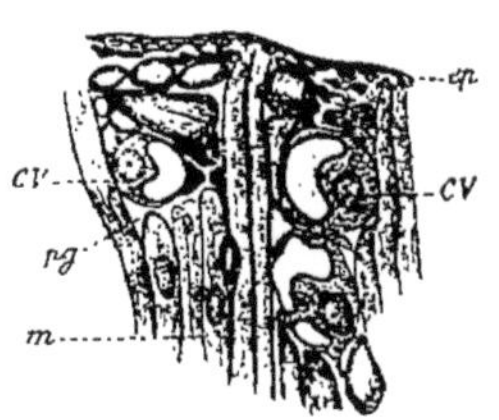

Fig. 637. — Coupe intéressant trois cellules
visuelles du *Branchellion torpedinis*. —
ep, épiderme ; CV, cellules visuelles ; *pg*, pigment ; *m*, muscles (d'après R. Hesse).

s'insère une zone radiée ; la partie libre est occupée partiellement par un
corpuscule central. A chacune de ces cellules aboutit une fibrille nerveuse
entourée d'une membrane propre ; à l'intérieur
du photorécepteur, cette fibrille forme un réseau
neurofibrillaire (*neurofibrillengitter*), dont les
extrémités finissent au contact de la vacuole.

La même structure est réalisée, dans ses traits
essentiels tout au moins, dans les cellules
visuelles du *Branchellion* (fig. 637) ; mais, chez
ce Ver, on constate, au voisinage du photorécepteur, la présence d'une certaine quantité de
pigment ; ce dernier prend un développement
considérable chez la Nephelis, où les yeux sont
environnés d'un épais écran. Les dix ocelles de
la Sangsue officinale (fig. 638) ne sont, d'ailleurs,
que la répétition sur une large échelle des dispositions précédentes.

La tendance du pigment à former un écran
aux cellules visuelles s'accuse encore davantage
chez certains Plathelminthes, chez les Turbella-
riés notamment (fig. 639 et 640). L'exemple de
l'*Euplanaria gonocephala* est typique (fig. 640).
Les cellules visuelles, toutes en rapport avec un
filet nerveux, se terminent par des massues inégalement développées, colorées en rouge à l'état
vivant ; ces formations sont groupées en une

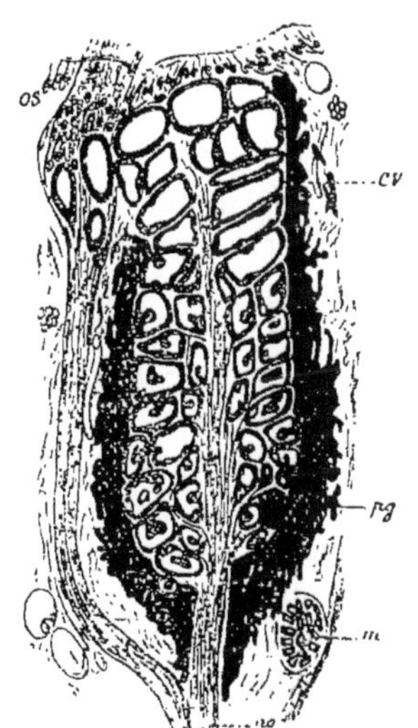

Fig. 638. — Coupe longitudinale demi-schématique d'un
ocelle de Sangsue officinale. —
ep, épiderme ; CV, cellule visuelle ; *no*, nerf optique ; *pg*,
pigment ; *m*, muscles ; *os*, organe
sensoriel (d'après R. Hesse).

sorte de faisceau, renfermé à l'intérieur d'un véritable calice de pigment
comprenant cent cinquante à deux cents éléments.

Ces mêmes dispositions anatomiques sont reproduites chez les Triclades, les Polyclades, les Trématodes et les Némertiens, — chez les Vermidiens (Rotifères) — chez les Némathelminthes — et chez l'Amphioxus : la moelle

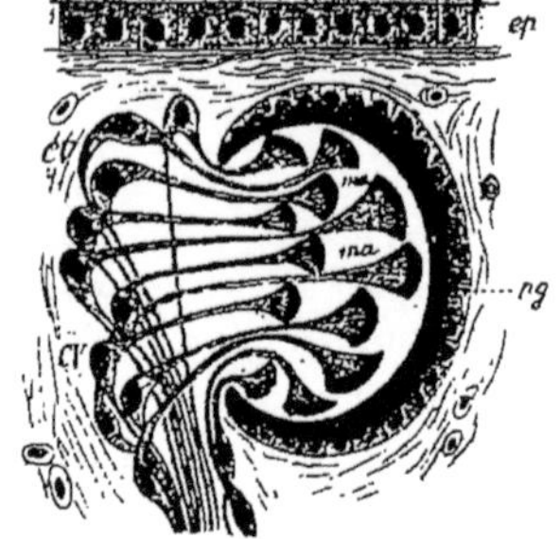

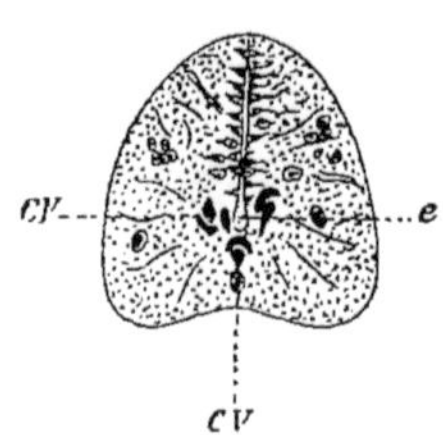

Fig. 639. — Coupe d'un ocelle du *Dendrocœlum lacteum*. — CV, cellules visuelles avec leurs massues terminales, *ma*; *pg*, cellules pigmentaires (d'après R. Hesse).

Fig. 640. — Coupe schématique d'un ocelle de l'*Euplanaria gonocephala*. — *ep*, épiderme; CV, cellules visuelles avec leurs massues terminales, *ma*; *pg*, cellules pigmentaires (d'après R. Hesse).

Fig. 641. — Coupe transversale de la moelle épinière de l'*Amphioxus lanceolatus*. A droite, à gauche et au-dessous du canal épendymaire, *e*, trois cellules visuelles, CV (d'après R. Hesse).

épinière de ce dernier Animal renferme un certain nombre de photorécepteurs munis d'un calice de pigment, disposés à droite, à gauche et au-dessous du canal épendymaire (fig. 641).

Tous les appareils visuels décrits jusqu'ici sont dépourvus de milieux réfringents nettement différenciés ; en effet, on ne peut pas, actuellement, en se basant sur des arguments irréfutables, classer dans cette catégorie les corpuscules internes signalés précédemment.

L'adjonction à la cellule visuelle proprement dite de milieux réfringents marque un perfectionnement considérable dont nombre d'Invertébrés nous offrent des exemples. On remarquera, d'ailleurs, qu'il est impossible d'établir aucune corrélation entre la présence de ces formations et la place occupée dans la classification zoologique par l'Animal qui les possède. Celles-ci, en effet, existent dans les groupes les plus variés : Echinodermes (Stellérides), Trochozoaires et Arthropodes.

D'autre part, tous les représentants d'un de ces groupes ne sont pas également doués sous le rapport de la vision ; chez les Trochozoaires (Annélides et Mollusques), notamment, certains types dégradés par le parasitisme sont complètement dépourvus de cellules visuelles ; d'autres possèdent de simples taches pigmentées, et, par une série de transitions insensibles, on arrive à des formes chez lesquelles l'appareil visuel atteint une perfection organique presque comparable à celle réalisée chez les Vertébrés.

Sous sa forme la plus simple, l'œil des Mollusques ou ocelle est réduit à une assise sensorielle compacte.

Mais, en se déprimant au-dessous du revêtement tégumentaire, cette dernière détermine la formation d'une cupule qui communique à l'appareil une structure vésiculaire ; suivant que la vésicule conserve son aspect normal ou qu'une de ses moitiés s'invagine dans l'autre de façon à former une double assise, l'œil est dit *holocystique* ou *deutocystique*; ce dernier cas est, d'ailleurs, rare.

Néanmoins, la vésicule ainsi produite loge toujours un corps réfringent. Chez les types élevés en organisation, l'adjonction de cette dernière formation marche de pair avec d'autres modifications progressives. C'est ainsi que les éléments pigmentaires et les éléments sensoriels, nettement séparés dans les types inférieurs, se disposent, chez les Mollusques les mieux doués, en une seule couche, méritant alors le nom de *rétine* ; celle-ci est formée de rétinules (cellules pigmentées) et de rétinophores (cellules sensorielles), entremêlées les unes aux autres.

L'œil de l'Escargot rentre dans ce dernier cas ; c'est un globe sensiblement sphérique, muni d'une enveloppe résistante percée d'un trou par lequel pénètre le nerf optique ; au pôle opposé, la sclérotique est transformée en cornée transparente.

La cavité centrale du globe oculaire est occupée par un corps transparent, jouant très vraisemblablement le rôle de cristallin. La rétine est formée de cellules à bâtonnets entre lesquelles sont disposées des cellules à pigment ; le nerf optique se continue avec des éléments ganglionnaires placés à la base des rétinophores.

L'étude des rapports intimes des nerfs avec les cellules visuelles a été l'objet de recherches approfondies de la part de Hesse. Entre autres résultats importants, cet histologiste a réussi, dans un grand nombre d'espèces, à mettre ces relations en évidence ; je me bornerai ici à dire quelques mots des appareils visuels de la Carinaire et du Pecten.

La *Carinaria mediterranea* possède deux yeux céphaliques munis chacun de muscles spéciaux qui assurent leur mobilité ; ils sont irrégulièrement sphériques et formés d'une couche cellulaire en forme de sac, dont la portion antérieure joue le rôle de cornée ; la portion moyenne de cette même couche est pigmentée, tandis que le fond est tapissé de cellules visuelles dans lesquelles se terminent des neurofibrilles provenant du nerf optique (fig. 642).

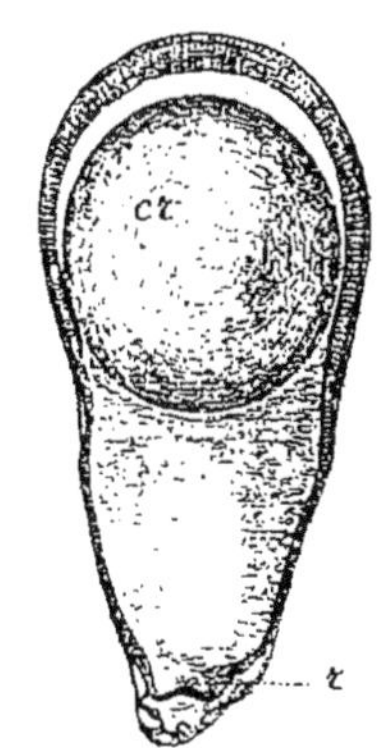

Fig. 642. — Coupe médio-longitudinale d'un œil de *Carinaria mediterranea*. — *cr*, cristallin ; *r*, rétine (d'après R. Hesse).

De même (fig. 643), Hesse, dans les ocelles margino-palléaux du *Pecten Jacobæus*, a vu le nerf circumpalléal émettre des neurofibrilles qui se terminent à la portion terminale des bâtonnets des rétinophores. Ces ocelles sont, d'ailleurs, munis d'une sclérotique fibreuse, recouvrant une choroïde relativement épaisse, dont les cellules constituantes sont bourrées de granulations pigmentaires diversement colorées.

Au-devant de la rétine, et appliqué sur la cornée, existe un cristallin pluricellulaire.

Chez les types supérieurs de la classe des Annélides (Polychètes), on retrouve des formations aussi perfectionnées ; je citerai les exemples de la *Phyllodoce* et de l'*Alciopa*.

L'œil de la *Phyllodoce laminosa* (fig. 644) est une masse à peu près sphérique dont le centre est occupé par un cris-

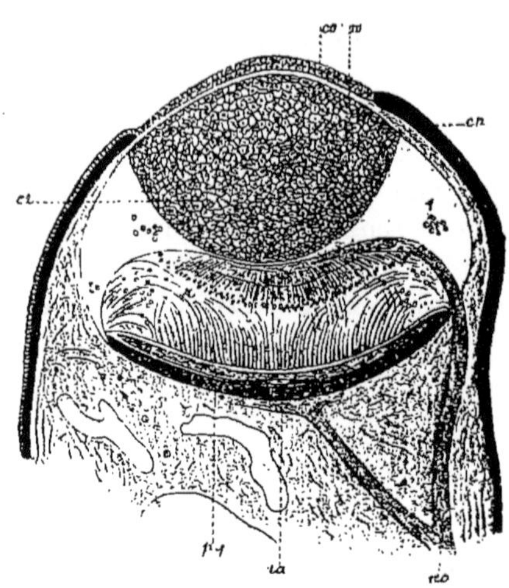

Fig. 643. — Coupe demi-schématique d'un œil margino-palléal du *Pecten Jacobæus*. — *co*, cornée ; *ep*, épiderme ; *m*, fibres musculaires coupées perpendiculairement ; *cr*, cristallin ; *r*, rétine ; *la*, tapis ; *pg*, cellules pigmentées ; *no*, nerf optique (d'après R. Hesse).

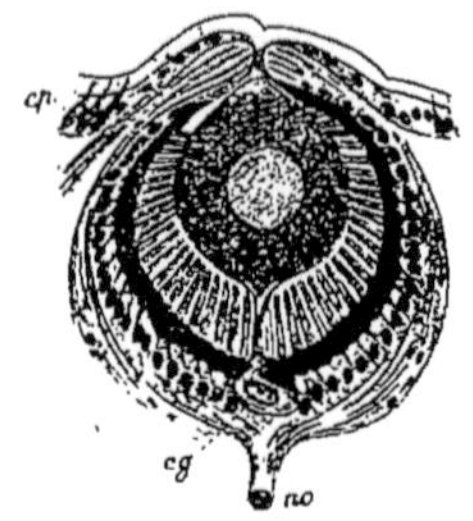

Fig. 644. — Coupe médiane de l'œil de la *Phyllodoce laminosa*. — *ep*, épiderme ; *cg*, cellule glandulaire ; *no*, nerf optique (d'après R. Hesse).

tallin, sécrété par une unique cellule (1). Vers ce corps convergent les éléments visuels qui, par leur association avec les éléments pigmentés, form nt la rétine.

Chaque rétinophore présente un bâtonnet terminal à paroi grillagée, de section triangulaire, quadrilatère ou pentagonale, parcourue par une neurofibrille émanée du nerf optique ; chez l'*Alciopa Contraini* (fig. 645), cette dernière se termine par un renflement conoïde.

Fig. 645. — Bâtonnet rétinien avec filament axile de l'*Alciopa Contraini* (d'après R. Hesse).

Les yeux des Arthropodes présentent avec les mêmes appareils des Trochozoaires des analogies au moins apparentes. Plusieurs zoologistes contemporains ont même tenté de ramener les yeux les plus différenciés des Insectes à ceux de ces Animaux. Mais Parker et Viallanes, notamment, se sont élevés contre cette opinion ; pour ceux-ci, l'œil composé ne pourrait être considéré comme une réunion d'yeux simples, attendu que tous deux se développent de la même façon et renferment les mêmes éléments fondamentaux. Tout récemment, la question a été de nouveau soulevée et le débat ne peut actuellement être considéré comme définitivement clos.

(1) En général, plusieurs cellules concourent à assurer cette fonction.

Quel que soit le sort que l'avenir réserve à ces conceptions, il n'en est pas moins incontestable que, chez les Arthropodes, les yeux les plus simples se relient aux yeux les plus complexes par une série de formes intermédiaires.

La forme la plus élémentaire d'appareil visuel qu'on puisse trouver chez les Articulés est représentée par l'œil médian de certains Crustacés.

Celui-ci est représenté chez les Entomostracés et chez les larves de Malacostracés, et il peut coexister chez le même individu avec une ou rarement deux paires (*Phronima*) d'yeux composés.

Chez le *Branchippus*, l'*Eucalanus*, etc., l'œil médian (fig. 646) est formé par des cellules visuelles dont l'architecture générale est calquée sur les éléments similaires des Turbellariées (en particulier le Dendrocèle) ; ici encore la cellule visuelle renferme un noyau volumineux ainsi qu'un corpuscule interne transparent, et sa portion proximale est limitée par une bordure bacilliforme (*Stiftchensaum* de Hesse) directement en rapport avec une neurofibrille ; cette dernière aboutit au ganglion optique ou au cerveau. L'ensemble ainsi constitué est désigné généralement sous le nom d'*ocelle* ; les cellules en continuité avec

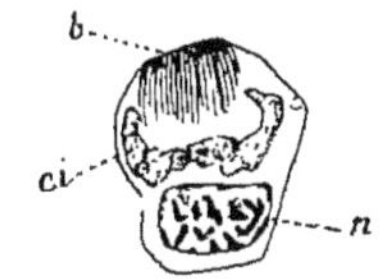

Fig. 646. — Cellule visuelle de l'œil médian de l'*Eucalanus elongatus*. — *b*, bordure bacilliforme ; *ci*, corpuscule interne ; *n*, noyau (d'après R. Hesse).

le nerf optique, sous celui de *rétinophores* ; la désignation de *rétinules* s'applique aux éléments pigmentés qui, dans les appareils plus perfectionnés, forment une gaine aux photorécepteurs proprement dits.

Chez les Myriopodes, l'ocelle présente une modification progressive intéressante. Un certain nombre de cellules visuelles se groupent et dessinent une dépression cupuliforme : d'où le nom d'*ocelle en cupule*(*Lithobius*, fig. 647) ; au niveau de cette dépression, la cuticule s'épaissit de façon à figurer un corps lentiforme (cornée). Enfin, chez un certain nombre de Myriopodes, la bordure se transforme en véritables bâtonnets.

Une nouvelle complication est réalisée dans les yeux frontaux des Insectes (Orthoptères, Hyménoptères, Névroptères, Diptères), où le cristallin, plus nettement différencié, présente deux rayons de courbure différents (*Helophilus*, *Eristalis*, *Syrphus*). L'œil du *Cloëon* (fig. 648) mérite une mention spéciale : il est

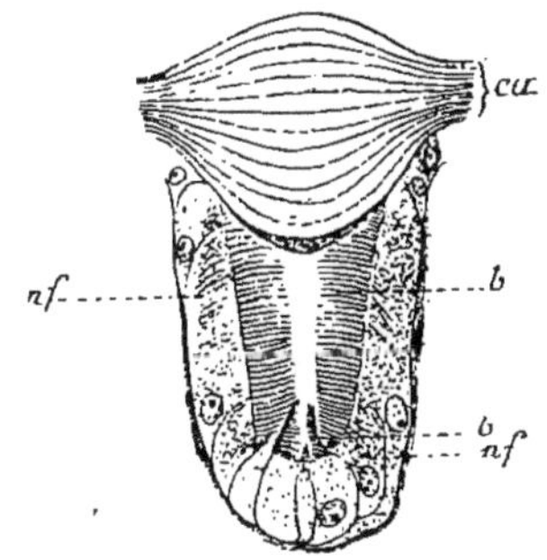

Fig. 647. — Coupe médiane de l'œil du *Lithobius forficatus*. — *cu*, cuticule ; les cellules visuelles disposées en fer à cheval sont reconnaissables à leurs noyaux et à leur bordure bacilliforme, *b*, en rapport avec les neurofibrilles, *nf*, émanées du nerf optique (d'après R. Hesse).

limité extérieurement par une cuticule bombée à la façon d'un verre de montre, mais nullement épaissie, sous laquelle est enchâssée une masse lentiforme, résultant, comme chez le Pecten, du groupement de cellules pluristratifiées.

La rétine est disposée radiairement vis-à-vis de la face postérieure du corps lentiforme, mais en est séparée par une couche de cellules cornéagènes. Les cellules visuelles sont séparées les unes des autres par une substance brillante constituant un tapis (*tapetum* de Hesse). Enfin tout cet ensemble est enveloppé

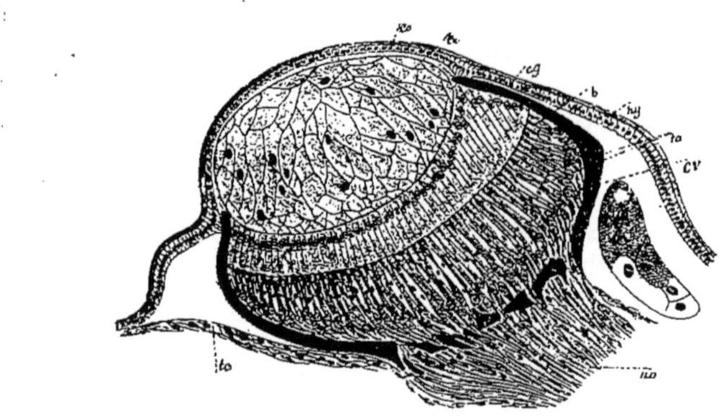

Fig. 648. — Coupe transversale de l'œil du *Cloëon*. — *co*, cornée ; *cr*, cristallin ; *cg*, cellules cornéagènes ; *hy*, hypoderme ; CV, cellules visuelles avec leur bordure bacilliforme,' *b* ; *ta*, tapis ; *no*, nerf optique ; *tc*, tissu conjonctif (d'après R. Hesse).

par une couche pigmentaire en forme de segment de sphère. Chez certains types seulement, les cellules visuelles renferment du pigment (rouge chez les Lyromastes).

La rétine elle-même présente un dédoublement remarquable chez quelques Névroptères (Agrion, *Æschna*) ; elle comprend alors une couche distale et une couche proximale de cellules visuelles séparées l'une de l'autre par une couche faisant fonction de tapis ; toutes deux reçoivent des filaments nerveux et les rétinophores y sont groupées par groupes de trois. Les parties du cytoplasma qui se font face subissent des modifications telles qu'elles dessinent sur les coupes transversales une étoile à trois branches : cette formation est désignée sous le nom de *rhabdome* et elle est due à une modification de la bordure décrite chez les Copépodes (*Calanus*, etc.). D'après Hesse, les cellules proximales de la rétine serviraient à la vision des objets éloignés ; les distales, à la vision des objets rapprochés.

On sait, d'autre part, que chez les Arachnides la rétine peut comprendre jusqu'à trois couches de cellules visuelles.

Chez les Hyménoptères, où les ocelles sont fréquemment représentés, la cornée offre souvent une structure perfectionnée ; elle comprend alors deux portions de réfringence et de courbure différentes.

Les appareils visuels des Aptères présentent un développement très inégal ; les Machilis et les Podures sont dépourvus de cornée ; en revanche, certains types de Thysanoures semblent, par le perfectionnement de leurs organes visuels, établir le passage des yeux simples aux yeux composés. Chez le *Lepisma saccharina*, les yeux, disposés de chaque côté de la tête, paraissent dus à la réunion de douze yeux simples, dont la structure rappelle assez exactement celle réalisée chez le *Lithobius* ; chaque ocelle a une cornée qui lui est propre.

Les yeux composés ou à facettes s'observent chez un grand nombre de Crustacés supérieurs [où ils peuvent être pédonculés ou sessiles (Podophtalmes et Édriophtalmes)], ainsi que chez la plupart des Insectes.

Dans ces deux classes, ils offrent une homogénéité de structure remarquable. Ils renferment plusieurs milieux transparents, séparés et distincts les uns des autres : « Chacun de ces derniers s'associe à un groupe de cellules sensorielles également délimité et de là l'œil entier se compose de plusieurs unités visuelles complètes, juxtaposées, capables de remplir séparément leur rôle : d'où son nom. Ces unités, isolées par une gangue intercalaire, dans laquelle elles se trouvent plongées, sont dites des *ommatidies*...

« Une telle organisation crée de grandes différences entre les deux types d'organes visuels, dans leur aspect et dans leur mode d'utilisation. Les yeux simples sont recouverts par une seule cornée ; leur taille est restreinte ; leur nombre, par balancement, souvent considérable ; ils permettent seulement d'apprécier les qualités variables de l'éclairage extérieur, ou ne donnent lieu qu'à une image, sans doute assez imparfaite. Ils ressemblent en tout aux ocelles des autres Invertébrés, à ceux notamment de la plupart des Vers et des Mollusques ; et le même nom souvent leur est accordé. Il n'en est point ainsi au sujet des yeux composés. Chacune de leurs ommatidies porte une cornée particulière ; aussi, la surface de l'œil entier donnée par la juxtaposition d'un grand nombre de ces petites cornées apparaît-elle avec une allure de pavage régulier : d'où l'expression fréquente d'*yeux à facettes* employée pour désigner ces appareils au complet. Ils sont volumineux d'habitude, parfois montés sur des pédoncules ; au nombre de deux, ils se placent sur les côtés de la tête et contribuent souvent à augmenter de beaucoup la masse de cette région du corps. La complexité de leurs unités visuelles leur permet toujours de produire des images et de permettre aux individus d'avoir la notion des formes possédées par les objets extérieurs ; mais, chaque ommatidie étant indépendante, l'impression fournie à l'Animal par un corps quelconque regardé par lui est celle d'une série de taches placées à côté les unes des autres, dont le groupement procure à peu près la connaissance de la disposition et de la couleur de ce corps. L'ancien terme de *vision en mosaïque*... rend assez bien compte de ce procédé visuel. » (Roule.)

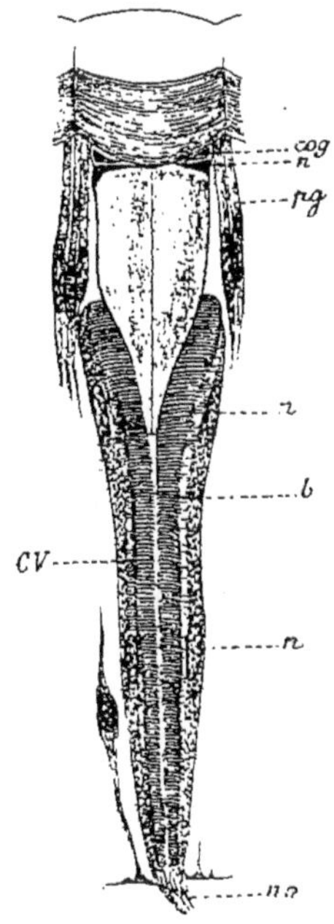

Fig. 649. — Coupe médiane dépigmentée d'une ommatidie de *Periplaneta orientalis* — *cog*, cellule cornéagène; *n*, noyau cellulaire; *pg*, cellule pigmentaire; *CV*, cellule visuelle avec son noyau, *n*, et sa bordure bacilliforme, *b*; *no*, nerf optique (d'après R. Hesse).

Plateau, en effet, a établi que les yeux composés des Insectes ne leur permettent pas de distinguer la forme précise des objets, même placés à une très faible distance, mais seulement les déplacements auxquels ces derniers sont soumis.

L'œil composé de la Blatte (*Periplaneta orientalis*, fig. 649), étudié tout récemment par R. Hesse, peut servir de type.

Chaque ommatidie présente un appareil dioptrique, des éléments nerveux (rétinophores) et des cellules pigmentaires (rétinules).

L'appareil réfringent est formé d'une cornée due à l'épaississement de la cuticule et d'un cristallin interposé entre cette dernière et les rétinophores.

Ces derniers se groupent sept par sept. Les côtés qui se font face sont transformés et forment un rhabdome dû, en réalité, au groupement des bordures bacilliformes. Les rétinules enfin forment une gaine pigmentaire à cet ensemble qui constitue l'ommatidie. A la base de cette dernière vient aboutir un faisceau nerveux qui se distribue sous forme de neurofibrilles dans chacune des cellules visuelles.

Les mêmes dispositions fondamentales se retrouvent dans les yeux composés des Crustacés.

Ces constatations ont permis à R. Hesse de dégager, chez les Insectes, les Crustacés, les Myriopodes et les Arachnides, le plan fondamental du photorécepteur ; dans tout l'embranchement des Arthropodes, les éléments anatomiques auxquels incombe le rôle de recueillir et transmettre les impressions lumineuses aux centres nerveux (ganglion optique ou cerveau) sont représentés par des formations bacilliformes plus ou moins différenciées (cils, rhabdome) en rapport direct avec des neurofibrilles (1).

L'œil des Céphalopodes présente un tel perfectionnement sur tous les appareils visuels des autres Invertébrés qu'il prend rang entre celui de ces derniers et celui des Céphalochordés. Par sa complication, il fait déjà pressentir les organes similaires des Vertébrés et il assure vraisemblablement à ces Mollusques une perception parfaitement nette de la forme, des couleurs et des déplacements des objets.

Cet organe a été de la part de Hensen, de Grenacher, de Joubin et, plus récemment, de R. Hesse, de recherches approfondies :

« L'œil comprend, en allant de dehors en dedans, les régions suivantes (fig. 650) : 1° paupières ; 2° cornée ; 3° chambre aqueuse ; 4° iris ; 5° cristallin et appareil accommodateur ; 6° capsule optique soutenue par des cartilages ; 7° rétine ; 8° fond de l'orbite contenant le ganglion optique, les corps blancs et quelques organes accessoires. Les paupières charnues peuvent se fermer en se fronçant ; on y remarque plusieurs muscles dont un principal orbiculaire, très développé. La cornée, percée d'un petit orifice par lequel l'eau peut pénétrer dans la chambre aqueuse, est absolument transparente, convexe, enchâssée dans une gaine cartilagineuse et conjonctive, physiologiquement mais non anatomiquement comparable à la sclérotique des Vertébrés. Cette paroi enveloppe complètement l'œil, mais elle en

(1) Rapprocher ces dispositions des images décrites sous le nom de *fibres de Ritter*, p. 1125.

est séparée par la chambre aqueuse qui, en se prolongeant très loin en arrière, isole cet organe, sauf dans la partie profonde, où l'œil proprement dit s'attache au crâne cartilagineux. La gaine oculaire protège donc complètement l'œil, mais sans y toucher ailleurs qu'à sa base, isolée qu'elle est par la lame d'eau de la chambre aqueuse. Celle-ci est limitée extérieurement par le globe oculaire qu'elle baigne.

« Le globe oculaire repose dans la cupule cartilagineuse cranienne; on

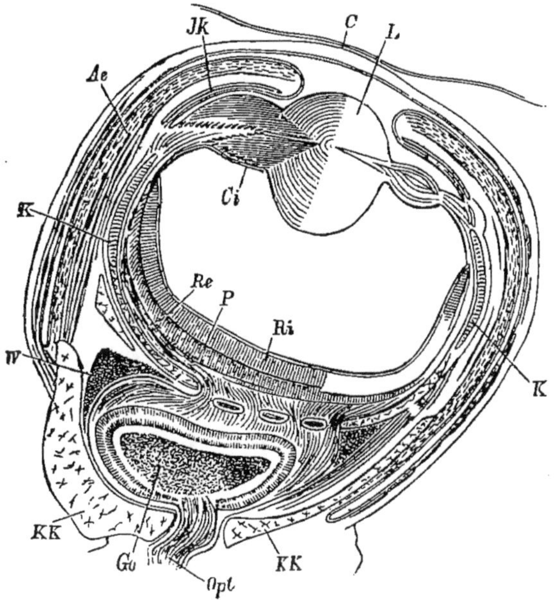

Fig. 650. — Coupe transversale de l'œil de la Seiche. — KK, cartilage céphalique; C, cornée; L, cristallin; Ci, corps ciliaire; JK, cartilage irien; K, cartilage du globe oculaire; Ae, couche argentine externe; W, corps blanc; Opt, nerf optique; Go, ganglion optique; Re, couche externe de la rétine; P, couche pigmentaire (d'après Hensen, empruntée à Ed. Perrier).

peut, avec assez de justesse, en comparer l'ensemble à un œuf posé dans un coquetier. Ce globe a une paroi résistante, sphérique, soutenue par de minces cartilages intrinsèques. Il est recouvert en avant par l'iris, membrane compliquée, musculaire, tapissée en dehors et en dedans par une brillante membrane argentée qui se continue autour de l'œil, en contact avec la chambre aqueuse et soutenue par un cartilage spécial. La fente iridienne est de forme complexe et laisse passer la lumière non par un simple trou, mais par un orifice sinueux limité par un lobe supérieur convexe entrant dans un lobe inférieur concave d'un contour correspondant.

« Derrière l'iris, le cristallin, sensiblement sphérique, est formé de deux lentilles hémisphériques, mais de courbures différentes, juxtaposées par leur face plane. Elles sont séparées par une lame équatoriale conjonctive qui se continue avec la membrane d'enveloppe de la capsule rétinienne. Le cristallin se trouve ainsi décomposé en une lentille saillante extérieurement dans la chambre aqueuse et une lentille saillante intérieurement dans la chambre rétinienne. La lame intermédiaire sert d'attache aux procès ciliaires.

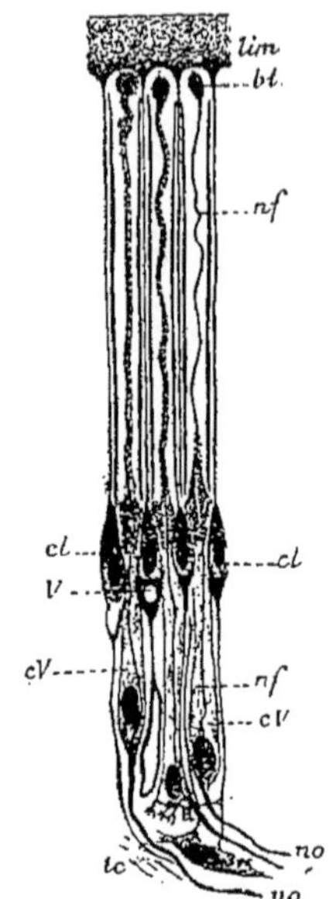

Fig. 651. — Trois cellules visuelles, cV, de la rétine des Céphalopodes entre lesquelles on observe quatre cellules limitantes, cl ; les cellules visuelles sont en rapport avec une fibre du nerf optique, no, se continuant par une neurofibrille, nf, renflée en bouton, bt. — lim, limitante ; V, vaisseau ; tc, tissu conjonctif (demi-schématique, d'après Lenhossek et Hesse).

Ceux-ci sont musculaires et vasculaires, très compliqués, et ont une surface interne noire.

« La surface interne de l'hémisphère profond de la vésicule optique est tapissée par la rétine ; entre elle et le cristallin, l'humeur vitrée contenue dans une mince membrane, comparable à l'hyaloïde, remplit la cavité de l'œil. » (Joubin.)

La rétine est un neuroépithélium composé de deux espèces d'éléments : des cellules rétiniennes et des cellules limitantes. Chaque cellule rétinienne comprend trois portions : une portion en bâtonnet, une portion somatique et une portion nucléée. Comme le montre la figure 651, empruntée à Hesse, la neurofibrille émanée du nerf optique traverse le corps entier de la cellule rétinienne et vient se terminer vers l'extrémité du bâtonnet par un renflement : elle représente dans la cellule visuelle l'élément spécialement chargé de recueillir l'impression lumineuse.

II. — VERTÉBRÉS

L'appareil oculaire des Vertébrés mérite une place spéciale, tant en raison de son extrême complexité qu'en raison de son origine embryologique.

Chez les Invertébrés, les organes de la vue proviennent d'une différenciation des téguments ; chez les Céphalocordés, les éléments qui recueillent les impressions lumineuses se développent aux dépens des deux diverticules émanés de la vésicule cérébrale antérieure primitive. On remarquera que, dans les deux grands groupes, l'origine des appareils visuels est, au fond, la même ; c'est toujours l'ectoderme qui forme le photorécepteur ; mais chez les Invertébrés la dérivation est immédiate.

Chez les Céphalocordés, l'appareil de la vision comprend deux (1) organes céphaliques, désignés sous les noms de *globes* ou *bulbes oculaires* (2).

(1) Abstraction faite de l'œil pinéal. Il m'est impossible de décrire ici cet organe, dont l'histoire est bien résumée dans les travaux de B. Spencer, Ch. Julin, Peytoureau, Francotte, M. Duval et Kalt.

(2) Quelques rares Vertébrés, par suite de leur vie dans l'obscurité, ont perdu totalement ou partiellement le sens de la vue.

Poissons : le Poisson de la grotte Kentucky, dans l'Amérique du Nord (*Amblyopsis spelæus*). Batraciens : le Protée (dépourvu de cristallin et de corps vitré), le *Typhlomolge Rathburni*, le *Typhlotriton spelæus*, une *Cæcilia*, un *Siphonops*. Reptiles : un *Typhlops*.

Il est de règle à peu près constante que ceux-ci soient disposés de part et d'autre du plan sagittal de l'Animal ; cependant, chez les Pleuronectes, les deux yeux sont situés sur une même face (face zénithale) ; il est vrai que ce mode de conformation n'est que secondaire et que, primitivement, la larve a des appareils visuels bisymétriques : ce n'est qu'à un stade relativement assez avancé du développement ontogénétique que l'œil droit, par un mouvement de rotation autour de l'axe longitudinal, se porte vers le côté gauche.

En revanche, il n'est pas d'exception à ce que l'innervation soit assurée par la deuxième paire crânienne (nerf optique).

Enfin, les organes fondamentaux de la vision sont complétés par des appareils annexes, de complexité graduelle dans la série zoologique, destinés à assurer leur protection ou leur mobilité.

Suivant la classe de Vertébrés envisagée, le globe oculaire offre des variations de forme, de volume et de situation.

Chez les Cyclostomes, l'œil présente un degré de développement inférieur ; il est de petites dimensions et enfoui sous la peau. Son volume s'accroît chez la Lamproie, beaucoup mieux partagée à ce point de vue que sa larve (Ammocète). Tous les Poissons (les Dipnoïques exceptés) ont des bulbes oculaires volumineux (surtout les Sélaciens) ; mais leur mobilité n'est jamais considérable ; leur forme est assez caractéristique : ils ne sont jamais sphériques, mais hémisphériques ou, tout au plus, ellipsoïdaux.

Les Amphibiens et les Reptiles se font remarquer par le développement de leurs globes oculaires ; d'une façon générale, ce sont eux qui possèdent les yeux les plus gros.

Les Oiseaux ont également des bulbes oculaires volumineux, mais, chez ces Animaux (Rapaces nocturnes, en particulier), l'œil est allongé et se distingue ainsi très nettement de celui des Amphibiens et des Reptiles, qui est globuleux.

L'œil des Mammifères (surtout celui des Primates) est plus ou moins sphérique (1) ; il est complètement abrité par l'orbite.

Chez l'Homme, la sphère oculaire n'est pas absolument régulière ; elle est légèrement aplatie de haut en bas et la convexité de la cornée fait saillie en avant. Il résulte de ces dispositions que les trois diamètres transversal, vertical et antéro-postérieur de l'œil sont inégaux : ils mesurent respectivement 23,5, 23 et 25 millimètres.

Le poids de chaque œil est d'environ 7 grammes ; sa consistance, très ferme, est surtout due à la pression des liquides oculaires (15 millimètres de mercure).

Mammifères : un Rat (*Neotoma*) des cavernes d'Amérique aurait des yeux impropres à percevoir les impressions lumineuses. Quelques autres types ont des yeux rudimentaires : le *Spalax typhlus*, le *Ctenomys braziliensis*, certains *Bathyergus*, certains *Syphnus* ; la *Talpa cœca* des Apennins ; le *Platanista gangetica*, dont l'œil, chez les individus de 2 mètres de longueur, a à peine la grosseur d'un pois.

(1) L'œil du Chien est à peu près sphérique ; le rapport de l'axe au diamètre vertical varie entre 1 et 0,95.

Envisagé au point de vue de sa structure anatomique, le globe oculaire des Vertébrés les plus perfectionnés à ce point de vue spécial présente trois membranes et trois milieux réfringents, dont les rapports sont indiqués sur la figure 652.

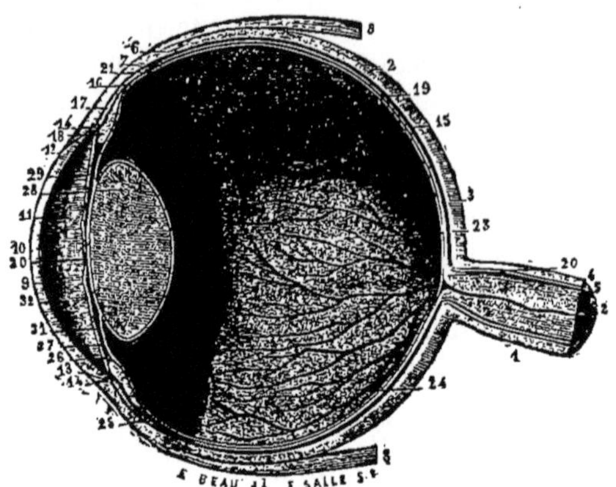

Fig. 652. — Coupe verticale et antéro-postérieure de l'œil humain. — 1, nerf optique; 2, partie moyenne de la sclérotique: 3, partie postérieure de la sclérotique; 4, tunique externe du nerf optique se continuant avec la couche externe de la sclérotique; 5, tunique interne de ce nerf allant se continuer avec la couche interne de la même membrane; 6, partie de la sclérotique qui est sous-jacente au tendon du muscle supérieur droit; on voit qu'elle est très mince; 7, partie de cette membrane qui est antérieure au même tendon; 8, muscles droits supérieur et inférieur; 9, cornée; 10, partie centrale de cette membrane un peu moins épaisse que la partie périphérique; 11, membrane de l'humeur aqueuse; 12, union de la sclérotique et de la cornée à leur partie supérieure; 13, union de ces mêmes membranes à leur partie inférieure; 14, canal de Schlemm; 15, choroïde; 16, zone choroïdienne remarquable par sa couleur sombre et le bord festonné qui la limite en arrière; 17, muscle ciliaire; 18, corps ciliaire; 19, rétine; 20, origine de la rétine; 21, limite antérieure de la rétine; 22, artère centrale de la rétine; 23, divisions de cette artère centrale; 24, membrane hyaloïde; 25, zone de Zinn, confondue dans sa moitié postérieure avec cette membrane, dont elle se trouve séparée en avant par le canal godronné; 26, paroi postérieure du canal godronné formée par la membrane hyaloïde; 27, paroi antérieure du même canal formée par la zone de Zinn; 28, cristallin; 29, iris; 30, pupille; 31, chambre postérieure n'existant qu'à l'état virtuel; 32, chambre antérieure (d'après Sappey).

De la périphérie vers le centre, les membranes se succèdent dans l'ordre suivant :

1° Une membrane de protection désignée en arrière sous le nom de *sclérotique*, en avant sous celui de *cornée :*

2° Une membrane vasculo-musculaire divisée en trois portions, postérieure, moyenne et antérieure : choroïde, zone ciliaire et iris ;

3° Une membrane nerveuse, la rétine.

D'avant en arrière, les milieux se présentent dans l'ordre suivant :

1° L'humeur aqueuse ;

2° Le cristallin ;

3° Le corps vitré.

§ 1. — MEMBRANE DE PROTECTION. — SCLÉROTIQUE ET CORNÉE.

A. — Sclérotique.

La sclérotique (1) est une gaine, dont la forme est celle du globe oculaire (Voy. ci-dessus), percée de deux ouvertures antérieure et postérieure et présentant deux surfaces.

L'ouverture postérieure donne passage au nerf optique ; elle n'est pas librement ouverte, mais forme un crible (*lamina cribrosa*) par les nombreux trous duquel pénètrent les fibres nerveuses ; l'ouverture antérieure reçoit la cornée. Sclérotique et cornée sont réunies l'une à l'autre intimement, tissu à tissu. Au niveau de la surface de coalescence, taillée en biseau, existe un petit canal (vraisemblablement lymphatique, ?), connu sous le nom de *canal de Schlemm* et communiquant avec un certain nombre de petits vaisseaux (veineux, ?). Cet ensemble constitue le plexus de Leber.

La surface externe est convexe ; elle répond à la surface interne de la capsule de Tenon. La surface interne est concave ; elle est en rapport avec la lamina fusca.

La sclérotique présente le caractère général d'être résistante et épaisse ; elle est essentiellement constituée par des fibres lamineuses feutrées. Chez les Vertébrés, à orbite incomplet, elle renferme du cartilage (Poissons, Dipnoïques, divers Amphibiens tant Anoures qu'Urodèles), de l'os (Sturoniens, Téléostéens), du cartilage et de l'os (Sauriens, Chéloniens) ou de l'os seul (Oiseaux).

Les artères proviennent des ciliaires courtes postérieures et antérieures ; les veines se jettent dans les ciliaires antérieures et les choroïdiennes. Les nerfs sont des rameaux des ciliaires.

B. — Cornée.

La cornée se distingue de la sclérotique par sa transparence ; chez tous les Vertébrés, son rayon de courbure, d'ailleurs variable, diffère de celui du globe oculaire.

La cornée est presque plate chez les Poissons ; sa courbure s'accentue chez les Amphibiens et les Reptiles et s'exagère chez les Oiseaux. Chez les Mammifères (à l'exception des types vivant dans l'eau), cette membrane est assez fortement bombée.

Chez le Chien, le rayon de courbure (individus de taille moyenne) est de $9^{mm},3$; chez l'Homme, il mesure 8 millimètres ; l'indice de réfraction est de 1,35 ; enfin l'épaisseur est plus considérable au centre que sur les bords.

La face antérieure de la cornée est en rapport avec le milieu extérieur ou avec les paupières (Vertébrés supérieurs).

Au point de vue histologique, la cornée comprend :

(1) La sclérotique et la cornée ne sont pas différenciées chez les Myxinoïdes, la Lamproie et l'Ammocète.

α. Une couche épithéliale antérieure ;

β. Une lame élastique ou membrane de Bowmann ;

γ. Le tissu cornéen proprement dit ;

δ. Une membrane transparente ou membrane de Descemet.

L'épithélium antérieur est formé par trois assises de cellules : une assise superficielle de cellules lamelleuses, une assise moyenne de cellules polyédriques et une assise profonde de cellules munies de prolongements inférieurs qui leur ont valu le nom de *cellules pédales*. Cette dernière assise est la génératrice des deux sus-jacentes.

La membrane de Bowmann ou membrane basale antérieure a, dans la série des Vertébrés, une épaisseur très variable ; elle atteint son développement le plus complet chez les Sélaciens (Raie) ; chez l'Homme, elle mesure encore 8-12 μ. d'épaisseur, mais chez le Cobaye, le Lapin, etc., elle est à peine reconnaissable. Elle a, dans tous les cas, une structure homogène.

Le tissu propre est formé de lamelles superposées, constituées par des fibrilles conjonctives ordonnancées en faisceaux parallèles. Ces différentes formations sont soudées les unes aux autres par un ciment amorphe dont le nom est emprunté aux parties qu'il unit (ciment interfibrillaire, ciment interfasciculaire, ciment interlamellaire).

Chez les Sélaciens, les lames cornéennes sont toutes régulièrement parallèles et sont traversées perpendiculairement à leur surface par des fibres cylindriques qui s'étendent sans interruption de la face antérieure de la cornée jusqu'à la membrane de Descemet : ces fibres ont été désignées sous le nom de *fibres suturales* par Ranvier, qui, le premier, les a décrites. Ces mêmes formations existent chez la plupart des Mammifères, mais chez ceux-ci, et plus spécialement chez l'Homme, les fibres suturales n'ont pas une étendue aussi considérable ; elles partent encore de la membrane de Bowmann, mais ne traversent pas toute l'épaisseur de la cornée.

En revanche, l'agencement des lames cornéennes perd de sa simplicité chez les Vertébrés supérieurs : celles-ci sont intriquées dans les sens les plus divers, en laissant entre elles des espaces ou lacunes qui donnent naissance à leur tour à des canalicules anastomosés ; le système lacunaire ainsi constitué est rempli de lymphe dans laquelle baignent des cellules connectives, désignées sous les noms de *cellules fixes* ou *cellules cornéennes proprement dites*.

La forme de ces éléments varie chez les divers Vertébrés : chez le Triton, l'Homme, le Chien, le Lapin, le Rat, ils sont constitués par un cytoplasma membraniforme et, en s'anastomosant, dessinent un réseau à mailles arrondies. Chez la Grenouille (fig. 653), le Lézard, le Bœuf, le Cheval, le Pigeon, etc., ils se réduisent à des corpuscules munis de prolongements.

Ces deux formes de cellules sont comprises entre les lames cornéennes, et elles portent l'empreinte de ces dernières. Dans le cas des éléments à type corpusculaire, les prolongements cytoplasmiques se croisent à peu près à angle droit avec les crêtes d'empreinte et présentent ainsi un aspect tout à fait caractéristique ; toute différente est l'apparence offerte par les cellules membraniformes, dont les expansions pénètrent plus ou moins profondément dans l'épaisseur des lames et y forment des ailettes.

En outre de ces cellules, la cornée renferme toujours, même à l'état
normal, des cellules migratrices, dont les mouvements sont constatables sur

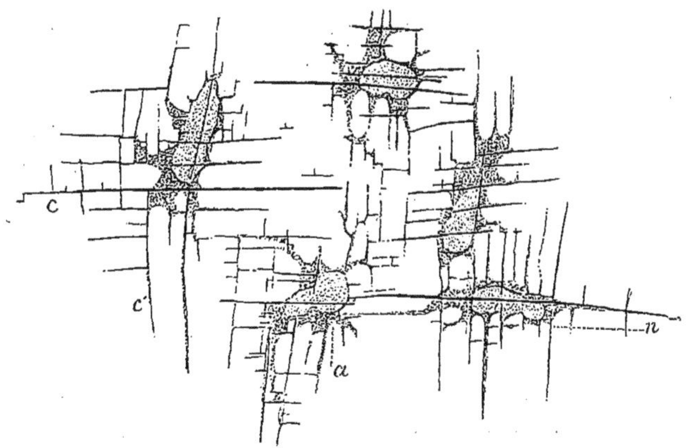

Fig. 653. — Cornée de la Grenouille verte, traitée par l'or. — *a*, protoplasma cellulaire ;
c, crêtes d'empreinte ; *n*, noyau (d'après Ranvier).

la cornée vivante ; les mêmes éléments cheminent aussi bien entre les lames
qu'à l'intérieur des lames.

La membrane de Descemet est transparente et élastique ; son épaisseur
n'est jamais considérable. Au niveau du canal de Schlemm, elle s'épaissit

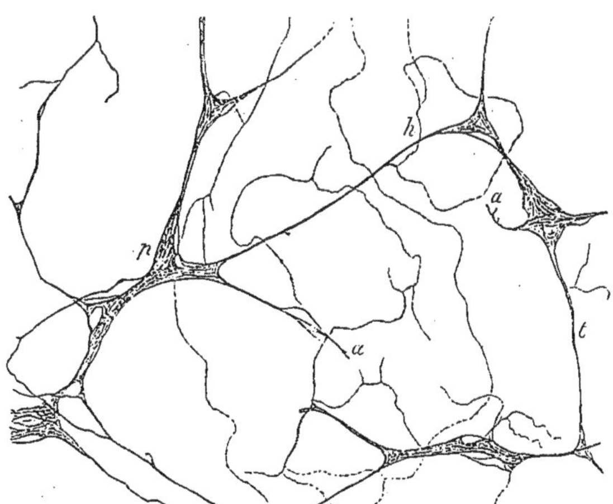

Fig. 654. — Plexus nerveux de la cornée du Lapin, imprégnés par l'or. — *p*, nœuds du
plexus ; *t*, ses travées ; *a*, points où les fibres nerveuses ont été coupées par le raclage de
l'épithélium au niveau de la membrane de Bowmann ; *h*, travées du plexus sous-basal
(d'après Ranvier).

de façon à former l'anneau tendineux de Döllinger. De ce dernier émanent
des fibrilles disposées suivant trois plans, antérieur, moyen et postérieur.
Les fibrilles postérieures se réfléchissent sur l'iris pour former le ligament
pectiné.

Le Bœuf, le Chat, le Porc et le Lapin sont doués d'un ligament pectiné bien développé ; il en est de même chez l'embryon humain, mais l'Homme adulte n'en présente plus que des vestiges.

La membrane de Descemet est tapissée, sur sa face interne, d'une assise de cellules aplaties. Chez la Grenouille, les cellules marginales seraient contractiles et capables de mouvements amiboïdes.

Placée entre la cornée et l'iris, la membrane de Descemet baigne dans l'humeur aqueuse.

Les nombreux nerfs dont la cornée est pourvue proviennent d'une branche du trijumeau, l'ophtalmique de Willis ; avant de pénétrer dans l'intérieur de la cornée, ils perdent leur myéline et sont alors réduits à l'état de fibres de Remak.

Les nerfs cornéens se divisent en deux groupes, antérieur et postérieur ; le premier forme au-dessous de la membrane de Bowmann le plexus sous-basal duquel émanent en avant deux autres plexus (plexus sous-épithélial et plexus intra-épithélial) (fig. 654) ; le groupe postérieur innerve la portion profonde de la cornée jusques et y compris même la membrane de Descemet.

§ 2. — MEMBRANE VASCULO-MUSCULAIRE : CHOROÏDE, ZONE CILIAIRE ET IRIS.

Le caractère essentiel de la choroïde est d'être très vasculaire ; grâce à ses vaisseaux, elle maintient la pression des milieux du globe oculaire et assure aux éléments rétiniens la température nécessaire à leur fonctionnement. Elle est limitée extérieurement par la lamina fusca dans toute sa moitié postérieure et dans la majeure partie de sa portion antérieure ; un peu en avant de la ligne d'insertion de la cornée, elle se réfléchit perpendiculairement au grand axe de l'œil, de façon à dessiner avec la cornée l'angle de la chambre antérieure (Voy. p. 1133).

La lame qui prend ainsi naissance porte le nom d'*iris*.

Dans l'angle formé en arrière par l'iris et la choroïde, cette dernière présente un épaississement désigné sous le nom de *zone ciliaire* ; une ligne festonnée (*ora serrata*) délimite ces deux formations.

A. — Choroïde.

La choroïde (1) proprement dite représente un segment de sphère creuse interposé entre la lamina fusca et la rétine ; son épaisseur est toujours assez

---

(1) Chez les Poissons, le muscle ciliaire est remplacé par le ligament ciliaire. La fonction accommodatrice est assurée chez la plupart de ces Animaux par un repli de la choroïde, le ligament falciforme (l'Anguille et le Congre en sont dépourvus) qui s'étend depuis la papille du nerf optique jusque sur le cristallin où il forme la *campanula Halleri*. Cet organe renferme des fibres musculaires lisses, des nerfs et des vaisseaux qui lui permettent, en faisant varier le rayon de courbure du cristallin, d'assurer l'accommodation. L'homologue du ligament falciforme est représenté, chez les Sauropsidés, par le peigne, qui atteint son plus grand développement chez les Oiseaux de proie nocturnes (l'Aptéryx en est dépourvu). Cet appareil est

faible et sa résistance est comparable à la pie-mère cérébrale, dont elle n'est qu'un prolongement.

Dans son état de plus grande complexité, elle renferme les couches suivantes :

α. La lamina fusca ;

β. Une couche vasculaire ;

γ. Une couche de structure variable, nommée *tapis* ;

δ. Une couche capillaire ;

ε. Une membrane vitrée.

α. **Lamina fusca.** — La lamina fusca est constituée par un entrecroisement lâche de fibres conjonctives, tapissées de cellules endothéliales, limitant des espaces lymphatiques ; l'ensemble porte le nom d'*espace suprachoroïdien*. Il existe, en outre, des cellules pigmentaires appliquées sur les fibres à la façon des éléments endothéliaux.

β. **Couche vasculaire.** — Cette couche est formée de vaisseaux sanguins plongeant dans une atmosphère très réduite de tissu conjonctif (stroma choroïdien) ; ce dernier renferme des fibres conjonctives, des fibres élastiques, des fibres musculaires lisses et des cellules pigmentaires munies de prolongements, qui, en s'anastomosant, dessinent un réticulum à larges mailles.

Chez les Poissons (Téléostéens et Amia), les vaisseaux choroïdiens forment, au point d'immergence du nerf optique, un *rete mirabile* saillant ; cette formation porte improprement le nom de *glande choroïdienne* ; ses fonctions sont encore obscures ; néanmoins, on ne peut certainement pas la considérer comme une glande.

Chez les autres Vertébrés, les veines sont disposées à la périphérie et proviennent de veinules affectant un aspect de tourbillon, justifiant pleinement l'ancienne dénomination de *vasa vorticosa*. Les deux veines dues à la réunion de ces vaisseaux perforent la sclérotique et se jettent dans la veine ophtalmique. Les artères proviennent des ciliaires courtes postérieures ; leur tunique musculaire est remarquablement développée.

γ. **Tapis.** — Le tapis résulte de l'interposition d'une couche, ayant des propriétés optiques spéciales, entre la couche des gros vaisseaux et la couche capillaire de la choroïde ; lorsque cette formation existe, la rétine est dépourvue de pigment à ce niveau.

Le tapis a une constitution variable suivant les Animaux et atteint son développement le plus parfait chez les Ruminants et chez les Carnassiers ; il existe aussi chez quelques autres Céphalochordés.

Chez les Mammifères, le tapis se compose tantôt de cellules spéciales

formé d'anses capillaires entrelacées et est tantôt triangulaire, tantôt quadrangulaire, tantôt trapézoïdal ; sa surface présente des plis en nombre variable (Casoar, 4 ; Autruche, 7 ; Poule, 18 ; Dindon, 22, etc) ; il s'insère au voisinage de la papille du nerf optique et n'atteint que rarement le cristallin (Perroquet, Vautour, Dindon) ; son rôle précis est encore à déterminer ; on ne peut cependant pas songer à en faire un organe accommodateur.

Chez les Amphibiens, on ne trouve que des vestiges de *campanula* sous la forme de vaisseaux inclus dans le corps vitré : ces formations ne sont constatables, chez les Mammifères, que pendant la vie fœtale.

(Carnassiers) et tantôt, au contraire, de faisceaux de fibres lamineuses très fines (Ruminants).

On distingue donc deux variétés de tapis (Tourneux) :

a. Tapis cellulaire ;

b. Tapis fibreux.

a. TAPIS CELLULAIRE. — Le tapis cellulaire paraît propre aux Carnassiers ; il est presque entièrement constitué par la superposition, en couches multiples, de cellules aplaties, de forme polygonale, mesurant 40 μ de largeur sur 3 - 5 μ de large.

Le cytoplasma est clivé en aiguilles d'apparence cristalline, dont le nombre et la disposition paraissent régler l'éclat du tapis. Malgré leur aspect, ces aiguilles sont formées d'une substance organique comparable aux lamelles des cellules à argenture des Poissons. Ces cellules ont reçu des désignations multiples : *Glanzzellen*, *Interferenzzellen*, cellules irisantes, cellules chatoyantes, iridocytes.

Chez le Chien, le tapis celluleux « est formé de cinq à six, par places même de dix à quinze couches de cellules. Ce tapis a un reflet métallique couleur jaune d'or ou or verdâtre, passant au bleu clair ou couleur d'acier vers la périphérie. La partie la mieux visible, nettement circonscrite, se présente sous la forme d'un croissant. Le tapis commence immédiatement au-dessus ou en dedans de l'entrée du nerf optique ou bien même sur celui-ci. L'ensemble du tapis forme un triangle rectangle scalène à trois prolongements ou branches, dont l'hypoténuse passe par la papille optique... Son épaisseur chez les grands Chiens est de $0^{mm},1$ environ ». (Ellenberger et Baum.)

b. TAPIS FIBREUX. — On rencontre le tapis fibreux chez presque tous les Ruminants, chez le Marsouin, etc. Sa disposition générale est sensiblement la même que celle du tapis cellulaire, avec cette différence, toutefois, que, dans la couche qui le constitue, les iridocytes sont remplacés par des faisceaux aplatis de fibres lamineuses très fines, terminés en pointe à leurs deux extrémités et mesurant en moyenne deux à trois dixièmes de millimètre.

L'existence d'une formation homologue dans l'œil humain est discutable. Sattler, cependant, a fait connaître dans cet organe une couche intervasculaire (couche de Sattler), formée de fines fibres élastiques, disposées en lamelles et tapissées du côté interne par des cellules endothéliales ; cette dernière correspondrait au tapis des Ruminants.

Plus obscure encore est la structure de cette même formation chez les Poissons ; celle-ci serait constituée par une membrane vitrée, élastique et anhiste, doublée d'une couche d'innombrables cristaux aciculés de carbonate de guanine (?) ; mais on ne possède pas de renseignements exacts sur l'origine et la valeur morphologique de ces organites.

δ. *Couche capillaire*. — Cette couche est formée de capillaires dessinant des mailles de largeur variable suivant la région envisagée et remplis d'une substance finement granuleuse.

ε. *Membrane vitrée*. — C'est une membrane anhiste, transparente, épaisse de quelques millièmes de millimètre (1-3 μ chez l'Homme).

B. — Zone ciliaire.

Cette zone présente un développement très inégal dans les différentes classes de Vertébrés; dans sa plus grande complexité, elle comprend deux parties superposées l'une à l'autre dans le sens antéro-postérieur : le muscle ciliaire en avant, les procès ciliaires en arrière (fig. 655).

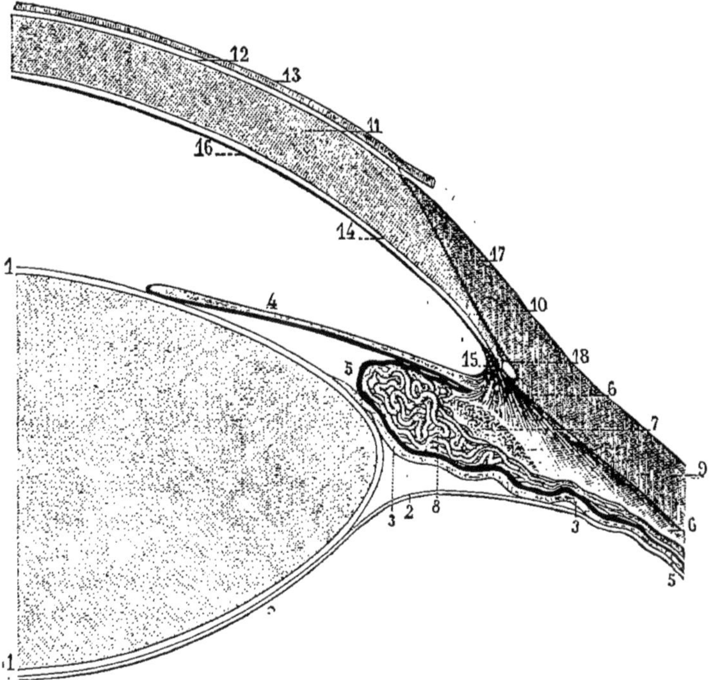

Fig. 655. — Cristallin, muscle ciliaire et cornée de l'Homme; coupe transversale. — 1, cristallin ; 2, membrane hyaloïde; 3, zone de Zinn; 4, iris; 5, procès ciliaire vu de côté; 6, portion radiée du muscle ciliaire; 7, coupe de sa portion circulaire; 8, plexus veineux d'un procès ciliaire; 9, sclérotique; 10, biseau par lequel elle se termine; 11, couche moyenne de la cornée; 12, sa lame antérieure; 13, son épithélium antérieur; 14, sa lame postérieure; 15, ligament pectiné; 16, épithélium postérieur de la cornée; 17, union de la sclérotique et de la cornée; 18, coupe du canal de Schlemm (d'après Sappey).

α. *Muscle ciliaire.* — Ce muscle fait défaut chez les Poissons (1); il apparaît chez les Batraciens, chez lesquels il est encore peu développé; on le voit prendre progressivement de l'importance chez les Reptiles et atteindre son apogée chez les Oiseaux; chez tous les Sauropsidés, il renferme des fibres striées, mais il n'atteint son maximum de développement que chez les représentants les plus élevés de ce groupe; chez ces derniers, il est divisé en trois portions, portant respectivement les noms de *muscles de Crampton, de Müller et de Brücke*; seul, le muscle de Crampton est présent chez tous les repré-

(1) Il y est remplacé par un ligament ciliaire. Voy. ci-dessus, p. 1116, note.

sentants de la classe des Oiseaux ; chez le Pigeon, il dessine un anneau dont le bord externe est en rapport avec la choroïde et l'interne adhère largement aux procès ciliaires.

Chez les Mammifères, le muscle ciliaire est exclusivement formé de fibres musculaires lisses.

Celui du Chien est très allongé et renforcé par des faisceaux venus de la tunique interne de l'œil.

Chez l'Homme, il a la forme d'un anneau lisse, aplati, de section triangulaire, mesurant 6-7 millimètres de large ; son épaisseur maxima, au voisinage de l'iris, atteint $0^{mm},6 - 0^{mm},8$.

Sa face antérieure est en rapport avec la lamina fusca ; la face postérieure, avec les procès ciliaires.

Les fibres lisses forment deux couches : une couche radiaire et une couche circulaire. Les fibres radiaires s'insèrent sur l'anneau tendineux, d'une part, et sur le stroma choroïdien ou sur le stroma des procès ciliaires, d'autre part. Les fibres circulaires forment un muscle annulaire (muscle de Rouget) composé d'un petit nombre de faisceaux. Dans l'espèce humaine, la proportion relative, à l'état normal, des fibres radiaires et circulaires est respectivement de $\dfrac{10}{1}$; ces dernières diminuent encore chez les myopes, mais peuvent représenter le tiers de la masse musculaire totale chez les hypermétropes.

β. ***Procès ciliaires.*** — Les procès ciliaires forment, à la partie postérieure du muscle ciliaire, une série de plis dont le nombre et la grandeur sont susceptibles de profondes variations. Quelques Poissons seulement en présentent, tels le Milandre, le Marteau et le Leiche. Chez les Crocodiliens, les procès ciliaires sont extrêmement longs ; chez les Oiseaux, ils se font remarquer par leur finesse.

Les Mammifères présentent des différences aussi accusées, mais sans qu'on puisse établir à cet égard aucune règle. Dans l'espèce humaine, on compte 60-70 plis ; chez le Chien 70-80 et même 83 chez les petits individus ; chez les Ruminants, ces formations sont, en général, peu développées, tandis qu'elles sont épaisses chez les Carnassiers (Lynx, en particulier).

Leur texture est simple ; ils sont essentiellement formés de vaisseaux sanguins ramifiés avec capillaires ; le tout est enveloppé de tissu conjonctif à cellules étoilées, plongées dans une substance fondamentale.

C. — Iris.

L'iris est une cloison musculo-membraneuse placée transversalement, à la façon d'un diaphragme, derrière la cornée et limitant en arrière la chambre antérieure de l'œil ; elle est rattachée à la sclérotique par le ligament pectiné de Hueck ; entre ce dernier et la zone ciliaire se trouve le canal de Fontana.

L'iris présente à peu près en son centre une ouverture appelée *pupille*, dont la forme est variable suivant les Animaux envisagés. Le plus souvent, cet orifice est circulaire (Homme) (1), mais chez certains Animaux il est oblong ou linéaire; dans ce dernier cas, son grand axe peut être vertical (Chat, Hibou, Crocodile, Requin) ou horizontal (Cheval, Dromadaire, Ruminants).

Certaines particularités sont encore à noter : la pupille du Gecko est rhomboïdale; celle de l'Anableps est divisée en deux par deux prolongements de l'iris; chez les Rapaces, enfin, des appendices marginaux iriens peuvent se rabattre de façon à intercepter complètement la marche des rayons lumineux.

L'iris présente une coloration remarquable chez la plupart des Vertébrés; cette propriété est due principalement à deux couches de pigment, situées, l'une à sa face postérieure, l'autre à sa face antérieure. La première est presque toujours noire; la seconde varie suivant les espèces et même suivant les individus (chez l'Homme et chez les Animaux domestiques). Chez les Poissons, l'iris est souvent jaune ou violet et présente en outre un éclat argenté; la coloration est due à des graisses liquides; l'aspect métallique à des lamelles cristallines. Le jaune et aussi le rouge se retrouvent chez les Oiseaux; chez les Mammifères, le fauve, le brun et le noirâtre dominent.

Au point de vue histologique, l'iris comprend trois couches :

α. Un épithélium antérieur;

β. Une membrane basale antérieure;

γ. Le tissu propre.

α. L'épithélium antérieur est formé de cellules aplaties, à contour polygonal, disposées sur une seule couche. Celle-ci serait interrompue par places et présenterait des stomates iriens (?).

β. La membrane basale antérieure est une simple lame anhiste.

γ. Le tissu propre renferme des muscles, des vaisseaux et des nerfs entre lesquels existe du tissu conjonctif (fibres conjonctives, fibres élastiques, cellules arrondies, cellules étoilées et granulations pigmentaires).

Seule, l'existence d'un sphincter à fibres circulaires est admise sans conteste; en revanche, la question d'un muscle dilatateur de la pupille a été l'objet de controverses, qui ne sont pas encore complètement closes à l'heure actuelle.

Décrit tout d'abord par Henle, Kölliker, Luschka et Merkel, ce muscle n'a pas été retrouvé par Grünhagen, Boë, Koganei et Retterer; récemment, Gabrielidès, puis Vialleton en ont affirmé la présence dans l'œil humain (2), où il serait constitué par une mince membrane continue, formée de fibrilles contractiles et de noyaux (3).

La choroïde et l'iris reçoivent des rameaux des ciliaires courtes postérieures, des ciliaires longues et des ciliaires antérieures. Les deux dernières

(1) Chez l'Homme, le diamètre de la pupille mesure, après la mort, 3 à 6 millimètres.

(2) Grynfelt a constaté la présence de ce muscle chez les Primates, les Lémuriens, les Carnivores, les Chiroptères, les Insectivores, les Rongeurs, les Artiodactyles, les Périssodactyles et les Cétacés.

(3) Cette membrane est décrite, par la plupart des auteurs, comme étant de nature élastique; elle porte alors le nom de *basale postérieure de l'iris*.

forment deux cercles reliés entre eux par des rameaux radiés, l'un antérieur, situé au niveau de l'insertion de l'iris, le grand cercle artériel de l'iris, et l'autre postérieur, le cercle du muscle ciliaire. De ces vaisseaux émanent quatre espèces de rameaux : 1° des rameaux récurrents pour la choroïde ; 2° des rameaux pour le muscle ciliaire ; 3° des rameaux pour les procès ciliaires ; 4° des rameaux anastomotiques (déjà signalés) reliant les deux cercles.

Les veines forment ici encore des vasa vorticosa et se jettent dans les veines ophtalmiques.

Les nerfs émanés du ganglion ophtalmique et du nasal forment un plexus choroïdien, un plexus ciliaire et un plexus irien.

§ 3. — MEMBRANE NERVEUSE : LA RÉTINE.

La rétine forme une membrane continue appliquée contre la choroïde, la zone ciliaire et l'iris ; sa structure présente des différences considérables suivant la zone envisagée ; aussi lui distingue-t-on trois portions nettement différenciées :

α. Une portion irienne, formée de deux assises de cellules pigmentées, et désignée communément sous le nom d'*uvée* ;

β. Une portion ciliaire, étendue de l'ora serrata à l'angle cilio-irien, comprenant deux couches de cellules. L'externe est formée par un épithélium pigmenté ; l'interne par des cellules cubiques, claires ou pigmentées suivant la région ;

γ. Une portion choroïdienne, limitée en avant par l'ora serrata, à laquelle s'applique plus spécialement le nom de *rétine*.

Cette dernière est une membrane mince, translucide, comprise entre la choroïde et le corps vitré ; à l'inverse des portions irienne et ciliaire, elle ne contracte aucune adhérence avec les tissus au contact desquels elle se trouve. Ses insertions sont uniquement représentées par l'ora serrata et le nerf optique ; et, à l'exclusion de ces deux parties, elle conserve, pendant toute la vie de l'individu, sa nature nerveuse primitive : toutes trois dérivent, en effet, du diverticule latéral de la vésicule cérébrale antérieure primaire ; c'est, en réalité, « une partie du cerveau qui s'est avancée vers la périphérie » (1) (Wiedersheim).

A son point d'immergence, le nerf optique détermine, à la surface interne de la rétine, la papille optique ou *punctum cæcum* (diamètre chez l'Homme : $1^{mm},5$) ; en outre, au pôle postérieur existe une tache jaune (*macula lutea*, ou simplement *macula* ; diamètre chez l'Homme : 2 millimètres) présentant en son centre une fossette (*fovea centralis*).

La rétine possède une complexité de structure exceptionnelle ; on s'accorde assez généralement, bien plus en se laissant guider par des commodités d'exposition qu'en se basant sur les faits anatomiques, à lui décrire dix couches, parmi lesquelles la première dérive du feuillet externe de la vésicule oculaire secondaire et les neuf autres du feuillet interne.

(1) Certains Batraciens conservent un vestige de ces dispositions embryonnaires. Chez le Necturus, le nerf optique est creux dans sa partie proximale.

Ces dix couches (1) se présentent dans l'ordre suivant, de la choroïde au corps vitré :

I. Feuillet externe de la vésicule oculaire secondaire......... } 1. Couche pigmentaire.

II. Feuillet interne de la vésicule oculaire secondaire.........

2. Couche des cônes et bâtonnets.
3. Membrane limitante externe.
4. Couche des cellules visuelles externes.
5.   —   plexiforme externe.
6.   —   des cellules visuelles internes.
7.   —   plexiforme interne.
8.   —   des cellules ganglionnaires.
9.   —   des fibres nerveuses.
10. Membrane limitante interne.

1. *Couche pigmentaire*. — L'épithélium pigmenté, qui constitue cette couche, présente une assez grande conformité de structure chez tous les Vertébrés; il est formé de cellules disposées sur une seule couche et de section polygonale (parfois penta-, surtout hexagonale); celles-ci ne sont pas au contact immédiat les unes des autres; elles sont munies, en effet, d'un revêtement de neurokératine, qui les isole à la façon d'un ciment; elles sont hautement différenciées et on peut leur décrire trois portions : une base en rapport avec la choroïde, une portion moyenne et des prolongements. La base renferme le noyau : c'est la seule partie de la cellule qui ne soit pas pigmentée; la portion moyenne est bourrée de pigment noir (2), se présentant sous la forme de grains et de bâtonnets; en outre, chez certains Animaux (Grenouille, Crocodile, Emys), il existe des gouttelettes de graisse

(1) On trouvera ci-dessous, en regard de la classification adoptée dans ces pages, les classifications de Müller, Schultze et Ranvier.

Müller.	Schultze.	Ranvier.	Classification adoptée dans le présent article.
Fulcrum général.	Fibres de Müller.	Cellules de soutènement.	Couche pigmentaire.
Cellules visuelles.	Cônes et bâtonnets.	Cônes et bâtonnets.	Couche des cônes et bâtonnets.
Membrane limitant externe.	Limitante externe.	Membrane limitante externe.	Limitante externe.
Cellules visuelles.	Grains externes.	Corps des cellules visuelles.	Couche des cellules visuelles externes.
Couche des origines nerveuses.	Couche granuleuse externe.	Couche basale.	Couche plexiforme externe.
Ganglion de la rétine. Spongioblastes.	Grains internes.	Couche des cellules bipolaires. Couche des cellules unipolaires.	Couche des cellules visuelles internes.
Neurosponge.	Couche granuleuse interne.	Plexus cérébral.	Couche plexiforme interne.
Ganglion du nerf optique.	Cellules ganglionnaires.	Couche des cellules multipolaires.	Couche des cellules ganglionnaires.
Fibres du nerf optique.	Fibres du nerf optique.	Couche des fibres du nerf optique.	Couche des fibres nerveuses.
Membrane limitante interne.	Membrane limitante interne.	Couche limitante interne.	Limitante interne.

(2) Pour Kühne, ce pigment n'est pas de la vraie mélanine.

colorée (lipochrome), ainsi que des grains aleuronoïdes. Les prolongements entourent les cônes et les bâtonnets ; ils sont courts chez l'Homme et les autres Mammifères ; ils sont beaucoup plus développés chez les Poissons, les Amphibiens et les Oiseaux.

Sous l'influence de la lumière, les cellules pigmentaires (fig. 656) repoussent les grains de pigment dans les filaments jusque vers la limitante externe, de façon à envelopper les bâtonnets (segment externe) d'une sorte d'écran ; en outre, elles sont chargées d'élaborer la pourpre rétinienne. « On voit ainsi que la cellule pigmentaire constitue peut-être l'élément de l'économie dont la fonctionnalité se rapproche le plus d'un organisme complet. Elle est sensible à la lumière ; cette sensibilité suscite la contractilité de ses franges et la mobilisation du pigment le long de celles-ci. Elle sécrète la lutéine, les grains aleuronoïdes et régénère l'érythropsine en même temps qu'elle se nourrit en tant que cellule et que son noyau souvent se divise. Elle est tout à la fois sensitive, excito-motrice, contractile et glandulaire. » (Renaut.)

Les trois couches suivantes ne sont pas rigoureusement caractérisées au point de vue anatomique. Les couches 2 et 4 (couche des cônes et des bâtonnets, couche des cellules visuelles) sont formées respectivement par les cônes et les bâtonnets d'une part, par les cellules visuelles d'autre part, c'est-à-dire par les appendices terminaux et le corps cellulaire proprement dit d'un même élément anatomique, la cellule visuelle ; quant à la limitante externe, ce n'est, à proprement parler, qu'une apparence et non une membrane véritable.

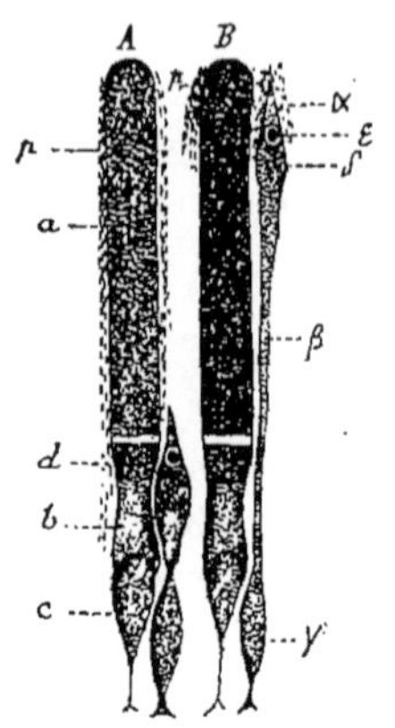

Fig. 656. — Cônes et bâtonnets avec prolongements pigmentés de la Grenouille. — A, Animal exposé à la lumière. Les prolongements pigmentés, *p*, atteignent le niveau de la limitante externe. — B, Animal maintenu dans l'obscurité. Les prolongements pigmentés, *p*, ne dépassent pas le tiers distal des bâtonnets. Le segment interne du cône s'est démesurément allongé. — *a*, segment externe ; *b*, segment interne ; *d*, pièce intercalaire ; *c*, corps cellulaire (du bâtonnet) ; α, segment externe ; β, segment interne ; δ, pièce intercalaire ; ε, gouttelette d'huile colorée ; γ, corps cellulaire (du cône) (d'après Greeff).

2. *Couche des cônes et des bâtonnets*. — A chaque corps cellulaire des éléments qui constituent la couche des cellules visuelles externes (Voy. ci-dessous, 3) correspond soit un cône, soit un bâtonnet.

a. **Bâtonnets** (*Stäbchen, rods, bacilli*). — La forme et la taille des bâtonnets varient dans de larges limites suivant les classes de Vertébrés.

Les bâtonnets ont, en général, une forme cylindrique et se composent de deux articles placés bout à bout (segments externe et interne), entre lesquels est intercalé un corpuscule lentiforme ; chacune de ces pièces présente des réactions microchimiques différentes.

Chez l'Homme, les bâtonnets (fig. 657) mesurent de 50 à 60 μ de longueur sur 2 μ d'épaisseur ; le segment externe est un cylindre parfait, dont la surface est sillonnée de lignes dues à l'impression des prolongements des cellules pigmentaires; il est formé d'une enveloppe de neurokératine et d'un contenu qui se décompose en une série de disques séparés les uns des autres par une substance intermédiaire.

L'épaisseur des disques est chez :

La Grenouille	de	0,5 -0,6 μ;
Le Triton	de	0,55-0,6 μ;
Le Pigeon	de	0,62 μ;
Le Cobaye	de	0,88 μ;
L'Homme	de	0,45-0,6 μ.

Leur nombre varie également; il est de 16 chez le Cobaye et de 33 chez la Grenouille.

Il est assez malaisé de donner une description générale du segment interne, tant sont grandes les variations de formes et de dimensions (fig. 657); tout au plus peut-on établir les trois groupes suivants :

α. Les deux segments ont à peu près le même volume et la même longueur : Homme et la plupart des Mammifères;

β. Les deux segments offrent une grande disproportion; le segment interne est filiforme : Poissons et Oiseaux;

γ. Le segment interne est remarquable par sa brièveté : Batraciens.

Au point d'union des deux segments, il existe chez les Oiseaux, les Amphibiens et les Poissons, un corpuscule lentiforme plan-convexe, dont le rôle est inconnu ; cette formation fait défaut chez l'Homme ou, tout au moins, y affecte des dispositions différentes (1).

Suivant leur couleur, on distingue des bâtonnets rouges et des bâtonnets verts.

Les bâtonnets verts ne se rencontrent que chez un petit nombre de Vertébrés (Grenouilles).

La coloration rouge est au contraire très répandue, et les bâtonnets ainsi colorés existent chez la plupart des Vertébrés, depuis la Lamproie jusqu'à l'Homme (2).

Cette coloration est due à l'érythropsine (3)

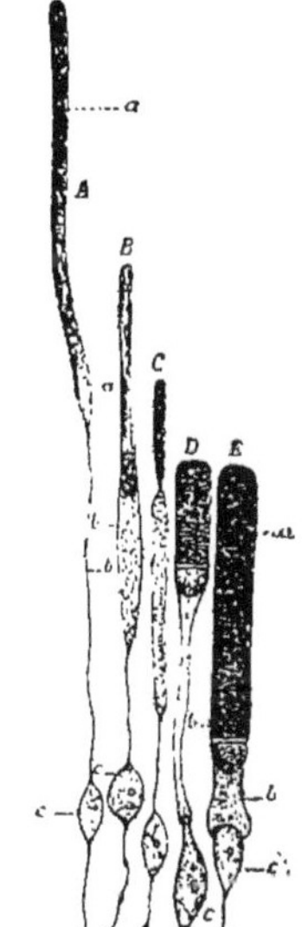

Fig. 657. — Différentes formes de bâtonnets. — A, Perche. — B, Homme. — C, Porc. — D, Grenouille (bâtonnet vert). — E, Grenouille (bâtonnet rouge). — a, segment externe; b, segment interne; c, corps cellulaire (d'après Greeff).

(pourpre ou rouge rétinien, *Sehroth*, *Sehpurpur*, *Rhodopsin*, *Photæsthesin*), produit de sécrétion des cellules pigmentaires. Le rouge rétinien n'est pas, en effet, dû à un jeu de lumière; il est matériel : Kühne a pu le dissoudre dans la bile de Bœuf purifiée.

(1) Les auteurs sont à peu près unanimement d'accord pour nier l'existence de filets nerveux (filament de Ritter) au centre du bâtonnet.
(2) Ils existent déjà chez le fœtus de sept mois.
(3) Chez les Poissons, cette substance est légèrement violacée.

Actuellement, il est difficile de préciser le rôle exact du pourpre rétinien dans la vision ; comme cette substance est détruite par la lumière (optogramme), on a voulu assimiler la vision à un simple phénomène photo-chimique ; pour Kühne, « la rétine est non seulement une plaque photographique, mais un atelier de photographie complet où l'ouvrier, renouvelant sans cesse la matière sensible à la lumière, remet continuellement la plaque en état en même temps qu'il efface l'image qu'il vient de former ».

Mais il faut remarquer que l'existence du pourpre rétinien n'est pas une condition indispensable de la vision. L'érythropsine est localisée dans les bâtonnets (segment externe exclusivement) et les cônes n'en renferment jamais. Or la plupart des Reptiles ne possèdent pas de bâtonnets. De plus, un Lémurien (le *Nyctipithecus felinus*), un Chiroptère (*Rhinolophus hipposideros*), divers Oiseaux (Engoulevent, Pigeon, Gallinacés) en sont également dépourvus.

Enfin, les bâtonnets présentent la curieuse particularité d'être susceptibles de mouvements de contraction et d'expansion, pouvant atteindre au maximum $0^{mm},01$; les deux segments, à l'exclusion du corpuscule lentiforme, participent à ce phénomène.

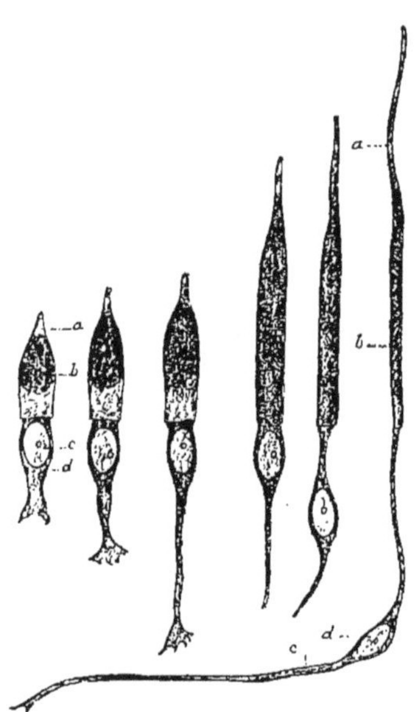

Fig. 658. — Différentes formes de cônes et de bâtonnets prélevés dans une même rétine humaine et groupés de façon à montrer le passage des premiers aux seconds. — *a*, segment externe ; *b*, segment interne ; *c*, corps cellulaire ; *d*, noyau (d'après Greeff).

b. **Cônes** (*Zapfen, Coni*). — Le terme *cônes* renseigne assez exactement sur leur forme ; ce ne sont d'ailleurs que des bâtonnets perfectionnés, dont ils reproduisent assez fidèlement la structure, en ce qu'elle a d'essentiel tout au moins. Bâtonnets et cônes ne seraient, d'après Krause, que deux stades phylétiques successifs d'une même formation : la formation ciliaire de la cellulaire épendymaire (fig. 658).

Comme les bâtonnets, les cônes comprennent deux segments dont l'aspect et la structure sont, au fond, les mêmes. Chez l'Homme, la longueur des cônes varie entre 30 et 33 μ, sur lesquels 20 μ sont occupés par le segment interne ; leur plus grande largeur ne dépasse pas 7,5 μ. D'ailleurs, chez un même individu, les variations de taille et de forme sont souvent assez accusées. Le plus souvent, le segment externe est court, bacillaire, et présente une base d'implantation élargie. Quant au segment interne, toujours renflé, il est surtout bien développé chez les Oiseaux, les Reptiles et les Poissons (fig. 659). De même que dans les bâtonnets, on constate, dans un certain nombre d'espèces animales, la présence d'un corpuscule lentiforme.

La plupart des cônes sont incolores ; parfois ils renferment des gouttelettes colorées (Poissons; Oiseaux, rouge, orange, verdâtre), composées d'un substratum incolore imprégné d'une matière colorante (chlorophane, xantophane et rhodophane de Kühne); enfin, certains Animaux (Sauropsidés) présentent des exemples de pigment diffus.

En tout cas, jamais les cônes ne renferment d'érythropsine; c'est là un caractère différentiel avec les bâtonnets, qui se relient morphologiquement, par une série de transitions insensibles, aux cônes (1).

Sous l'influence de la lumière, les segments internes des cônes peuvent se contracter; ces mouvements sont surtout accusés chez divers Poissons et chez la Grenouille : chez ce Batracien, un cône qui mesure 50 µ. à l'obscurité peut se rétracter à la lumière, de façon à ne plus mesurer que 5 µ (fig. 656).

La répartition des cônes et des bâtonnets est sujette à des variations infinies : chez les Amphibiens et les Poissons, les bâtonnets sont plus nombreux que les cônes; chez les Reptiles, il y a prédominance de cônes, ainsi que chez les Oiseaux, mais à un degré moindre chez ces derniers; chez

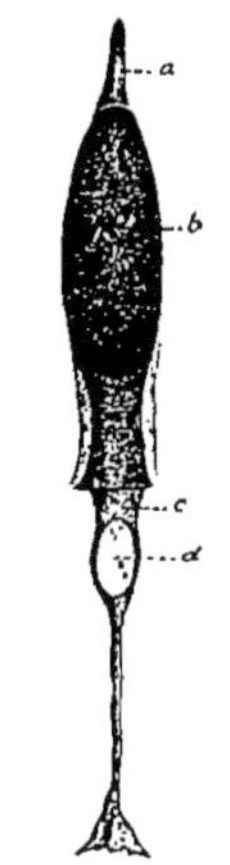

Fig. 659. — Cône de Perche. — *a*, segment externe ; *b*, segment interne; *c*, corps cellulaire; *d*, noyau (d'après Greeff).

les Mammifères, cônes et bâtonnets coexistent en proportion variable.

Cependant, les exceptions sont nombreuses; je citerai, pour mémoire, certaines Chauves-Souris (*Rhinolophus hipposideros*, notamment), le *Nyctipithecus felinus*, etc., qui ne possèdent que des bâtonnets; divers Oiseaux également (Hibou) sont privés de cônes. Chez l'Homme, il y a, au total, prédominance de bâtonnets, bien que la macula soit presque exclusivement formée de cônes (approximativement 15 000).

3. *Limitante externe*. — La limitante externe ne peut être mise en évidence que sur les coupes transversales; dans ces conditions, elle affecte l'aspect d'une ligne mince (Homme, épaisseur = 1 µ), correspondant à l'insertion des cônes et des bâtonnets sur le corps des cellules visuelles (2).

La limitante externe n'est même pas une membrane fenêtrée; elle résulte simplement de l'ordonnancement des prolongements périphériques des cellules de soutènement de la rétine (Voy. plus bas, p. 1131, fibres de Müller). Du côté du corps des cellules visuelles, elle est limitée nettement; au contraire, du côté externe elle envoie des filaments qui forment autour des cônes (Homme, Singes, Caméléon, etc.) des corbeilles de fibres (Faserkorb).

4. *Couche des cellules visuelles externes*. — Dans un langage rigoureusement exact, cette couche est essentiellement constituée par le noyau et le corps des cellules visuelles; cette couche est communément désignée sous le nom de *cellules des grains externes*; ce nom tient à ce que,

(1) Divers Vertébrés inférieurs (Gecko, Caméléon, Triton, etc.) présentent de nombreux exemples de cônes et de bâtonnets jumeaux (fig. 650).

(2) On a vu que les cônes et les bâtonnets ne sont que les appendices distaux des cellules visuelles.

sur les coupes traitées par les méthodes usuelles, seuls les noyaux apparaissent nettement sous forme de grains (1).

Son épaisseur, chez l'Homme, ne mesure que 40 à 60 μ ; mais elle peut atteindre un développement beaucoup plus considérable chez les Poissons. Chez les Amphibiens et les Sauropsi-dés, elle est réduite à deux rangées de noyaux ; par une anomalie assez rare, l'Esturgeon présente une disposition analogue ; par contre, le Hibou a une couche de cellules visuelles normale-ment épaisse, etc.

Cette couche renferme, en dehors des corps des cellules à bâtonnets et des corps des cellules à cônes, des élé-ments de soutènement (cellules de Mül-ler ; voy. plus bas, p. 1131), des fibres nerveuses et des formations décrites sous le nom de *massues de Landolt*.

Les cellules à bâtonnets sont fusi-formes et dirigées perpendiculairement à la surface de la rétine ; le prolonge-ment externe se continue avec le bâ-tonnet ; l'interne se termine par une petite sphérule.

Leur noyau est tantôt riche en chromatine (Chat, Souris, Chien, La-pin, Cobaye), tantôt pauvre (Homme, Cheval, Porc) ; dans les deux cas, la chromatine est d'une régularité remar-quable.

Les cellules à cônes se distinguent des précédentes, dont elles partagent l'orientation, par leur volume ; leur noyau est également plus gros, mais la chromatine y est rare (2).

Leur cytoplasma se continue direc-tement avec le cône ; du côté interne il se termine au niveau de la couche plexiforme externe (Voy. ci-après, 5) par un pied de cône élargi.

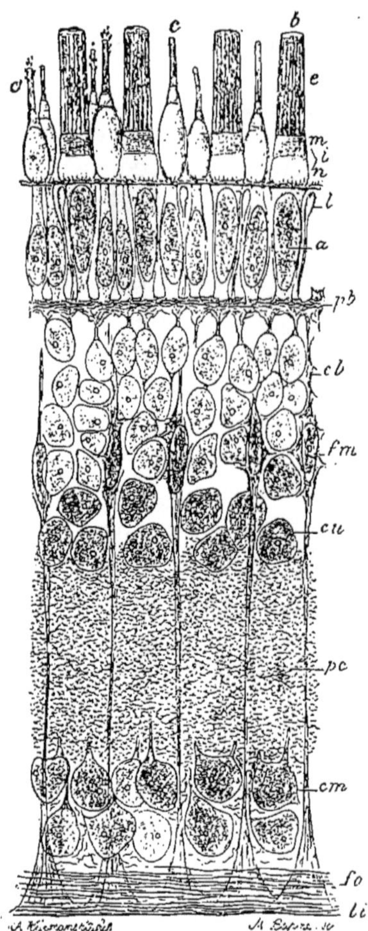

Fig. 660. — Coupe transversale de la rétine du Triton crêté. — *b*, bâtonnets ; *c*, leur segment externe ; *i*, leur segment interne ; *m*, corps intercalaire ; *n*, corps accessoire ; *c*, cône simple ; *c'*, cône jumeau ; *a*, corps des cellules visuelles externes ; *l*, massue de Landolt ; *le*, limitante externe ; *pb*, couche plexiforme externe ; *cb* et *cu*, couche des cellules visuelles internes ; *fm*, fibres de Müller ; *pc*, couche plexiforme interne ; *cm*, couche des cellules ganglionnaires ; *fo*, couche des fibres nerveuses ; *li*, limitante interne (d'après Ranvier).

Sous le nom de *massues de Landolt* (*Landolt'sche Keulen*) (fig. 661), on

---

(1) Pour la même raison, la couche des cellules visuelles internes est désignée sous le nom de *couche des grains internes*.

(2) Chez les Singes, les noyaux seraient situés transversalement (?).

désigne les corpuscules découverts par cet auteur, en 1871, chez le Triton et la Salamandre et retrouvés depuis par d'autres observateurs chez les Reptiles, les Sélaciens, l'Homme, etc. ; en réalité, ceux-ci ne sont que les prolongements externes des cellules bipolaires de la couche des cellules visuelles internes (6).

5. ***Couche plexiforme externe.*** — Cette couche est formée exclusivement par des fibres nerveuses plongées dans une substance amorphe ; elle constitue la limite entre les cellules visuelles externes et internes. C'est à son niveau que se terminent les prolongements des deux espèces de cellules sus-indiquées.

Dans une première assise externe, les prolongements filiformes et les sphérules terminales des cellules à bâtonnets se mettent en rapport avec les expansions des cellules bipolaires ; dans une seconde assise interne, les pieds de cônes forment tout d'abord un plexus horizontal : puis, plus en dedans, se trouvent les prolongements des cellules bipolaires.

6. ***Couche des cellules visuelles internes.*** — Cette couche renferme trois espèces d'éléments : α) des cellules horizontales, β) des cellules bipolaires et γ) des cellules amacrines ; en outre, la portion moyenne de cette couche renferme les noyaux des cellules de Müller.

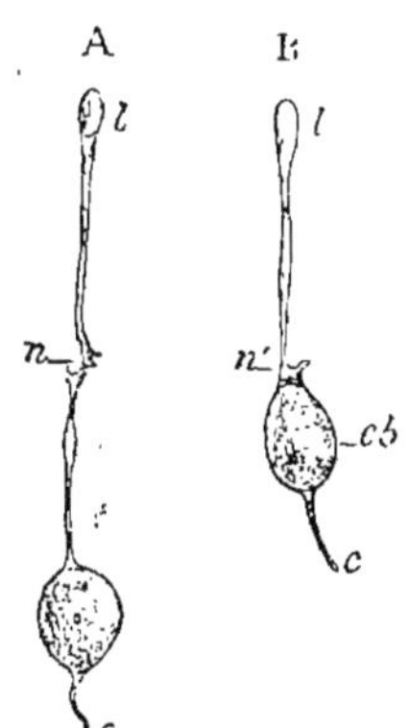
Fig. 661. — Deux massues de Landolt en rapport avec leurs cytoplasmas respectifs (cellules visuelles internes). — *l*, massue ; *cb*, cytoplasma de la cellule visuelle externe ; *c*, prolongement central ; *n*, *n'*, accident de forme (d'après Ranvier).

α. Les cellules horizontales sont disposées en deux assises superposées chez les Mammifères : l'assise externe est formée d'éléments étoilés, mesurant 12-20 μ, parfois même 40 μ, et munis de prolongements protoplasmatiques très nombreux ; l'assise interne renferme deux variétés de cellules ; les prolongements protoplasmatiques des cellules de la première variété gagnent la couche plexiforme interne et s'y divisent un certain nombre de fois, de façon à y former un plexus ; quant à leurs cylindraxes, ils traversent la couche plexiforme externe et se terminent au voisinage des cônes et des bâtonnets ; la seconde variété de cellules est caractérisée par des prolongements protoplasmatiques tous horizontaux.

Chez certains Poissons, il existe en outre une troisième couche de cellules horizontales.

β. Les cellules bipolaires se subdivisent en cellules bipolaires en rapport avec des bâtonnets, en cellules bipolaires en rapport avec des cônes, en cellules bipolaires géantes avec prolongements très abondants, s'étendant de façon à se mettre en rapport avec plusieurs pieds de cônes.

Toutes les cellules bipolaires envoient deux sortes de prolongements : du côté externe, des prolongements protoplasmatiques qui se mettent en rapport avec un bâtonnet ou un cône (ou même plusieurs), ou encore avec un bâtonnet et un cône à la fois ; du côté interne, un prolongement cylindraxile dont la terminaison varie suivant qu'il provient d'une bipolaire à cône ou d'une bipolaire à bâtonnet.

Dans le cas d'une bipolaire à bâtonnet, le cylindraxe se termine à la limite de la couche plexiforme interne ; dans le cas d'une bipolaire à cône, à un niveau quelconque de cette même couche (fig. 664).

γ. Les cellules amacrines ou spongioblastes sont dépourvues de cylindraxe, mais possèdent de nombreux prolongements protoplasmatiques qui se terminent dans la couche plexiforme interne ; elles comprennent trois variétés : des amacrines stratifiées (uni- et pluristratifiées), des amacrines diffuses ou non stratifiées et des amacrines d'association.

Les prolongements des horizontales, des bipolaires et des amacrines, quoique stratifiés d'une façon peu précise, finissent, en s'entrelaçant, par former un feutrage serré.

7. *Couche plexiforme interne.* — Cette couche atteint son maximum de développement chez les Oiseaux, les Reptiles, les Batraciens et les Poissons ; son épaisseur est de $0^{mm},05$-$0^{mm},07$ chez le Pigeon ; de $0^{mm},08$-$0^{mm},1$ chez le Caméléon ; de $0^{mm},08$ chez la Grenouille ; de $0^{mm},1$ chez la Perche ; chez l'Homme, elle atteint un maximum de $0^{mm},04$.

Elle est formée d'un réticulum touffu de fibrilles nerveuses plongées dans une substance amorphe ; ces fibrilles proviennent des ramifications des cellules ganglionnaires (Voy. ci-dessous, 8), des ramifications des cellules amacrines et des ramifications des cellules à cônes.

8. *Couche des cellules ganglionnaires.* — Les cellules qui constituent cette couche sont disposées sur une seule couche ; au voisinage de la macula, on en compte cependant deux et même trois couches (Homme, Oiseaux et Poissons) ; elles sont toujours séparées les unes des autres par un espace assez grand ; entre elles passent les cellules de Müller (Voy. ci-dessous, 10).

Leur volume est très variable : chez l'Homme, elles mesurent 10-30 μ ; chez la Baleine, 40 μ ; chez l'Éléphant, 40-50 μ ; chez le Pigeon, 6-12 μ.

Elles présentent du côté externe des prolongements protoplasmatiques constituant, à l'intérieur de la couche plexiforme interne, des plexus qui sont en rapport avec les cylindraxes des bipolaires de la couche des cellules visuelles internes ; le prolongement cylindraxile des cellules ganglionnaires n'est autre chose qu'une des fibres nerveuses de la couche suivante.

9. *Couche des fibres nerveuses.* — Cette couche est formée par les fibres nerveuses qui constituent le nerf optique ; par conséquent, son épaisseur augmente progressivement depuis l'ora serrata jusqu'à la papille, où elle mesure, chez l'Homme, 20 μ.

Les fibres sont tantôt amyéliniques (Homme), tantôt myéliniques (Lièvre, Lapin) : elles sont séparées par une substance interfibrillaire, surtout abondante chez les Vertébrés inférieurs (Esturgeon en particulier).

A côté des fibres centripètes du nerf optique existent quelques fibres centrifuges dont la terminaison est au niveau des amacrines.

10. *Membrane limitante interne.* — La rétine est limitée du côté interne par une ligne réfringente qui, comme la limitante externe, n'a pas d'existence propre ; elle est formée, en réalité, par l'expansion basale d'éléments découverts par Müller et décrits depuis sous le nom de *fibres radiées*

de Müller, de *cellules de Müller*, de *fibres de soutien*, de *fibres de soutènement*.

Les fibres de Müller sont des cellules névrogliques allongées, qui s'étendent de la limitante interne à la limitante externe et dont le noyau, comme on l'a vu, est situé au niveau de la couche des cellules visuelles internes ; elles sont présentes chez tous les Vertébrés, mais sont particulièrement bien développées chez les Oiseaux (Pigeon en particulier). Ranvier en a fait une étude approfondie chez le Triton.

« Au delà de leur base (fig. 662), constituant la couche limitante interne, les cellules de soutènement s'amincissent et prennent la forme de fibres. Dans cette portion de leur trajet, elles sont munies d'expansions latérales, filamenteuses ou membraniformes et correspondent à trois couches de la rétine, celle des fibres optiques, celle des cellules multipolaires (cellules visuelles internes) et celle du plexus cérébral (couche plexiforme interne). Elles s'élargissent ensuite d'une manière progressive, et, dans un renflement marginal protoplasmatique, contiennent un noyau ovalaire dont l'axe est parallèle au leur. A ce niveau, elles émettent, dans toutes les directions, un grand nombre de lames ou crêtes limitant des fossettes dans lesquelles sont logées des cellules unipolaires et bipolaires. Puis elles se rétrécissent brusquement au niveau du plexus basal (couche plexiforme interne), s'épanouissent ensuite et se creusent des fossettes dans lesquelles sont comprises les cellules visuelles. Elles se terminent par un bord réfringent, qui paraît être une formation cuticulaire et qui correspond à la limitante externe. »

Ramon y Cajal attribue aux fibres de Müller (fig. 663) un rôle de soutènement auquel coopéreraient des cellules névrogliques non modifiées (cellules araignées) répandues dans la couche des fibres nerveuses et dans celle des cellules ganglionnaires.

La présence de ces éléments dans la rétine est une preuve nouvelle de la nature nerveuse de cette membrane, dont la dérivation neuro-épithéliale est d'ailleurs nettement établie par l'embryologie.

L'ensemble de la rétine est vascularisé par l'artère centrale de la rétine (A. ophtalmique), mais les ramuscules nés de celle-ci ne dépassent jamais la

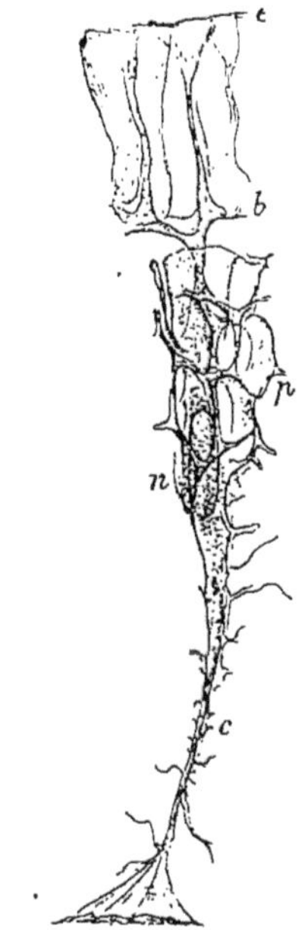

Fig. 662. — Cellule de Müller de la rétine du Triton (acide osmique, dissociation). — *e*, bord cuticulaire formant la limitante externe ; la portion comprise entre *e* et *b* correspond au corps des cellules visuelles externes ; la portion rétrécie au-dessous de *b* correspond à la couche plexiforme externe ; *p*, expansion membraneuse au niveau de la couche des cellules visuelles internes ; *c*, portion correspondant à la couche plexiforme interne et à la couche des cellules ganglionnaires ; *i*, pied de la cellule correspondant à la limitante interne ; *n*, noyau de la cellule (d'après Ranvier).

couche plexiforme interne ; ils sont limités à la couche des fibres nerveuses et à la couche des cellules ganglionnaires. Les veinules se jettent dans le sinus caverneux et (en moindre quantité) dans la veine ophtalmique supérieure.

Après avoir décrit les diverses couches qui constituent la rétine (1), il convient d'examiner quelles sont les voies anatomiques par lesquelles les impressions lumineuses se transmettent aux centres nerveux.

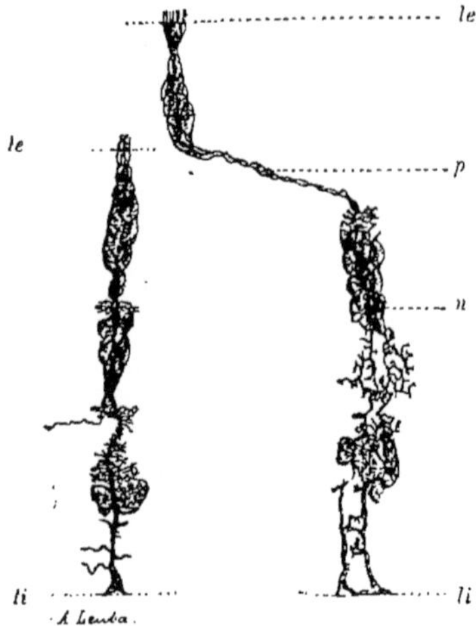

Fig. 663. — Deux fibres de Müller de la rétine humaine traitées par la méthode de Golgi. La fibre de gauche provient du fond de l'œil; celle de droite du voisinage de la macula lutea. — *le*, limitante externe (au-dessus, faisceaux de fibres) ; *p*, prolongement irrégulier au niveau de la couche plexiforme externe; *li*, limitante interne ; *n*, noyau (d'après Greeff).

A ce sujet, on ne peut faire valoir actuellement que des conceptions plus ou moins hypothétiques basées sur la théorie du neurone ; or, comme cette dernière *théorie* n'est plus guère compatible avec les *faits de structure* mis en évidence chez les Invertébrés par Apathy et Bethe, c'est dire combien fragiles sont les interprétations qui reposent sur des constatations pour le moins incomplètes.

Néanmoins, en l'absence d'autres théories plus en harmonie avec les données anatomiques, il n'est peut-être pas sans intérêt de rappeler succinctement les notions introduites dans la science par les mémorables recherches de Ramon y Cajal et de Van Gehuchten.

Le schéma ci-après (fig. 664), emprunté à Mathias Duval, résume bien l'ensemble de ces conceptions.

Abstraction faite des cellules de Müller et de leurs dépendances (limitantes qui ne remplissent qu'un rôle de soutènement), la rétine se réduit, en somme, à trois neurones : cellules visuelles externes, cellules bipolaires et cellules ganglionnaires. Par leur article terminal (cônes et bâtonnets), les cellules visuelles externes recueillent les rayons lumineux et transmettent ceux-ci par leur prolongement basal aux cellules bipolaires par l'intermédiaire de leurs prolongements protoplasmatiques ; de là, l'impression visuelle est conduite par le prolongement cylindraxile aux prolongements protoplasmatiques des cellules ganglionnaires ; de ces derniers éléments, en suivant leurs cylindraxes [dont la réunion forme le nerf optique (2)], elle gagne les centres

(1) Deux points de la rétine présentent une structure spéciale : la papille du nerf optique ou punctum cæcum et la macula lutea.

La papille est exclusivement formée de fibres nerveuses. La macula est caractérisée par la multiplication des cellules ganglionnaires, qui y sont disposées sur plusieurs couches, et la prédominance des cônes ; la fovea ne renferme ni fibres de Müller, ni fibres nerveuses, ni cellules ganglionnaires, ni bâtonnets ; il n'y a exclusivement que des cônes ; ceux-ci se distinguent chez l'Homme par leur longueur (100 μ). On sait, d'autre part, par les expériences physiologiques, que la tache jaune est le point essentiel de la vision distincte.

(2) Au niveau du chiasma, les fibres des deux nerfs optiques s'entre-croisent. La nature

nerveux (corps genouillé externe, pulvinar, corps géminé antérieur).

Quant aux cellules horizontales et aux cellules amacrines, elles rempliraient le rôle de neurones d'association ; cette fonction serait particulièrement importante pour les cellules amacrines, dont le nombre et le volume marchent de pair avec le développement de la rétine (Sauropsidés).

§ 4. — HUMEUR AQUEUSE.

L'humeur aqueuse est renfermée dans les espaces connus sous les noms de *chambres antérieure et postérieure de l'œil*. La chambre antérieure est limitée en avant par la membrane de Descemet, en arrière par l'iris; par la pupille (1), elle communique avec la chambre postérieure comprise entre la face postérieure de l'iris et le cristallin.

L'humeur aqueuse est un liquide dans lequel on ne trouve que quelques cellules lymphatiques ; son poids spécifique, chez l'Homme, est de 1,003 à 1,009 ; son indice de réfraction est de 1,336 et 1,338.

Sa composition chimique, chez le Veau, est la suivante, d'après Lohmeyer :

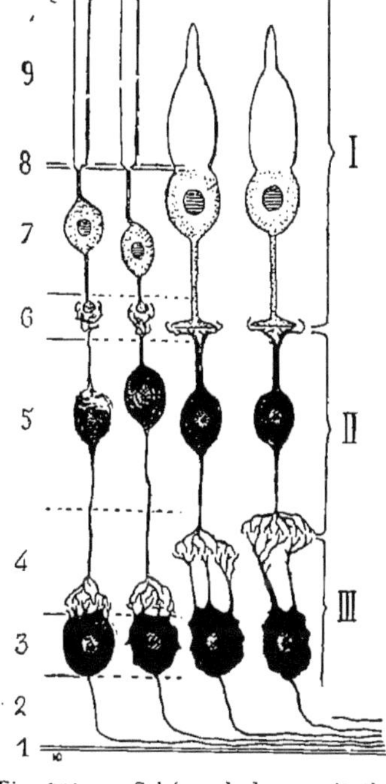

Fig. 664. — Schéma de la constitution de la rétine ramenée à trois éléments (I, II, III). — Sur le côté droit, les chiffres romains indiquent ces trois éléments : I, les cellules visuelles externes ; II, les cellules visuelles internes ou bipolaires ; III, les cellules ganglionnaires. — Sur le côté gauche, les chiffres arabes rappellent les couches de la rétine : 1, limitante externe : 2, couche des fibres nerveuses ; 3, couche des cellules ganglionnaires ; 4, couche plexiforme interne ; 5, couche des cellules visuelles internes ; 6, couche plexiforme externe ; 7, couche des cellules visuelles externes ; 8, limitante externe ; 9, couche des cônes et des bâtonnets (d'après Mathias Duval).

exacte de cette décussation a été l'objet de nombreuses discussions (Voy. *Intermédiaire des Biologistes*, n° 5, 1898).

Actuellement, la plupart des auteurs admettent la semi-décussation des fibres des nerfs optiques de l'homme ; Kölliker, cependant, soutient avec énergie l'entre-croisement complet.

Dans la série des Vertébrés, le chiasma présente une série de modalités que les schémas ci-dessous, empruntés à Wiedersheim, mettent bien en évidence (fig. 665).

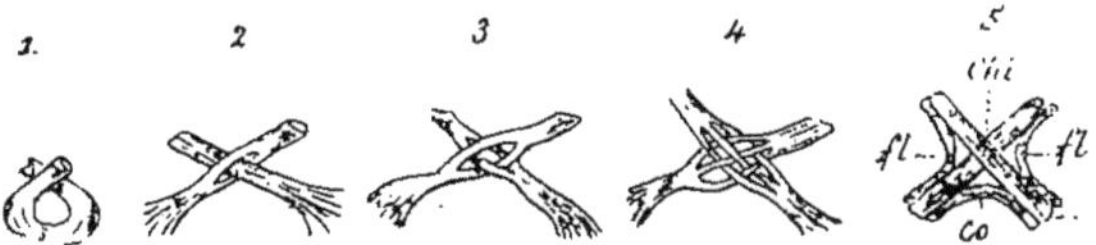

Fig. 665. — Chiasma des nerfs optiques (demi-schématique). — 1, la plupart des Poissons ; 2, Hareng ; 3, Lézard ; 4, Agame ; 5, Mammifère supérieur : *chi*, chiasma des faisceaux nerveux internes ; *co*, commissure ; *fl*, fibres latérales (d'après Wiedersheim).

(1) Chez le fœtus, la membrane de Wachendorff établit une séparation.

	P. 1000.
Eau	986,87
Protéides	1,22
Matières extractives	4,21
Chlorure de sodium	6,89
Sels minéraux divers	0,81
	1000,00

Kuhn a, en outre, signalé (Lapin et Bœuf) la présence d'une substance réductrice, de nature incertaine (en tout cas, ce n'est pas un sucre).

§ 5. — CRISTALLIN.

Le cristallin est une lentille biconvexe enchâssée dans la zone de Zinn qui forme autour de lui le canal godronné de Petit (Voy. fig. 655 et p. 1137). Il est maintenu en place, derrière l'iris, par les procès ciliaires dont le bord interne déborde sur sa face postérieure.

Tous les Vertébrés (à l'exception des Myxinoïdes et du Protée) possèdent un cristallin, mais sa forme est variable. Comme Cuvier l'a établi, la convexité de cette lentille est en général d'autant plus grande que la cornée est moins bombée. Parfois le cristallin est à peu près sphérique (chez la Couleuvre, par exemple) et son diamètre antéro-postérieur égale presque son diamètre transversal chez la plupart des Poissons ; les embryons d'Oiseaux et de Mammifères réalisent des conditions très analogues ; chez le fœtus humain lui-même, le cristallin est globulaire ; mais chez les Oiseaux et les Mammifères adultes « sa convexité est beaucoup moindre. Chez l'Homme et les Singes, son axe est environ la moitié plus court que son grand diamètre et il est à noter que les espèces qui vivent dans l'eau ont généralement le cristallin plus convexe que les espèces terrestres appartenant à la même classe, et que, chez les uns et les autres, cette convexité paraît être plus grande chez les espèces à habitudes nocturnes que chez celles qui cherchent leur nourriture au grand jour. Ainsi la Loutre, qui est à la fois un animal aquatique et nocturne, a un cristallin sphérique ; chez la Chauve-Souris oreillard et chez le Porc-Épic, qui ne quittent guère leur retraite qu'à l'approche de la nuit, les deux dimensions de cet organe sont dans le rapport de 5 à 6, tandis que chez le Cheval, le Bœuf et l'Éléphant, l'axe de cette lentille ne représente que les deux tiers, les sept huitièmes ou les quatre septièmes de son diamètre équatorial. Enfin, dans l'immense majorité des cas, la surface postérieure du cristallin est plus convexe que sa surface antérieure » (Milne-Edwards).

Dans l'œil humain, les constantes optiques du cristallin sont les suivantes, d'après Helmholtz :

	Millim.
Longueur focale	45,144-47,435
Distance du premier point principal à la surface antérieure	2,258- 2,810
Distance du second point principal à la surface postérieure	1,546- 1,499
Épaisseur	4,2 - 4,314
Rayon de courbure au sommet de la surface antérieure	10,162- 8,865
Rayon de courbure au sommet de la surface postérieure	5,800- 5,889

Toutefois, il convient de remarquer que le cristallin est loin de constituer une lentille homogène ; son indice de réfraction augmente de la périphérie au centre ; pour les couches superficielles, il est de 1,405 ; pour les moyennes, de 1,429 ; pour le noyau, de 1,454 ; sa valeur totale varierait chez l'adulte entre 1,419 et 1,440. Ces différences sont en concordance avec les variations du poids spécifique.

Pour le Chien, Ellenberger et Baum donnent les chiffres suivants pour les individus de taille moyenne :

	Millim.
Rayon de courbure de la surface antérieure	6,2
Rayon de courbure de la surface postérieure	5,5

Chez le Chat, en revanche, le rayon de courbure de la surface postérieure surpasse celui de la surface antérieure.

Au point de vue histologique, le cristallin est formé par une substance propre renfermée dans une capsule désignée sous le nom de *cristalloïde* ; à l'état adulte, il ne possède ni vaisseaux ni nerfs ; la cristalloïde diminue progressivement d'épaisseur d'avant ($0^{mm},02$) en arrière ($0^{mm},005$) ; elle a une structure amorphe ; sur la face interne de son hémisphère antérieur, elle présente une couche de cellules polyédriques, à cytoplasma finement granuleux, qui, chez l'adulte, sont fréquemment le siège de mitoses.

Cette assise cellulaire est séparée par une mince couche de liquide de la substance propre.

Cette dernière, malgré son aspect, n'échappe pas à la loi commune ; elle est formée, comme tous les autres tissus de l'organisme, par des éléments dont l'histologie et l'embryologie s'accordent à démontrer la nature cellulaire ; mais ceux-ci, par suite de leur adaptation spéciale, ne présentent que peu d'analogies avec les cellules des autres organes ; en tout cas, ils n'offrent plus aucun caractère du tissu dont ils dérivent (ectoderme) et rappellent plutôt l'aspect de certains éléments conjonctifs.

La substance propre est exclusivement formée de fibres prismatiques, mesurant, chez l'Homme adulte, 8 millimètres de longueur, 10 à 12 µ de largeur et 1 à 6 µ d'épaisseur ; par conséquent, les images fournies par les sections parallèles et perpendiculaires à l'axe diffèrent profondément. Vues de face, les fibres se présentent sous l'apparence de longs rubans ; en coupe transversale, elles donnent l'aspect d'une mosaïque.

Les bords de ces fibres ne sont pas lisses ; ils sont munis de dentelures, qu'il semble rationnel d'assimiler à des ponts intercellulaires (tels ceux des cellules du *corpus filamentosum* dans l'épiderme). Les intervalles limités par ces aspérités et les faces des fibres sont remplis par un ciment intercellulaire, d'ailleurs peu abondant.

La fibre cristallinienne ne possède pas de membrane d'enveloppe chimiquement définie ; la couche superficielle présente simplement une légère condensation suffisante cependant pour lui donner une existence propre dans les dissociations ; en effet, il n'est pas rare que la pression des aiguilles détermine l'expulsion du cytoplasma, et l'on obtient ainsi une gaine vide, désignée par certains auteurs sous le nom de *cylindre cristallinien*.

Le protoplasma est parfaitement homogène et aucun auteur n'a, jusqu'à ce jour, réussi à mettre en évidence aucun des détails de structure dont les autres cellules offrent des exemples courants ; la seule différence à signaler, c'est le degré de réfringence variable des diverses fibres ; cette propriété augmente d'autant plus que l'on se rapproche du centre.

Le noyau des fibres est petit, allongé ; dans les éléments périphériques, il est muni d'un réseau et de nucléoles ; mais, au fur et à mesure qu'on s'éloigne de la surface, on voit apparaître des signes de dégénérescence ; les phénomènes chromatolytiques entrent en jeu et, dans les fibres centrales, on ne trouve plus trace de noyau.

L'agencement de ces fibres présente, dans la série des Vertébrés, une complexité graduelle que H. Milne-Edwards résume en ces termes : « Dans les cristallins conformés d'après le type le plus simple, type qui est réalisé chez les Oiseaux, chez beaucoup de Poissons, chez quelques Reptiles et chez l'Ornithorhynque, parmi les Mammifères, les fibres convergent toutes vers les deux pôles de la lentille, de façon à ressembler aux lignes méridiennes que les géographes tracent sur la sphère terrestre.

« D'autres fois, ces lignes, tout en étant disposées à peu près de la même manière, vont aboutir aux deux côtés d'une cloison axillaire qui se montre à chaque pôle sous la forme d'une ligne transversale coupant à angle droit la direction de son congénère du pôle opposé ; par conséquent, toutes les fibres, à l'exception de celles qui partent de l'extrémité de ces lignes polaires, ne sont pas seulement arquées, elles se contournent aussi latéralement. Ce mode d'organisation s'observe chez le Saumon, la Truite, la Carpe, la Tanche, le Congre, la Perche, l'Esturgeon, lés Squales, la Raie et plusieurs autres Poissons, ainsi que chez l'Alligator, le Marsouin, le Dauphin, le Lièvre et le Lapin.

« Dans un troisième type, la structure du cristallin est moins simple ; les cloisons polaires représentent chacune une étoile à trois branches, dont les rayons correspondent au milieu des espaces interradiaires de la surface de l'organe, comme si le système cloisonnaire dont elles dépendent avait subi, au milieu de l'organe, une torsion de 60°. Ce mode d'arrangement est prédominant dans la classe des Mammifères (Singes, Makis, Coati, Puma, Lion, Tigre, Chat, Chien, Renard, Loutre, Ichneumon, Cheval, Bœuf, Mouton, Chèvre, Lama, Rat, Écureuil, Opossum, etc.).

« Chez un petit nombre de ces derniers Animaux, notamment la Baleine, le Phoque et l'Ours, la cloison à laquelle les fibres vont aboutir au centre de l'une et de l'autre surface du cristallin est à quatre branches (1).

« Une complication encore plus grande dans la disposition des fibres arquées du cristallin nous est offerte par les yeux de divers Animaux, où les branches des cloisons polaires, au lieu de rester toujours simples, se bifurquent à une certaine distance de l'axe, et, parfois même, les cloisons secondaires ainsi constituées se bifurquent à leur tour de façon que le nombre des groupes de fibres convergentes peut devenir très considérable. »

____

(1) Chez les Baleines et les Phoques, ce mode d'arrangement n'est pas constant.

Chez le fœtus humain, les fibres sont interrompues et, par leurs insertions, déterminent trois plans radiés formant entre eux des angles de 120° et constitués par une substance amorphe.

Par les progrès du développement, les branches se bifurquent successivement et atteignent finalement le nombre de 10, 12 et même 14.

La composition chimique de la substance propre du cristallin est la suivante chez l'Homme :

	P. 100.
Eau...	60
Albumine soluble.......................................	35
— insoluble.......................................	2,5
Graisse et cholestérine................................	2
Cendres...	0,5

Pour le Bœuf, Hoppe-Seyler et Laptschinsky ont obtenu les résultats ci-dessous :

	Hoppe-Seyler. P. 100.	Laptschinsky. P. 100.
Protéides.............................	33,03	34,72
Extrait aqueux........................	0,94	0,95
Extrait alcoolique....................	0,52	0,37
Sels insolubles.......................	0,61	0,50
Sels solubles.........................	0,12	0,17
Cendres obtenues (aqueuse	0,52	0,39
par voie......) alcoolique	0,08	0,11
Extrait éthéré........................	»	0,45

§ 6. — CORPS VITRÉ.

Le corps vitré occupe la partie centrale du globe oculaire ; le Protée est un des rares Vertébrés chez lequel il fasse défaut. Cette formation est en rapport avec la rétine et le cristallin ; elle est limitée par la membrane hyaloïde, qui, à partir de l'ora serrata, s'épaissit et se divise en un système de fibrilles qui, sous le nom de *zone de Zinn* (1), vont s'insérer sur la zone équatoriale du cristallin, de sorte que ce corps est suspendu devant la pupille par une série de petits cordons. Dans l'intervalle de ces fibrilles existe un système cavitaire, situé tout autour du cristallin, désigné sous le nom de *canal godronné de Petit*.

A l'état adulte, le corps vitré des Vertébrés supérieurs ne renferme ni nerfs ni vaisseaux ; mais, pendant la vie fœtale, de nombreux rameaux de l'artère centrale de la rétine (branche de l'artère ophtalmique) le vascularisent ; cet état persiste, d'ailleurs, chez les Poissons, les Batraciens et certains Reptiles.

Chez l'embryon des Mammifères, l'artère centrale de la rétine se continue, sous le nom d'*artère hyaloïdienne*, à l'intérieur du corps vitré et, parvenue au niveau du cristallin, s'étale sur sa surface postérieure avant de le pénétrer. A la fin de la vie intra-utérine, ces divers rameaux vasculaires s'atrophient, à l'exclusion d'un rudiment qui subsiste et qui traverse le corps vitré

(1) Cette opinion classique est battue en brèche actuellement ; les auteurs les plus récents font naître de la partie ciliaire de la rétine les fibres de la zone de Zinn et ont tendance à les assimiler à des cellules de Müller (Félix Terrien).

suivant son grand axe ; le canal (canal hyaloïdien) (1) qui le loge se retrouve encore chez divers Mammifères, y compris l'Homme, dans toute sa longueur ; chez le Bœuf, la portion centrale persiste seule ; chez quelques espèces il se transforme en un cordon fibreux.

L'étude histologique du corps vitré, chez les Mammifères adultes, ne donne que des résultats imparfaits ; l'histogenèse, en revanche, fournit des renseignements satisfaisants. Chez le fœtus, celui-ci se montre formé par du tissu muqueux analogue à la gelée de Wharton ; mais, au cours du développement, les éléments figurés (cellules et fibres) s'atrophient et disparaissent, sauf à la périphérie, où ils forment, par condensation, l'hyaloïde ; de cette dernière émanent des prolongements cloisonnants.

Le corps vitré proprement dit est alors formé de mucine, au milieu de laquelle on constate la présence de quelques leucocytes et de cellules étoilées altérées.

Chez l'Homme adulte, le poids spécifique du corps vitré est de 1,005 ; son indice de réfraction varie entre 1,339 et 1,338.

D'après les recherches de Lohmeyer, la composition chimique du corps vitré est la suivante :

	P. 1000.
Eau	986,400
Membranes	0,210
Protéides et mucine	1,360
Graisse	0,016
Matières extractives (urée, etc.)	3,206
Chlorure de sodium	7,757
Sels minéraux divers	1,051
	1 000,00

APPAREILS ANNEXES DU GLOBE OCULAIRE.

Les appareils annexes du globe oculaire comprennent :

A. Des appareils de protection.
- a. Orbite.
- b. Capsule de Tenon.
- c. Sourcils.
- d. Paupières.
- e. Conjonctives.
- f. Glandes
  - lacrymales.
  - de Harder.
  - de Meibomius.

B. Des muscles moteurs.

La description de ces appareils annexes est surtout importante au point de vue de l'anatomie descriptive proprement dite ; elle ne saurait nous retenir, étant donné le cadre restreint du présent article.

A. — Appareils de protection.

L'orbite est d'autant plus parfait que l'Animal occupe une place plus élevée dans la classification ; chez les Vertébrés à orbite incomplet, la sclérotique est renforcée par du cartilage et de l'os.

(1) Peut-être communique-t-il avec le canal de Petit ?

En général, l'orbite renferme de la graisse, mais celle-ci est séparée du globe oculaire par l'aponévrose orbito-oculaire ou capsule de Tenon.

Les paupières restent à l'état rudimentaire chez les Poissons ; leur développement n'est pas sensiblement plus accusé chez les Reptiles, où elles ne possèdent jamais qu'une mobilité très restreinte ; en revanche, la présence à leur intérieur de cartilage et d'os en fait des appareils de protection efficaces. Chez les Mammifères, en même temps qu'elles deviennent très mobiles, leur bord libre présente des poils (cils) ; ceux-ci, ainsi que les sourcils, leur sont spéciaux.

La musculature des paupières comprend au maximum (Sauropsidés et Ongulés) trois muscles (muscle orbiculaire, muscle releveur de la paupière supérieure et muscle abaisseur de la paupière inférieure).

Certains Vertébrés (Sélaciens, Mammifères, mais surtout Anoures et Oiseaux) sont doués d'une troisième paupière, la membrane nictitante, formée par un repli de la conjonctive ; celle-ci s'insère, soit sous la paupière inférieure (Anoures et Oiseaux), soit dans l'angle interne de l'orbite (Reptiles, Mammifères) ; chez les Primates, elle est réduite à un repli rudimentaire, mais elle est assez bien développée chez certains Nègres africains.

Chez les Sauropsidés, la membrane nictitante entraîne la présence des muscles carré et pyramidal, innervés par le nerf moteur oculaire externe.

Les glandes annexées au globe oculaire sont destinées à lubrifier sa surface libre et forment au maximum trois groupes : α) glandes lacrymales ; β) glandes de Harder ; γ) glandes de Meibomius. Chez les êtres à vie aquatique, ces glandes manquent (Poissons) ou sont rudimentaires (glande lacrymale atrophiée chez le Phoque, l'Hippopotame et la Loutre vulgaire ; la glande de Harder seule existe chez les Cétacés).

La glande de Harder et la glande lacrymale ne sont que les deux portions différenciées d'une formation unique chez les Urodèles, mais distincte à partir des Reptiles ; elles coexistent bien développées chez les Sauropsidés, mais la glande de Harder s'atrophie progressivement chez les Mammifères ; chez les Primates (Nègres), elle subsiste à l'état rudimentaire.

Les glandes de Meibomius, logées dans l'épaisseur de la paupière supérieure, sont l'apanage exclusif des Mammifères.

B. — Muscles moteurs.

Dans la série des Vertébrés, les muscles moteurs du globe oculaire offrent des variations de développement, de forme, d'insertion et de nombre.

Chez la plupart des Vertébrés, la mobilité du globe oculaire est assurée par six muscles : quatre droits (droit supérieur, droit inférieur, droit externe et droit interne) et deux obliques (grand et petit oblique). Les quatre premiers s'insèrent sur la sclérotique, d'une part, et sur la gaine aponévrotique du nerf optique formée par la dure-mère. Le droit externe est innervé par le nerf moteur oculaire externe ; les trois autres par le nerf moteur oculaire commun.

Les deux muscles obliques s'insèrent sur la face interne de l'orbite et décrivent une spire à la surface du globe avant de s'y insérer ; chez les Mammifères, les choses se compliquent : arrivé au niveau du rebord orbitaire, le muscle grand oblique devient tendineux, passe dans un anneau fibro-cartilagineux (poulie du grand oblique) et de là se réfléchit sur la partie postérieure de la sclérotique.

Les muscles grand et petit obliques sont respectivement innervés par le nerf pathétique et le nerf moteur commun.

Chez les Ongulés et les Carnassiers, il existe un septième muscle : le muscle rétracteur de l'œil, innervé par le nerf moteur oculaire externe. Chez le Chien, ce muscle s'insère au pourtour du trou optique, se partage en quatre portions et se termine sur la sclérotique en dedans des muscles droits : c'est un auxiliaire de ces derniers ; il peut aussi attirer l'œil en arrière.

TABLE DES MATIÈRES

DU TOME DEUXIÈME

Pages.

455-98. — Corbeil. Imprimerie Éd. Crété.